Prof. Dr.-Ing. Dr.-Ing. E. h. Fritz Leonhardt · Spannbeton für die Praxis

SPANNBETON
für die Praxis

von

Dr.-Ing. Dr.-Ing. E. h. Fritz Leonhardt

o. Professor an der Universität Stuttgart
Beratender Ingenieur VBI. VDI. DAI. M. ASCE

Dritte, berichtigte Auflage

Mit 940 Bildern und 40 Tafeln

1973

VERLAG VON WILHELM ERNST & SOHN
BERLIN · MÜNCHEN · DÜSSELDORF

Alle Rechte, insbesondere das der Übersetzung in fremde Sprachen vorbehalten
Nachdruck und fotomechanische Wiedergabe, auch auszugsweise, nicht gestattet
© 1973 by Verlag von Wilhelm Ernst & Sohn, Berlin · München · Düsseldorf

Unveränderter Nachdruck 2017

Druck und Bindung:
CPI Group (UK) Ltd, Croydon, CR0 4YY

ISBN 978-3-433-03236-7

C9783433032367_220524

Meinen verehrten Lehrern

Prof. Dr.-Ing. e. h., Dr.-Ing. h. c. OTTO GRAF †

Prof. Dr.-Ing. e. h. EMIL MÖRSCH †

Prof. Dr.-Ing., Dr.-Ing. e. h. Ministerialdirigent a. D. KARL SCHAECHTERLE †

in Dankbarkeit gewidmet

Vorwort zur 3. Auflage

In der 3. Auflage wurde das Kapitel 13.6 „Bruchsicherheit auf Schub" vollkommen neu bearbeitet, um die aus Versuchen in den letzten Jahren gewonnenen neuen Erkenntnisse einzubringen. Für die Neubearbeitung der anderen Kapitel ist es zweckmäßig, die vorgesehene Neubearbeitung der DIN 4227 abzuwarten.

Stuttgart, im Mai 1972 *Fritz Leonhardt*

Vorwort zur 2. Auflage

Die erste Auflage dieses Buches war rasch vergriffen und wurde mehrfach unverändert nachgedruckt. Die Anwendungen des Spannbetons nahmen inzwischen ungewöhnlich rasch zu. Viele begabte Ingenieure und Forscher in fast allen hochentwickelten Ländern stürzten sich auf dieses neue Gebiet und bemühten sich um weitere Fortschritte und Erkenntnisse. Die Ergebnisse dieses Bemühens fanden in einer großen Zahl von Veröffentlichungen ihren Niederschlag. Auch der Verfasser hatte Gelegenheit, zahlreiche weitere Spannbetonbauten zu entwerfen und die Ausführung zu betreuen und fast an jedem Objekt Neues hinzuzulernen.

So wurde es nötig, das Buch einer gründlichen Neubearbeitung zu unterziehen, mit der schon 1958 begonnen wurde. Die Übernahme des Lehrstuhles Massivbau an der Technischen Hochschule Stuttgart verzögerte diese Bearbeitung jedoch, so daß sie erst 1961 zum Abschluß kam. Der Verfasser hat sich dabei wieder bemüht, das Grundsätzliche und Wesentliche des Spannbetons klar und gut verständlich herauszuarbeiten und eine möglichst umfassende Darstellung des heutigen Wissens auf diesem Gebiet zu geben.

Die im Vorwort der ersten Auflage geäußerten Vorbehalte gelten zum Teil noch, wenngleich viele Probleme im Lauf der letzten Jahre weitgehend abgeklärt werden konnten. Soweit noch unterschiedliche Anschauungen bestehen, wurden diese einfach nebeneinandergestellt, so z. B. bei den Bruchsicherheitsnachweisen.

Die Bezeichnungen mußten zum Teil geändert werden, um die an die Stelle von DIN 1350 getretene neue Regelung der „Zeichen für statische Berechnungen im Bauingenieurwesen" nach DIN 1080 zu berücksichtigen, deren letzte Fassung vom April 1960 benützt wurde.

Das fast nicht mehr überschaubare internationale Schrifttum auf dem Gebiet des Spannbetons wurde so weit ausgewertet und aufgeführt, als die Beiträge für die Praxis wertvolle Erkenntnisse oder Erfahrungen brachten.

Etwa 80 Prozent des Buches sind neu geschrieben, um der Entwicklung Rechnung zu tragen. Obwohl sich der Verfasser stets um kurze Formulierungen bemühte, wurde der Umfang des Buches größer.

Wieder haben zahlreiche Kollegen und Bauunternehmen bereitwillig Unterlagen über Verfahren und Bauwerke und besonders Bilder zur Verfügung gestellt, wofür der Verfasser zu Dank verpflichtet ist. Wertvolle Unterstützung fand er durch Mitarbeiter seines Büros und des Lehrstuhles, insbesondere durch die Herren *W. Andrä, W. Baur, R. Walther, J. Peter* und *H. Reimann*. Besonderen Dank verdient der alte Freund und Mitarbeiter des Verfassers, Wissenschaftlicher Rat Dipl.-Ing. *E. Mönnig*, der die ganze Arbeit betreute und oftmals durch seine Kritik zu einer besseren Fassung verhalf.

Dem Verlag gebührt erneut Dank dafür, daß er keine Mühe scheute, den Wünschen der Bearbeiter beim Satz und den Abbildungen sowie beim Umbruch gerecht zu werden.

Stuttgart, im September 1961 *Fritz Leonhardt*

Vorwort zur 1. Auflage

In dem Buch wird auf Grund jahrelanger Arbeit und Erfahrung an zahlreichen Spannbetonbauten eine zusammenfassende Darstellung der Grundlagen des Spannbetons versucht. Vor allem sollen für die Praxis im Büro und an der Baustelle die nötigen Kenntnisse der neuen Bauart vermittelt werden, die sich in den letzten Jahren überraschend schnell ausgebreitet und fortentwickelt hat. Der Verfasser ist sich darüber im klaren, daß der Spannbeton noch stark in der Entwicklung begriffen ist, die praktische Anwendung ist aber der Ausbildung der Ingenieure und des Baustellenpersonales so vorausgeeilt, daß die Möglichkeit einer zusammenhängenden Unterrichtung über das neue Wissensgebiet immer dringender geworden ist. Der Verfasser unterzog sich der schwierigen Aufgabe vor allem deshalb, weil die von ihm wiederholt geforderten Schulungskurse und Prüfungen zur Heranbildung sogenannter Spannbetoningenieure leider nicht zustande kamen.

Da die hohe Ausnutzung der Baustoffe im Spannbeton eine gründliche Kenntnis ihrer Eigenschaften voraussetzt, wurden die Baustoffe Beton und Stahl hinsichtlich der für den Spannbeton wichtigen Eigenschaften absichtlich ausführlich behandelt, auch wenn damit manches wiederholt wird, was in anderen Lehrbüchern des Bauingenieurwesens zu finden ist. Es soll damit dem Spannbetoningenieur bequem gemacht werden, das hier nötige Wissen zu erneuern.

Konstruktive und praktische Fragen wurden ausführlicher behandelt als die theoretischen Probleme, die unter Verzicht auf letzte wissenschaftliche Feinheiten so einfach wie möglich dargestellt wurden, damit sie auch der Durchschnittsingenieur begreift. Das Buch soll dem Bauen dienen und will deshalb nicht mit schwer verständlichen Theorien glänzen.

Die Möglichkeiten der Vorspannung werden nicht nach augenblicklich gebräuchlichen Verfahren behandelt, sondern es wurde versucht, die grundsätzlichen Lösungsarten herauszustellen und an geläufigen Verfahren zu erläutern. Die Verfahren selbst unterliegen ohnehin einer laufenden Weiterentwicklung, die Vielheit der Verfahren wird verschwinden, mit der Zeit werden sich wenige Bestlösungen durchsetzen, das Grundsätzliche wird jedoch bestehen bleiben.

Die Einleitung der Spannkräfte wurde sorgsam und ausführlich behandelt, weil hier in der Praxis immer noch am meisten versäumt wird. Die bauliche Durchbildung der vorgespannten Tragwerke wurde der statischen Berechnung absichtlich vorangestellt.

Das Kapitel über die Berechnung von Spannbetontragwerken enthält keine neue Lehre der Statik des Spannbetons, weil es diese nicht gibt. Dagegen wird gezeigt, was alles zu berechnen ist, und wie die bisherige Statik auf die Vorspannkräfte anzuwenden ist. Zur Erleichterung einiger Rechnungsgänge werden Tafeln und Diagramme beigegeben. Kurze Beispiele der Berechnungen werden demnächst als Ergänzung gesondert veröffentlicht.

Die Kapitel 14, 15 und 18 sind noch nicht ausgearbeitet, weil sie das Erscheinen des Buches verzögert hätten; die Ergänzung ist einer zweiten Auflage vorbehalten, bis zu der auch weitere Versuchsergebnisse vorliegen oder vorhandene Versuche der Öffentlichkeit zugänglich sein werden.

Praktische Anwendungen werden zunächst nicht beschrieben, sie sind aus den zahlreichen Veröffentlichungen und Fachzeitschriften zu entnehmen. Eine Ausnahme wird mit den Sondergebieten der vorgespannten Behälter, Rohre, Fahrbahnen und Schwellen gemacht, die zum Teil zu besonderen Verfahren geführt haben, die in den vorangehenden Kapiteln nicht beschrieben sind.

Auf klare Begriffe und einheitliche Bezeichnungen wurde besonderer Wert gelegt. Es ist zu erhoffen, daß diese einheitlichen Bezeichnungen, die mit dem Normenentwurf DIN 1037 für „Einheitliche Bezeichnungen im Bauingenieurwesen" abgestimmt wurden, eines Tages allgemein eingeführt werden.

Das Schrifttum über den Spannbeton hat einen unglaublich großen Umfang angenommen. Im Schrifttumsverzeichnis sind deshalb nicht alle Arbeiten aus diesem Gebiet aufgezählt, sondern nur diejenigen, auf die im Text des Buches Bezug genommen wird.

Dem Buch sind 10 Gebote für den Spannbeton-Ingenieur vorangestellt, welche die wichtigsten Besonderheiten enthalten, auf die der Stahlbetonfachmann abweichend von seinen bisherigen Gebräuchen besonders zu achten hat.

Auf die Richtlinien für Bemessung und Ausführung von Spannbeton DIN 4227 (Fassung Oktober 1953) des Deutschen Ausschusses für Stahlbeton wird verhältnismäßig wenig Bezug genommen, weil diese ohnehin auf dem Tisch jedes deutschen Spannbetoningenieurs liegen müssen. Außerdem werden diese Richtlinien noch einem mehrmaligen Wandel unterworfen sein, bis sich die verschiedenen Auffassungen über Spannbeton durch weitere praktische Erfahrungen und Versuche vollends abgeklärt haben. Zum Teil wird im vorliegenden Buch auf Grund sorgfältiger Überlegungen eine von den Richtlinien abweichende Auffassung vertreten.

Der Verfasser wird es jedem Leser des Buches besonders danken, wenn er ihn auf etwaige Irrtümer aufmerksam macht oder andersartige Erfahrungen mitteilt, denn nur dadurch kann der neuartige Wissensstoff langsam von den Schwächen des einzelnen mit zum Teil noch persönlichen Meinungen befreit werden.

Dem Verfasser ist es ein aufrichtiges Bedürfnis, seinen besonderen Dank auszusprechen:

Herrn Prof. Dr.-Ing. *M. Roš*, EMPA Zürich, daß er die Zustimmung geben hat, einige Forschungsergebnisse der EMPA Zürich in diesem Buch zu benutzen.

M. Y. *Guyon* und der STUP (Mitarbeitern von M. E. *Freyssinet*), Paris, für die freundliche Erlaubnis, einige von dieser Gruppe erarbeitete wertvolle Beiträge zu dem Gebiet des Spannbetons im Buch aufzunehmen.

Mr. *Curzon Dobell*, Präsident der Preload Company, New York, für die Unterlagen amerikanischer Spannbetonarbeiten, besonders auf dem Gebiet des Behälterbaues.

Meinem verehrten Lehrer, Herrn Prof. Dr.-Ing. e. h. *O. Graf*, Stuttgart, für seine wiederholten wertvollen Hinweise auf dem Gebiet der Baustoffe.

Herrn Dr. *Jäniche*, Hüttenwerk Rheinhausen, und Herrn Dr. *Schwier*, Felten & Guilleaume, Carlswerk Eisen u. Stahl A.G., Köln-Mülheim, für die Durchsicht des Kapitels über den Baustoff Stahl und die dabei angegebenen Anregungen.

Herrn Reg.-Baumeister a. D. *E. Bornemann*, Geschäftsführer des Deutschen Beton-Vereins, für die Anregungen bei Durchsicht des Kapitels 20.

Herrn Bundesbahnrat *Bührer*, Zentralamt der Deutschen Bundesbahn, München, für seine wertvollen Mitteilungen über Versuchsergebnisse der Deutschen Bundesbahn.

Mehreren Bauunternehmen für die bereitwillige Hergabe von Lichtbildern oder zeichnerischen Unterlagen für die Abbildungen.

Meinem Mitarbeiter Dipl.-Ing. *W. Andrä* für seine wertvollen Bemühungen um eine leicht verständliche Darstellung der statischen Probleme.

Meinen Mitarbeitern Bauing. *W. Baur*, Dipl.-Ing. *W. Pieckert*, Herrn *E. Hoferer* und Fräulein *G. Roeckerath* für manche fruchtbare Kritik und Hilfen bei der Ausarbeitung des Buches mit den zahlreichen Abbildungen.

Herrn Dipl.-Ing. *E. Mönnig*, Düsseldorf, für die mühevolle Arbeit sorgfältigen Korrekturlesens. Dem Verlag für rasche Bearbeitung und für die vorzügliche Ausstattung.

Stuttgart, im Juni 1954   *Fritz Leonhardt*

Patente

Die ältesten Patente auf Spannbeton sind nunmehr über 70 Jahre alt und längst abgelaufen. Die Patentanmeldungen auf dem Gebiet des Spannbetons haben aber seither nie mehr aufgehört und sind in den letzten Jahren zu einer wahren Flut angewachsen, in der sich nur noch wenige auskennen.

Um allen Schwierigkeiten aus dem Weg zu gehen, hat der Verfasser in diesem Buch grundsätzlich keine Schutzrechte angeführt. Es ist deshalb Sache jedes einzelnen, der Spannbeton herstellt, sich über die Patentlage zu orientieren, die Lizenz für die Anwendung geschützter Verfahren einzuholen oder Verfahren anzuwenden, deren Schutzrechte abgelaufen sind.

Nur in wenigen Ausnahmefällen wurde auf Patente verwiesen, wenn für die dort aufgezeigte Bauart bisher anderweitige Veröffentlichungen fehlen. Im übrigen sei auf die Zusammenstellung der Patente auf dem Gebiet des Spannbetons in dem Buch von *H. Möll*, Senatspräsident im Deutschen Patentgericht, [225], verwiesen.

Zehn Gebote für den Spannbeton-Ingenieur

Beim Entwerfen

1. Vorspannen bedeutet Zusammendrücken des Betons. Druck entsteht nur dort, wo Verkürzung möglich ist. Sorge dafür, daß sich dein Bauwerk in der Spannrichtung verkürzen kann.

2. Jede Richtungsänderung des Spanngliedes ergibt Umlenkkräfte beim Vorspannen, Richtungsänderungen der Schwerlinie des Betons geben Abtriebskräfte.
   Denke daran bei der Berechnung und Bemessung.

3. Die hohen zulässigen Druckspannungen müssen nicht unbedingt ausgenutzt werden! Wähle die Betonquerschnitte besonders an den Spanngliedern so, daß sie sich gut betonieren lassen, sonst kann die Baustelle nicht den steifen Rüttelbeton machen, der für Spannbeton nötig ist.

4. Vermeide Zugspannungen unter Eigengewicht und mißtraue der Zugfestigkeit des Betons.

5. Ordne schlaffe Bewehrung vorzugsweise quer zur Spannrichtung und besonders an den Einleitungen der Spannkräfte an.

Bei der Bauausführung

6. Spannstahl ist hochwertiger als Bewehrungsstahl und empfindlich gegen Rost, Kerben, Knicke, Hitze. Behandle ihn sorgsam.
   Verlege die Spannglieder sehr genau, dicht und unverschieblich, sonst straft dich die Reibung.

7. Plane dein Betonierprogramm so, daß überall gut gerüttelt werden kann und Verformungen der Gerüste keine Risse im jungen Beton erzeugen. Betoniere mit größter Sorgfalt, denn beim Spannen rächen sich die Betonierfehler!

8. Prüfe die Beweglichkeit des Tragwerkes zur Verkürzung in Spannrichtung vor dem Vorspannen. Unterlege gegen erhärteten Beton wirkende Spannelemente zur Druckverteilung mit Holz oder Gummi. Decke Hochdruckleitungen grundsätzlich ab.

9. Spanne lange Bauteile frühzeitig, aber nur teilweise, damit mäßige Druckspannungen Schwind- und Temperaturrisse verhüten.
   Lasse die volle Vorspannkraft erst dann wirken, wenn der Beton ausreichende Festigkeit aufweist. Die größten Beton-Beanspruchungen treten meist beim Spannen auf.
   Spanne unter stetiger Kontrolle von Dehnweg und Pressenkraft. Führe das Spannprotokoll sorgsam!

10. Presse deine Spannglieder erst nach Kontrolle ihrer Durchgängigkeit und unter strenger Beachtung der Richtlinien aus.

Inhalts-Verzeichnis

Widmung		V
Vorwort zur 3. Auflage		VII
Vorwort zur 2. Auflage		VII
Vorwort zur 1. Auflage		VIII
Patente		X
Zehn Gebote für den Spannbeton-Ingenieur		XI
Spannbeton-Bezeichnungen		XXIII
Kapitel 1	Grundbegriffe des Spannbetons	1
Kapitel 2	Baustoffe	15
Kapitel 3	Verankerungen und Stöße der Spannstähle	69
Kapitel 4	Spanngeräte und das Vorspannen	143
Kapitel 5	Vorspanngrade	185
Kapitel 6	Die Bedeutung des Verbundes	191
Kapitel 7	Längsbeweglichkeit und Gleitwiderstände von Spanngliedern, Spannkraftverlust durch Reibung, Spannweg	203
Kapitel 8	Die Herstellung des nachträglichen Verbundes und des Korrosionsschutzes beim Vorspannen nach dem Erhärten des Betons	245
Kapitel 9	Einleitung der Spannkräfte	269
Kapitel 10	Grundsätze für die bauliche Durchbildung	295
Kapitel 11	Die Berechnung vorgespannter Tragwerke	331
Kapitel 12	Die rechnerische Behandlung der Einflüsse des Schwindens und Kriechens des Betons	399
Kapitel 13	Der Bruchsicherheitsnachweis	447
Kapitel 14	Sicherheit gegen Ermüdung bei schwingender Beanspruchung	511
Kapitel 15	Stabilitätsprobleme vorgespannter Bauteile	519
Kapitel 16	Sondergebiete der Vorspannung	527
Kapitel 17	Feuerbeständigkeit des Spannbetons	603
Kapitel 18	Bemerkenswerte Bruchversuche	609
Kapitel 19	Hinweise für die Bauausführung, Lehrgerüste und dergleichen	615
Kapitel 20	Geschichtliches	625
Schrifttum		641
Stichwortverzeichnis		663
Anhang. Tafeln der Funktionen e^{-x} und $1-e^{-x}$		671

Inhaltsverzeichnis der Kapitel

Kapitel 1

1. Grundbegriffe des Spannbetons

1.1	Die mangelhafte Zugfestigkeit des Betons	1
1.2	Die Grundgedanken der Vorspannung	1
1.3	Spannungsverluste durch Schwinden und Kriechen	3
1.4	Die Notwendigkeit hochfester Stähle	4
1.5	Folgerungen für die Berechnung und die zulässigen Spannungen	5
1.6	Die hohe Verantwortung bei Spannbetonbauten	5

1.7	Die Arten des Spannbetons	6
1.8	Die Arten der Spannglieder	8
1.9	Die äußeren Kräfte des Lastfalles Vorspannung	8
1.10	Die Stahl- und Betonspannungen	9
1.11	Die Bruchsicherheit	11
1.12	Die kritische Last	12
1.13	Rissesicherheit	12
1.14	Rissesicherung	12
1.15	Besondere Vorteile des Spannbetons	12

Kapitel 2

2. Baustoffe

2.1	Stahl	15
	2.11 Anforderungen an Spannstähle	15
	2.12 Stahlarten	18
	2.121 Naturharte Stähle	18
	2.122 Patentiert-gezogene Stähle	20
	2.123 Patentiert-gezogene, angelassene (gealterte) Stähle	24
	2.124 Kaltverformte Stähle, auch kaltverformte und angelassene Stähle	24
	2.125 Vergütete Stähle	25
	2.13 Das Kriechen der Stähle	28
	2.131 Versuchsergebnisse an gezogenen Stählen	28
	2.132 Versuchsergebnisse an vergüteten und angelassenen Stählen	33
	2.133 Kriechen der Stähle unter schwingender Beanspruchung	34
	2.134 Kennzeichnung der Kriecheigenschaften der Spannstähle	35
	2.135 Wie wird das Kriechen des Stahles berücksichtigt?	36
	2.14 Einfluß hoher Temperaturen auf Spannstähle	36
	2.15 Einfluß der Querpressung auf die Festigkeit der Spannstähle	37
	2.16 Die Biegespannungen in Spanngliedern	38
	2.17 Die Ermüdungsfestigkeit der Spannstähle	40
	2.171 Der für Spannbeton nötige Mindestwert der Schwingbreite des Stahles über $\sigma_u = \sigma_{v_0}$	41
	2.18 Gefährdung der Spannstähle durch Korrosion	41
	2.181 Gewöhnliche Korrosion	41
	2.182 Spannungskorrosion (Stress corrosion)	42
	2.183 Versprödung durch Wasserstoffaufnahme	44
	2.184 Schutzmaßnahmen	45
2.2	Beton	46
	2.21 Erwünschte Eigenschaften und allgemeine Richtlinien	46
	2.22 Das Formänderungs-Verhalten des Betons	51
	2.23 Das Schwinden des Betons	53
	2.231 Was beeinflußt das Schwinden?	53
	2.232 Der zeitliche Verlauf des Schwindens	54
	2.233 Welches Schwindmaß ist bei Spannbeton zu berücksichtigen?	55
	2.24 Das Kriechen des Betons	56
	2.241 Abhängigkeiten des Kriechens von Beanspruchung und Betongüte	56
	2.242 Der zeitliche Verlauf des Kriechens	57
	2.243 Abhängigkeit der Kriechzahl vom Klima und dem Erhärtungsgrad	58
	2.244 Abhängigkeit der Kriechzahl vom Wasser-Zement-Faktor, vom Zement- und Mörtelgehalt und von der Körpergröße	60
	2.245 Einfluß der Gesteinsarten	61
	2.246 Welches Kriechmaß ist bei Spannbeton zu berücksichtigen?	62
	2.25 Schwind- und Kriechmessungen an ausgeführten Bauwerken	62
	2.251 Böckinger Brücke, Heilbronn am Neckar	62
	2.252 Lombardsbrücke, Hamburg	63
	2.253 Sandö-Brücke, Schweden	64
	2.254 Mehrgeschossige Stockwerksrahmen	64

2.26 Festigkeiten des Betons 65
    2.261 Druckfestigkeit bei Kurzzeitbelastung 65
    2.262 Zugfestigkeit bei Kurzzeitbelastung 66
    2.263 Standfestigkeit bei Langzeitbelastung 66
    2.264 Ermüdungsfestigkeit 66
2.27 Die Betonfestigkeit bei hohen Temperaturen, Versuchsergebnisse 66
2.28 Die Wirkung niedriger Temperaturen auf die Betonfestigkeit 67
2.29 Leichtbeton für Vorspannung 68

Kapitel 3

3. Verankerungen und Stöße der Spannstähle

3.1 Verankerung unmittelbar im Beton 69
    3.11 Verankerung durch Krümmungen 69
    3.12 Schlaufenverankerung 76
    3.13 Verankerung durch Haft-, Reibungs- und Scherverbund 79
        3.131 Verbundanker für Spannbettvorspannung 79
        3.132 Verbundverankerungen für Spannen nach dem Erhärten des Betons 85
3.2 Verankerung mit Stahlteilen 95
    3.21 Parallele Gewinde 95
    3.22 Konisch auslaufende Gewinde 99
    3.23 Verankerung mit Keilen 100
        3.231 Kräftespiel an Keilverankerungen 100
        3.232 Beispiele für Keilverankerungen 103
        3.233 Vor dem Spannen hergestellte Keilverankerungen 114
        3.234 Aufgepreßte Keilringe 116
    3.24 Verankerung mit Seilköpfen 118
    3.25 Verankerung mit Ziehhülsen 121
    3.26 Verankerung mit angestauchten Köpfen 122
    3.27 Verankerung mit Schrägstreben 126
    3.28 Verankerung mit Tellerfedern 127
    3.29 Verankerung in erhärtetem Einpreßmörtel (Injektionsanker) 127
3.3 Das Stoßen von Spannstählen und Spanngliedern 129
    3.31 Gewindemuffen 129
    3.32 Stöße mit Keilverbindungen 130
    3.33 Hartgelötete oder geschweißte Stöße 132
    3.34 Das Spleißen von Litzen 132
    3.35 Klemmenstöße 132
    3.36 Stoßarten im Beton 133
    3.37 Stoß mit vorgespannter Wickelung 135
    3.38 Ziehhülsenstoß 136
3.4 Ermüdungsfestigkeit an Anker- oder Stoßstellen 136
    3.41 Gewindeverankerungen 136
    3.42 Keilanker 137
    3.43 Ziehhülsenverankerungen 138
    3.44 Schlaufenverankerungen 139
    3.45 Seilköpfe 139
    3.46 Angestauchte Ankerköpfchen 139
    3.47 Einbetonierte Verbundanker 140
    3.48 Zusammenstellung der Schwingbreiten von Spannglied-Verankerungen 141

Kapitel 4

4. Spanngeräte und das Vorspannen

4.1 Mechanische Geräte 143
    4.11 Einfache Geräte 143
    4.12 Wickelmaschinen 145

4.2 Hydraulische Geräte	147
4.21 Allgemeines über Pressen und Meßeinrichtungen	147
4.22 Hochdruck-Pumpen	149
4.3 Übliche Spannpressen	151
4.31 Pressen für Einzel-Spannglieder	151
4.32 Hydraulische Pressen für Spannbettvorspannung	157
4.33 Große hydraulische Pressen für 200 bis 600 t	158
4.34 Tellerpressen, Bandpressen (Kapselpressen)	161
4.35 Wickelmaschinen für das Vorspannen von kreisrunden Behältern und Rohren	162
4.4 Das Vorspannen vor dem Erhärten des Betons (Spannbettvorspannung)	165
4.41 Das lange Spannbett	165
4.42 Kurze Spannbetten	167
4.421 Die thermo-elektrische Vorspannung der UdSSR	167
4.5 Das Vorspannen nach dem Erhärten des Betons	168
4.51 Vorbereitung	168
4.52 Zeitlicher Ablauf des Vorspannens	168
4.521 Stufenweises Vorspannen	169
4.53 Örtlicher Ablauf des Vorspannens	170
4.54 Der Spannvorgang	171
4.541 Messung des Spannweges	171
4.542 Unregelmäßigkeiten des Spannweges	173
4.543 Genauigkeit der Spannwegmessung	173
4.544 Die Gleichmäßigkeit der Vorspannung in Kabeln	173
4.6 Besondere Vorspannarten	174
4.61 Spannblöcke	174
4.62 Spannfugen	176
4.63 Spannen quer zur Spannrichtung (Spreizen)	177
4.64 Kniehebel-Vorspannung	179
4.65 Spannschlaufen	179
4.66 Vor dem Einbau vorgespannte Spannglieder	180
4.67 Vorspannen durch Erwärmen	182
4.68 Bewickeln unter Vorspannung	182
4.69 Weitere Verfahren	183

Kapitel 5

5. Vorspanngrade

5.1 Allgemeines	185
5.2 Die volle Vorspannung	186
5.3 Die beschränkte Vorspannung	186
5.4 Die mäßige Vorspannung	189
5.5 Wirtschaftliche Gesichtspunkte zum Vorspanngrad	189

Kapitel 6

6. Die Bedeutung des Verbundes

6.1 Vorbemerkung	191
6.2 Wirkung des Verbundes	191
6.21 Rostschutz und unterschiedliche Rostgefahr	191
6.22 Der Einfluß des Verbundes auf die Bruchsicherheit	192
6.3 Der erforderliche Grad des Verbundes	193
6.4 Teilweiser Verbund	194
6.5 Haft- oder Verbundspannungen	195
6.51 Verbundspannungen im Zustand I	195
6.52 Verbundspannungen im Zustand II	195
6.53 Zulässige Haft- oder Verbundspannungen	196

6.6 Verbundfestigkeiten (Gleitwiderstände) 196
    6.61 Versuche mit runden Blechröhren und runden Walzstäben 197
    6.62 Versuche mit rechteckigem Blechkasten und Litzenkabeln 199

Kapitel 7

7. Längsbeweglichkeit und Gleitwiderstände von Spanngliedern, Spannkraftverlust durch Reibung, Spannweg

7.1 Bauarten zur Erlangung der Längsbeweglichkeit von Spanngliedern 203
    7.11 Spannglieder mit Gleitanstrich 203
    7.12 Spannglieder umwickelt 204
    7.13 Spannglieder in Blechhüllen bzw. Hüllrohren 204
    7.14 Spannglieder in Betonkanälen 211
    7.15 Spannglieder neben den Stegen, in offenen Rillen oder Schlitzen 212
7.2 Die Gleitwiderstände von Spanngliedern — Ursachen der Reibung 213
    7.21 Reibung durch Umlenkkräfte 213
        7.211 Arten und Größe der Umlenkungen 214
    7.22 Reibung durch Klemmkräfte 215
        7.221 Mangelhafte Ordnung der Drähte 215
        7.222 Nacheinander gespannte Drähte 215
        7.223 Druck des Frischbetons 216
    7.23 Das Bremsen der Randdrähte 216
7.3 Die Reibungsbeiwerte 216
    7.31 Versuche zur Bestimmung des Reibungsbeiwertes μ 218
    7.32 Bemerkungen zu den Reibungswerten 222
    7.33 Messung der Reibung an Spanngliedern in Bauwerken 223
    7.34 Für die Praxis übliche Reibungsbeiwerte μ und Welligkeiten β von Spanngliedern . . . 225
7.4 Rechnerische Behandlung der Reibung für Spannen und Nachlassen 227
    7.41 Ermittlung des Verlaufes der Vorspannkraft 227
    7.42 Spannwegermittlung bei Berücksichtigung der Reibung 232
    7.43 Spannkraftverlust infolge Keilschlupf 232
7.5 Zweckmäßige Ausbildung mehrteiliger Spannglieder im Hinblick auf Auspressen und Reibung 234
7.6 Vorspannhilfen zur Überwindung der Reibungswiderstände 241
    7.61 Hilfsspannstellen 241
    7.62 Hilfsspannglieder 243
    7.63 Erwärmung 244
    7.64 Verminderung der Reibung durch Vibrationsstöße 244

Kapitel 8

8. Die Herstellung des nachträglichen Verbundes und des Korrosionsschutzes beim Vorspannen nach dem Erhärten des Betons

8.1 Der Einpreßmörtel als Verbundmittel 245
    8.11 Wasserabsetzen und Raumänderungen bei Einpreßmörtel, Zusatzmittel 245
    8.12 Das Fließvermögen des Einpreßmörtels 249
    8.13 Die Druckfestigkeit des Einpreßmörtels 252
    8.14 Die Frostbeständigkeit des Einpreßmörtels 252
    8.15 Auswahl der Bindemittel und Zuschläge 254
    8.16 Geeignete Zusammensetzung des Einpreßmörtels 255
    8.17 Das Mischen des Einpreßmörtels 255
8.2 Kunststoffe als Verbundmittel 256
8.3 Die Einpreßtechnik 257
    8.31 Einpreßgeräte (Injektionsgeräte) 257
    8.32 Ausbildung der Einpreß- und Entlüftungsstellen 258
    8.33 Das Einpressen 261

8.34 Bestimmung der nötigen Mörtelmenge 265
8.35 Verstopfungen, Ursachen und Beseitigung 265
8.36 Das Nachpressen 266
8.37 Schutzmaßnahmen und Einpressen bei kalter Witterung 267
8.4 Herstellen des nachträglichen Verbundes bei außen am Steg liegenden Kabeln 267

Kapitel 9

9. Einleitung der Spannkräfte

9.1 Allgemeines zur Einleitungszone 269
9.2 Einzelkräfte am prismatischen Körper 270
    9.21 Die mittige Einzelkraft 270
    9.22 Die ausmittige Einzelkraft 274
9.3 Mehrere Einzelkräfte am prismatischen Körper 275
    9.31 Mehrere Einzelkräfte übereinander 275
    9.32 Mehrere Einzelkräfte nebeneinander 278
9.4 Spannkräfte zusammen mit Auflagerkraft am Balkenende 279
    9.41 Die mittige Spannkraft zusammen mit der Auflagerkraft am Balkenende 279
    9.42 Die ausmittige Spannkraft zusammen mit einer Auflagerkraft am Balkenende . . . 282
    9.43 Mehrere Spannkräfte übereinander mit Auflagerkraft an einem Balkenende 282
9.5 Krafteinleitung bei Verbundankern 284
    9.51 Der Einzelstab oder das Einzelbündel 284
    9.52 Mehrere Drähte mit Verbundanker 285
9.6 Krafteinleitung bei Sammelspanngliedern 285
    9.61 Krafteinleitung bei Schlaufenankern 285
        9.611 Schlaufenanker mit anfänglichem Verbund 286
        9.612 Schlaufenanker ohne anfänglichen Verbund 287
        9.613 Schlaufen-Spannblöcke 289
    9.62 Krafteinleitung bei Fächerankern 290
9.7 Krafteinleitung bei Zwischenankern 290
9.8 Krafteinleitung in Plattenbalken oder dergleichen 291

Kapitel 10

10. Grundsätze für die bauliche Durchführung

10.1 Der einfache Balken bei Vorspannung nach dem Erhärten 295
    10.11 Bauhöhe, Spanngliedlage in $l/2$, Querschnitt und Größe von V 295
    10.12 Führung der Spannglieder bei verschiedenen Balkenformen 297
    10.13 Anordnung der Anker 302
10.2 Der einfache Balken bei Vorspannung im Spannbett 302
10.3 Durchlaufende Balken 307
    10.31 Bauhöhe und Querschnittsform 307
    10.32 Verlauf der Spannglieder 308
    10.33 Durchlaufträger durch Zusammenspannen von Teilstücken 312
    10.34 Spannglieder für teilweise Kontinuität 314
    10.35 Einfluß der Reibung der Spannglieder auf ihre Führung im Durchlaufbalken . . . 315
    10.36 Der Kräfteverlauf auf Zwischenstützen 316
10.4 Rahmentragwerke 318
10.5 Richtlinien für die Anordnung schlaffer Bewehrung 323
    10.51 Schlaffe Bewehrung in Druckrichtung 323
    10.52 Querbewehrungen 324
10.6 Lage und Abstände der Spannglieder 325
    10.61 Höhenlage der Spannglieder 325
    10.62 Gegenseitiger Abstand der Spannglieder 326
    10.63 Seitliche Lage der Spannglieder 327
10.7 Besonderheiten beim Zusammenspannen von Fertigteilen 327

# Kapitel 11

11. Die Berechnung vorgespannter Tragwerke

- 11.1 Was ist zu berechnen? ... 331
- 11.2 Die Grundlagen der statischen Berechnung ... 333
  - 11.21 Allgemeines ... 333
  - 11.22 Spannkräfte ... 333
    - 11.221 Spannkräfte bei Spannbettvorspannung ... 334
    - 11.222 Spannkräfte beim Vorspannen gegen erhärteten Beton ... 335
- 11.3 Ermittlung der Querschnittswerte ... 337
  - 11.31 Bauteile mit Spannbettvorspannung ... 337
  - 11.32 Nach dem Erhärten des Betons vorgespannte Bauteile ... 338
  - 11.33 Vorgespannte Betonbauteile ohne Verbund ... 338
  - 11.34 Zweckmäßige Anordnung der Berechnung der Querschnittswerte ... 338
- 11.4 Ermittlung der Schnittkräfte ... 339
  - 11.41 Schnittkräfte am statisch bestimmt gelagerten Tragwerk bei Vorspannung ohne Verbund ... 340
  - 11.42 Schnittkräfte infolge V an statisch bestimmt gelagerten Tragwerken. Vorspannung mit Verbund ... 341
  - 11.43 Schnittkräfte an statisch unbestimmten Tragwerken ... 343
    - 11.431 Die Wirkung der Vorspannung auf die statisch unbestimmten Größen ... 343
    - 11.432 Verfügbare Verfahren der Baustatik zur Ermittlung der statisch unbestimmten Schnittkräfte ... 345
    - 11.433 Der Zweifeldbalken mit parabolischem Spannglied. Wertvolle Erkenntnisse für die Spanngliedführung. Die Spannkraft wirkt an den Balkenenden in der Schwerlinie ... 346
    - 11.434 Der Zweifeldbalken mit parabolischem Spannglied. Die Spannkraft wirkt an den Balkenenden außerhalb der Schwerlinie ... 350
    - 11.435 Der Sonderfall feldweise gerader Spannglieder beim Zweifeldbalken ... 352
    - 11.436 Der dreifeldrige symmetrische Balken mit parabolischen Spanngliedern ... 353
    - 11.437 Allgemeinere Fälle ... 353
    - 11.438 Einfluß veränderlicher Trägheitsmomente ... 354
  - 11.44 Der eingespannte Balken als Grundlage für Ausgleichsverfahren ... 356
    - 11.441 Beidseitige Einspannung, parabelförmiges Spannglied, gleiche Endhöhenlage ... 356
    - 11.442 Beidseitige Einspannung, parabelförmiges Spannglied, ungleiche Endhöhenlage ... 358
    - 11.443 Beidseitige Einspannung, geradliniges Spannglied ... 359
    - 11.444 Beidseitige Einspannung, beliebig gekrümmtes Spannglied ... 359
    - 11.445 Gerades Spannglied mit Zwischenverankerung ... 359
    - 11.446 Einseitige Einspannung, parabolisches Spannglied, beliebige Endhöhenlage ... 360
    - 11.447 Einseitige Einspannung, polygonales Spannglied, beliebige Endhöhenlage ... 360
    - 11.448 Zusammenstellung der Einspannmomente M_v und M'_v an beidseitig und einseitig eingespannten Balken ... 361
    - 11.449 Hinweise für die Anwendung von Momenten-Ausgleichsverfahren nach *Cross*, *Kani* (oder anderen) auf mehrfach statisch unbestimmte vorgespannte Tragwerke ... 364
- 11.5 Ermittlung der Spannungen ... 366
  - 11.51 Längsspannungen σ_x ... 366
  - 11.52 Die Schubspannungen τ_{xy} ... 366
    - 11.521 Schubspannungen in parallelgurtigen Trägern ... 366
    - 11.522 Schubspannungen in Trägern mit veränderlicher Höhe ... 367
  - 11.53 Querspannungen σ_y oder σ_z ... 369
  - 11.54 Hauptspannungen ... 370
  - 11.55 Bemerkungen über zulässige Spannungen ... 372
- 11.6 Bemessung ... 372
  - 11.61 Bemessungstafeln für Rechteckquerschnitte ... 374
    - 11.611 Fälle der Bemessung oder Spannungsermittlung für Rechteckquerschnitte ... 374
    - 11.612 Fälle der Nachprüfung für Rechteckquerschnitte ... 381
  - 11.62 Faustformeln für Rechteckquerschnitte und Vergleich der vollen und beschränkten Vorspannung ... 382
    - 11.621 Volle Vorspannung ... 383
    - 11.622 Beschränkte Vorspannung ... 384

11.63 Bemessungstafeln für Plattenbalken, I- und Kastenquerschnitte 385
    11.631 Beispiele für die Vorbemessung mit den Tafeln 11.VI bis 11.XII 386
11.64 Zur allgemeinen Ermittlung der erforderlichen Vorspannkraft 394
    11.641 Bemessung des Spannstahles 395
11.65 Bemessung der Bewehrung für die Rissesicherung 395
11.7 Spannungen und Bemessung bei zusammengesetzten Querschnitten 396

Kapitel 12

12. Die rechnerische Behandlung der Einflüsse des Schwindens und Kriechens des Betons

12.1 Abnahme der Spannkraft infolge Schwinden und Kriechen 399
    12.11 Vorbemerkung 399
    12.12 Ermittlung der Spannkraftabnahme infolge S. u. K. in Stufen von φ (Differenzenrechnung) 402
    12.13 Abnahme der Spannkraft infolge S. u. K. mit Differenzialgleichung nach *Dischinger* . . 405
    12.14 Genäherte Ermittlung der Spannkraftabnahme infolge S. u. K. 407
    12.15 Weitere Vereinfachung zur Ermittlung der Spannkraftabnahme durch S. u. K. von V_∞ ausgehend 409
    12.16 Zusammenfassung für die Berechnung des Spannkraftverlustes in der Praxis bei normalen Bewehrungsverhältnissen (mäßige schlaffe Bewehrung) 410
    12.17 Die Berechnung der Spannkraftabnahme infolge S. u. K. mit fiktivem E_b-Modul nach *B. Fritz* für statisch bestimmte gelagerte Balken 411
        12.171 Einfluß des Kriechens auf Lastfall Vorspannung und Dauerlast 411
        12.172 Einfluß des Schwindens nach Herstellung des Verbundes 412
    12.18 Veränderlichkeit der Spannkraftabnahme über die Länge des Tragwerks 413
12.2 Der Einfluß der Stahleinlagen auf die Spannungen infolge Schwinden und Kriechen 414
    12.21 Die Spannungsumlagerung infolge S. u. K. beim mittig gedrückten, bewehrten Prisma . 416
        12.211 Schlaffe Bewehrung allein, konstante Kraft N 416
        12.212 Schlaffe Bewehrung und Spannstahl unter Vorspannkraft V und konstanter Längskraft N 417
    12.22 Die Kriechfasermethode von *A. Busemann* 419
        12.221 Eine Spanngliedlage (einsträngige Vorspannung) 419
        12.222 Die Kriechfasermethode für mehrere Spanngliedlagen (mehrsträngige Vorspannung) und für starke schlaffe Bewehrung (nach *Busemann-Habel*) 421
    12.23 Tabellarische Zusammenstellung der Einflüsse von S. u. K. auf Spannungen und Dehnungen 425
    12.24 Hinweis auf Umlagerung von Schwind- und Kriechspannungen bei Verbundtragwerken aus verschieden altem Beton 425
12.3 Die Verformung statisch bestimmt gelagerter Träger infolge Vorspannung und Schwinden und Kriechen 425
    12.31 Die Verkürzung der Balken (genähert) 425
    12.32 Die Biegelinie eines vorgespannten, statisch bestimmten Trägers infolge S. u. K. . . . 426
        12.321 Die allgemeine Lösung 426
        12.322 Formeln für Drehwinkel ϑ infolge S. u. K. für einfache Fälle 427
        12.323 Vereinfachte Lösung für einsträngige Vorspannung bei Vernachlässigung von F_e für Kriechen 431
        12.324 Vereinfachte Lösung für Schwinden 434
        12.325 Näherungsformeln für einfache Balken 435
12.4 Einfluß des Schwindens und Kriechens auf Zwängungskräfte statisch unbestimmter Tragwerke. Behinderung durch Stahleinlagen vernachlässigt 436
    12.41 Allgemeines 436
    12.42 Abbau von inneren Kräften durch Kriechen, die an einem statisch unbestimmten Tragwerk durch eine einmalige kurzzeitige Auflagerverschiebung entstehen 437
    12.43 Abbau von inneren Kräften durch Kriechen, die an einem statisch unbestimmten Tragwerk durch langsame, lang andauernde Verschiebung oder dergleichen entstehen, oder auch: Abbau von Schwindspannungen durch Kriechen 439

12.5 Einfluß des Schwindens und Kriechens auf Zwängungskräfte statisch unbestimmter Tragwerke bei starker Bewehrung; durch S. u. K. geweckte Kräfte 441

12.6 Zusammenfassung der Einflüsse aus Schwinden und Kriechen auf vorgespannte statisch unbestimmte Tragwerke 445
    12.61 Bei kleiner Eigensteifigkeit $J_f \approx 0$ der Stahleinlagen 445
    12.62 Bei starker Bewehrung 446

Kapitel 13

13. Der Bruchsicherheitsnachweis

13.1 Allgemeines zur Bruchsicherheit 447
13.2 Die Brucharten 449
    13.21 Biegebrucharten mit Verbund 450
    13.22 Schubbrucharten mit Verbund 451
13.3 Die Berechnung für Biegebruch. Kritisches Moment oder Bruchmoment 453
    13.31 Die Tragfähigkeit Z der Biege-Zugzone 453
        13.311 Mindestquerschnitt der Stahleinlagen zur Verhütung der Bruchart 1 a 453
        13.312 Die Tragfähigkeit Z der Stahleinlagen bei Bruchart 1 b 454
        13.313 Die Tragfähigkeit Z der Stahleinlagen bei Bruchart 2 457
    13.32 Die Tragfähigkeit D der Biegedruckzone des Betons 458
        13.321 Die Ermittlung von D bei Kurzzeitbelastung 458
        13.322 Vereinfachte Ermittlung von D unter Beachtung des Einflusses der Dauerlast . . 462
        13.323 Genäherte Ermittlung von D nach DIN 4227 464
        13.324 Andere Näherungsermittlungen für D 464
        13.325 Berücksichtigung einer Druckbewehrung in der Biegedruckzone 465
    13.33 Die Ermittlung des Bruchmomentes M_u oder des kritischen Momentes M_{kr} eines Trägerquerschnittes 466
        13.331 Bruchmoment bei Biegung und Biegung mit Längskraft mit einheitlicher Bemessungstafel nach *H. Rüsch* für rechteckige Druckzone 466
        13.332 Bemessungstafeln für Bruchmomente bei Kurzzeitbelastung nach Versuchsergebnissen 467
        13.333 Bemessungstafeln für Bruchmomente bei Dauerlast 469
        13.334 Beispiele zur Anwendung der Tafeln 469
        13.335 Die rechnerische Ermittlung des Bruchmomentes und Grenzbewehrungen für Rechteckquerschnitte 474
        13.336 Die graphische Ermittlung des Bruchmomentes nach *E. Mörsch* 477
        13.337 Vom Rechteck abweichende Querschnitte 480
        13.338 Bruchmoment bei Spanngliedern im Zug- und Druckgurt 480
13.4 Bruchsicherheit auf Biegung bei statisch unbestimmt gelagerten Tragwerken 481
    13.41 Vorbemerkung 481
    13.42 Das Formänderungsverhalten auf Biegung 482
    13.43 Der Einfluß auf veränderlichen EJ auf die Momentenverteilung 485
    13.44 Die rechnerische Ermittlung der Momentenverlagerung im Zustand II 487
    13.45 Die Momentenverlagerung durch plastische Gelenke im Bereich ③ 487
    13.46 Praktische Ermittlung der durch Momentenverlagerung möglichen Traglast 489
    13.47 Einfache Gleichgewichtsbedingungen für die Traglast von Durchlaufbalken 491
        13.471 Randfelder von durchlaufenden Balken 491
        13.472 Innenfelder von Durchlaufbalken 493
    13.48 Bruchsicherheitsnachweis bei Flächentragwerken 493
13.5 Biege-Bruchsicherheit bei Spanngliedern ohne Verbund 494
13.6 Bruchsicherheit auf Schub 496
    13.61 Allgemeines 496
        13.611 Zum Problem der Schubtragfähigkeit 496
        13.612 Zur Schubbemessung nach DIN 4227 (1953) 498
        13.613 Zum Schubbruchnachweis nach *R. Walther* 498
    13.62 Schubbemessung nach den CEB-FIP-Richtlinien von 1970 498
        13.621 Übersicht 499
        13.622 Sicherheitsbeiwerte und Definitionen 499

13.623 Schubbemessung von Balkenstegen	499
13.624 Schubbemessung für Flansche und Gurtplatten	504
13.625 Aufhängebewehrung bei indirekter Lagerung oder Belastung	505
13.626 Zur Schubbemessung von Platten	507
13.627 Zur Bemessung für Torsion	508
13.63 Beispiele zur Anwendung der Schubbemessung nach CEB-FIP	510
13.64 Ergebnisse von Schubversuchen	*510 f*
13.65 Ergebnisse von Torsionsversuchen	*510 k*

Kapitel 14

14. Sicherheit gegen Ermüdung bei schwingender Beanspruchung

14.1 Allgemeines	511
14.2 Folgerungen aus Versuchsergebnissen	512
14.3 Die rechnerische Ermittlung der Ermüdungsfestigkeit bei schwingender Biegebelastung	513

Kapitel 15

15. Stabilitätsprobleme vorgespannter Bauteile

15.1 Das Knicken eines vorgespannten Stabes	519
15.2 Das Knicken vorgespannter Platten und Flächentragwerke	520
15.3 Das Kippen vorgespannter Balken	520
15.31 Kippsicherheitsnachweise	522

Kapitel 16

16. Sondergebiete der Vorspannung

16.1 Das Vorspannen von runden Behältern	527
16.11 Zylindrische Kreisbehälter	527
16.111 Allgemeines	527
16.112 Die zu beachtenden Kräfte	528
16.113 Der Behälterboden	530
16.114 Der Übergang vom Boden zur Wand	531
16.115 Die Behälterwand	533
16.116 Das Behälterdach	538
16.117 Wirtschaftliche Größenverhältnisse	541
16.12 Sonderformen der Spannbetonbehälter	541
16.2 Spannbetonrohre und Spannbetonstollen	545
16.21 Vorbemerkung	545
16.22 Herstellung der Rohre	545
16.23 Rohrverbindungen	548
16.24 Spannbetonstollen und -düker	549
16.25 Offene Gerinne	549
16.3 Spannbeton-Straßen, -Startbahnen und -Beläge	550
16.31 Allgemeines	550
16.32 Die Beanspruchungen von Beton-Fahrbahnen	550
16.321 Längenänderungen, Behinderung durch Reibung	550
16.322 Temperatur- oder Schwindunterschiede	552
16.323 Verkehrslasten	552
16.33 Die Vorspannung	553
16.331 Das zweckmäßige Maß der Vorspannung	554
16.332 Die zulässige Spannung im Spannstahl	554

	16.34	Die baulichen Möglichkeiten von Spannbetonbahnen	555
	16.341	Spannbettvorspannung	555
	16.342	Vorspannung mit Spanngliedern in Hüllrohren	555
	16.343	Bewegungsfugen	558
	16.344	Längsvorspannung ohne Spannglieder (externe Vorspannung)	559
	16.345	Spannbetonbelag für Kanäle	565
16.4	Spannbeton-Schwellen	565
16.5	Maste, Pfähle und Spundwände aus Spannbeton	568
	16.51	Spannbetonmaste	568
	16.52	Spannbeton-Pfähle und -Spundwände	571
16.6	Vorgespannte Falt- und Schalentragwerke	573
	16.61	Allgemeines	573
	16.62	Beispiele für Zylinderschalen	575
	16.63	Beispiele für Hyperboloid-Schalen	581
	16.64	Beispiele für Zusammenspannen vorgefertigter Schalenteile	582
	16.65	Beispiele für Faltwerke	586
	16.66	Beispiele vorgespannter Hängedächer	587
16.7	Vorgespannte Fachwerke	592
16.8	Vorgespannte Gründungsanker	597

Kapitel 17

17. Feuerbeständigkeit des Spannbetons

17.1	Allgemeines	603
17.2	Einige Versuchsergebnisse an Spannbetonbalken und -decken	604
17.3	Erfahrungen bei einem Großbrand	606
17.4	Empfehlungen für die Sicherstellung der Feuerbeständigkeit von Spannbetontragwerken	606
	17.41 Ungeschützte Spannbetontragwerke	607
	17.42 Erhöhung der Feuerbeständigkeit durch Schutzschichten	607

Kapitel 18

18. Bemerkenswerte Bruchversuche

18.1	Einzelversuche an einfachen Balken	609
18.2	Reihenversuche für Biegebruch	610
18.3	Schubversuche an einfachen Balken	610
18.4	Versuche über vorgefertigte Spannbetonbalken in Verbund mit Ortbeton	611
18.5	Versuche an alten Spannbettbalken	612
18.6	Versuche an statisch unbestimmten Trägern	612
18.7	Versuche an Platten	613
18.8	Ermüdungsversuche bei schwingender Belastung	613
18.9	Bruchversuche an fertigen Bauwerken	613

Kapitel 19

19. Hinweise für die Bauausführung, Lehrgerüste und dergleichen

19.1	Spannglieder	615
19.2	Lehrgerüste	619
19.3	Das Betonierprogramm	622
19.4	Das Betonieren	623
19.5	Das Vorspannen	623
19.6	Bauüberwachung	624
19.7	Unfallverhütung	624

Kapitel 20

20. Geschichtliches   625

Bezeichnungen

Hier nicht aufgeführte oder abweichende Bezeichnungen sind nur von geringerer Bedeutung oder werden nur für speziellere Darlegungen verwendet. Sie sind jeweils im Text erläutert.

1. Zeiger

1.1 Bezeichnung der Ursache

g	=	ständige Last, Eigengewicht
p	=	Nutzlast, Verkehrslast
q	=	$g+p$, Gebrauchslast
v	=	Vorspannung, Spannkraft
s	=	Schwinden
k	=	Kriechen
t	=	Zeitdauer
T	=	Temperatur
Z	=	Zug
D	=	Druck
B	=	Biegung
T	=	Torsion

1.2 Bezeichnung des Ortes

b	=	Beton
e	=	schlaffe Stahleinlagen
z	=	Spannstahleinlagen
Gl	=	Gleitkanal
o	=	oben
u	=	unten
l	=	links
r	=	rechts
m	=	mitte
H	=	horizontal
V	=	vertikal
x, y, z	=	Koordinatenrichtungen

1.3 Bezeichnung des Lastzustandes

u	=	Bruchlast
kr	=	kritische Last, Verlust der Gebrauchsfähigkeit durch Verformung

1.4 Besondere Hinweise

n	=	beliebige Zahl
0	=	vor S. u. K., zur Zeit $t=0$
∞	=	nach S. u. K., zur Zeit $t=\infty$
i	=	ideell (bei Verbundquerschnitten)
n	=	Netto (siehe Querschnittswerte)

el	=	elastisch
pl	=	plastisch

1.5 Kopfzeiger

$'$	=	auf Druckseite liegend, z. B. F'_e =Druckbewehrung
(0)	=	auf Spannbett bezogen
0	=	dem statisch bestimmten Grundsystem zugeordnet

2. Längen, Höhen, Abstände

l	=	Spannweite, Stützweite, Länge
l_e, e	=	Einleitungslänge der Vorspannkraft bei Haftverbund
$l_ü$, $ü$	=	Übertragungslänge der Vorspannkraft bei Haftverbund
s	=	Störlänge der Vorspannkraft bei Haftverbund (Kap. 3.131)
l_a	=	Ankerlänge bei Fächerankern (Kap. 3.132)
l_k	=	Knicklänge, Einflußbereich des Keilschlupfes (Kap. 7.43)
x	=	Abstände in der Waagerechten vom Auflager
d	=	Querschnittshöhe (ganze), Durchmesser eines Kreises (auch $\varnothing$)
d_k	=	Kerndurchmesser, Wendeldurchmesser
h	=	Abstand der Stahleinlagen vom Druckrand = Nutzhöhe
b	=	Querschnittsbreite, Druckgurtbreite von Plattenbalken
b_0	=	Stegbreite von Plattenbalken
y	=	Abstände von Schwerlinien (nach unten positiv)
x, y_0	=	Höhe der Betondruckzone
z	=	innerer Hebelarm = Abstand der inneren Kräfte Z und D
r	=	Halbmesser eines Kreises
f	=	Pfeil einer gekrümmten oder geknickten Spanngliedachse (positiv, wenn Umlenkkraft nach oben gerichtet)

a = Abstand zwischen Stahleinlagen, Bauteilen usw.

s = Systemlänge eines Stabes

i = $\sqrt{\dfrac{J}{F}}$ = Trägheitshalbmesser

e = $\dfrac{M}{N}$ = Abstand der Wirkungslinie einer Längskraft N von der für das Moment M maßgebenden Achse

y_z = Abstand der Spanngliedachse von der Schwerachse des Querschnittes, nach unten positiv

e = End- oder Auflagerexzentrizität der Spannkraft oder dortiger Abstand des Spanngliedes von der Schwerachse

u = Umfang eines Bewehrungsstabes

a = Größe der Ankerplatte eines Spanngliedes in Richtung d (Kap. 9)

b' = Größe der Ankerplatte eines Spanngliedes in Richtung b (Kap. 9)

3. Flächen, Widerstandsmomente usw.

F = Querschnittsfläche

F_e = Querschnittsfläche der schlaffen Stahleinlagen

F_z = Querschnittsfläche der Spannstahleinlagen

F_b = Querschnittsfläche des Betons (brutto, einschl. F_e, F_z bzw. F_{Gl})

F_n = Nettoquerschnitt, = Betonquerschnitt F_b abzüglich Querschnitte F_e, F_z bzw. F_{Gl}

F_i = ideeller Querschnitt = $F_b + (n-1)\,F_e$ usw.

F_{bZ} = Querschnittsfläche der Biegezugzone des Betons

$\left.\begin{aligned} F_f &= F_e + F_z \cdot \dfrac{E_z}{E_e} \\ F_{if} &= F_n + n\,F_f \end{aligned}\right\}$ (Kap. 12.2)

F_1, F_2 = Ersatzflächen im *Busemann*schen Kriechfaserverfahren, Kap. 12.2

W = $\dfrac{J}{y}$ = Widerstandsmoment

J = Trägheitsmoment

S = statisches Moment einer Teilfläche, bezogen auf die Schwerachse des Querschnittes

S_{F_z} = statisches Moment der n-fachen Spannstahlfläche, bezogen auf die Nullinie (Kap. 6.51)

μ = Bewehrungsprozentsatz,

$\mu_z = \dfrac{F_z}{b \cdot h}$

$\mu_{bZ} = \dfrac{F_z}{F_{bZ}}$ = Bewehrungsprozentsatz, bezogen auf den Querschnitt der Biegezugzone des Betons

μ_{gr} = Grenzbewehrungsgrad (Stahl und Beton gleichwertig ausgenutzt), Kap. 13

4. Kennwerte der Werkstoffe

E = Elastizitätsmodul = E-Modul

E_z = E-Modul des Spannstahles

E_b = E-Modul des Betons

E_{el} = E-Modul bei rein elastischer Formänderung

E_s = Sekantenmodul

n = Verhältnis der E-Moduln von Stahl und Beton,

$n_e = \dfrac{E_e}{E_b}$; $\quad n_z = \dfrac{E_z}{E_b}$

G = Schubmodul

μ = $\dfrac{\varepsilon_{\text{quer}}}{\varepsilon_{\text{längs}}}$ = Querdehnzahl (<1), reziproker Wert der *Poisson*schen Zahl m (>1)

α_T = Temperaturdehnzahl

5. Festigkeiten

β_S = Streckgrenze des Stahles

$\beta_{0,2}$ = 0,2 %-Dehngrenze des Stahles

$\beta_{0,01}$ = 0,01 %-Dehngrenze (Proportionalitäts-, Elastizitätsgrenze) des Stahles

β_Z = Zugfestigkeit des Stahles

β_w = Würfeldruckfestigkeit des Betons, im allgemeinen im Alter von 28 Tagen (20 cm-Würfel)

β_{w7} = ... im Alter von 7 Tagen

β_p = Prismendruckfestigkeit des Betons

β_c = Zylinderdruckfestigkeit des Betons

β_∞ = Endfestigkeit des Betons nach $t = \infty$

β_R = Rechenwert der Betondruckfestigkeit, Kap. 13

β_{bZ} = Zugfestigkeit des Betons (nicht Biegezug!)

β_F = Ermüdungsfestigkeit = Oberspannung bei Schwingbreite $2\,\sigma_A$

$\beta_{F(0)}$ = Schwellfestigkeit (Unterspannung = 0)

β_r = Gleitwiderstand zwischen Beton und Stahl, Verbundfestigkeit, Kap. 6.6

Z ... N ...	$\Big\}$ = Normendruckfestigkeit des Zementes in kg/cm²	M^0, Q^0	= Schnittkräfte im statisch bestimmten Grundsystem
B ...	= Normendruckfestigkeit des Betons in kg/cm²	$M'\ Q'$	= Schnittkräfte infolge behinderter Verformung am statisch unbestimmten System = Zwängungs-Schnittkräfte
St I, II, III	= Normgemäße Güte des Betonstahles	M_z	= Schnittmoment, bezogen auf Schwerlinie der Spannstahleinlagen = $D_b\, z$ = $M - N \cdot e$, Kap. 13.3
St .../...	= Stahlgüte, ausgedrückt durch Streckgrenze (1. Zahl) und Zugfestigkeit (2. Zahl) in kg/mm² — wird nur eine Zahl angegeben, so bedeutet sie die Zugfestigkeit	m_z	= auf $b\, h^2\, \beta_R$ bezogenes Moment M_z, Kap. 13.3
		M^*	= gedachtes Moment infolge Drehwinkeln zur Ermittlung der Biegelinie, Kap. 12.32
		$\overline{M}$	= Volleinspannmoment, zur Anwendung von Momenten-Ausgleichsverfahren, Kap. 12.5

6. Äußere Kräfte

V	= Vorspannkraft, Ankerkraft, als Druckkraft auf den Beton negativ (in Kap. 9 jedoch positiv)
$V^{(0)}$	= Spannbettkraft
V_0	= Vorspannkraft nach Trennung der Spannbettverankerung bzw. anfängliche Vorspannkraft bei nachträglichem Verbund
V_∞	= Vorspannkraft nach S. u. K.
g, G	= Eigengewicht, ständige Last
p, P	= Nutzlast, Verkehrslast
M	= Lastmoment
$X_1, X_2 \ldots$	= statisch überzählige Größen
u, U	= Umlenkkraft eines Spanngliedes
r, R	= durch Reibung beim Vorspannen erzeugte Änderung der Vorspannkraft
R	= Reibungskraft in Keilflächen, Kap. 3.231
A	= Abnahme der Vorspannkraft (Ankerkraft) V, als Verminderung von V positiv
$A, B \ldots$	= Auflagerkräfte
p	= Bodenpressung, Lagerpressung

7. Innere Kräfte, Schnittkräfte

Z	= Zugkraft, immer positiv
Z_e	= Zugkraft der schlaffen Stahleinlagen
Z_z	= Zugkraft der Spannstahleinlagen
Z_b	= Zugkraft des Betons
Z_{zv}	(oder kurz Z_v) = Zugkraft im Spannstahl infolge Vorspannung
Z_{s+k}	= Spannkraftverlust infolge S.u.K., als Verminderung der Schnittkraft Z_{zv} im Spannstahl negativ
D	= Druckkraft, immer negativ
γ	= auf $b\, h\, \beta_R$ bezogene Betondruckkraft D_b
N	= Längskraft
Q	= Querkraft
R	= Resultierende mehrerer Kräfte
M	= Schnittmoment

8. Formänderungen

(Kürzungen, Dehnungen, Drehungen)

Δl	= Längenänderung, Spannweg
ε	= $\dfrac{\Delta l}{l}$ = bezogene Längenänderung (Kürzung negativ oder Dehnung positiv)
ε_b	= Kürzung des Betons
ε_z	= Dehnung des Spannstahles
ε_q	= Lastdehnung des Spannstahles im Bruchzustand
$\varepsilon^{(0)}$	= Spannbettdehnung des Spannstahles
ε_{el}	= elastische Formänderung
ε_{pl}	= plastische Formänderung
ε_s	= Schwindverkürzung des Betons
ε_k	= Kriechverkürzung des Betons
$\varphi = \varphi_\infty$	= $\dfrac{\varepsilon_{k\infty}}{\varepsilon_{b,\,el}}$ = Endkriechzahl
φ_N	= Endkriechzahl bei Belastung nach 28tägiger Normerhärtung
δ_{10}	= Bruchdehnung des Stahles am 10 d-Stab
v	= Verschiebung eines Punktes
f	= Durchbiegung, Pfeilhöhe der Biegelinie
φ	= Drehung
ψ	= Stabdrehwinkel
τ	= Stabendtangenten-Winkel
ϑ	= Spreizung zweier Schnittufer, Rotation, Drehwinkel
ϱ	= idealisierte Rotation plastischer Gelenke, Kap. 13.4
$\delta_{11}, \delta_{12} \ldots$	= Weggrößen, die zu den statischen Überzähligen $X_1, X_2 \ldots$ gehören
τ^0	= Stabendtangenten-Winkel am statisch bestimmten Grundsystem
τ'	= Stabendtangenten-Winkel infolge **Zwängungsmoment**

9. Spannungen

(Druck immer negativ, Zug positiv)

σ_I, σ_{II} = Hauptspannungen (in Richtung der Hauptachsen), σ_I zumeist Zugspannung

σ_x, σ_y = Spannungen in den Richtungen x und y

σ_e = Spannung der schlaffen Stahleinlagen

σ_z = Spannung der Spannstahleinlagen

σ_b = Spannung des Betons (= Druckspannung)

σ_{bZ} = Betonzugspannung

σ_v = Spannung infolge Vorspannung

    $\sigma^{(0)}$ = Spannung im Spannbett

    σ_0 = Spannung unmittelbar nach Aufbringen der Vorspannkraft auf den Beton

    σ_∞ = Spannung nach S. u. K. zur Zeit $t = \infty$

σ_{bg} = Betonspannung infolge Dauerlast — in Kap. 12 in Spanngliedhöhe!

τ = Schubspannung

τ_1 = Verbundspannung zwischen Beton u. Stahl (auch Haftspannung genannt)

σ_A = Spannungsausschlag bei schwingender Beanspruchung

    $2\sigma_A = \sigma_o - \sigma_u$ = Schwingbreite

    σ_o = obere Spannung

    σ_u = untere Spannung

    $\sigma_m = \dfrac{\sigma_o + \sigma_u}{2}$ = Mittelspannung

10. Beiwerte, Winkel

ν = Sicherheitsfaktor

    ν' = Sicherheitsfaktor für Zwängungs-Schnittkräfte

    ν_s = Sicherheitsfaktor bei Bezug auf Stahl

μ = Reibungsbeiwert

    μ' = Reibungsbeiwert bei Schlupf der Verankerung, Kap. 7.43

k_x = x/h

k_z = z/h

k_s = Beiwert zur Abschätzung des Schwindmaßes ε_s, Kap. 2.233

k_1, k_2 = Beiwerte zur Abschätzung der Kriechzahl φ, Kap. 2.24

k_e = Beiwert zur Ermittlung der Biegesteifigkeit im Zustand II, $EJ^{II} = \mu\, b\, h^3\, k_e$, Kap. 13

α = Völligkeitsbeiwert der Betondruckzone, Kap. 13

α' = Beiwert für den Abstand der Betondruckkraft D_b vom Druckrand, Kap. 13

α_F, α_P' = Beiwerte wie α und α', jedoch zur Berechnung der Traglast bei schwingender Last, Kap. 14

φ, α = Winkel, z. B. Umlenkwinkel des Spanngliedes (planmäßig)

β = Welligkeit = ungewollter Umlenkwinkel des Spanngliedes je Längeneinheit

γ = $\Sigma\,(\alpha + \beta \cdot l)$ Summe der gewollten und ungewollten Umlenkwinkel

$\alpha = \dfrac{\varepsilon_{bv\infty}}{\varepsilon_{bvo} - \varepsilon_{zvo}} = \dfrac{n \cdot \mu}{n \cdot \mu + 1}$ = Beiwert zur Ermittlung des Spannkraftverlustes infolge S. u. K., Kap. 12

11. Sonstige Zeichen

S. u. K. = Schwinden und Kriechen

Z = Zementgehalt je m³ fertigen Beton

W = Wassergehalt je m³ fertigen Beton

w = W/Z = Wasser-Zement-Faktor

Mö = Mörtelgehalt (Null bis 7 mm ohne Zement) je m³ fertigen Beton, Kap. 2.233 u. 2.4

r. F. = relative Luftfeuchtigkeit

KW = Kennwert des Betons, Kap. 2.233 u. 2.4

PZ = Portlandzement

HOZ = Hochofenzement

M ... = Zeichen für metrisches Gewinde nach DIN

max = maximal

min = minimal

const = konstant

erf = erforderlich

zul = zulässig

vorh = vorhanden

mittl = Mittelwert von

⌀ = Durchmesser eines Drahtes oder Stabes mit Kreisquerschnitt

Definitionen der Spannungsarten nach DIN 1080

Lastspannungen sind alle durch Lasten (einschl. Eigenlast) hervorgerufenen Spannungen, und zwar sowohl an statisch bestimmten wie an statisch unbestimmten Tragwerken.

Zwängspannungen werden nicht durch Lasten verursacht, sondern entstehen an statisch unbestimmten Tragwerken durch Behinderung der durch Temperaturänderung, Schwinden oder dergleichen hervorgerufenen Verformungen oder durch Lagerverschiebungen.

Eigenspannungen liegen vor, wenn in jedem Schnitt eines Körpers die Summe aller Spannungen die Schnittkraft Null ergibt. Sie sind ohne äußere Lasten dem gewichtslos gedachten Körper an sich eigen, ihnen entspricht also auch keine Stützkraft. Sie können ungewollt z. B. durch Wärme, Schwinden, Erstarren usw. oder gewollt z. B. durch palstische Verformung, Vorspannung usw. entstehen. Ihre Ursachen können je nach Lagerung des Körpers gleichzeitig Zwängspannungen hervorrufen.

Die Vorspannung erzeugt in statisch bestimmt gelagerten Tragwerken einen Eigenspannungszustand, in allen anderen Tragwerken kommen Zwängspannungen hinzu, es sei denn, daß als Ausnahme zwängungsfrei (vgl. Kap. 11.431 und 11.433) vorgespannt wurde. Die Eigenspannungen und Zwängspannungen ändern sich bei einer Steigerung der äußeren Lasten nicht, letztere können sogar durch plastische Verformung beim Überlasten des Tragwerkes abgebaut werden. Beide Spannungsarten sind daher hinsichtlich der Bruchsicherheit anders zu behandeln als Lastspannungen, d. h. ihre Ursachen, also z. B. die Vorspannung, brauchen oder dürfen beim Nachweis der Bruchsicherheit nicht mit dem hohen Sicherheitsfaktor der Lasten vervielfacht werden.

Kapitel 1

1. Grundbegriffe des Spannbetons

1.1 Die mangelhafte Zugfestigkeit des Betons

Die Zugfestigkeit des Betons beträgt bekanntlich nur etwa $^1/_{10}$ seiner Druckfestigkeit und ist zum Tragen von Lasten meist nicht einmal verfügbar, weil sie durch unvermeidbare innere Spannungen zum Teil oder ganz aufgebraucht wird. Unterschiedliche Temperaturen, wie sie schon durch die vom Zement beim Abbinden entwickelte Wärme oder später durch Witterungseinflüsse entstehen, Unterschiede im Austrocknen (Schwinden) oder die Behinderung des Schwindens durch die Bewehrung rufen beachtliche innere Zug- und Druckspannungen hervor. An Arbeitsfugen entstehen ferner Stellen mit verminderter Zugfestigkeit. Diese Erscheinungen führen dazu, daß unbewehrte Betonkörper auch ohne äußere Belastung im Laufe der Zeit reißen können ([65], S. 18), und daß man schon früh die Zugfestigkeit des Betons als etwas Unzuverlässiges vernachlässigte und den Beton mit Stahleinlagen bewehrte, welche die durch die Rißbildung ausgefallene Zugkraft aufnehmen und das Aufgehen der Risse verhindern.

Wegen der mangelhaften Zugfestigkeit und der beachtlichen inneren Zugspannungen berechnet man deshalb den bewehrten Beton nach der klassischen Theorie des Stahlbetons mit gerissener Betonzugzone und weist den Stahleinlagen allein die Zugkräfte zu, Bild 1.1.

Die in der Berechnung angenommenen Risse treten unter voller Last tatsächlich auf, auch wenn man sie mit bloßem Auge nicht sieht. Man hat gelernt, durch geeignete Verteilung der Bewehrung und durch besonders geformte Stahlstäbe mit guter Verbundwirkung den Rißabstand zu verkleinern und dadurch die Rißweite klein zu halten. Auf Grund der bisherigen Erfahrungen darf man annehmen, daß bei Bauwerken im Freien Rißweiten von 0,2 mm, bei Bauwerken im Trockenen solche von 0,3 mm noch unschädlich sind, wenn keine ernsten Korrosionsursachen vorliegen.

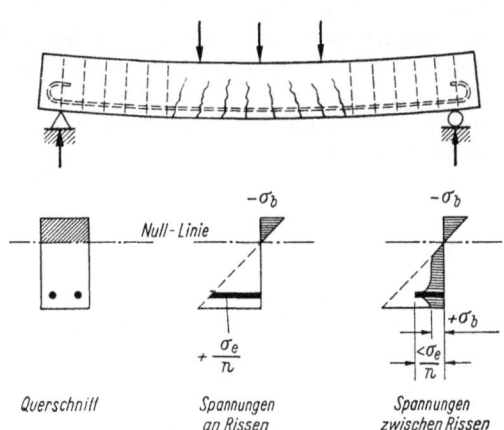

Bild 1.1 Im Stahlbeton wird die Betonzugzone gerissen angenommen und die Zugkraft dem Stahl allein zugewiesen

Man hat jedoch auch ernsthafte Schäden durch die Rißbildung beobachtet, insbesondere wenn die Betondeckung der Stäbe zu gering oder die Zerstörung durch rauhe Witterungsverhältnisse, Seewasser, Rauchgase oder dergleichen begünstigt wurde.

Das Reißen des Betons wurde schon in den Anfangszeiten des Stahlbetons als unangenehm empfunden. Man kam deshalb früh auf den Gedanken, die Risse dadurch zu verhüten, daß man den Beton durch Anspannen von Stahlstäben unter Druck setzte oder vorspannte (vgl. Kap. 20).

1.2 Die Grundgedanken der Vorspannung

Der Grundgedanke der Vorspannung ist, den Beton vor der Belastung überall dort unter Druck zu setzen, wo die Belastung Zugspannungen erzeugt, so daß auf der Zugseite erst diese Druckvorspannungen abgebaut werden müssen, bevor tatsächlich Zug im Beton auftritt.
Zur Erläuterung folgen wir mit gewissen Abwandlungen den ersten Versuchen der Vorspannung an Hand des Bildes 1.2.

In ein Betonprisma wird ein Stahlstab eingelegt, an seinen Enden mit Unterlagsplatten, Gewinden und Muttern versehen und nach dem Erhärten des Betons durch Drehen der Muttern angespannt. Nehmen wir dabei an, daß der Stahlstab im Beton reibungslos gleiten kann, so wird der Stab auf seine ganze Länge dem Anspannen entsprechend gedehnt. Diese Dehnung spielt eine große Rolle. Die durch das Spannen im Stab hervorgerufene Zugkraft stützt sich an den Muttern über die Unterlags- oder Ankerplatten auf den Beton ab und erzeugt so im Beton die gewünschten Druckspannungen. Der Beton verkürzt sich dabei, und der Stahlstab ragt zusätzlich zu seiner Dehnung noch um das Maß dieser Betonverkürzung (Drückung) aus dem Betonprisma heraus. Die am Betonprisma gemessene gesamte Verschiebung des Stahlstabendes (S p a n n w e g [1]) enthält also die Stahldehnung und die Betondrückung.

Den so unter Druck gesetzten Beton nennen wir **vorgespannt** oder kurz **Spannbeton**. Die Zugkraft im Stahlstab ist die **Vorspannkraft**, die in Form von äußeren Kräften auf den Betonkörper einwirkt, die unter sich im Gleichgewicht stehen und deshalb im statisch bestimmten Träger keine Auflagerkräfte erzeugen. Die Ankerkraft des Spannstabes, die als äußere Kraft auf den Beton wirkt, bezeichnen wir mit V, die an einem Schnitt durch das Tragwerk wirkende innere Kraft des Spannstabes mit Z. Der Zeiger v bei Spannungen und dergleichen verweist auf die Vorspannung als Ursache.

Zur Vereinfachung haben wir den Stahlstab zunächst mittig eingelegt und damit eine gleichmäßige Druckspannung im Beton erzeugt.

Lagern wir nun diesen vorgespannten Betonkörper als Balken auf zwei Stützen (Bild 1.3), so entstehen Biegemomente infolge der Lasten $g + p = q$ und daraus gleiche Zug- und Druckspannungen, die sich der Vorspannung überlagern.

Dabei werden im Druckgurt die aus der Vorspannung herrührenden Druckspannungen vergrößert, im Zuggurt dagegen verkleinert, wobei keine Zugspannungen im Beton entstehen, solange die Biegespannungen kleiner sind als die Druck-Vorspannungen ($\sigma_{bq} < \sigma_{bv}$). Der vorgespannte Betonbalken erträgt also ein gewisses Maß an Biegung, ohne daß tatsächliche Zugspannungen entstehen, weil in der Zugzone Druckvorspannungen zum Abbau zur Verfügung stehen. Der Beton bleibt rissefrei, wirkt wie ein homogener Querschnitt aus zugfestem Material und ist daher als homogener Querschnitt zu berechnen (Zustand I der Stahlbetontheorie).

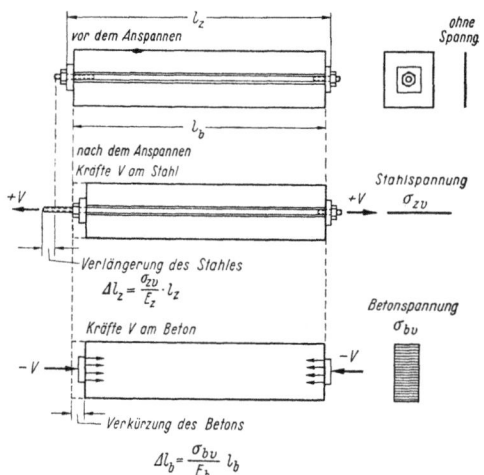

Bild 1.2 Mit einem Stahlstab mittig vorgespanntes Betonprisma vor und nach dem Anspannen des Stahlstabes

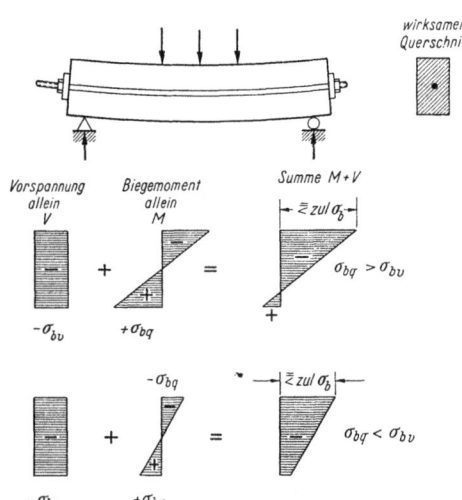

Bild 1.3 Das Prisma des Bildes 1.2 als Balken auf 2 Stützen gelagert, Überlagerung der Vorspannung mit der Biegespannung

---

[1] An Stelle von S p a n n w e g findet man auch die Bezeichnungen Ziehweg, Auszieheweg oder Ausziehlänge, die sprachlich nicht zutreffen, weil man unter Ziehen die Bewegung eines Gegenstandes versteht, der nicht an einem Ende festgemacht ist, wie dies beim Spannen der Fall ist. Wir haben entsprechend der Bezeichnung Spannbeton daher den Spannweg und nicht Ziehbeton mit Ziehweg.

Erst wenn die Biegezugspannungen die Druckvorspannung überschreiten ($\sigma_{bq} > \sigma_{bv}$), entstehen tatsächliche Zugspannungen und bei weiterer Laststeigerung nach dem Überwinden der unzuverlässigen Betonzugfestigkeit Risse wie beim Stahlbeton (Zustand II). Dabei ändert sich der wirksame Querschnitt plötzlich vom vollen Rechteck in die in Bild 1.1 gekennzeichnete kleine Druckzone, ergänzt durch die Zugkraft im Stahlstab allein, wenn man von der Betonzugfestigkeit absieht. Diese sprunghafte Querschnittsänderung spielt später bei der Betrachtung der Stahlspannungen und der Bruchsicherheit eine Rolle.

Bedenken wir nun, daß die Betondruckspannung nach oben durch die Festigkeit und die vorgeschriebene Sicherheit begrenzt ist, so erkennt man, daß bei Biegung eine Druckvorspannung in der Druckzone die Tragfähigkeit vermindert, während in der Zugzone eine große Druckspannung zum späteren Abbau durch Lastspannungen erwünscht ist. Die mittige Vorspannung ist also für Biegung in einer Richtung ungeeignet, weil nur die halbe zulässige Druckspannung ausgenutzt werden kann.

Wir legen also gemäß Bild 1.4 den Spannstab besser ausmittig, z. B. in den unteren Kernpunkt (beim Rechteckquerschnitt in den Drittelspunkt), und erhalten so durch die Vorspannung allein dreieckförmige Druckspannungen, denen sich wieder die Biegespannungen überlagern.

Man sieht, daß man so sowohl unten bei der Vorspannung wie auch oben bei der Belastung zul σ_b ausnutzen kann.

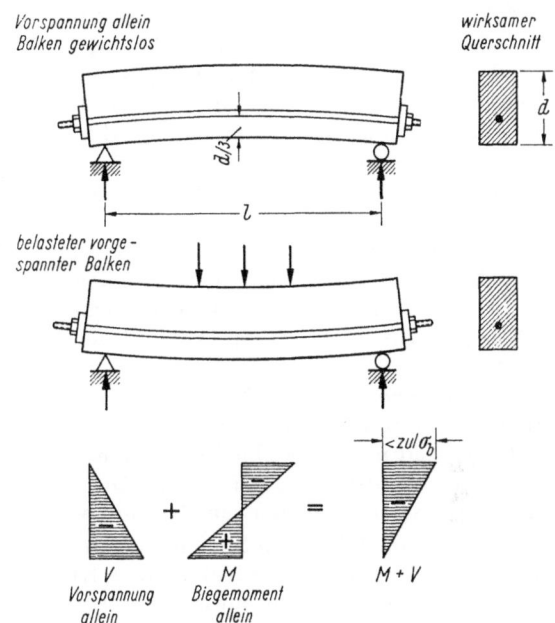

Bild 1.4 Der Spannstab liegt im unteren Kernpunkt

Wenn ein Teil der Last g ständig vorhanden ist, kann man den Spannstab im Bereich der M_g-Momente unter den Kernpunkt legen, also aus Vorspannung allein soviel gedachte Zugspannung im Druckgurt in Kauf nehmen, als dort ständige Biegedruckspannung vorhanden ist (Bild 1.5). Da das M_g-Moment am Auflager Null ist, muß der Spannstab dort wieder im Kern liegen, wenn oben Zugspannungen vermieden werden sollen. Der Spannstab muß also gekrümmt geführt werden.

Wenn die künstlich aufgebrachte Druckspannung groß genug ist und an der Stelle der späteren Zugbeanspruchung liegt, so kann man tatsächlich Risse im Beton verhindern und damit die Anlässe einer späteren Zerstörung infolge der Risse vermeiden.

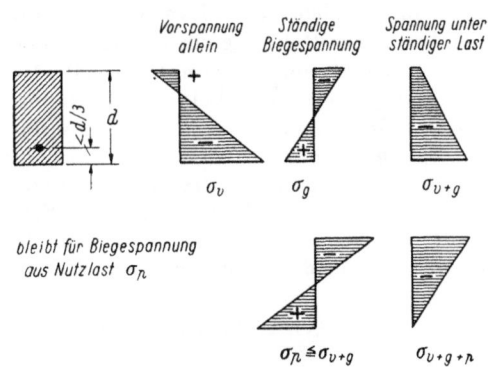

Bild 1.5 Der Spannstab liegt in Balkenmitte so viel unter dem Kernpunkt, daß die Vorspannung mit M_g zusammen oben $\sigma_b \longrightarrow 0$ ergibt

Dies sind die einfachen Grundgedanken des Spannbetons, wie sie sich zunächst an der Biegebeanspruchung darstellen.

1.3 Spannungsverluste durch Schwinden und Kriechen

So einfach diese Grundgedanken auch sind, so hat es doch Jahrzehnte gedauert, bis der Spannbeton zu einem brauchbaren Baustoff wurde. Dies lag in erster Linie daran, daß anfänglich normaler Betonstahl für die Vorspannung verwendet wurde, der z. B. damals nur mit 600 kg/cm^2 angespannt wurde, sich also bei einem Elastizitätsmodul von 2 100 000 kg/cm² nur etwa 0,3 ⁰/₀₀ dehnte (s. Kap. 20). Sehr bald mußte man beobachten, daß die mit einer so kleinen Stahldehnung vorgespannten Betonbalken nach einiger Zeit doch Risse zeigten. Heute wissen wir, daß dies auf die Verkürzung des Betons infolge des Schwindens und Kriechens (vgl. Kap. 2.23 und 2.24) zurückzuführen ist, die erst im Laufe der Zeit langsam auftritt und deshalb zunächst nicht beobachtet wurde. Durch diese nachträgliche Verkürzung des Betons wird natürlich auch der gedehnte Stahlstab wieder kürzer, er verliert seine Spannung und damit die auf den Beton drückende Vorspannkraft.

Das Schwinden des Betons beträgt je nach der Betonart und seiner Lagerung 0,2 bis 0,5 ⁰/₀₀. Das Kriechen des Betons unter Spannung ist eine über die elastische Verkürzung hinausgehende langsame plastische Verkürzung, die den vierfachen Wert der elastischen Verkürzung erreichen kann. Bei den damals noch verhältnismäßig schlechten Betonen konnte die nachträgliche Verkürzung des Betons leicht etwa 0,5 ⁰/₀₀ ausmachen, sie war also weit größer als die beim Spannen des Stahles erzeugte Dehnung, d. h. die Spannstäbe wurden wieder vollständig spannungslos, und die Druckvorspannung verschwand.

Mehreren Forschern ist es im Laufe der inzwischen vergangenen Jahrzehnte gelungen, die Abhängigkeiten und die Größe des Schwindens und Kriechens des Betons festzustellen und Betone zu entwickeln, die nicht nur hohe Festigkeiten, sondern auch ein geringes Schwind- und Kriechmaß zeigen. Bis heute gelang es jedoch noch nicht, die lästigen nachträglichen Verkürzungen zu beseitigen.

Heute weiß man, daß fast alle Stoffe von einer bestimmten Beanspruchung ab mehr oder weniger kriechen, und so kriechen auch die Stähle, d. h. sie zeigen zusätzlich zur elastischen Dehnung im Laufe der Zeit noch eine plastische Dehnung, die die Spannung vermindert, wenn die Länge des gespannten Stahlstabes gleich bleibt. Die Vorspannkraft wird dadurch vermindert. Die Kriecheigenschaften der Stähle müssen also auch bekannt sein (vgl. Kap. 2.13) und berücksichtigt werden.

Wir haben deshalb bei dem Spannbeton stets mit einer Verringerung der ursprünglich erzeugten Vorspannkraft durch die Schwind- und Kriechverkürzung des Betons oder durch das Kriechen des Stahles zu rechnen und müssen hierbei mit ausreichender Sachkenntnis vorgehen.

1.4 Die Notwendigkeit hochfester Stähle

Um nun trotzdem eine wirksame Vorspannung zu erhalten, müssen wir zum Spannen Stähle verwenden, deren Dehnung um ein Vielfaches größer ist als die nachträgliche Verkürzung des Betons (Kap. 20, *Dill* und *Freyssinet*), so daß ein hoher Anteil der Spannkraft dauernd erhalten bleibt. Bei Stählen mit Festigkeiten von 10 bis 20 t/cm² wird eine Spanndehnung von 3,0 bis 6,0 ⁰/₀₀ erreicht. Man kann den so hoch gespannten Stahl wie eine Feder betrachten, deren Federweg gleich der Spanndehnung ist (Bild 1.6). Die gespannte Feder verliert ihre Kraft im gleichen Verhältnis wie der Federweg durch die Schwind- und Kriechverluste des Betons verkleinert wird. Der Federweg muß also im Verhältnis zu dieser Betonverkürzung groß sein, wenn eine ausreichende Spannkraft erhalten bleiben soll. Man muß deshalb bestrebt sein, einen Stahl mit möglichst hoher Festigkeit und damit mit einem großen Federweg zu verwenden. Hieraus ergibt sich auch, daß eine Vorspannung ohne diese starke Federwirkung, z. B. zwischen zwei Felswiderlagern, fraglich ist, weil sie durch die bleibende Verkürzung des Betons fast oder ganz wirkungslos wird.

Je höher die Stahlfestigkeit, um so geringer wird die zum Ausgleich der Spannkraftverluste nötige zusätzliche Stahl- und Betonmenge. Andererseits hängt die Wahl der Stahlfestigkeit auch von den Kosten des Spannstahles ab. Wenn Stahl nicht knapp ist, dann kann ein Stahl mittlerer Festigkeit wirtschaftlich sein, obwohl ein beachtlicher Prozentsatz beider Baustoffe zum Ausgleich der Spannungsverluste

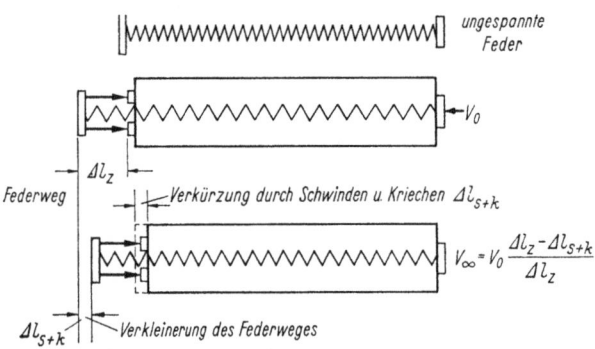

Bild 1.6 Das Spannglied als gedehnte Feder. Die Verkürzung des Betons durch Schwinden und Kriechen vermindert die Federkraft im Verhältnis zur Federdehnung

eingebaut werden muß, um eine ausreichend große Spannkraft auf die Dauer zu behalten. Dem Erhalten der Vorspannkraft dienen natürlich auch alle Maßnahmen, die nachträgliche Verkürzung des Betons zu verringern, indem wir einen schwindarmen, hochfesten Beton verwenden, die Druckvorspannung nicht unnötig hoch wählen und nicht zu früh spannen (vgl. Kap. 2.21 und ff.).

1.5 Folgerungen für die Berechnung und die zulässigen Spannungen

Aus der Bedeutung der Schwind- und Kriechverkürzungen für die Vorspannkraft erkennen wir, daß zur Berechnung und Bemessung von Spannbetontragwerken diese ermittelt oder abgeschätzt werden müssen, um anzugeben, ob die Druckvorspannung nach dieser Verkürzung noch zur Aufnahme der Zugspannungen ausreicht. Es genügt aber nicht, nur den Endzustand mit der verkleinerten Vorspannung nachzuweisen, weil auch bei der anfänglich höheren Spannkraft zulässige Druck- oder Zugspannungen einzuhalten sind. Bei außerhalb des Kerns wirkender Spannkraft können an einem Rand Zugspannungen auftreten, für die ebenfalls Grenzen gesetzt sind, wenn man Risse vermeiden will (Bild 1.5). Man muß also jeweils die Zustände vor und nach dem Schwinden und Kriechen $(s + k)$ des Betons untersuchen.

Da nun die anfänglichen Spannungen durch das Schwinden und Kriechen vermindert werden, und die Vorspannung ihrem Zweck entsprechend so gewählt wird, daß die Nutzlast die künstlich erzeugten Spannungen auf der Zugseite verkleinert, werden für den Anfangszustand im Zeitpunkt $t = 0$ der Vorspannung ohne Nutzlasten höhere Spannungen zugelassen als bei normalen Stahlbetonbauten. Bei den zulässigen Spannungen sind also zweierlei Arten zu unterscheiden, nämlich Spannungen, die nur im Zeitpunkt des Vorspannens $t = 0$ auftreten und durch alle späteren Einflüsse wie Belastung, Schwinden und Kriechen abnehmen, und Spannungen, die durch die Belastung zunehmen.

Es ist berechtigt, für die ersteren Spannungen eine höhere Grenze anzusetzen, weil dadurch die Sicherheit gegen Überlastung nicht beeinträchtigt wird. Die Vorspannkraft kann sich nicht vergrößern, so daß eine Steigerung der Spannungen aus Vorspannung überhaupt nicht vorkommen kann.

Wir haben also mehr Lastfälle oder Zustände zu berechnen als im Stahlbeton (s. Kap. 11.1) und dabei auch noch zweierlei Grenzen der zulässigen Spannungen zu beachten.

1.6 Die hohe Verantwortung bei Spannbetonbauten

Beim Spannbeton treten die Spannungen infolge der Vorspannung tatsächlich auf. Wenn man die für den Anfangszustand erhöhten zulässigen Spannungen ausnutzt, erzeugt man also Spannungen, die höher liegen als sie bei unseren bisherigen Stahlbetonbauwerken erst unter voller Nutzlast auftreten würden. Auch der Stahl erhält durch die künstlich erzeugte Spannkraft die volle zulässige Spannung, während bei Stahlbetonbauten selbst unter voller Nutzlast die zulässige Stahlspannung kaum erreicht wird. Man muß diese Tatsache bei der Herstellung von Spannbeton stets im Auge haben, um sich der Verantwortung bewußt zu sein, die mit dem Errichten von Spannbetontragwerken verbunden ist. Sowohl die der Berechnung zugrunde gelegte Festigkeit des Betons wie auch diejenige des Stahles müssen zuverlässig vorhanden sein, da beim Vorspannen mit einem Sicherheitsfaktor angefangen wird, der niedriger ist als sonst. Es wird nicht mit Unrecht gesagt, daß mit dem Vorspannen eine Güteprüfung der Baustoffe vorgenommen wird, und daß am Ende des Spannvorganges Spannungen erzielt werden, die im allgemeinen bei der späteren Benutzung des Tragwerkes nie wieder erreicht werden.

Die Spannkräfte sind meist sehr hoch und wirken mit einer mäßigen Exzentrizität auf den Betonkörper. Ändert man diese Exzentrizität der Spannkraft nur um einige Zentimeter, so ändern sich vor allem bei schlanken Tragwerken die Momente infolge der großen Spannkraft schon stark. Man muß die berechnete Lage der Spannkraft also sehr genau einhalten. Die bisherige Nachlässigkeit mancher Betonbauer gegenüber der Maßgenauigkeit muß deshalb bei Spannbeton unbedingt verschwinden.

Die mit dem Entwurf und der Herstellung von Spannbeton verbundene Verantwortung bedingt, daß sich nur solche Ingenieure und Unternehmen damit befassen dürfen, die sich ausreichende Kenntnisse und Erfahrungen auf diesem Spezialgebiet erworben haben und eine genaue und sorgfältige Ausführung gewährleisten können.

1.7 Die Arten des Spannbetons

Im Laufe der Zeit haben sich verschiedene Arten des Spannbetons entwickelt, die kurz beschrieben werden sollen. Zunächst wird nach dem **Zeitpunkt des Spannens** der Stahleinlagen, die man allgemein S p a n n g l i e d e r nennt, unterschieden:

1. S p a n n e n   v o r   d e m   E r h ä r t e n   d e s   B e t o n s ,   S p a n n b e t t v o r s p a n n u n g . Dabei werden die Spannstähle im sogenannten Spannbett angespannt und dann einbetoniert. Das S p a n n b e t t kann aus einer langen Bahn mit festen Endwiderlagern bestehen, die zur Aufnahme der Spannkräfte ausreichend gegründet sind. Für kürzere Bauteile werden steife Schalungen gebaut, die in der Lage sind, die Spannkraft auf Druck aufzunehmen. Sobald der Beton erhärtet ist, wird die Verbindung der Spannglieder mit den Widerlagern des Spannbettes gelöst, so daß nunmehr die Vorspannkraft auf den Beton übertragen wird.

2. S p a n n e n   n a c h   d e m   E r h ä r t e n   d e s   B e t o n s . Die Spannglieder werden entweder außerhalb des Betons oder im Beton in Gleitkanälen (Röhren) längsbeweglich eingelegt und an den Enden gespannt, wobei sich die Spanneinrichtung auf den bereits erhärteten Beton abstützt. Die Spannglieder werden im gespannten Zustand an den Enden gegen den Beton verankert, so daß die Spannkraft auf den Beton übertragen wird.

Man unterscheidet **die Arten des Verbundes** zwischen dem Beton und den Spanngliedern:

3. S p a n n b e t o n   m i t   V e r b u n d bedeutet, daß die Stahleinlagen schubfest mit dem umgebenden Beton verbunden werden. Beim Spannen vor dem Erhärten des Betons entsteht der Verbund einfach dadurch, daß der Beton die Spanndrähte unmittelbar umhüllt. Beim Spannen nach dem Erhärten des Betons werden die Gleitkanäle nach dem Vorspannen mit Zementmörtel ausgepreßt, der erhärtet und so den Verbund herstellt. Man spricht dabei von V o r s p a n n u n g   m i t   n a c h t r ä g l i c h e m   V e r b u n d .

Wie beim Stahlbeton beruht der Verbund zunächst auf der Haftung des Zementleimes am Stahl, nach dem Entstehen eines Risses auf Reibungswiderständen, die sich einer Gleitbewegung widersetzen, oder auf Scherwiderständen bei quer gerippten oder verdrillten oder sonstwie geformten Stählen oder Gleitkanälen (Scherverbund). Es gibt also wie beim Stahlbeton verschiedene Arten und Grade des Verbundes.

4. S p a n n b e t o n   o h n e   V e r b u n d bedeutet, daß zwischen dem Beton und den Spanngliedern keine schubfeste Verbindung hergestellt wird. Man kann z. B. die Spannglieder außerhalb des Betonquerschnittes anordnen, oder man streicht die Spannstähle mit Bitumen, betoniert sie ein und benutzt den Bitumenfilm als Gleitmittel beim Spannen, wobei auf eine volle Verbundwirkung verzichtet wird. Diese Bauart gehört zum Spannbeton ohne Verbund, obwohl der Bitumenfilm mindestens einen t e i l w e i s e n   (partiellen)   V e r b u n d ergibt. Bei Spannbeton mit nachträglichem Verbund wird der Beton zunächst ohne Verbund vorgespannt, so daß Bauzustände entstehen, bei denen die Eigenarten des Spannbetons ohne Verbund zu beachten sind.

Der Spannbeton ohne Verbund hat auch Bedeutung, wenn man mit einem verhältnismäßig hohen Spannkraftverlust durch Schwinden und Kriechen oder dergleichen zu rechnen hat, z. B. bei Verwendung eines Stahles mit mäßig hoher Festigkeit, so daß man zur Aufrechterhaltung einer ausreichenden Druckvorspannung das Spannglied nach einem gewissen Zeitraum nochmals anspannen muß. Man spricht dann vom N a c h s p a n n e n .

Zu unterscheiden sind die **Arten der Verankerung** der Spannglieder:

5. E n d v e r a n k e r u n g   mit besonderen   A n k e r k ö r p e r n , z. B. Stahlplatten, gegen die die Spannstähle mit Muttern, Keilen, Köpfen oder dergleichen festgelegt werden.

6. E n d v e r a n k e r u n g   d u r c h   d e n   V e r b u n d mit dem Beton allein, im allgemeinen durch Haft- und Scherverbund.

7. E n d v e r a n k e r u n g   durch einbetonierte   S c h l a u f e n ,   H a k e n oder dergleichen.

Man unterscheidet nach dem **Grad der Vorspannnung**:

8. D i e   v o l l e   V o r s p a n n u n g schließt im allgemeinen Zugspannungen im Beton ganz aus, indem bei genügend großer Kernweite die Vorspannung ausreichend hoch gewählt wird.

9. **Die beschränkte oder unvollkommene Vorspannung**, bei der Zugspannungen im Beton zugelassen werden, die jedoch so begrenzt und durch schlaffe Bewehrung gedeckt sind, daß höchstens Haarrisse entstehen. Es wird später ausgeführt, welches die zweckmäßigen Anwendungsgebiete der beiden Spanngrade sind.

10. **Die mäßige Vorspannung**, bei der keine Zugspannungsgrenze eingehalten wird. Sie gehört nicht zum eigentlichen Spannbeton, sondern ist als ein Stahlbeton mit verminderter Rißbildung zu betrachten und nach den Regeln des Stahlbetons als Biegung mit Längskraft zu berechnen.

11. **Die teilweise (partielle) Vorspannung**, bei der neben vorgespannten Stahleinlagen ein erheblicher Anteil schlaffer Bewehrung (z. B. auch schlaffe, hochfeste Drähte nach *Emperger-Abeles* [34], [156]) benützt und bei der meist nur **mäßig** vorgespannt wird.

12. **Die stufenweise Vorspannung**, wenn die Vorspannkraft mit Rücksicht auf den Erhärtungsgrad des Betons oder auf nicht vollständiges Eigengewicht (Teileigengewicht) in Stufen mit zeitlichem Abstand aufgebracht wird.

Betrachten wir noch die **Federwirkung der Vorspannung** (Bild 1.6):

13. **Stark federnde Vorspannung** erhalten wir, wenn der Federweg der Spannglieder um ein Vielfaches größer ist als die nachträgliche Verkürzung des Betons, so daß die Spannkraftverluste gering sind.

14. **Schwach federnde Vorspannung** ergibt sich bei der kleinen Dehnung von Vorspannstählen mit mäßiger Festigkeit oder z. B. bei Vorspannung der Betonplatte eines Stahlverbundträgers nur durch Biegeverformung des Trägers. Die Spannkraftverluste sind dabei groß.

15. **Nicht federnde Vorspannung** haben wir, wenn wir Beton zwischen starren Widerlagern einspannen, so daß als Federweg nur die elastische (anfängliche) Verkürzung des Betons auftritt, die fast aufgezehrt ist, sobald Temperaturrückgang, Schwinden oder Kriechen eintreten. Von hohen Vorspannungen bleibt nur wenig erhalten (vgl. Kap. 12.4). Die nicht federnde Vorspannung ist nur in Ausnahmefällen, z. B. kurzfristig oder mit nachstellbarer Spannkraft brauchbar.

Man unterscheidet nun ferner:

16. **Mittig (zentrisch) vorgespannte Betonkörper**, wie man sie z. B. für Hängestangen oder Zugbänder anwendet. Dabei wird der gesamte Betonquerschnitt durch die Vorspannung gleichmäßig unter Druck gesetzt (Bild 1.2).

17. **Ausmittig (exzentrisch) vorgespannte Betonkörper**, wie wir sie bei auf Biegung beanspruchten Balken oder dergleichen brauchen. Dabei wird durch ausmittige Anordnung der Spannglieder (Biegung mit Längskraft) eine dreieck- oder trapezförmige Verteilung unter Druckspannungen über den Betonquerschnitt erzeugt (Bild 1.3 und 1.4).

18. **Zwängungsfreie oder konkordante Vorspannung** bei statisch unbestimmten Tragwerken, die dann vorliegt, wenn die Vorspannung keine Änderung der Auflagerreaktionen hervorruft (vgl. Kap. 11.431 und 11.433). Sie ist praktisch bedeutungslos, ja nicht einmal erwünscht.

19. **Formtreue Vorspannung** bezeichnet den Fall, daß Vorspannung und Eigengewicht zusammen keine Verbiegung der Tragwerksachse ergeben. Die Vorspannmomente müssen dann die Eigengewichtsmomente genau aufheben, so daß eine mittige Längskraft verbleibt. Dies anzustreben widerspricht meist dem Sinn der Vorspannung, Druck- und Zugzone je für Nutzlasten besonders tragfähig zu machen. Die Formtreue geht außerdem durch Schwinden und Kriechen verloren.

20. **Einachsige Vorspannung, zweiachsige Vorspannung** und **dreiachsige Vorspannung**, je nachdem, ob man den Beton nur in einer Richtung vorspannt, oder ob auch in einer zweiten, meist rechtwinkelig zur ersten liegenden Richtung oder gar zusätzlich in der dritten, rechtwinkelig zur Ebene der beiden ersten liegenden Richtung vorgespannt wird.

Hier sei angedeutet, daß die einachsige Vorspannung allein auch eine Druckspannung in der Querrichtung hervorrufen kann, wenn die Querdehnung des Betons durch Bewehrung in dieser Querrichtung behindert wird.

1.8 Die Arten der Spannglieder

Die Spannglieder unterscheidet man danach, ob der erforderliche Spannstahl in mehrere kleine **Einzelspannglieder** aufgeteilt wird, oder ob er in einem oder wenigen großen **Spanngliedern** zusammengefaßt ist. Für kleine Spannkräfte wird man Einzelspannglieder wählen, für große Spannkräfte haben sich konzentrierte Spannglieder oder Großbündel als wirtschaftlich und zweckmäßig erwiesen.

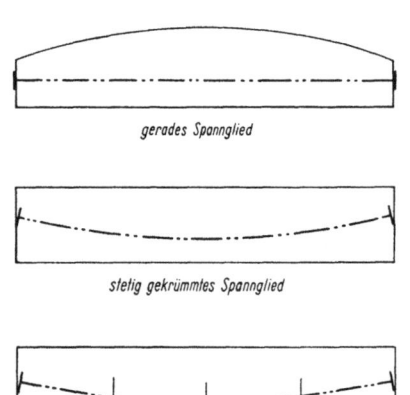

Bild 1.7 Gerade, stetig gekrümmte oder polygonartig gekrümmte Spannglieder beim einfachen Balken

Ein Spannglied kann aus **einzelnen Drähten** oder aus **einzelnen dicken Stäben** bestehen. Drähte kann man bündelweise parallel zusammenfassen. Man spricht dann von **Drahtbündeln**. Bei einer großen Zahl zu einer Einheit zusammengefaßter paralleler Drähte benutzt man den Ausdruck **Drahtkabel** oder **Spannkabel**.

Zwei bis sieben miteinander verdrillte (verseilte) Drähte werden **Drahtlitzen** genannt. Mehrere parallele Litzen, je nach der Zahl, **Litzenbündel** oder **Litzenkabel**.

Es werden jedoch auch **Drahtseile** als Spannglieder verwendet, bei denen mehr als 7 Drähte oder mehrere Litzen miteinander verseilt sind. Es gibt auch **Hohlseile**, die gegen eine im Hohlseil befindliche Gelenkkette vorgespannt und so einbetoniert werden (vgl. Kap. 4.66). Nach dem Erhärten des Betons wird die Gelenkkette herausgenommen und die Spannkraft damit auf den Beton übertragen.

Ferner unterscheiden wir **geradlinige** oder **gekrümmte** Spannglieder (Bild 1.7). Die geradlinigen Spannglieder werden meist für das Spannen vor dem Erhärten des Betons im Spannbett benutzt, obwohl es auch dort möglich ist, die Spannglieder durch Spreizen, Klammern oder andere, eine Seitenkraft ausübende Haltevorrichtungen von der Geraden abweichend einzubauen. Gekrümmte Spannglieder können **stetig** und **polygonartig gekrümmt** werden. Sie dienen dazu, sich einem wechselnden Momentenverlauf anzupassen oder die Übertragung der Querkräfte zu erleichtern. Gekrümmte Spannglieder werden vorzugsweise für das Spannen nach dem Erhärten des Betons verwendet.

1.9 Die äußeren Kräfte des Lastfalles Vorspannung

Die **Vorspannkraft** V ist nach Größe und Richtung als äußere Kraft auf das Betontragwerk wirkend zu betrachten. An jeder Umlenkung der Spannglied- oder Tragwerksachse entstehen **Umlenkkräfte** U und beim Spannen von Spanngliedern in Gleitkanälen an jeder Krümmung Reibungswiderstände oder **Reibungskräfte** R. Beide durch die Spannkraft erzeugten Kräfte U und R wirken ebenfalls als äußere Kräfte auf das Tragwerk.

Man unterscheidet die anfängliche und die verbleibende Spannkraft.

Die **anfängliche** (initiale) **Spannkraft** V_0 tritt beim Vorspannen (zur Zeit $t = 0$) auf, also vor dem Eintreten der Spannkraftabnahme durch Schwinden und Kriechen; sie wird als Schnittgröße mit Z_{v0}, die Abnahme mit Z_{s+k} bezeichnet.

Im **Spannbett** wird der Spannstahl mit der Kraft $V^{(0)}$ angespannt, die beim Übertragen der Vorspannkraft auf den erhärteten Beton durch die sofortige elastische Verkürzung des Betons infolge seiner Druckspannung auf V_0 mit der Schnittkraft Z_{v0} zurückgeht. Man spricht von **Spannbettkraft** und **Spannbettspannung**.

Von der **verbleibenden** (permanenten) **Spannkraft** V_∞ bzw. $Z_{v\infty}$ nach Schwinden und Kriechen des Betons und gegebenenfalls nach Kriechen des Stahls erwarten wir, daß sie auch nach Ablauf vieler Jahre noch **mindestens** vorhanden sein wird (Zeitpunkt $t = \infty$).

Z_{v0} ist beim Spannen im Spannbett auf die Länge des Bauteiles gleich. Beim Spannen nach dem Erhärten des Betons kann jedoch Z_{v0} durch die genannten Reibungswiderstände gegenüber der an der Spannstelle erzeugten Kraft vermindert sein. Man spricht von S p a n n k r a f t m i n d e r u n g oder von S p a n n k r a f t v e r l u s t e n d u r c h R e i b u n g Z_R, kurz, aber sprachlich unlogisch, von Reibungsverlust.

Um zu erreichen, daß das Spannglied an der maßgebenden Stelle trotz der Minderung der Spannkraft durch Reibung den gewünschten Sollwert erreicht, darf an der Spannstelle die mit der zulässigen Spannung errechnete Spannkraft vorübergehend um ΔV erhöht werden. Man spricht dabei von v o r ü b e r g e h e n d e m Ü b e r s c h r e i t e n d e r S p a n n k r a f t V_0 oder von v o r ü b e r g e h e n d e m Ü b e r s p a n n e n.

$Z_{v\infty}$ ist meist ein an jedem Schnitt verschiedener Wert, weil die ständig wirkende Druckspannung unterschiedlich ist und dadurch auch die Kriechverkürzungen variieren.

Die U m l e n k k r ä f t e gekrümmter Spannglieder werden vom gespannten Spannstahl auf den Beton ausgeübt, als Linienlast u bei stetiger Krümmung, oder als Einzellasten U an den Knickstellen polygonartig gekrümmter Spannglieder (Bild 1.8).

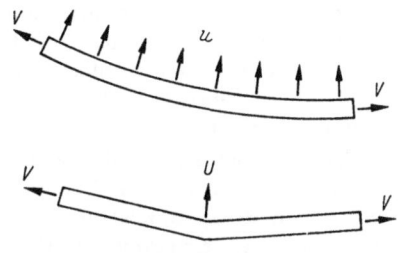

Bild 1.8 Umlenkkräfte infolge der Richtungsänderung eines Spanngliedes

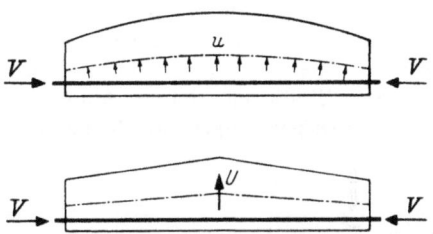

Bild 1.9 Umlenkkräfte infolge der Richtungsänderung der Tragwerksachse

Ist die Tragwerksachse oder die Schwerlinie von Querschnittsteilen gegenüber der Spannrichtung gekrümmt oder geknickt, dann kann man sich Umlenkkräfte u_b oder U_b direkt im Beton wirkend denken, die nicht übersehen werden dürfen (Bild 1.9). Ihre Wirkung ist statisch dem Biegemoment äquivalent, das sich aus der Vorspannkraft und ihrem Abstand von der Schwerlinie ergibt. Sie können quer gerichtete Spannungen σ_y zur Folge haben, die Bewehrung bedingen. Man muß sich daher stets die Folge einer Querschnittsänderung sorgfältig überlegen, besonders, wenn der Querschnitt Flansche oder Gurtplatten hat.

Die R e i b u n g s k r ä f t e, die bei der Spannbewegung der Spannglieder durch den Gleitwiderstand an Umlenkstellen entstehen, wirken tangential am Spannstahl entgegen der Spannrichtung, am Beton in der Spannrichtung. Sie vermindern also die Spannkraft. Die Reibungskräfte werden meist nur durch Verminderung der Spannkraft berücksichtigt; ihnen ist das Kap. 7 gewidmet.

1.10 Die Stahl- und Betonspannungen

Stahlspannungen

Den Spannkräften entsprechend werden die beim Vorspannen erzeugten S t a h l s p a n n u n g e n mit $\sigma_{z,v0}$ und $\sigma_{z,v\infty}$ bezeichnet. $\sigma_{z,v0}$ wird im allgemeinen gleich der beim Vorspannen zulässigen Stahlspannung zul σ_Z gewählt. $\sigma_{z,v\infty}$ ist kleiner als $\sigma_{z,v0}$, und zwar um den Spannungsverlust $\sigma_{z,s+k}$ infolge des Schwindens und Kriechens des Betons.

Beim Spannen vor dem Erhärten des Betons tritt die erste Abminderung der Stahlspannung schon durch die elastische Verkürzung des Betons beim Lösen der Spannglieder von ihren ursprünglichen Verankerungen ein. Deshalb kann man als Spannbettspannung $\sigma_{zv}^{(0)}$ höhere Werte zulassen als beim Spannen nach dem Erhärten des Betons.

Die Stahlspannung vergrößert sich durch den Verbund, sobald der zusammengedrückte Beton durch Belastungen gedehnt wird. Diese Spannungszunahme des Stahles ist gering, solange der Beton rissefrei bleibt. Sie ist einfach $n \cdot \sigma_b$, wobei n das bekannte Verhältnis der E-Module von Stahl zu Beton ist. Bei Spannbeton muß das tatsächliche Verhältnis n und nicht das beim Stahlbeton übliche $n = 15$ eingesetzt werden.

Beim Spannen nach dem Erhärten des Betons ruft die ständige Last des Tragwerkes keine den Wert $\sigma_{z,\,v0}$ überschreitende Stahlspannung hervor, wenn das Eigengewicht schon während des Spannens wirksam wird, also nach dem Spannen keine Dehnung des Betons infolge ständiger Last eintritt.

Die Nutzlast ruft auf alle Fälle eine Zunahme der Stahlspannung $\sigma_{zp} = n \cdot \sigma_{bp}$ hervor. Bei vollkommener Vorspannung bleibt dieser Wert so klein, daß er gegenüber der zulässigen Spannung der hochfesten Stähle im Hinblick auf die nach dem Vorspannen eintretende Verminderung der Stahlspannung durch Schwinden und Kriechen vernachlässigt werden kann, d. h. man wählt $\sigma_{z,\,v0} = $ zul σ_Z ohne Abzug von σ_{zp}. Dies ist jedoch nur dann berechtigt, wenn σ_{zp} gegenüber zul σ_Z sehr klein ist, z. B. $< 6\,\%$. Bei mittelfesten Stählen muß man häufig σ_{zp} von zul σ_Z abziehen.

Betonspannungen

Man unterscheidet an vorgespannten Betonquerschnitten
die **vorgedrückte Zugzone** und die **Druckzone** (Bild 1.10).

In der vorgedrückten Zugzone werden die durch die Vorspannung erzeugten Druckspannungen $\sigma_{b,\,v0}$ durch die Belastungen abgebaut, bei weiterer Laststeigerung können tatsächliche Zugspannungen auftreten. Diese Druckspannungen $\sigma_{b,\,v0}$ nehmen durch Schwinden und Kriechen auf den Wert $\sigma_{b,\,v\infty}$ ab. Sie sind also nur vorübergehend vorhanden und werden unter allen späteren Einflüssen kleiner. Man läßt daher in der vorgedrückten Zugzone höhere anfängliche Betondruckspannungen zu als dort, wo Lasten die Spannungen steigern.

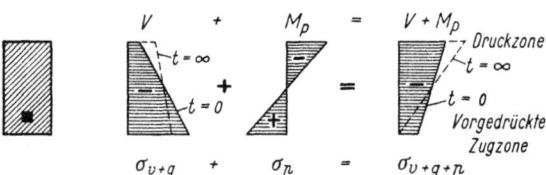

Bild 1.10 Vorgedrückte Zugzone und Druckzone

In der Druckzone dagegen nehmen die Druckspannungen durch die Belastungen und durch Spannkraftverluste infolge Schwinden und Kriechen zu. Hier gelten also die durch den gewünschten Sicherheitsfaktor bedingten zulässigen Spannungen.

Ähnlich wie beim Stahl hat man auch beim Beton jeweils die Spannungen vor und nach Schwinden und Kriechen ($\sigma_{b,\,v0}$ und $\sigma_{b,\,v\infty}$) zu unterscheiden.

Wir haben auch zu beobachten, ob das in Rechnung gestellte Eigengewicht im Zeitpunkt der Vorspannung voll vorhanden ist und voll wirksam werden kann. Bei einem Dachbinder, der als Fertigteil vorgespannt wird, ist z. B. bei der Vorspannung das Gewicht der Dachhaut noch nicht vorhanden, es wirkt nur das **Teileigengewicht** des Binders selbst. Dem Moment aus Vorspannung steht zunächst nur ein Teil des späteren Eigengewichtsmomentes gegenüber (Bild 1.11), was zur Folge hat, daß zunächst die Spannung in der vorgedrückten Zugzone sehr hoch wird und in der Druckzone sogar unerwünschte Zugspannungen auftreten können, die verschwinden, sobald das restliche Eigengewicht aufgebracht wird. In solchen Fällen muß die Berechnung des Spannbetonträgers die verschiedenen Bauzustände richtig erfassen. Beim Spannen nach dem Erhärten des Betons kann man in einem solchen Fall unerwünschte Betonspannungen vermeiden, indem für das Teileigengewicht zunächst nur ein Teil der Spannkraft ausgeübt wird (**stufenweise Vorspannung**).

Bei den Betonspannungen hat man noch die **Einleitung der Spannkräfte** zu beachten (Kap. 9), weil dort meist Querzugspannungen bzw. schiefe Zug- und Druckspannungen auftreten.

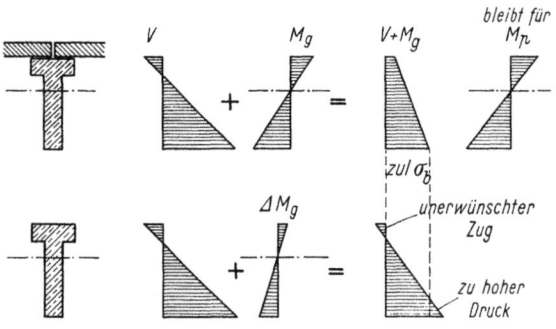

Bild 1.11 Unter voller ständiger Last (oben) sind die Spannungen des vorgespannten Binders in Ordnung. Bei der Montage wirkt nur ein Teil des Eigengewichtes, wodurch in der vorgedrückten Zugzone die Druckspannung steigt und in der Druckzone (oben) unerwünschte Zugspannungen entstehen können

Die Einleitung der Spannkraft in den Beton bedarf je nach der Verankerungsart des Stahles besonderer Nachweise durch Versuche oder Berechnung.

Die **Umlenkkräfte** der Spannglieder wirken auf den Beton und erzeugen örtliche Betonspannungen, die je nachdem nachzuweisen sind.

1.11 Die Bruchsicherheit

Beim Spannbeton ändern sich die Spannungen nicht proportional den äußeren Lasten. Nach Überschreiten der zulässigen Nutzlast (zusammen mit dem Eigengewicht G e b r a u c h s l a s t genannt) ändert sich die Spannungszunahme sprunghaft mit dem Auftreten von Rissen im Beton der Zugzone. Bei weiterer Laststeigerung sind dann noch die Abweichungen der Spannungs-Dehnungslinien der Spannstähle und des Betons von der Geraden mit wachsendem Einfluß wirksam. Das *Hooke*sche Gesetz gilt also für die Überlastung nicht mehr.

Während bei zur Last proportionalem Spannungsverlauf die Sicherheit eines Bauwerkes einfach dadurch gewährleistet wird, daß unter den Gebrauchslasten eine zulässige Spannung eingehalten wird, die um den Sicherheitsfaktor unter der Bruchspannung bzw. Streckgrenze liegt, versagt diese gewohnte Festlegung der Sicherheit beim Spannbeton. Man muß also die Bruchsicherheit durch Berechnung der voraussichtlichen Bruchlast nachweisen, worauf in Kap. 13 ausführlich eingegangen wird.

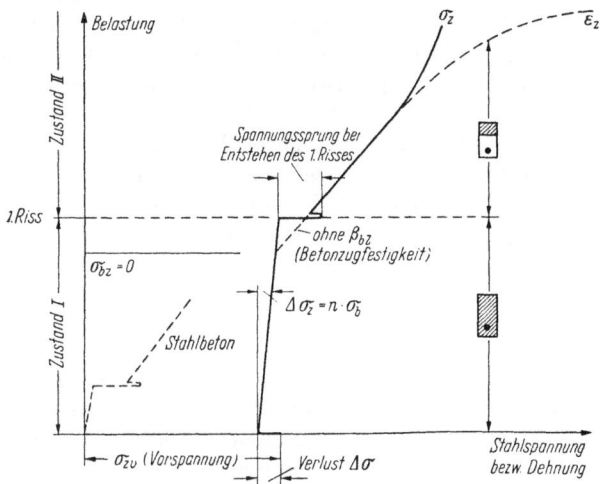

Bild 1.12 Spannungsverlauf im Spannstahl bei Laststeigerung bis zum Bruch

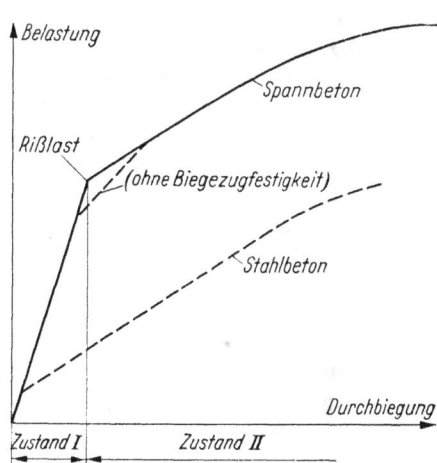

Bild 1.13 Belastungs-Durchbiegungslinie eines Spannbetonbalkens

Es ist jedoch zweckmäßig, sich den Verlauf der Stahlspannungen eines bis zum Bruch belasteten Spannbetonbalkens mit Verbund schon hier einzuprägen:

Zunächst wird durch die Vorspannung eine sehr hohe Stahlspannung erzeugt (Bild 1.12), die durch das Schwinden und Kriechen des Betons ein wenig abnimmt. Bei Belastungen wächst sie entsprechend der Dehnung des Betons etwa geradlinig an, und zwar um den Wert $n \cdot \sigma_b$, wobei σ_b die Abnahme der Druckspannung im Beton in der Höhe des betrachteten Spannstahles ist. Diese Spannungszunahme im Stahl ist gering, solange der Beton ganz mitwirkt. Sobald jedoch in der Zugzone des Betons ein Haarriß auftritt, entsteht ein plötzlicher Spannungssprung, weil der Stahl die Zugkraft aufnehmen muß, die vor der Rißbildung noch der Betonquerschnitt getragen hat.

Durch den Spannungssprung wird der Verbund zwischen Stahl und Beton am Riß hoch beansprucht, wodurch der Riß geringfügig aufgeht. Dadurch wandert die Nullinie nach oben, was vorerst eine kleine Abnahme der Stahlspannung zur Folge hat. Bei einer weiteren Belastung nimmt dann die

Stahldehnung immer rascher zu, weil der gekrümmte Bereich der Spannungs-Dehnungslinie erreicht wird.

In ähnlicher Weise ändern sich auch die Betondruckspannungen sprunghaft beim Übergang vom Zustand I zum Zustand II. Auch die Belastungs-Durchbiegungslinie eines Spannbetonbalkens (Bild 1.13) zeigt einen Knick, aus dem man das Auftreten des ersten Risses im Beton sicherer ablesen kann als mit der Lupe.

1.12 Die kritische Last

Sobald ein Träger beim Überschreiten der Gebrauchslast ernsthafte b l e i b e n d e Verformungen zeigt, hat er seine „k r i t i s c h e L a s t" erreicht und verliert seine Gebrauchsfähigkeit. Bei Stahlträgern z. B. ist dies beim Überschreiten der Streckgrenze der Fall. Analog dazu treten auch beim Spannbeton bleibende Verformungen auf, sobald die 0,2 %-Dehngrenze (s. Kap. 2.1) des Spannstahles stark überschritten wird und seine bleibenden Dehnungen größer werden als die Vorspanndehnung. Sofern der Nachweis der kritischen Last verlangt wird, muß man also diejenige Last berechnen, bei der voraussichtlich im Spannstahl eine so große bleibende Dehnung erreicht wird (Kap. 13).

1.13 Rissesicherheit

Zur Ermittlung der Rissesicherheit wird diejenige Last vorausberechnet, bei der der erste Riß im Beton vermutlich entstehen wird, bei der also die erwartete Zugfestigkeit des Betons überschritten wird. Diese R i ß l a s t gibt im Verhältnis zur zulässigen Last die Rissesicherheit, die im Hinblick auf die ungewisse Zugfestigkeit des Betons und auf plastische Verformungen ein fraglicher Begriff ist, der im Spannbeton nicht die Bedeutung hat wie im Stahlbeton, weil wir ja vorspannen, um Risse unter den Gebrauchslasten oder mindestens unter Eigengewicht auszuschließen. Es ist deshalb für praktische Zwecke unnötig, die Rissesicherheit zu berechnen. Die Rissesicherheit kann bei beschränkter Vorspannung unter 1,0 liegen, d. h. die Rißlast kann kleiner sein als die zulässige Gebrauchslast, wenn Nebenspannungen aus Temperatur oder dergleichen berücksichtigt werden.

1.14 Rissesicherung

Bei der beschränkten Vorspannung können unter den zugelassenen Betonzugspannungen wegen Temperatur- und Schwindspannungen im Beton Risse entstehen. Große Betonkörper sind schon vor dem Vorspannen aus den genannten Ursachen der Rißbildung ausgesetzt. Nach dem allgemeinen Sprachgebrauch legt man „zur Sicherung" gegen diese Risse eine schlaffe Bewehrung ein. Man muß sich jedoch darüber im klaren sein, daß diese Bewehrung die Risse selbst nicht verhindert, sondern ihr Entstehen nur wenig verzögert, ihren Abstand und damit die Rißweite verkleinert, so daß an die Stelle weniger klaffender Risse viele Haarrisse treten. Die Risse werden verteilt. Man sichert also nicht gegen Risse überhaupt, sondern gegen das Aufgehen weniger Risse, und will mit den Maßnahmen zur Rissesicherung so kleine Rißabstände erzwingen, daß die Risse unter der Gebrauchslast praktisch nicht sichtbare Haarrisse bleiben. Durch den kleineren Rißabstand wird auch das Verhalten beim Übergang zum Bruch verbessert.

Zum Teil ist die Bewehrung zur Rißverteilung noch zur Deckung der Zugspannungen und damit für die Bruchsicherheit nötig. Die Maßnahmen zur Rissesicherung werden in Kap. 10 und 11 behandelt.

1.15 Besondere Vorteile des Spannbetons

Das dem Spannbeton entgegengebrachte große Interesse wäre nicht denkbar, wenn nicht wesentliche Vorteile gegenüber dem schlaff bewehrten Stahlbeton erreicht würden. Diese Vorteile sind kurz folgende:

1. Längere Haltbarkeit durch die Rissefreiheit des Betons, mit der ein guter Schutz des eingebauten Stahles gegen Korrosion erzielt wird, sofern der Beton dicht und fest ist.

2. Dank der vollen Mitwirkung der Betonzugzone entstehen gegenüber dem schlaff bewehrten Stahlbeton 15 bis 30 % Ersparnisse an Beton. Die Stahlersparnisse sind mit 60 bis 80 % wesentlich höher, was vor allem auf die hohen zulässigen Spannungen der hochfesten Vorspannstähle zurückzuführen ist.

3. Die Verformungen der Spannbetontragwerke sind besonders klein, wie schon aus dem Bild 1.13 hervorgeht. Sie betragen nur rund ein Viertel der Durchbiegungen des gewöhnlichen Stahlbetons bei gleicher Bauhöhe und Ausnutzung der zulässigen Spannungen. Spannbeton verformt sich sogar erheblich weniger als ein Stahltragwerk aus St 52. Der Vergleich des Verhältnisses der für Nutzlasten zur Verfügung stehenden Spannungen zu den E-Moduln der beiden Baustoffe ergibt

für Spannbeton: $\dfrac{\sigma}{E_b} = \dfrac{100}{300.000} = 0{,}33 \cdot 10^{-3}$,

für St 52: $\dfrac{\sigma}{E_{St}} = \dfrac{2100}{2.100.000} = 1 \cdot 10^{-3}$.

Die Verformung eines Spannbetonbalkens beträgt also nur etwa 33 % der Verformung eines gleich schlanken Stahlbalkens aus St 52.

Diese kleinen Verformungen erlauben eine größere Schlankheit der Tragwerke und ergeben kleine Amplituden der Schwingungen. Sie machen den Spannbeton für Hängestangen oder Zugbänder besonders geeignet, deren Dehnung mit Rücksicht auf Verformungen des übrigen Tragwerkes klein gehalten werden müssen.

4. Spannbeton hat eine besonders große Fähigkeit, sich nach erheblicher Überlastung völlig zu erholen (high resiliance), ohne daß ernsthafte Nachteile verbleiben. Vorübergehend entstandene Risse schließen sich wieder ganz (Bild 16.84).

5. Die Ermüdungsfestigkeit des Spannbetons liegt ein gutes Stück über der Ermüdungsfestigkeit der Tragwerke aus anderen Baustoffen, selbst über derjenigen von Stahltragwerken normaler Bauart (genietet oder geschweißt). Diese hohe Ermüdungsfestigkeit rührt vor allem von den niedrigen Spannungswechseln im Spannstahl her. Sie läßt den Spannbeton für dynamisch beanspruchte Tragwerke, wie z. B. für Eisenbahnbrücken, als besonders vorteilhaft erscheinen (Kap. 14).

Kapitel 2

2. Baustoffe

2.1 Stahl [1]

2.11 Anforderungen an Spannstähle

Für Spannbeton sind nur Stähle mit hoher Festigkeit geeignet, weil ein Teil der beim Spannen erzeugten Dehnung und damit der Spannkraft durch die nachträgliche Verkürzung des Betons verlorengeht. Die Spannkraft vermindert sich um ein Maß, das vom Verhältnis der Verkürzung des Betons zur anfänglichen Dehnung des Stahles abhängt (Bild 1.6). Der Spannkraftverlust wird um so niedriger, je größer die beim Vorspannen des Stahles erzielte elastische Dehnung (Federweg) ist.
Da der Elastizitätsmodul des Stahles nur in geringen Grenzen zwischen 1900 t/cm² und 2150 t/cm² schwankt (von Seilen abgesehen), hängt die erzielbare Dehnung oder der Federweg fast ausschließlich von der Festigkeit und der entsprechenden zulässigen Spannung des Stahles ab. Je höher man den Stahl spannen und damit dehnen kann, um so kleiner wird die zur Berücksichtigung der Verluste gewissermaßen vergeblich eingebaute Spannkraft und Stahlmenge.

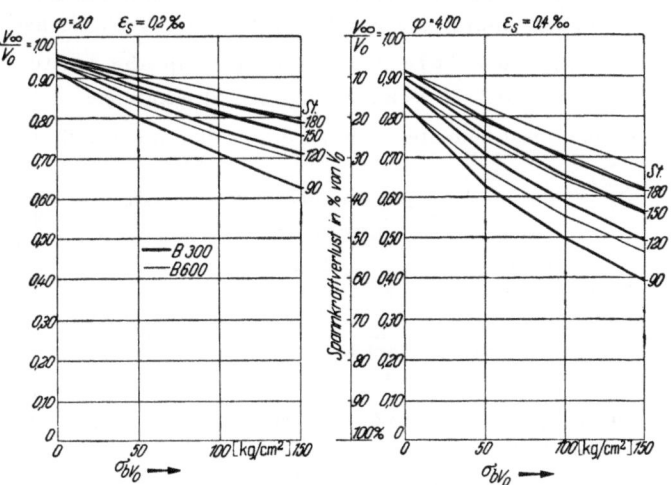

Die Verkürzungen des Betons infolge Schwinden und Kriechen schwanken im Hochbau (gutes Austrocknen möglich) zwischen 0,5 und 1,5 mm/m (vgl. Kap. 2.23 und 2.24), im Brückenbau (feuchtere Luft als bei Hochbauten) zwischen 0,3 und 1,0 mm/m. Wenn sich ein gespannter Stahl um diese Maße verkürzt, so verliert er im Hochbau zwischen 1000 und 3000 kg/cm², im Brückenbau zwischen 600 und 2000 kg/cm². Bei einem Stahl St 90 (90 kg/mm² = 9000 kg/cm² Zugfestigkeit), der mit 4500 kg/cm² gespannt werden darf, kann man also im Hochbau bis zu 60 %, im Brückenbau bis zu 40 % der anfänglich erzeugten Spannkraft verlieren, wenn man nicht nachspannt. Bei einem Stahl St 180 dagegen vermindern sich

Bild 2.1 Prozentuale Spannungsverluste vorgespannter Stähle durch die nachträgliche Verkürzung des Betons bei verschiedenen Stahlgüten für B 300 und B 600 links für mäßiges, rechts für starkes Schwinden und Kriechen

diese größten Verlustmöglichkeiten auf 40 % bzw. 20 % (Bild 2.1).
Es ist daher verständlich, daß man bestrebt ist, für Spannbeton Stähle mit sehr hoher Festigkeit zu verwenden. In der Schweiz werden deshalb Stähle mit Zugfestigkeiten unter 120 kg/mm² für Spannbeton nicht zugelassen [143], [419]. In Deutschland wird aus praktischen Erwägungen ein Stahl St 105 mit gutem Erfolg verwendet, wobei der Mehrbedarf für die prozentual hohen

---

[1] Eines Tages wird man mit Glasfasern oder Kunststoffen vorspannen. Dieser Gedanke wurde von *Freyssinet* erstmalig 1938 erwähnt ([225] S. 158 ff.). In USA sind hierzu bereits Untersuchungen im Gange. *Ivan A. Rubinsky* und *A. Rubinsky* geben in [251] Versuchsergebnisse mit Glasfasern bekannt, die mit Festigkeiten von 700 kg/mm² nur geringe Spannkraftverluste durch Schwinden und Kriechen zeigten.

Spannkraftverluste in Kauf genommen oder durch die Anwendung der beschränkten Vorspannung bei niedrigen ständigen Druckspannungen σ_b gemildert wird.

Die obere Grenze der brauchbaren Festigkeit ergibt sich dadurch, daß der Stahl noch eine gewisse Zähigkeit behalten muß, für die man die Bruchdehnung und Biegeproben als Maßstab nimmt. Diese Zähigkeit muß mit Rücksicht auf Krümmungen der Spannstähle und Beanspruchungen an den Ankerstellen verlangt werden. Ferner hilft die Zähigkeit, plötzliche, durch Verformung nicht ausreichend angekündigte Brüche bei einer Überbelastung zu verhüten. Die obere Grenze der Zugfestigkeit genügend zäher Stähle liegt zur Zeit bei 180 bis 200 kg/mm². Für sehr dünne Drähte (Klaviersaiten) kann die Zugfestigkeit bei noch ausreichender Bruchdehnung auch bis auf 240 kg/mm² gesteigert werden. Geht man höher, so wird der Stahl mehr und mehr spröde und ist dadurch für Bauzwecke ungeeignet.

Die hohe Festigkeit kann auf dreierlei Wegen erreicht werden:

1. mit naturharten Stählen durch geeignete Legierungen,
2. durch Kaltverformung, im allgemeinen durch Ziehen gewalzter Drähte bei Raumtemperatur (Kaltziehen),
3. durch Vergütung, bei der ein zur Vergütung geeigneter, legierter Stahl über den oberen Umwandlungspunkt erhitzt, danach im Ölbad abgeschreckt und anschließend in flüssigem Blei angelassen wird.

Für die Beurteilung der Spannstähle ist die S p a n n u n g s - D e h n u n g s l i n i e (σ-ε-Linie) bei Kurzzeitlast bis zum Bruch wichtig. Naturharte und einige Arten der vergüteten Stähle zeigen einen geradlinigen Verlauf bis nahe zu einer ausgeprägten Streckgrenze β_S (Bild 2.2). Gezogene und manche vergütete Stähle gehen stetig in den plastischen Bereich über. Die erste Abweichung der σ-ε-Linie von der Geraden wird als physikalische E l a s t i z i t ä t s g r e n z e bezeichnet. Zur Kennzeichnung der Stähle wird in der Technik nach DIN 50 144, 50 145 und 50 146

$\beta_{0,01} = 0,01$ %-Dehngrenze oder technische Elastizitätsgrenze,
$\beta_{0,2} = 0,2$ %-Dehngrenze oder Streckgrenze

angegeben, was bedeutet, daß bei dieser Spannung nach der ersten langsam stetigen Laststeigerung 0,01 % bzw. 0,2 % bleibende Dehnung auftreten. Die erzielte Dehnung geht also bei einer Entlastung nicht mehr ganz zurück (Bild 2.2). Die bleibenden Dehnungen beginnen in der Regel mit der Abweichung von der geradlinigen Verformung. Eine ausgeprägte Streckgrenze mit großer bleibender Dehnung ohne Spannungszunahme ist für Spannbeton im Hinblick auf seine Erholfähigkeit bei Überbeanspruchungen und auch für die Bruchsicherheit nicht erwünscht. Spannstähle mit stetiger σ-ε-Linie verdienen den Vorzug [426].

Über den weiteren Verlauf der σ-ε-Linie werden meist keine kennzeichnenden Angaben verlangt mit Ausnahme der Bruchdehnung δ, bei der die Bezugslänge wichtig ist. Für Spannstähle soll die Bruchdehnung auf eine Meßlänge

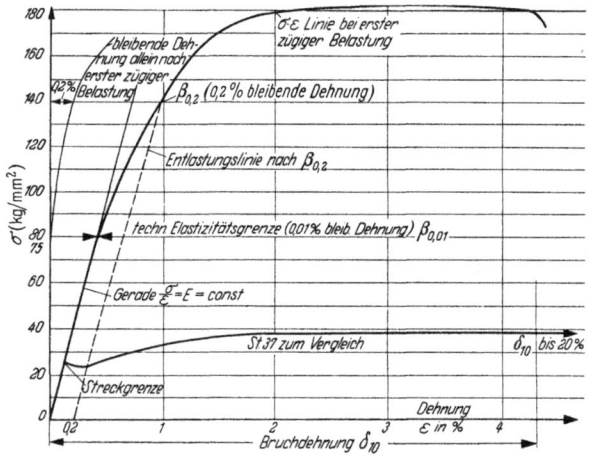

Bild 2.2 Merkmale der Spannungs-Dehnungslinien von Spannstählen

von $10\,d$ entsprechend δ_{10} bei runden Stäben oder von $11,3 \sqrt{F}$ bei beliebigen Querschnitten bezogen werden (DIN 50 146). Sie soll mindestens 4 % betragen.

Nimmt man größere Meßlängen, so wird die Bruchdehung wesentlich geringer, weil die starke örtliche Dehnung an der Einschnürung der Bruchstelle auf eine größere Länge bezogen wird. Man darf sich also nicht vorstellen, daß sich ein langer Draht um 4 % seiner Länge dehnt, bevor er bricht, wenn $\delta_{10} = 4\%$ ist; er dehnt sich vielmehr entsprechend der Gleichmaßdehnung (Dehnung im prismatisch bleibenden Stabteil außerhalb der Einschnürungszone) nur um etwa 1,5 bis 2,5 % der Gesamtlänge. Zum Teil liegt jedoch die am langen Stab erzielte Dehnung beim Bruch noch unter der Gleichmaßdehnung.

Bei allen diesen Kenngrößen handelt es sich selbst bei gleichem Fabrikat nicht um absolut feststehende Werte, es muß vielmehr mit einem Streubereich oder mit Toleranzen gerechnet werden, die 2 bis 5 % ausmachen können.

Die zulässige Stahlspannung σ_z wird prozentual gegen die Streckgrenze oder 0,2 %-Dehngrenze und gegen die Zugfestigkeit festgelegt. Bei manchen Stahlarten liegt sie höher als die Elastizitätsgrenze, so daß die Dehnung beim Vorspannen nicht mit dem für den geraden Zweig der σ-ε-Linie gültigen E-Modul $E = \dfrac{\sigma}{\varepsilon}$ berechnet werden kann.

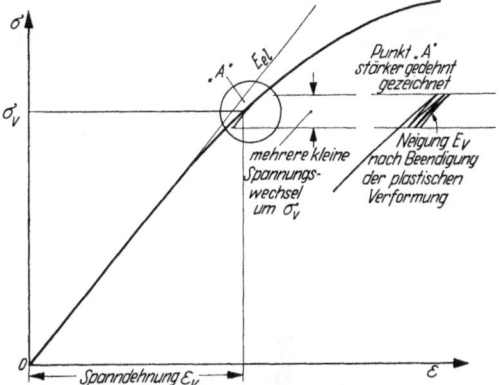

Man liest dann die für σ_v gültige Spanndehnung ε_v direkt aus der σ-ε-Linie ab, die das Lieferwerk hierfür bereithalten muß (Bild 2.3). Geht man mit σ_v wenig über die Elastizitätsgrenze hinaus, so begibt man sich in den Bereich kleiner bleibender Dehnungen, die sich jedoch nur bei den ersten Belastungen zeigen und meist schon bei der 3. bis 6. Belastung ganz verschwinden, d. h. der Stahl verfestigt sich und zeigt dann auch in diesem Bereich ein rein elastisches Verhalten, wobei sich allerdings ein etwas kleinerer Modul E_v einstellt als für den Bereich der niedrigen Spannungen (Bild 2.3).

Bild 2.3 Ablesen der Spanndehnung ε_v und des im fertigen Spannbeton maßgebenden E-Moduls E_v aus der σ-ε-Linie des Spannstahles

Für die Berechnung der Stahlspannungen nach dem Vorspannen mit Verbund muß man deshalb diese Neigung E_v der σ-ε-Linie etwa in der Höhe σ_v bestimmen, die nach oftmaligen kleinen Spannungswechseln an dieser Stelle sich als gleichbleibend einstellt. Für die normale Rechengenauigkeit genügt jedoch meist der E-Modul des geraden σ-ε-Bereiches durchweg, nur bei nicht angelassenem, gezogenem Stahl und besonders bei Litzen und Seilen ist die Kenntnis von E_v wichtig. In Deutschland müssen Spannstähle für Spannbeton nach amtlichen „Vorläufigen Richtlinien für die Prüfungen bei Zulassung und Abnahme von Spannstählen" (siehe z. B. Beton-Kalender 1960, Seite 850 und Bestimmungen des Deutschen Ausschusses für Stahlbeton, Siebente Auflage, Stand März 1960, Seite 267 und ff.) zugelassen sein. Diese verlangen neben der Ermittlung der Spannungsdehnungslinie zum Schutz gegen Sprödigkeit noch folgende Prüfungen:

a) **Zugversuch nach einmaligem Hin- und Herbiegen für Drähte und Stäbe mit höchstens 8 mm Durchmesser.**

Der Versuch ist am unbearbeiteten und nicht angerosteten Spannstahl durchzuführen. Der Spannstahl ist um einen Dorn mit einem Durchmesser von $10 \cdot d$ ($d =$ Durchmesser oder Dicke des zu prüfenden Stahls, auf volle Millimeter gerundet) um 90° federnd (unter Last) zu biegen, dann in die Gerade zurückzubiegen und anschließend bis zum Bruch nach DIN 50146 zu belasten. Der Abfall der Zugfestigkeit nach dem Biegen darf höchstens 5 % der Festigkeit ohne vorheriges Biegen betragen.

b) **Hin- und Herbiegeversuch bis zum Bruch für Drähte und Stäbe mit höchstens 8 mm Durchmesser.**

Der Spannstahl ist um einen Dorn mit einem Durchmesser von
     $5 \cdot d$ bei kaltgezogenen Drähten
und von $10 \cdot d$ bei vergüteten Drähten

($d =$ Durchmesser des zu prüfenden Stahls, auf volle Millimeter gerundet) um 90° bis zum Anschlag nach jeder Seite, bezogen auf den geraden Stab, bis zum Bruch hin- und herzubiegen. Im

Bild 2.4 Gerät zur Durchführung des Hin- und Herbiegeversuchs zur Prüfung hochwertiger Stahldrähte ⌀ 4 bis 8 mm (Proceq S.A Zürich)

übrigen gilt DIN 51 211. Die Anzahl der bis zum Bruch ertragenen Biegungen sollte mindestens 6 betragen (3maliges Hin- und Herbiegen). Bild 2.4 zeigt ein Gerät für Hin- und Herbiegeversuche zur Prüfung hochwertiger Spanndrähte ⌀ 4 bis 8 mm.

c) Faltversuch für Drähte und Stäbe mit mehr als 8 mm Durchmesser.

Dieser Versuch ist nach DIN 1065, Blatt 4, durchzuführen, wobei die Probe um einen Dorn mit Durchmesser $5\,d$ bis zum Bruch gebogen wird. Der Biegewinkel sollte wenigstens 180° erreichen. Für die Zulassung werden noch Prüfungen über das Kriechverhalten des Spannstahles und seine Ermüdungsfestigkeit verlangt, die unter Kap. 2.13 und 2.17 behandelt werden.

Bei der Bestellung von Spannstählen muß man sich gewährleisten lassen:

1. die garantierte Mindestzugfestigkeit β_Z,
2. die Streckgrenze β_S oder die 0,2 %-Dehngrenze $\beta_{0,2}$,
3. den bei σ_v maximal auftretenden Spannungsverlust durch Kriechen des Stahles bei konstanter Länge,
4. den garantierten Mindestquerschnitt des Drahtes oder Stabes,
5. das Bestehen der Biegeproben,
6. die verlangte Bruchdehnung δ_{10} am $10d$-Stab,
7. trockene Beförderung bei Drähten unter 12 mm Durchmesser.
8. Ringdurchmesser von mindestens 1,60 m bis 2,50 m für Spanndrähte mit Drahtdurchmessern von 5 bis 12 mm. Die Biegespannung soll unter $0{,}8\,\beta_{0,01}$ bleiben.

Die Abnahme der Lieferung durch die Bundesbahn nach den amtlichen „Vorläufigen Richtlinien" ist zu empfehlen. Sie wird an jedem Ring durch eine plombierte Drahtbindung mit Blechschild gekennzeichnet.

Bei der Gewichtsermittlung ist für die +-Toleranz des bestellten Querschnittes bei gezogenen Drähten ein Zuschlag von 2 bis 3 %, bei gewalzten Querschnitten von 3 bis 5 % zu berücksichtigen. Außerdem muß dem Statiker und dem für das Vorspannen verantwortlichen Ingenieur die Spannungs-Dehnungs-Linie der gewählten Stahlart bis zum Bruch mit Angabe der möglichen Abweichungen (Toleranzen) bekannt sein.

2.12 Stahlarten

Die in Deutschland gebräuchlichen Spannstähle werden mit ihren Eigenschaften in diesem Kapitel beschrieben.

2.121 Naturharte Stähle[1]

Mit der Erzeugung der naturharten Stähle für Spannbeton hat sich das Hüttenwerk Rheinhausen seit vielen Jahren befaßt. Zunächst wurde ein legierter Stahl St 70/105 (die erste Zahl bedeutet die Streckgrenze, die zweite die Zugfestigkeit) in Durchmessern von 8 bis 12 mm hergestellt, der folgende Zusammensetzung hatte:

$$0{,}7\,\%\ \text{C} \qquad 0{,}3\,\%\ \text{Si} \qquad 1{,}2\,\%\ \text{Mn}$$

---
[1] Schrifttum: [132], [194].

Tabelle der deutschen zugelassenen Spannstähle

Zeile	Art des Spannstahls	Güte	Querschnittsangaben mm bzw. mm²	Streckgrenze $\beta_{0,2}$ kg/mm²	Zugfestigkeit β_Z kg/mm²	Bruchdehnung δ_{10} %	Techn. Kriechgrenze σ_{Kr} kg/mm²	Elastizitätsmodul E_z kg/mm²	Ringgewichte bzw. Lieferlängen	Hersteller
1	2	3	4	5	6	7	8	9	10
1	warm gewalzt	55/85	ϕ 10,0 bis 20,0; rund	55	85	10	50	$2,10 \cdot 10^4$	25 m	Hüttenwerk Rheinhausen (SIGMA-Spannstahl)
2		60/90	ϕ 13,0 bis 32,0; rund	60	90	8	55	$2,10 \cdot 10^4$	(32 m)	
3		125/140	ϕ 10,0 bis 13,0; rund	125	140	6	95	$2,05 \cdot 10^4$	bis 250 kg	
4		135/150	ϕ 7,0 bis 9,5; rund	135	150	6	100	$2,05 \cdot 10^4$		
5		145/160	ϕ 5,2 bis 6,0; rund	145	160	6	110	$2,05 \cdot 10^4$		
6	warm gewalzt und vergütet	145/160	3,0 × 8,0 = 20 oval, mit 4,2 × 9,0 = 30 und ohne 4,5 × 11,0 = 40 Rippen	145	160	5	110	$2,05 \cdot 10^4$	rund 55 kg	Hüttenwerk Rheinhausen (SIGMA-Spannstahl)
7		145/160	3,0 × 6,7 = 20 rechteckig, 3,8 × 7,6 = 25 4,0 × 8,4 = 30 gerippt 4,7 × 9,5 = 40	145	160	5	110	$2,10 \cdot 10^4$	nach Vereinbarung	Felten & Guilleaume Carlswerk AG, Köln-Mülheim (Neptun-Spannstahl)
8		135/150	5,3 × 10,5 = 50 rechteckig, 5,9 × 11,5 = 60 gerippt	135	150	5	110	$2,10 \cdot 10^4$		
9	gereckt und angelassen	80/105 [1]	ϕ 15,0 bis 26,0; rund	80	105	7	65	$2,10 \cdot 10^4$ [2]	25 m (32 m)	Hüttenwerk Rheinhausen (SIGMA-Spannstahl)
10		140/160	ϕ 4,0 bis 10,0; rund	140	160	6	100	$2,10 \cdot 10^4$		Felten & Guilleaume Carlswerk AG, Köln-Mülheim
11		150/170	ϕ 3,0 bis 7,5; rund	150	170	6	105	$2,10 \cdot 10^4$		
12		160/180	ϕ 3,0 bis 4,9; rund	160	180	6	110	$2,10 \cdot 10^4$		
13		140/160	ϕ 4,0 bis 10,0; rund	140	160	6	100	$2,05 \cdot 10^4$		Westfälische Drahtindustrie, Hamm/Westf. (Zeus-Spannstahl)
14		150/170	ϕ 3,0 bis 7,5; rund	150	170	6	105	$2,05 \cdot 10^4$		
15		160/180	ϕ 3,0 bis 4,9; rund	160	180	6	110	$2,05 \cdot 10^4$		
16	kalt gezogen [6]	140/160	ϕ 4,0 bis 10,0; rund	140	160	8	100	$2,10 \cdot 10^4$	bis rd. 220 kg	Westfälische Union AG für Eisen- und Drahtindustrie, Hamm/Westf.
17		150/170	ϕ 3,0 bis 7,5; rund	150	170	8	105	$2,10 \cdot 10^4$		
18		160/180	ϕ 3,0 bis 4,9; rund	160	180	8	110	$2,10 \cdot 10^4$		
19		180/200	ϕ 1,5 bis 3,0; rund	180	200	6	120	$2,10 \cdot 10^4$		
20		150/170	ϕ 3,0 bis 7,5; rund, profil.	150	170	6	100	$2,05 \cdot 10^4$		Felten & Guilleaume Carlswerk AG, Köln-Mülheim; Westfälische Drahtindustrie, Hamm/Westf.
21		160/180	ϕ 3,0 bis 4,9; rund, profil.	160	180	6	110	$2,05 \cdot 10^4$		Westfälische Drahtindustrie, Hamm/Westf. (Zeus-Spannstahl)
22	Litzen, kalt gezogen	120/160	ϕ 2,0 bis 3,0; 2 oder 3 Drähte	120	160	6 [3]	— [4]	bel.[5] $1,8 \cdot 10^4$ entl.[5] $1,9 \cdot 10^4$		Westfälische Drahtindustrie, Hamm/Westf. (Zeus-Spannstahl)
23		140/180	ϕ 2,0 bis 3,0; 2 oder 3 Drähte	140	180	6 [3]	— [4]	bel.[5] $1,8 \cdot 10^4$ entl.[5] $1,9 \cdot 10^4$	400 kg	
24		140/180	ϕ 2,0 bis 4,0; 2 Drähte	140	180	6 [3]	— [4]	bel.[5] $1,8 \cdot 10^4$ entl.[5] $1,9 \cdot 10^4$		Felten & Guilleaume Carlswerk AG, Köln-Mülheim; Westfälische Drahtindustrie, Hamm/Westf.; Westf. Union AG für Eisen- u. Drahtindustrie Hamm/Westf.; Hösch AG Westfalenhütte, Dortmund
25	Litzen, nach dem Verseilen angelassen	160/180	ϕ 2,0 bis 4,0; 7 Drähte	160	180	6 [3]	110	$2,0 \cdot 10^4$	1500 kg (7000 m)	Felten & Guilleaume Carlswerk AG, Köln-Mülheim; Westfälische Drahtindustrie, Hamm/Westf.; Westf. Union AG f. Eisen- u. Drahtindustrie, Hamm/Westf.

[1] Der SIGMA-Spannstahl St. 80/105 darf bei $R \geqq 20$ m elastisch gebogen oder kalt vorgebogen eingebaut werden. Bei $R < 20$ m muß er stets kalt vorgebogen werden.
[2] Für 10 m $< R \leqq$ 15 m ist $E_z = 2{,}05 \cdot 10^4$ kg/mm². — Für $R \leqq$ 10 m ist $E_z = 2{,}00 \cdot 10^4$ kg/mm².
[3] Am Einzeldraht gemessen.
[4] Die technische Kriechgrenze liegt im Bereich der Gebrauchsspannungen. Der Spannkraftverlust durch Stahlkriechen ist mit 4 % zu berücksichtigen.
[5] bel.: E-Modul bei Belastung. — entl.: E-Modul bei Entlastung.
[6] von einigen Werken auch bis ϕ 12 mm lieferbar.

Später ging man zu dem etwas billigeren St 60/90 über, der in Durchmessern von 15 bis 32 mm, vorzugsweise mit 18 und 26 mm geliefert wird. Auch dieser St 90 ist eine Mn-Si-Legierung mit 0,7 % C; 0,7 % Si; 1,2 % Mn. Der seit 1954 lieferbare St 80/105 wird im Kap. 2.124 behandelt.
Die Spannungs-Dehnungslinie zeigt einen geradlinigen Verlauf mit $E = 21\,000$ kg/mm² bis zu einer Spannung von 55 kg/mm². Zwischen 60 und 65 kg/mm² stellt sich eine ausgeprägte Streckgrenze ein, nach der die Dehnung rasch zunimmt, um bei der Zugfestigkeit von 90 bis 105 kg/mm² eine Bruchdehnung von 10 bis 12 % zu erreichen (Bild 2.5).

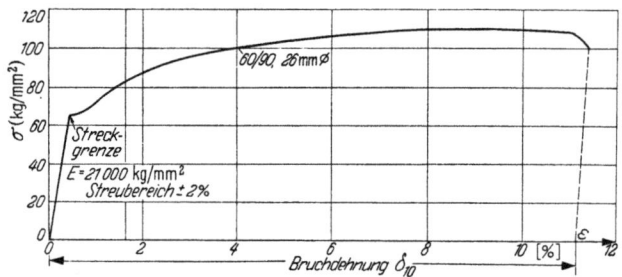

Bild 2.5 Spannungs-Dehnungslinie des SIGMA-Stahles St 60/90 (Hüttenwerk Rheinhausen)

Die Kaltverformbarkeit des St 60/90 ist gut. Er ist nicht schweißbar.
Die handelsüblichen Stablängen dieser Stähle sind 25 m; es sind jedoch auch Stäbe bis zu 32 m Länge lieferbar, wenn geeignete Fahrzeuge für den Transport bereitgestellt werden.

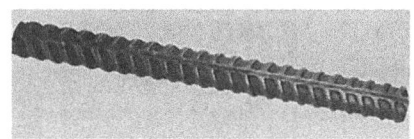

Bild 2.6 Russischer Spannstahl St 60/90, quergerippt

Die Walztoleranz auf die Querschnittsfläche bezogen liegt zwischen $+ 8,0$ und $- 2,0$ %.

In der UdSSR wird ein naturharter Stahl St 60/90 mit kräftigen, aufgewalzten Querrippen mit $\varnothing$ 12 bis 30 mm hergestellt, der sich zur Verankerung durch Verbund eignet (Bild 2.6). Er enthält nur 0,30 bis 0,35 % C und ist mit Mn + Si + Cr legiert.

2.122 Patentiert - gezogene Stähle[1]

Die Erhöhung der Stahlfestigkeit durch Kaltverformung ist schon sehr lange bekannt. Man hat damit schon seit 1873 hochfeste Drähte hergestellt. Der gewalzte Draht wird zunächst patentiert, d. h. auf 900 bis 1000° erhitzt und dann im Blei- oder Salzbad auf 450 bis 550° gekühlt, um für die Kaltverformung ein günstiges, sorbitisches Gefüge zu erhalten. Nach Abkühlung auf Raumtemperatur wird er durch eine sogenannte Ziehdüse gezogen, wobei sein Durchmesser verkleinert und die Länge vergrößert wird. Die Technik des Drahtziehens wurde im Laufe der Zeit sehr weit entwickelt und verfeinert. Entsprechend bestehen jahrzehntelange Erfahrungen über geeignete Stahlzusammensetzung, Stahlerschmelzung und über Zwischen- und Nachbehandlungen des Stahles. Für Spannbetondrähte galten 1958 folgende Grenzen der chemischen Zusammensetzung, z. B.

für „Neptundraht" 0,7 bis 0,9 % C; 0,5 bis 0,7 % Mn; 0,12 bis 0,20 % Si;
für „Zeus"-Drähte 0,6 bis 0,9 % C; 0,3 bis 0,7 % Mn; 0,15 bis 0,35 % Si,
P und S höchstens je 0,035 %.

Man kennt zuverlässig die Eigenschaften und das Verhalten kaltgezogener Drähte bei allen möglichen Beanspruchungsarten. Sie haben sich bei den Kabeln großer Hängebrücken und bei Drahtseilen aller Arten bewährt. Sie können aber nicht geschweißt werden und sind hitzeempfindlich (vgl. Kap. 2.14).
Der kaltgezogene Stahl wird vorzugsweise in Form dünner Drähte geliefert. Je kleiner der Durchmesser ist, um so höher kann die Festigkeit gesteigert werden. Bei Durchmessern von 2 bis 3 mm

---
[1] Schrifttum: [55], [168]

sind Zugfestigkeiten St 180, bei Durchmessern von 4 bis 5 mm Zugfestigkeiten St 170 bis 150 und bei Durchmessern von 6 bis 12 mm Zugfestigkeiten von 150 bis 130 kg/mm² als üblich anzusehen. In Ausnahmefällen können auch höhere Festigkeiten geliefert werden. Durch Alterung (vgl. Kap. 2.123) werden die Festigkeiten noch erhöht. Heute werden Einzeldrähte für Spannbeton meist gealtert geliefert.

Die Spannungs-Dehnungslinie kaltgezogener Drähte (Bild 2.7) zeigt im ersten geradlinigen Teil eine etwas größere Neigung als bei naturharten Stählen, d. h. der Elastizitätsmodul liegt in diesem Bereich zwischen 19 500 und 20 500 kg/mm². Die Linie biegt verhältnismäßig früh von der Geraden ab und geht mit langsam zunehmender Krümmung zum Bruch weiter; sie zeigt also nicht die Unstetigkeit der Streckgrenze.

Die Bruchdehnung der 10d-Probe beträgt im allgemeinen 4 bis 8 %, ist also niedriger als bei naturharten Stählen. Sie ist jedoch ausreichend groß, um bei einer Überbeanspruchung rechtzeitig eine deutlich erkennbare, den Bruch ankündigende Verformung zu ergeben, so daß die niedrige Bruchdehnung in dieser Hinsicht kein Nachteil ist.

Die Kaltverformbarkeit und Zähigkeit der gezogenen Stähle ist gut, solange man die Festigkeit nicht zu hoch treibt. Sie genügt jedenfalls, um Hakenverankerungen oder das Hin- und Herbiegen an Innenkeilverankerungen ohne Schwierigkeiten zu erlauben.

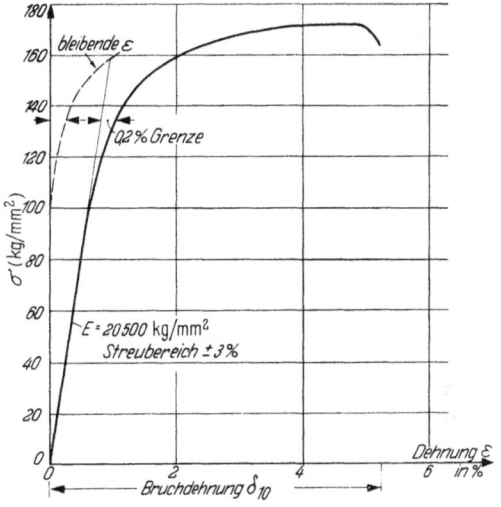

Bild 2.7 Spannungs - Dehnungslinie patentiert - gezogener Stahldrähte

Die Oberfläche kaltgezogener Drähte ist durch den Ziehvorgang glatt und regelmäßig, der gewünschte Querschnitt wird sehr genau eingehalten (Toleranzen im allgemeinen ± 0,04 % des Durchmessers). Der Durchmesser von kreisförmigen Drähten kann von 1/10 zu 1/10 mm abgestuft werden. Man kann auch trapezförmige oder rechteckige oder quadratische Querschnitte mit leicht abgerundeten Ecken bekommen.

Die Länge der Drähte hängt von den im Herstellungswerk üblichen Ringgewichten ab, die zwischen 60 und 200 kg liegen. Bei Drähten ⌀ 3 mm ergeben sich daraus bis 3600 m, bei ⌀ 5 mm bis 1280 m

Bild 2.8 Vorrichtung zum Abwickeln der harten Drähte vom Ring

Drahtlänge je Ring. Die Drähte werden auf Ringe aufgerollt geliefert, von denen die gewünschten Längen auf der Baustelle geschnitten werden. Will man, daß sich die Drähte gerade und drallfrei legen, so muß man sie richten und den Durchmesser der Ringe so groß halten, daß sie im elastischen Bereich gebogen sind, also in die Gerade zurückfedern. Bei kleinen Durchmessern gelingt es nicht immer, die Drähte ganz drallfrei zu machen, es sei denn, daß sie im geraden Strang gealtert werden, was heute für Spannbeton üblich ist.

Zum Abwickeln vom Ring benutzt man drehbare Stahlkörbe, die ein Aufschnellen des federartig gespannten Drahtes verhindern (Bild 2.8, siehe auch Bild 4.4).

Als Sonderform des gezogenen Drahtes wurde zeitweilig hergestellter verdrillter Flachdraht geliefert [108], der dank der Korkzieherwirkung einen hohen Gleitwiderstand im Beton aufweist.

Kaltgezogene Drähte werden üblicherweise bei Durchmessern von 5 bis 12 mm als **E i n z e l d r a h t** oder als parallele **B ü n d e l** oder **K a b e l** verarbeitet. Die kleinen Durchmesser von 2 bis 4 mm werden meist in Form von **L i t z e n** aus 2, 3 oder 7 Drähten verwendet (Bild 2.9). Bei 7drähtigen Litzen verlangt die Zulassung, daß der Kerndraht einen um etwa 5% bis 7% größeren Durchmesser hat als die äußeren Drähte, um ein dichtes Anliegen der äußeren Drähte am Kerndraht zu erzielen. Der tatsächliche Durchmesser der Litze ist daher um rund 7% von d größer als der übliche Nenndurchmesser, der mit $3d$ angegeben wird (Bild 2.10).

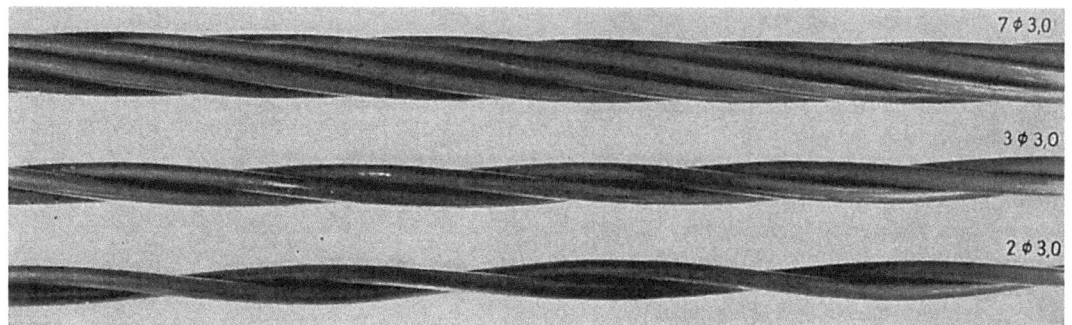

Bild 2.9 2-, 3- und 7drähtige Litzen

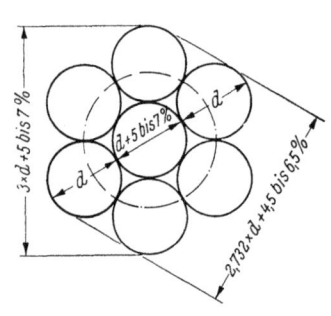

Bild 2.10 Querschnitt einer 7drähtigen Litze mit dickerem Kerndraht

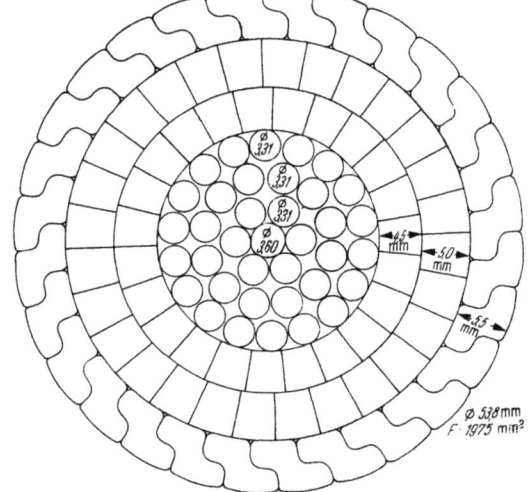

Bild 2.11 Aufbau eines patentverschlossenen Seiles ⌀ 54 mm, $F_e = 19{,}75$ cm²

Früher wurden Drähte in Litzen oder Seilen mit spitzwinkligem Schrägschnitt durch Hartlöten versetzt gestoßen, um große Längen zu erzielen. Diese Stoßart ist heute verlassen. Für große Längen werden die Walzdrähte vor dem Ziehen elektrisch stumpf geschweißt, ausgeglüht und sauber bearbeitet, so daß der Ziehvorgang über die Stoßstelle hinweggehen kann. Litzen und Seile können daher auf Haspeln mit fast beliebigen Längen geliefert werden. Für Spannbetonbrücken wurden bereits 24 000 m lange Litzen verarbeitet.

Einfache **S e i l e** aus runden Drähten oder mehrlitzige Drahtseile sind für Spannbeton schon angewandt worden, eine Zulassung hierfür wurde jedoch nicht beantragt.

Eine im Bauwesen beliebte und auch für Spannbeton geeignete Seilart stellen die **p a t e n t - v e r s c h l o s s e n e n S e i l e** (Bild 2.11) dar, die im Innern aus Runddrähten, dann aus keilförmigen Drähten und außen aus z-förmigen Drähten bestehen. Diese Seile zeichnen sich durch besonders geringe innere Hohlräume (~ 10%) und durch einen dichten Verschluß in den äußeren Lagen aus. Für hohe Korrosionssicherheit läßt man die Einzeldrähte beim Verseilen durch ein

Bleimennigebad laufen, so daß die Zwischenräume vor allem bei den z-förmigen Drähten voll ausgefüllt sind. Wenn sich das Seil unter Spannung befindet, wird die Bleimennige in den Zwischenräumen gepreßt. Die Durchmesser reichen von 30 bis 125 mm, die mittlere Zugfestigkeit liegt bei 150 kg/mm².

Bei Litzen oder Seilen vergrößert sich die Dehnung gegenüber derjenigen des geraden Einzeldrahtes je nach der **Schlaglänge**. Als Schlaglänge wird die Länge einer Windung des Drahtes bezeichnet. Sie wird teilweise als Absolutmaß angegeben, teilweise als Verhältnis zwischen Litzen- oder Seildurchmesser und Schlaglänge. Zum Beispiel bedeutet eine Schlaglänge 1:10 bei einer Litze mit 10 mm $\varnothing$, daß der Einzeldraht auf 100 mm Länge eine Windung macht.

Für Spannbeton sind verhältnismäßig große Schlaglängen von 1:12 bis 1:14 gebräuchlich, weil bei kleineren Schlaglängen die Dehnung und der sogenannte **Seilreck** zunehmen. Die Schlaglänge kann um ± 10% variieren, ohne daß der Einfluß auf die σ-ε-Linie den normalen Streubereich überschreitet. Unter **Seilreck** wird diejenige Dehnung verstanden, die durch das Strecken der Drähte in den Windungen beim Spannen als unelastische Dehnung auftritt. Der Seilreck kann nicht durch sogenanntes Vorrecken auf einer Reckbahn bleibend beseitigt werden, weil er bei jeder Biegung des Seiles, wie sie anschließend für den Transport nötig wird, in unregelmäßiger Form wieder zurückgeht.

Litzen oder Seile haben gegenüber dem geraden Draht eine um 2 bis 6% verminderte Zugfestigkeit. Man muß deshalb für eine Lieferung nicht nur die gewünschte Drahtgüte, sondern auch die zu gewährleistende Mindestzugfestigkeit der Litze oder des Seiles vereinbaren. Bild 2.12 zeigt

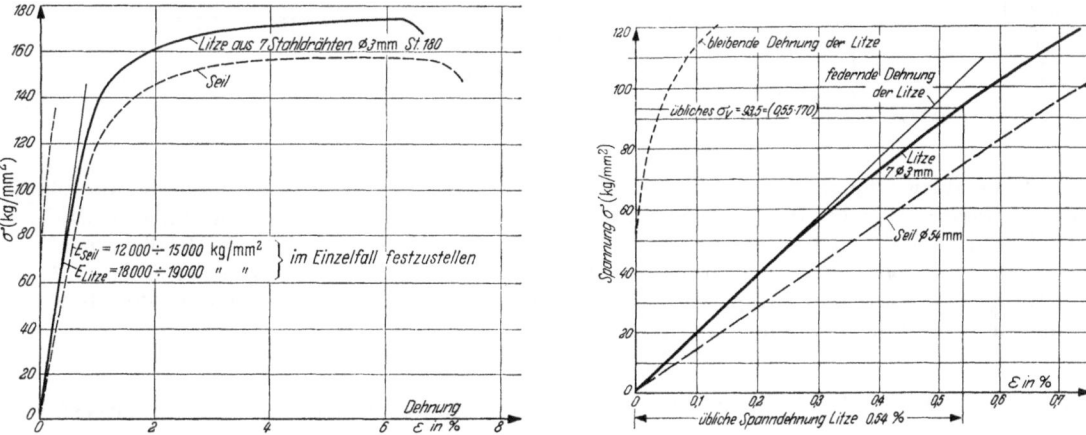

Bild 2.12 Spannungs-Dehnungslinien von nicht angelassenen Litzen mit 7 Drähten (siehe Text) und eines patentverschlossenen Seiles nach Bild 2.11. Links bis zum Bruch, rechts bis σ_v mit größerem Maßstab der Dehnung

die Spannungs-Dehnungslinie einer 7drähtigen Litze, Drahtdurchmesser 3 mm, Schlaglänge 140 mm, Drahtgüte St 180, gewährleistete Mindestzugfestigkeit der Litze 170 bis 175 kg/mm². Ferner ist die σ-ε-Linie eines patentverschlossenen Seiles mit dem Aufbau nach Bild 2.11 eingetragen. Bei Seilen empfiehlt es sich, beim Vorspannen die Sollkraft mehrmals um 5 bis 10% zu überschreiten, weil sich die Seile anfänglich nicht rein elastisch verhalten. Schon nach wenigen Spannungswechseln hören die vom Seilreck herrührenden bleibenden Dehnungen auf [46].

Bei kaltgezogenen Drähten muß man auf das **Kriechen** des Stahles achten, das in Kap. 2.13 ausführlich behandelt wird.

In Deutschland haben sich zuerst die Felten & Guilleaume Carlswerk AG, Köln-Mülheim, später auch die Westfälische Drahtindustrie, Hamm/Westf., u. a. mit der Erzeugung von kaltgezogenen Stählen für Spannbeton befaßt und liefern Drähte, Litzen und Seile.

2.123 Patentiert - gezogene, angelassene (gealterte) Stähle

Altern nennt man das Anlassen kaltgezogener Drähte auf 150 bis 420° C Wärme (je nach Dauer der Alterung) als Nachbehandlung. Durch das Anlassen wird die 0,2%-Dehngrenze um 20 bis 40%, die Zugfestigkeit um 5 bis 9% erhöht, die Dauerstandfestigkeit und Bruchdehnung verbessert. Der Draht wird leichter drallfrei und kriecht weniger, dabei bleibt die Zähigkeit des Drahtes im wesentlichen erhalten [160]. Der gezogene, angelassene Draht ist also für Spannbeton günstiger als der nur gezogene Draht, dafür aber etwas teurer.

Die deutschen Zulassungen der Spannstähle schreiben im Hinblick auf die genannten Verbesserungen das Altern seit etwa 1957 für gezogene Runddrähte und 7drähtige Litzen vor. Nur 2- und 3drähtige Litzen werden noch ohne Alterung in Spannbetten verarbeitet. Die Drähte und Litzen werden dabei meist im Durchlaufverfahren, also mit kurzer Temperatureinwirkung, bei rund

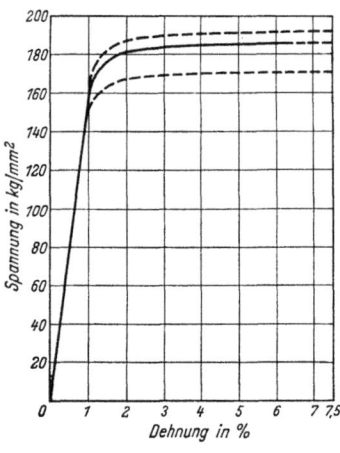

Bild 2.13 (links) Spannungs-Dehnungslinie für gezogenen-angelassenen Draht $\varnothing$ 5 bis 7 mm, St 150/170 (Felten & Guilleaume Carlswerk AG), gemäß Zulassung

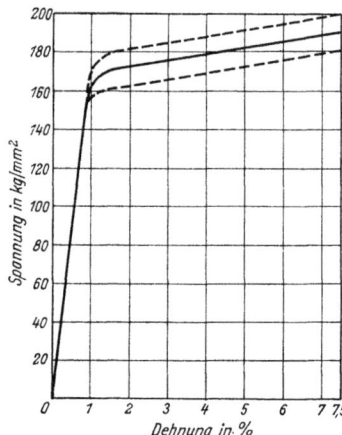

Bild 2.14 (rechts) Spannungs-Dehnungslinie für eine angelassene Litze aus 7 $\varnothing$ 3 mm, St 160/180 (Felten & Guilleaume Carlswerk AG), gemäß Zulassung

420° C in einem Bleibad angelassen. Bild 2.13 und 2.14 zeigen die Spannungsdehnungslinien für angelassenen Draht $\varnothing$ 5 bis 7 mm St 150/170 und für eine angelassene Litze 7 $\varnothing$ 3 mm St 160/180; besonders letztere zeigt die Steigerung des E-Moduls von rund 18 000 kg/mm² auf etwa 20 000 kg/mm² und das Anheben der 0,2%-Dehngrenze von rund 130 kg/mm² auf 160 kg/mm². Wie wir unter Kap. 2.13 sehen werden, wird das Kriechen solcher Drähte durch das Anlassen wesentlich vermindert.

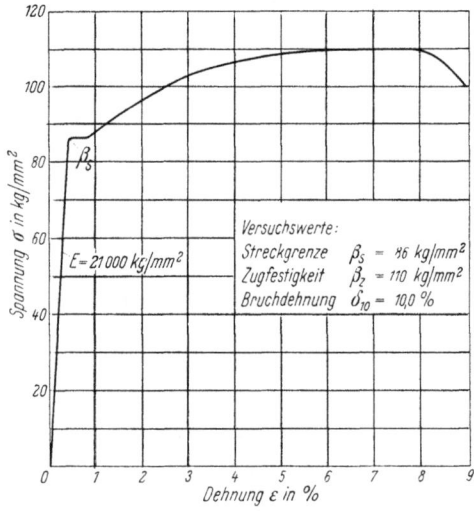

2.124 Kaltverformte Stähle, auch kaltverformte und angelassene Stähle

Außer dem Ziehen durch Düsen gibt es auch noch andere Arten der Kaltverformung zur Erhöhung der Streckgrenze und der Festigkeit, so z. B. das Kaltnachwalzen, das Recken, das Verdrillen (Torstahl) oder das Hämmern. In England und USA wird so ein Rundstahl $\varnothing$ 25 mm mit $\beta_{0,2} = 94$ und $\beta_z = 110$ kg/mm² hergestellt, der $\approx 0,6\%$ C, 1,9% Si, 1,0% Mn enthält [135] (Lee-McCall, Macalloy Ltd., Sheffield, und Stressteel Corporation, New York).

Bild 2.15 Spannungs-Dehnungslinie des gereckten-angelassenen SIGMA-Stahles St 80/105, Stab $\varnothing$ 26 mm (Hüttenwerk Rheinhausen). Meßlänge 500 mm, Mittelwerte gemäß Zulassung

Der wichtigste Vertreter dieser Stahlart in Deutschland ist der SIGMA-Stahl St 80/105 des Hüttenwerkes Rheinhausen, der aus dem naturharten Stahl St 60/90 durch Kaltrecken mit anschließendem Anlassen hergestellt wird. Der Stahl wird in Stäben mit $\emptyset$ 26 mm bis 25 m lang (ausnahmsweise auch 32 m lang) geliefert. Das Recken allein führte zu einer σ-ε-Linie mit $E_v \approx 17\,000$ kg/mm² und niedrigem $\beta_{0,01}$. Durch das Anlassen konnten befriedigende Eigenschaften gemäß Bild 2.15 erzielt werden. Die Spannungs-Dehnungslinie verläuft demnach bis $\sigma = 70$ kg/mm² mit $E = 21\,000$ kg/mm² geradlinig und zeigt zwischen 80 und 90 kg/mm² eine ausgeprägte Streckgrenze. Die Bruchdehnung liegt mit 9 bis 11 % günstig. Für die Querschnittswerte sind Walztoleranzen von $+ 5$ bis $- 2$ % zugelassen.

Mit Kaltwalzen werden dünne Bänder, sogenannter Federbandstahl, hergestellt, der ähnliche Eigenschaften hat wie der kaltgezogene Draht und gelegentlich als verdrilltes Band für Spannbeton benutzt wurde. Es ergaben sich jedoch keine Vorteile gegenüber den billigeren Drähten.

2.125 Vergütete Stähle

Die Steigerung der Festigkeit von Stählen durch Wärmebehandlung ist seit Jahrhunderten bekannt und üblich; man denke nur an das Härten geschmiedeter Schwerter oder Werkzeuge. Dem Maschinenbauer ist dieser Vorgang so geläufig, daß er die Wärmebehandlungen mit dem kurzen Begriff „Vergütung" genormt hat. Nach DIN 17 014 versteht man unter Vergütung folgendes: „Wärmebehandlung zur Erzielung hoher Zähigkeit bei bestimmter Zugfestigkeit in der Regel durch Härten und nachfolgendes Anlassen meist auf höhere Temperatur."

Für Stähle im Bauwesen wurde die Festigkeitssteigerung durch Vergütung erst in den letzten Jahrzehnten angewendet [170].

Die Vergütung der gebräuchlichen Spanndrähte besteht in einer Erwärmung auf etwa 810° C, Abschrecken im Ölbad und anschließendem Anlassen im Bleibad auf etwa 450° C. Die zur Legierung passenden Temperaturen müssen genau eingehalten werden. Dabei entstehen bedeutende Umwandlungen des Gefüges, die im Bild 2.16 zu erkennen sind. Zum Schluß ist ein sehr feinkörniges Gefüge erreicht [194].

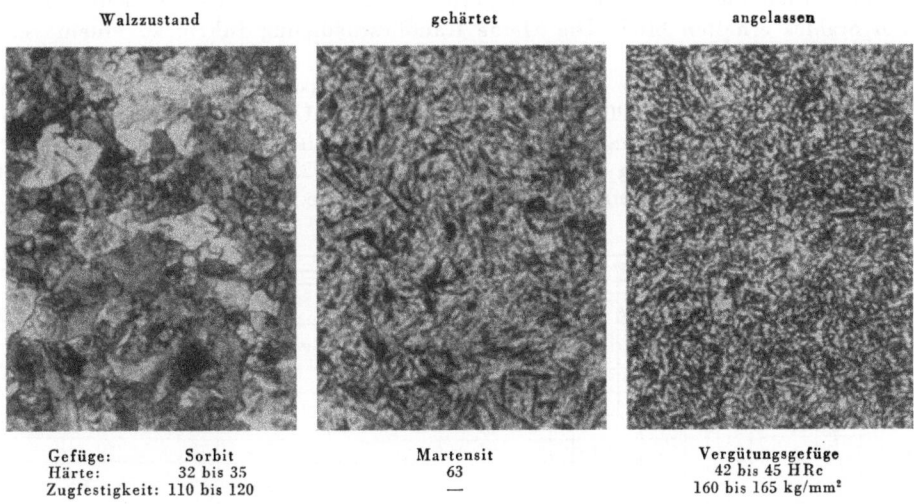

Bild 2.16 Durch Vergütung entstehende Umwandlung des Gefüges von SIGMA-Stahl (Hüttenwerk Rheinhausen)

Vergütete Drähte lassen sich nicht schweißen und sind hitzeempfindlich (vgl. Kap. 2.14). Sie sind auch anfällig für die interkristalline Spannungskorrosion (vgl. Kap. 2.18) und neigen an Kerbstellen zu Sprödbrüchen. Sie müssen daher mit den nötigen Kenntnissen sorgfältig behandelt werden.

Das Hüttenwerk Rheinhausen hatte z. B. den Fall eines Drahtbruches bei mäßiger Spannung.

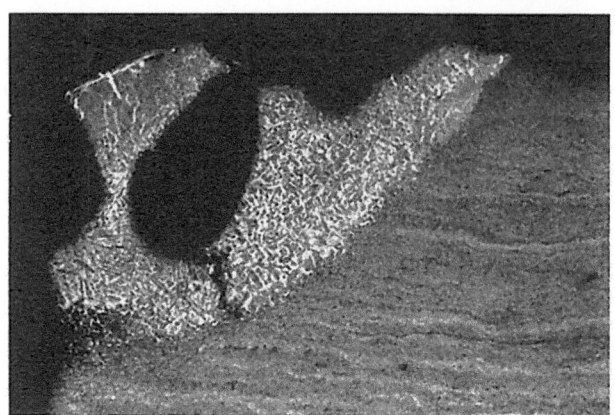

Bild 2.17 (links und unten) Schmelzstelle an einem schräggerippten Ovaldraht, vielleicht verursacht durch Schweißgeräte, führte zum Sprödbruch. Gefügebild siehe Bild links (Hüttenwerk Rheinhausen)

Als Ursache stellte man eine kleine Schmelzstelle fest, die vielleicht durch ein Schweißgerät entstanden war (Bild 2.17). Das zugehörige Schliffbild zeigt die Gefügeumwandlung durch die Hitze, an der Schmelzstelle ist grobes Gußgefüge, während daneben das sehr feine Korn des vergüteten Stahles erhalten blieb. Die kleine Randbeschädigung führte zu einem verformungslosen Sprödbruch.

Durch die Vergütung werden die Zugfestigkeit und die Elastizitätsgrenze stark gehoben, wobei der Elastizitätsmodul etwa 21 000 kg/mm² beträgt. Nach Überschreiten der 0,2 %-Dehn- oder Streck-Grenze nimmt die Dehnung rasch zu, d. h. die σ-ε-Linie erreicht den Höchstlastpunkt in flacher Kurve. Die Bruchdehnung liegt bei 5 bis 6 % (Bild 2.18). Manche vergüteten Stahlarten, z. B. alle SIGMA-Stähle, zeigen einen Knick als Streckgrenze.

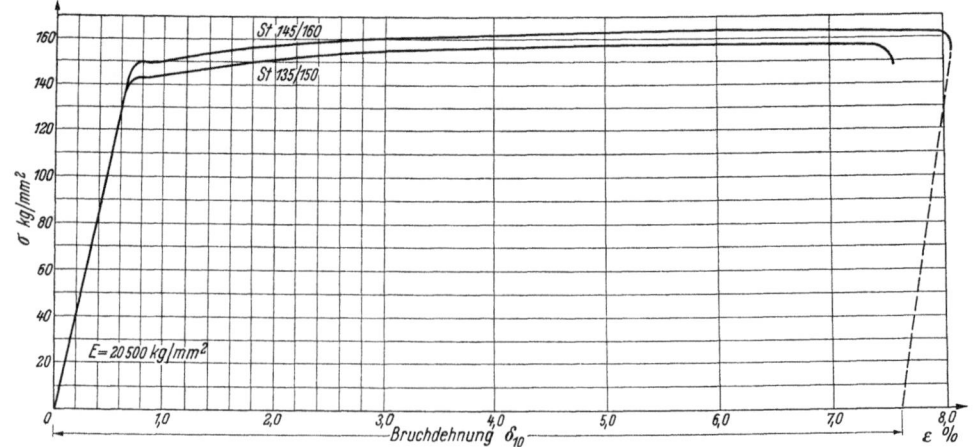

Bild 2.18 σ-ε-Linie von vergütetem Draht (Hüttenwerk Rheinhausen)

Manchmal wurde die Ansicht vertreten, daß eine sehr hochliegende 0,2%-Dehngrenze, d. h. der fast bis zum Bruch geradlinige Verlauf der σ-ε-Linie besonders günstig wäre. Dies ist jedoch nicht der Fall, wenn man an die Bruchsicherheit denkt. Die Geradlinigkeit bedeutet, daß bei einer Überschreitung der zulässigen Last weiter sehr kleine Stahldehnungen auftreten, wodurch die Verformung klein bleibt. Da die σ-ε-Linie anschließend sehr rasch zum Bruch übergeht, tritt auch im Bauwerk der Bruch ohne die erwünschte Ankündigung durch auffallende Verformung ein. Man müßte deshalb eine besonders hochgezüchtete 0,2 %-Dehngrenze eher als einen Nachteil bezeichnen, wenn man an die Bruchsicherheit denkt. Auch die Zähigkeit des Stahles würde leiden. Die heutigen Spannstähle vermeiden deshalb eine zu hohe 0,2 %-Dehngrenze, sie sollte unter 0,90 β_Z liegen.

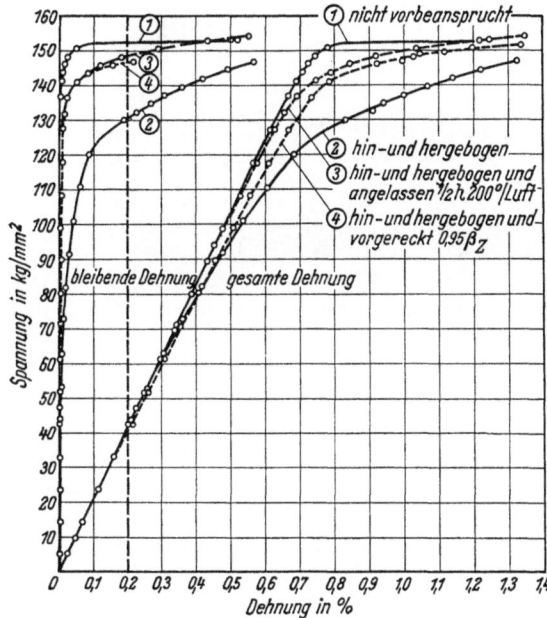

Bild 2.19 Einfluß einer plastischen Biegeverformung und eines nachfolgenden Anlassens und Reckens auf die Spannungs-Dehnungslinie des SIGMA-Stahles St 145/160, ⌀ 5,2 mm (nach *Jäniche*)

Bild 2.20 SIGMA-Spannstahl, rund und oval-schräggerippt

Eine sehr hochliegende 0,2 %-Dehngrenze wird zudem durch Hin- und Herbiegen auch bei großen Krümmungsradien ($r \approx 420$ mm bei Draht ⌀ 5 mm) stark herabgesetzt [194] (Bild 2.19). Man kann diese Wirkung zwar durch Anlassen oder Kaltrecken wieder beseitigen, in Spanngliedern kommt jedoch das Hin- und Herbiegen ohne Nachbehandlung vor, so daß die hohe 0,2 %-Dehngrenze auch deshalb nicht ausgenützt werden könnte.

In Deutschland werden vergütete Walzdrähte unter der Bezeichnung SIGMA-Stahl St 145/160, St 135/150 oder St 125/140 vom Hüttenwerk Rheinhausen als Runddraht mit 5,2 mm bis 13 mm Nenndurchmesser geliefert [194]. Außerdem werden Ovaldrähte mit aufgewalzten Diagonalrippen hergestellt (Bild 2.20). Die Ringgewichte betragen bis zu 250 kg. Sie werden als Walzdraht vergütet, ihre Querschnitte unterliegen deshalb den Walztoleranzen von + 10 % und − 2 %. Da es bei Spannbeton darauf ankommt, den eingebauten Stahlquerschnitt genau zu kennen, wird deshalb vor dem Einbau solcher Stähle die Feststellung der tatsächlichen Querschnitte empfohlen. Es wurde bereits darauf hingewiesen, daß auch der *E*-Modul Schwankungen von 2 bis 3 % unterliegen kann.

Die Felten & Guilleaume Carlswerk AG, Köln-Mülheim, vergütet gezogene Drähte mit 4 bis 10 mm Durchmesser, so daß der Querschnitt genau eingehalten werden kann (Toleranzen + 2 % und − 1 %, sogenannter schlußvergüteter Draht). Durch das Ziehen werden grobe Walzfehler ausgeschaltet. Die Oberfläche wird durch die Vergütung etwas rauher als beim kaltgezogenen Draht, sie ist aber glatter als beim vergüteten Walzdraht. Ferner vergütet das Werk warm gewalzte, glatte oder quergerippte Rechteckdrähte, sogenannten Neptundraht mit 20 bis 60 mm²

Bild 2.21 Neptundraht, rechteckig und schräg gerippt

Querschnittsfläche, bis zur Güte St 145/160 (Bild 2.21). Hierfür beträgt die Walztoleranz ± 5 % vom Querschnitt.

Es ist nicht üblich, vergütete Drähte zu Litzen oder Seilen zu verarbeiten.

In der weiteren Entwicklung ist zu erwarten, daß vergütete Stäbe auch mit großen Durchmessern geliefert werden. In den USA plant man, Chrommolybdän-Stähle bis zu 200 kg/mm² Festigkeit in einem besonderen Elektro-Vergütungsverfahren für Spannbeton herzustellen. In Deutschland sind so hoch vergütete Stähle ebenfalls bekannt, jedoch bisher für Spannbetonzwecke zu teuer.

2.13 Das Kriechen der Stähle

2.131 Versuchsergebnisse an gezogenen Stählen

Man weiß heute, daß alle Stahlarten in den oberen Spannungsbereichen kriechen, d. h. sie zeigen unter dauernden Spannungen über der 0,01 %-Dehngrenze eine über die elastische anfängliche Dehnung hinausgehende plastische Dehnung, die Kriech- oder Zeitdehnung, die meist nach einer gewissen Zeit aufhört. Dieses Kriechen des Stahles ist schon 1834 von *Vicat* [1] berichtet worden, wurde jedoch vergessen und erst bei den im Spannbeton üblichen hohen Stahlspannungen wieder entdeckt [54], [60] und seitdem an verschiedenen Stahlarten gemessen. Die kaltgezogenen Stähle kriechen entsprechend ihrer niedrigen 0,01 %-Dehngrenze mehr als vergütete oder angelassene Stähle. Die Ursachen des Kriechens sind noch nicht restlos erforscht. Es hängt z. T. von der Legierung des Stahles ab. Es gibt Stähle mit verhältnismäßig niedriger Festigkeit, die sehr stark kriechen, ja sogar solche, deren Kriechen nicht aufhört [109], [386]. Erklärende Hypothesen findet man in [124], [210] und [103].

Die im Bauwesen bisher üblichen Stähle zeigen ein rasches Abklingen des Kriechens. Man muß sich jedenfalls vergewissern, daß das Kriechverhalten des zur Verwendung gelangenden Stahles untersucht ist und zu keinen Bedenken Anlaß gibt.

Meist hat man das Kriechen unter k o n s t a n t e r L a s t beobachtet. Man erhält dabei Kriechkurven wie Bild 2.22, die zeigen, daß die Kriechdehnung in den ersten Stunden rasch wächst, dann jedoch schnell abnimmt und meist nach 8 bis 20 Tagen zum Stillstand kommt. Die Kriechdehnung wird um so größer, je höher die Spannung liegt.

Roš hat die in Bild 2.23 dargestellten Kurven zur Ermittlung der gesamten Kriechdehnung ε_k patentiert-gezogener Drähte angegeben, bei denen die Ordinate die konstant gehaltene Spannung σ_v angibt. Die Stahlgüte ist durch die 0,2 %-Dehngrenze gekennzeichnet. Man erkennt, daß das Kriechen etwa von $0{,}5\,\beta_{0,2}$ ab einsetzt und bei $0{,}65\,\beta_{0,2}$ erst 0,2 ⁰/₀₀ oder etwa 4 %/o der Gesamtdehnung erreicht.

Bei Spannbeton ist jedoch nicht die Spannung, sondern die **Länge** des vorgespannten Stahles beinahe **konstant**. Das Kriechen bewirkt dann eine Spannungsabnahme (**Entspannung, Relaxation**).

Eine typische Entspannungskurve zeigt Bild 2.25 für 7drähtige Litzen St 180, die nach

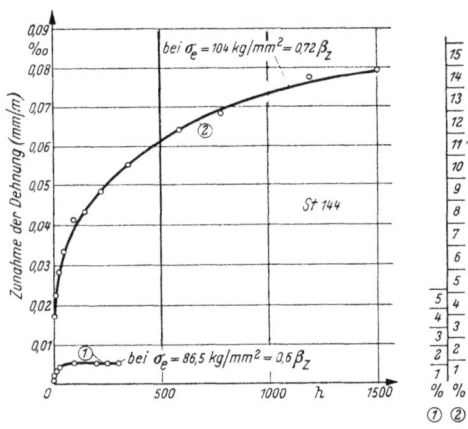

Bild 2.22 Das Kriechen eines kalt gezogenen Drahtes $\varnothing$ 5 mm unter konstanter Last, gezeigt an der zunehmenden Dehnung (nach *Magnel*)

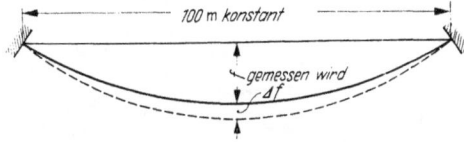

Bild 2.24 100 m weit gespannte Litze in Kellerraum zum Messen des Kriechens der Litzen (Felten & Guillaume Carlswerk AG)

Bild 2.24 auf 100 m Länge frei ausgespannt waren. Bei kleiner Pfeilhöhe kann die Zunahme der Länge infolge der Vergrößerung des Durchhanges vernachlässigt werden. Bei einer Anfangsspannung von 10,0 t/cm² treten etwa ³/₄ des gesamten Spannungsverlustes schon nach 24 Stunden ein. Läßt man die anfängliche Spannung nach wenigen Minuten nach, dann verringert sich der Spannungsverlust.

Magnel hat ebenfalls nachgewiesen ([82] Division V, Figur 10), daß der Spannungsverlust durch eine kurzfristige Erhöhung der anfänglichen Spannung herabgemindert wird. Bild 2.26 zeigt ein solches Ergebnis für einen kaltgezogenen Draht $\varnothing$ 5 mm St 150, Anfangsspannung 8500 kg/cm², bei dem der Spannungsverlust von rund 12 % auf 3,6 % vermindert wird, wenn man die Anfangsspannung nur während 2 Minuten auf 9,5 t/cm² erhöht. Die Entspannung ist dann auch rascher beendet.

Die zum Teil erheblichen Spannungsverluste der kaltgezogenen Drähte können daher in der Praxis durch derartiges kurzfristiges Überspannen oder durch ein Nachspannen nach rund 24 Stunden in ihrer Auswirkung auf das Tragwerk beseitigt werden. Man vermutet allerdings, daß das vorübergehende Höherspannen auf sehr lange Zeiträume betrachtet zu keiner Verbesserung der Endspannung führt [390].

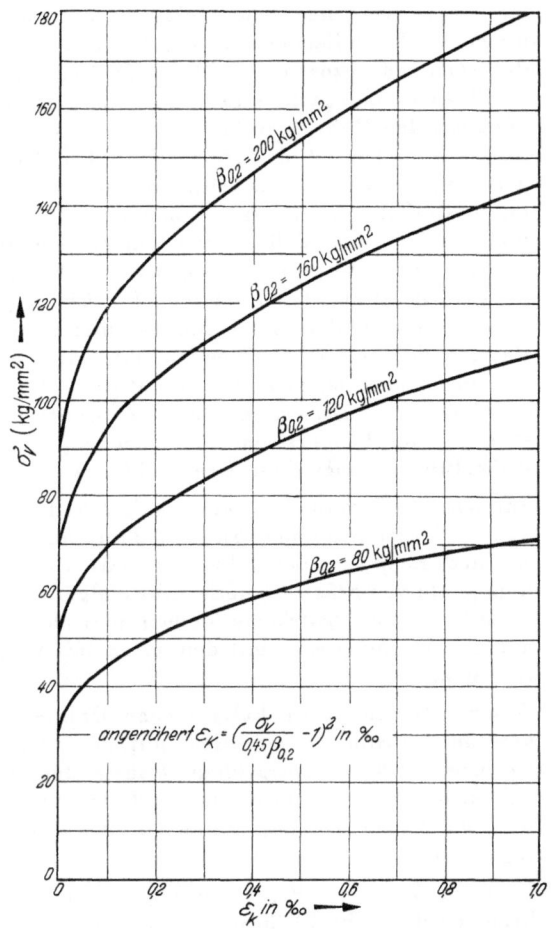

Bild 2.23 Gesamte Kriechdehnungen ε_k für kaltgezogene Drähte mit verschieden hoher 0,2 %-Dehngrenze bei verschieden hohen konstant gehaltenen Spannungen σ_v nach rund 2000 Stunden (nach *Roš*)

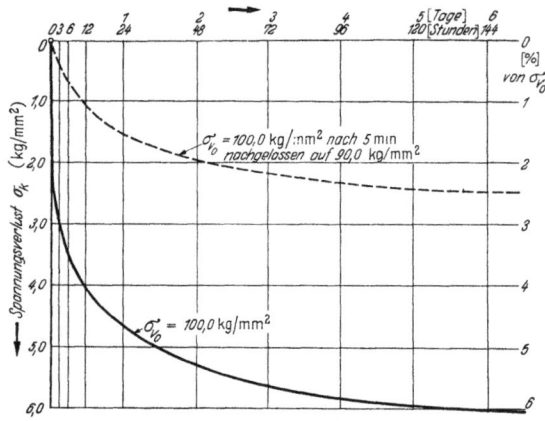
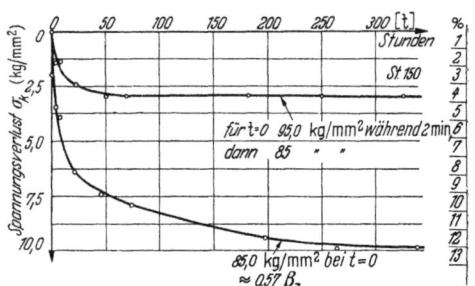

Bild 2.25 Entspannungskurve 7drähtiger Litzen, kaltgezogener Draht St 180. Versuch nach Bild 2.24

Bild 2.26 Verminderung des Spannungsverlustes durch kurzfristige Erhöhung der Spannung über σ_v hinaus bei konstanter Länge (nach *Magnel*)

F. Stüssi hat das von ihm entwickelte „Gesetz der Langzeitvorgänge" auf Relaxationsversuche der Felten & Guilleaume Carlswerke AG., Köln-Mühlheim, an gezogenen Drähten ϕ 7 mm aus St 170 angewandt und eine gute Übereinstimmung mit den Meßwerten bis über 1000 Stunden hinaus gefunden (Bild 2.26 a) [428]. Die Kurven zeigen zunächst, daß sich die Spannungen um so stärker vermindern, je höher anfänglich gespannt war, und daß sie sich einem gemeinsamen Grenzwert nähern, der sogenannten **Relaxationsgrenze**. Das Gesetz von *F. Stüssi* wagt

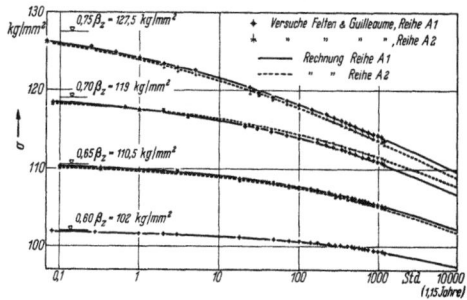

Bild 2.26a Relaxationskurven von gezogenem Spannstahl ϕ 7 mm St 170 bei verschieden hoher Anfangsspannung (nach *F. Stüssi*)

die große Extrapolation von zum Beispiel 1000 Stunden auf 1000 Jahre, wobei die Kurve im log-Maßstab der Zeit einen Wendepunkt zeigt. Wenn sich dieses Gesetz durch weitere sorgfältige Messungen über lange Zeiten bestätigen sollte, dann können wir künftig die Relaxationsgrenze berechnen. *F. Stüssi* errechnete diese Grenze für die Drähte des Bildes 2.26 a zu 0,53 β_z; sie liegt etwa bei der Proportionalitätsgrenze $\beta_{0,01}$. Es hätte demnach wenig Wert, die Spannstähle anfänglich viel über diese Grenze hinaus vorzuspannen.

Für gezogene Drähte ϕ 2 mm aus St 210, die *F. Levi*, Turin, [376] geprüft hat, berechnet *Stüssi* nach Meßergebnissen über rund 10 Jahre hinweg die Relaxationsgrenze zu 0,4 β_z. Wenn diese auch erst nach mehr als 1000 Jahren erreicht wird, so wären so niedrige Werte bedenklich. Das Relaxationsgesetz von *Stüssi* ist noch nicht endgültig bewiesen und Versuche an verschiedensten Stahlarten über lange Zeiträume bleiben noch abzuwarten. Die Versuchsergebnisse sollten uns immerhin eine Warnung sein, mit den anfänglichen Spannungen bei kalt gezogenen Drähten zu hoch zu gehen.

Roš hat für hochfeste kaltgezogene Drähte ϕ 3,2 mm, St 160/190 die Kriechdehnungen für konstante Spannung verglichen mit den Spannungsverlusten bei konstanter Länge (Bild 2.27). Demnach ist bei den geprüften Drähten der prozentuale Spannungsverlust bei konstanter Länge nur 50 bis 80 % der prozentualen Dehnungszunahme bei konstanter Spannung. Im Spannbeton wird die Länge des gespannten Drahtes durch die Verkürzung des Betons im Laufe der Zeit sogar vermindert, so daß zu erwarten ist, daß die Spannungsverluste noch kleiner werden.

Englische Versuche (Paper No. 5882 of the Institution of Civ. Eng. London SW 1, 1952 bis 1953) benutzen die in Bild 2.28 dargestellte Versuchseinrichtung, um die Spannungsabnahme durch das Kriechen des Stahles bei gleichbleibender Länge zu messen. Zur Ausschaltung des Temperatureinflusses hängen die Instrumente an schwach gespannten Paralleldrähten. Das Spanngewicht wird laufend vermindert, so daß die Länge gleichbleibt.

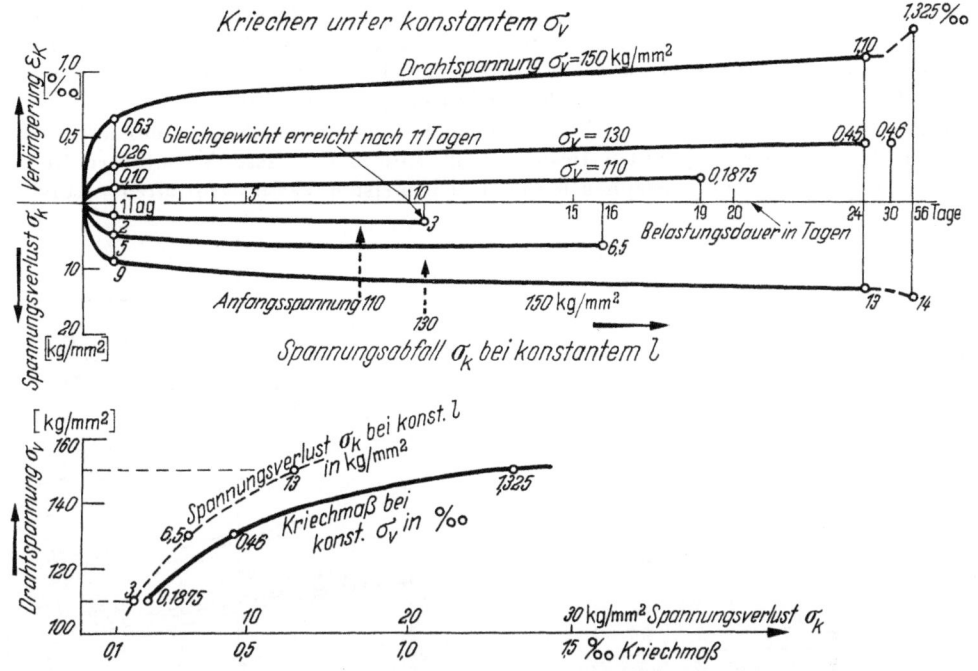

Bild 2.27 Vergleich des Stahlkriechens bei konstanter Spannung und konstanter Länge (nach *Roš*). Messungen an gezogenem Draht ϕ 3,2 mm, $\beta_Z = 190$ kg/mm², $\beta_{0,2} = 168$ kg/mm². Alle Spannungen liegen also über zul $\sigma_v = 0{,}55 \cdot 190 = 104$ kg/mm² $= 10\,400$ kg/cm²

Bild 2.29 zeigt einige Ergebnisse. Das Kriechen war durchweg nach 1000 Stunden beendet. Drähte ϕ 5 mm von kleinen Ringdurchmessern (etwa 80 cm, Biegespannung auf dem Ring über $\beta_{0,2}$) kriechen erheblich mehr als solche, die nur elastisch gebogen waren. Kaltverformung der Drähte wird daher heute vermieden bzw. auf kurze Ankerstrecken beschränkt. Aus den Ergebnissen können wir für $\sigma_v = 0{,}55\,\beta_Z$ für richtig behandelte Drähte einen Spannungsverlust von etwa 3,5 % entnehmen.

F. *Schwier* [390] hat umfangreiche Entspannungsversuche mit einer Einrichtung gemäß Bild 2.28 an gezogenen Drähten ϕ 4 mm St 183/195 und an Litzen 7 ϕ 3 mm St 135/182 durchgeführt

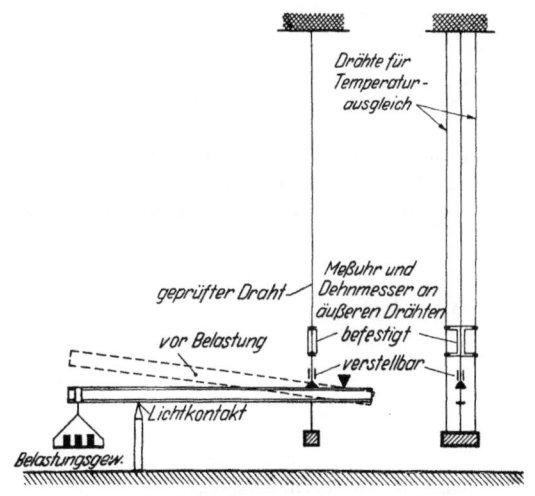

Bild 2.28 Englische Versuchseinrichtung zur Messung der Spannungsabnahme bei konstanter Länge

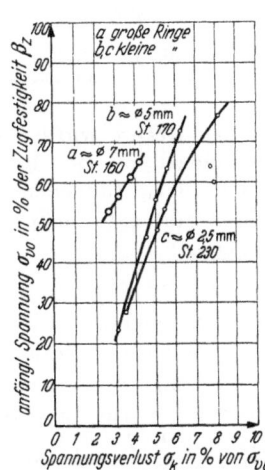

Bild 2.29 Ergebnisse der englischen Versuche über Spannungsverluste gezogener Drähte bei konstanter Länge

(Bild 2.30 und 2.31). Die Zeit ist logarithmisch aufgetragen. Die 1000-Std.-Ergebnisse lassen deutlich erkennen, daß die Relaxation nach dieser Zeit nicht beendet ist. Die vermutliche Weiterführung der Kurven bis 10^6 Stunden $\approx$ 114 Jahre zeigt, daß besonders hohe Anfangsspannungen zu sehr großen prozentualen Spannungsverlusten führen (vgl. auch Bild 2.26a).

G. *McLean* und C. P. *Siess* [305] berichten über Relaxationsversuche durch Schwingungsmessung an einem kurzen gespannten Draht gemäß Bild 2.32. Diese Versuchsart ist ziemlich einfach, zudem geeignete Oszillographen heute in den meisten Versuchsanstalten verfügbar sind.

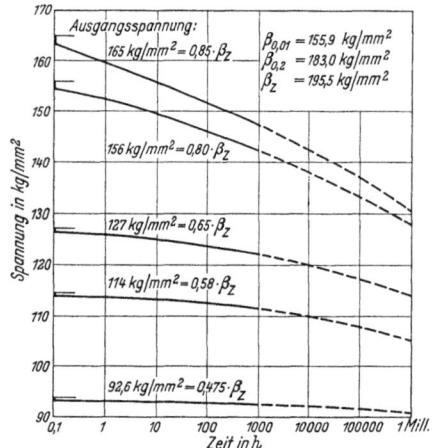
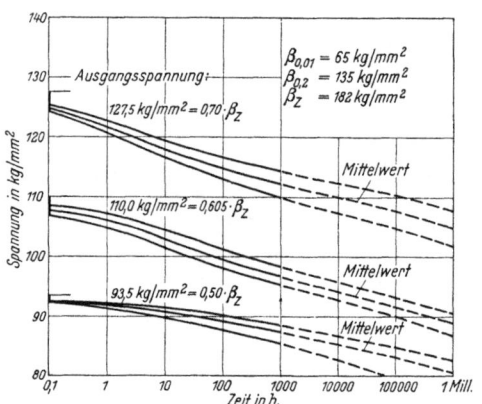

Bild 2.30 Spannungsabfall eines gezogenen nicht angelassenen Drahtes ⌀ 4 mm bei verschieden hohen Anfangsspannungen. Zeitmaßstab logarithmisch

Bild 2.31 Spannungsabfall einer kalt gezogenen Litze 7 ⌀ 3 mm, nicht angelassen, bei verschieden hohen Anfangsspannungen. Zeitmaßstab logarithmisch

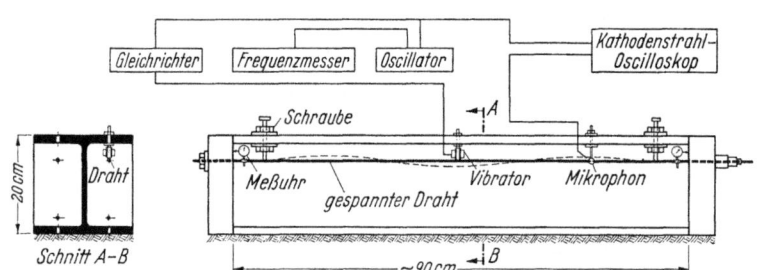

Bild 2.32 Versuchseinrichtung zur Messung des Spannungsabfalls in gespannten Drähten mit konstanter Länge durch Schwingungsmessung (nach *McLean* und *Siess*)

Die gespannten Drähte wurden elektromagnetisch in Schwingungen versetzt und die Frequenz so lange verändert, bis sich Resonanz einstellt. Mit Hilfe von vorher aufgestellten Eichkurven konnte man aus der gefundenen Eigenfrequenz die im Augenblick vorhandene Spannung errechnen. Das Verfahren gibt gute Meßgenauigkeit.
Die Spannung ist:

$$\sigma = 4 \cdot m \cdot l^2 \, (n_e^2 - K_1 - K_2)$$

σ = Spannung des Drahtes
m = Masse des Drahtes
l = Länge des Drahtes
n_e = gemessene Eigenfrequenz
$K_1 = \dfrac{\pi^2 E \cdot I}{4\, l^4\, m}$; als Konstante
K_2 = Konstante, die die Einflüsse aus Versuchsanlage usw. erfaßt

} werden durch Eichmessungen für jeden Draht ermittelt.

2.132 Versuchsergebnisse an vergüteten und angelassenen Stählen

Vergütete und angelassene Drähte zeigen entsprechend der erhöhten Elastizitätsgrenze kleinere Kriechdehnung bzw. kleineren Spannungsverlust, wenn die Anfangsspannung unter etwa 70 % der Zugfestigkeit bleibt. Für SIGMA-Draht $\varnothing$ 5,2 mm, St 145/160 gibt *W. Jäniche* [194] die in Bild 2.33 dargestellten Kriechdehnungen nach 165 Stunden für konstant gehaltene Spannung σ_v an. Die gestrichelte Kurve zeigt, daß beim vergüteten Draht ein Vorrecken die Kriechdehnung vermindert. Die Kurven offenbaren, wie stark die Kriechdehnung zunimmt, sobald die konstante

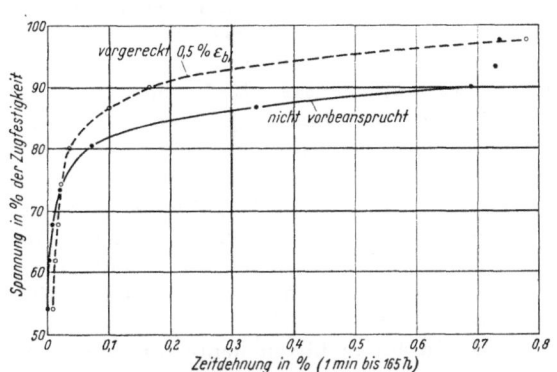

Bild 2.33 Kriechdehnungen σ_k nach 165 Std. des vergüteten SIGMA-Stahles, Draht $\varnothing$ 5,2 mm St 145/160 ohne und nach Vorreckung für konstante Spannungen σ_v, letztere angegeben in % von β_Z (nach *W. Jäniche* u. a. [194])

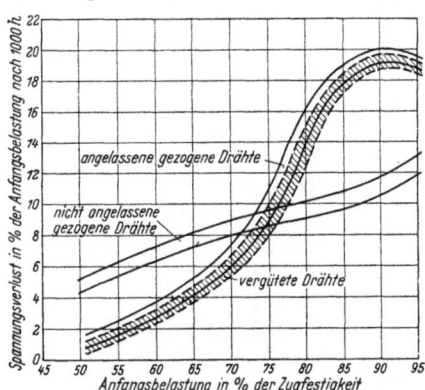

Bild 2.34 Spannungsverlust nach 1000 Std. an gezogenen nicht angelassenen, angelassenen und an vergüteten Drähten konstanter Länge, abhängig von der Anfangsspannung σ_v, letztere in % von β_Z

Spannung in die Nähe der 0,2%-Dehngrenze kommt oder sogar darüber liegt. Andererseits erreichen diese Drähte eine Dauerstandfestigkeit von rund 98 % der Kurzzeitfestigkeit [194].
Papsdorf und *Schwier* [389] haben sowohl an gezogenen-angelassenen als auch an vergüteten Drähten Entspannungsversuche über 1000 Stunden durchgeführt und die Ergebnisse mit nicht angelassenen gezogenen Drähten verglichen (Bild 2.34). Auch aus dieser Darstellung geht hervor, daß die vergüteten bzw. angelassenen Drähte bei sehr hohen Spannungen stärker kriechen als die nur gezogenen Drähte. Die Nachbehandlung bringt also nur im unteren Bereich der dem Kriechen ausgesetzten Spannungen einen Nutzen.
Der holländische Bericht C. u. R.-Report Nr. 14, Delft 1958, enthält Ergebnisse von Relaxationsversuchen, die ebenfalls zeigen, daß sich vergütete Drähte bei sehr hohen Spannungen mehr entspannen als gezogene.
In USA wurden diese Ergebnisse durch *W. O. Everling* [339] bestätigt. Er fand dabei noch eine Abhängigkeit der Spannungsverluste von der Belastungsgeschwindigkeit. Langsameres Belasten führt zu kleineren Spannungsverlusten.
Papsdorf und *Schwier* [389] führten die Entspannungsversuche nicht nur bei Raumtemperatur, sondern auch bei leicht erhöhten Temperaturen von 50 bis 150° C durch. Dabei stellten sich anfänglich höhere Spannungsverluste ein, die jedoch rascher

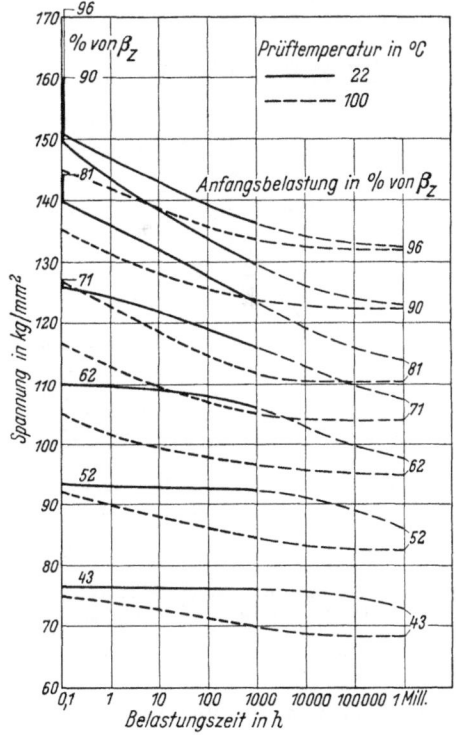

Bild 2.35 Spannungsabfall bei angelassenen Drähten mit verschieden hoher Anfangsspannung bei konstanter Länge abhängig von der Zeit bei 22° C und 100° C Prüftemperatur. Werte über 1000 Stunden extrapoliert (nach *Papsdorf* und *Schwier* [389])

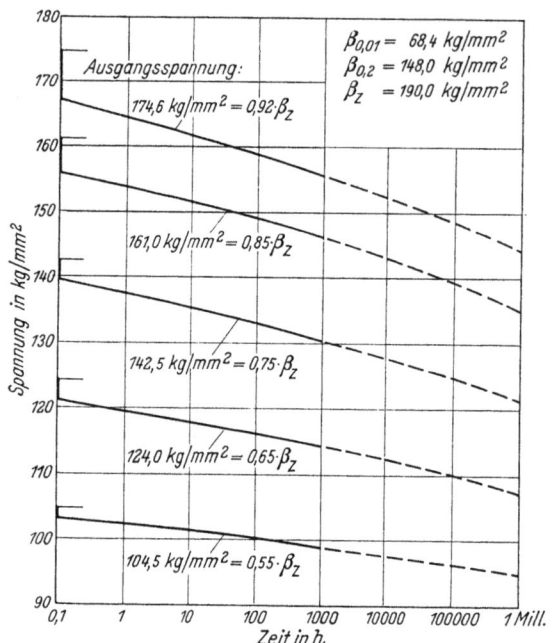

Bild 2.36 Spannungsabfall angelassener Litzen 7 ⌀ 3 mm, St 148/190, bei rd. 20° C bei verschieden hohen Anfangsspannungen (nach *Papsdorf* und *Schwier* [389])

abklingen (Bild 2.35). Aus der großen Zahl der Versuche glauben sie schließen zu können, daß auch bei Raumtemperatur in langen Zeiträumen von z. B. 100 bis 1000 Jahren die Spannungsverluste schließlich so groß sein werden, wie sie sich bei erhöhter Temperatur bereits nach kürzerer Zeit einstellen. Diese Schlußfolgerung beruht vor allem darauf, daß bei hohen Anfangsspannungen ein deutliches Auslaufen beider Kurven nach dem gleichen Endwert zu erkennen ist.

Dies würde letzten Endes bedeuten, daß in langen Zeiträumen gesehen mit gewissen Spannungsverlusten gerechnet werden muß, einerlei, ob die Drähte angelassen oder vergütet waren. Solche Hypothesen lassen es ratsam erscheinen, mit den zulässigen Spannungen beim Vorspannen nicht so hoch zu gehen, wie dies in Frankreich bis 1958 noch vertreten wurde [388].

Da 7drähtige Litzen heute fast nur noch angelassen verwendet werden, seien in Bild 2.36 noch die Kurven des Spannungsabfalles bei Raumtemperatur für diese Stahlart angegeben, die mit Bild 2.31 zu vergleichen sind, um den Wert des Anlassens für den Bereich der zugelassenen Spannungen zu erkennen.

Den Spannungsabfall bei konstanter Länge kann man in zwei um die betreffenden Werte gegeneinander verschobenen Spannungsdehnungslinien darstellen (Bild 2.37). Wenn man die obere Spannungsdehnungslinie für die anfänglichen Verhältnisse (Kurzzeitbelastung) aufträgt, dann kann man für eine Spannung σ_{v0} in der Spannungsrichtung auf die Kurve herabgehen und findet dort die Endspannung nach dem Abklingen des Kriechens. Eine ähnliche Kurve läßt sich für die Kriechdehnung bei konstanter Spannung zeichnen, bei der von σ_{v0} aus in Dehnungsrichtung die untere Kurve die im Laufe der Zeit sich einstellende Kriechdehnung angibt.

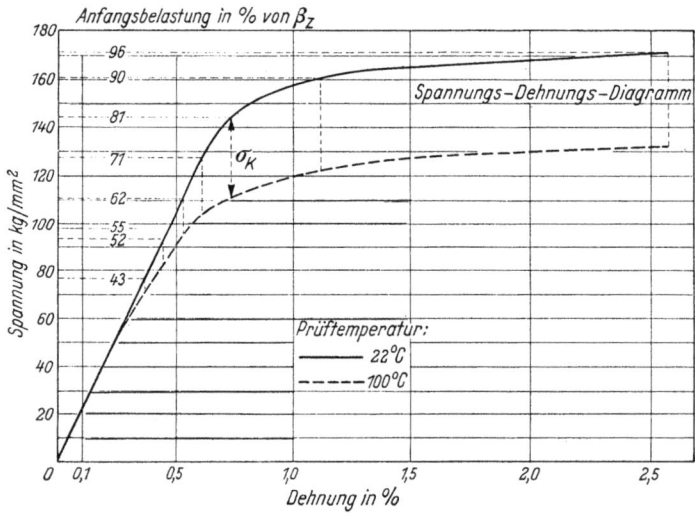

Bild 2.37 Darstellung des Spannungsverlustes σ_K für konstante Länge durch zwei Spannungs-Dehnungskurven für gezogenen und angelassenen Draht ⌀ 6,7 mm St 150/170 nach 10^6 Std. für verschiedene Prüftemperatur (nach *Papsdorf* und *Schwier* [389])

2.133 Kriechen der Stähle unter schwingender Beanspruchung

Obwohl eine ernsthafte schwingende Beanspruchung der Stähle in Spannbetontragwerken kaum vorkommt, sei erwähnt, daß *R. Zinßer* [255] feststellte, daß die Kriechdehnung unter schwingender Spannung so groß wird, wie wenn der Stahl mit der oberen Spannung statisch beansprucht gewesen wäre. Weitere Wirkungen traten nicht auf.

2.134 Kennzeichnung der Kriecheigenschaften der Spannstähle

Zur Kennzeichnung der Stahlspannung, von der ab Kriechen beobachtet wird, wurde eine **physikalische Kriechgrenze** festgelegt, welche diejenige Stahlspannung angibt, bei der zwar während der Lastaufgabe neben der elastischen eine plastische Verformung auftreten kann, bei der sich aber auch in langen Belastungszeiten keine Nachverformung einstellen darf.

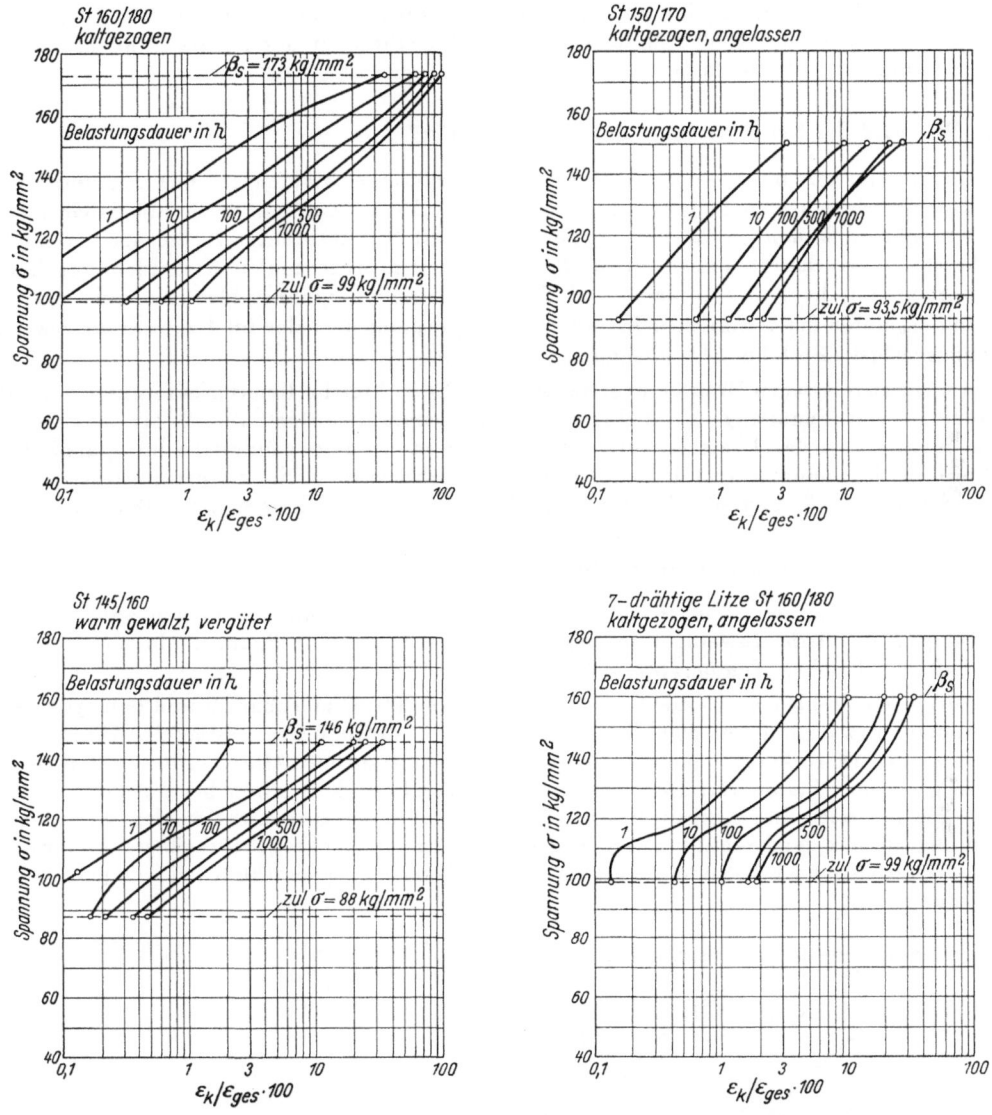

Bild 2.38 Spannungs-Kriechdehnungslinien für konstante Spannungen zwischen zul $\sigma_v = 0{,}55\ \beta_Z$ und $\beta_{0,2}$ für verschiedene Lastdauer zur Ermittlung der technischen Kriechgrenze. Darstellungsart der deutschen Zulassungen für
  a) nicht angelassene Litzen St 160/180 (W. D. I.)   c) angelassene Drähte St 150/170 (F. u. G.)
  b) vergütete Drähte SIGMA-St 145/160 (HWR)   d) angelassene Litzen St 160/180 (F. u. G.)

Für praktische Zwecke wurde eine **technische Kriechgrenze** definiert, sie liegt bei derjenigen Spannung, die bei konstanter Last und 20° C in der Zeit zwischen der 6. Minute und der 1000. Stunde nach Aufbringen der Last eine Kriechdehnung von 3 % der bei zügiger Belastung auftretenden anfänglichen Dehnung ergibt. Zu ihrer Bestimmung müssen mehrere Kriechversuche über 1000 Stunden gemacht werden. Sie sagt dabei nichts aus, was für die Praxis unmittelbar brauchbar wäre. Sie wurde jedoch so gewählt, daß man eine Vorspannung unter der technischen Kriechgrenze in dem Bewußtsein wählen kann, daß das Stahlkriechen in annehmbaren Grenzen bleibt.

In den Zulassungen der Spannstähle hat man ihre Kriecheigenschaften gemäß den Bildern 2.38 a, b, c und d durch die Kriechdehnung ε_k bei konstanter Spannung gekennzeichnet. Dabei wurden Spannungen untersucht, die zwischen der zulässigen Vorspannung $\sigma_{v0} = 0{,}55\,\beta_Z$ und der 0,2 %-Dehngrenze liegen. Die eingetragenen Kurven geben für diesen Spannungsbereich jeweils die Kriechdehnung in Prozenten der anfänglichen elastischen Dehnung nach 1, 10, 100, 500 und 1000 Stunden an. An der 1000-Stunden-Linie kann lotrecht über der Abszisse für 3 % die technische Kriechgrenze abgelesen werden.

2.135 Wie wird das Kriechen des Stahles berücksichtigt?

Bei naturharten, gezogenen - angelassenen oder vergüteten Stählen ist der Spannungsverlust durch Stahlkriechen bei konstanter Länge und $\sigma_{v0} \leq 0{,}55\,\beta_Z = \text{zul}\,\sigma_{v0}$ vernachlässigbar klein.

Beim Spannbeton kommt es auf den Spannungsverlust bei konstanter Länge an, der nach den geschilderten Versuchsergebnissen 50 bis 80 % unter der prozentualen Kriechdehnung bei konstanter Spannung liegt. Wenn daher bei den zugelassenen Spannstählen die zulässige Stahlspannung σ_{v0} unter der technischen Kriechgrenze liegt, dann darf der im Bauwerk zu erwartende Spannungsverlust mit 1 bis 2 % angenommen werden.

Nur bei nicht angelassenen Drähten oder Litzen liegt die technische Kriechgrenze unter der anfänglich zugelassenen Spannung, so daß mit einem Spannungsverlust von 2 bis 5 % gerechnet werden muß, wobei der letztere Wert auf die höheren Anfangsspannungen im Spannbett etwa zutrifft. Den Spannungsverlust kann man in der rechnerischen Spannungsermittlung genauso berücksichtigen wie die Spannkraftverluste durch Schwinden und Kriechen des Betons.

2.14 Einfluß hoher Temperaturen auf Spannstähle

Für die Beurteilung der Widerstandsfähigkeit gegen Feuer und der Folgen anderer Wärmeeinwirkung, z. B. durch Schweißgeräte, muß bekannt sein, wie die Spannstähle ihre Festigkeitseigenschaften bei hohen Temperaturen ändern.

Bei naturharten Stählen sinkt die Festigkeit von etwa 300° C merkbar ab und beträgt z. B. nach zweistündiger Erwärmung auf 600° C nur noch $1/5$ der ursprünglichen Festigkeit. Kühlt der Stahl langsam wieder ab, so kehrt seine ursprüngliche Festigkeit zurück. Alle vergüteten und insbesondere die gezogenen Stähle verlieren dagegen ihre hohe Festigkeit schon bei niedrigeren Temperaturen. Sie gewinnen ihre Ausgangsfestigkeit nach Abkühlung auch nicht wieder, weil durch die Erwärmung die mit der Vergütung erreichte Umbildung der Kristalle rückgängig gemacht wird. Eine nur kurzfristige Erwärmung, d. h. von 3 bis 5 Minuten schadet auch bei Temperaturen von 400° C noch nicht.

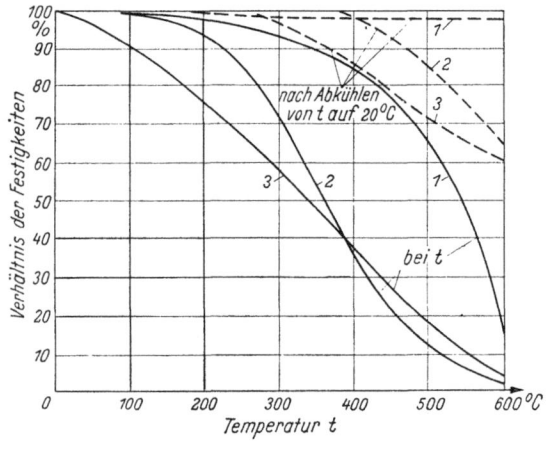

Bild 2.39 0,2 %-Dehngrenze ($\beta_{0,2}$) bei hoher Temperatur ($2^{1}/_{2}$ bis $3^{1}/_{2}$ Std. Anheizzeit und 1 Std. Glühzeit) und nach dem Abkühlen von der hohen Temperatur, jeweils bezogen auf den ursprünglichen Wert bei + 20° C (Anlieferungszustand)

① naturharter, warmgewalzter Stabstahl St 60/90, $\varnothing$ 26 mm

② vergüteter Spanndraht St 145/165, $\varnothing$ 5,2 mm

③ gezogener, angelassener Spanndraht, etwa St 150/170, $\varnothing$ 5,0 mm

Um den Einfluß der Temperaturen darzustellen, wurde in Bild 2.39 das Verhältnis der Festigkeit bei hoher Temperatur zur Festigkeit im Auslieferungszustand und im Bild 2.40 einige Spannungs-Dehnungslinien bei Temperaturen von 20°, 300° und 500° C für verschiedene hochfeste Stahlarten aufgezeichnet (aus [335]). Die gestrichelten Linien gelten für Proben, die nach einer einstündigen Erwärmung auf die Temperatur T wieder auf 20° C abgekühlt wurden. Der naturharte Stahl gewinnt annähernd seine alten Festigkeitseigenschaften wieder, wie auch am völlig gleichartigen Verlauf der σ-ε-Linie zu erkennen ist. Vergütete und gezogene Stähle zeigen bleibende

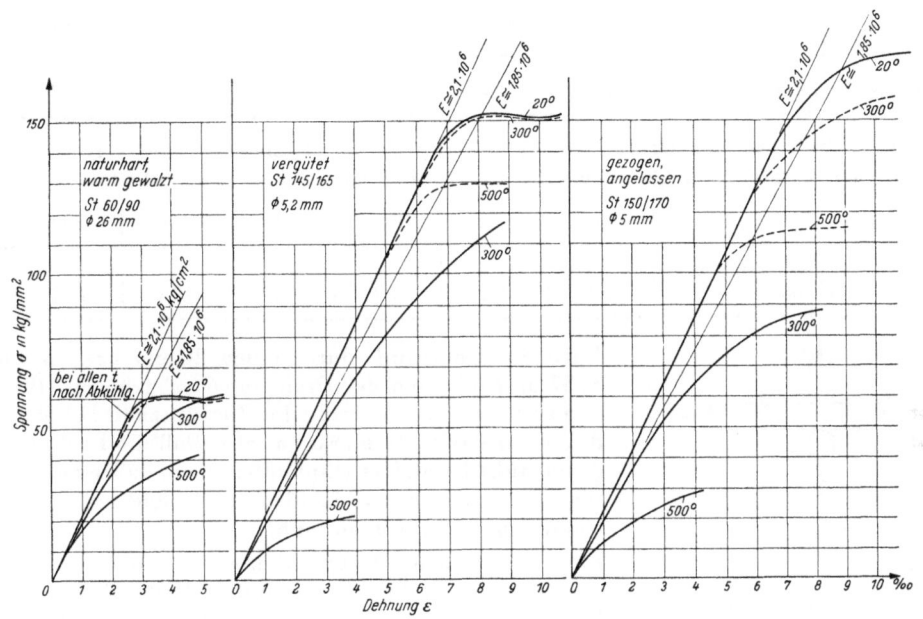

Bild 2.40 Spannungs-Dehnungslinien bei hoher Temperatur (————) und nach dem Abkühlen von der hohen Temperatur (— — —)

Verluste der Festigkeit, wenn sie Temperaturen von mehr als 400° bzw. 300° C ausgesetzt wurden. Diese Versuche bestätigen frühere Feststellungen von *Guyon* [148] und *Jäniche* [132] und fordern entsprechende Maßnahmen für den Feuerschutz (vgl. Kap. 17).

2.15 Einfluß der Querpressung auf die Festigkeit der Spannstähle

Eine hohe Querpressung vermindert die Zugfestigkeit jedes Stahlstabes, man denke nur an die Wirkung einer Zange. Im Spannbeton kommen Querpressungen an den Umlenkstellen und Verankerungen der Spannglieder vor.

Der Einfluß der Querpressung wurde anläßlich des Baues großer Hängebrücken an patentverschlossenen Drahtseilen untersucht. Die Seile haben in jeder Drahtlage wechselnde Schlagrichtung, so daß sich die Drähte an den inneren Lagen jeweils nur punktweise berühren. Auch wird die Querpressung meist oben nur entlang einer Linie übertragen. Bild 2.41 zeigt die Verminderung der Zugfestigkeit in Prozenten mit zunehmender Querpressung im statischen Versuch. Bei dynamischen Versuchen ergab sich ein größerer Verlust der Schwingbreite, vor allem wenn das Auflager des Seiles kantig und aus Stahl war.

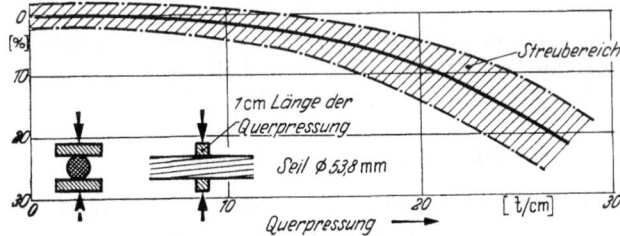

Bild 2.41 Prozentuale Abminderung der Bruchlast patentverschlossener Seile durch Querpressung mit rechteckigen Stahlstücken (Versuche von Felten & Guilleaume Carlswerk AG)

Da die Schwingbreite im Spannbeton jedoch klein ist, können Querpressungen von 2 t/cm bei solchen Seilen als zulässig erachtet werden.

An der Technischen Hochschule München wurden 1951 Versuche an sich schräg kreuzenden Litzen aus 7 ⌀ 2,5 mm durchgeführt, die über eine mit 0,63 m Radius gekrümmte Unterlage gespannt wurden. Die Zugfestigkeit der Litzen wurde dadurch nicht spürbar beeinflußt.

Das Hüttenwerk Rheinhausen hat an vergütetem Draht ⌀ 5,2 mm festgestellt, daß ein zangenartiger Querdruck zwischen zwei gehärteten runden Schneiden mit 2,5 mm Radius (Bild 2.42 a) folgende Verminderung der Zugfestigkeit ergab:

Querdruck Q in kg	100	200	300	400	500	600
Verminderung der Zugfestigkeit in %	2,4	2,4	5,9	8,9	10,7	13,7

Hat man den Draht an der Druckstelle gleichzeitig um 6° abgebogen (Bild 2.42 b), so ergaben sich infolge der zusätzlichen Querpressung durch die Umlenkung von Z folgende Werte:

Querdruck Q in kg	0	100	200	300	400	500	600
Verminderung der Zugfestigkeit in % bei 6° Ablenkung	2,4	5,4	7,7	9,5	13,7	16,1	19,1

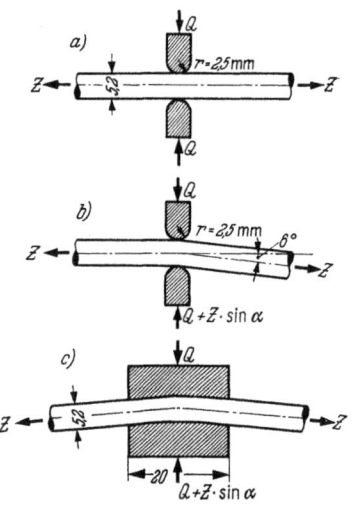

Bild 2.42 Versuchsanordnung zur Bestimmung der Festigkeitsminderung durch Querdruck Q an vergüteten Runddrähten ⌀ 5,2 mm (nach *Jäniche*)

Wird der Querdruck durch einen 20 mm breiten Flachstahl St 37 ausgeübt und der Draht um 6° abgebogen (Bild 2.42 c), dann ist die Verminderung der Zugfestigkeit bei 500 kg Querdruck nur 0,6 %. Man erkennt also, daß die Drähte auf Querdruck nicht besonders empfindlich sind, daß man aber punktförmige Auflager vermeiden und flächige Lagerung in weicherem Stahl wählen muß.

Eine vergleichende Untersuchung der Härte von gezogenem-angelassenem Stahl mit vergütetem Stahl gleicher Zugfestigkeit St 160 zeigte, daß der vergütete Stahl eine um rund 50 Vickershärteeinheiten (Belastung 5 kg) höhere Oberflächenhärte besaß als der gezogene-angelassene Spannstahl. Bei Querpressung sich kreuzender Proben wurde der vergütete Spannstahl tief in den gezogenen Stahl eingedrückt. Der vergütete Stahl zeigte bei diesem Versuch eine vergleichsweise geringfügige Verformung. (Unveröffentlichtes Ergebnis der Hüttenwerke Rheinhausen.)

Der härtere Stahl wird also Fehlbehandlungen auf der Baustelle und harten Querpressungen besser widerstehen und bei gleichen äußeren Einflüssen weniger leicht Oberflächenbeschädigungen annehmen.

Beim Aufbau von Spannkabeln aus parallelen Drähten sollte man es sich zur Regel machen, den Querdruck stets auf eine ordentliche Länge zu verteilen und die Querpressung eines 5-mm-Drahtes unter etwa 250 kg/cm zu halten. Die Lagerfläche an Umlenkstellen oder die dortigen Abstandhalter sollten aus weichem Stahl hergestellt werden. Die Kanten von Lagerflächen sind möglichst abzurunden, damit die Querpressung nicht sprunghaft beginnt. Da bei Litzen die Drähte nur auf sehr kurze Strecken anliegen und dünne Drähte mehr gefährdet sind als dicke, ist anzustreben, z. B. bei 7drähtigen Litzen, Drahtdurchmesser 3 mm, die Querpressung unter 150 kg/cm zu halten.

2.16 Die Biegespannungen in Spanngliedern

Bei kreisrunden Drähten und Stäben, die spannungslos gerade sind, hängt die Biegespannung vom Krümmungshalbmesser r der Biegelinie und vom Stabdurchmesser d ab und ist

$$\sigma = \frac{d\,E}{2r}.$$

Bei einem 5 mm-Draht wird für $r = 5$ m die Biegespannung $\sigma = 1050$ kg/cm², bei einem Stab $\varnothing$ 25 mm bereits $\sigma = 5250$ kg/cm². Eine Krümmung mit $r = 5$ m kommt an Umlenkstellen der Spannglieder häufig vor. Wenn man nun diese Biegespannungen von der zulässigen Stahlspannung bei der Vorspannung abziehen müßte, dann würde der Nutzwert des Spannstahles wesentlich vermindert. Die Biegespannung braucht jedoch nicht berücksichtigt zu werden, weil sie bei weiterer Spannungszunahme dank der geforderten Dehnfähigkeit des Stahles durch eine plastische Verformung der Randzonen abgebaut wird, so daß bis zu ziemlich kleinen Radien (etwa $100\,d$) beim Übergang zum Bruch die normale Tragfähigkeit des Spannstabes nicht nennenswert vermindert wird. Der plastische Abbau der Spannungsspitze (Bild 2.43) entspricht einer geringen Kaltverformung der Randzonen, die bei den meisten Stahlarten mit einer kleinen Erhöhung der Festigkeit verbunden ist. Der Spannungsausgleich stellt sich um so besser ein, je größer das plastische Verformungsvermögen des Stahles ist.

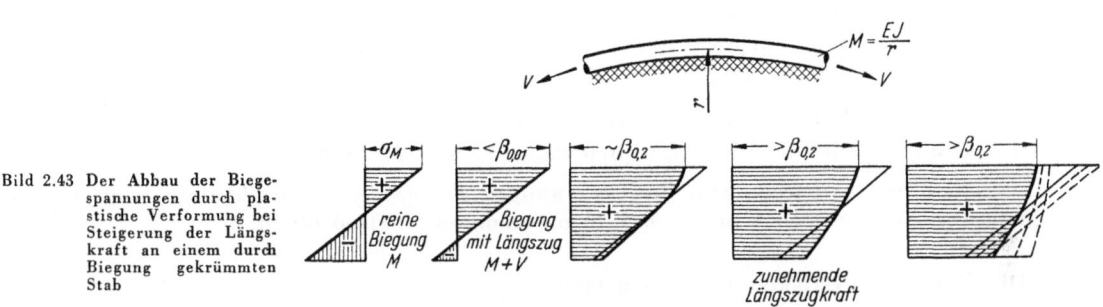

Bild 2.43 Der Abbau der Biegespannungen durch plastische Verformung bei Steigerung der Längskraft an einem durch Biegung gekrümmten Stab

Sobald die Randspannung $> \beta_{0,01}$, der plastische Bereich also erreicht wird, wächst die Spannung in der Stabachse über den bei vollelastischem Verhalten geltenden Wert hinaus, d. h. der reibungslos über eine Krümmung gezogene Stab muß eine etwas höhere Dehnung zeigen als der gerade Stab. Je weiter der Querschnitt in den plastischen Bereich kommt, um so mehr verschwindet der Einfluß der Biegung, bis beim Bruch nur noch V allein maßgebend ist.

Nach den bisherigen Erfahrungen sollte man mehr im Hinblick auf Querpressung und Reibung an Umlenkstellen 5- bis 8 mm-Drähte der Güte St 150 bis 180 nicht stärker als mit 2 m Halbmesser biegen. Bei Drahtkabeln bedingt die Querpressung an der innersten Lage manchmal größere Halbmesser. Dicke Stäbe können ähnlich stark gekrümmt werden, sie müssen außerdem kalt vorgebogen eingebaut werden.

Für Verankerungen können auf Grund der bisherigen Erfahrungen und Versuchsergebnisse Krümmungen gewählt werden, die allein schon bleibende Verformungen geben (kaltes Vorbiegen der Krümmung). Dabei ist mit einer kleinen Verminderung der Zugfestigkeit am Beginn der Krümmung zu rechnen. Diese gewinnt erst bei Krümmungshalbmessern von etwa $20\,d$ ab mit 2 bis 3 % praktische Bedeutung. Für die Schlaufenverankerung der „Leoba"-Spannglieder [183] (Bild 2.44 a) mit $r = 4\,d$ beträgt die Bruchlastminderung für kaltgezogenen Draht St 150 6 bis 8 %, für vergüteten 1 bis 2 %, je nach dem Biegewerkzeug.

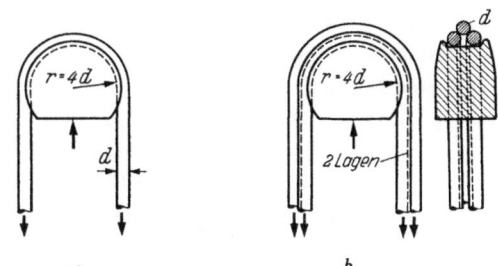

Bild 2.44 An kleinen Ankerschlaufen tritt eine Bruchlastminderung ein

Bedenkt man, daß die Spannung an der Verankerung von Spanngliedern mit Verbund später durch Nutzlast nie erhöht wird, sondern sogar durch Kriechen geringfügig nachläßt, so kann man dort ohne Einbuße an Sicherheit Bruchlastminderungen bis etwa 10 % in Kauf nehmen und braucht deshalb die zulässige Spannung im übrigen Spannglied nicht herabzusetzen.

Bei kleinen Krümmungen sinkt jedoch die Zugfestigkeit wesentlich mehr, wenn Drähte aufeinandergelegt werden (Bild 2.44 b). Bei $r = 4\,d$ und 2 Lagen übereinander wurde die Tragfähigkeit der inneren Drähte durch die zusätzliche hohe Querpressung um rund 12 % vermindert.

Am Beginn einer Spanngliedkrümmung (von der Spannstelle aus gesehen) und vor allem an den Spreizstellen mancher Verankerung geht während des Spannens durch die Spannbewegung die Biegung wieder in die Gerade zurück. Um übermäßige zweimalige plastische Verformung zu vermeiden, müssen besonders an Spreizstellen ausreichend große Krümmungshalbmesser vorgesehen werden.

In Litzen und Seilen gleichen sich die Biegespannungen durch kleine Längsverschiebungen der Drähte aus, weil ja der zunächst auf der Zugseite liegende Draht nach einer halben Schlaglänge auf der Druckseite liegt. Andererseits sind die Querpressungen größer, weil die Berührungsfläche einer Litze mit der Unterlage nur etwa 1/5 bis 1/8 derjenigen des Drahtes mit gleichem Außendurchmesser beträgt. Bei Litzen und Seilen sollte man deshalb Krümmungshalbmesser an Umlenkstellen von 4 bis 10 m einhalten. Für Ankerschlaufen gelten kleinere Werte bis herab zu etwa $60\,d$, wobei d der Durchmesser der Litze oder des Seiles ist.

Nach Versuchen für die Rheinbrücke Rodenkirchen beträgt die Verminderung der Zugfestigkeit von gekrümmten Seilen bei $r = 0{,}35$ m

    für patentverschlossene Seile   ⌀ 20 bzw. 28 mm: 3 bzw. 5 %,

    für Flachlitzenseile   ⌀ 61 bzw. 83 mm: 3 bzw. 9 % [46].

Für Litzen und Seile brauchen also Biegespannungen in Spanngliedern ebenfalls nicht berücksichtigt zu werden, sofern die Krümmung in den genannten Grenzen bleibt.

2.17 Die Ermüdungsfestigkeit der Spannstähle

Beim Spannbeton wirken im Spannstahl nur Zugspannungen. Für die Ermüdung des Stahles kommt es also nur auf die zulässige Schwingbreite unter Zug oder auf die Standfestigkeit bei gleichbleibend hohem Zug an. Bei der Bestimmung der Schwingbreite läßt man die Stahlspannung oftmals zwischen einer unteren Spannung σ_u und einer oberen Spannung σ_o hin- und herschwingen oder von σ_u auf σ_o anschwellen, wobei man die Spannungsdifferenz $\sigma_o - \sigma_u = 2\,\sigma_A$ als Ermüdungsfestigkeit im Zugschwellbereich mit Vorlast (DIN 50 100) oder kurz als Schwingbreite bezeichnet, die zweimillionenmal ertragen wird, bevor der Stahl bricht. Man muß sich dabei mit mehreren

Ermüdungsfestigkeiten üblicher Spannstähle[1]

Stahlart		Grundspannung kg/cm²	$2 \cdot 10^6$ mal ertragene Schwingbreite kg/cm²
St 60/90, ⌀ 26 mm ohne Gewinde	Hüttenwerk Reinhausen	4 500	3 000
St 80/105, ⌀ 26 mm ohne Gewinde		5 800	2 700
vergüteter Draht, St 145/160, ⌀ 5,2 mm		9 000	3 000
vergüteter Draht, St 135/150, ⌀ 8 mm		8 200	3 000
ovaler, schräggerippter Draht, St 145/160 $F = 20$ bis 40 mm²		8 800	2 700
gezogener Draht, St 140/160, ⌀ 8 mm	Felten & Guilleaume Carlswerk AG., Köln-Mülheim	9 000	3 000
gezogener vergüteter Draht, St 135/150, ⌀ 5 mm		7 400	2 800
gekerbter kaltgezogener Draht, St 200, ⌀ 4 mm	Vogt & Co., Reinach, Schweiz[2]	10 000	2 800
gekerbter kaltgezogener Draht, St 250, ⌀ 2 mm	Sandvik, Schweden[2]	12 500	5 300
7drähtige Litzen Drahtdurchmesser 3 mm, St 180	Felten & Guilleaume, Carlswerk AG., Köln-Mülheim	9 000	2 500

[1] Der Einfluß von Verankerungen der Spannstähle auf die Ermüdungsfestigkeit wird in Kap. 3.4 behandelt.   [2] ([108], Bild 399).

Versuchen an diesen Wert herantasten (Wöhlerlinie, siehe DIN 50 100). Als Ermüdungsfestigkeit, Kurzzeichen β_F, wird die Oberspannung angegeben.

In Bild 2.45 ist gezeigt, wie die ertragene Schwingbreite $2\,\sigma_A$ eines Spannstahles mit zunehmender Grundspannung σ_u verhältnismäßig langsam abnimmt, bis die Grundspannung so hoch liegt, daß σ_o schon die 0,2 %-Dehngrenze erreicht; dann wird die Schwingbreite rasch kleiner und Null, wenn die Grundspannung σ_u gleich der Standfestigkeit ist.

Da beim Spannbeton die hohe Vorspannung σ_{vo} als Grundspannung in den Stählen mit geringen Abzügen für die Kriech- und Schwindverkürzungen stets vorhanden ist, interessiert hier für dynamische, schwingende Beanspruchung nur die Schwingbreite über dieser hohen Grundspannung oder über etwa $0{,}9\,\sigma_{vo}$, wenn man die Spannungsverluste berücksichtigt.

Es ist dabei nicht einfach, den Stab oder Draht so in die Pulsator-Prüfmaschine einzuspannen, daß der Ermüdungsbruch im Stab selbst und nicht in der Verankerung erfolgt. Die Stabkraft muß auf eine längere Strecke allmählich in die Verankerung übergeleitet werden. Unter dieser Voraussetzung wurden von üblichen Spannstählen die in Tafel S. 40 angegebenen Schwingbreiten für mindestens $2 \cdot 10^6$ Lastwechsel ertragen.

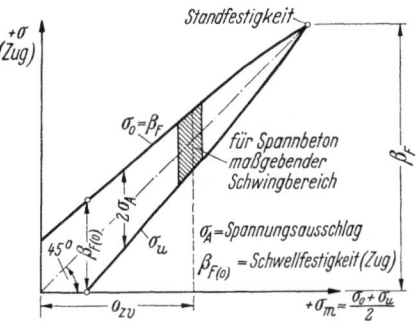

Bild 2.45 Verlauf der Zug-Ermüdungsfestigkeiten von Stählen (Darstellung nach *Smith*)

Litzen und Seile zeigen im allgemeinen eine etwas niedrigere Schwingbreite als die entsprechenden Einzeldrähte, weil wohl die dauernde gegenseitige Reibung schadet. Die Ursachen hierfür sind noch nicht eindeutig erforscht.

2.171 Der für Spannbeton nötige Mindestwert der Schwingbreite des Stahles über $\sigma_u = \sigma_{vo}$

Die im Spannbeton möglichen Spannungswechsel betragen bei **voller Vorspannung**

$$\Delta\,\sigma_z = n\ (\text{zul}\,\sigma_b - \sigma_{b,s} + k)\,.$$

Setzt man für die Kriech- und Schwindverluste etwa 40 kg/cm² Betonspannung, so ergibt sich für die zulässigen Spannungen des B 450

$$\Delta\,\sigma_z = 6 \cdot (180 - 40) = 840\ \text{kg/cm}^2.$$

Die vorhandenen Schwingbreiten der Spannstähle ergeben somit eine reichliche Sicherheit gegen Ermüdungsbruch.

Bei **beschränkter Vorspannung** kann $\Delta\sigma_z$ wegen des Spannungssprunges beim Auftreten von Rissen (Bild 1.12) über 1200 kg/cm² anwachsen. Für beschränkt vorgespannte, dynamisch beanspruchte Bauwerke sollten deshalb Stähle mit Schwingbreiten über $\sigma_u = \sigma_{vo}$ von mindestens 1400 bis 1600 kg/cm² verwendet werden, sofern man nicht wegen der Beanspruchung des Verbundes volle Vorspannung vorzieht. Stoßmuffen an Spannstäben müssen bei dynamisch beanspruchten Bauwerken für beschränkte Vorspannung als schwache Stellen betrachtet und hinsichtlich der Spannungswechsel nachgewiesen werden (vgl. Kap. 3.4).

2.18 Gefährdung der Spannstähle durch Korrosion [391], [263][1]

2.181 Gewöhnliche Korrosion

Die Korrosion von Stahl ist ein elektrolytischer Vorgang, der durch gewisse Chemikalien bei Anwesenheit von Feuchtigkeit und (Luft-) Sauerstoff hervorgerufen werden kann.

Bei Transport und Lagerung kann der Spannstahl durch Regen, feuchte Luft oder Schwitzwasser in Verbindung mit den Verunreinigungen der Atmosphäre oder der Umgebung anrosten.

---

[1] Dieser Abschnitt entstand unter Mitwirkung von Prof. *L. Graf* vom Max-Planck-Institut für Nichteisenmetalle der T. H. Stuttgart.

Solange es sich um dünnen Flugrost handelt, entsteht kein Schaden. Entstehen jedoch örtlich tiefere Anfressungen wie Narben oder Löcher („Lochfraß"), so wirken diese u. U. als Kerben, die besonders bei den Stählen sehr hoher Festigkeit und den hierbei verwendeten kleinen Querschnitten die Zugfestigkeit merklich herabsetzen können.

Für den Betonbauer besonders gefährlich sind die Chemikalien, die die Rostschutzwirkung des Zementes aufheben und die Korrosion des Stahles selbst im Beton bei Anwesenheit von Feuchtigkeit und Sauerstoff in Gang bringen.

Hierzu gehören C h l o r i d e , bzw. alle Halogenide mit Ausnahme der Fluoride. Als besonders gefährlich hat sich Calciumchlorid erwiesen, das bisher manchen Zementen und Zusatzmitteln zur Regelung des Erstarrungsbeginns oder als Frostschutzmittel beigegeben war [429]. Chloride in Wasser lösen vermutlich die schützende Oxydschicht kolloidal, so daß die Korrosion fortschreiten kann, solange Wasser und Sauerstoff vorhanden sind. *R. H. Evans* [340] hat umfangreiche Versuche über diese sogenannte C h l o r i d - K o r r o s i o n durchgeführt und festgestellt, daß sie besonders bei Dampferhärtung von Betonteilen gefährlich ist. Sie tritt an Haarrissen des Betons durch den dortigen Kapillartransport von Wasser mit gelösten Chloriden verstärkt auf. C h l o r i d e wurden daher 1958 für Zement und Zusatzmittel für Spannbeton v e r b o t e n .

Die Chloridkorrosion wurde vor allem bei Spannbetonrohren und Spannbetonbehältern beobachtet. Sie trat dort an gezogenen Drähten auf. In einem Fall war für den Beton Meersand verwendet worden, der Kochsalz, also ein Chlorid, enthielt. Die elektrischen Potentialgefälle können dabei an Trennschichten zwischen verschiedenen Betonarten, z. B. zwischen Behälterbeton und Torkret-Putzschicht, besonders groß werden.

Neuerdings wurden auch starke Korrosionsangriffe durch Sulfide des Tonerdeschmelzzementes im Zusammenwirken mit Rauchgasen beobachtet, die zu einem Verbot dieser Zementart durch die Bundesbahn führten.

Man weiß heute, daß einbetonierte Stähle nicht nur an Rissen des Betons sondern an jeder porösen Stelle des Betons der Korrosion unterliegen, sobald die Voraussetzungen des elektrolytischen Vorgangs gegeben sind [332], [492], [501].

2.182 Spannungskorrosion (Stress corrosion)

Eine besonders gefährliche Art von Korrosion ist die sogenannte „Spannungskorrosion", die dann auftreten kann, wenn der betreffende Werkstoff unter mechanischer Zugspannung steht und gleichzeitig einem Korrosionsangriff ausgesetzt ist. Es werden hierdurch plötzliche Sprödbrüche des Materials verursacht, die je nach Art des Materials entweder entlang den Korngrenzen (interkristallin) oder quer durch die Kristallite (transkristallin) verlaufen. Dabei kann der gewöhnliche Korrosionsangriff der Oberfläche ziemlich geringfügig sein. Als Beispiele für Spannungskorrosion seien folgende Fälle aufgeführt: An einer Brücke in Vorarlberg und an der Donaubrücke Donaumünster sind 1953 wenige Stunden und bis zu einigen Tagen nach dem Vorspannen Drähte ohne direkt erkennbare Ursache schlagartig und spröd gebrochen. 1958 zeigten sich ähnliche Erscheinungen an zwei Brücken bei Schaffhausen, obwohl bei einer derselben die Vorspannung erst 60 % des vorgesehenen Wertes erreicht hatte. In einigen Fällen sind die Drähte schon im Ring, also im Anlieferungszustand vor dem Einbau gebrochen. An vorgespannten Behältern und Rohren hat man im In- und Ausland ähnliche Sprödbrüche beobachtet. Diese Aufzählung umfaßt nur einen Teil der vorgekommenen Fälle.

Glücklicherweise genügen jedoch Zugspannungen im Werkstoff und die gleichzeitige Einwirkung korrodierender Agenzien a l l e i n n i c h t , um Spannungskorrosion auszulösen. Dazu muß der Werkstoff selbst s p a n n u n g s k o r r o s i o n s - e m p f i n d l i c h sein. Spannungskorrosion ist somit eine sehr komplexe Erscheinung, deren Auftreten an folgende 3 Voraussetzungen gebunden ist:

1. Spannungskorrosions-Empfindlichkeit des Werkstoffes,

2. Einwirkung eines korrodierenden Agens (Chemikalie, Feuchtigkeit und elektr. Potentialgefälle),

3. Vorhandensein von mechanischen Zugspannungen im Werkstoff.

Ist eine der 3 Voraussetzungen nicht erfüllt, dann kann auch keine Spannungskorrosion auftreten.

Zu Punkt 1: Die Ursachen für das Auftreten von Spannungskorrosions-Empfindlichkeit bei Stählen sind mannigfacher Art [263] und bei Stahl noch nicht völlig geklärt, im Gegensatz zu den Nichteisenmetall-Legierungen [392]. Es läßt sich daher meist erst in langwierigen Versuchen und insbesondere durch das Verhalten in der Praxis feststellen, ob und wie stark eine Stahlart spannungskorrosions-empfindlich ist oder nicht. Die Verwendung neuer Stahllegierungen, über die noch wenig praktische Erfahrungen vorliegen, ist daher vorläufig noch mit einem gewissen Risiko verbunden, solange man die Ursachen der Spannungskorrosions-Empfindlichkeit bei Stählen noch nicht vollständig erkannt hat.

Zu Punkt 2: Von maßgebendem Einfluß auf die Auslösung von Spannungskorrosion ist die Art der einwirkenden Agenzien. Nicht jedes angreifende Agens ruft Spannungskorrosion hervor, und auch die Schnelligkeit der Auslösung des Spannungskorrosionsbruches hängt stark von der Art des einwirkenden Agens ab. Eine gewisse Spannungskorrosions-Empfindlichkeit, die im Laborversuch mit entsprechend ausgewählten, rasch wirkenden Agenzien festgestellt worden ist, braucht sich daher unter den andersartigen Bedingungen des Korrosionsangriffs, wie sie in der Praxis auftreten, nicht bemerkbar zu machen. Allerdings wird man bei derartigen Werkstoffen in der praktischen Verwendung erhöhte Vorsichtsmaßnahmen anwenden, wie z. B. guten Korrosionsschutz bis zum Vorspannen sowie möglichst kurze Zeitdauer zwischen dem Spannen der Drähte und dem Einpressen des Zementmörtels. Als Agenzien, die bei spannungskorrosions-empfindlichen Stählen Brüche auslösen können, hat man bisher erkannt:

Nitrate, z. B. Kalziumammoniumnitrat $Ca(NO_3)$ H_2O, NH_4NO_3 (meist als siedende Lösung angewendet), vermutlich auch Nitrite.

Chloride, wie z. B. Calciumchlorid (vgl. auch Kap. 2.181).

Vermutlich einige Säuren (vgl. auch andere gefährliche Agenzien unter Kap. 2.183).

Zu Punkt 3: Die Zeitdauer bis zum Bruch einer spannungskorrodierten Probe hängt sehr stark von der Höhe der Zugspannung ab und wird um so kleiner, je höher diese ist. Die wirksame Zugspannung ergibt sich hierbei aus der Summe der von außen aufgebrachten Zugspannung und der Zug-Eigenspannungen im Draht. Um örtlich keine gefährlichen Überhöhungen der Zugbeanspruchung zu bekommen, müssen die Eigenspannungen möglichst klein gehalten werden. Diese können sowohl bei der Herstellung der Drähte wie auch durch nachträgliche unsachgemäße Behandlung derselben, z. B. durch starkes, u. U. wiederholtes Verbiegen der Drähte bei der Montage, hervorgerufen werden. Sorgfältiges Abwickeln und Verlegen der Drähte sind daher besonders bei solchen Stahlarten angebracht, bei denen im Labor-Versuch eine gewisse Spannungskorrosions-Empfindlichkeit festgestellt worden ist.

Beobachtungsergebnisse und Versuchsberichte über Drahtbrüche durch Spannungskorrosion.

Den ersten Bericht finden wir in [252] von *L. Belche*, nachdem in Belgien 1954 vergütete Drähte eines einbetonierten Hallenzugbandes gebrochen waren. *Belche* reproduzierte die Brüche, indem er Drahtproben in 50%iger Salzsäure ¼ Stunde lang kochte und unter Spannung setzte. Es wurden vergütete und gezogen-angelassene Drähte geprüft. Der Sprödbruch entstand nur am vergüteten Draht. Die Säure erzeugte dort tiefe rißartige Korrosion (Bild 2.46), während am gezogenen Draht nur flache Angriffe entstanden. Die Korrosion drang dort tief vor, wo das Gefüge örtlich wenig C-Gehalt zeigte. *Belche* vermutet, daß Si-reiche Legierungen zur Entkohlung neigen. Die vergüteten Drähte hatten 1,50 % Si, 0,65 % Mn, 0,65 % C, die gezogenen dagegen nur 0,18 % Si, 0,64 % Mn und 0,73 % C.

W. O. Everling [253] und *G. T. Spare* [254] stellten ebenfalls durch Versuche fest, daß vergüteter (heat treated) Draht gegen Spannungskorrosion empfindlich ist, während gezogener Draht sich günstig verhielt. Die Amerikaner lehnen vergüteten Draht

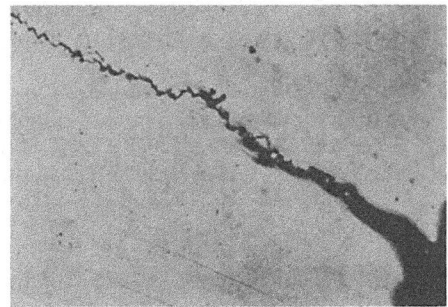

Bild 2.46 Wie ein Anriß wirkendes Vordringen interkristalliner Korrosion (nach *Belche* [252])

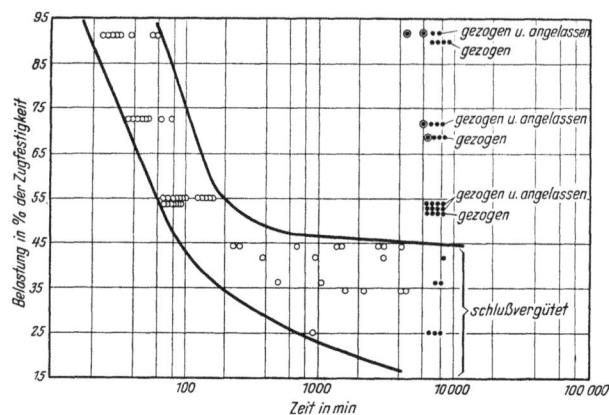

Bild 2.47 Korrosionsbrüche an vergüteten Drähten in Korrosionslösung unter verschieden hoher Spannung. Die gleich behandelten gezogenen Drähte brachen in den zulässigen Spannungsbereichen nicht (nach F. Schwier [390])

weitgehend ab, nachdem 1931 heat treated wire an Kabeln von zwei Hängebrücken schon bei der Montage im Bereich der starken Krümmung am Kabelsattel sprödgebrochen waren [25]. 1955 berichtete F. *Schwier* in einer US-Zeitschrift [390] über umfangreiche Versuche der Felten & Guilleaume Carlswerke AG., Köln-Mülheim. Er setzte Proben vergüteter, gezogener und gezogen-angelassener Drähte in einer kochenden Korrosionslösung verschieden hohen Spannungen aus.

Das Ergebnis zeigt Bild 2.47. Demnach sind die gezogenen Drähte selbst nach 7000 min Korrosionsangriff nicht gerissen, wenn die Spannung unter etwa 0,60 β_Z blieb. Bei höheren Spannungen brachen einzelne Proben, während die Mehrzahl bis zu 0,92 β_Z hielt. Die vergüteten Drähte brachen dagegen alle, bei 0,92 bis 0,73 β_Z nach 25 bis 80 min, bei 0,35 β_Z nach 700 bis 6000 min. *Schwier* weist auch die starke Verminderung der Ermüdungsfestigkeit vergüteter Drähte selbst nach kurzem Korrosionsangriff nach.

Umfangreiche Versuche anderer deutscher Drahthersteller wurden bisher nicht veröffentlicht. Nach den Schaffhausener Drahtbrüchen 1958 veranlaßte der Verfasser den Ausschuß für Zulassung der Spannstähle, grundlegende Versuche an unabhängigen Forschungsinstituten in Auftrag zu geben, damit die Empfindlichkeit mancher Spannstähle gegen diese Korrosionsart möglichst überwunden wird.

Zusammenfassung

Nach den bisherigen Versuchs- und Beobachtungsergebnissen sind im allgemeinen gewisse v e r - g ü t e t e Stähle spannungskorrosions-empfindlich, vgl. auch [430]. Die Auslösung von Spannungskorrosion erfolgt jedoch nur dann, wenn auf gespannte Drähte Feuchtigkeit und gewisse Agenzien einwirken können. Die Brüche treten meist an Krümmungen der Drähte auf, wo Biegespannungen die Längsspannung vermehrten. Die Versuche und die Beobachtungen an den Schaffhausener Brücken zeigen aber, daß die Brüche auch bei niedrigen Spannungen bis herab zu 0,25 β_Z nur zeitlich verzögert auftreten. Sie kamen weiter bevorzugt an den Tiefstpunkten der gekrümmten Spannglieder oder an Abstandshaltern vor, weil sich dort Feuchtigkeit ansammelt und die Konzentration des chemischen Angriffs steigert.

V e r g ü t e t e Drähte müssen daher besonders sorgfältig behandelt, vor chemischer Verunreinigung geschützt und in den Gleitkanälen möglichst trocken gehalten werden. Außerdem dürfen sie nach dem Spannen nicht lange, möglichst nicht länger als 4 bis 8 Tage, ohne Korrosionsschutz bleiben. Es wird auch erwogen, vergütete Drähte im Werk durch einen geeigneten Überzug vor Korrosion zu schützen.

2.183 Versprödung durch Wasserstoffaufnahme

Beim Beizen (Auflösen) von Eisen in S ä u r e n dringt der dabei am Eisen entwickelte atomare Wasserstoff in dieses ein (kathodische Beladung des Eisens mit Wasserstoff), wodurch das Eisen so spröde werden kann, daß es bei Zugbeanspruchung bricht [55]. Die Sprödigkeit ist um so größer, je mehr Wasserstoff aufgenommen wird, d. h. je länger die Einwirkungsdauer der Säure ist. Es genügen jedoch schon geringe Mengen Wasserstoff, um die Zugfestigkeit eines Drahtes beträchtlich zu verschlechtern.

Jegliche Einwirkung von Säuren auf Spannbetondrähte ist daher unbedingt zu vermeiden

Auch Säuren, wie sie im Rohöl vorkommen, können gefährlich werden, möglicherweise auch Humussäure; höchst gefährlich sind Salzsäure, Schwefelsäure, Phosphorsäure u. a.

In ähnlicher Weise wirkt z. B. Blausäure (HCN), die u. U. im Klärgas enthalten ist. Druckgasflaschen, in die derartiges Gas abgefüllt worden war, wurden durch Wasserstoffversprödung rasch zerstört. Hinsichtlich der Versprödung von Spanndrähten sind weiter folgende Fälle aus der Praxis zu berichten: An einer Brücke in Brasilien sind die Kabel aus je 182 vergüteten Drähten wenige Tage nach dem Vorspannen gebrochen. Die Ursache war ein stark schwefelhaltiger Kitt, wie er in französischen Laboratorien zum Abgleichen von Probewürfeln verwendet wird (2500 g Schwefel + 300 g Ruß + 600 g Kaolin mit Öl verschmolzen). Dieser war bei der Brücke zum Abgleichen einer Betonfläche an der Spannfuge benutzt worden. Durch Wassereinwirkung zersetzte sich dieser Kitt z. T. unter Abgabe von Schwefelwasserstoff (H_2S), bei dessen Einwirkung auf die Drähte Wasserstoff entwickelt wurde, der zur Versprödung der Drähte und zu ihrem alsbaldigen Bruch führte.

In einem anderen Fall genügten geringe Schwefelreste auf einem Lkw, um die darauf beförderten Spanndrähte später beim Vorspannen brechen zu lassen.

H_2S kann auch in Abgasen von Kläranlagen oder bei anderen Fäulnisvorgängen auftreten.

Gefährlich sind auch Sulfide und Schwefeldioxyd, das z. B. in Rauchgasen auftritt.

Andererseits ergaben Versuche der Forschungsanstalt der HWR, daß durch Wasserstoff, wie er durch die Alkalien des Zementes bei der Zersetzung von Al-Pulver, das in Einpreßmörtel als Treibmittel verwendet wird, entsteht, keine Schädigung an vergütetem Spannstahl eintritt. Dies gilt jedoch nur, solange sich der Wasserstoff in alkalischem Medium befindet, sobald geringfügig saure Lösungen anwesend sind, tritt Versprödung ein.

2.184 Schutzmaßnahmen

Die Zulassungen verlangen bei allen Drähten und Litzen, daß sie vom Werk aus trocken und gegen Regen geschützt versandt und an der Baustelle trocken gelagert und verarbeitet werden. Lagerräume mit mehr als 60 % r. F. müssen zur Verhütung von Schwitzwasser beheizt werden.

Nach dem Einbau der Spannglieder in das Bauwerk sind die Spannstähle eine Zeitlang der Korrosion ausgesetzt, zudem in den Hüllrohren oder Blechkanälen Schwitzwasser schwierig zu vermeiden ist. Diese Zeit ist auf 2 bis höchstens $3^{1}/_{2}$ Monate zu beschränken, wobei das Eindringen von Wasser in die Kanäle zu verhüten ist.

Liegen die Spanndrähte länger ungeschützt in den Blechkanälen, dann kann man sie durch Einblasen von SHELL VPI 260 Pulver schützen. Dieses Dicyclohexylammoniumnitrit erzeugt auch bei niedrigen Temperaturen unter hohem Dampfdruck dünne Korrosionsschutzschichten an den Stahloberflächen (vgl. zugehörige SHELL-Druckschrift GC: 5-58). Die Rohre müssen nach dem Einblasen des Pulvers geschlossen gehalten werden. Die Zerfallsprodukte des nur in kleinsten Mengen nötigen Pulvers schaden dem Einpreßmörtel nicht.

In mehreren Fällen wurden die Spanndrähte für längere Liegedauer vor dem Verlegen mit SHELL-Donax-Oel-C, einem emulgierbaren wasserlöslichen Korrosionsschutzöl, überzogen, das vor dem Einpressen des Zementmörtels mit Wasser ausgespült werden kann. Die Spülung wird zweckmäßig zuerst mit 3 bis 5 %iger P-3-Lösung (P-3 der Firma Henkel) und danach mit reinem Wasser durchgeführt.

Den endgültigen Korrosionsschutz der Spannstähle erzielt man durch die Schutzwirkung des Zementes

a) bei Spannbettvorspannung durch unmittelbares Einbetonieren der Drähte,

b) bei Vorspannung nach dem Erhärten durch Einbetonieren der Spannglieder und durch Einpressen von Zementmörtel in die Hohlräume der Spannglieder nach deren Vorspannung (vgl. Kap. 7).

Die dichte Beton- oder Zementhülle schützt bekanntlich den Stahl gegen Korrosion: Das aus dem alkalischen Zement ausfallende Kalzium-Karbonat bildet zunächst eine poröse Schicht an der Stahloberfläche, durch die hindurch überschüssiges Anmachwasser als Elektrolyt wirkt und Eisen-(II)-hydroxyd bildet, das durch den im Wasser gelösten Sauerstoff zu Eisen-(III)-hydroxyd wird.

Dieses Korrosionsprodukt ist wasserunlöslich, verstopft die Poren und bildet eine schützende Haut um den Stahl.

Die Dichtheit des Betons und des Einpreßmörtels sind wichtige Voraussetzungen für den dauernden Schutz der Stähle, wenn man bedenkt, daß nicht nur Risse sondern auch poröse Stellen kapillar schädliche Lösungen ansaugen.

Das in Kap. 2.181 behandelte Verbot der Chloridzusätze ist bei den gewählten Zementen und Zusatzmitteln streng zu beachten, zur Ermittlung des Chloridgehaltes wird auf [515] verwiesen. Ob sich Schutzanstriche der Stähle bewähren werden, muß noch abgewartet werden.

2.2 Beton [1]

2.21 Erwünschte Eigenschaften und allgemeine Richtlinien

Für Spannbeton sind **hohe Betonfestigkeiten** aus verschiedenen Gründen erwünscht. Man kann sie ausnutzen und die Querschnitte entsprechend klein wählen. Durch das verminderte Eigengewicht werden größere Spannweiten möglich und wirtschaftlich. Hochfester Beton kriecht und schwindet weniger und zeigt deshalb kleinere Spannkraftverluste. Es soll damit aber nicht gesagt sein, daß man nicht auch Beton mit niedriger Festigkeit in Sonderfällen mit Erfolg vorspannen kann.

Die bei der Bemessung angenommene Festigkeit muß andererseits zuverlässig erreicht werden, weil durch die Vorspannung die errechneten hohen Spannungen tatsächlich auftreten. Man soll deshalb nur solche Festigkeiten annehmen und fordern, die erfahrungsgemäß mit den vorhandenen Zuschlagstoffen, Zementen und Verdichtungsgeräten sowie mit den verfügbaren Arbeitskräften gewährleistet werden können. Da mit einer Streuung der Betonfestigkeit durch Witterungseinflüsse oder durch trotz Sorgfalt vorkommende Mängel gerechnet werden muß, ist für die Ausführung eine höhere Betonfestigkeit anzustreben, als sie für die Berechnung und Bemessung angesetzt wurde. Bei einem z. B. für B 300 berechneten Bauwerk sollte man für die Würfelproben wenigstens $\beta_w = 400 \text{ kg/cm}^2$ fordern.

Hohe Betonfestigkeiten werden am zuverlässigsten im Werk erreicht; dort kann daher auch viel verlangt werden, für Spannbetonschwellen z. B. eine Betongüte B 800.

Mehr als bisher ist zu beachten, daß die bei der Eignungsprüfung nach DIN 1048 (Würfel bei 18 bis 20° C erhärtet) erzielte Festigkeit in den Wintermonaten am Bauwerk im Freien bei niedrigen Temperaturen nicht erreicht wird und daß ein anfänglich kühl gelagerter Beton (Winter) auch durch spätere Wärme (Sommer) nicht mehr die gleiche Endfestigkeit erlangt wie der im Sommer hergestellte. *Bührer* [198] berichtet von einer Eisenbahnbrücke einen Festigkeitsunterschied von 545 kg/cm² für September-Beton gegenüber 291 kg/cm² für Dezember-Beton bei sonst gleichen Bedingungen, wobei der Dezember-Beton nach einem halben Jahr nur auf 322 kg/cm² anstieg. Die mittleren Lufttemperaturen in den Betonierwochen waren 16° und 0° C. Für Winterbauwerke muß man deshalb die höhere Festigkeitsstufe der Eignungsprüfung mit Nachdruck verlangen und für Warmhaltung sorgen.

Graf gibt den Einfluß vorübergehend niedriger Temperaturen gemäß Bild 2.48 ([105] S. 119 u. 120) an. Auch hieraus geht hervor, daß schon 7tägige kalte Witterung die Endfestigkeit herabsetzt. Die Zemente verhalten sich dabei allerdings verschieden, doch ist noch nicht einwandfrei festgestellt, wie ein Zement beschaffen sein muß, damit dieser Festigkeitsverlust klein bleibt.

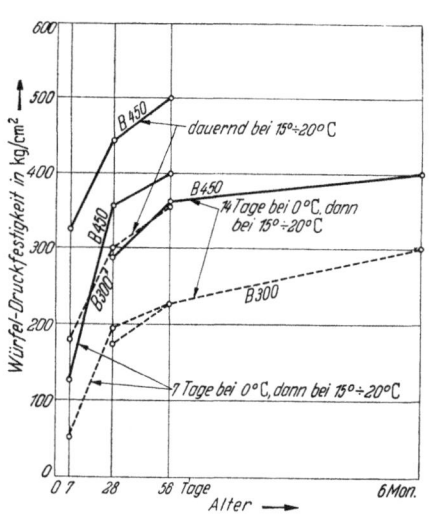

Bild 2.48 Einfluß kühler Witterung während der ersten Erhärtungstage auf die Betonfestigkeit (nach *O. Graf*)

---

[1] Schrifttum: [105], [106], [200], [517].

Tonerdezement ist gegen Kälte weniger empfindlich als andere Zemente, wird jedoch wegen anderer Eigenschaften meist abgelehnt.

Eignungsprüfungen, laufende Kontrollen der Zuschlagstoffe und Zemente sowie eine ständige Überwachung der Betonherstellung durch entsprechend vorgebildete Ingenieure, erfahrene und zuverlässige Facharbeiter und künstliche Erwärmung bei kaltem Wetter müssen deshalb für die Herstellung von Spannbetonbauteilen gefordert werden.

Neben der Festigkeit sind noch andere Eigenschaften für Spannbeton von Bedeutung, in erster Linie geringes Kriechen und Schwinden. Das Schwindmaß eines Betons für eine bestimmte Lagerungsart hängt hauptsächlich vom Zement- und Mörtelgehalt, von der Wasserzugabe und der Nachbehandlung des Betons ab. Wenig Mörtel und Wasser sowie langes Feuchthalten sind zu fordern (s. Kap. 2.23). Die gleichen Forderungen vermindern auch das Kriechmaß (s. Kap. 2.24).

Der Beton soll auch eine niedrige, anfängliche Abbindewärme [198] haben, weil insbesondere bei dicken Betonkörpern die Wärme zunächst gestaut wird und durch die anschließende Abkühlung von außen hohe Temperaturdifferenzen entstehen, die in den äußeren Zonen Zugspannungen erzeugen, denen der junge und praktisch unbewehrte Beton nicht gewachsen ist, so daß dann in den Außenflächen Risse auftreten.

Der Zement soll also keine große Wärme entwickeln. Dies bedeutet, daß man höchstwertige Zemente der Güte Z 475 im allgemeinen meiden oder nur unter besonderen Vorsichtsmaßnahmen, z. B. Kühlen des erhärtenden Betonkörpers, verarbeiten soll. Besonders günstig in dieser Hinsicht sind Hochofen- und Sulfathüttenzemente, die ihre Wärme langsam entwickeln [393]. Aus diesem Grund sind auch hohe Zementzugaben mehr schädlich als nützlich, weil sie sowohl das Schwinden wie die Abbindewärme erhöhen. Bei richtiger Körnung kann man die erwünschte Festigkeit mit 250 bis 350 kg Zement/m^3 erzielen. Falls der Mörtel mit dieser Zementzugabe nicht geschmeidig genug wird, weil der Kornanteil unter 0,2 mm (Mehlsand) zu klein ist, ist es richtiger, Gesteinsmehl oder z. B. Alfesil (an SiO$_2$ reiche Flugasche) beizufügen, als die Zementmenge selbst zu erhöhen.

Die bisherigen Bedingungen erfüllt man am besten dadurch, daß man bei der Kornzusammensetzung des Betons nahe an der unteren Linie G des mit besonders gut bezeichneten Bereiches der Sieblinien der AMB [76] bleibt (Bild 2.49). Die Körnung 0 bis 7 (ohne Zement) sollte zwischen 35 und 45 % der Gesamtkörnung liegen. Es gilt ganz allgemein, daß der Beton um so weniger schwindet, kriecht und Abbindewärme erzeugt, je weniger Mörtel zur Erzielung eines dichten Gefüges gebraucht wird. Aus diesem Grunde kann man mit einer Ausfallkörnung (Bild 2.50) z. B. nur 0 bis 7 und 25 bis 30 oder 40 bis 50 für Spannbeton besser geeigneten Beton erzielen als mit den alle Korngrößen enthaltenden Sieblinien [200]. Mit Ausfallkörnung erreicht man ohne Schwierigkeit die Güte B 600.

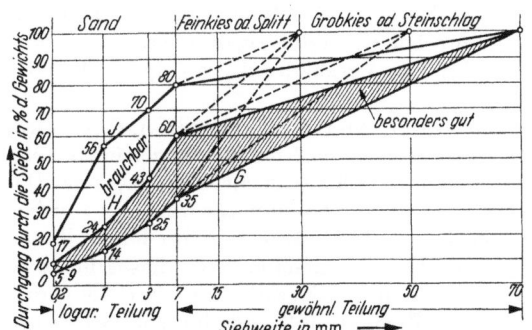

Bild 2.49 Günstiger Bereich für die Kornzusammensetzung des zum Vorspannen geeigneten Betons nach den Sieblinien der AMB

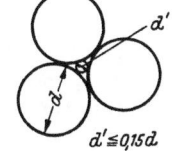

Bild 2.50 Sieblinie einer Ausfallkörnung. Mit Ausfallkörnung werden die Betoneigenschaften für Spannbeton besonders günstig

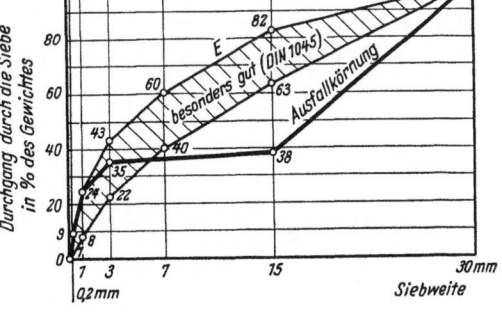

Die günstige Wirkung der Ausfallkörnung beruht vor allem darauf, daß die von einer bestimmten Zementmenge zu verklebende Oberfläche der Zuschläge bei dem wesentlich größeren Anteil des Grobkornes viel kleiner wird als bei Gemischen mit stetiger Siebkurve. In England wurden umfangreiche Versuche über den Einfluß der spezifischen Oberfläche der Zuschlagstoffe durchgeführt [333]. Sie zeigten z. B., daß bei gleicher Zementmenge und gleichem W/Z bei einer Mischung mit spez. Oberfläche $F = 22$ cm^2/g die Festigkeit 370 kg/cm^2, dagegen bei $F = 50$ cm^2/g nur 275 kg/cm^2 erreicht wurde.

Dem Mörtelaufbau, d. h. der Kornzusammensetzung des Sandes von 0 bis 7, muß besonderes Augenmerk geschenkt werden. Die Zusammensetzung des Sandes sollte unbedingt im besonders guten Bereich der Siebkurve der AMB nach Bild 2.49 liegen.

Der Anteil an Feinstkorn (Mehlsand, Mehlkorn) von 0 bis 0,2 mm kann sich merkbar auf Festigkeit, Verarbeitbarkeit, Schwindmaß und Dichte des Betons auswirken. Nach *Hummel* [200] und *Schulze* [431] sollen diese Feinstteile zur Erreichung höchster Festigkeit etwa zwischen 4,5 bis 9 % des gesamten Zuschlages betragen.

Sind von Natur aus mehr Feinstteile vorhanden, dann sollten sie abgeschlämmt und durch Zusatz von Feinstkorn 0 bis 0,09 mm in einer Menge von etwa 6 % der Zuschläge ersetzt werden, da übermäßiger Gehalt an Feinstkorn die Dichte beeinträchtigt und das Schwindmaß vergrößert, weil der Wasseranspruch steigt. Zur nachträglichen Zugabe eignen sich alle gesunden inerten Materialien gleich gut (Quarzmehl, Traß usw.).

Werden keine luftporenbildende Zusätze verwendet, dann sollte das Mehlkorn (einschl. Zement) 0 bis 0,2 mm folgende Mengen betragen, um gute Verarbeitbarkeit sicherzustellen [500]:

    Größtkorn bis 7 mm   500 kg Mehlkorn einschl. Zement
    Größtkorn bis 15 mm   425 kg Mehlkorn einschl. Zement
    Größtkorn bis 30 mm   350 kg Mehlkorn einschl. Zement
    Größtkorn bis 50 mm   300 kg Mehlkorn einschl. Zement
    Größtkorn bis 70 mm   275 kg Mehlkorn einschl. Zement

Auch beim Mehlsand ist Ausfallkörnung günstig, so z. B. wenn das Korn 0,1 bis 0,4 mm fehlt.

Der Mörtelbedarf eines Betons wird um so geringer, je größer das g r o b e K o r n gewählt werden kann. Man sollte sich nicht scheuen, für über 20 cm dicke Bauteile Korngrößen bis zu 50 mm anzuwenden. Dies setzt natürlich voraus, daß die Bewehrung so entworfen ist, daß ein Beton mit so großen Körnern eingebracht werden kann. Als normales Grobkorn ist 30 mm zu betrachten. Betone mit 15 mm größtem Korn sollten nur bei dünngliedrigen Fertigteilen oder an Stellen besonders dichter Bewehrung, z. B. im Bereich der Verankerung von Spanngliedern, benutzt werden.

Gleichmäßige Mischungen erhält man nur, wenn man die Anteile der Korngruppen nach Gewicht und nicht nach Raummaß abmißt, weil insbesondere die Mengen der kleinen Korngrößen beim Raummaß je nach Feuchtigkeit und Lagerungsdichte recht unterschiedlich ausfallen können. Das A b m e s s e n der Zuschlagstoffe nach G e w i c h t muß deshalb für Spannbeton verlangt werden.

Hat man es jedoch mit Zuschlägen verschiedenen Raumgewichtes (Rohwichte) zu tun, dann muß dieses beachtet werden, da die Sieblinien für Zuschläge gleicher Rohwichte aufgestellt sind. Der Zement muß unbedingt nach Gewicht zugemessen werden.

Die Festigkeit hängt wesentlich von der W a s s e r z u g a b e ab (Bild 2.51). Sie wird durch den W a s s e r - Z e m e n t - F a k t o r W/Z ausgedrückt, d. h. durch das Verhältnis Wassergewicht zu Zementgewicht, wobei das an den Zuschlagstoffen haftende Wasser mitzurechnen ist. Verdichtungsart und Bewehrungsgrad bedingen eine zweckmäßige Konsistenz (Steife) und damit die Wasserzugabe. Beton für vorgespannte Konstruktionen soll in der Regel mit hochfrequenten R ü t t e l g e r ä t e n verdichtet werden. Demnach ist eine erdfeuchte bis steifplastische Konsistenz zu wählen.

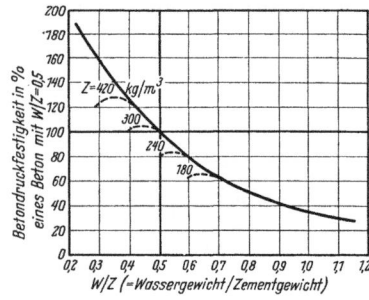

Bild 2.51 Abhängigkeit der Betonfestigkeit β_{w28} vom Wasser-Zement-Faktor W/Z bei günstiger Kornzusammensetzung und Rüttelverdichtung für Z 375

Die Konsistenz wird zweckmäßig nach *Walz* „Rüttelbeton", 3. Aufl., S. 19—22 [517], durch das „Verdichtungsmaß" bestimmt.

Für größere Bauteile eignen sich Tauchrüttler, für dünnwandige Bauteile Schalungs- und Oberflächenrüttler, für kleine Fertigbauteile Rütteltische. Bei der Anwendung der Rüttler sind die hierfür geschaffenen Richtlinien DIN 4235 zu beachten.

Da für Rüttelverdichtung eine hohe Wasserzugabe ausgesprochen schädlich ist, weil sich an den Rüttelflächen eine Entmischung und Mörtelanreicherung ergibt, soll der Wasser-Zement-Faktor in der Regel den Wert 0,45 nicht überschreiten. Erwünscht sind Werte von 0,38 bis 0,42. Es ist jedoch praktisch erwiesen, daß man bei geeigneter Kornzusammensetzung auch Beton mit Wasser-Zement-Faktoren von 0,34 bis 0,38 noch zuverlässig verdichten kann.

Wenn man bei dichter Bewehrung einen sperrigen Beton nicht verarbeiten kann, dann kann man die durch erhöhte Wasserzugabe entstehende Einbuße an Festigkeit durch mehr Zement ausgleichen ([517] S. 19—22) (Bild 2.52 und 2.53). Der hohe Zementgehalt vergrößert aber das Schwinden und Kriechen und kostet Geld.

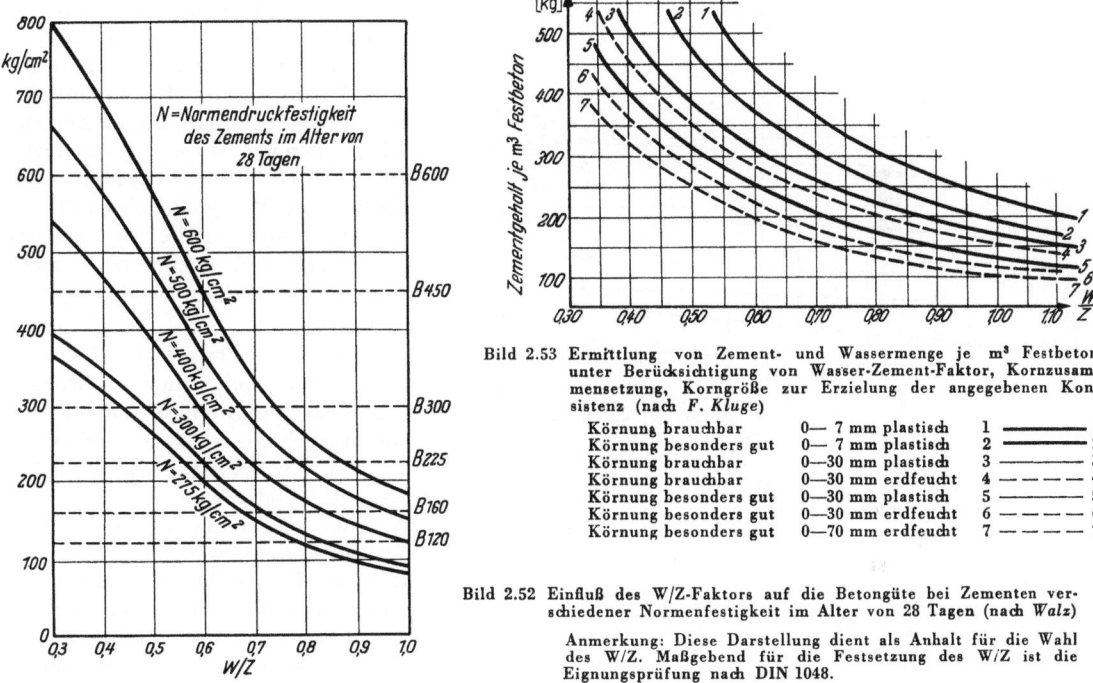

Bild 2.53 Ermittlung von Zement- und Wassermenge je m³ Festbeton unter Berücksichtigung von Wasser-Zement-Faktor, Kornzusammensetzung, Korngröße zur Erzielung der angegebenen Konsistenz (nach *F. Kluge*)

Körnung brauchbar	0— 7 mm plastisch	1 ——— 1
Körnung besonders gut	0— 7 mm plastisch	2 ——— 2
Körnung brauchbar	0—30 mm plastisch	3 ——— 3
Körnung brauchbar	0—30 mm erdfeucht	4 — — — 4
Körnung besonders gut	0—30 mm plastisch	5 ——— 5
Körnung besonders gut	0—30 mm erdfeucht	6 — — — 6
Körnung besonders gut	0—70 mm erdfeucht	7 — — — 7

Bild 2.52 Einfluß des W/Z-Faktors auf die Betongüte bei Zementen verschiedener Normenfestigkeit im Alter von 28 Tagen (nach *Walz*)

Anmerkung: Diese Darstellung dient als Anhalt für die Wahl des W/Z. Maßgebend für die Festsetzung des W/Z ist die Eignungsprüfung nach DIN 1048.

Die für eine bestimmte Betongüte **erforderliche Zementmenge** hängt auch von der Zementgüte ab, und zwar nicht von der Güte der Handelsbezeichnung, sondern von der tatsächlichen Norm-Druckfestigkeit des Zementes am plastischen Mörtel nach 28 Tagen = Np_{28} nach DIN 1164. Zur Festlegung des Mischungsverhältnisses ist eine Eignungsprüfung nach DIN 1048 unerläßlich. Die richtige Wahl wird durch die Arbeiten von *F. Kluge* [95] erleichtert. Die wichtigsten Tafeln dieser Arbeit sind hier in Bild 2.52 in der Fassung nach [500] und in Bild 2.53 wiedergegeben. Aus Bild 2.52 wird für die vorgesehene Beton- und Zementgüte der nötige Wasser-Zement-Faktor abgelesen. Dabei ist eine Körnung im besonders guten Bereich vorausgesetzt. Aus Bild 2.53 wird dann die für diesen W/Z-Faktor bei der tatsächlichen Körnung und beabsichtigten Steife nötige Zementmenge ermittelt, mit der gleichzeitig über W/Z die Anmachwassermenge festliegt.

Für die Ermittlung der für 1 m³ nötigen Zuschlagmengen sei auf die Festraumrechnung nach *Kluge* verwiesen. Das „Merkblatt für die Herstellung von Beton" der Deutschen Bundesbahn [76] und [500] enthalten die nötigen Angaben in kurzer verständlicher Form.

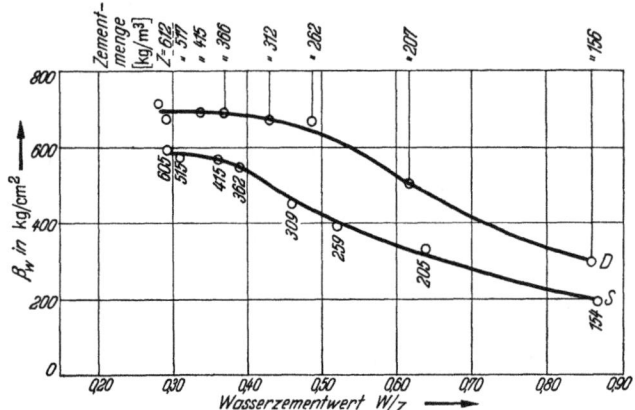

Bild 2.54 Steifer Rüttelbeton etwa gleicher Konsistenz (Eindringmaß 2 bis 5 cm) für normalen Portlandzement S und einen Portlandzement besonderer Güte D. Die gewünschte Konsistenz wird bei niedrigem W/Z nur mit unwirtschaftlich hoher Zementmenge erreicht

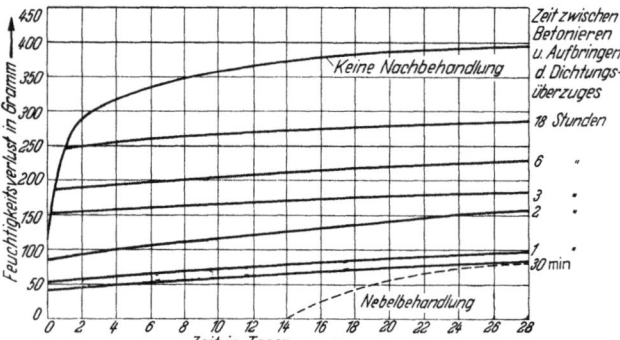

Bild 2.55 Verminderung der Verdunstung von Wasser aus jungen Mörtelprismen 15/30/5 cm (gelagert bei 38° C, 21 % r. F., $Z = 700$ kg/m³, W/Z = 0,40) durch Dichtungsüberzug zu verschiedener Zeit nach Verdichten des Mörtels (nach Burnett und Spindler)

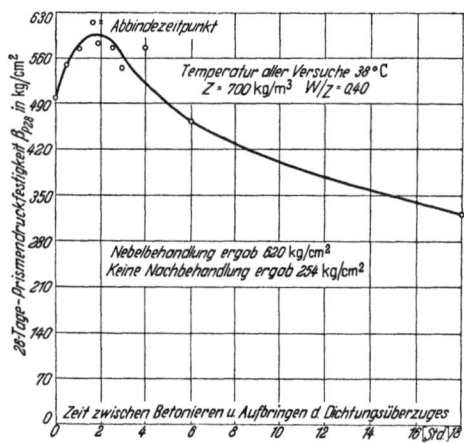

Bild 2.56 Einfluß des Zeitpunktes der Abdichtung auf die Druckfestigkeit von Mörtelprismen 5/5/15 cm nach Bild 2.55

Schließlich kann auch bei niedrigem W/Z-Faktor eine gute Verarbeitbarkeit durch erhöhte Zementzugabe erreicht werden, wie Versuche von *Graf* und *Walz* (Bild 2.54) zeigen. Doch steht das Ergebnis für $Z > 360$ kg/m³ in keinem Verhältnis zum Aufwand. Die Zementgüte ist gewichtiger als die Zementmenge.

Da die Wasserzugabe eine so große Rolle für die gewünschten Betoneigenschaften spielt, sollte man für Spannbeton grundsätzlich Z u s a t z m i t t e l verwenden, welche die Oberflächenspannung des Wassers herabsetzen und dadurch die Benetzung der Zuschlagstoffe und insbesondere der Zementkörner erleichtern. Als solche Zusatzmittel werden hier beispielsweise Plastiment und Betonplast genannt. Da es Zemente gibt, denen diese Zusatzmittel schaden, ist es zweckmäßig, durch die nächste Materialprüfanstalt oder Zementberatungsstelle die geeignete Dosierung und geeignete Zemente nach den örtlichen Erfahrungen zu erfragen.

L u f t p o r e n b i l d e n d e Z u s ä t z e bieten für die bisher geforderten Eigenschaften keinen Vorteil. Sie sollen für Spannbeton nur verwendet werden, wenn Frostbeständigkeit wesentlich ist.

N a c h b e h a n d l u n g. Der Beton ist mindestens während der ersten 8 Tage, besser länger, feucht und warm zu halten. Man darf ihm die Abbindewärme nicht durch ständiges Bespritzen mit kaltem Wasser zu rasch entziehen, sondern soll ihn mit feuchter Jute, feuchtem, feinem Sand oder feuchten Strohmatten bedecken. Das Austrocknen kann durch Anstriche mit Bitumenemulsionen, Antisol, Morilith-Dispersion oder dgl. verzögert werden [513].

Nach amerikanischen Versuchen [172] erreicht man die besten Ergebnisse, wenn man die Betonoberflächen schon zwei Stunden nach dem Einbringen des Betons — also sofort nach dem Erstarren — mit einem Dichtungsmittel bespritzt, das die Verdunstung des Wassers auf Wochen fast ganz verhindert. Bild 2.55 zeigt, wie stark der Feuchtigkeitsverlust durch den Überzug verkleinert wird, und Bild 2.56 beweist den großen Einfluß einer solchen Maßnahme auf die Druckfestigkeit des Betons und damit die Notwendigkeit der Nachbehandlung. Auch das Kriechen und Schwinden wird wesentlich vermindert.

Für Fertigteile kann man andere Behandlungen, z. B. mit Dampf oder dergleichen, mit der nötigen Sachkenntnis anwenden. Nach *Roš* ([65] S. 6) genügen 4 Stunden Lagerung in Dampf von 95° C Temperatur, um nach 6 Stunden ganz erhebliche Anfangsfestigkeiten von 500 bis 600 kg/cm² zu erzielen (Bild 2.57).

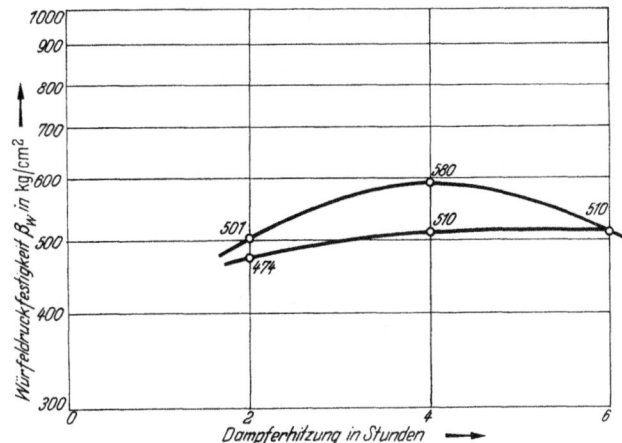

Bild 2.57 Einfluß der Dampferhitzung bei 95° C auf die Würfelfestigkeit eines Betons mit Z = 525 kg PZ/m³, W/Z = 0,4, abgepreßt mit 140 kg/cm² auf 0,29, geprüft im Alter von 6 Std. (nach *Roš*)

Die Dampfhärtung wird z. B. bei der Herstellung von Spannbetonschwellen und -fertigbalken angewandt, um die Schalungen kurzfristig wieder verwenden zu können. Die höchste Festigkeit erreicht man durch gemeinsame Anwendung von hohem Druck, Vibration und Wärme.

2.22 Das Formänderungs-Verhalten des Betons

O. Graf gab schon 1920 grundlegende Erkenntnisse hierzu bekannt [6] und verweist vor allem auf die große Streuung aller Versuchsergebnisse zum Formänderungsverhalten des Betons.

Die Druck-Kürzungslinien sind nicht gerade (Bild 2.58), so daß strenggenommen für jede Spannungsstufe ein anderer Elastizitätsmodul gilt. Schon bei kurzfristigen Lasten setzt sich die Verformung aus einem elastischen und einem plastischen Teil zusammen, letzterer verbleibt bei der Entlastung. Sobald die Last anhält oder wiederholt wird, setzen plastische Verformungen ein (Bild 2.59). Auch Zug und Druck ergeben verschiedene spezifische Verformungen. Die Bruchstauchung liegt fast unabhängig von der Festigkeit bei 1,8 bis 3,5 ⁰/₀₀; sie ist von der Querschnittsform und der Spannungsverteilung abhängig (vgl. Kap. 13) und z. B. bei Biegung größer als bei mittigem Druck.

Roš ([108] S. 3) gibt für den Verlauf der Druck-Kürzungskurven eine Hyperbelgleichung an, die genügend genau mit gemessenen Werten übereinstimmt:

$$\varepsilon_{ges} = \frac{\sigma}{E_{el}} + 0{,}1 \frac{\sigma}{1000\,(\nu \cdot \beta_p - \sigma)} = \frac{\sigma}{E_{el}} + \varepsilon_{pl}. \qquad 2.(1)$$

Dabei ist

E_{el} = Modul der rein elastischen Kürzung,
σ = Druckspannung,
$\dfrac{\sigma}{E_{el}}$ = elastische Kürzung,
ε_{pl} = bleibende oder plastische Kürzung,
ν = Beiwert je nach Betonart,
 bei Rüttelbeton
 B 450 bis B 600: 1,15 bis 1,20
 B 300 bis B 400: 1,10 bis 1,15,
β_p = Prismenfestigkeit.

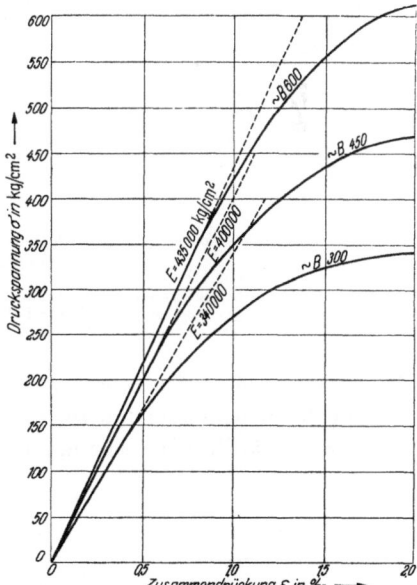

Bild 2.58 Druck-Kürzungslinien (σ-ε-Linien) für verschiedene Betongüten an Würfelproben gemessen, richtigere Werte erhält man an Prismen, vgl. Bild 13.14

Für E_{el} gibt Roš noch folgenden Erfahrungswert an:

$$E_{el} = 550\,000 \cdot \frac{\beta_p}{\beta_p + 150} \text{ für } \sigma < 0{,}6\,\beta_p \qquad 2.(2)$$

Der E_{el}-Modul ist um 10 bis 15 % größer als der Tangente im Punkt $\sigma = 0$ entspräche, für die sich folgender Wert ergibt:

$$\left(\frac{d\varepsilon}{d\sigma}\right)_{\sigma=0} = \frac{1}{E_{el}} + \frac{0{,}1}{1000\,\nu \cdot \beta_p} \qquad 2.(3)$$

Die Tangente an die Hyperbel an einer beliebigen Stelle gibt den Verformungsmodul E' (bleibende Verformung eingeschlossen) zu

$$\frac{1}{E'} = \frac{d\varepsilon}{d\sigma} = \frac{1}{E_{el}} + \frac{0{,}1 \cdot \nu \cdot \beta_p}{1000\,(\nu \cdot \beta_p - \sigma)^2} \qquad 2.(4)$$

Der Beitrag ε_{pl} in Gleichung 2.(1) gibt einen guten Anhalt für die bei erstmaliger Belastung auftretenden bleibenden Verformungen, die bei hohen Spannungen beachtliche Werte erreichen.

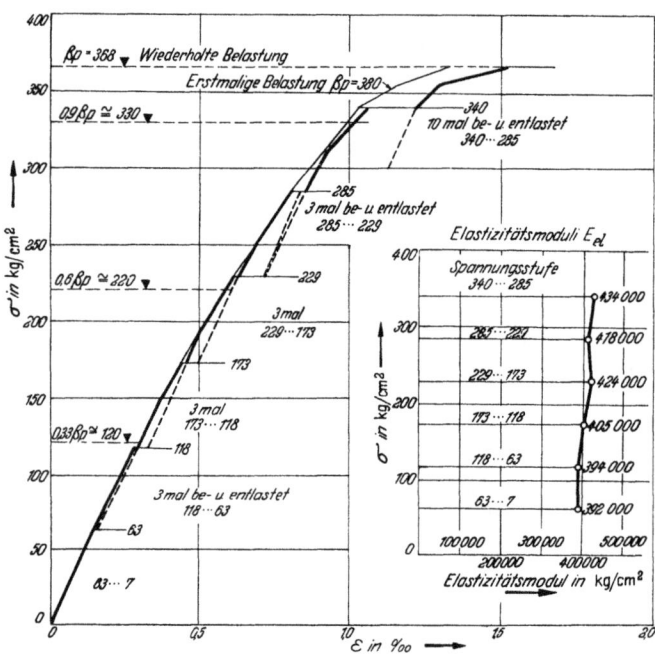

Bild 2.59 Druck-Kürzungslinie eines Betonprismas mit $\beta_p = 368$ kg/cm², die zeigt, wie bei jeder Wiederholung der Last plastische Verformungen beginnen (nach Roš)

Wiederholt man die Belastung oftmals, dann stellt sich eine σ-ε-Linie ein, die im Bereich der zulässigen Spannungen der E_{el}-Linie etwa parallel ist (vgl. Bild 2.59) und stehenbleibt, d. h. die bleibenden Verformungen hören auf. Entlastungsverformungen vollziehen sich etwa parallel zur E_{el}-Linie.

Oftmals kurzfristig belastete Bauwerke verhalten sich also nach wenigen Anfangsbelastungen vollständig elastisch, wenn nicht lang anhaltende Lasten Kriechvorgänge verursachen (vgl. Kap. 2.24).

Die verhältnismäßig kleinen Verformungen des Betons brauchen nicht so genau ermittelt zu werden wie die des Stahles, man begnügt sich deshalb in der Praxis bei der Berechnung der Betonverformungen mit Mittelwerten der E-Moduli, wie sie in DIN 4227 angegeben werden. Auch die Querdehnzahl μ ist je nach Festigkeit und Spannung verschieden und wird mit Mittelwerten berücksichtigt, wobei jeweils die kleineren Werte zu niedrigen Spannungen gehören. Die Querdehnung eines gedrückten Prismas nimmt also mit zunehmender Spannung zu.

Mittlere Druck-Elastizitätsmoduli des Betons nach DIN 4227:

Betongüte	(B 225)	B 300	B 450	B 600	kg/cm²
E-Modul	(240 000)	300 000	350 000	400 000	kg/cm²
Querdehnzahl μ ..	0,15 bis 0,18	0,17 bis 0,20	0,20 bis 0,25	0,25 bis 0,30	

Für größere Bauvorhaben ist es zweckmäßig, bei der Eignungsprüfung der Zuschlagstoffe auch den tatsächlichen E-Modul festzustellen, vor allem, wenn später am Bauwerk Messungen zur Prüfung der erreichten Druckspannung beabsichtigt sind.

Vergleicht man berechnete Verformungen mit am Bauwerk gemessenen, so können beträchtliche Abweichungen auftreten. Der E-Modul kann durch Temperatur, Alter und Feuchtigkeit sowie Belastungsdauer wesentlich von dem in der Rechnung angenommenen abweichen. Von Bedeutung ist auch die je nach der Form des Baukörpers und seiner Bewehrung mehr oder weniger stark behinderte Querdehnung, die räumliche Spannungen hervorruft, während die Verformungsberechnung meist stark vereinfachend ebene Spannungen voraussetzt. Die behinderte Querdehnung vermindert auch die Längsdehnung, so daß sich ein scheinbar höherer E-Modul aus solchen Messungen ergeben kann. Der anfänglichen, elastischen und plastischen Verformung überlagern sich außerdem schon nach kurzer Zeit Kriecherscheinungen. Vorberechnete Verformungen des Betons sind also meist nur grobe Näherungswerte, wenn nicht alle Einflüsse berücksichtigt werden.

Bei älteren Bauwerken ist zu beachten, daß der E-Modul ähnlich zunimmt wie die Festigkeit (vgl. Gleichung 2.(2)). Die Zunahme über den normalen 28-Tage-Wert bei Normlagerung hinaus kann 10 bis 20 %, bei schlackenreichen Hochofenzementen bis 50 % ausmachen.

2.23 Das Schwinden des Betons

2.231 Was beeinflußt das Schwinden?

Schwinden ist Verkürzung durch Austrocknen, wobei überschüssiges Anmachwasser verdunstet und die die Zementkörner umhüllende allmählich erhärtende Gelmasse schrumpft. Der Beton schwindet nach allen drei Dimensionen etwa gleich. Das Schwindmaß, d. h. die Verkürzung ε_s, ist zunächst vom Grad des Austrocknens und damit von der Feuchtigkeit, Temperatur und dem Luftwechsel der Umgebung des Betons abhängig. In feuchter kalter Luft schwindet er weniger als in trockener warmer Luft. Das Schwindmaß ε_s muß deshalb auf die relative Luftfeuchtigkeit und die Temperatur der Umgebung des Betons bezogen werden. Im Freien rechnet man in mitteldeutschem Klima mit 60 bis 80 %, in trockenen Gebäuden mit 30 bis 40 % relativer Luftfeuchtigkeit (r. F.).

Der Beton kann um so mehr Feuchtigkeit abgeben und schwinden, je höher die Wasserzugabe bei seiner Herstellung war. Das Schwindmaß hängt also weiter vom Wasser-Zement-Faktor W/Z ab (Bild 2.60). Es ist bei fetten Mischungen relativ größer als bei normalen, weil das Schrumpfen der Zementgele mit der Zementmenge zunimmt. Deshalb schwindet Mörtel allein bis über doppelt soviel wie Beton. Entsprechend schwindet mörtelreicher Beton mehr als mörtelarmer. Die Festigkeit des Betons hat nur wenig Einfluß auf das Schwindmaß.

Obgleich verschiedene Zementarten an Zementbreiprismen sehr unterschiedliche Schwindmaße zeigen, wirken sich diese im Beton nicht stark aus ([105] S. 181).

Wird ein Betonkörper nach Luftlagerung in Wasser gelegt, dann quillt er. Hierbei gelten die genannten Einflüsse ähnlich wie beim Schwinden.

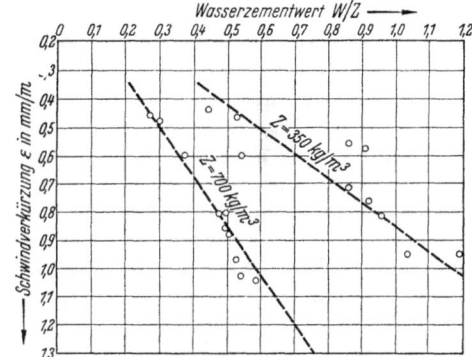

Bild 2.60 Abhängigkeit des Schwindmaßes nach 119 Tagen Luftlagerung im Freien an kleinen Mörtelprismen vom Wasser-Zement-Faktor und Zementgehalt (nach *O. Graf*)

Die Art der Zuschlagstoffe wirkt sich auf das Schwinden und Quellen stark aus, wie Bild 2.61 zeigt. Der Beton aus Muschelkalk quillt bei Wasserlagerung sogar über sein ursprüngliches Maß hinaus und zeigt zum Schluß das kleinste Schwindmaß. Buntsandstein ist wegen seiner besonders großen Schwind- und Quellwerte für Spannbeton ungeeignet.

Schließlich schwindet der Beton mehr, wenn er frühzeitig dem Austrocknen ausgesetzt wird, und weniger, wenn er lange in hoher Feuchtigkeit erhärten kann. Das Schwindmaß ist also vom Erhärtungsgrad beim Beginn des Austrocknens abhängig. Das normale Feuchthalten während

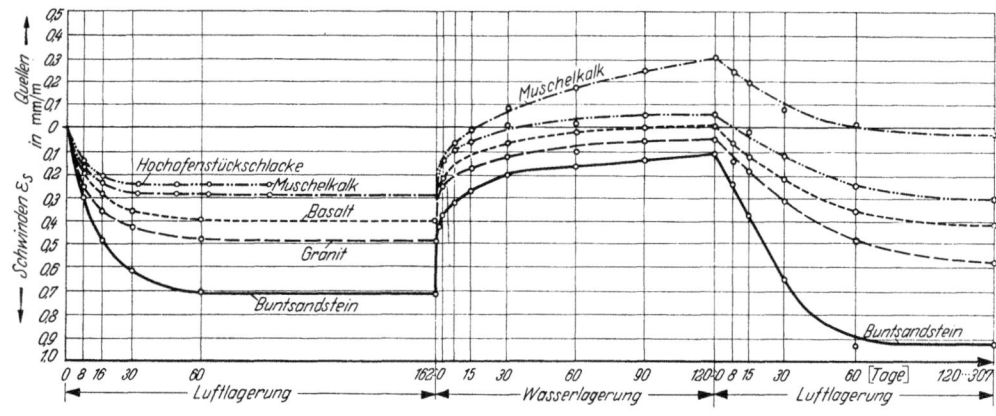

Bild 2.61 Schwinden und Quellen von Betonprismen aus verschiedenen Zuschlagstoffen (nach *O. Graf*)

der ersten 28 Tage gibt dabei keinen sehr großen Unterschied des Endschwindmaßes (Bild 2.62), wohl aber das Feuchthalten während eines Jahres, was mit der Nachbehandlung durch Dichtungsüberzüge nach amerikanischem Vorbild zu verwirklichen wäre.

Kleine Körper schwinden rascher und mehr als große, weil sie rascher austrocknen. Bei großen Körpern steigt die Festigkeit vor dem Austrocknen höher an als bei kleinen, wodurch das Endschwindmaß verkleinert wird.

2.232 Der zeitliche Verlauf des Schwindens

Im Laboratorium wird das Schwinden im Klimaraum an Prismen 10/10/50 cm bis 20/20/100 cm bei 18° C und verschiedener r. F. gemessen. Unter solchen gleichbleibenden Bedingungen verläuft das Schwinden gemäß Bild 2.62 und 2.63 im ersten Vierteljahr rasch, um nach einem Jahr 70 bis 85 % des Endschwindmaßes zu erreichen. Bei so kleinen Prismen ist das Schwinden nach etwa 5 Jahren beendet, bei großen Betonkörpern wird es erst nach 10 bis 15 Jahren als Zeichen eines ausgeglichenen Trocknungsgrades aufhören.

Bei Bauwerken verläuft die Schwindkurve nicht stetig, weil sich jede Änderung der Temperatur und Luftfeuchtigkeit auswirkt. Im Freien schwindet der Beton im Winter oder bei anhaltendem Regenwetter auch im Sommer nicht, man hat sogar schon rückläufige Längenänderungen durch Quellen an Brücken mit unmittelbar befahrener Betonfahrbahn beobachtet (Kap. 2.25). Entsprechend kommt das Schwinden oder Quellen bei Bauwerken im Freien praktisch nie ganz zu einem Abschluß.

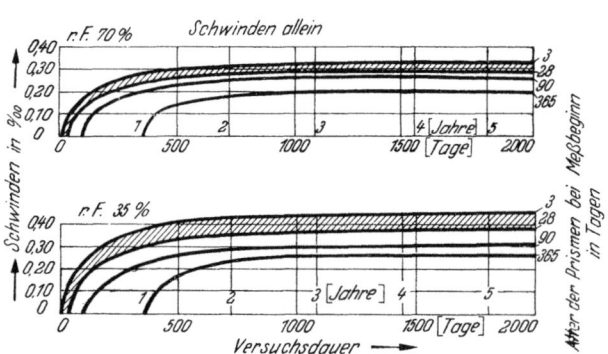

Bild 2.62 Schwindkurven nach verschieden langer anfänglicher Feuchtlagerung. Das Endschwindmaß unterscheidet sich bei der üblichen Dauer der Nachbehandlung (schraffiert) nur wenig (nach *Roš*)

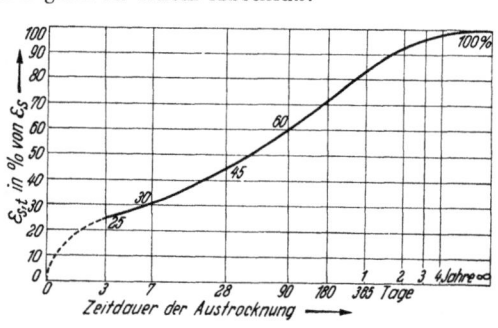

Bild 2.63 Der zeitliche Ablauf des Schwindens in % des Endschwindmaßes bei kleinen Prismen im konstanten Klima. Alter bei Beginn des Austrocknens etwa 14 Tage

2.233 Welches Schwindmaß ist bei Spannbeton zu berücksichtigen?

Für die Spannungsverluste im Vorspannstahl ist das Schwindmaß vom Zeitpunkt der Vorspannung an maßgebend. Bei sofortigem Verbund (Spannbett) hat man also das gesamte Endschwindmaß zu berücksichtigen, bei nach dem Erhärten vorgespanntem Beton kann durch die Behandlung des Betons die nach dem Spannen noch eintretende Schwindverkürzung verkleinert werden. Die Verhältnisse liegen dabei anders als im Stahlbeton, wo das Schwinden durch die einbetonierten Stahlstäbe behindert wird, weil sich diese der Verkürzung des Betons widersetzen. In den Stahleinlagen entstehen dabei Druckspannungen, denen Zugspannungen im Beton gegenüberstehen, die zu Schwindrissen führen können. Die Schwindspannungen im Beton werden dabei durch Kriechen abgebaut. Das Endschwindmaß wird so je nach dem Bewehrungsgrad verringert. Deshalb schreibt DIN 1045 für Stahlbetonbauwerke das verhältnismäßig kleine Schwindmaß von 0,15 $^0/_{00}$ vor.

Im Spannbeton wird das Schwinden durch die S p a n n stähle nicht behindert. Bei statisch bestimmter Lagerung entstehen keine Schwindspannungen im Beton, also auch kein Schwind-Kriechen, wenn man von schlaffer Bewehrung absieht. Dieser grundsätzliche Unterschied wird klar, wenn man bedenkt, daß das Schwinden beim Stahlbeton durch die in den Stahleinlagen erzeugten Druckspannungen Arbeit leistet und aufspeichert, während beim Spannbeton die vorgespannten Stähle Arbeit an den Beton abgeben, indem sich ihre Vorspannung verringert. Der vorgespannte Stahl begünstigt also die Schwindverkürzung, die beim Spannbeton somit größer wird als beim Stahlbeton. Eine Verminderung des tatsächlichen Endschwindmaßes unbewehrter Betonkörper ist hier also nicht berechtigt.

Nach zahlreichen Versuchen [73], [108], [200] muß bei dem für Spannbeton in Frage kommenden Beton mit Güten über B 300, Zementzugabe einschl. Mehlsand 350 bis 400 kg/m³, mittlerem Mörtelgehalt und Wasser-Zement-Faktoren von 0,4 bis 0,45 mit einem E n d s c h w i n d m a ß von 0,3 bis 0,4 $^0/_{00}$ bei Lagerung im Freien (r. F. = 60 bis 80 $^0/_0$) und von 0,4 bis 0,5 $^0/_{00}$ bei Lagerung im Trocknen (r. F. = 30 bis 40 $^0/_0$) (siehe auch Erläuterung der r. F. in Kap. 2.246) gerechnet werden, wenn der Beton — wie am Bau üblich — nur ein bis zwei Wochen feucht gehalten wird.

Wie bei Bild 2.62 schon gesagt, muß man für eine merkliche Verminderung des Schwindmaßes die feuchte Nachbehandlung solange betreiben, wie es in der Praxis kaum möglich ist. Eine Verminderung des Endschwindmaßes unter Hinweis auf die normale Nachbehandlung ist daher nicht berechtigt. Frühzeitiges Abdichten des Betons gemäß Bild 2.55 führt allerdings zum Erfolg.

Kann der Beton nach der feuchten Nachbehandlung bis zum endgültigen Vorspannen (nach dem Erhärten) bei w a r m e r, t r o c k e n e r Witterung längere Zeit schwinden, dann ist ein Teil der Schwindverkürzung vor dem letzten Spannen eingetreten, der aus Bild 2.63 prozentual für dünne Bauteile (10 bis 20 cm) abzulesen ist. Für die Ermittlung der Vorspannverluste ist dann nur noch das restliche Teilschwindmaß zu berücksichtigen. Für die Praxis sollte man wegen der meist größeren Dicken und der ungewissen Temperaturen nur etwa die halben Werte des Bildes 2.63, also bei 28tägiger Schwinddauer rd. 20 $^0/_0$ des vollen Endschwindmaßes, abziehen.

Für Bauten im Freien während der kühlen Jahreszeiten sind solche Verminderungen des Schwindmaßes nicht berechtigt und daher zu unterlassen.

Aus den in Kap. 2.231 geschilderten Gründen darf aber eine Verminderung der obigen Schwindmaße eingeräumt werden, wenn der Zement- und Mörtelgehalt sowie W/Z besonders niedrig liegen oder die Bauteile dicker als die Versuchsprismen sind.

Umgekehrt müssen die Schwindmaße erhöht werden, wenn der Zement- und Mehlsandgehalt höher als 400 kg/m³, der W/Z-Faktor über 0,45 und der Mörtelgehalt höher als 50 $^0/_0$ liegt.

Man kann diese für das Schwinden des Betons wichtigen Einflüsse zu einem Schwindbeiwert k_s zusammenfassen und das Endschwindmaß hiervon abhängig machen. Mit den genannten Einflüssen wird folgender Kennwert KW gebildet:

$$KW = W/Z \cdot \frac{Z \cdot Mö}{\sqrt[3]{d}} = \frac{W \cdot Mö}{\sqrt[3]{d}} \qquad 2.(5)$$

W/Z = Wassergewicht/Zementgewicht,
Z   = Zementgehalt in kg/m³,
Mö   = Mörtelgehalt = $\dfrac{\text{Gewicht Körnung 0—7}}{\text{Gewicht gesamte Körner ohne Z}}$,
d   = mittlere Dicke des Tragwerkes in cm.

Bei Tragwerken mit verschieden dicken Teilen ist

$$d = \frac{\Sigma d_n \cdot b_n}{\Sigma b_n}, \quad \text{wobei } d_n \text{ die Dicke,} \\ b_n \text{ die der Luft ausgesetzte Länge im Querschnitt}$$

der einzelnen Teile ist. Meist ist jedoch die Dicke desjenigen Bauteiles maßgebend, in dem das Spannglied liegt.

Die genannten normalen Endschwindmaße sind nun in Bild 2.64 dargestellt, und die Einflüsse des Kennwertes KW werden berücksichtigt, wenn diese Werte mit dem Schwindbeiwert k_s nach

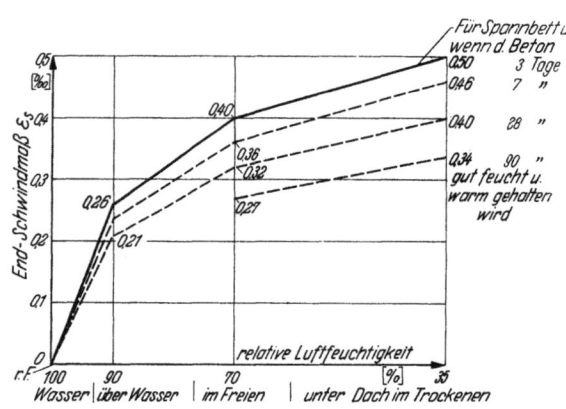

Bild 2.64 Einfluß der Dauer des Feuchthaltens auf das Endschwindmaß eines mittleren Betons des Kennwertes KW = 30 bei verschiedener relativer Luftfeuchtigkeit (nach Roš)

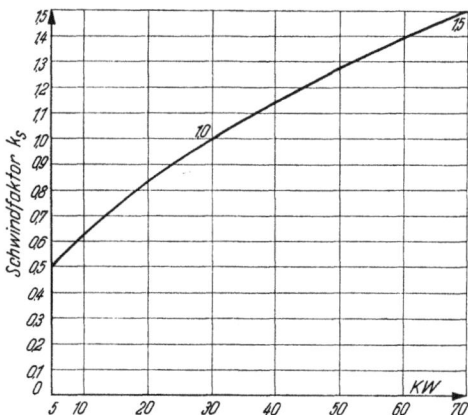

Bild 2.65 Schwindfaktor k_s abhängig von dem Kennwert des Betons $KW = W/Z \cdot Z \cdot \text{Mö}/\sqrt[3]{d}$ zur Ermittlung des voraussichtlichen Endschwindmaßes $k_s \cdot \varepsilon_s$

Bild 2.65 multipliziert werden. Der Verlauf der Kurve $k_s = f$ (KW) bedarf natürlich noch weiterer Bestätigungen durch Messungen.

Der Wert KW = 30 entspricht W/Z = 0,45, Z = 400 kg/m³, Mö = 0,45, d = 20 cm.

2.24 Das Kriechen des Betons

2.241 Abhängigkeiten des Kriechens von Beanspruchung und Betongüte

Wird der Beton in irgendeiner Form längere Zeit beansprucht, so nimmt die anfänglich hervorgerufene Verformung laufend weiter zu und kommt erst nach Jahren zum Stillstand. Diese nachträgliche Verformung unter Dauerlast ist zum großen Teil bleibend, sie wird Kriechen genannt und auf die plastischen Eigenschaften der noch feuchten Gele zurückgeführt[1]. Das Kriechen zeigt sich bei jeder Verformungsart, auch bei der Querdehnung eines gedrückten Körpers.

Das Kriechen ist von noch mehr Faktoren abhängig als das Schwinden: Der Kornaufbau, die Kornform, die Gesteinsart der Zuschlagstoffe, Zementgehalt, Zementart, Wasser-Zement-Faktor, Verdichtungsgrad, Erhärtungsgrad bzw. chemisches Alter vor der Belastung, Temperatur und Feuchtigkeit beim Erhärten und während der Belastung, Größe des beanspruchten Bauteiles und Höhe der Beanspruchung beeinflussen alle das Kriechmaß. Es ist daher nicht zu verwundern, daß trotz vieler Kriechversuche bisher nur unvollständige Kenntnisse erreicht wurden, so daß man bei der Vorausberechnung des Kriechmaßes auf genäherte und vereinfachende Annahmen angewiesen ist. Eine Zusammenfassung aller bisherigen Erkenntnisse über das Kriechen entstand auf Veranlassung von *H. Rüsch* durch *O. Wagner* in Heft 131 der Forschungshefte des D.A.f.Stb. 1958 [411]. Für räumliche Spannungen liegen noch keine brauchbaren Ergebnisse vor.

Viele der genannten Einflüsse wirken sich auch auf die federnde Verformung des Betons aus. Die bisherigen Versuche ergaben, daß das Kriechmaß ε_k etwa linear von der elastischen Verformung

---

[1] Erklärungen der Kriechvorgänge wurden von *Freyssinet* [23], *Gehler* [29] und *Pucher* [88] versucht.

$\varepsilon_{el} = \dfrac{\sigma}{E}$ abhängt. Für diese Abhängigkeit wurde die **K r i e c h z a h l** φ eingeführt:

$$\varepsilon_k = \varphi \frac{\sigma}{E} \text{ oder } \varphi = \frac{\varepsilon_k \cdot E}{\sigma} = \frac{\varepsilon_k}{\varepsilon_{el}}. \qquad 2.(6)$$

Die lineare Abhängigkeit von der elastischen Verformung gilt genügend genau für Druck und Zug, und damit auch für Biegung, Schub und Torsion, solange die Spannungen unter rund $0{,}3\,\beta_w$ bleiben. Für höhere Spannungen ist mit verstärktem Kriechen zu rechnen. Versuche von *Duke* und *Davis* [61] bestätigen dies.

Auch bei einer E n t l a s t u n g zeigt sich nach dem anfänglichen federnden Rückgang der Verformung eine zeitabhängige Rückbildung, die dem Zug-Kriechen ähnlich ist. Man spricht dabei von Erholkriechen oder von Erholen des Betons; es dauert nur wenige Tage und erreicht, solange der Beton jung ist, noch bis zu 50% der vorausgegangenen Kriechverformung, in späterem Alter nur noch etwa um 10% von ε_k. Das Erholkriechmaß ist also verhältnismäßig klein und wird im allgemeinen nicht berücksichtigt (vgl. [411], [412]).

Mit $\dfrac{\sigma}{E}$ werden aber die Einflüsse der Temperatur und Feuchtigkeit der Umgebung, des chemischen Alters des Betons (Erhärtungsgrad) zum Zeitpunkt der Belastung und die im Faktor KW zusammengefaßten Merkmale nicht erfaßt. Sie müssen noch durch eine Variation von φ berücksichtigt werden, ein Weg, den *Dischinger* unter Berücksichtigung der Arbeiten zahlreicher Forscher [28], [36] für die einfache Vorausbestimmung des Kriechmaßes ε_k erfolgreich beschritten hat.

2.242 Der zeitliche Verlauf des Kriechens

Der zeitliche Verlauf des Kriechens unter konstanten Bedingungen wird durch die in Bild 2.66 dargestellte Kurve gekennzeichnet. Bei kleinen Versuchsprismen 12/12/50 cm dauert das Kriechen länger als das Schwinden, nämlich 8 bis 10 Jahre.

An Bauwerken zeigt sich je nach den Temperaturen und der Dicke des Betons eine noch längere Kriechdauer (vgl. Kap. 2.251). Dies geht auch daraus hervor, daß die 1936/37 errichtete Spannbetonbrücke in Aue, Sachsen [37], die nach *Dischinger* mit außerhalb der Stege liegenden St 52-Stäben vorgespannt und vor dem Krieg wohl ordnungsgemäß nachgespannt worden war, in der Nachkriegszeit (also etwa 1950) mehrere Risse erhielt, die auf Kriechverkürzungen etwa 10 Jahre nach der Herstellung zurückzuführen sind. Wie beim Schwinden wird die stetige Zunahme von ε_k durch Temperaturrückgang oder Feuchtigkeitszunahme gebremst. Das Kriechen kommt im Winter bei Bauten im Freien zum Stillstand.

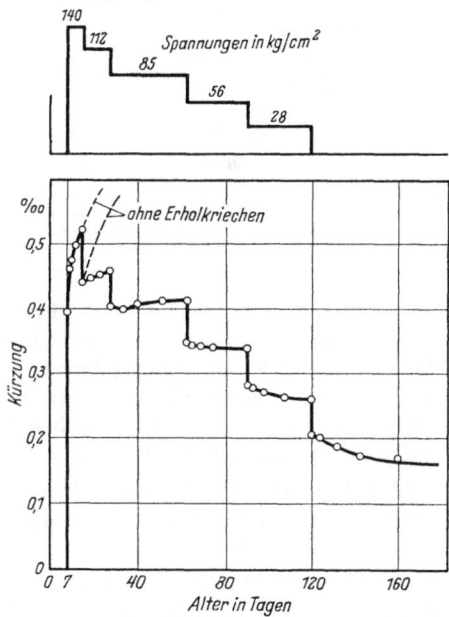

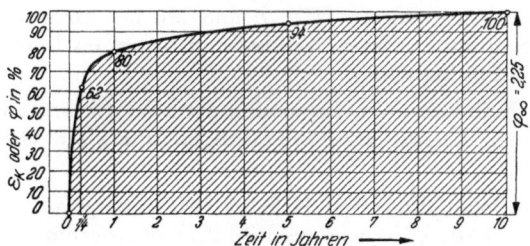

Bild 2.66 Der zeitliche Verlauf des Kriechens gedrückter Prismen 12/12/50 cm aus Beton B 480 bei konstantem Klima. Alter bei Belastung 14 Tage, r. F. 70 % für $\sigma_b = 200$ kg/cm² (nach *Roš*)

Bild 2.67 Verkürzung eines Betonzylinders, der gemäß obigen Spannungen gedrückt wurde. Abmessungen 11,7/30 cm, $\beta_c = 475$ kg/cm², r. F. = 93 %, $T = 17°$ C (nach *Roš*)

Der zeitliche Verlauf hängt natürlich auch vom Wechsel der Lasten, bzw. Spannungen ab. Bild 2.67 zeigt den Verlauf der Verkürzung eines Betonzylinders, der zunächst mit 140 kg/cm² beansprucht und dann in fünf Stufen im Laufe von 120 Tagen entlastet wurde. Die Kurven zeigen deutlich den Einfluß des Erholkriechens, das demnach bei starken Spannungswechseln nicht vernachlässigt werden sollte. Trotz der vollständigen Entlastung bleibt zum Schluß eine Verkürzung, die nicht mehr zurückgeht. Die Messung ist [415] entnommen.

2.243 Abhängigkeit der Kriechzahl vom Klima und dem Erhärtungsgrad

Die Temperatur und die relative Luftfeuchtigkeit haben auf das Kriechen ähnlichen Einfluß wie auf das Schwinden; das chemische Alter, d. h. der Erhärtungsgrad beim Beginn der Belastung, hat einen wesentlich größeren. Der Beton kriecht um so mehr, je wärmer und trockener die umgebende Luft ist, d. h. je mehr er austrocknet [463]. Bild 2.68 zeigt die Kriechkurven für ein nach verschiedener Erhärtungsdauer mit 100 kg/cm² mittig gedrücktes Prisma 12/12/36 cm aus einem Beton B 480, Z = 300 kg/m³, Z 225, W/Z = 0,50 (Kennwert KW ≈ 14), $E \approx 380\,000$ kg/cm² für Lagerung in r. F. von 35 und 70 % bei 18° C. Bild 2.69 zeigt nur die Endkriechzahlen eines plastischen Betons in Abhängigkeit von der Feuchtigkeit bei 18° C und für verschiedenes Alter bei Belastungsbeginn.

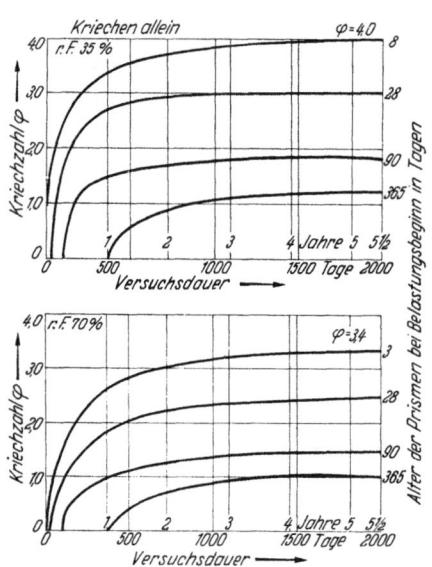

Bild 2.68 Einfluß der Feuchtigkeit der Umgebung und des Alters bei Belastungsbeginn auf den Kriechverlauf von Prismen 12/12/36 cm (weitere Angaben siehe Text) (nach *Roš*) [65]

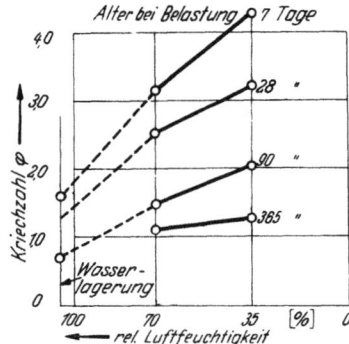

Bild 2.69 Einfluß der Feuchtigkeit und des Alters bei Belastungsbeginn auf die Kriechzahl φ nach 4 Jahren (nach *Roš*)

Aus zahlreichen derartigen Versuchen hat man die in Bild 2.70 gezeigte Abstufung der Endkriechzahl φ_N für verschiedene Feuchtigkeit der Umgebung des Betonkörpers ermittelt, wenn die Belastung nach 28tägiger Normerhärtung (daher Zeiger N bei φ_N) aufgebracht wird. Die mittlere Linie gilt etwa für Betone mittlerer Werte W/Z, Z und Mö bei kleinem d (KW = 25 bis 35). Die Endkriechzahlen für Betone mit anderen Kennwerten liegen im Bereich zwischen den dünnen Linien und werden in Kap. 2.244 behandelt.

Bild 2.68 zeigt auch die starke Abhängigkeit des Kriechens vom Erhärtungsgrad des Betons zum Zeitpunkt der Belastung. Ein jung belasteter Beton kriecht ganz erheblich mehr als ein alter, gut erhärteter Beton.

Trägt man das Alter bei Belastungsbeginn t_n im logarithmischen Maßstab auf, so zeigt sich ein fast geradliniger Zusammenhang zwischen t_n und ε_k bzw. φ_∞, wie aus Bild 2.71 hervorgeht.

Nun hängt der Erhärtungsgrad des Betons nicht einfach vom Alter ab, sondern von der Zementart und den Lagerungsbedingungen. Hochwertige Zemente erhärten schneller als normale (Bild 2.72). Wärme beschleunigt die Erhärtung, Kälte verzögert sie.

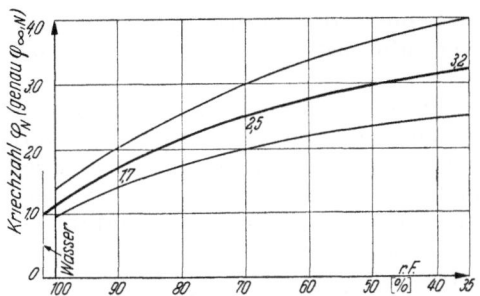 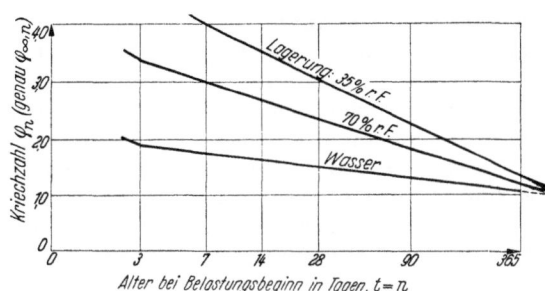

Bild 2.70 Endkriechzahl φ eines Betons mit Kennwert $KW = 30$ für Belastungsbeginn nach 28tägiger Normerhärtung, abhängig von der Feuchtigkeit der Lagerung bei 18° C mit Streubereich für andere Kennwerte

Bild 2.71 In logarithmischem Zeitmaßstab ändern sich die Endkriechmaße für verschiedene Alter bei Belastungsbeginn etwa geradlinig (nach Roš)

Um von diesen einzelnen Bedingungen unabhängig zu sein, kennzeichnen wir den Erhärtungsgrad mit dem Verhältnis der Druckfestigkeit im Zeitpunkt der Vorspannung oder Belastung t_n zur erwarteten Endfestigkeit β_n/β_∞. Bei Z 275 wird nach 28 Tagen rd. 65 bis 70 %, bei Z 375 und 475 rd. 80 bis 90 % der Endfestigkeit bei Temperaturen von 18° bis 20° C erreicht. Für höhere oder niedrigere Temperaturen ist man vorläufig auf Schätzungen aus im Schrifttum zerstreuten Versuchsergebnissen ([105] S. 115 ff.) oder auf neue Versuche angewiesen.

In den USA gelten folgende Regeln für die mindeste Erhärtungszeit in hoher relativer Feuchtigkeit von $\approx 80\%$ (nach Journal of ACI 1946, S. 711), die eine ungefähre Relation für die Temperatur geben:

Temperatur in °C		21	18	16	13	10
Erhärtungszeit in Tagen	bei Z 275	7	11	15	19	23
	bei Z 375 und Z 475	3	5	7	9	11

Aus den Ergebnissen der Kriechversuche wurde nun ein Beiwert k_1 abhängig von β_n/β_∞ (Bild 2.73) ermittelt [227], [411], mit dem die Kriechzahl zur Berücksichtigung des Erhärtungsgrades zu vervielfachen ist. Das Kriechmaß wird nun

$$\varepsilon_k = \varepsilon_{el} \cdot \varphi_N \cdot k_1 = \frac{\sigma_t}{E_b} \varphi_N k_1. \qquad 2.(9)$$

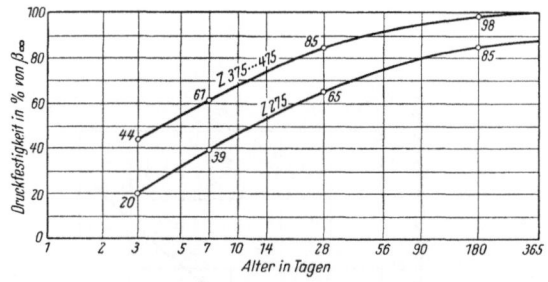 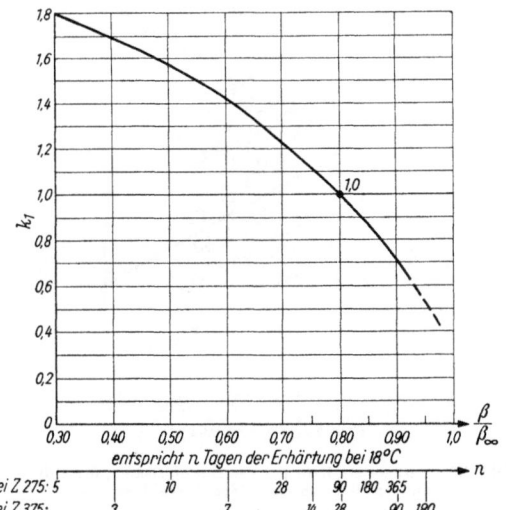

Bild 2.72 Erhärtungskurven für gleiche Endfestigkeit (= 100) von Beton bei normgemäßer Lagerung mit 18° bis 20° C Wärme für verschiedene Zementgüten (nach Hummel und Roš)

Bild 2.73 (rechts) Beiwert k_1 der Kriechverformung zur Berücksichtigung des Erhärtungsgrades β/β_∞ bei Beginn der Vorspannung oder Belastung

Da der für die φ-Kurve des Bildes 2.70 vorausgesetzte Beton nach 28tägiger Erhärtung unter Normbedingungen etwa 80 % seiner Endfestigkeit erreicht hat, muß für $\beta_n/\beta_\infty = 0{,}80$ $k_1 = 1$ sein.

In der Praxis muß man nun zur Vorausberechnung des erwarteten Kriechmaßes schon bei der statischen Berechnung überlegen, welcher Erhärtungsgrad bis zum Vorspannen erreicht sein wird. Hat man ein Verfahren, bei dem schon wenige Tage nach dem Betonieren vorgespannt werden soll, so muß aus den Kurven (Bild 2.72) oder — bei abweichenden Temperaturen — durch Versuche das für diesen jungen Beton gültige β_n/β_∞ bestimmt und mit dem zugehörigen k_1-Wert die vermehrte Kriechverformung berücksichtigt werden. Kann man umgekehrt mit sommerlichen Temperaturen und einer späten Vorspannung nach mehr als $\begin{Bmatrix}14\\18\end{Bmatrix}$ Erhärtungstagen bei $\begin{Bmatrix}Z\,375\\Z\,275\end{Bmatrix}$ rechnen, so darf $k_1 < 1$ und damit eine verminderte Kriechverformung angesetzt werden.

Kommt das Bauwerk bei kühler Witterung zur Ausführung, dann ist die Erhärtung durch die niedrige Temperatur verzögert. Da auch die Endfestigkeit niedriger bleibt, muß entsprechend dem niedriger bleibenden E-Modul mit vergrößerter elastischer Formänderung und daher auch mit vergrößertem Kriechen gerechnet werden. Bei Erhärtungstemperaturen unter 15° C soll deshalb k_1 nie kleiner als 1 angenommen werden, falls nicht eine besonders lange Erhärtungszeit (Frosttage abgezogen) mit wärmeren Tagen eingeräumt werden kann oder der Beton beheizt wird.

2.244 Abhängigkeit der Kriechzahl vom Wasser-Zement-Faktor, vom Zement- und Mörtelgehalt und von der Körpergröße

Der **Wasser-Zement-Faktor** beeinflußt die Festigkeit und den E-Modul, so daß er mit $\varepsilon_{el} = \dfrac{\sigma}{E}$ schon zum Teil für das Kriechmaß berücksichtigt wird. Versuche zeigen aber, daß der Wasser-Zement-Faktor W/Z das Kriechmaß mehr beeinflußt als den E-Modul. Bei Versuchen von *Bolomey* [49] wurde bei hochwertigem Portlandzement, 350 kg/m³, eine Versuchsreihe mit W/Z = 0,49, die andere mit W/Z = 0,375 durchgeführt. Im Bild 2.74 sind die gesamten Verkürzungen nach 150 Tagen Belastungsdauer aufgetragen. Ermittelt man daraus genähert die Kriechverkürzungen, so verhalten sie sich für die beiden Betone etwa wie 0,55, während sich die E-Moduli höchstens wie 0,85 verhalten.

Glanville und *Thomas* geben das Kriechen von 3 Jahre alten Zylindern ⌀ 10 cm, die im Alter von 28 Tagen mit 22 kg/cm² belastet wurden, für verschiedene W/Z-Faktoren wie folgt an:

$$W/Z = 0{,}7,\quad 0{,}8\quad 0{,}9$$
$$\varepsilon_k = 0{,}6,\quad 0{,}72,\quad 0{,}95 \text{ mm/m.}$$

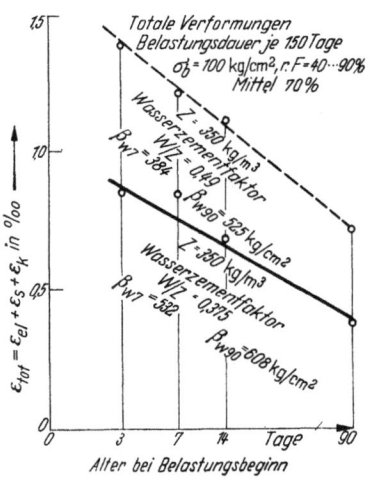

Bild 2.74 Gesamtverkürzungen von Betonprismen, die sich nur im W/Z unterscheiden (nach *Bolomey*)

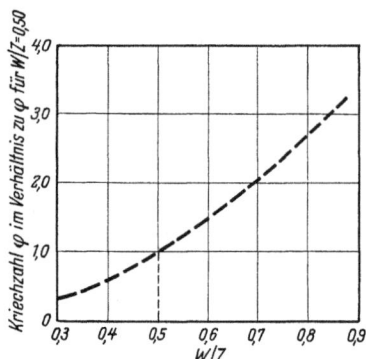

Bild 2.75 Abhängigkeit der Kriechzahl φ vom Wasser-Zement-Faktor bezogen auf $W/Z = 0{,}5$ (aus [411] nach *Lorman*)

Wagner [411] verweist auf Versuche von *Lorman*, nach denen die in Bild 2.75 angegebene Abhängigkeit der Kriechzahl φ vom W/Z-Faktor besteht.

Da das Kriechen z. T. von kleinen Verformungen der Zementgele herrührt, ist zu erwarten, daß auch der **Zement- und Mörtelgehalt** bei sonst gleichem *E*-Modul des Betons das Kriechmaß beeinflußt. Der reine Zementleim hat ein etwa 10mal so großes Kriechmaß wie Kiesbeton. Bisher liegen jedoch hierüber keine Veröffentlichungen vor. Der Einfluß ist kleiner zu erwarten als beim Schwinden.

Auch die Auswirkung der **Dicke der Betonkörper** auf das Endkriechmaß steht noch nicht ganz fest. Wir wissen, daß bei den kleinen Prismen der Laboratoriumsversuche mit 12 bis 20 cm Dicke das Kriechen nach 4 bis 5 Jahren ziemlich beendet ist, während an großen Bauwerken (s. Kap. 2.25) die Verkürzungen nach 10 bis 15 Jahren noch nicht zum Stillstand gekommen sind. Das Endkriechmaß dicker Bauteile wird aber kleiner sein als das dünner Körper.

Alle beim Schwinden zu dem Kennwert KW zusammengefaßten Faktoren beeinflussen also auch das Endkriechmaß, wenn auch in geringerem Maß als beim Schwinden. Es liegt daher nahe, für die gleichen Kennwerte einen **Kriechbeiwert** k_2 anzusetzen, um diese Einflüsse zu erfassen. Nach den bisherigen Kenntnissen über den Streubereich der Endkriechzahlen (Bild 2.70) wurde der Beiwert k_2 in Bild 2.76 zwischen 0,75 und 1,3 angenommen. Diese Kurve bedarf natürlich der Bestätigung durch weitere Kriechversuche, die den Einfluß der hier erwähnten Faktoren zu suchen hätten.

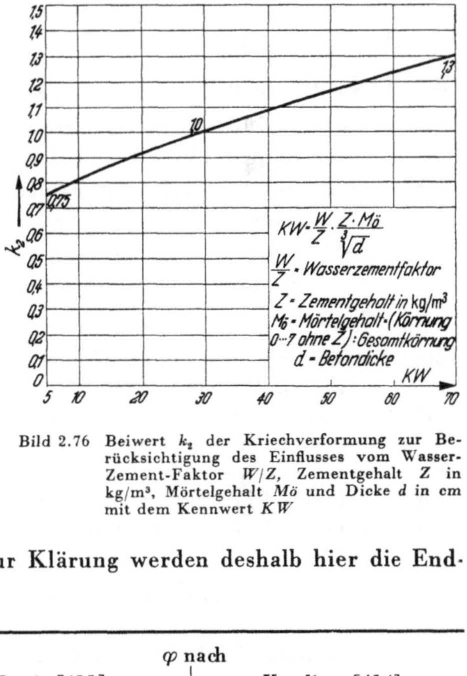

Da nicht nur das Kriechen, sondern auch das Schwinden bei dicken Körpern langsamer verläuft als bei dünnen, muß man bei unterschiedlich dicken Bauteilen damit rechnen, daß sich die Spannungen im Laufe der Zeit von den dünnen Querschnittsteilen nach den dickeren verlagern, die Spannungsverteilung über den Querschnitt also nicht mehr geradlinig bleibt.

2.245 Einfluß der Gesteinsarten

Amerikanische Versuche von *Davis* (vgl. [411]) und deutsche von *Kordina* [414] haben den beachtlichen Einfluß der Gesteinsart der Zuschlagstoffe auf das Kriechmaß erwiesen.

Bild 2.76 Beiwert k_2 der Kriechverformung zur Berücksichtigung des Einflusses vom Wasser-Zement-Faktor W/Z, Zementgehalt Z in kg/m³, Mörtelgehalt $Mö$ und Dicke d in cm mit dem Kennwert KW

Allerdings sind die Ergebnisse noch uneinheitlich. Bis zur Klärung werden deshalb hier die Endkriechzahlen beider Quellen angegeben:

Gesteinsart	φ nach	
	Davis [411]	*Kordina* [414]
Kalkstein	2,7	1,9
Quarz	3,9	2,5 - 3,0
Granit	4,0	2,3
Kies (Moräne)	3,0	2,5
Sandstein	4,8	3,7 - 4,5
Basalt	5,0	2,8

Übereinstimmend wurde für Kalkstein-Beton die geringste Kriechzahl gefunden. Die Streuungen sind aus der großen Vielfalt der natürlichen Vorkommen zu erklären. Die von *Davis* für Basalt gefundene Kriechzahl scheint aber im Hinblick auf die Versuche von *Kordina* und die übrigen Eigenschaften dieses Gesteins zweifelhaft.

In den Berechnungen wurde bisher die Berücksichtigung der Gesteinsart nicht verlangt. Es wird jedoch zweckmäßig sein, das unterschiedliche Kriechmaß dann zu berücksichtigen, wenn man es mit ungewöhnlichen Gesteinsarten zu tun hat, wobei zu beachten ist, daß die in den Vorschriften enthaltenen Kriechzahlen auf Versuchen an Kiessand-Betonen beruhen.

Das unterschiedliche Verhalten der Gesteinsarten ist nicht nur durch ihre eigenen Kriecheigenschaften und E-Module bedingt, sondern beruht auch auf unterschiedlicher Wasseraufnahme. Der zur Wirkung kommende W/Z-Faktor wird also ebenfalls von der Gesteinsart beeinflußt.

2.246 Welches Kriechmaß ist bei Spannbeton zu berücksichtigen?

Nach den vorangegangenen Ausführungen ist das gesamte Kriechmaß

$$\varepsilon_k = \varepsilon_{el} \cdot \varphi \cdot k_1 \cdot k_2, \qquad 2.(10)$$

wobei $\varepsilon_{el} = \dfrac{\sigma}{E}$ oder $\dfrac{\tau}{G}$,

φ dem Bild 2.70 abhängig von der Feuchtigkeit der Bauwerksumgebung,

k_1 dem Bild 2.73 zur Berücksichtigung des Erhärtungsgrades bei Belastungsbeginn,

k_2 dem Bild 2.76 zur Berücksichtigung des dort genannten Kennwertes des Betons

zu entnehmen sind.

Bei der Feuchtigkeit der Umgebung gilt:

r. F. = 90 % für Bauwerke in besonders feuchtem Klima, z. B. unmittelbar am Meer, über breiten Flüssen und dergleichen,

r. F. = 70 % für Bauwerke im Freien in Flußniederungen, in Tiefebenen oder in waldreichem Bergland,

r. F. = 50 % für Bauwerke im Freien in verhältnismäßig trockenem Klima, z. B. auf den Höhen waldarmer Gebirge; nicht beheizte Hochbauten mit guter Lüftung,

r. F. = 35 % für alle normalen Hochbauten, insbesondere solche, die im Winter beheizt werden.

Eine Ermäßigung des Endkriechmaßes kann noch dadurch erzielt werden, daß frühzeitig, z. B. 2 bis 4 Tage nach dem Betonieren, mäßig angespannt wird (vgl. Kap. 4.51), so daß vor der endgültigen Vorspannung durch das Belasten des jungen Betons ein Teil des Kriechens vorweggenommen wird. Über die Verringerung des nach dem endgültigen Vorspannen noch verbleibenden Kriechmaßes gibt es noch keine Versuchsergebnisse. Vorsichtig geschätzt darf mit einer Verminderung von 15 % gerechnet werden, wenn die frühzeitige teilweise Vorspannung mindestens mit $1/4\,V$ etwa 10 Tage, und mit einer Verringerung von 20 %, wenn sie 20 Tage wirkt.

2.25 Schwind- und Kriechmessungen an ausgeführten Bauwerken

2.251 Böckinger Brücke, Heilbronn am Neckar

Bei der dreifeldrigen Balkenbrücke mit 96 m Spannweite der Mittelöffnung [144] wurde die Durchbiegung in $l/2$ genau verfolgt. Beim Vorspannen im November bis Dezember 1950 (drei Spannstufen) hob sich der Scheitel zunächst leicht, weil das Eigengewicht durch Hochfedern des Lehrgerüstes (vgl. Kap. 19) nicht ganz zur Wirkung kam. Beim Ablassen des Lehrgerüstes stellte sich eine elastische Senkung von 3,6 cm ein. Diese Senkung nahm bis Oktober 1960 auf rund 19 cm zu, wobei im April 1953 das Aufbringen eines Asphaltbelages eine weitere elastische Senkung von 1 cm hervorrief (Bild 2.77). Die Zunahme der Senkung beträgt demnach nach rund 10 Jahren den 3fachen Wert der elastischen Senkung. Ein Teil der Verformung ist auf Kriechen der nicht angelassenen Litzen zurückzuführen. Da das Schwinden allein bei Durchlaufträgern sehr wenig Durchbiegung verursacht (vgl. Kap. 12.32), ist der andere Teil weitgehend dem Kriechen zuzuschreiben. Nach zehn Jahren war demnach eine Kriechzahl über $\varphi_t \approx 2$ erreicht, und der Verlauf der Kurve läßt eine Endkriechzahl $\varphi_\infty \approx 4{,}0$ erwarten, was hauptsächlich auf niedrige Temperaturen vor dem Vorspannen zurückzuführen ist, so daß $k_1 \approx 1{,}4$ gesetzt werden muß.

Die Brücke liegt über einem Kanal. Die Stege des Hohlkastens sind 50 cm dick, die Platten oben im Mittel 25 cm, unten 14 bis 50 cm dick. Die Druckspannungen unter ständiger Last betrugen in $l/2$ oben etwa 80 kg/cm², unten 60 kg/cm² bei einem Beton aus Neckarkies mit Zementgehalt $Z = 330$ kg/m³, Zementgüte Z 325, Mörtelgehalt 47 %, W/Z = 0,38, mittlerer Festigkeit $\beta_{w28} = 544$ kg/cm².

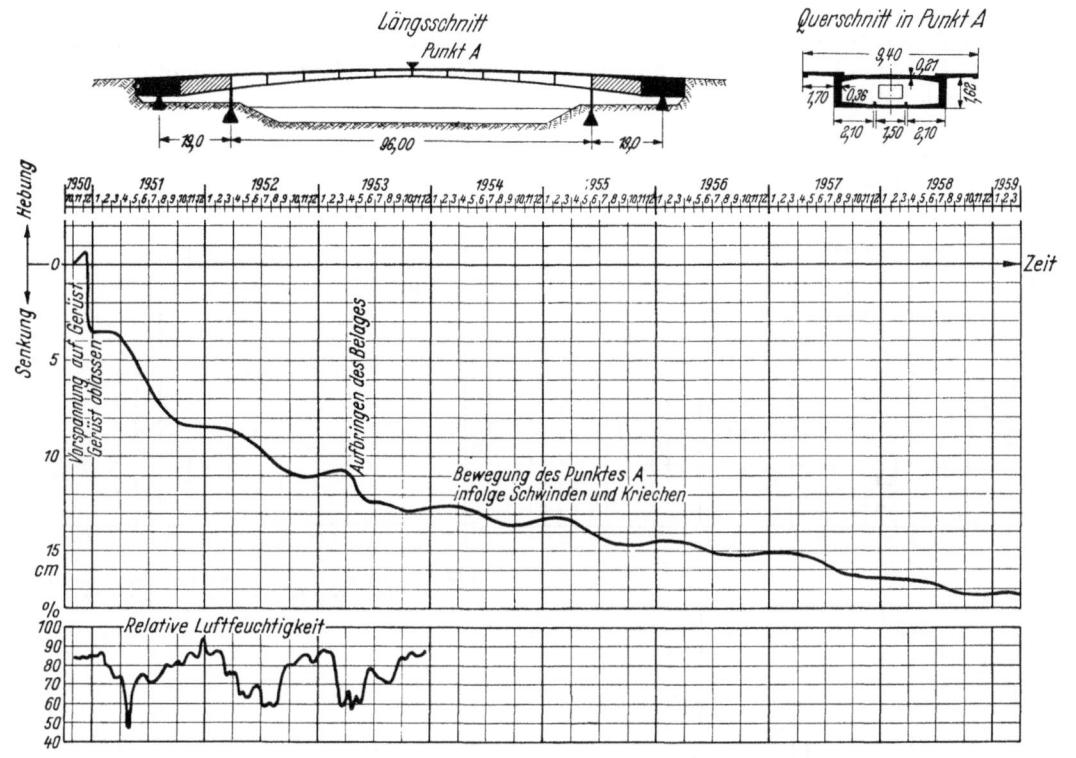

Bild 2.77 Die Senkungskurve der Böckinger Brücke in Heilbronn mit Angaben über die Luftfeuchtigkeit

Auch die relative Luftfeuchtigkeit ist in Bild 2.77 angegeben. Die Kurven zeigen gut, wie bei höherer Feuchtigkeit und niedriger Temperatur im Winter das Kriechen zu einem Stillstand kommt und der Kriechvorgang erst im Sommer erneut eintritt, wobei zu beachten ist, daß 1951 ein trockener, 1954 bis 1958 feuchte Sommer waren, was ein rascheres Abklingen vortäuschte und im trockenen Sommer 1959 und Frühjahr 1960 zu vermehrter Verformung führte.

2.252 Lombardsbrücke, Hamburg

U. Finsterwalder berichtete zweimal über Ergebnisse von Schwind- und Kriechmessungen an Spannbetonbauwerken [264] und [413], die von der Firma Dyckerhoff & Widmann K.G. durchgeführt wurden, vgl. auch [334]. Unter den vielen Bauwerken sei die Neue Lombardsbrücke, Hamburg, herausgegriffen [211] u. [265].
Die Brücke wurde 1952 erbaut, sie zeigt im Querschnitt Plattenbalken mit 1 m dicken Stegen und 25 cm dicken Platten. Der Beton (B 300) enthält 310 kg/m³ hochwertigen Breitenburger Portlandzement mit Wasserzementfaktor 0,59.
Die Brücke liegt unmittelbar zwischen Binnen- und Außenalster, also in feuchter Umgebung, so daß aus verschiedenen Gründen mit niedrigem Schwinden und Kriechen gerechnet werden konnte. Mit einem nahe der Nullinie in einem Steg eingesetzten Meßstab wurde die Längenänderung des 87 m langen Überbaues gemessen. Die Meßergebnisse sind in Bild 2.78 im Vergleich zu den rechnerischen Annahmen aufgetragen. Man sieht deutlich den Stillstand der Verkürzungen im Winter. Die rechnerischen Annahmen waren trotz günstiger Vorbedingungen zu niedrig, die

Verkürzungen werden wohl noch 10 Jahre andauern, so daß sie etwa die 1,5fachen Annahmen erreichen, die wohl von einem zu niedrigen E_b ausgingen. Den Meßergebnissen ist zu entnehmen, daß die elastische Verkürzung beim Vorspannen 9,4 mm betrug. Die nachträgliche Verkürzung innerhalb 5 Jahren war 35 mm. Rechnet man für Schwinden mit $\varepsilon_s = 0{,}20\,^0/_{00}$, also mit $\Delta l_s = 87 \cdot 0{,}20\,^0/_{00} = 17{,}4$ mm, so verbleibt für Kriechen 17,6 mm oder $\varphi = \dfrac{17{,}6}{9{,}4} \approx 1{,}9$. Zur Berücksichtigung der weiteren Verkürzung hätte man also etwa mit $\varepsilon_s = 0{,}25$ und $\varphi = 2{,}2$ ohne abminderndes k zutreffende Werte erhalten, wenn E_b so gewählt wird, daß ε_{el} den Meßwerten entspricht. Man sieht also, daß die in Kap. 2.23 und Kap. 2.24 angegebenen Maße für ε_s und φ bei richtiger Auswertung der Meßergebnisse zutreffen.

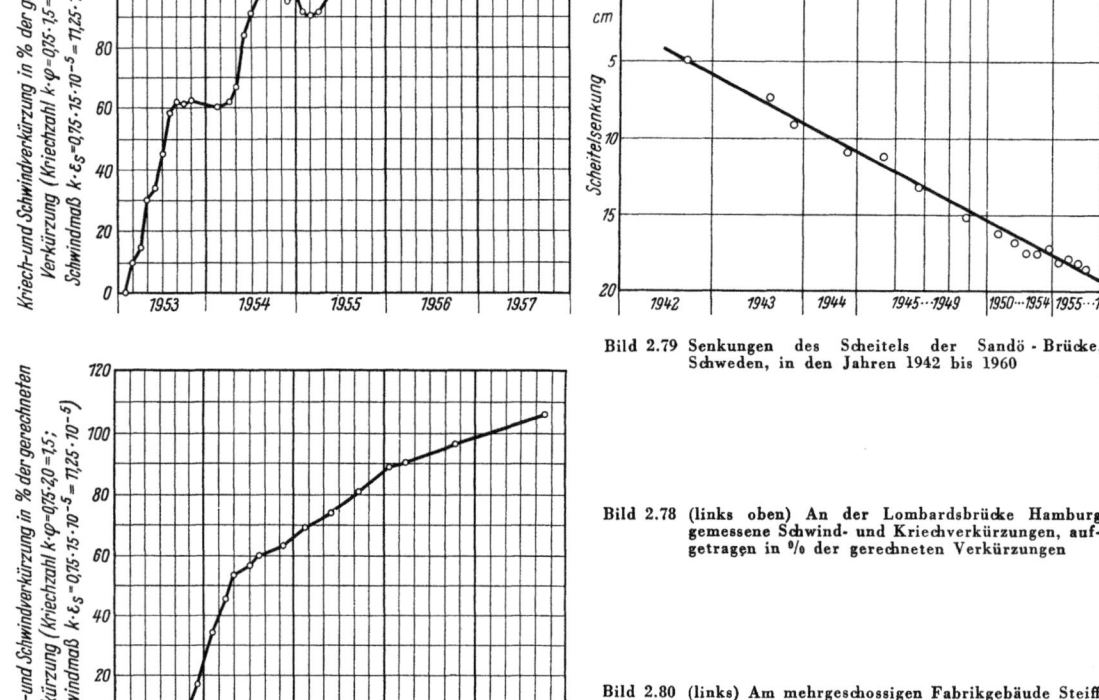

Bild 2.79 Senkungen des Scheitels der Sandö - Brücke, Schweden, in den Jahren 1942 bis 1960

Bild 2.78 (links oben) An der Lombardsbrücke Hamburg gemessene Schwind- und Kriechverkürzungen, aufgetragen in $^0/_0$ der gerechneten Verkürzungen

Bild 2.80 (links) Am mehrgeschossigen Fabrikgebäude Steiff gemessene Verkürzungen eines Unterzuges, aufgetragen in $^0/_0$ der gerechneten Verkürzungen. Im beheizten Gebäude kein Stillstand im Winter

2.253 Sandö-Brücke, Schweden

Die Sandö-Brücke ist ein gelenkloser Bogen mit 264 m Spannweite und 40 m Scheitelhöhe. Im Querschnitt besteht er aus einem dreiteiligen Hohlkasten, dessen Höhe am Kämpfer 5,0 m und am Scheitel 2,9 m beträgt. Die Höhenlage des Scheitels wurde seit der Errichtung der Brücke im Jahre 1941 bis zum Jahre 1960 laufend gemessen. Es zeigte sich nach Auftragung der Bewegungen im halblogarithmischen Maßstab bis heute noch kein endgültiger Abschluß der Kriechverformungen, Bild 2.79 [149] u. [466].

2.254 Mehrgeschossige Stockwerksrahmen

U. Finsterwalder berichtet in [413] auch über Messungen an einem vorgespannten Plattenbalken 40/80 cm mit 23 cm dicker Platte in einem mehrgeschossigen Fabrikgebäude (Steiff, Giengen a. d. Brenz). Die gemessene Verkürzung ist in Bild 2.80 in $^0/_0$ der gerechneten Verkürzung aufgetragen.

Die elastische Verkürzung beim Vorspannen wurde nicht gemessen, sie wurde vielmehr mit vermutlich zu niedrigem E_b gerechnet, da sonst die Überschreitung der niedrigen rechnerischen Annahmen noch deutlicher werden müßte. Wesentlich ist, daß in geheizten Fabrikgebäuden die Schwind- und Kriechverkürzungen auch im Winter fortschreiten und daß sie nach 4 Jahren bei weitem noch nicht abgeschlossen sind.

In wissenschaftlichem Sinne verwertbare Messungen an ausgeführten Bauwerken sind leider selten, da die nötigen Daten meist unvollständig sind und meist die Messungen von nicht erfaßten Umständen beeinflußt werden. Die angeführten Ergebnisse zeigen jedoch, daß die in Kap. 2.23 und Kap. 2.24 mitgeteilten Grundlagen über die zeitabhängigen Verkürzungen durch Beobachtungen an den Bauwerken im wesentlichen bestätigt werden.

2.26 Festigkeiten des Betons

2.261 Druckfestigkeit bei Kurzzeitbelastung

Nach DIN 1048 Teil D messen wir die Druckfestigkeit β_w des Betons für Bauzwecke am Würfel 20/20/20 cm, der bei 18° bis 20° C 7 Tage unter feuchten Tüchern und weitere 21 Tage an der Luft erhärtet ist und der zügig innerhalb weniger Minuten bis zum Bruch belastet wird. Diese Würfelfestigkeit nach 28 Tagen muß über der vorgeschriebenen Betongüte B 300, B 450, B ... liegen. Die Festigkeit β_w steigt nach 28 Tagen weiter an (Bild 2.72).

Bei kühler Witterung verläuft die Erhärtung wesentlich langsamer und führt nicht zu den gleichen Endfestigkeiten wie im Sommer (Bild 2.48). Wir müssen deshalb die Erhärtungsproben an Würfeln machen, die unter den Bedingungen des Bauwerks gelagert waren.

Mit den Würfeln erhalten wir einen überhöhten Druckfestigkeitswert, weil sich die Behinderung der Querdehnung durch die Reibung an den Endflächen auf die ganze Würfelhöhe auswirkt. Die tatsächliche Druckfestigkeit des Betons liegt niedriger und wird an Prismen mit $h = 3\,a$ als sogenannte Prismenfestigkeit β_p ermittelt. Bild 2.81 zeigt die Abhängigkeit der Druckfestigkeit bei quadratischer Grundfläche von der Prismenhöhe. Im allgemeinen rechnet man mit folgenden Faktoren f:

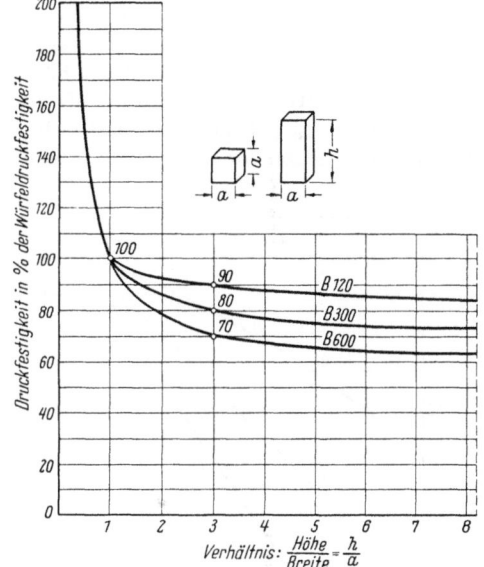

Bild 2.81 Druckfestigkeit quadratischer Betonprismen abhängig von der Prismenhöhe h (nach *Bach* und *Graf*)

$$\beta_p = f \cdot \beta_w$$

Betongüte $= \beta_w$	120	160	225	300	450	600	kg/cm²
f	0,9	0,9	0,87	0,8	0,75	0,7	
Prismenfestigkeit β_p ...	108	144	195	240	340	424	kg/cm²

H. Rüsch gibt neuerdings für alle Betongüten $f = 0,85$ bis $0,88$ an [295].

Das Bild 2.81 zeigt, daß die Druckfestigkeit für $h > 3\,a$ noch unter die Prismenfestigkeit absinken kann. Für flache Körper $h < a$ steigt sie andererseits weit über die Würfelfestigkeit hinaus an. Hat man es mit verhältnismäßig dünnen Rechteckquerschnitten zu tun, so kann die Druckfestigkeit noch unter $0,7\,\beta_w$ liegen. Man spricht von Gestaltfestigkeit, die für Platten unter 12 cm Dicke bei mindestens 10facher Länge in der Druckrichtung bis auf $0,6\,\beta_w$ absinken kann [171]. Bei Spannbetonkörpern dürfen wir also die Sicherheit nicht durch den Vergleich der erreichten Druckspannung mit der Würfelfestigkeit abwägen, sondern müssen die niedrigere Prismen- oder Gestaltfestigkeit im Auge haben.

Eine frühzeitig und ständig wirkende Druckvorspannung hat eine geringe Steigerung der Druck- und der Zugfestigkeit zur Folge.

2.262 Zugfestigkeit bei Kurzzeitbelastung

Die Zugfestigkeit β_{bZ} des Betons beträgt 8 bis 12 % der Druckfestigkeit, wenn innere Spannungen durch ungleiche Feuchtigkeit oder Wärme vermieden sind.

2.263 Standfestigkeit bei Langzeitbelastung

Wirkt eine hohe Druckspannung dauernd, so tritt der Bruch unter einer niedrigeren Spannung ein als bei kurzfristiger Beanspruchung. Die Standfestigkeit ist diejenige Spannung, die unendlich lang gerade noch ertragen wird, sie liegt etwa bei 90 % der Druckfestigkeit bei Kurzzeitbelastung. Da bei Spannbeton hohe Druckspannungen dauernd einwirken, muß dieser Tatsache für die Sicherheit Rechnung getragen werden.

2.264 Ermüdungsfestigkeit

Wie alle Baustoffe, so zeigt auch der Beton unter oftmals wiederholter Beanspruchung eine niedrigere Festigkeit als bei einmaliger zügiger Belastung. Die Ermüdungsfestigkeiten hängen im wesentlichen davon ab, in welchen Grenzen die Beanspruchung schwankt. Bezeichnet man die untere Beanspruchung mit σ_u, die darüber erzielte Festigkeit nach 2 Millionen Lastwechseln mit $\sigma_o = \beta_F$, so ergibt sich der in Bild 2.82 dargestellte Verlauf der Schwingbreiten abhängig vom Verhältnis der Mittelspannung $\sigma_m = 1/2 \, (\sigma_o + \sigma_u)$ zur Prismendruckfestigkeit. Die Druck-Schwellfestigkeit für $\sigma_u = 0$ beträgt $0{,}6 \, \beta_p$. Die Schwingbreite für $\sigma_u = 1/2 \, \beta_p$ beträgt $0{,}3 \, \beta_p$. Bei den Zugfestigkeiten liegen die Verhältnisse ähnlich.

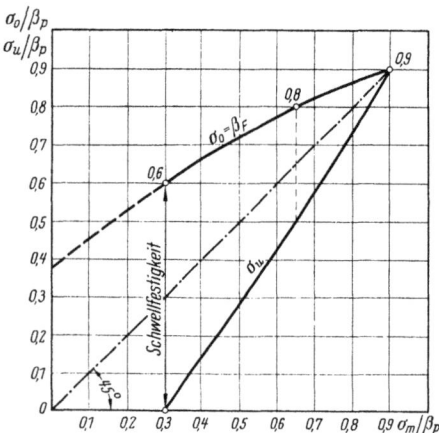
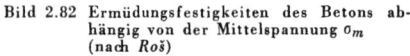
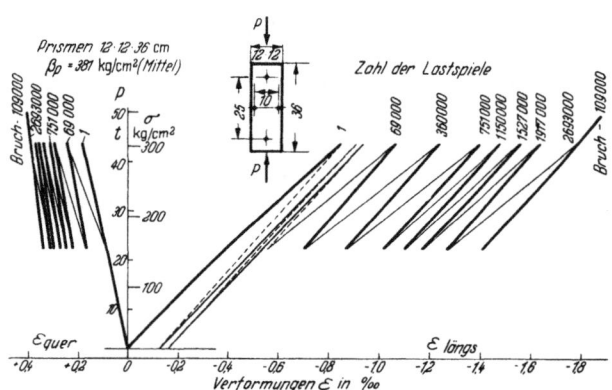

Bild 2.82 Ermüdungsfestigkeiten des Betons abhängig von der Mittelspannung σ_m (nach Roš)

Bild 2.83 Schwellfestigkeitsversuch an einem Betonprisma. Verlauf der Zusammendrückung und der Querdehnung im Laufe der Lastspiele

Bild 2.83 zeigt noch die Verformungen bei einem Druck-Ermüdungsversuch an einem Prisma 12/12/36 cm aus B 450, das zunächst zwischen 153 und 306 kg/cm² 2693000mal beansprucht wurde, worauf die Beanspruchung noch kurz gesteigert werden konnte. Das Diagramm zeigt, wie die Verformungen unter oftmals wiederholter Belastung durch das Kriechen laufend zunehmen, und zwar sowohl die Zusammendrückung in der Längsrichtung, wie auch die links von der Ordinate aufgetragene Querdehnung. Bei dauernd schwingender Belastung wird demnach die Kriechzeit gerafft bzw. wesentlich verkürzt.

2.27 Die Betonfestigkeit bei hohen Temperaturen, Versuchsergebnisse

Die neueren Versuche von H. L. Malhotra [320] über den Einfluß hoher Temperaturen auf die Druckfestigkeit von Beton ergaben, daß der Wasser-Zement-Faktor W/Z im Bereich von etwa 0,4 bis 0,65 den Verlauf der Temperatur-Festigkeitskurve nicht merklich beeinflußt. Wohl aber spielt der Zementgehalt eine Rolle.

Das Verhältnis Zement zu Zuschlagstoffen wurde bei den Versuchen zwischen 1 : 3 und 1 : 6 variiert und es ergab sich deutlich, daß die mageren Mischungen erheblich weniger Festigkeit verlieren als die fetten. Die wichtigsten Ergebnisse sind in Bild 2.84 mit Kurven dargestellt. Demnach nimmt die Druckfestigkeit am aufgeheizten Beton von rund 200° C an ganz erheblich ab, wobei der Verlust an Druckfestigkeit zwischen 400° C und 500° C am größten ist, weil dort das in den Kalkhydraten gebundene Wasser frei wird und im Inneren sprengend wirkt. Der Verlust an Druckfestigkeit ist noch größer, wenn die Druckspannung während des Aufheizens des Prüfkörpers bereits wirkt.

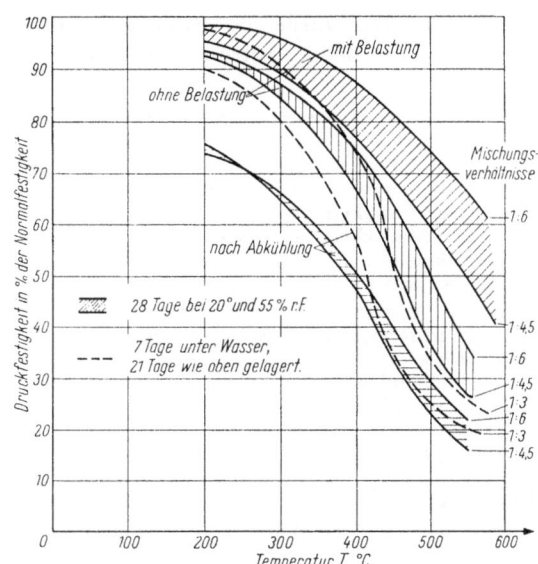

Bild 2.84 Einfluß hoher Temperaturen auf die Druckfestigkeit von kleinen Betonzylindern, ⌀ 5 cm, Länge 10 cm, (nach Malhorta [320])
obere Schar: Druckfestigkeit bei $T°$ mit Belastung beim Aufheizen
mittlere Schar: Druckfestigkeit in heißem Zustand bei $T°$ ohne vorherige Belastung
untere Schar: Verbleibende Druckfestigkeit nach langsamer Abkühlung von $T°$ auf 20° C

Läßt man die Prüfkörper nach dem Aufheizen auf $T°$ wieder langsam abkühlen und stellt dann die verbleibende Druckfestigkeit fest, dann erhält man die unteren Kurven. Man muß erkennen, daß ein Beton, der einmal 200° C heiß war, je nach Zementgehalt nur noch 70 bis 80 % seiner ursprünglichen Druckfestigkeit zeigt; war er 400° C heiß, dann verbleiben nur noch 40 bis 55 % der Druckfestigkeit. Hier ist jedoch zu bemerken, daß selbst bei ein- bis zweistündigem Feuer die Temperatur nur langsam in den Beton eindringt, so daß sich nur die äußere Randzone von 2 bis 5 cm Dicke auf 300° C bis 400° C aufheizt, während der Kern des Betons im allgemeinen wenig geschädigt wird. Dünngliedrige Tragwerke sind aber durch Feuer auch hinsichtlich der Betondruckfestigkeit gefährdet.

Es muß auch daran erinnert werden, daß quarzhaltige Gesteine bei Temperaturen von 200° C ab explosionsartig zerspringen. Da ein wesentlicher Teil des Festigkeitsabfalles des Betons auf diese Erscheinung zurückzuführen ist, sollte man für feuerbeständige Bauteile nur quarzarme Zuschlagstoffe verwenden.

2.28 Die Wirkung niedriger Temperaturen auf die Betonfestigkeit

Von niedrigen Temperaturen hat man bisher für die Tragfähigkeit der Betonkonstruktionen nichts befürchtet und im allgemeinen auch keine Untersuchungen darüber angestellt. Diese Auffassung wurde bestätigt durch Versuche von *G. Huyghe* an der Universität Gent, über die *G. Magnel* in Precontrainte/Prestressing, 1952, Nr. 1, berichtet hat (vgl. auch [540]).

Zwei Balken mit den Querschnitten 30 × 60 cm und 30 × 40 cm wurden zusammen mit Würfeln von 20 und 10 cm Kantenlänge bei +20° C hergestellt. Die Spannweite der Balken war rund 6,3 m. Die 28 Tage alten Proben wurden in isolierten Holzkasten mit Kohlensäureschnee innerhalb von 36 Stunden auf −43° C abgekühlt, herausgenommen und dann bis zur Zerstörung belastet. Die Temperatur betrug am Ende des Versuches jeweils rund −40° C. Gleichalte Versuchskörper wurden zum Vergleich bei normaler Temperatur von etwa +20° C geprüft.

Das Ergebnis ist in der folgenden Tabelle zusammengestellt, wobei

A = schlaff bewehrte Betonbalken,
B = vorgespannte Betonbalken und
C = Auspreßmörtel

betrifft.

Bei den Balken wurde der Rißmodul und der Elastizitätsmodul bestimmt. Unter „Rißmodul" wird wohl die beim Auftreten des ersten Risses rechnerisch ermittelte Betonzugfestigkeit verstanden.

		bei +20° C	bei −40° C	zurück zu +20° C	
A	Druckfestigkeit bei 8-Zoll-Würfel . .	292	640	315	kg/cm²
	Druckfestigkeit bei 4-Zoll-Würfel . .	261	455	315	kg/cm²
	Rißmodul	37	114	42	kg/cm²
	Elastizitätsmodul	365	450	390	t/cm²
B	Druckfestigkeit bei 8-Zoll-Würfel . .	570	794	615	kg/cm²
	Druckfestigkeit bei 4-Zoll-Würfel . .	643	820	—	kg/cm²
	Rißmodul	51	103	61	kg/cm²
	Elastizitätsmodul	402	450	420	t/cm²
C	Druckfestigkeit bei 4-Zoll-Würfel . .	372	615	360	kg/cm²

Besonders auffällig ist, daß die tiefgekühlten Balken nach Rückkehr der normalen Temperatur von +20° C höhere Werte zeigten als vor der Abkühlung.

2.29 Leichtbeton für Vorspannung

Leichtbeton ist zur Vorspannung dann geeignet, wenn kein zu großes Schwind- und Kriechmaß eintritt. Diese Voraussetzung wird z. B. bei Leichtbeton mit Zuschlagstoffen aus Blähton erfüllt. Auch dampfdruckgehärteter Gasbeton, der schwindfrei hergestellt werden kann, ist nach bisherigen Messungen über das Kriechen zur Vorspannung geeignet. Bei Leichtbetonen niedriger Festigkeit, z. B. 50 bis 100 kg/cm², muß man allerdings bei der Verankerung der Spannstähle besondere Vorsichtsmaßnahmen ergreifen und z. B. Ankerplatten aus Schwerbeton einfügen.

In den USA wurden Versuche mit vorgespannten Leichtbetonbalken durchgeführt, deren Beton mit Haydite (Blähton) hergestellt war und ein Raumgewicht von 1,86 t/m³ bei einer Zylinderfestigkeit von 420 kg/cm² nach 28 Tagen aufwies. Die Versuche zeigten, daß kein abnormales Schwinden und Kriechen auftrat. Der Elastizitätsmodul des Betons ergab sich für Kurzzeitbelastung zu 230 000 kg/cm². Bild 2.85 zeigt die Kriechkurve unter der zulässigen Höchstlast im geschlossenen Raum. Man erkennt, daß schon bei etwa $\varphi = 2{,}0$ der Endzustand erreicht wäre, was günstig ist. Demnach sind derartige Leichtbetone für die Vorspannung geeignet [231] und werden in den USA in großem Umfang für vorgefertigte Balken zur Verminderung des Transportgewichtes verwendet (vgl. auch [266]).

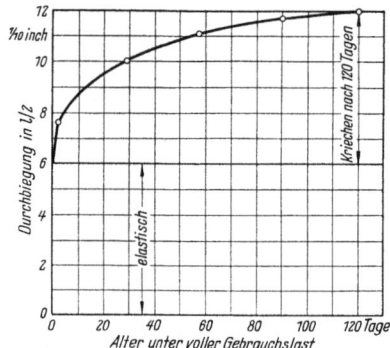

Bild 2.85 Kriechkurve (Durchbiegung in $l/2$ eines 6-m-Balkens) von Blähton unter zulässiger Höchstlast. Raumgewicht 1,8 t/m³, Zylinderfestigkeit $\beta_{c28} = 420$ kg/cm² im Laboratorium (nach F. E. Koebel)

Kapitel 3

3. Verankerungen und Stöße der Spannstähle

Die harten Spannstähle lassen sich nicht so leicht bearbeiten und verformen wie normale Baustähle. Die Verankerung der harten Stähle hat deshalb zunächst Schwierigkeiten bereitet. Im Laufe der Zeit haben sich jedoch zahlreiche zuverlässige Verankerungsarten herausgebildet, die hier beschrieben werden sollen.

3.1 Verankerung unmittelbar im Beton

3.11 Verankerung durch Krümmungen

Sowohl naturharte Stähle wie auch kaltgezogene oder vergütete hochfeste Stähle lassen sich trotz der hohen Kräfte durch Krümmungen im Beton zuverlässig verankern. Zum Biegen der Krümmungen müssen am Draht abrollende Werkzeuge benützt werden, damit die Drahtoberfläche nicht durch gleitende oder reibende Behandlung beschädigt wird. Dies gilt besonders für vergütete Drähte. Bild 3.1 zeigt eine Biegeplatte zur Herstellung von Haken und Schlaufen.

Wird der gekrümmte Draht oder Stab zum Spannen nach dem Erhärten einbetoniert, so wird sich beim Spannen der Stab am Beginn der Krümmung vom Beton lösen, weil die Haftung überwunden wird. In der Krümmung wird der Stab durch die Umlenkkraft an den Beton angepreßt, so daß Gleitwiderstand durch Reibung entsteht; die Stabkraft wird also entlang der Krümmung durch die Reibungskräfte vermindert, bis die Haftfestigkeit zur Verankerung der restlichen Kraft ausreicht [96].

Bild 3.1 Biegeplatte zur Herstellung von Haken und Schlaufen mit Rollen am Dorn und Biegehebel

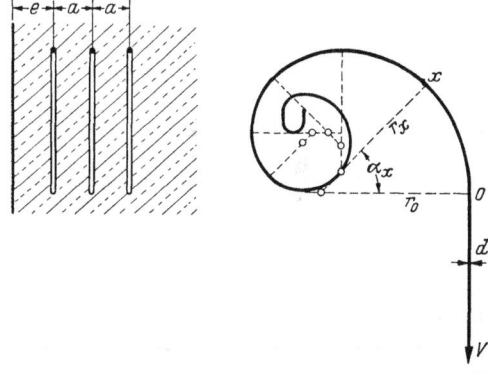

Bild 3.2 Spiralhaken; diese logarithmische Spirale ergibt gleichbleibende Umlenkpressung, wenn man von der Haftung absieht

Die Verankerung wird schwingfest, wenn die Reibung allein ohne Haftung zum fast vollständigen Abbau der Spannkraft V genügt. Die Umlenkpressung p_u zwischen Stab und Beton infolge der Umlenkkräfte ruft Querzugspannungen im Beton hervor und kann bei kleinem Krümmungsradius r am Anfang der Krümmung zum Spalten des Betons führen.

Man kann die Krümmung so zunehmen lassen, daß die Umlenkpressung bei der durch Reibung abnehmenden Spannkraft gleichbleibt. Der jeweilige Radius ist dann

$$r_x = r_0 \, e^{-\mu \alpha_x},$$

dabei sind (Bild 3.2) r_0 der Krümmungsradius am Anfang der Krümmung,
                                    μ der Reibungsbeiwert von Spannstahl auf Beton,
                                    α_x der Krümmungswinkel bis zur Stelle x.

Man kommt dabei zu einer logarithmischen Spirale, die so lang sein muß, bis V durch Reibung so klein wird, daß der Rest, z. B. $0{,}15\,V$, durch Haftung sicher getragen wird. Dies ist der Fall:

für die untere Grenze der Reibung $\mu = 0{,}3$ nach $\alpha = 360°$,
für die obere Grenze der Reibung $\mu = 0{,}6$ nach $\alpha = 180°$.

Für rauhe Walzhaut wird man $\alpha = 180°$,
für glatte gezogene Stäbe $\alpha = 360°$ als ausreichende Krümmungswinkel ansehen können.

Die Drähte dürten im Bereich der Haken weder gefettet noch sonstwie verunreinigt sein, die Haftung des Betons sollte durch eine rauhe, reine Oberfläche unterstützt werden.

Die Anfangskrümmung r_0 hängt nun von der **zulässigen Umlenkpressung** $p_u = \dfrac{V}{rd}$ ab, die von der Betongüte und dem Abstand e des Stabes vom seitlichen Rand des Betons oder dem Abstand a vom nächsten Stab beeinflußt wird.

Die französischen Betonvorschriften (Règlement Béton Armé 45) geben für die zulässige Umlenkpressung folgende Formel an:

bzw.
$$p_u \leqq \sigma_b \left[1 + \left(3 - \frac{2d}{a}\right)\left(1 - \frac{d}{a}\right)\right], \text{ für } a = 3\,d : \text{zul } p_u = 2{,}5\,\sigma_b$$

$$p_u \leqq \sigma_b \left[1 + \left(3 - \frac{d}{e}\right)\left(1 - \frac{d}{2e}\right)\right], \text{ für } e = 10\,d : \text{zul } p_u = 3{,}7\,\sigma_b$$

(siehe auch [148] Kap. II.6).

Dabei ist $\sigma_b =$ zulässige Betondruckspannung $= \dfrac{\beta_P}{2{,}5} \approx \dfrac{\beta_w}{3}$
$d =$ Drahtdurchmesser.

Für große Abstände a oder e wird also zul $p_u = 4\,\sigma_b$. Die Umlenkpressungen dürfen also die vierfache zulässige Betondruckspannung erreichen. Liegt Draht neben Draht ($a = d$), so wird zul $p_u = $ zul σ_b.

Besonders wichtig ist der Randabstand e, er sollte $8\,d$ nicht unterschreiten, wobei der Rand durch Querbewehrung noch zu sichern ist.

Für $a = 3\,d$ und damit
$$\text{zul } p_u = 2{,}5 \text{ zul } \sigma_b$$

ergeben sich für gebräuchliche Beton- und Stahlgüten mit $\sigma_{v0} = 0{,}55\,\beta_Z$ im Spannstahl die folgenden Mindestradien der Anfangskrümmung $r_0 = \dfrac{\pi\,d\,\sigma_{v0}}{4\,p_u}$.

Tafel 3.I

Anfangskrümmungen r_0 von Spiralhaken in nicht umschnürtem Beton

Betongüte	B 225	B 300	B 450
zul σ_b in kg/cm²	70	100	150
r_0 für St 90	$22\,d$	$16\,d$	$10\,d$
r_0 für St 120	$30\,d$	$21\,d$	$14\,d$
r_0 für St 150	$37\,d$	$26\,d$	$17\,d$

Daß auch kleinere Radien noch genügend Sicherheit geben können, zeigen französische Versuche ([148] S. 51) nach Bild 3.3, wo Drähte $\varnothing$ 5 mm St 150 mit $r_0 = 10$ cm $= 20\,d$ in absichtlich schlechtem Beton mit $\beta_w = 150$ kg/cm² spiralig verankert wurden. Bei dem breiten Körper I brachen die Drähte außerhalb des Betons; der nur 4 cm breite Körper II spaltete bei $\sigma_z = 13{,}4$ t/cm². Nach obigen Regeln hätte für $\sigma_b = 50$ kg/cm², zul $p_u = 200$ kg/cm² $r_0 = 16{,}2$ cm sein müssen. Eine Querbewehrung ist bei diesen Radien r_0 nicht nötig, aber in Randzonen erwünscht.

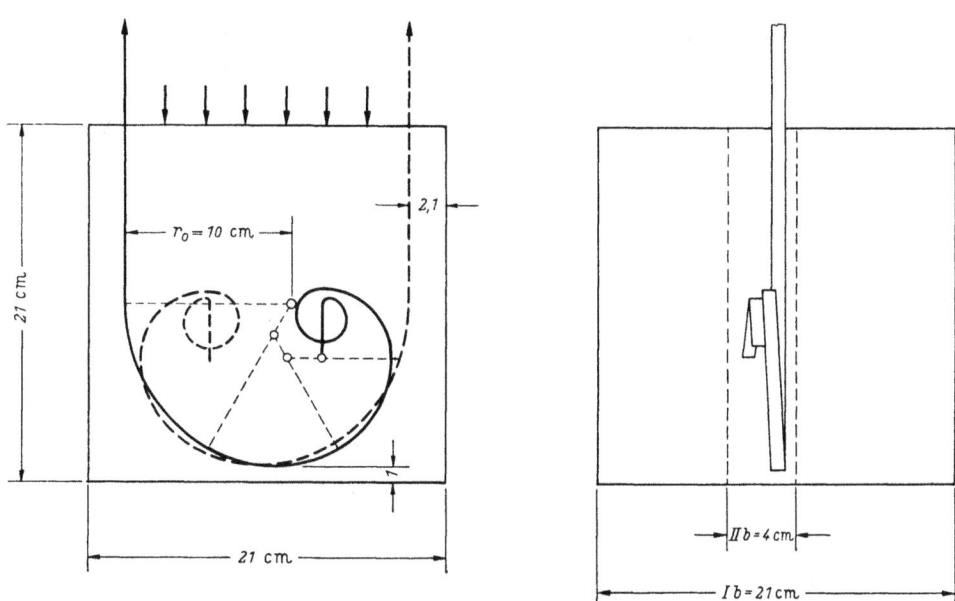

Bild 3.3 Französischer Versuch mit Spiralhaken an Drähten ⌀ 5 mm, St 150 bei verschiedener Dicke des Betonkörpers

Der Spiralhaken wird von H e l d & F r a n c k e B a u - A G. als fester Anker für 7drähtige Spannglieder in der in Bild 3.4 gezeigten Form verwendet.

Man kann an Stelle der Spirale auch jede andere Kurve nehmen, was durch die folgenden Versuche nachgewiesen wurde, zu denen das Gleiten einiger Hakenverankerungen Anlaß gab.

Drahtpaare wurden in Form von Haarnadeln mit verschieden gekrümmten Enden einbetoniert und gezogen (Bild 3.5). Die Formen der Verankerungskrümmung zeigt Bild 3.6, die Krümmungsradien wurden im Hinblick auf umschnürten Beton klein gewählt. Alle Drähte ⌀ 5,2 mm aus

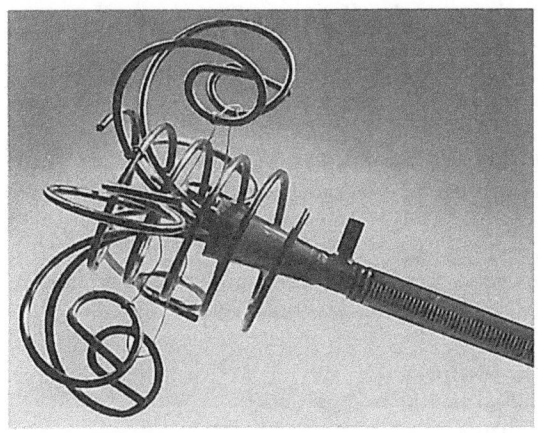

Bild 3.4 Spiralhaken bei Spanngliedern (nach H e l d & F r a n c k e B a u - A G)

Bild 3.5 (rechts) Anordnung für Versuche zur Prüfung der Gleitsicherheit verschiedener Ankerformen einbetonierter Drähte. Tiefe des einbetonierten Drahtteiles 25 cm

St 160 wurden in einen Betonblock einbetoniert, um möglichst gleiche Haft- und Reibungsbedingungen zu erhalten. Der Beton aus Rheinkies und -sand mit hohem Sandanteil und $Z = 300$ kg/m³, Z 325, gerüttelt, hatte nach 28 Tagen 445 kg/cm² Festigkeit und war am Tage des Versuches 34 Tage alt.

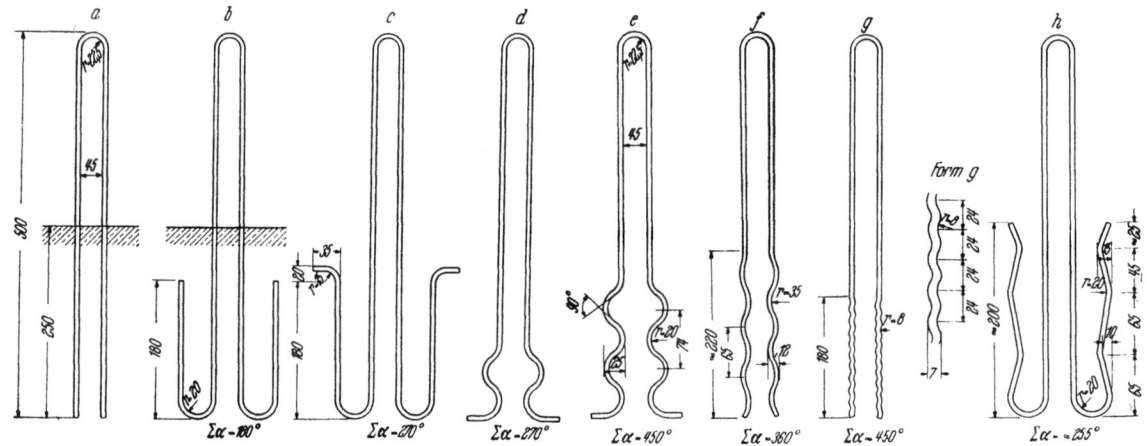

Bild 3.6 Formen der Drahtverankerungen für die Versuche nach Bild 3.5

Die Form a mit geraden Enden ergab folgende gleichmäßig verteilt angenommenen Verbundspannungen beim Beginn des Gleitens (Gleitweg > 0,40 mm) nach dem ersten raschen und zügigen Ziehen:

    I gewalzt-vergüteter Draht . . . . 52 kg/cm²,
    II gezogener Draht mit Ziehfett . . . . 25 kg/cm²,
    III gezogener Draht, mit Salzsäure abgebeizt . . 38 kg/cm².

Beim weiteren Herausziehen zeigten alle drei Drahtarten einen gleichmäßig verteilt angenommenen Reibungswiderstand von 34 kg/cm², d. h. man mußte mit rund 2,8 t ziehen. Demnach drückte der Beton erheblich auf den Draht, was von der Vibration und von Schwinderscheinungen herrühren mag. Diese Anpreßdrücke verschwinden aber mit der Zeit zum Teil durch Kriechen, so daß sich die Ankerbedingungen verschlechtern.

Alle Ankerformen wurden zehnmal bis zul $\sigma_z = 0{,}55 \cdot 16{,}0 = 8{,}8$ t/cm² angespannt, ohne daß der Gleitweg an der Betonoberfläche größer als beim ersten Anspannen (0,2 bis 0,3 mm) geworden wäre.

Beim weiteren Steigern der Spannung zeigte sich, daß für die Formen b bis h

Drahtart   I durchweg bis zum Bruch an der Schlaufe hielt. Gleitweg an der Betonoberfläche 1 bis 2 mm.

Drahtart II Form b ($\Sigma \alpha = 180°$) rutschte bei $\sigma_z = 12$ t/cm².
    Von Form c und d ($\Sigma \alpha = 270°$) rutschten 2 von 6 Proben kurz vor dem Bruch.
    Die Formen e bis h ($\Sigma \alpha > 270°$) hielten durchweg bis zum Bruch.

Drahtart III Form b rutschte bei $\sigma_z = 13{,}3$ t/cm².
    Form c hielt, zeigte aber 6 bis 8 mm Gleitweg.
    Von Form d rutschte eine von 3 Proben bei $\sigma_z = 12{,}8$ t/cm².
    Die Formen e bis h hielten bis zum Bruch.

Bild 3.7 zeigt die Haarnadeln nach dem Versuch. Wenn man bedenkt, daß der Anpreßdruck des Betons nachläßt, dann sollte man für die Verankerung gewalzter Drähte mindestens Umlenkwinkel von zusammen 270° und bei gezogenen Drähten von 360° anwenden.

Die Ankerform g mit den kleinen Wellen erscheint besonders günstig, vor allem, wenn man die ersten Wellen schlanker macht als die letzten. (Die Versuche wurden 1954 vom Büro des Verfassers (Bearbeiter Bauing. W. Baur) mit Unterstützung der Firma Härer, Schwäb.-Hall, durchgeführt.)

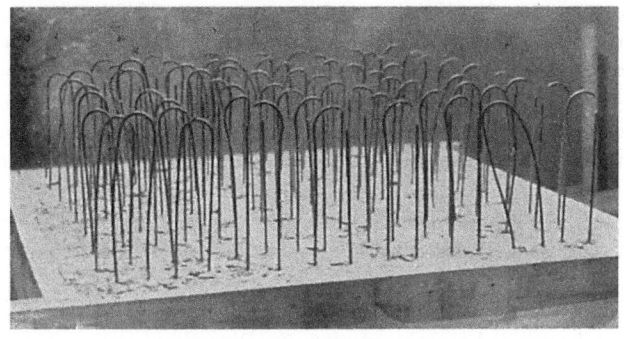

Bild 3.7 Die einwandfrei verankerten Drähte sind am Beginn der Schlaufenbiegung gebrochen, die anderen wurden meist einseitig ausgezogen

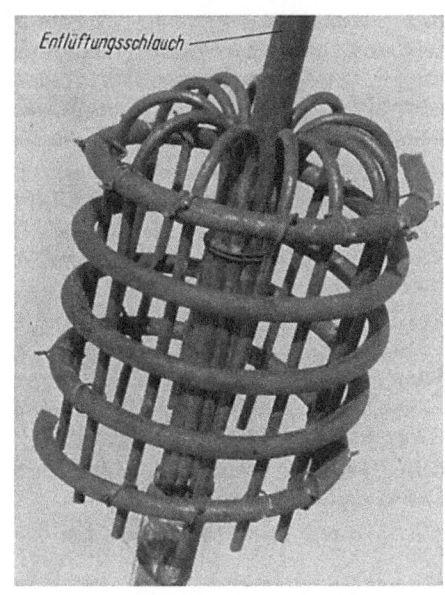

Bild 3.8 (rechts) Umschnürte Hakenverankerung, nur gleitsicher für Drähte mit Walzhaut

Umschnürte Haken und Wellen

Der Spiralhaken läßt sich schlecht herstellen. Einfacher sind normale Haken mit gleicher Krümmung r, die wesentlich kleiner sein kann als die obigen r_0, sobald der Beton im Hakenbereich bewehrt oder umschnürt wird, so daß er auch bei höheren p_u nicht spalten kann.

Versuche, die anläßlich der Entwicklung der sogenannten L e o b a - Spannglieder [183] angestellt wurden, zeigten, daß die in Bild 3.8 dargestellte Hakenverankerung von 12 gewalzt-vergüteten Drähten $\varnothing$ 5,3 mm St 160 mit $r = 2,0$ cm bis zum Bruch der Drähte zuverlässig ist, wenn der Beton B 300 innerhalb der Wendel gut eingerüttelt wurde, obwohl $p_u = 1660$ kg/cm² ≈ 16 zul σ_b ist. Die Haken sind sternartig verteilt, um einen Entlüftungsschlauch mittig in das Bündel einführen zu können. Diese Verankerungsart wurde vielfach angewandt.

In einigen Fällen wurde bei gezogenen, glatten Drähten ein Rutschen beim Spannen beobachtet, was nach den oben berechneten Mindestkrümmungswinkeln für die untere Grenze der Reibung selbst im umschnürten Beton zu befürchten war. Für gezogene Drähte sind daher Gegenhaken gemäß Bild 3.9 anzuordnen, so daß $\Sigma \alpha \geqq 300°$ wird.

Diese Hakenverankerungen bewährten sich auch im Ermüdungsversuch (vgl. Kap. 3.4).

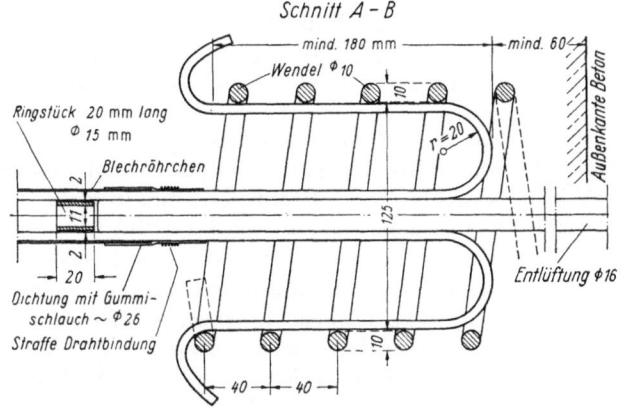
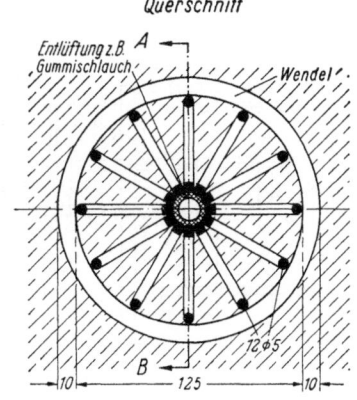

Bild 3.9 Umschnürte Hakenverankerung. Kleine Gegenhaken an den Drahtenden sichern Drähte gegen Gleiten

Zur Bemessung der Wendel wurden die 12 Haken in Betonprismen 20/20 cm einbetoniert, wobei im ersten Versuchskörper eine 7½gängige Wendel aus Betonstahl I ϕ 14 mm, innerer Wendeldurchmesser 110 mm, Ganghöhe 45 mm gewählt wurde. Die Betongüte war absichtlich nur B 160. Das Betonprisma blieb bis zur Bruchlast der Drähte rissefrei.

Im zweiten Versuchskörper waren die gleichen Haken mit einer Wendel aus Betonstahl I ϕ 8 mm sonst gleicher Form umschnürt. Unter der zulässigen Spannkraft zeigte sich kein Riß, kurz vor der Bruchlast traten feine Haarrisse auf.

Für die Praxis wählte man danach fünfgängige Wendeln aus Betonstahl I ϕ 10 mm, wenn die Verankerung in dicken Betonkörpern liegt, und aus ϕ 12 mm, wenn die Verankerung nahe an Außenflächen liegt.

Auf Grund der bisherigen Versuche sollte man es sich zur Regel machen, daß die zu verankernde Kraft, bezogen auf den umschnürten Betonkern, nicht mehr als 0,6 β_w Pressung ergibt. Wenn der anschließende Beton durch Querbewehrung, durch nochmalige Umschnürung oder durch Quervorspannung gesichert wird, kann man diese Pressung auf β_w erhöhen. Daraus ergibt sich der Wendeldurchmesser.

Eine genäherte Bemessung der Wendel läßt sich in Anlehnung an die Bemessung umschnürter Säulen durchführen.

Wenn man solche Umschnürungs-Verankerungen ausführt, muß mit besonderer Sorgfalt und unter Verwendung geeigneter Mischungen dafür gesorgt werden, daß der Beton innerhalb der Wendel tadellos dicht wird. Bei kleinen Wendeln muß man deshalb so konstruieren, daß der Tauchrüttler unmittelbar vor oder neben der Wendel eingeführt werden kann. Bei großen Wendeln sollte der Tauchrüttler von vorn in das Wendelinnere gesteckt werden können. Die Ganghöhe der Wendeln sollte 30 mm nicht unterschreiten.

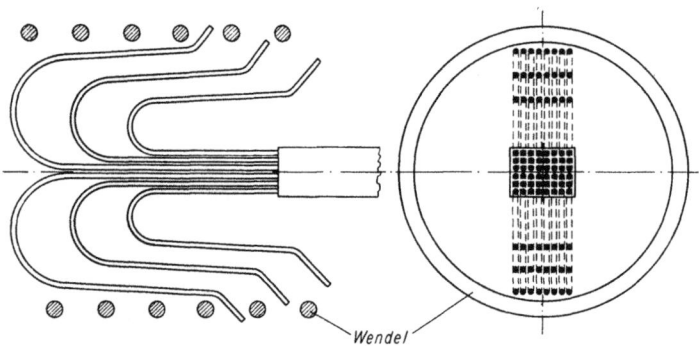

Bild 3.10 Gestaffelte Hakenverankerung von 48 Drähten ϕ 5,3 mm innerhalb einer Wendel mit ϕ 27 cm. Spannkraft 93 t

Die Hakenverankerung läßt sich auch für eine größere Anzahl von Drähten bei zweckmäßiger Anordnung der Haken innerhalb einer Wendel ausbilden. Bild 3.10 zeigt ein Beispiel von 48 Drähten ϕ 5,3 mm, das bei einer Kranbahn in Hemmoor zur Anwendung kam.

Der Franzose *M. Coyne* hat schon 1935 zur Verstärkung der Cheurfas-Staumauer [22] 1000 t-Spannglieder mit umschnürten Haken verankert, wobei etwa 630 Drähte ϕ 5 mm gemeinsam in einer konischen Wendel von 1,40 m Höhe und 1,60 m mittlerem Durchmesser einbetoniert wurden (vgl. Kap. 16.8).

Als umschnürte Hakenverankerung kann auch die russische Verankerung nach *Korovkin* betrachtet werden. Die kurzen Haken werden vor dem Einbau des Spanngliedes in einem Stahlrohrstück mit Grundplatte einbetoniert, wobei bis zu 47 Drähte ϕ 5 mm in einem Anker zusammengefaßt werden (Bild 3.11).

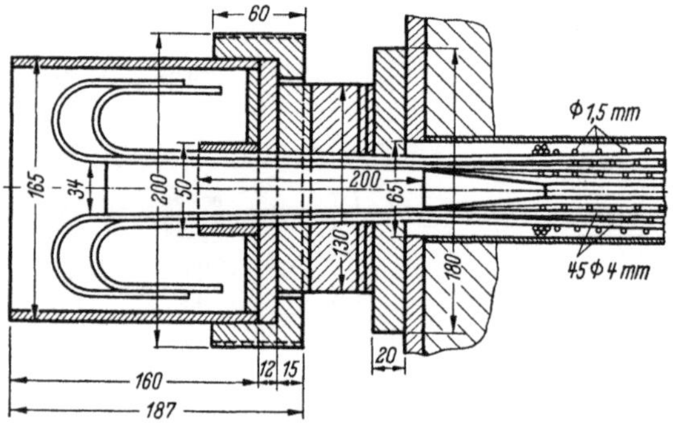

Auf die Schwierigkeit der zuverlässigen Verdichtung des Betons an den Haken innerhalb der Wendel wurde hingewiesen. Durch mangelnde Sorgfalt kam es in einigen Fällen vor, daß solche Verankerungen etwas nachgaben. Es lag daher nahe, an Stelle der Haken andere Krümmungsformen, z. B. die Form f oder g

Bild 3.11 Russischer Anker nach *Korovkin* mit sternförmig geordneten kurzen Haken in Stahlrohrstück einbetoniert

des Bildes 3.6 innerhalb einer Umschnürung zur Verankerung von Drahtbündeln zu benützen. Die Bilder 3.12 und 3.13 zeigen eine derartige Wellverankerung, wie sie seit 1955 für die L e o b a - Spannglieder üblich ist. Die Drahtenden werden mit einer Wellmaschine (Bild 3.14) zwischen zwei hydraulisch angetriebenen Wellscheiben mit gehärteten Röllchen verformt, die Wellentiefe nimmt von der Spreizstelle zum Drahtende hin zu. Die Wellung ist für Drähte bis zu $\varnothing$ 8 mm erprobt, sie setzt einen nicht zu spröden Spannstahl voraus.

Bild 3.12 Umschnürte Wellverankerung für 16 $\varnothing$ 8 mm St 150 bis 170, gewalzte oder gezogene Drähte

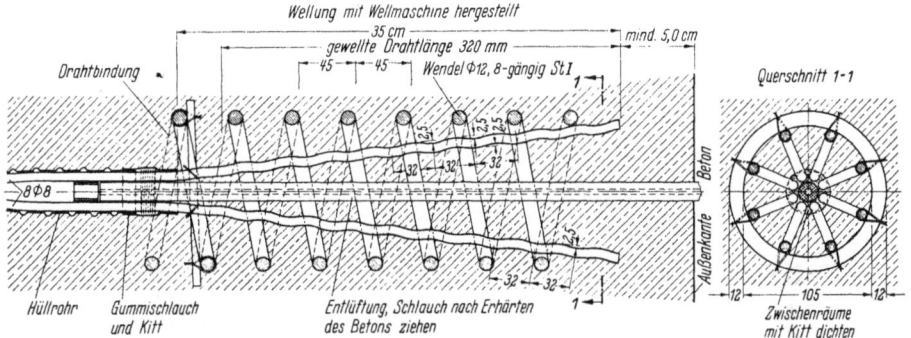

Bild 3.13 Umschnürte Wellverankerung gemäß Bild 3.12, jedoch für 8 $\varnothing$ 8 mm St 150 bis 170, gewalzte oder gezogene Drähte (L e o b a - Verankerung)

Bild 3.14 Wellmaschine mit hydraulischem Antrieb zur Herstellung der Wellanker nach Bild 3.12 und 3.13 (Verkauf durch Seibert-Stinnes GmbH, Mülheim/Ruhr)

Bei dickeren Drähten wird man an Stelle der Wellung eine andere Art der Profilierung, die zu Scherverbund führt oder eine gröbere Wellung gemäß Form f des Bildes 3.6 bevorzugen.

Die Drähte sind gespreizt. Die Wendel muß zur Aufnahme der Spreizkraft etwa an der Spreizstelle beginnen, sie ist daher etwas länger als bei Hakenverankerungen, nach den Zulassungsbedingungen 7gängig aus Betonstahl I, $\varnothing$ 12 mm für $V_0 = 33$ t. Die Verankerungsart ist auch für 16 $\varnothing$ 8 mm St 150 mit $V_0 = 66$ t innerhalb einer Wendel aus $\varnothing$ 12 mm St I, Kerndurchmesser $d_k = 14$ cm erprobt (Bild 3.12). Der Beton läßt sich innerhalb der Wendel leichter verdichten als bei Haken, außerdem schadet eine kleine poröse Stelle an einem der gewellten Drähte noch nicht.

3.12 Schlaufenverankerung

Drahtpaare, Drahtkabel, Litzenkabel oder Seile können mit einer einbetonierten Schlaufe zuverlässig verankert werden (Bild 3.15). Die Spannkraft wird dabei durch Reibung, Haftung und Schlaufendruck auf den Beton übertragen. Man beginnt die Krümmung zweckmäßig mit großem r_0 und verkleinert den Radius danach, sofern das große r_0 nicht für die ganze Schlaufe beibehalten werden kann. Bei rauhen Drähten und Litzen ist nach einer gewissen Krümmung die Spannkraft durch Verbund und Reibung an den Beton übertragen, in der Mitte der Schlaufe kommt keine Kraft mehr an. r_0 hängt von der zulässigen Umlenkpressung ab, die man dem Beton je nach seiner Querbewehrung und Güte und nach dem Abstand der Drähte zumuten kann (s. Kap. 3.11). Die Querbewehrung ist um so stärker zu bemessen, je stärker die Schlaufenkrümmung ist. Über die Bemessung der Querbewehrung s. Kap. 9.

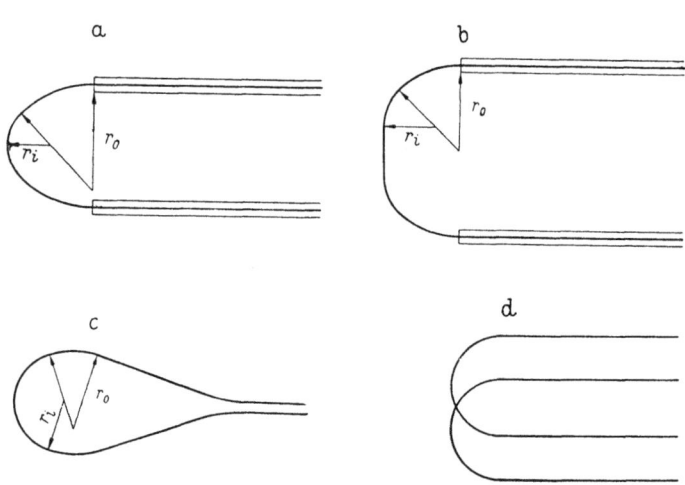

Bild 3.15 Übliche Formen einfacher Schlaufenverankerungen

Ist eine größere Zahl von Drähten oder Litzen in einer Schlaufe zu verankern, so wird das Kabel zweckmäßig der Höhe nach gespreizt, damit je nur 2 bis 5 Drähte hintereinander liegen. Bringt man die Drähte dabei nicht unter, so wird eine zweite oder dritte Schlaufe in 12 bis 15 cm Abstand (zum Einbringen des Betons und des Rüttlers) angeordnet. Eine solche Ordnung der Drähte in den Schlaufen ist nötig, um sicherzustellen, daß jeder Draht zuverlässig in Beton eingebettet wird (Bild 3.16 und 3.17). Die Drähte werden dabei zweckmäßig an einem aus Rundstählen geschweißten Gerippe festgemacht (Bild 3.18).

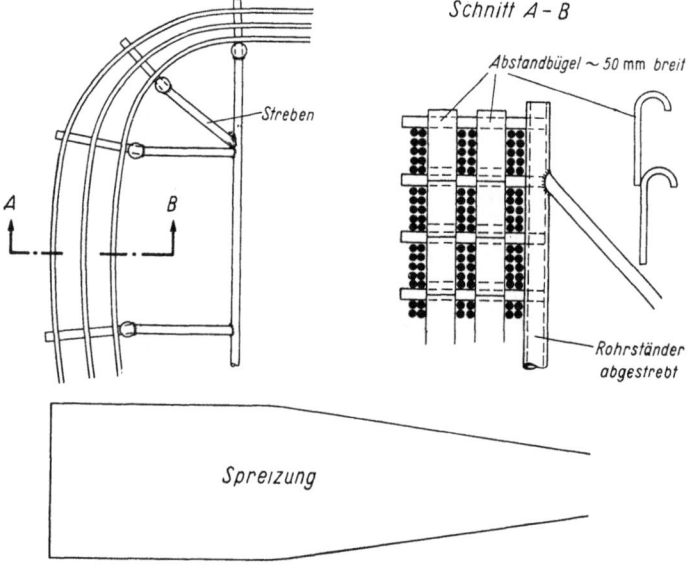

Bild 3.16 Ordnung und Abstände der Drähte großer Kabel in der Ankerschlaufe. Kleine Staffelung mit Abstandsbügeln auf gemeinsamem Ständer

Bei großen Kabeln führen unmittelbar einbetonierte Schlaufen dadurch zu Schwierigkeiten, daß beim Vorspannen die am Beginn des Verbundes wirkende Kraft zu groß wird, so daß der Beginn der Schlaufe aus dem umgebenden Beton herausgezogen wird. Man führt dann am besten die ganze Schlaufe in einem Blechkasten weiter (s. Kap. 9.61 und [360]) und preßt sie nach dem Vorspannen mit Zementmörtel aus.

Das Spannglied kann nicht immer von der Schlaufe aus in zwei getrennten Strängen weitergeführt werden. Die von *Reinhard Bauer* erfundene **D o p p e l s c h l a u f e** (Bild 3.19) zur Verankerung einzelner Kabelstränge vermeidet die in Bild 3.15 c nötige waagerechte Spreizung und ist für feste Endanker oder in beweglichen Spannblöcken geeignet. Sie wurde durch Versuche erprobt und hat sich bei mehreren Brücken bewährt. Durch die Kreuzung der Drähte braucht sie mehr Höhe als die einfache Schlaufe.

Die verschiedenen Schlaufenverankerungen werden beim Verfahren Baur-Leonhardt angewandt [360], und zwar als unmittelbar oder im Blechkanal einbetonierte Schlaufen von Drähten oder Litzen oder als Schlaufen um bewegliche Betonblöcke herum, die als Spannblöcke (s. Kap. 9.61) benutzt werden. Dabei wurden schon sehr große Kabel mit bis zu 3600 t Vorspannkraft in einer Schlaufe verankert. Bild 3.20 zeigt eine solche Schlaufenverankerung auf dem zunächst offenen Rücken eines Spannblockes. Die Pressung der Drähte gegen die Betonfläche wird höher als bei ganz eingebetteten Drähten. Die bisherigen Erfahrungen zeigen aber, daß Pressungen von 100 bis 120 kg/cm² bezogen auf den ganzen Durchmesser auch bei Litzen unschädlich sind.

Die Drähte auf Spannblöcken werden erst nach dem Spannen einbetoniert und die verbleibenden Hohlräume nachträglich ausgepreßt.

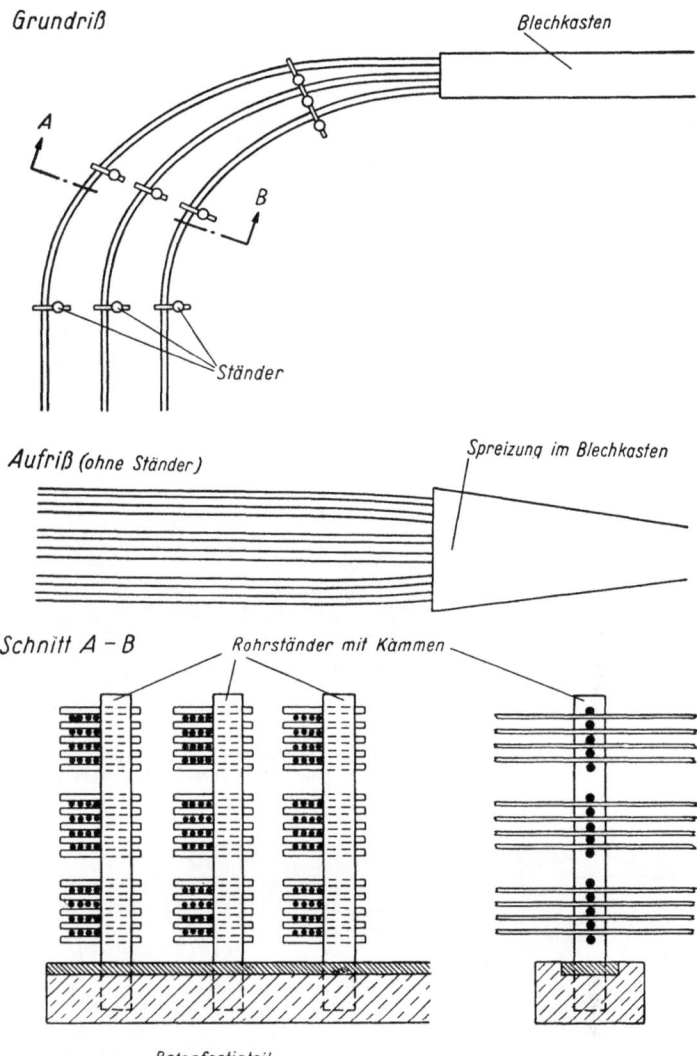

Bild 3.17 Ordnung und Abstände der Drähte großer Kabel in der **Ankerschlaufe**. Gestaffelte Schlaufen mit getrennten Kammständern

Bild 3.18 Gestaffelte Schlaufenverankerung zum Einbetonieren vorbereitet

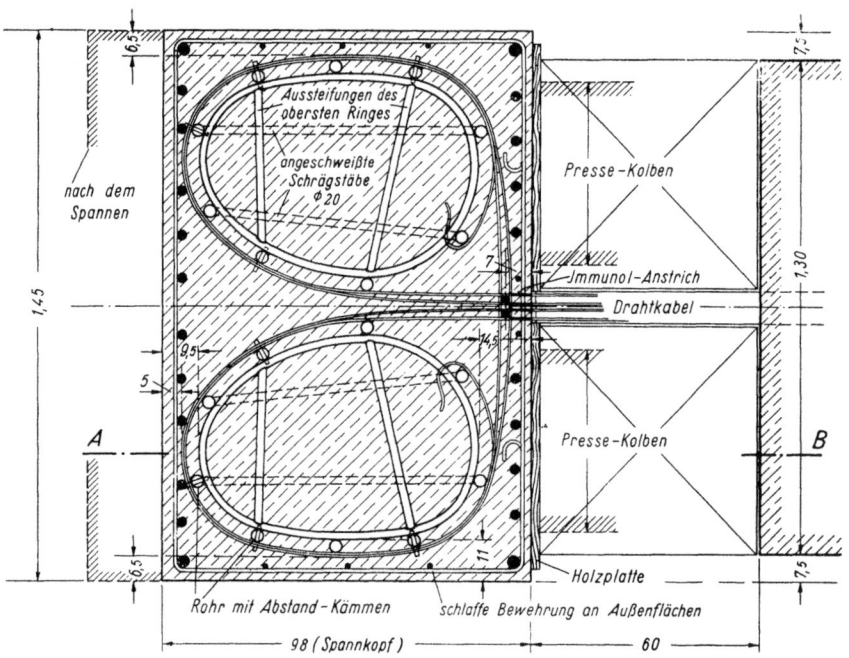

Bild 3.19 Doppelschlaufe für die Verankerung eines einzelnen Kabelstranges, gezeigt am Beispiel eines beweglichen Spannblockes (nach *Reinhard Bauer*)

Bild 3.20 Große Schlaufenverankerung eines Litzenkabels auf einem Spannblock, der nach dem Vorspannen einbetoniert wird. (Thurbrücke in der Mühlau, Schweiz, 150 Litzen 7 ⌀ 3 mm, St 180, je 2 Litzen hintereinander)

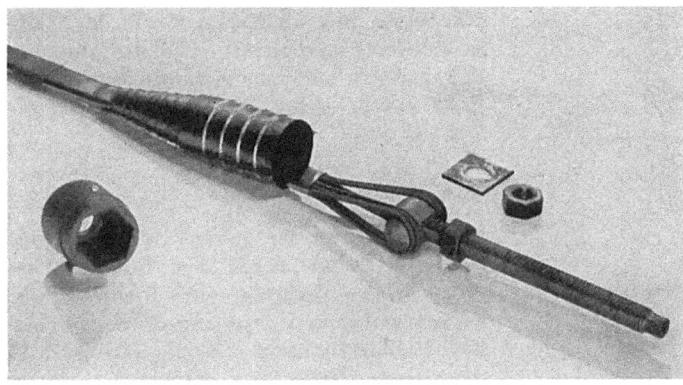

Bild 3.21 Die Schlaufenverankerung der L e o b a - Spannglieder für 2×6 Drähte ϕ 5,3 mm (siehe auch Bild 3.108)

Umschnürte Schlaufen

So wie Haken mit kleinen Durchmessern innerhalb von Umschnürungen verankert werden können, kann man auch Schlaufen mit kleinem Durchmesser in Umschnürungen zuverlässig festhalten. Dabei gelten die gleichen Bemessungsregeln wie bei Haken.

Man kennt auch Schlaufen mit sehr kleinen Durchmessern, deren hohe Umlenkpressung eine metallische Unterlage erfordert. So können Schlaufen um ein Stahlrohr oder um ein massives Ankerstück aus Stahl gelegt werden. Bei den L e o b a - Spanngliedern [183] sind auf der Spannseite 12 Drähte ϕ 5,3 mm oder 8 bis 16 Drähte ϕ 8 mm mit Schlaufen von nur 45 mm Innendurchmesser verankert (Bild 2.44 und 3.21) (vgl. Kap. 2.16). Bei so kleinen Krümmungen darf man wegen der Querpressung nur e i n e Drahtlage nehmen.

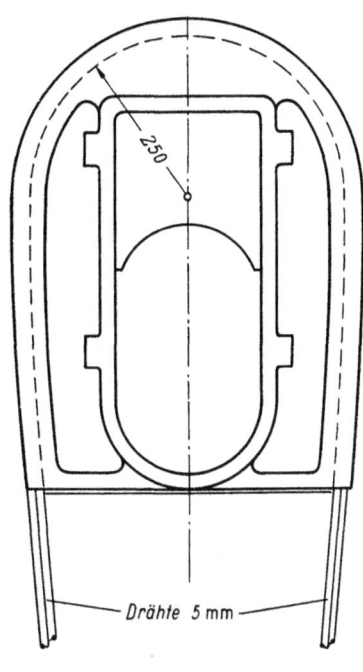

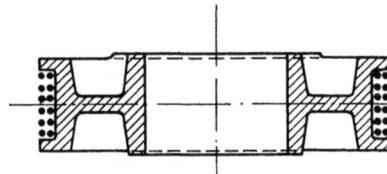

Bild 3.22 Mehrlagige Schlaufenverankerung kaltgezogener Drähte ϕ 5 mm, St 150, bei amerikanischen Hängebrücken

Zu erwähnen ist, daß die gesponnenen Paralleldrahtkabel der amerikanischen Hängebrücken seit langem mehrlagige Schlaufenverankerungen mit $r = 20\,d$ zeigen, die auch für Spannbeton brauchbar wären (Bild 3.22). Die gebräuchlichen Seilkauschen gehören auch zu den Schlaufenverankerungen.

3.13 Verankerung durch Haft-, Reibungs- und Scherverbund

3.131 Verbundanker für Spannbettvorspannung

Für die Vorspannung im S p a n n b e t t , bei der die Drähte in angespanntem Zustand einbetoniert werden, war die Verankerung durch die Haftung allein gebräuchlich. *Wettstein* [84] und *Hoyer* [35] (s. Kap. 20) haben frühzeitig erkannt, daß hierfür sehr dünne Drähte (ϕ 2 mm) günstig sind, weil sie im Verhältnis zu ihrem kleinen Querschnitt eine große Oberfläche haben (Stahlsaitenbeton). *Hoyer* wies darauf hin, daß der Draht an seinem Ende beim Lösen vom Spannbett durch den Rückgang der Querkontraktion dicker wird und sich verkeilt, weil ja die Spannkraft am Drahtende auf Null zurückgehen muß (Hoyereffekt) (Bild 3.23). Die Verdickung beträgt zwar nur wenige tausendstel mm, dennoch entstehen dadurch am Drahtende radiale Pressungen gegen den Beton, die nach *Roš* [65] bis zu 800 kg/cm² betragen können, also beachtlich groß sind und eine hohe Reibungskraft bei Gleitbewegungen erzeugen (vgl. auch [306]).

Betrachten wir den Verlauf der verschiedenen Spannungen einmal genauer (Bild 3.24). Sobald der Draht vom Spannbett gelöst wird, will er sich verkürzen. Der Verbund mit dem Beton hindert

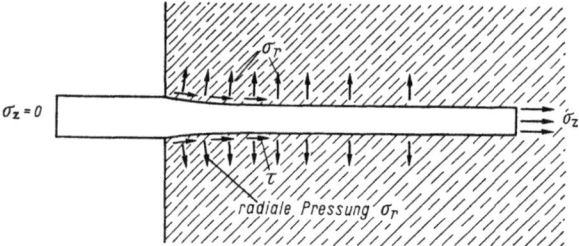

Bild 3.23 Der Hoyereffekt: Der angespannt einbetonierte Draht verliert beim Lösen vom Spannbett an seinem Ende die Spannung und nimmt dort seine ursprüngliche Dicke wieder an

ihn daran und überträgt so die im **Draht** gespeicherte Spannkraft auf den Beton, der sich dadurch zusammendrückt. Dieser Vorgang spielt sich am Ende des Betonbalkens ab.

Wir unterscheiden dabei:

1. Übertragung der Spannkraft vom Stahl auf den Beton durch den Verbund, bestehend aus Haftung und Reibung und Scherwiderstände. Der ungefähre Verlauf der Verbundspannung τ ist in Bild 3.24 dargestellt [403]. Dort, wo $\tau = 0$ wird, ist $\sigma_z = \sigma_{zv} = $ konstant erreicht, die zugehörige Länge heißt Übertragungslänge $\ddot{u}$, sie hängt von der Verbundgüte und dem durch Körperform und Querbewehrung des Betons bedingten Querdruck ab.

2. Die Spannkraft ist auf den ganzen Betonquerschnitt zu verteilen oder in den Betonkörper einzuleiten bis die Betonspannungen eine geradlinige Verteilung über den Querschnitt zeigen (vgl. Kap. 9). Die hierfür nötige Länge heißt Einleitungslänge e.

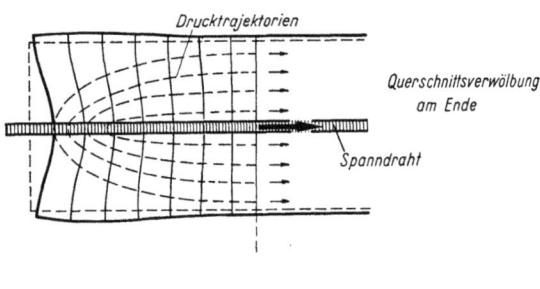

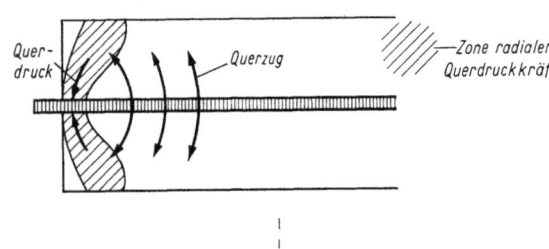

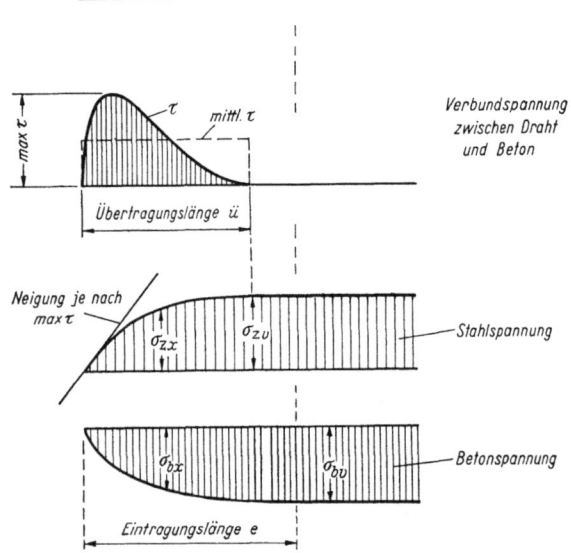

Bild 3.24 Verlauf der Spannungen für Verbund von Stahl und Beton am Ende einer Verbundverankerung vorgespannter Drähte

An der Betonstirn müssen die Stahl- und Betonspannungen Null sein. Die Schub- oder Verbundspannung zwischen Draht und Beton nimmt rasch den größtmöglichen Wert an, max τ entspricht meist der Verbundfestigkeit. Dahinter fällt die τ-Linie etwa nach einer Parabel ab. Durch den Verbund strahlen die Druckspannungen vom Draht aus in den Beton hinein und verwölben die Betonquerschnitte am Ende. Dadurch entsteht eine kurze Zone radial auf den Draht einwirkender Betondruckspannungen, die durch den Hoyereffekt vergrößert werden. Dahinter treten jedoch Querzugspannungen im Beton auf, die eine Querbewehrung bedingen. Im Bereich der radialen Druckspannungen können die Verbundspannungen durch Reibung wesentlich größer werden als die reine Haftfestigkeit.

Hoyer [35] gibt für die Übertragungslänge folgende Formel:

$$\ddot{u} = \frac{d}{2} \cdot \frac{1}{\mu} \cdot \frac{m_b + 1}{m_b} \left(\frac{E_z m_z - \sigma_v^{(0)}}{E_b} \right) \cdot$$

$$\cdot \frac{\sigma_v}{2 \cdot \sigma_v^{(0)} - \sigma_v} .$$

μ = Reibungswert Draht auf Beton, hier $\mu = 0{,}1$ zweckmäßig, $m_b = 3$ bis 7, $m_z = 3{,}3$ (*Poisson*sche Querdehnungszahlen), $\sigma_v^{(0)}$ = Spannbettspannung, σ_v = Spannung nach Lösen vom Spannbett. Setzt man dabei E_b wegen der plastischen Vorgänge niedriger ein als normal, dann ergeben sich für den Anfangszustand richtige Längen von etwa $ü = 100$ bis $120\,d$ für Drähte mit $d < 3$ mm, was durch Versuche von *Roš* bestätigt wurde. Für die radiale Druckspannung gilt

$$\sigma_r = \frac{m_b\,E_b}{m_b+1} \cdot \frac{\sigma_v^{(0)} - \sigma_v}{E_z \cdot m_z - \sigma_v^{(0)}}\,.$$

Das Betrübliche ist nun, daß die radiale Querpressung mit der Zeit durch Kriechen des Betons abgebaut wird. Lag die Verbundspannung durch die Reibung über der Haftfestigkeit, so muß der Verbund am Drahtende nachlassen und die Übertragungslänge anwachsen. Tatsächlich haben Versuche nach längerer Lagerung der Balken und unter mehrmals wiederholter Belastung gezeigt, daß sich glatte, gezogene Drähte mit der Zeit in den Beton hineinziehen (Bild 3.25). Die Verankerung glatter Drähte durch Haftung allein ist also nicht zuverlässig, vor allem nicht bei oftmals wiederholter Last und bei kurzen Bauteilen.

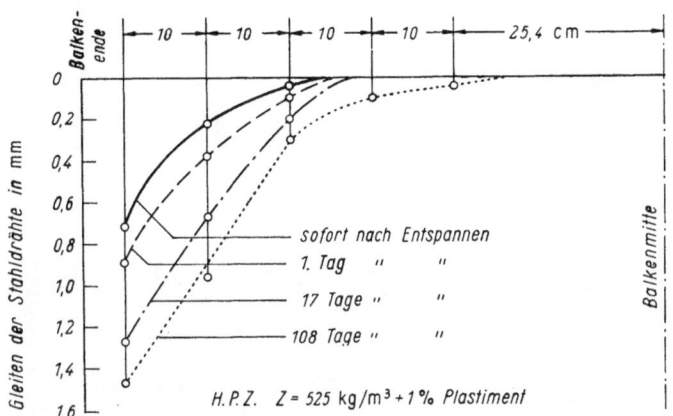

Bild 3.25 Glatte Drähte gleiten an den Enden im Laufe der Zeit (aus Versuchen von *Roš* an Drähten ϕ 2 mm in Prismen 12/12 cm, Fensterbeobachtungen, $\sigma_v^{(0)} = 15\,000$ kg/cm², Entspannungsalter 22 Tage, $\beta_w = 642$ kg/cm²)

Hoyer hat deshalb zunächst seine Drähte zwischen Zahnrädern gewellt (onduliert). Die Wellung erhöht den Gleitwiderstand, setzt aber die Bruchfestigkeit des Drahtes herab.

Später hat man glatte Drähte ganz verlassen und solche mit rauher oder profilierter Oberfläche entwickelt, so daß eine Verzahnung mit dem Beton entsteht. Wenn ein solcher Draht im Beton gleiten will, dann muß er die in seinen äußeren Umfang eingreifenden Betonteile abscheren. Man spricht deshalb von S c h e r v e r b u n d, der nicht mehr von Haftung oder Reibung allein abhängig ist.

Die folgenden A r t e n   d e r   D r a h t b e h a n d l u n g sind zur Erzielung des S c h e r v e r b u n d e s gebräuchlich:

a) In Schweden wird der gezogene Runddraht durch eine Beize oberflächlich so angerauht, daß eine Feinverzahnung mit dem Beton entsteht. Mit solchen Drähten werden dort seit Jahren in erheblichem Umfang Stahlsaitenbetonbalken von 3 bis 25 m Länge hergestellt [48].

b) Kaltes Einwalzen von flachen Profilierungen, z. B. elliptischen Vertiefungen an zwei Seiten des Drahtes oder rhombischen Einprägungen gemäß Bild 3.26 — a) und b).

c) Verseilen dünner gezogener Drähte zu Litzen aus 2, 3, 5 oder 7 Drähten gemäß Bild 3.26 — c).

d) Warmes Einwalzen von schrägen Querrippen auf anschließend zu vergütende Drähte gemäß Bild 3.26 — d).

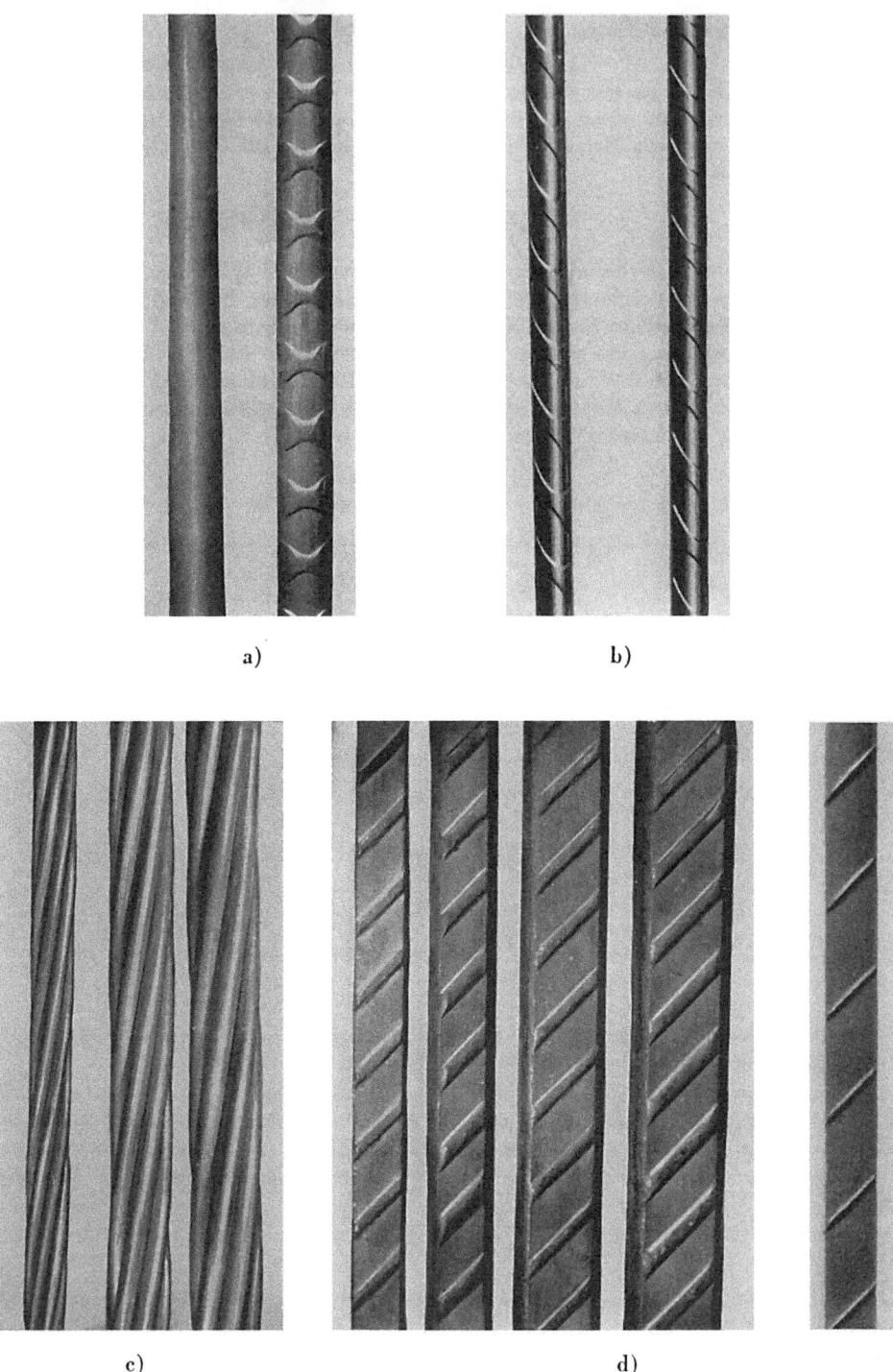

Bild 3.26 Verschiedene Arten der Erzielung des Scherverbundes von Drähten

a) Neptundraht mit rhombischen Einprägungen
b) Draht mit elliptischen Einprägungen (Moos'sche Eisenwerke, Luzern)
c) Litzen aus je 7 Drähten (Felten & Guilleaume Carlswerk AG, Köln-Mülheim)
d) Warm eingewalzte schräge Querrippen, SIGMA-Oval- und Neptundraht

Es stehen also mehrere Möglichkeiten zur Erzielung des zuverlässigen Scherverbundes zur Verfügung, so daß die reine Haftverankerung im Spannbett als überholt betrachtet wird und verlassen wurde.

In der folgenden Tafel 3.II sind durch Versuche ermittelte **Gleitwiderstände** der verschiedenen Drahtarten zusammengestellt. Beim Vergleich muß man die **Einflüsse der Versuchsbedingungen** beachten:

1. Die gleichmäßig verteilt angenommene Verbundspannung (Gleitwiderstand) wird um so größer, je kürzer die Einbetonierlänge im Versuchskörper ist, weil dann die Spitze der τ-Kurve bestimmend ist (Bild 3.27).

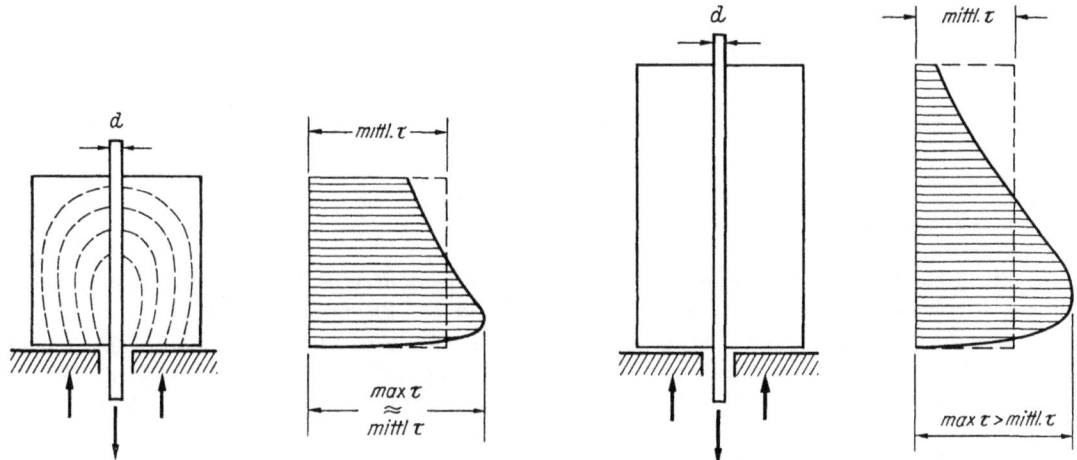

Bild 3.27 Beim normalen Ausziehversuch wird mittl. τ um so größer, je kleiner die Einbetonierlänge bezogen auf d ist

2. Der Gleitwiderstand wächst mit der Betongüte, dem Verdichtungs- und Erhärtungsgrad des Betons.

3. Der Gleitwiderstand hängt wesentlich davon ab, ob eine Querdruckspannung auf den Draht wirkt. Sie entsteht bei dem normalen Ausziehversuch durch die Gewölbewirkung im Betonwürfel und macht sich um so mehr bemerkbar, je höher die Gleitwiderstände an und für sich sind (vgl. Kap. 6.6).

4. Eine weitere Querpressung entsteht nach Bild 3.23 durch den Hoyereffekt. Vorgespannte Drähte geben daher einen um so größeren Gleitwiderstand an entspannten Enden, je größer $\sigma_v^{(0)}$ war. Roš gibt an, daß bei $\sigma_v^{(0)} = 15\,000$ kg/cm² ein 2 bis 3fach höherer max τ-Wert entsteht als bei spannungslos einbetonierten Drähten.

Diese Einflüsse behindern die Klärung der Übertragungslängen durch Ausziehversuche. Die EMPA Zürich hat daher die Einleitung der Spannkraft durch Verbund an Balken mit sorgfältigen Messungen der Betondrückung untersucht und die in Bild 3.28 dargestellte Kurve ermittelt. Angaben zu den im Versuch verwendeten Spannstählen und den ermittelten Größen für τ und e sind in Tafel 3.II enthalten.

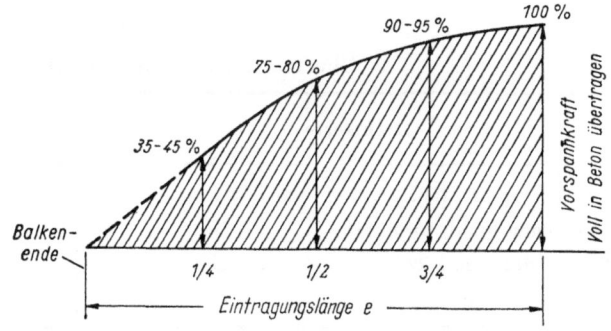

Bild 3.28 Verlauf der Spannkraftübertragung vom Draht auf den Beton (nach Roš)

Tafel 3.II
Verankerungseigenschaften verschiedener Drahtarten für Spannbette nach *Roš* bei $\sigma_v^{(0} = 12\,000$ kg/cm² und Betongüte B 450 beim Entspannen

Drahtsorte	ϕ mm	mittl. τ kg/cm²	Einleitungslänge e^1 in cm	Einleitungslänge e^1 in Vielfachen des ϕ
Runddraht, gezogen	1,5	32,5	14	$\approx$ 90 bis 95
Runddraht, gezogen	2,0	17,5	34	$\approx$ 170
Runddraht, gezogen	3,0	12,5	72	$\approx$ 240
Runddraht, gezogen	5,0	10	150	$\approx$ 300
Profildraht (gedimpelter Draht) Vereinigte Drahtwerke AG, Biel	3,0	50	18	$\approx$ 60 (Minimalwert!)
Drahtlitze	4 ϕ 2,6	30	52	$\approx$ 200 (des Einzeldrahtes)
Vierkant verwunden Ganghöhe $\sim$ 45a	$a = 4,5$	20	68	$\approx$ 150 a

[1] Vergrößerungen von e durch Kriechen berücksichtigt

Gaede [191] hat die Einleitungslängen mit am Beton angeklebten elektrischen Gebern gemessen und für zweidrähtige Litzen ϕ 2 bis 2,6 mm in B 700 ein $e < 28$ cm festgestellt.

Aus Versuchen an dem MPA München ergab sich für gewellten Spanndraht ϕ 3,5 mm in Beton B 450 eine Einleitungslänge e von rd. 35 cm (= 100 ϕ) am linken und rd. 17,5 cm (= 50 ϕ) am rechten Balkenende. Die Unterschiede sind darauf zurückzuführen, daß die Spanndrähte am linken Ende mit Schneidbrennern aufgeschnitten wurden. Die freiwerdende Spannkraft wurde also an dieser Seite besonders schlagartig eingeleitet, was zu den höheren Einleitungslängen am linken Balkenende führte.

Der russische quergerippte Spannstahl St 60/90 nach Bild 2.6 ist so kräftig gerippt, daß er auch bei Stäben bis ϕ 30 mm für Spannbettvorspannung mit Verbundverankerung geeignet ist. Nähere Werte der Übertragungslängen oder Verbundfestigkeiten sind nicht bekannt, man darf jedoch annehmen, daß die Verankerungsbedingungen sehr günstig sind. Bei den dickeren Stäben müssen die Ankerzonen sorgfältig quer bewehrt oder umschnürt werden.

In den deutschen Zulassungen werden in Zukunft für die im Spannbett zu verwendenden Drähte die in Tafel 3.III aufgeführten Übertragungslängen $\ddot{u}$ angegeben. Die Einleitungslänge e erhält man daraus, indem man die Störlänge s nach der Gleichung

$$e = \sqrt{\ddot{u}^2 + s^2}$$

hinzufügt, wobei unter s die Strecke zu verstehen ist, in der die vom Spanndraht eingeleitete Kraft im zugehörigen Betonquerschnitt gleichmäßige Spannung erzeugt hat. Im allgemeinen ist s also dem Abstand der Spanndrähte vom Querschnittsrand oder ihrem gegenseitigen Abstand gleich.

Tafel 3.III
Übertragungslängen $\ddot{u}$ nach deutschen Zulassungen

Drahtsorte	Querschnitt	Übertragungslänge $\ddot{u}$ cm
Quergerippter Stahl	20 bis 40 mm²	50
Gezogener Stahl, profiliert	ϕ 3 bis 8 mm	60
2- bis 3drähtige Litze	ϕ 2 bis 3 mm	70
7drähtige Litze	ϕ 2 bis 4 mm	100

Die für die Aufnahme der Spaltzugkräfte erforderliche Bewehrung ist bei gerippten Stählen auf die Länge $^1/_2\,\ddot{u}$ und bei allen übrigen Spannstählen auf die Länge $^3/_4\,\ddot{u}$ gegen das Ende des Tragteiles hin zu verteilen.

Bei dynamisch beanspruchten Bauteilen ist mit etwa 65 % des statischen Gleitwiderstandes bzw. mit 1,5 $\ddot{u}$ zu rechnen. Man sollte jedoch nur Drähte mit Scherverbund dafür verwenden.

Liegen mehrere Drähte nebeneinander, dann ist zu beachten, daß am Balkenende die Querpressungen der Drähte eine um so höhere rechtwinkelig zum Draht wirkende Zugspannung im Beton erzeugen, je enger der Abstand ist (Spaltbewehrung nötig).

3.132 Verbundverankerungen für Spannen nach dem Erhärten des Betons

Einzelspannglieder

Für das Spannen nach dem Erhärten kann man Spannglieder an einem Ende durch direktes Einbetonieren verankern, wenn die Drähte gerippt oder profiliert sind, so daß ein guter Scherverbund entsteht. Man macht dabei meist von der erhöhten Festigkeit und Querpressung Gebrauch, die eine Wendelbewehrung ergibt und kommt so zu ähnlichen Verankerungen wie bei Bild 3.12 und 3.13 mit gewellten Drahtenden. Mehrere Verfahren verwenden diese Ankerart; als Beispiel wird in Bild 3.29 die Fächerverankerung der Beton- und Monierbau AG gezeigt. Der Gleitkanal endet

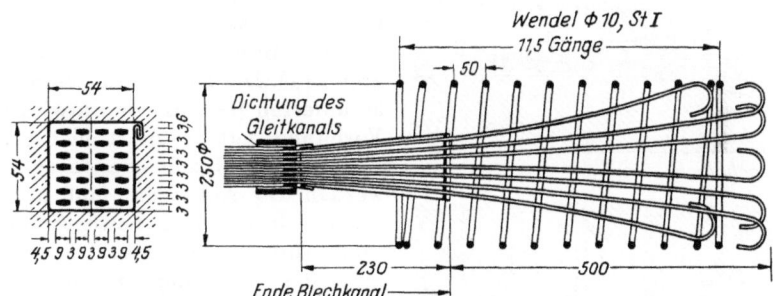

Bild 3.29 Fächerverankerung von 28 quergerippten Ovaldrähten, würde auch ohne Endhaken halten (Beton- und Monierbau AG)

mit einer Dichtung, die Drähte werden innerhalb der Wendel gespreizt und auf genügende Länge einbetoniert. Haken an den Drahtenden sind bei gut profilierten Drähten für das Einbringen und Verdichten des Betons innerhalb der Wendel eher schädlich als nützlich. Bei größerer Drahtzahl ist es nötig, den Gleitkanal über den Beginn der Spreizung hinaus zu verlängern und zu erweitern, bis die Drähte je 1 bis 2 cm Abstand voneinander haben, da sonst der Beton am Beginn der Ankerzone beim Spannen überbeansprucht und zerstört wird.

Die Drähte können fächer- oder besenartig gespreizt werden. Bei mehr als 8 Drähten ist es zweckmäßig je 2 bis 3 Drähte auf kleinen Abstand zu bringen, damit der Abstand zwischen diesen Drahtgruppen zum Einbringen des Betons genügend groß bleibt.

Die Wendeln zur Umschnürung des Betons können nach den deutschen Zulassungen etwa wie folgt bemessen werden:

Tafel 3.IV
Wendeln zur Umschnürung des Betons bei Einzelspanngliedern

Spannkraft V_0 t	innerer Durchmesser d_k cm	Stabdurchmesser mm	Stahlgüte	Zahl der Gänge	Ganghöhe cm
25	14	8	I	8 — 9	5
40	17	10	I	10	5
50	19	10	I	10	5
75	24	10	I	11	5

Die einbetonierte Ankerlänge beträgt bei gut profilierten Spanndrähten der Güten St 150 bis 160 mit $F_z = 30$ bis 40 mm^2 40 bis 50 cm.

Haft- und Scherverbund ermöglicht auch Verankerungen mit Seilköpfen, von denen insbesondere das Verfahren der Beton- und Monierbau AG (Bild 3.86) und die HG-Spannglieder (Bild 3.87) zu nennen sind (Kap. 3.24).

In Felsankern werden profilierte Drähte oder Litzen ebenfalls im Verbund mit dem Mörtelverguß verankert, näheres s. Kap. 16.8, Bild 16.138 und 16.139.

Fächerverankerungen großer Kabel

Will man große Kabel direkt im Beton verankern, dann ist es wesentlich, daß man die fächerartig auseinander gespreizten Drähte am Beginn des Spreizbereiches frei läßt und sie nur im hinteren Teil des Fächers einbetoniert, wo die Drähte soviel Abstand haben, daß sie alle von gut gekörntem Beton umschlossen werden und wo Querdruckspannungen vorherrschen (Bild 3.30). Der freibleibende Spreizbereich wird von einer trompetenartigen Erweiterung des Gleitkanals umschlossen und endet mit einem Lochblech, durch das die Drähte in sauberer Ordnung hindurchgesteckt werden (Bild 3.31 und 3.32, vgl. auch Bild 7.10 und 7.11). Die Drähte müssen mindestens im einbetonierten Bereich zur Entwicklung des nötigen Verbundes gut profiliert oder gewellt sein. Nach Versuchen in Japan können auch Litzen benützt werden. Die Ankerzone muß in beiden Querrichtungen ausreichend bewehrt oder vorgespannt sein. Auch die Spreizkräfte des Kabels am Beginn der Spreizung und die durch die Weiterleitung der Ankerkraft im Trompetenbereich entstehenden Querzugspannungen bedingen Querbewehrungen, die nach Kap. 9 zu bemessen sind.

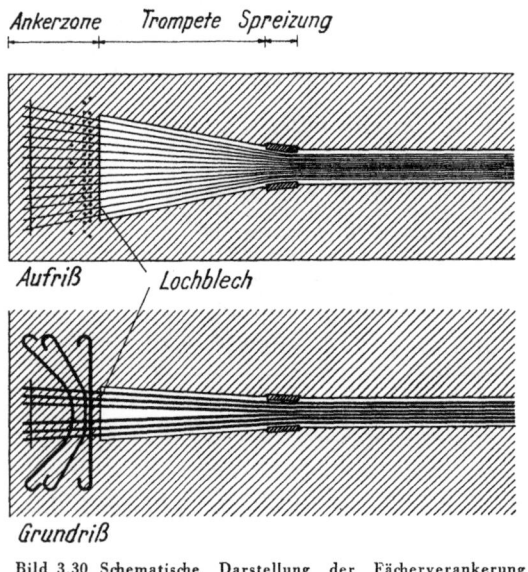

Bild 3.30 Schematische Darstellung der Fächerverankerung großer Kabel

Derartige Fächerverankerungen wurden vom Verfasser für Vorspannkräfte bis zu 1800 t durch mehrere Versuche geprüft, wobei verschiedene Bewehrungs- und Abstützarten erprobt wurden [416]. Dabei wurde ein Kabel in zwei Betonblöcken verankert, die mit hydraulischen Pressen auseinandergedrückt wurden. Die Bewehrung des sogenannten Stuttgarter 1000 t-Versuches zeigt Bild 3.33. Das Kabel bestand aus 32 Lagen zu je 10 Drähten, oval, gerippt, mit je 30 mm² Querschnittsfläche aus St 145/160. Die Querbewehrung im Ankerbereich bestand im linken Block aus 154 Stäben $\varnothing$ 10 mm St I mit einem Gesamtquerschnitt von $F_e = 121{,}6 \text{ cm}^2$; am rechten Block aus 154 Stäben Neptun 60, St 120, quergerippt mit $F_e = 92{,}4 \text{ cm}^2$, hakenlos. Die lotrechte Bewehrung war gerade für die erwarteten Querzugspannungen infolge des Kraftflusses zwischen der Ankerzone und den hydraulischen Pressen bemessen. Die beiden Blöcke wurden mit anfänglich 4, später 6 Pressen zu je 300 t bis zum Erreichen der Bruchlast auseinandergedrückt. Es wurden mehrere Belastungen, auch Dauerlasten, durchgeführt.

An den Betonflächen wurden umfangreiche Dehnungs- und Dickenänderungsmessungen gemacht. Die relative Verwölbung der Seiten- und Rückflächen ist im Bild 3.34 dargestellt. Außer den wenigen waagrechten Rissen im Trompetenbereich infolge der Querzugkräfte konnten bis zum Bruch äußerlich keine Risse beobachtet werden (Bild 3.35). Die aus der Rückfläche herausstehenden Drahtenden blieben unverändert. Die Drähte sind außerhalb der Verankerung fast durchweg in der Spannlücke gebrochen. Die Bruchlastspannung des gesamten Kabels lag etwas über der gewährleisteten Mindestfestigkeit der Einzeldrähte.

Bild 3.31 Fächeranker mit Spreizbereich in der Blechtrompete

Bild 3.32 Lochblech am Ende des trompetenartig erweiterten Gleitkanales zur Sicherung der Drahtabstände

Am Beginn einer solchen Fächerverankerung müssen unmittelbar hinter dem Lochblech durch den Scherverbund der Drähte Risse im Beton entstehen, da der Beton die große Dehnung des Spannstahls in diesem Bereich nicht rissefrei mitmachen kann. Da diese Risse am großen Ankerblock außen nirgends in Erscheinung traten, wurden weitere Versuche gewissermaßen an einem scheibenartigen Ausschnitt aus der Verankerung durchgeführt. Den Versuchskörper zeigt Bild 3.36. In einer nur 23 cm dicken Platte waren 6 Lagen der gerippten Ovaldrähte mit den unmittelbar am Lochblech vorhandenen Abständen parallel einbetoniert. In der linken Platte bestand die Querbewehrung aus geraden, gerippten Stäben ϕ 12 mm, St III a, in der rechten Platte aus verschieden stark abgebogenen, gerippten Stäben ϕ 12 mm, St III a. Diese Versuche und ein späterer Versuchskörper an einem 1800 t-Kabel zeigten deutlich, daß bei gerippten Spanndrähten im vorderen Ankerbereich Risse entstehen, die gekrümmt verlaufen (Bild 3.37), weil sich zwischen den Rissen Druckgewölbe im Beton ausbilden. Der Gewölbeschub wird zugbandartig von der Querbewehrung aufgenommen. Es ist dies ein erneuter Beweis dafür, daß bei Scherbeanspruchung die Kräfte durch ein System innerer schiefer Hauptspannungen getragen werden. Die schiefen Hauptdruckspannungen bilden Gewölbe über den zugbandartig wirkenden schiefen Hauptzugspannungen, die den Querbewehrungen zufallen. Der gewölbte Verlauf der Hauptdruckspannungen zeigt deutlich, daß

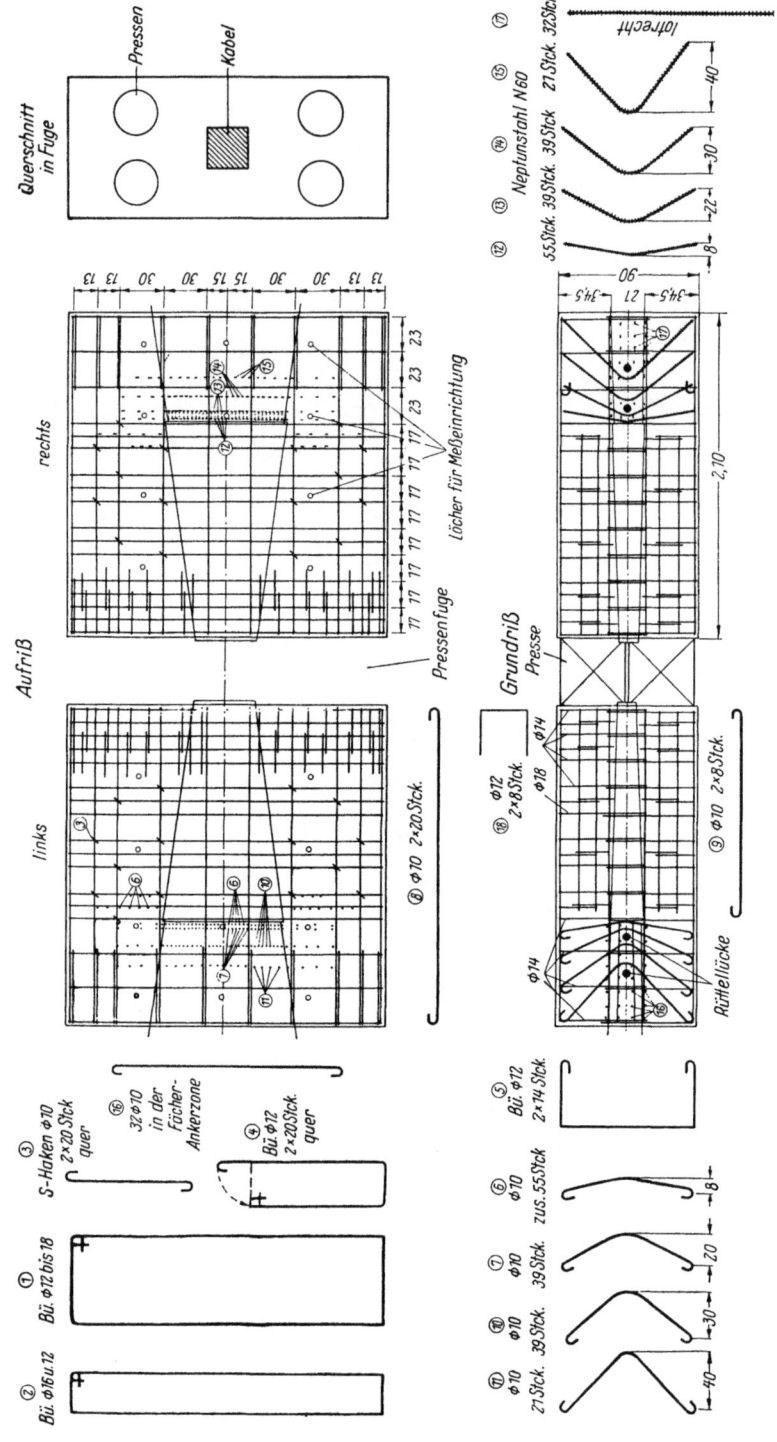

Bild 3.33 Versuche an großen Fächerverankerungen. Schlaffe Bewehrung der Ankerblöcke des Stuttgarter 1000 t-Versuches

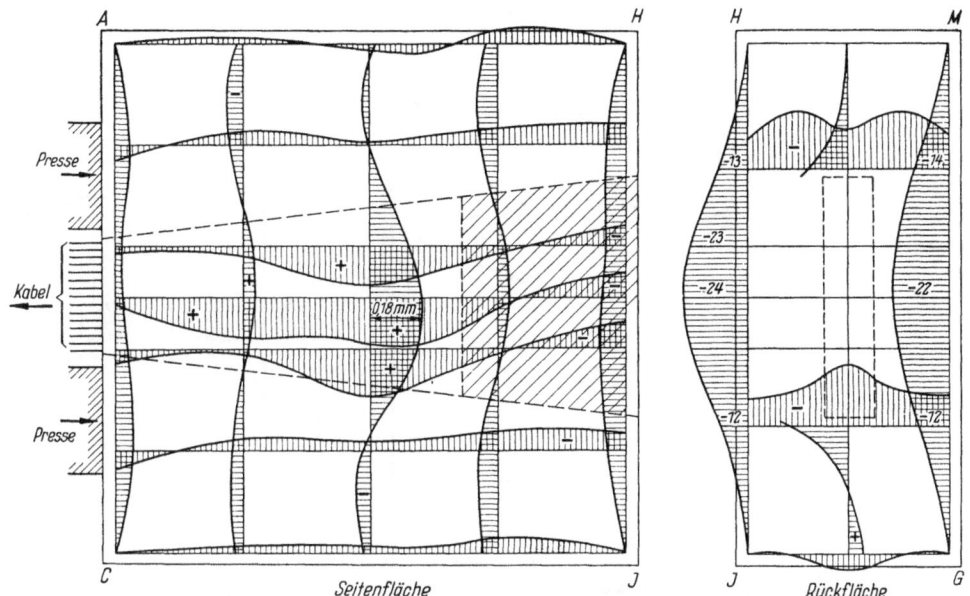

Bild 3.34 1000 t-Versuch. Relative Verwölbung der Seiten- und Rückfläche je bezogen auf die Eckpunkte ACJH bzw. GJHM

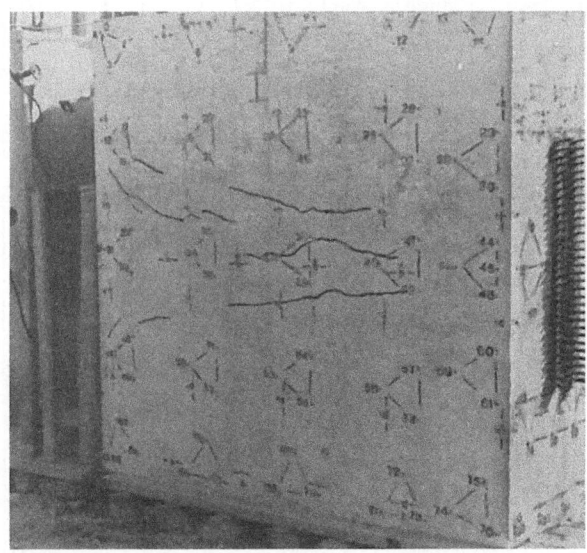

Bild 3.35 Rißbild nach Erreichen der Bruchlast, rechts Drahtenden des Kabels

umgekehrt gekrümmte Zugstäbe wirkungsvoller sind als gerade Bewehrungsstäbe. Eine zweckmäßige Anordnung der Querbewehrung auf Grund der Versuchsergebnisse zeigen die Bilder 3.38 und 3.39.

Die Zone des Betons unmittelbar hinter dem Lochblech wird durch die Dehnung der Drähte mehr oder weniger zerstört. Man kann dies vermeiden, indem man den Verbund der Drähte im vorderen Drittel der Ankerzone durch Anstrich oder Hüllen aufhebt und den Scher-plus Reibungsverbund erst im hinteren Bereich beginnen läßt. Die günstigste Wirkung wird erzielt, wenn die einzelnen Drähte im vorderen Ankerbereich glatt und nur hinten profiliert sind (Bild 3.41) oder gar am Ende einen angestauchten Ankerkopf (vgl. Kap. 3.26) mit kleinen Ankerplättchen erhalten. Man

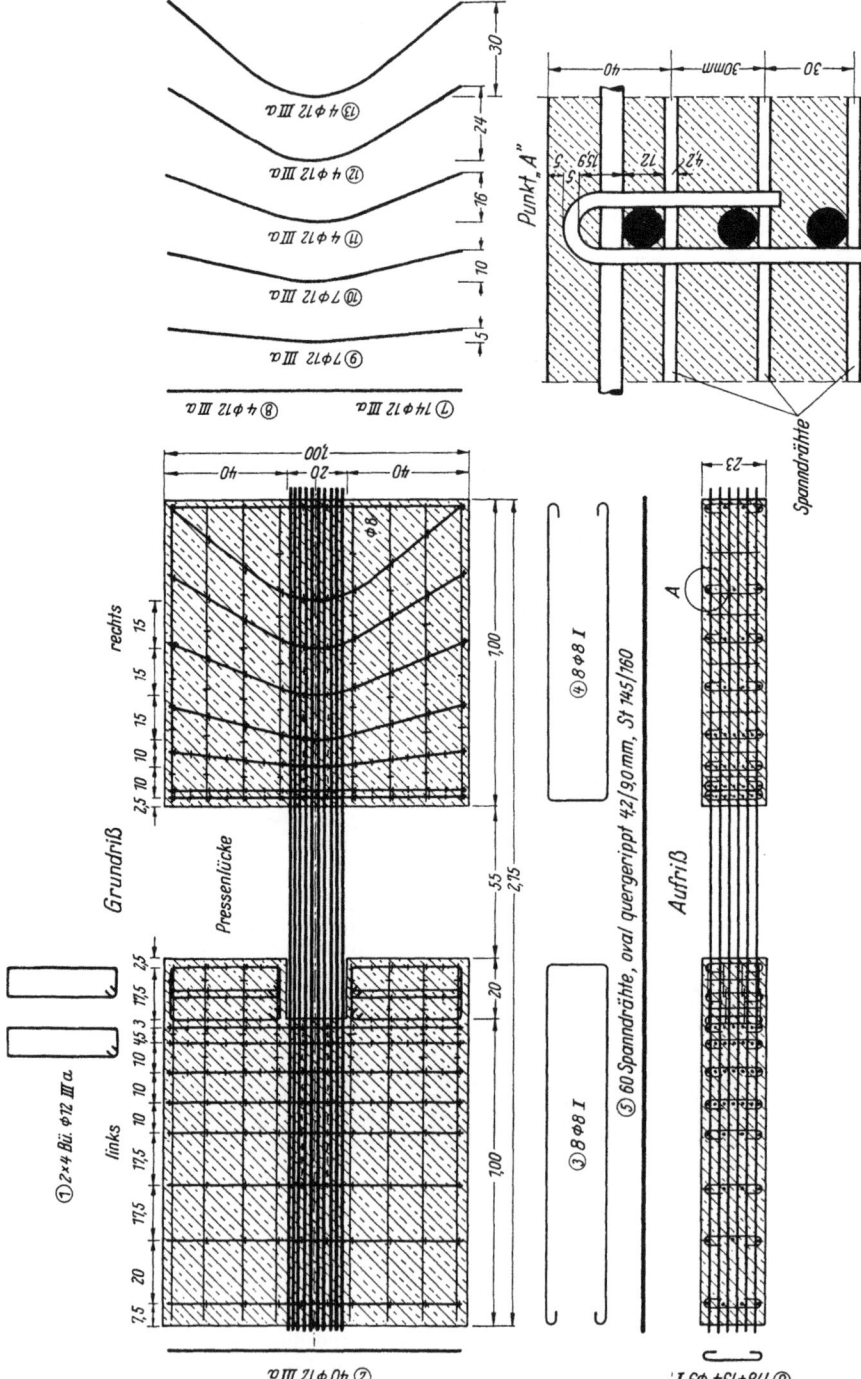

Bild 3.36 Scheibenartiger Ausschnitt aus der Ankerzone. Versuchskörper zur Ermittlung des Rißverlaufes in der Ankerzone bei durchgehendem Scheiverbund

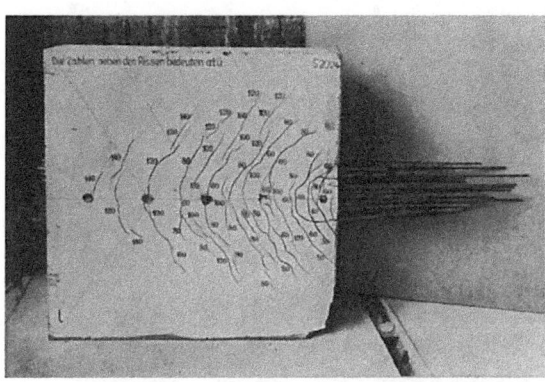

Bild 3.37 Rißbild bei der Bruchlast des Kabels in der Scheibe gemäß Bild 3.36, Grundriß rechts. Alle Drahtbrüche in Spannlücke

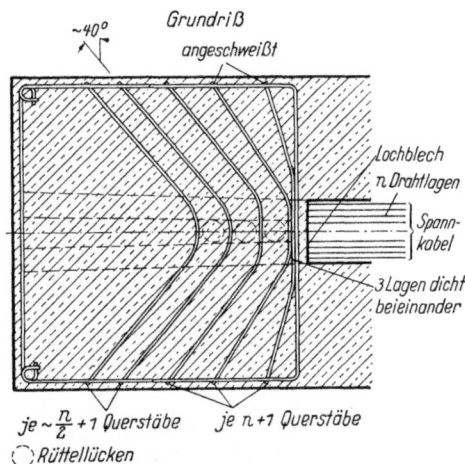

Bild 3.38 Zweckmäßige Querbewehrung im Ankerbereich auf Grund der Versuchsergebnisse. Die Querstäbe werden zweckmäßig auf einer Schablone an die Randbügel angeschweißt, damit sie in allen Lagen genau gleich liegen

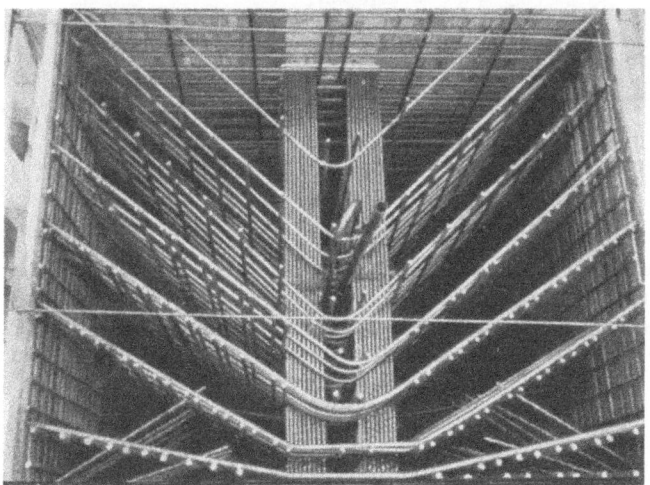

Bild 3.39 Blick in eine Fächerverankerung für ein 1800 t-Kabel beim Aufbau. Jede Lage besteht aus 16 gerippten Ovaldrähten je 30 mm² mit 10 cm breiter Rüttellücke

Bild 3.40 Zwei nahe nebeneinander liegende Fächeranker mit durchgehender Querbewehrung

erreicht dann, daß die Ankerkräfte der Drähte gewissermaßen von oben auf die Gewölbe wirken und die Gewölbe gegeneinander drücken, während bei der am Lochblech beginnenden Verbundverankerung die Drähte wie Hängestangen in den Gewölben nacheinander hängen.

Für die Bemessung der Bewehrungen solcher Fächeranker konnten auf Grund der Versuche folgende einfache Regeln abgeleitet werden:

Wir unterscheiden zwischen

1. der festen Verankerung, bei der die Spannkraft unmittelbar um den vorläufigen Hohlraum der Spreiztrompete herum auf den Beton des Tragwerkes weitergeleitet wird,
2. dem Einleitungsbereich der Spannkraft im Anschluß an die Verankerung, also meist im Bereich der Spreiztrompete, zu bemessen nach Kap. 9 und in üblicher Weise auf Biegung und Querkraft,
3. Spannblöcken, die zunächst auf Pressen gestützt sind und anschließend auf Füllbeton umgesetzt werden, also für zweierlei Stützarten zu untersuchen sind (vgl. Kap. 9).

Bild 3.41 Der Scherverbund wird am besten nur auf die hintere Hälfte der Ankerzone beschränkt, damit die Drähte vorne noch gleiten können. Die lotrechte Bewehrung der Ankerzone ist noch nicht eingebaut

Lotrechte Fächerbewehrung $F_{e(1)}$

Im Ankerbereich bilden sich zwischen den Drahtlagen kleine Stützgewölbe (1) (Bild 3.42), deren Schub durch die lotrechte Fächerbewehrung $F_{e(1)}$ aufzunehmen ist, die das Spalten des Betons entlang der Drahtlagen infolge der hohen Scherbeanspruchung zu verhindern hat. Theoretisch wird der Gewölbeschub für die Spannkraft Z des ganzen Kabels bei n Drahtlagen je Lage

$$H_{(1)} \approx 0{,}40 \frac{Z}{n}.$$

Da jedoch die Spannkraftabgabe im vorderen Bereich der Verbundzone größer ist als im Durchschnitt, ist es nötig, die Bewehrung $F_{e(1)}$ für eine z. B. 50 % größere Kraft zu bemessen[1], so daß wird

$$\boxed{F_{e(1)} = \frac{0{,}60\, Z}{n\ \text{zul}\ \sigma_e}}$$

Die zulässige Stahlspannung wird zweckmäßig (für alle Betonstahlgüten) niedrig gewählt mit zul $\sigma_e = 1400$ bis $1800\ \text{kg/cm}^2$, da die Dehnung dieser Stäbe klein sein soll. Die Stäbe sollen unmittelbar neben den Drahtlagen stehen, ihre Verteilung auf die Ankerlänge zeigt Bild 3.43, im vorderen Drittel von l_a soll etwa die Hälfte von $F_{e(1)}$ angeordnet sein. Die den Stützgewölben entsprechenden Druck- und Zugspannungen nehmen in der Querrichtung langsam ab. Demgemäß sind weitere Reihen lotrechter Stäbe zusätzlich mit wachsendem Abstand anzuordnen. Die Bewehrung rückt nach hinten, wenn der Scherverbund nur im Endbereich wirkt.

Weitere lotrechte Bewehrung kann in der vorderen Zone nötig werden, wenn der Spannblock am Lochblech endet und besonders wenn er höher ist als die Fächerhöhe.

---

[1] In der Zulassung der Fächeranker für das Verfahren Baur-Leonhardt wird unabhängig von der Anzahl der Lagen verlangt: vertikal $F_e = 0{,}125\, Z$.

Waagrechte Fächerbewehrung $F_{e(2)}$

Nach den Versuchen ist die Neigung der waagrechten Stützgewölbe, wie sie sich zwischen den Rissen des Bildes 3.37 ausbilden, etwa 45° bis 65°, wir wählen als Mittel 55° und erhalten dann eine Bewehrungsmenge, die größer ist als die in den Versuchskörpern angewandte.

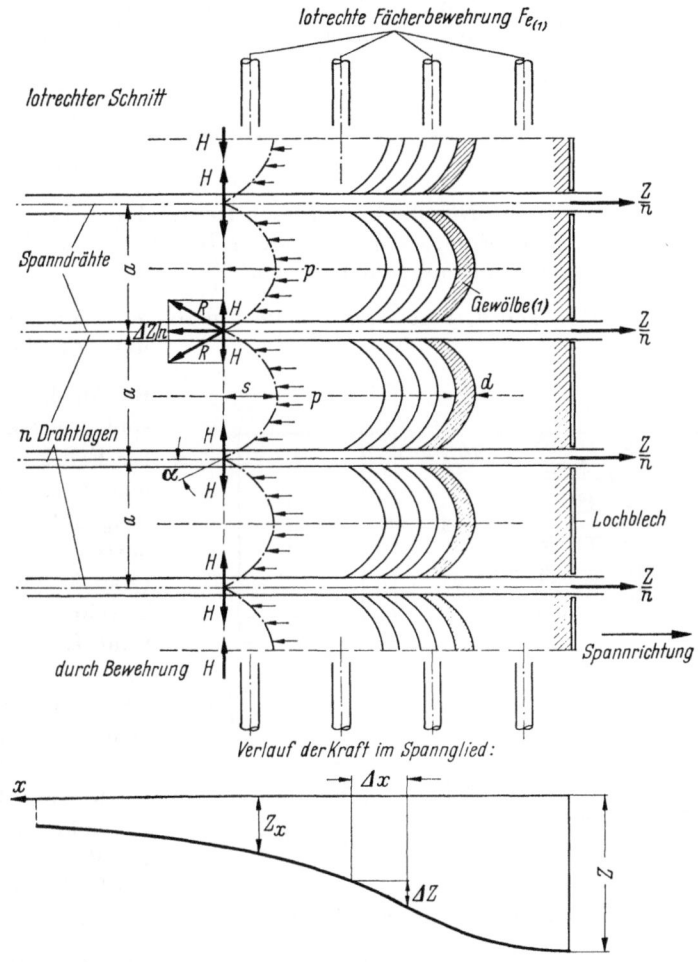

Bild 3.42 Lotrechte kleine Gewölbe (1) zwischen den Drahtlagen im Ankerbereich übertragen die Kabelkraft auf die waagrechten Gewölbescheiben gemäß Bild 3.37

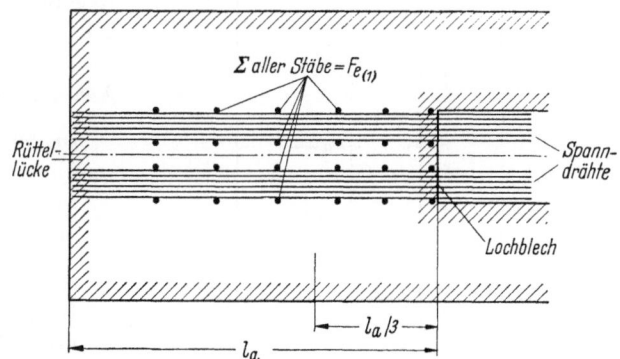

Bild 3.43 Anordnung der lotrechten Fächerbewehrung $F_{e(1)}$ bei Kabel mit Rüttellücken

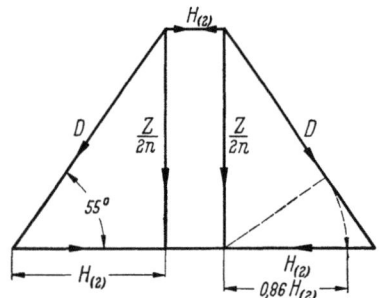

Bild 3.44 Kraftzerlegung zur Bemessung der Querbewehrung $F_{e(2)}$

Aus dem einfachen Krafteck des Bildes 3.44 ergibt sich für jede Drahtlage

$$H_{(2)} = \frac{Z \cot 55°}{2n} = 0{,}35 \frac{Z}{n}.$$

Wird die Bewehrung gemäß Bild 3.38 mit mindestens 35° geneigt eingebaut, dann ist die Bewehrung für etwa $0{,}86\,H_{(2)}$ zu bemessen. Es wird dann

je Drahtlage $\boxed{F_{e(2)} = \dfrac{0{,}25\,Z}{n \text{ zul } \sigma_e}}$

Nur die im vorderen Drittel der Ankerlänge liegenden Querstäbe dürfen auf dieses $F_{e(2)}$ angerechnet werden. Hochfeste Betonstähle mit Scherverbund können hier mit zul σ_e bis etwa 2400 kg/cm² ausgenutzt werden.

Die beiden Bewehrungen $F_{e(1)}$ und $F_{e(2)}$ genügen für die Ankerzone, wenn diese nach Fall 1 rund um das Lochblech auf Beton ruht.

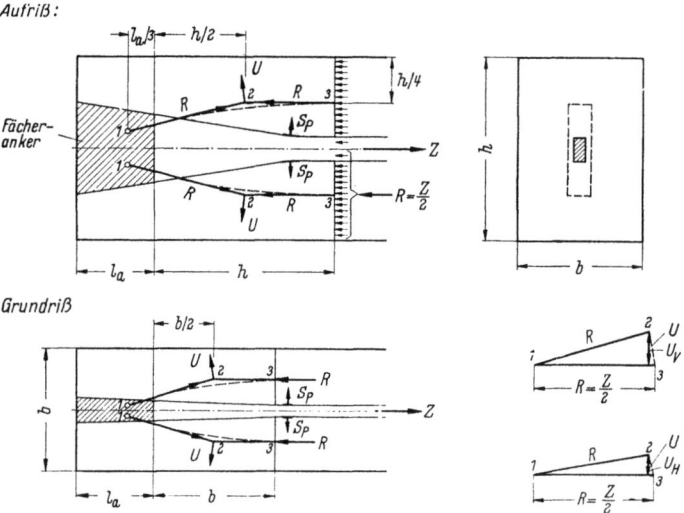

Bild 3.44a Kraftzerlegung zur Bemessung der Querbewehrung im Trompetenbereich

Im Anschluß an die Ankerzone sind weitere Querbewehrungen für Fall 2 oder 3 nötig, die aus den Verhältnissen der Abmessungen für die Krafteinleitung berechnet werden müssen (Kap. 9). Man kann die Querbewehrungen auch durch einfache Kraftecke der resultierenden Druckkräfte in den Querschnittshälften und aus ihren erforderlichen Umlenkungen erhalten, wie dies in Bild 3.44 a anschaulich dargestellt ist. Die Umlenkungen sind stetig und die Bewehrung ist deshalb auf die Umlenklänge zu verteilen.

Für die äußeren Abmessungen der großen Fächerverankerungen können folgende Regeln angegeben werden (Bild 3.45).

Ankerlänge l_a:

rd. 60 cm für 6 bis 8 profilierte Drähte je 30 mm² je Lage, etwa 20 t Spannkraft entsprechend,

rd. 100 cm für 16 profilierte Drähte je 30 mm² je Lage, etwa 40 t Spannkraft entsprechend.

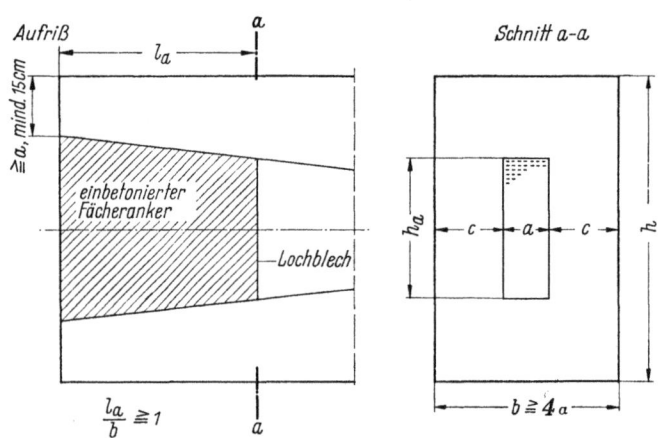

Bild 3.45 Mindestabmessungen der Ankerzone einer Fächerverankerung

Abstand der Drahtlagen am Lochblech:

mindestens 2 cm licht für Betonkörnung bis 15 mm genügt für Drähte mit Spannkraft bis je 2,6 t/cm Lagenbreite,

für stärkere Drähte ist der Abstand proportional der Spannkraft größer zu wählen. Die Zulassung legt die Lochblechfläche je Draht, z. B. für Draht $\varnothing$ 8 mm St 150 mit 4,5 cm², fest.

Abstand der Drähte in den Lagen:

Profilierte Drähte werden mit 1 bis 2 mm Abstand bis zu 10 cm Lagenbreite verlegt. Breitere Lagen werden durch eine mittlere Rüttellücke in 2 Gruppen bis zu je 10 cm Breite unterteilt. Auf Grund der Versuche können bisher Lochblechbreiten bis 30 cm (2 Drahtgruppen je 10 cm + 10 cm Rüttellücke) zugelassen werden. Für größere Kabel müßten Versuche vorausgehen.

Die Breite und Höhe der Ankerzone muß in angemessenem Verhältnis zur Kabelgröße am Lochblech stehen (Bild 3.45).

Es soll sein
$$b = 2c + a \text{ mit } c \geq 1,5 a$$
$$b \geq 4 a \geq 35 \text{ cm}$$

Ferner soll sein $l_a \geq b$.

Die Höhe h sollte so gewählt werden, daß die Spanndrähte hinten am Fächer noch mit mindestens 5 cm Beton überdeckt werden. Man sollte ferner mit $\sigma_b = \dfrac{Z}{b\,h}$ den Wert von 0,33 β_w nicht überschreiten, da am Rand der Trompete etwa die 1,5fachen mittleren Spannungen zu erwarten sind.

3.2 Verankerung mit Stahlteilen

3.21 Parallele Gewinde

In der Geschichte des Spannbetons wurden die ersten Spannstäbe mit aufgeschnittenen Gewinden, Ankerplatten und Muttern festgehalten. Diese Verankerungsart kann heute noch bei naturharten Stählen angewandt werden. Man vermindert aber ungern den normalen Querschnitt durch das Gewinde und staucht deshalb die Stabenden warm auf, so daß der Kernquerschnitt des Gewindes gleich groß wird wie der übrige Stabquerschnitt. Das metrische Feingewinde nach DIN 241 bis 243 wird bevorzugt. Es ist andererseits seit langem bekannt, Gewinde mit einem gehärteten Rollenwerkzeug kalt aufzuwalzen oder aufzurollen. Das aufgewalzte Gewinde wird im Zusammenhang mit Spannbeton erstmalig von dem Amerikaner *R. H. Dill* 1943 in der US-Patentschrift 2 329 189 erwähnt. Dabei wird das Gewinde teils in den Stab eingepreßt, teils über seinen ursprünglichen Durchmesser herausgedrückt. Der Kernquerschnitt wird also größer als beim Aufschneiden von Gewinden (Bild 3.46). Das Hüttenwerk Rheinhausen wendet diese Gewindeart auf Anregung von *Dr. Karig* und Firma Dyckerhoff & Widmann KG. bei seinem St 60/90 und 80/105 an. Infolge der Verfestigung des Stahles durch die Kalt-

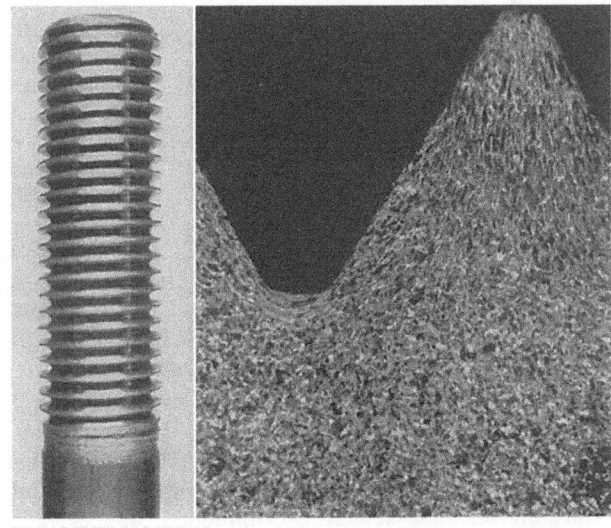

Bild 3.46 Aufgewalztes Gewinde mit Gefügeschliff am Gewindezahn

verformung hat der Stab im Kernquerschnitt für ruhende Last fast die gleiche Tragfähigkeit wie außerhalb des Gewindes, so daß man den Stab voll ausnutzen kann.
Dieses günstige Ergebnis beruht z. T. auch auf Eigenspannungen im Bereich des Gewindes, wo Längsdruck herrscht, während der Kern des Stabes unter Längszug steht. Versuchsergebnisse hierüber sind in [267] berichtet.
Für die bei einem St 90 zulässige Spannkraft genügt noch eine normale Mutter aus St 44 zur Abstützung auf die Ankerplatte. Zur Sicherheit ordnet man jedoch meist eine zweite oder eine längere Mutter an. Diese einfache Verankerungsart war lange bei den Spannbetonschwellen nach *Meier-Karig* mit St 90-Stählen ⌀ 18 mm gemäß Bild 3.47 üblich (vgl. auch Kap. 16.4 und [133]). Die

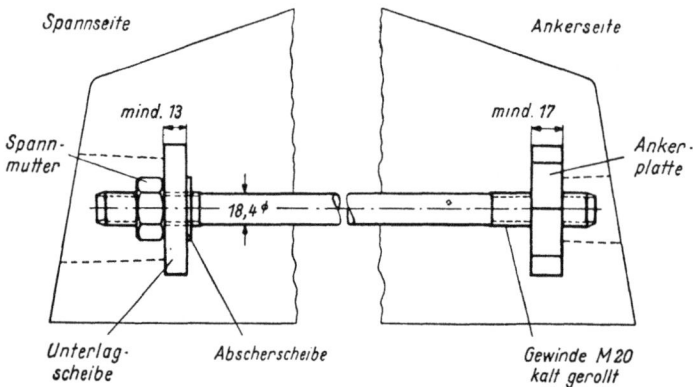

Bild 3.47 Frühere Verankerung von St 90-Stäben ⌀ 18 mm für Schwellen [133]

Ankerplatte ist so zu bemessen, daß sie die Spannkraft mit der zulässigen Pressung auf den Beton überträgt. Für kleine Stückzahlen wird man die volle Rechteckplatte wählen, bei großer Stückzahl lohnt sich ein Gesenkschmiedestück mit nach außen abnehmender Dicke oder mit über Eck liegenden Versteifungsrippen.
Die im Maschinenbau entwickelte B u n d m u t t e r (Bild 3.48) entlastet die unteren Gewindezähne und verteilt so die Kraft gleichmäßiger auf alle Zähne als die normale Mutter. Solche Bundmuttern sind besonders für dynamische Beanspruchungen vorzuziehen.

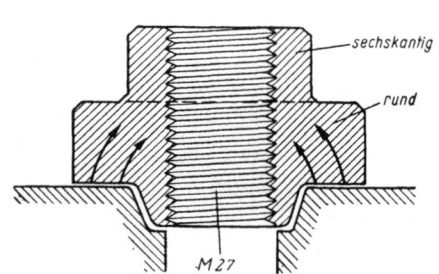

Bild 3.48 Bundmutter zur Verankerung von Spannstäben mit guter Verteilung der Kraft auf alle Gewindezähne

Die Verankerung mit Gewinde und Bundmuttern ist bei dem D y w i d a g - S p a n n b e t o n der Firma Dyckerhoff & Widmann KG. mit Stäben ⌀ 26 mm üblich. Die geschmiedete Ankerplatte 130/130 mm aus St 37 zeigt zwei abgestufte Vertiefungen für die Bundmutter und Rillen, durch die der Einpreßmörtel an der Mutter vorbei in das Hüllrohr vordringen kann (Bild 3.49 und 3.52 links). In einer Variante für die Gegenseite ist der Anschluß eines Entlüftungsstabes in der Ankerplatte vorgesehen. Man erkennt, wie manche Einzelheiten für das Spannen und Auspressen für ein vollständiges Verfahren an diesen Ankerteilen zu berücksichtigen sind. Aus dem Bild 3.49 ist zu entnehmen, daß die Ankerplatte beim Einbau mit einer Montageplatte genau rechtwinklig an den Stab angeschlossen wird, um beim Spannen und Verankern jede zusätzliche Biegebeanspruchung am Gewinde zu vermeiden.
Durch Versuche ließ sich nachweisen, daß die Ankerplatte sehr klein gehalten werden kann, wenn der anschließende Beton umschnürt wird oder sonstwie in der Querrichtung nicht ausweichen kann. Kreisförmige Ankerplatten sind dabei besonders sparsam.
D y w i d a g benützt diese Möglichkeit im Extrem, indem eine abgeschrägte Mutter mit nur 71 mm Durchmesser und 30 mm Gewindelänge aus St 52 am Stabende aufgeschraubt und der Beton gemäß Bild 3.50 mit einer Wendel umschnürt wird. Der umschnürte Beton (ab Güte B 300) erträgt

die rechnerische hohe Pressung von $p_b = \dfrac{30700}{33} = 940$ kg/cm² auch im Dauerschwingversuch. Im Hinblick auf die hohen Anforderungen der deutschen Zulassung an die Ermüdungsfestigkeit der Verankerungen hat D y w i d a g die Gewindeverankerung weiterentwickelt, so daß sie etwa gleiche Schwingbreiten erträgt wie andere günstige Verankerungen (vgl. Kap. 3.3). Dazu wurden einerseits die Gewinde am Stab im Grund besser ausgerundet und andererseits eine Art Keilmutter gebildet, die konisch im Ankerkörper sitzt. Der konische Teil ist geschlitzt, so daß dieser Mutterteil fest gegen den Stab angepreßt wird, wodurch die Gefahr des Abscherens der unteren Gewindezähne stark vermindert ist (Bild 3.51). Die Schlitze sind am Sitz gegen den Ankerkörper zu

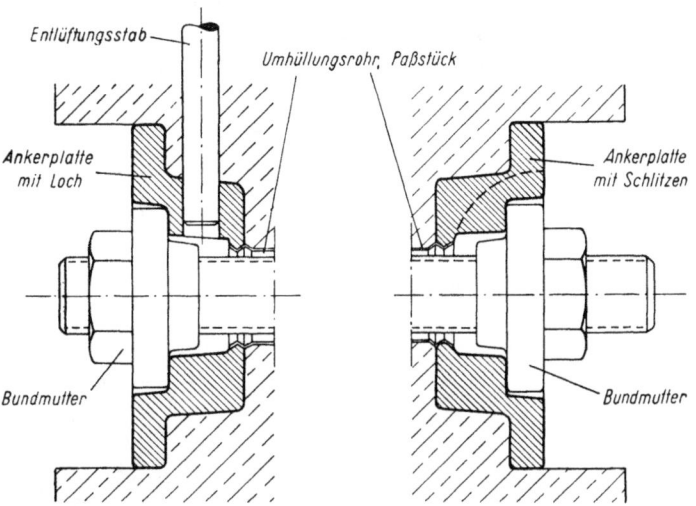

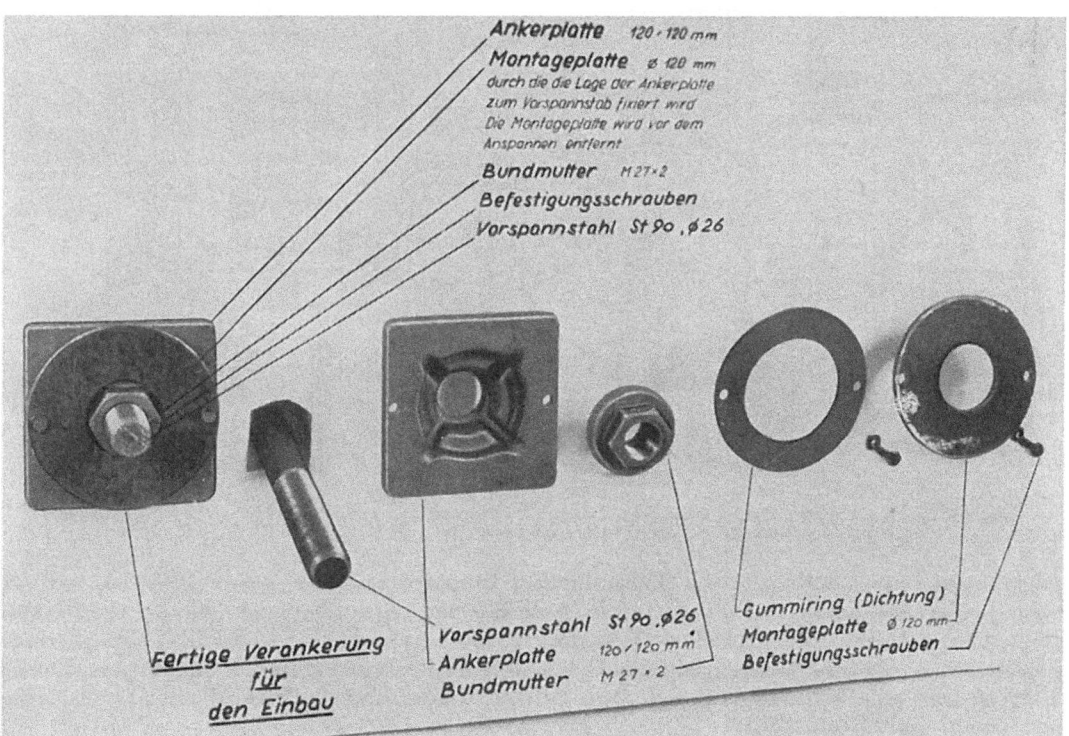

Bild 3.49 Dywidag-Verankerung mit Ankerplatte und Bundmutter für Stäbe ⌀ 26 mm aus St 60/90. Oben im Schnitt, unten Einzelteile (Ankerplatte für Stäbe ⌀ 26 mm aus St 80/105 ist 130/130 mm groß)

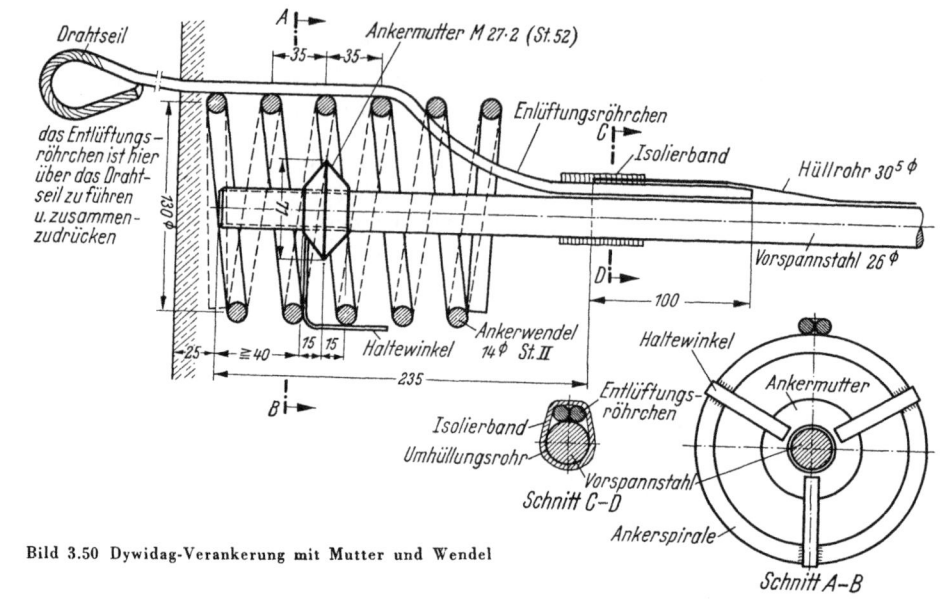

Bild 3.50 Dywidag-Verankerung mit Mutter und Wendel

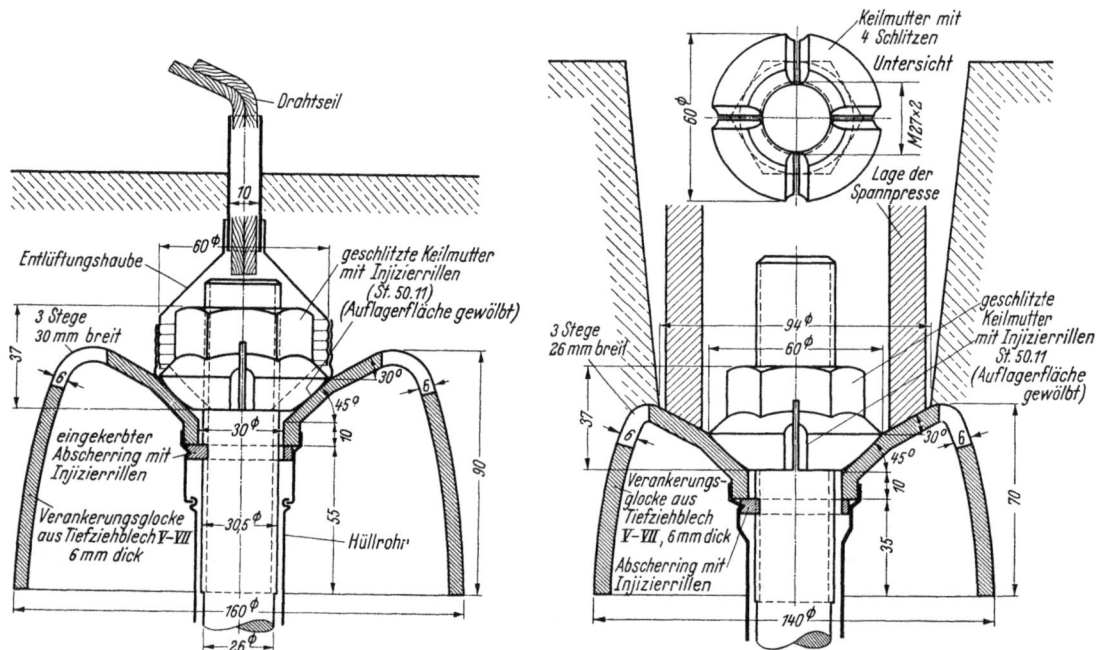

Bild 3.51 Dywidag-Verankerung mit Glocke und geschlitzter Keilmutter, links (für B 300) als fester, rechts (für B 450) als Spannanker für Stäbe ⌀ 26 mm aus St 80/105

Rillen ausgeweitet, durch die der Einpreßmörtel hindurchgelangen kann. Bild 3.51 und 3.52 rechts zeigen gleichzeitig einen sparsamen Ankerkörper: eine aus 6 mm dickem Tiefziehblech hergestellte „Glocke", deren äußere Teile den Beton hinter der Ankermutter gewissermaßen umschnüren, so daß die Wendel entfallen kann. Der Glockendurchmesser ist am unteren Rand für B 300 160 mm und für B 450 140 mm; oben ist die Glocke durchbrochen, damit sich das Innere zuverlässiger mit Beton füllt.

Es gelingt auch, auf schlußvergütete oder gezogene Stähle bis St 160 Gewinde kalt aufzuwalzen.

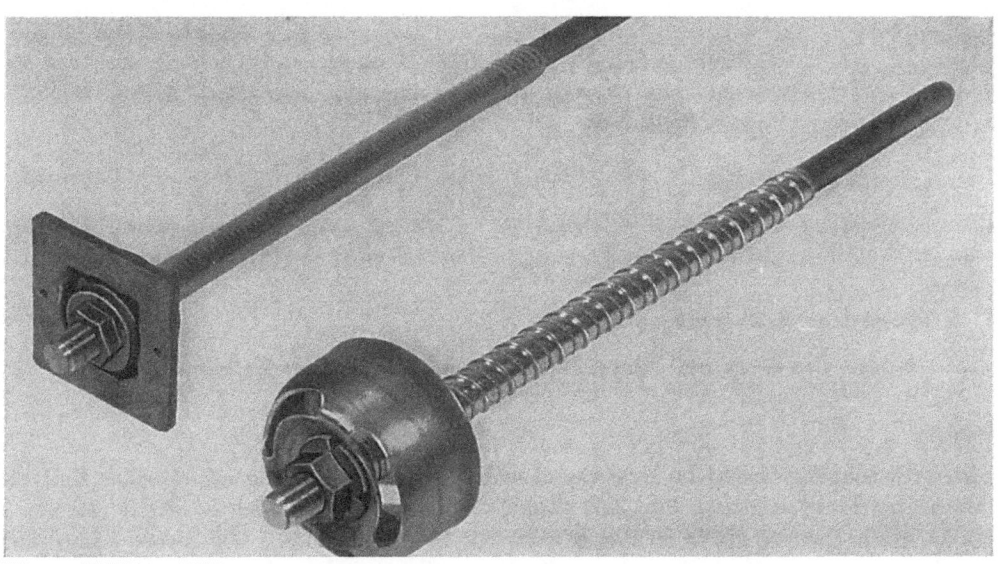

Bild 3.52 Verankerungsplatte gemäß Bild 3.49 und Verankerungsglocke gemäß Bild 3.51

Die Felten & Guilleaume Carlswerk AG., Köln-Mülheim, liefert solche Stäbe mit metr. Gewinden nach DIN 13 und 14 von M4 bis M12 auf Drähten ⌀ 3,46 mm bis ⌀ 8,90 mm (M 10) bei St 145/160 und ⌀ 9,9 bis 10,73 mm (M 12) bei St 135/150.

Diese hochfesten Drähte mit Gewindeanker sind besonders für kurze Spannelemente, z. B. für Bügel geeignet, weil auch kleine Spannwege genau eingestellt werden können.

Die Gewindeverankerung ist bei dynamischer Krafteinwirkung gegen zusätzliche Biegebeanspruchung sehr empfindlich ([132] S. 187). Man muß also dafür sorgen, daß die Stäbe an den Gewinden genau mittig beansprucht werden. Die Verankerungsplatten müssen deshalb durch eine auf das Gewinde aufgeschraubte Hilfsplatte genau rechtwinkelig zur Stabachse anbetoniert und die Spannpresse muß mit ihrer Achse parallel zur Stabachse angesetzt werden.

Bei Gewindeverankerungen müssen die Stablängen schon zum Aufrollen des Gewindes im Werk genau bekannt sein und die Gewinde sorgfältig gegen Rost oder Schmutz geschützt werden.

Die Gewindeverankerung erlaubt eine genaue Einstellung des Spannweges durch Nachdrehen der Ankermutter, so daß auch kurze Spannstäbe mit guter Genauigkeit auf die gewünschte Spannkraft gebracht werden können.

3.22 Konisch auslaufende Gewinde

Durch eine am Ende des Gewindes sehr kleine und dann langsam zunehmende Einschnittiefe des Gewindes (Bild 3.53) kann man mit entsprechend konisch aufgeriebenen, genügend langen

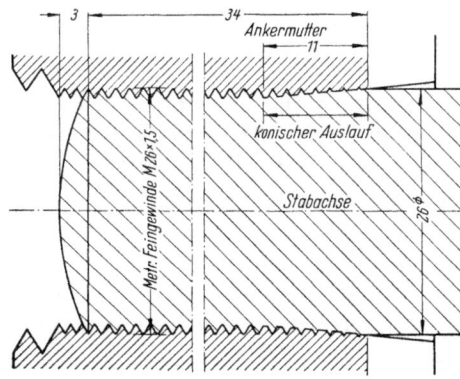
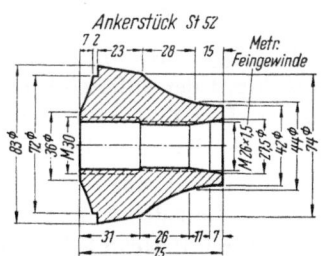

Bild 3.53 (links und oben) Gewinde mit konischem Auslauf des Gewindeschnitts in einem Ankerstück für Stäbe ⌀ 26 mm

Muttern rund 90% der Tragfähigkeit des Stabes bei ruhender Last erreichen. Die Mutter muß fest angezogen werden und läßt sich nicht nachstellen. Diese Gewindeart kann nach der Verbesserung der parallelen Gewinde und ihrer Muttern als überholt angesehen werden. Frühere Anwendungen siehe 1. Auflage S. 83 und 84.

3.23 Verankerung mit Keilen

Die Eigenschaften der vergüteten Stähle führten frühzeitig dazu, die gespannten Drähte oder Stäbe durch Keile festzuhalten. Diese Verankerungsart ist nicht so einfach, wie sie aussieht.

3.231 Kräftespiel an Keilverankerungen

Wir unterscheiden Gleitkeile und Einpreßkeile, je nach der Art des Keilansatzes.

Gleitkeile:

Betrachten wir zunächst einmal das Kräftespiel an der am ganzen Umfang angreifenden Keilverankerung eines Einzeldrahtes gemäß Bild 3.54 (links). Beim Gleitkeil werden die Keile erst von Hand oder durch einen Hammerschlag an den gespannten Stab angedrückt. Die kleine Längskraft ΔP ergibt dabei die radiale Keil-Klemmkraft K, die am Spannstab und am Ankerkörper Reibungskräfte erzeugt. Die Größe der Reibungskräfte R_1 in Linie $1-1$ und R_2 in Linie $2-2$ hängt von den Reibungsbeiwerten μ_1 und μ_2 ab.

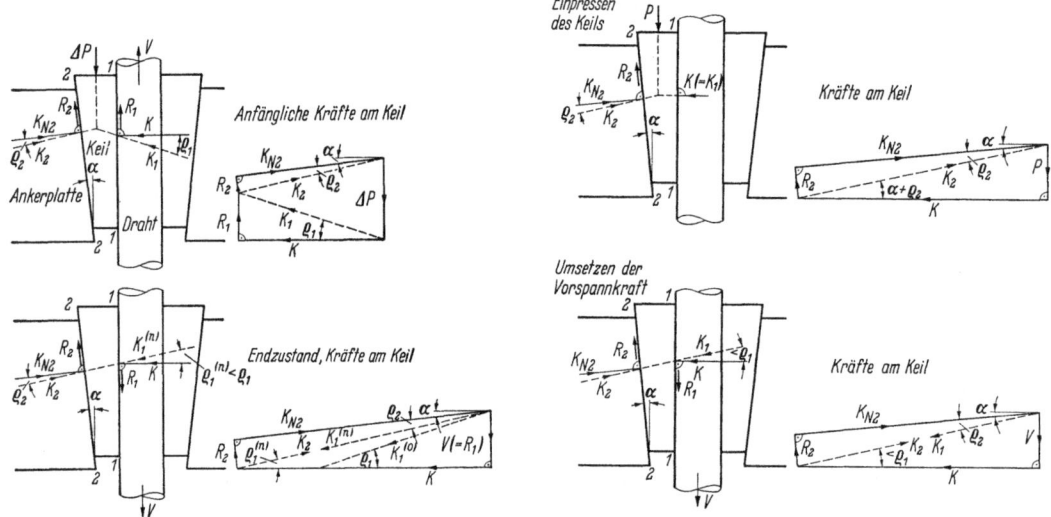

Bild 3.54 Die Wirkungsweise von Keilverankerungen. Gleitkeil und Einpreßkeil mit zugehörigen Kräften

Löst man nun den Spannstab von der Spannpresse, dann fängt er zu gleiten an und nimmt dabei die Keile mit, wenn $R_1 > R_2 \cdot \cos \alpha$ ist.

Die Verankerung ist also von einem Gleiten oder Schlupf des Keiles begleitet. Der Keil faßt den Stab natürlich mit der anfänglich kleinen Kraft nur, wenn die Keilfläche $1-1$ sehr griffig, z. B. feilenrauh ist. Der Keil muß sich **festbeißen**. Die anfängliche Klemmkraft K wird um so größer, je kleiner die Keilneigung α und der Reibungsbeiwert μ_2 in Fläche $2-2$ sind.

Durch diese Gleitbewegung wird die klemmende Keilwirkung durch Zunahme von K vom anfänglichen Wert $K_1^{(0)}$ auf den Endwert $K_1^{(n)}$ solange verstärkt, bis schließlich $R_1 = V$ ist. Dieser Zustand wird erreicht, wenn $K_1^{(n)} \cdot \sin \varrho_2 = K_1^{(n)} \sin(\varrho_1^{(n)} - \alpha)$ ist, also wenn $\varrho_1^{(n)} - \alpha = \varrho_2$ oder $\varrho_1^{(n)} = \alpha + \varrho_2$ ist. Dabei ist $\varrho_1^{(n)}$ der an der fertigen Verankerung wirkende Reibungswinkel am Spannstab, der kleiner sein muß als der beim Gleiten auftretende Winkel ϱ_1.

Die Verankerungswirkung hängt also von α und ϱ_2 ab: je größer α, d. h. je mehr der Keil geneigt ist, um so kleiner muß seine Reibung am Ankerkörper sein.

Die Bedingungen sind also

$$\mu_1 \gg \mu_2; \quad \alpha \text{ und } \mu_2 \text{ möglichst klein.}$$

Man wählt als Keilneigung $\tan \alpha$ meist 1:9 bis 1:12. Die Keilreibung μ_2 wird meist etwa 0,08 bis 0,10.

Um eine möglichst hohe Reibung zwischen Stab und Keil zu erhalten, wird die Keilfläche rauh und hart gemacht, so daß nicht Reibung allein, sondern sogar eine Verzahnung und damit Scherwiderstände die Verankerung bewirken. Die Verzahnung entsteht aber nur, wenn die rauhe Keilfläche härter oder bei kantiger Profilierung beinahe so hart wie der Spannstahl ist. Keile muß man deshalb meist härten, wobei eine Härtung der äußeren Schicht genügt.

In manchen Fällen soll die Verankerung auch halten, wenn die Spannkraft abgelassen wird, d. h. die Keilverankerung soll „selbsthemmend" sein oder der Keil soll bei Entlastung nicht zurückgleiten. Diese Bedingung wird nur erfüllt, wenn in der Gleitfläche 2—2 die Reibungskraft $R_2 = K \cdot \tan \alpha < K \mu_2$ ist. Dies ist aber nur der Fall, wenn $\mu_2 > \tan \alpha$ ist. Ist $\mu_2 < \tan \alpha$, dann löst sich der Keil bei Entlastung von selbst.

Bei den Gleit- oder Schlupfkeilen ist nun nachteilig, daß ein Teil der Spannkraft durch den Schlupf verloren geht. Dieser Schlupf kann die Größenordnung von 0,5 bis 6 mm annehmen und ist bei Einzeldrahtkeilen naturgemäß kleiner als bei Keilen für ganze Bündel. Bei längeren Spanngliedern wird der Schlupf durch ein entsprechendes Überschreiten der Solldehnung ausgeglichen, kurze Spannglieder können jedoch wegen des Schlupfes nicht genau genug auf die geforderte Kraft angespannt werden. Nachteilig ist auch, daß die inneren Keilflächen beißend scharfkantig sein müssen und damit den Spannstahl verletzen. Die flache Keilneigung ergibt zudem hohe Keilkräfte mit sehr hoher Querpressung, was zusammen mit den Keilkerben zu einer niedrigen Schwingbreite bei dynamischer Belastung dieser Keilverankerung führt.

Diese Nachteile können zum Teil mit den sogenannten Einpreßkeilen vermieden werden (Bild 3.54 rechts).

Einpreßkeile:

Wir nehmen an, der Stab sei gespannt und der Keil werde mit einer Kraft P so eingepreßt, daß sich Stab und Keil gemeinsam bewegen. Der Keil gleitet in Fläche 2—2 und bewegt sich dabei auch ein wenig radial, bis er sich satt eingefügt hat und auch bei Steigerung von P keine merkliche Bewegung mehr erfolgt. Durch die Einpreßkraft wird eine radiale Keilkraft $K = \dfrac{P}{\tan(\alpha + \varrho_2)}$ entwickelt, die in Fuge 2—2 an der Ankerplatte eine Normalkraft $K_{N2} = \dfrac{P \cos \varrho_2}{\sin(\alpha + \varrho_2)}$ und eine Reibungskraft $R_2 = \dfrac{P \sin \varrho_2}{\sin(\alpha + \varrho_2)}$ erzeugt. Der Spannstab rutscht beim Wegnehmen der Spannpresse dann nicht in Fuge 1—1, wenn $K \cdot \tan \varrho_1 > V$ ist.

Damit ergibt sich die Bedingung für erf P:

$$\text{erf } P \geqq V \cdot \frac{\tan(\alpha + \varrho_2)}{\tan \varrho_1} = V \cdot \frac{\mu_2 + \tan \alpha}{\mu_1 (1 - \mu_2 \cdot \tan \alpha)}.$$

Nehmen wir nun an:

$$P = V, \quad \mu_1 = 0{,}2, \quad \mu_2 = 0{,}1;$$

dann ergibt sich für die größte Keilneigung

$$\tan \alpha \leq \frac{\mu_1 - \mu_2}{1 + \mu_1 \cdot \mu_2} = \sim 0{,}1; \quad \text{dies entspricht der Keilneigung 1:10.}$$

Für

$$P = V, \quad \mu_1 = 0{,}3, \quad \mu_2 = 0{,}1$$

ergibt sich

$$\tan \alpha \approx 0{,}2; \text{ oder eine größte Keilneigung} \sim 1:5.$$

In Wirklichkeit kann μ_1 noch größer als 0,3 sein.

Soll die Keilverankerung selbsthemmend sein, dann muß natürlich auch beim Einpreßkeil $\varrho_2 > \alpha$ oder $\mu_2 > \tan \alpha$ sein.

Bei beiden Keilarten müssen der Ankerkonus und die Anliegefläche des Keiles in der Ankerplatte glatt sein, damit μ_2 klein wird.

Wir erkennen aus diesen wenigen Zahlen, daß schon bei mäßig höherer Reibung am Spannstahl gegenüber der geneigten Keilfläche die Keilneigung viel größer gewählt werden kann als bei Schlupfkeilen, wenn die Vorspannkraft als Einpreßkraft zur Verfügung steht. Entsprechend ist der Einpreßweg des Keiles kleiner. Geeignete Keilneigungen sind hier 1:5 bis 1:8.

Beim Einpreßkeil genügt also eine mäßige Rauhigkeit an der Greifseite, die nicht scharfkantig sein muß, da der Keil nicht „beißen" muß. Mit Einpreßkeilen lassen sich daher günstige Schwingbreiten erzielen.

Um zu verhüten, daß der Längsweg des Keiles die am Stab entstehende Verzahnung stört, sind Spezialpressen entwickelt worden (vgl. Kap. 4.31, Seite 154), bei denen sich Stab und Keil im letzten kleinen Stück des Einpreßweges gemeinsam bewegen. Der Einpreßweg kann vorher bestimmt und berücksichtigt werden, so daß auch kurze Spannglieder mit Einpreßkeilen genau gespannt werden können.

Die Keile waren hier außen am Einzelstab angenommen. Man kann nun Keile innen zwischen zwei oder drei oder vielen gespreizten Drähten anordnen (Bild 3.66).

Bei derartigen Innenkeilen muß dann die Keilfläche rauh und die Konusfläche der Ankerplatte glatt sein. In Sonderfällen wird bei Einpreßkeilen der Ankerkonus rauh gemacht und der Keil mit glatten Flächen gleitend solange eingepreßt, bis der Querdruck außen zu einer Verzahnung mit den Spanndrähten führt.

Die notwendige Länge der Keile hängt davon ab, ob der Keil den zu verankernden Draht nur entlang einer Linie oder mit einer großen Fläche berührt, und ob die Keiloberfläche deutlich profiliert oder nur wenig rauh ist.

Bei manchen Keilverankerungen verläßt man sich auf die Reibung zwischen Spannstahl und Keil (keine Verzahnung). Die Keile müssen dann lang und flach sein und brauchen nicht härter zu sein als der Spannstahl. Quarzsand oder Karborund eignen sich zur Erhöhung der Reibung. Der Anpreßdruck muß zuverlässig hoch sein, damit keine Gleitgefahr entsteht.

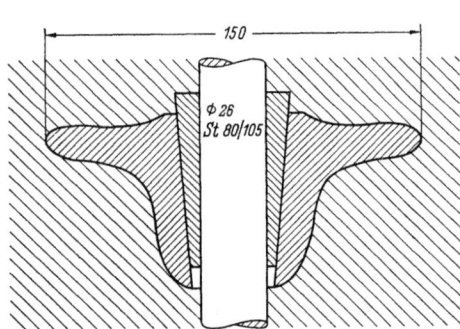

Bild 3.55 Für hohe Dauerschwingfestigkeit günstige Form eines Ankerkörpers und günstige Profilierung des Keiles

Bei hohen Anforderungen an die Dauerschwingfestigkeit einer Keilverankerung muß man dafür sorgen, daß die Querpressung am Beginn der Verankerung nicht zu stark ist und auch die Profilierung der Keile nach Form und Tiefe Kerbwirkungen vermeidet. Die Querpressung kann durch entsprechende Formgebung des Ankerkörpers günstig beeinflußt werden (Bild 3.55).

An den Keilen sind gewellte Profilierungen günstiger als gezahnte oder gar mit sogenanntem Feilenhieb hergestellte. Eine gleichmäßige Verteilung der Ankerwirkung auf den Umfang der Drähte führt zu hohen Schwingbreiten, sie läßt sich jedoch vielfach nicht verwirklichen und ist auch nicht nötig. Hohe Schwingbreiten erhält man auch durch Einlage eines Futters aus weichem Metall (Al oder Cu) im ersten Drittel einer großen Keillänge.

Da an Spanngliedankern bei Vorspannung mit Verbund fast keine Spannungsschwankungen auftreten, sind hohe dynamische Anforderungen an solche Anker meist nicht berechtigt.

Bei den Keilverankerungen ist es vorteilhaft, daß man die Drähte nicht auf genaue Länge schneiden muß, sie notfalls auswechseln und von beiden Enden aus spannen kann.

Mancherlei ist also zu beachten. Man sollte deshalb nur durch Versuche erprobte und in der Praxis bewährte Keilverankerungen verwenden. Dabei hat man sich laufend vom richtigen Härtegrad und den geeigneten Oberflächen der Ankerteile zu überzeugen.

3.232 Beispiele für Keilverankerungen

Eine der ältesten Keilverankerungen für Spanndrähte ist diejenige von *Magnel* ([82] S. 29), [179] nach Bild 3.56, wobei stets zwei Drähte miteinander durch einen Keil festgehalten werden. Die Ankerplatte besitzt oben und unten eine Keilnut oder mehrere Keilnuten nebeneinander. Für größere Kabel werden diese Ankerplatten einfach übereinander gelegt („sandwich-plates"). Die Drähte werden paarweise gespannt.

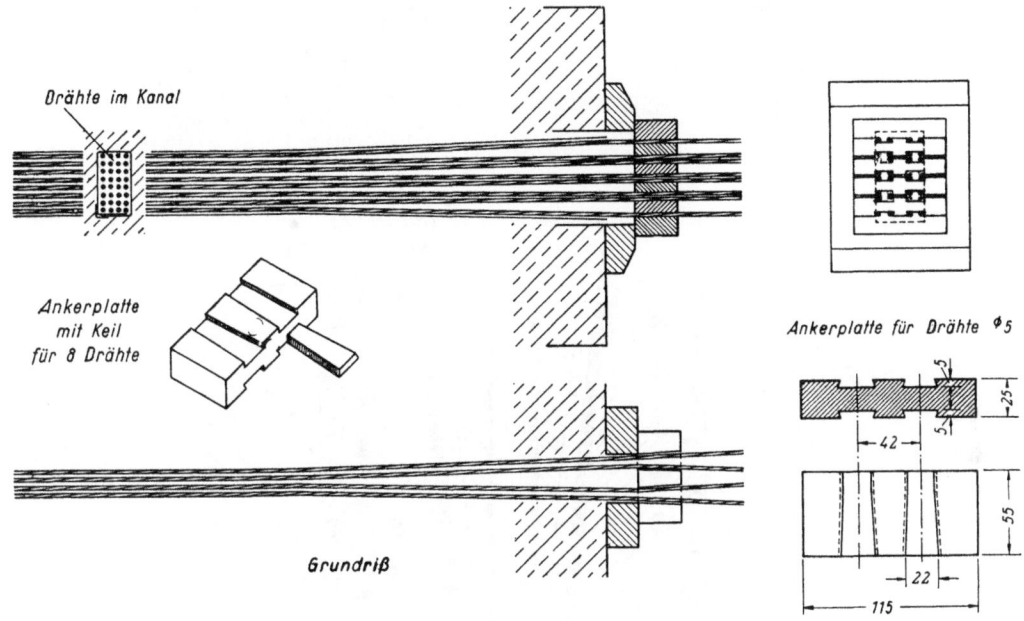

Bild 3.56 Die s a n d w i c h - p l a t e s - Keilverankerung von Prof. *Magnel*

Freyssinet (vgl. Kap. 20 und [45]) hat eine geniale Keilverankerung entwickelt, mit der 12 bis 18 Drähte gleichzeitig festgehalten werden (Bild 3.57). Der Ankerkörper besteht aus einem wendelbewehrten Betonstück aus B 600 mit einer runden, konischen Öffnung, die durch eine enggewickelte Drahtspirale aus ϕ 2,5 mm St 200 gebildet wird. Die ringförmig angeordneten Spanndrähte werden durchgesteckt und nach dem Spannen mit einem leicht eingepreßten Rundkeil aus Beton B 1000 festgehalten, in dessen Achse ein Stahlröhrchen zum späteren Auspressen des Spanngliedes liegt. Die innere Drahtspirale aus St 200 ist härter als der Spanndraht St 160. Der Betonkeil hat Rillen, so daß die Drähte flächig anliegen, er wird sehr hoch beansprucht, der Beton kann jedoch nicht ausweichen und hält deshalb. Die Spreizkräfte werden von der 3lagigen Wendel aus ϕ 5 mm, St 37 aufgenommen. Das Ganze ist materialgerecht, bedingt aber große Genauigkeit bei der Herstellung [81], [148], [152].

Die Freyssinet-Verankerung gehört zu den Gleitkeilen. Der Betonkeil wird nur mit rund $1/3\ V$ eingepreßt und die Verzahnung kommt erst nach einigem Schlupf an der Drahtspirale zustande. Dieser Schlupf muß beim Spannen berücksichtigt werden, er beträgt für 12 ϕ 5 mm im Mittel 4 mm, für 12 ϕ 8 mm im Mittel 6 bis 8 mm. Der Schlupf bedingt, daß kurze Spannglieder bis etwa 12 bzw. 24 m Länge mit dieser Ankerart nicht benützt werden sollten. Manchmal werden noch größere Schlupfwerte z. B. einzelner Drähte festgestellt, was daher rührt, daß der Reibungsbeiwert außen nicht wesentlich kleiner ist als der innen am Betonkeil. Bei gewalzt-vergüteten Drähten mit größeren Durchmesser-Toleranzen kam es wiederholt vor, daß einzelne Drähte zum Teil erst Stunden nach dem Spannen ganz durchgerutscht sind. Man muß daher auf möglichst gleiche Durchmesser aller Drähte achten.

Beim Versuch, größere Einheiten als 12 ϕ 8 mm mit dem Betonkeil zu verankern, versagte dieser meist. Man ging dann zu einem Stahlkeil über und fand dabei wieder eine interessante Neuerung

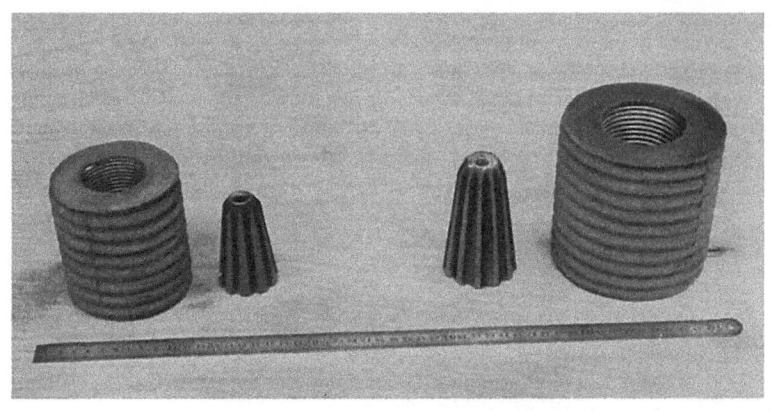

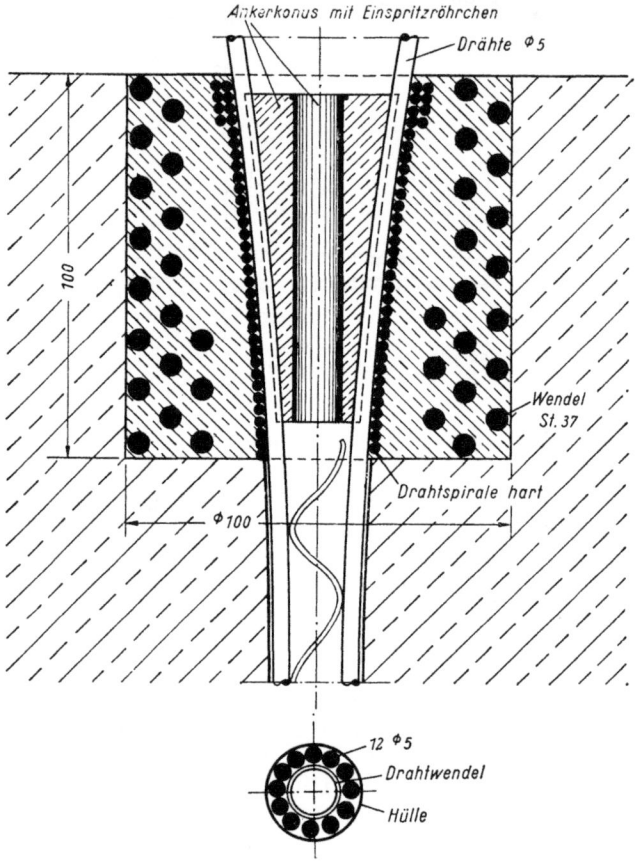

Bild 3.57 Die Freyssinet-Verankerung für 12 Drähte (⌀ 5 mm links und ⌀ 7 mm rechts oben) in einem gemeinsamen Keilkonus, darunter Schnitt

(Bild 3.58) [433]. Die Drähte werden nämlich am Keil in konische Rillen gelegt. Durch die Klemmkraft des Keiles K entstehen nun am Draht zwei weitere Klemmkräfte K', die durch ihre mit der konischen Rille erzwungene Neigung größer sein müssen als K, damit ist $2\,K'$ wesentlich größer als K. Die Klemmkräfte am Keil sind also viel größer als die am Ankerkörper, d. h. ein Gleiten am Keil ist nicht möglich, auch wenn dort der Reibungsbeiwert gleich ist, wie außen. Die Keilrillen brauchen also nicht aufgerauht oder profiliert werden und der Keil kann aus weichem

Stahl sein, dessen Oberfläche nur mild gehärtet wird. Die Keilrille verformt sich bei hohem Druck und gleicht so Durchmesser-Toleranzen der Drähte aus. Der Ankerkörper wird nun auch aus Stahl gemacht und erhält wie üblich eine glatte Kegelfläche für das Gleiten der Drähte. Der Schlupf wurde mit dieser Lösung verkleinert.

Mit dieser neuen Ankerart baut Freyssinet Spannglieder mit bis zu 30 Drähten ϕ 7 mm aus St 165 und spannt diese bei $\sigma_{vo} = 150$ kg/mm² (!) mit 170 t an (nach DIN 4227 zul $V_0 = 102$ t).

Das Verfahren F r a n k i - S m e t spannt bis zu 12 Drähte gemeinsam, verankert aber jeden Draht einzeln in einer konischen Bohrung mit einem außenseitigen Einzelkeil,

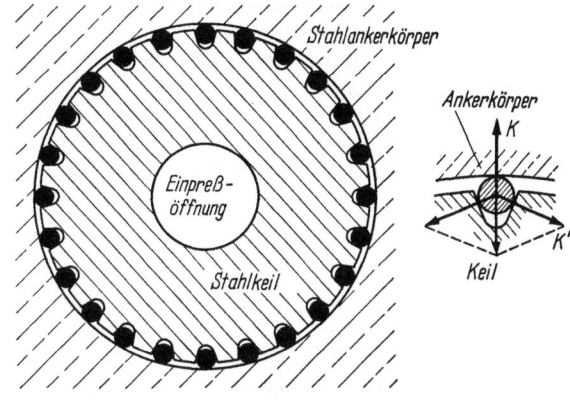

Bild 3.58 Neue Freyssinet-Anker mit Stahlkeil und konischen Rillen für jeden Draht. Klemmkräfte am Draht

der gegen den Draht eine Rille hat. Der Draht wird nur an zwei schmalen Streifen festgehalten (Bild 3.59) ([225] S. 106).

R. Morandi, Rom, verankert je 3 Drähte ϕ 7 mm mit einem dazwischen liegenden Gleitkeil in einem 55 mm langen Ankerzylinder, der außen auf einer einbetonierten Ankerplatte angesetzt wird (Bild 3.60). Vier oder sechs solche 3Drahtgruppen werden zu einem Spannglied zusammengefaßt, aber einzeln gespannt (dabei ist in Krümmungen Anklemmen nicht gespannter Drähte

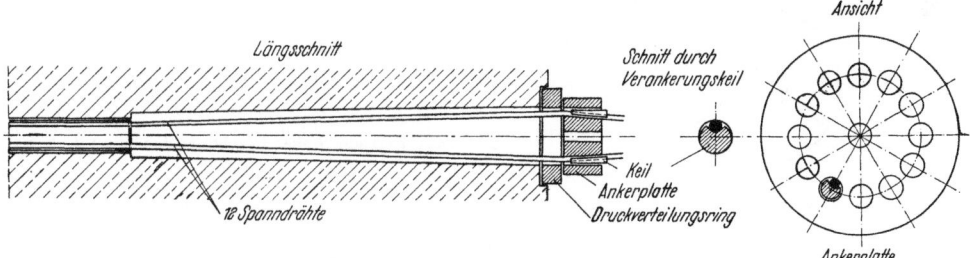

Bild 3.59 Einseitige Rillenkeile in konischen Bohrungen (nach Verfahren F r a n k i - S m e t)

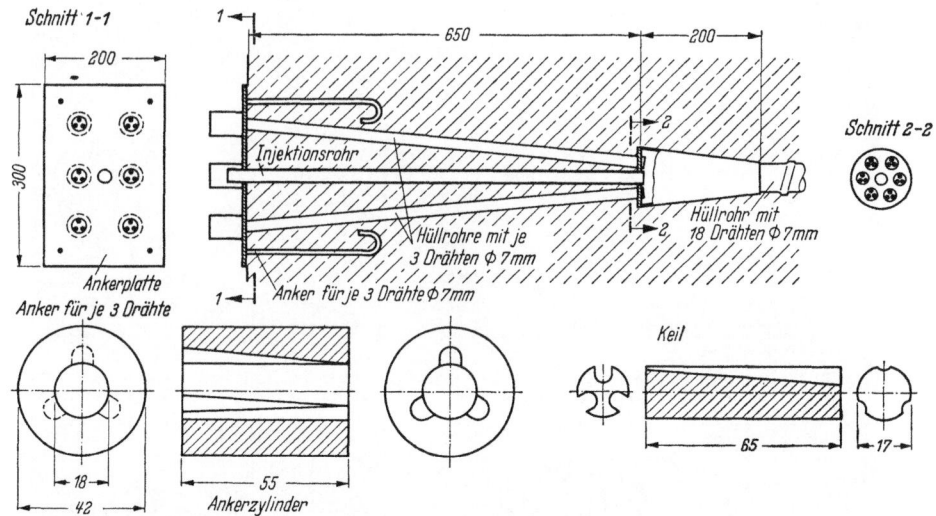

Bild 3.60 M o r a n d i - Spannglied aus 18 ϕ 7 mm, verankert in 6 Gruppen zu je 3 ϕ 7 mm mit Innenkeil in kleinen Ankerzylindern

durch gespannte Drähte möglich). Bei den drei Drähten ist die Keildruckverteilung noch statisch bestimmt und daher gleichmäßig.

Es ist ein Nachteil der meisten älteren Keilverankerungen, daß die Drähte am Beginn des Konus während des Spannens gebogen und wieder zurückgebogen werden. Kerbempfindliche Drähte neigen an solchen Stellen zu Brüchen, außerdem entsteht Reibung.

Verankert man einzelne Drähte oder einzelne Stäbe, dann ist der den Stab ganz umschließende Ringkeil am günstigsten (Bild 3.61), der sich zum Einpressen gut eignet. Die Ringkeile müssen

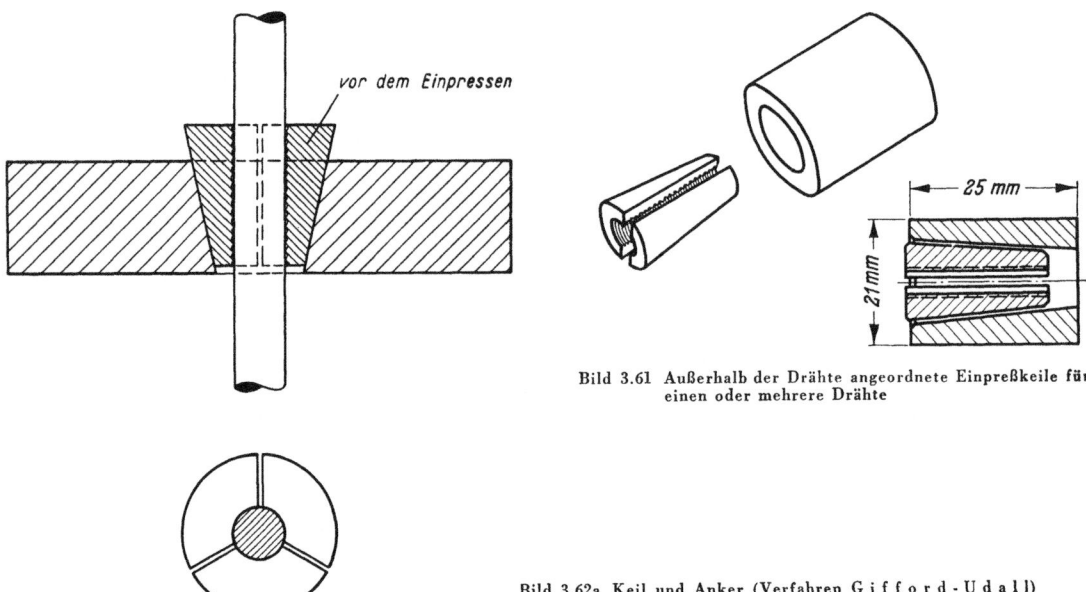

Bild 3.61 Außerhalb der Drähte angeordnete Einpreßkeile für einen oder mehrere Drähte

Bild 3.62a Keil und Anker (Verfahren G i f f o r d - U d a l l)

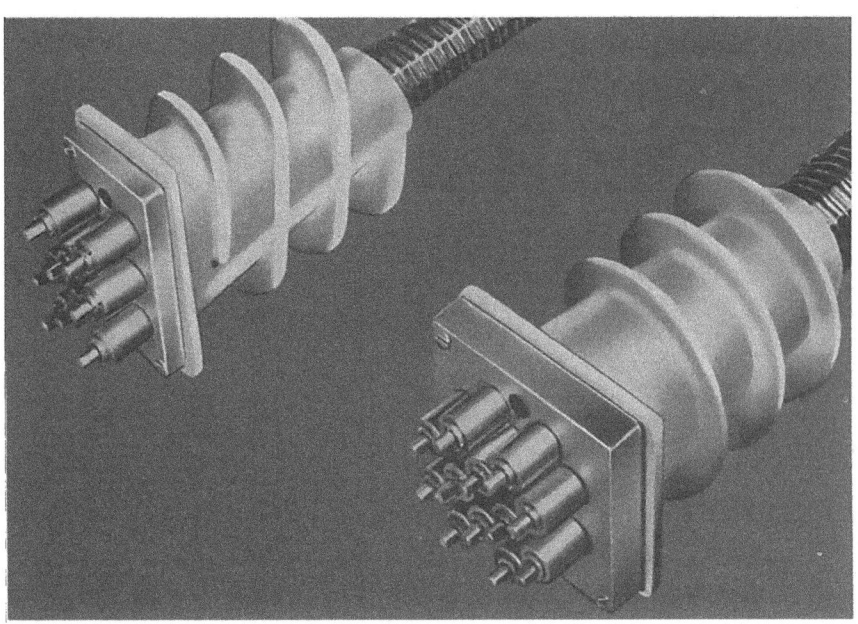

Bild 3.62b Verankerung eines Drahtbündels (Verfahren G i f f o r d - U d a l l)

geschlitzt sein, damit sie zur Verzahnung mit dem Stab ihren Durchmesser verkleinern und sich längs im Konus bewegen können.

Das englische G i f f o r d - U d a l l - Verfahren verwendet solche einfachen Keile in kleinen zylindrischen Ankerkörpern (Bild 3.62 a). Man spannt damit Einzeldrähte beliebigen Durchmessers von 2,6 bis 7,0 mm. Bei Bündeln aus mehreren Drähten werden alle Ankerkörper gegen eine gemeinsame Unterlagsplatte abgestützt (Bild 3.62 b). Die anschließende Spreizhülse aus Stahl weist eine wendelförmige Verstärkungsrippe zur Aufnahme der Spaltkräfte auf.

Die erste Verwirklichung des Einpreßkeiles ohne gegenseitige Verschiebung zwischen Draht und Keil beim Einpressen zeigt wohl das von K. Buyer entwickelte Verfahren der H e i l m a n n & L i t t m a n n B a u - AG, bei dem die Drähte einzeln gespannt und verkeilt werden. Die Ringkeile aus einsatzgehärtetem Stahl C 35 haben innen gewindeartige Flächen, sind außen glatt mit 1:14 geneigt und doppelt geschlitzt (Bild 3.63) [214].

Die S t r e s s t e e l C o r p o r a t i o n, USA, verankert Stäbe aus St 120 mit Durchmessern von $^3/_4''$ bis $1^1/_8''$ mit Ringkeilen, die nur zwei Schlitze haben (Bild 3.64). Die Keile sind außen glatt, innen gewindeartig profiliert und nur dort gehärtet. Sie sind für die großen Stabkräfte verhältnismäßig klein, was aus der folgenden Tabelle hervorgeht:

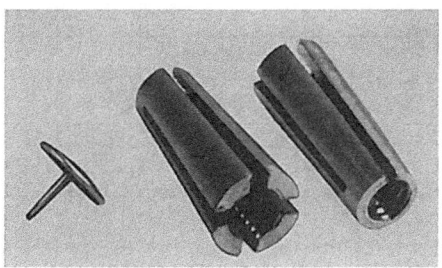

Bild 3.63 Ringkeile zum Einpressen für Einzeldrähte (nach Verfahren Heilmann & Littmann Bau-AG.), siehe auch Bild 4.18

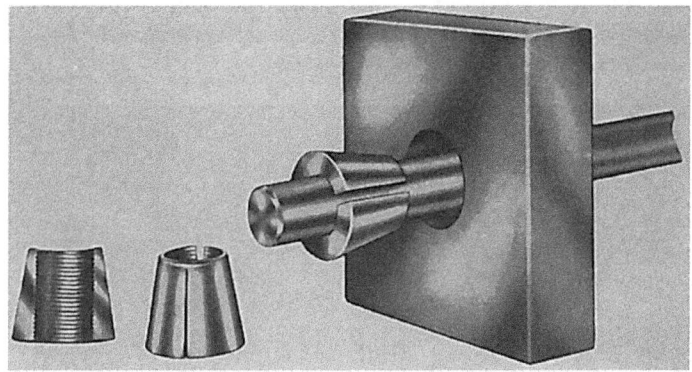

Bild 3.64 Ringkeile und Ankerplatte für Stressteelbars $\phi\,1''$ (S t r e s s t e e l - C o r p o r a t i o n, USA)

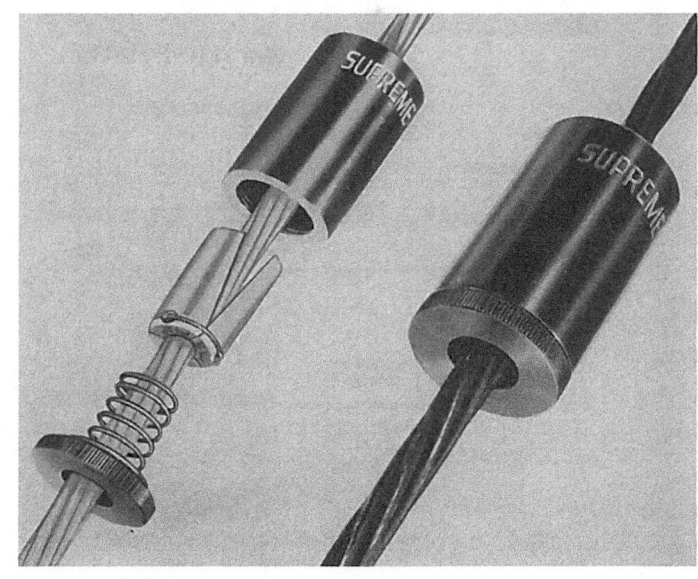

Bild 3.65 Anker für Befestigung von Litzen im Spannbett mit Gleitkeil (Hersteller S u p r e m e P r o d u c t s C o r p., Chicago)

Keile der Stressteel Corporation

Stab ϕ Zoll	Stabkraft V_0 für zul $\sigma_z = 0{,}55\,\beta_Z$ t	Keil Länge Zoll	Keil Außen ϕ Zoll	Dicke der Ankerplatte Zoll
3/4	18,8	1³/₁₆	1¹/₄	1
1	33,4	1¹/₂	1³/₄	1¹/₂
1¹/₈	45,7	1³/₄	2	1³/₄

Die Keile werden nach dem Spannen des Stabes mit einer Spindelpresse, die ratschenartig betätigt wird, angepreßt und erst durch die folgende Gleitbewegung beim Ablassen der Pressenkraft voll wirksam. Es handelt sich also um Schlupfkeile. Der Schlupf beträgt jedoch nur 1,6 mm.

Supreme Products' Corp., Chicago, liefert Anker (strand chucks) für die Befestigung von Litzen im Spannbett, bei denen dreiteilige Ringkeile in einem Zylinder durch Gleiten die Litze verankern (Bild 3.65). Die Keile werden mit einer Feder angepreßt. Nach Entspannen der Litze löst sich der Anker wieder.

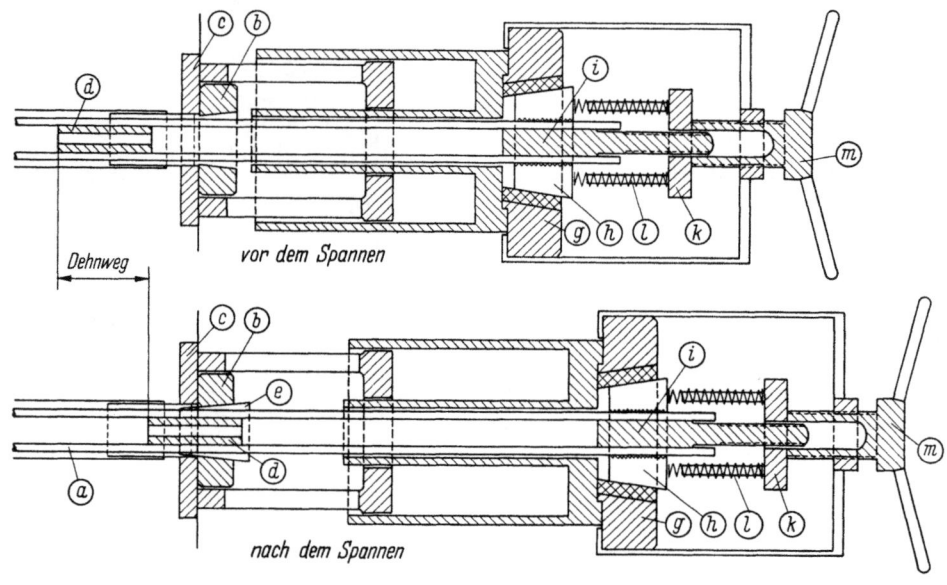

Bild 3.66 (links und unten) Keilverankerung von 12 geradegeführten Drähten mit Einzel-Außenkeilen nach Verfahren Hochtief mit Spanneinrichtung

- a Spanndrähte
- b Ringplatte
- c Ankerplatte
- d Rohrstück
- e Keile
- g Spannring
- h Spannkeile
- i Kernstück
- k Federteller
- l Federn
- m Spindel

Das Verfahren der Hochtief AG verankert kreisrunde Bündel aus 12 Drähten ⌀ 8 mm, die an der Verankerung gerade geführt sind (Bilder 3.66). Ein Rohrstück stützt die Drähte gegen den Druck der 12 Einzelkeile. Jeder Keil wird nach dem Spannen einzeln an den zugehörigen Draht angedrückt, so daß der Schlupf auch bei Dickentoleranzen der Drähte mit rund 4 mm gleich groß wird. Die Innenfläche der Keile ist feilenartig aufgerauht (Bild 3.67), die Außenfläche glatt und die Neigung sehr gering, so daß beim Festgleiten der Keile nur die Außenfläche gleitet und die Innenfläche sich mit dem Draht gut verzahnt [195].

Held & Francke Bau-AG verankert 6 Drähte um einen mit Klaviersaitendraht umwickelten Kerndraht herum mit dreiteiligen Keilen, deren Innenflächen gewindeartig profiliert sind (Bild 3.68). Jeder Keilsektor drückt auf zwei äußere Drähte. Die Keile werden eingepreßt.

Man kann auch mehrere Einzelkeile gemeinsam einpressen und durch geeignete Maßnahmen dafür sorgen, daß die Einpreßkraft auf alle Keile gleichmäßig verteilt wird.

Die Grün & Bilfinger AG benützt Einpreßkeile, bei denen die Drähte zwischen den Sektorkeilen liegen und durch die Gewölbewirkung des Keilkranzes festgehalten werden (Bild 3.69). Die Presse ist allerdings so konstruiert, daß das Einpressen der Keile bei festgehaltenen Drähten erfolgt ([225] S. 244).

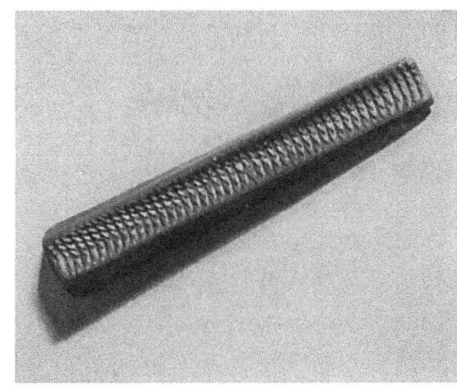

Bild 3.67 Feilenartig aufgerauhte Innenfläche der Hochtief-Keile

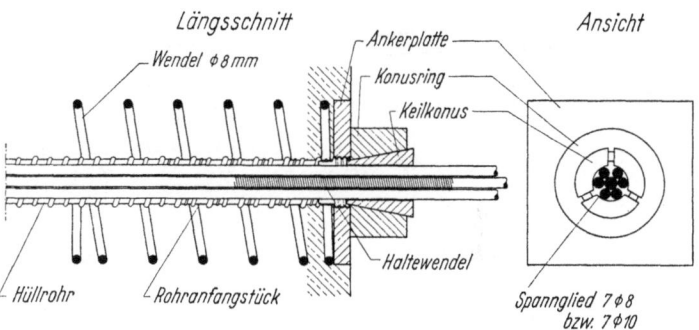

Bild 3.68 Dreiteilige Keile verankern 7 Drähte, der Kerndraht ist im Keilbereich eng, außerhalb weit mit hartem Draht umwickelt (nach Verfahren Held & Francke Bau-AG)

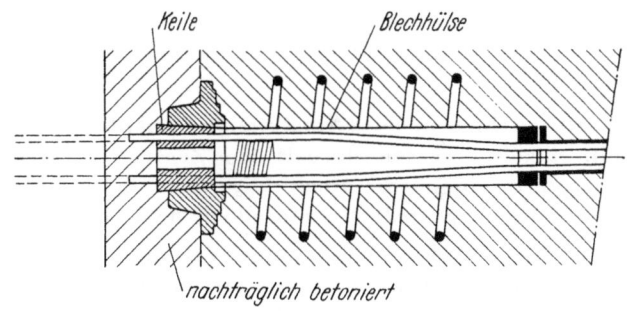

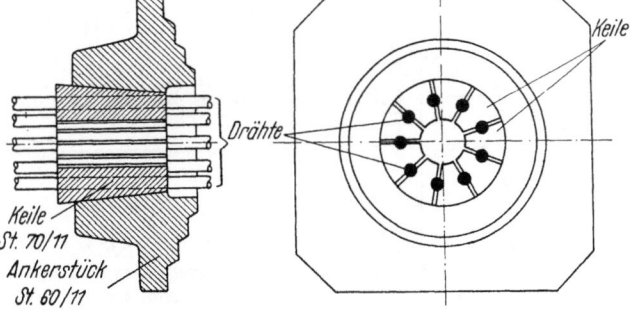

Bild 3.69 Sektorkeile mit Festhalten der Drähte zwischen den Sektoren durch Gewölbewirkung (nach Verfahren Grün & Bilfinger AG)

Bei den Keilverankerungen für Drahtbündel werden die Drähte meist nur entlang zweier Linien eingeklemmt. Dies ist bei dicken, hochfesten Drähten, z. B. ⌀ 12 mm, St 140, je nach Klemmlänge nicht ausreichend. Die dickeren Drähte müssen in einem größeren Bereich ihres Umfanges, z. B. entlang dreier Berührungslinien, oder auf größere Länge eingeklemmt werden. Beim S p a n n v e r f a h r e n „V o r s p a n n t e c h n i k" (Vorspanntechnik GmbH, Düsseldorf) wird dies für das Spannbündel VT 108 mit 12 ⌀ 12,2 mm gemäß Bild 3.70 dadurch erreicht, daß zwischen den

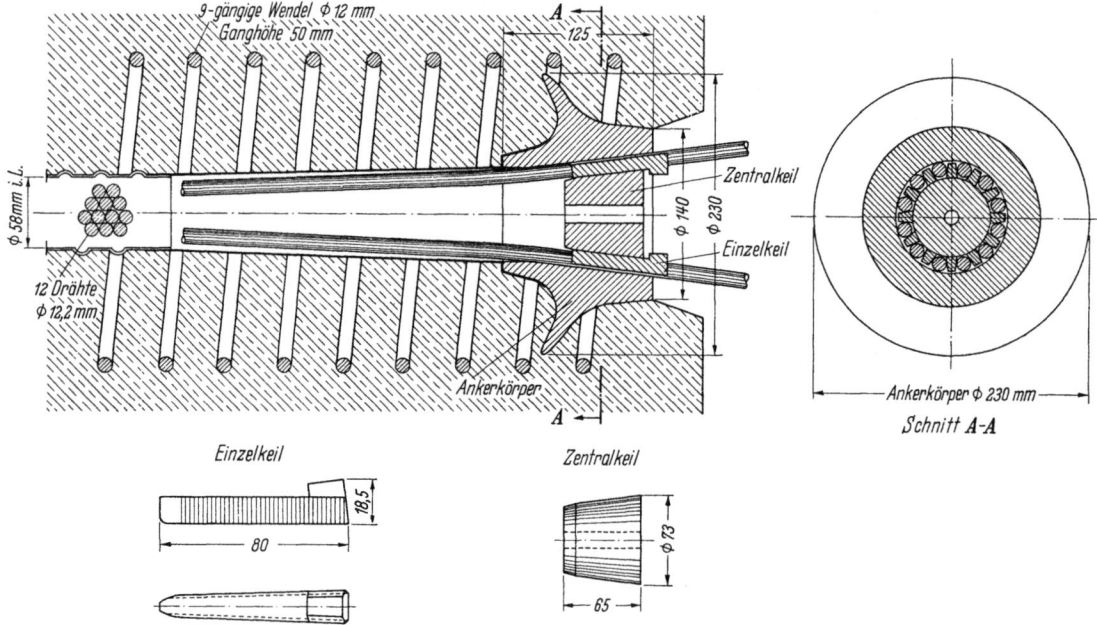

Bild 3.70 Spannbündel mit 12 ⌀ 12,2 mm, Zentralkeil und zusätzlich konische Einzelkeile (Vorspanntechnik)

einzelnen Drähten in ihrer ringförmigen Anordnung je schmale Einzelkeile mit konischem Querschnitt eingelegt werden, die mit dem Zentralkeil zwischen die Drähte gepreßt werden. Es entsteht dadurch eine starke ringförmige Anpreßkraft. Gleichzeitig werden die Drähte radial gegen den Ankerkörper gepreßt. Die Einzelkeile haben eine gehärtete Profilierung an den Radialflächen.

Das Bündel wird wie beim Freyssinet-Verfahren gespannt, wonach der Zentralkeil gemeinsam mit den Einzelkeilen mit mäßiger Kraft eingepreßt wird. Beim Lösen der Drähte von der Spannpresse entsteht dann noch ein Schlupf von rund 7 mm.

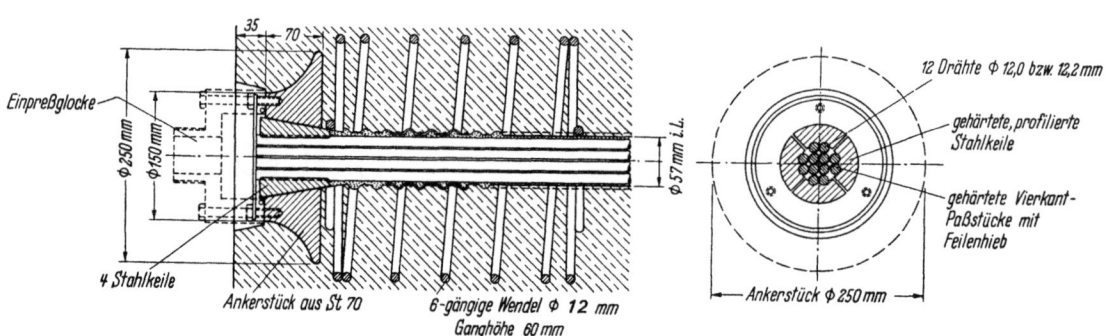

Bild 3.71 Leoba-Spannglied AK 120 für 12 ⌀ 12,2 mm mit außen angesetzten Keilen

Das Leoba-Spannglied AK 120 zeigt eine Verkeilung von 12 Drähten ⌀ 12,2 mm in einer Anordnung, bei der die Drähte auf große Länge teils entlang dreier, teils entlang zweier Linien angepreßt werden, Bild 3.71. Die Spreizung der dicken Drähte wird vermieden, indem die Keile außen angesetzt werden. Innerhalb des Bündels befinden sich vier harte, profilierte Einlagen. Die unvermeidlichen Toleranzen der Durchmesser werden durch Querverformung der Drähte ausgeglichen. Bei dieser Verankerung werden die Keile mit rd. 15 % der Spannkraft am Draht vorbeigleitend eingedrückt. Dann wird die Pressenkraft von der Ankerplatte auf die Keile umgesetzt, so daß sich Keile und Drähte gemeinsam bewegen. Der Einpreßweg beträgt etwa 4 mm.

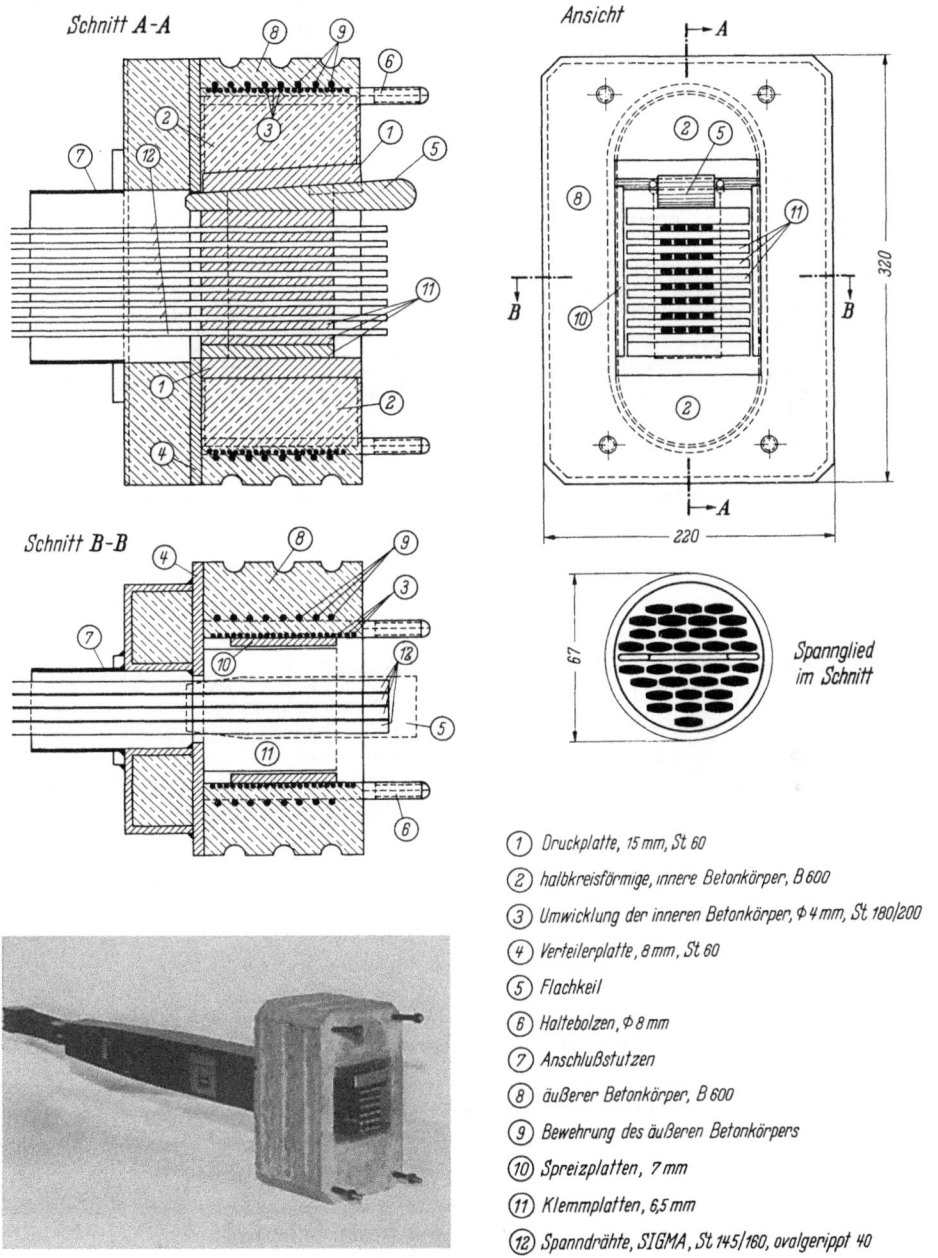

① Druckplatte, 15 mm, St 60
② halbkreisförmige, innere Betonkörper, B 600
③ Umwicklung der inneren Betonkörper, ⌀ 4 mm, St 180/200
④ Verteilerplatte, 8 mm, St 60
⑤ Flachkeil
⑥ Haltebolzen, ⌀ 8 mm
⑦ Anschlußstutzen
⑧ äußerer Betonkörper, B 600
⑨ Bewehrung des äußeren Betonkörpers
⑩ Spreizplatten, 7 mm
⑪ Klemmplatten, 6,5 mm
⑫ Spanndrähte, SIGMA, St 145/160, ovalgerippt 40

Bild 3.72 Keilplattenverankerung für beispielsweise 32 quergerippte Ovaldrähte, die durch Einpressen nur einer Keilplatte (5) verankert werden (nach *Zerna*, Verfahren Philipp Holzmann AG), siehe auch Bild 3.72a und b

W. Zerna hat eine Keilverankerung mehrerer Drahtlagen entwickelt (Verfahren der Philipp Holzmann AG) (Bild 3.72), bei der quergerippte Ovaldrähte zwischen Stahlplatten St 37 eingepreßt werden, die sich mit über den Gleitkanal überstehenden Backen auf zwei stählerne Ankerplatten (4) abstützen. Man kann mehrere Lagen übereinander anordnen und sie alle zusammen mit einer Keilplatte, die gemäß Bild 3.72a und b eingepreßt wird, so aufeinanderdrücken, daß sich die harten Querrippen des Spanndrahtes verankernd in die St 37-Platten eingraben, die ihrerseits auf Biegung die Spannkraft des Drahtes auf die Ankerplatte abgeben. Ein Keil genügt, um mehrere Drähte in mehreren Lagen, die gemeinsam gespannt werden, festzuhalten. Die Spreizkraft des Keiles = Klemmkraft der Drähte wird über halbkreisförmige Betonkörper an eine vorgespannte Umwicklung abgegeben. Die Vorspannung dieser Wicklung wird durch die Stahlplatten (10) aufrechterhalten.

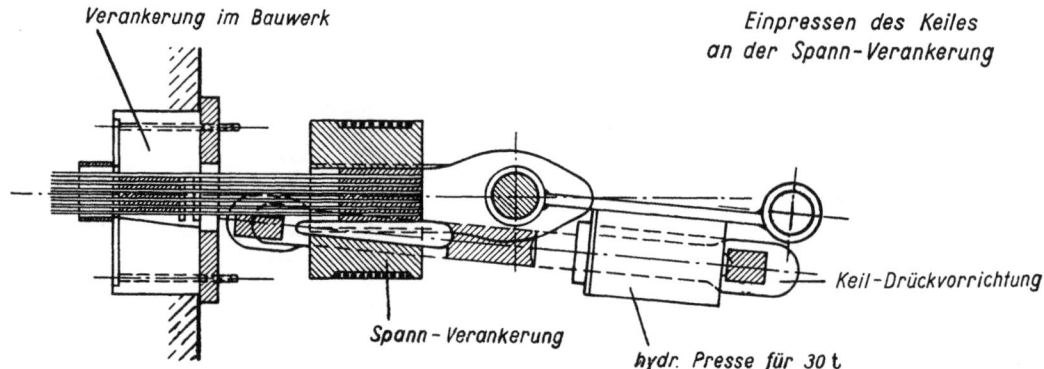

Bild 3.72a Kleine Presse unter der Spannpresse zum Eindrücken der Keilplatte in die Spannvorrichtung (nach Verfahren Philipp Holzmann AG)

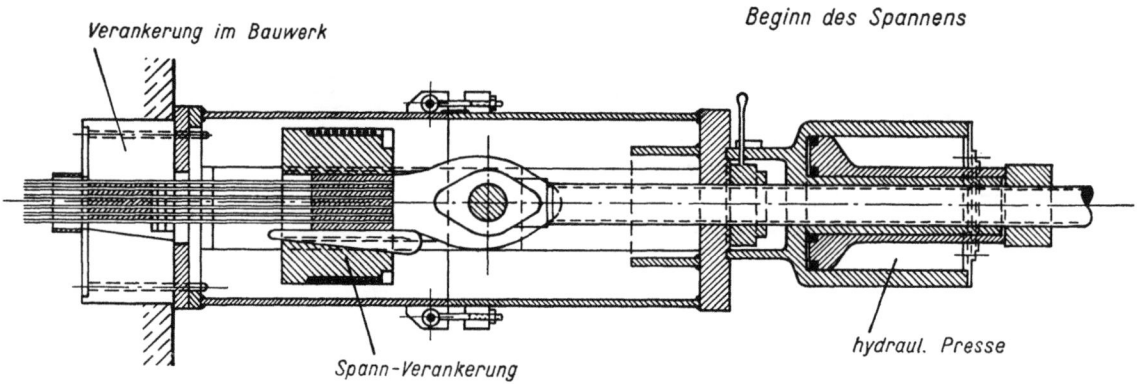

Bild 3.72b Spannvorrichtung (nach Verfahren Philipp Holzmann AG)

Die Klemmkraft kann auch nach *L. Mühe* mit dem KA-Verfahren der Philipp Holzmann AG durch hochfeste Schrauben erzeugt werden, die gegen zwei außen angesetzte Klemmplatten wirken, Bild 3.73.

Für 2 Drähte von je 40 mm² Querschnitt in einer Lage genügt 1 HSV-Schraube M 24, bei 4 Drähten in einer Lage werden 2 dieser Schrauben erforderlich. Die mit Molykote leicht gängig gemachten Schrauben werden mit einem Drehmomentenschlüssel mit 75 mkg angezogen.

Diese Verankerung hat den Vorteil, daß beim Abnehmen der Spannpresse kein Schlupf der Drähte und auch keine Bewegung zwischen Draht und Klemmplatten eintritt.

Die Keilverankerung der Ed. Züblin AG ist ebenfalls auf der verankernden Wirkung der Querrippen flacher Spanndrähte aufgebaut (Bild 3.74). Die speziell dafür entwickelten Neptundrähte haben engliegende Querrippen unter 45° zur Drahtachse, und zwar oben nach rechts,

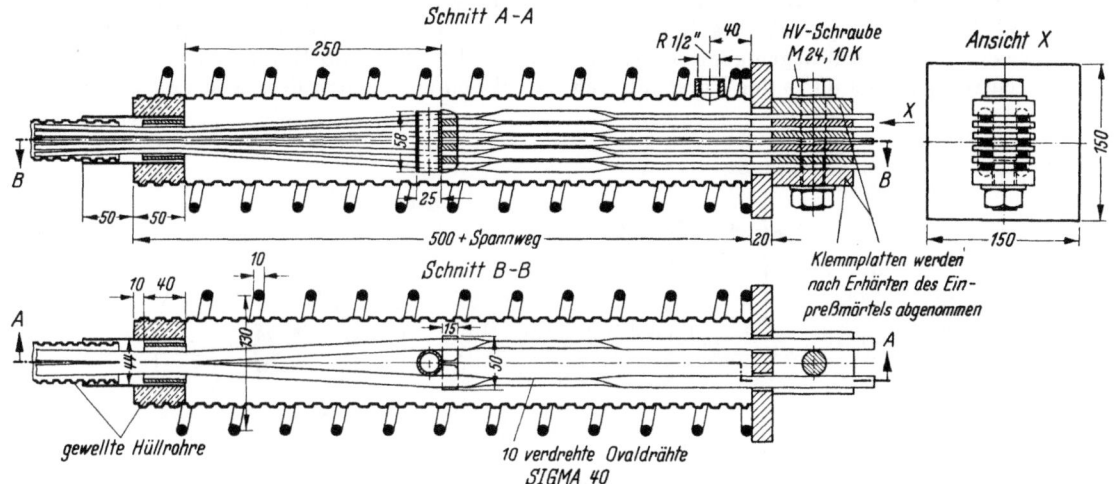

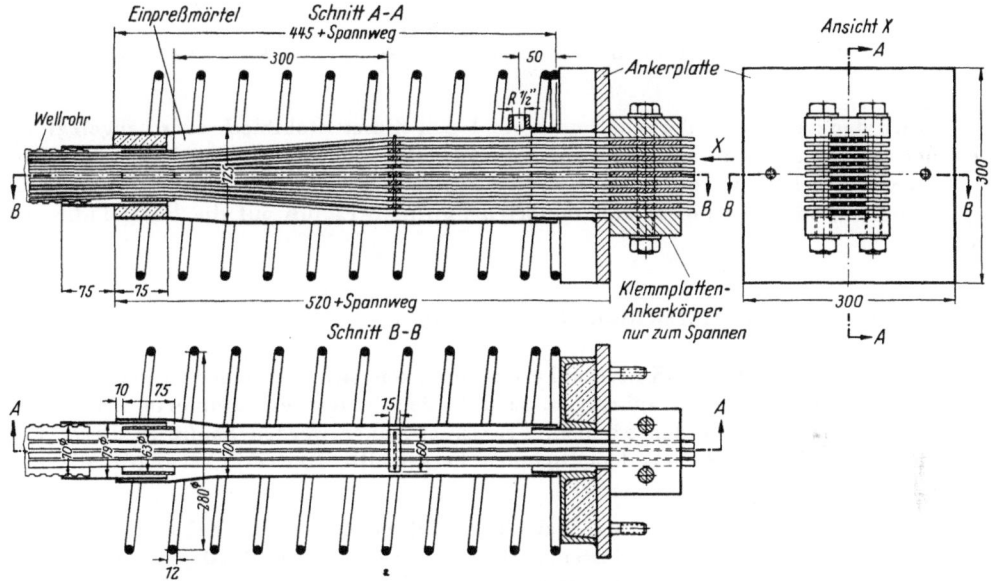

Bild 3.73 Verankerung quergerippter Drähte an der Spannseite mittels Klemmschrauben (Verfahren KA der Philipp Holzmann AG)
oben: mit 1 Schraube und 10 Drähten für 35 t Spannkraft
unten: mit 2 Schrauben und 40 Drähten für 141 t Spannkraft

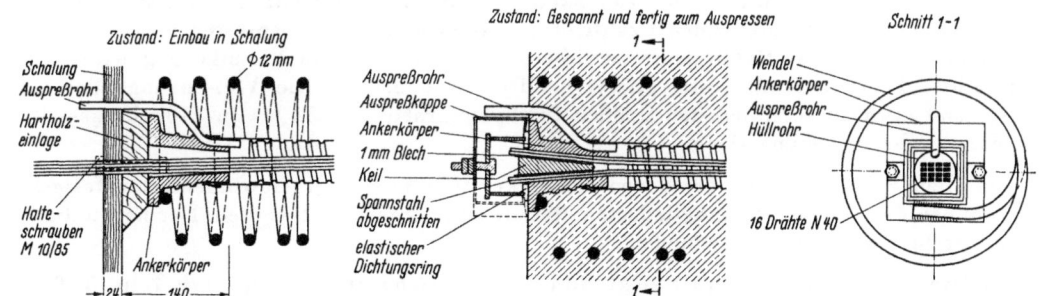

Bild 3.74 Die Verankerung für 16 quergerippte Drähte mit einem Zwischenkeil, Spannkraft 56 t, links mit zurückgesetztem, rechts mit eingelassenem Ankerkörper (nach Verfahren Ed. Züblin AG)

unten nach links schräg. 8 oder 16 Drähte werden in 4 Lagen eng aneinander gelegt und durch ein Loch im Ankerkörper aus Stahlguß G S 60 gesteckt. Nach dem Spannen wird ein Keil in der Mitte zwischen die Drahtlagen gepreßt (Keilneigung 1 : 10). Die zum Einpressen des Keiles nötige Kraft entspricht etwa 80 % der Vorspannkraft. Die Reibung zwischen dem Keil und den gerippten

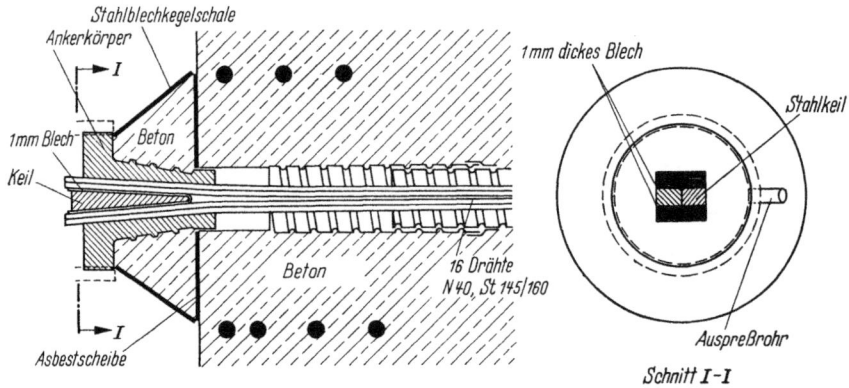

Bild 3.75 Nachträglich aufgesetzter Ankerkörper (nach Verfahren Ed. Züblin AG)

Drähten wird dadurch vermindert, daß noch ein 1 mm dickes Stahlblech zwischengelegt wird. Die Querrippen verzahnen sich im Ankerkörper und ineinander, so daß mit diesem einen Keil 4 Drahtlagen festgehalten werden. Der Ankerkörper wird entweder an der Schalung befestigt und einbetoniert, oder mit einem anbetonierten Fuß nachträglich auf die Betonfläche aufgesetzt (Bild 3.75).

3.233 Vor dem Spannen hergestellte Keilverankerungen

Die meisten der beschriebenen Keilverankerungen lassen sich mit einem Einpreßgerät an den noch nicht gespannten Drähten anbringen, so daß sie als fest einbetonierte Ankerstellen von Spanngliedern verwendet werden können. Freyssinet-Anker werden häufig in dieser Form verwendet. Es gibt jedoch auch vor dem Spannen hergestellte Keilverankerungen, die dann zum Spannen benützt werden.

Die Schweizer Firma L o s i n g e r A G hat ein Verfahren entwickelt, bei dem 5 bis 30 Drähte ⌀ 8 mm aus kaltgezogenem, angelassenem Draht der Güte St 140/160 jeweils kreisringförmig angeordnet und gemeinsam in einem Stahlstück durch Einpressen eines gerillten Innenkeiles festgelegt werden (Bild 3.76 a. VSL-Verfahren). Am Ankerstück befindet sich ein rohrförmiger Ansatz mit Innen- und Außengewinde. Am Innengewinde schließt die Zugvorrichtung der Spannpresse an, auf dem Außengewinde wird der Stellring aufgedreht, der den Anker in gespannter Stellung gegen die Ankerplatte festhält. Der Innenkeil hat eine Bohrung mit Gewindeanschluß für die Mörtelinjektion. Die überstehenden Drahtenden werden nach dem Auspressen abgebogen, um die den Anker abschließende Betonkappe zu sichern (Bild 3.76 b). Die Verankerung wird in etwas vereinfachter Form auch als fester Anker benützt (Bild 3.76 c). Die VSL-Spannglieder werden in insgesamt etwa 20 verschiedenen Größen für Spannkräfte von 22 bis zu 170 t hergestellt und sind damit sehr anpassungsfähig.

Wie bei allen Verankerungen, bei denen das Ankerstück mit einer Gewindemutter festgehalten wird, können diese beiden Spanngliedarten stufenweise vorgespannt werden. Der nachteilige Keilschlupf ist hier vollständig vermieden.

Eine andere vorverkeilte Ankerart zeigt Bild 3.77 (L e o b a K 66, vgl. auch Kap. 3.29). Hier wird ein quer zur Achse zweiteiliger Innenkeil hydraulisch zwischen 16 Drähte ⌀ 8 mm in einen Stahlgußankerkörper eingepreßt. Der vordere Teil des Keiles besteht aus weichem Armco-

Stahl und ist längsgerillt, der hintere Teil des Keiles ist ein gehärtetes Stahlstück mit Querrillen. Das Armcostück muß sich beim Einpressen stark bleibend verformen, das Stahlstück biegt die Spanndrähte am Ende nach außen ab und verzahnt sich mit ihnen. Weicher Stahl am Anfang der Keilverankerung führt dabei zu größerer Schwingbreite bei dynamischer Beanspruchung. Das Ankerstück wird nach dem Prinzip der Leoba-Spannglieder mit einem eingeschraubten Spannstab gefaßt und stützt sich nach dem Auspressen auf den erhärteten Mörtel ab.

Bild 3.76a Die Verankerung mit Keil, der vor dem Spannen eingepreßt wird (VSL-Verfahren der L o s i n g e r A G, Schweiz)

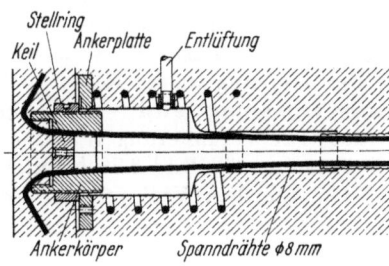

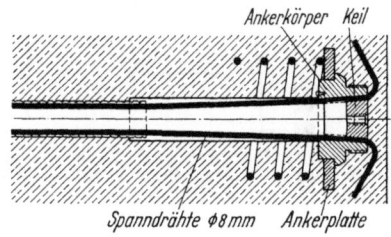

Bild 3.76b VSL-Spannanker in gespanntem Zustand

Bild 3.76c VSL-fester Anker

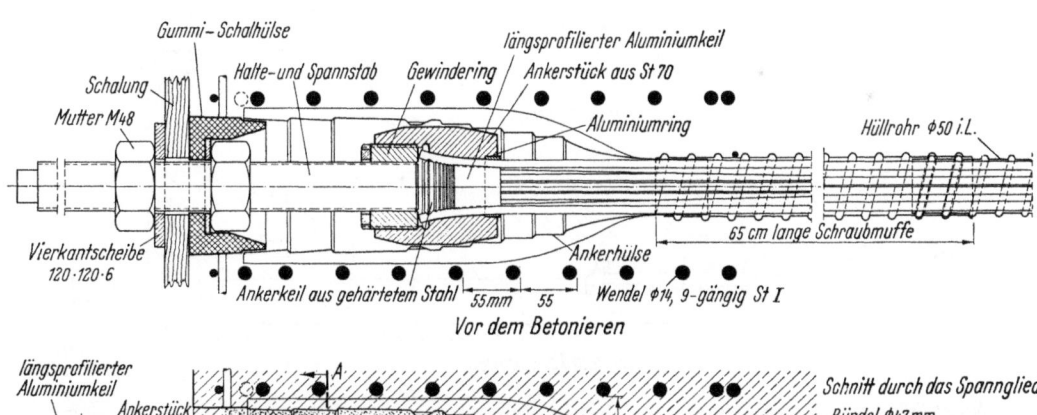

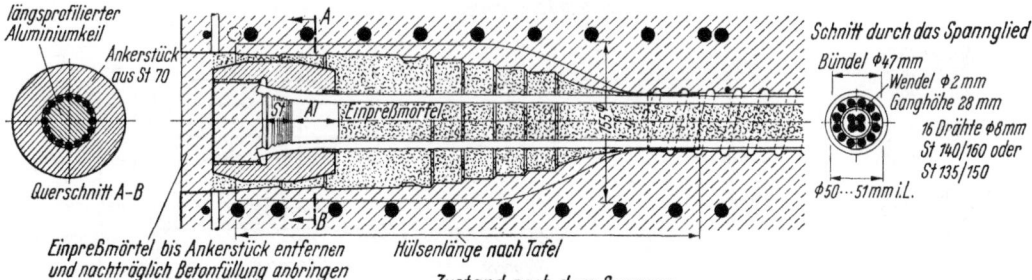

Bild 3.77 Verankerung mit vorweg eingepreßtem zweiteiligem Keil des L e o b a K 66-Spanngliedes

3.234 Aufgepreßte Keilringe

Für die Verankerung eines Einzelstabes zeigt Bild 3.78 im Prinzip, wie ein Keilring aufgepreßt wird. Am Stab wird ein zwei- oder dreiteiliger Ringkeil mit profilierter Innenfläche angelegt, auf den ein geschlossener Keilring mit passender Neigung der glatten Innenfläche nunmehr mit hydraulischer Kraft aufgepreßt wird. Die Keilstücke bewegen sich dabei nur rechtwinklig zur Stabachse nach innen. Die Neigung zwischen Keilen und Ring ist so gering, daß der Ring nicht zurückgleiten kann. Wird nun der Pressendruck abgelassen, so setzen sich die auf den Stab aufgepreßten Keile wie eine Mutter auf die Ankerplatte ab. Der Keilring hält im Endzustand nur die Keile in der Verzahnung und kann schwach sein, wenn zum Aufpressen ein starker Aufschieberring benutzt wird, der den zur Verzahnung nötigen Querdruck aushält.

Die Keilringverankerung kann auch als einzubetonierender Endanker benutzt werden. Mit ihr kann der Stab an jeder beliebigen Stelle verankert werden und behält auch an der Verankerung seine volle Tragfähigkeit, weil eine geringe Verzahnungstiefe dank der Querpressung genügt. Die Keilringe lassen sich allerdings kaum ohne Beschädigung wieder lösen.

Die Keilringverankerung wird von P o l e n s k y & Z ö l l n e r [206] zur Verankerung von 12 ovalen, quer gerippten Drähten gemäß Bild 3.79 benutzt. Der Keilring wird dabei vor dem Verlegen der Spannglieder

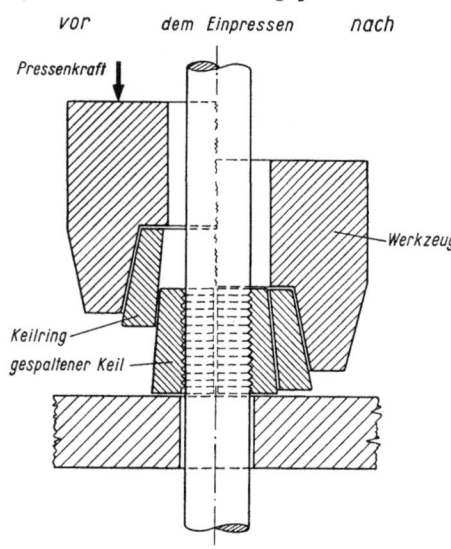

Bild 3.78 Verankerung mit aufgepreßtem Keilring

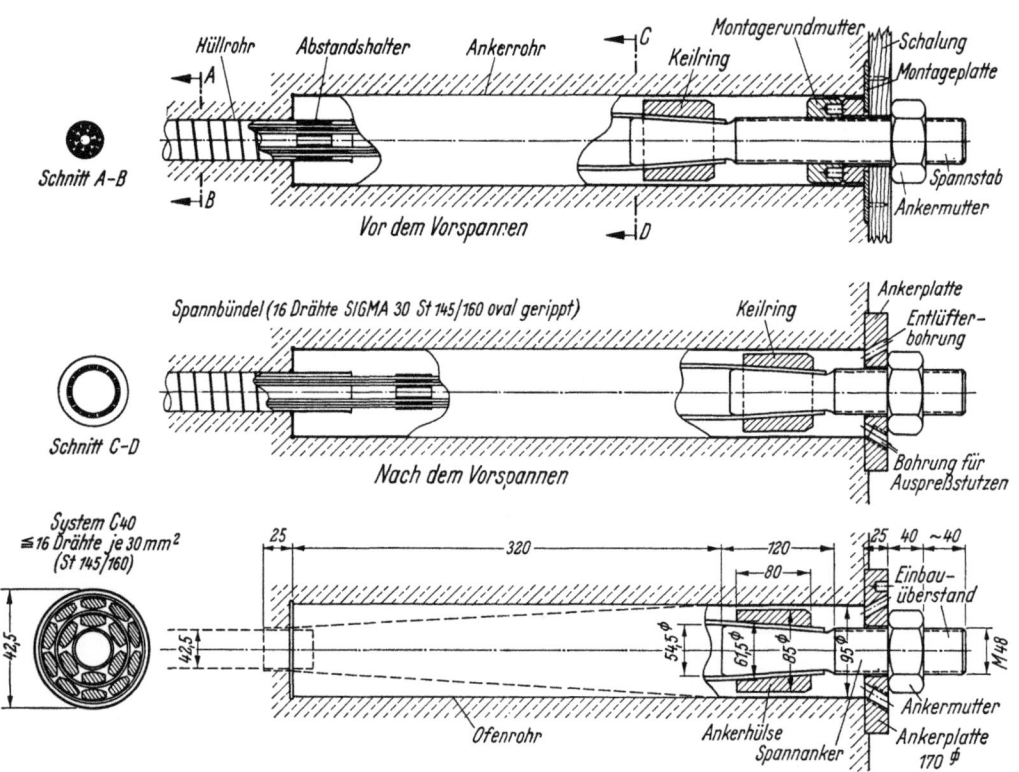

Bild 3.79 Keilringverankerung für 6 bis 16 quergerippte Ovaldrähte (nach Verfahren P o l e n s k y & Z ö l l n e r)

auf das kegelig abgearbeitete Spannstabende aus hochfestem Stahl aufgepreßt. Spannen und Festlegen der Vorspannung erfolgt mit Gewindeverankerung.

Nachdem sich diese Bauart gut bewährt hatte, wurden größere Spannglieder mit bis zu 40 gerippten Ovaldrähten mit je 2 Drahtlagen zwischen dem Ankerstab und dem Keilring entwickelt [256], [417] (Bild 3.80). Zwischen den beiden Lagen der Drähte ist im Ankerbereich eine Blechhülse angelegt.

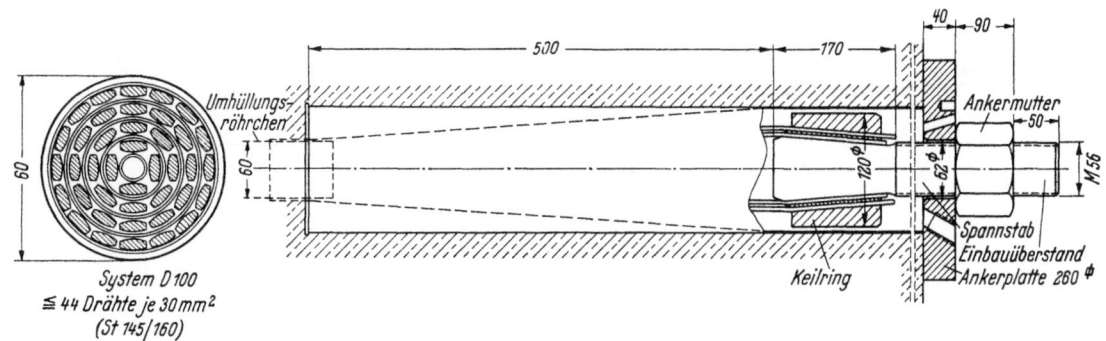

Bild 3.80 Keilringverankerung mit zwei Drahtlagen am Keilring für 44 quergerippte Ovaldrähte SIGMA-Stahl 30 (nach Verfahren P o l e n s k y & Z ö l l n e r)

Die Querrippen der Drähte verhindern das Gleiten beider Lagen, weil sie sich verankernd in die Stahlteile einpressen. Für die Anker- oder Spannstäbe wird ein hochfester Stahl St 80 verwendet. Die nach dem Spannen überstehenden Enden der Spannstäbe werden abgeschnitten. Auf diese Weise gelingt es, 100 t-Spannglieder herzustellen, wobei die Drähte in 4 Ringen hintereinander den Hüllrohrquerschnitt fast füllen, so daß der Einpreßmörtel durchweg auf etwa gleichen Fließwiderstand stößt.

Bild 3.81 zeigt noch das Aufpressen der Keilringe an der Baustelle. Die hydraulische Presse wird am Gewinde der Spannstäbe angeschlossen, worauf ein Zylinder den Keilring aufpreßt.

Bild 3.81 Aufpressen der Keilringe an der Baustelle (n. Verfahren P o l e n s k y & Z ö l l n e r)

Bild 3.82 Keilringverankerung für Litzenkabel der SGTM für 65 t Spannkraft

In Frankreich hat 1954 die S o c i é t é   d e s   G r a n d s   T r a v a u x   d e   M a r s e i l l e eine Verankerung für ein Litzenkabel entwickelt, die man zu den aufgepreßten Keilringen zählen kann (Bild 3.82). Das Kabel besteht aus 7 Litzen zu je 7 Drähten mit ϕ 3,6 mm aus St 160/180. Die in Frankreich hierfür zugelassene Vorspannkraft beträgt 65 t. Die Litzen werden durch eine einbetonierte stählerne Ankerplatte hindurchgeführt, mit einem Kern versehen und gespannt. Nach dem Spannen werden von außen je zwischen die Litzen innen profilierte gehärtete Keile angesetzt, über die nun mit 30 bis 40 t Einpreßkraft ein Keilring aufgeschoben wird, wobei sich die Keile gegen die Ankerplatte abstützen. Die Keilneigung ist so gering, daß der Keilring innen mit zylindrischer Fläche hergestellt wird. Auch hier wird eine vollkommen schlupffreie Verankerung erreicht [361].

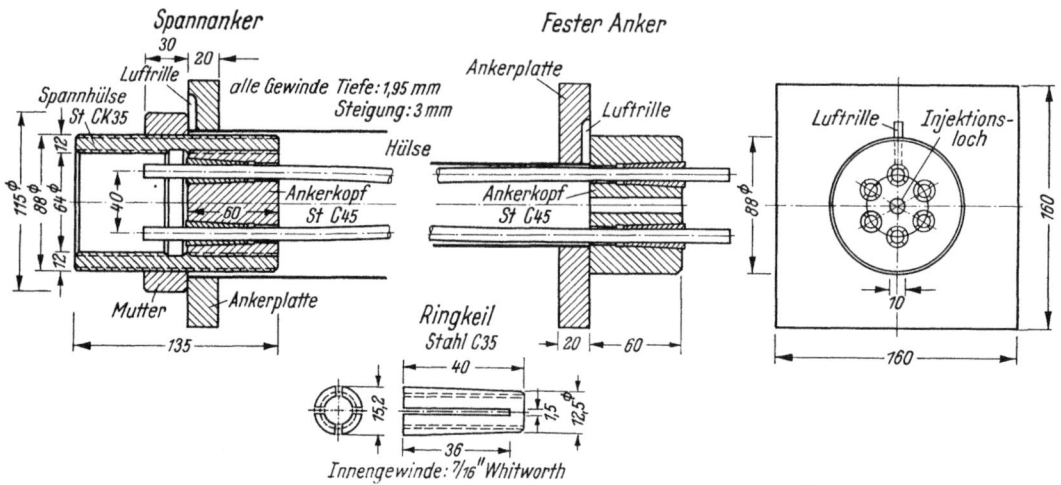

Bild 3.83 Vor dem Spannen eingepreßte Keile für Spannglied aus 6 ⌀ 9 mm (nach Verfahren Heilmann & Littmann Bau-AG)

Mit den Keilen des Bildes 3.63 werden beim Verfahren „Heilit" 6 Drähte ⌀ 9 mm aus St 140/160 vor dem Spannen in einem zylindrischen Stahlstück einzeln verankert, indem die Keile gemeinsam auf einer Spannbank eingepreßt werden (Bild 3.83). Am festen Anker wird das Ankerstück gegen eine Stahlplatte gelegt, an die das Hüllrohr anschließt. Beim Spannanker wird eine Spannhülse aufgeschraubt, die außen einen Stellring trägt.

3.24 Verankerung mit Seilköpfen

Die für Drahtseile gebräuchlichen stählernen Seilköpfe, in denen die Drahtenden mit Weißmetall vergossen sind, können auch für Spannbeton angewandt werden (Bild 3.84). In der Regel ist die Länge $5d$ und der Durchmesser am Ende des Konus $2d$. Die Drähte halten durch Haftung im Vergußmetall und durch eine starke Querpressung, die dadurch entsteht, daß der Vergußmetallkonus in den umschließenden Seilkopf hineingezogen wird. Dabei entstehen Ringzugspannungen im Seilkopf, die seine Wanddicke bestimmen. Die Haftung wird nur gut, wenn die Drahtoberflächen tadellos entfettet wurden. Die Querpressung wird um so stärker, je glatter die Innenfläche des Seilkopfes ist.

Als Vergußmetall kommen nur Legierungen in Frage, deren Schmelzpunkt unter etwa 330° C liegt, weil sonst die Drahtfestigkeit leidet. Eine gebräuchliche Legierung ist:

17 % Zinn, 68 % Blei, 15 % Antimon [93].

Die Seilköpfe werden meist aus Stahlguß GS 52.1 hergestellt. Für Spannbeton gießt man zweckmäßig die Ankerplatte mit an (Bild 3.85) und steift sie mit Rippen ab. Am äußeren Ende ist ein überstehender Ring zum Ansetzen der Spanneinrichtung billiger als eine Verlängerung des Kopfes mit Innengewinde. Die Wanddicke des Seilkopfes kann klein werden, weil die Ankerplatte und das verdickte Ende die Ringzugkräfte aufnehmen. Ein geeignetes Spanngerät wurde in Kap. 4.39 der 1. Aufl. beschrieben.

Das Bild 3.85 zeigt ferner, wie dieser Seilkopf nach dem Spannen einfach und zuverlässig festgelegt wird [94]. Die kreisrunde Seilkopfplatte wird in ein Rohrstück mit angeschweißter Bodenplatte eingesetzt, das etwas länger ist als der Spannweg und

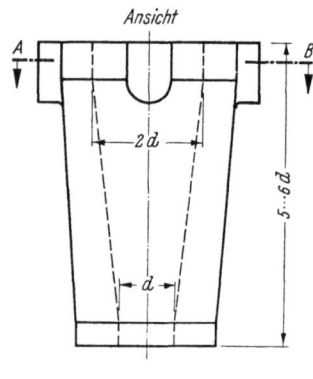

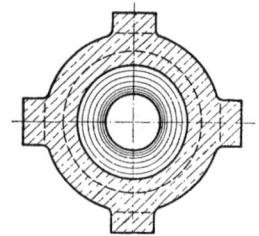

Bild 3.84 Normaler Seilkopf zur Verankerung von Drahtbündeln oder -seilen

oben bis nahe dem Ende des Spannweges einige Löcher aufweist. Sobald der Seilkopf um den Spannweg herausgezogen ist, wird geglühter feiner Sand durch diese Löcher eingegossen und vibriert, bis der Hohlraum ganz gefüllt ist. Obwohl der Sand nach dem Schließen der Löcher nicht entweichen kann, ist eine Sicherung durch Einpressen dünner Zementmilch durch ein unteres Loch denkbar.

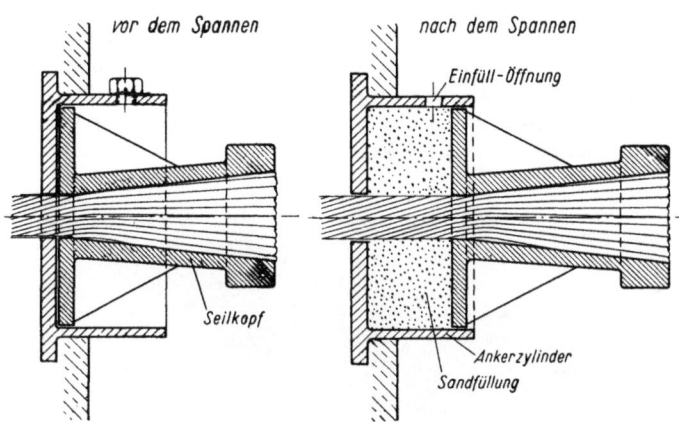
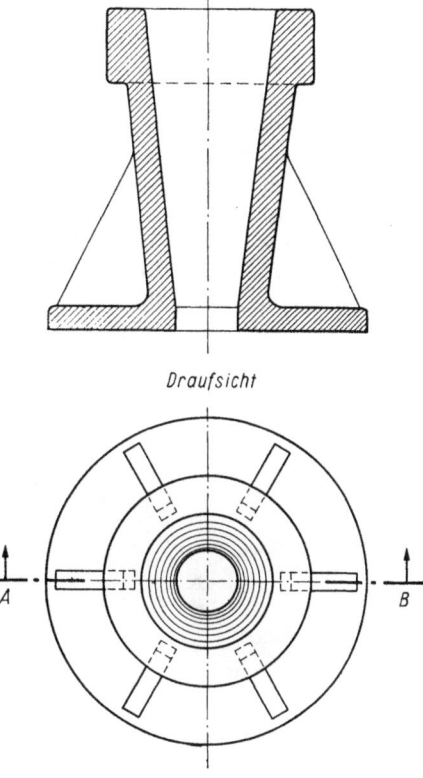

Bild 3.85 (rechts) Für Spannbeton geeigneter Seilkopf mit angegossener Ankerplatte und äußerem Ring zum Ansetzen der Spanneinrichtung
(links) Festlegen des gespannten Seiles in einem Sandtopf

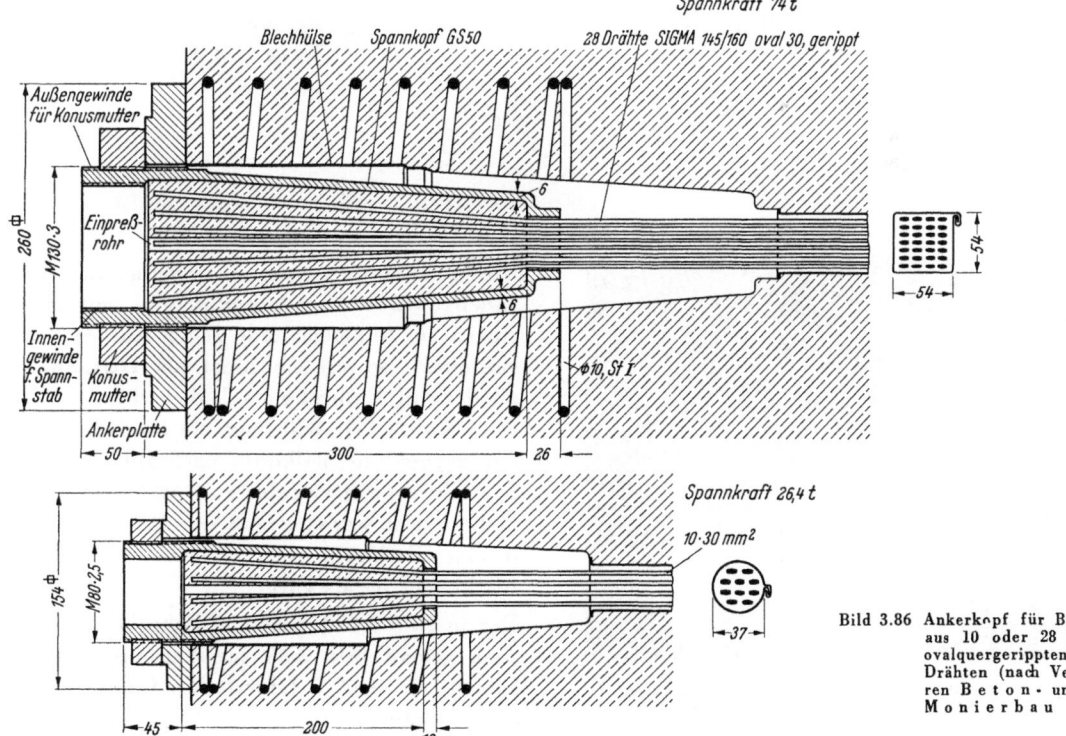

Bild 3.86 Ankerkopf für Bündel aus 10 oder 28 Stück ovalquergerippten Drähten (nach Verfahren Beton- und Monierbau AG)

Die Pressung des Seilkopfes auf die Sandfüllung kann mit 200 bis 400 kg/cm² gewählt werden.
An Stelle des Weißmetalls wird bei einigen Verfahren Zementmörtel benützt, dabei muß der Konus etwas länger und der Zementmörtel durch Zugabe von harten Zuschlägen besonders griffig gemacht und gut verdichtet werden. Diese Vergußart eignet sich nicht bei glatten Drähten, wohl aber für gerippte oder sonst für Scherverbund geeignete Drähte. So vergießt die Firma B e t o n - u n d   M o n i e r b a u AG ovale schräggerippte Drahtbündel mit Zementmörtel in einem Seilkopf (Bild 3.86), der am Ende mit Gewinden zum Spannen und Festhalten versehen ist [257].
An Stelle der teuren Stahlgußköpfe verwendet das H G - V e r f a h r e n [418] an einem Ende flach gedrückte, dickwandige Rohre aus St 60 zur Verankerung von Bündeln aus 12 bis 24 gerippten Ovaldrähten. Die Drähte werden im rund 20 cm langen Ankerbereich korkzieherartig verdrillt (zweimal um je 90°), Bild 3.87 a. Der Rohrspannkopf wird darübergeschoben, festgeklemmt und am ovalen Ende gedichtet (Bild 3.87 b). Der B e t o n wird eingefüllt, gerüttelt und mit einer am Innengewinde angeschlossenen hydraulischen Presse mit 200 atü e i n g e p r e ß t (Preßbetonplombe) (Bild 3.87 c). Für große Spannkräfte ist diese Bauart nicht zulässig, weil sich der Querdruck im ovalen, nicht konischen Rohr nicht ausreichend entwickelt.

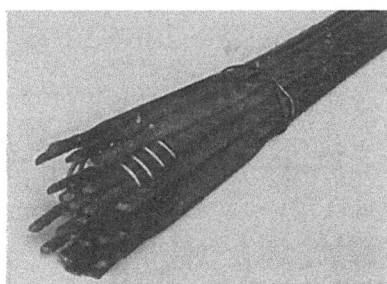
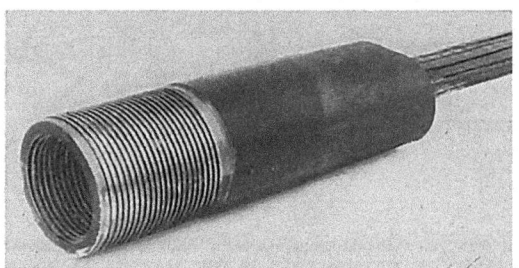
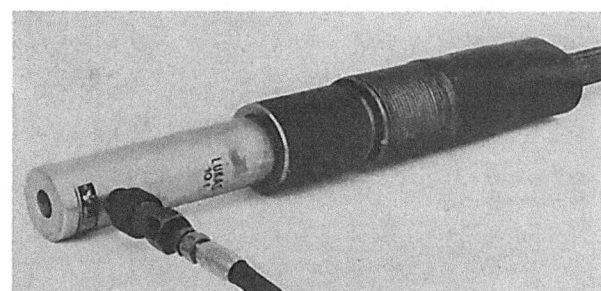

Bild 3.87 HG-Spannglieder

    a (oben links) Besen aus 24 Drähten oval 40

    b (oben rechts) Spannkopf aus Stahlrohr, am hinteren Ende oval gedrückt, vorne innen und außen Gewinde

    c (rechts) HG - Betonpreßgerät zum Pressen der Betonplombe

Bild 3.88 Verankerung einer Litze aus 19 Drähten ⌀ 5,5 mm, St 180, im Ankerkörper (nach Verfahren C a b l e C o v e r s Ltd., London)

Die Spannköpfe werden mit Spannstäben vom Innengewinde aus gespannt und mit Stellringen am Außengewinde gegen Ankerplatten verankert, soweit sie nicht als HGL-Spannglieder auf Einpreßmörtel abgestützt werden (vgl. Kap. 3.29). Während die konische Form der gegossenen Seilköpfe nach Bild 3.86 die Spannbewegung erlaubt, auch wenn sie direkt einbetoniert werden, muß der HG-Spannkopf in eine Blechhülle gelegt werden, weil er hinten breiter ist als vorne.

Der in Bild 3.62 b gezeigte Ankerkörper wird auch gemäß Bild 3.88 zur Verankerung von Litzen verwendet (Hersteller Cable Covers Ltd., London).

3.25 Verankerung mit Ziehhülsen

In der Drahtseilindustrie werden kurze dickwandige Rohrstücke über Litzen- oder Seilenden geschoben und durch einen Ziehvorgang quer auf die Drähte aufgepreßt. Das Rohr wird kalt durch eine Düse mit kleinerem Durchmesser gezogen und dadurch quer in die Drähte eingedrückt. Man nennt dies eine Ziehhülse (in USA „trulock") (Bild 3.89).

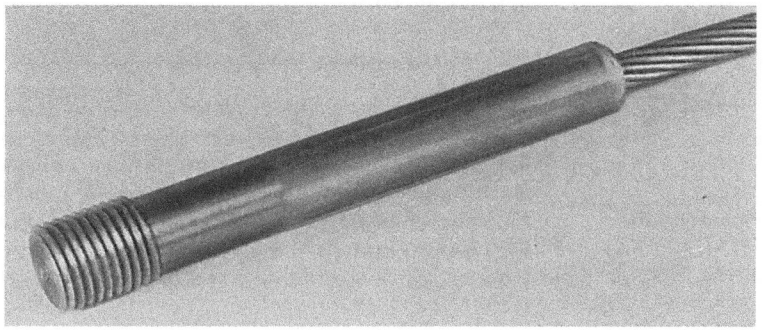

Bild 3.89 Verankerung von Seilen mit kalt aufgezogenen Ziehhülsen

J. R o e b l i n g , größtes Drahtseilwerk der USA. liefert 7- und 19drähtige Litzen aus gezogenen, angelassenen und galvanisierten Drähten mit solchen Ziehhülsen, die am freien Ende ein Gewinde haben, mit dem wie bei Gewindestäben vorgespannt wird (Bild 3.90).

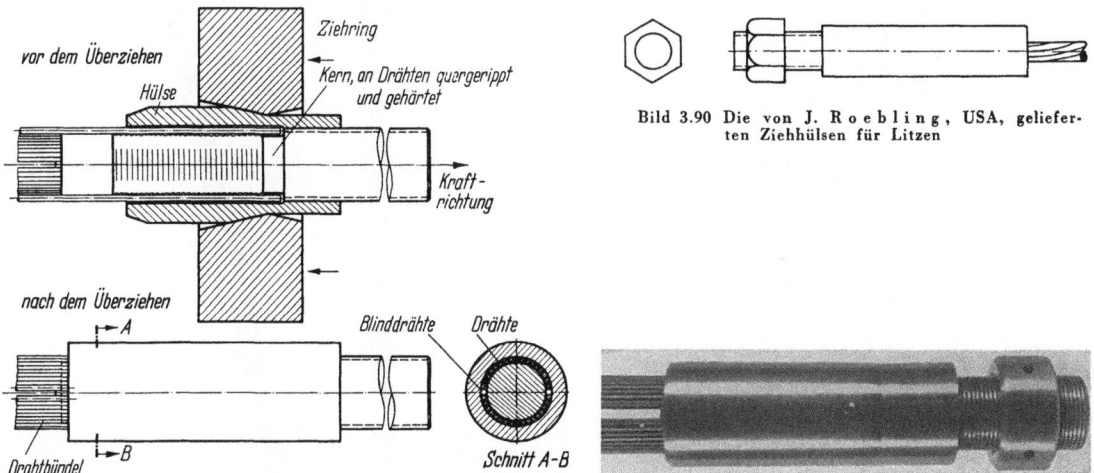

Bild 3.90 Die von J. R o e b l i n g , USA, gelieferten Ziehhülsen für Litzen

Bild 3.91a HWR-Spannkopf. Herstellung der Ziehhülse über Drahtbündel um Kernstab (schematisch)

Bild 3.91b Fertiger HWR-Spannkopf mit 16 Drähten ⌀ 8 mm für 65 t zulässige Spannkraft

Die normale Ziehhülse eignet sich nicht für die Verankerung mehrerer paralleler Drähte. Hierzu hat das H ü t t e n w e r k R h e i n h a u s e n eine Hülsenverankerung mit Kern entwickelt. Sie wird verwendet für Drahtbündel aus 13, 26 und 35 Drähten von 5,2 mm Durchmesser mit 25, 50 und 65 t Spannkraft sowie solche aus 16 und 25 Drähten von 8 mm Durchmesser mit 65 bis 100 t Spannkraft, wobei die Drähte in Ringform angeordnet sind (Bild 3.91 a). Durch die nach dem Überziehen der Hülse im Spannkopf verbleibenden radialen Druckkräfte werden die Drähte zwischen dem quergerippten Kern und der Hülse unverschieblich festgeklemmt. Es gelingt sogar, zwei ringförmige Drahtlagen mit einer entsprechend kräftigen Ziehhülse zu verankern.
Am Ende des Kernstabes aus vergütetem Stahl ist ein Gewinde, mit dem gespannt und verankert wird wie bei einem dicken Einzelstab (Bild 3.91b). Ziehhülsen müssen bis jetzt im Werk aufgebracht werden, sie sind daher für fabrikfertige Spannglieder geeignet.

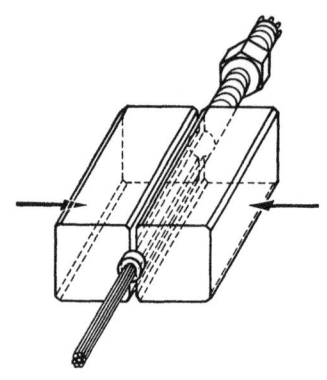

In Ungarn verankert man Bündel aus 2 bis 6 Drähten ϕ 5 mm nach einem Vorschlag von *Gabory* [359] in ausgebohrten Betonstahlstäben ϕ 32 mm (Spannhülsen), indem diese Hülsen mit einer Kraft von 60 bis 400 t zusammengepreßt werden, Bild 3.92. Das äußere Ende der Spannhülse ist mit Gewinde und Mutter versehen, mit denen das Bündel dann gegen eine Ankerplatte abgestützt wird.

3.26 Verankerung mit angestauchten Köpfen

Bei naturharten Stählen lassen sich die Stabenden kalt oder warm so anstauchen, daß das verdickte Ende die Stabkraft auf eine durchbohrte stählerne Ankerplatte übertragen kann. Man staucht gern gegen ein konisches Loch, damit im Kopf quer Druck entsteht, der den Scherwiderstand erhöht (Bild 3.93).

Bild 3.92 Ungarische Verankerung in einer zusammengepreßten Hülse

Diese Verankerungsart hat *Mörsch* [52] für den damals gebräuchlichen Krupp-Stahl St 100 beschrieben. Sie wurde für das Spannen von Stählen im Spannbett benutzt.

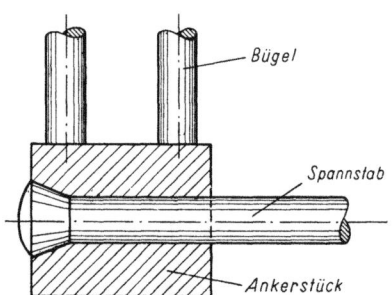

Bild 3.93 Angestauchter Ankerkopf mit Ankerplatte bei naturharten Stählen (nach *Mörsch*)

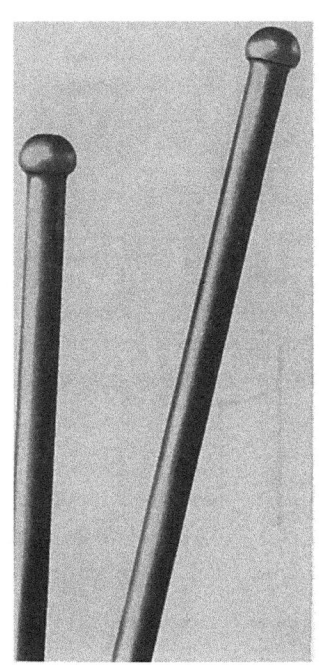

Bild 3.94 Kalt angestauchter Ankerkopf des BBRV-Verfahrens (Schweiz) an gezogenen Drähten St 150 bis 170, ϕ 5 bis 8 mm

Lange war das Anstauchen von Ankerköpfen auf naturharte Stähle beschränkt, weil man kaltgezogene oder vergütete Stähle zum Stauchen nicht wärmen darf und zum Kaltstauchen für zu spröde hielt. Erst 1949 zeigten vier Schweizer Ingenieure (*Birkenmaier, Brandestini, Roš, Vogt* = BBRV), daß sich an kaltgezogene Drähte ein anfänglich tonnenförmiges, später kugelförmiges Ankerköpfchen kalt anstauchen läßt (Bild 3.94). Man muß das Drahtende genau rechtwinklig und eben abschneiden, mit etwa 1,5 d Überstand fest einklemmen und gegen die Endfläche langsam mit ausreichender Kraft drücken. Der Durchmesser des Köpfchens wird etwa 1,4 d. Umfangreiche Versuche ergaben, daß diese BBRV-Stauchanker eine selbst bei dynamischer Beanspruchung zuverlässige Verankerung ergeben, wenn man Ankerkörper aus weicherem Stahl (St 52 bis St 90) mit passender Bohrung verwendet. Die Güte des Stauchankers hängt nicht nur von den Stahleigenschaften, sondern auch von der Geschwindigkeit des Anstauchens ab. Man darf daher nur erprobte Geräte (Bild 3.95) und Stähle verwenden.

Bild 3.95 Kopfstauchmaschine zum Anstauchen der Ankerköpfchen des BBRV-Verfahrens für Drähte bis ⌀ 8 mm

Bild 3.96 Stauchwerkzeug für Drähte bis ⌀ 6 mm (PROCEQ, Zürich)

Auch vergütete Drähte sind für Stauchanker brauchbar, wenn der Stahl nicht zu hoch vergütet und dadurch spröde ist [139], [166].

Neben der Kopfstauchmaschine des Bildes 3.95 gibt es auch kleine hydraulische Stauchwerkzeuge, mit denen Köpfe an bereits verlegten Drähten mit nur geringem freiem Überstand angestaucht werden können. Dieses Gerät wird vor allem für „durchzufädelnde" Drahtbündel gebraucht, wie sie beim Zusammenspannen vorgefertigter Betonteile vorkommen [307], Bild 3.96.

Mit den Stauchankern sind verschiedene Spann- und Ankereinrichtungen unter dem Namen B B R V - V e r f a h r e n entwickelt worden, die von der Schweiz aus fast in der ganzen Welt Verbreitung fanden.

Bild 3.97 zeigt, wie beim Einzeldraht hinter dem Ankerköpfchen ein kurzes Gewindestück vor die Ankerplatte gesetzt ist, damit der Draht mit einer Spannpresse angefaßt werden kann. Nach dem Spannen wird zwischen das Gewinde und die Ankerplatte ein Stahlstück mit einer dem Spannweg entsprechenden Dicke eingeschoben. Am anderen Ende genügt eine kleine Ankerplatte allein.

Die BBRV-Stauchanker bieten die Möglichkeit, sehr viele Drähte gemeinsam zu spannen und zu verankern. Man kann so die Spannkraft fast beliebig variieren und große Kabel zusammenfassen. Die gebräuchlichen Spannglieder sind folgende[1]:

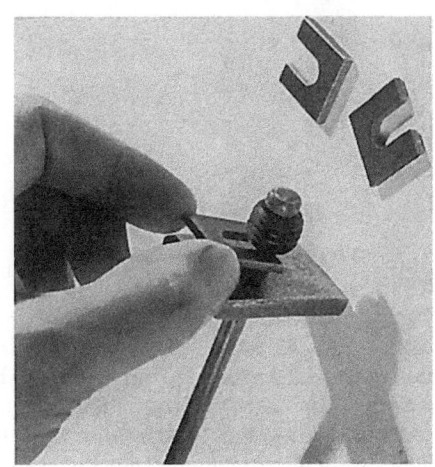

Bild 3.97 Einzeldrahtverankerung mit BBRV-Stauchanker

---

[1] Die Angaben gelten für die Ausführungen in der Schweiz. In Deutschland schreibt die Zulassung z. T. andere Werte vor.

BBRV-Spannglieder

	Nennkraft in t V_0 bei $\sigma_z = 0{,}70\,\beta_Z$	32	64	100	60[1]	130[1]	170[1]	220[1]
	Zahl und ϕ der Drähte	14 ϕ 5 10 ϕ 6 8 ϕ 7	28 ϕ 5 20 ϕ 6 16 ϕ 7	44 ϕ 5 32 ϕ 6 24 ϕ 7	19 ϕ 6	42 ϕ 6	55 ϕ 6 42 ϕ 7	55 ϕ 7 44 ϕ 8
Spannanker	Ankertyp	B, J	B, J	B, J	C	C	C	C
	Kopf ϕ mm	75	100	115	83	118	130	144
	Spannstab ϕ mm (Spindel)	42	52	52	42	62	72	82
	Trompete ϕ mm	~85	~110	~125	92	130	143	158
Feste Anker	Ankertyp	S	S	S	E	E	E	E
	Endankerplatte cm	12/15/1,2	15/22/1,2	16/30/1,2	ϕ 17	ϕ 24,5	ϕ 28	ϕ 31,5

[1] Diese Größen werden auch als Ankertyp B und J hergestellt. Es gibt auch dazwischen liegende Spannkraftwerte.

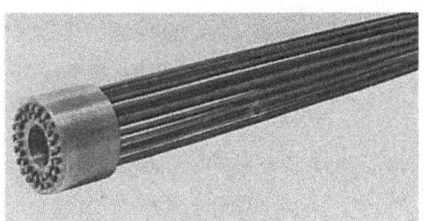

Bild 3.98a BBRV - Spannglied, Spannanker Typ B, Ankerring mit Drahtbündel

Bild 3.98b BBRV - Spannglied, Spannanker Typ B, Sicherungsplatte für Kopfanker und Montagestab

Bild 3.98c BBRV-Spannglied, Spannanker Typ B, Ankerplatte, Trompete und Stellring

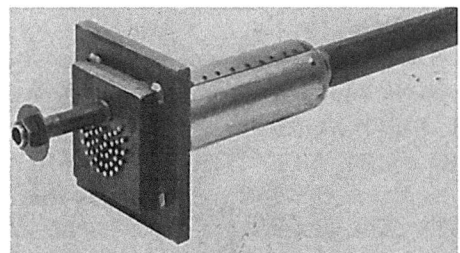

Bild 3.99 BBRV - Spannglied, fester Anker Typ S, Entlüftungsrohr an Ankerplatte

Man unterscheidet mehrere Ankertypen, zunächst Typ B mit einem ringförmigen Drahtankerkörper gemäß Bild 3.98, der auch als Typ I (Injektionsanker) verwendet wird. Der Ankerring mit den Bohrungen für die Drähte hat ein Innengewinde für den Spannstab und ein Außengewinde für den Stellring (Stützmutter). Die Köpfchen werden erst angestaucht, nachdem der Ankerring eingefädelt ist. Eine Stahlplatte mit Gewinde drückt die Köpfchen gegen den Ankerring. Eine Blechtrompete, an die Ankerplatte angeschweißt, sichert die Beweglichkeit des Ankerringes auf die Länge des Spannweges und vermittelt den Anschluß des Hüllrohres. Nach dem Spannen wird der Stellring auf das Außengewinde des Ankerringes aufgedreht und die Spannkraft damit festgehalten.

Die festen Anker, Typ S (Bild 3.99), sind wesentlich einfacher, indem sich die Ankerköpfchen einfach gegen eine dicke Stahlplatte legen, an die eine kurze Trompete für den Spreizbereich und ein Entlüftungsrohr für den Einpreßmörtel angeschweißt sind. Für große Spannkräfte werden zwei Stahlplatten übereinandergelegt.

Die neueren Typen C und E (ab 1959) zeigen eine konzentrierte Anordnung der Drähte in einem kleinen Ankerkörper (Bild 3.100), in dem die Bohrungen für die Drähte möglichst dicht liegen, um die Trompete im Durchmesser zu verkleinern und zu verkürzen. Die Spreizung der Drähte fällt fast weg. Der Ankerkörper besteht im Hinblick auf die am Gewinde angreifenden Kräfte aus einem vergüteten, legierten Stahl. Auf den Ankerkörper wird eine beliebig lange Zughülse geschraubt, in deren Innengewinde auch der Spannstab angreift. Der Stellring (Stützmutter) auf dem Außengewinde legt sich gegen eine runde, mit Rippen verstärkte Ankerplatte.

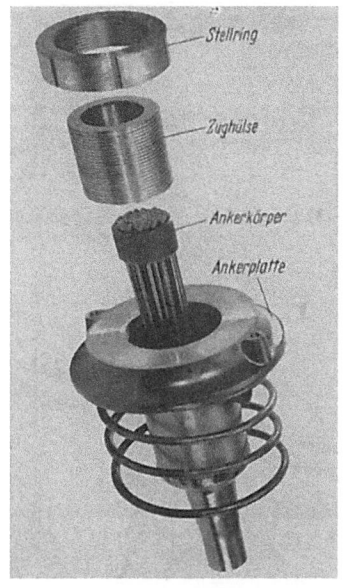

Bild 3.100 (links und oben) BBRV-Spannglied, Spannanker Typ C

Bild 3.101 BBRV-Spannglied, fester Anker Typ E

Bei den festen Ankern (Typ E, Bild 3.101) wird eine tellerförmige Ankerplatte auf den Ankerkörper aufgeschraubt. Das Entlüftungsrohr ist an der kurzen Trompete angeschweißt. Der Beton wird vor der Ankerplatte mit einer Wendel umschnürt.

Den Gedanken der Fächerverankerung aufnehmend hat BBRV ihre festen Anker noch gemäß Bild 3.102 dadurch verbilligt und vereinfacht, daß die fächerartig auseinandergezogenen Drähte am Ende einfach mit ihrem Ankerköpfchen in einem Flachstahl verankert sind. Der Fächerbereich wird einbetoniert und quer bewehrt.

In Italien preßt man auf kaltgereckte Runddrähte in ähnlichem Verfahren wie BBRV einen flachen Kopf, Bild 3.103 [503]. Das flache, keilförmig zulaufende Drahtende wird in Ankerkörpern mit konischen Bohrungen verankert.

Alle Drähte eines Spanngliedes müssen in einer Zulage genau gleich lang abgeschnitten werden. Man hat dann die Hüllrohre und die Ankerstücke aufzuschieben. Ein Endstück der Blechrohre muß so weit sein, daß es noch über die normalen Rohre zurückgeschoben werden kann, damit sich die Drahtenden vor dem Ankerstück in die Stauchmaschine einlegen lassen.

Bei angestauchten Ankern muß man ähnlich wie bei Gewinden und Seilköpfen das Spannglied genau ablängen und kann Drähte nicht mehr auswechseln.

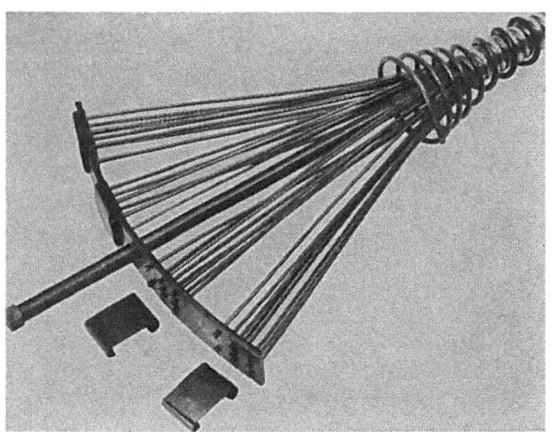

Bild 3.102 BBRV-Fächeranker

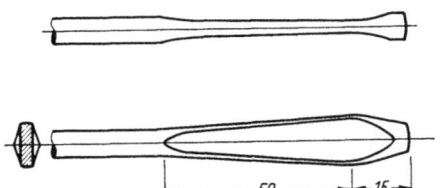

Bild 3.103 Flach gepreßtes Drahtende, das in konische Bohrungen von Ankerplatten eingeführt wird

Die **Prestressing Incorporated**, San Antonio, Texas, USA, verwendet Draht mit Doppelköpfen (duplex-headed wire) gemäß Bild 3.104, bei denen mitten im Draht eine ringförmige Verdickung kalt angestaucht wird. Der Kopf am Drahtende wird zur Befestigung in der Spannpresse und der innere Kopf an der Ankerplatte benützt. Nach dem Spannen wird das überstehende Ende abgeschnitten. Einen besonderen Vorteil kann man in dieser Methode nicht sehen, weil alle Ankerteile gespalten sein müssen, aber es ist interessant, daß sich der Kopf mitten im Draht anstauchen läßt, ohne die Zugfestigkeit des Drahtes zu zerstören. Vermutlich müssen besonders geeignete Stahlarten ausgewählt werden.

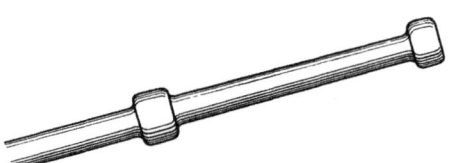

Bild 3.104 Doppelkopf-Drähte (der Firma **Prestressing Incorporated**, USA)

3.27 Verankerung mit Schrägstreben

In USA wurde eine Verankerung entwickelt mit verhältnismäßig dünnen, schrägen, gehärteten Blechstreben, die in mehreren Lagen übereinander liegen (Bild 3.105). Bei der Spannbewegung des Stabes liegen die inneren Ränder der Blechstreben dicht am Stab an. Sobald eine Rückwärtsbewegung eintritt, drücken sie sich verankernd in den Stab ein; die Schrägstreben stützen sich auf ein umschließendes Stahlgußstück ab, sie können aber auch in einen Blechring münden.

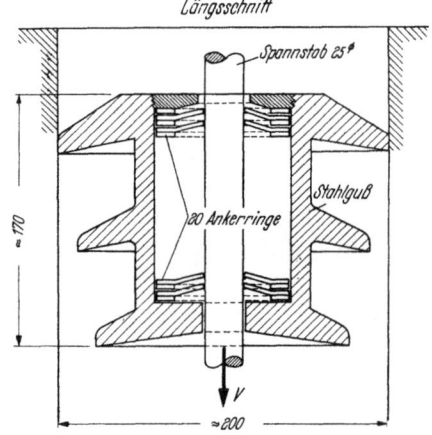

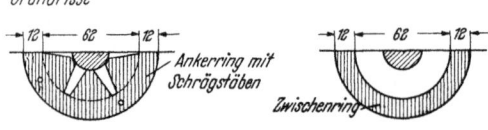

Bild 3.105 Schrägstrebenverankerung für 80 t-Spannstab (nach **Preload**, USA)

Die abgebildete Verankerung ist für einen Stab $\varnothing$ 25 mm der Güte St 200 mit einer Spannkraft von 80 t bemessen. Man kann damit also verhältnismäßig große Kräfte bewältigen.

Etwas einfachere Schrägstreben-Verankerungen sind von *Bührer* für St 90-Stäbe vorgeschlagen worden.

Diese Verankerungsart hat jedoch noch keine praktische Anwendung gefunden.

3.28 Verankerung mit Tellerfedern

Als Stützkörper dienen flache Kegelschalen (Teller), wie sie bei Tellerfedern verwendet werden (Bild 3.106). Drückt man auf den inneren Rand der Schalen, so verkleinert sich der Durchmesser der Mittelöffnung, wodurch sich der gehärtete Rand in den Stab eindrückt und diesen festhält, wenn genügend viele Schalen hintereinanderliegen. Wegen der räumlichen Tragwirkung ist die Ankerleistung dieser Stützkörper größer als bei Schrägstreben. Die Neigung der Teller ist steiler als bei normalen Tellerfedern, um eine genügend große Eindrücktiefe zu erreichen. Die Kraft wird am äußeren Rand der Teller auf die Ankerplatte abgegeben.

Man kann auch die Ankerplatte selbst als Tellerfeder ausbilden und den Stab mit einem Keil in der mittleren Öffnung festhalten (Bild 3.107). Der Keil wird dabei durch die Federwirkung des Tellers zusätzlich quer eingepreßt, und die Kraft wird über den Rand des Tellers günstig auf eine große Betonfläche verteilt. Beide Bauarten sind noch nicht erprobt.

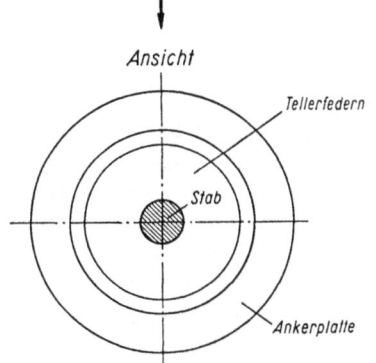

Bild 3.106 Verankerung mit hintereinander geschalteten kleinen Tellerfedern (schematisch)

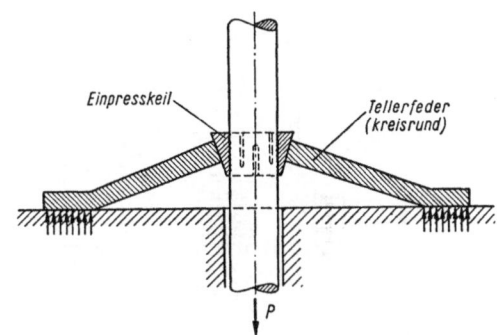

Bild 3.107 Verankerung mit einer großen Tellerfeder und Keil

3.29 Verankerung in erhärtetem Einpreßmörtel (Injektionsanker)

Wenn man ein Spannglied mit Ankereinrichtungen im Einpreßkanal gespannt festhält, den Kanal mit Zementmörtel auspreßt, und diesen erhärten läßt, dann hält der Anker allein — vorausgesetzt, daß der Mörtel genügend fest wird und an der Ankerstelle umschnürt ist. Man kann so im Beton versenkte Verankerungen machen, die keine äußere Ankerplatte brauchen. Diese Verankerungsart wurde mit den L e o b a - Spanngliedern (Bild 3.21 und Bild 3.108) zuerst in die Praxis eingeführt und hat sich ausnahmslos bewährt. Wenn der Mörtel günstig gewählt und ausreichend umschnürt ist, dann kann man die äußere Spannplatte schon zwei oder drei Tage nach dem Auspressen — warme Witterung vorausgesetzt — abnehmen und die Spannkraft „innen" übertragen [183]. Die Mörtelfestigkeit genügt zum Zeitpunkt der Übertragung mit 100 bis 150 kg/cm². Die Verankerung zeigte bei Dauerstand- und Dauerschwingversuchen günstige Ergebnisse.

Bei richtiger Bemessung der Ankerteile und der Umschnürung kann man Spannkräfte bis etwa 200 t auf erhärteten Einpreßmörtel abstützen.

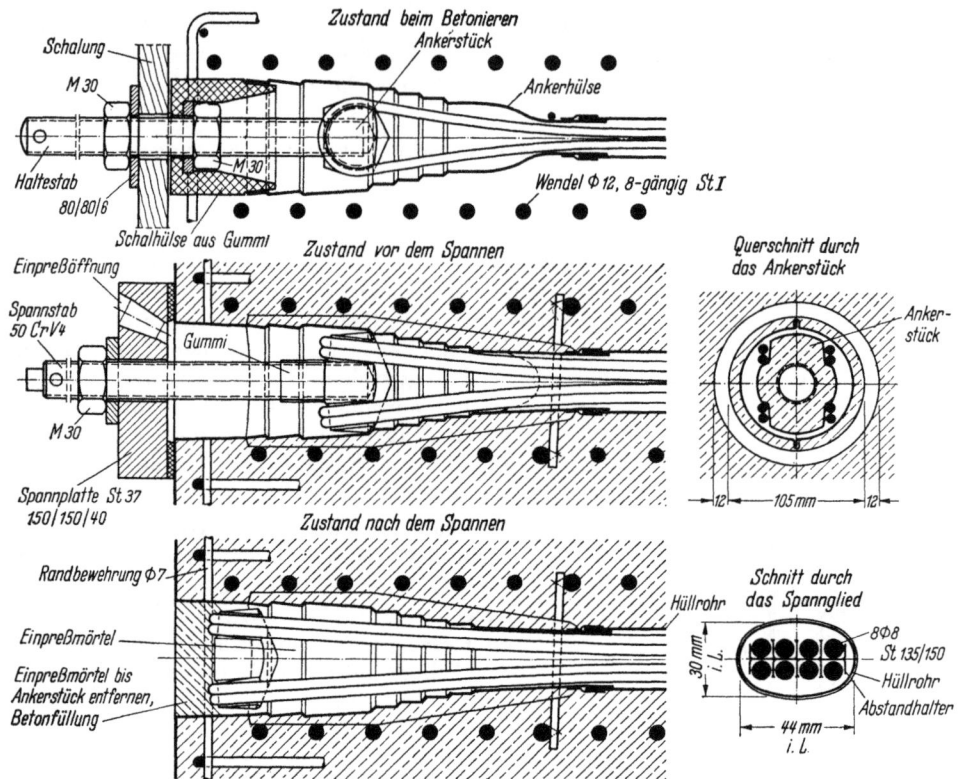

Bild 3.108 Spannanker der L e o b a - Spannglieder mit Abstützung des Ankers auf erhärtetem Einpreßmörtel.
8 Drähte ϕ 8 mm, St 135/150, V_0 = 33 t oder 16 Drähte ϕ 8 mm, St 135/150, V_0 = 66 t

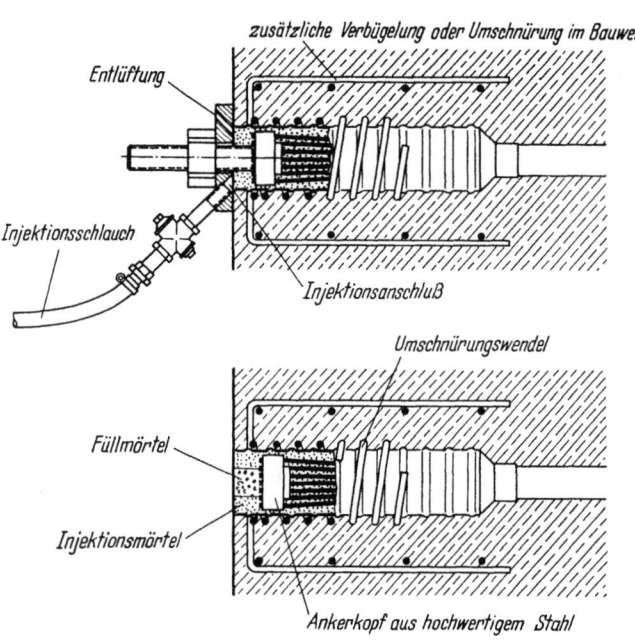

Bild 3.109 BBRV-Injektionsanker Typ B
oben: gespannter Zustand mit Spannplatte festgehalten, Injektion des Mörtels durch Spannplatte
unten: fertiger Anker nach Abnahme der Spannplatte

Die BBRV-Spannglieder wurden frühzeitig in Einpreßmörtel verankert (Injektionsanker) (Bild 3.109) [193]. Dort tauchte dieser Gedanke wohl erstmalig auf, wurde aber erst später praktisch benützt.

Die HG-Spannglieder (Bild 3.87) werden mit der Bezeichnung HGL häufig als Injektionsanker ausgeführt. Verschiedene andere Ankerarten bekannter Verfahren eignen sich ebenfalls zur Abstützung auf erhärtetem Einpreßmörtel.

L. Mühe hat mit dem KA-Verfahren der Philipp Holzmann AG gemäß Bild 3.73 versucht, quergerippte Ovaldrähte einfach durch Haft- und Scherverbund in erhärtetem Einpreßmörtel zu verankern. Die Drähte sollten zu diesem Zweck in einem erweiterten Hüllrohr hinter einem Spreizring um 180° verdrillt und mit Klemmplatten an der Spannpresse provisorisch festgehalten werden. Das Wegnehmen der Klemmplatten und Schrauben nach dem Erhärten des Einpreßmörtels konnte jedoch nicht zugelassen werden.

Felsanker werden in besonderer Form durch Einpreßmörtel verankert (vgl. Kap. 16.8).

3.3 Das Stoßen von Spannstählen und Spanngliedern

3.31 Gewindemuffen

Stäbe können mit Gewindemuffen oder Spannschlössern gestoßen werden, wobei für die Gewinde das gleiche gilt wie unter Kap. 3.24 und 3.25. Bild 3.111 zeigt die für St 105-Stäbe ϕ 26 mm übliche Muffe. Für Spannglieder, die nach dem Erhärten des Betons gespannt werden, muß eine Blechröhre mit erweitertem Durchmesser an das normale Blechrohr angeschlossen werden, die so lang ist, daß die dicke Muffe um den Spannweg bewegt werden kann.

Im amerikanischen Hängebrückenbau hat man längere Zeit hindurch auch kaltgezogene **Drähte** ϕ 5 mm mit kleinen Muffen gestoßen, wobei der durch das Gewinde bedingte Verlust der **Tragfähigkeit** in Kauf genommen wurde. Für Spannbetonzwecke sollte man jedoch bei vergüteten Stählen von derartigen Gewindeverbindungen für Stöße absehen.

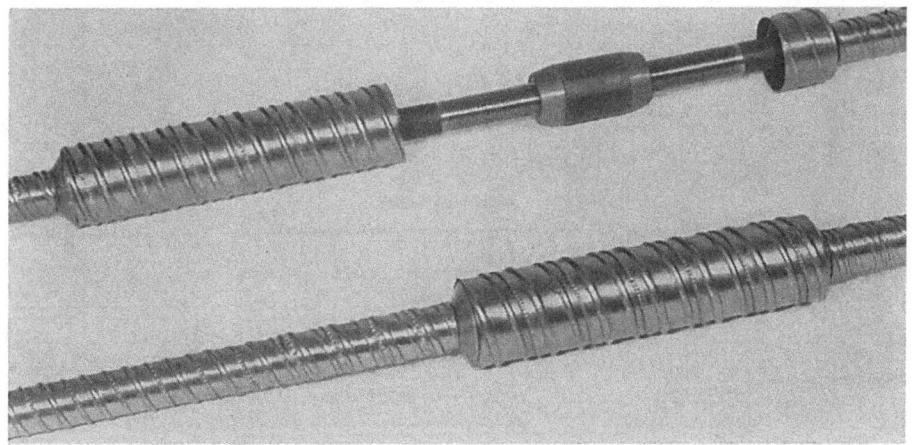

Bild 3.111 Die für St 105-Stäbe ϕ 26 mm übliche Stoßmuffe mit Blechrohr für D y w i d a g - Verfahren

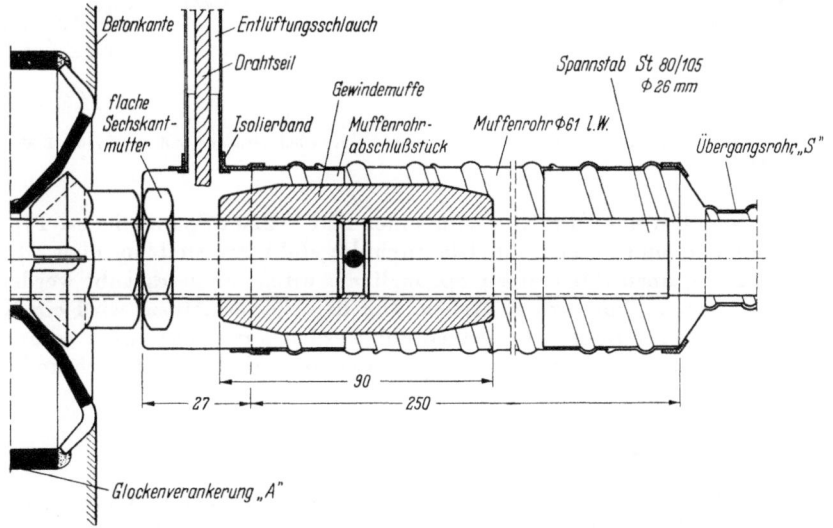

Bild 3.112 Muffen-Anschluß an verankerten D y w i d a g - Stab ϕ 26 mm

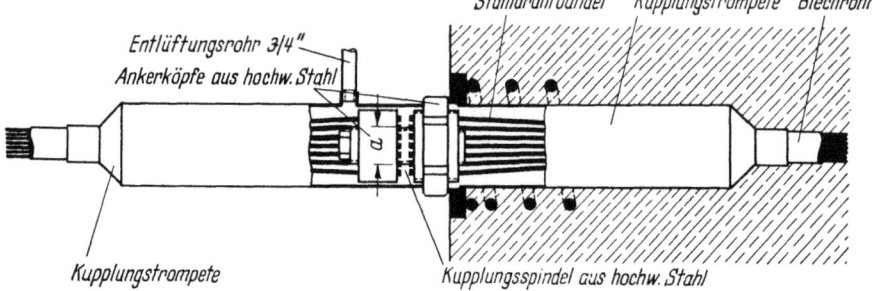

Bild 3.113 BBRV-Injektionsanker mit Kupplungsspindel, $\phi\, a = 32$ bis 62 mm

Mit Muffen oder Spannschlössern (Spindeln) können auch Spannglieder aus Drahtbündeln gestoßen werden, wenn am Ankerstück ein passendes Gewinde zur Verfügung steht. Solche Spanngliedstöße werden in zunehmendem Maß benützt, um Bauteile aneinander zu spannen. Als Beispiele werden die Spanngliedstöße der Verfahren Dywidag (Bild 3.112) und BBRV (Bild 3.113) gezeigt. Ähnliche Stöße werden bei verschiedenen anderen Verfahren angewendet. Injektionsanker sind besonders geeignet, weil die Ankerplatten in der Stoßfuge entfallen und damit die Kontaktfläche des Betons in der Stoßfuge wenig gestört wird.

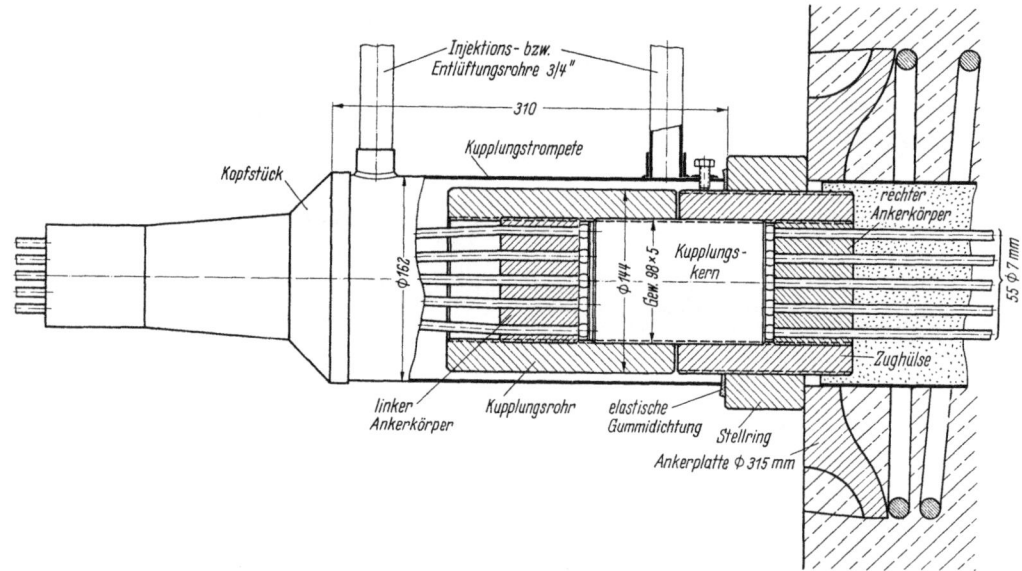

Bild 3.114 BBRV-Kupplung für 220 t-Spannglied Typ C. Rechtes Spannglied gespannt und angepreßt. Links anzuschließendes Spannglied

Bild 3.114 zeigt schließlich noch die Kupplung eines BBRV 220 t Spanngliedes, Typ C. Das rechte Spannglied ist gespannt und ausgepreßt. Die Zughülse steht am Stellring über. Dort könnte das Ankerstück des linken, anzuschließenden Spanngliedes direkt eingeschraubt werden; man müßte dabei allerdings das ganze Spannglied drehen. Um dies zu vermeiden, wird ein Kupplungskern eingefügt, auf den ein Kupplungsrohr aufgedreht werden kann, das zuvor schon auf das linke Ankerstück aufgeschraubt war. Eine Kupplungstrompete umhüllt das Ganze und vermittelt den Anschluß zum Hüllrohr.

3.32 Stöße mit Keilverbindungen

In den USA wurden für den Stoß kaltgezogener Drähte Hülsen ausgebildet, in denen die Drahtenden mit dreiteiligen Keilen festgehalten werden (torpedo splice) (Bild 3.115). Diese Stoßart ist einfach

Bild 3.115 (rechts und unten). Eine amerikanische Stoßverbindung kaltgezogener Drähte mit automatisch wirkenden Keilen (torpedo splice) an gewickeltem Behälter und im Längs- und Querschnitt

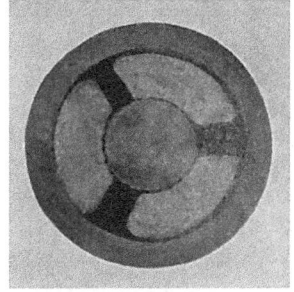

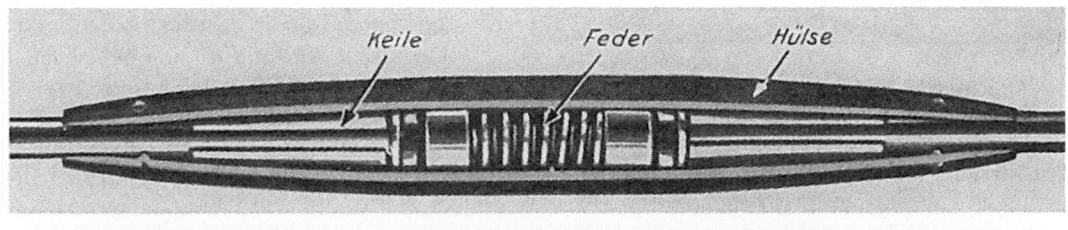

zu handhaben, zuverlässig und vermindert die Tragfähigkeit des Drahtes fast nicht. Der große Durchmesser der Stoßhülse stört bei Spannkabeln mit eng gelegten Drähten die Ordnung.

Zum Stoß von Litzen in Spannbetten stellt Supreme Products Corp., Chicago, eine ähnliche, wieder lösbare Stoßverbindung mit Keilen gemäß Bild 3.116 her (splice chuck).

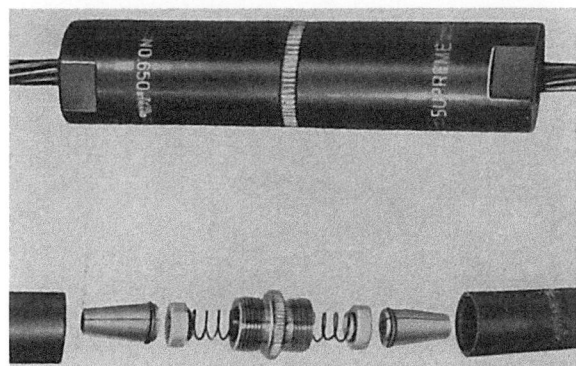

Bild 3.116 Supreme - Litzen - Stoßverbindung für Spannbettvorspannung

3.33 Hartgelötete oder geschweißte Stöße

Die Drahtenden werden unter einem Winkel von 15° bis 20° schräg angeschnitten und in der Schnittfläche hartgelötet (Bild 3.117). Der Stoß erreicht bei 3 mm-Drähten aus St 180 etwa 60 % der Drahtfestigkeit, bei 5 mm-Drähten aus St 150 etwa 65 %, wenn er von erfahrenen Fachkräften ausgeführt wird. Diese Stoßart ist bei der Herstellung von Drahtseilen und Litzen z. T. noch üblich (vgl. Kap. 2.122). Sie kann für Spannkabel zugelassen werden, wenn die Stöße der Drähte weit gegeneinander versetzt (höchstens 1 Stoß auf 50 m Litzenlänge) sind und im Gesamtquerschnitt keine merkliche Rolle spielen. In Deutschland werden gelötete Stöße nicht mehr erlaubt, nachdem man gelernt hat, die Drähte vor dem Ziehen stumpf zu schweißen und so vorzubehandeln, daß die Festigkeit am Stoß unvermindert ist. Man kann so beliebig lange Litzen herstellen. In den USA werden gezogene Drähte beim Herstellen langer Litzen durch Schweißen gestoßen. Wenn in einer 7drähtigen Litze ein solcher Drahtstoß in der Prüfstrecke liegt, dann geht die Litzenfestigkeit schon um 13 bis 16 % zurück [311]. Die Drähte sollten daher besser vor dem Ziehen geschweißt werden.

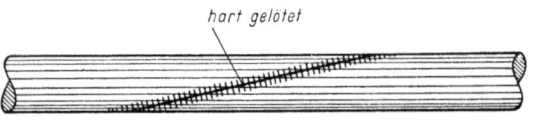

Bild 3.117 Stoß eines Drahtes durch Hartlöten

3.34 Das Spleißen von Litzen

Litzen oder einfache Seile werden häufig durch Spleißen gestoßen, wobei die Seilenden sich um mehrere Meter übergreifen. Die einzelnen Drähte werden gegeneinander abgestaffelt und ineinander verflochten. Das Spleißen muß von gelernten Fachkräften ausgeführt werden. Man erreicht bei einer 7drähtigen Litze etwa $^6/_7$ der vollen Tragfähigkeit und kann einen solchen Stoß in **Ausnahmefällen anwenden.**

3.35 Klemmenstöße

Im Handel gibt es sogenannte Seilklemmen, mit deren Schrauben zwei Seilenden aneinander gepreßt werden. Mit 6 bis 8 Klemmen hintereinander erreicht man bei 7drähtigen Litzen nur etwa die Hälfte der Zugfestigkeit. Weitere Klemmen helfen nicht mehr wesentlich. Den Klemmenstoß kann man deshalb nur anwenden, wenn die Spannkraft vor dem Stoß durch Krümmung der Litze mit hoher Reibung ausreichend herabgesetzt wurde. Ein Stoß durch Verankerung beider Litzenenden im Beton ist jedoch vorzuziehen.

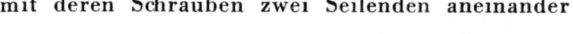

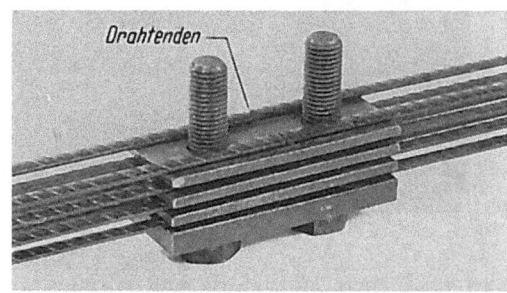

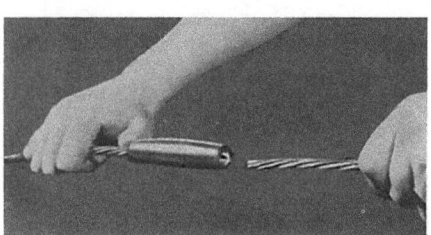

Bild 3.118 Stoßmuffe (nach Cable Covers Ltd., London)

Bild 3.119 Klemmstoß KKA für 10 Drähte SIGMA-Stahl oval 40 im Montagezustand (oben) und nach dem Zusammenbau (unten) (nach Verfahren Philipp Holzmann AG)

Die Cable Covers Ltd., London, liefert zum Stoß von Litzen eine Stoßmuffe, die in einer hydraulischen 1000 t-Presse zusammengedrückt wird (Bild 3.118).

Aus den KA-Verankerungen (Bild 3.73) ist ein Klemmstoß für quergerippte Flachdrähte entwickelt worden, der sich durch seine Einfachheit auszeichnet (Bild 3.119).

3.36 Stoßarten im Beton

Drähte und Litzen können dadurch gestoßen werden, daß die freien Enden innerhalb der Ankerschlaufen spiralig einbetoniert werden (Bild 3.120). Beim Verfahren Baur-Leonhardt werden die Litzenenden am Spannblockrücken durch ein einbetoniertes Röhrchen hindurch in eine lotrechte Aussparung eingeführt, die nach dem Verlegen sämtlicher Litzen zubetoniert wird (Bild 3.121 und 3.122).

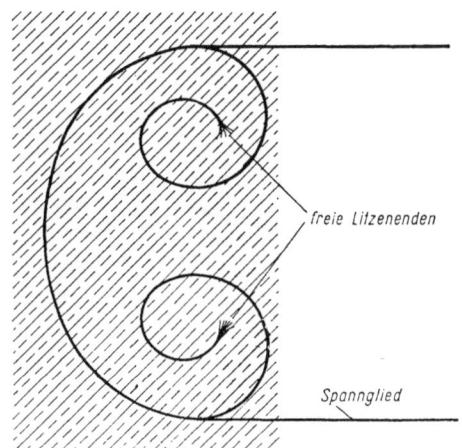

Bild 3.120 Stoß freier Draht- oder Litzenenden durch spiraliges Einbetonieren in Ankerschlaufen

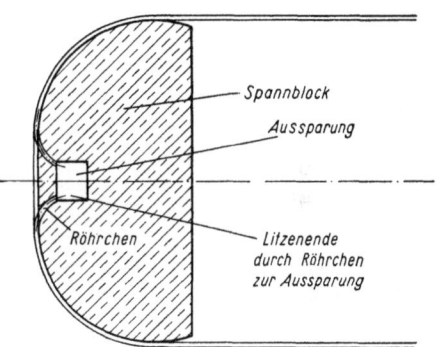

Bild 3.121 Stoß freier Drahtenden durch Einbetonieren in einer Aussparung des Spannblockes beim Verfahren Baur-Leonhardt

Bild 3.122 Aufnahme der Stoßart des Bildes 3.121. Das Holz am Spannblockrücken dient zum Ausgleich hoher Temperaturen während des Litzen-Verlegens

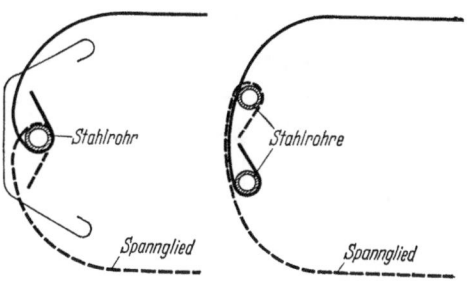

Bild 3.123 Stoß von Drahtenden durch sich übergreifende Haken um ein Stahlrohr herum

Hat man in Ankerschlaufen viele Drähte zu stoßen, so kann man nahe der Achse der Ankerschlaufe Stahlrohre vorsehen, um die die Drahtenden sich übergreifend hakenartig gebogen werden (Bild 3.123). Das Stahlrohr nimmt die gegeneinander wirkenden Ankerkräfte der Haken auf, die durch die davorliegende Krümmung ohnehin schon stark vermindert sind.

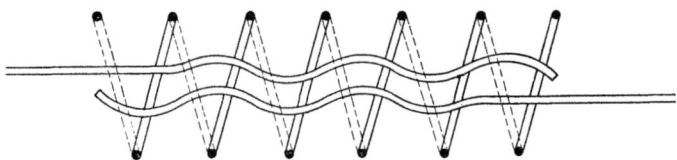

Bild 3.124 Stoß durch umschnürtes Übergreifen zweier gewellter oder querprofilierter Drahtenden im Beton

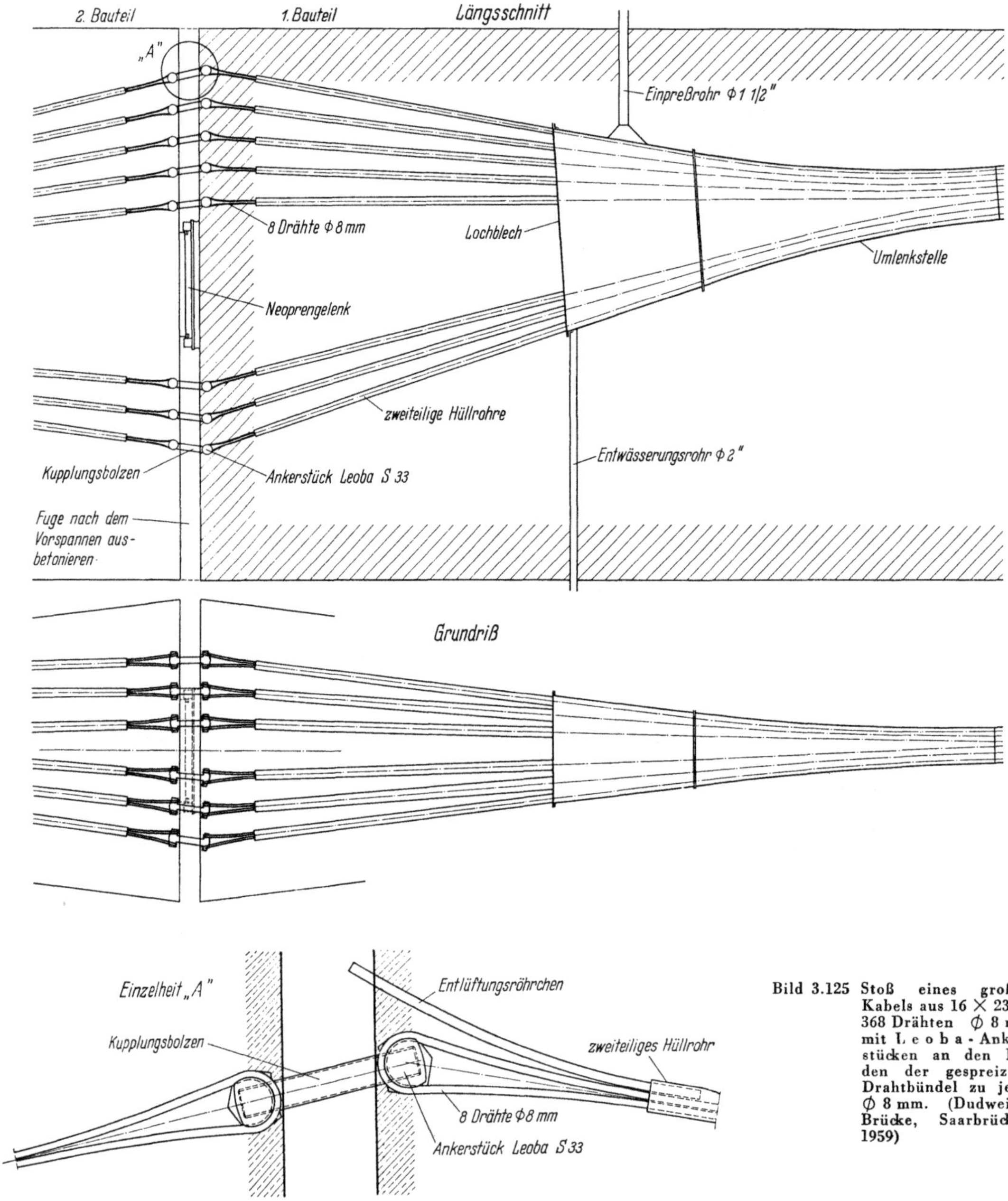

Bild 3.125 Stoß eines großen Kabels aus $16 \times 23 = 368$ Drähten $\emptyset$ 8 mm mit Leoba-Ankerstücken an den Enden der gespreizten Drahtbündel zu je 8 $\emptyset$ 8 mm. (Dudweiler Brücke, Saarbrücken 1959)

Schließlich kann man profilierte oder gewellte Drähte durch Übergreifen stoßen, die Übergreifung umschnüren und einbetonieren (Bild 3.124). Man muß jedoch beachten, daß im Stoßbereich gewissermaßen eine feste Verankerung entsteht und dort die Vorspannung des Betons durch ein so gestoßenes Spannglied fehlt.

Sehr große Kabel hat man auch schon durch sich übergreifende Schlaufen gestoßen, so z. B. die Kabel der großen Donautalbrücke Untermarchtal [190], [360].

Bei der Dudweiler Brücke in Saarbrücken wurde ein Kabel aus $16 \times 23 = 368$ Drähten ϕ 8 mm gestoßen durch fächerartiges Spreizen von je 8 Drähten, die hinter der Spreiztrompete in Hüllrohren geführt wurden und am Ende schlaufenartig um ein Leoba-Ankerstück (vgl. Bild 3.108) gelegt wurden. Die Ankerstücke beider Kabel wurden mit einem Gewindestab verbunden (Bild 3.125). Die Verankerung ist am Stoß fest, das Kabel muß also nach beiden Seiten an den anderen Enden gespannt werden. Solche Stöße können auch mit anderen Ankern, die Kuppelgewinde haben, ausgeführt werden.

3.37 Stoß mit vorgespannter Wickelung

Die Schweizer Ingenieure BBRV (vgl. Kap. 3.26) haben eine kleine Drahtbindemaschine (Bild 3.126) zum Stoßen von Spanndrähten ϕ 3 bis 6 mm konstruiert, mit der die beiden Drahtenden mit

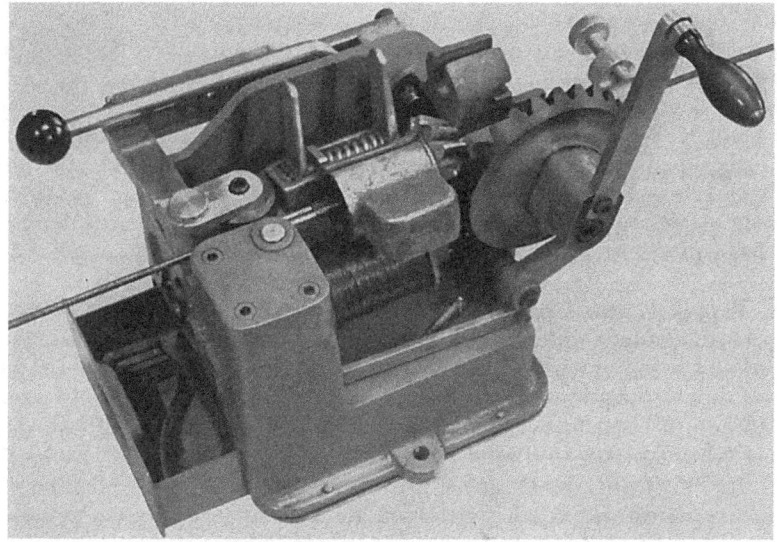

Bild 3.126 Die Drahtstoßmaschine BBRV. Die Wickelung wird unter hoher Vorspannung aufgebracht, Gewicht 28 kg

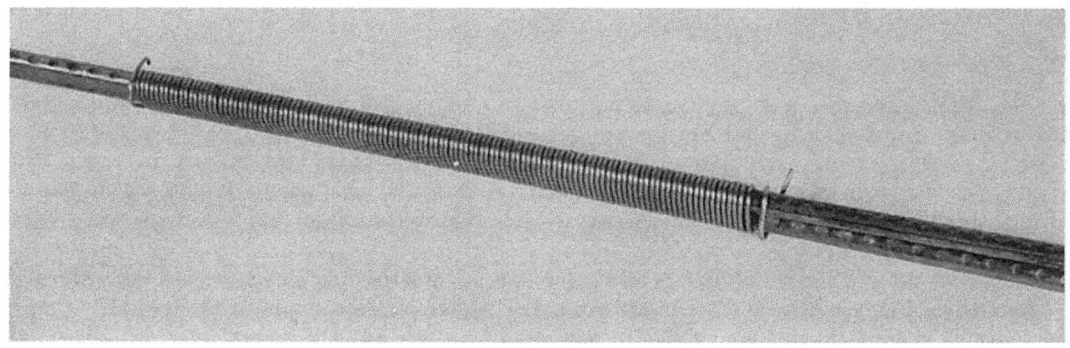

Bild 3.127 Der fertig umwickelte Drahtstoß nach BBRV

einem härteren dünnen Draht unter hoher Spannung umwickelt werden. Durch die Spannung kerbt sich der Wickeldraht in die Drahtenden so ein, daß diese sich nicht mehr gegeneinander verschieben lassen. Für den Stoß von 5 mm-Drähten St 160 wird mit Draht ⌀ 1 mm St 200 auf etwa 22 cm Länge gewickelt und fast die volle Bruchfestigkeit der Drähte erreicht. Dieser Stoß wird beim Wickeln von runden Spannbetonbehältern benutzt, er läßt sich auch in Ankerschlaufen oder auf dem Rücken von Spannblöcken anwenden (Bild 3.127).

3.38 Ziehhülsenstoß

Die in Kap. 3.25 beschriebene Ziehhülse läßt sich für den Stoß von Drähten oder Litzen verwenden. Man erreicht mit ihr die volle Tragfähigkeit des Drahtes, wenn die Ziehhülse selbst aus geeignetem Stahl richtig bemessen und fachmännisch aufgezogen wurde. Bisher gibt es hierfür keine an der Baustelle anwendbaren Geräte.

3.4 Ermüdungsfestigkeit an Anker- oder Stoßstellen

Bei fast allen Verankerungsarten wird die Ermüdungsfestigkeit des Spannstahles unter schwingender Beanspruchung an der Ankerstelle vermindert. Die Ursachen sind verschiedene: bei Gewinden haben wir eine nachteilige Kerbwirkung, bei Keilen, Ziehhülsen und dergl. die Querpressung, zum Teil verbunden mit Kerbwirkung, bei Schlaufen Querpressung und Biegung, bei Seilköpfen die Temperatureinwirkung des Vergußmetalles usw.

Im allgemeinen ist die verminderte Ermüdungsfestigkeit an Ankerstellen für Spannbetontragwerke ohne Belang, weil dort infolge des heute allgemein üblichen Verbundes der Spannglieder mit dem umgebenden Beton so gut wie keine Spannungswechsel ankommen, es sei denn, daß es sich um reine Zugstäbe handelt. Da man bei letzteren stets volle Vorspannung wählt, sind auch dort die Spannungswechsel gering und überschreiten den Wert von 800 bis 900 kg/cm² nicht (vgl. Kap. 2.171). An die Stoßstellen der Spannglieder dagegen müssen etwas höhere Anforderungen gestellt werden, wenn man sie für beschränkte Vorspannung verwenden will. Je nach der Stoßart wird man bei dynamisch beanspruchten Bauwerken mit gestoßenen Spanngliedern volle Vorspannung fordern müssen.

Obwohl an den Verankerungsstellen Spannungswechsel kaum vorkommen, verlangten die deutschen Zulassungsbestimmungen die dynamische Prüfung der Verankerung allein ohne die günstige Wirkung des Verbundes. Dabei wird die zulässige anfängliche Vorspannkraft als untere Laststufe benützt, d. h. die untere Spannung beträgt $0{,}55\,\beta_Z$ bzw. $0{,}75\,\beta_{0,2}$. Von dieser unteren Spannung ausgehend wurde nun die Schwingbreite der Spannung gesucht, die 2×10^6 fach ertragen wird. Es wurde dabei eine Schwingbreite von mindestens $1000\,\text{kg/cm}^2 = 10\,\text{kg/mm}^2$ verlangt, das ist also etwa ein Drittel der Schwingbreite der guten Spannstähle selbst über der gleichen Grundspannung.

Diese hohe Anforderung wurde zunächst nicht von allen Verankerungsarten erfüllt. Besonders bei Keilverankerungen und Gewinden zeigten sich niedrigere Werte, die jedoch durch kleine Änderungen der Ankerteile meist verbessert werden konnten.

Im folgenden werden nun Versuchsergebnisse einiger charakteristischer Verankerungen mitgeteilt, die ein Maß dafür geben, mit welchen Schwingbreiten an Ankerstellen gerechnet werden kann.

3.41 Gewindeverankerungen

Bei Gewindeverankerungen ist die Ermüdungsfestigkeit einerseits von der Gewindeart und andererseits von Art und Lagerung der Mutter abhängig. Das Gewinde darf im Gewindegrund nicht zu scharf eingeschnitten sein und muß am Ende über 3 bis 4 Gewindegänge hinweg in seiner Tiefe langsam auf den vollen Stab übergehen. Aufgewalzte Gewinde sind geschnittenen Gewinden hinsichtlich der Ermüdungsfestigkeit überlegen, so daß für Spannstähle fast nur noch aufgewalzte Gewinde verwendet werden.

Bei Stäben ⌀ 26 mm aus St 90 des **Hüttenwerkes Rheinhausen** wurde am aufgewalzten metrischen Feingewinde M 27 × 2 mit normaler Sechskantmutter aus St 44 über der unteren Spannung $\sigma_u = 4000\,\text{kg/cm}^2$ eine mittlere Schwingbreite von nur $600\,\text{kg/cm}^2$ erreicht. Dieser niedrige Wert gab Veranlassung, die Verankerung mit Gewinden zu verbessern. Man wählte die sogenannte Bundmutter (vgl. Kap. 3.21, Bild 3.48 und 3.49), bei der die Spannkraft gleichmäßiger auf die Gewindezähne der Mutter verteilt wird. Die Schwingbreite konnte über $\sigma_u = 4500 \text{ kg/cm}^2$ auf etwa 700 kg/cm² verbessert werden (Bild 3.128).

Mit konisch verlaufendem und aufgeschnittenem Gewinde gemäß Bild 3.53 (L e o b a - Spannstab) konnte bei einem der Bundmutter ähnlichem Ankerstück die Schwingbreite auf 800 kg/cm² gesteigert werden (Bild 3.128 und 3.129).

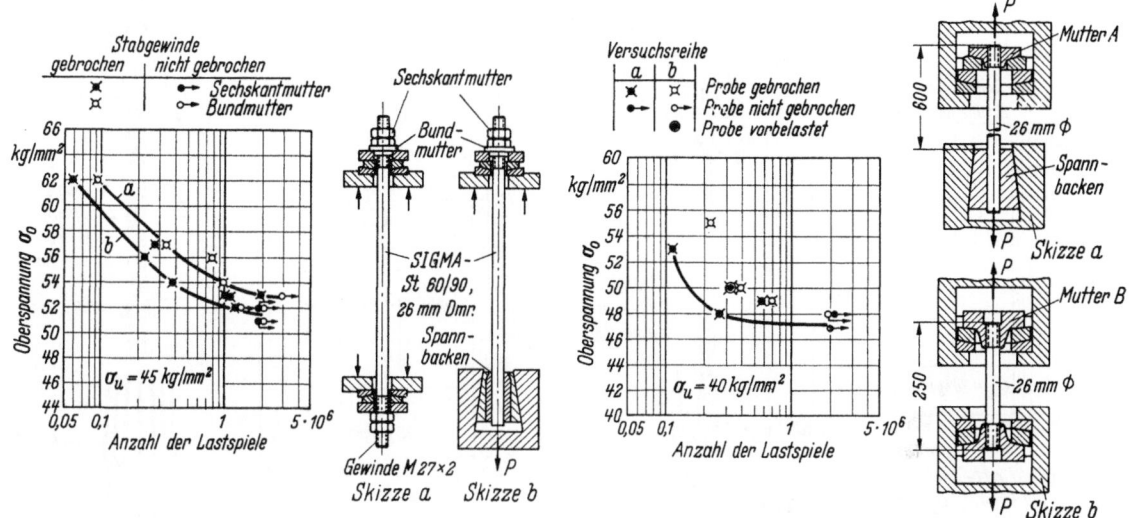

Bild 3.128 Prüfanordnung und Ergebnisse der Zugschwellversuche an SIGMA-Stahl 60/90, ⌀ 26 mm, mit aufgewalztem Gewinde M 27 × 2, mit Sechskant- und Bundmuttern (nach Jäniche)

Bild 3.129 Prüfanordnung und Ergebnisse der Zugschwellversuche an SIGMA-Stahl 60/90, ⌀ 26 mm, mit geschnittenem, konisch auslaufendem Gewinde M 26 × 1,5 (nach Jäniche)

Sobald jedoch an Gewinden zusätzlich nur wenig Biegung durch ungleichmäßiges Anliegen der Mutter an der Ankerplatte oder durch eine geringe Krümmung an Stoßmuffen auftritt, wird die Ermüdungsfestigkeit stark herabgesetzt [132]. Bei Versuchen mit nicht zentrierter Verankerungsmutter ist schon beobachtet worden, daß das Gewinde nach wenigen tausend Lastspielen bei niedriger Schwingbreite brach. Man muß deshalb bei dynamisch beanspruchten Bauwerken für eine sorgfältige Zentrierung sorgen oder die möglichen Spannungswechsel durch volle Vorspannung mit Verbund gering halten.

Die verhältnismäßig niedrige Schwingbreite an Gewindeankern veranlaßte die Firma D y c k e r - h o f f & W i d m a n n K G zu weiteren Verbesserungen der Verankerung ihrer Stäbe aus St 80/105, und zwar: stärkere Ausrundung im Grund zwischen den Gewindezähnen und Spezialmuttern mit geschlitztem, kegelartigem Hals, der in der Ankerplatte kräftig an den zu verankernden Stab angepreßt wird (Bild 3.52). Diese Maßnahmen führten zu einer Schwingbreite von maximal 1400 kg/cm² über der Grundspannung von 5800 kg/cm². Damit ist eine ausreichend hohe Sicherheit dieser Verankerungsart gegen schwingende Belastung im Spannbeton erzielt. Bei Stoßmuffen nach Bild 3.111 kann dieser günstige Wert nicht sicher erreicht werden. (Nach Versuchsberichten VA — Pa G 122 und G 145 des Institutes für Eisenbahnbau und Straßenbau der Technischen Hochschule München.)

3.42 Keilanker

Bei K e i l v e r b i n d u n g e n liegt die Schwingbreite meist zwischen 1000 und 1400 kg/cm², wenn keine besonderen Maßnahmen zur Milderung des Querdruckes oder der Verzahnungskerben am Beginn der Verankerung getroffen werden. Bei der Verankerung von *Freyssinet* nach Bild 3.57 wurde für SIGMA-Draht St 145/160 eine Schwingbreite von etwa 1300 kg/cm² über $\sigma_u = 9000 \text{ kg/cm}^2$ ermittelt (Bild 3.130).

Die Keilverankerung des Verfahrens G r ü n & B i l f i n g e r A G., gemäß Bild 3.69 wurde sowohl mit vergüteten SIGMA-Drähten als auch mit kaltgezogenen Drähten ⌀ 8 mm dynamisch geprüft. Es ergab sich eine Schwingbreite von rund 1000 kg/cm². Die Drähte brachen meist am Beginn der Keile. Wenn man die Keile am Drahteintritt etwas abschrägte, konnte die Schwingbreite auf 1200 kg/cm² gesteigert werden. (Nach Versuchsberichten der FMPA Stuttgart Nr. S 1443 vom 30. Juni 1955 und vom 6. Dezember 1954.)

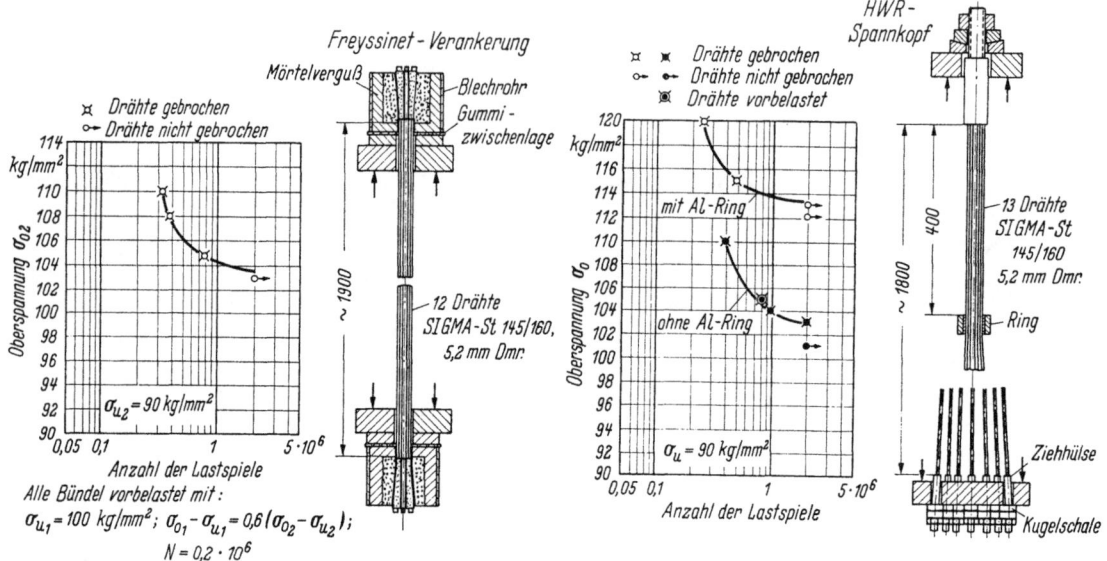

Bild 3.130 Prüfanordnung und Ergebnisse der Zugschwellversuche an Bündeln mit F r e y s s i n e t - Verankerung (nach Jäniche)

Bild 3.131 Prüfanordnung und Ergebnisse der Zugschwellversuche an Bündeln mit HWR-Spannköpfen. Der Aluminiumring liegt am Beginn der Ziehhülse (nach Jäniche)

Die Keilverankerung des Verfahrens H o c h - T i e f nach Bild 3.66 erbrachte nach Versuchen des Hüttenwerkes Rheinhausen eine für Drähte ⌀ 8 mm, St 135/150, über einer unteren Spannung von 8200 kg/cm² eine Schwingbreite von 1400 kg/cm², also einen für eine Keilverankerung bereits günstigen Wert [194].

Die meisten Keilverankerungen zeigen bei der oftmaligen hohen Beanspruchung noch einen kleinen zusätzlichen Keilschlupf von etwa 0,1 bis 0,3 mm. Die Brüche liegen fast stets am Beginn der Keile. Günstige Werte entstehen, wenn die Querpressung der Keile nicht konstant ist, sondern von innen nach außen zunimmt, was man mit entsprechender Gestaltung der Ankerkörper erreichen kann (vgl. Bild 3.55). Ferner darf die Keilverzahnung am Spanndraht nicht zu scharfkantig sein. Mit der bei Einpreßkeilen möglichen flachen Verzahnung bei nicht zu hoher Querpressung erreicht man daher meist günstigere Werte als bei Gleitkeilen.

Eine merkliche Steigerung der Schwingbreite wird durch Einlage von Aluminium-Futtern am Beginn der Querpressung erzielt, was bei Ziehhülsen erstmalig angewandt wurde (vgl. auch Bild 3.77). Keilverankerungen sind hinsichtlich der Ermüdungsfestigkeit besonders empfindlich. Die durch Versuche ermittelten günstigen Einzelheiten der Profilierung, der Keilneigung und insbesondere der Härte der verschiedenen Stähle müssen daher später stets genau eingehalten werden.

3.43 Ziehhülsenverankerungen

Mit Ziehhülsen erhält man verhältnismäßig günstige Schwingbreiten, wenn die Querpressung der Ziehhülse am Anfang der Verankerung mit einem mäßigen Wert beginnt. Im Normalfall darf man mit Schwingbreiten von 1400 bis 1800 kg/cm² rechnen.

Die höchste Schwingbreite wurde mit HWR-Z i e h h ü l s e n nach Bild 3.91 erreicht, wenn am Austritt der Drähte aus der Ziehhülse ein Aluminiumring zwischen Drähte und Ziehhülse eingelegt wird, der einen weichen Übergang der Querpressung am Anfang der Verankerung vermittelt. Mit diesem Al-Ring stieg die Schwingbreite über $\sigma_u = 9000$ kg/cm² auf 2300 kg/cm² (Draht selbst hat 2900 kg/cm²), während die normale Ziehhülse ohne Al-Ring eine Schwingbreite von 1200 kg/cm² ergab (Bild 3.131). Der Al-Ring muß natürlich gegen die Alkalien des Einpreßmörtels und auch wegen Elektrokorrosion nach außen gut gestrichen werden.

3.44 Schlaufenverankerungen

Die Schlaufenverankerungen der L e o b a - Spannglieder (vgl. Bild 3.21) führten zu der beachtlich hohen Schwingbreite von 1800 kg/cm² über $\sigma_u = 9000$ kg/cm² (Bild 3.132), wenn — wie in der Praxis üblich — die Schlaufe unter Spannung weiter zusammengebogen wird. Hat man sie zuerst überbogen, so daß man sie beim Einführen des Ankerstückes zurückbiegen muß, dann sinkt die Schwingbreite auf etwa 1400 kg/cm².

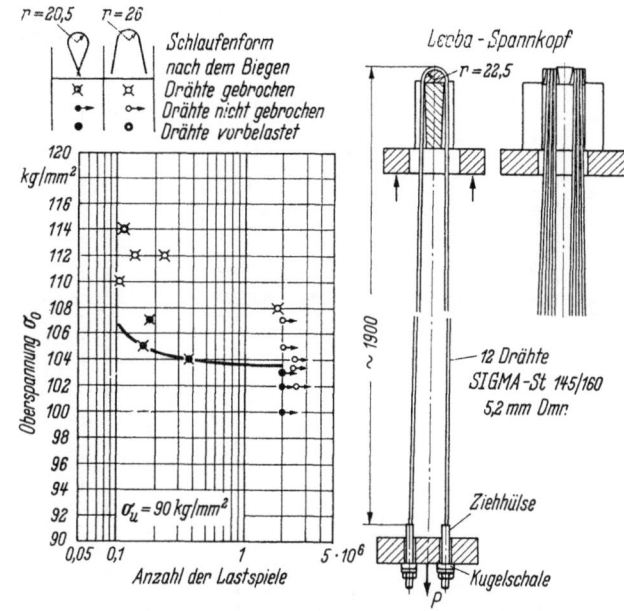

Bild 3.132 Prüfanordnung und Ergebnisse der Zugschwellversuche an Bündeln mit L e o b a - Verankerung (nach *Jäniche*)

Dieses Überbiegen ist bei den gebräuchlichen Biegeplatten gar nicht möglich (Bild 3.1). Versuche mit **7 drähtigen Litzen**, $\varnothing$ 2,5 mm, Drahtgüte St 180, Schlaufenverankerung im Beton gemäß Bild 3.133, ergaben bei einer Grundspannung von $\sigma_u = 9000$ kg/cm² eine Schwingbreite von 2500 kg/cm², wobei die Drahtbrüche größtenteils im geraden Bereich des Litzenbündels lagen. Die einbetonierte Schlaufenverankerung vermindert also die Ermüdungsfestigkeit praktisch nicht [185]. Man erkennt, daß man mit Schlaufenverankerungen für die Praxis günstige Festigkeitswerte erreicht.

3.45 Seilköpfe

Das Festhalten von L i t z e n oder S e i l e n für Wöhlerversuche ist besonders schwierig. Bei Versuchen mit patentverschlossenen Seilen $\varnothing$ 65 mm St 145 anläßlich des Baues der Rheinbrücke Rodenkirchen [46] wurden bei einer Grundspannung von nur $\sigma_u = 3800$ kg/cm² Schwingbreiten zwischen 1790 und 2700 kg/cm² ermittelt, je nach der Behandlung der Drähte am Seilkopf. Die ersten Drähte brachen meist am Beginn der Seilköpfe, wo die Drähte zum Vergießen hin- und her gebogen und der hohen Temperatur des Vergußmetalles ausgesetzt waren. Die zu diesem σ_u gehörige Schwingbreite am ungestörten kaltgezogenen Draht liegt bei etwa 3200 kg/cm².

3.46 Angestauchte Ankerköpfchen

Mit angestauchten Ankerköpfchen des BBRV-Verfahrens gemäß Bild 3.94 wurden an kaltgezogenen Drähten $\varnothing$ 6 mm, St 150/170, Versuche am Institut für Massivbau der TH Darmstadt am Einzeldraht durchgeführt (Prüfungsberichte Nr. 385.57 und 320.57). Flache, tonnenförmige Köpfchen ergaben gegen eine St 60-Stahlplatte über einer unteren Spannung von 9300 kg/cm² eine Schwingbreite von 1200 kg/cm². Die kugelige Kopfform führte später zu einer etwas höheren Schwingbreite.
Bei der Prüfung eines Bündels aus 11 Drähten $\varnothing$ 6 mm der Güte St 150/170 mit einem Anker des Types B wurde das Spanngliedende auf 72 cm Länge in eine umschnürte Betonsäule einbetoniert. Nach dem Anspannen auf $\sigma_u = 9300$ kg/cm² wurden die Hohlräume der Blechhülse mit Einpreßmörtel ausgepreßt (Wasser-Zement-Faktor 0,33, Mörtel-Druckfestigkeit 300 kg/cm²). Die in diesem Zustand (Bild 3.134) geprüfte Verankerung hielt insgesamt $4,9 \cdot 10^6$ Lastspiele zwischen 12 und 1800 kg/cm² aus, der erste Drahtbruch zeigte sich nach weiteren $0,6 \cdot 10^6$ Lastwechseln bei einer

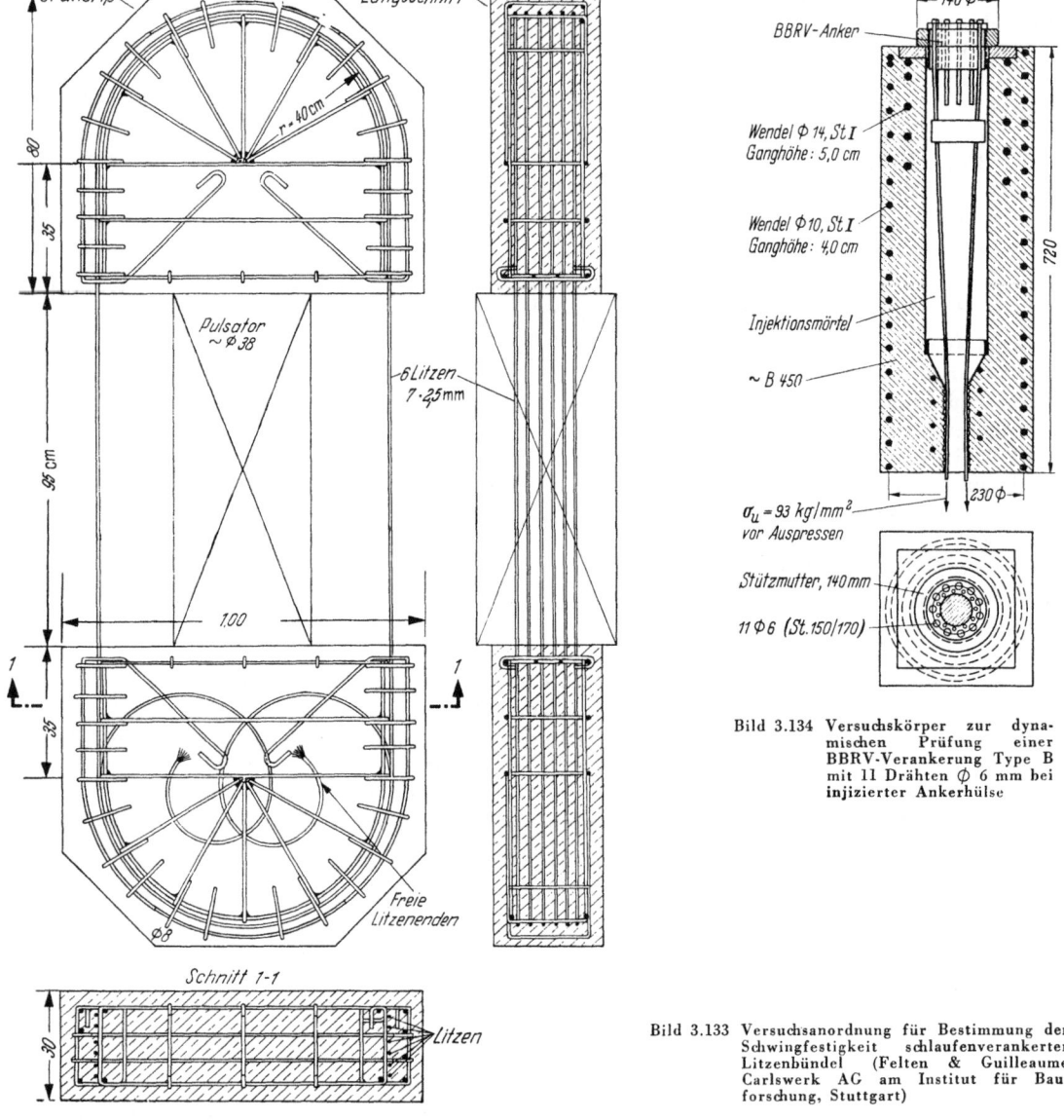

Bild 3.134 Versuchskörper zur dynamischen Prüfung einer BBRV-Verankerung Type B mit 11 Drähten ϕ 6 mm bei injizierter Ankerhülse

Bild 3.133 Versuchsanordnung für Bestimmung der Schwingfestigkeit schlaufenverankerter Litzenbündel (Felten & Guilleaume Carlswerk AG am Institut für Bauforschung, Stuttgart)

Schwingbreite von 2000 kg/cm² (Prüfungsbericht Nr. 1264.58). Man erkennt die überaus günstige Wirkung des Verbundes selbst bei dieser kurzen Verbundlänge auf die Ermüdungsfestigkeit der Verankerung.

3.47 Einbetonierte Verbundanker

Die Versuche nach Bild 3.133 und 3.134 zeigten bereits, daß Verankerungen mit Verbund zu besonders günstigen Ermüdungsfestigkeiten führen. So ergab auch die dynamische Prüfung der umschnürten Wellenverankerung nach Bild 3.13 sowohl für gezogene, wie auch für vergütete Drähte eine Schwingbreite über der zulässigen Spannung von über 2000 kg/cm². Bei dieser Schwingbreite brach ein Draht am Beginn der Wellung, der mit der Spreizstelle zusammenfiel. (Bericht Nr. 1993/C 2 der FMPA Stuttgart vom 18. 3. 58). Bei solchen Verankerungen ist es schwierig, die Versuchsanordnung so zu wählen, daß der Bruch innerhalb oder am Anfang der Verankerung zustande kommt. Häufig treten die Brüche an der Spreizstelle auf, wenn z. B. dort ein Ring angeordnet ist, an dem die Drähte bei der raschen Pulsation der Last gleiten und warm werden. Diese Erscheinung tritt natürlich nur auf, wenn der Verbund erst hinter der Spreizung beginnt.

Es darf angenommen werden, daß sich andere einbetonierte Verbundanker, z. B. auch solche mit quergerippten Drähten oder große Fächerverankerungen bei schwingender Belastung ebenso günstig verhalten.

3.48 Zusammenstellung der Schwingbreiten von Spannglied-Verankerungen

Schwingbreiten von Spannglied-Verankerungen

Verankerungsart		Schwingbreite $\sigma_o - \sigma_u$ über $\sigma_u =$ zul σ_v (kg/cm²)
Gewinde, metrisch, normale Mutter	an Stäben $\varnothing$ 26 mm aus St 90 bis St 105	650
Gewinde, metrisch, Bundmutter		750
Gewinde, konisch, Bundmutter		800
Sondergewinde		1000 bis 1400
Keilverankerung, je nach Formgebung der Keile		1000 bis 1400
Keilverankerung, bei Vermeidung von Kerben in den Drähten		bis 1600
Ziehhülsen (HWR), normal		rd. 1200
Ziehhülsen, mit Alu-Einlage	an Drähten $\varnothing$ 5 bis 8 mm aus St 140 bis St 160	rd. 2300
Schlaufenverankerung (Leoba)		1800
Schlaufenverankerung, wenn vorher zurückgebogen		1400
Schlaufen, mit 7drähtigen Litzen (im Beton)		2500
Ankerköpfchen (BBRV)		1000 bis 1800
Verbundanker, umschnürt (z. B. Beton- und Monierbau)		bis 2000
Verbundanker in konischer Stahlhülse		rd. 1500

Kapitel 4

4. Spanngeräte und das Vorspannen

4.1 Mechanische Geräte

Mit Spanngeräten müssen verhältnismäßig hohe Kräfte ausgeübt werden, deren Größe genau meßbar sein soll. An mechanischen Geräten gibt es hierfür:

1. Gewichte mit oder ohne Hebelübersetzung,
2. Zahnradübersetzung in Verbindung mit Flaschenzug,
3. die Spindel mit oder ohne Übersetzungsantrieb,
4. Wickelmaschinen.

4.11 Einfache Geräte

Die mechanischen Spanneinrichtungen werden fast nur noch für Spannbetten benutzt.
Gewichte haben den Vorteil, daß die Spannkraft genau und unabhängig vom Dehnweg zur Wirkung kommt (Bild 4.1).
Bild 4.1 zeigt die bei der Firma Imbau, Spannbetonwerk, Leverkusen, eingesetzte Gewichtspannmaschine mit dem zugehörigen Schema in Bild 4.2. Der Spanndraht wird hinter dem Ankerblock

Bild 4.1 Spannvorrichtung für Spannbetten mit Gewicht (Firma Imbau-Spannbetonwerk, Leverkusen)

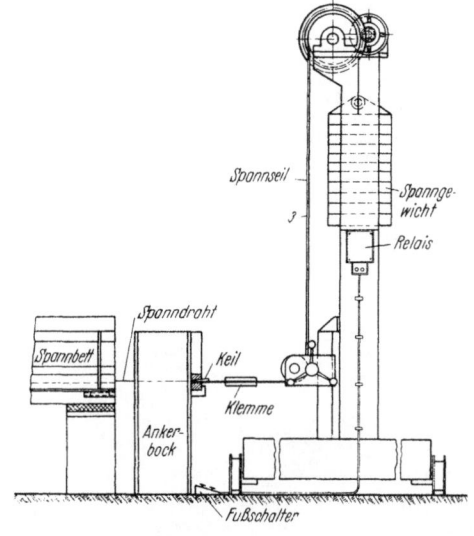

Bild 4.2 Schema zu Bild 4.1

über eine Klemme mit dem Spannseil verbunden. Am Spannseil hängen über kugelgelagerte Seilscheiben die Spanngewichte, die genau der erforderlichen Spannkraft entsprechen. Die obere Seilscheibe wird mit einem Elektromotor angetrieben. Die Spannbewegung wird durch einen Fußschalter ausgelöst. Sobald das Gewicht voll zur Wirkung gelangt und der Spannweg damit erreicht ist, wird der Motor über eine Relaisschaltung abgestellt.

Die gleichen Vorteile erreicht man mit der zweiten Lösung, die z. B. von der Firma Stahlton AG., Zürich, für ihre Spannbetten gemäß Bild 4.3 verwendet wird. Die Kraft wird mit einem Dynamometer gemessen. Man spannt dabei je zwei Drähte gemeinsam. Zum Auslegen und Schneiden werden die in Bild 4.4 (siehe auch Bild 2.8) gezeigten elektrisch angetriebenen Drahtabwickler verwendet.

Mit einer Spindel lassen sich große Spannkräfte nur dann erzielen, wenn die Gewindeneigung flach und der Durchmesser reichlich gewählt ist, so daß keine zu hohe Pressung im Gewinde entsteht und

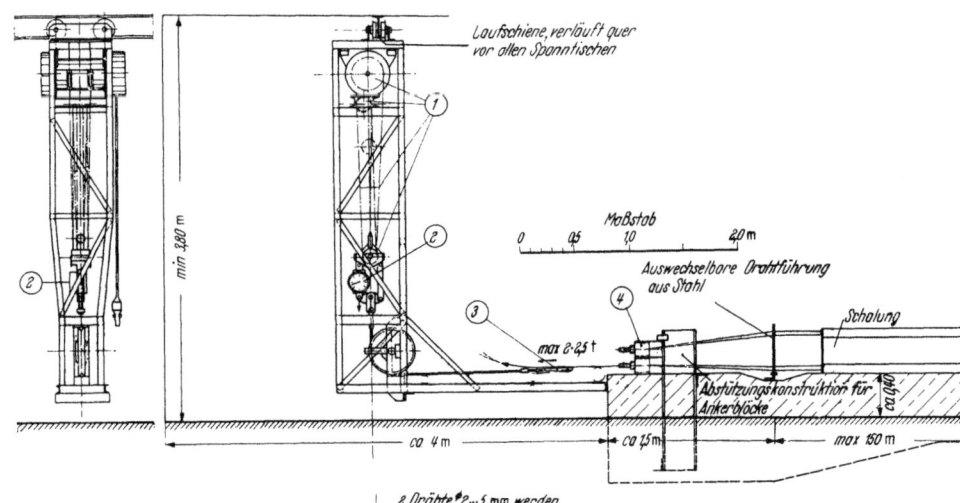

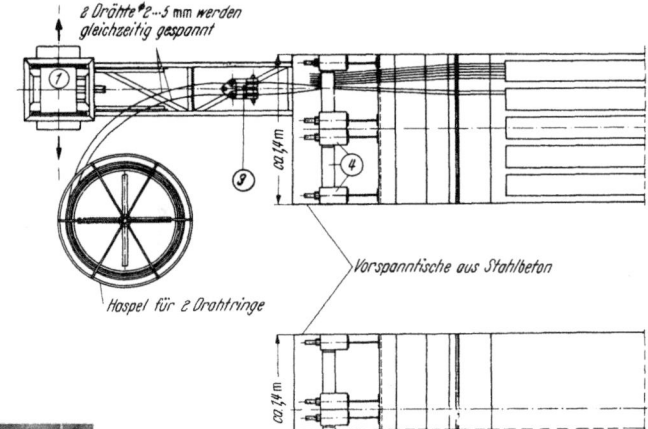

Bild 4.3 Verschiebbare Vorrichtung für Spannbetten mit elektrisch angetriebenem Flaschenzug (Stahlton AG., Zürich)

(1) Elektrozug mit Spezial-Unterflasche und Rollenbock, Hebelgestänge für Dynamometer und Steuerkabel mit Druckknopfschalter, max. Zugkraft $Z = 5$ t
(2) Dynamometer Vogt, max. Zugkraft $Z = 2,5$ t
(3) Vorspannzangen Vogt, für das Fassen von Drähten ϕ 2 bis 5 mm
(4) Absenkbare Ankerblöcke Vogt für $2 \cdot 15 = 30$ Drähte ϕ 2 bis 5 mm

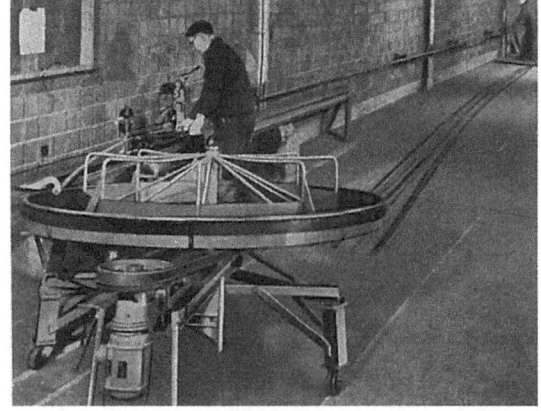

Bild 4.4 Elektrisch angetriebener Drahtabwickler

der Kerndurchmesser dem erforderlichen Drehmoment gewachsen ist. Im Bauwesen sind solche Spindeln für Lehrgerüste üblich.

Nachteilig ist, daß man die mit einer Spindel aufgebrachte Kraft nicht gut messen kann, so daß man zur Bestimmung der Spannkraft auf die Dehnung der Spanndrähte angewiesen ist. Meist ist die Spindel am Anker fest, an dem die zu spannenden Drähte befestigt sind. Gespannt wird mit einem Stellring, der — bei größeren Kräften mit einer Zahnradübersetzung — angetrieben wird. (Braunbock'sche Spindel [169] siehe 1. Auflage S. 110.)

4.12 Wickelmaschinen

In der UdSSR wurden für die Massenherstellung von vorgespannten Deckenplatten auf Spannbetten Maschinen entwickelt, die den Spanndraht unter Spannung längs und quer um Dorne herumwickeln, die auf dem stählernen Spanntisch befestigt sind. Bei der einen Maschine steht das Spanngerät fest und der Spanntisch befindet sich auf einem Drehgestell (Bild 4.5 und 4.6). Durch Drehen des Tisches wird der gespannte Draht um die Ankerdorne herumgewickelt. Die Vorspannung wird durch ein Gewicht erzielt, das zwischen zwei Umlenkrollen hängt. Nach dem Drahtring zu wird die Spannkraft des Gewichtes durch achterförmige Umlenkung über zwei gebremste Rollen mit V-Rillen aufgefangen. Der Drehtisch ist mit einem Schutzgitter umgeben für den Fall, daß ein Draht beim Wickeln bricht. Diese Maschine eignet sich für kurze und nicht sehr breite Platten (Länge bis etwa 7 m, Breite 1 bis 4 m).

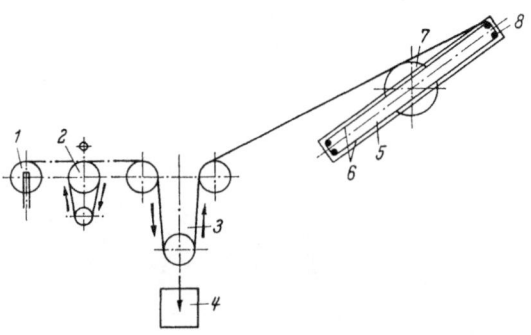

Bild 4.5 Schema der russischen Wickelmaschine für Spannbett-Vorspannung unter Benützung eines Drehtisches

1 Drahtrolle
2 Zuführungsmechanismus
3 Spannstation
4 Gegengewicht
5 rotierender Kern
6 gespannte Aufwickelung
7 Drehtisch
8 Bolzen

Bild 4.6 Die Drehtischwickelmaschine nach Schema Bild 4.5 in einer russischen Fabrik für vorgespannte Deckenplatten

Eine zum Betonieren fertige Drahtwicklung zeigt Bild 4.7. Die großen Ankerdorne liegen außerhalb der Platte. Nach dem Erhärten des Betons werden die Drähte am Plattenrand abgeschnitten und die Verankerung wird dem Verbund zugewiesen. Neuerdings werden Dorne innerhalb der Betonplatte mit kleinerem Durchmesser benützt, über die eine Hülse gelegt wird, die im Beton verbleibt, während der Dorn beim Abheben der Platte am Spanntisch bleibt. Man hat dann an jeder Umlenkstelle eine kleine Schlaufenverankerung (Bild 4.8).

Bild 4.7 Mit Wickelmaschine in zwei Richtungen und in vier Lagen gespannte Drähte für Startbahnplatten 6,0 × 3,6 m

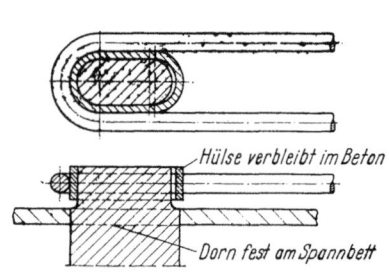

Bild 4.8 Im Bauteil verbleibende Hülse über einem im Spanntisch befestigten Ankerdorn für Schlaufenanker der gewickelten Spanndrähte

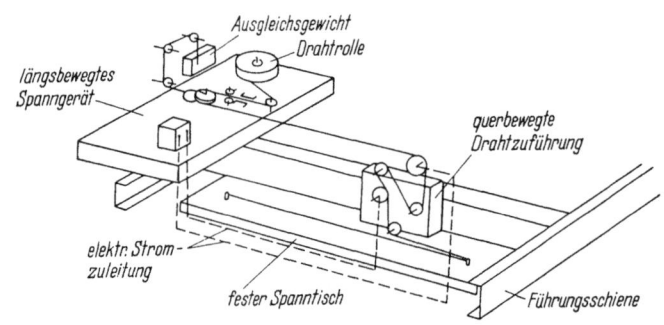

Bild 4.9 Schema der fahrbaren Wickelmaschine zum Anbringen gespannter Drähte am Spannbett

Eine andere Maschine, die in Bild 4.9 schematisch dargestellt ist, ist entlang dem Spannbett fahrbar. Der Draht verläßt die Maschine über eine kleine Umlenkrolle, die sich an einem in der Höhe verstellbaren und quer über das Spannbett beweglichen Arm befindet, so daß wieder die Drähte längs und quer, im Bedarfsfalle auch diagonal, gewickelt werden können (Bild 4.10). In der Längsrichtung können dabei auch lange Spannbette für Dachbinder oder dergl. bewickelt werden. Die Spannung des Drahtes wird wieder über ein Gewicht erzielt. Die Maschine ist mit elektronischer Steuerung so ausgerüstet, daß sie die für einen Bauteil notwendige Drahtwickelung vollautomatisch ausführt.

Beide Wickelmaschinen wurden im Institut von Professor *V. V. Michailow*, Moskau, entwickelt [287], [298], [379] und [537].

Bild 4.10 Ansicht einer Wickelmaschine nach Bild 4.9

4.2 Hydraulische Geräte

4.21 Allgemeines über Pressen und Meßeinrichtungen

Hydraulische Pressen werden sehr häufig verwendet, weil hohe Spannkräfte durch hydraulischen Druck am einfachsten zu erzeugen sind. Die Pressen für Einzelspannglieder (Bild 4.11) sind meist so ausgebildet, daß man die Spannglieder entweder unmittelbar oder über einen Spannstab kraftschlüssig mit dem Zylinder verbinden kann, während der Kolben unmittelbar oder über ein Zwischenstück auf die Ankerplatte und damit auf den erhärteten Beton oder auf das Spannbettwiderlager drückt.

Bei Pressen, die häufig gebraucht werden, baut man zwischen Kolben und Zylinder eine starke Wendelfeder ein, die nach dem Öffnen des Rücklaufventiles die Preßflüssigkeit und damit den Kolben langsam selbsttätig zurückdrückt. Bei kleinen Pressen wird die Rückholfeder gern außen angeordnet. Man kann jedoch den Kolben auch von Hand oder mit einer kleinen Hebelvorrichtung zurückdrücken. Neuerdings bevorzugt man das hydraulische Zurückholen der Kolben, wobei in dem Zwischenraum zwischen Zylinder und Kolben oben und unten Dichtungen eingebaut werden, so daß dort eingepreßte Flüssigkeit den Kolben zurückdrückt.

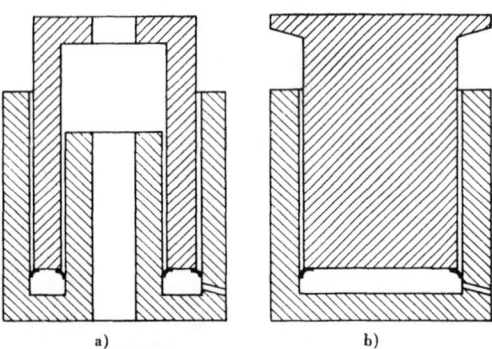

Bild 4.11 Schnitt durch einfache hydraulische Pressen
a) mit ringförmigen Querschnitten für Kolben und Zylinder
b) mit vollen Kreisquerschnitten für Kolben und Zylinder

Die Zylinderwand der Presse hat die Ringzugkraft $\dfrac{p \cdot d \cdot h}{2}$ und gewisse Längsmomente aufzunehmen, dabei sind

d = Zylinderdurchmesser, innen licht,
p = hydraulischer Druck,
h = Abstand der Dichtung vom Zylinderboden.

Da der Zylinderboden und die außerhalb der Dichtung liegende Zylinderwand mitwirken, kann man eine Presse bei nur teilweise ausgenütztem Hub für eine größere Kraft benutzen als bei ganz ausgefahrenem Kolben, soweit die Dichtung dies zuläßt. Meist wählt man hochfesten Stahl für die Zylinderwand (St 52 bis St 100), um das Gewicht der Presse zu drücken. Neuerdings sind auch Leichtmetallpressen im Handel.

Als D i c h t u n g der Pressen wird Gummi oder Vulcollan empfohlen. Als P r e ß f l ü s s i g k e i t eignen sich bei kleinen Pressen Hydrauliköle, bei großen die als Bohrwasser bekannte Ölemulsion. Bei Frost ist Öl oder eine Wasser-Glycerin-Mischung oder dergleichen nötig.

Hydraulische Pressen sind empfindliche Geräte, bei denen von der Sauberkeit und dem tadellosen Zustand der Zylinderflächen, Dichtungen und dergleichen die Sicherheit des Spannvorgangs abhängt. Für gute Behandlung und einwandfreien Rostschutz ist deshalb zu sorgen. Ersatzdichtungen sollten für jede Presse an der Baustelle vorrätig sein.

Der h y d r a u l i s c h e D r u c k wird meist zwischen 200 und 700 kg/cm² gewählt. Den niedrigeren Druck bevorzugt man für Pressen, deren Kolben unmittelbar gegen den Beton wirken. Bei den höheren Drücken sind verteilende Zwischenstücke oder Spannplatten notwendig, sofern man es nicht regelmäßig mit umschnürtem Beton zu tun hat (Beispiel: Freyssinet-Anker).

Die P r e s s e n a c h s e soll bei Einzelspanngliedern genau mit der Spanngliedachse zusammenfallen, damit der Spannstahl mittig gezogen wird und keine Kolbenreibung durch Momente entsteht. Man versucht dies auf verschiedene Weise zu erreichen, z. B. indem die Ankerplatte genau rechtwinklig zum Spannglied eingebaut wird. Die zugehörige genau rechtwinklige Standfläche der Presse ist einfach herzustellen, dagegen ist die genaue Rechtwinkligkeit zwischen der Spanngliedachse und der Ankerplatte im Bauwesen schwer zu gewährleisten. Man muß daher mit Biegespannungen am zu spannenden Stab oder Draht rechnen, dort wo er aus der Ankerplatte heraustritt. Dadurch kann Kolbenreibung entstehen, die eine höhere Spannkraft vortäuscht, als sie tatsächlich vorhanden ist.

Beim Spannen muß sowohl die Pressenkraft wie auch der Spannweg genau meßbar sein, damit eine Kontrolle für die richtige Spannung der Drähte entsteht.

Die S p a n n k r a f t wird aus dem Produkt der Kolbenfläche und dem am M a n o m e t e r abgelesenen Druck der Preßflüssigkeit ermittelt, wobei für die Reibung der Dichtung am Zylinder 1 bis 3 % abzuziehen sind. Es ist notwendig, geeichte und sorgsam behandelte Manometer zu verwenden, deren Skala etwa bis 30 % über den benötigten Druckbereich reicht, damit die Ablesegenauigkeit gut ist. Man soll also für eine Presse mit 200 kg/cm² Betriebsdruck nicht ein Manometer für 600 kg/cm² Höchstdruck, sondern ein solches für den Bereich bis etwa 300 kg/cm² verwenden. Feinmeßmanometer (Meßgenauigkeit $\pm 0,6\%$) mit Druckstoßsicherung sind besonders zu empfehlen. Die Anfälligkeit der Manometer für Ungenauigkeiten macht es ratsam, stets eines in Reserve vorzuhalten.

Gute Ergebnisse erhält man, wenn Presse und zugehörige Manometer gemeinsam geeicht werden, damit die Einflüsse der Reibung, der Rückstellfeder oder dergleichen ausgeschaltet werden.

Das Manometer ist häufig an der Pumpe angebaut. Bei längeren Rohrleitungen ist ein zweites Manometer neben die hydraulischen Pressen an einen besonderen Abzweig der Leitungen zu setzen, damit die Ablesung durch die Druckstöße der Pumpe nicht gestört wird. Für die Ablesung selbst ist grundsätzlich der hydrostatische Druck nach dem Stillsetzen der Pumpe maßgebend, der an jeder Stelle der Leitungen kurze Zeit nach Beendigung des Pumpens gleich hoch ist.

Die zuverlässigste Messung der Spannkraft wird wohl mit D y n a m o m e t e r n erreicht, die hinter der Presse zwischen den Kolben und dem zu spannenden Stab eingeschaltet werden. Die Schweizer Ingenieure BBRV haben hierfür Druck-Dynamometer entwickelt (Bild 4.12), die ein Zentrumsloch für Spannstäbe haben und die Kraft mit $\pm$ 1 % Genauigkeit an einer Meßuhr ablesen lassen (Länge 220 mm,

Bild 4.12 Druck-Dynamometer der PROCEQ S. A., Zürich, mit Zentrumsloch und Meßuhr für 20 bis 150 t Kraftanzeige mit Schutzkasten

Gewicht 18 kg bei Meßbereich 20 bis 150 t). Es gibt sechs verschiedene Größen dieser Dynamometer mit maximaler Kraft von 20 bis 300 t [307] (vgl. Bild 4.28). Ähnliche Dynamometer hat R. *Walter*, Karlsruhe, entwickelt.

Gelegentlich werden auch Ring-Dynamometer verwendet, wie sie in Materialprüfungsanstalten gebräuchlich sind. In Bild 4.18 ist ein solches hinter einer langen Presse für das Spannen von Einzeldrähten zu erkennen.

Werden im S p a n n b e t t die Drähte mit Gewichten in mechanischen Geräten gespannt (Bild 4.1 bis 4.3 und 4.5), dann macht die Bestimmung der aufgebrachten Spannkraft keine Schwierigkeiten. Für Spannbette im Freien oder bei denen andere Spannvorrichtungen angewendet werden, haben sich Drahtspannungsmesser der Bauart BMA, Berlin, oder nach System Vogt [539] bewährt, bei denen die im Draht vorhandene Spannkraft aus der Größe der Auslenkung des Drahtes ermittelt wird, die beim Aufbringen einer bestimmten quergerichteten Kraft entsteht (vgl. auch Kap. 4.35 und Bild 4.47).

Der S p a n n w e g kann an einer einfachen Skala am Kolben gegen den unteren Zylinderrand abgelesen werden. Die damit erzielbare Genauigkeit von etwa $^{1}/_{2}$ mm genügt bei Spannwegen, die im allgemeinen größer als 20 mm sind. Kommen häufig kleinere Spannwege vor, dann empfiehlt es sich, die Presse mit einer genaueren Meßeinrichtung, z. B. mit einer Mikrometerschraube, auszustatten. Bei dem PIV-Spanngerät (Patent Dywidag) (Bild 4.22) ist ein Zählwerk angebaut, das die Umdrehungen der mit einer Ratsche nachzustellenden Ankermutter zählt. Für besondere Ansprüche kann eine Meßuhr mit der Presse verbunden werden, deren Genauigkeit jedoch selten notwendig wird. (Vgl. auch „Messung des Spannweges", Kap. 4.541.)

Da große Spannwege oft vorkommen, sollte man die Pressen so lang bauen, daß im allgemeinen ein Hub genügt. Für besonders große Spannwege müssen m e h r e r e H ü b e nacheinander möglich sein, wobei das Spannglied in der mit dem ersten Hub erzielten Lage festzuhalten, der Pressenkolben zurückzudrücken und das Spannglied erneut mit dem Zylinder zu verbinden ist.

4.22 Hochdruck-Pumpen

Zur Erzeugung der hohen Drücke werden meist K o l b e n p u m p e n mit kleinem Kolbendurchmesser benutzt, so daß mit jedem Hub nur verhältnismäßig geringe Flüssigkeitsmengen durchgepreßt werden. Es gibt Handpumpen oder elektrisch angetriebene Pumpen mit unterschiedlicher Leistung, auch vom Druck abhängiger stufenweiser Leistung. Aus dem Spannweg und der Kolbenfläche der Presse läßt sich ermitteln, wieviel Flüssigkeit für den betreffenden Spannvorgang gepumpt werden muß, so daß an der Förderleistung der Pumpe abzuschätzen ist, wie lange der Spannvorgang dauert. Für kleine Hubvolumen benutzt man Handpumpen, die z. B. (Bild 4.13) 16 cm^3 je Hub fördern und damit bei 200 kg je cm^2 Druck etwa 45 Ltr./Std. erlauben. Die Arbeitsleistung des Pumpenden in Litern nimmt natürlich mit steigendem Druck ab. Eine moderne Hochleistungs-Handpumpe der PROCEQ SA, Zürich,

Bild 4.13 Hand-Hochdruckpumpe der Pumpenfabrik Urach, unten offener Behälter

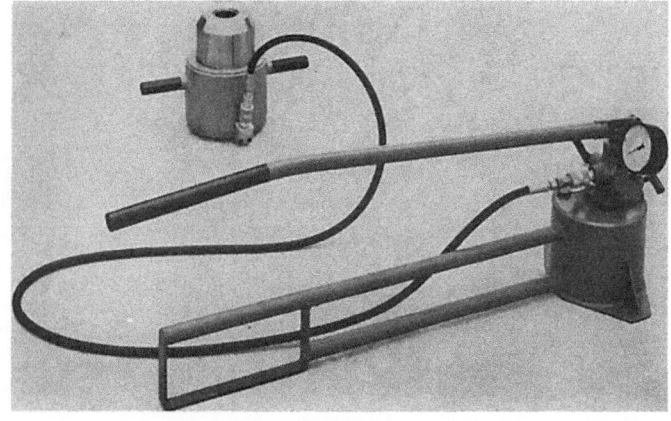

Bild 4.14 Hochdruckhandpumpe VEKTOR der PROCEQ S. A., Zürich

zeigt Bild 4.14. Sie leistet bei niedrigen Drücken 12 cm³, bei hohen Drücken 4 cm³ je Hub und bewältigt Drücke bis 750 kg/cm². Unten an der Presse ist ein Öltank mit 5,5 Ltr. angebaut.

Sobald häufig gespannt wird oder eine größere Flüssigkeitsmenge zu bewältigen ist, sind elektrische Hochdruckpumpen (Bilder 4.15 bis 4.17) zu empfehlen, die z. B. bei 200 kg/cm² Druck 360 Ltr./Std. und bei 400 kg/cm² 100 Ltr./Std. fördern und dadurch erlauben, auch verhältnismäßig große oder viele Spannvorgänge kurzfristig zu bewältigen.

Auch für viele kleine Spannvorgänge ist eine kleine elektrische Pumpe vorteilhaft, weil dadurch eine besondere Pumpenbedienung gespart wird und ein Mann für Presse und Pumpe genügt.

Für die kurzen Verbindungen zwischen Pumpe und Pressen haben sich biegsame Hochdruckschläuche bewährt. Für lange und mehr stationäre Leitungen eignen sich nahtlose Stahlrohre

	Bild 4.15 Vektor-Hochdruck-Elektropumpe der PROCEQ S. A., Zürich	
Motorleistung	2,8 PS	7,5 PS
Förderleistung bei 800 kg/cm² Druck	60 l/Std.	180 l/Std.

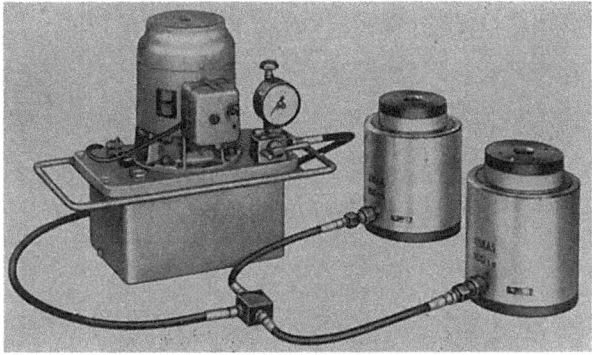

Bild 4.16 Kleine elektrische Motorpumpe von Frieseke & Hoepfner GmbH, Erlangen-Brück, für 450 kg/cm² Druck mit 2 Lukas-Pressen von je 100 t

Bild 4.16a Elektrische Hochdruckpumpe der Seibert-Stinnes GmbH für 420 kg/cm², stufenlos regelbar von 0 bis 2,5 l/min, mit Umschaltventil für Pressenrücklauf

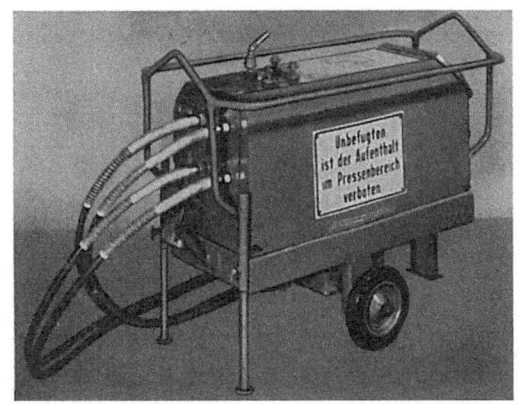

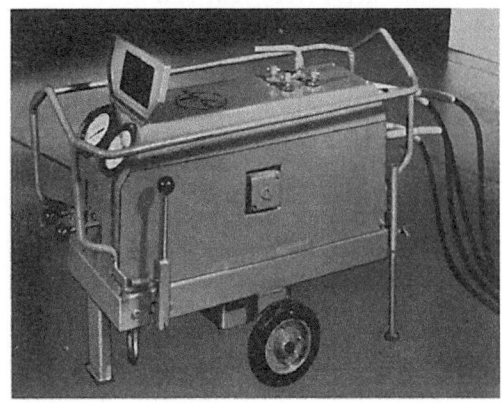

Bild 4.17 Elektropumpe der Vorspanntechnik GmbH für 500 kg/cm²

mit kleinem Innendurchmesser von 4 bis 6 mm bei 1,0 bis 2 mm Wandstärke, die sich mit Ermeto-Kupplungen zuverlässig verbinden und nach Belieben biegen lassen.

4.3 Übliche Spannpressen

4.31 Pressen für Einzel-Spannglieder

Spannpresse der „Heilitbau"

[224] (Bild 4.18) zum Vorspannen von nahe nebeneinander liegenden Einzeldrähten mit Ringkeilverankerung. Drähte ϕ 5 bis 10 mm, Spannkraft 3 t, Hub etwa 32 cm, Länge $\sim$ 70 cm, Gewicht 12 kg, Betriebsdruck 240 kg/cm². Spannkraftmessung: Manometer und zusätzlich Dynamometer.

Bild 4.18 „Heilitbau" - Spannpresse für Einzeldrähte ϕ 5 bis 10 mm, Keilverankerung nach Bild 3.63. Beachte Dynamometer-Ring zwischen Kolbenende und Verankerung des Drahtes hinter der Presse

Spanneinrichtung nach Magnel

(Bild 4.19) zum Vorspannen je eines Drahtpaares, Drahtbefestigung mit Keil, Spannkraft 8 t. Hub etwa 36 cm, Länge etwa 150 cm, Betriebsdruck 250 kg/cm², Kraftmessung mit Dynamometer auf ± 1% Genauigkeit. Zwei Rückholfedern außen neben Zylinder.

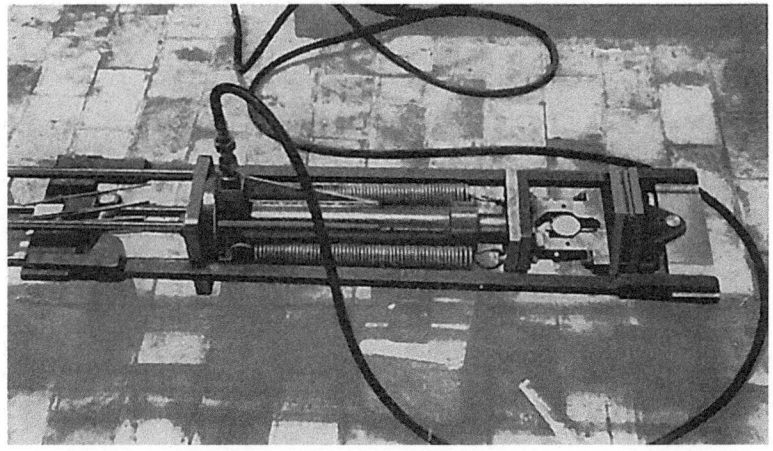

Bild 4.19 Spanneinrichtung nach *Magnel* für das Vorspannen von je 2 Drähten mit Keilverankerung. Spannkraft 8 t

Bündelpresse nach Freyssinet

(Bild 4.20) Doppelkolben je mit Rückstellfeder. Befestigung der 12 bis 18 Drähte paarweise mit Keilen. Spannkraft 36 bzw. 73 t, Hub 30 cm, Länge ~ 80 cm, Gewicht 65 bzw. 85 kg, Betriebsdruck 450 kg/cm². Neuerdings gibt es diese Pressen für 30 Drähte und eine Spannkraft von 180 t. Die Wirkungsweise für Spannen, Keilanpressen und Lösen zur Gleitbewegung zeigen die Bilder 4.21.

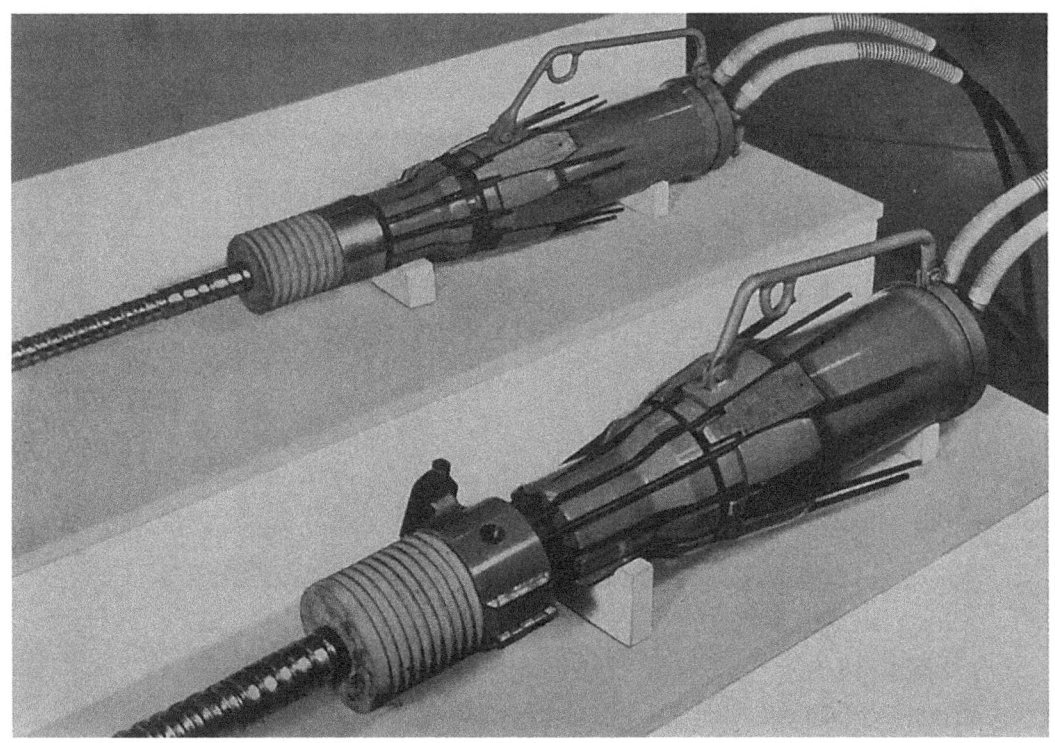

Bild 4.20 Freyssinet-Bündelpresse für 12 Drähte ⌀ 5 mm (oben) und 12 Drähte ⌀ 8 mm (unten)

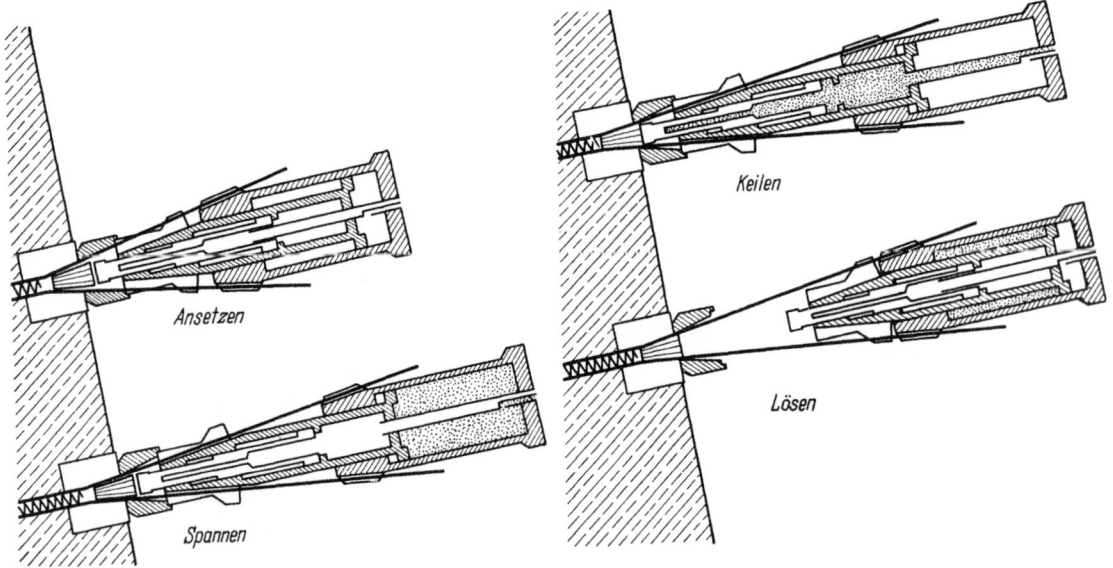

Bild 4.21 Freyssinet-Presse; Wirkungsweise beim Spannen und Verankern

PIV-Spanngerät (Patent Dywidag)

(Bild 4.22) Anschluß mit Spannstab und Gewinde durch Zentrumsloch (Kolben und Zylinder ringförmig). Mutter wird mit Ratsche und Zählwerk nachgestellt. Kolben mit Rückstellfeder. Spannkraft 32 t, Hub 5 cm, Länge 47 cm, Gewicht 42 kg, Betriebsdruck 490 kg/cm².

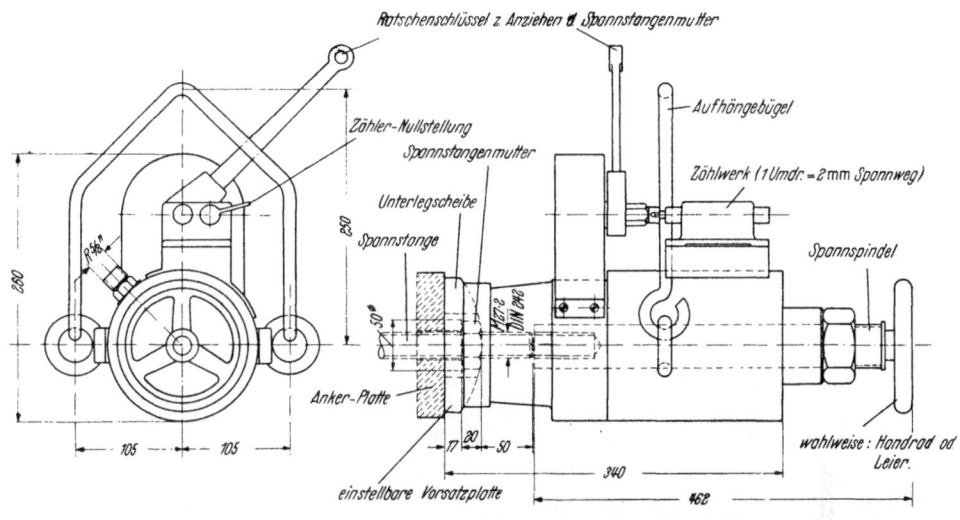

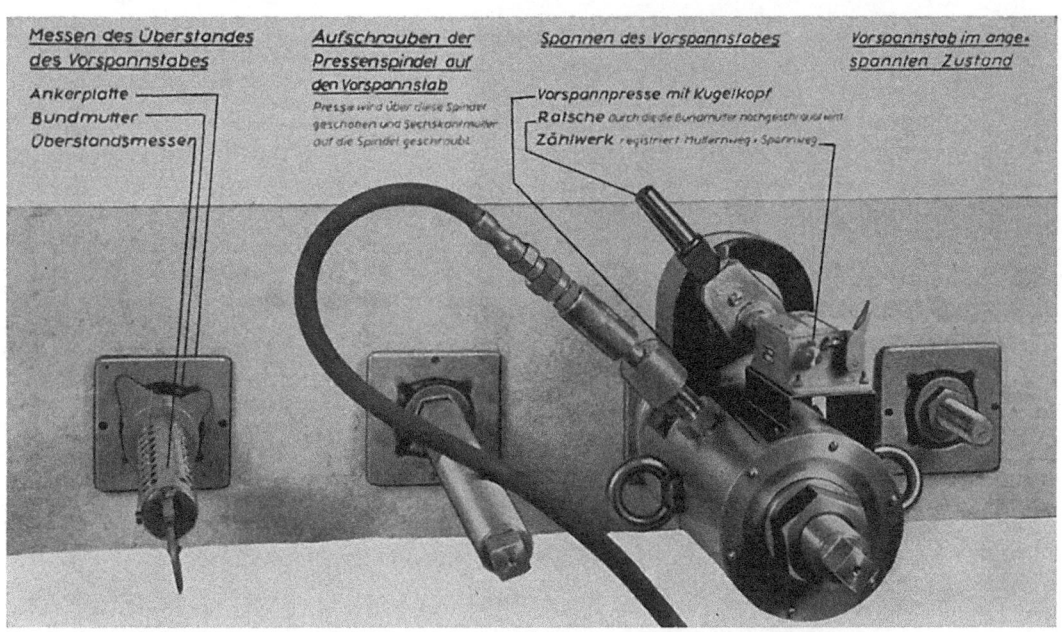

Bild 4.22 PIV-Spanngerät, Patent D y w i d a g , für Stäbe mit Gewindeanker

„Leoba"-Spannpressen

(Bild 4.23 und 4.24) Spannstäbe St 130 $\varnothing$ 30 mm mit Gewinde fassen Spanngliedanker. Presse mit Zentrumsloch wird darübergestülpt. Mutter mit Ratsche nachstellbar. Alte Bauart ohne Kolben-Rückholfeder, Spannkraft 35 t, Hub 9 cm, Länge 20 cm, Gewicht 12 kg, Betriebsdruck 220 bis 260 kg/cm².

Die neuen Leobapressen haben hydraulischen Kolbenrücklauf und sind ausgelegt für 400 kg/cm² Betriebsdruck und

       50 t Spannkraft 12 cm Hub, 26 cm Länge, 31 kg Gewicht
     100 t Spannkraft 18 cm Hub, 31 cm Länge, 56 kg Gewicht

Bild 4.24 zeigt die 100 t-Presse.

Eine weitere Leoba-Spannpresse mit Zentrumsloch hat eine Einrichtung, um Einpreßkeile festzulegen (Bild 4.25). Der Spanndraht oder Stab bis ⌀ 18 mm wird am Ende des Pressenzylinders mit einem Beiß-Keil befestigt und dann gespannt. Unten im Kolben der eigentlichen Spannpresse 1 befindet sich die Presse 2 zum Ankeilen. Die Spannkraft setzt sich über die ausgefahrene und abgeschlossene Presse 2, die eine kleinere Kolbenfläche hat als Presse 1, auf die Spannplatte ab. Nach dem Spannen werden beide Pressen miteinander verbunden. Die unterschiedlichen Kolbenflächen ergeben einen unterschiedlichen hydraulischen Druck in beiden Pressen, so daß so lange Flüssigkeit von Presse 2 nach Presse 1 fließt, bis das Paßstück am Pressenfuß auf die Keile drückt. Bei diesem Vorgang werden die Keile mit etwa 1 t angedrückt, wobei infolge der gegenläufigen Bewegung beider Pressen ein Spannwegverlust von etwa $1/3$ mm auftritt. Anschließend wird durch Entlasten der Presse 2 die gesamte Vorspannkraft auf die Keile umgesetzt,

Bild 4.23 Leoba-Spannpresse für 35 t Spannkraft

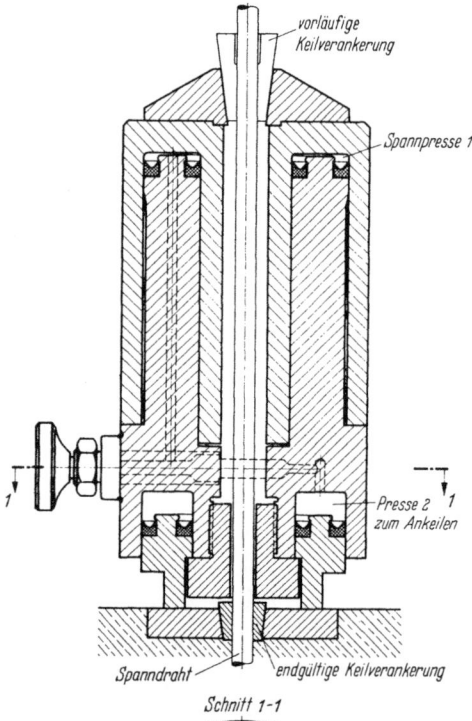

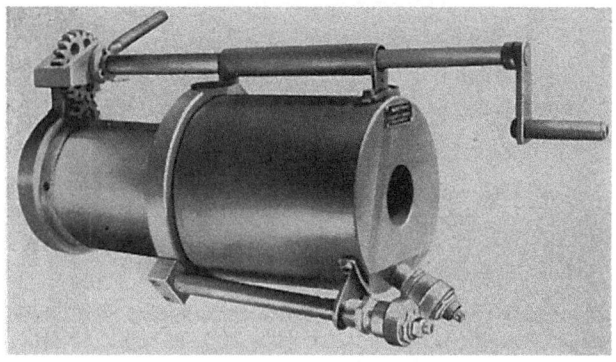

Bild 4.24 Leoba-Spannpresse für 100 t Spannkraft mit hydraulischem Kolbenrücklauf

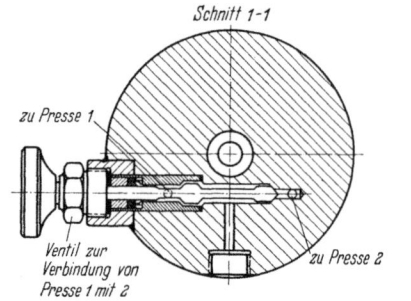

Bild 4.25 Leoba-Einpreßkeil-Presse

wodurch dieselben gemeinsam mit dem Draht mit etwa $1/2$ mm Weg eingepreßt werden. Der Spannwegverlust ist gering und stets gleich, so daß er genügend genau berücksichtigt werden kann.
Die Presse leistet 15 t Spannkraft, ist 24 cm lang bei 10 cm Hub und wiegt 14 kg.
Die ebenfalls hier zu erwähnende Spannpresse der Hochtief AG wurde bereits in Bild 3.66 gezeigt.

BBRV-Spannpressen

Die PROCEQ SA, Zürich, liefert sogenannte VEKTOR-Pressen (Bild 4.26) mit Zentrumsloch in sechs verschiedenen Größen für Spannkräfte von 30 bis 250 t mit je 100 mm Hub. Das Gewicht liegt zwischen 21 und 125 kg, die Länge der Presse zwischen 28 und 34 cm. Die Pressen erreichen ihre Nennkraft mit 750 kg/cm² Öldruck, bedingen also die gleichnamigen hochwertigen Pumpen. Die Kolben werden mit Tellerfedern zurückgeholt.
Die PROCEQ-Pressen werden auch mit angebauter Handpumpe und Manometer geliefert (Bild 4.27). Bild 4.28 zeigt die gesamte Vorspanneinrichtung für ein BBRV 170 t-Spannglied mit einem Dynamo-

Bild 4.26 VEKTOR-Spannpresse mit Zentrumsloch

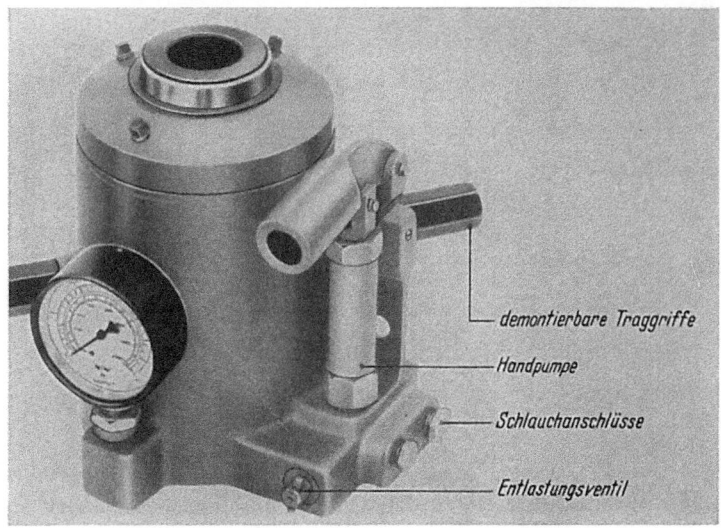

Bild 4.27 VEKTOR-Spannpresse mit Manometer

meter vor der Presse und Rohrzylinderstücken, die mit Fenstern versehen sind, damit man den Stellring gegen die Ankerplatte nachdrehen kann.

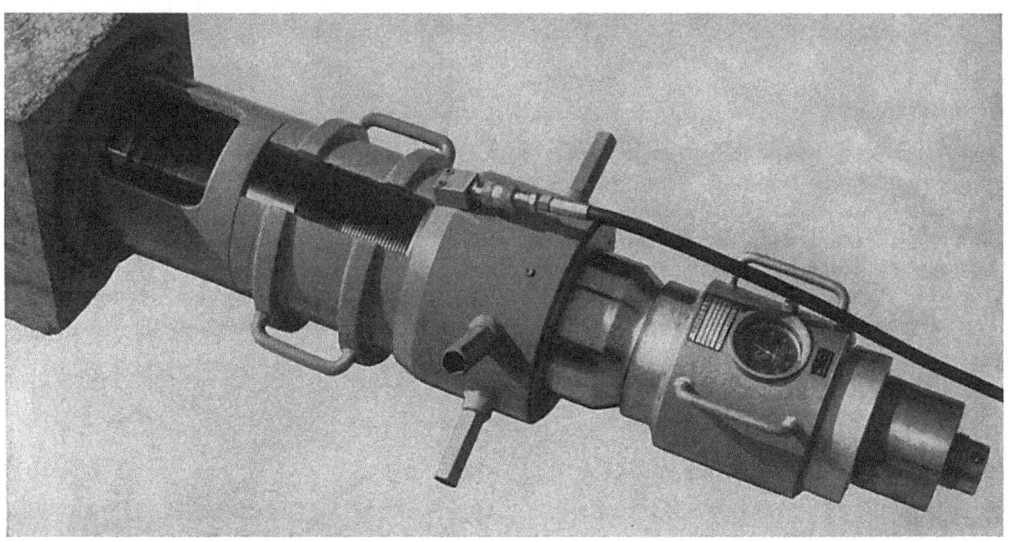

Bild 4.28 Vorspanneinrichtung für BBRV-Spannglieder mit VEKTOR-Presse und Dynamometer

Spannvorrichtung mit Zwillingspressen

Neuerdings findet man häufig die L u k a s - Spannpressen mit vollem Kreiszylinder (kein Zentrumsloch) in Zwillingsanordnung. Die Zylinder werden in ein Spannhaupt eingeschraubt, das zwischen den Pressen eine Bohrung hat, hinter der der Spannstab verankert wird. Die Kolben wirken gegen einen Spannstuhl, unter dem die Ankermutter am Spannstab nachgestellt werden kann (Bild 4.29). Diese Spannpressen werden billig in großen Serien mit Spannkräften von 10 bis 50 t hergestellt.

Bild 4.30 zeigt das mit Lukas-Spannpressen ausgerüstete Spanngerät der Ed. Züblin AG. für die Verankerungen nach Bild 3.74.

200 t-Spanngerät für Seile mit Seilkopf (siehe 1. Auflage, S. 118)

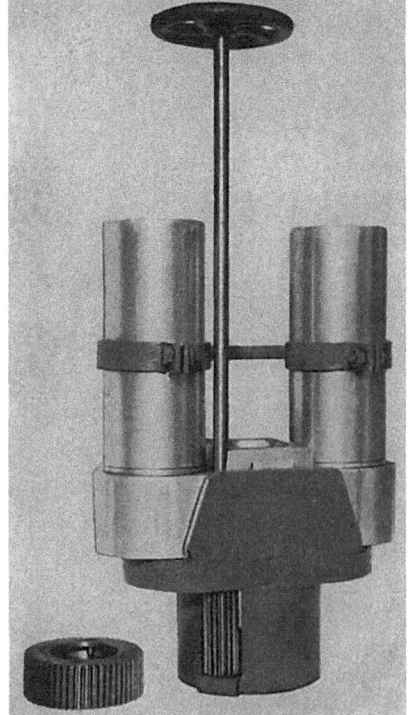

Bild 4.30 Züblin-Spanngerät für 40 t mit 2 Lukas-Pressen

Bild 4.29 HG-Spanngerät mit zwei 20 t-Lukas-Pressen

4.32 Hydraulische Pressen für Spannbettvorspannung

Aus der Vielzahl der in den Spannbetonwerken gebräuchlichen Spanngeräte wird eine Presse der Maschinenfabrik W e i l e r , Brauer KG., gezeigt (Bild 4.31). Sie hat bis zu 1200 mm Hub und bis zu 100 t Leistung. Ähnliche Pressen mit Zugleistungen bis zu 210 t stellt M. P a u l & S ö h n e her (Bild 4.32).
Für die mit Litzen vorgespannten großen Dach- und Brückenträger benutzt man in den USA Einzelspannpressen der in Bild 4.33 gezeigten Art.

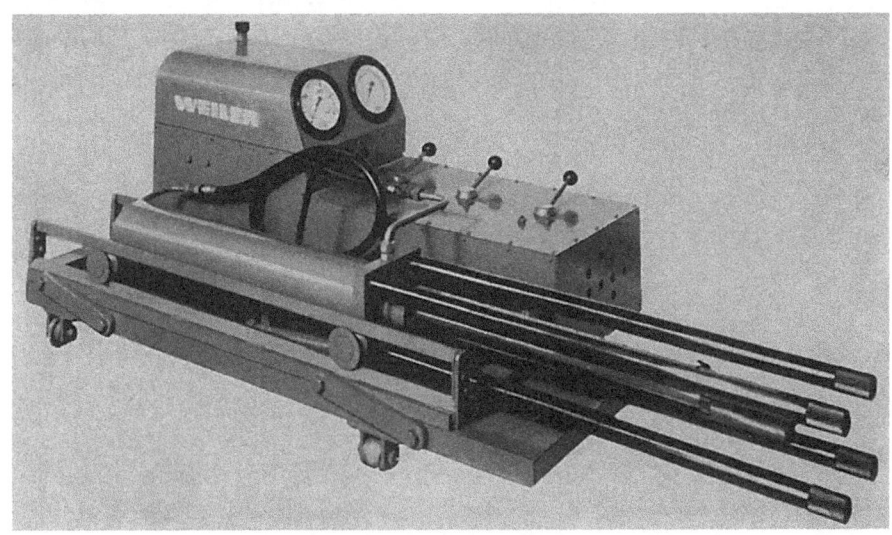

Bild 4.31 Spannbettpresse, Maschinenfabrik Weiler, Brauer K. G.

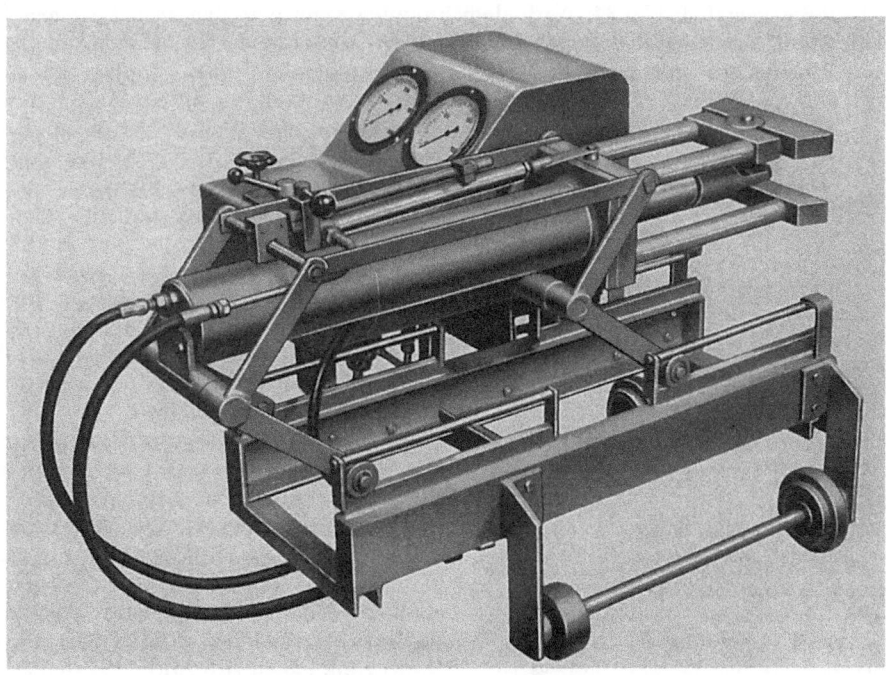

Bild 4.32 Bündelspannpresse für Spannbette, 25 t Zugleistung, M. Paul u. Söhne

Bild 4.33 Für große Spannbette mit Drahtlitzen in den USA gebräuchliche Einzelspannpresse

4.33 Große hydraulische Pressen für 200 bis 600 t

Für die großen Spannkräfte bedient man sich vielfach der sonst im Bauwesen üblichen hydraulischen Hebeböcke gemäß Bild 4.34. Nach dem Spannen kann man den ausgefahrenen Kolben mit einem Stellring auf den Zylinder abstützen, so daß der hydraulische Druck weggenommen werden kann. Solche Pressen hat man auch mit einer Zentrierplatte auf dem Kolben gebaut, um die Kolben vor Reibung zu bewahren. Bild 4.35 zeigt eine solche 300 t-Presse für 40 cm Hub, wie sie vielfach im Einsatz ist. Der Kolben muß sich genau in seiner Längsachse bewegen, damit keine Kolbenreibung entsteht und die obere Zylinderfläche sich gleichmäßig an den Stellring anlegt. Wenn eine Stellringpresse bei nachgestelltem Ring undicht würde, so bliebe manchmal nichts anderes übrig, als die Presse auszustemmen, da sie ja von der Federkraft des Spanngliedes festgehalten und der Stellring sich dadurch erst nach Erhöhen des Druckes lösen lassen würde.

Greifen zwei oder mehrere Pressen zwischen steifen Bauteilen gemeinsam an, dann müssen die Pressenachsen exakt parallel und rechtwinklig zur Spannrichtung sein. Ist dies nicht der Fall, so entstehen am Kolben Horizontalkräfte, die den Kolben seitlich an die Zylinderwand anpressen (Kolbenreibung) und das Gewinde am Kolben beschädigen (Bild 4.36). Bei weiterer Bewegung haben sich solche Pressen schon wiederholt „festgefressen", so daß trotz Drucksteigerung

Bild 4.34 Normale hydraulische Presse mit Stellring für 200 bis 300 t, Betriebsdruck meist 400 kg/cm², der Firma Pützer-Defries, Düsseldorf

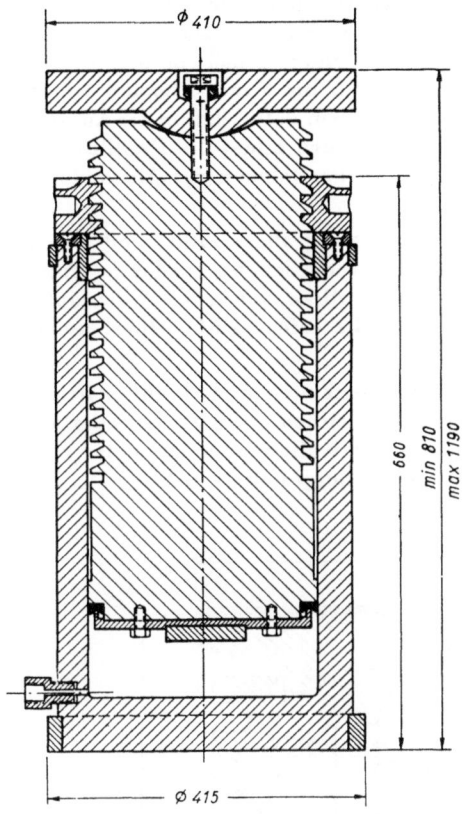

Bild 4.35 300 t-Spannpresse mit Kugelkappengelenk für großen Spannweg der Firma Pützer-Defries, Düsseldorf

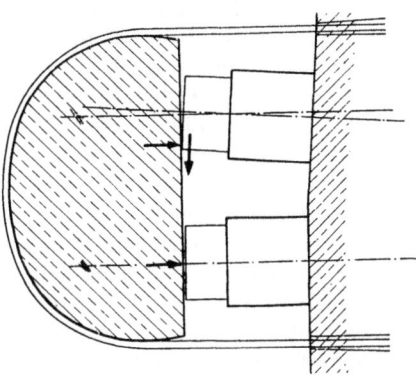

Bild 4.36 Zwei Pressen nebeneinander — sind die Achsen nicht genau parallel, dann fressen sich die Kolben fest

die Spannbewegung praktisch aufhörte. Man darf daher Stellringe erst nach Beendigung des Spannvorganges anziehen, damit bei Undichtigkeiten während dem Spannen die Kolben gleichmäßig zurücklaufen können.

Um diese Verklemmungen zu vermeiden, wurden für das Baur-Leonhardt-Verfahren, bei dem häufig mehrere Pressen gemeinsam eingesetzt sind, Spezialpressen entwickelt, die diese Nachteile mildern (Bild 4.37).

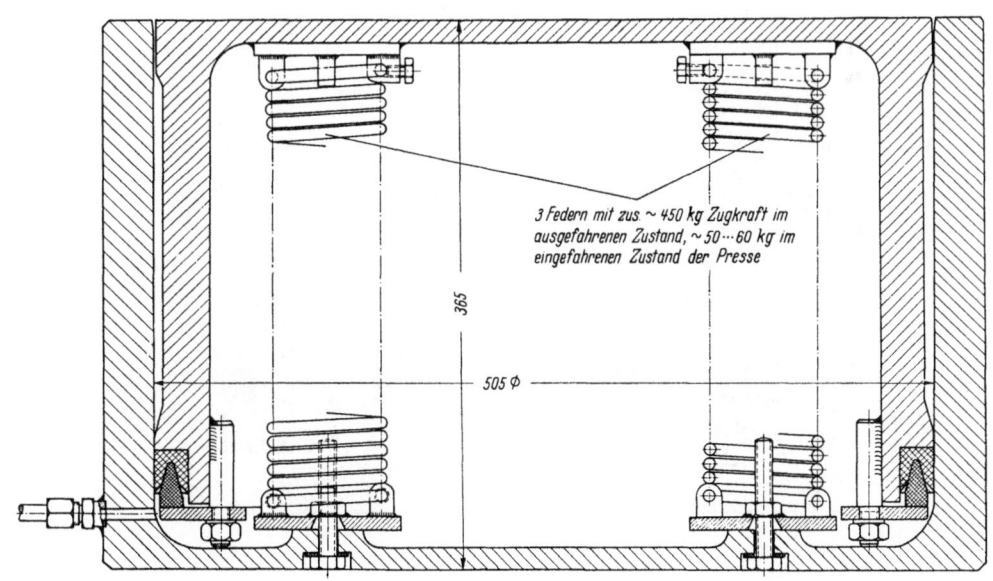

Bild 4.37 Baur-Leonhardt-Presse für 500 t mit gelenkigem Kolben und Rückstellfedern. Betriebsdruck bis 300 kg/cm². Lieferwerk Pumpenfabrik Urach, Württ.

Sie bestehen aus zwei dicken Mannesmannrohren mit eingeschweißten, dünnen Böden, die den Flüssigkeitsdruck unmittelbar auf die Betonflächen der Bauteile übertragen. Der hohle Kolben wird mit Preßflüssigkeit ausgefüllt und trägt am offenen Ende einen genau in den Zylinder passenden Metallring mit der Dichtung. Der übrige Kolben hat 2 bis 4 mm Abstand von der Zylinderwand. Am Kolbenboden sorgen kleine Nocken außen am Kolben dafür, daß in der Ausgangsstellung Kolben und Zylinder parallel sind. Sobald der Kolben ausfährt, bildet die Preßflüssigkeit ein ideales Gelenk, weil sich der Kolben gegenüber dem Zylinder im Rahmen des Abstandes der beiden Rohre drehen kann.

Sind zwei Pressen nicht ganz parallel, so genügt diese Gelenkwirkung allein nicht, weil sich der Abstand der Kolbenböden ändern will. Die ausgleichende Querverschiebung wird sehr einfach dadurch ermöglicht, daß zwischen Kolben und Bauteil eine 5 mm dicke weiche Gummiplatte ohne Gewebeeinlage gelegt wird, die selbst unter hohem Druck die erforderliche Querbewegung durch Schubverformung zuläßt.

Diese weiche Gummieinlage dient gleichzeitig dazu, kleine Unebenheiten und Rauhigkeiten der Betonfläche gegenüber dem dünnen Blechboden des Kolbens auszugleichen. Auch am Zylinderboden ist eine derartige ausgleichende Platte, z. B. aus gewöhnlichem Fichtenholz oder aus einer Sperrholzplatte, einzulegen, auch wenn die Betonfläche sorgfältig eben hergestellt wurde.

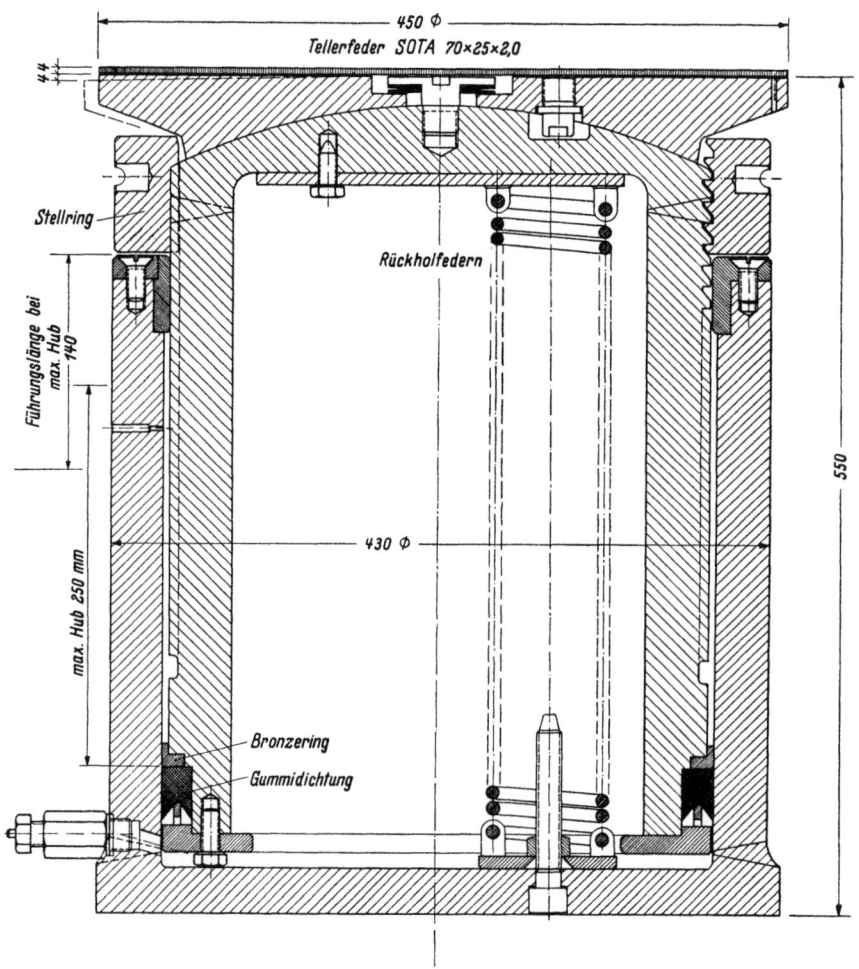

Bild 4.38 Baur-Leonhardt-Presse für 300 t, 22 cm Hub, 300 kg/cm² Betriebsdruck mit Stellring und Kugelgelenk, Schnitt

Bild 4.39 Die Presse gemäß Bild 4.38

Nach der Vorspannung wird der hydraulische Druck so lange aufrechterhalten, bis die gespannten Bauteile durch Betonblöcke oder rasch erhärtenden Beton festgelegt sind. Man verläßt sich dabei auf die kräftigen Dichtungen und auf Absperrventile hinter den Pressen — beides Elemente, die mit der gleichen Sicherheit bemessen werden können wie Stellringe. Die Dichtungen und Ventile müssen deshalb aus zuverlässigem Material hergestellt sein.

Da Stellringe von Behörden gelegentlich vorgeschrieben werden, wurden diese Pressen weiterentwickelt, und zwar so, daß gemäß Bild 4.38 und 4.39 eine Kugelkappe über dem Stellring liegt, so daß keine Momente auf den Kolben übertragen werden können, auch wenn die Pressenachsen nicht ganz parallel sind.

Da sich Kugelgelenke gemäß Bild 4.35 abrollen, aber nicht verdrehen und dadurch die Kraft bei Winkeldrehungen ausmittig in den Kolben eingeleitet wird, wurden hier Gelenkflächen mit gleichen Radien, tadellos poliert und mit Teflon belegt, benutzt, die sich auch unter Druck leicht drehen. Auf die Gelenkigkeit des Kolbens muß hier verzichtet werden, da sonst die zwei Gelenke übereinander zu labilen Zuständen führen können, wenn die zu spannenden Teile nicht seitlich geführt sind. Das Kugelgelenk kann durch das neuartige, billigere Gummitopflager nach [502, Bild 33] ersetzt werden.

Verwendet werden Pressen für 250 t und 300 t Spannkraft, die vielseitiger verwendbar sind als solche für 500 bis 600 t.

Kochtopfpressen (siehe 1. Auflage, Seite 120 ff.)

4.34 Tellerpressen, Bandpressen (Kapselpressen)

Für große Kräfte und kleine Spannwege werden gelegentlich die in Bild 4.40 dargestellten Tellerpressen [52], [66], [68] aus zähem Stahlblech verwendet, die entlang dem Wulst zusammengeschweißt werden. Preßt man Wasser ein, so entfernen sich die zunächst aufeinanderliegenden Tellerböden voneinander, bis der Spannweg erreicht ist, der durch die Tragfähigkeit des Wulstes begrenzt ist. Für größere Spannwege werden mehrere Tellerpressen aufeinandergelegt. Der Druck p ist beschränkt, weil man zur Herstellung keine dicken oder hochfesten Bleche verwenden kann, so daß

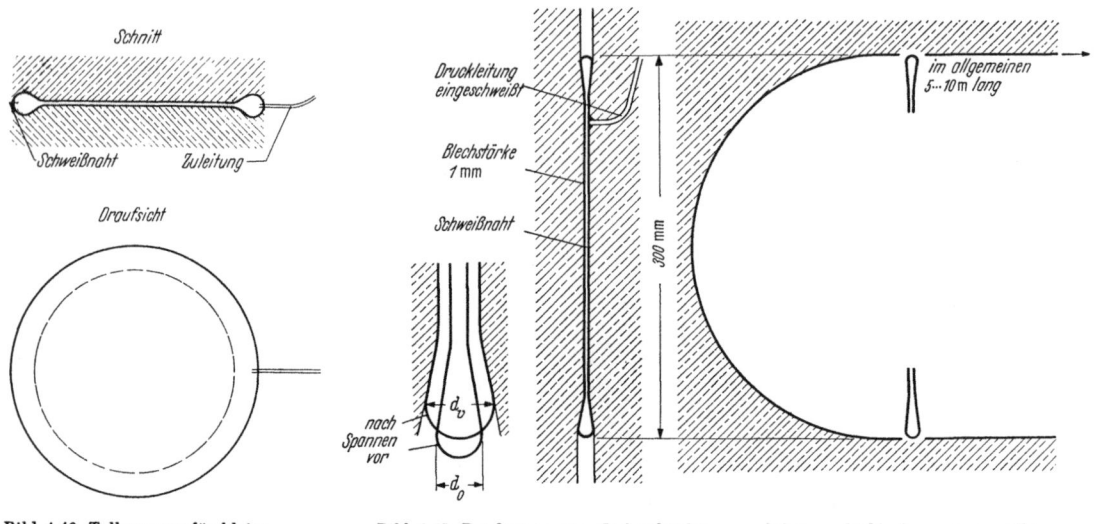

Bild 4.40 Tellerpresse für kleine Spannwege (Kapselpresse)

Bild 4.41 Bandpresse aus flachgedrücktem, nahtlosem Stahlrohr mit gewölbter Endkappe (für Verfahren *Jauch*)

der dem radialen Druck widerstehende Stahlquerschnitt klein ist. Andererseits hat das Blech nur der Kraft $\frac{p \cdot d}{2}$ zu widerstehen, wobei d der kleine Wulstdurchmesser oder die äußere Spaltweite des Betonkörpers ist. Die Schweißnaht muß tadellos sein.

In ähnlicher Weise können lange flache Band- oder Schlauchpressen aus gefaltetem Blech mit geschweißter Naht und halbkreisförmigen Endkappen (Bild 4.41) zum Vorspannen von Rohren, Silos, Stollenauskleidungen oder gar Tunneln verwendet werden (Verfahren *G. Jauch*). Der Spannweg $d_v - d_0$ hängt bei genügender Schlauchbreite von der Blechdicke und dem Druck p ab, da $\frac{p \cdot d_v}{2\,t} \leq$ zul σ bleiben muß (t = Blechdicke). Die Druckleitung wird hier zweckmäßig am ruhig bleibenden Teil des Blechbandes angeschlossen. Die Herstellung dieser Pressen erfordert besondere Sorgfalt und Sachkenntnis.

4.35 Wickelmaschinen für das Vorspannen von kreisrunden Behältern und Rohren

Frühzeitig wurden Maschinen entwickelt, um Spanndraht unter hoher Spannung außen auf die Betonwände kreisrunder Behälter aufzuwickeln und den Beton dadurch im Sinn der Vorspannung unter Ringdruck zu setzen.

In USA hat die Firma Preload Campany, New York [101], dazu die in Bild 4.42 gezeigte Maschine entwickelt, die an einem Laufwerk auf dem oberen Behälterrand hängt und einen Dieselmotor als Antrieb trägt, der die Maschine an einem endlos um den Behälter laufenden Drahtseil entlang zieht. Das Seil wird durch die Reibung an der Behälterwand festgehalten. Der Draht wird beim Abwickeln auf den Behälter durch eine Ziehdüse gezogen, erhält also erst mit dem Wickelvorgang den endgültigen Durchmesser und seine hohe Festigkeit. Die Vorspannkraft entspricht demnach dem Ziehwiderstand, der abhängig ist von der Festigkeit des Rohdrahtes und von dem Verhältnis des Durchmessers des Rohdrahtes zum Durchmesser der Ziehdüse.

In gewissen Abständen wird der Draht an der Behälterwand festgeschraubt, damit bei einem Drahtbruch nicht die ganze Wickelung aufspringt. Mit dieser Maschine sind viele Tausend Behälter bis zu 70 m Durchmesser und bis zu 30 m Wasserhöhe gebaut worden. Mit der Zeit wurde die Wickelgeschwindigkeit der Maschine auf 16 km pro Stunde gesteigert, so daß in 8 Stunden rund 5 t Draht aufgewickelt werden.

Der Schweizer Ingenieur *Vogt* hat 1950 eine wesentlich leichtere[1] und einfachere Behälterwickel-

---

[1] Gewicht ohne Schwenkarm 910 kg.

maschine entwickelt, die unter der Bezeichnung BBRV-Wickelmaschine bekannt geworden ist. Für den Antrieb genügt ein Motor mit nur 5 PS oben am Laufwerk, das über einen leichten Gitterträger mit dem Kreismittelpunkt des Behälters verbunden ist (Bild 4.43). An der Behälteraußenwand laufen nur die Wickelräder. Das Prinzip der Vorspannung besteht darin, daß der vorzuspannende Draht von einer Rolle abläuft, deren Umfang um die der gewünschten Vorspannung entsprechende Längung kleiner ist als der Umfang des Antriebrades. Die Laufräder werden über eine endlose Kette mit Spannfedern am Behälter angepreßt und durch einen torsionssteifen Stab von oben aus angetrieben. An dem lotrechten Stab läßt sich die Ganghöhe der Wickelung einstellen. Der Spanndrahtring liegt oben neben dem Laufwerk und wird unten zwei- bis dreimal zur Erzielung des nötigen Reibungswiderstandes um die Ablaufrolle geführt (Bild 4.44). Bei großen Behälter-Durchmessern kann der Dreharm zum Mittelpunkt wegfallen, die Maschine wird dann mit einem Rohrfachwerk geführt (Bild 4.45).

Bild 4.42 Die Behälterwickelmaschine der Preload Company, New York, (merry go round machine) beim Wickeln eines Behälters mit 40 m ⌀ und 17 m Höhe. Links sind die Verankerungen der Drähte nach etwa je 10 Wickelungen zu erkennen

Bild 4.43 BBRV-Behälterwickelmaschine (Büro BBR, Zürich und SUSPA, Augsburg) an einem hohen Silo mit radialem Führungsträger

Bild 4.44 Wickelapparat am Ende des torsionssteifen Antriebstabes

Bild 4.45 BBRV-Wickelmaschine mit Rohrfachwerkführung für Draht ⌀ 5 mm, Spannkraft 2000 kg, Wickelgeschwindigkeit 1 m/s

Bild 4.46 BBRV-Rohrwickelmaschine

Der Durchmesser des zur Verwendung gelangenden Drahtes aus St 180 beträgt 4 oder 5 mm. Mit der Maschine werden stündlich etwa 100 bis 150 kg Draht gewickelt. Der kleinste Behälterdurchmesser, der sich noch wickeln läßt, ist 5 m, nach oben liegt die Grenze bei etwa 100 m. Der Höhe nach wurden bereits bis zu 38 m hohe Behälter mit Erfolg gewickelt.

Der Anfang des Drahtes wird an einer einbetonierten Schraube verankert. Nach je 20 bis 30 Wickelungen wird der Draht wieder mit Schrauben an einbetonierten Platten oder mit Keilen festgeklemmt. Die Drahtstöße werden nach Kap. 3.37 ausgebildet.

Nach dem gleichen Prinzip wurden auch Rohrwickelmaschinen gebaut, wobei die Spanneinrichtung nur lotrecht beweglich ist und das Rohr stehend zum Bewickeln gedreht wird (Bild 4.46) [307]. Andere Rohrwickelmaschinen werden in Kap. 16 behandelt.

Die beiden ursprünglichen Behälterwickelmaschinen von Preload und BBRV sind später mit kleinen Abwandlungen nachgebaut worden. Es wird darauf verzichtet, diese näher zu beschreiben.

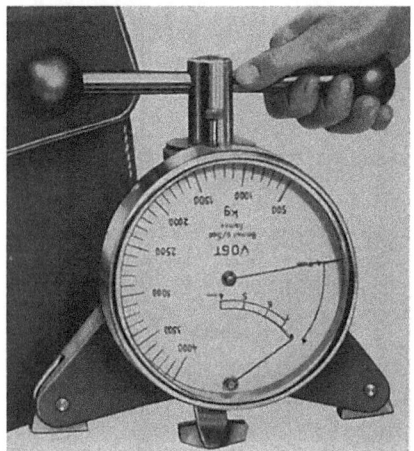

Bild 4.47 Gerät zur Messung der Drahtspannung (nach *Vogt*)

Zur Prüfung der Drahtspannung bei solchen Wickelvorgängen hat *Vogt* ein Meßgerät gemäß Bild 4.47 entwickelt, bei dem der Draht zwischen zwei Stützpunkten etwas abgezogen wird. Die hierfür nötige Kraft ist ein Maß der Spannung. Das Gerät reicht von 500 bis 4000 kg Zugkraft in Drähten von ⌀ 4 bis 7 mm (vgl. Kap. 4.21 und [539]).

4.4 Das Vorspannen vor dem Erhärten des Betons
(Spannbettvorspannung)

4.41 Das lange Spannbett

An den Enden der Spannbetten befinden sich Ankerböcke mit Stahlplatten (Bild 4.48), in denen die Spanndrähte an einem Ende vor dem Spannen, am anderen nach dem Spannen meist mit Keilen verankert werden. Die Ankerböcke nehmen die Spannkraft auf. Die Drähte werden neben den Spannbetten von den Ringen abgezogen und ausgelegt. Sie werden dann auf den Spannbettboden gelegt, einseitig verankert und gespannt. Dabei wird der Spannweg (Drahtverlängerung durch Dehnung) und die Spannkraft gemessen. Die Temperatur des Drahtes soll nicht merklich von der mittleren Betontemperatur abweichen.

Bild 4.48 Ankerböcke für lange Spannbetten (hier Stahltonwerk Frick, Schweiz)

Nach dem Spannen müssen die Abstände und die Höhenlage der Drähte genau festgelegt werden, damit sie sich beim Einbringen und Verdichten des Betons nicht verschieben. Kurz vor den Verankerungen werden die Drähte meist gespreizt, da sie an den Ankern nicht so eng gelegt werden können wie im Beton.

Für einfache Platten und Balken liegen die Drähte üblicherweise auf die Länge der Bauteile parallel. Man nimmt dabei als Nachteil in Kauf, daß die Vorspannkraft am Ende der Bauteile zu tief angreift.

Bei größeren Balken kann dieser Nachteil dadurch vermieden werden, daß die Drähte etwa in $1/5$ der Balkenlänge im Spannbett nach unten verankert und an den Balkenenden durch eine Unterstützung angehoben werden (Bild 4.49). Das Spannbett muß in der Lage sein, die Umlenkkraft auf Zug aufzunehmen. In den USA hat man für diese Umlenk-Anker besondere Bauteile

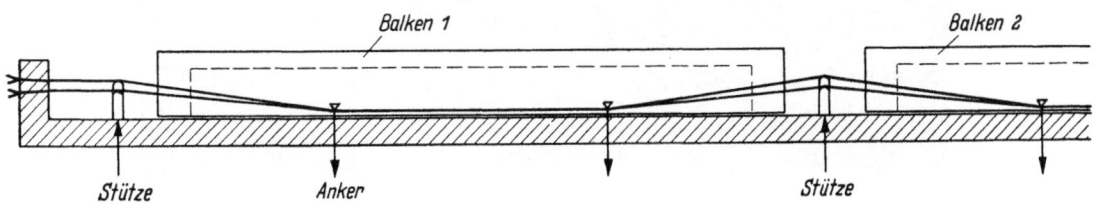

Bild 4.49 Umlenkung der Spanndrähte im Spannbett zur Verbesserung der Höhenlage der Drähte im Ankerbereich am Balkenende

gemäß Bild 4.50a entwickelt, die mit einer Schraube am Spannbett gehalten werden und später im Bauteil verbleiben. Die Unterstützung der Drähte zwischen 2 Balken zeigt Bild 4.50b. Die Verankerung der Umlenkkraft kann natürlich auch auf andere Art vorgenommen werden. Man lenkt meist so weit um, daß die Drähte am Balkenende im Kern angreifen, wobei der Abstand der Drahtlagen vergrößert wird, damit die Verbund-Ankerkräfte günstiger verteilt werden.

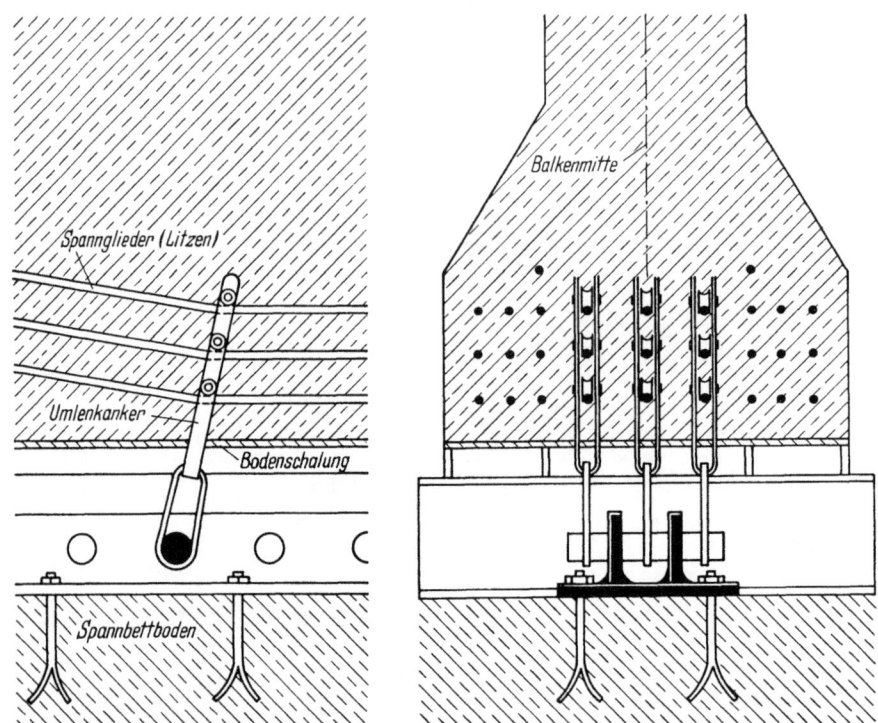

Bild 4.50a Ankerbügel für Litzen zur Umlenkung der Spanndrähte gemäß Bild 4.49

Bild 4.50b Umlenkung der Litzen über den Abstützungen der Balken 1 und 2 des Bildes 4.49 (John A. Roebling's Sons Corp., USA)

Die gespannten Drähte werden nun einbetoniert, der Beton wird zur Beschleunigung seiner Erhärtung meist mit Dampf erwärmt, so daß nach 8 bis 20 Stunden die Festigkeit erreicht wird, die nötig ist, um die Vorspannkräfte der Drähte durch Verbund zu halten. Die hierfür nötige Festigkeit hängt ab von der Drahtart, d. h. von den Verbundeigenschaften der Drähte, von der Zahl und den Abständen, besonders vom Randabstand, der Drähte und vom Verhältnis der Vorspannkraft zur Querschnittsfläche der Ankerzone. Man kann daher hierfür keine feste Regel angeben. Meist sollte eine Festigkeit von rund 70 % der im Bauteil verlangten Betongüte genügen.

Zur Übertragung der Spannkraft auf den Beton der Bauteile werden die Drähte an den Ankern und zwischen den Bauteilen durchgeschnitten oder durchgebrannt (vgl. Kap. 3.131). Man soll dabei mit den mittleren Drähten beginnen und dann die äußeren trennen. Die Bauteile verkürzen sich durch die Vorspannkraft und lösen sich dabei vom Spannbett. Umlenkanker müssen also im Spannbett etwas längs beweglich sein (vgl. Bild 4.50 a). Seitenschalungen werden vor dem Übertragen der Spannkraft abgenommen, wenn z. B. untere Flansche die Biegung der Balken infolge Vorspannung behindern würden.

4.42 Kurze Spannbetten

Kurze Spannbetten werden meist durch steife Schalungen gebildet, die der Spannkraft des Bauteiles widerstehen können, so daß die Spanndrähte an der Schalung verankert werden können. Die Eisenbahnschwelle wird z. B. bei einigen Verfahren so hergestellt (vgl. Kap. 16.4). Andere kurze Spannbetten haben wir unter Kap. 4.11 bei den russischen Wickelmaschinen schon kennengelernt. Die Vorspannung kann mechanisch oder hydraulisch vorgenommen werden. Eine für kurze Spannbetten besonders geeignete Methode der Vorspannung wird im folgenden beschrieben:

4.421 Die thermo-elektrische Vorspannung der UdSSR

Wenn man Spanndrähte in erwärmtem Zustand an den Enden verankert, kommen sie durch die Verkürzung beim Abkühlen unter Vorspannung. Diese Tatsache hat man schon früh für die Vorspannung nach dem Erhärten zu nutzen versucht (vgl. Kap. 4.67). In der UdSSR wurde diese Methode etwa ab 1958 zum Spannen der gerippten, naturharten Stäbe aus St 60/90 (Bild 2.5) auf kurzen Spanntischen mit gutem Erfolg eingeführt [404], [536].

Zur Verankerung werden an den Stabenden entweder seitlich 2 kleine Stabstücke oder eine Schlaufe aus Bandstahl angeschweißt (Bild 4.51). Die Stäbe werden dann auf einem einfachen Bock innerhalb von 3 bis 5 Minuten auf 300 bis 400° C elektrisch erhitzt. 6 m lange Stäbe verlängern sich dadurch um 20 bis 25 mm. Die heißen Stäbe werden auf den Spanntisch in die Endverankerungen gelegt (Bild 4.52) und durch Abkühlen an der Luft unter Spannung gesetzt (ein Teil der Dehnung geht durch die Toleranzen an der Verankerung für die Spannung verloren). Man rechnet, daß eine Spannung von mindestens 3000 bis höchstens 5000 kg/cm² verbleibt. Ein genauer Wert der Vorspannkraft wird nicht für notwendig gehalten, da dieser auf die Bruchsicherheit der vorgespannten Platten fast ohne Einfluß ist. Es ist jedoch nicht schwierig, die Toleranz der Spannung kleiner zu halten.

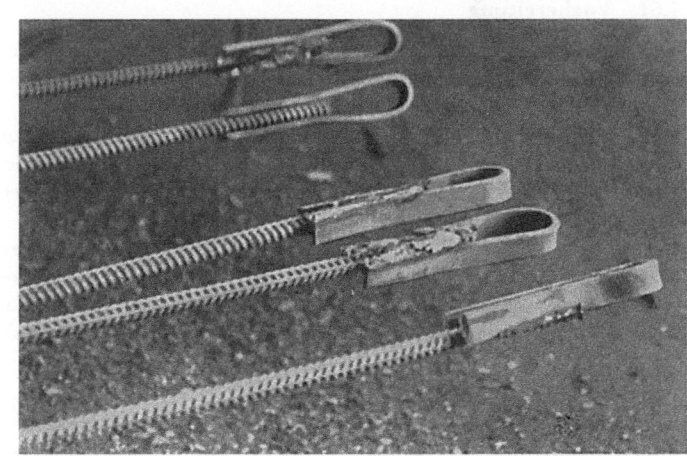

Bild 4.51 An gerippte Spannstähle St 60/90 angeschweißte Ankerschlaufe für thermoelektrische Vorspannung

Bild 4.52 Am Dorn auf dem Spanntisch verankerte Stäbe

Nach dem Erhärten des Betons werden die Spannbettanker entweder mit Karborundsägen abgeschnitten oder elektrisch abgebrannt. Die Spannkraft wird durch Verbund in den Beton geleitet. Der Beton braucht dabei nur eine Festigkeit von 140 kg/cm² erreicht zu haben. Es ist beachtlich, daß dieser niedrige Wert bei geringer Querbewehrung der Ankerzone und einer Betondeckung von nur etwa 3 cm zur Übertragung der Spannkraft der gerippten Stäbe bis $\varnothing$ 14 mm genügt. Selbst bei 30 mm-Stäben liegen ähnlich günstige Erfahrungen über diese einfache Verankerungsart vor.

Für den Stromverbrauch mögen folgende Angaben dienen:
Für 18 m lange Binder wurden 28 Stäbe $\varnothing$ 14 mm gleichzeitig bei 100 kW in 4 bis 5 Minuten auf 350° C erwärmt. Für 3 Stäbe $\varnothing$ 14 mm, 6,3 m lang werden 3,8 kWh angegeben, wobei der Stromverbrauch für das Anschweißen der Anker und für das Schweißen der übrigen Bewehrungen einer 1,2 m breiten und 6,3 m langen Deckenplatte enthalten ist. Die Kosten für die Einrichtungen dieser thermoelektrischen Vorspannung betragen nur rd. 5000 Rubel. Für die Umformung des Stromes werden normale Schweißtransformatoren benützt.

Die thermoelektrische Vorspannung wird neuerdings auch bei den Draht-Wickelmaschinen nach Bild 4.5 und 4.9 angewandt. Durch die Erwärmung der Drähte auf etwa 250° C wird die nötige mechanische Spannkraft rund auf die Hälfte verringert.

In Mitteldeutschland wird man in Kürze ein ähnliches Verfahren zum Spannen oval gerippter Drähte mit 20 bis 50 mm² Querschnitt, vergüteter St 140/160, einführen [541]. Da dieser Spannstahl nicht schweißbar ist, werden die Stäbe zur Befestigung in Ankerkloben an ihren Enden mit seitlichen Kerben versehen. Um die für $\sigma_v = 0{,}55\,\beta_Z$ erforderliche Temperaturausdehnung praktisch zu erreichen, ist Erwärmung auf 460° C erforderlich, die bei 30 V und 300 bis 1100 A in 40 bis 90 s Heizzeit erreicht wird und angeblich die Eigenschaften des Spannstahles nicht beeinträchtigt.

4.5 Das Vorspannen nach dem Erhärten des Betons

4.51 Vorbereitung

Vor dem S p a n n e n hat man sich zu überzeugen, daß der Beton die nötige Festigkeit ereicht hat und daß die Zusammendrückung des Betons oder andere beim Spannen nötige Verschiebungen oder Verformungen nirgends ernsthaft behindert sind, d. h. Verkeilungen von Lehrgerüsten oder steife Verstrebungen gegen erwartete Bewegungen sind zu beseitigen, wobei andererseits die Knicksicherheit von Lehrgerüststützen nicht gefährdet werden darf. Bewegliche Lager müssen gesäubert und Fugen freigemacht werden. Schalungen und Gerüstträger behindern das Spannen nur unwesentlich.

Der zeitliche und örtliche Ablauf des Vorspannens sowie verschiedene Spannarten sind zu unterscheiden. Einzelspannglieder werden meist an den Enden des Spannstahles angefaßt und einzeln nacheinander gespannt. Man kann aber auch das ganze Bauwerk gemeinsam mit Spannblöcken oder von Spannfugen aus vorspannen. Schließlich gibt es noch Sonderwege.

4.52 Zeitlicher Ablauf des Vorspannens

Der Zeitpunkt des Vorspannens auf die volle Spannkraft ist wegen des günstigen Einflusses eines hohen Erhärtungsgrades des Betons auf die unangenehmen Verkürzungen durch Schwinden und Kriechen (vgl. Kap. 2.2) so s p ä t w i e m ö g l i c h zu wählen, auch wenn verhältnismäßig früh eine hohe Festigkeit erreicht wird. Die Erhärtungsfrist muß von der Temperatur und der Zementgüte abhängig gemacht werden (vgl. Kap. 2.243).

Als Regel mögen folgende Fristen gelten:

Mittlere Erhärtungstemperatur in °C		20	15	10	5
Erhärtungsfrist in Tagen für Zementart:	Z 275	10—12	20	30	40
	Z 375	5—6	10	15	20
	Z 475	3—4	7	12	16

Sind die Druckspannungen in der vorgedrückten Zugzone sehr hoch (0,7 bis 1,0 zul σ_b), so sollte man diese Fristen möglichst um 20 bis 30 % verlängern, sind sie dagegen niedrig (z. B. auch bei stufenweiser Vorspannung), so kann auch früher gespannt werden (vgl. Kap. 4.521).
In der kühlen Jahreszeit darf auf keinen Fall früh vorgespannt werden, weil der Beton erheblich langsamer erhärtet. Frostperioden müssen unbedingt von der Erhärtungszeit in Abzug gebracht werden, es sei denn, daß der Beton künstlich warm gehalten wird, was jedoch keinesfalls mit offenen Koksöfen nahe am Bauteil geschehen sollte, weil die dabei auftretenden großen Temperaturdifferenzen mit großer Wahrscheinlichkeit zu Rissen führen.
Es soll auch nicht früher auf volle Spannkraft vorgespannt werden, als bis die Festigkeit der Erhärtungsprobe nach DIN 1048 die in der statischen Berechnung angenommene Betongüte ergibt oder wenigstens der 2,5fachen größten Druckspannung des Tragwerkes unter $(g + v)$ entspricht. Kann man nicht ausreichend lange warten, so ist eine erhöhte Verkürzung des Betons durch Kriechen zu berücksichtigen oder nachzuspannen.
Durch Wärme lassen sich die Erhärtungszeiten des Betons bekanntlich wesentlich abkürzen, so daß z. B. bei Einwirkung von ungespanntem Dampf mit etwa 90° C schon nach 6 bis 8 Stunden voll vorgespannt werden kann (vgl. Bild 2.57). Solche Maßnahmen lohnen sich meist nur bei werksmäßiger Herstellung von Fertigteilen. Bei Eisenbahnschwellen hat es sich jedoch gezeigt, daß trotz Dampfhärtung ein spätes Spannen nach 2 bis 3 Wochen zusätzlicher Lufthärtung die Spannkraftverluste merklich vermindert.
Diese Regeln genügen bei kleinen Baukörpern bis etwa 10 m Länge und bei guter Nachbehandlung des Betons auch für noch längere Bauteile (bis etwa 20 m). Bei größeren Baukörpern spricht gegen das lange Warten die Tatsache, daß schon in den ersten Tagen nach dem Betonieren in den Bauteilen erhebliche innere Spannungen durch Abbindewärme und deren Rückgang [198] (Bild 4.53), durch äußere Temperaturveränderungen und durch das je nach der Nachbehandlung unterschiedliche Schwinden entstehen. Die bei Spannbetonbauteilen meist sehr schwache, schlaffe Bewehrung ist diesen Spannungen nicht gewachsen, so daß sichtbare Risse entstehen. An manchen Bauwerken wurden vor dem Spannen solche Risse beobachtet, vor allem bei früh-hochfesten Zementen mit hoher Abbindewärme oder sehr unterschiedlichen Dicken der Betonteile oder bei extremer Hitze im Sommer. Solche frühzeitigen Risse sind aber nicht erwünscht.

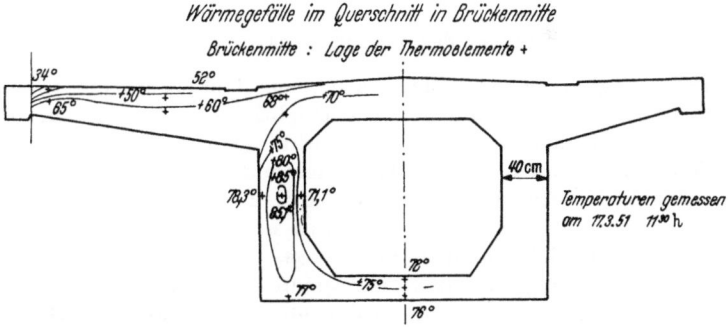

Bild 4.53 Temperaturdifferenzen durch Abbindewärme in einer Brücke, gemessen 2 Tage nach dem Betonieren, Z 425 (nach *Bührer*)

4.521 Stufenweises Vorspannen

Man begegnet diesen Erscheinungen am besten dadurch, daß man eine **erste mäßige Teilvorspannung sehr frühzeitig** aufbringt, z. B. schon am zweiten Tag nach dem Einbringen des letzten Betons. Lange Baukörper werden durch Lücken im Abstand von 20 bis 30 m unterteilt, die zum Schluß gemeinsam ausbetoniert werden, so daß die Zonen jungen Betons bei der ersten Spannstufe klein sind.

Die noch niedrige Festigkeit des letzten Betons verbietet hohe Spannungen zu diesem Zeitpunkt. Einzelspannglieder dürfen also nur mäßig und in günstiger Verteilung angespannt werden.

Wird die Spannkraft bei konzentrierten Spanngliedern mit großen hydraulischen Pressen aufgebracht, so läßt man einfach die Pressen mit mäßigem Druck bis zur gewünschten Teilkraft anlaufen, so daß nirgends hohe Spannungen entstehen.

Die bei dieser ersten Spannstufe auszuübende Spannkraft richtet sich nach der bis dahin erzielten Festigkeit des Betons und nach der Lagerung des Bauteiles. Sie muß mindestens so groß sein, daß die Reibung des Bauteiles auf seiner Unterlage oder andere Gerüstwiderstände überwunden werden, damit die angestrebte Zusammendrückung möglich wird. Die Spannungen dürfen ohne Sorge bis etwa $1/8$, an Spannstellen bis $1/4$ der bis dahin erreichten Würfelfestigkeit betragen. Im allgemeinen wird man nur 10 % bis 30 % der endgültigen Spannkraft ausüben.

Man weiß durch französische Versuche, daß ein mäßiger frühzeitiger Druck die Zugfestigkeit des Betons erhöht und das spätere Kriechen vermindert. Das frühzeitige mäßige Spannen verbessert also nebenbei die Betoneigenschaften.

Muß wegen des Baufortschrittes verhältnismäßig früh weitergespannt werden, so wird empfohlen, den Spannvorgang nochmals zu unterteilen und zunächst so viel weiterzuspannen, bis das Eigengewicht aufgenommen und der Baufortgang ermöglicht wird. Dies kann auch nötig werden, wenn das Eigengewicht zunächst durch das Hochfedern des Lehrgerüstes (s. Kap. 19.2) nicht zur Wirkung kommen kann, oder wenn zunächst nur ein Teil des Eigengewichts vorhanden ist, so daß bei einer vollen Vorspannung auf der Seite des Spanngliedes zu hohe Druckspannungen und im Druckgurt Zugspannungen entstehen würden.

Für den zeitlichen Ablauf des Vorspannens sind also im allgemeinen 3 Spannstufen zu empfehlen:

1. Frühzeitiges, mäßiges Spannen zur Vermeidung von Temperatur- und Schwindrissen;
2. Spannen bis zur Tragfähigkeit für Eigengewicht mit anschließendem Ausrüsten, um das Eigengewicht voll zur Wirkung zu bringen, oder
Teilvorspannung, wenn Teile des Eigengewichtes noch nicht eingebaut sind;
3. endgültige Vorspannung nach ausreichend langer Erhärtung.

Die zweite und dritte Spannstufe sollen nicht vor Ablauf der anfänglich genannten Fristen vorgenommen werden und können kurzfristig aufeinander folgen.

4.53 Örtlicher Ablauf des Vorspannens

Mehrere Einzelspannglieder an einem Baukörper sind so nacheinander zu spannen, daß die Vorspannung so gleichmäßig wie möglich über den ganzen Querschnitt verteilt anwächst. Man beginnt mit Spanngliedern, die nicht am Rand liegen. Besteht ein Tragwerk aus mehreren Trägern, die durch eine Platte miteinander verbunden sind, so darf nicht ein Träger ganz vorgespannt werden, solange benachbarte Träger noch ungespannt sind, weil dadurch Schubrisse in der verbindenden Platte entstehen könnten. Man muß also je ein Spannglied in jedem Träger spannen und gleichmäßig so fortfahren.

Bauteile, die längs und quer vorgespannt werden, sollten zuerst quer gespannt werden. Liegen in der Querrichtung Spannglieder oben und unten, z. B. bei Querträgern oder Hohlplatten, so müssen obere und untere Spannglieder etwa im gleichen Verhältnis miteinander gespannt werden.

Spannglieder, die nicht von einem Ende des Bauwerks zum anderen durchgehen, dürfen erst angespannt werden, wenn der Bereich der Zwischenverankerung bereits durch die Spannkraft durchgehender Spannglieder unter Druck steht. Sind keine durchgehenden Spannglieder vorhanden, so muß der hinter der Verankerung liegende Bauteil ausreichend mit schlaffer Bewehrung angehängt sein.

Werden Trägerstege mit Bügeln vorgespannt, so sind diese vor der Längsvorspannung zu spannen, weil letztere meist durch ihre anhebende Wirkung schräge Hauptzugspannungen entstehen läßt, die mit den vorgespannten Bügeln überdrückt werden sollen.

Es ist besonders günstig, wenn die gesamte Vorspannung durch gleichzeitige Betätigung mehrerer Pressen gleichförmig über den ganzen Querschnitt verteilt und ohne örtliche Spannungsstörungen durch Zwischenverankerungen aufgebracht wird.

4.54 Der Spannvorgang

Beim Spannen muß man die in der Berechnung vorausgesetzte Spannkraft möglichst genau erreichen und festhalten. Spannweg und Spannkraft sind zur gegenseitigen Kontrolle sorgfältig zu messen, sie müssen im S p a n n p r o g r a m m gemäß der statischen Berechnung angegeben sein.

4.541 Messung des Spannweges

Bei der Messung des Spannweges ist es schwierig, den Nullpunkt festzulegen. Je nach den Krümmungen des Spanngliedes ergibt sich zuerst ein kleiner spannungsloser Weg, bis die Drähte überall am Gleitkanal anliegen, der „toter Gang" genannt wird. Der tote Gang hängt auch von der Temperatur des Spanndrahtes beim Spannen gegenüber derjenigen beim Einbau und Festlegen der Verankerungen ab. Hat man z. B. die Drähte bei warmen Wetter verlegt und verankert, und sinkt die Temperatur bis zum Spannen, dann können die Drähte schon vor dem Beginn des Spannens durch ihre Verkürzung infolge des Temperaturrückgangs unter Spannung stehen. Der tote Gang fällt dann weg, der Spannweg beginnt bei einer Kraft, die schon merklich über Null liegt. Bei umgekehrten Temperaturverhältnissen vergrößert sich der tote Gang.

Bei Spannstäben, die mit einer Mutter gegen die Ankerplatte festgehalten werden, kann schon durch Anziehen dieser Mutter eine Teilvorspannung ausgeübt worden sein.

Zur Ermittlung des Nullpunktes für die Messung des Spannweges wird manchmal leicht angespannt und wieder entspannt. Man erhält so den Nullpunkt aber nicht, sobald irgendwo Reibung vorhanden ist, weil diese Reibung den Rückgang der Spannung bzw. der Dehnung auf Null verhindert.

Alle diese Ungenauigkeiten der Nullpunktbestimmung werden umgangen, wenn man d a s S p a n n g l i e d z u n ä c h s t b i s a u f $1/10$ d e r v o l l e n S p a n n k r a f t a n s p a n n t u n d d i e d a b e i e r r e i c h t e S t e l l u n g a l s A u s g a n g s p u n k t f ü r d i e M e s s u n g d e s S p a n n w e g e s b e n u t z t . Bei der Bestimmung von Spannungs-Dehnungslinien wird ähnlich verfahren. Man weiß, daß der Beginn der Spannungs-Dehnungslinie geradlinig ist und verlängert deshalb die von der niedrigen Anfangsspannung aus gemessene Linie geradlinig nach rückwärts.

So läßt sich auch der Nullpunkt des Spannweges dadurch bestimmen, daß einige Punkte der Spannkraft-Spannweglinie gemessen werden, die dann bis zur Kraft Null zurückverlängert wird (Bild 4.54). Dies wäre in der Praxis umständlich, man rechnet besser gleich den Spannweg für $1/10\,V$ bis V aus und kontrolliert nur diesen. Bei geradliniger σ-ε-Linie des Stahles bis σ_{zv} und reibungslosem Spannglied ist dieser Spannweg $9/10$ des ganzen.

Bei kurzen, geraden Einzelspanngliedern muß sich beim Sollwert der Spannkraft V (Sollspannkraft) der vorausberechnete Spannweg $\Delta l = \varepsilon_{zv} \cdot l_z + \varepsilon_b \cdot l_b$ einstellen, wenn alles in Ordnung ist. Fehlt am Spannweg nur wenig, so wird die Spannkraft so weit erhöht, bis der Spannweg richtig ist. Bei langen Spanngliedern tritt auch in der Geraden R e i b u n g durch die in Kap. 7 geschilderten Umstände auf, die dann wie bei gekrümmten Spanngliedern zu berücksichtigen ist.

Bei Keilverankerungen mit S c h l u p f (s. Kap. 3.23) tritt ein Spannungsabfall in der Nähe der Spannstelle auf, der berücksichtigt werden muß. Für kurze Spannglieder sind deshalb derartige Verankerungen ungeeignet.

Bei Einpreßkeilen muß der kleine und bekannte Einpreßweg der Keile dem errechneten Spannweg zugeschlagen werden.

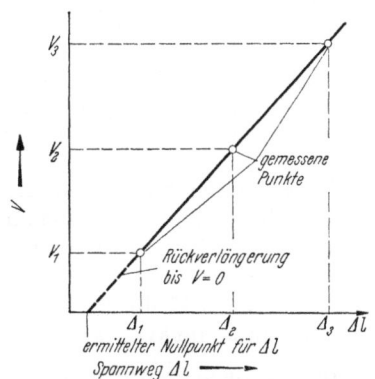

Bild 4.54 Bestimmung des Nullpunktes für das Messen der Spanndehnung

Sofern die Vorspannung mit Spannstäben und Muttern festgehalten wird, die nach dem Erhärten des Einpreßmörtels wieder abgenommen werden, ist der Spannweg um die Dehnung des Spannstabes zwischen der endgültigen und provisorischen Verankerung zu vergrößern.

Ganz allgemein muß man beachten, daß bei fast allen Verfahren beim Umsetzen der Spannkraft von der Spannpresse auf die endgültige Verankerung durch Verformungen der Ankerteile oder andere Umstände ein kleiner Teil der Spannkraft verloren geht („**Umsetzeffekt**" nach *B. Fritz* [234]). Dieser **Umsetzeffekt** ist nur bei langen Spanngliedern unbedeutend. *Fritz* hat selbst bei der Gewindeverankerung dicker Stäbe Spannkraftverluste von 11,3 % nachgewiesen, die z. T. auf nicht volles Anliegen der Mutter (Ankerplatte nicht ganz rechtwinklig zum Spannstab) zurückgeführt werden. Man erkennt daraus, daß die Genauigkeit der Ausführung auch hier von Einfluß ist. Ein geringes Überschreiten der Sollspannkraft an der Spannstelle um etwa 3 % ist daher bei Einzelspanngliedern stets zweckmäßig.

Der Einfluß des Schlupfes bzw. des Umsetzweges auf den Verlauf der Spannkraft wird in Kap. 7.43 eingehend behandelt.

Bei **mehreren Einzelspanngliedern an einem Bauteil** müssen die Spannwege verschieden sein. Das erste Spannglied muß um die gesamte elastische Zusammendrückung des Betons durch alle Spannglieder $\varepsilon_b \cdot l_b$ über die Stahldehnung $\varepsilon_z \cdot l_z$ hinaus gedehnt werden, weil ja durch die nächsten Spannglieder der Dehnweg des ersten Spanngliedes um die entsprechende Zusammendrückung des Betons wieder zurückgeht. Beim letzten von n Spanngliedern ist dagegen nur die Stahldehnung plus $1/n$ der gesamten elastischen Betonkürzung als Spannweg einzustellen, weil die übrige Zusammendrückung des Betons vorher geschah.

Bei **längeren und gekrümmten Spanngliedern** muß man die Verminderung der Spannkraft durch die **Reibung** gemäß Kap. 7 schon in der Vorausberechnung des Spannweges und der einzustellenden Spannkraft berücksichtigen. Nimmt man die Verminderung der Spannkraft durch Reibung in Kauf, so wird der Spannweg kleiner als für das reibungslos gedachte Spannglied. Will man an der Stelle x noch die volle Spannkraft V erreichen, so muß am Ende auf $V + \Delta V$ gespannt werden (Bild 4.55), wobei ΔV der Verminderung der Spannkraft $V + \Delta V$ durch die

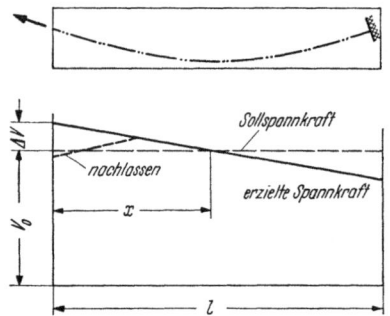
Bild 4.55 Spannkraftverlauf bei Reibung gekrümmter Spannglieder und vorübergehende Erhöhung der Kraft auf $V + \Delta V$ an der Spannstelle

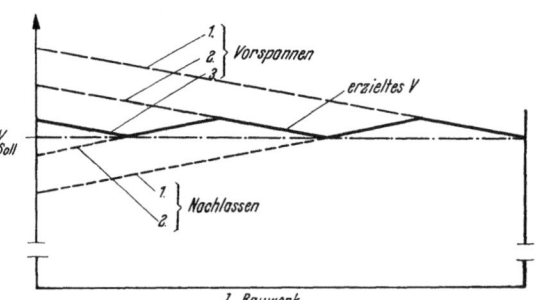
Bild 4.56 Mehrmaliges und abnehmendes Überspannen zum Ausgleich der Spannkraftverluste durch Reibung

Reibung von der Spannstelle bis zu der Stelle x entspricht. Der Spannweg muß dabei aus dem Verlauf der veränderlichen Spannkraft berechnet werden. Wenn ΔV nur etwa 5 % von V beträgt, so bestehen bei den in Deutschland üblichen zulässigen Stahlspannungen ($0,55 \beta_Z$) keine Bedenken, diese geringfügige Überschreitung der zulässigen Spannkraft an der Verankerung zu belassen. Bei größeren ΔV, die auf 18 % von zul V beschränkt sind, geht man nach dem Erreichen der überhöhten Spannkraft auf den Sollwert zurück.

Durch mehrmaliges und abnehmendes Überspannen und Nachlassen kann man die Sollspannkraft auf der ganzen Spanngliedlänge ausreichend genau erreichen (Bild 4.56). Rechnerische Behandlung siehe Kap. 7.4).

4.542 Unregelmäßigkeiten des Spannweges

Stellt sich ein im Vergleich zur Spannkraft **zu großer Spannweg** ein, so sind zunächst die Manometer zu prüfen. Sind diese in Ordnung, so muß angenommen werden, daß die für die Reibung des Spanngliedes getroffenen Annahmen zu ungünstig waren oder

daß die Stahlquerschnitte entsprechend der erlaubten Minustoleranz kleiner sind als in der Berechnung angenommen wurde (vgl. Toleranzen Kap. 2.12) oder

daß der Elastizitätsmodul des Spanndrahtes eine Minustoleranz aufweist oder

daß eine Verankerung nachgegeben hat oder

daß ein Draht gebrochen ist.

Die zuerst genannten Ursachen ergeben meist nur geringe Abweichungen von den berechneten Soll-Werten. Wenn jedoch mehrere der Ursachen in gleicher Richtung wirken, dann kann die Abweichung 6 bis 8 % betragen, ohne daß ein Ausführungsfehler vorliegt.

Das Nachgeben einer Verankerung läßt sich meist dadurch feststellen, daß bei einer gewissen Kraft der Spannweg zunimmt ohne daß die Spannkraft anwächst. Der Bruch eines Drahtes ist als Knall zu hören und auch am Manometer durch einen plötzlichen Rückschlag festzustellen.

In den beiden letzteren Fällen hat der für das Bauwerk verantwortliche Ingenieur zu entscheiden, ob das Spannglied auszuwechseln ist oder ob die verminderte Spannkraft noch ausreicht.

Wird der **richtig errechnete Spannweg nicht erreicht**, so kann dies folgende Ursachen haben:

> erhöhte Reibung z. B. durch Rost oder Gleitbehinderung durch eingedrungenen Zementmörtel;
> Plustoleranz der Stahlquerschnitte oder des Elastizitätsmoduls.

Bei der ersten Ursache wäre es falsch, durch Erhöhung der Spannkraft den geforderten Spannweg herzustellen, weil dadurch zwischen dem Hindernis und der Spannstelle unzulässig hohe Spannungen und damit vielleicht bleibende Dehnungen auftreten können, ohne daß an der maßgebenden Stelle die erforderliche Spannkraft erreicht wird. Die Reibung kann im Notfall durch Einblasen von wasserlöslichem Öl vermindert werden. Das Öl, das ja für den späteren Verbund schädlich wäre, ist nach dem Spannen einwandfrei auszuspülen, bei nicht wasserlöslichen Ölen mit einem fettlösenden Reinigungsmittel, z. B. mit Trichloräthylen, dessen Reste nach dem Entleeren rasch verdunsten und dem Zementmörtel nicht schaden.

Die Gleitbehinderung durch Zementmörtel kann durch mehrmaliges Nachlassen und erneutes Anspannen beseitigt werden. Die Spannung sollte in keinem Fall den Wert $0,85 \cdot \beta_{0,2}$ überschreiten.

Plustoleranzen der Drahtquerschnitte sind bis zu 8 % erlaubt. Wenn es auf genaue Spannkraft ankommt, dann sollten die Plustoleranzen vor dem Einbau der Spannglieder durch Auswiegen von Drahtstücken oder aus den Abnahmeattesten festgestellt werden, damit der dem tatsächlichen Stahlquerschnitt entsprechende Spannweg berechnet werden kann.

4.543 Genauigkeit der Spannwegmessung

Die **Genauigkeit**, mit der der Spannweg zu messen ist, hängt von der Länge des Spanngliedes ab. Die Meßgenauigkeit sollte wenigstens ± 2 % des gesamten Spannweges betragen. Bei Spanngliedern bis zu 5 m Länge sollte man deshalb mit einer Mikrometerschraube oder einer Meßuhr auf etwa 0,2 mm genau ablesen. Bei allen längeren Spanngliedern genügt die Ablesung an einer mm-Skala mit Noniusteilung, bei über 10 m langen Spanngliedern kann auch auf die Ablesung des Nonius verzichtet werden.

4.544 Die Gleichmäßigkeit der Vorspannung in Kabeln

Faßt man mehrere Drähte oder Litzen zu Kabeln zusammen, die gemeinsam gespannt werden, so wird immer wieder gefragt, ob eine gleichmäßige Spannung in allen Drähten erreicht wird. Legt man die Drähte und Litzen in engem gegenseitigen Abstand mit gleichartigen Abstandhaltern zusammen, so kann kein Längenunterschied auftreten — es sei denn, daß die Temperatur einzelner Drähte mit festliegenden Ankerstellen (Schlaufen o. ä.) beim Zusammenlegen unterschiedlich war. Werden die Drähte erst nach dem Schließen der Blechkasten oder gar nach dem Einbetonieren der Kabel verankert, dann gleichen sich die Temperaturunterschiede vor dem Spannen aus. Bei Schlaufenankern um vorgefertigte Spannblöcke herum muß man beim Verlegen Temperaturunterschiede durch Einlagen am Spannblockrücken oder durch andere Maßnahmen berücksichtigen, schon damit das Kabel beim Temperaturausgleich z. B. über Nacht nicht in Unordnung gerät (Bild 3.122).

Selbst wenn durch ungleiche Wärme von etwa 10° C Längenunterschiede verbleiben sollten, so ergibt sich daraus bei den üblichen hochfesten Drähten ein Spannungsunterschied von nur etwa 2%, der unbedenklich ist.

Legt man Drähte mit größerem gegenseitigen Abstand zusammen, so kann ein Draht z. B. in leichter Wellenlinie und der andere Draht tadellos gerade liegen. *Freyssinet* behandelte diesen Fall einmal in „Travaux", Februar 1949, S. 69, und ermittelte, daß selbst bei 2,17 cm Pfeilhöhe einer 5 m langen Halbwelle der Spannungsunterschied gegenüber dem geraden Draht nur 100 kg/cm² oder etwa 1,2% beträgt. Bei allen gebräuchlichen Verfahren sind jedoch so große Pfeilhöhen oder Wellen gar nicht möglich, d. h. man braucht ungleiche Spannungen im Kabel nicht zu befürchten, solange die einzelnen Drähte gleich zuverlässig verankert sind und das Bremsen der Randlagen nach Kap. 7.23 sicher vermieden ist.

4.6 Besondere Vorspannarten

Bild 4.57 Etwa halbkreisförmige Spannblöcke mit Ankerschlaufen der Litzen. Zwischen Bauwerk und Spannblöcken die hydraulischen Pressen, die bereits eine Spannfuge erzeugt haben

Im Normalfall werden Einzelspannglieder an ihren Enden mit einer Spannpresse angefaßt und einzeln nacheinander vorgespannt. Es gibt jedoch eine Reihe besonderer Vorspannarten, die teilweise oft angewandt werden, teilweise auf wenige Anwendungen beschränkt blieben. Auch die letzteren Vorspannarten werden beschrieben, soweit sie in technischer Hinsicht interessant sind.

4.61 Spannblöcke

Konzentrierte Spannglieder werden gern mit Spannblöcken, d. h. mit Betonblöcken, an einem oder beiden Enden des Tragwerkes verankert (z. B. Verfahren Baur-Leonhardt [360]). Dabei können Schlaufen, Fächer oder dergleichen benutzt werden. Bei mäßigem Abstand der Spannglieder sind etwa halbkreisförmige Spannblöcke (Bild 4.57) zweckmäßig, auf deren Rücken die Kabelschlaufe der Höhe nach gespreizt aufgelegt wird, so daß die Kabelkraft auf die ganze Spannblockhöhe und -breite verteilt angreift.

Bei einzelnen konzentrierten Spanngliedern oder bei solchen mit großem Abstand sind die in Bild 3.41 gezeigten Fächerverankerungen zur Herstellung von Spannblöcken geeignet.

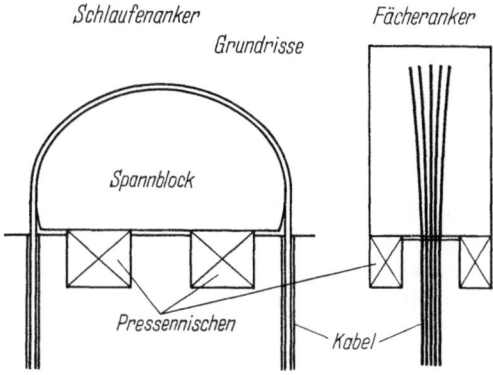

Bild 4.58a Anordnung der Pressen-Nischen hinter Spannblöcken

Zwischen dem vorzuspannenden Bauwerk und dem Spannblock werden große hydraulische Pressen eingesetzt, die beim Spannen den Spannblock um die Längung des Kabels verschieben (Bild 4.57 und 4.58 a und b). Die Vorspannung wird z. B. durch Ausbetonieren der Spannfuge mit rasch erhärtendem Beton oder zur Zwischenabstützung mit vorbereiteten Betonblöcken, Bild 4.58b, festgehalten. Danach können die Pressen wieder ausgebaut werden. Die Stützfläche des Spannblockes muß also so groß sein, daß die Spannkraft zweimal auf ihr abgestützt werden kann, d. h. die

Bild 4.58b Betonblöcke in der Spannfuge zur Zwischenabstützung

Fläche neben den Pressen muß so groß sein, daß der dortige Beton in der Spannfuge die Spannkraft übernehmen kann. Im allgemeinen läßt man unmittelbar neben den Kabeln eine 20 bis 40 cm dicke Betonrippe. Die Pressen und die übrigen Abstützflächen werden so gelegt, daß der Spannblock sowohl durch die Pressen, wie auch nach deren Ausbau durch die Abstützkräfte möglichst geringe Biegespannungen erfährt. Dabei entstehen Anordnungen wie in Bild 4.58. Die Pressen-Nischen im Endquerträger werden so schmal wie möglich gehalten. Häufig werden 2 bis 3 Pressen in jeder Nische übereinander angeordnet.

Die Spannblöcke können unmittelbar auf tadellos eben abgezogene Betonplatten, deren Oberfläche mit Paraffin geschlossen und mit Schalungsöl gestrichen ist, aufbetoniert werden. Der Gleitwiderstand des Spannblockes ist im Vergleich zur Spannkraft ohnehin gering. Die Pressenfläche des Spannblockes muß sehr genau rechtwinklig zur Gleitebene und rechtwinklig zur Spanngliedachse hergestellt werden, damit beim Spannen keine Verzwängungen auftreten (vgl. Kap. 4.33).

Die Achse der hydraulischen Pressen bzw. die Schwerlinie der gesamten Pressenkraft wird zweckmäßig um 5 bis 10 mm über die Schwerlinie des Spanngliedes gelegt, damit der Spannblock auf seine Gleitfläche gepreßt wird und nicht hochsteigt. Aus dem gleichen Grund soll man die Spanngliedachse am Beginn des Spannblockes um 1 bis 2° nach unten ablenken. Die dadurch entstehende Umlenkkraft drückt den Spannblock auch vorn auf die Gleitfläche (Bild 4.59).

Da meist mehrere Pressen zusammenwirken, sollten sie gleiche Kolbenflächen haben, damit bei gleichem Druck auch eine gleiche Kraft ausgeübt wird. Lassen sich ungleiche Pressen nicht vermeiden, so ist auf die richtige Lage der Resultierenden der Pressenkräfte zu achten, damit sich die Blöcke gleichmäßig in der Spannrichtung bewegen.

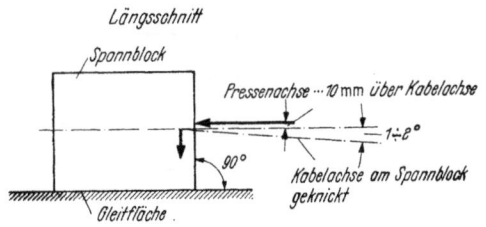

Bild 4.59 Maßnahmen, die den Spannblock auf die Gleitfläche drücken

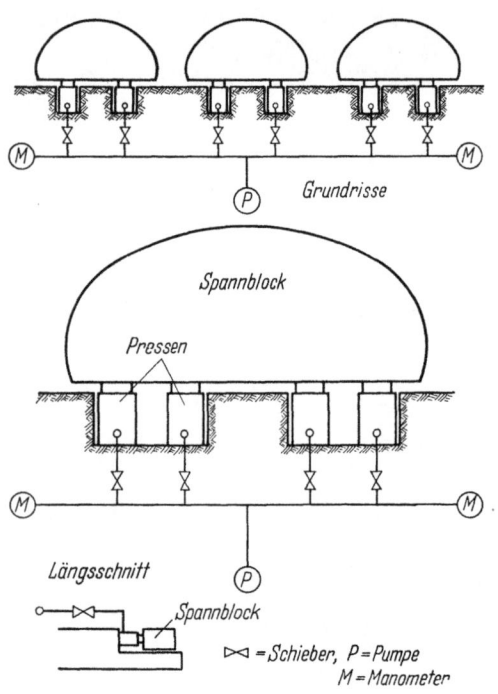

Hat man mehrere Spannblöcke nebeneinander, so werden sie zweckmäßig gemeinsam gespannt, indem die hydraulischen Pressen mit einer Druckleitung untereinander verbunden und von einer Pumpe aus bedient werden (Bild 4.57). Man sollte dabei unmittelbar vor jeder Presse ein Absperrventil anordnen, um einerseits Korrekturen am Spannweg eines Einzelblockes vornehmen zu können und um andererseits die Presse während des Erhärtens des Betons in der Spannfuge gegen Beschädigungen an der Druckleitung zu schützen. Bild 4.60 zeigt die Anordnung der Leitungen, Ventile und Manometer für das gemeinsame Spannen mehrerer Spannblöcke.

Die Verwendung von Spannblöcken hat sich besonders im Brückenbau gut bewährt. Spannblöcke lohnen sich jedoch im allgemeinen erst bei großen, insbesondere langen Bauwerken. Im Bauprogramm ist zu beachten, daß zunächst der Spannblocktisch und anschließend der Spannblock herzustellen ist, bevor man die Spannglieder verlegen kann. Nach dem Spannen hat man das Erhärten des Betons in der Spannfuge abzuwarten (bei Zement Z 475 2 bis 4 Tage) und kann erst dann das Ende des Tragwerkes fertig betonieren, wobei der Spannblock in diesen Beton eingeschlossen wird. Man hat also insgesamt 4 bis 5 Betoniervorgänge, was bei kleinen und eiligen Bauwerken manchmal störend ist. Andererseits kann man mit den Spannblöcken große Spannkräfte billig verankern und vorspannen. Weitere Anleitungen für diese Vorspannart sind in [360] zu finden.

Bild 4.60 Zweckmäßige Anordnung von Leitungen, Ventilen und Manometer für das gemeinsame Spannen mehrerer Spannblöcke

4.62 Spannfugen

Den Spannvorgang kann man zusammenfassen und die Betoniervorgänge vereinfachen, indem quer durch das Tragwerk eine Spannfuge gelegt wird, in die hydraulische Pressen für die gesamte Spannkraft eingebaut werden (Bild 4.61). Die Spannglieder sind dabei an den Enden des Tragwerkes fest im Beton verankert. Die Fuge wird mit den Pressen um den Spannweg auseinandergepreßt und in diesem Zustand ausbetoniert.

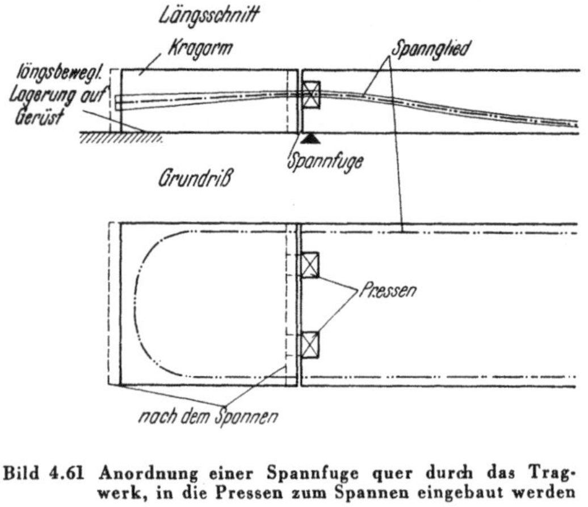

In statischer Hinsicht entstehen klare Verhältnisse, wenn die Spannfuge unmittelbar hinter dem Auflager liegt und das wegzuschiebende Trägerende frei auskragt. Man braucht dann nur die Pressenachse dem M_g entsprechend unter die Achse des Spannkabels zu legen und dafür zu sorgen, daß das Kragende in die richtige Höhe kommt. Pressenachse und Spanngliedachse müssen aber gleiche Neigung haben, damit in der Fuge keine freie Querkraft entsteht, die von den Pressen nicht übertragen werden könnte.

Man kann die Spannfuge auch unmittelbar neben oder über die Zwischenstütze eines Durchlaufträgers verlegen (Bild 4.62), wo das Kabel parallel zur Gleitebene verläuft. An solchen Spannfugen

Bild 4.61 Anordnung einer Spannfuge quer durch das Tragwerk, in die Pressen zum Spannen eingebaut werden

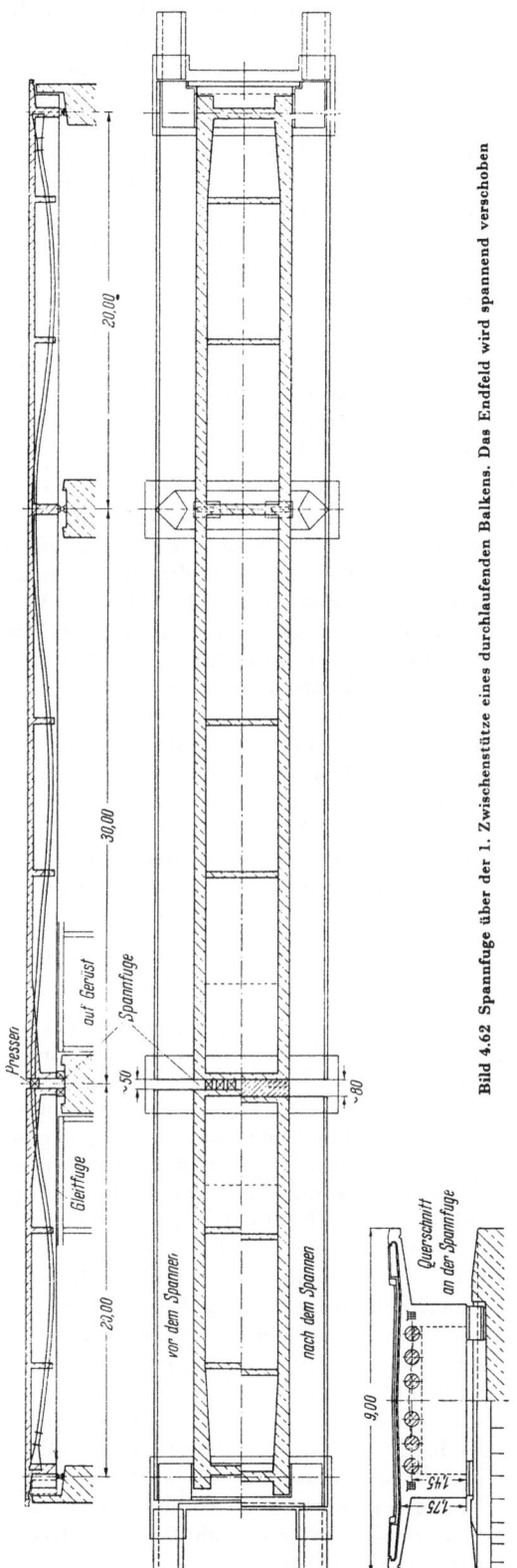

Bild 4.62 Spannfuge über der 1. Zwischenstütze eines durchlaufenden Balkens. Das Endfeld wird spannend verschoben

muß das richtige Moment hergestellt werden, indem der Abstand der Pressenachse gegenüber der Spanngliedachse entsprechend eingestellt wird. Da bei den großen Spannkräften schon geringe Abweichungen vom Sollwert zu beachtlichen Fehlern führen, müssen die Pressen genau eingebaut werden und möglichst in verschiedenen Höhen liegen, damit das Moment durch unterschiedlichen Pressendruck eingestellt werden kann.

Das richtige Moment entsteht, wenn die Resultierende der Pressenkräfte mit der Resultierenden der für den Fugenquerschnitt unter ständiger Last berechneten Druckspannungen im Beton zusammenfällt. Bei Durchlaufträgern liegt diese resultierende Druckkraft an einer Zwischenstütze für Eigengewicht ziemlich hoch, so daß die Pressen meist bequem auf die Fläche der Fahrbahntafel und Hauptträgerstege verteilt werden können, ohne daß große Querschnittsverstärkungen nötig sind.

Passen die Pressen nicht auf den ohnehin vorhandenen Querschnitt, dann kann man Betonkonsolen mit hochfesten Schrauben an das Tragwerk anklemmen und die Pressen an diesen Konsolen ansetzen.

Die Pressen sind so auf die verfügbaren Querschnitte zu verteilen, daß sich dazwischen günstige Abstützflächen zum Ausbetonieren der Spannfuge und zum Umsetzen der Spannkraft ergeben.

In den USA hat man schon Einfeldbalken aus der Mitte heraus, d. h. mit einer Spannfuge in $l/2$ vorgespannt (Verfahren *Billner*) [145]. Auch *Deininger* hat über ein solches Spannen der Firma Bischoff berichtet [184].

4.63 Spannen quer zur Spannrichtung (Spreizen)

Hängewerkartige Spannglieder wurden gelegentlich dadurch angespannt, daß man das Spannglied an Zwischenpunkten lotrecht nach unten drückte, wobei man sich zweckmäßig auf Querträger abstützt [16] (Bild 4.63). Die Spannglieder müssen dabei außerhalb des Betonquerschnittes liegen. Die erforderliche Spannkraft an den einzelnen Knickpunkten ist gering, dafür sind aber die Spannwege groß. Bei hochfesten Stählen muß die Kabelform demnach stark verändert werden, um die nötige Längsdehnung zu erreichen. Das Einhalten zulässiger Spannungen im Tragwerk bedingt, daß das Kabel an allen Umlenkpunkten gleichzeitig nach unten gedrückt wird.

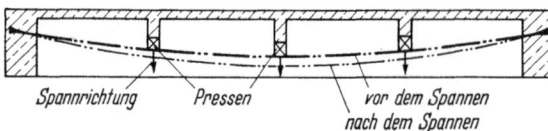

Bild 4.63 Vorspannen durch lotrechte Verschiebung der Kabel, z. B. mit Pressen, die sich auf Querträger stützen (*Dischinger*)

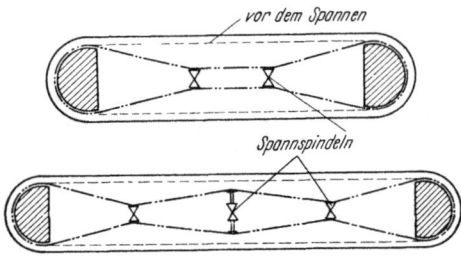

Bild 4.64 Anspannen von Doppelkabeln durch Querbewegung beider Stränge (nach *Jubitz*)

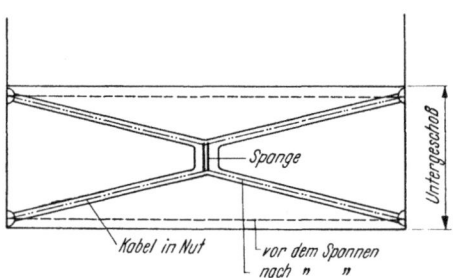

Bild 4.65 Vorspannen von Untergeschoßwänden einfacher Wohnhäuser zur Sicherung gegen Bergsenkungen (Vorschlag *Leonhardt* 1947). Ansicht einer Wand, Kabel laufen rund um alle vier Wände

Bild 4.66 Spannen eines Ringkabels durch Abziehen des Kabels am ganzen Umfang (Bild BBR-Zürich, Spannen eines runden Tankstellendaches)

Man braucht also mehrere Spanneinrichtungen, die so ausgebildet sein müssen, daß das Kabel im vorgespannten Zustand auf den Querträger abgestützt werden kann. Diese Vorspannart bietet daher keine Vorteile gegenüber dem Spannen an den Enden. Sie verlor ihre Bedeutung auch dadurch, daß Spannglieder außerhalb des Betonquerschnittes ohne Verbund mit Rücksicht auf die Bruchsicherheit kaum mehr verwendet werden.

Die Vorspannart von G. Kani [142], bei der das Hauptkabel längs und quer in Kombination gespannt wird und ein nachträglicher Verbund hergestellt wird, ist in der 1. Auflage, Seite 135, beschrieben.

Man kann endverankerte Doppelkabel auch dadurch spannen, daß sie quer an einer oder mehreren Stellen zusammengezogen oder an einer dritten Stelle auseinandergedrückt werden (Bild 4.64) [119]. Der Verfasser hat diesen Gedanken schon 1947 für das Vorspannen von Untergeschoßwänden einfacher Wohnbauten zur Sicherung gegen Bergsenkungen erwogen (Bild 4.65). Dabei sollte das Untergeschoß oben und unten umwickelt und die Kabel in den Wandmitten zusammengezogen werden. In der Wand können Rillen für die Kabel ausgespart werden, so daß sie nach dem Spannen leicht durch Putz oder dergleichen zu schützen sind.

Auch *Kammüller* hat das „Vorspannen durch Spreizen" behandelt [199].

Das Vorspannen ringförmiger Spannglieder durch Abziehen der Ringkabel. Hat man einen Ring vorzuspannen, so kann man ihn ohne besondere Spannung umwickeln und die Enden gegenseitig verankern. Zieht man dann die Spanndrähte gemeinsam an möglichst vielen Punkten gleichzeitig oder nacheinander nach außen um den Weg $\Delta r = r \cdot \varepsilon_z$, dann ist der Ring ordnungsgemäß vorgespannt, und die Spanndrähte sind nur noch durch Einbetonieren zu schützen und mit dem Ring zu verbinden (Bild 4.66). Man kann dabei auch in Stufen spannen und die jeweilige Spannung durch Keile gegen den Ring festhalten. BBR, Zürich, hat wiederholt diese Methode mit Erfolg angewandt. In Dublin wurde ein Getreidesilo mit einer ähnlichen Methode vorgespannt [212].

4.64 Kniehebel-Vorspannung

Für das Vorspannen von Fertigbalken wurde wiederholt das Kniehebelprinzip angewandt [107]. Der Balken wird in der Mitte geteilt und in der Fuge unten mit Gelenkplatten versehen. Für das Spannglied ist im Untergurt eine Nut ausgespart, in deren Enden die Verankerungen eingelegt werden. Die beiden Balkenstücke werden dachförmig schräg aufgestellt (Bild 4.67). Drückt man nun von oben, so wird das Spannglied gespannt und legt sich schließlich in die Nut, sobald die Balkenteile unten fluchten. Nut und Gelenkfuge werden zugeputzt. Die vorberechneten Maße der Längen von Spannglied und Balken müssen sehr genau eingehalten werden, wenn die Spannkraft stimmen soll.

Nach dem gleichen Prinzip hat man auch fugenlose Balken mit Hilfe eines stählernen Kniehebels gespannt (Bild 4.68). Das Verfahren wurde wieder verlassen.

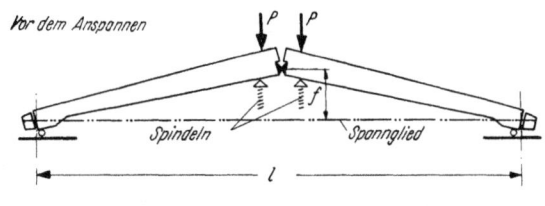

Bild 4.67 Die Kniehebel-Vorspannung für die Herstellung eines Balkens. Gelenk in Mittelfuge (nach *Vaessen*)

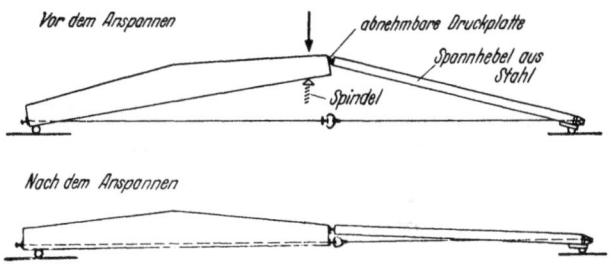

Bild 4.68 Ein stählerner Kniehebel dient zum Vorspannen eines fugenlosen Balkens (nach *Vaessen*)

4.65 Spannschlaufen

Lesage, Lüttich, [87] hat 1947 vorgeschlagen, zwei sich übergreifende Schlaufen durch Keile spannend auseinanderzuschieben (Bild 4.69) und damit Durchlaufträger zu bauen, wobei die Spannschlitze mit den Schlaufen jeweils dort angeordnet werden, wo die Spannglieder horizontal liegen und die größte Spannkraft aufweisen müssen (Bild 4.70). Das Verfahren wurde noch wenig erprobt. Die gleiche Wirkung könnte man mit Spannschlössern erzielen.

W. Baur (Mitarbeiter des Verfassers) hat 1949 ohne Kenntnis des Lesageschen Vorschlages dieses Prinzip zum Spannen eines Behälters mit Litzenbündeln mit gutem Erfolg angewandt. Dabei wurden die Schlaufen um zwei kleine Betonblöcke herumgelegt, die mit einer Presse auseinandergedrückt wurden (vgl. 1. Auflage, Bild 4.47).

O. Völter benützte Spannschlaufen bei dem sog. „Riegelverfahren der Karl Kübler AG., Stuttgart", die sich erst nach dem Spannen übergreifen, so daß ein kleines Stahlstück zur Verbindung der Schlaufen nach dem Spannen genügt [226]. (Vgl. 1. Auflage, Bild 4.48.)

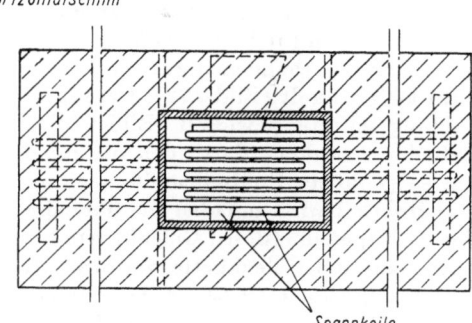

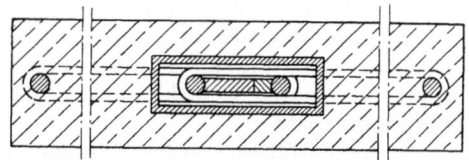

Bild 4.69 Vorspannen durch Auseinanderkeilen sich übergreifender Schlaufen, die am anderen Ende fest verankert sind (nach *Lesage*)

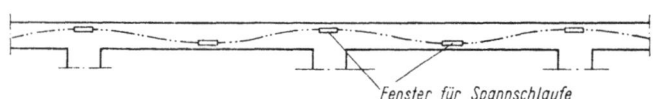

Bild 4.70 Anordnung der Spannstellen für das Spannen von Durchlaufträgern nach Verfahren Bild 4.69

4.66 Vor dem Einbau vorgespannte Spannglieder

Schorer (USA) hat Spannglieder entwickelt, die im Werk gespannt und in vorgespanntem Zustand an der Baustelle einbetoniert werden. Dabei werden gemäß Bild 4.71 die Spanndrähte in 2 Lagen mit gegenläufiger Schlagrichtung um einen Stahlstab herumgewickelt. Der Stahlstab liegt in einer dünnen Blechröhre. Durch Abstandhalter wird je ein kleiner Abstand zwischen den Drähten, der Blechröhre und dem Stab hergestellt. Die Drähte werden unter Abstützung auf den inneren Stab angespannt und an den Stabenden verankert. Die Spannkraft wird also mit dem innen liegenden

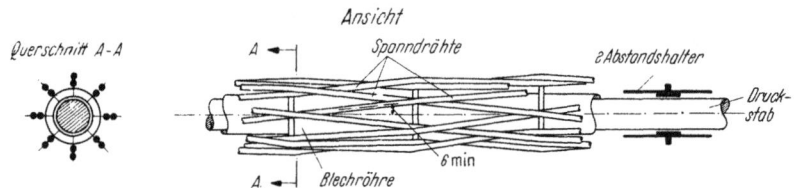

Bild 4.71 Auf einer inneren Druckstange im Werk vorgespannte Drähte mit gegenläufiger Schlagrichtung (Verfahren *Schorer*, USA)

Stab auf Druck aufgenommen. Die Spannglieder können im Rahmen der von dem Stab zusätzlich aufnehmbaren Biegedruckspannungen auch in gespanntem Zustand gebogen werden, weil die Umlenkkräfte der gezogenen Spanndrähte mit den Umlenkkräften des gedrückten Kernstabes im Gleichgewicht stehen. Nach dem Erhärten des Betons wird die Spannkraft auf ihn durch Lösen der Endverankerungen übertragen, so daß der Kernstab gezogen werden kann. Zum Schluß wird der Hohlraum ausgepreßt.

M. Chalos, Paris, beschreibt in dem Bericht über die Journees Internationales de la Précontrainte in „Travaux", August 1949, ein ähnliches Verfahren. Seine Spannglieder lassen sich in gespanntem Zustand in dem für Balken erforderlichen Umfang biegen, weil das innere Druckglied aus gelenkig miteinander verbundenen kurzen dicken Stahlstücken besteht. Um diese Kette wird ein Blechband dicht aufgewickelt (Bild 4.72). Darauf werden Drahtlitzen in zwei Lagen mit gegenläufiger Schlagrichtung seilartig gewickelt (Bild 4.73). Die Litzen werden an den Enden in einem umschnürten Zylinder verankert, durch den die innere Gelenkkette längsbeweglich hindurchgeht. Man spannt das so gebildete Hohlseil auf einer Spannbahn und stützt sich dann auf die Gelenkkette ab.

Das Hohlseil wird zunächst bis über die Elastizitätsgrenze gespannt, worauf die Verbindung mit der noch spannungslosen Gelenkkette hergestellt wird. Beim Umsetzen der Spannkraft des Spannbettes auf die Gelenkkette verkürzt sich das Seil um die Zusammendrückung der Gelenkkette, wobei angeblich etwa 30 % der Spannkraft verlorengehen sollen [148]. Es wäre günstiger, sich schon beim Spannen auf die Gelenkkette abzustützen und dadurch diesen Spannungsrückgang zu vermeiden.

Mit diesen Spanngliedern verschwinden alle Sorgen der Reibung und des Verbundes, weil die Spanndrähte im vorgespannten und gekrümmten Zustand unmittelbar einbetoniert werden. Die Bauunternehmung Société des Grands Travaux de Marseille hat für die Herstellung der Hohlseile eine verhältnismäßig einfache Maschine entwickelt. Trotzdem ist der Arbeitsaufwand und der Bedarf an teueren Gelenkketten so hoch, daß das technisch schöne Verfahren bisher wenig Verbreitung fand.

Mit diesem Verfahren werden Spannglieder von 55 und 80 t Spannkraft hergestellt. Anwendung: 1949, Brücke über den Canal du Loing bei La Genevraye bei Paris und andere beachtliche Bauwerke [308].

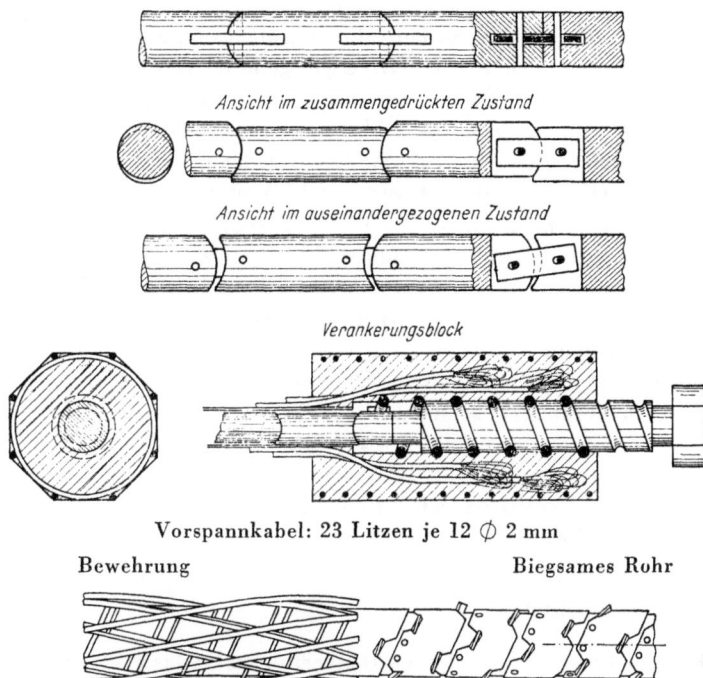

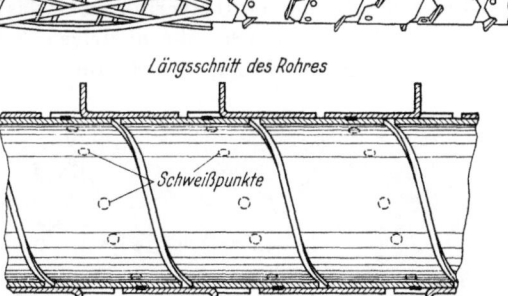

Bild 4.72 Die biegsamen Litzen-Hohlseile von *M. Chalos*, die gegen eine innen liegende Gelenkkette vorgespannt werden

Bild 4.73 Beim Herstellen der Anker der Chalos-Spannglieder

4.67 Vorspannen durch Erwärmen

Zur Dehnung der Spannglieder kann man auch die Wärmeausdehnung des Stahles benutzen (vgl. auch Kap. 4.421). Man ist dabei an gewisse Grenzen gebunden, die sich durch das Festigkeitsverhalten des Stahles bei erhöhter Temperatur ergeben. Bei gezogenen oder vergüteten Drähten darf die Temperatur z. B. rund $300°$ C nicht überschreiten. Man erreicht entsprechend nur eine Vorspannung von etwa 7000 kg/cm^2, die zur Ausnutzung der hochfesten Stähle nicht ganz genügt. Bei naturharten Stählen gelingt es, die zulässige Stahlspannung auszunützen.

Billner (USA) und *Freyssinet* haben diese Methode erprobt [156]. *Billner* betonierte dabei die Stahldrähte spannungslos mit einem thermoplastischen Überzug ein, der beim Erwärmen weich wird und gleichzeitig schmierend wirkt. Zum Erwärmen wurde elektrischer Strom mit niedriger Spannung und hoher Amperezahl benutzt. Es wird angegeben, daß für 1 m Länge rund 1100 Ampere bei 2 Volt Spannung gebraucht werden, um einen 5 mm-Draht innerhalb von 1 Minute im erforderlichen Ausmaß zu erwärmen. Sobald die richtige Temperatur erreicht ist, werden die Drähte an beiden Enden verankert, so daß durch das anschließende Abkühlen die gewünschte Vorspannung entsteht; der Überzug erhärtet wieder und stellt so den Verbund her. In der Praxis hat diese Methode bisher keinen Eingang gefunden.

Die örtliche Erwärmung des Betons ist gefährlich. Das in der UdSSR angewandte Verfahren nach Kap. 4.421 ist wohl zweckmäßiger.

4.68 Bewickeln unter Vorspannung

Aus dem in Kap. 4.35 beschriebenen Behälterwickelverfahren ist das Preload-Crom-Wickelverfahren für Balken entwickelt worden, das sich durch sehr niedrigen Arbeitsaufwand auszeichnet. Der Spanndraht wird dabei ausschließlich maschinell verarbeitet.

Bild 4.74 Das Preload-Crom-Wickelverfahren für Balken, links hinten die Maschine, die den Tisch mit der Gelenkkette dreht

Der vorgefertigte Balken wird auf einen drehbaren runden Tisch gelegt (Bild 4.74 und 4.75). Der Spanndraht wird am Balkenende verankert und durch Drehen des Tisches in mehreren Windungen auf eine Nut des Balkensteges aufgewickelt. Das Drahtende wird wieder verankert. Das Bewickeln eines Brückenbalkens für 16 m Spannweite mit rund 115 kg Spanndraht in 50 Windungen dauert nur 10 Minuten, das Auflegen und Abnehmen des Balkens weitere 20 Minuten. Zum Schluß wird die Wickelung durch eine Torkretschicht geschützt, die nach Versuchen auch einen guten Verbund des Spanndrahtes mit dem Beton des Balkens sichert.

Die Drahtwindungen können auch zunächst mittig liegen und anschließend an zwei bis vier Punkten am Steg im mittleren Teil des Balkens nach unten gedrückt werden, damit sie dort für die Biegung wirksamer liegen.

Bild 4.75 Das Balkenende, fertig bewickelt

4.69 Weitere Verfahren

Es gibt noch weitere Verfahren, wie z. B. das Faßreifenprinzip, die Keilmethode usw. — sie werden in Kap. 16 behandelt.

Es wurde auch schon vorgeschlagen, die Vorspannung durch einen Quellzement (ciment expansif) zu erzeugen.

Lossier hat sich in Frankreich jahrelang um die Verwirklichung dieses Gedankens bemüht [59]. Es ist auch gelungen, einen Beton herzustellen, der anfänglich etwas quillt. Das Quellmaß reicht jedoch für die Vorspannung von Stahleinlagen bei weitem nicht aus und wird außerdem nicht mit der nötigen Zuverlässigkeit erreicht.

Auch *V. V. Michailow* hat sich um diese Spannmethode bemüht, ohne bisher praktische Erfolge zu erzielen.

Kapitel 5

5. Vorspanngrade

5.1 Allgemeines

Wie im Kapitel 1 ausgeführt, unterscheiden wir zwischen v o l l k o m m e n e r   o d e r   v o l l e r
V o r s p a n n u n g, bei der unter Gebrauchslasten nur in Ausnahmefällen geringe Zugspannungen
im Beton, und b e s c h r ä n k t e r   V o r s p a n n u n g, bei der Betonzugspannungen im Zustand I
bis zu etwa 80 % der Betonzugfestigkeit zugelassen werden. Schließlich gibt es noch die m ä ß i g e
Vorspannung, die das Gebiet zwischen dem normalen Stahlbeton und der beschränkten Vorspannung einschließt. In diesem Bereich treten unter Vollbelastung Betonzugspannungen auf,
die zu Haarrissen führen. Man rechnet daher nach Zustand II, und die Vorspannung hat nur den
Zweck, die Rißbildung zu mildern und z. B. unter ständiger Last die Zugzonen unter Druck zu
halten. Der Bereich der mäßigen Vorspannung wird bisher nur in wenigen Fällen benützt (z. B.
vorgespannte Maste). Seine Bedeutung wird jedoch zunehmen, da in vielen Fällen mit nur selten
vorkommender Nutzlast die mäßige Vorspannung durchaus genügt, um gewisse Nachteile des
schlaff bewehrten Stahlbetons z. B. hinsichtlich der Korrosionsgefahr an Rissen oder der nachträglichen Durchbiegung auszuschließen.

Das Bild 5.1 kennzeichnet die Vorspanngrade an den Last-Durchbiegungslinien, die deutlich
zeigen, wie sich die Vorspanngrade durch den Übergang von Zustand I in II unterscheiden.

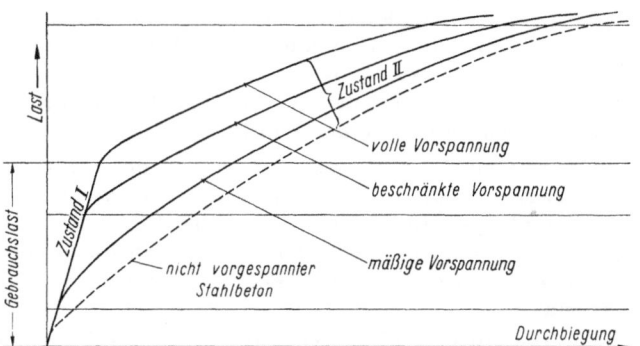

Bild 5.1 Last-Durchbiegungslinien von Balken auf Biegung, die den Grad
der Vorspannung kennzeichnen. Sobald der Beton in der Zugzone reißt, nimmt die Durchbiegung rasch zu

Die Auffassungen, ob bei Spannbeton Zugspannungen im Beton zugelassen werden sollen, gingen anfänglich weit auseinander. *Freyssinet* und seine Schule lehnen heute noch die beschränkte Vorspannung scharf ab. *Finsterwalder* verfocht sie mit gutem Erfolg, so daß sie heute — mindestens in Deutschland — weit verbreitet ist.

Das Kriterium für die W a h l   d e s
V o r s p a n n g r a d e s sieht der Verfasser in der Nutzungsart des Bauwerkes, in der Häufigkeit
der die Zugspannungen erzeugenden Nutzlast und in der klimatischen Umgebung. Wird die volle
Nutzlast nur selten erreicht und steht das Bauwerk im Trockenen, dann ist die beschränkte, ja
sogar in manchen Fällen die mäßige Vorspannung am Platz. Diese Voraussetzungen treffen bei
den meisten Hochbauten zu. Tritt andererseits die volle Nutzlast oder Verkehrslast, wie z. B.
bei Eisenbahnbrücken, häufig beinahe in vollem Maße auf und steht das Bauwerk im Freien in
feuchter Luft, dann ist volle Vorspannung angezeigt. Die volle Vorspannung führt nämlich auch
zu wesentlich höherer Ermüdungsfestigkeit bei schwingender Beanspruchung als die beschränkte
Vorspannung, so daß schon die Sicherheit gegen Ermüdungsbruch die volle Vorspannung bei
derartigen Bauwerken bedingt.

Straßenbrücken liegen zwischen den beiden beschriebenen Gruppen. Bei kleinen Spannweiten mögen
etwa 40 % der rechnerischen Verkehrslast noch oftmals auftreten, bei großen Spannweiten liegt
dieser Prozentsatz nur zwischen 15 und 30. Man kann daher bei Straßenbrücken ohne Bedenken

beschränkte Vorspannung wählen, wenn unter 70 bis 40 % der Verkehrslast noch keine Zugspannungen auftreten. Kommt dann ausnahmsweise eine Verkehrsbelastung vor, bei der Zugspannungen im Beton vielleicht sogar zu feinen Haarrissen führen, so ist dies unbedenklich, weil die Zugzone nach der Ausnahmebelastung sofort wieder unter Druck steht.

Um volle Vorspannung zu erreichen, muß die vorgedrückte Zugzone unter ständiger Last hoch beansprucht werden. Da bei den meisten Tragwerksarten die Nutzlast gar nicht oder nur zu einem geringen Teil ständig wirkt, steht das Tragwerk demnach bei voller Vorspannung in diesen Zonen dauernd unter hohen Druckspannungen, die zu beachtlichen Kriechverformungen führen. Auch aus diesem Grund muß die beschränkte Vorspannung als vorteilhaft bezeichnet werden, weil bei ihr meist eine mäßige Druckspannung in der vorgedrückten Zugzone für ständige Last genügt, der Beton also unter angenehmeren Bedingungen steht.

5.2 Die volle Vorspannung

Der Bezeichnung entsprechend werden bei voller Vorspannung die aus der Biegung für Gebrauchslasten herrührenden Randzugspannungen durch die Vorspannung ganz beseitigt. Der ganze Betonquerschnitt bleibt also bis zur vollen zulässigen Last wirksam, und man rechnet entsprechend nach Zustand I. Setzt sich das Größtmoment aus mehreren Lastfällen zusammen, deren gleichzeitiges Auftreten unwahrscheinlich ist, dann läßt DIN 4227 geringe Randzugspannungen zu. Auch für kurzfristige Bauzustände sind Zugspannungen erlaubt, obwohl dabei wegen der in Kap. 5.3 an den Bildern 5.4 und 5.5 erläuterten Vorgänge Vorsicht geboten ist.

Für die Aufnahme der Querkräfte erlauben die günstigen Erfahrungen bei voller Vorspannung, schräge Hauptzugspannungen zuzulassen (s. Kap. 10 und 11), so daß meist die Längsvorspannung genügt. Überschreiten die schrägen Hauptzugspannungen das zulässige Maß, dann muß in der Lastrichtung zusätzlich gespannt werden.

Bei voller Vorspannung verbleiben die Stahlspannungen in dem steil verlaufenden Bereich des Bildes 1.12, die Spannungswechsel sind also im Verhältnis zu der aus der Vorspannung vorhandenen Stahlspannung sehr gering und stetig. Die Verbundspannung zwischen den Spanngliedern und dem Beton wird, wie in Kap. 6 gezeigt, so niedrig, daß sie belanglos wird. Der mitwirkende Querschnitt bleibt stets der gleiche, und die Verformungen bleiben klein, weil der Sprung in den nachgiebigeren Zustand II nicht vorkommt.

Dank der geringen Verbundspannung und der niedrigen Spannungswechsel im Stahl sind Spannbetontragwerke mit voller Vorspannung für dynamische Beanspruchung besonders geeignet, weil die Ermüdungsfestigkeit des Betons bei Schwellbeanspruchung nur 60 %, bei Dauerstandbeanspruchung jedoch rund 90 % der statischen Druckfestigkeit erreicht. Die ertragenen Schwingbreiten des Stahles über σ_v liegen bei allen Spannstählen weit über den niedrigen Spannungswechseln des Zustands I.

Tragwerke mit voller Vorspannung eignen sich deshalb besonders gut für Eisenbahnbrücken, bei denen die Sicherheit gegen schwingende Beanspruchung unter den bisherigen Bemessungsmaßnahmen wesentlich größer wird als z. B. bei Stahlbrücken oder gar bei Stahlbetonbrücken.

5.3 Die beschränkte Vorspannung

Der Bereich der beschränkten Vorspannung wird durch die in DIN 4227 festgelegten zulässigen Betonzugspannungen abgesteckt. Die Betonzugspannungen werden nach Zustand I berechnet, sie liegen noch im Bereich der Betonzugfestigkeit. Man darf aber nicht glauben, daß diese Zugfestigkeit für Lastspannungen voll zur Verfügung stehe und damit auch bei beschränkter Vorspannung Risse ausgeschlossen seien. Durch Versuche und Erfahrung wissen wir, daß diese Zugfestigkeit auf lange Sicht für äußere Lasten nur dann nutzbar wäre, wenn Schwind- und Temperaturdifferenzen im Beton verhütet würden.

An unseren Bauwerken treffen solche Voraussetzungen nie zu. Gerade bei der Herstellung von Spannbetonbauwerken sind in mehreren Fällen allein durch die Abbindewärme Risse an den abkühlenden Außenflächen entstanden, während der warme Kern ungerissen blieb. Ähnliche Spannungen entstehen durch das Schwinden, das von außen nach innen fortschreitet und so ebenfalls die äußeren Fasern rascher verkürzt als die inneren. Gerade die Randzonen, die unter Lasten die hohen Randspannungen erhalten, erleiden also gleich in der ersten Zeit erhebliche Zugspannungen.

In Kap. 4.52 haben wir einen Weg gezeigt, Risse durch diese anfänglichen Zugspannungen mit frühzeitigem Vorspannen zu verhüten.

Ähnliche Zugspannungen treten aber auch später laufend aus den in Kap. 1.1 schon angegebenen Gründen auf. Die häufigen Risse an bewehrten Brückengesimsen sind ein Beweis.

Ist es schon im Laboratorium schwierig, die ungestörte Zugfestigkeit des Betons zu erhalten, so darf man erst recht an Bauwerken nicht mit der vollen Zugfestigkeit des Betons für Belastungen rechnen, solange die inneren Zugspannungen oder Beeinträchtigungen der Zugfestigkeit nicht auch rechnerisch berücksichtigt werden. Nur bei kleinen Körpern mit guter Nachbehandlung, z. B. bei Eisenbahnschwellen, hat man einen merklichen Teil der Zugfestigkeit des Betons für äußere Kräfte zur Verfügung, nicht jedoch bei größeren Tragwerken in wechselndem Klima.

Man muß daher annehmen, daß der Beton unter den in DIN 4227 zugelassenen Zugspannungen reißen kann oder schon vor dem Vorspannen Haarrisse hatte, auch wenn man sie mit dem unbewaffneten Auge nicht entdeckte. Der Zustand I (ungerissener Beton) als Voraussetzung für die Berechnung der Betonzugspannung trifft also manchmal nicht zu und muß deshalb bei der beschränkten Vorspannung als eine gelegentlich von der Wirklichkeit abweichende Rechnungsannahme angesehen werden, die eben dazu dient, für die Praxis eine Grenze der Beanspruchungen in der Zugzone festzulegen. Daraus ergibt sich auch die Notwendigkeit, den nach Zustand I errechneten Zugspannungskeil durch die Stahleinlagen zu decken oder diese Bewehrung nach Zustand II zu bemessen.

Im Stahl und im Beton können hier also die sprunghaften Spannungszunahmen gemäß Bild 1.12 entstehen. Wenn schon Haarrisse vorhanden waren, so geht die Stahlspannung nicht sprunghaft, sondern mit einem Knick oder einer Kurve in den flacheren Zweig des Zustands II über. Man muß daher bei σ_z die unter Gebrauchslast mögliche Spannungszunahme nach Zustand II berücksichtigen, wenn dadurch die zul. Spannung wesentlich überschritten würde.

Bei der Rißbildung wird auch der Verbund zwischen Stahl und Beton hoch beansprucht (s. Kap. 6). Wird dabei die Verbundfestigkeit überschritten, so öffnet sich der Riß. Für beschränkte Vorspannung ist deshalb ein guter Verbund zwischen Stahl und Beton notwendig, damit die Rißbreite klein bleibt.

Von der Art des Verbundes hängt es ab, ob man bei beschränkter Vorspannung den Spannstahl über den Querschnitt verteilen muß oder ihn in große Spannglieder zusammenfassen darf. Bei unprofilierten geraden Spannstäben mit Haftverbund allein ist die Aufteilung nötig (Bild 5.2). Sind die Spannglieder kräftig gekrümmt, so daß der nicht unerhebliche Reibungsverbund mitwirkt,

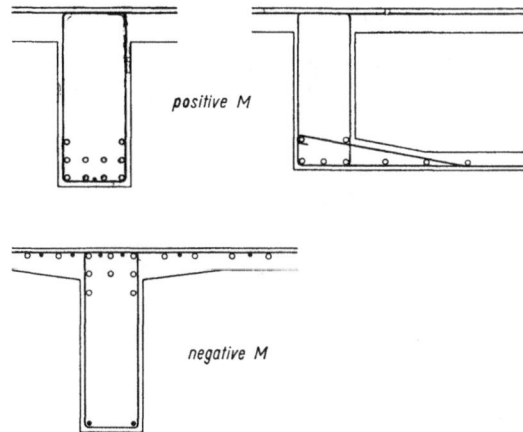

Bild 5.2 Bei Haftverbund und beschränkter Vorspannung wird der Spannstahl gern auf den Querschnitt der Zugzone verteilt

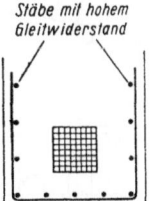

Bild 5.3 Bei konzentrierten Spanngliedern mit Scherverbund sorgen am Rand zugelegte gerippte Stäbe für kleinen Rißabstand

so ist die Verteilung schon weniger wichtig. Bei zusätzlichem Scherverbund, wie ihn z. B. Litzenkabel in profilierten Blechkasten ergeben, kann man den Spannstahl zusammenfassen, wie die in Kap. 18 beschriebenen Bruchversuche beweisen. Bei solchen Spanngliedern soll die zur Deckung der Betonzugspannungen nötige schlaffe Bewehrung möglichst mit Betonrippenstäben hohen Gleitwiderstandes an den Rändern verteilt verlegt werden (Bild 5.3). Diese Stäbe führen dank ihrer hohen Verbundwirkung und der Randlage zu kleinem Rißabstand und damit zu kleiner Rißbreite.

Bei oftmals wiederholter oder schwingender Belastung darf man bis auf wenige Ausnahmen mit der Zugfestigkeit des Betons überhaupt nicht rechnen. Wie beim Stahlbeton, so geht auch beim Spannbeton im Zustand II der nur auf Haftung beruhende Verbund unter den Lastwechseln mehr und mehr verloren. Für Eisenbahnbrücken oder ähnlich schwingend beanspruchte Tragwerke ist deshalb die beschränkte Vorspannung ungeeignet, es sei denn, daß durchweg ein verdübelnder Scherverbund erreicht wird. Die Deutsche Bundesbahn lehnt deshalb beschränkte Vorspannung für Eisenbahnbrücken ab.

Bei der beschränkten Vorspannung ist der Nachweis der Bruchsicherheit (Kap. 13) mit Sorgfalt zu führen, weil im allgemeinen die vorgespannten Stahleinlagen nicht ausreichen, um das für die Sicherheit geforderte Bruchmoment zu decken. Man muß dann schlaffe Bewehrung (möglichst Betonrippenstähle) zulegen, die man zweckmäßig eng und nahe an den Rand des Querschnittes legt, damit sie mithelfen, den Abstand der Risse zu verkleinern.

> Unter ständiger Last soll man Betonzugspannungen über etwa 5 bis 10 kg/cm² auch für Bauzustände auf alle Fälle vermeiden, weil ein teilweise angerissener, vorgespannter Querschnitt durch die Kriechverformungen seine normale Tragfähigkeit einbüßt.

Diese Tatsache wurde u. a. an Versuchsbalken offenbar und beruht auf folgendem Vorgang: Ein einfacher Balken habe unter ständiger Last oben Zugspannungen von etwa 30 kg/cm², die durch schlaffe Bewehrung gedeckt sind (Bild 5.4). Im Untergurt seien hohe Druckvorspannungen. Nun können nicht nur durch innere Spannungen, sondern auch durch das Kriechen der vorgedrückten Zone oben Haarrisse entstehen. Dadurch vergrößern sich die unteren Druckspannungen, das Kriechen nimmt zu, und die Risse fangen an, sich zu öffnen und sich nach unten zu verlängern. Das Schwinden trägt zur Rißbreite bei. Die Druckspannungen der vorgedrückten Zugzone steigen dadurch weiter an, der Balken biegt sich weiter nach oben, die Stahlspannungen der oberen

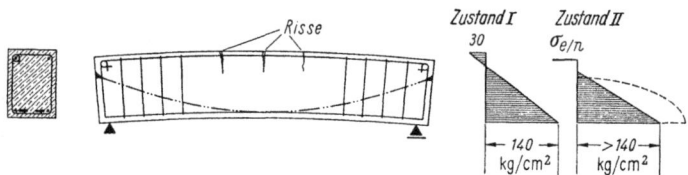

Bild 5.4 Treten unter g oben Zugspannungen und unten hohe Druckspannungen auf, dann verursacht das Kriechen des Untergurtes oben Risse

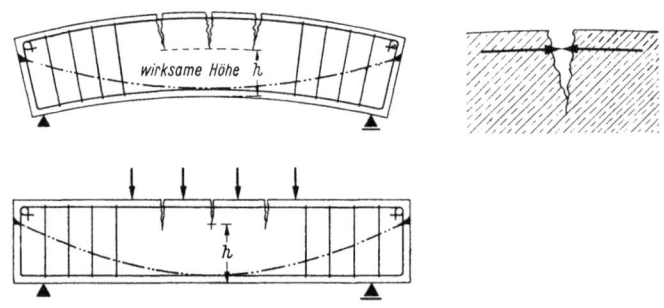

Bild 5.5 Als Folge des Kriechens nimmt der Balken des Bildes 5.4 die hier übertrieben gezeichnete Form an

Bewehrung müssen zunehmen und die Risse weiter aufgehen. Übertrieben gezeichnet hat man es nun mit einem Balken wie in Bild 5.5 zu tun. Für die Nutzlast steht also nur noch die Bauhöhe unterhalb des Risses zur Verfügung. Die obere Bewehrung übernimmt bei Nutzlast zunächst keinen Druck, da sie unter Zug steht. Die Folge der verkleinerten Nutzhöhe ist, daß die Zugzone ihre Druckvorspannung unter einer wesentlich kleineren Last verliert, als nach Zustand I für den vollen Querschnitt errechnet war. Die Tragfähigkeit des Balkens ist also für den Gebrauchszustand wesentlich verkleinert. Die Bruchlast wird weniger beeinflußt, weil sich nach dem Reißen der unteren Zugzone die obere gerissene Druckzone wieder schließt und so die volle Höhe wieder wirkt. Bei Versuchsbalken nach Bild 5.4 war nach vierwöchiger Kriechverformung die Rißlast 7,5 t gegenüber 9,65 t bei einem sonst gleichen Balken, bei dem die oberen Zugspannungen durch eine ständige Vorlast vermieden waren.

5.4 Die mäßige Vorspannung

Geht man mit den Zugspannungen weiter, als es die Richtlinien für beschränkte Vorspannung zulassen, dann kann man nicht mehr nach Zustand I rechnen, sondern muß die Zugzone wie bei Stahlbeton gerissen voraussetzen. Man rechnet also Biegung mit Längskraft. Die mäßige Vorspannung verzögert und vermindert die Rißbildung.

v. Emperger schlug 1938 vor, neben einer etwas verminderten schlaffen Bewehrung einige vorgespannte Drähte einzubetonieren, um durch die damit erzielte Verbesserung des Rißbildes für die nicht vorgespannte Bewehrung eine höhere zulässige Spannung zu erreichen [7], [34].

Abeles [156] hat den Gedanken weiterentwickelt und durch Versuche nachgewiesen, daß man noch zulässige Rißbreiten unter Gebrauchslast erhält, wenn man nur 40 bis 60 % der Stahleinlagen vorspannt (vor oder nach dem Erhärten) und für die restlichen schlaffen Stahleinlagen ebenfalls hochfeste 5 mm-Drähte mit rauher Oberfläche in einem besonders guten Beton wählt, so daß der Verbund gegenüber normalem Stahlbeton verbessert wird. *Abeles* fand, daß dadurch die zulässige Spannung der schlaffen Bewehrung auf etwa 4000 bis 5000 kg/cm^2 erhöht werden kann, ohne daß Rißbreiten über 0,2 mm entstehen. Die Verfeinerung des Rißbildes durch dünne Stahleinlagen mit gutem Gleitwiderstand hat als erster *C. Bach* in Stuttgart 1907 und später *Sarrasin* 1945 [108] nachgewiesen.

Durch die vorgespannten Stahleinlagen wird erreicht, daß die unter voller Gebrauchslast entstandenen Risse bei entsprechender Entlastung entweder ganz oder teilweise zurückgehen. Im Bruchzustand kann die Festigkeit der vorgespannten und der schlaff eingelegten Drähte ausgenutzt werden, so daß bei n-freier Bemessung mit mäßiger Vorspannung nicht mehr Stahl gebraucht wird als mit voller Vorspannung. Man erzielt also gewisse Ersparnisse dadurch, daß ein Teil der Stahleinlagen nicht gespannt werden muß.

5.5 Wirtschaftliche Gesichtspunkte zum Vorspanngrad

Tragwerke mit **beschränkter** Vorspannung werden **billiger** als solche mit voller Vorspannung, vor allem wenn die Nutz- oder Verkehrslast im Verhältnis zur ständigen Last groß ist. Je nach diesem Verhältnis braucht man für die beschränkte Vorspannung bis zu 20 % weniger Spannstahl und etwas weniger Beton, weil der Betonquerschnitt im vorgedrückten Zuggurt kleiner gehalten werden kann. Der eingesparten Spannstahlmenge steht ein gewisser Mehrverbrauch an schlaffer Bewehrung gegenüber.

Es sind also auch **wirtschaftliche Gesichtspunkte**, die zu der beschränkten Vorspannung führten. Im Wettbewerb spielt natürlich die mit der beschränkten Vorspannung mögliche Stahl- und Betonersparnis eine Rolle. Die mit der beschränkten Vorspannung erzielbaren Ersparnisse sind volkswirtschaftlich wertvoll.

> **Für Ausschreibungen muß man den gewünschten Grad der Vorspannung genau definieren, damit die Angebote vergleichbar sind.**

Kapitel 6

6. Die Bedeutung des Verbundes

6.1 Vorbemerkung

Der Verbund zwischen Spannstahl und Beton ist in der Entwicklung des Spannbetons unterschiedlich beurteilt worden. Zunächst hat man gespannte Drähte einbetoniert und damit den Verbund von selbst erhalten. Bei diesem unmittelbaren Verbund entstehen keine Probleme, wenn Drähte oder Stäbe mit hohem Gleitwiderstand benutzt werden, die ja durch Verbund allein verankert werden (s. Kap. 3.13).

Für das Spannen nach dem Erhärten des Betons hat man anfänglich die Stahleinlagen mit einem Gleitmittel gestrichen oder mit bituminiertem Papier umwickelt oder sogar außerhalb des Betonquerschnitts verlegt und im Hinblick auf die Endverankerungen auf den Verbund verzichtet (s. Kap. 20). Man hatte damals die Bedeutung des Verbundes für die Bruchsicherheit, die im folgenden erklärt wird, noch nicht ausreichend erkannt. Heute wird auch bei dieser Bauart mit wenigen Ausnahmen der Verbund nachträglich hergestellt. Man erreicht damit

1. den Korrosionsschutz der Stahleinlagen,
2. eine Erhöhung der Bruchsicherheit,
3. die bei beschränkter Vorspannung notwendige Verkleinerung des Rißabstandes.

6.2 Wirkung des Verbundes

6.21 Rostschutz und unterschiedliche Rostgefahr

Alle Spannstähle müssen im Bauwerk gegen Rost geschützt werden, z. B. durch vollständige Umhüllung mit Zementmörtel, der ja bekanntlich hervorragend gegen Rost schützt. Dies kann durch unmittelbares Einbetonieren oder durch Einpressen von Zementmörtel in die Gleitkanäle (vgl. Kap. 8) geschehen.

Die Benützer der dicken Stahlstäbe aus naturhartem Stahl haben oftmals im Wettbewerb gegen die Drähte aus hochfestem Stahl ins Feld geführt, daß die dünnen Drähte erhöhter Rostgefahr unterliegen würden. Dieses Argument wurde scheinbar einleuchtend durch den Zahlenvergleich unterstützt, daß $1/10$ mm Abrosten bei einem Stab von 26 mm Durchmesser nur 1,5 %, bei einem 3 mm-Draht dagegen schon 13 % der Querschnittsfläche ausmachen.

Zweifellos muß man dünne Drähte vor dem Einbau besser gegen Rost schützen als dicke Stäbe. Dieser Rostschutz ist für Spanndrähte in Deutschland vorgeschrieben, die Drahtringe werden rostfrei angeliefert und müssen unter Dach gelagert werden.

Zwischen dem Einbau und Auspressen vergehen meist nur 3 bis 8 Wochen, in denen auch dünne Drähte nicht gefährlich anrosten, wenn die Gleitkanäle nach außen möglichst dicht abgeschlossen sind. Es muß vor allem das Eindringen von Regenwasser verhütet werden. Überschreitet diese Zeit drei Monate, wie dies beim Überwintern manchmal vorkommt, dann sollte man die Drähte durch Öl, z. B. wasserlösliches Öl (Donax C von Shell) gegen Rost schützen. Dieser Rostschutz ist aber auch bei dicken Stäben angezeigt, weil sie sich sonst nicht mehr einwandfrei spannen lassen (vgl. Erfahrungen beim Bau der Oberrheinbrücke bei Bregenz).

Wenn später die Gleitkanäle einwandfrei ausgepreßt sind oder die Drähte im Spannbett unmittelbar einbetoniert wurden, dann besteht keine Rostgefahr mehr, da ja gefährliche Rißbreiten dank der Vorspannung nicht auftreten. Soweit die Drähte in Blechhüllen geführt sind, ist nicht einmal an Rissen oder an kleinen Mangelstellen des Auspreßmörtels eine Korrosion zu befürchten, weil die einbetonierten Blechhüllen die Drähte dicht umschließen, so daß die für die Korrosion nötige erhebliche Zufuhr von Luft nicht zustande kommen kann. Eine ungeschützte Lagerung von Drähten gibt erst nach sehr langer Zeit einen merklichen Abfall der Bruchlast.

An Probestücken wurde nach 11monatiger Lagerung im Freien eine Verminderung der Bruchlast von Litzen aus gezogenen Drähten (7 ϕ 3 mm) um im Mittel 7 % festgestellt. Die Litzen mußten als stark angerostet bezeichnet werden, der Kerndraht und die inneren Drahtflächen waren jedoch praktisch rostfrei. Vergütete Drähte sind in dieser Hinsicht wegen der in Kap. 2.18 beschriebenen, durch Spannung begünstigten interkristallinen Korrosion vorsichtiger zu behandeln.

Ein Schadensfall wurde allerdings bekannt, bei dem Seile aus gezogenen Runddrähten schon in angerostetem Zustand in Blechkasten eingebaut und gespannt wurden. Aus besonderen Gründen wurden die Kasten fast ein Jahr lang nicht ausgepreßt, so daß dann einige Seile durch Korrosion brachen.

Es darf jedoch festgestellt werden, daß der Spannbeton bei sachgemäßer Behandlung mit Drähten genau so beständig hergestellt werden kann wie mit dicken Stäben — eine unterschiedliche Rostgefahr gibt es bei richtiger Ausführung nicht.

6.22 Der Einfluß des Verbundes auf die Bruchsicherheit

Um den Einfluß des Verbundes auf die Bruchsicherheit eines Spannbetonbalkens verständlich zu machen, vergleichen wir einmal die Vorgänge bis zum Bruch ohne und mit Verbund. Beim Steigern der Last entsteht in jedem Fall ein erster Anriß an der Stelle der größten Zugspannung. Durch den Ausfall der Betonzugkraft entsteht die am Bild 1.12 schon erklärte sprunghafte Zunahme der Stahlspannung. Ist nun kein Verbund da, so erstreckt sich diese Erhöhung der Stahlspannung auf die ganze Spanngliedlänge von Verankerung zu Verankerung, falls sie nicht durch Reibung an Umlenkstellen vermindert wird. Spannungszunahme auf große Länge bedeutet aber großes Dehnmaß und damit rasches Aufklaffen des Risses (Bild 6.1). Neben dem ersten Riß entstehen im

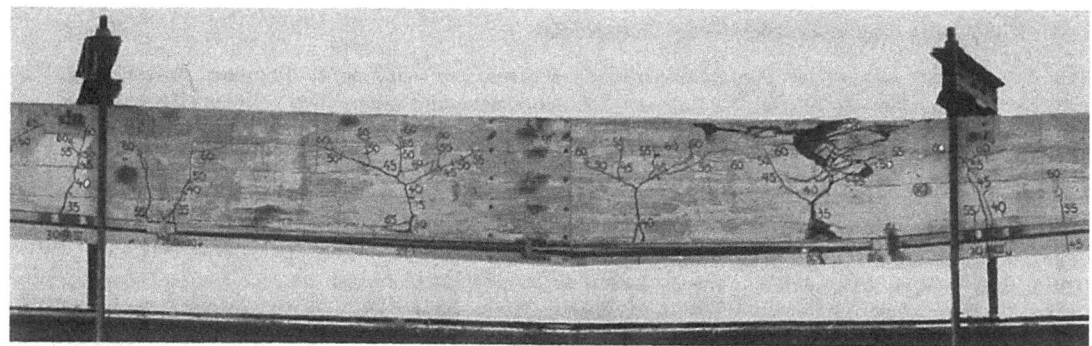

Bild 6.1 Spannglieder ohne Verbund führen bei Überlastung zu wenigen klaffenden Rissen, die sich oben horizontal verzweigen. Bruchversuch an einem 20 m Balken

Bereich der großen Momente nur wenige weitere Risse in einem Abstand, der größer ist als die Balkenhöhe. Die Nullinie wandert rasch nach oben und verkleinert die Druckzone, so daß die Tragfähigkeit des Balkens im Druckgurt frühzeitig erschöpft ist [447], [474]. Ohne Verbund erhält man also eine niedrige Bruchlast, ungenügende Bruchsicherheit und kann die Festigkeit des Stahles nicht ausnützen. Das Rißbild wird bei gekrümmten Spanngliedern etwas günstiger, weil die Stahlspannungen an den Umlenkstellen durch die Reibungswiderstände abgebaut werden. Das vorzeitige Versagen der Balken ändert sich jedoch wenig (vgl. [228]).

Die Bruchlast liegt ohne Verbund rund 20 bis 35 % unter derjenigen mit Verbund, wenn man gleiche Querschnitte voraussetzt.

Um die geforderte Bruchsicherheit ohne Verbund zu erreichen, müßte man also den Balken für

Gebrauchslasten überbemessen bzw. die sonst zulässigen Spannungen herabsetzen, was natürlich unwirtschaftlich wäre.

Das frühzeitige Versagen verschwindet durch die schubfeste Verbindung des Stahles mit dem Beton. Die Verbundspannungen (Schubspannungen zwischen Spannglied und Beton) bauen die am ersten Riß entstandene Spannungserhöhung des Stahles unmittelbar neben dem Riß ab; die erhöhte Stahlspannung σ_z bleibt also je nach der Güte des Verbundes auf eine kurze Länge beschränkt und führt zu einem kleinen Dehnmaß und damit zu kleiner Rißbreite (Bild 6.2).

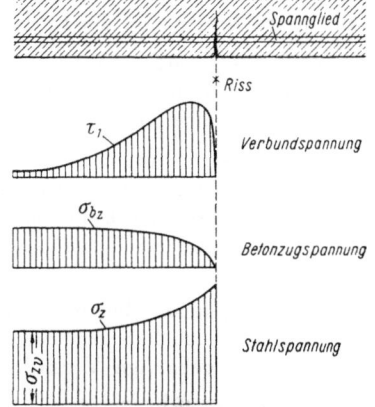

Durch die Verbundspannung bleibt die Betonzugspannung neben dem Riß erhalten und steigt mit zunehmender Last wieder an, so daß weitere Risse in engem Abstand entstehen. Im Bruchbild eines Balkens mit Verbund erscheinen also viele Risse, die nur langsam höher steigen. Die Nullinie wandert entsprechend langsam hoch, die Stahlspannung im Riß kann bei ausreichender Druckzone ziemlich gesteigert werden. Meist öffnet erst das Fließen des Stahles einen Riß so weit, daß die Druckzone als Folge versagt. Eine schwache Druckzone kann jedoch schon vor dem Erreichen der Fließgrenze im Stahl zerstört werden.

Durch den Verbund erreicht man also die vom Stahlbeton her gewohnten ausreichenden Bruchsicherheiten, weil der Stahl ausgenutzt wird. Die Gewährleistung der Bruchsicherheit zwingt zur Herstellung des Verbundes, wenn man nicht unnötig viel Stahl einsetzen will.

Bild 6.2 Durch den Verbund wird die am Riß auftretende Stahlspannungszunahme rasch abgebaut. Die Betonzugspannung nimmt neben dem Riß wieder zu, weitere Risse entstehen. Verlauf der τ_1, σ_b, σ_z

6.3 Der erforderliche Grad des Verbundes

Vom Stahlbeton her wissen wir, daß der Rißabstand von der Verbundfestigkeit (Gleitwiderstand), von der Verteilung der Stahleinlagen über den Betonquerschnitt, vom Bewehrungsgrad der Betonzugzone, von der Betonüberdeckung und dem Abstand der äußeren Stahlstäbe untereinander abhängig ist. Nachdem man die Bedeutung des Verbundes für den Spannbeton erkannt hat, ist man geneigt, hier einen gleichguten Verbund anzustreben, wie man ihn in der neueren Entwicklung des Stahlbetons durch Querrippenstähle oder dergleichen erzielt. Bei Spannbettvorspannung ist dies wegen der Verbundanker nötig, nicht aber bei Vorspannen nach dem Erhärten des Betons.

Zwischen Stahlbeton und Spannbeton besteht nämlich ein grundsätzlicher Unterschied, der sich auf den erforderlichen Grad des Verbundes auswirkt. Beim S t a h l b e t o n haben wir schon unter den Gebrauchslasten mit Rissen zu rechnen und müssen dafür sorgen, daß für die Gebrauchslasten ein kleiner Rißabstand entsteht, der bei den zulässigen Stahlspannungen Rißbreiten unter 0,2 bis 0,3 mm sicherstellt. Der für die Tragfähigkeit eines Balkens notwendige Schubfluß zwischen Zug- und Druckgurt kann beim Stahlbeton nur über die Verbundwirkung des Stahles mit dem Beton zwischen den einzelnen Rissen erfolgen. Ein guter Verbund ist deshalb beim Stahlbeton notwendig und ausschlaggebend. Beim Erreichen der vollen Gebrauchslast ist dieser Verbund unmittelbar neben den zahlreichen Haarrissen bereits gestört. Trotzdem muß er noch die weitere Steigerung der Last auf den 1,75 bzw. 2,5fachen Betrag aushalten, um die Bruchsicherheit zu gewährleisten. Beim Erreichen der Bruchlast ist der Verbund mehr oder weniger ganz zerstört.

Beim S p a n n b e t o n dagegen haben wir bei voller Vorspannung unter Gebrauchslast keine Risse und nehmen deshalb auch die Verbundwirkung fast nicht in Anspruch. Der Schubfluß erfolgt wie bei jedem homogenen Baustoff innerhalb des ungerissenen Betonquerschnitts, ohne auf den Verbund mit dem Spannglied angewiesen zu sein. Deshalb sind Spannbetonbalken für die Gebrauchslasten ohne jeden Verbund tragfähig. Bei Verbund entsteht zwischen Spannglied und Beton nur eine ganz geringe Schubspannung, die sich aus dem Anschluß des kleinen (n-fachen) Stahlquerschnittes an den übrigen Gesamtquerschnitt ergibt (Kap. 11.52).

Erst beim Überschreiten der Gebrauchslast wird mit dem Auftreten von Rissen in der Betonzugzone der Verbund notwendig.

Er hat dann aber nicht die Aufgabe, die Rißabstände zur Beschränkung der Rißbreiten klein zu halten, sondern muß lediglich die geforderte Bruchsicherheit gewährleisten helfen, wobei es unwichtig ist, ob der Rißabstand 10 oder 40 cm wird.

Wir dürfen dabei nicht vergessen, daß die Betrachtung des Bruchzustandes und der Risse nur zur Ermittlung der Bruchsicherheit auf dem Papier nötig ist, während der Spannbetonbalken in Wirklichkeit unter den höchsten zulässigen Lasten rissefrei ist und bei starker Überlastung entstandene Risse sich nach der Entlastung wieder schließen, was beim Stahlbeton nicht der Fall wäre.

Der Verbund braucht also nur so bemessen zu sein, daß die Bruchsicherheit gewährleistet ist. Es ist klar, daß für diese gegenüber dem Stahlbeton wesentlich kleinere Aufgabe des Verbundes auch ein geringerer Grad des Verbundes ausreicht.

Bei beschränkter Vorspannung wird der Verbund etwas früher beansprucht als bei voller Vorspannung, weil schon unter Gebrauchslasten Risse auftreten können. Hält man sich jedoch an die in Kap. 5.3 vertretenen Bemessungsregeln, so können die Risse nur in seltenen Lastfällen auftreten und sind dann unschädlich. Man braucht also auch hier nicht den hochwertigen Verbund wie im Stahlbeton.

Zur Bestimmung des bei den verschiedenen Spannstahlsorten und Spanngliedarten notwendigen Verbundgrades ist man auf Versuche angewiesen, wie sie an einigen Stellen ausgeführt wurden. Hinweise auf derartige Versuche sind in Kap. 18 gegeben.

Die frühen Versuche zeigten, daß selbst glatte Drähte oder Stäbe in ebenwandige Blechkasten aus Schwarzblech oder in glattwandigen Blechröhren bei gutem Einpreßmörtel einen ausreichenden Verbund aufweisen, obwohl die Haftfestigkeiten nicht gerade hoch liegen.

Man muß auch beachten, daß nicht die Haftung allein wirkt, sondern vor allem R e i b u n g. Die Stahleinlagen sind hoch gespannt, so daß an jeder Krümmung starke Umlenkkräfte und damit hohe Reibungskräfte das Gleiten behindern und so zur Verbundwirkung beitragen.

Die bisherige Erfahrung zeigt jedenfalls, daß der durch Auspressen mit Zementmörtel erzielte Verbund ohne rechnerische Nachweise genügt, um die nach Kap. 13 gerechnete Bruchsicherheit zu erreichen.

Wird der Verbund allerdings nicht ordnungsgemäß ausgeführt, indem z. B. — wie es bei manchen Verfahren jahrelang üblich war — eine sehr dünne Zementmilch mit hohem Druck bzw. mit großer Geschwindigkeit in den Gleitkanal eingepreßt wird, dann entstehen Lufteinschlüsse. Die notwendige Bruchsicherheit leidet darunter, wie z. B. die Bruchbelastung der London-Festival-Brücke, 1950 mit Freyssinet-Kabeln hergestellt, zeigte [163]. Bei der Herstellung des Verbundes muß man also mit Sorgfalt nach Kap. 8 vorgehen.

6.4 Teilweiser Verbund

Für manche Fertigteile verwendet man mit Bitumen oder dergleichen gestrichene glatte Stahleinlagen, die nach dem Erhärten des Betons gespannt werden. Dabei entsteht ein teilweiser Verbund, der für kleine Bauteile als ausreichend bezeichnet werden kann, wenn durch Versuche geprüft wurde, ob die erforderliche Bruchsicherheit erzielt wird.

Es gibt weiterhin Fälle, bei denen der Verbund für die Bruchsicherheit nicht die gleiche Bedeutung hat wie bei biegebeanspruchten Balken. So kann z. B. dieser teilweise Verbund durch Bitumenumhüllung des Spanndrahtes überall dort verwendet werden, wo nur die Rissesicherheit zu erhöhen ist, oder wo — z. B. bei vorgespannten Bügeln in Balken — die Spannstähle ohnehin so kurz sind, daß die Ausdehnung der Stahlspannung auf die ganze Spanndrahtlänge zu keinem großen Dehnmaß führt.

Der teilweise Verbund verbessert sich im Laufe der Zeit, wenn ein Bitumen gewählt wird, das nach einiger Zeit verspröde. Vielleicht gelingt es eines Tages, ein Anstrichmittel zu finden, das während der ersten Wochen das Gleiten der Stähle zuläßt und dann erhärtet, so daß nach dem Spannen ein guter Verbund entsteht (vgl. *Billner* in Kap. 4.67 und [297]).

6.5 Haft- oder Verbund-Spannungen

6.51 Verbundspannungen im Zustand I

Für Spannbeton sind Haftspannungsnachweise im allgemeinen nicht erforderlich, was im folgenden begründet wird.

Bei voller Vorspannung sind Haftspannungen endverankerter Spannglieder nichts anderes als gewöhnliche Schubspannungen zwischen dem Spannglied und dem Beton, da sich ja die vorgedrückte Betonzugzone im Zustand I voll am Schubfluß beteiligt. Man darf hier also nicht die im Stahlbeton übliche Formel

$$\tau_1 = \frac{Q}{u \cdot z}$$

anwenden, weil sie den Zustand II mit vielen engen Rissen in der Betonzugzone zur Voraussetzung hat (Bild 6.3). Es ist vielmehr

$$\tau_1 = \frac{Q \cdot S_{F_z}}{J \cdot u_z}, \qquad 6.(1)$$

wobei S_{F_z} das statische Moment der n-fachen Spannstahlfläche bezogen auf die Nullinie und u_z der Umfang des Spannstahles oder des Gleitkanales ist.

Dabei ist diejenige Querkraft einzusetzen, die nach der Herstellung des Verbundes neu auftreten kann, bei Vorspannung nach dem Erhärten also nur zusätzliches Eigengewicht und Verkehrslast. Die Stahlfläche ist hier n-fach, die Querschnittsfläche des Verbundmittels je nach ihrem E-Modul, also bei Zementmörtel rund einfach, einzusetzen. Die gefährdete Fuge kann zwischen Stahl und Verbundmittel oder zwischen letzterem und dem Gleitkanal liegen, je nach den Verbundfestigkeiten der Fugen. Glatte Rundstäbe gleiten z. B. im Verbundmittel, bevor dieses an quergerippten Blechröhren gleitet. Bei Litzenkabeln ist stets die Fuge am Blechkanal maßgebend, weil der Verbund der Litzen im Zementmörtel dessen Verbund selbst an quergerippten Blechkasten überlegen ist.

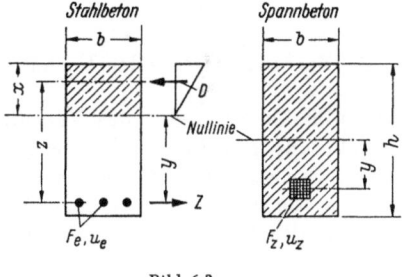

Bild 6.3

Die obige Formel 6.(1) gilt natürlich nicht für die Endverankerung von Drähten oder Litzen durch Verbund. Dort treten die in Kap. 3.13 geschilderten Verhältnisse auf, wobei die Verbundspannung am Anfang der Übertragungslänge fast stets die Verbundfestigkeit erreicht und daher nicht rechnerisch bestimmt werden kann.

Die Schubspannungen zwischen Spannglied und Beton werden bei Gebrauchslasten sehr klein, was für einfache Balkenverhältnisse in [111] und in der ersten Auflage dieses Buches S. 155 bis 160 nachgewiesen wurde. Die Werte liegen im allgemeinen zwischen 0,2 und 2,0 kg/cm². Schließlich ist zu beachten, daß durch die Spannungsverluste infolge Schwinden und Kriechen zunächst den Nutzlastspannungen entgegenwirkende Verbundspannungen auftreten, die erst abzubauen sind.

Im Zustand I sind demnach die den Verbund beanspruchenden Schubspannungen zwischen Spannstahl und Beton — also die Verbundspannungen — belanglos klein.

6.52 Verbundspannungen im Zustand II

Für beschränkte Vorspannung werden im Bereich der großen Biegemomente Betonzugspannungen von 30 bis 50 kg/cm² (nach Zustand I gerechnet) zugelassen. Es wurde früher ausgeführt, daß man dabei mit Haarrissen rechnen muß, so daß in diesen Bereichen der Zustand II auftreten kann. Man darf nun aber nicht glauben, daß in diesem Bereich die Verbundspannung mit der im Stahlbeton üblichen Formel für Zustand II berechnet werden kann. An diesen Biegerissen springt nämlich die Verbundspannung unmittelbar neben dem Riß meist bis zur Verbundfestigkeit

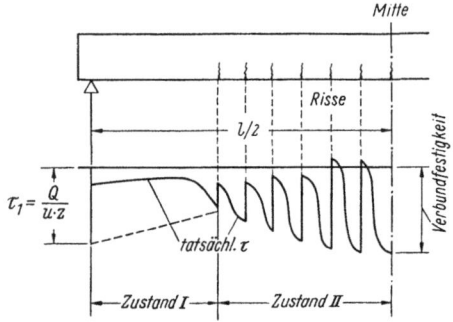

Bild 6.4 Verbundspannungen erreichen im allgemeinen an Biegerissen die Verbundfestigkeit und liegen dort höher als im Bereich der großen Q

hinauf (vgl. Bild 6.2 und 6.4). Sie klingt daneben rasch ab und ändert zum Teil sogar das Vorzeichen, so daß bei mehreren Rissen eine sägezahnartige Linie der Verbundspannungen entsteht. Ohne genaue Kenntnis der Verbundfestigkeit und der Verbundverformungen lassen sich diese Verbundspannungen nicht rechnen.

Große Teile der Tragwerke bleiben bei beschränkter Vorspannung im Zustand I, so daß dort das unter Kap. 6.51 Gesagte gilt.

Für die Praxis ist daher die Berechnung der Verbundspannungen unter Gebrauchslasten nicht sinnvoll. Es genügt zu wissen, daß bei Zustand II und besonders beim Überschreiten der Gebrauchslasten der Verbund hoch beansprucht wird, sobald Risse aufgetreten sind. Man hat daraus nur konstruktiv zu folgern, daß bei beschränkter Vorspannung der Erzielung eines guten Verbundes, vor allem durch sorgfältige Einpreßtechnik, besonderes Augenmerk zu schenken ist. Bei konzentrierten Spanngliedern sollte man darüber hinaus durch geeignete schlaffe Bewehrung für kleine Rißabstände sorgen, wodurch die Verbundspannungen am Blechkasten herabgesetzt werden.

6.53 Zulässige Haft- oder Verbundspannungen

Als zulässige Spannung des Verbundes dürfen nicht einfach die zulässigen Haftspannungen des Stahlbetons gewählt werden, weil die Haftfestigkeiten von Spanngliedern z. T. erheblich unter denen der schlaffen Bewehrungsstäbe liegen. Die Verbundfestigkeiten von Spanngliedern sind noch wenig erforscht (vgl. Kap. 6.6). Als zulässige Werte kann man die halbe nach Bild 6.5 festgestellte Festigkeit annehmen.

6.6 Verbundfestigkeiten (Gleitwiderstände)

Die Verbundfestigkeit vorgespannt einbetonierter Drähte wurde schon in Kap. 3.13 behandelt. Dort wurde auch erläutert, wie sehr dieser Wert von der Versuchsart und der Ausziehlänge abhängt. Hier sollen noch die Verbundfestigkeiten für nachträglichen Verbund erörtert werden. Wir betrachten dabei den Zugversuch nach Bild 6.5 ohne starke Querpressung, der die Verhältnisse an einem Biegeriß besser wiedergibt und niedrigere Werte liefert als der übliche Ausziehversuch. Ist man nur auf Haftung angewiesen, so wird die Verbundfestigkeit bei gewellten Hüllrohren von der Oberflächenart des Spannstabes, der Festigkeit des Einpreßmörtels und dessen Anpreßdruck am Stab beim Erhärten bestimmt.

Bei Scherverbund in beiden Gleitfugen am Hüllrohr und am Spanndraht ist auch die Querbewehrung (Umschnürung) oder Querpressung von Einfluß, weil der Scherwiderstand zunimmt, wenn ein Aufspalten des umgebenden Betons verhindert wird.

Haftverbund allein führt zu sehr niedrigen, Scherverbund je nach Profilierung und Mörtelfestigkeit zu hohen Verbundfestigkeiten.

Die statischen Verbundfestigkeiten schwanken entsprechend zwischen rund 5 und 100 kg/cm²; bei schwingender Beanspruchung liegt die untere Grenze sogar bei 2 bis 3 kg/cm².

Man sieht also, daß man es z. T. mit Werten zu tun hat, die weit unter der Haftfestigkeit des üblichen gewalzten, direkt einbetonierten Rundstahles liegen, die bekanntlich 25 bis 35 kg/cm² beträgt. Die notwendige Bruchsicherheit wird jedoch auch mit den niedrigen Verbundfestigkeiten erreicht. Bei beschränkter Vorspannung sind jedoch Festigkeiten von etwa 15 bis 20 kg/cm² mindestens anzustreben. Einige Versuchsergebnisse sollen zur Erläuterung mitgeteilt werden.

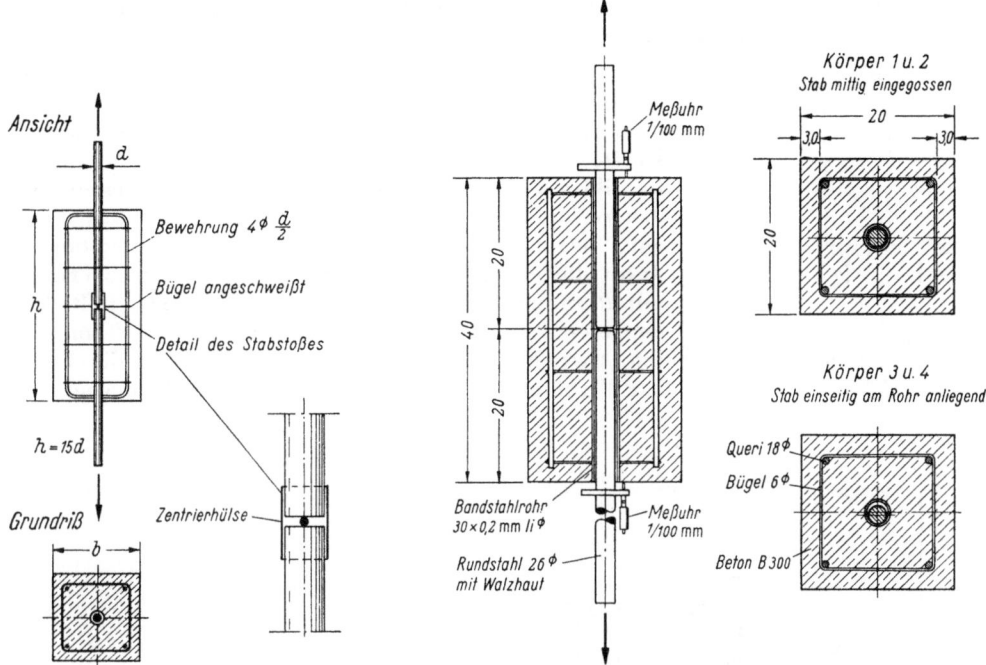

Bild 6.5 Zugversuch zur Bestimmung der reinen Verbundfestigkeit ohne Querpressung

Bild 6.6 Versuchskörper zur Bestimmung des Gleitwiderstandes von Spannstäben

6.61 Versuche mit runden Blechröhren und runden Walzstäben[1]

Glatte Rohre $\varnothing$ 30 mm aus kaltgewalztem Bandstahl 0,2 mm dick mit Falzverschluß wurden in bewehrte Betonprismen 20/20/40 cm aus B 329 stehend einbetoniert (Bild 6.6). 4 Tage später wurden leicht angerostete Walzstäbe $\varnothing$ 26 mm aus Betonstahl I in den Körpern 1 und 2 mittig im Rohr, in den Körpern 3 und 4 einseitig am Rohr anliegend mit Zementbrei W/Z = 0,5 aus einem besonders guten Zement mit N_{28} = 465 kg/cm² stehend vergossen. Die Stäbe $\varnothing$ 26 mm sind in der Mitte des Prismas geteilt. Nach weiteren 28 Tagen wurde an beiden Stäben mit P gezogen. Die mit $\tau_1 = \dfrac{P}{u \cdot l} = \dfrac{P}{9{,}4 \cdot 20} = \dfrac{P}{188}$ gleichmäßig verteilt angenommene Schubspannung am Blechrohr wurde für das Auftreten der ersten deutlichen Bewegung (etwa 0,02 mm) und für die Höchstlast P ermittelt.

Diese Werte betragen im Mittel:

	Stab mittig,	einseitig anliegend	
erstes Gleiten bei $\tau_1 =$	11,8	9,7	⎫
niedrigster Einzelwert	9,1	5,1	⎬ kg/cm².
Höchstlast bei $\beta_\tau =$	15,2	9,7	⎬
niedrigster Einzelwert	7,3	5,0	⎭

Trotz stehender Herstellung und besonders hochfestem Zementverguß zeigen die einseitig anliegenden Stäbe niedrigere Werte als die mittigen. Im allgemeinen löste sich der Stab, was schließen läßt, daß die unvermeidlichen Abweichungen des glatten Blechrohres vom exakten Prisma schon genügen, um die am glatten Rohr zweifellos niedrigere Haftung auszugleichen. Bei gewellten Rohren sind also keine besseren Ergebnisse zu erwarten.

[1] Nach dem Bericht B 23 869 der Amtlichen Forschungs- und Materialprüfungsanstalt für das Bauwesen der Technischen Hochschule Stuttgart (Otto-Graf-Institut), 1952, vgl. auch [520].

Zum Ausziehen der bereits gleitenden Stäbe wurde noch eine Kraft von im Mittel $P = 900$ kg gebraucht, d. h. der Reibungswiderstand betrug immerhin noch 4,7 kg/cm².

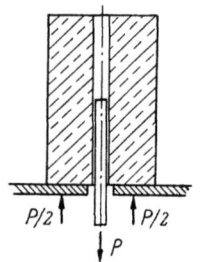

Bild 6.7 Ausziehversuch mit dem bei Versuch nach Bild 6.6 im Betonkörper verbliebenen halben Stab

Der im Prisma verbliebene Stab, dessen Verbund schon leicht gelockert war, wurde nun aus dem unten abgestützten Prisma herausgezogen (Bild 6.7). Dabei wurden durchweg höhere Kräfte P erreicht als beim Zugversuch. Die Last-Weg-Diagramme in Bild 6.8 zeigen deutlich, daß bei diesen zweiten Versuchen der Verbund bereits gelöst war, weil die Linien mit starker Neigung beginnen. Der zunehmende Reibungswiderstand ist nur durch die in Bild 3.27 gezeigte Querpressung zu erklären, die mit P zunimmt, die aber an einem Biegeriß am Balken nicht eintreten kann. Dieser Versuch beweist also, daß am sogenannten Ausziehversuch gewonnene Werte β_r für die Beurteilung der Verbundfestigkeit nur beschränkt brauchbar sind.

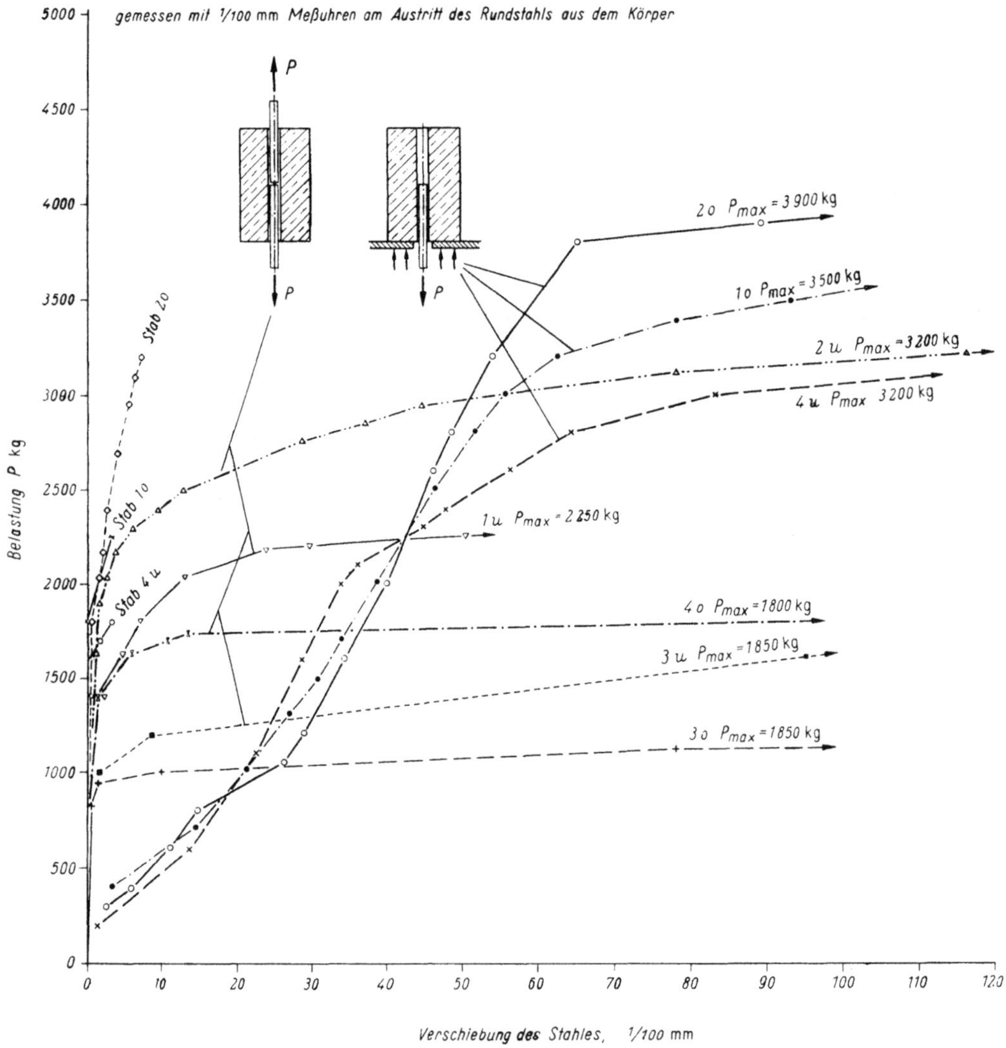

Bild 6.8 Last-Weg-Diagramme der Versuche nach Bild 6.6 und 6.7

Bedenkt man nun, daß liegende Stäbe niedrigere Werte geben, weil sich der Beton und der Zementbrei etwas absetzen, und daß häufig zu wässerige Zementmilch verwendet wurde und wird, so erkennt man, daß die Haftfestigkeit leicht unter 5 kg/cm² sinken kann und daß Reibung und Scherwiderstand für den Verbund meist eine größere Rolle spielen als die Haftung. Bei dünnen Drähten sind erfahrungsgemäß höhere Werte zu erwarten.

6.62 Versuche mit rechteckigen Blechkasten und Litzenkabeln [1]

Ein Kabel aus 36 Stück 7drähtigen Litzen, Drahtdurchmesser 3 mm, in quadratischer Anordnung zu je 6 Litzen, wurde in einem verbügelten Betonkörper schlaufenartig um ein Stahlrohrstück herum verankert (Bild 6.9). In dem zweiten, längeren ebenfalls verbügelten Betonkörper wurde das Kabel in einen quadratischen Blechkasten aus 1 mm-Schwarzblech von 64 × 64 mm lichter Weite 60 cm tief hineingesteckt, Abstandhalter sorgten für einen gegenseitigen Abstand der Litzen von rund 1 mm, der Blechkasten wurde dann stehend von unten her mit Zementmörtel ausgepreßt. Der Beton der Körper hatte eine Festigkeit nach 28 Tagen von im Mittel 470 kg/cm². Der Einpreßmörtel war wie folgt zusammengesetzt:

100 Gewichtsteile Portlandzement Z 325 mit tatsächlicher Normfestigkeit nach DIN 1164 im Alter von 28 Tagen von $N_{28} = 494$ kg/cm²,
1 Gewichtsteil Plastiment flüssig,
45,7 Gewichtsteile Wasser, Wasserzementfaktor = 0,46.

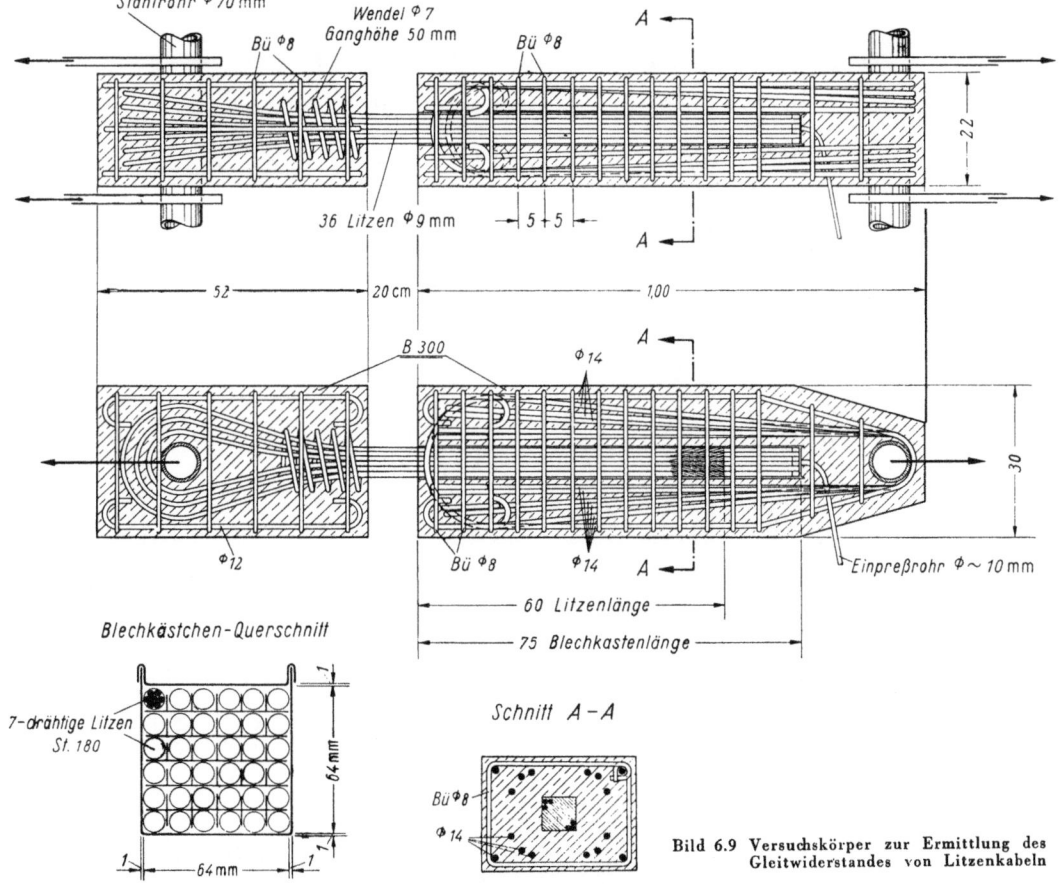

Bild 6.9 Versuchskörper zur Ermittlung des Gleitwiderstandes von Litzenkabeln

[1] Nach dem Bericht B 24 199 der Amtlichen Forschungs- und Materialprüfungsanstalt für das Bauwesen der Technischen Hochschule Stuttgart (Otto-Graf-Institut), 1953.

Bild 6.10 Anordnung der Meßuhren am Litzenkabel zur Messung der Verschiebung

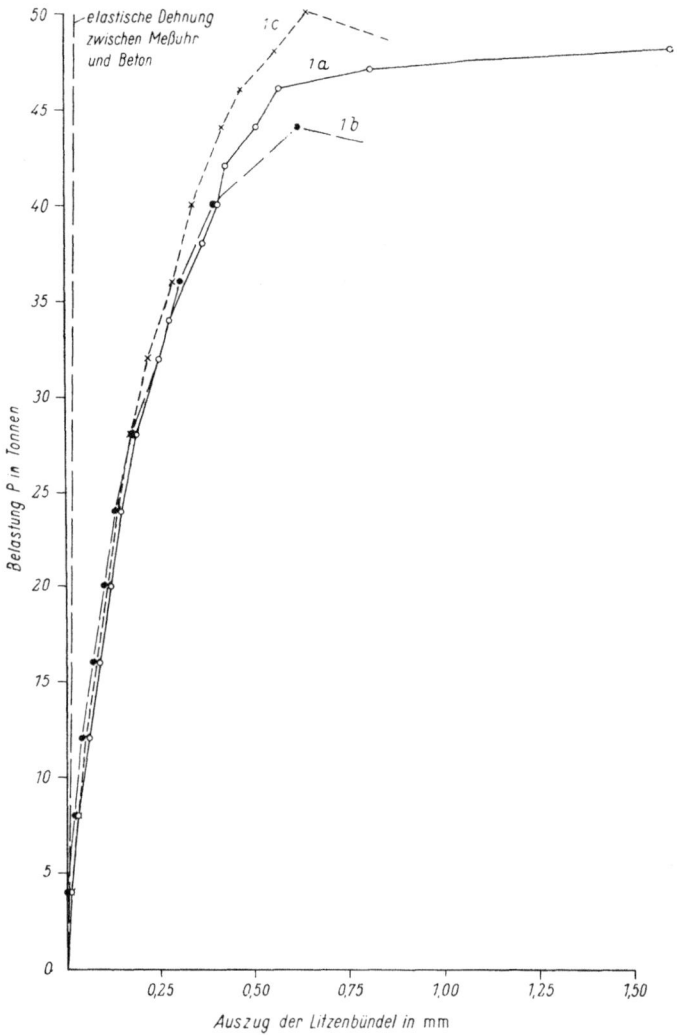

Bild 6.11 Last-Weg-Diagramme der Versuchsreihe 1 mit 3 geriffelten Blechkastenwänden

Die Festigkeit des Einpreßmörtels war nach 28 Tagen rund 420 kg/cm², festgestellt am 10 cm-Würfel.

Zur Bestimmung der Verbundfestigkeit der Litzenkabel wurden die Körper mit durch die Stahlrohre hindurchgesteckten Bolzen in eine Zugmaschine eingespannt, so daß das Kabel mit etwa mittigem Zug aus dem Blechkasten herausgezogen wurde (Bild 6.9). Insgesamt wurden 12 derartige Versuche durchgeführt, wobei je 3 Versuchskörper folgende Beschaffenheit des Blechkastens aufwiesen:

Versuchsreihe 1: Blechkasten an 3 Wänden quer geriffelt, Abstand der Riffeln 25 mm, Wellentiefe 2 mm, Wellenbreite 10 mm, nur mit Wasser angefeuchtet.

Versuchsreihe 2: Blechkasten aus Schwarzblech mit durchweg glatten Wänden, sonst wie 1.

Versuchsreihe 3: Blechkasten aus Schwarzblech mit glatten Wänden, Litzen und Blechkasten mit Spezialmaschinenöl, Raffinate 6/7, bestrichen.

Versuchsreihe 4: Blechkasten aus Schwarzblech mit glatten Wänden, Litzen und Blechkasten zunächst geölt. Vor dem Einpressen des Zementmörtels wurde das Öl mit Trychloräthylen herausgespült.

Beim Zugversuch wurde die Bewegung des Litzenkabels gegenüber dem längeren Betonkörper mit am Litzenkabel angeklemmten Meßuhren beobachtet (Bild 6.10). Die Versuche wurden 20 bis 30 Tage nach dem Auspressen durchgeführt. Die Last-Weg-Diagramme sind in den Bildern 6.11 bis 6.13 dargestellt.

Sie zeigen die beachtliche Steigerung der Verbundwirkung durch die Querriffelung der Blechkasten. Bei den glatten Blechwänden rühren die Unterschiede von unvermeidbaren, aber verschiedenartigen, kleinen Abweichungen des Blechkastens vom exakten Prisma her, die zu unterschiedlichen Gleitwiderständen führen müssen und den Gleitwiderstand viel mehr beeinflussen als z. B. leichte Ölreste an den Litzen oder gar geölte Blechkastenflächen. Nimmt man die Verbundspannung am Umfang des Blechkastens und über die Länge von 60 cm gleichmäßig verteilt an, so ergibt sich die Verbundspannung zu

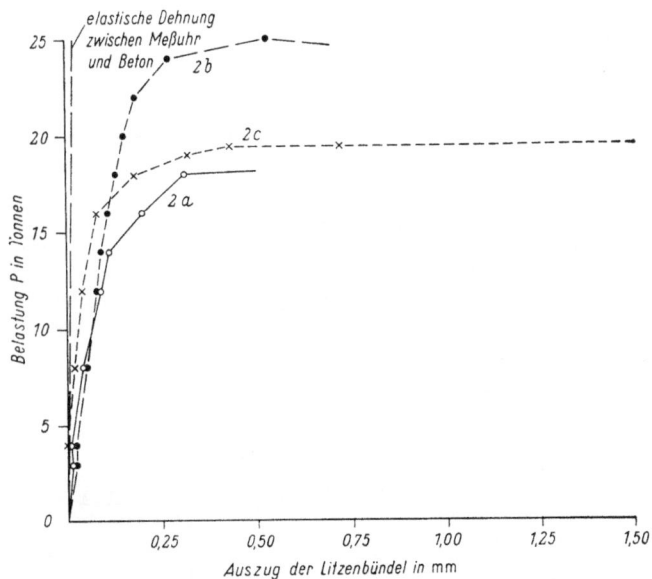

Bild 6.12 Last-Weg-Diagramm der Versuchsreihe 2 mit glatten Blechkastenwänden

$$\beta_\tau = \frac{P}{u \cdot l} = \frac{P}{4 \cdot 6{,}4 \cdot 60} = \frac{P}{1540} \text{ kg/cm}^2 \,.$$

Die Ergebnisse sind damit bei

Versuchsreihe	1	2	3	4	
Mittelwerte β_τ	31	13,9	16	12,4	} kg/cm²
Niedrigster Einzelwert	29	12,6	12	9,1	

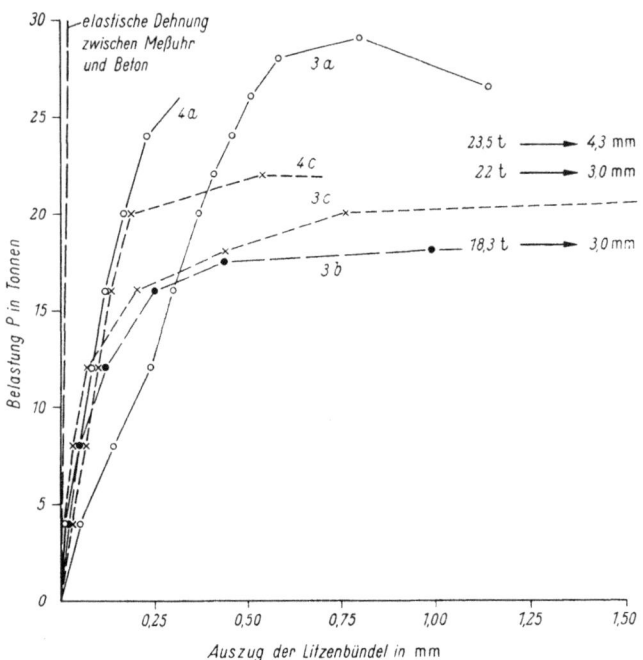

Bild 6.13 Last-Weg-Diagramm der Versuchsreihen 3 und 4 mit glatten Blechkastenwänden

Bild 6.14 Das teilweise herausgezogene Kabel mit Vergußbeton

Bei diesen Werten ist zu bedenken, daß die tatsächlich größte Verbundspannung um etwa 20 bis 40 % höher liegen muß, weil bei 60 cm Einbindelänge keine gleichmäßig verteilte Verbundspannung auftritt, sondern der in Bild 3.27 gekennzeichnete gekrümmte Verlauf.

Beim weiteren Herausziehen der Litzenkabel zeigte sich, daß sich der Vergußbeton durchweg vom Blechkasten löste. Bei den geriffelten Blechkasten wurden die Riffelungen des Vergußmörtels abgeschert. Dies setzt natürlich eine leichte Verbügelung oder Umschnürung des umgebenden Betons voraus, weil die Riffeln beim Ausziehen Spaltkräfte erzeugen.

Ein Loslösen der Vergußmasse von den Litzen war zunächst nicht zu beobachten, es erfolgte erst beim Entlasten durch eine gewisse Spreizwirkung der Litzen (Drall). Dies beweist, daß die Verbundwirkung an den Litzen wesentlich besser ist als selbst am quergerippten Blechkasten, so daß ein Gleiten zwischen Vergußmasse und Litzen überhaupt nicht zu befürchten ist (Bild 6.14). Die Versuche zeigen, daß die Verbundfestigkeit der Kabel in rechteckigen Blechkasten selbst bei glatten Blechkastenwänden der Verbundfestigkeit von Stahlstäben in Blechrohren nicht nachsteht. Quergeriffelte Blechkasten zeigen eine deutliche Überlegenheit des Verbundes. Bei der inzwischen üblichen allseitigen Riffelung der Blechkasten sind noch etwas höhere Verbundfestigkeiten zu erwarten.

R. *Bührer* berichtet in [310] über Versuche der Deutschen Bundesbahn, mit denen bei schwingender Belastung und beschränkter Vorspannung die Verbundfestigkeit untersucht wurde. Als Spannglieder dienten Stäbe ϕ 26 mm, St 60/90 in glatten Hüllrohren.

Es zeigte sich, daß bei diesen glatten Stäben die rechnerische Haftspannung unter ruhender Gebrauchslast bis 11 kg/cm², bei geringerer Häufigkeit der Höchstbelastung, wie sie in Straßenbrücken vorkommt, bis 10 kg/cm² und bei Dauer-Schwingbelastung bis 4 kg/cm² betragen darf.

Kapitel 7

7. Längsbeweglichkeit und Gleitwiderstände von Spanngliedern Spannkraftverlust durch Reibung, Spannweg

In Bauteilen, die nach dem Erhärten des Betons vorgespannt werden, müssen die Spannglieder längsbeweglich eingelegt werden. Jede Behinderung der Längsbeweglichkeit durch Reibung, Haftung oder dergleichen vermindert die Vorspannkraft hinter der Spannstelle. Man muß deshalb für niedrige Gleitwiderstände sorgen, diese kennen und berücksichtigen.

7.1 Bauarten zur Erlangung der Längsbeweglichkeit von Spanngliedern

Die Längsbeweglichkeit kann auf verschiedene Weise erreicht werden:

1. durch Anstrich glatter, gerader Spannstäbe mit einem zunächst weichen und gegen Korrosion schützenden Gleitmittel;
2. durch Umwickeln des möglichst runden Kabels oder Seiles mit einem Band aus Stahl oder anderem wasserfesten Stoff;
3. durch Einlegen der Spannstähle in Blechrohre (Hüllrohre) oder Blechkasten oder in andere Rohrarten;
4. durch Einbetonieren von aufgeblasenen Gummischläuchen (Ductube-Verfahren) oder anderen Einlagen, die sich mit dem Beton nicht verbinden, und die nach dem Erhärten des Betons wieder herausgezogen werden können, so daß man Spanndrähte nachträglich in die so gebildeten Röhren oder Kanäle einführen kann;
5. durch vorübergehendes oder endgültiges Anordnen der Spannstähle außerhalb des Betonquerschnittes, z. B. in offenen Rillen oder Schlitzen oder in Hohlkasten.

Die Behinderung der Längsbewegung der Spannstähle beim Spannen kann hervorgerufen werden:

a) durch Haftung bzw. Kohäsion zwischen Spannstahl, Gleitmittel und Beton vor allem im Fall 1,
b) durch Reibung der Spannglieder am Gleitkanal, die von verschiedenen Ursachen herrühren kann,
c) durch Verzahnung zwischen dem Spannstahl und seiner Unterlage vor allem bei hoher Querpressung,
d) durch Reibung in der Spannpresse oder in der Verankerung.

7.11 Spannglieder mit Gleitanstrich

Die Anwendung eines Gleitmittels nach Fall 1 sollte man auf verhältnismäßig gerade und kurze (bis ~ 8 m) Einzeldrähte oder Einzelstäbe beschränken, wie sie z. B. als Bügel in hohen Balken vorkommen. Als Gleitmittel wird meist ein lange genug weichbleibendes Bitumen benutzt, z. B. Immunol der Firma P. Lechler & Co. oder Ebano 200.

Gelegentlich wurden Fette vorgeschlagen, die jedoch im Korrosionsschutz und der chemischen Verträglichkeit mit dem Beton den bituminösen Anstrichen nachstehen.

Beim Spannen muß man die Spannkraft einige Zeit aufrechterhalten, bis sich die gewünschte Dehnung einstellt, weil das zähe Gleitmittel Bitumen eine gewisse Zeit für die Bewegung braucht. Der Gleitwiderstand hängt bei Bitumen u. a. auch von der Temperatur ab, so daß man bei Kälte nicht spannen sollte. In Frankreich wurde das Gleitmittel wiederholt durch in den Spannstahl eingeleiteten elektrischen Strom erwärmt und dadurch geschmeidig gemacht. Der Stahl wird als guter Wärmeleiter rasch warm und verlängert sich dabei. Die gewünschte Dehnung wird also mit kleinerer Kraft erreicht als V-Soll, das erst nach der Abkühlung voll wirkt.

Die Verminderung der Spannkraft durch den Gleitwiderstand eines Spramex-Anstriches auf 8 mm-Draht wurde in Frankreich mit anfänglich 5 %/m Drahtlänge gemessen, vgl. [297]. Der spätere Ausgleich wurde festgestellt.

Man hat auch schon dicke patentverschlossene Drahtseile mit Bitumenanstrich einbetoniert und vorgespannt. Der Bitumenanstrich muß dabei die Rillen zwischen den äußeren Drähten füllen, so daß ein glatter Gleitkanal entsteht. Seile verkleinern ihren Durchmesser mit zunehmender Längsspannung und lösen sich dadurch teilweise vom Beton ab. Die entstehenden Hohlräume bleiben leer.

Die Gleitmittel beeinträchtigen den Verbund der Spannglieder mit dem Beton, so daß bei Rissen in der Zugzone die Stahlspannung auf größere Längen zunimmt, wodurch die Risse aufgehen und die Bruchsicherheit vermindert wird. Es ist schwierig, diese Verminderung der Bruchsicherheit gegenüber vollem Verbund richtig abzuschätzen, weil die Eigenschaften des bituminösen Gleitmittels sich mit der Zeit und der Temperatur ändern, und weil an Krümmungen Verbund durch Reibung auftreten kann. Wünscht man eine genaue Kenntnis der Bruchsicherheit, so ist man auf Versuche angewiesen, andernfalls wird empfohlen, die Bruchsicherheit ohne Verbund nachzuweisen.

7.12 Spannglieder umwickelt

Freyssinet hat in der Anfangszeit mit Bitumen gestrichene Drahtbündel mit Bitumenpapier umwickelt ([148] S. 39). Bei der Elzbrücke Bleibach [94] wurden patentverschlossene Seile erst gefettet und dann mit dünnem Blechband umwickelt. Bei beiden Arten war der Gleitwiderstand ziemlich groß, weil sich wohl der frische Beton insbesondere durch das Rütteln mit ziemlicher Kraft an die dünne, nachgiebige Wickelung anpreßt. Wickelungen aus ebenem Blechband werden außerdem selbst bei großer Überdeckung nicht dicht. Der Verbund wird schlecht. Man ist deshalb vom Umwickeln abgekommen und benutzt es nur noch als Behelf.

7.13 Spannglieder in Blechhüllen bzw. Hüllrohren

Seit Jahren werden fast allgemein Blechrohre oder Blechkasten für die Bildung der Gleitkanäle der Spannglieder benützt. Anfänglich hat man verhältnismäßig dünnwandige, glatte Blechrohre verwendet, die aus etwa 0,2 mm dickem Blechband mit einem doppelt gefalzten Längsverschluß in 2 bis 3 m langen Stücken hergestellt, am Querstoß muffenartig ineinandergesteckt und mit einer Gummihülse gedichtet waren. Die Erfahrung zeigte jedoch, daß diese Rohre in Krümmungen einknickten, sich beim Betreten verformten, dem Druck des Betons beim Rütteln nicht gewachsen waren und beim Auspressen mit Zementmörtel für die oben an die Rohrwandung angepreßten Drähte oder Stäbe keine Gewähr der vollständigen Umhüllung gaben. Auch waren die Muffenstöße oftmals nicht dicht. All diese Mängel sind heute überwunden, indem die Hüllrohre aus dickerem Blech mit meist

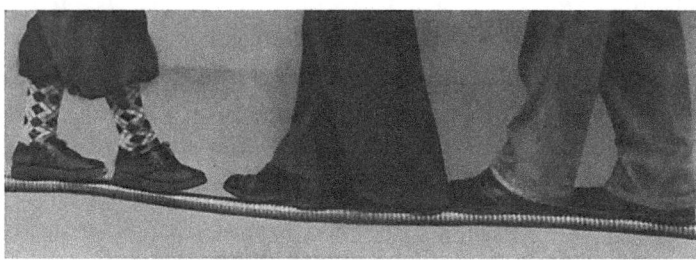

Bild 7.1 Trittfeste gewellte Hüllrohre

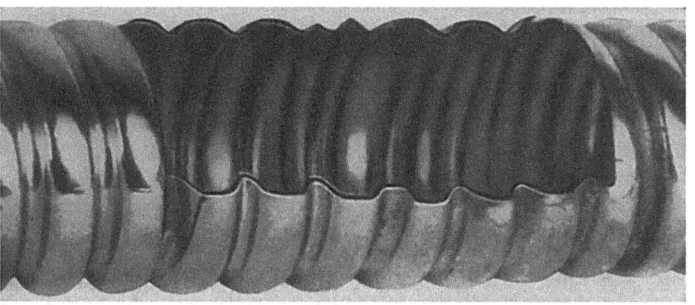

Bild 7.2 Stoßverbindung zweier Hydra-Wellrohre durch Verschrauben

schraubenförmig verlaufenden Wellprofilierungen hergestellt werden und damit so steif sind, daß sie ohne Schaden betreten werden können (Bild 7.1). Die Querwellung macht sie biegsam, so daß sie sich der Krümmung der Spannglieder anpassen. Die Querwellung erlaubt außerdem dem Einpreßmörtel, die Drähte oder Stäbe rundum bis auf kurze Berührungsflächen einzuhüllen und führt dabei zu Scherverbund zwischen Hüllrohr und Beton.

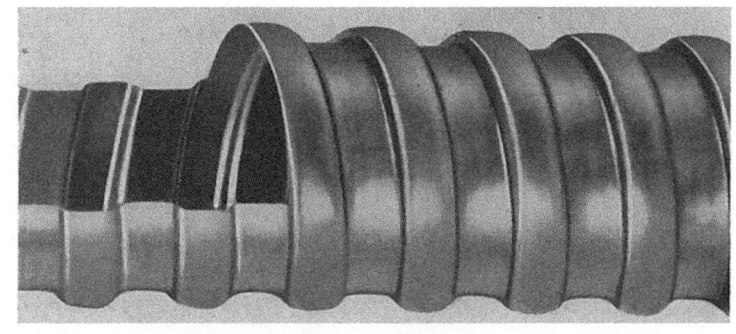

Bild 7.3 Hüllrohr, hier Hydra-Wellrohr

Die Schraubenform der Querwellen wird außerdem benützt, um an den Stößen muffenartige Rohrstücke dicht aufzuschrauben (Bild 7.2). Hüllrohre mit all diesen vorteilhaften Eigenschaften werden nun in zwei Arten hergestellt. Bild 7.3 zeigt als Beispiel der ersten Art das *Hydra-Wellrohr*, bei dem zunächst das Rohr mit einem geschweißten Längsstoß aus Blechband geformt wird, worauf in einem zweiten Arbeitsgang die Wellung durch Kaltverformung eingewalzt wird (Hersteller Metallschlauchfabrik Pforzheim). Diese Rohre werden heute mit den in Tafel 7.I angegebenen Durchmessern geliefert. Die Tafel enthält auch die zulässigen Biegeradien. Die normalen Lieferlängen liegen bei 5 bis 7,5 m, größere Längen hängen nur von der Transportmöglichkeit ab.

Tafel 7.I
Tafel handelsüblicher Hüllrohre[1]

Bezeichnung	Innendurchmesser mm	Außendurchmesser mm	Kleinster Biegeradius m
Hydra-Wellrohr normalgewellt (rund)	30 bis 90	35 bis 97	3,5 bis 6,0
enggewellt (rund)	30 bis 70	35 bis 77	1,0 bis 1,5
breitgewellt (rund)	30 bis 60	35 bis 66	3,5 bis 4,5
Falzrohre (rund)	20 bis 110	25 bis 117	0,8 bis 7,0
oval	14/23 bis 20/45	19/27 bis 27/52	1,0 bis 1,5
quadratisch	16/16 bis 70/70	23/23 bis 80/80	0,6 bis 2,5
rechteckig	18/40 50/70 70/90 70/150	24/25 60/80 80/100 80/160	1,5 2,0 bzw. 2,5 2,5 „ 4,0 4,5 „ 7,0

[1] Nur Beispiele, Zwischengrößen nach Bedarf.

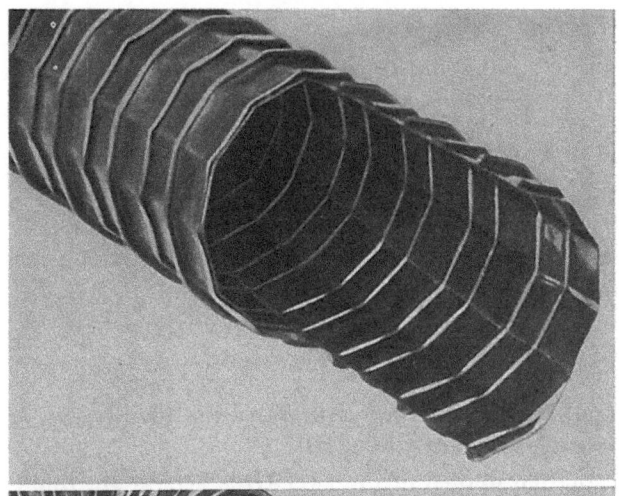
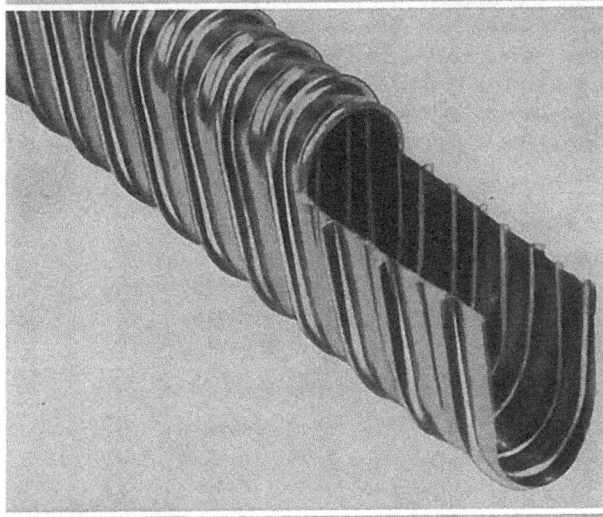
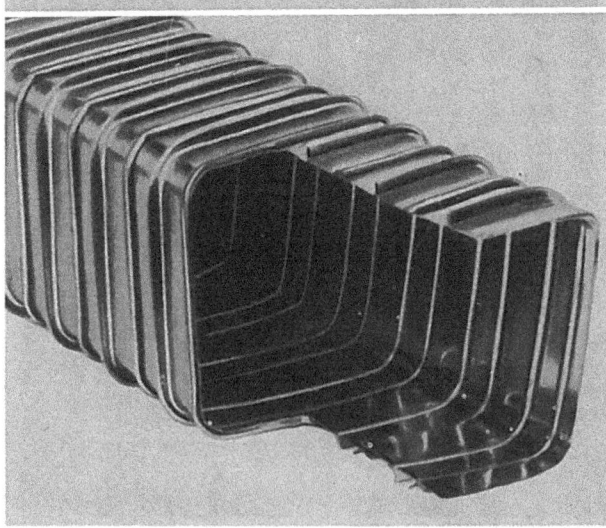

Bei der zweiten Art der Hüllrohre (Bild 7.4), den sog. Falzrohren, wurde von der Herstellung biegsamer Metallschläuche ausgegangen. Die Rohre werden dabei aus verhältnismäßig dünnem Blechband gewickelt, wobei die Bänder mit einer Falzdichtung versehen werden. Zwischen diese schraubenförmig verlaufenden Fälze werden noch Wellen wie bei der ersten Rohrart eingewalzt, um die Steifigkeit des Rohres zu erhöhen und die Vorteile für den Mörtelfluß und den Scherverbund zu erreichen (Hersteller Metallschlauchfabrik Pforzheim und Rainer Isolierrohrfabrik, Rain am Lech, u. a.).

Die biegsamen Metallschläuche wurden zuerst in England unter der Bezeichnung „Unitubes" für Spannbeton angewandt (Bild 7.5). Diese „Unitubes" sind aus leicht verbleitem Bandblech gewickelt, wobei die dünne Bleischicht die Reibung zwischen den Spanndrähten und dem Hüllrohr vermindert.

BBR, Schweiz, und Preload, USA, haben die biegsamen Metallschläuche sehr frühzeitig angewandt, um im Werk hergestellte Spannglieder für den Transport aufrollen zu können. Die Falzrohre werden entsprechend in großen Längen auf Ringen angeliefert (Bild 7.6). Bei den erhöhten Steifigkeitsforderungen lassen sich die größeren Durchmesser nicht genügend klein aufrollen, so daß sie meist in geraden Stücken von 5 bis 8 m Länge geliefert werden.

Bild 7.4 Hüllrohre — sog. Falzrohre, gewickelt und gewellt, kreisrund, rechteckig und elliptisch

Im Querschnitt herrscht heute für Einzelspannglieder das kreisrunde Hüllrohr vor, weil es sich in jeder Richtung krümmen läßt, besonders steif ist und vom Beton gut umschlossen wird. Für flache Drahtanordnungen ist man bei kleinen Bündeln vom rechteckigen zum etwa elliptischen Rohr übergegangen (Bild 7.4). Auch rechteckige Rohre werden als Falzrohre hergestellt (Bild 7.4), sie sind für die Drahtanordnung vorteilhaft, haben aber Nachteile hinsichtlich der Krümmung, der Stoßausbildung und der Umhüllung mit Beton.

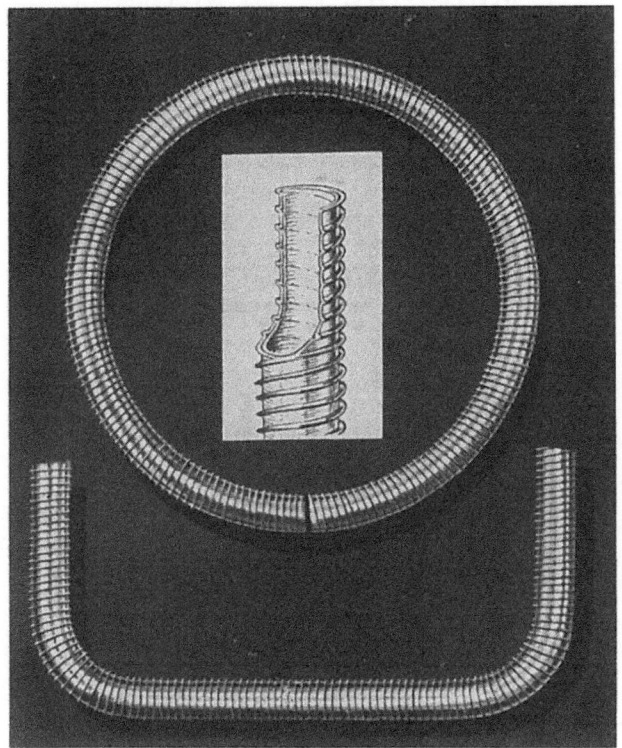

Bild 7.5 Die biegsamen und doch steifen „Unitubes" der Engländer

Bild 7.6 Aufgerolltes 50 t-BBR-Spannglied mit biegsamen Metallschlauch

An den Verankerungen müssen die Drahtkabel meist etwas gespreizt werden, so daß dort die Hüllrohre im Durchmesser erweitert werden müssen. Teilweise benützt man hierbei zylindrische Hüllrohre mit entsprechend großem Durchmesser, die mit einem Übergangsstück an die normalen Hüllrohre angeschlossen werden (vgl. z. B. Bild 3.79).

In anderen Fällen werden besondere Blechtrompeten mit stufenartiger Vergrößerung des Durchmessers gepreßt (Leoba-Spannglieder, Bild 3.21 und 3.108). Der Anschluß dieser erweiterten Hüllrohre an die Ankerplatten oder dergl. muß so gelöst werden, daß auch noch dort eine dichte Verbindung zuverlässig erreicht wird. Der Höchstpunkt des Gleitkanales an der Ankerstelle muß im Hinblick auf das Auspressen eine Entlüftungsöffnung erhalten.

Auch an Muffenstößen von Spannstäben sind erweiterte Hüllrohre nötig, die mit Übergangsstücken an die normalen Rohre angeschlossen werden (vgl. z. B. Bild 3.111 und 3.112).

Für große Spannkabel hat sich der rechteckige Blechkasten aus Schwarzblech, Bild 7.7, mit geschweißten oder gefalzten Stößen bewährt (Verfahren Baur-Leonhardt, [360]). Diese Blechkästen finden Anwendung für Kabel von rund 400 t bis 2500 t Spannkraft, wobei die Abmessungen des Blechkastens von etwa 6/6 cm bis rund 20/28 cm betragen. Bei den kleineren Blechkästen genügt ebenes Schwarzblech mit 0,8 mm Dicke, bei Seitenabmessungen über 10 cm müssen die Blechkastenwände profiliert werden, was z. B. mit einer flachen Zickzackwellung, wie

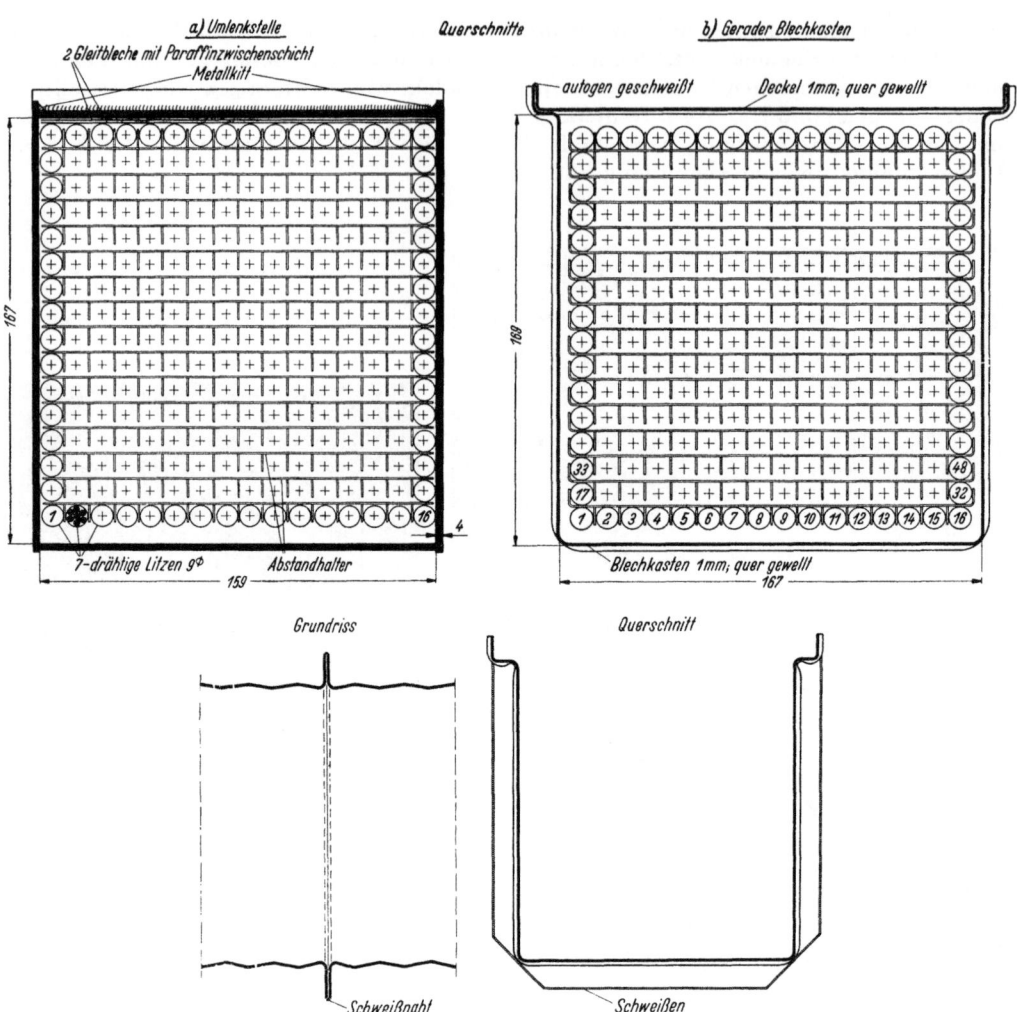

Bild 7.7 Rechteckiger Blechkasten für Spannkabel aus vielen Drähten oder Litzen mit Ausbildung der Quer- und der Deckelstöße

sie in Bild 7.7 dargestellt ist, geschieht. Diese Profilierung verbessert nicht nur den Verbund, sondern steift die Blechkastenwände gegen den zum Teil beachtlichen Druck des frischen Betons beim Rütteln aus. Die beim Verfahren Baur-Leonhardt vorgeschriebenen Blechdicken und Tiefen der Wellung sind der folgenden Tafel zu entnehmen:

Größte Seitenlänge des Blechkastens cm	Mindestblechdicke mm	Tiefe der Wellung mm	Abstand der Wellung mm
10	0,8	keine	—
14	0,8	2,0	30
18	1,0	2,0	30
22	1,0	2,5	30
26	1,25	3,0	30

Die Stöße und der Verschluß der Deckel der Blechkästen werden heute bevorzugt autogen verschweißt, indem man die Blechränder zusammenschmilzt. Dabei muß mit Sorgfalt verhütet werden, daß die Spannstähle zu warm werden. Mit dem Schweißen werden die Blechkästen jedoch zuverlässiger dicht als bei gefalzten Stößen.

Schweißt man am Querstoß die abgekanteten Blechränder nur außen (Bild 7.7), dann sind noch kleine Winkeländerungen zwischen zwei Kastenstücken zum Ausrichten möglich.

Da man die rechteckigen Blechkästen nicht gut stetig krümmen kann, werden die Spannglieder polygonartig verlegt, wobei zwischen langen, geraden Strecken kurze Umlenkungen aus einem zur Ausrundung des Knickes gekrümmten, sehr kräftigen Blechkasten (Bild 7.8 und 7.9) eingebaut werden.

Diese Umlenkstellen können im Bedarfsfall nach zwei Richtungen gekrümmt sein. Sie werden aus 4 mm dickem Stahlblech zusammengeschweißt. Sie bilden für das Kabel einen Engpaß, indem der Querschnitt so gewählt ist, daß das Kabel in seiner Ordnung gerade Platz findet, während die geradlinigen Blechkastenstrecken in beiden Richtungen rund 10 bis 12 mm weiter sind, so daß das Kabel in diesen Bereichen den Gleitkanal beim Spannen gar nicht berührt. Die Vorteile, die sich damit für die Reibung erzielen lassen, werden unter Kap. 7.4 beschrieben.

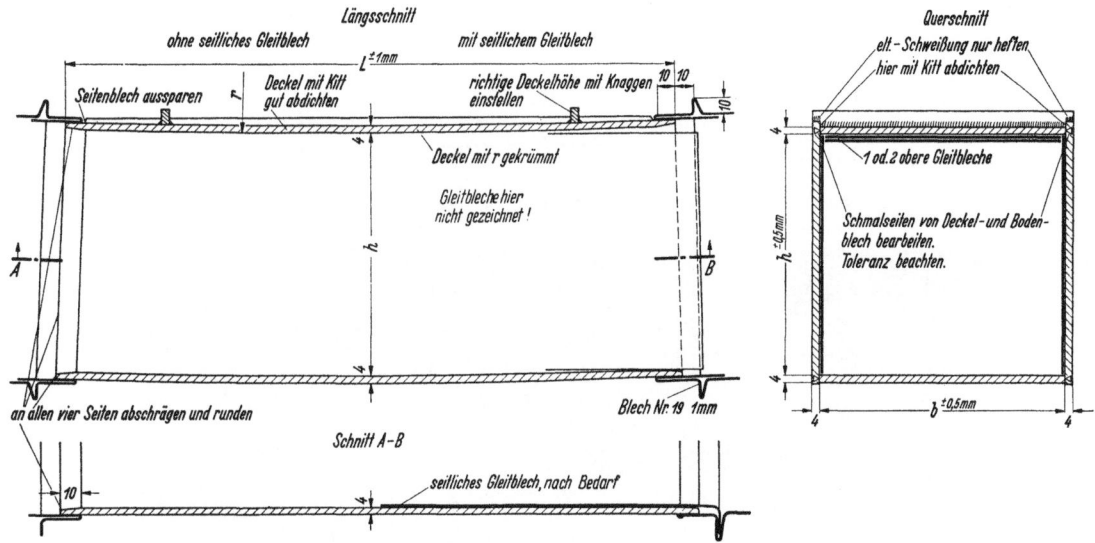

Bild 7.8 Umlenkstelle für große Blechkasten (nach Verfahren Baur-Leonhardt)

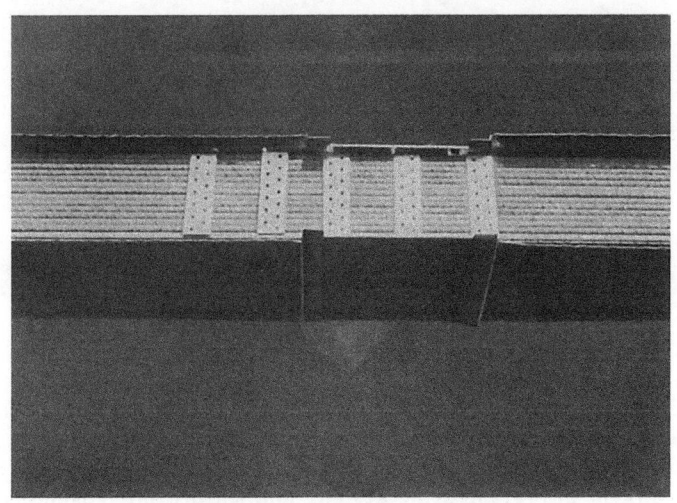

Bild 7.9 Großer Blechkasten mit Umlenkstelle

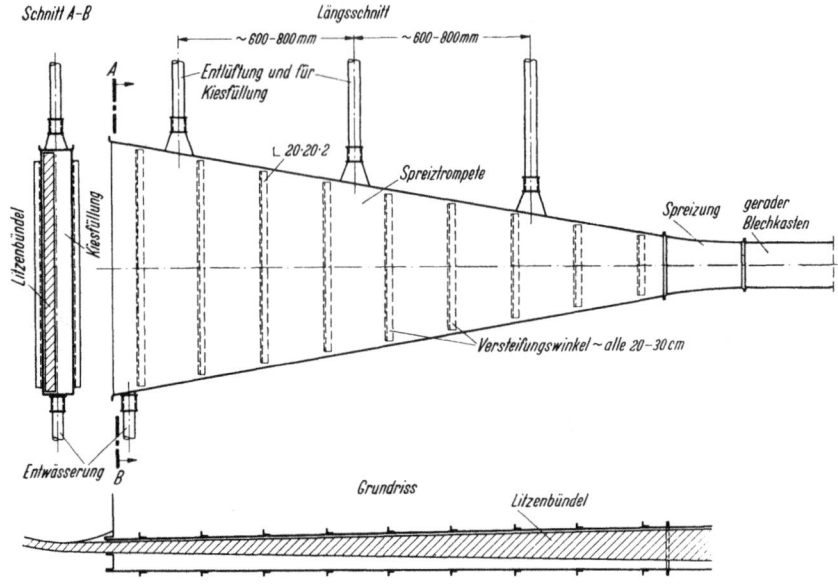

Bild 7.10 Spreizstelle und Spreiztrompete für konzentrierte Spannglieder

Bild 7.11 Spreizstelle und Spreiztrompete für konzentrierte Spannglieder

Am Ende der konzentrierten Kabel müssen die Gleitkanäle meist trompetenartig für die Ausbildung der Verankerung (Fächeranker oder Schlaufenanker) erweitert werden (Bild 7.10). Hierzu schließt man an die normalen Blechkästen zunächst eine Spreiz-Umlenkstelle an, die ähnlich ausgebildet ist wie die normale Umlenkstelle. Dahinter folgt die sogenannte Spreiztrompete, die aus 1 bis 1,25 mm dickem Schwarzblech hergestellt und seitlich mit angepunkteten Winkelstäben ausgesteift wird (Bild 7.11).

Sonderteile der Hüllrohre und Blechkästen für das Auspressen mit Zementmörtel, für die Entlüftung oder für Beobachtungsfenster oder dergl. werden in Kap. 8 beschrieben.

Ist der Blechkasten nicht steif genug, dann verbiegt er sich unter dem Betondruck und drückt das Spannkabel zusammen. Beim Spannen kann dann ein solches Kabel je nach der Art der Abstandhalter und Größe der Verbiegung so große Seitenkräfte ausüben, daß der Steg des Balkens gesprengt wird.

7.14 Spannglieder in Betonkanälen

Die Spannglieder können auch nach dem Erhärten des Betons in vorbereitete Hohlräume, Röhren oder Kanäle eingezogen werden. Es gibt verschiedene Wege, solche Kanäle herzustellen. Man kann Beton- oder Asbestzementrohre einbetonieren oder Gummischläuche als Schalung benutzen. Bei dem Ductube-Verfahren[1] werden die Gummischläuche durch Aufpumpen quer gedehnt und längs verkürzt, so daß sie sich beim Ablassen der Luft vom Beton lösen und auch auf große Längen oder um Krümmungen herum herausziehen lassen (Bild 7.12). Röhren für Spannglieder müssen meist sehr genau gerade oder stetig gekrümmt sein. Die Gummischläuche müssen daher steif und einwandfrei befestigt sein, damit sie beim Einbringen des Betons nicht verschoben werden. In England werden zur Versteifung Stahlstäbe in die Ductubes eingelegt. Vielleicht werden eines Tages Schläuche mit einvulkanisierten harten Stahldrähten zur Verfügung stehen.

Für rechteckige Kanäle betonierte *Magnel* (Belgien) Vollgummistäbe ein, die ein Längsloch haben, in das ein gefettetes glattes Metallrohr zur Aussteifung eingelegt wird. Man kann damit aber keine großen Längen und nur kleine Krümmungswinkel bewältigen. Solche Formen sind auch teuer. Auch Stahlformen wurden schon einbetoniert und vor dem Erhärten des Betons gezogen.

Gummischläuche hinterlassen reine Betonflächen mit hohem Reibungsbeiwert für das Gleiten der Drähte. An Krümmungen ist es deshalb angezeigt, bei Ductubes oder ähnlichen Schläuchen den halbvollgepumpten Schlauch mit einem schmalen Stahlband zu umwickeln und ihn dann fertig aufzupumpen (Bild 7.13). Das Stahlband verbleibt dann im Betonkanal und vermindert die Reibung; die Querwellung des Gummis zwischen der Umwicklung verbessert den Verbund.

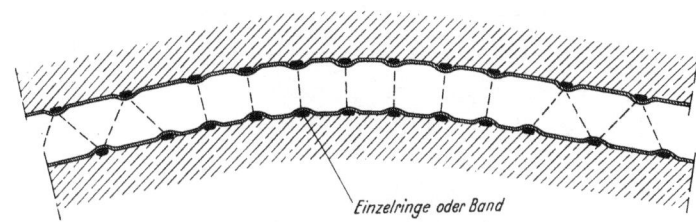

Bild 7.12 Ductube-Schlauch zur Bildung eines Rohres im Beton

Bild 7.13 An Krümmungen wird der Ductube-Schlauch zweckmäßig mit Stahlband umwickelt, das zur Verminderung der Reibung im Beton verbleibt

Die Ductubes müssen auch gegen „Aufschwimmen" gesichert werden. Anweisungen hierzu enthalten die Ductube Information Sheets.

[1] Ductube Company Ltd., London, Deutsche Vertretung Seibert-Stinnes, Mülheim/Ruhr.

7.15 Spannglieder neben den Stegen, in offenen Rillen oder Schlitzen

Die Längsbeweglichkeit der Spannglieder ist ohne weiteres gegeben, wenn man sie außerhalb des Betonquerschnittes mit längsbeweglicher Lagerung an Umlenkpunkten verlegt und auf den Verbund verzichtet [16] (Bild 7.14). Diese auf *Dischinger* zurückgehende Bauart wurde mehrmals ausgeführt [312]. Es muß jedoch als nachteilig bezeichnet werden, daß die Umlenkkräfte in den Querträgern große Momente erzeugen und daß nach dem Spannen kein Verbund hergestellt werden kann.

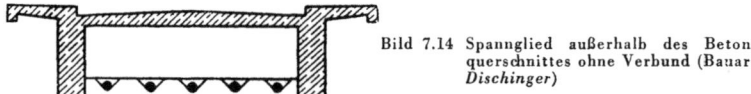

Bild 7.14 Spannglied außerhalb des Betonquerschnittes ohne Verbund (Bauart *Dischinger*)

Es ist daher zweckmäßiger, den nötigen Spannstahl unmittelbar neben den Stegen in großen Kabeln zu konzentrieren (Bild 7.15). An den Umlenkstellen werden Querrahmen oder Querträger angeordnet, die durch die Umlenkkräfte nicht mehr auf Biegung beansprucht werden, sondern nur die etwas exzentrische Krafteinleitung in die Stege zu vermitteln haben. Nach dem Spannen werden die Kabel einbetoniert, ausgepreßt und durch im Steg verankerte Anschlußbewehrung mit dem Hauptträger schubfest verbunden [341] (vom Verfasser schon 1953 vorgeschlagene Bauart,

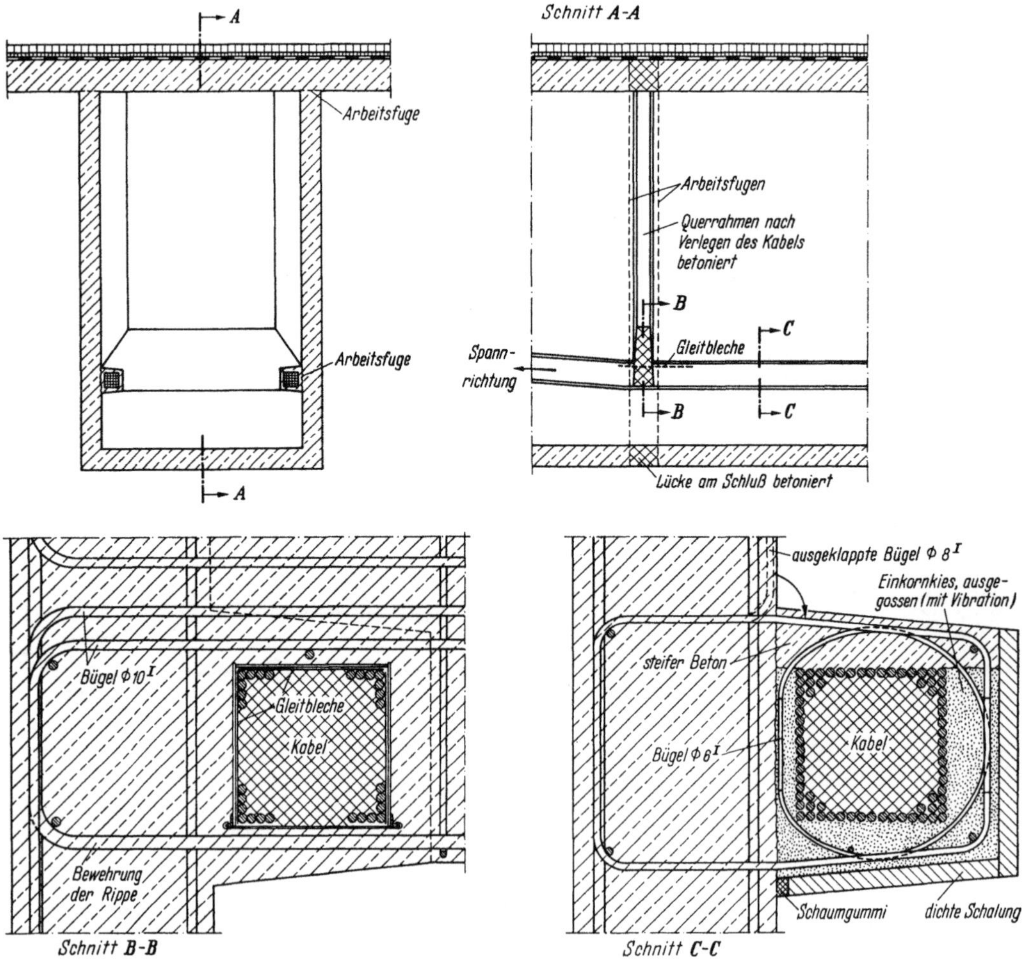

Bild 7.15 Konzentrierte Spannglieder direkt neben dem Steg eines Brückenträgers, Umlenkungen an Querrahmen, nachträglicher Verbund

angewandt bei Traunbrücke des Autobahnzubringers Linz und bei Narrow's Bridge, Swan-River, Perth, Australien [518]).

Den nachträglichen Verbund erreicht man auch in einfacher Weise, wenn man die Spannglieder in offene Rillen oder Schlitze verlegt (Bild 7.16) und nach dem Spannen einbetoniert. Die Rillen können auch seitlich am Steg angeordnet werden und erlauben dann eine gekrümmte Führung des Spanngliedes, wobei Polygone bevorzugt werden, so daß die lotrechte Abstützung des Spanngliedes nur an wenigen Punkten genügt. Der Schlußbeton in den Rillen gelangt durch die Schwind- und Kriechverkürzungen des Hauptbetons auch noch unter eine mäßige Vorspannung, wenn er mit diesem gut verzahnt ist.

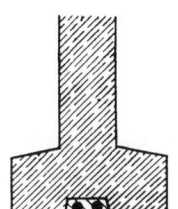
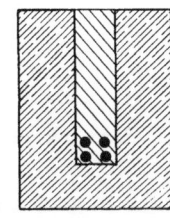

Bild 7.16 Spannglieder in offenen Rillen oder Schlitzen, die nach dem Spannen mit Beton geschlossen werden

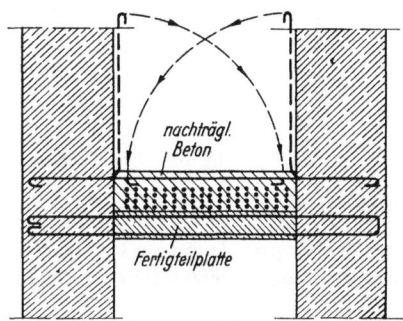

Bild 7.17 Bandartiges Spannglied zwischen Hauptträgerstegen, das nach dem Spannen einbetoniert wird

Bei sehr großen Bauwerken kann man das Spannglied als flaches Band zwischen zwei Hauptträgerstege auf eine untere Betonplatte legen und nach dem Spannen einbetonieren, wobei Querbewehrungen über und unter dem Spannstahl für die Schubsicherung mit den Stegen sorgen (Bild 7.17). Bei diesen Lösungen kann man das ganze Spannglied bis nach dem Spannvorgang beobachten.

7.2 Die Gleitwiderstände von Spanngliedern — Ursachen der Reibung

Bei allen Bauarten des Vorspannens nach dem Erhärten hat man es mit der Behinderung der Spannbewegung durch R e i b u n g zu tun. Selbst bei theoretisch geraden Spanngliedern entsteht Reibung, wenn eine zu dünne Blechhülle durch den frischen Beton gegen die Drähte gedrückt wurde, oder wenn das Spannglied von der Geraden abweicht. Das Spannglied will sich beim Spannen vollkommen geradestrecken und drückt deshalb an jeder kleinen Abweichung des Gleitkanales von der Geraden auf ihn.

7.21 Reibung durch Umlenkkräfte

An jeder Krümmung eines Spanngliedes entsteht beim Spannen eine Umlenkkraft U (Bild 7.18), mit der der Spannstahl an den Gleitkanal angedrückt wird. Diese Umlenkkraft ruft bei der Spannbewegung einen Reibungswiderstand hervor $R = \mu \cdot U$, der vom Reibungsbeiwert μ abhängig ist. Wenn die Spannkraft vor der Umlenkung V_0 war, dann wird sie hinter der Umlenkung um den Reibungswiderstand R vermindert sein, also nur noch

$$V_1 = V_0 - \mu U \text{ betragen.}$$

Sind mehrere Umlenkstellen da, dann wird nach n Umlenkstellen

$$V_n = V_0 - \mu U_1 - \mu U_2 - \ldots = V_0 - \sum_0^n \mu U.$$

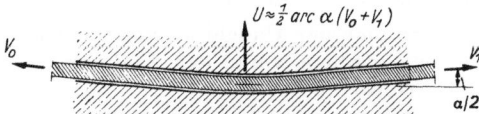

Bild 7.18 Umlenkkraft bei Richtungsänderung (Umlenkung) des Spanngliedes

Genügend genau ist
$$U \approx \frac{1}{2} \operatorname{arc} \alpha \, (V_0 + V_1).$$

Wir wählen arc α, da wir die Winkel α einer gewissen Strecke addieren wollen und die Einzelwinkel sehr klein sind. In Wirklichkeit liegt U zwischen $V_0 \sin \alpha$ und $2 V_0 \sin (\alpha/2)$.

Nach der *Euler-Eytelwein-Grashof*schen Formel wird das Abnehmen der Vorspannkraft von Umlenkung zu Umlenkung mit der folgenden *e*-Funktion

$$V_n = V_0 \, e^{-\mu \alpha} \qquad \qquad 7.(1)$$

genau berücksichtigt. Dabei ist e die Basis des natürlichen Logarithmus und α die Summe der Umlenkwinkel im Bogenmaß zwischen Punkt 0 und n.

Für $\mu \alpha < \sim 0{,}1$ gilt die Näherung

$$V_n = V_0 \, (1 - \mu \alpha) \qquad \qquad 7.(1\mathrm{a})$$

7.211 Arten und Größe der Umlenkungen

Wir haben zu unterscheiden:

1. **Planmäßige Umlenkungen** entsprechend der gekrümmten Sppanngliedachse, einschließlich der Spreizstellen an Ankern.
2. **Ungewollte Umlenkungen** (Welligkeit oder englisch wobble), die durch ungewollte Abweichungen des Gleitkanales von der Soll-Lage entstehen, z. B. infolge der Durchbiegung der Spannglieder zwischen ihren Unterstützungen oder durch Ungenauigkeiten der Unterstützungshöhen bzw. der Lage der Spannglieder im Grundriß.

Wenn auch die Fehler, die zu den ungewollten Umlenkungen führen, im einzelnen klein sein mögen, so entstehen doch bei langen Spanngliedern in der Summe große Umlenkkräfte, die bei der Reibung berücksichtigt werden müssen. Die Welligkeit hängt ab von der Biegesteifigkeit der Blechrohre im Zusammenwirken mit den eingelegten Spannstählen und von den Abständen der Unterstützung sowie von der Genauigkeit der Bauausführung. Kleine Spannglieder aus dünnen Drähten, z. B. 12 $\varnothing$ 5 mm in Blechrohr $\varnothing$ 30 mm, zeigen eine größere Welligkeit als dicke Spannstäbe $\varnothing$ 26 mm in Blechrohr $\varnothing$ 30 mm oder Bündel aus Drähten $\varnothing$ 10 mm in Blechrohren $\varnothing$ 50 mm. Die kleinste Welligkeit zeigen die großen Blechkästen der konzentrierten Spannglieder.

Die Welligkeit ist daher bei den einzelnen Spanngliedgrößen und Verfahren verschieden. Man hat sie durch zahlreiche Beobachtungen beim Vorspannen der praktisch sich ergebenden Größenordnung nach ermittelt und hat entsprechend die Welligkeit β als Winkelgrade pro Längeneinheit bei den Zulassungen der einzelnen Spannverfahren festgelegt.

Die Welligkeit ist auch von der planmäßigen Krümmung des Spanngliedes abhängig, weil die harten Spanndrähte sich in eine möglichst stetige Kurve legen. Der Wert β ist daher für gerade Spannglieder am größten und nimmt mit zunehmender Krümmung beträchtlich ab. Man hat schon versucht, für diese Abnahme eine Funktion aufzustellen [375], was jedoch wegen der vielen Einflüsse mit Vorsicht zu betrachten ist. Dies wird in der Veröffentlichung [405] auf Grund praktischer Beobachtungen bestätigt. Man wird sich daher bei der Welligkeit mit den empirisch ermittelten Werten begnügen und diese von Zeit zu Zeit durch weitere Messungen beim Vorspannen korrigieren. Der Einfluß der Krümmung der Spannglieder auf die Verminderung von β wurde bei einigen Verfahren ermittelt.

Die in Kap. 7.34 aufgenommene Tafel 7.IV enthält die bei den verschiedenen Verfahren zu berücksichtigenden Welligkeiten β und Reibungsbeiwerte μ.

Die Summe der Umlenkwinkel γ eines Spanngliedes setzt sich also zusammen aus den gewollten Umlenkwinkeln α und der Welligkeit β multipliziert mit der zugehörigen Spanngliedlänge l. Es ist also

$$\gamma = \Sigma \alpha + \beta l$$

β wird am besten durch Messen der Spannkräfte an der Spannstelle V_0 und am Endanker V_n

ermittelt, wobei der Reibungswert μ und die planmäßige Umlenkung $\Sigma \alpha$ bekannt sein müssen. Es ist dann

$$\beta = \frac{\ln \frac{V_0}{V_n}}{\mu \, l_n} - \frac{\Sigma \alpha_n}{l_n} \qquad 7.(2)$$

vgl. auch Kap. 7.33.

7.22 Reibung durch Klemmkräfte

7.221 Mangelhafte Ordnung der Drähte

Bei **mehrteiligen Spanngliedern** (Bündel oder Kabel) können Seitenkräfte dadurch entstehen, daß sich einzelne Drähte durch die Umlenkkräfte U zwischen andere Drähte schieben wollen. Die Drähte „verklemmen sich", daher spricht man von „**Klemmkraft**". Mit dem Klemmkraftfaktor k wird

$$U_k = U\,k$$

und die dadurch bedingte Reibungskraft

$$R_k = \mu\,U\,k\,.$$

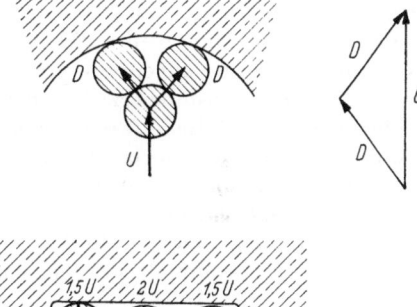

Die Umlenkkraft U erzeugt im runden Gleitkanal gemäß Bild 7.19 geneigte Stützkräfte D, deren Summe größer ist als U, so daß auf den Gleitkanal eine größere Kraft wirkt, als die aus dem Umlenkwinkel des Spanngliedes allein berechnete Umlenkkraft U. In rechteckigen Röhren entsteht nach Bild 7.19 eine seitliche Klemmkraft Kl, sobald die Drahtabstände die gezeichnete Lage zulassen.

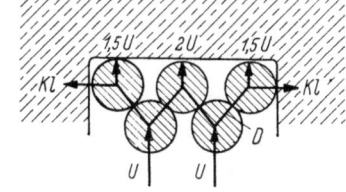

Diese Klemmkräfte können in Stegen den Beton spalten.

Bei kreisringförmig angeordneten Drähten entsteht an Umlenkungen zwischen den oberen Drähten eine bogenförmige Abstützung gemäß der unteren Skizze in Bild 7.19, wobei die Horizontalkomponente des Bogenschubes als Klemmkraft zu betrachten ist. Durch diese Bogenwirkung werden die Umlenkkräfte solcher Bündel um 20 bis 40% erhöht, demnach ist $k = 1{,}2$ bis $1{,}4$.

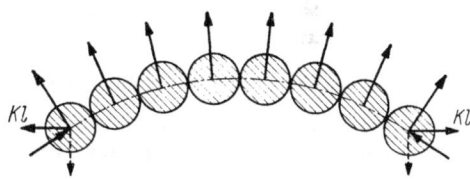

Bild 7.19 Das Entstehen von Klemmkräften durch die schräge Abstützung eines Drahtes auf zwei folgende infolge der Umlenkkraft U, da $2\,D > U$

oben: im runden Gleitkanal,

mitte: im rechteckigen Gleitkanal bei Zwischenlage der Drähte der zweiten Lage,

unten: kreisringförmig angeordnete Drähte

Die Anordnung der Drähte in den Gleitkanälen sollte daher so gewählt werden, daß diese Klemmkräfte nicht entstehen (vgl. Kap. 7.3). Häufig führen jedoch andere Überlegungen dazu, die Klemmkräfte in Kauf zu nehmen. Man muß sie dann bei der Reibung berücksichtigen.

7.222 Nacheinander gespannte Drähte

Werden die Drähte eines Bündels oder Kabels nicht gleichzeitig gespannt, so können zusätzliche Reibungswiderstände dadurch entstehen, daß noch nicht gespannte Drähte durch bereits gespannte Drähte festgeklemmt werden. Man sollte deshalb möglichst alle in einem Gleitkanal befindlichen Drähte gleichzeitig anspannen. Läßt das Spannverfahren dies nicht zu, so muß man die Drähte oder Drahtlagen durch Querrippen so trennen, daß die Umlenkkraft jeder Drahtlage über die Querrippe abfließt (*Magnel*-Methode, siehe Bild 7.45, oder früheres Verfahren Heilitbau [224]).

Auf diese Querrippen kann man nur verzichten, wenn nur eine Krümmungsrichtung vorkommt und wenn dann die inneren Drähte zuerst gespannt werden, so daß die nächsten stets auf bereits gespannten Drähten gleiten.

7.223 Druck des Frischbetons

Zu den Klemmkräften kann man auch den Druck des Betons beim Verdichten auf die Spanndrähte durch zu dünne Blechhüllen hindurch rechnen. Wird Beton vibriert, so kann der volle Flüssigkeitsdruck der großen Wichte von 2,3 bis 2,4 t/m^3 entstehen. Nimmt man nur eine 50 cm hohe Betonschicht über dem Spannglied an, so wirkt also ein Druck von 1000 bis 1200 kg/m^2. Die neueren Hüllrohre und Blechkasten sind steif genug, um diesem Druck ohne zu große Verformung standzuhalten, so daß diese Ursache der Reibung in der Regel entfällt.

7.23 Das Bremsen der Randdrähte

Bei Kabeln aus mehreren Drahtlagen, die gemeinsam gespannt werden, muß der Reibungsbeiwert zwischen Kabel und Gleitkanal niedriger sein als zwischen den einzelnen Drahtlagen. Ist dies nicht der Fall, dann bleibt die unterste oder oberste Lage, die am Gleitkanal mit größerem Reibungswiderstand angepreßt wird, zurück, und das übrige Kabel gleitet auf dieser gebremsten Lage. An der Spannstelle erzwingt man andererseits für alle Drahtlagen die gleiche Dehnung. Dies bedeutet aber, daß die unterwegs gebremste Lage im Endbereich entsprechend höher beansprucht werden muß als das übrige Kabel, um die gleiche Dehnung zu erreichen. Je nach der Lage der Umlenkungen kann die höhere Beanspruchung dieser gebremsten Drahtlage weit über die Streckgrenze hinausgehen, bei kleiner Bruchdehnung der Drähte sogar zum Bruch führen. Man hat diese Erscheinung lange nicht beachtet, bei Bündeln oder Kabeln müssen aber die Reibungsverhältnisse so beeinflußt werden, daß solche Mängel ausscheiden.

7.3 Die Reibungsbeiwerte

Unter dem Reibungsbeiwert μ versteht man das Verhältnis der zur Überwindung der Reibung nötigen Längskraft zur rechtwinklig dazu wirkenden Anpreßkraft. μ ist also eine dimensionslose Zahl. Sie ist von folgenden Einflüssen abhängig:

1. von der Oberflächenbeschaffenheit der Gleitflächen;
2. von der Härte jedes der beiden aufeinander gleitenden Stoffe und vom Verhältnis der beiden Härten zueinander;
3. von der Trockenheit der Oberflächen bzw. ihrer Benetzung durch ein Schmiermittel;
4. von der Bewegungsgeschwindigkeit: μ ist am höchsten bei Überwindung der Ruhe und nimmt meist während der Bewegung und mit zunehmender Geschwindigkeit ab;
5. vom Anpreßdruck, der durch die Anpreßkraft auf die Gleitfläche erzeugt wird;
6. bei sehr hohem Anpreßdruck von molekularen Kräften;
7. von Fremdkörpern zwischen den Gleitflächen, die Reibung wird z. B. durch Splitter der Walzhaut oder Rost wesentlich erhöht, beides wirkt wie Streusand;
8. von der Bewegungsdauer bzw. dem bei der Bewegung zurückgelegten Weg, weil die Gleitflächen je nach den Härteverhältnissen durch die Bewegung geglättet werden.

Schon allein die Aufzählung dieser Einflüsse zeigt, daß es sich bei der Reibung um ein sehr komplexes Gebiet handelt [435].

Um die Vorgänge bei der Reibung besser beurteilen zu können, brauchen wir nur die Geometrie der Oberflächen einmal an einem Schnitt durch eine geschliffene Stahloberfläche bei 2000facher Vergrößerung betrachten und zwei solche Oberflächen aufeinanderlegen (Bild 7.20). *Bowden* und *Tabor* [313] benutzten für die Beurteilung dieser beim Betasten absolut glatten Flächen den folgenden anschaulichen Vergleich:

„Sogar die glattesten Oberflächen sind in der Größenordnung von Atomen rauh. Wenn man die Oberflächen aufeinanderlegt, ist das etwa so, als wenn man die Schweiz umgekehrt auf Österreich legen würde. Nur an den Spitzen tritt Berührung auf. Die anderen Teile der Oberfläche können bis zu 1000 m oder 100 Angström und mehr voneinander entfernt sein" (Bild 7.21).

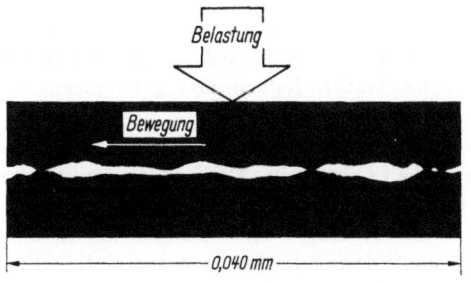 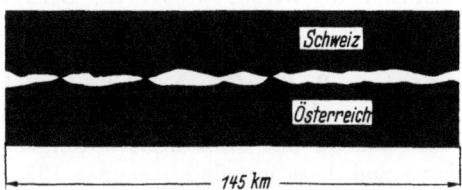

Bild 7.20 Querschnitt einer geschliffenen Stahloberfläche, 2000fach vergrößert

Bild 7.21 Nach einer fotografischen Landkarte gezeichnet — die Schweiz umgekehrt auf Österreich gelegt — Maßstab 1 : 2 000 000, Schnitt von 145 km Länge durch die Strecke St. Gotthard — Splügen — Poscilano in der Schweiz und durch die Gegend von Salzburg in Österreich

Wenn dieser Vergleich für geschliffene Stahloberflächen zutrifft, so können wir uns leicht vorstellen, wie die Berührungsflächen von gewalzten Drähten auf den Blechen der Hüllrohre unter dem Mikroskop aussehen. Nur wenige Punkte berühren sich mit einer Pressung, die 10 bis 100mal so groß ist als der auf die ganze Gleitfläche gerechnete Anpreßdruck. Bei der Bewegung müssen sich die Bergzacken ineinander verfangen, die härtere Zacke schabt die weichere ab oder, bei gleicher Härte, laufen sie aneinander auf und verformen sich. Bei stärkerem Anpreßdruck verzahnen sich die Bergzacken und müssen bei einer mit Gewalt herbeigeführten Bewegung sich gegenseitig abscheren. Nach einiger Bewegung sind die gröbsten Zacken abgeschert und füllen als Abrieb die Täler.

Die Oberflächen-Welligkeit kann nach DIN 4760 — 4762 gekennzeichnet werden, wobei man die größten Abstände zwischen Berg und Tal und die mittleren Höhenunterschiede als Rauhigkeitswerte angibt. Man kann ferner die Steilheit der Gebirge mit der sogenannten „S c h r o f f h e i t" kennzeichnen, die ermittelt wird, indem man die mittleren Höhenunterschiede mit dem mittleren Abstand der Berg- und Talwellen dividiert. Diese Schroffheit ist natürlich von besonderer Bedeutung für die Reibung.

Bild 7.22 zeigt ein mit einer Saphir-Testnadel über einen induktiven Weggeber aufgenommenes Oberflächenprofil eines gewalzten Spannstahles (nach *Zelger*).

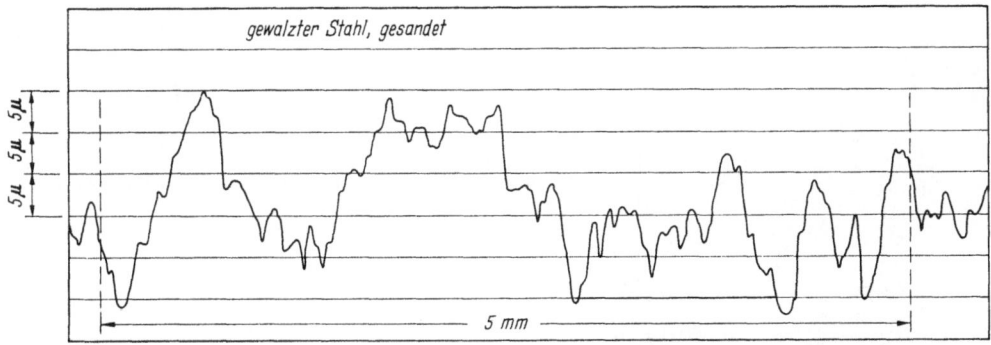

Bild 7.22 Oberflächenprofil eines gesandeten, gewalzten Spannstahles. Ergebnis einer Rauhigkeitsmessung nach DIN 4760, 4761 und 4762 (Schichtlinien im Abstand von $5\,\mu = \frac{5}{1000}$ mm) — nach *Zelger*

Bei Gleitung in einer Richtung werden die Zacken nach dieser Richtung umgelegt; kehrt man nun die Bewegungsrichtung um, so stehen zunächst die umgebogenen Zähne im Weg. So versteht man, daß bei einer ersten Umkehr der Richtung die Reibung meist zunächst größer ist als zuvor.
Erhöht man den Anpreßdruck sehr stark, dann weckt man atomare Anziehungskräfte und die Reibung schnellt besonders bei sehr glatten Flächen dadurch sehr hoch. Bekanntlich kann man manche Stoffe durch Druck verschweißen.
Bei einem guten Gleitmittel, z. B. Öl unter Druck, schwimmen die Flächen aufeinander, so daß sich die Gipfel gar nicht berühren. Ist jedoch der Anpreßdruck größer als der Öldruck, dann kommen die Zacken wieder zur Berührung, sie laufen jedoch mit geringerem Reibungswiderstand auf.
Ein Gleitmittel, das erst bei höherem Anpreßdruck flüssig wird und nicht so leicht aus den Tälern entweicht, ist z. B. Paraffin. Neuerdings sind mit Teflon (ein Dupont-Produkt) besonders niedrige Reibungsbeiwerte unter hohem Druck erzielt worden.
Besonders günstig sind die Schmiermittel, die sich mit atomarer Anziehungskraft in den Tälern verankern und diese mit flachliegenden Plättchen ausfüllen, wie dies bei Molybdän-Disulfid der Fall ist (Molykote). Gleitmittel lassen sich aber bei Spanngliedern schon aus wirtschaftlichen Gründen nur in Sonderfällen anwenden.
Wenn wir uns diese mechanischen Vorgänge vor Augen halten und dann bedenken, wie verschiedenartig die Oberflächen, die Härten, der Anpreßdruck und die Gleitwege bei unseren Spanngliedern sind, dann versteht man, wie schwierig es ist, den Reibungsbeiwert einigermaßen genau anzugeben. Auch hier sind wir auf durchschnittliche, durch Versuche bestimmte Erfahrungswerte angewiesen, von denen wir wissen müssen, daß sie von Fall zu Fall in weiten Grenzen schwanken können.
Zunächst soll die bisher übliche Art zur Ermittlung der Reibungsbeiwerte für Spannstähle mitgeteilt werden, da die Bestimmung von Reibungsbeiwerten in der Praxis immer wieder nötig sein wird [159].

7.31 Versuche zur Bestimmung des Reibungsbeiwertes μ

Versuchseinrichtung I:

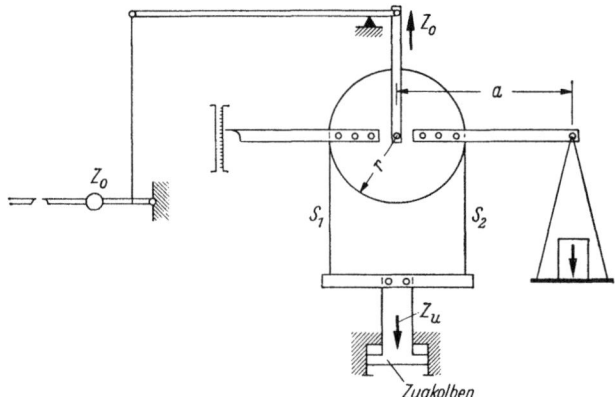

Bild 7.24 Schematische Darstellung der Versuchsanordnung I

Bild 7.23 Versuchseinrichtung zur Bestimmung von Reibungsbeiwerten an einer Zerreißmaschine der Firma Felten & Guilleaume Carlswerk AG

In einer vertikal stehenden Zerreißmaschine (Bild 7.23) wird oben eine Stahlrolle eingebaut, an der ein ausgewogener Ausleger mit einem Gefäß zur Belastung durch Bleikugeln angebracht wird. Auf die Rolle wird die zu untersuchende Unterlage aufgespannt, die der Wandung des Gleitkanales entspricht. Der Spannstahl wird in ∩-Form über diese Rolle gelegt und mit beiden Enden an einem steifen Querbalken des Zugkolbens der Maschine befestigt (Bild 7.24). Der Kolben drückt den Spannstahl mit der Kraft $Z_u = S_1 + S_2$ auf seine Unterlage. Z_u wird so verändert, daß die Anpreßkraft des Drahtes durch G nicht beeinflußt wird. Die Maschine ist ferner so eingestellt, daß die Gewichte der Rolle, des Auslegers und des Spanndrahtes mit der dazugehörigen Befestigung aus der Anzeige ausgeschaltet werden. Man kann also Z_0 als Anpreßkraft betrachten. An der Zerreißmaschine des Bildes 7.23 wird die Zugkraft Z_0 über eine Hebelübersetzung 1 : 4500 mit einer Genauigkeit von ±10 kg abgelesen. Die Rolle, Durchmesser 800 mm, läuft auf Kugellagern, deren Reibung vernachlässigt werden kann. Schon eine einseitige Belastung G von 20 g am $a = 2$ m langen Ausleger bewirkt die Drehung der freien Rolle.

Für die Bestimmung des Reibungsbeiwertes μ aus G und Z_0 gelten folgende Beziehungen (Bild 7.24)

$$\left. \begin{array}{l} S_1 + S_2 + G = Z_0 = \text{konstant} \\ S_1 r - S_2 r - G a = 0 \end{array} \right\} \text{ hieraus wird } S_1 \text{ und } S_2 \text{ bestimmt.}$$

$$S_1 - S_2 = \frac{a \cdot G}{r} = R = \Sigma \text{ Reibungskräfte.}$$

Der Reibungsbeiwert wird nun bestimmt aus

$$\frac{S_1}{S_2} = e^{\mu \alpha} \quad \text{für } \alpha = 180° = \pi$$

$$\mu = \frac{\ln\left(\dfrac{S_1}{S_2}\right)}{\pi}.$$

Der mittlere Anpreßdruck des Spannstahles wird

$$p_m = \frac{S_1 + S_2}{2r}.$$

Er ist natürlich über den $\pi \cdot r$ betragenden Umfang nicht konstant, sondern schwankt zwischen $p_1 = \dfrac{S_1}{r}$ und $p_2 = \dfrac{S_1 \cdot e^{-\mu \alpha}}{r}$, was bei $\alpha = 180°$ und den vorkommenden μ-Werten 0,4 bis 1,2 p_m ergibt.

Versuchseinrichtung II:

Für kleine Anpreßdrücke dient die Versuchsanordnung II gemäß Bild 7.25. Die Schlaufe des Spanndrahtes ist auf der einen Seite unverschieblich im unteren Teil der Maschine befestigt und auf der anderen Seite mit einem bekannten Gewicht P belastet. Im übrigen wird der Gleitwiderstand wieder über einen Hebelarm a mit dem Gewicht G gemessen. Für die Auswertung werden folgende Beziehungen verwendet:

$$R = \frac{a}{r} G = S_1 - S_2 \quad S_1 = \frac{a}{r} G + S_2 \quad S_2 = P$$

$$\frac{S_1}{S_2} = e^{\mu \alpha} \qquad\qquad \mu = \frac{\ln \dfrac{S_1}{S_2}}{\pi}$$

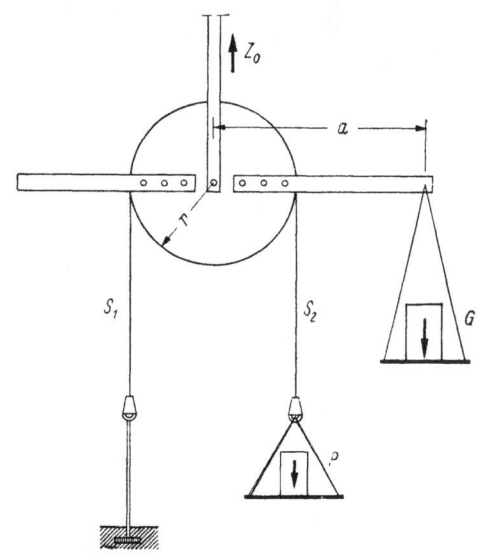

Bild 7.25 Schematische Darstellung der Versuchsanordnung II

Zu bemerken ist, daß μ der Reibungsbeiwert für die Überwindung der Ruhe ist, die gleitende Reibung ist niedriger.

Mit solchen oder ähnlichen Versuchseinrichtungen wurden die in Tafel 7.II angegebenen Reibungsbeiwerte ermittelt (vgl. auch [270]).

Eine andere Art der Reibungsmessung wurde an der MPA der Technischen Hochschule München (Prof. *H. Rüsch*, Sachbearbeiter Dipl.-Ing. *C. Zelger*) entwickelt, die in Bild 7.26 dargestellt ist.

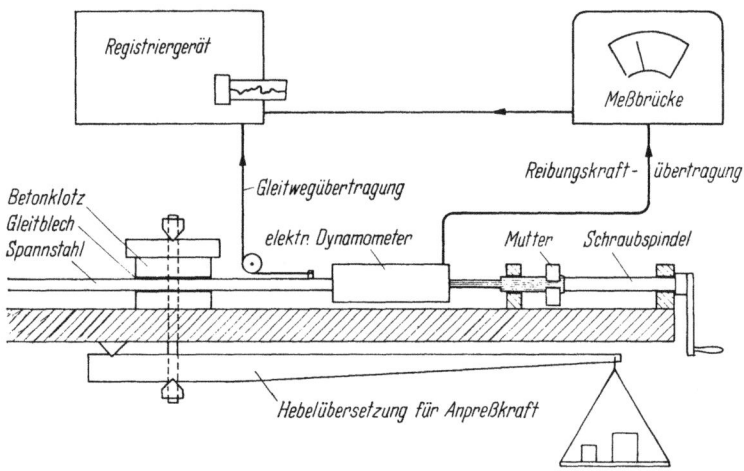

Bild 7.26 Versuchseinrichtung zur Bestimmung der Reibungsbeiwerte μ der MPA der Technischen Hochschule München

Der Spannstahl wird zwischen zwei 15 cm langen Betonbacken eingepreßt, die auf beiden Seiten mit dem als Gleitkanal dienenden Blech belegt sind, das unverschieblich gegen den Beton festgelegt ist. Die Anpreßkraft wird über einen Hebel mit Gewichten erzeugt. Der Spannstahl wird durch Drehen an einer Schraubspindel längs bewegt, wobei die dabei notwendige Kraft, die Reibungskraft, mit einem elektrischen Dynamometer gemessen und direkt auf einem Band registriert wird, das sich um den gleichen Weg bewegt wie der Spannstahl. Die Gleitwegübertragung geschieht mit einem Potentiometer, so daß Kraft und Weg elektrisch auf einen Zwei-Koordinaten-Schreiber übertragen werden.

Man kann mit dieser Methode vor allem den Einfluß des Gleitweges auf den Reibungsbeiwert μ studieren. Bild 7.27 zeigt ein typisches Diagramm für gewalzten Rundstahl auf glattem Bandstahl. Der Reibungsbeiwert nimmt zunächst ab, bis die Gebirgszacken der Oberflächen abgeschert sind. Nach etwa 1 cm Gleitweg wird ein Minimum an Reibung erreicht. Bei größeren Gleitwegen

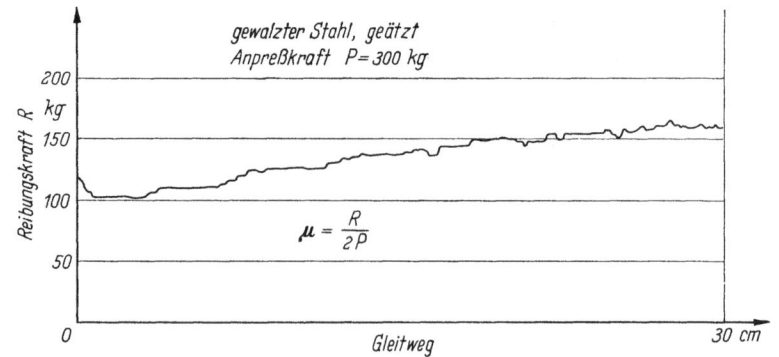

Bild 7.27 Ergebnis eines Versuches mit dem Gerät nach Bild 7.26; die Reibungskraft R und damit der Reibungsbeiwert $\mu = \dfrac{R}{2P}$ nehmen mit dem Gleitweg zu

Tafel 7.II
Reibungsbeiwerte μ einiger Drahtarten auf verschiedenen Blechunterlagen

Nr.	Spanndraht, Art	Unterlage	Versuchs-einrichtung	Anpreß-druck p_m kg/cm	Reibungs-beiwert μ
1	gez. Draht ϕ 5 mm St 160	Schwarzblech neu	II	2,0—5,0	0,16—0,22
2		Bandstahl St 60	II	2,0—7,0	0,16—0,18
3		Bandstahl St 120	II	2,0—7,0	0,12—0,14
4	Walzdraht ϕ 5 mm St 37	Schwarzblech neu	II	2,0—5,0	0,28—0,31
5		Schwarzblech rostig	II	2,0—5,0	0,30—0,39
6		Bandstahl St 60	II	2,0—5,0	0,17—0,20
7		Bandstahl St 120	II	2,0—7,0	0,12—0,14
8	Litze, 2 Drähte ϕ 2 mm St 180, Schlaglänge 150 mm	Schwarzblech neu	II	2,0—5,0	0,19—0,22
9		Schwarzblech rostig	II	2,0—5,0	0,24—0,32
10		Bandstahl St 60	II	2,0—5,0	0,13—0,15
11		Bandstahl St 120	II	2,0—7,0	0,12—0,13
12	Litze, 7 Drähte ϕ 2,5 mm St 180, Schlaglänge 83 mm	Schwarzblech St 37, Querbewegung nicht verhindert	I	5,0—40,0	0,20—0,25
13		wie vor Querbewegung verhindert	I	15	0,24
14		Bandstahl St 60	I	20,0—40,0	0,19—0,22
15		Bandstahl St 140	II	5,0—7,0	0,12—0,15
16		Bandstahl St 140 auf Bandstahl	II	5,0—7,0	0,12—0,16
17		wie 16, zwischen den Bandstählen Öl-Graphit	II	3,0—7,0	0,07—0,08
18		wie 17, Shell-Vaseline	I	3,0—8,0	0,07
19		wie 17, Paraffin	II	2,0	0,10
20		wie 17, Paraffin	II	9,0	0,06
21		wie 17, Paraffin	I	25,0	0,03
22	Spannglieder PZ (12 SIGMA oval, gerippt) [270]	Gleitkanal, Schwarzblech, glatt		~ 25	0,21
23		wie vor		~ 60	0,27
24		Gleitkanal, Schwarzblech, gerippt		~ 25	0,33
25		wie vor,		~ 60	0,39

(10 bis 30 cm) nimmt der Reibungsbeiwert meist wieder zu, was *Zelger* darauf zurückführt, daß bei größerem Gleitweg der Abrieb nicht mehr genügend Platz in den Tälern findet und sich der Gleitbewegung wieder hemmend in den Weg stellt. Die Schroffheit ist von beachtlichem Einfluß auf den Reibungsbeiwert am Anfang der Bewegung, der bei sonst gleichen Stoffeigenschaften zwischen 0,10 und 0,40 schwanken kann.

Zelger hat auch festgestellt, daß die Zunahme des Reibungsbeiwertes bei größeren Gleitwegen besonders bei anfänglich glatten Stählen eintritt. Auch *Bowden* fand, daß sich bei direkter metallischer Berührung unter Druck eine so innige Verbindung ergeben kann, daß bei weiterer Bewegung Metallteilchen unter der Gleitfläche herausgerissen werden. Dadurch kann die ursprünglich sehr niedrige Reibung zwischen polierten Stahlflächen plötzlich stark ansteigen. Beim Auseinandernehmen der Körper sieht man dann an den polierten Flächen deutliche Freßspuren.

Hoher Druck begünstigt das Fressen an verhältnismäßig glatten Gleitflächen.

Zelger fand keinen eindeutigen Einfluß des Anpreßdruckes auf den Reibungsbeiwert nach einem gewissen Gleitweg.

Mit obiger Methode wurden u. a. die in Tafel 7.III angegebenen Reibungsbeiwerte in Abhängigkeit vom Anpreßdruck und Gleitweg gemessen:

Tafel 7.III
Reibungsbeiwerte μ für Spannstähle in glatten und gewellten Hüllrohren (nach *Zelger*)

Nr.	Spannstahl	Gleitblech	Anpreß-druck kg/cm	Mittlere Reibungsbeiwerte μ bei einem Gleitweg von		
				0 cm	1 cm	30 cm
1	gezog. Spannstahl $\varnothing$ 8 mm	glattes Blech	4	0,10	0,09	0,08
2			20	0,13	0,08	0,08
3			40	0,11	0,08	0,08
4		Hydra-Wellrohr	13	0,12	0,10	0,10
5			67	0,13	0,11	0,11
6	SIGMA, St 135/150 $\varnothing$ 8 mm	glattes Blech	4	0,34	0,26	0,33
7			20	0,26	0,20	0,27
8			40	0,30	0,21	0,32
9		Hydra-Wellrohr	13	0,30	0,21	0,19
10			67	0,30	0,19	0,17
11	SIGMA, St 80/105 $\varnothing$ 26 mm	Hydra-Wellrohr	13	0,34	0,30	0,31
12			67	0,37	0,31	0,34
13	SIGMA, oval-gerippt	gewelltes Blech	20	0,27	0,24	0,13

7.32 Bemerkungen zu den Reibungsbeiwerten

Praktische Erfahrungen und die Mehrzahl der Versuche bestätigten, daß der Reibungsbeiwert mit dem Anpreßdruck zunimmt. Es ist daher schon der Versuch unternommen worden, eine Abhängigkeit zwischen Anpreßdruck und Reibungsbeiwert aufzustellen [268]. Dies liegt nahe, weil ja auch beim Vorspannen mit zunehmender Spannkraft der Anpreßdruck der Spannstähle in den Hüllrohren zunimmt. Vorläufig genügen jedoch unsere durch Versuche belegten Kenntnisse hierüber noch nicht, um praktisch verwertbare Funktionen aufzustellen. Diese würden außerdem die Berechnung der Reibungseinflüsse vielleicht unnötig erschweren. Man hilft sich daher meist mit der Annahme zweier Grenzwerte von μ, einem günstigen unteren Wert und einem ungünstigen, aber doch erfahrungsgemäß möglichen oberen Wert und grenzt so die zu erwartenden Spannkraftverluste durch Reibung ein.

Der Einfluß des Anpreßdruckes auf μ ließe sich praktisch berücksichtigen, wenn wir nur ein bis zwei Spannstahlarten und ebenso wenige Arten der Gleitkanäle hätten. Bei der Vielfalt der heutigen Spannglieder wird man sich jedoch mit den genannten Vereinfachungen begnügen.

Niedrige Reibungsbeiwerte entstehen bei trockenen Stählen, wenn verhältnismäßig gleichharte, glatte Stahlflächen aufeinandergleiten. Sobald ein harter Stahl auf einer weicheren Stahlfläche gleitet, vergrößert sich der Reibungsbeiwert insbesondere, wenn der Anpreßdruck so groß wird, daß der härtere Stahl die weichere Unterlage bleibend verformt.

Die Reibung wird erheblich größer, wenn eine der Stahlflächen oder beide W a l z h a u t haben. Bei hohen Anpreßdrücken zerbricht die Walzhaut in Splitter, die wie feine Sandkörnchen die Reibung erhöhen. Trockener R o s t steigert die Reibung ähnlich wie die Walzhaut.

D r a h t l i t z e n zeigen nur bei niedrigem Anpreßdruck den normalen Reibungsbeiwert von Stahl auf Stahl, bei hohem Anpreßdruck steigt der Reibungsbeiwert stark. Jede Drahtwindung liegt nämlich nur auf einer kurzen Strecke auf und preßt sich bei starkem Druck in die Unterlage ein, sobald diese weicher ist als der Draht. Es wird also viel Verformungsarbeit geleistet. Bewegt man die Litze mehrmals auf weicher Stahlunterlage, so sinkt der Reibungsbeiwert, weil die Stahloberfläche der Unterlage durch den Verformungsvorgang geglättet und gehärtet wird. Die Litze bewegt sich zudem in der Schlagrichtung der Drähte, wenn sie nicht an der seitlichen Bewegung gehindert wird (Bild 7.28).

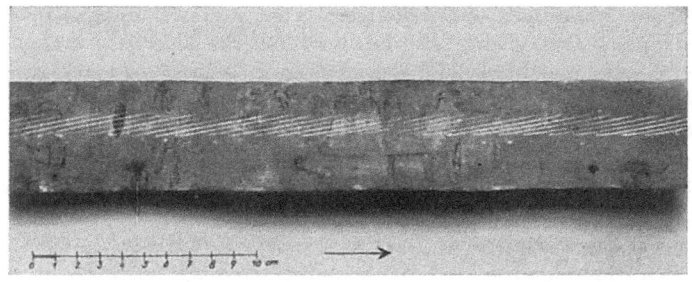

Bild 7.28 Gleitspuren einer 7drähtigen Litze ⌀ 2,5 mm St 180, auf Schwarzblech. Anpreßdruck p_m = 31 kg/cm. Gleitrichtung der Litze über das Blech von links nach rechts

Ein ähnliches Bild ergibt sich bei **gerippten Stäben**. Die Rippen drücken sich in die Blechunterlage ein und schaben am Blech Späne ab, wenn der Anpreßdruck groß ist. μ kann dabei bis zu 0,7 ansteigen.

Bei Litzen und gerippten Drähten darf man daher keinen weichen Stahl als Unterlage nehmen und muß hohe Anpreßdrücke vermeiden; kaltgewalzte, also harte, glatte Bleche (Federbandstahl) sind an Umlenkstellen als Unterlage zu empfehlen.

Sehr dünnwandige Hüllen können beim Spannen durchgerieben werden, so daß der Spanndraht auf dem Beton gleitet. Der Reibungsbeiwert von hartem Draht auf Beton ist je nach der Beschaffenheit des Betons verschieden und schwankt zwischen 0,30 und 0,50.

Für große Spannglieder wurden vom Verfasser **reibungsvermindernde Maßnahmen mit Gleitmitteln** entwickelt (vgl. Kap. 7.5). Hierzu wurden Versuche über verschiedenartige Gleitmittel, insbesondere aus Fetten, Ölen, Öl-Graphit-Mischungen und **Paraffin** angestellt. Es zeigte sich dabei, daß besonders bei hohem Anpreßdruck das Paraffin zum weitaus niedrigsten Reibungsbeiwert führt. Dieses Ergebnis deckt sich mit früheren Untersuchungen von *Föppl* ([2], S. 197) und *Mörsch* [10], die im Hinblick auf Brückengelenke festgestellt haben, daß sich Paraffinschichten selbst bei einem Anpreßdruck von 600 kg/cm² auch bei mehrmaliger Bewegung erhalten, daß also das Gleitmittel nicht ausgepreßt wird. Bei derartigen Drücken sinkt der Reibungsbeiwert glatter Stahlflächen mit Paraffinschicht bis auf 0,004, während er bei Anpreßdrücken von 20 bis 50 kg/cm² zwischen 0,03 und 0,02 liegt. Paraffin ist außerdem für den Beton und den Einpreßmörtel unschädlich. Teflon von Dupont verspricht noch günstigere Ergebnisse zu liefern.

Das bereits erwähnte Gleitmittel Molybdän-Disulfid, z. B. in Form der verschiedenen „Molykote" Produkte, hat eine ähnlich günstige Wirkung wie Paraffin und vermindert die Reibung auch bei hohem Anpreßdruck und längeren Gleitwegen stark. Es wirkt jedoch nicht korrosionshemmend und ist nach längerer Dauer nicht mehr so wirksam wie Paraffin.

Das Einsprühen der Drähte mit einem wasserlöslichen Öl vermindert die Reibung meist nur geringfügig, weil die Ölschicht bei Anpreßdruck verdrängt und verbraucht wird.

7.33 Messung der Reibung an Spanngliedern in Bauwerken

Die im vorigen Abschnitt beschriebenen Reibungsbeiwerte μ verschiedener Spannstähle auf Unterlagen, die den Hüllrohren entsprechen, müssen bekannt sein, wenn man die durchschnittliche Welligkeit β von Spanngliedern in der Praxis ermitteln will. Hierzu muß man nun Messungen an Spanngliedern in Bauwerken durchführen. Streng genommen müßten zuvor die Klemmkräfte durch besondere Versuche ermittelt sein. Die Messung der Reibung in Bauwerken ist auch zur Kontrolle der erzielten Spannkraft an wichtigen Punkten zwischen den Spannstellen manchmal nötig [299].

Zunächst sollen einige Hinweise für Messungen zur Bestimmung der Reibungskräfte gegeben werden. Um dabei von Toleranzen des Stahlquerschnittes, des *E*-Moduls und dergl. unabhängig zu sein, gehen wir am besten von dem reibungsbedingten **Spannkraftverlust** aus. Die Spannkraft wird zweckmäßig mit einem Dynamometer zwischen hydraulischer Presse und Ankerplatte einerseits auf der Spannseite und andererseits am anderen Spanngliedende gemessen. Aus dem so ermittelten Spannkraftverlust läßt sich nun für die bekannte Summe der planmäßigen Umlenkwinkel α und dem nach Kap. 7.31 ermittelten Reibungsbeiwert μ die Welligkeit β nach Gleichung 7.(2) bestimmen.

In manchen Fällen wurden die Stahlspannungen mit angeklebten elektrischen Widerstandsgebern nahe der Spannstelle und an einer entfernteren Stelle gemessen, so daß aus der Abnahme der Stahlspannung auf den Spannkraftverlust durch Reibung geschlossen werden kann. Solche Messungen sind erfahrungsgemäß mit größeren Fehlermöglichkeiten behaftet als die direkte Spannkraftmessung mit Dynamometern, [213] und [407].

Es empfiehlt sich, den Spannkraftverlust bei verschiedenen Spannstufen zu ermitteln, und man wird dabei meist beobachten, daß die Reibung bei mäßigem Anpreßdruck, d. h. bei schwachen planmäßigen Krümmungen, mit der zunehmenden Vorspannung abnimmt, daß sie aber bei hohem Anpreßdruck infolge starker Krümmungen in den oberen Spannstufen auch erheblich zunehmen kann. Wir verstehen dies ohne weiteres, wenn wir an die mit dem Anpreßdruck zunehmende Verzahnung der beiden aufeinander gleitenden Stoffe und die dadurch bedingten Abschervorgänge denken. Man kann daher nicht ohne weiteres von Messungen an geraden oder ziemlich geraden Spanngliedern auf das Reibungsverhalten bei stärker gekrümmten Spanngliedern schließen.

Will man für Reibungsbeobachtungen von erzielten S p a n n w e g e n ausgehen, dann muß man zuvor die tatsächlich eingebauten Stahlquerschnitte und die zugehörige spezifische Spanndehnung, sowie die Reibungskräfte der hydraulischen Presse möglichst genau bestimmen, damit diese Fehlerquellen bei der Ermittlung der Reibungsbeiwerte so klein wie möglich werden [299], [406].

Zur Beurteilung des Einflusses der Reibung auf den Spannweg muß auch die Spannkraft möglichst genau mit Präzisions-Manometern oder Dynamometern gemessen werden.

Man rechnet sich nun für den Mittelwert des Reibungsbeiwertes μ und für 3 bis 4 Annahmen der Welligkeit β die Spannkraftverluste nach Kap. 7.4 aus und bestimmt damit die Spannwege. Die verschiedenen Werte werden in einem Spannkraft-Spannweg-Diagramm strahlenförmig aufgetragen (Bild 7.29). Die gemessenen Spannwege werden bei der zugehörigen Spannkraft in dieses

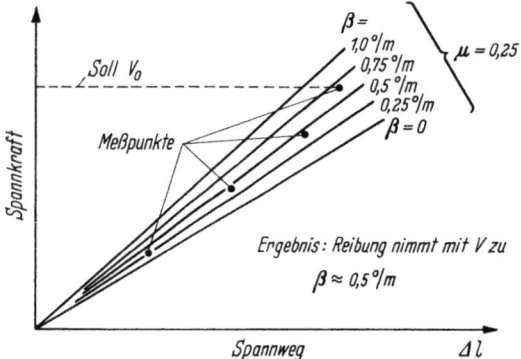

Bild 7.29 Spannkraft-Spannwegdiagramm für ein angenommenes μ und verschiedene β mit eingetragenen Meßergebnissen, aus denen β abgelesen wird

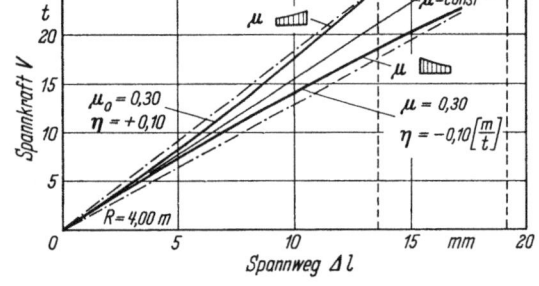

Bild 7.30 Nach oben gekrümmtes Spannwegdiagramm bedeutet Zunahme von μ, nach unten gekrümmtes Spannwegdiagramm bedeutet Abnahme von μ

Diagramm eingetragen, und man kann nun daraus die tatsächliche Welligkeit β für ein bestimmtes μ ablesen. Man bedenke aber, daß μ erheblichen Schwankungen unterliegen kann. Wenn das gemessene Spannkraft-Spannweg-Diagramm nicht gerade ist, sondern sich nach oben krümmt, dann ist dies ein Zeichen dafür, daß der Reibungsbeiwert μ mit zunehmender Spannkraft, d. h. mit zunehmendem Anpreßdruck gewachsen ist, während bei einer Krümmung nach unten der Reibungsbeiwert sich durch Glätten der Gleitflächen vermindert hat (Bild 7.30). Die Zunahme von μ beobachtet man häufig bei quergerippten Draht, während glatte, gezogene Drähte meist die andere Tendenz haben.

Bei langen Spanngliedern, die z. B. für durchlaufende Träger mehrmals gekrümmt sind, ist es zweckmäßig, den Spannweg an Z w i s c h e n p u n k t e n abzulesen. Hierfür wurden für konzentrierte Spannglieder sogenannte Beobachtungsfenster gemäß Bild 7.31 und 7.32 ausgebildet und besonders im Brückenbau häufig benützt. Mit Hilfe solcher Beobachtungsfenster kann man das Einstellen der gewünschten Spannkraft durch mehrmaliges Überspannen und Nachlassen (vgl. Kap. 4.54) gut überwachen. Bild 7.32 zeigt ein großes Litzenkabel an einem derartigen Beobachtungsfenster [190]. Das Kabel hat an dieser Stelle einen Spannweg von rund 28 cm zurückgelegt. Für jeden solchen Zwischenpunkt wird das Spannweg-Diagramm wie in Bild 7.29 aufgezeichnet und μ zusammen mit β damit kontrolliert.

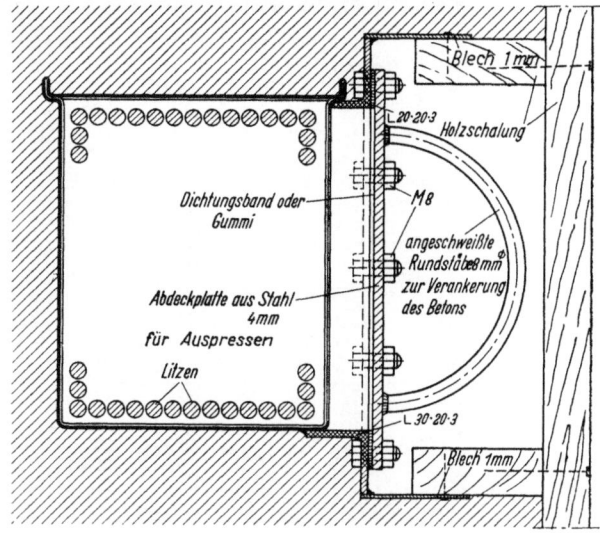

Beim Nachlassen der Vorspannkraft, die häufig zum Überspannen der erwarteten Spannkraftverluste aus Reibung zunächst überhöht aufgebracht wird, erhält man einen Nachlaß-Dehnweg, aus dem man z. B. nach O. Völter [226] ebenfalls den Reibungsbeiwert ermitteln kann. Ist ΔV die nachgelassene Spannkraft und φ_0 die Summe der Umlenkwinkel bis zu dem in Ruhe bleibenden Punkt x des Spanngliedes, dann ist unter Annahme gleicher Reibung für Vor- und Rückwärtsgang angenähert

$$\mu \sim \frac{1}{\varphi_0} \cdot \frac{\Delta V}{2 V_0 - \Delta V} \qquad 7.(3)$$

Um φ_0 richtig einsetzen zu können, muß die Entfernung zwischen dem Spannanker und dem Punkt x ermittelt worden sein (z. B. mit Beobachtungsfenstern). Auch aus dem Nachlaß-Dehnweg kann μ bestimmt werden.

Frühe englische Versuchsergebnisse und andere anfängliche Erfahrungswerte waren in der ersten Auflage dieses Buches Seite 182 bis Seite 184 veröffentlicht.

Inzwischen sind in Deutschland an zahlreichen Bauwerken Reibungsmessungen für Spannglieder verschiedenster Bauart

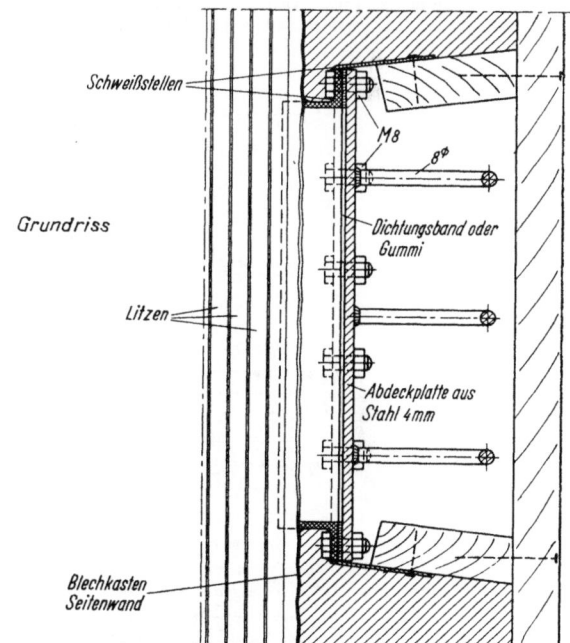

Bild 7.31 Beobachtungsfenster an großem Kabel im Steg

durchgeführt worden. (*B. Fritz*, Karlsruhe, hat sich in verdienstvoller Weise um diese Aufgabe angenommen, [362] und [407].)

Auf Grund dieser Messungen wird heute in der Praxis mit den im folgenden Abschnitt angegebenen Reibungsbeiwerten und Welligkeiten gerechnet.

7.34 Für die Praxis übliche Reibungsbeiwerte μ und Welligkeiten β von Spanngliedern

Die in Tafel 7.IV aufgenommenen Werte sind den Zulassungen deutscher Spannverfahren entnommen. Sie gelten als obere Grenzwerte bei üblicher Bauausführung für nicht angerostete Spannstähle.

Bild 7.32 Litzenkabel mit Spannweg an Beobachtungsfenster. Der Farbstrich bewegte sich vom Blechstab ab nach rechts. Spannweg 28 cm

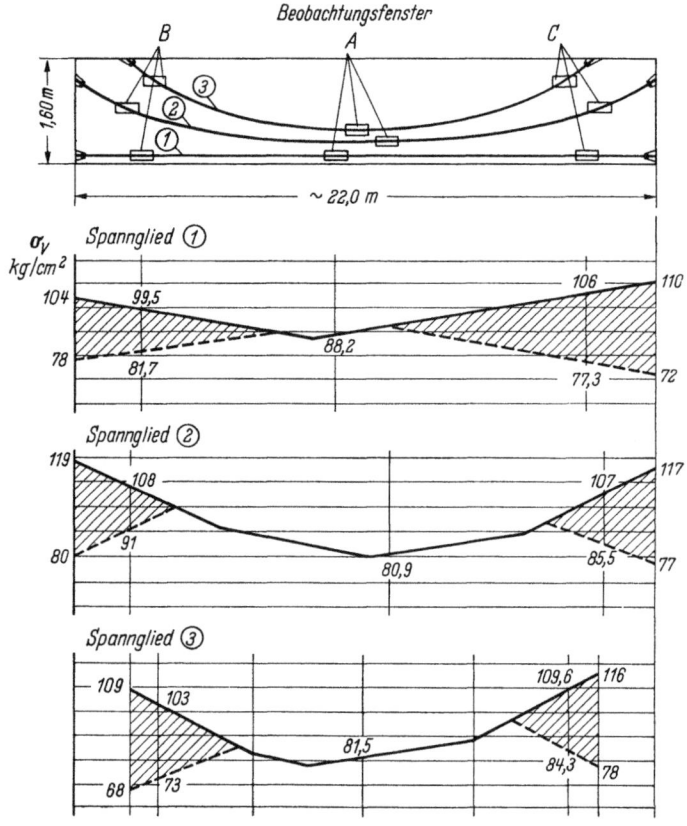

Bild 7.33 Messungen an 3 von insgesamt 15 Spanngliedern (Freyssinet) in einem Balken mit Beobachtungsfenstern, nach C. G. Guidi

Bei sauberer Bauausführung und steifen Hüllrohren können wesentlich niedrigere Werte erzielt werden. Bei ungenügender Unterstützung der Hüllrohre und mangelnder Sorgfalt beim Verlegen können aber insbesondere die Werte für die Welligkeit β überschritten werden. Beim Verfahren Baur-Leonhardt und bei Leoba-Spanngliedern z. B. wurden in den letzten Jahren meist μ-Werte beobachtet, die weit unter denen der Zulassung lagen [299].

C. C. Guidi berichtet [227] andererseits über Messungen an Freyssinet-Spanngliedern, die unter Baustellenbedingungen eingebaut und einige Zeit dem Regen ausgesetzt gewesen waren. Einige Meßergebnisse sind in Bild 7.33 aufgetragen. Aus ihnen muß auf Reibungsbeiwerte μ und β geschlossen werden, die rund doppelt so groß waren als sie in den Zulassungen angegeben sind.

Hat man es mit großen Umlenkwinkeln oder langen Spanngliedern zu tun, so ist nicht gesagt, daß man mit der Annahme eines möglichst hohen Reibungsbeiwertes μ und möglichst ungünstiger Welligkeit β den für das Bauwerk ungünstigsten Fall betrachtet. Es gibt häufig Fälle, bei denen nicht die kleinstmögliche, sondern die größtmögliche Spannkraft für die zulässigen Spannungen maßgebend ist. Die größtmögliche Spannkraft entsteht aber bei besonders günstigen Reibungsverhältnissen. Bei größeren Bauwerken ist es auch zur Spannwegkontrolle beim Vorspannen zweckmäßig, wenn man von vornherein den Spannweg für beide Grenzfälle ermittelt hat.

7.4 Rechnerische Behandlung der Reibung für Spannen und Nachlassen

7.41 Ermittlung des Verlaufes der Vorspannkraft

Von der Vorspannkraft an der Spannstelle V_0 kommt in der Entfernung l_n (in Spanngliedachse gemessen) bei planmäßigen Umlenkwinkeln $\Sigma \alpha$ der Spanngliedachse bis Punkt n und bei Welligkeit des Spanngliedes β^0/m im Punkt n eine durch Reibung verminderte Spannkraft V_n an

$$V_n = V_0 \cdot e^{-k\mu(\Sigma\alpha + \beta l_n)},$$

wobei k = Klemmkraftfaktor bei ungünstiger Drahtanordnung gemäß Kap. 7.22.
Meist wird k vernachlässigt oder in den Zulassungen durch ein höheres μ berücksichtigt, dann ist

$$\boxed{V_n = V_0 \cdot e^{-\mu(\Sigma\alpha + \beta l_n)} = V_0 \cdot e^{-\mu\gamma}} \qquad 7.(4)$$

wobei $\Sigma \alpha$ und βl_n im Bogenmaß, also nicht im Gradmaß einzusetzen ist, z. B. $180° = \pi = 3{,}14$. Die Länge l_n ist in m einzusetzen, wenn β die Bogengrade je Meter angibt. Der Verlust an Spannkraft wird mit ΔV_0 bezeichnet. Für ihn gilt gemäß Gl. 7.(4)

$$\Delta V_0 = V_0 - V_n = V_0(1 - e^{-\mu\gamma}) \approx V_0 \cdot \mu \cdot \gamma \qquad 7.(4a)$$

Die Funktionen e^{-x} bzw. $(1 - e^{-x})$ sind in vielen Handbüchern als Tafel zu finden und zur bequemen Anwendung im Anhang aufgezeichnet.

Mit dieser Formel und den Werten β und μ nach Kap. 7.34 wird nun der Verlauf der Spannkraft $f(V_0)$ zwischen Spann- und Ankerstelle ermittelt. Dabei unterscheiden wir mehrere Fälle:

1. Spannen von einer Seite,
2. Spannen von zwei Seiten,
3. Spannkraftverlust ist vernachlässigbar (5 bis 10 % von V_0) und wird durch Überspannen ausgeglichen,
4. Spannkraftverlust ist groß, Überspannen bis zur vertretbaren Grenze, z. B. bis $\sigma_{zv0} = 0{,}8 \beta_{0,2}$, anschließend Nachlassen, bei Bedarf nochmals Überspannen und Nachlassen.

Es muß ferner überlegt werden, ob die zulässige Vorspannkraft zul V_0 auf die ganze Länge des Tragwerkes gebraucht wird; meist genügt sie im Bereich des größten Momentes und kann außerhalb kleiner sein. Bei Durchlaufträgern treten mehrere solche kritischen Schnitte auf.

Tafel 7.IV
Reibungsbeiwerte μ und Welligkeiten β nach deutschen Zulassungen

Verfahren	Spannglied aus	Form der Hüllrohre	Reibungsbeiwerte μ vergüteter Draht	Reibungsbeiwerte μ gezogener Draht	β °/m
Baur-Leonhardt	beliebiger Anzahl Litzen, 7 ⌀ 3 mm (Gleitbleche mit Hartparaffin)	□ a) ohne Gleitblech	0,30	0,30	0,2
		b) 1 Gleitblech auf Seite der Umlenkkraft	0,23	0,23	
		c) 2 Gleitbleche auf Seite der Umlenkkraft	0,19	0,19	
		d) je 1 Gleitblech auf beiden Seiten	0,17	0,17	
		e) je 2 Gleitbleche auf beiden Seiten	0,15	0,15	
BBRV	12 ⌀ 6 mm / 22 ⌀ 6 mm	○	—	0,25	0,5
	32 ⌀ 6 mm / 44 ⌀ 6 mm	○	—	0,25	0,3
Beton- und Monierbau	9 oval 30	□[1]	0,18	—	0,7
	15 oval 30	□[1]	0,18	—	0,5
	28 oval 30	□[1]	0,15	—	0,5
	10 oval 30	○	0,30	—	0,7
Dywidag	1 ⌀ 26 mm, St 60/90	○	0,26	—	0,3
	1 ⌀ 26 mm, St 80/105	○	0,26	—	0,5
	1 ⌀ 11 mm, 7, St 70/105	○	0,26	—	1,0
Freyssinet-Wayss & Freytag	12 ⌀ 5 mm	○	—	0,25	0,7
	12 ⌀ 8 mm	○	0,30	0,25	0,5
Grün & Bilfinger	9 ⌀ 8 mm	○	0,30	0,25	0,5
Heilit	6 ⌀ 9 mm	○	—	0,25	0,5
Held & Franke	7 ⌀ 8 mm	○	0,30	0,25	0,7
Hochtief	6 bis 12 ⌀ 8 mm	○	0,28	0,23	0,5
Philipp Holzmann (Typen SH)	16 oval 30	○	0,30	—	0,5
	24 oval 30	○	0,30	—	0,5
	40 oval 30	○	0,27	—	0,4
HWR	15 ⌀ 5,2 mm	○	0,30	—	0,7
	16 ⌀ 8 mm	○	0,30	—	0,5
Leoba	12 ⌀ 5 mm	oval	0,26	0,22	0,5 bis 1,5
	8 ⌀ 8 mm	oval	0,26	0,22	
	16 ⌀ 8 mm	○	0,26	0,22	0,5
Polensky & Zöllner	6 oval 20	○	0,30	—	1,0
	13 oval 20	○	0,30	—	0,7
	16 oval 30	○	0,27	—	0,5
	32 oval 30	○	0,27	—	0,5
	44 oval 30	○	0,27	—	0,4
Sager & Wörner	6 ⌀ 7 mm	○	—	0,25	0,7
	6 ⌀ 12,2 mm	○	0,30	—	0,5
Züblin	8 Neptun 40	○	0,30	—	0,7
	16 Neptun 40	○	0,30	—	0,5

[1] mit Gleitblechen mit Hartparaffin

Beim Balken auf zwei drehbaren Stützen brauchen wir zul V_0 in $l/2$, am Auflager genügt eine wesentlich kleinere Vorspannkraft (Bild 7.34). Man kann also von einem Ende spannen und am anderen Ende einen billigen Verbundanker einsetzen. Auf ein Nachlassen der Spannkraft auf der Spannseite kann man verzichten, wenn $\Delta V_0 \leqq 5\%$ bis 10% von zul V_0 ist, je nach den Anforderungen, die gestellt werden.

Bei der Bemessung rechnet man genügend genau mit konstantem zul V_0.

Ist $\Delta V_0 > 10\%$ von zul V_0, dann muß an der Spannstelle nach Überwinden der Reibung nachgelassen werden, damit keine unzulässig hohe Stahlspannung verbleibt. Der Spannstahl gleitet zurück, wobei meist μ höher wird als beim Spannen selbst. Die Neigung der Spannkraftlinie wird also umgekehrt und meist steiler als beim Spannen (Bild 7.34, gestrichelte Linie).

Häufig genügt es, auf zul V_0 zurückzugehen und die Überschreitung von zul σ_{v_0} auf eine kurze Strecke in Kauf zu nehmen. Man kann aber auch auf $\approx$ zul $V_0 - 1/2\,\Delta V_0$ nachlassen.

Die Unterschreitung von zul V_0 muß bei der Bemessung dort berücksichtigt werden, wo sie eine merkliche Rolle spielt, also z. B. bei den schiefen Hauptspannungen am rechten Auflager, wenn nur links einseitig auf zul V_0 in $0.5\,l$ gespannt wurde oder am linken Auflager nach stärkerem Nachlassen der Spannkraft.

Eine gleich große Spannkraft von 0 bis $1.0\,l$ erhält man, wenn von mehreren Spanngliedern die Hälfte links, die andere Hälfte rechts je einseitig gespannt wird (Bild 7.35).

Bei geraden oder parabelförmig gekrümmten Spanngliedern ist es genügend genau, die Spannkraftlinie $f(V_0)$ als Gerade zu zeichnen. Verläuft das Spannglied mit unterschiedlicher Krümmung, dann ist auch die Spannkraftlinie $f(V_0)$ unstetig und muß in Abschnitten errechnet werden. Als Beispiel ist in Bild 7.36 der Fall eines für zwei schwere Einzellasten vorgespannten Balkens dargestellt.

Würde das zur Überwindung der Reibung nötige ΔV_0 das zulässige Maß überschreiten, dann läßt sich das zul V_0 eben am maßgebenden Schnitt nicht erreichen. Man muß dann in der Bemessung der Spannkraft einen Zuschlag für Reibung machen, sofern keine reibungsvermindernden Maßnahmen helfen.

Ist zul V_0 auf eine größere Länge erforderlich und die Reibung groß, dann spannt man von beiden Enden aus (Bild 7.37) und läßt je nach der Größe von ΔV_0 ein- oder mehrmals nach.

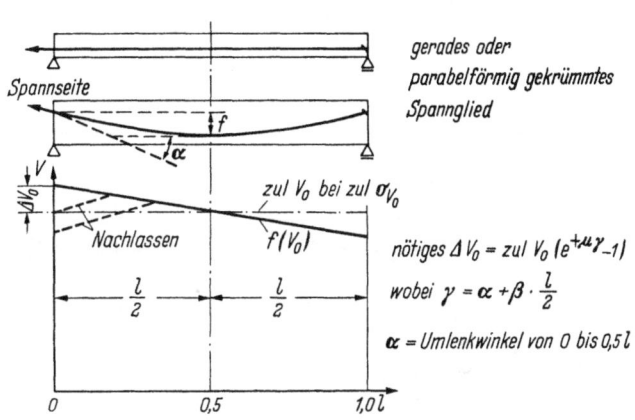

Bild 7.34 Verlauf der Spannkraft bei gradem oder parabelförmig gekrümmtem Spannglied, Spannen von einer Seite

nötiges ΔV_0 = zul $V_0\,(e^{+\mu\gamma}-1)$

wobei $\gamma = \alpha + \beta \cdot \dfrac{l}{2}$

α = Umlenkwinkel von 0 bis $0.5\,l$

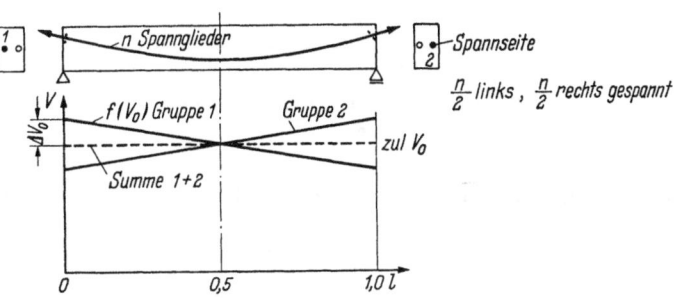

Bild 7.35 Spannkraftverlauf bei mehreren, wechselseitig gespannten Spanngliedern

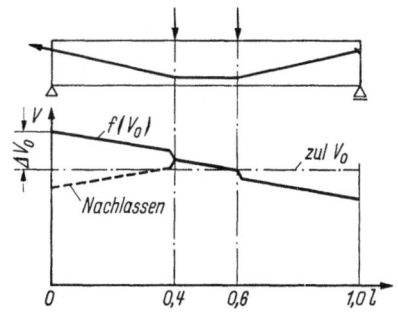

Bild 7.36 Spannkraftverlauf bei kurzen Umlenkstellen unter Einzellasten

Dabei kann das gleiche Ergebnis erzielt werden, wenn gleichzeitig beidseitig oder zeitlich nacheinander gespannt wird. Die Spannwege werden allerdings im zweiten Fall sehr verschieden, und daher kann das gleichzeitige Spannen Vorteile haben, wenn der Spannweg z. B. durch den Hub der Presse beschränkt ist und das Umsetzen der Presse Zeitaufwand erfordert.
Bild 7.38 zeigt noch den Fall eines dreifeldrigen Balkens für Spannen an beiden Enden und mehrmaliges Überspannen und Nachlassen.

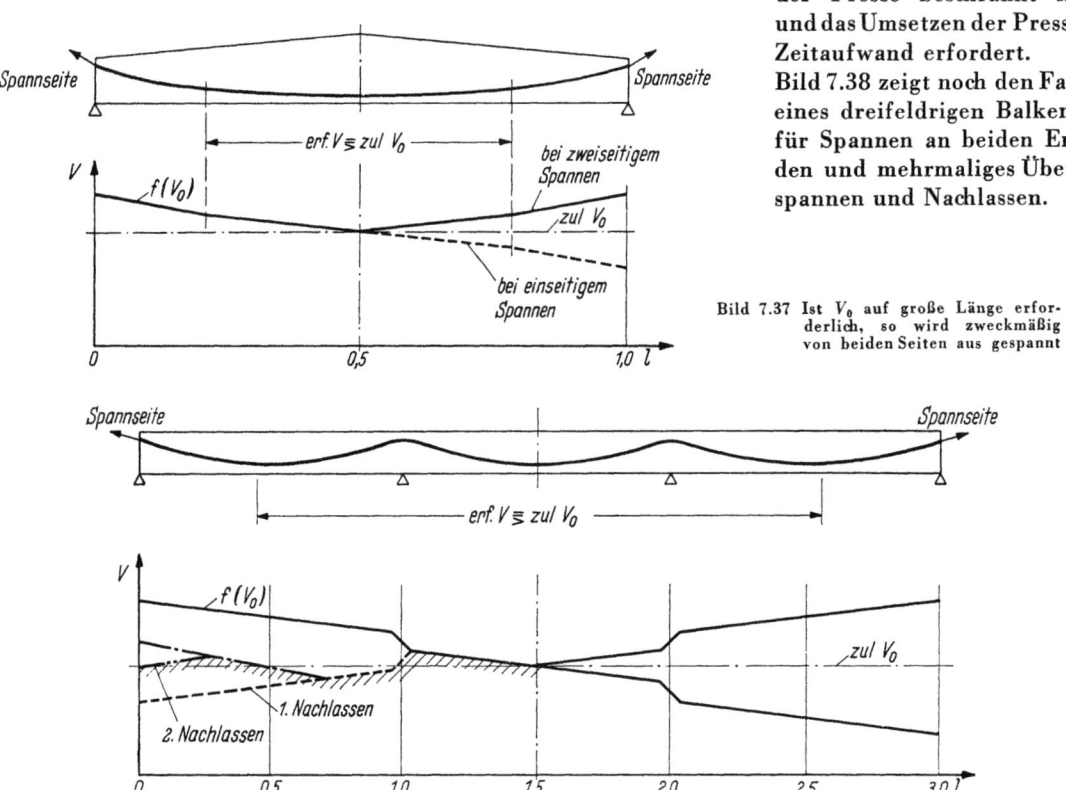

Bild 7.37 Ist V_0 auf große Länge erforderlich, so wird zweckmäßig von beiden Seiten aus gespannt

Bild 7.38 Bei mehrfeldrigen Trägern wird erf. V mit mehrmaligem Nachlassen und Spannen erreicht

1. Beispiel:

Einfeldriger Balken, Spannweite $l = 30$ m, $h = 1{,}60$ m, gerade und parabelförmige Spannglieder gemäß Bild 7.34.

$$k = 1; \quad \mu = 0{,}25; \quad \beta_{\text{gerade}} = 0{,}8\,°/\text{m}; \quad \beta_{R\,<\,10\,\text{m}} = 0{,}5\,°/\text{m}.$$

Gesucht Spannkraft in $l/2$ bei $V_0 = 100$ t für

a) gerades Spannglied, $\alpha = 0°$

$$\gamma = \beta \cdot l_n = 0{,}8° \cdot 15 = 12° \qquad \text{arc}\,\gamma = \frac{12}{180}\pi = 0{,}209$$
$$V_{0,5} = 100 \cdot e^{-0{,}25 \cdot 0{,}209} = 100 \cdot e^{-0{,}052} = 100 \cdot 0{,}95 = 95 \text{ t}.$$

b) gekrümmtes Spannglied, $f = 1{,}0$ m

bis $l/2$ $\quad \tan \alpha = \dfrac{2f}{l/2} = \dfrac{4 \cdot 1{,}0}{30} = 0{,}133; \quad \Sigma \alpha° = 7{,}6°$

$$\beta\,l_n = 0{,}5 \cdot 15 = 7{,}5°$$
$$\gamma = (\Sigma \alpha + \beta\,l_n)° = 7{,}6 + 7{,}5 = 15{,}1° \qquad \text{arc}\,\gamma = 0{,}2635$$
$$V_{0,5} = 100 \cdot e^{-0{,}25 \cdot 0{,}2635} = 100 \cdot e^{-0{,}0659} = 100 \cdot 0{,}936 = 93{,}6 \text{ t}$$

2. Beispiel:

Zweifeldbalken gemäß Bild 7.39

$$\mu = 0{,}30, \qquad \beta = 0{,}5°/\text{m},$$

Spannen von A aus mit $V_0 = 50$ t
Gesucht Spannkraft im Auflager B
Umlenkwinkel:

$$\tan \alpha_1 = 2 \cdot \frac{2f}{\frac{1}{2} l_1} = \frac{8f}{l_1} = \frac{8 \cdot 0{,}61}{20{,}0} = 0{,}244$$

$$\tan \alpha_2 = \frac{2f + \frac{1}{2} e}{\frac{1}{2} l_1} = \frac{4f + e}{l_1} = \frac{4 \cdot 0{,}61 + 0{,}42}{20{,}0} = 0{,}143$$

im Punkt B': $\tan \alpha_1 = 0{,}244$; $\Sigma \alpha = 13{,}7°$
$\qquad \gamma_{B'} = 13{,}7 + 0{,}5 \cdot (20 - 1{,}5) = 22{,}95°$; arc $\gamma_{B'} = 0{,}405$

im Punkt B: $\tan \alpha_2 = 0{,}143$; $\alpha_2 = 8{,}15°$;
$\qquad \Sigma \alpha = 13{,}7 + 8{,}15 = 21{,}85°$
$\qquad \gamma_B = 21{,}85 + 0{,}5 \cdot 20{,}0 = 31{,}85°$; $\qquad$ arc $\gamma_B = 0{,}556$

$V_{B'} = 50 \cdot e^{-0{,}30 \cdot 0{,}405} = 50 \cdot e^{-0{,}1215} = 50 \cdot 0{,}886 = 44{,}3$ t
$V_B \ = 50 \cdot e^{-0{,}30 \cdot 0{,}556} = 42{,}3$ t

Verlauf der Spannkraft siehe Bild 7.39, dort ist auch die Spannkraft für Auflager C eingetragen.

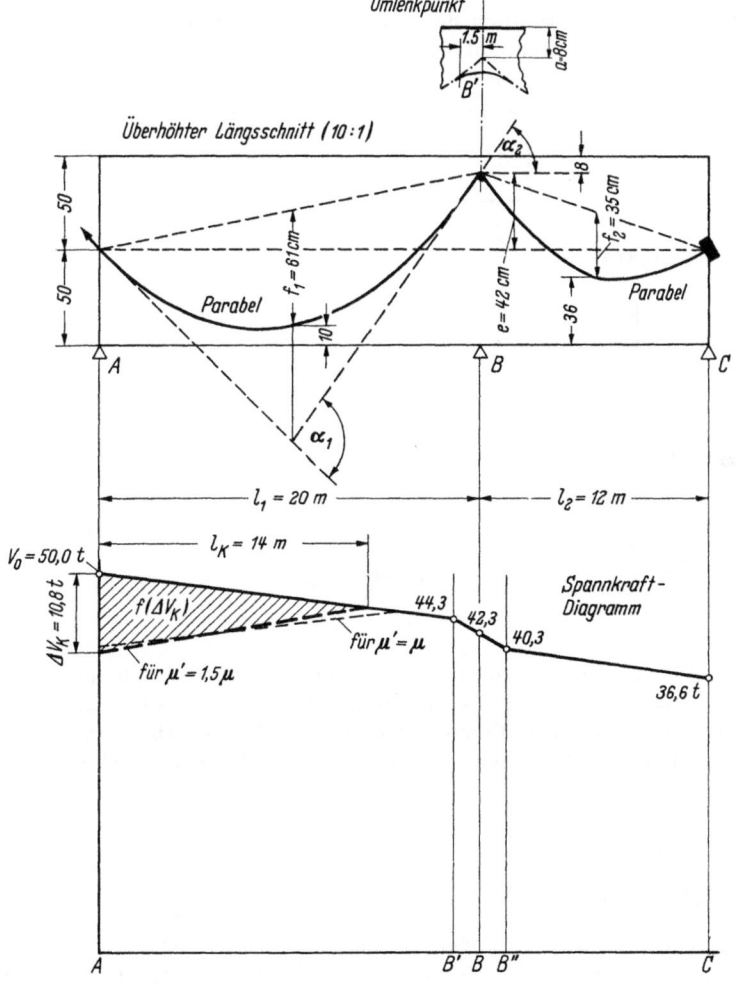

Bild 7.39 Überhöhter Längsschnitt und Spannkraft-Diagramm zum Beispiel 2

7.42 Spannwegermittlung bei Berücksichtigung der Reibung

Kennt man den Spannkraftverlauf über die Spanngliedlänge l_z nach Kap. 7.41, dann läßt sich damit der Spannweg infolge der Stahldehnung leicht errechnen. Wir nehmen dazu an, daß die σ-ε-Linie des Spannstahles bis zu σ_v etwa gerade ist, so daß mit const E_z gerechnet werden kann. Den Einfluß des beim Vorspannen vorliegenden Teileigengewichtes g_1 im System „ohne Verbund" können wir im allgemeinen bei Ermittlung der Spannwege vernachlässigen.

Der Spannweg ist

$$\Delta l_z = \int_0^{l_z} \varepsilon_{zx} \cdot dx = \int \frac{\sigma_{zx}}{E_z} dx = \int_0^{l_z} \frac{V_x \, dx}{F_z \, E_z}.$$

Nun ist $\int_0^{l_z} V_x \, dx$ einfach die Fläche der Spannkraftlinie über der Abszisse auf die Länge l_z. Wir haben also einfach diese Fläche zu ermitteln und mit $F_z E_z$ zu dividieren, um Δl_z zu erhalten. Das gleiche gilt für den kleinen Anteil des Spannweges durch die Betonzusammendrückung

$$\Delta l_b = \int_0^l \frac{V_x \cdot dx}{F_b \cdot E_b},$$

wenn man vom Einfluß der Verkürzung der Schwerlinie des Tragwerkes durch Biegung absieht. Diese Vernachlässigung ist fast stets zulässig.

Der **gesamte Spannweg** ist also

$$\boxed{\Delta l = \frac{f(V) \cdot l}{F_z \cdot E_z} + \frac{f(V) \cdot l}{F_b \cdot E_b}} \qquad 7.(5)$$

wobei $f(V) \cdot l$ die Spannkraftfläche $\int^l V_x \, dx$ gemäß Bild 7.40 ist.

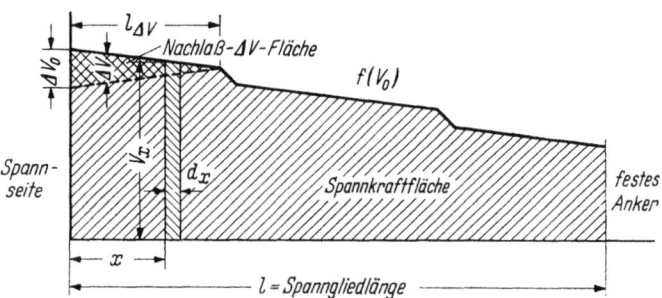

Bild 7.40 Spannkraftfläche und Nachlaßfläche

Es ist eigentlich selbstverständlich, muß aber erfahrungsgemäß doch gesagt werden, daß der Spannweg beim Nachlassen, der sog. Nachlaßweg nicht proportional zur Verminderung der Spannkraft ist. Dies geht aus einem Vergleich der zugehörigen Nachlaß-Spannkraftfläche mit der beim Vorspannen gültigen V-Fläche ohne weiteres hervor. Beim Nachlaßweg haben wir also nur die kleine Fläche $\int_0^{l_{\Delta V}} \Delta V_x \, dx$ in obige Gl. 7.(5) einzusetzen.

7.43 Spannkraftverlust infolge Keilschlupf

Die gleichen Ansätze wie in Kap. 7.42 werden auch zur Ermittlung des Spannkraftverlustes ΔV_k infolge Keilschlupf Δl_k verwendet. Die in der Berechnung anzusetzenden Schlupfmaße Δl_k (Schlupflängen) sind in den deutschen Zulassungen angegeben, Tafel 7.V.

Tafel 7.V
Schlupflängen nach deutschen Zulassungen

Verfahren	Verkeilkraft (mind.)	Schlupf auf der Spannseite mm	Ankerseite mm
Freyssinet-Wayss & Freytag 12 ⌀ 5 mm	1,0 P_v / 0,6 P_v	— / 4,0	— / 4,0
12 ⌀ 8 mm	0,6 P_v / 0,3 P_v	6,0 / 8,0	6,0 / 8,0
Grün & Bilfinger 9 ⌀ 8 mm	40 t / 17 t / 2 × 17 t	— / 6,0 / 4,0	— / — / —
Heilit 6 ⌀ 9 mm	50 t	1,0	1,0
Held & Franke 7 ⌀ 8 mm	12 t	6,0	6,0
Hochtief 6 bis 12 ⌀ 8 mm	—	5,0	5,0
Philipp Holzmann (Typen SH) 16 bis 40 oval 30	30 t	2,0	2,0
Polensky & Zöllner 6 bzw. 13 oval 20	1,3 P_v	1,0	1,0
16 oval 30	1,3 P_v	1,0	1,0
32 bzw. 44 oval 30	1,3 P_v	3,0	3,0
Sager & Wörner 6 ⌀ 7 mm / 6 ⌀ 12,2 mm	Hammer mit 2000 g oder 50 t	2,0	2,0
Züblin 8 Neptun 40	20 t	2,0	2,0
16 Neptun 40	20 t	2,0	2,0

Bei den nicht aufgeführten Gewinde- und Schlaufenverankerungen und Verankerungen mit Abstützung auf den Einpreßmörtel betragen die Spannwegverluste 0,5 bis 1,0 mm.

Den am Spannende eintretenden Spannkraftverlust erhält man aus Gleichung 7.(5) unter Vernachlässigung des 2. Summanden für die Betonkürzung. Die für $f(V)l$ einzusetzende Spannkraftfläche ist durch die Linien der Vorspannkraft beim Spannen

$$V_n = V_o \cdot e^{-\mu \cdot \gamma_k}$$

und der nachgelassenen Spannkraft (= Spannkraft nach Keilschlupf)

$$V_n' = (V_0 - \Delta V_k) e^{+\mu' \cdot \gamma_k}$$

begrenzt, wobei $\gamma_k = \alpha_k + \beta \cdot l_k$ sich auf die gewollten und ungewollten Umlenkwinkel innerhalb der Strecke l_k bezieht, in der sich die Schlupfbewegung abspielt. Beim Schlupf des Spanngliedes wirkt der Reibungsbeiwert μ'. Er ist bei glatten Drähten und glatten Hüllrohren etwa dem beim Spannen auftretenden Reibungsbeiwert μ gleich und erreicht bei gerippten Drähten in gewellten Hüllrohren annähernd das 1,5fache des ersten Reibungsbeiwertes (vgl. aber [375]).

Da die Strecke l_k, über die sich das Spannglied beim Schlupf im Keil zurückbewegt, sowohl die Fläche $f(\Delta V_k) \cdot l_k$ wie auch die Größe $\gamma_k = \alpha_k + \beta \cdot l_k$ beeinflußt, kann eine geschlossene Lösung zur Bestimmung des Spannkraftverlustes ΔV_k nur in wenigen, einfach gelagerten Fällen angegeben werden. Man hilft sich, indem man eine Länge l_k zunächst schätzt und dafür die zugehörigen Umlenkwinkel α_k und $\beta \cdot l_k$ bestimmt. Da im Endpunkt von l_k $V_n = V_n{}'$ ist, kann man nun den Spannkraftverlust errechnen:

$$\Delta V_k = V_0 [1 - e^{-(\mu+\mu') \cdot \gamma_k}]. \qquad 7.(6)$$

Die Spannkraftfläche $f(\Delta V_k) \, l_k$ muß nun nach Division mit $F_z E_z$ den Schlupfweg Δl_k (Schlupflänge) ergeben. Je nach der erhaltenen Differenz zu dem vorgeschriebenen Δl_k ist der angenommene Wert von l_k zu verbessern und die Rechnung zu wiederholen, bis Übereinstimmung erzielt wird.

Einfacher ist es aber, die Bestimmung von $V_k = f(\gamma_k)$ zu vermeiden, indem man aus dem Spannkraftdiagramm die zu l_k gehörende Spannkraft $V_n = V_n{}'$ abliest. Bei Annahme geradlinigen Verlaufs der Spannkraftlinie ergibt sich dann sehr einfach

$$\Delta V_k = \left(1 + \frac{\mu'}{\mu}\right)(V_0 - V_n) \qquad 7.(6a)$$

Der weitere Gang der Rechnung ist der gleiche wie eben dargelegt.

Beispiel zur Ermittlung des Spannkraftverlustes aus Keilschlupf.
Für das Spannglied des Beispiels 2 in Kap. 7.41 (Bild 7.39) sei ein Keilschlupf von 6 mm am Spannende zu berücksichtigen. Dabei wird $\mu' = 1,5 \, \mu$ und $F_z = 6,0$ cm², $E_z = 2,1 \cdot 10^6$ kg/cm² angenommen.
Die Schlupfstrecke sei zunächst zu $l_k = 15,0$ m geschätzt.
Aus dem Diagramm des Spannkraftverlaufs, Bild 7.39, liest man ab oder berechnet bei Annahme geraden Verlaufs zwischen den eingetragenen Punkten

$$(V_0 - V_n) = (50,0 - 44,3)\frac{15,0}{18,5} = 4,6 \text{ t}.$$

Also $\Delta V_k = (1 + 1,5) \, 4,6 = 11,55$ t.
Die Fläche des Nachlaßspannweges ist

$$f(\Delta V_k) \cdot l_k = \frac{1}{2} \cdot 11,55 \cdot 15,0 = 86,6 \text{ tm}$$

und damit die Schlupflänge oder das Schlupfmaß

$$\Delta l_k = \frac{8\,660\,000}{6,0 \cdot 2\,100\,000} = 0,69 \text{ cm} = 6,9 \text{ mm} \, (\neq 6,0 \text{ mm}).$$

Eine Korrektur und Wiederholung der Rechnung mit $l_k = 14,0$ m liefert

$$\Delta V_k = 10,8 \text{ t}$$

und

$$\Delta l_k = \sim 0,6 \text{ cm} = 6,0 \text{ mm}.$$

Der Spannkraftverlust für einen Keilschlupf von 6 mm am Spannende ist also endgültig $\Delta V_k = 10,8$ t und die Einflußstrecke $l_k = 14,0$ m (vgl. Bild 7.39). Der Einfluß anderer Annahmen über die Größe von μ' ist hier nicht groß. Man erkennt aber, daß es nicht zweckmäßig ist, Spannglieder mit großem Keilschlupf in kurzen Längen zu verwenden.

7.5 Zweckmäßige Ausbildung mehrteiliger Spannglieder im Hinblick auf Auspressen und Reibung

Bei der zweckmäßigen Ausbildung mehrteiliger Spannglieder, bei denen als Spannstahl mehrere Drähte oder Litzen in einem Gleitkanal eingelegt werden, müssen mehrere Gesichtspunkte beachtet werden:
Die Drähte sind so anzuordnen, daß möglichst wenig Hohlraum im Gleitkanal verbleibt und die Drähte den Hohlraum etwa gleichmäßig durchsetzen, damit der Einpreßmörtel überall etwa gleichen Durchflußwiderstand antrifft.

Hat man eine größere Zahl glatter Drähte, so muß man auch verhüten, daß sie auf größere Längen dicht aufeinandergepreßt werden, weil dann kein Einpreßmörtel zwischen diese Drähte gelangen kann. Diese Forderung bedingt die Anordnung von Abstandhaltern. Sind die Drähte profiliert oder gerippt oder hat man Litzen, dann ergeben sich von selbst zwischen den Drähten kleine Zwischenräume, durch die der Mörtel quer hindurchfließen kann, auch wenn die Drähte gegeneinandergepreßt werden. In solchen Fällen kann man im Hinblick auf das Auspressen auf Abstandhalter verzichten, sofern man sie nicht aus anderen Gründen wählt.

Man sollte ferner die Drahtanordnung so wählen, daß an Umlenkungen keine Klemmkräfte entstehen (vgl. Bild 7.19).

Für die Anordnung der Drähte im Gleitkanal gibt es nun grundsätzlich 3 Möglichkeiten:

1. Kreisringförmige Anordnung der Drähte in 1 bis 4 konzentrischen Ringlagen.
2. Anordnung der Drähte oder Litzen in mehreren geraden Lagen übereinander.
3. Ungeordneter Einbau der Drahtbündel.

Freyssinet hat als erster die Ringordnung gewählt, indem er 8, 12 oder 18 Drähte ϕ 5 bis 8 mm in einer Lage um eine innere Wendel aus hartem Draht ϕ 1,5 bis 2 mm herum verlegt (Bild 7.41). Innerhalb der Wendel verbleibt ein geräumiger Kanal für den Einpreßmörtel, der über die Wellung der Hüllrohre die Drähte auch von außen her sauber umhüllen kann. Die Wendel muß so bemessen werden, daß sie die Umlenkkräfte der Drähte in Krümmungen aushält. Nach *Guyon* [148] beträgt die Ganghöhe der Wendel in geraden Spanngliedern 3 cm, bei 8 m Krümmungsradius jedoch nur 1 cm. Bei der Ringlage der Drähte entstehen natürlich seitliche Verklemmungen, die man jedoch in Kauf nimmt. Man hat schon versucht, diese durch Einbau von sternartigen Abstandhaltern zu vermeiden [195], ist jedoch davon wieder abgekommen.

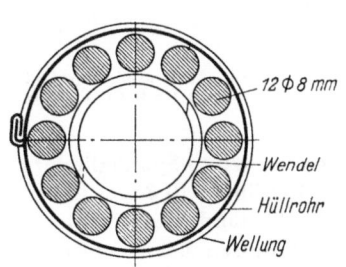

Bild 7.41 Die Freyssinet'sche Anordnung der 12 Drähte eines Bündels um eine innere Wendel herum

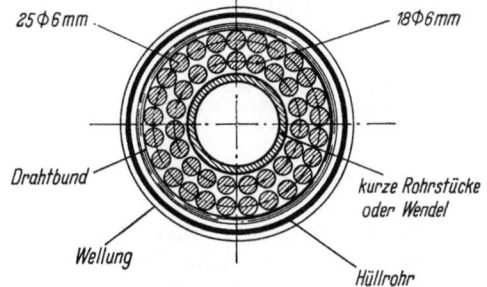

Bild 7.42 Die Anordnung von 2 Ringlagen mit zusammen 43 Drähten in BBRV-Spanngliedern

Die ringförmige Anordnung der Drähte hat den Vorteil, daß die Spannglieder in jeder Richtung gekrümmt werden können, und daß sie sich dem kreisrunden Hüllrohr gut anpaßt.

Bei B B R V - S p a n n g l i e d e r n wurden schon frühzeitig bis zu 49 Drähte in zwei bis drei konzentrischen Ringlagen eingebaut und die Abstände, bzw. die Ordnung der Drahtlagen, durch Wendeln sichergestellt (Bild 7.42).

Bei den L e o b a - Spanngliedern S 66 und K 66 werden innerhalb eines Ringes auf 12 ϕ 8 mm - Drähten noch 4 ϕ 8 mm-Drähte eingelegt, so daß das Hüllrohr ziemlich gleichmäßig mit Drähten belegt ist (Bild 7.43).

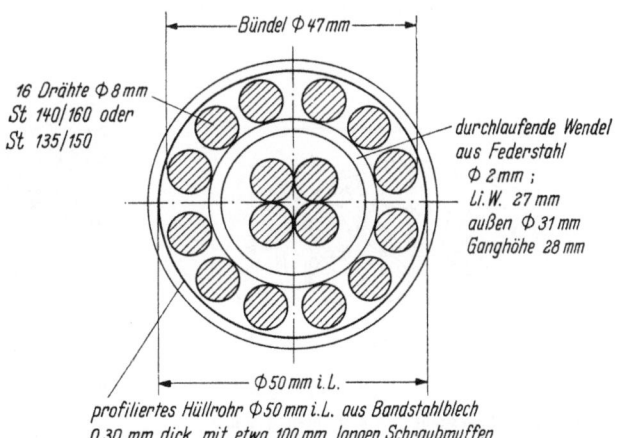

Bild 7.43 Anordnung von 16 Drähten bei Leoba-Spanngliedern

Magnel hat wohl als erster die rechteckige Anordnung der Drähte für größere Kabel angewandt, wobei er den gegenseitigen Abstand der Drähte, die paarweise gespannt wurden, durch ein Gitter aus 5 mm-Drähten sichergestellt hat (Bild 7.44). Die großen Abstände bedingen viel Einpreßmörtel, der entsprechend mehr zum Absetzen von Wasser neigt.

Da die Drahtgitter an Umlenkstellen hohe Querpressung geben oder gar verbogen werden, wurden beim Magnel-Verfahren etwa ab 1952 (durch Firma P. Bauwens, Köln [207]) gekrümmte Umlenkplatten für jede Drahtlage verwendet (Bild 7.45), die so dick bemessen sind, daß die Umlenkkraft quer auf Randrippen übertragen wird. Man kann mehrere Platten übereinanderlegen. Die Drähte beeinflussen sich beim Spannen gegenseitig nicht. Das H e i l i t b a u - Verfahren hat später ähnliche Umlenkpunkte verwendet, um Einzeldrähte zu spannen [224]. Diese aufwendigen Anordnungen sind heute vielfach verlassen.

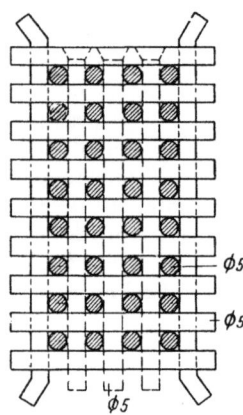

Bild 7.44 Die rechteckige Anordnung der Drähte mit Abstandgitter aus Drähten ϕ 5 mm nach *Magnels* früherer Bauart

Bild 7.45 Mehrere gekrümmte Platten übereinander als Umlenkstelle des verbesserten Magnel-Verfahrens (nach Fa. P. Bauwens, Köln)

Für gemeinsam gespannte Bündel hat der Verfasser bei den L e o b a - Spanngliedern ab 1950 zwei gerade Lagen von je 6 Drähten ϕ 5,3 mm, später von je 4 Drähten ϕ 8 mm (Bild 7.46) verwendet, um Klemmkräfte zu vermeiden. Die Ordnung und die Abstände der Drähte werden mit einem aus Blech gestanzten Abstandhalter (Bild 7.47) gesichert, dessen Zähne etwas verschränkt sind, so daß sie die beiden Drahtlagen für den Zusammenbau zusammenhalten. Das zugehörige Hüllrohr war ursprünglich rechteckig und ist heute elliptisch, es läßt sich also in der einen Achse leichter krümmen als in der anderen, was für das geradlinige Verlegen der Spannglieder im Grundriß vorteilhaft ist. Die Krümmung über die hohe Achse sollte hier vermieden werden, weil in solchen Bereichen die Drähte beim Spannen in Unordnung geraten und Klemmkräfte entstehen.

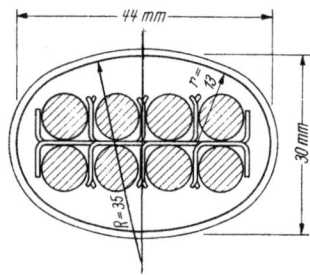

Bild 7.46 Anordnung von 8 Drähten ϕ 8 mm in zwei horizontalen Lagen mit kammartigen Abstandhaltern (Leoba Spannglieder)

Bild 7.47 Das Bild zeigt die Abstandhalter des Bildes 7.46 anschaulicher

Mehr als zwei Drahtlagen wurden mehrfach in Verbindung mit rechteckigen oder quadratischen Hüllrohren verwendet (Bild 7.48 und 7.49), so vor allem bei den Verfahren Beton- und Monierbau und Philipp Holzmann AG unter Verwendung gerippter Ovaldrähte. Zwischen den Lagen werden z. T. in Abständen von 1 bis 2 m, im Bereich von Krümmungen enger, Abstandhalter aus gestanztem Blech eingelegt.

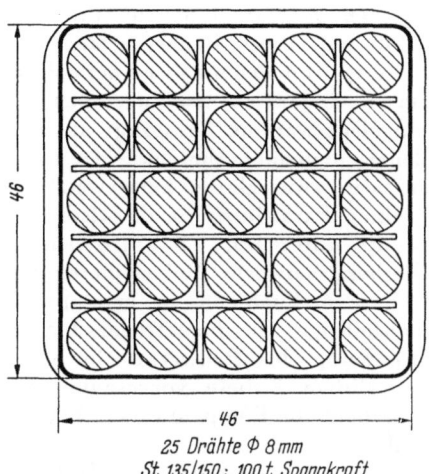

25 Drähte ⌀ 8 mm
St 135/150; 100 t Spannkraft

Bild 7.48 Spannglied aus Drähten ⌀ 8 mm für 100 t

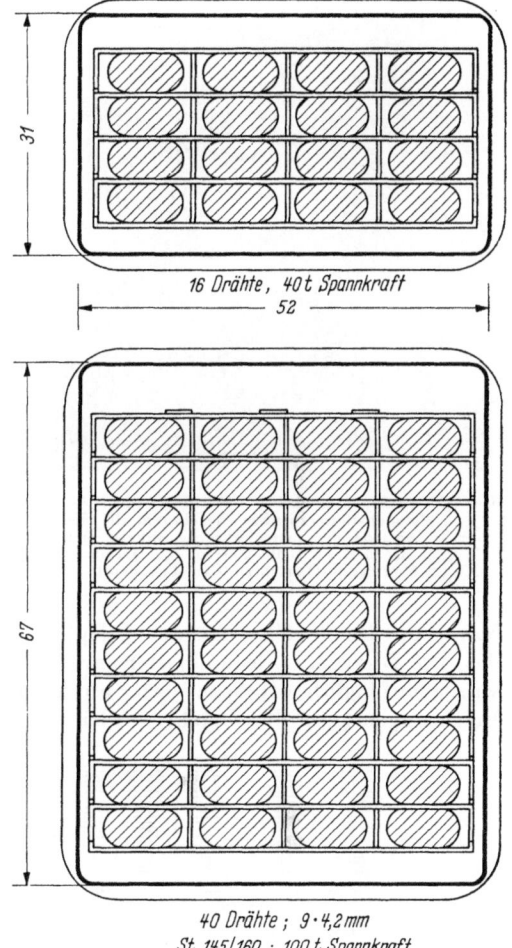

16 Drähte, 40 t Spannkraft

40 Drähte; 9·4,2mm
St 145/160; 100 t Spannkraft

Bild 7.49 Gemeinsam gespannte mehrlagige Kabel aus ovalgerippten Drähten, z. B. früheres Verfahren Philipp Holzmann A.G.

Bei mehreren horizontalen Drahtlagen werden seitliche Verklemmungen nach Bild 7.19 (Mitte) nur dann vermieden werden, wenn die lotrecht übereinanderliegenden Drähte an den Umlenkstellen beim Spannen tadellos übereinander bleiben. Dies wird erreicht, wenn die Blechkanäle nur ganz wenig breiter sind als das Kabel, so daß sich der einzelne Draht höchstens um $1/5$ seines Durchmessers seitlich bewegen kann. Litzen ⌀ 9 mm oder Drähte ⌀ 8 mm verhalten sich in dieser Hinsicht besser als Drähte ⌀ 5 mm. Die großen Kabel sollte man daher bevorzugt aus den größeren Durchmessern aufbauen.

Die oval-gerippten Drähte eignen sich besonders für Spannglieder aus mehreren Lagen, weil ihre flache Form keine Klemmkräfte entstehen läßt.

Für Spannglieder bis etwa 200 t Vorspannkraft werden zur Ersparung von Arbeit heute runde Hüllrohre und Drahtbündel ohne besondere Ordnung bevorzugt.

Für große Spannkräfte (> 300 t) ist zweifellos die Anordnung der Spanndrähte in mehreren Lagen übereinander in rechteckigen Blechkasten am einfachsten und wirtschaftlichsten und führt zu beachtlichen technischen Vorteilen [360].

Die Blechkasten für größere Kabel (Bild 7.7, s. auch Kap. 7.13) werden oben offen auf der Rüstung des Bauteiles in endgültiger Lage und Form aufgebaut, die Litzen oder Drähte eingelegt und die Kasten danach mit einem Blechdeckel verschlossen (Verfahren Baur-Leonhardt). Bei großen Brücken wurden schon bis zu 400 Stück 7drähtige Litzen in einem Blechkasten in 20 Lagen zu je 20 Litzen oder die entsprechende Zahl von Drähten ⌀ 8 mm verlegt, einwandfrei vorgespannt und ausgepreßt (Bild 7.50).

Bild 7.50 Großes Litzenkabel mit kammartigen Abstandhaltern zwischen den Lagen, die den Abstand der Litzen allseitig sichern und, wie hier, an Umlenkungen den Querdruck übertragen (Verfahren Baur-Leonhardt)

In Kap. 7.13 wurde schon beschrieben, daß die Blechkasten für diese großen Kabel mit kurzen Engpässen, die gleichzeitig Umlenkstellen sein können, zwischen 5 bis 8 m langen geraden Strecken versehen werden, so daß die Kabel in den geraden Strecken an den Blechkasten gar nicht anliegen und daher dort die Verwendung von Schwarzblech auf die Reibung keinen Einfluß hat. Diese Bauart erlaubt nun in einfacher Weise reibungsvermindernde Maßnahmen, indem an den Engstellen Gleitbleche eingelegt werden, bevorzugt an den Flächen, an denen planmäßig Umlenkkräfte auftreten. Wählt man dafür zwei glatte, kaltgewalzte Bandbleche mit einer Paraffinschicht dazwischen, dann erzielt man die unter Kap. 7.3 angegebenen sehr niedrigen Reibungsbeiwerte. Bei sauberer Ausführung sind diese Maßnahmen so erfolgreich, daß schon siebenfeldrige Durchlaufträger bei gleichzeitiger Krümmung des Bauwerkes im Grundriß mit kontinuierlichen Kabeln vorgespannt werden konnten (Straßenbahn-Rampenbrücke bei Rheinbrücke Mannheim).

Für die Ordnung der Abstände der Drähte oder Litzen solch großer Kabel haben sich die in Bild 7.50 erkennbaren Abstandhalter aus gestanzten Blechen bewährt. Die Blechstreifen sichern den Abstand der Lagen, die Zähne den Abstand der Drähte in jeder Lage und die abgewinkelten Ränder der Blechstreifen halten die Randdrähte. An den Engpässen der Umlenkstellen entfallen die abgewinkelten Ränder. Die Dicke der Abstandhalterbleche ist gleichzeitig der Abstand der Drähte oder Litzen. Es wurde anfänglich oft bezweifelt, ob hierfür 0,8 bis 1,0 mm genügt. Nach den umfangreichen Erfahrungen kann dies bejaht werden.

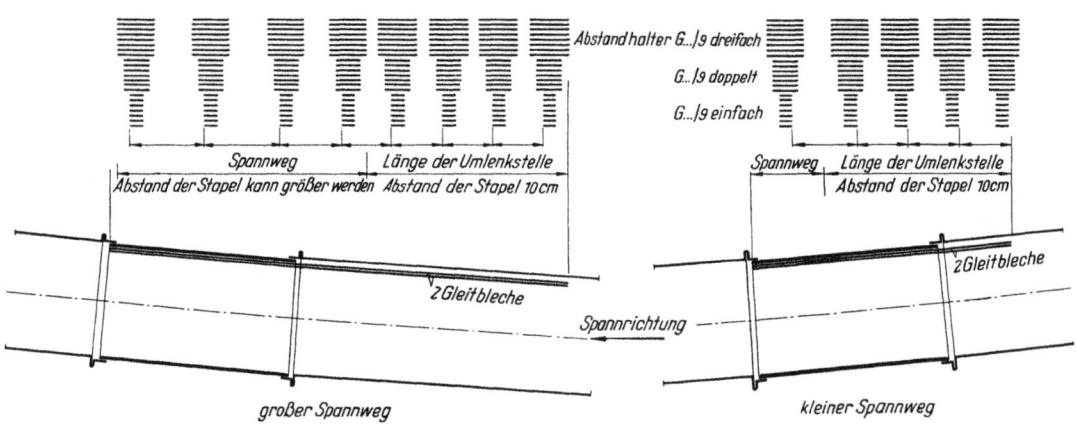

Bild 7.51 Schematische Darstellung der Abstandhalterstapel an Umlenkstellen, links nahe an der Spannfuge bei großem Spannweg, rechts nahe am Ruhepunkt bei kleinem Spannweg

Die Abstandhalter werden in den geraden Strecken im Abstand von 1 bis 1,5 m eingelegt. An den Umlenkstellen müssen sie die Umlenkkräfte von Lage zu Lage übertragen und daher enger und genau übereinander verlegt werden (Bild 7.51). Für den Abstand und die Breite der Abstandhalter an solchen Krümmungen wurden auf Grund von Berechnungen und Erfahrungen Regeln aufgestellt, die in [360] ausführlich angegeben sind, vgl. auch [299].

Ist die Umlenkstelle nach zwei Richtungen gekrümmt, dann müssen zwischen die waagerechten Abstandhalter auch noch lotrechte Blechstreifen eingelegt werden, damit die zweite Komponente der Umlenkkraft auch übertragen werden kann.

Bei den Gleitblechen und den Abstandhaltern an Umlenkstellen muß man den Spannweg beachten, um den sich das Kabel bewegt. Die Gleitbleche müssen dementsprechend so lang gewählt werden, daß sie nach Abschluß des Spannvorganges noch innerhalb der Umlenkstelle liegen. Entsprechend müssen die Abstandhalter auch außerhalb der Umlenkstelle auf einer Strecke gleich dem Spannweg entgegen der Spannrichtung eingebaut werden (Bild 7.51).

Bei starker Krümmung und vielen Drahtlagen wird die Pressung der Drähte auf das Gleitblech örtlich sehr hoch, so daß dieses deformiert würde. In solchen Fällen wird daher zwischen das Kabel und das Gleitblech ein 2 bis 3 mm dickes Druckverteilungsblech eingelegt (Bild 7.52). Man kann dann auch gerippte Drähte ohne Nachteil für die Reibung verwenden.

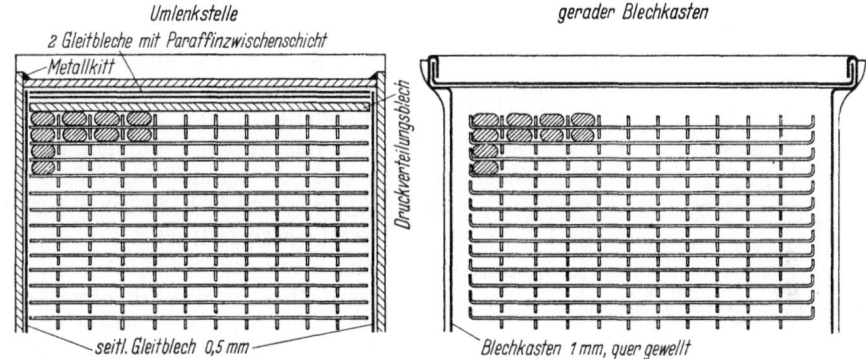

Bild 7.52 Hoher, schmaler Blechkasten für Ovaldrähte mit seitlichen Gleitblechen an der Umlenkstelle
    a) an der Umlenkstelle, oben Gleitbleche und Druckverteilungsblech
    b) in den geraden Strecken

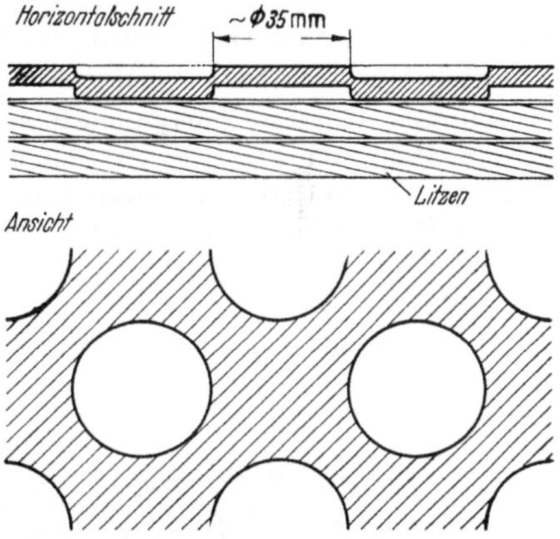

Ob man derartige Gleitbleche an einer oder an drei Seiten einlegt, hängt von der Summe der Umlenkwinkel des Spannkabels ab. Bis zu etwa 30° planmäßigen Umlenkwinkeln genügen Gleitbleche gegen die Umlenkkraft. Bei größeren Winkelsummen sind die Gleitbleche an drei Seiten zu empfehlen. Ist das Kabel nicht nur im Aufriß, sondern auch im Grundriß gekrümmt, dann müssen die Gleitbleche an den zwei Seiten der Umlenkrichtung eingelegt werden. Die Gleitbleche stellen auch sicher, daß die Reibung des Kabels am Gleitkanal niedriger wird als die Reibung der Drahtlagen untereinander, was die Voraussetzung dafür ist, daß alle Lagen gleichmäßig angespannt werden (vgl. Kap. 7.23).

Da die Umlenkstellen im Vergleich zu den geraden Zwischenstücken sehr kurz sind, wird der Verbund zwischen dem Kabel und dem umgebenden Beton praktisch nicht beeinträchtigt, zudem die in den übrigen Blechkanal einspringenden dickwandigen Blechkasten der Umlenkstellen dübelartig wirken.

Bild 7.53 Halb ausgestanzte Vertiefungen an 3 Blechkastenwänden einer langen Umlenkstelle zur Verbesserung des Verbundes. Seitlich evtl. entsprechend gelochter harter Federbandstahl zur Verminderung der Reibung

An längeren Krümmungen, wie sie über den Pfeilern von Durchlaufträgern nötig sind, kann man die Verbundwirkung der dickwandigen Blechkasten dadurch erhöhen, daß drei Blechkastenwandungen mit eingeprägten Vertiefungen versehen werden, wobei man entweder auf die seitlichen Gleitbleche verzichtet oder die seitlichen Gleitbleche so locht, daß durch die Löcher hindurch eine

Verdübelung in den Vertiefungen der Blechkastenwände entsteht. Es ist also möglich, auch an solchen Stellen den wirksamen Scherverbund zu erreichen (Bild 7.53).

Die Zusammenfassung des Spannstahles in einem Gleitkanal je Träger erlaubt reibungsvermindernde Maßnahmen, wie sie bei einer Aufteilung in viele kleine Spannglieder nicht möglich sind. Gleichzeitig wird die Kontrolle der tatsächlichen Reibung vereinfacht, bei Durchlaufträgern sogar erst richtig ermöglicht, weil man durch Fenster im Beton auch zwischen den Spannstellen und Verankerungen die Bewegungen des ganzen Kabels beobachten, messen und richtig einstellen kann. Auch das Auspressen wird zuverlässiger und einfacher (s. Kap. 8).

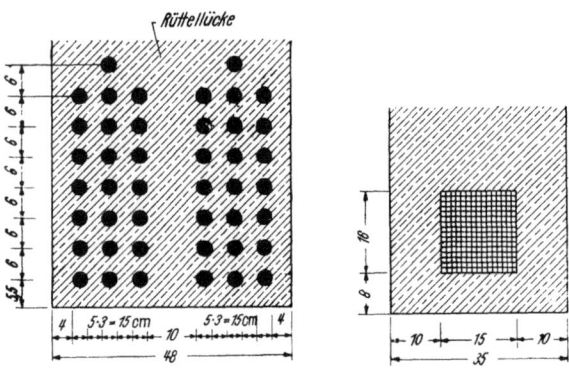

Bild 7.54 Für gleiche Spannkraft $V = 1000$ t bemessene Spannglieder, links 44 Bündel zu je 12 Drähten ϕ 5 mm St 145/160, rechts Litzenkabel mit 14 × 14 Litzen von je 7 ϕ 3 mm St 160/180

In Kap. 6 wurde gezeigt, daß die Regel des Stahlbetons, den Stahl in kleinen Einheiten über die ganze Zugzone zu verteilen, für den Spannbeton nicht gilt. Die Zusammenfassung der Spannglieder bietet wesentliche Vorteile für die Ausführung, ohne daß Nachteile in Kauf genommen werden müßten. Sie läßt vor allem auch Platz für das Einbringen eines steifen Betons, wie der Vergleich in Bild 7.54 zeigt, wo links 12-drähtige Bündel ϕ 5 mm St 145/160 und rechts ein zusammengefaßtes Litzenkabel 7 ϕ 3 mm St 160/180 für die gleiche Spannkraft dargestellt sind.

Die dritte Art des Einlegens von Drähten in Hüllrohre, nämlich ohne Ordnung und Abstandhalter, wird heute bei quergerippten Ovaldrähten oft angewandt (Verfahren Polensky & Zöllner, Philipp Holzmann AG., u. a.). An den Verankerungen sind zwar bestimmte Ordnungen nötig, die sich jedoch nur auf ein kurzes Stück im Hüllrohr erstrecken. Durch die Rippen der Drähte ist für den zum Durchfluß des Mörtels nötigen Abstand gesorgt. In Krümmungen legen sich die Drähte meist flach übereinander, so daß wenig Klemmkraft entsteht. Bild 7.55 zeigt den Querschnitt durch ausgepreßte Spannkabel dieser Bauart auf 12 bzw. 39 gerippten Ovaldrähten mit guter Mörtelfüllung.

In manchen Ländern dürfen auch glatte Drähte ohne Ordnung und Abstandhalter eingebaut werden. Bei einer geringen Drahtzahl und großen Durchmessern, z. B. 12 mm, wird dies noch angängig sein, bei großen Bündeln bezweifelt der Verfasser jedoch, daß der Zementmörtel besonders im Bereich von Krümmungen noch überall zwischen die Drähte gelangen kann.

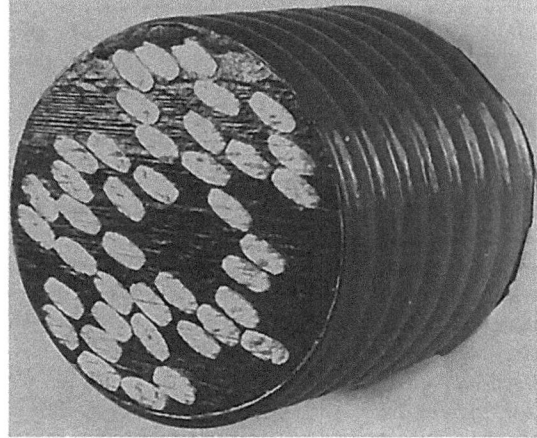

Bild 7.55 Ohne Ordnung eingelegte Ovaldrahtbündel nach dem Auspressen (Polensky & Zöllner)

Der Wegfall von Wendeln, Abstandhaltern und dergleichen bedeutet natürlich eine Zeit- und Materialersparnis und darüber hinaus eine Erleichterung des Auspressens. Man kann daher ernsthaft erwägen, die gezogenen glatten Drähte beim Richtvorgang mit kleinen Einprägungen zu versehen, die den Abstand der Drähte für den Mörteldurchfluß sicherstellen, um Abstandhalter auch hier ohne Nachteil weglassen zu können.

7.6 Vorspannhilfen zur Überwindung der Reibungswiderstände

7.61 Hilfsspannstellen

Bei mehrfeldrigen Durchlaufträgern genügt das Überschreiten der zul. Spannung $\sigma_{zv,o}$ bis auf $0{,}8\,\beta_{0,2}$ trotz der beschriebenen Gleitmaßnahmen manchmal nicht, um die Reibungswiderstände so weit auszugleichen, daß an wichtigen Stellen die zulässige Spannkraft erreicht wird. Für solche Fälle wurde eine Hilfseinrichtung entwickelt, mit der konzentrierte Spannglieder an Zwischenpunkten mit einem sogenannten S p a n n s c h u h angefaßt und dort zusätzlich gespannt werden. Man spricht von H i l f s s p a n n s t e l l e n, die zweckmäßig in den Stegen der Hauptträger angeordnet werden, wo ein Fenster im Beton ausgespart wird, um das Kabel anfassen zu können.

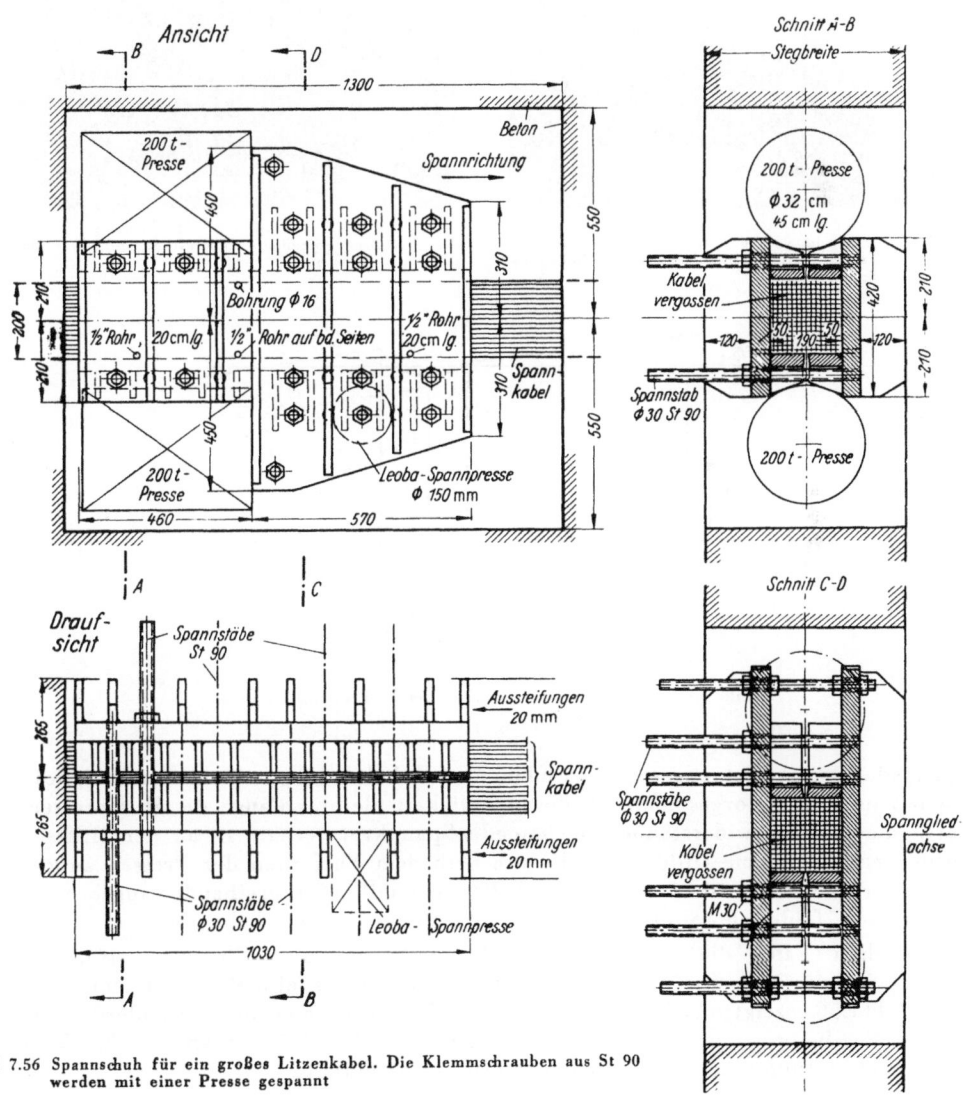

Bild 7.56 Spannschuh für ein großes Litzenkabel. Die Klemmschrauben aus St 90 werden mit einer Presse gespannt

Der Spannschuh wird ähnlich wie die Kabelschelle einer Hängebrücke am Kabel festgeklemmt. Bild 7.56 zeigt einen solchen Spannschuh für ein Kabel von rund 20/20 cm Querschnitt. Zwei kräftige Stahlbleche werden auf das in diesem Bereich bereits mit Zementmörtel ausgepreßte Kabel mit einer Kraft von insgesamt 800 t aufgepreßt, indem die St 90-Stäbe mit Spannpressen oder Drehmomentenschlüssel angespannt werden. Die Bleche sind durch angeschweißte Rippen versteift und laden so weit aus, daß über und unter dem Kabel je eine hydraulische Presse eingebaut werden kann, die sich im Fenster auf den Beton des Steges abstützen und so das Kabel in der angezeigten Richtung mit einer Kraft von 500 t verschieben können. Auf Bild 7.57 ist das Kabel im Fenster, auf Bild 7.58 der eingebaute Spannschuh mit zwei 300 t-Pressen zu sehen, wie sie bei der Donautalbrücke Untermarchtal [202] verwendet wurden.

Bild 7.57 Kabel im offenen Stegfenster der Donautalbrücke Untermarchtal fertig zum Einbau des Spannschuhes

Bild 7.58 Der eingebaute Spannschuh mit zwei 300 t-Pressen

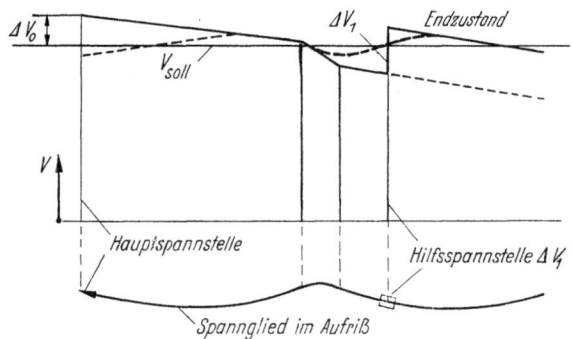

Bild 7.59 Zunahme der Vorspannkraft um die Pressenkraft an der Hilfsspannstelle

Der Spannschuh wird erst angesetzt, nachdem das Kabel bereits so weit wie möglich mit der Hauptspanneinrichtung vorgespannt ist, die in Tätigkeit bleibt, solange die Hilfspressen wirken. Die durch die Reibungswiderstände abnehmende Spannkraft erhält so an der Hilfsspannstelle eine sprungartige Zunahme (Bild 7.59), die sich nach dem Entfernen der Pressen ausgleicht. Bei langen Bauwerken können mehrere derartige Hilfsspannstellen hintereinander angeordnet werden, wie dies bei der 7feldrigen Autobahnbrücke bei Northeim 1953 geschehen ist.

Der Spannschuh kann die erforderliche Klemmwirkung auch durch Keilform erzeugen (vgl. 1. Auflage Seite 197). Die Bemessung zeigte jedoch, daß dabei mehr Stahl gebraucht wird als für den in Bild 7.56 gezeigten aufgepreßten Spannschuh. Bei der Keilform ist außerdem sorgfältige maschinelle Bearbeitung einiger Stahlflächen nötig, um die Reibung an der Keilfläche so zu regulieren, daß bestimmt eine ausreichende Querpressung eintritt.

Eine andere Lösung, den Spannkraftverlust durch Reibung an einer Zwischenstelle auszugleichen, besteht darin, daß man dort eine Spannfuge anordnet, in der die Pressen erst betätigt werden, nachdem die Hauptvorspannung von den Enden aus die erlaubte Grenze erreicht hat und damit die Tragfähigkeit für Eigengewicht hergestellt ist (Vorschlag *B. Fritz*) (Bild 7.60). Wenn in der

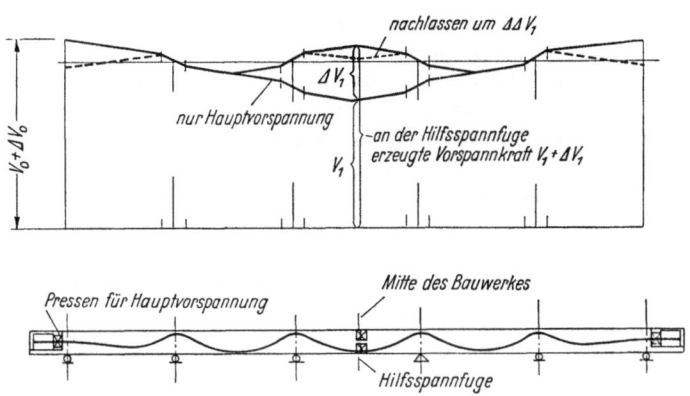

Bild 7.60 Hilfsspannfuge in der Mitte eines mehr als 4feldrigen Balkens, der zunächst von den Enden aus gespannt wird. Verlauf der Vorspannkraft

Fuge gepreßt wird, dann verschiebt sich mindestens die eine Hälfte des Bauwerkes auf seinen ohnehin vorhandenen beweglichen Lagern um die zusätzlich erreichte Dehnung des Spannstahles. Die Pressen in der Fuge müssen für die volle Kraft, die Lager für den großen Weg bemessen werden.

7.62 Hilfsspannglieder

Zerna beschrieb ein Verfahren [189], mit dem sich theoretisch die Spannkraftverluste durch Reibung vollkommen auslöschen lassen sollen (Bild 7.61): Über dem Hauptspannglied G wird ein Hilfsspannglied H eingebaut, das von den Umlenkkräften U gegen den Gleitkanal gedrückt wird. Zuerst wird das Spannglied G an einem Ende mit der Spannkraft V_0 angespannt. Nach dem Erreichen der Soll-Spannkraft wird mit einer zweiten Spannpresse das Hilfsspannglied H in der gleichen Richtung herausgezogen. Die hierzu erforderliche Kraft beträgt in grober Näherung:

$H = \mu \cdot \alpha \left(1 + \dfrac{\mu_H}{\mu}\right) V_0$. Dabei ist μ der Reibungsbeiwert von G auf H, μ_H der Reibungsbeiwert von H am Gleitkanal, α der gesamte Umlenkwinkel von G.

Beim Ziehen von H werden durch die Reibung zwischen G und H auf das Hauptspannglied die gleichen Längskräfte ausgeübt, die zuvor beim Spannen des Hauptspanngliedes Spannkraftverluste ergaben. Dadurch werden diese Spannkraftverluste aufgehoben. Während des Ziehens von H muß die Spannkraft V_0 an der Hauptpresse aufrechterhalten werden, dabei entsteht zusätzliche Dehnung im Hauptspannglied durch die

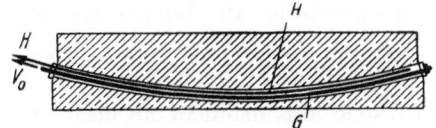

Bild 7.61 Verfahren Zerna zur Beseitigung von Spannkraftverlusten durch ein Hilfsspannglied H, das nicht verankert ist und wieder gezogen wird

mit dem Hilfsspannglied übertragenen Reibungskräfte. Für die theoretischen Ableitungen ist die bei [189] angegebene Zuschrift zu beachten.
Die Hilfsspannglieder können wiederverwendet werden. Bei Durchlaufträgern mit wechselnder Krümmung braucht man zwei Hilfsspannglieder, eines oben und eines unten im Gleitkanal.
Es werden natürlich nur die Spannkraftverluste, die von den gewollten Umlenkungen herrühren, ausgeglichen, während Verluste durch Seitenkräfte, Anpreßdruck oder dergleichen nicht behoben werden.
Die praktische Durchführbarkeit und die Wirtschaftlichkeit dieser Methode wurde nicht erwiesen.

7.63 Erwärmung

V. Hahn, in Firma Ed. Züblin, Stuttgart, schlägt vor, die Spannstähle nach dem Erreichen der zulässigen Spannkraft z. B. durch Einblasen von Dampf in die Gleitkanäle zu erwärmen und dabei die Spannkraft aufrechtzuerhalten, so daß der Spannweg um die Wärmedehnung vergrößert wird (Bild 7.62) [269], [363]. Kühlt man danach ab, dann erhöht sich die Spannung durchweg, wenn der Spannweg festgehalten wird. Hält man jedoch die Spannkraft an den Spannstellen auf dem Sollwert, dann geht ein Teil des Spannweges zurück, die Reibungskräfte drehen sich um und in der Mitte des Balkens bleibt die größere Spannkraft bzw. Dehnung erhalten.

Eine auf die ganze Balkenlänge gleich große Spannkraft würde man erreichen, wenn man das Spannglied in der Mitte um die durch Reibung verminderte Dehnung $\Delta \varepsilon_v$ erwärmt und die Wärmezunahme nach außen geradlinig auf Null abnehmen läßt. Der Spannweg an beiden Enden nimmt dabei um $1/2 \Delta \varepsilon_v l$ zu und muß beim Abkühlen festgehalten werden (Bild 7.63). Es ist also günstig, den Dampf dort einzublasen, wo am meisten Nachhilfe nötig ist, damit das Spannglied dort am wärmsten wird.

Um ein Maß der nötigen Erwärmung zu geben, sei angenommen, daß man 10 % Spannkraftverlust bei St 180 hat, dann ist

$$\Delta \varepsilon_v = 0{,}10 \cdot 0{,}5 = 0{,}05 \text{ \%}$$

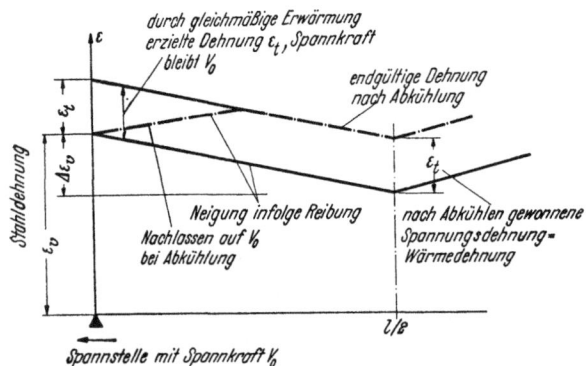

Bild 7.62 Das Kabel wird gleichmäßig erwärmt und dann abgekühlt, die Spannkraft bleibt V_0. Es entsteht ein Spannungsgewinn im mittleren Bereich

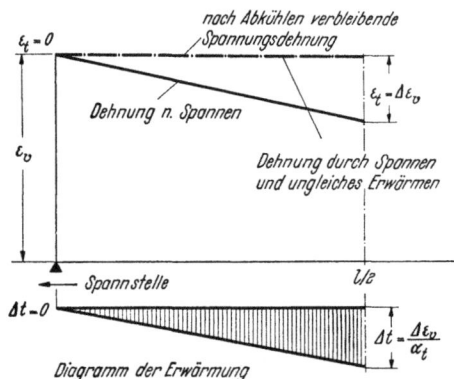

Bild 7.63 Das Kabel wird in der Mitte um ΔT, außen jedoch nicht und dazwischen mit geradliniger Temperaturabnahme erwärmt. $\Delta T = \dfrac{\Delta \varepsilon_v}{\alpha_T}$, damit $\varepsilon_T = \Delta \varepsilon_v$. Spannkraft V_0 und Spanndehnung an den Enden bleiben konstant. Nach Abkühlen wird V_0 über ganze Länge konstant (theoretisch!)

und die erforderliche Temperaturzunahme

$$\Delta T = \frac{\Delta \varepsilon_v}{\alpha_T} = \frac{0{,}05}{0{,}012} = 42^\circ \text{ C.}$$

Man sieht also, daß man mit dieser Methode 10 bis 15 %ige Spannkraftverluste infolge Reibung bei hochfesten Stählen ausgleichen kann. Die Erwärmung soll kurzfristig durch rasch durchfließenden Dampf geschehen und rasch wieder abklingen, damit keine unnötigen Temperaturspannungen im Beton entstehen, die bei einem Bauwerk zu Längsrissen entlang den Spanngliedern geführt haben.

7.64 Verminderung der Reibung durch Vibrationsstöße

Die Reibung kann vermutlich durch längs der Spannglieder verlaufende Vibrationsstöße vermindert werden. *Freyssinet* soll diesen Gedanken etwa 1943 erwogen haben. Der Verfasser hat etwa zur gleichen Zeit einen entsprechenden Forschungsauftrag formuliert, der wegen des Krieges nicht zur Durchführung kam. Dabei sollte die Spannpresse mit einem Vibrator gekoppelt werden. Später hat *A. Bossich*, Frankfurt, diesen Gedanken zum DBP angemeldet (37 b, 4/01 B 23 196 vom 3. 12. 52), die Spannkraft soll danach in Stufenstößen aufgebracht werden. Von einer praktischen Bewährung hat man jedoch noch nichts gehört.

Kapitel 8

8. Die Herstellung des nachträglichen Verbundes und des Korrosionsschutzes beim Vorspannen nach dem Erhärten des Betons

8.1 Der Einpreßmörtel als Verbundmittel

Nach dem Vorspannen hat man die Spannstähle in den Gleitkanälen gegen Korrosion zu schützen und sie zur Gewährleistung der Bruchsicherheit schubfest mit dem Betontragwerk zu verbinden. Diese beiden Aufgaben werden bisher am besten und wirtschaftlichsten durch Einpressen eines Zementmörtels, des sogenannten Einpreßmörtels, in die Gleitkanäle erfüllt. Der erhärtete Zement bietet durch seine Alkalien einen besonders zuverlässigen Korrosionsschutz. Der Verbund wird gut, wenn durch sachkundige Einpreßtechnik alle Hohlräume ausgefüllt und eine genügende Festigkeit des Einpreßmörtels erreicht wird. Andere Verbundmittel werden in Kap. 8.2 behandelt.

Das Einpressen von Zementmörtel in die Hüllrohre sieht zunächst sehr einfach aus, doch sind hierbei anfänglich Fehler gemacht worden. So hat man den Zementmörtel meist mit zuviel Wasser angesetzt, um den Durchfluß durch die feinen Spalte und Hohlräume zu sichern. Das überschüssige Wasser kann aber bei dichten Hüllrohren nicht verdunsten und nicht vom umgebenden Beton abgesaugt werden. In einigen Fällen hat dann das Wasser beim Gefrieren den Beton entlang den Spanngliedern gesprengt (Frostrisse).

Vielfach wurde der Mörtel unter hohem Druck eingepreßt, er wird dann mit der Luft in den Kanälen verwirbelt, so daß keine saubere Füllung der Hohlräume entsteht und damit der Korrosionsschutz mangelhaft wird. Man kannte zunächst auch nicht alle Vorgänge beim Einpressen und erlitt manchen Mißerfolg durch Verstopfungen, die durch Absetzvorgänge oder durch Wasserentzug entstanden und auch durch hohen Druck nicht zu beseitigen waren.

All diese Erscheinungen gaben Veranlassung zu umfangreichen Versuchen [520] und sorgfältigen Beobachtungen der Vorgänge an der Baustelle. Daraus haben sich Erkenntnisse entwickelt, die im folgenden mitgeteilt werden und die auch ihren Niederschlag in den „Vorläufigen Richtlinien für das Einpressen von Zementmörtel in Spannkanäle" des Deutschen Ausschusses für Stahlbeton fanden (Fassung Juli 1957 [336]).

Es mußten vor allem Prüfmethoden entwickelt werden, die die gewünschten Eigenschaften des Einpreßmörtels sicherzustellen erlauben. Diese Prüfmethoden werden im folgenden beschrieben.

8.11 Wasserabsetzen und Raumänderungen bei Einpreßmörtel, Zusatzmittel

Die unangenehmste Eigenschaft des Zementmörtels ist das Wasserabsondern und die Volumenverminderung. Im mit Wasser angerührten Zementmörtel setzen sich die Zementkörnchen und evtl. Zuschläge infolge ihrer Schwere (Reinwichte von Portland-Zement 3,1 g/cm^3) ab. Diese S e d i m e n t a t i o n dauert 2 bis 6 Stunden. In tiefliegenden Zonen entsteht eine zunehmende Lagerungsdichte der Zementkörner, während sich oben eine Zone dünnflüssigen Schlammes mit den feinsten Zementkörnchen unter einer reinen Wasserschicht bildet. Die Menge des abgestoßenen Wassers hängt bei bestimmter Wasserzugabe davon ab, wieviel Wasser die äußeren Schichten der Zementkörnchen aufgenommen haben. Es gibt Zemente, die stark Wasser abstoßen und andere, die weniger dazu neigen. Man hat zunächst geglaubt, daß besonders fein gemahlene Zemente weniger Wasser abstoßen als die gröberen Zemente. Versuche zeigten dann aber, daß sie für ein bestimmtes Fließvermögen entsprechend mehr Wasser brauchen.

Durch die Sedimentation entsteht eine erhebliche Raumverminderung des Mörtels vor dem Erstarren oder dem Beginn des chemischen Abbindeprozesses. Durch diesen, d. h. durch die Hydratation, wird nun Wasser chemisch gebunden, was zu dem sogenannten Schrumpfen, also wieder zu einer Raumänderung führt. Dieses Schrumpfen vermindert anfänglich noch das Gesamtvolumen. Sobald jedoch eine gewisse Erhärtung erreicht ist, können sich die Körner im Innern nicht mehr merklich verschieben. Beim Fortgang der Hydratation entsteht dann ein Unterdruck zwischen den **Körnern**, durch den das oben abgesetzte Wasser nunmehr in den Mörtelkörper hineingesaugt wird. In der Darstellung von *W. Albrecht* [337] (Bild 8.1) sind diese Vorgänge gut zu erkennen. *Albrecht* nennt die Bildung feinster Poren im Innern durch die Hydratation das „innere Schrumpfen". Dieses Schrumpfmaß läßt sich leicht dadurch feststellen, daß man auf einen dampfdicht eingeschlossenen Probekörper reichlich Wasser gibt und ermittelt, wieviel Wasser eingezogen wird. Es zeigt sich, daß das innere Schrumpfen bei Portland-Zement 5 bis 8 % des Volumens des festen Mörtelkörpers ausmachen kann.

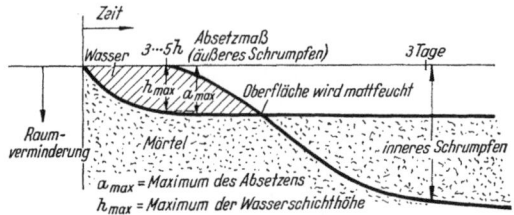

Bild 8.1 Raumverminderung reinen Zementmörtels durch Sedimentation und Schrumpfen im zeitlichen Verlauf (nach *Albrecht*)

Für den Einpreßmörtel ist es nun wichtig, die Wasserzugabe so zu wählen, daß trotz der Sedimentation nach vollständigem Erhärten kein freies Wasser mehr verbleibt. Die Eignungsprüfung erlaubt, die Erfüllung dieser Forderung nachzuweisen. Man erfüllt sie im allgemeinen, wenn man den Wasser-Zement-Faktor gemäß den Richtlinien unter 0,44 wählt.

Die Volumenverminderung des festen Mörtelkörpers gegenüber dem anfänglichen flüssigen Volumen durch Sedimentation und äußeres Schrumpfen tritt bei allen Zementarten auf. *K. Walz* hat in [201] wohl festgestellt, daß Portland-Zemente weniger zum Absetzen neigen als Hochofen- oder Eisenportland-Zemente. Weitere Untersuchungen [542] zeigten jedoch, daß weder chemische Zusammensetzung noch Mahlfeinheit der Zemente irgendeinen ausgeprägten Einfluß auf das Absetzen haben. Selbst bei niedrigem Wasser-Zement-Faktor von 0,40 bis 0,45 bleibt eine Volumenverminderung von 3 bis 6 %, die im Hinblick auf die satte Füllung der Gleitkanäle zu groß erschien. Die Richtlinien fordern daher, daß die R a u m v e r m i n d e r u n g 2 % nicht übersteigt, was in den meisten Fällen nur durch Zugabe eines Treibmittels eingehalten werden kann. W a s s e r r e d u z i e r e n d e Z u s a t z m i t t e l (Betonverflüssiger) tragen ebenfalls zu einer Beschränkung der Raumverminderung bei, indem das nötige Fließvermögen mit weniger Wasser erreicht wird. Von Luftporen bildenden Zusätzen wird bei Einpreßmörtel im allgemeinen abgesehen, weil sie die Volumenverminderung begünstigen und die für die Frostbeständigkeit nötigen Mikroporen durch das Treibmittel erreicht werden. Da es weiter bei Einpreßmörtel erwünscht ist, die Zeit bis zum Beginn des Erstarrens auf 3 bis 4 Stunden zu verlängern, wurden s p e z i e l l e Z u s a t z - m i t t e l f ü r E i n p r e ß m ö r t e l entwickelt, die

1. den Wasseranspruch des Zementes vermindern,
2. leicht treibend wirken,
3. den Erstarrungsbeginn verzögern.

Solche Zusatzmittel bedürfen einer Z u l a s s u n g, sie dürfen kein Chlorid enthalten. Zur Zeit gelten als erprobte Zusatzmittel:

Intraplast der Firma Plastiment GmbH, Karlsruhe, und
Tricosal H 181 der Firma Chemische Fabrik Grünau, Illertissen.
Intrusion Aid der Prepact-Vertretungen.

Die treibende Wirkung wird durch feinstes Aluminiumpulver erreicht, das mit den Alkalien des Zementes reagiert, wobei Wasserstoff frei wird, der in Form von kleinen Bläschen treibend wirkt. Um zu verhüten, daß diese Reaktion schon während des Mischvorganges und Einpressens beginnt, werden die Aluminiumkörnchen mit einer Schutzschicht versehen, die sich erst nach einer gewissen Zeit löst, so daß das Treiben erst im Hüllrohr stattfindet [409].

Die Reaktion ist temperaturabhängig, d. h. für eine bestimmte Aluminiummenge ist die Treibwirkung bei niedriger Temperatur kleiner als bei hoher Temperatur. Die Zusatzmittel werden daher für Verwendung bei niedriger Temperatur anders zusammengesetzt als für die warme Jahreszeit.

Bild 8.2 zeigt, wie das bis zum Erstarrungsbeginn erreichte Treibmaß das Volumen des Mörtels so weit vergrößert, daß die Wirkung der Sedimentation und des äußeren Schrumpfens aufgehoben wird oder sogar ein Quellen verbleibt.

Die Forderung einer höchstens 2 % betragenden Volumenverminderung kann damit erfüllt werden.

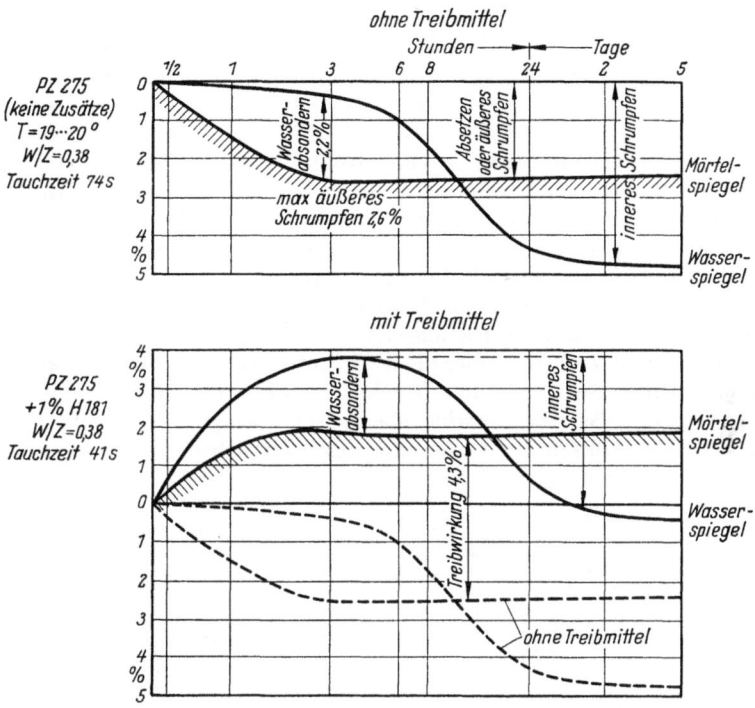

Bild 8.2 Raumänderungen von Zementmörtel mit treibenden Zusatzmittel im zeitlichen Verlauf (nach *Albrecht*)

Führt die Treibwirkung des in der Ausdehnung unbehinderten Mörtelkörpers wie in Bild 8.2 zu einer Volumenvergrößerung, dann muß im Hüllrohr, das ein Quellen nicht zuläßt, durch die Gasbildung Druck entstehen. Versuche zeigten nun, daß dieser Druck in geschlossenen Behältern die festen Bestandteile zusammenpreßt und die Gasbläschen sich oben sammeln. Die Festigkeit des Mörtels wird dadurch sehr hoch, andererseits sind aber die sich so bildenden größeren Hohlräume unerwünscht. Um diese zu vermeiden, muß man die Gleitkanäle bis zum Erstarren des Mörtels an den Enden offen lassen. Die Hüllrohre sind außerdem an den Stößen und Fälzen nicht gasdicht, so daß solche Drücke und ihre Folgen in der Praxis kaum entstehen werden.

Die amerikanischen Auffassungen über die Zusatzmittel finden sich in [242].

Eine Volumenverminderung des festen Mörtels durch S c h w i n d e n ist nicht zu befürchten, da der Mörtel in den Hüllrohren seine überschüssige Feuchtigkeit gar nicht oder nur in sehr langen Zeiträumen verliert.

Prüfung der Raumverminderung und des Wasserabsetzens

Für die Prüfung des Absetzmaßes und der Raumverminderung haben K. *Walz* und H. *Schmid* [272], [338], [436] ein an Baustellen leicht durchführbares Verfahren entwickelt, das gleichzeitig Prüfkörper zur Bestimmung der Druckfestigkeit liefert. Der frisch gemischte Einpreßmörtel wird demnach in handelsübliche 1 kg-Konservendosen mit ⌀ 99 mm, Höhe rund 120 mm, gefüllt. Als

Bild 8.3 Konservendose, 1 kg, zur Prüfung der Raumverminderung, des Absetzens und Einziehens des Wassers

Meßgerät dient ein Messingstab, in dem zwei Stifte mit Stellschrauben befestigt sind. Bild 8.3 zeigt die Dose vor dem Füllen mit eingesetztem Einstellstab, der zum Justieren der Stifte dient. Die Dose wird soweit gefüllt, bis der bei Lesbarkeit des Wortes „Füllen" der Meßbrücke nach unten zeigende Stift die Mörteloberfläche gerade berührt. Die Verdunstung von Wasser wird verhütet, indem sofort der mit einem Gummiring versehene Dosendeckel aufgesetzt und durch ein Gewicht zur Abdichtung beschwert wird. Die Dose wird danach in feuchtem Sand oder Wasser bei Bauwerkstemperatur erschütterungsfrei gelagert. Nach 24 Stunden wird die Dose geöffnet und etwa über dem Mörtel stehendes Wasser in eine leere Dose abgegossen. Dann wird die Meßbrücke aufgesetzt, jedoch mit dem Wort „Messen" in lesbarer Stellung, und dann so viel frisches Wasser auf den Mörtel gegeben, daß der Wasserspiegel den jetzt nach unten zeigenden Stift berührt (Bild 8.4). Die Menge des eingefüllten Wassers wird in einem Meßzylinder ermittelt. Aus dem Diagramm (Bild 8.5) kann man für diese Wassermenge unmittelbar die Raumänderung des Mörtels in Prozent ablesen. Die gleiche Wassermenge wird danach abgegossen. Beim Einfüllen und beim Messen sollen die als Meßmarken dienenden Stifte jeweils in der Mitte der Kreisfläche stehen, damit sich Fehler aus nicht waagrechter Lage der Dose nicht zu stark auswirken.

Da kein Wasser auf längere Zeit frei über dem Mörtel verbleiben darf, werden andere Dosen nach dem Einfüllen dicht verschlossen und bei der genannten Temperatur bis zum Alter von 28 Tagen gelagert. Wasser, das sich zunächst oben absetzt, saugt der Mörtel beim Erhärten meist am 2. bis 3. Tag auf; beim Öffnen der Dosen zur Festigkeits-Prüfung, nach 28 Tagen, darf kein freies Wasser mehr vorhanden sein.

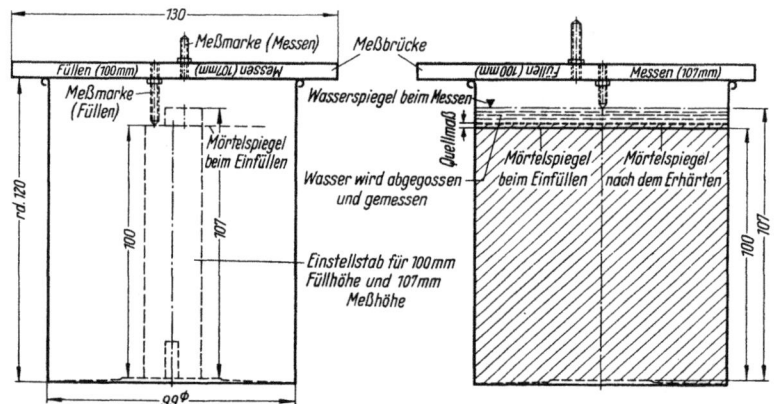

Bild 8.4 Meßgerät nach *Schmid*, zur Prüfung der Raumänderungen von Einpreßmörtel

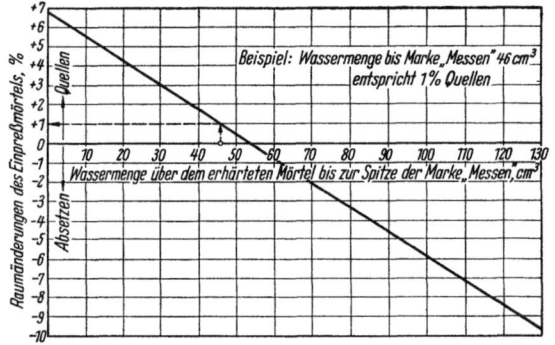

Bild 8.5 Diagramm zur Anwendung des Gerätes nach *Schmid*, Bild 8.4

8.12 Das Fließvermögen des Einpreßmörtels

Eintauchgerät

Die zweite wichtige Eigenschaft des Einpreßmörtels ist sein Fließvermögen, da er ja durch eng nebeneinanderliegende Drähte oder durch Engpässe an Abstandhaltern und dgl. auf große Längen durchfließen muß. Zunächst mußte ein Verfahren gefunden werden, um das Fließvermögen unter der Wirklichkeit entsprechenden Fließvorgängen reproduzierbar zu messen. Die Anwendung vorhandener Viskositätsmeßgeräte, z. B. mit Bestimmung der Auslaufzeit des Mörtels aus einem Behälter mit kleinen Auslauföffnungen, führte zu keinem befriedigenden Ergebnis.

Das Otto-Graf-Institut der TH Stuttgart (K. *Walz* und H. *Schmid*) [436] entwickelte daher ein neues P r ü f v e r f a h r e n m i t e i n e m E i n t a u c h g e r ä t nach Bild 8.6.

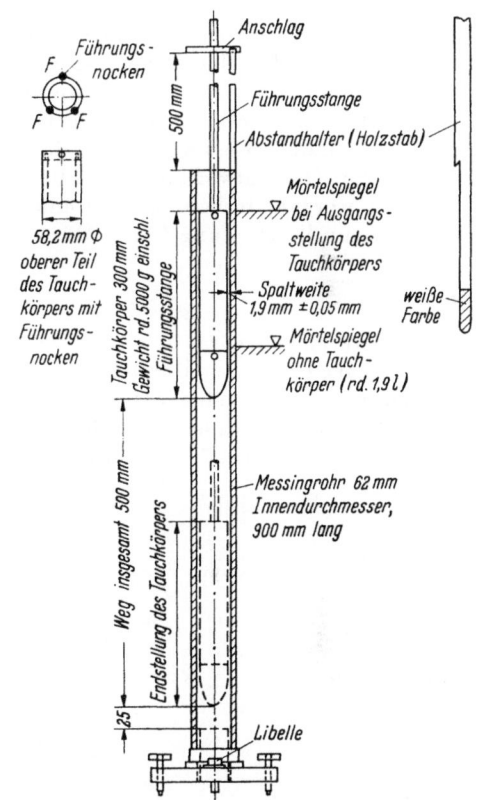

Bild 8.6 Eintauchgerät nach Otto - Graf - Institut zur Kennzeichnung des Fließvermögens von Einpreßmörtel durch die Tauchzeit des 5000 g schweren Tauchkörpers

Mit dem Eintauchversuch wird die Wasserzugabe so bestimmt, daß das Fließvermögen für die Spanngliedarten noch ausreichend ist. Der Zylinder wird mit etwa 1,9 l Einpreßmörtel bis etwa 26 cm unter dem Rand gefüllt, so daß der Tauchkörper beim Einführen gerade voll eintaucht, wenn sein Anschlag an der Führungsstange auf dem oben am Rohr aufgestellten Abstandhalter aufliegt. Der Abstandhalter wird dann weggezogen, der Tauchkörper sinkt etwa 50 cm tief bis zum Anschlag am Rohr. Danach wird der Tauchkörper wieder in die Ausgangsstellung gehoben, der Abstandhalter eingesetzt, erneut weggezogen und die Zeit gemessen, bis der Anschlag am Rohr aufliegt. Die Tauchzeit kennzeichnet das Fließvermögen. Der Versuch wird dann mit der gleichen Füllung dreimal hintereinander durchgeführt. Das Mittel der Tauchzeit aus dem zweiten und dritten Eintauchen ist maßgebend.

Der Durchmesser des 5000 g schweren zylindrischen **Tauchkörpers** ist so gewählt, daß gegenüber dem Standzylinder nur ein 1,9 mm breiter Ringspalt verbleibt. Der Mörtel muß auf eine größere Länge durch diesen feinen Spalt hindurchfließen, wodurch der Fließvorgang in den Spanngliedern nachgeahmt wird.

Die Eintauchgeräte müssen geeicht werden, was in folgender Weise geschieht: 1,9 l Glyzerin pur. bis dest. DAB 6 (Reinwichte 1,2260 g/cm³ bei 20° C) werden als Eichflüssigkeit in einem auf 19° C temperierten Raum in das trockene Messingrohr gefüllt. Dazu wird der Abstandhalter an seiner Kerbe in das Rohr eingehängt und darauf geachtet, daß das Glyzerin das untere weißlackierte Ende des Abstandhalters berührt oder wenig darübersteht. Nach Einführen des Tauchkörpers bis zur Ausgangsstellung steigt der Spiegel der Füllung so weit hoch, daß er den oberen Rand des Tauchkörpers erreicht. Nach etwa einer Stunde sind mitgerissene Luftblasen hochgestiegen, so daß dann zur Fortführung der Eichung der Abstandhalter mit seinem unteren Ende auf den Rand des Rohres aufgesetzt werden kann, bis sein Anschlag in der Kerbe am oberen Ende des Abstandhalters aufliegt. Dann wird der Abstandhalter an seinem unteren Ende rasch weggezogen, worauf der Tauchkörper bis zum Aufliegen des Anschlages auf dem Rohr einsinkt. Dieser Versuch wird mindestens 3mal mit der gleichen Flüssigkeit wiederholt. Der Mittelwert aller dabei gemessenen Tauchzeiten soll 34 ± 1 Sekunde betragen.

Zahlreiche Versuche zeigten, daß beim ersten Eintauchen trotz gleicher Mischung ziemliche Streuungen der Tauchzeit auftreten, die beim zweiten und dritten Eintauchen verschwinden. Erst durch die Mittelbildung aus zweitem und drittem Eintauchen wird die Tauchzeit genügend reproduzierbar, was eine wichtige Bedingung für Eignungsprüfungen ist. Es zeigte sich auch, daß die Tauchzeit vom zweiten bis sechsten Eintauchen nur das 0,64 bis 0,77fache der Tauchzeit des ersten Eintauchens ausmacht.

Das Verfahren hat sich in der Praxis bewährt. Seine Durchführung ist zwar an der Baustelle nicht gerade beliebt, aber doch in einfacher Form möglich. Auf Grund mehrjähriger Erfahrungen konnte in den Richtlinien angegeben werden, daß die Tauchzeit unmittelbar nach dem Mischen für enge oder lange Spannglieder in Blechkanälen etwa 15 bis 30, für weite Spannglieder etwa 30 bis 50 Sekunden betragen soll.

An heißen Tagen wird man an die untere Grenze der Tauchzeit herangehen, bei kühlen Tagen kann die Mischung etwas steifer gehalten werden.

Je nach Mischintensität und Zementart verschlechtert sich das Fließvermögen schon nach kurzer Zeit, der Mörtel wird steifer und ist dann zum Einpressen nicht mehr geeignet. Um sich dagegen abzusichern, soll bei der Eignungsprüfung der **Eintauchversuch 30 Minuten nach dem Mischen wiederholt** werden und die Tauchzeit soll dann noch unter 80 Sekunden liegen. Man sichert sich dadurch gegen zu frühes Erstarren, das u. a. durch verzögernde Zusatzmittel beeinflußt werden kann, falls der Zement selbst nicht einen ausreichend späten Erstarrungsbeginn zeigt. Die Entwicklung des Fließvermögens mit der Zeit muß vor allem bei heißem Wetter überprüft werden, insbesondere, wenn große Spannkanäle auszupressen sind, da ein zu frühes Erstarren zur Verstopfung führt. Mörteltemperaturen über $+25°C$ sind möglichst zu verhüten.

Viskosimeter

Das Fließvermögen wird in einigen anderen Ländern mit Rotations- und Torsions-Viskosimetern gemessen. Beim ersteren wird der Rotationswiderstand eines in den Mörtel eingetauchten, rotierenden Zylinders mittels eines Milli-Amperemeters gemessen. Beim Torsions-Viskosimeter dreht sich der Mörtelbehälter mit konstanter Geschwindigkeit. Der Drehwinkel eines an einem Draht hängenden eingetauchten Stabes gibt das gesuchte Vergleichsmaß.

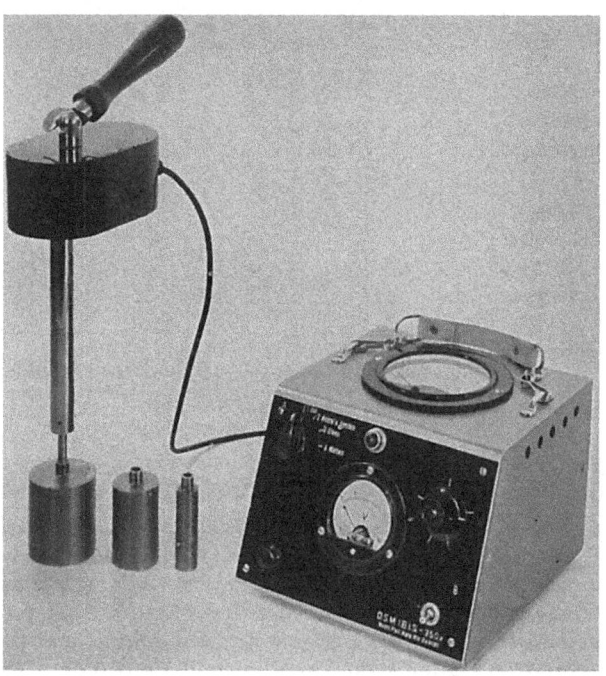

Als Beispiel wird das holländische Rotations-Viskosimeter „Ibis" Typ 350 X (Rotating Adhesion Meter) in Bild 8.7 gezeigt, bei dem Zylinder verschiedenen Durchmessers eingesetzt werden können. Um an Baustellen vom Strom unabhängig zu sein, wird das Gerät mit Batterien betrieben. Man stellt diese auf 10 Volt ein, rotiert den in den Mörtel bis zu einer Marke eingetauchten Zylinder mit dieser Stromstärke und liest die dafür nötige Leistung am Milli-Amperemeter ab.

Vorteilhaft ist, daß keine Mörtelprobe entnommen werden muß und das Gerät sich leicht reinigen läßt. Man kann auch sehr steife Mörtel messen, bei denen im Eintauchgerät der 5000 g-Körper bereits nicht mehr absinkt.

Es ist zu erwarten, daß solche Viskosimeter nach weiterem Studium mit der Zeit die Tauchgeräte verdrängen werden.

Bild 8.7 Holländischer Rotations-Viscosimeter „Ibis"

Abhängigkeiten des Fließvermögens

Das Fließvermögen ist abhängig von der Art und Mahlfeinheit des Zementes (vgl. aber dazu [542]), von evtl. Zuschlägen und von der Wassermenge. Einen weiteren Einfluß hat die Mischdauer und Mischintensität (vgl. Kap. 8.16). Es kann durch wasserreduzierende Zusatzmittel verbessert werden. So betrug bei einem Portland-Zement Z 275 mit einem Wasser-Zement-Faktor von 0,38 die Tauchzeit ohne Zusatzmittel 74 Sekunden, mit Zusatzmittel H 181 bei gleicher Wassermenge 41 Sekunden [437].

Zur Beurteilung der Spannglieder hinsichtlich des zweckmäßigen Fließvermögens hat O. Völter [437] eine **Kennzahl der Durchgängigkeit** eingeführt, die bei den verschiedenen Spanngliedarten recht unterschiedlich ist, je nachdem, ob der Spannkanal durchweg dicht mit Drähten oder mit einem Stab belegt ist oder ob größere Querschnittsteile für den Durchfluß frei sind. Die Kennzahl der Durchgängigkeit gibt das Verhältnis der vom Mörtel zu benetzenden Oberflächen der Spannstähle und der Blechkanäle zum Kanalquerschnitt an, wobei die Oberflächen durch die Summe U der Umfänge gekennzeichnet werden, so daß $\dfrac{U}{F_{Gl} - F_z}$ die Dimension $\dfrac{1}{cm}$ erhält. In der folgenden Tafel 8.I sind einige solcher Kennzahlen für bekannte Spannverfahren angegeben.

Tafel 8.I
Kennzahlen der Durchgängigkeit einiger Spanngliedarten (nach O. Völter)

Nr.	Spannglied mm	Hüllrohr mm	Kennzahl U/F_{Gl} cm^{-1}
	Beton- und Monierbau	□	
1	9 oval 30	26/42	4,2
2	15 oval 30	42/42	3,9
3	28 oval 30	54/54	4,2
	Freyssinet Wayss und Freytag	○	
4	12 ⌀ 5,25	31	5,9
5	12 ⌀ 8,0	45	4,5
	BBRV	○	
6	32 ⌀ 6,0	52	6,3
	Leoba	oval	
7	12 ⌀ 5,25	30/44	7,4
	Dywidag	○	
8	1 ⌀ 26	30,5	8,9
	Baur-Leonhardt	□	
9	z. B. Brücke Eyach 324 Litzen 7 ⌀ 3,0	200/200	6,5

Der Verfasser bevorzugt Spannglieder mit dichter Belegung, also mit hohen Kennzahlen, vor allem nachdem man das Auspressen solcher Spannglieder heute beherrscht. Bei hoher Kennzahl spart man Querschnitt des Tragwerkes und Einpreßmörtel und vermeidet auch größere Hohlräume durch Volumenverminderung des Mörtels.

Das notwendige Fließvermögen richtet sich nicht nur nach der Länge der auszupressenden Spannglieder, sondern auch nach dieser Kennzahl. Die untere Grenze der Eintauchzeit von etwa 20 Sekunden sollte man für hohe Kennzahlen der Durchgängigkeit, z. B. 6 bis 9 wählen, während die längeren Tauchzeiten von 40 bis 50 Sekunden sich für Spannglieder mit Kennzahlen 2 bis 6 eignen.

8.13 Die Druckfestigkeit des Einpreßmörtels

In Kap. 6 wurde schon gesagt, daß zum Erzielen der nötigen Bruchsicherheit eine mäßige Druckfestigkeit des Verbundmittels genügt und daß diese bei beschränkter Vorspannung möglichst höher liegen sollte als bei voller Vorspannung. Entsprechend fordern die Richtlinien, unabhängig von der Betongüte des Tragwerkes, Druckfestigkeiten des Einpreßmörtels

$$\text{nach } 7 \text{ Tagen} \quad \beta_D = 200 \text{ kg/cm}^2$$
$$\text{nach } 28 \text{ Tagen} \quad \beta_D = 300 \text{ kg/cm}^2.$$

Die Druckfestigkeit wird dabei an Zylindern gemessen, die aus den Konservendosen der Absetzprüfung nach Bild 8.3 entnommen werden. Die Zylinder werden auf 80 mm Höhe an beiden Enden abgesägt und ebengeschliffen oder mit dünnem fettem Zementleim ebenabgeglichen. Die Proben müssen nach dem Entfernen der Blechdosen ständig feuchtgehalten werden.

Die Zylinderhöhe ist also geringer als der Durchmesser, so daß man eine Druckfestigkeit erhält, die etwa der Würfelfestigkeit entspricht und damit gegenüber der sonstigen Prismen- oder Zylinderfestigkeit etwas überhöht ist, weil die Behinderung der Querdehnung an dem niedrigen Zylinder günstig wirkt.

Im allgemeinen ist es nicht erforderlich, daß der Einpreßmörtel seine Druckfestigkeit rasch entwickelt. Wenn man jedoch Spanngliedanker auf erhärteten Einpreßmörtel absetzen will (vgl. Kap. 3.29), dann muß man die Druckfestigkeit nach den ersten drei bis vier Tagen feststellen. Man kann aber hierfür keine allgemein gültige Forderung aufstellen, weil die notwendige Festigkeit von dem Ankerdruck und dem Umschnürungsgrad der Ankerzone der jeweiligen Spannglieder abhängig ist. Bei guter Umschnürung und einem den Ankerraum ziemlich ausfüllenden Ankerstück genügt bereits eine ziemlich niedere Druckfestigkeit, weil der Mörtel nicht ausweichen kann.

Die erste Forderung nach Kap. 8.11 führt zu einem niedrigen Wasser-Zement-Faktor, so daß die geforderte Druckfestigkeit meist ohne Schwierigkeit erreicht wird, obwohl das treibende Zusatzmittel durch die Porenbildung die Festigkeit geringfügig herabsetzt.

8.14 Die Frostbeständigkeit des Einpreßmörtels

Der Einpreßmörtel muß frostbeständig sein, damit er durch Frost seine Festigkeit nicht verliert oder gar in den Hüllrohren nicht sprengend wirkt. Diese Forderung ist notwendig, weil im Mörtel nur etwa 15 bis 17 % des Zementgewichtes an Wasser chemisch gebunden wird und das übrige Wasser wegen der Hüllrohre kaum oder nur sehr langsam verdunsten kann.

Wenn dieses chemisch nichtgebundene Wasser gefriert, dehnt es sich natürlich aus und zerstört dabei das Mörtelgefüge, wenn nicht genügend Feinporen vorhanden sind, die diese Volumenvergrößerung aufnehmen können [296]. *A. Röhnisch* und *E. Powers* haben diese Vorgänge näher untersucht und dabei gefunden, daß die im Mörtel vorhandenen fein verteilten, wasserfreien Hohlräume (Luftporen) mindestens 9 % des chemisch nicht gebundenen Wassers betragen müssen, wenn die Frostbeständigkeit erreicht werden soll [214], [309]. Der Mörtel muß außerdem vor dem Gefrieren eine gewisse Festigkeit erreicht haben, damit er die im Mikro-Gefüge vor sich gehenden Verlagerungen bei Ausdehnung der gefrierenden Wasserteilchen aushält.

Die Richtlinien fordern nun, daß bereits 3 Tage alte und bei $+5°$ gelagerte Proben bei einmaligem Gefrieren bis $-20°$ frostbeständig sind. Die frühzeitige Prüfung ist dadurch bedingt, daß der Einpreßmörtel keinen Schaden nehmen soll, wenn im Winter wenige Tage nach dem Einpressen Frost eintritt. Es ist zwar vorgeschrieben, die Bauwerke dann durch Beheizen so warm zu halten, daß im Innern des Betons während der gefährlichen Tage Frost vermieden wird. Dennoch schien es geboten, die durch nicht frostbeständigen Mörtel bedingten Gefahren durch die Forderung der sehr frühzeitigen Frostbeständigkeit zu vermeiden. Auch diese Forderung bedingt einen niedrigen Wasser-Zement-Faktor und meist auch Anwendung von Treibmitteln, damit das nötige Volumen an Mikroporen entsteht.

Prüfung der Frostbeständigkeit

Zur Prüfung der Frostbeständigkeit wird ein von *A. Röhnisch* entwickeltes Dilatometer gemäß Bild 8.8 benützt [309]. In der Zylinderform des Bildes 8.9 werden 3 Mörtelzylinder hergestellt und 3 Tage lang im Kühlschrank bei $+5°$ gelagert. Die erhärteten Mörtelzylinder werden dann ausgeformt und in den Zylinder des Dilatometers eingesetzt. Daraufhin wird aus dem Balg unter dem Zylinder Quecksilber hochgepreßt, das den Prüfzylinder vollständig umschließt und in eine kreisringförmig gebogene, liegende Glaskapillare eindringt. Das Quecksilber zeigt in der Kapillare jede noch so geringe Volumenänderung des Mörtelprismas an, die an der Skala abgelesen werden kann. In der Mitte steht ein Thermometer, das in das Quecksilber über dem Mörtelprisma eintaucht.

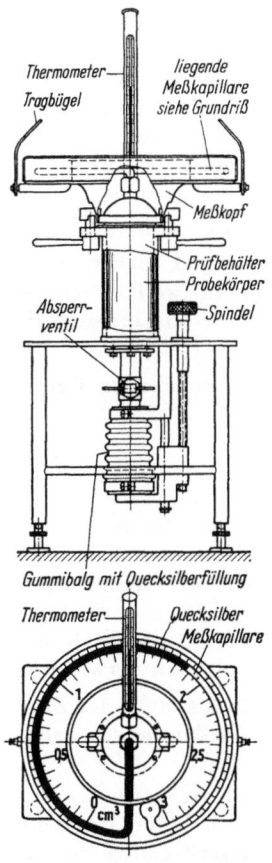

Bild 8.9 Form für Mörtelzylinder zur Frostprüfung im Dilatometer

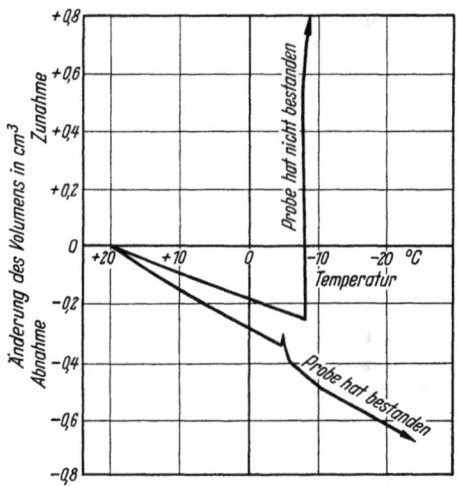

Bild 8.8 Dilatometer nach *A. Röhnisch* zur Prüfung der Frostbeständigkeit

Bild 8.10 Volumenänderung des Mörtelzylinders im Dilatometer bei abnehmender Temperatur, unten für frostbeständigen Mörtel, oben für nicht frostbeständigen Mörtel

Das Dilatometer wird nunmehr in die Kühltruhe gestellt, die Temperatur wird innerhalb von 4 Stunden auf $-20°$ gesenkt und mindestens weitere 2 Stunden auf dieser Höhe gehalten. Dabei wird die Volumenänderung des Mörtelprismas an der Kreisskala abgelesen und gemäß Bild 8.10 aufgezeichnet. Bei $-4°$ bis $-6°$ zeigt sich im allgemeinen eine Unstetigkeit durch das Gefrieren der freien Wasserteilchen. Geht die Linie als temperaturbedingte Volumenverminderung weiter, dann ist der Mörtel frostbeständig. Stellt sich jedoch eine rückläufige Bewegung ein (Bild 8.10 oben), dann ist dies ein Zeichen, daß die Wasserteilchen beim Gefrieren das Mörtelgefüge gesprengt haben, so daß die temperaturbedingte Volumenminderung durch eine Volumenvergrößerung unterbrochen wird. Der Mörtel ist dann nicht frostbeständig.

Da diese Prüfung Kühltruhen voraussetzt, wird sie nicht an der Baustelle, sondern an Materialprüfungsanstalten durchgeführt. Es genügt dabei, wenn für eine bestimmte Mörtelzusammensetzung die Prüfung in größeren Zeitabständen wiederholt wird.

8.15 Auswahl der Bindemittel und Zuschläge

Zemente

Die verschiedenen Zemente zeigen eine recht unterschiedliche Eignung für Einpreßmörtel. Der Wasseranspruch für ein bestimmtes Fließvermögen, die Sedimentation, das Wasserabstoßen, der Erstarrungsbeginn sind z. T. sehr verschieden. Man hat deshalb lange versucht, herauszufinden, welche Zementart sich besonders eignet. Dies ist nicht gelungen [542]. Die Versuche gaben bisher keine ausreichende Aufklärung darüber, welche chemischen oder physikalischen Zementeigenschaften für die Anforderungen an Einpreßmörtel besonders günstig sind. Man bleibt daher zunächst auf E i g n u n g s p r ü f u n g e n z u r A u s w a h l geeigneter Zemente angewiesen, die wegen der Schwankungen abhängig vom Gestein, dem Brand und der Mahlung für die tatsächliche Lieferung vor jeder größeren Anwendung durchzuführen sind.

Auf Grund der bisherigen Erfahrungen und Versuche (letztere wurden hauptsächlich von *K. Walz* durchgeführt [258] und [272]) kann man immerhin folgende H i n w e i s e geben:
Portland-Zemente mittlerer Mahlfeinheit (mindestens 5 % Rückstand auf Sieb 0,09 mm nach DIN 1171), also Z 275 oder grob gemahlene Z 375, eignen sich besser als andere Zementarten oder besonders fein gemahlene Zemente.

In Ausnahmefällen zeigen Hochofen-Zemente günstige Eigenschaften, z. B. Wittekind-Zement Z 375.

T o n e r d e s c h m e l z - Z e m e n t, der in früheren Jahren gerne bei niedrigen Temperaturen gewählt wurde, muß nach neueren Erkenntnissen vermieden werden, weil er im Laufe der Zeit durch Umkristallisation zuviel an Festigkeit verliert und auch keine vollständige Sicherheit gegen Spannungskorrosion bietet.

Im Hinblick auf die Korrosionsgefahr muß besonders beim Einpreßmörtel darauf geachtet werden, daß nur Zemente verwendet werden, die keine Chloride enthalten.

Zuschläge

Früher wurden dem Zement gerne mehlfeine Zuschläge zugegeben, die sich leichter benetzen lassen als die Zementkörner und so den Wasserbedarf nicht unnötig erhöhen. Auf Grund von amerikanischen und schweizerischen Versuchen wurde insbesondere das beim Prepakt-Verfahren erprobte Alfesil (SiO_2-reiche Flugasche) empfohlen (*Davis* in [86], vgl. 1. Auflage S. 203). An anderen Stellen wurde Kalkmehl oder Quarzmehl zugefügt [296]. Auch Traß und mehlfeine Kieselgur=Diatomeenerde (in Holland unter dem Namen Betsil) werden verwendet.

Nach den R i c h t l i n i e n dürfen solche Zuschläge in Höhe von 20 bis 30 % des Zementgewichtes beigemischt werden, wenn die Wassermenge für das gewünschte Fließvermögen dadurch um nicht mehr als 0,30 kg je 1,0 kg Zuschlag erhöht wird.

Die Versuche von *K. Walz* [258] zeigten andererseits, daß wirklich nennenswerte Vorteile durch solche mehlfeinen Zuschläge nicht erzielt werden. Es entstehen auch keine Ersparnisse. Deshalb hat es sich mehr und mehr eingebürgert, ein reines Zement-Wasser-Gemisch zu verwenden und auf Zuschläge zu verzichten.

Es gibt andererseits Spannglieder mit reichlichen Hohlräumen, z. B. die Freyssinet-Bündel, die die B e i g a b e v o n S a n d mit einer Korngröße bis zu 1 mm erlauben. Je nach der Größe der unbehinderten Durchflußquerschnitte kann der Sandgehalt ziemlich hoch gewählt werden. Der Sand bleibt dabei vorzugsweise in den großen Hohlräumen, während der Zementleim in die feinen Hohlräume vordringt, wobei der Sand an engliegenden Drähten gewissermaßen abgesiebt wird. Der Sand vermindert die Sedimentation und verbessert die Druckfestigkeit.

Hat man g r o ß e H o h l r ä u m e auszufüllen, wie sie bei Trompeten von konzentrierten Spanngliedern kurz vor den Verankerungen auftreten, dann wäre reiner Zementmörtel nicht geeignet. Es wird empfohlen, in solchen Fällen die Hohlräume vor dem Auspressen mit Kies 7 bis 15 mm oder 3 bis 7 mm auszufüllen, so daß durch das Einpressen des Zementmörtels eine Art Prepakt-Beton entsteht. Man darf dabei aber keine Körnung unter 3 mm wählen, weil sonst die Gefahr besteht, daß Teile einer solchen Sandfüllung frei von Mörtel bleiben, wenn zufällig in Nachbarzonen der Fließwiderstand geringer war.

8.16 Geeignete Zusammensetzung des Einpreßmörtels

Aus dem bisher Gesagten und den Erfahrungen kann folgende Zusammensetzung des Einpreßmörtels empfohlen werden:

100 kg Portland-Zement Z 275 oder Z 375, jedoch nicht fein gemahlen;

36 bis 44 kg Wasser, genaue Menge durch Messen des Fließvermögens zu bestimmen;

Zusatzmittel mit treibender, wasserreduzierender und bei Bedarf verzögernder Wirkung; geeignete Menge nach Angabe des Herstellers und der Zulassung; Temperatureinfluß beachten;

Zuschläge nur bei Spanngliedern mit größeren durchgehenden Hohlräumen gemäß Kap. 8.15.

Sämtliche festen Stoffe und das Wasser sind nach Gewicht sorgfältig abzumessen. Der Zement soll möglichst abgelagert sein.

8.17 Das Mischen des Einpreßmörtels

Frühzeitig wurde festgestellt, daß das Absetzen und die Wasserabsonderung durch intensives Mischen vermindert werden. Man hatte zunächst gehofft, durch besonders rasch umlaufende Turbinen- oder Dispersionsmischer das Zementkorn mehr oder weniger auflösen und damit im Schwebezustand halten zu können und so die lästige Sedimentation zu vermeiden. Versuche in dieser Richtung [201] zeigten aber, daß sich der Zementmörtel dadurch rasch erwärmt und erstarrt. Auch eine Kühlung führte nicht zum gewünschten Erfolg. Man muß also ein richtiges Mittelmaß der Mischintensität einhalten.

Da andererseits normale Mörtelmischer nicht genügten, wurden Sondergeräte entwickelt, von denen zwei in der Praxis bewährte Bauarten hier beschrieben werden sollen:

1. Mixopreß der Firma Seibert-Stinnes G. m. b. H., Mühlheim (Ruhr), (Bild 8.11 und 8.12).

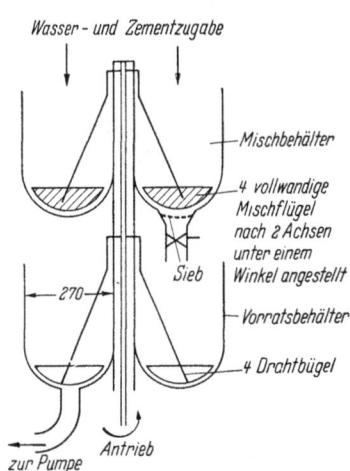

Bild 8.11 Prinzip des Mixopreß

Bild 8.12 Mixopreß im Einsatz

Das Gerät hat mehrere Entwicklungsstufen durchlaufen [408]. Es zeigt einen oberen Mischbehälter mit kräftigen Rührschaufeln, die mit 120 U/min umlaufen und dabei außen eine Geschwindigkeit von 3,5 m/s erreichen. Die Rührschaufeln sind so eingestellt, daß der Mörtelring in sich rotiert. Nach 4 Minuten Mischzeit wird die Mischung in den darunter befindlichen Vorratsbehälter abgelassen, in dem 2 Drahtbügel mit der gleichen oder halben Drehzahl, aber mit geringer Wirkung umlaufen, nur um die Sedimentation zu verhüten. An diesem zweiten Behälter ist die Einpreßpumpe angeschlossen. Eine Zunahme der Mischdauer über 4 Minuten hinaus hat nur geringen Einfluß auf das Fließvermögen, d. h. ein zu langes Mischen führt noch nicht zu der Gefahr des vorzeitigen Erstarrens [504].

Die Geräte der Vorspanntechnik GmbH und der Proceq, Zürich, sind im Prinzip ähnlich aufgebaut.

2. Colcrete-Trommel-Mischer der Firma Merkur-Colcrete G.m.b.H., Weinheim/Köln, (Bild 8.13)

In einer kippbaren Trommel werden Wasser und Zement mit einer rasch umlaufenden Zentrifugalpumpe (1700 U/min, Umfangsgeschwindigkeit 21,8 m/s) gemischt und entweder direkt entnommen oder in einen Vorratsbehälter geleitet. 2 bis 3 Minuten Mischzeit genügen. Längere Mischzeit führt zu frühem Erstarren [504].

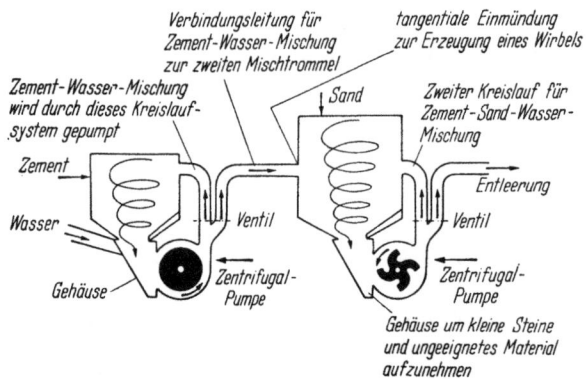

Bild 8.13 Prinzip des Colcrete-Trommelmischers

Die Anwendung eines erprobten Sondermischers wird heute verlangt. Auch muß der fertig gemischte Mörtel nach den Richtlinien bis zum Einpressen maschinell weitergerührt werden, weil schon eine kurz andauernde Ruhe zu Sedimentation und damit zur Verdickung im unteren Behälterbereich führt, die soweit gehen kann, daß beim Einpressen Schwierigkeiten entstehen. Andererseits wird der Mörtel oben im Behälter zu wasserreich. Die früher üblichen primitiven Geräte mußten wegen der damit verbundenen Gefahren verboten werden.

Durch den zweiten Behälter wird ein kontinuierliches Einpressen ermöglicht.

Die Leistung der Mischgeräte muß auf die Größe der auszupressenden Kanäle abgestimmt sein. Man sollte für einen Kanal nicht mehr als zwei Stunden Auspreßzeit benötigen. Bei großen Kanälen muß man daher oft zwei oder mehrere Mischgeräte gleichzeitig einsetzen [437].

8.2 Kunststoffe als Verbundmittel

Nach *G. H. Benz* [543] kommen polymerisationsfähige (organische) Stoffe in Betracht, also Zusammensetzungen mit

      Epoxydharzen,
      Polyesterharzen,
      Vinylverbindungen.

Die Polyesterharze eignen sich besonders bei tiefen Temperaturen. Allen genannten Kunststoffmassen ist schnelle Erhärtung und größere Festigkeit als bei Zement-Einpreßmörtel gemeinsam. Volumenverminderungen treten nicht ein. Bei Zugabe von Füllmaterial (z. B. Quarzmehl, Sand) ist Sedimentation kaum feststellbar. Der zusätzliche Bedarf an Flüssigkeiten infolge der Zugabe von solchen Füllern ist angeblich nicht so stark wie beim Zementleim. Da die Massen geschmeidig sind, ist die Gefahr von Verstopfungen gering.

Das Einpreßmaterial wird aus zwei Komponenten zusammengesetzt:

1. Masse = Polyesterharz, Styrol Bariumsulfat, Dimethyl-p-Toluidin.
2. Härter = Benzoylperoxyd, Dibutyl-Phthalat, Bariumsulfat.

Die Härter dürften wohl kaum mehr als 0,5 bis 2 % der Auspreßmasse betragen. Sie werden vor dem Verarbeiten gemischt und gerührt, bis ein sirupartiges Produkt entsteht. Je nach dem Mischungsverhältnis dieser Bestandteile läßt sich die Verarbeitungszeit (Zeit bis zur Erhärtung) den Längen der Kanäle oder der Lufttemperatur in ausreichendem Maß anpassen.

Als Beispiele der Eigenschaften werden genannt:

Temperatur °C	Verarbeitbarkeit Std.	Druckfestigkeit kg/cm²	nach Std.	Haftfestigkeit (an Bandstahl) kg/cm²
− 5° bis − 7°	2 bis 2¹/₂	650	24	200
+ 20°	rasch	1000	1	?
+ 20°	rasch	900	48	215

Für die Praxis dürfte die schnelle Erhärtung bei Wärme noch gewisse Schwierigkeiten bereiten. Andererseits bieten diese Kunststoffe eine gute Lösung bei Frost.

Die Kosten der Kunststoffe liegen noch beträchtlich über denen des Zementmörtels. Dennoch wird es sich lohnen, diese Verbundmittel weiter zu entwickeln und zunächst bei Frost auch schon zu benützen.

Es wurden auch schon Versuche unternommen, die Spannstäbe mit einem pastenartigen Kunstharz einzuhüllen, um sie dann ohne Verwendung von Hüllrohren einzubetonieren. Das Kunstharz ist dabei so eingestellt, daß es erst nach 10 bis 20 Tagen langsam aushärtet, so daß die Stäbe nach genügendem Erhärten des Betons noch vorgespannt werden können, wobei die Kunstharzschicht die Reibung vermindert. Entsprechende Versuche wurden mit Palatal PV 6, einem ungesättigten Polyester-Harz der BASF, mit Erfolg angestellt. Diesem Palatal-Harz kann zur Magerung Flugasche im Verhältnis 1 : 3 beigemischt werden, ohne daß die Eigenschaften sich verschlechtern. Nach dem Erhärten des Harzes wurden an SIGMA-Stäben ϕ 10 mm bei 50 mm eingebetteter Länge Verbundfestigkeiten an Beton von 100 bis etwa 150 kg/cm² beim Ausziehversuch gemessen. Die Druckfestigkeit dieses Kunstharzes erreicht bis zu 1700 kg/cm². Das Palatal verträgt sich mit dem Beton und schützt den Stahl vor Korrosion. Größere praktische Anwendungen kamen jedoch noch nicht zustande.

8.3 Die Einpreßtechnik

Beim Einpressen von Zementmörtel, den wir als Regel hier betrachten, ist vieles zu beachten. Die Erfahrung hat uns manches über die theoretischen Überlegungen hinaus gelehrt, so daß mit der Zeit eine regelrechte „Einpreßtechnik" entstanden ist.

8.31 Einpreßgeräte (Injektionsgeräte)

Zum Einpressen des Zementmörtels werden heute vorwiegend unempfindliche M e m b r a n - p u m p e n benützt, mit denen man einen Druck von 5 bis 8 atü entwickeln kann, der auch zum Auspressen großer oder langer Spannglieder genügt. Kolbenpumpen, die höhere Drücke erlauben, eignen sich besser für dünnere Zementschlämmen, wie sie in der Einpreßtechnik für den Grund- und Stollenbau benützt werden (z. B. Häni-Pumpen bis 30 atü).

Größere Drücke, z. B. über etwa 5 kg/cm², dürfen nicht angewandt werden, ohne vorher nachzuprüfen, ob die hierbei wirksam werdenden Kräfte von dem Beton des Tragwerkes ohne Schaden aufgenommen werden können. Preßt man z. B. mit 10 kg/cm² in ein 4 cm breites Rohr ein, so wirkt eine sprengende Kraft von 4 t/m. Besondere Vorsicht ist geboten, wenn trichterartige Erweiterungen, z. B. Spreiztrompeten, in der Nähe der Verankerungen vorhanden sind und dort keine besondere Bewehrung zur Aufnahme des Einpreßdruckes vorgesehen wurde.

Die Pumpe ist meist am Mischgerät unmittelbar angebaut (Bild 8.12) und wird je nach der gewünschten Leistung von Hand oder mit Motor betrieben. Zum Auspressen der Einzel-Spannglieder ist die Handpumpe vorzuziehen, weil damit das erwünschte langsame Einfließen des Mörtels besser erreicht wird als mit der Motorpumpe.

Die Pumpen müssen häufig und sauber gereinigt werden, da sich an jeder Unstetigkeit der Leitungen, insbesondere an Ventilen, gerne Zement absetzt, der die Funktion der Pumpe beeinträchtigt.

Bild 8.14 Anschluß des Einpreßschlauches an das Einpreßrohr großer Spannglieder

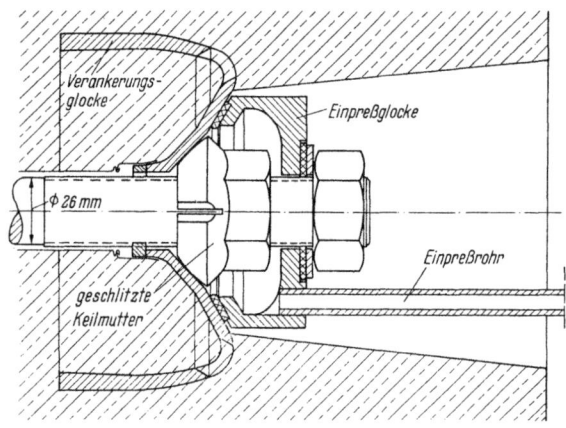

Bild 8.15 Einpreßglocke Dywidag

Von der Pumpe aus führt ein Hochdruckschlauch zur Einpreßstelle. Beim Auspressen kleiner Spannglieder genügt es, wenn das Mundstück mit einer Gummidichtung von Hand in die Einpreßöffnung gedrückt wird (vgl. Bild 8.16). Zum Auspressen größerer Spannglieder wird der Schlauch gerne mit Schraubverschlüssen an das zum Spannglied führende Rohr angeschlossen (Bild 8.14, 8.15 und 3.109).

8.32 Ausbildung der Einpreß- und Entlüftungsstellen

Bei Einzelspanngliedern ist man bestrebt, die Einpreß- und Entlüftungsöffnungen in den Verankerungsteilen direkt vorzusehen. So wird zum Beispiel beim Dywidag-Spannglied eine stählerne Einpreßhaube am überstehenden Spannstab-Ende festgeschraubt, an die der Einpreßschlauch dicht angeschlossen werden kann, so daß der Mörtel durch die entsprechenden Rillen der Ankerplatte in das Hüllrohr vordringen kann (Bild 8.15). Am anderen Ende geht die Entlüftung über den gleichen Weg.

Bei manchen Spannverfahren sind Einpreßöffnungen in den Ankerplatten, in welche das Mundstück des Mörtelschlauches eingepreßt wird. Es empfiehlt sich, dabei einen Hebel gemäß Bild 8.16 zu benützen. Haben die Spannglieder erweiterte Hüllrohre im Ankerbereich, dann müssen Entlüftungen im Höchstpunkt dieser Erweiterungen angesetzt werden (vgl. Bild 7.10 und 8.28).

Bei einbetonierten festen Ankern wird meist ein Entlüftungsschlauch in das Hüllrohr eingeführt (vgl. Wellanker der Leoba-Spannglieder Bild 3.12 und 3.13). Gummi-, Metall- oder Kunststoffschläuche eignen sich dafür, man sollte sie jedoch mit einem Stück Drahtseil oder dgl. aussteifen, damit sie beim Betonieren nicht eingeknickt werden. Gummi- und Kunststoffschläuche lassen sich bei geeigneter Führung vor dem Auspressen herausziehen.

Will man bei Hüllrohren von Tiefstpunkten aus einpressen, dort entwässern oder an Zwischenpunkten entlüften, dann baut man handelsübliche Rohrstücke mit aufgepreßten Entlüftungsstutzen oder noch besser Rohrabzweige mit Gewindemuffen zum Anschluß von steifen Rohren ein (Bild 8.17 bis 8.19). Die kleinen Stutzen nach Bild 8.17 eignen sich mehr für Zwischenentlüftung, während die größeren Rohrstutzen dem Einpressen dienen.

Die erweiterten **Hüllrohre an Stoßmuffen** bedürfen eigentlich stets einer zusätzlichen Entlüftung, wenn man nicht in Kauf nehmen will, daß dort in einem Zwickel eingeschlossene Luft verbleibt. Für solche Zwischenentlüftungen benützt man gerne kleine Metallschläuche, die nach dem Austreten des Mörtels einfach abgeknickt oder abgeklemmt werden.

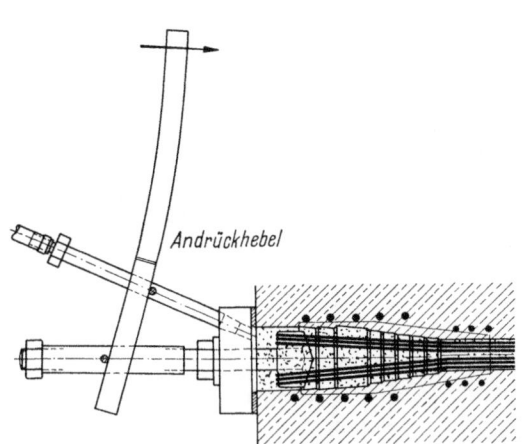

Bild 8.16 Hebel zum Anpressen des Schlauches in die Einpreßöffnung der Ankerplatte (Leoba-Spannglied)

Bild 8.17 Entlüftungs-Gewindehülse zu Wellrohren

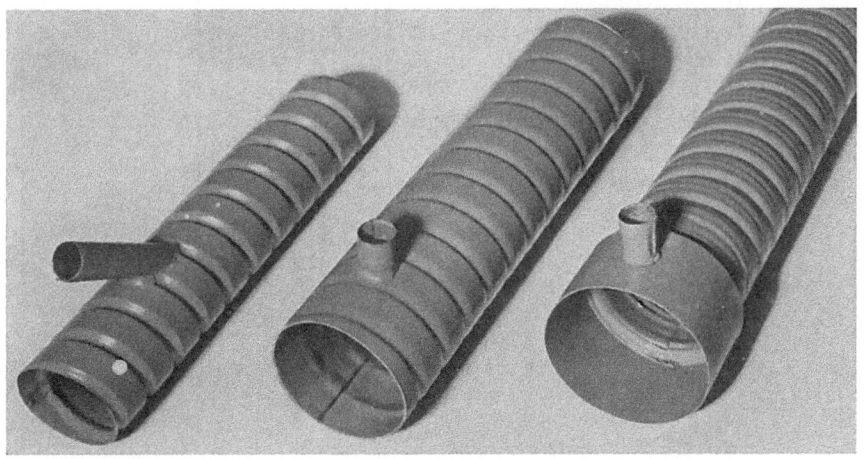

Bild 8.18 Falzrohre mit aufgepreßten Entlüftungsstützen

Bild 8.19 Wellrohr mit zylindrischem Mittelstück und schräger Anschlußmuffe

Für **große Kabel** hat es sich als notwendig erwiesen, an den im Tiefstpunkt des Kabels oben aufgesetzten Einpreßrohren einen geräumigen Trichter unmittelbar auf dem Blechkasten auszubilden (Bild 8.20) und auch ein mindestens 50 mm weites Rohr zu benützen, weil sonst bei dem Durchfluß großer Mörtelmengen gerne Verstopfungen aus der in Kap. 8.35 geschilderten Ursache entstehen. Unter der Einpreßstelle wird der Tiefstpunkt des Blechkanals entwässert. Der Anschluß des Einpreßrohres oben am Blechkasten ergab sich im Laufe der Zeit als zweckmäßig, insbesondere für das Nachpressen nach Kap. 8.36. Außerdem wird der ganze Einpreßvorgang z. B. bei Brücken zweckmäßig von der Fahrbahntafel aus durchgeführt, so daß das Rohr ohnehin nach oben zu führen ist.

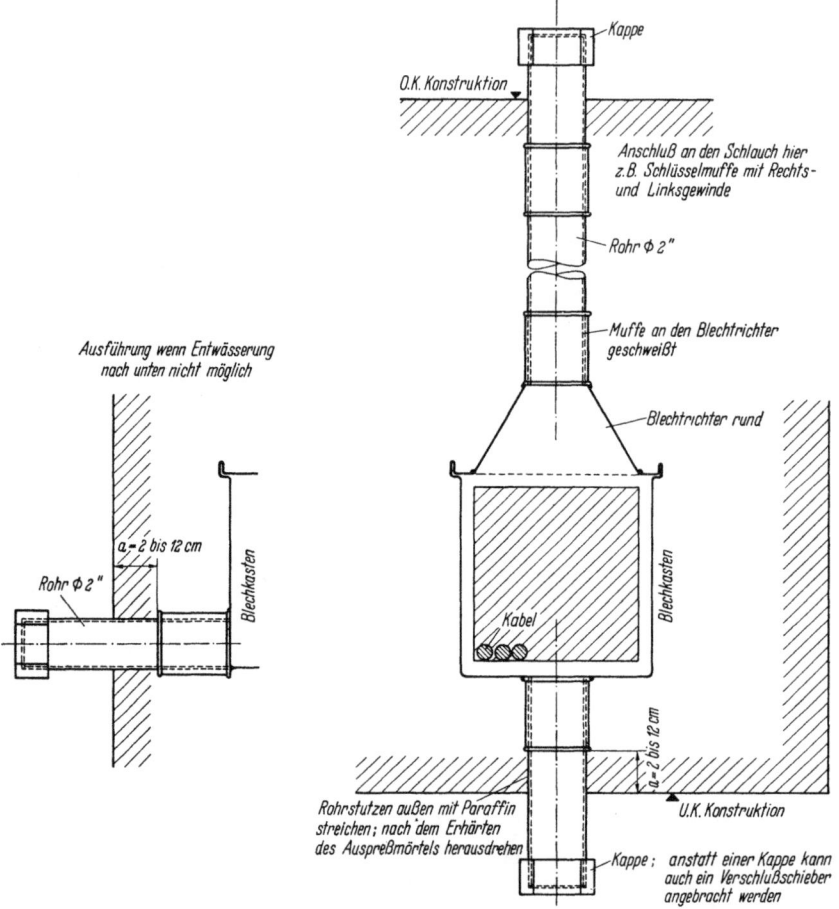

Bild 8.20 Einpreßstelle eines großen Kabels (Verfahren Baur-Leonhardt)

An den **Verankerungstrompeten** solch großer Kabel werden meist mehrere 50 mm weite Rohre nebeneinander eingebaut, durch die die großen Hohlräume nach dem Spannen zunächst mit trockenem Kies gefüllt werden. Der Tiefstpunkt der Trompete muß grundsätzlich entwässert werden.

An Zwischenhochpunkten großer Kabel wird gerne von oben ein Beobachtungsfenster gemäß Bild 8.21 ausgebildet, um die Spannbewegung des Kabels zu beobachten. Zum Auspressen wird der Blechkasten dort entweder offengelassen oder mit einem aufgeschraubten Deckel dicht verschlossen, an dem das Entlüftungs- und Überlaufrohr angeschlossen ist. Wird eine Mörtelsperre nach Kap. 8.33 eingebaut, dann müssen zwei Rohre nebeneinander angesetzt werden. Die Mörtelsperre wird dabei am Deckel mit einer Schaumgummiplatte gedichtet.

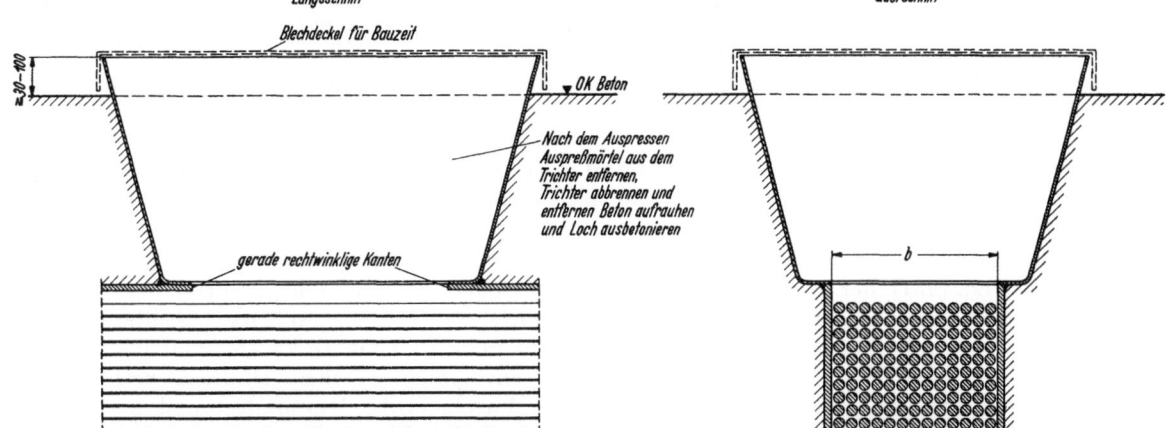

Bild 8.21 Beobachtungsfenster an Höchstpunkten großer Kabel

Die baulichen Einzelheiten der Einpreßstellen und Entlüftungen müssen sorgfältig geplant und bei Einzelspanngliedern möglichst standardisiert werden. Die Baustellen müssen genaue Anweisungen erhalten, damit alle Vorkehrungen beachtet werden, die für ein erfolgreiches Einpressen nötig sind.

8.33 Das Einpressen

Das Ziel ist, alle Hohlräume in den Spanngliedern zwischen den Drähten und den Hüllrohren satt mit Einpreßmörtel zu füllen und damit alle Luft- oder Wasserreste aus den Hüllrohren zu verdrängen. Wenn man bedenkt, daß die Spannglieder oft 50 bis 80 m lang und mehrmals auf und ab gekrümmt sind, dann versteht man, daß dieses Ziel nicht ohne weiteres erreicht wird. Der Durchfluß-Widerstand ist innerhalb des Kanalquerschnittes unterschiedlich. Teile mit großem freiem Durchflußquerschnitt liegen neben Teilen, die eng mit Drähten belegt sind. Man muß dann verhüten, daß der Mörtel den leichten Weg nimmt und Luft in den dichter belegten Querschnittsteilen zurückbleibt. Wenn man die Fließvorgänge überlegt, dann ergibt sich als **sicherster Weg des Einpressens** folgendes:

Der Mörtel wird **vom tiefsten Punkt** des Spanngliedes aus langsam eingepreßt, wobei an den Höchstpunkten Entlüftungen angeordnet sind (Bild 8.22). Der langsam vordringende Mörtel verdrängt dann zuverlässig Wasserreste und Luft, sofern von Zeit zu Zeit Querverbindungen zwischen den Drähten und an den Hüllrohren (durch Querwellung) gegeben sind.

Wären nun die Spannglieder in den Kanälen trocken, dann müßte der vordringende Einpreßmörtel an der Spitze all die Oberflächen der Spannstähle und Hüllrohre benetzen; er müßte

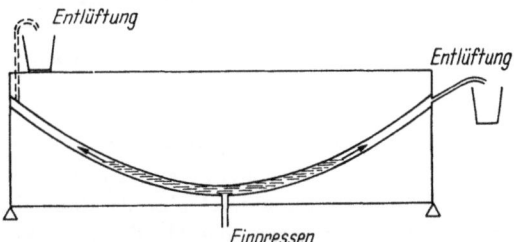

Bild 8.22 Einpressen vom Tiefstpunkt des Spanngliedes, Entlüften und Mörtelaustritt an den Höchstpunkten ist günstigster Vorgang

dafür Wasser abgeben und würde verdicken. Durch diese Erscheinungen sind in der Anfangszeit viele Verstopfungen entstanden. Man vermeidet sie, indem man die Spannglieder **kurz vor dem Einpressen mit Wasser durchspült**, so daß alle Oberflächen feucht sind. Man prüft damit gleichzeitig, ob die Kanäle frei durchgängig sind. Durch die Einpreßöffnung am Tiefstpunkt

fließt danach das Wasser wieder ab. Spannkanäle ohne Blechverkleidung sind einige Stunden lang zu durchfeuchten, damit der Beton dem Einpreßmörtel nicht zuviel Wasser wegsaugt.
Die Spitze des Mörtels sammelt beim Vordringen das überschüssige Wasser und wird dabei verdünnt, so daß Verstopfungen ausgeschlossen werden. An den Entlüftungen tritt dann zunächst verwässerter Mörtel aus, und man muß so lange weiterpumpen, bis dort Mörtel in seiner richtigen Konsistenz erscheint.
In der Anfangszeit hat man zum Teil den Mörtel in mit Wasser gefüllte Hüllrohre eingepreßt, um damit Verstopfungen zu vermeiden. Es zeigte sich jedoch, daß dann in absteigenden Strecken eine große Vermischungszone entsteht und unnötig viel verdünnter Mörtel an der Entlüftung weggepumpt werden muß, bis die richtige Konsistenz durchweg erreicht ist.
O. Völter [299], [437], der der Einpreßtechnik sein besonderes Augenmerk gewidmet hat, schlägt vor, zum Durchspülen Wasser mit einem Benetzungsmittel zu benützen, weil dadurch die an den Oberflächen haftende Wasserhaut von rd. 0,06 mm auf etwa 0,03 mm Dicke abnimmt und keine Wassertropfen oder Wasserbrücken zwischen eng aneinanderliegenden Drähten verbleiben. Dadurch wird die Verwässerung des vordringenden Mörtelbereiches vermindert und man muß weniger Mörtel zusätzlich durchpumpen, bis am Auslauf die richtige Konsistenz erscheint. Das Benetzungsmittel muß frei von korrosionsverursachenden Chemikalien sein, empfohlen wird 034 R der REI-Werke, Boppard, mit 0,4 bis 0,5 g je Liter Wasser.
Die günstigste Art des Einpressens vom Tiefstpunkt aus läßt sich nun aber nicht immer verwirklichen. Häufig liegen am tiefsten Punkt viele Spannglieder eng zusammen gerade in der Zone der höchsten Druckspannungen der vorgedrückten Zugzone, so daß man dort nicht gut Einpreßrohre an die Hüllrohre anschließen kann. Deshalb ist es bei Einzelspanngliedern die Regel, daß sie von den Ankerenden her ausgepreßt werden, auch wenn diese höher liegen als andere Spanngliedteile. Von den beiden Ankern wird man jedoch stets den tiefer gelegenen zum Einpressen und den höher gelegenen zum Entlüften benützen (Bild 8.23).

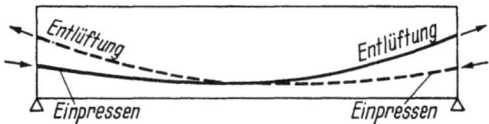

Bild 8.23 Einpressen vom Ankerende,
am tieferen Ende — Einpressen,
am höheren Ende — Entlüften

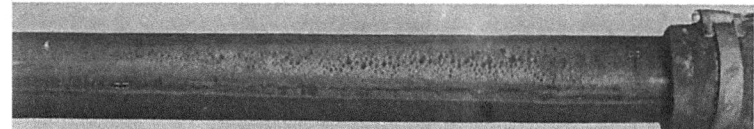

Bild 8.24 Versuche am durchsichtigen, parabelförmigen Rohr mit einem Kabel aus 12 ⌀ 5 mm, von einem Ende aus eingepreßt, W/Z = 0,42, 1 %/₀ H 181; Wasser- und Luftblasen sammeln sich oben

Versuche mit in durchsichtigen Hüllrohren verlegten Spannkabeln zeigten, daß ein genügend zäher und steifer Einpreßmörtel auch im absteigenden Teil der Spannglieder die Luft ausreichend verdrängt, wenn der Mörtel eine Zeitlang durchfließt. Kleine Wasser- und Luftblasen lassen sich dabei nicht ganz vermeiden (Bild 8.24). Verwendet man jedoch die gewellten Hüllrohre, dann sammeln sich die Blasen oben in den Wellen (Bild 8.25), wo sie hinsichtlich des Korrosionsschutzes und des Verbundes wenig schaden.
Das zum Anfeuchten der Oberfläche benützte Wasser muß in diesem Fall mit Druckluft herausgeblasen werden, weil ja am Tiefstpunkt der Ablaufstutzen fehlt.
Nach dem Beendigen des Einpressens müssen die tiefgelegenen Einpreßöffnungen so verschlossen werden, daß möglichst kein Mörtel verlorengeht. Wenn man dazu Holzstopfen verwendet, läßt sich ein geringer Mörtelverlust nicht vermeiden, die Entlüftungsrohre sollten zum Ausgleich entsprechend hoch geführt sein.

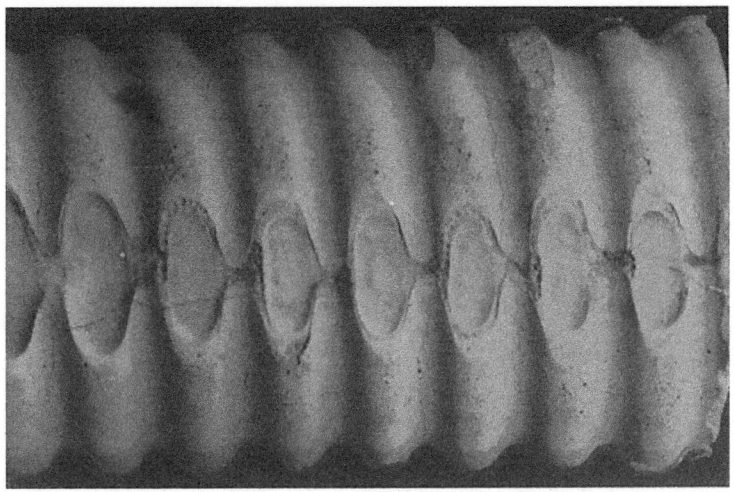

Bild 8.25 In Wellrohren sammeln sich Luft- und Wasserreste oben in den Wellen und sind dann unschädlich

Hat man stark geneigte oder gar lotrechte Spannglieder auszupressen, dann muß man den Druck an der tiefliegenden Einpreßstelle beachten, der meist bedingt, daß man den Einpreßschlauch dort fest anschließt. Nach dem Einpressen muß die Einpreßstelle zuverlässig verschlossen werden. Normale Absperrventile oder Schieber sind nicht geeignet, da sie bis zum Erstarren des Mörtels verbleiben müßten und kaum mehr richtig gereinigt werden könnten. Man setzt daher dort gerne ein dünnwandiges kurzes Rohrstück ein, das zum Schluß abgeklemmt werden kann.

Bei lotrechten Spanngliedern muß mit Nachdruck ein niedriger Wasser-Zement-Faktor gefordert werden, da sich nach Versuchen von *A. Röhnisch* [296] bei Wasserüberschuß in gewissen Abständen Wasserabsonderungen bilden, die nicht nach oben durchdringen. Ein Zusatzmittel mit guter wasserreduzierender Komponente ist hier also wichtig.

Gehen die Spannglieder über mehrere Felder durch und haben entsprechend mehrere Hochpunkte, dann sollte man bei Feldlängen über etwa 20 m und bei Höhenunterschieden über etwa 0,6 m an den Hochpunkten zusätzliche Entlüftungen einbauen, die im Bedarfsfall auch als Einpreßöffnung benützt werden können, um zu lange Einpreßwege und damit Verstopfungsgefahr zu vermeiden (Bild 8.26).

Bild 8.26 Kabel, die über mehrere Öffnungen durchlaufen, erhalten an jedem Tiefstpunkt Einpreßöffnungen und an jedem Hochpunkt Überläufe

Die günstige Einpreßart vom Tiefstpunkt aus läßt sich bei konzentrierten Spanngliedern auch bei mehrfeldrigen Tragwerken verwirklichen, indem an den Tiefstpunkten der Blechkanäle in jedem Feld Einpreßöffnungen vorgesehen werden. Man kann dabei an den Höchstpunkten, an denen Beobachtungsfenster nach Bild 8.21 angeordnet werden, Mörtelsperren einbauen, so daß jedes Feld für sich ausgepreßt werden kann (Bild 8.27). Dies ist bei großen Spanngliedern z. B. für mehrfeldrige Brücken wichtig, weil sonst der Mörtel vorzeitig in den Blechkanal der nächsten Öffnung fließt und dort vielleicht schon halb erstarrt, bis der Mörtel von der zweiten Einpreßöffnung aus vordringt.

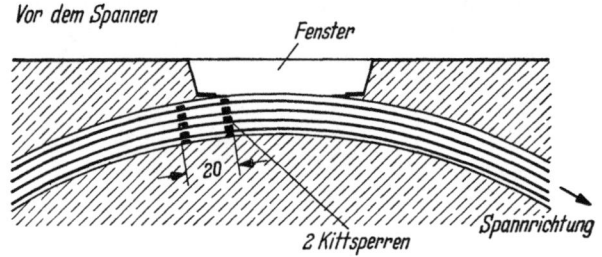

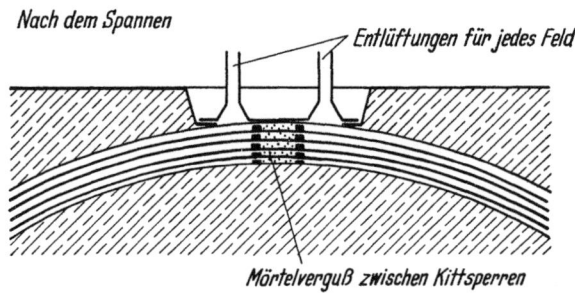

Bild 8.27 Kittsperre und Mörtelsperre am Höchstpunkt mehrfeldriger großer Kabel

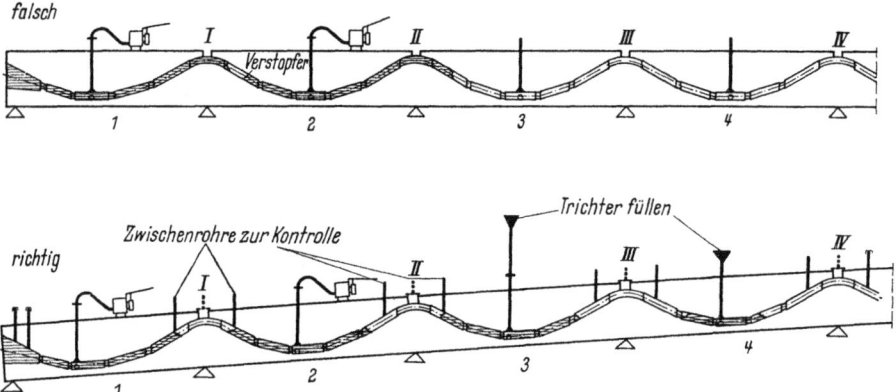

Bild 8.28 Langes mehrfeldriges Kabel mit Zwischen-Standrohren für Entlüftung oder ergänzendes Einpressen

Diese Sperren werden beispielsweise so hergestellt, daß beim Einlegen der Spanndrähte von Lage zu Lage im Abstand von etwa 20 cm die Hohlräume mit zwei Kittstreifen 2 bis 3 cm breit ausgedrückt werden. Der Raum zwischen den beiden Kittsperren wird dann **nach dem Spannen** mit steifem Zementmörtel ausgegossen, der die eigentliche Sperre bildet [437] (Bild 8.27). Durch eine solche Unterteilung der Kanäle in Abschnitte wird der Einpreßvorgang sicherer und weniger anfällig gegen Fehler, die z. B. durch Ausfall des Misch- und Injektionsgerätes eintreten können. Bei den großen Kabeln hat es sich außerdem als günstig erwiesen, im Abstand von rd. 10 m zusätzliche Entlüftungsrohre einzubauen (Bild 8.28), in denen sich abgestoßenes Wasser sammelt oder durch die Wasser zur Beseitigung von Hemmungen eingepreßt werden kann (vgl. Kap. 8.35).

8.34 Bestimmung der nötigen Mörtelmenge

Vor Beginn des Auspressens muß man sich über die Menge des Mörtels und des Zementes ein klares Bild verschafft haben, um die erforderliche Leistungsfähigkeit der Einpreßgeräte und das Arbeitsprogramm für den Einpreßvorgang festlegen zu können, der für je ein Spannglied nicht unterbrochen werden darf.

Bekannt ist der Wasser-Zement-Faktor $w = \dfrac{W}{Z}$ (vgl. Kap. 2.2 und 8.16) und die Reinwichte γ_0 des Zementes; für Portland-Zement ist $\gamma_0 = 3{,}1$. Die Mörtelrohwichte γ ergibt sich damit aus der Beziehung [338]

$$\gamma = \frac{1+w}{\dfrac{1}{\gamma_0} + w}. \qquad 8.(1)$$

Das Fassungsvermögen V_M eines Mischgefäßes für die Zementmenge Z (z. B. 2 Sack) muß demgemäß sein:

$$V_M = \frac{Z+W}{\gamma} = \frac{1+w}{\dfrac{\gamma}{Z}} \qquad 8.(2)$$

Die Behälter der gebräuchlichen Geräte fassen 90 bis 100 l, so daß jede Mischung auf 2 Sack Zement (= 100 kg) abgestellt werden kann.

Da die Mischzeit etwa 4 Minuten beträgt und für die Füllung bzw. Leerung ebenfalls etwa 4 Minuten benötigt werden, kann ein Gerät bei rd. 7 Mischungen je Stunde die Mörtelmenge

$$Mö = 7\, V_M, \text{ also normal 700 l/Stunde}$$

liefern.

Es muß aber bedacht werden, daß beim Auspressen von Einzelspanngliedern erhebliche Arbeitspausen durch das Umschalten auf das nächste Spannglied entstehen. Die mittlere Leistung kann dabei bis auf 100 l/Std. zurückgehen. Für große Spannkanäle kann es trotz voller Ausnutzung der Leistungsfähigkeit nötig werden, mehrere Geräte einzusetzen, um den Einpreßvorgang vor dem Beginn des Erstarrens beenden zu können.

Der theoretische gesamte Mörtelbedarf eines Spanngliedes ist gleich dem Hohlraum V_S, der aus der Länge und dem Querschnitt des Hüllrohres nach Abzug des Spannstahlquerschnittes erhalten wird. Bei gewellten Hüllrohren ist ein entsprechender Zuschlag zur Lichtweite anzusetzen.

Der wirkliche Mörtelbedarf ist größer als V_S, weil Verluste an der Maschine beim Mischen, bei Beginn des Auspressens (Beseitigung des Wassers im Spannkanal) und zum Schluß des Auspressens mit dem Überlauf des Mörtels an Zwischenrohren und am Spanngliedende entstehen. Der Vergrößerungsfaktor k kann bis auf 2,0 ansteigen. Sofern das Spülwasser vor Beginn des Auspressens nahezu vollständig auslaufen konnte, wird $k = 1{,}1$ bis $1{,}6$.

Der Zementbedarf für ein Spannglied S ergibt sich nun zu

$$Z_S = V_S \cdot \frac{\gamma}{1+w} \cdot k. \qquad 8.(3)$$

8.35 Verstopfungen, Ursachen und Beseitigung

Das Entstehen einer Verstopfung bemerkt man am plötzlich zunehmenden Einpreßdruck am Manometer der Pumpe. Das Einpressen muß dann sofort abgebrochen werden, weil hohe Drücke in den Kanälen das Tragwerk sprengen können.

Die hauptsächlichste Ursache von Verstopfungen beim Einpressen von Zementmörtel bestand anfänglich in der Verdickung des Mörtels durch Befeuchtung trockener Oberflächen. Wie schon erwähnt, begegnet man dieser Ursache durch Anfeuchten der Spannglieder unmittelbar vor dem Einpressen.

Als zweite Ursache sind Zementablagerungen an Unstetigkeiten der Durchflußrinnen zu betrachten, wie sie z. B. an scharfen Umlenkungen des Mörtelstromes bei Einpreßöffnungen oder an Abstandhaltern gegeben sind. Der fließende Zementmörtel setzt an solchen Stellen Zementkörner ab, so daß der Durchflußquerschnitt mit der Zeit zuwächst. Es ist dies eine Filter- oder Siebwirkung oder Ablagerung in toten Winkeln der Strömung. Diese Erscheinung führt besonders gern zu Verstopfungen in dicht belegten Spanngliedern mit hohem Kennwert der Durchgängigkeit $\frac{U}{F_{Gl}}$ mit Abstandhaltern, wenn große Spanngliedlängen von einer Stelle aus ausgepreßt werden sollen. Aus diesem Grund ist bei solchen Spanngliedern eine Unterteilung der Einpreßlängen zu empfehlen.

Ist eine Verstopfung eingetreten, so wird man bei Einzelspanngliedern von der Entlüftung her, also gegen die Einpreßrichtung, Wasser einpressen und den Mörtel wieder beseitigen. Wenn die zweite Ursache vermutet wird, dann sollte man bei der Wiederholung des Einpressens einen Mörtel mit etwas mehr Wassergehalt verwenden.

Bei großen Spannkabeln kann eine Verstopfung an der Spitze des vordringenden Mörtels durch einen kurzen Wasserstoß von der Entlüftungsseite her ohne Verlust des bereits eingepreßten Mörtels beseitigt werden. Beim Weiterpressen drückt der schwerere Mörtel das Wasser wieder heraus, der verwässerte Mörtel muß jedoch zusätzlich herausgedrückt werden.

Ist die Verstopfung durch Siebwirkung und Umlenkung an einer Einpreßstelle nach Bild 8.20 aufgetreten, dann muß man dort Mörtel ablassen, sofern man das Einpressen nicht von einem weiter vorne liegenden Einpreßrohr aus fortsetzen kann. Auf alle Fälle muß vermieden werden, daß man in ein verstopftes Spannglied Mörtel von der Entlüftungsseite her einpreßt, weil dann Luft, manchmal zusammen mit erheblichen Wassermengen, eingeschlossen bleibt.

8.36 Das Nachpressen

Wir wissen, daß eine Sedimentation mit Wasserabsetzen bisher unvermeidlich ist. Bei allen Einpreßversuchen in durchsichtigen Hüllrohren wurde daher beobachtet, daß sich in den Spanngliedern im Laufe der ersten Stunde oben eine verdünnte Zone, ja sogar Wasserlinsen und Luftbläschen bilden (vgl. Bild 8.24). Das Volumen dieser schlechten Zone ist um so größer, je größer der freie Kanalquerschnitt ist. Bei größeren Kabeln muß damit gerechnet werden, daß trotz Treibmittel der wäßrige Bereich sich auf etwa $1/10$ der Hüllrohrhöhe erstreckt. Diese Erscheinungen gaben Veranlassung, in den Richtlinien zu fordern, daß bei allen Spannkanälen mit mehr als etwa 5 cm² Mörtelquerschnitt nachgepreßt wird. Dieses zweite Einpressen soll in der zweiten Stunde nach dem ersten Einpressen, jedoch auf alle Fälle vor dem Beginn des Erstarrens des Mörtels erfolgen.

Beim Wiederansetzen der Einpreß-Sonde muß der Schlauch bis vorne mit Mörtel voll sein, damit keine Luft mit eingepreßt wird. Der nachgepreßte Mörtel schiebt die verwässerte, blasige Schicht vor sich her und füllt damit auch die obere Zone der Kanäle mit einem einwandfreien Mörtel. Daß dies mit Erfolg auch bei kleinen Hüllrohren von 30 bis 40 mm Durchmesser erreicht wird, zeigten Versuche in durchsichtigen Rohren (Bild 8.29).

Bild 8.29 Durch Nachpressen von Mörtel, etwa 1 Stunde nach dem ersten Einpressen, wird die blasige, wässerige Zone einwandfrei durch den (im Bild dunkleren) dichten Mörtel verdrängt

Für das Nachpressen färbt man den Mörtel zweckmäßig mit Eisenoxyd oder einer anderen unschädlichen Mineralfarbe, so daß man an der Entlüftung leicht feststellen kann, wann der Nachpreßmörtel durchgekommen ist.

Die gemeinsame Wirkung von Treibmittel und Nachpressen führt bei der für diese Arbeit gebotenen Sorgfalt zu einer vollständigen Füllung der Hohlräume und damit zu dem geforderten Ziel.

8.37 Schutzmaßnahmen und Einpressen bei kalter Witterung

Kalte Witterung verzögert das Erstarren des Zementes, das Treibmittel wirkt nur beschränkt und die meist kleinen Mörtelmengen in den Hüllrohren gefrieren leicht, wenn plötzlicher Frost eintritt. Die Richtlinien sagen daher mit Recht, daß bei Bauwerkstemperaturen unter $+5°$ das Einpressen möglichst zu unterlassen sei. Nun werden aber viele Bauwerke im Spätjahr fertig und es wäre zweifellos falsch, die Spannglieder wegen der dann gegebenen Frostgefahr den Winter über ohne den Korrosionsschutz durch Einpreßmörtel zu lassen. Deshalb steht man oft vor der Notwendigkeit, auch bei kalter Witterung Spannglieder auszupressen.

Wesentlich ist dabei, daß man dafür sorgt, daß der Mörtel während der ersten 3 bis 5 Tage die für einen günstigen Erhärtungsbeginn notwendige Temperatur aufweist. Man wird daher zunächst die Spannkanäle mit warmem Wasser durchspülen und damit den umgebenden Beton anwärmen. Zur Verhütung schädlicher Temperaturspannungen darf dabei das Wasser nicht wärmer als etwa $+50°$ C sein. Dieses Anwärmen ist besonders nötig, wenn bereits Frost eingetreten war.

Als zweite Maßnahme ist der Einpreßmörtel selbst zu erwärmen, so daß er mit etwa $+25°$ C eingepreßt wird.

Bei mäßig kühler Witterung (um $+5°$ C) ohne vorherigen Frost genügt dies meist.

Bei Frost wird man das Bauwerk noch gegen Kälte schützen und nach Bedarf beheizen müssen, so daß die Temperatur des Betons im Bereich der Spannglieder während der ersten 5 Tage nicht unter $+5°$ C absinkt.

Die Zugabe von Frostschutzmitteln zum Einpreßmörtel ist wegen dem meist darin enthaltenen Calcium-Chlorid im Hinblick auf die Korrosionsgefahr verboten.

Muß man Spannglieder in unausgepreßtem Zustand über eine Frostperiode stehen lassen, dann muß vor dem Eintreten des Frostes unbedingt dafür gesorgt werden, daß alle Wasserreste aus den Spannkanälen beseitigt werden, damit diese beim Gefrieren keinen Schaden anrichten. Die Spannkanäle sind dann sorgfältig gegen das Eindringen von Wasser zu schützen. Für den Schutz der Drähte gegen Korrosion während der Frostperiode gibt es noch keine voll befriedigende Lösung. Häufig wurde wasserlösliches Korrosionsschutzöl eingefüllt und mit Druckluft wieder ausgeblasen. Am besten ist es vielleicht, den Spannstahl ganz trocken zu halten und die Hüllrohre zuverlässig dicht zu verschließen, weil damit zwei Voraussetzungen der Korrosion, nämlich Feuchtigkeit und Sauerstoffzufuhr, fehlen.

8.4 Herstellen des nachträglichen Verbundes bei außen am Steg liegenden Kabeln

Bei großen Brücken verwendet man mit Vorteil konzentrierte Spannkabel, die unmittelbar neben dem Steg liegen [341] und nach dem Vorspannen einbetoniert bzw. ausgepreßt werden (vgl. Kap. 7.15). Die schubfeste Verbindung mit dem Hauptträgersteg wird dabei durch eine im Steg verankerte Bügelbewehrung erreicht, die das Kabel umschließt (Bild 7.15).

Die Betonumhüllung kann in verschiedener Art hergestellt werden. Bei der einen Ausführungsart umgibt man das gespannte Kabel, in dem die Drähte oder Litzen sehr eng liegen (1 mm Abstand), mit einem Fliegendrahtgewebe und schalt das Kabel dann unten und seitlich ein. In die Schalung wird nun ein steifer Rüttelbeton eingebracht und gut verdichtet. Die Dicke des Betonmantels wird je nach Größe des Kabels zu 5 bis 10 cm gewählt. Zwischen Steg und Kabel genügen 3 bis 4 cm Beton für einen guten Anschluß an die in diesem Bereich rauh oder profiliert gehaltene Stegfläche.

An dem Drahtgewebe waren in 8 bis 12 m Abstand oben Einpreßtrichter mit anschließenden Rohrstutzen eingebaut worden, so daß nach dem Erhärten des Betonmantels die Hohlräume des Kabels in üblicher Weise mit Zementmörtel ausgepreßt werden können, wobei am Tiefstpunkt des Kabels begonnen wird, so daß die folgenden höher gelegenen Einpreßrohre zunächst als Entlüftung dienen.

Der Beton muß an den Querrahmen oder an die obere Fahrbahnplatte besonders sorgfältig angeschlossen worden sein, damit beim Auspressen sich dort keine Undichtheiten zeigen.

Bei einer zweiten Ausführungsart wird das gespannte Kabel eingeschalt, wobei der Anschluß der unteren Schalung an den Steg mit Schaumgummi oder dgl. gedichtet wird. In die Zwischenräume zwischen Kabel und Schalung wird bis Oberkante Kabel Kiessand 3 bis 15 mm eingerüttelt. Dann wird von oben steife Zementmilch ($W/Z \approx 0{,}35$) eingegossen und durch Rütteln zum Füllen der Zwischenräume im Kies und im Kabel gebracht. Die obere Deckschicht wird frisch auf frisch als steifer Beton eingebracht und ebenfalls gerüttelt. In stark geneigten Strecken wird der verdichtete Beton oben mit einem Brett festgehalten.

Bei Durchlaufträgern muß der Bereich im Anschluß an die Fahrbahntafel und die Kuppenausrundung über dem Zwischenpfeiler von entsprechend vorbereiteten Öffnungen aus eingepreßt werden.

Kapitel 9

9. Einleitung der Spannkräfte

9.1 Allgemeines zur Einleitungszone

In Kap. 3 haben wir gesehen, daß die Spannkraft meist über verhältnismäßig kleine Ankerplatten oder sogar ohne solche durch Verbund auf die Baukörper wirkt. Die Spannkräfte greifen also ziemlich konzentriert mit hohen örtlichen Pressungen an und müssen sich über eine gewisse Länge hinweg auf den Querschnitt des Tragwerkes verteilen. Diese Länge nennt man die Einleitungslänge und spricht von einer Einleitungszone. Solche Einleitungszonen haben wir hinter jedem konzentrierten Kraft- oder Lastangriff, also auch an den Auflagern der Tragwerke oder an den Stellen schwerer Einzellasten. In diesen Bereichen gilt die Biegetheorie nicht mehr, dort müssen vielmehr die Spannungen mit Hilfe der Elastizitätslehre aus der Scheibengleichung bzw. den Spannungsfunktionen im elastischen Halbstreifen ermittelt werden. Dies gelingt nur für verhältnismäßig einfache Fälle. Für allgemeinere Fälle bedient man sich der Spannungsoptik, die heute ein brauchbares Mittel darstellt, um den Spannungsverlauf bei Krafteinleitungsproblemen sowohl qualitativ als auch quantitativ für den Zustand I zu ermitteln.

Die Verankerungen liegen meist an den Enden des Tragwerkes. Die Spannkräfte können am Endquerschnitt mittig oder ausmittig in Form eines oder mehrerer Spannglieder angreifen. Je nach Lage und Größe der Verankerungen entstehen im Einleitungsbereich erhebliche Zugspannungen quer zur Kraftrichtung, die wir einigermaßen genau erfassen müssen, damit der nicht zugfeste Beton zur Aufnahme dieser Zugkräfte ausreichend bewehrt werden kann. Diese Q u e r zugkräfte werden meist Spaltkräfte genannt.

Die Spannkräfte können auch an irgendeiner Zwischenstelle des Tragwerkes verankert sein, wir erhalten dann außer den Querzugkräften auch noch Längszugkräfte unmittelbar neben und hinter der Verankerung, die durch Bewehrung gedeckt werden müssen.

Unsere Kenntnisse der Spaltzugkräfte beruhen zunächst auf Untersuchungen von *E. Mörsch* für Gelenkquader an Dreigelenk-Bogenbrücken [10].

Y. Guyon löste das Problem theoretisch für eine mittig angreifende Kraft nach der Scheibentheorie für den schmalen Halbstreifen [155], wobei er allerdings die Bedingungen an den langen Rändern nur näherungsweise erfaßte.

M. Tesar [19] hat die Probleme spannungsoptisch untersucht, und *Guyon* hat in [148, Kap. VI] seine theoretischen Ergebnisse durch diejenigen von *Tesar* ergänzt und damit praktisch wertvolle Kurventafeln zur Bemessung der Spaltbewehrung aufgestellt.

Für den Fall von zwei Ankern an gegenüberliegenden Rändern gab *H. Sievers* in [164] eine Näherungslösung, die auf einer theoretischen Untersuchung von *F. Bleich* [9] beruht.

Eine verbesserte theoretische Lösung ist 1960 von *K. T. Sundara Raja Iyengar* [507] gegeben worden, welche die Vernachlässigungen von *Guyon* beseitigt und vor allem auch den Verlauf der σ_x angibt.

Schließlich hat *M. Sargious* 1960 am Lehrstuhl des Verfassers die Spannungen und Zugkräfte für das vorgespannte Balkenende unter gleichzeitiger Einwirkung der Auflagerkraft ermittelt [505].

Im folgenden wird versucht, aus den genannten Arbeiten das für die Praxis jeweils Brauchbarste zur Bemessung von Spaltbewehrungen herauszuholen und in leicht verwendbarer Form darzustellen.

9.2 Einzelkräfte am prismatischen Körper

9.21 Die mittige Einzelkraft

Der Fall $b' = b = 1$

Betrachten wir zuerst die rechtwinklige und mittige Einleitung der Spannkraft V[1] in einen prismatischen Stab von der Höhe d und der Breite $b = 1$ (Bild 9.1). Die Ankerplatte des Spanngliedes habe die Höhe a und wieder die Breite $b' = 1$, damit sich die Kraft nur zweidimensional auszudehnen hat. Der Fall, daß b' kleiner als b ist, wird später behandelt. Nach einer gewissen

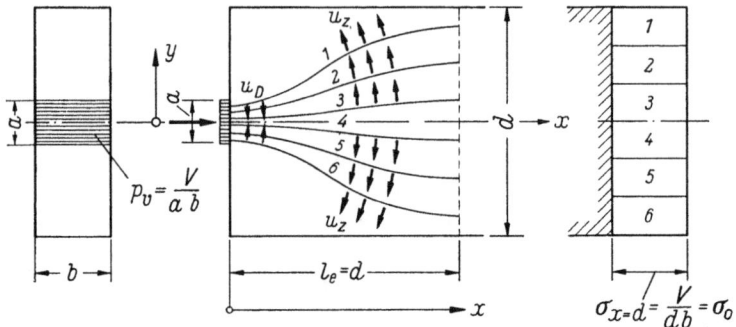

Bild 9.1 Ungefährer Verlauf der Drucklinien und Richtung der Umlenkkräfte dieser Drucklinien bei Einleitung einer Einzelkraft

Einleitungslänge l_e hat sich die Spannkraft gleichmäßig auf den Querschnitt des Betonprismas verteilt, d. h. dort herrscht die gleichmäßige Längsspannung $\sigma_x = \dfrac{V}{db}$, die wir kurz mit σ_0 bezeichnen wollen. Alle Forschungsergebnisse zeigen, daß die Einleitungslänge etwa gleich der Höhe des Prismas d ist. Die Gleichgewichtsbedingungen verlangen nun, daß die Drucktrajektorien hinter der Ankerplatte zunächst konvex und anschließend konkav einander gegenüberstehen. Die Umlenkkräfte u der Drucktrajektorien ergeben also unmittelbar hinter der Ankerplatte Querdruck- und anschließend Querzugspannungen. Dies wird auch durch spannungsoptische Versuche bestätigt (Bild 9.2). Die Linie der Querspannungen σ_y in der Achse $y = 0$ verläuft demnach gemäß Bild 9.3 so, daß zunächst auf eine kurze Strecke hohe Querdruckspannungen und anschließend Querzugspannungen wirken, die bei $x = d$ auf etwa Null auslaufen. Die σ_y nehmen natürlich zu den Rändern hin ab.

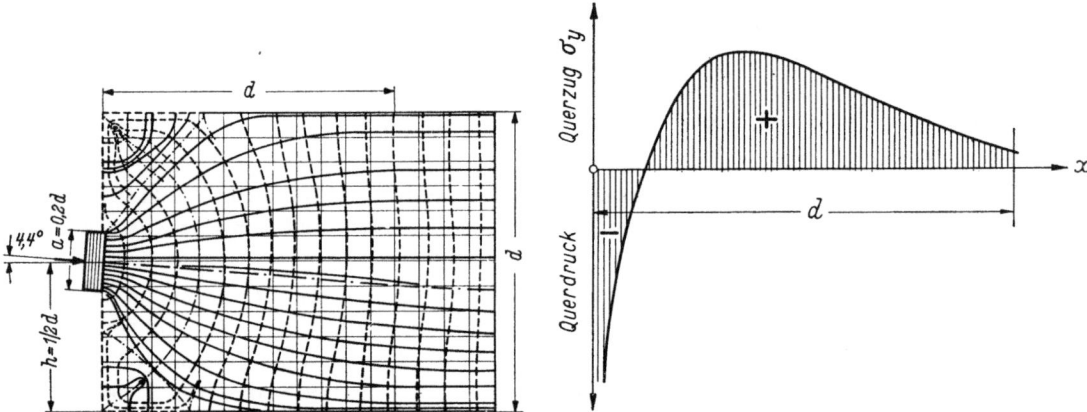

Bild 9.2 Hauptspannungstrajektorien für den Angriff einer Einzelkraft in $1/2\,d$ nach spannungsoptischen Versuchen von M. Sargious, Neigung der Spanngliedachse 4,4°, dazu vgl. auch Bild 9.27

Bild 9.3 Verlauf der Querspannungen σ_y im Schnitt $y = 0$ für ein bestimmtes Verhältnis a/d

---

[1] Im Kap. 9 wird die S p a n n k r a f t V, abweichend von den sonst geltenden Vereinbarungen, zur Vereinfachung der Gleichungen o h n e V o r z e i c h e n bzw. positiv eingeführt.

Spannungsoptische Untersuchungen zeigen weiter, daß am belasteten Rand des Prismas oder an seinen Ecken noch kleine Zonen mit hohen Querzugspannungen beidseitig der Ankerplatte auftreten, die wir ebenfalls durch eine Bewehrung zu decken haben.

Nun ist der Verlauf der σ_y stark abhängig von dem Verhältnis der Ankerplattenhöhe a zur Prismenhöhe d. Bild 9.4 zeigt uns den Verlauf der σ_y für verschiedene Verhältnisse a/d, wobei die Schneidenlast mit $a/d = 0$ nur theoretische Bedeutung hat. Gezeichnet ist nur der positive Bereich der σ_y, der uns allein interessiert, um die Spaltzugkraft zu ermitteln und die Bewehrung richtig zu verteilen. Die σ_y-Werte sind in Teilen der gleichmäßig verteilten Grundspannung $\sigma_0 = \dfrac{V}{b\,d}$ angegeben. Man sieht also, daß ein mit 100 kg/cm² längs vorgespannter Balken in der Einleitungszone bis zu rd. 40 kg/cm² Querzugspannung aufweist, wenn die Ankerplatte im Vergleich zur Prismenhöhe schmal ist.

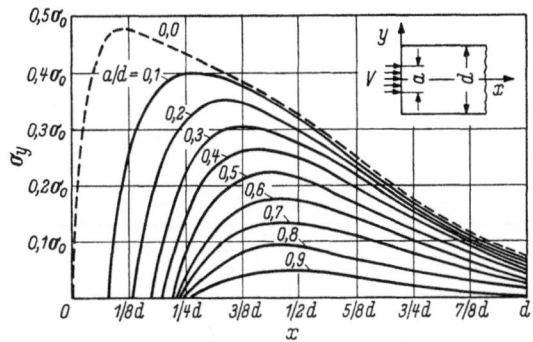

Bild 9.4 Verlauf der Querzugspannungen $+\sigma_y$ für verschiedene Verhältnisse a/d als Funktion von $\sigma_0 = \dfrac{V}{b\,d}$ für die Achse $y = 0$ (nach *Iyengar*)

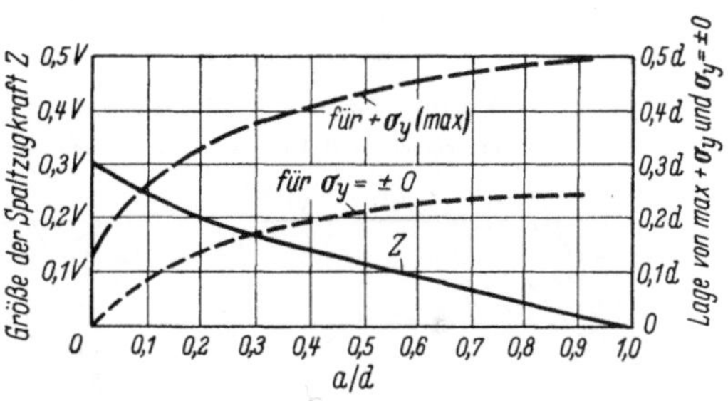

Bild 9.5 Größe der Spaltkraft als Teil von V, Abstand für max $+\sigma_y$ und für $\sigma_y = 0$ (nach *Iyengar*)

Die Auswertung der positiven σ_y-Fläche ergibt uns die gesamte Spaltzugkraft Z, die in Bild 9.5 als Bruchteil der Spannkraft V für die verschiedenen Verhältnisse a/d aufgetragen ist. Die Größe der Spaltzugkraft kann also direkt aus diesem Diagramm abgelesen werden.

Die Kurve verläuft gestreckter, als diejenige von *Guyon*, die in der ersten Auflage dieses Buches als Bild 9.4 angegeben war. Die sorgfältigen Ermittlungen von *Sargious* [505] ergaben für $a/d = 0{,}2$ eine Spaltkraft $Z = 0{,}244\,V$, ein Wert, der noch etwas über der Linie nach *Iyengar* und fast genau auf einer Geraden liegt, die bei $a/d = 0$ von $0{,}3\,V$ ausgeht. Man kann also die Spaltkraft sehr einfach angeben zu

$$\boxed{Z = 0{,}3\,V\left(1 - \frac{a}{d}\right)} \qquad 9.(1)$$

In Bild 9.5 ist außerdem die Lage von $\sigma_y = 0$, also der Beginn der Querzugspannungen und die Lage des Größtwertes max $+\sigma_y$ auf der x-Achse abhängig von a/d aufgetragen. Diese beiden Abszissen-Werte geben einen ausreichenden Hinweis für den Beginn und die Verteilung der Spaltbewehrung, wenn man dabei die σ_y-Kurve des Bildes 9.4 im Auge behält.

E. Mörsch hat schon sehr früh eine einfache Formel für die Spaltzugkraft angegeben:

$$Z = V\,\frac{(d-a)}{4\,d}, \text{ sie liefert etwas zu kleine Werte.}$$

Die Kurven der Bilder 9.4 und 9.5 gelten für gleichmäßig verteilte Pressung unter der Ankerplatte. Nimmt man hier eine parabolische Verteilung an, wie sie sich bei wenig biegesteifen, d. h. sparsam bemessenen Ankerplatten einstellen kann, dann entstehen größere Spaltzugkräfte, wie dies in

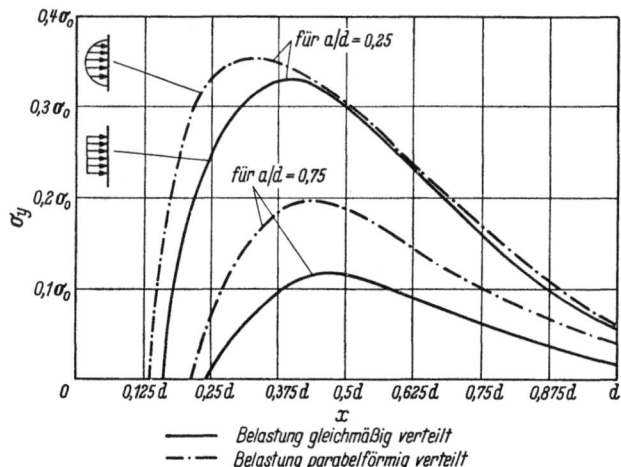

Bild 9.6 Verlauf der Querzugspannungen $+\sigma_y$ für $a/d = 0{,}25$ und $0{,}75$ als Funktion von $\sigma_0 = \dfrac{V}{b\,d}$ bei gleichmäßig und bei parabelförmig verteilter Belastung (nach Iyengar)

Bild 9.6 von *Iyengar* [507] gezeigt wird. Der Unterschied ist um so größer, je größer a/d ist. Hat man eine auf Biegung knapp bemessene Ankerplatte, dann sollte man diesen Einfluß durch einen verkleinerten Wert von a berücksichtigen.

Die spannungsoptischen Versuche von *Tesar* und *Guyon* zeigten schon, daß an den Ecken des Balkens schiefe Zugspannungen verbleiben. Aus diesen Versuchen ist Bild 9.7 entnommen, das für verschiedene Verhältnisse a/d die Isobaren der σ_y/σ_0 (Linien gleicher bezogener Querspannungen σ_y/σ_0) zeigt und die Druckbereiche durch Schraffur angibt.

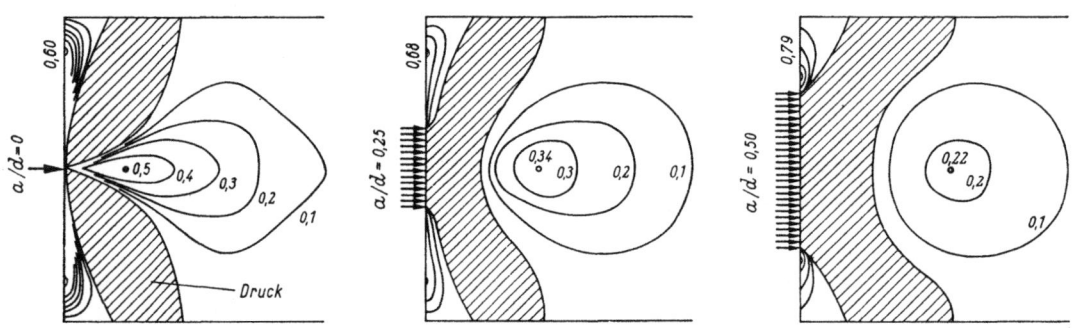

Bild 9.7 Isobaren der σ_y (Linien gleicher Querspannungen) für verschiedene Verhältnisse a/d. Druckzonen schraffiert. Aufgezeichnet sind die Werte $\dfrac{\sigma_y}{\sigma_0}$ mit $\sigma_0 = \dfrac{V}{b \cdot d}$ (nach Guyon-Tesar)

Aus den in den Ecken eingetragenen Zahlen entnehmen wir, daß die Querzugspannung dort bei hohen Ankerplatten den rd. vierfachen Wert der weiter innen auftretenden Querzugspannung erreicht.

Bild 9.7 zeigt mit Hilfe der Isobaren nochmals den Einfluß der Höhe der Ankerplatte auf die Verteilung von Druck und Zug in der Querrichtung.

Betrachten wir nun noch den Verlauf der Längsspannung σ_x am Rand $y = \dfrac{d}{2}$ nach den Ergebnissen

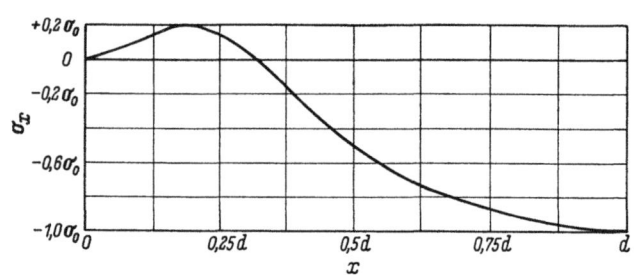

Bild 9.8 Verlauf der Längsspannungen σ_x am Rande $y = d/2$ des Balkens (Prismas) (nach Iyengar)

von *Iyengar* (Bild 9.8), so sehen wir, daß auch längs am Rand Zug herrscht, die Hauptzugspannung muß daher schräggerichtet sein. Wir werden im folgenden noch Anhaltspunkte über die Größe dieser Zugkräfte geben.

Aus Versuchen weiß man, daß diese Ecken gern entlang der Grenzlinie des Zugbereiches abscheren. Man kann diese Zugspannungen vermeiden, wenn man die Ecken bis zur Ankerplatte abschrägt (vgl. Bild 9.9b).

Der Fall $b' < b$

Ist nun $b' < b$, d. h. ist die Breite b' der Ankerplatte kleiner als die Breite b der Betonkörper, dann muß sich die Kraft auch in der dritten Richtung z quer ausdehnen, und es entstehen auch in z-Richtung Spaltspannungen σ_z. Diese hängen vom Verhältnis b'/b in gleicher Weise ab, wie die σ_y von a/d und wir benützen daher für die Ermittlung der Spaltzugkräfte Z_z in z-Richtung die Kurven des Bildes 9.5. Meist ist b' nicht viel kleiner als b, so daß die $+\sigma_z$ vernachlässigt werden können.

Es sei noch bemerkt, daß σ_y bei $b' < b$ kleiner wird als bei $b' = b$, das für die Bemessung der Spaltbewehrung maßgebende Z_y bleibt aber etwa gleich groß, weil ja das kleinere σ_y über die größere Breite integriert werden muß. Ähnliches gilt für die σ_z und Z_z. Die Kurven des Bildes 9.4 gelten also streng nur für $b' = b$.

Bewehrung

Die Bewehrung der Einleitungszone muß natürlich entsprechend dem Verlauf der Hauptzugspannungen quer zur Spannkraft liegen. Die Zahl der Stäbe hängt von der Größe der Kraft und des Betonkörpers ab. Man kann mit zwei Bügeln auskommen, man kann aber auch sehr viele Stäbe über die gezogene Zone verteilen müssen. Die Verteilung ergibt sich aus dem Verlauf der σ_y nach Bild 9.4. In den Bildern 9.9a und 9.9b sind zweckmäßige Bewehrungen für verschieden große

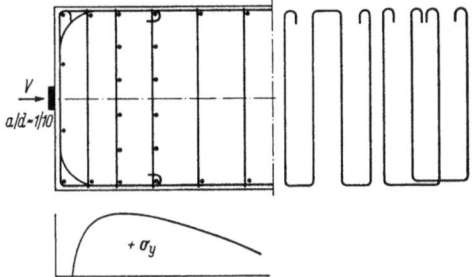
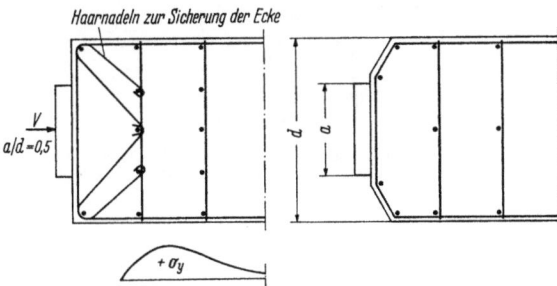

Bild 9.9a Zweckmäßige Anordnung der lotrechten Bewehrung (waagerechte Bewehrung hängt von b'/b ab) hinter einer Ankerplatte mit $a/d = 0{,}10$

Bild 9.9b Zweckmäßige Anordnung der lotrechten Bewehrung hinter einer Ankerplatte mit $a/d = 0{,}50$ und Ecksicherung. Bei abgeschrägten Ecken fallen die Haarnadeln weg

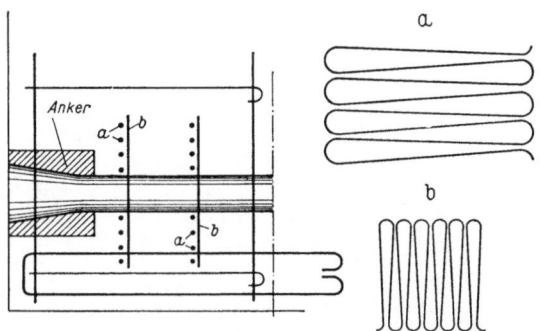

Bild 9.9c Die in Frankreich übliche Spaltbewehrung hinter Freyssinet-Verankerungen (nach *Guyon*)

Ankerplatten dargestellt. Wegen der kurzen Verankerungslänge sind auch bei gerippten Stäben Schlaufen oder Haken oder rechtwinklige Abbiegungen nötig. Die Bewehrung an der Endfläche darf nicht auf die Spaltbewehrung angerechnet werden.
Bild 9.9c zeigt noch die in Frankreich übliche Spaltbewehrung hinter den Freyssinet-Ankerkörpern.

9.22 Die ausmittige Einzelkraft

Greift die Spannkraft ausmittig an, dann sind die Längsspannungen σ_x am Ende der Einleitungslänge, die wir wieder gleich d setzen, trapezförmig (Bild 9.10) und die Drucktrajektorien verlaufen mit ungleichem Abstand mit insgesamt weniger Umlenkung als bei mittigem Kraftangriff. Die Spaltkräfte müssen also kleiner werden.

Guyon hat gezeigt, daß man bei der Bemessung der Spaltbewehrung auf der sicheren Seite bleibt, wenn man diese nach Bild 9.5 für ein mittig gedrückt gedachtes Prisma mit der Höhe $2h$ bemißt, wobei h der kleinere Abstand der Spannkraft vom Rand des Betonkörpers ist. Dieses Ersatzprisma ist in Bild 9.10 eingestrichelt. Die auf diesem Weg ermittelte Bewehrung ist auf die Länge $2h$ verteilt einzulegen, darüber hinaus sind die Querzugspannungen klein.

Die folgenden Versuchsergebnisse lassen erkennen, daß diese Näherung die Wirklichkeit nicht immer ausreichend gut trifft.

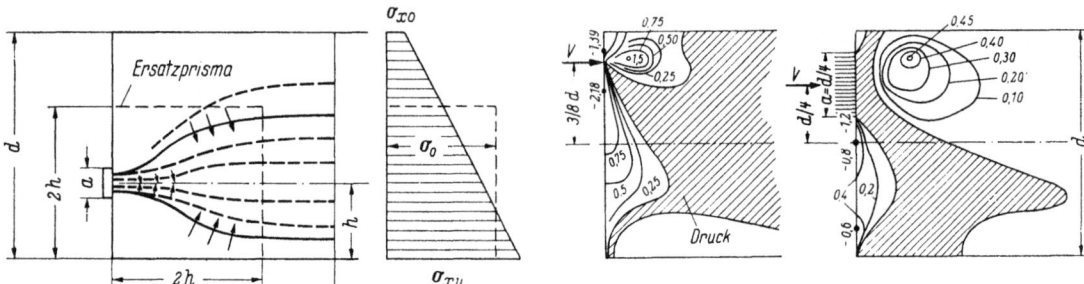

Bild 9.10 Bei ausmittigem Angriff der Einzelkraft verlaufen die Drucklinien unsymmetrisch entsprechend dem Spannungstrapez der σ_x

Bild 9.11 Isobaren für $\dfrac{\sigma_y}{\sigma_0}$ mit $\sigma_0 = \dfrac{V}{b \cdot d}$ ähnlich Bild 9.7, vgl. jedoch Text (nach *Guyon*)

Zunächst sind in Bild 9.11 noch Isobaren für σ_y/σ_0 für den Fall gezeigt, daß die Spannkraft als Schneidenlast mit einer Exzentrizität von $3\dfrac{d}{8}$, also nahe am Rand, angreift. Vergleicht man diese Isobaren mit Bild 9.7, so erkennt man, daß die Exzentrizität den Verlauf der σ_y stark verändert. Bei der großen Exzentrizität bildet sich eine Zwiebel aus, wie sie etwa der Annahme des Ersatzprismas entspricht. In der Randzone entsteht aber ein zweites Gebiet der Querzugspannungen, das nicht vernachlässigt werden darf. Daß die Koeffizienten in der kleinen Zwiebel hier

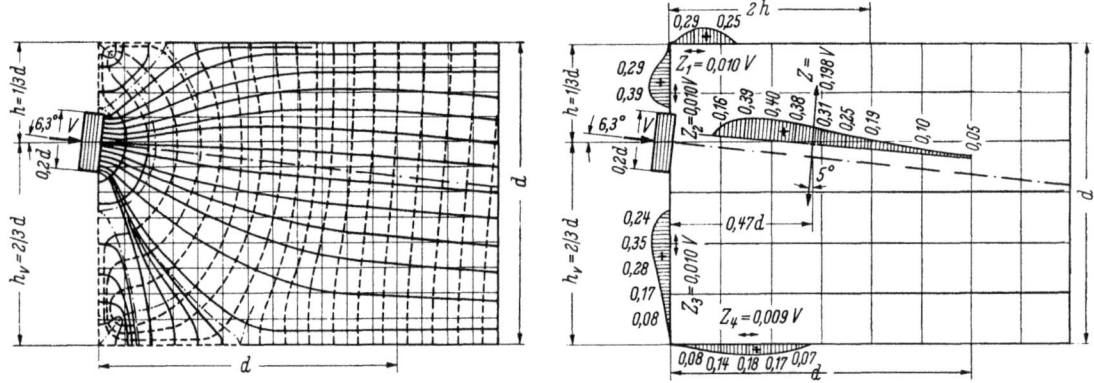

Bild 9.12 a u. b Ausmittiger Kraftangriff eines parabelförmig geführten Spanngliedes in $2/3\,d$, Neigung $6{,}3°$ (nach *M. Sargious*)
  a) Hauptspannungstrajektorien
  b) Hauptzugspannungen und Randzugspannungen als Funktion von $\sigma_0 = \dfrac{V}{b \cdot d}$ und zugehörige Zugkräfte

wesentlich höher sind, als in Bild 9,7, rührt daher, daß σ_0 auf die ganze Höhe bezogen wird, während im Ersatzprisma σ_0 nur für $\dfrac{d}{4}$ zu rechnen wäre. Tut man dies, dann wird das größte σ_y rd. $0{,}4 \cdot \sigma_0$, also etwas kleiner als bei mittiger Kraft nach Bild 9.7.

Die zweite Figur in Bild 9.11 zeigt noch die Isobaren für die Exzentrizität $\dfrac{d}{4}$ bei Verwendung einer Ankerplatte mit $a = \dfrac{d}{4}$. Das passende Ersatzprisma finden wir in Bild 9.7 rechts. Bedenken wir wieder, daß σ_0 in Bild 9.11 nur halb so groß ist wie in Bild 9.7, dann sieht man, daß hier die Näherung des Ersatzprismas gut zutrifft. Man beachte jedoch auch hier die ziemlich hohen Querzugspannungen am Rand unter der Ankerplatte, die eine Bewehrung bedingen.

Aus der Arbeit von *Sargious* entnehmen wir mit Bild 9.12 a die Verhältnisse bei einer Ausmittigkeit von $\dfrac{d}{6}$ bei schrägem Kraftangriff (Neigung 6,3°) und einer Höhe der Ankerplatte $a = 0{,}2\,d$. Der Verlauf der Hauptspannungs-Trajektorien ist in der Eckzone interessant. Bild 9.12b zeigt die maximalen Hauptzugspannungen bezogen auf $\sigma_0 = 1$ und die resultierenden Zugkräfte nach Größe, Richtung und Lage sowohl für die Spaltwirkung als auch in den Randzonen, abhängig von V.

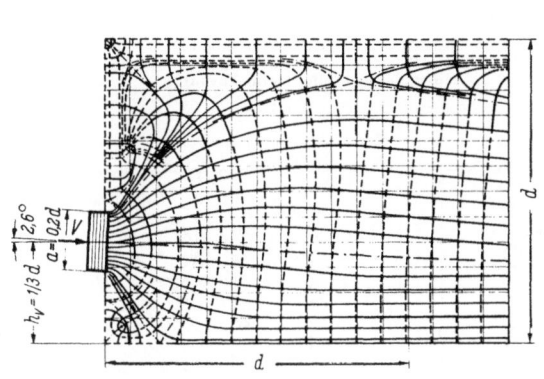
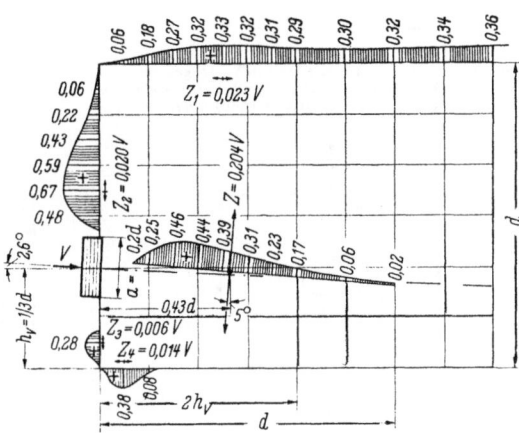

Bild 9.13 Hauptspannungstrajektorien bei ausmittigem Kraftangriff eines parabelförmigen Spanngliedes in $^1/_3\,d$, Neigung 2,6° (nach *M. Sargious*)

Bild 9.14 Hauptzugspannungen und Randzugspannungen als Funktion von $\sigma_0 = \dfrac{V}{b \cdot d}$ und zugehörige Zugkräfte zum Lastfall des Bildes 9.13 (nach *M. Sargious*)

Die Bilder 9.13 und 9.14 geben die entsprechenden Darstellungen für die gleiche Exzentrizität, jedoch in der anderen Richtung mit einer Neigung von 2,6°, wie sie sich für ein parabolisches Spannglied ergibt. Die Neigung des Spanngliedes hat einen erheblichen Einfluß, besonders auf die Randspannungen, aber auch auf die Lage der resultierenden Spaltkraft.

Für das Ersatzprisma hätte man in diesen beiden Fällen eine Spaltkraft von etwa $0{,}20\,V$ erhalten, also fast genau den gleichen Wert.

Eine zweckmäßige Bewehrung läßt sich mit diesen Angaben leicht ermitteln.

9.3 Mehrere Einzelkräfte am prismatischen Körper

9.31 Mehrere Einzelkräfte übereinander

Werden zwei oder mehr Spannglieder an der Endfläche übereinander angeordnet (Bild 9.15), so ergibt sich bei mittiger Beanspruchung des Prismas die Spaltkraft aus Bild 9.5, wobei in dem Verhältnis a/d für d die einer Ankerplatte zufallende Teilhöhe $\left(\text{in Bild 9.15 gilt } \dfrac{d}{2}\right)$ zu wählen ist. Man läßt die für ein Spannglied ermittelte Spaltbewehrung hierbei über die ganze Höhe des Betonkörpers durchlaufen.

Bei ausmittigem Angriff von n übereinanderliegenden Spanngliedern benützt man als Näherung Ersatzprismen nach *Guyon* und erhält deren Höhen d_1, d_2 dadurch, daß man das aus den Spannkräften entstehende Trapez der σ_x in n gleiche Flächen aufteilt (Bild 9.16). Die Verhältnisse a/d_1 und a/d_2 usw. werden dabei verschieden.

Die Spaltkräfte werden in dem dargestellten Fall unten kleiner als oben. Man wird jedoch eine gleichbleibende Spaltbewehrung auf die ganze Höhe des Betonkörpers durchführen.

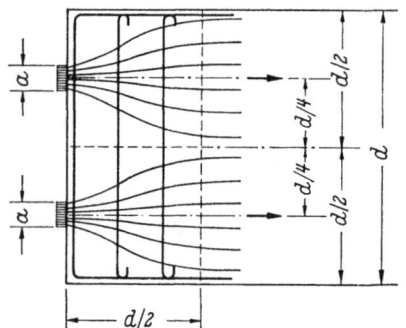
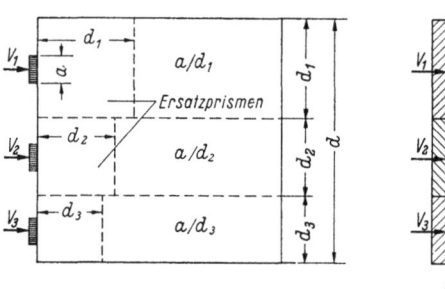

Bild 9.15 Zwei Spannglieder mit insgesamt mittigem Kraftangriff. Die Spaltkraft wird für das Prisma $^1/_2\, d$ ermittelt (nach *Guyon*)

Bild 9.16 Ausmittiger Angriff dreier Spannglieder mit Aufteilung der Prismen durch Teilung des σ_x-Trapezes in drei flächengleiche Teile (nach *Guyon*)

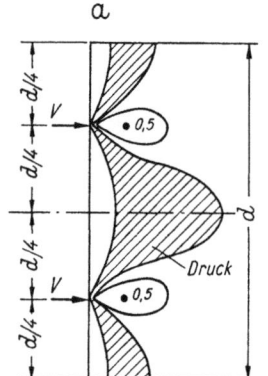
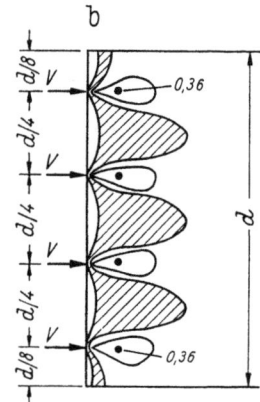
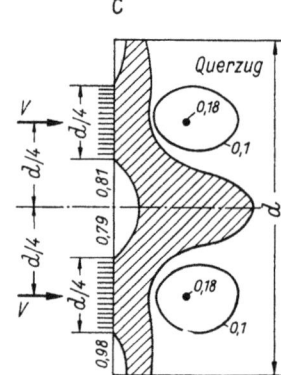

Bild 9.17 Vergleich von Isobaren für verschieden aufgeteilte Kraftangriffe (nach *Guyon*)
$\dfrac{\sigma_y}{\sigma_0}$ bezogen auf $\sigma_0 = \dfrac{\Sigma V}{b \cdot d}$

Der Vergleich der Isobaren für σ_y/σ_0 in Bild 9.17 a—c (*nach Guyon*) zeigt, wie die Querzugspannungen abnehmen, wenn man die Ankerkräfte verteilt. Wird die Spannkraft nur an zwei Viertelspunkten je konzentriert eingeleitet, so ist die größte Querzugspannung $\sigma_y = 0{,}5\,\sigma_0$. Verteilt man die Spannkraft auf vier konzentrierte Lastangriffe in gleichem Abstand, dann geht σ_y auf $0{,}36\,\sigma_0$ herunter. Wendet man schließlich an Stelle der konzentrierten Lastangriffe zwei Ankerplatten mit $a = d/4$ an, dann ist σ_y nur noch $0{,}18\,\sigma_0$.

Die bisherigen Überlegungen gelten, wenn jedes Spannglied im Schwerpunkt des ihm zugehörigen Anteiles des geradlinigen σ_x-Diagrammes angreift. Es kann aber vorkommen, daß zwei oder mehr (n) Spannglieder so angeordnet sind, daß sie innerhalb oder außerhalb der Schwerpunkte des in n flächengleiche Teile geteilten σ_x-Diagrammes liegen. Dann entstehen außer den primären Spaltspannungen noch weitere quergerichtete Zugspannungen, die man sich am besten durch Aufzeichnen der notwendigen Umlenkungen der Drucklinien klarmacht. Bild 9.18 zeigt den Fall, daß die Spannkräfte innerhalb der Schwerpunkte liegen und zur Mittelachse symmetrisch sind. Das

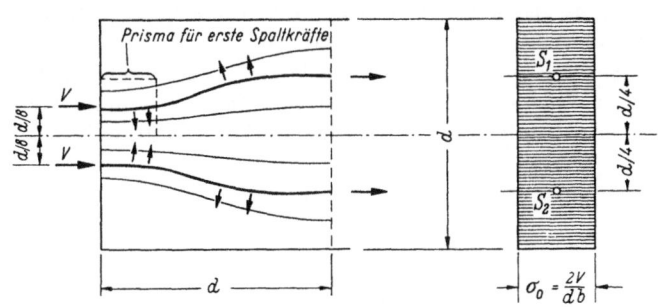
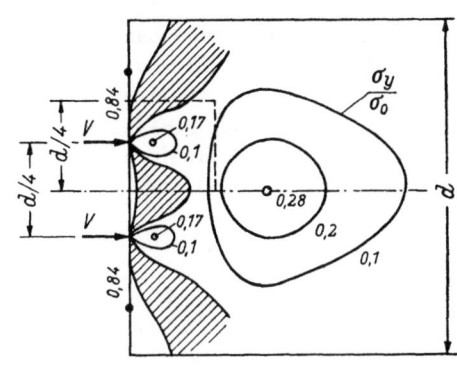

Bild 9.18 Die Spannglieder greifen innerhalb der Schwerpunkte der zugehörigen σ_x-Flächen (hinter der Einleitungslänge) an

Bild 9.19 Die Isobaren zu Bild 9.18 zeigen, daß erst die Spaltkräfte der Ankerplatte und dann die Spaltkräfte infolge Lage der Kraft abseits vom Schwerpunkt der zugehörigen σ_x-Fläche auftreten. σ_y bezogen auf $\sigma_0 = \dfrac{\Sigma V}{b \cdot d}$ (nach *Guyon*)

zugehörige Bild 9.19 der Isobaren zeigt, wie in der Mittelachse erst Querdruck und dann Querzug entsteht, etwa wie wenn V mittig auf eine gewisse Höhe a verteilt angreifen würde.
Diese Querzugkräfte lassen sich aus dem großen Prisma d mit $a = 3\,d/8$ für ΣV aus Bild 9.5 ermitteln.
Unmittelbar hinter den Kräften sind die primären Spaltkräfte zu erkennen, die man genähert für das in Bild 9.18 eingestrichelte Ersatzprisma von der Höhe $d/4$ nach Bild 9.5 für die Einzelkraft V berechnet.
Greifen die Spannkräfte außerhalb der Schwerpunkte der Teilflächen des σ_x-Diagrammes an (Bild 9.20), dann entwickeln sich unmittelbar hinter den Ankerplatten der Spannglieder wieder primäre Spaltkräfte, die man mit dem in Bild 9.20 gestrichelten Ersatzprisma der Höhe $d/4$ ermittelt. In Bild 9.21 sind die Koeffizienten der σ_y wieder auf die über den ganzen Betonquerschnitt verteilte Spannung $\sigma_0 = \dfrac{\Sigma V}{d\,b}$ bezogen und deshalb größer als in Bild 9.7.
Die Drucklinien stehen sich zuerst mit konkaver Krümmung gegenüber, d. h. nahe der Endfläche müssen Querzugspannungen auftreten, während anschließend die Umlenkkräfte der Drucklinien Querdruckspannungen erzeugen. Die spannungsoptisch gewonnenen Isobaren des Bildes 9.21

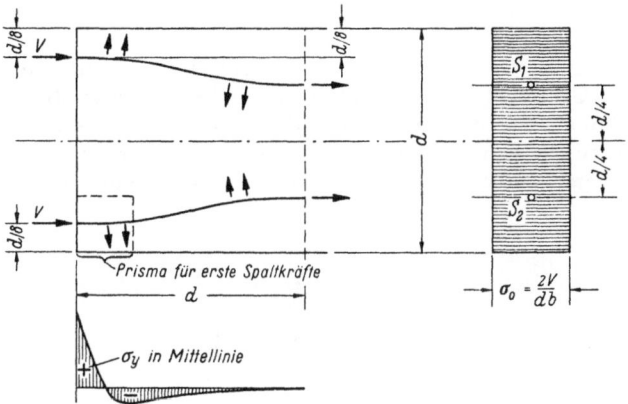
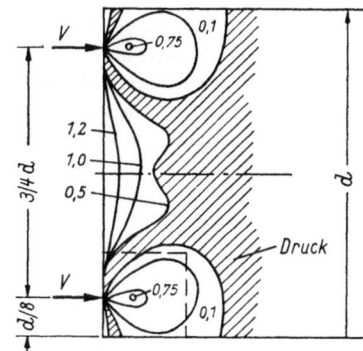

Bild 9.20 Die Spannglieder greifen außerhalb der Schwerpunkte der zugehörigen σ_x-Flächen an. (Verlauf der σ_y entlang der Mittelachse nach *Sievers* [164])

Bild 9.21 Die Isobaren zu Bild 9.20 zeigen wieder die Spaltkräfte der Ankerplatte und getrennt davon die Biegespannungen der Scheibe. σ_y bezogen auf $\sigma_0 = \dfrac{\Sigma V}{b \cdot d}$ (nach *Guyon*)

bestätigen diese Querspannungen, die um so größer werden müssen, je weiter außen die Spannkräfte angreifen. Man kann diese Spannungen σ_y als Biegespannungen einer links auf den Spannkräften V gelagerten, rechts mit σ_x gleichmäßig belasteten Scheibe ermitteln.

Hierfür stehen einfache Näherungsformeln aus den Arbeiten über wandartige Träger von *H. Bay* [506], *H. Sievers* [164] und *R. Thon* [410] zur Verfügung, die in Bild 9.22 für den einfeldrigen wandartigen Träger und in Bild 9.23 für den mehrfeldrigen wandartigen Träger dargestellt sind.

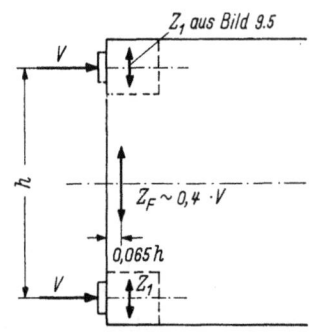

Bild 9.22 (oben) Größe und Lage der Biegezugkraft Z_F im Feld für zwei Vorspannkräfte V im Abstand h von einander (Näherung nach *Bay*, *Theimer* und *Thon*)

Bild 9.23 (rechts) Größe und Lage der Biegezugkräfte Z_F zwischen den Spanngliedern und Z_S hinter dem mittleren Spannglied für drei Vorspannkräfte V in Abständen h (Näherung nach *Bay*, *Theimer* und *Thon*)

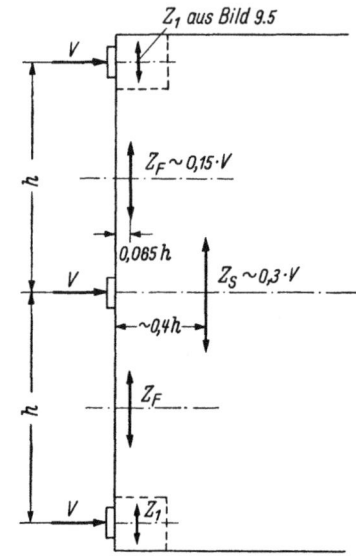

Dabei wurde die Größe der Zugkräfte in der x-Lage ihres Schwerpunktes als ein Bruchteil der gleich groß angenommenen Vorspannkräfte V angegeben (vgl. auch Kap. 9.43).

Sobald die Spannkräfte einen Abstand h haben, der etwa das Drei- bis Vierfache der Höhe a der Ankerplatten überschreitet, müssen die Querzugkräfte aus dieser Scheibenwirkung berechnet werden und die Querbewehrung muß entsprechend am Rand für Z_F und etwas weiter innen für Z_S eingebaut werden. Das Verhältnis a/h beeinflußt die Größe und Lage der Z; je kleiner a/h um so größer Z. Die eingetragenen Werte gelten etwa für $a/h = 1/8$.

9.32 Mehrere Einzelkräfte nebeneinander

Bei im Grundriß ausgedehnten Tragwerken, z. B. Geschoßdecken mit vorgespannten Unterzügen oder breiten Brückenenden, haben wir im Grundriß nebeneinanderliegende Spannkräfte, die zum Teil einen beachtlichen Abstand haben können, wie dies in Bild 9.24 dargestellt ist. Wir ermitteln die Querzugkräfte am Rand und weiter innen für den mehrfeldrigen wandartigen Träger mit den Faustformeln nach Bild 9.23. Bei reichlichem Randabstand der äußeren Spannglieder ergeben

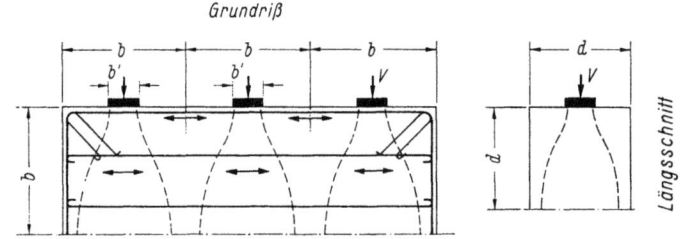

Bild 9.24 Liegen im Grundriß mehrere Spannglieder mit $b' \ll b$ nebeneinander, dann ist eine durchgehende Querbewehrung oder Quervorspannung nötig

sich auch dort weiter innen Querzugkräfte, die man aus der Krafteinleitung in das Ersatzprisma mit der Breite b nach Bild 9.5 ermitteln kann. Die Querzugspannungen hinter den inneren Ankerplatten werden gewissermaßen durch die Stützmomente des durchlaufenden wandartigen Trägers erfaßt, ihr Schwerpunkt liegt etwas näher an den Ankerplatten als der Schwerpunkt der Spaltkräfte in der Randzone. Zur Deckung solcher Zugspannungen wird man stets den Randstreifen bis zur Tiefe von etwa $0,8\,b$ durchgehend quer bewehren oder quer vorspannen.

9.4 Spannkräfte zusammen mit Auflagerkraft am Balkenende

9.41 Die mittige Spannkraft zusammen mit der Auflagerkraft am Balkenende

Am vorgespannten Balkenende wirkt neben der Spannkraft auch noch die Auflagerkraft, die den Verlauf der Hauptspannungstrajektorien natürlich beeinflußt. Dabei spielt die Lage der Auflagerkraft und ihre Größe z. B. im Verhältnis zur Spannkraft eine Rolle. M. Sargious [505] hat spannungsoptisch die zusätzliche Wirkung einer Auflagerkraft $A = 0,1\,V$ bzw. $0,2\,V$ untersucht, die in $d/6$- bzw. $d/3$-Abstand vom Balkenende mit Lagerlänge von $\frac{1}{12}\,d$ wirkt. Das Spannglied war mit der Neigung einer Parabel für $l/d = 20$ eingebaut, die sich zu rd. $4,4°$ ergab. Bild 9.25 zeigt den Verlauf der Hauptspannungstrajektorien für einen der genannten Fälle, der mit Bild 9.2 zu vergleichen ist. Die Drucktrajektorien werden durch A und das Biegemoment M_A schräg nach oben abgelenkt, damit werden die in der Querrichtung Zug erzeugenden Umlenkkräfte kleiner, d. h. die Spaltkräfte werden vermindert. Ihre Größtwerte liegen über der Achslinie $y = 0$ auf einer nach oben ansteigenden Linie (Bild 9.26).

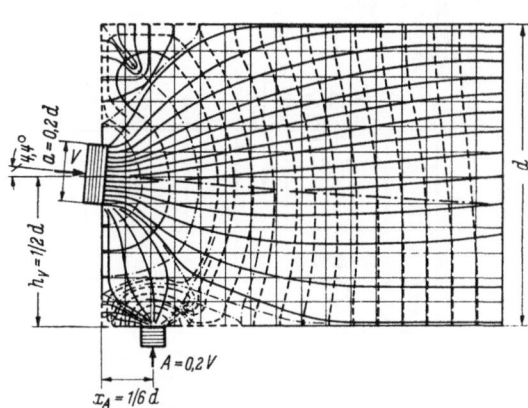

Bild 9.25 Hauptspannungstrajektorien nach spannungsoptischen Versuchen von M. Sargious bei Wirkung einer Auflagerkraft $A = 0,2\,V$, zu vergleichen mit Bild 9.2

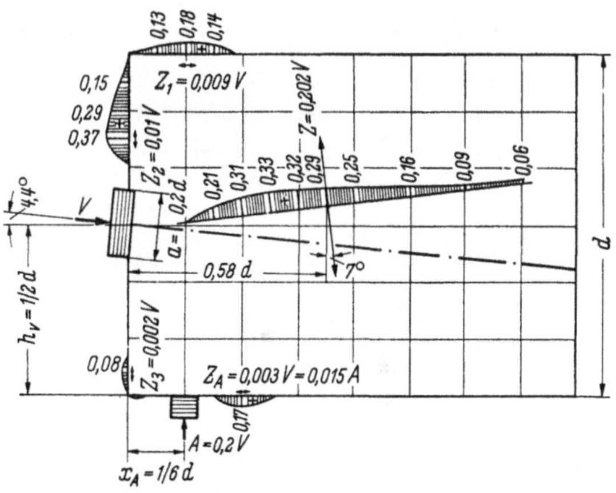

Bild 9.26 Hauptzugspannungen und Randzugspannungen bezogen des Bildes 9.25 mit Auflagerkraft zogen auf $\sigma_0 = \dfrac{V}{b \cdot d}$ und zugehörige Zugkräfte für $A = 0,2\,V$ (nach M. Sargious)

Andererseits zeigen sich unmittelbar neben der Auflagerplatte kleine Zonen mit Längszugspannungen, die von der Einleitung der Auflagerkraft herrühren und die uns besonders noch bei Durchlaufträgern beschäftigen werden.

Die Breite der Auflagerplatte wurde zu $\dfrac{1}{12}\,d$ angenommen. Je kleiner die Auflagerplatte und der Randabstand ist, um so größer werden die Randzugspannungen in der Längsrichtung unmittelbar neben der Auflagerplatte.

Die Veränderung der Zugkräfte durch die Auflagerkraft wird besonders deutlich, wenn man die Größe und Richtung der größten Hauptzugspannungen infolge der Spaltkraft und ihre Resultierende in Bild 9.26 mit den entsprechenden Werten in Bild 9.27 für das Balkenende ohne Auflagerkraft vergleicht. Die Bilder enthalten auch die Randzugspannungen und die dort wirkenden Zugkräfte.

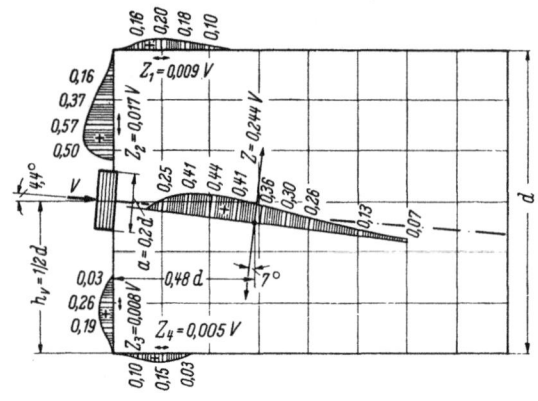

Bild 9.27 Hauptzugspannungen und Randzugspannungen bezogen auf $\sigma_0 = \dfrac{V}{b \cdot d}$ und zugehörige Zugkräfte für den Lastfall des Bildes 9.2 ohne Auflagerkraft (nach M. Sargious)

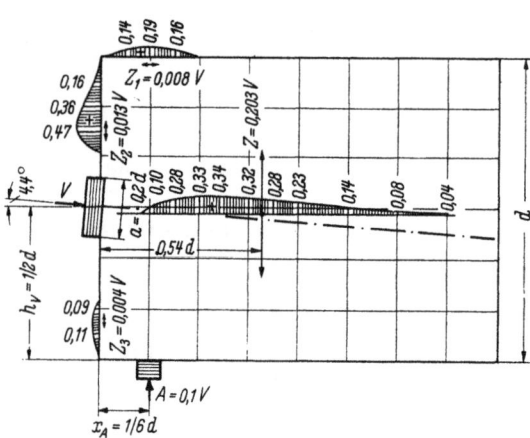

Bild 9.28 Hauptzugspannungen und Randzugspannungen bezogen auf $\sigma_0 = \dfrac{V}{b \cdot d}$ und zugehörige Zugkräfte bei Wirkung einer Auflagerkraft $A = 0{,}1\,V$ (nach M. Sargious)

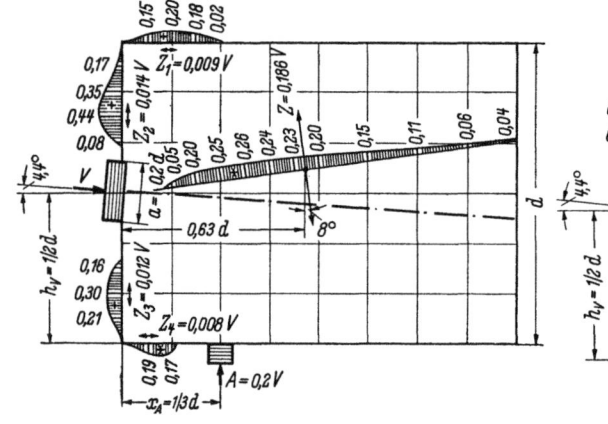

Bild 9.29 Hauptzugspannungen und Randzugspannungen bezogen auf $\sigma_0 = \dfrac{V}{b \cdot d}$ und zugehörige Zugkräfte bei Wirkung einer Auflagerkraft $A = 0{,}2\,V$ in Abstand $x_A = {}^1/_3\,d$ von der Ecke, zu vergleichen mit Bild 9.26 (nach M. Sargious)

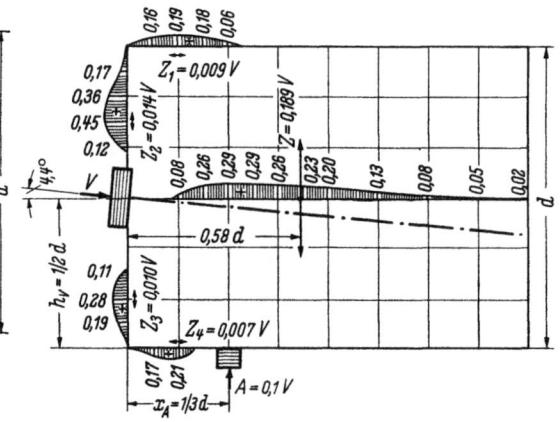

Bild 9.30 Hauptzugspannungen und Randzugspannungen bezogen auf $\sigma_0 = \dfrac{V}{b \cdot d}$ und zugehörige Zugkräfte bei Wirkung einer Auflagerkraft $A = 0{,}1\,V$ in Abstand $x_A = {}^1/_3\,d$ von der Ecke, zu vergleichen mit Bild 9.28 und 9.30 (nach M. Sargious)

Die Auswertung der Versuche von M. Sargious führte zu den in den Bildern 9.28 bis 9.30 dargestellten Ergebnissen. Die Bilder zeigen den Verlauf der quergerichteten Spaltspannungen für $\sigma_0 = 1$ entlang der Linie ihrer Größtwerte. Diese Linie ist ungefähr rechtwinklig zu den größten Hauptzugspannungen gezeichnet. Die Richtung der Hauptzugspannungen weicht demnach um so mehr von der Lotrechten ab, je größer die Auflagerkraft im Verhältnis zur Spannkraft ist.

Die Größe der gesamten Spaltzugkraft ist als Teil der Vorspannkraft, z. B. $Z = 0{,}21\,V$, angegeben und als Vektor in der Schwerpunktlage eingetragen.

Außer der Spaltzugkraft sind noch die Randzugspannungen als Teile von σ_0 und die Randzugkräfte Z_2, Z_3 und Z_4 je in ihrer Größe und ungefähren Schwerpunktlage als Teile von V eingetragen. Mit diesen Ergebnissen läßt sich daher sofort die Bewehrung für die verschiedenen Bereiche bemessen.

Für andere Verhältnisse der Auflagerkraft zur Vorspannkraft muß die Spaltkraft zunächst inter- bzw. extrapoliert werden. Diese Abhängigkeit wurde mit den wenigen bisher bekannten Punkten

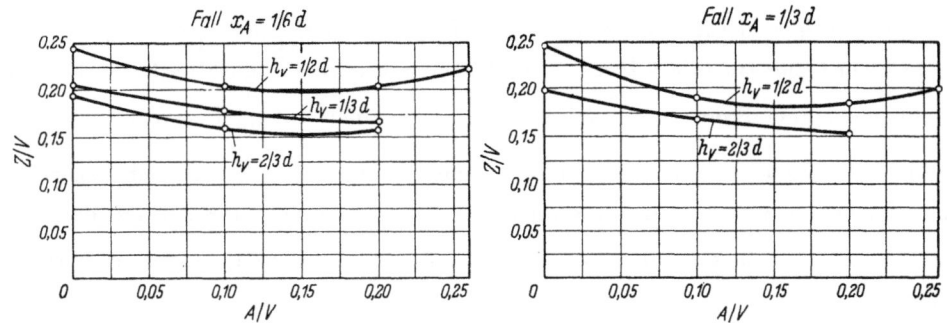

Bild 9.31 Einfluß der Auflagerkraft A auf die Größe der maximalen Spaltzugkraft Z für verschiedene Ausmittigkeiten des Spannkraftangriffs bei Abständen $x_A = 1/3\,d$ und $1/6\,d$ (nach M. Sargious)

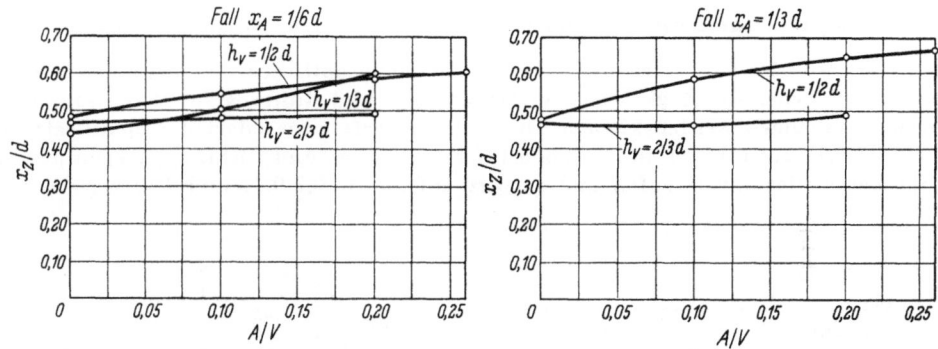

Bild 9.32 Einfluß der Auflagerkraft A auf die Lage x_z der maximalen Spaltzugkraft Z bei Abständen $x_A = 1/3\,d$ und $1/6\,d$ (nach M. Sargious)

in Bild 9.31 gleichzeitig für ausmittige Spannkraftangriffe dargestellt. In Bild 9.32 ist schließlich gezeigt, wie der Abstand x_z der resultierenden Spaltkraft vom Balkenrand durch die Größe der Auflagerkraft beeinflußt wird.

Für andere Verhältnisse a/d kann die Spaltzugkraft aus den für $a/d = 0{,}2$ mitgeteilten Werten proportional zur Z-Linie ermittelt werden.

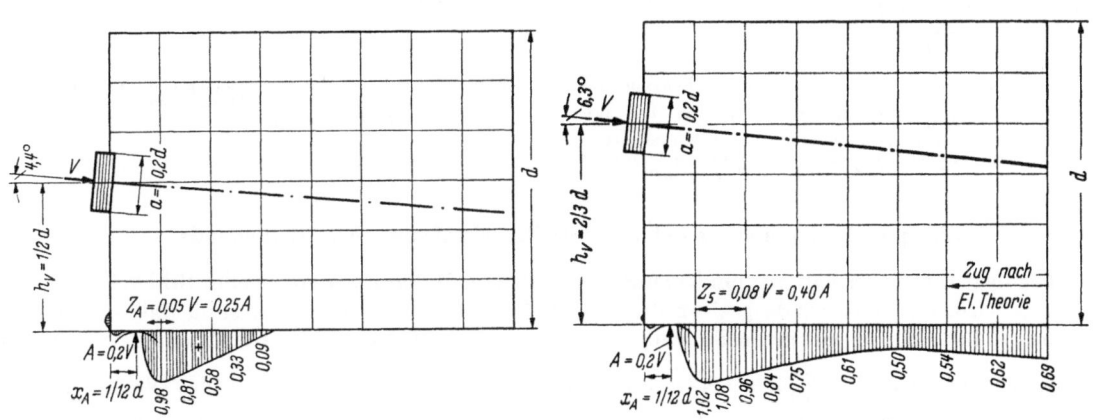

Bild 9.33 a u. b Zugspannungen und Zugkraft ZA in der Nähe des Auflagers bei Wirkung einer Auflagerkraft $A = 0{,}2\,V$ im Abstand $x_A = 1/12\,d$ von der Ecke, Breite des Auflagers $1/24\,d$, (nach M. Sargious)

a) Kraftangriff in $1/2\,d$, zu vergleichen mit Bild 9.26 und 9.29   b) Kraftangriff in $2/3\,d$, zu vergleichen mit Bild 9.34 und 9.36

Während bei den hier gewählten Auflager-Randabständen $x_A = \frac{d}{6}$ und $\frac{d}{3}$ die Zugkraft rechts vom Lager sehr klein bleibt (in Bild 9.26 $Z_A = 0{,}015\ A$), wächst diese Zugkraft sehr stark an, wenn das Lager noch mehr zum Rand rückt. Bei $x_A = \frac{d}{12}$ und einer auf $\frac{1}{24}d$ verringerten Lagerlänge (Bild 9.33 a) wird Z_A schon $0{,}25\ A$, also 17mal größer als bei $x_A = \frac{d}{6}$ mit der Lagerlänge $\frac{1}{12}d$! Liegt das Spannglied höher, z. B. im oberen Drittelspunkt von d, dann beträgt die Zugkraft am unteren Rand rechts von A bereits $Z_A = 0{,}4\ A$, wenn $A = 0{,}2\ V$ und die Auflagerbreite $\frac{1}{24}d$ ist (Bild 9.33 b).

Lagerabstände kleiner als $x_A = \frac{d}{10}$ sollten daher vermieden werden. In jedem Fall ist eine Randbewehrung am Lager trotz Vorspannung nötig.

9.42 Die ausmittige Spannkraft zusammen mit einer Auflagerkraft am Balkenende

In den Bildern 9.34 bis 9.39 werden Ergebnisse spannungsoptischer Untersuchungen wie in Kap. 9.41 gezeigt, aus denen die Zugkräfte nach Größe, Lage und Richtung zur Bemessung der Bewehrung direkt entnommen werden können. Die Auflagerkraft vermindert die Spaltkraft (z. B. von $0{,}20\ V$ in Bild 9.12 auf $0{,}16\ V$) und verändert auch ihre Lage und Richtung. Wegen des Einflusses der Größe der Auflagerkraft auf Z und x_Z wird auf die Bilder 9.31 und 9.32 verwiesen.

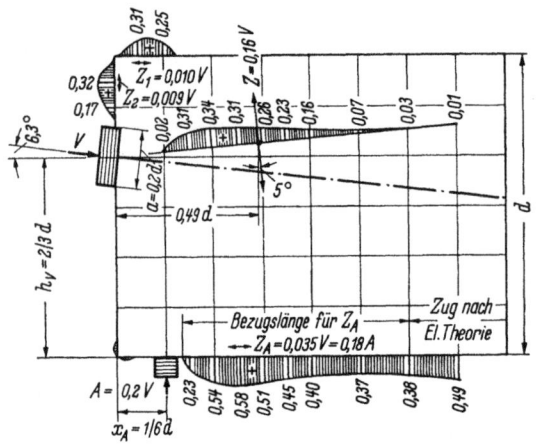

Bild 9.34 Rand- und Spaltzugspannungen als Funktion von $\sigma_0 = \frac{V}{b \cdot d}$ und zugehörige Zugkräfte bei ausmittigem Kraftangriff in $^2/_3\ d$ und Wirkung einer Auflagerkraft $A = 0{,}2\ V$ im Abstand $x_A = ^1/_6\ d$, zu vergleichen mit Bild 9.12 (nach M. Sargious)

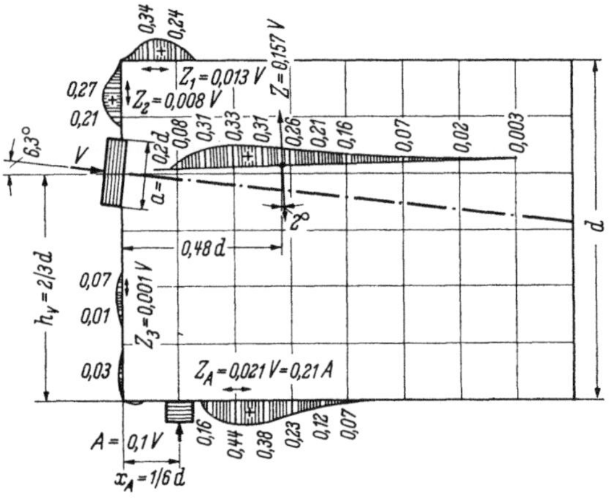

Bild 9.35 Rand- und Spaltzugspannungen sowie Zugkräfte für einen Lastfall wie Bild 9.34, jedoch mit $A = 0{,}1\ V$ (nach M. Sargious)

9.43 Mehrere Spannkräfte übereinander mit Auflagerkraft an einem Balkenende

Bisher liegt für diesen Fall nur ein Versuchsergebnis von M. Sargious vor, das in Bild 9.40 und 9.41 gezeigt wird. Am Balkenende greifen drei Spannglieder an, die so geneigt sind, daß sie parabelförmig in Balkenmitte mit ihrem Schwerpunkt auf der Höhe $0{,}2\ d$ liegen. Die Ankerplatten hatten einen Abstand von $h = \frac{5}{12}d = 0{,}42\ d$ und eine Höhe $a = \frac{1}{15}d = 0{,}067\ d$; (das Verhältnis a/h war also etwa 1/6). Die äußeren Spannglieder liegen in dem ersten Zwölftel der Höhe. Die Auflagerkraft greift mit einem Randabstand von $\frac{d}{6}$ an und beträgt $0{,}3\ V = 0{,}1\ \Sigma V$. Bild 9.40 zeigt den Verlauf der Hauptspannungstrajektorien, die am Rand außen dem zweifeldrigen wandartigen

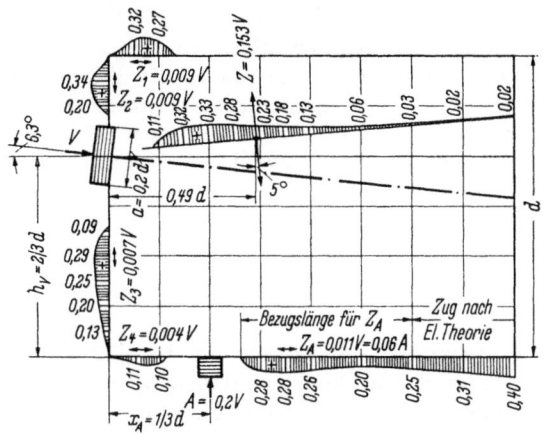

Bild 9.36 Rand- und Spaltzugspannungen sowie Zugkräfte für einen Lastfall wie Bild 9.34, jedoch mit Abstand $x_A = 1/3\,d$ der Auflagerkraft $A = 0,2\,V$ (nach M. Sargious)

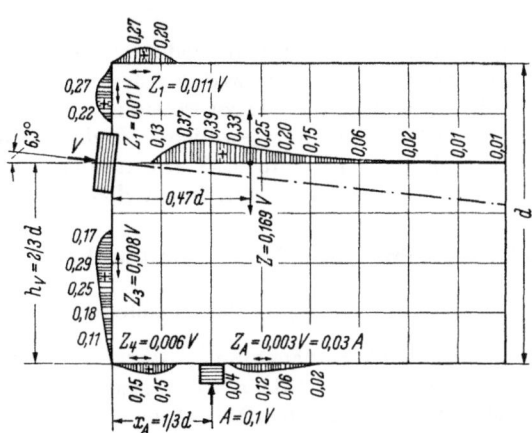

Bild 9.37 Rand- und Spaltzugspannungen sowie Zugkräfte für einen Lastfall wie Bild 9.36, jedoch mit $A = 0,1\,V$ (nach M. Sargious)

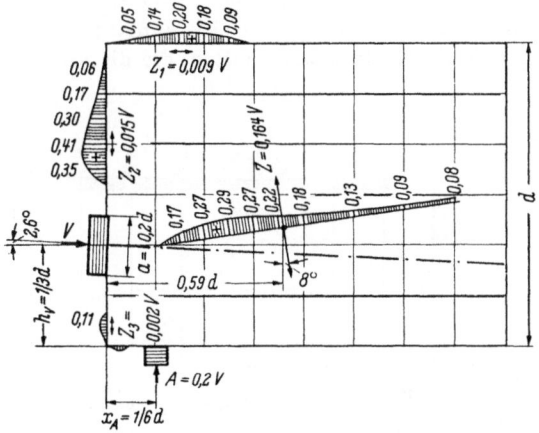

Bild 9.38 Rand- und Spaltzugspannungen als Funktion von $\sigma_0 = \dfrac{V}{b \cdot d}$ und zugehörige Zugkräfte bei ausmittigem Kraftangriff in $1/3\,d$ und Wirkung einer Auflagerkraft $A = 0,2\,V$ in Abstand $1/6\,d$, zu vergleichen mit Bild 9.14 (nach M. Sargious)

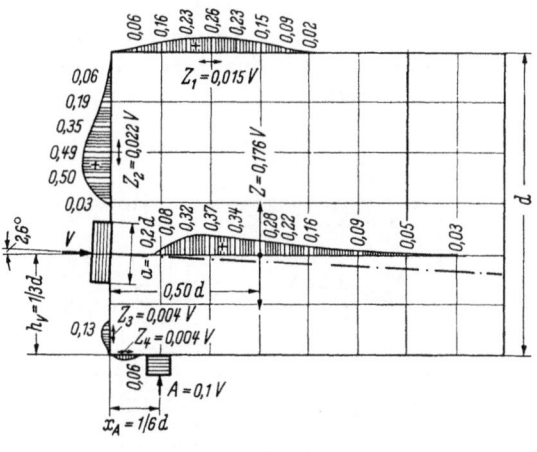

Bild 9.39 Rand- und Spaltzugspannungen als Funktion von $\sigma_0 = \dfrac{V}{b \cdot d}$ sowie Zugkräfte für einen Lastfall wie Bild 9.38, jedoch mit $A = 0,1\,V$ (nach M. Sargious)

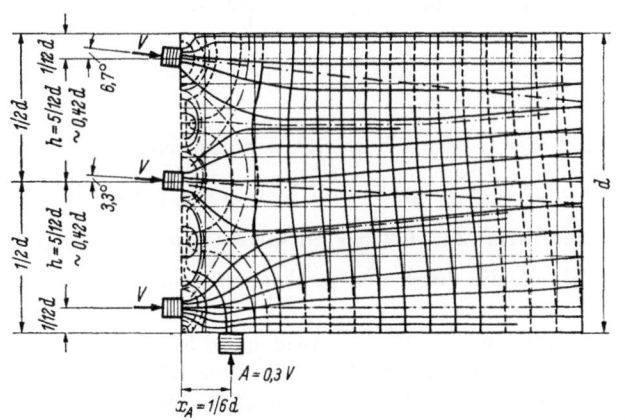

Bild 9.40 Spannungstrajektorien aus spannungsoptischen Versuchen von M. Sargious mit 3 parabelförmig geführten Spanngliedern und Wirkung einer Auflagerkraft $A = 0,3\,V$ im Abstand $x_A = 1/6\,d$ Größe der Ankerplatten $a = 1/15\,d \sim 1/8\,h$ (nach M. Sargious)

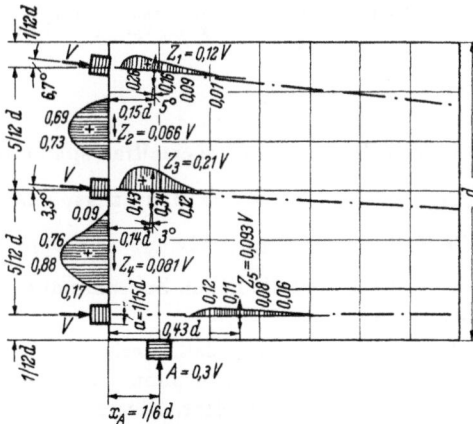

Bild 9.41 Rand- und Spaltzugspannungen als Funktion von $\sigma_0 = \dfrac{\Sigma V}{b \cdot d}$ sowie Zugkräfte zum Lastfall des Bildes 9.40 (nach M. Sargious)

Träger entsprechen, mit Ausnahme der unteren Ecke. Dort werden die Querzugspannungen infolge der primären Spaltwirkung des unteren Spanngliedes durch die Auflagerkraft überdrückt. Dies ist auch auf Bild 9.41 zu erkennen, in dem die größten Hauptzugspannungen zusammen mit den Resultierenden der jeweiligen Zugkräfte dargestellt sind. Die gemessenen Zugkräfte sind kleiner als die nach Bild 9.23 ermittelten. Man sieht auch deutlich, daß die Auflagerkraft nur die Spaltkraft am untersten Spannglied beeinflußt.

9.5 Krafteinleitung bei Verbundankern

9.51 Der Einzelstab oder das Einzelbündel

Bei Verbundankern hängt die Spaltkraft sehr von der Verbundgüte und damit von der Einleitungslänge e (vgl. Kap. 3.131) ab. Bei gutem Verbund, wie er bei profilierten Stäben oder Drähten gegeben ist, wird die Kraftübertragung kurz, und damit nähert sich die Krafteinleitung dem Fall einer sehr kleinen Ankerplatte. Die Spaltkräfte an Verbundankern sind daher groß, man darf sie zu $0{,}25\ V$ bis $0{,}28\ V$ annehmen und die Spannungsverteilung wird etwa der für $a/d = 0{,}1$ geltenden Linie in Bild 9.4 entsprechen. Die größte Spaltspannung wird bei etwa $0{,}4\ \sigma_0$ liegen, wenn $\sigma_0 = \dfrac{V}{F_0}$ ist, wobei V die vom Einzelstab ausgeübte Spannkraft und F_0 die Fläche des mittig gedrückten Ersatzprismas ist. Da der Lastangriff punktförmig ist, muß die Spannkraft sich zunächst radial allseitig ausdehnen. Die Spaltkraft wird in derjenigen Quer-Richtung am größten, die die größten Abmessungen zeigt.

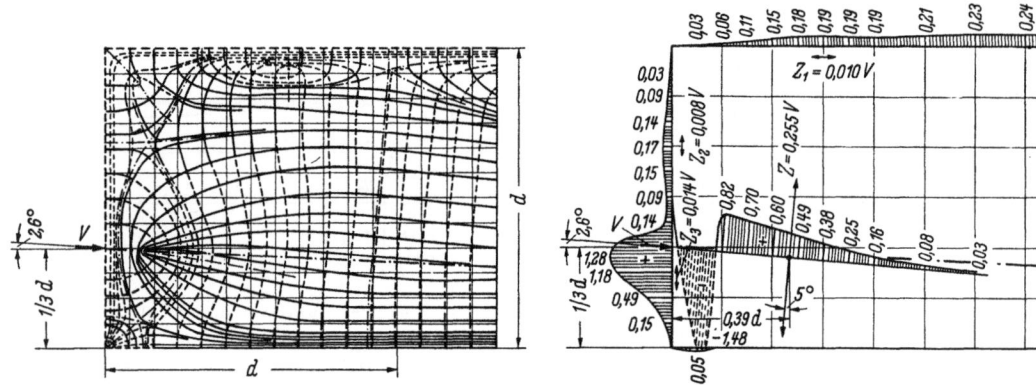

Bild 9.42 Hauptspannungstrajektorien nach spannungsoptischen Versuchen von *M. Sargious*, Spannglied durch Verbund verankert

Bild 9.43 Hauptzugspannungen und Randzugspannungen als Funktion von $\sigma_0 = \dfrac{V}{b \cdot d}$ für ein durch Verbund verankertes Spannglied gemäß Bild 9.42 (nach *M. Sargious*)

Ein von *M. Sargious* angestellter spannungsoptischer Versuch bestätigt den erwarteten Verlauf (Bild 9.42 und 9.43). Die Hauptzugspannungen σ_I/σ_0 sind so groß, weil hier $\sigma_0 = \dfrac{V}{b\,d}$ ist, während die Höhe des Ersatzprismas nur $\dfrac{2}{3}d$ wäre. Die Spaltkraft $Z = 0{,}255\ V$ entspricht den Erwartungen. Zu beachten sind die hohen Zugspannungen am Rand, die durch den punktartigen Lastangriff verursacht werden.

Wir müssen folgern, daß Verbundanker gut umschnürt oder sonstwie quer bewehrt werden müssen, sobald die Grundspannung σ_0 infolge der Spannkraft den Wert von etwa $0{,}6\ \beta_{bZ}$ oder von etwa $0{,}06\ \beta_w$ überschreitet. Dieser Grenzwert bedeutet eine rund vierfache Sicherheit gegenüber der ungestörten Betonzugfestigkeit. Diese Voraussetzung wird nur bei mäßig vorgespannten Elementen aus hochfestem Beton erfüllt sein. In allen anderen Fällen muß die Übertragungszone am besten umschnürt werden.

Hat man die Kraft eines Drahtbündels etwa nach Bild 9.44 mit umschnürtem Fächer zu verankern, so kann man den umschnürten Betonkern gewissermaßen als Ankerkörper betrachten und die Spaltkraft nach Bild 9.5 ermitteln, wobei an Stelle der Breite der Ankerplatte a hier der Wendel-Durchmesser D oder sogar $1{,}2\,D$ gesetzt wird, weil die Wendel auf ihrer Länge w in den verschiedenen Gängen bereits die Kraft seitlich ausstrahlt. Der Beginn der Krafteinleitung kann mit etwa $0{,}4\,w$ angesetzt werden. Hinter dem Anker soll möglichst wenig Beton liegen. Setzt sich der Körper hinter dem Anker fort, dann ist eine Längsbewehrung nach Kap. 9.7 anzuordnen.

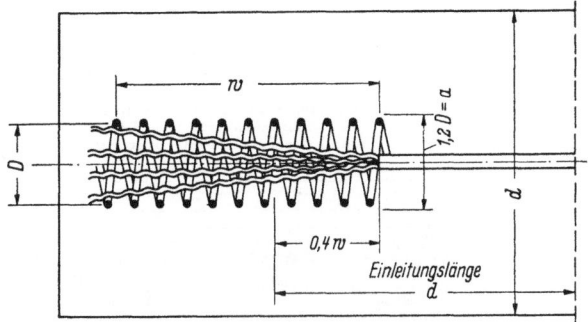 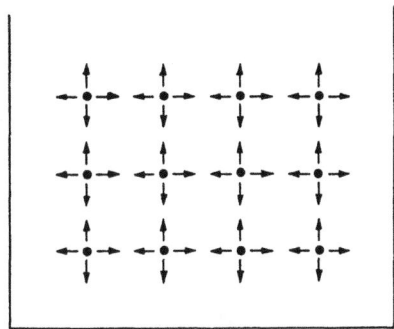

Bild 9.44 Bei einer umschnürten Verankerung können die Spaltkräfte mit den hier gekennzeichneten Annahmen ermittelt werden

Bild 9.45 Wirkungsrichtung der Spaltkräfte bei eng liegenden Drähten mit Verbundverankerung

9.52 Mehrere Drähte mit Verbundanker

Bei im Spannbett vorgefertigten Bauteilen mit Verbundankern werden meist engliegende Drähte benützt. Jeder Draht verursacht an der Verankerung Spaltkräfte, die sich im Innern der Drahtgruppe teilweise gegenseitig aufheben können, an den Rändern bleiben jedoch Spaltspannungen übrig. Die Spaltkraft eines Innendrahtes ist meist größer als die des Außendrahtes. Als Spaltkraft ist daher mindestens die Summe der Einzelspaltkräfte für die am Rand liegenden Drähte anzusetzen (Bild 9.45). Dies gilt für jede Richtung. Es ist stets zweckmäßig, die Drähte in der eigentlichen Ankerzone zu umschnüren oder zweiachsig zu verbügeln, falls es sich nicht um Bauteile handelt, bei denen die Betonzugfestigkeit erfahrungsgemäß auch über längere Zeit und nach dem Austrocknen des Betons den Spaltspannungen widersteht.

Meist liegen die Drahtanker exzentrisch im Endquerschnitt. Man muß dann außer den Spaltkräften im Ersatzprisma auch die anderen in diesem Kapitel aufgezeigten Zugkräfte beachten.

9.6 Krafteinleitung bei Sammelspanngliedern

9.61 Krafteinleitung bei Schlaufenankern

Bei Schlaufenankern hängt die Einleitung der Spannkraft in den Baukörper ganz davon ab, ob die Schlaufe beim Vorspannen im Betonkörper noch gleiten kann, also z. B. in einem Blechkanal geführt ist, oder ob sie unmittelbar einbetoniert wurde und daher schon beim Spannen in Verbund mit dem Beton steht. Wir unterscheiden daher Schlaufenanker mit oder ohne anfänglichen Verbund.

Die Beanspruchung des Betons in der Schlaufenebene im Ankerbereich hängt vom Verbund bzw. von der Reibung der Drähte, vom Krümmungsradius der Schlaufe und von der Zahl der in der Schlaufenebene hintereinanderliegenden Drähte ab.

Die Beanspruchung des Betons rechtwinklig zur Schlaufenebene im Ankerbereich ergibt sich aus dem Verhältnis der Höhe der Schlaufe zur gesamten Höhe des Ankerkörpers (Bild 9.46). Wir können die in dieser Richtung entstehenden Zugkräfte wieder in gleicher Weise ermitteln wie in

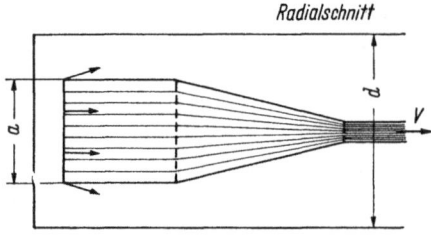

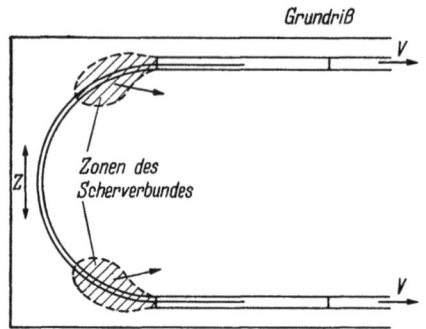

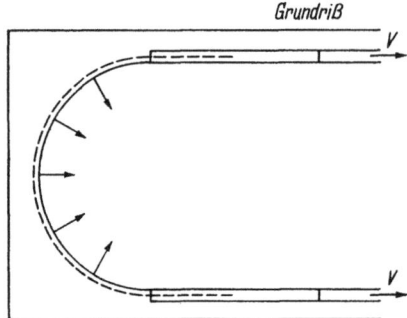

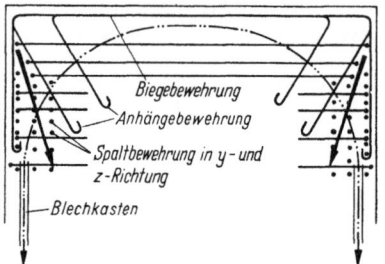

Bild 9.46 Wirkungsrichtung der Spaltkräfte an Schlaufenankern ohne Verbund im Grundriß und Radialschnitt

Bild 9.47 Wirkungsrichtung der Spaltkräfte an Schlaufenankern mit Scherverbund der Einzeldrähte oder Litzen

Bild 9.48 Schematische Bewehrungsskizze bei einbetonierter Ankerschlaufe mit Verbund

Kap. 9.21, wenn wir die Schlaufenhöhe mit a bezeichnen. Man wird im allgemeinen die Höhe der Schlaufe groß wählen, indem man das Kabel vor dem Beginn der Schlaufenkrümmung der Höhe nach spreizt, um diese Zugkräfte klein zu halten.

9.611 Schlaufenanker mit anfänglichem Verbund

Durch den Verbund wird das gespreizte Kabel bereits am Anfang der Schlaufenkrümmung verankert. Die Verankerungszone wird um so kürzer, je besser der Verbund ist. Bei Scherverbund z. B. kommt die Schlaufenkrümmung kaum mehr zur Wirkung und die Resultierende der Ankerkraft eines Kabels greift steil am Rand der Schlaufe an (Bild 9.47). Diese Lage der Ankerkräfte bewirkt erhebliche Zugkräfte am Rücken der Schlaufe, die sich nach Bild 9.22 für den wandartigen Träger rechnen lassen. Das Kabel selbst kann als Bewehrung betrachtet werden, trotzdem wird man zur Deckung dieser Zugkräfte noch eine zusätzliche Bewehrung gemäß Bild 9.48 anordnen müssen.

Man muß damit rechnen, daß bei der hohen Stahlspannung der Verbund am Beginn der einbetonierten Schlaufe zerstört wird. Die Spannkraft nimmt dort dennoch durch Reibung ab, so daß nach einer gewissen Entfernung der Verbund mit dem Beton erhalten bleibt.

Am Beginn der Verankerung durch Verbund ist gemäß Kap. 9.5 mit örtlichen Spaltspannungen zu rechnen, so daß dort eine enge Querbewehrung meist in zwei Richtungen nötig wird.

Bei nicht profilierten Drähten darf man damit rechnen, daß die Drähte am Beginn der Ankerzone durchrutschen und der Verbund erst weiter innen im Schlaufenbereich erhalten bleibt, so daß die Resultierende weiter nach innen fällt.

Man erkennt, daß einbetonierte Schlaufen für größere Kabel zu ungünstigen Spannungsverhältnissen führen und verhältnismäßig viel Bewehrung erfordern. Man sollte daher Schlaufenanker mit Verbund auf Einzeldrähte oder kleine Drahtgruppen beschränken.

9.612 Schlaufenanker ohne anfänglichen Verbund

Wird die Ankerschlaufe eines großen Kabels z. B. in einem Blechkanal gemäß Bild 9.49 geführt oder auf dem Rücken eines vorgefertigten Spannblockes verlegt, dann kommt die Schlaufe in günstiger Art zur Wirkung.

Infolge der Krümmung (Radius r) werden die Drähte radial gegen ihre Unterlage gepreßt (Bild 9.50). Der Umlenkdruck ist, bezogen auf die Längeneinheit des Drahtes,

$$p_r = \frac{V}{r} = \frac{F_z \, \sigma_v}{r}.$$

Liegen Drähte in Spannrichtung aufeinander, dann addieren sich die Drücke der Einzeldrähte.

Bild 9.49 Verwirklichung der Gleiteinrichtung einer Schlaufenverankerung durch vollständige Einhüllung in Blechkasten (Verfahren Baur-Leonhardt)

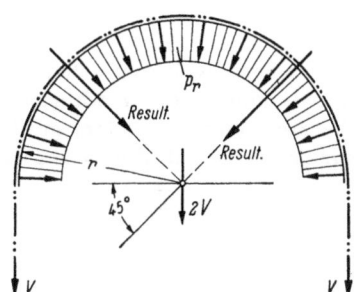

Bild 9.50 Umlenkkräfte der reibungslos aufliegenden Schlaufenverankerung

Beim Vorspannen erzeugt der Umlenkdruck Gleitwiderstände oder Reibungskräfte, deren tangentiale Komponente T die Spannkraft in den Drähten vermindert (Bild 9.51a). Dadurch nimmt auch der Umlenkdruck entlang der Schlaufe ab. Setzt man für Draht auf Schwarzblech einen Reibungsbeiwert von $\mu = 0{,}3$ an, so wird die Stahlspannung in der Schlaufenachse, also nach einem Umlenkwinkel von $90°$, auf $0{,}63 \cdot \sigma_v$ vermindert (vgl. [299]).

Dies bedeutet, daß die Resultierende der halben Schlaufenkraft, die bei reibungsloser Lagerung der Drähte unter $45°$ verlaufen würde, etwas steiler liegt (Bild 9.51b).

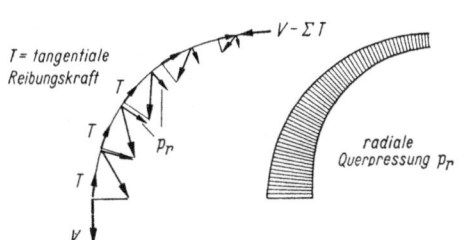

Bild 9.51a Durch die Reibung zwischen Spannstahl und Beton wird V und damit auch $p r$ abgemindert

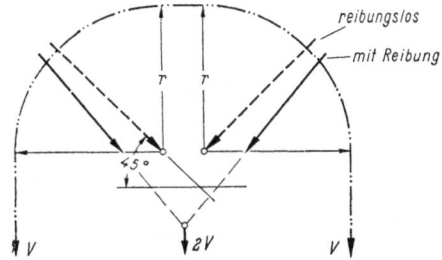

Bild 9.51b Lage der Resultierenden der halben Schlaufenkraft, je nach der Größe der Reibung

Die Wirkung der Schlaufe wird um so günstiger, je kleiner die Reibung der Drähte ist. Man kann durch Wahl eines entsprechend harten und glatten Bleches als Unterlage der Drähte für einen niedrigen Reibungsbeiwert sorgen. Schwarzblech genügt jedoch im allgemeinen.

In der Schlaufenachse verbleibt in jedem Fall noch reichlich Vorspannkraft im Kabel, so daß innerhalb der Schlaufe durchweg Druckspannungen in der Schlaufenebene herrschen und daher quer zur Spannrichtung in der Schlaufenebene keine nennenswerte Bewehrung nötig wird.

Nur die Ecken des Ankerkörpers müssen mit Bewehrung angehängt werden, wenn es sich um eine einbetonierte Schlaufe im Blechkanal handelt (Bild 9.52).

Die Bewehrung rechtwinklig zur Schlaufenebene richtet sich, wie schon gesagt, nach dem Verhältnis der Schlaufenhöhe a zur Höhe des Betonkörpers d. Entlang dem Blechkanal ist auf alle Fälle lotrechte Bewehrung nötig, um die Kerbwirkung dieses Hohlraumes abzudecken.

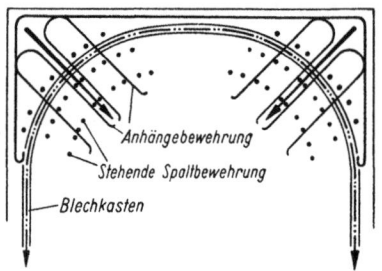

Bild 9.52 Schematische Bewehrungsskizze bei Schlaufe mit Gleiteinrichtung

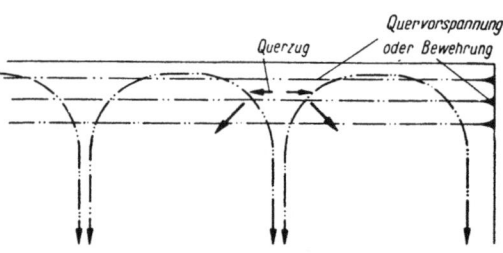

Bild 9.53 Zwei Schlaufen nebeneinander werden am besten quer zusammengespannt

Liegen zwei Schlaufen nebeneinander, so ist zu beachten, daß infolge der Zusammendrückung des Betons innerhalb der Schlaufe zwischen den Schlaufen jeweils Querzugkräfte entstehen müssen, die zwar nicht besonders groß sind, aber doch eine Querbewehrung bzw. eine leichte Quervorspannung nach Bild 9.53 angezeigt erscheinen lassen.

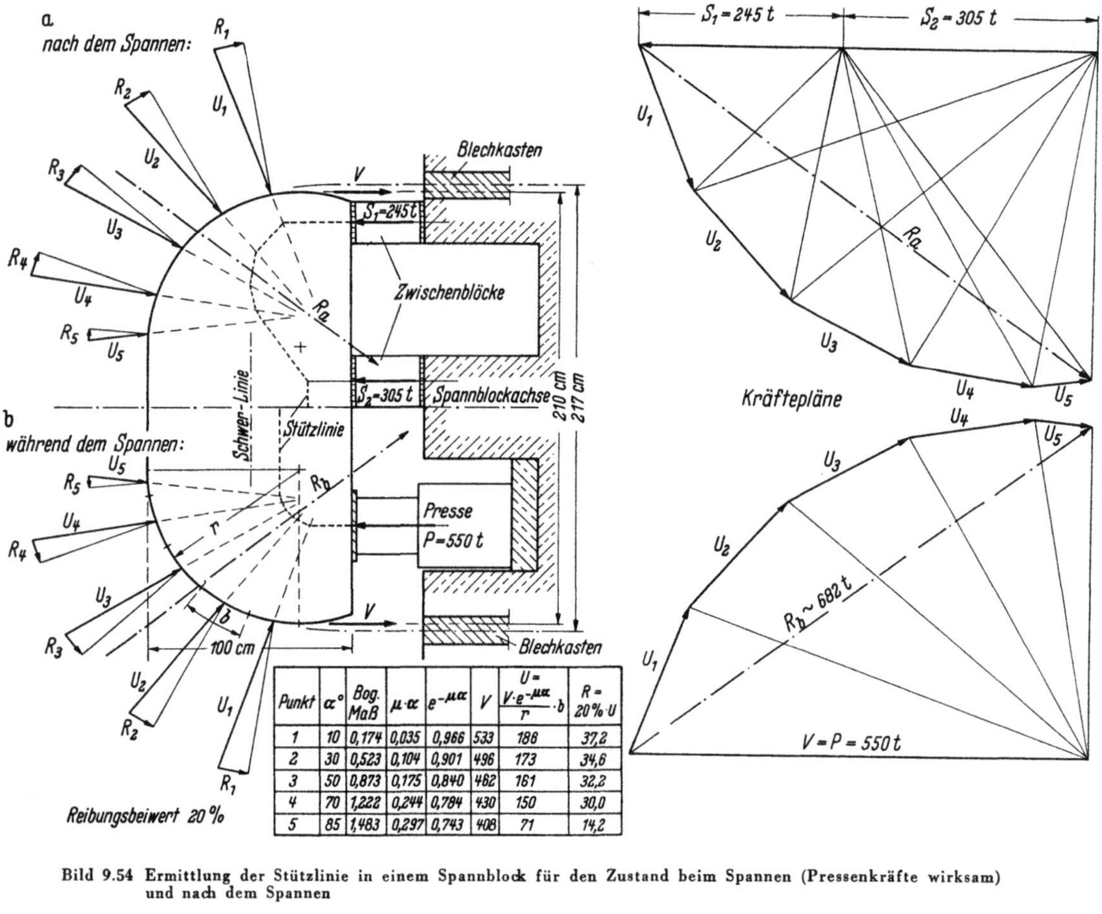

Punkt	$\alpha°$	Bog. Maß	$\mu \cdot \alpha$	$e^{-\mu\alpha}$	V	$U = \dfrac{V \cdot e^{-\mu\alpha}}{r} \cdot b$	$R = 20\% \cdot U$
1	10	0,174	0,035	0,966	533	188	37,2
2	30	0,523	0,104	0,901	496	173	34,6
3	50	0,873	0,175	0,840	462	161	32,2
4	70	1,222	0,244	0,784	430	150	30,0
5	85	1,483	0,297	0,743	408	71	14,2

Reibungsbeiwert 20%

Bild 9.54 Ermittlung der Stützlinie in einem Spannblock für den Zustand beim Spannen (Pressenkräfte wirksam) und nach dem Spannen

9.613 Schlaufen-Spannblöcke

Benützt man die Schlaufenanker zur Ausbildung von Spannblöcken, die beim Vorspannen durch hydraulische Pressen bewegt werden (Verfahren Baur-Leonhardt), dann müssen diese Blöcke für die Schlaufenkräfte bei den verschiedenen Abstützbedingungen (auf hydraulischen Pressen oder auf das Bauwerk) sorgfältig statisch untersucht werden.

Das Kabel wird dabei meist auf die ganze Höhe des Spannblockes verteilt, so daß keine lotrechten Spaltkräfte auftreten. Trotzdem muß durch eine lotrechte Bewehrung unmittelbar am Spannblockrücken nach Bild 9.55 dafür gesorgt werden, daß die obere und untere Kante des Spannblockes

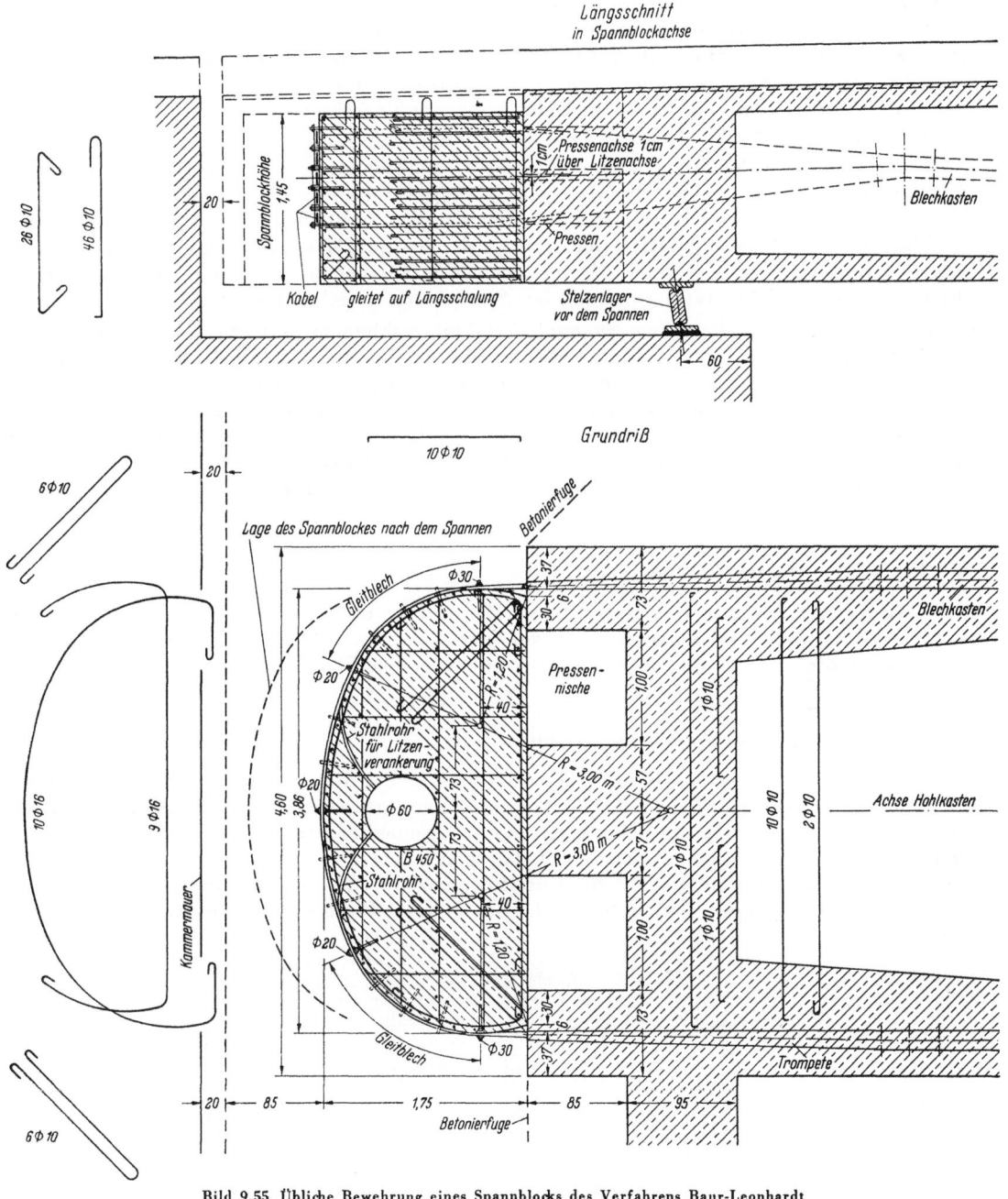

Bild 9.55 Übliche Bewehrung eines Spannblocks des Verfahrens Baur-Leonhardt

durch den Umlenkdruck der äußeren Drähte nicht abgeschert werden. Die Stäbe sollen möglichst noch die äußere Ecke erfassen und brauchen keine Betondeckung, weil der gesamte Spannblock nachträglich einbetoniert wird.

Die Spannungen in solchen Spannblöcken werden am einfachsten durch graphische Ermittlung der Stützlinie untersucht, die sich aus den radialen Umlenkkräften der Schlaufe, den tangentialen Reibungskräften der Drähte am Spannblockrücken und aus den Pressenkräften ergibt (Bild 9.54). Den Verlauf dieser Stützlinie kann man nicht nur durch die Spannblockform, sondern auch durch die Reibung und die Lage der Pressen beeinflussen. Die Reibung kann durch ein hartes, glattes Stahlblech am Spannblockrücken verkleinert werden. Die Stützlinie verläuft um so günstiger, je kleiner die Reibung ist, je weiter die Pressen nach außen gerückt werden und je größer das Maß von der Pressenfläche bis zum Beginn der Schlaufenkrümmung ist. Wählt man diese Werte ungünstig, dann kann die Stützlinie aus dem Spannblockquerschnitt herausfallen und am Spannblockrücken erhebliche Zugspannungen erzeugen. Risse sind dort zwar unbedenklich, weil sie später zubetoniert werden und das ganze Kabel am Spannblockrücken als Bewehrung wirkt. Trotzdem sind im Block verbleibende Stützlinien vorzuziehen.

Für das Herausrücken der Pressen entsteht eine Grenze dadurch, daß der Spannblock für die endgültige Abstützung nach dem Spannvorgang vorzugsweise an dieser Ecke abgestützt wird und dafür eine genügend breite Betonrippe neben den Pressen verbleiben muß. Die Spannungen im Spannblock sind für diese endgültige Übertragung der Spannkräfte nach dem Herausnehmen der Pressen ebenfalls nachzuweisen, im allgemeinen verläuft dabei die Stützlinie günstiger, weil sie frühzeitig durch die Stützkräfte am Rand des Spannblocks abgelenkt wird.

Die Verminderung der Reibung am Spannblockrücken verkleinert auch die Schubspannungen in der Spannblockecke, die sorgfältig durch Bewehrung zu halten ist. Schließlich hat man nachzurechnen, ob die Querdruckspannung des Spannblocks an der Pressenfläche in zulässigen Grenzen bleibt. Durch sie werden die durch den Angriff der Pressen entstehenden waagerechten Spaltkräfte überdrückt, so daß der Spannblock trotz der auf Teilflächen angreifenden Pressenkräfte keine waagerechte Spaltbewehrung braucht. Eine übliche Spannblockbewehrung zeigt Bild 9.55; sie besteht hauptsächlich aus lotrechten Stäben und der Schubbewehrung der Ecken, weil waagerecht durchweg Druck herrscht.

9.62 Krafteinleitung bei Fächerankern

Die Einleitung von Spannkräften über Fächeranker wurde in Kap. 3.132 ausführlich behandelt. Bei der Weiterleitung der Vorspannkraft von der Ankerzone des Fächers auf den Baukörper selbst können die je nach den Verhältnissen entstehenden Spaltkräfte aus Kap. 9.2 ermittelt werden.

9.7 Krafteinleitung bei Zwischenankern

Als Zwischenanker bezeichnen wir solche Verankerungen, die nicht am Ende eines Betonkörpers, sondern irgendwo innerhalb liegen. Solche Anker können entweder allseitig innerhalb des Betonkörpers liegen — es handelt sich dabei meist um Verbundanker —, sie können aber auch an einer Fläche des Tragwerkes außen liegen, damit das Spannglied dort vorgespannt werden kann. An solchen Spannstellen müssen Nischen zur Unterbringung der Ankerplatte und zum Ansetzen der Spannpresse angeordnet werden (Bild 9.56). Bei dünnen Platten sind fensterartige Öffnungen nötig.

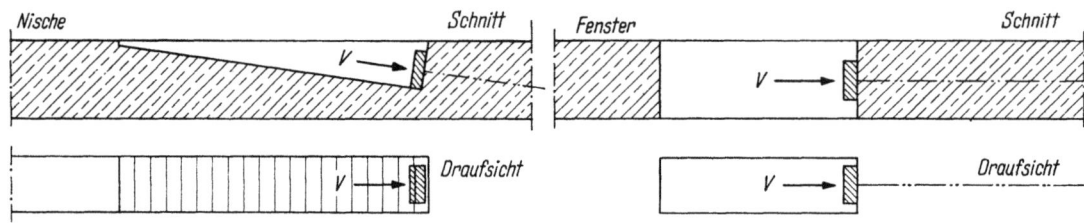

Bild 9.56 Nischen oder Fenster für Zwischenanker mit Raum zum Ansetzen der Spannpresse

An Zwischenankern ist zu berücksichtigen, daß die Ankerkraft unmittelbar neben und hinter der Ankerstelle Zug in Spannrichtung erzeugt, weil ja der benachbarte Beton der Zusammendrückung des Betons unter der Ankerplatte folgen muß (Bild 9.57). Diese Zugspannungen können örtlich ziemlich groß sein, so daß auch bei mäßiger Druckvorspannung des Ankerbereiches noch Zug verbleibt. Durch das Kriechen des Betons unter der Ankerplatte wird der Zug noch vergrößert. Eine Längsbewehrung unmittelbar am Rand der Spann-Nischen bzw. Spannfenster ist daher nötig.

Man weiß aus spannungsoptischen Versuchen, daß die Spannung an den Ecken der Nische infolge der Kerbwirkung der einspringenden Ecke einen sehr hohen Wert erreicht, der durch Ausrundung gemildert werden könnte. An scharfen Ecken müssen daher feine Anrisse befürchtet werden.

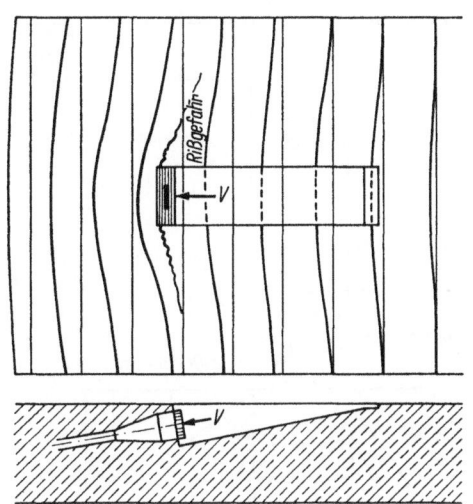

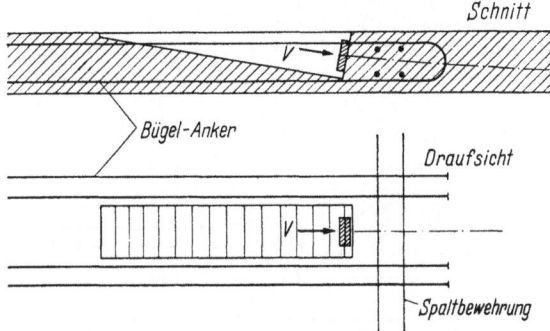

Bild 9.58 Längsbewehrung an Rand von Spann-Nischen und Spaltbewehrung hinter der Ankerplatte

Bild 9.57 Zwischenverankerungen führen durch hohe örtliche Pressungen auch in einer Druckzone zu Zugspannungen und Rissen

Über die Größe der Zugkraft hinter der Ankerstelle liegen noch keine Meßergebnisse vor, man wird sie jedoch zumindest mit $Z = \frac{1}{2} V$ ansetzen. Die dafür bemessene Bewehrung sollte auf jeder Seite der Verankerung aus mindestens zwei bis vier dünnen Stäben bestehen, die ausreichend nach hinten zu verankern sind (Bild 9.58).

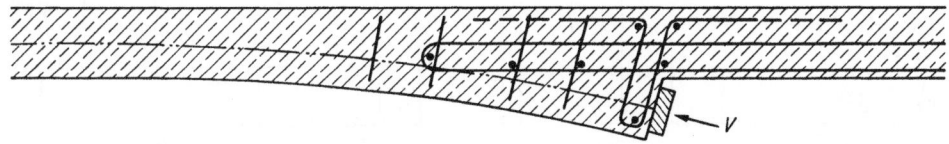

Bild 9.59 Zwischenverankerung an einer seitlichen Verankerungsrippe mit Längs- und Querbewehrung

In solchen Nischen sollten höchstens zwei Spannglieder nebeneinander angeordnet werden. Müssen mehr Spannglieder an einer Zwischenstelle verankert werden, dann ist es zweckmäßig, außen am eigentlichen Baukörper eine Verankerungsrippe anzulegen, so daß die Spannglieder schräg herausgeführt und reihenweise verankert werden können. Die Längsbewehrung verläuft dann verankernd nach hinten gemäß Bild 9.59; im Bereich der Umlenkung und am Ende der Rippe ist eine Querbewehrung nötig.

9.8 Krafteinleitung in Plattenbalken oder dergleichen

Die bisherigen Ausführungen galten bevorzugt für rechteckige, volle Querschnitte. Häufig haben wir aber Plattenbalken- oder Hohlkastenquerschnitte. Die meist im Steg angreifende Spannkraft muß dann auch in die angeschlossene Platte vordringen. Dies bedingt eine stärkere Spreizung der

Drucktrajektorien und entsprechend etwas größere Spaltkräfte als beim schmalen Rechteckquerschnitt allein.

Dies wird durch einen Vergleichsversuch von M. *Sargious* bestätigt, der zu dem in Bild 9.12 dargestellten Versuch angestellt wurde. Dabei waren alle Daten gleich wie in Bild 9.12, nur an Stelle des Rechteckquerschnittes trat der Plattenbalkenquerschnitt mit der Plattenbreite $b = 5\,b_0$. Die Hauptspannungstrajektorien im Steg unter der Platte sind aus Bild 9.60 zu entnehmen. Es ist dabei kein wesentlicher Unterschied gegenüber Bild 9.12 festzustellen. Die in Bild 9.61 dargestellte Auswertung zeigt jedoch, daß die Spaltkraft von $0{,}198\,V$ auf $0{,}216\,V$ angewachsen

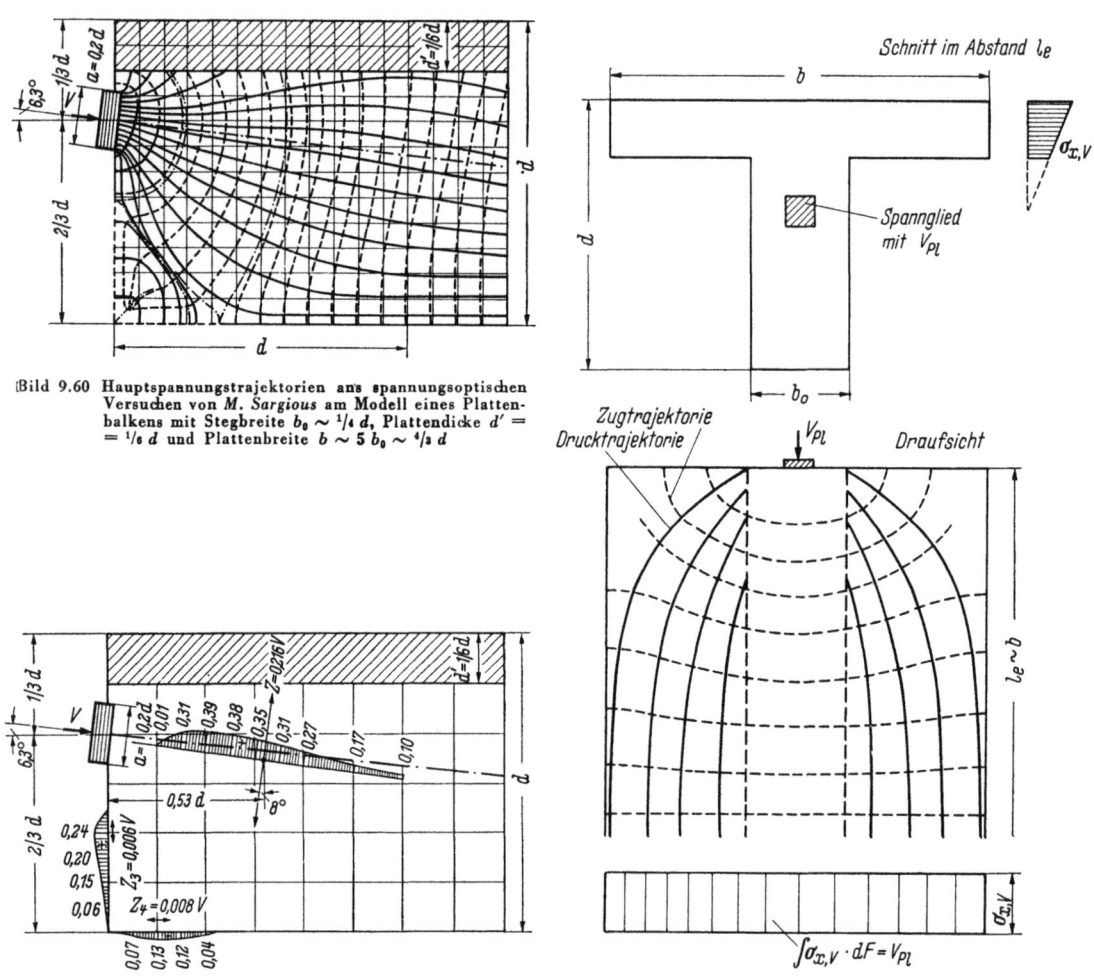

Bild 9.60 Hauptspannungstrajektorien aus spannungsoptischen Versuchen von M. *Sargious* am Modell eines Plattenbalkens mit Stegbreite $b_0 \sim {}^1\!/_6\, d$, Plattendicke $d' = {}^1\!/_6\, d$ und Plattenbreite $b \sim 5\,b_0 \sim {}^4\!/_3\, d$

Bild 9.61 Hauptzugspannungen bezogen auf $\sigma_0 = \dfrac{V}{b_0 \cdot d}$ und Zugkräfte zum Versuch Bild 9.59 (nach M. *Sargious*)

Bild 9.62 Spannungstraktorien in der Platte eines Plattenbalkens im Einleitungsbereich l_e der Vorspannkraft

ist. Der Unterschied ist so gering, daß es berechtigt ist, die Spaltkräfte im Steg eines Plattenbalkens nach den Regeln des Rechteckquerschnittes für die Querschnittsbreite b_0 zu ermitteln.

Zu beachten ist nun, daß auch in der Platte Querzugspannungen infolge der Krafteinleitung auftreten (Bild 9.62). Der in die Platte fließende Anteil der Spannkraft ΔV läßt sich aus der hinter der Einleitungslänge dort wirkenden Druckspannung $\sigma_{x\,v}$ ermitteln. Die Querzugkräfte in der Platte ergeben sich nun aus der Annahme, daß der Kraftteil ΔV am Ende des Balkens auf die Breite b_0 angreife.

Häufig liegen bei Tragwerken mehrere Plattenbalken nebeneinander. Die Krafteinleitung in die Platte bedingt dann eine Bewehrung gemäß Bild 9.63, wobei die Randbewehrung wichtig ist,

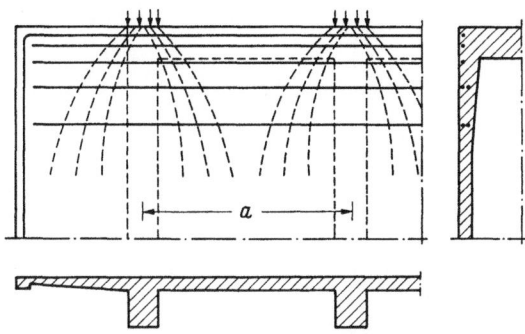

Bild 9.63 Grundriß eines Tragwerks mit Spanngliedern in den Hauptträgern. Drucklinien und zweckmäßige Anordnung der Einleitungsbewehrung

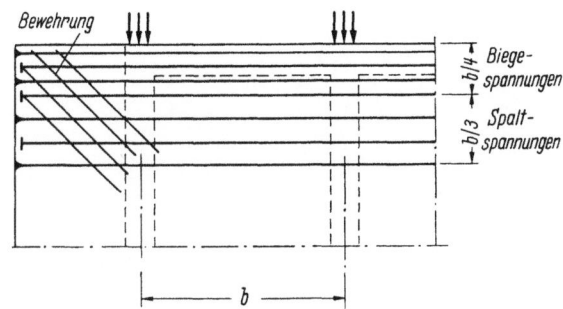

Bild 9.64 Quervorspannung am Ende des Tragwerkes zur Sicherung gegen Spalt- und Biegespannungen

weil gewissermaßen Feldmomente des von der Platte gebildeten wandartigen Trägers zwischen den Stegen Randspannungen erzeugen.

Kragt die Platte am Randträger weit aus, dann ist es wichtig, daß die hinsichtlich der Längsspannungen tote Ecke der Platte durch Schrägstäbe angehängt wird, damit sie nicht abschert. Im allgemeinen wird man die Bewehrung an solchen Stellen dadurch vereinfachen, daß insgesamt eine kräftige Querbewehrung aus geraden Stäben im Einleitungsbereich angeordnet wird, die auch durch eine Quervorspannung ersetzt werden kann (Bild 9.64). Auch hier sind an auskragenden Plattenecken einige Schrägstäbe angezeigt.

Kapitel 10

10. Grundsätze für die bauliche Durchbildung

Bei der baulichen Durchbildung von Spannbetontragwerken müssen viele dem bisherigen Stahlbeton-Ingenieur nicht geläufige Gesichtspunkte beachtet werden. Um diese verständlich zu machen, wollen wir zunächst den einfeldrigen, statisch bestimmten Spannbetonbalken betrachten und das Spannen nach dem Erhärten des Betons mit nachträglichem Verbund vorwegnehmen, weil man dabei in der Anordnung der Spannglieder beweglicher ist als bei Spannbettvorspannung.

10.1 Der einfache Balken bei Vorspannung nach dem Erhärten

10.11 Bauhöhe, Spanngliedlage in $l/2$, Querschnitt und Größe von V

Die Höhe der Spannbetonbalken kann im allgemeinen niedriger gewählt werden als bei Stahlbeton: $1/14$ bis $1/20\, l$ ergibt wirtschaftliche Querschnitte, $1/30\, l$ ist etwa die Grenze für Brücken, $1/40\, l$ für leicht belastete Hochbaubalken. Bei besonders gutem Beton (B 600) kann man noch schlanker bauen, weil Spannbeton sehr geringe Verformungen zeigt und daher auch bei großer Schlankheit nur wenig schwingt. Man soll die Schlankheit jedoch nicht unnötig übertreiben.

Für die Bemessung des parallelgurtigen einfachen Balkens kommt es hauptsächlich auf den Querschnitt in Balkenmitte an, der das größte Moment zu tragen hat. Dort wird man das Spannglied möglichst tief legen, um den Untergurt, die vorgedrückte Zugzone, hoch unter Druck zu setzen (Bild 10.1). Für die Höhenlage des Spanngliedes ist zu beachten:

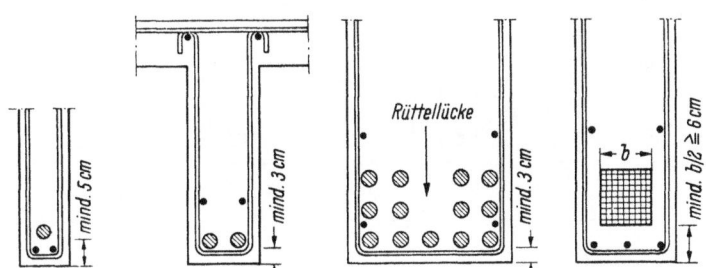

Bild 10.1 Das Spannglied ist in Balkenmitte so tief wie möglich zu legen

1. Die Gefahr von Zugspannungen am Obergurt bei Eigengewicht oder negativer Belastung durch zu große Spannkraft.
2. Unter dem Spannglied muß der Beton ausreichend dick sein, um die hohen Druckspannungen zu ertragen. Eine zu dünne Betonschale kann bei hohen Druckspannungen oder schon beim Auspressen abplatzen.
3. Sind mehrere Spannglieder notwendig, so muß ihr Abstand so gewählt werden, daß ein steifer Beton möglichst noch mit Tauchrüttlern eingebracht werden kann (Ausnahme: mit Schalungsrüttlern verdichtete Balken).

Die beiden praktischen Forderungen 2 und 3 erlauben manchmal nicht, den Schwerpunkt der Spannglieder so tief zu legen, wie dies aus statischen Gründen erwünscht wäre. Man muß deshalb mit einer überschlägigen Vorbemessung nach Kap. 11 die Zahl bzw. die Größe der Spannglieder ermitteln, damit ihr praktisch möglicher Schwerpunktabstand für die Berechnung feststeht.

Die Größe des Betonquerschnittes im Zuggurt hängt von der Bauhöhe und vom Verhältnis des Eigengewichts zur Nutzlast $g:p$ ab, das überhaupt bei der Querschnittsgestaltung von Spannbetontragwerken eine große Rolle spielt. Überwiegt g und wird g von Anfang an wirksam, so genügt ein kleiner Zuggurt. Die Größe des Druckgurtes hängt andererseits vom Absolutwert $g + p$ ab. Bei großem $g:p$-Verhältnis und reichlicher Bauhöhe kommt man deshalb selbst für große Spannweiten zu Plattenbalkenquerschnitten, d. h. der vorgedrückte Steg allein reicht als Zuggurt aus. Ist jedoch p im Verhältnis zu g groß, also $g:p$ klein, oder die Bauhöhe gedrückt, dann muß ein breiter Zuggurt durch Anordnung von seitlichen Betonflanschen oder durch die Wahl von Hohlkasten ausgebildet werden (Bild 10.2).

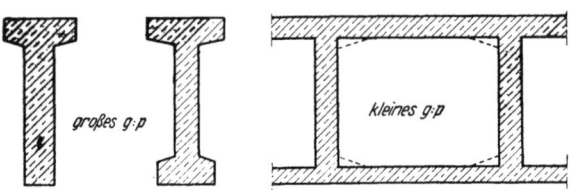

Bild 10.2 Der Steg allein genügt im Zuggurt für großes $g : p$, Flansche oder Platten im Zuggurt werden für kleines $g : p$ nötig

W. Jacobsohn hat in einer nützlichen Arbeit [173] die erforderliche Bauhöhe von Spannbetonbalken mit Rechteck-, T-, I- oder Hohl-Querschnitt mit derjenigen von Stahlbetonbalken bei den in der Schweiz zulässigen Spannungen verglichen (Bild 10.3). Die Bauhöhe des Stahlbetonbalkens ist gleich Eins gesetzt und die Linien sind in Abhängigkeit von $g:p$ (bzw. $M_g:M_p$) aufgetragen. Man erkennt, daß Plattenbalken nur bei großem $g:p$ und reichlicher Bauhöhe genügen — die Bauhöhe muß sogar zum Teil größer werden als bei Stahlbeton. Volle Rechteckquerschnitte erlauben bei einsinnigem Moment bis zu 36 % kleinere Bauhöhen als Stahlbeton, wobei gleichgroße M_g für beide Bauarten vorausgesetzt sind. Berücksichtigt man die Verminderung des Eigengewichts, dann kommt man auf noch größere Prozentsätze.

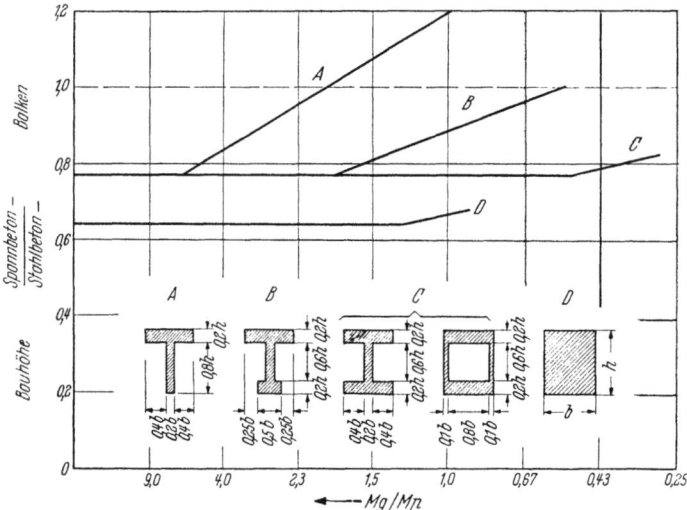

Bild 10.3 Verhältnis der erforderlichen Bauhöhen von $\frac{\text{Spannbeton-}}{\text{Stahlbeton-}}$balken bei verschiedenen Querschnittsarten für gleiche Momente M_g und M_p (nach W. Jacobsohn, Zürich)

Zum Tragen des Eigengewichts allein ist theoretisch kein Betonzuggurt erforderlich, weil das Eigengewicht von dem gespannten Stahl getragen wird, dessen Spannkraft so bemessen sein kann, daß die Betonspannung unten gerade Null wird. Es bleibt dann ein Spannungsdreieck mit Druck allein (Bild 10.4). Einen größeren Betonquerschnitt im Zuggurt und dort erzeugte Druckspannungen braucht man also nur für p und zum Ausgleich der Spannkraftverluste durch Schwin-

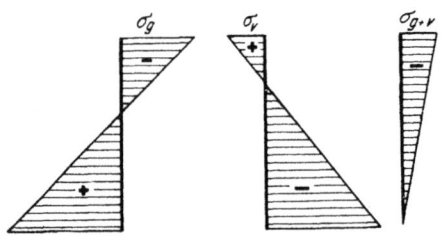

Bild 10.4 Für Eigengewicht allein kann man die Spannungen im Zuggurt wegdrücken und so einen Betonzuggurt theoretisch unnötig machen

den und Kriechen, wenn man von der Tragfähigkeitsreserve des Zuggurtes im Spannstahl oder durch schlaffe Bewehrung (beschränkte Vorspannung) absieht. Praktisch braucht man auch für g allein einen kleinen Betonuntergurt, um das Spannglied einzuhüllen und schubfest über den Steg mit dem Druckgurt zu verbinden.

Der Druckgurt muß dagegen schon im Hinblick auf die Bruchsicherheit in der Lage sein, sowohl die Kräfte aus Eigengewicht wie auch aus Nutzlast mit ausreichender Sicherheit aufzunehmen. Dort braucht man also meist Flansche oder durchgehende Gurtplatten, die den Schwerpunkt des Querschnittes nach oben ziehen und damit den inneren Hebelarm des Spanngliedes vergrößern.

Der Druckgurt wird zwar durch die Vorspannung unter Eigengewicht entlastet und wenig beansprucht, wenn die Zugzone zur späteren Aufnahme der Nutzlast hoch vorgedrückt ist. Trotzdem wird er im Vergleich zum Betonzuggurt stets kräftiger, weil sich beim Übergang von Zustand I nach II die Spannungen aus g, p und V im Druckgurt addieren. Deshalb ist für die Bemessung des Druckgurtes häufig der Bruchsicherheitsnachweis maßgebend.

Wenn die in praktischer Hinsicht mögliche tiefste Lage der Spannglieder ermittelt ist, so wird man die **Größe der Spannkraft** für volle Vorspannung so wählen, daß unter ständiger Last die Druckvorspannung in der Zugzone nach Schwinden und Kriechen gerade der Zugspannung aus Nutzlast entspricht, damit bei vollem p die Betonspannung unten etwa Null wird (Bild 10.5). Bei beschränkter Vorspannung kann diese Druckvorspannung um die zulässige Zugspannung vermindert werden. Man sollte jedoch unter Eigengewicht auch nach Schwinden und Kriechen noch eine Druckvorspannung von wenigstens $10\,\text{kg/cm}^2$ behalten (vgl. Kap. 5.3).

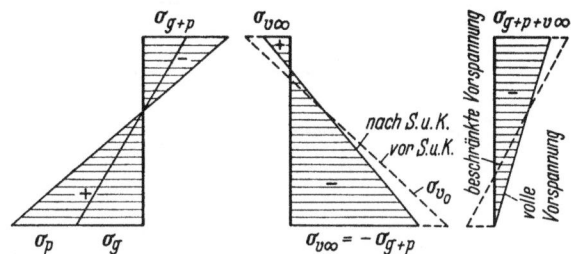

Bild 10.5 Die Größe der erforderlichen Vorspannkraft V ergibt sich für die mögliche Exzentrizität aus der Bedingung, daß nach S. u. K. $\sigma_{g+p+v} = 0$ sein muß

Es ist nicht anzustreben und nicht erwünscht, daß die in der vorgedrückten Zugzone zugelassene sehr hohe Druckspannung erreicht wird, es ist vielmehr wichtiger, daß der Querschnitt ausreichend groß bemessen wird, um die Spannglieder mit gutem Beton einhüllen zu können. Auch wenn diese praktische Forderung erfüllt ist, ist die Ausnutzung der zulässigen Druckspannungen im Zuggurt wegen der damit verbundenen hohen Verformungen und Verluste durch Kriechen nicht ratsam.

Die Vorspannkraft darf im Obergurt unter Eigengewicht keine oder nur ganz geringe Zugspannungen ergeben, die dann durch eine obere schlaffe Bewehrung sorgfältig zu decken sind (vgl. Kap. 5.3).

Fehlt beim Vorspannen noch ein Teil des Eigengewichts, wie dies bei Dachbindern oder Brücken meist der Fall ist, dann wird der Obergurt durch Zugspannungen gefährdet. Zur Vermeidung von sichtbaren Rissen wird man dann den Obergurt mit dünnen Stäben in engem Abstand schlaff bewehren, wobei ziemlich hohe Stahl-Spannungen zugelassen werden können, weil ja diese Bewehrung im endgültigen Tragwerk ungenutzt liegt. In vielen Fällen wird man sich jedoch anders helfen, man spannt zum Beispiel nur teilweise vor oder ordnet über dem Obergurt vorübergehend Behelfsspannglieder oder Ballastgewichte zur Erzeugung positiver Momente an. Wenn zwischen dem Vorspannen und dem Aufbringen der restlichen ständigen Last nur wenig Zeit verstreicht (im Sommer 2 Tage, im Winter rd. 6 Tage), und wenn die Untergurtspannungen auch bei teilweisem g mäßig sind (vgl. Kap. 5.3), dann kann man im Hochbau den Obergurt geringfügig einreißen lassen im Hinblick darauf, daß sich diese Risse nach Aufbringen der Restlast wieder schließen.

10.12 Führung der Spannglieder bei verschiedenen Balkenformen

Wenn so die Höhenlage und die Größe der Spannkraft im mittleren Querschnitt festgelegt ist, dann wird die Achse der Spannglieder (für gleichmäßig verteilte Last parabelförmig) bis etwa in die Höhe des Schwerpunktes am Auflager weitergeführt (Bild 10.6). Beim Balken auf zwei Stützen ist es für die Aufnahme der Momente belanglos, in welcher Höhe das Spannglied am Auflager endet, sofern es nicht im Bereich der kleinen Momente den Kern verläßt und dadurch oben oder unten Zug erzeugt. Das Hochführen des Spanngliedes hilft aber bei der Aufnahme der Querkräfte, indem die nach oben gerichteten Umlenkkräfte u im Beton Querkräfte Q_v erzeugen, die den Querkräften aus Eigengewicht entgegenwirken und dadurch die Schubspannungen bzw. die schiefen Hauptzugspannungen in der Nähe des Auflagers vermindern (Bild 10.7). Die Umlenkkräfte u einer Parabel dürfen wir vereinfacht wie eine gleichförmige negative Belastung betrachten, die sogar größer werden darf als g (vgl. Kap. 11.222). Greift die Spannkraft am Auflager im Schwerpunkt an, so werden dort die Normalspannungen hinter der Einleitungslänge durchweg im ganzen Balkenquerschnitt gleichgroß, was sich wieder auf die schiefen Hauptzugspannungen günstig auswirkt, wie ein Vergleich mit Spannungen bei geradem Spannglied zeigt (Bild 10.8).

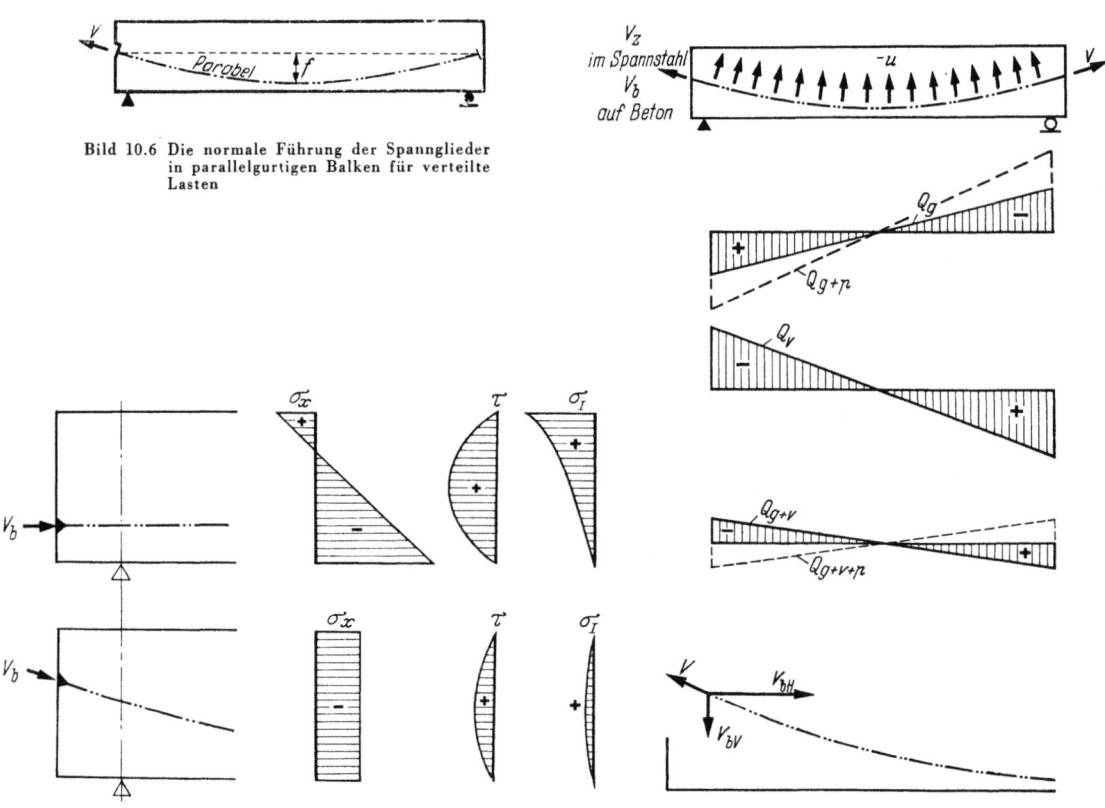

Bild 10.6 Die normale Führung der Spannglieder in parallelgurtigen Balken für verteilte Lasten

Bild 10.8 Vergleich der Spannungen nahe am Balkenende bei geradem und gekrümmtem Spannglied

Bild 10.7 Durch die Krümmung des Spanngliedes entstehen negative Querkräfte (Umlenkkräfte) Q_v, die Q_{g+p} verkleinern. Am Balkenende hält V_V dem Q_V das Gleichgewicht

Balken mit parabelförmig bis zum Auflager durchlaufenden Spanngliedern weisen deshalb meist so geringe schiefe Hauptzugspannungen auf, daß sie außerhalb der Einleitungszone mit sehr schwachen Bügeln gebaut werden können.

Die nach oben gerichteten Umlenkkräfte u des Spanngliedes vermindern nur die Querkräfte, nicht jedoch die äußere Auflagerkraft A, weil an der schrägen Spanngliedverankerung die lotrechte Komponente V_V die im Feld nach oben gerichteten Umlenkkräfte auf das Balkenende wieder abgibt (Bild 10.7). Sämtliche äußeren Spanngliedkräfte sind untereinander im Gleichgewicht und beeinflussen daher am statisch bestimmten Träger die von Eigengewicht und Nutzlast herrührenden Auflagerkräfte nicht.

Die lotrecht nach unten wirkende Komponente der Spannkraft am Balkenende soll möglichst nahe über dem Auflager liegen, auch wenn man das Spannglied in die Horizontale umlenkt.

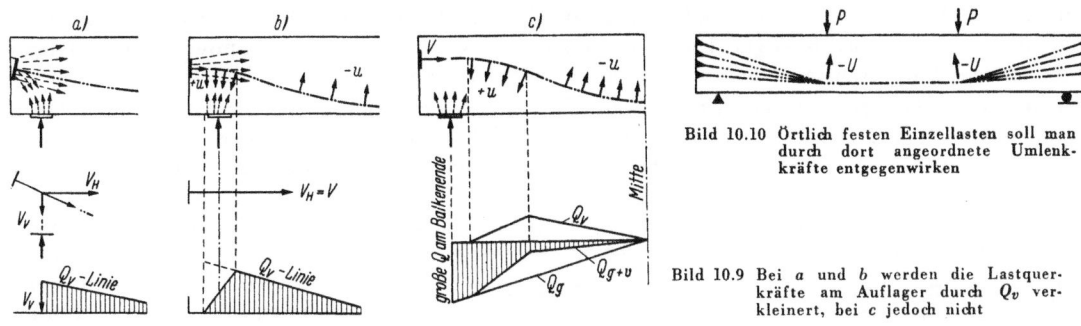

Bild 10.10 Örtlich festen Einzellasten soll man durch dort angeordnete Umlenkkräfte entgegenwirken

Bild 10.9 Bei a und b werden die Lastquerkräfte am Auflager durch Q_v verkleinert, bei c jedoch nicht

Bild 10.9 zeigt, wie sich diese Umlenkung auf die Querkräfte auswirkt. Sobald man die Gegenkrümmung vor das Auflager verlegt (Bild 10.9c), erhält man durch die vor dem Auflager nach unten wirkenden Umlenkkräfte unangenehme Querkräfte, die sorgfältig mit Bügeln aufzunehmen sind. Die Gegenkrümmung vergrößert auch die Reibung beim Vorspannen. Das schräge Spanngliedende nach Bild 10.9a ist also für den einfachen Balken am besten.

Hat man es nicht mit gleichförmig verteilten Lasten, sondern mit stets an der gleichen Stelle wirkenden Einzellasten zu tun, so kann man sich mit dem Spannglied dieser Belastung anpassen. Greifen z. B. gemäß Bild 10.10 Einzellasten in den Drittelspunkten an, so wird man die Spannglieder im mittleren Drittel geradlinig und von dort ab schräg nach oben führen, so daß die Umlenkkräfte den Lasten unmittelbar entgegenwirken.

Um den großen Unterschied des Spannungsverlaufes im vorgespannten Balken gegenüber einem ungespannten (aus zugfestem, homogenem Baustoff) zu verdeutlichen, wurden in Bild 10.11 die Spannungen und der Verlauf der T r a j e k t o r i e n der Hauptspannungen dargestellt.

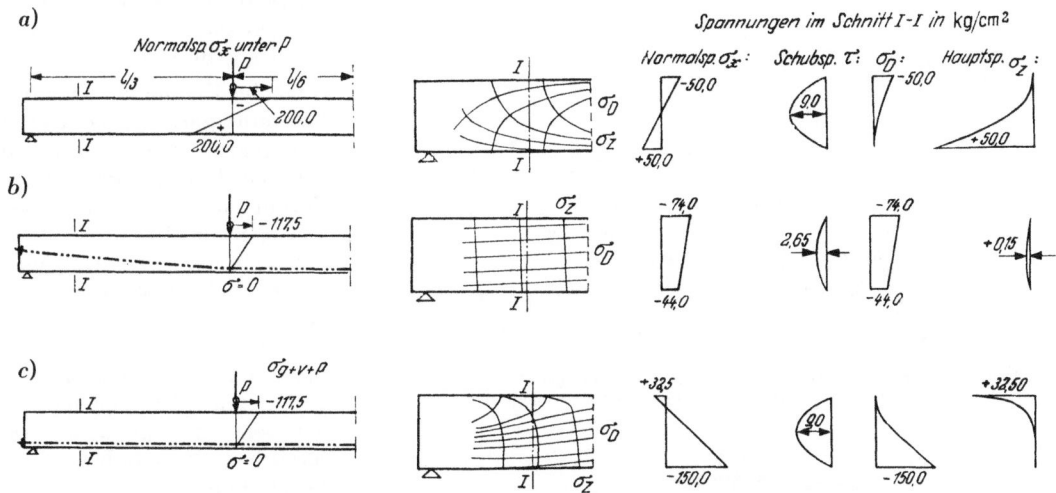

Bild 10.11 Spannungen und Spannungstrajektorien im nicht vorgespannten und im vorgespannten Balken mit parabelförmigem und geradem Spannglied (nach *Deininger* [184])

Ohne Vorspannung (Bild 10.11a) bilden sich gewölbeartig nach oben gekrümmte Drucklinien und hängewerkartige Zuglinien aus, welche die Nullinie unter 45° schneiden. Zur Aufnahme der schiefen Hauptzugspannungen legt man deshalb im Stahlbeton gerne unter 45° geneigte Schrägstäbe ein. Wie anders werden nun aber diese Hauptspannungslinien, wenn man, wie geschildert, mit gekrümmtem Spannglied vorspannt (Bild 10.11b)! Die Normalspannung herrscht vor und läßt dank der Verminderung der Schubspannungen durch die Umlenkkräfte fast keine Zugspannung mehr zustande kommen. Die geringe Hauptzugspannung ist nicht mehr schief, sondern fast lotrecht, so daß Schrägstäbe sinnlos wären und schwache Bügel allein genügen.

Der dritte Fall mit geradem Spannglied (Bild 10.11 c) zeigt noch, wie dabei durch die hohen Schubspannungen und die ungünstigen Biegespannungen die Vorteile der Vorspannung für das Balkenende verlorengehen und am oberen Rand ungünstige Zugspannungen verbleiben.

Der in Bild 10.11 b gezeigte günstige Verlauf der Spannungstrajektorien wird nur erzielt, wenn man sämtliche Spannglieder bis zum Auflager durchführt. Manchmal werden — den Gewohnheiten des Stahlbetons folgend — die Spannglieder gemäß Bild 10.12 geführt und zwischen den Auflagern im Obergurt verankert. Man hat dabei behauptet, den Spannungstrajektorien zu folgen; daß dies falsch ist, geht aus ihrem tatsächlichen Verlauf (Bild 10.11) hervor. Die Zwischenverankerungen erzeugen sägezahnartige Querkraftlinien, die zu Störungen im glatten Spannungsverlauf führen. Es kommt noch dazu, daß die Zwischenverankerungen mit ihren hohen örtlichen Pressungen an den Ankerstellen den normalen Verlauf der Druckspannungen jäh unterbrechen. Mit solchen kurzen Spanngliedern kann man etwas an Spannstahl sparen, man muß aber die Querkraftspitzen durch Bügel und die Zugspannungen am Anker durch Längsstäbe gut decken.

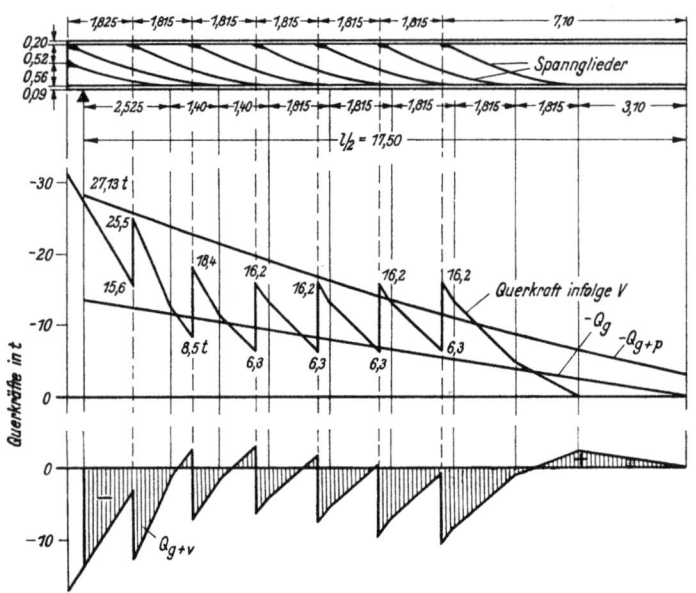

Bild 10.12 Innerhalb der Stützweite hochgeführte Spannglieder führen zu sägezahnartigen Querkraftspitzen und Störungen des glatten Verlaufes der Trajektorien (nach Guyon)

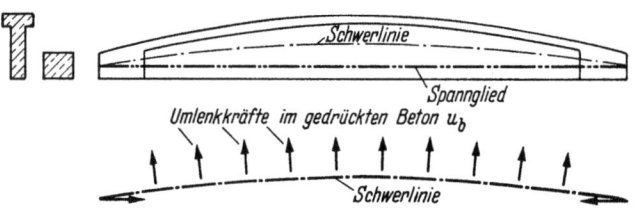

Bild 10.13 Bei geradem Spannglied kann man durch eine gekrümmte Gurtung des Betonträgers ebenfalls die Schubspannungen mindern

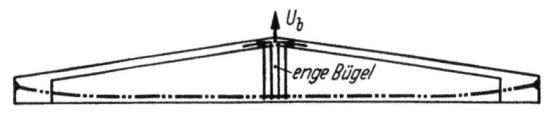

Bild 10.14 Dachbinder mit geraden, schrägen Obergurten müssen am Knick des Gurtes für die Abtriebskraft U_b verbügelt werden

Sind die Ränder des Tragwerkes nicht parallel, dann ergibt die gegenseitige Neigung der inneren Kräfte eine Verminderung der Schubspannungen, weil z. B. im Balken Bild 10.13 ein Teil der Querkraft durch die schrägliegende Druckresultierende aufgenommen wird (s. Kap. 11.522).

Man kann dadurch mit gekrümmten Druckgurten bei geradem Spannglied zu einer ähnlichen Verminderung der Schubspannungen kommen wie bei parallelen Gurten mit gekrümmtem Spannglied.

Diese Wirkung läßt sich auch durch Abtrieb- oder Umlenkkräfte der Druckresultierenden in der gekrümmten Betongurtung veranschaulichen, obwohl diese Umlenkkräfte nicht wie die Umlenkkräfte der Spannglieder als äußere Kräfte angesetzt werden können.

Bei D a c h b i n d e r n führt die Dachneigung zum geradlinig schrägen Obergurt mit einem Knick im First (Bild 10.14). Das Spannglied muß hier zur Deckung der Momente verhältnismäßig lange so tief wie möglich parallel zum Untergurt laufen, so daß es nur im hinteren Teil nach oben gekrümmt werden kann. Der für die Bemessung maßgebende Schnitt liegt gewöhnlich außerhalb

$l/2$, weil W_x schneller abnimmt als M_x. Die Umlenkkraft im First muß mit Bügeln verankert werden.

Schließlich kann man auch den Untergurt knicken oder den ganzen B a l k e n beliebig k n i c k e n oder k r ü m m e n. Selbst ein bogenförmiger Balken kann vorgespannt werden. Dies zu verstehen, fällt am Anfang manchem Ingenieur schwer. Wenn wir aber die Abtriebskräfte der Druckresultierenden und die Umlenkkräfte im Spannglied genau betrachten, so stehen diese bei einem zentrisch vorgespannten gekrümmten Stab (Stab- und Spanngliedachse fallen zusammen) stets miteinander im Gleichgewicht (Bild 10.15). Der Betonstab muß allerdings verbügelt

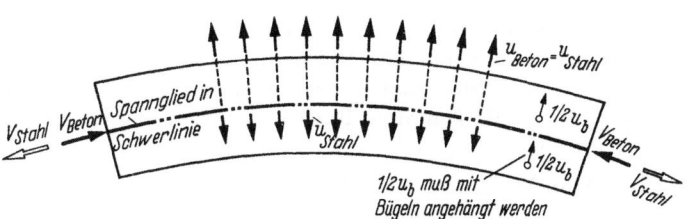

Bild 10.15 Bei einem mittig vorgespannten Bogenstück stehen die Umlenkkräfte im Beton u_{Beton} mit denen des Spannstahles u_{Stahl} im Gleichgewicht

werden, damit die vom Spannglied wegstrebenden Abtriebskräfte $\dfrac{u_b}{2}$ an die u_z-Kräfte angebunden werden.

Lagert man nun ein Bogenstück als Balken, dann müssen zwischen den Achsen des Betonbogens und des Spanngliedes die gleichen Abstände vorgesehen werden, wie sie beim geraden Balken richtig sind. Die auseinanderstrebenden Umlenkkräfte sind durch Bügel aufzunehmen (Bild 10.16). Wir können gekrümmte vorgespannte Balken wie gerade Balken berechnen, müssen aber die Umlenkkräfte der Spannglieder und die Abtriebskräfte der Druckresultierenden im Beton beachten.

Bild 10.16 Bei einem als Balken gelagerten Bogenstück gibt man dem Spannglied die gleichen Abstände von der Balkenachse wie beim geraden Balken

Der Schwerpunkt der Spannglieder muß in der gleichen lotrechten Ebene liegen wie der Schwerpunkt des Betonquerschnittes, weil sich der Balken sonst beim Vorspannen horizontal krümmt und ungleiche Randspannungen erfährt. Bei breiten Platten oder Plattenbalken spielt natürlich eine mäßige Abweichung der beiden Schwerpunktebenen keine Rolle, sie muß aber in ihrer Wirkung überlegt werden.

Die Verminderung der schiefen Hauptzugspannungen durch die Normalkraft infolge V und durch günstige Neigung zwischen Spannglied- und Balkenachse erlaubt außergewöhnlich d ü n n e Stege, sofern nicht das Hochführen der Spannglieder mindestens am Balkenende konstruktiv mehr Dicke erfordert, als der Spannungen wegen nötig wäre. Im Hochbau sind schon 5 cm dicke Stege bis zu 15 m Spannweite ausgeführt worden. Ungewöhnlich dünn sind *Freyssinet*'s Stege für große Brückenbalken, wie sie Bild 10.17 zeigt. Diese S t e g e sind allerdings lotrecht im Spannbett v o r g e s p a n n t, so daß damit alle Zugspannungen für Gebrauchslast weggedrückt sind. Als Spannbett diente dabei die Stahl-

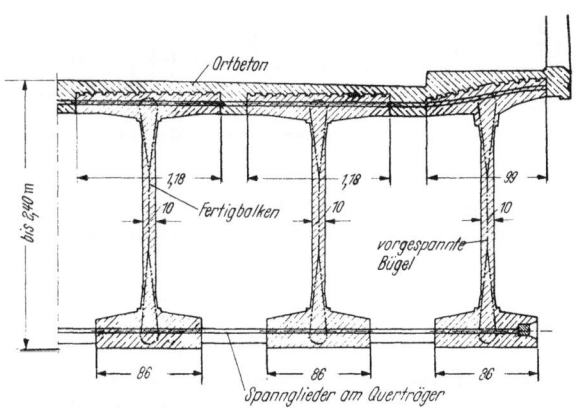

Bild 10.17 Die außergewöhnlich dünnen, lotrecht vorgespannten Stege von *Freyssinet*'s Brücken (Pont d'Esbly, $l = 74$ m, Querschnitt nahe am Auflager)

schalung der Träger [91], die als Ganzes gerüttelt wurde, so daß der Beton trotz der Enge einwandfrei verdichtet wurde.

Bei großen Tragwerken werden die Stege mit Spannstäben in Hüllrohren vorgespannt. Die vorgespannten Bügel müssen ziemlich eng liegen (größter Abstand etwa $h/5$), damit die Pressung σ_y gleichmäßig wird und keine unnötig großen Störungen durch die Einleitung dieser Spannkräfte entstehen.

Im allgemeinen lohnt sich die Stegvorspannung erst bei großen Spannweiten. Für die üblichen Fälle sollte man schon mit Rücksicht auf das Einbringen und Verdichten des Betons keine zu dünnen Stege wählen und diese mäßig mit Bügeln bewehren, auch wenn die Zugspannungen gering sind. An Balken ohne Bügel sind schon mehrfach Schäden entstanden [300].

10.13 Anordnung der Anker

Die Anker an den Balkenenden sind möglichst gleichmäßig auf den Endquerschnitt zu verteilen (vgl. Kap. 9), um mit wenig Bewehrung für die Einleitung der Spannkraft auszukommen. Der Endquerschnitt reicht manchmal für die Unterbringung aller Anker nicht ganz aus. Man kann dadurch helfen, daß man die Spannglieder nur von einer Seite her vorspannt, die Spannanker auf beide Enden verteilt und die anderen Enden gestaffelt hinter den Spannenden als feste Anker einbetoniert (Bild 10.18).

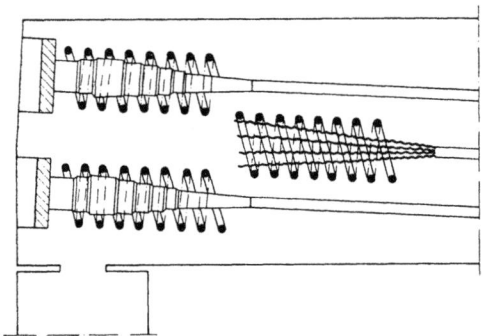

Bild 10.18 Bei kleinen Endquerschnitten kann man die Anker staffeln und die Spannglieder zur Hälfte von rechts, zur Hälfte von links nur einseitig spannen. Bedingung: Ausreichende Bügel- und Längsbewehrung an den Balkenenden

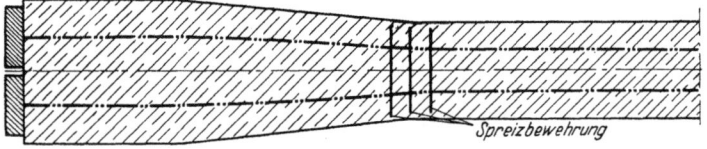

Bild 10.19 Spreizung der Spannglieder im Grundriß erfordert Spreizbewehrung

Trotz dieser Maßnahme muß man das Ende der Spannbetonbalken häufig verbreitern und zur Aufnahme der Spann- und Ankerkräfte quer bewehren. Muß nun zur Unterbringung nebeneinanderliegender Anker der Achsabstand der Spannglieder am Balkenende gegenüber dem Abstand im schmalen Steg vergrößert werden (Bild 10.19), so ist zu beachten, daß an der Spreizung der Spannglieder auseinanderstrebende Umlenkkräfte (Spreizkräfte) entstehen, die durch eine spangenartige Bewehrung aufzunehmen sind. Dabei werden zweckmäßig je zwei auf gleicher Höhe und im gleichen Winkel horizontal auseinanderlaufende Spannglieder zusammengehalten.

Die Endflächen des Trägers, mindestens aber die Ankerplatten, müssen an den Spannenden genau rechtwinklig zur Spanngliedachse sein. Verträgt sich eine schräge Endfläche mit der Gestaltung des Bauwerks nicht, so wird nach dem Spannen ein gerades Balkenende nachträglich anbetoniert.

10.2 Der einfache Balken bei Vorspannung im Spannbett

Bei Vorspannung im Spannbett ist es üblich, die Spanndrähte im Untergurt in engen Abständen und geradlinig zu führen (Bild 10.20). Sie liegen damit im mittleren Teil der Spannweite richtig, in der Auflagerzone jedoch ungünstig, wie wir dem Bild 10.11c entnehmen können. Die Spannkraft greift am unteren Rand an und ruft daher am Balkenende erhebliche lotrechte Zugspannungen hervor. Diese und die Spaltkräfte bedingen eine gute Verbügelung im Einleitungsbereich. Hat der Balken einen Flansch, dann müssen die Bügel auch die im Flansch liegenden Drähte umschließen (Bild 10.20). Die Auflagerkraft ergibt wohl örtlich günstige Quer-Druckspannungen, die jedoch beim Transport nicht wirksam sind. Die Lage der Spannkraft außerhalb des Kerns führt schließlich auch über die Einleitungszone hinaus oben im Balken zu Zugspannungen, die zusammen mit Transportbeanspruchungen zu Rissen führen können. In den meisten Fällen werden daher auch im Obergurt einige Spanndrähte eingelegt, um diese Rißbildung zu verhüten.

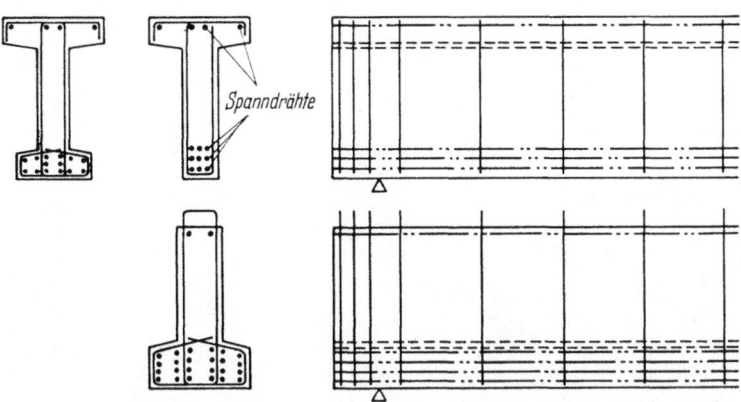

Bild 10.20 Typische Spannbett-Balken

Die Auflagerung darf nicht zu nahe an das Ende gerückt werden, weil dort die Vorspannung noch nicht wirkt und der Beton nach hinten ausscheren kann.

Schmale Zuggurte sind unter den hohen Druckspannungen gegen geringe Exzentrizitäten der Spannkraft empfindlich, sie verbiegen sich seitlich, wenn die Spanndrähte nicht genau mittig im Betonquerschnitt liegen. Mancher Spannbetonbalken mußte deshalb schon von der Verwendung ausgeschlossen werden. Bei kleinen Deckenbalken ist in dieser Hinsicht besondere Sorgfalt nötig.

Die geschilderten Nachteile werden z. B. in den USA durch Umlenken und Spreizen mindestens eines Teiles der Spanndrähte etwa von $l/4$ an zum Auflager hin nach oben gemildert (Bild 10.21). In Bild 4.50 haben wir die dafür benützten Umlenkanker gezeigt. Die Drähte werden so gleichmäßiger auf den Endquerschnitt verteilt und dort die Querzugkräfte vermindert. Man kann dadurch auch auf die oberen Spanndrähte verzichten, wenn beim Transport sichergestellt wird, daß der Balken nicht gekippt wird. Diese Umlenkung von Spanndrähten wird man im allgemeinen nur bei größeren Balken vornehmen. Bei kleinen Deckenbalken und Pfetten, die in größerer Stückzahl im langen Spannbett hintereinanderliegend hergestellt werden, lohnt sich der Aufwand für solche Umlenkungen nicht. Die in Bild 10.20 gezeigte Verbügelung der Verankerung sollte dann jedoch auch bei hoher Betonqualität nicht unterbleiben.

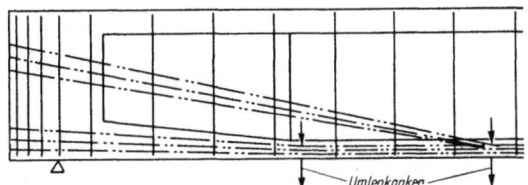

Bild 10.21 Spannbett-Balken mit zum Auflager hin nach oben umgelenkten Spanndrähten

Bei Dachbindern tritt an die Stelle der Umlenkung der Spanndrähte die Neigung des Obergurtes gemäß Bild 10.22, durch die die Höhe des Balkens am Auflager so klein wird, daß die gerade geführten Spanndrähte nicht mehr zu

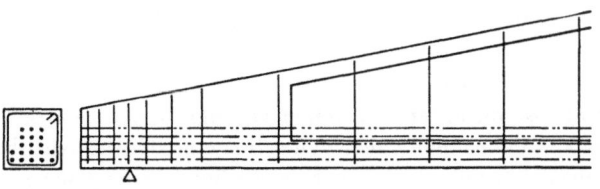

Bild 10.22 Spannbett-Balken mit geneigtem Obergurt

Bild 10.23 Herstellung von Dachbindern mit geneigtem Obergurt im Spannbett bei A. B. Strängbeton, Stockholm

sehr ausmittig im Querschnitt liegen. Solche Dachbinder werden in vielen Werken bis über 30 m Spannweite im Spannbett hergestellt, wie dies das Bild 10.23 in einer der ersten großen Fabriken dieser Art in Stockholm zeigt.

Bei den vorgefertigten Spannbett-Balken haben wir allgemein zwei Fälle zu unterscheiden:

1. Balken, bei denen der Obergurt gleich mit anbetoniert ist und die mit weiterer ständiger Last sowie Nutzlast belastet werden.
2. Balken, deren Obergurt durch Ortbeton hergestellt oder ergänzt wird, so daß das Montagegewicht nur einen Teil des Eigengewichtes ausmacht (Bild 10.24 und 10.25).

Das anfänglich nur teilweise vorhandene Eigengewicht hat zur Folge, daß die im Spannbett für die volle Last bemessene Vorspannkraft den Untergurt, die vorgedrückte Zugzone, zunächst unter sehr hohe Spannung setzt. Die Größe des Untergurtes wird durch diesen Lastfall bedingt. Die zweite Balkenart ist dabei günstig dran, weil die Null-Linie zunächst tief liegt.

Das Spannbett darf mit den Balken nicht zu lange belegt sein, man bringt die Vorspannkraft daher frühzeitig, meist nach kurzer Dampfhärtung, zur Wirkung mit dem Ergebnis, daß der noch junge Beton unter den hohen anfänglichen Druckspannungen im Untergurt stark kriecht. Solche Balken bekommen daher von selbst eine deutlich sichtbare Überhöhung, wenn sie einen hohen Steg haben. Sie müssen so rasch wie möglich eingebaut und mit dem weiteren Eigengewicht belastet werden, damit dieses Kriechen und der zugehörige Spannkraftverlust nicht zu groß werden.

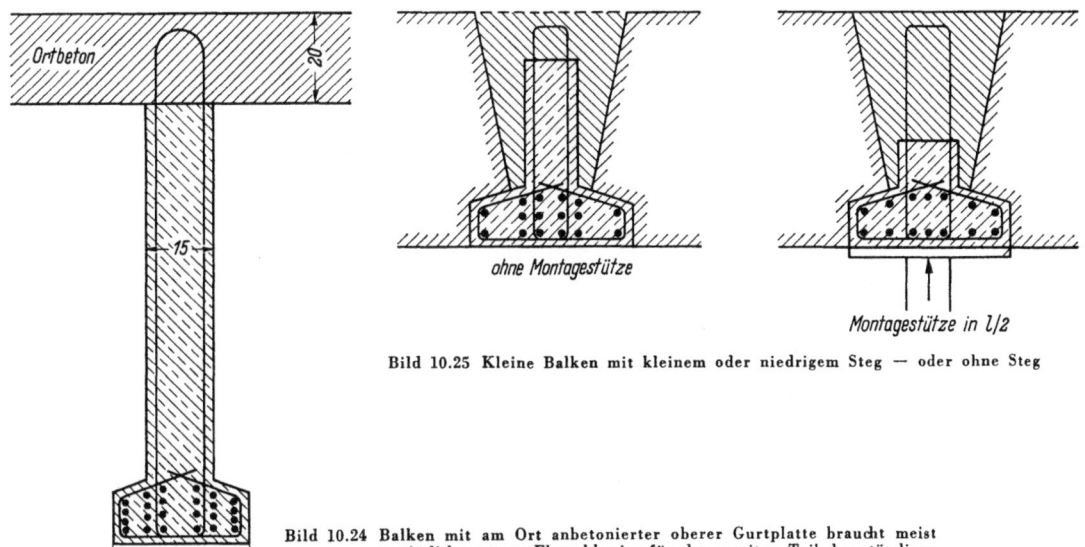

Bild 10.25 Kleine Balken mit kleinem oder niedrigem Steg — oder ohne Steg

Bild 10.24 Balken mit am Ort anbetonierter oberer Gurtplatte braucht meist zusätzliche untere Flanschbreite für den zweiten Teil der ständigen Last

Die Krümmung bleibt klein, wenn der Steg niedrig ist. Man ging schon soweit, ihn ganz wegzulassen (Bild 10.26), wie dies zuerst bei den „Stahlton"-Balken der BBR-Gruppe in der Schweiz geschah [115]. Diese vorgespannten Untergurte tragen sich nicht selbst auf die ganze Spannweite, sondern bedürfen einer Montageunterstützung. Sie geben jedoch im Zusammenwirken mit dem aus Ortbeton hergestellten restlichen Steg und der oberen Druckplatte ein befriedigendes Ergebnis für Hochbaudecken. Man braucht dabei die Vorspannung des Betons im Untergurt nicht einmal besonders hoch zu wählen, so daß das Kriechen nicht lästig in Erscheinung tritt.

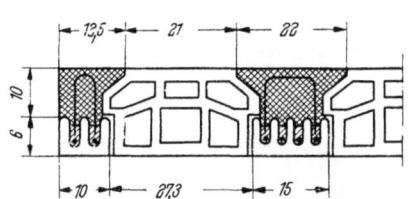

Bild 10.26 (oben u. rechts) Vorgespannter Untergurt aus gebrannten und vermörtelten Tonstücken (Stahltondecke der BBRV-Gruppe, Schweiz)

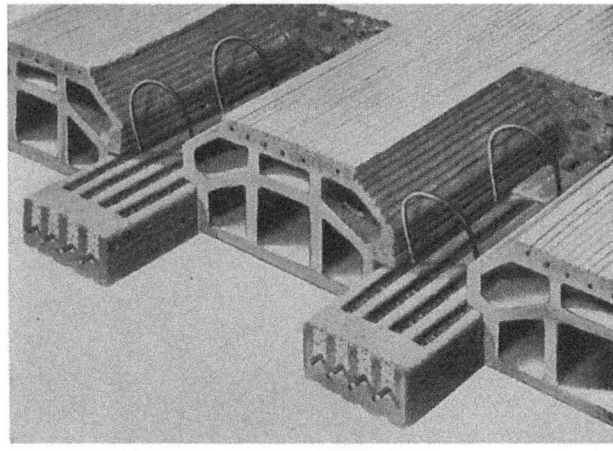

Bei größeren Balken ist man mehr und mehr dazu übergegangen, den Balken im Werk einschließlich dem Obergurt herzustellen und danach zu trachten, die übrige, vom Balken ständig zu tragende Konstruktion möglichst leicht zu halten, so daß der Untergurt nicht überbemessen werden muß. In diese Gruppe gehören die in den USA üblichen TT-Balken (Bild 10.27) und die in Frankreich und den USA entwickelten einfachen T-Balken (Bild 10.28) mit breiter Obergurtplatte, so daß am Ort nur noch schmale Fugen zu betonieren sind, die mit sich übergreifenden Schlaufen bewehrt sind.

Für die Balken mit kräftigem unteren Flansch zeigen wir als Beispiel in Bild 10.29 a einen Stapel von Brückenbalken, die mit 7drähtigen Litzen vorgespannt wurden. Der obere Flansch ist klein und quergerippt; heraustehende Bügel verankern die später am Ort zu betonierende Fahrbahnplatte.

Bild a Stapel fertiger Balken (Formigli, Berlin, New Jersey/USA)

Bild b Die fertige Bewehrung und die Seitenschalungen

Bild c Die Spanneinrichtung der 7drähtigen Litzen mit hydraulischen Pressen

Bild 10.29a-c Herstellung von Fertigbalken für Brücken im Spannbett

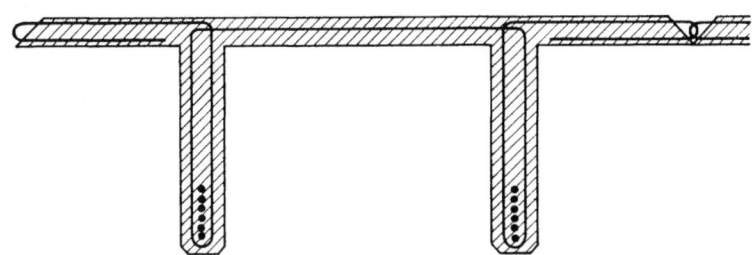

Bild 10.27 In USA übliche TT-Balken für Decken, Dächer

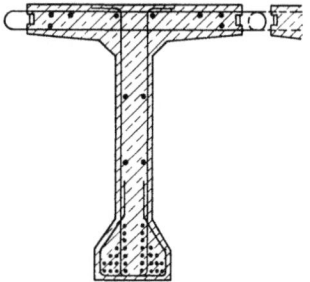

Bild 10.28 Spannbett-Balken mit breiter oberer Platte, in USA für Brücken üblich

Diese Bügelanker sollten möglichst eine geschlossene Schlaufe bilden, weil sie zur schubfesten Verbindung von Platte und Balken auf Zug beansprucht werden. Man muß dabei auch an die Schubkräfte denken, die durch unterschiedliche Schwind- und Kriechverkürzungen zwischen Platte und Balken auftreten, und muß daher die Balkenenden besonders gut mit Bügelankern versehen. Die Bilder 10.29b und c zeigen schließlich noch die Spannbettanlage, in der die Balken hergestellt wurden.

Es sei noch erwähnt, daß man in Deutschland schon sehr früh (1939) diesen Brückentyp entwickelt hat [38].

10.3 Durchlaufende Balken

10.31 Bauhöhe und Querschnittsform

Für die Bauhöhe gilt etwa das gleiche wie unter Kap. 10.11, sie sollte normal bei $1/16$ bis $1/22\,l$ liegen und kann in Ausnahmefällen vor allem mit Vouten bis auf $1/50$ oder gar $1/60\,l$ gesenkt werden. Übertrieben kleine Bauhöhen bedingen hohe Vorspannkräfte und besonders guten Beton.

Bei Durchlaufbalken sind nicht nur veränderliche, sondern auch im Vorzeichen wechselnde Momente zu berücksichtigen, die es notwendig machen, daß die Spannglieder in den Feldern unten, über den Pfeilern oben geführt werden. Dabei sind im Feld Querschnitte mit hochliegender, über den Zwischenstützen solche mit tiefliegender Nullinie erwünscht, um jeweils einen großen inneren Hebelarm zu erhalten.

Da durch die Belastung eines Feldes im Nachbarfeld negative Momente entstehen, die sich den negativen Vorspannmomenten überlagern, darf im Feld unten die zulässige Druckspannung der vorgedrückten Zugzone für Eigengewicht nicht erschöpft werden, und in der Druckzone oben muß eine Druckreserve für die durch negative Nutzlastmomente hervorgerufenen Zugspannungen bleiben (Bild 10.30). Bei Durchlaufträgern kann man deshalb manchmal die Spannglieder im Feld nicht ganz so tief legen wie bei Einfeldbalken.

Über den Zwischenstützen hat man darauf zu achten, daß unten keine Zugspannungen durch die Vorspannmomente entstehen. Dieser Bereich wird noch näher betrachtet.

Die Tragfähigkeit für wechselnde Momente mit Normalkraft hängt von der Kernweite des Querschnittes ab. Solange die Druckkraft im Kern bleibt, treten keine Zugspannungen am Rand auf. Je größer also die Kernweite, um so größer kann die Exzentrizität der Druckkraft oder, bei Spannbeton, der innere Hebelarm des Spanngliedes werden. Die Kernweite beträgt beim einfachen Rechteckquerschnitt nur $1/3\,d$, bei einem Plattenbalkenquerschnitt bis etwa $0,4\,d$ und bei einem Hohlkastenquerschnitt je nach dem Verhältnis der Wanddicke zum Hohlraum bis zu $0,5\,d$ (Bild 10.31). Welche Kernweite gebraucht wird, hängt im wesentlichen vom Verhältnis $g:p$ ab (vgl. Kap. 10.1 und Bild 10.3). Einfache Rechteckquerschnitte genügen nur bei mäßigem p und ausreichender Bauhöhe. Treten z. B. bei Eisenbahnbrücken große wechselnde Nutzlastmomente auf, so ist der Hohlquerschnitt mit seiner großen Kernweite oft die einzige Möglichkeit, um

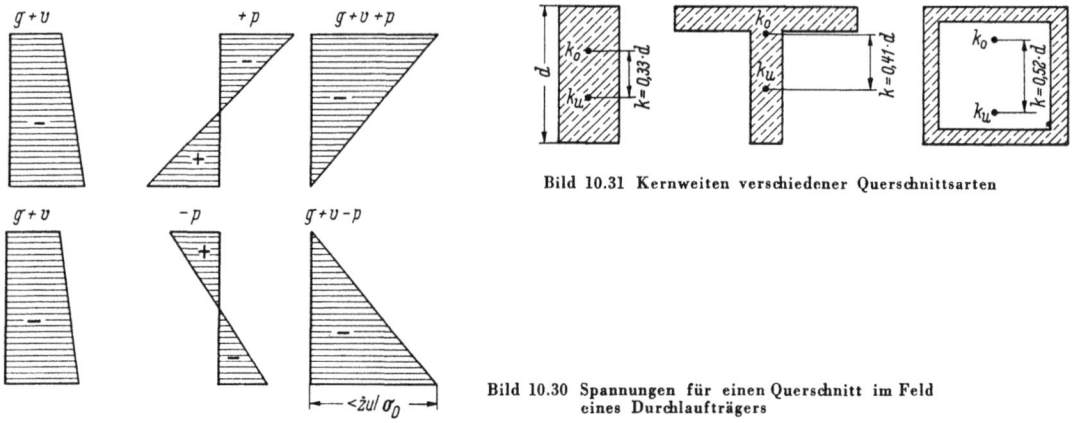

Bild 10.31 Kernweiten verschiedener Querschnittsarten

Bild 10.30 Spannungen für einen Querschnitt im Feld eines Durchlaufträgers

Zugspannungen zu vermeiden. Bei Brücken wird das Verhältnis $g:p$ mit zunehmender Spannweite günstiger, weil das Eigengewicht mit der Spannweite zunimmt. Entsprechend können bei großen Spannweiten häufig Plattenbalken angewandt werden.

10.32 Verlauf der Spannglieder

Die wechselnden Momente bedingen noch mehr als beim Einfeldbalken gekrümmte Spannglieder oder eine gekrümmte Balkenachse. Für gleichmäßig verteilte Lasten auf geraden parallelen Balken ist dabei die parabelförmige Krümmung der Spannglieder innerhalb der Öffnung mit einer kurzen Gegenkrümmung über den Zwischenauflagern die geeignetste Form (Bild 10.32).

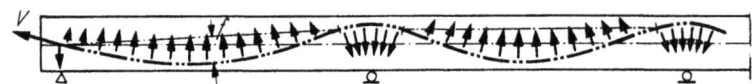

Bild 10.32 Für parallele Balken mit gleichmäßiger Last ist die Parabel die zweckmäßigste Form des Spanngliedes

Die nach oben gerichteten Umlenkkräfte wirken innerhalb der Öffnung gleichmäßig dem Eigengewicht entgegen und in der kurzen Gegenkrümmung werden die Umlenkkräfte unmittelbar an die Zwischenstützen abgegeben, ohne schädliche Querkräfte zu erzeugen. Man kann derartige Spannglieder mit dem Kabel einer in sich versteiften Hängebrücke vergleichen, bei der das Eigengewicht am parabelförmigen Kabel hängt und in der Gegenkrümmung des Pylonensattellagers auf die Pfeiler gegeben wird. Die Gegenkrümmung des Kabelsattels sollte nicht länger als etwa die 0,7fache Balkenhöhe sein, damit die Stützkräfte des Kabels unmittelbar nach dem Lager abfließen. Dazu muß das Kabel über dem Zwischenlager möglichst hochgelegt werden.

Wirkt die Last vorzugsweise in einzelnen Punkten, z. B. durch Unterzüge, so wird man das Spannglied an diesen Punkten krümmen und dazwischen gerade führen, damit die Umlenkkräfte den Lasten direkt entgegenwirken.

Die Pfeilhöhe des Spanngliedes und die Spannkraft sind in jeder Öffnung so zu wählen, daß die Umlenkkräfte im gleichen Verhältnis wirken wie die Lasten — oder die von den Umlenkkräften erzeugten Momente sollen den Lastmomenten mit umgekehrtem Vorzeichen ähnlich sein. Man darf nicht zu stark nach oben heben, weil sonst unter ständiger Last über den Zwischenstützen im Untergurt Zug entsteht.

Bisweilen ist eine ungleichmäßige Krümmung des Kabels zweckmäßig. Würden zum Beispiel mit der Parabelform über den Stützen zu große positive Vorspannmomente entstehen, dann krümmt man das Spannglied in Feldmitte stärker und führt es anschließend gestreckt zu den Stützen, wodurch die positiven Stützenmomente verkleinert werden. Will man die Momente umgekehrt beeinflussen, so legt man die Krümmung der Spannglieder mehr nach den Auflagern zu.

Am Balkenende gelten die gleichen Überlegungen wie beim einfeldrigen Balken. Die Parabel endet dort zweckmäßig mit schräg nach oben gerichteter Endtangente in der Höhe der Schwerlinie. Falls aus konstruktiven Gründen eine Gegenkrümmung notwendig ist, so sollte diese erst im Bereich des Endauflagers beginnen, damit wieder die Umlenkkräfte unmittelbar in das Auflager gelangen.

In Kap. 11.43 wird gezeigt, daß es bei Durchlaufträgern nicht gleichgültig ist, in welcher Höhe die Spanngliedachse die Endauflagerachse schneidet. Die statische Behandlung des Durchlaufträgers wird vereinfacht, wenn sie dort in der Höhe der Schwerlinie des normalen Betonquerschnittes liegt, weil die Längskraft dann keine Momente erzeugt. Liegt sie darüber oder darunter, so sind die aus dieser exzentrischen Einleitung der Spannkraft herrührenden zusätzlichen Momente im statisch unbestimmten Tragwerk zu verfolgen.

Wie beim einfeldrigen Balken kann man die der Last entgegengerichtete Wirkung der Vorspannung nicht allein durch die Krümmung des Spanngliedes, sondern auch durch eine gekrümmte Balkenachse erreichen. Meist krümmt man hierzu den Untergurt oder ordnet im Stützenbereich Vouten an (Bild 10.33). Die Summe der Krümmungswinkel kontinuierlich durchgeführter

Bild 10.33 Bei gekrümmtem Untergurt wird das Spannglied flacher gekrümmt

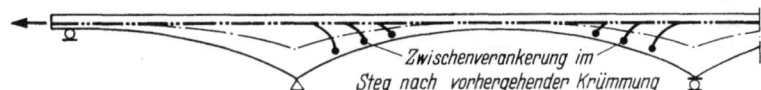

Bild 10.34 Bei Balken mit der Form einer Bogenscheibe kann das Spannglied gerade sein, muß dann aber in der Spannkraft abgestuft werden

Spannkabel kann dadurch wesentlich verringert werden, so daß die Spannkraftverluste durch Reibung klein bleiben. Im Grenzfall kann das Spannglied bei starker Krümmung der Untergurte gerade werden (Bild 10.34). Läßt man dabei den Obergurt gerade, dann muß der Balken im Feld sehr niedrig werden, damit durch die Wirkung der veränderlichen Trägheitsmomente dort nur sehr kleine positive Momente übrigbleiben. Die über der Stütze notwendige Vorspannkraft ist dann für den Feldquerschnitt zu groß, so daß die Spannkraft abgestuft werden muß. Man braucht hierzu Zwischenanker, deren konzentrierter Angriff dadurch gemildert werden kann, daß man das Spannglied vor der Endverankerung stärker krümmt, so daß die Spannkraft durch Reibung stetig abgebaut wird (Bild 10.34).

Im Hochbau kann man die Dachneigung dazu benutzen, um zusammen mit einem gekrümmten Untergurt eine Balkenform zu erzielen, die fast gerade Spannglieder zuläßt, ohne daß dadurch Nachteile für das Tragwerk entstehen (Bild 10.35).

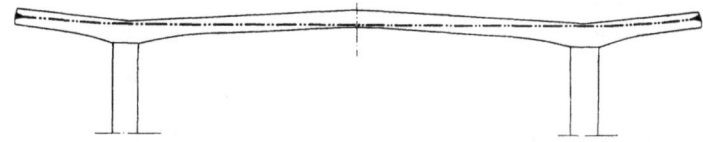

Bild 10.35 Hier wurde die Dachneigung benutzt, um eine Balkenform mit fast geradem Spannglied zu erhalten

Der Wunsch, Durchlaufträger mit geraden Spanngliedern vorzuspannen, ist durch die früher bei mehreren Vorspannverfahren beobachteten hohen Reibungswiderstände entstanden, die bei der in Bild 10.32 gezeigten mehrfach gekrümmten Spanngliedform zum Mißerfolg geführt hätten. Man hält es aber heute allgemein für richtiger, die Momentendeckung durch gekrümmte Spannglieder herbeizuführen.

Mit konzentrierten Spanngliedern kann man dabei, dank der in Kap. 7 geschilderten reibungsvermindernden Maßnahmen, sehr viele Öffnungen hintereinander gemeinsam vorspannen. Bei einer Straßenbahnbrücke in Mannheim [502] wurden bereits 8 zusammenhängende Öffnungen mit über die ganze Länge durchlaufenden Spanngliedern bei gleichzeitiger Krümmung der Brücke im Grundriß mit Erfolg vorgespannt, indem man jeweils die Endöffnungen zum Spannen verschoben hat (vgl. Bild 4.62).

Bei Einzelspanngliedern sollte man die Spannglieder nicht über mehr als drei Öffnungen durchlaufen lassen, wenn man sie von beiden Enden her spannen kann. Will man mehr Öffnungen mit Einzelspanngliedern vorspannen, dann gibt es zwei verschiedene Wege:

1. Stoß der Spannglieder durch Übergreifen,
2. Koppeln der Spannglieder.

Der erste Weg wurde früher mehrfach beschritten. In der ersten Auflage des Buches sind auf Seite 238 Übergreifungen von Spanngliedern dargestellt. Am einfachsten ist es, die Übergreifungen jeweils nur für einen Teil der Spannglieder über die Zwischenpfeiler zu legen und die Stöße auf mehrere Zwischenpfeiler zu verteilen (Bild 10.36). Die Spannglieder müssen am

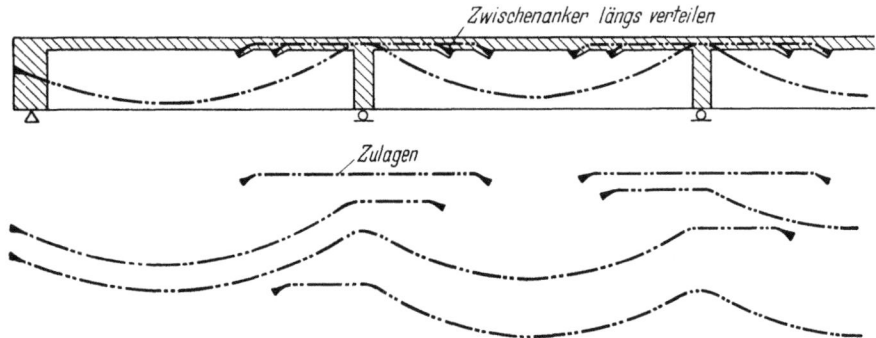

Bild 10.36 Übergreifungsstöße der Spannglieder, um zu hohe Verluste durch Reibungskräfte zu vermeiden

Übergreifungsstoß oben in Nischen oder nach seitlichem Verziehen unten an der Deckplatte verankert werden. Bei Brücken hat man zum Teil diese Verankerungen innerhalb von Hohlkasten seitlich an die Stege gelegt ([365] S. 179 ff.).

An solchen Zwischenverankerungen lassen sich örtliche Zugspannungen (vgl. Kap. 9) kaum vermeiden, sie stören auch die Querbewehrung oder Quervorspannung im Bereich der Nischen. Die Übergreifungsstöße können daher nicht als schöne Lösung bezeichnet werden.

Das Koppeln der Spannglieder von Durchlaufbalken wurde zuerst von dem Engländer *Donovan H. Lee* ausgeführt, und zwar, wie in Bild 10.37 gezeigt, jeweils über der

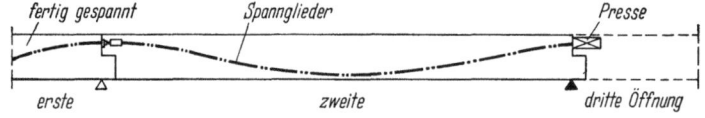

Bild 10.37 Feldweiser Bau von Durchlaufbalken durch Stoß der Spannglieder unmittelbar neben der Stütze (nach *Donovan H. Lee*)

Zwischenstütze. Man kann so ein Feld nach dem anderen herstellen und erhält zum Schluß doch einen durchlaufenden Balken. In Deutschland wurde diese Koppelart wiederholt von Dyckerhoff & Widmann KG angewandt, z. B. bei der Brudermühlbrücke München ([365] S. 193) und der Rampenbrücke in Düsseldorf ([365] S. 215). Der Schnitt am Zwischenpfeiler ist jedoch für das Koppeln ungünstig, weil einerseits im Bauzustand ungünstige Spannungen entstehen und andererseits die Spannglieder dort alle oben möglichst eng beieinander liegen sollen, so daß für Koppelanker nicht genügend Platz bleibt. Der Verfasser hat daher schon in der ersten Auflage darauf hingewiesen, daß sich die Spanngliedstöße in den Fünftelspunkten der Öffnungen bequemer und richtiger anordnen lassen (Bild 10.38). Bei der Aitertalbrücke in Österreich ([365] S. 236) wurde

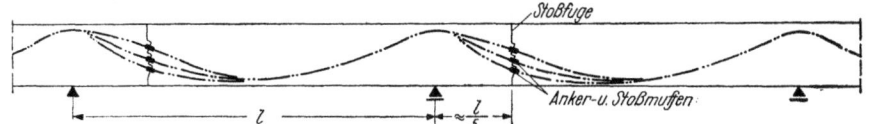

Bild 10.38 Der Stoß von durchlaufenden Balken zur feldweisen Herstellung läßt sich im Momenten-Nullpunkt konstruktiv gut lösen

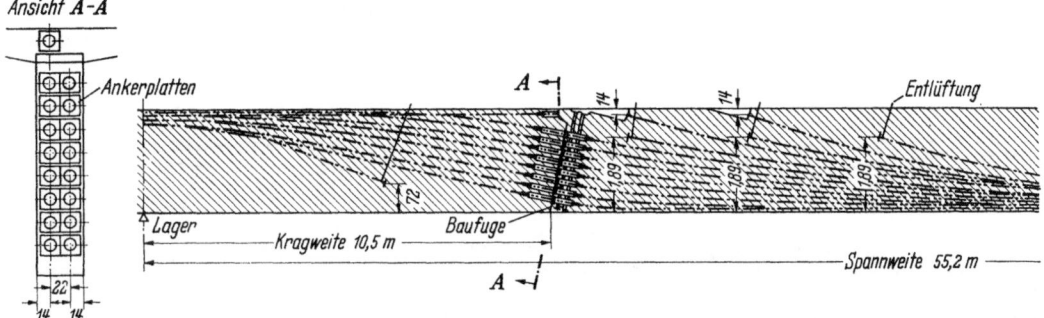

Bild 10.39 Koppelungsstöße der Hauptspannglieder der Aitertalbrücke (Autobahn Salzburg—Linz) im Fünftelpunkt der Spannweite. Lage der Ankerplatten im Querschnitt

diese Lage der Koppelstellen erstmalig verwirklicht (Bild 10.39). Sie ist inzwischen fast zur Regel geworden. Die Ankerstellen können auf einen großen Teil der Trägerhöhe verteilt werden, ohne die günstige Lage der Schwerlinie der Vorspannkräfte zu beeinflussen. Im anzuschließenden Balken sind an den Koppelstellen lotrechte Spannglieder angesetzt, um Risse durch Schwinden des neuen Betons gegenüber dem alten zu verhüten.

Mit dieser Methode können nun beliebig viele Öffnungen zu Durchlaufträgern zusammengespannt werden. Bei den Hochstraßenbrücken in Düsseldorf, [502] und [508] (Bild 10.40), wurden so bereits Durchlaufträger mit insgesamt 26 Öffnungen und einer Gesamtlänge von 600 m verwirklicht.

Bild 10.40 Kopplungsstöße an den Düsseldorfer Hochstraßenbrücken

Bei diesem Koppeln muß man die Bauzustände hinsichtlich der Spannungen sorgfältig durchrechnen, da sich die statisch unbestimmten Momente infolge Eigengewicht und Vorspannung je nach der Lage der Stoßfuge durch Schwinden und Kriechen gegenüber denjenigen nach beendeter Vorspannung noch wesentlich ändern können (vgl. Kap. 12.4). Auch sind die Verformungen zu untersuchen, damit die Überhöhung der Gerüste jeweils so gewählt wird, daß zum Schluß eine stetige Balkenlinie entsteht.

10.33 Durchlaufträger durch Zusammenspannen von Teilstücken

Das Zusammenspannen von Teilstücken zu durchlaufenden Balken ist wohl von *U. Finsterwalder* im Zusammenhang mit dem Freivorbau erstmals ausgeführt worden [162]. Als markante Beispiele für diese viel beachtete Bauweise sollen die Mainbrücke Karlstadt [243] und die Nordwestbogen-Brücke Berlin [438] erwähnt werden. (Rheinbrücke Worms u. a. sind Kragarme, also nicht durchlaufende Balken.)

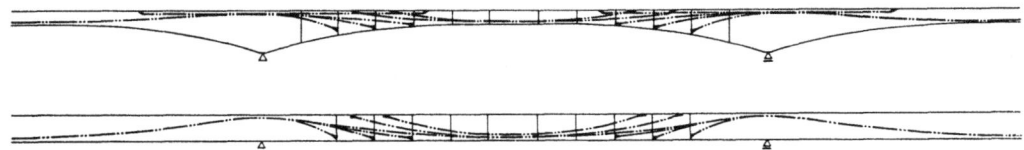

Bild 10.41 Spanngliedführung für aus Teilstücken zusammengespannte Durchlaufträger (auf Gerüst oder Freivorbau)

Die über der Stütze nötigen Spannglieder werden zunächst der Reihe nach in den Stegen nach unten geführt und an den Vorbauabschnitten verankert (Bild 10.41). Die Kontinuität wird dadurch erzielt, daß man für die Feldmomente neue Spannglieder oben etwa im Momenten-Nullpunkt beginnen läßt und sie im Feld unten durchführt, indem sie dort mit dem von der anderen Stütze her vorgebauten Teil gekoppelt werden. Man spannt diese Glieder oben in Nischen.

Bild 10.42 Freivorbau von Durchlaufträgern durch Aufhängung an Schrägkabeln bei der Nordwestbogen-Brücke, Berlin

Der Balken wird bis zur Herstellung der Kontinuität an Schrägkabeln aufgehängt, die über behelfsmäßige Pylonen an den Stützpfeilern abgespannt sind (Bild 10.42). Die Längenänderungen dieser Schrägkabel durch Temperatur und Last müssen ständig genau kontrolliert und durch entsprechende Einrichtungen ausgeglichen werden, damit der steife Spannbetonbalken dadurch beim Freivorbau nicht überbeansprucht wird.

Mit den Spanngliedern, die man in vorbereitete Röhren einfädeln kann, kann man Teilstücke durchlaufender Balken auf Gerüst zusammenlegen, die Spannglieder einfädeln und spannen.

Der gleiche Vorgang ist auch in Verbindung mit dem Freivorbau möglich (Mainbrücke Bettingen 1959—1960). Die Spannglieder werden dabei wieder nahe den Momenten-Nullpunkten durch Übergreifen gestoßen, wobei die von der Stütze kommenden unteren Spannglieder im Steg fest verankert und am freien Ende gespannt werden (Bild 10.41).

Die 300 m lange Agerbrücke (Autobahn Salzburg—Linz) wird aus Hohlkasten-Teilstücken zusammengesetzt und mit konzentrierten Spanngliedern, die nach dem Versetzen der Teilstücke im Hohlkasten den Stegen entlang verlegt werden, vorgespannt. Die Umlenkpunkte der großen Kabel sind jeweils an den Fugen angeordnet, die durch Einbetonieren eines Querrahmens am Ort geschlossen werden (Bild 10.43). Nach dem Spannen werden die Kabel einbetoniert und dabei durch Bewehrungsstäbe schubfest mit den Stegen verbunden (s. Bild 7.15).

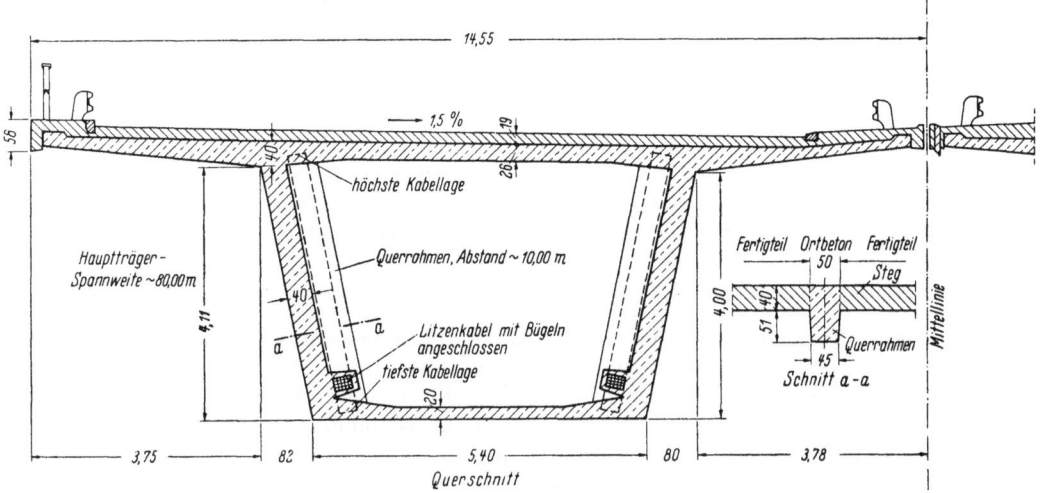

Bild 10.43 Große Sammel-Spannglieder außen an den Stegen der Hohlkasten der Agerbrücke, nachträglich in die vorgefertigten Hohlkasten eingebracht

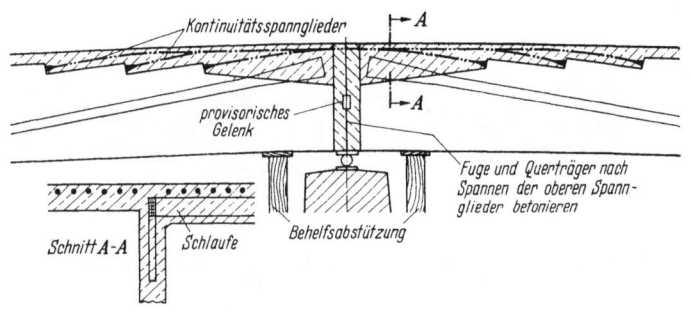

Bild 10.44 Kontinuitätsspannglieder bei am Ort betonierten mehrfeldrigen Hauptträgern

Schließlich kann man Einfeldbalken nachträglich zu Durchlaufträgern zusammenspannen. Man läßt dabei die Spannglieder der Einfeldbalken an Fugen über den Zwischenstützen verhältnismäßig hoch endigen und zieht die Stützenspannglieder nachträglich in einbetonierte Hüllrohre ein. Diese Stützenspannglieder können bei einer Brücke zum Beispiel über die ganze Breite der Fahrbahntafel verteilt werden, sie werden an schräg nach unten vorstehenden Rippen abgestuft verankert. In Bild 10.44 ist dabei die Platte am Pfeiler kräftig verdickt, um die Schlaufenverankerung eines großen Kabels aufzunehmen, die hier besonders geeignet ist, weil die Ankerkraft des Hauptspanngliedes damit auf die Fahrbahnplatte verteilt wird und so den Verankerungskräften der Kontinuitätsspannglieder direkt entgegenwirkt.

Man kann dabei die Verhältnisse des normalen Durchlaufträgers herstellen, wenn man in der Höhe der resultierenden Druckkräfte infolge $V + M_{g+v}$ in den Hauptträgerstegen ein Gelenk anordnet, so daß beim Erreichen der geplanten Vorspannkraft über der Stütze das Stützenmoment M_{g+v} sich einstellt und damit auch im Feld die Momente des Durchlaufträgers erreicht werden. Die Fuge wird danach ausbetoniert und das Gelenk entlastet, was leicht möglich ist, wenn man eine flache hydraulische Presse als Gelenk benützt hat.

Beim Zusammenspannen von größeren bereits für sich vorgespannten Bauteilen zu statisch unbestimmten Tragwerken muß man in statischer Hinsicht beachten, daß sich die anfänglichen Momente solcher Systeme durch Schwinden und Kriechen ändern, wenn durch das Zusammenspannen das statische System geändert wurde (vgl. Kap. 12.4). Da die nachträglichen Formänderungen durch Schwinden und Kriechen beachtlich sind, können solche Momentenumlagerungen meist nicht vernachlässigt werden. Sie sind andererseits schwierig genau zu erfassen, weil man meist nur grob abschätzen kann, welcher Anteil von Schwinden und Kriechen bis zum Zusammenspannen bereits vollzogen sein wird.

Durch den zuletzt genannten Weg kann man solche Unklarheiten vermeiden, weil die Momentenumlagerungen nicht entstehen, wenn man beim Zusammenspannen ein Momentenbild herstellt, wie es sich ergeben hätte, wenn das endgültige Tragwerk von vornherein aus einem Stück gebaut worden wäre. Man sollte daher anstreben, an den Stoßstellen die Momente zu erzeugen, die sich im endgültigen System ohne Berücksichtigung des Stoßes dort ergeben.

10.34 Spannglieder für teilweise Kontinuität

Bei vorgefertigten Einfeldbalken, die über mehrere Öffnungen hinweg hintereinander verlegt werden, kann man die lästigen Bewegungsfugen auch durch Herstellen einer teilweisen Kontinuität vermeiden, indem nur die negativen Momente infolge der Verkehrslasten und die Umlagerungsmomente infolge Schwinden und Kriechen aufgenommen werden. Die Umlagerungsmomente, die in Kap. 10.33 schon erwähnt und in Kap. 12.4 behandelt werden, können die negativen Stützenmomente zum Beispiel vergrößern, wenn die nachträgliche Verformung durch Schwinden und Kriechen als Senkung im Feld verläuft. Die Verformungsrichtung hängt davon ab, ob unter $g + v$ im Feld oben oder unten mehr Druckspannung vorhanden ist. Der bei teilweiser Kontinuität über der Stütze nötige Spannstahl genügt allerdings nicht für die volle Bruchsicherheit an diesem Schnitt, die erst unter Beachtung eines Überschusses an Sicherheit in den Feldern als erfüllt betrachtet werden kann.

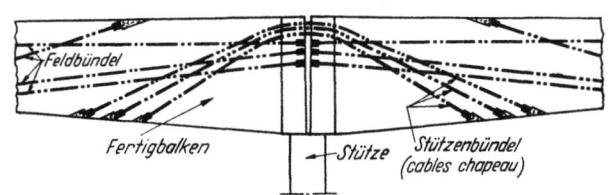

Bild 10.45 Fertigbalken wurden in Frankreich mit sogenannten cables chapeau für Nutzlastmomente zusammengespannt

Bei der baulichen Verwirklichung dieser teilweisen Kontinuität ist man verschiedene Wege gegangen. In Frankreich wurden die vorgefertigten Einzelbalken mit sogenannten „cables chapeau" (Bild 10.45) zusammengespannt [176]. Diese Kabel werden an den Unterflächen der Balken verankert und gespannt, die Ankerstellen müssen nachträglich an Sichtflächen zugeflickt werden. Die nach oben gerichteten Komponenten der Ankerkräfte geben eine ziemliche Unstetigkeit im Spannungsverlauf. Eine richtige Durchlaufwirkung wird nicht erreicht.

Richtiger ist es wohl, die Kontinuitäts-Spannglieder in die obere Platte des Tragwerkes einzulegen und mit abgestuften Längen an der Unterfläche dieser Platte zu verankern (Bild 10.46). Die Verbügelung zwischen Hauptträger und Platte ist dabei ausreichend zu bemessen.

Zwischen den Hauptträgern läßt man gerne eine breite Fuge, damit der Auflagerquerträger als Verbindung am Ort betoniert werden kann und genügend Bewehrung sich übergreift, damit die Auflagerkraft keine Risse in der Verbindungsfuge verursacht.

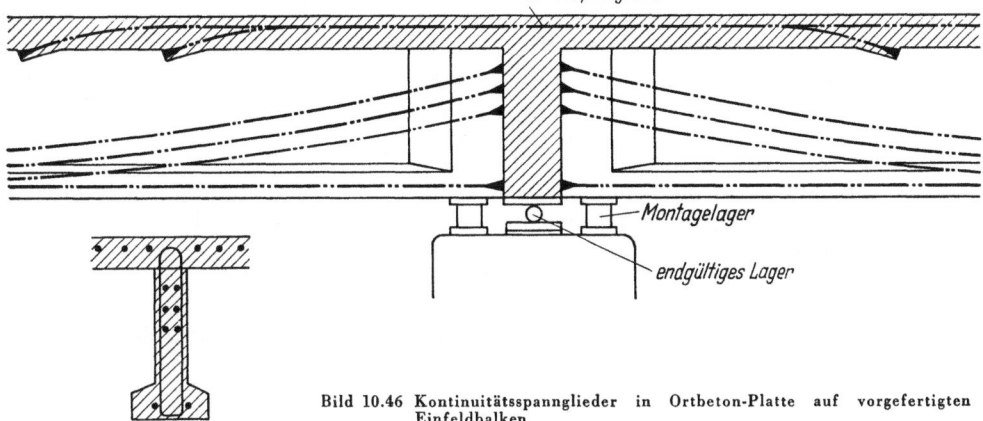

Bild 10.46 Kontinuitätsspannglieder in Ortbeton-Platte auf vorgefertigten Einfeldbalken

Die Kontinuität kann schließlich auf die Fahrbahnplatte allein beschränkt werden, indem ein Spalt zwischen den Hauptträgerenden offenbleibt und jeder Hauptträger für sich gelagert wird (Bild 10.47). Bei den Hauptträgermomenten kann diese geringe Kontinuität vernachlässigt werden. Die Fahrbahntafel wirkt an der Fuge wie eine elastische Feder, welche die Winkeländerungen der Balkenenden ausgleicht. Sie muß genügend dünn und lang bemessen werden, damit die

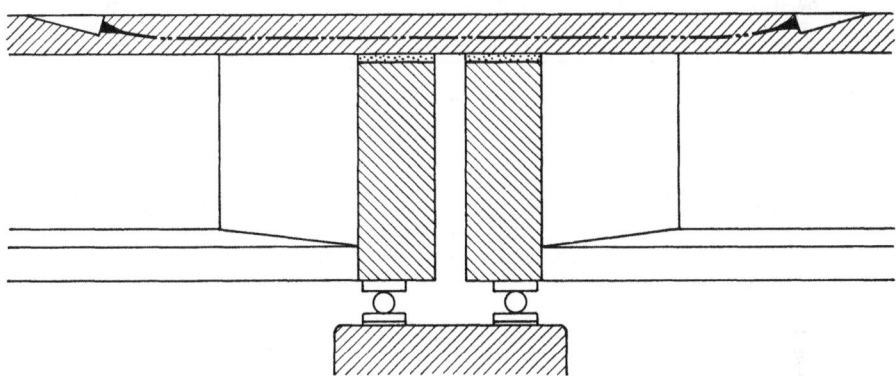

Bild 10.47 Kontinuität auf obere Platte beschränkt (Federgelenk). Zwei Lager nötig

häufigen Winkeländerungen keinen Schaden anrichten. Die Länge der Feder kann man dadurch regeln, daß die Platte neben der Fuge noch ein Stück weit durch nachgiebige Einlagen vom Balken getrennt wird. In diesem Fall genügt eine leichte Vorspannung der Fahrbahnplatte in Längsrichtung, wenn der federnde Bereich oben und unten reichlich schlaff bewehrt wird.

10.35 Einfluß der Reibung der Spannglieder auf ihre Führung im Durchlaufbalken

Bei den mehrfach gekrümmten Spanngliedern müssen die Spannkraftverluste durch Reibung sorgfältig beachtet werden. Schon beim Aufstellen der statischen Berechnung muß man sich überlegen, ob solche Spannkraftverluste durch wiederholtes Überspannen und Nachlassen oder andere Maßnahmen ausgeglichen werden können oder ob man mit veränderlicher Spannkraft rechnen muß.

Bei einer zulässigen Spannung σ_{zv} von $0{,}55\,\beta_Z$ kann man vertreten, daß bis $0{,}8\,\beta_{0,2}$ überspannt wird, d. h. man kann Reibungsverluste in erheblichem Umfang durch Ü b e r spannen ausgleichen. Bei symmetrischen Durchlaufträgern läßt sich eine durchweg gleiche Spannkraft dadurch erreichen, daß man die Hälfte der Spannglieder am linken, die andere Hälfte am rechten Balkenende je einseitig vorspannt und die Überspannung bestehen läßt, was bis rund 10 % der zulässigen Vorspannkraft unbedenklich ist. Überspannung und Spannkraftverlust ergänzen sich dann gegenseitig zur vollen zulässigen Spannkraft (Bild 10.48).

Die abnehmende Spannkraft kann manchmal, je nach den Verhältnissen, auch durch Vergrößerung des Pfeiles der Kabellinie ausgeglichen werden, wie dies in Bild 10.49 am Beispiel eines dreifeldrigen Balkens gezeigt ist. Im dritten Feld führt $V_3 < V_1$ zu den gleichen Vorspannmomenten wie in Feld 1, wenn f_3 um so viel größer gewählt wird als f_1, daß $V_1 \cdot f_1 = V_3 \cdot f_3$. Diese Lösung kann billiger sein als die Anordnung einer zweiten Spannvorrichtung am rechten Balkenende. Sie setzt allerdings Spannweitenverhältnisse voraus, die im ersten Feld keine Ausnützung der möglichen Pfeilhöhe erfordern.

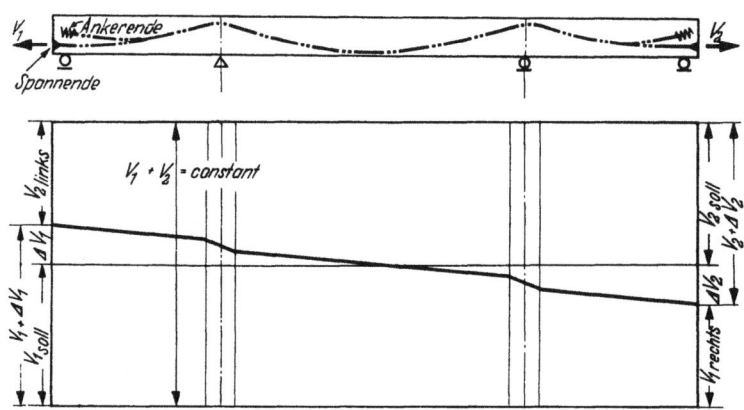

Bild 10.48 Einseitig spannbare Spannglieder mit je hälftig auf beide Enden verteilten Spannankern führen zu gleicher Spannkraft, wenn V nicht nachgelassen wird

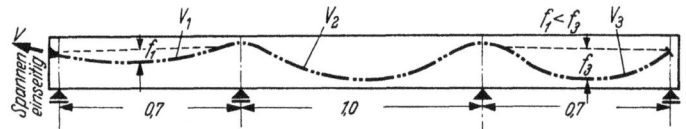

Bild 10.49 Ausgleich der abnehmenden Spannkraft durch größere Pfeilhöhe der Kabelkurve im Feld 3 bei Vorspannung von einem Ende aus

Bei durchlaufenden Balken mit 5 und mehr Feldern werden solche Maßnahmen auch bei zweiseitigem Vorspannen nicht ausreichen. Man kann dann die Spanngliedlänge und die Umlenkwinkel bis zum maßgebenden Mittelschnitt dadurch vermindern, daß man nicht an den Enden spannt, sondern mit einer Spannfuge über dem ersten Zwischenpfeiler, von der aus die Endöffnung spannend verschoben wird. Diese Lösung ist in Bild 4.62 dargestellt.

Weiterhin sei auch auf die in Kap. 7.6 beschriebenen Hilfsspannstellen an Zwischenpunkten von konzentrierten Spannkabeln (Verfahren Baur-Leonhardt) hingewiesen, die wiederholt mit Erfolg bei langen oder vielfeldrigen Durchlaufträgern angewandt wurden.

10.36 Der Kräfteverlauf über Zwischenstützen

Bei dem als zweckmäßig geschilderten Spanngliedverlauf hängt das Eigengewicht und ein Teil der Nutzlast mehr oder weniger im Kabel, das seine Last in der Gegenkrümmung über der Stütze an das Zwischenlager abgibt (Hängebrückenwirkung). Unter dem Spannglied herrscht deshalb dort eine hohe Pressung

$$u = \frac{V}{r \cdot b} \qquad (b = \text{Spanngliedbreite}),$$

die von r und b wesentlich abhängt. Diese örtliche Pressung bedingt eine Spaltbewehrung quer unter dem Spannglied oder den Spanngliedern (Bild 10.50), die bei zusammengefaßten Spann-

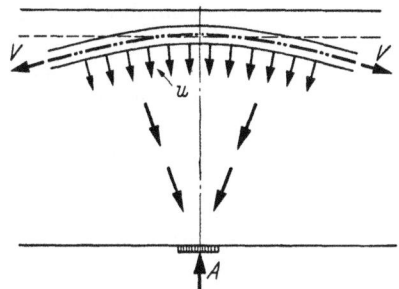

Bild 10.50 Kräfteverlauf über Zwischenstützen

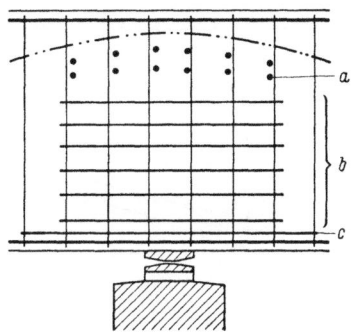

Bild 10.51 Spaltbewehrung im Bereich der Einleitung der Auflagerkraft in einem vorgespannten Durchlaufbalken
a) Quer-Spaltbewehrung unter Spannglied
b) Längsbewehrung gegen Spaltwirkung der Auflagerkraft
c) Randbewehrung gegen örtliche Zugzone neben Auflager

gliedern größer wird als bei über die ganze Stegbreite verteilten. Diese Spaltbewehrung (a in Bild 10.51) kann entfallen, wenn in Spanngliedhöhe eine breite Platte beidseitig anschließt, deren Bewehrung ein Spalten des Steges ohnehin verhütet, oder wenn die Pressung nur gering ist (etwa bis 40 kg/cm²). Die Krümmung der Spannglieder muß stetig sein, damit nicht etwa durch Knicke örtlich zu hohe Pressungen entstehen.
Außer diesen Kabelpressungen wirkt die Auflagerkraft von unten im Stützenbereich des Balkens. Da heute meist sparsame Lager mit hohen Lagerpressungen verwendet werden, haben wir es dort mit der Einleitung einer konzentrierten Kraft zu tun. Die Drucktrajektorien müssen sich ausbreiten. Ihr Verlauf wird andererseits von den Biegemomenten des Balkens beeinflußt, die bei ständiger Last meist infolge der Vorspannung oben viel, und unten wenig Druck erzeugen. Die untere Krafteinleitung liegt also in einem Bereich mit geringer Längsdruckspannung, so daß sich dort Zugspannungen infolge der Krafteinleitung schädlich auswirken können. Tatsächlich sind unmittelbar neben den Lagern bei mehreren durchlaufenden Spannbetonbalken lotrechte Risse entstanden, wie sie früher bei nicht vorgespannten durchlaufenden Balken nie beobachtet wurden, weil dort schon durch Eigengewicht unten längs hohe Druckspannungen wirken.
Es muß betont werden, daß man die Spannungen der Balken in der Nähe der Auflager nicht nach der Biegetheorie berechnen kann, weil sich dort die Krafteinleitung den Biegespannungen überlagert. Dies ist bei Spannbetonbalken besonders wichtig. Unmittelbar rechts und links der Auflager entstehen kurze Zugspannungszonen, die durch die Randbewehrung c des Bildes 10.51 gedeckt werden können.
Diese nur auf eine kurze Länge auftretenden Zugspannungen am unteren Rand erreichen leicht die Größenordnung von 50 bis 60 kg/cm². Man kann sie daher nicht beseitigen, indem man aus den Balkenmomenten eine untere Druckreserve von $\sigma_{x,\,g+v} = 10$ bis 20 kg/cm² läßt. Diese Druckreserve ist besonders bei Hauptträgern mit unterer Druckplatte nur mit erheblichen Opfern an Spannstahl zu erreichen. Es ist daher wesentlich billiger und konstruktiv vollkommen ausreichend, diese örtlichen Zugkräfte durch schlaffe Bewehrung mit Stäben in kleinem Abstand zu decken, die grobe oder schädliche Risse mit Sicherheit verhüten.
Wir erhalten somit das in Bild 10.51 dargestellte Bewehrungsschema für vorgespannte Plattenbalken über Zwischenstützen.
Ist der Untergurt voutenartig geknickt, dann wird die Einleitung der Auflagerkraft begünstigt und von einem gewissen Knickwinkel ab fallen die kleinen Zonen der Randzugspannungen weg. Auch die übrigen Querzugspannungen werden kleiner.
Hat der gevoutete Hauptträger untere Flansche oder gar eine untere Druckplatte, dann muß beachtet werden, daß die ganze Flansch- oder Plattenbreite zu unterstützen ist, weil die Umlenkkräfte nach unten im ganzen Gurt wirken (Bild 10.52). Lager unter dem Steg allein genügen nicht.

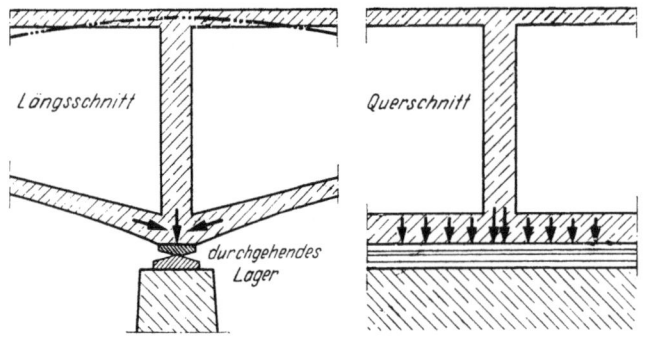

es sei denn, daß die Umlenkkräfte mit Bewehrung an einem Auflagerquerträger aufgehängt werden, was aber unnötig teuer ist. Die unter dem Steg wirkende Auflagerkraft ist entsprechend stark vermindert, so daß dort gegenüber dem Plattenbalken die Spannungsverhältnisse weiter verbessert sind.

Bild 10.52 Bei geknicktem Untergurt muß die ganze untere Gurtbreite gelagert werden, damit die Umlenkkraft direkt abgegeben wird

10.4 Rahmentragwerke

Bei Rahmen hängt die zweckmäßige Vorspannung vom Steifigkeitsverhältnis zwischen Riegel und Stiel ab. Steife Stiele ergeben einen verhältnismäßig großen Einspanngrad des Riegels, d. h. große negative Momente an der Rahmenecke und damit auch hohe Zugspannungen am Stiel außen, die durch die Normalkraft im Stiel nur wenig abgemindert werden. Man hält deshalb zunächst, wie bei der Bewehrung im Stahlbeton, ein um die Rahmenecke herumgehendes Spannglied für zweckmäßig, mit dem gleichzeitig Riegel und Stiel erfaßt würde (Bild 10.53). Eine solche Vorspannung läßt sich aber nur schwierig durchführen. Wegen der Reibung liegt es nahe, das Spannglied an der Rahmenecke im Bereich der Krümmung anzufassen und in der Resultierenden der Spannwege zu spannen. Das Kabel muß dabei im Stiel oben um den Spannweg des halben Riegels nach außen und im Riegel um den Spannweg des Stieles nach oben wandern. Man müßte also die entsprechende Bewegungsfreiheit für das Kabel durch große Blechkasten oder Schlitze vorsehen.

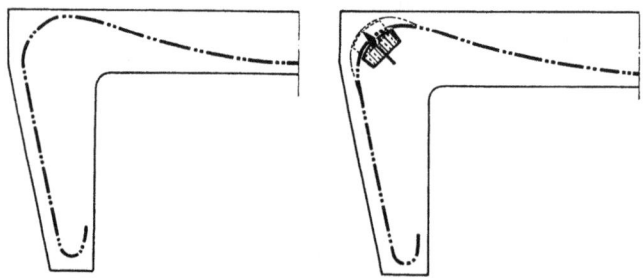 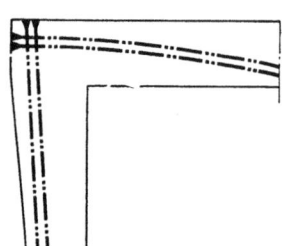

Bild 10.53 Dies wäre die erwünschte Führung des Spanngliedes an der Rahmenecke und die Bewegung beim Spannen

Bild 10.54 An der Rahmenecke sich übergreifende Einzelspannglieder

Diese Schwierigkeiten führten dazu, daß bisher meist Riegel und Stiele je getrennt vorgespannt wurden (Bild 10.54). Dabei kreuzen sich die Spannglieder in der Riegelecke und die Spannstellen liegen oben und seitlich an den Außenflächen. Die hohen Druckspannungen an der Ecke in zwei Achsen bedingen natürlich eine sorgfältige Querbewehrung in der dritten Richtung. Im Riegel verläuft das Spannglied ähnlich wie beim Durchlaufträger, am Stiel bleibt es nahe am äußeren Rand. Ist die Steifigkeit des Stieles gering, so daß keine großen negativen Momente von der Rahmenecke in den Stiel übergehen, dann kann man auf die Vorspannung der Stiele verzichten, weil in den Stielen die Normalkraft und die anschließend beschriebene Wirkung der Vorspannung des Riegels mithilft, die Zugspannungen dort zu verkleinern, die dann durch eine schlaffe, zuverlässig in der gedrückten Zone des Riegels verankerte Bewehrung gedeckt werden (Bild 10.55).

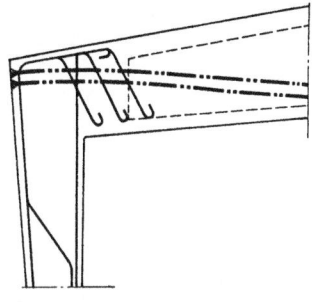

Bild 10.55 Bei schlanken Stielen genügt im Stiel eine schlaffe Bewehrung

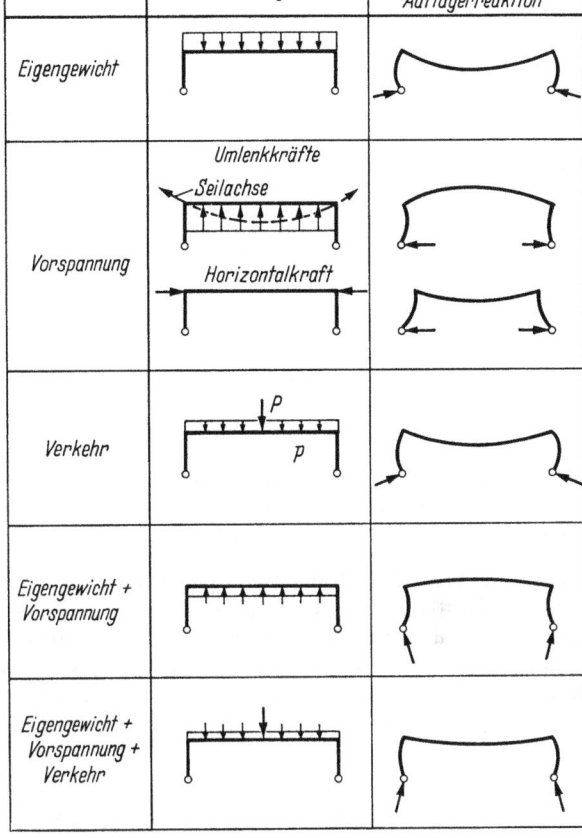

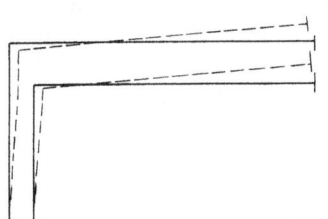

Bild 10.57 Die Zusammendrückung des Riegels führt zu Verformungen schlanker Stiele

Bild 10.56 Die Vorspannung des Rahmenriegels verkleinert den H-Schub am Fuß

Bei vorgespannten Rahmen ist nun zu beachten, daß der Horizontalschub durch die dem Eigengewicht entgegenwirkenden Umlenkkräfte verkleinert wird (Bild 10.56). Auch die Zusammendrückung des Riegels ergibt eine nach innen gerichtete Horizontalkraft. Durch starke Vorspannung kann sogar eine Umkehr des Horizontalschubes H_g erzielt werden, d. h. der Rahmenfuß drückt unter ständiger Last nicht nach außen, sondern nach innen. Die Verringerung der H-Kraft erleichtert die Gründung und dank der kleineren Stielmomente eine Lösung nach Bild 10.55.

Soweit eine nach außen gerichtete H-Kraft durch den Widerstand der Stiele gegen die Riegelverkürzung entsteht, muß diese H-Kraft im Riegel als Zugkraft, die die Vorspannung vermindert, beachtet werden.

Andererseits müssen die Verformungen durch die spätere plastische Zusammendrückung des Riegels beachtet werden. Die Stiele müssen die Zusammendrückung erlauben, ohne selbst Schaden zu erleiden. Es gibt hierfür drei Wege:

1. Die Stiele werden so schlank ausgebildet, daß sie die horizontale Verkürzung des Riegels vor allem bei Berücksichtigung der auch in den Stielen auftretenden Kriechvorgänge (vgl. Kap. 12.4) mitmachen (Bild 10.57). Schlanke Stiele bedeuten andererseits einen geringen Einspanngrad des Riegels mit entsprechend großen Feldmomenten.

Bei steifen Stielen ist die Zusammendrückung nur möglich, wenn der Riegel so schlank ist, daß er sich der Verdrehung der Stiele infolge der Verkürzung mit einer Durchbiegung anpassen kann (Bild 10.58). Meist ist jedoch die nachträgliche Durchbiegung durch S. u. K. nicht tragbar.

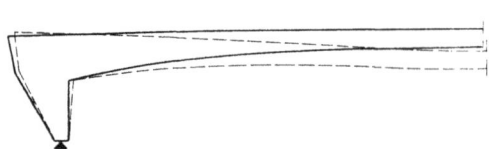
Bild 10.58 Bei steifen Stielen führt die Verkürzung des Riegels zu einer Durchbiegung

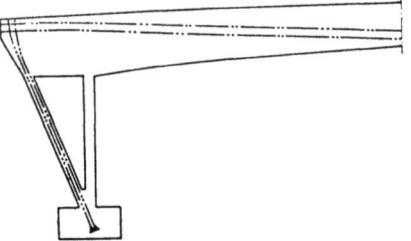
Bild 10.59 Zwei Stäbe in Dreiecksform bilden den horizontal verschieblichen Rahmenstiel (nach *U. Finsterwalder*)

2. Der Rahmenstiel wird durch zwei Stäbe in Dreiecksform gebildet (Bild 10.59), der innere Stab übernimmt die Druckkraft, der äußere die Zugkraft aus dem Einspannmoment des Riegels. Man baut also die Gurte und läßt den Steg des Stieles weg. Der Riegel wird horizontal verschieblich, der Horizontalschub am Fuß wird klein, ohne daß die Einspannmomente verlorengehen [134].

Diese Rahmenart wurde im Stahlbetonbau schon 1936 für die Autobahnbrücke am Rinderstall angewandt [24]. Sie ist inzwischen weit verbreitet, z. T. mit stark geneigtem Zugstab ([365] S. 287) (Bild 10.60).

Bei diesem vorteilhaften Rahmensystem dürfen die obere Breite des Stützdreiecks oder der Hebelarm für die Einspannung des Riegels nicht zu klein und der Zugstab nicht zu hoch beansprucht gewählt werden, damit bei einer Belastung des Riegels die Spannung und damit die Dehnung des Zugstabes klein bleibt. Hohe Spannungen des vorgedrückten Zugstabes verursachen nämlich große Durchbiegungen und damit Schwingungen des Riegels, weil sich die Dehnung des Zugstabes mit einem großen Hebelverhältnis auf die Riegelmitte überträgt.

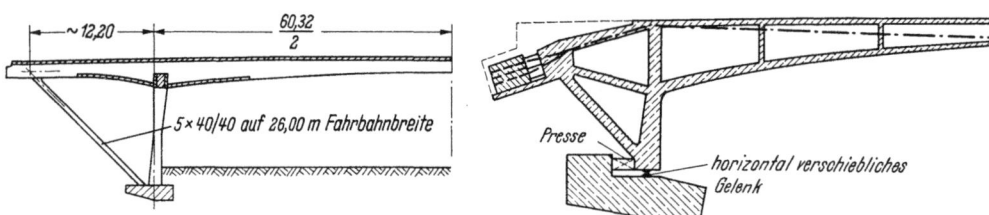

Bild 10.60 Vorgespannter Rahmen mit weit ausgewinkeltem Stabdreieck als Stiel

Bild 10.61 Horizontal nachstellbares Fußgelenk für Rahmen mit steifen kurzen Stielen

3. Hat man es mit steifen, kurzen Rahmenstielen zu tun, dann kann man die Zusammendrückung des Riegels mit einem horizontal beweglichen Fußgelenk auf einer Seite des Rahmens ausgleichen (Bild 10.61). Diese Bauart wurde für die Rosensteinbrücke über den Neckar in Stuttgart gewählt [190], [235], bei der die plastische Riegelverkürzung zu einer Durchbiegung im Scheitel des sehr schlanken Rahmens von 27 cm führen würde, wenn nicht während der ersten Jahre das bewegliche Fußgelenk nachgestellt wird. Das nachstellbare Fußgelenk erlaubt auch, den Erdwiderstand zur Aufnahme der H-Kraft zu benutzen. Andererseits ändert sich durch die Verschiebung die Momentenverteilung durch Kriechen (vgl. Kap. 12.4).

Bei der Schwedenbrücke Wien ([365] S. 282) wurde die Riegelverkürzung dadurch ermöglicht, daß man einen der Rahmenstiele auf einem schräggestellten Pendel aufgelagert hat (Bild 10.62). Durch die Wahl der Neigung des Pendels kann man gleichzeitig die Größe des Horizontalschubes so regulieren, daß die Tragfähigkeit des Baugrundes hinsichtlich der Neigung der Resultierenden gerade ausgenützt wird. Man muß allerdings beachten, daß sich das Rahmenende bei Längsbewegungen durch die Schrägstellung des Pendels etwas hebt und senkt, was leicht mit einer Schlepp-Platte ausgeglichen werden kann.

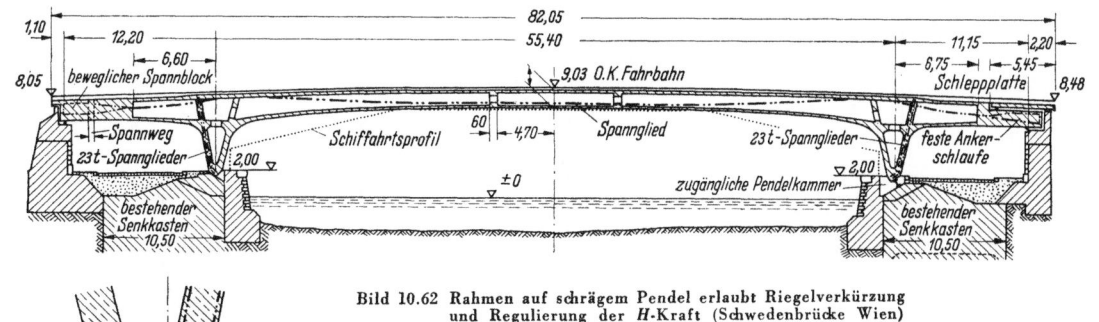

Bild 10.62 Rahmen auf schrägem Pendel erlaubt Riegelverkürzung und Regulierung der *H*-Kraft (Schwedenbrücke Wien)

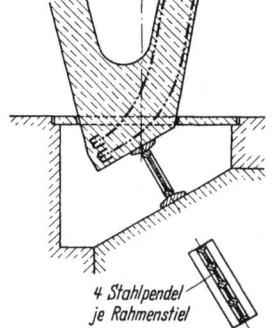

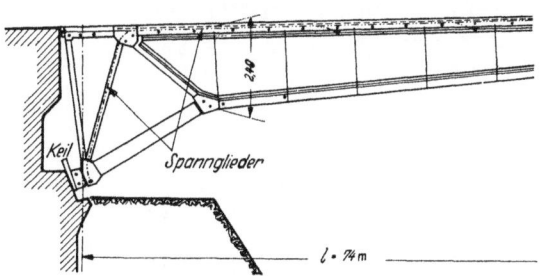

Bild 10.63 *Freyssinet's* Rahmen mit nachstellbaren Schrägstreben an den Auflagern

Für die Führung der Spannglieder im Rahmenriegel oder für die Querschnittsform des Riegels gilt das gleiche wie bei den durchlaufenden Balken. Man strebt an, daß die Schwerlinie des Riegels gegenüber der Spanngliedachse parabelähnlich gekrümmt ist. Die an den Enden zweckmäßige Gegenkrümmung soll wie bei den Durchlaufträgern möglichst erst über den Stielen beginnen, damit die nach unten gerichteten Umlenkkräfte unmittelbar in die Stiele abfließen.

Als eine besondere Form des vorgespannten Rahmens seien die Marnebrücken von *E. Freyssinet* erwähnt [91], bei denen der schlanke Riegel zwischen Schrägstäbe an den Enden eingespannt ist, die hydraulisch mit Keilen nachgestellt werden, sobald die Verkürzung des Riegels eine merkliche Durchbiegung verursacht hat (Bild 10.63). Dieses System ist gegen ein Nachgeben der Widerlager empfindlich.

Schließlich hat man sprengwerkartige Rahmen gemäß Bild 10.64 vorgespannt ([365] S. 293 ff.). In der Mittelöffnung wird die Vorspannung durch die Normalkraft aus den schrägen Stielen unterstützt. Die Stiele brauchen gewöhnlich keine Vorspannung, da sie im wesentlichen Druckstäbe sind. Bei S t o c k w e r k s r a h m e n im Hochbau spannt man gewöhnlich nur die Riegel vor und hält die Stützen so schlank, daß dort Bewehrung zur Aufnahme der Momente genügt. Bei einfeldrigen Rahmen müssen wenigstens die unteren Stützen hoch und schlank sein, um die Zusammendrückung des Riegels zu ermöglichen. Die Stützen der nächsten Geschosse werden wenig beeinträchtigt, wenn die Riegel von Geschoß zu Geschoß in Stufen von z. B. je $1/3\ V$ nacheinander vorgespannt werden (Bild 10.65). Kann man die unteren Stützen nicht schlank machen, so muß man auf einer Seite ein Gleitlager anordnen oder die Stütze auf einer Seite als Pendel ausbilden [183], z. B. gemäß Bild 10.66.

Bei zweifeldrigen Stockwerksrahmen vermeidet man eine Behinderung der Riegelverkürzung durch Stützen einfach dadurch, daß der Riegel nur in der Mittelstütze eingespannt wird und die Außenstützen durchweg als Pendel wirken (Bild 10.66). Für die Gelenke genügen Linienlager aus Beton (Betongelenke). Bei dieser Lösung können die Riegel in jedem Stockwerk gleich ganz vorgespannt werden. Die untersten Stützen werden schräg nach außen geneigt hergestellt, so daß sie nach dem Spannen und nach Eintreten der etwa halben plastischen Riegelverkürzung lotrecht stehen. Die Stützen der nächsten Stockwerke bleiben lotrecht, wenn sich alle Riegel gleich verkürzen.

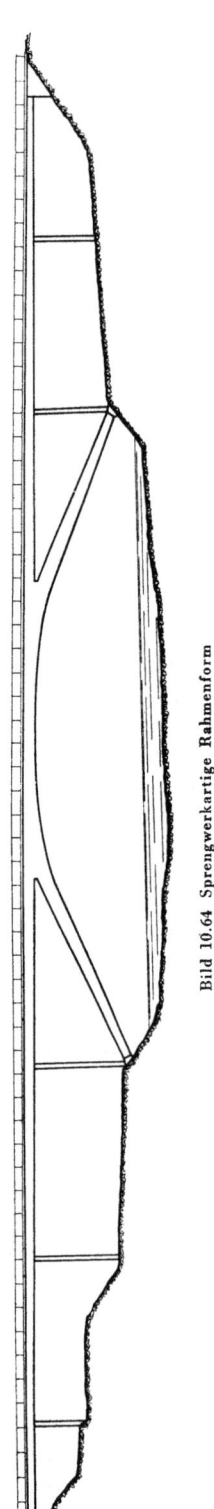

Bild 10.64 Sprengwerkartige Rahmenform

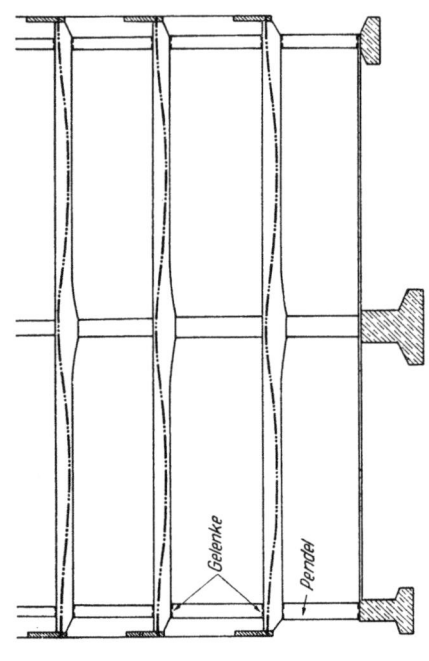

Bild 10.66 Bei zweifeldrigen Stockwerksrahmen ordnet man zweckmäßig außen Pendelstützen an

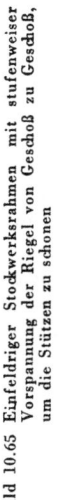

Bild 10.65 Einfeldriger Stockwerksrahmen mit stufenweiser Vorspannung der Riegel von Geschoß zu Geschoß, um die Stützen zu schonen

Man erkennt daraus, daß bei Stockwerksrahmen die Rücksicht auf die Zusammendrückung der vorgespannten Bauteile besondere Überlegungen für die Wandanschlüsse und auch für die Bauzustände erfordert und zu Lösungen führt, die von den gewöhnlichen Stahlbetonrahmen abweichen. Die Vorspannung erlaubt bei Stockwerksrahmen große Spannweiten der Unterzüge mit mäßiger Bauhöhe auch bei schwerer Nutzlast.

10.5 Richtlinien für die Anordnung schlaffer Bewehrung

10.51 Schlaffe Bewehrung in Druckrichtung

Es ist irgendwie widersinnig, in den druckfesten Beton Stahleinlagen in der Druckrichtung einzulegen. Der Beton braucht auf Druck nicht durch Stahl unterstützt zu werden. Stahleinlagen sollen die mangelhafte Zugfestigkeit des Betons ausgleichen.

Gegen Stahleinlagen in Druckrichtung spricht auch die Tatsache, daß solche Stahlstäbe durch das Schwinden und Kriechen des Betons unverhältnismäßig hoch gedrückt, ja oftmals bis über die Quetschgrenze hinaus beansprucht werden, wobei sie ausknicken und die Betonüberdeckung absprengen könnten.

Im Spannbeton ist daher schlaffe Bewehrung in der Druckrichtung, d. h. in der Richtung der Vorspannung, nur dann angebracht, wenn unter gewissen Lastfällen oder besonders in Bauzuständen, z. B. auch vor dem Vorspannen, im Beton Zugspannungen auftreten können. In solchen Zonen sollte man dünne, möglichst profilierte Stäbe in mäßigen Abständen mit einer Betondeckung von 2 bis 4 cm einlegen, weil damit etwaige Zugrisse im Beton in kleinen Abständen und damit mit sehr kleinen Rißbreiten erzwungen werden, was man mit wenigen dicken Einzelstäben nicht erreicht. Die dünnen Stäbe sind auch weniger knickgefährdet.

Solche dünnen Stäbe in Druckrichtung werden für folgende Zwecke erforderlich:

a) zum Festhalten der Querbewehrung als Montagestäbe,

b) zur Deckung von Zugspannungen bei beschränkter Vorspannung,

c) zur Sicherung gegen anfängliche Temperatur- und Schwindrisse, wenn frühzeitiges Vorspannen nicht möglich ist,

d) zur Deckung von Temperatur- und Schwindspannungen, insbesondere an den der Witterung voll ausgesetzten freien Bauwerkskanten oder in dünnen Gesimsen, die an dicke Balken anschließen. Solche Stäbe dienen zur Deckung von Zugspannungen, die in den statischen Berechnungen nicht erfaßt werden,

e) Zulagen für die Bruchsicherheit, falls der Spannstahl nicht ausreicht.

Die in DIN 1045 vorgeschriebene Mindestbewehrung für Stützen gilt für Spannbetonquerschnitte nicht. Die Vorschrift dieser Mindestbewehrung entstand in einer Zeit, als die Rahmenwirkung im Hochbau meist nicht rechnerisch erfaßt wurde, so daß für die Deckung der Rahmenmomente auf diese Weise gesorgt werden mußte. Eine nur zentrisch gedrückte Stütze würde auch im Stahlbetonbau keine Unterstützung durch Längsbewehrung benötigen.

Reicht ein Betonquerschnitt auf Druck nicht ganz aus, so ist eine Verstärkung durch Längsstäbe stets als mangelhafter und teurer Behelf zu betrachten. Für beide Baustoffe ist es günstiger, wenn der zur Verfügung stehende Betonquerschnitt umschnürt und dadurch in seiner Tragfähigkeit verbessert wird.

Legt man dicke Stahlstäbe in der Druckrichtung ein, so muß ihre K n i c k g e f a h r beachtet werden, die nicht nur von der Querbewehrung (Bügel oder dergleichen), sondern auch von der Betondeckung abhängt. Der in DIN 1045 vorgeschriebene Bügelabstand von 12 ϕ setzt die bei Stützen übliche kleine Betondeckung von nur 15 bis 20 mm voraus. Im Spannbeton wären so enge Bügel, die zur Aufnahme von schrägen Hauptzugspannungen oder dergleichen nicht gebraucht werden, für die Knicksicherung der Längsstäbe allein wirtschaftlich nicht tragbar. Deshalb muß hier die Knickgefahr durch größere Betondeckung gesichert werden, die mindestens 30, besser 40 mm betragen soll. Die Längsstäbe sind entsprechend möglichst innerhalb der Querbewehrung anzuordnen.

10.52 Querbewehrungen

Jeder Druck auf ein Prisma erzeugt Querzugspannungen, wenn die Querdehnung nicht behindert ist. Jeder Probewürfel geht zum Schluß durch Querzugspannungen zu Bruch. In Kap. 9 sahen wir, daß bei der Einleitung der Spannkräfte erhebliche Querzugspannungen auftreten können. In e i n e r Richtung vorgespannte Bauteile aus Spannbeton sollten deshalb grundsätzlich quer zur Spannrichtung schlaff bewehrt werden, sobald die Druckspannungen etwa $1/2$ zul σ_b überschreiten. Selbst bei einem mittig gedrückten Stab, der keine oder wenig Biegung aufzunehmen hat, ist dann eine Querbewehrung durch Bügel, Wendeln oder dergleichen nötig (Bild 10.67). Es sei nur erwähnt, daß im Brückenbau nicht genügend verbügelte, vorgespannte Hängestützen im Laufe der Zeit starke Längsrisse zeigten.

Die im Bereich der E i n l e i t u n g d e r S p a n n k r ä f t e nötige Querbewehrung ist nach Kap. 9 besonders sorgfältig zu überlegen und zu bemessen.

Querbewehrung wird zur Deckung der schiefen Hauptzugspannungen nicht nur in den Stegen, sondern auch zum Anschluß der Gurte an die Stege von T-, I- oder Hohlkastenbalken gebraucht. Querbewehrung zur Schubsicherung sollte auch dann eingelegt werden, wenn die schiefe Hauptzugspannung so klein ist, daß die Stahleinlagen nach den Vorschriften nicht nachzuweisen sind, weil man sich auf die Zugfestigkeit des Betons nicht verlassen kann.

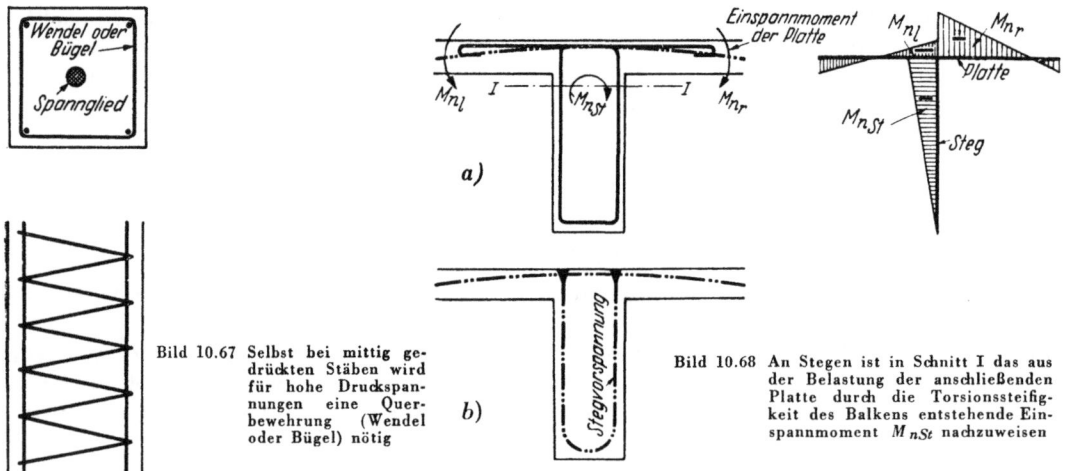

Bild 10.67 Selbst bei mittig gedrückten Stäben wird für hohe Druckspannungen eine Querbewehrung (Wendel oder Bügel) nötig

Bild 10.68 An Stegen ist in Schnitt I das aus der Belastung der anschließenden Platte durch die Torsionssteifigkeit des Balkens entstehende Einspannmoment M_{nSt} nachzuweisen

Bei den Bügeln der Stege vorgespannter Balken sind die E i n s p a n n m o m e n t e d e r P l a t t e i m S t e g zu beachten, die wegen der Torsionssteifigkeit der Betonbalken meist recht groß sind und nicht vernachlässigt werden dürfen, namentlich dann, wenn die Schubverbügelung auf Grund der Vorspannung ziemlich schwach ausfällt (Bild 10.68 a). Spannt man die Stege lotrecht vor, so empfiehlt es sich, mit Rücksicht auf diese Momente zwei Reihen Spanndrähte jeweils außen am Steg zu wählen (Bild 10.68 b). Sehr dünne und damit drehweiche Stege können natürlich auch mittig vorgespannt werden.

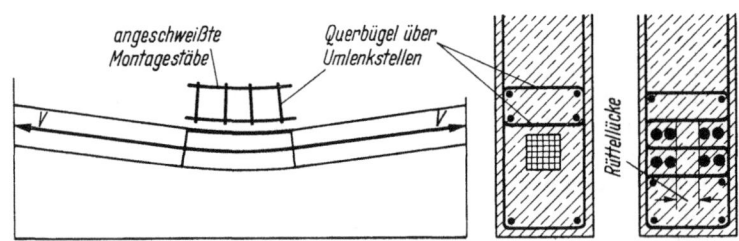

Bild 10.69 Über Umlenkstellen wird je nach der Größe der Umlenkkraft Querbewehrung nötig

An den Umlenkungen der Spannglieder wirken je nach Größe der Spannkraft und der Krümmung oft erhebliche Umlenkkräfte, die über den Gleitkanälen Spaltspannungen erzeugen, die ebenfalls eine Querbewehrung notwendig machen (Bild 10.69). Bei durchlaufenden Balken wird eine solche Querbewehrung unter der Krümmung der Spannglieder über den Pfeilern nötig (vgl. auch Bild 10.51).

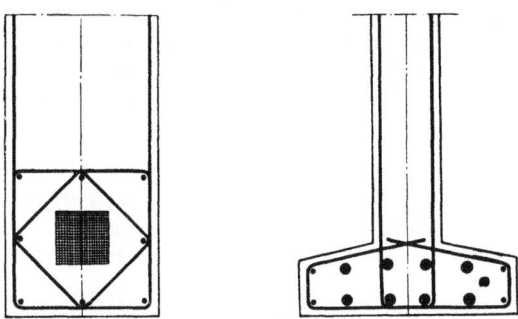

Bild 10.70 In stark gedrückten Untergurten ist eine gute Verbügelung der Druckzone rund um die Spannglieder nötig

An Spreizstellen der Spannglieder darf die Querbewehrung zur Aufnahme der Spreizkräfte nicht vergessen werden (Bild 10.19).

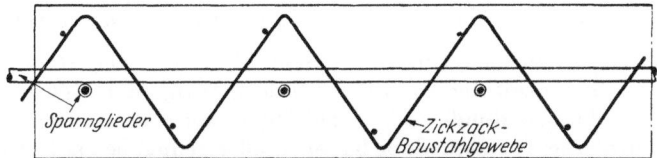

Beim Auspressen der Spannglieder wird versehentlich manchmal verhältnismäßig hoher Druck (6 bis 10 kg/cm^2) angewandt, wenn Verstopfung entsteht (siehe Kap. 8.31). Auch dabei treten nicht unbeachtliche Querzugspannungen im umgebenden Beton auf, die es angezeigt sein lassen, die Spannglieder mindestens dort durch Umschließungsbügel zu sichern, wo die Betondeckung klein und die Längsspannung groß ist (Bild 10.70).

Diese Bügel sichern auch gegen Umlenkkräfte aus ungewollten Abweichungen der Spannglieder von der Soll-Lage, die ja auch Querzugkräfte hervorrufen können.

An Platten, die längs und quer voll vorgespannt werden, hat eigentlich nur eine Bewehrung in der dritten Richtung Sinn. Aus diesem Grund

Bild 10.71 Zickzack-Baustahlgewebe in einer zweiachsig vorgespannten Platte (Längsvorspannung im Bild nicht sichtbar)

wurde z. B. bei der Eisenbahnbrücke Heilbronn [154] ein zickzackförmiges Baustahlgewebe in der zweiachsig vorgespannten Platte eingelegt (Bild 10.71). Sind die Druckspannungen in beiden Achsen sehr hoch, dann ist ohne Querbewehrung mit einem vorzeitigen Versagen einer solchen Platte durch Aufspalten oder durch schalenartiges Ausbrechen von Betonteilen zu rechnen. Versuche mit ausreichend hohen Spannungen liegen hierüber nicht vor. Die Bemessung der Querbewehrung ist daher bei hohen beidseitigen Druckspannungen zweckmäßig durch Versuche zu klären.

Es ist jedenfalls ein gesunder Grundsatz, wenn man Spannbeton quer zur Spannrichtung schlaff bewehrt.

10.6 Lage und Abstände der Spannglieder

10.61 Höhenlage der Spannglieder

An den Genauigkeitsgrad der Höhenlage von Spanngliedern müssen hohe Anforderungen gestellt werden. Dies rührt daher, daß die Spannkräfte im Vergleich zum tragenden Querschnitt sehr groß sind, so daß schon eine geringe Abweichung der Höhenlage vom in der Berechnung angenommenen Maß eine merkliche Änderung des Vorspannmomentes ergibt. Die Spannungen unter ständiger Last ergeben sich aus der Differenz von M_g und M_v, zwei Werten, die oft fast gleich groß sind. Wenn also M_v z. B. durch ungenaues Verlegen der Spannglieder 5% größer wird als der Sollwert, so kann die Spannung dadurch um 20 bis 30% größer werden als gerechnet.

Der erforderliche Genauigkeitsgrad hängt streng genommen von der Kernweite ab. Als einfache praktische Regel mag jedoch gelten, daß die Abweichung nicht größer sein darf als $\pm h/200$, d. h. bei einem 40 cm hohen Balken muß das Spannglied mit ± 2 mm Genauigkeit, bei einem 4 m hohen Balken mit ± 2 cm Genauigkeit verlegt werden. Bei den kleinen Balkenhöhen des Hochbaues ist daher mehr Genauigkeit nötig als bei großen Brückenträgern.

Bei Bälkchen, die im Spannbett hergestellt werden, sorgt man im allgemeinen durch exakte Stahlschablonen für die richtige Höhenlage. Werden die Träger an Ort und Stelle betoniert, so muß sich schon der Konstrukteur überlegen, wie die Höhenlage der Spannglieder zuverlässig sichergestellt wird, d. h. auf den Ausführungszeichnungen sind die Unterstützungen der Spannglieder zeichnerisch darzustellen und auf Millimeter genau zu vermaßen. Man darf es keinesfalls der Baustelle überlassen, wie sie die Höhenlage recht oder schlecht sichert.

Der Abstand der Unterstützungen hängt von der Steifigkeit der Spannglieder ab, wobei sowohl die Steifigkeit der Drähte als auch diejenige der Rohre eine Rolle spielt. Leichte Spannglieder aus dünnen Rund- oder Ovaldrähten sollte man in 60 bis 90 cm Entfernung unterstützen. Bei mittleren Spanngliedern bis etwa 50 t genügt je nach Drahtdurchmesser eine Unterstützung in 90 bis 120 cm Abstand, während man stärkere Spannglieder sowie solche aus dicken Rundstäben von 26 mm $\emptyset$ in 1,50 bis 2,0 m Abstand unterstützen kann. Bei konzentrierten Spanngliedern in rechteckigen Blechkasten wird man schon mit Rücksicht auf das hohe Gewicht je nach Kastenhöhe nicht über 1,50 bis 2,00 m Abstand gehen.

Die Unterstützung der Spannglieder wird in Kap. 19.1 behandelt.

Schließlich sei noch bemerkt, daß durchlaufende Spannglieder für mehrfeldrige Balken über den Zwischenstützen sehr kräftig abgestützt werden müssen, weil sich bei einem Temperaturrückgang die kürzer werdenden Spannglieder im Feld von ihren Unterlagen abheben, so daß das Gewicht des Spanngliedes ganz den wenigen Abstützungen über den Zwischenpfeilern zufallen kann, wenn die Spanngliedenden gut verankert sind.

10.62 Gegenseitiger Abstand der Spannglieder

Für Drähte oder Stäbe im Spannbett, die unmittelbar einbetoniert werden, sollte der Abstand mindestens dem Größtkorn des zur Verwendung gelangenden Betons entsprechen. Bei Klaviersaitendrähten geht man bis auf 5 mm Abstand herunter und muß entsprechend feinkörnigen Beton verwenden. Der Randabstand sollte sich nach den Vorschriften der DIN 4225 richten. In Ausnahmefällen kann er bis auf 10 mm verringert werden.

Bei Spanngliedern in Hüllrohren ist zu bedenken, daß der bei der Vorspannung stark gedrückte Beton durch die Hüllrohre durchlöchert wird. Man sollte daher den lichten Abstand der Hüllrohre in beiden Richtungen gleich groß wählen wie ihren Durchmesser, mindestens jedoch 30 mm, am Rand jedoch mindestens 40 mm, wenn es sich nicht um feingliedrige Fertigteile aus hochfestem Werksbeton handelt (Bild 10.72). Auf die Notwendigkeit von größeren Lücken zum Einbringen der Tauchrüttler wurde bereits hingewiesen. Auch der Abstand der Blechrohre vom oberen oder unteren Rand wird zweckmäßig ≥ 40 mm gewählt.

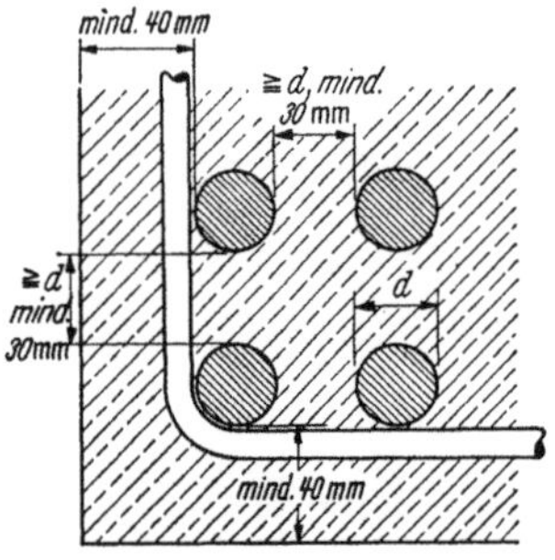

Bild 10.72 Der gegenseitige Abstand von Spanngliedern

Sind die Spannglieder gekrümmt, so ist noch zu beachten, daß die zwischen zwei Spanngliedlagen verbleibende Betonrippe die Umlenkkraft zu übertragen hat. Im Bereich kräftiger Krümmungen muß demnach der Abstand von Einzelspanngliedern in der Richtung der Umlenkkraft besonders groß gewählt werden (Bild 10.73).

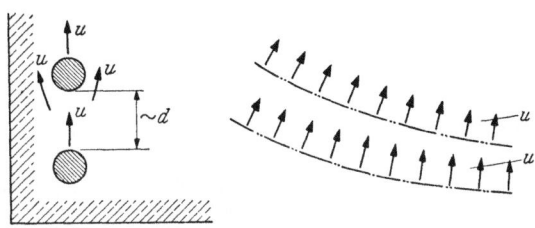
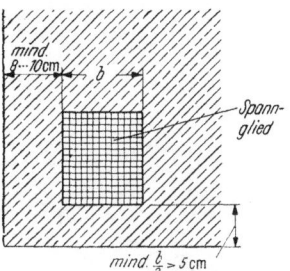

Bild 10.73 An Umlenkstellen ist der Abstand in Richtung Umlenkkraft genügend groß zu wählen

Bild 10.74 Randabstand bei rechteckigem Blechkasten

Bei rechteckigen Blechkasten gilt als Regel, daß der untere Randabstand $0{,}5\,b > 5$ cm und der seitliche Randabstand rund 8 cm, besser 10 cm betragen sollte, wenn b die Breite des Rechteckes ist (Bild 10.74). Dieser verhältnismäßig große Abstand ist schon aus praktischen Gründen nötig, um eine sichere Füllung des Raumes unter den Blechkasten mit dichtem Beton zu erreichen.

10.63 Seitliche Lage der Spannglieder

In der seitlichen Lage müssen die Spannglieder so angeordnet werden, daß die Schwerlinie der Spannkraft mit der Schwerlinie des Querschnittes genau übereinstimmt. Dies ist nötig, weil sonst Querbiegung und Torsion aus den Umlenkkräften entstehen. Die Forderung gilt besonders bei vorgefertigten Balken mit schmalen Stegen und Gurten. Schon eine geringe seitliche Abweichung der beiden Schwerlinien voneinander hat eine sichtbare horizontale Verbiegung des Balkens zur Folge. Für die Seitenlage solcher Spannglieder muß also ein noch größerer Genauigkeitsgrad verlangt werden als bei der Höhenlage. Bei Spannbettbalken wird deshalb die Drahtlage kurz vor dem Verdichten des Betons mit genau geführten Schablonen sichergestellt. Bei Ausführungen am Ort sollte man die seitliche Lage ebenfalls mit kammartigen Schablonen während des Einbringens des Betons oder mit kammartig verschweißten Rundstahlbügeln festhalten. Man zieht die Schablonen am besten erst, nachdem der Beton in ihrem Bereich schon etwas vorverdichtet ist. Zweckmäßige Ausführungen von Rundstahl-Kämmen sind in Kap. 19.1, Bild 19.3, angegeben.

Platten und Kastenträger sind gegen Abweichungen in der Seitenlage nicht empfindlich. Trotzdem ist auch dort Genauigkeit erwünscht, weil durch ungewollte Krümmungen zusätzliche Reibung entsteht.

10.7 Besonderheiten beim Zusammenspannen von Fertigteilen

In der Vorspanntechnik hat man sehr früh „Tragwerke" aus einzelnen Bauteilen zusammengespannt, wie dies unsere Vorfahren schon mit Holz für Fässer und Räder getan haben.

Zunächst wollen wir erwähnen, daß man auch kleine Formsteine zu Balken zusammenspannen kann. Ein Beispiel hierfür sind die im Spannbett hergestellten Hohlziegelbalken der Stahlton AG, Zürich (Bild 10.26 und 10.75). Man hat ferner einfache Hohlblocksteine hintereinander gesetzt und an den Enden halbkreisförmige Ankersteine angefügt, so daß die so gebildeten Balken unter Vorspannung umwickelt werden konnten (Bild 10.76). Dabei wurden die Spanndrähte nachträglich durch Ortbeton zwischen den Hohlblocksteinen geschützt und zum Verbund gebracht. Bei solchen Balken aus Formsteinen werden die schmalen Fugen mit rasch erhärtendem Mörtel geschlossen.

E. *Freyssinet* hat frühzeitig (1941) bewiesen, daß man auch große Bauwerke aus vorgefertigten Teilen zusammenspannen kann (vgl. Bild 10.63 und den Abschnitt über die Marne-Brücken bei Luzancy in Kap. 20). Diese Technik wurde nun in den vergangenen Jahren stark weiterentwickelt. Wir haben sie bei der Herstellung von Durchlaufträgern schon erwähnt. Dabei steht heute in Deutschland das Verfahren im Vordergrund, daß man in den Fertigteilen Blechrohre bzw. Hüll-

 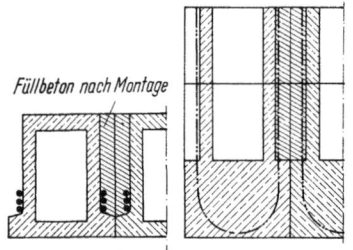

Bild 10.75 Probestücke der Stahltondecken

Bild 10.76 Aus Fertigteilen zusammengespannte Balken mit geeigneten Querschnittsformen

rohre einbetoniert, durch die später die Drahtkabel eingezogen werden, um damit aus den Einzelteilen das Tragwerk zusammenzuspannen. Hierbei ist es nun wichtig, daß man die Hüllrohre so aussteift, daß sie beim Betonieren ihre richtige Lage behalten und nirgends einbeulen können. An den Fugen muß die Lage der Rohre mit sehr kleiner Toleranz festgelegt sein, damit beim Zusammenbau die Rohre an den Fugen genau aufeinander passen. Man benützt hierfür zweckmäßig Blechschablonen.

Die Ausbildung der Fugen hängt davon ab, ob über die Fuge hinweg irgendwelche Zugspannungen zu übertragen sind, oder ob die Vorspannung so bemessen ist, daß in der Fuge keine oder nur sehr geringe schiefe Zugspannungen auftreten. Beim Zusammenspannen von Balken gelingt es meist, das letztere zu erreichen, schon weil die Hauptzugspannungen fast parallel zu den Fugen verlaufen. Man braucht dann an den Fugen keine herausstehende Bewehrung und kann die Fuge entsprechend dünn bemessen. Man darf jedoch nicht glauben, daß man ohne ein „Fugenpolster" auskommt, auch wenn man die Fugenflächen vermeintlich ganz eben herstellt, z. B. mit einer gehobelten Stahlschalung. Es wird nie gelingen, die Flächen so genau eben herzustellen, daß eine gleichmäßige Druckübertragung gewährleistet ist. Ungleicher Druck führt aber zu Abplatzungen an den Fertigteilen. Man muß daher ein ausgleichendes Polster einfügen. Materialgerecht und einfach ist hierfür Zementmörtel bzw. besser ein Feinbeton mit Körnung 7 oder 15 mm. Die Fuge sollte so breit sein, daß dieser Mörtel oder Feinbeton in erdfeuchtem Zustand eingebracht und mit Nadelrüttlern verdichtet werden kann; hierfür genügen 2 bis 5 cm. Die Fugenflächen der Fertigteile brauchen nicht besonders aufgerauht werden, sie müssen aber vor dem Schließen gut angefeuchtet werden.

Die Freyssinet-Schule setzt häufig Brücken aus mehreren T-Balken zusammen (Bild 10.17). Die oberen weitausladenden Platten der Balken stoßen aneinander und werden mit einer V-förmigen Fuge verbunden. Quer durch die Platten sind Röhren vorgesehen, durch die nach dem Verlegen aller Balken Spannglieder eingefädelt werden, die die so gebildete Fahrbahnplatte in der Querrichtung vorspannen. Über das Ganze wird ein Überbeton gezogen, der durch die geriffelte Oberfläche der Balken eine gewisse Verankerung findet.

Auch in den USA fand diese Bauart weite Verbreitung (z. B. die mehrere km lange Rampe der Tampa Bay-Brücke in Florida).

Daß man durch eine unbewehrte Fuge hindurch mit der Vorspannung auch Querkräfte übertragen kann, beweisen zahlreiche Ausführungen z. B. der Hochtief AG [439], die mit dieser einfachen Methode Pfetten und Binder zusammenspannt (Bild 10.77). In einer solchen Fuge kann man allein durch die Reibung eine verhältnismäßig große Querkraft übertragen. Wenn der Fugenmörtel genügend grobes Korn aufweist und gut verdichtet wurde und wenn die Fugenfläche etwas aufgerauht war, dann kann man als Querkraft unbesorgt 0,4 bis 0,5 der Vorspannkraft zulassen und erzielt dann eine rund zweifache Sicherheit.

Versuchsweise hat man die Fugen auch schon mit Kunststoff geschlossen, der dünnflüssig eingebracht wird und nach einigen Stunden erhärtet. Solche Kunststoffe kleben meist auch gut, so daß damit auch Zugspannungen übertragen werden könnten. Hierbei ist es nun zweckmäßig, die Fuge so dünn wie möglich zu halten. Man legt die Fertigteile beinahe auf Kontakt zusammen, weil der Kunststoff in seinem anfänglichen Zustand auch feinste Ritzen füllt. Die Fuge wird von außen am besten mit Gummistreifen gedichtet, so daß der Kunststoff eingepreßt werden kann.

Spannt man nun aus gewissen Gründen die Bauteile rechtwinklig zu den Fugen nicht oder nur mäßig zusammen, so daß in den Fugen Zugspannungen vorkommen können, dann muß man an den Fugenflächen Bewehrung herausstehen lassen, die miteinander zu verbinden ist. Die einfachste Stoßverbindung dieser Bewehrungen erreicht man mit sich übergreifenden Schlaufenankern

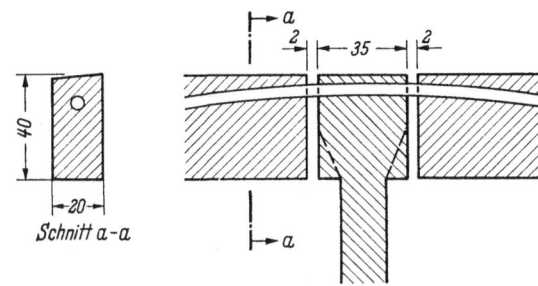

Bild 10.77 Anschluß von Pfetten an Binder mit glatter Mörtelfuge durch Zusammenspannen (Hochtief A.G.—Ing. Vaessen)

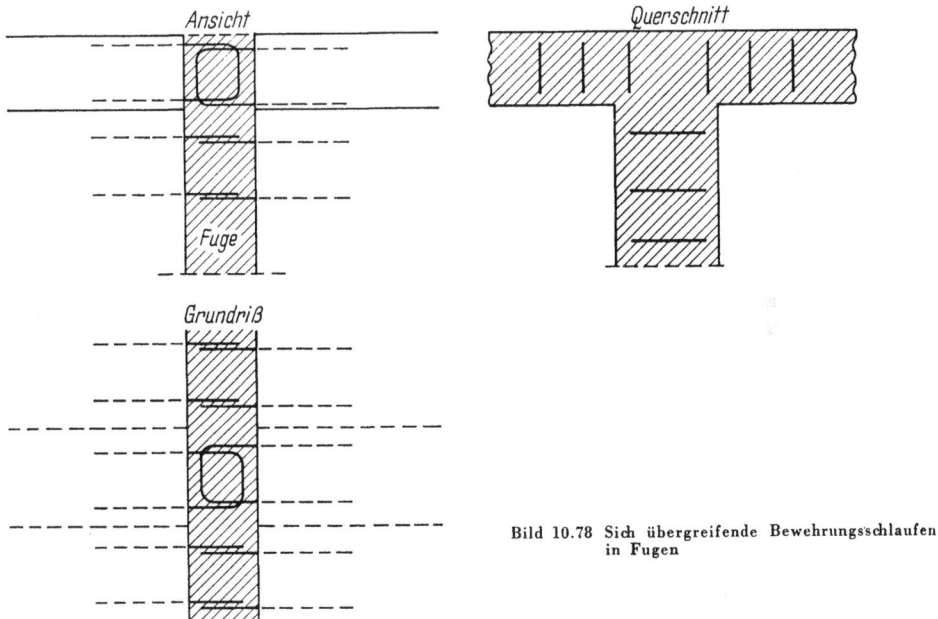

Bild 10.78 Sich übergreifende Bewehrungsschlaufen in Fugen

(Bild 10.78). Die Schlaufenanker müssen natürlich in der Fuge quer zur Plattenebene stehen und dürfen nicht am Rand liegen, weil sonst dort der Beton infolge des Schlaufendruckes abplatzen könnte [544]. Die Fugen müssen mindestens 20 bis 30 cm breit sein. Häufig steht nichts im Wege, die Fugen noch breiter zu machen, was natürlich für den Stoß der Bewehrungen günstig ist.
Solche Stöße werden z. B. bei Fahrbahntafeln von Brücken oder bei Querträgern zwischen vorgefertigten Hauptträgern verwendet. In der UdSSR ist diese Stoßart weit verbreitet. Dort werden selbst Großbrücken mit in der Fabrik hergestellten und im Spannbett zweiachsig vorgespannten Platten zusammengefügt (vgl. [509]).

Kapitel 11

11. Die Berechnung vorgespannter Tragwerke

11.1 Was ist zu berechnen?

Wir haben folgende L a s t f ä l l e zu behandeln:

1. E i g e n g e w i c h t g, je nach Bauzuständen auch T e i l - E i g e n g e w i c h t
2. V o r s p a n n u n g, und zwar anfängliche Spannkraft V_0 vor S. u. K. und endgültige Spannkraft V_∞ nach S. u. K.

   Beim Lastfall V_0 muß beachtet werden, daß bei Spannbettvorspannung mit $V^{(0)}$ bei der Übertragung der Vorspannkraft auf den Beton durch die elastische Verkürzung des Betons ein Teil von $V^{(0)}$ verloren geht, so daß nur V_0 auf den Beton wirkt (vgl. Kap. 11.221).

   Beim Spannen nach dem Erhärten des Betons müssen je nach den Verhältnissen Reibungs-, Umlenk- oder Spreizkräfte beachtet werden.

   In beiden Vorspannarten wird der Spannkraftverlust durch S. u. K. mit den Spannungen unter Dauerlast ermittelt und damit V_∞ errechnet (s. Kap. 12).

   Manchmal muß auch T e i l v o r s p a n n u n g als Lastfall behandelt werden.
3. N u t z l a s t o d e r V e r k e h r s l a s t p, P einschließlich Wind.
4. Bei statisch unbestimmten Tragwerken Zwängungskräfte infolge zeitlicher T e m p e r a t u r -
ä n d e r u n g T oder infolge Temperaturdifferenz ΔT im Querschnitt und S c h w i n d e n s, manchmal auch infolge K r i e c h e n k (vgl. Kap. 12). Diese Lastfälle werden aber nur dann behandelt, wenn daraus erfahrungsgemäß spürbare Spannungen entstehen.

Wir fassen die Lastfälle 1, 3 und 4 unter dem Begriff G e b r a u c h s l a s t zusammen.

Für die einzelnen Lastfälle werden die Spannungen ermittelt und in ungünstigster Kombination für folgende Z u s t ä n d e summiert.

5. G e b r a u c h s z u s t a n d v o r S. u. K.
   Spannungsermittlung unter Gebrauchslasten und Vorspannung unmittelbar nach dem Vorspannen, also bevor Schwinden und Kriechen des Betons die Vorspannung vermindert.

   Dieser Zustand gibt meist ohne Nutzlast die größten Druckspannungen in den vorgedrückten Zugzonen und die kleinsten Spannungen in den Druckzonen, die nicht oder nur im zugelassenen Maß in Zug übergehen dürfen.
6. B a u z u s t a n d v o r S. u. K.
   Falls beim Vorspannen das Eigengewicht noch nicht voll aufgebracht ist oder aus irgendeinem Grund nicht voll wirkt, müssen die Spannungen für Teileigengewicht + Vorspannung vor S. u. K. ermittelt werden.

   Dieser Zustand gibt größere Druckspannungen als 5. in der vorgedrückten Zugzone und gefährdet die Druckzone auf Zug. Bei zu hohen Spannungen muß hier ermittelt werden, bis zu welchem Anteil von V_0 zunächst gespannt werden darf.
7. G e b r a u c h s z u s t a n d n a c h S. u. K.
   Spannungsermittlung unter Gebrauchslasten und Vorspannung V_∞ nach S. u. K. Dieser Zustand gibt meist mit Nutzlast die größten Druckspannungen in der Druckzone und die kleinsten Spannungen (evtl. Zug) in der vorgedrückten Zugzone.

Für diese Last-Zustände 5. bis 7. müssen die Spannungen in den Grenzen der z u l ä s s i g e n S p a n n u n g e n bleiben.

Für Zugzonen des Betons ist noch zu berechnen
8. **Die Rissesicherung**
Bei beschränkter Vorspannung (größte Zugspannungen in den Zug- oder Druckzonen aus 5., 6. oder 7.) muß die schlaffe Bewehrung nachgewiesen werden, die zur Deckung der Zugspannungen und damit zur Sicherung gegen große Rißbreiten in den gezogenen Zonen nötig ist. Dieser Rechnungsgang kann in 5., 6. und 7. enthalten sein.

Da bei Lasten über den Gebrauchslasten die Betonzugzone reißt, der Querschnitt also von Zustand I in II übergeht, die Spannungen entsprechend nicht linear mit den Lasten zunehmen, muß weiter berechnet werden:

9. **Die Bruchsicherheit**
Das aufnehmbare Bruchmoment M_u muß größer sein als das geforderte, das sich aus dem geforderten Sicherheitsfaktor ν mal dem Gebrauchslastmoment ergibt. Der Sicherheitsfaktor ist in Deutschland verschieden, je nachdem der Stahl zuerst versagt ($\nu = 1{,}75$) oder der Beton ($\nu \sim 2{,}5$). Demnach ist nachzuweisen:

$$M_u > 1{,}75 \cdot M_{(g+p)}, \text{ wenn der Stahl zuerst versagt,}$$
$$M_u > 2{,}50 \cdot M_{(g+p)}, \text{ wenn der Beton zuerst versagt.}$$

Auch die Tragfähigkeit für die 1,75fachen Querkräfte $Q_{(g+p)}$ muß nachgewiesen werden (vgl. Kap. 13).

Zur baulichen Durchbildung, besonders zur Bemessung von Bewehrungen an Krafteinleitungsstellen und dgl., sind zu berechnen:

10. **Umlenk- und Spreizkräfte**
An Umlenkstellen der Spannglieder sind die Querpressung und evtl. dadurch erzeugte Spaltkräfte im Beton nachzuweisen. Außerdem ist sicherzustellen, daß die Umlenkkraft keine Querschnittsteile des Betons abreißt. An Spreizstellen von Spanngliedern sind die Spreizkräfte zu beachten.

11. **Einleitung der Spannkräfte**
Die Spalt- und Biegebewehrung an den Einleitungen der Spannkräfte (Ankerstellen der Spannglieder) ist zu bemessen (vgl. Kap. 9).

12. **Verankerung der Spannglieder**
Für die Ankerteile sind die Spannungen nachzuweisen, sofern nicht durch Erfahrung, Versuche, Zulassung oder dergleichen die Sicherheit der Verankerung ohne besondere Berechnung feststeht.

Bei der Bauausführung müssen die Verformungen des Spannstahles und des Betons bekannt sein, daher ist zu berechnen:

13. **Der Spannweg und die Reibung**
Ermittlung der Dehnlänge der Spannglieder beim Vorspannen und der elastischen (anfänglichen) Zusammendrückung des Betons, die zusammen den Spannweg ergeben.
Dabei ist der Einfluß der Reibung der Spannglieder in der Geraden, an Umlenk- oder Spreizstellen und die dadurch bedingte Abnahme der an der Spannstelle eingeleiteten Spannkraft (Stahlspannung bzw. Dehnung) zu beachten. In der Berechnung ist anzugeben, ob und wieviel die Spannkraft zur Vermeidung von Spannkraftverlusten an wichtigen Schnitten vorübergehend oder bleibend am Ende überhöht wird und welche Toleranzen etwa möglich sind.

14. **Die Verkürzung bzw. Verformung**
Die gesamte Verkürzung des vorgespannten Tragwerkes (anfängliche elastische Verkürzung + langdauernde plastische Verkürzung durch S. u. K. und Temperaturrückgang) und die Auswirkungen der Biegelinie sind zu ermitteln und die Folgen für die Lager, Stützen, Bewegungsfugen, Fahrbahnübergänge usw. zu untersuchen.

15. **Durchbiegung und Überhöhung**
Die Durchbiegung ist bei Betontragwerken infolge der Kriechvorgänge veränderlich. Sie

muß aus dem Spannungszustand für Eigengewicht (= Dauerlast) unter Beachtung des Kriechens ermittelt werden. Die bei der Herstellung des Tragwerkes vorzusehende Überhöhung hängt von dieser Durchbiegung ab, die eine Hebung oder Senkung gegenüber der spannungslosen Lage sein kann.

16. Einfluß des Verbundes

Die statische Berechnung hat zu beachten, daß sich ein Spannbetontragwerk **ohne Verbund** der Spannglieder mit dem Beton anders verhält als **mit Verbund**. Dies wirkt sich jedoch nur aus, wenn das Bauwerk ohne Verbund bleibt, und dann hauptsächlich auf die Bruchsicherheit.

Wir sagten in Kap. 6 schon, daß Tragwerke ohne Verbund wegen der geringen Bruchsicherheit nicht mehr gebaut werden sollten. Bei nachträglichem Verbund haben wir aber das Tragwerk vorübergehend im Zustand ohne Verbund und die Eigengewichtsspannungen werden dadurch beeinflußt, wenn das Eigengewicht nicht schon beim Vorspannen wirksam wird. Dieser Einfluß ist meist vernachlässigbar. Eine einfache Berechnungsmethode für den Zustand ohne Verbund wird in Kap. 11.41 angegeben.

11.2 Die Grundlagen der statischen Berechnung

11.21 Allgemeines

Für Spannbeton gibt es keine besondere Statik! Die bekannten Methoden können sinngemäß angewandt werden. Deshalb wird hier nur mitgeteilt, wie man nach den bisherigen praktischen Erfahrungen zweckmäßig vorgeht, um vorgespannte Tragwerke mit bekannten Mitteln statisch zu berechnen. Bei vorgespannten statisch unbestimmten Tragwerken stimmen die üblichen Methoden sogar besser mit der Wirklichkeit überein als bei Stahlbeton, weil der ganze Betonquerschnitt wirksam bleibt und der sprunghafte Wechsel des Verformungsmoduls beim Übergang vom Zustand I zum gerissenen Zustand II wegfällt, solange man keine zu hohen Betonzugspannungen zuläßt. Nur die Schwind- und Kriechverformungen des Betons können bei den in Kap. 12.4 näher behandelten Fällen zu Abweichungen von den normalen Schnittkräften führen.

Das statische System ist der Wirklichkeit entsprechend anzunehmen. Man darf also nicht frei drehbare Lagerung voraussetzen, wenn Einspanngrade vorhanden sind, weil sonst an den Einspannstellen Risse entstehen, sobald die von der Vorspannung erzeugten Verformungen sich einstellen wollen. Dies gilt besonders bei Platten, deren Randbedingungen annähernd richtig in die Berechnung eingesetzt werden müssen, wenn man die gewünschte Wirkung — Beseitigung der Betonzugspannungen — erreichen will. Dabei genügt es meist, wenn der Einspanngrad geschätzt wird.

Für alle Lastfälle einschließlich der Vorspannung ist stets das gleiche statische System beizubehalten. Wenn das System jedoch durch bauliche Maßnahmen verändert wird, dann ist diese Änderung selbstverständlich zu berücksichtigen, auch im Hinblick auf die Änderung der Schnittkräfte durch Kriechen (vgl. Kap. 12.4).

Auch veränderliche Trägheitsmomente J müssen mehr als im Stahlbetonbau berücksichtigt werden. Sie wirken sich oft beachtlich auf die statisch unbestimmten Größen aus.

> Wir spannen mit sehr großen Kräften vor und lassen hohe Spannungen zu. Eine Näherungsannahme im System, J oder F, die bei Stahlbeton ganz unbedenklich wäre, kann daher bei Spannbeton das gerechnete Spannungsbild ganz umwerfen und ernsthafte Schäden zur Folge haben. Es ist schon vorgekommen, daß mangelhaft bemessene Spannbetonbalken beim Vorspannen explosionsartig in die Luft flogen. Dies sollte jedem bei seinen rechnerischen Annahmen vor Augen stehen!

11.22 Spannkräfte

Die **Spannkräfte** sind statisch wie **äußere Kräfte** zu behandeln, die unter sich im Gleichgewicht stehen, also beim statisch bestimmten System keine Auflagerreaktionen (zusätzlich zu denen aus Eigengewicht oder Nutzlast) erzeugen. Die Vorspannung erzeugt daher nach der auf S. XXVII gegebenen Definition einen „Eigenspannungszustand".

11.221 Spannkräfte bei Spannbettvorspannung

Bei Vorspannung im Spannbett muß zwischen der Kraft $V^{(0)}$, mit der die Spanndrähte im Spannbett zunächst angespannt und verankert werden, und der nach dem Lösen der Drähte auf den erhärteten Beton wirkenden Spannkraft V_0 unterschieden werden. Für die Spannung der Spanndrähte $\sigma_{zv}^{(0)}$ infolge der Spannbett-Spannkraft $V^{(0)}$ gelten erhöhte zul. Werte, und zwar darf sein

$$\sigma_{zv}^{(0)} = \frac{V^{(0)}}{F_z} \leqq 0{,}8\,\beta_{0,2}.$$

Wird die Kraft $V^{(0)}$ nach dem Erhärten des Betons durch Lösen der Spannbettverankerung frei, dann wirkt sie auf den Verbundquerschnitt F_i

$$F_i = F_b + (n-1)\,F_z = F_n + n\,F_z.$$

(vgl. Kap. 11.3), der eine elastische Zusammendrückung erfährt. Die Spanndrähte verkürzen sich um das gleiche Maß, woraus folgt, daß ihre Spannung abnimmt, die wirksame Vorspannkraft V_0 ist also kleiner als die Spannbettkraft $V^{(0)}$ (Bild 11.1).

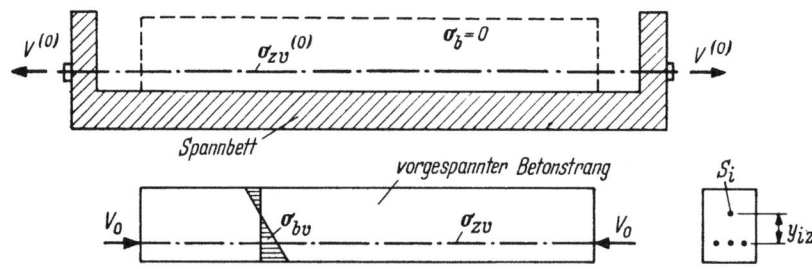

Bild 11.1 Vorspannkraft $V^{(0)}$ am Spannbett

Für den **geraden, zentrisch vorgespannten Stab** läßt sich die nach dem Umsetzen noch wirksame Vorspannkraft V_0 wie folgt ableiten:

Die Zusammendrückung ε_{bv} des Betons ist nach Abschluß des Umlagerungsvorganges gleich der Differenz der Dehnungen im Spannstahl infolge $V^{(0)}$ — also $\varepsilon_{zv}^{(0)}$ — und infolge der verbleibenden Spannkraft V_0 — also ε_{zv} —

$$\varepsilon_{bv} = \varepsilon_{zv}^{(0)} - \varepsilon_{zv} \qquad 11.(1)$$

(ohne Vorzeichen!)

Die nötige Beziehung zwischen ε_{bv} und V_0 ergibt sich aus der Integration von $\sigma_{bv} = \varepsilon_{bv} \cdot E_b$ über die Nettofläche des Betonquerschnittes:

$$\varepsilon_{bv} = \frac{\sigma_{bv}}{E_b} = \frac{V_0}{F_n \cdot E_b}.$$

Für die Spannbettdehnung galt

$$\varepsilon_{zv}^{(0)} = \frac{V^{(0)}}{F_z \cdot E_z},$$

entsprechend ist die unter V_0 noch im Spannstahl verbleibende Dehnung

$$\varepsilon_{zv} = \frac{V_0}{F_z \cdot E_z}.$$

Werden die Größen in Gl. 11.(1) eingesetzt, dann wird

$$\frac{V_0}{F_n \cdot E_b} = \frac{V^{(0)}}{F_z \cdot E_z} - \frac{V_0}{F_z \cdot E_z},$$

woraus sich nach Ordnen und Einsetzen von $n = \dfrac{E_z}{E_b}$ und $F_i = F_n + n \cdot F_z$ ergibt:

$$V_0 = V^{(0)} \frac{F_n}{F_n + n \cdot F_z} = V^{(0)} \frac{F_n}{F_i} \qquad 11.(2)$$

Die Spannungen nach dem Umsetzen sind daraus einfach abzuleiten und anzuschreiben

$$\sigma_{bv} = \frac{V_0}{F_n} = \frac{V^{(0)}}{F_i} \qquad 11.(3)$$

$$\sigma_{zv} = \sigma_{zv}^{(0)} - n\,\sigma_{bv} = \frac{V_0}{F_z} = \sigma_{zv}^{(0)} \frac{F_n}{F_i} \qquad 11.(4)$$

Bei ausmittig liegenden Spanngliedern gilt entsprechend

$$\begin{aligned}\sigma_{bv} &= \frac{V^{(0)}}{F_i} - \frac{y_{iz} V^{(0)}}{J_i} y_i \\ \sigma_{zv} &= \sigma_{zv}^{(0)} - n \cdot \sigma_{bv} \\ V_0 &= \sigma_{zv} F_z\end{aligned} \qquad 11.(5)$$

Diese Spannungen des ausmittig vorgespannten Stabes entsprechen der Annahme, daß sich der vorgespannte Betonstrang gewichtslos entsprechend der exzentrischen Kraft krümmen kann. In Wirklichkeit wirkt sofort das Eigengewicht mehr oder weniger ganz, je nach der Länge und damit der sich einstellenden Spannweite. Zu σ_{zv} kommt dann gleich $\sigma_{zg} = n \cdot \sigma_{bg}$ ganz oder teilweise hinzu. Es wirkt ganz, sobald der Strang in die vorgesehenen Balkenlängen unterteilt ist und diese sich frei spannen.

Die Spannkraft V_0 nach Gl. 11.(2) und 11.(5) wird als äußere Kraft zur Bestimmung der Schnittkräfte angesetzt. Sie ist über die ganze Länge des Trägers gleich.

Sind Spanngliedstränge im Spannbett umgelenkt, dann wirken **Umlenkkräfte** wie in Kap. 11.222 beschrieben, jedoch im allgemeinen ohne Reibungskräfte.

11.222 Spannkräfte beim Vorspannen gegen erhärteten Beton

Die Größe der Spannkraft V_0 wird hier an der Spannstelle am Anker, der sich auf den erhärteten Beton abstützt, erzeugt. Sie ist nicht in allen Schnitten gleich, wenn Reibungskräfte sie beim Spannen vermindern (vgl. Kap. 7).

Die Spannkräfte wirken an ihren Ankerstellen in der Richtung der Spanngliedachse und erzeugen an jeder Umlenkung **Umlenk- und Reibungskräfte**, die ebenfalls als **äußere Kräfte** zu behandeln sind, auch wenn die Spannglieder im Beton liegen (Bild 11.2). Die Richtung der Reibungskräfte hängt von der Spannrichtung ab. Man vernachlässigt die Reibungskräfte, wenn ihre Summe klein ist (zweckmäßige Grenze $0{,}05\,V_0$). Sind sie größer, so

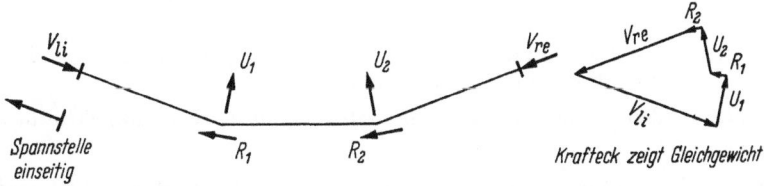

Bild 11.2 Umlenk- und Reibungskräfte in ihrer Wirkung auf den Beton

berücksichtigt man sie durch Verminderung der rechnungsmäßigen Spannkraft nach Kap. 7, ohne die Auswirkung der einzelnen Reibungskräfte an ihren Angriffsstellen auf das Tragwerk zu verfolgen.

Die **Umlenkkräfte** wirken in der Winkelhalbierenden, Bild 11.3, wenn man von der Reibung absieht. Es ist dann [1]

$$U = 2V \sin \frac{\varphi}{2} \approx V \operatorname{arc} \varphi \qquad 11.(6)$$

und bei kreisförmiger Krümmung mit Halbmesser r (Bild 11.3)

$$u = \frac{V}{r} = \frac{V \, d\varphi}{ds} \qquad 11.(7)$$

Bei normalen Balkentragwerken begeht man keinen merklichen Fehler, wenn man die waagerechten Komponenten der Umlenkkräfte $U \cdot \sin \varphi$ vernachlässigt (Nachweis siehe [161]) und nur mit der Vertikalkomponente rechnet oder sogar bei kleinen Winkeln φ (schlanke Führung der Spannglieder) einfach die Umlenkkraft U als vertikal annimmt. Bei kreisförmiger Krümmung setzen wir dann

$$u = \frac{V}{r} \text{ als gleichmäßig verteilt wirkende Kraft ein.}$$

Auch bei **parabelförmiger** Führung der Spannglieder kann man mit gleichförmig verteilter lotrechter Umlenkkraft

$$u = \frac{V \cdot 8f}{l^2} \qquad 11.(8)$$

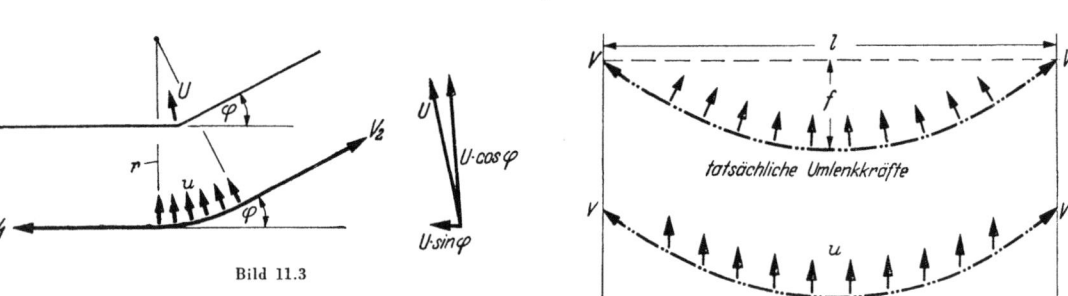

Bild 11.3

Bild 11.4 Die übliche Näherung vernachlässigt die Horizontalkomponenten der Umlenkkräfte und setzt für Parabelform des Spanngliedes $u = \text{const.}$

(Bild 11.4) als ausreichender Näherung rechnen. Die Parabel ergibt zwar unter gleichmäßiger lotrechter Last gleiche Horizontalkomponenten der Seilkraft, während bei der Vorspannung (reibungslos) nicht V_H, sondern V gleich ist. Spannt man von beiden Enden, dann nimmt V bis zum Parabelscheitel ab. Zur Verbesserung der Näherung sollte man als Spannkraft diejenige Kraft einsetzen, die nach Abzug der Reibungskräfte in der Mitte der Parabel, also am Parabelscheitel vorhanden ist, weil die dort wirksamen Umlenkkräfte meist mit dem größten Hebelarm gegenüber den Stützpunkten angreifen und daher für die Größe der Momente ausschlaggebend sind.

Die Pfeilhöhe f gilt für die Parabel zwischen den Stützpunkten, bei durchlaufenden Spanngliedern zwischen den Endtangenten über den Stützpunkten.

Mit diesen vereinfachenden Annahmen wird die Behandlung der Umlenkkräfte besonders einfach.

---

[1] Da φ meist klein, wählen wir diese Näherung, zudem die Summe der Winkel benützt wird, um die gesamte Reibung zu rechnen.

Sobald $\frac{f}{l} > \frac{1}{12}$ sollte man den Einfluß der Neigung der Umlenkkräfte berücksichtigen.

Die **Verluste der Spannkraft** im Laufe der Zeit rühren bekanntlich von den Verkürzungen des Betons durch **Schwinden** und **Kriechen** her. Diese sind theoretisch fast an jeder Stelle verschieden, weil besonders das Kriechen von den örtlichen Spannungen abhängt. Damit wird auch die Verminderung der Spannkraft, die wir dabei als Schnittkraft Z_z betrachten und Z_{s+k} nennen, bei Verbund unterschiedlich. Da die Erfassung dieser variablen Veränderung von Z_z z. B. bei statisch unbestimmten Tragwerken praktisch kaum möglich ist und die Auswirkung der Veränderlichkeit in vernachlässigbaren Grenzen liegt, wird meist ein gleicher Spannkraftverlust für das ganze Bauwerk durch Einführung der Spannkraft $V_\infty < V_0$ angenommen. Den Spannkraftverlust errechnet man aus dem unter $g+v$ in der Spanngliedachse am meisten gedrückten Querschnitt. Es steht aber nichts im Weg, für jeden Querschnitt den dort zu erwartenden Spannkraftverlust getrennt zu berechnen (vgl. Kap. 12.18).

11.3 Ermittlung der Querschnittswerte

Allgemein ist zu sagen, daß bei Spannbetontragwerken **keine Querschnittsteile vernachlässigt** werden dürfen, weil sich sonst ein unzutreffendes Spannungsbild ergibt. Für die **mitwirkende Breite von Platten** an Plattenbalken oder Hohlkasten zur Aufnahme der Biegemomente gilt also nicht die Formel der DIN 1045, § 25,2, sondern die tatsächlich mitwirkende Breite, wie sie sich z. B. nach *G. Brendel* [440] ergibt. Untersuchungen über die mitwirkende Plattenbreite bei Spannbeton finden wir auch in [273] und [322]. Innerhalb der Einleitungslänge kann man die wirksame Plattenbreite etwa nach Bild 11.5 annehmen. Dabei ist vorausgesetzt, daß die Platte so dick oder quer so ausgesteift ist, daß keine Beulgefahr besteht, was bei Betontragwerken im allgemeinen zutrifft.

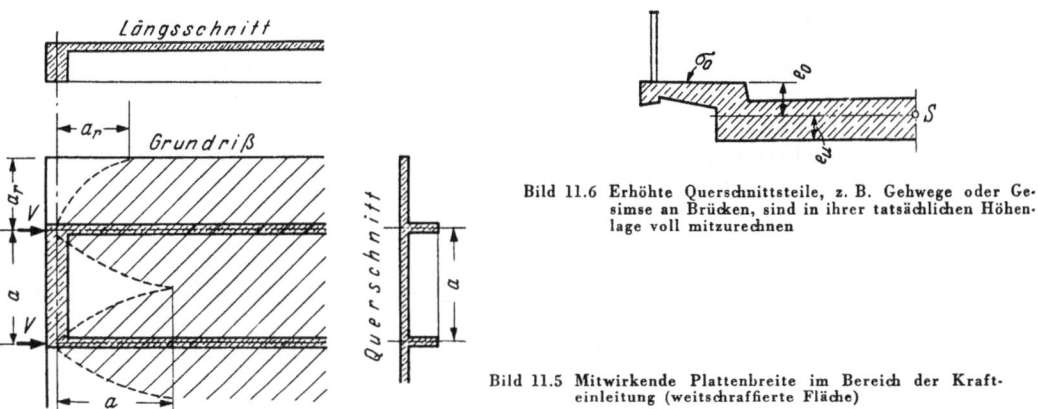

Bild 11.6 Erhöhte Querschnittsteile, z. B. Gehwege oder Gesimse an Brücken, sind in ihrer tatsächlichen Höhenlage voll mitzurechnen

Bild 11.5 Mitwirkende Plattenbreite im Bereich der Krafteinleitung (weitschraffierte Fläche)

Die **Höhenlage** aller Querschnittsteile ist der Wirklichkeit entsprechend zu berücksichtigen. Bei Brücken darf z. B. der erhöhte Gehweg oder Schrammbord nicht einfach weggeschnitten werden, wie dies manchmal geschieht. Dieser Querschnittsteil ist in seiner tatsächlichen Höhenlage mitzurechnen (Bild 11.6).

Für Bauwerke, die nicht hochgradig vorgespannt sind (Betonspannungen nirgends $> 0{,}6 \cdot$ zul σ), oder wenn $F_{Gl} + F_e$ (vgl. Kap. 11.34) im Vergleich zum F_b des bewehrten Teiles von der Schwerlinie ab klein ist (etwa $< 1\%$), genügt es, mit den Bruttoquerschnittswerten F, J und W des Betonquerschnittes ohne Gleitkanäle und ohne Stahleinlagen zu rechnen. Man kann sich dann die Ermittlung der Netto- und ideellen Werte sparen.

11.31 Bauteile mit Spannbettvorspannung

Für die statische Berechnung braucht man die ideellen Querschnittswerte unter Mitwirkung der Stahleinlagen, weil von Anfang an Verbund besteht.

F_i = ideeller Querschnitt = Betonquerschnitt F_b plus $(n-1)$facher Stahlquerschnitt, wobei der gespannte und schlaffe Stahl eingesetzt wird. Für n ist derjenige Wert zu nehmen, der sich aus den Elastizitätsmoduln der zur Verwendung gelangenden Baustoffe ergibt.

Zur Ermittlung der Spannungen infolge der Biegemomente werden entsprechend die ideellen Trägheitsmomente und Widerstandsmomente berechnet.

J_i, W_i = ideelle Werte wie bei F_i, also mit $(n-1)$fachen Stahleinlagen.

Sämtliche Stahleinlagen erfahren dank des Verbundes eine der Betonspannung gleichgerichtete, jedoch n-fach größere Spannung.

11.32 Nach dem Erhärten des Betons vorgespannte Bauteile

Wenn der Querschnitt der Stahleinlagen im Verhältnis zum Betonquerschnitt der Zugzone gering ist, dann genügen die Querschnittswerte der Betonquerschnitte (Bruttoquerschnitte) allein. Für im Verhältnis große Stahleinlagen und für genaue, materialsparende Berechnungen braucht man außer den ideellen Werten noch die Querschnittswerte des Betons ohne Berücksichtigung der Stahleinlagen, die Nettoquerschnittswerte, bei denen die Querschnittsflächen der Gleitkanäle F_{Gl} der Spannglieder abzuziehen sind, also nicht nur die Querschnittswerte des Spannstahles, weil bei der Vorspannung diese Gleitkanäle noch hohl sind. Diese Werte sind für ständige Last + Vorspannung maßgebend.

Bei den ideellen Querschnittswerten sind nur die $(n-1)$fachen Querschnittsflächen des Stahles einzusetzen, während die mit Einpreßmörtel ausgefüllten Hohlräume der Gleitkanäle als Betonquerschnitte behandelt werden, die nach dem Verbund wirksam werden.

Diese Werte gelten für alle Nutzlasten oder andere Lastfälle (auch T), die nach Herstellung des Verbundes Spannungen erzeugen, für S. u. K. gelten die Angaben im Kap. 12.

11.33 Vorgespannte Betonbauteile ohne Verbund

Die Vorspannkräfte wirken auf die Netto-Betonquerschnitte F_n. Ideelle Querschnittswerte unter Mitwirkung des Stahles dürfen wegen des fehlenden Verbundes nicht angewandt werden. Das Spannglied wird als reibungslos im Gleitkanal liegendes Zugband betrachtet und seine Spannungsänderungen unter Last ergeben sich aus den Verträglichkeitsbedingungen der Dehnungen nach Kap. 11.41.

11.34 Zweckmäßige Anordnung der Berechnung der Querschnittswerte

Man faßt die Hohlräume der Gleitkanäle und die Spannstähle je als Rechteck in richtiger Schwerpunktlage zusammen (Bild 11.7) und erhält dann:

F_b = gesamte Querschnittsfläche des Betons ohne Abzug der Stahlquerschnitte
F_{Gl} = Fläche des Gleitkanales oder der Gleitkanäle
F_z = Querschnittsfläche des Spannstahles
F_e = Querschnittsfläche der schlaffen Bewehrung, kann meist vernachlässigt werden
F_n = $F_b - F_{Gl}$ bzw. = $F_b - F_e - F_{Gl}$ (Nettoquerschnittsfläche des Betons)
F_i = $F_b + (n-1) F_z$ oder = $F_b + (n-1)(F_z + F_e)$ bzw. = $F_n + n(F_e + F_z)$

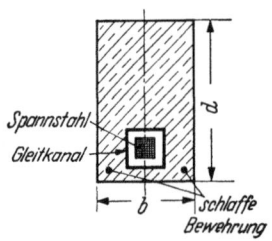

Bild 11.7

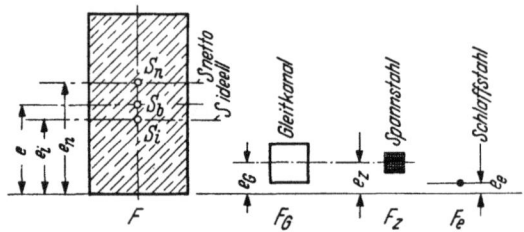

Bild 11.8 Schwerpunkte und Abstände

J = Trägheitsmoment des ganzen Querschnittes
$J_z \sim 0$ ⎫ Die Eigenträgheitsmomente der kleinen Querschnittsflächen der Spannstähle und
$J_{Gl} \sim 0$ ⎭ Gleitkanäle werden vernachlässigt.
J_i = ideelles Trägheitsmoment

Alle Hebelarme werden am besten auf die untere Kante bezogen (Bild 11.8).
e = Abstand bis Schwerlinie von F_b
e_{Gl} = Abstand bis Schwerlinie Gleitkanal F_{Gl}
e_z = Abstand bis Schwerlinie Spannstahl F_z
e_e = Abstand bis Schwerlinie schlaffe Bewehrung F_e
e_n = Abstand bis Schwerlinie Nettoquerschnitt F_n
e_i = Abstand bis Schwerlinie ideeller Querschnitt F_i.

Mit diesen Bezeichnungen rechnet man nun nach folgendem Schema:

Nettowerte

$$F_n = F_b - F_{Gl}$$

$$e_n = \frac{F_b \cdot e - F_{Gl} \cdot e_{Gl}}{F_n}$$

$$J_n = J_b + F_b(e_n - e)^2 - F_{Gl}(e_n - e_{Gl})^2$$

$$W_{on} = \frac{J_n}{d - e_n}$$

$$W_{un} = \frac{J_n}{e_n}$$

Ideelle Werte

$$F_i = F_b + (n-1)F_z$$

$$e_i = \frac{F_b \cdot e + (n-1)F_z \cdot e}{F_i}$$

$$J_i = J_b + F_b(e_i - e)^2 + (n-1)F_z(e_i - e_z)^2$$

$$W_{oi} = \frac{J_i}{d - e_i}$$

$$W_{ui} = \frac{J_i}{e_i}.$$

11.4 Ermittlung der Schnittkräfte

Allgemeines

Die Schnittkräfte werden bei Balken auf Schnitte bezogen, die rechtwinklig zur Achse oder zu einer Gurtkante (meist der unteren) liegen. Bei Bogen und Rahmen werden Schnitte rechtwinklig zur Schwerlinie bevorzugt. Es wirken bei Spannbetontragwerken

stets: Längskraft = Komponente der Spannkraft N_v rechtwinklig zum Schnitt und andere Längskräfte aus äußeren Lasten oder Reaktionen;

meist: Biegemomente aus Vorspannung M_v, Eigengewicht M_g und Nutzlast M_p;

meist: Querkräfte entsprechend Q_v, Q_g, Q_p;

manchmal: Torsionsmomente M_{Tv}, M_{Tg}, M_{Tp}.

Die Ermittlung der Schnittkräfte infolge der Lasten g und p, P wird als bekannt vorausgesetzt. Den „Lastfall Vorspannung" wollen wir jedoch im einzelnen behandeln, er führt zu den Schnittkräften N_v, M_v und Q_v, die zum Zeitpunkt 0, also vor S. u. K. größer sind als zum Zeitpunkt ∞, nachdem S. u. K. Spannkraftverluste verursacht haben. Mancherorts wird ein „Lastfall Schwinden und Kriechen" angesetzt. Da aber beide Wirkungen nichts mit „Lasten" zu tun haben, wollen wir besser zwei Lastfälle Vorspannung, nämlich infolge V_0 und V_∞, betrachten. Reibung der Spannglieder wird, falls erforderlich, durch die nach Kap. 7 verminderte Vorspannkraft berücksichtigt. Die Schnittkräfte infolge der verschiedenen Ursachen werden durch einfache Addition zu den Maximal- und Minimalwerten überlagert, da wir für die Gebrauchslasten das geradlinige Superpositionsgesetz (elastischer Bereich der Spannungen) als genügend genau voraussetzen dürfen.

Bei Vorspannung o h n e V e r b u n d können wir den Lastfall Vorspannung nicht isoliert betrachten, weil sich die Vorspannung bei Belastung, z. B. durch Eigengewicht, ändert. Diesen Ausnahmefall stellen wir voran. Er wird selten gebraucht, nämlich nur, wenn das Eigengewicht beim Spannen nicht durch die Verformung des Tragwerkes wirksam wird oder durch Senken des Gerüstes wirksam gemacht wird, und wenn gleichzeitig ein Stahl mäßiger Festigkeit verwendet wurde, bei dem die Änderung von V durch g einen erheblichen Anteil der zulässigen Spannung ausmacht, so daß beim Spannen eine Spannungsreserve gelassen werden muß. In allen anderen Fällen setzen wir Verbund voraus und berücksichtigen bei nachträglichem Verbund das anfängliche Fehlen des Verbundes, indem wir die Netto-Querschnittswerte ansetzen, sofern diese sich merklich von den F_b, J_b unterscheiden.

11.41 Schnittkräfte am statisch bestimmt gelagerten Tragwerk bei Vorspannung ohne Verbund (nur anwenden, wenn kein nachträglicher Verbund)

Im Tragwerk ohne Verbund denken wir uns das Spannglied reibungslos gegenüber dem Beton und nur an den Enden mit ihm verankert. Der Balken mit geradem Spannglied ist also wie ein Rahmen mit Zugband, der Balken mit parabolischem Spannglied wie ein unterspannter Balken mit stetiger Stützung zu behandeln (Bild 11.9). Eine Last q ändert die Spannglied-Spannung auf die ganze Länge gleichmäßig. Zu der beim Vorspannen erzeugten Spannung σ_{zv} kommt also die Spannung σ_{zq} hinzu.

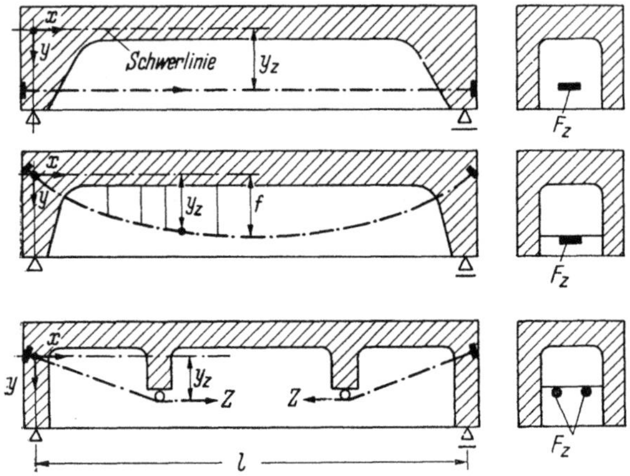

Die Spanngliedkraft Z an einer Schnittstelle ist als die statisch überzählige Größe zu betrachten. Die Verschiebungen der Schnittufer des Betons in Höhe und Richtung des Spanngliedes

δ_{b1} infolge $Z = 1$
δ_q infolge der Last q

und die des Spannstahles

δ_{z1} infolge $Z = 1$

ergeben in bekannter Weise die Unbekannte

$$Z_q = \frac{-\delta_q}{\delta_{b1} + \delta_{z1}}. \qquad 11.(9)$$

Bild 11.9 Schematische Skizzen für den einfachen Balken mit Vorspannung ohne Verbund

Mit den Vereinfachungen $Z_H = Z$ und $l_z = l$ werden die Verschiebungen

$$\delta_{b1} = \int_0^l \frac{y_z^2}{E_b J_b} dx + \frac{l_z}{E_b F_b} \qquad 11.(10a)$$

$$\delta_{z1} = \frac{l_z}{E_z F_z} \qquad 11.(10b)$$

$$\delta_{bq} = -\int_0^l \frac{M_q^0 y_z}{E_b J_b} dx \qquad 11.(11)$$

damit errechnen wir Z_q oder für Eigengewicht Z_g nach Gleichung 11.(9).
Wenn das Eigengewicht g erst nach dem Vorspannen mit V zur Wirkung kommt, dann ist die Spanngliedkraft

$$Z = Z_v + Z_g \qquad 11.(12)$$

und die Spanngliedspannung muß daher beim Vorspannen eine Reserve für σ_{zg}, evtl. auch für σ_{zp} aufweisen, da

$$\sigma_{zv} + \sigma_{zg} + \sigma_{zp} \leqq \text{zul } \sigma_z \text{ sein muß.}$$

σ_{zp} wird meist vernachlässigt, da σ_z durch S. u. K. in kurzer Zeit mehr absinkt als σ_{zp} ausmacht. Infolge Z wirkt am Balken das Moment $M_z = Z y_z$, das den M_g^0- oder M_q^0-Momenten zu überlagern ist.

Die Betonspannung im Balken in der Faser mit Abstand y von der Schwerachse wird also

$$\sigma_{b\,(v+q)} = \frac{M_q{}^0 - (Z_v + Z_q)\,y_z}{J_b}\,y - \frac{(Z_v + Z_q)}{F_b} \qquad 11.(13)$$

H. Rüsch [511] gibt für Z_g noch eine Näherungsformel an:

$$Z_g = \sim \frac{n}{2}\,\frac{M_g}{J_b}\,y_z F_z \qquad 11.(9\,a)$$

dabei ist $n = \dfrac{E_z}{E_b}$, M_g = Größtmoment in $l/2$, z. B. $M_g = \dfrac{g\,l^2}{8}$, und y_z = Spanngliedabstand in $l/2$.

Die Näherung entsteht durch Vernachlässigung der Betonkürzung $\sigma_{b\,1}$, sie stimmt bei parabelförmigem Spannglied gut mit dem genaueren Wert überein.

Bei Verbund ergibt sich Z_g aus $\sigma_{z\,g} = n \cdot \sigma_b$

$$\sigma_b = \frac{M_g}{J_b}\,y_z, \quad \text{somit} \quad Z_g = n\,\frac{M_g}{J_b}\,y_z F_z,$$

d. h. doppelt so groß wie ohne Verbund.

Wiederholte Vergleichsberechnungen zeigten aber, daß bei sofortigem Einstellen von $V_0 = F_z \cdot \text{zul}\,\sigma_z$ beim Vorspannen, selbst bei zunächst nur teilweisem Wirken von g, die Spannungen nach dem Freisetzen des Tragwerkes (g wirkt dann ganz) praktisch gleich groß sind, einerlei ob man ohne Verbund oder gleich mit Verbund nach Kap. 11.42 gerechnet hat. Dieser Abschnitt wurde daher nur der Vollständigkeit wegen aufgenommen. Es muß als unnötige Erschwernis betrachtet werden, wenn die Lastfälle Vorspannung und Eigengewicht mit einem innerlich statisch unbestimmten System gerechnet werden. Entsprechend wird auch auf die Behandlung äußerlich statisch unbestimmt gelagerter Tragwerke ohne Verbund verzichtet.

11.42 Schnittkräfte infolge V an statisch bestimmt gelagerten Tragwerken. Vorspannung mit Verbund

Beim statisch bestimmt gelagerten Tragwerk ist die Bestimmung der Schnittkräfte aus Vorspannung besonders einfach:

Mit den Bezeichnungen des Bildes 11.10 wirkt durch die an der rechtwinkligen Schnittstelle im Winkel φ gegen die Schwerachse geneigte Spannkraft V (als Druckkraft im Beton **negativ**)

$$\left.\begin{array}{l}\text{1. die Längskraft} \quad N_v = V \cdot \cos\varphi = V_H, \\ \text{2. das Biegemoment}\; M_v = y_z \cdot V \cdot \cos\varphi = y_z \cdot V_H, \\ \text{3. die Querkraft} \quad Q_v = V \cdot \sin\varphi = V_V \cdot\end{array}\right\} \qquad 11.(14)$$

Greifen mehrere Spannglieder mit $V_1, V_2, V_3 \ldots$ an, so sind sie zu addieren, falls nicht von

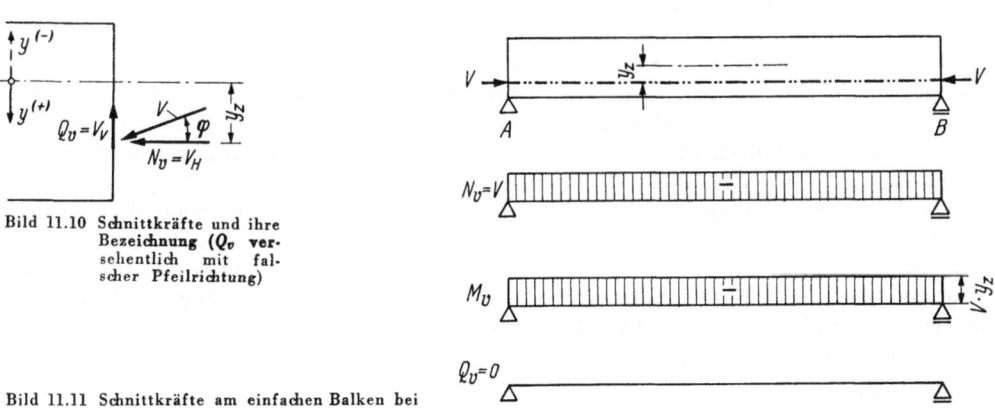

Bild 11.10 Schnittkräfte und ihre Bezeichnung (Q_v versehentlich mit falscher Pfeilrichtung)

Bild 11.11 Schnittkräfte am einfachen Balken bei geradlinigem Spannglied

vornherein ΣV im Schwerpunkt der V mit der zugehörigen resultierenden Neigung eingesetzt wird. Der letztere Weg ist stets zweckmäßig, falls nicht ein Teil der Spannglieder zwischenverankert ist.

Die Vorspannkraft wird so gewählt, daß bei positivem M_g und M_p das M_v negativ und im allgemeinen größer als M_g wird.

Die Gleichungen der Schnittkräfte aus Vorspannung N_v, M_v und Q_v gelten für alle Schnitte gleich. Ist das Spannglied parallel zur Balkenachse, so wird gemäß Bild 11.11

$$\left. \begin{array}{l} N_v = V \\ M_v = V \cdot y_z \\ Q_v = 0 \end{array} \right\} \qquad 11.(15)$$

Für das parabelförmige Spannglied nehmen wir, wie schon unter Kap. 11.22 gesagt, auf die ganze Spanngliedlänge $V_H \approx V$ und $u = \dfrac{V \cdot 8 f}{l^2} = $ const. an, sofern der Parabelpfeil $f < l/12$ ist, und erhalten so die Schnittkräfte sehr einfach gemäß Bild 11.12. Die Endmomente $M_{A,v}$ und $M_{B,v}$ werden zu Null, wenn das Spannglied in der Schwerachse verankert ist.

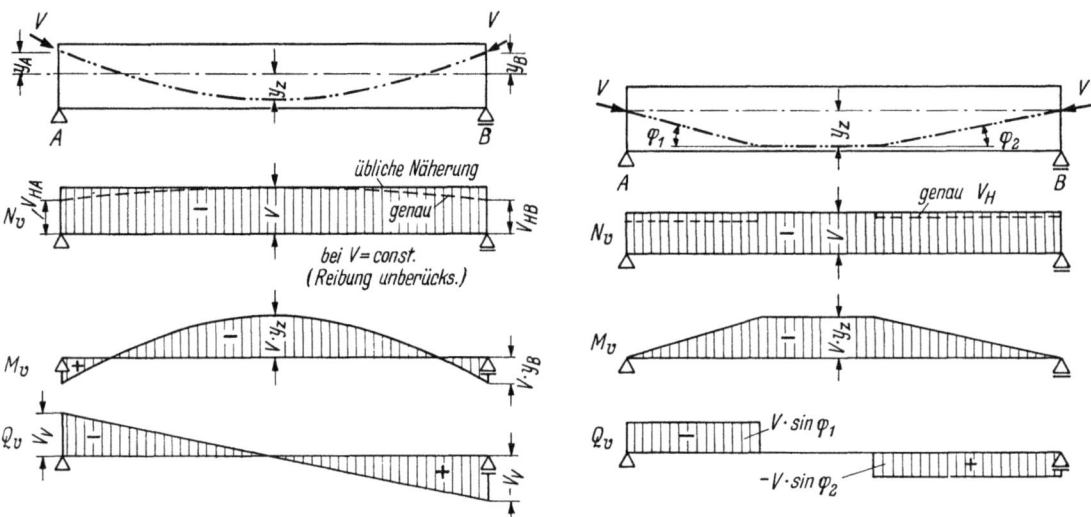

Bild 11.12 Schnittkräfte am einfachen Balken bei parabelförmigem Spannglied (y_z über der Schwerlinie negativ!)

Bild 11.13 Schnittkräfte am einfachen Balken bei polygonförmigem Spannglied (y_z über der Schwerlinie negativ!)

Ist das Spannglied polygonartig gekrümmt, dann haben wir zum Beispiel Schnittkräfte gemäß Bild 11.13, wobei wieder $V_H \approx V$ gesetzt wird, wenn die Neigung nicht zu groß ist. Bei Q_v berücksichtigen wir dagegen die Neigung von V genau.

Zwischenverankerte Spannglieder wirken natürlich nur zwischen den Ankerstellen, an denen die Spannkraft V angreift. Ein Beispiel zeigt Bild 11.14. Es wird auch auf Bild 10.12 verwiesen. An jedem Zwischenanker erfahren die Schnittkräfte sprunghafte Veränderungen. Im Schnitt x, in dem die Spannkraft verankert ist, wirkt natürlich nicht sofort das volle N_x, M_x oder Q_x. Es bedarf vielmehr des Einleitungsbereiches, der ungefähr d lang ist, bis die Schnittkräfte nach der Stab-Biegetheorie angesetzt werden dürfen. Im Einleitungsbereich darf die N-, Q-, oder M-Linie abgerundet werden, wie dies im Bild dargestellt ist. Die Spannungsstörungen durch die örtliche Krafteinleitung sind zu beachten und getrennt nach Kap. 9 zu untersuchen, weil sie mit den Schnittkräften der Balkentheorie nicht erfaßt werden.

Die Bilder 11.15 und 11.16 zeigen zwei andere Beispiele von zwischenverankerten Spanngliedern am einfachen Balken.

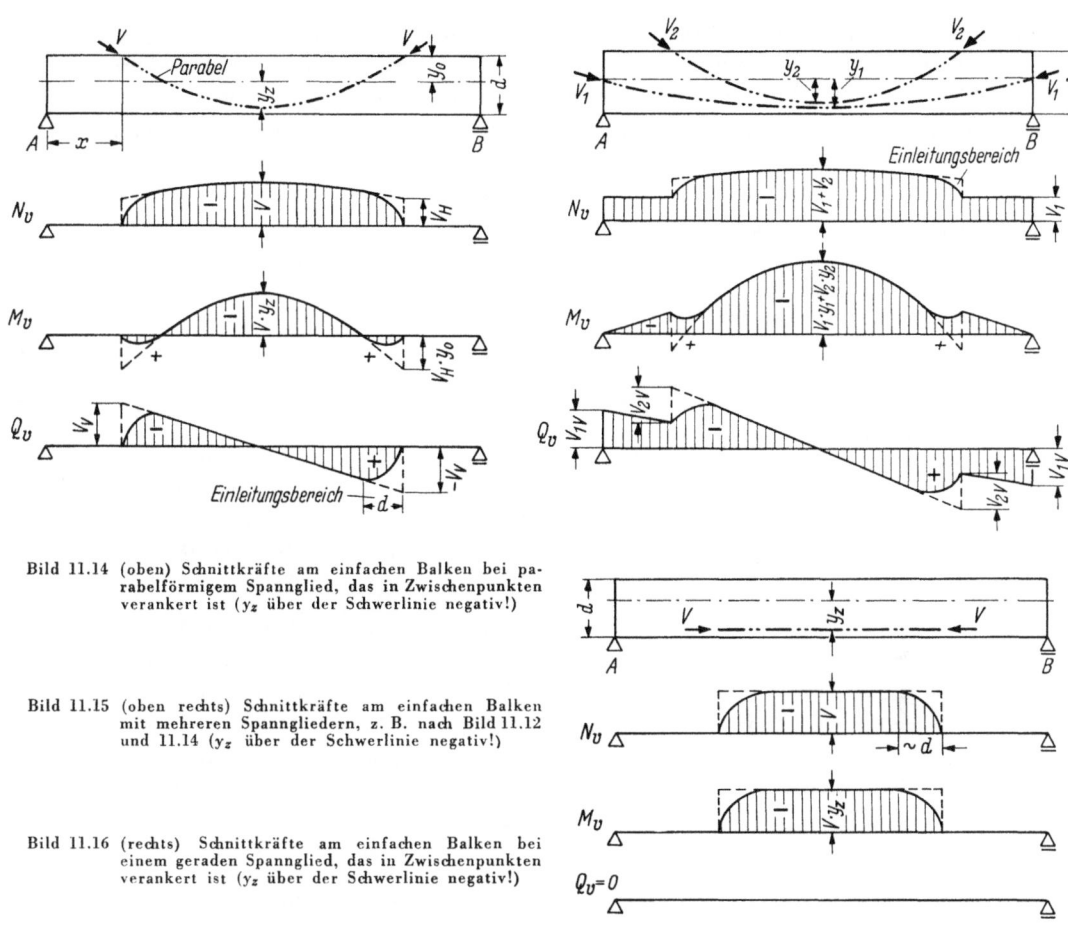

Bild 11.14 (oben) Schnittkräfte am einfachen Balken bei parabelförmigem Spannglied, das in Zwischenpunkten verankert ist (y_z über der Schwerlinie negativ!)

Bild 11.15 (oben rechts) Schnittkräfte am einfachen Balken mit mehreren Spanngliedern, z. B. nach Bild 11.12 und 11.14 (y_z über der Schwerlinie negativ!)

Bild 11.16 (rechts) Schnittkräfte am einfachen Balken bei einem geraden Spannglied, das in Zwischenpunkten verankert ist (y_z über der Schwerlinie negativ!)

11.43 Schnittkräfte an statisch unbestimmten Tragwerken

11.431 Die Wirkung der Vorspannung auf die statisch unbestimmten Größen

Die Vorspannkräfte verformen das Tragwerk. Bei statisch bestimmter Lagerung ist diese Verformung frei möglich, d. h. sie wird durch die Lagerung nicht behindert und verändert deshalb auch die Auflagerkräfte nicht.

Bei statisch unbestimmter Lagerung dagegen paßt das verformte, gewichtslos gedachte Tragwerk meist nicht mehr auf seine Lagerpunkte. Wir machen dies am Zweifeldbalken klar: Spannt man diesen mit unten liegendem geraden Spannglied vor, so wölbt er sich nach oben und hebt sich von der Mittelstütze ab (Bild 11.17). Um die Lagerbedingungen zu erfüllen, muß am Mittellager eine verankernde, negative Auflagerkraft $-B_v$ wirken, die gerade so groß ist, daß die Durchbiegung (Hebung) $-v_B$ aufgehoben wird. Entsprechend entstehen positive Auflagerkräfte A und C je gleich $+\dfrac{B_v}{2}$ (bei $l_1 = l_2$, $J = \text{const.}$).

Eine Vorspannung, die im Tragwerk Momente erzeugt, verändert also in der Regel bei statisch unbestimmter Lagerung alle Auflagerkräfte, es entstehen statisch unbestimmte Auflagerkräfte aus Vorspannung, die wir mit $A_v, B_v, C_v \ldots$ bezeichnen wollen.

Die Veränderung der äußeren Reaktionen hat natürlich auch Einfluß auf die Momente und Querkräfte. Wir wollen die im **statisch bestimmt gelagerten Grundsystem**, hier z. B. Balken AC, entstehenden Vorspannmomente mit M_v^0-**Momente** bezeichnen,

$$M_v^0 = V_H \cdot y_z \approx V \cdot y_z.$$

Sie sind einfach wieder Vorspannkraft × Hebelarm bis Schwerlinie. Die M_v^0-Linie ist also der von der geradegestreckten Tragwerksachse (Schwerlinie) abgetragenen Spanngliedachse negativ proportional, wenn man $V_H \approx V$ setzt, was bei schlanken Balken zulässig ist.

Die von der Zwängung an den Auflagern herrührenden Kräfte bezeichnen wir als Zwängungskräfte, sie sind die statisch unbestimmten Größen, bei Schnittkräften z. B. die statisch **unbestimmten Vorspannmomente** oder kurz M_v'-**Momente**[1].

Die endgültigen Momente aus Vorspannung sind dann

$$M_v = M_v^0 + M_v'. \qquad 11.(16)$$

Entsprechend gilt für die Querkräfte

$$Q_v = Q_v^0 + Q_v'. \qquad 11.(16a)$$

Die Größe der statisch unbestimmten Kräfte infolge V kann man durch die Führung der Spannglieder beeinflussen. Sie werden besonders groß, wenn das Spannglied mit großem y_z wie in Bild 11.17 auf einer Seite der Schwerlinie bleibt, also die M_v^0 groß sind und das Vorzeichen nicht wechseln. Sie können zu Null werden, wenn das Spannglied z. B. so geführt wird, daß schon M_v^0 die Form der M_v hat und dabei die positiven $\dfrac{M_v}{EJ}$-Flächen am gesamten Balken gleich groß sind wie die negativen, d. h. das Spannglied muß die Schwerlinie kreuzen.

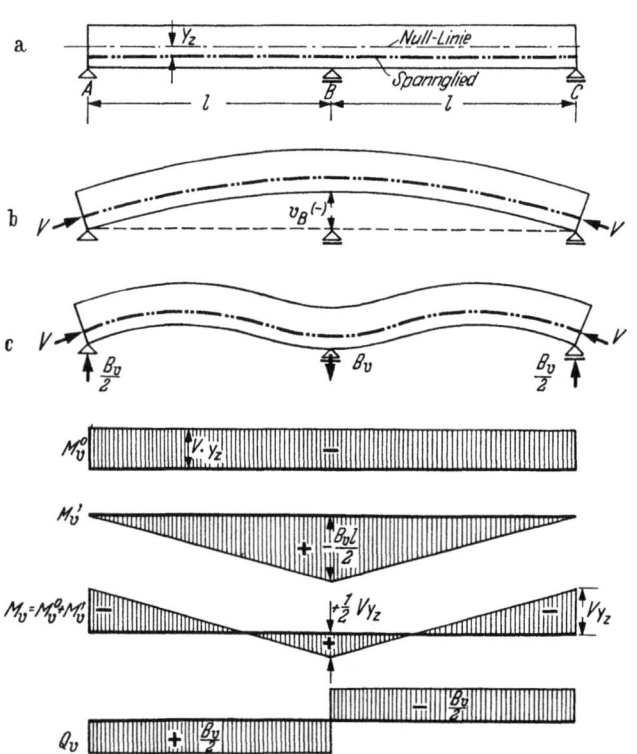

Bild 11.17 Das Entstehen statisch unbestimmter Auflagerkräfte infolge Vorspannung gezeigt am zweifeldrigen Balken mit geradem Spannglied (y_z über der Schwerlinie negativ!)

Eine solche Spanngliedführung nennt man „zwängungsfreie Vorspannung", weil an den Lagern keine Zwängung, keine Reaktion durch Vorspannung allein entsteht. Wie am Schluß von Kap. 11.433 gezeigt wird, bietet die zwängungsfreie Vorspannung keine Vorteile.

Die zwängungsfreie Vorspannung wird nach französischem Gebrauch manchmal **konkordant** genannt. Es gibt natürlich viele Spanngliedlagen, die keine statisch unbestimmten Reaktionen ergeben, sie liegen jedoch alle in einem schmalen Streifen, der die Höhe des Balkens nicht ausnutzen läßt. Y. Guyon hat sich viel mit den Bedingungen für die Konkordanz befaßt, sie ist jedoch praktisch ohne Bedeutung, zudem die statisch unbestimmten Auflagerkräfte auch bei den S. u. K.-Vorgängen erhalten bleiben (vgl. Kap. 12.4), also von bleibendem Nutzen sein können.

Statisch unbestimmte Auflagerkräfte aus Vorspannung müssen untereinander im Gleichgewicht sein, weil die Vorspannkräfte selbst untereinander Gleichgewicht haben und somit keine äußeren Kräfte übrigbleiben können.

---

[1] Im Ausland werden diese Momente auch parasitär oder supplementär genannt. Beide Bezeichnungen täuschen eine Neuartigkeit des Wesens dieser Momente vor, die nicht besteht.

11.432 Verfügbare Verfahren der Baustatik zur Ermittlung der statisch unbestimmten Schnittkräfte

Für die Berechnung der statisch unbestimmten Kräfte aus Vorspannung stehen nun grundsätzlich die gleichen geläufigen Verfahren zur Verfügung wie zur Ermittlung unbestimmter, überzähliger Kräfte aus anderen Lastfällen (wie ständige Last oder Verkehrslast).

1. **Das Kraftgrößen-Verfahren**, bei dem z. B. für den Zweifeldbalken B_v als Unbekannte eingeführt und die Durchbiegung v_B infolge V und infolge B_v je am Balken AC gleichgesetzt wird (Bild 11.17).

In allgemeiner Fassung ist dieses Verfahren in der folgenden Form bekannt:
Im statisch bestimmten Grundsystem ergeben die Vorspannkräfte V die Schnittkräfte M_v^0, N_v^0, Q_v^0.
Die statisch Unbestimmten seien X_i. $X_i = 1$ erzeugt am Grundsystem M_i, N_i und Q_i. Die Verformungen des Grundsystemes an der Stelle und in der Richtung der gesuchten Unbestimmten (Verschiebung oder Verdrehung) sind infolge V $\quad\delta_{vi}$,
infolge $X_i = 1$ $\quad\delta_{ii}$.

Bei der Ermittlung dieser Verformungen wird üblicherweise der Einfluß von N und Q vernachlässigt. Da N infolge V bei Spannbetontragwerken meist groß ist, kann die Verformung infolge Längskraft bei manchen Tragwerken (z. B. Rahmen) nicht vernachlässigt werden. Daher wird

$$\delta_{vi} = \int M_v^0 M_i \frac{ds}{E_b J} + \int N_v^0 N_i \frac{ds}{E_b F}$$

$$\delta_{ii} = \int M_i^2 \frac{ds}{E_b J} + \int N_i^2 \frac{ds}{E_b F}.$$

Es muß sein

$$\delta_{vi} = -X_i \delta_{ii}$$

Daraus ergibt sich

$$X_i = \frac{-\delta_{vi}}{\delta_{ii}}.$$

Mit dieser statisch unbestimmten Größe werden nun die Schnittkräfte aus Vorspannung

$$M_v = M_v^0 + M_i X_i$$
$$N_v = N_v^0 + N_i X_i$$
$$Q_v = Q_v^0 + Q_i X_i$$

ermittelt.

2. **Das Verfahren mit Endtangentenwinkeln.** Für mehrfeldrige Balken erweist es sich als besonders günstig, als statisch bestimmtes Grundsystem frei drehbare Einfeldbalken zu wählen. Die Unbekannte ist M'_{Bv}, das Stützmoment, das so zu bestimmen ist, daß die von V am Einzelbalken hervorgerufenen Endtangentenwinkel der Biegelinie über B rückgängig gemacht werden, so daß die Schnittufer bei B wieder parallel sind und zusammenpassen (Bild 11.18). Die Längskraft infolge V ist ohne Einfluß auf τ.

Da die Momentenflächen M_v^0 und $M_v' = 1$ bekannt sind, lassen sich die Endtangentenwinkel mit dem *Mohr*schen Satz als Auflagerdrücke der $\frac{M}{EJ}$-Fläche der Einzelbalken AB bei B oder BC bei B besonders einfach anschreiben.

Muß man das Tragwerk zur Herstellung statisch bestimmter Grundsysteme durchschneiden, dann schneidet man die Spannglieder mit durch und läßt die Spannkräfte auf beide Schnittufer als Druckkräfte in der dortigen Spanngliedrichtung wirken.

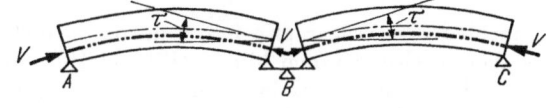

Bild 11.18 Durch einen Schnitt in B werden zwei Einfeldbalken als statisch bestimmtes Grundsystem gebildet

3. **Das Drehwinkelverfahren**, das bei Rahmen üblich ist, läßt sich sinngemäß auch auf die Vorspannung anwenden, ist aber hierfür wenig gebräuchlich.

4. **Momenten-Ausgleichsverfahren nach *Cross*, *Kani* oder anderen.** Man bestimmt die M_v^0 in diesem Fall am beidseitig voll eingespannten Balken für jedes Feld getrennt und gleicht die Volleinspann-Momente nach den Steifigkeiten der Felder aus. Diese Methode ist bei ungleichen Feldweiten, vielen Feldern oder allgemein hochgradig statisch unbestimmten Systemen ratsam.

5. **Einflußlinien des statisch unbestimmten Systems**, die ja den Einfluß der statisch unbestimmten Lagerung enthalten, werden mit den Umlenkkräften ausgewertet. Wenn man für Verkehrslasten ohnehin Einflußlinien braucht oder z. B. *Angersche* Tabellen benutzt werden können, dann ist dieser Weg besonders einfach.

Diese 5. Methode ermöglicht auch die statische Behandlung von vorgespannten Platten, auch schiefwinkligen oder sonstwie abnormalen Platten, für die **Einflußflächen** aus Tafeln oder Modellmessungen zur Verfügung stehen. Diese Einflußflächen werden mit den Umlenkkräften der Spannglieder ausgewertet und geben dann direkt M_v oder Q_v, wenn die Spannkräfte am Rand mittig angreifen. Die Längskraft N_v darf aber bei den Spannungen nicht vergessen werden! Schließlich kann jede weitere baustatische Methode sinngemäß angewandt werden.

11.433 Der Zweifeldbalken mit parabolischem Spannglied. Wertvolle Erkenntnisse für die Spanngliedführung.

Die Spannkraft wirkt an den Balkenenden in der Schwerlinie

Zur Vereinfachung der allgemeinen Ableitungen sei $J = $ const. und $V_H \approx V = $ const. vorausgesetzt. Bei einer Spanngliedneigung über etwa 1 : 8 muß natürlich für die M_v^0 an die Stelle von V das genauere V_H gesetzt werden. Außerdem wird das Spannglied zunächst an den Balkenenden in der Schwerlinie angenommen.

Die quadratischen Parabeln der Spanngliedachse in den Feldern sind mit den Pfeilhöhen f_1 und f_2 je in $l/2$ und mit der Exzentrizität e des (nicht ausgerundeten) Schnittes der Parabel über der Mittelstütze B festgelegt (Bild 11.19). In Wirklichkeit werden die Parabeln der Spannglieder über den Zwischenstützen mit einer Ausrundung verbunden. Den Einfluß der Ausrundung kann man jedoch in den meisten Fällen vernachlässigen, schon weil die dadurch entstehende Änderung der M_v^0 mit kleinen Hebelarmen wirkt und damit das Ergebnis der M_v' wenig beeinflußt. Eine genaue Untersuchung ist jedoch auf den angegebenen Wegen leicht möglich, sie erfordert nur mehr Rechenarbeit. In den folgenden Abschnitten wird f positiv eingeführt, wenn die Umlenkkraft nach oben, negativ, wenn sie nach unten gerichtet ist!

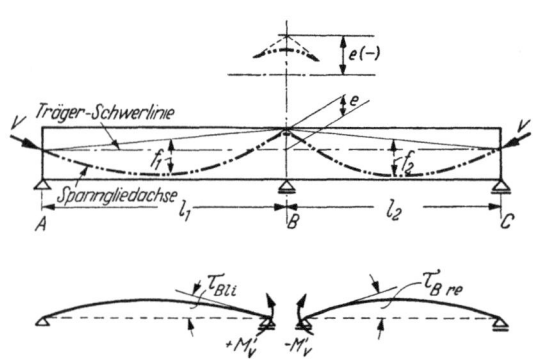

Bild 11.19 Der zweifeldrige Balken mit parabelförmigem Spannglied

Für die Bestimmung der M_v' wählen wir das **Verfahren mit Endtangentenwinkeln** (siehe unter Kap. 11.432, Ziff. 2), schneiden den Träger also bei B durch, so daß die zwei Einfeldbalken AB und BC das statisch bestimmte Grundsystem bilden (Bild 11.19). Infolge der Vorspannkraft V verbiegen sich die Einfeldbalken; am Schnitt in B entstehen die Endtangentenwinkel τ der Biegelinie. Im Durchlaufträger muß die Schwerlinie bei B aber stetig sein, d. h. es müssen Momente M_v' wirken, die die Stetigkeit im Schnitt herstellen. M_v' bei B ist die statisch Unbestimmte, sie greift gegengleich an den Enden B der Einfeldbalken an.

Die Endtangentenwinkel τ werden nun nach dem Satz von *Mohr* als Auflagerdrücke B der mit den $\dfrac{M_v^0}{EJ}$-Flächen belasteten Einfeldbalken AB und BC ermittelt.

Die M_v^0-Momente sind die am Grundsystem durch V hervorgerufenen Momente (V als Druckkraft wieder negativ)

$$M_v^0 = V \cdot y_z. \qquad 11.(17)$$

Sie sind der in Bild 11.20a schraffierten Fläche negativ proportional. Um sie in allgemeiner Form anschreiben zu können, wird diese Fläche aus den M^0-Teilflächen Bild 11.20b und 11.20c zusammengesetzt. In Bild 11.20b sind es Parabeln mit dem Pfeil $f_1 V$ bzw. $f_2 V$, in Bild 11.20c Dreiecke mit $M_{Bv}^0 = eV$.

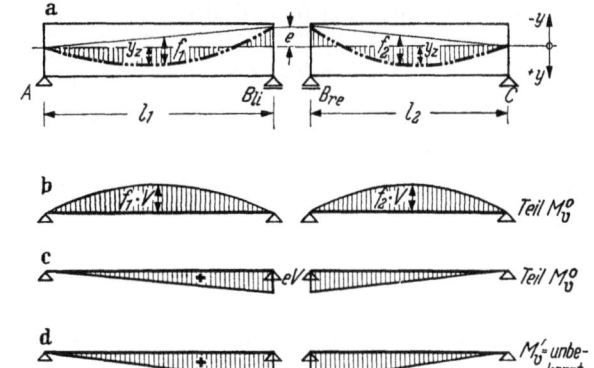

Bild 11.20 Momentenfläche zur Bestimmung der Stabendtangentenwinkel

Um die gebräuchlichen Vorzeichen der Momente zu erhalten, muß y nach unten positiv angesetzt werden, da V als druckerzeugendes Kräftepaar negativ ist. Dementsprechend hat auch e negatives Vorzeichen, f jedoch ist positiv einzuführen, da die Umlenkkraft nach oben wirkt.

Die Endtangentenwinkel bei B werden nun

$$EJ\tau_{Bli}^0 = \frac{1}{2} \cdot \frac{2}{3} l_1 f_1 V + \frac{2}{3} \frac{l_1}{2} e V = \frac{V l_1}{3}(e + f_1),$$

$$EJ\tau_{Bre}^0 = \qquad\qquad\qquad = \frac{V l_2}{3}(e + f_2).$$

Das noch unbekannte statisch unbestimmte Moment M'_v erzeugt am Grundsystem dreieckförmige M'_v-Momentflächen gemäß Bild 11.20d. Die Endtangentenwinkel infolge M'_v werden also

$$EJ\tau'_{Bli} = + \frac{2}{3} \frac{l_1}{2} M'_v = + \frac{l_1}{3} M'_v,$$

$$EJ\tau'_{Bre} = \qquad\qquad + \frac{l_2}{3} M'_v.$$

Die Stetigkeit der Biegelinie bedingt, daß die Summe der Endtangentenwinkel rechts und links vom Schnitt gleich Null ist. Es muß also sein

$$\tau_{li}^0 + \tau_{re}^0 + \tau'_{li} + \tau'_{re} = 0$$

$$\frac{V l_1}{3}(e + f_1) + \frac{V l_2}{3}(e + f_2) + \frac{M'_v}{3}(l_1 + l_2) = 0.$$

Daraus wird die Unbekannte M'_v in B

$$M'_{Bv} = -\frac{V l_1 (e + f_1) + V l_2 (e + f_2)}{l_1 + l_2}$$

$$\boxed{M'_{Bv} = -V\left(\frac{l_1 f_1 + l_2 f_2}{l_1 + l_2} + e\right)}^1 \qquad 11.(18)$$

Für gleiche Spannweiten $l_1 = l_2$ und $f_1 = f_2 = f$ ergibt sich die sehr einfache Beziehung

$$\boxed{M'_{Bv} = -V(f + e)}^1 \qquad 11.(19)$$

Die endgültigen Momente aus Vorspannung sind nun nach Gl. 11.(16) $M_v = M_v^0 + M'_v$ (Bild 11.21).

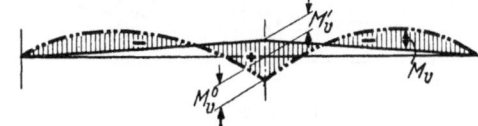

Bild 11.21 Endgültige Balkenmomente M_v infolge Vorspannung

---

[1] e über der Schwerlinie, V immer negativ!

Das Stützenmoment bei B wird also

$$\boxed{M_{Bv} = V \cdot e - V\left(\frac{l_1 f_1 + l_2 f_2}{l_1 + l_2} + e\right) = -V\left(\frac{l_1 f_1 + l_2 f_2}{l_1 + l_2}\right)}^{1} \qquad 11.(20)$$

Für $l_1 = l_2$ und $f_1 = f_2$: $\qquad \boxed{M_{Bv} = V \cdot e - V(f + e) = -Vf}^{1} \qquad 11.(21)$

Mit M_{Bv} ist der übrige Verlauf der Momente festgelegt:

$$\boxed{M_{xv} = V \cdot y_{x,z} + \frac{x}{l_1} \cdot M'_{Bv}}^{1} \qquad 11.(22)$$

Auch bei ungleichen l und f fällt e heraus. **Wir stellen also fest, daß bei Durchlaufträgern mit parabelförmigen Spanngliedern die Vorspannmomente von der Exzentrizität des Spanngliedes über den Zwischenstützen unabhängig sind und nur von der Pfeilhöhe f beeinflußt werden.** Der Beweis läßt sich auch für mehrfeldrige Balken erbringen.

Es läßt sich zeigen, daß auch geknickte Spannglieder (Polygone) in ihrer Höhenlage zwischen den mittigen (Schwerlinie = mittig!) Endpunkten beliebig verschoben werden können, solange entsprechend dem f der Parabel die Umlenkwinkel und damit die Umlenkkräfte gleich bleiben. Es kommt also für die M_v und Q_v nur auf die Größe der Umlenkkräfte zwischen den Endauflagern an. Dagegen ändern sich die Auflagerkräfte, weil diese von M'_v abhängen.

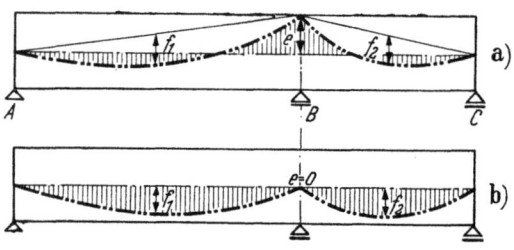

Bild 11.22 Diese verschiedenen Höhenlagen der Spannglieder ergeben gleiche M_v

Diese Feststellung ist in konstruktiver Hinsicht wichtig. Es ist also für die Momente und Querkräfte infolge V gleichgültig, ob e groß oder klein ist. Bild 11.22 a und 11.22 b führen zum gleichen Ergebnis. Bei (b) sind M'_v und damit A_v (+), B_v (−) und C_v (+) groß, um die nur negativen M^0-Momente auszugleichen. Bei (a) ist M'_v klein, weil positive und negative M^0-Flächen auftreten.

Aus Gleichung 11.(18) läßt sich die Bedingung ableiten, für die $M'_{Bv} = 0$ wird (zwängungsfreie Vorspannung), nämlich wenn

$$\boxed{\frac{l_1 f_1 + l_2 f_2}{l_1 + l_2} + e = 0}^{1} \quad \text{(es ist dann } \tau_{B\,li} = -\tau_{B\,re}\text{)}$$

oder bei $l_1 = l_2 = l$, wenn

$$f + e = 0.$$

Diese Bedingung läßt sich nur bei kleinen Pfeilhöhen der Spanngliedparabeln erfüllen, die aber der gewünschten Wirkung der Vorspannung meist abträglich sind. Man erkennt hieraus, daß **die zwängungsfreie Verspannung nicht erstrebenswert ist**, weil man schon zur Erzielung einer hohen Bruchsicherheit stets versuchen wird, das Spannglied im Feld so tief und über der Zwischenstütze so hoch wie möglich zu legen.

e (absolut) wird meist wesentlich kleiner als f, wie aus Bild 11.23 für den Rechteckbalken hervorgeht. Die Überdeckung des Spanngliedes sei mit $ü$ im Feld und an der Stütze gleich angenommen. Dies führt zu dem größten absoluten Betrag von e.

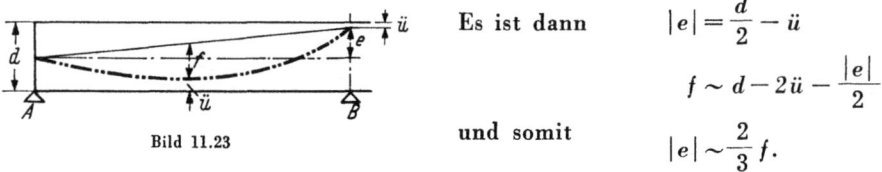

Bild 11.23

Es ist dann $\qquad |e| = \dfrac{d}{2} - ü$

$$f \sim d - 2ü - \frac{|e|}{2}$$

und somit $\qquad |e| \sim \dfrac{2}{3} f.$

Bei Plattenbalken mit hochliegender Null-Linie wird $|e|$ noch kleiner im Verhältnis zu f.

---

[1] e und y_z über der Schwerlinie, V immer negativ!

Nur bei abwechselnd großen positiven und negativen M_p hat es Sinn, die Pfeilhöhe f des Kabels so klein zu halten, daß $|e| = f$ werden kann, damit zwängungsfreie Vorspannung entsteht.
Sind die unbestimmten M'_v ermittelt, dann lassen sich auch die Querkräfte anschreiben.
Es ist beispielsweise am Zweifeldbalken

$$Q'_{Av} = A'_v = +\frac{M'_{Bv}}{l_1} \qquad Q'_{Cv} = -C'_v = \frac{-M'_{Bv}}{l_2}$$

$$Q'_{B\,li\,v} = \frac{+M'_{Bv}}{l_1} \qquad Q'_{B\,re\,v} = -\frac{M'_{Bv}}{l_2} \qquad B'_v = Q'_{B\,li\,v} - Q'_{B\,re\,v}.$$

Die Querkräfte im Grundsystem sind
$$Q^0_v = V \sin\alpha \approx V \tan\alpha \qquad \text{(bei kleinem } \alpha\text{).}$$

Für die Parabel ist
$$\tan\alpha = \frac{dy}{dx} = \frac{4f}{l} - \frac{8fx}{l^2} + \frac{e}{l}.$$

Also
$$Q^0_{xv} = V\left(\frac{4f+e}{l} - \frac{8fx}{l^2}\right)$$
$$Q_{xv} = Q^0_{xv} + Q'_{xv}.$$

Für $l_1 = l_2$ ist somit (vgl. Bild 11.24)
$$Q_{xv} = V\left(\frac{4f+e}{l} - \frac{8fx}{l^2} - \frac{f+e}{l}\right)$$

$$\boxed{Q_{xv} = V\left(\frac{3f}{l} - \frac{8fx}{l^2}\right)} \qquad 11.(23)$$

Damit wird z. B. in A für $x = 0$
$$Q_{Av} = V\frac{3f}{l} = -Q_{Cv}$$

und in B für $x = l$
$$Q_{Bv,li} = V\left(\frac{3f}{l} - \frac{8f}{l}\right) = -V\frac{5f}{l} = -Q_{Bv,re}.$$

Die endgültigen Q_v sind also wie die M_v von e unabhängig.

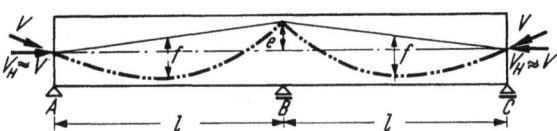

Bild 11.24 Momente, Querkräfte und Auflagerkräfte am symmetrischen Zweifeldbalken infolge Vorspannung mit parabelförmigem Spannglied

Die endgültigen Auflagerkräfte A_v bzw. B_v sind aber wegen $A^0_v = 0$ und $B^0_v = 0$ gleich den statisch unbestimmten Auflagerkräften A'_v bzw. B'_v und sind deshalb von e abhängig. Bild 11.24 gibt das Ergebnis für den Zweifeldbalken mit $l_1 = l_2$.
Hier soll nun auch das Verfahren mit Umlenkkräften und Einflußlinien des statisch unbestimmten Systems (Kap. 11.432, Ziff. 5) gezeigt werden: Diese Einflußlinien enthalten die statisch unbestimmte Wirkung und liefern uns also M_v, so daß keine Unbekannte ermittelt werden muß. Muß man aber das statisch unbestimmte Moment M'_v berechnen, was z. B. beim Nachweis der Bruchsicherheit erforderlich wird (Kap. 13), dann findet man dies ebenfalls einfach aus $M'_v = M_v - M^0_v$.
Die M_v-Momente werden unmittelbar erhalten, indem man die M-Einflußlinien mit den Umlenkkräften U, u als Belastung auswertet.
Wie schon in Kap. 11.222 gesagt, setzen wir bei parabelförmigem Spannglied eine gleichmäßig verteilte Umlenkkraft $u = \dfrac{8fV}{l^2}$ an.

Für $l_1 = l_2$ und $f_1 = f_2$ ergibt die Auswertung der Einflußlinie für M_B (nach Anger)
$$M_{Bv} = -0{,}125 \cdot u \cdot l^2 = -\frac{1}{8}\frac{8fV}{l^2}l^2 = -Vf,$$

also in einer Zeile den gleichen Wert wie in Gleichung 11.(21). Bei ungleichen l und f müssen die entsprechenden Werte eingesetzt werden.

Mit dieser Methode lassen sich auch **von der Parabel abweichende Spannglieder** behandeln, sie wird jedoch nur einfach, wenn das Spannglied nur wenige Umlenkpunkte hat oder aus kurzen Parabelstücken oder Parabelstücken und Geraden zusammengesetzt ist. In Bild 11.25 ist gezeigt, wie M_{xv} hierbei gewonnen wird. Als Umlenkkräfte U werden genähert die lotrechten Komponenten der tatsächlich schrägen Umlenkkräfte eingesetzt.

Umlenkkräfte auf Einflußlinien ausgewertet, geben vor allem auch rasch eine klare Vorstellung über die Wirkung eines gekrümmten Spanngliedes auf eine gewisse Schnittkraft. Man kann mit dieser Vorstellung leicht finden, wie eine Spanngliedachse zweckmäßig geändert werden muß, um z. B. ein Stützenmoment M_v zu vergrößern oder zu verkleinern.

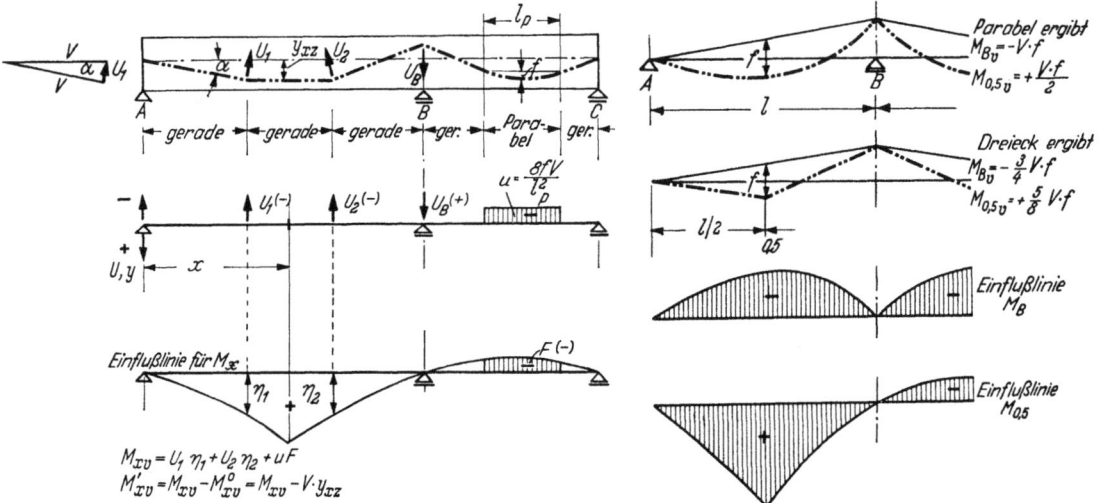

Bild 11.25 Die Bestimmung der M_v mit Auswertung von Einflußlinien für die lotrechte Komponente der Umlenkkräfte

Bild 11.26 Vergleich der Wirkung eines parabolischen Spanngliedes mit der eines in $l/2$ nur einmal geknickten Spanngliedes auf die Momente in Feldmitte und an der Stütze B

Man beachte dabei aber, daß eine Parabel doppelt soviel Umlenkwinkel aufweist wie ein Dreieck mit gleichem f, obwohl der Knickwinkel des Dreiecks sehr groß erscheint. Für füllige Einflußlinien, z. B. für Stützenmomente ist daher die Parabel wirkungsvoller als das Dreieck, während man bei den eingeschnürten Dreiecken der Einflußlinien der Feldmomente mit dem Einzelknick des Dreieckes an der Stelle der größten Ordinate manchmal mehr Vorspannmoment erreichen kann, wobei dann allerdings das Stützenmoment zurückgeht (Bild 11.26). So kann man das Verhältnis zwischen Feld- und Stützenmoment der M_v durch die Spanngliedführung beeinflussen.

11.434 Der Zweifeldbalken mit parabolischem Spannglied.

Die Spannkraft wirkt an den Balkenenden außerhalb der Schwerlinie

Am Ende A sei die Exzentrizität e_A gegeben (Bild 11.27). Die in Bild 11.27b dargestellte M^0-Fläche aus $M^0 = V_H \cdot y_z$ läßt sich in die Teilflächen Bild 11.27 c und d zerlegen, wobei wieder V als Druckkraft und Abstände oberhalb der Schwerlinie negativ angesetzt werden. Zu dem bereits behandelten Fall Bild 11.27 c, der Bild 11.19 bis 11.21 entspricht, kommt also ein Momentdreieck mit

$$M^0_{Av} = V_H \cdot e_A \quad \text{(negativ, wenn } e_A \text{ positiv — positiv, wenn } e_A \text{ negativ) neu hinzu.}$$

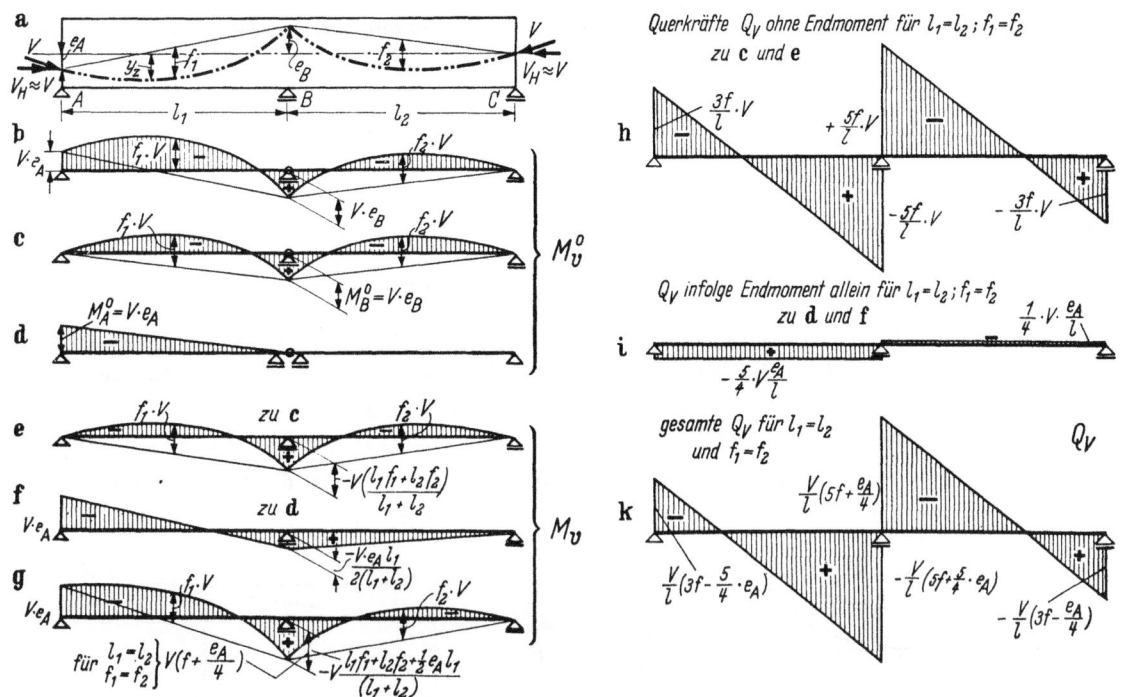

Bild 11.27 Zur Ermittlung von M_v und Q_v bei einseitig exzentrisch eingeleiteter Spannkraft, parabelförmige Spannglieder

Die aus den M^0-Momenten nach Bild 11.27 c entstehenden Vorspannmomente sind uns schon bekannt, Bild 11.27 e.

Das zusätzliche M^0-Dreieck ergibt als Endtangentenwinkel

$$\tau^0_{B\,li} = \frac{1}{3}\frac{V e_A l_1}{2} = \frac{V e_A l_1}{6}\,; \qquad \tau^0_{B\,re} = 0.$$

Die Endtangentenwinkel infolge M'_v sind wieder

$$\tau'_B = \frac{M'_v\, l_1}{3}\,; \qquad \tau'_{B\,re} = \frac{M'_v\, l_2}{3}.$$

Die Stetigkeitsbedingung der Biegelinie $\Sigma \tau = 0$ ergibt

$$\frac{V e_A l_1}{6} + \frac{M'_v}{3}(l_1 + l_2) = 0.$$

Daraus für die Stütze B

$$\boxed{M'_{B\,v} = -\frac{V e_A l_1 \cdot 3}{6\,(l_1 + l_2)} = -\frac{V e_A l_1}{2\,(l_1 + l_2)}}^{\,1} \qquad 11.(24)$$

für $l_1 = l_2$ und $f_1 = f_2$:

$$\boxed{M'_v = -\frac{V e_A}{4}}^{\,1} \qquad 11.(25)$$

In Bild 11.27 f ist die M_v-Linie aus dem Exzentrizitätsmoment dargestellt. Der Schnittpunkt der M-Linie mit der Achse muß dem Festpunkt entsprechen; bei bekanntem Festpunkt hätte man ja die Verteilung eines am Ende eingeleiteten Momentes sofort zeichnen können (Festpunktmethode). Zusammen mit Bild 11.27 e ergeben sich die endgültigen M_v-Momente nach Bild 11.27 g. Man erkennt, daß eine positive Exzentrizität für ein bestimmtes f die Momente günstig vergrößert; das negative Feldmoment und das positive Stützenmoment werden größer und wirken daher den M_g oder M_p, deren Vorzeichen gerade umgekehrt sind, zusätzlich entgegen.
Bei $e_A = 0$ entstehen jedoch günstigere Stützmomente, weil f größer gewählt werden kann.

---

[1] e über der Schwerlinie, V immer negativ!

Betrachten wir noch die durch ein Endmoment entstehenden Querkräfte, die bei geraden Momentenlinien je Feld konstant sein müssen.

Es ist $Q_{AB} = -\dfrac{Ve_A}{l_1} - \dfrac{Ve_A l_1}{2l_1(l_1+l_2)} = -Ve_A\left(\dfrac{3l_1+2l_2}{2l_1(l_1+l_2)}\right)$,

$Q_{BC} = \dfrac{-M_v'}{l_2} = +Ve_A\dfrac{l_1}{2l_2(l_1+l_2)}$.

Für gleiche l und f ist (vgl. Bild 11.27 i)

$$Q_{AB} = \frac{-5Ve_A}{4l} \; ; \qquad Q_{BC} = \frac{+Ve_A}{4l}.$$

Die endgültigen Querkräfte werden durch Addition mit den schon bekannten Q_v nach Bild 11.27 h. ermittelt und ergeben dann die Werte Bild 11.27 k, die für gleiche l und f angeschrieben sind.

Aus dem Fall des Bildes 11.27 lassen sich die Werte für **beidseitige Endexzentrizitäten** ohne weiteres anschreiben. Wir tun dies in Bild 11.28 für $l_1 = l_2$ und $f_1 = f_2$, aber $e_A \neq e_C$.
Der Anteil der einzelnen Endmomente ist in Bild 11.28 a dargestellt, die Summe beider in Bild 11.28 b. Das positive Stützenmoment wird weiter vergrößert.

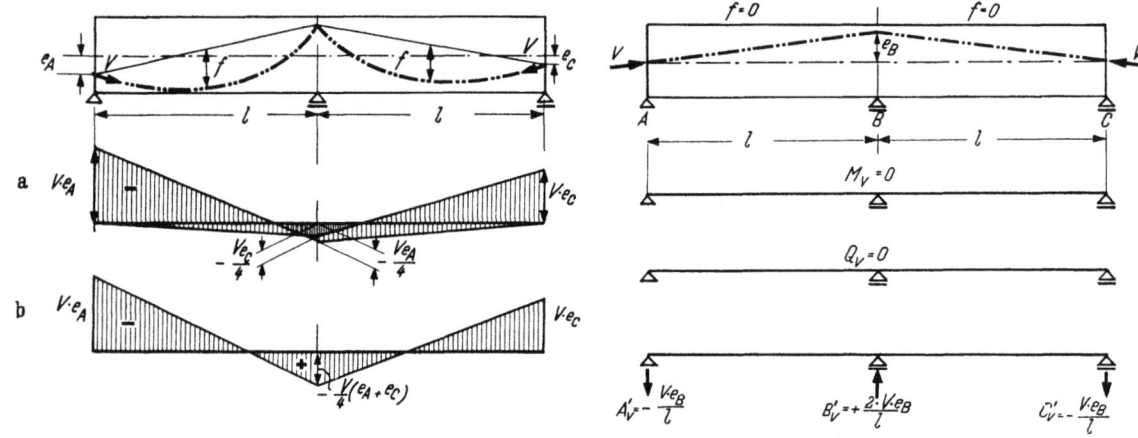

Bild 11.28 Zur Ermittlung der Momente bei beidseitig exzentrisch eingeleiteten parabelförmigen Spanngliedern. Gezeichnet sind die durch die Endexzentrizitäten entstehenden Zusatzmomente zu M_v

Bild 11.29 Geradlinige, an den Enden mittig liegende Spannglieder ergeben infolge Vorspannung keine Moment oder Querkräfte im Balken, wohl aber Auflagerdrücke

11.435 Der Sonderfall feldweise gerader Spannglieder beim Zweifeldbalken

In der Praxis wurden z. T. gerade Spannglieder angewandt, die nur über der Mittelstütze umgelenkt sind. Es soll hier gezeigt werden, daß eine solche Vorspannung unzweckmäßig ist.

Zunächst sei das Spannglied an den Enden mittig ($e_A = e_C = 0$) verankert. Es zeigt sich dann, daß die dreieckförmige M_v^0-Linie durch eine genau gegengleiche M_v'-Linie aufgehoben wird, so daß $M_v = 0$ ist, was auch aus Gleichung 11.(20) hervorgeht, wenn $f = 0$ gesetzt wird (Bild 11.29)

Die statisch unbestimmten Auflagerkräfte ergeben sich aus $M'_{Bv} = -Ve_B$ zu

$$A'_v = \frac{-Ve_B}{l}, \qquad B'_v = \frac{2Ve_B}{l}, \qquad C'_v = \frac{-Ve_B}{l}.$$

Aus der Spanngliedneigung läßt sich leicht erkennen, daß diese Kräfte bei A und C den lotrechten Komponenten der Spannkraft und bei B der Umlenkkraft gegengleich sind, also wird auch $Q_v = 0$. Obwohl die Querkraft Null ist, wirken jedoch obige A'_v, B'_v und C'_v, als tatsächliche Auflagerkräfte.

| Ein solcher Balken ist also **mittig vorgespannt** trotz ausmittig verlaufendem Spannglied.

Bei exzentrisch eingeleitetem, geradem Spannglied verbleiben demnach nur die bei Bild 11.27 f abgeleiteten Vorspannmomente (Bild 11.30), d. h. durch gerade Spannglieder erreicht man keine den M_g oder M_p entgegenwirkenden Vorspannmomente.[1]

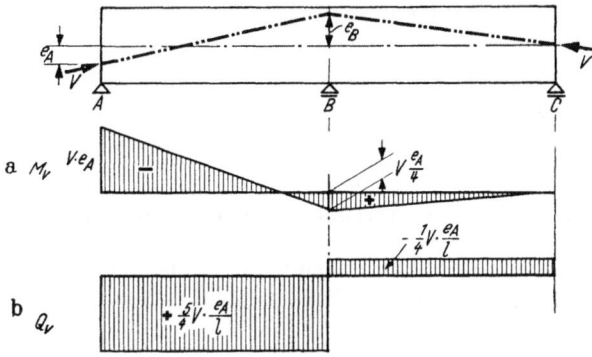

Bild 11.30 Exzentrisch eingeleitete geradlinige Spannglieder ergeben nur die durch die Endexzentrizität bedingten Momente

11.436 Der dreifeldrige symmetrische Balken mit parabolischen Spanngliedern

Auf dem in Kap. 11.433 beschrittenen Weg lassen sich die Momente M_v auch für den **dreifeldrigen, symmetrischen Balken** bei parabolischem Spannglied noch allgemein ableiten (Bild 11.31). Es genügt, hier das Ergebnis mitzuteilen, das vielleicht in manchen Fällen die erste Vorberechnung erleichtern kann.

Es wird das statisch unbestimmte Stützenmoment

$$M'_{Bv} = M'_{Cv} = -V \frac{l_1(f_1+e) + l_2\left(f_2+\frac{3}{2}e\right)}{l_1+\frac{3}{2}l_2}$$

$$M^0_{Bv} = M^0_{Cv} = V \cdot e$$

$$M_{Bv} = -V\left(\frac{l_1 f_1 + l_2 f_2}{l_1+\frac{3}{2}l_2}\right) = M_{Cv}.$$

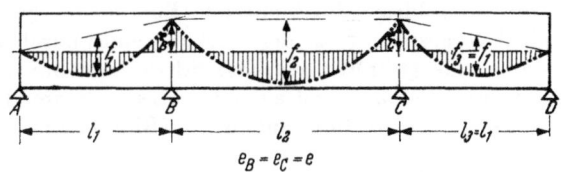

Bild 11.31 Der dreifeldrige symmetrische Balken

11.437 Allgemeinere Fälle

Man könnte weitere Fälle allgemein behandeln, und eines Tages werden Formeln dafür in Taschenbüchern stehen.

Das Verfahren mit Endtangentenwinkeln ist bis zu vier oder fünf Feldern noch zweckmäßig, bei noch größerer Felderzahl kann entweder der Einfluß weiterer Felder vernachlässigt werden, oder man benutzt ein Ausgleichverfahren (vgl. Kap. 11.449).

Von der Parabelform abweichende Spannglieder können leicht sinngemäß behandelt werden. Bei mathematisch nicht erfaßbaren Kurven oder Polygonen teilt man die M-Flächen in Streifen und ermittelt die Endtangentenwinkel graphisch mit Seilpolygonen.

Die Methode der Umlenkkräfte ist für unregelmäßige Fälle nur dann lohnend, wenn Einflußlinien des statisch unbestimmten Tragwerkes vorhanden sind oder ohnehin berechnet werden müssen.

> Man kann allgemein sagen, daß die Exzentrizität eines Spanngliedes über einer Zwischenstütze eines durchlaufenden Balkens oder an voll eingespannten Balkenenden ohne Einfluß ist auf M_v und Q_v und sich nur auf M'_v und Q'_v und damit auf die Auflagerkräfte auswirkt.
>
> Die resultierenden M_v, Q_v werden nur von Lage und Größe der Umlenkkräfte und von Exzentrizitäten der Spannglieder an frei drehbaren oder nachgiebig eingespannten Balkenenden bestimmt, nicht jedoch von der Anfangsneigung des Spanngliedes gegen die Schwerlinie am freien Ende oder neben Zwischenstützen.

---

[1] Y. Guyon hat in Travaux 1953 [188] ausführlich über mehrere Versuche an Zweifeldbalken berichtet, die alle mit feldweise geraden oder fast geraden Spanngliedern vorgespannt waren. Aus solchen Versuchen darf natürlich nicht auf Vor- oder Nachteile der Vorspannung von Durchlaufträgern geschlossen werden.

Dies gilt nicht nur für parabelförmige Spannglieder, sondern auch für jede andere Kurve oder jedes andere Polygon des Spanngliedes.

Bei statisch bestimmt gelagerten Balken gilt diese Feststellung jedoch nicht, weil der innere Ausgleich nur von den durch die statisch unbestimmte Lagerung hervorgerufenen Zwängungen an den Auflagern und damit von M'_v, Q'_v herrührt.

11.438 Einfluß veränderlicher Trägheitsmomente

Veränderliche Trägheitsmomente sind bekanntlich von erheblichem Einfluß auf die Momentenverteilung statisch unbestimmter Tragwerke und bei Vorspannung können diese Einflüsse noch wichtiger werden.

Bei $M_v^0 = V \cdot y_z$ muß man y_z als Abstand der Spanngliedachse von der gekrümmten oder unstetigen Schwerlinie ablesen. Man trägt die Spanngliedachse zweckmäßig von der **gerade gestreckt gedachten Schwerlinie** aus auf. Hat man für das Spannglied in Wirklichkeit eine stetige Parabel, dann zeigt die so aufgetragene Spanngliedachse an Knickstellen der Schwerlinie ebenfalls Knickstellen. Zweckmäßig ist es, entsprechende Knickstellen im Spannglied in Wirklichkeit auszuführen, damit dort Umlenkkräfte des Spanngliedes den Abtriebskräften der Druckresultierenden im Beton entgegenwirken. Die auf die gerade gedachte Schwerlinie bezogene Spanngliedachse wird also zweckmäßig stetig gewählt.

Um dies klarzumachen, wählen wir ein Beispiel:

Der zweifeldrige durchlaufende Balken mit geraden Vouten (Bild 11.32) sei mit einem Spannglied vorgespannt, das der Wirkung eines parabelförmigen gleichkomme. Demnach besteht die auf die gerade gestreckt gedachte Schwerlinie bezogene Spanngliedachse (Bild 11.32 b) aus Parabeln mit den Pfeilen f, und am tatsächlichen Spannglied ist am Beginn der Voute ein Knick, der dem Knick der Schwerlinie entspricht (Bild 11.32 a).

Der Stich der Parabel in $1/2\ l$ ist $f = \dfrac{|e_B|}{2} + e_m$, er wird um den Wert $\Delta e/2$ größer als bei einem Balken ohne Vouten, da sich die Schwerlinie durch die Voute an der Stütze B um den Betrag Δe nach unten verschoben hat.

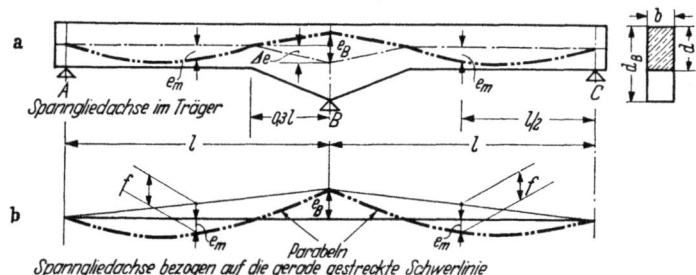

Bild 11.32 Der Zweifeldbalken mit Voute zeigt am Beginn der Voute einen Knick in der Spanngliedlinie, wenn das Spannglied als Parabel wirken soll

Zur weiteren Berechnung sei eine Voutenlänge von $\lambda \cdot l = 0{,}3\ l$ und ein Verhältnis der Trägheitsmomente

$$n = \frac{J_{Feld}}{J_B} = 0{,}2 \qquad (d_B = \sqrt[3]{5} \cdot d = 1{,}71\ d) \qquad \text{angenommen.}$$

Die Endtangentenwinkel zur Ermittlung des statisch unbestimmten Stützmomentes M'_{Bv} können wieder als Auflagerdrücke des mit den $\dfrac{M}{E \cdot J}$- bzw. $\dfrac{M'}{E \cdot J}$-Flächen belasteten statisch bestimmten Grundsystems (Trennschnitt bei B) ermittelt werden.

Für gerade oder parabolische Vouten können die Endtangentenwinkel Tabellen entnommen werden, wie sie z. B. *Dischinger* (vgl. „Taschenbuch für Bauingenieure", Massivbau Kap. III, Ausgabe 1949), *Guldan* (vgl. „Rahmentragwerke und Durchlaufträger", Springer-Verlag, 6. Auflg., Wien 1959) und andere aufgestellt haben. Wir benutzen die ersteren für die folgenden Belastungsfälle (Bild 11.33).

Da die auf die gerade gestreckte Balkenschwerlinie bezogene Spanngliedachse eine P a r a b e l mit dem Pfeil f ist, ergibt die Vorspannung im Grundsystem genähert die gleichförmige negative Belastung $u = \dfrac{8 \cdot V \cdot f}{l^2}$. Ferner wirkt das Endmoment in B mit der Größe $V \cdot e_B$.

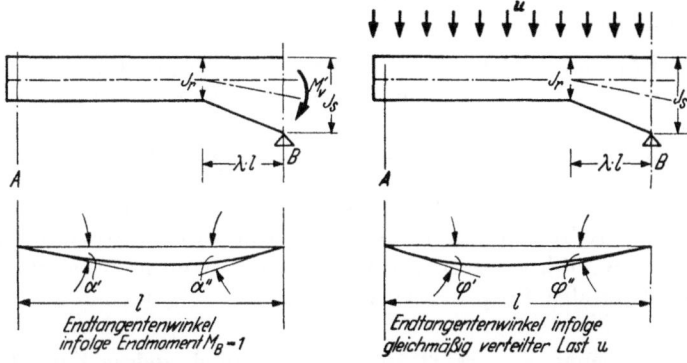

Bild 11.33 Bezeichnungen für Endtangentenwinkel aus „Taschenbuch für Bauingenieure"

Da hier wegen Symmetrie der Endtangentenwinkel τ bei B Null sein muß, lautet die Bedingung für das statisch unbestimmte Einspannmoment bei B einfach

$$+ e_B \cdot V \cdot \alpha'' + M'_{Bv} \cdot \alpha'' + u \cdot \varphi'' = \tau_{B\,li} = 0.$$

Daraus folgt
$$M'_{Bv} = \frac{-u\varphi'' - e_B \cdot V \cdot \alpha''}{\alpha''}$$

oder
$$M'_{Bv} = \frac{-u\varphi''}{\alpha''} - e_B \cdot V.$$

Die Werte φ'' und α'' ergeben sich aus den Tabellen von *Dischinger* mit $\lambda = 0{,}3$ und $n = 0{,}2$ zu:

$$u\,\varphi'' = \frac{u \cdot l^3}{E \cdot J_r} \cdot 0{,}0351 = \frac{8 \cdot V \cdot f \cdot l}{E \cdot J_r} \cdot 0{,}0351$$

$$\alpha'' = \frac{l}{E \cdot J_r} \cdot 0{,}2066.$$

Damit erhält man das statisch unbestimmte Stützenmoment

$$M'_{Bv} = -8 \cdot V \cdot f \cdot \frac{0{,}0351}{0{,}2066} - e_B V$$

$$M'_{Bv} = -V(1{,}36\,f + e_B).$$

Das gesamte Stützenmoment beträgt somit:

$$M_{Bv} = M''_{Bv} + M'_{Bv} = +V \cdot e_B - V(1{,}36\,f + e_B).$$

$$\boxed{M_{Bv} = -1{,}36\,V \cdot f}$$

Bei gleichbleibendem J wäre $M_{Bv} = -Vf'$ mit kleinerem $f' = f - \dfrac{\Delta e}{2}$. Man erkennt daran, daß durch eine Voute das Stützenmoment aus Vorspannung mehr gesteigert wird als bei einem Balken ohne Vorspannung, weil hier das Moment Ve_B mit dem vergrößerten e_B auftritt oder weil nicht nur die Voute, sondern auch das vergrößerte f zur Wirkung gelangt.

Das Verhältnis bei Vorspannung wird bei Abstand des Spanngliedes $ü = 0,1\,d$ von Ober- bzw. Unterkante

$$\frac{M_{Bv} \text{ mit Voute}}{M_{Bv} \text{ ohne Voute}} = 1{,}76\,.$$

Das Verhältnis bei Last g wird

$$\frac{M_{Bg} \text{ mit Voute}}{M_{Bg} \text{ ohne Voute}} = 1{,}36\,.$$

Bei voller Ausnutzung der möglichen Pfeilhöhe erhält man daher durch die Vouten meist aus Vorspannung zu große positive Stützenmomente und zu kleine negative Feldmomente im Vergleich zu den zugehörigen $(g + p)$-Momenten.

Daraus folgt, daß bei Spannbetonbalken die Vouten nicht so günstig sind wie bei Stahlbetonbalken, vor allem, wenn die Spannglieder mit konstantem Querschnitt durchlaufen.

11.44 Der eingespannte Balken als Grundlage für Ausgleichsverfahren

Der eingespannte Balken wird vor allem als Grundlage des Momenten-Ausgleichverfahrens behandelt. Ein Ende sei undrehbar (starr) und unverschieblich eingespannt, das andere ebenfalls undrehbar aber längs beweglich gelagert. Die Längsbeweglichkeit muß bei Spannbeton wegen der Verkürzung des Betons infolge V_H gewährleistet sein.

11.441 Beidseitige Einspannung, parabelförmiges Spannglied, gleiche Endhöhenlage

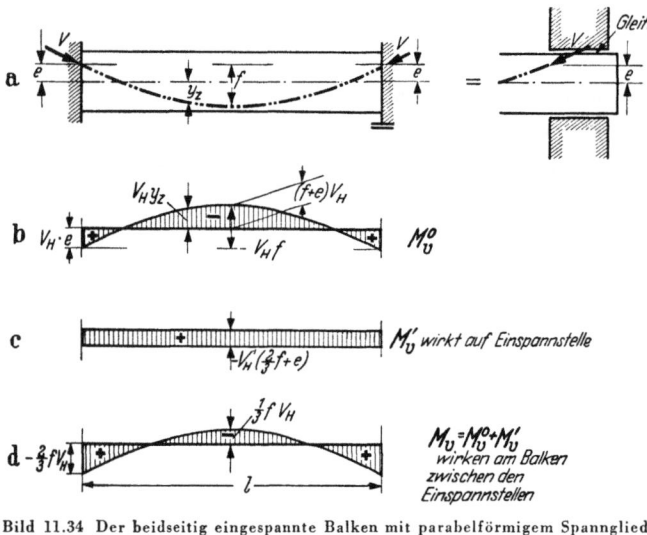

Bild 11.34 Der beidseitig eingespannte Balken mit parabelförmigem Spannglied

Wir behandeln wieder zunächst ein parabelförmiges Spannglied nach Bild 11.34, das an den Balkenenden die Exzentrizität e habe. Die M_v^0 lassen sich daher aus Rechteck und Parabelfläche zusammensetzen (Bild 11.41 b).

Das statisch bestimmte Grundsystem sei der Balken auf zwei frei drehbaren Stützen, die statisch Unbestimmten die Einspannmomente M'_{Av} und M'_{Bv}, hier M'_v.

Die Tangentenwinkel der Biegelinie an den Balkenenden müssen gleich Null sein. Daraus wird die Bestimmungsgleichung für M'_v erhalten, wenn wieder $V_H \approx V$ gesetzt wird (Bild 11.34c).

$$EJ\,\tau_A = EJ\,\tau_B = \frac{2}{3}\,fV\,\frac{l}{2} + eV\,\frac{l}{2} + M'_v\,\frac{l}{2} = 0$$

$$\boxed{M'_v = -\frac{2}{3}\,fV - eV = -V\left(\frac{2}{3}f + e\right)}^{1} \qquad 11.(26)$$

Damit wird das Einspannmoment an den Balkenenden:

$$\boxed{M_{Av} = M_{Bv} = M_{Av}^0 + M'_v = eV - \left(\frac{2}{3}f + e\right)V = -\frac{2}{3}\,fV}^{1} \qquad 11.(27)$$

[1] e über Schwerlinie, V immer negativ!

Das M^0 wird vom Spannglied am Balkenende erzeugt, die Einspannstelle hat also M' aufzunehmen, und M_v ist die Resultierende beider.

Entsprechend wird das Moment in $l/2$ (vgl. Bild 11.34 d)

$$\boxed{M_{0,5\,l,\,v} = + (f + e)\,V - \left(\frac{2}{3}\,f + e\right) V = + \frac{1}{3}\,f\,V}\;^1 \qquad 11.(28)$$

Die M_v-Momente des parabelförmig vorgespannten, eingespannten Balkens sind also unabhängig von der Exzentrizität des Spanngliedes an den Balkenenden und nur abhängig von der Pfeilhöhe der Parabel f.

Es ist also für den Momentenverlauf gleichgültig, ob das Spannglied an den Auflagern hoch oder tief eingeführt wird. Die Fälle Bild 11.35 a bis c führen stets zum gleichen M_v-Bild.

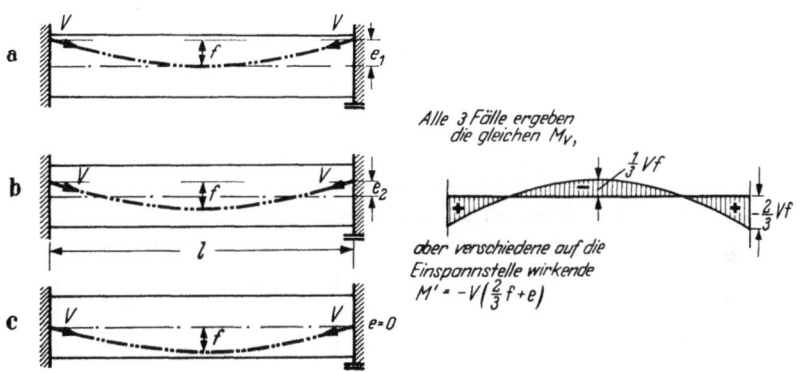

Bild 11.35 Unabhängig von der Höhenlage des Spanngliedes ergeben sich stets die gleichen M_v aber verschiedene statisch unbestimmte Einspannmomente M'_v

Die Zwängungsmomente oder die statisch unbestimmten Einspannmomente M'_v gemäß Gleichung 11.(26) sind dagegen von e abhängig; sie müssen es ja sein, um die Drehwirkung der verschiedenen M^0 auszugleichen.

M'_v verschwindet, wenn

$$\boxed{|e| = \frac{2}{3}\,f}$$

gewählt wird. In diesem Fall liegt zwängungsfreie Vorspannung vor, weil dann die Endtangentenwinkel τ am Grundsystem zu Null werden und somit kein M'_v nötig ist, um die Randbedingungen der Einspannung zu erfüllen.

Die M'_v sind für Ausgleichsverfahren nach Kap. 11.449 wichtig.

Mit **Umlenkkräften** läßt sich das gleiche Ergebnis wieder rascher ermitteln.

Das parabelförmige Spannglied mit der Spannkraft V erzeugt $u = \dfrac{8\,V\,f}{l^2}$ (V negativ, f positiv).

Bekanntlich ist nun das Einspannmoment des gleichförmig belasteten Balkens

$$M_{Av} = M_{Bv} = -\frac{u\,l^2}{12} = -\frac{8\,V\,f\,l^2}{12\,l^2} = -\frac{2}{3}\,f\,V$$

und das Feldmoment

$$M_{0,5\,l,\,v} = \frac{u\,l^2}{24} = +\frac{1}{3}\,f\,V.$$

Mit diesem Ergebnis werden die $M'_v = M_v - M^0_v$ ermittelt.

---

[1] e über Schwerlinie, V immer negativ!

11.442 Beidseitige Einspannung, parabelförmiges Spannglied, ungleiche Endhöhenlage

Ungleiche Exzentrizitäten des Spanngliedes an den Lagern geben unsymmetrische M^0_v-Momente gemäß Bild 11.36. Für die Bestimmung der Endtangentenwinkel werden die M^0 und M'-Flächen aus Parabeln und Dreiecken zusammengesetzt.

Es ist der Endtangentenwinkel bei A

$$EJ\,\tau_A = +e_A\,V\,\frac{l}{2}\cdot\frac{2}{3} + e_B\,V\,\frac{l}{2}\,\frac{1}{3} + f\,V\,\frac{l}{2}\,\frac{2}{3} + M'_{Av}\,\frac{l}{2}\,\frac{2}{3} + M'_{Bv}\,\frac{l}{2}\,\frac{1}{3} = 0$$

$$0 = +V(2\,e_A + e_B) + 2\,f\,V + 2\,M'_{Av} + M'_{Bv}.$$

Entsprechend wird für den Endtangentenwinkel bei B

$$EJ\,\tau_B = 0:$$
$$0 = +V(2\,e_B + e_A) + 2\,f\,V + 2\,M'_{Bv} + M'_{Av}.$$

Aus den beiden Gleichungen folgt:

$$\boxed{\begin{aligned} M'_{Av} &= -V\left(\frac{2}{3}f + e_A\right) \\ M'_{Bv} &= -V\left(\frac{2}{3}f + e_B\right) \end{aligned}}\quad^{1}\qquad\text{11.(29)}$$

Die Vorspannmomente werden demnach an den Einspannstellen:

$$\boxed{\begin{aligned} M_{Av} &= M^0_{Av} + M'_{Av} = +e_A\,V - V\left(\frac{2}{3}f + e_A\right) = -\frac{2}{3}\,V\,f \\ M_{Bv} &= M^0_{Bv} + M'_{Bv} = +e_B\,V - V\left(\frac{2}{3}f + e_B\right) = -\frac{2}{3}\,V\,f \end{aligned}}\quad^{1}\qquad\text{11.(30)}$$

Damit wird

$$\boxed{M_{0,5\,l,v} = +\frac{1}{3}\,V\,f}\qquad\text{11.(31)}$$

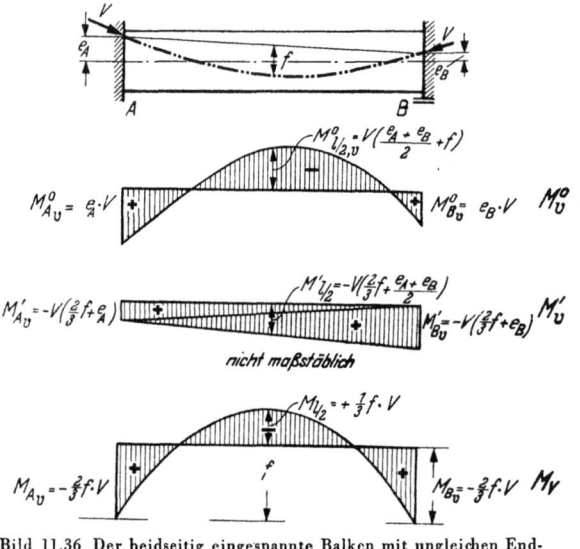
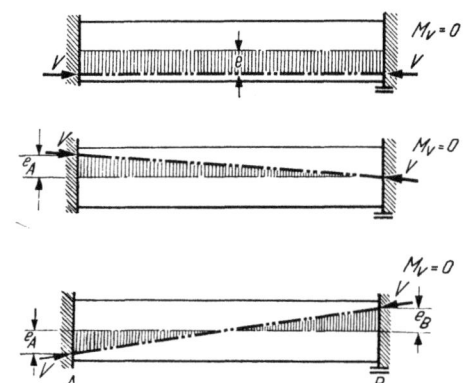

Bild 11.36 Der beidseitig eingespannte Balken mit ungleichen Endexzentrizitäten des parabelförmigen Spanngliedes führt ebenfalls zu den Vorspannmomenten M_v der Bilder 11.34 und 11.35

Bild 11.37 Gerade Spannglieder geben bei beidseitig eingespannten Balken unabhängig von ihrer Lage stets $M_v = 0$, d. h. formtreue Vorspannung. Die Wirkung auf die Einspannstelle mit M'_v ist jedoch verschieden

[1] e über Schwerlinie, V immer negativ!

Demnach sind die Vorspannmomente eingespannter Balken auch von einer etwaigen Ungleichheit der Endhöhenlage der Spannglieder unabhängig und werden nur durch den Pfeil f der in einem solchen Fall schräg liegenden Parabel bestimmt (Bild 11.36).

Diese Erkenntnis kann man aus den Umlenkkräften unmittelbar ablesen.

11.443 Beidseitige Einspannung, geradliniges Spannglied

Setzt man nun $f = 0$, d. h. macht man die Spannglieder gerade, so ergibt sich aus den obigen Gleichungen 11.(28) und 11.(31) folgendes:

Bei eingespannten Balken geben gerade Spannglieder ganz unabhängig von ihrer Lage auch bei Schräglage keine Vorspannmomente M_v, sondern nur Zwängungs-Momente M'_v (Bild 11.37). Solche Balken sind also durchweg zentrisch vorgespannt und zeigen keine Verbiegung (formtreue, aber nicht zwängungsfreie Vorspannung).

11.444 Beidseitige Einspannung, beliebig gekrümmtes Spannglied

Nach obigen Ausführungen kommt es auch bei beliebig gekrümmten Spanngliedern für M_v nicht auf die Lage der Enden der Spannglieder an, sondern nur auf die Umlenkkräfte, so daß man mit diesen am raschesten M_v ermittelt, zudem die Einflußlinien des eingespannten Balkens aus Handbüchern zu entnehmen sind.

Die $M^0{}_v$ sind aus der Spanngliedlage zu $V \cdot y_z$ bekannt. Damit werden auch $M'_v = M_v - M^0{}_v$ leicht zu bestimmen, zudem genügt es, die M'_v an den Einspannstellen zu kennen, um die richtige Lage der Schlußlinie zur $M^0{}_v$-Linie zu zeichnen.

11.445 Gerades Spannglied mit Zwischenverankerung

Es kommt gelegentlich vor, daß ein Teil der Spannglieder innerhalb eines Feldes verankert wird. Deshalb wird der Fall des Bildes 11.38 behandelt:

Der Endtangentenwinkel bei A wird

$$EJ \tau_A = V e \frac{\xi l \, \xi l}{2 l} + M'_{Av} \frac{l}{2} \frac{2}{3} + M'_{Bv} \frac{l}{2} \frac{1}{3} = 0,$$

$$V e \xi^2 + \frac{2}{3} M'_{Av} + \frac{1}{3} M'_{Bv} = 0,$$

$$EJ \tau_B = V e \frac{\xi l \left(l - \frac{\xi l}{2}\right)}{l} + M'_{Av} \frac{l}{2} \frac{1}{3}$$
$$+ M'_{Bv} \frac{l}{2} \frac{2}{3} = 0,$$

$$V e (2\xi - \xi^2) + \frac{1}{3} M'_{Av} + \frac{2}{3} M'_{Bv} = 0.$$

Daraus folgt

$$\boxed{\begin{aligned} M'_{Av} &= -V \cdot e \,(3\xi^2 - 2\xi) \\ M'_{Bv} &= -V \cdot e \,(4\xi - 3\xi^2) \end{aligned}} \quad 11.(32)$$

Mit M^0 wird nun

$$\boxed{\begin{aligned} M_{Av} &= -V \cdot e \,(3\xi^2 - 2\xi) \\ M_{Bv} &= -V \cdot e \,(4\xi - 3\xi^2 - 1) \end{aligned}} \quad 11.(33)$$

Bei ξl besteht der in Bild 11.38 dargestellte Momentensprung.

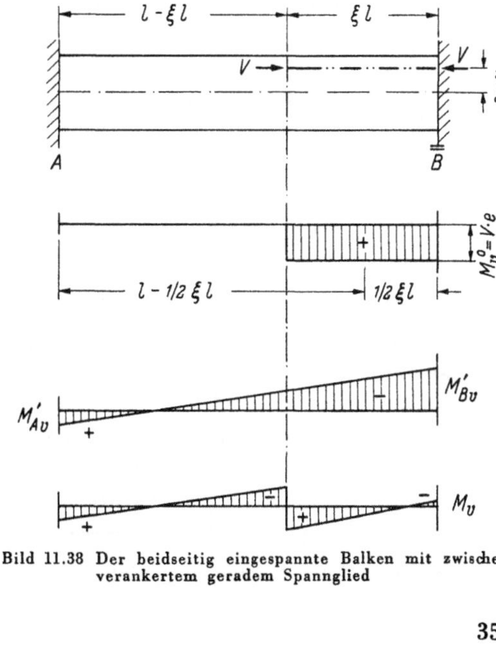

Bild 11.38 Der beidseitig eingespannte Balken mit zwischenverankertem geradem Spannglied

11.446 Einseitige Einspannung, parabolisches Spannglied, beliebige Endhöhenlage

Aus der Bedingung $\tau_B = 0$ folgt das statisch unbestimmte Moment M'_{Bv} (Bild 11.39)

$$\boxed{M'_{Bv} = -V\left(f + e_B + \frac{1}{2}e_A\right)}^1 \qquad 11.(34)$$

Damit wird das Einspannmoment am Balkenende B

$$\boxed{M_{Bv} = M^0_{Bv} + M'_{Bv} = -V\left(f + \frac{1}{2}e_A\right)}^1 \qquad 11.(35)$$

In Balkenmitte erhält man:

$$M_{0,5\,l,\,v} = +V\left(\frac{1}{2}f + \frac{1}{4}e_A\right).$$

Das Feldmoment ist also gerade halb so groß wie das Stützmoment, hat aber das umgekehrte Vorzeichen. Die Höhenlage e_B des Spanngliedes auf der Einspannseite hat wieder keinen Einfluß auf die Balkenmomente, sondern nur auf das statisch unbestimmte Einspannmoment M'_{Bv}

Für $e_A = 0$ wird:

$$\boxed{M_{Bv} = -V \cdot f \quad \text{und} \quad M_{0,5\,l,\,v} = +\frac{1}{2}V \cdot f}^1 \qquad 11.(36)$$

$$\boxed{M'_{Bv} = -V(f + e_B)}^1 \qquad 11.(37)$$

Für $f = 0$ verschwinden wieder alle Balkenmomente, es bleibt lediglich das statisch unbestimmte Einspannmoment $M'_{Bv} = -V \cdot e_B$.

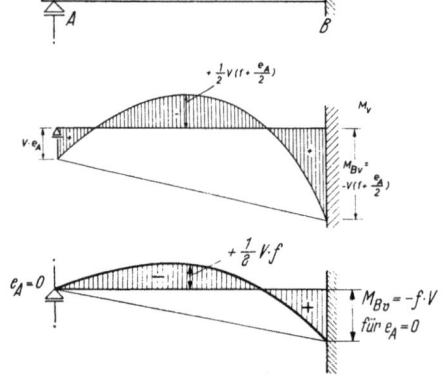

Bild 11.39 Der einseitig eingespannte Balken mit parabelförmigem Spannglied

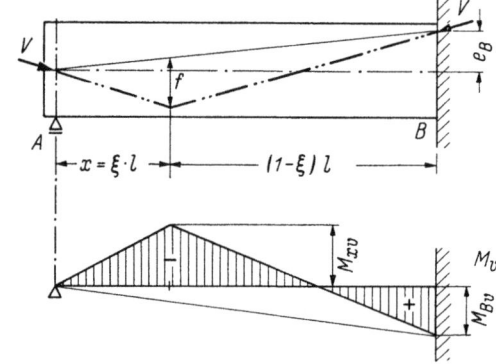

Bild 11.40 Der einseitig eingespannte Balken mit einmal geknicktem Spannglied

11.447 Einseitige Einspannung, polygonales Spannglied, beliebige Endhöhenlage

Zum Vergleich mit der Parabel werden die Momente am einseitig eingespannten Balken noch für den einfachsten Fall eines Polygons, nämlich bei einem Knick an einer beliebigen Stelle $x = \xi \cdot l$ entsprechend Bild 11.40 untersucht.

Mit den Endtangentenwinkeln wird wieder ermittelt:

$$\boxed{M'_{Bv} = -V\left[e_B + \frac{1}{2}f(1+\xi)\right]}^1 \qquad 11.(38)$$

[1] e über Schwerlinie, V immer negativ!

Das Balkenmoment bei B wird damit

$$\boxed{M_{Bv} = -V \cdot \frac{f}{2}(1+\xi)} \qquad 11.(39)$$

und im Schnitt x

$$M_{xv} = -V \cdot f \left[\frac{1}{2}\xi(1+\xi) - 1\right]. \qquad 11.(40)$$

Setzt man $x = \dfrac{l}{2}$, d. h. nimmt man den Polygonknickpunkt in $l/2$ an, dann wird

$$M_{Bv} = -\frac{3}{4} V \cdot f.$$

11.448 Zusammenstellung der Einspannmomente M_v und M'_v an beidseitig und einseitig eingespannten Balken

Am Balkenende A wirken (Bild 11.41):
$M_{Av} = \overset{0}{M}_{Av} + M'_{Av}$
$\overset{0}{M}_{Av} = V \cdot e$
$M'_{Av} =$ Zwängungsmoment, stellt Verträglichkeitsbedingungen des vorgespannten Balkens her.

Bei Anwendung der Formeln sind folgende Vorzeichen zu beachten:
V als Druckkraft auf den Beton wirkend ist immer negativ einzusetzen.
Die Exzentrizitäten sind unterhalb der Schwerachse positiv.
Die Pfeilhöhen der Parabeln und Dreiecke sind positiv, wenn diese sich nach oben öffnen.
Die Tafel 11.I enthält unter Nr. 1 bis 10 die einfachen Fälle. Durch Überlagerung führen sie zu den Momenten für die meisten praktisch vorkommenden Spanngliedführungen, Beispiele siehe Bild 11.42.
Unter Nr. 11 bis 13 in Tafel 11.I sind Formeln für die besonders häufig vorkommenden Formen parabelförmiger Spanngliedführungen angegeben. Bei Anwendung der Formeln müssen die Lagen der Wendepunkte und der Parabelscheitel bekannt sein. Die folgenden, aus der Geometrie der Parabel hergeleiteten Beziehungen erleichtern die Berechnung der Werte (Bild 11.43).

Der Wendepunkt W der Parabeln liegt auf der Verbindungslinie der Scheitelpunkte H und T. Damit wird

W oberhalb der Schwerachse: $\beta = 1 - \dfrac{|f|}{|e_1|}(1-\lambda)^2$

W unterhalb der Schwerachse: $\beta = \dfrac{|f|}{|e_2|}\lambda^2$

$f_1 = |f| \cdot (1-\beta)$
$f_2 = |f| \cdot \beta$
$\varkappa = \alpha \cdot \beta.$

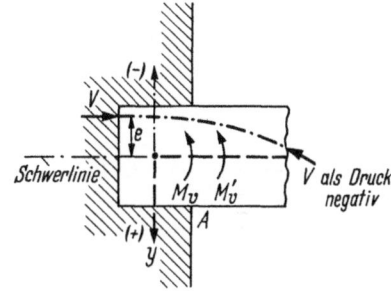

Bild 11.41 Momente und Vorzeichen am voll eingespannten Balkenende

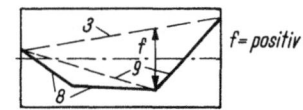

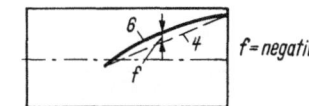

Bild 11.42 Anwendung der Tafel 11.I;
oben: Überlagerung der Nr. 3, 8 und 9 (Ziffern 8 und 9 versehentlich vertauscht)
unten: Überlagerung der Nr. 4 und 6

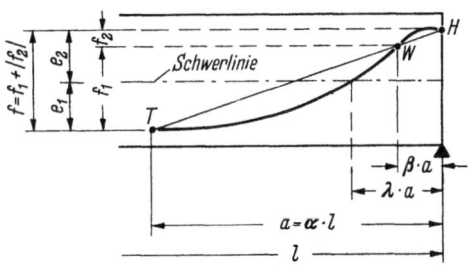

Bild 11.43 Bezeichnungen zu den Nr. 11 bis 13 der Tafel 11.I für Spanngliedführungen mit zwei Parabeln

Tafel 11.I Volleinspannmomente bei verschiedenen

Nr.	Spanngliedführung	M'_{Av}, M_{Av} ⊨A ————— B⊨ M'_{Bv}, M_{Bv}	M'_{Av}, M_{Av} ⊨A ————— B△ M'_{Bv}, M_{Bv}
1		$M'_{Av} = -e \cdot V$ $M_{Av} = 0$ $M'_{Bv} = -e \cdot V$ $M_{Bv} = 0$	$M'_{Av} = -\frac{3}{2} e \cdot V$ $M_{Av} = -\frac{1}{2} e \cdot V$ $M'_{Bv} = -\frac{3}{2} e \cdot V$ $M_{Bv} = -\frac{1}{2} e \cdot V$
2		$\left.\begin{array}{l} M'_{Av} = \\ M_{Av} = \end{array}\right\} -e_B(3\xi^2 - 2\xi) \cdot V$ $M'_{Bv} = -e_B(4\xi - 3\xi^2) \cdot V$ $M_{Bv} = -e_B(4\xi - 3\xi^2 - 1) \cdot V$	$\left.\begin{array}{l} M'_{Av} = \\ M_{Av} = \end{array}\right\} -\frac{3}{2} e_B \xi^2 \cdot V$ $M'_{Bv} = -\frac{3}{2} e_B(2\xi - \xi^2) \cdot V$ $M_{Bv} = -\frac{3}{2} e_B \left(2\xi - \xi^2 - \frac{2}{3}\right) \cdot V$
3		$M'_{Av} = -e_A \cdot V$ $M_{Av} = 0$ $M'_{Bv} = -e_B \cdot V$ $M_{Bv} = 0$	$M'_{Av} = -\frac{1}{2}(2e_A + e_B) \cdot V$ $M_{Av} = -\frac{1}{2} e_B \cdot V$ $M'_{Bv} = -\frac{1}{2}(e_A + 2e_B) \cdot V$ $M_{Bv} = -\frac{1}{2} e_A \cdot V$
4		$\left.\begin{array}{l} M'_{Av} = \\ M_{Av} = \end{array}\right\} -[e_1(2\xi^2 - \xi) + e_B(\xi^2 - \xi)] \cdot V$ $M'_{Bv} = [2e_1(\xi^2 - \xi) + e_B(\xi^2 - 2\xi)] \cdot V$ $M_{Bv} = [2e_1(\xi^2 - \xi) + e_B(\xi^2 - 2\xi + 1)] \cdot V$	$\left.\begin{array}{l} M'_{Av} = \\ M_{Av} = \end{array}\right\} -\frac{1}{2}(2e_1 + e_B)\xi^2 \cdot V$ $M'_{Bv} = -\frac{1}{2}[e_1(3\xi - 2\xi^2) + e_B(3\xi - \xi^2)] \cdot V$ $M_{Bv} = -\frac{1}{2}[e_1(3\xi - 2\xi^2) + e_B(3\xi - \xi^2 - 2)] \cdot V$
5	Parabel	$\left.\begin{array}{l} M'_{Av} = \\ M_{Av} = \\ M'_{Bv} = \\ M_{Bv} = \end{array}\right\} -\frac{2}{3} f \cdot V$	$\left.\begin{array}{l} M'_{Av} = \\ M_{Av} = \\ M'_{Bv} = \\ M_{Bv} = \end{array}\right\} -f \cdot V$
6	Parabel	$\left.\begin{array}{l} M'_{Av} = \\ M_{Av} = \end{array}\right\} -\frac{2}{3} f(3\xi^2 - 2\xi) \cdot V$ $\left.\begin{array}{l} M'_{Bv} = \\ M_{Bv} = \end{array}\right\} -\frac{2}{3} f(4\xi - 3\xi^2) \cdot V$	$\left.\begin{array}{l} M'_{Av} = \\ M_{Av} = \end{array}\right\} -f \cdot \xi^2 \cdot V$ $\left.\begin{array}{l} M'_{Bv} = \\ M_{Bv} = \end{array}\right\} -f \cdot (2\xi - \xi^2) \cdot V$
7		$\left.\begin{array}{l} M'_{Av} = \\ M_{Av} = \\ M'_{Bv} = \\ M_{Bv} = \end{array}\right\} -\frac{1}{2} f \cdot V$	$\left.\begin{array}{l} M'_{Av} = \\ M_{Av} = \\ M'_{Bv} = \\ M_{Bv} = \end{array}\right\} -\frac{3}{4} f \cdot V$

Spanngliedführungen in Balken mit konstanter Steifigkeit $E \cdot J$			
Nr.	Spanngliedführung	$\begin{matrix}M'_{Av}\\M_{Av}\end{matrix}$ ⊨A————————B⊨ $\begin{matrix}M'_{Bv}\\M_{Bv}\end{matrix}$	$\begin{matrix}M'_{Av}\\M_{Av}\end{matrix}$ ⊨A————————B△ $\begin{matrix}M'_{Bv}\\M_{Bv}\end{matrix}$
8	(V-Führung, $\beta \cdot l$, Höhe f)	$\left.\begin{matrix}M'_{Av}=\\M_{Av}=\end{matrix}\right\} -f \cdot \beta \cdot V$ $\left.\begin{matrix}M'_{Bv}=\\M_{Bv}=\end{matrix}\right\} -f(1-\beta) \cdot V$	$\left.\begin{matrix}M'_{Av}=\\M_{Av}=\end{matrix}\right\} -\frac{1}{2}f(1+\beta) \cdot V$ $\left.\begin{matrix}M'_{Bv}=\\M_{Bv}=\end{matrix}\right\} -\frac{1}{2}f(2-\beta) \cdot V$
9	(V-Führung, $1/2\,\xi\,l$, $\xi\,l$, Höhe f)	$\left.\begin{matrix}M'_{Av}=\\M_{Av}=\end{matrix}\right\} -\frac{1}{2}f(3\xi^2-2\xi) \cdot V$ $\left.\begin{matrix}M'_{Bv}=\\M_{Bv}=\end{matrix}\right\} -\frac{1}{2}f(4\xi-3\xi^2) \cdot V$	$\left.\begin{matrix}M'_{Av}=\\M_{Av}=\end{matrix}\right\} -\frac{3}{4}f \cdot \xi^2 \cdot V$ $\left.\begin{matrix}M'_{Bv}=\\M_{Bv}=\end{matrix}\right\} -\frac{3}{4}f(2\xi-\xi^2) \cdot V$
10	(V-Führung, $\beta\,\xi\,l$, $\xi\,l$, Höhe f)	$\left.\begin{matrix}M'_{Av}=\\M_{Av}=\end{matrix}\right\} -f \cdot \xi\,[\xi(1+\beta)-1] \cdot V$ $\left.\begin{matrix}M'_{Bv}=\\M_{Bv}=\end{matrix}\right\} -f \cdot \xi\,[2-\xi(1+\beta)] \cdot V$	$\left.\begin{matrix}M'_{Av}=\\M_{Av}=\end{matrix}\right\} -\frac{1}{2}f\,\xi^2(1+\beta) \cdot V$ $\left.\begin{matrix}M'_{Bv}=\\M_{Bv}=\end{matrix}\right\} -\frac{1}{2}f\,\xi\,[3-\xi(1+\beta)] \cdot V$
11	(Parabel, e_A, e_B, f, $l/2$)	$M'_{Av} = -\frac{1}{3}(2f+3e_A) \cdot V$ $M_{Av} = -\frac{2}{3}f \cdot V$ $M'_{Bv} = -\frac{1}{3}(2f+3e_B) \cdot V$ $M_{Bv} = -\frac{2}{3}f \cdot V$	$M'_{Av} = -\frac{1}{2}(2f+2e_A+e_B) \cdot V$ $M_{Av} = -\frac{1}{2}(2f+e_B) \cdot V$ $M'_{Bv} = -\frac{1}{2}(2f+e_A+2e_B) \cdot V$ $M_{Bv} = -\frac{1}{2}(2f+e_A) \cdot V$
12[1]	(Wendepkt., Parabeln, f, e, $\varkappa l$)	$M'_{Av} = -\frac{1}{3}[2f(1-\varkappa)+3e] \cdot V$ $M_{Av} = -\frac{2}{3}f(1-\varkappa) \cdot V$ $M'_{Bv} = -\frac{1}{3}[2f(1-\varkappa)+3e] \cdot V$ $M_{Bv} = -\frac{2}{3}f(1-\varkappa) \cdot V$	$M'_{Av} = -\frac{1}{2}[2f(1-\varkappa)+3e] \cdot V$ $M_{Av} = -\frac{1}{2}[2f(1-\varkappa)+e] \cdot V$ $M'_{Bv} = -\frac{1}{2}[2f(1-\varkappa)+3e] \cdot V$ $M_{Bv} = -\frac{1}{2}[2f(1-\varkappa)+e] \cdot V$
13[1]	(max e, Wendepkt., f', e_B, $\varkappa l$, $\alpha \cdot l$)	A△————————B⊨ M'_{Bv} $M'_{Bv} = -\frac{1}{4}\left\{f'[5-\alpha(2-\varkappa)-\varkappa(4-\varkappa)]+e_B[5+\alpha(2-\alpha)]\right\} \cdot V$ $M_{Bv} = e_B \cdot V + M'_{Bv}$ $f' = e_u - e_B;\quad (e_u = \max e)$	

[1] Nach [510]   ▌ e über der Schwerlinie, V immer negativ! ▌

11.449 Hinweise für die Anwendung von Momenten-Ausgleichsverfahren nach Cross, Kani (oder anderen) auf mehrfach statisch unbestimmte vorgespannte Tragwerke

Für die Berechnung mehrfach statisch unbestimmter Tragwerke haben sich die Verfahren der stufenweisen Annäherung nach *Cross, Dernedde* oder *Kani* [559], [151], [280] u. a. eingeführt, und ihre Anwendung wird durch zahlreiche Hilfstafeln erleichtert. Sie verdienen auch bei vorgespannten Tragwerken Beachtung.

Bekanntlich nimmt man zunächst alle Knoten undrehbar fest an und ermittelt die Volleinspannmomente der einzelnen Stäbe infolge der äußeren Lasten. Die Summe dieser Stabmomente an einem Knoten gibt das „Knotendrehmoment".

Nun wird **ein** Knoten losgelassen, das Knotendrehmoment verteilt sich entsprechend der Stabsteifigkeiten auf die einzelnen Stäbe. An den anschließenden Knoten kommen Stabmomente an, die mit Übergangs- oder Abklingzahlen ermittelt werden.

Bild 11.44 sei zur Erläuterung benutzt, dabei sind nur einfache äußere Lasten angesetzt. Am Knoten 2 ist das Knotendrehmoment

$$\overline{M}_2 = -\frac{Pl}{8} + \frac{pl^2}{12}.$$

Am Knoten 3 ist

$$\overline{M}_3 = -\frac{pl^2}{12}.$$

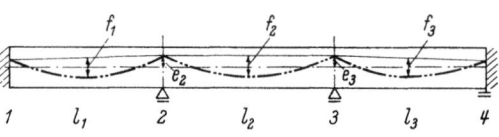

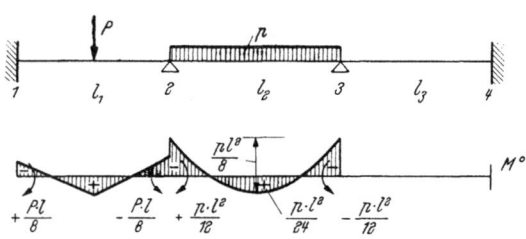

Bild 11.44 Volleinspannmomente zur Erläuterung des Momentenausgleichverfahrens

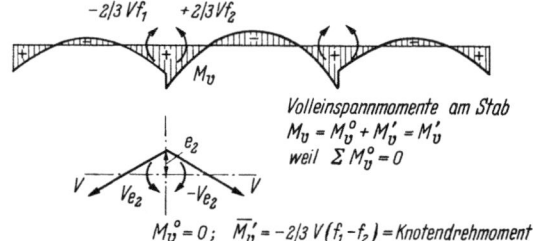

Bild 11.45 Der dreifeldrige Balken mit parabelförmigen Spanngliedern und den zugehörigen Knotendrehmomenten

Die Vorzeichen werden so festgelegt, daß ein Moment positiv ist, wenn es den Knoten im Uhrzeigersinn dreht.

Bei **Vorspannmomenten** haben wir nun zu beachten, daß die Einspannstelle, also der Knoten, **nur von den statisch unbestimmten Zwängungsmomenten M'_v** beansprucht wird, wie wir dies in Kap. 11.441 schon deutlich gemacht haben. Dabei ist angenommen, daß V, also auch M^0_v, nur am Stab selbst und nicht am festhaltenden Knoten wirkt.

Für den dreifeldrigen Balken des Bildes 11.45 mit durchlaufendem Parabelspannglied und eingespannten Enden haben wir also nach der Gleichung 11.(29) folgende **Knotendrehmomente** auszugleichen:

z. B. am Knoten 2

$$\overline{M}'_{2v} = +\left(M'_{2li,v} + M'_{2re,v}\right) = -V\left(\frac{2}{3}f_1 + e_2\right) + V\left(\frac{2}{3}f_2 + e_2\right)$$

$$\overline{M}'_{2v} = -\frac{2}{3}V(f_1 - f_2).$$

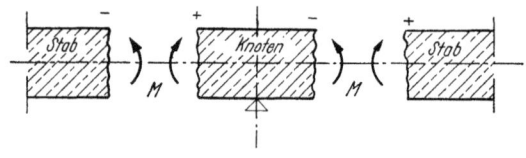

Bild 11.46 Vorzeichen der Momente am Stab und am Knoten

Die Vorzeichen für die Momente am Knoten bzw. am Stab gehen aus Bild 11.46 hervor.

Die obige Gleichung für M'_{2v} entspricht ΣM_v am Knoten 2 nach Gleichung 11.(30), weil das e_2 beider Parabeln gleich ist, also $\Sigma M^0_v = 0$ wird.

Bei Spanngliedern, die an den Stützen durchlaufen (was meist der Fall ist, da Spanngliedanker am Stützenschnitt selten sind), kann man also die M_v direkt für die Knotendrehmomente ansetzen.

Wäre aber $e_{2\,li}$ der Parabel in Öffnung 1 nicht gleich $e_{2\,re}$ des Spanngliedes der Öffnung 2, dann würde e nicht herausfallen.

Dieser Fall tritt bei vorgespannten Rahmen auf, wobei außerdem an den Knoten B und C (Bild 11.47) nicht nur die Exzentrizität, sondern auch die Größe der Vorspannkraft in beiden Richtungen (Riegel—Stiel) verschieden sein kann.

Die am undrehbar gedachten Knoten B infolge der Vorspannung angreifenden Momente sind dann

$$\overline{M}'_{Bv} = -V_{St} \cdot e_{Bu} + V_R \left(\frac{2}{3} f + e_{B\,re}\right).$$

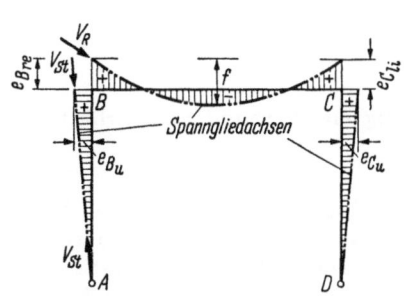 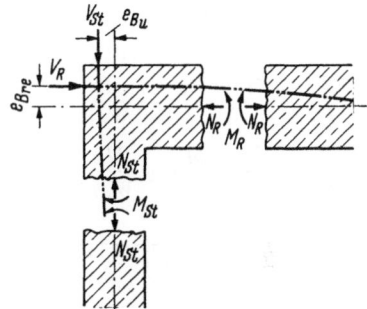

Bild 11.47 Der vorgespannte Rahmen mit an der Ecke sich überkreuzenden Spanngliedern des Riegels und des Stieles

Bild 11.48 Die Rahmenecke

Zum gleichen Ergebnis kommt man, wenn man die Knoten B allein betrachtet (Bild 11.48). Am Knoten greifen als äußere Kräfte die beiden Spannkräfte V_R und V_{St} an. Als innere Kräfte wirken vom Stiel auf den Knoten

$$M_{St} \text{ und } N_{St}$$

bzw. vom Riegel auf den Knoten

$$M_R \text{ und } N_R.$$

Nach den früheren Ableitungen ist aber das Moment des bei B starr eingespannten Stieles bei gerader Spanngliedachse $M_{St} = 0$. Das Stabmoment des bei B und C starr eingespannten Riegels ist dagegen

$$M_R = -\frac{2}{3} V_R \cdot f.$$

Da die Summe aller am Knoten B wirkenden Momente gleich Null sein muß, ergibt sich unter Berücksichtigung des Drehsinnes ($+$ = im Uhrzeigersinn)

$$-V_R \cdot e_{B\,re} + V_{St} \cdot e_{Bu} + M_R + M_{St} + \overline{M}'_{Bv} = 0$$

oder

$$-V_R \cdot e_{B\,re} + V_{St} \cdot e_{Bu} - \frac{2}{3} V_R \cdot f + 0 + \overline{M}'_{Bv} = 0.$$

Daraus folgt das statisch unbestimmte Knotendrehmoment

$$\overline{M}'_{Bv} = -V_{St} \cdot e_{Bu} + V_R \left(\frac{2}{3} f + e_{B\,re}\right).$$

Der Ausgleich der statisch unbestimmten Anteile M'_v bei starrer Einspannung ergibt schließlich eine M'_v-Momentenlinie, welche mit der $M°_v$-Linie bei freier Lagerung zu überlagern ist.

11.5 Ermittlung der Spannungen

Sind die Schnittkräfte bekannt, dann müssen wir zur Prüfung der Bemessung die Spannungen berechnen, ungünstig addieren und mit zulässigen Spannungen vergleichen und gegebenenfalls neu bemessen. Dabei betrachten wir die Spannungen oder ihre Komponenten in der Richtung der Längs- oder x-Achse, die Längsspannungen σ_x, die Querspannungen σ_y oder σ_z und die Schubspannungen τ_{xy} und berechnen daraus — soweit erforderlich — die Hauptspannungen.

11.51 Längsspannungen σ_x

Die Längsspannungen werden ermittelt als

R a n d s p a n n u n g e n   a u s   L ä n g s k r a f t   u n d   B i e g u n g (Bild 11.49):

$$\left.\begin{aligned}\sigma_o &= \frac{N_v}{F_i} - \frac{M_g + M_v + M_p}{W_{oi}} \\ \sigma_u &= \frac{N_v}{F_i} + \frac{M_g + M_v + M_p}{W_{ui}}\end{aligned}\right\} \text{für Vorspannung mit Verbund vor Erhärten (Spannbett)} \qquad 11.(41)$$

$$\left.\begin{aligned}\sigma_o &= \frac{N_v}{F_n} - \frac{M_g + M_v}{W_{on}} - \frac{M_p}{W_{oi}} \\ \sigma_u &= \frac{N_v}{F_n} + \frac{M_g + M_v}{W_{un}} + \frac{M_p}{W_{ui}}\end{aligned}\right\} \text{für Vorspannung mit Verbund nach Erhärten.} \qquad 11.(42)$$

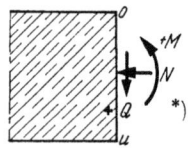 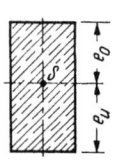 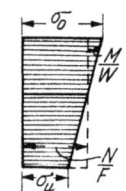

Um die Größtwerte der Randspannungen zu erlangen, muß man sich jeweils überlegen, ob der ungünstigste Lastfall vor S. u. K. oder nach S. u. K. maßgebend ist. Die Spannkraftabnahme durch S. u. K. behandeln wir in Kap. 12.

Bild 11.49 Die Längsspannungen σ_x

*) Bei eingezeichneter Pfeilrichtung müßte streng genommen $(-) N$ angeschrieben sein.

11.52 Die Schubspannungen τ_{xy}

Schubspannungen sind keine wirklichen Spannungen, sondern gedachte Spannungskomponenten der Hauptspannungen, also rechnerische Hilfswerte. Man kann sie auch als Richtungszeiger deuten, weil sie anzeigen, daß die Hauptspannungen von den Richtungen der gewählten Ko-

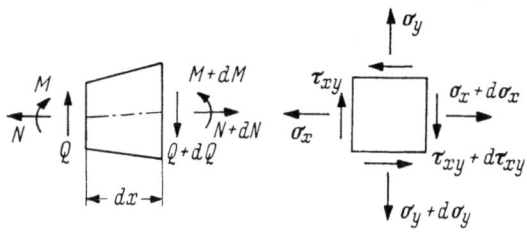

Bild 11.50 Schnittgrößen und Spannungen mit den positiven Wirkungsrichtungen

ordinatenachsen x und y abweichen, also schiefwinklig dazu verlaufen. Man braucht die Schubspannungen τ zur Ermittlung der Hauptspannungen nach Größe und Richtung. Sie hängen von der Querschnittsform und der Veränderlichkeit des Querschnittes ab.

Bei der Ermittlung der Schubspannungen müssen die Vorzeichenregeln streng beachtet werden. In Bild 11.50 geben die Pfeilrichtungen die positiven Größen an. Die Schnittgrößen sind durchweg auf den Schwerpunkt des Querschnittes zu beziehen.

11.521 Schubspannungen in parallelgurtigen Trägern

Für gleichbleibende Querschnittshöhe läßt sich die Schubspannung in bekannter Weise aus der Querkraft allein ermitteln, wenn $N = $ const. betrachtet werden kann. Die günstige Wirkung eines geneigten Spanngliedes wird bei der Ermittlung von Q berücksichtigt. Es ist in der Faser 1—1 (Bild 11.51)

$$\tau = \frac{Q \cdot S_1}{J \cdot b_1}. \qquad 11.(43)$$

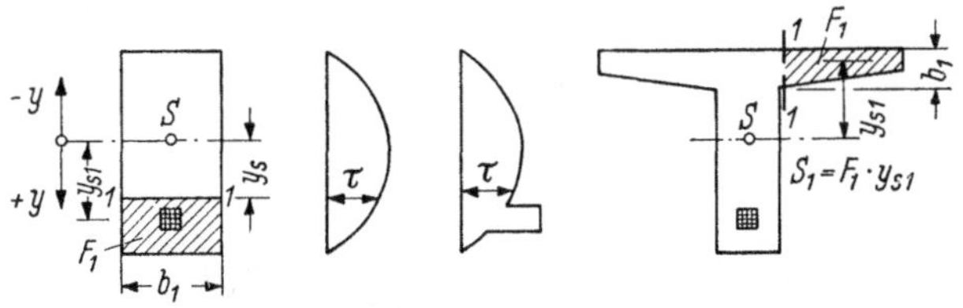

Bild 11.51 Die Schubspannungen τ_{xy} bei Trägern mit gleichbleibender Querschnittshöhe

Dabei ist

Q = Querkraft im betrachteten Schnitt

S_1 = Statisches Moment der unter dem Schnitt 1—1 gelegenen Querschnittsfläche F_1 bezogen auf die Schwerlinie, also $S_1 = \int_{y_1}^{y_u} b y \, dy = F_1 \cdot y_{s1}$.

Gleitkanäle oder Stahlquerschnitte im Bereich von F_1 werden meist vernachlässigt.

J = Trägheitsmoment des ganzen Querschnittes um die Schwerlinie, meist J_b

b_1 = Querschnittsbreite im Schnitt 1—1.

Bei Plattenbalken wird die Schubspannung am Platten-Anschluß mit der gleichen Formel gemäß Bild 11.51 rechts ermittelt.

Die Schwächung von Stegen durch große Gleitkanäle ist zu beachten, meist genügt es dabei, das kleinere b_1 anzusetzen.

11.522 Schubspannungen in Trägern mit veränderlicher Höhe

Bei veränderlicher Trägerhöhe ist die Schubspannung τ nicht nur von Q, sondern auch von M und N und dem Grad der Veränderlichkeit von F und J abhängig, was ganz verständlich ist, wenn man an die lotrechte Komponente einer schrägen Gurtkraft denkt.

Wir legen unsere x-Achse parallel zu einer Kante und schneiden rechtwinklig dazu. Betrachten wir zunächst den Fall mit schräger Oberkante (Bild 11.52 a). Die Schnittkräfte und Winkel sind positiv eingetragen. N sei konstant.

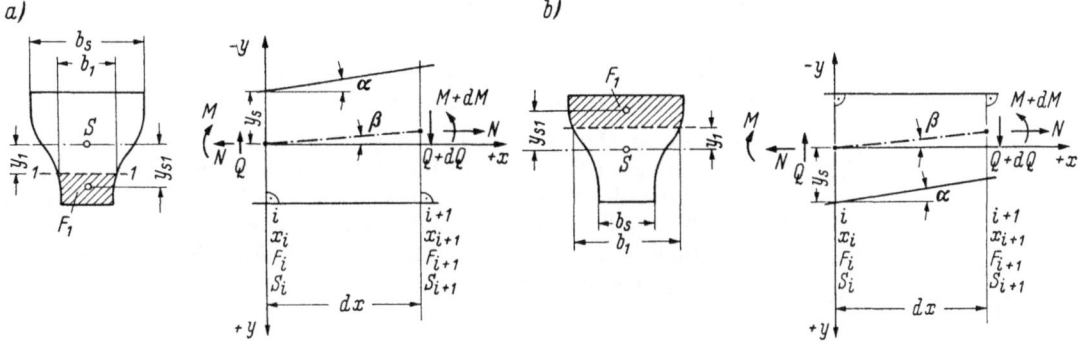

Bild 11.52 Achsen und Winkel zur Berechnung der Schubspannungen an Trägern mit veränderlicher Höhe

In unserem Ansatz betrachten wir als F_1 stets die Fläche von dem zur x-Achse parallelen Rand bis zur Faser 1—1. S_1 ist das statische Moment dieser Fläche F_1 in bezug auf den Schwerpunkt S.

Wir bezeichnen für Schnitt x

$$F_1 = \int_{y_1}^{y_u} b \, dy$$

$$S_1 = \int_{y_1}^{y_u} b \, y \, dy = F_1 \cdot y_{s1}.$$

Es ist dann allgemein für jede Querschnittsform (vgl. *E. Mörsch* in [70] und *H. Bay* in [167])

$$\boxed{b_1 \tau = \left(\frac{Q + N \tan \beta}{J} - \frac{M}{J^2} \frac{dJ}{dx} \right) S_1 - \left(\frac{N}{F^2} \frac{dF}{dx} - \frac{M}{J} \tan \beta \right) F_1} \qquad 11.(44)$$

Die Quotienten $\dfrac{dF}{dx}$ und $\dfrac{dJ}{dx}$ können genügend genau als endliche Differenzen ermittelt werden, so daß

$$\frac{dF}{dx} = \frac{1}{dx}(F_i - F_{i+1}) \quad \text{und} \quad \frac{dJ}{dx} = \frac{1}{dx}(J_i - J_{i+1}).$$

Ist der Obergurt gerade und der Untergurt geneigt (Bild 11.52b), dann gilt dieselbe Gleichung, man setzt jedoch F_1 und S_1 von der oberen Kante aus an. Die Fläche F_1 ist auch in diesem Fall positiv, S_1 dagegen negativ einzusetzen. Ist die untere Kante nach rechts fallend geneigt, dann werden die Winkel α und β negativ!

Nach [545] können die Schubspannungen auch für kreisförmige Schnitte ermittelt werden, womit man in manchen Fällen einen besseren Einblick in den Spannungszustand des Balkens erhält.

Für Träger, die am geneigten Rand keinen Flansch konstanter Dicke a haben, hat *P. Bonatz* [92] die Differentialquotienten $\dfrac{dF}{dx}$ und $\dfrac{dJ}{dx}$ und den Ausdruck $\tan \beta$ durch die Neigung α des schrägen Randes gegen die x-Achse ausgedrückt. Es ist dann

$$\boxed{b_1 \cdot \tau = \frac{S_1}{J} \left(Q \underset{(+)}{-} y_s \cdot b_s \cdot \sigma_s \cdot \tan \alpha \right) \underset{(+)}{-} \frac{F_1}{F} \cdot b_s \cdot \sigma_s \cdot \tan \alpha} \qquad 11.(45)$$

mit y_s = Abstand des geneigten Randes vom Schwerpunkt,
b_s = Querschnittsbreite am geneigten Rand,
σ_s = Spannung σ_x am geneigten Rand.

Diese Werte sind mit ihren Vorzeichen einzusetzen. Die Vorzeichen in Klammern gelten für Träger nach Bild 11.52b.

Für den Rechteckquerschnitt ist $b_1 = b_s = b$ und damit

$$\boxed{\tau = \frac{Q \cdot S_1}{J \cdot b} \underset{(+)}{-} \sigma_s \cdot y_s \cdot \tan \alpha \cdot \frac{S_1}{J} \underset{(+)}{-} \sigma_s \cdot \tan \alpha \cdot \frac{F_1}{F}} \qquad 11.(46)$$

Für $\tan \alpha = 0$ geht diese Formel in die Gleichung 11.(43) über.

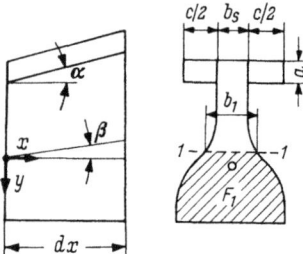

Bild 11.53 Bezeichnungen bei Trägern mit veränderlicher Höhe und Flansch am schrägen Rand

Für einen Querschnitt mit Flansch konstanter Dicke a am geneigten Rand gemäß Bild 11.53 bei beliebiger Form der übrigen Querschnittsteile, also auch mit Flansch an beiden Rändern, hat *W. Weiß* in [512] eine Lösung angegeben. Sie wird ähnlich wie bei *Bonatz* aus Gleichung 11.(44) durch Einsetzen folgender Beziehungen gewonnen:

$$\frac{dF}{dx} = \underset{(-)}{+} b_s \cdot \tan \alpha$$

$$\tan \beta = \frac{a \cdot c \underset{(+)}{-} b_s \cdot y_s}{F} \cdot \tan \alpha$$

$$\frac{dJ}{dx} = \underset{(-)}{+} \left[y_s^2 \cdot b_s - a \, c \left(a \underset{(-)}{+} 2 \, y_s \right) \right] \cdot \tan \alpha$$

Damit wird für den Teil des Querschnitts, der zwischen dem Flansch am geneigten Rand und dem geraden Rand liegt:

$$b_1 \cdot \tau = \frac{S_1}{J} \left\{ Q \underset{(+)}{-} y_s \cdot b_s \cdot \sigma_s \cdot \tan\alpha + a\,c \left[\sigma_s + \frac{M}{J}\left(y_s \underset{(-)}{+} a\right)\right] \tan\alpha \right\} - \frac{F_1}{F}\left(\underset{(-)}{+} b_s \cdot \sigma_s \cdot \tan\alpha - \frac{M}{J} a \cdot c \cdot \tan\alpha\right)$$

11.(47)

Die in Klammern gesetzten Vorzeichen gelten für den Fall, daß der untere Rand nach rechts steigt und einen Flansch konstanter Dicke hat.

Für Querschnitte ohne Flansch wird daraus wieder die Formel 11.(45) von *Bonatz*.

Zwei Beispiele zeigen noch den starken Einfluß der veränderlichen Höhe auf die Schubspannung τ (Bild 11.54 a und b). Die Schubspannung wird am geneigten Rand am größten, weil dort die Hauptdruckspannung geneigt, nämlich parallel zu diesem Rand verläuft. Man sieht sehr schön, wie die Schubspannung den Grad der Neigung der Hauptspannungen angibt.

Bei breiten Flanschen oder gar bei Platten von Hohlkästen werden die Schubspannungen im Steg durch die schräge Lage der Gurtkräfte ganz wesentlich abgemindert. Man kann dort genähert die lotrechte Komponente der Druck-Gurtkraft einfach von $Q = Q_{g+p} - Q_v$ abziehen und erhält dann mit Formel 11.(43) die Schubspannung des Stegquerschnittes allein ausreichend genau, wenn man den Schnitt so krümmt, daß er an beiden Rändern rechtwinklig ansteht. (Vgl. Beton-Kalender 1961, Seite 465.)

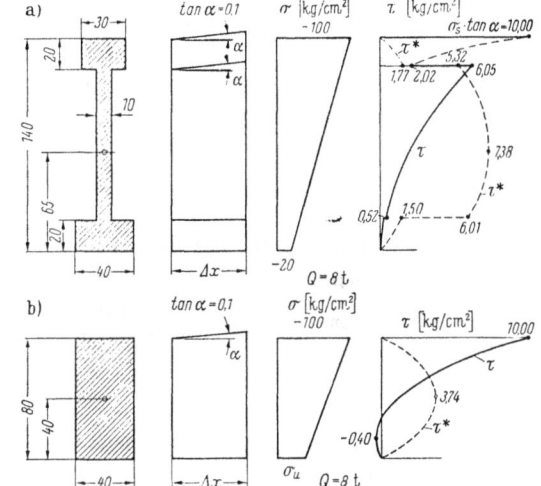

τ = Schubspannungen mit Berücksichtigung der Neigung

τ^* = Schubspannung nach $\tau^* = \dfrac{Q \cdot S_1}{J \cdot b}$ für parallelgurtigen Träger.

Bild 11.54 Schubspannungen τ_{xy} bei Trägern mit veränderlicher Höhe: a) mit Flansch am schrägen Rand und b) mit konstanter Breite

11.53 Querspannungen σ_y oder σ_z

Als Querspannungen bezeichnen wir Spannungen oder Spannungskomponenten in Ebenen rechtwinklig zur Längs-x-Achse, und zwar σ_y in lotrechter und σ_z in waagrechter Richtung. Wir betrachten hier bevorzugt σ_y, weil sie in Lastrichtung wichtiger und häufiger sind als die σ_z, die jedoch sinngemäß berücksichtigt werden können. Die σ_y können von den Lasten herrühren oder künstlich durch Vorspannung erzeugt sein, zum Beispiel durch lotrechte Vorspannung von Balkenstegen. Sie treten bevorzugt im Einleitungsbereich von Lasten oder Vorspannkräften auf (vgl. Kap. 9). In der technischen Biegetheorie werden sie meist vernachlässigt. An Spannbetontragwerken spielen die σ_{yv}, also die durch Vorspannung erzeugten, eine Rolle, um schiefe Hauptzugspannungen in Stegen oder dergleichen zu überdrücken, damit auch dort der Beton ohne Zugbeanspruchung trägt.

Sind die Stege lotrecht vorgespannt, so ist

$$\sigma_{yv} = \frac{V_V}{F} = \frac{\text{lotrechte Vorspannung/m}}{\text{Stegfläche/m}}.$$

Beachte, ob ausreichende Gleichförmigkeit von V_V durch kleinen Spanngliedabstand gegeben ist. Die über dem Steg liegende Last (g und p) erzeugt Querdruck σ_y (negativ). Er wird meist vernach-

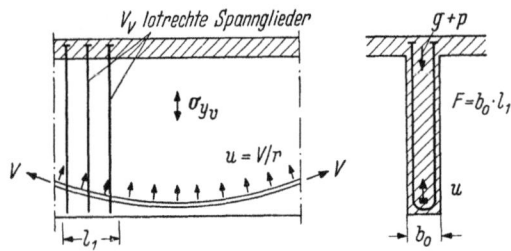

Bild 11.55 Lotrechte, vorgespannte Bügel dienen zur Erzeugung von Druckspannungen σ_y auch unter dem Spannglied

lässigt, kann aber über parabolischen Spanngliedern im Bedarfsfall mit dem Wert $\sigma_y = \dfrac{u}{b_0}$ in Rechnung gestellt werden (Bild 11.55).

Wird Last unten angehängt, so entsteht Querzug σ_y (positiv), der unbedingt zu berücksichtigen und entweder durch lotrechte Spannglieder oder mit schlaffen Bügeln aufzunehmen ist.

Bei Balken mit veränderlicher Höhe ist auch ohne lotrechte Vorspannung σ_y vorhanden, wie P. Bonatz [92] abgeleitet hat.

Diese σ_y sind meist vernachlässigbar klein, sie können aber bei großen Gurtneigungen oder großen Spannweiten Bedeutung erlangen, so daß es zweckmäßig ist, ihre Ermittlung hier nach Bonatz anzugeben.

Zusätzlich zu den Bezeichnungen des Bildes 11.52 a brauchen wir

q = Gesamtlast pro Längeneinheit in Schnittrichtung,

q_u = Lasten unterhalb Schnitt 1—1, und zwar Anteil des Eigengewichtes + zur Laststellung von Q_p gehörende, unterhalb des Schnittes 1—1 angreifende Verkehrslast + Umlenkkräfte aus Vorspannung,

J_1 = Trägheitsmoment der Fläche F_1, bezogen auf den Schwerpunkt des Gesamtquerschnittes.

Mit den Substitutionswerten

$$K_1 = b_s\, y_s \tan\alpha \left[\frac{M}{J} \tan\alpha - 2 y_s \frac{Q}{J} - \sigma_s \left(\frac{1}{b_s} \cdot \frac{db_s}{dx} + \frac{1}{\tan\alpha} \cdot \frac{d\tan\alpha}{dx} - \frac{2 b_s}{F} \tan\alpha - \frac{2 b_s y_s^2}{J} \tan\alpha \right) \right] \quad 11.(48)$$

$$K_2 = K_1 - q + b_s \sigma_s \tan^2\alpha$$

wird die lotrechte Spannung

$$b_1\, \sigma_y = K_2 \cdot \frac{J_1 - y_1 S_1}{J} - K_1 \frac{y_1 F_1 - S_1}{y_s F} + q_u . \quad 11.(49)$$

Auch hier ist die richtige Wahl der Vorzeichen zu beachten. $\dfrac{db_s}{dx}$ und $\dfrac{d\tan\alpha}{dx}$ sind dabei positiv, wenn sie mit $+x$ zunehmen.

Für den Rechteckquerschnitt mit der Höhe d vereinfacht sich der Substitutionswert K_1 auf

$$K_1 = b \left[\frac{6 M}{d \cdot F} \tan^2\alpha - \frac{6 Q \tan\alpha}{F} - \sigma_s \left(\frac{d}{2} \cdot \frac{d\tan\alpha}{dx} - 4\tan^2\alpha \right) \right] \quad 11.(48\,a)$$

11.54 Hauptspannungen[1]

Für die Ermittlung der Hauptspannungen betrachten wir ein kleines Element $dx\,dy$ des Balkens und die daran angreifenden Spannungen in einer Ebene. Die Spannung in der dritten Achse wird in der Praxis gewöhnlich vernachlässigt oder getrennt betrachtet (Bild 11.56).

Nach Ableitungen an zahlreichen anderen Stellen [47], [89], [98] sind die Hauptspannungen für diesen einfachen Fall

$$\left. \begin{aligned} \sigma_{\mathrm{I}} &= \frac{\sigma_x + \sigma_y}{2} + \sqrt{\left(\frac{\sigma_x - \sigma_y}{2}\right)^2 + \tau^2}, \\ \sigma_{\mathrm{II}} &= \frac{\sigma_x + \sigma_y}{2} - \sqrt{\left(\frac{\sigma_x - \sigma_y}{2}\right)^2 + \tau^2} \end{aligned} \right\} \quad 11.(50)$$

(σ_{II} ist mit $-\sqrt{\ }$ gekoppelt, weil σ_{II} beim einfachen Balken Hauptdruckspannung geben soll, wobei Druck als negativ vorausgesetzt ist).

---

[1] Bemessung für Hauptspannungen siehe auch Kap. 13.6

Meist kann σ_y vernachlässigt werden, dann wird mit $\sigma_y = 0$ und $\sigma_x = \sigma$

$$\sigma_I = \frac{\sigma}{2} + \sqrt{\frac{\sigma^2}{4} + \tau^2},$$
$$\sigma_{II} = \frac{\sigma}{2} - \sqrt{\frac{\sigma^2}{4} + \tau^2}.$$
11.(51)

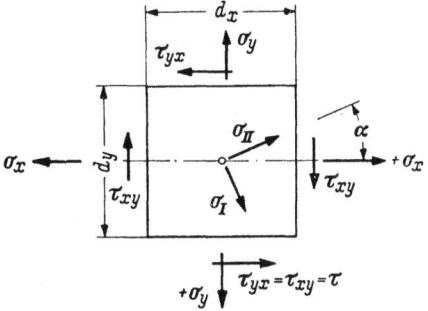

Bild 11.56 Die Hauptspannungen σ_I und σ_{II} am Körperelement

Diese Hauptspannungen geben die größten Spannungswerte im Element an, und zwar im allgemeinen

σ_I die größte Haupt z u g spannung, die besonders wichtig ist, weil sie zu Rissen führen kann und daher sorgfältig ermittelt und mit Bewehrung gedeckt oder durch Vorspannung σ_{yv} überdrückt werden muß, falls nicht ein besonderer Bruchsicherheitsnachweis geführt wird (Kap. 13).

Bei Querdruckspannung σ_y kann σ_I auch negativ werden, d. h. beide Hauptspannungen sind dann Druck.

σ_{II} die größte Hauptdruckspannung.

Die R i c h t u n g v o n σ_{II} gegen die Schwerlinie oder von σ_I gegen die y-Achse ist dabei bestimmt durch

$$\tan 2\alpha = \frac{2\tau}{\sigma_x - \sigma_y}, \qquad \text{für } \sigma_y = 0 \text{ ist} \qquad \tan 2\alpha = \frac{2\tau}{\sigma_x}.^{\text{1}} \qquad 11.(52)$$

In der Richtung α ist τ gleich Null, σ_I ein Maximum und σ_{II} ein Minimum. Diese Winkel werden durch die Vorspannung verändert, z. B. σ_I verläuft in vorgespannten Balken steiler als in nicht gespannten Balken (vgl. Bild 10.11).

Für jedes Element eines Trägers lassen sich so die Hauptspannungen und ihre Richtungen ausrechnen. Verbindet man die Richtungen zu Kurven, so erhält man die Hauptspannungstrajektorien (vgl. Bild 10.11).

Die Hauptspannungen und ihre Richtung können auch mit dem *Mohr*schen Trägheitskreis [89], [271], [98] ermittelt werden (Bild 11.57).

Man trägt σ_x horizontal ab und legt am rechten Endpunkt τ rechtwinklig, wenn positiv, nach oben an. Man legt dann einen Kreis mit Mittelpunkt in $1/2\, \sigma_x$ durch den Endpunkt von τ, der auf der Horizontalen links von σ_x die Hauptzugspannung σ_I ergibt und damit $\sigma_{II} = 2r - \sigma_I$.

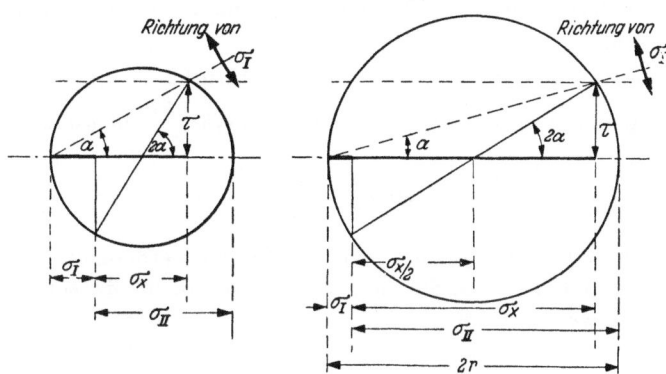

Bild 11.57 Der *Mohr*sche Trägheitskreis zur Ermittlung der Hauptspannungen aus σ_x und τ. Bei gleichem τ wird σ_I kleiner, wenn σ_x größer wird, z. B. durch V

---

[1] nach H. Frühauf [567] ist die Neigung von σ_I gegen die x-Achse e i n d e u t i g zu bestimmen aus $\tan \alpha_I = \tau/(\sigma_I - \sigma_y)$.

Der Winkel α ist den Figuren zu entnehmen, die auch zeigen, wie mit zunehmender Längsspannung σ_x die Neigung von σ_I steiler wird.

Überschreitet die Hauptzugspannung die Betonzugfestigkeit, dann treten Risse auf, und die Zugkräfte müssen von Bewehrungen aufgenommen werden können.

11.55 Bemerkungen über zulässige Spannungen (Neuere Auffassung: siehe [568])

Die zulässigen Spannungen werden in amtlichen Bestimmungen oder Normen festgelegt. Für Deutschland finden wir diese Werte in DIN 4227 in verschiedenen Abstufungen je nach Lastfall und Ort der Spannung für die Gebrauchslasten.

Die zulässigen Spannungen im Spannstahl σ_z sind in Deutschland mit 0,55 β_Z oder 0,75 $\beta_{0,2}$ niedrig im Vergleich zu anderen Ländern, die gewählte Grenze ist jedoch im Hinblick auf die Erfordernisse der Bruchsicherheit (Kap. 13) und auf die Relaxationsgrenze (Kap. 2) als berechtigt und zweckmäßig zu bezeichnen. Die niedrige Grenze erlaubt auch, daß man hinsichtlich vorübergehender Spannungsüberschreitungen zur Überwindung von Reibung (Kap. 7) oder bei Spannungen σ_{zp} vor S. u. K. großzügig sein und auf manche Nachweise kleiner Spannungsanteile verzichten kann. Auf die zulässige Größe der Spannbettspannung wurde in Kap. 11.221 eingegangen.

Beim Beton unterscheiden wir zunächst ± zul σ_b in Randfasern (Längsspannungen) und ± zul σ_I oder z. T. noch zul τ für schiefe Hauptspannungen, letztere sind noch niedrig angesetzt. Ferner unterscheiden wir zul (−) σ_b an Stellen, bei denen (+) σ_p eine Spannungsminderung ergibt (vorgedrückte Zugzone) und an Stellen, bei denen (−) σ_p die Druckspannung vermehrt (Druckzone). Wenn σ_p die anfängliche Spannung σ_{v+g} abbaut, dann kann eine höhere Spannung zugelassen werden als im umgekehrten Fall.

Die zulässigen Zugrandspannungen im Beton sind so niedrig angesetzt, daß sie noch unter der Zugfestigkeit des Betons bleiben, um auch bei Einwirken von Nebenspannungen keine sichtbaren Risse zu erhalten, bzw. praktisch rissefrei zu bleiben, was ja der Zweck der Vorspannung ist.

Die zulässigen schiefen Hauptzugspannungen unter Gebrauchslast liegen noch niedriger, was berechtigt ist, da es sich dabei nicht um Spannungsspitzen von Randfasern handelt, sonden um Spannungen, die auf großen Flächen fast gleich sind.

Man findet nun in DIN 4227 auch zul τ und zul σ_I für die rechnerische Bruchlast, was eine Verlegenheitslösung ist, solange es noch keine anerkannten Nachweise der Schubbruchsicherheit gibt. Solche Nachweise werden in Kap. 13 versucht, sie machen dann Spannungsnachweise für den Bruchzustand überflüssig.

Es fehlen bisher zulässige Grenzwerte für schiefe Hauptdruckspannungen σ_{II}, die niedriger sein müssen als für Randspannungen. Es wird empfohlen, hierfür $\dfrac{\beta p}{4}$ anzusetzen [561], also

$$\text{zul } \sigma_{II} = \frac{\beta p}{4}.$$

Im Hinblick auf das Kriechen des Betons muß empfohlen werden, die zulässigen Betondruckspannungen für den Lastfall $g + v$ nicht ohne Not auszunützen, da sonst mit großen Kriechverformungen gerechnet werden muß.

11.6 Bemessung

Die Bemessung von Spannbetontragwerken ist nicht so einfach wie diejenige nicht vorgespannter Tragwerke aus homogenem Baustoff, bei denen sich z. B. das erforderliche Widerstandsmoment als $W = \dfrac{M}{\text{zul }\sigma}$ anschreiben läßt.

Das hat folgende Gründe:

1. Die zulässigen Spannungen am oberen und unteren Rand sind im allgemeinen verschieden.
2. Bei gegebenen zulässigen Randspannungen ist nicht nur die Größe, sondern auch die Höhenlage des Spanngliedes unbekannt.
3. Die Vorspannkraft ist nicht konstant (S. u. K.).
4. Bei genauen Berechnungen sind die Querschnittswerte verschieden, je nachdem ob der Lastfall vor oder nach Herstellung des Verbundes eintritt (kann meist vernachlässigt werden, wenn es sich nicht um schmale, hoch ausgenutzte Stege handelt).

Die Zusammenhänge der die Bemessung beeinflussenden Größen werden nun für den Rechteckquerschnitt und für positive Momente allgemein dargestellt. Für andere Querschnittsformen gelten entsprechende Beziehungen.

Als Grundlage der Bemessung gilt die Erfüllung folgender Bedingungen:

1. Bei dem **größten** Moment (max $M = M_{g+p}$) und bei der kleinsten Spannkraft V_∞, soll die zulässige **Druck**spannung am **oberen** Rand zul σ_{oD} nicht überschritten werden, gleichzeitig darf bei voller Vorspannung am unteren Rand σ_u nicht positiv (Zugspannung) werden bzw. bei beschränkter Vorspannung zul σ_{uZ} nicht überschreiten.
2. Bei dem **kleinsten** Moment (M_g oder $M_g + \min M_p = \min M$) und der größten Spannkraft V_0, soll die zulässige **Druck**spannung am **unteren** Rand zul σ_{uD} nicht überschritten werden, gleichzeitig darf am oberen Rand bei voller Vorspannung σ_o nicht positiv bzw. bei beschränkter Vorspannung nicht $\sigma_o >$ zul σ_{oZ} werden.

Daraus folgen die 4 Beziehungen mit Druck = negativ (<0) und Zug = positiv (>0):

$$\begin{aligned}
&1.\ \sigma_{o,\,\max M} + \sigma_{o,\,v\infty} \geq \text{zul}\,\sigma_{oD}\\
&2.\ \sigma_{u,\,\max M} + \sigma_{u,\,v\infty} \leq 0\ \text{bzw.} \leq \text{zul}\,\sigma_{uZ}\\
&3.\ \sigma_{o,\,\min M} + \sigma_{o,\,v_0} \leq 0\ \text{bzw.} \leq \text{zul}\,\sigma_{oZ}\\
&4.\ \sigma_{u,\,\min M} + \sigma_{u,\,v_0} \geq \text{zul}\,\sigma_{uD}
\end{aligned} \qquad 11.(53)$$

Setzt man für den Abstand der Spanngliedachse von der Trägerachse $y_z = \lambda \cdot d$ sowie für die Vorspannkraft nach Ablauf von Schwinden und Kriechen

$$V_\infty = \omega \cdot V_0,$$

so erhält man mit den Bezeichnungen des Bildes 11.58 aus den 4 Beziehungen[1] die Gleichungen:

1. $-\dfrac{6}{b\,d^2}\max M + \dfrac{V_0 \cdot \omega}{b\,d}(1 - 6\lambda) \geq$ zul σ_{oD}

2. $+\dfrac{6}{b\,d^2}\max M + \dfrac{V_0 \cdot \omega}{b\,d}(1 + 6\lambda) \leq 0$ bzw. $\leq$ zul σ_{uZ}

3. $-\dfrac{6}{b\,d^2}\min M + \dfrac{V_0}{b\,d}(1 - 6\lambda) \leq 0$ bzw. $\leq$ zul σ_{oZ}

4. $+\dfrac{6}{b\,d^2}\min M + \dfrac{V_0}{b\,d}(1 + 6\lambda) \geq$ zul σ_{uD}.

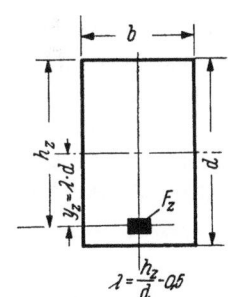

Bild 11.58 Die in den Formeln und Tafeln verwendeten Querschnittsbezeichnungen

| Die Bemessung wird also von **10 Größen** beeinflußt, wobei 4 Gleichungen zur Verfügung stehen.
Zur eindeutigen Bemessung müssen also stets 6 Größen gegeben sein, um aus den 4 Gleichungen die restlichen 4 Größen bestimmen zu können.

---

[1] V ist als Druckkraft auf den Beton und y_z über der Schwerlinie negativ einzusetzen.

In der Praxis schätzt man die erforderlichen Querschnitte mit Faustformeln gemäß Kap. 11.62 grob ab und ermittelt damit die Eigengewichtsmomente. Dabei sind die in Kap. 10 empfohlenen Bauhöhen und Hinweise zu beachten. Mit den gegebenen Nutzlastmomenten zusammen erhält man

$$\max M = M_g + \max M_p \text{ und } \min M = M_g$$
$$\text{oder } \min M = M_g + \min M_p, \text{ wenn } \min M_p \text{ negativ ist.}$$

Um nun die Annahmen der Querschnittswerte zu prüfen, die Spannungen und die Vorspannkraft nach Größe und Höhenlage zu ermitteln, wurden Tafeln aufgestellt für Rechteck-, T-, I- und □-Querschnitte, die im folgenden mitgeteilt seien.

11.61 Bemessungstafeln für Rechteckquerschnitte

Der Abstand des Spanngliedes von der Trägerachse $y_z = \lambda \cdot d$ wird fest angenommen, und zwar mit

$$\lambda = 0{,}45$$
$$\lambda = 0{,}40$$
$$\lambda = 0{,}30$$
$$\lambda = 0{,}20.$$

In den Tafeln 11.II bis 11.V ist der Abstand der Spanngliedachse von Oberkante des Querschnittes mit h_z angegeben. Es entspricht also den Werten

$$\left.\begin{array}{l}\lambda = 0{,}45 \ldots\ldots h_z = 0{,}95\,d \\ \lambda = 0{,}40 \ldots\ldots h_z = 0{,}90\,d \\ \lambda = 0{,}30 \ldots\ldots h_z = 0{,}80\,d \\ \lambda = 0{,}20 \ldots\ldots h_z = 0{,}70\,d\end{array}\right\} \begin{array}{l}\text{für Zwischenwerte ist zwischen} \\ \text{2 Tafeln zu interpolieren.}\end{array}$$

Bei angenommenen h_z- und ω-Werten müssen also noch weitere 4 Größen gegeben sein, um mit den Tafeln die 4 fehlenden Größen bestimmen zu können.

In den Tafeln 11.II bis 11.V sind auf der Abszissen-Achse nach rechts die Spannungen $V_0/b\,d$ in t/m² und auf der Ordinaten-Achse nach oben die Spannungen $+M/b\,d^2$ und nach unten $-M/b\,d^2$ jeweils in t/m² aufgetragen.

Die flacher geneigten schrägen Linien geben die Betonrandspannungen am oberen, die steiler geneigten Linien am unteren Rand infolge des größten bzw. kleinsten Momentes M an.

Mit den schrägen, nach rechts fallenden Linien unterhalb der Ordinate -200 t/m² können die Vorspannkräfte unter Berücksichtigung des Kraftverlustes durch Schwinden und Kriechen abgelesen werden (Näheres siehe Beispiel).

Mit den Tafeln kann nunmehr jede beliebige Bemessungs- oder Prüfaufgabe bei Rechteckquerschnitten durchgeführt werden.

Die verschiedenen Fälle werden im folgenden an Zahlenbeispielen vorgeführt.

11.611 Fälle der Bemessung oder Spannungsermittlung für Rechteckquerschnitte

Fall 1

Gegeben: $\dfrac{\max M}{b} = 250\,\text{mt/m}$ zul $\sigma_{oD} = -110\,\text{kg/cm}^2 = -1100\,\text{t/m}^2$

$\dfrac{\min M}{b} = 115\,\text{mt/m}.$ zul $\sigma_{uZ} = \pm 0$ (volle Vorspannung)

Gesucht: die Trägerhöhe d,

die Vorspannkraft V_0/b,

die Randspannungen σ_o und σ_u bei min M.

Angenommen: Verlust an Vorspannkraft durch S. u. K.
$$V_\infty = V_0 \cdot \omega \qquad \omega = 0{,}9,$$
Abstand der Spanngliedachse von U. K.-Träger $0{,}1\,d$, somit $h_z = 0{,}9\,d$.

Zur Ermittlung der gesuchten Werte benutzen wir Tafel 11.III mit $h_z = 0{,}9\,d$. Der Schnittpunkt der zul $\sigma_{oD} = -1100\ \text{t/m}^2$-Linie mit der zul $\sigma_{uZ} = 0$-Linie ist (1).

Man liest dann auf der Ordinatenachse links von (1) ab:

$$\frac{\max M}{b\,d^2} = +311\,\text{t/m}^2,$$

mit $\qquad \dfrac{\max M}{b} = +250\ \text{mt/m}$ folgt daraus

$$d^2 = \frac{250}{311} = 0{,}802\ \text{m}^2$$

und $\qquad d = \sqrt{0{,}802} = \underline{0{,}895\ \text{m}}.$

Die Lotrechte durch Pkt. (1) schneidet die Abszissenachse $\omega = 0{,}9$ im Pkt. (2).
Die Verbindungslinie von Pkt. (A) am oberen linken Tafelrand mit Pkt. (2) schneidet mit ihrer Verlängerung die Abszissenachse $\omega = 1{,}0$ in Pkt. (3), welcher dem Wert $V_0/b\,d = -616\ \text{t/m}^2$ entspricht.

Damit wird $\qquad \dfrac{V_0}{b} = -616 \cdot 0{,}895 = \underline{-550\ \text{t/m}}.$

Weiter wird mit $d^2 = 0{,}802\ \text{m}^2$

$$\frac{\min M}{b\,d^2} = \frac{115}{0{,}802} = +144\ \text{t/m}^2.$$

Die Waagerechte durch diesen Ordinatenpunkt schneidet die Lotrechte durch Pkt. (3) in Pkt. (4). Für Pkt. (4) kann man nun ablesen

$$\sigma_o = \pm \quad \underline{0\ \text{t/m}^2}$$
$$\sigma_u = -1250\ \text{t/m}^2 = \underline{-125\ \text{kg/cm}^2}.$$

Fall 2

Gegeben: $\qquad \dfrac{\max M}{b} = 250\ \text{mt/m} \qquad \max \sigma_o = -110\ \text{kg/cm}^2 = -1100\ \text{t/m}^2.$

Volle Vorspannung, also bei $\max M$: $\sigma_u = 0$
bei $\min M$: $\sigma_o = 0$.

Gesucht: Trägerhöhe d
Vorspannkraft V_0/b
$\min M/b$
σ_u bei $\min M$.

Angenommen: $h_z = 0{,}9\,d$ und $\omega = 0{,}9$.

In Tafel 11.III am Schnittpunkt (1) der Spannungslinien

$$\left.\begin{array}{l}\sigma_o = -1100\\ \sigma_u = 0\end{array}\right\}\ \text{t/m}^2$$

wird links an der Ordinatenteilung abgelesen:

$$\frac{\max M}{b\,d^2} = +311\ \text{t/m}^2,$$

daraus folgt

$$d^2 = \frac{\max M}{311 \cdot b} = \frac{250}{311} = 0{,}802\ \text{m}^2,$$
$$d = \sqrt{0{,}802} = \underline{0{,}895\ \text{m}}.$$

Tafel 11.II
zur Bemessung von Rechteckquerschnitten

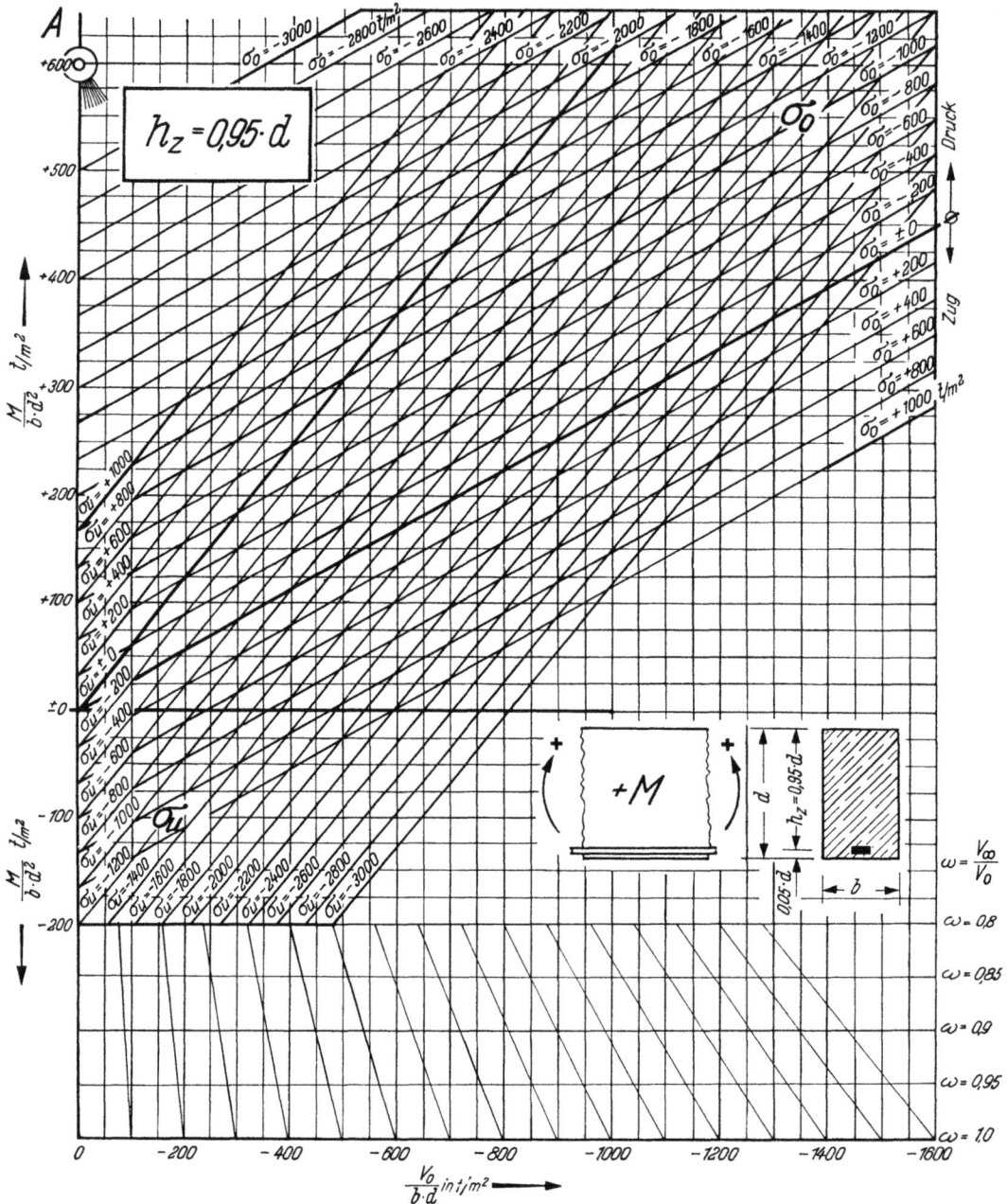

Tafel 11.III
zur Bemessung von Rechteckquerschnitten

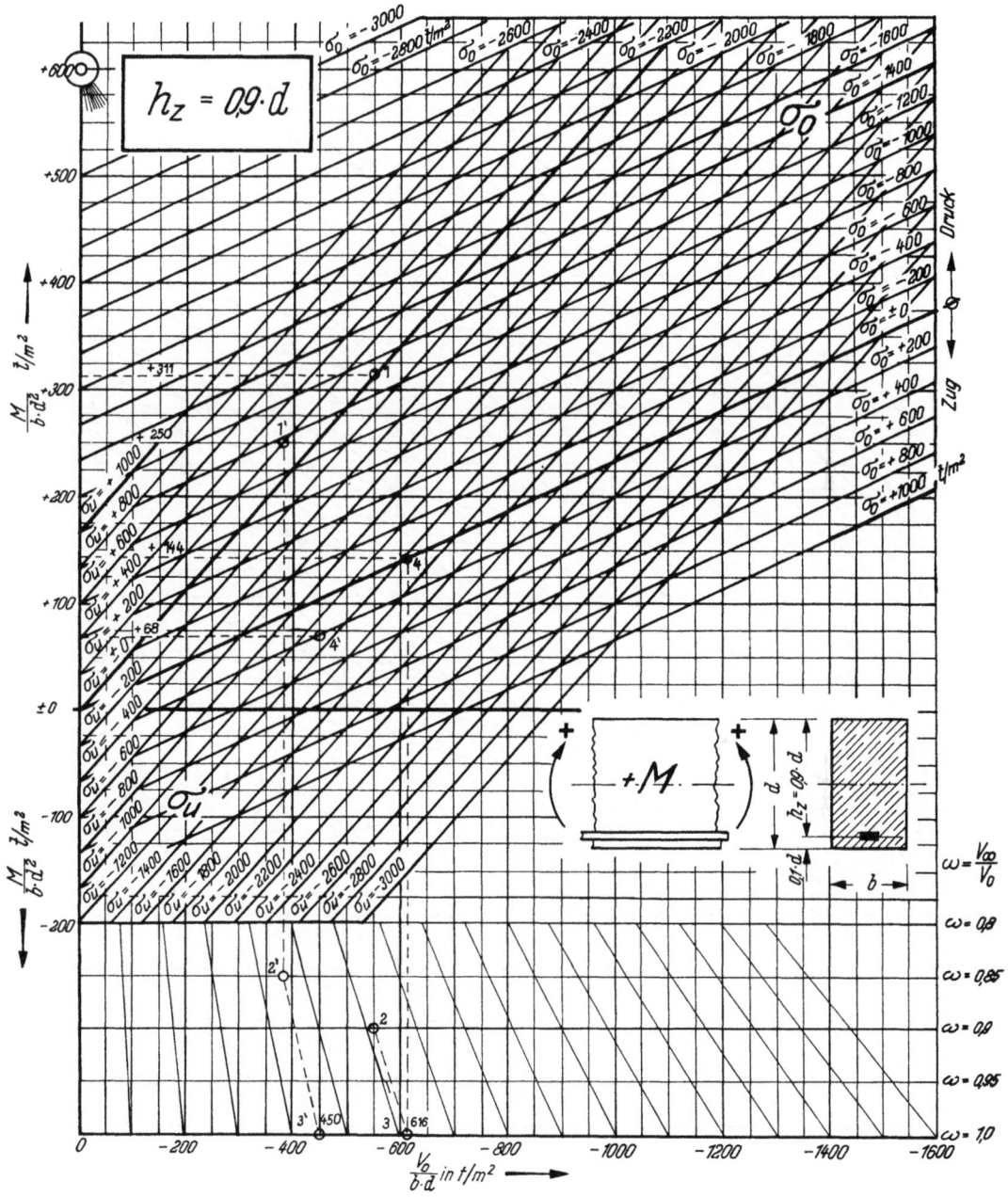

Tafel 11.IV
zur Bemessung von Rechteckquerschnitten

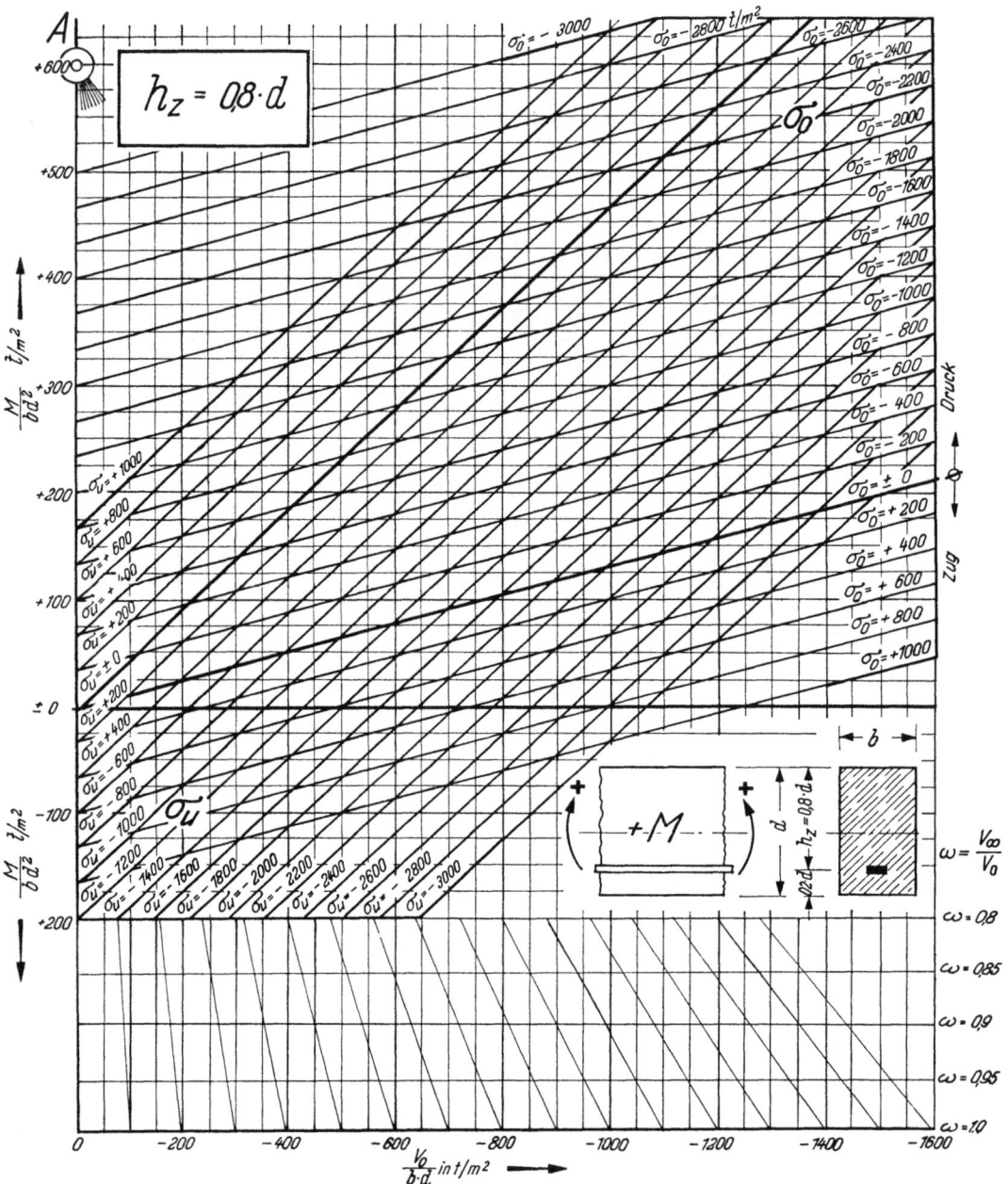

Tafel 11.V
zur Bemessung von Rechteckquerschnitten

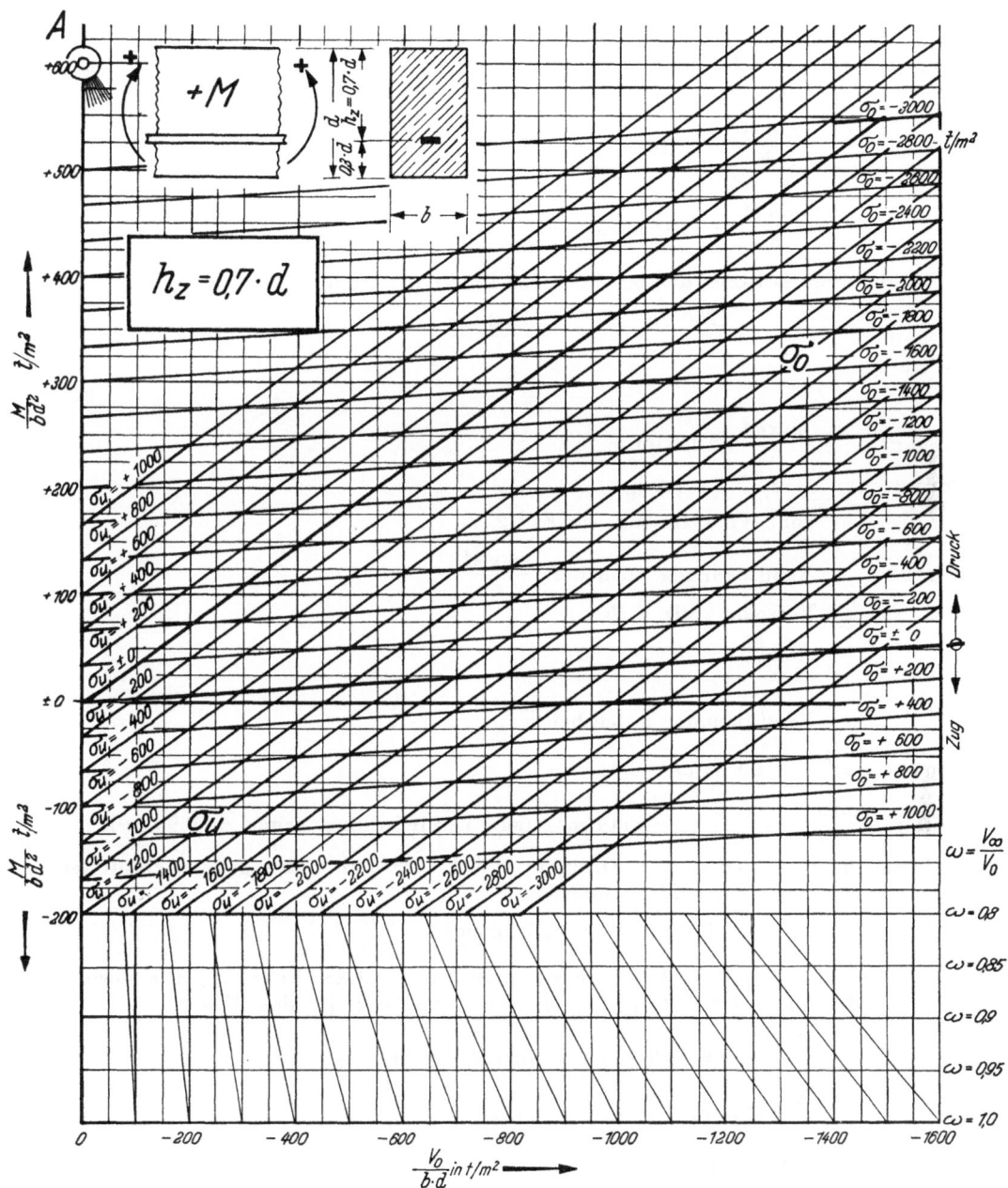

Vom Schnittpunkt (1) ausgehend, wird unten auf der Abszisse $\omega = 0{,}9$ der Punkt (2) abgelesen. Die Verbindungslinie (A)–(2) schneidet mit ihrer Verlängerung auf der Abszisse $\omega = 1{,}0$ in Punkt (3) den Wert $V_0/bd = -616$ t/m² ab.

Daraus folgt wieder
$$\frac{V_0}{b} = -616 \cdot 0{,}895 = \underline{-550 \text{ t/m}}.$$

Die Lotrechte durch den Schnittpunkt (3) schneidet die $\sigma_o = 0$-Linie in Punkt (4). Vom Punkt (4) ausgehend wird links abgelesen:
$$\frac{\min M}{b\,d^2} = +144 \text{ t/m}^2$$
oder
$$\frac{\min M}{b} = 144 \cdot 0{,}805 = \underline{+115 \text{ mt/m}}.$$

Aus der Interpolation zwischen den σ_u-Linien für Punkt (4) ergibt sich
$$\sigma_u = -1250 \text{ t/m}^2 = \underline{-125 \text{ kg/cm}^2}.$$

Fall 3

Gegeben: $\quad \dfrac{\max M}{b} = 250$ mt/m

$\qquad\qquad\quad d = 0{,}9$ m

volle Vorspannung wie Fall 2.

Gesucht: $\quad$ Randspannung oben bei $\dfrac{\max M}{b}$

$\qquad\qquad$ Vorspannkraft V_0/b

$\qquad\qquad \dfrac{\min M}{b}$

$\qquad\qquad$ Randspannung unten bei $\dfrac{\min M}{b}$.

Angenommen: $h_z = 0{,}9\,d$; $\omega = 0{,}9$.

Wir ermitteln $\dfrac{\max M}{b\,d^2} = \dfrac{250}{0{,}9^2} = +311$ t/m² (zur Vereinfachung, genau $+309$ t/m²).

In Tafel 11.III für $h_z = 0{,}9\,d$ von der Ordinate $+311$ t/m² nach rechts gehend erhält man mit der Linie $\sigma_u = 0$ den Schnittpunkt (1) und damit
$$\sigma_o = -1100 \text{ t/m}^2 = \underline{-110 \text{ kg/cm}^2}.$$

Die Lotrechte durch (1) ergibt auf der Abszissenachse $\omega = 0{,}9$ den Punkt (2). Die Verbindungslinie (A)–(2) schneidet auf der Horizontalen $\omega = 1{,}0$ in Punkt (3) den Wert
$$\frac{V_0}{b\,d} = -616 \text{ t/m}^2 \text{ ab, womit sich ergibt:}$$
$$\frac{V_0}{b} = -616 \cdot 0{,}9 = \underline{-550 \text{ t/m}}.$$

Der Schnittpunkt der Lotrechten durch (3) mit der Linie $\sigma_o = 0$ ergibt Punkt (4). Von (4) nach links gehend wird abgelesen
$$\frac{\min M}{b\,d^2} = +144 \text{ t/m}^2,$$
damit $\qquad \dfrac{\min M}{b} = 144 \cdot 0{,}9^2 = \underline{+115 \text{ mt/m}}.$

Aus den σ_u-Linien für Punkt (4) ergibt sich
$$\sigma_u = -1250 \text{ t/m}^2 = \underline{-125 \text{ kg/cm}^2}.$$

Fall 4

Gegeben: $\dfrac{\max M}{b} = 203$ mt/m

$d = 0{,}9$ m

beschränkte Vorspannung, also z. B.

bei max M $\sigma_u = +20$ kg/cm² $= +200$ t/m²,

bei min M $\sigma_o = +20$ kg/cm² $= +200$ t/m².

Gesucht: σ_o bei max M

Vorspannkraft V_0/b

$\dfrac{\min M}{b}$

σ_u bei min M.

Angenommen: $h_z = 0{,}9\, d$ und $\omega = 0{,}85$.

Wir ermitteln: $\dfrac{\max M}{b\, d^2} = \dfrac{203}{0{,}9^2} = +250$ t/m².

In Tafel 11.III von der Ordinate $+250$ t/m² nach rechts gehend erhält man auf der Linie $\sigma_u = +200$ t/m² den Schnittpunkt (1'), welcher der Spannung
$$\sigma_o = -970 \text{ t/m}^2 = \underline{-97 \text{ kg/cm}^2} \text{ entspricht.}$$

Die Lotrechte durch (1') ergibt auf der Abszisse $\omega = 0{,}85$ den Punkt (2'). Die Verbindungslinie $(A) - (2')$ schneidet auf der Abszisse $\omega = 1{,}0$ in Punkt (3') den Wert ab:
$$\frac{V_0}{b\, d} = -450 \text{ t/m}^2.$$

Damit wird
$$\frac{V_0}{b} = -450 \cdot 0{,}9 = \underline{-405 \text{ t/m}}.$$

Der Schnittpunkt der Lotrechten durch (3') mit der Linie $\sigma_o = +200$ t/m² gibt Punkt (4'). Von (4') nach links gehend wird die Ordinate abgelesen:
$$\frac{\min M}{b\, d^2} = +68 \text{ t/m}^2.$$

Daraus folgt: $\dfrac{\min M}{b} = 68 \cdot 0{,}9^2 = \underline{+55 \text{ mt/m}}.$

Aus der Interpolation zwischen den σ_u-Linien für Punkt (4') erhält man:
$$\sigma_u = -1100 \text{ t/m}^2 = \underline{-110 \text{ kg/cm}^2}.$$

11.612 Fälle der Nachprüfung für Rechteckquerschnitte

Fall 5 (Momentenermittlung aus den Randspannungen)

Gegeben: Randspannungen $\sigma_o = -110$ kg/cm² $= -1100$ t/m² und $\sigma_u = 0$ bei $\dfrac{\max M}{b}$

Randspannungen $\sigma_o = 0$ und $\sigma_u = -115$ kg/cm² $= -1150$ t/m² bei $\dfrac{\min M}{b}$

Trägerhöhe $d = 0{,}90$ m, $h_z = 0{,}90\, d$; $\omega = 0{,}90$.

Gesucht: $\dfrac{\max M}{b}$, $\dfrac{\min M}{b}$, $\dfrac{V_0}{b}$.

Aus Tafel 11.III mit $h_z = 0{,}9\,d$ finden wir als Schnittpunkt der σ_o- und σ_u-Linien bei $\dfrac{\max M}{b}$ bzw. bei $\dfrac{\min M}{b}$ die Punkte (1) und (4). Der Schnittpunkt (3) der Lotrechten durch (4) mit der Abszisse $\omega = 1{,}0$ ergibt:

$$\frac{V_0}{b\,d} = -616 \text{ t/m}^2 \text{ und damit}$$

$$\frac{V_0}{b} = -616 \cdot 0{,}9 = \underline{-550 \text{ t/m}}.$$

Der Schnittpunkt der Lotrechten durch (1) mit der Abszisse $\omega = 0{,}9$ ist Punkt (2). Die Verlängerung der Verbindungslinie (3)–(2) muß durch (A) gehen, wenn die Spannungen richtig sind. Die Horizontalen durch (1) und (4) schneiden die Ordinaten ab:

$$\frac{\max M}{b\,d^2} = +311 \text{ t/m}^2, \text{ daraus } \frac{\max M}{b} = 311 \cdot 0{,}9^2 = \underline{+250 \text{ mt/m}}$$

$$\frac{\min M}{b\,d^2} = +144 \text{ t/m}^2, \text{ daraus } \frac{\min M}{b} = 144 \cdot 0{,}9^2 = \underline{+117 \text{ mt/m}}.$$

11.62 Faustformeln für Rechteckquerschnitte und Vergleich der vollen und beschränkten Vorspannung

Bei voller und bei beschränkter Vorspannung können einige ganz einfache Formeln aufgestellt werden, die leicht einprägsam sind und zur überschläglichen Beurteilung bei Rechteckquerschnitten gute Dienste tun.

Geht man vom Lastfall $\max M$ mit V_∞ aus und setzt in den Gleichungen für die Randspannungen das Moment $\max M$, die Breite b und die Spannungen $\sigma_{oD} = \text{zul } \sigma_{oD}$ und $\sigma_{uZ} = \text{zul } \sigma_{uZ}$ als gegeben ein, dann kann man die gesuchte erforderliche Trägerhöhe d nach der Formel

$$\boxed{\operatorname{erf} d = k_1 \sqrt{\frac{-\max M}{b \cdot \sigma_{oD}}}} \qquad 11.(54)$$

ermitteln.

Mit dieser Trägerhöhe d ergibt sich aus dem gleichen Lastfall die zugehörige Vorspannkraft V_∞ zu

$$\boxed{\operatorname{erf} V_\infty = k_2 \cdot b \cdot d \cdot \sigma_{oD}} \qquad 11.(55)$$

Nimmt man weiterhin einen geschätzten Wert für das Verhältnis der Vorspannkraft V_∞ zur Vorspannkraft vor S. u. K. V_0 an,

$$\omega = \frac{V_\infty}{V_0}; \quad V_0 = \frac{1}{\omega} \cdot V_\infty,$$

dann kann V_0 als bekannt angesehen werden und der Lastfall $\min M$ mit V_0 liefert mit den bekannten zulässigen Randspannungen σ_{oZ} und σ_{uD} das zulässige kleinste Moment $\min M$

$$\boxed{\min M = -k_3 \cdot V_0 \cdot d} \qquad 11.(56)$$

Zur Kontrolle können wir die dabei auftretende größte Druckspannung am unteren Rand nach der Formel

$$\boxed{\sigma_{uD} = k_4 \cdot \frac{V_0}{b \cdot d}} \qquad 11.(57)$$

bestimmen.

Die Beiwerte k_1 bis k_4 sind von der auf die Trägerhöhe bezogenen Höhenlage des Spanngliedes

$$\frac{h_z}{d} = 0{,}5 + \lambda \, ; \qquad \lambda = \frac{h_z}{d} - 0{,}5 \, ; \qquad (\text{vgl. Bild 11.58})$$

und vom Verhältnis der Randspannungen abhängig. Damit ergeben sich unterschiedliche Beiwerte für volle und für beschränkte Vorspannung.

Die Spannungen und die Vorspannkraft sind in diese Formeln mit den vereinbarten Vorzeichen einzusetzen. Die Biegemomente sind für einen Schnitt in Feldmitte positiv angenommen worden.

11.621 Volle Vorspannung

Bei voller Vorspannung müssen die Bedingungen

$$\sigma_{uZ} \leqq 0 \text{ bei max } M \text{ und } V_\infty$$

und

$$\sigma_{oZ} \leqq 0 \text{ bei min } M \text{ und } V_0$$

eingehalten werden. Die Beiwerte für die Gleichungen 11.(54) bis 11.(57) sind damit für

volle Vorspannung

$$\boxed{\begin{aligned} k_1 &= \sqrt{\frac{12}{1+6\lambda}} \\ k_2 &= \frac{1}{2} \\ k_3 &= \lambda - \frac{1}{6} \\ k_4 &= 2 \end{aligned}}$$

11.(58)

Für die in der Praxis vorkommenden Werte $\lambda = 0{,}45$ bis $0{,}20$ bzw. $\frac{h_z}{d} = 0{,}95$ bis $0{,}70$ sind die Beiwerte k_1 und k_3 in Bild 11.59 dargestellt.

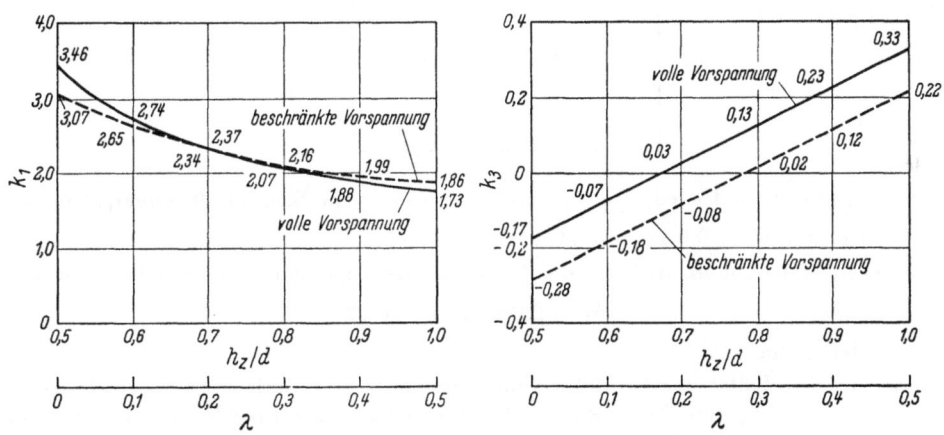

Bild 11.59 Abhängigkeit der Beiwerte k_1 (links) und k_3 (rechts) vom Verhältnis $\frac{h_z}{d}$ für volle und beschränkte Vorspannung ($\omega = 0{,}9$ angenommen)

Da im Normalfall die Spanngliedachse so tief wie möglich gelegt wird, kann meist mit

$$k_1 \approx 1{,}9 \text{ und mit } k_3 \approx 0{,}25$$

gerechnet werden. Man erhält dann die erforderliche Höhe d und das noch mögliche kleinste Moment eher etwas zu groß und liegt damit auf der sicheren Seite. Legt man weiterhin für den Normalfall B 300 mit $\sigma_{oD} \approx 100 \text{ kg/cm}^2 \approx 1000 \text{ t/m}^2$ und $\omega = \frac{V_\infty}{V_0} = 0{,}9$ zugrunde, so erhält man folgende einprägsame Bemessungsformel für Rechteckquerschnitte bei voller Vorspannung:

$$\boxed{\begin{aligned} \text{erf } d &\approx 0{,}06 \sqrt{\frac{\max M}{b}} \\ V_\infty &\approx -500\, b \cdot d \\ \min M &\approx 140\, b \cdot d^2 \\ \sigma_{uD} &\approx 1{,}1 \cdot \sigma_{oD} \end{aligned}}$$ für B 300,
alle Dimensionen t und m.   11.(59)

11.622 Beschränkte Vorspannung

Nach DIN 4227, Ausgabe 1953, sind die zulässigen Zugspannungen am unteren Rand σ_{uZ} bei $\max M$ und V_∞ und am oberen Rand σ_{oZ} bei $\min M$ und V_0 gleich groß (gilt aber nicht für Brücken!). Das Verhältnis dieser Zugspannungen zur zulässigen Druckspannung am Druckrand σ_{oD} ist mit genügender Genauigkeit für alle Betongüten B 300 bis B 600 einheitlich 3 : 11. Die zulässige Druckspannung am unteren Rand ist größer als σ_{oD}, im allgemeinen aber für die Bemessung nicht maßgebend, so daß sie bei Ableitung der Beiwerte nicht in Betracht gezogen wird.

Für die Bedingungen

$$\sigma_{uZ} = -\frac{3}{11}\, \text{zul}\, \sigma_{oD} \quad \text{bei } \max M \text{ und } V_\infty$$

$$\sigma_{oZ} = -\frac{3}{11}\, \text{zul}\, \sigma_{oD} \quad \text{bei } \min M \text{ und } V_0$$

erhält man folgende Beiwerte k_1 bis k_4 zu den Gleichungen 11.(54) bis 11.(57) für

beschränkte Vorspannung

$$\boxed{\begin{aligned} k_1 &= \sqrt{\frac{12}{1{,}27 + 4{,}36\, \lambda}} \\ k_2 &= \frac{4}{11} \\ k_3 &= \lambda - \frac{1}{6} - \frac{\omega}{8} \\ k_4 &= 2 + \frac{3}{4}\, \omega \end{aligned}}$$ 11.(60)

Die Beiwerte k_1 und k_3 sind wieder in Abhängigkeit von $\frac{h_z}{d}$ in Bild 11.59 eingetragen, wobei für das Verhältnis ω der Wert 0,9 eingesetzt wurde.

Aus den Kurven ersieht man, daß für die Fälle mit tiefliegender Spanngliedachse mit

$$k_1 \approx 2{,}0 \text{ und } k_3 \approx 0{,}12$$

gerechnet werden kann.

Legt man wieder für B 300 $\sigma_{oD} \approx 100$ kg/cm² zugrunde, so erhält man folgende Überschlagswerte für die Bemessung von Rechteckquerschnitten bei beschränkter Vorspannung unter gleichzeitiger Annahme von $V_\infty = 0{,}9 \cdot V_0$ ($\omega \approx 0{,}9$):

$$\boxed{\begin{aligned} \text{erf } d &\approx 0{,}06 \sqrt{\frac{\max M}{b}} \\ V_\infty &\approx -365\, b \cdot d \\ \min M &\approx 50\, b \cdot d^2 \\ \sigma_{uD} &\approx 1{,}1\, \sigma_{oD} \end{aligned}}$$ für B 300,
alle Dimensionen t und m.   11.(61)

Aus dem Vergleich der Formeln bei voller und beschränkter Vorspannung erkennt man, daß die erforderliche Höhe d in beiden Fällen praktisch gleich groß ist. Bei beschränkter Vorspannung genügt aber eine **erheblich geringere Vorspannkraft**, das kleinste noch mögliche Moment min M geht auf rd. $^1/_3$ des bei voller Vorspannung möglichen Momentes herunter.

Das Verhältnis der Vorspannkräfte bei voller und bei beschränkter Vorspannung ist für gleiche Momente max M und für gleiche vorgesehene Querschnitte $b \cdot d$ bei Beachtung der von k_1 abhängigen und deshalb unterschiedlichen tatsächlich vorhandenen Randspannungen $\sigma_{0\,D}$:

$$v = \frac{\text{beschr. Vorspannung } V'}{\text{volle Vorspannung } V} = \frac{k_2' \cdot k_1'^2}{k_2 \cdot k_1^2}.$$

Für λ zwischen 0,45 und 0,35 bzw. für $\dfrac{h_z}{d}$ zwischen 0,95 und 0,85 und $\omega = 0,9$ ergibt sich $v = 0,835$ bis $v = 0,808$. Man spart bei beschränkter Vorspannung also zwischen 16 und 20 %, im Mittel rd. 18 % Spannstahl.

Als Faustformel genügen somit die Angaben für volle Vorspannung, wenn man sich noch merkt, daß bei beschränkter Vorspannung bei sonst gleichen Verhältnissen nur rd. 82 % der Vorspannkraft erforderlich sind. Das gilt auch für B 450 und B 600.

Man erkennt daraus die große wirtschaftliche Bedeutung der beschränkten Vorspannung, vor allem solange zul $\sigma_{z,v}$ so niedrig liegt, daß im allgemeinen bei beschränkter Vorspannung noch keine Zulagen zum Erreichen der Bruchsicherheit nötig sind.

11.63 Bemessungstafeln für Plattenbalken, I- und Kastenquerschnitte

Im folgenden sind weitere Tafeln 11.VI bis 11.XII für ⊤-, I- und ☐-Querschnitte aufgestellt (Bild 11.60). Die Höhenlage des Spanngliedes ist hier mit zwei Varianten

$$h_z = 0,9\,d$$

und $h_z = 0,8\,d$ angenommen.

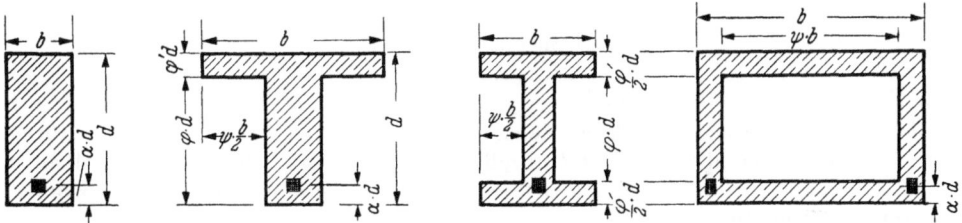

Bild 11.60 Bezeichnungen für die in den Tafeln 11.VI bis 11.XII behandelten Querschnitte ($h = d - a$)

Ferner sei wieder

$$V_\infty = \omega\,V_0.$$

ω liegt meist zwischen 0,95 und 0,70 und wird nach Kap. 12 ermittelt.

Die **Bauhöhe** erf d für die Breite b der Druckzone erhält man aus den Tafeln 11.VI und 11.X für die beabsichtigte Querschnittsart zu:

$$\text{erf}\,d = k_1 \sqrt{\frac{\max M}{b \cdot \sigma_0}} \qquad 11.(62)$$

σ_0 = gewählte oder zulässige Druckspannung in der Druckzone. Im allgemeinen ergeben sich bei σ_0 unter zul $\sigma_{0\,D}$ wirtschaftlichere Bauhöhen als bei voller Ausnutzung.

k_1 wurde ermittelt für $\sigma_u = 0$ nach S. u. K., also für volle Vorspannung (Bild 11.61). Bei beschränkter Vorspannung kann V um 10 bis 20 % kleiner gewählt werden — das Wieviel geht aus der Größe des σ_p im Vergleich zur zulässigen Betonzugspannung hervor.

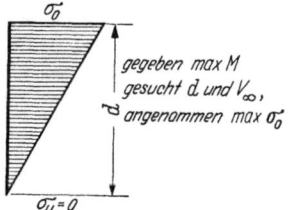

Bild 11.61 Das den Tafeln 11.VI und 11.X zugrundegelegte Spannungsdiagramm

Für das obige erf d wird die zugehörige **Vorspannkraft** mit Tafel 11.VII oder 11.XI:

$$\boxed{V_\infty = k_2 \cdot \sigma_o \cdot b \cdot \text{erf}\, d} \qquad \boxed{V_0 = \frac{V_\infty}{\omega}} \qquad 11.(63)$$

Damit können das Spannglied bemessen und die Annahmen für h_z und ω geprüft werden.

Weicht erf d oder die Höhenlage des Spanngliedes wesentlich von den ersten Annahmen ab, so ist der Querschnitt neu zu wählen und mit dem damit gewonnenen g die Rechnung zu wiederholen.

M_g darf einen gewissen Mindestwert nicht unterschreiten, wenn im Druckgurt Zug vermieden werden soll. Hierbei ist V_0 maßgebend. Bei auskragenden Balken oder statisch unbestimmten Tragwerken oder negativen Lasten werden σ_o und σ_u auch von $-M_p$, also von min M_{g+p}, beeinflußt. Die obere Spannung wird zu Null ($\sigma_o = 0$, Bild 11.62), wenn

$$\boxed{M_g \text{ bzw. min } M_{g+p} = -k_3 \cdot V_0 \cdot d} \qquad 11.(64)$$

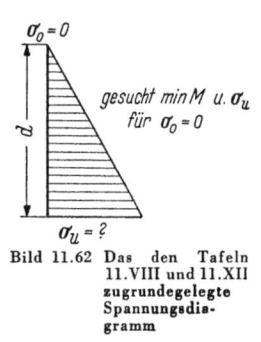

Bild 11.62 Das den Tafeln 11.VIII und 11.XII zugrundegelegte Spannungsdiagramm

d. h. mit k_3 aus Tafel 11.VIII oder 11.XII wird der Grenzwert des kleinsten Momentes bestimmt, das zur Vermeidung von Zugspannungen im Druckgurt mindestens vorhanden sein muß. Läßt man oben Zugspannungen zu, dann darf das Moment noch kleiner sein.

Die bei min M und V_0 auftretende untere Druckspannung darf ebenfalls zul σ nicht überschreiten; sie ist bei Rechteckquerschnitten einfach max $\sigma_u = \dfrac{\max \sigma_o}{\omega}$, weil sich für V_∞, max σ_o und $\sigma_u = 0$ bei gleichbleibender Spanngliedlage die zu ω, $\sigma_o = 0$ und V_0 gehörige Spannung max σ_u nur durch $1/\omega = \dfrac{V_0}{V_\infty}$ von max σ_o unterscheiden kann.

Für Plattenbalken wurde zur Vereinfachung gebildet

$$\boxed{\max \sigma_u = k_4 \frac{V_0}{b\, d}} \qquad 11.(65)$$

k_4 ist aus Tafel 11.IX zu entnehmen.

max σ_u darf die in der vorgedrückten Zugzone zugelassenen Werte nicht überschreiten. Ist min M tatsächlich kleiner als der Wert k_3 ergibt, und damit σ_u höher als zul σ, dann muß das Spannglied höher gelegt, die Vorspannkraft erhöht und — wenn σ_o für max M ausgenutzt war — auch d vergrößert werden.

Die Tafeln erlauben so eine einfache und schon recht genaue Vorbemessung, mit der die Berechnung für Gebrauchslasten in einfachen Fällen abgeschlossen werden kann oder nach der der genaue Spannungsnachweis erfolgt.

11.631 Beispiele für die Vorbemessung mit den Tafeln 11.VI bis 11.XII

Beispiel 1 für Plattenbalken (Bild 11.63)

a) **Gegeben**: max $M_{g+p} = +200$ mt

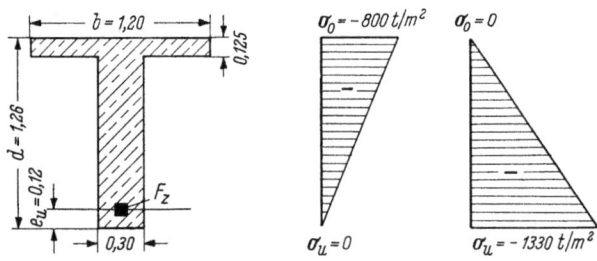

Bild 11.63 Plattenbalken zum Beispiel 1

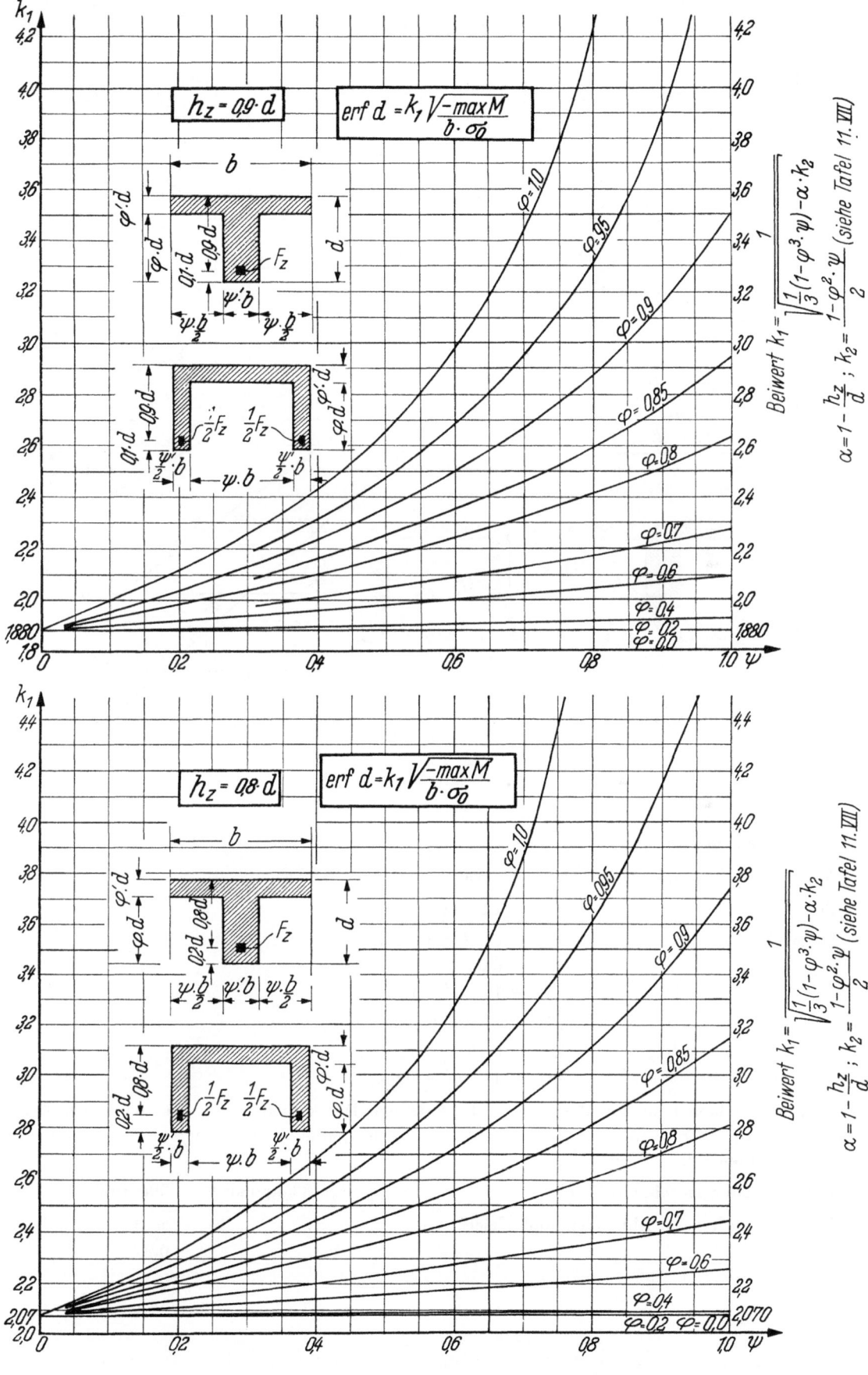

Tafel 11.VII

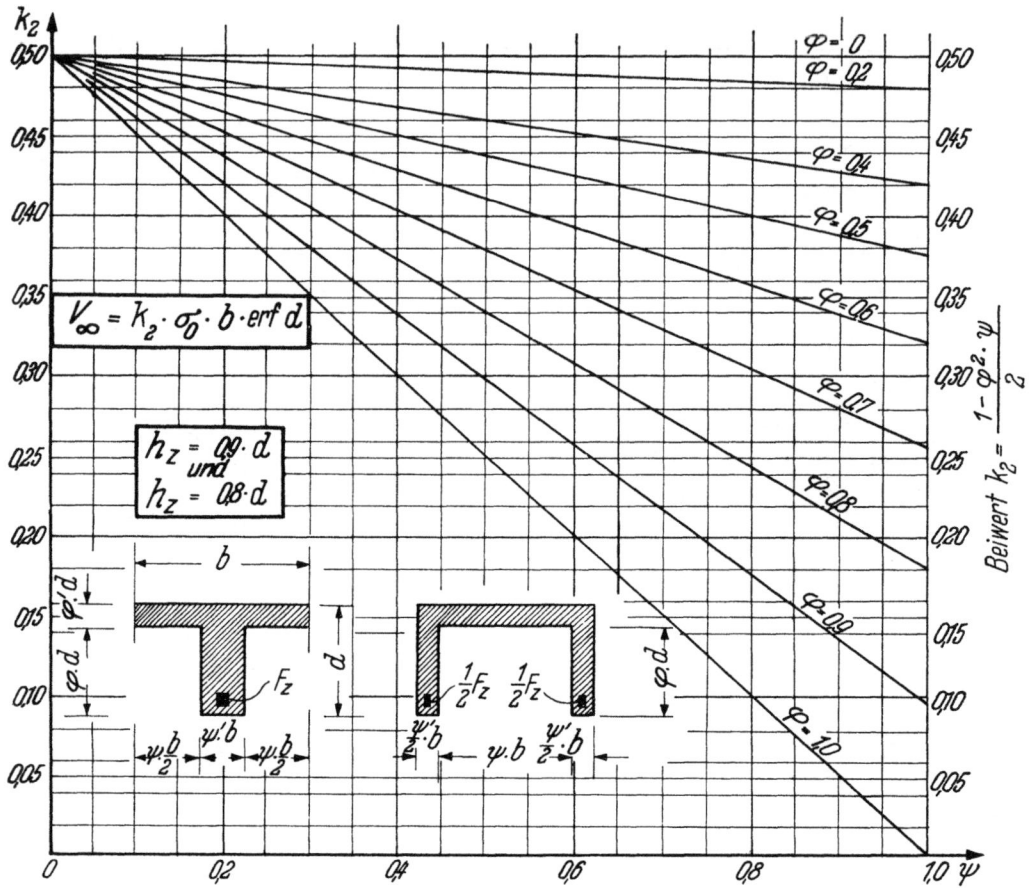

b) **Angenommen:**

1. Abstand der Spanngliedachse von O.K.-Träger $\quad h_z = 0{,}9 \cdot d$
2. Plattenbreite $\quad b = 1{,}20$ m
3. Stegbreite $\quad b_o = \psi' \cdot b = 0{,}30$ m
   $\psi' = 0{,}25$
   $\psi = 1 - \psi' = 0{,}75$
4. Plattendicke $\quad d' = \varphi' d = 0{,}10\, d$
   $\varphi' = 0{,}10$
   $\varphi = 1 - \varphi' = 0{,}90$

Beim Plattenbalken kann im allgemeinen die zulässige Druckspannung σ_o am **oberen Rand** nicht voll ausgenutzt werden, wenn die zulässige Druckspannung σ_u am **unteren Rand** eingehalten werden soll. Daher:

5. Randspannung am oberen Rand $\quad \sigma_o = -80$ kg/cm² $= -800$ t/m²
6. Vorspannkraft nach Schwinden und Kriechen $\quad V_\infty = \omega \cdot V_0$
   $\omega = 0{,}9.$

Tafel 11.VIII

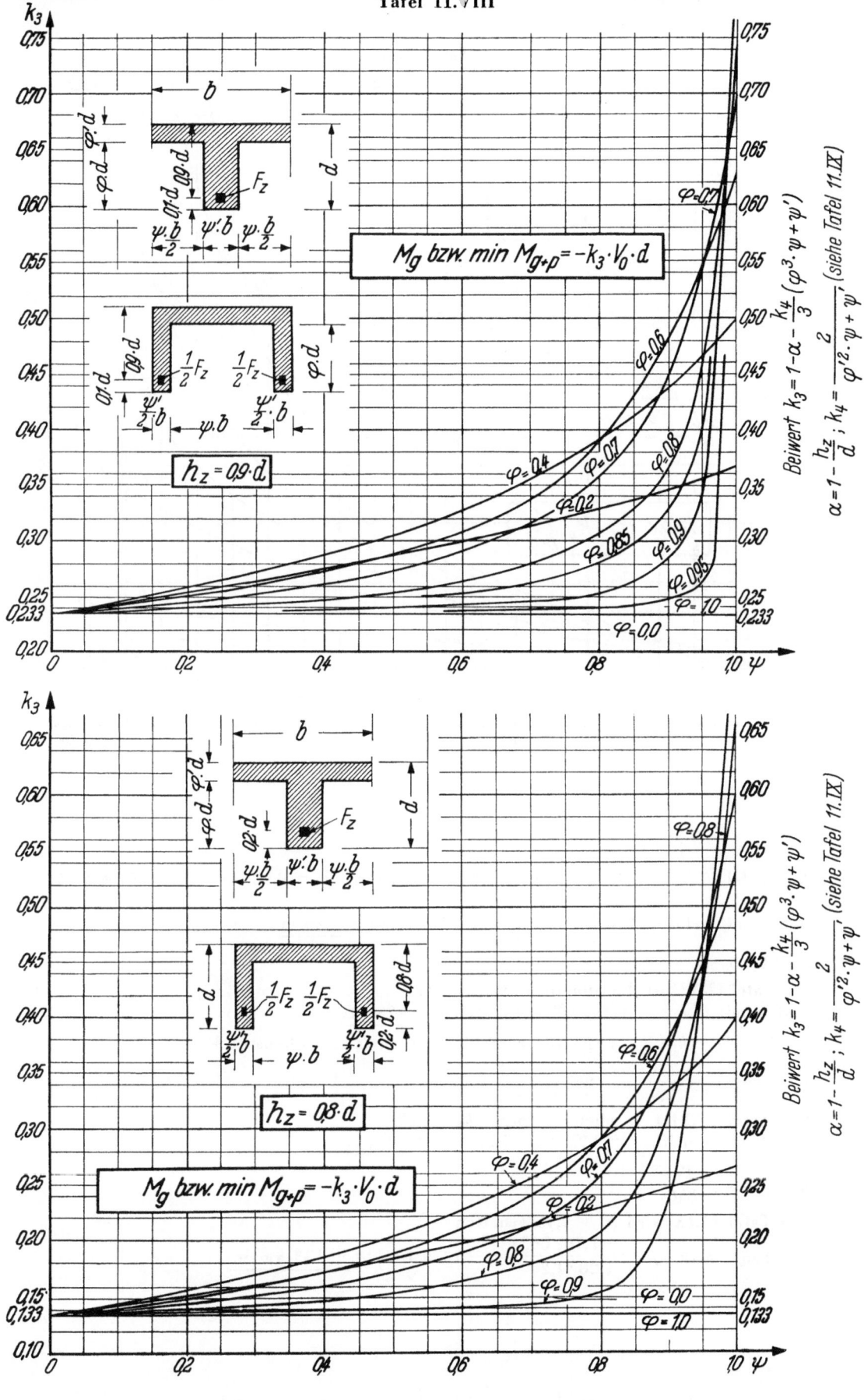

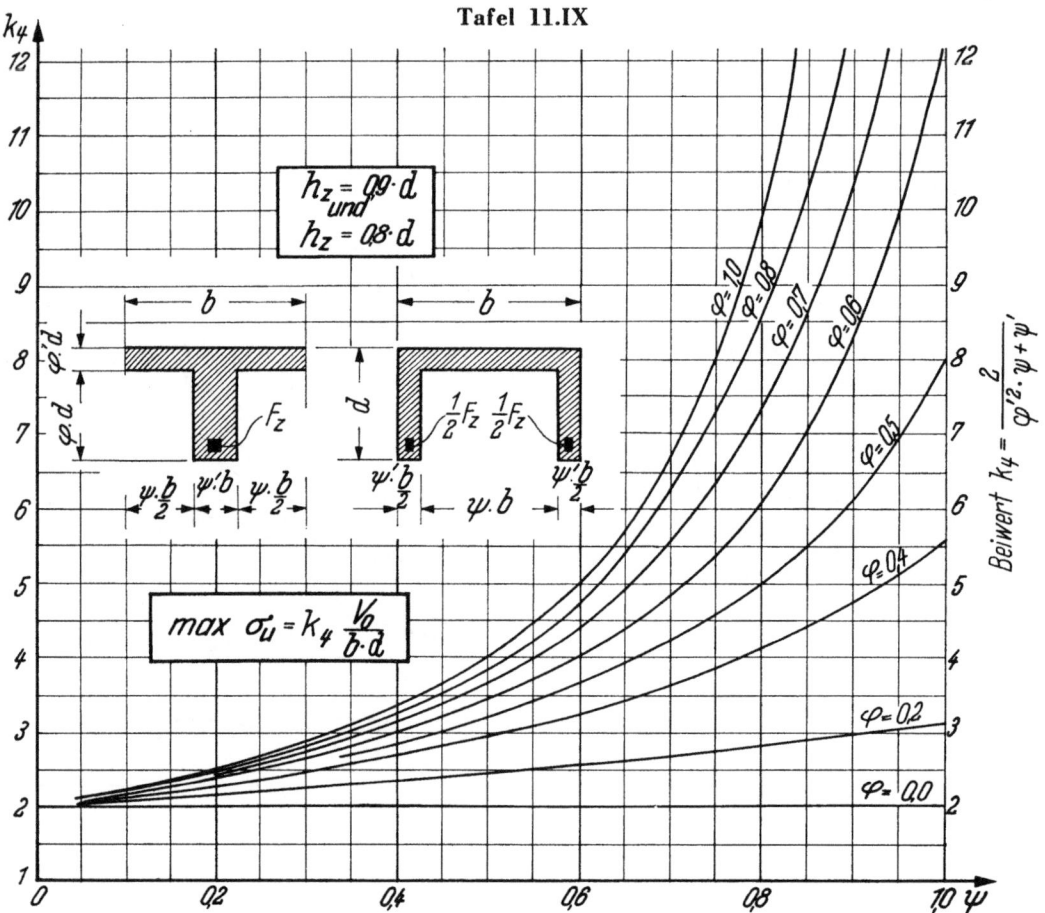

Tafel 11.IX

c) Gesucht:

1. $\text{erf } d = k_1 \sqrt{\dfrac{-\max M}{b \cdot \sigma_0}}$

   Aus Tafel 11.VI — oben, für $h_z = 0{,}9\,d$ — wird mit $\varphi = 0{,}90$, $\psi = 0{,}75$: $k_1 = 2{,}76$

   und damit $\text{erf } d = 2{,}76 \sqrt{\dfrac{200}{1{,}2 \cdot 800}} = 2{,}76 \cdot 0{,}456 = \underline{1{,}26 \text{ m}}$.

2. $V_\infty = k_2 \cdot \sigma_0 \cdot b \cdot \text{erf } d$

   Aus Tafel 11.VII wird entnommen: $k_2 = 0{,}196$
   und damit $V_\infty = -\,0{,}196 \cdot 800 \cdot 1{,}2 \cdot 1{,}26 = \underline{-\,236 \text{ t}}$.

3. $\min M_{g+p} = -\,k_3 \cdot V_0 \cdot d$ (ist für Einfeldbalken zulässiges kleinstes M_g)

   $V_0 = \dfrac{V_\infty}{\omega} = -\,\dfrac{236}{0{,}9} = -\,\underline{263 \text{ t}}$.

   Aus Tafel 11.VIII — oben — folgt: $k_3 = 0{,}25$
   und damit $\min M_{g+p} = 0{,}25 \cdot 263 \cdot 1{,}26 = \underline{+\,83{,}0 \text{ mt}}$.

4. $\max \sigma_u = k_4 \cdot \dfrac{V_0}{b\,d}$

   Aus Tafel 11.IX wird $k_4 = 7{,}76$ erhalten
   und damit $\max \sigma_u = \dfrac{-\,7{,}76 \cdot 263}{1{,}20 \cdot 1{,}26} = -\,1330 \text{ t/m}^2 = \underline{-\,133 \text{ kg/cm}^2}$.

Tafel 11.X

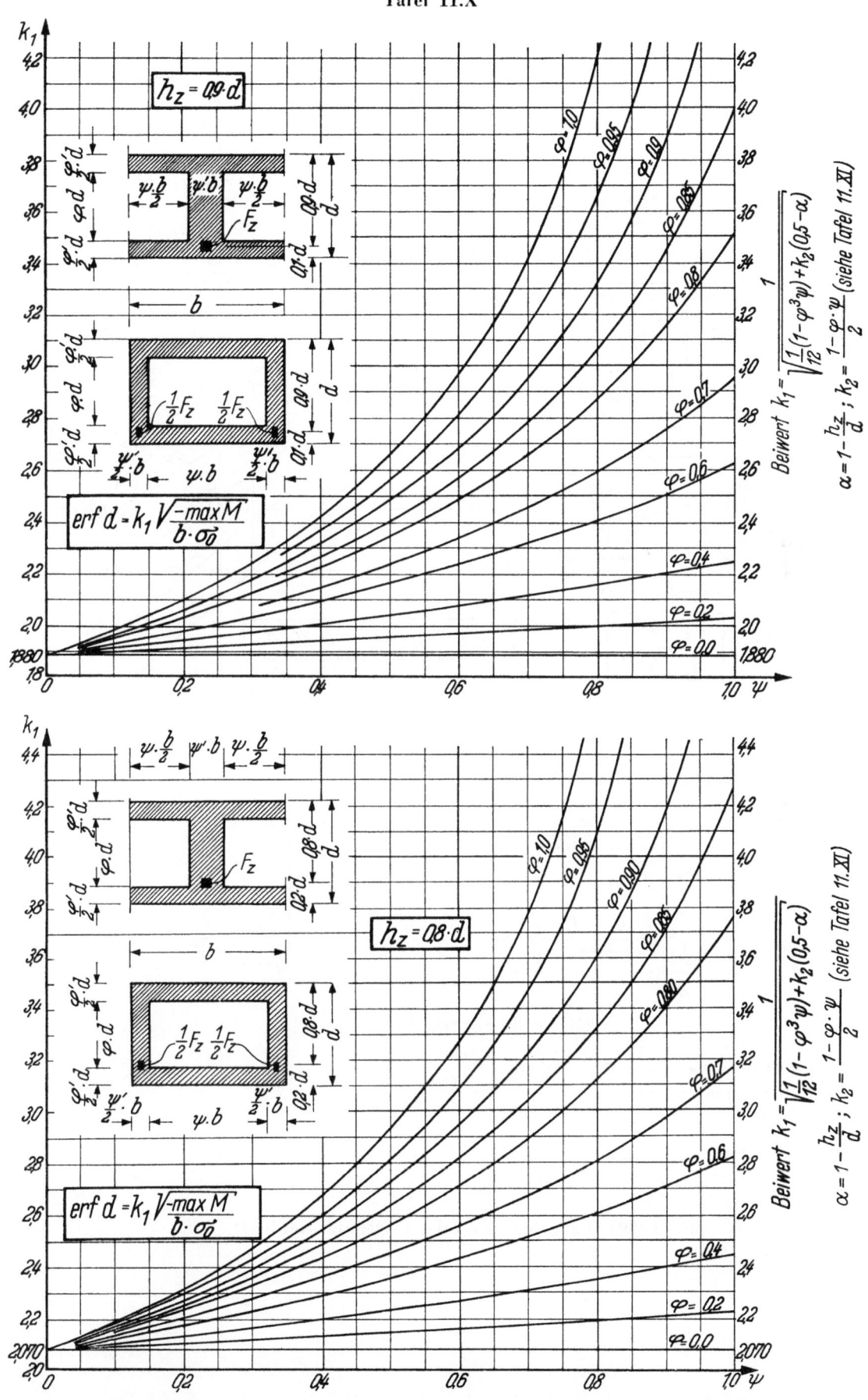

Tafel 11.XI

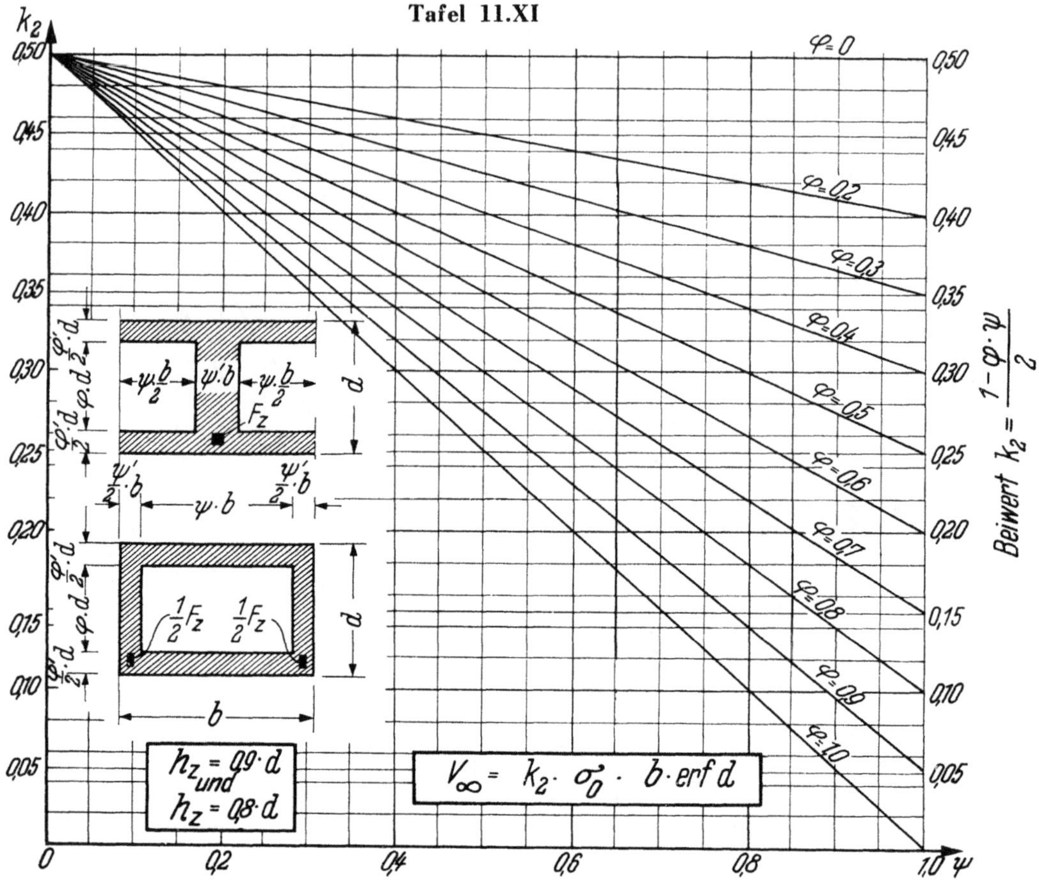

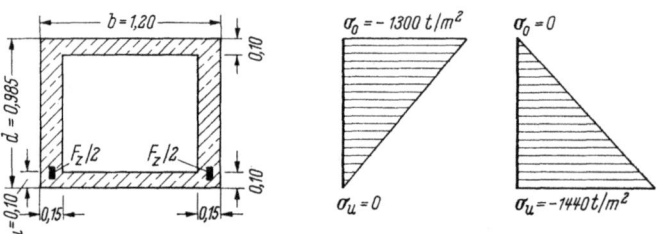

Bild 11.64 Hohlkastenquerschnitt zum Beispiel 2

Beispiel 2 für Hohlquerschnitt (Bild 11.64)

a) Gegeben: max $M_{g+p} = +200$ mt
b) Angenommen:
1. $h_z = 0.9\, d$
2. $b = 1.20$ m
3. $\psi = 0.75$
4. $\varphi \sim 0.80$
5. $\sigma_o = -1300$ t/m² (B 450) (kann hier bis zul σ ausgenutzt werden)
6. $\omega = 0.9$

Tafel 11.XII

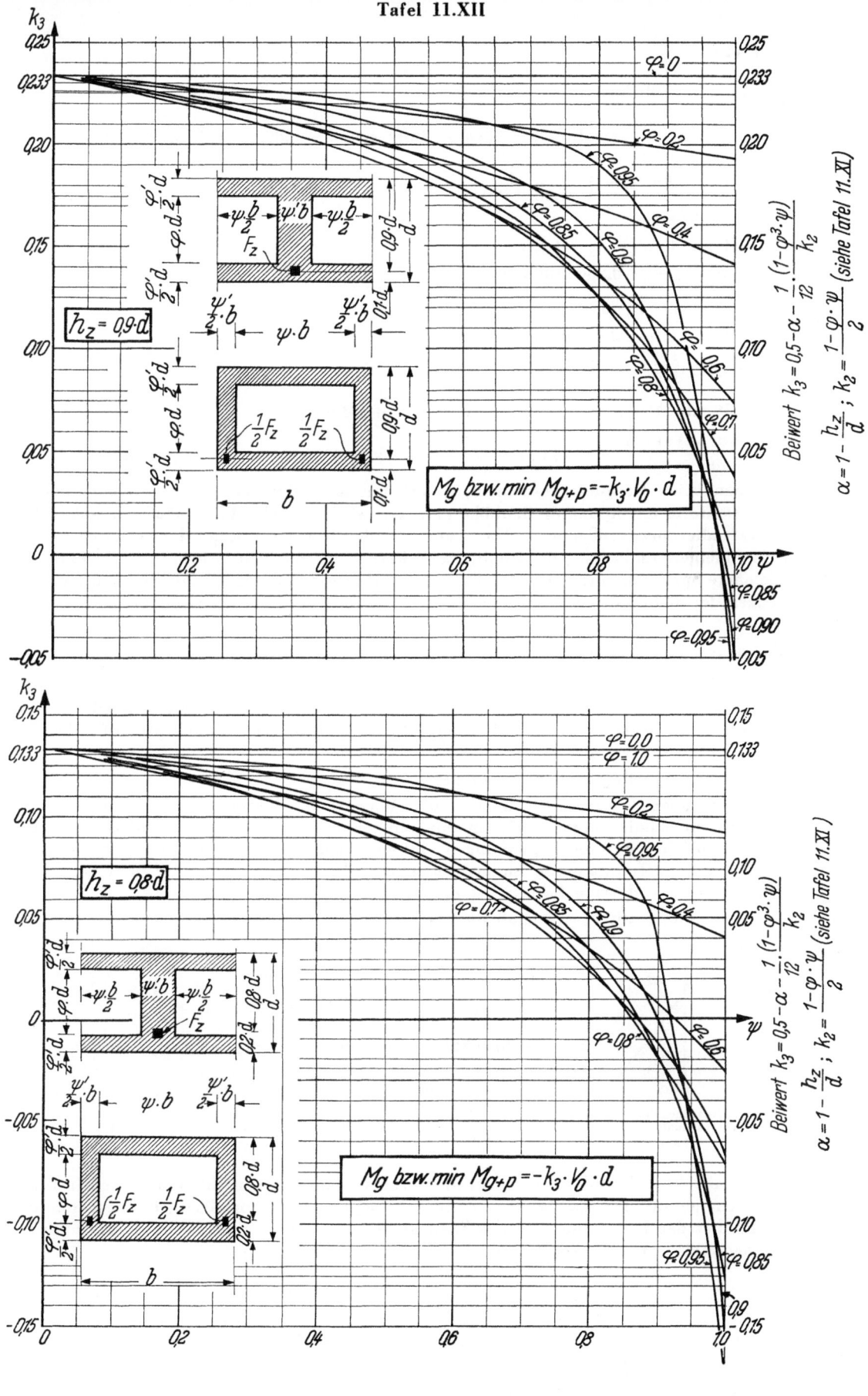

c) Gesucht:

1. $\text{erf } d = k_1 \cdot \sqrt{\dfrac{-\min M}{b \cdot \sigma_o}}$

   Aus Tafel 11.X — oben, für $h_z = 0{,}9\,d$ — folgt mit $\varphi \sim 0{,}80$, $\psi = 0{,}75$: $k_1 = 2{,}76$

   und damit $\text{erf } d = 2{,}76 \sqrt{\dfrac{200}{1{,}20 \cdot 1300}} = \underline{0{,}985\text{ m}}$.

2. $V_\infty = k_2 \cdot \sigma_o \cdot b \cdot \text{erf } d$

   Aus Tafel 11.XI folgt: $k_2 = 0{,}200$

   und damit $V_\infty = -\,0{,}200 \cdot 1300 \cdot 1{,}2 \cdot 0{,}985 = \underline{-\,307\text{ t}}$.

3. $\min M_{g+p} = -\,k_3 \cdot V_0 \cdot d$

   Aus Tafel 11.XII — oben — folgt: $k_3 = 0{,}142$

   $V_0 = \dfrac{V_\infty}{\omega} = -\,\dfrac{307}{0{,}9} = -\,341\text{ t}$

   und damit $\min M_{g+p} = 0{,}142 \cdot 341 \cdot 0{,}985 = \underline{+\,48\text{ mt}}$.

4. $\max \sigma_u = \dfrac{\sigma_o}{\omega} = \dfrac{-1300}{0{,}9} = -1444\text{ t/m}^2 = \underline{-144\text{ kg/cm}^2}$ (zul $\sigma_u = -170\text{ kg/cm}^2$).

Betrachtet man beide Beispiele zusammen, so erkennt man, daß das gleiche Moment bei I- oder Hohlkastenform mit kleinerer Bauhöhe getragen wird als beim Plattenbalken, wobei die Vorspannkraft allerdings größer wird. Man sieht auch deutlich den Einfluß der größeren Kernweite an dem kleineren $\min M_{g+p}$ des Hohlkastens. Ferner erkennt man, wie stark beim Plattenbalken die obere Spannung und beim Hohlkasten die untere Spannung jeweils durch die zulässigen Grenzen der anderen Seite vom zulässigen Wert weggedrängt wird (Bild 11.63).

11.64 Zur allgemeinen Ermittlung der erforderlichen Vorspannkraft

Die Tafeln 11.II bis 11.V, 11.VII und 11.XI erlauben die rasche Ermittlung der Vorspannkraft in allen einfachen Fällen der behandelten Querschnitte. Hat man abnormale Querschnitte und sind die Lasten festgelegt, dann kann die endgültige Größe der Vorspannkraft auf folgendem einfachen Weg ermittelt werden:

Die Lage des Spanngliedes wird angenommen.

Für die maßgebenden Querschnitte werden die Momente M_{v1} infolge $V_1 = 1$ t oder $V_1 = 10$ oder 100 t und die damit hervorgerufenen Spannungen ermittelt. Aus den anderen Gegebenheiten hat man die größten Spannungen infolge der Gebrauchslasten z. B. $\max \sigma_{g+p}$ errechnet. Die größte Zugspannung im maßgebenden Schnitt sei z. B. $\sigma_u(+)$ nach Bild 11.65. Infolge $V_1 = 1$ sei am gleichen Schnitt σ_{v1} ermittelt.

Für volle Vorspannung mit $\sigma_u = 0$ muß dann sein:

$$\max \sigma_{g+p} + V_\infty \cdot \dfrac{\sigma_{v1}}{V_1} = \sigma_u = 0$$

oder: $V_\infty = -\,\dfrac{\max \sigma_{g+p}}{\sigma_{v1}} \cdot V_1, \quad V_0 = \dfrac{V_\infty}{\omega}.$

Für beschränkte Vorspannung $\sigma_u = \sigma_{bZ}$ ist entsprechend:

$$\max \sigma_{g+p} + V_\infty \cdot \dfrac{\sigma_{v1}}{V_1} = \sigma_u = \sigma_{bZ}$$

oder: $V_\infty = -\,\dfrac{\max \sigma_{g+p} - \sigma_{bZ}}{\sigma_{v1}} \cdot V_1, \quad V_0 = \dfrac{V_\infty}{\omega}.$

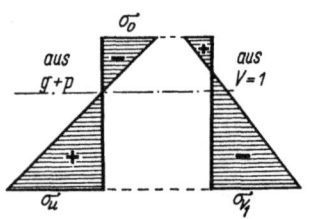

Bild 11.65 links: Spannungen aus $g + p$ ohne Vorspannung
rechts: Spannungen aus $V_1 = 1$ allein

Mit dem so ermittelten V_0 und V_∞ hat man die übrigen Spannungen nachzuweisen und insbesondere zu prüfen, ob für den Lastfall $g + v_0$ im Druckgurt keine unzulässigen Zugspannungen auftreten. Ist dies der Fall, dann muß das Spannglied höher gelegt und die Spannkraft für die neue Lage nochmals ermittelt werden.

Weniger primitive Methoden sind jederzeit ableitbar; ob sie zweckmäßiger, d. h. für die Praxis kürzer und anschaulicher werden, ist fraglich. Wir wollen uns hier auf diesen einfachen Weg beschränken.

11.641 Bemessung des Spannstahles

Kennt man die Spannkraft V_0 an den für die Bemessung maßgeblichen Querschnitten, dann ist zunächst zu überlegen, ob das zulässige temporäre Überspannen an den Spannstellen, das 10 bis 17 %, beträgt, genügt, um die Reibungswiderstände zwischen Spannstelle und dem bemessenen Querschnitt zu überwinden, so daß dort V_0 auch ankommt.

Ist dies nicht der Fall, dann muß ermittelt werden, um wieviel die Spannkraft an der Spannstelle höher liegen muß, damit am maßgebenden Schnitt V_0 erreicht wird. Das Spannglied ist dann für die höhere Kraft abzüglich des erlaubten „Überspann-Betrages", mindestens aber für V_0, zu bemessen.

Der erforderliche Spannstahlquerschnitt ergibt sich einfach aus

$$F_z = \frac{V_0}{\text{zul } \sigma_{zv}},$$

zul σ_{zv} ist den jeweils gültigen Bemessungsvorschriften zu entnehmen. Es liegt nach DIN 4227, Ausgabe Oktober 1953, in Deutschland bei zul $\sigma_{zv} = 0.55\,\beta_z$ bzw. $0.75\,\beta_{0,2}$ (bei Spannbettvorspannung zul $\sigma_{zv}^{(0)} = 0.8\,\beta_{0,2}$) und damit niedriger als in anderen Ländern.

Bei den hochfesten Stählen über St 120 vernachlässigt man im allgemeinen die Spannungszunahme im Spannstahl infolge der nach dem Vorspannen und der Herstellung des Verbundes wirksam werdenden Lasten. Diese Vernachlässigung ist berechtigt, wenn man bedenkt, daß die Stahlspannung σ_z bei Spannbettvorspannung schon durch die elastische Verkürzung des Betons und bei den anderen Vorspannarten während der ersten Tage nach dem Spannen durch die plastische Verkürzung des Betons um Werte abnimmt, die etwa den normalen Spannungszunahmen $n \cdot \sigma_b$ infolge $g + p$ entsprechen.

Hat man Stähle mit niedriger Festigkeit, dann kann die Spanne zwischen zul σ_z und der Streckgrenze absolut betrachtet ziemlich klein werden, so daß es bedenklich wird, die nach der Herstellung des Verbundes auftretenden Lastspannungen einfach zu vernachlässigen. Bisher wurde es dem verantwortlichen Ingenieur überlassen, ob in solchen Fällen σ_z zur Bemessung des Spannstahles vermindert wird. Eine Verminderung ist bei Stahlgüten unter St 120 zu empfehlen, vgl. auch Kap. 11.41.

11.65 Bemessung der Bewehrung für die Rissesicherung

Mit der Bewehrung für die Rissesicherung will man erreichen, daß der Beton vor dem Vorspannen oder während anderer Bauzustände, zum Beispiel bei Vorspannung mit Teileigengewicht, oder später unter Gebrauchslast im Bereich zulässiger Betonzugspannungen, keine sichtbaren Risse erhält. Diese schlaffe Bewehrung soll also Risse nicht verhüten, sie kann aber den Rißabstand und damit die Rißbreite günstig beeinflussen. Die Verhütung der Risse ist Aufgabe der Vorspannung.

Die Bewehrung zur Rissesicherung liegt im wesentlichen in der Richtung der Vorspannung. Wenn in einer Richtung nicht vorgespannt wird, dann ergibt sich in dieser ohnehin meist eine ausreichend kräftige Bewehrung.

Über die zweckmäßige Bemessung dieser Bewehrung zur Rissesicherung gehen die Ansichten auseinander. In DIN 4227 wird eine Mindestbewehrung von 0,3 % der Beton-Querschnittsfläche gefordert. Bei voller Vorspannung ist diese jedoch nicht nötig, wenn frühzeitig mäßig vorgespannt wird, so daß Risse infolge Temperaturspannungen oder dergleichen vermieden werden. Sie ist auch bei Spannbettvorspannung nicht nötig, weil dort die Spanndrähte in der vorgedrückten Zone gut über den Beton-Querschnitt verteilt sind und der Verbund gleich mit dem Erhärten des Betons zu wirken beginnt.

Bei voller Vorspannung ist die Bemessung dieser Bewehrung daher eine Ermessungsfrage, die unter anderem auch von verschiedenen Maßnahmen der Bauausführung abhängt. Eine gewisse Mindestbewehrung wird schon zur Montage der Querbewehrung nötig sein. Wenn frühzeitiges mäßiges Vorspannen nicht möglich ist und insbesondere, wenn längere Bauteile vor dem Vorspannen den Temperaturwechseln und anderen Klimaeinflüssen voll ausgesetzt sind, dann empfiehlt es sich, den genannten Prozentsatz als Mindestbewehrung einzulegen (vgl. auch [474]).

Bei beschränkter und bei voller Vorspannung sind auch Querschnittsbereiche vorhanden, in denen Zugspannungen im Beton zugelassen sind. Auch wenn diese Zugspannungen noch unter der Zugfestigkeit des Betons liegen, muß man doch in diesen Bereichen mit dem Entstehen von Rissen rechnen, weil bekanntlich Zugspannungen aus verschiedenen in der Berechnung nicht erfaßten Ursachen hinzukommen können. Auch in diesen Zonen muß dafür gesorgt werden, daß solche Risse in kleinen Abständen und damit für das bloße Auge nicht oder kaum sichtbar auftreten. Diese kleinen Rißabstände werden ohne weitere Bewehrungszulagen erreicht, wenn kleine Spannglieder, insbesondere einzelne Spanndrähte bei Spannbettvorspannung, über den Zugbereich verteilt vorhanden sind. Sind jedoch größere Spannglieder, zum Beispiel mit über 40 t Spannkraft eingebaut, dann empfiehlt es sich, entlang der Außenflächen dieser Querschnittsteile eine schlaffe Bewehrung aus mäßig dicken Stäben in engem Abstand zusätzlich zu verlegen.

Für die B e m e s s u n g d i e s e r B e w e h r u n g legt man die im Zustand I in der gezogenen Betonfläche auftretende Zugkraft, Bild 11.66,

$$Z_b = \frac{1}{2} \sigma_{bz} (d-x) b_0$$

zu Grunde. Der erforderliche Stahlquerschnitt wird:

$$\text{erf } Fe = \frac{Z_b}{\text{zul } \sigma_e},$$ wobei zul σ_e die übliche zulässige Stahlspannung für schlaff bewehrte Bauteile ist.

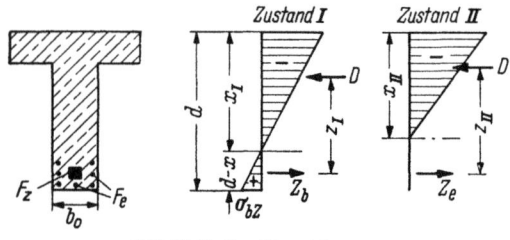

Bild 11.66 Zur Rissesicherung

Liegen in dem Querschnitt kleine Spannglieder, dann dürfen diese mitberücksichtigt werden.

Bei Bemessung nach Zustand I ergibt sich im allgemeinen eine etwas größere Zugkraft als bei Rechnung für Zustand II, weil bei gerissener Betonzugzone der innere Hebelarm wegen des erforderlichen Gleichgewichts größer wird als im Zustand I (Bild 11.66). Nach DIN 4227 soll im Zustand II die Stahlspannung von Spanngliedern, die bei dieser Betrachtung mitberücksichtigt werden, nicht um mehr als 2000 kg/cm² anwachsen. Bei beschränkter Vorspannung kann es vorkommen, daß der Bruchsicherheitsnachweis nach Kap. 13 eine größere zusätzliche schlaffe Bewehrung bedingt als die Rissesicherung.

Zugspannungen in der Druckzone muß man sorgfältig mit schlaffer Bewehrung decken, auch wenn sie nur vorübergehend, zum Beispiel bei dem Lastfall Vorspannung + Teileigengewicht, auftreten (vgl. Kap. 5.3).

11.7 Spannungen und Bemessung bei zusammengesetzten Querschnitten
(Vorgefertigte Bauteile mit Ortbeton)

Vorgefertigte Spannbetonbauteile werden zur Einsparung an Transportgewicht meist so bemessen, daß sie nur ihr Eigengewicht beim Transport und nach dem Einbau zusätzlich das Gewicht des zur Querschnittsergänzung nötigen Frischbetons zu tragen vermögen. Ist der Ortbeton erhärtet, dann wirkt der zusammengesetzte Querschnitt als Beton-Verbundquerschnitt, der alle weiteren Lasten (restliche ständige Last und Nutzlast) mit vergrößertem Widerstandsmoment übernimmt.

Bei der Bemessung [85] wird man also nachweisen, daß die zul. Spannungen im Fertigteil allein unter Eigengewicht und Frischbeton eingehalten werden und daß der Verbundquerschnitt die Lasten aus Belag usw. und Nutzlast aufnehmen kann. wobei die im Querschnitt des Fertigteils auftretenden Spannungen dieses Lastfalles den bereits aus dem ersten Lastfall dort vorhandenen Spannungen zu überlagern sind. Durch S. u. K. entstehen im Verbundquerschnitt Umlagerungen der inneren Kräfte, zu deren Ermittlung in Kap. 12.4 Hinweise gegeben werden. Maßgebend ist im allgemeinen aber nur, daß die Spannungen im Fertigteil zu Belastungsbeginn eingehalten werden und daß der Verbundquerschnitt die geforderte Bruchsicherheit besitzt (vgl. Kap. 13.1).

Zur Ermittlung der Spannungen im Verbundquerschnitt infolge Nutzlast müssen die unterschiedlichen Eigenschaften der verwendeten Betone berücksichtigt werden. Nach Bild 11.67 besteht das Fertigteil mit den Querschnittswerten F_1, J_1, W_1 usw. aus einem Beton, dessen E-Modul E_1 größer sei als der des nachträglich aufgebrachten Ortbetons mit den Werten F_2, J_2, W_2 usw. und dem E-Modul E_2.

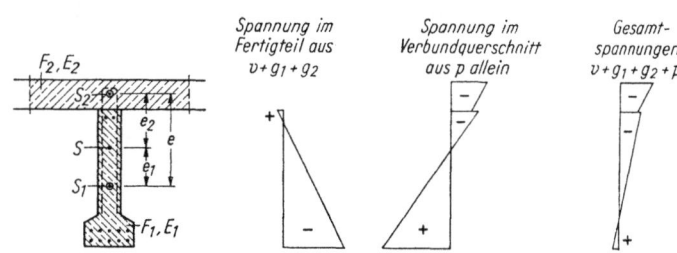

Bild 11.67 Vorgespanntes Fertigteil mit Ortbetonplatte, Überlagerung der Spannungen

Bei schubfester Verbindung in allen Berührungsflächen beider Querschnittsteile muß auch hier die Annahme ebenbleibender Querschnitte Gültigkeit haben, so daß für eine Faser im Abstand y von der gedachten gemeinsamen Schwerachse die Betondehnungen unabhängig von dem Querschnittsteil, in dem sie auftreten, der Bedingung $\varepsilon = \varepsilon_1 = \varepsilon_2 = f(y)$ genügen müssen.

Da allgemein $\varepsilon = \dfrac{\sigma}{E}$ gilt, erhalten wir

$$\varepsilon_1 = \varepsilon_2 = \frac{\sigma_1}{E_1} = \frac{\sigma_2}{E_2};$$

also mit $m = \dfrac{E_1}{E_2}$

$$\boxed{\sigma_1 = \frac{E_1}{E_2}\sigma_2 = m \cdot \sigma_2} \qquad 11.(66)$$

Die Kräfte dN_1 im Flächenelement $dF_1 = b_1 \cdot dy$ des Fertigteils können also auch durch Spannungen σ_2 ausgedrückt werden

$$dN_1 = \sigma_1 \cdot dF_1 = \sigma_1 \cdot b_1 \cdot dy = m\,\sigma_2 \cdot b_1 \cdot dy.$$

Diese Gleichung besagt, daß der Verbundquerschnitt zur Ermittlung des Schwerpunktes und der Spannungen wie ein homogener Querschnitt behandelt werden kann, wenn für die Fasern mit der Breite b_1 im Fertigteil F_1 die Breite

$$b'_1 = m \cdot b_1$$

eingeführt wird.

Die Bestimmung der Nullinie des Verbundquerschnittes wird einfach, wenn die Schwerpunkte der Teilflächen F_1 und F_2 bereits bekannt sind. Es gilt mit den Bezeichnungen des Bildes 11.67

$$\left. \begin{array}{l} e_1 = \dfrac{F_2}{m F_1 + F_2} \cdot e \qquad e_2 = \dfrac{m F_1}{m F_1 + F_2} \cdot e = e - e_1 \\[6pt] J' = m(J_1 + F_1 \cdot e_1{}^2) + J_2 + F_2 \cdot e_2{}^2; \quad W' = \dfrac{J'}{y}. \end{array} \right\} \qquad 11.(67)$$

Da W' auf den Ortbeton bezogen ist, sind nun die Spannungen infolge eines auf den Verbundquerschnitt wirkenden zusätzlichen Momentes M_p

im Ortbeton $\qquad\qquad\qquad \sigma_2 = \dfrac{M_p}{W'}$

im Fertigteil $\qquad\qquad\qquad \sigma_1 = \dfrac{M_p}{W'} \cdot m$

$\left. \right\} \qquad 11.(68)$

Diese Spannungen sind im Fertigteil F_1 denen zu überlagern, die dort durch Vorspannung, Eigengewicht und Auflast infolge des noch nicht tragfähigen Frischbetons vorher entstanden waren. Sind Hilfsjoche zur Unterstützung des Fertigteils bei Belastung mit dem Frischbeton eingebaut gewesen, dann ist die Wegnahme der Jochreaktionen beim Ausrüsten nach Erhärten des Ortbetons als Lastfall für den Verbundquerschnitt zu berücksichtigen.

Die in der Fuge zwischen Fertigteil und Ortbeton auftretenden Schubkräfte müssen vom Beton bzw. von Bügelschlaufen aufgenommen werden, wofür die gleichen Grundsätze wie im Stahlbetonbau gelten.

Kapitel 12

12. Die rechnerische Behandlung der Einflüsse des Schwindens und Kriechens des Betons

12.1 Abnahme der Spannkraft infolge Schwinden und Kriechen

12.11 Vorbemerkung

Schwinden und Kriechen des Betons (bei Druckspannungen) verkürzen den Beton und vermindern damit die Spannung im Spannstahl, bzw. die Spannkraft. Diese **Spannkraftabnahme** hat Änderungen der Betonspannungen infolge Vorspannung zur Folge. Mit der größten Spannkraftabnahme wird die Druckvorspannung in der vorgedrückten Zugzone am kleinsten. Dieser Fall interessiert uns hauptsächlich, um sicherzustellen, daß auch nach dem Ablauf der Schwind- und Kriechverkürzungen die Zugzone des Betons noch genügend Druckvorspannung aufweist.

Dischinger hat schon 1937 nachgewiesen [28] und [36], daß für die endgültige Spannkraftabnahme (nach Beendigung des S. u. K.) die Art des Verlaufes der Schwind- und Kriechkurven mit der Zeit belanglos ist, also auch nicht bekannt sein muß, daß es vielmehr allein auf die Endwerte des Schwindens ε_s und des Kriechens $\varepsilon_k = \varphi_\infty \varepsilon_b$ ankommt (Bild 12.1a). Wir können daher zur rechnerischen Behandlung dieser Einflüsse für den Verlauf des Schwindens die gleiche (affine) Zeitkurve annehmen, wie für das Kriechen.

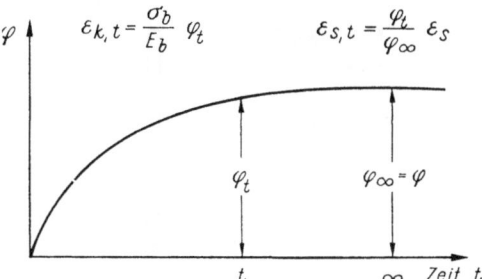
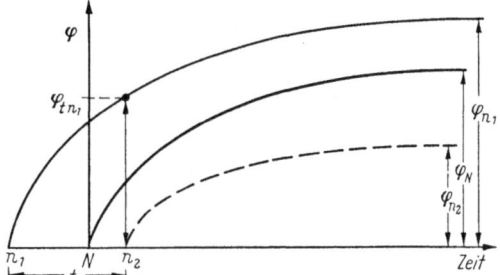

Bild 12.1a Für Schwinden und Kriechen wird der gleiche zeitliche Verlauf angenommen

Bild 12.1b Die Kriechzahl φ_{tn1} für einen Betonkörper, der vom Zeitpunkt n_1 bis zum Zeitpunkt n_2 belastet wurde, ergibt sich genähert aus den Endkriechzahlen φ_{n1} und φ_{n2}:

$$\varphi_{tn1} \sim \varphi_{n1} - \varphi_{n2}$$

[φ_N = Endkriechzahl für Belastungsbeginn zur Normzeit (28 Tage)

φ_{n1}, φ_{n2} = Endkriechzahlen für Belastungsbeginn zu den Zeiten n_1 bzw. n_2

t = Belastungsdauer = $n_2 - n_1$]

Die möglichen Größen der Endwerte des Schwindens sind aus Kap. 2.233 und diejenigen des Kriechens aus Kap. 2.246 zu entnehmen.

Die Endwerte $\varphi = \varphi_\infty$ sind natürlich nur dann in die folgenden Formeln einzusetzen, wenn sich die Dauerlast oder das Klima bis zum Erreichen dieser Werte, also über die ersten 5 bis 10 Jahre, nicht ändert. Treten Änderungen im Zeitpunkt n_2 nach Belastungsbeginn ein, nachdem vom Zeitpunkt n_1 ab die Dauerlast g_1 gewirkt hatte, dann sind die Spannungsänderungen für diese erste Zeit t mit φ_{tn1} zu berechnen und für die Zeit nach n_2, in der g_2 als Last wirke, muß dann mit φ_{tn2} gerechnet werden, wenn dieser Lastfall bis $t = \infty$ andauert (Bild 12.1b).

Wechselt das Klima, dann muß ε_s und φ je mit den zugehörigen Teilwerten eingesetzt werden. Wird z. B. ein im Spannbett vorgespannter Dachbinder vor seinem Einbau drei Monate lang im Herstellerwerk warm und feucht gelagert, dann unterliegt der Balken während dieser Zeit für die Spannungen aus $g_1 + V_0$ einem kleinen Kriechmaß mit der Endkriechzahl φ_1. Nach Bild 2.66 haben etwa 60 % des Kriechens nach diesem ersten Vierteljahr stattgefunden, d. h. es ist $\varphi_{tn1} = 0,6\ \varphi_1$ anzusetzen. Nach der Montage sei der Binder in einem warmen trockenen Raum gelagert, so daß nun vom Zeitpunkt n_2 ab eine höhere Kriechzahl φ_2 gilt, welche die bleibenden Verkürzungen infolge der Spannungen aus Gesamteigengewicht g_2 und Vorspannung $V_t = {}_{n_2}$ beeinflußt. Diese Kriechzahl ist nur noch mit den verbleibenden 40 % zu berücksichtigen, es wird also $\varphi_{tn2} = 0,4\ \varphi_2$. Für das Schwinden gilt eine analoge Betrachtungsweise: $\varepsilon_{sn1} = 0,6\ \varepsilon_1$ und $\varepsilon_{sn2} = 0,4\ \varepsilon_2$.

Auf diese Weise können auch mehrere Wechsel im Klima berücksichtigt werden. Bevor man aber diese theoretischen Überlegungen in allzu verfeinerter Form anwendet, prüfe man erst, ob sich der Mehraufwand an Rechnung lohnt, wenn man dabei an die nur groben Angaben der φ und ε denkt.

Wechselt das statische System, so müssen für die betreffenden Zeitabschnitte die zugehörigen Teilwerte von ε_s und φ zusammen mit den zugehörigen σ_g, σ_v usw. berücksichtigt werden.

Die Werte für φ wurden so bestimmt, als ob der E_b-Modul, der bei Beginn der Belastung herrschte, konstant bliebe. Wir rechnen daher mit $E_{b,\,t=0}$ = konstant.

Bei den Schwindverkürzungen handelt es sich um Werte ε_s, die von der Belastung unabhängig sind. Die Kriechverkürzungen ε_k dagegen rühren von den ständig oder langdauernd vorhandenen Spannungen σ_{g+v} her, wenn das Eigengewicht g und die Vorspannung allein ständig wirken, oder von $\sigma_{g+v+\varDelta p}$, wenn ein Teil $\varDelta p$ der Nutzlast p zusätzlich ständig wirkt. Zur Vereinfachung der Bezeichnungen wollen wir jedoch hier die **Dauerlasten** stets durch den **Zeiger g** allein

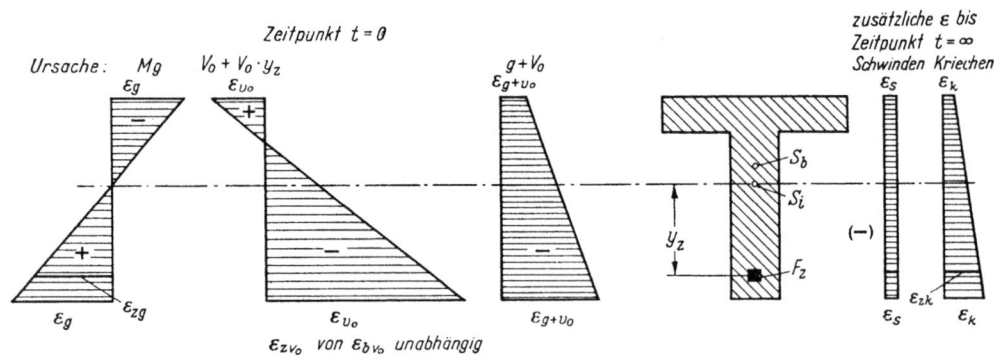

Bild 12.2 Dehnungen ε am Spannbetonquerschnitt

belegen. Die Spannungen σ_g werden durch die Spannkraftabnahme nicht beeinflußt, der Spannungsanteil σ_v ändert sich aber durch das Kriechen und Schwinden. Damit sind die Betonspannungen zeitabhängig und somit auch die Stahlspannungen. Der Spannungsverlust im Spannstahl $\sigma_{z,\,s+k}$ ergibt sich aus der Verkürzung des Betons ε_{s+k} der Betonfaser in der Höhe des Spannstahles (Bild 12.2). Bei einem auf Biegung beanspruchten Tragwerk ist nun dieser Spannungsverlust im Spannstahl an jedem Schnitt x ein anderer, weil ja σ_b und ε_b und damit die Kriechverkürzungen ε_k meist von Schnitt zu Schnitt verschieden sind. Es genügt aber, den Spannungsverlust an der Stelle der größten Betondruckspannung bzw. im Zuggurt an der Stelle der größten Zugspannung σ_g nachzuweisen, weil er dort zumeist am ungünstigsten ist und somit alle anderen Schnitte günstiger beansprucht sind.

Liegen mehrere Spannglieder übereinander, so könnte man den Spannungsverlust für jede Spanngliedlage nach Gl. 12.(7) rechnen. Das äußerste Spannglied erfährt den größten Verlust, das der Null-Linie am nächsten gelegene den kleinsten. In der Schlußwirkung tritt jedoch ein Verlust ein, der etwa der Betonverkürzung in der Höhe des Schwerpunktes der zu einer Gurtseite gehörigen Spannglieder entspricht. Da es nur auf diese Schlußwirkung ankommt, genügt es als

Näherung, den Spannkraftverlust für die Betonfaser zu rechnen, die in der Höhe des Schwerpunktes der Spannglieder liegt (Bild 12.3). Eine genauere Berechnung ist schon im Hinblick auf die Ungenauigkeiten der Werte ε_s und φ wertlos.

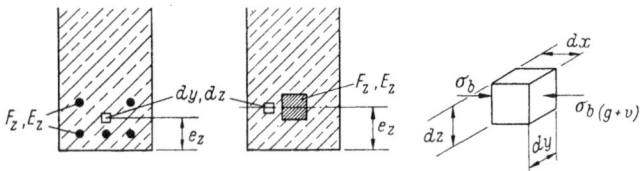

Bild 12.3 Betrachtung eines Elementes in Höhe des Schwerpunktes der Spannglieder

Mit der Kriechfasermethode von *Busemann* (Kap. 12.22) [121] haben wir einen Weg, die Spannungsänderungen infolge S. u. K. theoretisch genau nachzuweisen einschließlich der Wirkung der Bewehrungen. Man wird jedoch nur in Ausnahmefällen von dieser Möglichkeit Gebrauch machen. Der größte Spannungsverlust im Schwerpunkt des Spannstahles eines Tragwerkes im maßgebenden Schnitt ist das Hauptziel unserer Berechnung, weil wir ja so stark vorspannen wollen, daß dort nach dem Eintreten von Schwinden und Kriechen die Zugzone noch genügend überdrückt ist. Für die praktische Berechnung hat sich nun folgender Gedankengang eingebürgert:

Dem Spannungsverlust $\sigma_{z,s+k}$ im Spannstahl entspricht ein Spannkraftverlust oder eine **Spannkraftabnahme** im Spannstahl von $Z_{z,s+k} = \sigma_{z,s+k} \cdot F_z$. Wir wählen hier die Bezeichnung Z, weil es sich um die innere Schnittkraft Z im Spannstahlquerschnitt handelt.

Den Spannkraftverlust gleichen wir durch eine entsprechend höhere anfängliche Spannkraft aus, die wir mit V_0 bezeichnet haben. Diese Kraft V_0 an der Spannstelle muß vielleicht auch noch um Reibungskräfte erhöht werden, was in unserer Schreibweise vernachlässigt wird. Am Schnitt ist dann nach S. u. K. die **Zugkraft im Spannstahl**

$$Z_{z,v_0} + Z_{z,s+k} = Z_{z,v\infty}.$$

Diese Schreibweise ist etwas umständlich. Zur Vereinfachung schreiben wir gerne als **Druckkräfte auf den Beton** $V_0 + A = V_\infty$, wobei aus Gleichgewichtsgründen die Spannkraftabnahme $-Z_{s+k} = +A$ sein muß[1], obwohl es sich nicht um äußere Kräfte, sondern um innere Schnittkräfte handelt. A und damit auch V_∞ kann von Schnitt zu Schnitt als von σ_{g+v_0} abhängig verschieden sein (vgl. Kap. 12.18). Zu berechnen ist das A an der Stelle des größten Momentes, damit dort die Spannkraft V_∞ den Bedingungen der Spannungs- und Bruchsicherheitsnachweise entspricht. Wir benützen die Bezeichnung V_∞ analog zu V_0, um den Lastfall „Vorspannung nach Schwinden und Kriechen" mit dem Zeiger $v\infty$ kurz kennzeichnen zu können.

Wie wir in Kap. 11 gesehen haben, brauchen wir zur Ermittlung von V_0 zunächst einen geschätzten Wert der Spannkraftabnahme bzw. der Spannkraft V_∞ und müssen dann mit den für V_0 ermittelten σ_b die wirkliche Spannkraftabnahme ermitteln. (Vgl. jedoch Kap. 12.15.)

Die **schlaffen Stahleinlagen** F_e behindern das Kriechen des Betons, wenn sie mit ihm in Verbund stehen. Im Normalfall vernachlässigen wir diesen Einfluß; in Kap. 12.22 wird gezeigt, wie er im Bedarfsfall berücksichtigt werden kann.

Sind Spannglieder auf beiden Gurtseiten des Trägers angeordnet, dann beeinflussen sie sich gegenseitig bei den Kriechvorgängen. *G. Knittel* [237] hat diesen Fall zuerst behandelt und die gekoppelten linearen Differentialgleichungen gelöst, was jedoch für die Praxis zu umständlich ist. Mit der Methode von *Busemann-Habel* kann man diese Aufgabe einfacher bewältigen (vgl. Kap. 12.22). Meist dürfen wir auch auf diese Feinheiten verzichten.

---

[1] Z_{s+k} ergibt sich als Zugkraftverlust negativ
 A ergibt sich als Druckkraftverlust positiv

Grundsätzlich lassen sich die Probleme dieses Kapitels nach drei Methoden behandeln:

1. Man stellt die Bedingungen für Zeitintervalle auf, betrachtet also z. B. $\dfrac{dZ}{dt}$ in Abhängigkeit von $\dfrac{d\varphi}{dt}$. Diesen Weg zeigte *Dischinger* in seinen bahnbrechenden Arbeiten [28] und [36], in denen er als erster diese Einflüsse rechnerisch behandelte und damit eine Reihe wichtiger Erkenntnisse erarbeitete, die besonders beim Spannbeton große Bedeutung erlangten. Man erhält eine lineare **Differentialgleichung**, die sich lösen läßt, wenn man die Mitwirkung des Stahles vernachlässigt.

2. Man stellt die Bedingungen für gleiche Teile des Kriech- oder Schwindmaßes auf, verfolgt also die Vorgänge stufenweise. Mit dieser **Differenzenrechnung** kommt man anschaulich zum gleichen Ergebnis. Sie läßt sich auch dort anwenden, wo beim ersten Weg unlösbare Differentialgleichungen auftreten würden. *Dischinger* und *Mörsch* [69] haben diesen Weg beschritten.

3. Man stellt **Näherungslösungen** auf, die für die Praxis vollauf genügen, weil genaue Berechnungsmethoden hier im Hinblick auf die ungenauen Kenntnisse der ε_s und φ wenig sinnvoll sind. Solange die Endwerte der Schwind- und Kriechverkürzung um 20 bis 40 % schwanken können, genügen Näherungen mit etwa 5 bis 10 % Genauigkeit.

In allen drei Fällen kann man Kräfte N, M oder Spannungen σ oder Dehnungen ε zum Aufstellen der Gleichungen benützen. Meist werden die Ausdrücke mit ε am einfachsten.

12.12 Ermittlung der Spannkraftabnahme infolge S. u. K. in Stufen von φ (Differenzenrechnung)

Mit der Differenzenrechnung lassen sich die Vorgänge, insbesondere der Einfluß der im Laufe der Zeit zunehmenden Spannkraftabnahme auf die Betonspannungen und damit auf das Kriechen anschaulich darstellen. Sie wird daher hier ausführlich gezeigt.

Die Spannkraftabnahme sei $A = -V_0 + V_\infty$ (alles auf den Beton wirkende Kräfte). Sie wird aufgeteilt in n Stufen $A_1 A_2 A_3 \ldots A_m \ldots A_n = A$. ($V$ ist negativ, A positiv!)

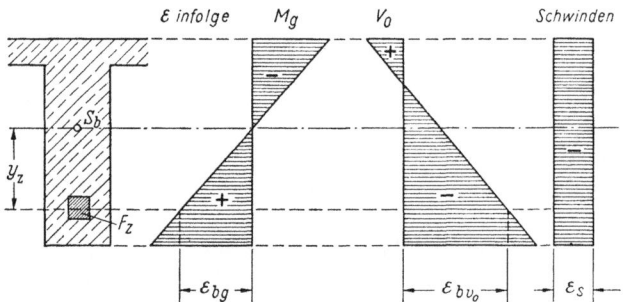

Bild 12.4 Dehnungen ε am Spannbetonquerschnitt ohne Kriechen

Wir kennen folgende Werte (Bild 12.4):

$\varepsilon_{bg} = \dfrac{\sigma_{bg}}{E_b} =$ Dehnung des Betons in Höhe des Spannstahles infolge σ_{bg} aus M_g und evtl. N_g (soweit vorhanden) allein, also aus ständiger Last **ohne** Vorspannung. Von S. u. K. unabhängig, weil g konstant.

$\varepsilon_{bv_0} = \dfrac{\sigma_{bv_0}}{E_b} =$ Kürzung des Betons in Spannstahlhöhe infolge Vorspannung V_0 allein; von S. u. K. abhängig, weil sich Spannkraft V gegenüber V_0 ändert. Bei Spannbettvorspannung auch nur Kürzung infolge V_0, nicht infolge $V^{(0)}$!

ε_s = Schwindverkürzung des Betons (wird auf ganze Querschnittshöhe gleich groß angenommen).

$\varepsilon_{zv_0} = \dfrac{\sigma_{zv_0}}{E_z}$ = Dehnung des Spannstahles infolge der Vorspannkraft V_0 (bei Spannbett nicht $V^{(0)}$!).

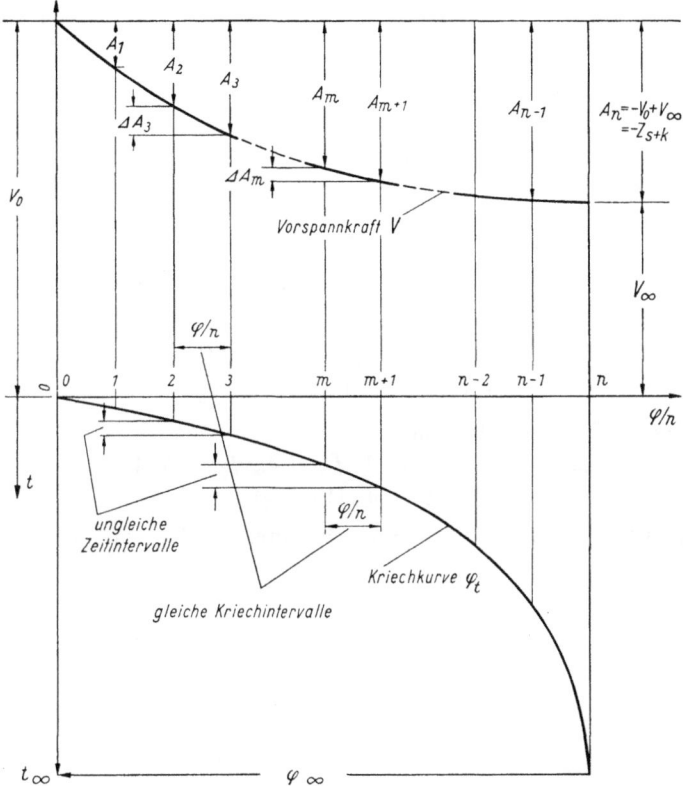

Bild 12.5 Einteilung des Verlaufs der Spannkraftabnahme in gleiche Stufen mit gleichen Kriechintervallen

Die Gesamtverkürzung des Elementes in Spannstahlhöhe wird nun in n gleiche Stufen geteilt (Bild 12.5). In jeder Stufe verkürzt sich das Element von der Länge $dx = 1$ um

$$\frac{1}{n}\left(\varepsilon_s + \varepsilon_{b\,(g+v_0)} \cdot \varphi\right).$$

In einer beliebigen Stufe, z. B. der m-ten, ist am Anfang dieser Stufe die Vorspannkraft

$$V_m = V_0 + A_m.$$

Während der m-ten Stufe wächst der Spannkraftverlust A_m um ΔA_m an, so daß am Ende der m-ten Stufe, bzw. am Anfang der $(m+1)$-ten Stufe die Vorspannkraft den Wert hat

$$V_{m+1} = V_0 + A_{m+1} = V_0 + A_m + \Delta A_m.$$

Die Betonkürzung innerhalb der m-ten Stufe beträgt nun, wenn man nur die elastische Erholdehnung des Betons infolge der Spannkraftabnahme ΔA_m (letztes Glied der folgenden Gleichung) berücksichtigt und das Erholkriechen infolge ΔA_m vernachlässigt, was bei sehr kleinen Stufen zulässig ist,

$$\frac{\varepsilon_s}{n} + \frac{\varepsilon_{bg}\varphi}{n} + \frac{\varepsilon_{bv_0}\varphi}{n} + \frac{A_m \cdot \varepsilon_{bv_0}\varphi}{V_0\,n} + \frac{\Delta A_m\,\varepsilon_{bv_0}}{V_0}.$$

Die Verkürzung des Stahles beträgt innerhalb der gleichen Stufe m

$$-\frac{\Delta Z_{s+k}}{V_0}\cdot \varepsilon_{zv_0} = +\frac{\Delta A_m}{V_0}\cdot \varepsilon_{zv_0}.$$

Aus der Gleichsetzung beider Werte folgt die Gleichung:

$$\frac{\varepsilon_s}{n}+\frac{\varepsilon_{bg}\varphi}{n}+\frac{\varepsilon_{bv_0}\varphi}{n}+\frac{A_m\varepsilon_{bv_0}\varphi}{V_0 n}+\frac{\Delta A_m \varepsilon_{bv_0}}{V_0} = +\frac{\Delta A_m \varepsilon_{zv_0}}{V_0} \qquad 12.(1)$$

Nach Multiplikation mit $\dfrac{n}{\varphi}\dfrac{1}{\varepsilon_{bv_0}}$ **wird**

$$\frac{\varepsilon_s}{\varphi\,\varepsilon_{bv_0}}+\frac{\varepsilon_{bg}}{\varepsilon_{bv_0}}+1+\frac{A_m}{V_0} = -\frac{\Delta A_m}{V_0}\frac{n}{\varphi}\left(1-\frac{\varepsilon_{zv_0}}{\varepsilon_{bv_0}}\right) = -\frac{\Delta A_m}{V_0}\frac{n}{\varphi}\left(\frac{\varepsilon_{bv_0}-\varepsilon_{zv_0}}{\varepsilon_{bv_0}}\right) \qquad 12.(1a)$$

Aus Gl. 12.(1a) wird

$$-\frac{\Delta A_m}{V_0} = \frac{\varphi}{n}\left(\frac{\varepsilon_{bv_0}}{\varepsilon_{bv_0}-\varepsilon_{zv_0}}\right)\left(\frac{\varepsilon_s}{\varphi\,\varepsilon_{bv_0}}+\frac{\varepsilon_{bg}}{\varepsilon_{bv_0}}+1+\frac{A_m}{V_0}\right).$$

Setzt man $\dfrac{\varphi}{n}\left(\dfrac{\varepsilon_{bv_0}}{\varepsilon_{bv_0}-\varepsilon_{zv_0}}\right)=\Phi_1$ **und** $\Phi_1\left(\dfrac{\varepsilon_s}{\varphi\,\varepsilon_{bv_0}}+\dfrac{\varepsilon_{bg}}{\varepsilon_{bv_0}}+1\right)=\Phi$,

dann erhält man
$$-\Delta A_m = +A_m\,\Phi_1+\Phi\cdot V_0 \qquad 12.(1b)$$

Nun ist ganz allgemein für jede Stufe m

$$A_{m+1}=A_m+\Delta A_m = A_m - A_m\,\Phi_1-\Phi\cdot V_0$$
$$A_{m+1}= -V_0\cdot\Phi+A_m(1-\Phi_1) \qquad 12.(2)$$

Man erhält den Spannkraftverlust in den einzelnen Stufen mit der weiteren Substitution $\gamma = 1-\Phi_1$

$$A_1 = -V_0\cdot\Phi+0\cdot\gamma$$
$$A_2 = -V_0\cdot\Phi+A_1\cdot\gamma$$
$$\vdots \qquad \vdots \qquad \vdots$$
$$A_m = -V_0\cdot\Phi+A_{m-1}\cdot\gamma$$
$$\vdots \qquad \vdots \qquad \vdots$$
$$A_n = -V_0\cdot\Phi+A_{n-1}\cdot\gamma.$$

Setzt man je den einen Wert in den nächsten ein, dann wird

$$A_1 = -\Phi\cdot V_0$$
$$A_2 = -(\Phi+\Phi\cdot\gamma)\cdot V_0$$
$$A_3 = -(\Phi+\Phi\cdot\gamma+\Phi\cdot\gamma^2)\cdot V_0 \text{ usw.}$$
$$A_n = -(\Phi+\Phi\cdot\gamma+\Phi\cdot\gamma^2\ldots\ldots+\Phi\cdot\gamma^{n-1})\cdot V_0 \qquad 12.(3)$$

Multipliziert man Gl. 12.(3) mit $(1-\gamma)$, dann wird

$$A_n-\gamma A_n = -(\Phi-\Phi\gamma^n)\cdot V_0$$

oder
$$\frac{A_n}{V_0} = -\frac{\Phi(1-\gamma^n)}{(1-\gamma)} \qquad 12.(4)$$

Setzt man nunmehr die Substitutionen wieder ein, dann wird mit $1-\gamma = +\Phi_1$

$$-\frac{\Phi}{1-\gamma} = -\frac{\Phi}{\Phi_1} = -\left(\frac{\varepsilon_s}{\varphi\,\varepsilon_{bv_0}}+\frac{\varepsilon_{bg}}{\varepsilon_{bv_0}}+1\right)$$

und für den Rest des Zählers von Gl. 12.(4) erhält man:

$$(1-\gamma^n) = [1-(1-\Phi_1)^n] = \left[1-\left(1-\frac{\varphi}{n}\cdot\frac{\varepsilon_{bv_0}}{\varepsilon_{bv_0}-\varepsilon_{zv_0}}\right)^n\right].$$

Setzt man
$$\boxed{\alpha = \frac{\varepsilon_{bv_0}}{\varepsilon_{bv_0}-\varepsilon_{zv_0}}}$$

dann wird
$$(1-\gamma^n) = \left[1-\left(1-\frac{\alpha\cdot\varphi}{n}\right)^n\right] = 1-e^{-\alpha\cdot\varphi},$$

da ja mit der Basis des natürlichen Logarithmus e allgemein ist

$$e^x = \left(1 + \frac{x}{n}\right)^n \qquad \text{bzw.} \quad e^{-x} = \left(1 - \frac{x}{n}\right)^n.$$

Damit wird der **S p a n n k r a f t v e r l u s t** $A_n = A = -Z_{s+k}$

$$A = -Z_{s+k} = -V_0 \left(\frac{\varepsilon_s}{\varphi \cdot \varepsilon_{bv_0}} + \frac{\varepsilon_{bg}}{\varepsilon_{bv_0}} + 1\right)(1 - e^{-\alpha \cdot \varphi})$$
$$\alpha = \frac{\varepsilon_{bv_0}}{\varepsilon_{bv_0} - \varepsilon_{zv_0}}$$

12.(5)

An Stelle der Dehnungen können auch die Spannungen gesetzt werden. Man erhält dann zugleich mit $n = \dfrac{E_z}{E_b}$ (genau müßte man n_z schreiben)

$$A = -Z_{s+k} = -V_0 \left(\frac{\varepsilon_s}{\varphi} \cdot \frac{E_b}{\sigma_{bv_0}} + \frac{\sigma_{bg}}{\sigma_{bv_0}} + 1\right)(1 - e^{-\alpha \cdot \varphi})$$
$$\alpha = \frac{n \cdot \sigma_{bv_0}}{n \cdot \sigma_{bv_0} - \sigma_{zv_0}}$$

12.(6)

A wird meist positiv, da die negative Druckkraft auf den Beton V_0 um A vermindert wird. Z_{s+k} muß dann negativ sein, damit es die positive Zugkraft Z_{v_0} am Stahl vermindert.

Für die Werte $(1 - e^{-\alpha \varphi})$ sind Tafeln im Anhang zu finden.

Die Änderung der Betonspannungen $\sigma_{b,s+k}$ ist der Abnahme der Spannkraft proportional. Es ist also auch:

$$\sigma_{b,s+k} = -\sigma_{bv_0}\left(\frac{\varepsilon_s}{\varphi} \cdot \frac{E_b}{\sigma_{bv_0}} + \frac{\sigma_{bg}}{\sigma_{bv_0}} + 1\right)(1 - e^{-\alpha \cdot \varphi})$$

oder

$$\sigma_{b,s+k} = -\left(\frac{\varepsilon_s}{\varphi} \cdot E_b + \sigma_{bg} + \sigma_{bv_0}\right)(1 - e^{-\alpha \cdot \varphi})$$

12.(7 a)

Die endgültige Betonspannung ist also

$$\sigma_{b,\infty} = \sigma_{bg} + \sigma_{b,v_0} + \sigma_{b,s+k}$$

Die Änderung der Stahlspannung ist nicht $n \cdot \sigma_{b,s+k}$, weil die Schwind- und Kriechkürzung des Betons für sich allein, am freien Element betrachtet, die Betonspannung nicht ändert, die Stahlspannung wegen des Verbundes jedoch sich proportional zu diesen Kürzungen ändern muß.

Wir erhalten die Stahlspannung aus der Spannkraftabnahme:

$$\sigma_{z,s+k} = \frac{Z_{s+k}}{F_z} = \sigma_{b,s+k} \cdot \frac{\sigma_{zv_0}}{\sigma_{bv_0}}$$

12.(7 b)

A l l e S p a n n u n g e n s i n d a u f d a s E l e m e n t i n H ö h e d e s S p a n n g l i e d s c h w e r p u n k t e s a m u n t e r s u c h t e n S c h n i t t z u b e z i e h e n — man darf also für σ_b keine Randspannungen einsetzen!

12.13 Abnahme der Spannkraft infolge S. u. K. mit Differentialgleichung nach *Dischinger*

Wir wollen hier einmal von den Kräften ausgehen und betrachten ein mittig gedrücktes vorgespanntes Prisma.

Eine Längskraft N wirke dauernd und konstant neben der abnehmenden Vorspannkraft V auf das Prisma (z. B. Hängesäule aus Spannbeton) mit den endlichen Abmessungen F_n (Netto-Beton-

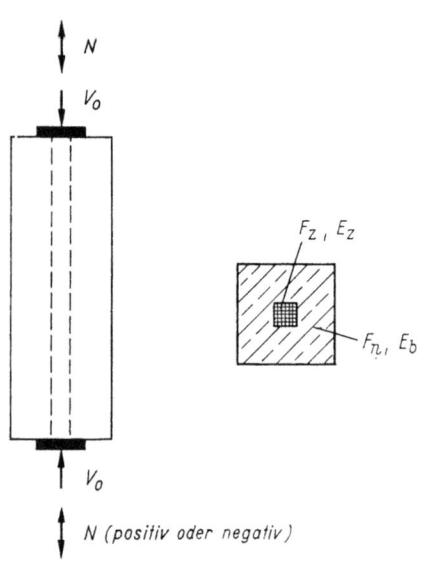

Bild 12.6 Mittig vorgespanntes Prisma

querschnitt) und dem Spannglied mit F_z, E_z (Bild 12.6). Die Längskraft N vertritt hier die Stelle der ständigen Last im vorhergehenden Kapitel. Wir folgen nun zur Ableitung der Differentialgleichung von *Dischinger* der klaren Darstellung von *M. Birkenmaier* [175].

Für jede Zeiteinheit muß die Verkürzung des Stahles gleich der Verkürzung des Betons sein. Für das Zeitintervall dt verringert sich die Spannkraft um dA. Damit werden die beiden Verkürzungen (links Stahl, rechts Beton):

$$+\frac{dZ_{s+k}}{dt} \cdot \frac{1}{E_z F_z} = -\frac{dA}{dt} \frac{1}{E_z F_z} =$$

$$= \frac{\varepsilon_s}{\varphi_\infty} \frac{d\varphi}{dt} + \frac{(V_0 + N + A)}{E_b F_n} \frac{d\varphi}{dt} + \frac{dA}{dt} \frac{1}{E_b F_n} \qquad 12.(8\,a)$$

Rechts steht als erstes Glied der Schwindanteil im Zeitintervall dt auf die φ-Kurve bezogen (Bild 12.1), dann folgt die Kriechverkürzung und ganz rechts wie bei Gl. 12.(1) die elastische Erholung des Betons infolge der Abnahme von V_0 um dA; das zugehörige Erholkriechen ist jedoch wieder vernachlässigt.

Die Gleichung läßt sich umformen und zusammenfassen zu

$$-\frac{dA}{dt}\left(1 + \frac{E_b F_n}{E_z F_z}\right) = \left(V_0 + N + A + \frac{\varepsilon_s}{\varphi_\infty} E_b F_n\right)\frac{d\varphi}{dt},$$

mit $n = \dfrac{E_z}{E_b}$ und $\mu = \dfrac{F_z}{F_n}$ wird die linke Klammer $\left(1 + \dfrac{E_b F_n}{E_z F_z}\right) = 1 + \dfrac{1}{n\mu} = \dfrac{n\mu + 1}{n\mu}$.

Setzt man nun $\alpha = \dfrac{n\mu}{n\mu + 1}$ und die Kräfte $K = V_0 + N + \dfrac{\varepsilon_s}{\varphi} E_b F_n$, dann wird die **Differentialgleichung**:

$$\boxed{-\frac{1}{\alpha}\frac{dA}{dt} = (K+A)\frac{d\varphi}{dt}} \qquad 12.(8\,b)$$

Die Lösung dieser Gleichung gibt:

$$\ln(K + A) = -\alpha\varphi + C.$$

Die Konstante C wird aus der Bedingung: für $t = 0$ ist $\varphi = 0$ und $A = 0$,

$$\text{zu } C = \ln K.$$

Damit wird

$$\ln(K + A) = -\alpha\varphi + \ln K$$

oder

$$\ln\frac{K+A}{K} = -\alpha\varphi.$$

Mit der Basis des natürlichen Logarithmus e wird

$$K + A = K e^{-\alpha\varphi}$$
$$A = -K(1 - e^{-\alpha\varphi}) = -Z_{s+k}.$$

Setzt man K wieder ein, so wird der **Spannkraftverlust bei mittig gedrücktem Prisma**

$$\boxed{\begin{aligned} A = -Z_{s+k} &= -\left(V_0 + N + \frac{\varepsilon_s}{\varphi} E_b F_n\right)(1 - e^{-\alpha \cdot \varphi}) \\ \alpha &= \frac{n\mu}{n\mu + 1} \end{aligned}} \qquad 12.(9)$$

Dies ist das gleiche Ergebnis wie in Gl. 12.(5) oder 12.(6) in anderer Form.

Es ist z. B. beim mittig gedrückten Prisma $\mu = \dfrac{F_z}{F_n} = \dfrac{-V_0/\sigma_{zv_0}}{+V_0/\sigma_{bv_0}} = \dfrac{\sigma_{bv_0}}{-\sigma_{zv_0}}$ und damit
$\alpha = \dfrac{n\mu}{n\mu+1} = \dfrac{n\,\sigma_{bv_0}}{n\,\sigma_{bv_0} - \sigma_{zv_0}}$ der gleiche Wert wie α der Gl. 12.(6).

12.14 Genäherte Ermittlung der Spannkraftabnahme infolge S. u. K.

Eine einfache Formel mit guter Näherung erhält man, wenn man annimmt, daß die Spannkraft von V_0 auf V_∞ geradlinig abnimmt, daß also die Spannkraftabnahme A (auf Beton positiv wirkend!) im Mittel mit $\dfrac{A}{2}$ wirkt. Der Einfluß der Spannkraftabnahme auf das Kriechen läßt sich dann sofort anschreiben.

Die Kriech-Kürzung der Betonfaser in Höhe der Spanngliedachse infolge Vorspannung allein wird:

$$\varepsilon_{bv,k} = +\left(\varepsilon_{bv_0} + \varepsilon_{bv_0}\dfrac{A}{2V_0}\right)\varphi + \varepsilon_{bv_0}\dfrac{A}{V_0}.$$

Dabei ist ε_{bv_0} die elastische Betonkürzung infolge V_0

$$\varepsilon_{bv_0} = \dfrac{\sigma_{bv_0}}{E_b}.$$

Das letzte Glied gibt die elastische Erholung (Dehnung) der Betonfaser infolge der Abnahme der Vorspannkraft um A an.

Infolge Dauerlast und Schwinden ändert das Betonelement der Länge $dx = 1$ seine Länge wie folgt:

$$\varepsilon_{b,g,s+k} = \varepsilon_{b,g}\,\varphi + \varepsilon_s.$$

Die gesamte Längenänderung des Beton-Elementes wird also

$$\varepsilon_{b,s+k} = \varepsilon_{bg}\,\varphi + \varepsilon_s + \varepsilon_{bv_0}\,\varphi + \varepsilon_{bv_0}\dfrac{A}{V_0}\left(1 + \dfrac{\varphi}{2}\right).$$

Die Änderung der Stahldehnung ist der Änderung der Vorspannkraft proportional

$$\varepsilon_{z,s+k} = -\varepsilon_{zv_0}\dfrac{Z_{s+k}}{V_0} = \varepsilon_{zv_0}\dfrac{A}{V_0}.$$

Da beide Werte gleich sein müssen, erhalten wir folgende Gleichung für A:

$$\varepsilon_{zv_0}\cdot\dfrac{A}{V_0} = \varepsilon_{bg}\,\varphi + \varepsilon_s + \varepsilon_{bv_0}\,\varphi + \varepsilon_{bv_0}\dfrac{A}{V_0}\left(1 + \dfrac{\varphi}{2}\right)$$

oder

$$\dfrac{A}{V_0} = -\dfrac{\varepsilon_s + \varphi(\varepsilon_{bg} + \varepsilon_{bv_0})}{\varepsilon_{bv_0}\left(1 + \dfrac{\varphi}{2}\right) - \varepsilon_{zv_0}}.$$

Geht man durch Erweiterung der rechten Seite mit $E_z = n\,E_b$ zu den Spannungen über, dann wird

$$\boxed{A = -Z_{s+k} = -V_0\,\dfrac{\varepsilon_s\cdot E_z + n\cdot\varphi\,(\sigma_{bg} + \sigma_{bv_0})}{n\cdot\sigma_{bv_0}\left(1 + \dfrac{\varphi}{2}\right) - \sigma_{zv_0}}} \qquad 12.(10)$$

Hierbei sind alle σ für die Faser in Spanngliedhöhe mit ihren Vorzeichen und ε_s als Verkürzung negativ einzusetzen. A ergibt sich positiv als Zugkraft, da es die auf den Beton wirkende Druckkraft V_0 vermindert.

Diese Formel gibt Ergebnisse, die sich kaum von den genaueren, nach Gl. 12.(6) oder 12.(9) ermittelten Werten unterscheiden, so daß sie für die Praxis auch hohen Ansprüchen an Rechengenauigkeit genügt, wenn man an die Ungenauigkeit von ε_s und φ denkt.

Der Genauigkeitsgrad soll durch folgende Beispiele mit extremen Verhältnissen nachgewiesen werden:

Beispiel 1:

In Höhe der Spanngliedachse sei die Betonspannung

infolge Dauerlast allein	σ_{bg}	$= +\ 504\ t/m^2$
infolge Vorspannung V_0 allein	σ_{bv_0}	$= -1314\ t/m^2$
infolge Dauerlast + Vorspannung	$\sigma_{bg} + \sigma_{bv_0}$	$= -\ 810\ t/m^2$

Die Spannungsverteilung infolge Dauerlast + Vorspannung zeigt Bild 12.7.
Stahlspannung infolge V_0 $\sigma_{zv_0} = +\ 90\ 000\ t/m^2$, $\varphi = 3$, $n = 6$, $E_b = 3\ 000\ 000\ t/m^2$.
Damit ergibt sich die Spannkraftabnahme infolge Kriechen unter den Lasten (Schwinden s. Beispiel 3) nach Gl. 12.(10)

$$A_k = -V_0 \frac{n \cdot \varphi\,(\sigma_{bg} + \sigma_{bv_0})}{n \cdot \sigma_{bv_0}\left(1 + \dfrac{\varphi}{2}\right) - \sigma_{zv_0}}$$

$$= -V_0 \frac{-6 \cdot 3 \cdot 810}{-6 \cdot 1314\left(1 + \dfrac{3}{2}\right) - 90\,000}$$

$$A_k = -0{,}1327 \cdot V_0 = 13{,}27\ \%\ \text{von}\ V_0.$$

Die genaue Rechnung ergibt nach Gl. 12.(6) $A_k = 13{,}23\ \%$ von V_0.

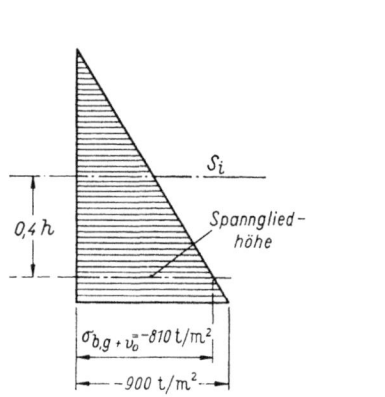

Bild 12.7 Spannungsverteilung im Beispiel 1

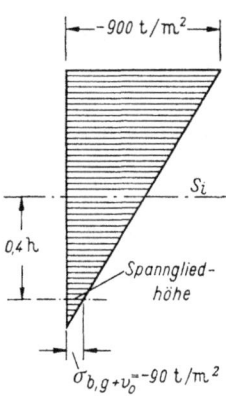

Bild 12.8 Spannungsverteilung im Beispiel 2

Beispiel 2:

In Höhe der Spanngliedachse sei die Betonspannung

infolge Dauerlast allein	σ_{bg}	$= +1224\ t/m^2$
infolge Vorspannung wie Beispiel 1	σ_{bv_0}	$= -1314\ t/m^2$
infolge Dauerlast + Vorspannung	$\sigma_{bg} + \sigma_{bv_0}$	$= -\ \ \ 90\ t/m^2$

Die Spannungsverteilung infolge Dauerlast und Vorspannung zeigt Bild 12.8. Sonstige Werte wie Beispiel 1.
Man erhält die Spannkraftabnahme infolge Kriechen unter den Lasten (ohne Schwinden) zu

$$A_k = -V_0 \cdot \frac{-6 \cdot 3 \cdot 90}{-6 \cdot 1314\left(1 + \dfrac{3}{2}\right) - 90\,000} = -0{,}0147 \cdot V_0.$$

$$= 1{,}47\ \%\ \text{von}\ V_0.$$

Die genaue Berechnung ergibt ebenfalls $A_k = 1{,}47\ \%$ von V_0.

Beispiel 3:

Spannkraftabnahme durch Schwinden allein. Die Spannung in Höhe der Spanngliedachse infolge Vorspannung V_0 allein beträgt wie bei Beispiel 1 und 2 $\sigma_{bv_0} = -1314$ t/m².

Für Schwinden wird eingesetzt $\varepsilon_s = -20 \cdot 10^{-5}$.

Die Spannkraftabnahme durch Schwinden beträgt dann mit $E_z = n E_b$

$$A_s = -V_0 \frac{\varepsilon_s E_b n}{n \sigma_{bv_0}\left(1 + \frac{\varphi}{2}\right) - \sigma_{zv_0}}$$

$$= -V_0 \frac{-20 \cdot 10^{-5} \cdot 3\,000\,000 \cdot 6}{-6 \cdot 1314 \left(1 + \frac{3}{2}\right) - 90\,000} = -0{,}0328\, V_0$$

$$= 3{,}28\,\%\text{ von } V_0.$$

Die genaue Berechnung ergibt $A_s = 3{,}27\,\%$ von V_0. Wie die Beispiele zeigen, liegen die Abweichungen von den genauen Werten im Bereich der Rechengenauigkeit.

12.15 Weitere Vereinfachung zur Ermittlung der Spannkraftabnahme durch S. u. K. von V_∞ ausgehend

Die genauen Gleichungen 12.(6) und 12.(9) sowie die Gleichung 12.(10) gehen alle von den Spannungen infolge V_0, also vor Beginn des Schwindens und Kriechens aus.

In der praktischen Berechnung ermittelt man im allgemeinen aber zuerst die Vorspannkraft V_∞ nach S. u. K., weil in erster Linie bei V_∞ in der überdrückten Zugzone $\sigma_{bz} = 0$ bzw. $\sigma_{bz} =$ zul σ_{bz} eingehalten werden soll. Man kennt also die Betonspannung $\sigma_{bv\infty}$ und σ_{bg}. Die Spannung im Spannglied dagegen ist zunächst nur für den Zustand vor Schwinden und Kriechen bekannt, wenn zul σ_z ausgenützt werden soll. Um die Formeln anzuwenden, müßte daher zunächst V_0 geschätzt werden, um σ_{bv_0} zu ermitteln, und dann durch Probieren derjenige Wert V_0 gefunden werden, welcher nach S. u. K. den bereits ermittelten Wert V_∞ ergibt.

Man kann aber auch umgekehrt vorgehen und von V_∞ auf V_0 schließen, wobei man die von der Vorspannkraft V_∞ abhängigen Werte $\sigma_{bv\infty}$ und $\sigma_{zv\infty}$ einsetzt.

Macht man nun hiermit die gleichen Ansätze wie in Kap. 12.14, dann ergibt sich analog zu Gl. 12.(10) die Spannkraftzunahme

$$+Z_{s+k} = -V_\infty \cdot \frac{\varepsilon_s \cdot E_z + n \cdot \varphi (\sigma_{bg} + \sigma_{bv\infty})}{n \cdot \sigma_{bv\infty}(1 - \varphi/2) - \sigma_{zv\infty}}.$$

Nun schwankt φ im allgemeinen um den Wert $\varphi = 2$. Das erste Nennerglied wird daher sehr klein und bei $\varphi = 2$ zu Null. Man kann es also ohne großen Fehler weglassen. Damit vereinfacht sich die Gleichung[1]:

$$\boxed{-A = +Z_{s+k} = V_\infty \frac{\varepsilon_s \cdot E_z + n \cdot \varphi (\sigma_{bg} + \sigma_{bv\infty})}{\sigma_{zv\infty}}} \qquad 12.(11)$$

Nun ist auch

$$-A = +Z_{s+k} = -V_\infty \frac{\sigma_{z,\,s+k}}{\sigma_{zv\infty}} \qquad 12.(11\,\text{a})$$

Aus der Gleichsetzung der beiden Ausdrücke ergeben sich die einfachen Beziehungen

$$\boxed{-\sigma_{z,\,s+k} = \varepsilon_s \cdot E_z + n \cdot \varphi (\sigma_{bg} + \sigma_{bv\infty})} \qquad 12.(11\,\text{b})$$

$$\sigma_{zv\infty} = \text{zul } \sigma_{zv_0} - \sigma_{z,\,s+k} \qquad 12.(11\,\text{c})$$

---

[1] Z_{s+k} ergibt sich als Zugkraftzuwachs positiv,
  A ergibt sich als Druckkraftzuwachs negativ.

Den Genauigkeitsgrad zeigen die hiermit berechneten Spannkraftverluste der Beispiele 1 und 3 des Kap. 12.14:

Genau nach Gl. 12.(6)
$$-A = Z_{s+k} = 13{,}23\ \% + 3{,}27\ \% = 16{,}50\ \% \text{ von } V_0,$$
genähert nach Gl. 12.(10)
$$-A = Z_{s+k} = 13{,}27\ \% + 3{,}28\ \% = 16{,}55\ \% \text{ von } V_0,$$
genähert nach Gl. 12.(11)
$$-A = Z_{s+k} = 12{,}75\ \% + 4{,}00\ \% = 16{,}75\ \% \text{ von } V_0.$$

In den Beispielen war $\varphi = 3$ gesetzt. Bei $\varphi = 2$ stimmen die Ergebnisse nach Gl. 12.(10) und 12.(11) genau, bei $\varphi = 1$ erhält man annähernd dieselbe Abweichung wie bei $\varphi = 3$.

12.16 Zusammenfassung für die Berechnung des Spannkraftverlustes in der Praxis bei normalen Bewehrungsverhältnissen (mäßige schlaffe Bewehrung)

Aus Kap. 12.12 bis 12.15 ergibt sich, daß es in jedem Fall auch für hohe Ansprüche an die Rechengenauigkeit genügt, den Spannkraftverlust Z_{s+k} aus den Gleichungen 12.(10) und 12.(11) zu berechnen.

Von V_0 ausgehend:

$$\boxed{A = -Z_{s+k} = -V_0 \frac{\varepsilon_s E_z + n\,\varphi\,(\sigma_{bg} + \sigma_{bv_0})}{n\,\sigma_{bv_0}\left(1 + \dfrac{\varphi}{2}\right) - \sigma_{zv_0}}} \qquad 12.(10)$$

Von V_∞ ausgehend:

$$\boxed{\begin{aligned} A = -Z_{s+k} = -V_\infty &\frac{\varepsilon_s E_z + n\cdot\varphi\,(\sigma_{bg} + \sigma_{bv\infty})}{\sigma_{zv\infty}}\\ \text{wobei}\quad -\sigma_{z,s+k} &= \varepsilon_s E_z + n\,\varphi\,(\sigma_{bg} + \sigma_{bv\infty})\\ \sigma_{zv\infty} &= \sigma_{zv_0} - \sigma_{z,s+k} \end{aligned}} \qquad 12.(11)$$

Dabei ist es einerlei, ob es sich um eine vorgespannte Stütze oder um einen auf Biegung beanspruchten Balken handelt, wenn man **die Spannungen auf die Höhe des Spannglied-Schwerpunktes** y_z oder in Sonderfällen auf die Höhe der Einzelspannglieder y_{z1}, y_{z2} bezieht. Man darf also keine Randspannungen einsetzen!

In obigen Formeln ist:

ε_s = Endschwindmaß nach Kap. 2.233 (stets negativ einsetzen)

E_z = Elastizitätsmodul des Spanngliedes im Bereich zul σ_{zv_0}

n = $\dfrac{E_z}{E_b}$, genauere Bezeichnung wäre n_z

φ = Endkriechzahl nach Kap. 2.246 (positiv) oder bei beschränkter Lastdauer Teilkriechzahl

σ_{bg} = Betonspannung in Spanngliedhöhe infolge Dauerlast (Zug positiv), kann also auch bedeuten, daß dauernd wirkende Nutzlast $\varDelta_p$ zu berücksichtigen ist, also $\sigma_{b,g+\varDelta p}$

σ_{zv_0} = Spannstahlspannung infolge V_0 im Zeitpunkt $t = 0$, jedoch unter Abzug von Reibung oder anderen Minderungen zwischen Spannstelle und Schnitt (Zug positiv). Bei Spannbett gilt $\sigma_{zv_0} = \sigma_{zv_0}^{(0)} + n\,\sigma_{bv_0}$.

σ_{bv_0} = Betonspannung in Spanngliedhöhe infolge V_0 allein (Druck negativ)

Index $v\infty$ = entsprechende Spannung im Zeitpunkt $t = \infty$ nach S. u. K.

Der Spannkraftverlust wird für den Schnitt mit den höchsten Betondruckspannungen am größten und dafür ermittelt. Danach rechnet man die Spannungen nach S. u. K. mit der um A verminderten Spannkraft, d. h. man bildet

$$\sigma_{bv\infty} = \frac{\sigma_{bv_0}(V_0 + A)}{V_0}$$

und überlagert diese Spannungen mit den unverändert gebliebenen σ_g und σ_p oder $\sigma_{t.s}$ usw.

Sind an einem Querschnitt im Zuggurt die Druckspannungen σ_{bv} nach S. u. K. ein wenig zu klein und treten dort nicht die größten σ_{g+v}-Druckspannungen auf, so steht natürlich nichts im Wege, für diesen Schnitt das dort gültige kleinere A zu berechnen und damit $\sigma_{bv\infty}$ etwas größer zu ermitteln.

Die Gleichungen 12.(10) und 12.(11) sind so einfach, daß es sich nicht lohnt, für A Tafeln aufzustellen.

Bei mehreren Spanngliedlagen auf einer Gurtseite genügt es, den Spannkraftverlust für den Schwerpunkt aller zu einer Gurtseite gehörigen Spannglieder zu ermitteln. Bei Spanngliedern auf beiden Gurtseiten oder starker schlaffer Bewehrung siehe Kap. 12.2.

12.17 Die Berechnung der Spannkraftabnahme infolge S. u. K. mit fiktivem E_b-Modul nach B. Fritz für statisch bestimmt gelagerte Balken

Bei Stahlverbundträgern hat man schon früh die Spannungen nach S. u. K. einfach mit einem verkleinerten E_b-Modul genähert berechnet. B. Fritz hat diesen Gedanken 1950 für Verbundträger [127] und 1954 für Spannbetonträger [248], [527] zu einem strenggültigen Verfahren ausgebaut, das manchmal einfacher sein kann, als die Berechnung nach den vorherigen Kapiteln. Es gilt streng nur für einfeldrige statisch bestimmt gelagerte Balken.

12.171 Einfluß des Kriechens auf Lastfall Vorspannung und Dauerlast

E_{b_0} sei der E-Modul des Betons bei Beginn der Belastung durch V_0 mit Verbund. Der fiktive E-Modul, mit dem wir das Kriechen berücksichtigen, wird angesetzt zu

$$E_{bk} = \frac{E_{b_0}}{1 + \psi \varphi} \qquad 12.(12)$$

Die exakte Ableitung ergab

$$\psi = \frac{e^{+\beta \varphi} - 1}{\beta \varphi},$$

wobei β ein Steifigkeitsfaktor ist.

$$\beta = \frac{J_n + y_z^2 F_n}{\left[\left(\frac{1}{E_z F_z} + \frac{1}{E_{b_0} F_n}\right) E_{b_0} J_n + y_z^2\right] F_n}. \qquad 12.(13)$$

Ist φ gewählt und β ermittelt, dann ergeben sich die ψ aus der folgenden Tabelle

ψ-Tabelle

$\beta \varphi$	ψ	$\beta \varphi$	ψ
0,00	1,000	0,40	1,229
0,05	1,025	0,45	1,263
0,10	1,052	0,50	1,297
0,15	1,079	0,60	1,370
0,20	1,107	0,70	1,448
0,25	1,136	0,80	1,532
0,30	1,166	0,90	1,622
0,35	1,197	1,00	1,718

Die Dauerlast g erzeuge an der untersuchten Stelle das Moment M_g. Es wird wieder angenommen, daß so vorgespannt wurde, daß g schon beim Beendigen des Spannens wirke, also V_0 nicht mehr verändert werde. Dann ist die Spannkraftabnahme infolge M_g und V_0 durch Kriechen allein:

$$A_k = -Z_k = -V_0 \frac{B_1 + B_2 y_z^2}{C_k} + \frac{B_2 y_z M_g}{C_k} \qquad 12.(14)$$

Dabei ist

$$B_1 = \frac{\psi \, \varphi}{E_{b_0} F_n}$$

$$B_2 = \frac{\psi \cdot \varphi}{E_{b_0} \cdot J_n}$$

$$C_k = \frac{1}{E_z F_z} + \frac{1 + \psi \varphi}{E_{b_0}} \left(\frac{1}{F_n} + \frac{y_z^2}{J_n} \right).$$

12.172 Einfluß des Schwindens nach Herstellung des Verbundes

Wie beim Kriechen setzt man

$$E_{bs} = \frac{E_{b_0}}{1 + \psi_s \varphi},$$

wobei für Schwinden anzusetzen ist:

$$\psi_s = \frac{e^{\beta \varphi}}{e^{\beta \varphi} - 1} - \frac{1}{\beta \varphi} \qquad 12.(15).$$

Der Steifigkeitsfaktor β folgt wieder aus Gl. 12.(13). φ bleibt wie im Kap. 12.171 gewählt. Die ψ_s sind dann der folgenden Tabelle zu entnehmen.

ψ_s-Tabelle

$\beta \varphi$	ψ_s	$\beta \varphi$	ψ_s
0,00	0,500	0,40	0,533
0,05	0,504	0,45	0,537
0,10	0,506	0,50	0,541
0,15	0,513	0,60	0,550
0,20	0,517	0,70	0,558
0,25	0,521	0,80	0,566
0,30	0,525	0,90	0,574
0,35	0,529	1,00	0,582

Die Spannkraftabnahme infolge Schwinden ist dann

$$A_s = -Z_s = \frac{\varepsilon_s}{C_s} \qquad 12.(16)$$

wobei

$$C_s = \frac{1}{E_z F_z} + \frac{1 + \psi_s \cdot \varphi}{E_{b_0}} \left(\frac{1}{F_n} + \frac{y_z^2}{J_n} \right).$$

Mit den so ermittelten Spannkraftabnahmen können wir die Spannungen nach S. u. K. wie im Kap. 12.16 berechnen.

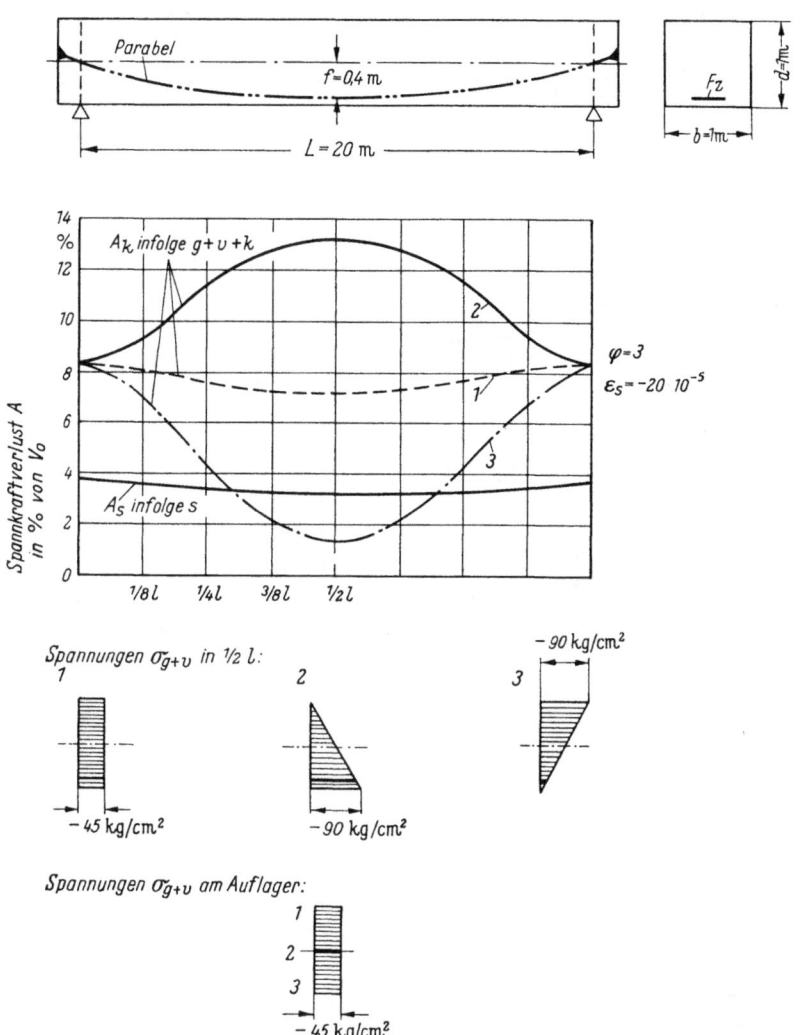

Bild 12.9a Verlauf der Spannkraftabnahme A_s infolge Schwinden und A_k infolge Kriechen über die Balkenlänge bei parabelförmigem Spannglied bei verschiedener Spannungsverteilung

12.18 Veränderlichkeit der Spannkraftabnahme über die Länge des Tragwerks

Um die starke Veränderlichkeit der Spannkraftabnahme, die hauptsächlich von $\sigma_{b,\,g+v_0}$ abhängig ist, zu demonstrieren, wird in Bild 12.9a die Spannkraftabnahme in einem einfachen Balken, vorgespannt mit parabelförmigem Spannglied, gezeigt. Der Balken ist so belastet, daß im Falle ① in $l/2$ gleichförmige Längsspannungen σ_x herrschen, im Falle ② dreieckförmige σ_x mit größter Spannung unten und im Falle ③ mit größter Spannung oben. Es zeigt sich, daß in $l/2$ die Spannkraftabnahme A_k infolge Kriechen unter $g+v$ allein zwischen 1,6 % und 13,2 % schwankt und im Falle ③ am Auflager am größten ist. Maßgebend ist aber die Spannkraftabnahme in $l/2$, wo unten die Zugspannungen und oben die Druckspannungen im Beton in den zulässigen Grenzen zu halten sind.

Selbst bei geradegeführtem Spannglied schwankt die Spannkraftabnahme A_k infolge Kriechen stark, wie aus Bild 12.9b zu ersehen ist. Hier ist in allen drei Lastfällen A_k am Auflager am größten.

Die durch Schwinden bedingte Spannkraftabnahme A_s schwankt bei parabelförmigem Spannglied nur wenig und bleibt bei geradem Spannglied über die Länge des Balkens konstant.

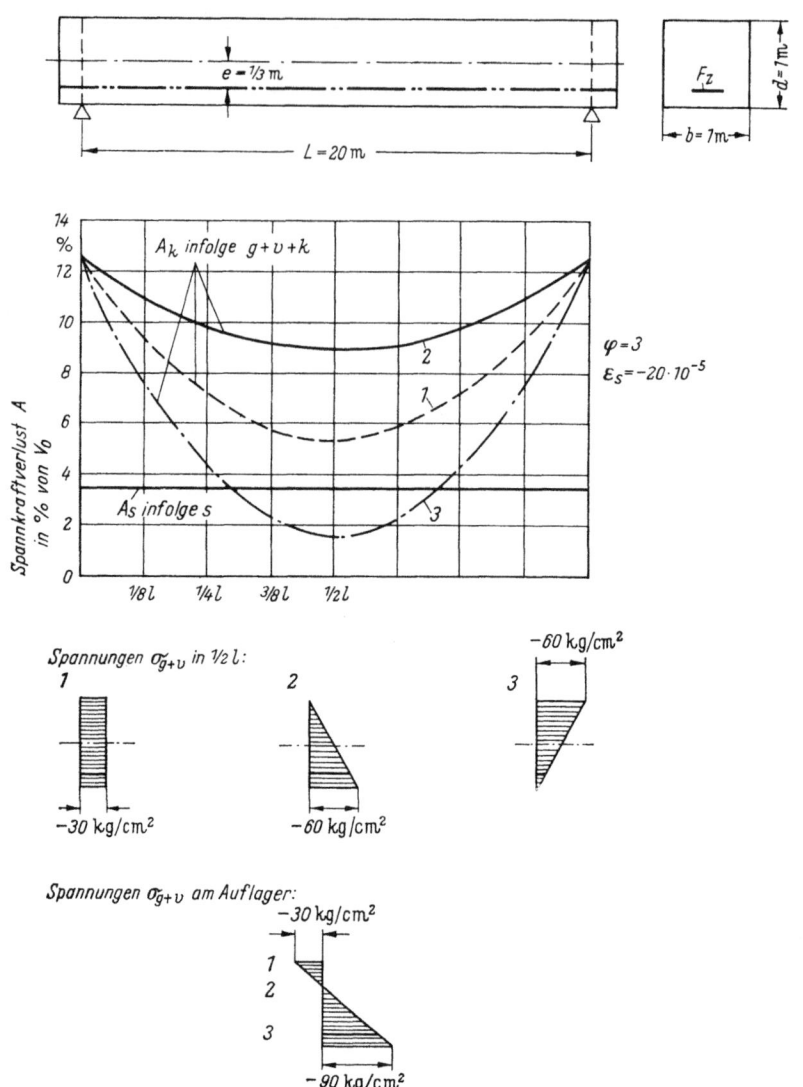

Bild 12.9b Verlauf der Spannkraftabnahme A_s infolge Schwinden und A_k infolge Kriechen über die Balkenlänge bei geradem Spannglied bei verschiedener Spannungsverteilung

12.2 Der Einfluß der Stahleinlagen auf die Spannungen infolge Schwinden und Kriechen
Das Rechnen mit *Busemann*schen Kriechfasern

Die Stahleinlagen, schlaffe und vorgespannte, beeinflussen die Spannungsänderungen und damit auch die Spannkraftverluste infolge Schwinden und Kriechen, sobald sie so liegen, daß sie in bezug auf ihren gemeinsamen Schwerpunkt ein merkliches Eigenträgheitsmoment J_f haben:

$$J_f = J_{e+z} = \Sigma F_e y_e^2 + \Sigma F_z y_z^2.$$

Dabei sind y_e und y_z die Abstände der Stahleinlagen vom Gesamtschwerpunkt S_f der Querschnittssumme $F_f = F_e + F_z$ (Bild 12.10a). Dieses Eigenträgheitsmoment entsteht durch den Verbund mit dem Beton, den wir hier durchweg voraussetzen.

Die schlaffe Bewehrung behindert die Schwind- und Kriechverkürzung und erfährt dabei Druckspannungen, indem sich ein Teil der auf den Beton wirkenden Druckkraft D_b auf F_e verlagert. Die Spannglieder verlieren Zugkraft, was wieder zu einer Verminderung der Druckkraft D_b führt.

Wir verdanken es *A. Busemann* [121], [247] und seiner **Kriechfasermethode**, daß wir diese Spannungsumlagerungen auf anschaulicher geometrischer Grundlage einfach und genau berechnen können. *A. Habel* [236] und *W. Zacher* [246] haben diese zunächst für Stahlträger-Verbundquerschnitte entwickelte Methode auf den Spannbeton übertragen, wobei sie die von *K. Sattler* [445] erarbeiteten Ausdrücke benützten.

K. Sattler [303] und *K. Kunert* [279] haben schließlich einen **Abgrenzungskennwert** für den Bewehrungsgrad aufgestellt, der angibt, von welcher Größe des Eigenträgheitsmoments J_f (schlaffe Bewehrung + Vorspannstahl) ab der Einfluß der Bewehrung auf die Spannungen praktische Bedeutung erlangt. Für diesen Abgrenzungskennwert k gilt:

$$k = \frac{J_n + F_n a_z'^2}{n J_f} \cdot \frac{\alpha_z}{1-\alpha_z} \qquad 12.(17)$$

$$\text{mit } \alpha_z = \frac{n F_z (J_n + F_n a_z'^2)}{F_{iz} J_{iz}}$$

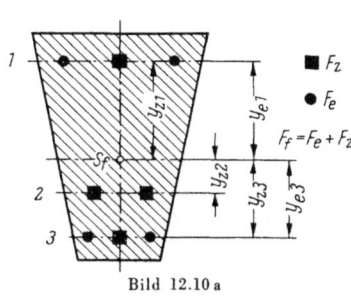
Bild 12.10 a

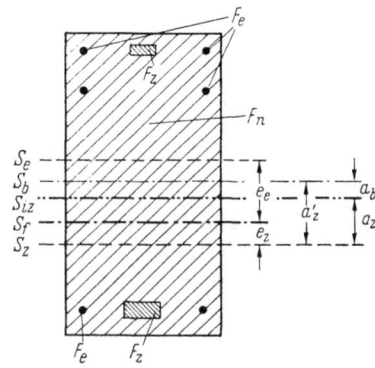
Bild 12.10 b

Es bedeutet darin nach Bild 12.10 b:

F_n = Nettoquerschnittsfläche des Betons

ΣF_e = Querschnittsfläche der schlaffen Bewehrung

ΣF_z = Querschnittsfläche des Spannstahls

$F_{iz} = F_n + n \Sigma F_z$

J_n = Trägheitsmoment der Nettoquerschnittsfläche F_n des Betons, bezogen auf S_b

J_e = Trägheitsmoment der Bewehrungsteile F_e, bezogen auf die Schwerlinie S_e

J_z = Trägheitsmoment der Spannstahlquerschnitte F_z, bezogen auf die Schwerlinie S_z

$J_f = J_e + J_z + e_e^2 \Sigma F_e + e_z^2 \Sigma F_z$, Trägheitsmoment aller Stahleinlagen, bezogen auf die gemeinsame Schwerlinie S_f

$J_{iz} = J_n + J_z + a_b^2 \cdot F_n + n a_z^2 \Sigma F_z$, Trägheitsmoment des ideellen Querschnitts F_{iz}, bezogen auf die Schwerlinie S_{iz}

a_z' = Abstand $S_z - S_b$ a_b = Abstand $S_b - S_{iz}$

a_z = Abstand $S_z - S_{iz}$

e_e = Abstand $S_e - S_f$ e_z = Abstand $S_z - S_f$.

Die Fehler, die bei Vernachlässigung von J_f entstehen, betragen etwa

bei $k > 30$ bis zu 5 %   bei $k \sim 20$ rd. 20 %

$30 > k > 25$ bis zu 10 % $k < 20$ bis zu 100 %.

Ist also $k \geq 30$, dann lohnt es nicht, den Einfluß der Bewehrung bei den Spannungen infolge Schwinden und Kriechen zu verfolgen. Wird jedoch $k \leq 25$, dann ist es unbedingt erforderlich, die Bewehrung mit einzurechnen, wie es in Kap. 12.222 gezeigt wird.

Die Kriechfasermethode führt auf mittig beanspruchte Prismen, die wir daher vorweg behandeln.

12.21 Die Spannungsumlagerung infolge S. u. K. beim mittig gedrückten, bewehrten Prisma

12.211 Schlaffe Bewehrung allein, konstante Kraft N

V o r b e m e r k u n g z u z u l σ_e

Durch die Spannungsumlagerung infolge S. u. K. steigen die Stahlspannungen σ_e je nach Bewehrungsgrad, Betongüte und $\sigma_{b,t=0}$ sehr hoch an und erreichen manchmal die Streckgrenze. Diese hohen Stahlspannungen σ_e haben wir auch in Stahlbetonstützen nach S. u. K.; sie werden dort nicht nachgewiesen, was berechtigt ist, da die Tragfähigkeit des Stahles erhalten bleibt, d. h. die Bruchlast der Stütze wird durch diese Spannungsumlagerungen nicht beeinflußt, weil nach Überschreiten der Streck- oder Quetschgrenze oder allgemeiner im plastischen Bereich die Spannungen auf den Beton zurückverlagert werden, ohne daß $F_e \beta_{eS}$ verkleinert wurde.

Aus diesen Tatsachen heraus spielt die Höhe der Stahl-Druckspannung σ_e nach S. u. K. auch bei Spannbetontragwerken für die Sicherheit keine Rolle und es müssen daher für σ_e k e i n e z u l - σ_e - G r e n z e n eingehalten werden.

Das Prisma sei gemäß Bild 12.11 symmetrisch schlaff bewehrt mit F_e. Die ideelle Querschnittsfläche $F_i = F_b + (n-1) \cdot F_e = F_n + n \cdot F_e$ sei mittig beansprucht durch die konstante Längskraft N.
Zur kürzeren Schreibweise sei

$$\sigma_{b_0} \text{ oder kurz } \sigma_b = \frac{N}{F_i}, \quad d\sigma_{b,s+k} = d\sigma_b$$
$$d\sigma_{e,s+k} = d\sigma_e.$$

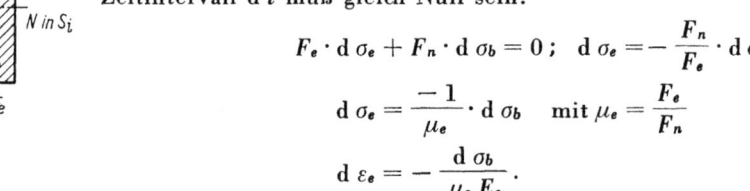

Bild 12.11

Die Summe der Kräfte aus den Spannungsänderungen $d\sigma_b$ und $d\sigma_e$ im Zeitintervall dt muß gleich Null sein:

$$F_e \cdot d\sigma_e + F_n \cdot d\sigma_b = 0; \quad d\sigma_e = -\frac{F_n}{F_e} \cdot d\sigma_b$$

$$d\sigma_e = \frac{-1}{\mu_e} \cdot d\sigma_b \quad \text{mit } \mu_e = \frac{F_e}{F_n}$$

$$d\varepsilon_e = -\frac{d\sigma_b}{\mu_e E_e}.$$

$d\varepsilon_b$ setzt sich zusammen aus

1. Kriechen $\quad d\varepsilon_{bk} = \dfrac{\sigma_b}{E_b} \dfrac{d\varphi}{dt}$

2. Schwinden $\quad d\varepsilon_s = \dfrac{\varepsilon_s}{\varphi_\infty} \dfrac{d\varphi}{dt}$ (Schwinden affin zu Kriechen!)

3. Rückfederung durch Kraftumlagerung vom Beton auf den Stahl $\dfrac{d\sigma_b}{E_b}$.

Das Erholkriechen bei 3. wird wieder vernachlässigt. Damit ergibt sich aus $d\varepsilon_b = +d\varepsilon_e$:

$$\frac{\sigma_b}{E_b}\frac{d\varphi}{dt} + \frac{\varepsilon_s}{\varphi_\infty}\frac{d\varphi}{dt} + \frac{d\sigma_b}{E_b} = +\frac{d\sigma_e}{E_e} = -\frac{d\sigma_b}{\mu_e E_e}.$$

Mit
$$\boxed{\alpha_e = \frac{n\,\mu_e}{1+n\,\mu_e}} \qquad 12.(18)$$

$$n = \frac{E_e}{E_b} \quad \text{und} \quad \gamma = \frac{\varepsilon_s E_b}{\varphi_\infty}$$

läßt sich diese Differentialgleichung vgl. F. *Dischinger* [36] und E. *Mörsch* [69] einfacher schreiben

$$-\alpha \frac{d\varphi}{dt} = \frac{d\sigma_b}{\sigma_b + \gamma}.$$

Die Lösung lautet:

$$C - \alpha\varphi = \ln(\sigma_b + \gamma).$$

C wird erhalten aus $\varphi = 0$ für $t = 0$:
$$C = \ln(\sigma_{b0} + \gamma).$$

Damit wird $\ln \dfrac{\sigma_b + \gamma}{\sigma_{b0} + \gamma} = -\alpha\varphi$.

Bei schlaffer Bewehrung allein setzen wir noch an Stelle von α das Zeichen α_e. Die Betonspannung $\sigma_{b\infty}$ zur Zeit $t = \infty$ wird bei Erreichen von $\varphi \to \varphi_\infty$ (dafür kurz φ geschrieben) nach Einsetzen des Ausdrucks für γ:

$$\boxed{\sigma_{b\infty} = -\frac{\varepsilon_s E_b}{\varphi} + \left(\frac{\varepsilon_s E_b}{\varphi} + \sigma_{b0}\right) e^{-\alpha_e \varphi} \\ \text{mit} \quad \alpha_e = \frac{n\,\mu_e}{1 + n\,\mu_e}} \qquad 12.(19)$$

Die Änderung der Betonspannung ist mit $\sigma_{b,\,s+k} = \sigma_{b\infty} - \sigma_{b0}$

$$\boxed{\sigma_{b,\,s+k} = -\left(\frac{\varepsilon_s E_b}{\varphi} + \sigma_{b0}\right)(1 - e^{-\alpha_e \varphi})} \qquad 12.(20)$$

Änderung der Stahlspannung:

$$\boxed{\sigma_{e,\,s+k} = -\frac{1}{\mu_e}\,\sigma_{b,\,s+k}} \qquad 12.(21)$$

Die Stahlspannung, die zur Zeit $t = 0$ die Größe $\sigma_{e_0} = n\,\sigma_{b_0}$ hatte, wird damit

$$\boxed{\sigma_{e\infty} = \sigma_{e_0}\,\frac{n\,\mu_e + 1 - e^{-\alpha_e \varphi}}{n\,\mu_e} + \frac{\varepsilon_s E_e}{n\,\mu_e\,\varphi}(1 - e^{-\alpha_e \varphi})} \qquad 12.(22)$$

Dabei entspricht der linke Teil dem Kriecheinfluß, der rechte dem Schwindeinfluß.

Manchmal brauchen wir auch die **Kräfte** nach S. u. K.; sie ergeben sich aus den geänderten Spannungen zu

Kraftabnahme im Beton:

$$\boxed{\begin{aligned} A_b &= -F_n\left(\frac{\varepsilon_s E_b}{\varphi} + \frac{N}{F_i}\right)(1 - e^{-\alpha_e \varphi}) \\ \text{bzw.} & \\ A_b &= -\left(\frac{\varepsilon_s E_b F_n}{\varphi} + \frac{N}{1 + n\,\mu_e}\right)(1 - e^{-\alpha_e \varphi}) \end{aligned}} \qquad 12.(23)$$

Die zweite Form der Gleichung 12.(23) folgt aus der ersten mit $F_i = (1 + n\,\mu_e) F_n$.

Kraftzunahme im Stahl: $\qquad A_e = -A_b$.

Die zur Zeit $t = \infty$ vom Beton getragene Kraft ist
$$N_{b\infty} = N_{b0} + A_b.$$

12.212 Schlaffe Bewehrung und Spannstahl unter Vorspannkraft V und konstanter Längskraft N

Dieser Fall des Bildes 12.12 ist eine Kombination des Prismas mit Vorspannung gemäß Kap. 12.13 mit dem in Kap. 12.211 behandelten Fall, so daß wir das Ergebnis direkt anschreiben können. Wir fassen dabei die Bewehrung F_e und den Spannstahl F_z zu $F_f = F_e + F_z$ zusammen, da im Normalfall $E_e = E_z$. Falls z. B für Seile $E_z < E_e$, muß dies durch $F_f = F_e + F_z \cdot \dfrac{E_z}{E_e}$ usw. berücksichtigt werden.

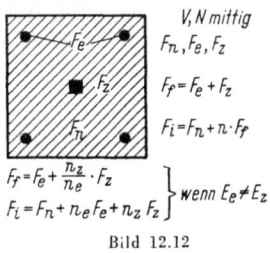

Bild 12.12

Wir nennen den ideellen Querschnitt $\qquad F_{if} = F_n + n \cdot F_f$

bzw. bei F_e oder F_z allein $\qquad F_{ie} = F_n + n \cdot F_e \quad$ und

$\qquad\qquad\qquad\qquad\qquad\qquad\qquad F_{iz} = F_n + n \cdot F_z.$

Es ist entsprechend $\mu_f = \dfrac{F_f}{F_n}$.

Die Ableitungen ergeben, daß sich der Exponent $\alpha \varphi$ der e-Funktion ändert in $\alpha_f \varphi$, wobei

$$\boxed{\alpha_f = \frac{n\,\mu_f}{1 + n\,\mu_f}} \qquad 12.(24)$$

Entsprechend ist bei Betrachtung von F_z allein

$$\boxed{\alpha_z = \frac{n \cdot \mu_z}{1 + n \cdot \mu_z}} \qquad 12.(24\,\text{a})$$

und bei Betrachtung von F_e allein

$$\boxed{\alpha_e = \frac{n \cdot \mu_e}{1 + n \cdot \mu_e}} \qquad 12.(24\,\text{b})$$

Wir müssen noch unterscheiden:

Bei Spannbettvorspannung $\sigma_{bv_0} = \dfrac{V_0^{(0)}}{F_{if}} = \dfrac{V_0}{F_n}$

wobei $V_0 =$ Spannkraft nach Übertragung, also $V_0 = V_0^{(0)} - F_z\, n\, \sigma_{bv_0}$

$$\sigma_{bN} = \frac{N}{F_{if}}.$$

Bei Vorspannung mit nachträglichem Verbund unter der Annahme, daß V und Eigengewicht N_g beim Vorspannen gleichzeitig wirken, V also durch g nicht beeinflußt wird und der Verbund sofort nach dem Vorspannen hergestellt wird, so daß das ganze Schwinden und Kriechen mit Verbund abläuft:

$$\sigma_{bv_0} = \frac{V_0}{F_n}; \qquad \sigma_{bN} = \frac{N}{F_n}; \text{ wenn kein } F_e \text{ vorhanden,}$$

$$\sigma_{bv_0} = \frac{V_0}{F_{ie}}; \qquad \sigma_{bN} = \frac{N}{F_{ie}}; \text{ wenn } F_e \text{ vorhanden.}$$

Für Dauerlasten, die nach Herstellung des Verbundes zu wirken beginnen, muß F_{if} eingesetzt werden.

Die Betonspannung zur Zeit $t = \infty$ wird nun

$$\boxed{\sigma_{b\infty} = -\frac{\varepsilon_s E_b}{\varphi} + \left(\frac{\varepsilon_s E_b}{\varphi} + \sigma_{bv_0} + \sigma_{bN}\right) e^{-\alpha_f \varphi}} \qquad 12.(25)$$

Die Änderung der Betonspannung $\sigma_{b,\,s+k} = \sigma_{b\infty} - \sigma_{b_0}$:

$$\boxed{\sigma_{b,\,s+k} = -\left(\frac{\varepsilon_s E_b}{\varphi} + \sigma_{bv_0} + \sigma_{bN}\right)(1 - e^{-\alpha_f \varphi})} \qquad 12.(26)$$

Die Änderung der Stahlspannung:

$$\boxed{\sigma_{z,\,s+k} = \sigma_{e,\,s+k} = -\frac{1}{\mu_f}\,\sigma_{b,\,s+k}} \qquad 12.(27)$$

Spannkraftabnahme:

$$\boxed{\begin{aligned} A &= -Z_{s+k} = -\left(\frac{\varepsilon_s}{\varphi}E_b \cdot F_n + \frac{V_0+N}{1+n\,\mu_f}\right)(1-e^{-\alpha_f\varphi}) \\ \text{bzw.} \\ A &= -Z_{s+k} = -F_z \cdot \sigma_{z,s+k} \end{aligned}}$$
 12.(28)

Die Stahlspannung zur Zeit $t = \infty$ wird

$$\boxed{\begin{aligned} \sigma_{e\infty} &= \sigma_{e_0,vN}\frac{n\,\mu_f + 1 - e^{-\alpha_f\varphi}}{n\,\mu_f} + \frac{\varepsilon_s E_e}{n\,\mu_f\,\varphi}(1-e^{-\alpha_f\varphi}) \\ \sigma_{z\infty} &= \sigma_{z0,vN} + \left(\frac{\varepsilon_s E_z}{n\,\mu_f\,\varphi} + \frac{\sigma_{bv_0} + \sigma_{bN}}{\mu_f}\right)(1-e^{-\alpha_f\varphi}) \end{aligned}}$$
 12.(29)

Hinsichtlich zul σ_e siehe Vorbemerkung in 12.211.

Bemerkung zur **Spannbettvorspannung**:
In den meisten Abhandlungen werden besondere Formeln für Spannungsumlagerung bei Spannbettvorspannung angegeben. Diese sind aber nicht nötig, wenn wir bei Spannbettvorspannung nicht von $V_0^{(0)}$, der Spannbettspannkraft, sondern von $V_0 = V_0^{(0)} - n\,\sigma_{bv_0} \cdot F_z$, also von der Spannkraft nach dem Übertragen auf den Beton, ausgehen. Die Randspannung σ_{bv} errechnet sich bekanntlich zu

$$\sigma_{bv_0}^{\text{rand}} = \frac{V_0^{(0)}}{F_i} \pm \frac{V_0^{(0)} y_z}{W_i}.$$

Die Spannung in Spanngliedhöhe oder im Schwerpunkt der Spannkraft, die für σ_{bv_0} anzusetzen ist, kann aus dem Spannungsdiagramm bestimmt werden.
W. Zacher [246] hat nachgewiesen, daß dieser einfachere Weg zu den gleichen Ergebnissen führt, wie wenn man von $V_0^{(0)}$ ausginge.

12.22 Die Kriechfasermethode von A. Busemann

12.221 Eine Spanngliedlage (einsträngige Vorspannung)

Der Querschnitt gemäß Bild 12.13 sei mit nur einem Spannglied oder mit nahe beieinander liegenden Spanngliedern nur auf einer Gurtseite vorgespannt und längs vernachlässigbar schlaff bewehrt, so daß wir nur mit F_n und F_z rechnen. (Zu bemerken ist, daß bei Spannbettvorspannung mit F_i, also auch mit Schwerpunkt S_i, zu rechnen ist.) In F_z wirke die Spannkraft $N_v \approx V$ im Abstand y_z von S_b (S_b ist der Schwerpunkt von F_n), welche die Spannungen σ_{bv} erzeugt, die in der Faser 1 Null sind. Diese Faser 1 im Abstand y_1 von S_b ist eine der *Busemann*schen Kriechfasern [121], die andere ist in der Höhe des Schwerpunktes des Spanngliedes, sie wird Faser 2 genannt. Die zu diesen Fasern gehörigen Achspunkte am Querschnitt sind K_1 und K_2, die Spannungen σ_1 und σ_2. Wenn nun in K_1 eine Normalkraft N_1 angreift, dann muß nach dem Satz von der Gegenseitigkeit das Spannungsdiagramm σ_{N_1} in Faser 2 seinen Nullpunkt haben.

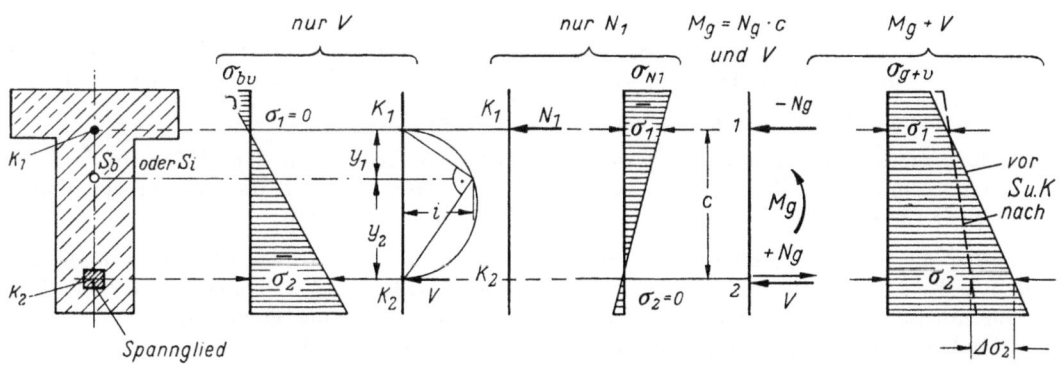

Bild 12.13 *Busemann*sche Kriechfasern und zugehörige Spannungen σ_1 und σ_2

Die Eigenschaft der einander zugeordneten Fasern ist also, daß eine Längskraft N_1 in Faser 2 keine Spannung gibt und entsprechend aus N_2 in Faser 1 die Spannung $\sigma_1 = 0$ entsteht.

Dies bedeutet, daß sich diese beiden Fasern gegenseitig nicht beeinflussen. Diese Eigenschaft bleibt erhalten, auch wenn E_b sich ändert oder der Beton kriecht oder schwindet, sofern das ε-Diagramm geradlinig ist. Wir können also die Einflüsse von Schwinden und Kriechen für jede dieser beiden Fasern getrennt untersuchen und erhalten richtige Ergebnisse der Änderungen der Spannungen σ_1 und σ_2 und damit das ganze Spannungsdiagramm, da wir ja bei den Gebrauchslasten geradlinigen Spannungsverlauf voraussetzen dürfen.

Die Lage der Faser 1 ergibt sich aus dem Spannungsdiagramm σ_v oder in bekannter Weise graphisch nach Bild 12.13. Dabei wird in Schwerlinienhöhe der Trägheitsradius $i = \sqrt{\dfrac{J}{F}}$ von der Achse aus im Maßstab des Querschnittes horizontal abgetragen und nun ein Halbkreis durch Punkt K_2 und den Endpunkt von i gezeichnet, der auf der Achse den Punkt K_1 einschneidet (vgl. auch [175]). Damit ist

$$y_1 = \frac{i^2}{y_2} = \frac{J_b}{F_n y_2}.$$

Der Abstand K_1 bis K_2 ist $c = y_1 + y_2$.

Man geht nun so vor, daß man die am Querschnitt angreifenden Schnittkräfte auf die Punkte K_1 und K_2 nach dem Hebelgesetz verteilt, bzw. Momente M durch in K_1 und K_2 angreifende Längskräfte $-N_1 = +N_2 = \dfrac{M}{c}$ ersetzt.

Querkräfte bleiben unberücksichtigt.

Wir beschränken uns hier zunächst auf V und das Moment M_g aus Dauerlast, das durch

$$-N_{1g} = +N_{2g} = \frac{M_g}{c} \text{ ersetzt wird.}$$

Da V in K_2 wirkt, verbleibt keine Längskraft N_v für Punkt K_1.

In Faser 1 wirkt also nur $N_1 = -N_{1g}$ und ergibt σ_{1g}.

In Faser 2 wirken $N_2 = V + N_{2g}$ und ergeben $\sigma_{2v} + \sigma_{2g}$.

Mit den geometrischen Beziehungen des Bildes 12.13 ergeben sich die Spannungen zu

$$\boxed{\begin{aligned} \sigma_1 &= \frac{N_1 c}{F_n y_2} = \frac{N_1}{F_1}, \text{ wenn } F_1 = F_n \cdot \frac{y_2}{c} \\ \sigma_2 &= \frac{N_2 c}{F_n y_1} = \frac{N_2}{F_2}, \text{ wenn } F_2 = F_n \frac{y_1}{c} \end{aligned}} \qquad 12.(30)$$

Die **Ersatzflächen** F_1 und F_2 sind nun eine wichtige Hilfe; mit ihnen kann man die Spannungen so anschreiben, als ob diese Flächen mittig belastet wären. Wir werden sie daher zur Vereinfachung benützen. Sie stellen die nach dem Hebelgesetz auf die Punkte K_1 und K_2 verteilte Fläche F_n dar.

In der Faser 1 erhalten wir die Spannung σ_1, indem wir die Schnittkräfte nach dem Hebelgesetz auf Punkt K_1 verteilen, und so N_1 erhalten und dieses N_1 mittig auf F_1 wirken lassen.

Entsprechend erhalten wir die Spannung σ_2 in Faser 2.

Da die Fasern 1 und 2 von den jeweils zugeordneten Kräften in 2 und 1 nicht beeinflußt werden, können wir die Einflüsse von S. u. K. auf Faser 1 und 2 unabhängig voneinander, und zwar für den Fall des mittig gedrückten Prismas, untersuchen.

Wir wollen die Spannungsänderungen für den einfachen Fall des Bildes 12.13 noch nachweisen. Durch S. u. K. ändert sich nur V_0, nicht aber M_g oder N_{1g}, bzw. N_{2g}. Demnach brauchen wir nur die Spannungsabnahme $\Delta \sigma_2$ der Faser 2 zu ermitteln und die neue Spannung $\sigma_2 - \Delta \sigma_2$ mit σ_1 zu verbinden, um die Spannungsänderung im Balken durch S. u. K. zu erhalten (Bild 12.13, rechts).

Schreibt man nun wie in Kap. 12.13 die Verkürzungen des Spannstahles und des Betons in der Faser 2 an, so erhält man (für Stahl links, für Beton rechts)

$$-\frac{dA}{dt}\frac{1}{E_z F_z} = \frac{\varepsilon_s \, d\varphi}{\varphi \, dt} + \frac{(V_0 + A + N_{2g})}{E_b F_2}\frac{d\varphi}{dt} + \frac{dA}{dt}\frac{1}{E_b F_2} \qquad 12.(31)$$

weil jede Verkürzung der Faser 2 infolge der in 2 wirkenden Längskräfte einfach

$$\varepsilon_2 = \frac{N_2}{E_b F_2} \text{ ist.}$$

Die Gl. 12.(31) entspricht in ihrem Aufbau genau der Gl. 12.(8a) des mittig gedrückten Prismas, nur daß an Stelle von F_b das F_2 und an Stelle von N die Kraft $N_{2g} = \dfrac{M_g}{y_1 + y_2} = \dfrac{M_g}{c}$ tritt. Die Lösung für $A = -Z_{s+k}$ entspricht demnach der Gl. 12.(9) mit den anderen Werten für F_n und N.

Die Spannkraftabnahme im einfachen Biegebalken ist also

$$\boxed{\begin{array}{l} A = -Z_{s+k} = -\left(\dfrac{\varepsilon_s}{\varphi} E_b F_2 + V_0 + N_{2g}\right)(1 - e^{-\alpha_2 \varphi}) \\[1ex] \text{dabei ist} \\[0.5ex] N_{2g} = \dfrac{M_g}{c} \qquad F_2 = F_n \dfrac{y_1}{c} \\[1ex] \sigma_{2v} = \dfrac{V_0}{F_2} \qquad \sigma_{2g} = \dfrac{N_{2g}}{F_2} \text{ (bei pos } M_g \text{ ist } \sigma_{2g} \text{ positiv)} \\[1ex] \alpha_2 = \dfrac{n \, \mu_2}{1 + n \, \mu_2} \quad \text{mit} \quad \mu_2 = \dfrac{F_z}{F_2} \end{array}} \qquad 12.(32)$$

Alle Werte beziehen sich also auf die Ersatzfläche F_2, man beachte dies vor allem bei α und μ!

Die Spannungsabnahme in Faser 2 des Betons wird

$$\boxed{\Delta \sigma_2 = -\left(\frac{\varepsilon_s}{\varphi} E_b + \sigma_{2v} + \sigma_{2g}\right)(1 - e^{-\alpha_2 \varphi}) = \sigma_{b2,\,s+k}} \qquad 12.(33)$$

und im Spannstahl:

$$\Delta \sigma_z = \frac{Z_{s+k}}{F_z} = \sigma_{z,\,s+k} (\text{wird negativ!}).$$

Dies sind aber die gleichen Werte wie in den Kap. 12.12 bis 12.14, wenn man die Spannungen der Faser 2 ansetzt.

Die zur Faser 1 gehörigen Spannungen bleiben von S. u. K. unbeeinflußt. Das Spannungsdiagramm nach S. u. K. ist also mit $\Delta \sigma_2$ bekannt. Die Dehnung in Faser 1 ist $\dfrac{\sigma_{b_1} \cdot \varphi}{E_b} = \varepsilon_1$.

12.222 Die Kriechfasermethode für mehrere Spanngliedlagen (mehrsträngige Vorspannung) und für starke schlaffe Bewehrung (nach *Busemann-Habel*)

Beachte: Das Kriterium, das angibt, von welchem Bewehrungsgrad ab der Einfluß der Stahleinlagen von praktischer Bedeutung ist, ist in der Einleitung zu Kap. 12.2 angegeben worden. Bei symmetrischem Querschnitt und symmetrischen Stahleinlagen versagt das Verfahren.

Wir haben für den Verbundquerschnitt die *Busemann*schen Kriechfasern 1 und 2 wieder so zu bestimmen, daß

1. eine Normalkraft im Punkt K_1 in der Faser 2 die Spannung $\sigma_2 = 0$ erzeugt,
2. eine Normalkraft im Punkt K_2 in der Faser 1 die Spannung $\sigma_1 = 0$ erzeugt,

so daß die Kriechverformungen der Faser 1 von Normalkräften in K_2 und diejenige der Faser 2 von N in K_1 nicht beeinflußt werden (Bild 12.14). Von diesen Fasern kann nun keine mehr so gewählt werden, daß sie mit dem Spanngliedschwerpunkt zusammenfällt. Zur Bestimmung der Kriechfasern brauchen wir folgende Werte:

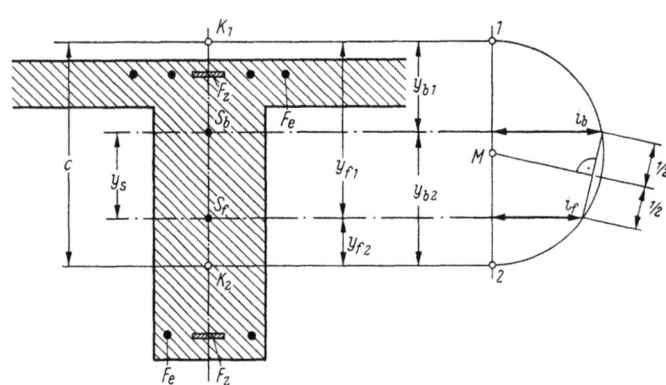

Bild 12.14 Ermittlung der Kriechfasern bei mehrlagiger Bewehrung

Für den Beton allein

F_n = Nettoquerschnitt

S_b = Schwerpunkt von F_n

J_n = Trägheitsmoment von F_n

$i_b = \sqrt{\dfrac{J_n}{F_n}}$ = Trägheitsradius von F_n.

(In vielen Fällen kann vereinfacht $F_n = F_b$ gesetzt werden, beim Rechteckquerschnitt also $Fn \sim F_b = b \cdot d$.)
Für die Stahleinlagen F_e und F_z nehmen wir an, daß ihre Elastizitätsmodule $E_e \approx E_z$ sind, so daß es genügt,

$n = \dfrac{E_e}{E_b} \approx \dfrac{E_z}{E_b}$ zu setzen. Verwendet man für F_z Seile mit $E_z \ll E_e$, dann muß zwischen n_z und n_e unterschieden werden.

Unter dem ideellen Querschnitt wird hier $F_i = F_n + nF_z$ verstanden.

Der gesamte Stahlquerschnitt sei

$F_f = F_e + F_z$

S_f = Schwerpunkt der Stahleinlagen F_f allein

J_f = Trägheitsmoment der Stahleinlagen F_f um den Schwerpunkt S_f,
also $J_f = \Sigma F_f \cdot y_f^2$, da für jeden Stahlstab $F_{e1} \cdot y_1^2$ (y_1 = Abstand des Stabes von S_f) den Anteil zu J_f ergibt.

$i_f = \sqrt{\dfrac{J_f}{F_f}}$ = Trägheitsradius der Stahleinlagen F_f.

Die Lage der Kriechfasern finden wir nun graphisch, indem wir von den Schwerpunkten S_b und S_f je die Werte i_b und i_f rechtwinklig zur Achse im Maßstab des Querschnittes abtragen und durch die Endpunkte einen Kreis mit M auf der Achse legen, der dann auf der Achse die Punkte K_1 und K_2 und damit die Kriechfasern einschneidet. Die Kreiskonstruktion erfüllt die Bedingung, die wir von Kap. 12.221 bereits kennen:

$$y_1 \cdot y_2 = i^2 \quad \text{oder} \quad y_1 = \dfrac{i^2}{y_2} = \dfrac{J}{F\,y_2},$$

und zwar sowohl für den Beton F_n wie auch für den Stahl F_f. Damit sind die Bedingungen $\sigma_1 = 0$ für N in K_2 usw. der Kriechfasern für den Verbundquerschnitt erfüllt.

Die Lage der Punkte K_1 und K_2 kann auch rechnerisch nach *Sattler* ermittelt werden aus

$$y_{f2} = \dfrac{i_f^2 - y_s^2 - i_b^2}{2\,y_s} \pm \sqrt{i_f^2 + \left(\dfrac{i_f^2 - y_s^2 - i_b^2}{2\,y_s}\right)^2}$$

$$y_{f1} = \dfrac{i_f^2}{y_{f2}}; \quad y_{b2} = y_{f2} + y_s; \quad y_{b1} = y_{f1} - y_s.$$

y_s = Abstand der Schwerpunkte S_b und S_f.

Zur Ermittlung der maßgebenden Ersatzspannungen müssen wir wie in Kap. 12.221 E r s a t z - f l ä c h e n F_1 u n d F_2 ermitteln:

Ersatzflächen:
für den Punkt 1

$$F_{b1} = F_n \frac{y_{b2}}{c}; \quad F_{f1} = F_f \frac{y_{f2}}{c}; \quad F_{e1} = F_e \frac{y_{f2}}{c}; \quad F_{z1} = F_z \frac{y_{f2}}{c} \qquad 12.(34)$$

für den Punkt 2

$$F_{b2} = F_n \frac{y_{b1}}{c}; \quad F_{f2} = F_f \frac{y_{f1}}{c}; \quad F_{e2} = F_e \frac{y_{f1}}{c}; \quad F_{z2} = F_z \frac{y_{f1}}{c} \qquad 12.(35)$$

Daraus ergeben sich die Ersatz-Bewehrungsanteile

$$\mu_{f1} = \frac{F_{f1}}{F_{b1}}; \quad \mu_{f2} = \frac{F_{f2}}{F_{b2}} \qquad 12.(36)$$

(gegebenenfalls, für F_e und F_z getrennt).

Wir brauchen noch die Summe der Ersatzflächen, wobei die Stahlflächen n-fach anzusetzen sind (wurde mit F_b statt mit F_n gerechnet, dann sind $(n-1)$fache Stahlquerschnitte zu nehmen).

Im Spannbett: Bei nachträglichem Verbund:

$$F_{if1} = F_{b1} + n F_{f1} \qquad\qquad F_{ie1} = F_{b1} + n F_{e1}$$
$$F_{if2} = F_{b2} + n F_{f2} \qquad\qquad F_{ie2} = F_{b2} + n F_{e2}.$$

Diese Ersatzflächen werden nun mittig belastet, und zwar mit Ersatzkräften, die den tatsächlichen Schnittkräften N_v, N_g und M_v, M_g gleichwertig sind, aber nur als Längskräfte in den Punkten K_1 und K_2 wirken.

Ersatzkräfte für den Zeitpunkt $t = 0$.

Längskräfte werden nach dem Hebelgesetz auf die Punkte K_1 und K_2 verteilt. Momente werden durch $-N_1 = +N_2$ je gleich $\frac{M}{c}$ ersetzt. Die Kräfte sind in Bild 12.15 zusammengestellt.

Infolge Vorspannung:

$$\text{in Punkt } K_1: \quad N_{1v} = V_0 \frac{y_{b2}}{c} - \frac{M_v}{c}$$
$$\text{in Punkt } K_2: \quad N_{2v} = V_0 \frac{y_{b1}}{c} + \frac{M_v}{c} \qquad 12.(37)$$

infolge Dauerlast g:

$$\text{in Punkt } K_1: \quad N_{1g} = N_g \frac{y_{b2}}{c} - \frac{M_g}{c}$$
$$\text{in Punkt } K_2: \quad N_{2g} = N_g \frac{y_{b1}}{c} + \frac{M_g}{c} \qquad 12.(38)$$

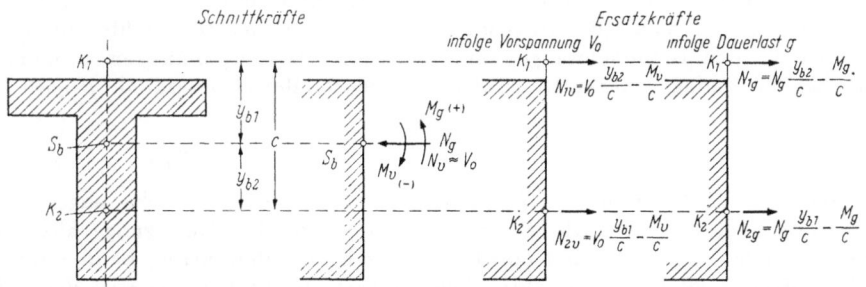

Bild 12.15 Aufteilung der Schnittkräfte in Ersatzkräfte, die in den Kriechfasern K_1 und K_2 wirkend gedacht werden

Da diese Ersatzkräfte auf die Verbundquerschnitte F_{i1} und F_{i2} mittig wirken, werden die Betonspannungen im Zeitpunkt $t = 0$

$$\text{in Faser 1} \quad \sigma_{b1,v} = \frac{N_{1v}}{F_{i1}}, \quad \sigma_{b1,g} = \frac{N_{1g}}{F_{i1}}$$

$$\text{in Faser 2} \quad \sigma_{b2,v} = \frac{N_{2v}}{F_{i2}}, \quad \sigma_{b2,g} = \frac{N_{2g}}{F_{i2}}$$

12.(39)

Die Ersatz-Stahlspannungen in den Fasern 1 und 2 für die schlaffe Bewehrung F_e sind dabei

$$\sigma_{e1} = n\,(\sigma_{b1v} + \sigma_{b1g})$$
$$\sigma_{e2} = n\,(\sigma_{b2v} + \sigma_{b2g}).$$

12.(40)

Die tatsächliche Stahlspannung σ_e ist dann dem Spannungsdiagramm in der Höhe des betreffenden Stahlstabes zu entnehmen (Bild 12.16).

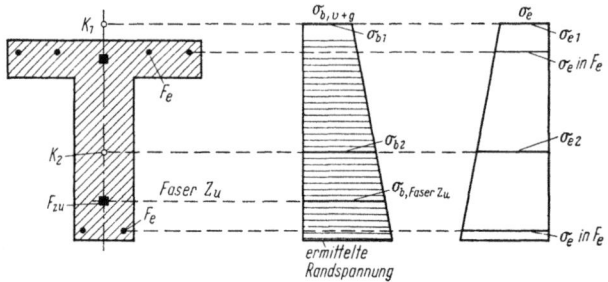

Bild 12.16 Spannungen in den Kriechfasern bei mehrlagiger Bewehrung

Für die Spannung im Spannstahl haben wir zur Zeit $t = 0$

$$\text{Spannbett} \quad \sigma_z = -\frac{V_0}{F_z} + n\,\sigma_{bg} \text{ (in Faser z)}$$

$$\text{oder} \quad = -\frac{V_0^{(0)}}{F_z} + n\,\sigma_{b,\,g+v} \text{ (in Faser z)}$$

nachträgl. Verbund $\sigma_z = -\dfrac{V_0}{F_z}$, wenn g beim Vorspannen voll wirksam wird.
Ist dies nicht der Fall, dann muß der Lastanteil der Dauerlast, der erst nach Herstellung des Verbundes zu wirken beginnt, auf den Verbundquerschnitt angesetzt werden und die entsprechende Spannung $n\,\sigma_{bg2}$ in Faser z zu σ_{zv0} addiert oder abgezogen werden.

Die Spannungen im Zeitpunkt $t = \infty$
erhalten wir nun, indem wir die Ersatzkräfte mittig auf die Prismen mit den Ersatz-Flächen F_1 und F_2 wirken lassen. Die Lösungen hierzu haben wir im Kap. 12.212 gegeben. Die tabellarische Zusammenstellung in Kap. 12.23 soll die Lösung erleichtern.

Kennt man $\sigma_{1,\infty}$ und $\sigma_{2,\infty}$ oder $\Delta\sigma_1$ und $\Delta\sigma_2$, dann zeichnet man die Spannungsdiagramme wie in Bild 12.16 und erhält damit die Randspannungen des Betons. Die Stahlspannungen, die für die Ursache S. u. K. den Betondehnungen und nicht den Betonspannungen proportional sind, müssen wir über die Umlagerungskräfte oder mit Hilfe der Bewehrungsgrade μ nach Kap. 12.212 ermitteln.

Kriechfasermethode bei statisch unbestimmten Tragwerken.

Die Kriechfasermethode kann auch auf statisch unbestimmte Tragwerke angewandt werden, wobei im betrachteten Schnitt auch die Schnittkräfte aus der Zwängung, also die statisch unbestimmten Anteile N'_v und M'_v mit einzusetzen sind. Die Bewehrung kann allerdings durch ihre kriechbehindernde Wirkung zusätzliche Schnittkräfte N_k und M_k wecken, deren Ermittlung in Kap. 12.5 behandelt wird.

12.23 Tabellarische Zusammenstellung der Einflüsse von S. u. K. auf Spannungen und Dehnungen

In der Tafel 12.I, siehe Seite 428/29, sind die Spannungen und Dehnungen mittig belasteter Prismen für Dauerlast N, Vorspannung V und Schwinden je getrennt angegeben, um übersichtlicher zu sein. Die Querschnitte stellen die Ersatzflächen des Kriechfaser-Verfahrens dar. Die in den Formeln für Dauerlast vorkommenden Beiwerte C und L erleichtern die Auswertung der von der Funktion $e^{-\alpha\varphi}$ abhängigen Glieder.

Sie bedeuten:
$$C_b = e^{-\alpha\varphi},$$

wobei für α jeweils sinngemäß α_e, α_z oder α_f zu setzen ist.

$$C_e = \frac{n\,\mu_e + 1 - e^{-\alpha_e \cdot \varphi}}{n \cdot \mu_e},$$

C_z, C_f entsprechend C_e mit μ_z bzw. μ_f und α_z bzw. α_f

$$L_b = \frac{1 - e^{-\alpha\varphi}}{\alpha\,\varphi},$$

wobei für α jeweils sinngemäß α_e, α_z oder α_f zu setzen ist

$$L_e = \frac{n \cdot \mu_e + 1 - \left(\frac{1 - e^{-\alpha_e \varphi}}{\alpha_e \varphi}\right)}{n \cdot \mu_e} = \frac{n \cdot \mu_e + 1 - L_b}{n \cdot \mu_e}$$

L_z, L_f entsprechend L_e mit μ_z bzw. μ_f und α_z bzw. α_f.

Die Beiwerte C und L sind auch aus Bild 12.21 (Seite 431) abzulesen. Der E-Modul für schlaffe Bewehrung und für Spannstahl ist in der Tafel als gleich groß vorausgesetzt worden. Die Spalte „geweckte Längskraft" wird in Kap. 12.5 behandelt.

Zum leichteren Verständnis der Tafel werden die wichtigsten Bezeichnungen nochmals erläutert:

$\left.\begin{array}{l}\sigma_{b\infty}\\ \sigma_{e\infty}\\ \sigma_{z\infty}\end{array}\right\}$ = Endspannung (zum Zeitpunkt $t=\infty$) = σ_{b0} (zum Zeitpunkt $t=0$) + σ_s (infolge Schwinden) bzw. + σ_k (infolge Kriechen)

$\Delta\sigma_{z0}$ = Umlagerungsspannung im Spannbett = $\sigma_{zv0}^{(0)} - \sigma_{zv0}$

$\mu_e = \dfrac{F_e}{F_n};\qquad \mu_z = \dfrac{F_z}{F_n};\qquad \mu_f = \dfrac{F_f}{F_n};\qquad \alpha_e = \dfrac{n\,\mu_e}{1 + n\,\mu_e};\qquad \alpha_z = \dfrac{n\,\mu_z}{1 + n\,\mu_z};\qquad \alpha_f = \dfrac{n\,\mu_f}{1 + n\,\mu_f}$

12.24 Hinweis auf Umlagerung von Schwind- und Kriechspannungen bei Verbundtragwerken aus verschieden altem Beton

Bei der Montagebauweise ergibt sich oft die Verwendung von vorgefertigten Teilen in Verbindung mit nachträglich eingebrachtem Ortbeton. In diesem Fall unterliegt der Beton des Fertigteils und der Ortbeton unterschiedlichen Schwind- und Kriecheinflüssen, und zwar will sich der frische Ortbeton infolge stärkeren Schwindens und Kriechens der Lastaufnahme entziehen, so daß eine Kraftumlagerung vom Ortbeton auf das vorgefertigte Teil entsteht [56], [85]. Die rechnerische Behandlung dieser Vorgänge kann ebenfalls auf anschauliche Weise mit den *Busemann*schen Kriechfasern durchgeführt werden. Die Anwendung zeigt W. *Kirsch* in [464], [525].

12.3 Die Verformung statisch bestimmt gelagerter Träger infolge Vorspannung und Schwinden und Kriechen

12.31 Die Verkürzung der Balken (genähert)

Ein vorgespannter Betonbalken verkürzt sich bei Vernachlässigung der schlaffen Bewehrung durch

1. das Vorspannen elastisch um $\dfrac{V_0}{E_b F_n} \cdot l$, der Spannbettbalken um $\dfrac{V_0^{(0)}}{E_b F_i} \cdot l$

2. Schwinden um $\varepsilon_s l$ gleichmäßig

3. Kriechen in seiner Schwerlinie um $\varphi \cdot \dfrac{V_0}{E_b F_n} \cdot l$, wenn V_0 gleich groß bleiben würde.

V_0 nimmt aber um A, z. B. gemäß Gl. 12.(10), ab. Man erhält nun auch hier einen genügend genauen Wert der Verkürzung, wenn man annimmt, daß im Mittel $V_0 + \dfrac{A}{2}$ die Kriechverkürzung bewirke.

Demnach ist die Gesamtverkürzung durch Vorspannen und S. u. K. genähert:

$$\Delta l = l \left\{ \varepsilon_s + \dfrac{\varphi\left(V_0 + \dfrac{A}{2}\right) + V_0}{E_b F_n} \right\} \text{ bezogen auf die Schwerlinie.}$$

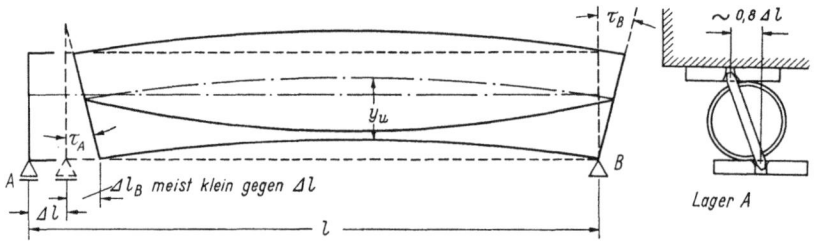

Bild 12.17 Verkürzung eines Balkens durch Vorspannen: rechts zweckmäßige Stellung der Rolle eines beweglichen Lagers beim Einbau

Da die Spannglieder meist ausmittig liegen, verbiegt sich der Balken elastisch und durch Kriechen (Bild 12.17). Für die Lager eines Balkens müßte man daher die Verkürzung der Unterkante ermitteln. Aus der Summe der Endtangentenwinkel $\tau_A + \tau_B$ der Biegelinie ergibt sich diese zusätzliche Verkürzung der Unterkante zu $\Delta l_B = (\tau_A + \tau_B) y_u$. Die Tangentenwinkel berechnen wir nach Kap. 12.32. Die Biegeverkürzung ist meist im Vergleich zur Achsenverkürzung gering, weil die Durchbiegungen von Spannbetonbalken allgemein klein sind. Es genügt daher meist, die Schwerlinienverkürzung für Lager oder Fahrbahnübergänge zu benutzen. Dabei ist es gut, φ nicht zu niedrig zu wählen.

Bei im Spannbett hergestellten Balken muß für Lager die vor der Montage abgelaufene Verkürzung von Δl_1 abgezogen werden.

Bewegliche Lager stellt man beim Einbau so schräg, daß Rollen nach Ablauf von etwa 0,7 bis 0,9 Δl (je nachdem, ob für φ der mögliche Größtwert oder ein Mittelwert gewählt wurde) bei mittlerer Temperatur lotrecht stehen oder Gleitlager mittig belastet werden. Für E_b ist möglichst ein für die vorgesehene Betonart gemessener Wert zu benutzen.

Für eine genaue Ermittlung der Verkürzung von Trägern kann man die Kriechfasermethode von *Busemann* nach Kap. 12.22 benützen, welche die Verkürzung ε der Schwerlinie je Längeneinheit aus den Verkürzungen ε_1 und ε_2 der Kriechfasern ergibt zu

$$\varepsilon = \varepsilon_1 + (\varepsilon_2 - \varepsilon_1) \cdot \dfrac{y_{b1}}{c}.$$

12.32 Die Biegelinie eines vorgespannten, statisch bestimmten Trägers infolge S. u. K.

12.321 Die allgemeine Lösung

Die Biegelinie eines statisch bestimmten Tragwerkes erhalten wir nach *Mohr* bekanntlich als Momentenlinie des mit der $\dfrac{M}{EJ}$-Fläche belasteten Tragwerkes und die Endtangentenwinkel als die Auflagerdrücke infolge dieser $\dfrac{M}{EJ}$-Last (Bild 12.18). Nun ist aber auch

$$\dfrac{M}{EJ} = \dfrac{\vartheta}{dx} = \text{Drehwinkel eines Schnittes an der Elementlänge } dx.$$

Kennen wir also die Drehwinkel ϑ_{s+k} entlang dem Tragwerk, so können wir diese als Belastungsgewichte zur Bestimmung der Biegelinie als Momentenlinie infolge ϑ_{s+k} benützen.

Die Drehwinkel ϑ lassen sich nun aber mit der *Busemann*schen Kriechfasermethode leicht anschreiben. Wir kennen die Verkürzung $\varepsilon_{1,s+k}$ der Faser 1 und $\varepsilon_{2,s+k}$ der Faser 2 aus $\varepsilon = \sigma_b/E_b$ (Bild 12.19). Mit dem Abstand c der Kriechfasern wird für eben bleibende Querschnitte

$$\boxed{\frac{\vartheta_{s+k}}{dx} = \frac{\varepsilon_{2,s+k} - \varepsilon_{1,s+k}}{c}} \qquad 12.(41)$$

(positiv, wenn der Krümmungsmittelpunkt oben liegt, die Biegelinie also von oben konkav ist).

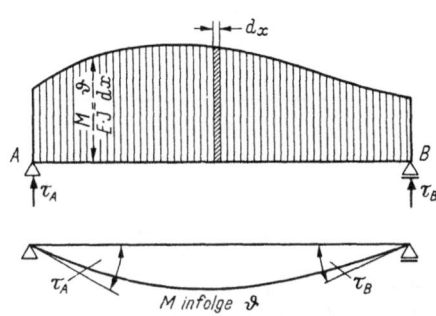

Bild 12.18 Belastung eines Balkens mit der $\frac{M}{EJ}$ Fläche ergibt die Endtangentenwinkel τ als Auflagerkräfte und die Biegelinie als Momentenlinie

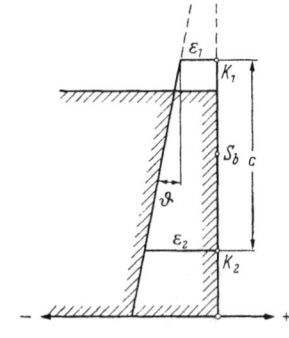

Bild 12.19

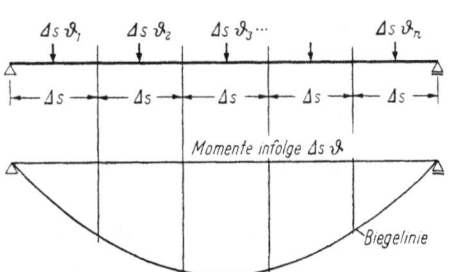

Bild 12.20 Die Biegelinie eines Balkens als Momentenlinie infolge der gedachten ϑ-Belastung

Da es nur selten gelingen wird, die Gleichung der Biegelinie infolge S. u. K. geschlossen aufzustellen, teilen wir den Träger in genügend viele endliche Abschnitte Δs und berechnen die ϑ für die Schnitte 1 bis n nacheinander. Wir zeichnen dann die $\Delta s \cdot \vartheta_1$- bis $\Delta s \cdot \vartheta_n$-Lasten gemäß Bild 12.20 auf und errechnen die Momente infolge dieser Lasten, die dann die Durchbiegungen in den Schnitten 1 bis n angeben.

Diese Methode erlaubt uns, auch den Einfluß der Bewehrung und mehrsträngiger Vorspannung zu erfassen, ist aber andererseits mühsam.

12.322 Formeln für Drehwinkel ϑ infolge S. u. K. für einfache Fälle

Für einfache Fälle haben *K. Sattler* [445] und *Hahn* u. *Holz* [482] geschlossene Ausdrücke für ϑ_{s+k} angegeben, so daß man die Mühe der Kriechfasermethode vermeiden kann. Diese Formeln sind in Tafel 12.II, siehe Seite 430, getrennt für Kriechen unter Dauerlast und Vorspannung und für Schwinden angegeben, und zwar für Rechteckquerschnitte mit einseitigen Spanngliedern oder einseitiger schlaffer Bewehrung. Die Faktoren C_b und C_e sowie L_b und L_e sind den Bildern 12.21 zu entnehmen (vgl. dazu auch Kap. 12.23 zur Tafel 12.I). Bei Anwendung der Tafel muß man sorgfältig darauf achten, daß μ einmal auf den Gesamtquerschnitt und das andere Mal auf den Ersatzquerschnitt $F_2 = F_n \frac{y_1}{c}$ zu beziehen ist; α, C und L sind in jedem Fall für F_2 anzusetzen.

Tafel 12.I Spannungen und Dehnungen von

		Dauerlast N		Vorspannung V
		$t=0$	$t=\infty$	$t=0$
1. Betonquerschnitt F_b		$\sigma_{b_0} = \dfrac{N}{F_b}$	$\sigma_{b\infty} = \sigma_{b_0}$	
			$\varepsilon_{bk} = \varphi_\infty \cdot \dfrac{\sigma_{b_0}}{E_b}$	
2. Betonquerschnitt + schlaffe Bewehrg. F_e $F_i = F_n + n F_e$		$\sigma_{b_0} = \dfrac{N}{F_i}$ $\sigma_{e_0} = n \cdot \sigma_{b_0}$	$\sigma_{b\infty} = \sigma_{b_0} \cdot e^{-\alpha_e \cdot \varphi} = \sigma_{b_0} \cdot C_b$ $\sigma_{e\infty} = \sigma_{e_0} \dfrac{n \cdot \mu_e + 1 - e^{-\alpha_e \cdot \varphi}}{n \cdot \mu_e} = \sigma_{e_0} \cdot C_e$	
			$\varepsilon_{ek} = \dfrac{\sigma_{e_0}(C_e - 1)}{E_e}$	
3. Betonquerschnitt + Spannstahl F_z $F_i = F_n + n \cdot F_z$	Spannbett: $\sigma_{b_0} = \dfrac{N}{F_i}$ $\sigma_{z_0} = n \cdot \sigma_{b_0}$ nachtr. Verbund: $\sigma_{b_0} = \dfrac{N}{F_n}$ $\sigma_{z_0} = 0$	$\sigma_{b\infty} = \sigma_{b_0} \cdot e^{-\alpha_z \cdot \varphi} = \sigma_{b_0} \cdot C_b$ $\sigma_{z\infty} = \sigma_{z_0} + \dfrac{\sigma_{b_0}}{\mu_z}(1 - e^{-\alpha_z \cdot \varphi})$ $\left[\begin{array}{l}\text{ergibt für Spannbett:} \\ \sigma_{z\infty} = \sigma_{z_0}\dfrac{n \cdot \mu_z + 1 - e^{-\alpha_z \cdot \varphi}}{n \cdot \mu_z} = \sigma_{z_0} \cdot C_z \\ \text{für nachträglichen Verbund:} \\ \sigma_{z\infty} = \dfrac{N}{F_z}(1 - e^{-\alpha_z \cdot \varphi})\end{array}\right]$		Spannbett: $\sigma_{b\,v_0} = \dfrac{V_0^{(0)}}{F_i} = -\sigma_{z\,v_0}^{(0)}\dfrac{\mu_z}{1 + n \cdot \mu_z}$ $\sigma_{z\,v_0} = -\dfrac{V_0^{(0)}}{F_z} + n \cdot \sigma_{b\,v_0} = \sigma_{z\,v_0}^{(0)}\dfrac{1}{1 + n \cdot \mu_z}$ $\Delta\sigma_{z_0} = \sigma_{z\,v_0}^{(0)} - \sigma_{z\,v_0} = \sigma_{z\,v_0}^{(0)} \cdot \alpha_z = -n \cdot \sigma_{b\,v_0}$ nachträglicher Verbund: $\sigma_{b\,v_0} = \dfrac{V_0}{F_n} = -\sigma_{z\,v_0} \cdot \mu_z$ $\sigma_{z\,v_0} = -\dfrac{V_0}{F_z}$
		$\varepsilon_{zk} = \dfrac{\sigma_{b_0}}{\mu_z \cdot E_z}(1 - e^{-\alpha_z \cdot \varphi})$ $\left[\begin{array}{l}\text{ergibt für Spannbett:} \\ \varepsilon_{zk} = \dfrac{\sigma_{z_0}(C_z - 1)}{E_z} \\ \text{für nachträglichen Verbund:} \\ \varepsilon_{zk} = \dfrac{N}{F_z \cdot E_z}(1 - e^{-\alpha_z \cdot \varphi})\end{array}\right]$			$\varepsilon_{zk} = \dfrac{\sigma_{b\,v_0}}{E_z \cdot \mu_z}(1 - e^{-\alpha_z \cdot \varphi})$
4. Betonquerschnitt + schlaffe Bewehrg. + Spannstahl F_e F_z $F_f = F_e + F_z$ $F_{ie} = F_n + n \cdot F_e$ $F_{if} = F_n + n \cdot F_f$	Spannbett: $\sigma_{b_0} = \dfrac{N}{F_{if}}$ $\sigma_{e_0} = n \cdot \sigma_{b_0}$ $\sigma_{z_0} = \sigma_{e_0}$ $(n_e = n_z = n)$ nachtr. Verbund: $\sigma_{b_0} = \dfrac{N}{F_{ie}}$ $\sigma_{e_0} = n \cdot \sigma_{b_0}$ $\sigma_{z_0} = 0$	$\sigma_{b\infty} = \sigma_{b_0} \cdot e^{-\alpha_f \cdot \varphi} = \sigma_{b_0} \cdot C_b$ $\sigma_{e\infty} = \sigma_{e_0}\dfrac{n \cdot \mu_f + 1 - e^{-\alpha_f \cdot \varphi}}{n \cdot \mu_f} = \sigma_{e_0} \cdot C_f$ $\sigma_{z\infty} = \sigma_{z_0} + \dfrac{\sigma_{b_0}}{\mu_f}(1 - e^{-\alpha_f \cdot \varphi})$ $\left[\begin{array}{l}\text{ergibt für Spannbett:} \\ \sigma_{z\infty} = \sigma_{z_0}\dfrac{n \cdot \mu_f + 1 - e^{-\alpha_f \cdot \varphi}}{n \cdot \mu_f} = \sigma_{e\infty} \\ \text{für nachträglichen Verbund:} \\ \sigma_{z\infty} = \dfrac{N}{F_f(1 + n \cdot \mu_e)}(1 - e^{-\alpha_f \cdot \varphi})\end{array}\right]$		Spannbett: $\sigma_{b\,v_0} = \dfrac{V_0^{(0)}}{F_{if}} = -\sigma_{z\,v_0}^{(0)} \cdot \dfrac{\mu_z}{1 + n \cdot \mu_f}$ $\sigma_{e\,v_0} = n \cdot \sigma_{b\,v_0}$ $\sigma_{z\,v_0} = -\dfrac{V_0^{(0)}}{F_z} + n \cdot \sigma_{b\,v_0} = \sigma_{z\,v_0}^{(0)}\left(\dfrac{1 + n \cdot \mu_e}{1 + n \cdot \mu_f}\right)$ $\Delta\sigma_{z_0} = \sigma_{z\,v_0}^{(0)} - \sigma_{z\,v_0} = -n \cdot \sigma_{b\,v_0}$ nachträglicher Verbund: $\sigma_{b\,v_0} = \dfrac{V_0}{F_{ie}} = -\sigma_{z\,v_0} \cdot \dfrac{\mu_z}{1 + n \cdot \mu_e}$ $\sigma_{e\,v_0} = n \cdot \sigma_{b\,v_0}$ $\sigma_{z\,v_0} = -\dfrac{V_0}{F_z}$
		$\varepsilon_{ek} = \dfrac{\sigma_{e_0}(C_f - 1)}{E_e}$ $\varepsilon_{zk} = \dfrac{\sigma_{b_0}}{\mu_f \cdot E_z}(1 - e^{-\alpha_f \cdot \varphi})$			$\varepsilon_{ek} = \dfrac{\sigma_{e\,v_0}}{E_e}(C_f - 1)$

mittig belasteten Prismen bzw. Kriechfasern infolge

Vorspannung V $t = \infty$	geweckter Längskraft N^* (linear von $\varphi = 0$ bis φ_∞ ansteigend)	Schwinden
	$\sigma_{b\infty} = \dfrac{N^*}{F_b}$	$\sigma_{b\infty} = 0$
	$\varepsilon_{bk} = \dfrac{N^*}{E_b F_b}\left(1 + \dfrac{\varphi}{2}\right)$	$\varepsilon_{bs} = \varepsilon_s$
	$\sigma_{b\infty} = \dfrac{N^*}{F_i} \cdot \dfrac{1 - e^{-\alpha_e \cdot \varphi}}{\alpha_e \cdot \varphi} = \dfrac{N^*}{F_i} \cdot L_b$	$\sigma_{b\infty} = -\dfrac{\varepsilon_s \cdot E_b}{\varphi}\left(1 - e^{-\alpha_e \cdot \varphi}\right)$
	$\sigma_{e\infty} = \dfrac{n \cdot N^*}{F_i} \cdot \dfrac{1 + n \cdot \mu_e - \left[\dfrac{1 - e^{-\alpha_e \cdot \varphi}}{\alpha_e \cdot \varphi}\right]}{n \cdot \mu_e} = \dfrac{n \cdot N^*}{F_i} \cdot L_e$	$\sigma_{e\infty} = \dfrac{\varepsilon_s \cdot E_e}{\varphi \cdot n \cdot \mu_e}\left(1 - e^{-\alpha_e \cdot \varphi}\right)$
	$\varepsilon_{ek} = \dfrac{n \cdot N^*}{F_i \cdot E_e} \cdot L_e$	$\varepsilon_{es} = \dfrac{\varepsilon_s}{\varphi \cdot n \cdot \mu_e}\left(1 - e^{-\alpha_e \cdot \varphi}\right)$
allgemein: $\sigma_{bv\infty} = \sigma_{bv_0} \cdot e^{-\alpha_z \cdot \varphi} = \sigma_{bv_0} \cdot C_b$ $\sigma_{zv\infty} = \sigma_{zv_0} + \dfrac{\sigma_{bv_0}}{\mu_z}\left(1 - e^{-\alpha_z \cdot \varphi}\right)$ $= \sigma_{zv_0} \cdot e^{-\alpha_z \cdot \varphi}$ gilt für Spannbeton und nachträglichen Verbund, wobei im Spannbett: $\Delta \sigma_{z\infty} = \sigma_{zv_0}^{(0)} - \sigma_{zv\infty}$ $= -\dfrac{\sigma_{zv_0}}{E_z}\left(1 - e^{-\alpha_z \cdot \varphi}\right)$	$\sigma_{b\infty} = \dfrac{N^*}{F_i} \cdot \dfrac{1 - e^{-\alpha_z \cdot \varphi}}{\alpha_z \cdot \varphi} = \dfrac{N^*}{F_i} \cdot L_b$ $\sigma_{z_0} = \dfrac{n \cdot N^*}{F_i} \cdot \dfrac{1 + n \cdot \mu_z - \left[\dfrac{1 - e^{-\alpha_z \cdot \varphi}}{\alpha_z \cdot \varphi}\right]}{n \cdot \mu_z} = \dfrac{n \cdot N^*}{F_i} \cdot L_z$ $\varepsilon_{zk} = \dfrac{n \cdot N^*}{F_i \cdot E_z} \cdot L_z$	$\sigma_{b\infty} = -\dfrac{\varepsilon_s \cdot E_b}{\varphi}\left(1 - e^{-\alpha_z \cdot \varphi}\right)$ $\sigma_{z\infty} = \dfrac{\varepsilon_s \cdot E_z}{\varphi \cdot n \cdot \mu_z}\left(1 - e^{-\alpha_z \cdot \varphi}\right)$ $\varepsilon_{zs} = \dfrac{\varepsilon_s}{\varphi \cdot n \cdot \mu_z}\left(1 - e^{-\alpha_z \cdot \varphi}\right)$
$\sigma_{bv\infty} = \sigma_{bv_0} \cdot e^{-\alpha_f \cdot \varphi}$ $\sigma_{ev\infty} = \sigma_{ev_0} \cdot \dfrac{n \cdot \mu_f + 1 - e^{-\alpha_f \cdot \varphi}}{n \cdot \mu_f}$ $= \sigma_{ev_0} \cdot C_f$ $\sigma_{zv\infty} = \sigma_{zv_0} + \dfrac{\sigma_{bv_0}}{\mu_f}\left(1 - e^{-\alpha_f \cdot \varphi}\right)$ $= \sigma_{zv_0} \cdot e^{-\alpha_z \cdot \varphi}$ $\varepsilon_{zk} = \dfrac{\sigma_{bv_0}}{\mu_f \cdot E_z}\left(1 - e^{-\alpha_f \cdot \varphi}\right)$	$\sigma_{b\infty} = \dfrac{N^*}{F_{if}} \cdot \dfrac{1 - e^{-\alpha_f \cdot \varphi}}{\alpha_f \cdot \varphi} = \dfrac{N^*}{F_{if}} \cdot L_b$ $\left.\begin{array}{l}\sigma_{e\infty} \\ \sigma_{z\infty}\end{array}\right\} = \dfrac{n \cdot N^*}{F_{if}} \cdot \dfrac{1 + n \cdot \mu_f - \left[\dfrac{1 - e^{-\alpha_f \cdot \varphi}}{\alpha_f \cdot \varphi}\right]}{n \cdot \mu_f} = \dfrac{n \cdot N^*}{F_{if}} \cdot L_f$ $\varepsilon_{ek} = \varepsilon_{zk} = \dfrac{n \cdot N^*}{F_{if} \cdot E_z} \cdot L_f$	$\sigma_{b\infty} = -\dfrac{\varepsilon_s \cdot E_b}{\varphi}\left(1 - e^{-\alpha_f \cdot \varphi}\right)$ $\left.\begin{array}{l}\sigma_{e\infty} \\ \sigma_{z\infty}\end{array}\right\} = \dfrac{\varepsilon_s \cdot E_e}{\varphi \cdot n \cdot \mu_f}\left(1 - e^{-\alpha_f \cdot \varphi}\right)$ $\varepsilon_{zs} = \dfrac{\varepsilon_s}{\varphi \cdot n \cdot \mu_f}\left(1 - e^{-\alpha_f \cdot \varphi}\right)$

Tafel 12.II

Geschlossene Ausdrücke für die Formänderungswinkel ϑ infolge Schwinden und Kriechen für einfache Fälle infolge

	Dauerlastmoment M_g	Vorspannung V	geweckftes Moment M^* (linear von $\varphi=0$ bis φ_∞ ansteigend)	Schwinden
Betonquerschnitt 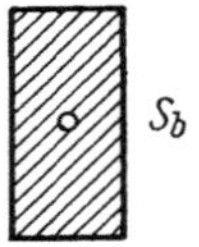	$\vartheta_k = \varphi \cdot \dfrac{M_g}{E_b \cdot J_b}$		$\vartheta_k = \dfrac{M^*}{E_b \cdot J_b} \cdot \left(1 + \dfrac{\varphi}{2}\right)$	$\vartheta_s = 0$
Betonquerschnitt mit schlaffer Bewehrung in K_2 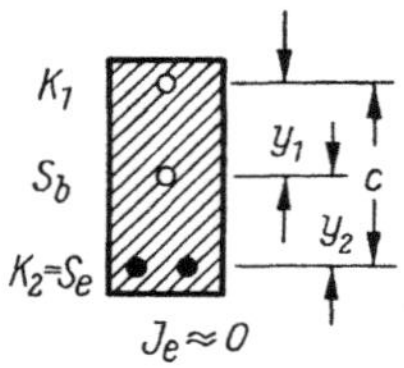	$\vartheta_k = \dfrac{n \cdot M}{c \cdot E_s \cdot F_n}\left[\dfrac{C_{e2}-1}{y_1 + c \cdot n \cdot \mu_e} + \dfrac{\varphi}{y_2}\right]$		$\vartheta_k = \dfrac{n \cdot M^*}{c \cdot E_e \cdot F_n}\left[\dfrac{L_{e2}}{y_1 + c \cdot n \cdot \mu_e} + \dfrac{1+\frac{\varphi}{2}}{y_2}\right]$	$\vartheta_s = -\dfrac{\varepsilon_s}{c}\left[1 - \dfrac{1 - e^{-\alpha_{e2}\varphi}}{\varphi \cdot n \cdot \mu_{e2}}\right]$
Betonquerschnitt mit Spannstahl in K_2 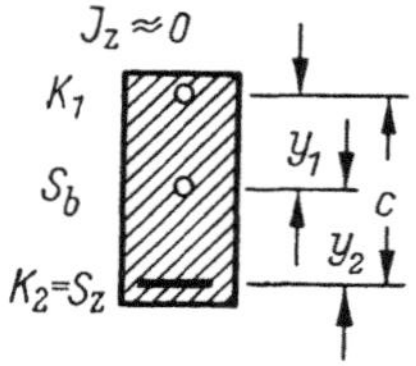	Spannbett: $\vartheta_k = \dfrac{n \cdot M}{c \cdot E_z \cdot F_n}\left[\dfrac{C_{z2}-1}{y_1 + c \cdot n \cdot \mu_z} + \dfrac{\varphi}{y_2}\right]$ nachträglicher Verbund: $\vartheta_k = \dfrac{M}{c \cdot E_z \cdot F_n}\left[\dfrac{n \cdot \varphi}{y_z} + \dfrac{1 - e^{-\alpha_{z2}\varphi}}{c \cdot \mu_z}\right]$	$\vartheta_k = -\dfrac{\sigma_{zv0}}{c \cdot E_z}(1 - e^{-\alpha_{z2}\cdot\varphi})$ Spannbett: $\sigma_{zv0}^{(0)} = \dfrac{\sigma_{zv_0}^{(0)}}{1 + n \cdot \mu_{z2}}; \; \sigma_{zv_0}^{(0)} = -\dfrac{V_0^{(0)}}{F_z}$ nachträglicher Verbund: $\sigma_{zv0} = -\dfrac{V_0}{F_z}$	$\vartheta_k = \dfrac{n \cdot M^*}{c \cdot E_z \cdot F_n}\left[\dfrac{L_{z2}}{y_1 + c \cdot n \cdot \mu_z} + \dfrac{1+\frac{\varphi}{2}}{y_2}\right]$	$\vartheta_s = -\dfrac{\varepsilon_s}{c}\left[1 - \dfrac{1 - e^{-\alpha_{z2}\varphi}}{\varphi \cdot n \cdot \mu_{z2}}\right]$

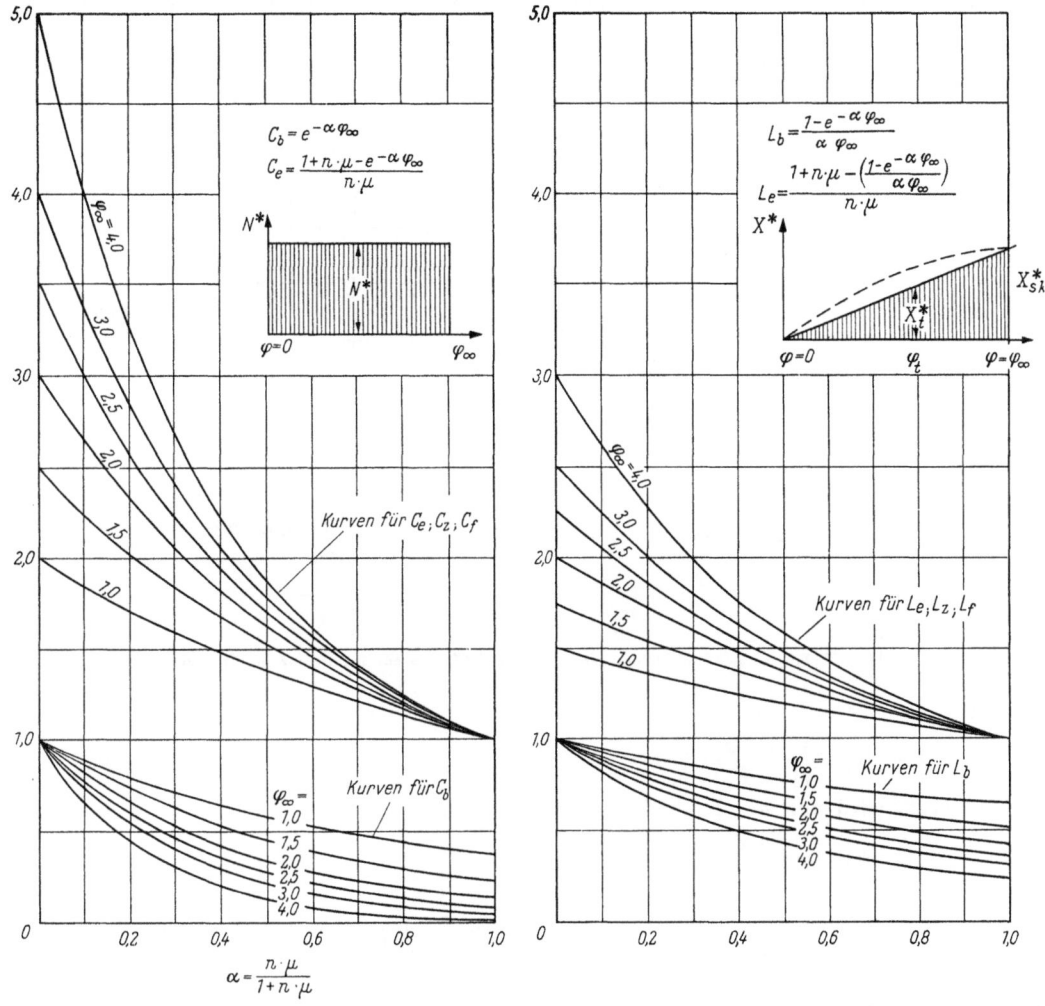

Bild 12.21 Beiwerte C und L zur schnelleren Berechnung der Spannungen und Dehnungen in den Kriechfasern nach Tafel 12.I und der Drehungen ϑ nach Tafel 12.II

12.323 Vereinfachte Lösung für einsträngige Vorspannung bei Vernachlässigung von F_e für Kriechen

Bei dieser vereinfachten Lösung wollen wir von den Schnittkräften M_g und von der Spannkraftabnahme A ausgehen, also von Werten, die ohnehin zur Bemessung zu berechnen waren, so daß man sich die Berechnung von Drehwinkeln ϑ sparen kann. Wir beschränken uns zunächst auf das Kriechen, da das Schwinden fast keine Verbiegung hervorruft (siehe Kap. 12.324).

In Anlehnung an Kap. 12.221 (Busemannsche Kriechfasern für einseitiges Spannglied) erhalten wir gemäß Bild 12.22 an der Stelle x des Trägers die Verkürzung in der Spanngliedachse (Faser 2) zu

$$\varepsilon_2 = -\frac{A_k}{E_z F_z} \quad \text{mit} \quad A_k = -\left(V_0 + \frac{M_g}{c}\right)(1 - e^{-\alpha_2 \varphi})$$

$$\alpha_2 = \frac{n\,\mu_2}{1 + n\,\mu_2}$$

$\mu_2 = \dfrac{F_z}{F_2}$ ist auf die Ersatzfläche F_2 an der Stelle x zu beziehen.

Da in Faser 1 nach Definition der *Busemann*schen Faser $\sigma_{bv} = 0$ ist, wirkt dort nur die Betonspannung σ_g. Somit ist

$$\varepsilon_1 = \frac{\sigma_g}{E_b}\varphi, \quad \text{mit} \quad \sigma_g = -\frac{M_g}{J_n}y_1 \quad \text{wird} \quad \varepsilon_1 = \frac{M_g \cdot y_1 \cdot \varphi}{J_n E_b}.$$

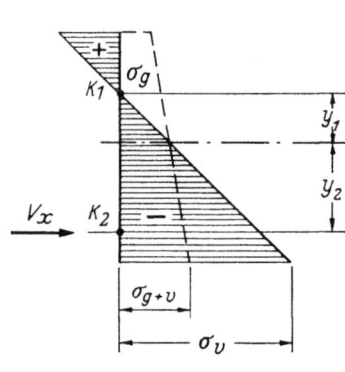
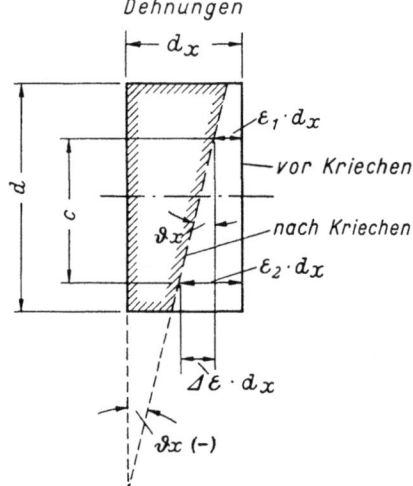

Bild 12.22 Spannungen und Dehnungen in den Kriechfasern zur Ermittlung der Drehung ϑ

Dabei ist

$$y_1 = \frac{i^2}{y_2} = \frac{J_n}{F_n y_2}$$

Nach Bild 12.22 wird nun der Drehwinkel ϑ

$$\vartheta x = \frac{\Delta \varepsilon \, dx}{c}.$$

Darin ist

$$\Delta \varepsilon = \varepsilon_2 - \varepsilon_1 = -\frac{A_k}{E_z F_z} + \frac{M_g y_1 \varphi}{J_n E_b} = \frac{1}{E_b}\left(-\frac{A_k}{n F_z} + \frac{M_g y_1 \varphi}{J_n}\right).$$

Mit $A_k \cdot y_2 = M_A$ wird

$$\frac{\vartheta x}{dx} = \frac{1}{c E_b}\left(-\frac{M_A}{n F_z y_2} + \frac{M_g y_1 \varphi}{J_n}\right).$$

Zur Ermittlung der Biegelinie $y'' = -\frac{M^*}{E_b J_n} = -\frac{\vartheta x}{dx}$

müssen wir den Träger mit dem gedachten Moment $M^* = \frac{E_b J_n \vartheta_x}{dx}$ belasten.
Dieses M^* wird

$$M^* = +\frac{J_n}{c}\left(-\frac{M_A}{n F_z y_2} + \frac{M_g y_1 \varphi}{J_n}\right),$$

$$= -\frac{1}{c y_2}\frac{J_n}{n F_z} \cdot M_A + \frac{y_1}{c} M_g \cdot \varphi.$$

Nun ist

$$\frac{1}{c y_2} = \frac{1}{i^2 + y_2^2} \quad \text{und} \quad \frac{y_1}{c} = \frac{1}{i^2 + y_2^2} \cdot \frac{J_n}{F_n}.$$

Damit wird

$$M^* = \frac{J_n}{i^2 + y_2^2}\left(-\frac{M_A}{n F_z} + \frac{M_g}{F_n}\varphi\right).$$

Mit $\dfrac{F_z}{F_n} = \mu_z$; $\dfrac{J_n}{i^2 + y_2^2} = \dfrac{J_n}{\dfrac{J_n}{F_n} + y_2^2} = \dfrac{F_n}{1 + \left(\dfrac{y_2}{i}\right)^2}$ und $y_2 = y_z$

wird

$$M^*_{x,k} = \dfrac{i^2}{i^2 + y_z^2}\left(-\dfrac{A_{x,k}\cdot y_z}{n\,\mu_z} + \varphi\, M_{xg}\right)$$
$$\text{wobei } A_{xk} = -\left(V_{x_0} + \dfrac{M_{xg}}{c}\right)(1 - e^{-\alpha_2 \varphi})$$

12.(42)

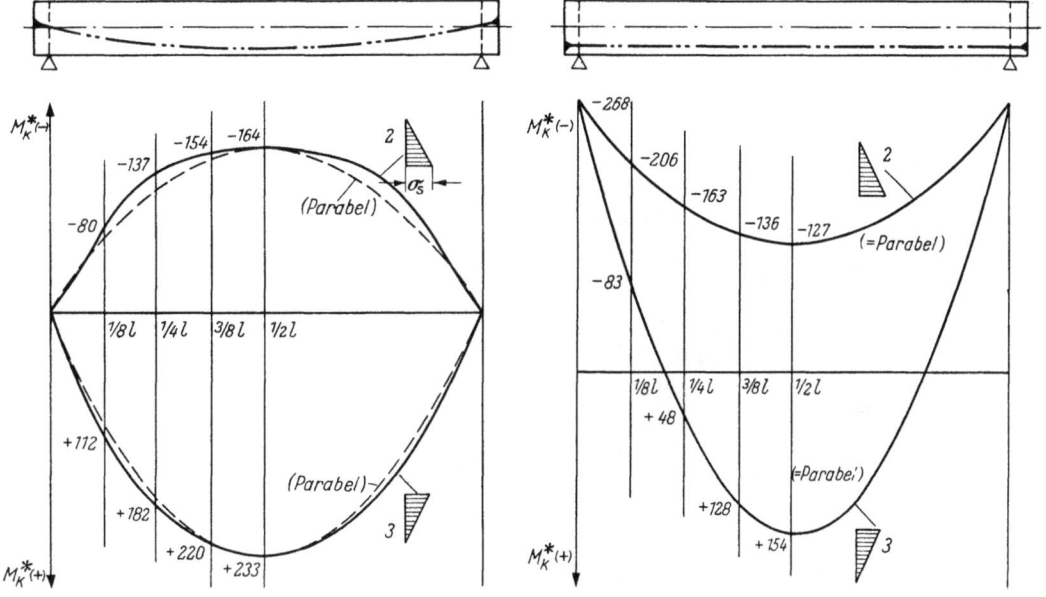

Bild 12.23 Gedachte Momente M^*_k infolge Kriechen der Balken mit parabelförmigem und geradem Spannglied nach Bild 12.9 für Spannungsverteilung ② und ③ im Vergleich zu Parabeln gleicher Pfeilhöhe

Die Biegelinie entspricht bei Anwendung des *Mohr*schen Satzes auf die Momente M^*_x der Gleichung:

$$y_x = \iint \dfrac{M^*_x}{E\,J_x}\,dx.$$

In der 1. Auflage dieses Buches wurde gezeigt (S. 329 ff.), daß die Momentenlinie der M^*_k für den einfachen Balken (Bild 12.9a dieser Auflage) mit parabelförmigem Spannglied fast genau einer Parabel gleicht, und zwar für alle im Druckbereich bleibenden Lastfälle. Auch für den Balken mit geradem Spannglied nach Bild 12.9b sind die Momentenlinien der M^*_k Parabeln, jedoch verbleiben wegen der ausmittigen Lage des Spanngliedes am Auflager dort Momente M^*_k. In Bild 12.23 ist der Verlauf der Momente M^*_k für die beiden extremen Lastfälle ② und ③ für beide Spanngliedführungen dargestellt.

Wir können daraus für den **einfachen Balken** die **Durchbiegung in** $l/2$ infolge Kriechen bei Vorspannung und verteilter Dauerlast g sehr einfach angeben:

$$v_{l/2,k} = \dfrac{1}{48}\dfrac{l^2}{E_b\,J_n}\left(5\,M^*_{l/2,k} + M^*_{0,k}\right)$$

12.(43)

worin $M^*_{0,k}$ und $M^*_{l/2,k}$ die nach Gl. 12.(42) ermittelten gedachten Momente am Auflager bzw. in Balkenmitte sind. Geht das Spannglied über den Auflagern durch die Schwerlinie des Balkens, dann wird $M^*_{0,k}$ zu Null, und es gilt vereinfacht

$$v_{l/2,k} = \dfrac{5}{48}\dfrac{l^2}{E_b\,J_n}M^*_{l/2,k}$$

12.(43a)

Für den Balken mit geradem Spannglied läßt sich die Gleichung der Biegelinie geschlossen lösen. Vergleichsrechnungen zeigten, daß Gl. 12.(43) zu genau gleichem Ergebnis führt.

Als Beispiel wird für den Balken mit parabelförmigem Spannglied, Bild 12.9a, die Durchbiegung in Balkenmitte infolge Kriechen berechnet.

Es ist gegeben: $b = d = 1,0$ m; $l = 20,0$ m;
$J_b = 0,0833$ m^4; $F_z = 50$ cm^2; $\mu_z = 0,5$ %;
$y_z = 0,40$ m; $i^2 = 0,0833$ m^2; $V_0 = -450$ t;
$\sigma_{z,v_0} = 90\,000$ t/m^2; $E_b = 3\,000\,000$ t/m^2; $n = 6$.
$\varphi = 3$; $\varepsilon_s = -20 \cdot 10^{-5}$.

Für den Lastfall ③ ist mit $g = 5,1$ t/m das Moment $M_g = +255$ tm.

Zu berechnen ist ($J_n \sim J_b$ gesetzt):

$$y_1 = \frac{i^2}{y_2} = \frac{i^2}{y_z} = \frac{0,083}{0,4} = 0,208 \text{ m}$$

$$c = y_1 + y_z = 0,608 \text{ m}$$

$$F_2 = F_b \cdot \frac{y_1}{c} = 1,0 \frac{0,208}{0,608} = 0,342 \text{ m}^2 = 3420 \text{ cm}^2$$

$$\mu_2 = \frac{F_z}{F_2} = \frac{50}{3420} = 0,0146$$

$$\alpha_2 = \frac{n \cdot \mu_z}{1 + n\mu_z} = \frac{6 \cdot 0,0146}{1 + 6 \cdot 0,0146} = 0,0805$$

$\alpha_2 \varphi = 0,2415$; $(1 - e^{-\alpha_2 \varphi}) = 0,2147$.

Spannkraftabnahme in $l/2$ gemäß Gl. 12.(42)

$$A_k = -\left(V_0 + \frac{M_g}{c}\right)(1 - e^{-\alpha_2 \varphi}) = -\left(-450 + \frac{255}{0,608}\right) 0,2147 = +6,6 \text{ t}$$

damit wird

$$M_k^* = \frac{i^2}{i^2 + y_z^2}\left(-\frac{A_k \cdot y_z}{n \cdot \mu_z} + \varphi \cdot M_g\right) = \frac{0,0833}{0,0833 + 0,16}\left(-\frac{6,6 \cdot 0,4}{6 \cdot 0,005} + 3 \cdot 255\right) = +233 \text{ tm}.$$

Die Durchbiegung ist nun nach Gl. 12.(43a)

$$v_{l/2, k} = \frac{5}{48}\frac{l^2}{E_b \cdot J_b} M_{l/2, k}^* = \frac{5}{48}\frac{20^2}{3 \cdot 10^6 \cdot 0,0833} 233 = 0,039 \text{ m} = 39,0 \text{ mm}.$$

12.324 Vereinfachte Lösung für Schwinden

Entsprechend dem Rechnungsgang in Kap. 12.323 schreiben wir an

für Faser 2: $\varepsilon_2 = -\dfrac{A_s}{E_z F_z}$ mit $A_s = -\dfrac{\varepsilon_s}{\varphi} E_b F_2 (1 - e^{-\alpha_2 \varphi})$

für Faser 1: $\varepsilon_1 = \varepsilon_s$; $\quad \Delta \varepsilon = \varepsilon_2 - \varepsilon_1$

Drehwinkel

$$\frac{\vartheta_x}{d_x} = \frac{\Delta \varepsilon}{c} = \frac{1}{c}\left(-\frac{A_s}{E_z F_z} - \varepsilon_s\right) = -\frac{1}{c E_b F_n}\left(\frac{A_s}{n \mu_z} + \varepsilon_s E_b F_n\right)$$

Damit wird das Moment als Belastungsgewicht

$$M_s^* = -\frac{J_n}{c F_n}\left(\frac{A_s}{n \mu_z} + \varepsilon_s E_b F_n\right)$$

und nach Umformungen wie in 12.323

$$\boxed{\begin{aligned}M_{x,s}^* &= -\frac{i^2}{i^2 + y_z^2} y_z \left(\frac{A_s}{n \mu_z} + \varepsilon_s E_b F_n\right)\\ \text{mit } A_s &= -\frac{\varepsilon_s}{\varphi} E_b F_2 (1 - e^{-\alpha_2 \varphi})\end{aligned}}$$

12.(44)

Mit der hieraus sich ergebenden Momentenfläche muß belastet werden, damit das damit errechnete Moment die Durchbiegung ergibt.

Für den **einfachen Balken** nach Bild 12.9 a bzw. 12.9 b ergeben sich Momentenlinien M_s^* wie in Bild 12.24 aufgetragen. Dem parabelförmigen Spannglied ist parabelförmiger Verlauf der Momente, dem geraden Spannglied ein gerader (konstanter) Verlauf zugeordnet. Demgemäß läßt sich die Durchbiegung des einfachen Balkens infolge Schwinden in Balkenmitte allgemein wie folgt angeben:

$$\boxed{v_{l/2,s} = \frac{1}{48} \frac{l^2}{E_b J_n} (5 M_{l/2,s}^* + M_{0,s}^*)} \quad 12.(45)$$

Hierbei sind wieder $M_{0,s}^*$ und $M_{l/2,s}^*$ die nach Gleichung 12.(44) errechneten gedachten Momente am Auflager bzw. in Balkenmitte. Für das in der Schwerlinie verankerte parabelförmige Spannglied ist $M_{0,s}^* = 0$, so daß dafür vereinfacht gilt

$$v_{l/2,s} = \frac{5}{48} \frac{l^2}{E_b J_n} M_{l/2,s}^* \quad 12.(45\,\text{a})$$

Für das gerade aber ausmittig verankerte Spannglied ist $M_{0,s}^* = M_{l/2,s}^* = M_s^*$, so daß dafür geschrieben werden kann

$$v_{l/2,s} = \frac{1}{8} \frac{l^2}{E_b J_n} M_s^* \quad 12.(45\,\text{b})$$

Die Durchbiegung des Balkens infolge Schwinden ist sehr klein im Vergleich zur Durchbiegung infolge Kriechen und kann meist vernachlässigt werden.

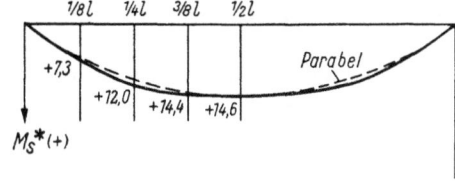

Bild 12.24 Gedachte Momente M_s^* infolge Schwinden der Balken nach Bild 12.9

Für den Balken des **Beispiels** in Kap. 12.323 ist nach Gl. 12.(44) die Spannkraftabnahme A_s infolge Schwinden in $l/2$:

$$A_s = -\frac{\varepsilon_s \cdot E_b \cdot F_z}{\varphi}(1 - 2^{-\alpha_2 \varphi}) = -\frac{-20 \cdot 10^{-5} \cdot 3{,}0 \cdot 10^6 \cdot 0{,}342}{3} 0{,}2147 = +14{,}7 \text{ t und das}$$

gedachte Moment

$$M_s^* = -\frac{i^2 \cdot y_z}{i^2 + y_z^2}\left(\frac{A_s}{n\,\mu_z} + \varepsilon_s \cdot E_b \cdot F_n\right) = -\frac{0{,}0833 \cdot 0{,}4}{0{,}0833 + 0{,}16}\left(\frac{14{,}7}{6 \cdot 0{,}005} - 20 \cdot 10^{-5} \cdot 3{,}0 \cdot 10^6 \cdot 1{,}0\right) = +15{,}1 \text{ tm}.$$

Die Durchbiegung wird nun gemäß Gl. 12.(45 a)

$$v_{l/2,s} = \frac{5}{48} \frac{l^2}{E_b J_b} M_{l/2,s}^* = \frac{5}{48} \frac{20^2}{3 \cdot 10^6 \cdot 0{,}0833} \cdot 15{,}1 = 0{,}0025 \text{ m} = 2{,}5 \text{ mm}.$$

Bei Plattenbalken entstehen allerdings leicht größere Biegeverformungen infolge unterschiedlichen Schwindens der Stege gegenüber der Platte. Bei ⊥-Balken spielt die Kriechbehinderung der Zugzone durch Bewehrung manchmal eine Rolle, was nach Kap. 12.31 jedoch genähert berücksichtigt werden kann.

12.325 Näherungsformeln für einfache Balken

Für **Balken auf zwei Stützen** mit gleichmäßig verteilter Dauerlast und konstantem Trägheitsmoment J kann die Durchbiegung oder Hebung in Balkenmitte infolge S. u. K. genügend genau bestimmt werden mit der Gleichung:

$$v_{l/2,s+k} = \frac{1}{48} \frac{l^2}{E_b J} (5 M_{l/2,s+k}^* + M_{0,s+k}^*) \quad 12.(46)$$

wobei die M_k^* für Kriechen aus der Gleichung

$$M_k^* = \frac{i^2}{i^2 + y_z^2}\left(-\frac{A_k \cdot y_z}{n \cdot \mu_z} + \varphi \cdot M_g\right) \quad 12.(42)$$

und die M_s^* für Schwinden aus der Gleichung

$$M_s^* = -\frac{i^2}{i^2+y_z^2} \cdot y_z \left(\frac{A_s}{n\,\mu_z} + \varepsilon_s E_b F_n\right) \qquad 12.(44)$$

zu berechnen sind ($M_{l/2}^*$ in Balkenmitte, M_0^* am Auflager). Die Spannkraftabnahme A_k bzw. A_s kann auf irgend einem der in Kap. 12.1 und 12.2 angegebenen Wege bestimmt worden sein.

Die gröbere Näherung zur Bestimmung der M^* (vgl. auch 1. Auflage dieses Buches, S. 329ff.) mit

$$\left.\begin{array}{l} M_k^* \sim \varphi\,[M_g + (V_0 + A_k)\,y_z] \\ M_s^* \sim 0{,}85\,\varphi\,A_s\,y_z \end{array}\right\} \qquad 12.(47)$$

ist nur zu überschläglichen Ermittlungen zu empfehlen, da die genaueren Gleichungen 12.(42) und 12.(44) nicht übermäßigen Rechenaufwand erfordern.

12.4 Einfluß des Schwindens und Kriechens auf Zwängungskräfte statisch unbestimmter Tragwerke. Behinderung durch Stahleinlagen vernachlässigt

12.41 Allgemeines

1. S c h w i n d e n

Es ist allgemein bekannt, daß das Schwinden Zwängungs-Schnittkräfte (N_S, M_S und Q_S) und zusätzliche Auflagerreaktionen erzeugt, wenn die Schwindverkürzung durch Auflagerbedingungen behindert wird.

Bei durchlaufenden Spannbetonbalken ändert das Schwinden die Schnittkräfte vernachlässigbar wenig, solange ordnungsgemäß bewegliche Lager eingebaut sind und damit die Schwindverkürzung unbehindert vor sich geht.

Wohl aber entstehen N_S, M_S und Q_S in Rahmen, Bogen und anderen Tragwerken mit unverschieblichen Auflagern. Die Ermittlung dieser Kräfte ist die gleiche wie bei Temperaturänderungen und wurde von *Mörsch* besonders eingehend behandelt [69].

Die N_S, M_S und Q_S entstehen langsam und werden laufend durch das Kriechen des Betons abgebaut. Da jedoch über eine lange Zeit ein neues Stück Schwinden immer wieder hinzukommt, ist der Abbau durch Kriechen nicht so groß, wie wenn die Verkürzung plötzlich und einmalig erfolgt wäre.

Der Einfluß des Kriechens auf N_S, M_S und Q_S infolge Schwinden (man spricht auch von S c h w i n d k r i e c h e n) wird in Kap. 12.43 behandelt.

2. K r i e c h e n

D a s   K r i e c h e n   e r z e u g t   u n d   ä n d e r t   **keine**   Z w ä n g u n g s k r ä f t e   i n f o l g e V o r s p a n n u n g   o d e r   L a s t e n ,   s o l a n g e   d i e   A u f l a g e r b e d i n g u n g e n   o d e r d a s   s t a t i s c h e   S y s t e m   **nicht**   g e ä n d e r t   w e r d e n   u n d   d i e   V o r s p a n n k r a f t g l e i c h   b l e i b t — auch nicht in Rahmen oder Bogen, weil ja die Zwängungskräfte, z. B. die statisch unbestimmten Auflagerkräfte, vom E-Modul unabhängig sind, der bei ihrer Ermittlung herausfällt (gleichen E-Modul für alle tragenden Teile vorausgesetzt, also Tragwerke aus einheitlichem Baustoff). Dies bedeutet, daß die statisch Unbestimmten und damit die Momenten- und Querkraftverteilung bei gleichen Tragwerkabmessungen die gleichen bleiben, einerlei, ob das Bauwerk aus Stahl, Gummi oder Beton oder aus „gesetzmäßig" kriechendem Beton besteht, wenn man von der Theorie II. Ordnung absieht. „Gesetzmäßig" soll bedeuten, daß das Kriechen für das ganze Tragwerk nach dem gleichen Gesetz verläuft und proportional der elastischen Verformung ist, daß also die Querschnitte eben bleiben. Die Änderung der Schnittkräfte infolge V durch S p a n n k r a f t a b n a h m e haben wir in Kap. 12.1 schon behandelt, sie gilt auch für statisch unbestimmte Träger.

Werden jedoch die A u f l a g e r b e d i n g u n g e n   o d e r   d a s   S y s t e m   g e ä n d e r t, wird z. B. eine Stützensenkung vorgenommen oder werden Einfeldbalken zu Durchlaufträgern verbunden, dann hängt die Größe der damit erzeugten N, M und Q vom E-Modul des Betons ab und damit auch vom Kriechen, d. h. solche Momente werden d u r c h   K r i e c h e n   a b g e b a u t.

und zwar **mehr**, wenn es sich um eine **rasche, kurzzeitige, einmalige Auf**lagerverschiebung handelt, und **weniger**, wenn diese **langsam, langandauernd** oder in mehreren zeitlich auseinanderliegenden Stufen entsteht (wie z. B. das Schwinden oder Setzungen auf bindigen Böden).

Dischinger hat diese Erkenntnisse 1937 gefunden [28] und auch ihre rechnerische Behandlung angegeben [36]. Es ist nötig, sie klar herauszustellen, weil vor allem über die Wirkung von Stützensenkungen auf Betonbauteile oder auf Verbundträger immer wieder unklare Vorstellungen herrschen. Man denke nur an das „Vorspannen" von Verbundträgerbrücken durch Stützensenkung, dessen Wirkung fast ganz verlorengeht.

12.42 Abbau von inneren Kräften durch Kriechen, die an einem statisch unbestimmten Tragwerk durch eine einmalige kurzzeitige Auflagerverschiebung entstehen

Als Beispiel wird der einseitig eingespannte, anderseitig frei aufliegende Balken gewählt, dessen drehbares Lager um v_B gesenkt wird (Bild 12.25).

Das erzeugte Einspannmoment M_{E0} ergibt sich aus

$$v_B = -\frac{M_{E0}\,l^2}{3\,E\,J}$$

$$M_{E0} = -\frac{3\,E\,J\,v_B}{l^2} \quad \text{(bei Senkung positiv)}.$$

Die für die Stützensenkung nötige Kraft, die als negative Auflagerkraft im Zeitpunkt der Senkung wirkt, ist

$$B = +\frac{M_{E0}}{l} = -\frac{3\,E\,J\,v_B}{l^3}.$$

Unter der Einwirkung der dreieckförmigen Momentenfläche, die im Balken Zug- und Druckspannungen erzeugt, beginnt der Beton zu kriechen, die Spannungen lassen nach, und entsprechend wird die Auflagerkraft B und damit auch M verkleinert.

Um diesen Kriechvorgang rechnerisch zu erfassen, betrachten wir zunächst den links eingespannten, rechts mit der Last B_0 belasteten Balken. Ohne die Unterstützung bei B würde sich infolge des Kriechens hier die Durchbiegung einstellen

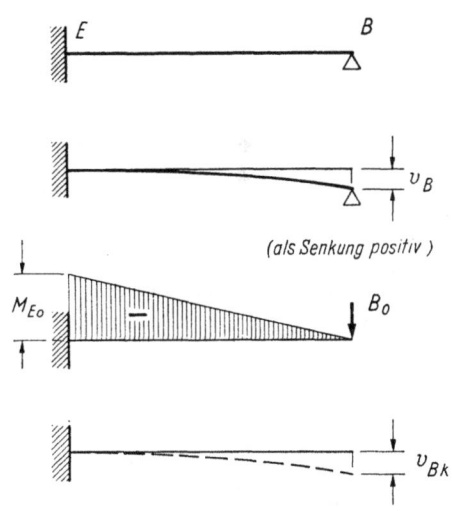

Bild 12.25 Stützensenkung am einseitig eingespannten Stab

$$v_{Bk} = B_0 \cdot v_1 \cdot \varphi$$
$v_1 = $ elastische Durchbiegung in B infolge $B = 1$.

Diese Kriechdurchbiegung muß durch Rückstellkräfte ΔB zu Null werden, damit die Auflagersenkung v_B erhalten bleibt.

Nun teilen wir den Kriechvorgang in n gleiche Abschnitte und denken uns die in jedem Abschnitt eingetretene Kriechdurchbiegung $\frac{v_{Bk}}{n}$ durch eine Rückstellkraft ΔB wieder aufgehoben, die erst am Ende eines jeden Kriechabschnittes kurz wirkend angenommen wird, damit sie kein Kriechen hervorruft. Trifft man hier eine andere Annahme, die Kriechen durch die Rückstellkraft einschließt, so gelangt man zum gleichen Ergebnis.

Die Summe der Rückstellkräfte ΔB in den n Abschnitten entspricht dann der Kraft A_B, um welche die durch eine Stützensenkung hervorgerufene negative Auflagerkraft B_0 im Laufe der Zeit durch das Kriechen abgenommen hat

$$A_B = \sum_1^n \Delta B.$$

Die Auflagerkraft nach Ablauf des Kriechens ist also $B_\infty = B_0 - A_B$. Nun gilt am Ende des 1. Kriechabschnittes, da keine Verschiebung eingetreten sein darf (Bild 12.26):

$$B_0 \cdot \frac{v_1 \cdot \varphi}{n} - \Delta B_1 \cdot v_1 = 0$$

$$\Delta B_1 = B_0 \cdot \frac{\varphi}{n}.$$

Am Ende des 1. Kriechabschnittes ist damit die Kraft am Kragarmende noch:

$$B_1 = B_0 - \Delta B_1 = \left(1 - \frac{\varphi}{n}\right) \cdot B_0.$$

Bild 12.26

Hierdurch tritt im 2. Kriechabschnitt die Verschiebung $B_1 \cdot v_1 \cdot \frac{\varphi}{n}$ ein, welche durch die Rückstellkraft ΔB_2 aufgehoben wird. Es gilt also wieder

$$B_1 \cdot \frac{v_1 \cdot \varphi}{n} - \Delta B_2 \cdot v_1 = 0$$

$$\Delta B_2 = B_0 \left(1 - \frac{\varphi}{n}\right) \cdot \frac{\varphi}{n}.$$

Am Ende des 2. Kriechabschnittes ist die Kraft am Kragarmende noch:

$$B_2 = B_1 - \Delta B_2 = B_0\left(1 - \frac{\varphi}{n}\right) - B_0\left(1 - \frac{\varphi}{n}\right) \cdot \frac{\varphi}{n} = B_0 \left(1 - \frac{\varphi}{n}\right)^2.$$

Sinngemäß ergibt sich für die Kraft am Ende des n-ten Kriechabschnittes

$$B_n = B_0 \left(1 - \frac{\varphi}{n}\right)^n.$$

Bei unendlich kleinen Kriechabschnitten geht $n \to \infty$, und man erhält entsprechend der Ableitung zu Gl. 12.(5)

$$B_\infty = B_0 \cdot e^{-\varphi} \quad \text{bzw.} \quad A_B = (1 - e^{-\varphi}) B_0.$$

Entsprechend wird das Einspannmoment

$$\boxed{M_{E\infty} = M_{E0}\, e^{-\varphi}} \qquad 12.(48)$$

Das heißt durch Stützensenkung oder durch sonstige Verschiebungen künstlich erzeugte Kräfte verringern sich durch das Kriechen des Betons auf den $e^{-\varphi}$ ten Teil des Ausgangswertes. Betrachten wir diese $e^{-\varphi}$-Werte für gebräuchliche Endkriechzahlen

φ	1,5	2	3	4	5
$e^{-\varphi}$	0,223	0,135	0,050	0,018	0,007

so erkennen wir, daß schon bei $\varphi = 2$ nur rund 13 % und bei $\varphi = 4$ nur noch rund 2 % der mit der Stützensenkung erstrebten Wirkung nach Ablauf des Kriechens übrigbleiben. Wenn starke Bewehrungen mit großem Eigenträgheitsmoment J_f vorhanden sind, bleibt ein höherer Prozentsatz der erzeugten Kräfte erhalten (vgl. Kap. 12.5).

Stützensenkungen oder andere Verschiebungen zur Veränderung von Momenten oder Spannungen sind also bei Betonbauten praktisch zwecklos, wenn sie nur einmal vorgenommen werden.

Umgekehrt sind ungleiche Setzungen von Pfeilern bei Durchlaufträgern belanglos, wenn sie in kurzer Zeit nur einmal auftreten und im Anfangszustand zu Spannungen führen, die auf der Zugseite noch keine Risse und auf der Druckseite keine zu großen Überschreitungen der zulässigen Werte ergeben.

Treten die Setzungen erst mehrere Jahre nach Fertigstellung eines Bauwerkes, also bei älterem Beton, ein, dann ist der Abbau der hierdurch verursachten Kräfte natürlich wesentlich kleiner. Man muß in den Formeln dann einen entsprechend kleineren φ-Wert einsetzen.

12.43 Abbau von inneren Kräften durch Kriechen, die an einem statisch unbestimmten Tragwerk durch langsame, lang andauernde Verschiebung oder dergleichen entstehen, oder auch: Abbau von Schwindspannungen durch Kriechen

1. Beispiel:

Der beiderseits starr eingespannte Stab, der an den Enden nicht längsbeweglich ist, würde an einem freien Ende um $\varepsilon_s l$ schwinden (Bild 12.27). Durch die Schwindbehinderung würde ohne Kriechen dadurch eine Zugkraft Z entstehen, deren Größe sich aus der Gleichsetzung von Kürzung und Längung

$$\varepsilon_Z = \frac{Z_{s_0}}{E_b F_b} = -\varepsilon_s$$

zu $Z_{s_0} = -\varepsilon_s E_b F_b$ ergibt.

Diese Kraft Z_s wird nun durch Kriechen des Betons abgebaut.

Zur Ermittlung dieses Abbaues teilen wir den ganzen Schwind- und Kriechvorgang in n gleiche Abschnitte ein und denken uns die in jedem Abschnitt eingetretene Schwindverkürzung durch eine Rückstellkraft ΔZ wieder aufgehoben. Die Rückstellkraft ΔZ wirke wieder erst am Ende des Abschnittes kurzfristig; sie ruft somit kein Kriechen hervor.

Die Summe der Rückstellkräfte ΔZ in den n Abschnitten entspricht dann der Kraftabnahme A_Z, um die Z_s durch Kriechen vermindert wird

$$A_Z = \sum_1^n \Delta Z$$

$$Z_\infty = Z_s - A_Z .$$

Da am Ende des 1. Schwind-Kriechabschnittes keine Verkürzung eingetreten sein soll, gilt die Beziehung:

$$\frac{\varepsilon_s}{n} + \frac{\Delta Z_1}{E_b \cdot F_b} = 0$$

oder $\quad \Delta Z_1 = -\frac{\varepsilon_s}{n} E_b \cdot F_b .$

Am Ende des 1. Abschnittes wirkt also die Kraft

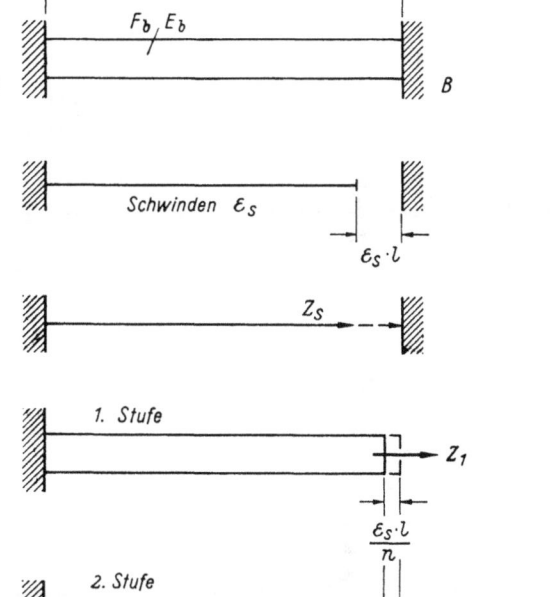

Bild 12.27 Schwinden eines beidseitig starr eingespannten Stabes erzeugt Zugkräfte Z

$$Z_1 = -\frac{\varepsilon_s}{n} \cdot E_b \cdot F_b + Z_0, \text{ wobei } Z_0 = 0 \text{ ist.}$$

Am Ende des 2. Abschnittes ergibt sich entsprechend:

$$\frac{\varepsilon_s}{n} + \frac{Z_1}{E_b \cdot F_b} \frac{\varphi}{n} + \frac{\Delta Z_2}{E_b \cdot F_b} = 0$$

oder $\qquad \Delta Z_2 = -\frac{\varepsilon_s}{n} \cdot E_b \cdot F_b - Z_1 \frac{\varphi}{n} .$

Damit wird

$$Z_2 = Z_1 + \Delta Z_2 = Z_1 - \frac{\varepsilon_s}{n} \cdot E_b \cdot F_b - Z_1 \frac{\varphi}{n}$$

$$= -\frac{\varepsilon_s}{n} \cdot E_b \cdot F_b + Z_1 \left(1 - \frac{\varphi}{n}\right).$$

Am Ende des 3. Abschnittes ist sinngemäß

$$\frac{\varepsilon_s}{n} + \frac{Z_2}{E_b \cdot F_b} \cdot \frac{\varphi}{n} + \frac{\Delta Z_3}{E_b \cdot F_b} = 0$$

oder

$$\Delta Z_3 = -\frac{\varepsilon_s}{n} E_b \cdot F_b - Z_2 \cdot \frac{\varphi}{n}.$$

Damit wird

$$Z_3 = Z_2 + \Delta Z_3 = -\frac{\varepsilon_s}{n} \cdot E_b \cdot F_b + Z_2 \left(1 - \frac{\varphi}{n}\right).$$

Setzt man zur Abkürzung

$$-\frac{\varepsilon_s}{n} E_b \cdot F_b = \alpha \quad \text{bzw.} \quad \left(1 - \frac{\varphi}{n}\right) = \beta$$

so wird:

$$Z_1 = \alpha + Z_0 \cdot \beta; \quad Z_0 = 0$$
$$Z_2 = \alpha + Z_1 \cdot \beta$$
$$Z_3 = \alpha + Z_2 \cdot \beta$$
$$\vdots \qquad \vdots \qquad \vdots$$
$$Z_n = \alpha + Z_{n-1} \cdot \beta.$$

Daraus wird

$$Z_n = \alpha (1 + \beta + \beta^2 + \ldots \beta^{n-1})$$
$$Z_n = \alpha \frac{(1 - \beta^n)}{1 - \beta}.$$

Nach Einsetzen der obigen Werte für α und β erhält man

$$\frac{\alpha}{1 - \beta} = -\frac{\varepsilon_s \cdot E_b \cdot F_b}{\varphi}$$

und wenn $n \to \infty$

$$1 - \beta^n = 1 - \left(1 - \frac{\varphi}{n}\right)^n = 1 - e^{-\varphi}.$$

Damit ergibt sich schließlich

$$Z_{s\infty} = -\varepsilon_s E_b \cdot F_b \frac{(1 - e^{-\varphi})}{\varphi}$$

oder

$$\boxed{Z_{s\infty} = Z_{s0} \frac{(1 - e^{-\varphi})}{\varphi}} \quad \text{worin } Z_{s0} = -\varepsilon_s \cdot E_b \cdot F_b. \qquad 12.(49)$$

Das heißt, die durch das Schwinden hervorgerufene Zugkraft beträgt nur $\dfrac{(1 - e^{-\varphi})}{\varphi}$ der Kraft, die entstehen würde, wenn der Beton nicht kriechen würde.

Dieser Faktor wird für verschiedene φ:

$\varphi =$	1,5	2	3	4	5
$\dfrac{1 - e^{-\varphi}}{\varphi}$	0,518	0,432	0,316	0,246	0,199

> Durch langsame, langdauernde Vorgänge, wie z. B. Lagersenkungen oder das Schwinden, hervorgerufene Kräfte werden also nicht so stark abgebaut, wie die durch einen einmaligen, kurzfristigen Vorgang erzeugten. Der Abbau ist aber immer noch sehr groß, so daß es sich wohl lohnt, ihn zu berücksichtigen.
>
> Bei behinderten Schwindvorgängen darf aber das Schwind-Kriechen nur dann berücksichtigt werden, wenn das tatsächliche Endschwindmaß eingesetzt wird, und nicht ein schon ermäßigtes, wie z. B. $\varepsilon_s = 0{,}15$ mm/m oder entsprechend $T = -15°$ C der DIN 1045, das wegen des Schwindkriechens niedrig gewählt wurde (vgl. Kap. 2.233).

2. Beispiel: Schwinden eines Zweigelenkrahmens

Bekanntlich entsteht am Zweigelenkrahmen eine zusätzliche horizontale Auflagerreaktion durch die Behinderung des Schwindens, die ohne Kriechen wird (für Bild 12.28)

$$H_{s_0} = \frac{\varepsilon_s \, l \, E_b}{\dfrac{h^2 l}{J_R} + \dfrac{2}{3}\dfrac{h^3}{J_S} + \dfrac{l}{F_R}} = \varepsilon_s \, E_b \, k \, ,$$

wobei k ein Festwert aus Form und Querschnittswerten des Rahmens ist.

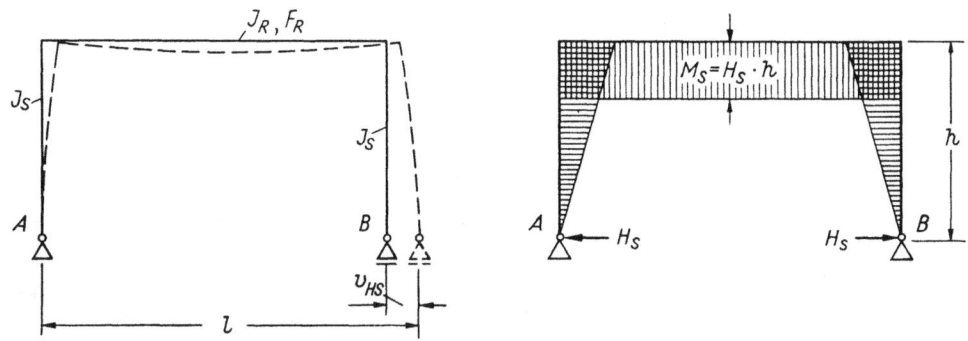

Bild 12.28 Schwinden eines Rahmenriegels und dadurch entstehende Momente

H_{s_0} erzeugt die in Bild 12.28 rechts dargestellten Momente M_{s_0}. Diese Momente und H_{s_0} als Normalkraft im Riegel erzeugen nun Spannungen, die dem Kriechen unterliegen und dadurch von vornherein das H_{s_0} und die zugehörigen M_{s_0} gar nicht in obiger Höhe entstehen lassen. Man erkennt leicht, daß hier das Kriechen den behinderten Schwindvorgang in gleicher Weise beeinflußt wie bei unserem Beispiel. Der tatsächliche Horizontalschub wird also

$$\boxed{H_{s\infty} = H_{s_0}\left(\frac{1 - e^{-\varphi}}{\varphi}\right)} \qquad 12.(50)$$

Sobald die Stiele stark doppelseitig bewehrt sind, wird H zusätzlich durch die Kriechbehinderung der Stiele beeinflußt. Man muß dann nach Kap. 12.5 rechnen.

12.5 Einfluß des Schwindens und Kriechens auf Zwängungskräfte statisch unbestimmter Tragwerke bei starker Bewehrung; durch S. u. K. geweckte Kräfte

Werden die Kriechverformungen statisch unbestimmter Tragwerke durch schlaffe Bewehrungen oder durch Spannglieder, die merklichen gegenseitigen Abstand y haben (siehe Abgrenzungskennwert, Kap. 12.2, Einleitung), behindert, dann werden durch diese innere Zwängung (Verformungsbehinderung) und die unbestimmte Lagerung zusätzliche Zwängungskräfte (statisch unbestimmte Auflager- und Schnittkräfte) g e w e c k t. Auch das Schwinden erzeugt schon durch die unterschiedliche Spannkraftabnahme Biegeverformungen, die z. B. auch an durchlaufenden Balken zusätzliche Schnittkräfte erzeugen. Bei stark bewehrten Rahmenstielen und in manchen anderen Fällen erreichen diese unbekannten Schnittkräfte X^*_{s+k} beachtliche Werte, die nicht ohne weiteres vernachlässigt werden können.

K. *Sattler* gibt in [445] allgemein und in [303] speziell für Spannbeton geschlossene Ausdrücke, die auf den üblichen Verformungsgleichungen der M und N aufbauen.

H. K. *Bandel* [471] und W. *Wagnitz* [314] haben von *Sattlers* Ansätzen ausgehend Iterationsverfahren mit Drehwinkeln beschrieben. Den für die Praxis übersichtlichsten Weg haben V. *Hahn* und R. *Holz* [482] gewiesen, indem sie das Ausgleichsverfahren von *Kani* auf Endtangentenwinkel drehbar gelagerter Einfeldstäbe anwenden. Wir wollen diesem Gedanken und der dortigen Darstellung folgen.

Das Tragwerk wird in drehbar gelagerte Einfeldbalken oder Einfeldstäbe (Nullstäbe) zerlegt (Bild 12.29), an denen wir die Schnittkräfte M_{g+v} und N_{g+v} des statisch unbestimmten Tragwerkes im Zeitpunkt $t = 0$ ansetzen und die durch S. u. K. unter diesen M_{g+v} und N_{g+v} hervorgerufenen Verformungen ermitteln, nämlich Stabverkürzungen Δs^0_{s+k}, Biegedrehungen ϑ^0_{s+k} mit Endtangentenwinkeln τ^0_{s+k} der Biegelinien und Drehungen des ganzen Stabes um den Winkel ψ^0_{s+k} (Bild 12.30). Diese Verformungen müssen durch die gesuchten „geweckten Schnittkräfte" so rückgängig gemacht werden, daß die Kontinuität des Stabzuges wieder hergestellt ist, was über Volleinspannmomente $\overline{M}^*$ mit dem Ausgleichsverfahren von Kani [280] geschieht.

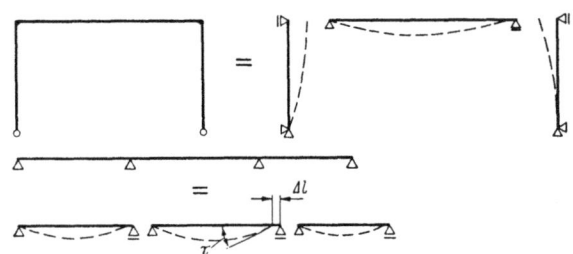
Bild 12.29 Zerlegung statisch unbestimmter Tragwerke in freidrehbar gelagerte Nullstäbe ohne Behinderung gegen Verkürzungen

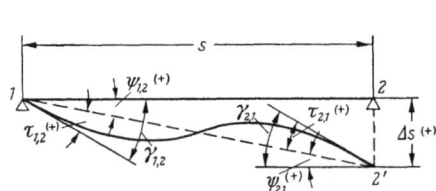
Bild 12.30 Endtangentenwinkel und Drehung am Stab und ihre Vorzeichen

Dabei muß berücksichtigt werden, daß die Verformungen und damit auch die „geweckten Kräfte" langsam entstehen und daher selbst dem Kriecheinfluß unterliegen.

Für Belastungszustände ist die Verformungsursache das S. u. K. unter den M und N der betreffenden Lasten. Der Einfachheit wegen lassen wir jedoch den Zeiger $s+k$ weg und schreiben nur den Lastfall, also z. B. an Stelle von $\tau_{(g+v)\,(s+k)}$ nur τ_{gv} oder mit Ortszeiger $\tau_{a,gv}$.

Bei der Ermittlung der geweckten Volleinspannmomente $\overline{M}^*$ brauchen wir Endtangentenwinkel infolge $M^* = 1$ am Stabende. Dieses Moment unterliegt als „gewecktes Moment" auch dem Zeiteinfluß, d. h. es entsteht langsam anwachsend und die von ihm hervorgerufene Verformung muß daher auch mit den S. u. K.-Einflüssen berechnet werden.

Dabei gelten die folgenden Vorzeichenregeln (Bild 12.30)

Stabendmomente M, Endtangentenwinkel τ, Stabdrehwinkel ψ:

    im Uhrzeigersinn drehend   —   positiv

Verschiebung Δs:

    Wird Verbindungslinie im Uhrzeigersinn verdreht   —   positiv (Δs aus Längenänderung des angeschlossenen Stabes).

Rechengang:

1. **Ermittlung der Schnittkräfte M, N zur Zeit $t = 0$ und der daraus folgenden Spannungen** je getrennt für

   g = Dauerlast = konstant

   v = veränderliche Vorspannkraft, zeitabhängig, genähert $v = $ konstant infolge $V_0 - \dfrac{A}{2}$.

2. **Ermittlung der Verformungen Δs^0, τ^0, ψ^0 am drehbar gelagerten Stab (Nullstab)** infolge S. u. K. unter den Schnittkräften aus $g + v$ des statisch unbestimmten Systems, evtl. für g und v getrennt.

   Verkürzung des Stabes

$$\Delta s^0_{gv} = \int_0^s \varepsilon_{s+k,\,gv}\, ds \qquad\qquad 12.(51)$$

ε_{s+k} ist der Tafel 12.I, Seite 428/429, zu entnehmen.

Der Endtangentenwinkel τ^0 ist nach *Mohr* die Auflagerkraft des mit den Drehwinkeln $\vartheta_{s+k} \cdot ds$ belasteten Stabes, wobei die Drehungen ϑ mit den *Busemann*schen Kriechfasern nach Kap. 12.22 und 12.32, Gleichung 12.(41), berechnet werden oder für einfache Fälle der Tafel 12.II, Seite 430, entnommen werden können.

$$\tau^0_{gv} = \frac{1}{s}\int_0^s x\,\vartheta_{s+k,\,gv}\,ds \qquad 12.(52)$$

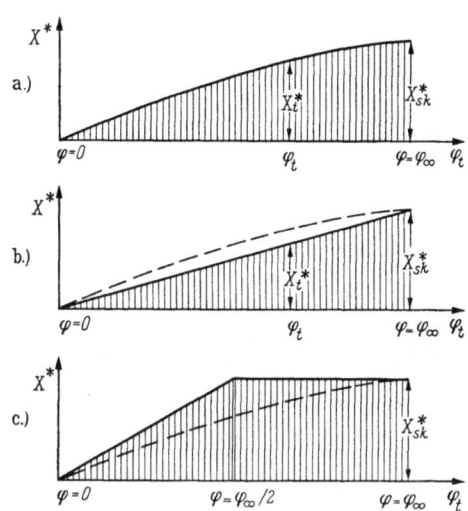

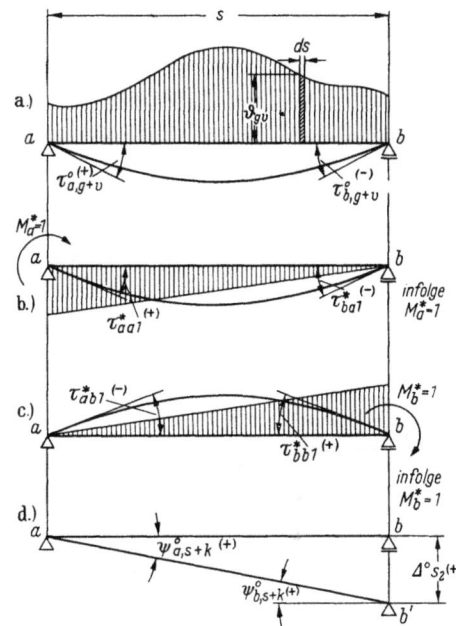

Bild 12.31 Größe der geweckten Schnittkraft X^* in Abhängigkeit von der Kriechzahl φ_t
  a) exakt nach *Dischinger*
  b) Näherung nach *Sattler*
  c) Näherung nach *Habel* für Sonderfälle

Bild 12.32 Drehwinkel zur Bestimmung der geweckten Volleinspannmomente $\overline{M}^*$
  a) ϑ_{g+v} (Dauerlast)   c) infolge $M_b = 1$
  b) infolge $M_a = 1$ d) Verschiebung $\varDelta s$

3. **Ermittlung der geweckten Schnittkräfte $\overline{X}^*_{s+k}$ am einseitig oder beiderseits voll eingespannten Stab**

Die Schnittkraft X^*, die zur Zeit $t=0$ noch Null ist, wächst im Laufe der Zeit auf X^*_{s+k} an, und zwar nach *Dischinger* (Bild 12.31 a) für den unbewehrten Beton

$$X^*_t = X^*_{s+k}\,(1 - e^{-t})\,.$$

Für die meisten in der Praxis vorkommenden Fälle kann man die vereinfachte Annahme

$$X^*_t = X_{s+k} \cdot \frac{\varphi}{\varphi_\infty}$$

(mit φ linear anwachsendem X^*) von *Sattler* [303] verwenden (Bild 12.31 b). Für wenige bestimmte Fälle (z. B. kurzstielige Rahmen) ist diese Annahme ungenau. *Habel* [278] ersetzt daher für solche Fälle die lineare Zunahme durch einen gebrochenen Linienzug (Bild 12.31 c). Hier soll die übliche Annahme von *Sattler* zugrunde gelegt werden, für die Ausnahmefälle siehe [278] und [482].

Zur Bestimmung dieser Volleinspannmomente $\overline{M}^*_{s+k}$ berechnen wir die Verformungen am Nullstab nach 2. und machen die Endtangentenwinkel τ^0_{gv} durch $\overline{M}^*$ rückgängig. Wir brauchen hierzu die Endtangentenwinkel τ^*_1 infolge S. u. K. unter dem geweckten Moment $M^* = 1$ je an den Stabenden a und b am Nullstab, also unter dreieckförmiger Momentenfläche, die wir wieder mit der *Busemann*schen Methode über die ϑ-Drehungen berechnen. Wir bezeichnen sie mit

τ^*_{aa1} = Endtangentenwinkel infolge S. u. K. am Stabende a unter $M^*_a = 1$ usw., gemäß Bild 12.32.

3.1 $\overline{M}^*$ **am beiderseits eingespannten Balken** erhalten wir aus:

$$\tau_{a,\,gv}^0 + \overline{M}_a^* \tau_{aa1}^* + \overline{M}_b^* \tau_{ab1}^* = 0$$
$$\tau_{b,\,gv}^0 + \overline{M}_a^* \tau_{ba1}^* + \overline{M}_b^* \tau_{bb1}^* = 0 \qquad 12.(53)$$
$$\tau_{ab1}^* = \tau_{ba1}^*$$

Bei symmetrischem Träger und symmetrischer Belastung wird:

$$\overline{M}_a^* = -\frac{\tau_{a,\,gv}^0}{\tau_{aa1}^* - \tau_{ab1}^*} = -\overline{M}_b^* \qquad 12.(54)$$

Ist außerdem der Verbundquerschnitt konstant, dann ist

$$\overline{M}_a^* = -\frac{2\,\tau_{a,\,gv}^0}{3\,\tau_{aa1}^*} = -\overline{M}_b^* \qquad 12.(55)$$

3.2 $\overline{M}^*$ **am einseitig in A eingespannten Balken**

$$\overline{M}_a^* = -\frac{\tau_{a,\,gv}^0}{\tau_{aa1}^*} \qquad 12.(56)$$

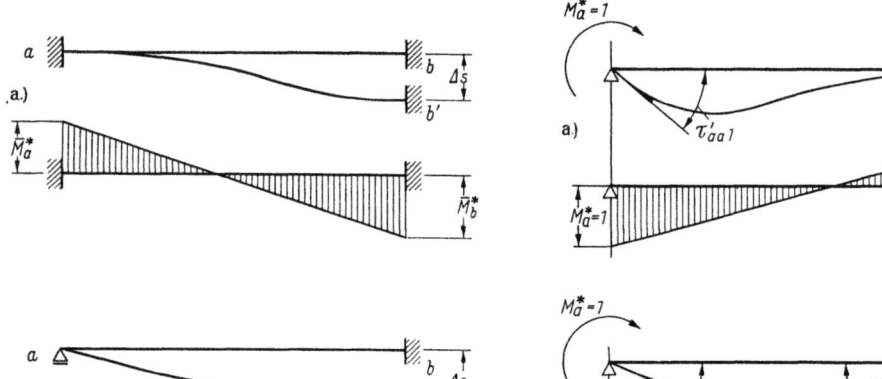

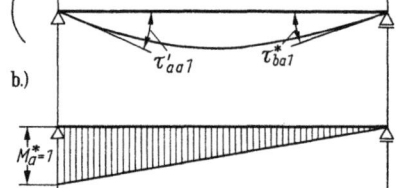

Bild 12.33 Momente infolge Verschiebung Δs beim vollen und einseitig eingespannten Balken

Bild 12.34 Zur Definition der Steifigkeit des voll- und des einseitig eingespannten Stabes

3.3 $\overline{M}^*$ **infolge von Längenänderungen Δs_2 am Nachbarstab 2**

Δs_2 am Nachbarstab (Nullstab) bewirkt eine Drehung des Nullstabes 1 um den Winkel

$$\psi_1^0 = \frac{\Delta s_2}{s_1}.$$

Dieser Winkel muß zusätzlich zu τ^0 ausgeglichen werden. Wir setzen

$$\gamma^0 = \tau^0 + \psi^0$$

und erhalten die erweiterten Gleichungen für $\overline{M}^*$, indem wir in Gl. 12.(53)—(56) statt $\tau_{a,\,gv}^0$ den Wert $\gamma_{a,\,gv}^0$ setzen.

Bei konstantem Verbundquerschnitt wird aus einer Verschiebung Δs_{gv} (Bild 12.33) **bei beidseitiger Einspannung**:

$$\overline{M}_a^* = -\frac{6 \cdot \Delta s_{gv}}{\vartheta_1 \cdot s^2} = -\overline{M}_b^* \qquad 12.(57)$$

Dabei ist ϑ_1 die Drehung des freien Querschnittelementes ds infolge S. u. K. unter dem Moment $M^* = 1$

bei einseitiger Einspannung:

$$\overline{M}^* = \frac{3 \cdot \Delta s_{gv}}{\vartheta_1^* \cdot s^2} \qquad 12.(58)$$

4. **Ausgleich der Einspannmomente $\overline{M}^*$ nach *Kani***

Die Momente $\overline{M}^*$, die zu einem festgehaltenen Knoten gehören, werden nun zum Knotenpunktmoment addiert und den Steifigkeiten entsprechend mit Iteration auf die Stäbe aufgeteilt.

Als Steifigkeit K ist der Kehrwert des Endtangentenwinkels infolge $M^* = 1$ unter S. u. K. definiert (Bild 12.34 a). Für den beiderseits volleingespannten Stab ist bekanntlich die Steifigkeit

$$K_{a,b} = \frac{1}{\tau'_{aa}} = \frac{1}{\tau^*_{aa} - \dfrac{\tau^*_{ab} \cdot \tau^*_{ba}}{\tau^*_{bb}}} \qquad 12.(59\,a)$$

und für den einseitig volleingespannten Stab

$$K_{a,b} = \frac{1}{\tau^*_{aa}} \qquad 12.(59\,b)$$

Die Verteilungszahl wird

$$v = -0{,}5 \, \frac{K_{a,b}}{\Sigma K} \qquad 12.(60)$$

$\Sigma K =$ Summe der Stabsteifigkeiten am Knoten und

$$f_{ab} = \frac{\tau^*_{ba}}{\tau^*_{bb}} = \text{Fortleitungsfaktor bei Volleinspannung.} \qquad 12.(61)$$

(Es sind dabei die Winkel infolge $M = 1$ mit S. u. K. einzusetzen.)

Bei symmetrischem und konstantem Verbundquerschnitt wird $f = 0{,}5$.

Der Ausgleich der geweckten Einspannmomente $\overline{M}^*$ nach *Kani* ist der Literatur zu entnehmen.

5. **Ermittlung der Spannungen zur Zeit $t = \infty$**

Wir gehen zweckmäßig so vor, daß wir getrennt berechnen:

1. σ_g aus den konstanten Dauerlasten g
2. $\sigma_{v\infty}$ aus der verminderten Spannkraft als zeitabhängige Dauerlast
3. σ^* aus den geweckten Zwängungskräften.

Die Summe dieser 3 Spannungen ist mit dem ungünstigsten σ_p zu überlagern.

12.6 Zusammenfassung der Einflüsse aus Schwinden und Kriechen auf vorgespannte statisch unbestimmte Tragwerke

12.61 Bei kleiner Eigensteifigkeit $J_f \approx 0$ der Stahleinlagen

1. Ohne Änderung der Auflagerbedingungen oder des Systems entstehen keine zusätzlichen Kräfte infolge Kriechen, solange V konstant bleibt.

Da jedoch V durch S. u. K. abnimmt, ändern sich sämtliche Kräfte infolge V (z. B. M_v und Q_v). Die Abnahme von V ist an jedem Schnitt verschieden, deshalb ist eine genaue Ermittlung der Änderung von M_v, Q_v langwierig, zudem die statisch unbestimmten Größen aus V hierdurch beeinflußt werden.

In der Praxis ermittelt man die Spannkraftabnahmen für die maßgebenden Schnitte (ohne Beachtung der Unterschiede von A_x hinsichtlich der statisch unbestimmten Größen) und verändert M_{xv}, Q_{xv} proportional der Spannkraftabnahme A_x.

2. Soweit das Schwinden innere Kräfte bzw. Spannungen durch irgendeine schwind-hindernde Lagerung erzeugt, werden diese durch das Kriechen abgebaut auf $\left(\dfrac{1-e^{-\varphi}}{\varphi}\right)$ der Werte, die ohne Kriechen entstehen würden (siehe S. 438). Dabei ist das volle ε_s nach Kap. 2.233 einzusetzen.

3. Werden die Auflagerbedingungen (oder das statische System) einmal innerhalb kurzer Zeit verändert, dann werden die dadurch erzeugten Kräfte oder Spannungen durch Kriechen auf $e^{-\varphi}$ der Werte abgebaut, die ohne Kriechen anfangs durch die Veränderung entstanden sind (siehe S. 436).

Zu diesen einmaligen raschen Veränderungen gehören auch schnell abklingende ungleiche Setzungen von Durchlaufträgern, bei denen die Spannungen im rissefreien Bereich bleiben. Ihre Auswirkungen verschwinden durch das Kriechen fast ganz.

4. Wird die Verkürzung eines Trägers infolge Kriechen nach dem Vorspannen durch starre Auflager behindert, so verringert sich die zunächst eingeleitete Vorspannkraft V_0 auf
$$V_\infty = V_0\, e^{-\varphi}.$$
Sofern federnd vorgespannt wurde (Spannglied mit Federweg), hat die starre Auflagerung die Differenzkraft $V_0\,(1-e^{-\varphi})$ verankernd aufzunehmen.

Eine wenn auch geringfügige Verformung des Auflagers in Richtung der Kriechbewegung verändert obigen Wert stark.

5. Werden die Auflagerbedingungen (oder das statische System) langsam, langdauernd verändert, etwa dem zeitlichen Verlauf des Schwindens entsprechend, dann werden die durch die endgültige Auflagerverschiebung elastisch erzeugt gedachten Kräfte und Spannungen durch das Kriechen auf $\left(\dfrac{1-e^{-\varphi}}{\varphi}\right)$ dieser Werte abgebaut.

Dies gilt auch für die Auswirkungen langdauernder ungleicher Setzungen, z. B. auf bindigen Böden.

12.62 Bei starker Bewehrung

Unterschreitet der Kennwert k der Eigensteifigkeit der Stahleinlagen nach Gl. 12.(17) den Wert 30 wesentlich, z. B. zu 25, dann müssen die Spannungen mit der *Busemann*schen Kriechfasermethode nach Kap. 12.2 berechnet werden.

Bei Tragwerken, bei denen die Verkürzung der Stäbe durch S. u. K. behindert wird, z. B. bei Rahmen, müssen die durch S. u. K. geweckten zusätzlichen Zwängungskräfte nach Kap. 12.5 ermittelt werden, falls man nicht die zulässigen Spannungen ausreichend ermäßigt.

Kapitel 13

13. Der Bruchsicherheitsnachweis

13.1 Allgemeines zur Bruchsicherheit

Im einleitenden Kap. 1.11 wurde schon erklärt, daß bei den Spannbetontragwerken ein besonderer Nachweis der Bruchsicherheit nötig ist, weil sowohl für den Stahl als auch für den Beton kein geradliniger Zusammenhang zwischen den Lasten und den Spannungen besteht. Die Last-Spannungslinie zeigt beim Übergang vom Zustand I zum Zustand II, also beim Reißen der Beton-Zugzone, eine sprunghafte Zunahme der Spannungen, die danach rascher ansteigen als zuvor. Mit diesem Übergang vom Zustand I zum Zustand II müssen wir bei der Sicherheitsbetrachtung meist rechnen, weil die Sicherheit ja zum Teil bedeutet, daß das Tragwerk auch einmal einer Überbelastung standhalten soll, für die die Druckvorspannung nicht ausreicht.

Die als notwendig erachtete Sicherheit bedingt, daß die Tragfähigkeit T unserer Tragwerke um den Sicherheitsfaktor ν größer ist als die Gebrauchslast:

$$T \geq \nu \, (g + p)\,.$$

Der Sicherheitsfaktor muß dabei vielerlei Unsicherheiten oder Abweichungen von unseren Annahmen decken, z. B.

1. Ungenauigkeiten und Fehler der Bauausführung,
2. Mängel der Festigkeiten der Baustoffe,
3. ungenaue Lage der Spannglieder oder Bewehrung,
4. Ungenauigkeiten der Lastannahmen oder gelegentliche Überbelastung,
5. Mängel der statischen Berechnung und Bemessung in Theorie und Anwendung,
6. Abweichungen des angenommenen statischen Systems von der Wirklichkeit,
7. Beschränkung auf ebene Spannungszustände, während räumliche Spannungen vorliegen,
8. Vernachlässigung mancher Spannungsursachen, wie z.B. Temperatur oder Schwinden usw....

Diese große Zahl der Unsicherheiten können sich nach Wahrscheinlichkeitsregeln überlagern. Der Sicherheitsbeiwert hat die wahrscheinliche Summe der Unsicherheiten zu decken. Bisher wurde der Sicherheitsbeiwert als einfacher Multiplikationsfaktor der Gebrauchslast festgelegt. Neuerdings ist man bestrebt, den Sicherheitsbeiwert aufzugliedern, und zwar in Faktoren, die größer als 1 sind und die Unsicherheiten bei der Belastung, bei der statischen Berechnung und dergleichen decken sollen und in eine zweite Gruppe von Faktoren, die kleiner als 1 sind und die möglichen Mängel der Baustoffeigenschaften berücksichtigen sollen. Wir sprechen dann von „Rechenwerten der Baustoff-Festigkeiten".

Die Zergliederung der Sicherheitsfaktoren ist in manchen Ländern, besonders in der UdSSR, seit vielen Jahren schon eingeführt [427]. Eingehende Sicherheitsbetrachtungen finden wir auch in [223] von *H. Rüsch*, [446] von *K. Kordina* und in [516] von *E. Basler* in einer Dissertation an der ETH Zürich.

Die jeweils verbindlichen Sicherheitsfaktoren werden in den Bauvorschriften festgelegt.

Für neue DIN-Vorschriften ist vorgesehen

$\nu = 1{,}75$ für Bruch mit Vorankündigung,
   z. B. bei Versagen der Stahleinlagen,

$\nu = 2{,}1$ für unangekündigten Bruch,
   z. B. bei schlagartigem Versagen des Betons auf Druck.

Für den **Beton** sind dabei folgende Rechenwerte β_R der **Druckfestigkeit** anzusetzen

$$\left.\begin{array}{l}\beta_R = 0{,}85 \cdot 0{,}85\,\beta_p = 0{,}7\,\beta_p \\ \beta_R = 0{,}70 \cdot 0{,}85\,\beta_w = 0{,}6\,\beta_w\end{array}\right\} \qquad 13.(1\,\text{a})$$

mit denen folgende Einflüsse erfaßt sind

Streuung der Betonfestigkeit; Faktor 0,85 (die 5 % Fraktile der *Gauß*schen Summenlinie der Würfelfestigkeiten darf nicht unter $0{,}85\,\beta_w$ sinken),

Prismenfestigkeit $\beta_p = 0{,}85$ Würfelfestigkeit β_w,

Festigkeit unter Dauerlast = 0,85 Festigkeit unter Kurzzeitbelastung.

Die Abminderung für den Zeiteinfluß (Dauerstandfestigkeit) wird im allgemeinen durch die Festigkeitszunahme nach 28 Tagen ausgeglichen, so daß diese Abminderung nicht voll berechtigt ist, wenn das Tragwerk nicht schon sehr früh dauernd voll belastet wird.

Bei Tragwerken mit mäßiger ständiger Last und nur kurzzeitigen Nutzlasten, z. B. bei Straßenbrücken, sind Rechenwerte der Druckfestigkeit ohne den Lastdauer-Einfluß berechtigt, also

$$\beta_R = 0{,}85\,\beta_p = 0{,}7\,\beta_w. \qquad 13.(1\,\text{b})$$

Für den **Stahl** sind die Festigkeiten den wahren Spannungs-Dehnungslinien zu entnehmen (z. B. aus den amtlichen Zulassungsurkunden oder den Prüfzeugnissen, die den Lieferungen beigefügt sind). Zur Vereinfachung wird häufig die Festigkeitssteigerung über der Streck- oder 0,2 %-Dehngrenze (β_S; $\beta_{0,2}$) vernachlässigt und die Sicherheit auf diese Festigkeitswerte bezogen.

Das Tragvermögen oder die Gebrauchsfähigkeit kann nun durch den **Bruch** des Tragwerkes an der schwächsten Stelle oder durch **unzulässig große Verformung** erschöpft werden. Wir haben es also mit zwei verschiedenen Kriterien zu tun, die von der Bruchart bzw. der Bruchursache abhängen. Wir werden sehen, daß es Brucharten gibt, die ohne Ankündigung durch Risse oder deutliche Verformungen eintreten und andere, bei denen sehr große Verformungen vorausgehen. Im ersteren Fall müssen wir die **Sicherheit gegen den Bruch** durch Ermittlung der Bruchlast P_u nachweisen, im zweiten Fall die **Sicherheit gegen unzulässige Verformung**, wobei wir die zugehörige Last als kritische Last P_{kr} bezeichnen. Mit dem Begriff **Traglast** erfassen wir beide Lastgrenzen, P_u und P_{kr}.

Die kritische Verformung, bei der die Gebrauchsfähigkeit verlorengeht, wird meist unter Zuhilfenahme der Stahldehnung definiert, die vom Beginn des Zustandes II ab eintritt. Die kritische Verformung ist z. B. dann erreicht, wenn diese Stahldehnung $\varepsilon_q = 5\,\text{\textperthousand}$ beträgt [112].

Die wesentlichen **Brucharten** sind nun

1. der Biegebruch infolge eines zu großen Biegemomentes M_u,
2. der Schubbruch, von dem wir heute wissen, daß er meist von einem Moment, vereint mit einer Querkraft, herrührt, so daß wir vom Schubbruchmoment M_{Su} sprechen,
3. der Druck- oder Zugbruch durch vorwiegende Längskräfte N_u, die bei Druck auch zum Knicken oder Beulen führen können.

Die unzulässigen Verformungen treten fast nur bei Biegebruch auf.

Der Bruch erfolgt nun an der am ungünstigsten beanspruchten Stelle, dem Bruchquerschnitt. Die Bruchlast erzeugt dort die Schnittkräfte M_u, Q_u und N_u in ungünstigster Kombination, die überlegt werden muß. Die Tragfähigkeit drücken wir auch mit diesen Schnittkräften aus. Je nach Bruchart müssen wir nun nachweisen, daß die aufnehmbaren M, Q, N größer sind als die von der ν-fachen Gebrauchslast erzeugten Schnittkräfte.

Wir bemühen uns bei der Ermittlung der aufnehmbaren Schnittkräfte, der Wirklichkeit möglichst nahe zu kommen, indem wir die σ-ε-Linien nicht idealisieren, sondern ihren gekrümmten Verlauf, z. B. beim Beton oder die plastische Verformung beim Stahl, berücksichtigen. Wir bedienen uns also der Plastizitätstheorie oder der sogenannten Traglastverfahren.

Wir müssen nun noch unterscheiden zwischen **statisch bestimmt gelagerten Tragwerken** und statisch unbestimmten.

Bei den ersteren entstehen Schnittkräfte nur durch Lasten g und p, wenn wir von ungleicher Erwärmung und anderen ähnlichen Einwirkungen absehen, die Eigenspannungen erzeugen, die meist durch die Rißbildung im Zustand II abgebaut werden, so daß sie die Traglast wenig beeinflussen.

Wir haben also hier nachzuweisen:

$$M_u \gtreqless \nu (M_g + M_p) \qquad \text{bei Biegebruch} \qquad 13.(2)$$

$$\left. \begin{array}{l} M_{Su} \gtreqless \nu (M_{Sg} + M_{Sp}) \\ \text{mit } Q_u \gtreqless \nu (Q_g + Q_p) \end{array} \right\} \text{bei Schubbruch} \qquad \begin{array}{l} 13.(3) \\ 13.(4) \end{array}$$

$$\left. \begin{array}{l} N_u \gtreqless \nu (N_g + N_p) \\ \text{oder } M_u \gtreqless \nu (M_g + M_p) + \nu' \cdot e \cdot (N_g + N_p) \end{array} \right\} \text{bei Druckbruch} \qquad \begin{array}{l} 13.(5) \\ 13.(6) \end{array}$$

bei Biegebruch mit Längskraft, wobei ν' von ν verschieden sein kann, wenn N günstig wirkt (e = Ausmittigkeit von N).

Die Vorspannung, die keine Auflagerkräfte erzeugt (Eigenspannungszustand), erhöht bzw. bestimmt die Tragfähigkeit der einzelnen Schnitte, sie hat nichts mit den aufnehmbaren Lasten zu tun. Die M_v, Q_v und N_v erscheinen daher nicht auf der rechten Seite der obigen Ansätze; sie gehen auf der linken Seite bei der Ermittlung der aufnehmbaren Momente in den Bruchsicherheitsnachweis ein. Je nach Bruchart muß dabei die im Spannglied wirkende Kraft Z_{v0} oder $Z_{v\infty}$ eingesetzt werden, was ohne zusätzlichen Sicherheitsfaktor geschieht, obwohl ein solcher in der Größe 0,9 bis 1,1 wohl angezeigt wäre, je nachdem eine Ungenauigkeit von Z_z nach unten oder oben ungünstig wirkt.

Bei statisch unbestimmt gelagerten Tragwerken entstehen durch Vorspannung v, durch Schwinden und Kriechen und durch Temperatur t Zwängungskräfte (als statisch unbestimmte M', Q', N' bezeichnet), die hinsichtlich der Sicherheit anders zu bewerten sind als die Zwängungskräfte infolge g und p, weil die Wirkungen v, S. u. K. und t nicht wesentlich größer werden können als sie schon bei Gebrauchslast angenommen werden. Es kommt noch dazu, daß alle Zwängungskräfte durch den Übergang von Zustand I nach Zustand II in Teillängen des Bauwerkes teilweise abgebaut werden, wobei eine Momentenverlagerung stattfindet, die für die Traglast günstig wirkt. Wir können daher hier zwei verschiedene Sicherheitsfaktoren einführen und die Ansätze lauten dann z. B.

$$M_u \gtreqless \nu (M_g + M_p) + \nu'_v (M'_v + M'_{s+k}) + \nu'_T M'_T \qquad 13.(7)$$

Auch hier erscheint $M^0{}_v$, das Vorspannmoment im statisch bestimmten Grundsystem mit der Größe $Z_{zv} \cdot y_z$ oder $V \cdot y_z$, nicht auf der Lastseite des Ansatzes, sondern wird nur bei der Tragfähigkeit M_u berücksichtigt.

Die Bruchsicherheit statisch unbestimmter Tragwerke wird in Kap. 13.4 eingehend behandelt.

13.2 Die Brucharten

Für den Bruchsicherheitsnachweis muß zunächst geklärt werden, für welche Bruchart das Tragwerk anfällig ist. Bei Spannbeton haben wir es meist mit weit gespannten, ziemlich schlanken Tragwerken zu tun, bei denen der **Biegebruch** vorherrscht. Bei mangelhafter Bewehrung oder bei besonders hoch belasteten Tragwerken können jedoch auch **Schubbrüche** zum Versagen führen. Schlanke Träger können auch instabil werden und seitlich ausknicken oder wegkippen (vgl. Kap. 15). Schließlich können Druckglieder durch mittigen oder ausmittigen Druck versagen oder knicken.

Die Bruchart wird durch den **Verbund** zwischen Spannglied und Tragwerk wesentlich beeinflußt. Fehlt der Verbund, dann ist die Traglast erheblich niedriger als mit Verbund [447], [474]. Da der Verbund heute die Regel ist, setzen wir im folgenden den Verbund voraus und fügen nur eine kurze Betrachtung über die Bruchsicherheit bei fehlendem Verbund im Kap. 13.5 an.

Bei den folgenden Betrachtungen und Anweisungen zur Berechnung der Bruchsicherheit werden immer einheitliche Betonquerschnitte vorausgesetzt, d. h. Tragwerke, bei denen alle Querschnitt-Teile aus gleich altem und gleichartigem Beton bestehen. Im Schrifttum sind dagegen häufig besondere Untersuchungen für Beton-Verbundquerschnitte angestellt worden, wie sie z. B. bei der Verwendung von Beton-Fertigteilen in Verbindung mit Ortbetonplatten vorkommen. Zur Spannungsermittlung unter Berücksichtigung der Umlagerung der inneren Kräfte infolge Schwinden und Kriechen sind für solche Querschnitte Angaben in Kap. 12.24 gemacht worden.

Für den Bruchsicherheitsnachweis erübrigt sich eine besondere Behandlung der Verbundtragwerke, weil der verwickelte Spannungszustand unter Gebrauchslast nur von geringer Bedeutung für die inneren Kräfte bei Bruchlast ist, wo sich anfängliche Spannungsunterschiede durch plastische Verformung ausgleichen. Man wird daher bei Bruchsicherheitsnachweisen Querschnitte von Verbundtragwerken wie Querschnitte aus einheitlichem Beton behandeln, dabei aber etwaige unterschiedliche Festigkeitswerte der Teile der Druckzone berücksichtigen.

13.21 Biegebrucharten mit Verbund

Beim Biegebruch mit Verbund hängt die Bruchart in erster Linie vom Bewehrungsgrad μ ab, wobei die Querschnitte des Spannstahles F_z und der schlaffen Bewehrung F_e zusammen zu betrachten sind. Bei schwachen Stahleinlagen versagt der Stahl zuerst, bei starken Stahleinlagen tritt der Bruch durch Zerstörung des Betons in der Druckzone ein.

Wir unterscheiden demnach:

Bruchart 1a: Mit dem Eintreten des ersten Risses bricht gleichzeitig der Stahl, weil die vom Beton zunächst ertragene Biege-Zugkraft größer war als die über der Vorspannkraft noch liegende Tragkraft der Stahleinlagen. Diese Bruchart tritt plötzlich, ohne Vorankündigung ein und muß daher durch die Forderung eines Mindestquerschnittes für die Stahleinlagen verhütet werden.

Bruchart 1b: Die Stahleinlagen erreichen und überschreiten die Streckgrenze bis zur kritischen Dehnung $\varepsilon_q = 5^0/_{00}$, bevor die Biegedruckzone des Betons versagt. Der Bruch kündigt sich durch deutliche Risse im Beton und durch starke Verformungen an. Maßgebend ist dabei die kritische Verformung, die eintritt, bevor die Bruchlast erreicht wird.

Bruchart 2a: Die Beton-Druckzone versagt, bevor im Stahl die Streckgrenze erreicht wurde. Diese Bruchart kündigt sich meist durch feine Haarrisse in der Zugzone an. Der Bruch tritt aber, besonders bei gutem Beton, schlagartig ein.

Bruchart 2b: Die Beton-Druckzone versagt bereits im Zustand I, solange also die stark vorgespannte Zugzone noch nicht gerissen ist. Dies kommt z. B. bei vorgespannten Plattenbalken vor, deren Steg in der Druckzone liegt. Der Bruch tritt ohne Vorankündigung durch Risse oder deutliche Verformungen ein.

Während bei Stahlbeton die Bruchart 1 vorherrscht, kommt bei Spannbeton die Bruchart 2 häufiger vor.

Die Bereiche dieser Brucharten können durch die Dehnungsdiagramme gemäß Bild 13.1 dargestellt werden, wobei man sich den prozentualen Stahlquerschnitt μ von 1a nach 2b zunehmend vorstellen muß.

Die Bilder 13.2 und 13.3 kennzeichnen die Brucharten. In Bild 13.2 sind die Stahl- und Betonspannungen bis zum Bruch dargestellt. Der schon in Bild 1.12 gezeigte Spannungssprung beim Übergang vom Zustand I nach II hängt vom Stahlanteil μ ab.

Bild 13.3 zeigt Last-Durchbiegungslinien für die verschiedenen Brucharten. Bei der Bruchart 1a entstehen nur kleine, bei 1b die größten Durchbiegungen vor dem Bruch.

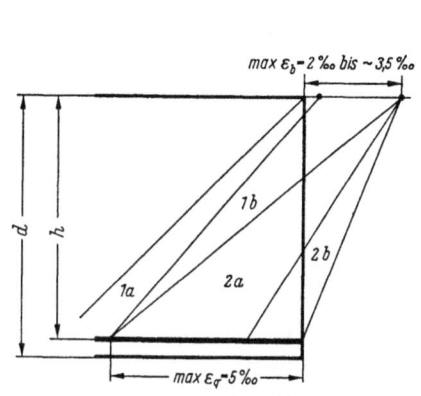

Bild 13.1 Die Brucharten 1a bis 2b, dargestellt in Dehnungsdiagrammen

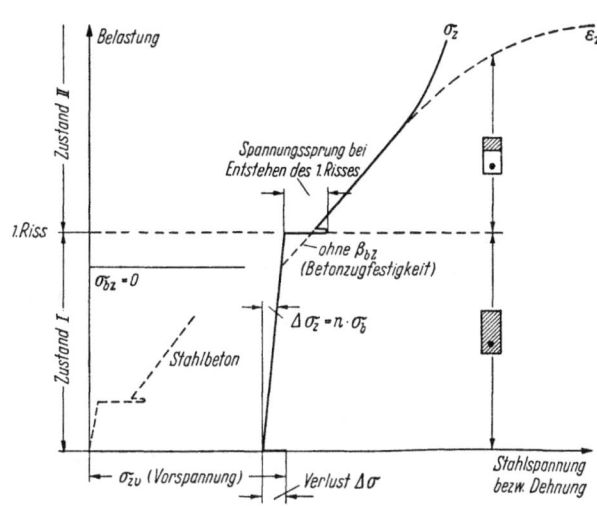

Bild 13.2 Verlauf der Stahl- und Betonspannungen bis zum Bruch

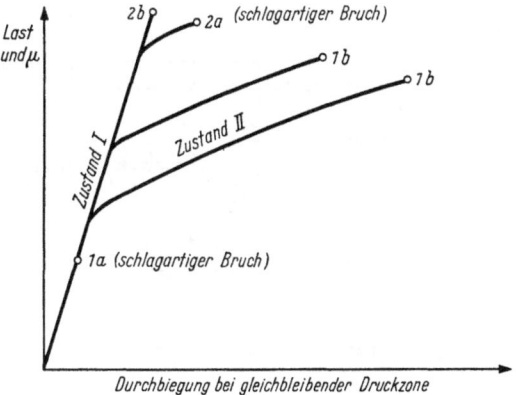

Bild 13.3 Last-Durchbiegungslinien für Brucharten 1a bis 2b

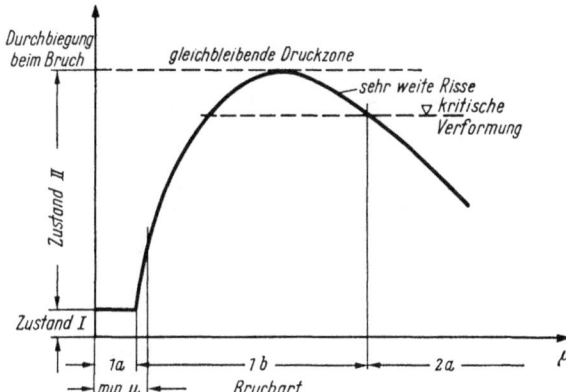

Bild 13.4 Die beim Bruch zu erwartende Durchbiegung, abhängig vom Stahlanteil

Bild 13.4 zeigt schließlich, wie die beim Bruch zu erwartende Durchbiegung vom Stahlanteil μ abhängig ist. Die Zweckmäßige Lage der unteren Grenze von μ ist angedeutet. Es ist verständlich, daß die rechnerische Ermittlung der Bruchsicherheit von der Bruchart abhängt.

13.22 Schubbrucharten mit Verbund

Nach den Forschungsergebnissen des Jahrzehntes 1950/60 ist der Schubbruch nicht von der Querkraft allein, sondern auch vom Moment abhängig [232], [293], [294], [383], das im Bruchquerschnitt als Schubbruchmoment bezeichnet wird. Wir haben es also mit einem Schubbruchmoment zu tun, falls nicht ein Verankerungsbruch vorliegt. Der Schubbruch tritt im Bereich großer M/Qh, jedoch außerhalb der Einleitungszone der Auflagerkraft auf. Die Gefahr eines Schubbruches wird durch die Vorspannung vermindert, besonders dann, wenn die Querkräfte durch die Führung der Spannglieder, also durch Umlenkkräfte herabgesetzt werden.

Mit der rechnerischen Behandlung des Schubbruches befinden wir uns noch in den Anfängen. Die bisherigen Regeln der DIN 4227, welche die Ermittlung der schiefen Hauptzugspannungen σ_I unter $v + \nu(g + p)$ für Zustand I vorsehen und bis zu einer ersten Grenze von σ_I keinen Nachweis der Schubbewehrung (wir verstehen hier darunter die Stegbewehrung), für größere σ_I deren volle Deckung mit β_S als Bemessungsspannung verlangen, müssen als Behelf angesehen werden. Man kommt dabei entweder zu einer zu schwachen oder zu einer viel zu starken Stegbewehrung. Wir werden einen etwas zweckmäßigeren Weg weisen, der allerdings noch nicht ausgereift sein kann, weil eine über Jahre gehende Erfahrung noch fehlt.

Schubbruch entsteht durch schiefe Hauptspannungen (Zug oder Druck) im Steg von Tragwerken und durch die von Rissen beeinflußten Verformungen, die die Spannungen gegenüber der Biegetheorie wesentlich ändern. Dünne Stege sind natürlich mehr gefährdet als dicke, obgleich es meist nicht auf den Beton, sondern auf die Bewehrung ankommt. Durch die Vorspannung werden im Balken die schiefen Hauptzugspannungen kleiner und steiler als ohne Vorspannung (vgl. Bild 10.11). Die Gefahr der Rißbildung in Stegen ist daher meist gering. Dennoch sollte man die Stege stets mit Bügeln bewehren. Vom Grad und der Art der Stegbewehrung oder der Steg-Vorspannung hängen nun die Schubbrucharten ab.

Wir unterscheiden folgende S c h u b b r u c h a r t e n :

V e r a n k e r u n g s b r u c h

Zu den Schubbrüchen gehört der Verankerungsbruch, der vor allem bei Spannbettbalken mit unten liegenden, geraden Spanndrähten entsteht, wenn die Verankerungszone nicht genügend quer bewehrt ist (vgl. Kap. 9). Der Steg schert dann vorzeitig vom Flansch ab (Bild 13.5). Solche Brüche müssen durch ausreichende Bemessung der Einleitungsbewehrung und möglichst auch durch eine Verdickung des Steges am Balkenende verhütet werden.

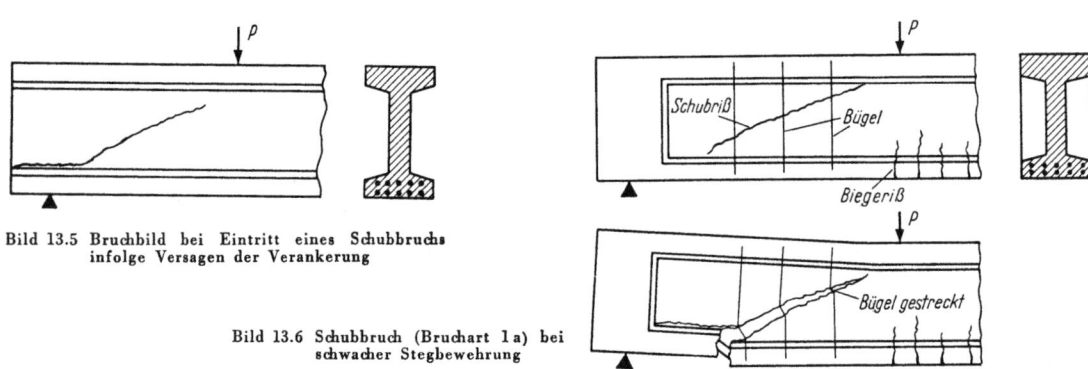

Bild 13.5 Bruchbild bei Eintritt eines Schubbruchs infolge Versagens der Verankerung

Bild 13.6 Schubbruch (Bruchart 1a) bei schwacher Stegbewehrung

B r u c h a r t 1 a :

Im Steg entstehen schiefe Risse infolge σ_I, bevor in diesem Bereich Biegerisse vom Rand ausgehen. Die Stegbewehrung ist so schwach, daß der Bruch sofort darnach eintritt. Meist setzt sich dieser Riß dabei über dem Zuggurt zum Auflager hin fort (Bild 13.6). Die Stahleinlagen im Zuggurt werden am Riß nach unten gebogen. Diese Bruchart tritt schlagartig ein. Die Biege-Tragfähigkeit wird nicht erreicht. Solche Brüche müssen durch eine Mindestbewehrung des Steges verhütet werden.

B r u c h a r t 1 b :

Die schiefen Risse treten wieder im Querkraftbereich ein, bevor die Biegerisse dort erscheinen. Die Bügel tragen aber die schiefen Zugkräfte, bis sich im Schubbereich Biegerisse entwickeln und sich mit den Schubrissen vereinen (Bild 13.7). Die Dehnung der Zugzone bewirkt eine Schubbruchrotation bis zum Versagen der Druckzone. Diese Bruchart kündigt sich durch Risse und Verformungen an. Die Stegbewehrung kann so bemessen sein, daß bei Eintritt des Schubbruches auch die Biege-Tragfähigkeit ganz oder fast ganz erschöpft ist, was das Ziel der Schubbewehrung sein muß.

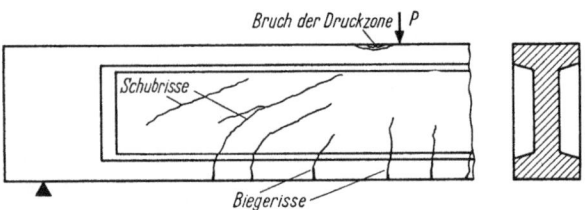

Bild 13.7 Schubbruch (Bruchart 1b und 1c) bei ausreichender Stegbewehrung, gleichzeitig mit Versagen der Biegetragfähigkeit

Bruchart 1c:

Entspricht im wesentlichen der Bruchart 1b. Die Schubrisse entstehen jedoch nicht zuerst, sondern entwickeln sich aus den Biegerissen heraus. Diese Bruchart stellt den Übergang zum Biegebruch dar.

Bruchart 2a:

Die Stegbewehrung oder -vorspannung ist stark. Auch die Biegetragfähigkeit ist reichlich, so daß unter hoher Last die schiefe Haupt d r u c k spannung σ_{II} so weit anwächst, daß der Steg durch schiefen Druck versagt. Im Steg zeigen sich dabei mehrere schiefe Haarrisse, die sich nicht besonders öffnen. Der Bruch tritt zum Schluß schlagartig auf (Bild 13.8). Die Sicherheit gegen diese Bruchart wird durch Begrenzung der σ_{II}-Druckspannung infolge $v + \nu (g + p)$ erzielt.

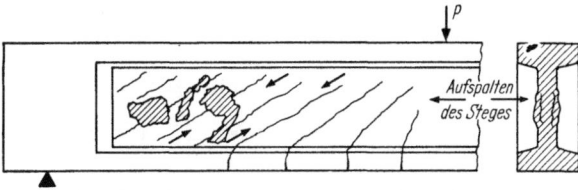

Bruchart 2b:

Wie Bruchart 2a, verursacht durch schiefen Druck. Die Vorspannung ist jedoch in zwei

Bild 13.8 Schubbruch (Bruchart 2a). Bei starker Stegbewehrung oder -vorspannung versagt der Steg schlagartig unter schiefen Hauptdruckspannungen

Richtungen so stark, daß keine schiefen Risse zuvor auftreten. Der Bruch erfolgt schlagartig ohne Vorankündigung. Dieser extreme Fall kommt praktisch kaum vor.

13.3 Die Berechnung für Biegebruch. Kritisches Moment oder Bruchmoment

Diesen Berechnungen liegen die Traglast-Verfahren zugrunde, wie sie in [110], [112] und [153] erarbeitet wurden.

13.31 Die Tragfähigkeit Z der Biege-Zugzone

13.311 Mindestquerschnitt der Stahleinlagen zur Verhütung der Bruchart 1a

Die Stahleinlagen müssen mindestens so bemessen sein, daß ihre Tragfähigkeit über die Vorspannung hinaus etwas größer ist als die im Zustand I in der Biegezugzone des Betons wirkende Zugkraft Z_b kurz vor dem Erreichen der Biegezugfestigkeit am Rand des Querschnittes.

Die Größe der Zugzone hängt nun vom Grad der Vorspannung des Querschnittes ab. Wenn die Gefahr der Bruchart 1a vorliegt, ist der Querschnitt nur schwach vorgespannt, so daß wir mit der Annahme der Null-Linie in der Höhe der Schwerlinie des Betonquerschnittes nicht zu sehr günstig rechnen (Bild 13.9).

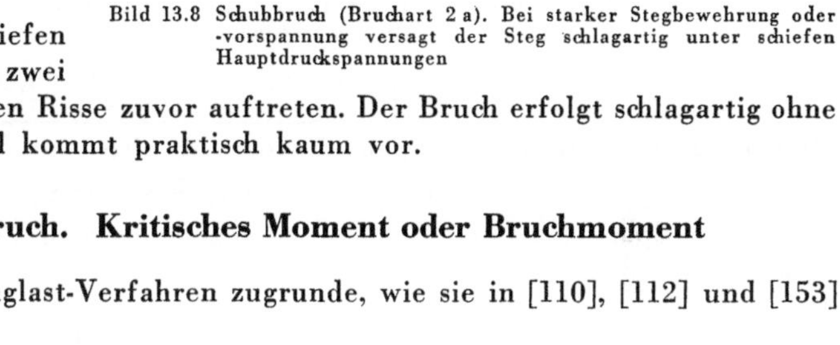

Nimmt man die Betonzugfestigkeit zu $\beta_{bZ} = \frac{1}{10} \beta_P \approx \frac{1}{12} \beta_{w28}$ an, so trägt eine rechteckige Zugzone F_{bZ} bei geradliniger Zugspannungsverteilung

Bild 13.9 Zugkräfte des Betons und der Zugbewehrung im Zustand I und Zustand II

$$Z_b = \frac{1}{2} F_{bZ} \frac{\beta_{w28}}{12} = \frac{F_{bZ} \beta_{w28}}{24} \qquad 13.(8)$$

Bedenkt man, daß beim Auftreten des ersten Risses der Riß nicht bis zur Null-Linie durchgeht und diese noch unter der Schwerlinie liegt, außerdem die Kraft Z_z im Stahl mit größerem Hebelarm wirkt als Z_b, dann kann wohl auf einen Sicherheitszuschlag verzichtet werden, d. h. es muß

sein:
$$\Delta Z_z \gtreqless Z_b,$$
wobei die über die Spannkraft $Z_{z,v}$ hinaus verfügbare Zugkraft im Spannstahl ΔZ_z wird:
$$\Delta Z_z = F_z\,(\beta_Z - \sigma'_{v0}) = \mu_{bZ}\,F_{bZ}\,(\beta_Z - \sigma'_{v0}) \qquad 13.(9)$$
Dabei ist
$$\mu_{bZ} = \frac{F_z}{F_{bZ}}$$

Als σ'_{v0} ist die im Augenblick des Reißens des Betons im Spannstahl vorhandene Stahlspannung einzusetzen, die je nach dem Alter durch S. u. K. vermindert sein kann. Es genügt hier einfach, $\sigma'_{v0} = \text{zul}\,\sigma_{v0}$ anzusetzen.

Nach Gleichsetzung von 13.(8) und 13.(9) folgt daraus:
$$\min \mu_{bZ} = 0{,}04\,\frac{\beta_{w28}}{\beta_Z - \sigma_{v0}} \qquad 13.(10)$$

Für Spannstähle ist nach DIN 4227 (von Stählen, bei denen $0{,}75\,\beta_{0,2}$ maßgebend ist, wird abgesehen) zul $\sigma_{v0} = 0{,}55\,\beta_Z$, also $\beta_Z - \sigma_{v0} = 0{,}45\,\beta_Z$. Damit wird

$$\boxed{\min \mu_{bZ} = 0{,}09\,\frac{\beta_{w28}}{\beta_Z} \approx 0{,}10\,\frac{\beta_p}{\beta_Z}} \qquad 13.(11)$$

Der Mindestquerschnitt der Spannglieder wird also
$$\min F_z = \min \mu_{bZ} \cdot F_{bZ} = \min \mu_{bZ} \cdot b\,(d - x).$$
Für einige Spannstahl- und Betongüten sind die nach Gl. 13.(11) errechneten $\min \mu_{bZ}$ in Tafel 13.I angegeben.

Tafel 13.I

min μ_{bZ} in % der Biegezugzone F_{bZ}			
für Betongüte	B 300	B 450	B 600
bei St 60/90 vorgesp.	0,27	0,40	0,54
bei St 145/160 vorgesp.	0,17	0,25	0,34
bei St 160/180 vorgesp.	0,15	0,23	0,29

Nach den in [523] vom Verfasser veröffentlichten Versuchen können die μ_{bZ} bei glatten Drähten oder Stäben oder sonstwie mangelhaftem Verbund um 30 bis 40 % vermindert werden. Auch bei B 600 ist nach diesen Versuchen eine Abminderung berechtigt. Dagegen sind die μ_{bZ} bei direktem Scherverbund voll anzusetzen.

Bei Plattenbalkenquerschnitten mit der Platte in der Zugzone muß bei F_{bZ} die Platte mitgerechnet werden. Schlaffe Bewehrung kann mit ihrer ganzen Tragfähigkeit angerechnet werden.

Zu kleine Spannglieder entstehen bei den in Deutschland vorgeschriebenen Grenzen für $\sigma_v = 0{,}55\,\beta_Z$ im allgemeinen nicht, wohl aber in Ländern, die die erstaunlich hohen Werte $\sigma_v = 0{,}70$ bis $0{,}75\,\beta_Z$ zulassen.

Bei den Schinznacher Versuchen [67] ist die Bruchart 1a in Biegebalken mit $\mu_{bZ} = 0{,}18\%$ bei B 600 aufgetreten. Die Spanndrähte aus St 180/193 waren dort im Spannbett mit 16 000 kg/cm² vorgespannt. Der Versuch fand nach 130 Tagen Dauerbelastung statt, so daß durch S. u. K. mindestens 1500 kg/cm² Stahlspannung verlorengingen. Nach obigen Regeln wäre hier nötig gewesen

$$\min \mu_{bZ} = 0{,}04\,\frac{\beta_{w28}}{\beta_Z - \sigma_{v_0}^{(0)}} = \frac{0{,}04 \cdot 600}{19\,300 - 14\,500} \approx 0{,}50\%.$$

13.312 Die Tragfähigkeit Z der Stahleinlagen bei Bruchart 1b

Wenn die Stahleinlagen die primäre Ursache des Bruches sind, aber nicht vorzeitig brechen, dann wird die nutzbare Tragfähigkeit Z durch die kritische Verformung begrenzt, bei der die

Stahldehnung ε_q vom Beginn der Beton-Zugspannung ab 5 ⁰/₀₀ nicht überschreiten soll, was einer Rißbreite von 1 mm bei etwa 5 Rissen je Meter entspricht.

Die Begrenzung der Dehnung ε_q gilt für die nahe am Rand des Querschnittes liegenden Stahleinlagen. Liegt ein Teil der Stahleinlagen erheblich höher, dann muß die zugehörige Dehnung aus dem geradlinigen Dehnungsdiagramm beim Erreichen des kritischen Zustandes entnommen werden.

Bei den vorgespannten Stahleinlagen geht dieser Lastdehnung die Spanndehnung ε_v voraus, die einerseits durch S. u. K., andererseits durch die Lastdehnung bis zum Beginn der Betonzugspannung in der Faser neben dem Spannstahl, also bis $\sigma_b = 0$, verändert wird. Wir nennen die vorweggenommene Dehnung des Spannstahles bei $\sigma_b = 0$ kurz $\varepsilon_v^{(0)}$.

Bei Bruchart 1 ist es gleichgültig, ob der Zustand vor S. u. K. oder nach S. u. K. gewählt wird, weil für $\varepsilon_z = \varepsilon_v^{(0)} + \varepsilon_q = \varepsilon_v^{(0)} + 5$ ⁰/₀₀ alle Spannstahlarten die $\beta_{0,2}$-Grenze erreichen, also Z unverändert bleibt (Bild 13.10). Bei Bruchart 2 dagegen muß man vom Zustand nach S. u. K. aus-

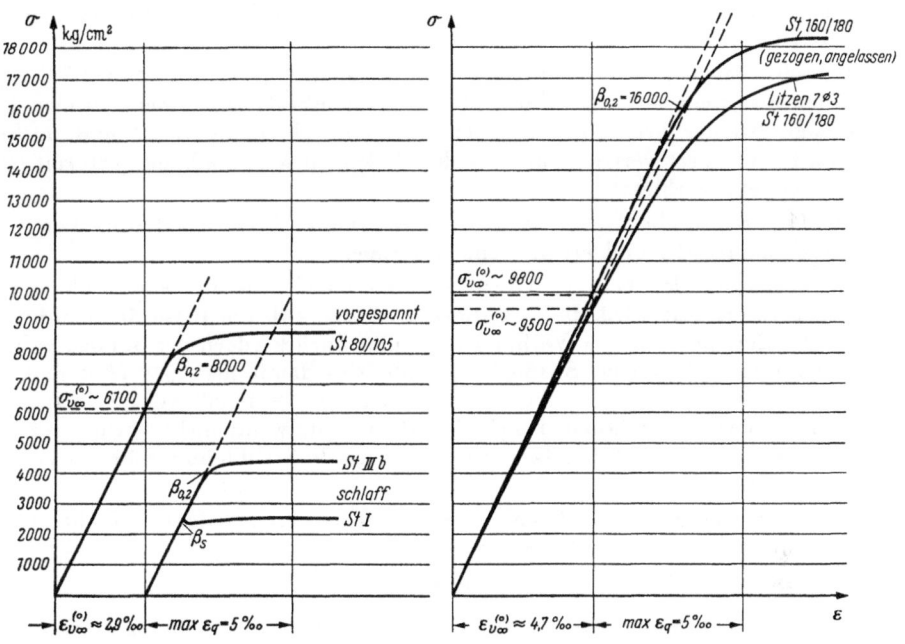

Bild 13.10 Die kritische Verformung $\varepsilon_q = 5$ ⁰/₀₀, dargestellt an den σ-ε-Linien verschiedener Stahlgüten, ohne und mit Spannbettdehnung $\varepsilon_{v\infty}^{(0)}$

gehen, weil damit σ_z und Z kleiner werden und so auch das Bruchmoment nach S. u. K. kleiner ausfällt als zur Zeit $t = 0$. Es ist daher zweckmäßig, stets die vorweggenommene Dehnung für den Zustand nach S. u. K., also zur Zeit $t = \infty$, zu wählen, und zwar für den Lastzustand, bei dem σ_b in der Spanngliedfaser gleich Null wird.

Bei Spannbettvorspannung entspricht $\varepsilon_v^{(0)}$ im Zeitpunkt $t=\infty$ der Spannbettvorspannung $\sigma_{v\infty}$. Es ist daher

$$\varepsilon_{v\infty}^{(0)} = \frac{1}{E_z} \sigma_{v\infty}^{(0)} \qquad 13.(12)$$

Bei Vorspannung nach dem Erhärten des Betons errechnet sich $\varepsilon_{v\infty}^{(0)}$ aus

$$\varepsilon_{v\infty}^{(0)} = \frac{1}{E_z} (\sigma_{zv\infty} - n\, \sigma_{bv}) \qquad 13.(13)$$

wenn g beim Spannen schon wirksam wurde.

Wirkt ein Teil g_1 von g erst nach Herstellung des Verbundes, dann ist

$$\varepsilon_{v\infty}^{(0)} = \frac{1}{E_z} \left(\sigma_{zv\infty} - n \; \sigma_{b\,(g+v)} + n \; \sigma_{bg1} \right) \qquad 13.(14)$$

Bei genauen Untersuchungen, z. B. für Auswertung von Bruchversuchen, wird man $\varepsilon_v{}^{(0)}$ genauer ermitteln und Dehnungsverluste zur Zeit t durch S. u. K. oder auch durch Reibung berücksichtigen.

Betrachten wir nun diese Dehnungen an den σ-ε-Diagrammen verschiedener Stahlarten in Bild 13.10, dann sehen wir, daß bei St 80/105 mit $\varepsilon_v{}^{(0)}$ und ε_q die 0,2 %-Dehngrenze überschritten wird. Auch bei gezogenem St 160/180 ist dies der Fall. Für die Tragfähigkeit Z_z der vorgespannten Stahleinlagen ist daher wegen der Verformungsgrenze die Spannung $\beta_{0,2}$ maßgebend, obwohl darüber hinaus noch eine Reserve liegt. Der Ansatz für die Tragfähigkeit des Spannstahls lautet daher bei Bruchart 1

$$Z_{z,\,kr} = F_z \cdot \beta_{0,2} \qquad 13.(15)$$

Bei Stählen ohne deutliche Streckgrenze mit Festigkeiten über 160 kg/mm² ergeben $\varepsilon_q = 5 \text{ ‰}$ nur wenig mehr als 2 ‰ bleibende Dehnung, vor allem, wenn die Vorspanndehnung $\varepsilon_v{}^{(0)}$ durch S. u. K. abgesunken ist.

Beim Entlasten schließen sich also die Risse wieder ganz, weil ja ε_v mit etwa 4,5 ‰ größer ist. Die Risse werden also noch mit etwa der halben Vorspannkraft zusammengedrückt. Ein solcher Balken wäre sogar wieder brauchbar, er hatte also eine „kritische Last" noch nicht erreicht, wenn man darunter die Last versteht, bei der der Balken so weit bleibend verformt ist, daß sich eine Wiederverwendung verbietet.

Der in Bild 16.84 gezeigte Mast wurde z. B. trotz zahlreicher Risse bei der starken Verformung nach dem Versuch aufgestellt und erfüllt seine Aufgabe.

Man kann bei solchen Stählen max ε_q so festlegen, daß damit eine bleibende Dehnung gleich der Vorspanndehnung ε_v erreicht wird. Beim Entlasten würden sich die Risse dann nicht mehr ganz schließen, weil die Zerstörungen am Verbund ein volles Zurückfedern des Stahles nicht erlauben. Bei angelassenen Litzen $\varnothing$ 3 mm, St 160/180, ergibt sich damit max $\varepsilon_q \approx 7$ ‰ und eine Spannung max $\sigma = \sim 17\,500$ kg/cm², die über der 0,2 %-Grenze = 16 000 kg/cm² liegt und so eine bessere Ausnützung der tatsächlichen Tragfähigkeit erlaubt, wenn nicht vorher auf der Druckseite max ε_b erreicht ist. Bei Plattenbalken wird diese große Stahldehnung häufig erreicht, bevor die Druckzone versagt.

Bei Stählen, deren Festigkeit merklich über der 0,2 %-Dehngrenze liegt, z. B. bei Litzen, kann es demnach berechtigt sein, als Tragfähigkeit

$$Z_{z,\,u} = F_z \cdot \beta_{0,4} \qquad 13.(16)$$

anzusetzen, wobei $\beta_{0,4}$ der Spannung entspricht, die 0,4 % bleibende Dehnung ergibt.

Die günstigste Wirkung der Vorspannung auf das Bruchmoment ergibt sich aus der vorweggenommenen Dehnung und damit der hohen Zugkraft Z_v, bevor der Beton zu reißen beginnt. Bei schlaff bewehrtem Stahlbeton wird die Zugkraft je cm² F_e je nach Stahlgüten nur rund 1/3 so groß wie bei vorgespannten Querschnitten. Die Auffassung, die früher geäußert wurde, daß die Vorspannung für den Bruchzustand keine Vorteile bringe, trifft also entschieden nicht zu. Man kann vor allem auch hohe Betonfestigkeiten voll ausnutzen, was bei Stahlbeton nicht der Fall ist, weil dort die Brucharten 1 vorherrschen und Bruchart 2 selten erreicht wird.

Die Stahleinlagen werden im allgemeinen in ihrem Schwerpunkt zusammengefaßt angenommen. Liegen sie jedoch weit auseinander, d. h. ist die oberste und unterste Einlage der Zugzone mehr als $\sim h/7$ auseinander, dann sollte man aus der geraden ε-Linie die zu jeder Stahllage gehörige Dehnung ε_n und damit die Spannung σ_n aus der σ-ε-Linie herausnehmen und so die Zugkraft Z als Summe und ihre resultierende Angriffshöhe aus der Schwerlinie der Teilkräfte ermitteln.

An der Tragfähigkeit der Zugzone ist meist neben dem Spannstahl F_z auch **schlaffer Stahl** F_e beteiligt. Bei der schlaffen Bewehrung wird bei 5 ‰ Dehnung die Streckgrenze β_S bzw. $\beta_{0,2}$ auf alle Fälle erreicht, so daß bei der Tragfähigkeit dieser Stahleinlagen diese Spannungsgrenze eingesetzt werden kann.

Es ist also
$$Z_{e,kr} = F_e \beta_S \qquad 13.(17)$$
und
$$\Sigma Z_{kr} = Z_{z,kr} + Z_{e,kr},$$
wobei verschiedene Höhenlagen noch beachtet werden müssen, die zur Folge haben können, daß max ε_q und damit β_S oder $\beta_{0,2}$ nicht erreicht wird.

13.313 Die Tragfähigkeit Z der Stahleinlagen bei Bruchart 2

Bei Bruchart 2 wird das Dehnungsdiagramm, das wir bis zum Bruch geradlinig annehmen dürfen, durch das Versagen des Betons in der Druckzone mit max ε_b am Rand begrenzt (Bild 13.11). Die Höhenlage der Nullinie ergibt sich aus dem Bewehrungsgrad (vgl. Kapitel 13.33). Damit stellt sich beim Bruch in den Stahleinlagen ein ganz bestimmtes ε_q ein, das je nach μ kleiner sein wird als 5 ⁰/₀₀. Für dieses ε_q müssen wir nun beim Spannstahl nach Addition von $\varepsilon_v^{(0)}$ das zugehörige $\sigma_{z,u}$ und $\sigma_{e,u}$ aus den σ-ε-Linien ablesen und erhalten dann
$$Z_u = F_z \cdot \sigma_{z,u} + F_e \sigma_{e,u} \qquad 13.(18)$$

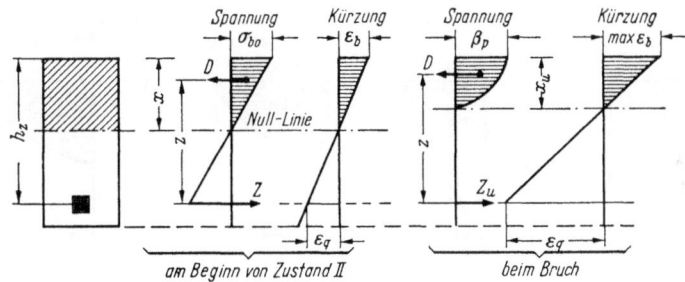

Bild 13.11 Das Dehnungsdiagramm wird bis zum Bruch gerade angenommen; beim Erreichen der Beton-Bruchspannung ergibt sich ε_q für den Stahl

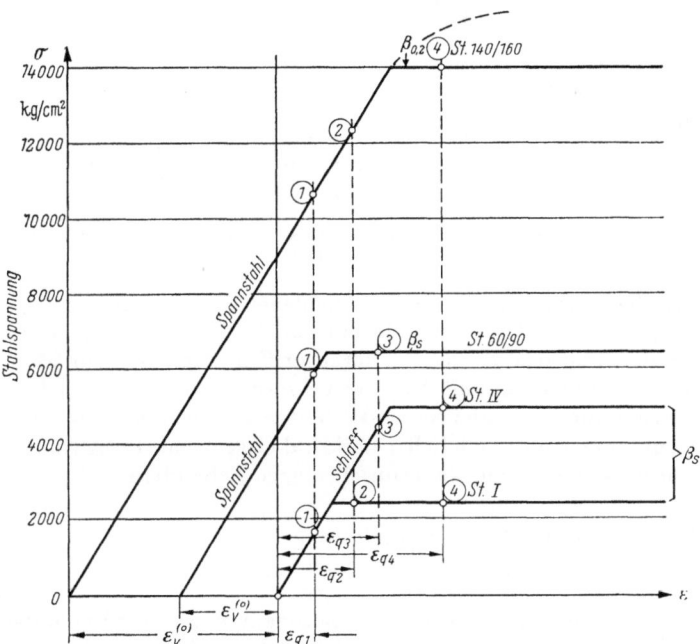

Bild 13.12 Spannungs-Dehnungslinien für Spannstahl und für schlaffe Bewehrung mit den vier möglichen Fällen gleichzeitiger Beanspruchung beider Stahlarten im Bruchzustand

Die Stahlspannungen σ_z und σ_e im Bruchzustand u des Betons können je nach Stahlart und ε_q für den Spannstahl oder den schlaffen Stahl die $\beta_{0,2}$-Dehngrenze erreichen oder im elastischen Bereich liegen, wie wir dies im Bild 13.12 zeigen.

Im übrigen gelten auch hier die Bemerkungen des Kap. 13.312 hinsichtlich $\varepsilon_v{}^{(0)}$, Höhenlage der Stahleinlagen, S. u. K. usw.

13.32 Die Tragfähigkeit D der Biegedruckzone des Betons

Betrachten wir in Bild 13.13 die Biegedruckzone des Betons beim Übergang von der Gebrauchslast zur Traglast, so ändert sie zunächst ihre Höhe beim Übergang vom Zustand I zum Zustand II ganz wesentlich, und zwar abhängig vom Bewehrungsgrad μ, also vom Flächenanteil der Stahleinlagen und deren Dehnung. Bei Bruchart 1b wird die kritische Stahldehnung erreicht, bevor der Beton in der Randfaser die kritische Betonkürzung max ε_b oder die Bruchspannung max $\sigma_{bu} \approx \beta_p$ erreicht. Die Betonfestigkeit ist also nicht ausgeschöpft. Bei Bruchart 2 dagegen wird die Tragfähigkeit D der Druckzone erschöpft, d. h. die Kürzung ε_b erreicht den Grenzwert max ε_b und die Spannung die Festigkeitsgrenze, die wir zunächst der Prismendruckfestigkeit β_p gleichsetzen.

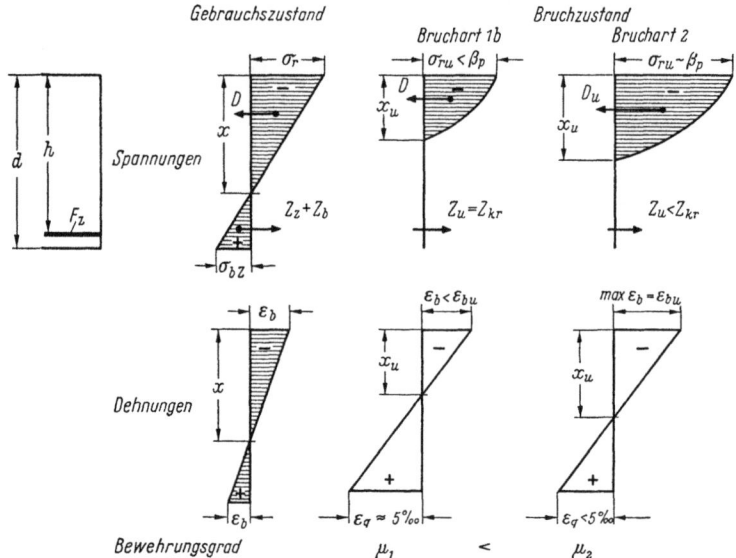

Bild 13.13 Größe und Spannungen der Biegedruckzone im Gebrauchs- und im Bruchzustand, abhängig vom Bewehrungsgrad

Wir müssen also die Tragfähigkeit D für verschiedene Belastungsgrade $\varrho = \sigma_r/\beta_p$ ermitteln können (σ_r = Randspannung). Beim Stahl lösten wir die gleiche Aufgabe über die Dehnung ε_q, für die wir aus der σ-ε-Linie das σ_z oder σ_e herausgriffen. Man hat zunächst angenommen, daß man beim Beton gleich vorgehen könne. Die Versuchsergebnisse zeigten jedoch, daß die ausmittig belastete Biegedruckzone nicht das gleiche σ-ε-Verhalten aufweist wie das mittig gedrückte Prisma [496]. Wir wollen nun zuerst eine möglichst wirklichkeitsgetreue Ermittlung auf Grund von Versuchsergebnissen angeben und dann Näherungslösungen behandeln.

13.321 Die Ermittlung von D bei Kurzzeitbelastung
(nach Versuchen von *H. Rüsch*)

Die Festigkeit der Biegedruckzone für übliche Betongüten unter Kurzzeitbelastung wurde von *H. Rüsch* sehr sorgfältig untersucht und im Heft 120 des Deutschen Ausschusses für Stahlbeton [295] ausführlich dargestellt. Diese Ergebnisse wurden durch *G. Scholz* im Heft 139 [496] einer weiteren Auswertung unterzogen. Beide Arbeiten werden der folgenden Darstellung zugrunde gelegt.

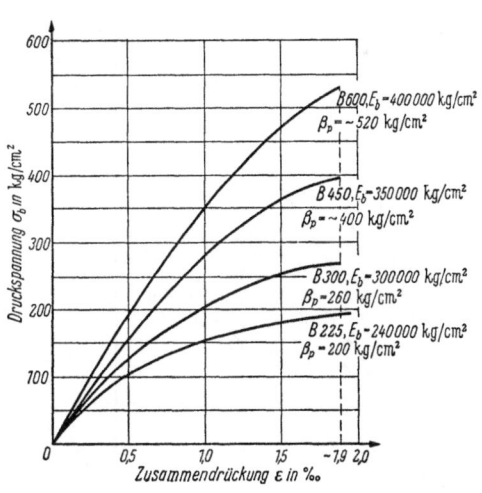

Bild 13.14 σ-ε-Linien der Betongüten B 225 bis B 600 aus Versuchen an mittig gedrückten Prismen im Kurzzeitversuch (Heft 120 DAfSt)

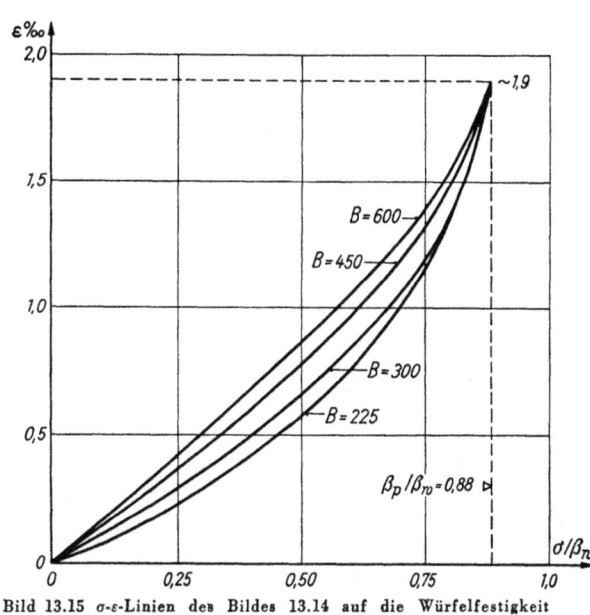

Bild 13.15 σ-ε-Linien des Bildes 13.14 auf die Würfelfestigkeit β_w bezogen.

Wir zeigen zunächst in Bild 13.14 die σ-ε-Linien der Betongüten B 225 bis B 600, wie sie an Prismen bei Kurzzeitbelastung für mittigen Druck gemessen werden. Die maximale Kürzung ε_b liegt bei allen Betongüten bei etwa 2 ⁰/₀₀. Die Krümmung der Linien nimmt mit der Betongüte ab, die höchste Spannung entspricht etwa $\beta_p = 0{,}88\,\beta_w$ und fällt mit max ε_b zusammen. In Bild 13.15 sind die gleichen Linien jedoch auf β_w bezogen und mit σ/β_w als Abszisse dargestellt, um sie in der für unsere Druckspannungsdiagramme gewohnten Form zu sehen.

Zum Vergleich sind nun in den Bildern 13.16 bis 13.19 die aus den Versuchen an exzentrisch beanspruchten Prismen (eine Randspannung = 0) ermittelten Spannungen bezogen auf β_w für verschiedene Belastungsgrade gezeigt. Man sieht daraus, daß im Bruchzustand die Spannungslinie der Biegedruckzone stärker gekrümmt, also völliger ist, als die Spannungs-Dehnungslinie bei

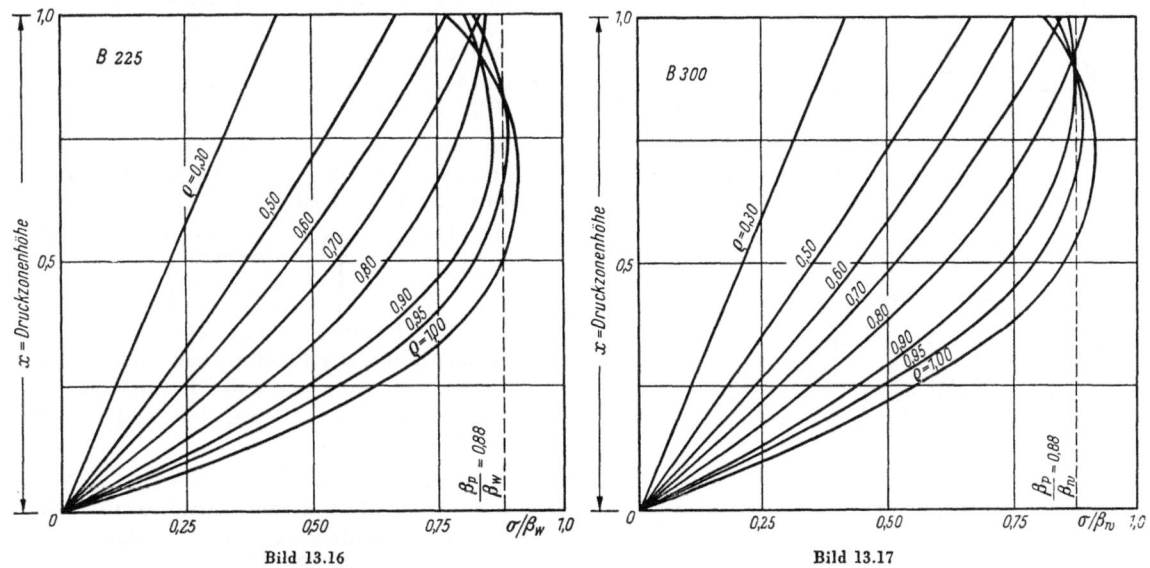

Bild 13.16 und 13.17 Spannungslinien der Betongüten B 225 und B 300 aus Versuchen an ausmittig gedrückten Prismen, bezogen auf β_w — vgl. Bild 13.18 und 13.19

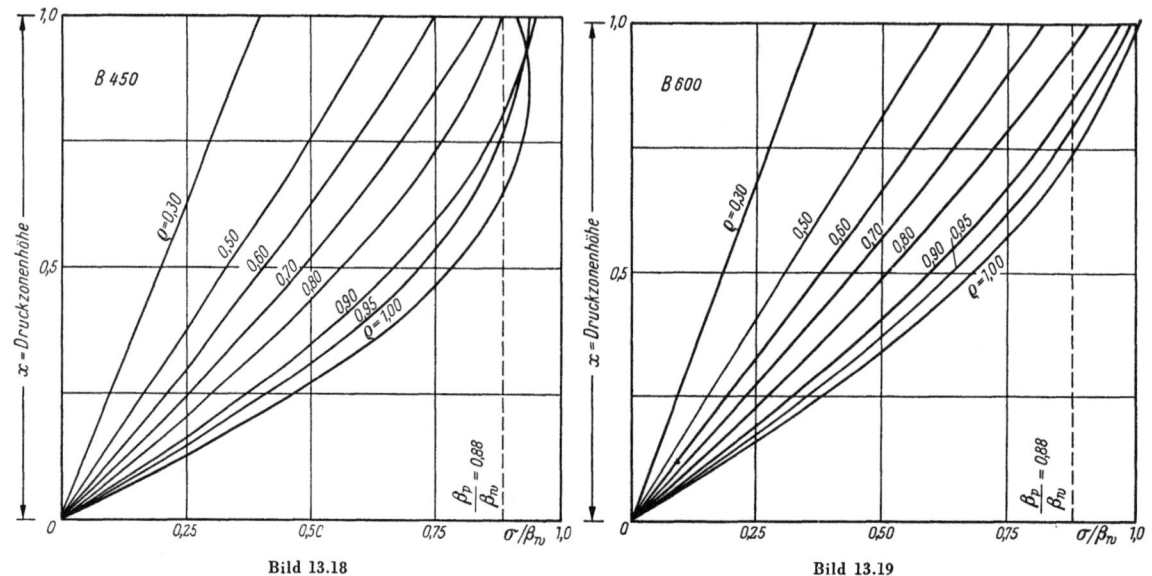

Bild 13.18 und 13.19 Spannungslinien der Betongüten B 450 und B 600 aus Versuchen an ausmittig gedrückten Prismen (eine Randspannung = 0, entsprechend der Druckzone im Stahlbetonbalken) bezogen auf β_w (Heft 139 DAfSt, Rüsch, Scholz)

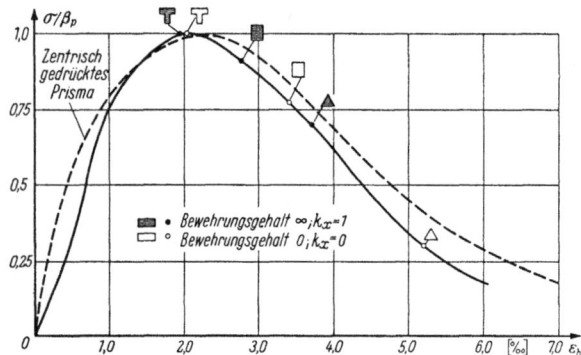

Bild 13.20 σ-ϵ-Linien für mittig und ausmittig gedrückte Querschnitte bei gleichbleibender Geschwindigkeit der Randverformung im Versuch (Beton B 225) nach H. Rüsch

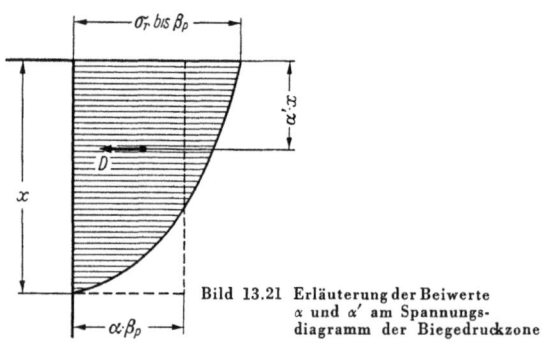

Bild 13.21 Erläuterung der Beiwerte α und α' am Spannungsdiagramm der Biegedruckzone

mittigem Druck und daß die größte Spannung bei B 225 bis B 450 nicht am Rand auftritt und z. T. die Prismenfestigkeit überschreitet. Schließlich zeigte sich noch, daß die Kürzung der Randfaser bei Biegung größer wird als die 2 ⁰/₀₀, die sich für das mittig gedrückte Prisma ergaben, nämlich bei **Kurzzeitbelastung**

max ϵ_{bB} = 2,5 bis 3,0 ⁰/₀₀
für B 600 bis B 300.

Die Randkürzung hängt zudem von der Form der Biegedruckzone ab, sie ist bei dreieckiger Form größer als 3 ⁰/₀₀, weil dort die Randfasern quer nicht gestützt sind (Bild 13.20).

Zur einfachen Anwendung der Versuchsergebnisse werden nun zwei Hilfsbegriffe eingeführt (Bild 13.21).

Völligkeitsgrad α, so gewählt, daß

$$D = \alpha \beta_R x b \quad 13.(19)$$

d. h. das Rechteck $\alpha \beta_R x$ entspricht dem Flächeninhalt des tatsächlichen Spannungsdiagramms, auch wenn die Randspannung $\sigma_r < \beta_R$ ist. α ist also auf den Rechenwert der Betonfestigkeit bezogen.

Höhen- oder **Hebelbeiwert** α' für den Abstand $\alpha' x$ der Druckresultierenden D vom gedrückten Rand, so daß

$$z = h - \alpha' x \quad 13.(20)$$

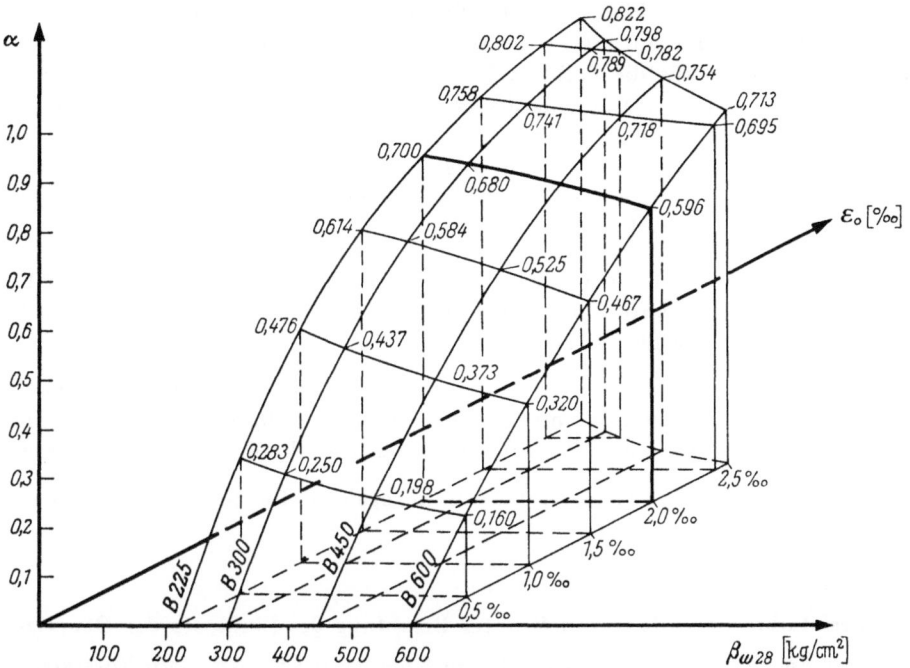

Bild 13.22 Größe des Beiwertes α, bezogen auf die Prismenfestigkeit β_p aus Kurzzeitversuchen, $D = \alpha \cdot \beta_p \cdot x \cdot b$ (Heft 120 DAfSt, H. Rüsch)

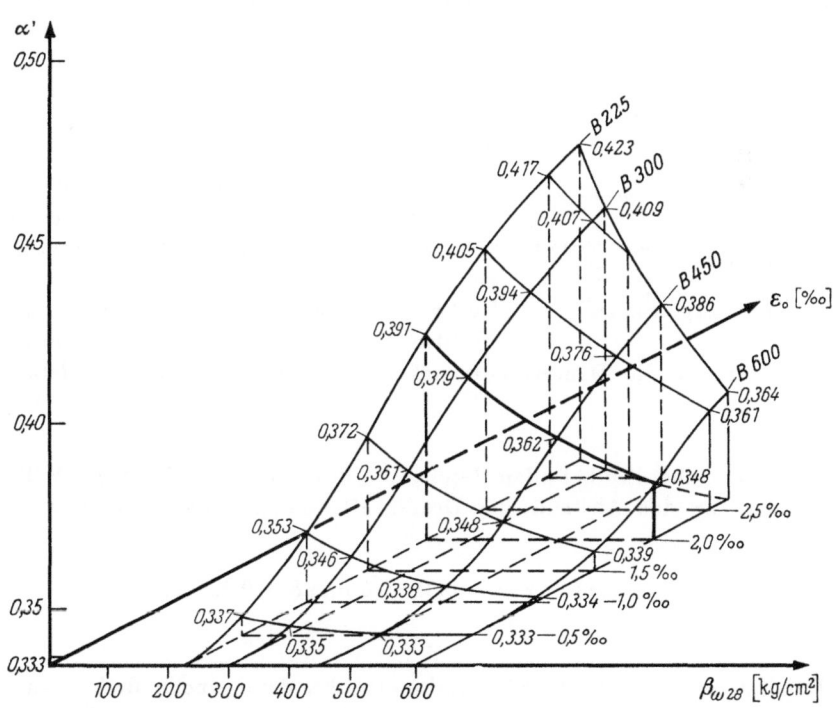

Bild 13.23 Größe des Beiwertes α' aus Kurzzeitversuchen (Heft 120 DAfSt, H. Rüsch)

Mit diesen beiden Beiwerten können wir Größe und Lage von D angeben. Die aus den Versuchsergebnissen ermittelten und auf die Prismenfestigkeit β_p bezogenen Beiwerte α und α' sind in den Bildern 13.22 und 13.23 für die üblichen Betongüten von ε_b abhängig aufgezeichnet, so daß zu jedem ε_b, das sich aus dem Dehnungsdiagramm beim Bruch ergibt, die Größe und Lage von D bestimmbar ist (vgl. auch Bild 13.25 und 13.26) Sie können ohne Änderung für den Bezug auf β_R in die Gleichung 13.(19) und 13.(20) zur Aufstellung von Bruchsicherheitsnachweisen eingesetzt werden. Zur Vorausberechnung und Überprüfung von Versuchen ist aber der Unterschied in der Bezugsfestigkeit — β_R bzw. β_p — zu beachten.

Der Völligkeitsgrad α nähert sich im Bruchzustand für schwachen Beton dem Wert 1,0, das Spannungsdiagramm also dem Rechteck, für hochfesten Beton (B 600) liegt er näher bei dem Wert 0,5, da das Spannungsdiagramm dem Dreieck ähnlicher wird.

Der Hebelbeiwert α' ist für hochfesten Beton und für kleine ε, also niedrige Spannungen, auch bei schwachem Beton dem Dreieck entsprechend etwa $0{,}33 = 1/3$ und nähert sich bei schwachem Beton und hohen Spannungen dem Wert 0,5, wie er dem Rechteck entsprechen würde.

Es werden in Kap. 13.332 Bemessungskurven angegeben, die auf diesen Versuchsergebnissen beruhen.

13.322 Vereinfachte Ermittlung von D unter Beachtung des Einflusses der Dauerlast
(nach Empfehlungen des Europ. Beton Komitee (CEB) bzw. nach Vorschlag *Rüsch*)

In noch unveröffentlichten Versuchen hat *H. Rüsch* den Einfluß der Lastdauer auf die Spannungsverteilung in der Biegedruckzone untersucht. Demnach verlieren sich die Unterschiede für die verschiedenen Betongüten, so daß eine Parabel + Rechteck gemäß Bild 13.24 als Näherung zur Ermittlung der Tragfähigkeit der Biegedruckzone genügt. Diese Linie darf nun aber nicht mehr als Spannungs-Dehnungslinie des Betons betrachtet werden, sie stellt vielmehr einen Rechenbehelf dar, der die Einflüsse plastischer Verformungen und die Festigkeitsabnahme infolge Lastdauer erfaßt. Da bei vielen Tragwerken die Lasten lange Zeit wirken, kann man so diese Einflüsse beim Bruchsicherheitsnachweis berücksichtigen. Die Annahme der Betonkürzung zu 3,5 $^o/_{oo}$ ergibt das bei Dauerlastversuchen beobachtete Absinken der Nullinie in eine tiefere Lage. Andererseits erfaßt der Größtwert der Spannung $0{,}6\,\beta_w$ im Bruchzustand den Abfall der Festigkeit auf die Dauerstandfestigkeit (vgl. Rechenwerte der Betondruckfestigkeit in Kap. 13.1).

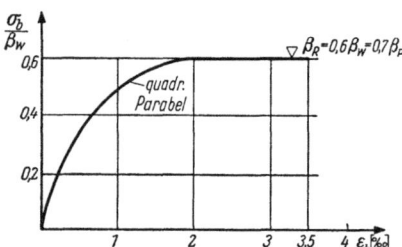

Bild 13.24 Vom CEB und *Rüsch* vorgeschlagenes Diagramm der Rechenwerte der Spannungen und Dehnungen zur Ermittlung der Tragfähigkeit der Biegedruckzone bei Berücksichtigung der Lastdauer

Es ist damit für D_u einheitlich bei allen Betongüten mit max $\varepsilon_b = 3{,}5\ ^o/_{oo}$ die Völligkeit $\alpha = 0{,}81$ und der Beiwert für den Abstand der Druckkraft vom gedrückten Rand $\alpha' = 0{,}416$, so daß allgemein

$$D_u = \alpha \cdot \beta_R \cdot x \cdot b = 0{,}81 \cdot 0{,}6\ \beta_w\, x\, b = 0{,}486\ \beta_w\, x\, b \qquad 13.(21)$$

gilt.

Wird die Randkürzung max $\varepsilon_b = 3{,}5\ ^o/_{oo}$ nicht erreicht, dann sind α und α' aus Bild 13.24 zu ermitteln oder einfacher aus den Bildern 13.25 und 13.26, in denen auch die entsprechenden

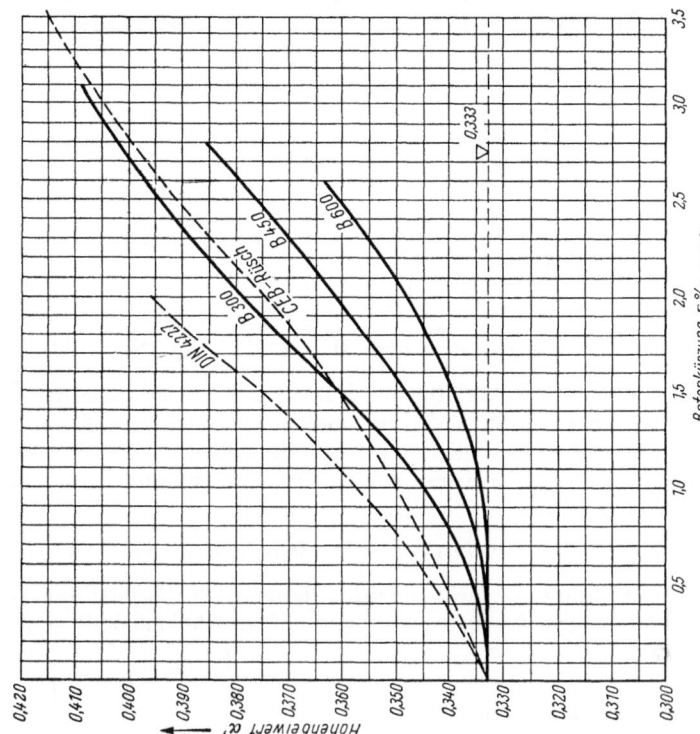

Bild 13.26 Vergleich der Beiwerte α' nach Versuchen für Beton B 300 bis B 600 (Kurzzeit) mit denen der DIN 4227 nach Bild 13.27 und denen des Vorschlages CEB-Rüsch für Dauerlast nach Bild 13.24 (nach [496])

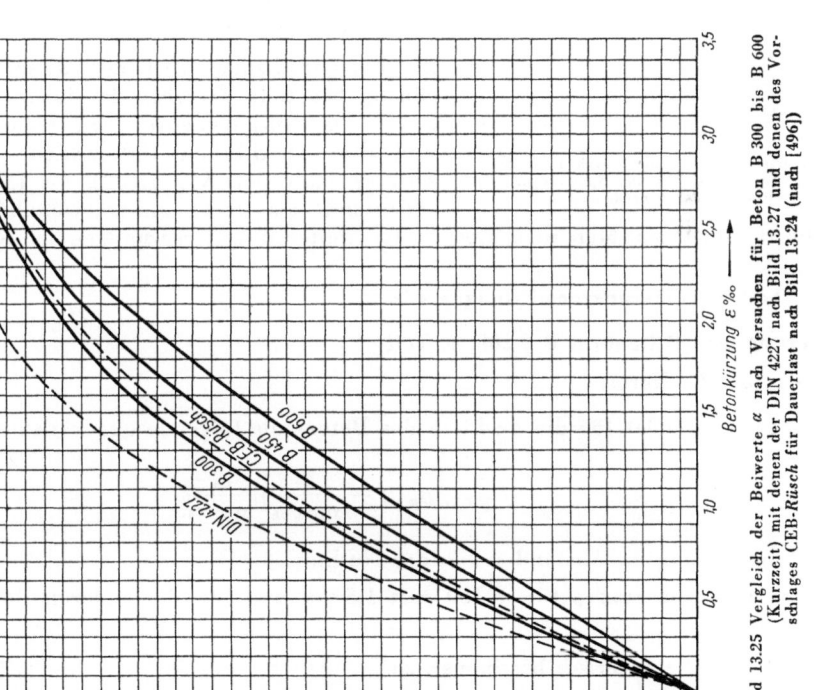

Bild 13.25 Vergleich der Beiwerte α nach Versuchen für Beton B 300 bis B 600 (Kurzzeit) mit denen der DIN 4227 nach Bild 13.27 und denen des Vorschlages CEB-Rüsch für Dauerlast nach Bild 13.24 (nach [496])

463

Werte aus den Kurzzeitversuchen nach Kap. 13.321 eingetragen sind, abzulesen. Die Kurven „CEB-*Rüsch*" für das Diagramm Bild 13.24 entsprechen den nachfolgend angegebenen Formeln:

$$\left.\begin{array}{l} \alpha = \dfrac{1}{12}\,\varepsilon_b\,(6-\varepsilon_b) \\[4pt] \alpha' = \dfrac{8-\varepsilon_b}{4\,(6-\varepsilon_b)} \end{array}\right\} \quad \text{wenn } \varepsilon_b \leqq 2\,^0/_{00}$$

$$\left.\begin{array}{l} \alpha = \dfrac{3\,\varepsilon_b - 2}{3\,\varepsilon_b} \\[4pt] \alpha' = \dfrac{\varepsilon_b\,(3\,\varepsilon_b - 4) + 2}{2\,\varepsilon_b\,(3\,\varepsilon_b - 2)} \end{array}\right\} \quad \text{wenn } \varepsilon_b \text{ zwischen } 2\,^0/_{00} \text{ und } 3,5\,^0/_{00}$$

13.323 Genäherte Ermittlung von D nach DIN 4227 (Ausg. Okt. 1953)

In Deutschland ist gemäß DIN 4227 für den Nachweis der Bruchsicherheit zur Zeit noch die Spannungs-Dehnungslinie nach Bild 13.27 anzunehmen, wobei max ε_b mit $2\,^0/_{00}$ begrenzt ist. Als Rechenwert der Beton-Druckfestigkeit ist dabei ein höherer Wert als in Kap. 13.322, und zwar $\beta_R = {}^2/_3\,\beta_w$ zu setzen. Für diese Kurve der Spannungsverteilung ist bei max $\varepsilon_b = 2\,^0/_{00}$, $\alpha = 0,75$ und $\alpha' \approx 0,40$. Damit gilt hier

$$D = \alpha \cdot \beta_R\,x\,b = 0{,}75 \cdot 0{,}67\,b\,\beta_w\,x = 0{,}5\,\beta_w\,x\,b \qquad 13.(22)$$

Wird die größte Randkürzung nicht erreicht, dann ist der Ermittlung von D die in Bild 13.27 dargestellte σ-ε-Linie zugrunde zu legen, wobei sich in Abhängigkeit von ε_b die Beiwerte

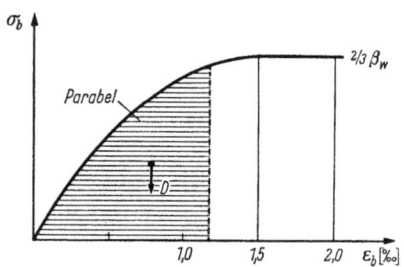

Bild 13.27 Die der Berechnung nach DIN 4227 zugrunde zu legende Spannungsverteilung in der Biegedruckzone

$$\left.\begin{array}{l} \alpha = \dfrac{2}{27}\,\varepsilon_b\,(9 - 2\,\varepsilon_b) \\[4pt] \alpha' = \dfrac{6-\varepsilon_b}{2\,(9 - 2\,\varepsilon_b)} \end{array}\right\} \quad \text{für } \varepsilon_b \leqq 1{,}5\,^0/_{00}$$

ergeben. Sie können auch aus Bild 13.25 und 13.26 abgelesen werden.

Die Biegedruckzone wird mit dieser Vereinfachung zu günstig beurteilt. Da aber der innere Hebelarm für die Größe des Bruchmomentes von gleicher Bedeutung ist, sind die tatsächlichen Unterschiede der verschiedenen Ansätze nach den Kap. 13.321 bis 13.323 solange nicht bedeutend, als nicht außergewöhnlich stark bewehrte Querschnitte vorliegen. Man wird dies an den weiteren Untersuchungen im Kap. 13.3 erkennen.

13.324 Andere Näherungsermittlungen für D

1. Näherung gemäß Oenorm B 4 200, 4. Teil

(Österreichische Norm)

Die Oenorm verwendet für die σ-ε-Linie des Betons die folgende quadratische Parabel [218]

$$\sigma_x = \beta_p\left(2 - \dfrac{\varepsilon_x}{\max \varepsilon_b}\right)\dfrac{\varepsilon_x}{\max \varepsilon_b} \qquad 13.(23)$$

$\sigma_x =$ Betonspannung im Abstand y von der Nullinie.

Die Norm begrenzt max ε_b für B 160 mit $1{,}5\,^0/_{00}$ und für die anderen Betongüten mit $2\,^0/_{00}$ (Bild 13.28).

Damit läßt sich D rechnerisch bestimmen zu

$$D = \int_0^{y_0} b_x\,\sigma_x\,dy \qquad y_0 = \text{Nullinien-Abstand,}$$

wobei
$$\sigma_x = \beta_p \frac{\varkappa}{y_0}\left[2y - \frac{\varkappa}{y_0}\cdot y^2\right]$$

$$\varkappa = \frac{\varepsilon_b}{\max \varepsilon_b} = \text{Belastungsgrad}.$$

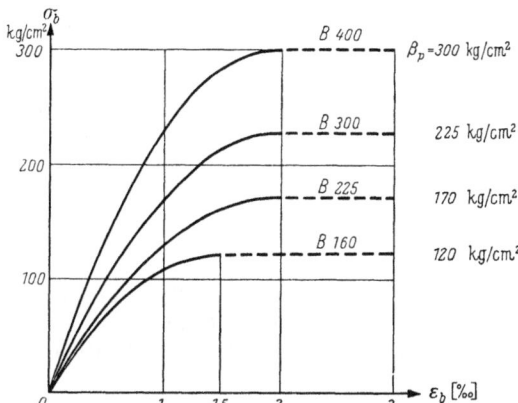

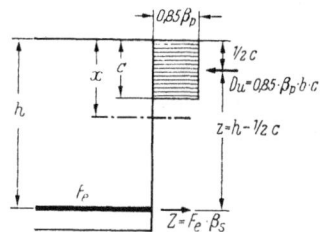

Bild 13.29 Grundlagen für die Ermittlung der Bruchsicherheit von Stahlbetonquerschnitten nach [538] als Erweiterung der Vorschrift ACJ (318-56) der USA

Bild 13.28 σ-ε-Linien des Betons zur Berechnung nach Oenorm B 4200/4

2. Näherung mit rechteckigem Spannungsdiagramm

In verschiedenen Ländern (USA, UdSSR u. a.) wird das σ_b-Diagramm im Bruchzustand einfach als Rechteck (rectangular stress block) angenommen, wobei die Spannung in den USA mit $0{,}85\,\beta_p$ (mit $\beta_p = \sim \beta_c$) begrenzt wird (Bild 13.29).

Die Höhe c des Spannungsrechtecks wird nach einem Vorschlag in [538] zur Verbesserung der Annahmen des ACJ-Building Code (ACJ 318-56) für Beton bis einschließlich B 300 zu $0{,}85\,x$ angenommen und für höherwertige Betone abgemindert (bei B 450 gilt z. B. $c = \sim 0{,}77\,x$; bei B 600 $c = \sim 0{,}69\,x$). Allgemein ist gemäß Bild 13.29 $D_u = 0{,}85\,\beta_p \cdot b \cdot c$ und $z = h - \frac{1}{2}c$. Für die 3 Betongüten ergeben sich damit bei voller Ausnutzung der Betondruckfestigkeit folgende Grenzen der Beiwerte:

	$\leq$ B 300	B 450	B 600
Beiwert α	0,72	0,65	0,58
Beiwert α'	0,43	0,39	0,34

Die Tragfähigkeit der Druckzone wird also ähnlich bewertet wie nach den Versuchsergebnissen für $\max \varepsilon_b = 2\,^0/_{00}$ (Bild 13.22).

Ist die Bewehrung schwach, so daß die Druckzone nicht erschöpft wird, dann wird auf den Nachweis von D verzichtet. *Ch. Massonet* hat das rechteckige Spannungsdiagramm mit anderen Annahmen eingehend verglichen [460] und findet im Endergebnis keine großen Unterschiede.

In der UdSSR wird ein Spannungsrechteck mit $\sim 0{,}52\,\beta_w = \sim 0{,}59\,\beta_p$ verwendet. Die Höhe des Rechtecks wird gleich dem Nullinienabstand x angenommen und mit $0{,}55\,h$ begrenzt. Der Völligkeitsbeiwert ist also etwa $\alpha = 0{,}59$ und der Beiwert $\alpha' = 0{,}5$.

13.325 Berücksichtigung einer Druckbewehrung in der Biegedruckzone

Ist Druckbewehrung F_e' in der Biegedruckzone vorhanden, dann wird die auf sie entfallende Druckkraft D_e zusätzlich zu D_b angesetzt.

Es ist
$$D_e = F_e' \sigma_e' \qquad \text{13.(24)}$$

mit $\sigma_e' = \dfrac{x - h'}{x} \max \varepsilon_b \cdot E_e \leq \beta_S$, wenn Bruchart 2 vorliegt.

Dieses D_e wirkt in der Schwerlinie von F'_e, so daß sich daraus der Hebelarm z' für den Momentenanteil ergibt. Die Beeinflussung der σ_b durch F'_e wird meist im Bruchzustand vernachlässigt. Auch Spannungsumlagerungen, die zuvor durch S. u. K. verursacht sein konnten, bleiben auf die Traglast im Bruchzustand ohne Einfluß.

Die Druckbewehrung darf nur in Rechnung gestellt werden, wenn sie durch ausreichende Betondeckung oder durch Anker gegen Ausknicken gesichert ist. Als ausreichende Betondeckung kann 2 ϕ angesehen werden, wenn die Querbewehrung außen liegt.

13.33 Die Ermittlung des Bruchmomentes M_u oder des kritischen Momentes M_{kr} eines Trägerquerschnittes

Das Bruchmoment bzw. das von einem Querschnitt aufnehmbare Moment, das Tragmoment, ist:

$$\left.\begin{array}{r}M_u \\ M_{kr}\end{array}\right\} = Z_u \cdot z = D_u \cdot z,$$

wobei Z und D den Kap. 13.31 und 13.32 zu entnehmen sind und der kleinere Wert maßgebend ist, je nachdem Bruchart 1 oder 2 vorliegt. Die Höhenlage x der Nullinie und damit $z = h - \alpha' x$ erhalten wir rechnerisch oder graphisch aus den Gleichgewichts- und Verformungsbedingungen des Schnittes.

13.331 Bruchmoment bei Biegung und Biegung mit Längskraft mit einheitlicher Bemessungstafel nach H. Rüsch für rechteckige Druckzone

H. Rüsch hat einen Weg gezeigt, seine Versuchsergebnisse für alle Beton- und Stahlgüten in nur einer Tafel für die Bemessung auf Biegung mit und ohne Längskraft auszudrücken. Dazu werden die möglichen Verformungen, dargestellt in Dehnungsdiagrammen, in 4 Bereiche gemäß Bild 13.30 eingeteilt.

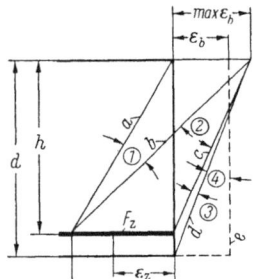

Bild 13.30 Die 4 Verformungsbereiche im Dehnungsdiagramm (nach *H. Rüsch*)

Bereich ①: Biegung mit mäßiger Bewehrung

max ε_q ist für die kritische Verformung begrenzt. Mit wachsendem F_z steigt ε_b, bis am Druckrand max ε_b gleichzeitig mit max ε_q vorliegt (Linie „b").

Bereich ②: Biegung mit starker Bewehrung

Größeres F_z führt zur Vergrößerung des inneren Momentes bzw. der Betondruckkraft, wenn die Nullinie absinkt, d. h. wenn die Stahldehnung ε_q kleiner als max ε_q unter Beibehaltung von max ε_b wird. Die theoretische Grenze dieses Bereiches ist also die Linie „c", die für unendlich großes F_z gilt.

Die Bereiche 1 und 2 gelten auch für Biegung mit Längskraft, wenn man statt M das auf den Spannstahl bezogene Moment im Bruchzustand oder das kritische Moment $M_z = M - N \cdot e$ bildet und bei der Bemessung der Stahleinlagen zur Biegezugkraft die Längskraft $+ N$ hinzufügt oder $- N$ abzieht. Die Nullinie muß dabei aber zwischen Druckrand und Stahleinlagen der Zugzone liegen. Da M_z auf den Schwerpunkt des Spannstahls bezogen wird, fällt die Spannkraft mit Hebelarm Null heraus und N bezeichnet nur die durch andere äußere Kräfte erzeugte Längskraft.

Der Bereich ③ ist die schmale Zone, die durch Einbeziehung der vollen Querschnittshöhe d an Stelle von h entsteht. Bei Erreichen der Linie „d" treten im Querschnitt nur noch Druckspannungen auf.

Der Bereich ④. Mit wachsender Längskraft bei abnehmender Ausmittigkeit entsteht der Bereich ④ dessen Grenzfall — mittige Längskraft — durch die Linie „e" dargestellt ist. Da bei mittiger Belastung die Bruchkürzung des Betons kleiner ist als bei Biegung (z. B. 2 ⁰/₀₀ statt 3 ⁰/₀₀), wurde für die Grenzlinie „e" ein Wert $\varepsilon_b <$ max ε_b eingetragen.

Die Bereiche ③ und ④ haben für den Spannbeton keine Bedeutung und werden deshalb hier nicht weiter behandelt. DIN 4227 weist dazu auch darauf hin, daß in vorgespannten Druckgliedern, bei denen auch im Bruchzustand nur Druckspannungen vorhanden sind, der Bruchsicherheitsnachweis bei eingehaltenen zulässigen Spannungen entfallen kann.

Für die Bereiche ① und ② lassen sich nun folgende **Bemessungsformeln** für den Bruchzustand bzw. für die kritische Verformung aufstellen:

Lage der Nullinie
$$x = \frac{\varepsilon_b}{\varepsilon_b + \varepsilon_q} \cdot h = k_x \cdot h \qquad 13.(25)$$

Druckkraft
$$D_u = \alpha \cdot \beta_R \cdot x \cdot b = \alpha \cdot k_x \cdot \beta_R \cdot b \cdot h \qquad 13.(26)$$

bezogene Druckkraft
$$\gamma = \frac{D_u}{b\,h \cdot \beta_R} = \alpha \cdot k_x \qquad 13.(27)$$

Hebelarm
$$z = h - \alpha' x = (1 - \alpha' k_x)\,h = k_z\,h \qquad 13.(28)$$

äußeres Moment, bezogen auf den Schwerpunkt von F_z
$$M_z = M - N \cdot e_z \qquad (13.29)$$

e_z = Abstand N von Spannstahl.

Für M ist dabei das geforderte Tragmoment, also z. B. $\nu \cdot M_{g+p}$, zu setzen. Das gleiche gilt für N, wenn seine Wirkung das Tragmoment verkleinert. Wenn N günstig wirkt, ist es ohne Sicherheitsbeiwert ν anzusetzen (Bild 13.31)!

Inneres Moment, bezogen auf Schwerpunkt von F_z
$$M_z = D_u\,z = Z_u \cdot z = \alpha\,k_x\,(1 - \alpha'\,k_x)\,b\,h^2\,\beta_R \qquad 13.(30)$$

bezogenes inneres Moment
$$m_z = \frac{M_z}{b\,h^2\,\beta_R} = \alpha\,k_x\,(1 - \alpha'\,k_x) \qquad 13.(31)$$

Zugkraft
$$Z_u = Z_z + Z_e = D_u + N \qquad 13.(32)$$

erforderlicher Stahlquerschnitt
$$F_z = \frac{Z_z}{\sigma_z} = \frac{Z_z}{\sigma_{zv}^{(0)} + \sigma_q} \qquad 13.(33)$$

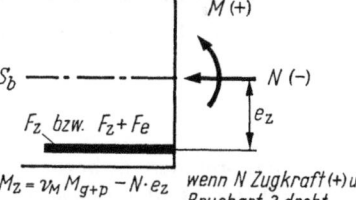

Bild 13.31 Ansatz der Sicherheitsbeiwerte bei Biegung mit Längskraft im Moment M_z, bezogen auf den Schwerpunkt der Spannstahleinlagen

Dabei ist σ_{zv}^{0} die der Vordehnung $\varepsilon_v^{(0)}$ entsprechende und σ_q die der Lastdehnung ε_q entsprechende Stahlspannung. Für $\varepsilon_z = \varepsilon_v^{(0)} + \varepsilon_q$ wird $\sigma_z = \sigma^{(0)} + \sigma_q$ aus den σ-ε-Linien der Spannstähle abgelesen. Häufig begnügt man sich damit, für $\sigma_z \geq \beta_{0,2}$ vereinfacht und auf der sicheren Seite bleibend die Streckgrenze $\beta_{0,2}$ des Spannstahls einzusetzen.

Ist F_e vorhanden, dann wird im Bereich ① mit $\varepsilon_q \geq \varepsilon_{e,0,2}$ $\sigma_e = \beta_{eS}$ und im Bereich ② , wenn $\varepsilon_q < \varepsilon_{e,0,2}$ $\sigma_e = \varepsilon_q \cdot E_e$ und damit der Anteil $Z_e = \sigma_e\,F_e$, der nach Gleichung 13.(32) von Z_u abzuziehen ist, um Z_z für den Spannstahl zu erhalten.

Die Formeln 13.(26) bis 13.(33) werden nun zur Aufstellung von Tafeln verwendet.

13.332 Bemessungstafeln für Bruchmomente bei Kurzzeitbelastung nach Versuchsergebnissen

Die Bemessungsformeln nach Kap. 13.331 für die Bereiche ① und ② sind zur Aufstellung der Tafeln 13.II und 13.III benützt worden, wobei für die Beiwerte α und α' und für die Betonkürzung max ε_b die Ergebnisse der im Heft 120 des Deutschen Ausschusses für Stahlbeton wiedergegebenen Versuche von H. Rüsch (vgl. Bild 13.22 und 13.23) verwendet wurden. Tafel 13.II geht dabei von der beobachteten größten Bruchkürzung max ε_b (zwischen 2,6 ⁰/₀₀ und 3,0 ⁰/₀₀) mit folgenden Grenzwerten für α und α' aus:

Zu Tafel 13.II

Betongüte β_p (kg/cm²)	B 300 260	B 450 400	B 600 520
max ε_b (⁰/₀₀)	3,0	2,75	2,6
α	0,80	0,75	0,71
α'	0,41	0,39	0,36

Tafel 13.III setzt als obere Grenze der Betonkürzung für alle Betongüten in Anlehnung an DIN 4227 max $\varepsilon_b = 2\,^0/_{00}$, womit die Grenzwerte für α und α' folgende Werte haben:

Zu Tafel 13.III

Betongüte β_p (kg/cm²)	B 300 260	B 450 400	B 600 520
max ε_b (⁰/₀₀)	2,0	2,0	2,0
α	0,68	0,64	0,60
α'	0,38	0,36	0,35

Da in Deutschland nach DIN 4227 max ε_b z. Z. noch mit $2\,^0/_{00}$ begrenzt ist, dürfen bisher die dieser Betonkürzung entsprechenden α- und α'-Werte nicht überschritten werden (Tafel 13.III), soweit DIN 4227 (Ausgabe Okt. 1953) rechtliche Grundlage der Bemessung ist.

Die Tafeln zeigen alle Werte der Bemessungsgleichungen in Abhängigkeit vom bezogenen Moment

$$m_z = \frac{M_z}{b\,h^2\,\beta_R}$$

wobei M_z das um den Sicherheitsfaktor vergrößerte Moment (Tragmoment) in bezug auf den Schwerpunkt der Stahleinlagen ist

$$M_z = \nu_M M_{g+p} - \nu_N N \cdot e$$
bzw.
$$M_z = \nu_M M_{g+p} - N \cdot e$$

(N = Längskraft ohne Einschluß der Spannkraft).

Als Ordinaten sind abzulesen k_x, k_z, ε_q und γ. Mit k_x ist die Nullinie x, mit k_z der innere Hebelarm z und mit γ die Druckkraft D bekannt. Das Bruchmoment kann daher als

$$\boxed{M_u = D \cdot z = k_z\,\gamma\,b\,h^2\,\beta_R}\qquad 13.(34)$$

angeschrieben werden. Der Rechenwert der Beton-Druckfestigkeit β_R ist dabei, wenn unter dem für M_z eingeführten Sicherheitsbeiwert der für Stahl gültige Wert $\nu = 1{,}75$ verstanden wurde, entsprechend den Ausführungen Kap. 13.1 einzusetzen.

Die Stahlspannungen σ_z und σ_e ergeben sich mit ε_q und $\varepsilon_v^{(0)}$ aus der σ-ε-Linie des Stahles

$$\sigma_z = f\!\left(\varepsilon_v^{(0)} + \varepsilon_q\right)$$
$$\sigma_e = f\,(\varepsilon_q).$$

Sie werden zur Kontrolle benützt, ob F_z und F_e mit diesen Spannungen $Z = D$ ergeben.

Aus dem Diagramm kann man auch die Bruchart, d. h. die Bereiche nach Bild 13.30 ablesen.

Der Bereich ① beginnt links mit $m_z = 0$ und reicht bis zu der Stelle, an der ε_q abzusinken beginnt. Der Bereich ② endet, wo $k_x = 1{,}0$ und $\varepsilon_q = 0$ wird. Je nach den vorausgesetzten max ε_b ändert sich die Grenze zwischen beiden Bereichen, wie aus einem Vergleich der Tafeln 13.II und 13.III hervorgeht. Im Bereich ① liefern beide Tafeln nahezu gleiche k_x, k_z und γ. Die Unterschiede werden aber spürbar, wenn ε_q stärker abgefallen ist und somit bei starker Bewehrung die Betondruckzone maßgebend wird. Die Empfindlichkeit der Bemessung bzw. des Bruchsicherheitsnachweises gegen die Größe von max ε_b läßt es angeraten erscheinen, in diesem Bereich vorsichtig zu sein und entweder min ε_q oder max k_x oder max μ zu begrenzen, wie es in einigen ausländischen Vorschriften geschieht. Diese Maßnahme ist natürlich nur solange nötig, als noch nicht genügend Bruchversuche in diesem Grenzgebiet vorliegen.

13.333 Bemessungstafeln für Bruchmomente bei Dauerlast

Legt man den Bemessungsgleichungen 13.(25) bis 13.(33) die vereinfachte Spannungsverteilung nach Bild 13.24 zugrunde, bei der die Verformungen unter Dauerlast berücksichtigt wurden (vgl. Kap. 13.322), dann erhält man Tafel 13.IV. Sie ist wegen der Einheitlichkeit der Spannungsverteilung für alle Betongüten einfacher als die Tafeln 13.II und 13.III, im übrigen aber diesen ganz ähnlich. Alle im Abschnitt 13.332 gemachten Ausführungen gelten demgemäß auch hier.

Es sei hier darauf hingewiesen, daß in den Erläuterungen zur DIN 4227 im Betonkalender [564] von *H. Rüsch* und *H. Kupfer* die entsprechenden Kurven für das Spannungsdiagramm nach DIN 4227 enthalten sind, wobei aber zu beachten ist, daß dort nicht m_z nach Gleichung 13.(31) sondern in der Form

$$m_z = \frac{M_z}{b\,h^2\,\beta_w}$$

als Ausgangswert zu verwenden ist.

13.334 Beispiele zur Anwendung der Tafeln

1. B e r e i c h ① . R e c h t e c k q u e r s c h n i t t
$b = 0{,}55$ m; $d = 1{,}10$ m; $h = 1{,}00$ m;
Beton B 450; Spannstahl vergüteter St 145/160;
$M_{g+p} = +\,150$ tm; Sicherheit bei Bezug auf Stahl $\nu_s > 1{,}75$; $\varepsilon_v{}^{(0)} = \sim 4\,{}^0\!/\!_{00}$.
Mit $\nu_s = 1{,}75$ wird $M_z = 1{,}75 \cdot 150 = 262$ tm.
Der Rechenwert der Beton-Druckfestigkeit ist für Kurzzeitlast

$$\beta_R = 0{,}7\,\beta_w = 0{,}7 \cdot 4500 = 3150\ \text{t/m}^2.$$

Das bezogene Moment:

$$100\,m_z = \frac{M_z}{b\,h^2\,\beta_R} = \frac{262 \cdot 100}{0{,}55 \cdot 1{,}0^2 \cdot 3150} = 15{,}0.$$

T a f e l 13.III (Versuchswerte mit max $\varepsilon_b = 2\,{}^0\!/\!_{00}$) liefert dafür:
$\gamma = 0{,}165$; $k_x = 0{,}27$; $\varepsilon_q = 5\,{}^0\!/\!_{00}$; $k_z = 0{,}900$.
Die gesamte Stahldehnung ist also

$$\varepsilon_z = \varepsilon_q + \varepsilon_v{}^{(0)} = 5\,{}^0\!/\!_{00} + 4\,{}^0\!/\!_{00} = 9\,{}^0\!/\!_{00},$$

für die aus der σ-ε-Linie des Spannstahls $\sigma_z = 15{,}0$ t/cm² abgelesen wird.
Es muß bei Einhaltung der verlangten Sicherheit sein:

$$F_z \geq \frac{M_z}{k_z \cdot h \cdot \sigma_z} = \frac{262}{0{,}900 \cdot 1{,}0 \cdot 15{,}0} = 19{,}4\ \text{cm}^2.$$

Zur Kontrolle kann berechnet werden:
$D_b = \gamma \cdot b \cdot h \cdot \beta_R = 0{,}165 \cdot 0{,}55 \cdot 1{,}0 \cdot 3150 = 286$ t,
$Z_z = F_z \cdot \sigma_z = 19{,}4 \cdot 15{,}0 = 290$ t.
Bei Verwendung der für max ε_b (bei B 450: max $\varepsilon_b = 2{,}75\,{}^0\!/\!_{00}$) geltenden T a f e l 13.II wird erhalten:
$k_x = 0{,}27$; $\gamma = 0{,}165$; $\varepsilon_q = 5\,{}^0\!/\!_{00}$; $k_z = 0{,}90$,
so daß sich das gleiche Ergebnis einstellt.
Entsprechend ergibt sich aus T a f e l 13.IV bei gleichem $\beta_R = 0{,}7\,\beta_w$:
$k_x = 0{,}27$; $\gamma = 0{,}166$; $\varepsilon_q = 5\,{}^0\!/\!_{00}$; $k_z = 0{,}905$,
womit auch hierfür gleiche Ergebnisse erhalten werden.

Tafel 13.II
Bemessungstafel für Bruchmomente

$$\max \varepsilon_b = 2{,}6\,^0\!/_{00} \text{ bis } 3{,}0\,^0\!/_{00}$$

Nach Versuchen gemäß Heft 120 DAfSt.

Beachte: $M_z = \nu_M M_{g+p} - \nu_N \cdot N_{g+p} \cdot e_z$ bzw. $M_z = \nu_M M_{g+p} - N_{g+p} \cdot e_z$

β_R = Rechenwert der Beton-Druckfestigkeit nach Gleichung 13.(1a) u. 13.(1b)

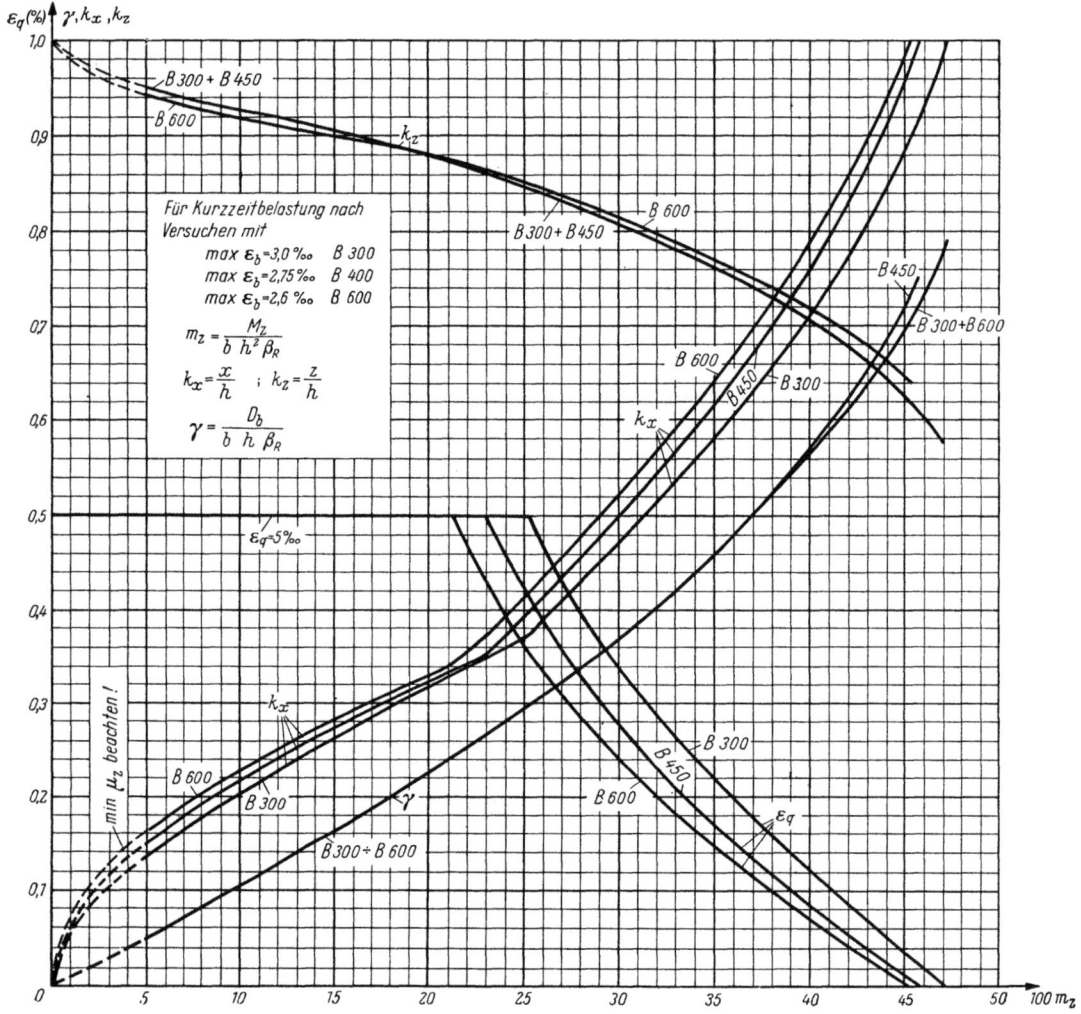

Tafel 13.III
Bemessungstafel für Bruchmomente

$$\boxed{\max \varepsilon_b = 2\,{}^0\!/_{00}}$$

Nach Versuchen gemäß Heft 120 DAfSt.

B e a c h t e : $\quad M_z = \nu_M M_{g+p} - \nu_N \cdot N_{g+p} \cdot e_z \quad$ bzw. $\quad M_z = \nu_M M_{g+p} - N_{g+p} \cdot e_z$

β_R = Rechenwert der Beton-Druckfestigkeit nach Gleichung 13.(1a) u. 13.(1b)

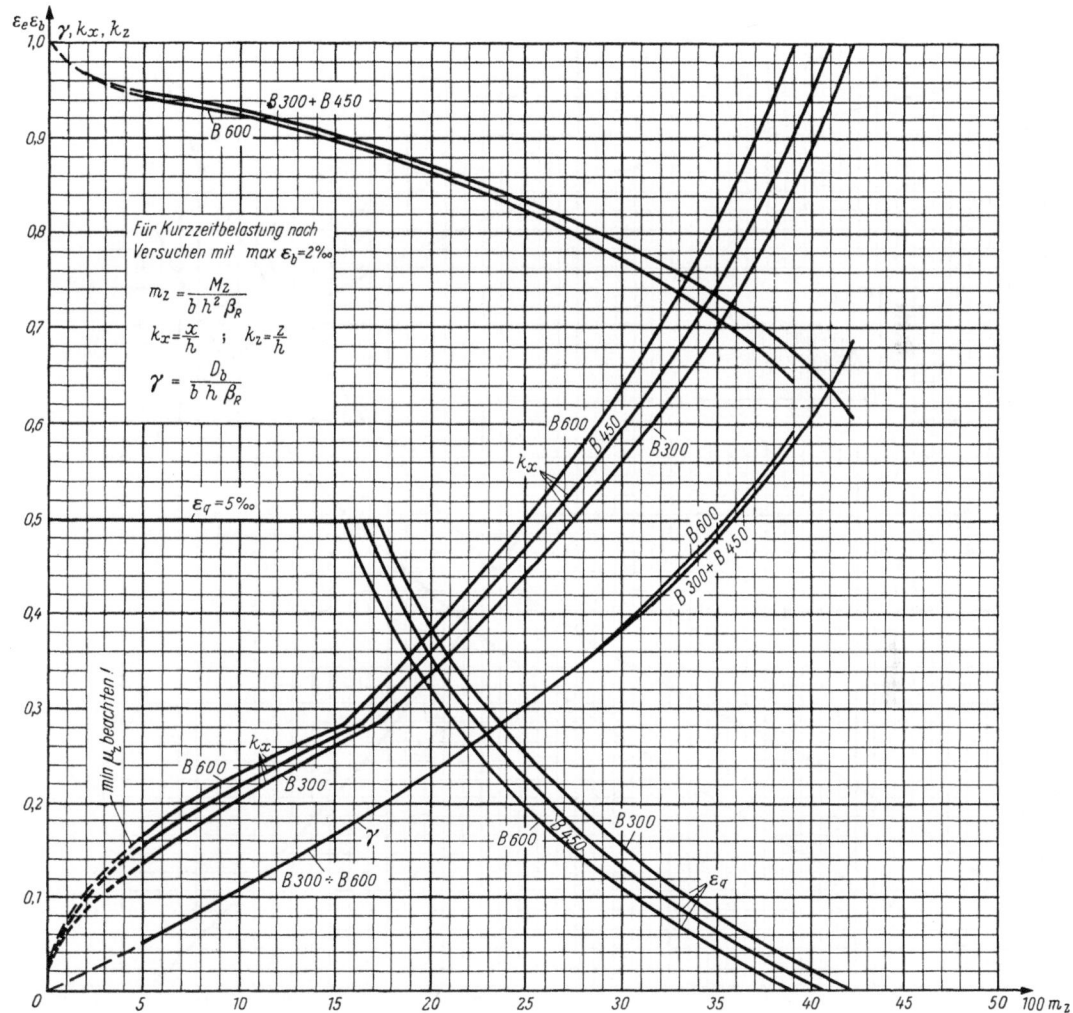

Tafel 13.IV
Bemessungstafel für Bruchmomente

$$\boxed{\max \varepsilon_b = 3{,}5\,^0\!/\!_{00}}$$

Bei Spannungsverteilung nach Vorschlag CEB-*Rüsch*

Beachte: $M_z = \nu_M M_{g+p} - \nu_N \cdot N_{g+p} \cdot e_z$ bzw. $M_z = \nu_M M_{g+p} - N_{g+p} \cdot e_z$
β_R = Rechenwert der Beton-Druckfestigkeit nach Gleichung 13.(1a) u. 13.(1b)

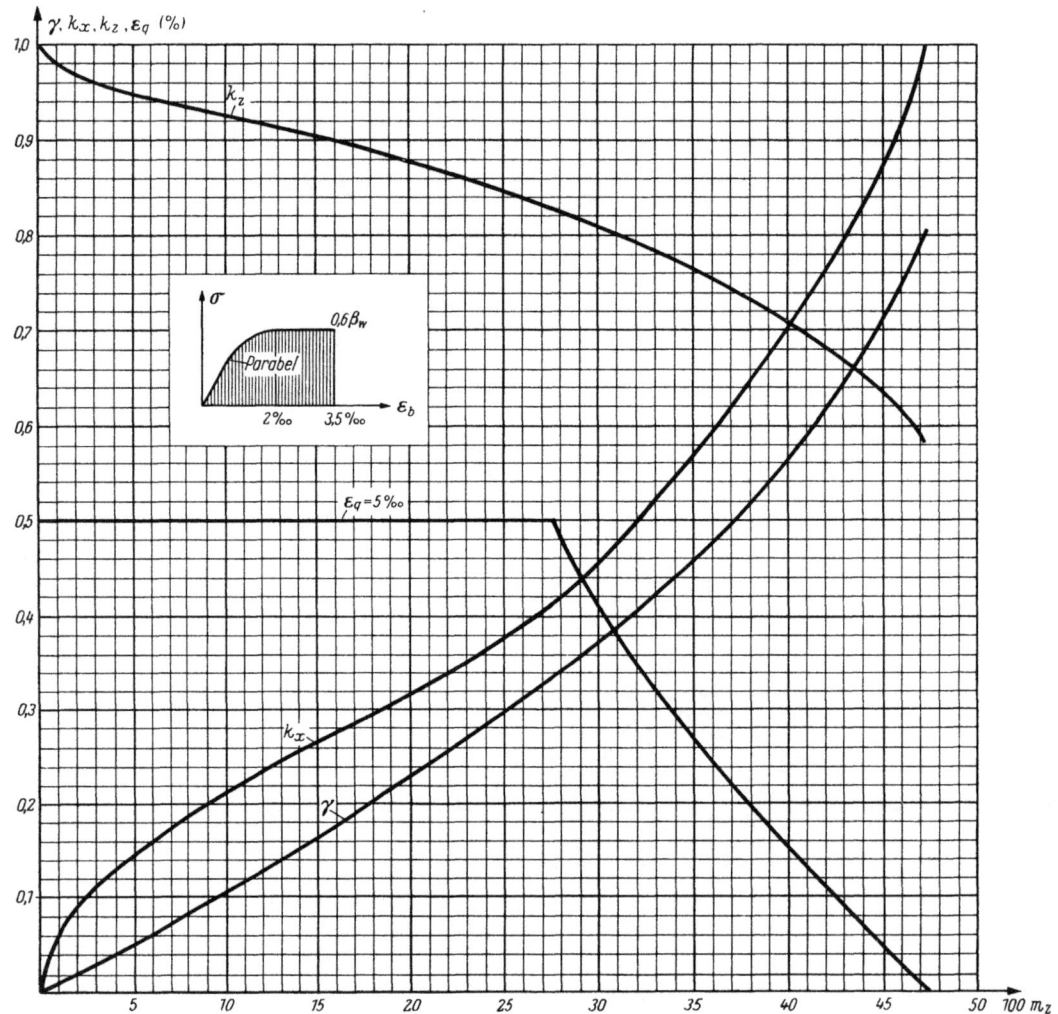

Es ist aber sinnvoller Tafel 13.IV nur bei Betrachtung des Einflusses der Dauerlast anzuwenden, wofür dann
$\beta_R = 0{,}6\,\beta_w = 2700$ t/m² zu setzen ist. Es ist dann:

$$100\,m_z = \frac{2{,}62 \cdot 100}{0{,}55 \cdot 1{,}0^2 \cdot 2700} = 17{,}65\,.$$

Dafür gilt: $\gamma = 0{,}198$; $k_x = 0{,}29$; $\varepsilon_q = 5\,\%{}_{00}$; $k_z = 0{,}890$.
Man erhält also

$$\mathrm{erf}\,F_z = \frac{262}{0{,}89 \cdot 1{,}0 \cdot 15{,}0} = 19{,}6\ \mathrm{cm}^2$$

bei $D_b = 0{,}198 \cdot 0{,}55 \cdot 1{,}0 \cdot 2700 = 294$ t,
$Z_z = 19{,}6 \cdot 15 = 294$ t.

2. Bereich ②. Rechteckquerschnitt
$b = 0{,}55$ m; $d = 1{,}10$ m; $h = 1{,}0$ m;
Beton B 450; Spannstahl vergüteter St 145/160;
$M_{g+p} = +\,250$ tm; Sicherheit bei Bezug auf Stahl $\nu_s > 1{,}75$; $\varepsilon_v^{(0)} \sim 4\,\%{}_{00}$.
$M_{zu} = 1{,}75 \cdot 250 = 438$ tm;
$\beta_R = 0{,}7\,\beta_w = 3150$ t/m²;

$$100\,m_z = \frac{M_{zu}}{b\,h^2\,\beta_R} = \frac{438 \cdot 100}{0{,}55 \cdot 1{,}0^2 \cdot 3150} = 25{,}3\,.$$

Aus Tafel 13.III:
$\varepsilon_q = 2{,}2\,\%{}_{00}$; $\gamma = 0{,}305$; $k_x = 0{,}476$; $k_z = 0{,}83$.
Damit $\varepsilon_z = 2{,}2\,\%{}_{00} + 4{,}0\,\%{}_{00}\qquad\qquad\qquad = 6{,}2\,\%{}_{00}$
$\sigma_z = 12{,}5$ t/cm²

$$F_z \geqq \frac{M_z}{k_z \cdot h \cdot \sigma_z} = \frac{438}{0{,}83 \cdot 1{,}0 \cdot 12{,}5} = 42{,}3\ \mathrm{cm}^2.$$

Kontrolle: $D_b = 0{,}305 \cdot 0{,}55 \cdot 1{,}0 \cdot 3150 = 528$ t,
$Z_z = 42{,}3 \cdot 12{,}5 = 529$ t.

Mit Tafel 13.II (max $\varepsilon_{b(450)} = 2{,}75\,\%{}_{00}$) ist dagegen
$\gamma = 0{,}300$; $\varepsilon_q = 4{,}13\,\%{}_{00}$; $k_x = 0{,}40$; $k_z = 0{,}844$,
$\varepsilon_z = 4{,}13 + 4{,}0 = 8{,}13\,\%{}_{00}$,
$\sigma_z = \sim 15{,}0$ t/cm².

$$F_z = \frac{438}{0{,}844 \cdot 1{,}0 \cdot 15{,}0} = 34{,}6\ \mathrm{cm}^2.$$

Also im Bereich ② merkbarer Unterschied!
$D_b = 0{,}30 \cdot 0{,}55 \cdot 3150 = 520$ t,
$Z_z = 34{,}6 \cdot 15{,}0 = 519$ t.

Nach Tafel 13.IV hätten wir mit $\beta_R = 0{,}6\,\beta_w$ und

$$m_z = \frac{438 \cdot 100}{0{,}55 \cdot 1{,}2^2 \cdot 2700} = 29{,}5$$

$k_x = 0{,}447$; $\varepsilon_q = 4{,}33\,\%{}_{00}$; $\gamma = 0{,}362$; $k_z = 0{,}814$,
$\varepsilon_z = 4{,}33 + 4{,}0 = 8{,}33\,\%{}_{00}$; $\sigma_z = 15{,}0$ t/cm²,

$$\mathrm{erf}\,F_z = \frac{438}{0{,}814 \cdot 1{,}0 \cdot 15{,}0} = 36{,}0\ \mathrm{cm}^2$$

bei $D_b = 0{,}362 \cdot 0{,}55 \cdot 1{,}0 \cdot 2700 = 537$ t; $Z_z = 36{,}0 \cdot 15{,}0 = 540$ t.

13.335 Die rechnerische Ermittlung des Bruchmomentes[1] und Grenzbewehrungen für Rechteckquerschnitte

Wir haben die Lage der Nullinie aus den Gleichgewichts- und Verformungsbedingungen zu ermitteln (Bild 13.32).

Aus dem geraden Dehnungsdiagramm ist abzulesen

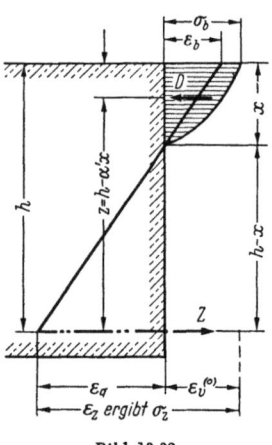

Bild 13.32

$$\varepsilon_q = \varepsilon_b \frac{h-x}{x} \quad \text{oder mit} \quad k_x = \frac{x}{h}$$

$$\varepsilon_q = \varepsilon_b \left(\frac{1-k_x}{k_x}\right) \qquad 13.(35)$$

Die gesamte Spanngliedehnung wird
$\varepsilon_z = \varepsilon_v^{(0)} + \varepsilon_q$.

Die Stahlspannung im Spannglied ist
$\sigma_z = \varepsilon_z E_s$ mit $E_s =$ Sekantenmodul für die Abszisse ε_z der σ-ε-Linie.
(Im elastischen Bereich ist $\sigma_z = \varepsilon_z \cdot E_z$).

Die Zugkraft im Spannstahl ist

$$Z_z = F_z \cdot \sigma_z = F_z E_s \left[\varepsilon_v^{(0)} + \varepsilon_b \left(\frac{1-k_x}{k_x}\right)\right]$$

Die Druckkraft im Beton ist
$$D = \alpha \beta_R x b = \alpha \beta_R k_x b h.$$

Aus $Z = D$ wird

$$F_z E_s \left[\varepsilon_v^{(0)} + \varepsilon_b \left(\frac{1-k_x}{k_x}\right)\right] = \alpha \beta_R k_x b h.$$

Setzt man zur Abkürzung

$$C = \frac{\alpha \beta_R b h}{F_z} \qquad 13.(36a)$$

dann erhält man die Bestimmungsgleichung für k_x

$$\frac{E_s}{k_x}\left[\varepsilon_v^{(0)} + \varepsilon_b\left(\frac{1-k_x}{k_x}\right)\right] = C.$$

Weiterhin wird gesetzt

$$\sigma_{v,i}^{(0)} = \varepsilon_v^{(0)} \cdot E_s \quad \text{und} \quad \sigma_i = \varepsilon_b \cdot E_s \qquad 13.(36b)$$

womit sich die quadratische Gleichung einfach anschreiben und lösen läßt:

$$C \cdot k_x^2 - (\sigma_{v,i}^{(0)} - \sigma_i) k_x - \sigma_i = 0$$

$$k_x = \frac{1}{2C}\left[(\sigma_{v,i}^{(0)} - \sigma_i) + \sqrt{(\sigma_{v,i}^{(0)} - \sigma_i)^2 + 4 \sigma_i C}\right] \qquad 13.(37)$$

Die praktische Rechnung geht nun davon aus, daß entweder Bruchart 1b mit gegebenem max ε_q oder Bruchart 2 mit gegebenem max ε_b vorliegt. Es vereinfacht den weiteren Rechnungsgang, wenn man sich also zunächst über die maßgebende Bruchart Klarheit verschafft, was am einfachsten durch Vergleich der vorhandenen Bewehrung mit der für den Grenzfall erforderlichen Geichwert-Bewehrung erfolgt.

Gleichwert-Bewehrung

Mit $\mu = \frac{F_z}{b \cdot h}$ folgt aus $D = Z = \alpha \beta_R k_x b h = \mu \sigma_z b h$

$$\mu = \alpha \cdot k_x \frac{\beta_R}{\sigma_z} \qquad 13.(38)$$

Der Übergang von Bruchart 1b zu Bruchart 2 ist durch die gleichzeitige Ausnutzung der beiden Baustoffe Beton und Spannstahl, d. h. durch das gleichzeitige Erreichen ihrer größten zugelassenen

---

[1] Die Ableitungen für Spannstahl und schlaffe Bewehrung gemeinsam sind in der 1. Auflage dieses Buches, Kap. 13.24, zu finden.

Dehnungen, gekennzeichnet. Die Lage der Nullinie liegt damit für den Grenzfall der Gleichwert-Bewehrung fest

$$k_{x,gr} = \text{Gleichwert} - k_x = \frac{\max \varepsilon_b}{\max \varepsilon_b + \max \varepsilon_q}.$$

Da die Gesamtdehnung $\varepsilon_z = \varepsilon_{v\infty}^{(0)} + \max \varepsilon_q$, ist in Gleichung 13.(38) als Spannung σ_z die diesem ε_z entsprechende Spannung σ_{zu} (aus dem σ-ε-Diagramm des Spannstahles) einzusetzen. Für α gilt der zu max ε_b gehörende Völligkeitsgrad max α.

Die Gleichwert-Bewehrung ist also

$$\mu_{gr} = \frac{\max \alpha \beta_R}{\sigma_{zu}} \cdot \frac{\max \varepsilon_b}{\max \varepsilon_b + \max \varepsilon_q} \qquad 13.(39)$$

Dabei ist σ_{zu} infolge des Anteils $\varepsilon_{v\infty}^{(0)}$ an der Gesamtdehnung ε_z von der zulässigen Spannung im Spannstahl, von den Querschnittverhältnissen und vom Spannkraftverlust infolge S. u. K. abhängig.

Um einfache Näherungswerte für die Gleichwert-Bewehrung angeben zu können, müssen Annahmen für σ_{zu} getroffen werden. Es liegt nahe, $\sigma_{v,\infty}^{(0)} \sim$ zul σ_v für Spannstahl mit nachträglichem Verbund zu setzen. Wir erhalten damit folgende Tafel der σ_{zu} einiger Spannstahl-Sorten:

Spann-stahl	zul σ_v	E_z	$\varepsilon_v^{(0)}$	ε_z	σ_{zu}
	t/cm²	t/cm²	⁰/₀₀	⁰/₀₀	t/cm²
St 60/90	4,5	2100	2,14	7,14	6,5
St 80/105	5,7	2100	2,75	7,75	8,7
St 135/150[1]	8,25	2050	4,02	9,02	14,15
St 145/160[1]	8,8	2050	4,30	9,30	15,0
St 150/170[2]	9,35	2100	4,45	9,45	16,7
St 160/180[3]	9,9	2000	4,95	9,95	16,4

[1] gewalzt, vergütet   [2] gezogen, angelassen   [3] Litzen 7 ⌀ 3 mm

Je nach der dem Bruchsicherheitsnachweis zugrunde zu legenden Spannungsverteilung und Betonkürzung max ε_b ergibt sich nun aus Gleichung 13.(39) leicht die für die vorhandene Kombination von Beton- und Stahlgüte maßgebende Grenze zwischen den Brucharten 1b und 2, ausgedrückt im Bewehrungsgrad.

Die **Gleichwert-Bewehrungsgrade** μ_{gr} in % sind z. B. für die Völligkeiten α nach Bild 13.22 bei max $\varepsilon_b = 2$ ⁰/₀₀ (aus Kurzzeitversuchen):

Tafel 13.V

Stahlart	Gleichwert-Bewehrungsgrad μ_{gr} in % bei max $\varepsilon_b = 2$ ⁰/₀₀		
	B 300	B 450	B 600
St 60/90	0,63	0,89	1,11
St 80/105	0,47	0,66	0,83
St 135/145	0,29	0,41	0,51
St 145/160	0,27	0,38	0,48
St 150/170	0,24	0,35	0,43
St 160/180	0,25	0,35	0,44

und für die aus der Spannungsverteilung nach Bild 13.24 (Vorschlag CEB-*Rüsch*) bei max $\varepsilon_b = 3{,}5\,^0/_{00}$:

Tafel 13.VI

Stahlart	Gleichwert-Bewehrungsgrad μ_{gl} in % bei max $\varepsilon_b = 3{,}5\,^0/_{00}$		
	B 300	B 450	B 600
St 60/90	0,92	1,38	1,85
St 80/105	0,69	1,03	1,38
St 135/145	0,42	0,64	0,85
St 145/160	0,40	0,60	0,80
St 150/170	0,36	0,54	0,72
St 160/180	0,37	0,55	0,73

Ist der Verbund nicht vollkommen, was für alle Bauarten mit nachträglichem Verbund vorläufig noch zutrifft, dann ist die Gleichwert-Bewehrung geringer als die theoretischen Werte angeben.

Rechnungsgang für Nachweis des Bruchmomentes bei $\mu < \mu_{gr}$

Es liegt Bruchart 1 b vor mit $\varepsilon_q = \max \varepsilon_q$ (in der Regel $= 5\,^0/_{00}$). Damit ist $\varepsilon_z = \varepsilon_v^{(0)} + \varepsilon_q$ und demgemäß aus der σ-ε-Linie des Spannstahls $\sigma_{zu} = f(\varepsilon_z)$ gegeben. Die Kräfte $Z = D = F_z \cdot \sigma_{zu}$ sind also bekannt. Man nimmt nun $\varepsilon_b < \max \varepsilon_b$ an und entnimmt den Bildern 13.22 und 13.23 bzw. den Formeln zu Bild 13.24 oder 13.27 die zugehörigen Beiwerte α und α'.

Mit $k_x = \dfrac{\varepsilon_b}{\varepsilon_b + \varepsilon_q}$ kann dann angeschrieben werden .

$$M_{u,z} = F_z \cdot \sigma_{zu} (1 - \alpha' k_x)\, h$$

und

$$M_{u,b} = \alpha k_x (1 - \alpha' k_x)\, b\, h^2\, \beta_R.$$

Sind die beiden Werte M_u verschieden, so ist der Rechnungsgang mit verbessertem ε_b zu wiederholen, wobei z. B. für $M_{u,b} > M_{u,z}$ die Betonkürzung ε_b kleiner gewählt werden muß, bis Übereinstimmung besteht.

Rechnungsgang für Nachweis des Bruchmomentes bei $\mu > \mu_{gr}$

Für die hierbei vorliegende Bruchart 2 ist $\varepsilon_b = \max \varepsilon_b$ bekannt, so daß auch α sowie α' und weiterhin $\sigma_{vi}^{(0)}$, σ_i und C nach den Gleichungen 13.(36a—b) bekannt sind. Aus Gleichung 13.(37) kann k_x berechnet werden, womit sich das Bruchmoment

$$M_{u,b} = \alpha k_x (1 - \alpha' k_x)\, b\, h^2\, \beta_R$$

bestimmen läßt.

Zur Kontrolle berechnet man mit Gleichung 13.(35) die Stahldehnung ε_q und liest aus der σ-ε-Linie des Spannstahls das zu $\varepsilon_z = \varepsilon_v^{(0)} + \varepsilon_q$ gehörige σ_z ab. Das Bruchmoment

$$M_{u,z} = F_z \cdot \sigma_z (1 - \alpha' k_x)\, h$$

muß gleich dem vorher ermittelten $M_{u,b}$ sein.

Beispiele

1. Für das in Kap. 13.334 behandelte 1. Beispiel soll mit $F_z = 20\text{ cm}^2$ die Bruchsicherheit rechnerisch nachgewiesen werden.

   Es ist mit max $\varepsilon_b = 2\,^0/_{00}$ und max $\varepsilon_q = 5\,^0/_{00}$

   $$k_{x,gr} = \frac{2}{2+5} = 0{,}286,$$

   Für Beton B 450 ($\beta_R = 315\text{ kg/cm}^2$) wird mit den Angaben des Bildes 13.22 $\alpha = 0{,}64$ und für den St 145/160 wie vorher angenommen $\varepsilon_v^{(0)} = 4\,^0/_{00}$, also $\varepsilon_z = 4\,^0/_{00} + 5\,^0/_{00} = 9\,^0/_{00}$; $\sigma_{zu} = 15{,}0\text{ t/cm}^2$. Damit ist nach Gl. 13.(39)

   $$\mu_{gr} = 0{,}64 \cdot 0{,}286 \cdot \frac{315}{15\,000} \cdot 100 = 0{,}38\,\%$$

   (vgl. Tafel 13.V).

Vorhanden ist $\mu = \dfrac{F_z}{b\,h} = \dfrac{20}{55 \cdot 100}\,100 = 0{,}36\,\%$, also $\mu < \mu_{gr}$, Bruchart 1b.

Wir nehmen an: $\varepsilon_b = 1{,}5\,\%_{00}$ und finden dazu aus Bild 13.22 und 13.23
$$\alpha = 0{,}525 \qquad \alpha' = 0{,}348.$$

Es ist damit $k_x = \dfrac{1{,}5}{1{,}5 + 5{,}0} = 0{,}231$.

$M_{u,z} = 20{,}0 \cdot 150\,000\,(1 - 0{,}348 \cdot 0{,}231) \cdot 100 = 276$ tm,

$M_{u,b} = 0{,}525 \cdot 0{,}231\,(1 - 0{,}348 \cdot 0{,}231)\,55 \cdot 100^2 \cdot 315 = 193$ tm.

Da $M_{u,b} < M_{u,z}$, muß ε_b größer angenommen werden.

Für $\varepsilon_b = 1{,}90\,\%_{00}$ ergibt sich in gleicher Weise im 2. Rechnungsgang:
$$\alpha = 0{,}618 \qquad \alpha' = 0{,}359 \qquad k_x = 0{,}276.$$

$$M_{u,z} = 20{,}0 \cdot 15\,000\,(1 - 0{,}359 \cdot 0{,}276) \cdot 100 = 270\text{ tm}.$$

$$M_{u,b} = 0{,}618 \cdot 0{,}276\,(1 - 0{,}359 \cdot 0{,}276)\,55\,\cdot 100^2 \cdot 315 = 266\text{ tm}.$$

Für den Mittelwert kann nun die Sicherheit angegeben werden:
$$\nu = \dfrac{268}{150} = 1{,}79.$$

2. Ist F_z wie im 2. Beispiel des Kap. 13.334 stärker, z. B. $F_z = 44{,}0\text{ cm}^2$, dann ist $\mu > \mu_{gr}$, da $\mu = \dfrac{44}{55 \cdot 100}\,100 = 0{,}80\,\% > 0{,}38\,\%$.

Es wird also max $\varepsilon_b = 2\,\%_{00}$ erreicht und wir haben einzuführen $\alpha = 0{,}641$; $\alpha' = 0{,}362$;
$$C = \dfrac{\alpha\,\beta_R\,b\,h}{F_z} = \dfrac{0{,}641 \cdot 315 \cdot 55 \cdot 100}{44} = 25\,200\text{ kg/cm}^2.$$

Es sei $E_s = E_z = 2\,050\,000\text{ kg/cm}^2$ (Sigmastahl) und damit
$$\sigma_{v,i}^{(0)} = 0{,}004 \cdot 2\,050\,000 = 8200\text{ kg/cm}^2$$
$$\sigma_i = 0{,}002 \cdot 2\,050\,000 = 4100\text{ kg/cm}^2.$$

Aus Gleichung 13.(37) erhalten wir
$$k_x = \dfrac{1}{2 \cdot 25{,}2 \cdot 10^3}\left[(8{,}2 - 4{,}1) \cdot 10^3 + \sqrt{(8{,}2 - 4{,}1)^2 \cdot 10^6 + 4 \cdot 4{,}1 \cdot 25{,}2 \cdot 10^6}\,\right] = 0{,}493$$

$M_{u,b} = 0{,}641 \cdot 0{,}493\,(1 - 0{,}362 \cdot 0{,}493) \cdot 55 \cdot 100^2 \cdot 315 = 450$ tm

$\varepsilon_q = 2 \cdot \dfrac{1 - 0{,}493}{0{,}493} = 2{,}06\,\%_{00}$

$\varepsilon_z = 4\,\%_{00} + 2{,}06\,\%_{00} \sim 6{,}1\,\%_{00}$; die σ-ε-Linie liefert dazu $\sigma_z = 12{,}2\text{ t/cm}^2$, womit
$$M_{u,z} = 44{,}0 \cdot 122\,000\,(1 - 0{,}362 \cdot 0{,}493) \cdot 100 = 442\text{ tm}$$
bei befriedigender Übereinstimmung erhalten wird. Demnach
$$\nu \sim \dfrac{446}{250} = 1{,}78.$$

13.336 Die graphische Ermittlung des Bruchmomentes nach E. Mörsch

Die von *E. Mörsch* [110] gezeigte graphische Ermittlung des Bruchmomentes eines Spannbetonquerschnittes hat den Vorzug allgemein für alle Querschnittsformen und für die jeweiligen σ-ε-Linien der benutzten Baustoffe verwendbar und dazu noch anschaulich zu sein, — sie wird daher gerne benützt.

Das Bruchmoment ist
$$M_u = D\,z = Z\,z,$$

weil das innere Gleichgewicht $D = Z$ bedingt. ($z = h_z - \alpha' x_u = $ innerer Hebelarm der resultierenden inneren Kräfte.)

Je nachdem, ob im Bruch $D_u > Z_u$ oder umgekehrt $Z_u > D_u$ ist, entwickelt sich eine der Brucharten 1 oder 2 und damit eine Null-Linienlage x_u, die zunächst unbekannt ist. Dieses x_u wird nun graphisch ermittelt.

Versagen der Druckzone, $D_u < Z_u$

Bei Versagen der Druckzone liegt die ε-Linie am Druckrand mit z. B. max $\varepsilon_b = 2\,{}^0\!/_{00}$ fest. Wir nehmen nun verschiedene Höhen der Null-Linie $x_1, x_2, x_3 \ldots\ldots$ an und bestimmen dafür

$$D_1 = \alpha \beta_R x_1 b$$
$$D_2 = \alpha \beta_R x_2 b$$
$$\cdot \quad \ldots$$
$$\cdot \quad \ldots$$

(α aus Bild 13.22 bzw. 13.24 oder 13.27 für gewähltes max ε_b).

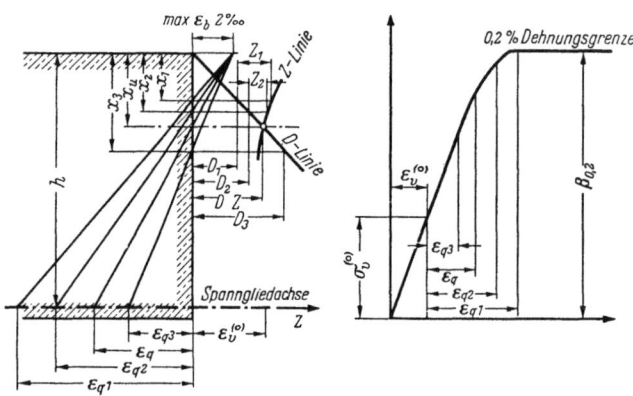

Bild 13.33 Graphische Ermittlung der Nullinienlage und der Beton-Druckkraft D nach E. Mörsch für Versagen der Druckzone

Die Werte $D_1, D_2 \ldots$ tragen wir auf den zugehörigen Höhen $x_1, x_2 \ldots$ vom Querschnittsrand horizontal ab und verbinden die Endpunkte zur D-Linie, die eine Gerade ist, solange wir α, β_R und b als konstant betrachten dürfen (gilt für Bruch in der Druckzone) (Bild 13.33).

Den verschiedenen x entsprechen verschiedene ε-Geraden, die auf der Schwerlinie der Stahleinlagen die zugehörigen Stahldehnungen ε_{q1}, ε_{q2}, ε_{q3} usw. abschneiden.

Die durch die Vorspannung vorweggenommene Dehnung des Spannstahles, die zur Zeit $t = \infty$ bei $\sigma_b = 0$ in Spanngliedhöhe vorhanden ist, haben wir zu ε_v^0 ermittelt und gemäß Bild 13.10 am σ-ε-Diagramm des Spannstahls abgetragen. Am Endpunkt von ε_v^0 legen wir die ε_{q1}; $\varepsilon_{q2} \ldots$ an und lesen die zu $\varepsilon_v^0 + \varepsilon_{q1} \ldots$ zugehörigen Stahlspannungen σ_{z1}; σ_{z2} ab. Damit werden die den verschiedenen Null-Linien zugehörigen Zugkräfte der Stahleinlagen

$$Z_1 = F_z \sigma_1 \quad Z_2 = F_z \sigma_2 \quad Z_3 = F_z \sigma_3 \ldots$$

berechnet. Ist auch schlaffer Stahl vorhanden, dann ist $F_e \sigma_e$ jeweils hinzunehmen. Diese Z werden wieder auf der jeweils zugehörigen Null-Linie vom Rand des Querschnittes waagerecht nach rechts abgetragen. Die Endpunkte geben die Z-Linie. Dort, wo die Z-Linie die D-Linie schneidet, ist $Z_u = D_u$, und dort liegt die gesuchte Null-Linie in der Höhe x_u von oben. Hat man x_u, so kennt man den inneren Hebelarm

$$z = h_z - \alpha' x_u,$$

wobei der Höhenbeiwert α' aus der Schwerpunkthöhe von D ermittelt wird (siehe Bild 13.23 oder 13.26). Es ist also

$$M_u = Z_u (h_z - \alpha' x_u).$$

Nehmen wir an, daß im Stahl die Streck- oder $0.2\,{}^0\!/_0$-Dehngrenze[1] überschritten wird, dann wird die Ermittlung der Bruchlast besonders einfach. Da wir die Spannungszunahme über dieser Grenze ausschalten, wird Z von einem gewissen der Streckgrenze zugehörigen $\varepsilon_v^{(0)} + \varepsilon_q$ ab konstant. Die

---

[1] Bei hochfesten Stählen gilt auch eine über $\beta_{0,2}$ liegende Spannung, vgl. Kap. 13.312.

Z-Linie wird also eine lotrechte Gerade im Abstand

$$\max Z = F_z \beta_{0,2}$$

vom Querschnittsrand (Bild 13.34). Da zum Schluß die Betondruckzone versagt, bleibt die D-Linie gerade, so daß nur ein D-Wert ermittelt werden muß.

Der Schnitt beider Linien gibt x_u. Man hat noch zu kontrollieren, ob die zugehörige Stahldehnung ε_q von $\varepsilon_v^{(0)}$ aus in der σ-ε-Linie des Stahles eine Stahlspannung $\max \sigma \gtreqless \beta_{0,2}$ ergibt, was die Voraussetzung der Bruchart war.

Versagen der Stahleinlagen, $Z_u < D_u$

Ist $Z_u < D_u$, dann ist $Z_u = F_e \beta_{0,2} + F_e \beta_s$ bekannt[1]. Wieder hat man die Null-Linie, also x_u zu bestimmen. Da wir für den kritischen Verformungszustand die größte Stahldehnung im Zustand II mit $\max \varepsilon_q$ festgelegt haben, brauchen wir auf die Schwerlinie des Stabes nur $\varepsilon_q = 5$ bis 8 ‰ (je nach Stahlart, siehe Kap. 13.312) nach links aufzutragen (Bild 13.35).

Von diesem Dehnungspunkt aus ziehen wir zwei bis drei ε-Gerade, die am oberen Rand die Werte ε_{b1}, ε_{b2} usw. abschneiden, wobei ε_b zweckmäßig kleiner als 2 ‰, also etwa zu 1,0 ‰ und 1,8 ‰ gewählt werden. Für diese ε_b liest man nun aus Bild 13.22, 13.24 oder 13.27 den Wert α_1, α_2 ... ab.

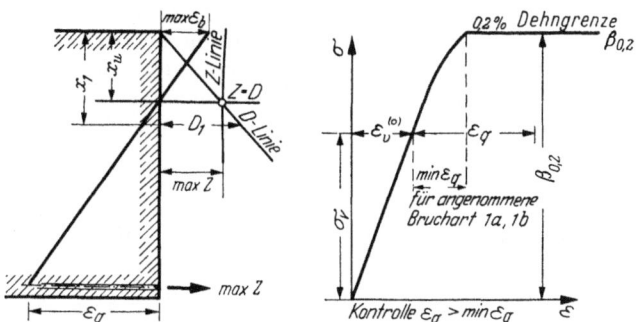

Bild 13.34 Vereinfachte Ermittlung der Nullinienlage und der Betondruckkraft D nach E. *Mörsch* für Erreichen der 0,2 ‰-Dehngrenze des Spannstahls

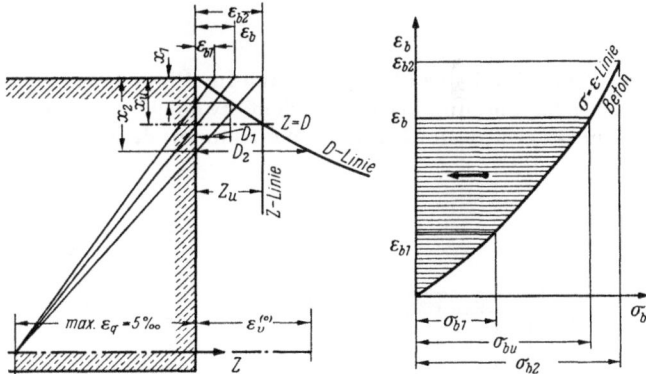

Bild 13.35 Graphische Ermittlung der Nullinienlage und der Betondruckkraft D nach E. *Mörsch* für Versagen der Spannstahleinlagen bei Annahme $\max \varepsilon_q = 5$ ‰ (kann auch größer sein)

Damit wird

$$D_1 = \alpha_1 \beta_R x_1 b$$
$$D_2 = \alpha_2 \beta_R x_2 b \text{ usw.}$$

Diese Druckkräfte trägt man rechtwinklig zum Querschnitt auf den Höhen $x_1, x_2 \ldots$ ab und erhält so die D-Linie, die sich mit der im gleichen Kräftemaßstab eingetragenen Z_u-Lotrechten schneidet. Die gesuchte Null-Linie x_u liegt auf der Höhe dieses Schnittpunktes. Man hat nun nur noch für dieses x_u das zugehörige ε_b mit der endgültigen ε-Geraden abzulesen und den Höhenbeiwert α' des Schwerpunktes D aus Bild 13.26 zu entnehmen. Damit ist der innere Hebelarm

$$z = h - \alpha' x_u$$

und damit auch das Bruchmoment

$$M_u = Z_u \cdot z = Z_u (h - \alpha' x_u)$$

ermittelt. Erreicht D innerhalb $\varepsilon_b \leq 2$ ‰ die Größe von Z_u nicht, dann versagt die Druckzone zuerst und man hat nach dem vorigen Abschnitt vorzugehen.

---

[1] Bei hochfesten Stählen gilt auch eine über $\beta_{0,2}$ liegende Spannung, vgl. Kap. 13.312.

13.337 Vom Rechteck abweichende Querschnitte

Auch bei variablem b der Druckzone dürfen wir das Ebenbleiben der Querschnitte, also gerade ε-Diagramme, voraussetzen. Da wir für solche Querschnitte die Funktion $\sigma = f(\varepsilon)$ nicht kennen, benützen wir als Näherung das σ_b-ε_b-Diagramm des mittig gedrückten Betonprismas gemäß Bild 13.14 oder 13.24 oder 13.27 und zeichnen entsprechend das σ_b-Diagramm. D kann jetzt nicht mehr mit dem Völligkeitsbeiwert α von Kap. 13.321 bis 13.323 ermittelt werden, vielmehr muß man nun den Inhalt der Druckzone am besten mit Streifenteilung unter Berücksichtigung der veränderlichen b ermitteln. Mit einem Seileck für die ΔD der Streifen wird der Schwerpunkt der Druckzone bestimmt, der den Hebelarm festlegt. So kann für jeden beliebig geformten Querschnitt das Bruchmoment graphisch mit guter Genauigkeit ermittelt werden.

Für **Plattenbalken**, bei denen die Platte im Verhältnis zur Balkenhöhe dünn $\left(d' < \dfrac{d}{6}\right)$ und bei denen $b_0 < \dfrac{b}{4}$ ist, kann man die aufnehmbare Druckkraft einfach genähert ermitteln zu (Bild 13.36)

$$D_u = b \cdot d' \cdot \beta_R.$$

(Sicherheitsbezug auf Stahl!), d. h. man nimmt in der Platte eine rechteckige Spannungsverteilung an und vernachlässigt dafür den Steganteil. Gleichzeitig ist

$$\alpha' \cdot x = \frac{d'}{2}$$

zu setzen. Von Fall zu Fall kann man für D durch Aufzeichnen des voraussichtlichen σ_b-Diagrammes einen Abminderungsfaktor zwischen etwa 0,90 und 1,0 abschätzen, der die Genauigkeit verbessert. Ist die so ermittelte Bruchsicherheit knapp, dann ist eine genauere Untersuchung angezeigt.

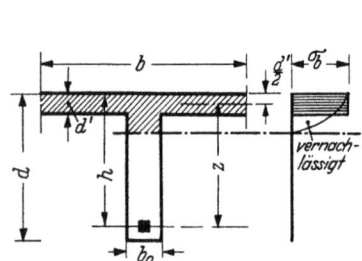

Bild 13.36 Vereinfachte Annahmen zum Bruchsicherheitsnachweis bei Plattenbalken-Querschnitten

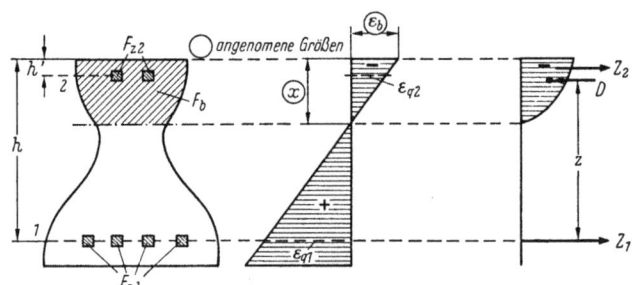

Bild 13.37 Zur Ermittlung des Bruchmomentes bei beliebigen Querschnitten mit Spanngliedern im Zug- und Druckgurt

R. Windels [494] hat für Plattenbalken und Querschnitte mit dreieck- und trapezförmiger Druckzone Nomogramme aufgestellt, die von der Voraussetzung ausgehen, daß am Druckrand max $\varepsilon_b = 2\,^0/_{00}$ erreicht wird. Diese Hilfsmittel sind also brauchbar, sofern mit Sicherheit Bruchart 2 vorliegt.

13.338 Bruchmoment bei Spanngliedern im Zug- und Druckgurt

Bei Spannbett-Balken oder Fahrbahnplatten von Brücken kommen gelegentlich Spannglieder in der Druckzone vor, die das Bruchmoment beeinflussen (Bild 13.37). Wir nehmen ein wahrscheinliches Dehnungsdiagramm entsprechend $\mu_1 = \dfrac{F_{z_1}}{F_b}$ an unter Vernachlässigung der Spannglieder F_{z_2} im Druckgurt und bestimmen dafür nach den vorausgegangenen Abschnitten Z_1 und D (Bild 13.37). Es bleibt noch Z_2 zu ermitteln. Für die Spannglieder F_{z_2} läßt sich wieder $\varepsilon^{(0)}_{v_2}$ als vorweggenommene Dehnung des Stahles für den Lastzustand $\sigma_b = 0$ in Faser 2 berechnen. Dem ε-Diagramm wird ε_{q_2} (negativ) entnommen und als Druck-Kürzung von $\varepsilon^{(0)}_{v_2}$ abgezogen. Für diese Restdehnung $\varepsilon_{z2} = \varepsilon_{v_2}^{(0)} + \varepsilon_{q2}$ ist σ_{z2} aus der σ-ε-Linie des Spannstahls abzulesen (oder $\sigma_{z2} = \varepsilon_{z2} \cdot E_z$). Damit ist

$$Z_2 = F_{z_2} \cdot \sigma_{z_2}.$$

Die angenommene Nullinie liegt richtig, wenn die Gleichgewichtsbedingung

$$M_{z_1, u} \leqq - D \cdot z - Z_2 (h - h') = Z_1 z - Z_2 (h - z - h')$$

erfüllt ist, wobei $M_{z_1, u}$ das aufzunehmende Tragmoment der äußeren Lasten ist. D ist als Druckkraft negativ einzusetzen.

Ist F_{z1} noch nicht gewählt, so ergibt es sich für das die beiden linken Momente befriedigende x_u zu

$$\text{erf } F_{z_1} = - \frac{D + Z_2}{\sigma_{z_1}},$$

wobei σ_{z1} der Dehnung $\varepsilon_{v_1}^{(0)} + \varepsilon_{q1}$ bei endgültigem x_u entspricht.

13.4 Bruchsicherheit auf Biegung bei statisch unbestimmt gelagerten Tragwerken

13.41 Vorbemerkung

In Kap. 13.1 wurde bereits begründet, daß in statisch unbestimmt gelagerten Bauwerken beim Nachweis der Bruchsicherheit zwischen den Lastmomenten M_{g+p} und den Zwängungsmomenten M'_v, M'_{s+k}, M'_T unterschieden werden muß. Die Zwängungsmomente sind dabei ebenso wie die Lastmomente nach der Elastizitätstheorie berechnet, werden aber mit anderen Sicherheitsfaktoren belegt.

Allgemein gilt

$$M_{kr} \geqq \nu (M_g + M_p) + \nu'_v (M'_v + M'_{s+k}) + \nu'_T M'_T \qquad 13.(6)$$

Für die Lastmomente wird — bei Bezug auf Stahl — $\nu = 1{,}75$ gesetzt, während für die Zwängungsmomente M'_v bisher $\nu'_v = 1$ angenommen wird. Richtiger wäre es, dort, wo M'_v günstig wirkt (z. B. bei Durchlaufbalken über der Stütze), $\nu' = 0{,}9$ und dort, wo es ungünstig wirkt (z. B. im Feld), $\nu' = 1{,}1$ zu setzen. Die Zwängungsmomente M'_T infolge T müssen je nach der Wahrscheinlichkeit der Überschreitung der angenommenen Temperatur T mit $\nu'_T = 1{,}1$ bis $1{,}3$ belegt werden.

Der statisch bestimmte Anteil der M_v^0 und Q_v^0 infolge v und das N_v werden wieder bei der Ermittlung der Tragfähigkeit M_u durch die vorweggenommene Dehnung berücksichtigt, mit der M_v^0 und N_v^0 gleichzeitig erfaßt werden.

Die Zwängungsmomente aus Vorspannung M'_v nehmen mit der Vorspannkraft durch Schwinden und Kriechen ab. Ob nun M'_{v0} oder $M'_{v\infty}$ einzusetzten ist, hängt davon ab, welcher der beiden Werte ungünstiger auf den untersuchten Schnitt wirkt. Das gleiche gilt für die durch Schwinden und Kriechen geweckten Momente.

Das in einem Querschnitt mögliche M_{kr} der linken Seite obiger Bedingung 13.(6) wird nun für jeden kritischen Schnitt nach einem der in Kap. 13.3 angegebenen Verfahren ermittelt, wobei aber bei Anwendung der Tafeln 13.II bis 13.IV das bezogene Moment anzusetzen ist

$$m_z = \frac{M_z}{b h^2 \beta_R} \text{ mit } M_z = M_B - N_B \cdot e$$

und

$$M_B = \nu \cdot (M_g + M_p) + \nu'_v (M'_v + M'_{s+k}) + \nu'_T M'_T$$

$$N_B = \nu (N_g + N_p) + \nu'_v \cdot (N'_v + N'_{s+k}) + \nu'_T N_T.$$

e = Abstand der Stahleinlagen von der Bezugsachse des Momentes M_B.

Wird dieser einfache Nachweis für jeden kritischen Schnitt eines Tragwerkes erbracht, dann bleibt man in vielen Fällen statisch unbestimmter Lagerung ungerechtfertigt weit auf der sicheren Seite, denn man vernachlässigt dabei, daß unter gewissen Voraussetzungen Momentenumlagerungen von den relativ schwächeren zu den stärkeren Querschnitten eintreten können, womit die kritische Last bzw. die Sicherheit des Tragwerkes größer wird. Mit diesen Vorgängen wollen wir uns im folgenden befassen.

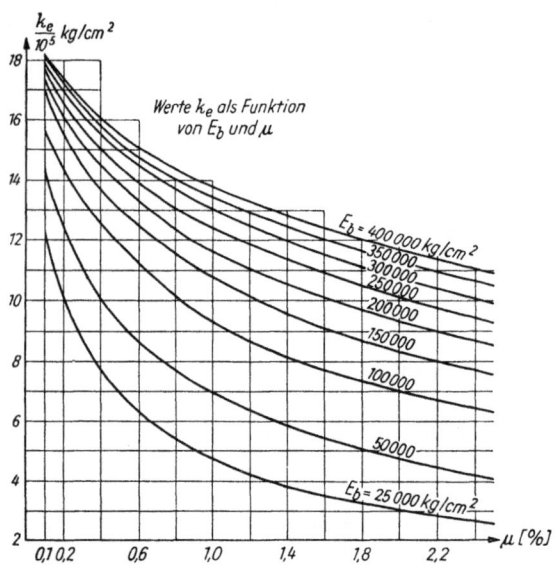

Bild 13.38 Beiwerte k_e zur Ermittlung der Biegesteifigkeit im Zustand II
$$EJ^{II} = \mu\, b\, h^3 \cdot k_e$$

Alle Zwängungsmomente ändern sich in ihrer Verteilung über das Tragwerk, sobald sich EJ^I (Zustand I) für Teilstrecken ändert. Dies ist der Fall, wenn in Teilstücken des Tragwerkes Zustand II erreicht wird. Das Trägheitsmoment ändert sich dann durch Ausfall der Betonzugzone — es wird kleiner, J^{II}. Der E_b-Modul verringert sich mit zunehmender Druckspannung. Das Produkt EJ^{II} kann bis auf 0,25 bis 0,4 EJ^I absinken, je nach dem Bewehrungsgrad.

Man kann EJ^{II} grob genähert ermitteln, wenn die Höhenlage der Nullinie mit $x = k_x h$ bekannt ist

$$\left. \begin{array}{l} EJ^{II} = E_z\, F_{z+e}\, h^2\, (1 - k_x)\, k_z \\ \text{oder zu} \\ EJ^{II} = \mu\, b\, h^3\, k_e = F_{z+e}\, h^2\, k_e \end{array} \right\} \quad 13.(40)$$

wobei k_e dem Bild 13.38 zu entnehmen ist [448].

Bei gutem Verbund muß EJ^{II} wegen der Mitwirkung des Betons um 10 bis 20 % größer angenommen werden.

Bemerkung: Kap. 13.42 bis 13.45 wurden nur für den an diesem Kapitel besonders interessierten Leser aufgenommen. Sie befriedigen noch nicht vollständig.

13.42 Das Formänderungsverhalten auf Biegung

Wir stellen diese Veränderlichkeit von EJ mit der Biegedrehung[1] $d\vartheta = \dfrac{ds}{r}$ dar, die sich aus der Betonkürzung ε_0 bzw. ε_b oder der Stahldehnung ε_z bzw. ε_u (Bild 13.39) ergibt zu:

$$d\vartheta = \frac{\varepsilon_0\, ds}{x} = \frac{\varepsilon_z\, ds}{y_z} = \frac{ds}{r}.$$

Da der Kehrwert des Krümmungsradius r auch

$$\frac{1}{r} = \frac{M}{EJ}, \quad \text{wird } d\vartheta = \frac{M\, ds}{EJ} \quad \text{oder } EJ = M : \frac{d\vartheta}{ds}.$$

Die Abhängigkeit der Drehung $d\vartheta$ vom Moment gibt die hier maßgebende Verformungscharakteristik. Die Momenten-Drehungs-Linie = M-ϑ-Linie gibt den Verlauf der Biegeverformung unter zunehmendem Moment an, wobei eine bestimmte Bezugslänge dem Integral $\vartheta = \int \dfrac{M}{EJ}\, ds$ zugrunde gelegt wird. Bei Spannbetonbalken zeigt diese Linie drei Bereiche (Bild 13.40):

Bereich ①: Der ganze Betonquerschnitt arbeitet im Bereich der Gebrauchslastspannungen im Zustand I
In diesem Bereich ist die M-ϑ-Linie = EJ-Linie annähernd eine Gerade. $EJ^I \approx$ konstant $= E_{bo} \cdot J_i$.

Bereich ②: Die Zugzone reißt, EJ^{II} wird kleiner und ist wegen der infolge der Vorspannkraft V langsam hochwandernden Nullinie am Anfang veränderlich. Wenn $D < Z$, also Druckbruch, dann endet die Linie in diesem Bereich.

---

[1] In DIN 1080 φ genannt, aber wegen Kriechzahl φ hier anders bezeichnet.

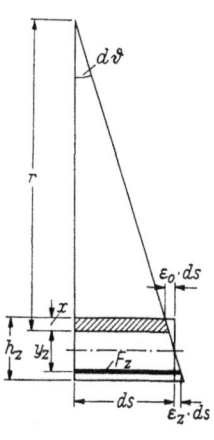
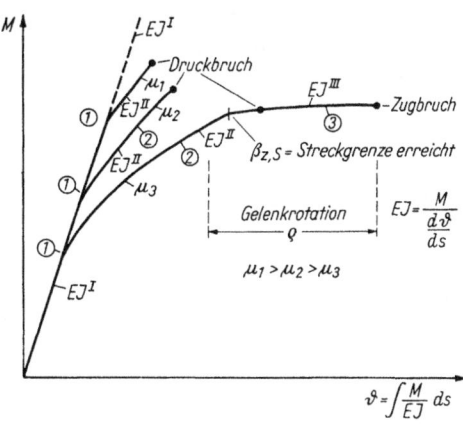

Bild 13.39

Bild 13.40 Die 3 Bereiche der Drehungen ϑ und die zugehörigen Biegesteifigkeiten in Abhängigkeit vom Biegemoment M und den Bewehrungsgraden $\mu_1 > \mu_2 > \mu_3$

Bereich ③: In der Zugzone wird der elastische Bereich des Spannstahles überschritten. Die Stahldehnung ε_z und damit die Drehung nimmt zu, das Moment aber bleibt etwa gleich. EJ^{III} wird gewissermaßen zu Null, was bedeutet, daß an dieser Stelle des Trägers ein **plastisches Gelenk** mit konstantem Bremsmoment M entstanden ist. Die Drehbewegung oder Rotation kann aber nur so lange zunehmen, bis entweder früh im Bereich ③ die Druckzone infolge Hochwanderns der Nullinie versagt oder später im Bereich ③ der Stahl bricht.

Diese Linie läßt sich mit Iteration berechnen, wenn man die σ-ε-Linien der Baustoffe kennt. *M. Birkenmaier* und *W. Jacobsohn* [426] zeigten ein geeignetes Vorgehen und erzielten gute Übereinstimmung mit Versuchsergebnissen.

Die Bezugslänge Δs, für die der Winkel ϑ gilt, wird zweckmäßig etwa zu $h/2$ gewählt. Die Größen der Winkel ϑ sind stark von der Meßstrecke Δs der Verkürzung $\varepsilon \Delta s$ abhängig. Bei Vergleichen sollte man daher Δs stets auf das gleiche Verhältnis von h beziehen.

Die Reichweite dieser M-ϑ-Linie hängt ganz vom Bewehrungsgrad μ, von der Verbundgüte, dem max ε_z des Stahles und der Verformbarkeit des Betons, also von max ε_b ab.

Je mehr Stahl in einem Querschnitt liegt und je höher damit vorgespannt ist, um so weniger ist der Träger verformbar, um so kleiner ist die mögliche Drehung. Wir sprechen von einem spröden Träger. Je niedriger dagegen μ und je höher dabei max ε_z (Bruchdehnung bevor Einschnürung beginnt), um so mehr kann er sich im Zustand II verformen und bei reichlicher Druckzone (Platte) auch noch ein Gelenk bilden. Wir sprechen dann von einem zähen, verformbaren Träger.

Einige wenige Beispiele der M-ϑ-Linien aus Versuchen sollen im folgenden gezeigt werden, dabei wurde die Bezugslänge zu $\Delta s = h/2$ gesetzt. Bei den Beispielen 1 und 3 wurde im Bereich konstanter Momente mit $Q = 0$ gemessen.

1. 20 m Spannbetonbalken der sog. **Kornwestheimer Versuche** der Bundesbahn gemäß Heft 115 des D.A.f.Stb., 1954 [228].

1. a) Balken A, Hohlquerschnitt, $b = 180$ cm. $h = 90$ cm, vorgespannt mit ~ 50 cm² Litzen aus St 135/180 (nicht angelassen!), $\mu = 0{,}33\, \%$, $\beta_p = 450$ kg/cm², $M_{kr} = 598$ tm, 2 konzentrierte Spannglieder zu je 235 t. ϑ ermittelt aus Kürzungen des Betons in Druckzone auf 50 cm Meßlänge. Bild 13.41 zeigt einen Drehwinkel von etwa $3{,}5 \cdot 10^{-3}$ (Dicke der Druckplatte 20 cm) bei $\varepsilon_b \sim 1{,}6\,‰$ infolge zu großer Stahldehnung $\varepsilon_z \approx 9\,‰$ beim Erreichen der $0{,}2\,\%$-Dehngrenze. Der Winkel nahm bei späterer weiterer Laststeigerung bis zum endgültigen Bruch noch erheblich zu.

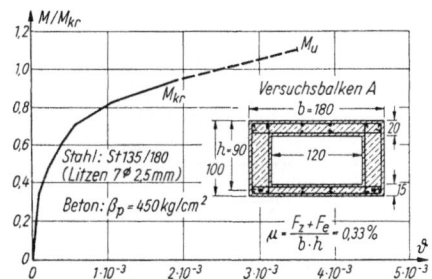

Bild 13.41 Drehungen ϑ des Balkens A der Kornwestheimer Versuche [228] in bezug auf M/M_{kr}, ermittelt aus den Betonkürzungen über 50 cm Meßlänge, bezogen auf $\Delta s = h/2$

1. b) **Balken D**, T-Querschnitt, $b = 180$ cm, $h = 87$ cm, vorgespannt mit ~ 45 cm² Drähten aus vergütetem St 145/165, $\mu = 0{,}31$ %, $\beta_p = 410$ kg/cm², $M_{kr} = 556$ tm, 19 Spannglieder aus 12 ϕ 5 mm zu je 22 t. Bild 13.42 zeigt einen Drehwinkel von etwa $4{,}6 \cdot 10^{-3}$ kurz vor dem Bruch der Spannglieder bei $\varepsilon_b \sim 1{,}6$ ‰.

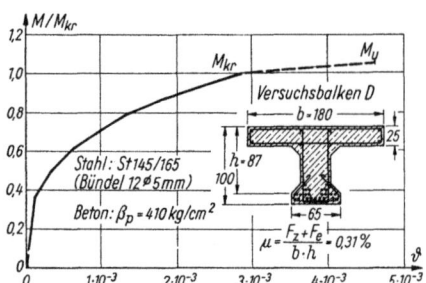

Bild 13.42 Drehungen ϑ des Balkens D der Kornwestheimer Versuche [228] in bezug auf M/M_{kr}, ermittelt aus den Betonkürzungen über 50 cm Meßlänge, bezogen auf $\Delta s = h/2$

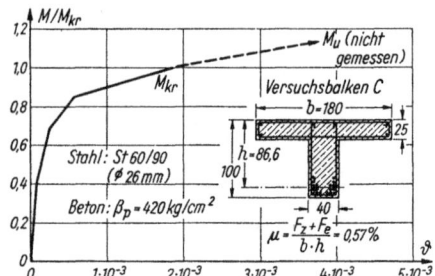

Bild 13.43 Drehungen ϑ des Balkens C der Kornwestheimer Versuche [228] in bezug auf M/M_{kr}, ermittelt aus den Betonkürzungen über 50 cm Meßlänge, bezogen auf $\Delta s = h/2$

1. c) **Balken C**, T-Querschnitt, $b = 180$, $h = 86$ cm, vorgespannt mit 85 cm² Stäben ϕ 26 mm aus St 60/90, $\mu = 0{,}57$ %, $\beta_p \sim 420$ kg/cm², $M_{kr} = 461$ tm, 16 Spannstäbe zu je 22 t. Bild 13.43 zeigt einen Drehwinkel von $3{,}6 \cdot 10^{-3}$ kurz vor dem Bruch infolge Fließens des Spannstahles (Dicke der Platte 25 cm) bei $\varepsilon_b \sim 1{,}7$ ‰.

2. **Versuch von G. Macchi** [534] an einem 2,8 m weit gespannten Balken mit Einzellast in $l/2$; $b = 15$ cm, $h = 19$ cm, vorgespannt mit $F_z = 3{,}94$ cm², ein Spannglied aus 20 ϕ 5 mm aus St 140/170, $\mu = 1{,}37$ %, $\beta_p = \sim 420$ kg/cm² (genauer Wert nicht bekannt). Bild 13.44 zeigt die Drehwinkel, gemessen an 25 cm Meßstrecke und bezogen auf $h/2 = 9{,}5$ cm, die den Wert von $10 \cdot 10^{-3}$ erreichen.

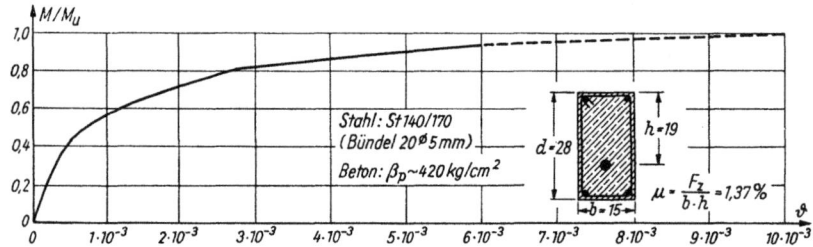

Bild 13.44 Drehungen ϑ eines Versuchsbalkens von G. Macchi [534] in bezug auf M/M_u, ermittelt aus den Betonkürzungen über 25 cm Meßlänge, bezogen auf $\Delta s = h/2$

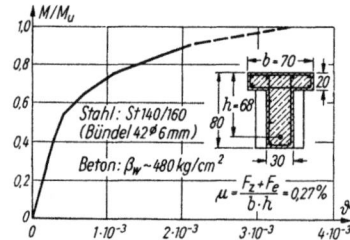

Bild 13.45 Drehungen ϑ eines Versuchsbalkens von Birkenmaier-Jacobsohn [426] in bezug auf M/M_u, ermittelt aus den Betonkürzungen über 50,8 cm Meßlänge, bezogen auf $\Delta s = h/2$

3. **Versuch EMPA Zürich**, berichtet von *M. Birkenmaier* und *W. Jacobsohn* [426]. Plattenbalken $l = 7{,}50$ m, $b = 70$ cm, $h = 68$ cm. Zwei Einzellasten in $l/3$. Vorgespannt mit 1 Kabel zu 42 ϕ 6 mm = 11,9 cm², St 140/160, $V_0 = 122$ t, $\mu = 0{,}27$ %, $\beta_p \sim 480$ kg/cm². Bild 13.45 zeigt die Drehwinkel, gemessen zwischen den Lasten am Druckgurt, Meßstrecke 50,8 cm, bezogen auf $h/2 = 34$ cm, Größtwert: $3{,}4 \cdot 10^{-3}$. Bruchursache: Dehnung des Stahles über 0,2 % Dehngrenze, dann Druckzone gebrochen.

Der Zusammenstellung der Ergebnisse fügen wir die Grenzbewehrungsgrade μ_{gr} für max $\varepsilon_b = 2\,^0/_{00}$ **nach** Gleichung 13.(39), Kap. 13.335, bei:

Versuch		1 a	1 b	1 c	2	3
Stahlgüte		St 135/180	145/165	60/90	140/170	140/160
μ (%)		0,33	0,31	0,57	1,37	0,27*
μ_{gr} (%)		0,53	0,48	1,17	0,47	0,59
$\vartheta \cdot 10^3$ bezogen auf $\Delta s = h/2$ bei	M_{kr}	1,9	2,8	1,9	$\sim 6{,}0$	$\sim 2{,}1$
	M_u	3,5	4,6	3,6	$\sim 10{,}0$	3,4

* $\sigma_{vo} = 0{,}65\,\beta_Z$

Eine Gesetzmäßigkeit ist noch nicht zu erkennen. Die Verbundgüte hat wohl auch einen großen Einfluß. Leider kennen wir die M-ϑ-Linien für Spannbetonträger noch wenig. Wir müssen uns daher auf grobe Näherungsberechnungen beschränken oder die Linie durch einen Versuch ermitteln.

13.43 Der Einfluß des veränderlichen EJ auf die Momentenverteilung

Betrachten wir einen eingespannten Balken unter der Wirkung einer Einzellast oder unter mehreren Lasten (Bild 13.46). M^I seien die Momente, bei denen die Tragfähigkeit im Zustand I gerade ausgeschöpft sei. Bei weiterer Laststeigerung kommen also Teillängen a des Balkens in den Zustand II, wo die Steifigkeit sich auf EJ^{II} vermindert. Die Momentenverteilung folgt nun nicht mehr der Elastizitätstheorie, weil EJ^{II} auf Teillängen des Balkens von EJ^I stark verschieden ist.

Wir sehen, daß die Zonen a je nach der Neigung der Momentenlinie verschieden lang sein können. Eine lange Zone a bedeutet einen großen Winkel der Biegelinie, eine kurze einen kleinen. Die **Verträglichkeit**, d.h. die Stetigkeit der Biegelinie, die im Bereich ② noch vorhanden sein muß, erfordert für den Biegewinkel $\psi_A = \int_{a_2}^{a_1} \frac{d\vartheta}{ds}\,ds$ und für den von der Biegelinie der Strecke a_2 eingeschlossenen Winkel $\psi_C = \int \frac{d\vartheta}{ds}\,ds$. Es muß sein

$$-2\psi_A + \psi_C + 2\int \frac{M}{EJ^I}\,ds = 0.$$

Die elastische Krümmung der Strecken b im Zustand I bei kleinen M kann vernachlässigt werden. Es ist dann $2\psi_A \approx \psi_C$.

Im Fall A des Bildes 13.46 (links) ist a_2 klein und $2a_1 \approx a_2$, es wird sich daher an der Einspannstelle etwa die gleiche Momentenzunahme einstellen wie im Feld, um die Verträglichkeitsbedingungen zu erfüllen, wobei für beide kritischen Schnitte die gleiche Beziehung zwischen M und $\dfrac{d\vartheta}{ds}$ vorausgesetzt wird. Hat aber die EJ^{II}-Zone im Feld die Länge a_2 wie im Fall B (rechts), dann muß in den kurzen a_1-Zonen an den Einspannstellen das Moment viel mehr anwachsen als im Feld, um dort den erforderlichen Biegewinkel zu erzeugen.

Demnach ist die Form der Momentenfläche von wesentlichem Einfluß auf die Verteilung der Momente, sobald in Teilstrecken des Trägers der Bereich ② mit EJ^{II} erreicht wird. Man darf vermuten, daß bei gleicher Bemessung der Querschnitte die Stützenmomente im allgemeinen rascher wachsen als die Feldmomente; an den Stützen wird damit der Bereich ③ der M-ϑ-Linie zuerst erreicht, d.h. dort entstehen

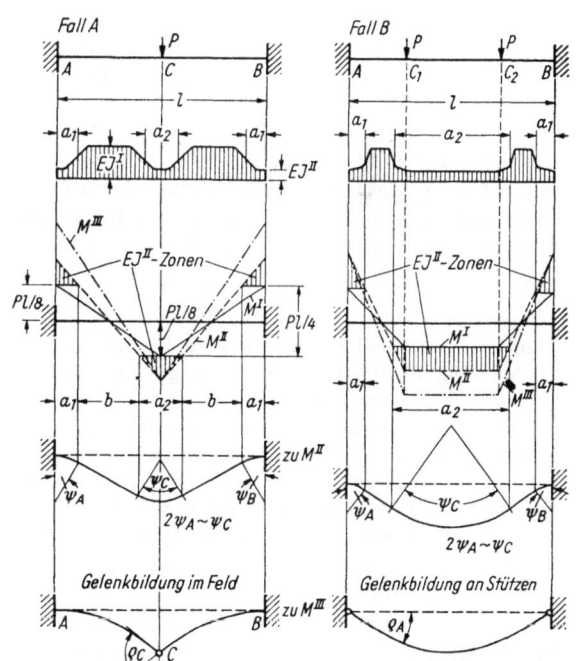

Bild 13.46 Biegesteifigkeit EJ^I und EJ^{II}, Traglastmomente, Biegewinkel ψ und Gelenkrotation ϱ beim eingespannten Balken unter einer und unter zwei Einzellasten

plastische Gelenke (Fall B in Bild 13.46). Die Momentenverlagerung kann sich aber auch anders entwickeln, wenn die Bewehrung im Feld kleiner ist als an der Stütze oder umgekehrt.

Die Entwicklung von Gelenken setzt aber voraus, daß der Träger so weit verformbar ist und nicht vorher an der betr. Stelle bricht. Um nun weiter verfolgen zu können, wie weit das Feldmoment und damit $\int\limits^{a_2}\dfrac{\mathrm{d}\,\vartheta}{\mathrm{d}\,s}\,\mathrm{d}s = \psi_C$ anwachsen kann, muß man die **maximale Gelenkrotation** ϱ (vgl. Definition in Bild 13.40) an den ehemaligen Einspannstellen kennen. Diese wird von max ε_z, max ε_b und von x_u abhängig sein. Auch diese Werte sind noch nicht genügend bekannt.

Auf der Druckseite wächst die Stauchung des Betons total ε_b über das für die Biegedruckzone ermittelte Maß noch hinaus, wenn die Druckzone durch Bügel quer bewehrt ist. *A. L. Baker* [499] gibt dafür Werte von 10 bis 12 ⁰/₀₀, *G. Macchi* [534] von 11 bis 19 ⁰/₀₀ an. Diese hohen Werte sind fraglich, eine gewisse Steigerung beruht wohl darauf, daß bei bewehrtem Beton die Randfaser schon zerstört sein kann und die Druckkraft dennoch übertragen wird. Von diesem hohen Wert müssen wir elast. ε_b mit $\sim 1{,}5$ ⁰/₀₀ abziehen. Da hier außerdem vorläufig Vorsicht am Platze ist (abgesehen vom Sicherheitsfaktor!), wird es gut sein, plast. ε_b = tot. ε_b − elast. ε_b für Gelenkrotationen nicht größer als 5 ⁰/₀₀ anzusetzen:

$$\text{plast. } \varepsilon_b \lesssim 5 \text{ ⁰/₀₀}.$$

Auf der Stahlseite dürfen wir etwa ein Viertel der Dehnung unter Bruchlast ansetzen, das je nach Stahlart wird:

$$\text{plast. } \varepsilon_z = 10 \text{ bis } 20 \text{ ⁰/₀₀}.$$

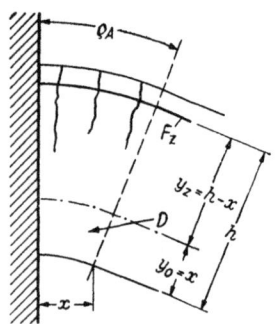

Bild 13.47 Bereich x der Plastifizierung am eingespannten Balkenende

Die Gelenkrotation ϱ hängt nun noch davon ab, auf welche Länge des Trägers diese hohe Plastifizierung der Baustoffe eintritt. Nach den bisherigen Beobachtungen darf für den Beton bei einseitiger Einspannung die Länge maximal zu $y_0 = x$ und für den Stahl bei gutem Verbund die Länge $0{,}6\,y_z$ angesetzt werden (Bild 13.47). Sie hängt u. a. von der Höhenlage der Nullinie und von der Steilheit der M-Linie, also von Q, ab.

Mit diesen Annahmen kann nun die **maximale Gelenkrotation an Einspannstellen** vorsichtig angegeben werden.

Auf der Betonseite

$$\max \varrho_A \approx \frac{x \cdot \text{plast. } \varepsilon_b}{x} = \text{plast. } \varepsilon_b \approx 0{,}005, \qquad 13.(41\text{a})$$

auf der Stahlseite

$$\max \varrho_A \approx \frac{0{,}6 \cdot y_z \cdot \text{plast. } \varepsilon_z}{y_z} = 0{,}6 \text{ plast. } \varepsilon_z = 0{,}006 \text{ bis } 0{,}012, \qquad 13.(41\text{b})$$

d. h. auf der Stahlseite ist die Rotationsmöglichkeit im allgemeinen größer als auf der Betonseite. Andererseits erreichen wir bei niedrigem μ den Bruch des Stahles, was bedeutet, daß sich max ε_z nicht auf eine so große Länge ausdehnt wie ε_b, wenn μ klein ist.

Im Feld und über Stützen von Durchlaufträgern werden die Gelenkrotationen etwa doppelt so groß sein, weil die Ausdehnung der plastifizierten Zone doppelt so lang ist. Wir haben dann

$$\max \varrho_C = 0{,}010 \qquad \text{(Beton)} \qquad\qquad 13.(42\text{a})$$
$$\max \varrho_C = 0{,}018 \qquad \text{(Stahl-Mittelwert)} \qquad 13.(42\text{b})$$

Kleinere Werte sind bei hohem μ und ganz kleinem μ zu erwarten. Auch die Lastart im Feld wird von Einfluß sein. *G. Macchi* fand allerdings, daß die Lastart, d. h. konzentrierte Last oder verteilte Last, nur bis etwa 30 ⁰/₀ Unterschied ergibt.

Bei Versuchen wurden $\varrho_C = 0{,}01$ bis $0{,}08$ gemessen, je nach Bewehrungsgrad und Sprödigkeit des Betons. *M. Yamada* berichtet in [373] über Versuche an Stahlbetonbalken, bei denen sich für gleichen Bewehrungsgrad ($0{,}2$ ⁰/₀) außerordentlich große Unterschiede, z. B. zwischen $0{,}01$ und $0{,}07$, ergaben. Der Bewehrungsgrad wirkt sich auf die Höhenlage der Nullinie kurz vor dem Bruch aus, so daß man mit k_{xu} eine Grenze setzen kann, von der ab der Bereich ③ und damit Gelenkbildung erreicht wird, z. B. $k_x \lesssim 0{,}40$.

An Stützquerschnitten muß man nun aber bedenken, daß dort auch Querkräfte wirken, die Resultierende D der Druckzone also schief angreift und damit k_x kleiner wird als bei Biegung und daß β_p als Randspannung nicht erreicht wird. Wir müssen daher dort plast. ε_b kleiner ansetzen als bei reiner Biegung.

Für die Begrenzung der Gelenkrotation wird bei Spannbeton fast stets ε_b maßgebend sein. Plattenbalken mit der Platte im Druckgurt dürften eine größere Gelenkrotation zeigen als Rechteckquerschnitte. Der negativ beanspruchte Plattenbalken dagegen (Platte als Zuggurt) wird wenig verformbar sein, wenn in der Druckzone nur ein schmaler Steg wirkt.

Bedenken wir nun die große Veränderlichkeit der Steifigkeit EJ im Zustand II und daß sich in einem äußerlich n-fach statisch unbestimmten System $(n+1)$ plastische Gelenke im Bereich ③ einstellen können, dann sehen wir, daß die Verteilung der Momente statisch unbestimmter Träger sich gegenüber dem Ergebnis der Elastizitätstheorie wesentlich verändern kann. Wir haben es mit einer **Momentenverlagerung** von überbeanspruchten Zonen nach noch nicht ausgenützten Zonen oder mit einer **Momentenanpassung** an die Tragfähigkeit zu tun, die das Tragvermögen steigert, wenn das Tragwerk nicht spröde, sondern zäh verformbar ist.

K. Jäger hat diese Vorgänge theoretisch untersucht [346]. *G. Macchi* [519] behauptet, daß 60 bis 80 % der möglichen Momentenverlagerung schon bei einer Rißbildung in Teilstrecken mit nur etwa 0,2 mm Rißbreite auftreten. Die Gelenkbildung wäre daher für die Momentenverlagerung gar nicht so entscheidend, wie man früher angenommen hat.

13.44 Die rechnerische Ermittlung der Momentenverlagerung im Zustand II

Zur Ermittlung der Schnittkräfte der statisch unbestimmten Systeme bedienen wir uns häufig des Prinzips der virtuellen Kräfte und den darauf aufgebauten Elastizitätsgleichungen in der Form:

$$\int \frac{M_i M_0}{EJ}\, \mathrm{d}s + X_i \int \frac{M_i M_i}{EJ}\, \mathrm{d}s + \sum X_k \int \frac{M_i M_k}{EJ}\, \mathrm{d}s = 0 \qquad 13.(43)$$

Diese Gleichungssysteme erfüllen die Gleichgewichts- und Verträglichkeitsbedingungen zugleich. Sie sind einfach anzuwenden, wenn die Steifigkeit EJ bekannt ist und sich mit der Last bzw. den Momenten nicht verändert.

Bei vorgespannten Rahmen oder anderen in der Verkürzung behinderten Systemen muß die Wirkung der Längskraft, vorzugsweise der Vorspannkraft, auf die Formänderungen mit berücksichtigt werden. Wir beschränken uns hier wegen der einfacheren Darstellung auf die Momente.

Bei der Ermittlung der Traglasten zur Bestimmung der Bruchsicherheit ist EJ von der Größe der Last nicht mehr unabhängig. Sobald wir die äußeren Kräfte um den Sicherheitsfaktor vermehren, wird der Bereich ② der M/EJ-Linie des Bildes 13.40 erreicht, die bei Spannbeton meist nicht als Gerade betrachtet werden kann. EJ^{II} ist also von der absoluten Größe des jeweils erreichten Momentes abhängig. Teillängen des Tragwerkes werden andererseits im Zustand I bleiben. Eine geschlossene Lösung der Elastizitätsgleichungen ist daher nicht möglich und man muß den Weg der Annahmen und Korrekturen oder der stufenweisen Annäherung gehen.

Wir nehmen die Momentenlinie der geforderten Traglast z. B. affin zur Momentenlinie der Gebrauchslast an. Die Momente werden dabei

$$\nu \cdot M_{g+p} + \nu' \cdot M'_v,$$

wobei ν' der Sicherheitsfaktor der Zwängungsmomente M'_v infolge Vorspannung mit z. B. 0,9 oder 1,1 angenommen wird, je nachdem M'_v für die Lastmomente günstig oder ungünstig wirkt.

Wir teilen das Tragwerk und die Momentenfläche in Streifen und entnehmen aus der theoretisch oder experimentell ermittelten $M\text{-}\vartheta$-Linie das für jede Streifenmitte der Momente sich einstellende EJ. Mit den so ermittelten EJ werden die Verformungen berechnet. Erfüllt die Biegelinie die Lagerbedingungen, dann war die angenommene M-Verteilung richtig, wenn nicht, dann müssen die M geändert angenommen werden, bis die Verträglichkeit mit den Lagern erreicht ist. Dies ist mühsam und wird nur in Ausnahmefällen durchgeführt werden.

13.45 Die Momentenverlagerung durch plastische Gelenke im Bereich ③

Am Anfang dieses Abschnittes muß nochmals betont werden, daß die Möglichkeit einer Gelenkbildung von den Querschnittswerten, in erster Linie von μ und der Breite der Druckzone abhängt. Nur wenn μ unter den Werten der Tafel 13.VI liegt und bei flacher Druckzone wird der Bereich ③ der $M\text{-}\vartheta$-Linie gemäß Bild 13.40 erreicht.

Die Gelenke bilden sich an den Stellen der größten Momente, also vorzugsweise an Stützen und an der Stelle des größten positiven Feldmomentes. Da $(n+1)$ Gelenke im n-fach statisch unbestimmten System möglich sind, kann in einem Feld und an jeder Zwischenstütze ein Gelenk zustande kommen. Man untersucht Feld um Feld mit den ungünstigsten Laststellungen. Das System wird mit n Gelenken statisch bestimmt, das $(n+1)$te Gelenk führt dann zum Bruch. Es müssen sich allerdings nicht alle möglichen Gelenke einstellen! Bei Rahmen mit eingespannten Stielen können die Rahmenriegel für sich brechen, ohne daß sich in den Stielen Gelenke gebildet haben, so daß also zum Bruch drei Gelenke genügen. Das gleiche gilt für Durchlaufträger mit mehr als zwei Öffnungen, bei denen zum Versagen eines Endfeldes zwei Gelenke, eines Innenfeldes drei Gelenke genügen, auch wenn die ganzen Träger 3- oder 5fach statisch unbestimmt sind. Im Gelenk wirkt das kritische Moment M_{kr} ungefähr konstant bleibend. Dieser Wert wird nach Kap. 13.33 berechnet. Die Verträglichkeit der Verformungen bestimmt die Verteilung der Gelenkrotation auf benachbarte Gelenke.

Die rechnerische Behandlung der Momentenverlagerung durch plastische Gelenke wurde verschiedentlich versucht. So nimmt *A. L. L. Baker* [499] n Gelenke an und schreibt für jedes Gelenk die bekannten Elastizitätsgleichungen 13.(43) von *Müller-Breslau* an, ergänzt durch die Winkel der Gelenkrotation. Er geht dann von vereinfachten, aus 2 Geraden bestehenden M-ϑ-Linien aus, was den Verhältnissen des Spannbetons wenig entspricht. Es ist auch unsicher, ob sich die Gelenke an allen angenommenen Stellen ausbilden können, bevor ein Bruch an einer der Gelenkstellen eintritt. Das Verfahren bedingt viele ungewisse Annahmen und dennoch viel Rechenaufwand.

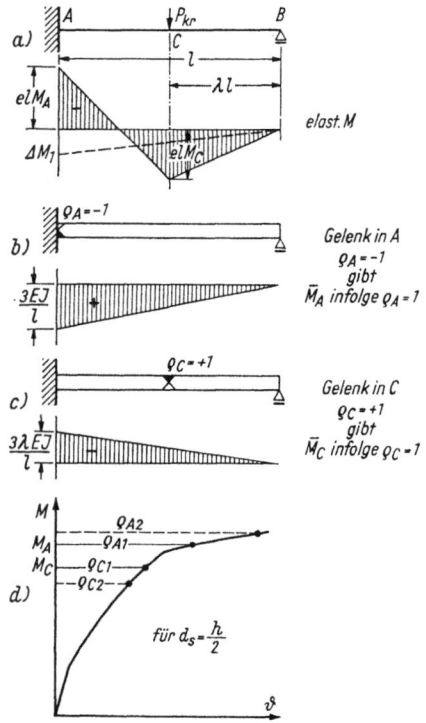

Bild 13.48 Ermittlung der Traglastmomente eines einseitig eingespannten Balkens mit Einzellast nach *G. Macchi*

G. Macchi [286], [519] löst die Aufgabe durch schrittweise Näherung mit „auferlegten Rotationen". An Stelle der Einheitsmomente, die *Baker* ansetzt, werden Einheitsrotationen in den Gelenken und an kritischen Schnitten angenommen. Diese Rotationen erzeugen Momente, die sich nach *Cross* oder mit der 3-Momentengleichung ergeben.

Man hat nun für die geforderte Bruchlast zunächst die Momente, die sich ohne Gelenkbildung ergeben, aus den Elastizitätsgleichungen mit konstantem EJ zu ermitteln, wie dies das Beispiel Bild 13.48 a) zeigt. Diese Momente überschreiten nun an einem oder mehreren kritischen Schnitten den elastischen Bereich. An diesen Schnitten, z. B. in A und C, nehmen wir nun die Rotation $\varrho_A = 1$ an, die $\overline{M}_A$ ergibt, entsprechend auch $\varrho_C = 1$ mit $\overline{M}_C$ (Bild 13.48 b) und c)):

Aus dem mit den Querschnittswerten errechneten oder gemessenen M-ϑ-Diagramm — z. B. gemäß Bild 13.48 d) — lesen wir nun für el. M_A und el. M_C die Winkel ϱ_{A1} und ϱ_{C1} ab und bestimmen damit die diesen Rotationswinkeln entsprechenden M_{A1} und M_{C1}

$$M_{A1} = \overline{M}_A \cdot \varrho_{A1},$$
$$M_{C1} = \overline{M}_C \cdot \varrho_{C1}.$$

Dieses Vorgehen entspricht der Annahme, daß die Stabteile zwischen den Gelenken starr sind und daß sich die Verformungen an den Gelenken konzentrieren, wobei dort elastische und plastische Verformungen zusammengefaßt werden. Es kommt dabei noch auf die Länge Δs an, über die die Drehung ϑ integriert wird, diese kann zu $h/2$ bis h angenommen werden, je nach Form der M-Fläche.

Die elastischen Momente sind nun zu korrigieren mit

$$\Delta M_1 = M_{A1} + M_{C1},$$

wie im Diagramm a) gestrichelt angegeben.

Mit der neuen Momentenlinie el. $M + \Delta M_1$ bestimmen wir neue ϱ_{A2} und ϱ_{C2} aus dem Diagramm d), und damit ein neues ΔM_2, und wiederholen diese Schritte so lange, bis $\Delta M_n = 0$ ist, was bedeutet, daß die korrigierten Momente el. $M + \Delta M_1 + \Delta M_2 \ldots$ auch die Verträglichkeitsbedingungen erfüllen.

Diese anschauliche Methode setzt die Kenntnis der M-ϑ-Linie voraus, deren rechnerische Bestimmung noch nicht abgeklärt ist.

Beide Methoden sind daher in der Praxis vorläufig nur in Sonderfällen mit der Hilfe von Versuchen anwendbar, und wir müssen uns vorläufig mit einfacheren Näherungen begnügen.

13.46 Praktische Ermittlung der durch Momentenverlagerung möglichen Traglast

Wir bestimmen zunächst die sich nach der Elastizitätstheorie ergebende Momentenverteilung für die geforderte Bruchlast. Dieser M_{Br}-Linie stellen wir die aufnehmbaren M_{kr} gegenüber (Bild 13.49). Überschreitet M_{Br} das M_{kr} an einer Stelle und ist an den nächstgelegenen Stellen großer Momente noch Reserve (Reserven sind in der Regel vorhanden, da wir für Momentengrenzlinien für ganz verschiedene, ungünstige Lastfälle bemessen), dann nehmen wir an der nicht ausreichenden Stelle ein Gelenk i an und überlagern die bei einer Rotation im Gelenk i entstehenden Momente $M_{\varrho i}$ in solcher Größe, daß M_{kr} im Punkt i eingehalten wird. Die Momentenkorrektur oder -verlagerung im Punkt i ist $M_{Br} - M_{kr} = \Delta M_i$. Ihr entspricht eine Rotation, die sich aus den Momenten M_ϱ je nach statischem System aus den Bildern Tafel 13.VII ergibt, z. B. für den Zweifeldbalken mit je einem Gelenk in den Feldmitten zu

$$\varrho_i = \Delta M_i \frac{4\,l}{3\,EJ}, \qquad 13.(44)$$

wobei im allgemeinen die EJ^{II} eingesetzt werden dürfen.

Dieses ϱ_i muß kleiner sein als $\max \varrho_i$ nach 13.(41) und 13.(42) an diesem Schnitt, damit die nötige Verlagerung der Momente möglich ist. Ist $\varrho_i > \max \varrho_i$, dann tritt dort der Bruch vorzeitig ein, falls nicht noch eine Rotation an einem zweiten benachbarten, schon hoch beanspruchten Schnitt, z. B. an der Stütze B, zu Hilfe kommen kann. Ob dies geschieht, hängt davon ab, ob die Verträglichkeit der Verformungen am Punkt B den Fließbereich ③ erzwingt, bevor $\max \varrho_i$ erreicht ist.

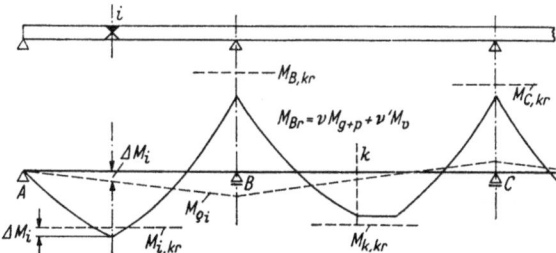
Bild 13.49 Ermittlung der zu $M_{i\,kr}$ gehörenden Momente in Nachbarstützen und -feldern, wenn $M_{i\,Br} = M_{i\,kr} + \Delta M_i$

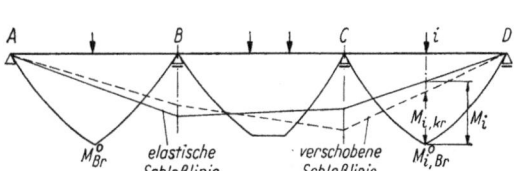
Bild 13.50 Ermittlung der zu $M_{i\,kr}$ gehörenden Schlußlinie, wenn von den geforderten Feldmomenten $M_{Br}^{(0)}$ bei statisch bestimmter Lagerung ausgegangen wird

Wir erfüllen also die Verträglichkeit durch den Nachweis, daß die notwendige Momentenverlagerung zur Einhaltung der M_{kr} an allen maßgebenden Stellen keine unerträglichen Gelenkrotationen hervorruft.

Die Betrachtung kann noch wie folgt vereinfacht werden:
Wir tragen die zur Sicherheit geforderten Bruchmomente

$$M_{Br} = \nu \cdot M_{g+p} + \nu'\, M_v \quad \text{(evtl. mit } M_{s+k} \text{ und } M_T\text{)}$$

als M^0-Momente für Einfeldbalken als statisch bestimmtes Grundsystem in jeder Öffnung auf (Bild 13.50) und zeichnen die Schlußlinie ein, die sich für elastisches Verhalten ($EJ = $ konstant) ergäbe. An der Stelle i werde dabei das Moment M_i größer als $M_{i\,kr}$. Man verschiebt nun die Schlußlinie so, daß dort $M_{i\,kr}$ eingehalten wird und prüft nun zunächst bei C, ob $M_C < M_{C,\,kr}$ usw. An Stelle der Überprüfung der Rotation im Gelenk i müßte es nun Ziel der Forschung sein, von μ, Stahlgüte und Betongüte abhängig einfach anzugeben, um wieviel Prozent von M_{Br}^0 des betrachteten Feldes die Schlußlinie in einem Endfeld oder in einem Mittelfeld verschoben werden darf. Damit kann der Nachweis der Traglast bei Momentenverlagerung sehr einfach werden. Die zulässigen Verlagerungen können vorsichtig mit den Angaben der Tafel 13.VIII abgeschätzt werden.

Tafel 13.VII

Momente $\overline{M}$ infolge der Rotation $\varrho = 1$ ($J = $ const.)

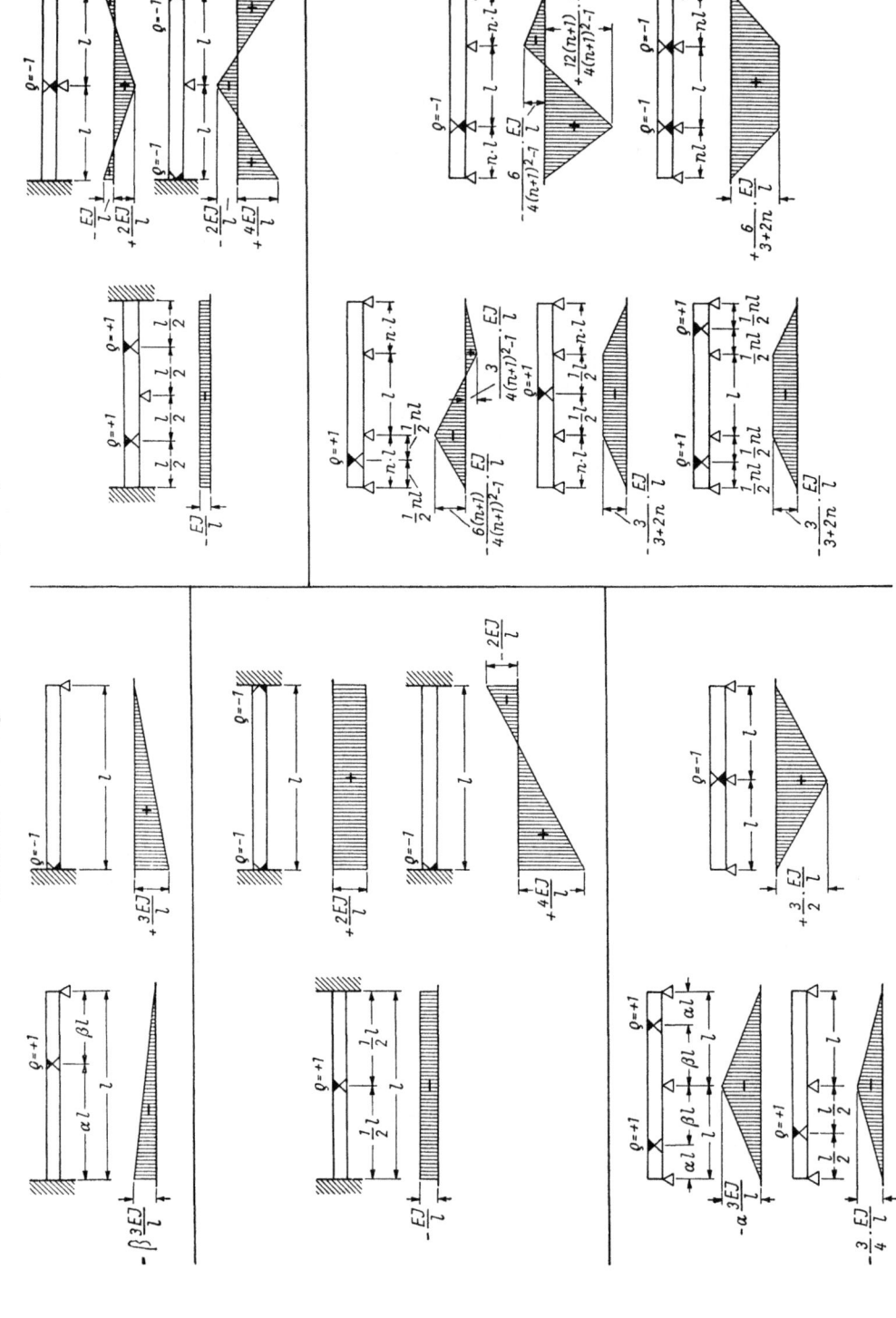

Tafel 13.VIII

Stahlgüte	St 80/105		St 130/150		St 160/180	
Betongüte	B 300	B 450	B 300	B 450	B 300	B 450
μ (%)	0,75	1,1	0,35	0,50	0,30	0,44
Zul. Verlagerung in % von $M^0{}_{Br}$	5 %	5 %	5 %	5 %	5 %	5 %
μ (%)	0,30	0,45	0,20	0,28	0,17	0,25
Zul. Verlagerung in % von $M^0{}_{Br}$	30 %	30 %	30 %	30 %	30 %	30 %

Zwischenwerte können geradlinig eingeschaltet werden.

13.47 Einfache Gleichgewichtsbedingungen für die Traglast von Durchlaufbalken

13.471 Randfelder von durchlaufenden Balken

Wir betrachten die M^0-Momente am statisch bestimmten Grundsystem (frei drehbar gelagerter Balken AB), worin wir aber die Zwängungsmomente M'_v, M'_{s+k} und M'_T einschließen wollen. Für den Nachweis der Bruchsicherheit muß das Maximum dieser M^0-Momentenlinie, vergrößert um die jeweils maßgebenden Sicherheitsfaktoren, getragen werden, allgemein also:

$$\nu \cdot M^0_{g+p} + \nu'_v (M'_v + M'_{s+k}) + \nu_T \cdot M'_T.$$

Nach DIN 4227 setzen wir heute noch vorwiegend $\nu = 1{,}75$ (Bezug auf Stahl) und $\nu_v = \nu_T = 1{,}0$. Wir nehmen zunächst an, daß bei Steigerung der Last über den Gebrauchszustand Proportionalität zu den Momenten aus der Elastizitätstheorie bestehenbleibt, wobei aber zu beachten ist, daß nur die M_{g+p} anwachsen, während die M' wegen $\nu_v = 1$ bzw. $\nu_T = 1$ ihre Größe nicht verändern.

Unter der Last im Punkt a ist also nach einer n-fachen Laststeigerung

$$M^0_{a,n} = n \cdot M^0_{a,g+p} + M'_{av}$$

und an der Stütze B

$$M^0_{B,n} = n \cdot M_{B,g+p} + M'_{Bv}.$$

M_a erreiche bei Laststufe 1 mit $P_1 + G_1 = n_1 (P + G)$ vor M_B seinen kritischen Wert $M_{a,kr}$. Das in dieser Laststufe erreichte Moment in B wird zur Abkürzung M_{B1} genannt, Bild 13.51 a. Die Momentensumme am statisch bestimmten Grundsystem ist jetzt

$$M^0_{a1} = n_1 \cdot M^0_{a,g+p} + M'_{av}$$
$$= M_{a,kr} + n_1 M_{B,g+p} \cdot \frac{x}{l}.$$

Bei weiterer Laststeigerung bis zur Stufe 2 nimmt M^0_{a1} auf M^0_{a2} zu, ohne daß sich das in a wirkende Moment $M_{a,kr}$ ändert, sofern die Voraussetzung erfüllt ist, daß sich bei $M_{a,kr}$ in a ein plastisches Gelenk bildet. Die Schlußlinie schneidet jetzt also nicht mehr proportionale Strecken unter B ab, sondern ändert ihre Neigung schneller, da sie vom Momentengrößtwert M^0_{a2} in a den Abstand $M_{a,kr}$ behalten muß. Sie ergibt nun an der Stütze B das Moment M_{B2}, das bis zum kritischen Wert $M_{B2} = M_{B,kr}$ anwachsen kann, Bild 13.51 b.
Da die Schlußlinie eine Grade bleibt, läßt sich aus den geometrischen Verhältnissen des Bildes 13.51 b ablesen:

$$M^0_{a2} = M_{a,kr} + (|M_{B,kr}| + M'_{Bv}) \cdot \frac{x}{l}.$$

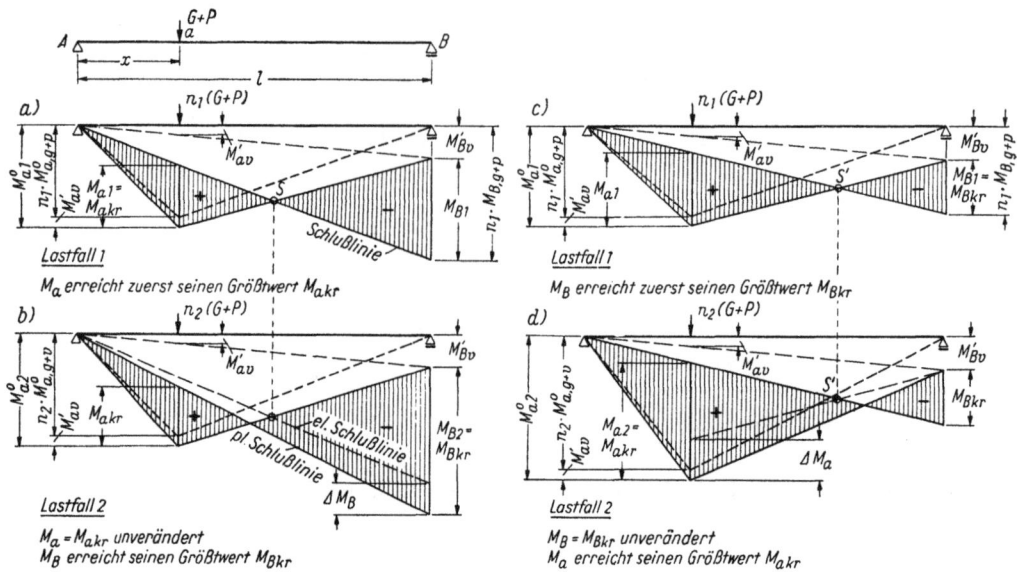

Bild 13.51 Momentenverlauf beim Erreichen der Traglast in Randfeldern durchlaufender Balken

Die eingangs aufgestellte Bedingung verlangt nun, daß $n_2 \geqq 1{,}75$ sei, so daß für den Bruchsicherheitsnachweis mit

$$M^0_{a2} \geqq 1{,}75\, M^0_{a,\,g+p} + M'_{a,v}$$

und

$$M'_{a,v} = \frac{x}{l} \cdot M'_{Bv}$$

die einfache Bedingungsgleichung erhalten wird

$$\boxed{M_{a,kr} + |M_{B,kr}| \cdot \frac{x}{l} \geqq 1{,}75\, M^0_{a,\,g+p}}\qquad 13.(45)$$

Sobald sich eine gewisse Rotation in den Gelenken eingestellt hat und eine Umlagerung der Momente tatsächlich erfolgen konnte, können wir den absoluten Betrag der Momente M_{kr} an der Stelle von max M^0_{Br} in Betracht ziehen, wobei dann die Zwängungsmomente, z. B. M'_v, aus der für den Nachweis der Bruchsicherheit zu bildenden Momentensumme, verschwinden. Ob die Rotation hierfür ausreicht, hängt von der Bruchart, also insbesondere vom Bewehrungsgrad ab.

Die Größe der Umlagerung der Momente, im Beispiel des Bildes 13.51b von M_a nach M_B, erfassen wir mit dem Korrekturmoment ΔM_B, das die Vergrößerung des Momentes in B über dasjenige Moment angibt, das bei einer der Elastizitätstheorie entsprechenden Verteilung des Momentes M^0_{a2} entstehen würde.

Zeichnet man mit bekannten M_{Bkr} und M_{akr} die Momentenlinien gemäß Bild 13.51b auf, so findet man ΔM_B wie angegeben über den Momenten-Nullpunkt S, dessen Abstand von den Auflagern für alle Schlußlinien nach der Elastizitätstheorie unverändert bleibt und demgemäß auch Momentenlinien für die Gebrauchslast entnommen werden kann. ΔM_B soll nicht größer sein als der in Tafel 13.VIII angegebene Prozentsatz von M^0_{a2} sein und kann auch dazu verwendet werden, den Rotationswinkel im Gelenk in a nach Kap. 13.45 zu berechnen und zu überprüfen.

Wird bei Steigerung der Last über die Gebrauchslast M_{Bkr} vor M_{akr} erreicht, so gelangt man zur gleichen Beziehung wie in Gl. 13.(45), wie sich aus Bild 13.51c und d leicht ersehen läßt. Das Korrekturmoment ΔM_a, das wieder den Zuwachs in M_{akr} kennzeichnet, der über die elastische Verteilung hinausgeht, findet man wie im Bild angegeben über den Nullpunkt S'. Auch hier gilt, daß ΔM_a die Prozentsätze der Tafel 13.VIII nicht überschreiten soll.

13.472 Innenfelder von Durchlaufbalken

Beim vorgespannten Durchlaufbalken sind in Innenfeldern Zwängungsmomente M' an **beiden** Stützen zu berücksichtigen und wie in Kap. 13.471 bei den Randfeldern den M_{g+p}-Momenten zu überlagern. Wir setzen auch hier wieder $\nu = 1{,}75$ für die Lastmomente und $\nu' = 1{,}0$ für die Zwängungsmomente und betrachten ein Innenfeld $L{-}R$, Bild 13.52.

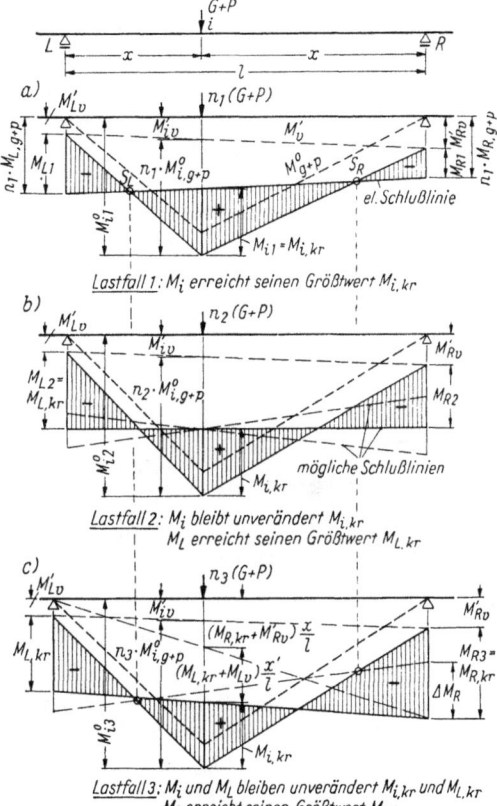

Zunächst wachsen die Momente $M_i^0{}_{,g+p}$ im Feld (am statisch bestimmten Grundsystem) und $M_{L,g+p}$ bzw. $M_{R,g+p}$ an den Stützen proportional gemäß den Bedingungen der Elastizitätstheorie. Wird im Punkt i im Lastfall 1 das Moment M_{ikr} erreicht, d. h. ist dort ein Gelenk in i entstanden, Bild 13.52 a, dann können bei weiterer Laststeigerung nur noch die Stützmomente M_L und M_R zunehmen. Die Neigung der Schlußlinie ist dabei unbestimmt, bis eins der beiden Stützmomente seinen kritischen Wert (z. B. $M_L = M_{Lkr}$) mit gleichzeitiger Gelenkbildung erreicht, Bild 13.52 b (Lastfall 2).

Jetzt kann die Schlußlinie nur noch auf der Seite R abfallen, bis $M_R = M_{Rkr}$ wird, wobei M_{ikr} und M_{Lkr} ihre Größen nicht verändern, Bild 13.52 c (Lastfall 3). Dann gilt

$$M_{i3}^0 = 1{,}75\, M_{i,g+p}^0 + M'_{iv}$$

$$= 1{,}75\, M_{i,g+p}^0 + \frac{x}{l} M'_{Rv} + \frac{x'}{l} \cdot M'_{Lv}$$

$$= M_{i,kr} + (|M_{Rkr}| + M'_{Rv})\frac{x}{l} +$$

$$+ (|M_{Lkr}| + M'_{Lv})\frac{x'}{l},$$

woraus die Bedingung folgt

$$\boxed{M_{i,kr} + |M_{R,kr}|\frac{x}{l} + |M_{L,kr}|\frac{x'}{l} = 1{,}75\, M_{i,g+p}^0}$$

13.(46)

Bild 13.52 Momentenverlauf beim Erreichen der Traglast in Innenfeldern durchlaufender Balken

Voraussetzung ist dabei, daß sich in L, i und R Gelenke mit ausreichender Rotationsfähigkeit eingestellt haben.

Die gleiche Momentenverteilung hätten wir erhalten, wenn M_R vor M_L oder beide Stützmomente vor dem Feldmoment M_i die jeweils möglichen Größtwerte M_{kr} erreicht hätten.

Bei veränderlichen Lasten ist die Laststellung maßgebend, die die größten M^0-Momente ergibt. Die Korrekturmomente bestimmt man durch Einzeichnen der Schlußlinie für elastisches Verhalten des Balkens, wie es für das Beispiel im Bild 13.52c dargestellt ist. Sie dürfen wieder die Prozentsätze der Tafel 13.VIII nicht überschreiten.

Bei Durchlaufträgern mit starken **Vouten** kann sich das Gelenk auch am Ende einer Voute einstellen.

13.48 Bruchsicherheitsnachweis bei Flächentragwerken

Für vorgespannte Flächentragwerke gibt es noch keine anerkannten Bruchsicherheitsnachweise. Bei Platten und Schalen bilden sich meist Bruchlinien aus, die man als Gelenklinien betrachten kann. Auf die für Stahlbetonplatten ausgearbeiteten Bruchlinientheorien von *Johansen* und *Lundgren* [53], [90], [150], [140] und die neueren Arbeiten von *H. Haase* [560] und *R. Schellenberger* [384] wird verwiesen.

Bei Schalen wird durch die Vorspannung die Beulsicherheit meist verbessert.

13.5 Biege-Bruchsicherheit bei Spanngliedern ohne Verbund

Die Spannglieder ohne Verbund dehnen sich beim Auftreten des ersten Risses auf ihre ganze Länge frei. Dadurch öffnet sich jeder entstehende Riß rasch, die Nullinie wandert schnell hoch, ohne daß die Stahlspannung σ_z viel zunähme. Entlastet man, so gehen die Risse wieder ganz zu, solange die Druckzone noch nicht zerstört war. Da die Risse in großem Abstand entstehen (etwa 1,2 d), überschreitet die Rißbreite schnell das früher als kritisch bezeichnete Maß von 1 mm/m. Je nach der Trägerhöhe können Rißbreiten von 3 bis 5 mm/m entstehen, ohne daß der Träger bleibend beschädigt wäre. Der Bruch tritt stets durch Zerstörung der Druckzone ein. Wie später gezeigt wird, bleibt die Zunahme der Spanngliedkraft durch die wenigen Risse wegen der auf die ganze Länge unbehinderten Stahldehnung klein. Sie hängt von μ_{bZ} und von der Völligkeit der Momentenlinie ab und kann genügend genau mit 15 % bis 30 % von V im Zustand I geschätzt werden, wobei der niedrige Wert für Spannglieder aus Litzen St 180 und der hohe Wert für solche aus Stäben St 105 anzusetzen ist. Diese Zunahme der Zugkraft im Spannglied bis zum Bruch erfassen wir mit

$$Z_{z,u} = \zeta Z_{z,g+p} \quad \text{durch} \quad \zeta = 1{,}15 \text{ bis } 1{,}30 \qquad 13.(48)$$

Betrachten wir nun die Schnittkräfte beim Rechteckquerschnitt $b\,d$ unter Gebrauchslast q an der Stelle des größten Momentes für den Fall der vollen Vorspannung mit den Betonspannungen σ_o am oberen Rand und $\sigma_u = 0$ am unteren Rand (Bild 13.53), dann ist

$$Z_{v+q} = D_{v+q} = \frac{b \cdot d \cdot \sigma_o}{2}. \qquad 13.(49)$$

Dabei ist am unteren Rand $\sigma_u = 0$.

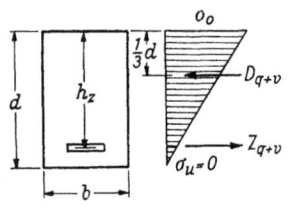

Bild 13.53

Das Spannglied habe den Abstand $h_z = 0{,}9\,d$ von der Balkenoberseite; der innere Hebelarm beträgt dann

$$z = h_z - \frac{d}{3} = d(0{,}9 - 0{,}333) = 0{,}567\,d$$

und das Moment im Gebrauchslastenzustand

$$M_{v+q} = D_{v+q} \cdot z.$$

Durch Steigerung der Belastung wächst die Druckspannung am oberen Rand, bis max ε_b erreicht ist. Die Druckkraft ist dann z. B. für B 300 mit max $\varepsilon_b = 3\,\text{\textperthousand}$ und $\beta_R = 0{,}85\,\beta_p$

$$D_u = \alpha \cdot \beta_R \cdot b \cdot x = 0{,}8 \cdot 0{,}85 \cdot \beta_p \cdot b\,x = 0{,}68\,\beta_p\,b\,x.$$

Aus der Gleichsetzung $D_u \approx \zeta D_{v+q}$ folgt:

$$x \approx 0{,}73\,\zeta\,\frac{d \cdot \sigma_o}{\beta_p}.$$

Der innere Hebelarm beträgt hierfür mit $\alpha' = 0{,}41$ (vgl. Kap. 13.331)

$$z_u \approx h_z - 0{,}41 \cdot x$$
$$\approx h_z - 0{,}30 \cdot \zeta\,\frac{d \cdot \sigma_o}{\beta_p}.$$

Das Bruchmoment wird damit

$$M_u = \zeta D_{v+q} \cdot z_u$$

oder die Bruchsicherheit

$$\nu \approx \frac{M_u}{M_{v+q}} = \frac{\zeta D_{v+q} \cdot z_u}{D_{v+q} \cdot z} = \frac{\zeta \cdot z_u}{z}$$

$$\boxed{\nu = \frac{\left(h_z - 0{,}3\,\zeta\,d\,\dfrac{\sigma_o}{\beta_p}\right)\zeta}{h_z - \tfrac{1}{3}\,d}} \qquad 13.(50)$$

Dabei ist σ_o die Betondruckspannung am Druckrand für die Last, die am Zugrand $\sigma_u = 0$ ergibt. Mit $h_z = 0{,}9\,d$, $\zeta = 1{,}15$ und $\sigma_o = 100\,\text{kg/cm}^2$ bzw. $\beta_p = 260\,\text{kg/cm}^2$ wird dann z. B.

$$\nu = \frac{\left(0{,}9 - 0{,}3 \cdot 1{,}15\,\dfrac{100}{260}\right)1{,}15}{0{,}9 - 0{,}333} = \sim 1{,}55.$$

Da der Beton versagt, müßte 2,5fache Sicherheit erreicht werden, d. h. man kann bei Spannbeton ohne Verbund selbst bei sehr tief liegendem Spannglied die zulässigen Druckspannungen σ_0 des Betons in der Druckzone unter Gebrauchslast bei weitem nicht ausnützen und muß daher mit Vorspannung ohne Verbund hinsichtlich der Bruchsicherheit sehr vorsichtig sein.

Um die Vergrößerung der Stahlspannung durch Risse zu beurteilen, wollen wir die mögliche Rißbreite vor dem Bruch ermitteln. In Höhe des Spanngliedes beträgt die gedachte Betondehnung:

$$\varepsilon_{bz} = \max \varepsilon_b \cdot \frac{h_z - x}{x}.$$

Mit $h_z = 0.9\,d$ und $x = 0.73\,\zeta\,d\,\frac{100}{260} \approx 0.32\,d$ wird mit $\zeta = 1.15$

$$\varepsilon_{bz} = \max \varepsilon_b \cdot \frac{0.58}{0.32} = 1.8 \max \varepsilon_b.$$

Nimmt man drei Risse an und setzt die Länge des plastisch verformten Betons im Rißbereich ungefähr gleich der Rißlänge $d - x \approx 0.68\,d$, dann wird die Erhöhung der Stahlspannung bei der Spanngliedlänge l:

$$\Delta \sigma_z = \frac{1}{l} \cdot 3 \cdot 1.8 \max \varepsilon_b \cdot E_z \cdot 0.68\,d = 3.7 \max \varepsilon_b\, E_z \frac{d}{l}.$$

Dabei ist die Dehnung zwischen den Rißbereichen nicht erfaßt, die bei einem Rißabstand von 1,0 bis 1,2 d einen Beitrag von etwa 40 % ausmachen wird.

Mit $d/l = 1/20$ und mit $E_z = 2\,100\,000\,\text{kg/cm}^2$ und weiter mit dem bei Biegung beobachteten $\max \varepsilon_b = 3\,°/_{oo}$ wird nun

$$\Delta \sigma_z = 3.7 \cdot 3\,°/_{oo} \cdot 2\,100\,000\,\frac{1}{20} \cdot 1.4 \sim 1600\,\text{kg/cm}^2,$$

d. h. bei zul $\sigma_{vo} = 9000\,\text{kg/cm}^2$ bedeutet dies eine Zunahme der Spannkraft um rund 18 %, bei zul $\sigma_{vo} = 5500\,\text{kg/cm}^2$ um rund 29 %. Dies ist natürlich nur eine grobe Abschätzung der Verhältnisse.

Versuche von *H. Rüsch* u. a. [447] zeigten Zunahmen der Spanngliedkraft von rund 25 % bis 38 % bei verschiedenen μ_{bz}. Dabei ergaben sich allerdings sehr unterschiedliche bezogene Bruchmomente $m_u = \dfrac{M_u}{b\,d^2\,\beta_p}$.

H. Rüsch u. a. [447] entwickeln auf Grund ihrer Versuche ein Verfahren zur Berechnung des Bruchmomentes, wobei Kurventafeln benützt werden, um die Verformungen des Betons unter den verschiedenen Beanspruchungsgraden einigermaßen wirklichkeitsgetreu mit den Ergebnissen des Heftes 120 des D.A.f.Stb. zu erfassen. Dieses Verfahren wird für evtl. nötige genauere Nachweise empfohlen.

Für die Praxis genügt es zu wissen, daß die **Bruchsicherheit ohne Verbund nur rund 75 bis 80 %** der **Bruchsicherheit mit Verbund beträgt**, was schon *G. Magnel* durch Versuche nachgewiesen hat und was auch das Ergebnis der Kornwestheimer Versuche der Bundesbahn [228] war.

Wenn man die Bruchsicherheit nach Gl. 13.(50) bestimmt, dann bleibt man auf der sicheren Seite. Bei T- und I-Querschnitten ergeben sich günstigere Verhältnisse, obwohl dabei beachtlich breite Risse entstehen (vgl. auch [474].

Die Bruchsicherheit reicht bei Spanngliedern ohne Verbund meist nicht aus, wenn man für Gebrauchslasten die zul. Spannungen etwa ausnützt. Aus diesem Grunde sollten Ausführungen ohne Verbund möglichst vermieden werden.

Man kann die Sicherheit durch Zulagen schlaffer Bewehrung verbessern [474], wie dies DIN 4227 vorschreibt, muß dann aber beachtliche Mengen zulegen, die im Gebrauchszustand ganz unnütz sind. Schlaffe Bewehrung mit Verbund wird nach Kap. 13.242 berücksichtigt.

> Bauwerke mit nachträglichem Verbund sind zwischen dem Spannen und dem Erhärten des Auspreßmörtels ohne Verbund und dürfen deshalb in dieser Zeit auf keinen Fall schon mit der später zulässigen Last belastet werden.

13.6 Bruchsicherheit auf Schub

13.61 Allgemeines

Vorbemerkung:

In der zweiten Auflage vom September 1961 war hier gesagt, daß „die Bruchsicherheit auf Schub von Spannbetonträgern noch nicht vollständig erforscht sei". Für die 3. Auflage 1972 konnte dieser Abschnitt auf Grund mehrerer Forschungsarbeiten, u. a. durch die Stuttgarter Schubversuche an Stahlbeton- und Spannbetonbalken, wesentlich verbessert werden. Die Forschungsergebnisse fanden auch ihren Niederschlag in neuen Vorschriften für die Schubmessung, insbesondere in der Schweiz (1968), in Großbritannien (Entwurf 1969) und in USA im ACI-Code (Entwurf 1970). Die deutsche Spannbetonvorschrift DIN 4227 wird 1972 zunächst nur der neuen DIN 1045 (Ausgabe 1972) angepaßt, eine gründliche Neubearbeitung soll 1972 bis 1975 vorgenommen werden. Die Forschungsergebnisse wurden auch im gemeinsamen Komitee von CEB und FIP beraten und in den Internationalen Richtlinien [569] dieser Gremien, die zum VI. Spannbetonkongreß der FIP in Prag im Juni 1970 herauskamen, berücksichtigt. Die dortigen Richtlinien für die Schubbemessung wurden weitgehend vom Verfasser und seinem Mitarbeiter, Dipl.-Ing. *M. Miehlbradt*, bearbeitet. Die Bemessung erfolgt dabei für Bruch-Grenzzustände mit aufgeteilten Sicherheitsbeiwerten für die Last und für die Baustoffe. Diese Richtlinien enthalten noch vorsichtig gewählte Bemessungswerte. Sie werden den folgenden Abschnitten zugrunde gelegt.

Wenn man sich auf eine gültige Vorschrift bei der Schubbemessung von Spannbetontragwerken beziehen will, so kann die Schweizer Norm SIA 162—1968 empfohlen werden, die auf Vorschlägen von *Bachmann* und *Thürlimann* (ETH Zürich) beruht. Die Erläuterungen hierzu sind in [570] dargestellt.

13.611 Zum Problem der Schubtragfähigkeit

Schubbeanspruchung entsteht dort, wo durch eine Querkraft die Biegemomente und damit die Gurtkräfte sich verändern. Dabei entsteht in den Stegen zwischen den Gurten ein System sich kreuzender schiefer Hauptzug- und Hauptdruckspannungen. Diese Hauptspannungen können für den Zustand I nach der technischen Biegelehre berechnet werden (vgl. Kapitel 11.54). Die Hauptzugspannungen werden durch Längsdruckkräfte, wie sie von der Längsvorspannung erzeugt werden, vermindert und zur x-Achse steiler geneigt als bei nicht vorgespannten Tragwerken. Man kann die Hauptzugspannung auch durch rechtwinklige oder schiefwinklige Stegvorspannung vermindern. Beide Vorspannungsarten ergeben höhere Hauptdruckspannungen, was bei der Bemessung von Stegdicken beachtet werden muß.

Für die Schubbruchsicherheit muß man jedoch bedenken, daß die für Zustand I berechneten Hauptzugspannungen nicht mehr vom Beton aufgenommen werden können, sobald bei der weiteren Laststeigerung diese Zugspannungen die Zugfestigkeit des Betons überschreiten. Dabei muß beachtet werden, daß außer den Lastspannungen noch Zwangspannungen, besonders durch Temperatureinwirkung u. dgl., vorhanden sein können, so daß man sich auch hier auf die Betonzugfestigkeit nicht verlassen darf. Die Bemessungsregeln sehen daher vor, daß mindestens so viel Schubbewehrung eingelegt wird, daß beim Auftreten von Schubrissen die dann wirksamen Zugkräfte im Steg noch getragen werden können.

Für den durch Schubrisse hervorgerufenen Zustand II führt nur die Fachwerkanalogie zu einer realistischen Betrachtung der

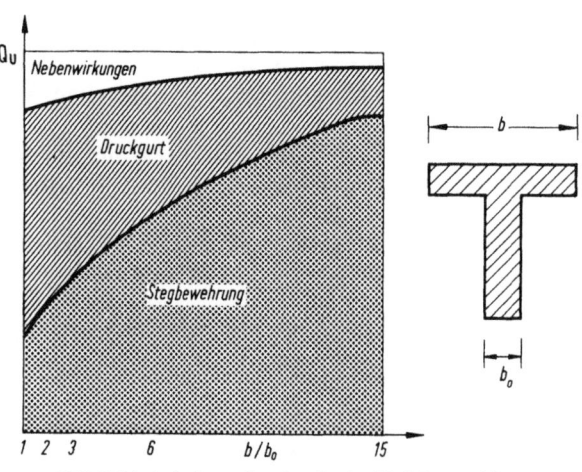

Bild 13.54 Aufteilung der Querkraft: Einfluß von b/b_0

inneren Kräfte. Dabei ist wie beim Stahlbeton die Richtung der Schubbewehrung, d. h. die Richtung der Zugstäbe im Steg des Fachwerkes, von Einfluß auf die Größe der Druckkräfte und damit der Druckspannungen in den Druckstreben, die sich zwischen den Schubrissen ausbilden.

Eine wichtige Erkenntnis der Stuttgarter Schubversuche war es, daß die Zugkräfte im Steg und damit die erforderliche Schubbewehrung im Steg von der Querschnittsform stark abhängig sind, insbesondere vom Verhältnis b/b_o (Bild 13.54). Bei im Verhältnis zur Druckgurtbreite dicken Stegen stellt sich eine starke Neigung der Druckresultierenden der Biegedruckzone ein, die im Fachwerk einem geneigten Druckgurt entspricht. Die vertikale Komponente dieser Druckgurtkraft entspricht einem Anteil der Querkraft, um den der Steg entlastet wird. Selbst bei im Verhältnis zu b dünnen Stegen, bei denen nur eine geringe Neigung des Druckgurtes möglich ist, können noch 10 bis 15 % der Querkraft vom Druckgurt aufgenommen werden. Ein Teil der Querkraft wird durch Nebenwirkungen (Dübelwirkung der Längsbewehrung, Verzahnung an Schubrissen, Einspannung der Druckstreben am Druckgurt) aufgenommen. Diese Nebenwirkungen werden z. B. vergrößert, wenn im Zuggurt ein kräftiger Flansch angeordnet wird. Der Einfluß der Querschnittsform wird bei den CEB-FIP-Richtlinien indirekt berücksichtigt.

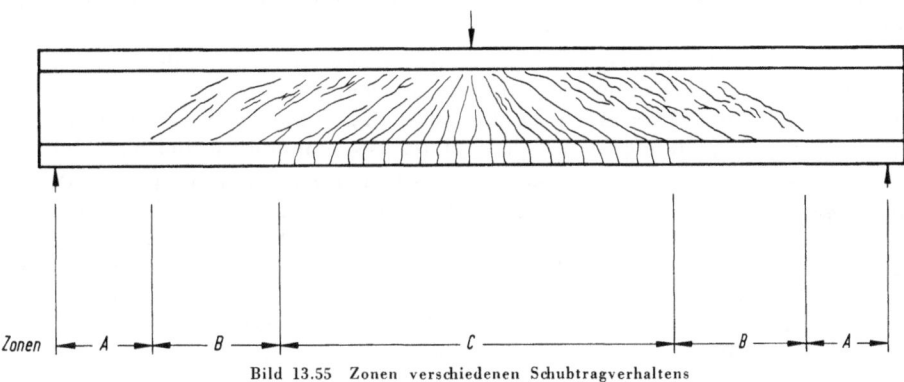

Bild 13.55 Zonen verschiedenen Schubtragverhaltens

Eine weitere wichtige Erkenntnis aus den Schubversuchen an Spannbetonträgern besteht darin, daß verschiedene Zonen der Stege unterschieden werden müssen (Bild 13.55):

1. Die Z o n e C , in der sich die Schubrisse aus Biegerissen entwickeln, wo also die Biegemomente groß sind. Die Biegeschubrisse sind steil und verlaufen unter 70° bis etwa 40°. Der Schubbruch erfolgt in dieser Zone meist als ein Biegeschubbruch durch Versagen der durch die Schubrisse in ihrer Höhe verkleinerten Biegedruckzone. Bei zu schwacher Schubbewehrung geraten die Bügel ins Fließen und beschleunigen das Versagen der Druckzone (Schubzugbruch). Bei sehr starker Längs- und Schubbewehrung kann es zu einem Versagen des Betons im Steg auf schiefen Druck kommen (Druckstrebenbruch), bevor in den Stahleinlagen die Streckgrenze erreicht wird.

2. Die Z o n e B , in der die Schubrisse im Steg beginnen, wenn die schiefe Hauptzugspannung σ_I einschließlich eventueller ungewollter Zwangspannungen die Zugfestigkeit des Betons erreicht. Sie verlaufen der Richtung der σ_I entsprechend flach, etwa unter 20° bis 30°, je nach Vorspanngrad. Zum Schubbruch kommt es nur, wenn die Stegbewehrung viel zu schwach ist (Schubzugbruch) oder wenn der Steg sehr dünn ist und durch die schiefen Druckspannungen zerdrückt wird (Druckstrebenbruch). Solche Risse entstehen im Bereich großer Querkräfte und kleiner Momente, bevorzugt in Trägern mit Flansch in der Zugzone oder in Hohlkastenträgern.

3. Die Z o n e A , in der bis zum Bruch des Trägers kein Riß auftritt. Es ist dies meist der Bereich am Endauflager bis $x = d$ und der Bereich am Momenten-Nullpunkt von Durchlaufträgern bei kleiner Querkraft. Hier ist keine Schubbruchgefahr vorhanden.

Die größte Schubbruchgefahr besteht in der Zone C, wo Querkraft und Moment gleichzeitig groß sind, was unter schweren Einzellasten oder im Bereich von Zwischenstützen bei Durchlaufträgern zutrifft. In der Nähe drehbarer Endauflager ist die Schubbruchgefahr selbst bei großen Querkräften meist gering.

13.612 Zur Schubbemessung nach DIN 4227 (1953)

Die Schubbemessung nach alter DIN 4227 beruht auf der Ermittlung der Hauptzugspannung σ_I unter der Sollbruchlast (rechnerische Bruchlast). Diese Spannungen werden dabei nach Zustand I berechnet, obwohl unter der Sollbruchlast natürlich längst der Zustand II erreicht ist. Man war und ist sich bewußt, daß die so berechneten Hauptzugspannungen die tatsächlichen Beanspruchungen in den gerissenen Teilen der Balken in keiner Weise mehr wiedergeben und daher nur behelfsweise als Grundlage zur Bemessung der Schubbewehrung dienen können, bis bessere Wege anerkannt sind.

In DIN 4227 werden die Hauptzugspannungen unter der Sollbruchlast mit Werten begrenzt, die etwa der Betonzugfestigkeit entsprechen. Man darf jedoch nicht glauben, daß damit Schubrisse vermieden werden. Die Zugkräfte im Steg müssen für die Bruchsicherheit ganz von den Stahleinlagen übernommen werden können. Dabei wird neuerdings (Zusätzliche Bestimmungen zu DIN 4227) berücksichtigt, daß im Zustand II durch innere Kräfteumlagerungen in dem innerlich vielfach statisch unbestimmten Fachwerk die Stegzugkräfte gegenüber den für Zustand I errechneten Werten abgemindert werden, während die Druckkräfte in den Stegen und Gurten durch entsprechende Neigung einen größeren Anteil der Querkraft übernehmen.

Es ist nicht sinnvoll, die Hauptzugspannungen zu begrenzen, vielmehr muß in der Schubzone die obere Grenze der Hauptdruckspannungen festgelegt werden. Niedrige zulässige Hauptzugspannungen führen im Bereich großer Querkräfte zu übermäßig dicken Stegen, die gegen Beanspruchungen aus Temperatur, Quervorspannung der Fahrbahnplatte usw. empfindlich sind (vgl. [568]).

Verschiedentlich sind Schäden an Spannbetonbauwerken aufgetreten, weil nach DIN 4227 die Bemessung der Schubbewehrung dem Ermessen des Ingenieurs überlassen war, wenn die Hauptzugspannung σ_I unter der sogenannten Nachweisgrenze blieb. Die Ingenieure haben gerne diese Nachweisgrenze eingehalten, um Schubbewehrung zu sparen, was zu dicken Stegen führte, die dann durch Temperaturspannungen gerissen sind. Das Tragwerk versagt dann, wenn in einem solchen Fall die Schubbewehrung zu schwach ist. Um dieser Gefahr zu begegnen, wurde schon 1966 vom Bundesverkehrsministerium in den „Zusätzlichen Bestimmungen zu DIN 4227" eine Mindestschubbewehrung vorgeschrieben, die auch in den CEB-FIP-Richtlinien enthalten ist.

13.613 Zum Schubbruchnachweis nach R. Walther

Unter den bisherigen Vorschlägen für eine Schubbruchtheorie ist diejenige von R. Walther [383], [396] theoretisch begründet und einleuchtend. Sie geht wie die Biegebruchtheorie von Gleichgewichts- und Verformungsbedingungen aus, während bisher die Verträglichkeit der Verformungen beim Schubnachweis unbeachtet blieb. Die Theorie berücksichtigt auch die Tatsache, daß M und Q zusammenwirken, indem das Schubbruchmoment M_{SU} berechnet wird. Sie erfaßt auch den großen Anteil der Biegedruckzone an der Schubtragfähigkeit.

Diese Walthersche Schubbruchtheorie war in der zweiten Auflage ausführlich behandelt, sie hat sich jedoch in der Praxis nicht eingeführt. Nach den späteren Forschungsarbeiten mußte auch erkannt werden, daß sie das Tragverhalten von Spannbetonträgern, insbesondere von solchen mit T- und I-Querschnitt noch nicht ausreichend erfaßt. Deshalb wird hier auf eine erneute Wiedergabe der Waltherschen Schubbruchtheorie verzichtet.

13.62 Schubbemessung nach den CEB-FIP-Richtlinien von 1970

Hinweis:

Bei der Schubbemessung nach CEB-FIP [569] wird der Nachweis der geforderten Sicherheit gegen Erreichen des Bruch-Grenzzustandes mit Hilfe von Teilsicherheitsbeiwerten geführt. Dabei werden z. B. die S c h n i t t g r ö ß e n aus Gebrauchslasten und Zwang mit 1,5 bzw. 1,2 multipliziert und die B a u s t o f f e s t i g k e i t e n durch Division mit 1,5 (Beton) oder 1,15 (Stahl) reduziert, die günstig wirkende V o r s p a n n k r a f t wird mit dem Faktor 0,9 abgemindert.

Im Rahmen dieses Buches wäre es verwirrend und zu aufwendig, nur für das Kapitel Schub das neuere Sicherheitsgebäude mit Teilsicherheitsbeiwerten einzuführen.

Daher ist im folgenden der CEB-FIP-Vorschlag für das Bemessen mit **g l o b a l e n** Sicherheitsbeiwerten umgearbeitet worden. Dies führt in praktischen Beispielen zu etwas anderen Ergebnissen als nach den eigentlichen CEB-FIP-Regeln; in den meisten Fällen sind die Abweichungen unbedeutend.

13.621 Übersicht

1. Für die Schubbemessung wird das Tragverhalten der Bauteile unter der **S o l l - B r u c h l a s t** zugrunde gelegt, die Gebrauchslast-Schnittgrößen werden also mit Sicherheitsfaktoren vergrößert.
2. Es werden die in 13.611 beschriebenen **Z o n e n** verschiedenen Tragverhaltens unterschieden (vgl. Bild 13.55), wobei für die praktische Bemessung die Zonen A und B zu einer Zone AB zusammengefaßt werden.
3. In den beiden Zonen AB und C sind für die aus den Schrittgrößen resultierenden Betonspannungen obere Grenzwerte einzuhalten, die sicherstellen, daß kein Versagen des Betons auf **s c h i e f e n D r u c k** eintritt.
4. Für beide Zonen sind Formeln angegeben, mit denen die erforderliche **S c h u b b e w e h r u n g** ermittelt werden kann; dabei wird das Prinzip der verminderten Schubdeckung (bei voller Schubsicherung) angewandt; eine **M i n d e s t** bewehrung für Schub ist einzuhalten.
5. Besondere Bestimmungen sind bei der Schubbemessung von **F l a n s c h e n** und **P l a t t e n**, sowie in Bereichen **i n d i r e k t e r** Kraftübertragung zu beachten.
6. Für die **T o r s i o n s b e m e s s u n g** können vorläufige Regeln angegeben werden, die zwar auf das Verhalten unter Bruchlast aufbauen, aber noch sehr vorsichtig gewählt sind.

13.622 Sicherheitsbeiwerte und Definitionen

Die **S c h n i t t g r ö ß e n** unter Soll-Bruchlast (erforderliche Traglast) sind (S steht als Sammelzeichen für M, N, Q, M_T):

$$S_U = 1{,}75\, S_{g+p} + 1{,}4\, S_{Zw} + (1 \pm 0{,}1)\, S_v. \qquad 13.(51)$$

Für Schnittgrößen aus Temperatur, Schwinden, Kriechen, Stützenverschiebungen (Fußzeiger Zw für Zwang) genügt ein geringerer Sicherheitsfaktor als für Last-Schnittgrößen, da Zwang-Schnittgrößen beim Auftreten von Rissen wegen der damit verbundenen Steifigkeitsabnahme abgebaut werden.

Die Schnittgrößen aus Vorspannung sind mit den Beiwerten 0,9 oder 1,1 zu versehen, je nachdem, ob sie S_U verkleinern oder vergrößern.

Die **B a u s t o f f e s t i g k e i t e n** werden entsprechend der DIN 1045 (1972) definiert:

β_{wN} = Nennwert der Würfeldruckfestigkeit (5 %-Fraktile **o d e r** einzuhaltender Mindestwert)

β_S oder $\beta_{0,2}$ = vom Hersteller garantierter **M i n d e s t w e r t** für die Streckgrenze, bzw. 0,2 %-Dehnungsgrenze der Stähle.

13.623 Schubbemessung von Balkenstegen

– 1 A b g r e n z u n g z w i s c h e n d e n Z o n e n A B u n d C

Als Kriterium dient die für den Zustand I ermittelte Längsspannung am Zugrand:

$$\sigma_{x,U} = \frac{N_U}{F_b} + \frac{M_U}{W_{b,Z}} \qquad 13.(52)$$

wobei N_U und M_U aus Gleichung 13.(51) ermittelt werden.

Die Schubrisse in Zone C entwickeln sich aus Biegerissen, die auch schon vor Auftreten der für Schub kritischen Belastung vorhanden sein können. Daher sind die Längsspannungen am Zugrand nach Gleichung 13.(52) für max M_U zu ermitteln, d. h. die Momente aus Verkehrslasten, Stützensenkungen usw. sind in ungünstigster Kombination zu berücksichtigen (es werden also nicht die max Q_U zugeordneten Werte von M_U eingesetzt).

Erreicht $\sigma_{x,U}$ einen Grenzwert, der der mit einem Sicherheitsbeiwert verminderten Biegezugfestigkeit des Betons entspricht, liegt eine hinreichende Wahrscheinlichkeit für das Auftreten von Biegerissen vor, die sich zu Schubrissen entwickeln können (Zone C), daher gilt:

$$\text{Zone AB, wenn } \sigma_{x,U} < \text{grenz}\sigma_{BZ}; \qquad 13.(53)$$

$$\text{Zone C, \quad wenn } \sigma_{x,U} \geqq \text{grenz}\sigma_{BZ}. \qquad 13.(54)$$

Die Grenzwerte für die Biegezugspannung σ_{BZ} sind in Tafel 13.IX, Zeile 1, angegeben.

Tafel 13.IX

Grenzwerte und Abzugswerte bei der Schubbemessung von Balken nach CEB-FIP in kg/cm²

	Festigkeit des Betons	β_{wN}	250	350	450	550
1	Abgrenzung zwischen Zonen AB und C	grenz σ_{BZ}	20	25	30	35
2	Obere Grenze für Zone AB	grenz τ_U	40	60	75	90
3	Abzugswert für Zone AB	$\sigma_{I,D}$	8	10	11	12
4	Obere Grenze für Zone C grenz $\tau_{0,U}$ (α = Bügelneigung zur Stabachse)	$\alpha = 90°$	45	65	80	95
5		$\alpha = 45°$	60	85	105	125

– 2 **Bemessung in Zone AB**

– 21 **Rechenwerte für die Stegbeanspruchung**

Da in Zone AB die Risse nur in beschränkten Bereichen auftreten, werden die Kräfteumlagerungen gegenüber Zustand I gering sein.

Als Parameter für die Bemessung werden daher die nach der Elastizitätstheorie für Zustand I berechneten Hauptspannungen unter Sollbruchlast $\sigma_{I,U}$ und $\sigma_{II,U}$, bzw. die zugehörige Schubspannung τ_U verwendet.

Bei der Ermittlung von τ_U dürfen die Querkräfte aus Vorspannung berücksichtigt werden, bei Trägern mit veränderlicher Höhe ist entsprechend Abschnitt 11.522 vorzugehen.

Für „übliche" Bauteile und Querschnitte genügt es, die Nachweise nur in Höhe der Schwerlinie zu führen, wobei im untersuchten Stegbereich etwa vorhandene Hüllrohre beim Nachweis der schiefen Betondruckspannungen zu berücksichtigen sind (vgl. [571]).

– 22 **Nachweis des Betons auf schiefen Druck (oberer Grenzwert der Schubbeanspruchung)**

Wenn **keine vorgespannte Schubbewehrung** verwendet wird, darf die Schubspannung

$$\tau_U = \frac{Q_U \cdot S}{J \cdot b_0} \qquad 13.(55)$$

die in Tafel 13.IX, Zeile 2, angegebenen Grenzwerte nicht überschreiten. Q_U ist laut Gleichung 13.(51) zu bestimmen; für b_0 ist ggf. die minimale Nettobreite des Steges (Hüllrohre abgezogen) einzusetzen.

Ist **vorgespannte Schubbewehrung** vorhanden, so sind die oberen Grenzwerte der Hauptdruckspannung $\sigma_{II,U}$ in Abhängigkeit der gleichzeitig wirkenden Hauptzugspannung $\sigma_{I,U}$ aus folgenden Beziehungen zu ermitteln:

$$\text{für } \sigma_{I,U} \leqq 0{,}1\,\beta_{wN}: \quad \text{grenz}\sigma_{II,U} = 0{,}7\,\beta_{wN} - 4\,\sigma_{I,U}; \qquad 13.(56)$$

$$\text{für } \sigma_{I,U} \geqq 0{,}1\,\beta_{wN}: \quad \text{grenz}\sigma_{II,U} = 0{,}03\,\frac{\beta_{wN}}{\sigma_{I,U}}\,\beta_{wN}. \qquad 13.(57)$$

Liegen Hüllrohre mit dem Außendurchmesser $\varnothing$ im Steg der Breite b_0, dann ist die rechnerische Hauptdruckspannung entsprechend zu vergrößern:

$$\sigma^{(\text{fiktiv})}_{\text{II},U} = \sigma_{\text{II},U} \cdot \frac{b_0}{b_0 - \Sigma\varnothing} \qquad 13.(58)$$

– 23 Ermittlung der Schubbewehrung

Für r e c h t w i n k l i g zur Stabachse angeordnete Bügel ergibt sich der erforderliche Schubbewehrungsgrad

$$\mu_S = \frac{F_{e,\text{Bü}}}{b_0 \cdot a_{\text{Bü}}} \qquad 13.(59)$$

aus

$$\text{erf}\,\mu_S = \frac{\sigma_{\text{I},U} - \sigma_{\text{I},D}}{\beta_S} \qquad 13.(60)$$

mit dem Abzugswert $\sigma_{\text{I},D}$ nach Tafel 13.IX, Zeile 3. Die obere Grenze für β_S ist 4200 kg/cm² für Betonstahl. Für Spannstahl darf $(\beta_{0,2} - \sigma_{zv\infty})$ oder 4200 kg/cm² (der kleinere Wert ist maßgebend) eingesetzt werden.

Bei b e l i e b i g geneigter Schubbewehrung gelten folgende Beziehungen:

$$\mu_S = \frac{F_{e,S}}{b_0 \cdot a_S \cdot \sin\alpha} \qquad 13.(61)$$

$$\text{erf}\,\mu_S = \frac{\sigma_{\text{I},U} - \sigma_{\text{I},D}}{\beta_S} \cdot \frac{\cos\varphi}{\sin\alpha \cdot \sin(\alpha + \varphi)} \qquad 13.(62)$$

Dabei sind: α der Neigungswinkel der Schubbewehrung gegen die Stabachse
φ der Neigungswinkel von $\sigma_{\text{II},U}$ gegen die Stabachse
a_S Stababstand, parallel zur Stabachse gemessen.

Mindestbewehrung siehe Abschnitt 13.623 – 5.

– 3 B e m e s s u n g   i n   Z o n e   C

– 31 R e c h e n w e r t   f ü r   d i e   S t e g b e a n s p r u c h u n g

Die Zone C von Spannbetonträgern und nicht vorgespannte Träger verhalten sich unter der Bruchlast, auch hinsichtlich Schub, fast gleich; der Grad der Vorspannung beeinflußt nur die Laststufe, unter der die Rißbildung beginnt und damit die Stahlspannungen ansteigen. Der Rechenwert der Stegschubspannung kann also, wie im Stahlbeton üblich, definiert werden:

$$\tau_{0,U} = \frac{Q_U}{b_0 \cdot z} \qquad 13.(63)$$

mit Q_U nach Gleichung 13.(51)
b_0 minimale Stegbreite, Hüllrohre für Druckstrebennachweis ggf. abgezogen
z innerer Hebelarm im Zustand II (unter Soll-Bruchlast)

Bemerkung: In [569] wurde zur Vereinfachung der Rechnung in der Definition von τ_0 anstelle von z die Nutzhöhe h eingeführt.

Bei der Ermittlung von $\tau_{0,U}$ (im Zustand II) dürfen Querkräfte aus Vorspannung und parallel zur Querkraft gerichtete Komponenten der Gurtkräfte (z. B. in Balken mit veränderlicher Höhe nach Bild 13.56, vgl. auch [572]) berücksichtigt werden.

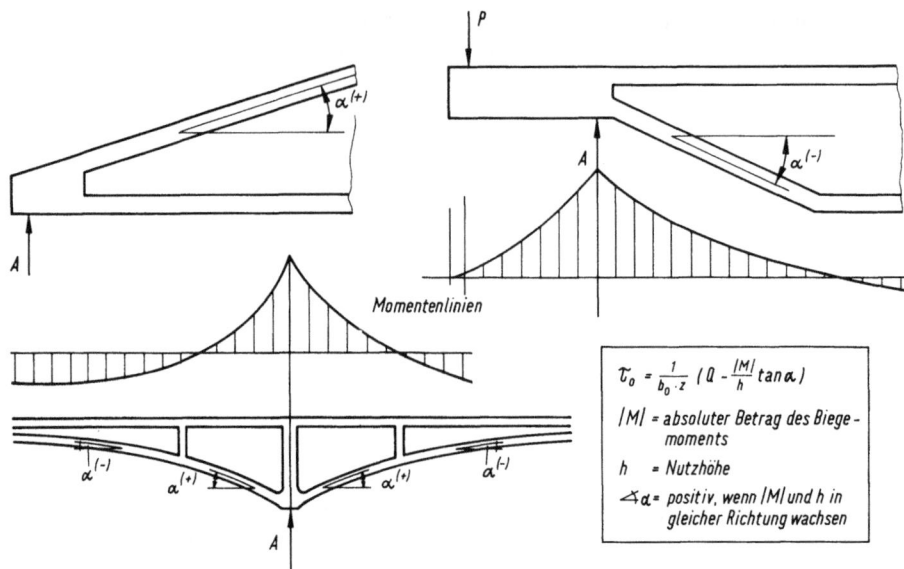

Bild 13.56 Rechenwert der Stegschubspannung aus äußeren Lasten für Balken mit veränderlicher Höhe im Zustand II (für den Fall: äußere Normalkraft $N = 0$)

— 32 **Nachweis des Betons auf schiefen Druck (oberer Grenzwert der Schubbeanspruchung)**

Der mit Gleichung 13.(63) ermittelte Rechenwert der Stegschubspannung darf die in Tafel 13.IX, Zeilen 4 und 5, angegebenen Grenzwerte nicht überschreiten.

Für Schrägbügel können höhere Grenzwerte zugelassen werden, da in diesem Fall die Druckstrebenkräfte kleiner sind (vgl. Fachwerkanalogie). Bei Bügelneigungen gegen die Stabachse zwischen 45° und 90° darf linear interpoliert werden.

In [569] sind für $\tau_{0,U}$ zusätzlich absolute Grenzwerte angegeben, die etwa 70 kg/cm² ($\alpha = 90°$) und 85 kg/cm² ($\alpha = 45°$) entsprechen. Diese Schranken ergeben sich daraus, daß die für sehr hohe $\tau_{0,U}$ erforderliche Schubbewehrung so groß wird, daß ihre Unterbringung im Steg schwierig wird. Diese absoluten Grenzen sollten daher nur dann überschritten werden, wenn besonders sorgfältig konstruiert und die Bauausführung entsprechend überwacht wird.

— 33 **Ermittlung der Schubbewehrung**

Für **rechtwinklig oder mit 45° Neigung zur Stabachse** angeordnete Bügel ergibt sich der Schubbewehrungsgrad

$$\mu_S = \frac{F_{e,S}}{b_0 \cdot a_S \cdot \sin \alpha} \qquad 13.(61)$$

aus

$$\text{erf } \mu_S = \frac{\tau_{0,U} - \tau_{0,D}}{\beta_S} \qquad 13.(64)$$

mit dem Abzugswert

$$\tau_{0,D} = \sigma_{I,D} \cdot (1 + 3 \frac{\left| \sigma_{x,U}^{(N)} \right|}{\beta_{wN}}) \qquad 13.(65)$$

wobei: $\sigma_{I,D}$ aus Tafel 13.IX, Zeile 3

$\left| \sigma_{x,U}^{(N)} \right| = 0{,}9 \cdot \dfrac{|V_\infty|}{F_b}$ Längsspannung im Schwerpunkt unter Soll-Bruchlast.

Für die obere Grenze von β_S gilt: 4200 kg/cm² für Betonstahl $\sigma_{zv\infty}$ + 4200 kg/cm² für Spannstahl.

Für Bügelneigungen zwischen $\alpha = 45°$ und $90°$ ist

$$\text{erf } \mu_S = \frac{\tau_{0,U} - \tau_{0,D}}{\beta_S} \cdot \frac{1}{(\sin \alpha + \cos \alpha) \sin \alpha}. \qquad 13.(66)$$

Mindestbewehrung siehe Abschnitt 13.623 − 5.

Hinweis: In [569] wird an Stelle des Abzugswertes $\tau_{0,D}$ eine Formel für den zugehörigen Schubdeckungsgrad η angegeben. In der Anwendung führen beide Wege zum selben Ergebnis für den Schubbewehrungsgrad μ_S.

− 4 **Maßgebende Schnitte im Auflagerbereich bei direkter Lagerung**

Im Auflagerbereich von unmittelbar gestützten Trägern bewirken die Querdruckspannungen σ_y, daß die Zugkräfte im Steg verringert und die Druckkräfte vergrößert werden. Um diese Verminderung der Stegzugkräfte zu berücksichtigen, **darf für die Bemessung der Schubbewehrung** von dem Querschnitt ausgegangen werden, der $d_0/2$ von der Auflagerachse entfernt liegt. Der dort ermittelte Schubbewehrungsgrad ist bis zum Auflager hin einzuhalten.

Die Erhöhung der Druckkräfte infolge σ_y wurde schon beim Festlegen der oberen Grenzwerte der Schubbeanspruchung berücksichtigt. Bei den Nachweisen des Betons auf **schiefen Druck** können daher die σ_y bei der Ermittlung der Rechenwerte vernachlässigt werden, wobei aber der Schnitt in **Auflagerachse** maßgebend ist.

− 5 **Mindestbewehrung für Schub**

Bei einer zu schwachen Stegbewehrung besteht die Gefahr, daß beim Auftreten des ersten Schubrisses die vom Beton im Zustand I gerade noch getragene Zugkraft von der Bewehrung nicht aufgenommen werden kann. Es kommt dann zu einem schlagartigen Bruch (Bruchart 1 a), der durch eine Mindestbewehrung verhütet werden muß (vgl. [533], [573]).

Nach [569] ist:
$$\min \mu_S = 0{,}25 \frac{\beta_{bZ}}{\beta_S} \qquad 13.(67)$$

$$\text{mit } \beta_{bZ} = 0{,}59 \cdot \beta_p^{2/3} \approx 0{,}53 \cdot \beta_w^{2/3}. \qquad 13.(68)$$
(Dimensionen in kg/cm²)

Aus diesen beiden Gleichungen erhält man die in Tafel 13.X angegebenen Mindestschubbewehrungsgrade bei Verwendung von gerippten Stäben aus BSt 22/34 ($\beta_S = 2200$ kg/cm²) bzw. BSt 42/50 ($\beta_{0,2} = 4200$ kg/cm²).

Tafel 13.X Mindestschubbewehrung $\min \mu_S$ in %

β_{wN}	250	350	450	550	kg/cm²
BSt 22/34	0,24	0,30	0,35	0,40	%
BSt 42/50	0,13	0,16	0,19	0,21	

Da die tatsächlichen Betongüten und damit β_{bZ} häufig höher liegen als den Nennwerten entspricht, sollten die Werte für $\min \mu_S$ nach Tafel 13.X auf keinen Fall unterschritten, eher etwas darüber gewählt werden.

Bei **breiten** Balken mit einer Stegbreite b_0 größer als die Querschnittshöhe d_0 genügt es, die Mindestbewehrung an den Rändern des Steges für einen Bereich der Breite $b = d_0/2$ zu ermitteln, weil diese Randzonen meist die größten Eigenspannungen aufweisen, die zusammen mit den Lastspannungen die Risse vom Rand ausgehend entstehen lassen. Wenn die Rißkraft am Rand durch eine genügend starke Bewehrung aufgetragen wird, dann setzt sich der Riß nicht weit nach innen fort, zudem die Eigenspannungen durch Risse weitgehend verschwinden.

Die Mindest-Schubbewehrung sollte auch dort eingebaut werden, wo theoretisch für Lastspannungen keine Schubbewehrung nötig ist (Zone A), sie ist im Hinblick auf Zwangspannungen (z. B. durch Temperatur, Schwinden) aber auch gegen Spaltzugspannungen an Spanngliedern oder Längsstäben (durch Verbundwirkung) mindestens in Tragwerken mit Spannweiten über etwa 8 m notwendig.

Wegen Schadensfällen, die auftraten, weil keine Mindest-Schubbewehrung eingebaut war, wird auf das Schrifttum verwiesen: [349], [568].

13.624 Schubbemessung für Flansche und Gurtplatten

Bei T-, I- oder Kasten-Trägern sind Flansche oder Platten schubfest an die Stege anzuschließen. Hierbei gibt es keine Hilfe durch geneigte Druckgurte oder dergleichen, und die Schubkräfte sind voll durch Bewehrung oder Quervorspannung aufzunehmen.

In D r u c k g u r t e n mit der Dicke d kann man unter Berücksichtigung des inneren Hebelarmes z nach Zustand II (Bild 13.57) aus

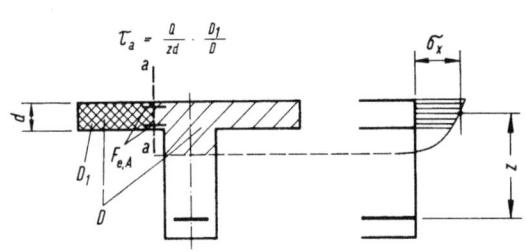

$$\tau_{a,U} = \frac{Q_U}{z \cdot d} \cdot \frac{\text{Druckkraft im anzuschließenden Teil}}{\text{Druckresultierende}} \qquad 13.(69)$$

mit der 45°-Streben-Fachwerkregel

$$\mu_S = \frac{\tau_U}{\beta_S} \qquad 13.(70)$$

die erforderliche Anschlußbewehrung (rechtwinklig zur Stabachse)

$$\text{erf } \mu_A = \frac{\text{erf } F_{e,A}}{d \cdot a_A} = \frac{\tau_{a,U}}{\beta_S} \qquad 13.(71)$$

bestimmen. Wegen der Höchstwerte von β_S vgl. Erläuterungen zu Gleichung 13.(64).

Man kann auch den günstigen Einfluß der Längsspannungen $\sigma_{x,U}$ in der Mittelebene der Gurtplatte berücksichtigen und die Bewehrung nur für die aus $\tau_{a,U}$ und $\sigma_{x,U}$ ermittelte Hauptzugspannung $\sigma_{I,U}$ auslegen:

$$\text{erf } \mu_A = \frac{\sigma_{I,U}}{\beta_S}. \qquad 13.(72)$$

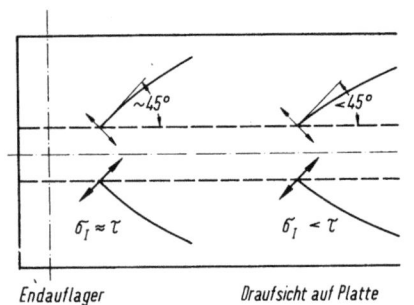

Bild 13.57 Schubfester Anschluß eines Druckflansches an den Steg

Die erforderliche Anschlußbewehrung nimmt also mit zunehmenden Druckspannungen aus Längsbiegung ab. Die für Querbiegung nötige Querbewehrung ist in der Regel zusätzlich einzulegen.

In Z u g g u r t e n hängt die erforderliche Querbewehrung davon ab, welcher Anteil der Zugglieder außerhalb des Steges im Flansch oder in der Gurtplatte verlegt ist. Bekanntlich ist es gut, bei solchen Trägern einen dem Betonquerschnitt angemessenen Anteil der Zugglieder außerhalb der Stege zu verlegen. Die Veränderung der Zugkraft dieser Zugglieder infolge $Q = dM/dx$ muß dabei über 45°-Druckstreben und Querbewehrung gesichert werden (Bild 13.58).

In diesem Fall ist:

$$\tau_{a,U} = \frac{Q_U}{z \cdot d} \cdot \frac{\text{Zugkraft der Stäbe im anzuschließenden Teil}}{\text{Gesamtkraft aller Stäbe}}. \qquad 13.(73)$$

Für die erforderliche Anschlußbewehrung gilt Gleichung 13.(71).

Bei vielen Spannbetonbrücken sind in den für Schub maßgebenden Schnitten die Spannglieder in den Stegen konzentriert, während in den Flanschen nur die schlaffe Torsionsbewehrung bzw.

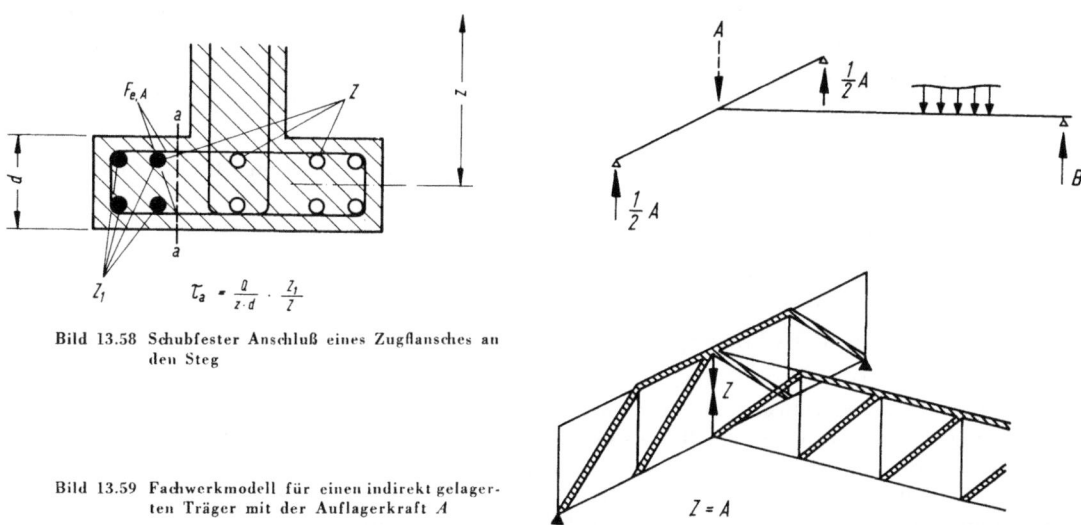

Bild 13.58 Schubfester Anschluß eines Zugflansches an den Steg

Bild 13.59 Fachwerkmodell für einen indirekt gelagerten Träger mit der Auflagerkraft A

Mindestbewehrung vorhanden ist. In diesen Fällen wird fast immer die Mindestschubbewehrung maßgebend, für die in Zug- und Druckflansch derselbe Prozentsatz wie in den Stegen zu wählen ist.

Für die obere Grenze hinsichtlich schiefen Drucks können etwa die Werte von Tafel 13.IX, Zeile 4, zugrunde gelegt werden. Dieser Nachweis wird daher nur in seltenen Fällen (z. B. bei einer dünnen, breiten Druckgurtplatte) maßgebend.

13.625 Aufhängebewehrung bei indirekter Lagerung oder Belastung

Bei indirekt gelagerten Trägern ist im Kreuzungsbereich des lastbringenden und des lastabnehmenden Balkens eine Aufhängebewehrung vorzusehen, die nach den CEB-FIP-Richtlinien für die

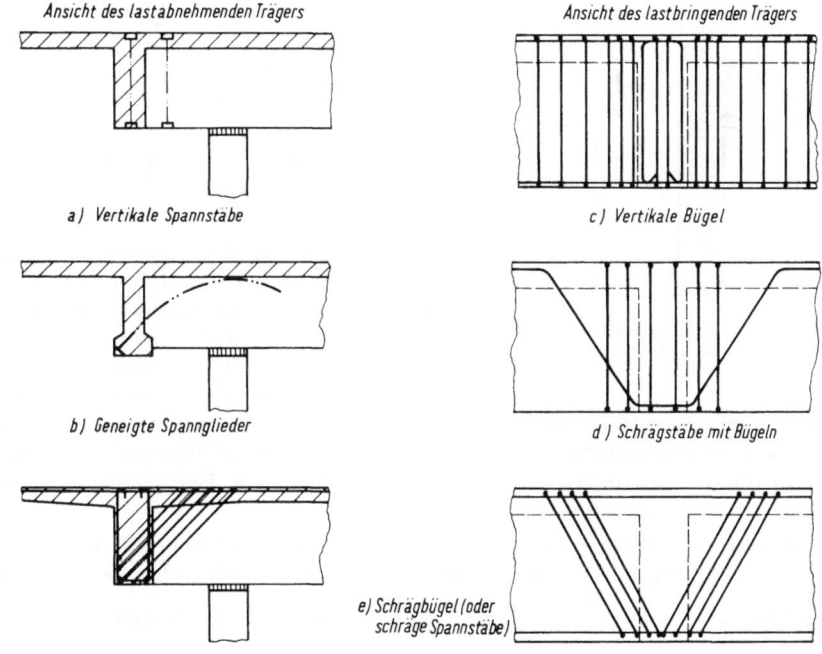

Bild 13.60 Verschiedene Arten der Aufhängebewehrung

gesamte zu übertragende Auflagerkraft auszulegen ist. Da in [569] nähere Angaben noch fehlen, werden einige ergänzende Hinweise gegeben.

Die Notwendigkeit einer solchen Aufhängebewehrung ergibt sich klar aus der Fachwerkanalogie (Bild 13.59); bestätigt wurde dies durch Versuche an indirekt gelagerten bzw. belasteten Stahl- und Spannbetonbalken [568], [574].

Grundsätzlich können 5 Arten von Aufhängebewehrung unterschieden werden (Bild 13.60):
- a) Vertikale Spannstäbe,
- b) Geneigte Spannglieder,
- c) Schlaffe Bewehrung durch vertikale Bügel,
- d) Schlaffe Bewehrung durch Schrägstäbe, (z. B. sog. umgekehrte Hutstäbe) und Bügel,
- e) Schrägbügel oder schräge Spannstäbe.

Bei der Übertragung großer Kräfte sollte man zur Aufhängung vorwiegend Spannstäbe verwenden, da schlaffe Bewehrung allein zu unschönen Häufungen von Bewehrungsstahl führt, die das Einbringen und Verdichten des Betons erschweren.

Am wirkungsvollsten ist die Vorspannung des Kreuzungsbereichs durch vertikale Spannstäbe (Bild 13.60, Fall a), die die Querkraft am besten zur Balkenoberseite übertragen. In schlaffer Aufhängebewehrung muß die Kraft erst durch feine Risse im Beton geweckt werden.

Die Lösung mit geneigten Spanngliedern bietet sich bei auskragenden Brückenquerträgern zur Aufnahme indirekt gelagerter Längsträger an, da auf diese Weise die für die Biegebeanspruchung der Querträger erforderlichen Spannglieder gleichzeitig zur Lastaufhängung beitragen.

Wird schlaffe Bewehrung zur Aufhängung verwendet, dann sollte Bügeln gegenüber aufgebogenen Längsstäben der Vorzug gegeben werden, weil bei letzteren Spaltgefahr infolge der hohen Umlenkpressungen an den Abbiegestellen besteht.

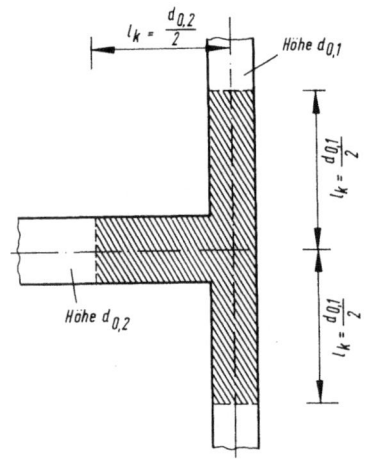

Bild 13.61 Definition des Kreuzungsbereiches für die Aufhängebewehrung

Aus den Versuchsergebnissen [574] wurden die folgenden Empfehlungen abgeleitet:

1. Die Aufhängebewehrung bzw. die lotrechten Spannglieder können auf einen Kreuzungsbereich verteilt werden, der sich vom Kreuzungspunkt aus in allen Richtungen der Trägerachsen des Knotens um $l_k = \dfrac{d_{0,1}}{2}$ bzw. $\dfrac{d_{0,2}}{2}$ erstreckt (Bild 13.61).

2. Bei der Bemessung der Aufhängebewehrung für die erforderliche Traglast (Soll-Bruchlast) kann Betonstahl I bis III mit der Streckgrenze angesetzt werden. Vertikale Spannglieder können nur mit einer Spannung ausgenutzt werden, die nicht mehr als 3000 kg/cm² über der Spannung beim Vorspannen liegt, also $\sigma_z = \sigma_{v0} + 3000 \text{ kg/cm}^2 \leq \beta_{0,2}$.

3. Geneigte Spannglieder des lastbringenden Trägers wirken günstig, sie vermindern die Aufhängezugkraft aber nur dann, wenn ihre Anker ganz im Druckgurt liegen, so daß die vertikale Komponente der Ankerkraft vom Gurt auf die Druckstreben des lastabnehmenden Trägers wirkt (vgl. Fachwerkmodell Bild 13.59). Bei der Bemessung darf — wenn kein genauerer Nachweis geführt wird — die Vertikalkomponente dieser geneigten Spannglieder nur mit einer Stahlspannung errechnet werden, die um 2000 kg/cm² über $\sigma_{z,v0}$ liegt, wobei $\sigma_{z,v0}$ die Spannung im Spannstahl an der Ankerstelle unter Berücksichtigung der Spannkraftverluste durch Reibung beim Vorspannen darstellt.

4. Zur Bemessung der Stegbreiten auf schiefen Druck im Knotenbereich kann angenommen werden, daß die Knotenkraft in beiden beteiligten Trägern durch unter 45° geneigte Druckstreben mit dem Querschnitt $b_0 \cdot \dfrac{d_0}{3}$ abgetragen wird. Dabei darf als Rechenwert der Druckfestigkeit des Betons $\beta_R = 0{,}7 \cdot \beta_{wN}$ eingesetzt werden. Falls in den Druckstreben nahe am Knoten

Spannglieder in Hüllrohren liegen, müssen 2/3 der Hüllrohrdurchmesser von der wirksamen Breite der Druckstrebe b_0 abgezogen werden [571].

5. Bei voller Deckung der aufzuhängenden Knotenlast ist außerhalb des Kreuzungsbereiches gemäß Bild 13.61 kein Einfluß der indirekten Belastung auf die Schubbeanspruchung der Spannbetonträger festzustellen, d. h. die Träger können dort auf Schub wie bei direkter Belastung bemessen werden.

6. Im Hinblick auf Rissebeschränkung ist bei Brücken zu empfehlen, wenigstens die Hälfte der Aufhängezugkraft durch vertikale Spannglieder im Kreuzungsbereich aufzunehmen (Bild 13.60, Fall a).

7. Die Betondruckstreben werden bekanntlich im Gurt am wirkungsvollsten durch von Bügeln umschlossene Längsbewehrung abgestützt. Deshalb sind stets Bügel in genügend engem Abstand (10 bis 20 cm) als Aufhängebewehrung einzubauen: im inneren Teil des Kreuzungsbereiches vertikal, im am Knoten durchlaufenden Träger auf beiden Seiten bis zu 70° nach außen geneigt (Bild 13.60, Fall e); schließt der Träger nur einseitig an, dann können die Bügel auch mit 45°- bis 60°-Neigung (gegen Balkenachse) einbinden. Zur Rissebeschränkung ist es zweckmäßig, diese Bügel für mindestens 40 % der Aufhängekraft zu bemessen.

13.626 Zur Schubbemessung von Platten

Auch bei Platten werden die beiden Zonen AB und C unterschieden, die nach dem in Abschnitt 13.623 – 1 behandelten Kriterium gegeneinander abgegrenzt werden.

In Zone AB ist keine Schubbewehrung erforderlich, da für das Auftreten von reinen Schubrissen bei Platten nur eine sehr geringe Wahrscheinlichkeit besteht. Die obere Grenze zur Verhütung des schiefen Druckbruchs darf wie bei Balken angenommen werden; in praktischen Fällen werden diese Grenzwerte bei Platten nicht ausgenützt.

Die für Zone C aufgestellten Richtlinien entstanden aufgrund von Versuchen mit schlaff bewehrten Platten. Der dort beobachtete Einfluß der Längsbewehrung auf die Schubtragfähigkeit von Platten ohne Schubbewehrung dürfte bei vorgespannten Platten kaum in Erscheinung treten, wenn die Spannglieder und die zugelegte schlaffe Bewehrung nicht abgestuft werden. Es kann auf eine Schubbewehrung verzichtet werden, wenn der Rechenwert

$$\tau_{0,U} = \frac{Q_U}{b \cdot z} \qquad 13.(74)$$

mit Q_U nach Gleichung 13.(51)

    z innerer Hebelarm im Zustand II (unter Soll-Bruchlast)

die Grenzwerte nach Tafel 13.XI nicht überschreitet.

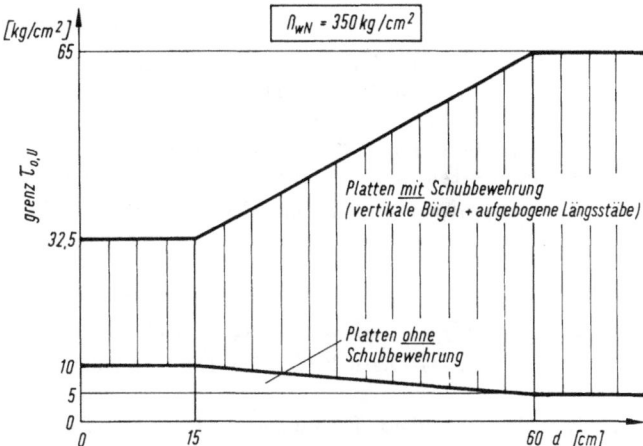

Bild 13.62 Schubtragfähigkeit von Platten in Zone C: Einfluß der absoluten Plattendicke

Tafel 13.XI   Grenzwerte $\tau_{0,U}$ für Platten ohne Schubbewehrung in kg/cm²

β_{wN}	250	350	450	550
für $d \leq 15$ cm	8	10	11	12
für $d \geq 60$ cm	4	5	5,5	6

Für Plattendicken zwischen 15 und 60 cm ist linear zu interpolieren (Bild 13.62).

Für die obere Grenze von Platten mit Schubbewehrung gelten die Werte von Tafel 13.IX, Zeilen 4 bzw. 5, wenn die Plattendicke $d \geq 60$ cm ist; für $d \leq 15$ cm sind im Hinblick auf die schlechtere Verankerungsmöglichkeit der Bügel die Grenzwerte auf die Hälfte zu reduzieren, Zwischenwerte sind geradlinig einzuschalten (Bild 13.62).

13.627 Zur Bemessung für Torsion

- 1 **Unterscheidung von Lasttorsion und Zwangtorsion**
  Die Torsionssteifigkeit nimmt beim Übergang in den Zustand II wesentlich mehr ab als die Biegesteifigkeit.

  Torsionsmomente, die aus **Zwang**, d. h. infolge Behinderung der Verdrehung in statisch unbestimmten Systemen, entstehen, gehen daher beim Auftreten von Torsionsrissen sehr stark zurück. Da sich in solchen Fällen ein Gleichgewichtszustand auch ohne Torsionswiderstand einstellen kann, darf man die M_T für den Balken selbst **vernachlässigen**. Vor Rißbildung können sich jedoch Torsionsmomente aufbauen, deren Weiterleitung in den lastabnehmenden Bauteilen verfolgt werden muß. Dies gilt besonders bei vorgespannten Trägern, da hier die ersten Risse erst unter verhältnismäßig hohen Lasten entstehen.

  Sind die Torsionsmomente für das Gleichgewicht notwendig (**Lasttorsion**), dann muß für diese Momente **ohne Abzug** bemessen werden.

  Bei Zwang- wie bei Lasttorsion ist die Auswirkung der großen Drehwinkel auf Lager, Fugen, Fassaden usw. zu beachten. Zur Abschätzung dieser **Verformungen** kann die Torsionssteifigkeit im Zustand II näherungsweise mit 10 bis 15 % des Wertes nach der Elastizitätstheorie angenommen werden. In vielen Fällen kann dieser Nachweis für die Wahl der Betonabmessungen maßgebend werden.

- 2 **Bemessung für reine Torsion**
  Als Grundlage dient das vom Stahlbeton her bekannte Hohlkasten-Fachwerkmodell [572].

- 21 **Rechenwert der Torsionsschubspannung im Zustand II**
  Im Hinblick darauf, daß bei Vollquerschnitten und dickwandigen Hohlquerschnitten, die innerhalb einer verhältnismäßig dünnen äußeren Schale gelegenen Querschnittsteile fast keinen Beitrag zur Aufnahme des Torsionsmomentes leisten, ist die Torsionsbemessung solcher Querschnitte grundsätzlich für einen gedachten, dünnwandigen Hohlquerschnitt durchzuführen, wie er in Bild 13.63 definiert ist.

  Der Rechenwert der Torsionsschubspannung ergibt sich aus der *Bredt*schen Formel:

  $$\tau_{T,U} = \frac{M_{T,U}}{2 \cdot F_m \cdot t_T} \qquad 13.(75)$$

  mit $M_{T,U}$ nach Gleichung 13.(51)
  F_m, t_T nach Bild 13.63, (andere Querschnitte: siehe [569])

- 22 **Nachweis des Betons auf schiefen Druck (oberer Grenzwert der Torsionsbeanspruchung)**

  Der Rechenwert $\tau_{T,U}$ darf höchstens die in Tafel 13.XII angegebenen Werte annehmen.

Tafel 13.XII Grenzwerte von $\tau_{T,U}$ in kg/cm² (bei reiner Torsion)

	β_{wN}	250	350	450	550
Neigung der Torsionsbewehrung zur Balkenachse	0° und 90°	30	42	54	66
	45°	38	52	66	80

Wegen der nach [569] außerdem einzuhaltenden absoluten Grenzwerte für $\tau_{T,U}$, die etwa 52 kg/cm² (0° und 90°) bzw. 64 kg/cm² (45°) entsprechen, siehe Abschnitt 13.623–32, letzter Absatz.

– 23 Ermittlung der Torsionsbewehrung

Bewehrung aus Stäben parallel und rechtwinklig zur Stabachse (0° und 90°):

$$\text{erf}\ \frac{F_{e,\text{Bü}}}{a_{\text{Bü}}} = \text{erf}\ \frac{\Sigma F_{e,L}}{u_m} = \frac{M_{T,U}}{2 \cdot F_m \cdot \beta_S} \qquad 13.(76)$$

mit $F_{e,\text{Bü}}$ Bügelquerschnitt je Querschnittseite

$a_{\text{Bü}}$ Bügelabstand

$\Sigma F_{e,L}$ Summe der Querschnittsflächen aller Längsstäbe; Längsspannglieder können mit ihrer Querschnittsfläche F_z hierauf angerechnet werden, auch wenn sie innerhalb des schraffierten Teils des Hohlkastens liegen

u_m Umfang längs der Wandmittellinien des Ersatzhohlquerschnittes nach Bild 13.63

F_m siehe Bild 13.63

$M_{T,U}$ nach Gleichung 13.(51)

β_S obere Grenze beachten, siehe Erläuterungen zu Gleichung 13.(64)

Torsionsbewehrung unter 45° gegen die Stabachse geneigt:

$$\text{erf}\ \frac{F_e}{s} = \frac{M_{T,U}}{2 \cdot \sqrt{2} \cdot F_m \cdot \beta_S} \qquad 13.(77)$$

mit F_e Querschnitt eines Schrägstabs

s Abstand der Schrägstäbe, parallel zur Stabachse gemessen

$M_{T,U}, F_m, \beta_S$ siehe Erläuterung zu Gleichung 13.(76)

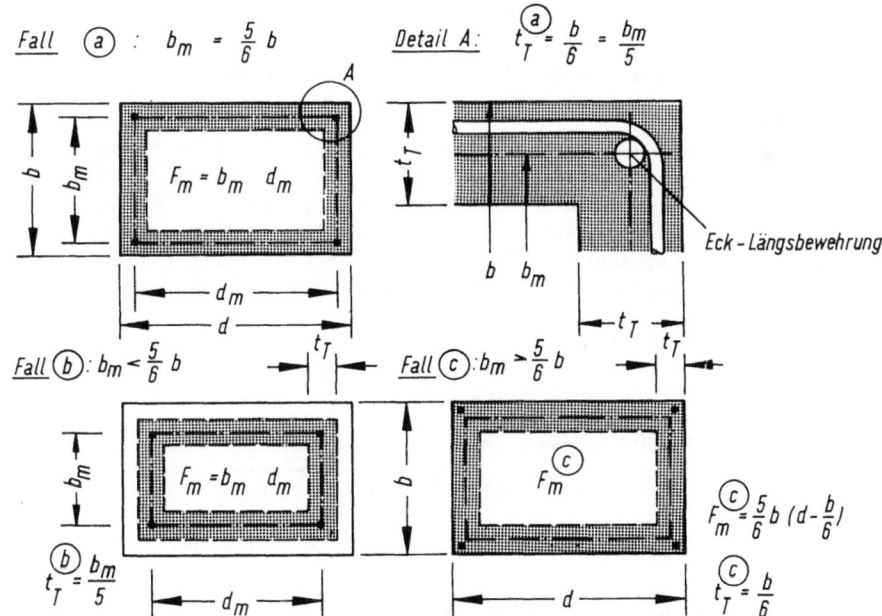

Bild 13.63 Definition des Ersatzhohlquerschnitts für die Bestimmung des Rechenwerts der Torsionsschubspannung im Zustand II bei vollen Rechteckquerschnitten und dickwandigen Hohlquerschnitten (vorh. $t > t_T$).

- 3 Bemessung für Torsion und Biegung (Querkraft und/oder Moment)

Bei dem in der Praxis fast ausschließlich vorkommenden Fall der gleichzeitigen Beanspruchung durch Querkraft und Torsion ist eine wirklichkeitsgetreue Bemessung für den Zustand II wesentlich schwieriger, vor allem dann, wenn der Querschnitt gleichzeitig noch durch ein Biegemoment oder eine Normalkraft beansprucht wird. Solange hier noch keine ausreichend durch Versuche bestätigten Bemessungsverfahren bekannt sind, wird empfohlen, die Bewehrungsmengen getrennt für Querkraft + Biegemoment einerseits, und für das zugehörige Torsionsmoment andererseits, zu ermitteln und danach zu addieren. Dabei darf für die Querkraft in Stegen von der verminderten Schubdeckung Gebrauch gemacht werden, während das Torsionsmoment voll wie bei reiner Torsion durch Bügel und Längsbewehrung aufgenommen werden muß. Inwieweit bei gleichzeitig wirkendem (größerem) Biegemoment die Torsionslängsbewehrung in der Biegedruckzone abgemindert werden kann, ist noch nicht endgültig geklärt, die Möglichkeit hierzu zeichnet sich jedoch aus den Versuchsergebnissen ab [575].

Um die nötige Sicherheit gegen Versagen der schiefen Druckstreben zu erreichen, werden *in Zone C* die Rechenwerte der Schubspannungen aus Querkraft und Torsion wie folgt begrenzt:

$$\frac{\tau_{0,U}}{\text{grenz } \tau_{0,U}} + \frac{\tau_{T,U}}{\text{grenz } \tau_{T,U}} \leq 1 \qquad 13.(78)$$

mit $\tau_{0,U}$ nach Gleichung 13.(63)
grenz $\tau_{0,U}$ nach Tafel 13.IX, Zeilen 4 bzw. 5
$\tau_{T,U}$ nach Gleichung 13.(75)
grenz $\tau_{T,U}$ nach Tafel 13.XII.

In *Zone AB* ist der Nachweis entsprechend Abschnitt 13.623—22 unter Berücksichtigung der Schubspannungen τ infolge Querkraft *und* Torsion zu führen.

- 4 Mindestbewehrung für Torsion

Ein schlagartiger Bruch beim Übergang in den Zustand II wird vermieden, wenn die nach Abschnitt 13.623-5 erforderliche Bewehrung in Längs- sowie in Querrichtung oder 45° zur Balkenachse geneigt eingelegt wird.

13.63 Beispiele zur Anwendung der Schubbemessung nach CEB-FIP

1. Beispiel: **Einfacher Balken mit geradlinigem Spannglied** ($Q_v = 0$)

Hierfür wird der von *Bachmann* und *Thürlimann* in [570] behandelte Spannbett-Balken herangezogen; die im folgenden angenommenen Baustoffgüten entsprechen den in Deutschland üblichen Festigkeitsklassen und weichen deshalb geringfügig von den Werten in [570] ab. Die Abmessungen, Lasten und Schnittgrößen, sowie die Baustoff- und Querschnittswerte sind Bild 13.64 zu entnehmen. Die Vorspannkraft V_∞ und der innere Hebelarm z im Zustand II (Zone C) seien aus der Biegebemessung bzw. dem Bruchsicherheitsnachweis auf Biegung bekannt.

1. Abgrenzung zwischen den Zonen:

Aus Gleichung 13.(52): $\sigma_{x,U} = -0.9 \cdot \dfrac{480}{0,643} + \dfrac{1,75(60x - x^2) - 0.9 \cdot 192}{0,256}$.

Für $\sigma_{x,U} = \text{grenz } \sigma_{BZ} = 300 \text{ t/m}^2$ (nach Tafel 13.IX, Zeile 1) ergibt sich:

$$x^2 - 60x + 241 = 0 \rightarrow \boxed{x = 4{,}30 \text{ m}}$$

Die in Bild 13.64 dargestellte Balkenhälfte wird in 2 Zonen links (AB) und rechts (C) von $x = 4{,}30$ m unterteilt.

2. Nachweis des Betons auf schiefen Druck:

Zone AB: $\max \tau_U = \dfrac{1{,}75 \cdot 60{,}0 \cdot 0{,}161}{0{,}179 \cdot 0{,}14} \cdot 10^{-1} = 67{,}5 \text{ kg/cm}^2 < 75$ (Tafel 13.IX, Zeile 2).

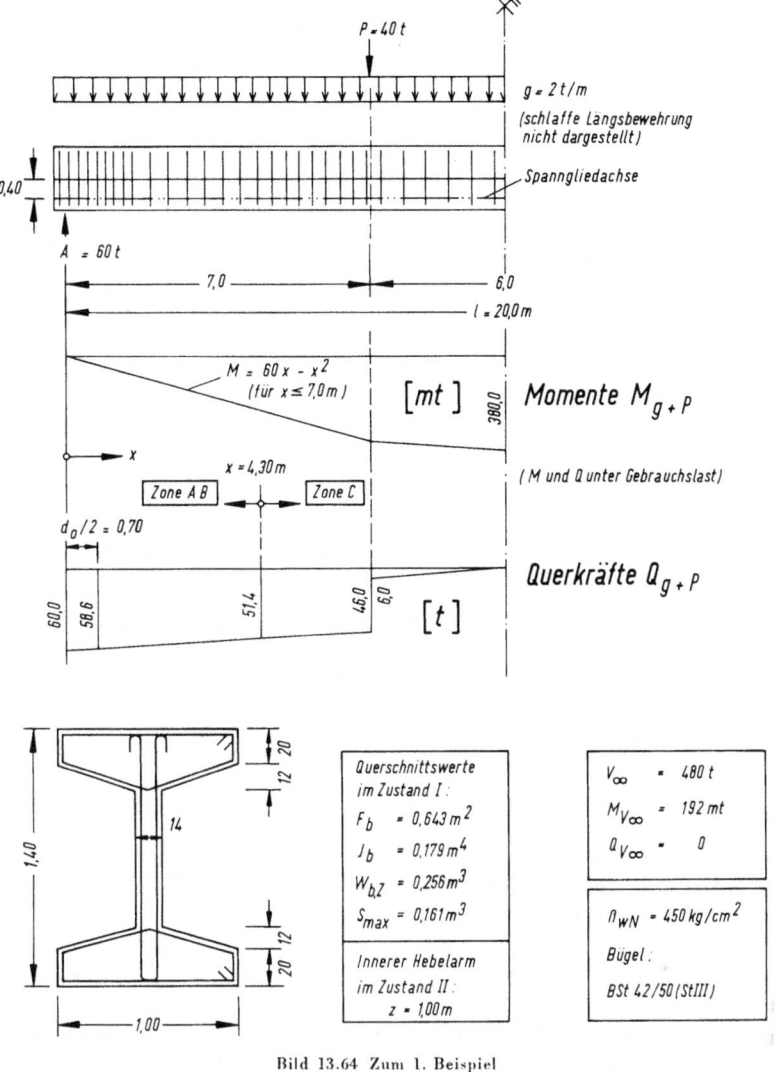

Bild 13.64 Zum 1. Beispiel

Zone C: $\max \tau_{0, U} = \dfrac{1{,}75 \cdot 51{,}4}{0{,}14 \cdot 1{,}00} \cdot 10^{-1} = 64 \text{ kg/cm}^2 < 80$ (Tafel 13.IX, Zeile 4).

3. **Ermittlung der Schubbewehrung:**
   Zone A B: Abzugswert $\sigma_{I, D} = 11 \text{ kg/cm}^2$ (Tafel 13.IX, Zeile 3)
   Bemessung mit Hilfe von Gleichung 13.(60) siehe Tafel 13.XIII.
   Zone C: Abzugswert nach Gleichung 13.(65):
   $$\tau_{0, D} = 11 \left(1 + 3 \cdot \dfrac{0{,}9 \cdot 480}{0{,}643 \cdot 4500}\right) = 16 \text{ kg/cm}^2.$$
   Bemessung entsprechend Gleichung 13.(64) siehe Tafel 13.XIII.

4. **Mindeststegbewehrung nach Tafel 13.X:**
   $$\min F_{e, \text{Bü}} = \dfrac{0{,}19}{100} \cdot 14 \cdot 100 = 2{,}66 \text{ cm}^2/\text{m}$$
   (einzulegen im Bereich zwischen den beiden Einzellasten).

Tafel 13.XIII Zum 1. Beispiel

Bemessungs-gleichung	Zone AB (13.60) erf $\mu_S = \dfrac{\sigma_{I,U} - \sigma_{I,D}}{\beta_S}$			Zone C (13.64) erf $\mu_S = \dfrac{\tau_{0,U} - \tau_{0,D}}{\beta_S}$				
Schnitt x	0,70	2,50	4,30(l)	4,30(r)	5,65	7,00(l)	7,00(r)	m
$\sigma_{x,U}^{(N)} = 0,9 \dfrac{V_\infty}{F_b}$	-67	-67	-67					kg/cm²
$\tau_U = 1,75\,\tau_{g+p}$	66	62	58					kg/cm²
$\sigma_{I,U}$	40,5	37,0	33,5					kg/cm²
$\tau_{0,U} = 1,75\,\tau_{0,g+p}$				64	61	57	7,5	kg/cm²
erf μ_S	0,70	0,62	0,54	1,14 [2]	1,07	0,98	min = 0,19	%
Bügel, 2-schnittig Abstand	⌀ 12 < 23 [1]	⌀ 12 25		⌀ 12 15			⌀ 6 20	mm cm
vorh μ_S	> 0,70	0,65		1,08			0.20	%

Bemerkungen: [1] Zu wählen zusammen mit Bügeln zur Aufnahme der Spaltzugkräfte in der Einleitungs-zone der Spannkraft (vgl. Kapitel 9)

[2] Der Wert 1,14 kann geringfügig unterschritten werden, da Reserven in Zone AB (0,65 > 0,54)

2. Beispiel: Mehrfeldrige Hohlkastenbrücke

Die Stege eines durchlaufenden Kastenträgers (1. und 2. Feld einer langen Straßenbrücke) werden für Querkraft und Torsion bemessen (lotrechte Bügel). In Bild 13.65/1 u. 2 sind die für die Schub-bemessung erforderlichen Unterlagen zusammengestellt.

Die Trägerhöhe ist konstant, die Dicke der Bodenplatte nimmt im Bereich der Innenstützen linear zu (Beginn der Verstärkung: 6 m von der Stützenachse entfernt). Die für Biegung erforder-lichen Spannglieder sind in den Stegen parabelförmig und in den Platten geradlinig angeordnet. Die Zahlenwerte für den inneren Hebelarm im Zustand II wurden der Biegebemessung (Bruch-sicherheitsnachweis) entnommen; innerhalb jeder Zone C kann z näherungsweise konstant gesetzt werden.

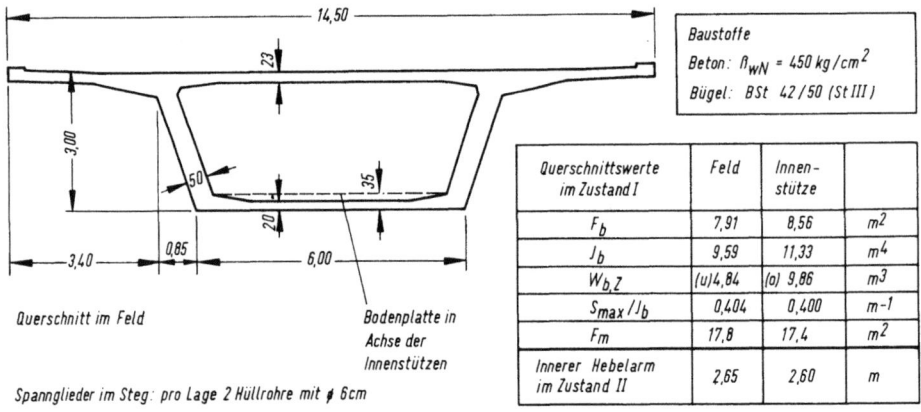

Bild 13.65/1 Zum 2. Beispiel

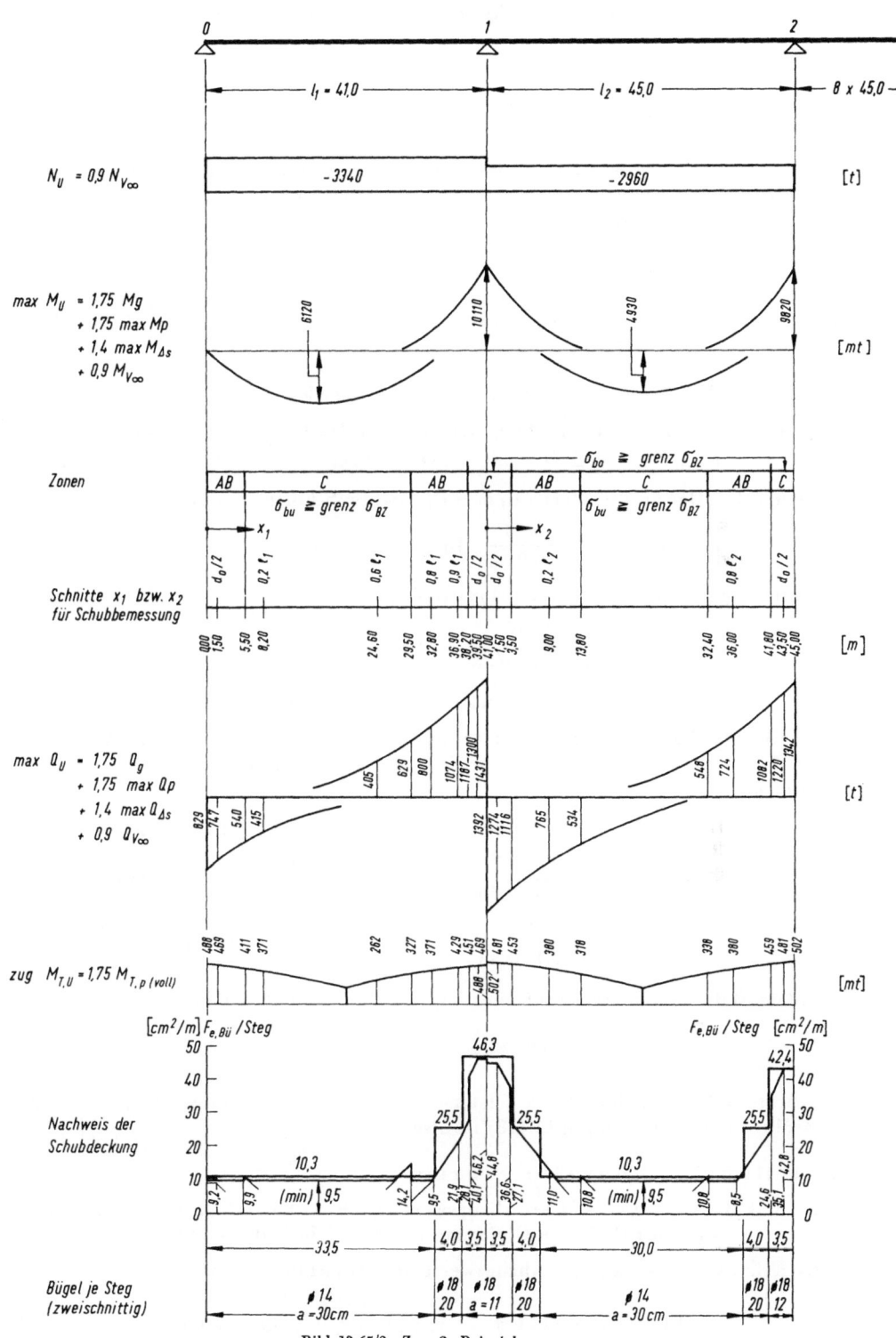

Bild 13.65/2 Zum 2. Beispiel

Zur besseren Übersicht sind bereits die benötigten Grenzlinien der Schnittgrößen unter den Soll-Bruchlasten angegeben. Der Fall max $M_{T,U}$ und zug Q_U ist nicht dargestellt, da er in diesem Beispiel weder für den Druckstrebennachweis im Steg noch für die Bügelbewehrung maßgebend wird.

Im Hinblick auf Torsion darf die gesamte Stegbreite angesetzt werden, denn:

$$b_0 = 50 \text{ cm} = t_T = \frac{300}{6} \text{ (vgl. Bild 13.63)}.$$

Die für Torsion erforderlichen Längsstäbe sind zusammen mit den für Biegung, Rissebeschränkung usw. einzulegenden vorgespannten und schlaffen Bewehrungen zu wählen, worauf im folgenden nicht näher eingegangen wird.

1. **Abgrenzung zwischen den Zonen:**

Der Grenzwert für die nach Gleichung 13.(52) ermittelte Biegezugspannung ist nach Tafel 13.IX, Zeile 1: grenz $\sigma_{BZ} = 30$ kg/cm². Entsprechend den Kriterien 13.(53) und 13.(54) wird der Träger in Zonen AB und C unterteilt (siehe Bild 13.65/2).

2. **Nachweis des Betons auf schiefen Druck:**

Bei diesem Nachweis sind die im Steg angeordneten Hüllrohre zu beachten:

$$b_{\text{netto}} = b_0 - \Sigma \varnothing = 50 - 2 \cdot 6 = 38 \text{ cm}.$$

Zonen AB: Der größte Wert von max Q_U tritt im Schnitt $x_1 = 38{,}20$ m auf:

$$\max \tau_U = 1187 \cdot \frac{0{,}40}{2 \cdot 0{,}38} \cdot 10^{-1} = 63 \text{ kg/cm}^2.$$

Der zugehörige Rechenwert der Torsionsschubspannung ist:

$$\text{zug } \tau_{T,U} = \frac{451 \cdot 10^{-1}}{2 \cdot 17{,}6 \cdot 0{,}38} = 3 \text{ kg/cm}^2.$$

$$\Sigma \tau_U = 63 + 3 = 66 \text{ kg/cm}^2 < 75 \text{ (Tafel 13.IX, Zeile 2)}$$

Entsprechende Nachweise in Schnitten der Zonen AB von Feld 2 erübrigen sich, da die Maximalwerte von M_T dort kaum größer, die zugeordneten Querkräfte hingegen deutlich kleiner sind.

Zonen C: Hier ist für Querkraft der Schnitt an der Stütze 1 (links) maßgebend:

$$\max \tau_{0,U} = \frac{1431 \cdot 10^{-1}}{2 \cdot 0{,}38 \cdot 2{,}60} = 72 \text{ kg/cm}^2 < 80 \text{ (Tafel 13.IX, Zeile 4)};$$

$$\text{zug } \tau_{T,U} = \frac{488 \cdot 10^{-1}}{2 \cdot 17{,}4 \cdot 0{,}38} = 4 \text{ kg/cm}^2 < 54 \text{ (Tafel 13.XII)};$$

außerdem ist die Bedingung nach Gleichung 13.(78) eingehalten, denn:

$$\frac{72}{80} + \frac{4}{54} = 0{,}97 < 1.$$

Im Schnitt rechts von der Stütze 1 ist $\tau_{T,U}$ praktisch gleich, während $\tau_{0,U} = 70$ kg/cm² wird; die Bedingung nach Gleichung 13.(78) ist also erfüllt.

3. **Ermittlung der Bügelbewehrung:**

Zonen AB (Querkraft): Abzugswert $\sigma_{I,D} = 11$ kg/cm² (Tafel 13.IX, Zeile 3). Bemessung mit Hilfe von Gleichung 13.(60): siehe Tafel 13.XIV.

Zonen C (Querkraft): Abzugswerte nach Gleichung 13.(65):

$$\text{Feld 1: } \tau_{0,D} = 11 \left(1 + 3 \cdot \frac{3340}{7{,}91 \cdot 4500}\right) = 14{,}1 \text{ kg/cm}^2;$$

Feld 2: $\tau_{0,D} = 11\,(1 + 3 \cdot \dfrac{2960}{7{,}91 \cdot 4500}) = 13{,}8 \text{ kg/cm}^2$;

Stützen: $\tau_{0,D} = 11\,(1 + 3 \cdot \dfrac{2960}{8{,}56 \cdot 4500}) = 13{,}6 \text{ kg/cm}^2$.

Die Bemessung entsprechend Gleichung 13.(64) wird mit $\tau_{0,D} = 14 \text{ kg/cm}^2 =$ konstant durchgeführt (siehe Tafel 13.XIV).

Torsion: Die nach Gleichung 13.(76) erforderliche Bügelbewehrung ist in Tafel 13.XIV dargestellt.

Die für die Zonen A B und C bestimmten Schubbewehrungsgrade μ_S ergeben mit Gleichung 13.(61) die erforderlichen Bügelquerschnitte erf $\dfrac{F_{e,\text{Bü}}}{a_{\text{Bü}}}$. Die Summe der für Querkraft und Torsion erforderlichen Bewehrung kann sehr knapp abgedeckt werden (Bild 13.65/2), da die Bemessung von den Hüllkurven für Q_U und $M_{T,U}$ ausging, denen von Schnitt zu Schnitt wechselnde Laststellungen zugrunde liegen.

Tafel 13.XIV Zum 2. Beispiel

Zonen AB (Querkraft)					13.(60) erf $\mu_S = \dfrac{\sigma_{I,U} - \sigma_{I,D}}{\beta_S}$					
	Feld 1				Feld 2					
Schnitt x_1 bzw. x_2	1,50	32,80	36,90	38,20 l	3,50 r	9,00	32,40 r	36,00	41,80 l	m
$\sigma_{x,U}^{(N)} = 0{,}9 \cdot \dfrac{V_\infty}{Fb}$	42	42	41	40	36	37	37	37	36	kg/cm²
$\tau_U = \dfrac{Q_U \cdot S_{\max}}{J \cdot b_0}$	30	32	43	48	45	31	22	29	43	kg/cm²
$\sigma_{I,U}$	16	17	27	32	31	18	10	16	29	kg/cm²
erf μ_S	0,12	0,14	0,38	0,50	0,48	0,17	—	0,12	0,43	%
Zonen C (Querkraft)					13.(64) erf $\mu_S = \dfrac{\tau_{0,U} - \tau_{0,D}}{\beta_S}$					
	Feld 1				Feld 2					
Schnitt x_1 bzw. x_2	5,50 r	29,50 l	38,20 r	39,50	1,50	3,50 l	(13,80 r) 32,40 l	41,80 r	43,50	m
$\tau_{0,U} = \dfrac{Q_U}{b_0 \cdot z}$	20	24	45	50	49	42	21	41	47	kg/cm²
erf μ_S	0,14	0,24	0,74	0,86	0,83	0,67	0,17	0,64	0,79	%
Torsion					13.(76) erf $\dfrac{F_{e,\text{Bü}}}{a_{\text{Bü}}} = \dfrac{M_{T,U}}{2 \cdot F_m \cdot \beta_S}$					
	Feld 1				Feld 2					
Schnitt x_1 bzw. x_2	(1,50) 39,50	(5,50) 36,90	32,80	38,20	1,50 43,50	3,50	9,00 36,00	(13,80) 32,40	41,80	m
erf $\dfrac{F_{e,\text{Bü}}}{a_{\text{Bü}}}$	3,2	2,9	2,5	3,1	3,3	3,1	2,5	2,3	3,1	cm²/m, Steg

4. **Mindestbügelbewehrung nach Tafel 13.X**:

$$\min \mu_S = 0{,}19\ \%\ \text{ergibt pro Steg:}$$

$$\min F_{e,\,\text{Bü}} = \frac{0{,}19}{100} \cdot 50 \cdot 100 = 9{,}5\ \text{cm}^2/\text{m, Steg}.$$

Diese Mindestbewehrung wird in Bereichen beider Zonen AB und C maßgebend (siehe Bild 13.65/2).

13.64 Ergebnisse von Schubversuchen

Auf dem 1970 in Prag veranstalteten Spannbetonkongreß wurde ein Überblick über die in den letzten Jahren durchgeführten Versuchsreihen gegeben [576]. Dabei zeigte sich, daß vor allem aus den Schubversuchen von Stuttgart [577] und Zürich [578] wichtige Erkenntnisse für die Anwendung bei der praktischen Schubbemessung gewonnen werden konnten.

In der Züricher Versuchsreihe wurden hauptsächlich die Einflüsse folgender Parameter untersucht: Vorspanngrad, Längsbewehrungsgrad, Querschnittsform und Art der Schubbewehrung (Bügelneigung und -abstand). Nicht variiert wurden die Baustoffgüten. Die Ergebnisse zeigen im wesentlichen, daß die Bemessungsvorschläge [570] einem globalen Sicherheitsbeiwert von mindestens 1,8 entsprechen, wobei vor allem bei geringen Vorspanngraden noch große Sicherheitsreserven vorhanden sind. In einer weiteren Versuchsreihe, über die erst nach Fertigstellen des Manuskripts zu diesem Kapitel berichtet wurde, waren die Balken so ausgelegt, daß in den meisten Fällen Versagen auf schiefen Druck eintrat.

Die Stuttgarter Versuche an Spannbetonträgern gaben u. a. Aufschluß über die nachstehend aufgezählten Einflüsse auf die Schubtragfähigkeit von Balkenstegen: Vorspanngrad, Spanngliedführung, Querschnittsform, Verhältnis b/b_0, Betongüte, Schubbewehrungsgrad, indirekte Lagerung und Art der zugehörigen Aufhängebewehrung.

Im folgenden werden einige charakteristische Ergebnisse dargestellt, wobei z. T. auf die in Abschnitt 13.62 behandelten CEB-FIP-Richtlinien Bezug genommen wird.

1. **Zunächst soll die Wirkung der Vorspannung im Biegeschubrißbereich C** erläutert werden:

   Die Rißbilder eines vorgespannten und eines nicht vorgespannten Balkens in der Zone C unterscheiden sich fast nicht (Bild 13.66). Die Risse sind in beiden Fällen nahe an der Last mit 45° geneigt. Deshalb findet man häufig die Auffassung, daß in diesem Bereich der Spannbetonträger die gleiche Schubbewehrung brauche wie ein nicht vorgespannter Träger. Dies könnte tatsächlich der Fall sein, wenn der Zuggurt nur aus besonders hochfestem Stahl

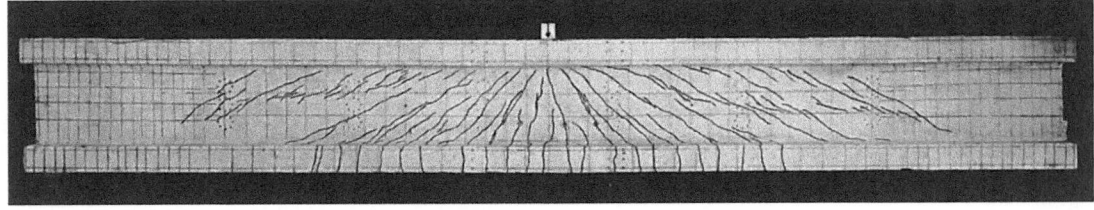

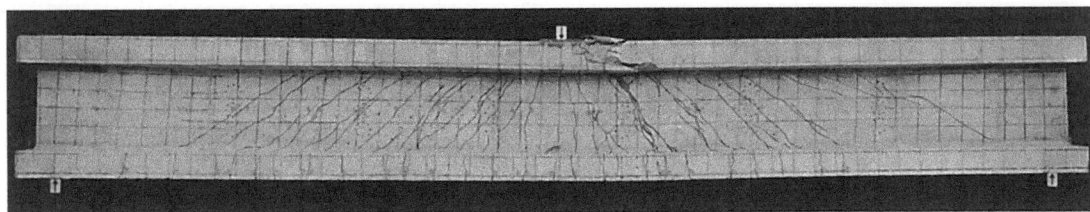

Bild 13.66 Rißbilder von Versuchsbalken mit verschiedenen Vorspanngraden

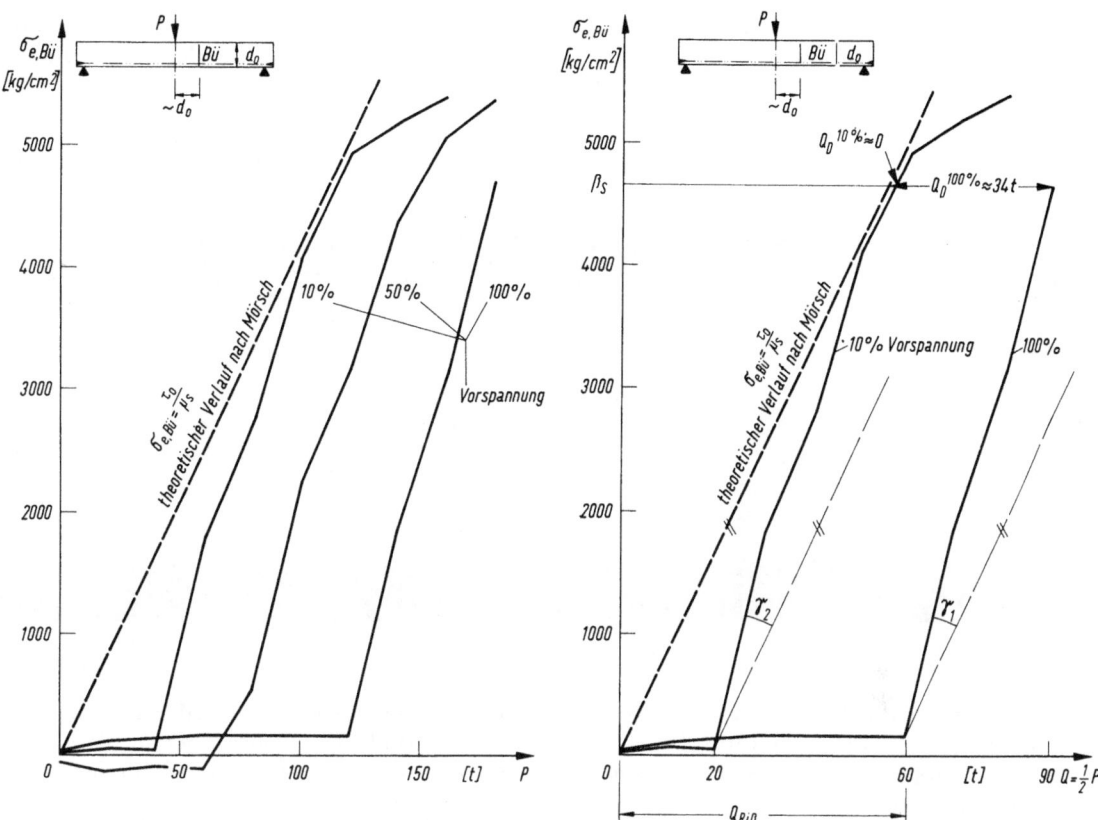

Bild 13.67 Einfluß des Vorspanngrades auf die Bügelspannungen in Zone C

Bild 13.68 Abhängigkeit des Abzugwertes Q_D ($\triangleq \tau_{0,D}$) vom Vorspanngrad

(z. B. St 200) bestehen und keine schlaffe Bewehrung zugelegt würde. Bei unseren üblichen Spannstählen bis St 160 und der gesunden Praxis, eine schlaffe Längsbewehrung zuzulegen, verhalten sich die Spannbetonträger auf Schub günstiger.

In einer Versuchsreihe wurde nur der Vorspanngrad variiert, d. h. in drei Balken mit I-Querschnitt sind die gleichen Spannglieder aus 12 Stäben $\varnothing$ 12,2 mm der Stahlgüte St 125/140 eingebaut und nur verschieden stark vorgespannt worden, nämlich mit 100 %, 50 % und 10 % der zulässigen Vorspannkraft zul $V_0 = 203$ t. Alle übrigen Daten sind bei den drei Balken gleich, so der Schubbewehrungsgrad (halbseitig) $\mu_S = 0,53\%$ entsprechend Bügel $\varnothing$ 12 mm aus St 42/50, Abstand 14 cm (die andere Balkenhälfte hatte $\mu_S = 0,97\%$) und die zusätzliche Längsbewehrung im breiten Zuggurt von 12 $\varnothing$ 8 mm aus St 42/50.

In Bild 13.67 sind die im Versuch ermittelten Bügelspannungen in Abhängigkeit von der Belastung aufgetragen. Man sieht deutlich die unterschiedliche Beanspruchung.

Wesentlich ist die Neigung der Linien der Bügelspannungen im Vergleich zur Neigung für das klassische *Mörsch*-Fachwerk mit 45°-Streben und ohne Beteiligung des Druckgurtes an der Querkraftaufnahme. Die gemessenen Linien sind steiler. Dies bedeutet, daß die in den Gurten übertragenen Anteile der Querkraft bei der Laststeigerung abnehmen und diese mehr und mehr dem Stegfachwerk zufallen. Bild 13.68 schematisiert diese Erscheinung: die Bügelspannung beginnt zu steigen, wenn der Schubriß den Bügel erreicht. Bei 100 % Vorspannung wurde bevorzugt vom Druckgurt zunächst eine Querkraft $Q_{Riss} \approx 60$ t getragen. Bis zur Bruchlast nahm diese Querkraft auf $Q_D = 34$ t, also auf etwa die Hälfte ab. Bei 10 % Vorspannung ging der Anteil Q_D ganz verloren. Ein solcher Balken mit so hohen Stahlspannungen im Zuggurt wäre allerdings nach keiner Regel ohne Vorspannung zulässig.

Der Winkel γ zwischen der Linie der tatsächlichen Bügelspannungen und der *Mörsch*-Linie hängt ganz wesentlich von der „Weichheit" des Zuggurtes, also von μ_L ab. Bei Stahlbetonbalken wurden auch bei extrem dünnen Stegen nie ein so großer Winkel γ wie in Bild 13.68 und nie eine Abnahme von Q_D auf Null gefunden.

2. In der Zone B bewirkt die Vorspannung, daß die Schubrisse wesentlich flacher als 45° werden (Bild 13.69).

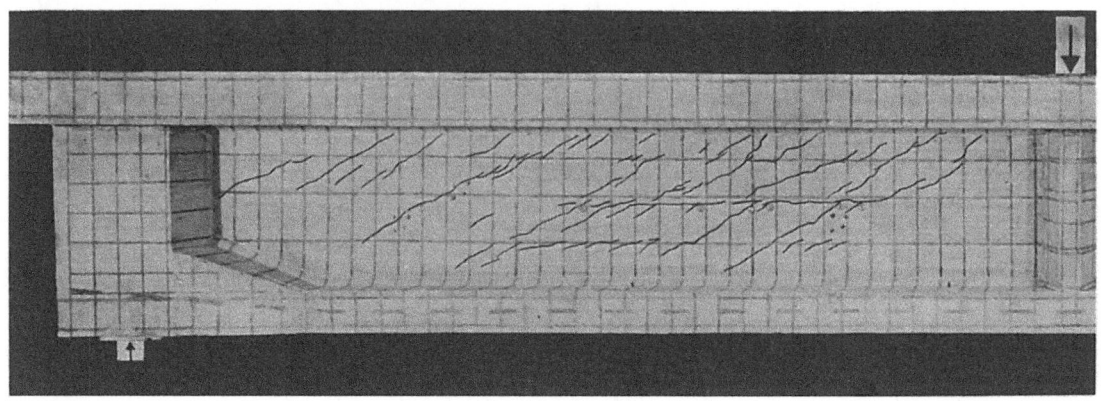

Bild 13.69 Rißbild in Zone B

Durch die flache Neigung der Druckstreben bleiben die Zugkräfte im Steg klein und die Bügel werden nur wenig beansprucht. Diese Tatsache geht aus Bild 13.70 deutlich hervor, das für den 100 % vorgespannten Balken der schon erwähnten Versuchsreihe zeigt, wie sich die maximalen Bügelspannungen kurz vor der Bruchlast über die halbe Balkenlänge verteilen. Die Bügelbewehrung war in diesem Bereich konstant. Die Zone B hebt sich deutlich von der Zone C ab, die Bügelspannungen in Zone B waren im Mittel nur $1/3$ der Spannungen von Zone C.

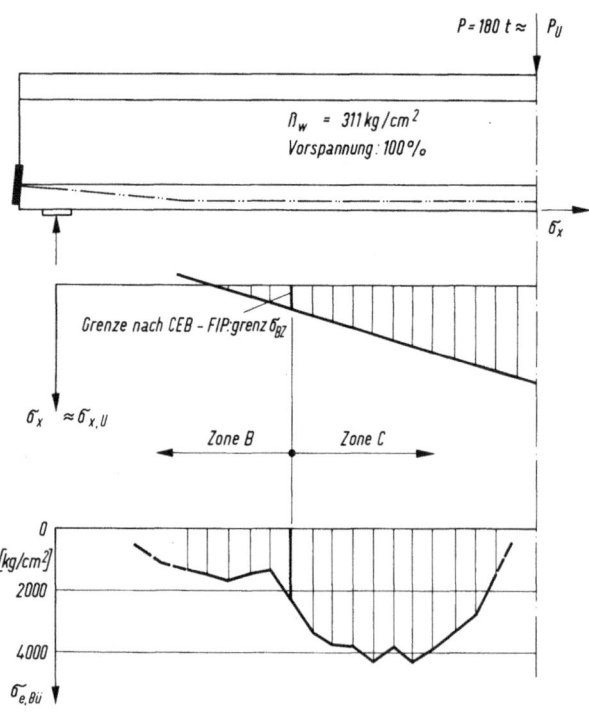

Bild 13.70 Bügelspannungen in den Zonen B und C

Die Schubrisse treten in Zone B meist erst unter hohen Laststufen auf und bleiben Haarrisse, die Bemessung kann also vom ungerissenen Träger (Zustand I) ausgehen. Die Bügelspannungen bleiben deutlich unter dem der Hauptzugspannung σ_I entsprechenden Wert (Bild 13.71), so daß ein Abzugswert berechtigt ist, wenn man bei der Bemessung von σ_I ausgeht.

3. Geneigte Spannglieder am Balkenende erhöhen nicht unbedingt die Schubtragfähigkeit. Der geneigten Zugkraft des Spanngliedes muß zwar ein Querkraftanteil Q_V entsprechen, aber die Spanngliedneigung verringert gleichzeitig den möglichen Neigungswinkel der Druckresultierenden und damit den Anteil Q_D (Bild 13.72). Bei aufgebogenen Spanngliedern müßte daher $\sigma_{I,D}$ bzw. $\tau_{0,D}$ niedriger angesetzt werden als bei geraden. Es kommt weiter hinzu, daß sich der Bereich der

Biegerisse dem Auflager zu verschiebt, so daß sich Schubrisse aus Biegerissen auch noch nahe am Auflager entwickeln können, d. h. die ungünstige Zone C, die mehr Schubbewehrung braucht, wird länger.

Diese Erscheinung ist bei Plattenbalken mit dickem Steg ($b_0 > 0{,}2\, d_0$) besonders deutlich, wenn die untere schlaffe Bewehrung schwach ist. Bei zwei solchen Balken ($b_0 = 30$ cm und $2 \varnothing 8$ St 42/50), die sich nur in der Spanngliedführung unterschieden, wurden in Auflagernähe bei geneigtem Spannglied größere Bügeldehnungen gemessen als bei geradem, weil die Schubrißlast beim geneigten Spannglied viel niedriger lag.

Wählt man an diesem Träger jedoch einen dünneren Steg mit $b_0 = 15$ cm, aber dafür einen unteren Flansch mit 40×15 cm² und mit einer schlaffen Längsbewehrung von $6 \varnothing 8$, dann bleibt die günstige Wirkung der geneigten Spannglieder erhalten, obwohl der Biegeriß im Flansch früher aufgetreten ist, er öffnete sich aber nicht und wurde so erst später zu einem Schubriß im Steg.

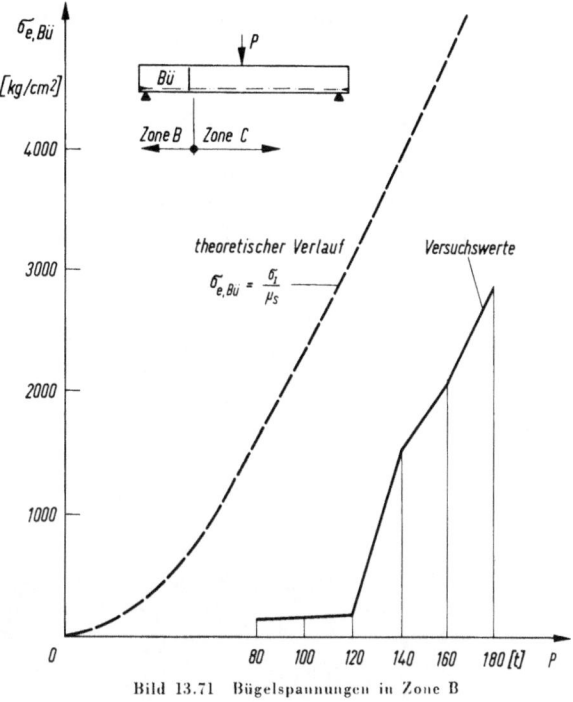

Bild 13.71 Bügelspannungen in Zone B

Man erkennt daraus, wie nützlich schlaffe Bewehrungen in den vom Spannglied entfernt liegenden Zuggurtteilen für die Schubaufnahme sind. Die bessere Lösung ist es wohl, einen

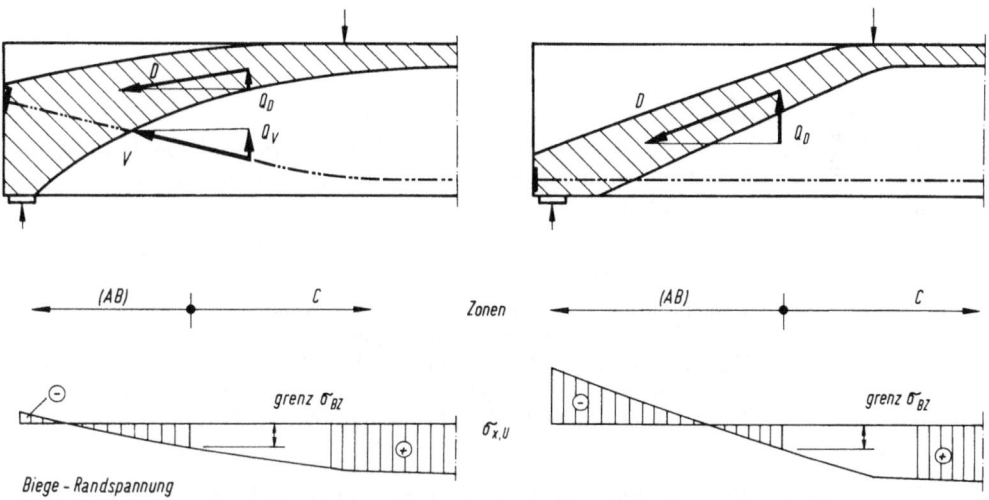

Bild 13.72 Einfluß einer Spanngliedneigung am Balkenende auf das Schubtragverhalten

Teil der Spannglieder im Zuggurt zu belassen und den anderen Teil schräg geneigt hochzuführen.

Wenn auch die geneigten Spannglieder nicht im theoretisch erwarteten Maß zur Verminderung der dem Steg zufallenden Zugkräfte aus Querkraft beitragen, so haben sie wenigstens hinsichtlich der schiefen Druckkräfte im Steg einen ausgeprägt günstigen Einfluß. Die schiefen Druckspannungen wurden im ganzen Stegbereich bei geneigten Spanngliedern weniger als halb so groß.

4. Es darf als anerkannt gelten, daß die **obere Grenze der Schubbeanspruchung** eines Trägers im Steg von der Druckfestigkeit des Betons in den Druckstreben zwischen den Schubrissen abhängt. Wenn diese Streben auf Druck versagen, dann haben wir den Druckstrebenbruch (Bild 13.73), der bei dünnen Stegen und hohem Schubbewehrungsgrad ($\mu_S \approx 1,5$ bis 3 % je nach Betongüte) auftreten kann.

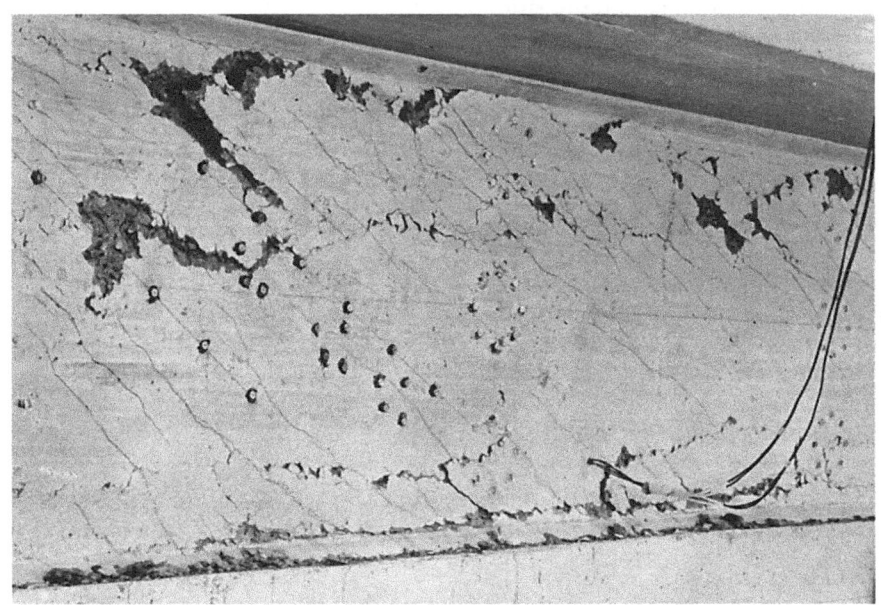

Bild 13.73 Druckstrebenbruch in Zone B

Die Größe der Druckspannungen in diesen Streben hängen ab von
   a) der Richtung der Schubbewehrung (bei vertikalen Bügeln sind die Druckspannungen bei 45°-Schubrissen etwa doppelt so hoch wie bei 135° geneigten Bügeln),
   b) der Neigung der Spannglieder,
   c) der Neigung der Schubrisse, die wiederum abhängt vom Vorspanngrad, dem Verhältnis b/b_0 und dem Schubdeckungsgrad.

Die Berechnung der Druckspannungen kann oberhalb der Rißlast nicht mehr genügend genau erfolgen, da wegen innerer Kräfteumlagerungen die Spannungen schneller anwachsen als die Lasten. Bei den in [577] beschriebenen Versuchen mit Versagen auf schiefen Druck wurden Stegbreite und Betongüte variiert; die Ergebnisse zeigen, daß die in [569] aufgestellten Kriterien zur Vermeidung des Druckstrebenbruchs in den Zonen B und C auf der sicheren Seite liegen.

5. Über die wichtigsten Erkenntnisse aus Versuchen mit **indirekter Lagerung** wurde schon in Abschnitt 13.625 berichtet.

13.65 Ergebnisse von Torsionsversuchen

Der Einfluß der Vorspannung auf die Tragfähigkeit torsionsbeanspruchter Bauteile, die praxisnah ausgebildet und bewehrt sind, ist noch nicht systematisch untersucht worden. Verschiedene Einzelergebnisse, z. B. aus Versuchen in Stuttgart [579], Zürich [575], [580] und Paris [581], zeigen jedoch, daß bei Anwendung des in Abschnitt 13.627 aufgeführten Bemessungsvorschlags nach CEB-FIP die geforderte Sicherheit gegen Versagen erreicht wird.

Aufgrund von zwei S t u t t g a r t e r V e r s u c h e n wird in [579] das Verhalten von mit einer ausmittigen Einzellast belasteten Hohlkastenträgern (B/H = 90/65 cm + auskragende obere Platte) unter der gemeinsamen Wirkung von Torsion, Querkraft und Biegemoment beschrieben; variiert wurden dabei die Lastexzentrizität, der Schubbewehrungsgrad der Stege und der Bodenplatte und die Bewehrungsrichtungen in der Bodenplatte:

1. Bei den durch einen Mittelquerträger ausreichend querversteiften Trägern blieben die Krümmungen und damit die Biegebeanspruchungen der Stege auch bei sehr starker Torsionsbeanspruchung und auch nach der Rißbildung bis zum Bruch gleich groß. Lediglich die Schubverformungen der beiden Stege wichen der unterschiedlichen Schubbeanspruchung entsprechend stark voneinander ab. Bei in Querrichtung ausreichend ausgesteiften Hohlkastenquerschnitten kann man also auch im Zustand II die ausmittige Belastung in einen r e i n e n B i e g e - und einen r e i n e n T o r s i o n s a n t e i l a u f s p a l t e n.

2. Ferner konnte gefolgert werden, daß man zur Bemessung der nötigen Q u e r b e w e h r u n g e n der Stege am besten nach Querkraft und Torsion trennt. Für Querkraft darf dann nach den in Abschnitt 13.623 beschriebenen Regeln mit Abzügen $\sigma_{I,D}$ bzw. $\tau_{0,D}$ bemessen werden, während für Torsion keine Abzüge zulässig sind, weil die bei Querkraft in Trägern nachgewiesenen Hilfen durch Querkraftaufnahme im Druckgurt oder durch flachere Druckstreben hier entfallen. Die Bemessung der Torsions-Querbewehrung ist also für die Bruchsicherheit von einer Vorspannung in der Längsrichtung unabhängig!

Bild 13.74 zeigt den Verlauf der Bügelspannungen im lastnahen Hohlkastensteg einerseits und andererseits in der unteren Platte. Zur Beurteilung ist die Spannungszunahme für das 45°-*Mörsch*-Fachwerk eingetragen. Die Torsions-Bügelspannungen erreichen bei 1,75facher

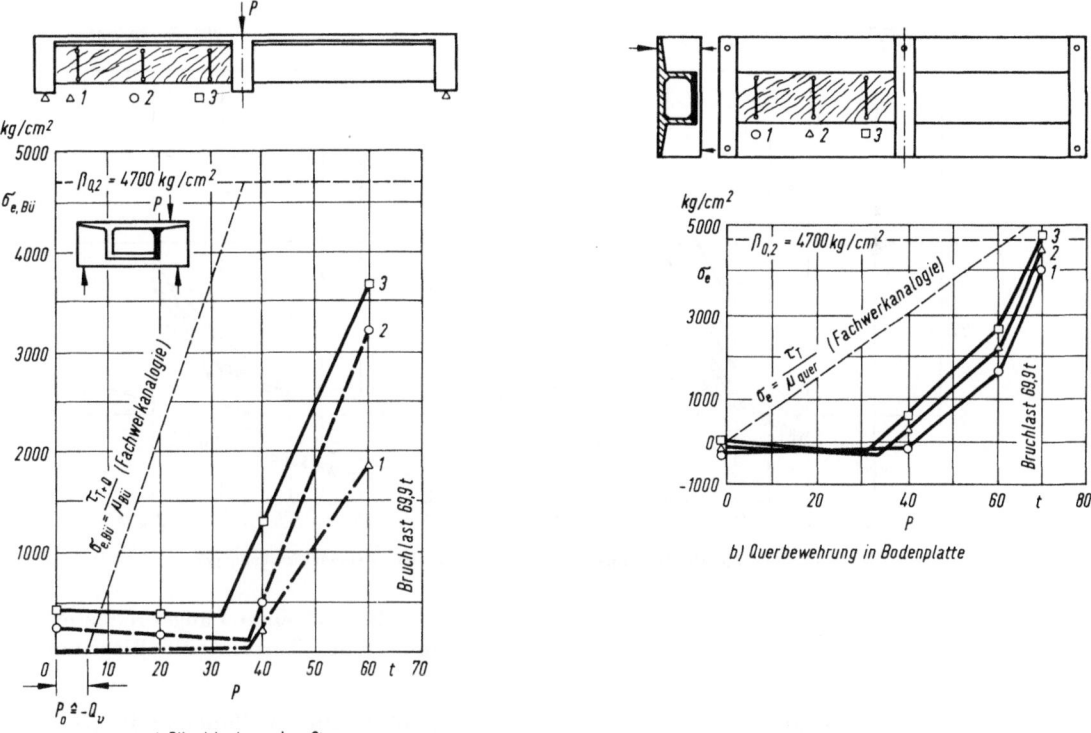

Bild 13.74 Torsion mit Querkraft in vorgespannten Hohlkastenträgern: Beanspruchung der Querbewehrung

Gebrauchslast in der Bodenplatte fast den theoretischen Wert, während im Steg durch die Querkraft der den Abzugswert rechtfertigende Abstand erhalten bleibt. Die Querbewehrung der Gurtplatten muß entsprechend für die volle Torsions-Schubkraft bemessen werden.

3. **Die schiefen Betondruckspannungen** waren bei den hoch auf Schub beanspruchten dünnen Stegen bedeutend größer als die nach der klassischen Fachwerktheorie errechneten Werte. Der Grund dürfte in den im Zustand II veränderten Steifigkeitsverhältnissen, vor allem aber in zusätzlichen Biegebeanspruchungen durch Verwölben der Stegflächen (siehe [575], [576]) zu suchen sein. Solange diese Einflüsse rechnerisch noch nicht zu erfassen sind, wird man mit der Wahl der zulässigen Hauptdruckspannungen bei starker Torsion vorsichtig sein müssen. Beide Versuchsträger versagten auf schiefen Druck im lastnahen Steg ($b_0 = 8$ cm); die zugehörigen Rechenwerte $\tau_{0,U}$ und $\tau_{T,U}$ zeigen, daß die in Gleichung 13.(70) vorgeschriebene Begrenzung noch weit auf der sicheren Seite liegt.

4. Die Beanspruchung der Druckstreben wird auch bei Torsion durch eine **unter 45° geneigte Bewehrung** stark herabgesetzt. Bei 45°-Bewehrungen in der Bodenplatte wurden im Mittel nur 60% der Druckspannungen gemessen, die bei Bewehrung unter 0° und 90° aufgetreten waren (Bild 13.75). Die Maximalwerte erreichten im letzteren Fall etwa $\sigma_b = 4\tau$.
Bei einfachen Rechtquerschnitten ist die günstige Bewehrung unter 45° und 135° schwierig zu verwirklichen, bei großen Hohlkasten steht jedoch der Anwendung dieser Bewehrungsrichtungen nichts im Weg, um damit die Betonspannungen in den schiefen Druckstreben herabzusetzen. Bei stark auf Torsion beanspruchten Hohlkasten ist eine mäßige Quervorspannung der Bodenplatte erwünscht, um Risse unter den häufig vorkommenden Belastungen zu vermeiden.

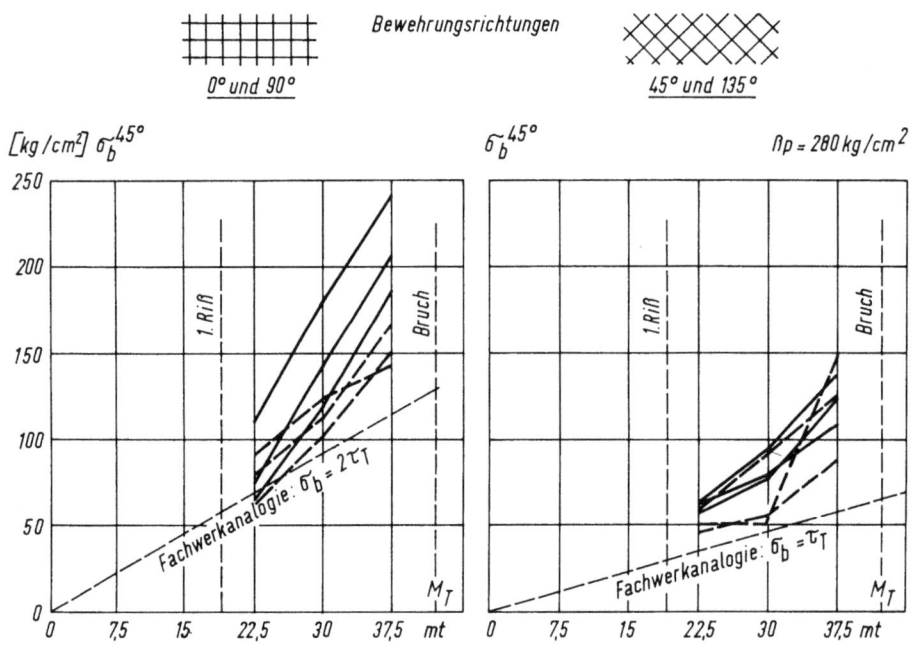

Bild 13.75 Bodenplatte der Träger von Bild 13.74: Schiefe Betondruckspannungen

Bei den Züricher Versuchen [575], [580] wurde der Einfluß einer Längsvorspannung an jeweils einem Träger der Versuchsreihen „Reine Torsion" und „Torsion mit Biegemoment" untersucht:

1. Der Versuchsbalken für „Reine Torsion" hatte einen quadratischen Vollquerschnitt ($B = H = 50$ cm) und war mit Hilfe eines in Querschnitts mitte ohne Verbund liegenden Spannglieds mittig vorgespannt; in den Ecken war nur eine schwache schlaffe Längsbewehrung angeordnet.

Der Versuch ergab, daß die Querschnittsfläche des m i t t i g angeordneten Spannglieds auf die erforderliche Torsions-Längsbewehrung angerechnet werden darf (obwohl es nicht in einer Wandscheibe des Ersatz-Hohlkastens nach Bild 13.63 liegt), wenn im Hinblick auf die schwache Eck-Längsbewehrung

    a) die Bügel eng angeordnet werden, um ein Ausbrechen der Kanten infolge Umlenken der Betondruckstreben (siehe [576]) zu verhindern und

    b) im Einleitungsbereich des Torsionsschubflusses am Querschnittsrand gut verankerte Längsstäbe zugelegt werden.

2. In der Reihe „Torsion und Biegemoment" wurde ein Hohlkastenträger ($B = H = 50$ cm, Wandstärke 8 cm) geprüft, der exzentrisch vorgespannt war (mit nachträglichem Verbund). Mit diesem Versuch wurde bestätigt, daß die vorgespannte Bewehrung entsprechend Abschnitt 13.627 auch bei der Bemessung für Torsion kombiniert mit Biegung berücksichtigt werden kann. (Beachte: Lastfall max M_T ≠ Lastfall max M!).

Die P a r i s e r V e r s u c h e [581] an zwei mittig vorgespannten Hohlkastenträgern mit $B = H = 1{,}0$ m, Stegbreiten von 8 cm und Plattendicken von 12 cm leiten ein umfangreiches Forschungsprogramm „Torsion in vorgespannten Bauteilen" ein:

Die Vorspannung wurde mit vier ausgepreßten Spanngliedern aufgebracht, die in den Platten n e b e n den Stegen angeordnet waren. In den Ecken war auch keine schlaffe Längsbewehrung, der Bügelabstand betrug 9 cm. Ein Balken wurde unter reiner Torsion geprüft, der andere unter Torsion mit Biegung $(M + Q)$.

Die Messungen der Dehnungen an Bewehrung und Betonstreben bestätigen die Stuttgarter Ergebnisse. Auch wurde, wie bei allen Torsionsversuchen, der starke Abfall der Torsionssteifigkeit beim Übergang in den gerissenen Zustand II festgestellt: bei reiner Torsion auf 1/55, bei kombinierter Beanspruchung auf 1/30 des Wertes nach der Elastizitätstheorie. Der Bruch trat in beiden Balken durch Versagen der Bügel ein. Trotz fehlender Längsbewehrung in den Eckbereichen brachen die Kanten nicht aus, weil die Bügel genügend eng lagen, um die Betondruckstreben einwandfrei umzulenken.

Zur Zeit laufende bzw. geplante Forschungsarbeiten haben das Ziel, etwa noch vorhandene Tragreserven für die Bemessung nutzbar zu machen, Kriterien für die Beschränkung von Rißbreiten und von Verformungen zu erarbeiten und die Einflüsse von wechselnder oder lang andauernder Belastung zu erfassen.

Kapitel 14

14. Sicherheit gegen Ermüdung bei schwingender Beanspruchung

14.1 Allgemeines

Spannbetontragwerke weisen bei schwingender Belastung eine verhältnismäßig hohe Sicherheit gegen Ermüdungsbruch auf, vor allem wenn v o l l e V o r s p a n n u n g gewählt wird, so daß die Spannungen des Stahles nur wenig wechseln und auch der Beton im Bereich der geradlinigen Spannungszunahme bleibt. Der Beton arbeitet dabei ganz unter Druck, wenn man von den geringen schiefen Hauptzugspannungen absieht. Die Betondruckspannungen bleiben unter etwa $0{,}4\,\beta_p$, während die Druck-Schwellfestigkeit bei $0{,}7\,\beta_p$ (bei $2 \cdot 10^6$ Lastwechseln oder $0{,}6\,\beta_p$ bei $10 \cdot 10^6$ Lastwechseln) liegt, so daß auf der Betonseite eine mind. 1,7fache Sicherheit gegeben ist.

Beim Spannstahl liegen die Verhältnisse ähnlich günstig, wenn wir die Spannungswechsel unter Gebrauchslast bei voller Vorspannung betrachten. Bekanntlich ist dabei $\sigma_{zp} = n\,\sigma_{bp}$. Zul σ_b kann für Lasten nicht ganz ausgenützt werden, da ein Teil für S. u. K. verbleiben muß. Bei B 450 dürfen wir daher mit max $\sigma_{zp} = 6 \cdot 140 = 840\,\text{kg/cm}^2$ rechnen. Die Schwingbreite guter Spannstähle über zul σ_{vo} beträgt aber im ungestörten Bereich nach Kap. 2.17 mindestens etwa $2500\,\text{kg/cm}^2$, so daß etwa 3fache Sicherheit vorliegt. Selbst an Muffenstößen von Stäben beträgt die Sicherheit noch rund $\frac{1200}{840} = 1{,}4$ (vgl. Kap. 3.4).

Solange keine Risse auftreten (volle Vorspannung), bleiben auch die Verbundspannungen sehr klein, so daß sie keinen Einfluß auf die Ermüdung haben können. Entsprechend wird sich auch kein Verbundeinfluß auf die Ermüdungsfestigkeit des Spannstahles zeigen, wie ihn G. Rehm [462] an Rissen für gerippten Bewehrungsstahl festgestellt hat.

Spannbeton ist also bei voller Vorspannung für schwingende Beanspruchung besonders geeignet und zeigt einen hohen Sicherheitsgrad, wenn man von Überlastungen absieht. Die Ausnutzung der zul. Spannungen der DIN 4227 ist ohne Einschränkung auch für schwingende Belastung möglich.

Bei b e s c h r ä n k t e r V o r s p a n n u n g kommen wir mit den Beton- und Stahlspannungen in den Bereich der unstetigen Spannungszunahme, sobald Risse entstehen. Die Sicherheit ist dennoch fast stets ausreichend groß, da die Schwingbreite der Spannungen unter der Schwellfestigkeit bleibt. An den Rissen muß aber ähnlich wie bei Stahlbeton mit verminderter Ermüdungsfestigkeit des Spannstahls gerechnet werden, weil dort die Reibung am Verbundmittel oder am Beton ungünstig wirkt. Auch der Verbund leidet mit der Zeit durch die Vielzahl der Lastwechsel im Zustand II.

Bei ausgeprägt schwingender Beanspruchung, wie sie bei Eisenbahnbrücken gegeben ist, sollte daher der vollen Vorspannung der Vorzug gegeben werden, wenn die höchste Last sehr häufig auftritt. Wirkt jedoch gewöhnlich nur ein Teil der höchsten Last, dann ist beschränkte Vorspannung ebenso gut. Beschränkte Vorspannung bei gelegentlicher Höchstlast weist eine genügend große Sicherheit auf, während volle Vorspannung eine noch größere Sicherheit zeigt.

Nun haben wir in dieser Vorbemerkung zur Sicherheit die Gebrauchslastspannungen mit den Ermüdungsfestigkeiten verglichen, was berechtigt ist, wenn man annimmt, daß der Fall der unvorhergesehenen Überlastung nicht die Regel ist, sondern nur ausnahmsweise und selten vorkommt, so daß für ihn die Sicherheit der statischen Last gilt. Dennoch müssen wir bei schwingender Last auch einen Sicherheitsfaktor einführen, der die Unsicherheiten deckt (vgl. Kap. 13), der für schwingende Last allerdings niedriger sein kann und z. B. mit $\nu_F = 1{,}2$ bis $1{,}3$ genügt. Erhöhen wir die Last mit diesem Faktor, dann bedeutet dies meist den Übergang von Zustand I nach Zustand II mit den höheren Spannungszunahmen, auch wenn diese im Gebrauchszustand bei millionenfachen Lastwechseln nicht vorkommen. Die übliche Sicherheitsbetrachtung mit v_F facher Last ist also hinsichtlich der Sicherheit gegen Ermüdung bei voller Vorspannung zu ungünstig.

14.2 Folgerungen aus Versuchsergebnissen

Spannbetonbalken sind wiederholt schwingender Beanspruchung unterworfen worden [364], [369], [65]. Die Deutsche Bundesbahn hat zahlreiche kurze Balken, die mit verschiedenen Verfahren vorgespannt waren, mit schwingender Last prüfen lassen [310], [370]. Das Verfahren spielt dabei meist keine Rolle, da im Balken an den Verankerungen, die fast immer die einzigen Unterschiede der Verfahren sind, keine Spannungswechsel ankommen. Die Ermüdungslast hängt im wesentlichen von der anfänglichen Stahlspannung $\sigma_{z,vo}$ und von der Schwingbreite der Stahlspannungen im Zustand II ab.

Im Zustand I ist bisher nie ein Ermüdungsbruch erzielt worden. Nach dem Auftreten von Rissen, also nach Steigerung der oberen Lastgrenze über die Rißlast hinaus, zeigt sich eine merkliche Zunahme der Durchbiegungen während der ersten paar hundert Lastwechsel. Sie ist zunächst auf eine Zerstörung des Verbundes in der Nachbarschaft der Risse zurückzuführen, die Rißbreite nimmt sichtbar zu. Die Länge des gelösten Verbundes ist unterschiedlich, sie hängt von der Güte des Verbundes ab. Spannglieder mit nachträglichem Verbund, besonders dicke glatte Spannstäbe, verhalten sich dabei ungünstiger als direkt einbetonierte profilierte Spanndrähte oder Litzen. In [370] wurde die Länge des gelösten Verbundes bei Bündeln aus gerippten Ovaldraht (12 Drähte je 40 mm²) in gewellten Hüllrohren zu etwa 0,5 bis 0,7 d ermittelt, z. T. muß mit noch größeren Längen gerechnet werden. Im Bereich großer Momente ist aber der Rißabstand kleiner, d. h. im Rißbereich wird der Verbund fast auf ganze Länge mehr oder weniger gelöst. Der Stahl dehnt sich dabei mehr als im statischen Versuch, die Nullinie wird angehoben, die Druckzone verkleinert, der innere Hebelarm aber vergrößert. Die Stahlspannung wird also gegenüber dem rechnerischen Wert kleiner. Bild 14.1 zeigt, wie bei einem solchen Balken die Stahlspannung schon beim ersten Lastspiel unter dem rechnerischen Wert bleibt, weil der Verbund nicht vollkommen ist; nach $1 \cdot 10^6$ Lastspielen war sie von 8,47 auf 7,97 t/cm² abgesunken.

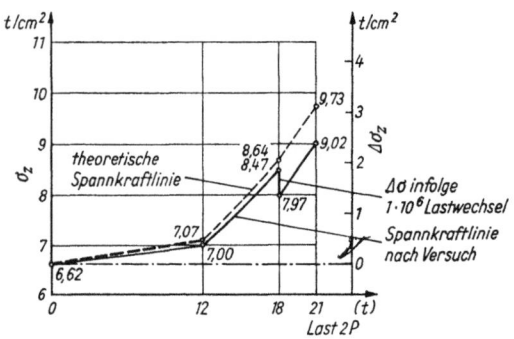

Bild 14.1 Verlauf der oberen Spannung σ_0 in einem kurzen Spannbetonbalken, der mit 2 P_o=18 t (2 P_u=1,5 t) $1 \cdot 10^6$ Lastspiele erfuhr. Die Spannung nahm von 8,47 auf 7,97 t/cm² ab (nach *Wittfoth*)

Während die Lösung des Verbundes nach wenigen hundert Lastspielen ziemlich beendet ist, nehmen die Durchbiegungen anschließend durch die Kriechverformungen der Druckzone langsam weiter zu, wodurch der Hebelarm nicht mehr viel beeinflußt wird.

Auch bei im Spannbett hergestellten Balken mit gutem Verbund nimmt die Durchbiegung während des Dauerschwingversuches merklich zu, und zwar gemäß [369] nach $2 \cdot 10^6$ Lastspielen im Zustand II um 30 bis 40 % der anfänglichen Durchbiegung bei ruhender Last.

Bei fast allen Dauerschwingversuchen versagte der Stahl mit der typischen Erscheinung des spröden Ermüdungsbruches im Bereich der gerissenen Zugzone des Betons, obwohl vielfach im statischen Vergleichsversuch die Betondruckzone zuerst versagte. Die erzielten Schwingbreiten des einbetonierten Stahles über der unteren Spannung von rund $0,5 \beta_Z$ lagen dennoch ziemlich hoch, bei quer gerippten Sigmadraht z. B. nach [370] bei rund 2500 kg/cm², gegenüber 2800 kg/cm² am freien Draht.

Die Beeinflussung dieser Schwingbreite durch die Reibung des Drahtes am Verbundmittel im Rissebereich (Zustand II) konnte bisher nur aus BBRV-Versuchen an der EMPA Zürich (EMPA-Bericht Nr. 35 301) genähert entnommen werden (unveröffentlichte Mitteilung von *M. Birkenmaier*).

Demnach zeigten Kabel aus 42 kalt gezogenen und mit Einprägungen versehenen Drähten ⌀ 6 mm aus St 143/166 im Balken aus B 500 bei schwingender Beanspruchung zwischen 95 und 118 kg/mm^2 eine Schwingbreite von 23 kg/mm^2, während der Draht allein über einer Grundspannung von 100 kg/mm^2 min. 28 kg/mm^2 Schwingbreite aushielt. Die Verminderung der Schwingbreite betrug hier also rd. 18 %. Dieser Wert kann jedoch durch eine kurze Überlastung beim Einstellen der Lasten zum Versuch überhöht sein. Der gleiche Versuch zeigte in der Auswertung gemäß Kap. 14.3 eine Verkleinerung des M_u gegenüber dem zeichnerisch ermittelten Wert von nur 10 %.

Immerhin muß mit einer Verminderung der Schwingbreite im Balken durch gestörten Verbund von 10 bis 20 % gerechnet werden.

Die obere Grenze der Ermüdungslast liegt bei nachträglichem Verbund und ziemlich niedriger unterer Last meist bei etwa 0,55 bis 0,65 der statischen Bruchlast, im wesentlichen abhängig von der Güte des Verbundes.

Den starken Einfluß der Güte des Verbundes auf die Ermüdungsfestigkeit stellte übrigens auch G. *Kani* fest [497]. Er erhielt bei einem Versuch, bei dem nach seiner besonderen Bauart der nachträglich eingebrachte Verbundbeton mit Litzen St 180 vorgespannt und von der Güte B 450 war, erst bei 3facher Gebrauchslast den Ermüdungsbruch. Der statische Bruchversuch ergab 4fache Gebrauchslast, so daß das Verhältnis $^3/_4 = 0{,}75$ war.

Wir sehen, daß die Verbundgüte bei der Ermüdungsfestigkeit im Zustand II eine wesentliche Rolle spielt. Spannbettbalken mit profilierten Drähten oder Litzen sind dafür am besten. Bei nachträglichem Verbund muß auf profilierte Hüllrohre, dünne oder profilierte Drähte und guten Einpreßmörtel Wert gelegt werden. Die Verformung durch Zerstörung des Verbundes müßte eigentlich berücksichtigt werden (vgl. *Walther*sche Schubbruchtheorie Kap. 13.6).

Stets kommen wir zu dem Schluß zurück, daß bei schwingender Last der Zustand II vermieden werden sollte, das Tragwerk also für volle Vorspannung zu bemessen ist.

14.3 Die rechnerische Ermittlung der Ermüdungsfestigkeit bei schwingender Biegebelastung

C. E. *Ekberg jr.*, R. *Walther* und R. G. *Slutter* haben als erste eine anschauliche Darstellung zur Ermittlung der Sicherheit gegen einen Ermüdungsbruch für Spannbetonbalken gezeigt [364]. M. *Birkenmaier* und W. *Jacobsohn* [426] gaben noch eine praktische Darstellung der Ermittlung des Spannungsverlaufes beim Übergang vom Zustand I zum Zustand II. Wir folgen mit gewissen Abwandlungen diesen beiden Arbeiten.

Um die Ermüdungsfestigkeit beurteilen zu können, müssen wir den genauen Spannungsverlauf im Spannstahl und in der Randfaser der Beton-Druckzone, abhängig von der Last oder dem Biegemoment kennen. Wir schreiben die hierzu nötigen Werte für einen Plattenbalken gemäß Bild 14.2 an, für den Rechteckquerschnitt ist dann einfach $b = b_0$ zu setzen.

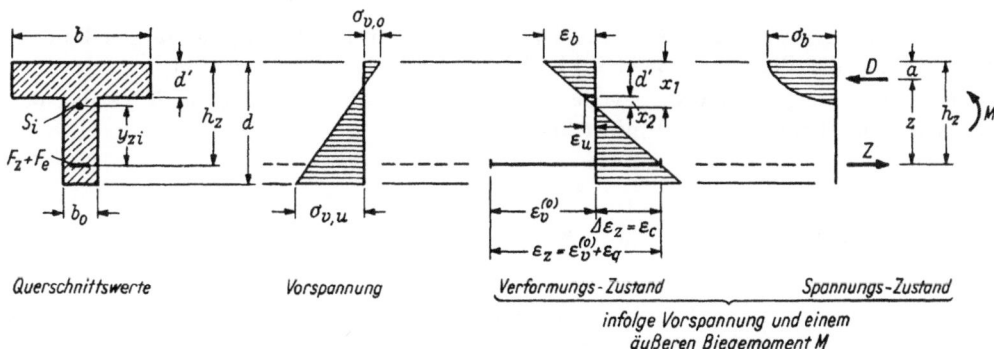

Bild 14.2 Dehnungen, Spannungen und Schnittkräfte am vorgespannten Balkenquerschnitt

Die Spannungs-Dehnungslinien der beiden Baustoffe seien gegeben. Gegenüber den üblichen Linien für Kurzzeitbelastung brauchen wir beim Stahl meist keine wesentliche Änderung für schwingende Last bis etwa $0,8\,\beta_Z$ anzunehmen, sie endet jedoch zwischen 0,8 und $0,9\,\beta_Z$. Eine Reduktion durch die Reibung an Rissen muß vorläufig noch beim Endergebnis berücksichtigt werden.

Beim Beton ist die σ-ε-Linie für schwingende Belastung flacher als bei ruhender Kurzzeitbelastung, d. h. die Völligkeitsgrade α werden kleiner, die Hebelarme aber infolge kleinerer Beiwerte α' für den Abstand der Druckkraft vom Rand größer. Diese Tatsache kann genähert berücksichtigt werden, indem für α_F das Mittel zwischen dem α für Kurzzeitbelastung (Kap. 13.321) und dem zum σ-Dreieck gehörigen $\alpha = 0,50$ genommen wird; entsprechend wählen wir für α'_F den Mittelwert zwischen α' bei Kurzzeitbelastung und dem zum σ-Dreieck gehörenden $\alpha' = 0,333$.

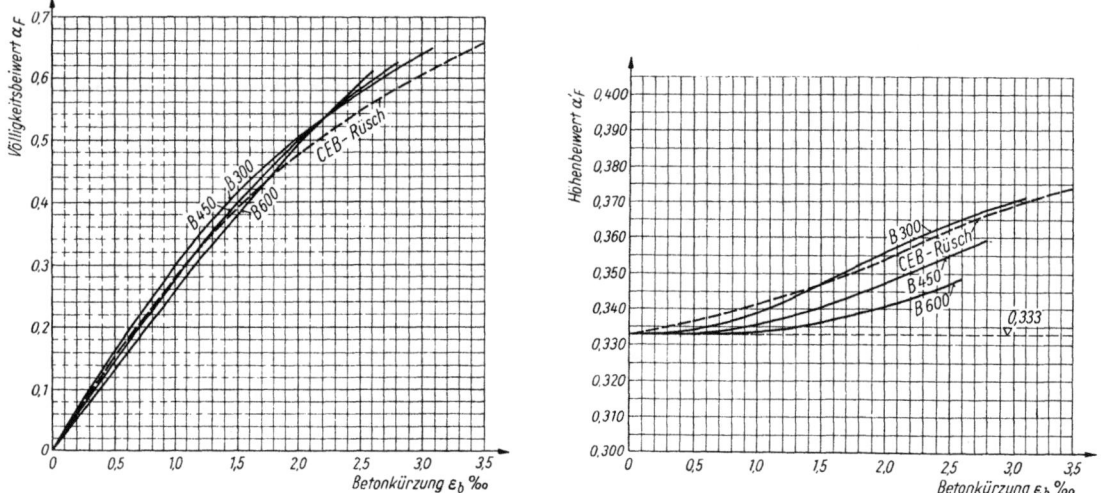

Bild 14.3 Völligkeitsbeiwert α_F (links) und Beiwert α'_F für den Abstand der Druckkraft vom gedrückten Rand (rechts) bei dynamischer Belastung — vgl. Text

Beide Werte sind aus Bild 14.3 abzulesen. Es ist dann die Druckresultierende in Höhe $\alpha'_F \cdot x$ vom oberen Rand

$$D = \alpha_F \cdot b \cdot x \cdot \beta_p \quad \text{wenn } x \leqq d' \qquad 14.(1)$$

Liegt die Nullinie im Steg, also $x > d'$, dann wird

$$D = D_1 - D_2 = [\alpha_{F1}\, b\, x - \alpha_{F2}\, (b - b_0)\, (x - d')]\, \beta_p \qquad 14.(2)$$

und der Abstand a der Druckkraft D vom oberen Rand

$$a = \frac{D_1\, \alpha'_{F1}\, x - D_2\, [d' + \alpha'_{F2}\, (x - d')]}{D} \qquad 14.(3)$$

wobei α_{F1}, α_{F2} und α'_{F1}, α'_{F2} für die zugehörigen Dehnungen des Betons, am oberen Rand ε_b und am unteren Rand der Platte ε_u gemäß Bild 14.2 aus Bild 14.3 abzulesen sind.

Die Höhe der Nullinie gewinnen wir aus den Dehnungen (die Verformung durch Verlust des Verbundes an Rissen ist hier also noch nicht beachtet)

$$x = \frac{\varepsilon_b}{\varepsilon_b + \varepsilon_q}\, h_z \qquad 14.(4)$$

Für die gesamte Stahldehnung ist wie in Kap. 13 die Summe Spannbettdehnung + Lastdehnung zu setzen:

$$\varepsilon_z = \varepsilon^{(0)}_{v\infty} + \varepsilon_q \qquad 14.(5)$$

Hierbei sollte man vom Zustand nach S. u. K. ausgehen, weil die raschere Spannungszunahme des Zustandes II dadurch früher beginnt. Für diese gesamte Dehnung ist σ_z aus dem

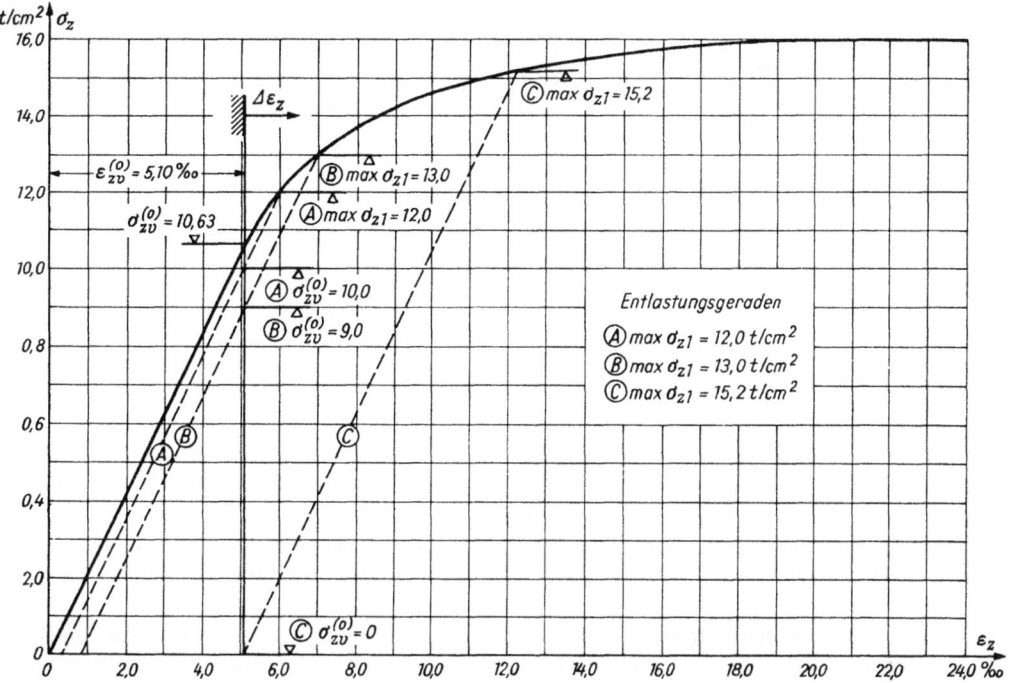

Bild 14.4 σ-ε-Diagramm des Spannstahls St 140/160 mit 3 Beispielen für Entlastungsgraden bei Überlastungen A, B, C

σ-ε-Diagramm des Spannstahles, z. B. wie Bild 14.4, zu entnehmen. Schlaffe Bewehrung kann in bekannter Art mit σ_e aus ε_q allein mitberücksichtigt werden. Damit ist die Zugkraft

$$Z = Z_z + Z_e = \sigma_z F_z + \sigma_e F_e \qquad 14.(6)$$

Für jedes a n g e n o m m e n e Dehnungsdiagramm können wir nun das zugehörige Moment berechnen. Mit dem Hebelarm

$$z = h - \alpha'_F x \quad \text{oder} \quad z = h - a \qquad 14.(7)$$

wird

$$M = zD = zZ.$$

Das Dehnungsdiagramm des Bildes 14.2 war richtig angenommen, wenn

$$Z = D$$

ist.

Das Ziel ist das Auftragen der Spannungen in Abhängigkeit vom Moment. Wir erhalten die S p a n n u n g e n i m Z u s t a n d I ausreichend genau aus der Biegetheorie mit geradlinigem Spannungsdiagramm. Wir brauchen zuerst die Spannbettspannung, d. h. die Spannstahlspannung für $\sigma_b = 0$ in Spanngliedhöhe. Die Spannung infolge Vorspannung σ_{zv} ist meist für den Zustand nach S. u. K. infolge V_∞ als ungünstigstem Zustand zu wählen:

$$\frac{\sigma_{zv\infty}}{\sigma_{zv\infty}^{(0)}} = 1 - n F_z \left(\frac{1}{F_i} - \frac{y_{zi}^2}{J_i} \right) \qquad 14.(8)$$

Daraus wird $\sigma_{zv}^{(0)}$ und $\varepsilon_{zv}^{(0)}$ ermittelt (Zeichen ∞ zur Kürzung weggelassen). Infolge Vorspannung allein haben wir folgende Betonspannungen

$$\left. \begin{array}{ll} \text{oben:} & \sigma_{bv,o} = - \sigma_{zv}^{(0)} F_z \left(\frac{1}{F_i} - \frac{y_{zi}}{W_o} \right) \quad W_o = \frac{J_i}{y_{io}} \\ \text{unten:} & \sigma_{bv,u} = + \sigma_{zv}^{(0)} F_z \left(\frac{1}{F_i} + \frac{y_{zi}}{W_u} \right) \quad W_u = \frac{J_i}{y_{iu}} \end{array} \right\} \qquad 14.(9)$$

Infolge eines Lastmomentes M_q

$$\left.\begin{array}{ll}\text{oben:} & \sigma_{bq,o} = \dfrac{M_q}{W_o} \\[2mm] \text{unten:} & \sigma_{bq,u} = \dfrac{M_q}{W_u}\end{array}\right\} \qquad 14.(10)$$

Die Stahlspannung infolge Lastmoment M_q wird

$$\sigma_z = \frac{n \cdot M_q \cdot y_{zi}}{J_i} \qquad 14.(11)$$

Das Moment, bei dem $\sigma_{bu} = 0$ wird, ist

$$M_0 = \sigma_{bv,u} W_u = \sigma_{ev}^{(0)} F_z \left(y_{zi} + \frac{W_u}{F_i}\right) \qquad 14.(12)$$

Sobald $M_q > M_0$, muß mit gerissener Biegezugzone, also mit Zustand II, gerechnet werden.

Spannungen im Zustand II

Da hier eine geschlossene Lösung nicht möglich ist, wenn man die tatsächlichen σ-ε-Linien des Stahles und des Betons berücksichtigen will, gehen wir mit Probieren vor, indem wir der Reihe nach Dehnungsdiagramme mit geschätzter Nullinienhöhe annehmen und dafür D nach den Gleichungen 14.(1) oder 14.(2) und Z nach Gl. 14.(6) bestimmen und x so lange ändern, bis $Z = D$ ist.

Für das zugehörige Moment $M = D \cdot z = Z \cdot z$ kennen wir dann $\sigma_{b,o}$, indem wir diese Spannung für das gewählte ε_b aus dem Spannungs-Dehnungsdiagramm ablesen. Für $\varepsilon_{zv}^{(0)} + \varepsilon_q$ lesen wir σ_z ab. So werden nun die maßgebenden Beton- und Stahlspannungen für zunehmendes Lastmoment M_q ermittelt, bis M_{uF} erreicht wird, was der Fall ist, wenn entweder die Betonspannung $\beta_R = 0{,}7 \beta_p$ oder die Stahlspannung $0{,}9 \beta_Z$ erreicht hat, was als Ermüdungsgrenze angesehen werden darf.

Ermittlung der Ermüdungslast (Schwingbreite der Last)

Wir tragen nun gemäß Bild 14.5 die Stahl- und Betonspannungen, und zwar als auf die Kurzzeitfestigkeiten β_p und β_Z bezogene Werte σ_b/β_p und σ_z/β_Z abhängig von $\dfrac{M_q}{M_u}$ auf. Bei beiden Spannungen sehen wir die Unstetigkeit für $\dfrac{M_q}{M_u}$ am Übergang von Zustand I zu II. Rechts davon wird nun oben das Diagramm der Zugschwellfestigkeiten des Spannstahles, unten dasjenige der Schwellfestigkeiten des Betons angefügt (vgl. Kap. 2.17 und 2.264). Es ist allerdings noch nicht erwiesen, ob die in Kap. 2.264 angegebenen Dauerfestigkeits-Diagramme des Betons, die an zentrisch gedrückten Prismen gewonnen wurden, auch für die schwellende Biegebeanspruchung unverändert Gültigkeit haben. Das in Bild 14.5 eingetragene Druck-Ermüdungs-Diagramm des Betons nach [426] weicht wohl auch aus diesem Grunde von dem des Bildes 2.82 ab.

Wir können nun ermitteln, welche Schwingbreite der Last zwischen einer unteren Laststufe entsprechend min M und einer oberen entsprechend max M zweimillionenfach getragen wird. Wir suchen die zu min $M =$ ① gehörige Stahlspannung min $\sigma_z =$ ② im σ-M-Diagramm des Spannstahles und gehen in ihrer Höhe in das Ermüdungsdiagramm des Stahles bis zur 45°-Linie, die der unteren Spannung ③ entspricht. Von dort senkrecht hochgehend finden wir die obere Stahlspannung ④, die im σ-M-Diagramm das zugehörige max $M =$ ⑤ (ausgedrückt durch das Verhältnis $\dfrac{\max M}{M_u}$) in ⑥ einschneidet. Man hat nun zu prüfen, ob bei diesem Moment die obere Betonspannung im schraffierten Bereich bleibt, was meist der Fall ist, weil fast stets der Stahl die Ermüdungslast bestimmt, es sei denn, daß ein sehr hoher Bewehrungsprozentsatz oder Vorspanngrad vorliegt. Im Bild 14.5 ergibt sich die obere Betonspannung als Schnittpunkt der Linienzüge ① – a – b – c und ⑥ – d – e im schraffierten Bereich.

In gleicher Weise läßt sich auch feststellen, ob die schlaffe Bewehrung die Schwingbreite der Last aushält.

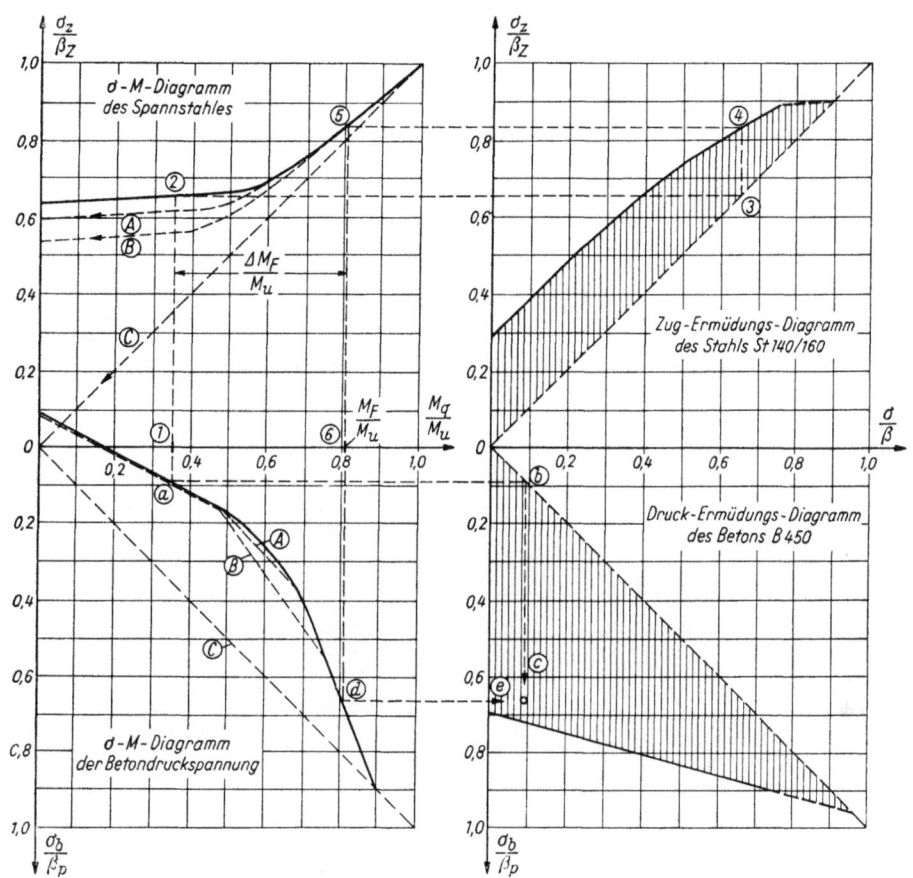

Bild 14.5 Ermittlung des Ermüdungsmomentes M_F für einen bestimmten Spannbetonquerschnitt mit St 140/160 (nach *Birkenmayer* [426])

Obwohl die Stahlspannung durch Nachgeben des Verbundes gegenüber den errechneten Werten niedriger bleibt, muß das so gefundene max M noch reduziert werden, wenn die in den Zustand II führende Laststufe häufig auftritt, weil die Schwingbreite des Stahles an Rissen gemäß den Angaben in Kap. 14.2 vermindert wird. Nach Versuchsergebnissen in [426] und [369] genügt eine **A b m i n d e r u n g   d e s   M o m e n t e s   u m   r u n d   1 0 %**.

Die sicher zu erreichende Schwingbreite ist also

$$\Delta M_F = 0{,}9 \max M - \min M \quad \text{(Zustand II)}$$
$$\Delta M_F = \max M - \min M \quad \text{(Zustand I)}$$

Schließlich hat *Birkenmaier* auch die **S p a n n u n g e n   b e i   E n t l a s t u n g e n   n a c h   e i n e r   e i n m a l i g e n   Ü b e r l a s t u n g** ermittelt, was auf dem gleichen Wege möglich ist, wenn man im σ-ε-Diagramm die Entlastungslinien einzeichnet und diese bei der Auswertung der angenommenen ε benützt (vgl. gestrichelte Linien für die drei als Beispiel gewählten Überlastungen A bis C in Bild 14.4 und 14.5).

Man kann so also auch feststellen, wie sich die Ermüdungslast oder die mögliche Schwingbreite der Last ändert, wenn das Tragwerk einmal über den elastischen Bereich hinaus beansprucht worden war.

Die Entlastungsspannungen muß man schließlich auch dann beachten, wenn das zu max M gehörige σ_z über der Proportionalitätsgrenze liegt, so daß infolge der bleibenden Dehnung Vorspannkraft verlorengeht, wodurch die untere Spannung absinkt und die mögliche Schwingbreite herabgesetzt wird. Die gestrichelten Linien in Bild 14.4 und 14.5 zeigen solche Entlastungen an.

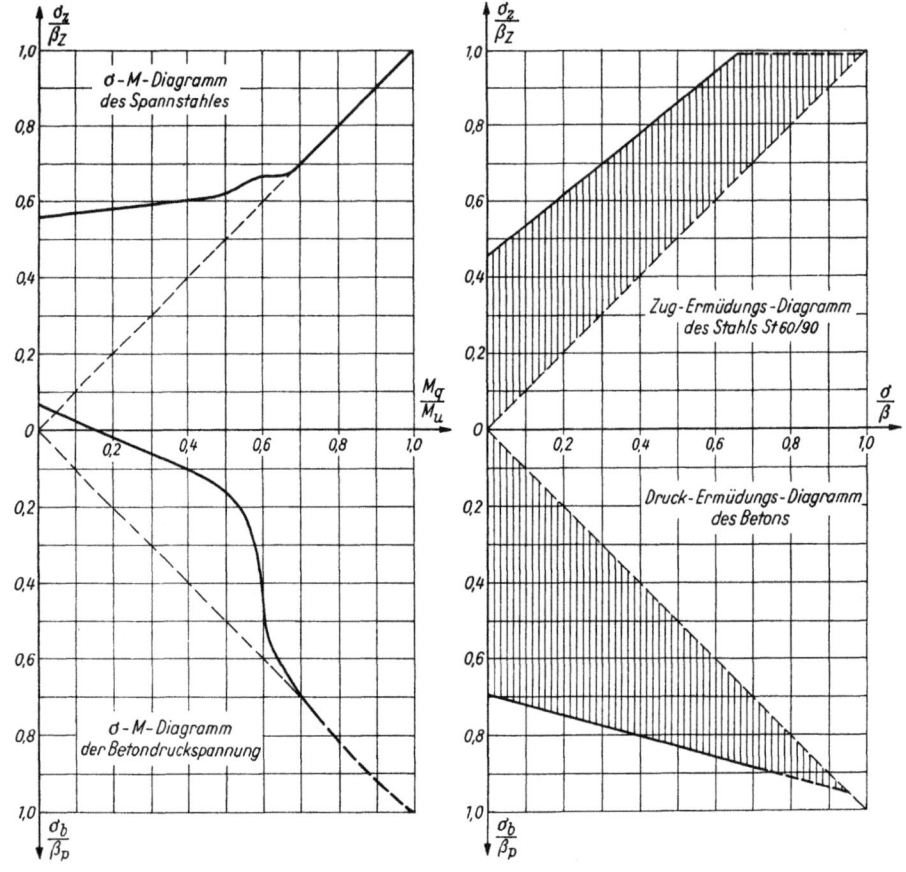

Bild 14.6 Ermittlung des Ermüdungsmomentes M_F bei gleichen Verhältnissen wie in Bild 14.5, jedoch mit St 60/90 (nach [426])

Interessant ist nun der Vergleich des Spannungsverlaufes für Spannstähle ohne ausgesprochene Streckgrenze (Bild 14.5) mit demjenigen bei St 60/90, der eine Streckgrenze hat. Bild 14.6 zeigt, wie die Betonspannung durch die Streckdehnung von 3 ⁰/₀₀ bis etwa 6 ⁰/₀₀ des St 60/90 sehr stark zunimmt, so daß bei solchen Stählen die Ermüdungsfestigkeit des Betons viel mehr maßgebend wird als bei den Stählen mit stetiger σ-ε-Linie.

Diese Methode kann natürlich auch dazu benützt werden, die statische Bruchlast zu ermitteln, ist jedoch zu umständlich dafür. Zur Beurteilung der dynamischen oder Schwingbruchlasten bzw. der zulässigen Schwingbreiten der Momente ist die Methode jedoch vorzüglich geeignet, zudem die Eigenschaften der Baustoffe damit wirklichkeitsgetreu erfaßt werden.

Das Nachgeben des Verbundes kann analog zu *Walthers* Verformungsbedingung in Kap. 13.6 mitberücksichtigt werden, sobald Versuche für einen dynamischen Verbundfaktor ausgewertet sein werden.

Die Anwendung dieser Methode bei Versuchen an Spannbett-Platten für Eisenbahnbrücken finden wir in [369]; an Balken, vorgespannt mit 1 BBRV-Kabel, in [426].

Kapitel 15

15. Stabilitätsprobleme vorgespannter Bauteile

15.1 Das Knicken eines vorgespannten Stabes

Die Knicklast eines unter mittigem Druck stehenden, an den Enden gelenkig gelagerten Stabes ist bekanntlich nach *Euler*

$$P_K = \frac{E \cdot J \cdot \pi^2}{l^2}$$

Wird die Druckkraft durch Spannglieder ausgeübt, die außerhalb des Stabquerschnittes oder in einer ziemlich weiten Röhre im Querschnitt frei liegen, dann ändert sich an dieser Knicklast nichts und es gelten hierfür die normalen rechnerischen Nachweise.

Das gleiche gilt für Bauteile, die ohne Spannglieder gegen unnachgiebige Widerlager, z. B. Fels, vorgespannt werden.

Sobald aber die Spannglieder mit dem gedrückten Stab fest verbunden werden, dann stützen die straff gespannten Zugglieder den Betonstab seitlich ab, und das Knicken wird ganz beseitigt. Die Verbindung muß zug- und druckfest sein.

Ist der Stab nur in der Mitte mit dem Spannglied verbunden, dann wird die Knicklänge halbiert und damit entsprechend der *Euler*-Formel die Knicklast vervierfacht. *Magnel* hat durch Versuche nachgewiesen, daß dieses aus der *Euler*-Gleichung abgeleitete Ergebnis tatsächlich zutrifft [62].

Verbindet man den Stab mit dem Spannglied an $(n-1)$ Zwischenpunkten in gleichem Abstand, dann wird die Knicklast n^2mal so groß, sofern nicht vorher die Druckfestigkeit des Betons überschritten wird.

Bettet man also das Spannglied in den Betonstab ein (Spannbettvorspannung) oder führt es in engen Rohren im Beton mit nachträglichem Verbund, dann kann der Stab beim Übertragen der Spannkraft auf den Beton nicht ausknicken, auch wenn er noch so lang oder schlank ist, sofern nicht eine zusätzliche äußere Druckkraft wirkt. Das gilt auch bei gekrümmter Stabachse, wenn das im Verbund stehende Spannglied der Stabachse folgt. Man braucht also bei einem ausreichend unterstützten, vorgespannten Zugband oder bei einem schmalen, hoch vorgedrückten Untergurt eines Balkens keine Sorge zu haben, daß diese Bauteile unter dem Druck der Vorspannung ausknicken könnten. Steigert man die Vorspannung, so bricht der Betonstab bei Erreichen der Prismenfestigkeit unter den gleichen Erscheinungen wie ein gedrücktes Prisma.

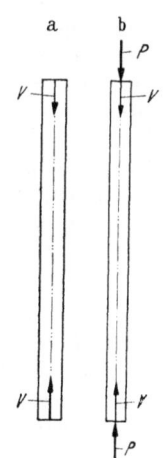

Nun kommt es aber vor, daß ein vorgespannter Stab, z. B. ein Fachwerkstab oder ein Balkengurt, durch Lasten nicht nur auf Zug, sondern auch einmal auf Druck beansprucht wird (Bild 15.1). Es ist einleuchtend, daß dieser Stab nicht mehr die normale *Euler*-Knicklast aushält, wenn er durch Vorspannung schon stark gedrückt ist. Da jedoch die Vorspannung nicht mehr zunimmt, darf man auf alle Fälle für σ_{bv} eine niedrigere Sicherheit ansetzen als für die Druckspannung $\sigma_{b,(g+p)}$ aus den Lasten.

Bild 15.1a Keine Knickgefahr durch Vorspannung allein, wenn Spannglied im Verbund mit Betonstab
Bild 15.1b Erhöhte Knickgefahr infolge der von V vorweggenommenen Druckspannung

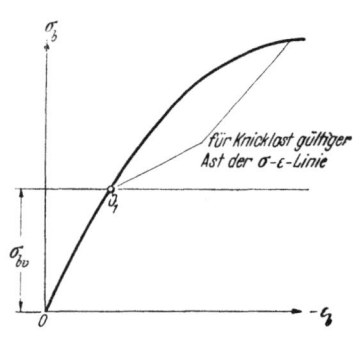

Bild 15.2 Für die Knicklast eines vorgespannten Stabes hat man einen Baustoff, dessen σ-ε-Linie gewissermaßen bei 0_1 beginnt

Die Vorspannung mit Verbund ruft kein Knicken hervor, sie ändert aber den Baustoff gewissermaßen, in dem sie für die Betrachtung der Knicklast einen unteren Teil der Spannungskürzungslinie des Betons abschneidet, so daß für das Knicken nur der über σ_{bv} oder dem Punkt 0_1 liegende Ast maßgebend ist (Bild 15.2). Dort ist E kleiner als für $\sigma_b = 0$ und nimmt im weiteren Verlauf rasch ab, d. h. man erreicht die Gefahrenzone viel früher als bei Druckstäben ohne Vorspannung. Man müßte neue ω-Zahlen für den oberen Ast der σ-ε-Linie aufstellen. Diese Überlegung zeigt, daß hier Vorsicht am Platze ist und daß von Fall zu Fall genauere Untersuchungen nötig sind, falls nicht die folgende grobe Faustformel mit den ω-Werten der DIN 1045 genügend Sicherheit zeigt:

$$\boxed{1{,}7\,\sigma_{bv} + 2{,}5\,\omega\,\sigma_{g+p} < \beta_p} \qquad 15.(1)$$

15.2 Das Knicken vorgespannter Platten und Flächentragwerke

Bei vorgespannten Betonfahrbahnen für Straßen oder Flugplätze (vgl. Kap. 16.3) besteht ebenfalls keine Knickgefahr durch die Druckkräfte der Vorspannung, wenn, wie in Kap. 15.1 beschrieben, die Spannglieder mit Verbund im Beton liegen. Es ist dabei noch nicht einmal nötig, daß die Spannglieder mittig geführt werden, weil die bei ausmittiger Lage entstehenden M_v durch die damit hervorgerufenen M_g ausgeglichen werden, so daß eine gleichmäßige Druckspannung verbleibt. Auch wechselnde Exzentrizitäten erzeugen kein Knicken.

Wird jedoch ohne Spannglieder vorgespannt, so muß auch hier die Knicksicherheit untersucht werden. Sie ist bei genügend dicken Platten meist gegeben, wenn Ausmittigkeiten der Druckkraft z. B. durch Streusand im unteren Teil einer offenen Fuge oder dgl. vermieden werden.

Bei Schalen oder Faltwerken kann die Knicksicherheit durch die Vorspannung wesentlich verbessert werden, weil man mit geeigneter Führung der Spannglieder die gedrückten Zonen der Tragwerke durch Druck auf die Zugzonen entlasten und damit die Verformungen, auch die plastischen, verkleinern kann. Rechnerische Nachweise der Knicksicherheit solcher Tragwerke unter Beachtung der Vorspannung sind schwierig und würden ohnehin außerhalb des Rahmens dieses Buches liegen. Auch hat man noch kaum Versuche zu diesen Fragen durchgeführt, die für eine zuverlässige Klärung dieser Stabilitätsprobleme nötig sind.

15.3 Das Kippen vorgespannter Balken

Bei vorgespannten Fertigbalken hat man vor allem beim Montieren auf die nötige Seitensteifigkeit zu achten. Schon mehrfach sind solche Balken beim Anheben seitlich ausgeknickt [239]. Als Ursache ist meist nicht so sehr die Kippsicherheit des Balkens oder die Sicherheit des Druckgurtes gegen Ausknicken infolge hoher Druckspannungen zu betrachten, sondern vielmehr eine zusätzliche Biegebeanspruchung des hoch vorgedrückten Zuggurtes bei einer geringen Neigung des Balkens. Es ist klar, daß dieser Zuggurt gegen Biegemomente quer zur Balkenachse empfindlich ist, wenn er z. B. durch nur teilweise wirksames Eigengewicht schon über das gerechnete Maß gedrückt ist.

Neben dem rechnerischen Nachweis der Kippsicherheit des Balkens, dessen Obergurt u. U. mit einem Hilfsbalken seitlich ausgesteift werden muß (Bild 15.4), müssen vor allem folgende praktische Regeln beachtet werden:

1. Man darf Spannbetonbalken zum Heben nur an den Enden aufhängen, damit das Eigengewicht des Balkens voll wirkt (Bild 15.3). Der Anschlagpunkt muß genau in der lotrechten Schwerpunktebene möglichst über dem Obergurt liegen und so regulierbar sein, daß der Balken genau in die lotrechte Lage gebracht werden kann.
2. Falls die Druckspannungen der vorgedrückten Zugzone sehr hoch sind, weil noch Teile des Eigengewichtes (z. B. Dachplatten) fehlen, sollte man die Vorspannung zunächst nur teilweise aufbringen, bis der Balken versetzt und weiter belastet ist.
3. Jede Neigung des Balkens aus seiner lotrechten Ebene heraus ist zu vermeiden.

Bild 15.3 Montieren schlanker Spannbetonbalken für Seinebrücke Tancarville (Ausführung Campenon Bernard), Spannweite 50 m, Gewicht 120 t

Bild 15.4 Montieren schlanker Spannbetonbalken mit stählernem Gitterträger am Obergurt zur Kippsicherung (Flugzeughalle London Airsport)

Bei schweren Balken wird man 2 Hebezeuge an den Balkenenden ansetzen (Bild 15.3). Man kann jedoch auch mit einem Hebezeug über ein Seildreieck von der Mitte des Balkens aus heben (Bild 15.4), hat dann aber die aus den Seilzügen resultierende Längskraft N im Balken bei der Kippsicherheit mit zu berücksichtigen. Eine bewährte Seilführung für diese Art des Hebens ist in Bild 15.5 dargestellt.

Für Platten, Stützen, Wände und Rahmen sind in [497] zahlreiche Hebegeräte angegeben.

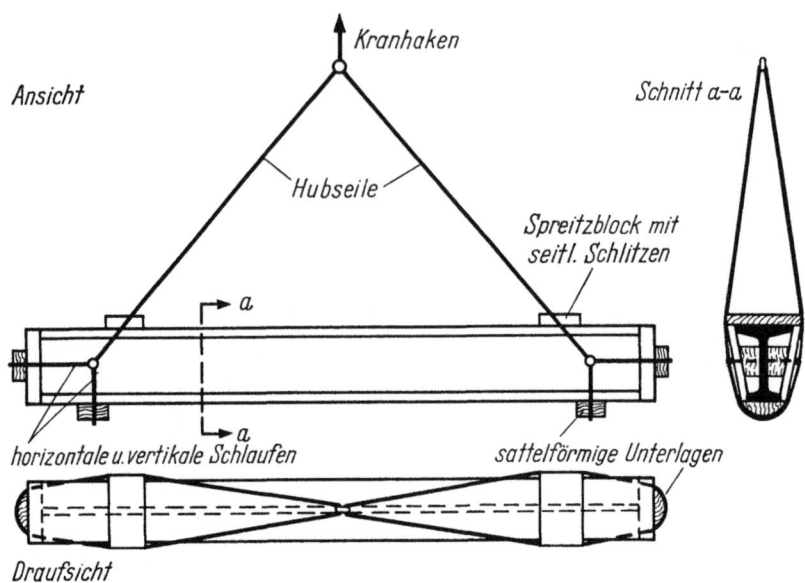

Bild 15.5 Anordnung der Hubseile für Montage mit nur einem Kran, Angriff in Feldmitte (nach *P. Lebelle*)

15.31 Kippsicherheitsnachweise

Die Größe der kritischen Last P_{kr}, die bei einem Balken Kippen hervorruft, wird wie folgt definiert:

Für Lasten $P < P_{kr}$ bleibt eine kleine horizontale Ausbiegung infolge einer quergerichteten Kraft H elastisch und verschwindet, wenn H nicht mehr wirkt. Für eine Last $P > P_{kr}$ bleibt die Querverformung bestehen und kann sogar bis zum Bruch des Balkens zunehmen.

Die Stabilitätstheorie befaßt sich seit über 60 Jahren mit der Bestimmung der Kipplast P_{kr} für verschiedene Arten von Trägern und Belastungen. Diese Untersuchungen fanden für die schlanken Profile des Stahlbaues in der Vorschrift DIN 4114, Ziff. 15, ihren Niederschlag.

Nachdem nun mit Spannbeton schlanke Profile ausgeführt werden, mußte auch für diese Bauart das Kipp-Problem beachtet werden. In Amerika befaßten sich *W. Hansell* und *G. Winter* [452], und in Tel Aviv *A. Siev* [483], mit dieser Frage, während in Frankreich *P. Lebelle* [449] vorhandene Ergebnisse zusammenstellte und durch eigene Forschungen und theoretische Arbeiten erweiterte. Die folgenden Angaben sind seiner Arbeit entnommen.

Die Formeln sind auf Grund der Elastizitätstheorie abgeleitet und enthalten deren Annahmen, also insbesondere das *Hooke*sche Gesetz. Wie in fast allen Uuntersuchungen über das Kippen, werden die Verformungen des Grundzustandes vernachlässigt. Weiterhin wird vorausgesetzt, daß die Balken konstanten Querschnitt und eine Symmetrieebene haben, in der sie auf Biegung beansprucht werden. Trotz dieser vereinfachenden Annahmen ist eine geschlossene Lösung der Differentialgleichung des Problems nur für wenige Belastungen und Randbedingungen möglich. Die Formeln sind daher im allgemeinen mit Hilfe von Näherungsverfahren gewonnen worden.

Eine Bestätigung der theoretischen Werte durch Versuche wäre wegen des nicht ganz elastischen Verhaltens des Betons und der Wirkung der Vorspannung wünschenswert, liegt aber bisher noch nicht vor. Deshalb muß der Sicherheitsfaktor groß, z. B. $\nu = 3$, gewählt werden, um die verhältnismäßig vielen unsicheren Annahmen der Rechnung zu decken.

Das Verhältnis P/P_{kr} oder M/M_{kr} ist nicht gleich der Sicherheit, da bei der Berechnung der Steifigkeiten ein ungerissener Querschnitt und ein konstanter E-Modul vorausgesetzt werden.

Wenn das Eigengewicht eines Balkens kleiner als $\frac{1}{4}$ p_{kr} ist, kann man ohne Befürchtungen montieren. Anderenfalls sind genauere Untersuchungen notwendig.

Bei der Berechnung ist besonders darauf zu achten, daß die Annahme über die Torsionseinspannung während der ganzen Montage mit der Wirklichkeit übereinstimmt. Die auftretenden unvermeidbaren Ungenauigkeiten sollte man nicht zu optimistisch beurteilen.

Empfehlungen für die Rechenannahmen

Der E-Modul ist nach P. *Lebelle* für die am stärksten beanspruchte Stelle einzusetzen, und zwar für Belastungen bis zu 4 Stunden Dauer mit der Größe

$$E \text{ (in kg/cm}^2\text{)} = 18\,000 \left(1 - \frac{\sigma}{\beta_p}\right) \sqrt{\beta_p} \qquad 15.(2\,\text{a})$$

β_p ist dem Alter des Betons entsprechend einzusetzen. Bei einer Belastungsdauer von t Stunden ist für $4 < t < 100$ dieser Wert zu multiplizieren mit

$$1 - \frac{t-4}{200}.$$

Bei Dauerbeanspruchung kann mit

$$E = 6\,000 \sqrt{\beta_{p\,90}} \qquad 15.(2\,\text{b})$$

gerechnet werden.

In allen Fällen ist für den Schubmodul zu setzen

$$G = 0{,}4\,E.$$

Die Flächen, die Trägheitsmomente und der Schwerpunkt können ohne Berücksichtigung eines Abzuges für die Spannkanäle, aber mit n-facher schlaffer Längsbewehrung ermittelt werden.
Der Drillwiderstand wird ohne Berücksichtigung der schlaffen Längsbewehrung berechnet, indem man in üblicher Weise die Werte der einzelnen Querschnitte summiert.

Berechnung der kritischen Belastung

Besondere Bezeichnungen

c Abstand des Lastangriffspunktes vom Drillruhepunkt

e Abstand der Drehachse von der Schwerpunktachse bei Kabelaufhängung des Trägers

z Abstand der Flanschschwerpunkte

a Abstand der Aufhängepunkte

J_p Polares Trägheitsmoment des Gesamtquerschnittes, bezogen auf den Drillruhepunkt

$\left.\begin{array}{l}J_{yF1}\\J_{yF2}\end{array}\right\}$ Flächenträgheitsmomente der Flansche 1 und 2, bezogen auf die vertikale Achse $y-y$

$J_{yF} = \dfrac{2 \cdot J_{yF_1} \cdot J_{yF_2}}{J_{yF_1} + J_{yF_2}}$

J_D Drillwiderstand (für Rechteck, z. B. $= \psi \cdot b^3 d$)

H Hilfsgröße, $H = 2 J_x c - \iint\limits_F (x^2 + y^2)\, y\, \mathrm{d}x\, \mathrm{d}y$

R Steifigkeit der Torsionseinspannung

N_E Kritischer Wert einer mittigen Längskraft N nach *Euler* für Knicken in horizontaler Richtung

$$N_E = \frac{\pi^2 E J_y}{l^2}$$

N_T Kritischer Wert von N für Drehknicken des Trägers

$$N_T = \frac{F \cdot G J_D}{J_p}$$

φ Neigungswinkel des Trägers gegenüber der Senkrechten

$\varrho = \dfrac{a}{l}$

Rechteckquerschnitt, einfacher Balken, Gabellagerung

Der einfachste Fall ist der des Balkens mit Rechteckquerschnitt und Gabellagerung (DIN 4114) an beiden Enden, der durch ein konstantes Biegemoment beansprucht wird (Bild 15.6). Das kritische Moment ist

$$M_{kr} = \frac{\pi}{l} \sqrt{EJ_y \cdot GJ_D} \qquad 15.(3)$$

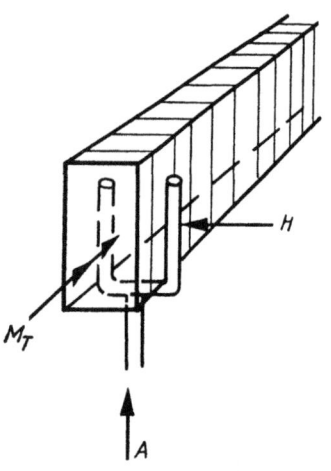

Bild 15.6 Reaktionen am Rechteckbalken mit Gabellagerung

Eine zusätzlich zur Biegung wirkende zentrische Normalkraft N (nicht Spannkraft) verringert das kritische Moment auf

$$M_{kr} = \frac{\pi}{l} \cdot \sqrt{EJ_y \cdot GJ_D} \cdot \sqrt{\left(1 - \frac{N}{N_E}\right)\left(1 - \frac{N}{N_T}\right)} \qquad 15.(3a)$$

Wirkt eine gleichmäßig verteilte Last in der Schwerachse des Balkens, so erhält man deren kritische Größe zu

$$p_{kr} = \frac{28{,}3}{l^3} \cdot \sqrt{EJ_y \cdot GJ_D} \qquad 15.(4)$$

Wirkt die Last p im Abstand c oberhalb des Schwerpunktes, so ist der Wert p_{kr} nach Gl. 15.(4) mit

$$1 - 1{,}44 \cdot \frac{c}{l} \cdot \sqrt{\frac{EJ_y}{GJ_D}} \qquad 15.(5)$$

zu multiplizieren.

Einfluß von Endeinspannungen

Ist der Rechteckbalken an seinen Enden nicht nur gegen Verdrehung, sondern auch gegen Biegung in einer oder in beiden Richtungen eingespannt, dann erhöht sich die kritische Last. Für gelenkige Lagerung in der Symmetrieebene und volle Einspannung in Querrichtung erhält man

$$p_{kr} = \frac{49{,}7}{l^3} \cdot \sqrt{EJ_y \cdot GJ_D} \qquad 15.(6)$$

für volle Einspannung in der Symmetrieebene und gelenkige Lagerung in Querrichtung

$$p_{kr} = \frac{98{,}4}{l^3} \cdot \sqrt{EJ_y \cdot GJ_D} \qquad 15.(7)$$

und für volle Einspannung in beiden Richtungen

$$p_{kr} = \frac{137{,}3}{l^3} \cdot \sqrt{EJ_y \cdot GJ_D} \qquad 15.(8)$$

Einfluß unvollkommener Gabellagerung

Bei Montagezuständen ist die Bedingung starrer Torsionseinspannung an den Balkenenden im allgemeinen nicht erfüllt. Um den Einfluß nachgiebiger Torsionseinspannung abzuschätzen, werden für einige Fälle Gleichungen für Rechteckbalken angegeben, die durch eine gleichmäßig verteilte, in der Schwerachse wirkende Last beansprucht sind. Man erhält die kritische Last aus der Gleichung

$$p_{kr} = \frac{16}{l^3} \cdot \sqrt{\alpha_{kr}} \cdot \sqrt{EJ_y \cdot GJ_D} \qquad 15.(9)$$

α_{kr} ist die kleinste Wurzel einer Bestimmungsgleichung, die von der Art der Einspannung abhängig ist.

Für elastische Torsionseinspannung eines Balkens nehmen wir an, daß eine Verdrehung um den Winkel φ das Rückstellmoment $-R \cdot \varphi$ hervorruft. Der hierfür geltende Wert α_{kr} ist

$$\alpha_{kr} = \frac{11{,}5\,A + 16{,}8}{A + 2{,}15} - \sqrt{\left(\frac{11{,}5\,A + 16{,}8}{A + 2{,}15}\right)^2 - \frac{62{,}8\,A}{A + 2{,}15}}$$

$$A = \frac{l \cdot R}{2\,G\,J_D}$$

15.(10)

Wenn der Balken an seinen Enden an Kabeln aufgehängt ist, kann er sich um eine Achse drehen, die zwischen dem Aufhängepunkt und der Schwerachse liegt und den Abstand e von der Schwerachse hat. Eine Verdrehung um den Winkel φ bewirkt dann das Rückstellmoment $-\frac{1}{2}\,p\,e\,\varphi$ und man erhält für Rechteckquerschnitte α_{kr} als kleinste Wurzel der Funktion

$$\frac{4\,e}{l}\sqrt{\frac{E\,J_y}{G\,J_D}} = \frac{\frac{8}{15}\sqrt{\alpha} - \frac{356\,\alpha\sqrt{\alpha}}{10\,395}}{1 - \frac{11\,\alpha}{30} + \frac{6617\,\alpha}{415\,800}} = f(\alpha) \qquad 15.(11)$$

Die Beziehung $f(\alpha)$ entspricht für $\varrho = 1{,}0$ der Funktion $g(\alpha)$ nach Gl. 15.(17). Die gesuchten Werte α_{kr} können daher aus Bild 15.7 an der Kurve $\varrho = 1{,}0$ abgelesen werden.

Doppelt-symmetrischer I-Querschnitt, Balken mit Gabellagerung

Hat der Balken einen doppelt-symmetrischen I-Querschnitt, so wird gegenüber dem Rechteckquerschnitt bei gleichen Steifigkeiten die kritische Last erhöht.

Für den Fall einer im Abstand c oberhalb des Drillruhepunktes, der in diesem Fall mit dem Schwerpunkt zusammenfällt, angreifenden gleichmäßigen Last p erhält man bei beidseitiger Gabellagerung den kritischen Wert

$$p_{kr} = \frac{28{,}3}{l^3}(\sqrt{1 + 2{,}47\,\beta + 0{,}52\,\delta^2} - 0{,}72\,\delta) \cdot$$
$$\cdot \sqrt{E\,J_y \cdot G\,J_D} \qquad 15.(12)$$

Dabei ist

β = Koeffizient zur Berücksichtigung der Eigensteifigkeit der Flansche

$$\beta = \frac{E\,J_{yF}}{G\,J_D} \cdot \frac{2\,z^2}{l^2}$$

δ = Koeffizient, der die Lage des Lastangriffspunktes berücksichtigt

$$\delta = \frac{2\,c}{l} \cdot \sqrt{\frac{E\,J_y}{G\,J_D}}.$$

Mit $\delta = 0$ errechnet sich der Faktor, der die Erhöhung des kritischen Wertes einer in der Schwerachse wirkenden Last p bei einem doppelt-symmetrischen I-Querschnitt gegenüber einem Rechteckquerschnitt ausdrückt, vergleiche Gl. 15.(4), zu

$$\sqrt{1 + 2{,}47\,\beta} \qquad 15.(13)$$

Für den durch ein konstantes Biegemoment beanspruchten Balken, vgl. Gl. 15.(3), lautet dieser Faktor

$$\sqrt{1 + \frac{\pi^2}{4}\,\beta} \qquad 15.(14)$$

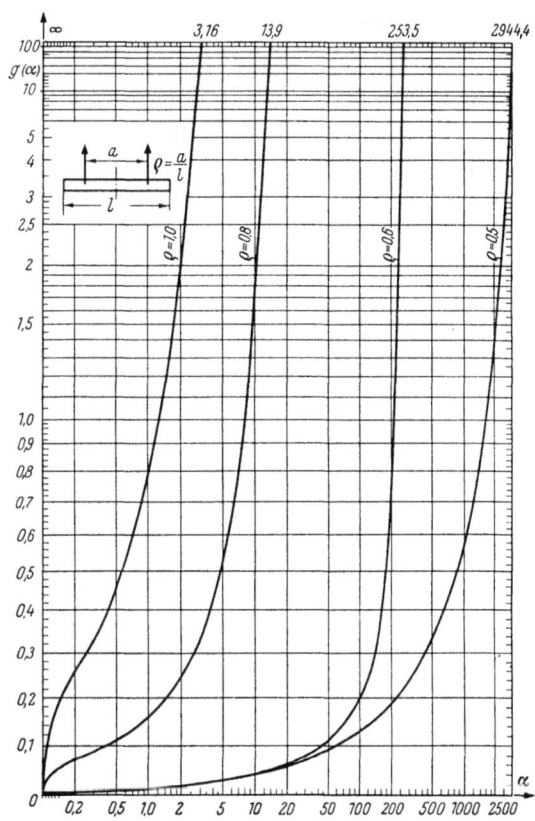

Bild 15.7 Funktion $g(\alpha)$ zur Bestimmung der kritischen Last p_{kr} aufgehängter Balken mit I-Querschnitt (nach *Lebelle*)

Wegen des geringen Unterschiedes empfiehlt *P. Lebelle*, den zuletzt genannten Wert Gl. 15.(14) als Korrekturfaktor zur Berechnung von I-Querschnitten mit den für Rechteckquerschnitte gegebenen Gleichungen 15.(3) bis 15.(11) zu benutzen, sofern $c = 0$ ist. Ist $c \neq 0$, dann kann der Klammerausdruck der Gleichung 15.(12) als Korrekturfaktor verwendet werden.

Einfach-symmetrischer I-Querschnitt, Balken mit Gabellagerung

Für gleichmäßige Last gilt Gleichung 15.(12) wie für den doppelt-symmetrischen I-Querschnitt. Bei der Beanspruchung durch ein konstantes Biegemoment M und eine zentrische Normalkraft N errechnet sich bei gegebenem M die kritische Last N_{kr} aus der Gleichung

$$(N_E - N)\left[GJ_D\left(1 + \frac{\pi^2}{4} \cdot \beta\right) - N \cdot \frac{J_p}{F} - M \cdot \frac{H}{J_x} \right] - (N \cdot c + M)^2 = 0 \qquad 15.(15)$$

Ist der Balken bei gleichmäßig verteilter Belastung an zwei Punkten im Feld symmetrisch aufgehängt, dann ist eine geschlossene Lösung mit erträglichem Aufwand nicht mehr möglich. *Lebelle* gibt die Hilfswerte

$$k = \sqrt{1 + 2{,}47\,\beta + 0{,}52\,\delta^2} \; - 0{,}72\,\delta \qquad 15.(16)$$

und α_{kr} aus der in Bild 15.7 dargestellten Funktion

$$g(\alpha) = \frac{4\,e}{l} \cdot \sqrt{\frac{EJ_y}{GJ_D}} \qquad 15.(17)$$

mit denen die kritische Last

$$p_{kr} = k\,\frac{16}{l^3}\,\sqrt{\alpha_{kr}} \cdot \sqrt{EJ_y \cdot GJ_D} \qquad 15.(18)$$

zu berechnen ist.

Diese Näherung ist ausreichend genau, solange β und δ kleiner als 0,05 sind.

Sonstiges

Außer den angegebenen Lastfällen finden sich in der Arbeit von *P. Lebelle* [449] Untersuchungen über den Einfluß von Vorverformungen, Querbeanspruchungen, seitlichen Verspannungen, Aufhängungen im Feld, sowie über den Einfluß von Einzellasten bei gleichzeitig wirkender gleichmäßig verteilter Last.

Kapitel 16

Sondergebiete der Vorspannung

Vorbemerkung

In der ersten Auflage dieses Buches waren in diesem Kapitel verschiedene Sondergebiete der Vorspannung ausführlich behandelt worden, wobei die zweckmäßige Anwendung der Vorspannung auf die verschiedenen Bauwerke oder Bauteile gezeigt wurde. In den vergangenen Jahren kam es gerade auf diesen Sondergebieten zu so zahlreichen Bauausführungen mit weiteren Entwicklungen, daß es nicht möglich ist, im Rahmen dieses Buches alle diese Fortschritte ausführlich darzustellen. Im folgenden werden daher verhältnismäßig kurze Hinweise auf die wesentlichen Probleme der Anwendung der Vorspannung in diesen Sondergebieten gegeben. Schrifttumsangaben sollen es dem Ingenieur dann ermöglichen, kurzfristig den Stand der Technik auf diesen Sondergebieten zu ermitteln und die bisherigen Erfahrungen zu berücksichtigen.

16.1 Das Vorspannen von runden Behältern

16.11 Zylindrische Kreisbehälter

16.111 Allgemeines

Zur Speicherung von Wasser, Öl, Benzin und anderen Flüssigkeiten sind vorgespannte Kreiszylinder-Behälter besonders geeignet. Durch die kreisrunde Form entstehen in der Zylinderwand vorwiegend Membranspannungen, so daß man mit verhältnismäßig dünnen Wandungen dem Flüssigkeitsdruck widerstehen kann. Die Ringzugspannungen im Beton der Behälterwand werden dabei durch eine ringförmige Vorspannung überdrückt, so daß der Beton keine Zugrisse erhält und daher bei dichter Beschaffenheit ohne besonderen Schutz für Wassertiefen bis zu 30 m wasserdicht wird.

Die Rissefreiheit der vorgespannten Behälterwände ist vor allem dann wichtig, wenn die Flüssigkeit den Beton angreift, so daß die Behälter im Inneren eine Schutzschicht erhalten müssen. Diese

Bild 16.1 Verschiedene Spannbetonbehälter einer großen Kläranlage in USA (Preload Comp.)

Schutzschichten werden gerne hart und dadurch wenig dehnbar gewählt, so daß sie Risse im Beton nicht ohne weiteres überbrücken. Sie sind vor allem zur Speicherung von trinkbaren, aber säurehaltigen Flüssigkeiten oder von leichteren Ölen und Benzinen notwendig. In gewissen Kunststoffen stehen dabei sehr haltbare und widerstandsfähige Schutzüberzüge für solche Behälter zur Verfügung [546].

Die Rissefreiheit der Behälter ist schließlich auch für die Speicherung feuchtigkeitsempfindlicher Füllstoffe, wie z. B. Zucker, Salz, Getreide und dergleichen, wichtig, so daß auch hierfür schon wiederholt Spannbetonbehälter mit gutem Erfolg gebaut worden sind.

Bild 16.2 Hohe Silos, rechts während der Vorspannung mit BBRV-Wickelmaschine (Suspa Augsburg)

Die Abmessungen einfacher Kreiszylinder-Behälter haben beachtliche Größen erreicht. In USA hat z. B. die Firma Preload Company Inc., New York, schon Behälter bis zu rund 89 m Durchmesser bei 12 bis 14 m Flüssigkeitstiefe gebaut [101] (vgl. Bild 16.1). BBR Zürich und Beton- und Monierbau AG, Düsseldorf, haben Behälter bis zu 80 m Durchmesser errichtet. Mit einem Durchmesser von etwa 75 m erreicht der Behälter der Berliner Gaswerke bei 11,5 m Füllhöhe einen Inhalt von rund 50 000 m³. Auch der Höhe nach sind schon große Abmessungen ausgeführt worden (vgl. Bild 16.2). So hat Preload in Ford Hood, Texas, 1954 einen 42 m hohen Wasserbehälter mit 21 m Durchmesser gebaut.

Diese Spannbetonbehälter haben sich durchweg bewährt, soweit sie richtig berechnet, bemessen und sorgfältig ausgeführt worden sind. Es sind wohl einige Schäden bekannt geworden [546], die jedoch eindeutig auf Fehler der Bemessung oder der baulichen Durchbildung zurückzuführen waren. Bei einem Behälter in Richmond, Kalifornien, brachen Drähte infolge Spannungskorrosion, weil die Spannkabel elf Monate nach dem ersten Spannen noch nicht ausgepreßt worden waren [275]. Ein Schlammbehälter in USA brach nach mehrjährigem Gebrauch, weil der Zementputz zum Schutz der Spanndrähte nicht einwandfrei war [547]. Bei sorgfältiger Ausführung sind jedoch die große Haltbarkeit und Unempfindlichkeit der Spannbetonbehälter sowie ihre geringen Unterhaltungskosten als besondere Vorteile anzuführen.

16.112 Die zu beachtenden Kräfte

Die eingefüllte Flüssigkeit erzeugt in der Wand eine **Ringzugkraft**, die linear mit der Wassertiefe und dem Behälterdurchmesser zunimmt: $Z = \frac{1}{2} \cdot d \cdot \gamma \cdot h$ (Bild 16.3). Bei pulvrigen Füllstoffen müssen die Ringzugkräfte unter Beachtung der bei Zementsilos gesammelten Erfahrungen ermittelt werden [475]. Diesen Ringzugkräften wirkt man mit der Vorspannung entgegen, die im allgemeinen so bemessen wird, daß der Beton der Behälterwand bei gefülltem Behälter

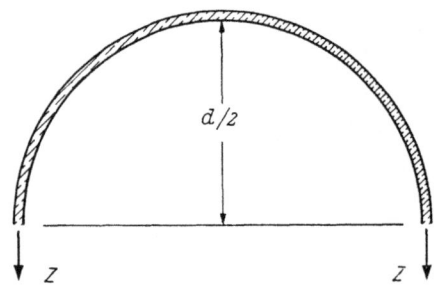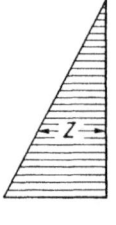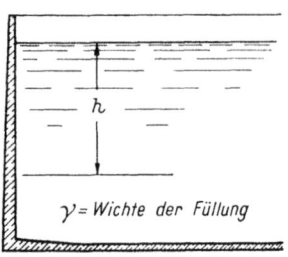

Bild 16.3 Ringzugkraft runder Behälter

noch wenigstens 5 kg/cm² Druckreserve in Ringrichtung aufweist. Die Ringvorspannung V_R wird meist der Höhe nach etwas anders verteilt als dem Diagramm der Ringzugkräfte entspricht. Hierauf gehen wir später noch ein.

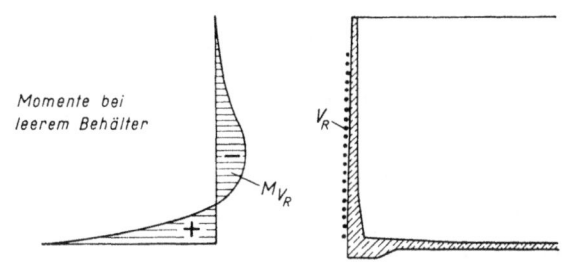

Bild 16.4 Momente aus Vorspannung in der am Fuß eingespannten Behälterwand bei leerem Behälter

Der von der Vorspannung erzeugten Druckspannung entspricht natürlich eine Zusammendrückung des Betons, der Durchmesser der Wand will sich verkleinern. Füllt man den Behälter, dann dehnt sich die Wand wieder aus. Zusätzliche Bewegungen der Wand können noch durch Schwinden und Kriechen des Betons entstehen. Diese Bewegungen werden nun, je nach der baulichen Durchbildung, am Behälterboden und am Behälterdach behindert. Durch diese Behinderung entstehen in der Behälterwand **Querkräfte und lotrechte Wandmomente**, die etwa nach Bild 16.4 verlaufen. Die Größe dieser Momente hängt wesentlich vom Einspanngrad der Behälterwand am Rand ab, aber auch vom Durchmesser des Behälters und von den gewählten Wanddicken, bzw. Betonspannungen. Lotrechte Momente entstehen auch bei Teilfüllung bzw. bei teilweiser Vorspannung, wenn diese z. B. von unten nach oben fortschreitend aufgebracht wird. Geht man hierbei unüberlegt vor, so schert die Behälterwand horizontal durch, wenn sie lotrecht nicht ausreichend bewehrt oder vorgespannt ist [114].

Die Randmomente kann man durch bewegliche Fugen stark herabsetzen (Bild 16.5). Die Momente innerhalb der Wandhöhe bei Teilfüllung lassen sich weniger beeinflussen. Die entsprechenden Momente infolge Vorspannung können natürlich durch stufenweises Vorspannen der Behälterwand klein gehalten werden. All diese Momente und die Querkräfte in radialer Richtung in den Behälterwänden müssen sorgfältig ermittelt werden. Man verwendet dabei die von *Timoschenko* [39], *Beyer* [83], *Flügge* [324], *Girkmann* [457], *Born* [477] und anderen angegebenen Verfahren. Daraus ergibt sich eine lotrechte Bewehrung oder eine lotrechte Vorspannung, um horizontale Risse zu verhüten.

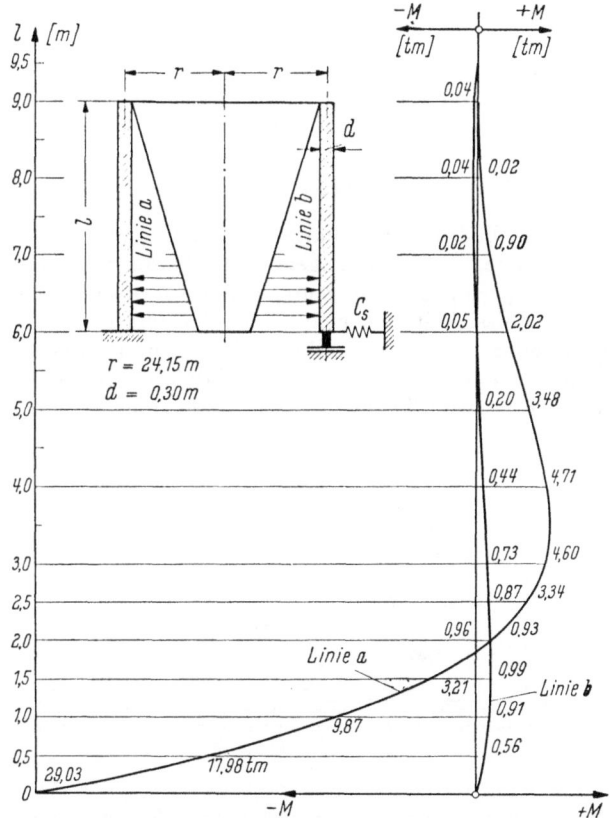

Bild 16.5 Lotrechte Wandmomente infolge Füllung bei einem Behälter mit 40 m Durchmesser
a) Wandfuß voll eingespannt,
b) Wandfuß auf Gummistreifen mit $H = 1,5$ t/m

Die Spannungen durch fortschreitendes Vorspannen von Betonzylindern hat *E. Hampe* für Rohre und Behälter sehr eingehend rechnerisch behandelt [276], [302]. Den Abbau von Einspannmomenten der Wände durch plastisches Verhalten hat *F. Levi* in [215] ausführlich untersucht. Meist genügt es, diese Einflüsse genähert zu ermitteln oder aus ähnlichen Beispielen abzuschätzen.

In manchen Fällen wird das Füllgut mit hoher Temperatur eingebracht, z. B. bei Zement und Schweröl. Die hohen Temperaturen erzeugen Temperaturgefälle oder Temperaturdifferenzen sowohl quer durch die Wand wie auch der Höhe nach, was sowohl Biegemomente als auch Ringkräfte zur Folge hat. Für das lotrechte Temperaturgefälle gibt E. Melan in [244] ein Berechnungsverfahren an, das allerdings zu sehr hohen Spannungen führt, die vermutlich über den wirklich vorhandenen Spannungen liegen dürften. Für das Temperaturgefälle quer durch die Wand hat E. Mörsch [125] eine Berechnungsmethode gezeigt. Schließlich geben auch G. Worch [366] und J. Born [548] Ansätze zur Berechnung der Temperaturspannungen.

Leider fehlen bisher ausreichende Beobachtungen über die wirklichen Temperaturspannungen im Betrieb solcher Behälter. Bei beheizten Schwerölen wurde z. B. beobachtet, daß sich an der Behälterwand eine isolierende Ölschicht bildet, die beim Entleeren des Behälters an der Wand haften bleibt, so daß das heiße Öl beim Einfüllen nicht unmittelbar an den Beton gelangt. Man muß bei diesen Behältern nur beim ersten Einfüllen vorsichtig sein und gefährliche Temperaturdifferenzen durch langsames Füllen verhüten. So zeigen die in Skandinavien bisher gebauten Behälter für beheiztes Schweröl ohne lotrechte Vorspannung und ohne Fugen in der Behälterwand keine Schäden [301], [546], was wieder beweist, daß die theoretischen Überlegungen stets durch die praktischen Erfahrungen überprüft und korrigiert werden müssen.

16.113 Der Behälterboden

Für den Boden der Behälter ist wohl die engmaschig bewehrte, verhältnismäßig dünne Stahlbetonplatte aus hochwertigem Rüttelbeton die zweckmäßigste Lösung. Sie ist genügend biegsam, um den geringen Verformungen des vorverdichteten Untergrundes zu folgen, die sich unter der hohen Flüssigkeitslast nicht vermeiden lassen. Sie wird am besten auf einem ganz ebenen Schwarzbelag oder einer dünnen Betonschicht unter Zwischenschaltung eines Ölpapieres oder eines trennenden Gleitanstriches, z. B. auf Talgbasis, hergestellt, so daß sie sich auf der Unterlage bewegen kann. Ein ausreichendes Gefälle nach einem Pumpensumpf ist schon zur Reinigung erwünscht.

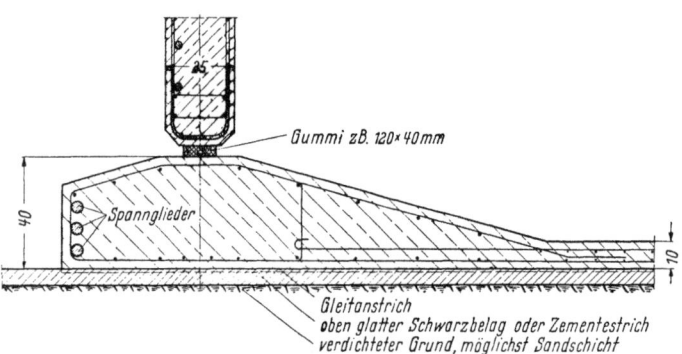

Bild 16.6 Wandfundament mit vereinfachter Gummifuge am Fuß der Behälterwand, horizontal beweglich, drehbar und dicht

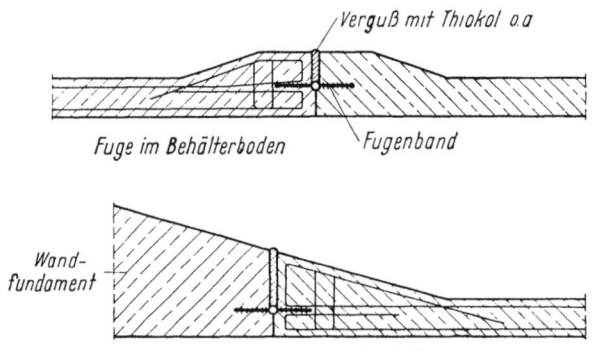

Bild 16.7 Fuge im Behälterboden

Die Bewehrung muß so bemessen und verteilt werden, daß sich Schwind- und Temperaturrisse nur als feinste Haarrisse ausbilden. Solche Risse können im übrigen weitgehend vermieden werden, wenn die Betonoberfläche genügend lange vor Sonne und Austrocknen geschützt oder wenige Stunden nach dem Betonieren mit einem dampfdichten Film übersprüht wird [513]. Eine lange feuchte Nachbehandlung des Betons ist für alle Behälterteile dringend zu empfehlen, weil dadurch die Hydratation des Zementes lange anhält, und damit die Festigkeit und Dichtheit verbessert und auch das Schwinden und Kriechen wesentlich vermindert werden.

Die Rißgefahr im Behälterboden kann auch durch Vorspannung vermieden werden, wobei man den Behälterboden am besten zusammen mit dem Wandfundament ringförmig spannt, so daß keine Fugen nötig werden (Bild 16.6). Eine solche Ringvorspannung des

Bodens ist zu empfehlen, wenn Abmessungen über 20 m Durchmesser fugenlos ausgeführt werden sollen.

Große Behälterböden können durch Fugen unterteilt werden, die mit Fugenbändern zu dichten sind (Bild 16.7). Die Bodenplatte muß an der Fuge wenigstens 20 cm dick sein, damit der Beton über und unter dem Fugenband doppelt bewehrt werden kann.

16.114 Der Übergang vom Boden zur Wand

Beim Übergang vom Boden zur Wand muß zunächst beachtet werden, daß die Wand, vor allem bei überdeckten oder gar eingeschütteten Behältern, mehr Last auf den Baugrund bringt als die Flüssigkeit über dem Behälterboden. Deshalb muß unter der Wand meist ein lastverteilender Fundamentstreifen vorgesehen werden, den man heute gerne über dem Planum des Behälterbodens ausbildet, damit dieses mit Straßenbaugeräten großflächig hergestellt werden kann.

Am einfachsten ist natürlich der fugenlose Übergang vom Boden über dieses Fundament zur Behälterwand, der bis zu etwa 30 m Behälterdurchmesser ausführbar ist, wenn die Einspannmomente der Wand mit erträglichen Spannungen und Bewehrungsgraden aufzunehmen sind (Bild 16.8).

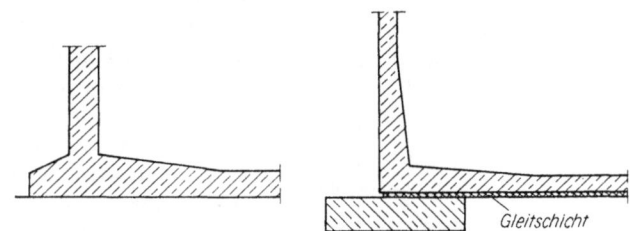

Bild 16.8 Fugenloser Anschluß der Behälterwand

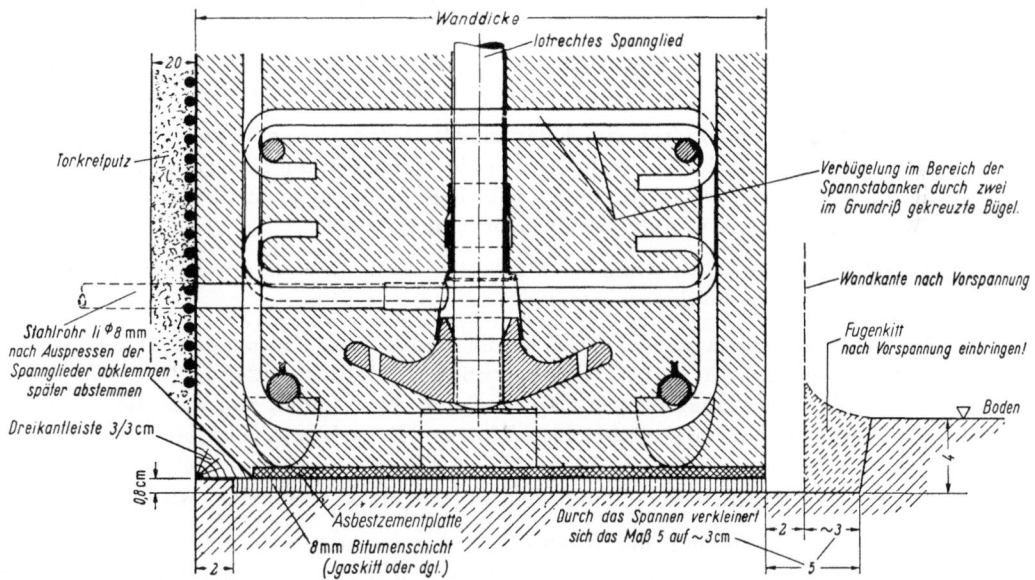

Bild 16.9 Bauliche Durchbildung der Gleitfuge zwischen Wand und Ringfundament, das hier mit Rücksicht auf die BBRV-Wickelmaschine nicht über die Wand vorsteht

Für große Behälter und insbesondere für Füllungen mit hohen Temperaturen ist eine Bewegungsfuge zwischen Boden und Wand vorzuziehen. Solche Fugen können als Gleitfugen auf einer plastischen Schicht ausgebildet werden, wie dies in Bild 16.9 gezeigt ist. Diese Bauart wurde bei dem 15 000 m³-Behälter in Petze bei Hildesheim der Harz-Wasserwerke 1954 von der Firma Mölders & Cie, Hildesheim, ausgeführt und hat sich gut bewährt (vgl. 1. Auflage, Seite 384). Es verbleibt jedoch noch eine erhebliche Reibungskraft (etwa mit $\mu = 0{,}3$ bis 0,5 zu rechnen), die sich der horizontalen Bewegung des Wandfußes entgegenstellt und dadurch Wandmomente erzeugt.

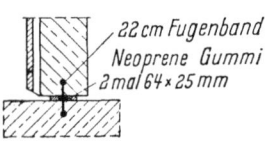

Bild 16.10 Einzelheit der Gummifuge am Fuß der Behälterwand (nach Preload)

Das auf Grund langjähriger Erfahrung von Preload, New York, gewählte radial bewegliche Gummigelenk wird wohl den Anforderungen am besten gerecht (Bild 16.10). Das dort übliche lotrechte Dichtungsband zwischen zwei Gummistreifen ist nach der Meinung des Verfassers nur nötig, wenn ungleiche Setzungen des Fundamentes zu erwarten sind, sonst genügt ein einfacher Streifen aus alterungsbeständigem Gummi, z. B. Neoprene, von genügender Dicke und Breite (Bild 16.6). Dieser Gummistreifen steht durch die Last der Behälterwand stets unter erheblich größerem Druck als die Flüssigkeit an der Fuge, so daß der Gummi zuverlässig dichtet. Die horizontale Beweglichkeit entsteht dadurch, daß sich Gummi bis zu einem Schubwinkel von rund 30° mit mäßigem Widerstand verformen läßt (Bild 16.11). Gleichzeitig läßt der Gummistreifen auch gelenkartige Drehbewegungen des Wandfußes zu. Für die Schubverformung ist eine gewisse Horizontalkraft nötig, die z. B. für einen 4,6 cm hohen und 12 cm breiten Gummistreifen mit der Shore-Härte 60 nach Versuchen der Metzeler-Gummiwerke mit 4300 kg/m bei einem Weg von 17 mm ermittelt wurde. Diese Horizontalkraft ist in gewissen Grenzen wählbar, weil sie um so kleiner wird, je dicker der Gummi und je kleiner damit der Schubverformungswinkel ist. Andererseits nimmt die Tragfähigkeit mit größerer Höhe ab, sie kann aber durch Zwischenschichten aus Blech (Gummischichtlager) gesteigert werden, ohne die Schubverformung zu beeinflussen [441], [476], [565].

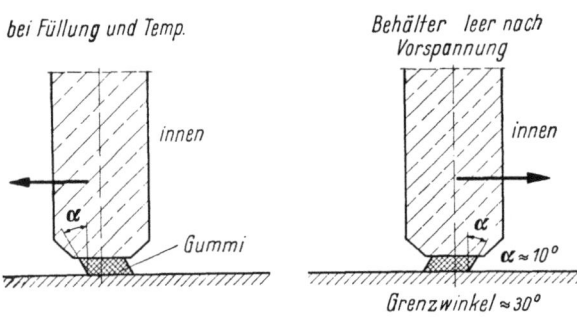

Bild 16.11 Schubverformungen der Gummifuge

Die Horizontalkraft muß am unteren Rand der Behälterwand angesetzt werden, sie ergibt aber nur kleine lotrechte Momente in der Wand (Bild 16.5). Irgendwelche Sicherungen zwischen Wand und Fundament sind unnötig, weil der Gummi beim Erreichen des genannten Schubwinkels einen erheblichen Widerstand gegen weitere Schubverformungen zeigt.

Falls die Flüssigkeit die gewählte Gummiart angreift, muß diese natürlich geschützt werden, was meist mit einem Kunststoffüberzug möglich ist.

Man kann die Wand schließlich auch federnd in die Bodenplatte einspannen. Die konstruktive und rechnerische Lösung hierfür hat K. Buyer gezeigt (Bild 16.12), [240], [323]. Die Behälterwand steht dabei mit einem ringförmigen Lager auf dem Fundament, von dem die dünne, stark bewehrte Bodenplatte durch eine nachgiebige Einlage (Raumfuge) getrennt ist. Der Knoten zwischen Wand und Bodenplatte kann sich um das Ringlager drehen, so daß die Einspannung der Wand dank der geringen Steifigkeit der Bodenplatte stark vermindert wird.

Buyer hat auch für die Verteilung der Ringvorspannung einen günstigen Weg gezeigt. Die Vorspannkraft wird nach der schraffierten Fläche des Bildes 16.13 verteilt, die sich als Summe zweier Sinuslinien ergibt. Die für die Bemessung maßgebenden Größtwerte M_{vR} oder $M_{vR} + M_w$ sind dabei kleiner als bei dreieckförmiger Verteilung der Vorspannung (Bild 16.14).

E. Hampe behandelt dasselbe Problem [522]. Er setzt für den Verlauf der Vorspannkraft eine Kombination von Exponentialfunktionen mit freien Parametern an, wodurch eine gute Anpassung an die vorhandene Ringzugkraft möglich wird.

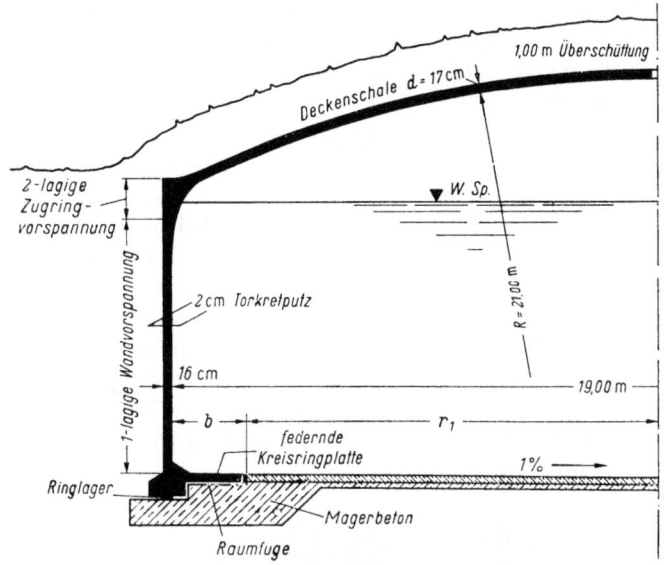

Bild 16.12 Federnder Anschluß der Behälter-Wandschale an einen dünnen Sohlplattenring auf nachgiebiger Unterlage (nach *K. Buyer*)

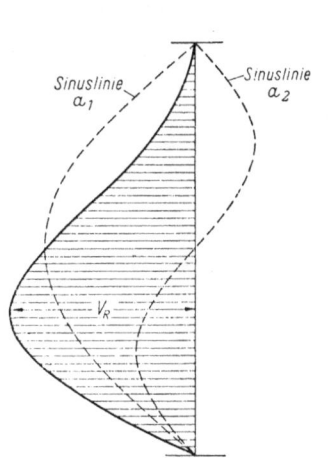

Bild 16.13 Verteilung der Vorspannkraft auf die Behälterwand nach *Buyer* entsprechend der Summe der Sinuslinien a_1 und a_2

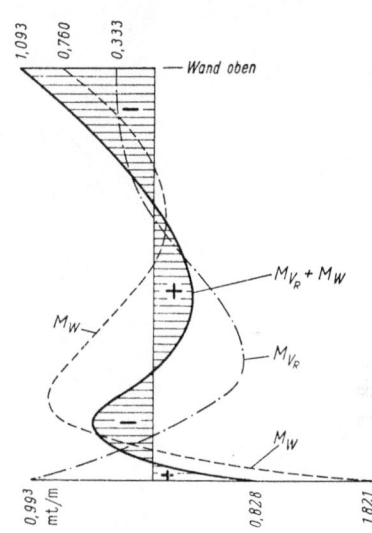

Bild 16.14 Wandmomente aus Vorspannung, Wasserfüllung und beiden zusammen — ohne Erddruck — für den Behälter nach Bild 16.12

16.115 Die Behälterwand

Die D i c k e der Wand wird meist so klein wie möglich gewählt, schon weil dadurch die Wandmomente verringert werden. Andererseits muß das Betonieren und die Unterbringung der Spannglieder gut möglich sein. Die Mindestdicke für außen umwickelte Behälter liegt daher bei etwa 15 cm, für einbetonierte Spannglieder bei 20 cm. Meist wird die Wanddicke auf die ganze Höhe konstant gelassen, schon um die Schalung und die Anwendung von Gleitschalung zu vereinfachen. Die geringen Wanddicken können aber nur gewählt werden, wenn man es mit gleichmäßigem Innendruck, zum Beispiel bei Flüssigkeiten, zu tun hat. Bei anderem Füllgut und besonders bei eingeschütteten Behältern können auch Biegemomente in Ringrichtung entstehen, denen man durch eine größere Wanddicke und zusätzliche Vorspannung oder Bewehrung Rechnung tragen muß. Solche Biegemomente entstehen bevorzugt durch ungleichen Erddruck. Für die Einschüttung von Behältern sollte man daher möglichst gleichmäßiges Bodenmaterial, zum Beispiel Sand, benützen, damit der Erddruck gleichmäßig wird.

Für die Vorspannung der Wände in Ringrichtung stehen mehrere Verfahren zur Verfügung. Die überwiegende Zahl der Behälter, insbesondere alle Behälter der Preload Company, New York, wurde mit einer der in Kap. 4.35 beschriebenen Maschinen mit Draht unter Spannung umwickelt. Im unteren Bereich der Behälter wird dabei meist so viel Draht benötigt, daß dieser nicht mehr in einer Lage untergebracht werden kann. Es erhebt sich dabei auch immer wieder die Frage, ob man die Drähte dicht an dicht legen darf oder ob zwischen den Drähten ein Abstand von mindestens 5 bis 10 mm verbleiben muß, damit zwischen und hinter den Drähten, die nicht stetig am Beton anliegen, keine Hohlräume verbleiben. Der Verfasser hat stets den genannten Abstand verlangt, zudem damit auch das stufenweise Vorspannen erleichtert wird. Sobald die erste Lage der Drähte gewickelt ist, wird sie mit Torkret verputzt. Darauf kann dann die nächste Lage der Drähte aufgewickelt werden (Bild 16.15 und 16.16). So wurden schon bis zu vier Lagen übereinandergewickelt.

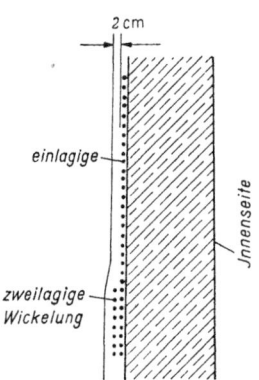

Bild 16.16 Umwicklung der Wand mit Drähten, die durch einen Torkretputz geschützt werden

Bild 16.15 Torkretieren der Wand von einem fahrbaren Rohrgerüst aus (Preload Company, New York)

Der Spanndraht wird durch Torkret-Putz mit mind. 2 cm Überdeckung gegen Korrosion geschützt. Es muß betont werden, daß hierfür unbedingt das Torkret-Verfahren anzuwenden ist, bei dem der Zementmörtel mit sehr niedrigem Wasser-Zement-Faktor aufgespritzt wird $\left(\dfrac{W}{Z} = 0{,}28 \text{ bis } 0{,}35\right)$.

Dieser niedrige Wasser-Zement-Faktor ist wichtig, damit der Torkret-Putz später keine Schwindrisse erhält. Bei Handputz liegt der Wasser-Zement-Faktor meist zwischen 0,4 und 0,5, was zu einem erheblichen Unterschied der Festigkeit und des Schwindmaßes führt. Es ist auch zweckmäßig, den Behälter zum Aufbringen der äußeren Putzschicht zu füllen, so daß die Wanddehnung infolge der Füllung keine Zugspannungen in der Putzschicht erzeugt.

Sorgfältige Ausführung ist hier eine besonders wichtige Voraussetzung für lange Lebensdauer.

Für das Bewickeln der Behälter ist ein **Programm** aufzustellen, das einerseits den Abstand der Drähte für die fertige Wickelung festlegt und andererseits angibt, ob die Wickelung in einer oder in mehreren Stufen von oben nach unten oder von unten nach oben durchzuführen ist. Dieses Programm wird durch die aufnehmbaren radialen Querkräfte und Momente am Übergang vom gewickelten zum noch nicht gewickelten Teil bestimmt.

Eine einfache handwerkliche Methode ist das Vorspannen nach dem **Faßreifenprinzip**, das von W. *Baur* entwickelt wurde [221]. Die Behälterwand wird mit einer Neigung von 1:12 bis 1:15 ausgeführt (Bild 16.17). Auf die Wand werden außen lotrechte stählerne Gleitstäbe im Abstand von 30 bis 50 cm befestigt. Über diese Gleitstäbe wird der Spanndraht, am besten in Form von 3- bis 7drähtigen Litzen von Hand straff aufgewickelt, wobei eine zeichnerisch genau festgelegte Höhenlage der Wickelung durch einbetonierte sogenannte Nagelleitern einzuhalten ist. Anfang und Ende der Litzen werden durch Einführen in einbetonierte Röhren mit Zementmörtel verankert. Zwischenverankerungen sind nicht möglich.

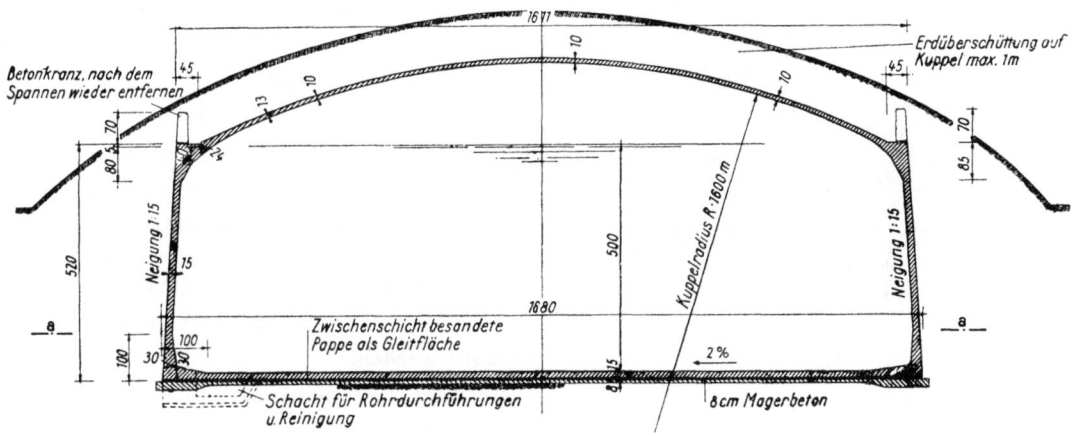

Bild 16.17 Konischer Behälter zum Vorspannen nach dem Faßreifenprinzip (Verfahren W. *Baur*)

Zur Vorspannung werden die Drahtwickelungen in mehreren Arbeitsgängen nach unten geklopft, bis sich durch die Neigung der Behälterwand die gewünschte Dehnung und damit die erforderliche Spannkraft eingestellt hat. Der lotrechte Spannweg läßt sich aus der Spanndehnung und der Neigung leicht errechnen. Man geht dabei so vor, daß unten beginnend etwa auf $1/5$ des Behälterumfanges 3 bis 4 Drahtringe nacheinander um rund $1/5$ des Spannweges von mehreren Männern gleichzeitig nach unten geklopft werden. Man schlägt dabei nicht direkt auf den Draht, sondern auf einen Vorhammer, den man darauf legt. Dieser Vorhammer ist aus weicherem Metall als der Draht gefertigt (z. B. St 37) und hat unten eine Rille (Bild 16.18). Die Mannschaft bewegt sich fortlaufend rund um den Behälter, der Wickelung nach oben folgend. Das Spannen geht verhältnismäßig leicht, wenn für die Gleitstäbe flache, nicht zu weiche Stahldrähte gewählt werden, so daß die Reibung gering wird. Es hat sich als zweckmäßig erwiesen, hierfür normale Bewehrungsstäbe $\varnothing$ 7 bis 8 mm durch eine Walze hindurch auf einen flachen Querschnitt kalt abzuwalzen, so daß die Walzhaut wegfällt und die Oberfläche glatt und etwas hart wird.

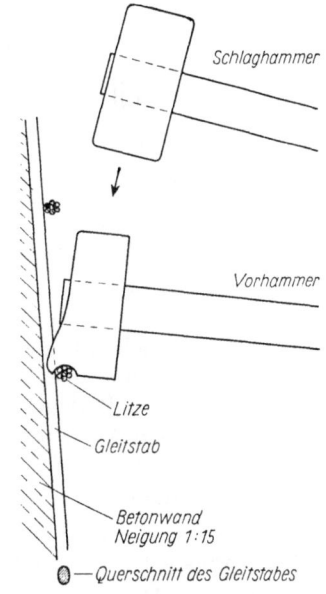

Bild 16.18 Vorspannen nach dem Faßreifenprinzip (W. *Baur*)

Für den Abstand der Gleitstäbe ist maßgebend, daß die Querpressung am Spanndraht nicht zu hoch wird. Der Gleitstab darf auch nicht zu hart sein, weil die Spanndrähte sonst bei der Gleitbewegung angekerbt werden.

Bild 16.19 Behälter nach Bild 16.17 vor dem Spannen der Drahtwickelung durch Herabklopfen auf den lotrechten Gleitstäben, oben abnehmbarer Betonring

Ist der Behälter mit einer Kuppelschale abgedeckt, dann muß am Schalenrand ein Aufbeton aufgebracht werden, damit die Drähte um ihren Spannweg höher verlegt werden können. Bild 16.19 zeigt den erhöhten Schalenrand.

Die fertig vorgespannte Wickelung muß wieder durch Torkret-Putz gegen Korrosion geschützt werden.

Dieses Verfahren eignet sich für Behälter bis etwa 20 m Durchmesser. Es wurde für über hundert Behälter mit Erfolg angewandt. Sein Vorteil besteht darin, daß man für die verhältnismäßig geringe Spannstahlmenge in abgelegenen Gegenden keine teuren Geräte anfahren muß. Ein Behälter von rund 1000 m³ Inhalt kann mit 150 bis 180 Stunden Arbeitsaufwand vorgespannt werden.

In zunehmendem Maße werden die Behälter mit einbetonierten **Spanngliedern in Hüllrohren** vorgespannt. Diese werden an Montagestäben oder an der äußeren lotrechten Bewehrung befestigt, damit ihre radialen Umlenkkräfte möglichst weit außen auf die Wand wirken (Bild 16.20).

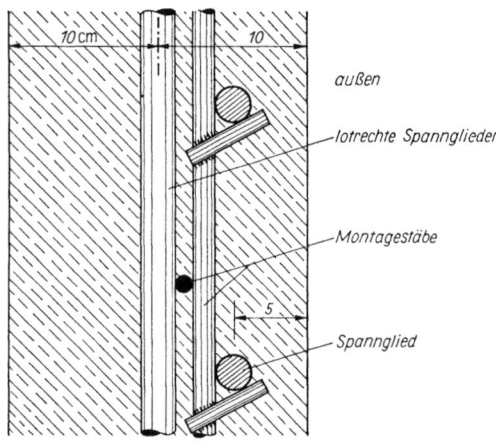

Bild 16.20 Lage der Spannglieder in der Behälterwand

Mit Rücksicht auf die Reibung der Spannglieder ordnet man mindestens nach $1/3$ des Umfanges, also nach 120° planmäßigem Umlenkwinkel, Spannstellen an, die sich gegenseitig übergreifen (Bild 16.21). Um die Wand dabei nicht zu schwächen, werden die Spannstellen an lisenenartige lotrechte Rippen außerhalb der eigentlichen Wand gelegt. Je nach der Größe des Behälters wählt man 4, 6 oder 8 derartige Lisenen (Bild 16.21). Um trotz der durch die Reibung veränderlichen Spannkraft eine möglichst gleichmäßige Vorspannung zu erzielen, läßt man die Spannglieder sich gegenseitig je um ihre halbe Länge übergreifen, so daß sich die Reibungsverluste gegenseitig ausgleichen. Die Reibung der Spannglieder ist heute ausreichend gleichmäßig und bekannt, so daß mit diesem Verfahren eine zuverlässige Vorspannung entsteht.

Die Größe der Spannglieder ist so zu wählen, daß keine zu hohen Umlenkkräfte entstehen und daß der Abstand der Spannglieder nicht größer als etwa 3mal Wanddicke wird.

Die Dyckerhoff und Widmann KG stellt ihre Behälter **segmentweise** her und koppelt die Ringspannglieder jeweils nach dem Vorspannen des zuvor betonierten Segmentes (Bild 16.22).

Die **Herstellung der Behälterwände** in Segmentabschnitten wird heute bei nicht zu hohen Behältern bevorzugt, weil es sich gezeigt hat, daß horizontale Betonierfugen später leicht undicht werden. Die vertikalen Betonierfugen werden dicht, wenn sie vor dem Anbetonieren des nächsten

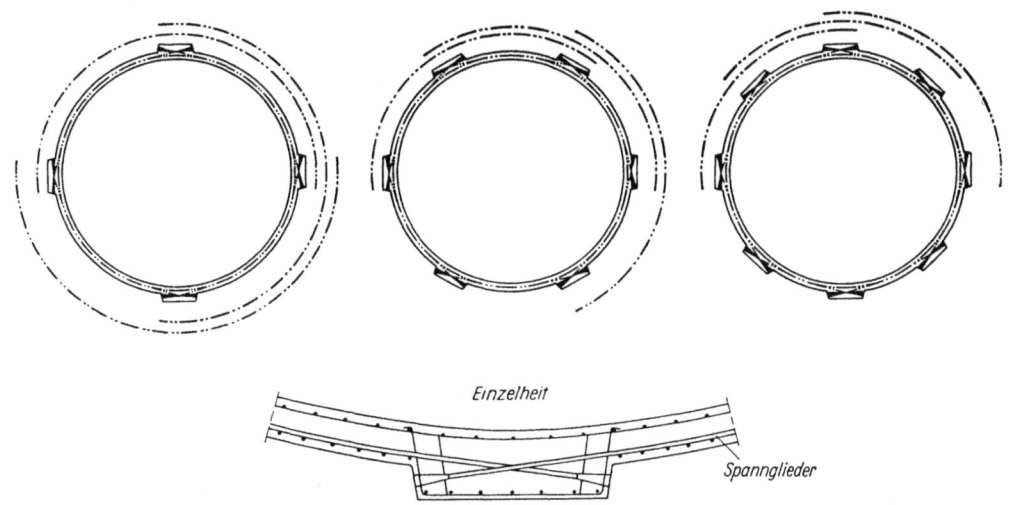

Bild 16.21 Vorspannung in Ringrichtung mit sich übergreifenden Spanngliedern

Abschnittes grob angespitzt, von allen losen Teilen gereinigt und matt feucht gehalten wurden, so daß der neue Rüttelbeton sich gut mit dem alten verbindet. Die Nahtstelle ist dabei besonders sorgfältig zu rütteln. Man muß auch die Steiggeschwindigkeit beim Betonieren in mäßigen Grenzen halten und auf gleiche Temperatur zwischen neuem und altem Beton achten, um Setz- oder Temperaturrisse am Anschluß zu verhüten. Die Fugen werden dann durch die Vorspannung unter Druck gesetzt und bleiben so dicht.

Die Wände werden manches Mal auch in Segmenten vorgefertigt und an den Fugen mit Kunststoffmörtel verklebt und gedichtet.

Meist genügt lotrecht eine s c h l a f f e B e w e h r u n g zur Deckung der Momente. Die Ringbewehrung soll dabei stets innerhalb der lotrechten Stäbe stehen und schwach sein, damit sie an der Innenfläche bei Beanspruchung auf Zug, an der Außenseite bei Druck, durch ihre Umlenkkräfte keinen Beton absprengt. Eine Verankerung dieser Ringbewehrung im Sinne der Verbügelung einer unteren Bewehrung an Bogenrippen wäre bei solchen Behältern zu umständlich und kostspielig. Die Ringvorspannung muß so stark sein, daß die Ringbewehrung nicht auf Zug beansprucht wird, sondern nur zur Montage für die lotrechte Bewehrung dient. Soweit es die Momente zulassen, sollte man auf die innere Wandbewehrung verzichten, um das Betonieren zu erleichtern.

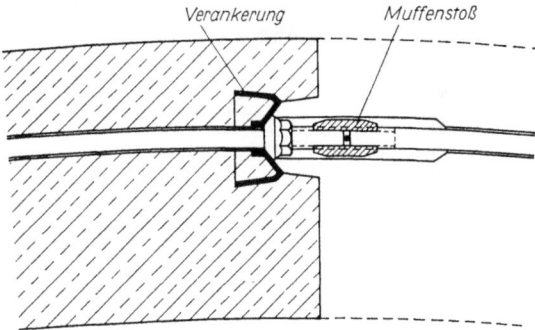

Bild 16.22 Koppelungsstelle bei segmentweiser Herstellung der Behälter

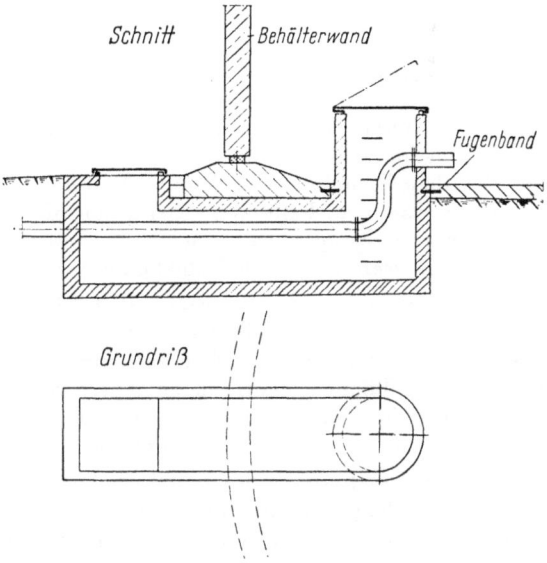

Bild 16.23 Kurzer Rohrstummel als Einstieg und zum Rohranschluß

Sobald große untere Einspannmomente oder Temperaturmomente aufzunehmen sind, muß eine lotrechte Vorspannung empfohlen werden, für die die Spannglieder innerhalb der Ringspannglieder aufgestellt werden. An den Ankerstellen ist eine leichte Querbewehrung nötig (Bild 16.9).

An den Behältern sind R o h r a n s c h l ü s s e nötig, die bisher meist durch die Wand hindurch geführt wurden. Größere Rohröffnungen oder Mannlöcher stören dort aber die Anordnung der Spannglieder. Bei Spannbetonbehältern ist es daher entschieden zweckmäßiger, die Rohre unter der Behälterwand einzuführen und dort gleichzeitig einen bequemen Einstiegschacht anzuordnen (Bild 16.23).

16.116 Das Behälterdach

Die meisten Behälter erhalten ein Dach oder eine Decke. Für Behälter bis zu etwa 40 m Durchmesser herrscht dabei eine dünne Stahlbeton - K u p p e l s c h a l e mit 6 bis 10 cm Dicke vor. Sie bedingt außen einen Zugring, der, ähnlich wie die Behälterwand, ringförmig vorgespannt wird. Als Querschnitt des Ringes genügt meist der obere Teil der Behälterwand in normaler Wandstärke zusammen mit einer Verdickung des Schalenrandes (Bild 16.24). Bei umwickelten Behältern bildet man gerne ein kleines Gesims aus, damit der Torkretputz unter dem Gesims endet (Bild 16.25). Sofern die Behälter überschüttet werden, sollte man die Schalen nicht zu dünn machen, weil schon beim Aufbringen der Überschüttung und auch später nie ganz sicher gewährleistet ist, daß die Überschüttung durchweg gleich dick ist und gleiches Gewicht hat.

Über die Berechnung dünner vorgespannter Kugelschalen siehe [74].

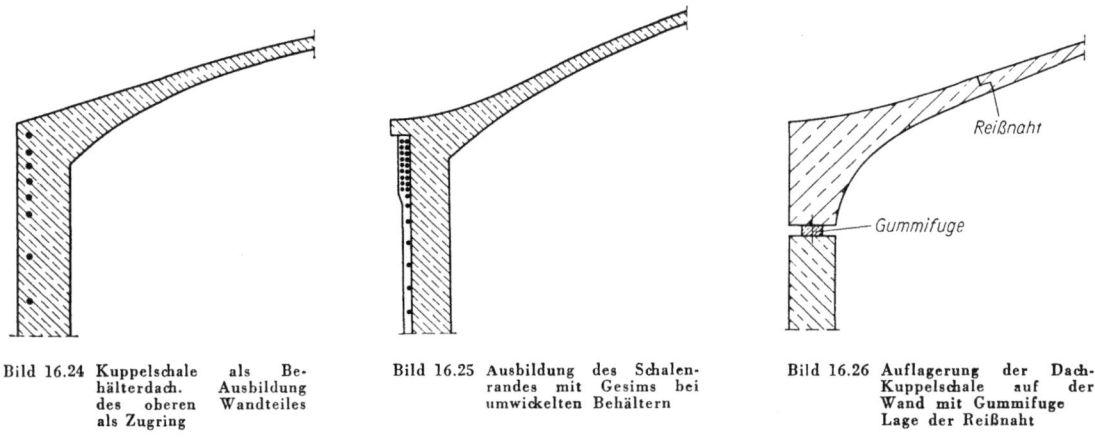

Bild 16.24 Kuppelschale als Behälterdach. Ausbildung des oberen Wandteiles als Zugring

Bild 16.25 Ausbildung des Schalenrandes mit Gesims bei umwickelten Behältern

Bild 16.26 Auflagerung der Dach-Kuppelschale auf der Wand mit Gummifuge Lage der Reißnaht

Auch die Kuppelschale erzeugt Randmomente in der Behälterwand, die man unter Umständen durch Einschalten eines Gelenkes unmittelbar unter dem Zugring vermeiden kann (Bild 16.26). Bei Treibstoffbehältern wird eine Reißnaht zwischen der Dachschale und der Behälterwand gefordert, damit im Falle einer Explosion die Wand möglichst wenig beschädigt wird. Diese Reißnaht wird bei Kuppelschalen am besten unmittelbar über dem Zugring angeordnet (Bild 16.26) und so bemessen, daß sie bei 500 kg/m² Innendruck aufreißt.

Die Schalung für die Kuppelschale ist nicht einfach herzustellen und lohnt sich eigentlich nur, wenn mehrere gleiche Behälter zu bauen sind. Zweifellos kann man die Kuppelschale auch günstig aus vorgefertigten Sektorstücken zusammensetzen (Bild 16.27), wobei Radialfugen ohne Bewehrung bleiben können, während an den Ringfugen sich übergreifende Schlaufen nötig sind. Die eigentliche Schale kann dabei besonders dünn gehalten werden (3 bis 4 cm), wenn die Ränder der Fertigteile mit Rippen verstärkt werden.

Bei großem Durchmesser des Behälters kann man die Dachschale unterteilen in eine verhältnismäßig kleine Kuppelschale, an die sich eine R i n g s c h a l e anschließt. Der Ringgrad wird durch wenige Stützen abgestützt (Bild 16.28) [301]. Bei dieser Lösung werden die radialen Kräfte am Rand im Vergleich zu einer frei gespannten Kuppel sehr klein, so daß man mit einer geringen Ringvorspannung am Schalenrand auskommt.

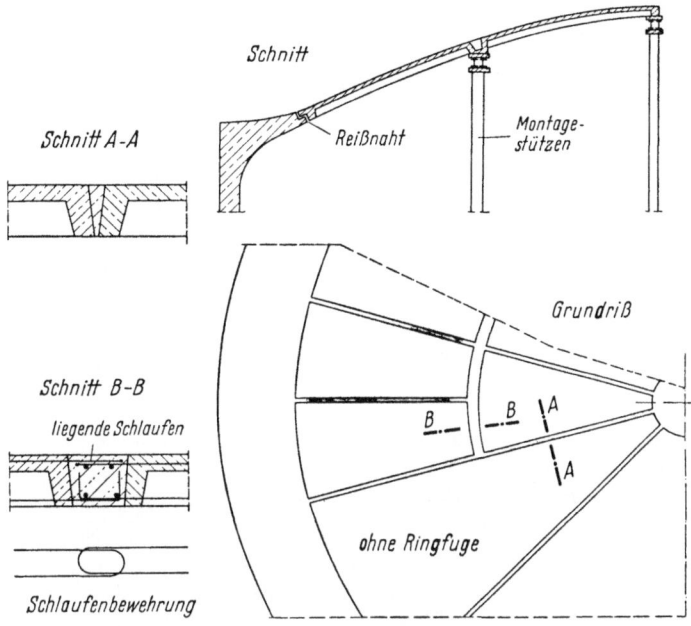

Bild 16.27 Kuppeldach aus vorgefertigten Teilen mit Randrippen

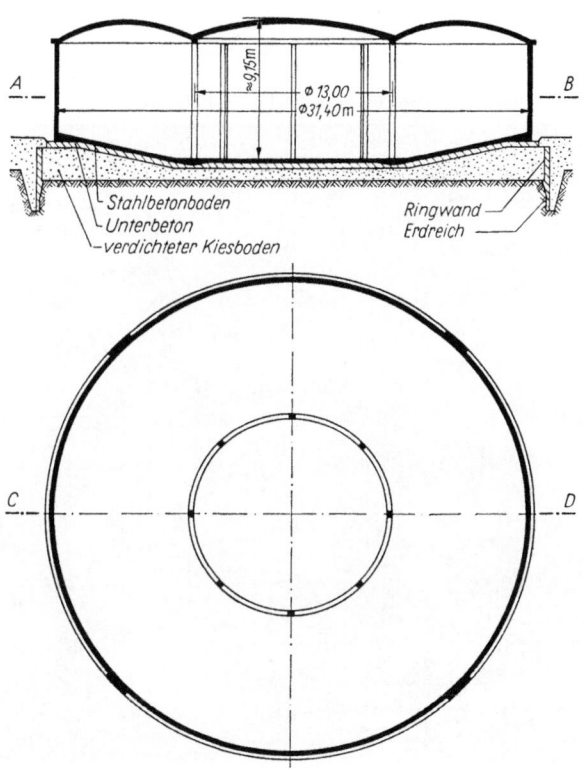

Bild 16.28 Ölbehälter in Ägypten für 5000 m³ (Entwurf *Ostenfeld*)

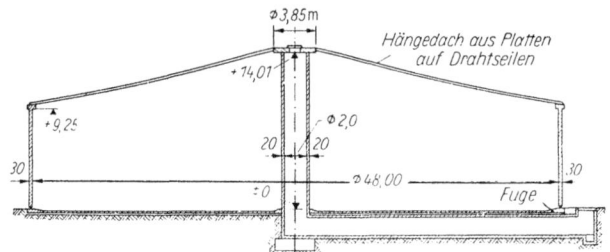

Bild 16.29 Hängewerkartiges Dach aus vorgefertigten Platten

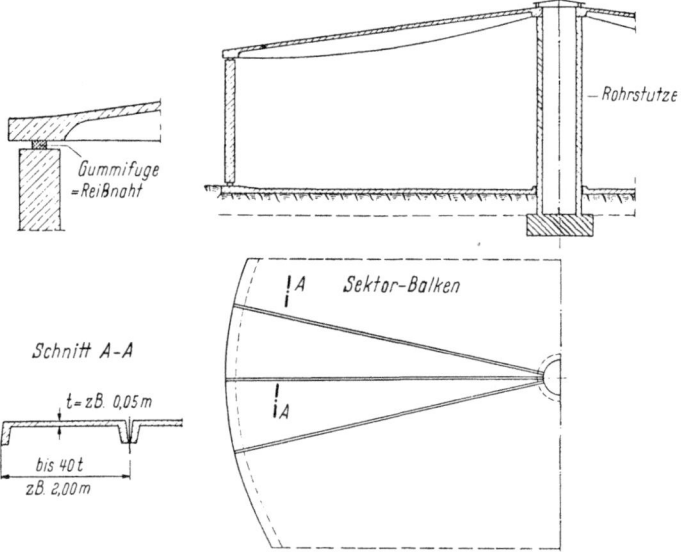

Bild 16.30 Dach aus Sektor-Balken auf Mittelstütze

Bild 16.31 Bau eines Flüssigkeitsbehälters mit 50 000 m³ Inhalt, Durchmesser 89 m (Preload Comp.)

Schon in der ersten Auflage dieses Buches wurde ein hängewerkartiges Dach empfohlen, das in der Mitte des Behälters auf einer Rohrstütze aufgelagert wird, die unten zum Anschluß der Leitungen benutzt werden kann (Bild 16.29). Die tragenden Stahlstäbe oder Seile werden zwischen dem äußeren Druck- und dem inneren Zugring ausgehängt. Darauf werden vorgefertigte 3 bis 5 cm dicke Platten gelegt und verfugt. Die Seile können noch gespannt werden, damit die Betonhaut unter Schneelast nicht reißt. So kann ein leichtes Dach ohne Schalung und Rüstung hergestellt werden, das bei einer Explosion (Treibstoffbehälter) durchschlägt und in kleinen Teilen wegfliegt. Derartige Hängedächer sind jedoch für Behälter noch nicht verwirklicht worden, wohl jedoch für eine Sportarena (vgl. Kap. 16.6).

Wenn eine mittlere Stütze vorgesehen ist, dann kann das Dach auch aus als Balken gelagerten Sektorfertigteilen gebaut werden (Bild 16.30). Für sehr große Behälter wird man die Abdeckung mit einer P i l z d e c k e auf mehreren Innenstützen bevorzugen, wie dies in Bild 16.31 bei im Bau befindlichen Preload-Behältern in USA zu erkennen ist. Die Decke kann jedoch auch auf Unterzügen ruhen, wie dies für den Behälter in Petze bei Hildesheim in Bild 16.13 der ersten Auflage gezeigt wurde.

16.117 Wirtschaftliche Größenverhältnisse

Für die Kosten der Kreiszylinder-Spannbetonbehälter spielt das Verhältnis des Durchmessers zur Höhe eine gewisse Rolle. Günstige Verhältnisse der Abmessungen zeigt die Tafel 16.I, die von der Firma Preload Engineers New York auf Grund langjähriger Erfahrungen veröffentlicht wurde. Die Wanddicken dürften für normale Verhältnisse etwas zu gering sein, die Zunahme der Wanddicke von oben nach unten ist zu beachten. Die Dicke des Bodens ist durchweg mit nur 5 cm angegeben, weil in USA der Boden meist als dünne, aber engmaschig bewehrte Torkretschicht hergestellt wird.

Tafel 16.I

Fassungs-vermögen in m³	Abmessungen in m								
	A	B	C	D	E	F	G	H	J
378	12,50	3,15	1,56	0,12	0,12	0,05	0,05	0,20	0,15
945	16,90	4,30	2,11	0,12	0,12	0,05	0,05	0,22	0,15
1 890	21,35	5,35	2,67	0,12	0,12	0,05	0,05	0,30	0,17
2 835	24,40	6,10	3,05	0,12	0,15	0,05	0,05	0,36	0,19
3 780	26,95	6,70	3,36	0,12	0,18	0,05	0,05	0,38	0,22
5 670	30,80	7,80	3,86	0,12	0,23	0,05	0,05	0,43	0,25
7 570	33,85	8,55	4,23	0,12	0,24	0,05	0,06	0,48	0,27
9 450	36,40	9,15	4,55	0,22	0,26	0,05	0,06	0,51	0,30
18 900	46,00	11,45	5,75	0,22	0,44	0,05	0,10	0,69	0,38
37 800	57,90	14,50	7,24	0,22	0,74	0,05	0,11	0,89	0,49

Wirtschaftliches Verhältnis in USA B : A = 1 : 4

16.12 Sonderformen der Spannbetonbehälter

Für viele Zwecke ist der Kreiszylinder nicht die günstigste Form der Behälter. So strebt man zum Beispiel bei Faultürmen oder Faulschlammbehältern die Kugelform an und ersetzt sie aus rein praktischen Gründen durch eine untere und eine obere Kegelschale mit einem Stück einer Kreis-

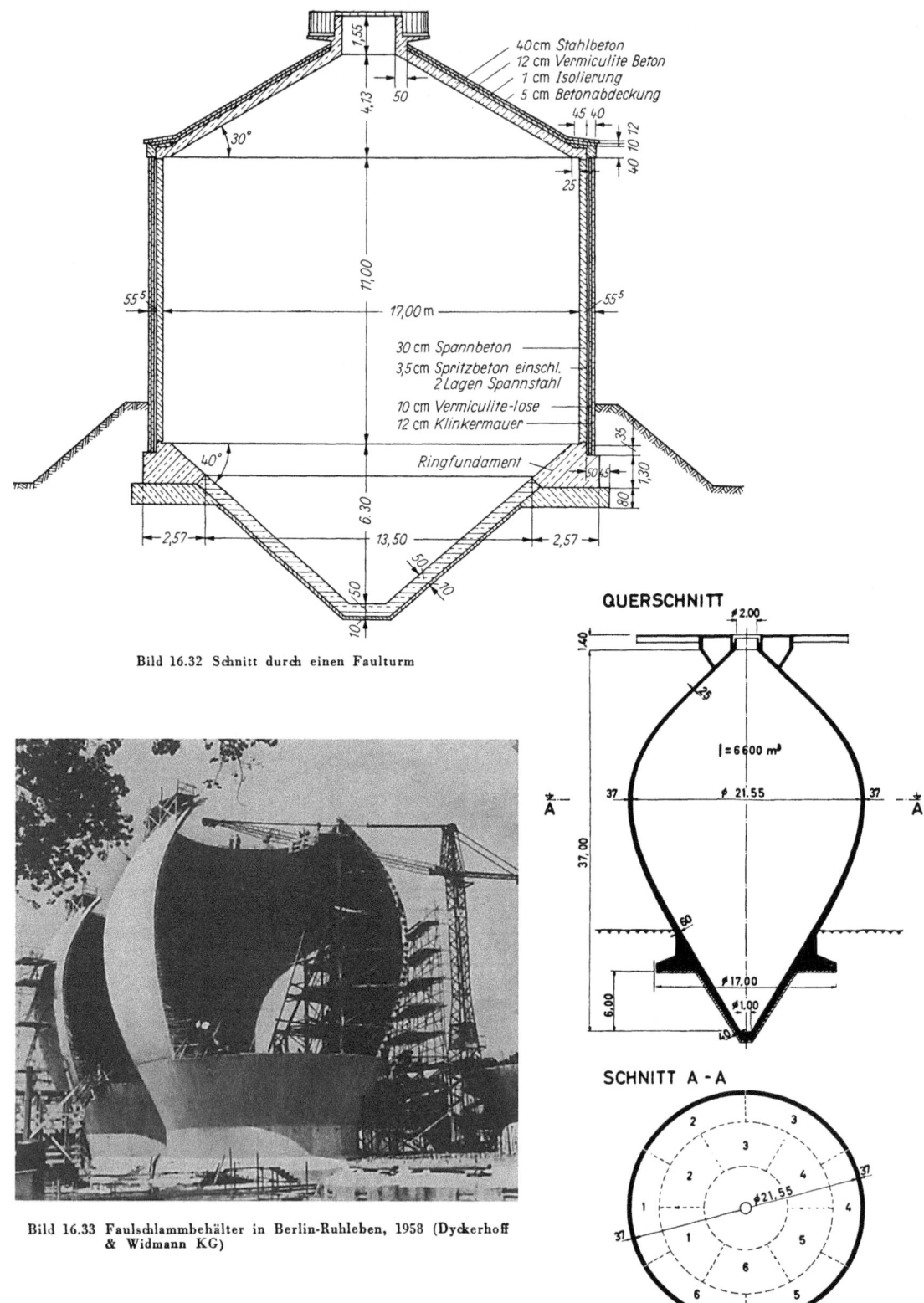

Bild 16.32 Schnitt durch einen Faulturm

Bild 16.33 Faulschlammbehälter in Berlin-Ruhleben, 1958 (Dyckerhoff & Widmann KG)

Bild 16.34 Schnitte der Behälter in Bild 16.33

Bild 16.35 Wasserbehälter in Örebro, Schweden

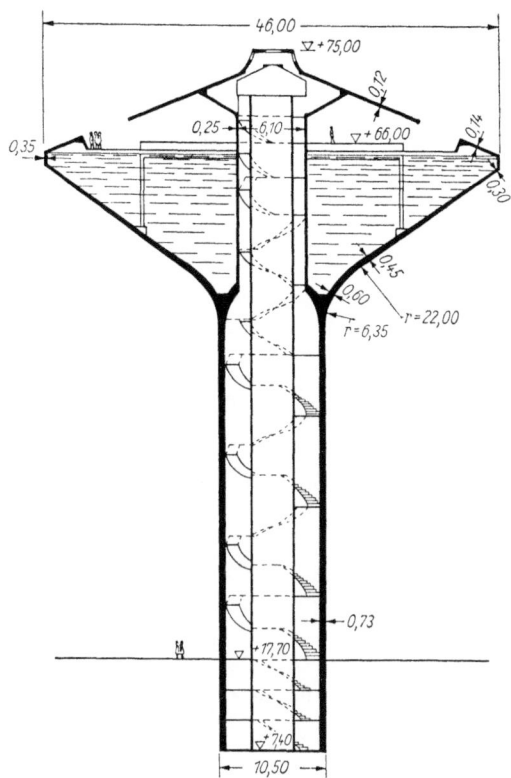

Bild 16.36 Schnitt durch den Behälter in Bild 16.35, Schaft im Fels eingespannt

zylinderschale dazwischen (Bild 16.32), [325], [442]. Der untere Kegel sitzt meist im Baugrund und bildet gewissermaßen das Fundament. Er wird daher ziemlich dickwandig und schlaff bewehrt ausgeführt. Am oberen Kegel ist eine Vorspannung durch Bewickelung nicht anwendbar. Diese Behälter werden daher gerne mit einbetonierten Einzelspanngliedern an äußeren Lisenen vorgespannt. Da die Behälter bis zur Spitze der oberen Kegelschale gefüllt werden, steht diese obere Schale unter einer Auftriebskraft, so daß in dieser oberen Schale auch radiale Spannglieder nötig sind, wenn man Zugspannungen im Beton vermeiden will.

Der Übergang von der Zylinder- zur Kegelschale ist in mancher Beziehung eine unerwünschte Unstetigkeit. Es entstehen erhebliche lotrechte Momente, die man vermeiden kann, wenn man den Behälter auch im lotrechten Schnitt krümmt. Diesen Weg beschritt *U. Finsterwalder* erstmalig für die großen Faulschlammbehälter der Kläranlagen in Berlin und Frankfurt (Bild 16.33 und 16.34) [387], [523]. Diese Behälter wurden mit einer um die Mittelachse drehbaren Sektorschalung hergestellt und auch sektorenweise vorgespannt, wobei die Ringspannglieder nach Bild 16.22 gekoppelt wurden. Die lotrechten Momente und Zugkräfte sind bei dieser Behälterform so gering, daß in dieser Richtung doppelte schlaffe Bewehrung ohne weiteres genügte.

Für Wasserhochbehälter hat man wiederholt Kegelschalen benutzt. Das eindruckvollste Beispiel ist der rund 58 m hohe Hochbehälter in Örebro, Schweden (Bild 16.35 und 16.36) [367], [368], dessen Kegelschale auf einem hohen Turmschaft ruht und bei einem Außendurchmesser von 46 m 9000 m³ Wasser faßt. Auf dem Behälter ist in 49 m Höhe eine Aussichtsplattform, die mit einer schirmartigen Kegelschale geschützt ist. Die Kegelschale des Wasserbehälters ist im unteren Teil 45 cm, oben 30 cm dick. Sie wurde mit 206 Stück Freyssinet-Kabeln aus 12 ϕ 7 mm vorgespannt, die eine endgültige nutzbare Spannkraft von 37 t ergaben. Die Verteilung der Kabel ist in Bild 16.37 dargestellt. Der doppelt gekrümmte Bereich der Schale am Übergang zum Turmschaft bedurfte keiner Vorspannung, weil schon durch die Lasten nur Druck herrscht.

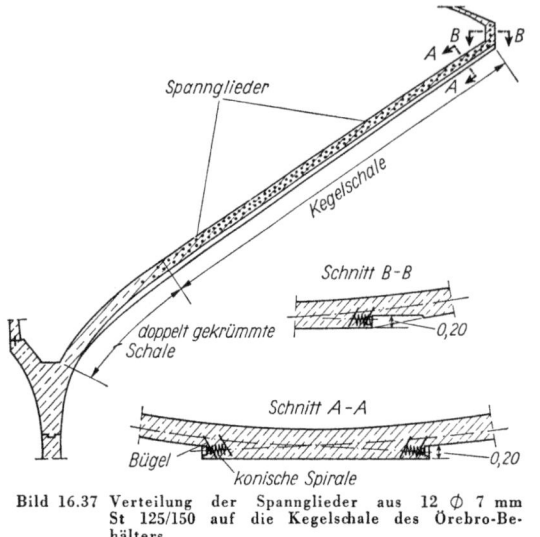

Bild 16.37 Verteilung der Spannglieder aus 12 ⌀ 7 mm St 125/150 auf die Kegelschale des Örebro-Behälters

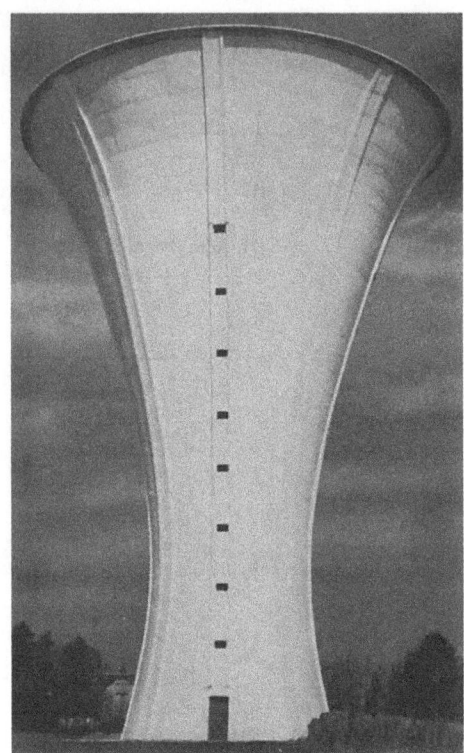

Bild 16.38 Wasserbehälter Corgenon, Frankreich (Vorspannung Freyssinet)

Für die Verankerung der Kabel hätten gemäß Bild 16.21 vier oder sechs lisenenartige Rippen genügt, zudem man die Kabel halbkreislang machte. Aus architektonischen Gründen wurden 16 Rippen gewählt. Beachtlich ist noch, daß der Behälter am Boden betoniert und dann hydraulisch unter gleichzeitiger Herstellung des Turmschaftes in seine endgültige Höhe gehoben wurde.

Eine ansprechende Form zeigt auch der Behälter in Corgenon, Frankreich, der sich mit doppelter Krümmung kelchartig nach oben öffnet. Durch die doppelte Krümmung wird im unteren Teil des Behälters infolge der oberen Lasten Ringdruck erzeugt, so daß dort die Vorspannung gegenüber der Kegelform vermindert werden kann (Bild 16.38).

Für unterirdische Behälter erhält man eine günstige Form, indem man zwei Kugelschalen gegeneinanderlegt, die am Rand durch einen Spannbetonring zusammengehalten werden (Bild 16.39). In den beiden Schalen herrscht theoretisch nur Druck, so daß man die Vorspannung auf den Ring beschränken kann.

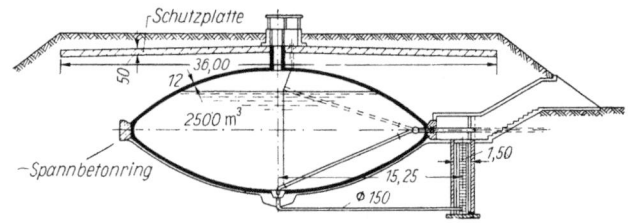

Bild 16.39 Treibstoffbehälter für 2500 m³, Randring vorgespannt, (System Freyssinet)

16.2 Spannbetonrohre und Spannbetonstollen

16.21 Vorbemerkung

In der ersten Auflage wurde im Kap. 16.21 zunächst die Entstehungsgeschichte der Spannbetonrohre kurz geschildert. Inzwischen haben die Spannbetonrohre weite Verbreitung gefunden. Sie werden in verschiedenen Größen bis 2,85 m Durchmesser und bis 8 m Länge für Betriebsdrücke bis zu etwa 50 kg/cm² hergestellt. Die Spannbetonrohre haben gegenüber anderen Druckrohren den großen Vorteil, daß sie durch eine vorübergehende Überbeanspruchung nicht zerstört werden. Durch Versuche wurde wiederholt nachgewiesen, daß die Rohre bei übermäßigem Druck wohl aufreißen, durch das herausspritzende Wasser wird aber eine weitere Drucksteigerung ventilartig unterbunden. Sobald der Überdruck wieder verschwindet, sind die Rohre wieder dicht, weil die Risse mit fast voller Spannkraft wieder zusammengedrückt werden. Diese selbstheilende Eigenschaft des Spannbetons ist hier von besonderem Wert. Allerdings tritt diese Wirkung nur ein, wenn das Verhältnis des Stahlquerschnittes zum Betonquerschnitt nicht zu klein ist, bei einem nur schwach vorgespannten Rohr würde die Spannkraft nachlassen. Auch für Druckstollen und Düker ist der Spannbeton im Vordringen. Eine anschauliche Darstellung mit vollständigen Schrifttumsangaben ([18], [30], [44], [50], [77], [78], [126], [216], [217], [245], [276], [290], [304], [315], [326], [327], [328], [345], [371], [372], [397], [450], [451] gaben *D. Lenz* und *H. Möller* im Betonkalender 1960 [480] und *E. Hampe* [443].

16.22 Herstellung der Rohre

Bei der Herstellung der Rohre unterscheidet man zwei grundsätzlich verschiedene Arten:

a) Herstellung in einem Arbeitsgang, wobei die Spanndrahtwickelung in frisch einbetoniertem Zustand durch hydraulische Ausweitung der Innenschalung, bei gleichzeitiger kontrollierter Weitung der Außenschalung, vorgespannt wird. Das Rohr wird unter Aufrechterhaltung des Spanndruckes dampfgehärtet.

b) Herstellung in drei Arbeitsgängen. Auf ein im Schleuderverfahren hergestelltes Kernrohr wird der Spanndraht unter Vorspannung aufgewickelt und danach zum Schutz gegen Korrosion mit einer hochfesten Betonschicht ummantelt.

Das Herstellungsverfahren a) wurde von *E. Freyssinet* entwickelt, es ist in der 1. Auflage dieses Buches im Kap. 16.22 ausführlich beschrieben. Die Einrichtungen sind kompliziert. Die gewünschte Vorspannung wird nicht mit Sicherheit erreicht, so daß für jedes Rohr durch eine Prüfung der zulässige Wasserdruck ermittelt werden muß. Das Verfahren wurde von dem „Sentab Pressure Pipe Concern", Schweden, weiterentwickelt. Die Sentab-Spannbetonrohre [180] werden in Deutschland von der Dyckerhoff und Widmann KG hergestellt.

Die Längsvorspannung wird bei beiden Herstellungsarten dadurch verwirklicht, daß die Längsdrähte gegen die steife Schalungsform vor dem Betonieren gespannt werden. Die Längsvorspannung ist in jedem Fall erwünscht, damit die Rohre beim Transport, beim Verlegen und später durch ungleichmäßigen Bettungsdruck keine Querrisse erhalten. Nach Möglichkeit sollte die Längsvorspannung bis zum Ende der Stoßmuffe durchgehen.

R. Schjødt hat 1956 einen Weg gezeigt, um auch für die Ringbewehrung das Prinzip der Spannbettvorspannung anzuwenden (Bild 16.40) [444]. Der Spanndraht wird über einer inneren, ziemlich dünnwandigen Blechschalung in zehn- oder achteckiger Form gewickelt. Er liegt dabei auf einer Längsbewehrung auf, die mit Betonleisten gegen die innere Schalung gestützt ist. Innerhalb der Schalung befinden sich radial angeordnete hydraulische Pressen (Bild 16.41), die den fertig gewickelten Draht unter die gewünschte Spannung setzen. Es wird noch eine äußere Längsbewehrung mit kleinen Haltern befestigt, die gegen die Schalung gespannt wird. Darauf wird die äußere Schalung angesetzt. Der Beton wird eingebracht und durch starke Vibration verdichtet. Der Wasserdruck erzeugt nun im Beton zwischen den acht Ecken Biegemomente. Der Betonquerschnitt ist gegenüber der achteckigen Form des Spanndrahtes so gekrümmt, daß die Vorspannung

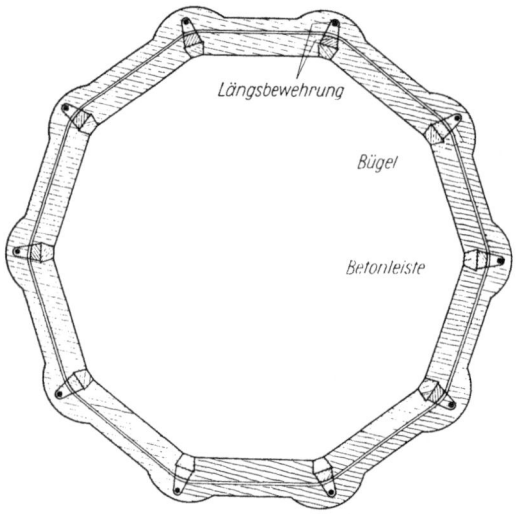

Bild 16.40 Querschnitt durch ein Schjødt-Polygonalrohr

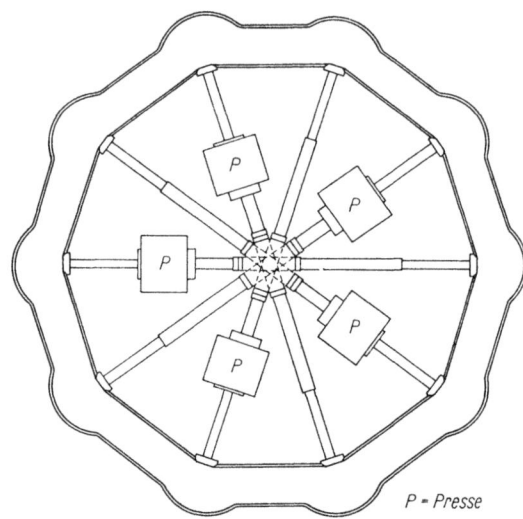

Bild 16.41 Spannvorrichtung für die Schjødt-Polygonalrohre

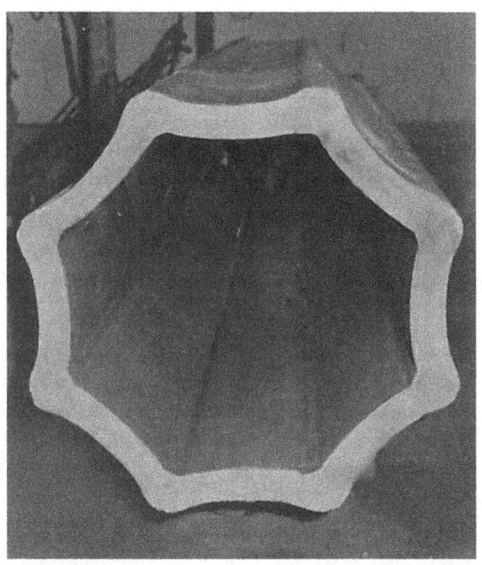

Bild 16.42 Spannbeton-Polygonalrohr (Schjødt, Oslo)

Bild 16.43 Bewickeln von Spannbetonrohren. Der Draht wird mit einem Gewicht vorgespannt (nach Züblin)

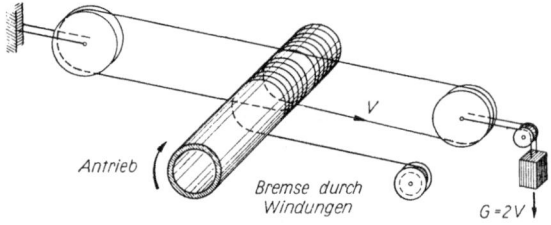

Bild 16.44 Schema einer Wickelvorrichtung, die Biegemomente im Rohr infolge der Spannkraft des Drahtes ziemlich vermeidet (nach Wijnstra, Holland [138])

entgegengesetzte Biegemomente bewirkt. Beim Betriebsdruck heben sich beide Momente etwa gegenseitig auf. Bild 16.42 zeigt ein Probestück des Rohres. Die Rohrenden erhalten kreisrunde vorgefertigte und vorgespannte Muffen, so daß die normalen Stoßverbindungen benützt werden können.

Beim Herstellungsverfahren b), das viele Werke mit kleinen Abhandlungen benützen, wird meist das Kernrohr mit gegen die Schalung gespannten Drähten längs vorgespannt und in der Ringrichtung leicht schlaff bewehrt. Nach seiner Härtung kommt es auf die Wickelmaschine, die den Spanndraht unter Vorspannung aufwickelt. Hierfür gibt es mehrere Verfahren, von denen zwei in Bild 16.43 und 16.44 schematisch dargestellt sind. Die Vorspannung wird mit Gewichten zuverlässig erzeugt. Das Rohr muß mit einem Drehmoment angetrieben werden, das der Spannkraft des Drahtes mal dem Radius des Rohres entspricht. Die Ganghöhe der Wickelung besorgt eine unabhängig vom Rohr angetriebene Spindel. Bild 16.45 zeigt eine solche Wickelmaschine der Eduard Züblin AG, Rohrwerk Kehl/Rhein.

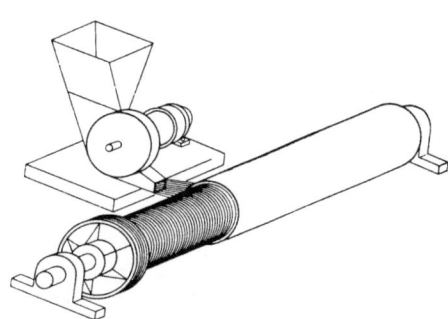

Bild 16.45 Wickelmaschine der Firma Ed. Züblin, Kehl, für die Vorspannung von Schleuderbetonrohren

Bild 16.46 Anwerfen der Spannbetonrohre (nach Züblin)

Der Schutzbetonmantel wurde früher mit der Torkretmaschine aufgespritzt. Er wird heute z. T. mit einer Schleuder angeworfen und zusätzlich mit einer Walze angepreßt (Züblin) (Bild 16.46) oder in Streifen aufgerüttelt (HAGEWE GmbH., Ötigheim/Rastatt). Die letzteren Methoden haben den Vorteil, daß gröberes Korn verwendet, der Wasser-Zement-Faktor zuverlässig niedrig gehalten und der Streuverlust aufgefangen und direkt wiederverwendet werden kann. Ein niedriger Mörtelgehalt und Wasser-Zement-Faktor sind bei diesem Mantelbeton sehr wichtig, um Schwindrisse zu verhüten.

Während im vorstehenden die Rohre um eine liegende Achse gedreht werden, hat BBRV Zürich eine Maschine entwickelt, bei der das Rohr stehend mit Spanndraht umwickelt wird. Die Kernrohre kann man dafür stehend nach dem Vakuum-Concrete-Verfahren herstellen. Auf diese Weise bereiten größere Durchmesser keine Schwierigkeiten. BBRV hat bereits Rohre mit 4 m Durchmesser als freitragende Rohrbrücke über 6 Felder von je 24 m Spannweite verwendet (Bild 16.47).

Bild 16.47 Freitragende Rohrbrücke aus Spannbetonrohren (BBRV) in Volturno (Italien)

Über weitere Arten der Spannbetonrohre, z. B. mit einem einbetonierten dünnen Blechmantel, wie sie bevorzugt in den USA von der Lock Joint Pipe Co. und der American Pipe and Construction Co. hergestellt werden, muß auf die Literatur verwiesen werden [480].

Es gibt auch Herstellungsverfahren, bei denen das Kernrohr keine Ringbewehrung erhält und die Sicherung gegen Längs-Biegemomente einbetonierten vorgespannten Betonstäben zugewiesen wird (ITB-Verfahren von *E. Hampe* [443]). Die direkte Längsvorspannung des Kernrohres gibt wohl eine bessere Rissesicherheit.

16.23 Rohrverbindungen

Die Rohrverbindungen wurden in den letzten Jahren weiter verbessert. Es werden fast durchweg Muffenstöße verwendet, bei denen die Dichtung einem alterungsbeständigen Gummiring zugewiesen wird, der beim Zusammenschieben der Rohre quer gepreßt wird und möglichst so geformt und gelagert ist, daß der Wasserdruck die dichtende Querpressung erhöht.

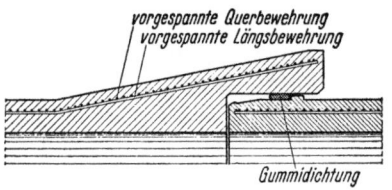

Bild 16.48 Rohrstoß eines Dywidag-Sentab-Spannbetonrohres

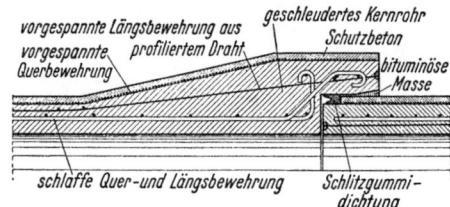

Bild 16.49 Rohrstoß eines Schleuderbeton-Vorspannrohres Bauart Züblin

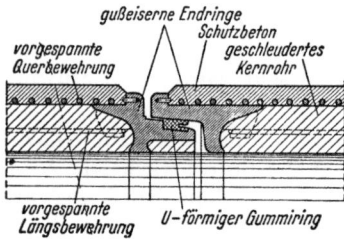

Bild 16.50 Rohrstoß eines Socoman-Spannbetonrohres (HAGEWE GmbH. & Co.)

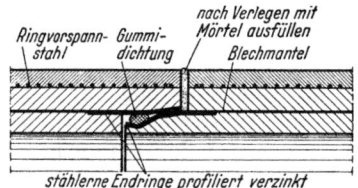

Bild 16.51 Rohrstoß eines Dywidag-Bonna-Spannbeton-Blechmantelrohres mit Gummidichtung

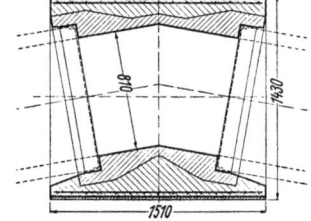

Bild 16.52 Spannbetonkrümmer Bauart Züblin für Winkel bis 30°

Als Beispiel ist in Bild 16.48 der Rohrstoß des Dywidag-Sentab-Rohres, in Bild 16.49 der Rohrstoß des Züblin-Rohres gezeigt. Der Übergang zur Muffe wird demnach heute flach ausgebildet, damit die Längsspanndrähte bis zum Rohrende durchgeführt werden können.

Bei verschiedenen Bauarten wird die Verdickung am Stoß vermieden, indem man mit Stahlteilen nachhilft. So zeigt das Socoman-Rohr (Bild 16.50) am Stoß gußeiserne Endringe mit einer Nut für eine Gummilippendichtung. Die vorgespannte Längsbewehrung wird an Nasen der Stahlringe verankert, so daß diese längs auf das Rohr gepreßt werden. Der Rand des Schutzbetons ist durch die Endringe geschützt.

Es sei schließlich in Bild 16.51 noch gezeigt, wie der Stoß eines Spannbetonrohres mit Blechmantel zweckmäßig gedichtet wird (Dywidag-Bonna-Rohr). Ganz ähnlich sind die Stöße der Rohre der American Pipe and Construction Co. geformt.

Die meisten dieser Dichtungen erlauben kleine Richtungsänderungen. Gelegentlich kommt es jedoch vor, daß eine Rohrleitung einen größeren Knick machen muß. Hierfür hat Züblin Spannbetonkrümmer entwickelt (Bild 16.52), bei denen das die Krümmung bildende Kernstück in ein zylindrisches Spannbetonrohr eingebettet wird.

16.24 Spannbetonstollen und -düker

Die für Wasserkraftanlagen nötigen Druckstollen werden in zunehmendem Maße aus vorgespanntem Beton hergestellt, wobei verschiedene Verfahren entwickelt wurden, die ausführlich in dem Buch von *A. Kieser* [481] behandelt werden, so daß sich hier eine Beschreibung erübrigt.

Eine deutsche Firmengemeinschaft hat für einen großen Düker unter dem Rhein 1959 Spannbeton-Tübbings mit Erfolg verwendet [478], [479]. Der Ausbau besteht aus vorgefertigten Stahlbetonringen von 69 cm Breite, die sich aus 4 Normal-Tübbings und einem Schlußstück zusammensetzen (Bild 16.53 und 16.54). Die Tübbings sind mit Nut und Feder ausgeführt und werden durch in die Nuten geklebte Asbest-Platten gedichtet. Die zusätzliche Dichtung der Kreuzungspunkte wird durch Spezialgummipfropfen erreicht. Dieses Verfahren könnte wohl auch für das Abteufen von Schächten angewandt werden, wenngleich sich für diese Aufgabe auch noch andere Lösungen mit vorgespanntem Beton entwickeln lassen.

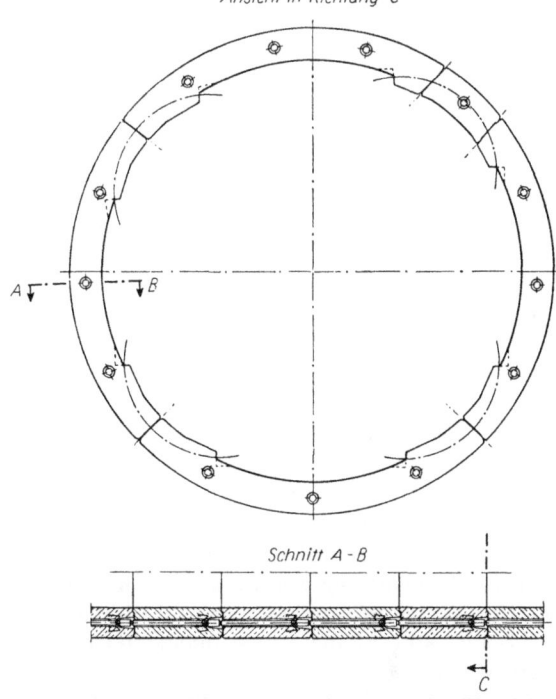

Bild 16.53 Schnitte durch die Spannbetonringe des Rheindükers Düsseldorf

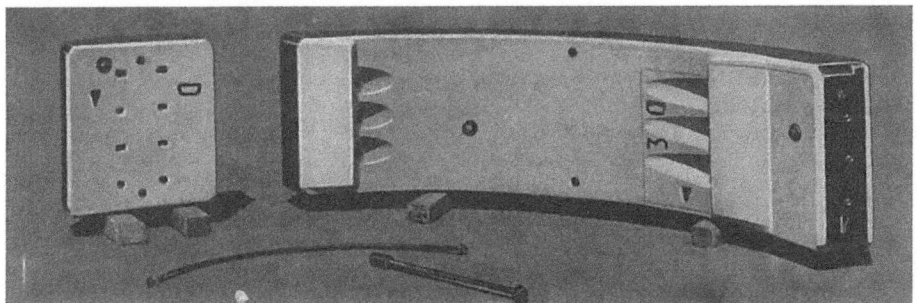

Bild 16.54 Normaltübbing, Schlußstück und Vorspannstäbe für den Rheindüker Düsseldorf

16.25 Offene Gerinne

In letzter Zeit werden in der Landwirtschaft zur Bewässerung an Stelle von Gräben und in der Industrie für Kühl- oder Schmutzwasserleitungen an Stelle von Rohren häufiger offene Gerinne aus Spannbetonschalen verwendet. Sie liegen im allgemeinen auf gabelförmigen Stützen über dem Boden. Zweckmäßigerweise werden diese Leitungen aus vorgefertigten Elementen gebaut (Bild 16.55) [524].

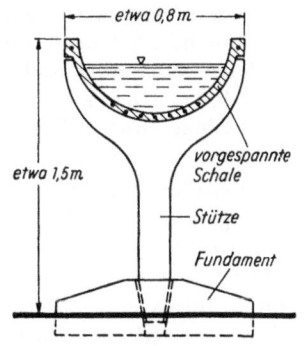

Bild 16.55 Offenes Gerinne für Bewässerungsleitungen aus Spannbeton

16.3 Spannbeton-Straßen, -Startbahnen und -Beläge

16.31 Allgemeines

Daß der Spannbeton für Straßen und Startbahnen Bedeutung erlangen würde, wurde frühzeitig erkannt. Bei den Betonstraßen hatten sich die Fugen und Querrisse mit der zunehmenden Schwere des Verkehrs als störend erwiesen. Durch die Vorspannung kann man die Platten auf große Längen rissefrei halten und weitgehend oder sogar ganz auf bewegliche Fugen mit freien Betonkanten verzichten. Auch bei den Startbahnen für Flugplätze mußten mit dem Aufkommen des Düsenverkehrs die Fugen mehr und mehr vermieden werden, weil keine Fugenvergußmasse den hohen Temperaturen der Abgase dieser Triebwerke widersteht. Auch die hohen Landegewichte moderner Flugzeuge bedingten eine größere und zuverlässigere Tragfähigkeit des Belages. Man hat daher schon ab 1945 in vielen Ländern Versuchsstrecken mit vorgespannten Betonplatten für Straßen und Startbahnen gebaut.

Die ersten Versuche sind in der ersten Auflage dieses Buches im Kap. 16.3 ausführlich beschrieben [80], [197], [222]. Inzwischen kamen zahlreiche weitere Versuchsstrecken hinzu (siehe [528] und Schrifttumverzeichnis in [471]). Man konnte durch diese Versuche wertvolle Erfahrungen sammeln, die aber noch nicht ausreichen, um die Entwicklung mit einer allen Anforderungen befriedigenden Bauart abzuschließen.

Bei Spannbetonbelägen muß man hinsichtlich der Gleichmäßigkeit der Betongüte die gleichen Anforderungen stellen, wie sie bei Brücken heute wohl regelmäßig erfüllt werden. Jede Stelle mangelhaften Betons kann nämlich zu einem Schaden führen, dessen Ausbesserung eine Verkehrsunterbrechung erforderlich macht. Bei zwei Versuchsstrecken sind Schäden durch verhältnismäßig kleine Zonen mangelhaften Betons entstanden, wodurch diese Forderung unterstrichen wird.

Man hat gelernt, die größten Beanspruchungen rechnerisch ziemlich genau zu erfassen und die hierzu notwendigen Beiwerte dem wirklichen Verhalten entsprechend anzusetzen, so daß heute die Bemessung von Spannbeton-Fahrbahnen zielsicher vorgenommen werden kann. Auch die zweckmäßige Länge und Dicke der Platten ergibt sich aus den Berechnungsmethoden. Das zugehörige Schrifttum ist ziemlich umfangreich geworden. Im folgenden wird daher nur ein kurzer Auszug der wesentlichen Erkenntnisse mitgeteilt, jeweils unter Hinweis auf die Veröffentlichungen, in denen nähere Angaben zu finden sind, so daß der entwerfende Ingenieur rasch die nötigen Unterlagen zur Hand haben kann.

16.32 Die Beanspruchungen von Beton-Fahrbahnen

16.321 Längenänderungen, Behinderung durch Reibung

Die Betonplatten sind durch Temperaturänderungen, Schwinden, Vorspannen oder dergleichen Längenänderungen unterworfen, die durch die Reibung der Platten auf ihrer Unterlage und am Rand behindert werden und dadurch zu Spannungen führen. Diese Zugspannungen nehmen von der Fuge weg mit der Länge der Platte zu. Man ist daher bestrebt, den Reibungswiderstand klein zu halten, um möglichst lange Platten machen zu können. Andererseits bewegt sich bei einer unendlich langen Platte nur ein gewisses Endstück an der Fuge, dessen Länge von der vorhandenen Spannung und vom Reibungswiderstand abhängt. G. Weil [472] hat zum Beispiel an einer 400 m langen Platte auf Sand beobachtet, daß bei einer Temperaturänderung von 11,0° C diese Länge rund 100 bis 120 m beträgt. Aus diesen Überlegungen ergibt sich auch für Spannbetonplatten eine gewisse Höchstlänge von rund 180 m, wenn man Bewegungen zuläßt.

Zur Verminderung der Reibung hat man häufig eine dünne Sandschicht eingebaut, sie eben abgezogen und mit Papier oder Polyaethylenfolien belegt. Der reine Reibungsbeiwert wird dabei etwa $\mu = 0,6$. Messungen an ausgeführten Platten zeigten andererseits anfängliche Reibungswiderstände, die einem auf die Grundfläche bezogenen Reibungsbeiwert von 1,0 bis 1,5 entsprachen, bedingt durch Randreibung und andere zusätzliche Widerstände. Bei Wiederholung der Bewegung gehen die Werte zurück. G. Weil empfiehlt, bei Sandunterlage mindestens mit $\mu = 1,0$ zu rechnen. Wenn Spannglieder eingebaut werden, ist eine feste und tadellos eben abgezogene Unterschicht, zum Beispiel aus Zementmörtel oder einem glatt gewalzten bituminösen Belag zu empfehlen.

Die Oberfläche dieser Unterlage kann dann mit einer Gleitschicht aus Talg, Paraffin oder dergleichen bestrichen (Bitumen ist keine Gleit- sondern eine Klebeschicht, hier also ungeeignet) oder mit doppeltem Papier mit Gleitanstrich belegt werden. Der Reibungsbeiwert kann so auf $\mu = 0{,}25$ bis $0{,}5$ herabgesetzt werden.

Früher hat man mit einem vom Verschiebeweg unabhängigen, konstanten Reibungsbeiwert μ und Gleitwiderstand $t = \mu \cdot \gamma h$ für die ganze Plattenlänge gerechnet. Neuerdings wird nun die Abhängigkeit vom Verschiebeweg berücksichtigt (Bild 16.56). Bei guter Gleitunterlage, zum Beispiel bei feinem Sand, nimmt t fast geradlinig zu und erreicht bei dem Weg w_a einen konstanten Wert t_a. Bei fest verdichtetem Kies oder anderer rauher Unterlage steigt t anfänglich höher als der bei größerem Weg verbleibende Widerstand.

Sowohl R. Peltier [473] wie auch W. Koepcke [529] haben die rechnerische Behandlung der Reibung mit der zugehörigen Differentialgleichung dargestellt. Die Funktion Reibung/Weg muß zunächst noch experimentell für die beim Bau vorgesehenen Bedingungen bestimmt werden.

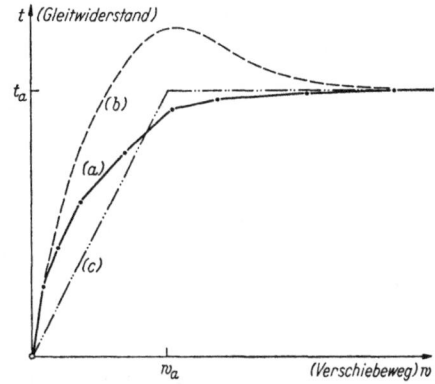

Bild 16.56 Abhängigkeit des Gleitwiderstandes $t = \mu \cdot \gamma \cdot d$ vom Verschiebeweg
a) bei Sand (nach Versuchen von Weil [472])
b) bei sehr fest verdichtetem Kiessand
c) theoretische Annahme

Nimmt man konstante Reibung an $t(w) = t_a = d \cdot \gamma \cdot \mu$, dann errechnet sich der Weg des Plattenendes infolge einer dort mit σ_{v_0} wirkenden Spannkraft $V_0 = \sigma_{v_0} \cdot d \cdot b$ zu

$$w_0 = \frac{d \cdot \sigma_{v_0}^2}{2 E_b t_a}.$$

Die Spannungen werden abgebaut nach der Beziehung

$$\sigma_x = \sigma_{v_0} - \frac{t_a \cdot x}{d}.$$

Nimmt man entsprechend der Linie (c) des Bildes 16.56 an, daß die Reibung zunächst linear wächst und erst von einem bestimmten Weg w_a an konstant ist (für feinen Sand ist $w_a \approx 0{,}6$ mm), so erhält man für den Weg des Plattenendes den Wert

$$w_0 = \frac{w_a}{2} + \frac{d \cdot \sigma_{v_0}^2}{2 E_b t_a}.$$

Im Abstand x_a von der Fuge erreicht der Verschiebungsweg die Größe w_a. Mit der Abkürzung

$$\alpha = \sqrt{\frac{t_a}{E_b \cdot d \cdot w_a}}$$

errechnet sich x_a aus

$$x_a = \frac{d}{t_a} \cdot (\sigma_{v_0} - E_b \cdot \alpha \cdot w_a).$$

Für den Plattenteil $0 < x < x_a$ gilt

$$w_x = w_a - \frac{t_a}{2 E_b d}(x_a^2 - x^2) + \frac{\sigma_{v_0}}{E_b}(x_a - x)$$

$$\sigma_{x,v} = \sigma_{v_0} - \frac{t_a \cdot x}{d}$$

und für $x > x_a$

$$w_x = w_a \cdot e^{-\alpha(x - x_a)}$$

$$\sigma_{x,v} = E_b \cdot \alpha \cdot w_a \cdot e^{-\alpha(x - x_a)}.$$

Die Spannungen infolge einer Temperaturänderung errechnen sich entsprechend. Sie haben ihren Größtwert in $l/2$, wenn μ über die Platte symmetrisch verteilt ist. Die Vorspannung muß daher für $l/2$ bemessen werden (Bild 16.57).

16.322 Temperatur- oder Schwindunterschiede

Während über den Querschnitt gleichmäßig auftretende Temperatur- oder Schwindänderungen nur infolge des Gleitwiderstandes zu Spannungen führen, erzeugen Temperatur- oder Schwindunterschiede ΔT innerhalb der Plattendicke Biegespannungen. Die Platte will sich dabei wölben und wird durch das Eigengewicht zurückgebogen, wobei Längs- und Querspannungen entstehen.

Die Temperatur- und Schwindunterschiede hängen vom Klima und der Plattendicke ab. An deutschen Autobahnen wurden an 22 cm dicken Platten Wärmeunterschiede bis zu 18° C, bei 25 cm dicken Platten 17° C (Oberflächentemperatur $+ 54°$ C!) gemessen [33], was Biegespannungen von 30 bis 35 kg/cm² entspricht. Amerikanische Messungen finden wir in [42]. Die Schwinddifferenzen sind demgegenüber klein, so daß sie vernachlässigt werden können.

Im Mittel kann das Temperaturgefälle bei Erwärmung von oben mit $\Delta T/d = 0{,}7°$ C/cm Plattendicke, bei Abkühlung von oben mit etwa $-0{,}4°$ C/cm angesetzt werden. Die Spannung aus dem Temperaturgefälle berechnet sich nach *Westergaard* für die Mitte einer unendlich großen Platte zu

$$\sigma_{\Delta T} = \frac{E_b \alpha_T \Delta T}{2(1-\mu)} \qquad \begin{aligned} \alpha_T &= \text{Wärmedehnungskoeffizient} \\ \mu &= \text{Querdehnzahl} \approx 0{,}2. \end{aligned}$$

An den Plattenrändern werden diese Wärmespannungen in der Querrichtung zu 0, in der Längsrichtung werden sie geringfügig größer. Bei dünnen Platten sind die Wärmespannungen kleiner als bei dicken.

Das Schwinden wird bei den dem Regen ausgesetzten Belägen immer wieder durch ein Quellen abgelöst. Sowohl bei der Temperatur wie auch beim Schwinden wechseln also die Spannungen regelmäßig und häufig das Vorzeichen.

16.323 Verkehrslasten

Die Verkehrslasten erzeugen Biegespannungen, die von der Größe der Radlast P, von der Aufstandsfläche und damit vom Bodendruck p, von der Bettungsziffer $C = p/s$ ($s = $ mittlere Setzung einer Kreisplatte von 76 cm ϕ), von der Plattendicke d und von der Stellung der Last zum Plattenrand abhängen. Diese Biegespannungen lassen sich heute genügend genau mit der Bettungsziffer-Theorie nach *Westergaard* [12], [14], [21], [43], [79], [531] berechnen, die wiederholt durch Versuche überprüft und verbessert wurde [57]. Demnach ist die Biegespannung unter dem Mittelpunkt einer Last P auf einer Kreisfläche mit dem Halbmesser a:

$$\sigma_i = \frac{3P(1+\mu)}{2\pi d^2}\left[\ln\frac{l}{b} + \left(0{,}205 - 0{,}078 \ln\frac{b}{l}\right)\left(\frac{b}{l}\right)^2 + 0{,}125\right].$$

Dabei ist l der sogenannte elastische Radius

$$l = \sqrt[4]{\frac{E_b d^3}{12(1-\mu^2)C}}$$

und b der von a und d abhängige äquivalente Halbmesser der Lastfläche

$$\begin{aligned} b &= \sqrt{1{,}6\,a^2 + d^2} - 0{,}675\,d & &\text{für } a < 1{,}7\,d \\ b &= a & &\text{für } a > 1{,}7\,d. \end{aligned}$$

Für die Last am Plattenrand ist die größte Biegespannung nach [57]

$$\sigma_{\text{Rand}} = \frac{P \cdot 0{,}529(1 + 0{,}54\,\mu)}{d^2}\left(\lg\frac{E_b d^3}{C b^4} + \lg\frac{b}{1-\mu^2} - 1{,}079\right)$$

und für die Last an der Plattenecke ist die größte obere Zugspannung

$$\sigma_{\text{Ecke}} = \frac{3P}{d^2}\left[1 - \left(\frac{1{,}41\,a}{l}\right)^{1{,}2}\right]$$

Die Spannung am Plattenrand erreicht etwa den doppelten Wert der Spannung bei Last in Plattenmitte.

Für die Ermittlung von Biegespannungen, die durch nicht kreisförmige oder durch mehrere benachbarte Lasten hervorrufen werden, sei auf die M-Einflußflächen von *Pickett* und *Ray* [128] hingewiesen.

Die ruhende Last erzeugt die höchste Spannung, unter fahrenden Lastwagen wurden meist nur 40 bis 60 % der Spannungen unter ruhender Last gemessen [470]. Auch wenn die Lastwagenräder über ein 3,5 cm hohes Hindernis fuhren, ergaben sich keine merklich erhöhten Spannungen, so daß man also bei Straßen auf einen Stoßfaktor oder Schwingbeiwert verzichten kann.

Den starken Einfluß der **Tragfähigkeit des Baugrundes** auf die Verkehrslastspannungen in Betonplatten hat man erkannt und ist daher heute bemüht, den Baugrund vor dem Aufbringen der Fahrbahntafel zu verdichten und insbesondere gleichmäßig steif zu machen. Auch der schädliche Einfluß von Frosthebungen wird heute regelmäßig durch eine ausreichend dicke Kies- oder Sandschicht ausgeschlossen. Die Verdichtung dieser Schicht sollte so weit getrieben werden, daß die Bettungsziffer zwischen etwa 8 und 12 kg/cm³ liegt.

Eine Tafel für die Ermittlung der Biegespannungen für Straßenverkehrsverhältnisse findet man in [470] und [181].

Die Biegespannungen unter dem 10 t-Zwillingsrad der Klasse 60 der Straßenfahrzeuge (vgl. DIN 1072) liegen für eine 20 cm dicke Platte für Last in Plattenmitte bei etwa 30 kg/cm² je nach Bettungsziffer. Man sieht, daß die Verkehrslastspannungen nicht so hoch sind wie die Summe der Spannungen aus Temperatur, Reibung und dergleichen, deren Einflüsse also beim Entwurf von Betonstraßen immer besonders zu beachten sind.

16.33 Die Vorspannung

Die Vorspannung wird meist von einem Plattenende aus erzeugt und nimmt längs der Platte ab, insbesondere durch die Reibung der Platte auf dem Grund. Bei in Hüllrohren verlegten Spanngliedern kommt noch der Spannkraftverlust durch ungewollte Umlenkungen (Welligkeit) hinzu.

Für die Spannkraftabnahme durch die Bodenreibung gelten die im Kap. 16.321 angegebenen Gleichungen.

Die am Anfang vorhandene Vorspannung σ_{v_0} wird durch konstante Bodenreibung t_a aufgezehrt auf einer Länge von

$$l_0 = \frac{\sigma_{v_0} \cdot d}{t_a}.$$

Damit auch in Plattenmitte noch eine ausreichende Vorspannung vorhanden ist, sollte die Plattenlänge bei Vorspannung von beiden Enden aus nicht größer als l_0 sein.

Beim Spannen am Plattenende nimmt die Spannkraft nach der Plattenmitte zu ab, die Zugkraft infolge Reibung bei Temperaturrückgang nimmt umgekehrt nach der Plattenmitte hin zu. In der Plattenmitte muß daher so viel Vorspannung auch nach Schwinden und Kriechen verbleiben, daß dort Reibungs-, Temperaturdifferenz- und Verkehrslastspannungen noch sicher aufgenommen werden können (Bild 16.57).

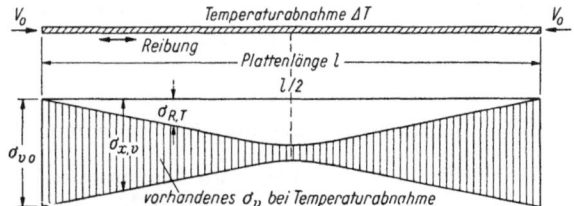

Bild 16.57 Spannungen infolge Vorspannung V_0, abgemindert durch Reibung, und Spannungen infolge einer über die Plattendicke konstanten Temperaturabnahme, zunehmend durch Reibung

Die Verminderung der Spannkraft durch Schwinden und Kriechen ist meist verhältnismäßig gering, weil das Schwinden bei der immer wieder auftretenden Durchfeuchtung durch Regen klein ist und die mittlere Druckspannung infolge Vorspannung meist 20 bis 30 kg/cm² nicht überschreitet, so daß auch entsprechend die Kriechverkürzung nur einen kleinen Betrag erreicht. Man rechnet im allgemeinen bei St 150 mit einem Spannkraftverlust durch Schwinden und Kriechen von 6 bis 8 %.

16.331 Das zweckmäßige Maß der Vorspannung

Für das zweckmäßige Maß der Vorspannung muß nach Längs- und Querrichtung unterschieden werden, weil die Spannung infolge Reibung, die von der Länge der Platte abhängig ist, eine maßgebende Rolle spielt. Auch die Verkehrslastspannung erreicht in der Längsrichtung nahe am Rand wesentlich größere Werte als quer. Für eine 120 m lange Platte, einen Reibungsbeiwert von $\mu = 0{,}6$, eine Bettungsziffer $C = 8$ kg/cm³, eine Radlast von 10 t mit der Bodenpressung $p_0 = 7$ kg/cm², ein Temperaturgefälle von $0{,}7°$ C je cm Plattendicke bei Erwärmung von oben und $-0{,}35°$ C je cm Plattendicke bei Abkühlung von oben, ergeben sich die in Bild 16.58 dargestellten Spannungssummen für die Ober- und Unterseite der Platte, abhängig von der Plattendicke d.

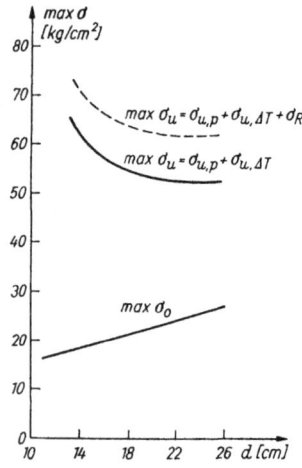

Bild 16.58 Summenlinien der maximalen Zugspannungen an der Plattenober- und Unterseite für verschiedene Plattendicken d bei den im Text angegebenen Voraussetzungen (nach *Rose* [470])

Man sieht, daß die Platte unten erheblich größere Zugspannungen erhält als oben. Man wird beschränkte Vorspannung anwenden, dem Beton also Zugspannungen von 20 bis 30 kg/cm², etwa der halben Biegezugfestigkeit, zuweisen. Schließlich darf man annehmen, daß nicht alle ungünstigsten Werte zusammentreffen. So tritt eine untere Zugspannung infolge Temperaturgefälle nur bei starker plötzlicher Sonnenbestrahlung auf, die gleichzeitig eine mittlere Temperaturzunahme bedingt, so daß für diesen Fall keine Zugspannung infolge Reibung möglich ist, weil sich die Platte ausdehnen will und damit Druck infolge Reibung entsteht.

Bei einer Plattendicke von 20 cm ergibt sich so die erforderliche Vorspannung in Längsrichtung zu 20 bis 30 kg/cm², wodurch an der Oberfläche der Platte Zugspannungen ausgeschaltet werden.

In der Querrichtung kann man nach den Erfahrungen bei der Autobahn auf eine Vorspannung verzichten, wenn der Belag im Abstand von rund 3,75 m durch Längsfugen geteilt und mindestens 20 cm dick ist. In diesem Fall genügt eine leichte Querbewehrung. Der Wegfall der Quervorspannung vereinfacht die Ausführung natürlich wesentlich. Die Längsfugen können als verankerte Scheinfugen ausgebildet werden, so daß sie nur Winkeldrehungen zulassen, sich aber nicht öffnen können.

Mit dem Aufkommen der dreispurigen Autobahnen und der bis zu 60 m breiten Startbahnen, bei denen Längsfugen möglichst vermieden werden sollen, wird auch eine Quervorspannung sinnvoll bzw. bei Startbahnen notwendig. Die günstige Wirkung der Quervorspannung bei Startbahnen zeigten Versuche in USA, bei denen quer meist 0,7fach so stark gespannt worden war wie längs [530]. Das Maß der Quervorspannung wird man nach den bei der Längsvorspannung gezeigten Richtlinien von Fall zu Fall ermitteln. Man sollte jedoch keine geringere Quervorspannung als 12 kg/cm² wählen.

16.332 Die zulässige Spannung im Spannstahl

Fahrbahn-Beläge sind hinsichtlich der Sicherheit anders zu beurteilen als freigespannte Tragwerke, weil sie selbst beim Bruch einer Stahleinlage noch nicht zusammenbrechen und der Verkehr dadurch nicht unmittelbar gefährdet wird. Aus diesem Grund dürfen wir den Spannstahl für Spannbeton-Beläge höher beanspruchen als in anderen Tragwerken. Man geht im allgemeinen mit der zulässigen Spannung bis zul $\sigma_{v_0} = 0{,}9 \cdot \beta_{0{,}2}$ oder $\leq 0{,}75 \cdot \beta_Z$.

Die Spannstähle können daher höher ausgenützt werden als sonst.

Bruchsicherheitsnachweise werden bei Fahrbahnen nicht geführt. Wenn man die Bruchsicherheit betrachtet, dann darf nicht übersehen werden, daß die Momente infolge Temperaturgefälle oder die Normalkraft durch Reibung in dem Augenblick mehr oder weniger verschwinden, in dem im Beton ein Riß entsteht, so daß ein Bruchsicherheitsnachweis eigentlich nur für Verkehrslasten zu führen ist.

16.34 Die baulichen Möglichkeiten von Spannbetonbahnen

16.341 Spannbettvorspannung

Bei den verhältnismäßig geringen Plattendicken von 14 bis 20 cm für Straßen oder von 16 bis 24 cm für Startbahnen liegt die Anwendung der Spannbettvorspannung nahe, weil bei den geringen Abmessungen der unmittelbare Verbund mit nicht zu dicken Stahleinlagen besonders günstig ist. Der Ausführung der Spannbettvorspannung stellen sich aber einige Schwierigkeiten entgegen. Sie kommt nur für die Längsrichtung in Frage, wo im Abstand von 1 bis 2 Plattenlängen Widerlager für die Verankerung der Spannkraft geschaffen werden müssen. Diese Widerlager können gleichzeitig als Querschwellen an den Bewegungsfugen ausgebildet werden. Man kann die Ankerkraft auch auf mehrere solche Querschwellen stufenweise verteilen, wenn man am Anfang und am Ende einer Strecke die Verankerung für die volle Spannkraft ausbaut.

Die richtige Höhenlage der Spanndrähte kann man durch ein im Verteilerbereich unmittelbar vor der Verdichtung durch den Beton gleitendes Schwert sicherstellen, wenn man die Querbewehrung bzw. Quervorspannung grundsätzlich über den Längsdrähten angeordnet hat. Die Längsdrähte können auch in zwei Lagen übereinander angeordnet werden, so daß die Quervorspannung dazwischen Platz findet (Bild 16.59). Das Verdichten und Abziehen der Betonplatte mit den üblichen Maschinen bietet keine Schwierigkeit. Danach beginnt aber die schwierige Aufgabe, die Platte während dem Erhärten des Betons so lange rissefrei zu halten, bis man die Spannkraft auf den Beton wirken lassen kann und bis insbesondere der Beton für die Verbundverankerung hart genug ist.

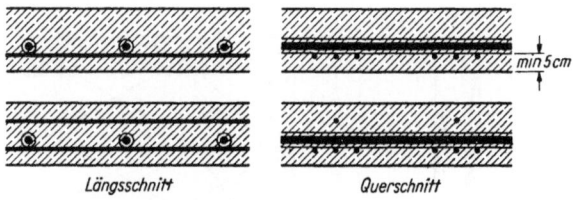

Bild 16.59 Lage der Spannglieder, Längsvorspannung im Spannbett, Quervorspannung im Hüllrohr

Bei der neuen Startbahn des Flugplatzes Wien-Schwechat hat die Firma Universale, Wien [526] diese Aufgabe dadurch gelöst, daß ein Teil der Spannkraft über Spindeln frühzeitig mit einer stählernen Stirnschalung auf die Platte übertragen wurde. Die geringe Spannkraft geht jedoch auf verhältnismäßig kurze Länge infolge der Reibung verloren. Der zuverlässigere Weg dürfte dadurch gegeben sein, daß die neu hergestellte Platte gegen Feuchtigkeitsverlust und gegen Abkühlung wirkungsvoll geschützt wird, so daß keine Zugspannungen im Beton entstehen können.

Der Schutz gegen Verdunstung wird durch Übersprühen mit einem dampfdichten Film bereits 1 bis 2 Stunden nach Fertigstellung der Oberfläche erreicht [513]. Die Abkühlung gegenüber der Herstellungstemperatur kann man durch fahrbare, wärmedämmende Dächer vermeiden, unter die bei fallender Temperatur, besonders während der Nacht, warme Luft eingeblasen wird. Man beschleunigt so gleichzeitig die Erhärtung des Betons. Mit diesen Maßnahmen muß es gelingen, den Beton so lange rissefrei zu halten, bis die volle Spannkraft durch Lösen der Spanndrahtanker übertragen werden kann.

Die Spanndrähte werden zweckmäßig an einer stählernen Stirnschalung befestigt, so daß beim Übertragen der Spannkraft auf den Beton zunächst die Verbundwirkung für die Verankerung der Drähte noch nicht in Anspruch genommen wird. Die Stirnschalung wird man erst spät lösen und die überstehenden Drahtenden zum Anschluß des Ergänzungsstreifens bis zur Bewegungsfuge benützen. Unmittelbar hinter der Stirnschalung ist eine leichte Bügelbewehrung zur Aufnahme der Anker-Spaltkräfte notwendig.

16.342 Vorspannung mit Spanngliedern in Hüllrohren

Die bisherigen Erfahrungen mit dieser Bauart lehren, daß man im Vergleich zur Plattendicke keine zu großen Spannglieder verwenden darf, weil sonst leicht entlang der Hüllrohre Risse entstehen. Die Überdeckung der Hüllrohre sollte möglichst 4 bis 5 cm nicht unterschreiten. Man ist daher im Lauf der Zeit zu verhältnismäßig kleinen Spanngliedern in mäßigem Abstand gekommen.

So wurden zum Beispiel bei der Startbahn des Flugplatzes Wahn nur Einzeldrähte ϕ 10 mm aus St 150 in Hüllrohren mit 12 mm ϕ im Abstand von 30 cm verwendet.

Die Spannglieder müssen in engen Abständen unterstützt und festgelegt werden, wenn man übermäßig große ungewollte Welligkeit durch das Einbringen des Betons mit den Verteilermaschinen und durch die Vibrationsverdichtung vermeiden will. Zum Teil wurden beachtlich große Welligkeiten von 1,5 bis 2°/m beobachtet. Es ist deshalb auch hier zu empfehlen, mit einer durch den bereits geschütteten Beton gleitenden Vorrichtung kurz vor dem Verdichten die Spannglieder nochmals auszurichten und damit auf den mühseligen Einbau von Unterlagsklötzchen zu verzichten.

Auf Biggs Air Force Base, Texas, wurden die Längsspannglieder zur Verminderung der Welligkeit zwischen den vorweg betonierten Unterlagsplatten der Querfugen leicht gespannt, was sich bei 150 m langen Platten sehr günstig ausgewirkt hat [530].

Auch bei dieser Art der Vorspannung muß man frühzeitig eine Teilvorspannung vornehmen, um Temperaturrisse zu verhüten oder die im Kap. 16.341 beschriebenen Maßnahmen ergreifen.

Anordnung der Spannglieder

Die Spannglieder wurden früher (vgl. 1. Auflage) diagonal sich kreuzend angeordnet (Bild 16.60),

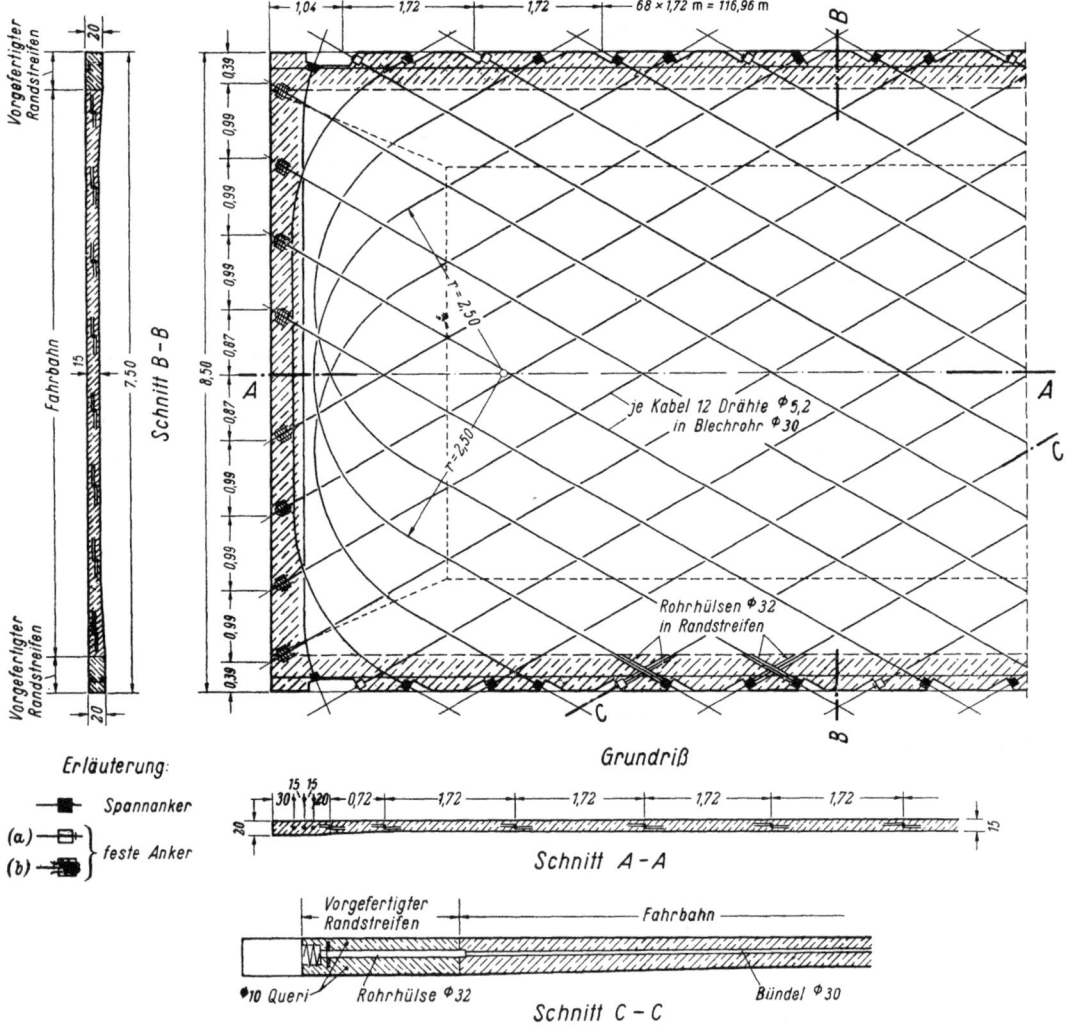

Bild 16.60 Anordnung der Spannglieder in der 1953 hergestellten, 120 m langen Versuchsplatte in Mergelstetten (Wayss & Freytag AG)

um mit mäßigen Spanngliedlängen auszukommen. Dabei wurde der Neigungswinkel so gewählt, daß ein zweckmäßiges Verhältnis von Längs- zu Quervorspannung entsteht. Nachteilig ist, daß an den Längsrändern Spannstellen offengehalten werden müssen und damit die Anwendung von Maschinen, die auf Banketten laufen, behindert wird.

Heute werden die Spannglieder fast durchweg parallel und rechtwinklig zur Fahrbahnachse verlegt (Bild 16.61). Die Längsspannglieder liegen dabei etwas unter $d/2$, während die Querspannglieder darüber verlegt werden. Man kann jedoch auch umgekehrt die Längsspannglieder oben und die Querspannglieder unten legen. An den Plattenrändern und im Bereich der Verankerungen ist der Einbau einer leichten schlaffen Bewehrung angezeigt.

Bild 16.61 Orthogonal verlegte Spannglieder für die Startbahn des Flugplatzes Wahn (Ausführung 1960 Dyckerhoff & Widmann KG in Arge)

Beim Auspressen der langen Hüllrohre besteht eine gewisse Gefahr der Verstopfung. Man sollte daher im Abstand von rund 50 m Einpreßröhrchen anordnen.

Breite Startbahnen werden mit Straßenfertigern in 7,5 m breiten Streifen hergestellt, wobei die Querspannglieder bereits über die ganze Pistenbreite verlegt werden müssen, wenn man sie nicht nachträglich in die Hüllrohre einfädelt, die dann während dem Betonieren entsprechend ausgesteift sein müssen. Man betoniert dabei Feld über Feld und spannt in der Längsrichtung zunächst nur so weit vor, als zur Verhütung von Temperaturrissen nötig ist. Die Zwischenfelder werden so früh wie möglich betoniert, wobei der frische Beton direkt an die vorhandenen Platten anschließt. Beim weiteren Vorspannen müssen dann die älteren Plattenstreifen mitgespannt werden. Einen gewissen Unterschied der Druckspannung in den verschieden alten Plattenstreifen nimmt man in Kauf. Die bewegliche Ausbildung der Längsfugen zwischen den Plattenstreifen wäre nachteiliger als der Unterschied in der Längsdruckspannung. Die Quervorspannung erfolgt zum Schluß.

Für Straßen, bei denen eine Quervorspannung nicht nötig ist (Längsfugenabstand 3,75 m), kann man für den Einbau der Spannglieder Vorteile erzielen, wenn diese auf Trommeln aufgewickelt angeliefert werden. Man wird dann zunächst eine untere Betonschicht mit dem Verteilerwagen einbringen und darauf ein leichtes Baustahlgitter als schlaffe Bewehrung, bevorzugt für die Querrichtung, verlegen.

Die Spannglieder werden dann von einem Wagen abgerollt und leicht in die Betonschicht eingedrückt, damit sie sich beim Einbringen der restlichen Betonschicht nicht mehr verschieben können (Bild 16.62). Man wird so die Welligkeit weitgehend vermeiden. Über die Spannglieder wird noch ein leichtes Baustahlgitter, vorzugsweise als Querbewehrung, verlegt. Auf diese Weise könnte die Fertigung der Spannbetonstraße mechanisiert werden, und man würde das Betreten des Planums zum Einbau der Spannglieder vermeiden.

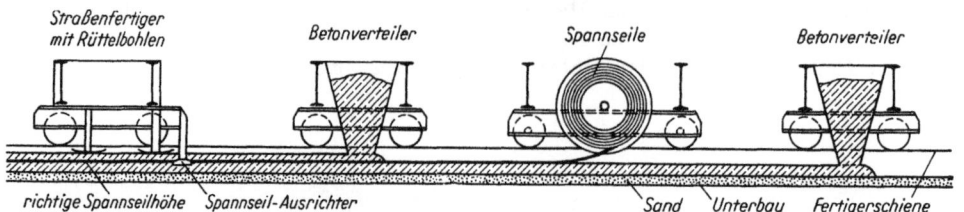

Bild 16.62 Verlegen von Spannseilen durch Abhaspeln und Einrütteln in richtiger Höhenlage mit Straßenfertiger (Vorschlag des Verfassers)

16.343 Bewegungsfugen

An den Plattenenden bleibt zunächst zum Vorspannen ein Streifen offen, der erst nach dem endgültigen Vorspannen zubetoniert werden kann. Es empfiehlt sich dabei, der Gleitbewegung der Platten mit hydraulischen Pressen noch nachzuhelfen, damit auch im Mittelteil der Platten möglichst viel Druck ankommt und damit für die Bewegungsfuge, die nun zwischen den Platten eingebaut werden muß, möglichst viel Verkürzung vorweggenommen ist.

Unter dem ganzen Fugenbereich ist eine Stahlbetonplatte vorweg zu betonieren, damit sich die Plattenränder nicht frei durchbiegen können. Diese Querschwelle wird unter offenen Fugenspalten mit einer Entwässerungsrinne versehen, deren Querschnitt genügend groß sein soll. Es ist wichtig, daß die Gleitschicht auf der Querschwelle besonders sorgfältig ausgebildet wird, damit die Bewegung der Plattenenden nicht an diesem steifen Bauteil behindert wird.

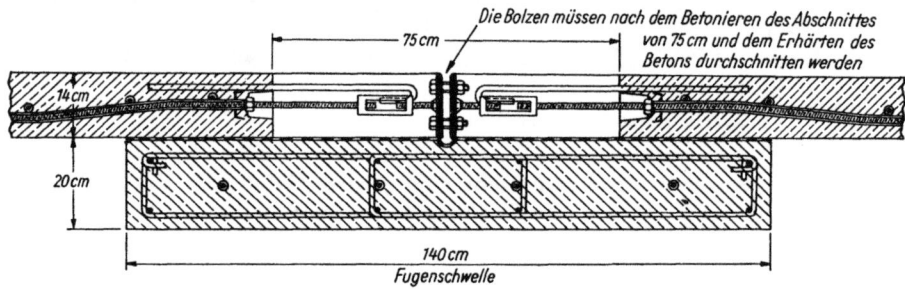

Bild 16.63 Spannfuge der Versuchsstrecke Memmingen

Für diese Bewegungsfugen werden noch vielerlei Bauarten erprobt. Man findet offene Fugenspalte zwischen kräftigen Kantenschutzblechen, wie sie auf der Versuchsstrecke Memmingen gewählt wurden. Man hat dort die Spannstäbe verlängert, die Bleche mit Schrauben verbunden, so daß die Stäbe auf Fugenlänge mit Spannschlössern gespannt werden konnten (Bild 16.63) [331]. Nach dem Erhärten des Fugenbetons werden die Schrauben zwischen den Fugenblechen durchgebrannt. Im allgemeinen wird es genügen, die noch offene Spannzone mit schlaffer Bewehrung an die vorgespannte Platte anzuschließen. Das Stahlprofil der Fuge muß gut im Beton verankert sein.

An anderer Stelle hat man wie bei Brücken stählerne Gleitbleche oder Fingerauszüge eingebaut, die den Spalt überbrücken, der für rund 100 m Plattenlänge etwa ± 30 mm betragen muß. Man sollte anstreben, die Stahlfläche der Fuge so kurz wie möglich zu halten und mit einem Fugenspalt auszukommen. Man kann ohne Nachteil den Spalt beim Einbau der Fuge klein wählen, da bei

Wärmeausdehnung ein gewisser zusätzlicher Druck der Platte nicht schadet. Zur Verhütung zu hoher örtlicher Pressung kann man eine Gummiplatte einlegen. Eine neuere Lösung unter Verwendung eines Gußkörpers zeigt Bild 16.64 [559]. Bei dieser Fugenausbildung kann der Betonquerschnitt bis zur Fuge maschinell hergestellt werden.

Bei der Versuchsstrecke Dietersheim/Bingen hat man zwischen die mit [-Profilen eingefaßten Plattenenden eine Fugeneinlage aus mehreren Schichten von Stahlblechen und hohlen Gummiprofilen eingebaut (System Held & Franke) (Bild 16.65) [469]. Die Fugeneinlage läßt sich vor dem Einbau stark zusammenpressen. Bei einer Verkürzung der Betonplatten dehnen sich die Gummiprofile aus, so daß die Fuge ständig dicht geschlossen ist. Bisher hat sich diese Bauart bewährt, sie ist jedoch teuer.

Bild 16.64 Fugenausbildung unter Verwendung eines Gußkörpers (nach Dyckerhoff & Widmann KG)

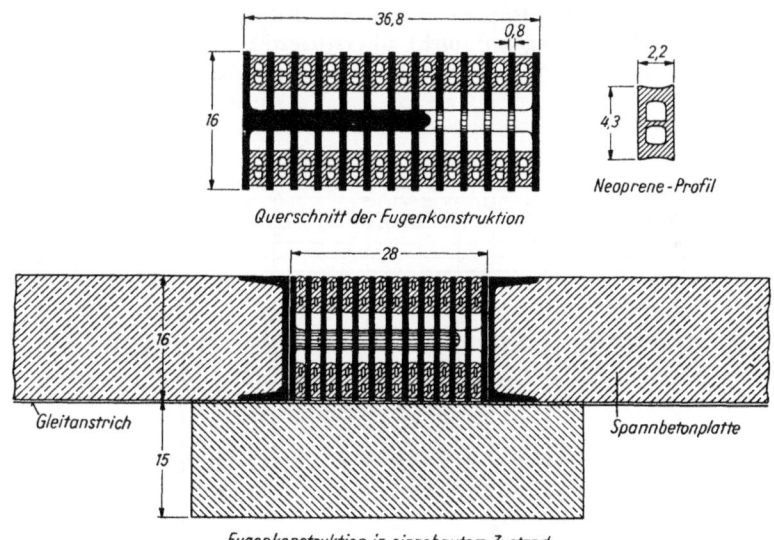

Bild 16.65 Fugenkonstruktion der Versuchsstrecke Dietersheim/Bingen (System Held & Franke)

16.344 Längsvorspannung ohne Spannglieder (externe Vorspannung)

Frühzeitig wurden von französischen Ingenieuren Betonbahnen in der Längsrichtung gegen feste Widerlager vorgespannt, um die hohen Kosten des Spannstahles zu vermindern (vgl. 1. Auflage und [80], [222]). Wenngleich die erste Startbahn dieser Art in Paris-Orly nach 11jährigem Dienst erhebliche Schäden infolge Korrosion der Spanndrähte [532] zeigte, so halten sich die späteren Bahnen dieser Bauart gut, zum Beispiel die Startbahn Algier-Maison-Blanche [330], wenn sie mit genügender Längsvorspannung und mit nicht zu geringer Plattendicke ausgeführt wurden.

Zum Vorspannen werden, abhängig von der Reibung, im Abstand von 120 bis 300 m Spannfugen angeordnet (Bild 16.66), von denen aus die Betonplatten unter Druck gesetzt werden. Am Beginn und am Ende der Bahn, dazwischen in großen Abständen von 2 bis 3 km, befinden sich feste Widerlager, die die Spannkraft in den Baugrund ableiten. Nach dem Spannen liegt die Betonplatte in der Längsrichtung unbeweglich fest, die sich wiederholenden Reibungsspannungen fallen also weg.

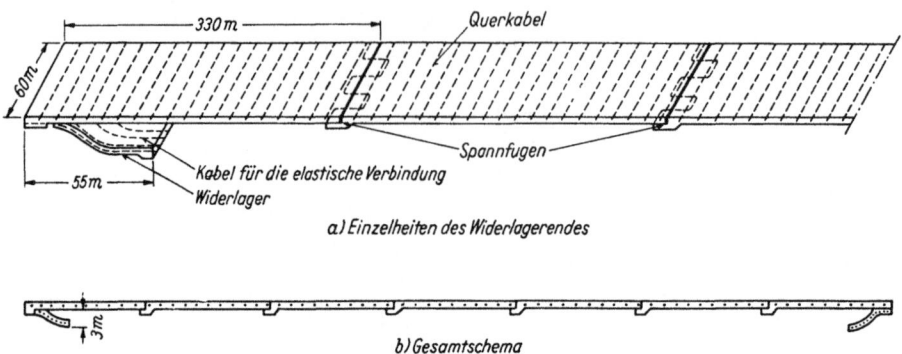

Bild 16.66 Schema der Spannbeton-Startbahn Algier-Maison-Blanche (Campenon Bernard)

Spannungen

An die Stelle der Längenänderungen treten Spannungsänderungen infolge Temperatur, Schwinden und Kriechen. Bei Erwärmung nimmt die Druckspannung zu, bei Abkühlung nimmt sie ab. Die Vorspannung muß so gewählt werden, daß bei höchster Temperatur die Längsspannung den Wert von ungefähr 140 bis 150 kg/cm² nicht überschreitet und daß andererseits bei niedriger Temperatur noch Druckspannungen von rund 20 kg/cm² zur Aufnahme der Verkehrslastspannungen erhalten bleiben.

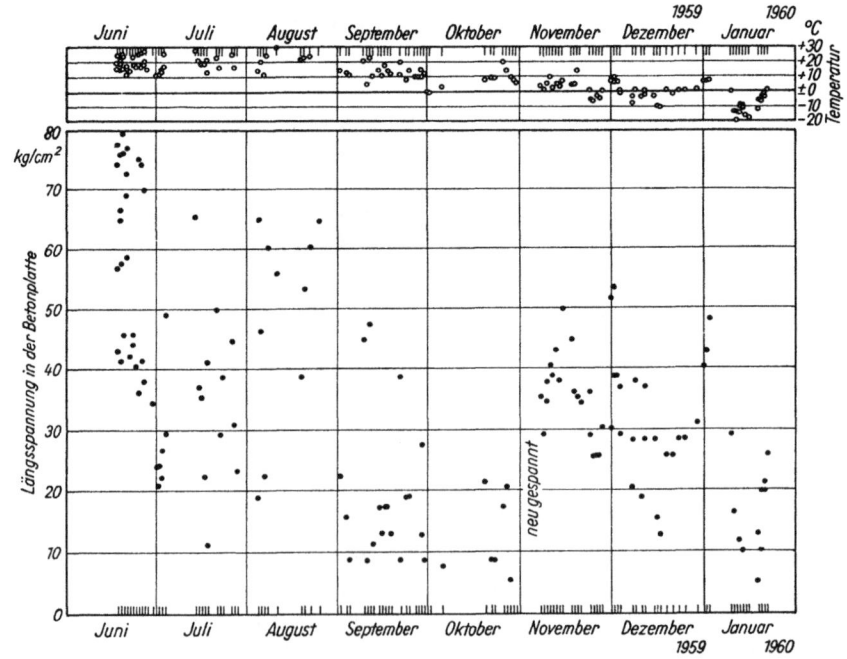

Bild 16.67 An der Meßfuge beobachtete Längsdruckspannungen und gleichzeitige mittlere Lufttemperaturen (nicht Betontemperaturen!)

Rechnet man mit einer höchsten mittleren Sommertemperatur der Betonplatte von $+ 40°$ C (Oberflächentemperatur $+ 50°$ C) und einer Wintertemperatur von $- 10°$ C, so ergeben sich bei einem E-Modul des Betons von 300 000 kg/cm² Spannungswechsel von rund 150 kg/cm², die jedoch nicht voll auftreten werden, weil die hohen Temperaturen im Sommer von Trockenheit begleitet sind, so daß Schwinden und Kriechen dem hohen Spannungswert entgegenwirken. Umgekehrt geht dem Frost meist nasses, feuchtes Wetter voraus, so daß die Platte wieder quillt und damit den Spannungsabfall durch Temperatur mildert. Jedenfalls haben Spannungsmessungen des Verfassers an der Versuchsstrecke auf der Autobahn bei Salzburg [468] gezeigt, daß die Spannungswechsel zwischen Juni und Januar bei Lufttemperaturen von $+ 30°$ bis herunter zu $- 20°$ kleiner als 110 kg/cm² blieben (Bild 16.67). Im Laufe der Zeit ist mit höheren Spannungswechseln zu rechnen, weil die Quell-, Schwind- und Kriechvorgänge abklingen.

Bei einer mittleren Temperatur von $+ 10°$ sollte man die anfängliche Spannung mit 80 bis 90 kg/cm² wählen, also bewußt ziemlich hoch, damit die Kriechverkürzungen der Platte möglichst schon im ersten Jahr abklingen.

Die Vorspannung läßt durch Schwinden und Kriechen des Betons nach, man muß daher in den ersten zwei bis drei Jahren jeweils im Herbst nachspannen, wenn man nicht Spannfugen vorzieht, die die ständige Kontrolle eines Mindestdruckes erlauben.

Die Knicksicherheit

Sobald keine Längsspannglieder im Beton liegen, muß die Knicksicherheit der langen Platten betrachtet werden. Dem Knicken wirkt das Eigengewicht der Platte entgegen. R. Peltier [473] hat das Knickproblem dieser Spannbetonplatten eingehend untersucht und festgestellt, daß für die langen Platten von etwa 16 cm Dicke ab keine Knickgefahr mehr besteht. Man wird nun die auf diese Weise vorgespannten Platten ohnehin nicht so dünn machen wie die mit Spannstahl versehenen. Wir wollen 20 cm als Mindestdicke empfehlen, schon um bei Straßen Verkehrslastmomente in der Querrichtung mit einer leichten Bewehrung aufnehmen zu können. Für 20 cm Plattendicke ergibt sich die kritische Knickspannung zu rund 180 bis 260 kg/cm². Auch Fahrbahnen in einer Kuppenausrundung sind bei den heutigen Ausrundungsradien nicht durch Knicken gefährdet.

Bei in der Kurve liegenden Fahrbahnen muß man die nach außen gerichtete Umlenkkraft der Spannkraft in regelmäßigen Abständen am Plattenrand durch eingerammte Pfähle aufnehmen. Dies bereitet meist keine baulichen Schwierigkeiten und auch keine hohen Kosten. Für die Bemessung der seitlichen Böcke darf von der Umlenkkraft die sicher durch Reibung aufgenommene Komponente abgezogen werden.

Bauliche Durchbildung der Widerlager

Verschiedene ältere Bauarten der Widerlager sind in der 1. Auflage in den Bildern 16.37 und 16.38 gezeigt. Die Franzosen haben vorzugsweise auf Zug beanspruchte Ankerplatten im Boden versenkt, die im Falle der Startbahn Algier-Maison-Blanche durch Auspressen der Spanndrahtkabel mit weichem Bitumen sogar elastisch nachgiebig ausgebildet wurden (Bild 16.68). Diese Wider-

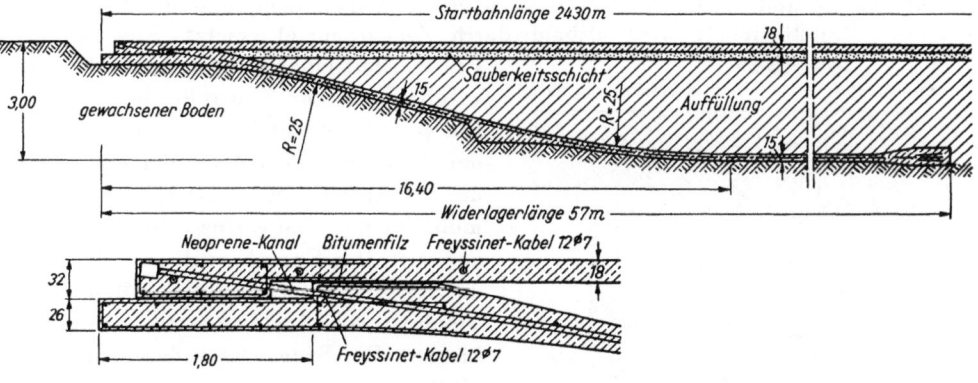

Bild 16.68 Elastisch nachgiebiges Widerlager der Startbahn Algier-Maison-Blanche

lager auf Zug sind teuer. Die Nachgiebigkeit nützt wenig, weil rund 150 bis 200 m vom Widerlager entfernt die Längsspannungen wegen der Reibung durch die Nachgiebigkeit des Widerlagers nicht mehr gemildert werden.

Die auf Druck beanspruchte gewölbte Platte gemäß Bild 16.69 ist erheblich wirtschaftlicher. Sie wurde bei der Versuchsstrecke Salzburg angewandt [468].

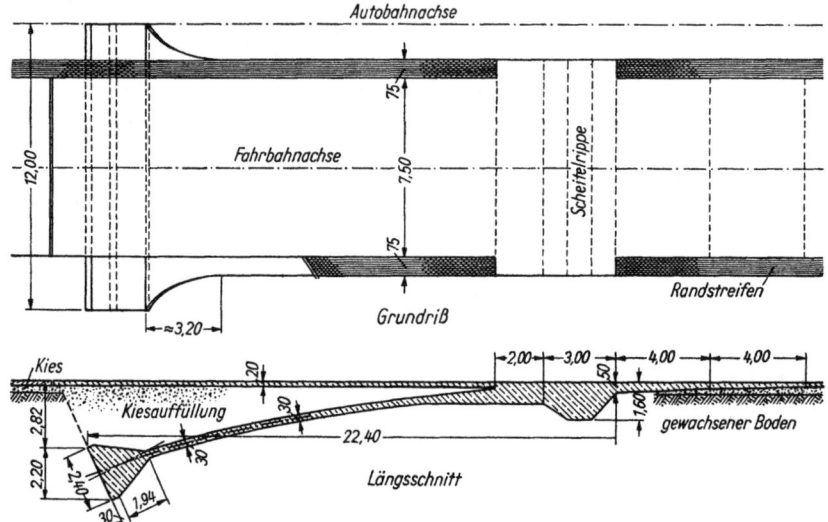

Bild 16.69 Festes Widerlager als Druckgewölbe bei der Versuchsstrecke Salzburg

Im Scheitel ist zunächst eine kräftige Querschwelle angeordnet, deren Gewicht eine Anfangsneigung der Wölbplatte erlaubt. Diese ist so geformt, daß die Umlenkkräfte infolge der Spannkraft stets kleiner sind als das Gewicht des darüber befindlichen Bodens. Die Platte wird nur auf Druck beansprucht und kann daher ohne Bewehrung ausgeführt werden. Bei Kies oder Sand genügt eine Tiefe von 4 bis 5 m. Die Neigung der Platte ist bis auf einen kurzen Teil am Ende so gering, daß der erforderliche Aushub mit Schürfkübeln herausgefahren werden kann.

Im übrigen können auch normale Betonplatten auf Kiessand in einer Gesamtlänge von 200 bis 300 m, die zum Beispiel nur mit Schwindfugen hergestellt wurden, ebenfalls als Widerlager betrachtet werden, weil diese Länge ausreicht, die Spannkraft durch Reibung allein in den Untergrund zu übertragen. Auch Pfähle oder mehrfache Querrippen können mit dicken Platten zusammen als Widerlager dienen.

Ausbildung der Spannfugen

Die Franzosen verwenden als Spannfugen vorgefertigte Betonstücke in der Dicke der Fahrbahnplatte, in denen drei bis vier flache Bandpressen nebeneinander einbetoniert sind (Bild 16.70). Die erste Reihe dieser Pressen wird zum frühzeitigen teilweisen Vorspannen benützt, die zweite und dritte zum erstmaligen vollen Vorspannen, und die letzte zum Nachspannen. Die Preßflüssigkeit wird alsbald durch Zementmörtel ersetzt. Eine weitere Reihe Pressen, mit einer nicht gefrierenden Flüssigkeit gefüllt, kann zur Kontrolle des Druckes dienen. Ein gewisser Nachteil dieser Spannfugen ist, daß der Beton über dem Wulst der Pressen reißt und die entstehende Lücke mit Mörtel gefüllt werden muß, der nur eine geringe Dicke über der Presse aufweist. Der Fugenbereich ist daher immer wieder Schäden ausgesetzt, die vielleicht durch Verwendung von Aralditmörtel vermieden werden können. Die Bauart ist andererseits einfach und billig.

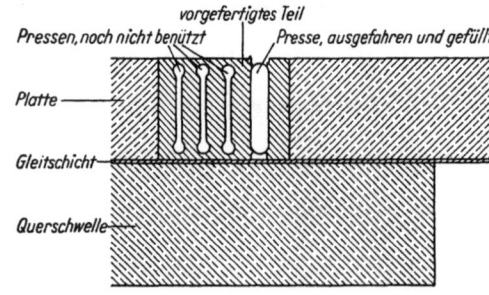

Bild 16.70 Spannfuge mit Freyssinet-Kapselpressen, wie sie bei französischen Bahnen mehrfach verwendet wurden

Die Vorspannung mit Keilplatten [203], die einen Teil der Fahrbahntafel bilden (vgl. 1. Auflage Bild 16.44 und 16.45), wurde bei der Schweizer Versuchsstrecke Möriken—Brünegg [329] und bei der Versuchsstrecke Salzburg [468] erprobt. Die dabei gesammelten Erfahrungen geben Veranlassung, über die ganze Fahrbahnbreite durchgehende Keile gemäß Bild 16.71 zu empfehlen. Die flache Keilneigung 1:20 führt mit einer mäßigen Spannkraft am Keil quer zur Fahrbahn, die mit hydraulischen Pressen ausgeübt wird, zu einer großen Längsspannkraft. Der Keil wird durch sehr dick bemessene und außen eben abgeschliffene Stahlbleche gebildet, gegen die sich ein bewußt dünnes Blech, bevorzugt dünner kalt gewalzter Bandstahl, anlegt, das durch den Beton gegen das dicke Keilblech angepreßt wird. Die Fuge zwischen dünnem und dickem Blech kann für die Bauzeit mit einem Kunststoffkleber verschlossen werden, der beim Spannen abgeschert wird. Im dicken Keilblech befindet sich nahe den Fahrbahnrändern je auf eine kurze Strecke eine Führungsnut, in die ein im Beton verankerter Dorn eingreift, damit die Keilplatte in ihrer Höhenlage festgelegt ist.

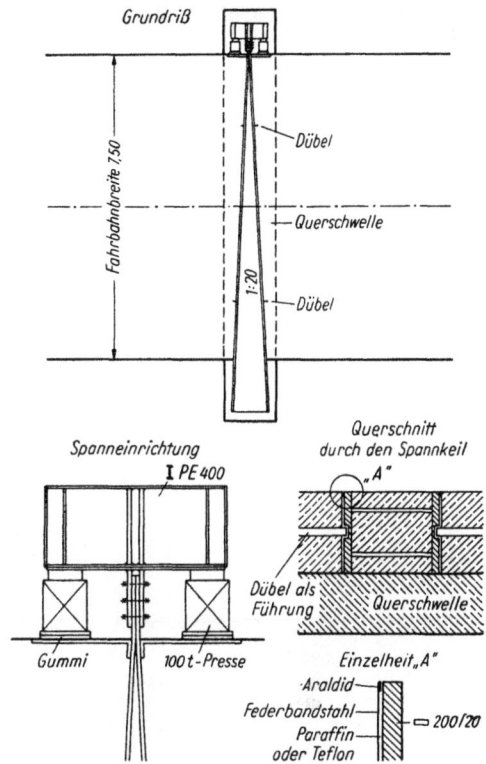

Bild 16.71 Über die ganze Feldbahnbreite durchgehende Keilplatte zum Spannen

Als Gleitmittel zwischen den beiden Blechen wird Paraffin oder Teflon empfohlen, letzteres genügt in einer Dicke von 0,5 mm und sichert einen Reibungswert von unter 3 %. Der Keil wird in der gespannten Lage durch an der Keilspitze eingesteckte Querdorne gegen die Platten festgehalten. Zum Spannen müssen insgesamt drei bis vier Spannhäupter vorgehalten werden, die an der Keilspitze festgeschraubt werden.

Wenn die Keilneigung größer ist als der Reibungsbeiwert in der Keilfuge, dann kann man den Keil mit Tellerfedern auf eine gewisse Spannkraft einstellen und damit Extrem-Werte der Längsspannung vermeiden und einen Mindestwert an Spannkraft ständig aufrecht erhalten.

Um sicherzustellen, daß die Gleitflächen wirklich gerade bleiben, sollte man die Keilplatte in einer einwandfreien Vorrichtung betonieren und als Fertigteil versetzen.

Die Spannkeile erlauben ein frühzeitiges mäßiges Vorspannen. Der Keil zwischen den Platten, die am 1. und 2. Tag betoniert wurden, wird bereits am Abend des 2. Tages leicht mit etwa V/6 angespannt. Die Vorspannung kann je nach Temperatur am 4. Tag auf V/3, am 7. Tag auf V/2 gesteigert werden. Die volle Vorspannkraft wird möglichst spät, kurz vor Inbetriebnahme der Strecke aufgebracht.

Trotz dieser Möglichkeiten der frühzeitigen Vorspannung ist es nötig, das Austrocknen und Abkühlen der Platten während der ersten zwei Tage durch fahrbare Dächer und evtl. durch Beheizen zu verhüten, weil sonst schon am ersten Tag Querrisse entstehen können.

Wichtige Vorteile der Spannkeile sind, daß in der Fahrbahnfläche keine offenen Fugen und keine ungeschützten Betonkanten verbleiben, und die leichte Reparaturmöglichkeit. Wenn die Fahrbahn an irgend einer Stelle beschädigt wurde, dann werden die Nachbarkeile entspannt, die Betonplatte wird in Ordnung gebracht, und die Keile werden erneut vorgespannt. Es spielt dabei keine Rolle, daß vorübergehend auch die Längsvorspannung in den übernächsten Feldern nachgelassen hatte.

Vorspannung mit Gummischläuchen. Eine sehr günstige Lösung für die Spannfuge ist mit einem Gummischlauch zu erreichen (Bild 16.72 und 16.73), der in einem Stahlpanzer liegt, der Längsbewegungen von 40 bis 60 mm zum Spannen und zur Druckregulierung erlaubt. Der Druck wird hydraulisch mit einer frostgeschützten Flüssigkeit erzeugt. Im Laufe der Zeit werden derartige Fugen entwickelt werden, mit denen der nötige Druck auch im Winter aufrechterhalten werden kann und zu hoher Druck im Sommer über ein Ventil vermieden wird.

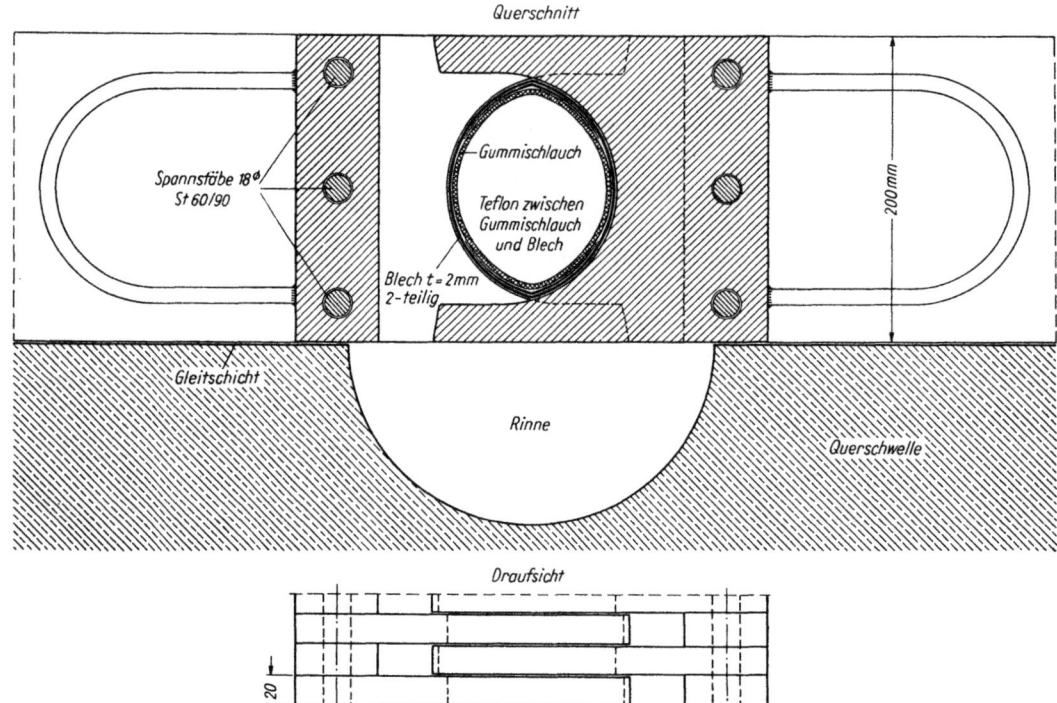

Bild 16.72 Vorschlag einer Spannfuge mit Gummischlauch. Der Druck ist jederzeit regelbar

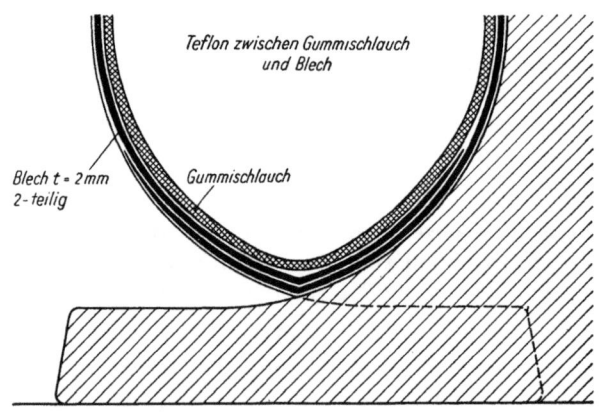

Bild 16.73 Einzelheit zu Bild 16.72

Die Fuge in der Fahrbahn wird dabei zweckmäßig mit einem Fingerauszug gemäß Bild 16.72 überbrückt. Die Finger eignen sich zur Aufnahme des Druckes im Schlauch, die Lücken werden mit Blecheinlagen überbrückt, die sich genügend überlappen. Tefloneinlagen sorgen für niedrige Reibung zwischen Blech und Gummi, so daß der Schlauch nicht verletzt wird. Es besteht nur die Aufgabe, solche Fugen genügend preiswert zu fertigen. Der Schlauch muß von der Stirn her auswechselbar sein.

16.345 Spannbetonbelag für Kanäle

Eine interessante Anwendung des Spannbetons zur Auskleidung eines Kanales finden wir in Italien bei Pontecorvo. Der Belag des Kanales mit parabelförmigem Querschnitt wurde in 1,25 m breiten und nur 3 cm dicken, 25 bis 30 m langen Bahnen im Spannbett mit besonders hoher Qualität vorgefertigt. Auf dem Unterbeton des Kanales wurde ein Mörtelbett aufgespritzt, in das die Spannbetonbahnen von einer fahrbaren Brücke aus verlegt wurden (Bild 16.74). Die Bahnen wurden in das Mörtelbett eingerüttelt und verfugt. (Ausführung 1958 durch Farsura, Mailand), [453].

Bild 16.74 Verlegen von 30 m langen Spannbetonbahnen zur Auskleidung eines Kanals bei Pontecorvo, Italien

16.4 Spannbeton-Schwellen

Die ersten Spannbeton-Schwellen für Eisenbahnen wurden etwa 1940 von den Franzosen hergestellt [45]. In der 1. Auflage dieses Buches sind in Kap. 16.4 anfängliche Schwellenformen gezeigt. Dort ist ferner dargelegt, welche Gesichtspunkte bei der Deutschen Bundesbahn für die Entwicklung maßgebend waren.

Bis zum Beginn des Jahres 1961 sind allein bei der Deutschen Bundesbahn 14,5 Millionen Spannbeton-Schwellen, meist in Hauptgleisen, verlegt worden. Die Spannbeton-Schwelle hat sich also durchgesetzt und bewährt. *H. Meier*, der sich um die Einführung dieser Schwellen besonders verdient gemacht hat, hat in [348] Versuchsergebnisse, Erfahrungen und die zugehörigen Schlußfolgerungen zusammenhängend dargestellt. Die Entwicklung seit 1955 und ihren gegenwärtigen Stand (1961) beschreibt *A. Doll* in [550].

Während man in den ersten Jahren Schwellen mit einem nachgiebigen schlanken Mittelteil, u. a. zur Verminderung des Gewichtes, bevorzugt hat, ging man später zu schwereren Balkenschwellen

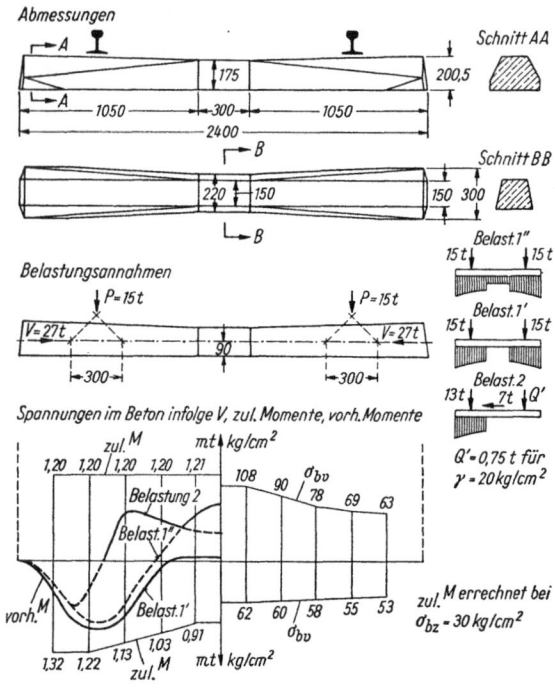

Bild 16.75 Form der Spannbeton-Schwelle B 58 der Deutschen Bundesbahn mit Momenten unter Gebrauchslast und Betonspannungen infolge Vorspannung

über. Die Entwicklung der Verlegemaschinen ist so weit fortgeschritten, daß das Gewicht der Schwellen keine wesentliche Rolle mehr spielt. Die über die ganze Länge biegesteifen Balken der neuen Schwellenform B 58 (Bild 16.75) bringen zudem den Vorteil einer großen Rahmensteifigkeit des Eisenbahngleises, wenn die Schienen drehfest aufgeschraubt werden. Diese Rahmensteifigkeit sichert die Schienen gegen Ausknicken und erlaubt so das Verschweißen der Schienenstöße. Die schwere Spannbeton-Schwelle hat so das fugenlose Gleis ermöglicht, das nicht nur eine angenehme Laufruhe der Züge mit sich bringt, sondern auch Fahrzeuge und Schienen schont.

Die Deutsche Bundesbahn hat auf Grund ihrer zahlreichen Versuche und der jahrelangen Erfahrungen „G r u n d s ä t z e für Bemessung, Bauart und Zulassungsverfahren" für Spannbeton-Schwellen herausgegeben. Die Schwelle der Regelform B 58 muß demnach ein negatives Moment in Schwellenmitte und ein positives unter dem Schienenauflager von je 1,2 tm mit der nötigen Sicherheit aushalten, wobei die Betonspannungen 120 kg/cm² Druck und 30 kg/cm² Zug nicht überschreiten dürfen. Der Beton muß eine Druckfestigkeit von mindestens 600 kg/cm², eine Biegezugfestigkeit von 65 kg/cm² und eine Ermüdungs-Biegezugfestigkeit von 30 kg/cm² aufweisen.

Für diese Forderungen muß die anfängliche Vorspannkraft etwa 32 t, die endgültige 27 t betragen. Als anfängliche Spannung wird $0,70 \beta_Z$ zugelassen.

Der Spannstahl ist in Form von mindestens 4 oder höchstens 8 geraden Stäben in den Randzonen des Querschnittes mit Verbund zum Beton und möglichst mit Endverankerungen einzubauen. Gute Verankerungen sind vor allem deshalb notwendig, weil die Länge zwischen Schwellenende und dem Größtmoment unter der Schiene sehr klein ist, so daß kaum Länge für Verbundanker zur Verfügung steht.

Von der Bauart ohne Verbund, die 1955 noch üblich war, ist man abgekommen, weil sich gezeigt hat, daß der Verbund für die Schlagbeanspruchung der Schwelle bei Entgleisungen günstig ist. Auch Scherverbund zwischen Spannstahl und Beton hat sich als brauchbar erwiesen.

Bei der Zulassung werden u. a. die Schwellen einer dynamischen Prüfung unterzogen, wobei nach $2 \cdot 10^6$ Lastspielen zwischen 3,2 t (je Schiene) unterer Laststufe und 14 t oberer Laststufe (Momente zwischen 0,4 und 1,75 tm) bei einer Frequenz von etwa 8 Hz eventuell auftretende Risse nach der Entlastung nicht mehr als 0,05 mm Breite aufweisen dürfen.

Für die Schienenbefestigung werden Wellendübel aus chemisch geschütztem Holz einbetoniert.

Für den B e t o n ist noch bemerkenswert, daß doppelt gebrochene Zuschläge würfeliger, gedrungener Kornform eine größere Schlagfestigkeit ergeben als Zuschläge aus Kies oder einfach gebrochenem Gestein. Der Beton wird heute fast in allen Werken zunächst auf dem Rütteltisch vibriert und dann unter Druck mit einer Oberflächen-Rüttelplatte weiterverdichtet. Anschließend folgt eine 8- bis 10stündige Dampfhärtung bei 60 bis 80° C. Die Besonderheiten des Schwellenbetons hat im übrigen H. Rüsch in [347] behandelt.

Die H e r s t e l l u n g der Schwellen erfolgt teilweise mit nachträglichem Verbund, teilweise im Spannbett mit sofortigem Verbund, wobei die Stahlschalungen als Spannbett dienen [550], [551].

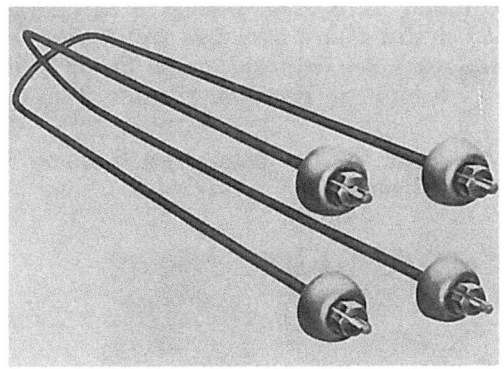

Bild 16.76 Spannglieder der Bauart Karig-Dywidag aus 4 Stäben ⌀ 9,7 mm St 135/150

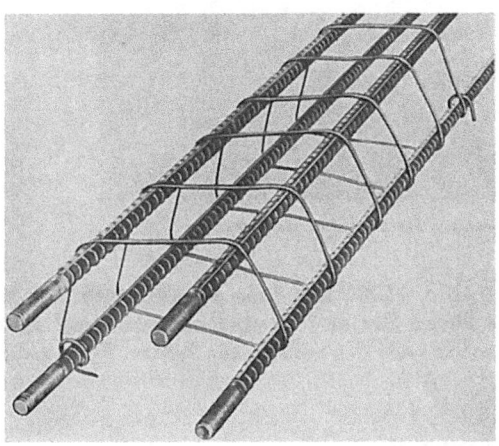

Bild 16.77 Spannglieder der Bauart Beton- und Monierbau AG aus 4 Stäben ⌀ 14,5 mm, gerippt für direkten Verbund, Stahlform als Spannbett

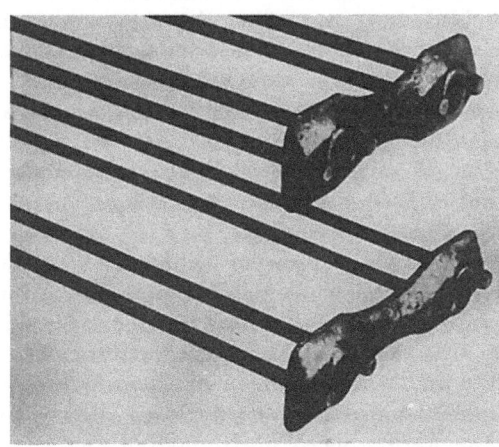

Bild 16.78 Spannglieder der Bauart Thosti-BBRV aus 8 Drähten ⌀ 6,9 mm St 140/160 für direkten Verbund

Bild 16.76 zeigt die Spannglieder der Bauart Dyckerhoff & Widmann KG (von Dr. *Karig* entwickelt), welche in die bereits erhärtete Schwelle eingesteckt, gegen die einbetonierten Ankerglocken vorgespannt und vom Schlaufenende her mit hochfestem Zementmörtel ausgepreßt werden. Die 4 Stäbe bestehen aus Sigma-Spannstahl St 135/150 mit ⌀ 9,7 mm und haben an den Enden aufgerollte Gewinde. Zur Verankerung dient eine Keilmutter gemäß Bild 3.51. Die Aussparungen für die Ankerschlaufen und Muttern werden nach dem Auspressen mit erdfeuchtem Zementmörtel verschlossen.

Die in Bild 16.77 gezeigten Spannstäbe aus 4 Durchmesser 14,5 mm, quer gerippt, St 60/90, werden von Beton- u. Monierbau AG für sofortigen Verbund verwendet. Die Stäbe werden gegen die Stahlform der Schwelle hydraulisch gespannt und mit Muttern auf den Gewinden verankert. Die Spannkraft kann unmittelbar nach der Dampfhärtung des Betons auf den Beton übertragen werden, so daß die Schalung wieder frei wird. Die an den Schwellenköpfen ausgesparten Spannlöcher werden auch hier mit Zementmörtel nachträglich verschlossen. Bei der Verankerung verläßt man sich hier auf den Scherverbund der kräftigen Rippen an den Stäben.

Bild 16.79 Spannglieder der Bauart Thosti-BBRV in einer als Spannbett benutzten Stahlschalung für 3 Schwellen

Eine andere Bauart mit sofortigem Verbund zeigt Bild 16.78. Hier werden 8 **Spanndrähte** Durchmesser 6,9 mm aus gezogenem Stahl St 140/160 an den Enden nach dem BBRV-Verfahren angestaucht und mit Hilfe von geschmiedeten Ankerplatten, die zwischen je zwei Spanndrähten Spannbolzen mit Gewinde aufnehmen, gegen die Schalung vorgespannt (Bauart T h o s t i - B B R V, Thormann und Stiefel AG, Augsburg).

Bild 16.79 zeigt die für drei Schwellen ausgelegte Stahlform mit den gespannten Drähten, den Spannbolzen und den Wellendübeln für die Schienenbefestigung.

Bild 16.80 Auf Spannbeton-Schwellen verlegtes Gleis der Deutschen Bundesbahn

Ein auf Spannbeton-Schwellen verlegtes Gleis zeigt Bild 16.80, auf dem zu erkennen ist, daß die Schwellen nur entlang der Schienen je auf etwa 80 cm Breite voll eingeschottert und unterstopft werden, während sie in der Mitte hohl liegen sollen, um das gefährliche Reiten der Schwelle zu vermeiden.

16.5 Maste, Pfähle und Spundwände aus Spannbeton

16.51 Spannbetonmaste

Spannbetonmaste sind heute als Ersatz für Holz- oder Stahlgittermaste weit verbreitet. Sie werden bevorzugt im Spannbett hergestellt, man findet aber auch das Vorspannen mit nachträglichem Verbund. Als Spannbett dient u. a. die Stahlschalung, vor allem bei Anwendung des Schleuderverfahrens zur Verdichtung des Betons. Bei anderen Verfahren wird der Beton gerüttelt.

Die Form der Maste hängt vom Verwendungszweck bzw. von der Beanspruchungsart ab. So werden Maste für elektrische Oberleitungen von Bahnen gerne mit rechteckigem oder I-Querschnitt, ja sogar als flache Gittermaste gebaut, weil sie im wesentlichen nur in einer Richtung beansprucht werden (Bild 16.81). Freistehende Beleuchtungs- oder Stromleitungsmaste werden gerne mit rundem oder achteckigem Querschnitt, voll oder mit Hohlraum gefertigt (Bild 16.82). Diese schlanken, konischen Maste sehen in der Landschaft ansprechend aus (Bild 16.83). Die Maste werden meist im Normalfall nur geringfügig beansprucht. Sie müssen aber für Sonderfälle, wie für Eisbehang der Drähte, für den Bruch eines

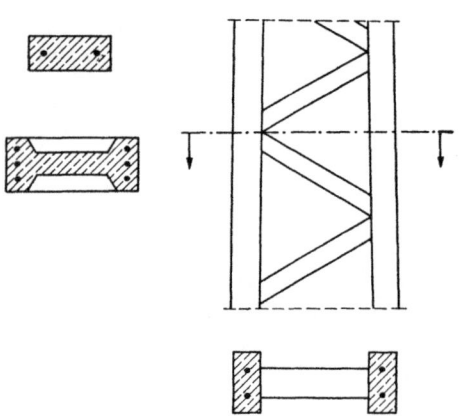

Bild 16.81 Querschnitte von Querseilmasten, wie sie z. B. für elektrische Oberleitungen bei Bahnen verwendet werden

Drahtes, für orkanartigen Sturm, noch standfest sein. Diese Ausnahmebelastungen sind häufig so, daß sie den Mast in beliebiger Richtung beanspruchen können, bei Leitungen auch auf Verdrehen. Die Vorspannung muß daher so bemessen sein, daß in jeder Richtung genügend Reserve für Druckspannungen im Beton infolge solcher Ausnahmebelastungen verbleibt. Dies bedeutet, daß man bei solchen Spannbetonmasten mit dem Grad der Vorspannung nicht sehr hoch gehen kann. Man wendet dann die mäßige Vorspannung an, die in der DIN 4227 bisher nicht erfaßt ist.

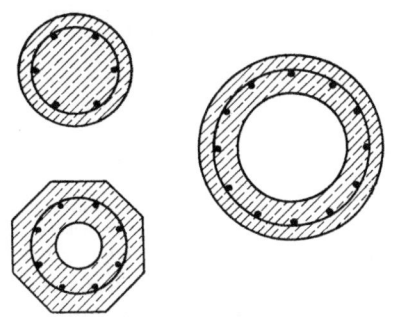

Bild 16.82 Querschnitte von Beleuchtungs- und Stromleitungsmasten

Deshalb wurden besondere „Richtlinien für die Bemessung und Ausführung von Spannbetonmasten" (Norm-Entwurf DIN 4228) herausgegeben, nach denen zwar die zulässigen Spannungen für beschränkte Vorspannung der DIN 4227 einzuhalten sind, aber nicht für die Höchstlast, sondern für eine sogenannte „Mittellast", die als häufig vorkommende Last so definiert ist, daß z. B. nur 25 % der maximalen Windlast zu berücksichtigen ist. Für eine zweite Laststufe, die sog. Normalbelastung, wird bereits mit Zustand II, also mit gerissener Zugzone, gerechnet, wobei die rechnerische Dehnung der äußersten Betonfaser in der Zugzone 1 °/oo nicht überschreiten darf. Dies bedeutet, daß bei der Annahme eines mittleren Rißabstandes von etwa 10 cm die Rißweite unter 0,1 mm bleibt. Dieser Nachweis wird nur gefordert, wenn unter der Mittellast Betonzugspannungen im Zustand I auftreten.

Bild 16.83 Spannbetonmast der Firma Max Giese, Kiel

Für Ausnahmebelastungen, die Torsion hervorrufen, müssen die schiefen Hauptzugspannungen unter einer gewissen Grenze bleiben. Die Bruchsicherheit muß für Vorspannung nach Schwinden und Kriechen bei 1,75facher Normalbelastung nachgewiesen werden, wobei die Festigkeit des Betons mit $0{,}65\,\beta_W$ bei rechteckiger Spannungsverteilung in der Druckzone angesetzt werden darf.

Die untere Grenze des Vorspanngrades wird dadurch festgelegt, daß der Mast ohne äußere Last im ungünstigsten Querschnitt nach S. u. K. eine mittlere Druckspannung von 20 kg/cm² aufweisen muß.

Für die Bemessung von Fahrleitungs-, Fernleitungs- und Antennenmasten hat die Deutsche Bundesbahn generelle Richtlinien aufgestellt, die im wesentlichen folgendes enthalten [381]:

1. Für die geforderte Bruchsicherheit (im allgemeinen die 1,75fache) wird ein rechnerischer Nachweis geführt. Beim Beton der Güte B 700 darf dabei mit einer Bruchstauchung von 3,0 °/oo oder mit der durch Versuche besonders nachgewiesenen Bruchstauchung gerechnet werden unter der Annahme, daß die Spannung in der Druckzone rechteckförmig verteilt ist.

2. Für die zur Erzielung der gewünschten Bruchsicherheit gegebenenfalls erforderliche zusätzliche Bewehrung soll möglichst ein profilierter Stahl mit so hoch gelegener Streckgrenze gewählt werden, daß das Erreichen der Streckgrenze der Vorspannbewehrung und der schlaffen Bewehrung beim Versagen des Mastes annähernd zusammenfällt.

3. Der Grad der Vorspannung wird zweckmäßig so gewählt, daß für dauernd vorhandene Lasten die Biegezugspannungen des Betons der Güte B 700 einen nach Zustand I gerechneten Wert von 50 kg/cm² nicht überschreiten. Für Fälle mit sehr niedriger Dauerlast sollen etwa 30 % der größten Nutzlast als dauernd wirkend angenommen werden, abhängig von den gestellten Forderungen hinsichtlich der Durchbiegung. Ist eine hohe Torsionssteifigkeit gefordert oder sind die Beanspruchungen beim Transport groß, ist der Vorspanngrad entsprechend höher zu wählen.

4. Für die Beanspruchung der vorgespannten Maste auf Torsion darf bei einer Betongüte B 700 mit einer zulässigen Hauptzugspannung von rund 45 kg/cm² gerechnet werden (Nachweis der Rissesicherheit). Im Gegensatz zu der Beanspruchung der Maste auf Biegung erscheint bei Torsion eine 1,5fache Bruchsicherheit ausreichend. Andererseits muß aber bei Torsionsbeanspruchung die Rißlast etwas oberhalb der Nutzlast gewählt werden, weil sich Torsionsrisse nicht wieder schließen.

Der mäßige Vorspanngrad hat zur Folge, daß die Spannbetonmaste häufig mit schlaffer Bewehrung zusätzlich bewehrt werden, um die Bruchsicherheit zu erreichen. Bei den konischen Masten werden die Spanndrähte vielfach abgestuft, weil die am Fußquerschnitt notwendige Spannkraft für den sehr viel kleineren Querschnitt am Kopf des Mastes zu groß würde.

Diese Abstufung ist bei nachträglicher Vorspannung leicht zu verwirklichen, weil dabei Zwischenverankerungen möglich sind. Bei dem von *L. Forkert* entwickelten „Rohrzug-Verfahren" [454] verlegt man dabei die Spannstäbe in Rohren, die etwa 0,5 m vor dem Anker aufhören, und zieht diese glatten Rohre unmittelbar nach Verdichten des steifen Betons, wodurch Gleitkanäle entstehen. Die Stäbe werden frühzeitig leicht angespannt, damit der Mast bis zur vollen Erhärtung seitlich gestapelt werden kann. Nach dem vollen Spannen der Stäbe wird Zementleim bei gleichzeitigem Vibrieren des Mastes in die Gleitkanäle eingepreßt.

Wird die Schalung als Spannbett benützt, dann können Zwischenanker schlaufenartig um durch die Schalung quer durchgesteckte Rohre angelegt werden, die nach dem Erhärten des Betons gezogen werden.

Querseilmaste können durch ausmittige Vorspannung vorgekrümmt werden, damit sie unter normalem Seilzug lotrecht stehen.

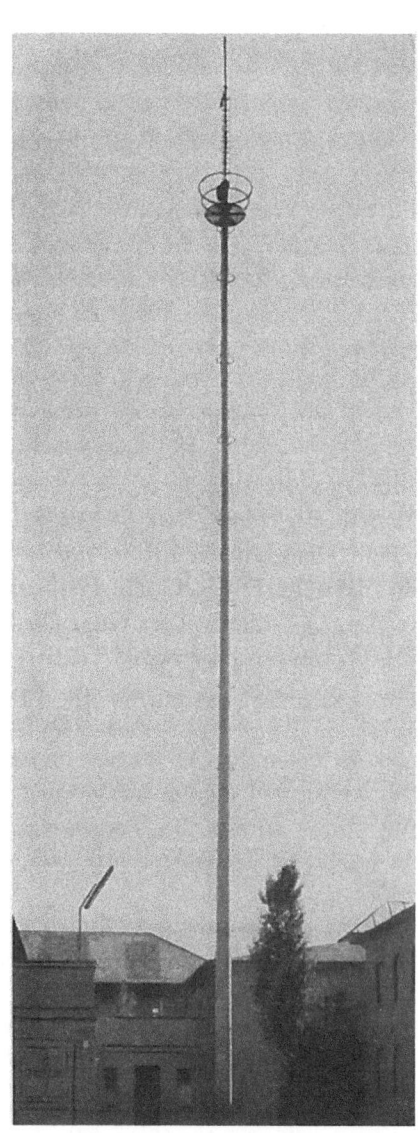

Bild 16.84 Biegeversuch an einem vorgespannten Mast der Firma Max Giese, Kiel. Trotz dieser großen Ausbiegung entstand keine bleibende Verformung

Bild 16.85 37 m langer Antennenmast aus Spannbeton in München-Pasing (Leonhard Moll KG, München)

Ein vorzügliches Beispiel für die große Verformbarkeit des Spannbetons, bevor bleibende Schäden eintreten, zeigt Bild 16.84. Bei einer Prüfung wurde der abgebildete 10 m lange Mast unten auf 1,8 m Länge eingespannt, so daß sich nur 8,2 m Länge frei ausbiegen konnten. Der für 200 kg Spitzenzug bemessene Mast wurde mit $H = 1000$ kg gezogen und dabei um 1,48 m ausgebogen. An der Zugseite traten wohl feine Risse auf, die Druckseite blieb jedoch unbeschädigt, so daß der Mast nach dem Versuch wieder gerade wurde und benutzt werden konnte.

Die Leistungsfähigkeit von Spannbeton beim Bau von vorgefertigten Masten zeigt das Beispiel des Sendemastes für FLM-Funk in München-Pasing (Bild 16.85). Der 37 m lange Mast wurde in 2 Stücken hergestellt. Das untere Hauptstück ist 31,0 m lang und verjüngt sich von 70 cm ϕ auf 22 cm ϕ. Das obere, 6 m lange Stück hat durchweg 22 cm ϕ. Beide Teile sind für den Transport leicht schlaff bewehrt. Beim Schleudern des Betons waren 4 Spannglieder zu je etwa 8 t und einer Länge von 24 m schon eingebaut. Für 4 weitere Spannglieder zu je 16 t waren die Hüllrohre ganz durch eingelegt, so daß die Maststücke mit eingefädelten Spanngliedern zusammengespannt werden konnten.

16.52 Spannbeton-Pfähle und -Spundwände

In USA und anderen Ländern sind Pfähle und Spundwände aus Spannbeton bereits weit verbreitet. Für beide Verwendungszwecke ist die Rissefreiheit bei Biegebeanspruchung von großem Vorteil für die Haltbarkeit. Darüber hinaus erlaubt der Spannbeton viel größere Längen bei verhältnismäßig dünnwandigen Querschnitten, so daß Anwendungen zustande kamen, die man früher nicht für möglich gehalten hätte. Einen Überblick über den Stand der Entwicklung bis 1961 in USA geben *T. Y. Lin* und *W. J. Talbot* in [552].

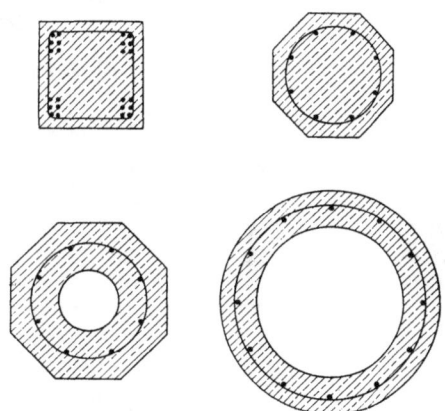

Bild 16.86 Übliche Querschnitte von Spannbetonpfählen

Einzel- und Wandpfähle werden für die normalen Abmessungen meist im Spannbett hergestellt. Bild 16.86 zeigt gebräuchliche Querschnitte. Als Normalquerschnitt werden an der norddeutschen Küste quadratische Pfähle mit einer Kantenlänge von 34 cm und einer Länge bis zu etwa 20 m verwendet. Für die Bemessung der Bewehrung und der Spannkraft ist besonders die Pfahllänge maßgebend, da im allgemeinen das Hochnehmen vor der Ramme die ungünstigste Beanspruchung der Pfähle ist. Die Vorspannung wird meist so gewählt, daß die mittlere Druckspannung ohne äußere Lasten bei 40 bis 60 kg/cm² liegt. Es verbleibt dann ein genügender Spielraum für Biegedruckspannungen. Die Vorspannung sollte nicht zu hoch gewählt werden, da sonst das Arbeitsvermögen der Pfähle unter der Ramme nicht mehr ausreicht. Wenn im Bauwerk bestimmte Momente auftreten, die von den Spanngliedern nicht ganz aufgenommen werden können, dann wird zusätzliche schlaffe Bewehrung auf der jeweiligen Zugseite eingebaut.

Die Pfahlspitzen werden z. T. nach dem Herausheben der Pfähle aus dem Spannbett anbetoniert, wobei je nach dem Baugrund auch stählerne Spitzen vorgesetzt werden können.

Werden die Pfähle eingespült, dann kann man im Spannbett mit Ductubes Spülrohre im Beton vorsehen. Lange Pfähle werden aus vorgefertigten Teilstücken zusammengesetzt (Bild 16.87). Sie können mit

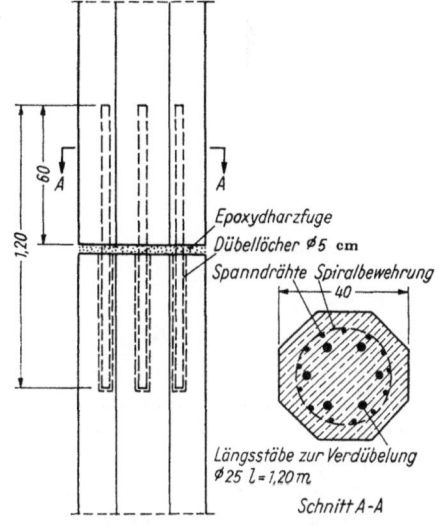

Bild 16.87 Stoßausbildung eines Spannbetonpfahls unter Verwendung von Epoxydharz nach [552]

nachträglich eingezogenen Spanngliedern zusammengespannt werden, wobei der Verbund nach dem Spannen durch Einpressen von Zementmörtel hergestellt wird. Großartige Beispiele langer Hohlpfähle hat die Raymond Concrete Pile Company zuerst beim Bau der Brücke über den Lake Pontchartrain bei New Orleans, Louisiana, USA, und später für Ölbohrinseln im Meer (Marakaibo) und für andere Zwecke ausgeführt [344]. Die Hohlpfähle der Pontchartrain-Brücke haben kreisrunden Querschnitt mit 1,37 m Durchmesser (Bild 16.88), ihre Wandstärke ist nur 10 cm. Sie sind allerdings aus einem sehr hochfesten, dichten Beton der Güte B 700 hergestellt, die bei W/Z = 0,30 durch Schleudern, Vibration und Druck erzielt wurde. Die Pfähle sind bis zu 40 m Länge aus 5 m langen Teilstücken mit 12 Spanngliedern aus 12 Drähten ϕ 5 mm zusammengespannt worden und weisen eine zulässige Tragfähigkeit von 140 t auf. Die Stöße wurden mit Kunstharz geklebt.

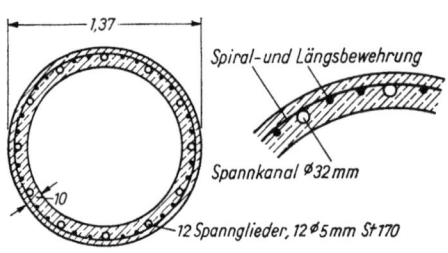

Bild 16.88 Querschnitt der bis zu 40 m langen Hohlpfähle der Pontchartrain-Brücke bei New Orleans

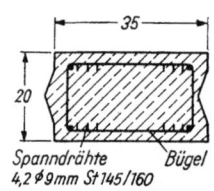

Bild 16.89 An der norddeutschen Küste gebräuchlicher Querschnitt einer Spannbeton-Spundbohle

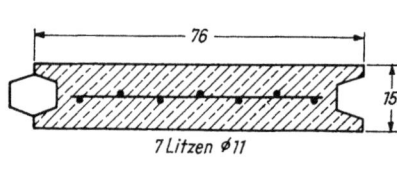

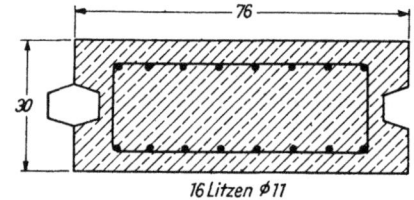

Bild 16.90 Übliche Querschnitte der in Florida (USA) verwedeten Spannbeton-Spundbohlen

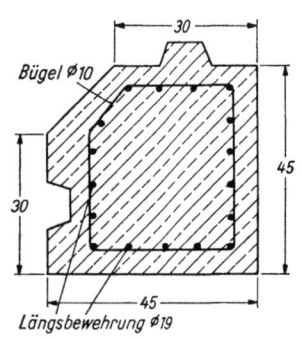

Bild 16.91 Eckspundbohle, schlaff bewehrt

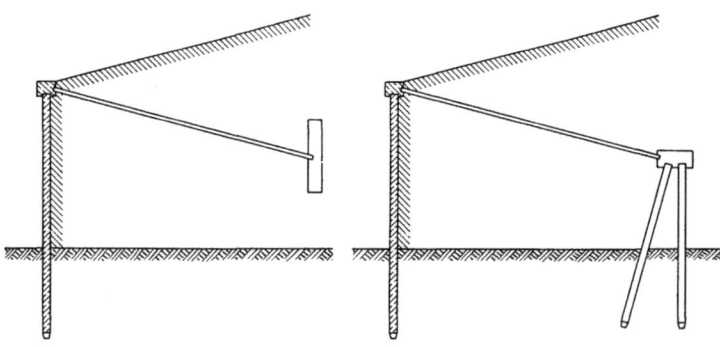

Bild 16.92 Verankerung einer Spannbeton-Spundwand

Spundbohlen aus Spannbeton werden meist im Spannbett hergestellt. Bild 16.89 zeigt einen in Deutschland gebräuchlichen Querschnitt. In Florida, USA, zum Bau von Uferwänden übliche Wandpfähle sind in Bild 16.90 dargestellt [514]. Die Dicke richtet sich nach der freien Höhe über dem Grund, in den sie eingespült oder eingerammt werden. Auch hier kann nach Bedarf schlaffe Bewehrung den gespannten Litzen zugefügt werden. Die Pfähle sind unten so abgeschrägt, daß sie beim Einrammen stets gegen die bereits gerammte Wand gepreßt werden. Sie haben auf der einen Seite eine durchgehende Nut, auf der anderen Seite im unteren Teil des Wandpfahles eine in die Nut passende Feder, die etwa 1 m unter dem Grund aufhört, was für die untere Führung genügt. Oben wird der Wandpfahl zwischen Stahlträgern geführt, die an dem fertigen Wandteil anschließen. Zum Schluß wird die Nut mit Zementmörtel ausgepreßt. Im Wasserbereich wird dazu zunächst ein dünner Schlauch aus alterungsbeständigem Polyäthylen oder Neoprene eingeführt, der verhütet, daß der eingepreßte frische Beton ausgespült wird. Man verzichtet dabei wohl auf den Verbund, erreicht aber eine haltbare Dichtung. Eckpfähle werden aus schlaff bewehrtem Beton hergestellt (Bild 16.91), was vertretbar ist, weil an den Ecken kaum Biegebeanspruchungen der Pfähle auftreten.

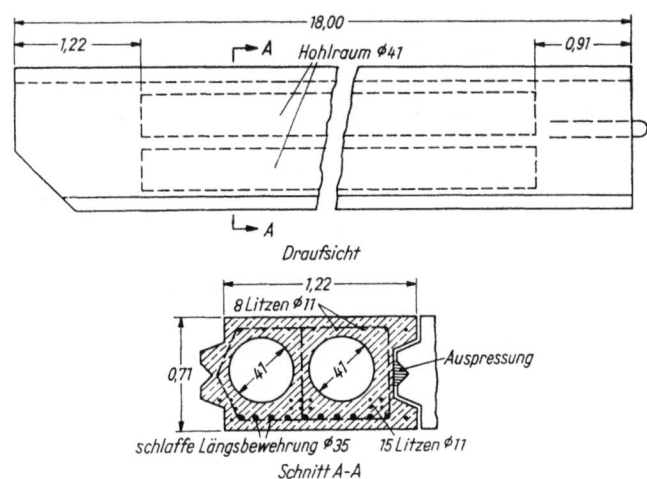

Bild 16.93 Spannbeton-Spundbohlen für die Kaiwand des Hafens von Pensacola (Florida)

Die Pfahlwand wird oben mit einer am Ort betonierten Kappe abgeschlossen, die mit vorgefertigten Spannbetonankern an Ankerplatten oder Pfahlböcken verankert wird (Bild 16.92).

W. E. Dean [514] berichtet auch über den Entwurf einer großen Kaiwand in Pensacola Harbor, die mit hohlen Wandpfählen gemäß Bild 16.93 ausgeführt werden soll. Diese Wandpfähle haben den bemerkenswerten Querschnitt von 71/122 cm und sollen den Erddruck bei 10,5 m Wassertiefe aufnehmen. Sie sind 18 m lang und wiegen rund 30 t. Das Beispiel zeigt, daß mit Spannbeton-Wandpfählen auch Kaiwände von beachtlicher Größe gebaut werden können.

16.6 Vorgespannte Falt- und Schalentragwerke

16.61 Allgemeines

Bei richtig gestalteten Schalentragwerken werden die Belastungen zum größten Teil durch **in den Flächen wirkende Normalkräfte**, und zwar Zug und Druck, aufgenommen. Damit können durch die ganze Schalendicke reichende Zugrisse auftreten, die die günstige Tragwirkung der Schalen beeinträchtigen. Es lag daher gerade für Betonschalen der Gedanke nahe, die Zugkräfte durch Vorspannen aufzuheben und gleichzeitig die Verformungen unter Eigengewicht und damit die Knickgefahr zu vermindern oder zu beseitigen. Als die Anfangsschwierigkeiten der Vorspannverfahren überwunden waren, entstanden daher sofort die ersten (nach dem Freyssinet-Verfahren) vorgespannten Schalenbauten in Pakistan (40 m und 43 m weit gespannten Tonnenschalen einer Garage in Meerut und einer Flugzeughalle bei Karachi, 1940 bis 1942) und Frankreich, nach dem Kriege in England und ab 1952 auch in Deutschland, wo ja die Schalenbauweise ihren Ursprung hat (*Bauersfeld-Zeiss, Dischinger, Finsterwalder*, Dyckerhoff & Widmann KG) [75], [99], [146], [177], [178], [238].

Auch die in Kap. 16.1 beschriebenen vorgespannten Behälter [51], [64], [74], [100], [101], [323], [325], [387], [442], [475], [546] mit ihren dünnen Wänden und Kuppeln sind zu den vorgespannten Schalentragwerken zu rechnen.

Merkwürdigerweise sind vorgespannte F a l t w e r k e erst später gebaut worden, obwohl ihre Berechnung und Ausführung einfacher ist als diejenige von vorgespannten Schalen. Da die Faltwerkscheiben meist merkliche Quermomente aufzunehmen haben, müssen sie auch dicker sein als die Schalen. Sie werden im allgemeinen doppelseitig bewehrt, so daß die Unterbringung der Spannglieder einfacher ist.

Bei vorgespannten Tonnen- oder Shedschalen wird die B e r e c h n u n g zweckmäßig als Faltwerk durchgeführt, weil sich dabei die Wirkung der Vorspannung einwandfrei erfassen läßt. Man kann heute die Knicke der Falten so eng legen, daß fast keine Abweichung gegenüber der stetig gekrümmten Schale besteht, weil man mit den elektronischen Rechenmaschinen die entsprechend größere Zahl der Unbekannten bewältigen kann.

Für die zweckmäßige **Führung der Spannglieder** muß man den Verlauf der Zugspannungstrajektorien und die Größe der Zugspannungen ermitteln. Bei den Tonnenschalen beschränken sich die Zugzonen auf die Ränder, die gewissermaßen als wandartige Träger den Gewölbeschub aufzunehmen haben. Eine zweckmäßige Führung der Spannglieder am Schalenrand zeigt Bild 16.94. Neben unteren geraden Spanngliedern sind einige Spannglieder parabolisch gekrümmt eingelegt, damit ihre Umlenkkräfte dem Gewölbeschub der Schale entgegenwirken. Man kann jedoch die gleiche Schale auch mit einem orthogonalen System von in der Abwicklung geraden Spanngliedern gemäß Bild 16.95 vorspannen, wobei es im allgemeinen genügt, die rechtwinklig zur Richtung der Erzeugenden liegenden Spannglieder auf den äußeren Rand zu beschränken. Bei verhältnismäßig kurzen Schalen kann man sich auf nur gerade Spannglieder am unteren Rand beschränken.

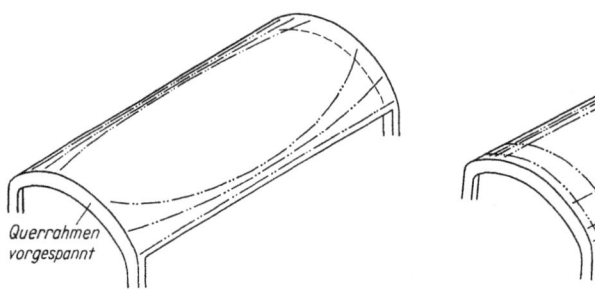

Bild 16.94 Zweckmäßige Anordnung der Spannglieder für große Tonnenschalen

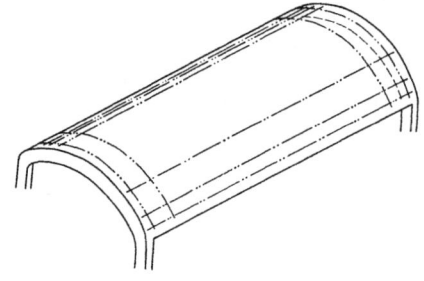

Bild 16.95 Kreuzweise Anordnung von in der Abwicklung geraden Spanngliedern

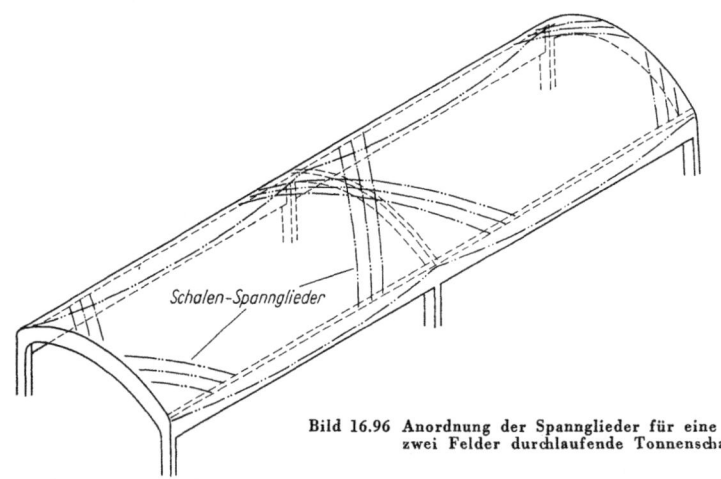

Bild 16.96 Anordnung der Spannglieder für eine über zwei Felder durchlaufende Tonnenschale

Bei über zwei Felder durchlaufenden Tonnenschalen wird die Anpassung der Spannglieder an die Hauptzugkräfte schwieriger, weil die dabei nötigen starken Krümmungen zusammen mit der Gegenkrümmung die Spannkraft zu sehr vermindern und andererseits Zwischenanker in den dünnen Schalen kaum möglich sind. Man kann sich mit über der Zwischenstützung gekreuzten Spanngliedern nach Bild 16.96 helfen.

Bei Faltwerken muß die zweckmäßige Spanngliedführung für jeden Fall durch sorgfältige Überlegung der Tragwirkung und Berechnung der Zugkräfte nach Größe und Richtung ermittelt werden.

Bei Hyperboloid-Schalen mit geraden Erzeugenden wird man natürlich versuchen, die Spannglieder in die Richtung solcher Geraden zu legen, soweit diese dem Verlauf der Zugtrajektorien entsprechen.

Für Kuppelschalen genügt fast immer eine kräftige Ringvorspannung am Kuppelrand.

Da die Flächentragwerke im allgemeinen dünne Querschnitte haben, muß man auch kleine **Einheiten der Spannglieder** wählen. Soweit man die Schalen nicht im Spannbett herstellen kann, benützt man gerne Einzeldrähte oder -stäbe mit Durchmessern von 8 bis 12 mm in entsprechend kleinen Hüllrohren oder in im Beton geformten Röhren. Bei Faltwerken oder im Bereich verstärkter Schalenränder lassen sich jedoch auch die normalen Spannglieder mit 20 bis 40 t Vorspannkraft unterbringen.

In den **Verankerungsbereichen** sind dünne Abmessungen nur bei Spannbettvorspannung brauchbar und auch dort nur, wenn kleine Drahtquerschnitte benützt wurden. Nach den bisherigen Erfahrungen kann man quergerippte Ovaldrähte mit 20 mm² Querschnitt aus St 160 in B 450 noch bei 3 cm Dicke durch Verbund verankern. Bei siebendrähtigen Litzen mit 9 mm Durchmesser sollte man 6 bis 7 cm Dicke im Ankerbereich nicht unterschreiten. Sobald man Spannglieder mit nachträglichem Verbund benützt, ist es ratsam, die Zonen der Verankerungen 10 bis 20 cm dick zu machen, falls nicht eine Randrippe zur Einleitung der Spannkraft und zur Unterbringung der Spaltbewehrung (Wendel) zur Verfügung steht.

16.62 Beispiele für Zylinderschalen

Frühzeitig wurden weit gespannte Tonnenschalen vorgespannt. Die Bilder 16.97 und 16.98 zeigen die Innenansicht und den Querschnitt der 50 m weit gespannten Omnibus-Garage in Bournemouth (1951) [146]. Hier wurden die Spannglieder noch ganz in dem 1,68 m hohen Balken unter den Schalen untergebracht und die Schale selbst war als Druckgurt nur schlaff bewehrt.

Bild 16.97 50 m weite, vorgespannte Tonnenschalen einer Omnibus-Garage in Bournmouth, England

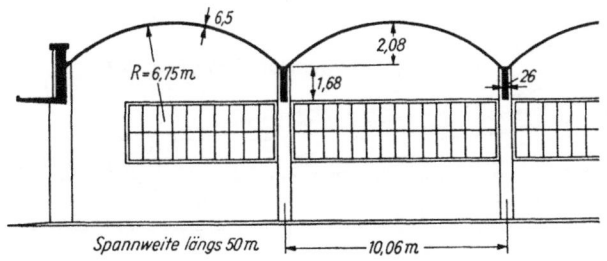

Bild 16.98 Querschnitt der Tonnenschahle des Bildes 16.97

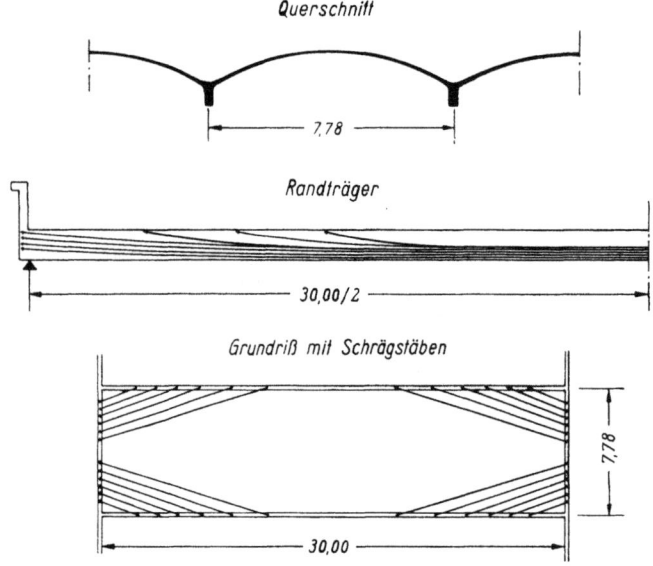

Bild 16.99 Vorgespannte Tonnenschalen einer Ausstellungshalle in Düsseldorf mit Schrägstäben an den Randecken der Schalen (Dyckerhoff & Widmann KG, 1953)

Bei den vorgespannten Tonnenschalen einer Ausstellungshalle in Düsseldorf mit 30 m Spannweite (Bild 16.99) (Entwurf und Ausführung Dyckerhoff & Widmann KG [228] hat man sich auf eine schlanke Rippe unter den Schalen beschränkt, so daß ein Teil der Schale noch schiefe Zugkräfte erhält, die mit Hilfe von schräg liegenden Stäben an den Ecken überdrückt wurden. Die Hauptspannglieder liegen jedoch auch hier in der Rippe.

Wenn man auf die Balkenrippe unter den Schalen verzichtet, lassen sich die Spannglieder wieder einfacher führen. *M. Cretu*, Bukarest, hat wiederholt Schalen dieser Bauart ausgeführt (Bild 16.100) [484]. Die Spannglieder liegen in der Schale übereinander und werden zu den Auflagern hin zunehmend gekrümmt.

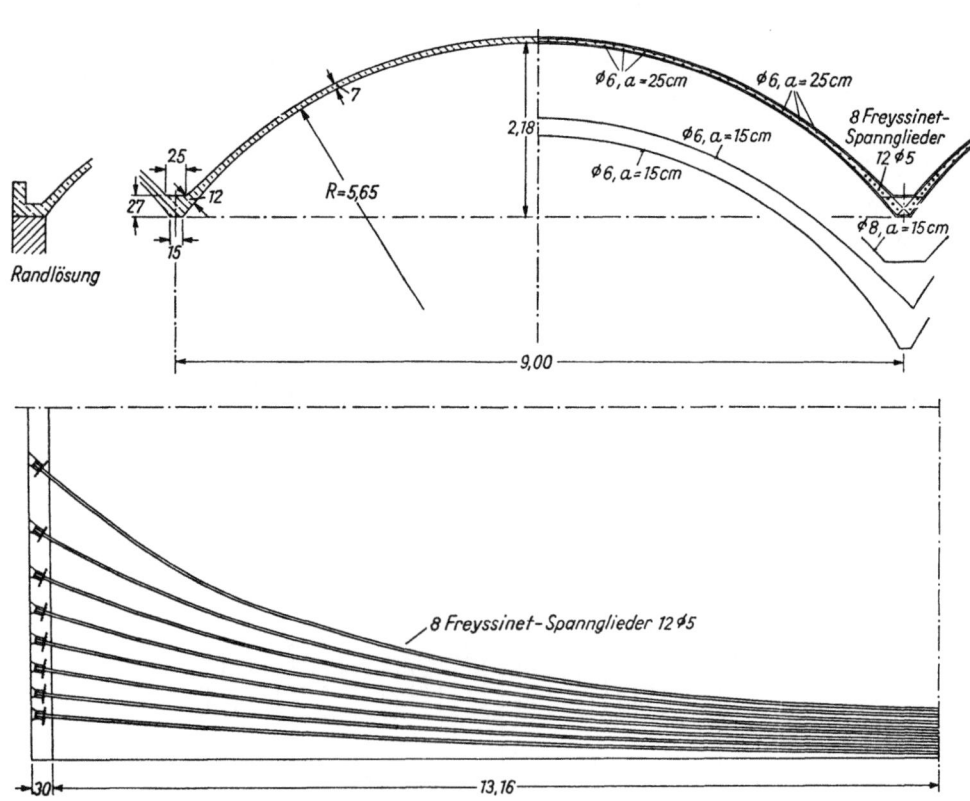

Bild 16.100 Querschnitt in Feldmitte der vorgespannten Tonnenschale für eine Gerberei in Bukarest. Lage der Bewehrung (Entwurf *Mircea Cretu*)

Spannglieder des Binders

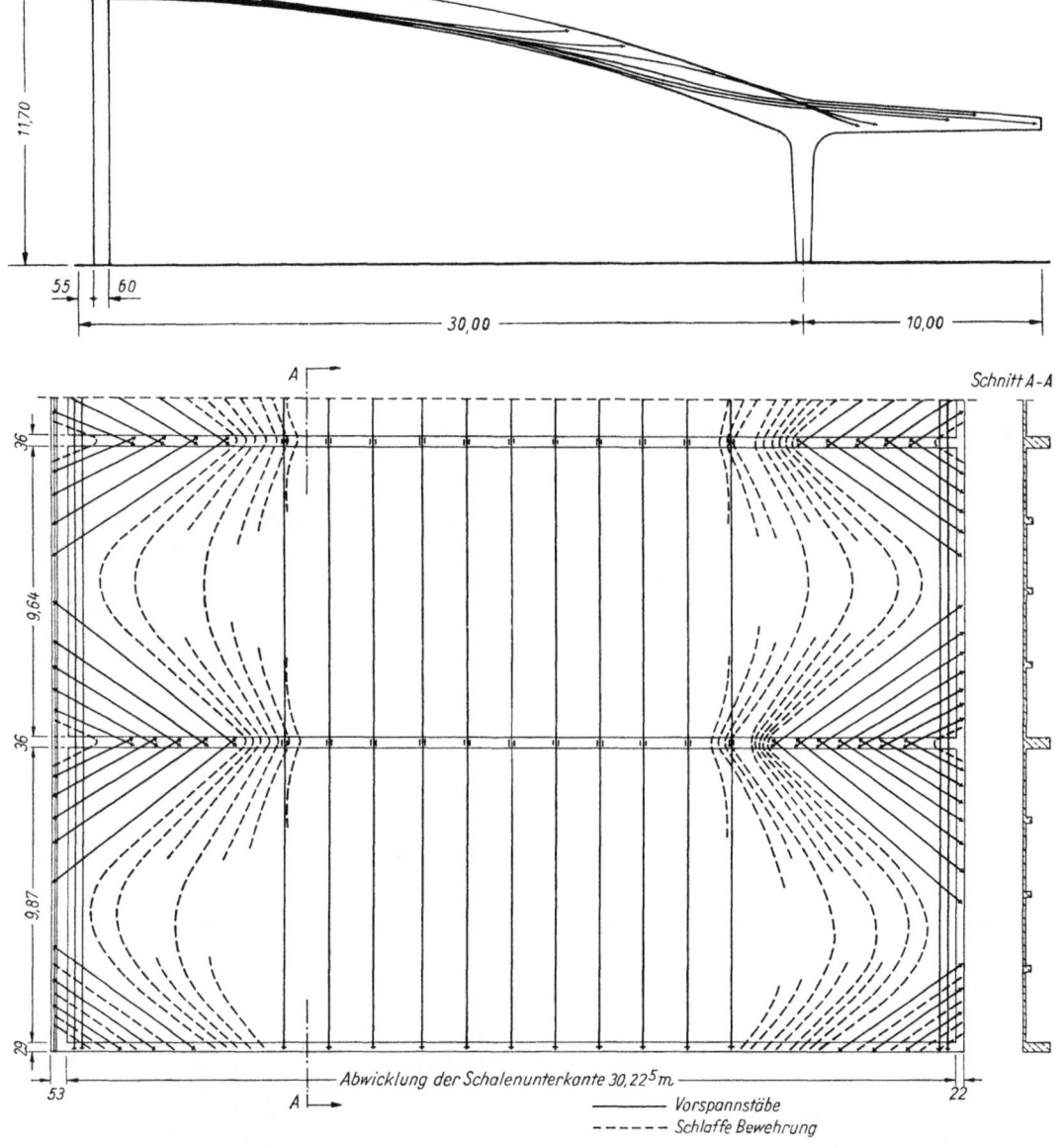

Bild 16.101 Austellungshalle 5, München, Binder und Grundriß (Abwicklung) der Schale, die auf den Bindern liegt, je mit Führung der Spannglieder (Dyckerhoff & Widmann KG)

Ein Beispiel einer sehr schwach gekrümmten Tonnenschale ($r = 75$ m) zeigt das Bild 16.101 mit dem Tragwerk der Ausstellungshalle 5 in München (Entwurf und Ausführung Dyckerhoff & Widmann KG, 1953 [238]). Die Schale spannt sich rund 10 m weit über die vorgespannten Binder hinweg und mußte mit 3 Rippen gegen Knicken ausgesteift werden. Bei der sehr flachen Krümmung ergibt sich eine verhältnismäßig hohe Normalkraft rechtwinklig zur Erzeugenden, die eine kräftige Randvorspannung an der Schale erfordert. Ein Teil der Randkräfte wird durch vorgespannte Schrägstäbe in die Binder hereingehängt (vgl. Grundriß), im Bereich der kleineren schiefen Zugspannungen hat man sich mit schlaffer Trajektorienbewehrung begnügt.

Bild 16.102 zeigt die von Dyckerhoff & Widmann KG in Zusammenarbeit mit der Deutschen Bundesbahn entworfenen Schalen-Bahnsteigdächer, die aus in Schmetterlingsform angeordneten Zylinderschalen von je 12 m Spannweite (am Ende 6 m Kragweite) unten an vorgespannte Querrahmen angehängt sind. Hier hat man eine orthogonale Anordnung der Spannglieder gewählt, wobei zur Unterbringung der Querspannglieder oben kleine Querrippen ausgebildet wurden.

Die Schmetterlingsschalen sind auch schon für Hallen verwendet worden (Bild 16.103). Bei der Postkraftwagen-Werkstatt Stuttgart (Entwurf OPD, gemeinsam mit dem Verfasser) laufen die vorgespannten Schalen über je 3 Felder von je 12 m Spannweite durch. Sie wurden mit geraden Spanngliedern vorgespannt.

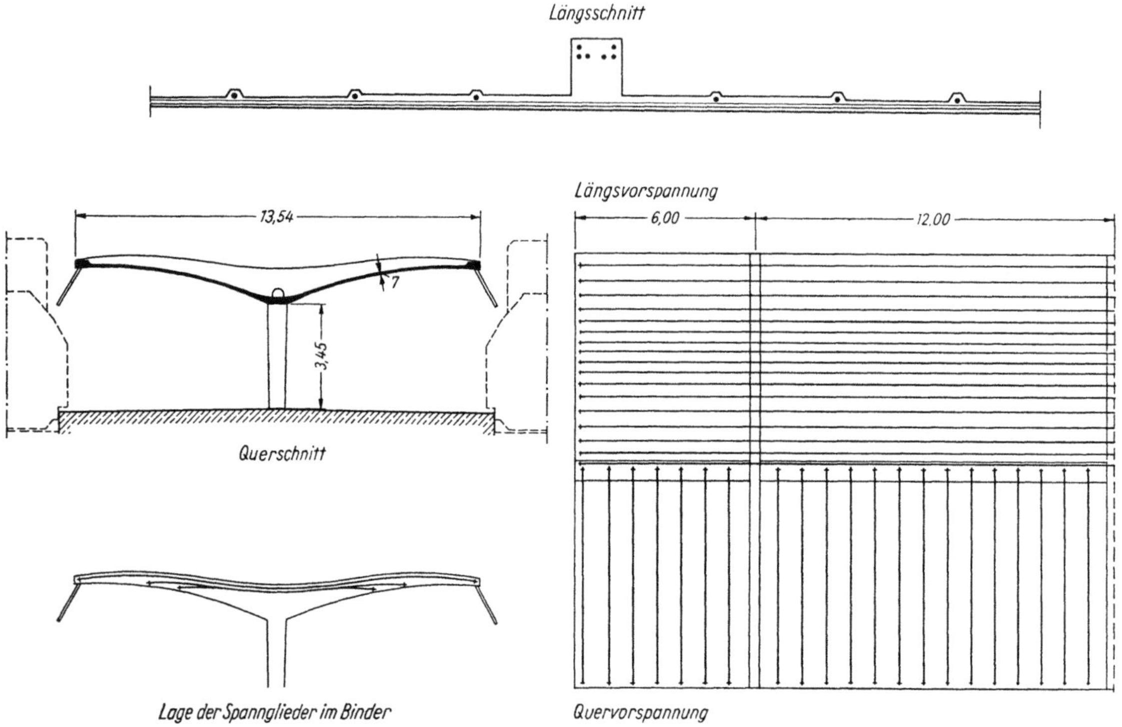

Bild 16.102 Schalen-Bahnsteigdach (Entwurf: Dyckerhoff & Widmann KG in Zusammenarbeit mit der Deutschen Bundesbahn)

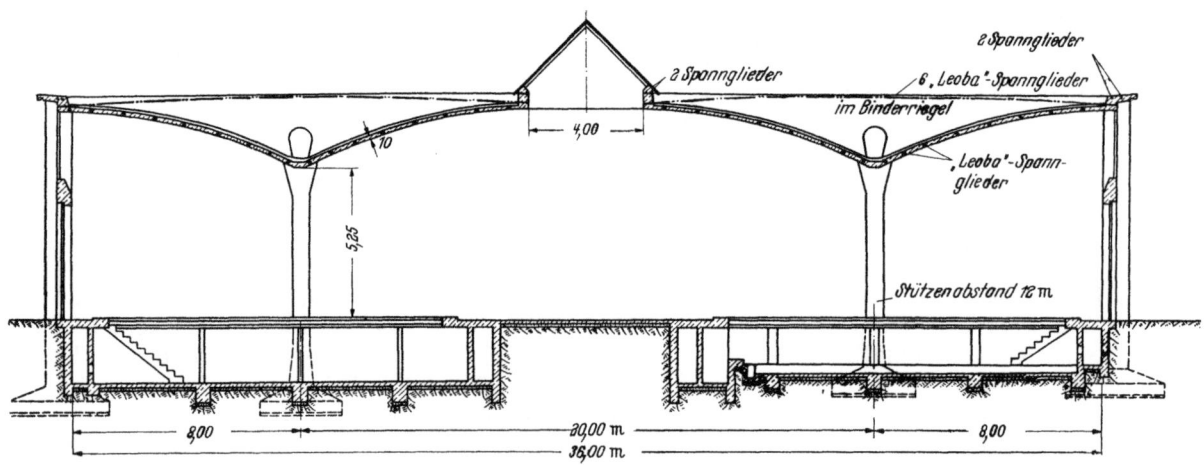

Bild 16.103 Querschnitt durch die Postkraftwagenwerkstatt, Stuttgart, mit vorgespannten Schmetterlingsschalen über drei Felder durchlaufend (Entwurf des Verfassers)

Bild 16.104 Innenansicht der mit vorgespannten Schalensheds überdachten Wolldeckenfabrik Zoeppritz, Mergelstetten. Größe des Raumes 48/96 m. Abstützung des Kastenträgers an den beiden Aufzügen. Blick in Längsrichtung (Entwurf Arch. *Koppenhöfer* mit Verfasser)

Bild 16.105 Zu Bild 16.104 gehörige Queransicht der Shedhalle

Die häufigste Anwendung der vorgespannten Zylinderschalen finden wir wohl bei weit gespannten Schalen-Shedhallen, die wegen ihrer ruhigen Raumwirkung und guten Belichtung im Industriebau besonders beliebt sind. Die erste vorgespannte Ausführung finden wir in England [177] (vgl. 1. Auflage, Seite 418). Die Bilder 16.104 und 16.105 zeigen die erste Fabrikhalle dieser Bauart in Deutschland (Wolldeckenfabrik Zoeppritz AG, Mergelstetten, 1953, Entwurf Architekt *Koppenhöfer*, Stuttgart, mit Verfasser als Ingenieur, Ausführung K. Kübler, Stuttgart). Der 48/96 m große Innenraum wurde mit einem vorgespannten Kastenträger, in dem die Klimaanlage untergebracht wurde, und nach beiden Seiten anschließenden Schalensheds ($b = 7{,}5$ m) fast stützenfrei überspannt. Wie üblich, ist der Rinnenträger faltwerkartig an die Schale angeschlossen. Ein großer Teil der Spannglieder konnte im Rinnenträger untergebracht werden, einige Spannglieder sind in der Schale parabelförmig nach oben gekrümmt. Auch der freie Rand der Schale am Oberlicht ist mit leicht gekrümmten Spanngliedern vorgespannt (vgl. Bild 16.106).

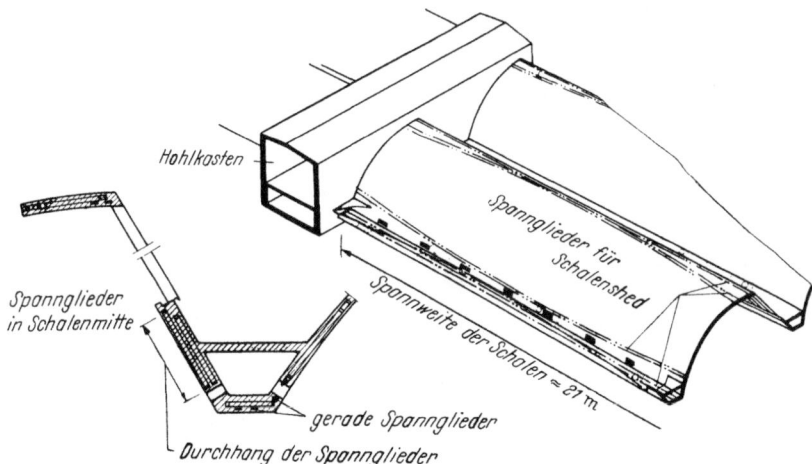

Bild 16.106 Lage der Spannglieder im Schalenshed der Bilder 16.104 und 16.105

Bild 16.107 Bewehrung einer vorgespannten Shedschale (Verfahren Dywidag)

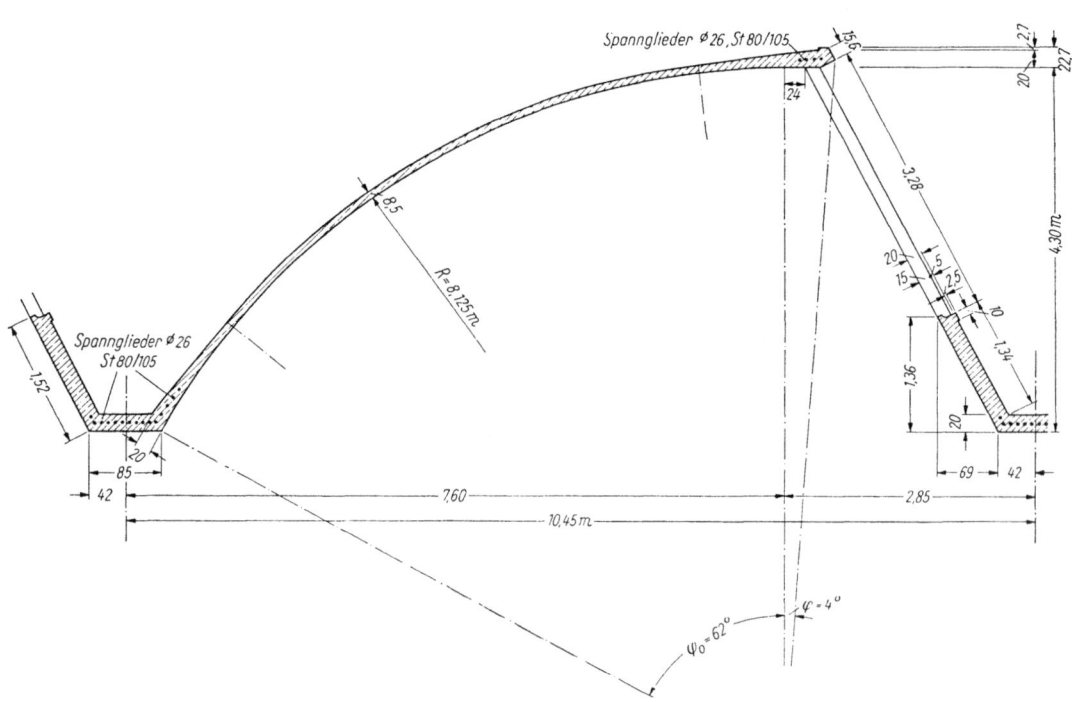

Bild 16.108 Querschnitt in Feldmitte der Schalenshedhalle für das Bahnpostamt Ulm (Entwurf OPD Stuttgart mit Verfasser, Ausführung Dyckerhoff & Widmann KG)

580

Inzwischen sind mit solchen Schalensheds bereits Spannweiten von 40 m erreicht worden [351]. *A. Haas* und andere haben eingehende Messungen an solchen Schalen durchgeführt [285], [563]. Bild 16.107 zeigt noch die in einer solchen Tonnenschale eingebauten Spannglieder mit der zugehörigen orthogonalen Netzbewehrung.
In Bild 16.108 ist schließlich der Querschnitt einer solchen Schalenshedhalle für das Bahnpostamt Ulm dargestellt (Entwurf OPD Stuttgart mit Verfasser, Ausführung Dyckerhoff & Widmann KG). Die Schalen sind hier 32 m weit gespannt.

16.63 Beispiele für Hyperboloid-Schalen

Hyperboloid-Schalen (Hyperbolische Paraboloide = hp-Schalen) sind für die Vorspannung besonders geeignet, wenn man sie so formt, daß die Spannglieder in den geraden Erzeugenden verlegt werden können. Eine für die Abdeckung von Hallen geeignete hp-Schale dieser Bauart hat *H. Silberkuhl* entwickelt (Bild 16.109) [554]. Im Querschnitt eine Parabel, ist die Schale im Längsschnitt so gewölbt, daß im Mittelpunkt sich schneidende geradlinige Erzeugende entstehen. Man kann damit sich in der Mitte kreuzende gerade Spannglieder anordnen, die die Spannbettherstellung erlauben und für die Aufnahme der Schalen-Zugkräfte sehr günstig liegen. Die langen Schalenelemente wirken mehr oder weniger als Balken. Bild 16.109 zeigt die Herstellung einer größeren derartigen Schale im Spannbett, Bild 16.110 das Versetzen derselben.

Die Längsfugen werden mit Ortbeton geschlossen (Bild 16.111). Eine besondere Dichtung ist nicht nötig, weil bei dem kräftigen Quer- und Längsgefälle das Wasser rasch abfließt.

Natürlich eignen sich wegen ihrer geraden Erzeugenden auch Hyperbolische Paraboloid-Schalen über einem anderen Grundriß gut für die Vorspannung. So hat z. B. *A. Tedesco* in Denver hp-Schalen über quadratischem Grundriß mit giebeldachförmigen Stirnflächen in sehr ansprechender Form gebaut [485].

Bild 16.109 Im Spannbett vorgespannte Litzen und schlaffe Bewehrung einer hp-Schale für Hallenabdeckung
(SSW Lagerhalle Essen, Ausführung Siemens Bauunion GmbH)

Bild 16.110 Versetzen einer hp-Schale nach Bild 16.109

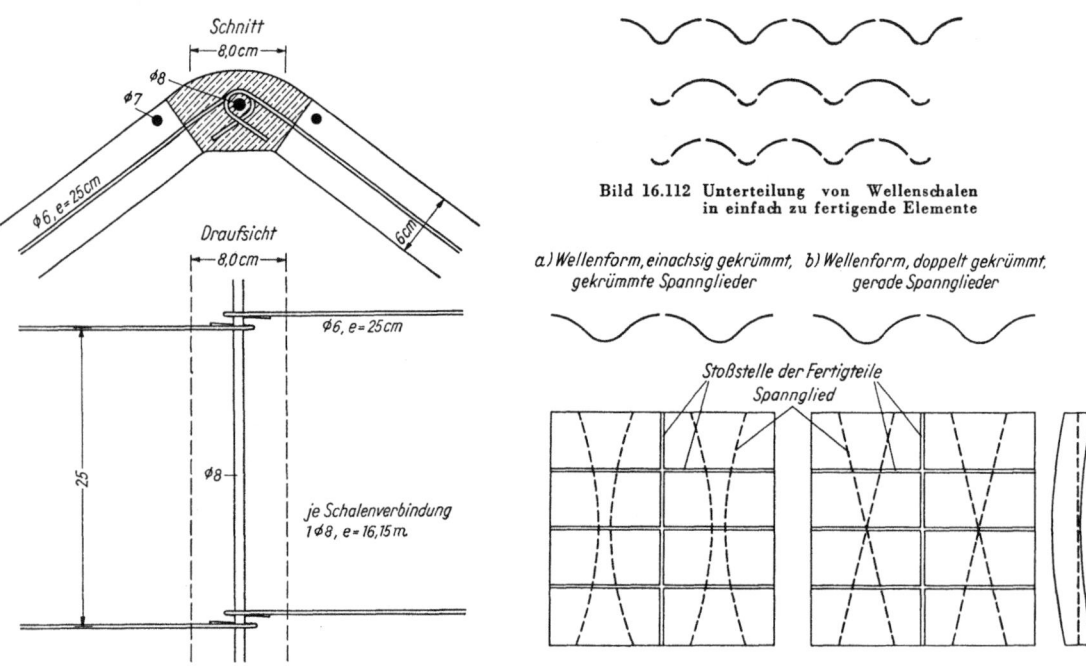

Bild 16.111 Fuge zwischen zwei hp-Schalen

Bild 16.112 Unterteilung von Wellenschalen in einfach zu fertigende Elemente

Bild 16.113 Anordnung der Spannglieder zum Zusammenspannen wellenförmiger Schalenteile

16.64 Beispiele für Zusammenspannen vorgefertigter Schalenteile

Das Zusammensetzen von Schalen aus vorgefertigten Teilen hat unter anderen *I. Doganoff* durch seine Arbeiten gefördert [281], [352]. In der UdSSR wurden frühzeitig große Translationsschalen aus vorgefertigten Elementen zusammengebaut, wobei man meist in den Fugen sich übergreifende Schlaufen angeordnet hat. Es lag nahe, bei dieser Bauart die Vorspannung zu verwenden und die Verbindung in den Fugen hauptsächlich durch Aneinanderpressen der Teile mit Hilfe der Vorspannkräfte zu erzielen. Die Tragfähigkeit von Fugenverbindungen aus Zementmörtel und Epoxydharz, deren Richtung nicht rechtwinklig zur Hauptdruckspannung verläuft, haben *Zelger* und *Rüsch* untersucht [555].

R. *Bührer* (Deutsche Bundesbahn) hat 1956 vorgefertigte Schalenteile für Bahnsteigdächer zusammengespannt [378]. Die Gruppe *H. Rühle, C. Hoffmann* und *I. Doganoff* in Dresden hat mehrere Bauwerke mit sog. Wellenschalen[1] überdeckt, die aus Teilstücken zusammengesetzt wurden [316], [422]. Bild 16.112 zeigt verschiedene Möglichkeiten der Unterteilung solcher Wellenschalen für die Herstellung der Teilstücke, Bild 16.113 die Anordnung der Spannglieder zum Zusammenspannen. Auch hier lassen sich gerade Spannglieder einbauen, wenn man die Wellenschale längs ähnlich krümmt, wie die hp-Schale des Bildes 16.109.

Die Schalenteile werden in Schichten übereinander hergestellt (Bild 16.114). Die an den Fugen herausstehenden Bewehrungen werden bei 6 bis 7 cm Schalendicke schlaufenartig gestoßen, bei

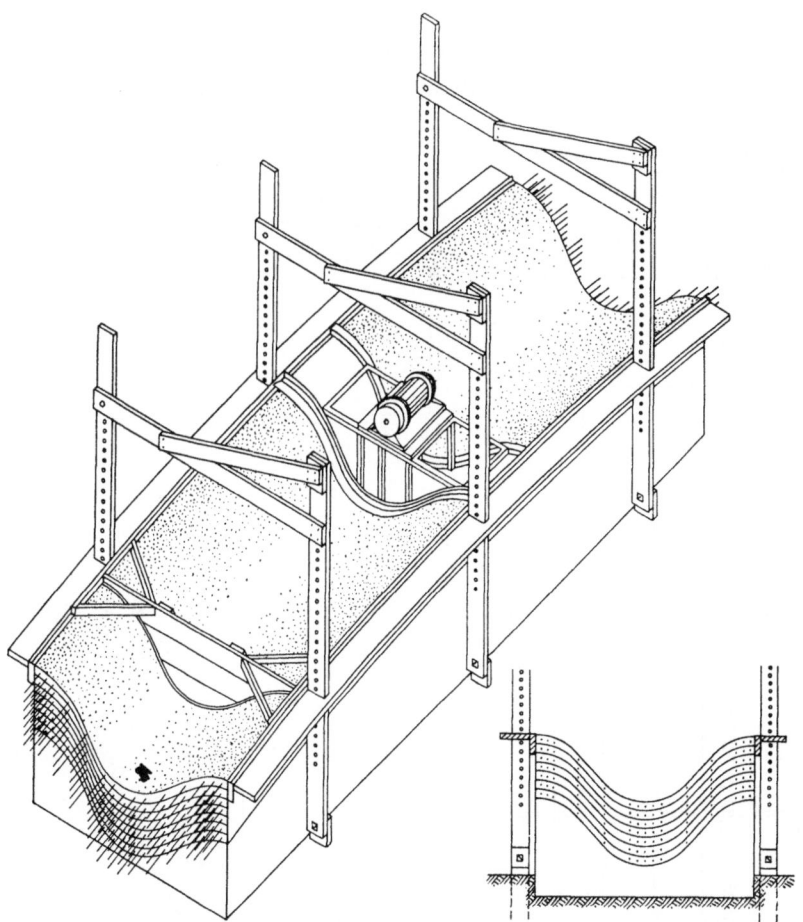

Bild 16.114 Herstellung wellenförmiger Schalenteile in übereinander liegenden Schichten (Polen, nach [352])

[1] Vielfach wurden solche Wellenschalen für große Hallen als Bogentragwerke mit Zugband zusammengebaut. Für 46 m freie Spannweite braucht man dabei in Polen nur 0,10 m³/m² Beton und 12 kg/m² Stahl. Bei diesen Bauten werden jedoch nur die Zugbänder vorgespannt, so daß die Schalen streng genommen nicht zu den vorgespannten Tragwerken zu rechnen sind. Das gleiche gilt auch für die Schalen der vorbildlich entworfenen großen Flugzeughalle für die Pflege der Düsenflugzeuge der Lufthannsa in Frankfurt oder die des Palais d'Expositions in Paris, u. a.

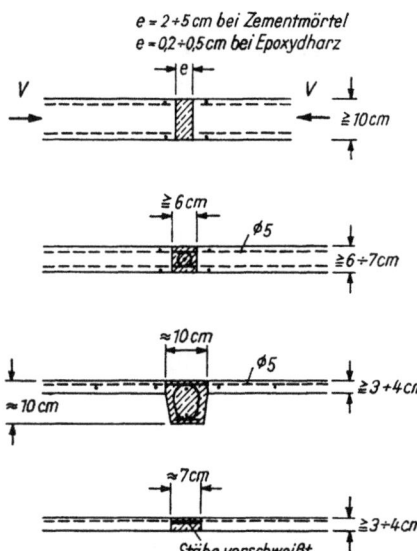

3 bis 4 cm Schalendicke miteinander verschweißt. In vielen Fällen genügt der Anpreßdruck der Vorspannung als Verbindung oder die Klebwirkung von Epoxydharzen als Fugenfüller (Bild 16.115). Bei einem solchen Schalendach in Dresden-Coswig wurde die untere Welle, in der die Spannglieder verlaufen, 6 bis 8,5 cm dick, die obere Welle jedoch nur 3,5 cm dick ausgeführt (Bild 16.116). Bei diesen geringen Dicken muß man natürlich dafür sorgen, daß die Röhren für das Einfädeln der Spannglieder ganz exakt in der Mitte liegen. Man kann sie durch Einbetonieren von Hüllrohren oder mit Ductubes herstellen; in beiden Fällen wird man zur Aussteifung Stahlstäbe einlegen, die nach dem Betonieren gezogen werden. *Bührer* hat die Löcher ϕ 12 mm mit glatten Stahlstäben hergestellt, die vor dem Abbinden des Betons gezogen wurden. Sie müssen etwa alle 50 cm in ihrer Lage fixiert sein.

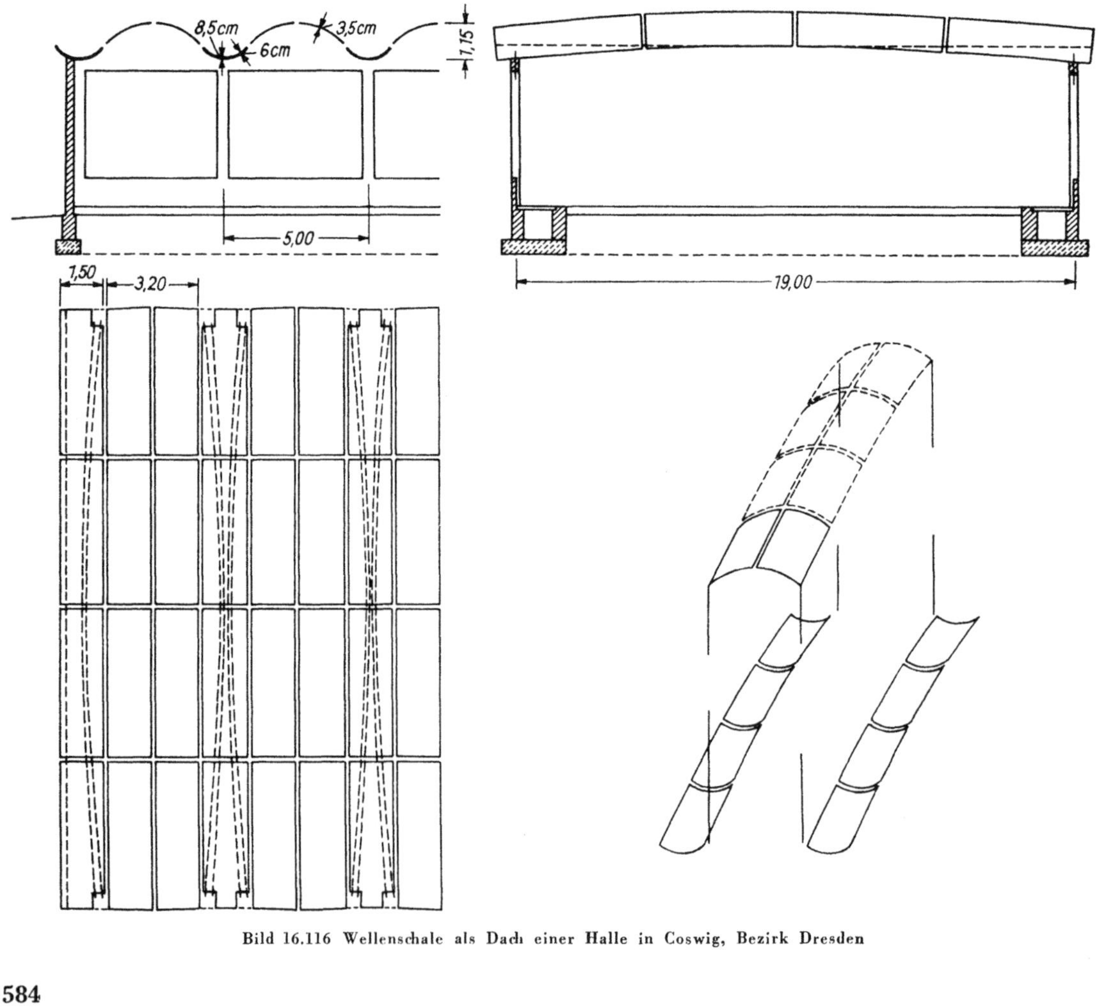

Bild 16.115 Fugenausbildung an den Stoßstellen von Schalenteilen

Bild 16.116 Wellenschale als Dach einer Halle in Coswig, Bezirk Dresden

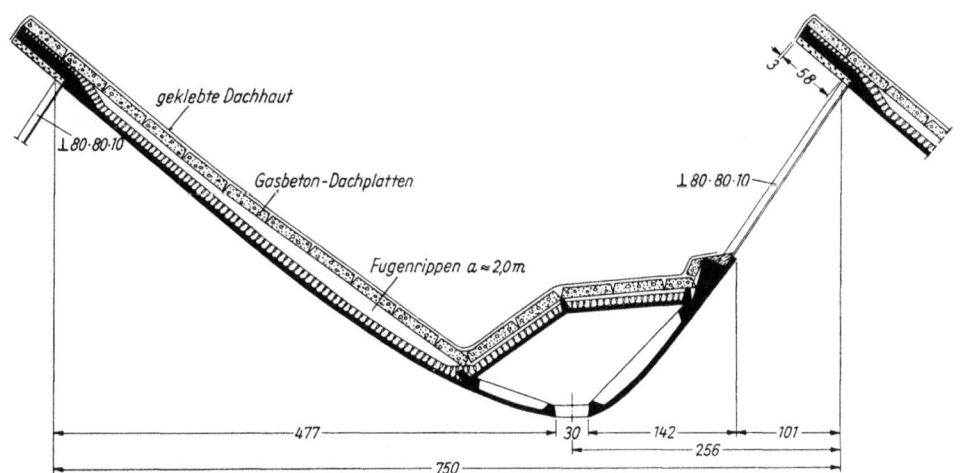

Bild 16.117 Querschnitt einer Shedschale in Polen, die aus 2 m langen Stücken zusammengespannt wurde (Entwurf Z. A. Zielinski)

Bild 16.118 Gestapelte Schalenteile für die Shedhalle nach Bild 16.117

Über einen Bruchversuch an einem Wellenschalenträger wird in [486] berichtet.

Z. A. Zielinski (Warschau) [566] hat eine 31,5 m weit gespannte Schalenshedhalle mit unwahrscheinlich dünnen Schalenelementen hergestellt, die an allen Fugenrändern mit Rippen ausgesteift sind. Darauf wurden Gasbeton-Dachplatten verlegt, dazwischen fanden Glaswattematten zur weiteren Wärmedämmung Platz. Bild 16.117 zeigt den Querschnitt der Schalen, die nach unten konvex gekrümmt sind. Die Spannglieder sind nach dem Zusammenlegen der Teilstücke auf einem Gerüst durch etwa 20 Löcher eingefädelt worden. Die Löcher sind auf dem Stapel der Schalenstücke in Bild 16.118 deutlich zu sehen.

16.65 Beispiele für Faltwerke

Das Vorspannen von Faltwerken aus ebenen Scheiben bietet keine Schwierigkeiten. Sie haben bevorzugt eine einfache dreieckförmige oder trapezförmige Zick-Zack-Linie als Querschnitt (Bild 16.119). Wenn man mit solchen Faltwerken eine Halle frei überspannt, dann sind die Spannglieder jeweils in den Falten parabolisch gekrümmt anzuordnen. Bei der Trapezform hat man den Vorteil, daß man im horizontal liegenden unteren Faltenteil mehrere gerade Spannglieder nebeneinander unterbringen kann, während man bei der reinen Zick-Zack-Falte die Spannglieder übereinander verlegen muß.

C. Hoffmann und *H. Rühle* haben das in Bild 16.120 gezeigte Institutsgebäude mit einem Faltwerk abgedeckt, das sie aus vorgefertigten Elementen zusammengespannt haben. Beachtlich ist dabei die sehr geringe Dicke der Scheiben von nur 5,5 cm bei rund 3 m Scheibenbreite. Bild 16.121 zeigt, wie die im Schichtverfahren hergestellten Faltenelemente auf einem leichten, fahrbaren Gerüst zum Zusammenspannen mit 6-Punkt-Aufhängung montiert wurden.

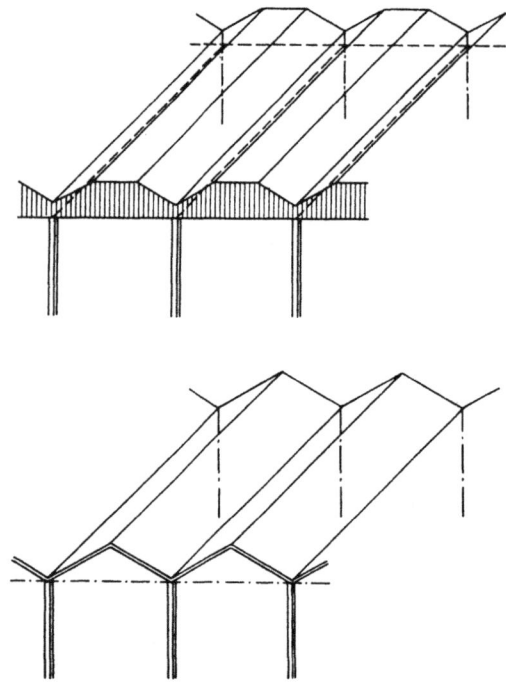

Bild 16.119 Bevorzugte Formen von Faltwerkdächern

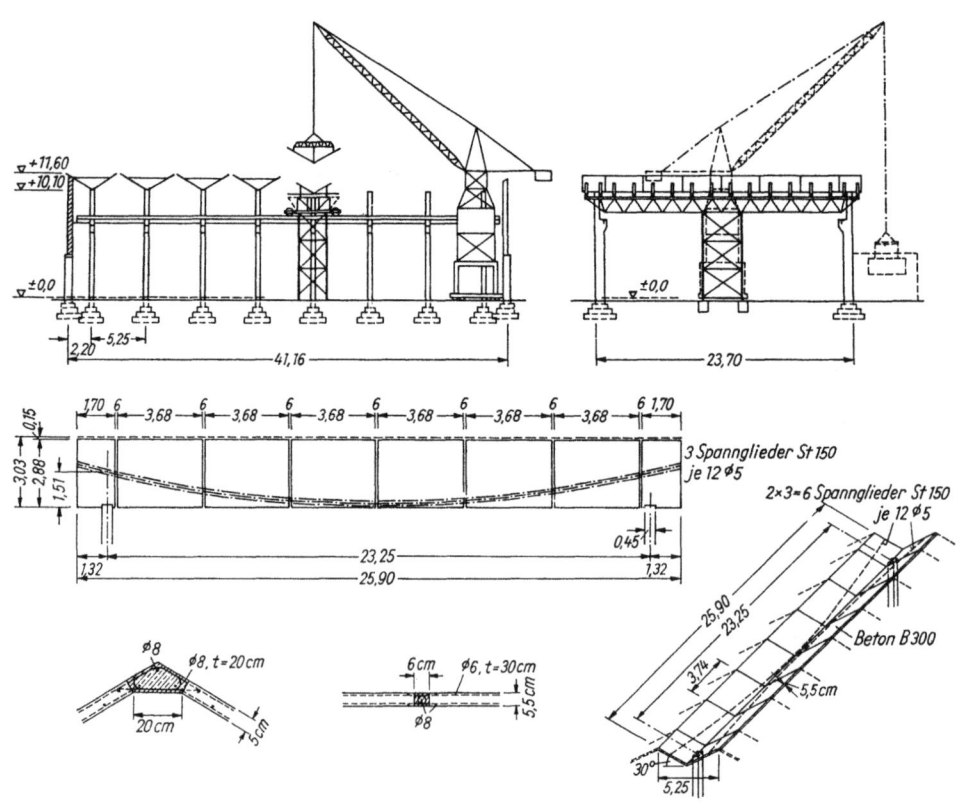

Bild 16.120 Faltwerk als Hallendach, aus vorgefertigten Teilen zusammengespannt (Institut für Fördertechnik der T. H. Dresden)

Bild 16.121 Versetzen der Faltwerkselemente 3,68/5,25 m für das Faltwerk von Bild 16.120

Als weiteres Beispiel sei das Faltwerk des Rathauses in Marl/Westf. erwähnt (Hochtief AG), wo mit 7 Falten eine Grundfläche von 1800 m² überdeckt wird. Die Falten sind 60° gegen die Horizontale geneigt und haben bei 3 m Höhe eine Spannweite von fast 60 m. Die beschränkte Vorspannung erfolgte durch in den Falten liegende, parabelförmig geführte Spannglieder. Im unteren Knick der Falten sind weitere Spannglieder angeordnet, die nicht bis zu den Lagern laufen, sondern an Zwischenverankerungen enden. Das Faltwerk wurde am Ort betoniert. Seine Scheiben sind 20 cm dick, um ein einwandfreies Einbringen und Verdichten sowie gute Sichtflächen des Betons zu gewährleisten.

Das Faltwerk erwies sich im vorliegenden Fall wegen seiner geringen Torsionssteifigkeit gegen Verdrehungen um die Längsachse als besonders günstig, da Marl im Bergsenkungsgebiet liegt und mit erheblichen Senkungen und Zerrungen gerechnet werden muß. Aus diesem Grunde wurde auch das ganze Faltwerk auf 2 statisch bestimmt gelagerte Unterzüge gestellt, von denen einer in Längsrichtung des Bauwerkes beweglich ausgebildet und mit einer Vorrichtung zum hydraulischen Heben des Bauwerkes ausgerüstet ist. In einem Modellversuch an der Technischen Hochschule Karlsruhe wurde untersucht, bei welchen Setzungen und Verdrehungen die Pressen benutzt werden müssen.

16.66 Beispiele vorgespannter Hängedächer

Bei Hängedächern geht man gerne auf besonders leichtes Gewicht aus, so daß die Wahl von schwerem Spannbeton nicht immer sinnvoll ist. Dennoch gibt es Fälle, bei denen eine dünne Spannbetonschale auch bei Hängedächern zweckmäßig ist. Das erste Hängedach aus Spannbeton, die Schwarzwaldhalle Karlsruhe (Dyckerhoff & Widmann KG), wurde in der 1. Auflage beschrieben. Dieses Dach ist sattelförmig doppelt gekrümmt. Man hat sich anfänglich gescheut, Hängedächer nur einfach zu krümmen, weil man befürchtete, daß sie durch Wind in Schwingung geraten oder bei einseitiger Schneelast sich zu stark verformen würden. Aber gerade bei Verwendung von Spannbeton kann man das Hängedach ohne Gefahr einsinnig krümmen, was die Ausführung wesentlich vereinfacht. Durch die Schubsteifigkeit der dünnen Spannbetonschale wird nämlich im Zusammenhang mit steifen Randgliedern eine kräftige Schalenwirkung erzielt, durch welche die Verformungen gegenüber der an den Rändern freien Hängemembrane wesentlich vermindert werden.

Ein Beispiel dafür ist das rund 65 m weit gespannte Hängedach über dem Schwimmbad in Wuppertal (Bild 16.122) [354]. Die im Mittel 6 cm dicke Schale wurde in beiden Richtungen mit Spannstäben $\varnothing$ 26 und $\varnothing$ 11,7 mm vorgespannt und ist an den tragenden Rändern im Abstand von 3,80 m auf Binderböcken gelagert. Ein Teil des Seilzuges wird von diesen Bindern aufgenommen. Der Rest des Hängezuges des 40 m breiten Hängedaches wird über längs vorgespannte Randscheiben auf die kräftigen Randrippen übertragen und erzeugt dort Druck. Da die Randrippen der Hängedachform folgen, mußten sie nach unten abgestützt werden, was an der Fensterfront durch die schlanken Fenstersprossen, an der Rückfront durch einen wandartigen Träger geschieht. Die Schale wurde auf Gerüst und Schalung hergestellt.

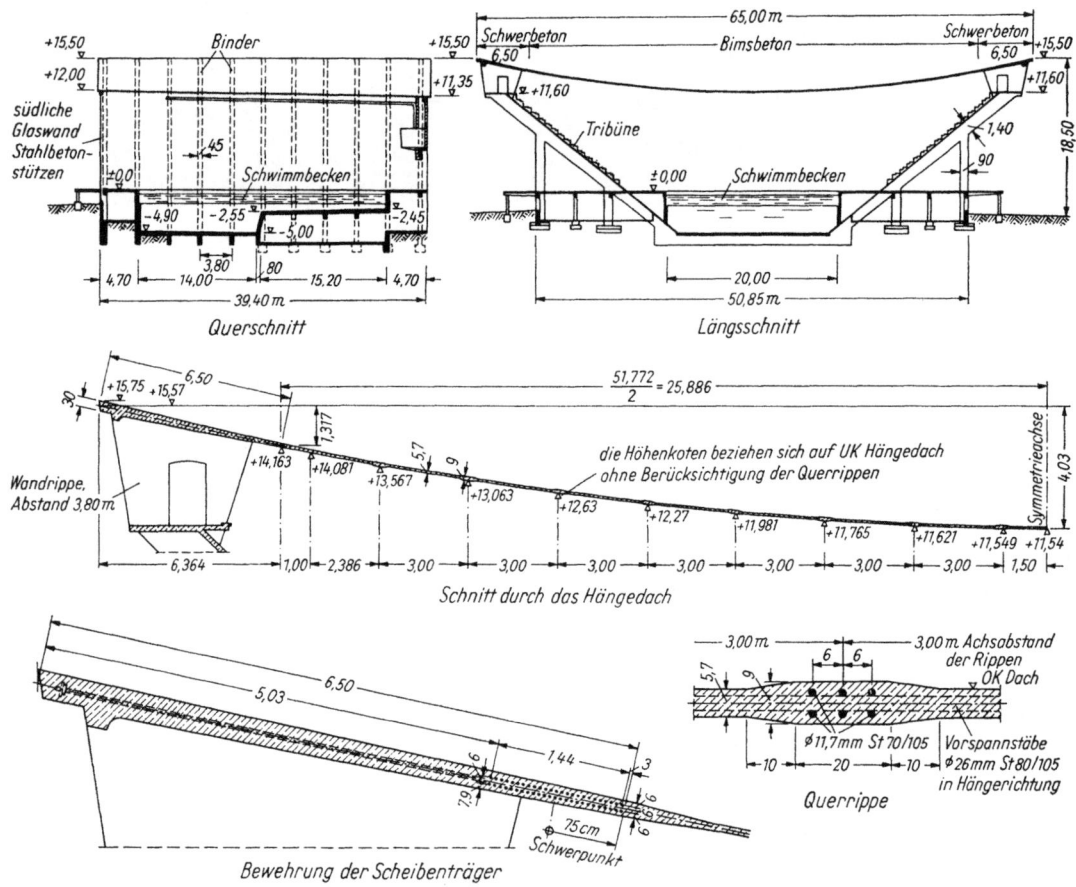

Bild 16.122 Hängedach über dem Schwimmbad in Wuppertal, auf Schalung und Rüstung hergestellt (Entwurf Verfasser, Ausführung Dyckerhoff & Widmann KG)

Ein anderes Hängedach über einem Schwimmbad in Göppingen zeigt Bild 16.123. Hier wurden die Tragstäbe aus St 52 in PVC-umhüllten Wellrohren zwischen den auf Böcken ruhenden Randscheiben ausgehängt. Die Dachhaut wurde aus 3 cm dicken Spannbetondielen, 50 cm breit und 4,5 bis 6 m lang, gebildet, die einfach auf die Tragstäbe verlegt und verfugt wurden. Die Tragstäbe wurden dann so weit angespannt, wie der Dehnung für Schneelast entspricht. Die Wellrohre wurden danach mit Zementmörtel ausgepreßt.

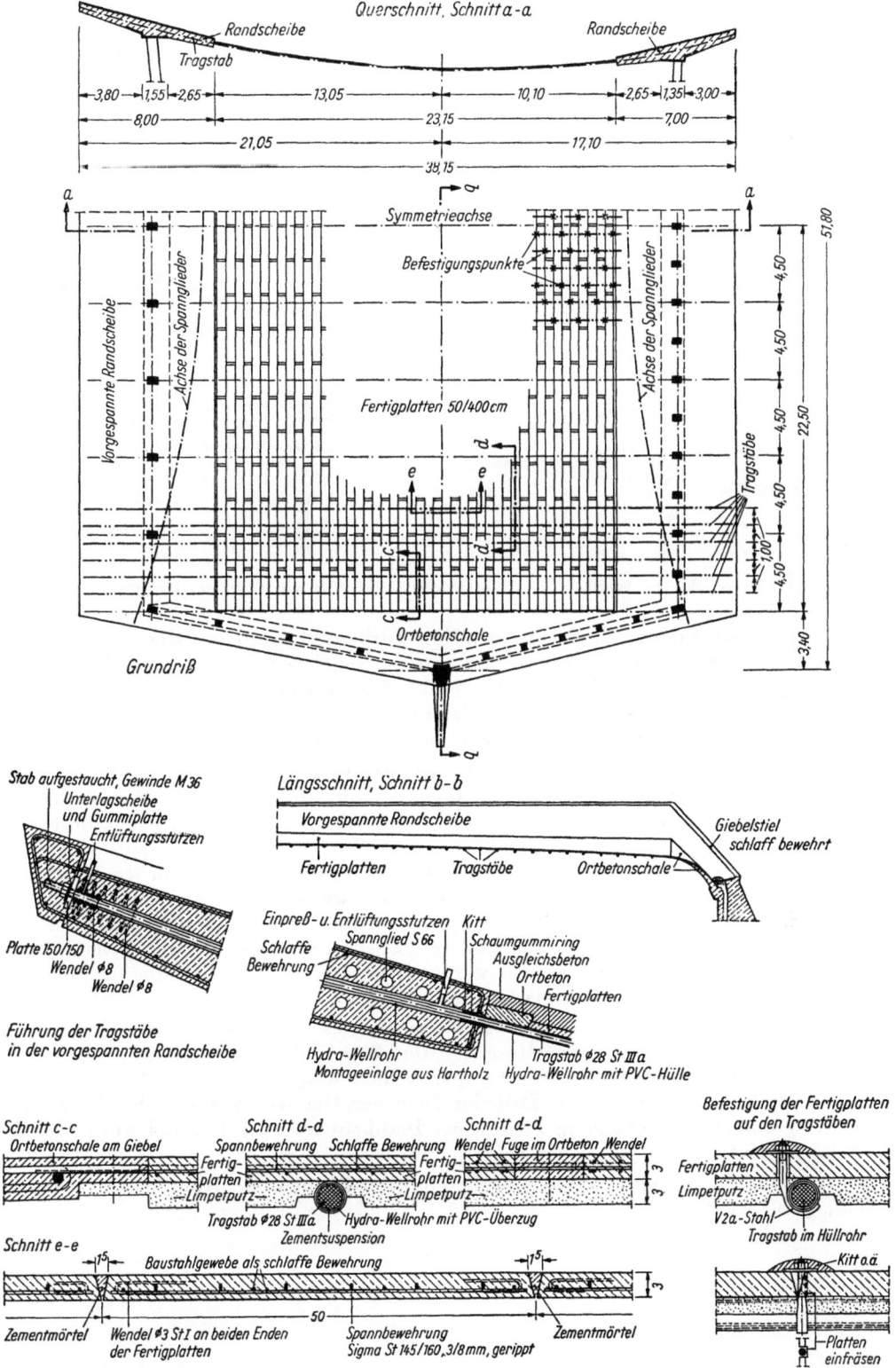

Bild 16.123 Hängedach über dem Schwimmbad in Göppingen aus vorgefertigten, 3 cm dicken Spannbetondielen (Entwurf Verfasser, Ausführung K. Kübler AG)

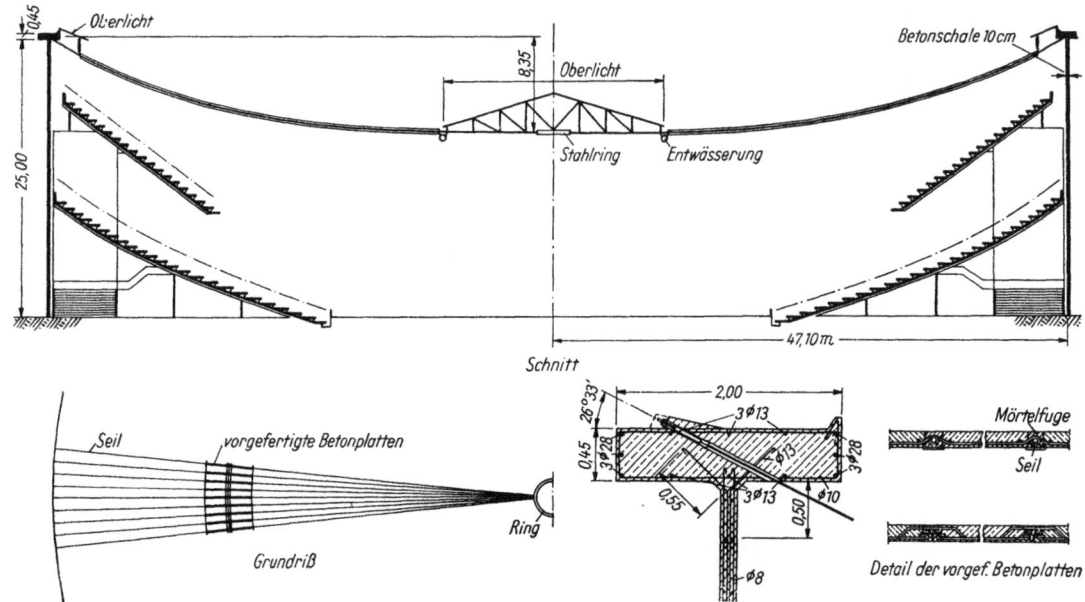

Bild 16.124 Hängedach einer Sporthalle mit kreisförmigem Grundriß in Montevideo (Preload Comp.)

In ähnlicher Weise haben Preload Engineers Inc., New York, ein kreisrundes Hängedach mit 94 m Spannweite über einer Sporthalle in Montevideo gebaut, wobei auch vorgefertigte Betonplatten auf Seilen verlegt wurden (Bild 16.124) [401], [402]. Eine geringe Vorspannung wurde dabei durch Aufbringen von Ballast vor dem Verfugen der Platten erzielt. Die radialen Seile sind außen in einem kreisrunden Betonring auf einem sehr dünnen Wandzylinder verankert.

Ein beachtliches Beispiel des einsinnig gekrümmten Hängedaches ist die von Hochtief AG Essen (Dipl.-Ing. *Vaessen*) entworfene Sporthalle Dortmund (Bild 16.125) [421]. Das 80 m weit gespannte Hängedach wird von Randscheiben auf dreieckförmigen Böcken getragen, deren Zugstreben in einem unterirdischen Stollen verankert wurden. Die tragenden Elemente des Hängedaches sind hier Spannbeton-Rippen mit 12/22 cm Querschnitt aus B 600, die in 2 m-Stücken vorgefertigt und auf einem schmalen, fahrbaren Gerüst ausgelegt wurden (Bild 16.126). Die Spannkabel aus 12 ϕ 8 mm St 140/150 wurden mit einer Winde in das mittig vorgesehene Rohr hineingezogen, in den Randscheiben verankert und vorgespannt, nachdem zuvor Bimsbetonplatten auf den Rippen verlegt und verfugt worden waren. Diese Lösung hat sich arbeitstechnisch als günstig erwiesen. Bild 16.127 zeigt noch die fertige Halle.

Ein weiteres bemerkenswertes Beispiel für ein vorgespanntes Hängedach ist die Kongreßhalle in Berlin [355]. Die Begrenzung der sattelförmigen Dachfläche bilden zwei ebene, schrägliegende Bögen, die weder laufend unterstützt noch abgespannt sind. Wegen der im Vergleich zum Eigengewicht großen Wechsellasten wurde das Dach im Zuge der Umfassungswände des Auditoriums durch einen Ring unterteilt. Der innere Bereich der Dachhaut ist 7 cm dick und wurde durch in 85 cm Abstand liegende 25 t-Spannglieder vorgespannt.

Mehrere andere Hängedächer aus Spannbeton sollen nur durch einen Schrifttumsnachweis erwähnt werden [353], [420], [458].

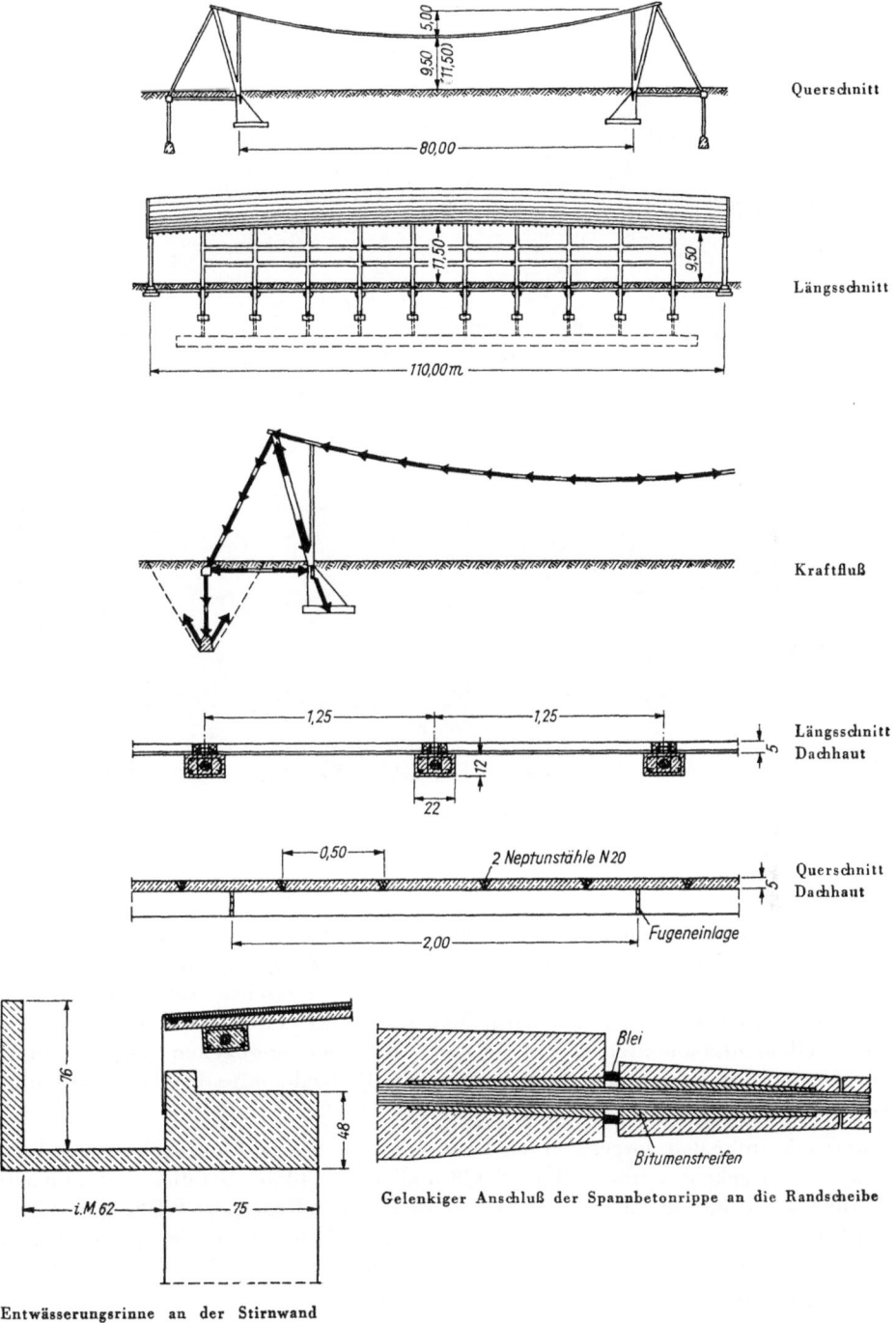

Bild 16.125 Sporthalle der Westfalenhalle AG in Dortmund (Entwurf und Ausführung Hochtief AG)

Bild 16.126 Verlegen der vorgefertigten Teile des Hängedaches der Westfalenhalle von Bild 16.125

Bild 16.127 Ansicht der fertigen Westfalenhalle, Dortmund, von Bild 16.125

16.7 Vorgespannte Fachwerke

Vorgespannte Fachwerke werden fast immer vorgefertigt, weil die Herstellung am Ort schon durch die komplizierte Schalung teuer und schwierig wird. Die Zuggurte können bei kleineren Fachwerken in einem Stück im Spannbett hergestellt werden, wobei Anschlußbewehrung für die Diagonalen oder Pfosten vorgesehen wird. Man kann Fachwerke jedoch auch aus einzelnen vorgefertigten Stäben zusammensetzen und sie mit in Röhren eingezogenen Spannkabeln nachträglich zusammenspannen. Auch hierbei genügt es, wenn die Füllstäbe mit schlaffer Bewehrung im Beton der Knotenpunkte verankert werden.

Ein Meisterwerk unter den vorgespannten Fachwerken ist für die Flugzeughalle der Trans-Air Ltd. in Gatwik Airport gebaut worden (Bild 16.128 und 16.129) [455]. Bei diesem filigranartigen räumlichen Fachwerk mit 33,5 m Spannweite kommen auf jeden Untergurt 6 Obergurtstäbe, die durch in ihrer Ebene liegende Diagonalen zusammenwirken und auf denen die Dachplatten unmittelbar aufliegen. Die Fachwerke wurden aus vorgefertigten Stäben am Boden zusammengebaut; der Untergurt wurde mit in 2 Rillen eingelegten Drahtkabeln vorgespannt, dann wurden die Einheiten hochgezogen und an den Enden auf Gerüste gelegt. Mit wenigen weiteren Stäben in den Endflächen wurden die 42,75 m weit gespannten Fachwerk-Torträger der Halle gebildet. Nachdem alle Fachwerke montiert und die restlichen Fugen betoniert waren, wurden die Querstäbe in der Obergurtebene noch mit eingefädelten Kabeln zusammengedrückt.

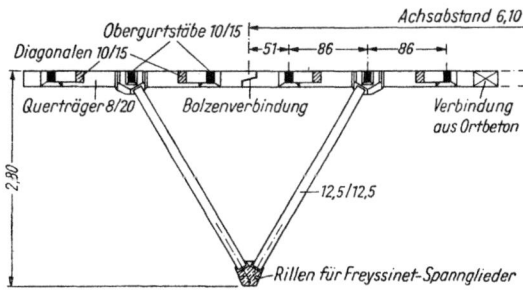

Bild 16.129 Querschnitt der Fachwerke von Bild 16.128

Bild 16.128 Hangar der Transair Ltd., Flughafen Gatwick.
Vorgespannte Fachwerke aus vorgefertigten Stäben

In Polen werden geschickt und sparsam bemessene Fachwerkbinder für den Industriebau mit 30 bis 42 m Spannweite fabriziert (Bild 16.130) [377]. Der Obergurt besteht aus einem nach unten offenen U, das an den Knotenpunkten in einen vollen Rechteckquerschnitt übergeht. Die Diagonalen sind flache Rechtecke, die mit dem Untergurtstab zusammen betoniert werden. Nach dem Zusammenlegen und Schließen der Fugen werden Spannglieder in die Röhren des Untergurtes eingezogen und gespannt. Die Knicke in der oberen Gurtlinie rühren daher, daß 1,5 oder 3 m breite vorgefertigte Dachplatten dort aufzulegen sind. Der Materialverbrauch liegt sehr niedrig, nämlich bei 6 m Binderabstand bei nur 0,023 m³/m² Beton und 4,42 kg/m² Stahl.

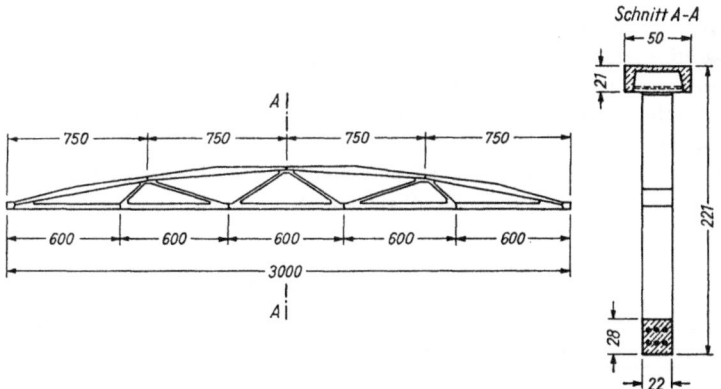

Bild 16.130 Polnische Fachwerkbinder für den Industriebau für 30 bis 42 m Spannweite mit 6 m Feldweite

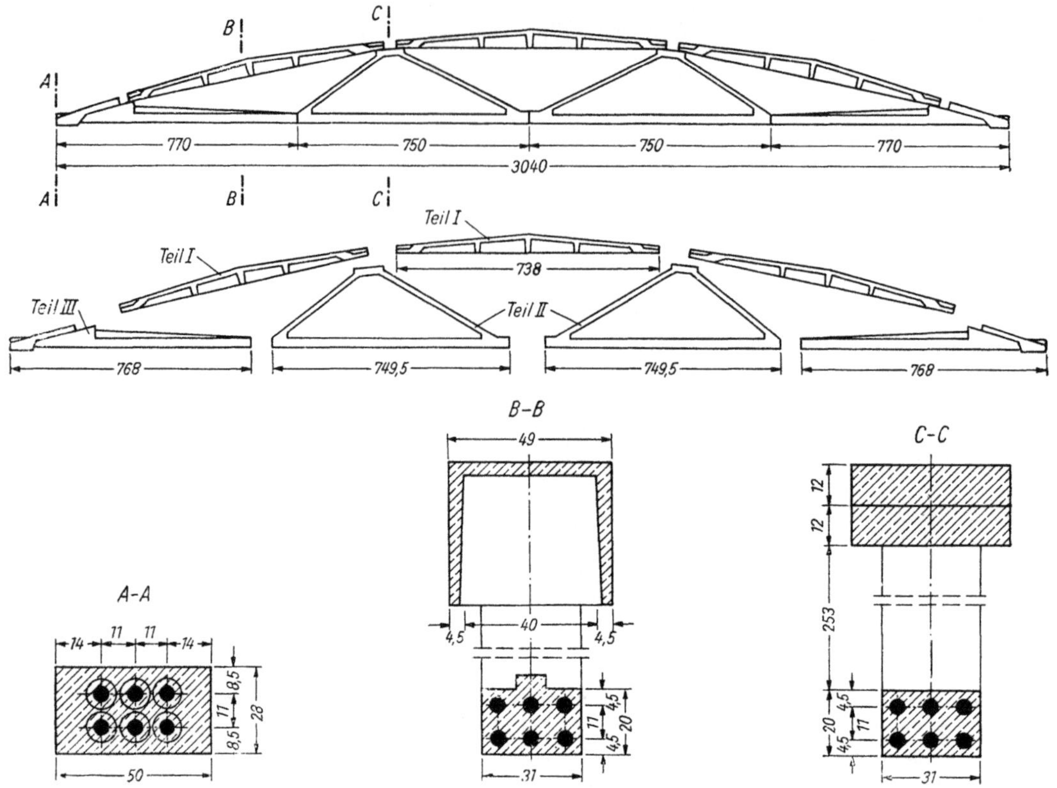

Bild 16.131 Polnische Fachwerkbinder für den Industriebau für 30 bis 42 m Spannweite mit 7,5 m Feldweite

Um die Fabrikation möglichst zu vereinfachen, bemüht man sich, mit möglichst wenig Stäben auszukommen. Bild 16.131 zeigt den 30 m-Binder mit einer 7,5 m-Teilung, so daß 3 gleiche Obergurtstücke genügen, die nunmehr als hohe U-Profile geformt sind, um die Biegemomente infolge der Dachlast zu übernehmen.

Zwei verschiedene Lösungen für weit gespannte Shed-Dächer unter Ausnützung der Shedform zur Bildung des Fachwerkes sind in Bild 16.132 und 16.133 gezeigt.

Im ersten Fall wurden 7 Stück 5 m breite gerade Sheds und 35 m weit gespannte Fachwerke aus Fertigteilen und Ortbeton verwendet. (Weberei Rüger, Wuppertal, Entwurf und Ausführung Beton & Monierbau AG.) Die Fachwerke haben 5 m Abstand.

Im zweiten Beispiel zeigt *H. Rühle,* wie Schalensheds mit Fachwerken aus Fertigteilen in großem Abstand (18 bis 30 m) über mehere Shedbreiten abgefangen werden können (Vacuum-Werke,

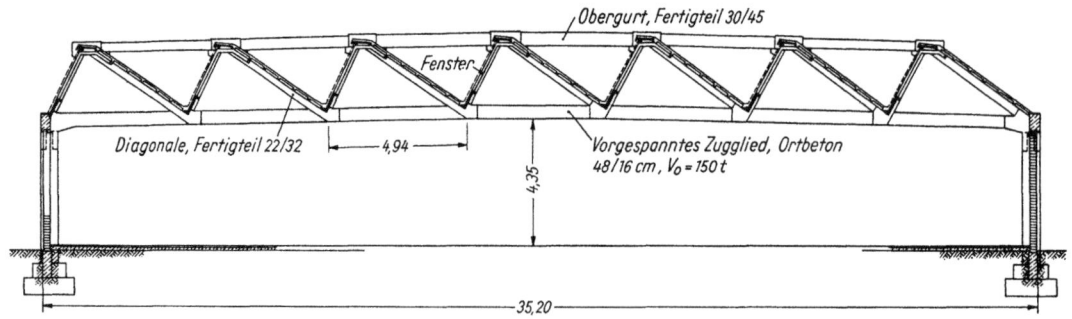

Bild 16.132 Fachwerkträger eines Sheddaches (Weberei Rüger, Wuppertal. Entwurf und Ausführung Beton- und Monierbau AG)

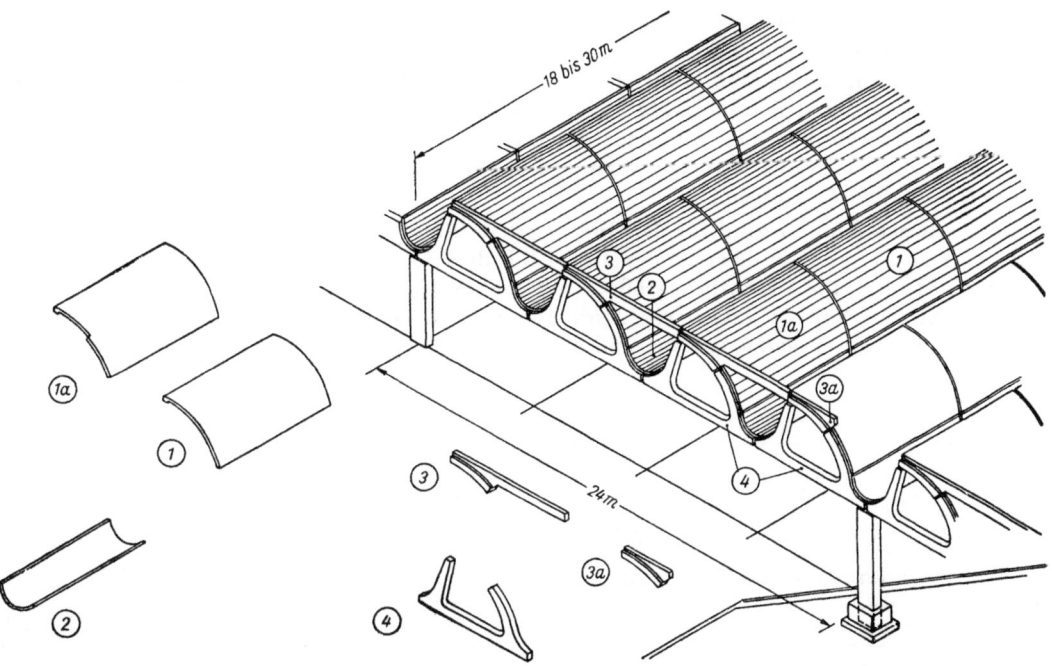

Bild 16.133 Fachwerkträger aus vorgefertigten Teilen für die Shedhalle der Vacuum-Werke, Dresden

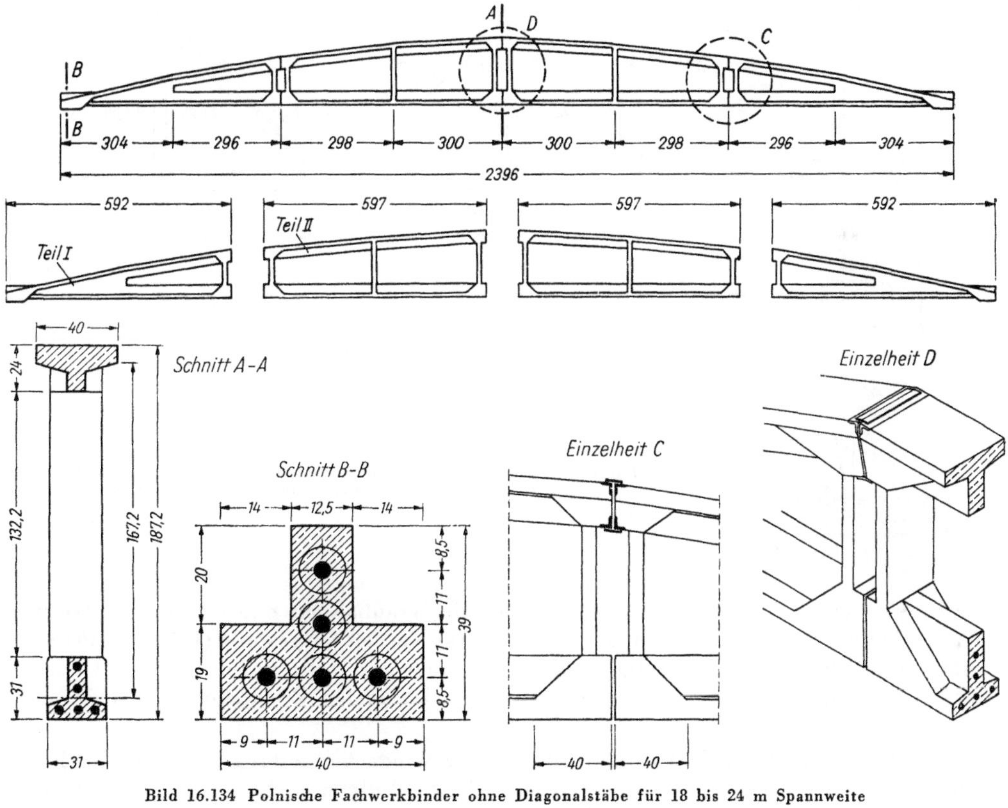

Bild 16.134 Polnische Fachwerkbinder ohne Diagonalstäbe für 18 bis 24 m Spannweite

Dresden). Die Fachwerke mit teilweise gekrümmten Stäben müssen dabei genau auf Biegespannungen untersucht werden, doch erlaubt gerade die Vorspannung, die Biegemomente ohne zu großen Aufwand aufzunehmen.

In Polen werden u. a. auch Dachbinder hergestellt, die zwischen Ober- und Untergurt nur flache Pfosten aufweisen, und deshalb wohl gegen einseitige Lasten etwas empfindlich sind. Bei diesen Fachwerken erhalten der Ober- und auch der Untergurt T-Querschnitt (Bild 16.134). Beim Zusammenspannen der Teilstücke wird der Obergurt durch eine an einbetonierte Kantenwinkel angeschweißte Stahllasche gesichert.

In allen östlichen Ländern sind für den Industriebau ähnliche Fachwerkbinder entwickelt worden. Es sei noch als Beispiel ein 36 m-Binder der VEB-Industrieprojektierung Halle/Saale in Bild 16.135 gezeigt [553], der eine wesentlich größere Systemhöhe aufweist als der polnische und daher mit kleinen Gurtquerschnitten auskommt. Auch hier werden die Stäbe einzeln gefertigt und die Fachwerke dann liegend zusammengebaut und zusammengespannt.

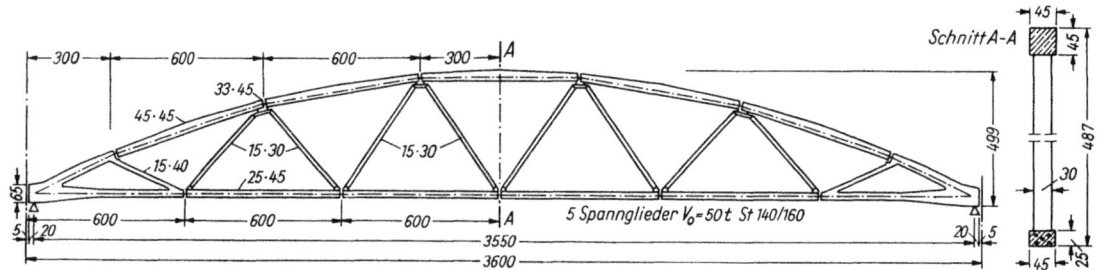

Bild 16.135 Fachwerkträger der VEB Industrieprojektierung Halle/Saale

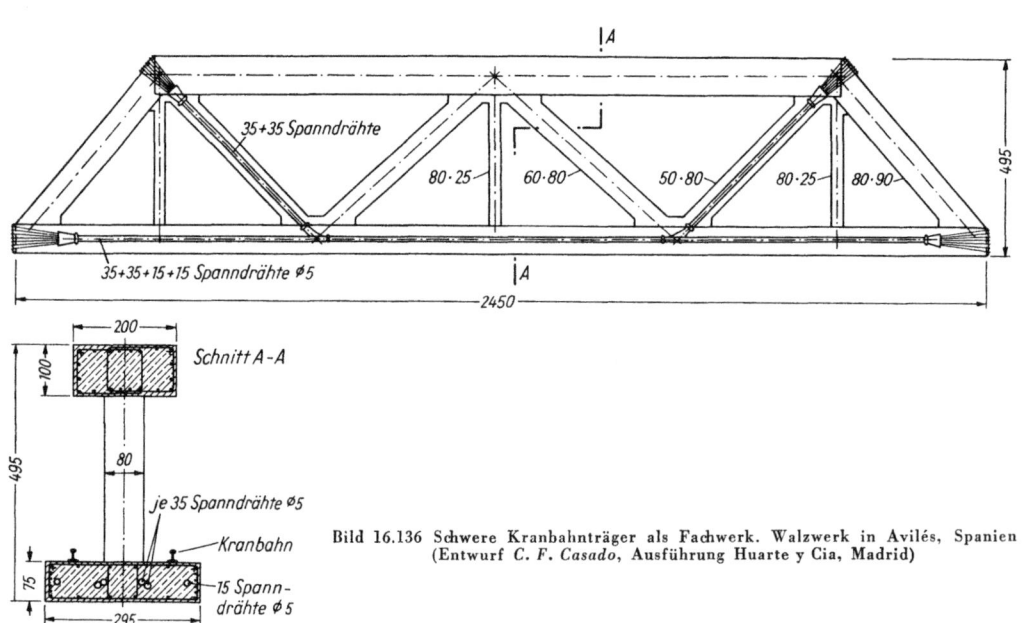

Bild 16.136 Schwere Kranbahnträger als Fachwerk. Walzwerk in Avilés, Spanien
(Entwurf C. F. Casado, Ausführung Huarte y Cia, Madrid)

In Spanien wurden in 800 m langen Hallen für die Kranbahnen eines neuen Walzwerkes der Ensidesa in Avilés sehr schwere Spannbetonfachwerke am Ort hergestellt (Bild 16.136) [400]. Die Krane laufen auf dem breiten Untergurt, die Dachbinder der Halle liegen auf dem Obergurt. Ein Teil der Spannglieder wurde vom Untergurt weg in der ersten Zugdiagonale schräg nach oben geführt.

Das bisher größte Spannbetonfachwerk wurde bei der Wiederherstellung der Mangfall-Brücke der Autobahn München—Salzburg durch Dyckerhoff & Widmann KG im Freivorbau gebaut

Bild 16.137 Mangfallbrücke der Autobahn München—Salzburg. Spannbetonfachwerk im Freivorbau hergestellt (Entwurf und Ausführung Dyckerhoff & Widmann KG)

(Bild 16.137). Die Spannweiten betragen 90 + 108 + 90 m. Die bauliche Durchbildung war im Hinblick auf die sehr große Zahl der Spannstäbe verhältnismäßig schwierig. Da es sich um einen Ausnahmefall handelt, soll hier ein Schrifttumshinweis genügen [432].

16.8 Vorgespannte Gründungsanker

Wenn man Gründungskörper oder andere Bauteile im Baugrund zu verankern hat, so eignen sich vorgespannte Anker dazu ganz besonders, weil sie die Verformung des Baugrundes und der Ankerzonen vorwegnehmen. Der Gründungskörper wird durch die Vorspannung so gegen den Baugrund gepreßt, daß keine unliebsame Verformung und auch keine klaffende Fuge zwischen dem Gründungskörper und dem Baugrund entsteht, wenn die in der Verankerung aufzunehmende Zugkraft wirkt. *M. Birkenmaier* hat diese günstige Wirkung ausführlich behandelt [196].

Einige frühe Anwendungen, wie z. B. die Verankerung der Cheurfas-Staumauer in Frankreich, 1935 [22], oder die Verankerung des Widerlagers der Hängebrücke über die Mosel in Wehlen, 1948, [116], sind in der 1. Auflage dieses Buches dargestellt. *M. Birkenmaier* hat als erster normale Spannglieder für sogenannte Felsanker verwendet [196]. Inzwischen sind vorgespannte Gründungsanker in großer Zahl und in unterschiedlicher Bauart zur Anwendung gekommen.

Die Anker lassen sich am einfachsten ausführen, wenn man Fels als Baugrund hat. Man bohrt dann mit Meißel- oder Kernbohrern Löcher in gespreizter Anordnung, um einen möglichst großen Felsbereich zu erfassen. Die Tiefe der Löcher richtet sich nach dem für die Verankerung not-

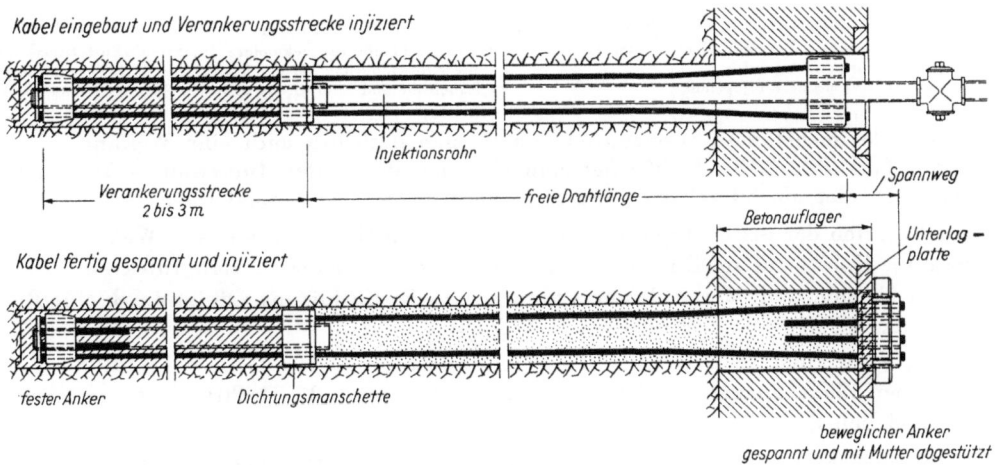

Bild 16.138 BBRV — Bohrlochanker (BBRV, Zürich)

wendigen Felsgewicht und ist daher auch davon abhängig, ob es sich um kompakten oder zerklüfteten Fels handelt. Je nach der Größe der Spanngliedkraft muß die erforderliche Bohrlochlänge noch um 1,5 bis rund 3 m für den Ankerbereich des Spanngliedes verlängert werden.

Das frisch gebohrte Loch wird zunächst mit Wasser abgedrückt um festzustellen, ob stark durchlässige Klüfte angeschnitten wurden, durch die eingepreßter Mörtel entweichen würde. Wenn dies der Fall ist, dann wird zweckmäßig ein kräftiges Wellrohr in das Bohrrohr gesteckt und der Zwischenraum zum Fels mit Zementmörtel ausgepreßt, wobei Risse und Klüfte im Fels in ausreichendem Maße geschlossen werden.

Die Spannkabel werden in verschiedener Form am Ende des Bohrloches verankert. Bild 16.138 zeigt einen BBRV-Bohrlochanker mit einem festen Ankerstück am Ende der Spanndrähte. In 2 bis 3 m Entfernung vom Ende des Bohrloches ist eine Dichtungsmanschette, zum Beispiel aus PVC, angeordnet, durch die das Injektionsrohr bis zum Ankerende führt. Man preßt nun durch dieses Zementmörtel ein, der das Bohrloch bis zur Dichtungsmanschette füllt. Nach dem Erhärten dieser ersten Injektion wird das Ankerspannglied gespannt und drückt den Gründungskörper gegen den Baugrund. Anschließend wird der Rest des Bohrloches mit Zementmörtel ausgepreßt.

Eine andere Bauart zeigen die VSL-Felsanker der Firma Losinger AG, Bern (Bild 16.139) [423]. Hier sind die Spanndrähte in der Verankerungszone mit Ringen abwechslungsweise gespreizt und zusammengezogen. Im übrigen Bereich liegen die Drähte in einem normalen gewellten Hüllrohr, das gegen die Ankerzone abgedichtet ist. Durch die Achse des Kanals führt ein Injektionsschlauch bis zum Ende des Bohrloches, durch den Zementmörtel eingepreßt wird, der die Ankerzone und die Hohlräume zwischen Hüllrohr und Bohrloch füllt, so daß bei diesem primären Auspressen der Verbund mit dem Bohrloch bereits auf die ganze Länge hergestellt wird. Die Spanndrähte werden also durch Haft- und Reibungsverbund verankert.

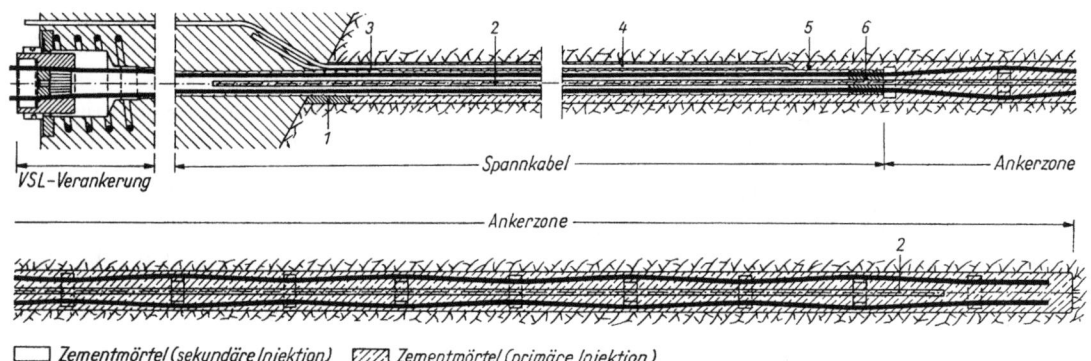

Bild 16.139 VSL — Felsanker (Losinger & Cie AG, Bern)
1 Abdichtung des Bohrloches (Schnellbindender Zement)
2 Plastikschlauch für primäre Injektion
3 Entlüftungsstutzen für primäre Injektion
4 Plastikschlauch für sekundäre Injektion (Entlüftung durch die Zapfenbohrung bei der beweglichen VSL-Verankerung)
5 Kabelrohr und 6 Dichtung zwischen Spannkabel und Ankerzone

An die Stelle der mehrfachen Spreizungen könnte man natürlich auch eine Wellung der Drahtenden setzen (vgl. Bild 3.13). R. *Walther* empfiehlt, bei der ersten Injektion 1- bis 2mal nachzupressen, bevor der Mörtel erhärtet, um Sickerverluste im Fels auszugleichen.

Nach dem Erhärten der ersten Injektion können die Spannglieder in üblicher Weise vorgespannt und danach die Hohlräume im Hüllrohr ausgepreßt werden. Für diese zweite Injektion ist ein Einpreßschlauch bis zum Ende des Hüllrohres vorgesehen, die Entlüftung erfolgt durch eine Bohrung im Ankerstück.

Für 100 t-Anker werden 18 Drähte ϕ 8 mm in Hüllrohren ϕ 50 mm in Bohrlöchern ϕ 85 mm verwendet. Bei 150 t Spannkraft braucht man entsprechend 27 Drähte ϕ 8 mm, Hüllrohre ϕ 60 mm und Bohrlöcher ϕ 100 mm.

Selbstverständlich können auch andere Spanngliedarten in entsprechender Weise für derartige Verankerungen verwendet werden.

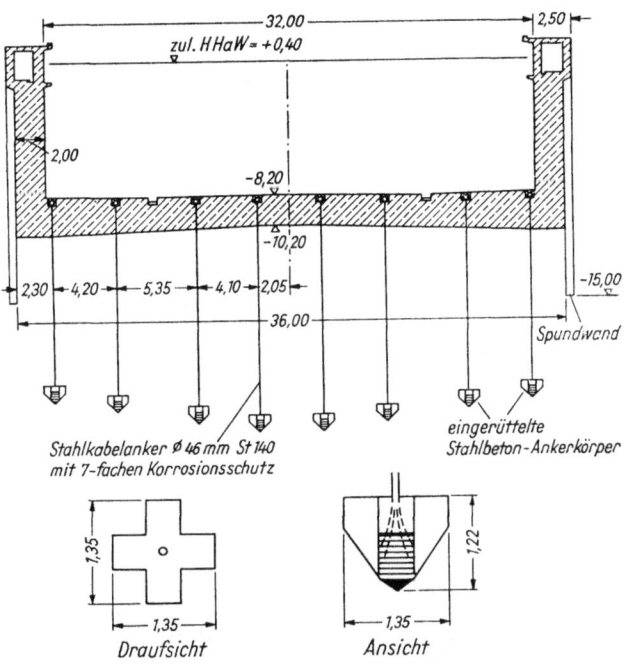

Bild 16.140 Trockendock der Nordseewerke in Emden. Kreuzförmige Ankerkörper nach *Lackner* mit je 105 t vorgespannt

Hat man keinen Fels sondern Sand oder Kiessand, dann werden Stahlrohre eingeschlagen oder eingespült, durch die die Spannglieder in den Baugrund eingebracht werden. Je nach der Lagerungsdichte und der Kornfeinheit wird am Ende entweder eine Ankerzwiebel ausgedreht oder ein Ankerblock durch Einpressen von Zementmörtel hergestellt, wobei das Stahlrohr etwas zurückgezogen wird.

Beim Bau des Trockendocks der Nordseewerke in Emden (1955) hat man in feinem Sand kreuzförmige Ankerkörper nach *Dr. Lackner* von 1,35 m Seitenlänge 11 bis 14 m tief eingespült und eingerüttelt und so eine zuverlässige Verankerung für 105 t-Spannglieder zum Festpressen der Sohlplatte gewonnen (Bild 16.140) [282]. An anderer Stelle hat man quadratische Rahmen mit 1,0 m Seitenlänge 9 m tief in Feinsand eingerüttelt und über 4 Seile mit 120 t angespannt. Die Sicherheit wurde durch Versuche nachgewiesen.

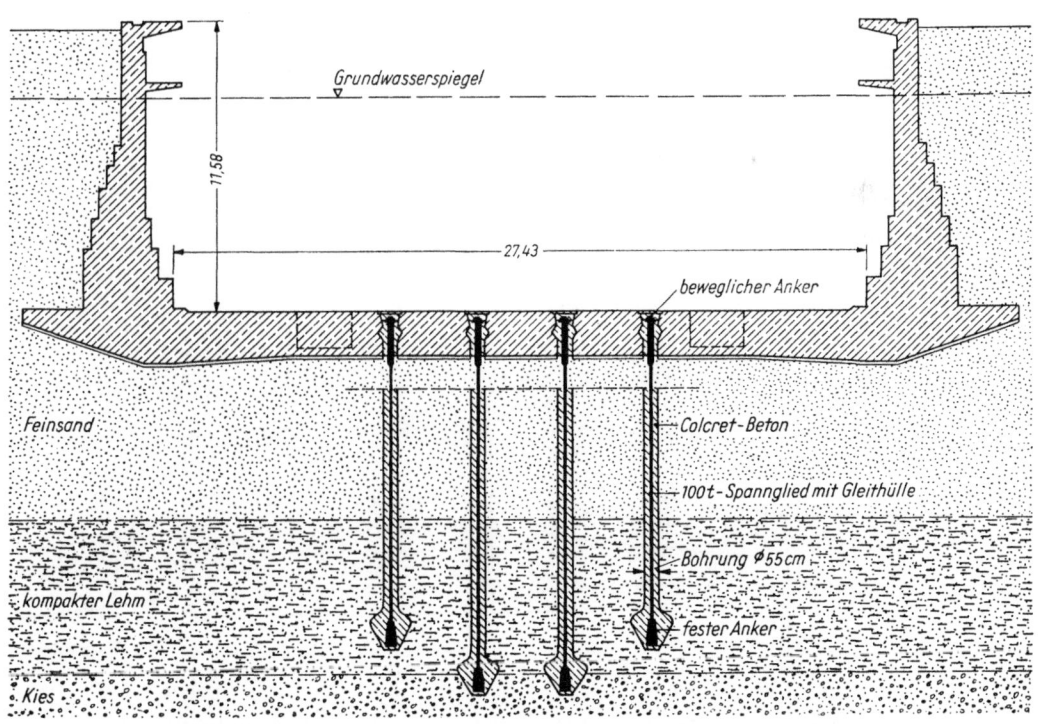

Bild 16.141 Verankerung der Bodenplatte eines Trockendocks in Karachi (Pakistan) mit 242 BBRV Ankern von je 100 t Spannkraft

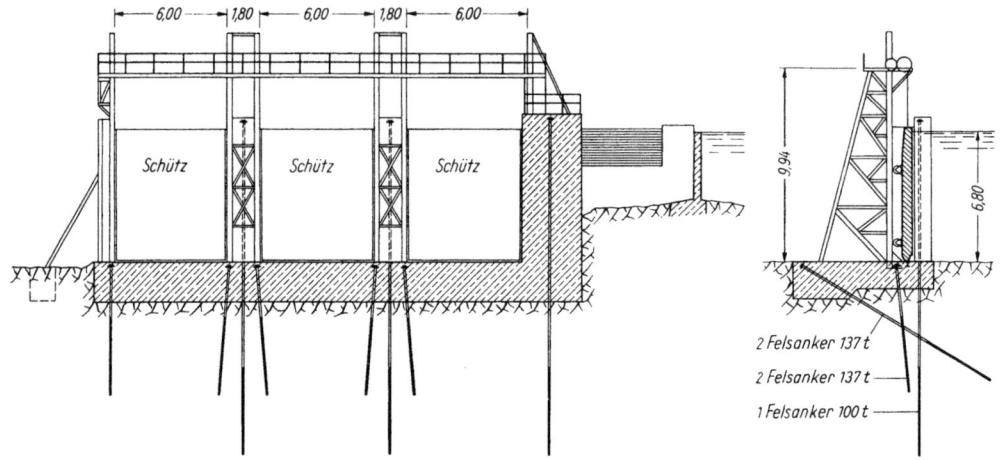

Bild 16.142 Hilfswehr des Kraftwerkes Schaffhausen. Verankerung der Pfeiler und der Bodenplatte mit BBRV-Ankern

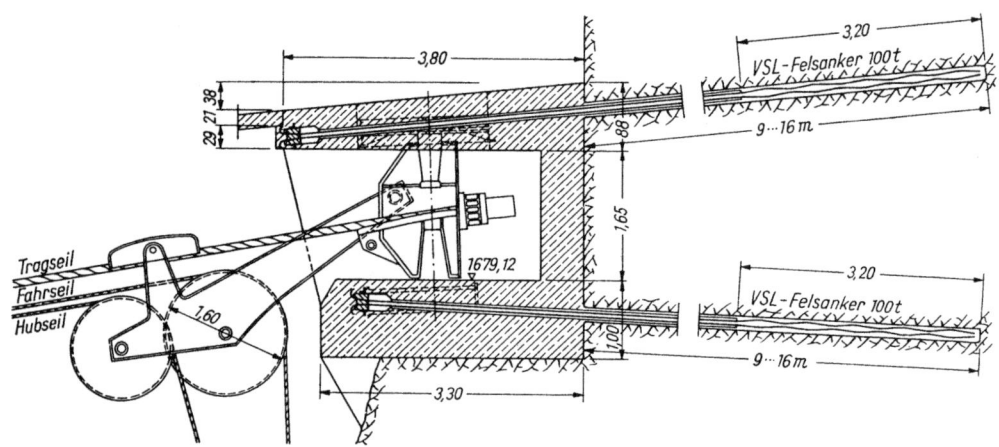

Bild 16.143 Verankerung des Kabelkranes für den Bau der Staumauer Luzzone mit 100 t-VSL-Ankern

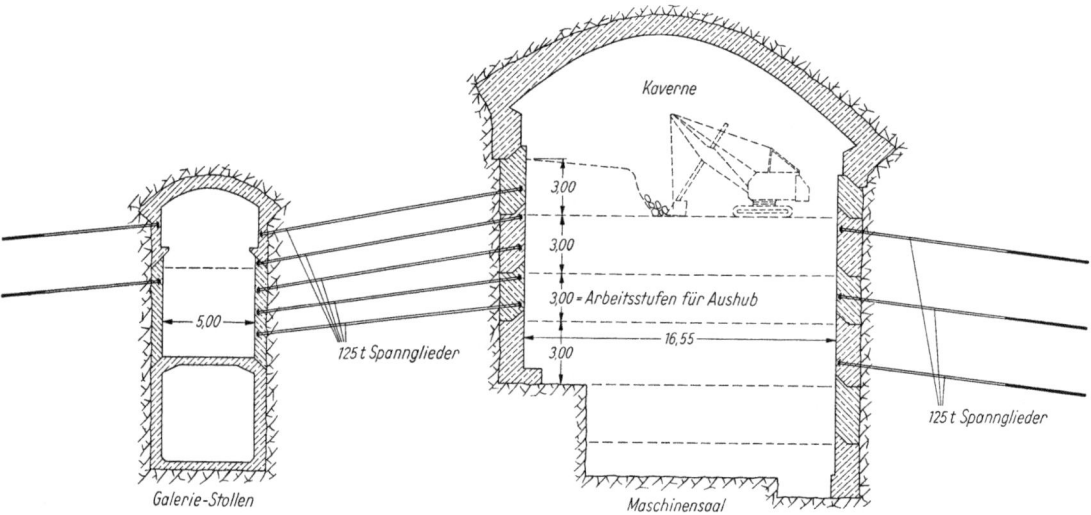

Bild 16.144 Sicherung der Felswände im Kavernen-Kraftwerk der Grande Dixence-Zentrale in Nendaz, Schweiz

Bei einem Trockendock in Karachi, Pakistan, hat man unter einer mächtigen Feinsandschicht die Verankerungen in kompaktem Lehm von einem Bohrloch mit 55 cm $\varnothing$ ausgehend ausgelöffelt. Der Zwischenraum zwischen dem Bohrloch und dem in einem Hüllrohr liegenden Spannglied wurde hier mit Colcret-Beton verfüllt, so daß eine Art Pfahl entstand. Diese starren Pfähle müssen 2 bis 3 m unter der Sohlplatte des Docks enden, damit die Spannkraft nicht auf die Pfähle, sondern auf den Baugrund wirkt und dieser dadurch zusammengedrückt wird (Bild 16.141).

Ein weiteres Beispiel aus dem Wasserbau zeigt Bild 16.142. Beim Kraftwerk Schaffhausen wurden die Pfeiler und die Bodenplatte einer Stauanlage mit Felsankern versehen, die zum Teil mit flacher Neigung angeordnet sind, um dem Wasserdruck entgegenzuwirken.

Im festen Gebirge ergeben sich viele günstige Möglichkeiten für die Anwendung von Felsankern. So wurden zum Beispiel die Seile des großen Kabelkranes beim Bau der Staumauer Luzzone über kleine Betonkörper mit 100 t-Ankern an einer Felswand befestigt (Bild 16.143) [423]. In ähnlicher Weise können auch die Gerüste der fahrbaren Verankerung solcher Kabelkrane im Fels verankert werden.

Bei den Kraftwerken der Grande Dixence im Wallis, Schweiz, wurden die Betonwände für die Cavernen-Turbinenhalle mit Felsankern gesichert (Bild 16.144). An der Arlbergbahn hat man brüchige Felspartien mit Felsankern gegen weiteres Lösen und Abstürzen gesichert (Bild 16.145).

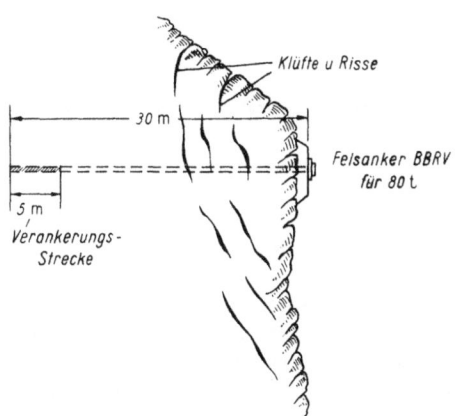

Bild 16.145 Verankerung brüchiger Felspartien an der Arlbergbahn mit 80 t-BBRV-Ankern (nach Birkenmaier)

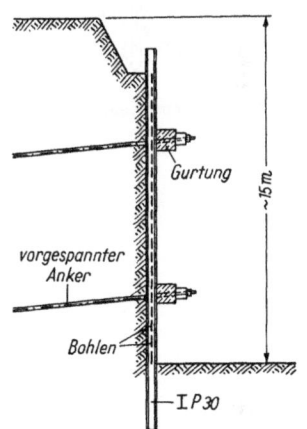

Bild 16.146 Verwendung von vorgespannten Gründungsankern bei der Aussteifung von Baugruben

Sicherung von tiefen Baugruben

Ein neues großes Anwendungsgebiet der Bohrlochanker hat sich bei der Absteifung tiefer Baugruben ergeben. So wurden bei dem 18 m tiefen Aushub für die Fernsehstudios des WDR in Köln die lotrechten Peiner-Träger der Trägerbohlwand mit schräg nach unten gerichteten Ankern festgehalten [556]. Auch hier ist vorteilhaft, daß die Baugrubenwand gegen den Baugrund gepreßt wird, so daß dieser gar nicht in Bewegung kommt. Wesentlich ist, daß die Baugruben für die Arbeiten ganz frei bleiben (Bild 16.146). Die Bemessung solcher Anker wird nach den „Empfehlungen des Arbeitsausschusses Ufereinfassungen" (vgl. Bautechnik 1958 S. 482, 1959 S. 468 und 1960, S. 472) vorgenommen.

Solche Schräganker werden auch für Dauerbauten benützt, wie das Beispiel einer auf Bohrpfählen errichteten Stützwand am Bahnhof in Bern in Bild 16.147 zeigt. Da die dort dem Fels überlagerte Mergelschicht zum Teil bis 40 m dick war, wurden einige Anker mit 50 m Länge ausgeführt, wobei keine Schwierigkeiten auftraten. Man hätte wohl auch im Mergel verankern können.

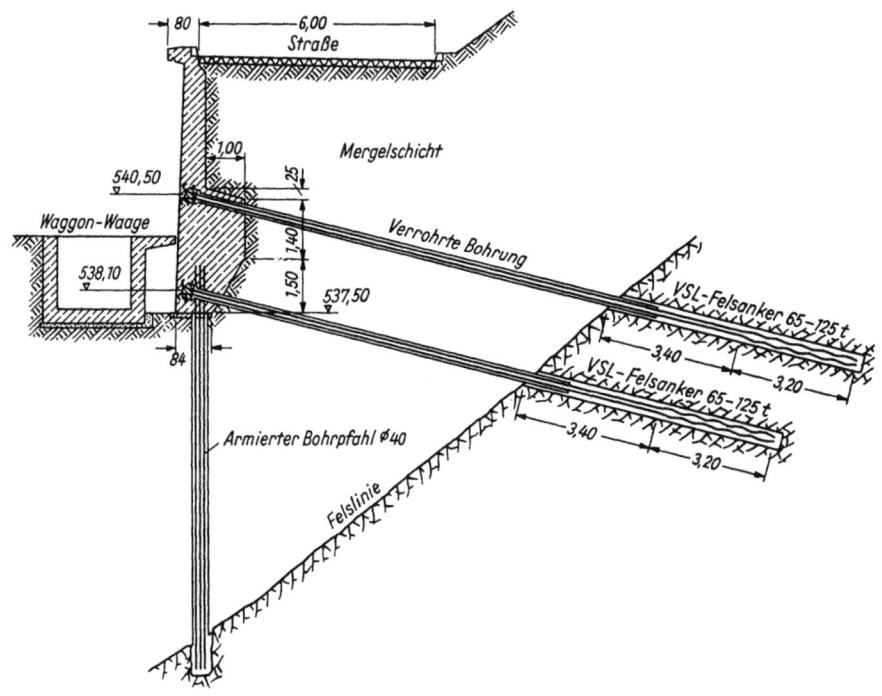

Bild 16.147 Verankerung einer Stützwand am Bahnhof Bern, längstes Spannglied 50 m (nach [423])

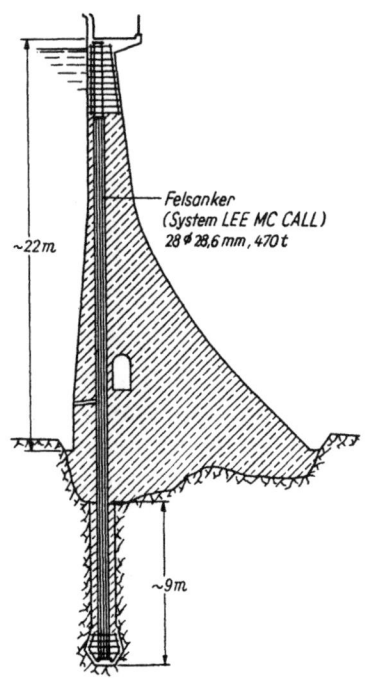

Bild 16.148 Stauwand Allt - Na - Lairige (Schottland) mit vorespannten Felsankern System Lee McCall

Verankerungen von Staumauern

Die erste vorgespannte Verankerung einer großen Stauanlage von *Coyne* [22] hat inzwischen Nachfolge gefunden. So wurde die Allt-Na-Lairige-Talsperre in Schottland bei 22 m Höhe und 415 m Länge auf den felsigen Untergrund aufgespannt (Bild 16.148). Dabei wurden 470 t-Anker, bestehend aus je 28 Stäben ϕ 28,6 mm (System Lee-Mc Call) verwendet. Die totale Vorspannkraft dieses Bauwerkes betrug ungefähr 22 000 t. Vorausgegangene Kostenvergleiche zeigten, daß sich die Verwendung von vorgespannten Ankern schon von 10 m Stauhöhe ab gegenüber der Schwergewichtsmauer lohnt.

Auch Stauanlagen aus dünnwandigen Gewölbereihen können mit vorgespannten Gründungsankern gegen den Wasserdruck gesichert werden.

Es sei hier noch erwähnt, daß schon 1953 bis 1954 die dünnwandige, 28,5 m hohe Bogenstauwand von Turtmann im Wallis, Schweiz, zweiachsig vorgespannt wurde, um sie auf alle Fälle auch im Winter bei leerem Becken rissefrei zu halten [461]. Felsanker wurden dort nicht angewandt.

Für viele andere Fälle können vorgespannte Gründungsanker vorteilhaft sein, so zum Beispiel für die Gründung hoher Türme auf Fels oder für die Gründung flacher Bögen und besonders auch bei der Verankerung von Hängebrücken.

Kapitel 17

17. Feuerbeständigkeit des Spannbetons

17.1 Allgemeines

Eine Tragkonstruktion gilt als feuerbeständig, wenn sie unter der vollen Gebrauchslast einem Brand mit einem Temperaturverlauf nahe der Oberfläche der Bauteile, gemäß Bild 17.1, 90 Minuten lang standhält. In verschiedenen Ländern hat man die Feuerbeständigkeit nach der ertragenen Branddauer abgestuft und verlangt, je nach der Nutzungsart des Bauwerkes, eine Feuerbeständigkeit über 30, 60 oder 90 Minuten, bei besonders starker Brandgefährdung wird dreistündige Feuerbeständigkeit gefordert. Wir wollen diese verschiedenen Güten der Feuerbeständigkeit (nach DIN E 18230: Feuerwiderstandsdauer) im folgenden einfach mit $F\,30$, $F\,60$ usw. kennzeichnen.

Nach der bisherigen Definition wird nur verlangt, daß das Tragwerk während der genannten Branddauer nicht einstürzt. Es treten natürlich Schäden auf, über deren zulässiges Ausmaß nichts ausgesagt wird. Für den Bauherrn kann es erwünscht sein, so zu bauen, daß das Tragwerk z. B. nach 90 Minuten Branddauer seine volle Tragfähigkeit noch aufweist, was durch entsprechenden Schutz des Stahles erreicht werden kann.

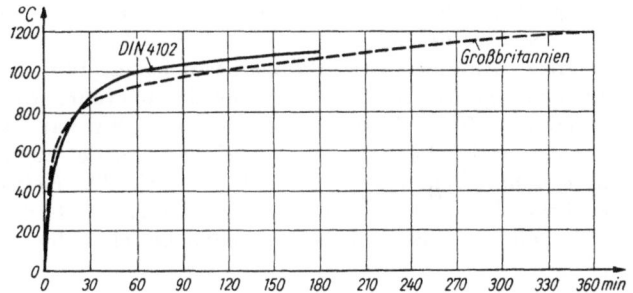

Bild 17.1 Temperaturverlauf für Prüfung der Feuerbeständigkeit nach DIN 4102 und nach englischer Vorschrift

Die Tragfähigkeit von auf Biegung beanspruchten Stahlbetonkonstruktionen unter Feuereinwirkung geht vor allem dadurch verloren, daß der Stahl bei Temperaturen über 200° oder 300° C seine Festigkeit in zunehmendem Maße verliert (vgl. Kap. 2.14). Im allgemeinen ist seine Zugfestigkeit beim Überschreiten von 400° C so weit erschöpft, daß das Tragwerk unter voller Gebrauchslast einstürzt.

Da bei Spannbetontragwerken der Stahl schon durch die Vorspannung unter hoher Spannung steht, sind diese bei Feuer mehr gefährdet als schlaff bewehrte Stahlbetonbauteile, zudem gewisse Spannstahlarten ihre Festigkeit mit zunehmender Temperatur rascher und bleibend einbüßen als naturharte Stähle (vgl. Bild 2.39). Den erforderlichen baulichen Maßnahmen zur Erzielung der Feuerbeständigkeit muß daher im Bedarfsfall bei Spannbeton mehr Aufmerksamkeit geschenkt werden als bei einfachem Stahlbeton, obwohl auch dort die bisherigen Anschauungen bei den heutigen hohen zulässigen Stahlspannungen überprüft werden müssen.

Die Temperaturzunahme im Stahl durch Feuer hängt von der Art und Dicke der schützenden Überdeckung der Stahleinlagen ab. Von Einfluß ist auch, ob es sich um eine Platte oder um schmale Balkenstege handelt, ob also das Feuer von einer oder von drei Seiten einwirkt und die Wärme gegen den Spannstahl sendet.

Die Betonüberdeckung ist nun aber im Brand dadurch gefährdet, daß der Beton beim Erreichen einer Temperatur von rund 100° C durch das Verdampfen des freien Wassers und den dabei sich bildenden Dampfdruck, aber auch durch die unterschiedlichen Temperaturdehnungen der äußeren und inneren Fasern abplatzen kann. Dies geschieht bevorzugt entlang der Stahleinlagen, so daß diese dann frei dem Feuer ausgesetzt sind und damit rasch auf zu hohe Temperaturen kommen. Die Gefahr des Abplatzens ist um so größer, je jünger und feuchter der Beton und je größer die Druckspannung ist. *Kristen* spricht in diesem Zusammenhang von „Wasserdampf-Explosionen". Das Abplatzen kann jedoch durch eine geeignete dünne Randbewehrung verhütet werden, die in Kap. 17.4 beschrieben wird.

Die Feuerbeständigkeit kann durch eine wärmedämmende Schutzschicht oder bei Decken durch eine feuerbeständig aufgehängte Unterdecke verbessert werden. Diese Maßnahmen helfen aber nur, wenn die Schichten gut haften, so daß sie nicht vorzeitig abfallen.

Auch d e r B e t o n büßt bei hoher Temperatur einen Teil seiner Festigkeit ein (vgl. Kap. 2.28), so daß bei Spannbetonbalken die vorgedrückte Zugzone gefährdet ist, wenn dort sehr hohe Druckspannungen herrschen. Hat ein Tragwerk solch hohe Druckspannungen unter Eigengewicht, dann kann der Lastfall Eigengewicht allein ohne Nutzlast für die Feuerbeständigkeit kritischer sein als die volle Gebrauchslast. Für ungeschützte schmale Balkenrippen sollte man daher keine zu hohen Druckspannungen unter Eigengewicht wählen, wenn die Randzone der gedrückten Betonfläche auf eine Tiefe von 1,5 ü (ü = Dicke der Überdeckung der Stahleinlagen mit Beton) für die Tragfähigkeit wesentlich ist. Bei durchlaufenden Tragwerken können die hohen Druckspannungen im Bereich der Stützenmomente für die Feuerbeständigkeit gefährlich werden.

Zahlreiche Brandversuche an Spannbetontragwerken wurden im Lauf der letzten zehn Jahre durchgeführt. Die Building Research Station of the Ministry of Works, London, hat sich auf diesem Gebiet besondere Verdienste erworben [321]. Einige der dortigen Versuche wurden in der ersten Auflage dieses Buches beschrieben [148], [187], [174], [141], [230]. Inzwischen sind dort umfangreiche weitere Versuche durchgeführt worden, die in [521] veröffentlicht sind. Auch in Holland [382], Japan [394] und den USA hat man sich mit der Feuerbeständigkeit von Spannbeton beschäftigt. In Deutschland wurde hauptsächlich das Verhalten der Spannstähle unter hoher Temperatur behandelt [335]. *Th. Kristen* und *H. J. Wierig* haben die Feuerprobleme des Spannbetons allgemein behandelt [493]. Im folgenden wird das Wesentliche der bisherigen Versuchsergebnisse zusammengefaßt, ohne auf einzelne Versuche näher einzugehen.

17.2 Einige Versuchsergebnisse an Spannbetonbalken und -decken

Die folgenden Ausführungen stützen sich hauptsächlich auf die englischen Versuche von *L. A. Ashton* und seinen Mitarbeitern [521]. Man hat dort unter anderem untersucht, ob Brandversuche mit verkleinertem Maßstab durchgeführt werden können und kam zu dem Ergebnis, daß die Ähnlichkeitsgesetze hier nicht zuverlässig gelten, insbesondere, weil sich die Erscheinungen des Abplatzens der Betonüberdeckung u. a. nicht maßstäblich verhalten. *Ashton* rät daher, künftige Brandversuche in natürlicher Größe durchzuführen.

Geprüft wurden 6 m und 8 m weit gespannte Balken mit Querschnitten gemäß Bild 17.2. Die älteren Balken wurden mit Eigengewicht plus 1,5facher Nutzlast, die späteren mit Eigengewicht plus Nutzlast oder Eigengewicht allein geprüft. Der Beton war aus Flußsand und Kies mit normalem Portlandzement hergestellt und hatte die Güte B 420 (Würfelfestigkeit nach 28 Tagen). Vorspannung mit nachträglichem Verbund, Spannglieder aus 12 Drähten ϕ 5 mm, kalt gezogen; Festigkeit St 160 bis 180 kg/mm², anfängliche Spannung 0,6 β_Z. Einpreßmörtel aus hochwertigem Portlandzement mit Wasserzementfaktor 0,4. Die Betonüberdeckung des Spanndrahtes war seitlich 8 cm, von unten 4,7 bzw. 8,5 cm. Die meisten Balken hatten Bügelbewehrung mit einem Bügelabstand von rund 30 cm und den üblichen zwei unteren Längsstäben, Betonüberdeckung der Bügel 2,0 cm. Ein anderer Teil der Balken hatte eine Randbewehrung aus Baustahlmatten, Drahtdurchmesser 2 mm mit 15 cm Maschenweite in beiden Richtungen. Andere Balken blieben ohne Bügelbewehrung. Soweit Schutzschichten verwendet wurden, bestanden sie aus Vermiculite-Betonplatten (ein Raumteil Zement plus vier Raumteile Vermiculite), 25 mm dick, mit Hühnerdrahtgitter bewehrt. Diese Platten wurden in die Schalung gestellt und anbetoniert.

Die Balken waren vor der Prüfung 6 bis 12 Monate alt und zum Schluß etwa 8 Wochen lang bei 55 % r. F. und etwa 20° C getrocknet. Soweit die Balken keine Stegbewehrung hatten, versagten sie kurz nach dem Abplatzen der Betonüberdeckung nach 60 bis 150 Minuten Branddauer. Mit Stegbewehrung hielten die Balken selbst bei 1½facher Nutzlast 150 bis 260 Minuten.

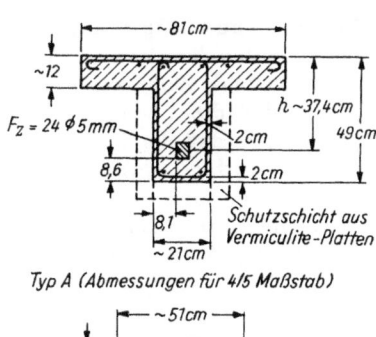

Typ A (Abmessungen für 4/5 Maßstab)

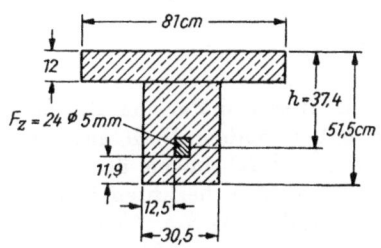

Typ C (Abmessungen für 1/2 Maßstab)

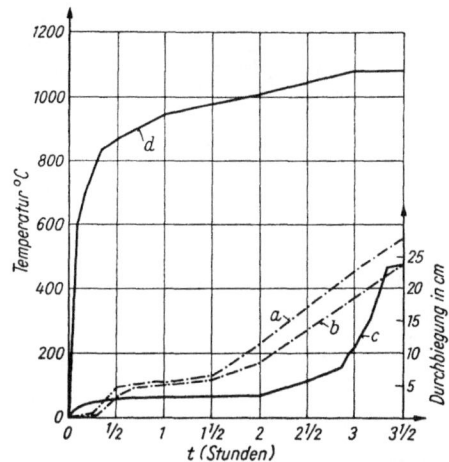

Bild 17.3 Englische Versuchsergebnisse nach *Ashton* für Balken Typ A, nach Bild 17.2
a) maximale Temperaturen am Spannstahl
b) mittlere Temperaturen am Spannstahl während des Brandes
c) Durchbiegung des Balkens bei $(g+p)$ Last während des Brandes
d) Temperaturverlauf

Typ D (Abmessungen für 4/5 Maßstab)

Bild 17.2 Querschnitte der englischen Versuchsbalken

Mit 25-mm-Vermiculite-Platten wurden Feuerbeständigkeiten von 4 bis 5 Stunden erzielt, selbst wenn keine Stegbewehrung vorhanden war und 1- und 1½fache Nutzlast wirkte. Im Durchschnitt kann gesagt werden, daß die 25 mm dicke Vermiculite-Platte die Feuerbeständigkeit um mindestens 2 Stunden verlängert. Die Platten waren in keinem Versuch abgefallen. In einigen Fällen platzten jedoch Betonteile explosionsartig ab und rissen Teile der Vermiculite-Platten mit. Man führt dies darauf zurück, daß der Beton durch die Schutzplatten hindurch nicht genügend ausgetrocknet war.

In Bild 17.3 ist der Temperaturverlauf am Spannstahl für einen Balken Typ A des Bildes 17.2 dargestellt. Der flache Verlauf der Kurve bei etwa 100° C rührt daher, daß das Verdampfen des Wassers viel Energie verbraucht. Der Balken versagte, als die Temperatur im Spannstahl etwa 440° C erreichte.

Die anfängliche Durchbiegung infolge der Temperaturverlängerung des Balkensteges bleibt lange fast gleich, sie nimmt erst zu, nachdem im Spannstahl 200° C überschritten werden und steigt sehr rasch an, sobald dort 400° C erreicht sind.

Wesentlich ist, daß in keinem Fall die Balken plötzlich versagten. Die Durchbiegung nimmt langsam zu, ein Feuerwehrmann wäre also hinreichend gewarnt [174], [141].

Ein Balken mit $b_0 = 12{,}5$ cm und $d = 20$ cm, ohne Bügel, ohne Nutzlast, mit rund 115 kg/cm² Druckspannung am unteren Rand, mit rundum etwa 5 cm Betondeckung versagte nach 62 Minuten durch Zerstörung des Stegbetons auf Druck.

Ein gleicher Balken, jedoch so weit belastet, daß die Druckspannung unten nur noch 80 kg/cm² war, versagte nach 120 Minuten noch nicht. Man erkennt also, daß für Feuerbeständigkeit die untere Druckspannung unter Eigengewicht nicht zu hoch gewählt werden darf.

Für die Frage, ob man Spannbetonbalken, die einem Brand ausgesetzt waren, wieder verwenden kann, ist entscheidend, welche Temperatur der Spannstahl im Durchschnitt erreichte. *Ashton* und *Bate* [521] zeigen in Bild 17.4 den Vergleich der Last-Durchbiegungslinie eines vom Feuer

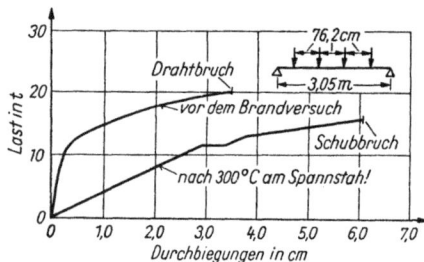

Bild 17.4 Last-Durchbiegungslinie eines Balkens Typ A (Abmessungen für Maßstab 1/2) vor und nach dem Brand, wobei das Feuer einwirkte, bis der Spannstahl 300° C erreicht hatte

unberührten Balkens ohne Bügel mit einem gleichartigen, der jedoch unter Nutzlast so lange befeuert wurde, bis der Spannstahl 300° C erreicht hatte. Die Linie zeigt deutlich, daß die Vorspannung vollständig verlorengegangen war, so daß der Balken bei ungefähr 80 % der normalen Bruchlast durch Schubbruch versagte. Es ist zu bemerken, daß der beim Versuch verwendete kalt gezogene Draht schon bei Temperaturen unter 200° C starke Festigkeitseinbußen zeigte.

Ähnliche Versuche wurden durchgeführt, um zu ermitteln, bis zu welcher Temperatur der Spanndraht erhitzt werden darf, ohne daß die Spannkraft merklich nachläßt. Es zeigte sich, daß 200° C noch als unschädlich bezeichnet werden können, daß jedoch die Eigenschaften der Drähte verschiedener Herkunft in dieser Hinsicht unterschiedlich sind.

Die Belastungs-Durchbiegungslinie nach dem Brand zeigt in jedem Fall deutlich an, wie weit die Vorspannung erhalten geblieben ist.

17.3 Erfahrungen bei einem Großbrand

Ein Großbrand in einer großen Markt- und Lagerhalle in Horsham Pa. von 225 m Länge und 60 m Breite, die fast durchweg mit einem nur 4,2 m hohen flachen Dach aus ungeschützten Spannbetonbalken abgedeckt war, gab Gelegenheit, wertvolle Erfahrungen über das Verhalten von Spannbeton bei einem Brand zu sammeln. C. C. Zollmann u. a. berichten in [487] darüber.

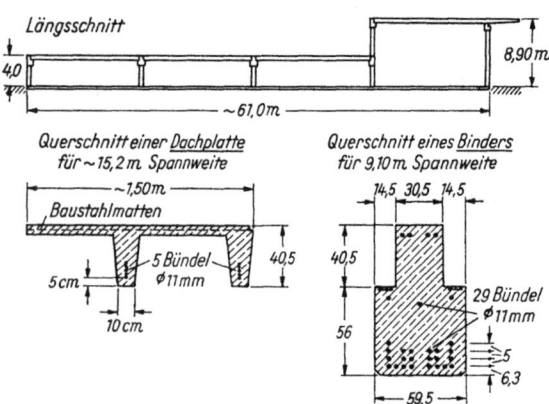

Bild 17.5 Schnitt durch die Markthalle in Horsham Pa., Querschnitte der 15 m weit gespannten Dach-Rippenplatten und der 9 m weit gespannten Unterzüge

Da die Halle kurz vor Weihnachten mit fast durchweg leicht brennbarer Ware einschließlich Teppichen, Farben, Ölen, Möbeln u. dergl. angefüllt und die Feuerwehr durch Wassermangel und Rauchentwicklung stark behindert war, dauerte der Brand 5 Stunden. In drei kleinen Bereichen, die noch nicht 10 % der Gesamtfläche ausmachen, brach die Dachkonstruktion. Man vermutet, daß dort die Explosion von Terpentinbehältern, von Heizgas u. dergl. mitwirkte. Der größte Teil der Dachkonstruktion war jedoch wieder verwendbar, obwohl die Balken und Rippenplatten des Daches (Bild 17.5) z. T. erhebliche äußere Abplatzungen des Betons aufwiesen. Die Ingenieure stellten jedoch durch Belastungsversuche und andere Prüfmethoden fest, daß die Schäden nicht tief vorgedrungen waren und daß die Tragfähigkeit noch ausreichend war, auch wenn bei den Unterzügen einige Litzen am Rand ihre Spannung verloren hatten.

17.4 Empfehlungen für die Sicherstellung der Feuerbeständigkeit von Spannbetontragwerken

Um Feuerbeständigkeit zu erzielen, muß erreicht werden, daß der Spannstahl während der Branddauer nicht mehr als etwa 400° C erreicht. Um ausreichende Tragfähigkeit nach einem Brand zu behalten, darf der Spannstahl nicht wärmer als etwa 200° C werden.

Die größte Druckspannung im Beton auf der dem Feuer ausgesetzten Seite darf einen gewissen Wert nicht überschreiten.

Die Erfüllung dieser Bedingungen müßte sich rechnerisch bestimmen lassen, doch fehlen hierfür noch Unterlagen. Die folgenden Empfehlungen beruhen daher auf den Versuchsergebnissen mit gewissen Schätz-Toleranzen.

17.41 Ungeschützte Spannbetontragwerke

Bei **ungeschützten Spannbetontragwerken** muß die Betonüberdeckung allein das zu hohe Ansteigen der Temperatur im Spannstahl verhüten. Im Spannbett hergestellte Balken oder Platten mit nahe an der Oberfläche liegenden Spanndrähten sind dabei weniger günstig als Tragwerke, bei denen der Spannstahl in Kabeln zusammengefaßt ist, die möglichst weit vom Rand weg liegen.

Betonüberdeckungen, die größer als 25 mm sind, müssen zur Verhütung vorzeitigen Abplatzens des Betons mit einer leichten schlaffen Bewehrung gesichert werden, die bügelartig in den der Hitze wenig ausgesetzten oberen Zonen zu verankern ist.

Die erforderlichen Betonüberdeckungen sind für die verschiedenen Grade der Feuerbeständigkeit (vgl. Kap. 17.1) in der folgenden Tafel 17.I zusammengestellt. Für Platten, die nur einseitig dem Feuer ausgesetzt sind, wurden dabei Werte angegeben, die etwa um 20 % unter den an Balken gewonnenen englischen Versuchsergebnissen liegen.

Will man die Tragfähigkeit nach dem Brand erhalten, dann müssen etwa die 1,8fachen Werte der Betonüberdeckung der Tafel 17.I angesetzt werden, falls man keine besondere Schutzschicht vorsieht.

Tafel 17.I
Ungeschützte Spannbetontragwerke, Mindestbetondeckung des Spannstahles in mm

Grad der Feuer-beständigkeit (Feuerwider-standsdauer) (Minuten)	bei einseitigem Feuerangriff (z. B. Deckenplatten) mm	bei dreiseitigem Feuerangriff (z. B. Balken) mm	Druckspannung max σ_b an der dem Feuer aus-gesetzten Seite für B 300[1] kg/cm²
F 30	20	25	120
F 60	30	38	100
F 90	40	50	90
F 180	75	90	70

Bedingung: Betondeckung durch Bügel oder Drahtgitter mit Deckung von nur 10 bis 15 mm gegen Abplatzen geschützt.

17.42 Erhöhung der Feuerbeständigkeit durch Schutzschichten

Schutzschichten zur Steigerung der Feuerbeständigkeit oder zur Erhaltung der Tragfähigkeit nach dem Brand müssen wärmedämmend wirken, damit das Ansteigen der Temperatur im Beton und im Spannstahl verlangsamt wird. Sie dürfen nicht vorzeitig abplatzen. Wenn man sie nachträglich als Putz aufbringt, dann muß die Betonoberfläche rauh und sauber sein. Je nach der Putzart muß man sie vorher anfeuchten und wieder leicht abtrocknen lassen. Dickere Putzschichten werden zweckmäßig mit einem am Betonbalken befestigten Putzgewebe oder Drahtgitter gesichert.

Geeignete Schutzschichten aus Putz:
20 mm Kalkzement
20 mm Gips, vorzugsweise Porengips
15 mm Asbestputz
15 mm Vermiculite-Putz
15 mm Perlite-Putz.

Die Dicken gelten etwa für F 90 bei 25 mm Betondeckung.

Die Dicken gelten etwa für F 90 bei 25 mm Betondeckung.

[1] Bei anderen Betongüten etwa proportional der Druckfestigkeit.

In die Schalung eingelegte feuerbeständige Wärmedämmplatten aus zementgebundenem Vermiculite oder Perlite oder dünne Gasbetonplatten ergeben einen ganz hervorragenden Schutz, so daß schon bei Dicken von 20 bis 25 mm die Tragfähigkeit auch bei 90 Minuten Branddauer erhalten bleibt.

Untergehängte Decken müssen so angehängt sein, daß sie für F 90 wenigstens 30 Minuten lang das Feuer vom Tragwerk selbst fernhalten, also nicht herabfallen. Die Entwicklung feuerbeständiger Aufhängungen, z. B. von Gips-Akustikplatten und ähnlichen modernen untergehängten Decken, ist erst im Gang. Die untergehängte geschlossene Putzdecke mit Putzgewebe (Rabitz-Decke) gilt als ausreichender Schutz für F 90 ohne besonderen Nachweis der Güte der Aufhängung.

Kapitel 18

Bemerkenswerte Bruchversuche

Während der Entwicklung des Spannbetons und seiner weiteren Erforschung in den letzten Jahren wurden zahlreiche Bruchversuche durchgeführt. Sie sollten meist das Verhalten eines bestimmten Bauwerkes und seine Riß- und Bruchsicherheit klären. Da die im Hinblick auf geplante Bauten untersuchten Träger zu viele verschiedene Eigenschaften hatten, ist ein Vergleich der Ergebnisse nur schlecht möglich. Diese Versuche dienten meist zur Kontrolle unserer Rechenannahmen und zeigten dabei eine befriedigende Übereinstimmung für Biegung. Die wesentlichen Bruchversuche sollen hier nur kurz gekennzeichnet werden, damit der praktisch tätige Ingenieur bei Bedarf Nachweise für bestimmte Erscheinungen ohne langes Suchen auffinden kann. Im Buch „Puentes de Hormigon Armado Pretensado" von *C. F. Casado* [557] findet sich eine fast vollständige Zusammenstellung aller Bruchversuche bis 1960 in spanisch.

18.1 Einzelversuche an einfachen Balken

Die ältesten deutschen Bruchversuche wurden in den Jahren 1935 bis 1938 von der Firma Wayss und Freytag AG für vorgespannte Hallenbinder von 55,5 m Spannweite durchgeführt [40]. Die zwei in Frankfurt und Dresden im Maßstab 1:3 hergestellten Balken hatten eine Länge von 18,50 m und einen 1,18 m hohen, schlanken I-Querschnitt. Die Spannbettvorspannung erfolgte nach *Freyssinet* mit Drähten ϕ 10 mm aus St 100. Die Würfelfestigkeit des Betons war $\beta_w = 503$ kg/cm² bzw. 412 kg/cm². Beide Balken wurden längere Zeit mit der Gebrauchslast (Frankfurt $3^{3}/_{4}$ Jahre, Dresden 4 Monate) und schließlich bis zum Bruch belastet, der in Frankfurt durch Versagen der Spanndrähte und in Dresden durch Versagen der Druckzone eintrat.

Die Deutsche Bundesbahn führte anläßlich des Baues der ersten Eisenbahnbrücke aus Spannbeton in Deutschland im Jahre 1950/51 in Zusammenarbeit mit der FMPA der Technischen Hochschule Stuttgart (Otto-Graf-Institut) Versuche an 4 Spannbetonbalken durch (Kornwestheimer Versuche), über die *Giehrach* und *Sättele* in [228] ausführlich berichten und auf die bereits in Kap. 13.42 eingegangen wurde. Alle 4 Balken hatten eine Spannweite von 20,00 m, eine Höhe von 1,00 m und eine Breite des Druckgurtes von 1,80 m. Zwei der Balken hatten Hohlkastenquerschnitt und waren mit konzentrierten Spanngliedern vorgespannt, und zwar ein Balken mit und der andere ohne Verbund. Die beiden anderen Balken hatten T-Querschnitt und waren nach den Verfahren Dywidag und Freyssinet vorgespannt. Die Balken wurden durch zwei symmetrische Einzellasten in 6 m Abstand bis zum Bruch belastet. Die Bruchlasten lagen etwas über den nach der DIN 4227 ermittelten Werten. Die Versuche zeigen die Unterschiede bei der Rißbildung zwischen Kastenprofilen und einfachen Stegen sowie zwischen konzentrierten und verteilten Spanngliedern. Beachtenswert ist, daß sich die Risse noch nach der 2fachen Gebrauchslast beim Entlasten vollständig wieder schlossen. Auf den Unterschied der Bruchlast ohne Verbund gegenüber derjenigen mit Verbund wurde schon in Kap. 6.22 hingewiesen.

Anläßlich der Errichtung der ersten Spannbetonbrücke in den USA (Walnut-Lane-Bridge, Philadelphia) wurde ein Balken mit $l = 47$ m bis zum Bruch geprüft [130], [131]. Er hatte einen unsymmetrischen I-Querschnitt (Höhe 2,00 m, Breite des oberen Flansches 1,31 m, Breite des unteren Flansches 0,76 m, Stegdicke 17,7 cm), und war mit 4 Kabeln aus je 64 ϕ 7 mm St 153/172 nach dem System Magnel vorgespannt. Der Beton hatte am Tage des Versuches eine Druckfestigkeit von $\beta_c = 360$ kg/cm². Mit 8 über die Länge des Balkens verteilten Einzellasten wurde beim Bruch ein Biegemoment von 2260 tm erzielt, wobei die Druckzone versagte.

P. B. Morice [249], [250] berichtet über einen aus 3 Teilstücken zusammengespannten Versuchsbalken mit $l = 16,7$ m für die Abdeckung des Kanals von Leyton Marshes (England). Die

Vorspannung erfolgte mit 3 Stäben $\emptyset$ 28 mm aus St 110 (Lee-McCall). Der Balken hatte symmetrischen I-Querschnitt mit einer Höhe von 76 cm und einer Flanschbreite von 60 cm. Er wurde durch 2 Einzellasten nahe der Balkenmitte bis zum Bruch geprüft.

Y. Guyon ([148] S. 450/455 u. 485/496) berichtet über den Versuch an einem Spannbetonbalken mit $l = 7{,}75$ m, bei dem der obere Flansch des I-Querschnittes parabelförmig gekrümmt war. Der Balken war in der Mitte 42,5 cm und am Lager 13,5 cm hoch und ohne Verbund durch 2 im unteren Flansch liegende Kabel 10 $\emptyset$ 5 mm St 143 vorgespannt. Zusätzliche schlaffe Bewehrung war eingelegt. Der Beton hatte eine Würfelfestigkeit $\beta_w = 490$ kg/cm². Die Spannweite betrug 7,75 m. Die Belastung in 8 Punkten führte zum Bruch durch Versagen der Druckzone etwa in $l/4$.

18.2 Reihenversuche für Biegebruch

Neben den für ein Bauwerk durchgeführten Einzelversuchen wurden von verschiedenen Forschern Spannbetonbalken zur K l ä r u n g   g r u n d s ä t z l i c h e r   F r a g e n geprüft.

M. Roš berichtet über die auf Veranlassung des Schweizer Ingenieur- und Architektenvereins in den Jahren 1940 bis 1943 in Lausanne, Schinznach und Zürich durchgeführten Versuche [65], [67]. In Schinznach hatten alle Balken Rechteckquerschnitt 12/20 cm und eine Länge von 6 m. Sie waren im Spannbett vorgespannt, wobei der Durchmesser und die Oberfläche der Drähte sowie ihre Anfangsspannung variiert wurden. Die Betonfestigkeit wurde möglichst konstant gehalten (im Durchschnitt $\beta_p = 550$ kg/cm²). Die Balken wurden durch 2 Lasten in den Viertelspunkten zunächst über einen längeren Zeitraum und schließlich bis zum Bruch belastet, der je nach der Bewehrung durch Versagen des Stahls, des Betons oder des Verbundes eintrat. In Zürich wurden auch Balken mit I-Querschnitt einer statischen und dynamischen Prüfung unterzogen.

G. Magnel berichtet über die Prüfung eines Balkens mit 20 m Stützweite ([312] S. 179/186, [72]), der aus 41 vorgefertigten Teilen mit einem geraden Spannglied zusammengespannt wurde. Dabei war die Balkenachse dachförmig geknickt. Der Hohlkastenquerschnitt hatte eine Breite von 35 cm und eine Höhe von 100 cm, der verwendete Beton eine an 10 cm Würfeln gemessene Druckfestigkeit von 550 kg/cm². Der Balken wurde in der Mitte durch 4 nebeneinander liegende Einzellasten belastet und brach bei einer Gesamtlast von 17 t durch plötzliche Zerstörung des oberen Flansches.

D. F. Billet und *J. H. Appleton* berichten über Bruchversuche an 26 Spannbetonbalken mit nachträglichem Verbund, Rechteckquerschnitt 15/30 cm und einer Spannweite von 2,70 m [261]. Die Balken wurden in den Drittelspunkten belastet. Verändert wurden die Betonfestigkeit, der Bewehrungsprozentsatz und die Vorspannkraft. Bei 21 Balken wurde die Tragfähigkeit durch Zerstörung der Druckzone erreicht, wobei der Stahl entweder starke Dehnungen aufwies oder auch nur im elastischen Bereich beansprucht wurde. Drei Balken wurden durch Schub zerstört und bei zwei Balken versagte der Verbund.

Um die im Bruchzustand wirkende Stahlspannung zu ermitteln, hat *A. Páez* Versuche an 11 Rechteckbalken 21/40 cm mit 12,80 m Spannweite durchgeführt ([374] S. 26/37). Verändert wurden dabei die Vorspannkraft, die Menge der schlaffen Bewehrung und die Anordnung der Belastung. Zwei Balken waren ohne Verbund vorgespannt. Bei allen Balken trat der Bruch wie vorgesehen durch Versagen der Druckzone ein.

Vorspannung o h n e   V e r b u n d wurde von *H. Rüsch* an 6 Balken systematisch untersucht [447], um die Gültigkeit der in DIN 4227 angegebenen Faustformel für das Bruchmoment zu überprüfen. Die Balken hatten Rechteckquerschnitt 12/33 cm und eine Spannweite von 5 m. Verändert wurden Betonfestigkeit, Stahlfestigkeit und Belastungsart. Ein Balken war mit zusätzlicher schlaffer Bewehrung versehen. Als Ergebnis der Versuche wird vorgeschlagen, für Überschlagsrechnungen weiter die Faustformel der DIN 4227 zu benutzen. Für eingehendere Untersuchungen wird mit Hilfe der Versuchsergebnisse ein Verfahren angegeben und erläutert, das einen entsprechend größeren Rechenaufwand erfordert.

18.3 Schubversuche an einfachen Balken (Neuere Schubversuche: s. Abschn. 13.64 und 13.65)

Das Verhalten von Spannbetonträgern bei großer Schubbeanspruchung wurde von mehreren Forschern untersucht. Es liegen Versuchsergebnisse von Balken mit und ohne Schubbewehrung vor.

M. A. Sozen, E. M. Zwoyer und *C. P. Siess* berichten über Versuche an 43 Balken mit Rechteckquerschnitt und 56 Balken mit I-Querschnitt ohne Schubbewehrung [424]. Die Balken hatten eine Breite von 15 cm, eine Höhe von 30 cm und eine Spannweite von 2,10 m bei den Rechteckbalken bzw. von 2,70 m bei den Balken mit I-Querschnitt. Verändert wurden der Bewehrungsprozentsatz, die Vorspannkraft, die Betonfestigkeit und das $\frac{M}{Qh}$-Verhältnis. Von den 99 Balken versagten 90 durch einen Schubbruch, wobei die Druckzone am Ende des Schrägrisses oder bei den Balken mit I-Querschnitt auch der Steg zerstört wurden.

Auch *H. Rüsch* und *G. Vigerust* haben vorgespannte Balken ohne Schubbewehrung geprüft [490]. Die 22 Balken hatten I-Querschnitt, 20 cm breit und 25 cm hoch. Der Beton hatte Festigkeiten $\beta_w = 300$, 450 und 600 kg/cm². Der Einfluß des Vorspanngrades auf die Schubbruchlast wurde besonders untersucht. Bei einer Versuchsreihe wurde das $\frac{M}{Qh}$-Verhältnis verändert. Der Bruch trat meist durch Versagen des Betons auf Druck im Steg oder im Flansch am Ende eines Schubrisses ein.

J. F. McGregor, M. A. Sozen und *C. P. Siess* untersuchten, welchen Einfluß eine Neigung der Spannglieder auf die Schubbruchlast hat [491]. 21 Balken mit I-Querschnitt und ein Balken mit Rechteckquerschnitt 30/15 cm wurden bei einer Spannweite von 2,70 m geprüft. Die Schlußfolgerung, daß die Neigung der Spannglieder an den Balkenenden keinen Einfluß auf die Schubtragfähigkeit habe, muß wohl etwas bezweifelt werden [558].

A. B. Hicks hat Versuche durchgeführt, um die Grenzen der verschiedenen Brucharten eines typischen Spannbetonbalkens mit I-Querschnitt festzustellen [395] und gibt folgende Grenzen der $\frac{M}{Qh}$-Verhältnisse an: Scherbruch 0 bis 1,5, Schubdruckbruch 1,5 bis 4,5, Schubzugbruch 4,5 bis 9, Biegebruch über 9.

Y. Guyon berichtet von einem Schubversuch an einem kurzen Abschnitt eines Balkens ($h/l = 1,4/5,5$ m) mit unsymmetrischem I-Querschnitt, wie sie beim Bau der Djedeida-Brücke verwendet wurden ([148] S. 612/619). Unter einer mittigen Einzellast brach der Balken durch flache Schubrisse im Steg wegen zu schwacher Bügelbewehrung.

18.4 Versuche über vorgefertigte Spannbetonbalken in Verbund mit Ortbeton

Das Zusammenwirken von vorgefertigten Spannbetonbalken und Ortbeton wurde wiederholt experimentell untersucht.

So haben *R. H. Evans* und *A. S. Parker* an 13 solcher Verbundbalken mit verschiedenen Querschnitten das Zusammenwirken, die Tragfähigkeit und das Rißverhalten geprüft [291]. Nach ihren Ergebnissen kann bei ausreichender Sicherung des Verbundes das Bruchmoment wie für einen homogenen Querschnitt ermittelt werden.

In Colorado Springs (USA) wurde durch *F. R. Kahn* und *A. J. Brown* ein Brückenträger mit 36 m Spannweite geprüft, der aus einem vorgefertigten Teil von 1,80 m Höhe und einer Ortbetonplatte 16/270 cm bestand [398]. Zunächst wurde der vorgefertigte Balken allein über 10 gleichmäßig verteilte Laststellen bis zur Rißlast belastet und wieder entlastet. Danach wurde die Ortbetonplatte aufbetoniert und der Verbundträger erneut belastet, bis die Tragfähigkeit durch zu große Stahldehnungen erschöpft war.

I. Lyse [385] hat anläßlich des Baues der Mandal-Brücke (Norwegen) Bruchversuche an 2 Balken von rd. 15 m Spannweite durchgeführt, die aus einem im Spannbett hergestellten I-Balken von 1,40 m Höhe und einer Ortbetonplatte 20/180 cm bestanden. Beide Träger wurden etwas außerhalb der Drittelspunkte mit 2 Einzellasten belastet und brachen durch Versagen des Stahles.

G. D. Base und *R. E. Rowe* [495] führten einen Bruchversuch an einem 36,40 m weit gespannten I-Balken durch, der aus 3 vorgefertigten Teilen mit 18 Freyssinet-Kabeln 12 $\diameter$ 7mm St 145/163 zusammengespannt und in der Druckzone mit Ortbeton verstärkt war. Er hatte eine Gesamthöhe von 1,82 m, eine obere Flanschbreite von 1,22 m, eine untere Flanschbreite von 1,16 m und wurde an zwei Punkten belastet. Der Bruch trat ein, als die Druckzone nach großen Stahldehnungen versagte.

Das Zusammenwirken von kleinen Spannbettbalken mit einer Ortbetonplatte für Hochbaudecken hat S. *Revesz* [219] untersucht. Es zeigte sich, daß die Höhe der Vorspannung keinen wesentlichen Einfluß auf das Bruchmoment hat, wenn der Stahl der Zugzone lange vor der Druckzone versagt.
K. W. *Nasser* [535] belastete einen vorgefertigten Brückenträger mit Ortbetonplatte bis zum Bruch. Der Träger hatte eine Gesamthöhe von 90 cm und eine Spannweite von 9,20 m. Nach großen Verformungen des Stahls versagte die Druckzone.
Über Versuche an den von den britischen Eisenbahnen im Brückenbau verwendeten „Waffelplatten" berichtet P. W. *Abeles* [260]. Diese Platten bestehen aus vorgefertigten Spannbetonträgern mit I-Querschnitt, die dicht aneinandergelegt und mit schlaff bewehrtem Ortbeton verfüllt und verbunden werden.
An Rechteckquerschnitten 36/80 cm, die aus vier durch Ortbeton miteinander verbundenen Spannbettbalken bestanden, hat O. V. *Mikhailov* Versuche durchgeführt ([374] S. 51/65). Sie zeigten erst nach dem Versagen der Spannbetonteile erhebliche Formänderungen. In dem Bericht wird außerdem die Frage untersucht, wie groß das Querschnittsverhältnis des Spannbetons zum Ortbeton sein soll, um größtmögliche Festigkeit und Wirtschaftlichkeit zu erzielen.

18.5 Versuche an alten Spannbettbalken

Aus einem U-Boot-Bunker wurde ein Spannbettbalken im Alter von etwa 6 Jahren entnommen und in Lüttich geprüft [129]. An der Bundesanstalt für Materialprüfung in Berlin-Dahlem wurden 3 Hoyer-Träger im Alter von 13$^{1}/_{2}$ Jahren untersucht [356]. In beiden Fällen trat der Bruch durch Versagen der Druckzone ein. Eine von der Zeit abhängige Änderung des Tragverhaltens konnte nicht festgestellt werden. Da in Berlin Balken derselben Serie im Alter von 3 Monaten geprüft worden waren, war ein einwandfreier Vergleich möglich.

18.6 Versuche an statisch unbestimmten Trägern

Y. *Guyon* hat 4 Zweifeldbalken mit Rechteckquerschnitt geprüft ([399] S. 455/504, [188]). Die Balken unterschieden sich durch die Spanngliedführung, die zum Teil bewußt unzweckmäßig gewählt war. Sie wurden durch 2 nebeneinander liegende Lasten in der Mitte jedes Feldes belastet. Vor dem Eintreten des Bruches wurde das Auftreten von „Fließgelenken" beobachtet.
G. *Macchi* hat in den Jahren 1953/54 drei über 3 Felder durchlaufende Spannbetonbalken mit Rechteckquerschnitt 10/25 cm untersucht ([284] S. 501/543). Die Balken unterschieden sich durch das Verhältnis der Spannweiten und die Führung des Spanngliedes, das in einem Balken gerade und in den anderen Balken entsprechend dem Momentenverlauf gekrümmt verlegt war. Zum Vergleich wurde ein Balken auf zwei Stützen geprüft. Die Belastung erfolgte durch eine Einzellast im Mittelfeld. Bei allen Balken trat ein gewisser Ausgleich der Momente auf.
Zur Klärung der plastischen Rotation eines Bruch-Querschnittes hat G. *Macchi* 1958 Versuche an 18 vorgespannten Balken auf zwei Stützen durchgeführt [380]. Alle Versuchskörper hatten Rechteckquerschnitt 15/28 cm, 12 Balken hatten eine Spannweite von 2,80 m, die übrigen 6 eine Spannweite von 1,40 m. Um den Einfluß der Form der Momentenlinie auf die Rotation zu erfassen, unterschieden sich je 2 Balken nur durch die Belastung, die aus einer Last in Balkenmitte oder 4 (bzw. 2 bei der kürzeren Spannweite) gleichmäßig verteilten Lasten bestand. Außerdem wurden der Prozentsatz der Biege- und Bügelbewehrung und die Spanngliedführung variiert.
T. Y. *Lin* hat im Laboratorium von *Magnel* 4 Zweifeldbalken dynamisch und statisch untersucht ([399] S. 534/546, [283]). Er stellte dabei fest, daß die Rißlast nach der Elastizitätstheorie berechnet werden kann und daß keine vollständige Momentenverlagerung zustande kommt.
G. *Magnel* ([312] S. 199/214) berichtet über einen weiteren Versuch an einem Durchlaufträger, der 1$^{1}/_{2}$ Jahre lang zur Beobachtung der Rißbildung be- und entlastet wurde, bevor die Belastung bis zum Bruch des Balkens gesteigert wurde.
In England haben sich P. B. *Morice* und H. E. *Lewis* mit der Frage der Momentenverlagerung befaßt ([284], S. 561/584). Sie prüften 28 Rechteckbalken 10/15 cm über zwei Felder mit 2,27 m Spannweite. Die Balken unterschieden sich hauptsächlich durch die Führung der Spannglieder. Es wurde festgestellt, daß bis zum Bruch nahezu ein vollkommener Momentenausgleich stattgefunden hatte.

18.7 Versuche an Platten

Auch an vorgespannten P l a t t e n wurden Bruchversuche durchgeführt, meist um die Gültigkeit der Elastizitätstheorie für ihre Berechnung nachzuprüfen. Die Versuche zeigten, daß die Rißlast mit ausreichender Genauigkeit nach der Elastizitätstheorie ermittelt werden kann.

In Gent wurde eine vierseitig frei aufliegende Quadratplatte mit einer Spannweite von 3,20 m und einer Dicke von 7 cm durch 2 Einzellasten bis zum Bruch belastet ([312] S. 227/231). Die Platte war in beiden Richtungen vorgespannt. Sie versagte durch Zerstörung der Druckzone infolge Biegung.

Über die in Californien von *A. C. Scordelis, K. S. Pister* und *T. Y. Lin* durchgeführten Versuche mit einer an den vier Ecken aufliegenden quadratischen Platte mit 4,25 m Stützweite und 12,7 cm Dicke wird in [319] berichtet. Die Platte war in beiden Richtungen gleichmäßig mit in der Mitte liegenden Spanngliedern vorgespannt und wurde über ein Luftkissen bis zum Bruch belastet, der durch Versagen des Betons nach großen Stahldehnungen eintrat.

Dort wurde auch eine 7,6 cm dicke quadratische Platte geprüft, die auf 9 Stützen im Abstand von 2,12 m gelagert war [425]. Die Platte war in 2 Richtungen gleichmäßig ohne Verbund vorgespannt, die Exzentrizität der Spannglieder war der Momentenverteilung angepaßt. Jedes der 4 Felder konnte einzeln über ein Luftkissen belastet werden. Die Tragfähigkeit war erschöpft, als bei Belastung aller Felder die Mittelstütze schließlich durch die Platte hindurch gedrückt wurde.

Y. Guyon berichtet über Versuche an einer in 2 Richtungen vorgespannten 8 cm dicken Platte, die mehrfeldrig mit einem Balkenrost verbunden war ([399] S. 561/618, [262]). Die einzelnen Felder waren 1,25 m breit und 3,00 m lang, sie wurden durch eine Einzellast in der Feldmitte belastet. Der Bruch trat an der Stelle der Einzellast ein, deren Größe weit über der für reine Biegung erwarteten lag, weil sich solche Platten gewölbeartig auf die als Widerlager-Scheiben wirkenden Nachbarfelder abstützen.

Von *P. Lebelle* wurde das Modell einer auf Einzelstützen ruhenden vorgespannten Platte im Maßstab 1 : 4 geprüft ([399] S. 627/642, [292]). Die untersuchte Platte war 3,25/3,40 m groß und 6 cm dick. Sie lagerte auf 2 Reihen von je 3 Stützen im Abstand von 2,00 m und war längs und quer ohne Verbund vorgespannt. Über den Stützen war zusätzliche schlaffe Bewehrung eingelegt. Die Platte wurde zunächst mit gleichmäßig verteilter Last und anschließend mit 4 Einzellasten je Feld geprüft. Nach Versagen der Stützen wurde das Modell repariert und erneut geprüft, dieses Mal mit 2 Einzellasten in den Feldmitten. Diese Belastung führte zum Bruch der Platte mit einer geraden Bruchlinie in Plattenmitte parallel zu den Stützenreihen.

18.8 Ermüdungsversuche bei schwingender Belastung

Da in Kap. 14.2 über Folgerungen aus S c h w i n g u n g s v e r s u c h e n bereits ausführlich berichtet worden ist, sollen an dieser Stelle Literaturangaben genügen. Dynamische Untersuchungen führten durch und veröffentlichten: *P. A. Abeles* [259], [465], [260], *W. Eastwood* [357], *C. E. Ekberg* [318], *K. F. Knudsen* und *W. J. Eney* [358], *T. Y. Lin* ([399] S. 534/546, [283]), *G. Magnel* ([312] S. 216/227), *K. W. Nasser* [535], *C. M. Nordby* und *W. J. Venuti* [350], *A. M. Ozell* und *E. Ardaman* [317], *H. Wittfoth* ([374] S. 38/50, [370]).

Auf die von der Deutschen Bundesbahn durchgeführten Versuche an S p a n n b e t o n s c h w e l l e n wurde in Kap. 16.4 hingewiesen [550]. Aus Platzmangel muß darauf verzichtet werden, über Bruchversuche an Masten, Pfählen, Rohren und anderen besonderen Bauteilen zu berichten.

18.9 Bruchversuche an fertigen Bauwerken

Die Spannbeton-Fußgängerbrücke auf dem Gelände des F e s t i v a l o f B r i t a i n wurde 1952 anläßlich ihres Abbruches nach Abschluß der Ausstellung bis zum Bruch belastet ([163], [399] S. 423/453). Die durchlaufende Balkenbrücke hatte 4 Öffnungen von 23 m, 17,7 m, 23 m und 17 m Stützweite, wobei die letzte Öffnung im Grundriß abgewinkelt war. Der 3,60 m breite und 56 cm hohe Plattenbalkenquerschnitt war mit 24 Freyssinet-Spanngliedern 12 ϕ 5 mm vorgespannt. Die 23 m weite Endöffnung wurde bis zum Bruch belastet, der vorzeitig durch Versagen des Querschnittes über der Stütze und fast gleichzeitig in der Mitte des belasteten Feldes eintrat. Die zu geringe Bruchsicherheit läßt sich durch Mängel des Verbundes, die beim Auspressen der Drahtbündel entstanden waren, erklären. Außerdem lagen die Spannglieder im Feld zu hoch, weil die zur Herstellung der Gleitkanäle benutzten Ductubes nicht genügend gegen die Auftriebskräfte des flüssigen Betons gesichert waren.

Die G l a t t b r ü c k e in Opfikon bei Zürich mußte 5 Jahre nach ihrem Bau abgebrochen werden, um Platz zu schaffen für die Trasse der neuen Autobahn Zürich—Winterthur [489], [488]. Die Brücke war als rahmenartiges Tragwerk mit einem in Druckstrebe und Zugband aufgelösten Stiel gebaut. Sie hatte eine Gesamtlänge von 39 m und eine Breite von 8,90 m. Zunächst wurden Schwingungsversuche mit der Nutzlast und anschließend mit einer erhöhten Belastung durchgeführt, die bis zur 2,54fachen Nutzlast gesteigert wurde. Nach etwa 6,6 Millionen Lastwechseln trat am Ende eines Zugbandes ein Ermüdungsbruch ein. Das Zugband wurde repariert und die Brücke statisch bis zum Bruch belastet, bei dem die Brückenplatte in der Nähe der Druckstrebe und gleichzeitig eine der Druckstreben versagten.

Kapitel 19

19. Hinweise für die Bauausführung, Lehrgerüste und dergleichen

Die gesamte neuere Entwicklung im Ingenieurbau erfordert grundsätzlich mehr Sorgfalt und Genauigkeit als bisher, dies gilt besonders für Spannbeton.

19.1 Spannglieder

Der Spannstahl wird gegen Rost geschützt angeliefert und ist entsprechend unter Dach im Trockenen zu lagern und zu verarbeiten, so daß er bis zum Einbau nicht anrosten kann. Beim Zusammenbau und Verlegen der Spannglieder muß der Spannstahl sorgfältig gegen jede Beschädigung, insbesondere gegen Kerben oder gegen hohe Temperatur durch Schweißbrenner oder dergleichen geschützt werden, damit er keine Mängel erfährt, die bei den hohen Spannungen zu Schäden führen würden.

Beim Zusammenbau der Spannglieder aus mehreren Drähten geht man heute meist so vor, daß die Drähte auf einem langen Tisch zusammengelegt werden und daß man dann das Hüllrohr entweder von Hand oder mit einer Winde (Bild 19.1) aufzieht, wobei der Beginn des Hüllrohres auf einem kleinen Wägelchen montiert ist, das die Drähte etwas anhebt.

Bild 19.1 Vorrichtung zum Aufziehen der Hüllrohre auf lange Drahtbündel (nach BBRV)

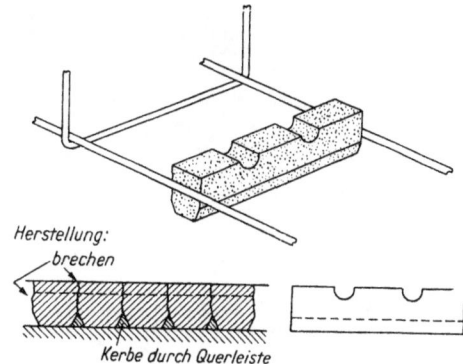

Bild 19.2 Verlegen von Spanngliedern auf Betonrippen

Dicke Spannstäbe müssen im Bereich von Krümmungen kalt vorgebogen werden, was mit Dreiradwalzen geschieht.

Die Lage der Spannglieder ist mit großer Sorgfalt genau zeichnungsgemäß herzustellen und so festzulegen, daß sie sich beim Betonieren nicht verändern kann. Dies gilt auch für die Lage von Körpern zur Herstellung von Gleitkanälen, z. B. Gummischläuchen, leeren Hüllrohren und dergleichen. Die Unterstützungen der Spannglieder müssen der Höhe nach millimetergenau ausgeführt werden, weil die Höhenlage gemäß den Ausführungen im Kap. 10 besonders sorgfältig eingehalten werden muß.

Für die Unterstützung der Spannglieder benützt man bei tiefer Lage nahe der unteren Schalung schmale Betonrippen, die möglichst Vertiefungen oder Dorne zur seitlichen Festlegung der Spannglieder erhalten (Bild 19.2). Die Betonrippen müssen die gleiche Festigkeit aufweisen wie der übrige Beton des Tragwerkes und sollten an den Langseiten gebrochene, rauhe Flächen haben.

Für höher liegende Spannglieder und für mehrere Lagen sind heute auf Betonklötzchen stehende Bügel üblich, an denen Querstäbe mit Halteklemmen festgeschraubt werden (Bild 19.3). So kann man die Höhe genau einstellen und auch Lage über Lage nacheinander einbauen.

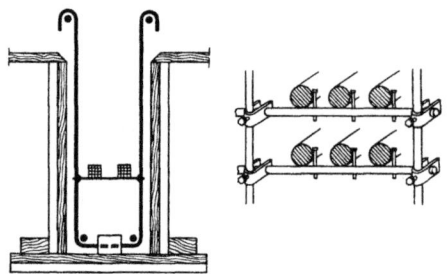

Bild 19.3 Unterstützung von Spanngliedern mit Standbügeln für eine oder mehrere Lagen

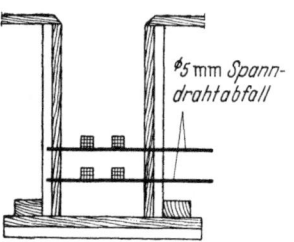

Bild 19.4 Spannglieder auf durch die Schalung gesteckten harten Drähten oder Stäben, die nach dem Einrütteln des Betons gezogen werden, so daß sich die Hohlräume beim Weiterrütteln schließen

Bild 19.5 Mehrere Lagen Spannglieder übereinander werden zweckmäßig mit Stahlständern abgestützt

Liegen die Spannglieder in Stegen, dann kann man sie auf quer durch die Schalung gesteckte Rundstäbe verlegen (Bild 19.4), die man unmittelbar nach dem ersten Verdichten des Betons herauszieht. Verdichtet man danach den Beton nochmals, dann schließen sich die Löcher. Bis zu etwa 30 cm Stegdicke genügen dabei Abfallstücke des Spannstahles mit ϕ 5 bis 6 mm oder bei 40 bis 50 cm Stegdicke solche aus ϕ 8 mm.

Liegen viele Lagen übereinander, dann sollte man regelrechte Stahlständer aus Flachstahl oder Winkelstahl benutzen, an denen die Querstäbe auf richtiger Höhe jeweils nach dem Verlegen der darunter befindlichen Spannglieder auf vorbereiteten Nocken oder Bohrungen verlegt werden (Bild 19.5).

Für konzentrierte Spannglieder in Blechkasten sind schon Betonsäulen zur Abstützung benutzt worden (Bild 19.6). Bei hohen Balken verlegt man den Blechkasten auf Betonkonsolen (Bild 19.7) oder auf Rundstahl-Konsolen, die an die Schalung angeschraubt werden, wobei am Betonrand Lucon-Konusmuttern eingesetzt werden, die sich nach dem Betonieren entfernen lassen (Bild 19.8). Der Kabelkasten ist seitlich durch Nocken festgelegt.

Bild 19.6 Unterstützung eines großen Spannkabels im Blechkasten mit Betonsäulen

An den Enden der Spannglieder ist die Rechtwinkligkeit der Ankerplatten oder der Schalungen für den späteren Ansatz von Spannpressen durch einwandfreie Mittel sicherzustellen, so daß auch hier keine Verschiebungen beim Betonieren eintreten. An den Enden ist aber auch zu beachten, daß die Spannglieder bei Temperaturänderungen ihre Länge ändern, bei Abkühlung kürzer und bei Erwärmung länger werden. Man wird deshalb ein Ende möglichst längsbeweglich einbauen oder z. B. an Spannblöcken bei Sonnenschein durch Holzeinlagen zwischen Block und Draht die Mehrlänge für eine spätere Verkürzung herstellen. Die Einlage muß vor der nächsten Abkühlung, z. B. am Abend, herausgenommen werden. Die Größe solcher Einlagen bzw. das Maß der Beweglichkeit richtet sich nach den erwarteten Temperaturunterschieden. Im Sommer kann z. B. während des Verlegens der Spanndrähte die Sonne den Spanndraht bis auf Temperaturen von 60° C bringen, wogegen er in der Nacht bis auf etwa 15° C abkühlen kann, so daß Temperaturunterschiede bis zu 45° C zu berücksichtigen sind.

Bei Durchlaufträgern mit gekrümmten Spanngliedern wirkt sich die Längenänderung der Spannkabel infolge Temperatur so aus, daß der Pfeil des Kabels sich verändert. Dabei kann es vorkommen, daß bei einer Abkühlung das Kabel sich von seinen Auflagen in der Öffnung abhebt und sich zwischen den Auflagen über den Zwischenstützen mehr oder weniger frei spannt. Die

Bild 19.7 Unterstützung eines großen Kabels im Blechkasten mit Betonkonsolen, die an der Stegschalung angeschraubt sind

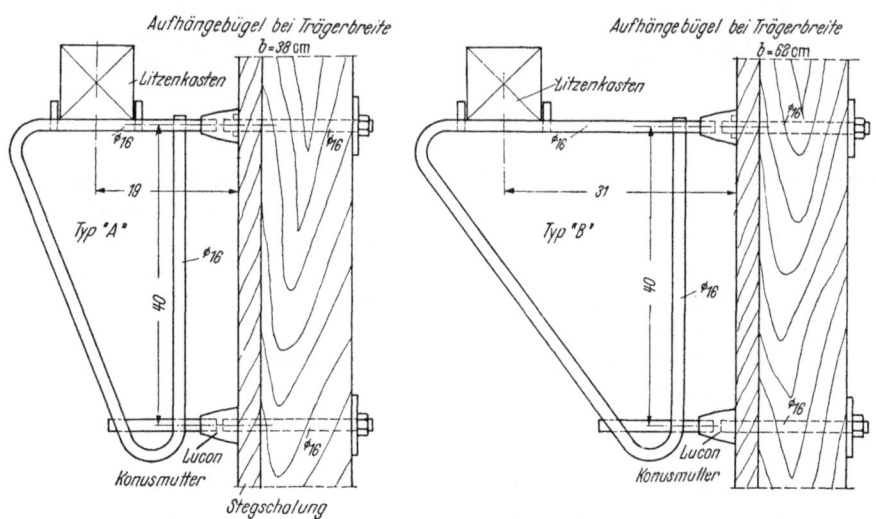

Bild 19.8 Abstützen eines Kabelkastens auf Stahlkonsolen an der Stegschalung. Die Konusmuttern werden später entfernt

Bild 19.9 Kräftige Abstützung großer Kabel an Zwischenstützen von Durchlaufträgern

Bild 19.10 Einziehen von Drahtbündeln in einbetonierte Hüllrohre

Bild 19.10 a Einziehen eines Drahtbündels in die Pfetten des Hängedaches der Westfalenhalle, Dortmund (Hochtief AG)

dortigen Unterstützungen der Spannglieder haben dann das Gewicht des Spannstahles der ganzen Öffnung zu tragen und müssen entsprechend kräftig ausgebildet werden (Bild 19.9).

Soweit Spannglieder mit Blechhüllen verwendet werden, muß die Dichtheit der Blechhülle überprüft werden. Erweisen sich die Stoßverbindungen, zum Beispiel Muffenrohre, als nicht dicht, dann muß man sie mit einem Dichtungsband sichern. Große Blechkästen werden heute meist dicht geschweißt, wobei die Schweißnähte des Deckels so angeordnet sein müssen, daß der Spannstahl nicht durch Wärme oder Funken geschädigt werden kann. Schwierige Stellen werden mit Fälzen und Kitt gedichtet.

Es wird empfohlen, die Spannglieder ihrer Lage und Zahl nach unbedingt vor dem Betonieren durch die zuständige Bauaufsicht abnehmen zu lassen.

Bei langen Bauwerken wird man in zunehmendem Maße zunächst nur die leeren Hüllrohre einbetonieren und die Spanndrahtkabel erst nach der abschnittsweisen Fertigstellung der ganzen Länge mit einer Winde in die Hüllrohrkanäle einziehen. Dieses Vorgehen ist auch beim Zusammenspannen von Fertigteilen zweckmäßig (Bild 19.10). Verwendet man dabei die normalen Hüllrohre, dann müssen diese während der rauhen Beanspruchung beim Betonieren durch genügend steife Stahlrohre oder dgl. ausgesteift sein. *F. Vaessen,* Hochtief AG, hat z. B. beim Bau des großen Hängedaches der Westfalenhalle Dortmund 90 m lange Spannglieder [421] (Bild 19.10a) und *H. Wittfoth,* Polensky und Zöllner KG, beim Bau der Mainbrücke Bettingen sehr lange gekrümmte Kabel aus quergeripptem Ovaldraht eingezogen [562]. Das Kabel wird dabei vorne zweckmäßig mit einer Klemmglocke angefaßt (Bild 19.11). Auf dem mit einer Öse versehenen Ziehstab sitzt eine stählerne Glocke, in welche das Drahtbündel eingesteckt wird. Innerhalb der Drähte befindet sich auf dem Ziehstab eine konische Hülse, die mit der außen an der Glocke liegenden Spannmutter in die Glocke hineingezogen wird, so daß die Drähte dort festgeklemmt werden. Zum Fassen der Drahtbündel kann auch ein Ziehschlauch aus rautenförmigem Drahtgeflecht verwendet werden, wie er beim Verlegen von Leitungskabeln üblich ist. Das zum Ziehen benutzte Drahtseil wird vorweg mit einer sog. Maus mit Druckluft durch die Rohre hindurchgeschossen.

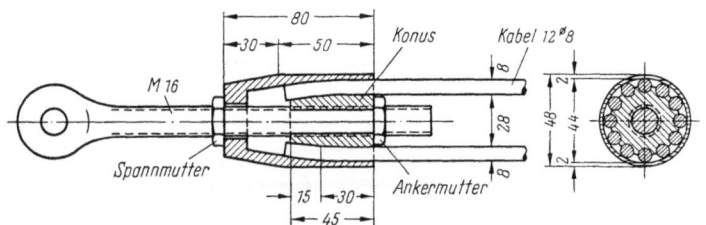

Bild 19.11 Klemmglocke zum Einziehen von Drahtbündeln in Rohrkanäle (nach Hochtief A.G., Essen)

Wenn man bei diesem Vorgang die Drähte unmittelbar von den Ringen abzieht, dann erspart man sich die Arbeit des Zusammenbaues der Spannglieder. Die Verankerungen der Spannglieder müssen allerdings so gelöst sein, daß diese Arbeitsmethode möglich ist. Es gelingt auf diese Art und Weise, die Arbeitszeit für eine Tonne Spannstahl bei 8-mm-Drähten bis auf 12 bis 16 Stunden je Tonne herabzudrücken.

19.2 Lehrgerüste

Beim Bau von Lehrgerüsten für vorgespannte Tragwerke ist folgendes zu beachten:

1. Die Zusammendrückung des Betons beim Vorspannen darf nicht übermäßig behindert werden, d. h. man muß dafür sorgen, daß das Lehrgerüst die bei längeren Bauwerken nicht unbeachtlichen **Längsbewegungen** infolge der Zusammendrückung des Betons mitmachen kann. Schalungsteile aus Holz, die vor dem Spannen nicht entfernt werden können, behindern die Zusammendrückung nur geringfügig, sie können deshalb ohne Sorge verbleiben.

2. Die Lehrgerüste sind zunächst für ihre eigene Zusammendrückung und Setzung zu überhöhen. Die weitere **Überhöhung** hängt davon ab, ob sich das Tragwerk unter Eigengewicht nach oben oder unten verformt. Meist ist die vorgedrückte Zugzone höher beansprucht als die Druckzone, d. h. das Tragwerk biegt sich unter ständiger Last nach oben durch und hebt sich durch das anschließende Kriechen des Betons noch weiter nach oben, so daß eine Überhöhung des Lehrgerüstes für das Bauwerk selbst nicht notwendig ist. Wird unter Eigengewicht eine Durchbiegung erwartet, dann ist das Lehrgerüst wie üblich zu überhöhen, um dieser späteren Durchbiegung entgegenzuwirken, dabei ist auch die Durchbiegung infolge Kriechen zu berücksichtigen.

3. Die Lehrgerüste drücken sich unter dem Gewicht des Betons elastisch und bleibend zusammen. Die **Zusammendrückung** rührt her vom Schließen der Fugen, von der elastischen Kürzung der Ständer und von der Nachgiebigkeit des Baugrundes. Träger zwischen den Ständern biegen sich durch und federn beim Entlasten wieder hoch. Um die Zusammendrückung der Fugen zu verkleinern, wird empfohlen, die Fugenflächen vor dem Auflegen des nächsten Bauteiles mit 5 bis 10 mm feinem Zementmörtel zu bestreichen, der alle Unebenheiten der Lagerflächen ausgleicht.

Beim Vorspannen wird in der statischen Berechnung angenommen, daß das Eigengewicht wirksam ist. Es kann jedoch erst zur Wirkung kommen, wenn das Lehrgerüst voll entlastet ist. Eine geringfügige Hebung des Tragwerkes durch den Spannvorgang genügt meist nicht, um diese Entlastung herbeizuführen, weil das Lehrgerüst bei der Entlastung um den elastischen Anteil seiner Zusammendrückung h o c h f e d e r t. Die Hebung des Tragwerkes muß also größer sein, als die elastische Zusammendrückung des Lehrgerüstes, wenn das Eigengewicht ohne besondere Maßnahmen beim Vorspannen wirksam werden soll. Dies ist jedoch meist nicht der Fall. Es besteht dann die Gefahr, daß die Vorspannmomente die Eigengewichtsmomente so weit überwiegen, daß in der vorgedrückten Zugzone zu hohe und in der Druckzone zu niedrige Spannungen bzw. dort sogar Zugspannungen auftreten. Um dies zu vermeiden, muß man bei Spannbetonbalken häufig das Lehrgerüst vor dem Erreichen der vollen Vorspannkraft bereits ablassen, damit das Eigengewicht rechtzeitig zur Wirkung kommen kann. Dies wirkt sich auf die Ausbildung des Lehrgerüstes aus, in dem Absenkvorrichtungen eingebaut werden müssen.

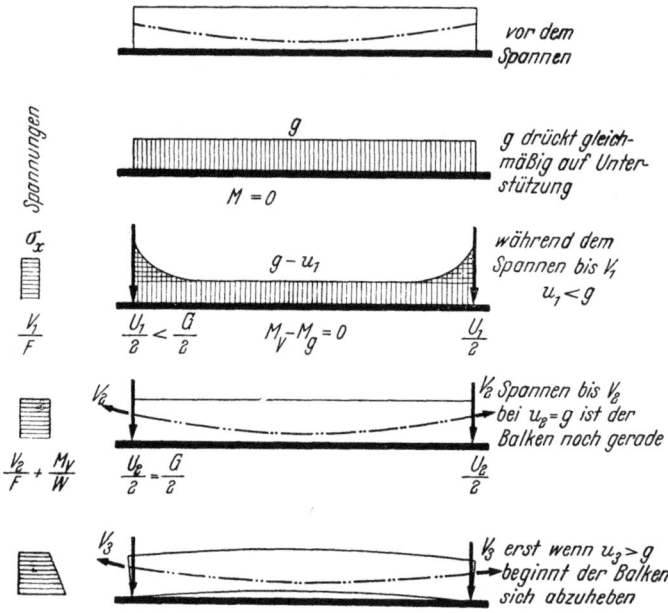

Bild 19.12 Gewichtsverlagerung beim Spannen eines Balkens auf starrer Unterlage

Um das Wirksamwerden des Eigengewichtes zu verdeutlichen, wird in Bild 19.12 die Gewichtsverlagerung eines einfeldrigen Balkens zunächst auf starrer Unterlage dargestellt. Nach dem Betonieren ist das Eigengewicht gleichmäßig verteilt. Wenn man mit dem Spannen beginnt, bewirken die Umlenkkräfte oder die Vorspannmomente des Spannkabels eine Verlagerung des Eigengewichtes nach den Auflagern. Dabei treten zunächst im Balken nur gleichmäßige Normalspannungen auf, weil das Vorspannmoment automatisch ein gleichgroßes Teil-Eigengewichtsmoment auslöst. Die gleichmäßige Druckspannung versteht man auch, wenn man bedenkt, daß der Balken zunächst ganz gerade bleibt. Sobald jedoch die Umlenkkräfte größer werden als das Eigengewicht (oder das Vorspannmoment größer wird als das volle Eigengewichtsmoment), hebt sich der Balken von seiner Unterlage ab, das Eigengewicht ist ganz nach den Auflagern abgewandert, und in der Mitte des Balkens wird die Druckspannung in der vorgedrückten Zugzone größer als in der Druckzone.

Ist nun die Unterlage nicht starr, sondern z. B. ein ebenfalls als Balken auf zwei Stützen gelagerter Stahlträger, so muß dieser Träger beim Aufbringen der Betonlast eine Durchbiegung erfahren haben, die bei seiner Entlastung wieder zurückfedert (Bild 19.13). Die beim Spannen in Bild 19.12 gezeigte Umlagerung des Eigengewichtes hat natürlich zur Folge, daß der Stahlträger entlastet wird, also sich zurückbiegt und noch nach oben drückt. Die rückfedernden Kräfte f des Stahlträgers erzeugen ein negatives Moment M_f, das die Druckspannung in der Zugzone vergrößert und die Gefahr hervorruft, daß in der eigentlichen Druckzone Zug entsteht.

Die rückfedernde Wirkung der Ständer eines Lehrgerüstes ist ähnlich und um so stärker, je höher das Lehrgerüst ist und je stärker die Lehrgerüstpfosten belastet werden.

Bei größeren Tragwerken kann die beim Spannen eintretende Verlagerung des Eigengewichts nach den Auflagern zu noch weitere Folgen haben. Ruhen die Auflager z. B. auf nachgiebigem Baugrund, dann tritt dort eine Senkung ein, welche die Gegenwirkung des Lehrgerüstes noch vergrößert und insbesondere die Randstützen des Lehrgerüstes gefährdet, falls diese weniger nachgeben als die endgültigen Auflager. Dadurch entsteht eine ernsthafte Gefahr der Rißbildung im vorzuspannenden Tragwerk. Beim Vorspannen muß also das Verhalten der Auflager ständig überwacht werden.

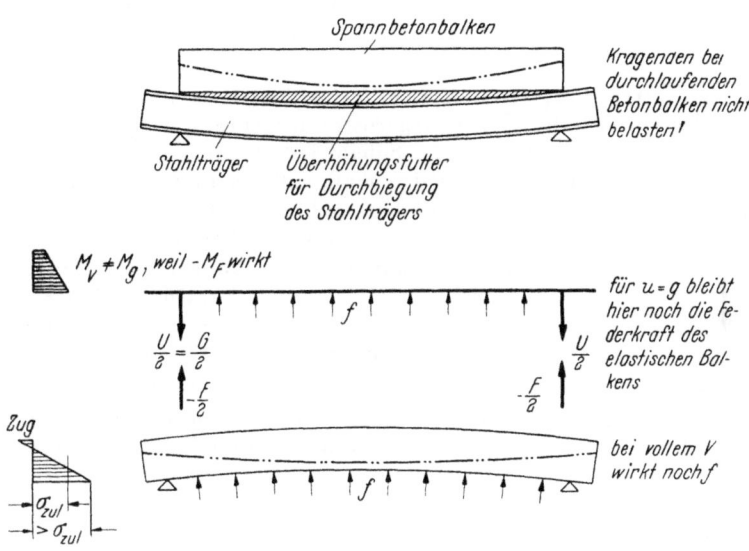

Bild 19.13 Hochfedern eines Lehrgerüstträgers

Auch solche Erscheinungen bedingen Absenkvorrichtungen am Lehrgerüst, die zuverlässig bedient werden können.

Aus den obigen Überlegungen geht hervor, daß man dem Lehrgerüst aus verhältnismäßig engstehenden Pfosten mit wenig weitgespannten Stahlträgern gegenüber der Anordnung von fächerartigen Streben den Vorzug geben muß (Bild 19.14). Die lotrechten Pfosten lassen die horizontalen Verschiebungen pendelartig zu, wenn keine zu steifen Verstrebungen eingebaut oder solche vor dem Vorspannen entfernt werden. Ein fächerartiges Lehrgerüst würde der Horizontalbewegung erheblich mehr Widerstand entgegensetzen, die gegen die Bewegung geneigten Fächerstreben können dabei überbeansprucht werden.

Als Träger von Joch zu Joch sollte man verhältnismäßig hohe Stahlträger mit kleiner Durchbiegung den schlanken, breitflanschigen Trägern vorziehen, weil jene weniger zurückfedern.

Die Lagerung der Stahlträger als Balken auf zwei Stützen wird bevorzugt, weil dann die Überhöhung des Stahlträgers zum Ausgleichen seiner Durchbiegung durch das Gewicht des Frischbetons einwandfrei berechnet werden kann. Die Anordnung als

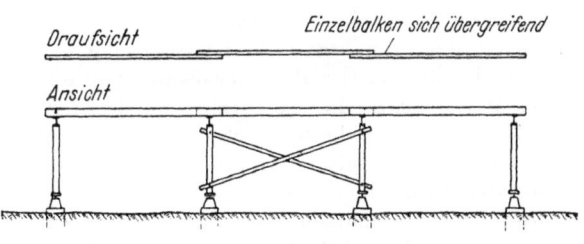

Bild 19.14 Das Lehrgerüst aus Pfosten mit Trägern (Einfeldträger!) verdient für Spannbeton den Vorzug

Durchlaufträger wird gern vermieden, weil beim Betonieren die Belastung eines Feldes eine Hebung des Nachbarfeldes hervorruft, die den erhärtenden Beton des Nachbarfeldes beschädigen kann. Die Träger werden deshalb gern an den Auflagern aneinander vorbeigelegt. Dabei ist zu beachten, daß die überstehenden Trägerenden sich entsprechend der Durchbiegung bei der Belastung nach oben anheben können. Der Belag darf also nicht auf den überstehenden Trägerenden ruhen.

Häufig werden aus praktischen Gründen möglichst wenige Joche mit weitgespannten Stahlträgern als Gerüst verwendet (Bild 19.14). Die Rückfederkraft wird dann groß. Man muß daher vor dem Spannen untersuchen, wieweit man unter Berücksichtigung dieser Rückfederung spannen kann, ohne daß im Beton Rißgefahr entsteht. Sobald das Vorspannmoment + Rückfedermoment das Eigengewichtsmoment in unzulässiger Weise überschreitet, muß mit dem Ablassen des Lehrgerüstes begonnen werden. Ist zu diesem Zeitpunkt die Vorspannkraft noch nicht zum Tragen des Eigengewichts ausreichend, dann darf nur teilweise abgelassen werden, bis die Vorspannkraft den für Eigengewicht erforderlichen Betrag ohne unzulässige Verformung des Tragwerkes erreicht hat. Der Spannvorgang wird deshalb manchmal von der Bauart des Lehrgerüstes beeinflußt.

Die Wahl der Absenkvorrichtung für das Lehrgerüst hängt davon ab, ob die Eigengewichtsvorspannung trotz des zurückfedernden Lehrgerüstes aufgebracht werden kann. Ist das der Fall, dann genügen Hartholzkeile oder Sandtöpfe. Sobald jedoch für das Erreichen der Eigengewichtsvorspannung schon teilweise abgelassen werden muß, sollte man Spindeln oder die in Bild 19.15 gezeigten Stahlkeile mit geschmierten Gleitflächen und Spannschrauben (z. B. aus St 90) benutzen, die z. B. mit einer Leobapresse auch zum Anheben großer Lasten benutzt werden können. Als Gleitmittel unter hohem Druck sind Teflon oder Paraffin geeignet. Auch hydraulische Pressen mit Stellringen sind geeignet, bei denen der Absenkvorgang nach einem vorausberechneten Absenkprogramm mit ausreichender Genauigkeit durchgeführt werden kann.

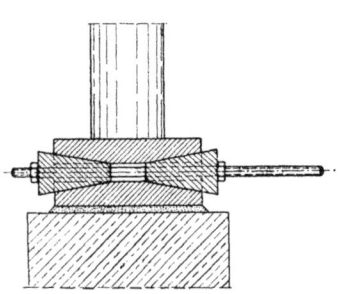

Bild 19.15 Doppelkeile mit geschmierten (Teflon, Paraffin o. dgl.) Geitflächen zum Ablassen des Lehrgerüstes

Das Absenken sollte stets in der Mitte der Öffnungen beginnen und nach den Seiten hin fortschreiten, und zwar mit parabel- oder dreieckförmiger Verteilung der Absenkwege, sofern nicht ein ungewöhnliches statisches System einen anderen Absenkvorgang bedingt.

Bei Gerüsten für Spannbeton sollte mehr als sonst darauf geachtet werden, daß Holz quer zur Faser nicht über das zulässige Maß hinaus beansprucht wird. Pfosten und Pfähle muß man ohne Zwischenschaltung von Holzschwellen einfach mit Mörtelbett stumpf aufeinandersetzen. Auch sonst sind Fugen möglichst zu vermörteln, um die Setzungen des Lehrgerüstes klein zu halten. Gegen die Verwendung von Stahlrohrgerüsten ist nichts einzuwenden. Bei hohen Stahlrohrgerüsten, die ungleicher Sonnenbestrahlung ausgesetzt sind, wird empfohlen, die Stöße der Rohrständer zu dichten und die Rohre mit Wasser zu füllen, damit die Temperaturunterschiede der einzelnen Rohrständer gering bleiben. Hierfür sind wenige Rohre mit großem Durchmesser besser geeignet als viele kleine.

19.3 Das Betonierprogramm

Für am Ort hergestellte Spannbetontragwerke ist ein Betonierprogramm aufzustellen und zeichnerisch festzulegen. Das Betonierprogramm hat insbesondere die Verformungen der Lehrgerüste zu berücksichtigen. Die Betonierabschnitte sind so aufzuteilen, daß nirgends im Abbinden begriffener Beton durch die Verformungen des Lehrgerüstes auf Biegung beansprucht wird. Mit dem Betonieren wird deshalb zweckmäßig in der Mitte des Lehrgerüstträgers begonnen und nach den Abstützungen zu weitergearbeitet. Sind die Betonmengen im Vergleich zur Betonierleistung so groß, daß nicht damit gerechnet werden kann, daß das nächste Feld noch frisch an das erste anschließt, dann müssen über den Lehrgerüstständern Betonierfugen angeordnet werden. Diese Fugen sind rechtwinklig zu den Drucktrajektorien anzulegen und werden zweckmäßig mit Drahtgewebe oder Streckmetall abgeschalt, das im Bauwerk verbleiben kann.

Bei Durchlaufträgern läßt man über den Zwischenpfeilern Betonierlücken, die erst geschlossen werden, nachdem der Beton in allen Öffnungen fertiggestellt ist und sich die Lehrgerüste vollständig verformt haben (Bild 19.16). Man vermeidet dadurch, daß über den unnachgiebigen Zwischenpfeilern durch die Zusammendrückung der Lehrgerüste Schäden am frischen Beton entstehen. Gleichzeitig unterteilt man den Beton in kurze Teilstücke, die weniger der Gefahr von Schwindrissen unterliegen, als wenn gleich auf ganze Länge durchbetoniert würde. Bei Durchlaufträgern über mehreren Feldern empfiehlt es sich, diese Lücken über den Zwischenpfeilern erst nach Herstellung aller Öffnungen gemeinsam zu schließen und kurze Zeit danach die erste Teilvorspannung aufzubringen.

Bei Plattenbalken werden häufig die Stege betoniert, bevor die Bewehrung der Platte eingelegt wird, damit man den Beton leichter einbringen und rütteln kann. Es ist dann zu beachten, daß die Stege bereits biegesteif sind, wenn das Gewicht des Betons der Platte aufgebracht wird. Da sie zudem steifer sind als die üblichen Gerüstträger, entstehen in ihnen Biegemomente, die man ausreichend mit schlaffer Bewehrung

Bild 19.16 Betonierlücken über den 4 Pfeilern einer schiefen Eisenbahnbrücke zur Verhütung von Rissen vor dem Spannen

decken muß. In manchen Fällen wurden die Stege hierfür auch schon mit provisorischen Spanngliedern vorgespannt.

19.4 Das Betonieren

Neben den üblichen Regeln für das Betonieren ist vor allem auf folgendes zu achten:

Der Beton darf nicht unmittelbar auf die Spannglieder ausgekippt werden, damit ihre Lage nicht durch grobe Einwirkung beeinträchtigt wird. Man soll deshalb den Beton einschaufeln oder ihn durch Schütt-Trichter und Rohre zwischen den Spanngliedern hindurch nach unten einbringen und ihn mit dem Rüttler gegen die Spannglieder aufsteigen lassen. Der Rüttler soll Blechhüllen der Spannglieder möglichst nicht berühren. Große Schütthöhen mit schrägen Abböschungen sind unbedingt zu vermeiden; der Beton ist vielmehr in gleichmäßigen Schichten von 20 bis 30 cm Höhe, je nach Stärke des Rüttlers, einzubringen.

Ungünstige Abweichungen von der vorgeschriebenen Mischung (Ergebnis einer Eignungsprüfung) sind bei Spannbeton strenger zu vermeiden als sonst, weil mangelhafte Festigkeiten schon bei der Vorspannung zu Schäden führen können.

Bei Frost oder Frostgefahr soll das Betonieren von Spannbetontragwerken vermieden werden, es sei denn, daß durch zuverlässige und wirksame Maßnahmen dafür gesorgt ist, daß der Beton mit über $+10°$ C eingebracht wird und diese Temperatur während der ersten zehn Tage auch mindestens behält.

19.5 Das Vorspannen

Die örtliche Bauleitung hat dafür zu sorgen, daß vor dem Vorspannen ein Spannprogramm vorliegt. Ferner sind alle Geräte sorgfältig zu prüfen, die Manometer zu eichen und die Zusammendrückbarkeit des Bauwerks sicherzustellen. Es wird empfohlen, vor dem Vorspannen Seitenschalungen abzunehmen, insbesondere wenn es sich um Stahlschalungen handelt, damit der Widerstand dieser Schalungsteile gegen das Zusammendrücken des Betons entfällt.

Soweit die erzielte Vorspannung nicht nachträglich kontrollierbar ist, sollte das Vorspannen möglichst im Beisein der zuständigen Bauaufsicht durchgeführt werden. Der verantwortliche Spannbetoningenieur des Bauunternehmens leitet die Vorspannung und führt Protokoll über jedes einzelne Spannglied. Beim Vorspannen mit hydraulischen Pressen ist es besonders wichtig, das Manometer ständig zu überwachen, damit nicht durch irgendeinen unvorhergesehenen Widerstand der Gleitbewegung der Spannglieder durch das Weiterlaufen der Pumpen die zulässige Spannkraft überschritten wird.

19.6 Bauüberwachung

Für die Bauüberwachung sind zusätzlich zu den sonst üblichen Maßnahmen folgende Hinweise zu beachten:

1. Es ist zu prüfen, ob der Spannstahl im Werk ordnungsgemäß abgenommen, ohne Beschädigung transportiert und rostsicher gelagert ist.
2. Abnahme der Lage der Spannglieder nach Höhe und Richtung. Die Spannglieder müssen gegen die Schalung so festgelegt sein, daß sie sich beim Einbringen des Betons nicht verschieben können.
3. Prüfung der Dichtheit von Gleitkanälen.
4. Rechtzeitige Festlegung des Betonierprogramms und seine Überwachung.
5. Rechtzeitige Festlegung des Spannprogramms in zeitlicher und örtlicher Hinsicht unter Beachtung der Lehrgerüste.
6. Prüfung der Zusammendrückbarkeit des Betons am Lehrgerüst, an beweglichen Fugen und dergleichen.
7. Überwachung des Spannvorganges und des Protokollierens der erzielten Spannkräfte und Spannwege. Reibung beachten.
8. Überwachung des Auspressens von Spanngliedern.

19.7 Unfallverhütung

Die Bauleitung hat zu beachten, daß sie beim Vorspannen mit sehr hohen Kräften und hohen Drücken in den Leitungen umgeht, die entsprechende Maßnahmen zur Verhütung von Unfällen bedingen. Es ist schon vorgekommen, daß ein Flüssigkeitsstrahl aus einer Druckleitung Menschen verletzte. Auch sind schon Keile von Verankerungen oder bei Drahtbruch freie Drahtenden geschoßartig durch die Luft geflogen. Man muß deshalb Druckleitungen und Ventile sorgfältig abdecken und streng untersagen, daß sich Menschen hinter der Spanneinrichtung aufhalten. Eine Unfallgefahr besteht auch bei der Montage von vorgespannten Fertigbalken. Wenn diese z. B. nicht lotrecht angehoben werden und seitliche Momente erhalten, können sie schlagartig seitlich zusammenbrechen.

Beim Auspressen von Spanngliedern sollte jeder, der an unter Druck stehenden Leitungen oder Schläuchen arbeitet, stets eine Schutzbrille tragen, weil Zementmilch, die in die Augen spritzt, zu schlimmen Entzündungen und Beschädigungen der Netzhaut führt.

Kapitel 20

20. Geschichtliches

Der heutige Stand des Spannbetons beruht auf den Gedanken, Arbeiten und Erfahrungen vieler Ingenieure und Wissenschaftler in den letzten 70 Jahren. Im folgenden soll versucht werden, die Verdienste dieser Männer unabhängig von nationalem Prestige oder Legenden auf Grund der auffindbaren Quellen sachlich darzustellen und so einen Abriß der geschichtlichen Entwicklung der vorgespannten Konstruktionen zu geben.

Es muß damit begonnen werden, daß der Gedanke der Vorspannung uralt ist. Man denke an die handwerkliche Herstellung von Fässern, bei denen der Küfer in den Faßdauben durch das Antreiben der Faßreifen eine radiale Druckvorspannung erzeugt und so die Dauben dicht aneinanderpreßt. Auch das Holzrad mit dem aufgeschrumpften Eisenreifen ist eine vorgespannte Konstruktion.

Die Schweizer haben vor kurzem darauf hingewiesen, daß die Ägypter schon um 2700 v. Chr. ihre Hochseeschiffe in der Längsrichtung vorgespannt haben, was aus Darstellungen an Grabtempeln der 5. Dynastie hervorgeht [157], [193].

Der erste Vorschlag, das Vorspannen auf Beton anzuwenden, geht auf

1886, *P. H. Jackson*, San Francisco, zurück, der das US-Patent 375 999 für „Constructions of artificial stone and concrete pavements" anmeldete und darin die Verwendung angespannter Zuganker mit Schraub- oder Keilverankerung vorsah.

1888 hat *W. Döhring*, Berlin, das Patent (DRP 53 548) angemeldet, das die Herstellung von Platten, Latten und Bälkchen für den Hochbau durch Einbetonieren gespannter Drähte zur Verminderung der Rissebildung im Beton vorsieht. Es war der erste Vorschlag, vorgefertigte Betonteile mit einer gespannten Bewehrung zu versehen.

1896 hat *J. Mandl*, Wien, in der Zeitschrift des Österreichischen Ingenieur- und Architekten-Vereins 1896, S. 593, dem Gedanken, der Lastspannung durch eine Vorspannung entgegenzuwirken, Ausdruck gegeben.

1905 bis 1907, *J. G. E. Lund*, Norwegen, erörtert (US-Patent 1 020 578), am Rand von Deckenplatten gespannte Stahlstäbe mit Gewindeverankerungen einzubetonieren, um Rissen im Beton vorzubeugen und um eine gewölbeartige Wirkung der Platten selbst sicherzustellen (angespannte Zuganker) [3], [4]. In Teknisk Ukeblad 1911 hat *Lund* weiter vorgeschlagen, vorgefertigte Blöcke mit einem zwischen den Blöcken eingelegten Stab zusammenzuspannen. Der Stab wird nach dem Spannen eingemörtelt (Bild 20.1).

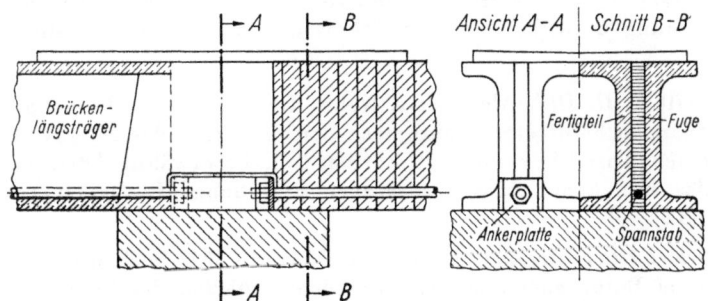

Bild 20.1 Bild aus einer Veröffentlichung von *Lund* in Teknisk Ukeblad, 1911, das die Spannstäbe mit Gewinde, Ankerplatte und Mutter zeigt

1906 hat M. *Koenen*, Berlin, von Baurat *Labes* (Eisenbahn) angeregt, Versuche mit einer in gespanntem Zustand einbetonierten Bewehrung durchgeführt. Er berichtet über das Verfahren im „Zentralblatt der Bauverwaltung" 27 (1907) S. 520 und erläutert es an einem Beispiel. Die Stahleinlagen waren nur mit 600 kg/cm² vorgespannt. *Koenen* erkannte gemäß seiner Patentschrift DRP 249 007 vom 18. 1. 1912, daß die Anfangsdruckspannung des Betons durch Schwinden verlorengeht, und gab weitere Versuche auf, weil die amtlichen Vorschriften inzwischen die Einschränkung der Rissebildung des Stahlbetons nicht mehr verlangten.

1908 hat *C. R. Steiner*, Gridley, Cal., USA, im US-Patent 903 909 vorgeschlagen, im ganz jungen Beton den Verbund einbetonierter Stahlstäbe durch leichtes Anspannen zu zerstören, um sie nach weiterem Erhärten kräftiger anzuspannen. Bei *Steiner* tauchen erstmals gekrümmte Spannglieder auf (Bild 20.2).

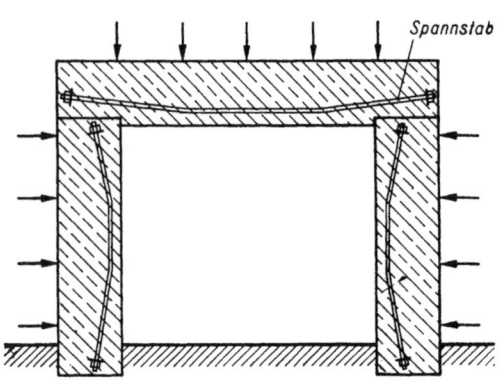

Bild 20.2 Bild aus *Steiners* Patentschrift mit gekrümmten Spanngliedern (1908)

1910 *Zisseler*, Deutschland, umwickelt Rohre mit leicht gespanntem Stahldraht [41].

1910 *Siegwart*, Schweiz, umwickelt Betonrohre mit Draht mit einer Drahtspannung von 6250 kg je cm² und weist nach, daß diese bis zu einem Innendruck von 55 atü noch dicht sind [30], [41].

1910 *C. Bach* und *O. Graf* berichten über Versuche mit vorgespannter Bewehrung ($\sigma_v = 600$ kg je cm²) [5].

1916 *W. Wilson*, Dunfermline, England, zeigt in seiner englischen Patentschrift 103 681 polygonartig gekrümmte Spannglieder, die in gespanntem Zustand einbetoniert werden (Bild 20.3). Die genaue statische Wirkung dieser Spannglieder war *Wilson* aber offensichtlich noch nicht klargeworden.

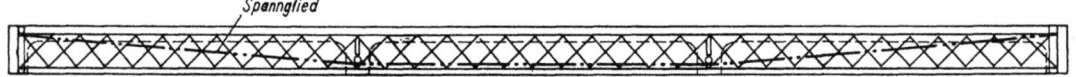

Bild 20.3 Bild aus der Patentschrift von *Wilson* mit hängewerkartigem Spannglied innerhalb des Balkens (1916)

1919 hat *K. Wettstein*, Most, Böhmen, mit der Herstellung der „Wettstein-Bretter" begonnen, bei denen zum erstenmal, z. T. in zwei Richtungen, hochgespannter Klaviersaitendraht einbetoniert wurde. Die Drähte wurden zunächst angespannt, um ihre Lage festzulegen, ohne daß die Wirkung dieser Spannung auf den Beton gleich erkannt wurde. *Wettstein* erhält 1921 das Patent DRP 384 009 in Klasse 80a, Gruppe 48 (W 57 537 VI, 80a), in dem bereits die Eignung ganz dünner Drähte (0,3 bis 1,2 mm) hoher Festigkeit für Haftverankerung erkannt ist [84], [118].

1922 hat *W. H. Hewett*, Minneapolis, Min., USA, in runden Behältern mit gespannten Drähten Zugspannungen ausgeschaltet [8].

1923 *F. v. Emperger*, Wien, beschreibt seine Erfindung zur Herstellung von Stahlbetonrohren, die unter Vorspannung umwickelt werden [7]. Vorspannung der Drähte zwischen 1600 und 8000 kg/cm².

1923 bis 1925 will *R. H. Dill*, Alexandria, Nebr., USA, als erster Betonbalken ohne jede Zugspannung durch Spannen hochfester Drähte nach dem Erhärten des Betons herstellen, wobei der Verbund durch einen Anstrich verhindert werden soll. Er erwähnt dabei ausdrücklich die Vorteile eines Stahles mit hoher Elastizitätsgrenze und hoher Festigkeit gegenüber normalem Bewehrungsstahl [11].

1927 erhielt *Rich. Färber*, Breslau, das Patent DRP 557 331, in dem die gleitende Anordnung der Stahleinlagen im Beton zum Spannen nach dem Erhärten des Betons geschützt wurde. Die Haftung am Beton soll z. B. durch einen Überzug aus Paraffin oder durch Blech- oder Pappehülsen verhindert werden. Dieser Erfindungsgedanke wird heute viel benutzt.

1927   meldete *O. Glöser*, Tschechoslowakei, das deutsche Patent DRP 577 829 an, nach dem die Bewehrungsstäbe vor dem Einbetonieren bis nahe an die Elastizitätsgrenze gespannt werden sollten. Von hochfestem Stahl ist noch nicht die Rede.

1928   Für dieses Jahr wird in manchen Abhandlungen z. B. [165] *F. Dischingers* Patent DRP 535 440 (gültig ab 22. 2. 1928) angeführt, das jedoch das Anspannen von Zugbändern von Bogen zur Beeinflussung der Bogenmomente betrifft und offenbar nicht dazu dienen sollte, Spannbeton zu erzeugen. Es sei noch erwähnt, daß das Anspannen solcher Zugbänder in ähnlicher Form schon 1924 als Verfahren Freyssinet bekannt war und 1925 bei den Flugzeughallen von Palyvestre bei Toulon angewandt wurde [15]. Dort wurden auch Fachwerkstäbe zwischen Bogengurt und Zugband erst nach dem Anspannen mit Beton ummantelt, jedoch hat auch dieses Verfahren nicht das Vorspannen des Betons zum Ziel.

Unabhängig von dem Amerikaner *Dill* hat

1928   *E. Freyssinet* mit *Jean Séailles*, Neuilly s. S. bei Paris, verschiedene Patente angemeldet (DRP 622 746, franz. Patent 680 547 und Zusatzpatent 36 703), wonach ihm eine Vorspannung über 4000 kg/cm² mit Stahl hoher Festigkeit und großer Elastizitätsgrenze für gerade Bewehrungsstäbe und Spannen vor dem Betonieren geschützt wurde. Diese hohe Spannung ist als Bedingung für die dauernde Erhaltung einer Vorspannung des Betons erkannt und gekennzeichnet.

Wettstein hat diese hohe Spannung wohl schon vor *Freyssinet* angewandt. *Freyssinet* hatte jedoch als erster ganz klare Vorstellungen über die andersartigen Aufgaben des Stahles und des Betons beim Spannbeton, über die Notwendigkeit hoher Betonfestigkeiten und hochfester Stähle mit Stahlspannungen von 8000 bis 10 000 kg/cm² und über die Spannkraftverluste durch Schwinden und Kriechen.

Er erkannte ferner, daß quer zur Spannrichtung eingelegte schlaffe Bewehrung durch die Behinderung der Querdehnung eine Quervorspannung erzeugt.

Freyssinets besonderes Verdienst besteht darin, daß er seit 1911 beharrlich die Erscheinungen des Kriechens verfolgt, das Wesen des Kriechens erkannt und als erster die Folgerungen aus dem Einfluß des Kriechens auf den Spannbeton gezogen hat.

Anläßlich des Baues der großen Bogenbrücke bei Plougastel, nahe bei Brest (3 Öffnungen von je 172,6 m), hat er das Kriechen des Betons gemessen, um auch andere zu überzeugen und die Größenordnung dieser Erscheinung festzustellen [13]. Er betonte den Wert hochfester, mörtelarmer Betone, meldete mehrere Patente hierüber an und förderte die Rüttelverdichtung nachdrücklich, die ja eine wesentliche Voraussetzung unseres heutigen Spannbetons ist.

Freyssinets eigene Darstellung seiner Erkenntnisse in seinem großen Vortrag anläßlich des 50jährigen Jubiläums der ‚Chambre Syndicale des Constructeurs en Ciment Armé‘ ist besonders lesenswert [241].

1929   *E. Freyssinet* baut hydraulische Schmiedepressen aus Spannbeton für 2000 und 10 000 t Kraft und 1932 bis 1934 Spannbetonmaste und -pfähle sowie andere Anwendungen.

1930   Vianini, Rom, und Züblin, Stuttgart-Kehl, stellen etwa gleichzeitig Schleuderbetonrohre mit vorgespannter Umwicklung her.

1932   baut Firma Lanna, Prag, nach Verfahren und mit Unterstützung der Firma Vianini, Rom, die erste große Spannbetonrohrleitung $\varnothing$ 80 cm für 15 kg/cm² Betriebsdruck.

1934   meldet *F. Dischinger*, Berlin, das Patent DRP 727 429 (franz. Patent 798 928) an, bei dem hängewerkartige Spannglieder außerhalb des Betonquerschnittes (Bild 20.4), jedoch innerhalb der Bauhöhe des Tragwerkes geschützt wurden. Das Nachspannen zum Ausgleich von Schwind- und Kriechverkürzungen wird dort erwähnt. Hängewerkartige Spannglieder im Betonquerschnitt waren durch den Engländer *Wilson* (1916) bekannt. *Dischinger* hat damit als erster Spannbeton

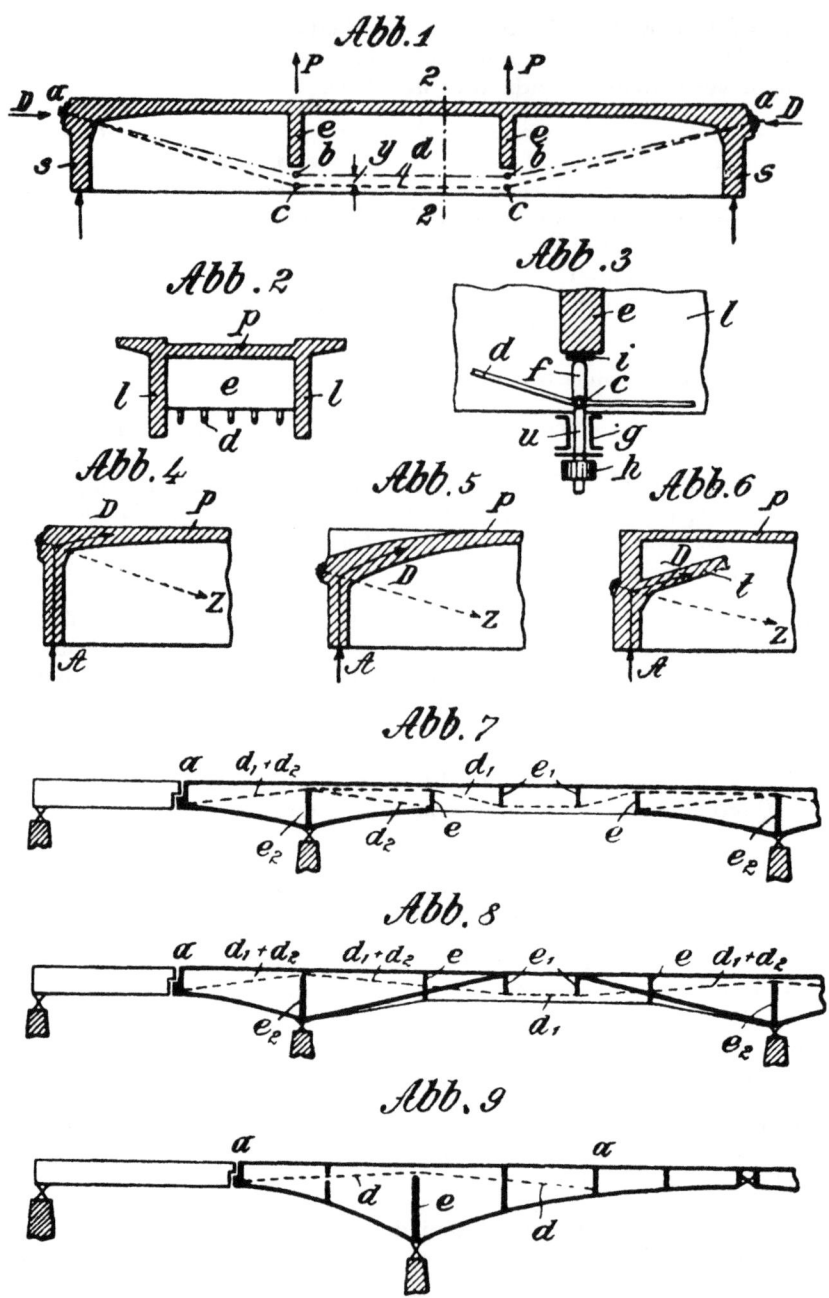

Bild 20.4 Bild aus *Dischingers* Patentschrift über hängewerkartige Spannglieder außerhalb des Betonquerschnitts

ganz ohne Verbund vorgeschlagen und die günstige Wirkung hängewerkartiger Spannglieder voll erkannt, die *Wilson* wohl nur gefühlsmäßig wahrnahm.

1936 bis 1937 wurde nach diesem *Dischinger*schen Patent die dreifeldrige Balkenbrücke in Aue, Sachsen, mit Spannweiten von $25{,}2 + 69{,}0 + 23{,}4$ m (Einhängeträger 31,5 m) mit Stäben St 52 ϕ 70 mm gebaut [37], die die einzige nennenswerte Anwendung dieser Bauart blieb. Erst ab 1949 hat *Dischinger* in Patentanmeldungen und Veröffentlichungen die Bedeutung des Verbundes behandelt.

1935 erarbeitete *E. Freyssinet*, Neuilly s. S. ein Verfahren zur Herstellung längs und quer vorgespannter Rohre für hohe Innendrücke aus, das verschiedentlich (in Deutschland von Wayss & Freytag AG. in einer bei Frankfurt errichteten Fabrik) angewandt wurde (Bild 16.29, vgl. Kap. 16.22 der 1. Auflage) [26].

1937 erhielt *U. Finsterwalder*, Berlin-München, das franz. Patent 816 180, das brit. Patent 495 474 und das USA-Patent 2 155 121, wonach Balken mit einer Gelenkfuge in der Mitte unterspannt werden (Bild 20.5). Die außerhalb der Stege liegenden Zuganker werden durch Absenken der überhöht hergestellten Balkenhälften um das Gelenk im Druckgurt angespannt.

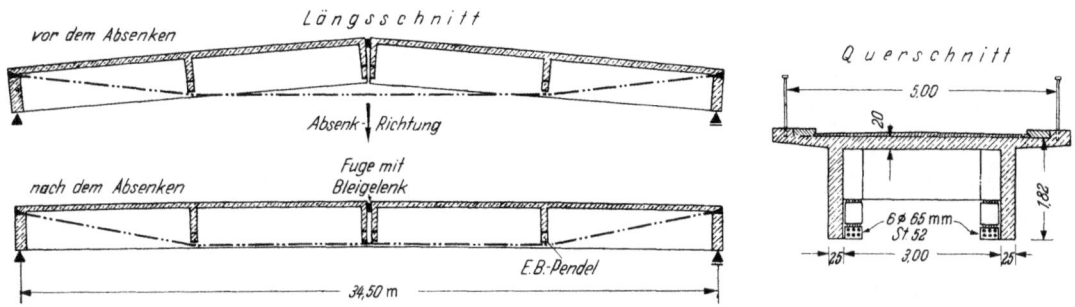

Bild 20.5 *Finsterwalders* Methode der Unterspannung durch Eigengewicht mit Gelenkfuge in Balkenmitte

1938 wurde die Überführung über die Autobahn bei Wiedenbrück mit 34,5 m Spannweite nach dieser Bauart ausgeführt (Bild 20.6). Zum Schutz gegen Korrosion wurden die Zuganker nachträglich mit Beton umhüllt [32].

Bild 20.6 *Finsterwalders* unterspannte Balkenbrücke über die Autobahn bei Wiedenbrück, Spannweite 34,5 m (1938)

Man kann hierbei jedoch nicht von einer Vorspannung des Betons sprechen, denn gerade im wichtigsten Schnitt in Balkenmitte ist der Beton im Zuggurt durchschnitten und nimmt am Kräftespiel nicht teil. Es handelt sich vielmehr um einen unterspannten Eingelenkbalken. Das System hat keine Verbreitung gefunden.

1937 hat *U. Finsterwalder*, Berlin-München, vorgeschlagen (franz. Patent 819 068, USA-Patent 2 151 267), bei Fachwerken die Zugstäbe erst nach dem Ausrüsten und dem Aufbringen des Eigengewichts zu betonieren, um Nebenspannungen an den Knotenpunkten und Risse im Beton

Bild 20.7 *Finsterwalders* Betonfachwerke, deren Zugstäbe erst nach dem Aufbringen der Last betoniert werden

der Zugstäbe zu vermeiden (Bild 20.7). Dabei wird erwähnt, daß der Stahl der Zugstäbe durch vorübergehende Ballastgewichte über die Eigengewichtswerte hinaus gedehnt und dann einbetoniert werden kann, so daß der Beton der Zugstäbe unter Eigengewicht wenigstens vor dem Schwinden gedrückt ist. Diese letztere Ausführungsform weist also eine leichte Vorspannung des Betons auf, jedoch nicht mit dem Ziel, die Zugkräfte dem vorgedrückten Beton zuzuweisen, wie es dem Grundsatz des Spannbetons entspricht. Fachwerke bis 82 m Spannweite wurden damit errichtet [32].

1935 führt Firma Wayss & Freytag AG, Frankfurt a. Main, im deutschen Schrifttum die Bezeichnung S p a n n b e t o n ein [27], übernimmt die Lizenz der Verfahren von *Freyssinet* und baut zunächst zwei 18,5 m lange Versuchsbalken (Frankfurt 1935 und Dresden 1937), mit deren günstigen Ergebnissen [40] für Deutschland das Vertrauen in die neue Bauart geschaffen wird. Anschließend wird 1938 dank der Zustimmung von Geheimrat *Schaper* und Prof. *Schaechterle* die Überführung über die Autobahn bei Oelde i. Westf. mit 33 m Spannweite errichtet (Bild 20.8)

Bild 20.8 Die von Wayss & Freytag AG erstellte Brücke Oelde/W. über die Autobahn; erste voll vorgespannte Brücke mit Verbund in Deutschland, Spannbettvorspannung

[38]. Die vier Hauptträger waren in einer als Spannbett dienenden Stahlschalung mit Dampfhärtung vorgefertigt. Dabei wurde — abweichend von *Freyssinet* — Draht ϕ 10 mm aus naturhartem Kruppstahl St 105 mit angestauchten Ankerköpfchen verwendet. Zur Deckung der schrägen Hauptzugspannungen wurden die Bügel vorgespannt. Die Fahrbahnplatte wurde nachträglich aufbetoniert. Nach dem Gelingen dieser ersten Spannbetonbrücke mit Verbund in Deutschland führte Wayss & Freytag 1941 noch die Autobahnbrücke über die östliche Neiße bei Löwen mit 14 vorgefertigten Balken von 42,3 m Spannweite bei 2,6 m Höhe und einem Balkengewicht von 90 t in gleicher Bauart aus. Dazwischen lagen weitere Ausführungen von im Spannbett hergestellten Trägern.

Wayss & Freytag AG hat damit unter *K. Lenk* und *H. Lütze* für Deutschland wertvolle Pionierarbeit für die Einführung des Spannbetons mit Verbund geleistet.

1936 spannt *F. O. Anderegg*, Newark, Ohio, gebrannte Tonhohlkörper mit durch Löcher hindurchgesteckten Stahlstäben zusammen.

1938 hat *E. Hoyer*, Hamburg, die Anwendung langer Spannbahnen für dünne Klaviersaitendrähte (ϕ 0,5 bis 2,0 mm, Festigkeit 160 bis 280 kg/mm^2) eingeführt (Patente: DRP 711 506 und 744 483). Seine Stahlsaiten-Betonbalken wurden rund 100 m lang gefertigt und nach dem Erhärten des Betons in die gewünschten Längen geschnitten. *Hoyers* Bauart hat die Erforschung der Drahtverankerung durch Verbund gefördert und wird heute noch vielfach angewandt, wenngleich man von glatten Klaviersaitendrähten abkam.

1938 bis 1940 bauen *T. Lindblad* und *J. Häggbom*, Stockholm, in Anlehnung an die Bauart Dischinger die dreifeldrige Klockestrandbrücke mit 40,50 + 71,50 + 40,50 m Spannweite kontinuierlich und spannen sie mit durchgehend geraden Stäben ϕ 30 mm aus St 52 nachstellbar vor [102].

1939 veröffentlicht *F. Dischinger*, Berlin, seine grundlegende und verdienstvolle Arbeit über die mathematische Behandlung der zeitlichen Auswirkungen des Schwindens und Kriechens, insbesondere auf statisch unbestimmte Tragwerke [36].

1939 bis 1940 hat *E. Freyssinet*, Paris, seine Drahtbündel mit Keilverankerung (s. Bild 3.57) für das Vorspannen nach dem Erhärten des Betons eingeführt (franz. Patent 870 070 und 926 505, österr. Patent 168 420, schweiz. Patent 226 657) und damit einen Schritt von großer praktischer Bedeutung getan, denn dieses Verfahren hat bis heute eine weite Verbreitung gefunden.

1939 schlägt *F. v. Emperger*, Wien, [34] vor, ungespannte und gespannte Bewehrung nebeneinander einzubetonieren, wobei 2drähtige Litzen aus hochfestem Stahl für die gespannte Bewehrung vorgezogen werden. *Emperger* will durch diese partielle Vorspannung die zulässige Stahlspannung erhöhen und weist nach, daß dennoch die Rißbildung gegenüber normalem Stahlbeton zurückgeht.

1940 schlägt *H. Schorer*, Valhalla, USA, ([225] S. 148) vor, die Spanndrähte gegen einen Stahlkern vor dem Betonieren vorzuspannen und den Kern nach dem Erhärten des Betons wieder zu entfernen (s. Kap. 4.66, Bild 4.71).

1941, am 2. September, meldet *R. E. Dill*, USA, ein Patent an (US-Patent 2 329 189, am 14. Sept. 1943 erteilt), in dem für Spannbetonstraßen Spannstäbe mit kalt aufgewalztem Gewinde erwähnt sind, ohne daß diese sich anbietende Kombination als Erfindung betrachtet wurde.

1940 bis 1942 verwendet *G. Magnel*, Gent, Belgien, als erster Drahtkabel, bei denen die Drähte mit regelmäßigen gegenseitigen Abständen in Blechkasten eingebaut werden. *Magnel* mißtraut der gleichzeitigen Verankerung von 12 Drähten nach *Freyssinet* und spannt seine Drähte deshalb paarweise, verankert sie in Stahlplatten gemäß Bild 3.56, die später die Bezeichnung „sandwich plates" erhalten. *Magnel* weist auf den großen Unterschied der Bruchlast mit Verbund gegenüber derjenigen ohne Verbund und auf das Kriechen der Stähle hin. Er entwirft Durchlaufträger mit durchlaufenden gekrümmten Spannkabeln und erkennt die besonderen Wirkungen der Vorspannung in statisch unbestimmten Systemen [82]. Trotz dieser richtigen Erkenntnisse baut er 1948 die Maasbrücke Sclayn mit 2 × 62 m Spannweite mit geraden, außerhalb des Betonquerschnittes liegenden Spanndrahtkabeln, um Reibung zu vermeiden (Bild 20.9). Auch das Knicken vorgespannter Stäbe, die mit dem Spannkabel in Verbund stehen, wird erstmalig von *Magnel* behandelt [62].

In Zusammenarbeit mit der Bauunternehmung Blaton-Aubert, Brüssel, wurde das Verfahren Magnel-Blaton weiter entwickelt und verbreitet.

1940 wird in Merut bei Karachi in Pakistan die erste Tonnenschale vorgespannt.

1941 Während des Krieges wird in verschiedenen Ländern mit der Herstellung von Eisenbahnschwellen aus Spannbeton begonnen.

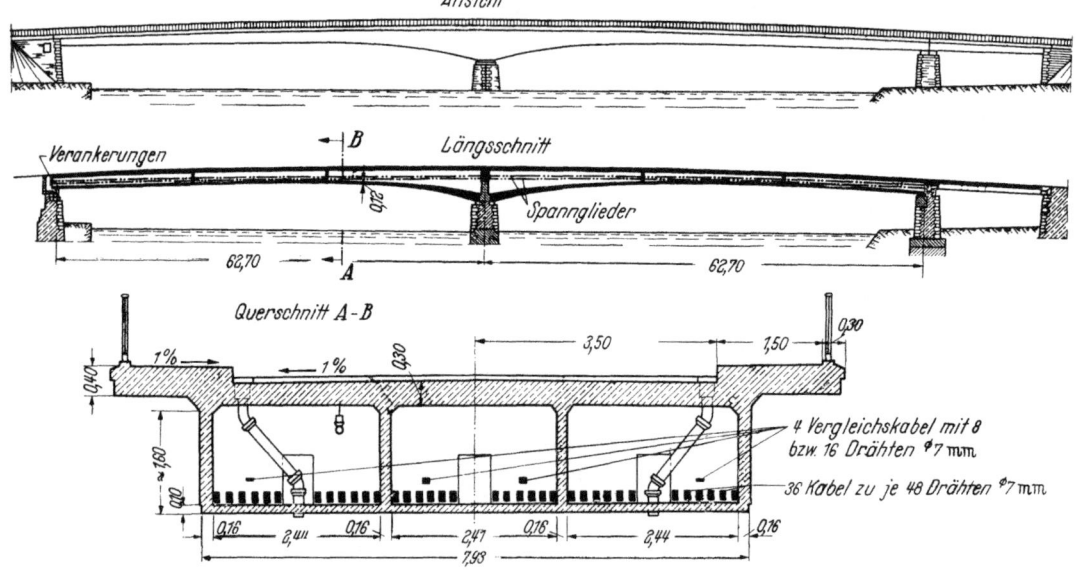

Bild 20.9 G. *Magnels* Maasbrücke Sclayn, 1948. Erster großer durchlaufender Balken mit 62 + 62 m Spannweite (ohne Verbund)

1941 bis 1944 werden sowohl von *Hoyer* wie auch von Wayss & Freytag AG für Kriegsbauten zahlreiche vorgespannte Fertigbalken hergestellt. Am bemerkenswertesten sind dabei die von Wayss & Freytag im Spannbett gefertigten Balken mit parabelförmigem Obergurt gemäß Bild 20.10, die bis 30 m teils vollwandig, teils fachwerkartig ausgeführt wurden. Die günstige

Bild 20.10 Von Wayss & Freytag AG vorgefertigte Spannbetonbalken mit parabelförmigem Obergurt

Wirkung parabolischer Obergurte für die Querkräfte war zwar vom Stahlfachwerkbau her bekannt, wurde jedoch hier erstmalig für Spannbetonbalken ausgenutzt. Bei Kriegsende waren Hunderte derartiger Spannbetonbalken übriggeblieben, die bei der Wiederherstellung zahlreicher Brücken in der damaligen Not gute Dienste leisteten [81].

1941 weist *R. H. Dill* in der US-Patentschrift 2 329 189 auf die Vorzüge kaltaufgewalzter Gewinde zur Verankerung von Spannstäben hin.

1941 entwirft *E. Freyssinet*, Paris, die überaus kühne Marnebrücke Luzancy, einen flachen Zweigelenkrahmen von 55 m Spannweite, Trägerhöhe in der Mitte 1,27 m = 1/43 l (Bild 20.11) [66].

Bild 20.11 *Freyssinets* Marnebrücke Luzancy

Bild 20.12 Marnebrücke Luzancy, Einsetzen des 40 m langen Mittelstückes mit Kabelkran

Mit Rücksicht auf die Schwind- und Kriechverkürzungen sind die Gelenklager nachstellbar. Die Brücke konnte erst nach Beendigung des Krieges durch die Firma Campenon Bernard, Paris, fertiggestellt werden. Dabei wurde die ganze Brücke aus 2,44 m langen vorgefertigten Blöcken zusammengesetzt, die Randfelder wurden frei vorgebaut, das 40 m lange Mittelstück wurde auf der Rampe zusammengebaut und mit einem Kabelkran eingefahren (Bild 20.12). Die Spanndrahtbündel wurden z. T. in Rillen am Untergurt verlegt, z. T. durch vorgesehene Röhren eingefädelt. Die Bügel waren vor dem Einbringen des Betons gegen die Schalung gespannt. In der Querrichtung wurden die Hohlkasten mit nachträglich eingefädelten Spanngliedern zusammengespannt. Es ist dies die erste in allen drei Richtungen vorgespannte Brücke.

Nach der gleichen Bauart wurden in den Jahren 1946 bis 1950 fünf gleiche Marnebrücken von 74,0 m Spannweite hergestellt, deren Einzelteile in einer Fabrik bei Esbly gefertigt wurden [91].

1942 bis 1943 schlägt *P. W. Abeles*, London, vor, die Spanndrähte in Rillen von Betonfertigteilen zu verlegen und sie nach dem Spannen einzubetonieren (s. Bild 7.16).

1942 bestreicht *K. B. Billner*, Philadelphia, USA, die Spanndrähte mit stark schwefelhaltiger Masse, betoniert die Drähte ohne Vorspannung ein, erwärmt sie elektrisch und erweicht dabei die Schwefelschicht und spannt durch die Wärmedehnung des Drahtes vor (s. Kap. 4.67).

1943 schreibt *E. Mörsch*, Stuttgart, das erste deutsche Buch über Spannbeton „Der Spannbetonträger" [52] auf Grund der Ausführungen der Wayss & Freytag AG und behandelt darin die Berechnung der vorgefertigten Träger und der Bauwerke mit nachträglich aufgesetzter, nichtvorgespannter Betonplatte.

1944 beginnt *G. Magnel*, Gent, Belgien, mit Firma Blaton-Aubert, Brüssel, den Bau einer 20 m weit gespannten Eisenbahnbrücke, Pont Miroir, am Hauptbahnhof Brüssel (Bild 20.13), die wegen des Krieges erst 1948 fertiggestellt wurde. Der damalige Versuchsbalken brachte wertvolle Aufschlüsse über Zementinjektion, Verbund und Bruchsicherheit.

Bild 20.13 Die erste Eisenbahnbrücke aus Spannbeton in Brüssel von *Magnel*, Pont Miroir, Spannweite 20,07 m

1944 *H. Rüsch*, München, spannt den Untergurt eines für außergewöhnlich schwere Lasten bemessenen Fachwerkträgers aus Beton mit Seilen vor [58].

Rüsch, München, leitet seit 1943 den Arbeitsausschuß Spannbeton im Deutschen Ausschuß für Stahlbeton und trägt dort wesentlich zur Aufstellung der ersten deutschen „Richtlinien für Bemessung und Ausführung vorgespannter Stahlbetonbauten" (DIN 4227) bei, die er ausführlich erläutert [227]. Diese Richtlinien bilden bald nach dem Kriege die Grundlage für die Berechnung und Bemessung zahlreicher deutscher Spannbetontragwerke und förderten die Anwendung dieser Bauart.

1946 entsteht die erste vorgespannte Startbahn auf dem Flugplatz Orly bei Paris nach einem Entwurf von *E. Freyssinet*.

1946 Dipl.-Ing. *M. R. Roš*, Zürich, veröffentlicht im EMPA-Bericht Nr. 155 [65] umfangreiche Versuche zur Schaffung der schweizerischen Grundlagen für die Bemessung vorgespannter Betonbauteile. 1950 veröffentlicht Prof. Dr. *M. R. Roš* den das ganze Gebiet des Stahlbetons umfassenden EMPA-Bericht Nr. 162 [108]. Beide Berichte stellen wertvolle Beiträge zu den Berechnungsgrundlagen des Spannbetons dar, die auch in diesem Buch ihren Niederschlag gefunden haben.

1947 werden in Deutschland mehrfach Seile zerstörter Hängebrücken zur Vorspannung von Betonbrücken benutzt. Erwähnt sei die Elzbrücke Bleibach [94] und die Wiederherstellung der von *Mörsch* erbauten Neckarkanalhafenbrücke Heilbronn durch die Wayss & Freytag AG als 108 m weit gespannte Dreigelenkbogenscheibe (Bild 20.14) [120]. Die Seile wurden hier in Rillen und Rohren geführt und nach dem Spannen einbetoniert.

Bild 20.14 Neckarkanalhafenbrücke Heilbronn. 107,8 m weit gespannte Dreigelenkbogenscheibe, errichtet durch Wayss & Freitag AG

1946 bis 1948   findet der Spannbeton mehr und mehr Eingang in den Hochbau. In Frankreich und England werden mehrfach Schalentragwerke vorgespannt, darunter befinden sich bis zu 50 m weit gespannte Tonnenschalen mit Magnel-Spanngliedern (Bild 16.58 der 1. Auflage) [177] und auch vorgespannte Schalensheds mit gekrümmt eingelegten Freyssinet-Spanngliedern. *Magnel* baut in Belgien Textilfabriken aus vorgespannten Fertigbalken beachtlicher Spannweite.

1948   *G. Magnels* Buch „Le béton précontraint" erscheint in Editions Fecheyr, Gent, Belgien, 1948 [82].

1948   *E. Freyssinet* baut in Orléans einen rechteckigen Wasserhochbehälter mit $33 \times 45 \times 5 \approx 7000$ m³ Inhalt aus Spannbeton.

1948   führt *E. Freyssinet* die erste große Spannbetonbrücke in Südamerika aus, die Galion-Brücke bei Rio de Janeiro, bei der vorgefertigte, bis zu 37,5 m lange Balken für 14 Öffnungen verlegt wurden.

1948   *Morandi*, Italien, entwickelt das erste italienische Verfahren mit paarweiser Keilverankerung von Drähten, die zu je 4 Stück gespannt werden [123].

1948   entwickelt die Firma Preload Company, New York, eine Maschine zum Umwickeln kreisförmiger Behälter mit vorgespanntem Draht (merry go round machine). Diese Maschine tritt in den folgenden Jahren einen Siegeszug um die ganze Welt an. Mit ihr werden hunderte von Behältern mit Durchmessern bis zu 70 m oder mit Wasserhöhen bis zu 20 m aus Spannbeton gebaut (s. Kap. 4.35 und Kap. 16.13 der 1. Auflage).

1949   wird in der Schweiz von den Ingenieuren *M. Birkenmeier, A. Brandestini, M. R. Roš* und *K. Vogt* das BBRV-Verfahren mit angestauchten Ankerköpfchen entwickelt (s. Kap. 3.26). Das Verfahren erlaubt als erstes, eine sehr große Zahl paralleler Drähte in einem Stahlankerstück gemeinsam zu spannen und zu verankern.

1949   entwickelt *F. Leonhardt* mit seinem Mitarbeiter *W. Baur* das Verfahren Baur-Leonhardt, das durch die Zusammenfassung der Spannglieder in wenigen Gleitkanälen mit vielen horizontalen Draht- oder Litzenlagen und durch das gemeinsame Vorspannen aller Kabel eines Bauwerkes gekennzeichnet ist. Sie bauen die ersten vorgespannten Durchlaufträger mit kontinuierlichen Spanngliedern und Verbund (Bild 20.15) [113]. Sie stützen Einzelspannglieder (Leoba-Verfahren) erstmalig auf erhärteten Einpreßmörtel ab [183].

Bild 20.15 Elzbrücke Emmendingen, Spannweiten 15 + 30 + 15 m. Erste mit durchlaufenden Kabeln und nachträglichem Verbund vorgespannte kontinuierliche Balkenbrücke. Verfahren Baur-Leonhardt

F. Leonhardt macht anschließend eingehende Versuche über die Reibung von Spanngliedern und entwickelt reibungsvermindernde Maßnahmen für große Spannkabel (vgl. Kap. 7 der 1. Auflage) [159]. Mit diesen Maßnahmen wird es möglich, 5 und mehr Balkenfelder kontinuierlich vorzuspannen.

1949 führt Dyckerhoff & Widmann KG, München, durch *U. Finsterwalder* die Vorspannung mit St 90-Stäben mit kalt aufgewalztem Gewinde ein (Dywidag-Spannbeton) und bevorzugt dabei aus wirtschaftlichen Gründen die beschränkte Vorspannung.

1950 gibt die Bundesbahn die erste deutsche Spannbetonbrücke für Eisenbahnlasten in Auftrag, die 5feldrige Eisenbahnbrücke Heilbronn, vorgespannt nach dem Verfahren Baur-Leonhardt (Bild 20.16) [154].

Bild 20.16 Eisenbahnbrücke über den Neckarkanal in Heilbronn. Erste in Deutschland in Auftrag gegebene Bundesbahnbrücke aus Spannbeton. Verfahren Baur-Leonhardt

Bild 20.17 Neckarkanalbrücke Obere Badstraße in Heilbronn (Böckinger Brücke). Verfahren Baur-Leonhardt. Spannweite 96 m

1950   wird nach einem Entwurf von *F. Leonhardt* die 96 m weit gespannte dreifeldrige Balkenbrücke über den Neckarkanal (Obere Badstraße) in Heilbronn mit Spannweiten von 19+96+19 m nach dem Verfahren Baur-Leonhardt erbaut (Bild 20.17) [144].

1950   wird Dyckerhoff & Widmann KG die zweite große vorgespannte Eisenbahnbrücke der Bundesbahn bei Grifte mit 6 Öffnungen von 20,0 bis 25,1 m Spannweite in Auftrag gegeben (Bild 20.18) [158].

1950   erfindet der Schweizer Ingenieur *K. Vogt* die leichtere und einfachere BBRV-Behälterwickelmaschine (s. Kap. 16.13 der 1. Auflage).

Bild 20.18 Eisenbahnbrücke über den Ederstrom bei Grifte. Dywidag-Spannbeton

Bild 20.19 Gänstorbrücke in Ulm. Rahmen auf Stabdreiecken. Spannweite 82.40 m. Dywidag-Spannbeton

1950   U. *Finsterwalder* baut mit St 90-Stäben die 82,4 m weit gespannte Gänstorbrücke in Ulm über die Donau als gelenklosen Rahmen auf Stielen aus einem horizontal verschieblichen Stabdreieck (Bild 20.19) [134].

1950   führt *U. Finsterwalder* den Freivorbau einer Balkenbrücke über die Lahn mit Vorspannung aus (Bild 20.20). Der Freivorbau als solcher war schon durch die 1930 nach einem Entwurf von *Baumgart*, Rio de Janeiro, ausgeführte 60 m weit gespannte Stahlbeton-Balkenbrücke über den Rio de Peixe (vgl. Beton u. Eisenbeton 1931, S. 204, und Der Bauingenieur 1932, S. 158) sowie durch eine 1937 in England gebaute 50 m weit gespannte Dreifeldbrücke (vgl. Journal ACI, Mai 1953, Proc. Bd. 49, Nr. 9, S. 861—862) bekannt.

Bild 20.20 Lahnbrücke Balduinstein. Erster Freivorbau mit Dywidag-Spannbeton. Spannweite 62,10 m

Bild 20.21 Freivorbau der Rheinbrücke Worms mit Dywidag-Spannbeton nach Entwurf *U. Finsterwalder*

1952 wird von *U. Finsterwalder* die erste Rheinbrücke aus Spannbeton in Worms im Freivorbau mit Spannweiten von 101,65 + 114,20 + 104,20 m erstellt, die als eine der eindrucksvollsten Ingenieurleistungen auf dem Gebiet des Spannbetons viel Aufsehen erregte (Bild 20.21) [162], [186].

Bild 20.22 Neckarbrücke Neckargartach, 5 Öffnungen bis zu 43 m, kontinuierlich vorgespannt. Verfahren Baur-Leonhardt

1950   wird die erste Spannbetonbrücke in USA, die Walnut Lane Bridge in Philadelphia nach einem Entwurf von *Magnel* durch die *Preload* Company, New York, gebaut.

1950   Der Engländer *Donovan H. Lee,* London, führt kaltverformte, hochlegierte Stahlstäbe mit Spezialgewinde als Spannglieder ein (Verfahren Lee-McCall, vgl. Bild 3.31 in der 1. Auflage dieses Buches) [136], [137].

1950   Erste internationale Spannbeton-Tagung in Paris, Gründung der ‚Association Scientifique de la Précontrainte'.

1951   wird die bis dahin längste voll-kontinuierliche Balkenbrücke über den Neckar in Neckargartach nach dem Verfahren Baur-Leonhardt errichtet. 5 Spannweiten bis 43 m, Gesamtlänge 225 m (Bild 20.22).

1952 bis 1953   wird dieses Bauwerk durch die Donautalbrücke Untermarchtal (Bild 20.23) mit einer fugenlosen Gesamtlänge von 375 m, vorgespannt nach dem Verfahren Baur-Leonhardt, übertroffen [190], [202].

Bild 20.23 Donautalbrücke Untermarchtal, Verfahren Baur-Leonhardt. Fugenlose Länge 375 m

1951   erscheint in Paris, Editions Eyrolles, das Buch „Béton précontraint" von *Y. Guyon,* dem wissenschaftlichen Mitarbeiter von *Freyssinet,* der sich um die theoretischen Grundlagen für Spannbetonbauten große Verdienste erwarb [148].

1951 bis 1952   findet das Verfahren *Freyssinet* eine weitere schöne Anwendung für die Fahrbahn zweier großer Bogenbrücken der Straße von Guaira nach Caracas, Venezuela.

Etwa ab 1952 beginnt man in den USA mit der Anwendung des Spannbetons, besonders durch Fabrikation von Balken im Spannbett mit Litzen (gefördert durch J. A. Roebling's Sons Corp.). In wenigen Jahren entstehen über 200 Fabriken für Spannbeton.

1950 bis 1953   werden sowohl in Deutschland wie auch in anderen Ländern weitere Verfahren entwickelt, die sich hauptsächlich in der Verankerung der Spannglieder unterscheiden.

So steht der Spannbeton bei der Abfassung der 1. Auflage dieses Buches in einer lebhaften Entwicklung, die für die letzten Jahre hier nur angedeutet werden konnte. Der Rückblick zeigt, wie viele Ingenieure lange Jahrzehnte hindurch geforscht, gedacht und mühevoll gearbeitet haben, bis schließlich das zustande kam, was wir heute unter Spannbeton verstehen. Viele wurden nicht genannt — ihre Beiträge sollen dadurch nicht geschmälert werden, doch müßte man heute schon ein ganzes Buch allein der geschichtlichen Entwicklung widmen, wollte man alle Beiträge erfassen.

Schrifttum

Die in den einzelnen Literaturangaben verwendeten Abkürzungen bezeichnen die folgenden Institute oder Vereinigungen:

ACI	American Concrete Institute
ASCE	American Society of Civil Engineers
ASTM	American Society for Testing Materials
CCA	Cement and Concrete Association, London
CEB	Comité Européen du Béton
DAfSt	Deutscher Ausschuß für Stahlbeton
EMPA	Eidgenössische Materialprüfungsanstalt
ETH	Eidgenössische Technische Hochschule
FIP	Fédération Internationale de la Précontrainte
IASS	International Association for Shell Structures
ITCC	Instituto Técnico de la Construcción y del Cemento, Madrid
IVBH	Internationale Vereinigung für Brückenbau und Hochbau
PCI	Prestressed Concrete Institute, Chikago
RILEM	Réunion Internationale des Laboratoires d'Essais et de Recherches sur les Matériaux et des Constructions, Paris
VDI	Verein Deutscher Ingenieure

Vor 1939

[1] V i c a t : Note sur l'allongement progressif du fil de fer soumis à diverses tensions. Annales des Ponts et Chaussées, l'er semestre 1834

[2] F ö p p l , A.: Reibung in Brückengelenken. Zentralblatt der Bauverwaltung 1901, S. 197

[3] L u n d , J. G. E.: Beschreibung der Konstruktion und Verwendung von Eisenbetonhohlblöcken, armiert nach System Lund. Beton u. Eisen 4 (1905) H. 6, S. 143-145 u. H. 7, S. 169-173

[4] L u n d , J. G. E., US Patent 1 020 578 (1912) Prestressed reinforced concrete. First publication 1907

[5] B a c h , C., u. G r a f , O.: Versuche mit Eisenbetonbalken, 3. Teil. Mitteilungen über Forschungsarbeiten auf dem Gebiet des Ingenieurwesens, H. 90/91, 1910, Herausg. VDI

[6] G r a f , O.: Die Druckelastizität und Zugelastizität des Betons. Mitteilungen über Forschungsarbeiten auf dem Gebiete des Ingenieurwesens, H. 227, 1920, Herausg. VDI

[7] E m p e r g e r , F. v.: Beton mit gespannten Bewehrungen. Beton u. Eisen 22 (1923) H. 17/18, S. 226-228

[8] H e w e t t , W. H.: US Patent 1 818 254 (10. 9. 1927) Journal ACI 1923, S. 41

[9] B l e i c h , F.: Der gerade Stab mit Rechteckquerschnitt als ebenes Problem. Bauingenieur 4 (1923) H. 9, S. 255-259 u. H. 10, S. 304-307

[10] M ö r s c h , E.: Über die Berechnung der Gelenkquader. Beton u. Eisen 23 (1924) H. 12, S. 156-161

[11] D i l l , R. H.: US Patent 1 684 663 (7. 2. 1925 u. 18. 9. 1928)

[12] W e s t e r g a a r d , H. M.: Stresses in concrete pavements computed by theoretical analysis. Public Roads 7 (1926) H. 2, S. 25-37

[13] F r e y s s i n e t , E.: Une révolution dans les techniques du béton. Librairie de l'Enseignement Technique, Editeur Léon Eyrolles, Paris 1926

[14] W e s t e r g a a r d , H. M.: Analysis of stresses in concrete roads caused by variations of temperature. Public Roads 8 (1927) S. 54-60

[15] Les hangars d'avions du Palyvestre, près de Toulon. Génie Civil 1927, Aug., S. 201

[16] D i s c h i n g e r , F.: DRP 535 440 (20. 2. 1928)

[17] Maier-Leibnitz: Traglastverfahren. Bautechnik 6 (1928) H. 1, S. 11-14; 7 (1929) H. 6. S. 313-318

[18] Vianini: DRP 635 554 (1931)

[19] Tesar, M.: Détermination expérimentale des tensions dans les extrémités des pièces prismatiques munies d'une semi-articulation. IVBH Abh. 1 (1932) S. 497-506

[20] Reichle, E.: DRP 623 527 (1932)

[21] Westergaard, H. M.: Analytical tools for judging results of structural tests of concrete pavements. Public Roads 14 (1933) H. 10, S. 185-188

[22] Drouhin, M.: Annales des Ponts et Chaussées 105 (1935) Bd. 2 S. 253

[23] Freyssinet, E.: Une révolution dans les techniques des bétons. Librairie de l'Enseignement Technique, Editeur Léon Eyrolles, Paris 1936

[24] Schlüter, H.: Die Reichsautobahn-Talbrücke am Rinderstall. Beton u. Eisen 35 (1936) H. 21, S. 349-354

[25] Swanger, H. W. u. Wohlgemuth, G. F.: Proc. ASTM 36 (1936) Bd. 2, S. 21-84; Met. Progr. 30 (1936) Nr. 2, S. 59-67. Deutscher Auszug: Pomp, A. u. Hempel, M.: Über das Versagen von vergütetem Stahldraht in Kabeln der Mount-Hope-Hängebrücke. Stahl u. Eisen 57 (1937) Nr. 31, S. 874-877

[26] Spannbeton-Rohre für Hochdruckleitungen. Technische Blätter der Wayss & Freytag AG., Berlin 1936, Nr. 9

[27] Mautner, K. W.: Spannbeton nach dem Freyssinet-Verfahren. Beton u. Eisen 31 (1936) H. 19, S. 320-324

[28] Dischinger, F.: Untersuchungen über die Knicksicherheit, die elastische Verformung und das Kriechen des Betons bei Bogenbrücken. Bauingenieur 18 (1937) H. 33/34, S. 487-520; H. 35/36, S. 539-552; H. 39/40, S. 595-621

[29] Gehler, W.: Hypothesen und Grundlagen für das Schwinden und Kriechen des Betons. Deutscher Beton-Verein, 41. Hauptversammlung, Zementverlag, Berlin 1938

[30] Keinlogel, A.: Eisenbetondruckrohre aus Schleuderbeton und Schleuderbeton-Vorspannrohre. Beton u. Eisen 37 (1938) H. 10, S. 161-166

[32] Finsterwalder, U.: Eisenbetonträger mit selbsttätiger Vorspannung. Bauingenieur 19 (1938) H. 35/36, S. 495-499

[33] Eberle, K.: Über Temperatur und Spannung bei Balken und Fahrbahndeckenplatten aus Beton. Zementverlag, Berlin 1938

1939

[34] Emperger, F. v.: Stahlbeton mit vorgespannten Zulagen aus höherwertigem Stahl. Wilh. Ernst & Sohn, Berlin 1939

[35] Hoyer, E.: Der Stahlsaitenbeton. Elsner, Berlin u. Leipzig 1939

[36] Dischinger, F.: Elastische und plastische Verformung der Eisenbetontragwerke. Bauingenieur 20 (1939) H. 5/6, S. 53-63; H. 21/22, S. 286-294; H. 31/32, S. 426-437; H. 47/48, S. 563-572

[37] Schönberg, M., u. Fichtner, F.: Die Adolf-Hitler-Brücke in Aue, Sachsen. Bautechnik 17 (1939) H. 8, S. 97-104

[38] Müller, P.: Brücken der Reichsautobahn aus Spannbeton. Bautechnik 17 (1939) H. 10, S. 128-135

1940

[39] Timoshenko, S.: Theory of plates and shells. Mc Graw-Hill Book Company, Inc., New York 1940, vgl.: 2. Aufl. 1959

[40] Oppermann, R.: Grundlagen für die Ausführung von Spannbetonträgern. Beton u. Eisen 39 (1940) H. 11, S. 141-150

[41] Pistor, L.: Die Anwendung von Vorspannungen im Stahlbetonbau. Beton u. Eisen 39 (1940) H. 11, S. 150-154 u. H. 12, S. 160-162

[42] Thomlinson, J.: Temperature variations and consequent stresses produced by daily and seasonal temperature cycles in concrete slabs. Concrete and Constructional Engineering 35 (1940) H. 6, S. 298-307 u. H. 7, S. 352-360

[43] Westergaard, H. M.: Stresses in concrete runways of airports. Proc. 19 Ann. Mtg. Highw. Res. Board. Dez. 1939 (1940) S. 197-202

[44] Vianini, G.: Il tubo Vianini in regime di antarchia. Rom 1941

[45] Freyssinet, E.: Une révolution dans l'art de bâtir. Les constructions précontraintes. Travaux 25 (1941) Nr. 101, Nov., S. 335-359

[46] Graf, O., u. Brenner, E.: Versuche mit Drahtseilen für eine Hängebrücke. Bautechnik 19 (1941) H. 38, S. 410-415

[47] Föppl, A.: Drang und Zwang. 3. Aufl. Oldenbourg, München u. Berlin 1941

1942

[48] Bjuggren, U.: Strängbeton - Förspänd Betong. Betongindustrie - Strängbetongfabriken, Stockholm 1942 (Katalog)

[49] Bolomey, J.: Déformations élastiques, plastiques et de retrait de quelques bétons. Bull. Technique de la Suisse Romande (Lausanne) 68 (1942) Nr. 15, S. 169-173

[50] Lenk, K.: Spannbetonrohre. Beton u. Eisen 41 (1942) H. 15/16, S. 137-144

1943

[51] Crom, J. M.: High-stressed wire in concrete tanks. Engineering News Record 1943

[52] Mörsch, E.: Spannbetonträger. Wittwer, Stuttgart 1943

[53] Johansen, K. W.: Brudlinieteorier. Kopenhagen 1943

[54] Redonnet, J.: Une nouvelle application du béton précontraint. Travaux 27 (1943), Okt.

[55] Houdremont, E.: Handbuch der Sonderstahlkunde. Springer, Berlin 1943, S. 920

[56] Craemer, H.: Spannungsumlagerungen in Stahlbetontragwerken, die nachträglich verstärkt oder abschnittsweise hergestellt werden. Ing. Archiv 14 (1943) S. 119-135

[57] Teller, L. W. und Sutherland, C.: The structural design of concrete pavements, Part 5. Public Roads 23 (1943) H. 8, S. 167-212

1944

[58] Rüsch, H.: Gedanken und Beispiele zum Bauen mit Fertigbauteilen aus Stahlbeton. Bautechnik 22 (1944) H. 37/42, S. 170-178

[59] Lossier, H.: Les ciments expansifs et leurs applications autocontraintes du béton. Génie Civil 121 (1944) H. 8, S. 61-65 u. H. 9, S. 69-71

[60] Magnel, G.: Le fluage des aciers et son importance en béton précontraint. Science et Technique 1944, H. 10, Sonderdruck S. 4-8

[61] Duke, C. M., u. Davis, R. E.: Some properties of concrete under sustained combined stresses. ASTM, Preprint Nr. 61, 1944

[62] Magnel, G.: Le flambage en béton précontraint. Science et Technique Nr. 10, 1944

[63] Sommer, G.: Über die Verlängerung der Erstarrungszeit von Zement und Beton. Bautechnik 22 (1944) H. 33/36, S. 143-148

1945

[64] Hart, C. P.: Prestressed water storage tank in Miami. Concrete 1945, Juli

1946

[65] Roš, M. R.: EMPA Bericht Nr. 155: Vorgespannter Beton. Zürich, März 1946

[66] Lalande, M.: Le Pont de Luzancy sur la Marne. Travaux 30 (1946) Aug.

[67] Ritter, M. u. Lardy, P.: Vorgespannter Beton. Mitteilungen des Instituts für Baustatik an der ETH Zürich, Nr. 15. Leemann u. Co., Zürich 1946

1947

[68] Hörnlimann, F.: Kolbenlose Pressen (Druckkissen) im Bauwesen. Bautechnik-Archiv, H. 1. Wilh. Ernst & Sohn, Berlin 1947

[69] Mörsch, E.: Statik der Gewölbe und Rahmen. Teil A, S. 442 ff., Teil B, S. 40 ff. Wittwer, Stuttgart 1947

[70] Mörsch, E.: Statik der Gewölbe und Rahmen. Teil A, S. 695, Wittwer, Stuttgart 1947

[71] Bandel, H.: Einfache Berechnungsmethoden für Verbundkonstruktionen. Springer, Berlin 1947

[72] Magnel, G.: Essais de quelques poutres en béton précontraint. La technique des travaux 23 (1947) Nr. 3/4, S. 87-100

[73] Graf, O.: Die Baustoffe, ihre Eigenschaften und ihre Beurteilung. Wittwer, Stuttgart 1947

[74] Fornerod, M. F.: Vorgespannte dünne Betonschalen. IVBH Abh. 8 (1947) S. 91-103

[75] Prestressed barrel-vault shells. Journal of the Institute of Constructional Engineers 1947, S. 109

[76] AMB — Anweisung für Mörtel und Beton. Herausg. Deutsche Bundesbahn, 1947

1948

[77] American Pipe and Construction Company. Reinforced Concrete Pipe. Los Angeles 1948

[78] Doull, R. M.: Big prestressed pipe without liners. Engineering News Record 140 (1948) 24. Juni, S. 68-73

[79] Westergaard, H. M.: New formulas for stresses in concrete pavements of airfields. Transactions ASCE 113 (1948) S. 425-444

[80] Netter, L. u. Becker, E.: Piste en béton précontraint. Travaux 32 (1948) Nr. 160, Febr., S. 147-154 u. Nr. 161, März, S. 179-186

[81] Lütze, M.: Spannbeton. Wittwer, Stuttgart 1948

[82] Magnel, G.: Le béton précontraint. Editions Fecheyr, Gent 1948

[83] Beyer, K.: Die Statik im Stahlbetonbau. 2. Aufl. 1948. Springer, Berlin (Neudruck 1956)

[84] Wettstein, K.: Die Entwicklung der Wettstein-Betonbretter. Betonsteinzeitung 14 (1948) H. 3, S. 41-45

[85] Bonatz, P.: Bemessung zweiteiliger Querschnitte aus Stahlbeton bei Vorbelastung eines Querschnitteiles. Bau u. Bauindustrie 1 (1948) H. 3, 4 u. 5

[86] Davis, R. E.: Konstruktionen in Prepakt-Beton. Schweiz. Bauzeitung 66 (1948) H. 23. S. 317

[87] Lesage, G.: DBP 826 969 (1.10.1948)

1949

[88] Pucher, A.: Lehrbuch des Stahlbetonbaues. 1. Aufl. Springer, Wien 1949

[89] Pöschl, Th.: Statik und Dynamik. 3. Aufl. Springer, Berlin 1949

[90] Lundgren, H.: Cylindrical shells, Bd. 1 Danish Technical Press — The Institution of Danish Civil Engineers, Kopenhagen 1949

[91] Lalande, M.: Diversité des applications du béton précontraint. Travaux 33 (1949) Nr. 171, Jan., S. 2-22, Nr. 172, Febr., S. 47 bis 64

[92] Bonatz, P.: Schubspannungen und lotrechte Pressungen im Balken mit veränderlicher Höhe. Bauingenieur 24 (1949) H. 4, S. 125-128

[93] Schleicher, F.: Die Verankerung von Drahtseilen, insbesondere in vergossenen Seiltöpfen. Bauingenieur 24 (1949) H. 5, S. 144-155 u. H. 6, S. 176-184

[94] Lämmlein, A., u. Wichert, U.: Spannbetonbrücke Bleibach. Bautechnik 26 (1949) H. 10, S. 300-306

[95] Kluge, F.: Vorausbestimmung der Wassermenge bei Betonmischungen für bestimmte Betongüten und Frischbetonkonsistenzen. Bauingenieur 24 (1949) H. 6, S. 172-175

[96] Bauer, R.: Der Haken im Stahlbetonbau. Wilh. Ernst & Sohn, Berlin 1949

[97] Braunbock, E.: Deckenkonstruktion aus vorgespannten Stahlbeton-Fertigteilen. Österreich. Bauzeitung 4 (1949) H. 51, S. 8

[98] Flügge, W.: Festigkeitslehre und Elastizitätstheorie. In: Taschenbuch für Bauingenieure. Herausg. v. F. Schleicher. Springer, Berlin 1949, insbes. S. 152. Vgl. 2. Aufl. 1955, Bd. 1, S. 198

[99] Eleven lectures on prestressed concrete. Cement and Concrete Association, London 1949

[100] Making unique prestressed concrete pipe. Construction Methods and Equipment, Dez. 1949

[101] Dobell u. Curzon: Design, construction and uses of prestressed concrete tanks. Public Works, Okt. 1949

[102] Broar över Ångermanälven vid Sandö. Herausgegeben vom Kungl. Vägoch Vattenbyggnadstrelsen, Stockholm 1949

[103] Thum, A., u. Richard, K.: Die Schadenslinie bei Dauerstandsbeanspruchung. Archiv Eisenhüttenwesen 20 (1949) H. 7/8, S. 229-242

[104] Leonhardt, F.: Neue Wege im Betonstraßenbau. In: Referate in der Sitzung der Arbeitsgruppe Betonstraßen am 29. Okt. 1949 zu Stuttgart. Herausg. Forschungsgesellschaft für das Straßenwesen e. V., Köln-Deutz 1950

1950

[105] Graf, O.: Die Eigenschaften des Betons. Versuchsergebnisse und Erfahrungen zur Herstellung und Beurteilung des Betons. Springer, Berlin 1950. Vgl.: 2. Auflage 1960

[106] Roš, M., u. Sarrasin, A.: Die materialtechnischen Grundlagen und Probleme des Eisenbetons im Hinblick auf die zukünftige Gestaltung der Stahlbeton-Bauweise. EMPA Bericht Nr. 162, Zürich 1950

[107] Vaessen, F.: Ein Verfahren zur Vorspannung von Fertigbalken. Bau u. Bauindustrie 3 (1950) H. 8, S. 178-182

[108] Schwier, F.: Neptunstahl als Bewehrung für Stahlbeton. Betonsteinzeitung 16 (1950) H. 3, S. 59-62

[109] Jäniche, W., u. Thiel, G.: Kriechen von Stahl unter statischer Beanspruchung bei Raumtemperatur. Archiv für Eisenhüttenwesen 21 (1950) H. 3/4, S. 105-118

[110] Mörsch, E.: Die Ermittlung des Bruchmomentes von Spannbetonbalken. Beton- u. Stahlbetonbau 45 (1950) H. 7, S. 149-157

[111] Leonhardt, F., u. Baur, W.: Brücken aus Spannbeton, wirtschaftlich und einfach. Beton- und Stahlbetonbau 45 (1950) H. 8, S. 182-188 u. H. 9, S. 207-215

[112] Rüsch, H.: Bruchlast und Bruchsicherheitsnachweis bei Biegungsbeanspruchung von Stahlbeton unter besonderer Berücksichtigung der Vorspannung. Beton- u. Stahlbetonbau 45 (1950) H. 9, S. 215-220

[113] Lämmlein, A., u. Bauer, A.: Spannbetonbrücke Emmendingen. Beton- u. Stahlbetonbau 45 (1950) H. 9, S. 197-203

[114] Crom, J. M.: Design of prestressed tanks. Proc. ASCE 76 (1950) Nr. 37, Okt., S. 1-19, Disk. S. 1-11

[115] Birkenmaier, M.: Vorgespannte Ziegelkonstruktionen. Schweiz. Bauzeitung 68 (1950) Nr. 11, S. 141-144 u. Nr. 13, S. 166 bis 168

[116] Leonhardt, F.: Die neue Moselbrücke Wehlen. Bauingenieur 25 (1950) H. 11, S. 421-426 u. H. 12, S. 440-445

[117] Schwier, F.: Der derzeitige Stand der Herstellung und Verwendung von Neptunstahl zur Betonbewehrung. Felten & Guilleaume-Rundschau, 1950, H. 31, S. 167

[118] Polivka, J. J.: Journal ACI, Dez. 1950, Discussions, Seite 724-1

[119] Jubitz, L.: DBP 803 728 (17. 1. 50/9. 4. 51). Verfahren zum Vorspannen von Stahlbetonumschnürungen

[120] Stöhr, W.: Die neue Kanalhafenbrücke in Heilbronn. Beton- u. Stahlbetonbau 45 (1950) H. 12, S. 269-274 u. 46 (1951) H. 2, S. 30 bis 32

[121] Busemann, R.: Kriechberechnung von Verbundträgern unter Benutzung von zwei Kriechfasern. Bauingenieur 25 (1950) H. 11, S. 418-420

[122] Schubiger, E.: Die Schalenkuppel in vorgespanntem Beton der Kirche Felix und Regula in Zürich. Schweiz. Bauzeitung 68 (1950) H. 17, S. 223-228

[123] Morandi: In: Journées Internationales de l'Association de la Précontrainte, 1950. Travaux 35 (1951) S. 239-241

[124] Masing, G.: Streckgrenze und Alterung bei weichem Stahl. Archiv Eisenhüttenwesen 21 (1950) H. 9/10, S. 315-325. Zuschriften in 22 (1951) H. 1/2, S. 63-64

[125] Mörsch, E.: Die Bemessung im Eisenbetonbau. 5. Aufl., Wittwer, Stuttgart 1950, S. 216

[126] Kennison, H. F.: Design of prestressed concrete cylinder pipe. Journal American Water Works Association 32 (1950) S. 1049

[127] Fritz, B.: Vereinfachtes Berechnungsverfahren für Stahlträger mit einer Betondruckplatte. Bautechnik 27 (1950) H. 2, S. 39-42

[128] Pickett, G. u. Ray, G. K.: Influence charts for concrete pavements. Proc. ASCE 76 (1950) Separate Nr. 12 (Mai)

[129] Campus, F.: ITCC Madrid, Konferenz 1950

[130] Fornerod, M.: Load and destruction test of 160-ft girder designed for first prestressed concrete bridge in USA. IVBH Abh. 10 (1950) S. 11-37

[131] Magnel, G.: Prototype prestressed beam justifies Walnut Lane Bridge design. Journal ACI, Dez. 1950, Proc. Bd. 47

1951

[132] Jäniche, W.: Neue Erkenntnisse über Festigkeitseigenschaften und Beanspruchbarkeiten von Spannbetonstählen. Beton- u. Stahlbetonbau 46 (1951) H. 7, S. 161-165 u. H. 8, S. 184-187

[133] Meier, H.: Die neuen Spannbetonschwellen der Deutschen Bundesbahn. Beton- u. Stahlbetonbau 46 (1951) H. 8, S. 174-180 u. H. 9, S. 202-208

[134] Finsterwalder, U., u. König, H.: Die Donaubrücke beim Gänstor in Ulm. Bauingenieur 26 (1951) H. 10, S. 289-293

[135] Lee, D. H.: Civil Engineering and Public Works Review, London 1951, S. 668

[136] Lee, D. H.: High tensile alloy steel bars for prestressed concrete. Proc. of the First United States Conference on Prestressed Concrete, Massachusetts Institute of Technology, Aug. 1951, S. 167-177

[137] Lee, D. H.: High tensile alloy steel bars for prestressed concrete. Civil Engineering and Public Works Review, London 46 (1951) Nr. 543, S. 668-671, Nr. 544, S. 770-771

[138] Wijnstra: Voorgespannen beton bij transportleidingen voor water. Ingenieur (Holland) (1951) Nr. 27 u. 31

[139] Roš, M.: Le grand pont route sur la Save à Beograd-Zemun. Congrès International du Béton Précontraint. Gent 1951

[140] Steinmann, G.: Calculo de places por la teoria de las lineas de rotura. Madrid 1951

[141] Ashton, L. A.: The fire resistance of prestressed concrete floors. Civil Engineering and Public Works Review, London. 46 (1951) Nr. 545, Nov., S. 843-845, Nr. 546, Dez., S. 940-943

[142] Kani, G., u. Horvat, R.: DBP 903 219 (4. 10. 51/4. 2. 54). Vgl. Möll, H.: Spannbeton S. 90-93, Berliner Union, Stuttgart 1954

[143] Norm Nr. 162 des SIA, Entwurf 1951

[144] Leonhardt, F., Stöhr, W. u. Gass, H.: Neckarkanalbrücke Obere Badstraße, Heilbronn, Beton- u. Stahlbetonbau 46 (1951) H. 12, S. 265-270

[145] Billner, K. P.: New prestressing method utilizes Vacuum Process. Journal ACI Okt. 1950, Proc. Bd. 47, Nr. 2, S. 161-176. Vgl. Beton- u. Stahlbetonbau 46 (1951) H. 11, S. 260-261

[146] The Bournemouth Cooperation Transport Depot. Cement and Concrete Association, London, April 1951

[147] L e v i , F., u. P i z e t t i , G.: Fluage, Plasticité, Précontrainte. Dunod, Paris 1951

[148] G u y o n , Y.: Béton précontraint. Étude théorique et expérimentale. Editions Eyrolles, Paris 1951 bzw. 2. Aufl. 1954

[149] H ä g g b o m , I.: Ingenieurbauten in Schweden. Beton- u. Stahlbetonbau 46 (1951) H. 6, S. 138. Vgl. Deutscher Beton-Verein e. V. Vorträge 48. Hauptversammlung 1951

[150] V o g t , H.: Neue dänische Normen fördern neue Berechnungsweisen von Platten und Schalen. Beton- u. Stahlbetonbau 46 (1951) H. 1, S. 20-21

[151] M ö r s c h , E.: Der durchlaufende Träger. 13. Kapitel, 4. Aufl. Wittwer, Stuttgart 1951

[152] L ü t z e , M.: Beton- u. Stahlbetonbau 46 (1951) H. 7, S. 166. Vgl. Deutscher Beton-Verein e. V. Vorträge 48. Hauptversammlung 1951

[153] H a b e r s t o c k , K.: Die n-freien Berechnungsweisen des einfach bewehrten, rechteckigen Stahlbetonbalkens. DAfSt H. 103, Wilh. Ernst & Sohn, Berlin 1951

[154] K l e t t , E.: Die Spannbetonbrücke der Bundesbahn über den Neckarkanal in Heilbronn. Beton- u. Stahlbetonbau 46 (1951) H. 7, S. 145-150 u. H. 8, S. 180-184

[155] G u y o n , Y.: Contraintes dans les pièces prismatiques soumises à des forces appliquées sur leurs bases, au voisinage de ces bases. IVBH Abh. 11 (1951) S. 165-226

1952

[156] A b e l e s , P. W.: Principles and practice of prestressed concrete. 2. Aufl. 1952, Crosby, Lockwood a. Son., Ltd.

[157] S t r u b u. R o e s s l e r , H.: Die Technik des Schiffsbauens im alten Ägypten. Technische Rundschau, Bern, 44 (1952) Aug., S. 1 bis 4

[158] K o b e r , K.: Die Ederstrombrücke bei Grifte. Beton- u. Stahlbetonbau 47 (1952) H. 2, S. 36-42

[159] L e o n h a r d t , F., u. M ö n n i g , E.: Reibung von Vorspanngliedern für Spannbeton. Beton- u. Stahlbetonbau 47 (1952) H. 2, S. 42 bis 45

[160] S c h w i e r , F.: Beitrag zur Frage der mechanischen Alterung bei hartgezogenen, patentierten Stahldrähten. Stahl u. Eisen 72 (1952) H. 2, S. 58-66

[161] V ö l t e r , O.: Vom statischen Wesen des Spannbetons. Beton- u. Stahlbetonbau 47 (1952) H. 3, S. 56-57, u. 48 (1953) H. 3, S. 71 bis 72

[162] F i n s t e r w a l d e r , U.: Dywidag - Spannbeton. Bauingenieur 27 (1952) H. 5, S. 141 bis 158

[163] London Festival Bridge. Concrete and Constr. Eng., London 46 (1951) H. 7, S. 202 bis 206 u. 47 (1952) H. 6, S. 185-188 u. 48 (1953) H. 2, S. 98, vgl. Beton- und Stahlbetonbau 48 (1953) H. 11, S. 269-270

[164] S i e v e r s , H.: Berechnung von Auflagerbänken. Bauingenieur 27 (1952), H. 6, S. 209 bis 213

[165] M ö l l , H.: Das Spannbeton-Patent. Festschrift des Deutschen Patentamtes 1952, vgl. Betonstein-Zeitung 19 (1953) H. 7, S. 259 bis 261

[166] B i r k e n m a i e r , M., B r a n d e s t i n i , A. u. R o š , M. R.: Zur Entwicklung des vorgespannten Betons in der Schweiz. Schweiz. Bauzeitung 70 (1952) H. 8, S. 107 bis 114

[167] B a y , H.: Berechnung der Schubspannungen im vorgespannten Träger mit veränderlicher Höhe. Beton- u. Stahlbetonbau 47 (1952) H. 8, S. 185-186 u. H. 11, S. 279

[168] S c h w i e r , F.: Stahldrähte für Spannbeton. Beton- u. Stahlbetonbau 47 (1952) H. 9, S. 201–207

[169] B r a u n b o c k , E.: Neues Verfahren zur Herstellung von Spannbeton-Elementen mit direktem Verbund. Betonstein-Zeitung 18 (1952) H. 10, S. 372-373

[170] L a r a v o i r e , L.: Un nouveau produit sidérurgique français, le «fil machine» en acier traité pour béton précontraint. Travaux, 36 (1952) Nr. 217, Nov., S. 523-528

[171] E r n s t , G. C.: Stability of thin-shelled structures. Journal ACI, Dez. 1952, Proc. Bd. 49, Nr. 4

[172] B u r n e t t , G. E., u. S p i n d l e r , M. R.: Effect of time of application of sealing compound on the quality of concrete. Journal ACI, Nov. 1952, Proc. Bd. 49, Nr. 3

[173] J a c o b s o h n , W.: Bemessung und Querschnittsgestaltung beim vorgespannten Beton. Schweiz. Bauzeitung 70 (1952) H. 14, S. 193-198

[174] Report of the Fire Research-Board with the Report of the Director of Fire Research for the Year 1952. M.M.S.O.

[175] Birkenmaier, M.: Die Berechnung der Spannungsverluste im vorgespannten Beton. Schweiz. Bauzeitung 70 (1952) H. 45, S. 635 bis 638

[176] Franz, G.: Entwicklung des Spannbetons in Frankreich. Bauwirtschaft 6 (1952) H. 18/19, S. 405-410

[177] Concrete Quaterly 14. Herausg. CCA, London 1952

[178] Blumfield, C. V.: The combination of shells and prestressing. Symposium on concrete shell roof construction. CCA, London 1952

[179] Ernst, E.: Der Brückenbau der Deutschen Bundesbahn im Jahre 1951. Bautechnik 29 (1952) H. 5, S. 128-129

[180] Ooykaas, G. A. P.: Prestressed Concrete Pipes. Journal of the Institution of water engineers, (England) 6 (1952), S. 85

1953

[181] Jelinek, R.: Berechnung der Stärke von Betondecken für Straßen und Flugplätze. Straße u. Autobahn 4 (1953) H. 1, S. 1-7

[183] Leonhardt, F.: Leoba-Spannglieder und ihre Anwendung im Brücken- und Hochbau. Beton- u. Stahlbetonbau 48 (1953) H. 2, S. 25 bis 33

[184] Deininger, K.: Die Verankerung vorgespannter Betonstähle. Betonsteinezeitung 19 (1953) S. 262-266

[185] Prüfbericht des Institutes für Bauforschung (Otto-Graf-Institut) der Techn. Hochsch. Stuttgart Nr. B 22 578 vom 10. 3. 1953. Dauerversuch an Stahldrahtlitzen, schlaufenartige Verankerung im Beton

[186] Wahl, E. F.: Die Straßenbrücke über den Rhein bei Worms. Bauverwaltung 2 (1953) H. 4, S. 102-111

[187] Hill, A. W.: The influence of abnormal temperatures on prestressed concrete construction. In: FIP 1. Kongreß, London 1953, S. 3-81

[188] Guyon, Y.: Étude expérimentale de poutres continues en béton précontraint. Travaux 37 (1953) Nr. 222, April, S. 245-254, Nr. 223, Mai, S. 273-283, Nr. 224, Juni, S. 329-336 u. Nr. 225, Juli, S. 354-360

[189] Zerna, W.: Das Auslöschen der Spannkraftverluste infolge Reibung bei Spanngliedern. Beton- u. Stahlbetonbau 48 (1953), H. 9, S. 209-210. Vgl. Zuschriften mit Berichtigungen 49 (1954) H. 12, S. 296

[190] Leonhardt, F.: Verschiedene Spannbetonbrücken in Süddeutschland. Bauingenieur 28 (1953) H. 9, S. 316-323. Vgl. Vorträge Deutscher Beton-Verein 1953

[191] Gaede, K., u. Walloschke, E.: Bestimmung der Übertragungslänge bei Spannbeton-Fertigträgern. Beton- u. Stahlbeton 48 (1953) H. 10, S. 231-233

[192] Prüfbericht des Institutes für Bauforschung (Otto-Graf-Institut) der Techn. Hochsch. Stuttgart Nr. B 24 199 von 9. 11. 1953

[193] Roš, M. R.: Der heutige Stand der Entwicklung des vorgespannten Betons. Berichte der A.G. von Moos'schen Eisenwerke Luzern, Dezember 1953

[194] Jäniche, W., u. Puzicha, W. (u. A.): Technische Mitteilungen des Hüttenwerkes Rheinhausen. H. 2, Dez. 1953

[195] Vaessen, F.: Das Spannverfahren Hochtief. Bau u. Bauindustrie 6 (1953) H. 23, S. 534-537

[196] Birkenmaier, M.: Vorgespannte Felsanker. Schweiz. Bauzeitung 71 (1953) H. 47, S. 688-692

[197] Lütze, M.: Zu vorgespannten Platten. In: Forschung und Praxis im Betonstraßenbau, Schriftenreihe der Forschungsgesellschaft für das Straßenwesen e. V., Arbeitsgruppe Betonstraßen, H. 3, S. 119. Kirschbaum-Verlag, Bielefeld 1953

[198] Bührer, R.: Eisenbahnbrücken aus Spannbeton. Erfahrungen beim Bau. DAfSt H. 112, Wilh. Ernst u. Sohn, Berlin 1953, (2. Aufl., Berlin 1961)

[199] Kammüller, K.: Vorspannung durch Spreizen. Bauingenieur 28 (1953) H. 4, S. 128 bis 130

[200] Hummel, A.: Das Beton-ABC. 11. Aufl., Wilh. Ernst & Sohn, Berlin 1953, (12. Aufl. 1959)

[201] Walz, K.: Betonzusatzmittel. In: Werners Schriftenreihe aus Bautechnik und Bauwirtschaft. H. 12, Bild 3. Werner, Düsseldorf

[202] Donautalbrücke Untermarchtal 1952-1953. Denkschrift der Arbeitsgemeinschaft Donautalbrücke Untermarchtal Karl Kübler AG, Wolfer u. Goebel, Ed. Züblin AG

[203] Leonhardt, F.: Vorgespannte Platten. In: Forschung und Praxis im Betonstraßenbau, Schriftenreihe der Forschungsgesellschaft für das Straßenwesen e. V., Arbeitsgruppe Betonstraßen, H. 3, S. 116-118. Kirschbaum-Verlag, Bielefeld 1953

[204] Zerna, W.: Spannbeton. Werner-Verlag, Düsseldorf 1953, S. 91

[205] Seils, A., u. Kranitzky, W.: Sind Stahlbauwerke, bei denen allseits geschlossene Hohlkörper verwendet werden, durch Wasseransammlung und Innenkorrosion gefährdet? Stahlbau 22 (1953) H. 4 S. 80-84 u. H. 5, S. 113-118

[206] Weyer, R.: Das Spannverfahren PZ und seine Anwendung. Bauwirtschaft 7 (1953) H. 36, S. 930-932

[207] Mönnig, E.: Spannbeton und Spannverfahren. Bau u. Bauindustrie 6 (1953) H. 23, S. 526-533

[208] Cestelli Guidi, C.: Cemento armato precompresso. 2. Aufl. 1953. Ed. Ul. Hoepli, Mailand

[209] Pucher, A.: Lehrbuch des Stahlbetonbaues. 2. Aufl. Springer, Wien 1953

[210] Campus, F.: C. R. Rech. 1953 Nr. 11, S. 13-58 u. de Strycker, R.: C. R. Rech. 1953, S. 59-151. Vgl.: Puzicha, W.: Ergebnisse belgischer Untersuchungen über das Kriechen von Stahl bei Raumtemperatur. Stahl u. Eisen 74 (1954) Nr. 19, S. 1228-1232

[211] Havemann, K. u. Sülz, F.: Vom Bau der neuen Lombardsbrücke Hamburg. Beton u. Stahlbetonbau 48 (1953) H. 4, S. 92-97

[212] Engineering 176 (1953) Nr. 4580, S. 577. Vgl.: Getreidesilo in Spannbeton. Bauingenieur 30 (1955) H. 3, S. 110-112

[213] Fritz, B.: Ausgleich des Reibungsverlustes beim Spannen. Beton- u. Stahlbetonbau 48 (1953) H. 10, S. 225-229. Vgl. Zuschriften 49 (1954) H. 6, S. 147-152

[214] Powers, T. C. u. Helmuth, R. A.: Theory of volume changes in hardened portland-cement paste during freezing. Proc. 32. Annual Meeting Highway Research Board, Washington, Jan. 1953, S. 285-297

[215] Levi, F.: Adaptions plastiques au bord des surfaces de révolution. IVBH Abh. 13 (1953) S. 221-238

[216] Passacantando, P.: I tubi Vianini precompressi nella construzioni di una galleria di derivazione in pressione. Rom 1953

[217] Standard Specifications for Reinforced Concrete Water Pipe-Steel, Cylinder Type, Prestressed. AWWA, C 301-52. 10. Aufl. 1953, New York. Herausg.: American Water Works Association

[218] Jäger, K.: Die Bemessung der Stahlbetonbauteile nach Önorm B 4200, 4. Teil, unter besonderer Berücksichtigung des Traglastverfahrens. Manz'sche Univ.- und Verlagsbuchhandlung, Wien 1953

[219] Revesz, St.: Behaviour of composite T-beams with prestressed and unprestressed reinforcement. Journal ACI, Dez. 1953, 2. Heft, S. 585-592

1954

[221] Baur, W.: Vorgespannte Wasserbehälter nach dem Faßreifenprinzip. Beton u. Stahlbetonbau 49 (1954) H. 1, S. 14-15

[222] Dollet, H., u. Robin, M.: La route expérimentale en béton précontraint de Bourg-Servas. Travaux 38 (1954) Nr. 231, Jan., S. 17-27

[223] Rüsch, H.: Der Einfluß des Sicherheitsbegriffs auf die techn. Regeln für vorgespannten Beton. Schweizer Archiv für angew. Wissenschaft und Technik, Zürich, 20 (1954) H. 3, S. 85

[224] Seytter, K.: Das Vorspann-System Heilitbau beim Bau der Straßenbrücke bei Donaumünster. Beton- und Stahlbetonbau 49 (1954) H. 3, S. 60-63

[225] Möll, H.: Spannbeton. Berliner Union, Stuttgart 1954

[226] Völter, O.: Die Reibung im Spannbeton. Beton- u. Stahlbetonbau 49 (1954) H. 6, S. 138-142 u. H. 7, S. 156-165

[227] Rüsch, H.: Erläuterungen zu DIN 4227 - Spannbeton. Wilh. Ernst & Sohn, Berlin 1954

[228] Giehrach, U. u. Sättele, Ch.: Die Versuche der Bundesbahn an Spannbetonträgern in Kornwestheim. DAfSt H. 115, Wilh. Ernst & Sohn, Berlin 1954

[230] Clarke, S. H.: Report on fire tests with prestressed concrete girders. Director of Fire Research, London 1954

[231] Koebel, F. E.: Leightweight prestressed concrete. Journal ACI, März 1954, Proc. Bd. 50, Nr. 7

[232] Zwoyer, E. M. u. Siess, C. P.: Ultimate strength in shear of simply supported prestressed concrete beams without web reinforcement. Journal ACI, Okt. 1954, Proc. Bd. 51 Nr. 2, S. 181-200

[234] Fritz, B.: Zuschriften in Beton- und Stahlbetonbau 49 (1954) H. 6, S. 147-152

[235] Leonhardt, F. u. Bauer, R.: Die Rosensteinbrücke über den Neckar in Stuttgart. Beton- u. Stahlbetonbau 49 (1954) H. 3, S. 49-57

[236] Habel, A.: Berechnung von Querschnitten mit mehrlagiger Spannbewehrung nach dem Verfahren von Busemann. Beton- u. Stahlbetonbau 49 (1954) H. 2, S. 25-31

[237] Knittel, G.: Der Einfluß des Kriechens und Schwindens auf den Spannungszustand in Tragwerken aus vorgespanntem Beton. Bauingenieur 29 (1954) H. 1, S. 15-20

[238] Finsterwalder, U.: Vorgespannte Schalenbauten. Vorträge des Deutschen Beton-Vereins 1954

[239] Snetzer, E. R.: Long span prestressed concrete beams used in Army field house. Civil Engineering. The magazine of engineered construction. 24 (1948) Nr. 4, S. 217 bis 219

[240] Buyer, K.: Neuere Ausführungen von vorgespannten kreiszylindrischen Wasserbehältern. Beton- u. Stahlbetonbau 49 (1954) H. 12, S. 286-289

[241] Freyssinet, E.: Naissance du béton précontraint et vues d'avenir. Travaux 38 (1959) Nr. 236, Juni, S. 463-474 D

[242] Admixtures for concrete. Ber. ACI-Committee 212. Journal ACI, Okt. 1954, Proc. Bd. 51 Nr. 2

[243] Finsterwalder, U.: Bau der Straßenbrücke über den Main bei Karlstadt. Beton u. Stahlbetonbau 49 (1954) H. 11, S. 249-252

[244] Melan, E.: Wärmespannungen in einem kreisrunden Behälter infolge warmen Füllgutes. Österr. Bauzeitung 9 (1954) H. 5, S. 81-84

[245] Galli, A., Aprato, M., Nicolosi, G.: Ponte-tubo in precompresso per l'attraversamento della statale „Casilina". Giornale del Genio Civile 1954, S. 723

[246] Zacher, W.: Der Einfluß des Kriechens auf die Vorspannung in Querschnitten mit mehrlagiger Spannbewehrung und zusätzlicher schlaffer Bewehrung. Beton- u. Stahlbetonbau 49 (1954) H. 3, S. 58-60

[247] Busemann, R.: Anwendung des Kriechfaserverfahrens bei statisch unbestimmten Systemen mit veränderlichen Verbundquerschnitten. Stahlbau 23 (1954) H. 9, S. 201 bis 206

[248] Fritz, B.: Gebrauchsfertige Berechnungsformeln für freiaufliegende Spannbetontragwerke. Österr. Bauzeitschrift 1954, H. 8/9

[249] Morice, P. B.: Test of prestressed beam of 55 ft span. Concrete and Constructural Engineering, 49 (1954) S. 235-237

[250] Morice, P. B.: Engineering, 25. Juni 1954, S. 815-817

[251] Rubinsky, Ivan A. u. Rubinsky, Andrew: A preliminary investigation of the use of fibre glass for prestressed concrete. Magazine of Concrete Research 6 (1954) H. 17, S. 71-78. Deutscher Auszug: Zerreißfestigkeit der Glasfasern bis 700 kg/mm². Zement-Kalk-Gips 7 (1954) S. 481

[252] Belche, L.: Recherche des causes de la rupture spontanée des fils d'acier à haute résistance... Precontrainte-Prestressing (1954) Nr. 2, S. 65-76

[253] Everling, W. O.: Stress corrosion in high tensile wire. Yearbook of the American Iron and Steel Institute (1954) S. 185-205

[254] Spare, G. T.: Prestressing wires — Stress-relaxation and stress-corrosion up to date. Wire and Wire Products 29 (1954) Nr. 12, S. 1421-1424 u. 1492-1493

[255] Zinßer, R.: Die Zeitdehnung von Stahldrähten bei Beanspruchungen im Zug-Schwell-Bereich. Stahl u. Eisen 74 (1954) H. 3, S. 145-151

[256] Wittfoht, H.: Das Spannverfahren PZ. Bautechnik 31 (1954) H. 11, S. 345-356

[257] Nakonz, W.: Das Spannverfahren Monierbau. Firmenfestschrift der Beton- und Monierbau AG, Düsseldorf 1954

[258] Walz, K.: Eigenschaften von Zementsuspensionen zum Auspressen. Beton- u. Stahlbetonbau 49 (1954) H. 9, S. 205-211

[259] Abeles, P. W.: Static and fatique tests on partially prestressed concrete constructions. Journal ACI, Dez. 1954, Proc. Bd. 51, Nr. 4

[260] Abeles, P. W.: Composite partially-prestressed concrete slabs. Engineering 178 (1954) Okt., S. 464-468

[261] Billet, D. F. u. Appleton, J. H.: Flexural strength of prestressed concrete beams. Journal ACI, Juni 1954, Proc. Bd. 50, No. 10

[262] Guyon, Y.: Tests on prestressed slabs. Concrete Constructural Engineering 49 (1954) Nr. 3, S. 100

1955

[263] Althof, F.-C.: Interkristalline Korrosion und Spannungskorrosion. In: Korrosion und Korrosionsschutz S. 38 ff., hrsg. v. F. Tödt, Walter de Gruyter u. Co., Berlin 1955. Katz, W.: Eisen, ebenda S. 113 ff.

[264] Finsterwalder, U.: Ergebnisse von Kriech- und Schwindmessungen an Spannbetonbauten. Beton- u. Stahlbetonbau 50 (1955) H. 1, S. 44-50

[265] Ebner, H., u. Havemann, K.: Dehnungs- und Durchbiegungsmessungen an der neuen Lombardsbrücke in Hamburg. Beton- u. Stahlbetonbau 50 (1955) H. 4, S. 121-126 u. H. 5, S. 142-148

[266] Schwarz, R.: Ziegelsplittbeton mit Kiessandzusatz für vorgespannte Stahlbetonkonstruktionen. Beton- u. Stahlbetonbau 50 (1955) H. 1, S. 38-43

[267] Liekmeier, F.: SIGMA-Spannstähle für Spannbetonkonstruktionen. Draht 6 (1955) H. 10, S. 410-414

[268] Mühe, L.: Kraftverlauf im Spannglied bei veränderlicher Reibungszahl. Beton- u. Stahlbetonbau 50 (1955) H. 10, S. 251-255

[269] Hahn, V.: Ausgleich des Reibungsverlustes in Spanngliedern durch Einwirkung von Wärme. Beton- u. Stahlbetonbau 50 (1955) H. 7, S. 187-189

[270] Wittfoht, H.: Reibungsversuche mit Vorspannbündeln PZ an Probekörpern mit starker Krümmung. Bautechnik 32 (1955) H. 8, S. 267-272

[271] HÜTTE, Des Ingenieurs Taschenbuch. Bd. I Theoretische Grundlagen, 28. Aufl., S. 839 bis 840. Wilh. Ernst & Sohn, Berlin 1955

[272] Walz, K.: Anforderungen an Einpreßmörtel für Spannbetonglieder und Prüfung der Eigenschaften. Bau u. Bauindustrie 8 (1955) H. 16, S. 486

[273] Bechert, H.: Die voll mittragende Breite bei Plattenbalken. Beton- u. Stahlbetonbau 50 (1955) H. 12, S. 307-313

[274] Jevtić, D.: Contribution au calcul des moments parasites dans les systèmes hyperstatiques en béton précontraint. Precontrainte-Prestressing, 5 (1955) S. 7-16

[275] New prestress method for biggest water tank. Engineering News Record, 152 (1954) Nr. 20, 20. Mai, S. 32-34 und: Wires break in prestressed reservoir. Engineering News Record 154 (1955) Nr. 22, 2. Juni, S. 27. Vgl.: Erfahrungen beim Bau eines Spannbetonbehälters von 60 m Durchmesser. Bauwirtschaft 9 (1955) H. 43, S. 1184

[276] Hampe, E.: Die Zusatzspannung und Spannungsumlagerung beim Umspannen von Rohren. Bauplanung-Bautechnik 9 (1955) H. 6, S. 262-269

[277] Säger, W.: Der Einfluß des Kriechens und Schwindens in Spannbetonkonstruktionen. Werner-Verlag, Düsseldorf 1955

[278] Habel, A.: Der Einfluß des Kriechens und Schwindens auf die statisch unbestimmten Größen vorgespannter Durchlaufträger und Zweigelenkrahmen. Beton- u. Stahlbetonbau 50 (1955) H. 4, S. 99-106

[279] Kunert, K.: Beitrag zur Berechnung der Verbund-Konstruktionen. Diss. Techn. Univ. Berlin 1955

[280] Kani, G.: Die Berechnung mehrstöckiger Rahmen. 4. Aufl. Wittwer, Stuttgart 1955

[281] Doganoff, I.: Eine neue Schalenbauweise aus Stahlbeton-Fertigteilen. Bautechnik 32 (1955) H. 5, S. 173-176

[282] Neubau eines Trockendocks für die Nordseewerke Emden GmbH in Emden. Hochtief Nachrichten. Mitteilungen der Hochtief Aktiengesellschaft für Hoch- und Tiefbauten 28 (1955) Nov./Dez.

[283] Lin, T. Y.: Strength of continuous prestressed concrete beams under static and repeated loads. Journal ACI, Juni 1955, Proc. Bd. 51, Nr. 10

[284] FIP 2. Kongreß, Amsterdam 1955

[285] Haas, A. M.: Research on a prestressed concrete northlight shell structure. In: [284] S. 659-674

[286] Macchi, G.: Etude expérimentale de poutres continues précontraintes dans le domaine plastique et à la rupture. In: [284] S. 501-543

[287] Michailov, V. V.: Diskussionsbeitrag. In: [284] S. 466-470

[288] Wittfoth, H.: Überlegungen zum Spannbeton. Beton- u. Stahlbetonbau 50 (1955) H. 6, S. 165-167

[289] Kani, G.: Zuschrift zu [288]. Beton- u. Stahlbetonbau 50 (1955) H. 10, S. 274

[290] Van Dijk, J.: Spannbetonrohre für Wassertransport. Betonsteinzeitung 21 (1955) H. 12, S. 567-569

[291] Evans, R. H. u. Parker, A. S.: Behaviour of prestressed concrete composite beams. Journal ACI, Mai 1955, Proc. Bd. 51, Nr. 9

[292] Lebelle, P.: Compte rendu des essais effectués sur une maquette de plancher dalle en béton précontraint, sans nervures ni champignons. Annales de l'institut technique du bâtiment et des travaux publics 8 (1955) Nr. 90, S. 665—682

[293] Laupa, A., Siess, C. P. u. Newmark, N. M.: Strength in shear of reinforced concrete beams. Univ. Illinois Bull. 52 (1955) Nr. 55, März

[294] Moody, K. G., Viest, J. M., Elstner, R. C. u. Hognestad, E.: Shear strength of reinforced concrete beams. Journal ACI Proc. Bd. 51

Part 1: Tests of simple beams. Nr. 4, Dez. 1954. S. 317-332

Part 2: Test of restrained beams without web reinforcement. Nr. 5, Jan. 1955, S. 417 bis 434

Part 3: Test of restrained beams with web reinforcement. Nr. 6, Febr. 1955, S. 525-539
Part 4: Analytical Studies. Nr. 7, März 1955, S. 697-730

[295] R ü s c h , H.: Versuche zur Festigkeit der Biegedruckzone. Festigkeit und Verformung des exzentrisch gedrückten Rechteckquerschnittes aus unbewehrtem Beton bei kurzzeitiger Lasteinwirkung. DAfSt H. 120. Wilh. Ernst & Sohn, Berlin 1955

[296] R ö h n i s c h , A.: Die Einwirkung von Frost auf den Einpreßmörtel von Spanngliedern. Beton- u. Stahlbetonbau 50 (1955) H. 2, S. 64-71 u. H. 3, S. 89-93

1956

[297] C a r p e n t i e r , L.: Le premier grand pont-rail français en béton précontraint. Le viaduc de La Voulte. Travaux 40 (1956) S. 487-496 u. S. 535-550

[298] M i c h a i l o v , V. V.: Herstellungsverfahren für vorgespannte Stahlbetonfertigteile in der UdSSR. Wiss. Zeitschr. Techn. Hochsch. Dresden 6 (1956/57) H. 6, S. 1141 bis 1154

[299] V ö l t e r , O.: Zur Technik des Vorspannens und Auspressens, Erwägungen beim Bau der Schleusenbrücke Stuttgart-Hofen. Beton- u. Stahlbetonbau 51 (1956) H. 8, S. 169-178

[300] D e a n , W. E.: Beam test shows need for web steel. Engineering News Record 157 (1956) Nr. 25, 20. Dez., S. 36-37

[301] O s t e n f e l d , Chr. u. K a l h a u g e , E.: Vorspaendte cirkulaer-cylindriske betonbeholdere til lagering af braendselsolier. Cement och Betong 33 (1958) H. 1, S. 9-16, Kopenhagen. Vgl.: gleiche Verfasser: Réservoirs et silos en béton précontraint. Travaux 40 (1956) Nr. 264, S. 555-561

[302] H a m p e , E.: Die Zusatzspannungen und Spannungsumlagerungen während des Umspannens von Behältern. Bauplanung-Bautechnik 10 (1956) H. 2, S. 52-58

[303] S a t t l e r , K.: Beitrag zur Berechnung von Spannbeton-Konstruktionen. Bauingenieur 31 (1956) H. 12, S. 444-457

[304] T u r a z z a , G.: Tubi in cemento armato di grande diametro. Tipografia Pio X. Rom 1956

[305] Mc L e a n , G. u. S i e s s , C. P.: Relaxation of high-tensile-strength steel wire for use in prestressed concrete. ASTM Bull. Nr. 211, 1956

[306] S w i d a , W.: Über die innere Anpressung bei Vorspannung mit Verbund und bei Stahlsaitenbeton. Bauingenieur 31 (1956) H. 2, S. 52-55

[307] B r a n d e s t i n i , A.: Schweizerische Spezialgeräte für die Spannbetontechnik. Schweizerische Bauzeitung 74 (1956) Nr. 37

[308] C o u r b o n , J.: Nouveaux types d'armature précontrainte. IVBH, 5. Kongreß, Lissabon 1956, Vorber., S. 1045-1060

[309] R ö h n i s c h , A.: Untersuchungen über die Frostempfindlichkeit der Einpreßmörtel bei vorgespanntem Beton. IVBH, 5. Kongreß Lissabon 1956, Vorber., S. 891-917 u. Hauptber., S. 531-539

[310] B ü h r e r , R.: Wirksamkeit des nachträglich hergestellten Verbunds und Verhalten der Endverankerungen bei vorgespannten Betontragwerken. IVBH, 5. Kongreß, Lissabon 1956, Vorber., S. 723-736

[311] G o d f r e y , H. J.: The physical properties and methods of testing prestressed concrete wire and strand. Journal PCI 1 (1956) Nr. 3, Dez., S. 38-47

[312] M a g n e l , G.: Theorie und Praxis des Spannbetons. Bau-Verlag, Wiesbaden-Berlin 1956, (Erw. Übersetzung der 3. Aufl. von [82])

[313] B o w d e n , F. P. u. T a b o r , D.: Friction and lubrication. Methuen u. Co. Ltd., London 1956

[314] W a g n i t z , W.: Das behinderte Kriechen beim Spannbeton mit nachträglichem Verbund. Diss. Techn. Univ. Berlin, 1956

[315] L e n z , D.: Bau einer Wasserversorgungsleitung $\varnothing$ 620 aus Schleuderbeton-Vorspannrohren. Bauwirtschaft 10 (1956) H. 42, S. 1254-1258 u. Betonsteinzeitung 22 (1956) H. 11, S. 641-645

[316] K l i m e k , S., M e u s , W. u. H o l c m a n , W.: Inzyniera i Budownictwo, Warschau, 1955, H. 6, S. 189-197. Vgl. L ö s e r : Tonnendach aus vorgefertigten (5 cm dicken) wellenförmigen Stahlbetonschalen. Beton- und Stahlbetonbau 51 (1956) H. 8, S. 188 bis 190

[317] O z e l l , A. M. u. A r d a m a n , E.: Fatigue tests of pre-tensioned prestressed beams. Journal ACI, Okt. 1956, Proc. Bd. 53 Nr. 4

[318] E k b e r g , C. E.: Journal PCI 1 (1956) No. 3, Dez., S. 7-16

[319] S c o r d e l i s , A. C., P i s t e r , K. S. u. L i n , T. Y.: Strength of a concrete slab prestressed in two directions. Journal ACI, Sept. 1956, Proc. Bd. 53, Nr. 3

[320] M a l h o r t a , H. L.: The effect of temperature on the compressive strength of concrete. Mag. Concrete Research, London 8 (1956) Nr. 23, S. 85-94

1957

[321] Hill, A. W. u. Ashton, L. A.: The fire-resistance of prestressed concrete. Proc. World Conf. on Prestressed Concrete, San Francisco 1957, S. A 20-1

[322] Schleeh, W.: Die Mitwirkung der Gurtscheibe, bei vorgespannten Plattenbalken. Beton- u. Stahlbetonbau 52 (1957) H. 5, S. 112-117

[323] Buyer, K.: Zur Berechnung der Vorspannung geschlossener Kreiszylinderschalen im Stahlbeton-Behälterbau, Beton- u. Stahlbetonbau 52 (1957) H. 5, S. 104-111

[324] Flügge, W.: Statik und Dynamik der Schalen. 2. Aufl., Springer, Berlin 1957

[325] Sehorsch, E. u. Balkheimer, E.: Vakuum-Betonarbeiten beim Bau der Hauptkläranlage Hattingen an der Ruhr. Beton- u. Stahlbetonbau 52 (1957) H. 10, S. 237-242

[326] Darre-Nilsen, N.: Premorohre — Ein neuer Typ von Spannbetonrohren für Druckwasserleitungen. Betonsteinzeitung 23 (1957) S. 737-739

[327] N. V. Betondak: Arkel Spannbetonrohre, 1957

[328] Lock Joint Pipe Company. Lock Joint Concrete Pressure Pipe. East Orange (New Yersey) 1957

[329] Voellmy, A.: Beton-Versuchs-Straße Möriken-Brunegg. In: Betonstraßen Jahrbuch 1957/58 Bd. 1, S. 282-312. Herausg. v. Fachverband Zement, Köln

[330] de 'Hortet, R.: Die Spannbeton-Startbahn auf dem Flugplatz Algier-Maison-Blanche. In: Betonstraßen Jahrbuch 1957/58 Bd. 1, S. 313-325. Herausg. v. Fachverband Zement, Köln

[331] Dutron, R. u. Dutron, P.: Spannbetonstraßen. In: Betonstraßen Jahrbuch 1957/58, Bd. 1, S. 258-281. Herausg. v. Fachverband Zement, Köln

[332] RILEM Symposium, Stockholm 1957

Brocard, J.: La corrosion des armatures dans le béton armé. Bd. 1, S. 49-63

Abeles, P.: Resistance of reinforcement to corrosion. Bd. 1, S. 85-88

Lobry de Bruyn, C. A.: Cracks in concrete and corrosion of steel reinforcing bars. Bd. 2, S. 341-345

Haas, A. M. u. Lobry de Bruyn, C. A.: Influence of bond and cracking on corrosion of reinforcement, on watertightness and on stiffness. Bd. 3, S. 113-125

[333] Singh, B. G.: Spezific surface of aggregates related to compressive and flexural strength of concrete. Journal ACI, April 1957, Proc. Bd. 53, Nr. 10, S. 897-908

[334] Schmerber, L.: Erfahrungen bei der Ausführung von Brückenbauten nach verschiedenen Spannverfahren. Bautechnik 34 (1957) H. 1, S. 33-37 u. H. 3, S. 106-110

[335] Dannenberg, J., Deutschmann, H., Melchior, P.: Warmzerreißversuche mit Spannstählen und Auswertung von Brandversuchen an vorgespannten und nicht vorgespannten Stahlbetonbauteilen. DAfSt H. 122, Wilh. Ernst & Sohn, Berlin 1957

[336] Vorläufige Richtlinien für das Einpressen von Zementmörtel in Spannkanäle. Juli 1957, mit Erläuterungen von F. Leonhardt, Beton- u. Stahlbetonbau 52 (1957) H. 12, S. 292 bis 297

[337] Albrecht, W.: Über die Raumänderungen des Einpreßmörtels. Beton- u. Stahlbetonbau 52 (1957) H. 12, S. 302-306

[338] Schmid, H.: Über die Prüfung von Einpreßmörtel für Spannkanäle. Beton- u. Stahlbetonbau 52 (1957) H. 12, S. 297-302

[339] Everling, W. O.: Prestressing steel under high stress. Proc. World Conference on Prestressed Concrete, San Francisco 1957, S. A 3-1

[340] Evans, R. H.: Use of Calcium Chloride in prestressed concrete. Proc. World Conference on Prestressed Concrete, San Francisco 1957, S. A 31-1

[341] Leonhardt, F.: Further progress in the use of concentrated tendons for long-span prestressed concrete bridges. Proc. World Conference on Prestressed Concrete, San Francisco 1957, S. A 13-1

[343] Cestelli Guidi, C.: Experiments on loss of tension caused by cable friction. Proc. World Conference on Prestressed Concrete, San Francisco 1957, S. 17-1

[344] Palmer, W. F.: The 24-mile Lake Pontchartrain prestressed bridge. In: Proc. World Conference on Prestressed Concrete, San Francisco 1957, S. A 10-1

[345] Wurz, F.: Vorgespannter Stahlbeton als Baustoff für Großrohrleitungen. Gas- u. Wasserfach 98 (1957) H. 34, S. 857-859

[346] Jäger, K.: Die formtreue Bemessung statisch unbestimmter Stahlbeton-Stabwerke. Beton- u. Stahlbetonbau 52 (1957) H. 4, S. 80-88

[347] Rüsch, H.: Der Beton der Spannbetonschwelle. Beton- u. Stahlbetonbau 52 (1957) H. 7, S. 166-168

[348] Meier, H.: Grundsätzliches zur Betonschwelle. Beton- u. Stahlbetonbau 52 (1957) H. 6, S. 129-139

[349] Dean, W. E.: Prestressed concrete-difficulties overcome in Florida bridge practice. Civil Engineering. The magazine of engineered construction 27 (1957) Nr. 6, S. 60-63. Vgl.: Ohlemutz, A.: Amerikanische Erfahrungen beim Bau von Straßenbrücken aus Spannbeton-Fertigteilen. Bauingenieur 33 (1958) H. 5, S. 201-202

[350] Nordby, C. M., Venuti, W. J.: Fatigue and static tests of steel strand prestressed beams of expanded shale concrete and conventional concrete. Journal ACI, Aug. 1957, Proc. Bd. 54 Nr. 2

[351] Esquillan, N.: Constructions recéntes de coques minces en Espagne, France et Italie. In: Proceedings of the second symposium of concrete shell roof construction, Oslo, 1957. S. 36

[352] Doganoff, I.: Vorgefertigte doppelt gekrümmte Schalenkonstruktionen. In: Proceedings of the second symposium on concrete shell roof construction, Oslo, 1957, S. 353-361

[353] Koznietzki, K.: Das Hängedach über dem Feierabendhaus der Knappsack-Griesheim A.G., Werk Knappsack. Bauwirtschaft 11 (1957) H. 51-52, S. 1549-1553

[354] Das Stadtbad Wuppertal. Hetzelt, F.: Planung, Entwurf, Gestaltung, Baukosten. Leonhardt, F. u. Andrä, W.: Entwurf eines Leichtbeton-Hängedaches und technische Überlegungen. Eulitz, H. J.: Entwurf und Ausführung des vorgespannten Hängedaches. Bauingenieur 32 (1957) H. 9, S. 344-359

[355] Fleckner, S.: Das Tragwerk des Daches der Kongreßhalle Berlin. Beton- u. Stahlbetonbau 52 (1957) H. 9, S. 233-236

[356] Jung, E.: Prüfung von Stahlsaitenbetonträgern im Alter von 13 Jahren. Beton- u. Stahlbetonbau 52 (1957) H. 3, S. 65-67

[357] Eastwood, W.: Civil Engineering and Public Works Review, Juli 1957

[358] Knudsen, K. F. u. Eney, W. J.: Endurance of a full-scale pretensioned concrete beam. Proc. 36. Annual Meeting Highway Research Board, Washington, 1957, S. 103 bis 128

[359] Gyengö, T.: Neue Entwicklungen auf dem Gebiete des Stahlbetonfertigteilbaues. Wissenschaftl. Zeitschrift der Techn. Hochsch. Dresden, 7 (1957/58) Heft 1

[360] Leonhardt, F., Baur, W.: Vorspannung mit konzentrierten Spanngliedern. Wilh. Ernst & Sohn, Berlin 1956

[361] Courbon, J.: Une application de la précontrainte par câbles toronnés. Travaux 41 (1957) Nr. 277, Nov., S. 546-554

[362] Fritz, B.: Die meßtechnische Überprüfung der reibungsbedingten Spannkraftverluste an der Vorlandbrücke zur Rheinbrücke Speyer. Beton- u. Stahlbetonbau 52 (1957) H. 3, S. 60 bis 64

[363] Hahn, V., Werse, H. P.: Vorgespannte Zweigelenkrahmen als Hallenbinder. Beton- u. Stahlbetonbau 52 (1957) H. 9, S. 222-233

[364] Ekberg, C. E. jr., Walther, R. E. u. Slutter, R. G.: Fatigue resistance of prestressed concrete beams in bending. Proc. ASCE, Journal Structural Division, Juli 1957, St. 4, Paper 1304. Deutscher Auszug: G. Franz: Ermüdungsfestigkeit von vorgespannten, auf Biegung beanspruchten Betonquerschnitten. Bauingenieur 34 (1959) H. 5, S. 205-207

1958

[365] Mörsch, E., bzw. Bay-Deiniger-Leonhardt: Brücken aus Stahlbeton und Spannbeton. 6. Aufl., Wittwer, Stuttgart 1958

[366] Worch, G.: Der kreiszylindrische Behälter mit teilweiser heißer Füllung. In: Beton-Kalender 47 (1958) Bd. 2 S. 31-33

[367] Erikson, K. M.: Château d'eau a Örebro (Suede). Constructions 13 (1958) Mai S. 145 bis 148

[368] Reinius, E. u. Erikson, K.: Vattentorn i Örebro. Nordisk Betong 2 (1958) Nr. 1, S. 45-72

[369] Slutter, R. G. u. Ekberg, C. E. jr.: Static and fatigue tests on prestressed concrete railway slabs. AREA Bulletin 544. Vgl.: Lehigh University, Institute of Research, Special Report Nr. 6 of Fritz Eng. Laboratory, Structural Concrete Division, Juni-Juli 1958

[370] Wittfoth, H.: Vorschläge zur Auswertung von Bruchversuchen an kurzen Spannbetonbiegebalken. Bautechnik 35 (1958) H. 5, S. 161-168

[371] Lenz, D.: Schleuderbeton-Vorspannrohre. Betonsteinzeitung 24 (1958) H. 11. S. 411-417

[372] van der Kooi, K.: Das Arkel-Spannbetonrohr im Rahmen der Entwicklung der Rohrkonstruktionen. Betonsteinzeitung 24 (1958) H. 3, S. 34-41

[373] Yamada, M.: Drehfähigkeit plastischer Gelenke im Stahlbetonbalken. Beton- u. Stahlbetonbau 53 (1958) H. 4, S. 85-91

[374] FIP 3. Kongreß, Berlin 1958, Bd. 1, Papers

[375] Fritz, B.: Vorschläge zur genaueren Erfassung der reibungsbedingten Spannkraftverluste in geraden und gekrümmten Spanngliedern. In: [374] S. 392-406

[376] Levi, F.: Le problème des aciers de précontrainte en Italie. In: [374] S. 451-459

[377] Zielinski, Z. A.: Entwurfs- und Verwendungsprobleme wirtschaftlicher Spannbetonträger. In: [374] S. 702-707

[378] Bührer, R.: Herstellung und Zusammenbau von Spannbetonschalendächern aus Fertigteilen. In: [374] S. 708-716

[379] Berditchevski, G., Svetov, A. u. Sklyar, B.: Eléments en béton précontraint par fil continu et méthodes de fabrication. In: [374] S. 535-549. Vgl.: Bautechnik 35 (1958) H. 9, S. 365-367

[380] Macchi, G.: FIP 3. Kongreß Berlin 1958, Bd. 2 (Diskussionen) S. 16-21

[381] Bührer, R.: Versuche mit Spannbetonmasten. Eisenbahntechnische Rundschau 7 (1958) H. 5, S. 2-11

[382] Brandproeven op voorgespannen betonliggers. Commissie voor Uitvoering van Research (CUR) Raport 13, Betonvereniging, 's-Gravenhage 1958

[383] Walther, R. E.: The ultimate strength of prestressed and conventionally reinforced concrete under the combined action of moment and shear. Lehigh University, Fritz Laboratory Report 233.17, Okt. 1957. Vgl.: The shear strength of prestressed concrete beams. In [374] S. 80-100

[384] Schellenberger, R.: Beitrag zur Berechnung der Platten nach der Bruchlinientheorie. Diss. Techn. Hochsch. Karlsruhe 1958

[385] Lyse, I.: Test of full-sized prestressed concrete bridge beams. Journal ACI, Mai 1958, Proc. Bd. 54, Nr. 11

[386] Dumas, F.: Ecrouissage et rélaxation des aciers de précontrainte, Travaux 1958, Mai

[387] Lüke, O.: Baustelleneinrichtung und Baudurchführung für die Herstellung der Faulbehälter Klärwerk I, Berlin-Ruhleben. Baumaschine u. Bautechnik 5 (1958) H. 5, S. 141 bis 145.

[388] Dumas, F.: Résistance et sécurité du béton précontraint. Travaux 1958, S. 977 u. 1029

[389] Papsdorf, W. u. Schwier, F.: Kriechen und Spannungsverlust bei Stahldraht, insbesondere bei leicht erhöhten Temperaturen. Stahl u. Eisen 78 (1958) S. 937 bis 947

[390] Schwier, F.: Stress corrosion and relaxation in high carbon steel wire for prestressed concrete. Wire and Wire Products 1955, S. 1473-1479 und S. 1519-1521. Vgl.: Spannungskorrosion und Kriechen von hochfestem Stahldraht für Spannbeton. Stahl u. Eisen 78 (1958) S. 1472-1475

[391] ABC der Stahlkorrosion, Düsseldorf, 1958. Herausgeg. von der Mannesmann Verkaufsgemeinschaft

[392] Graf, L.: Über die Ursachen der Spannungskorrosionsempfindlichkeit bei Nichteisenlegierungen und bei Stählen. Werkstoffe u. Korrosion 9 (1958) H. 11, S. 693 bis 698

[393] Dietrich, R.: Untersuchungen über die Betontönung und andere für Massenbeton wichtige Eigenschaften von Beton aus Zementen mit unterschiedlichem Klinker- und Schlackengehalt (Hütten-Zemente). Diss. Techn. Hochsch. Stuttgart 1958

[394] Kawagoe, K.: Fire test of prestressed concrete slabs. Science Council of Japan, Proc. Symp. on Prestr. Concrete and Composite Beams, Nov. 1958, S. 27-31

[395] Hicks, A. B.: The influence of shear span and concrete strength upon the shear resistance of a pretensioned prestressed concrete beam. Magazine of concrete research 10 (1958) Nr. 30, S. 115 - 122

[396] Walther, R.: Zum Problem der Schubsicherheit im Spannbeton. Schweizer Archiv für angewandte Wissenschaft und Technik 25 (1958) H. 9

[397] Möller, H., Lenz, D.: Spannbetonrohre für 16 atü Betriebsdruck bei der Bodensee-Fernwasserleitung. Wasser, Luft u. Betrieb 2 (1958) H. 12, S. 308-310

[398] Kahn, F. R., Brown, A. J.: Load test of 120-ft precast, prestressed bridge girder. Journal ACI, Juli 1958, Proc. Bd. 55, Nr. 1

[399] Guyon, Y.: Béton précontraint. Étude théoretique et expérimentale. Bd. 2, Editions Eyrolles, Paris 1958

[400] Hidalgo, A., Casado, C. F.: Vigas trianguladas con pretensado parcial en el taller de laminacion de la „Ensidesa", de Avilés. ITCC, Informes de la Construcción Nr. 102, 1958

[401] Schupack, M.: Cable-support roof cuts cost. Civil Engineering. The magazine of engineered construction 28 (1958) Nr. 4, S. 52-54

[402] Le stade de Montevideo. La Technique des Travaux 34 (1958) Nr. 1/2, S. 33-38. Vgl.: Franz, G.: Das Stadion von Montevideo. Bauingenieur 34 (1959) H. 2, S. 69-70

[403] B u f l e r , H.: Ein neuer Ansatz zur Berechnung der Draht- und Haftspannungen im Stahlbetonbau. Bauingenieur 33 (1958) H. 10, S. 382-388

[404] Engineering Developments in the USSR. Civ. Eng. and Public Works Review 1959, S. 311, (Auszug aus Russischer Zeitschrift Beton i Železobeton, Nov. 1958)

[405] W i t t f o h t , H.: Das Einleiten der Vorspannkraft bei langen Spanngliedern am Beispiel der Straßenbrücke über den Lech bei Rain. Beton- u. Stahlbetonbau 53 (1958) H. 11, S. 275-279

[406] M i t t e l m a n n , G.: Messung der Reibungsbeiwerte beim Spannbeton. Beton- u. Stahlbetonbau 53 (1958) H. 1, S. 4-7

[407] F r i t z , B.: Erfahrungen bei Dehnungsmessungen an Spannbetonbauwerken. VDI-Zeitschrift 100 (1958) H. 2, S. 49-58

[408] M ü h e , L.: Zur Neuentwicklung eines Einpreßgerätes. Beton- u. Stahlbetonbau 53 (1958) H. 1, S. 14-16

[409] B e n z , G. H.: Einpreßmörtel für Spannkanäle. Chemische Fabrik Grünau, 2. Aufl. 1958, S. 35-37

[410] T h o n , R.: Beitrag zur Berechnung und Bemessung durchlaufender wandartiger Träger. Beton- u. Stahlbetonbau 53 (1958) H. 12, S. 297-306

[411] W a g n e r , O.: Das Kriechen unbewehrten Betons. DAfSt H. 131, Wilh. Ernst & Sohn, Berlin 1958

[412] W a l l o s c h k e , E.: Beitrag zum Kriechen des Betons bei zeitlich veränderter Spannung. Diss. Techn. Hochsch. Hannover 1956. Vgl.: Beton- u. Stahlbau 52 (1957) H. 12, S. 307-308 (Berichtig. s. 53 (1958) S. 48)

[413] F i n s t e r w a l d e r , U.: Ergebnisse von Kriech- und Schwindmessungen an Spannbetonbauwerken. Beton- u. Stahlbetonbau 53 (1958) H. 5, S. 136-144

[414] K o r d i n a , K.: Experiments on the influence of the mineralogical character of aggregates on the creep of concrete. RILEM Bulletin Nr. 6, März 1960, S. 7-22 (Vgl.: RILEM Symposium Nov. 1958 in München)

[415] R o s s , A. D.: Creep of concrete under variable stress. Journal ACI, März 1958, Proc. Bd. 54, Nr. 9, S. 739-758

[416] L e o n h a r d t , F. u. A n d r ä , W.: Fächerverankerung großer Vorspannkabel. Beton- u. Stahlbetonbau 53 (1958) H. 5, S. 121-130 u. H. 9, S. 241-247

[417] W i t t f o h t , H.: Neuere Entwicklung und Anwendung des Spannbetons mit Ausführungsbeispielen. Beton- und Stahlbetonbau 53 (1958) H. 4, S. 73-85

[418] M ü h e , L.: Verankerung von Spanngliedern durch Preßbeton. Bau u. Bauindustrie (1958) H. 8, S. 233

1959

[419] R o š , M. R.: Die Spannstähle, ihre materialtechnischen Eigenschaften, Auswahl und Prüfung. Schweiz. Archiv für angewandte Wissenschaft u. Technik 25 (1959) Nr. 9, S. 338-347

[420] P a b s t , P.: Das Hängedach des Stadtbades zu Neunkirchen/Saar. Beton- u. Stahlbetonbau 54 (1959) H. 3, S. 63-65

[421] V a e s s e n , F.: Das Hängedach der großen Trainings- und Ausstellungshalle der Westfalenhalle A.G. in Dortmund. Beton- u. Stahlbetonbau 54 (1959) H. 10, S. 233-240

[422] D o g a n o f f , I., H o f f m a n n , C. und R ü h l e , H.: Schalen und Faltwerkdächer aus vorgefertigten, zusammengespannten Stahlbetonelementen. Bauplanung-Bautechnik 13 (1959) H. 10, S. 441-447 und H. 11, S. 511-516

[423] W a l t h e r , R.: Vorgespannte Felsanker. Schweiz. Bauzeitung 77 (1959) H. 47, S. 773 bis 777

[424] S o z e n , M. A., Z w o y e r , E. M. und S i e s s , C. P.: Strength in shear of beams without web reinforcement. University of Illinois. Engineering Experiment Station, Bull. Nr. 452, April 1959

[425] S c o r d e l i s , A. C., L i n , T. Y. und I t a y a , R.: Behaviour of a continuous slab prestressed in two directions. Journal ACI, Dez. 1959, Proc. Bd. 56, Nr. 6

[426] B i r k e n m a i e r , M. u. J a c o b s o h n , W.: Das Verhalten von Spannbetonquerschnitten zwischen Rißlast und Bruchlast. Schweiz. Bauzeitung 77 (1959) H. 15, S. 218 bis 227

[427] Y u , C. W., C o r b i n , M. u. H o n e s t a d , E.: Reinforced concrete design in the USSR. Journal ACI, Juli 1959, Proc. Bd. 56, Nr. 1

[428] S t ü s s i , F.: Zur Relaxation von Stahldrähten. IVBH Abh. 19 (1959) S. 273-286. Ergänzung: Speck, F. in 21 (1960) S. 391 bis 398

[429] B ä u m e l , A.: Die Auswirkung von Betonzusatzmitteln auf das Korrosionsverhalten von Stahl in Beton. Zement - Kalk - Gips

12 (1959) S. 294-305 u. B ä u m e l, A.: Die Auswirkung von Kalziumchlorid auf das Korrosionsverhalten von Stahl in Beton. Beton 10 (1960) H. 6, S. 256-259

[430] H e u z e, M.: Le problème de la corrosion sous tension des aciers de précontrainte. Travaux (1959) S. 707

[431] S c h u l z e, W.: Einfluß des Feinkorns auf die Betondruckfestigkeit. Bauplanung — Bautechnik 13 (1959) H. 3, S. 119-124

[432] F i n s t e r w a l d e r, U.: Die neue Mangfallbrücke. In: Deutscher Beton-Verein e. V. Vorträge Betontag 1959, S. 183-196

[433] D u m a s, F.: Résistance et sécurité du béton précontraint. Travaux 1959, Nov., S. 669

[435] D r e s c h e r, H.: Zur Mechanik der Reibung zwischen festen Körpern. VDI-Zeitschrift 101 (1959) S. 697-707

[436] S c h m i d, H.: Vereinfachtes Verfahren zur Messung der Raumänderungen von Einpreßmörtel. Beton- u. Stahlbetonbau 54 (1959) H. 7, S. 177-178

[437] V ö l t e r, O.: Der Einpreßmörtel, die Einpreßtechnik und die Spanngliedkonstruktion. Beton- u. Stahlbetonbau 54 (1959) H. 3, S. 49-63, u. H. 4, S. 89-92

[438] H e u s e l, H.: Das Brückenbauwerk Nordwestbogen in Berlin. Bauingenieur 34 (1959) H. 5, S. 169-178

[439] V a e s s e n, F.: Hallen aus vorgefertigten und zusammengespannten Stahlbetonteilen. Beton- u. Stahlbetonbau 54 (1959) H. 5, S. 97-102

[440] B r e n d e l, G.: Der Plattenbalken und die mitwirkende Plattenbreite. Deutscher Beton-Verein, Arbeitstagung München, Okt. 1959, S. 116-123

[441] F r a n z, G.: Gummilager für Brücken. VDI-Zeitschrift 101 (1959) H. 12, S. 471 bis 478

[442] K u m m e r, A., S a l z, A.: Statik und Konstruktion des zylindrischen Faulbehälters der Kläranlage Celle. Beton- u. Stahlbetonbau 54 (1959) H. 6, S. 147-152

[443] H a m p e, E.: Der internationale Stand in der Entwicklung und Herstellung von Spannbetonrohren. Wissenschaftliche Zeitschrift der Hochschule für Bauwesen Cottbus 3 (1959/60) H. 1, S. 55-70

[444] S c h j ø d t, R.: Polygonal shape simplifies pipe prestressing. Civil Engineering. The magazine of engineered construction 29 (1959) Nr. 4, S. 248-249

[445] S a t t l e r, K.: Theorie der Verbundkonstruktionen. Bd. 1 u. 2. 2. Aufl. Wilh. Ernst & Sohn, Berlin 1959

[446] K o r d i n a, K.: Sicherheitsbetrachtungen bei Spannbetonkonstruktionen. Schweiz. Archiv für angewandte Wissenschaft und Technik 25 (1959) S. 319

[447] R ü s c h, H., K o r d i n a, K. u. Z e l g e r, C.: Bruchsicherheit bei Vorspannung ohne Verbund. DAfSt H. 130, Wilh. Ernst & Sohn. Berlin 1959

[448] L e o n h a r d t, F.: Anfängliche und nachträgliche Durchbiegungen von Stahlbetonbalken im Zustand II. Beton- u. Stahlbetonbau 54 (1959) H. 10, S. 240-247

[449] L e b e l l e, P.: Stabilité élastique des poutres en béton précontraint a l'égard du déversement lateral. Annales de l'institut technique du bâtiment et des travaux publics 12 (1959) Nr. 141, S. 779-831

[450] Z s c h o k k e: Das Spannbetonrohr in der Schweiz. Betonsteinzeitung 25 (1959) H. 2, S. 51-54

[451] H a m p e, E.: Spannbetonrohre nach System ITB. Betonsteinzeitung 25 (1959) H. 5, S. 195-205

[452] H a n s e l l, W. u. W i n t e r, G.: Lateral Stability of Reinforced Concrete Beams. Journal ACI, Sept. 1959, Proc. Bd. 56, Nr. 3

[453] Z o r z i, S.: Costruzioni moderne in cemento armato precompresso in Italia. Rivista Tecnica della Svizzera Italiana, (1959) Nr. 10 (Oktober)

[454] F o r k e r t, L.: Spannbeton-Maste nach dem Rohrzug-Verfahren. Zement und Beton. Offizielles Organ d. Ver. d. österr. Zementfabrikanten u. d. österr. Betonver. (1958) Nr. 13, S. 12-17. Vgl.: F o r k e r t, L.: Erfahrungen in der Erzeugung und Verwendung von Spannbetonmasten. Betonstein-Zeitung 25 (1959) H. 11, S. 458- 465

[455] Hangar for Transair Ldt., Gatwick Airport. IVBH Mitteilungen Nr. 18. 1. August 1959

[457] G i r k m a n n, K.: Flächentragwerke. 5. Aufl. 1959, Springer, Wien

1960

[458] H a j n a l - K o n j i, K.: Recent developments in shell concrete construction. In: Architect's Year Book, Bd. 9, Elek Books Ltd., London 1960

[459] IVBH 6. Kongreß, Stockholm 1960

[460] M a s s o n e t, Ch. u. M o e n a e r t, P.: Calcul du béton armé à la rupture en flexion simple ou composé. Comparaison statistique de diverses théories avec l'ensemble des résultats des recherches expérimentales. In: [459], Vorbericht, S. 105-127

[461] Panchaud, F.: Application de la précontrainte aux barrages-voûtes minces: Le barrage de Tourtemagne en Valais (Suisse). In [459], Vorbericht, S. 851-862

[462] Rehm, G.: Beitrag zur Frage der Ermüdungsfestigkeit von Bewehrungsstählen. In: [459], Vorbericht, S. 35-46

[463] Hansen, T. C.: Creep of concrete. The influence of variations in the humidity of the ambient atmosphere. In: [459], Vorbericht, S. 57-65

[464] Rühle, H.: Das Problem der Zwängungsspannungen infolge Kriechen und Schwinden bei aus Stahlbetonfertigteilen hergestellten Konstruktionen und seine praktische Bedeutung. In: [459], Vorbericht, S. 759-778

[465] Abeles, P. W.: Prestressed concrete bridges. Cumulative effect and range of fatigue loading. In: [459], Schlußbericht, S. 377-384

[466] Fritzell, G.: Deflection measurements on the Sandö-Bridge 1942-1958. Sonderdruck zur Besichtigung der Sandö-Brücke anläßlich des 6. Kongresses der IVBH in Stockholm 1960

[467] Betonstraßen Jahrbuch 1960. Herausg. vom Fachverband Zement, Köln

[468] Leonhardt, F.: Eine Spannbeton-Versuchsstrecke mit Querkeilen auf der Autobahn bei Salzburg. In: [467], S. 97-112

[469] Kirchknopf, A. u. Hofmeister, G.: Erfahrungsbericht über die Ausführung der Spannbeton-Versuchsstrecke Dietersheim/Bingen. In: [467], S. 113-182

[470] Rose, E. A.: Spannbeton im Straßenbau. In: [467], S. 41-96

[471] Goerner, E.: Literatur über Betonstraßen und Startbahnen aus den Jahren 1959 und 1960. In: [467], S. 266-280

[472] Weil, G.: Der Verschiebewiderstand von Betonfahrbahnplatten. In: [467], S. 183-206

[473] Peltier, R.: Contribution à l'étude des routes en béton précontraint. Revue Générale des Routes et des Aérodromes 28 (1958) Nr. 321, Okt., S. 37-82. Deutsche Bearbeitung: R. Walther: Spannbetonstraßen, Beton 10 (1960) Nr. 3, S. 147-160

[474] Lorentsen, M.: The influence of bond slip in post-tensioned prestressed concrete beams. In: [459], Schlußbericht S. 473-482

[475] Leonhardt, F., Boll, K. u. Speidel, E.: Zur Frage der sicheren Bemessung von Zement-Silos. Beton- u. Stahlbetonbau 55 (1960) H. 3, S. 49-58

[476] Jörn, R.: Gummi im Bauingenieurwesen. Bauingenieur 35 (1960) H. 4, S. 122-125

[477] Born, J.: Praktische Schalenstatik Bd. 1, Die Rotationsschalen. Wilh. Ernst & Sohn, Berlin 1960

[478] Der Rheintunnel Düsseldorf. Herausg.: Interessengemeinschaft Schildtunnel (Hochtief A.G., McLean Grove and Co., Dyckerhoff u. Widmann K.G.). Essen 1960

[479] Rheintunnel Düsseldorf. Hochtief-Nachrichten. Mitteilungen der Hochtief Aktiengesellschaft für Hoch- und Tiefbauten 33 (1960) Aug./Sept.

[480] Lenz, D. u. Möller, H.: Beton-, Stahlbeton- und Spannbetonleitungen. In: Beton-Kalender 59 (1960) Bd. 2, S. 1-45

[481] Kieser, A.: Druckstollenbau, Springer, Wien 1960

[482] Hahn, V., Holz, R.: Berechnung des Einflusses von Kriechen und Schwinden bei statisch unbestimmten Betontragwerken mit Hilfe des Momentenausgleichsverfahrens von Kani. Beton- u. Stahlbetonbau 55 (1960) H. 12, S. 274-284

[483] Siev, A.: The lateral buckling of slender reinforced concrete beams. Magazine of Concrete Research 12 (1960) Nr. 36, S. 155 bis 164

[484] Cretu, M.: Prestressed concrete shell roofs. Indian Concrete Journal, Oktober 1960. (Vortrag A 9, Symposium on shell structures, Roorkee, 11.-13. Jan. 1960)

[485] Tedesko, A.: Shell at Denver — Hyperbolic paraboloidal structure of wide span. Journal ACI, Okt. 1960, S. 403-412, Proc. Bd. 57, Nr. 4

[486] Hoffmann, C., Rühle, H., Thiele, E. u. Tyc, R.: Entwicklung eines neuartigen vorgefertigten Wellenschalenträgers. Bauplanung-Bautechnik 14 (1960) H. 4 S. 143 bis 148

[487] Zollmann, C. C., Garavaglia, M. G. u. Rubin, A.: Prestressed concrete resists fire demage. Civil Engineering. The magazine of engineered construction 30 (1960) Nr. 12, S. 36-41

[488] Rösli, A. u. Hofacker, H.: Über die Versuche an der Glattbrücke in Opfikon. Verein Schweizerischer Zement-, Kalk- u. Gipsfabrikanten. 50. Jahresbericht 1960

[489] Ert, A.: Abbruch einer Brücke durch Festigkeitsproben. Schweiz. Technische Zeitschrift 57 (1960) Nr. 40 S. 808-809 u. Nr. 45/46 S. 945-946

[490] Rüsch, H., Vigerust, G.: Schubversuche an Spannbetonbalken ohne Schubbewehrung. Vigerust, G.: Die Schubfestigkeit von Spannbetonbalken ohne Schubbewehrung. DAfSt H. 137, Wilh. Ernst & Sohn, Berlin 1960

[491] McGregor, J. F., Sozen, M. A. und Siess, C. P.: Effect of draped reinforcement on behaviour of prestressed concrete beams. Journal ACI, Dez. 1960, Proc. Bd. 57 Nr. 6

[492] Monfore, G. E. u. Verbeck, G. J.: Corrosion of prestressed wire in concrete. Journal ACI, Nov. 1960, Proc. Bd. 57, Nr. 5, S. 491-515

[493] Kristen, Th. und Wierig, H. J.: Der Einfluß hoher Temperaturen auf Bauteile aus Spannbeton. Bauingenieur 35 (1960) H. 1, S. 6-11

[494] Windels, R.: Bruchsicherheitsnachweis vorgespannter Betonquerschnitte mit Druckzonen in Plattenbalken-, Dreieck- und Trapezform. Beton- u. Stahlbetonbau 55 (1960) H. 9, S. 210-215

[495] Base, G. D. u. Rowe, R. E.: Tests on a 120-ft-span prestressed concrete beam. Proc. ASCE, Bd. 86, Nr. ST 9, Sept. 1960

[496] Scholz, G.: Festigkeit der Biegedruckzone. Theoretische Auswertung von DAfSt H. 120. DAfSt H. 139, Wilh. Ernst & Sohn, Berlin 1960

[497] Mokk, L.: Bauen mit Stahlbetonfertigteilen. VEB-Verlag f. Bauwesen, Berlin 1960

[499] Baker, A. L. L.: Preliminary notes Nr. 1, Nr. 2. CEB, Bull. d'Information, Nr. 21, Paris, Jan. 1960, S. 3-101

[500] Walz, K.: Anleitung für die Zusammensetzung und Herstellung von Beton mit bestimmten Eigenschaften. 3. Aufl., Wilh. Ernst & Sohn, Berlin 1960

[501] Godfrey, H. G.: Corrosion tests on prestressed concrete wire and strand. Journal PCI 5 (1960) Nr. 1, S. 45-51

[502] Leonhardt, F. und Andrä, W.: Stützungsprobleme der Hochstraßenbrücken. Beton- und Stahlbetonbau 55 (1960) H. 6, S. 121-132

[503] Macchi, R.: Ein neues Verfahren für die Verankerung von Vorspanngliedern. In: [459], Vorbericht, S. 631-638

[504] Albrecht, W.: Versuche mit Sondermischern für Einpreßmörtel. Beton- u. Stahlbetonbau 55 (1960) H. 11, S, 248-252

[505] Sargious, M.: Beitrag zur Ermittlung der Hauptzugspannungen am Endauflager vorgespannter Betonbalken. Diss. Techn. Hochsch. Stuttgart, 1960. Vgl. Hauptzugkräfte am Endauflager vorgespannter Betonbalken. Bautechnik 38 (1961) H. 3, S. 91-97

[506] Bay, H.: Wandartiger Träger und Bogenscheibe. Wittwer, Stuttgart 1960

[507] Sundara Raja Iyengar, K. T.: Der Spannungszustand in einem elastischen Halbstreifen und seine technischen Anwendungen. Diss. Techn. Hochsch. Hannover 1960

[508] Beyer, E.: Hochstraßen, Beispiele aus deutschen Städten. Beton-Verlag, Düsseldorf 1960

[509] Leonhardt, F. und Zerna, W.: Bauen in Rußland. Bericht über eine Studienreise. Beton- u. Stahlbetonbau 55 (1960) H. 4, S. 81-88

[510] Kammhuber, J. u. Wegmann, H.: Belastungsglieder für Biegestäbe mit Einschluß von Balken mit veränderlichem Trägheitsmoment und vorgespannten Stäben. Beton- u. Stahlbetonbau 55 (1960) H. 1, S. 7-20

[511] Rüsch, H., Kupfer, H.: Bemessung von Spannbetonbauteilen. In: Beton-Kalender 49 (1960) Bd. 1, S. 477-554, Wilh. Ernst & Sohn, Berlin 1960. Vgl. [564]

[512] Weiss, W.: Berechnung der Schubspannungen bei Balken mit veränderlicher Querschnitthöhe. Bauplanung — Bautechnik 14 (1960) H. 11, S. 498-500

[513] Krenkler, K.: Gütesteigerung des Betons durch Überzüge. Straßen- u. Tiefbau 14 (1960) H. 7/8, S. 507-520

[514] Dean, W. E.: Prestressed concrete sheet piles for bulkheads and retaining walls. Civil Engineering. The magazine of engineered construction 30 (1960) Nr. 4, S. 68-71. Deutscher Auszug: Bauingenieur 36 (1961) H. 2, S. 71

[515] Engell, H.-J.: Schnellverfahren zur Auffindung von Chloridgehalten in Beton. Beton 10 (1960) H. 6, S. 260

[516] Basler, E.: Untersuchungen über den Sicherheitsbegriff von Bauwerken. Diss. ETH Zürich 1960

[517] Walz, K.: Rüttelbeton. 3. Aufl. Wilh. Ernst & Sohn, Berlin 1960

[518] Baxter, J. W., Birkett, E. M. u. Gifford, E. W. H.: The Narrows Bridge over the Swan River, Perth, Western Australia. In: [459], Schlußbericht S. 325-334

[519] Macchi, G.: Proposition de calcul basée sur la théorie des rotations imposées. In: CEB, Bull. d'Information, Nr. 21, Jan. 1960

[520] Albrecht, W., Schmid, H.: Versuche mit Einpreßmörtel für Spannbeton. DAfSt H. 142, Wilh. Ernst & Sohn, Berlin 1960

[521] Ashton, L. A. u. Bate, S. C. C.: The fire-resistance of prestressed concrete beams. Proc. Institution of Civil Engineers, London 17 (1960) S. 15-38, Paper Nr. 6444

1961

[522] Hampe, E.: Berechnung von Behältern mit ringkrafttreuer Vorspannung. Wiss. Zeitschrift der Hochschule für Bauwesen, Cottbus 4 (1961) H. 1, S. 7-40

[523] Krause, R.: Die Stahlbetonarbeiten für das Klärwerk Ruhleben. Beton 11 (1961) H. 6, S. 385-394

[524] Németh, F.: Post-tensioned prestressed concrete irrigation channel. IASS, International Colloquium on Precast Shell Structures, Dresden 1961, Nr. D 4

[525] Kirsch, W.: Spannungsumlagerungen bei ortbetonverstärkten Stahlbeton- und Spannbetonquerschnitten infolge Kriechens und Schwindens. Bauplanung — Bautechnik 15 (1961) S. 34-37

[526] Freibauer, B.: Pretensioned concrete slabs for the Vienna Airport. Journal PCI 6 (1961) Nr. 1 (März) S. 48-59

[527] Fritz, B.: Verbundträger, Berechnungsverfahren für die Brückenbaupraxis. Springer, Berlin 1961

[528] Misch, P.: Spannbetonversuchsstraße Fontenay—Tressigny. Straße u. Autobahn 12 (1961) H. 9, S. 314-322

[529] Koepcke, W.: Berechnung von Betonfahrbahnen. Bauingenieur 36 (1961) H. 3, S. 87-93

[530] Renz, C. F., Melville, P. L.: Experience with prestressed concrete airfield pavements in the United States. Journal PCI 6 (1961) Nr. 1 (März), S. 75-92

[531] Sior, G.: Der Entwurf von Spannbeton-Startbahnen. Bautechnik 38 (1961) H. 3, S. 73-76

[532] Berichtigung zu G. Arnold: Zum Ausbau des Internationalen Flughafens von Orly bei Paris. Beton- u. Stahlbetonbau 56 (1961) H. 4, S. 108

[533] Leonhardt, F.: Die Mindestbewehrung im Stahlbetonbau. Beton- u. Stahlbetonbau 56 (1961) H. 9, S. 218-223

[534] Macchi, G.: Note pour la discussion à Monaco — Jan. 1961. CEB Bull. d'Information, Nr. 30, Jan. 1961, S. 70-97

[535] Nasser, K. W.: Static and fatigue tests of a 30-ft composite prestressed concrete beam. Lehigh University, Fritz Engineering Laboratory Report No. 223.23, März 1961

[536] Skramtaev, B. G.: Electrothermic method of pretensioning bar reinforcement of precast reinforced concrete. Journal PCI 6 (1961) Nr. 3, S. 57-71

[537] Mikhailov, V. V.: Recent developments in the automatic manufacture of prestressed members in the USSR. Journal PCI 6 (1961) Nr. 3, S. 34-46

[538] Mattock, A. H., Kriz, L. B. u. Hognestad, E.: Rectangular concrete stress distribution in ultimate strength design. Journal ACI, Febr. 1961, Proc. Bd. 57, Nr. 8, S. 875 bis 928

[539] Mittelmann, G.: Spannungsmessungen an gespannten Drähten im Spannbett. Beton- u. Stahlbetonbau 56 (1961) H. 4, S. 105 bis 106

[540] Walz, K., Bonzel, I.: Festigkeitsentwicklung verschiedener Zemente bei niederer Temperatur. Beton 11 (1961) H. 1, S. 35-48

[541] Mellentin, Ch.: Der Stand des elektrischen Spannens von Spannstahl in der Deutschen Demokratischen Republik. Bauplanung — Bautechnik 15 (1961) S. 13-16

[542] Walz, K.: Der Einfluß des Zementes auf die Eigenschaften von Einpreßmörtel. RILEM Symposium, Trondheim, Januar 1961

[543] Benz, G. H.: Über die Verwendung von Kunststoffen bei Betonarbeiten, insbesondere Spannbeton. Bau u. Bauindustrie 14 (1961) H. 3, S. 58-60

[544] Utescher, G.: Bruchversuche über Verbindungen von Fertig- und Ortbetonbauteilen. Beton- u. Stahlbetonbau 56 (1961) H. 2, S. 32-37

[545] Wysiatycki, K.: Beitrag zur Berechnung von Spannungen in Trägern veränderlicher Höhe. Bautechnik 38 (1961) H. 5, S. 163-167

[546] Leonhardt, Fritz: Öl- und Treibstoffbehälter aus Beton. Beton- u. Stahlbetonbau 56 (1961) H. 2, S. 25-32

[547] 103-ft sludge tank collapses. Engineering News Record 166 (1961) Nr. 18, 4. Mai, S. 23

[548] Born, J.: Zur Frage der Wandstärke von Faultürmen. Wasser u. Boden 13 (1961) H. 9, S. 320-323

[549] Klunker, F.: Spannbeton für Decken auf Flugplätzen und Straßen. Beton 11 (1961) H. 5, S. 333-339

[550] Doll, A.: Zehn Jahre Betonschwellen bei der Deutschen Bundesbahn. Die Bundesbahn 35 (1961) H. 11, S. 470-489. Vgl.: Betonsteinzeitung 27 (1961) H. 11, S. 545-555 u. H. 12

[551] Neumann, B.: Betonschwellen der Deutschen Bundesbahn. Eisenbahningenieur 12 (1961) H. 3, S. 68-75

[552] Lin, T. Y., Talbot, W. J.: Pretensioned concrete piles present knowledge summa-

[552] rized. Civil Engineering. The magazine of engineered construction 31 (1961) Nr. 5. S. 53-57
[553] Manleitner, S.: Vorgespannte Fachwerkbinder mit gekrümmtem Obergurt in der DDR. Bauplanung - Bautechnik 14 (1960) H. 11, S. 493-498 u. 15 (1961) H. 1, S. 8-12
[554] Schoenrock, R., Reich, H.: Lagerhalle mit Dach aus vorgespannten Fertigteilschalen. Beton- u. Stahlbetonbau 56 (1961) H. 10, S. 229-233
[555] Zelger, C., Rüsch, H.: Der Einfluß von Fugen auf die Festigkeit von Fertigteilschalen. Beton- und Stahlbetonbau 56 (1961) H. 10, S. 234-237
[556] Briske, R.: Baugrubenumschließung Fernsehstudio Westdeutscher Rundfunk Köln. Bau- u. Bauindustrie 14 (1961) H. 5, S. 136-148
[557] Casado, C. F.: Puentes de hormigon armado pretensado. Bd. I Generalidades y calculo, Editorial Dossat, Madrid 1961
[558] Leonhardt, F.: Zuschrift zu [491] Journal ACI, Juni 1961, Proc. Bd. 57 Nr. 6, S. 1672-1674
[559] Dernedde, W., Babré, R.: Das Cross'sche Verfahren zur schrittweisen Berechnung durchlaufender Träger und Rahmen. 4. Aufl. Wilh. Ernst & Sohn, Berlin 1961
[560] Haase, H.: Bruchlinientheorie von Platten. Werner-Verlag, Düsseldorf 1961. Vgl. Haase, H.: Über die Bruchlinientheorie von Platten, zusammenfassende Darstellung und Erweiterung. Diss. Techn. Univ. Berlin 1956
[561] Leonhardt, F. u. Walther, R.: Beiträge zur Behandlung der Schubprobleme im Stahlbetonbau. Beton- u. Stahlbetonbau 56 (1961) H. 12, S. 277-290, 57 (1962) H. 2 u. folgende
[562] Wittfoth, H., Bilger, W. u. Schmerber: Neubau der Mainbrücke bei Bettingen im Zuge der Bundesautobahn Frankfurt—Würzburg. Beton- u. Stahlbetonbau 56 (1961) H. 4, S. 85-96 u. H. 5, S. 114-122
[563] Shell Research. Proc. Symposium on Shell Research, Delft 1961. Herausg. von RILEM u. IASS, North-Holland Publishing Comp., Amsterdam 1961

1962

[564] Rüsch, H. u. Kupfer, H.: Bemessung von Spannbetonbauteilen. In: Beton-Kalender 51 (1962) Bd. 1, S. 394-471
[565] Leonhardt, F. u. Andrä, W.: Neue Entwicklungen für Lager von Bauwerken — Gummi- und Gummitopflager. Bautechnik 39 (1962) H. 2

[566] Zielinski, Z. A.: Vorgefertigte Spannbeton-Träger. Warschau (in Vorbereitung)

1964 bis 1972 (zur Schubbemessung)

[567] Frühauf, H.: Eindeutige Ermittlung der Hauptspannungsrichtungen. Beton- und Stahlbetonbau 65 (1970), H. 12, S. 299/300.
[568] Leonhardt, F., u. Lippoth, W.: Folgerungen aus Schäden an Spannbetonbrücken. Beton- und Stahlbetonbau 65 (1970), H. 10, S. 231—244.
[569] Comité Européen du Béton (CEB) u. Fédération Internationale de la Précontrainte (FIP): Internationale Richtlinien zur Berechnung und Ausführung von Betonbauwerken. Juni 1970, deutsche Übersetzung, herausgegeben von der Cement and Concrete Association, 52 Grosvenor Gardens, London SW 1.
[570] Bachmann, H., u. Thürlimann, B.: Schubbemessung von Balken und Platten aus Stahlbeton, Stahlbeton mit Spannzulagen und Spannbeton. Schweizerische Bauzeitung 84 (1966), S. 583—591 u. 599—606.
[571] Leonhardt, F.: Abminderung der Tragfähigkeit des Betons infolge stabförmiger, rechtwinklig zur Druckrichtung angeordneter Einlagen. Aus Festschrift Rüsch: Stahlbetonbau, Verlag Ernst u. Sohn, Berlin, 1969, S. 71—78.
[572] Leonhardt, F., u. Mönnig, E.: Stahlbeton (1972) — Grundlagen der Bemessung. Springer-Verlag, Berlin, in Vorbereitung.
[573] Hanson, J. M., u. Hulsbos, C. C.: Ultimate shear tests of prestressed concrete I-beams under concentrated and uniform loadings. PCI Journal, June 1964, p. 15—28.
[574] Leonhardt, F., Koch, R., u. Rostásy, F.: Aufhängebewehrung bei indirekter Lasteintragung von Spannbetonträgern — Versuchsbericht und Empfehlungen. Beton- und Stahlbetonbau 66 (1971), H. 10, S. 233—241.
[575] Lampert, P.: Torsion und Biegung von Stahlbetonbalken. Schweizerische Bauzeitung 88 (1970), S. 85—95.
[576] Leonhardt, F.: Schub und Torsion im Spannbeton. Vortrag auf dem VI. Internationalen Spannbeton-Kongreß Prag 1970. Englische und deutsche Fassung in: European Civil Engineering — Europäischer Ingenieurbau 1970, Heft 4, Bratislava, Praha, Wien, S. 157—181.
Französische Fassung in: Annales ITBTP, No. 280, Paris, Avril 1971, p. 1—27.

[577] Leonhardt, F., Walther, R., Koch, R., u. Rostásy, F.: Schubversuche an Spannbetonträgern. DAfSt, Heft in Vorbereitung, Wilh. Ernst & Sohn, Berlin.

[578] Caflisch, R., u. Thürlimann, B.: Schubversuche an teilweise vorgespannten Betonbalken. Bericht Nr. 6504-2, Institut für Baustatik, ETH Zürich, Oktober 1970.
(Kurzbericht in: Teilweise vorgespannte Bauteile. Vorträge Betontag 1969, Deutscher Beton-Verein e. V., Wiesbaden, S. 142—168.)

[579] Leonhardt, F., Walther, R., u. Vogler, O.: Torsions- und Schubversuche an vorgespannten Hohlkastenträgern. DAfSt, Heft 202, Wilh. Ernst & Sohn, Berlin 1968.

[580] Lampert, P., u. Thürlimann, B.: Torsions- und Torsions-Biegeversuche an Stahlbetonbalken. ETH Zürich, Institut für Baustatik, Berichte Nr. 6506-2 und 6506-3, 1968 und 1969.

Lampert, P., Lüchinger, P., u. Thürlimann, B.: Torsionsversuche an Stahl- und Spannbetonbalken. ETH Zürich, Institut für Baustatik, Bericht Nr. 6506-4, 1971.

[581] Demorieux, J. M.: Essais à la torsion de poutres tubulaires en béton précontraint. Annales ITBTP, No. 282, Paris, Juin 1971, p. 71—77.

Stichwortverzeichnis

A

Abbau innerer Kräfte . 437, 439
Abbindewärme 47
Abgrenzungskennwert
   (S. u. K.) 415
Absenkvorrichtungen 622
Absetzmaß 246
Abstand
—halter 174, 235, 266
— d. Spannglieder 326, 603, 607
Abtriebskraft 300, 354
Alfesil 47
Anker
—blöcke 286, 288, 617
—köpfchen 122, 126,
         139, 141, 635
—platten 270, 617
—schlaufen 76, 133
Anpreßdruck 217, 224
Ausfallkörnung 47
Ausgleichs-Verfahren
         346, 364, 443
Auspressen 234, 325
Ausziehversuche 198

B

Bahnsteigdächer 578, 583
Bandpressen 161, 562
Bau
—ausführung 615
—höhen 295
—zustände 331
Baur-Leonhardt-Verfahren
   77, 86, 133, 140, 159,
   174, 207, 210, 238, 260,
   286, 316, 635, 640
Baustahlgewebe 325
BBRV-
— Anker . . 122, 128, 130,
         135, 139, 141, 598
— Fächeranker 125
— Hüllrohre 615
— Spannglieder 235, 568
— Spannpresse 155
— Wickelmaschine 163, 164, 635
Behälter
— allgem. . . 162, 527, 541, 626
— Boden 530
— Dach 538
— Wand 533
Beispiele
— Bemessung 374, 386

Beispiele
— Biegebruch 469, 476
— Durchbiegung (S. u. K.) . . 434
— Reibung 230
— Schubbemessung 510
— Spannkraftverlust
   (S. u. K.) 408
Beiwerte für
— Drehwinkel (S. u. K.) . . . 431
— Hebelarm 461
— Kriechzahl . . . 59, 61, 62
— Schwindmaß 55
— Völligkeit 461, 514
Bemessung
— allgem. 5, 372
— Behälter 528
— Biegebruch 466
— Fächeranker 91
— Faustformeln 382
— Schubbruch 496
— Schubsicherung 498
— Spannstahl 395
— Wendeln 74, 85
Beobachtungsfenster . 225,
         241, 260
Berechnung
— Bruchsicherheit . . . 192,
         466, 496
— Einfluß von S. u. K. . . . 399
— Kippsicherheit 523
— Reibung 227
— Schnittkräfte 331, 340
— Spannungen 366
— Spannweg 232
— Verformung (S. u. K.) . . 425
Bergsenkung
— Wandvorspannung 178
Beton
— Abbindewärme 47
— Anforderungen 46
— Ausfallkörnung 47
— Dampfhärtung 51
— Deckung . . . 323, 603, 607
— Druckfestigkeit 46, 65
— Eignungsprüfung . . . 46, 53
— Endfestigkeit 46, 60
— Feinstkorn 48
— Formänderungen 51
— Gestaltfestigkeit 65
— Kanäle 211
— Kriechen 47, 56, 62
— Mörtelgehalt 55
— Nachbehandlung 50

Beton
— Prismenfestigkeit 65
— Quellen 54
— Schwinden 47, 53, 55
— Spannungs-Dehnungs-
   Linie 51
— Standfestigkeit 66
— Temperatureinfluß 66
— Witterungseinfluß . . 46,
         55, 57, 58, 60, 62
— Zugfestigkeit 66
— Zugspannungen . . . 185, 193
— Zusatzmittel 50
— Zuschlagstoffe 47, 53
Beton-Fahrbahnen
— Beanspruchung 550
— Fugen 558
— Knicken 520, 561
Betonierprogramm 622
Betonplast 50
Beton- u. Monierbau
— Spannglieder . . . 85, 119,
         141, 237, 567
Bewehrung
— d. Druckzone 323
— d. Einleitungszone . . 273,
         286, 289
— Fächeranker 91
— Rißsicherung 395
—, schlaffe 323, 401, 416
Bezeichnungen XXIII
Biege
—bruch 450, 453, 466
—linie infolge S. u. K. 426
—spannung in Spannstäben . 38
—steifigkeit 482
—vorrichtung 69, 139
Billner
— Spannverfahren 177
Blech
— Gleit 238
—kasten 204,
         237, 260, 326, 616
—rohre 204
—trompeten 207
Bogen 301, 627
Brandversuche 604
Braunbock'sche Spindel . . 144
Bruch
—arten 449
—dehnung, Stahl . . . 16, 19, 21
—kürzung, Beton . 51, 459, 462
—linien 493, 613

Bruch
— sicherheit 11, 178, 178, 192, 297, 332, 447, 466, 477, 481, 493, 496
— sicherheit ohne Verbund 494, 631
— Versuche 609
Brücken
— allgem. 185, 306
— Agerbrücke 313
— Aitertalbrücke 311
— Auebrücke 628
— Autobahnbr. Löwen 630
— Autobahnbr. Oelde 630
— Autobahnbr. Wiedenbrück 629
— Böckingerbrücke ... 62, 637
— Brudermühlbrücke 310
— Eisenbahnbr. Bleibach .. 634
— Eisenbahnbr. Grifte ... 637
— Eisenbahnbr. Heilbronn 325, 636
— Dudweilerbrücke 134
— Festival of Britain .. 194, 613
— Galionbrücke (Rio d. J.) .. 635
— Gänstorbrücke 638
— Glattbrücke 614
— Guaira-Caracas 640
— Hängebrücke Wehlen ... 597
— Klockestrandbrücke 631
— La Genevraye 180
— Lahnbrücke Balduinstein . 638
— Lake Pontchartrain 572
— Lombardsbrücke 63
— Maasbr. Sclayn 631
— Mainbr. Bettingen 313
— Mainbr. Karlstadt 312
— Mangfallbrücke 596
— Marnebrücken . 321. 327, 633
— Neckargartach 640
— Neckarkanalhafen 634
— Nordwestbogenbrücke . 312
— Ob. Badstr., Ulm ... 62, 637
— Pont Miroir 634
— Plougastel 627
— Rampenbr. Düsseldorf . 310
— Rheinbr. Worms 639
— Rinderstall 320
— Rosensteinbrücke 320
— Schwedenbr. Wien ... 320
— Seinebr. Tancarville ... 521
— Swan River Br. 213
— Tampa Bay Br. 328
— Traunbr. Linz 213
— Untermarchtal ... 242. 640
— Walnut Lane Br. 640
Bügel
— Mindestmenge . 503, 505, 510
— vorgespannt 170, 194, 501, 503
Bundmutter 96, 137, 141
Busemann'sche Kriechfasern 401, 414, 419

C
Cable Covers-Anker ... 120, 132
cables chapeaux 314
Chalos-Spannglieder 180
Chlorid-Korrosion 42
Colcrete-Mischer 256

D
Dachbinder 303
Dampfhärtung 167, 169
Dauerlast 400, 448, 461
Dauerstandfestigkeit
— Beton 66
— Stahl 28, 33
Deckenplatten 145, 305
Dilatometer 253
Doppelkopf-Drähte 126
Doppelschlaufe (R. Bauer) .. 76
Draht-
— Abwickler 21, 144
— allgem. 20, 191
— Anordnung 235
— brücke 25, 139, 528
— bündel 8, 22, 631
— gezogen 20, 29
— Kabel ... .22, 38, 173, 631
— Korrosion 43
— Litzen . 8. 22, 29, 34, 82, 173
— Neptun . 20, 24, 28, 82, 112
— Oberfläche 216
— oval 26, 82, 117, 210
— seile 8, 22
— Sigma . 20, 24, 33, 82, 137
— Spannungsmessung . 164, 171
— stöße 135, 164
— Verankerung 69
— Zeus 16
Drehtisch 145, 182
Drehwinkel 346, 427
Druckbewehrung ... 323, 465
Druckfestigkeit
— Beton 46, 65, 604
— Einpreßmörtel 252, 254
Ductube-Verfahren 211
Durchbiegung . 13, 332, 426, 433, 437, 450
Durchgängigkeit
— d. Einpreßmörtel 251
Durchlaufträger
— allgem. .. 176, 230, 240, 343, 348, 491, 617, 623, 631, 640
— bei S. u. K. ... 424, 436, 441
— Querschnitte 307, 326
— Spanngliedführung ... 309
— Versuche 612
Dynamische Belastung 511
Dynamometer 144, 148. 151, 223
Dywidag-
— Spannglieder .. 96, 129, 258, 537, 542, 567, 637
— Spanngerät 153

E
Eigenspannungen .. XXVII, 333
Einfluß
— flächen 346
— linien 346, 349
Einleitung
— d. Spannkraft . 273, 286, 324, 332, 342
— Länge 80, 84, 269, 298, 342, 369
Einpreßkeile . 101, 106, 111, 138. 154, 171
Einpreßmörtel
— allgem. 245, 255
— bei Frost 252, 267
— Druckfestigkeit 252
— Fließvermögen 249, 250
— Mischvorgang 255, 256
— Mörtelmenge 265
— Prüfungen 247, 249, 250, 253
— Raumänderung ... 245, 248
— Schrumpfen 246
— Schwinden 247
— Treibmittel 246
— Verankerung in 127
— Verstopfungen 265
— Wasserabsetzen ... 245, 248
— Zemente für 254
— Zusatzmittel für 245
— Zuschlagstoffe für 254
Einpreßtechnik ... 257, 261, 267
Einspannmomente 356, 361, 364, 485
Eintauchgerät 249
Einzelspannglieder .. 8, 171, 174, 207
Einziehen (Spannglieder) .. 618
Eisenbahn-
— Brücken .. 325, 634, 636, 637
— Schwellen .. 167, 565, 631
Elastizitätsgrenze 16
Elastizitätsmodul
— Beton 51
— fiktiver 411
— Stahl ... 15, 19, 20, 21, 24
Endexzentrizität 350, 358
Endkriechmaß 56, 58, 62
Endschwindmaß 53, 55
Endtangentenwinkel 345
Entlüftungsstellen 258
Erhärtung des Betons 53, 57, 58, 60, 169
Erholkriechen 57
Ermüdungsbruch 511
Ermüdungsfestigkeit
— Anker 136, 141
— Beton 66
— Stahl 40
— in Stößen 136
— Versuche 613
Ersatzflächen (Busemann) .. 420

Erwärmen, Vorspannen
  durch 167, 182, **634**
Externe Vorspannung . . . 559

F

Fachwerke 592, 594, 629
Fächeranker
— Baur-Leonhardt . 86, 141,
              174, 210, 290
— BBRV 125
— Beton- und Monierbau . . 85
Fahrbahnen
— allgem. 550, 555
— Knicken 520
Faltversuch 18
Faltwerke 573, 586
Falzrohre 206
Faßreifen-Verfahren . . 183, 535
Feder
—bandstahl 25
—weg 4, 15
Feinstkorn 48
Felsanker 86, 129, 597
Fenster 225, 241, 260
Fertigteile
— allgem. . . 179, 302, 327,
    396, 619, 625, 632, 635
— Bruchsicherheit 450
— Ermüdungsfestigkeit . . . 512
— Fachwerke 592
— Faltwerke 586
— Fugen 398
— Kippen 520
— Montage 520
— Schalen 582
— Versuche 611
Festigkeit
— Ermüdung 511
— Druck (Beton) 46, 65
— Gestalt 65
— schiefer Druck . 497, 499, 500,
  502, 505, 507, 508, *510k, 510m*
— Zug (Beton) 1, 66
— Zug (Stahl) 16, 19, 23, 25, 603
Feuersicherheit 603
Flachdraht 21
Flächentragwerke
— Bruchsicherheit 493
— Knicken 520
Franki-Smet-Anker 105
Freivorbau . . 596, 633, 638, 639
Freyssinet
— Anker . . . 103, 137, 235, 631
— Bündelpresse 152
Frost 169, 252, 267, 623
Fugen
— Behälter 529
— Betonfahrbahnen 558
— Fertigteile 329, 398
— Schalen 583
— Spann . . 175, 243, 316, 562

G

Gabellagerung 524
Gebrauchslast 11, 331
Gelenkrotation 486
Gerinne 549
Geschichte 625
Gestein
— Einfluß auf Kriechen . . . 61
Gewinde
—anker 95, 99, 136, 141
— kalt gewalzt 95, 136, 631,
              633, 637, 640
— konisch 99, 137, 141
—muffen 129, 137
— parallele 95
Gifford-Udall-Anker 106
Gleichwert-Bewehrung . . . 474
Gleit
—bleche 238
—kanäle 86, 171, 191,
    204, 234, 260, 338, 367
—keile 100, 103, 138
—mittel 191, 203, 218
—sicherheit (Anker) 71
—weg (Reibung) 220
—widerstand . 83, 191, 196, 213
Grenzbewehrung 474
Gründungsanker 597
Grün u. Bilfinger-Anker 109, 138
Gummifuge
— Behälter 532
— Fahrbahnen 559
Gummitopflager 161

H

Haarnadel-Verankerung . . . 71
Hängedächer 540, 587
Haft
—festigkeit 79, 81
—spannungen 195
—verbund 79, 196, 626
Haken-Verankerung 73
Hauptzugspannungen
    87, 170, 186, 270, 298
    324, 370, 451, 496, 498,
    500, 501, 504, *510h*, 511
Hebelbeiwert 461
HG-Spanngerät 156
— Verfahren 120, 128
Heilmann und Littmann
— Spannpresse 151
— Verfahren 107, 118, 215, 236
Held und Franke-Anker . 71, 109
Hilfsspannglieder 243
Hilfsspannstellen 241, 316
Hin- und Herbiegeversuch . . 17
Hochbauten 185
Hochofenzement 53
Hochtief-Anker 108, 138
Höhenbeiwert 461
Höhenlage der Spannglieder . 325

Hohlseile 180
Hooke'sches Gesetz 11
Hoyereffekt 79, 631
hp-Schalen 581
HWR-Spannkopf
      121, 136, 138, 141
Hüllrohre
— allgem. 204, 328, 500, 501, 618
— Behälter 536
— Einpreßstutzen 259
— Fahrbahnen 555
Hyperboloid-Schalen . . 574, 581

I

Injektion
— allgem. 257
— Anker 127

K

Kabel
— außen am Steg 267
— Draht 22, 38, 173, 631
Kaltverformung der Spann-
  stähle . . . 20, 21, 24, 31, 39
Kanäle
— Gleit 86, 171, 191,
    204, 234, 260, 338, 367
— vorgesp. Belag 565
Kani-Spannverfahren 178
Kapselpressen 161
Kegelschalen 543
Keil
—kräfte 100
—mutter 97, 137
—platten (Straßen) 563
—ringe 116
—schlupf . . . 101, 103, 110,
    114, 138, 171, 232
—verankerung . . 100, 130,
            137, 631, 635
Kennwert
— zur Abgrenzung (S. u. K.) 415
— für Kriechen 61
— für Schwinden 55, 58
Kern 3, 307
Kippen 303, 520
Klaviersaiten 16, 631
Klemm
—glocke 619
—kraft (Keile) 100
—kraft (Reibung) 215
—stöße 132
Knicken
— allgem. 519, 631
— d. Druckbewehrung . . . 323
— Fahrbahnen 561
Kniehebel-Vorspannung . . . 179
Kochtopfpressen 161
Köpfchen-Anker
    122, 126, 139, 141, 635
Kolbenpumpen 149
Konkordante Vorspannung . . 344

Kontinuität
— allgem. 308
— Spannglieder 313
— teilw. 314
Koppelspannglieder 310
Kopplung der Spannglieder . 537
Kornzusammensetzung . . 47, 254
Korovkin-Anker 74
Korrosion
— allgem. 41, 203, 267
— Schutz 45, 191, 245
Krafteinleitung
— Ankerplatten 270
— Fächeranker 290
— Hohlkasten 291
— Plattenbalken 291
— Schlaufenanker 285
— Verbundanker 284
— Wellanker 285
— Zwischenanker 290
Kraftgrößen-Verfahren . . . 345
Kriechbeiwerte 61
Kriechen
— Berechnung . . 331, 337, 399
— Beton 3, 5, 47, 56,
62, 627, 631
— Einfluß 188, 399
— Stahl 19, 28
Kriechfaser-Methode
401, 414, 419
Kriechzahl 57, 62
Krit. Last 12
Krit. Moment 453, 466
Kübler-Spannverfahren . . . 179
Kunststoffe . . 15, 256, 329,
528, 532, 562, 583
Kuppelschalen 536
Kurzzeitlast 448

L

Längsbeweglichkeit der
Spannglieder 203
Lager 168
Last
—fälle 331, 499
—spannungen . . . . XXVII, 395
Lee-McCall-Anker . 24, 602, 640
Lehrgerüste . 168, 170, 619, 622
Leichtbeton 68
Leitungen für Pressen 176
Leoba
— Spannglied . . 73, 75, 79,
110, 114, 127, 134, 137,
139, 141, 235
— Spannpresse 153
Litzen
—bündel 8
—kabel 8
—stöße 132
—verankerung 108, 120, 132, 139
Lochbleche 86

Losinger-Anker 114, 115
Lucon-Konusmuttern 616
Luftporen 50
Lukas-Spannpressen 156

M

Magnel
— Anker . . . 103, 215, 236, 631
— Spannpresse 151
Manometer 148, 151,
155, 176, 224, 624
Maste 568, 627
Mehlkorn 48, 55
Mehlsand 48, 55
Messungen
— Geräte 147, 164
— Kriechen 62
— Reibung 223
— Spannweg . . . 149, 165, 171
— Schwinden 62
Metallschläuche 206
Mindestbewehrung
— Biegung 323, 396, 453
— Schub 503, 505, 510
Mischen
— Einpreßmörtel . 255, 256, 265
— Geräte 255, 257
Mixopress 255
Mörtel
— Einpreß 245, 255
—gehalt 49, 55, 60
—sperre 260, 263
Mohr'scher Trägheitskreis . . 371
Molykote 218, 223
Momenten-Ausgleich . . 346, 364
Momenten-Drehungs-Linie . . 482
Momentenverlagerung
449, 487, 489, 491, 612
Morandi-Anker 105, 635
Muffenstöße
— Hüllrohre 207
— Spannglieder 137

N

Nachbehandlung (Beton) . . . 50
Nachlassen
— d. Spannkraft . 172, 225, 232
Nachspannen 6, 29, 266
Nachweis
— Bruchsicherheit 447, 458, 498
— Ermüdungsfestigkeit . . . 513
— Kippsicherheit 522
Neptundraht 20, 24, 28, 82, 112
Nitrate, Nitrite 43

P

Paraffin 223

Parasitär-Momente 344
Patente . . . . X, 625
Pfähle 571, 627
Pfeilhöhe . . . 308, 336, 348, 356
Philipp Holzmann-Spannglied
111, 128, 132, 237, 240
Pilzdecken 541
PIV-Spanngerät 153
Plastiment 50
Plast. Gelenke 448, 487
Plastizitätstheorie 448
Platten
— Bruchsicherheit 493
— Knicken 520
— Versuche 613
Plattenbalken 291, 337, 348,
454, 480, 504, 623
Polensky u. Zöllner - Spann-
glied 116, 240
Preload -
— Anker 126
— Wickelmaschine . . . 162,
182, 527, 532, 540, 635
Pressen 147, 151,
156, 158, 175, 224, 289, 624
Prestressing Inc.-Anker . . . 126
Prüfung (Einpreßmörtel)
247, 249, 250, 253
Pumpen 149, 257

Q

Quellzement 183
Querbewehrung . 70, 74, 76,
80, 86, 196, 278, 324, 627
Querdehnung d. Betons . . 7, 52
Querkräfte 298
Querpressung
auf Spannstahl 37
Querschnitte 295, 307, 337
Querspannungen 269, 369
Quervorspannung . . 74, 170, 557

R

Rahmen . . . 64, 318, 365, 441
Rauhigkeit
— Drahtoberfläche 216
Rechenwerte
— d. Festigkeit 448, 459
Reibung
— allgem. . 8, 136, 171, 173,
180, 211, 213, 220, 309,
315, 318, 332
— am Keil 100
— an Keilplatten 563
— Fahrbahnen 550
— Klemmkräfte 215
— Umlenkkräfte 213
Reibungsbeiwert . . . 69, 81,
213, 216, 221, 225
Reibungsverbund 79, 194

Relaxation 11, 29
Richtlinien
— Einpreßmörtel . 245, 252,
  254, 266, 267
— Spannstahl 17
Riegelverfahren 179
Ringgewichte 19, 21, 27
Ringkabel (BBR) 178
Ringkeil 106, 116
Ringzugkraft 528
Risse
— allgem. . 11, 42, 169, 170,
  185, 191, 297, 303, 395,
  497, 510h, 511, 621
— sicherung 12, 332, 395
Rißbreite 1, 12
Rohre 162, 545, 626, 629
Rohrverbindungen 548
Rohrzug-Verfahren 570
Rostschutz 45, 191, 245
Rotation
— Momente 486, 488, 612
— Rütteln 48
Russisch.
— Anker 74
— Spannstahl 20, 84
— thermoelektr. Spannen
  167, 182
— Wickelmaschinen 145

S

sandwich-plates 103
Schalen 493, 573, 634
Scherbeanspruchung 87
Scherverbund . . 79, 81, 196,
  206, 240
Schlankheit 13, 519
Schläuche
— für Einpreßmörtel 258
— für Entlüftung 258
— für Pressen 150, 176
Schlaufenanker . 76, 79, 132,
  146, 174, 210, 285
Schlaufenstöße 329
Schlupf
— keile 101, 103, 110,
  114, 138, 171, 232
— weg 233
Schnittkräfte
— mit Verbund 341, 343
— ohne Verbund . . . 339, 340
Schorer-Spannglied 180
Schrägkabel 312
Schrägstreben-Verankerung . 126
Schrumpfen (Einpreßmörtel) 246
Schub
— bruch 449, 451, 496, 497, 510k
— druck . 497, 499, 500, 502,
  505, 507, 508, 510k, 510m
— risse 170, 497, 510h
— sicherung 498

Schub
— spannungen . . . 193, 300, 366
— versuche 510f, 610
Schutzschichten, wärme-
  dämmend 604, 607
Schwellen . . . 167, 169, 565, 631
Schwinden
— allgem. 3, 47, 53, 55, 62, 399
— Beiwert 56
— Einfluß . . 186, 331, 337, 399
Schwindkriechen . . 55, 436, 439
Schwingbreite
— Keilanker 102, 137, 141
— Muffenstöße 511
— Stahl . . 37, 40, 136, 141, 511
Schwingende Beanspruchung
  34, 37, 188, 202, 511
Sedimentation 245, 254
Seil
— allgem. 22, 40, 204
— Köpfe 86, 118, 139
Sicherheit
— Biegebruch 458
— Ermüdung 511
— Faktor 11, 332, 447, 481, 511
— Feuer 603
— Kippen 520
— Knicken 519, 561
— Schubbruch . . . 498, 499
Shed
— dächer 594
— schalen . . . 573, 579, 585, 635
Sigma-Stahl . 20, 24, 33, 82, 137
Silos 528
Societé Grands Travaux-Anker 117
Spaltbewehrung 273, 286
Spaltzugkraft . 85, 269, 286,
  303, 316, 325
Spannbeton, allgem. 6
Spann
— blöcke . . 77, 91, 133, 174, 288
— fugen . 175, 176, 243, 316, 562
— geräte 143, 147, 157
— kabel 260, 266, 310
— keile (Straßen) 563
— nischen 290
— schlaufen 179
— schuhe 241
— tische 145
— vorgang 171, 623
— weg . 2, 99, 149, 165, 171,
  203, 224, 232, 332
Spannbett
— allgem. 6, 8, 79
— Dehnung 334, 455
— Fachwerke 592
— Fahrbahnen 555
— Maste 570
— Pfähle 571
— Rohre 545

Spannbett
— Schwellen 566
— Spannung . 331, 337, 418, 423
— Spannvorrichtung . . 143, 165
— Umlenkanker 165
Spannglied
— Anordnung . . . 295, 297,
  302, 308, 325, 326, 556,
  574, 615
— Durchgängigkeit 251
— Gleitwiderstand 203
— Koppelung 537
— Pressung 316
— Stöße 129, 537
— Unterstützungen 325
Spannglieder
— außen am Steg 212
— Beton u. Monierbau . 85,
  119, 141, 237, 567
— BBRV . . . 122, 130, 141,
  235, 598, 615
— Chalos 180
— Dywidag . . 96, 129, 258,
  537, 542, 567, 637
— Einzel 8, 326, 310
— Franki-Smet 105
— Freyssinet 103, 137, 235, 631
— gekrümmte . . 39, 298,
  308, 326, 346, 350, 617, 626
— gerade 352, 359
— Gifford-Udall 106
— Grün u. Bilfinger . . 109, 138
— Held u. Franke 71, 109
— Heilmann u. Littmann
  107, 118, 215, 236
— HG 120, 128
— Hochtief 108, 138
— HWR . . . 121, 136, 138, 141
— in Schlitzen 212
— konzentrierte 174,
  210, 223, 237, 254, 267,
  310, 313, 326, 616, 636
— Leoba . . 73, 75, 79, 110,
  114, 127, 134, 137, 139,
  141, 235
— Losinger 114, 115
— Magnel . 103, 215, 236, 631
— mehrteilige 234
— mit Gleitanstrich 203
— Morandi 105, 635
— Philipp Holzmann . . 111,
  128, 132, 237, 240
— Polensky u. Zöllner . 116, 240
— ringförmige 178
— Schorer 180
— vorgespannte 180, 631
— VSL 115
— Züblin 112
Spannkraft
— allgem. 8
— Einleitung 269

Spannkraft
— linie 229
— verlust inf. Reibung . 203, 223, 227, 244
— verlust inf. S. u. K. . 9, 15, 331, 399, 405, 410, 411, 419, 421
— verlust inf. Schlupf 232

Spannstahl
— Anforderungen 15
— angelassen . . 24, 28, 33, 35
— Einfl. Querpressung 37
— gealtert 24
— Gefüge 25
— gezogen 43
— Kriechen 19, 28
— naturhart 18, 36, 191
— Relaxation 29
— russisch 20
— Temperatureinfluß 36
— vergütet . . . 24, 25, 28, 33, 36, 43
— Versprödung 44
— Zähigkeit 16, 25
— Zugfestigkeit . . . 16, 19, 603
— Zulassung 19, 36, 45

Spannungen
— allgem. 5, 10, 17
— inf. S. u. K. 405, 425
— zulässige 296, 331, 366, 372

Spannungs-
— Dehnungslinie . . 16, 20, 24, 25, 27, 37, 51, 455, 459
— ermittlung 331, 338, 366
— korrosion 42
— sprung 11
— umlagerung (S. u. K.) 416
— verlust 3, 15, 31
— wechsel 186
Spiralhaken 69
Spleißen von Litzen 132
Spreizen d. Spannglieder 177, 302, 325
Spreizkräfte 332
Spundwände 571
Stabilität 519

Stahl
— siehe Spannstahl

Stahlbeton
— Balken 305, 327
— Stützen 416
— Verbund 193

Standfestigkeit
— d. Betons 66
— d. Stahls 28, 33
Startbahnen 634, 550

Statisch
— best. Tragwerke . . . 333, 342
— unbest. Tragwerke . 343, 422

Statische Berechnung . . 331, 333
Stauchanker . 122, 126, 139, 141, 630, 635
Staumauern 597, 602

Steg
— bewehrung 501, 502, 505, 509, 510
— vorspannung . . . 301, 324, 369, 501, 503, 633
Stellringe 158
Stockwerksrahmen 321

Stöße
— geschweißt 132
— in Litzen 132
— mit vorgesp. Wicklung . . 135
— mit Ziehhülsen 136
— Spannglieder . . 129, 136, 310
Stollen 545

Stoßmuffen
— Hüllrohre 207
— Spannglieder 137

Straßen
— allgem. 550
— Knicken 520, 561
Streckgrenze 16, 19
Stressteel-Anker 107
Stützensenkungen . 436, 437, 438
Supplementär-Momente . . . 344
Supreme Products-Anker 107, 131

T

Tafel
— Behältergrößen 541
— Bemessung, Plattenbalken 387
— Bemessung, Rechteckquerschnitt 376
— Drehwinkel inf. S. u. K. . . 430
— Ermittlung Biegebruch . . 470
— Ermüdungsfestigkeiten . . 40
— Gleichwertbewehrung 475, 476
— Grenzwerte (Schub) 500, 507, 508
— Hüllrohre 205
— Kennzahlen der Durchgängigkeit 251
— Mindestbewehrung 454
— Mindestschubbewehrung . 503
— Momente inf. Rotation . . 490
— Reibungsbeiwerte . . 221, 222, 228
— Schlupflängen 233
— Schubbemessung (Beispiele) . . . 510b, 510e
— Schwingbreiten der Verankerungen 141
— Spannungen u. Dehnungen inf. S. u. K. 428
— Übertragungslängen 84
— Verankerungseigenschaften 84

Tafel
— Volleinspann-Momente . . 362
— Wendelabmessungen . . . 85
— zugel. Spannstähle 19
— zul. Momentenverlagerung 491
Teflon 218
Tellerfedern 127
Tellerpressen 161
Temperatur . . . 36, 66, 168, 171, 174, 331, 530, 552, 603, 617
Thermo-elektr. Vorspannung 167, 182, 634
Toleranz 17, 18, 20, 21, 27, 28, 105, 173
Tonerde-Zement . . . 42, 47, 254
Tonhohlkörper . . 305, 327, 631
Tonnenschalen 573, 575, 631, 635
Torkret-Putz 534
torpedo splice 130
Torsion 508, *510e*, *510k*, 569, 587
Trägheitsmomente 333, 354
Tragfähigkeit . . . 448, 453, 454, 489
Traglast-Verfahren 448, 453, 489
Treibmittel 246
Trompeten 86, 207, 260
trulock 121
Tübbings 549

U

Übergreifungsstoß 310
Überhöhung (Lehrgerüste) . 619
Überlastungen 515
Überspannen 9, 29, 172, 315, 395
Übertragungslänge 80, 83
Überwachung 624

Umlagerung
— Momente 314, 449
— Spannungen inf. S. u. K. 416
Umlenkkraft 8, 9, 11, 70, 213, 298, 300, 308 318, 325, 332, 335, 349, 357

Umlenkungen
— großer Spannkabel 209, 212, 214, 238
— Spannbett 165, 303
Umschnürte Anker 285
Umsetzeffekt 172
Unfälle 624
Ungarische Verankerung . . . 122
Unterstützungen
— der Spannglieder . . 326, 615

V

Verankerung
— allgem. 6, 69

Verankerung
— durch Haken 73
— durch Krümmungen . 69, 76
— durch Verbund .. 79, 85,
　　　140, 141, 167, 168
— im Beton 69
— im Einpreßmörtel 127
— mit Gewinden ... 5. 62,
　　　95, 136, 633, 640
— mit Keilen 100, 625

Verankerungs-
—bereich 452
—eigenschaften, Drähte ... 84
—glocke 98
—länge 273

Verantwortung 5

Verbund
— allgem. 191
—anker 284
— an Kabeln außen am Steg 267
— an Litzenkabeln 188, 195, 199
— bei Gleitmitteln 204
— Bruchsicherheit ... 192, 449
—festigkeit 196
— Herstellung 245
— in Schwellen 566
— mit Kunststoffen 256
— nachträglich 196, 213
— ohne 494, 610, 627
— teilweiser 194

Verbundspannung
— Größe .. 193, 195, 332, 511
— Verlauf 80, 83

Verdrillen d. Spannstahles .. 24

Verformung
— allgem. 13, 51,
　　　332, 448, 482, 571
— in Fahrbahnen 550
— inf. S. u. K. 425

Verhältnis n 9

Verkürzungen
— inf. Vorspannung 425
— inf. S. u. K. 400

Vermiculite 605

Versuche
— an Brücken 613
— an Durchlaufträgern 484, 612
— in Kornwestheim .. 483, 609
— in Schinznach 454. 610
— ohne Verbund 610
— zusammenges. Querschnitte 611
— zur Bruchsicherheit 609
— zur Einpreßtechnik 262
— zur Ermüdung 512
— zur Feuersicherheit 604

Versuche
— zur Reibung 218
— zur Schubbruchsicherheit
　　　$510f$, 610
— zur Torsionsbruchsicherheit .... $510k$
— zur Verbundfestigkeit .. 197

Vibrationsstöße 244

Viskosimeter 250

Völligkeitsgrad 461, 514

Volleinspannmoment
　　　356, 361, 443

Vorspann
—grade .. 6, 185, 189, $510g$, 570
—hilfen 241
—kraft ... 2, 8, 227, 295, 394
—momente 344

Vorspanntechnik GmbH
— Verfahren 110

Vorspannung
— Behälter 529
— beschränkte .. 7, 12, 41,
　　　136, 186, 191, 194,
　　　196, 332, 511, 637
— durch Bewickeln 182
— durch Erwärmen ... 167,
　　　182, 244, 634
— Einfluß auf Bruchlast ... 456
— Fahrbahnen 553
— formtreue 7
— im Spannbett 6
— in 2 Richtungen 325
— mäßige 185, 189
— mehrsträngige (S. u. K.) 421
— nach dem Erhärten .. 6, 85
— konkordante 7, 344
— ohne Spannglieder 559
— ohne Verbund 192
— stufenweise 7, 169
— teilweise 7, 62,
　　　169, 331, 631
— volle .. 7, 41. 136, 186, 511
— zwängungsfreie .. 7, 344,
　　　348, 357

VSL
— Felsanker 598
— Spannglieder 115

W

Wasserabsetzen d. Einpreßmörtels 245

Wasser-Zement-Faktor
— Beton 48, 53. 60
— Einpreßmörtel . 246, 249, 252

Wellenschalen 583
Welligkeit 214, 225
Well
—maschine 75
—rohre 205
—verankerung 75, 81, 140
Wendel-Umschnürung .. 73, 75
Wickelmaschine ... 145, 162,
　　　168, 182, 528, 531, 546, 635
Widerlager in Betonfahrbahnen 559
Widerstandsfähigkeit gegen Feuer 36, 603
Wirtschaftlichkeit 189
Wettstein-Bretter 626

Z

Zähigkeit
— des Spannstahles 16
Zement
— im Beton 46, 47,
　　　50, 58, 60, 168
— im Einpreßmörtel 254
Zeus-Draht 20
Züblin
— Spanngerät 156
— Verankerung 112
Zugfestigkeit
— Beton 1, 66
— Stahl 16, 19, 20, 23, 25, 603
Zugzone, vorgedrückte
　　　10, 186, 295, 519
Zulassungen ... 84. 85, 92,
　　　123, 136. 214, 233, 246
Zusammengesetzte Querschnitte 396
Zusammenspannen von Teilstücken 312, 327,
　　　582, 586, 619, 633
Zusatzmittel
— für Beton 50
— für Einpreßmörtel . 245, 246
Zuschlagstoffe
— für Beton 47, 53
— für Einpreßmörtel ... 254
Zwängungsfreie Vorspannung
　　　7, 344, 348, 357
Zwängungsschnittkräfte
　　　XXVII, 314, 343, 356,
　　　361, 364, 424, 436,
　　　441, 449, 481, 499, 508
Zwischenanker 290,
　　　300, 342, 359
Zylinderschalen 573, 575

Anhang

Tafeln der Funktionen e^{-x} und $1 - e^{-x}$

Zahlentafel der Funktion e^{-x}
für x zwischen 0,0 und 4,0

x	0	1	2	3	4	5	6	7	8	9
0,0	1,000	0,990	0,980	0,970	0,961	0,951	0,942	0,932	0,923	0,914
1	0,905	0,896	0,887	0,878	0,869	0,861	0,852	0,844	0,835	0,827
2	0,819	0,811	0,803	0,795	0,787	0,779	0,771	0,763	0,756	0,748
3	0,741	0,733	0,726	0,719	0,712	0,705	0,698	0,691	0,684	0,677
4	0,670	0,664	0,657	0,650	0,644	0,638	0,631	0,625	0,619	0,613
0,5	0,607	0,600	0,595	0,589	0,583	0,577	0,571	0,566	0,560	0,554
6	0,549	0,543	0,538	0,533	0,527	0,522	0,517	0,512	0,507	0,502
7	0,497	0,492	0,487	0,482	0,477	0,472	0,468	0,463	0,458	0,454
8	0,449	0,445	0,440	0,436	0,432	0,427	0,423	0,419	0,415	0,411
9	0,407	0,403	0,399	0,395	0,391	0,387	0,383	0,379	0,375	0,372
1,0	0,368	0,364	0,361	0,357	0,353	0,350	0,346	0,343	0,340	0,336
1	0,333	0,330	0,326	0,323	0,320	0,317	0,313	0,310	0,307	0,304
2	0,301	0,298	0,295	0,292	0,289	0,287	0,284	0,281	0,278	0,275
3	0,273	0,270	0,267	0,264	0,262	0,259	0,257	0,254	0,252	0,249
4	0,247	0,244	0,242	0,239	0,237	0,235	0,232	0,230	0,228	0,225
1,5	0,223	0,221	0,219	0,217	0,214	0,212	0,210	0,208	0,206	0,204
6	0,202	0,200	0,198	0,196	0,194	0,192	0,190	0,188	0,186	0,185
7	0,183	0,181	0,179	0,177	0,176	0,174	0,172	0,170	0,169	0,167
8	0,165	0,164	0,162	0,160	0,159	0,157	0,156	0,154	0,153	0,151
9	0,150	0,148	0,147	0,145	0,144	0,142	0,141	0,139	0,138	0,137
2,0	0,135	0,134	0,133	0,131	0,130	0,129	0,127	0,126	0,125	0,124
1	0,122	0,121	0,120	0,119	0,118	0,116	0,115	0,114	0,113	0,112
2	0,111	0,110	0,109	0,108	0,106	0,105	0,104	0,103	0,102	0,101
3	0,100	0,099	0,098	0,097	0,096	0,095	0,094	0,093	0,093	0,092
4	0,091	0,090	0,089	0,088	0,087	0,086	0,085	0,085	0,084	0,083
2,5	0,082	0,081	0,080	0,080	0,079	0,078	0,077	0,077	0,076	0,075
6	0,074	0,073	0,073	0,072	0,071	0,071	0,070	0,069	0,069	0,068
7	0,067	0,067	0,066	0,065	0,065	0,064	0,063	0,063	0,062	0,061
8	0,061	0,060	0,060	0,059	0,058	0,058	0,057	0,057	0,056	0,056
9	0,055	0,054	0,054	0,053	0,053	0,052	0,052	0,051	0,051	0,050
3,0	0,050	0,049	0,049	0,048	0,048	0,047	0,047	0,046	0,046	0,046
1	0,045	0,045	0,044	0,044	0,043	0,043	0,042	0,042	0,042	0,041
2	0,041	0,040	0,040	0,040	0,039	0,039	0,038	0,038	0,038	0,037
3	0,037	0,037	0,036	0,036	0,035	0,035	0,035	0,034	0,034	0,034
4	0,033	0,033	0,033	0,032	0,032	0,032	0,031	0,031	0,031	0,031
3,5	0,030	0,030	0,030	0,029	0,029	0,029	0,028	0,028	0,028	0,028
6	0,027	0,027	0,027	0,027	0,026	0,026	0,026	0,025	0,025	0,025
7	0,025	0,024	0,024	0,024	0,024	0,024	0,023	0,023	0,023	0,023
8	0,022	0,022	0,022	0,022	0,021	0,021	0,021	0,021	0,021	0,020
9	0,020	0,020	0,020	0,020	0,019	0,019	0,019	0,019	0,019	0,018
4,0	0,018									

Zahlentafel der Funktion $1 - e^{-x}$
für x zwischen 0,0 und 4,0

x	0	1	2	3	4	5	6	7	8	9
0,0	0,000	0,010	0,020	0,030	0,039	0,049	0,058	0,068	0,077	0,086
1	0,095	0,104	0,113	0,122	0,131	0,139	0,148	0,156	0,165	0,173
2	0,181	0,189	0,197	0,205	0,213	0,221	0,229	0,237	0,244	0,252
3	0,259	0,267	0,274	0,281	0,288	0,295	0,302	0,309	0,316	0,323
4	0,330	0,336	0,343	0,350	0,356	0,362	0,369	0,375	0,381	0,387
0,5	0,393	0,400	0,405	0,411	0,417	0,423	0,429	0,434	0,440	0,446
6	0,451	0,457	0,462	0,467	0,473	0,478	0,483	0,488	0,493	0,498
7	0,503	0,508	0,513	0,518	0,523	0,528	0,532	0,537	0,542	0,546
8	0,551	0,555	0,560	0,564	0,568	0,573	0,577	0,581	0,585	0,589
9	0,593	0,597	0,601	0,605	0,609	0,613	0,617	0,621	0,625	0,628
1,0	0,632	0,636	0,639	0,643	0,647	0,650	0,654	0,657	0,660	0,664
1	0,667	0,670	0,674	0,677	0,680	0,683	0,687	0,690	0,693	0,696
2	0,699	0,702	0,705	0,708	0,711	0,713	0,716	0,719	0,722	0,725
3	0,727	0,730	0,733	0,736	0,738	0,741	0,743	0,746	0,748	0,751
4	0,753	0,756	0,758	0,761	0,763	0,765	0,768	0,770	0,772	0,775
1,5	0,777	0,779	0,781	0,783	0,786	0,788	0,790	0,792	0,794	0,796
6	0,798	0,800	0,802	0,804	0,806	0,808	0,810	0,812	0,814	0,815
7	0,817	0,819	0,821	0,823	0,824	0,826	0,828	0,830	0,831	0,833
8	0,835	0,836	0,838	0,840	0,841	0,843	0,844	0,846	0,847	0,849
9	0,850	0,852	0,853	0,855	0,856	0,858	0,859	0,861	0,862	0,863
2,0	0,865	0,866	0,867	0,869	0,870	0,871	0,873	0,874	0,875	0,876
1	0,878	0,879	0,880	0,881	0,882	0,884	0,885	0,886	0,887	0,888
2	0,889	0,890	0,891	0,892	0,894	0,895	0,896	0,897	0,898	0,899
3	0,900	0,901	0,902	0,903	0,904	0,905	0,906	0,907	0,907	0,908
4	0,909	0,910	0,911	0,912	0,913	0,914	0,915	0,915	0,916	0,917
2,5	0,918	0,919	0,920	0,920	0,921	0,922	0,923	0,923	0,924	0,925
6	0,926	0,927	0,927	0,928	0,929	0,929	0,930	0,931	0,931	0,932
7	0,933	0,933	0,934	0,935	0,935	0,936	0,937	0,937	0,938	0,939
8	0,939	0,940	0,940	0,941	0,942	0,942	0,943	0,943	0,944	0,944
9	0,945	0,946	0,946	0,947	0,947	0,948	0,948	0,949	0,949	0,950
3,0	0,950	0,951	0,951	0,952	0,952	0,953	0,953	0,954	0,954	0,954
1	0,955	0,955	0,956	0,956	0,957	0,957	0,958	0,958	0,958	0,959
2	0,959	0,960	0,960	0,960	0,961	0,961	0,962	0,962	0,962	0,963
3	0,963	0,963	0,964	0,964	0,965	0,965	0,965	0,966	0,966	0,966
4	0,967	0,967	0,967	0,968	0,968	0,968	0,969	0,969	0,969	0,969
3,5	0,970	0,970	0,970	0,971	0,971	0,971	0,972	0,972	0,972	0,972
6	0,973	0,973	0,973	0,973	0,974	0,974	0,974	0,975	0,975	0,975
7	0,975	0,976	0,976	0,976	0,976	0,976	0,977	0,977	0,977	0,977
8	0,978	0,978	0,978	0,978	0,979	0,979	0,979	0,979	0,979	0,980
9	0,980	0,980	0,980	0,980	0,981	0,981	0,981	0,981	0,981	0,982
4,0	0,982									

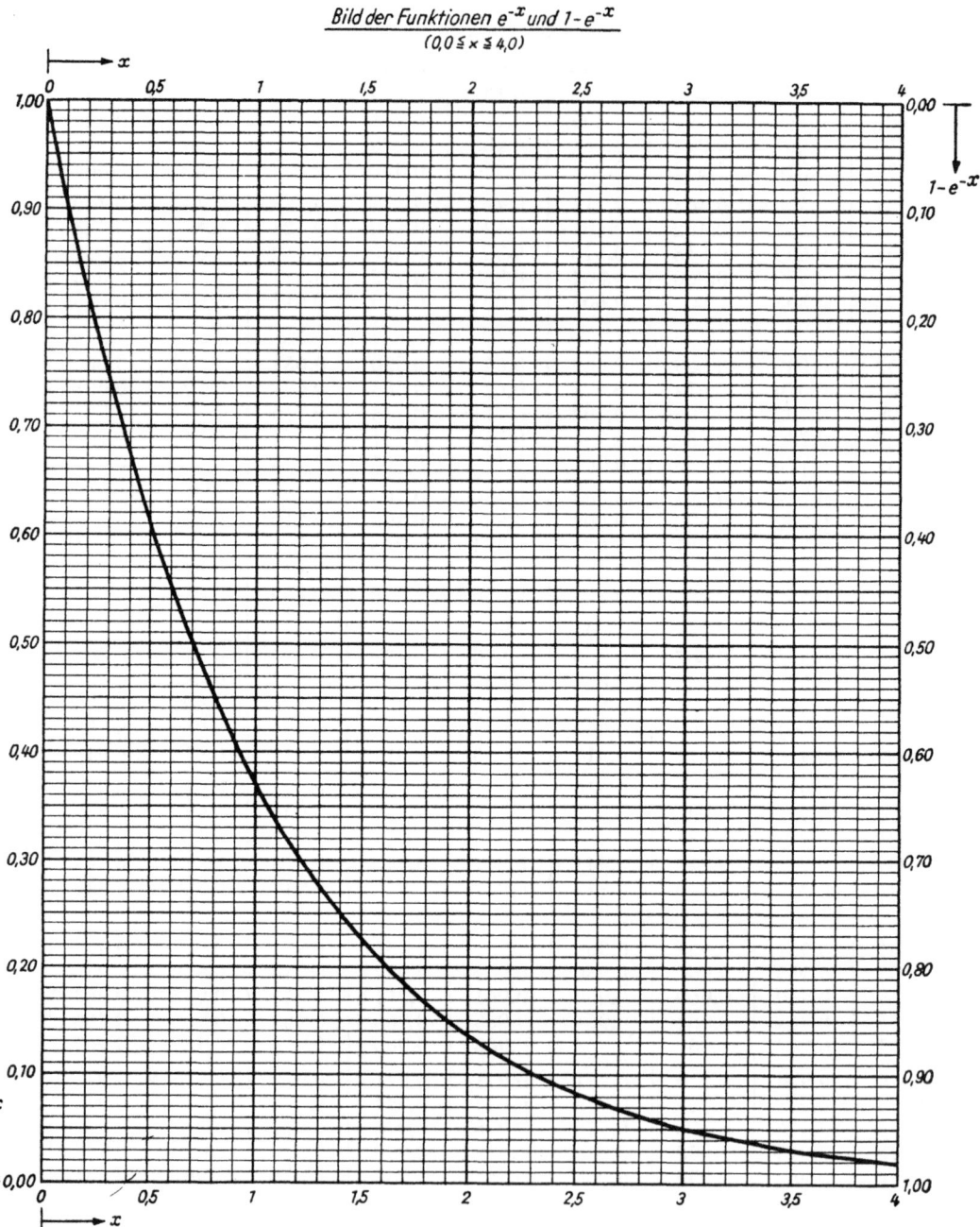

Villain of Steam

THE EDITOR OF "THE CABINET CYCLOPEDIA".

VILLAIN OF STEAM

A Life of Dionysius Lardner
(1793–1859)

A L Martin

Edited by Annraoi de Paor

First published in 2015 by Tyndall Scientific
www.tyndallscientific.com
info@tyndallscientific.com

© Tyndall Scientific 2015

Project managed by Marlinspike Publishing
www.marlinspikepublishing.co.uk
info@marlinspikepublishing.co.uk

ISBN: 978-0-993242-00-7

All rights reserved. This book is sold subject to the condition that it shall not, by way of trade or otherwise, be lent, resold, hired out or otherwise circulated without the publisher's prior consent in any form or binding or cover other than that in which it is published and without a similar condition, including this condition, being imposed on the subsequent purchaser.

http://www.villainofsteam.com

Cover design by Michael Sattler

Back cover image: "Dionysius Lardner" by Edith Fortunée Tita De Lisle NPG3149, © National Portrait Gallery

Typeset by narrator.me.uk
www.narrator.me.uk
info@narrator.me.uk
033 022 300 39

ACKNOWLEDGEMENTS

I am very grateful to the team who have kindly given time, technical expertise and encouragement to this project. I was very privileged to have Professor Annraoi de Paor as an editor. I am very grateful to Paul Chinnock and narrator.me.uk who breathed life into the clay. I was thrilled when Michael Sattler, an artist whose work I have long admired, agreed to design the cover. Thanks also to Jim Butler who advised on layout and artistic considerations, and to Ben Ryan, Roy Johnston and Jane Courtney of Tyndall Scientific, who were patient and understanding.

I would like to thank the following librarians and Lardner experts: (in chronological order) Martin and Zofia Everett, my principal mentors, Jill Palmer, Christine Flitney, Sara Willard and the staff at Saffron Walden Town Library and Essex Libraries and Archives Service, Peter Hingley at the Royal Astronomical Society Library, Charles Burroughs, keeper of Rare Books at Trinity College Dublin, the staff of the British Library and the Wellcome Institute, Simon O'Leary, Sheila Munton and others with whom I worked with at City University Library, Andrew Northall at the Marx Memorial Library also the staff of the Brunel Institute in Bristol, the John Rylands and Deansgate libraries in Manchester, the Templeman Library at Kent University also Richard Fawkes.

In Cambridge, Dr Peter Searby, and the staff of Cambridge University Library where I worked and also researched. Particularly the electronic resources and rare books teams. Jill Morrell, also Dr Chau Pak Lee and Ewan Whyte, who both read the book and gave helpful feedback.

In America Dr J. N. Hays and Dr Andrew Odlyzko (who was a great encouragement and helped in finding research material), also Dr R. John Brockmann and Alex Peck.

In Dublin the staff of the Rare Books Department, Trinity College Dublin Library; also Miguel D'Arcy, Dr Ian Elliott and Dr Charles Mollan; Lardner family tree experts Brynjulf and Knut Langballe and Philip Lardner; Flood family tree experts Neville Flood and Dorothy Gunnersen. Jenny Hudson of Merrimack Media gave me some helpful advice Also Peter Carpenter of the Worple Press. These people generously shared their time and expertise.

I would particularly like to thank Professor Norman McMillan from Carlow Institute of Technology. Mac would have liked to write a book like this himself but was too busy teaching generations of physics students, inventing new techniques in spectroscopy and campaigning for the environment. Instead he and Trixie took time to explain Lardner's historical and scientific background, to generously impart their knowledge and notes, and to show my family around Ireland. The organisation Mac has helped to set up, *An Coiste Náisiúnta um Plaiceanna Cuimhneacháin Eolaíochta agus Teicneolaíochta / National Committee for Commemorative Plaques in Science and Technology*, commemorates Irish scientists with the view to encouraging young people in Ireland to take up science in future and to work towards a smart economy, an aim of which Dionysius Lardner would have strongly approved.

Most of all I would like to thank my husband Paul.

May thy stove be always embered,
May thy engine be always pressured,
And may steam and fortune
Always rise before you
—from *Tales of New Babbage* I

Figure 1: Imprimata for the *Museum of Science and Art*
Figure 2: Stephenson's Rocket

LIST OF ILLUSTRATIONS

Frontispiece "Dionysius Lardner" by Daniel Maclise
Figure 1: Imprimata for the *Museum of Science and Art*
Figure 2: Stephenson's Rocket
Figure 3: Marlborough Street, Dublin   8
Figure 4: Dionysius Lardner by Thomas Bridgford   15
Figure 5: William O'Brien Lardner's poem   20
Figure 6: The Royal Dunsink Observatory   62
Figure 7: Augustus de Morgan at work   64
Figure 8: Henry Brougham, 'A Box of Useful Knowledge'   84
Figure 9: Paternoster Row   92
Figure 10: Tom Moore by Maclise   99
Figure 11: A press room in Dublin in 1835   108
Figure 12: Catalogue cover for the finished *Cyclopaedia*   122
Figure 13: Frontispiece to Herschel's *Preliminary Discourse*   128
Figure 14: Maclise's illustration to accompany Mahoney's poem   136
Figure 15: The Sandymount area of Dublin in 1846   138
Figure 16: Chemical lecturer, thought to be Frederick Accum   152
Figure 17: The Scheutz's completed Differenzmaschine no. 1   176
Figure 18: Goldsworthy Gurney's land carriage   178
Figure 19: The first passenger service   182
Figure 20: The Walking Engine of 1813   186
Figure 21: An atmospheric railway in South Devon   188
Figure 22: Isambard Kingdom Brunel   196
Figure 23: Brunel's Box Tunnel   211
Figure 24: Trinity College Dublin in 1835   212
Figure 25: Suggested ports for transatlantic steam navigation   218
Figure 26: The Iron Witch, 1846 from *Steam and its Uses* (*Museum of Science and Art*)   231
Figure 27: Lady Blessington's salon by Maclise   232
Figure 28: Animal magnetism   237

Figure 29: A meeting in the London Tavern	246
Figure 30: Charles Babbage	262
Figure 31: Ellen Terry, whom Mary Heavisides resembled	262
Figure 32: The staff of the New York Tribune	278
Figure 33: Tribune and Times headquarters Printing House Square (undated)	289
Figure 34: Frontispiece to Lardner's *Popular Lectures on Science and Art*	294
Figure 35: Lardner's American Tour	302
Figure 36: An American railroad carriage, from *Museum of Science and Art*	305
Figure 37: A Norris Brothers advertisement	306
Figure 38: imprimata for the Handbook of Natural Philosophy	314
Figure 39: A telegraph office	316
Figure 40: Dion Boucicault by Bryant	324
Figure 41: The Great Hunger	335
Figure 42: Valentine Flood memorial stone	337
Figure 43: Karl Marx, who quoted Railway Economy in his famous Das Kapital	338
Figure 44: Marinoni's Newspaper Printing Press	352
Figure 45: Weighing Instruments from *Natural Philosophy for Schools*	362
Figure 46: Clockwork from *Popular Lectures in Science and Art*	367
Figure 47: An engine, from the *Museum of Science and Art*	368
Image Sources and Permissions	391

CONTENTS

Foreword   1
Introduction   4

Ireland (1793 to 1828)   7

1: Childhood and Youth   9
2: Early Academic Career   21
3: The Transition to England   51

England (1828 to 1839)   63

4: Setting up the London University   65
5: The 'March of the Mind'   85
6: Establishing the Cylopaedia   93
7: A 'Literary Cab Driver'   107
8: Divorce and Private Life   139
9: Scientific Societies and Babbage's Engine   153
10: Investigations into Steam Transport   179
11: Background to the Great Western Railway Bill   189
12: The Second Great Western Railway Enquiry   197
13: The BAAS Meeting in Dublin   213
14: Steamship Controversies   219
15: Life among the Fraserians   233
16: Declining Credibility   247
17: The Scandal   263

America (1840 to 1845)   277

18: A New Start   279
19: The American lecture tour   295
20: An Explosion and a Fire   307

Going Global (1845 to 1859) — 315

   21: Paris, the Telegraph and the World — 317
   22: In Lardner's Wake — 325
   23: Railway Economist — 339
   24: Earthquake, Death and Aftermath — 353
   25: Legacy — 363
   Epilogue: Windsurfing with Trains — 369

Appendix: Thackeray's Tale of Dionysius Diddler — 371
Appendix II: Lardner Family Tree — 380
Bibliography of Lardner's work — 381
Image Sources and Permissions — 391
Text Sources — 398
References — 417
Index — 424

FOREWORD

It is surprising that this is the first biography of Dionysius Lardner, whose scientific and cultural publications helped transform Victorian society as radically as the advent of Wikipedia transformed the lives of our generation. The bookshelves of middle and upper-class English and Irish families from the 1840s almost invariably contained several volumes of Lardner's *'Cyclopaedia'*; the children of these classes, who started to find science on their school curricula, were guided in their studies by Lardner's rigorous yet vivacious textbooks. Struggling mechanics' institutes developed into serious educational institutions for those in the trades who wished to advance and at their backbone were Lardner's texts. Other readers, intrigued by the railway mania of the time, turned to Lardner as an authority on steam technology. The international audience in British dominions and the USA, and indeed a considerable readership on the continent, were avid readers of Lardner's astonishingly diverse range of original publications. Last, and in this book certainly not least, the chattering classes were enthralled by stories of Lardner's public lectures, disputes with Brunel and various other salacious adventures – which led our author to refer to him as a villain.

The book charts the life of a well-connected Irishman who was not able to fulfil his academic ambitions in Dublin despite making an influential marriage and demonstrating exceptional teaching abilities as a university 'grinder', achieving national acclaim for his lectures on steam at the Royal Dublin Society in 1826.

His focus turned to England, where he was recruited as the 'star' controversial academic to the new 'London University', forerunner of University College London. This college modelled itself directly on the 'examination' system of Dublin University with its textbook tradition that would help it fully exploit revenues from residential and non-residential students. London University was established as an examination university from the outset and here Lardner's role was crucial. Soon, however, he became frustrated with the structure and paucity of that institution. He left to forge his own 'one-man science and technology publishing business' and gradually concentrated on garnering considerable income by publishing his own works rather than recruiting and publishing 'expert and expensive authors'. Lardner's own works, with their lucid style, were superior to any other competitive published work for the burgeoning readership of such books.

Lardner was to become an international phenomenon. Always one step ahead commercially, he so successfully exploited the devious recycling of published material that some libraries banned the purchase of his works. His private life, however, as Anna Martin explains so vividly, led to notoriety which forced him to leave England for the Continent and the USA, where he was able to continue to develop his one-man publishing empire.

In assessing Lardner we must not rush to judgement but, with the author, learn to appreciate the frailty of this human being whose weaknesses and foibles in the end led to incredible personal trauma and trouble. The book is written throughout with a true affection for 'the hero', and more importantly, with an appreciation of the astonishing social and scientific/technological importance of the man. The book bravely confronts in an honest fashion all the facets of the man, who was a true enigma; the reader will here begin to glimpse his extensive social footprint which touched generations of lives. This wonderful book is thoroughly researched and vividly written by a professional librarian who shares with us the fruits of her efforts to fully appreciate Lardner's legacy.

Norman McMillan

Hon. Secretary, *An Coiste Náisiúnta um Plaiceanna Cuimhneacháin Eolaíochta agus Teicneolaíochta / National Committee for Commemorative Plaques in Science and Technology.*

INTRODUCTION

I first came across Dr Lardner when I was cataloguing a collection of 15,000 Victorian books and realised that, although I had a degree in history, there were several aspects of Victorian and Regency literature that I knew nothing about. What, for example, was the bizarrely named 'Society for the Diffusion of Useful Knowledge'? Why had I never heard of Europe's most famous man of letters, Edward Bulwer-Lytton, or bestselling novelist Samuel Warren? I kept coming across strange volumes that cropped up throughout the collection, linked in some way to one name: Dr Dionysius Lardner. Some books seemed to be part of a series called the *Cabinet Cyclopaedia*: some were written by Lardner, others were written by famous authors such as Sir Walter Scott, Robert Southey and Mary Shelley and others still were anonymous. What, I asked myself, was the *Museum of Science and Art*?

I was quite excited as I looked up Lardner's name in *The Dictionary of National Biography*: first, the old 1911 edition that sat on the top shelf as part of the library's historical collection, and then a recent online edition, where I was able to read Jo Hays' excellent article that provided a compass for the next six years' investigations. Lardner did seem to have lived an adventurous, meaningful and shocking life and, rather delightfully, hardly anybody seemed to have noticed this.

The deciding factor that clinched the choice for me was finding Lardner's picture in a dusty book of cartoons called *The Maclise Portrait Gallery of Illustrious Literary Characters*. This book emanated a great spirit of fun. It contained cartoons of the famous men and women of its day, many of whom are still celebrated today. Here was Sir Walter Scott, 'Author of Waverley' an old buffer who looks worried, sports enormous eyebrows and is about to take his dogs for a walk. Here is Benjamin Disraeli, not a middle aged politician with whiskers but 'Author of Vivian Grey' a slim young clean shaven dandy, idly twirling his locks as he leans against the fireplace. Here is Daniel O'Connell, looking slightly drunk as he hails passers-by, propped up by his friend Richard Sheil, and listed merely as 'The author of *Agitation*.' The cartoons were drawn by Daniel Maclise, a talented young Irishman whom Sir Walter Scott had discovered and brought to London.

Like a paparazzi photographer, the young Irishman Maclise scribbled what he saw, and flicking through the book one is transported back in time to the slightly surreal world of the 1830s. Lardner knew most the faces that stare out at us from this old tome, but then, Lardner knew everyone. And there he stands, number XXVI in Maclise's anthology: 'Reverend Doctor Lardner'. Resplendent in his top hat, peering blindly through his strong lensed glasses, collar turned up against the cruel world, wrapped, like a fairytale magician, in a long dark cloak, which at any moment might be swept aside to display any number of surprising and startling revelations.

Anna Martin
Howard Rd
Saffron Walden
December 2014

Ireland (1793 to 1828)

Figure 3: Marlborough Street, Dublin

1: CHILDHOOD AND YOUTH

Dionysius' parents—The Darleys—Henry Flood and Irish history—The Dublin Floods—Political changes and ensuing Irish economic slump—The disadvantages of being a Whig family—Decision to study at Trinity College Dublin—Denis becomes Dionysius—the circumstances of his marriage

Dionysius Lardner was, it is said, born on 3rd April 1793, in Marlborough Street Dublin. Lardner was an international figure but he remained essentially an Irishman all his life and the chief characteristics that helped him to make his fortune sprung from his childhood and upbringing in Dublin, the capital city of Ireland, where he lived until he was thirty-five. The Dublin of Lardner's childhood appeared promising enough: as a child he would have marvelled as he watched ships from across the world dock beside the new Customs House building at the end of his street, as he saw Lords and Ladies bumping past in sedan chairs towards their smart houses in the wide elegant streets of the east of the city, and tradesmen travelling to and from their warehouses in the west of the city. Amongst the smartest of the new buildings was the Four Courts, the hub of the legal profession of which Lardner's father William was a member.

Dublin at the end of the eighteenth century was an exciting world of new experiences and opportunities. As a young Protestant child, Dionysius probably saw the constant presence of English soldiers on the city's streets as a sign of security rather than an implication of disturbances or a symbol of oppression. He probably did not notice the terrible poverty that lurked in the Smithfield area, or in the crowded streets around St. Patrick's Cathedral, where up to thirty people could live in one dilapidated house, and perhaps he never ventured near the hospitals and asylums in the northwest of the city that were later to occupy the time of his brother-in-law Valentine Flood. The rich preferred to distance themselves from the poor and to think of Dublin as an idealised place of progress and order.

Dionysius Lardner's father, William O'Brien Lardner was a King's Bench barrister whose practice was at 33 Marlborough Street. The Lardners had only lived in Dublin for one generation, for William O'Brien Lardner had lived the early part of his life in Ennis, the county town of Clare. Dionysius' father William seems to have come from middle-class Ennis townsfolk; William's father is listed in the alumni records as 'John Lardner, a gentleman' and he may have been the bookseller of that name: William's brothers and several O'Briens in the town were apothecaries. William moved to Dublin at the age of 20 to become a university student at Trinity College Dublin in the summer of 1786.

After his graduation Dionysius' father travelled to London to qualify as a lawyer and was admitted into Gray's Inn on 4th June, 1791. He was married that same year to Mary Anne Knightley. Dionysius was supposedly born when his father was about twenty-seven, although his sister Caroline (who was two years younger than him according to the family tree) was baptised in February of that year, so it is possible he was born in the same year as his parents' marriage. He was the couple's first child.

In those days it seems his name was Denis: he was dark haired, short of stature and even at an early age he had probably developed his famous garrulous nature. The Lardners prospered and their numbers grew. By 1805 William's office (and probably his home) had moved to 195 Great Britain Street (now Parnell Street) and he had become a solicitor in Chancery. By 1807, when Denis was fourteen, he had quite a few younger brothers and sisters.

It was at a local school in Dublin that young Denis had his first lessons in classical languages. At some stage he had a teacher called O'Flanagan. Perhaps Mr O'Flanagan was a bad teacher: at any rate the young Denis did not seem to have been particularly enamoured of learning in his youth. When the time came for him to leave school, in about 1807, he decided not to bother with any further education but to go and work in his father's office as an apprentice solicitor. In those days, although barristers like William had to study for many years it was possible to become a solicitor without studying for a degree: aspiring youths simply paid indentures and became apprenticed to another solicitor for five years. As a trainee, Dionysius would be able to earn money with the family firm and William was keen that his son should take over his clients. In hindsight the decision seems perhaps a short sighted and lazy one, influenced by a father who was reluctant to pay any more for an expensive education. Lardner remained there for about four years.

Even when he was young Lardner seems to have been surrounded by a circle of rather remarkable family and friends. His ability to make friends and build networks was crucial in his later success. The Lardners were closely involved with two families in particular: the Darleys and the Floods.

The Darleys came from a well-known Dublin family: their grandfather George Darley (1731–1813) was a builder and their great uncle, Hugh Darley was an architect who had designed the west face of Trinity College Dublin. The Darley children are said to have been daily playmates at Blackrock, (sometimes written as 'Black Rock' in those days) a popular seaside resort a few miles further along Dublin Bay. George Darley (1795–1846), who was at least two years younger than Dionysius, seems to have been one of Lardner's closest associates for the first half of Lardner's life, although the evidence is slim and Lardner is seldom mentioned by any of Darley's biographers. Darley was to grow up to become a very well respected poet, the subject of twentieth century biographies, with one of his poems featuring in Palgrave's Golden Treasury.

At some stage Dionysius was introduced to the Flood family. Barristers William O'Brien Lardner and Henry Flood probably knew each other as students at Trinity College Dublin and were now fellow barristers. Henry's son, a third Henry Flood, was about the same age as Dionysius, and he had two sisters as well as a two younger siblings. The daughter of the family, Cecelia Flood, was proud and strong. Dionysius, young as he was, decided that she was the one woman for him.

The Flood children were special and different. The most exciting thing about them was that they were related to an earlier, dead, Henry Flood (1732–1791), a great Irish hero.

When Dionysius wrote of Cecelia in his later life he always mentioned Cecelia's connection to the great politician Henry Flood, and he seems to have loved her predominantly for her freedom-fighting ancestor. Dionysius' admiration of Henry Flood's memory shows a lot about the sort of person he was and the times that he lived in, for Flood was a lawyer who had graduated from Trinity College Cambridge and became a member of the Irish Parliament, helping to fight against English oppression.

Ireland, a predominantly Catholic country, had been reconquered by the now-Protestant English in the sixteenth century, and colonised with English settlers. They had passed strict laws that forbade Catholics from voting, becoming Members of Parliament or holding public jobs. Anyone graduating from Trinity College had to take oaths that few Catholics could bring themselves to swear, so in practice Catholics found themselves unable to go to the university in Ireland. The English also imposed trade restrictions on the Irish. Cecelia's ancestor Henry Flood was one of the many descendants of the English colonists who had dominated all the professions in Ireland, and lived in Ireland for many generations. Some had intermarried with Catholics and most of them thought of themselves as Irishmen. They resented having to pay English taxes and many of them realised that the situation for Catholics was dangerously unjust.

Towards the end of the eighteenth century it became possible for these Irishmen to do something about this inequitable situation. In 1769 the English were preoccupied in fighting the American War of Independence and had not had the power to dominate Ireland as forcefully as they usually did. So Flood and the Patriot party, led by Henry Grattan had managed to get British trade restrictions lifted, and the economy of Ireland had thrived as a result. In 1782, under Grattan, the party managed to amend Poyning's Law, which said that the Irish Parliament could pass no laws which had not first been passed in the English Parliament.

Another attractive aspect of Cecelia's family was that her father, a barrister like, and also called Henry, was very rich; rich on a scale that left the middleclass Darleys and Lardners in the shade. Most delightfully he owned Paulstown Castle, in Gowran, Kilkenny but when in Dublin they lived at 24–25 Arran Quay, near the Four Courts, a building which they rented from one of the George Darleys (probably the builder of that name).

It may be that Dionysius decided to marry Cecelia as soon as he left school and that this was a factor in his choice of career, for his French autobiographical document (written in the third person) states: 'He married very young so he had to find a career through which he could reach independence earlier than the one of a barrister. He decided to opt for a career as a solicitor'.

Young Dionysius did not enjoy his work; his life probably resembled those of the Irish solicitors in Anthony Trollope's novels, who mostly spent their time drawing up wills and marriage settlements and helping to find legal loopholes in land leases. However, there was another factor which may have increased his desire to seek another profession, for business in Dublin was in the decline. Times had changed. In 1791 Theobald Wolfe Tone, a lawyer who had gained a BA from Trinity College in 1785, helped form the Society of the United Irishmen; a group of Catholics and Protestants who were campaigning together for parliamentary reform and universal suffrage. In 1798 he led a rebellion to try to make Ireland an independent country. After the failed rebellion it was decided that the

Irish should no longer have a parliament and that the Irish MPs should serve as a minority in the British Parliament at Westminster. The Act of Union was passed and the Parliaments were unified in 1800. The Irish Lords, with all their extended households and the business they wielded, had moved away to London for most of the year and now sat at Westminster. This meant that the prospects for a lawyer were not as attractive for Dionysius' generation as they had been for his father William's.

Figure 4: Dionysius Lardner by Thomas Bridgford

The family law practice may have been particularly vulnerable because William O'Brien Lardner seems to have been a Whig. Like many Irishmen he seems to have been impressed with the ideas of the American Revolution for he named one of his sons George Washington Lardner (the son, baptised in 1799, does not seem to have survived long) and his son Dionysius' marriage into the prominent Patriot family of the Floods would support this theory. In the late eighteenth and early nineteenth century, in the period between the French civil war and the end of the war with France in 1815, there was a great suspicion of radical ideas and consequently those with Whig views were ostracised. In Ireland, after the rebellions led by Wolfe Tone and Robert Emmet, a Whig was doubly suspect. Whig lawyers were unemployable during this period. This may have meant that for Dionysius, working for the family firm was not as attractive a proposition as it may have seemed at first.

In December 1811, when he was nineteen, an event occurred which changed Dionysius' life: he was involved in a road accident and dislocated a joint in his leg, which resulted in spending several months in bed, recuperating. Whilst in bed he used the free time spent trapped in his room to undertake the preliminary studies for the university entrance exam. He quickly became fluent in Greek and read the standard works that scholars needed to enter university. On the first day when he was able to leave his bed he went to register to sit the Trinity College Entrance examinations. It is likely that Denis' father was not entirely averse to this change of heart. William O'Brien Lardner had himself been a student at Trinity and even had written a published poem, *The College Gibb* on the subject of student life there. The poem reflects great affection for the college and William seems to have had happy memories of his student days so it is likely that he was proud when his son decided to follow in his footsteps and take up a place at Trinity. Entrance to Trinity College Dublin was by public exam. For the exam it was essential that all candidates were familiar with the Greek classics. Education in those days consisted mainly of learning Greek and Latin, indeed, even mathematics was taught in Greek. Lardner sat the exams and took the top marks in logic. He immediately quit his job and became a student at Trinity College. When Denis enrolled at Trinity on the 2nd November 1812 he was about twenty. In England students often went to university at the age of fourteen, but alumni records show that many students in Ireland went to university at an older age, so although he is often portrayed as a self-made adult learner, he was probably not much older than many of the other students. George Darley entered the University at the same time and young Henry Flood matriculated the following year. Some of the younger Darleys followed a few years behind and Dionysius' brother William graduated, aged twenty-one, in 1824.

॰ஐ॰

It seems to have been at about this time that Lardner began to use the name 'Dionysius,' the Latin form of the Greek equivalent of his name. This was preferred in official documents of his day which were sometimes written in Latin. Perhaps he took the decision the day he had to write his name in Latin in the official college matriculation book when he formally entered Trinity College. The name is a startling one as it conjures up an image of the carousing

Greek god of wine (Bacchus in Latin) nevertheless it was also the name of a pope and a saint (Saint Denis patron saint of Paris). It may have been a somewhat misguided attempt to display an identification with the classics; both Dionysius and his father were masters of the Greek language and enjoyed dropping Greek phrases into their writing, and a knowledge of the classics was a mark of a gentleman at that time. Nevertheless the following news item, published many years later suggested that there was another reason for changing his name:

> Dr Lardner's Christian name is properly Denis, and it was while paying his addresses to Miss Celia Flood, the lady from whom he was last year divorced, that he changed it to Dionysius, and it was brought about by the lady complaining of its vulgarity, which the Doctor was but too sensible of, and accordingly effected as an exchange without the concurrence of his godfather or god-mother.
> – *The Satirist newspaper spreads rumours about Lardner's change of name*

Meanwhile, even though things may have seemed hard and his career plans had changed, Dionysius' ambitious aspirations to marry Cecelia Flood were soon to be rewarded through an unexpected twist of fate, for despite having a rich father, Cecelia Flood's position in society was not as secure as she might have hoped. The Flood children were very much loved by their father, but Henry had never married their mother, Frances Beresford. Henry was open in his will about the fact that he was not married when he had his first four children, but his situation was not considered particularly irregular, for it was typical of rich

Whig families of that period to have unaccounted for children wandering around their castles, of whose parentage nobody was entirely sure. These children were called 'children of the mist'. Occasionally they were married off to Lords, or to similar children in other Whig households.

In 1819 Henry decided to put an end to his unconventional marital status for he decided to get married – not to Frances, his children's mother, who may well have been dead by that date, but instead to another lady, Anne-Marie Lennox, whom he married in the September of that year. Henry's children were all nearly grown up by then, and he may have wanted to start afresh with a new, respectable wife, without awkward teenagers intruding on the scene. His sons would soon be gone, to be educated at Trinity College Dublin, and perhaps Cecelia and her sister Lydia were put under pressure to leave home. Cecelia's father decided to give her a very generous dowry of £3,000 and marry her off to Dionysius.

On the 19th December 1819 in the parish church of Saint Paul in the city of Dublin, Dionysius Lardner and Cecelia Flood were married by Reverend Henry Campbell. At twenty-two or so, Lardner was still a student with no means of supporting his wife, so it was an unusual step, but if it is true, as his autobiography implies, that he had wanted to marry her since the time he left school, they had already known each other for seven years. Dionysius must have been delighted that his long cherished plans had at last paid off. However, his choice of wife was a decision that he would come to regret deeply.

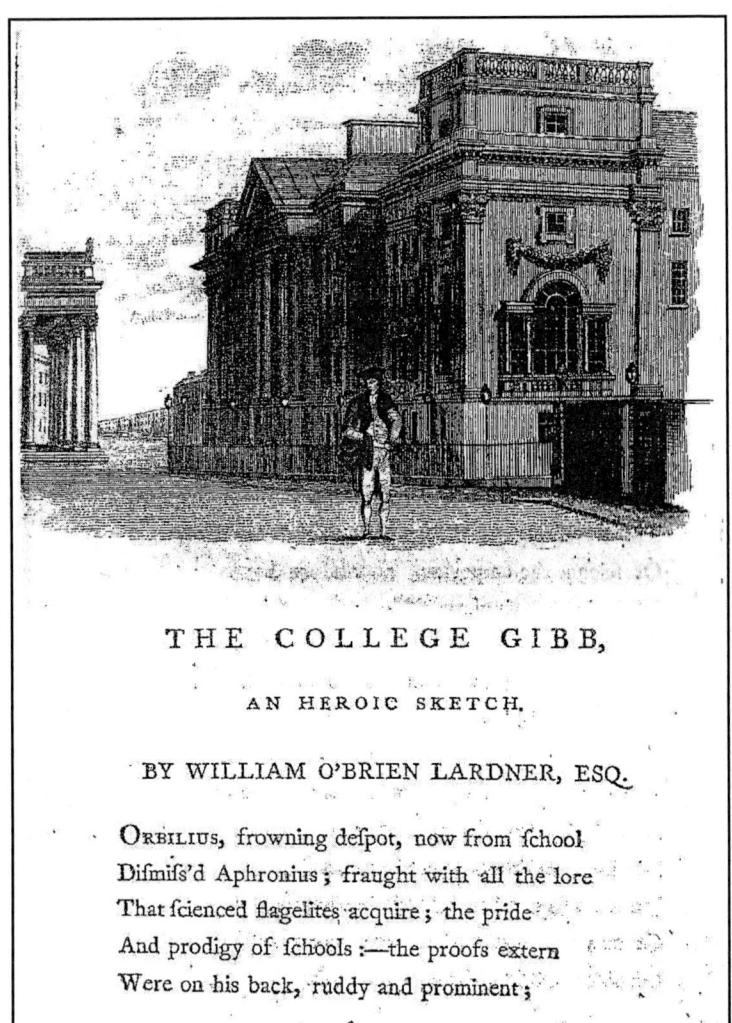

Figure 5: William O'Brien Lardner's poem

2: EARLY ACADEMIC CAREER

Changes at Trinity College Dublin — The arrival of the analytical calculus — Family and career problems — The effect of Emmet's rebellion at Trinity — The end of the marriage — Running a Dublin boarding house — Lardner's Dublin Textbooks — William Rowan Hamilton — Lecturer at the Dublin Mechanics' Institute

William O'Brien Lardner's poem *The College Gibb* describes the life of a new Trinity College Dublin undergraduate, flamboyantly displaying his new robe around the streets, eating huge plates of food, having competitions to see who could spit flour balls at the candles and drinking Irish Oktober beer in the cellars.

William seems to have been particularly impressed with the debates which took place in his day. Although politics were banned from debates, speakers were still able to introduce controversial subjects during William's time. Some students campaigned for Catholics to be able to vote and even some fellows supported Thomas Paine's radical philosophical writing. Catholics were no longer required to take the oaths and a few Catholics had become students, such as the famous poet Thomas Moore. The robes that students wore depended on what type of students they were (i.e. how rich their parents were.) Dionysius began with the least prestigious; as a 'sizar'. Sizars were usually the children of poor parents or clergy; they did not pay fees but until recently they had had to do light chores such as waiting at table, although once he won scholarships, as he claimed, this would have allowed him privileges and a more prestigious gown.

Before 1821 there were fewer than seven hundred students at the college and about 25 members of academic staff. The size, age and dynamics of the community resembled more a British public school rather than what we think of these days as a university; those students who lived in and the staff would all have known each other at least by sight.

Since the University was in the middle of a thriving city, it was thought that the students' morals might be compromised if they were not kept busy, and so they were made to work very hard. Attendance at chapel at six o'clock every morning was compulsory if you lived in college, and students had to attend four mornings a week even if they lived in the city. Exams were a frequent and regular part of the Trinity College curriculum: each class was examined for two days, from 8 to 10 in the morning and 2 to 4 in the afternoon. The exams were almost entirely oral; the only writing that Dionysius would have had to have done would have been his Latin essay. In the exams in the Hilary term of 1813 for Dr Prior's senior lectures Dionysius was awarded a 'Valde' for logic and for Greek as well as for Latin and a 'Bene' for 'theme' (i.e. a Latin essay). He did well in his exams, for Valde was in practice the top mark: 'Optime' was hardly ever awarded.

EARLY ACADEMIC CAREER

Biographers (probably going on information supplied by Lardner) have often described Lardner's academic progress at Trinity as a glittering success:

> In 1813 he gained the first prize in Aristotelian logic, a subject with which he had been wholly unacquainted before the previous November. He next gained fifteen or sixteen prizes in metaphysics, pure mathematics, natural philosophy, astronomy, and moral philosophy; and in 1817 he received the degree of Bachelor of Arts.
> — *Lardners' college days as described in 'Men of the Time'*

Modern Historian Charles Mollan, member of the Royal Dublin Society and author of *It's Part of What We Are* (a history of Irish scientists) has cast doubt on these accounts. After researching the Trinity archives he has concluded that Lardner was not awarded a scholarship nor did he receive a distinction in his BA degree examination. Mollan suggest that he 'clearly was not one of the top academic stars in Trinity'.[1]

It seems unlikely that Lardner would have lied about winning prizes, however, as the biographical articles which describe his achievements were published in his lifetime and could have been easily contradicted by those who remembered the events. We may surmise that he may have won some sort of minor unrecorded prizes.

One of Dionysius' close friends at college seems to have been his friend from the Blackrock days, George Darley. A tall, thin, pale youth, Darley had a gentle nature and was often to be seen carrying a book in his hand. Perhaps due to his parents' long absence abroad, he possessed a strong sense of nostalgia and he comes across from his later letters as rather like A. A. Milne's Eyeore in personality. Worse still, he stuttered so badly that strangers could hardly understand him at all. He compensated for this inability to express himself verbally by developing a rich inner life, where his thoughts and emotions welled onto the page as poetry. The stuttering, morose Darley and the loquacious optimistic Denis Lardner seem like an odd couple but one can understand how they may have grown up alongside each other to form two sides of the same coin. George Darley, seems to have been a diligent scholar for Lardner later wrote him a job reference stating that: 'Although it is not necessary [to] pass more than eight quarterly exams of the sixteen which are held in the undergraduate course, yet Mr Darley attended nearly the whole, and never failed of obtaining the highest honour'.

Since Dionysius' father's time there had been considerable changes in the college. A Catholic Relief bill had been passed in 1793, the year of Dionysius' birth. The laws made it easier for Catholics to attend Trinity, as well as allowing them to vote if they were forty-shilling freeholders, but they still could not be elected as Members of Parliament. In practice Catholics have hesitated to apply to the college, even up to recent times, hence the anonymous adage:

> Young men may loot, perjure and shoot
> And even have carnal knowledge
> But however depraved, their souls will be saved
> If they don't go to Trinity College.

The curriculum in William's time was rather old fashioned and textbooks had not been updated for many years. At that time the students all studied the same course: ancient and modern logic, the ethics of Cicero and Burlemaqui. The works of the philosopher John Locke, and of John Newton dominated the curriculum, but they also studied mathematics using the books of Euclid. Natural philosophy (now called science) included mechanics, using a book written nearly a hundred years before by the college's Richard Helsham.

Two professors began to introduce changes: John Brinkley arrived in Dublin from Cambridge in 1792 to take up the post of Andrews Professor of Astronomy and Astronomer Royal of Ireland, and Bartholomew Lloyd, who had risen through the college and was appointed as Professor of Mathematics at the age of about forty-one in 1813, the year after Lardner entered. These men were to influence the education and outlook of a generation of Trinity scholars, and Lardner seems to have drunk in all they had to teach.

Brinkley and Lloyd introduced their students to a new tool that very few people in Britain were aware of – analytical calculus. In the eighteenth century the great Trinity College Cambridge scientist, Newton, had set a tradition in Britain of calculus based on geometrical reasoning, using a notation called fluxions, or dot notation. Gottfried Wilhelm Leibnitz, a mathematician from Leipzig, had invented an even more effective system of calculus using a notation derived from algebra, the analytical calculus. European mathematicians such as Jean Baptiste d'Alembert, Leonhardt Euler, Joseph-Louis Lagrange and Pierre Simon Laplace developed Leibnitz's ideas but his methods were largely ignored in England.

After the French revolution of 1789, and during the Napoleonic wars that raged between 1799 and 1815 cross-channel communication was difficult and continental ideas were viewed with suspicion. There were no English translations to make these works available to scholars and even in the original languages they were very expensive to buy: as a young man Charles Babbage had to pay seven guineas for Lacroix's book when he bought it from the French bookseller Dulac in London in 1810. In his younger days Brinkley had served as a fellow of Gonville and Caius College, Cambridge, until 1790. The ideas of the French mathematicians seemed to have been more welcome at Caius than they were at some other colleges, for the year after Brinkley left Caius another mathematician, Robert Woodhouse, arrived.

Woodhouse published *The Principles of Analytical Calculation* in 1803. This was the first book in English to describe the ideas of Leibnitz and the European Mathematicians. Brinkley probably learned of Woodhouse's work through his Caius connections. Lardner later wrote that in this way Lloyd had 'advanced the course of mathematics at Trinity by a hundred years'.

It was probably at Trinity that Lardner was introduced to the work of Joseph Butler, an eighteenth-century philosopher who taught that the study of science brought one closer to God. Lardner believed that the study of astronomy or the laws of nature encouraged people to see 'proofs of design' and 'ample proofs of the superintendence of a Divine Providence', and this belief was later reflected in Lardner's characteristic style of lecturing, where he enthusiastically promoted a sense of wonder and gratitude for the marvel and orderliness of science.

EARLY ACADEMIC CAREER

Dionysius' studies continued successfully; he got his BA at Easter 1816 and his MA at Easter 1819. By 1817 William O'Brien Lardner had moved to 12, Russell Street and was working at the Court of Common Pleas and Exchequer. Russell Street was towards the north of the City and Springhill, nearby, commanded fine views of the Liffey weaving through the city below to Dublin Bay and the sea beyond, with the Wicklow Mountains in the distance. Springhill was an area where many wealthy people lived and prospects for the Lardners must have still seemed good. Unfortunately this prosperity did not last.

By 1820 Dionysius and Cecelia had become the parents of three children: Henry, born 20 Nov 1816, baptised 21 Nov 1816; and Cecelia, born 21st August 1817 baptised in St George's Church, Dublin on 23rd August, and George born in 1818, but the Lardner family's fortunes took a turn for the worse as several key members died within a short space of time. Young lives were very vulnerable at that time and by 1820 Dionysius and Cecelia's daughter, young Cecelia, had died. Dionysius' brother Theodore probably died about this time too, and another brother, Frederick Henry, who was born in 1813 seems not to have survived. William O'Brien Lardner's life also came to an end at around this time: he died in about 1818.

As Dionysius got older the time came for him to find a post. He now had several children to support. Whereas before his father had been there to support him through his badly paid apprenticeship and studies, now there was no family firm to provide a regular income for Mary-Anne or her children. The Lardners probably began to live off any savings they might have made and to gradually turn towards Dionysius for strength and support. Although he had graduated, Lardner did not have to leave the University but remained as a resident master. However, there was a major stumbling block to his plans for academic tenure, for the laws of Cambridge, Oxford and Trinity College Dublin stated that fellows should not be married.

When he first chose to aim for an academic career, Lardner may not have realised that his marriage would hamper his progress. Until the very year that Lardner enrolled as a student, the rules on marriage were not always adhered to. In recent years many of the fellows at Trinity had married, claiming if challenged that the laws were unclear. Their marriages were supposed to be a secret but many knew of them: if the wives visited the college they were addressed by their maiden names with the sobriquet 'Mrs' attached, so Cecelia would have been known as 'Mrs Flood'. Once fellows went on to be appointed as clergymen in other places they were allowed to marry. The college had the right to appoint residents in many places, so there was a good chance that academic staff would be able to legally admit to having a family in the end, but they had to be prepared to wait for the privilege, a concept which the young Lardner seems to have baulked at. Unfortunately, in 1811, the same year that Lardner decided to aspire to the academic life, the laws had been more tightly enforced. The marriages of the current fellows were recognised but no future marriages were allowed, so, being already married before he graduated, Lardner was not able to become a fellow.

Lardner's autobiographical document reveals that he wanted very much to be employed as an academic at

Trinity College Dublin. An academic would have had time to study and read as much as he wanted, could teach others and further the progress of science, and could have expected a salary of £1500 to £2000. Lardner may have been hoping that the restrictions on marriage would change but they did not in fact do so until 1840. However, all was not lost because in addition to the twenty-five fellows at Trinity in 1830 there were 13 professors who were not fellows. These professors taught the more modern subjects and they often lived out of college and hence had less influence and were less well respected or paid than fellows. It is likely that Lardner was aiming to get one of these posts. The professorships were often reshuffled when a senior fellow moved on, but unfortunately by Dionysius' time the senior fellows posts had become so lucrative that the fellows were reluctant to leave them to take up country livings and therefore very few posts became available.

Whilst he waited to find a suitable post, Lardner found work as a 'grinder' that is, a tutor to young students, or 'gibbs' and those preparing to take their entrance exams at the College. The term 'grinder' is a derogatory one, for the work of tutoring young boys was time consuming and did not pay well: a reference in *The Lancet* suggests that grinders for medical students charged 30 to 40 guineas per boy for an unspecified period. Grinders held a semi-official position at the University and were seen as a vital part of the education process, and Lardner had a room in college and mixed with the professors whilst he did this work.

Eventually in 1820 one of the professors did move on, but he was the Provost, Thomas Elrington, the person in charge of the whole university. Elrington was leaving to become Bishop of Limerick and it was suggested that

Bartholomew Lloyd be appointed Provost in his place. This would have been helpful to Dionysius, for he had a good relationship with Lloyd and would have been in a stronger position to find work himself. However Lloyd was not appointed Provost because he was deemed to have unsafe political views on the Catholic question, and hence Lardner was doomed to plod on as a grinder.

Lardner's failure to find profitable employment was not entirely his own fault: he was a very hard worker who could in later life produce large quantities of work to order and multi-task to an astonishing degree. His situation was rather a sign of the times, for it was not only lawyers who were affected by the decline of Dublin and its Whigs.

In 1803 a lawyer, Robert Emmet, led an unsuccessful rebellion and was hanged. Both Robert Emmet and Wolfe Tone had been Trinity College students and their attempts to achieve complete Irish independence from Britain through armed rebellions had caused a serious political backlash in the College. The failed rebellions led to great changes at Trinity. Lord Clare, the hated Lord Chancellor of Ireland who had opposed Grattan in Parliament and engineered the Act of Union, arrived at the college. Clare led a committee who had been sent to vet the teachers and their teaching in what was called a 'general visitation'. The visitation amounted to a crackdown on student political activity. Students such as the young Catholic Thomas Moore who later wrote books for Lardner, were forced to give evidence against their friends or to be expelled, which would bar them from their chosen professions, and several of those involved were hanged. Thomas Elrington, the Provost from 1811 to 1820 wrote anti-Catholic diatribes and stamped on any expression of unorthodox views. At the Trinity College of Dionysius' youth people remembered the proud tradition of dissent, but they also remembered the trouble it had caused and they knew that if they expressed their political ideals too freely they would not be selected for promotions.

It seems likely that Lardner's circle were sympathetic to the aims of the rebels: Anne Boursiquot's son, Dion Boucicault, was to write a play using Robert Emmet as the eponymous hero years later and he claimed that his father had known Emmet and that the house where he was born was one of those searched during the Emmet rebellion. However, instead of throwing themselves into political debates as their fathers' generation had, Lardner's generation threw their energies into other activities. Several of them, notably Thomas Moore and George Darley, channelled their frustration into poetry and song, but Brinkley and Lloyd also instilled a passion for science in their students, and the Philosophical Society flourished.

The financial ramifications of the Act of Union continued: Ireland entered a period of serious economic decline. Before the Act there had been, according to Watson's Almanac, ninety six peers residing in Dublin, and Grattan had estimated that each had a financial income of £4,000 a year. A writer in 1837 estimated that there were only eight or nine resident peers left in Dublin by that time, most of them prelates, and a writer in the Dublin Penny Journal estimated the income of the Dublin Gentry to be £200 a year, signifying a loss of nearly half a million pounds each year. Much of this income would have derived from Irish estates; most of it was presumably now drained out of the country and spent in London. The financial and political situation in Dublin meant that there were very few openings suitable for academics and several of Lardner's peer group found it difficult to get posts.

Lardner's financial situation put a great strain on his marriage. Very few middle-class men would have considered marrying before they were able to fully support their wives: the Lardner sisters had not found any husbands yet and Dionysius may have begun to regret his rash decision to marry so young. Now that hard times had arrived, the family may have been forced to draw upon the income from the £3,000 in trust that Cecelia had been given on her wedding which would have become her husband's property under the laws of that time. Cecelia could no longer live in the rich lifestyle she had been brought up to enjoy.

At some stage, perhaps only for the summer of 1820, Dionysius moved his young family out of respectable Dublin and into a cottage in Blackrock. The journey between Dublin and Blackrock takes about half an hour today by the DART (Dublin's local train system): it would have taken longer in Lardner's time, but he would still have been able to do the trip on horseback in a few hours and, from evidence given in his divorce, he seems to have commuted between the two quite often. Cecelia may have had to spend a lot of time far from her husband or family, surrounded by young children, and whilst it may have been fun at the start she may have found the lack of stimulating company difficult.

Dionysius tutored a pupil (or 'gibb') at that time. Edward Berwick, son of a clergyman, lived with Lardner as he prepared for Trinity, or perhaps whilst he studied there as an external student. Lardner must have taught him well for, after passing through Trinity, he was called to the bar in 1832 and went on to serve as Principal of Queen's College Galway between 1850 and 1872. Having a young stranger living in the family home may have added to Cecelia's annoyance.

The good spirits of the Lardner family suffered. Friends noticed that Cecelia was 'in a very high degree and habitually provoking unkind and insulting towards her husband' in the two year period up to 1820, and that Lardner became so unhappy that his health visibly declined.

> [Cecelia]...exhibited a most violent and unamiable character, and an excessive irritability and ill temper in her conduct and demeanour towards this party [i.e. Lardner,] which often broke out into acts and language of the most violent kind towards the person of this party propounding [i.e. Lardner], without the slightest provocation given to her.
> —*Lardner describes Cecelia's behaviour during the deterioration of their marriage*

During this time the Lardners were close to a family who were staying for the summer at Bray, further along the coast. Mrs Boursiquot, Anna Maria, or Anne as she was always known, was George Darley's eldest sister whom Dionysius had played with as a child in Blackrock. When she was about eighteen, she had married a much older wine merchant, Samuel Boursiquot. Samuel Boursiquot owned at least part of a wine merchant's business, Boursiquot & Woodruffe, at 10 Jervis street, near the Essex Bridge. Dionysius and Cecelia had named their second son 'George Darley Lardner' after Anne's brother, and it was perhaps natural that they should keep in touch with George's sister too. Like the Lardners, the Boursiquots had young children: William, Mary and two baby twins, George and Arthur, who had been born the year before, in 1819. The boys were to grow into strapping great lads by all accounts; they took after their beefy father, but Mary was a delicate child who needed special love and attention.

One day in September 1820 the Lardners had guests to dinner. It is unclear who these guests were: they may well have been the Boursiquots. A scene ensued. When the time came to serve the coffee after the meal, Cecelia refused, slamming the cups onto the table, and began to berate her husband, making wild accusations against him and the guests. Lardner, embarrassed, finally resorted to picking her up bodily and carrying her out of the room, but she was not pacified and some minutes later she left the house.

The following day the Boursiquots were passing through Blackrock and had arranged with Cecelia that Anne would spend the night at the Lardners' on her way to Dublin, where she was taking her daughter to see a doctor. When they arrived Cecelia had gone and Anne had to decide whether to stay in the house alone with Dionysius, which might appear slightly improper, or to change their arrangements. She decided to stay. Everybody was sure that it was only a temporary squabble and that Cecelia would walk back through the door in a moment. Passing time proved them wrong, for Cecelia had vanished into the night and never again slept under the same roof as her husband.

All the comings and goings between these families seemed quite respectable, but the events of that summer were to be examined in great detail over a decade later in an attempt to discover exactly what these people were up to.

After 1820 and before 1833, Lardner's address is given in the Dublin directory as 29 Trinity College only, but in fact the autumn after Cecelia left he moved in with his pupil to 47 Lower Gardiner Street, the house the Boursiquots rented in Dublin only a few streets away from where William O'Brien's office had been. The friends soon turned the house into a boarding house. Boursiquot provided the food and drink and in return Lardner paid the rent.

Anne Boursiquot later explained:

> He was in a bad state of health at the time I know- but the cause thereof I cannot speak of my own knowledge- my husband was very strongly attached to Dr Lardner and therefore acceded to his will to become an inmate of our house. It was an objectionable engagement to me for various reasons but my husband overruled my objections and he and Dr Lardner made their own arrangements but whether the house was to be considered as Dr Lardner's, and we as his lodgers or the house to be ours and he our boarder I do not rightly know.
> —*Anne Boursiquot describes how Lardner came to live with them*

Anne was pregnant again and when her son was born in December at 28 Middle Gardiner Street the couple named the baby Dionysius Lardner Boursiquot after their lodger, the child's godparent. This infant later changed his name to Dion Boucicault and was to grow up to become one of the most famous English language dramatists of his age.

The little household seem to have moved several times between various houses in the same street. From what relatives have recounted, Samuel does not seem to have been a particularly good businessman and did not have a lot of funds to support his family but, even so life in the Boursiquot/Lardner household seems to have been quite comfortable. Dionysius paid the rent and Samuel provided the drink and food and presumably the profits made from the guests were split. It was in this atmosphere that Lardner was able to recover from the headaches and illness he had suffered during the last months of living with Cecelia, and the lifestyle helped him to work steadily and prosper. Before long he gained the confidence to show his work to others and to get his first book published. Lardner's first book, *The Theory of Central Forces* was published by the Dublin University Press in 1820, and cost 8s 6d.

He had been asked to write the book by Bartholomew Lloyd, who was now Professor of Natural Philosophy, and it was written in the space of two months whilst working between ten to eight hours a day on other work. The work filled a gap in the curriculum that no other book covered adequately. The undergraduate's course included Newton's *Principia* but the original was difficult to read: only the fellows ever attempted it and the undergraduates needed something simpler. Textbooks used included the game-changing but difficult to read book written by the Cambridge mathematician Robert Woodhouse, and the students had an adequate textbook for the analytical geometry in the course but Lardner's book was cheap, short and easy to read and covered Newton's first seventeen principles, which constituted all the physics covered in the undergraduate course.

In the book Lardner explained these principles with reference to the new analytic form, although he had to be cautious in his use of this as there were still limits to its use in the undergraduate curriculum. It is quite easy to understand why Lloyd singled out Lardner for this task, for although the *Theory of Central Forces* was the first textbook published it was not the first that Lardner had written: a natural author, he seems to have begun formulating a textbook (eventually titled *A System of Algebraic Geometry*) in 1816.

> The first thirteen sections of the following work were written immediately after I obtained my degree. Sensible how imperfectly qualified I must have been for the execution of a work of such extent, I laid aside the manuscript, in expectation that someone of more years, experience and talent would supply what was, and has continued to be- a desideratum in science – a complete and uniform system of Algebraic Geometry. After the lapse of several years, no work of this description being announced, I again resumed my labours with increased experience and knowledge, and therefore with increased confidence.
> – *Lardner explains how he wrote most of his first book when he was still a student*

Dionysius had not dared to show his manuscript to anyone, but during his years as a grinder he probably tried it out on his pupils and refined the problems a little. In the intervening years he had become an expert in helping students pass exams, and he could see that the existing textbooks on many subjects, and even some more recent efforts, were woefully inadequate; Lardner realised that they were not in simple enough language and did not include enough questions. He grew more confident and began to show people his work.

A System of Algebraic Geometry was eventually published two years after the *Theory of Central Forces*, in 1823. Algebraic geometry was, according to its preface, 'a subject which had not then nor has been yet treated by any other English author.' Lardner's books not only filled this new technical niche but were relatively cheap and were easy to understand and used good examples from everyday life that were exactly what was needed to encourage the spread of science, particularly the new calculus, amongst both schoolchildren and university students.

Eighteen twenty five was an important year for science at Trinity College Dublin: Bartholomew Lloyd was promoted to Professor of Natural Philosophy (which covered the subjects that later came to be called Physics) and needed new books to cover the curriculum that he was introducing. Several books were produced by Trinity College staff and during this period several treatises written by the young grinder were published in quick succession: *A Series of Lectures upon Locke's Essay* and *The Skeleton of an Elementary System of Mechanics* in 1824; *An Elementary Treatise on the Differential and Integral Calculus* in 1825, and *An Analytical Treatise on Plane and Spherical Trigonometry, and the Analysis of Angular Sections* in 1826. It may have been at this time that he wrote his translation *The First Six Books of Euclid's The Elements of Euclid*, with a commentary, which included a treatise on solid geometry appended to the end. This was published in 1828.

Lardner remained as a 'resident' member of the University until 1827 and claimed to have given lectures at the University during this time too, but how closely he was integrated into college life is unclear. On the one hand some facts suggest that he worked closely with the Trinity establishment. He produced a *Syllabus of Experimental Lectures* with Bartholomew Lloyd's son Humphrey Lloyd (1800–1881), but on the other hand there is evidence to suggest that he may have been somewhat detached from mainstream life, for, according to a satirical newspaper article, Lardner mysteriously denied having any acquaintance with a well-known member of the University, Charles Boyton (William Rowan Hamilton's mathematics tutor). It is odd that Lardner could not know Boyton and this fact seemed so suspicious that one indignant alumnus of the college to whom it was communicated supposedly exclaimed: 'As if…a risidint Masthur of Thrinity Collidge did not know iviry wan of the fillows aqual to his own toes and fingers'.

Opinions as to the value of Lardner's early textbooks vary. Trinity College's historians have been dismissive of Lardner's work on Locke, calling it 'the veriest cram-book whose avowed and only purpose is to ensure the student would be otherwise cautioned to mouth his way, parrot-wise, through his quarterly examinations'. The book, they say, provided 'spot questions' and contained tips on which questions 'even the most indolent would be able to answer': but whilst some straight-laced academics may have sighed, the students must have been delighted. To be fair, Lardner did try to inspire a love of the subject in his readers and encouraged his readers to engage with, appraise and criticise both Locke and his own writing, even if their opinions disagreed with his own.

Fortunately, Lardner seems to have been highly regarded by Dublin's earlier intellectual community. On 16th March 1820, even before he had published any books, he was elected a life member of the Royal Irish Academy, a Society incorporated by Act of the Irish Parliament in 1786 'for the study of polite literature, science and antiquities'. Trinity's John Brinkley was the President of the Academy at the time, which may explain the honour. In 1824 Lardner published a paper in the Transactions of that establishment entitled *An Investigation of the Lines of Curvature of Ellipsoids, Hyperboloids and Paraboloids*.

☙❧

In 1821 King George IV deigned to visit Dublin. A painting of the occasion by Patrick Haverty shows crowds of thousands surrounding the carriage as it passed through a temporary triumphal arch that had been specially constructed for the occasion in Sackville Street. Every window and roof of the four-storey buildings in the background is crowded with onlookers and those in the foreground jostle with each other for a better view. Commemorative coins and medals were sold to mark the event and the little town of Dun Laoghaire, a few miles south of Dublin along the bay was (outrageously) officially renamed 'Kingstown' in his honour.

One of those who had come to Dublin especially to witness this event was a young man who was thinking of becoming a student. William Rowan Hamilton was a brilliant mathematician, destined to become an important figure in Trinity College life, and his education and intellectual proclivities were strongly influenced by the textbooks that the Trinity team were producing at around that time. It is generally agreed that William Rowan Hamilton was the greatest scientist that Ireland has yet produced.

EARLY ACADEMIC CAREER

William was an orphan who had been prepared for University by his uncle James, a schoolteacher in Meath. Rowan Hamilton soon developed into what we might today call a child prodigy, and was able to do long calculations in his head. William's uncle was keen that his nephew should study the classics and earn his living by becoming a lawyer, professor of languages or of divinity, and he may have been hoping that William would work for the East India Company. William himself loved language and poetry as well as mathematics and in 1821 he was undecided as to what subjects to concentrate on for his future career.

William had to decide whether he was going to specialise in languages, classics or mathematics. He had read the old fashioned textbooks that his uncle lent him, which included Stack's Optics, a little popular astronomy and introductory algebra, and not much more, but he did not find them particularly inspiring and as a youth he was seriously considering concentrating his talents on becoming a linguist or a classicist. It was only when he came in contact with the textbooks commissioned by Lloyd that his direction in life became more decided. As he explained:

> In August [1822], while the King was in Dublin, my Uncle [James] gave me Lloyd's Analytical Geometry. Ill-omened gift! It was the commencement of my present course of mathematical reading, which has in so great a degree withdrawn my attention, I may say my affection, from the Classics.
> – *William Rowan Hamilton was attracted to mathematics through reading a textbook*

William took the Trinity College Dublin exams on 7th July 1823. On Wednesday 12th July he went to visit Brinkley at the Dunsink Observatory. This was probably the first occasion the two had had a proper chance to talk, and it is significant that as soon as he met the young man, Brinkley gave him a copy of Lardner's *Treatise on Analytical Geometry*.

Lardner's textbooks, which included problems for the students to use as practice, were by this time used as part of the course and complemented the other new textbooks that Bartholomew Lloyd had commissioned: Henry Hickman Harte's translation of Laplace's Mécanique Céleste and Systeme du Monde and Poisson's Mecanique). The writings of Lloyd, Lardner and their peers provided a much firmer grounding for William's generation than had been available to Lardner himself.

William subsequently enrolled at Trinity and excelled in all his subjects, and began doing spectacularly well. In his first year exams he won the premiums and certificates in all the examinations and two Chancellors' prizes for Poetry. The most surprising was the unheard of grade of 'Optime,' which was awarded by the Provost, Thomas Elrington, for the examination in Homer. In the next year, while he was still an undergraduate, Hamilton had the brilliant idea of applying the new French analytical algebra, which was usually only used in geometry, to calculate theories for straight lines of light.

Rowan Hamilton wrote a paper on the subject, *On Caustics*, for the Royal Irish Academy on 13th December, 1824, when he was twenty. Lardner, who was a member of the Academy, was one of the examiners. Hamilton would have been hoping that the Academy would publish the paper, but instead the paper was eventually returned to the author on 13th June, 1825. The examiners confessed that they found the paper 'novel and highly interesting' but complained that the arguments were 'of a nature so very abstract, and the formulae so general as to require that the reasoning by which some of the conclusions have been obtained should be more fully developed, and that the analytical process by which some of the formulae have been obtained should be distinctly specified.' It is difficult to tell from what they said whether they themselves understood the paper or not, or whether they were just complaining about the style, but in retrospect it seems ironic that a genius such as Hamilton should have to be judged harshly by others such as Lardner who may not have fully understood his work.

Hamilton soon went on to re-write and improve his ideas and produced two other papers on light. On 23rd April, 1827 he presented the Academy with his *Theory of Systems of Rays*. This paper revealed the discovery of conical refraction, a completely new prediction in optics. The paper was published in the Society's Transactions and William was elected as a member of the Academy on 16th October, 1827. The discovery was to make William Rowan Hamilton famous throughout the British Isles. Hamilton later went on to invent a new number scheme which he called Quaternions, a four-dimensional generalisation of complex numbers nowadays very widely used in coding computer animations and in the control of spacecraft.

Bartholomew Lloyd's systematic policy of promoting analytical geometry at Trinity College had paid off. William Rowan Hamilton had read the Trinity textbooks at a crucial age and chose to become a mathematician rather than a linguist. Lardner's textbook was one of those which helped William along the way on his mathematical career. It could be argued that without Lloyd and his army of textbook writers such as Lardner there would have been no mathematical William Rowan Hamilton. Lardner's part in this saga has not gone entirely un-noted, even today, and in 2013 poet Iggy McGovern included him in the poem 'Drs McDonnell, Harte and Lardner (MRIA)' in his poetic life of William Rowan Hamilton *A Mystic Dream of 4*.[2]

Unlike the brilliant William Rowan Hamilton, Lardner did not invent anything new and had few original ideas. In this he was a creature of his age. During the late eighteenth century Trinity College Dublin had developed the nickname of the 'silent sister' because her academics made so few discoveries to write about. In those days it was very difficult for college professors to undertake original research, for in Trinity there was an emphasis on good teaching rather than in research and much staff time was engaged in this process. However, when the analytical calculus was developed in Europe, Brinkley and Lloyd welcomed its ideas and, through devoting their own careers to writing textbooks explaining the issue, and through providing exercises to strengthen their pupils' skills, the new generation gained a more firm scientific grounding in the new mathematics than did some of their counterparts in other universities. Thus it was that the new mathematics became firmly embedded in the thinking of William Rowan Hamilton's generation.

In 1825 Lardner's career received another boost from an unexpected development. Although there was still no formal post for him available at Trinity, his services were called for at another institution which sprung up in that year, the Dublin Mechanics' Institute.

EARLY ACADEMIC CAREER

The education of the working classes was at that time quite controversial in the United Kingdom (of which Ireland at that time was a part.) but everyone agreed that something should be done about the problems of the working classes. The world was still reeling from the shock of the French Revolution, and there was a possibility that similar events would happen in Britain. After the end of the Napoleonic wars there was a recession in Britain: the government spent less money on paying and feeding the army and on buying supplies, and wages were depressed by the number of returning soldiers. Since the poor could not vote, they resorted to peaceful protests, but at the Peterloo Massacre in 1819 young yeomen soldiers had driven through a peaceful crowd clearing their route with swords: many were killed and the resentment of the poor had grown, and some historians think that Britain was nearer to revolution during that year than she has ever been since.

The great unemployment and unrest disturbed the ruling classes. Some thinkers, among them members of the Whig party, thought that the solution was to treat the poor better, by giving them voting rights and education, so that they did not rebel. Others were afraid that if the poor could read they would become influenced by radicals and would be even more restless.

In Glasgow, George Birkbeck had given free lectures to mechanics in 1800. In 1823 some mechanics had founded the 'Glasgow Mechanics' Institute' to carry on this work, and this idea of adult education for the working classes had spread to London that same year. By 1826 there were 100 mechanics' institutes in Britain and by 1841 there were 300. The idea of establishing a mechanics' institute was not a new one: Sir Francis Bacon in his work *New Atlantis* had outlined an ideal educational institution and in 1628 Sir William Petty, one of the founders of the Royal Society and first president of the Dublin Philosophical Society, had written *Advice of W.P. to Samuel Hartlib* (a 26 page pamphlet based on Bacon's proposed 'Solomon's House'). Petty's book contained a detailed proposal for a 'Gymnasium Mechanicum' for the advancement of all mechanical arts and manufactures. Petty's teachings were remembered and loved in Dublin, and Thomas Moore mentions discussing William Petty at a Longman's dinner at which Lardner was present; it was quite likely Lardner or Moore who started this conversation. Spurred on by fears of a working class revolt as much as by altruism, the intelligentsia of Dublin they were keen to put Petty's theories into practice and by May of 1825 they decided to set up the Dublin Mechanics' Institute.

An advertisement was placed for a lecturer to teach technology to the city's craftsmen and factory workers, or 'operatives,' as they were known. Several people, including some from England, applied for the vacancy, and Lardner was one of them. He offered to work for less money than the others; he was well known for his lectures on Natural Philosophy and the interviewers would have known about his textbooks. On 6th April he was appointed as the institution's first lecturer, with a remuneration of fifty guineas, and he gave his first lecture several weeks later. The Mechanics' Institute did not as yet have its own building, but rented a lecture theatre from the Royal Dublin Society, at 15 Upper Sackville Street, at £30 for half a year. Now rebranded as O'Connell Street, the street is Dublin's main thoroughfare. The lectures were probably widely advertised: one wit wrote in *The Lancet* later that year that one could tell the time of year because in the autumn so many different advertisements for lectures appeared on the lamp posts.

Lardner's course of lectures in mechanics was to run twice a week from May to September, and he would be paid fifty guineas in all. On the first of May several hundred operatives, as well as the learned gentlemen who had founded the institution, turned up to hear the lecture. Lardner talked in conversational English, and used examples of everyday objects which were familiar to his audience. He explained that for this public audience it was important to use quite a different style from that which he would normally have used. His manner was not the dry and aloof style of some University dons, but rather the jovial and friendly chatter of a friend, and in this way he could entertain people for several hours at a time on subjects that many would have previously considered exceptionally boring.

Lardner's audience found that his enthusiastic and simple style was riveting. As Lardner explained to the Mechanics' Institute annual general meeting, reported in *The Freeman's Journal*:

> At the wish of the Artisans themselves, expressed both by letter and otherwise, the duration of the lecture was successively protracted to an hour, an hour and a quarter, and finally to an hour and a half. At these lectures, even the most unattractive of them, without the fascination of brilliant experiments, three or four hundred artisans evinced their sense of the importance and the deep interest they took in them by the most continued, and profound

> attention, an attention which would have done honour to the most enlightened audience.
> – *Lardner describes the reactions when he gave the first ever lectures in Dublin aimed at working men*

Lardner began the course by defining scientific terms so that everyone would know what he was talking about, and his simple methods soon attracted a greater audience. Whereas at the first lecture there were over a hundred 'operatives' (factory workers), by the summer a lecture could attract over a thousand people.

The highlight of the season of lectures was a series on the subject of the steam engine. The engines Lardner spoke of were not locomotive engines but just simple engines that looked a bit like an enormous boiler. In his lectures he described the various parts of a steam engine as if he expected his viewers to build one from scratch. A steam engine was perhaps the equivalent of an electricity generator today in that, if fed coke or coal and water, it could be attached to many different kinds of tools to make them work, and hence they were beginning to become very important. Printing and paper making, for instance, were just beginning to be steam operated in some places, and steam had recently been introduced to drive the Dublin Steam Company ships travelling to England.

Lardner used models to illustrate his lectures and a Cork newspaper later described the sectional model he used when visiting Cork soon afterwards, in November 1826:

> The sectional model [of a steam engine, built by J. Hackett] invented by Dr Lardner was used on Friday....We cannot give a better idea of this model than by saying that its effect as to explanation, is

similar to what would be produced, could we see the first-rate engine at work, consisting of such transparent materials as to allow a perfect view of the motions of every internal piston and valve.
– Lardner invented the sectional model, as used to illustrate his Cork lectures

Many of the operatives who listened to Lardner were driven by other motives too: they probably hoped that by understanding more about steam and science they stood more of a chance of being promoted.

At the annual general meeting Lardner declared:

> I cannot but feel proud in having been among the foremost to burst the banks, which have so long confined those great reservoirs of Science, the Universities, and to direct their waters over a soil at once so fertile and so extensive. The absurd monopoly of science by the professions, has received a death-blow from the establishment of Mechanics' Institutions, and the man of science will now meet the man of practice on equal terms, each opening to the other those stores of knowledge, which his talents and industry have collected. From such a union what splendid results may not be expected?
> *– Lardner argues that education should not be confined to universities*

The members of the Mechanics Institute were very pleased with the work Lardner had done. At the first annual general meeting of the Mechanics' Institute, which was attended by the Mayor of Dublin, it was announced that the course had 'fully justified the expectations previously formed from the acknowledged talents of the lecturer, as a mathematician and experimentalist'. The mechanics institute movement was a large-scale employment opportunity for Lardner. By the end of 1825, mechanics' institutes had been established in Cork, Galway, Waterford and Ennis, and Lardner was asked to repeat the lectures in Cork, where he spoke in a converted theatre in Patrick Street.

The Royal Dublin Society were so impressed with Lardner's work that they awarded him a gold medal and it seems to have been at about this time that Lardner started to be referred to as 'Dr Lardner' although how and when he gained this qualification is not clear. At last Lardner was gaining wages of which he could be moderately proud, and his work was recognised as having great value. Nevertheless, the permanent post which he had sought for so long still eluded him.

3: THE TRANSITION TO ENGLAND

Darley and the Romantics—Voyage to England—Hazelwood School and the Edinburgh Review—Charles Babbage and the Analytical Society—Visit to Cambridge—Editing the 'Dublin Philosophical Review'—Ongoing career frustrations

Although he did not yet have a permanent post, Lardner had discovered that there was a demand for his writing and he soon began to realise that there was a wider market for his talents beyond Ireland. One of the factors that strengthened his links with England was his friendship with Darley. Like Lardner, Darley aspired to win a post as an academic at Trinity College Dublin, but, unlike Lardner, Darley had studied for some time with an aim to taking the fellowship exams. He eventually dropped out due to ill health and he turned to poetry.

Darley's poem, *Dialogue between a Mystic and the Moon*, which reflects his break with Trinity, demonstrates how deeply ingrained the scientific ethos was in the communal psyche of Lardner's generation there. The poem tells the story of a suicidal poet's dialogue with the sensible moon, who berates him thus;

> Didst thou not barter Science for a song?
> Thy gown of Learning for a sorry mantle?

> The student's quiet for the city's din?
> At once,—thy social duty to assist,
> By rational pursuits, the common good,
> Bound in thine own- for selfish Fantasie
> Useless to others, fatal to thyself?

The narrator admits;

> I grew weary of the dull
> Undeviating, dusty road of Sciences,
> Vacant o'beauty, barren o'sweetness

– Darley battles against his sense of duty towards science

In the poem, written while Lardner was still a grinder, Darley surprisingly portrays a career in academia as the road to riches and success, and his choice of career as a penniless poet as a painful contrast. He refers to the pursuit of science as being a 'social duty to assist the common good'.

When George Darley left Dublin for London in 1821 he was perhaps the first of Lardner's Trinity circle who abandoned hope of finding employment in Ireland and moved abroad. The decision was a difficult one to make: Darley later wrote to Marian Neale that he wished he could return to Ireland but he was afraid that if he stayed he would 'degenerate into one of those nameless characters, one of those useless appendages to the living world, who walk about in a threadbare coat & a slouched hat, with nothing but their insignificance to secure them from the attempts of malice & nothing but their silence to recommend them to the toleration of society'.

The dilemma that he described was that faced by many of his peers.

While in London Darley developed contacts that were to be very useful for Lardner. In 1822 Darley managed to find a publisher for his first book of poems, *The Errors of Ecstacie*. G. and W. B. Whittaker were the second largest publishers in London, who had published a work by the Analytical Society and it was probably Darley's connection with these publishers that led to their publication of Lardner's second book, *A Complete and Uniform System of Algebraic Geometry, Volume 1*. (No further volumes were published).

The friends did not remain with Whittakers for long. Darley was soon to make an even more significant contact. In the autumn of 1822, under the pseudonym Peter Patricus Pickle-Herring, Darley sent some of his writing to the *London Magazine*, a publication edited by John Taylor and his friend James Hessey. In October 1822 Taylor asked him to visit the magazine's offices in person. It was in this way that Darley, and probably Lardner through him, made a connection with the publisher which was to prove the basis of a very fruitful relationship for all three.

Darley soon become a regular contributor to the *London Magazine*. The Magazine first published one of his pieces in December 1822; a 'dramatical' as he called it, entitled *The Voyage*. As well as contributing poems, Darley began to develop a career as a critic, using the pseudonym 'John Lacy' and, equally importantly, he began to become integrated into the *London Magazine's* circle of intellectuals. Although Taylor's most famous author, John Keats, had died the previous year, Darley soon got to know Taylor's other authors such as John Clare, Charles Lamb and Allan Cunningham who attended the magazine's eloquent business dinner parties.

In 1824 Lardner changed publishers to Darley's publisher Taylor, who produced his *Skeleton of an*

Elementary System of Mechanics in that year. The sales of this work seems to have flourished, in stark contrast to those of the gentle and inspiring books of poems sold by Taylor's usual authors.

In 1826, Taylor faced a crisis. There was an economic slump in the book trade and Taylor realised that he could no longer afford to subsidise the works of most of Britain's greatest, but most impoverished bards. Hessey had already left the firm to set up a school in 1825 and it seemed as if Taylor might have to give up too, but Lardner, probably introduced by Darley, brought commercial success to the firm.

Darley, following his friend's example, began to write scientific textbooks too. There had been rumours in the papers that a new University was being planned in London, and Darley was perhaps also inspired by the possibility of getting a post there. With his scientific and literary background he was eligible to be considered for a post in either field. Darley began work on a series called the *Scientific Library*.

The friends' scientific works were so successful that in August 1827 Taylor decided reluctantly to abandon his patronage of poetry and to concentrate all his work on publishing 'works of utility.' Taylor added further to the stock by producing a series of textbooks on the Greek Classics with the catchy title of *Locke's System of Classical Instruction, Restoring the Method of Teaching Formerly Practised in all Public Schools*. The textbooks sold well and Taylor's company was saved. Taylor later wrote to John Clare that Darley was 'a staunch Friend, & one of the gentlest and kindest of Human Beings' and he later wrote to his brother: 'When I gave up the London, Darley was the only writer in it who stuck by me.'

The publication of the textbooks must have helped Darley to soothe his conscience where his duty to science and Mammon was concerned. Of course, he had not stopped writing poetry and in 1826 and in 1827 Taylor published his poems *The Labours of Idleness, or Seven Nights' Entertainments*, and *Slyvia, or, The May Queen*. They were well received by critics but did not sell well.

In 1826, following his friend's example, Lardner travelled to England. He had already visited the country at least once before and since 1822 a regular steam passage from Kingstown (i.e. Dun Laoghaire), near Dublin, to Holyhead had made travel easier. It is possible that Lardner's primary purpose in visiting England was to oversee the publication of his books but he had another reason also. His two sons Henry and George had reached the age when they needed a good education if they were to succeed in life and Lardner had come to hear about Hazelwood School, a remarkable new establishment that used progressive methods of education.

The school was run by Thomas Wright Hill and his two sons Matthew Davenport Hill and Rowland Hill, the latter to become famous as a postal reformer. The Hills' establishment, which housed 100 boys, had formerly been situated in Bristol but was at that time in Ewell. The Hill family were believers in the philosophical ideas of Jeremy Bentham, and like Lardner were very interested in improvement and progress in education. There was no corporal punishment at the school: instead, if boys behaved well they earned money but this was deducted if they misbehaved. They were ranked, and moved up and down according to their behaviour. There was an ethos of cheerfulness in the school and the boys were on very good terms with the teachers: the boys were involved in making decisions, and it was while they tried to reach a decision together during a lesson at this school that the concept of proportional representation was invented.

Dionysius approved of Hazelwood's humane ethos, as he described to Charles Babbage:

> It is in fact a most excellent school for boys under thirteen. I might indeed say the best school I have ever known. But the masters seem to want a sufficient depth of information to push the boys much beyond the knowledge which may be acquired at that age. I intend leaving my son there until he is twelve. The boys have separate beds, well ventilated bedrooms and seem to be very well attended to. Their persons were perfectly clean but their clothes not. This might however be attributed to their playground or that day being wet with the rain which had just fallen.
> — *Lardner describes Rowland Hill's progressive Hazelwood School in a letter to Charles Babbage*

Dionysius had probably learned about this remarkable school in Ireland through reading about it in January 1825 in the *Edinburgh Review*. This was an excellent publication which greatly affected the course of British history during the nineteenth century and indeed the lives of Lardner and many of his friends. In later years Lardner himself was to become a writer in this prestigious journal. It was said satirically that it was the Whig Bible, and the only book ever seen in a Whig house. Lardner certainly took the publication very seriously and on the strength of the article he had travelled to Hazelwood to see if that was a fitting place to educate his sons.

Lardner was not alone in visiting Hazelwood: many Whig gentlemen had also read about it in the Review and soon the school became awash with visitors being led on guided tours. Whilst walking around the grounds Lardner met another such gentleman who was inspecting the school with a view to sending his sons there: this was Captain Henry Kater. Lardner, ever the networker, fell into conversation with Kater and must have been very gratified to learn that he was a member of the Astronomical Society

It was probably Kater who introduced Lardner to the president of the society, Charles Babbage, the brilliant Cambridge mathematician. It was soon after his meeting with Captain Kater that Lardner first wrote to Babbage presenting him with a copy of his *Treatise on Analytical Geometry*. Babbage, who is remembered today as the inventor of the analytical engine (a precursor of the computer) must have been fascinated to receive a copy of Lardner's book, for promoting the writing and publication of books on analytical calculation was one of the chief preoccupations of his early life.

Like Brinkley and Woodhouse, Babbage had studied mathematics at Cambridge University, not at Caius but at Trinity College, Newton's old college. The maths tutors at Trinity College Cambridge, unlike those at Caius, were reluctant to grasp the concept that the great mathematician's ideas could be surpassed. The son of a banker, Babbage had somehow heard of analytical calculus before he even arrived at Cambridge: he had read Woodhouse's book and bought a book on the subject from the French bookshop in London. He had also read Lagrange's 1797 work *Théorie des fonctions analytiques* and Agnesi's *Analytical Institutions* (published in 1748) and other works on fluxions, but when he arrived at Cambridge in 1810 and tried to talk about the subject to his college tutor, Hudson, he was told that the question he asked was of no consequence and would not arise in exams. It soon became obvious to Babbage that Hudson and many other senior Cambridge mathematicians did not understand Leibnitz's work and had no interest in learning more. Determined to change the attitudes of Hudson in the Cambridge establishment, Babbage soon persuaded a group of his fellow students to form an Analytical Society in 1811. Members included fellow Trinity students William Whewell, and George Peacock as well as Babbage's closest friend, John Herschel, a student at St. John's.

This society, often incorrectly known as the Cambridge Analytical Society, (it was supposed to be a national society) was dedicated to promoting knowledge about analytical algebra by encouraging English language publications on the subject. To this end they had published an English translation of Lacriox's Differential and Integral Calculus in 1816 and a journal, Memoirs of the Analytical Society, which had been very costly and troublesome to produce and soon ceased publication.

> The true faith [i.e. analytical calculus,] will never flourish till a book has been published in English in octavo on the plan of Woodhouse's Anal[ytical] Calc[ulus] & in a compact and tangible shape. Whoever does this will be the father of a new English school. Herschel will not do this. Try it yourself.
> —*George Peacock, a member of the Analytical Society, calls for Babbage to write a cheap book explaining the new Calculus*

Lardner's simple 1825 treatise *The Differential and Integral Calculus* helped fulfil this need (it was not until 1830 that Peacock himself eventually wrote a book on the subject). Lardner mentioned the work of members of the Analytical Society in his preface, so he must have been very pleased to meet Babbage in person. The two had much in common and soon, as far as one can tell from Lardner's letters to Babbage, they became good friends. Lardner dedicated his *Treatise on Plane and Spherical Trigonometry* to Babbage, in 1828, writing:

> To Charles Babbage esq. F.R.S.L. and E. Hon. M.R.I,A, & c. & c. & c .as a slight tribute of admiration for high scientific talent and esteem for eminent private worth, this treatise is inscribed by his faithful friend, the author.
> – *Lardner dedicates one of his books to Babbage*

At first Lardner wrote to Babbage about Hazelwood School, in which, it seems, Babbage was also interested, for Babbage had a small son whom he had named after his best friend, Herschel. Presently Lardner began to feel more confident in the relationship and to demand in surprisingly forceful tones that Babbage send him any scientific journals that he could lay hands on. It seems that Lardner was used to asking for things and being obeyed.

A few months after his first letters, Lardner visited London and stayed at 13 Waterloo Place. He wrote to Babbage that he wanted to visit Cambridge University and asked Babbage to write him a letter of introduction to his friends who still lived there. Lardner duly proceeded to visit Cambridge where he met various scholars at Trinity College, (Trinity College Dublin's sister institution.) Although the Analytical Society had probably not met for some time the members still greeted Lardner when he visited and decided to make him an honorary member of their organisation. In return Lardner promised to make Herschel an honorary member of the Royal Irish Academy.

Although he still lived in Ireland, Lardner was building a network of useful contacts in England. Lardner wrote to Babbage:

> I spent a very pleasant time at Cambridge. Whewell is a fine fellow. Peacock is very well but too pragmatical. Coddington too much of a scientific petit Maitre, a kind of emasculated mathematician. Woodhouse a solemn, consequential, self-opinionated, well-informed, unoriginal man. Sedgwick a most kind-hearted hospitable, well-tempered and humorous fellow abounding in harum-scarum talent in his own way, and most unpretending. I believe I like him better than any of the others.
> – *Lardner writes to Babbage of his first meeting with the Cambridge men of science*

As well as sending Babbage his textbooks, Lardner was able to provide copies of another interesting publication, for he had recently founded and begun to edit a scientific journal, *The Dublin Philosophical Journal and Scientific Review*. Lardner edited this journal with his friend, an apothecary named Michael Donovan. The journal includes several articles on transport, a subject in which Lardner would later become an expert.

One article, credited simply 'Mr Lardner', includes the following description of an accident:

> On the road between Oxford and Shrewsbury in 1823 a stage coach, which preceded that on which I travelled, was overturned by the loss of the

> fore-wheel. The coach was overturned, and the coachman and a clergyman connected with the University of Oxford were killed, and several passengers badly injured these, and several other accidents, directed my attention to the investigation of some method of securing the wheel upon the axle, which should not be liable to the dangers incident upon the present methods.
> – *Lardner describes how a carriage accident motivated him to invent a new design of carriage wheel*

Lardner's youthful involvement in the 1811 road accident that so badly injured his leg seems to have kindled an interest in improving health and safety, for this article is the first of many of his works to touch on the concept of accident prevention in the transport sector. Another article in the journal, written by the engineer Alexander Nimmo, also touches on transport and incorporated material from an 1813 article by road expert Richard Lovell Edgeworth advocating urban tramways.

The journal was well written and included reviews of scientific publications from across Europe. It reflects the wide range of publications which were informing Trinity College Dublin learning at that time. The English scientist who worked at the Royal Institution in London, Humphrey Davy, is said to have declared that the Dublin Philosophical Magazine was 'the finest scientific journal in Britain', but, judging from a comment made by Donvan in a later letter to Lardner, it does not seem to have made much money.

These links with Babbage and his circle were exciting for Lardner, but he was also in touch with other British intellectuals. Brinkley had passed Lardner's name on to some of the Edinburgh Whigs and Lardner had become involved in writing pieces for new publications that were springing up, notably the *Encyclopaedia Metropolitana*, an attempt to systematically record articles on all important subjects and so help to spread science and technology and give anyone who bought it access to facts and education.

Like Lardner, Babbage was looking for an established post. Perhaps due to his religious non-conformity he had failed to find employment in Cambridge and was living in London, financially dependent on his father. Both men were frustrated by the lack of openings for professional men of science. Lardner wrote to Babbage, sympathising with his frustration.

In 1826 Lardner had hoped to secure the post of Professor of Natural Philosophy at the Royal Dublin Society, which employed seven professors in all, but nothing came of his hopes. In a very black mood, Lardner wrote that Dublin was becoming a terrible place to live, and was filled with what he infuriatingly called 'the disease of the lady-syphilis.'

Fortunately the frustration of the two friends did not continue for too long and their career aspirations were soon to be fulfilled.

Figure 6: The Royal Dunsink Observatory

England (1828 to 1839)

Figure 7: Augustus de Morgan at work

4: SETTING UP THE LONDON UNIVERSITY

The Founding of the London University—Lardner's new colleagues—Preparing the department—Problems in the University

On 1st July 1825, 120 people attended a meeting at the Crown and Anchor Tavern to discuss the founding of a new University: the London University. Naturally the *Edinburgh Review* covered the story and Lardner would have read it there if not before. For the Trinity graduates desperate for work, this would have seemed like a God-send, and by 1827 Darley, Lardner and Donovan had all applied for jobs there.

The Scottish poet Thomas Campbell was one of those who had taken the first serious steps towards founding the University. For centuries the only Universities in England were Oxford and Cambridge, which were only open to members of the Church of England. Any English Jews, Catholics, and Non-Conformists who wanted their children to be doctors or lawyers had to send their children to Dublin, Edinburgh or France to be educated. On a trip to Germany in June and July of 1820, Campbell had visited the new University of Bonn, founded in 1818. He had been greatly inspired by the religious tolerance of the administration there and believed that such an institution could flourish in London.

Campbell told others of his ideas, including the Jewish banker Isaac Lyon Goldsmid. Goldsmid was also a friend of the famous lawyer Henry Brougham and he introduced the two men to each other. On 8th February 1825 Campbell wrote an open letter to Henry Brougham formally proposing that a University be set up in London. The next day the letter was published in the *Times*.

The group of friends who joined with these three to organise the founding of the new university were a diverse selection of people who included Campbell's friend, the Quaker tailor Francis Place. Others included Unitarians such as James Mill and Joseph Hume, who were followers of the philosophical economist Jeremy Bentham, the evangelical Zachary Macaulay (father of Thomas Babington Macaulay), the Catholic Duke of Norfolk, and many others across a broad spectrum of religions and philosophies.

Some were those who hoped to send the children of their own families to the new University, but most were motivated by idealistic reasons and a desire to reform society. Many of those involved had worked together on earlier projects such as the movement that led to the ending of the trade in slaves in 1807 or the cotton mills and Factory Act of 1819. Several were also involved in the Sunday School and the Lancasterian schools movements

Henry Brougham, the lawyer whom Francis Place had introduced to Campbell, was perhaps the greatest reformer of the century. Lardner, like most of his generation, idolised him. Brougham, one of the Edinburgh students who had founded the *Edinburgh Review* in 1803, rapidly became one of the most active of the friends behind the scheme. He had achieved much in his youth but his national reputation had been strongly reinforced by his successful support of Queen Caroline, the wife of the Prince Regent, whom her husband, supported by his Tory government, had tried to divorce in 1820. When the queen won the case, Brougham, her defence lawyer, became a popular hero and the most famous man in England. This in turn elevated the reputation of the Whig party, with which he was associated, and their suggestions began to be lapped up by the nation's eager ears.

After helping to achieve the end of the slave trade, Brougham and his friends turned to educational reform for both children and adults. Brougham published an article in the October 1824 issue of the *Edinburgh Review*, publicising the work of Birkbeck and calling for men to explain science to the working people in simple terms through the use of lectures, books and museum objects. He elaborated his idea in a pamphlet *Practical Observations upon the Education of People* which ran to twenty editions (i.e. twenty thousand copies) in the first year of publication. It was probably Brougham writings that had spurred readers in Dublin to found the Dublin Mechanics' Institute, but they were not alone: their reaction was typical of Brougham's readers across the British Isles. The year 1825 witnessed the founding of a wave of adult education institutes.

> He who shall prepare a treatise simply and concisely unfolding the doctrines of Algebra, Geometry, and Mechanics, and adding examples calculated to strike the imagination, of their connexion with other branches of knowledge, and with the arts of common life, may fairly claim a large share in that rich harvest

of discovery and invention which must be reaped by the thousands of ingenious and active men, thus enabled to bend their faculties towards objects at once useful and sublime.
– *Henry Brougham calls for a textbook champion*

When Lardner spoke to the first AGM of the Dublin Mechanics Institute in 1825 his words were very similar to the ideas expressed in Brougham's pamphlet of the same year. Lardner explained that there were only two ways of communicating learning:

> The one is by putting it in the power of the mechanic to instruct himself, by providing for him a well selected library, furnished with all the standard works on, and connected with those arts and sciences which relate to the objects of his trade. The other is by providing means of having delivered from time to time proper courses of lectures on those subjects, illustrated of course, by such apparatus, models and drawings, as may be found necessary to render this oral instruction intelligible and effective.
> – *Lardner, echoing Brougham's ideas, recommends methods of educating workers in Dublin in 1825*

Whether or not he was consciously following the blueprint laid out by Brougham, Lardner was to become the personification of the textbook champion called for by Brougham, a man who devoted his life to the ideals laid out at the Mechanics' Institute Annual General Meeting; a champion who communicated scientific ideas to the public using both language and exciting visual aids to inspire his audience: a champion who enabled the public to teach themselves by providing suitable books and lectures for them. Since the two men were philosophically aligned it was perhaps natural that Lardner and the organisers of Brougham's new enterprise should be drawn to each other.

The plans for the University proceeded fast. It was decided that the University should be built in a field in the northwest of London, and the site was bought in 1825 for £30,000. London's West End was an area mostly owned by Whigs and was where they lived when they were in Town, so it was a natural choice of location. Next an architect had to be found to design the building. An advertisement for plans was inserted in the Press in August 1825. The council selected a design drawn up by William Wilkins. Naturally Whig tastes had prevailed: the new university was designed in a classical style to look like a Roman Temple, with its high white marble dome and its Parthenon-like pillars.

In December 1826 the *Times*, the *Morning Chronicle* and the *Globe* advertised twenty-four vacancies for professorships, and the foundation stone was laid on 30th April 1827. As soon as news of the proposed university was advertised in the papers, would-be academics began to write to the social reformers offering to take up posts, and the serious problem of selecting appropriate candidates for the professorships began.

Lardner sent a tentative letter to Brougham asking how he should formally apply. After this he wrote a former letter of application proposing himself for the post of Professor of Mechanical Philosophy. His application was a strong one: in his letter to Brougham he explained that he had lectured for some years at Trinity in every department of pure mathematics as well as in astronomy and physics – mathematical science generally and certain parts of practical mechanics. He had listed the books he had written, including his work on the differential calculus, and mentioning the forthcoming article on algebra that would be published the following April in the *Encyclopaedia Metropolitana*.

Lardner had already proved himself to the reformers by his books, as well as having written an article for the *Edinburgh Encyclopaedia*, and he was able to support his application with fairly prestigious references from his Cambridge friends. Charles Babbage and William Whewell, as well as his old professor John Brinkley, now Bishop of Cloyne, in County Cork. The Education Committee decided in May to appoint Lardner to the post of Professor of Natural Sciences and Astronomy, but they did not want to officially offer him the job in case some better candidates appeared at a later date. Nevertheless he must have received some positive feedback, for a letter written to Brougham on 19th May 1827 is written in confident style.

It was perhaps one of the deep ironies of Lardner's life that at just the moment when a professorship at the London University seemed within his grasp, a second vacancy opened up that would have allowed him to live his old dream of becoming a professor at Trinity College Dublin. John Brinkley, his old mentor and astronomer Royal, had been appointed as the Bishop of Cloyne, in Cork and a replacement was being sought for his post as Andrews Professor and his house at the Royal Observatory in Dunsink.

Lardner's name was one of those that were being considered for that vacancy too. In his letter of application Lardner was able to offer excellent references and to argue that his book on the calculus had received the largest sum ever given for a mathematical text, but there were several candidates for the Dublin post; the Trinity men Richard MacDonnell, mathematician Henry Hickman Harte, and

Bartholomew Lloyd's son Humphrey all applied. Others from further afield had applied too, including the English astronomer George Biddell Airy, who had graduated as Senior Wrangler from Cambridge and was recommended by John Herschel and was later to become Astronomer Royal at the Greenwich Observatory.

Perhaps the most unlikely candidate was the young William Rowan Hamilton. Still an undergraduate of 22, he had been deeply affected in his second year as a result of an unhappy love affair which was to overshadow the rest of his life, and his work had suffered, but he seemed to have conquered his despair and was now working well, getting the 'Optimes' that he made seem easy. It was only on 23rd April of that very year that his paper *A Theory of Rays* had been finally accepted at the Royal Irish Academy. The nature of that paper was such that his fame was spreading across the British Isles (quite likely news about him spread by Lardner himself). Brinkley did not support Hamilton's candidature: he thought that the post was unsuitable for such a young man.

The exact train of events is unclear. The Dublin post was at first only offered at a salary of £300, but the board must have discussed raising the salary for by 19th May Lardner was able to use this information to play the two universities off against each other to some extent when he wrote to Brougham asking what salary was being offered in London. He explained to Brougham what he had been led to expect in Ireland:

> 'I have been given to understand that I shall be permitted to hold a second professorship (viz. one of Natural Philosophy) along with Brinkley's. The united annual value of these two cannot be

estimated at less sum than £1000. The whole duty (exclusive of the observatory) consists in giving about 30 lectures in 12 months.'

Lardner went on to lay out a proposed syllabus for the new course in mechanical philosophy at London:

> The professor should, as I conceive, deliver three courses of lectures in each year to three distinct classes of students. In the course of the first a junior class on science should be explained in a purely popular manner and instructed by experiment, so as to be intelligible to persons unacquainted with mathematics. The second class should receive a course of lectures on the elements of mechanical science founded on strict mathematical principles and also with experimental illustration. The third and highest class should be lectured in the sublinear mechanics aided by the exclusive and powerful resources of the modern analysis. In the course for the first class a popular view of astronomy would be included. In the second the elements of plane astronomy would be explained and in the third physical astronomy would of course be taken in.
> – *Lardner lays out his plans for the natural philosophy syllabus at the new university*

At last the proposals were approved, for Lardner was appointed the first Professor of Natural History and Astronomy at London University, a post that guaranteed him a modest income of at least £200 a year for the first year, with a suggestion that this would probably approach £1,200 later.

It was decided, not without certain reservations, that Hamilton was the best man for the Dublin job and on 16th June, 1827 he was offered the post. The appointment of Rowan Hamilton was probably the right choice with hindsight. He was not a communicator, like Lardner, but he went on to invent an entirely new type of theoretical number which he called the quaternion, still used in several areas of applied mathematics.

Mary Anne Lardner and her daughters may have breathed more than one sigh of regret as they learned of Rowan Hamilton's appointment, for they had little income now that William O'Brien had died and they were growing entirely financially dependent on Dionysius. If Lardner had got that post it would have been Mary Anne and her daughters who were happily installed at the Observatory Royal at Dunsink, a few miles from Dublin, instead of William Rowan Hamilton's sisters, but it was not to be and their life took a very different course.

Babbage's life at this time reflected that of his friend, for after long sparse years without a tenured position he too was torn between two vacancies. Brougham and his friends were keen to employ him in London and offered him the post of Professor of Higher Mathematics, but he had turned them down, for he had applied for Newton's old post of Lucasian Professor at Cambridge. It was a risky move but fortunately he too was rewarded, for while he was on holiday in Italy he read in an Italian newspaper that the bells of St. Mary's in Cambridge had been rung to celebrate the fact that he had been given that prestigious role. The post did not carry any teaching requirements and it meant that Babbage would be allowed to carry on his research without having to worry about earning his keep.

On 14th July, 1827, only a few months after Babbage heard that he had become a professor in Cambridge, the *Times* published a list of the names of the first Professors of the London University. The list included the name of Dionysius Lardner, who was to be the Professor of Natural Philosophy and Astronomy.

⊗⊗

Lardner seems to have come to London in 1827 to make some arrangements, for in October of that year there is an advertisement in the Times for assistance to pupils at 100 guineas per year. He moved to London permanently in 1828, a few months before many of the other professors were appointed, and rented rooms very near the University, in Fitzroy Square.

When Lardner was first appointed the university was still being built. London at that time was far smaller than the city we know today: the area where the university was to be built was still fields: it was very near the site known as the 'field of forty footsteps'. A popular novel of Lardner's day of that name, described the legend of the field: how two brothers had fought on different sides during the Duke of Monmouth's rebellion, and had faced each other in a sword fight in the field, leaving their footprints. The brothers had killed each other and now no grass would grow over the places where the forty footprints had been. On the day of some of the interviews for professorships at the new college, a copy of this novel was lying on a table. Augustus De Morgan, a young Trinity Cambridge mathematics graduate, was one of the candidates called for an interview; he had applied for the post of professor of mathematics that Babbage and

Herschel had eschewed. De Morgan was so absorbed in reading the novel that he forgot to check if he had been appointed and was surprised when he looked up to discover that he had been given the post.

Lardner would work closely with De Morgan in future. A distinctive looking man, De Morgan possessed a huge domed forehead. This feature greatly impressed those who beheld it, who believed that this phrenological type was a sign of being a great thinker. De Morgan was quite eccentric, had a very messy office and sometimes wore odd shoes, one brown and one black, presumably imagining that this did not matter. Fortunately he had a very sensible fiancée, Sophia, (or Sophie) Frend, the daughter of his mathematician friend William Frend. Sophie understood a lot of mathematics too, and was a good companion for him, but they felt unable to marry for many years as De Morgan's salary was not very reliable.

Lardner's friend George Darley had applied for the English professorship, but sadly his application did not progress as well as his friend's. None of Darley's referees, of whom Lardner was one, mentioned his speech impediment and Lardner had written a warm recommendation arguing that Darley was a brilliant scholar and had acted as the editor of London Magazine. The truth soon emerged however, when Brougham met Darley in the street, and the poet's stutter became obvious. Lardner tried to defend his friend and wrote to Brougham that Darley's particular difficulty that day was caused by embarrassment at meeting the great man, but in reality Darley's stutter was so bad that he could hardly speak at all, and a teaching post would have presented a serious challenge for someone with that condition. Darley was not appointed to the post.

Other professors were appointed, including Antonio Panizzi, an Italian lawyer who had been forced to leave his own country through his involvement with independence fighters. He was to become the first professor of Italian. Controversially it was decided to appoint Hyman Hurwitz, a Jewish rabbinical scholar, as professor of Hebrew. Since Hebrew was taught as a means to study the Bible, some thought that the post ought to be offered to a Christian, but the board were demonstrating that the London University was a modern free-thinking institution where old prejudices had been swept away.

Lardner began the task of assembling equipment for his department. He had by now some experience of buying and using pictures and instruments to demonstrate lectures; his Dublin and Cork lectures had been illustrated with paper and models, some of them commissioned from James Watt himself. In keeping with Brougham's and the Royal Dublin Society's emphasis on using working models for demonstrations, Lardner in consultation with George Birkbeck and Dr Gregory began to commission top quality apparatus from London engineers. Brougham's emphasis on the use of visual demonstrations using models and instruments was reflected in the organisation of many of the educational institutions which sprang up at around that time, which often included a museum of some kind and demonstration equipment. The London University was no exception to this trend.

On 13th September the Education Committee approved payment of £200 to Lardner to cover his first batch of apparatus and accepted the offer of the instrument maker Francis Watkins to create the instruments. Lardner persuaded the Committee to rent a house in Percy Street to house the instruments. In his first lecture he claimed that these were 'equal, if not superior to any collection in these kingdoms'. In all, including the money spent on the rent for the Percy Street house, Lardner spent £2358, 7s 3d of the Committee's money in setting up the Museum of Natural Philosophy comprising the instruments used in the Department's scientific experiments. As a result of all the care shown by Lardner, the lecture facilities at the London University were of a very high standard, and the economist J. R. McCulloch wrote to Napier that the halls, apparatus and accommodation were superior to anything in Edinburgh.

At last the fateful day came when the university was opened to the public. The public were invited to attend the first lectures by several of the lecturers, and Dionysius gave two introductory lectures. On 28th October he gave the first, 'an exceedingly elegant and expressive discourse on the subject of Natural Philosophy'. The text of this lecture was published. The lecture was a chance for Lardner to use the apparatus that he had spent so much care preparing, including a sectional model of a steam engine (probably the one designed by Hackett that he had used in Cork). This was the first time a sectional model had been used in a public lecture in England: Lardner may have got the idea from Hazelwood School, for such models had been used to teach the children there (or they may have got the idea from him).

Demand for the second lecture, on astronomy, to be given on 29th October, was so great that the Committee asked Dr Lardner to repeat the public lecture. The lecture was deemed a great success, being given a very favourable review in the *London Magazine*, which was hardly surprising since this was run by Ladner's friends Taylor and Darley. More importantly it was also reported in the *Times* and was later printed as a pamphlet. In the lecture Lardner spoke passionately about how important it was to understand how nature worked and explained that it demonstrated the nature of God. Lardner stressed how important it was that the study of the subject was carefully classified and ordered, and he went over the different branches of the science and explained some of the basic terms.

The building work continued even after the University opened its doors for business, but eventually Lardner was able to take over his allocated space and his conditions of work improved. An assistant, Mr Kirby, was hired on 29th May 1828, at a rate of £75 per annum, to care for the instruments and assist at Lardner's demonstrations, and Lardner was given an office on the first floor beyond the North cloisters. He taught in rooms beyond the South Cloisters, and the department had a semi-circular lecture theatre on the first floor of the South Wing.

ଓଃର

Despite all Lardner's efforts, things at the University soon began to go wrong. Most of the arguments centred in one way or another on money, but in the professors' eyes there was another problem, for many of the problems seemed to revolve around one man: Leonard Horner, who was soon to become one of the affable Lardner's few enemies.

The social reformers had called upon Horner, a friend of theirs from Edinburgh, to help them set up the university. Horner had very few academic qualifications but had a good record as an administrator, having already set up a mechanics' institute in Edinburgh (the Edinburgh Academy of Arts). When Horner had been appointed it was at first envisaged that he would be a point of contact between the professors and the committee. There was some debate as to what title to give to the holder of this post, and 'secretary' was suggested. Horner argued that in other universities the person in charge of the college was called the 'Provost'. Horner was an administrator, not an academic, and the post had not been originally envisaged as that of a college principal, so it was decided to give Horner the ambiguous title 'Warden.' However, crucially, he was given control of the finance for the college. This made him the most powerful person in the college.

In Trinity College Dublin as well as at the other university colleges, important decisions affecting the college had been taken by the professors, but at the London University the board of governors were now the people to make all the decisions, and Horner was the only person from the university who was allowed to attend the meetings where these decisions were taken, an arrangement that distanced the professors from the management and disempowered them.

Another symbol of Horner's power over the professors was the size of his salary. With an astonishing sleight of hand, Horner convinced the board of governors that he could not possibly move his family to London for a salary less than that of £2000 a year, and the shareholders had agreed this sum.

Soon after the University was established it became clear that it was in financial trouble. This must have been a bitter blow to the founders, for although the new University in London was aimed at promoting education, one of the main factors which influenced the final decision to go ahead with the plan was probably financial. The universities of Dublin and Edinburgh were very successful financially and many were enticed to lend money to the scheme with the fond notion that it was a very sound financial investment that would reap them great reward in the years to come when hundreds of potential students streamed to the university demanding its services and rushing to endow it with prestigious buildings and honorary professorships. The university had been set up as a financial company and was managed on behalf of the shareholders. As part of the arrangement investors could send their own children to the University at a cheap rate.

Once enough shares were sold for the plans to proceed, money at the University began to be in very short supply. The board of governors did not trust the newly appointed professors and had set up a system to ensure that they were only paid if they performed well: hence their salaries were linked to the number of students who chose to take their classes. Although it had been assumed that there would be a great demand for places, as there was at Trinity College Dublin and in Edinburgh, the shareholders had not realised that it can take a long time to build a reputation for scholarly excellence, and the reputation of the new university was not as high as they might have hoped.

Part of the drop in students probably related to the university's lowly profile in the media. Many journalists in Tory papers poured scorn on the idea that anyone could found a new university and they objected to the term being used, arguing that a university needed a government charter. They nicknamed the new establishment 'Stink O'Malley' or 'the Old Lady of Gower Street.'

In this atmosphere of uncertainty it was unclear if the university could continue at all. Professors such as Panizzi, who only had three students in his first year, could not continue financially, and Horner's huge salary seemed bizarre by contrast.

A dispute arose concerning one of the professors, a medical lecturer named Granville Sharp Pattison. Pattison taught traditional methods, but many of the students were aware that there were more modern anatomical methods being taught in France and they started complaining that Pattison was not keeping abreast of current practice. Horner seemed to be siding with the students, and the professors objected strongly to this interference in their teaching methods.

Lardner himself faced objections from Horner over two areas of his work. The first problem came to light when Horner examined the apparatus that Lardner had bought: it was deemed that one of the models was entirely unfit for the purpose for which it was designed. Lardner, it was argued, had not sought permission to spend the huge amounts he had run up when ordering apparatus - in fact, when the instrument makers presented their bills the college refused to pay, hence the air-pump, the exhausted receiver and the galvanic batteries were seized. Not only that, but bailiffs were seen chasing the Professor of Modern History around the Quadrangle.

The second cause for dispute involved Lardner's work with John Taylor. On 8th December 1827 Taylor had been appointed the University's bookseller, probably through Darley's connection with Lardner, for Taylor wrote to his brother James that it was mainly through his friendship with Darley that he had got the post. Taylor had accordingly moved his premises to Upper Gower Street in 1827. In addition to Lardner's successful *Popular Treatise on the Steam Engine* and the textbooks that Lardner and Darley had already written, he now published the books Lardner had so eagerly offered to Brougham during his job negotiations, beginning with an edition of Euclid that he had prepared in Dublin, and including a new work, his *Treatise on Solid Geometry*. Lardner's books continued to sell well: his 1828 first edition of Euclid's *Elements* provided details on its title page of booksellers where the book could be bought not only in London but also in Cambridge, and Oxford. John Taylor was able to give a good report to his brother James:

> 'Lardner's Steam Engine is also just published 2nd edit. – it bids fair to sell well – But the Euclid which will appear in March is the Book which in all Likelihood will benefit most by the Connection its Author & I have formed with the London Univ. – It is greatly enquired for'.

The University Committee, far from rejoicing at the release of these publications, reproached Lardner because he had not sought their permission to write a book: it is likely that they hoped to obtain some money for the university from the matter. Lardner cheekily replied that it was very kind of them to offer to endorse the book but that no such endorsement was sought.

All these disputes were exhausting for Lardner, who was at the forefront of the professors' negotiations with the board of governors to try to get more pay and more involvement in the decision-making process and to try to curb Horner's power. Eventually in January 1830 Lardner was informed that his salary would cease on 30th October owing to the college's limited funds and that his remuneration would be restricted to two-thirds of the fees derived from his classes. The Committee then voted on 8th May to remove him from office, but failed because there were not enough attendees at the meeting to fulfil the legal requirements. By July only eight students had enrolled for Lardner's course for the following year. The Committee then imposed ten conditions on the continuation of his professorship but guaranteed him £300 for the following session (November to July).

Lardner resigned on 30th November, cushioned to some extent by the income he was gaining from his writing and editing, which was becoming time-consuming and successful. Several of the other professors, including Augustus De Morgan and Panizzi, had had enough and also decided to resign. Panizzi got a job at the British Library where he went on to invent Panizzi's rules, one of the first library classification schemes. He is known today as the 'Prince of Librarians.' De Morgan got a job as an actuary, calculating the probabilities of various types of accidents and misfortunes and the study of probability became one of his areas of speciality. He eventually returned to his old job at the university and went on to teach many generations of University College London scholars.

Although he left the University, the public lectures Lardner had given, the books he had written and the instruments that he had bought in the early years had set firm foundations for the University's physics courses. Lardner's annotated edition of Euclid's *Elements* went on to be used at the college for many years. Some of the instruments he commissioned were still being used in the nineteen fifties; a superior glass prism and a large double convex lens built in 1829 were subsequently used by Michael

Faraday in 1844 for experiments on light and magnetism, and used in scientific demonstrations at University College London until 1978, when the apparatus was displayed in an exhibition. In 1980 what remained of Lardner's original stock was finally sent to the Science Museum.

Lardner, in his first lecture, spoke about the privilege of being able to lay the foundations for millions of students who would follow at the University, and his predictions came true: the London University became University College London, the first of many colleges to make up the University of London. Today the college has over 8,000 staff and 22,000 students and in 2014 it ranked fifth in the world by the Times Higher QS World University rankings. It boasts 21 Nobel prize-winners among its alumni and former staff.

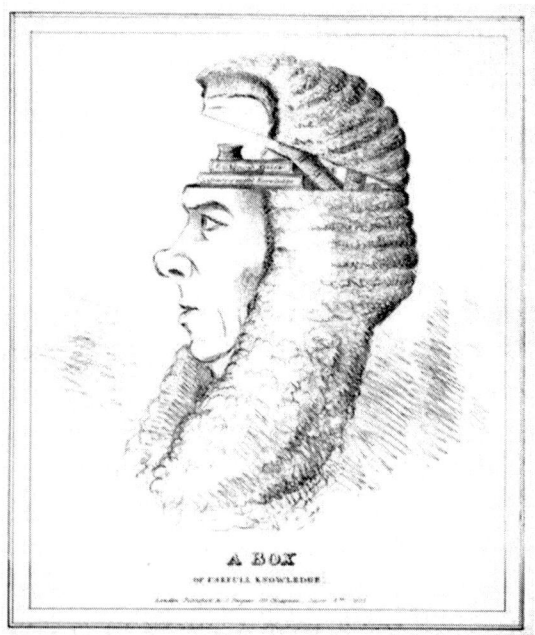

Figure 8: Henry Brougham, 'A Box of Useful Knowledge'

5: THE 'MARCH OF THE MIND'

Setting up the Society for the Diffusion of Useful Knowledge—Lardner's work for the Society—The collaboration ends

At about the same time as Brougham's friends were founding the London University they set up another organisation that put his ideas into practice: this was the Society for the Diffusion of Useful Knowledge. An excellent history of this remarkable Society is given in the MA thesis written in 1933 by Monica Grobel, at the University of London. This is an astonishingly detailed and well researched three-volume work. Much of the present chapter is based on documents reproduced in her research.

The society, founded on 6th November, 1826, consisted of a group of London's intellectuals who believed in the importance of education, as laid out in the Utilitarian philosopher Jeremy Bentham's book Chrestomathia. They wanted to promote the knowledge of science and manufacturing (which they called 'the useful arts') by encouraging the publication of books on the subject. Many were Liberal Whigs who believed that educating individuals could help society to progress, and as Christians they believed that studying science revealed a providential creation. The Committee of the University decided to sublet half of a building at 29 Percy Street building to this Society.

To modern ears, the name of the society may suggest an obscure organisation run by a band of eccentrics. This was far from being the case, for this unassuming building at 29 Percy Street was a political powerhouse and those who gathered together therein were to effect revolutionary changes to the nation within a very short space of time.

Brougham, the chairman of the society, was forty six when it was founded, and his passion, energy, reputation as a national hero, and his connections were the keys to the success of the University and of the SDUK. The gaze of his clear grey eyes inspired confidence and commitment wherever he went. A rather unremarkable man to look at, it was said "his whole body appears a mere habitation for the soul" for once he began to speak in his northern dialect and low measured tone he became more and more animated and spoke such good sense that he inspired his listeners. Other members included Isaac Goldsmid, Leonard Horner, George Birkbeck, Rowland Hill and his brother Matthew, the philosopher James Mill and William Smith O'Brien, the MP for Ennis. Darley's publisher John Taylor became a member too: a man with strong ethical beliefs he was interested in science, particularly astronomy, and he later helped to advance the scientific understanding of astrological globes.

The society's name was quite controversial: there was already a Society for the Diffusion of Christian Knowledge and many thought that the new Society's name was a blasphemous parody of this, but although at one stage the name 'Society for the promotion of General Knowledge' was considered, the term 'Diffusion of Useful Knowledge' had been widely used by Brougham so the title was the obvious one to use. Newspapers christened the Society the 'Sixpenny Science Company' because it produced cheap books, or, worse, the 'Useless Knowledge Society' or the 'Confusion of Knowledge Society', and the Society's books became part of a genre known as the 'six-shilling sciences.'

ങ്ങ

At first it was envisaged that the society would only endorse the books of existing publishers. However, it was soon decided that the society should begin to commission its own works. Darley's publisher, John Taylor, was a member of the society and he was furious when this became clear. He had devoted his business to producing exactly the sort of textbooks that the Society wanted to encourage, but now he feared they would undermine his work by setting themselves up as rivals. Publishers were invited to apply to become the Society's publishers: Taylor and another publisher, Thomas Longman, were among those who applied, but Charles Knight was the man who was chosen. Taylor was so angry that he cancelled his subscription and Augustus De Morgan also temporarily cancelled his subscription at this point for similar reasons.

It was decided that the society should publish a series entitled the *Library of Useful Knowledge* which would contain 'treatises', (each of which actually took the form of one, two or more volumes) on each of the subjects which made up between them an introduction to everything one might need to know concerning science and the 'useful arts'. Although they were sold as unbound pamphlets these 'treatises' actually contained as many words as a conventional book. Purchasers often bound the together with others in their subject to turn them into book form. The subjects envisaged were grouped under the headings, Natural, Intellectual, Ethical, and Political Philosophy together with the History of Nations and the History of Individuals.

Volumes were to be issued in fortnightly numbers of 32 octavo double column pages at 6d a copy, including wood engravings and tables. It was hoped that at such a cheap price the works would sell the thousands of copies needed to cover production costs. Henry Brougham wrote the first volume of the series, an *Introductory Discourse upon the Objects, Advantages and Pleasures of Scientific Pursuits*, issued on 1st March 1827. This treatise proved very popular, selling an astonishing 33,000 copies.

Lardner was chosen to write books for the society, including the second volume, *Mechanics*. He was exactly the sort of writer that the society needed, and he was closely involved in the early days of this encyclopaedic series, producing the first volume after Brougham's introduction and going on to write a treatise on pneumatics for the Society and several others. His receipts varied from £25 to £35 per pamphlet. He was very reliable and produced his work fast, and his work was of great value to the society in the early days.

Lardner greatly admired Brougham, later dedicating his masterpiece *Railway Economy* to him and often referred to him in his articles and books, and during this period he was fortunate enough to be able to spend some time with his hero. An Irish newspaper article written in 1830 fancifully described Lardner visiting the Inns of

Court where the two spent time engrossed together discussing science:

> Thetipstaff... shoves over to Mr Brougham and whispers in his ear that Dr Lardner is without and wants to speak to him, whereupon away goes the lawyer, and for an hour, mathematics and mechanical philosophy, the affairs of the London University and the Society for the the Diffusion of Useful Knowledge, takes the place of law.
> – *Brougham and Lardner work together*

༺༻

Unfortunately Lardner soon encountered difficulties in working for the Society. Once authors submitted their treatises to Thomas Coates, the secretary (who was himself very efficient), the works became entangled in the tortuous workings of the amateur society. It had been decided that each submitted work should be examined by a subcommittee of volunteers, and the proofs were duly sent out to members for vetting. This process did not work properly: there were cases of members retaining books for over a year and some were even lost.

Lardner's work, being at the cutting edge of science, was perhaps more vulnerable to delay than others: his *Treatise on the Differential Calculus* demonstrated that some of Newton's ideas had been superseded but the members were afraid that this was too controversial and they wanted to make changes. Lardner got very frustrated and wrote to Coates complaining that sometimes his correct proofs were sent back with incorrect 'corrections'. Lardner complained that the people who were doing the corrections did not understand the subjects properly.

> Once for all, the manner in which the treatises have been brought out is such that I beg to disclaim all responsibility for them except so far as the general correctness of the scientific principles they contain. It is morally impossible that they could be well written treatises....
> – Lardner writes to Coates of his frustrations

He suggested that Coates give the manuscripts straight to Brougham, who alone understood the subjects. Lardner was probably right in this, for Brougham had a remarkable mind, and was astonishingly widely read in many fields.

Lardner decided by July 1827 that he would not undertake to do anything further beyond what had already definitely been commissioned (i.e. *Account of Newton's Optics*), along with the treatises on *Conic Sections* and the *History of Mathematics*. He implied in a letter to Coates that he would find other uses for the planned works, which was perhaps an indication of the direction in which his life was leading. Although he stopped specifically writing for the society, Lardner was never far away for almost immediately he began working for the University based at no. 33 Percy Street, practically next door to the Society and thus situated at the heart of the Utilitarians' centre of operations in the part of London sometimes known as Fitzrovia, near Bloomsbury.

Although Augustus De Morgan and John Taylor became frustrated with the society at this time too they eventually persevered in the enterprise: De Morgan went on to write the articles on mathematics and astronomy for the Society's later publication, and John Taylor went on to write the sections mathematics and astronomy for the society's *Penny Cyclopaedia* which began production in 1832.

The Society for the Diffusion of Useful Knowledge was wound up in 1846, proclaiming that it had carried out the aims it had set out to accomplish. By then the organisation had not only completed the Library of Useful Knowledge but had also produced the *Penny Magazine* and the *Penny Cyclopaedia*.

Modern writers have argued that the Society's books might have sold better if they were not so limited in scope: the Society insisted that it would not endorse books on religion or politics, but these excluded subjects were exactly the things that most interested the working man. Nevertheless the Society, with Lardner's involvement, had set the trend for the production of cheap scientific books, a trend that Lardner was now to build on. The publications helped spread knowledge of continental mathematics. Grobel states:

> 'The society was a success. By the thirties and forties there was a definite passion for reading unlike anything that had been known before. This desire had been in part created, in part stimulated, and for a time, almost wholly satisfied by the Society and its publications'.

Figure 9: Paternoster Row

6: ESTABLISHING THE *CYLOPAEDIA*

Starting the Cyclopaedia—Lardner proposes the 'Cabinet Cyclopaedia'—Persuading Sir Walter Scott, Tom Moore and Sir James Mackintosh—The Cyclopaedia's influence spreads—Sir Walter Scott and the advent of cheap books

At some time during 1826, the year when the Society for the Diffusion of Useful Knowledge was founded, Lardner visited Taylor with a proposition. Dionysius had decided that there was room in the market for a cyclopaedia (another word for encyclopaedia), and he must have been aware that he could do the job far more effectively than the bungling SDUK. It seems that Taylor agreed, but for some time not much seemed to happen.

In the spring of 1828, at the time when things were getting increasingly difficult at the University, Lardner seems to have come to some sort of a crisis that was to test his relationship with Darley to the breaking point. Lardner and Darley's friendship seems to have continued in London at first: when Darley wanted somebody to review his first textbook for the papers Lardner was a natural choice and it is thought that Lardner was the author of an anonymous review in published in the *Literary Gazette* in December 1827. The reviewer, who was referred to as 'L' in a letter from Darley to Taylor, made much reference to the remarkable fact that the author of the mathematical textbook was also a poet who had written the poem Sylvia. Indeed the review was so flattering that Darley had to get it re-written so that it did not look too much like a 'puff'.

This happy relationship was suddenly clouded in March 1828 when Lardner became unaccountably angry with Darley and wrote him a strongly worded letter. Only Darley's reply survives.

> Dear Lardner, The contents of your letter did indeed at first surprise me—but on an impartial review of my character my amazement completely subsided. Believe me when I say that however strongly you may feel, the weakness the follies, the insanities, the utter worthlessness of and hatefulness of my character, it is angelic in your eyes to what it is in my own. I am the worst of a bad family—and the wonder of it is, not that I have now no friend but that I ever had an acquaintance.
> – *Darley expresses distress at Lardner's anger*

Darley was clearly very upset by Lardner's letter to him, but the situation was made worse by the fact that he had no idea what particular offence had ignited his friend's wrath. He could only think that this ignorance must stem from some awful lack of etiquette on his part.

Darley's self-image was shaken to the core and in anguish he exclaimed:

> In a difficult acceptance I am really what I have been described, a madman ... I have long contemplated a life of excommunication as that which finally awaited

my deserts, and it is to it I am rapidly hastening. Now
I have to remain in society only taking refuge from
contempt and hatred in total silence; for me, to speak
is to utter my own condemnation'.

He added: 'Pray retain the few pounds you have of mine as a quittance for what I owe you—it is I believe about sufficient. Your books (all which remain with me,) shall be returned immediately.'

The fact that the letter survives suggests that he kept this letter from his friend and 'forgave' Darley.

Taylor also wrote to Lardner concerning the scientist's accusations. Like Darley, Taylor was astonishingly gentle. In reading Taylor's letter one can understand a little more of the background: it seems that Lardner had discovered the friends laughing about him and assumed they were mocking him behind his back, for Taylor explained that he and Darley had only been joking about Lardner's over-enthusiastic editing style. The friends, he explained, had been remarking that Lardner praised a new work so much that he had not noticed that the book needed quite a lot of work: they said that Lardner would have realised this later when he had had a chance to look at the book properly. Taylor further explained that he had not forgotten Lardner's proposal for the *Cyclopaedia*, but that he had been temporarily short of money. (There was a financial slump that affected the book trade badly in 1826).

Poor Darley seems to have dropped out of Lardner's life at this point, and his working relationship with Taylor did not continue for long either. Although Taylor was to publish two more of Darley's books, The *Geometrical Companion* published in the autumn of 1828 (this reached two editions) and *Familiar Astronomy* in 1830, Darley never made much money from the textbooks, for on 9th May, 1835 he wrote sadly to Taylor that whilst he was congratulated everywhere on their success they were still, after so long a time, buried under their expenses.

Darley's most enduring poem was published that same year, when he sent it to the *Literary Gazette* claiming that it was thought to have been written by the Elizabethan poet Thomas Carew. Darley's poem, entitled *It is Not Beautie I Demand* was so good that it was included by F. T. Palgrave in his famous *Golden Treasury* poetry compilation in 1851. Although the poem was dropped from later editions after it was realised that Darley was the author, it is still found in some editions of the work. Unfortunately Darley's work declined from that point forward. He continued to publish more literary works sporadically throughout the rest of his life, but several of these were self-published. In 1830 Darley suddenly left England without warning, to spend some years travelling Europe and when he returned he concentrated on writing drama.

〇〇

The 1829 argument reflects how strongly Lardner felt about his plan for a cyclopaedia, which was to be called *Dr Lardner's Cyclopaedia*. To undertake to edit an encyclopaedia was a huge undertaking that would take the next twelve years of his life, but Lardner seems to have felt passionately that this was the future he wanted. It was a huge commitment, both in time and money, for the financial sums involved were far beyond the resources of either Lardner or Taylor.

The friends seem to have decided at this point that they needed help from others and they approached a third party, the more established publisher Thomas Longman. Eventually an agreement was drawn up by which each of the three parties, Taylor, Longman, and Lardner, would contribute a thousand pounds to the enterprise. At first, Lardner hoped to fund his share of the enterprise from his wages at the University, but his wages there had not proved to be as promising as he had once hoped. Instead he turned to Isaac Goldsmid, the banker friend of Brougham who had helped to finance the new University, asking to borrow the princely sum of £2,000. Lardner had little security to offer; only a life insurance policy and his own one third share of the *Cyclopaedia* but it seems that Sir Isaac was sensible enough to see the value of the enterprise and lent Lardner the required sum, for soon the *Cyclopaedia* was under way.

It was determined that Lardner should engage three of Britain's most famous writers, Sir Walter Scott, Thomas Moore and Sir James Mackintosh to write volumes for the *Cyclopaedia*. Getting these three writers to agree to write for him was possibly the most important task that Lardner ever had to achieve. When they were first approached, each of them turned him down straightaway. Although Longman was a well-established and respectable publisher he was not Scott's publisher: Scott usually worked with Archibald Constable and John Murray. Lardner was associated with what many considered the dubious Whig so-called 'university' and was not very well known, and none of the writers were short of work. Lardner and his friends had only one weapon in their armoury with which to persuade the great men, and that was money.

Tom Moore was the first of the three to capitulate. He was Ireland's most well-known poet, in an era when poets were the pop stars of the age. He had written *Songs of Erin* in 1805, when he was still young, and had been offered the post as the Irish poet royal, but had turned it down, feeling he was still too young and inexperienced, but his songs, which were nostalgic pieces often reflecting the loss of Ireland's past glories, and his poems such as *Lalah Rooke*, had made him famous. The singing of folksongs in Irish had been illegal until quite recently and Moore's lyrics, although written in the English language, expressed a sense of national pride and passion that excited people. Tom Moore's songs, which were set to traditional Irish tunes, were sung after dinner in many households in Ireland and also in England for the rest of the century. Some of them, such as *Forgive Me if All those Endearing Young Charms* and *The Last Rose of Summer* are still remembered as classics today, while *Let Erin Remember* became a standard anthem for Irish Catholic rights activists.

Lardner himself seems to have been fond of Moore's work and in an uncharacteristically poetic moment he later quoted Moore's poems in one of his works. Determined to get Moore at any price, Lardner finally offered the writer a thousand pounds if he would write a one-volume history of Ireland for the *Cyclopaedia*. Moore had always worked hard and had been well paid by his current publisher, John Murray, but he had a large family including a polo-playing soldier son in India and he always seemed to be short of money, so he accepted Lardner's offer.

Sir James Mackintosh, a constitutional historian, agreed at about the same time to write a one-volume history of

England for the same amount, and Moore and Mackintosh each wrote to try to persuade Sir Walter Scott, to be 'yoked together in Dr Lardner's cab' as Moore eloquently described it.

୧୬୫୦

When Sir Walter Scott received Moore's invitation to write for the *Cyclopaedia* he was greatly disturbed. At that

Figure 10: Tom Moore by Maclise

time he was the most famous writer in England: if he accepted his name would be publicly linked, for good or for evil, with the unknown name of Dr Dionysius Lardner. Scott had already turned Lardner down once, but this time when Scott received Moore's letter he was peculiarly vulnerable because he had lost thousands of pounds through the collapse of the publishing industry in 1826.

Ironically, Scott's money troubles stemmed from his involvement with one of the most exciting innovators in the publishing world. They dated back to one evening several years before, in 1824, when a discussion had taken place that was to change the face of publishing for ever. The publisher Archibald Constable was invited to dinner at Scott's famous home, Abbotsford, together with his son-in-law John Lockhart and the publisher James Ballantyne. Constable had announced excitedly, his discovery that 'Printing and bookselling, as instruments for enlightening and entertaining mankind, as well, of course, as making money, are yet in their infancy.'

Constable went on to extract a heavily annotated government tax manual from his pocket. At first Scott and his guests could not understand why Constable was becoming so excited about a tax manual, but Constable soon explained that the manual showed that the aristocracy only spent a tiny proportion of their wealth on books compared to what they spent on racers and four-wheeled carriages. By contrast, obscure articles such as hair powder with a few pence tax on each item sold amounted to a guinea per person per year of revenue each year for the government. The tax manual revealed that, when these amounts were multiplied by the number of tax payers in Great Britain who used the product, the revenues involved became significant. At that time only a very few well-off people could afford books and even these did not buy many, but Constable had suddenly grasped the concept of the economy of scale. He was convinced that if books were mass produced and offered at a cheap price there was a huge potential market for them, and he declared: 'If I live for half a dozen years I'll make it as impossible that there should be a good library in every decent house in Britain as that a shepherd's ingle-nook should want for a sauté poke'.

Constable soon persuaded Scott that the works that the great novelist had already produced could be reproduced in cheap copies and would sell well, and Scott declared that Constable would soon be the 'Grand Napoleon of the realms of print'. The two consequently also published a cheap series of tiny octavo format books, entitled *Constable's Miscellany*. This series did indeed sell well and Lardner's *Cabinet Cyclopaedia* was an example of several other publishers who imitated Constable's practice of producing a series of books in a mass produced cheap octavo format. Scott had gone on to become a business partner in Constable's firm but unfortunately the publishing industry, including sales of Constable's many books in other formats, had temporarily declined and Scott had found himself legally in debt for many thousands of pounds, a huge sum in those days.

Lardner had a rival for Scott's literary attention. John Murray, a publisher who was a friend of Scott and had often worked with him before, had developed his own version of the popular series concept, the *Family Library*. Murray was keen to induce the great Scotsman to write a volume for him. Scott had already replied to Murray, tentatively agreeing to his offer but had received no reply for some time, which had annoyed the desperate author. Scott was under great strain and his thought process at this time can be traced in his diary entries. He imagined that perhaps he was becoming too dependent on Lockhart, his son-in-law and advisor, and on Murray. If he wrote for Lardner and gained a thousand pounds it would show his friends that he was still capable of taking a step to support himself, and moreover the money would, he believed, more or less cover what he owed.

Scott spent many hours for several days walking in his garden trying to reach a decision as to whether or not to agree to write for Lardner.

> I think I can do this and do it with unwashed hands … For being hacked, what is it but another word for being an author? I will take care of my name doubtless, but the five letters which form it must take care of me in turn. I never knew a name or flame burn brighter by over chary keeping of it. Besides, there are two gallant hacks to pull with me… In fine, within six weeks, I am sure I can do the work and secure the independence I sigh for. Must I not make hay while the sun shines? Who can tell what leisure, health and life may be destined to me?
> – *Sir Walter Scott decides, despite his misgivings, to write the 'History of Scotland' for Lardner*

A few days later Scott told Lockhart of his decision. On 16th July he wrote 'I sent off to Dionysius Lardner (Goodness be with us, what a name!) as far as page thirty-eight inclusive'. As soon as he had finished worrying about accepting the offer and had posted the letter Scott began to worry that the deal would fall through. The life of a great man is never easy.

When Lockhart and Murray heard about the agreement they were aghast. Scott might have felt dependent on Lockhart and Murray but he was always a great asset to his friends and they had been keen to work with him. Murray was a very generous publisher and had been intending to offer Scott £1,250 himself to write in his *Family Library*, but Lockhart had been too much of a gentleman to mention the actual sum involved and so they had lost the opportunity and Scott had risked his reputation with the stranger, Lardner. Nevertheless, there was nothing the pair could do for they were presented with a 'fait accompli' and Lardner had pulled off the coup.[3] Lardner was only just in time: by March 1830 when Colburn was trying to sign up authors for his *Library of General Knowledge*, G.R. Gleig wrote to him that 'Scott and Southey have pledged themselves elsewhere and almost all the great names are engaged. We are too late of coming to our determination.'[4]

That November, Lardner published a prospectus announcing the forthcoming publication and listing the splendid list of volumes that were planned. Once Sir Walter Scott had accepted to write for the publication, Lardner had been able to persuade many other eminent writers to lend their names and pens to his enterprise and adverts began appearing each month in many publications advertising *Dr Lardner's Cabinet Cyclopaedia*. The literary world became full of flying reports and novel speculations. When journalists learned of the thousands that Lardner had paid Scott, Moore and Mackintosh for a volume that was, they said, going to sell for only five shillings a volume. They wrote that ten thousand copies would have to be sold just to cover the costs of the authors and printer, before any profit could be made. Nevertheless, on 1st December 1829 the *Times* announced the publication of the first volume, and the prospectus for the series was published and Lardner proudly sent Henry Brougham a copy.

As soon as the announcement was published, letters began to pour in to Lardner's desk. Scott, Moore and Mackintosh were not the only authors whom Lardner had approached, for he had also written to several other eminent writers at this time offering to engage them. Through his relentless networking, Lardner had good connections by this time with many young academics and intellectuals at the London University, various societies with which he was involved and with Trinity College Dublin alumni. Most of those he wrote to seem to have hesitated at first, but now several apologised for not having replied earlier and most explained their indecision by saying that they had been ill. William Rowan Hamilton was the only one honest enough to freely admit that he had just left Lardner's letter lying around – now he declined the offer.

Overnight, Lardner's reputation was made for, fortunately for Scott, the announcement had the effect of elevating Lardner in the public opinion rather than of lowering Scott's reputation. The undertaking of an encyclopaedia was seen to be a great scholarly work in the Enlightenment tradition, and Lardner was very soon invited to become a member of the Royal Society, the oldest and for many years the only highly respected scientific society in Britain. From this time, Lardner began to be referred to as a 'savant'.

꘎꘎

The advent of cheap books was of great benefit to the public. At the time when Lardner was writing, most people had very few books in their house: perhaps a Bible and a copy of the *Pilgrim's Progress* and a few ballad sheets. Schools had few text books and at a time when there was no television or radio or photography, and little travel, people must have had little information about the world outside the place where they lived. With the arrival of the cheap series, books, often of great educational value, began to flood into the homes of the British public at prices they could afford, and the more they read the more they wanted to read.

Lardner's works, and those of the SDUK, met with critical approval for the sensible way in which knowledge had been arranged therein. The decisions that Lardner, Brougham and their circles were making, about what to include and exclude in classes and textbooks, were laying a blueprint for the future curriculum of a good British education. The *Cabinet Cyclopaedia* was designed in a sensible scheme similar to that of the SDUK's *Library of Useful Knowledge*. Although it was envisaged that the *Cyclopaedia* would run to one hundred volumes, anyone could buy just a single volume on one subject. A different book was published every month and the books were designated as part of groups, called 'cabinets': hence one could collect all the books on history, for instance, which were published as part of the 'cabinet of history'.

The title of the series sounds a little strange to our ears: 'cabinet' to Lardner's contemporaries meant the sort of private museum or collection that a gentleman might gather. Unfortunately the word also had other connotations, as popular newspapers were not slow to infer, for a 'cabinet deal' was another name for a lavatory.

The marketing of the *Cyclopaedia* was taken very seriously and comparatively large amounts of money, running into hundreds of pounds, were spent on advertising each new monthly volume in newspapers and journals and in sending one hundred review copies to the press. It seems that less legitimate means were employed too. In June 1829 there was a strange series of correspondence in the *Times* which appears to be suspiciously similar to modern 'guerrilla marketing' tactics: in short, someone wrote a letter to the *Times* implying that the volumes in Lardner's *Cabinet Cyclopaedia* were not written by the 'eminent men of science' as publicised but were actually ghost written.

Sir Walter Scott and others wrote to the *Times* denying the strange allegations. The testimonies were published in the *Times*, and the effect of the list of signatures of so many eminent men all endorsing the authenticity of Lardner's *Cyclopaedia* would have raised public awareness and helped its image. The affair was somewhat bizarre and some suspected that one of the lesser authors themselves had written the letter to boost sales, but nobody suspected that the great savant himself would have undertaken such a mischievous and manipulative ploy.

7: A 'LITERARY CAB DRIVER'

A literary cab driver — Supporting Thomas Moore — John Herschel's Masterpiece — Financing the Cabinet Cyclopaedia — Mahoney's satire

In a late letter to Tom. Longman, I called Lardner & Co. the 'Cab.-drivers'– not a bad name for them.
— *Tom Moore invents a nickname*

The bibliographer Morse Peckham is one of several modern scholars who have criticised Lardner for the way he edited his cyclopaedia. Peckham, writing in 1951, noticed that there was a great discrepancy between the original plan of the *Cabinet Cyclopaedia*, as set out the prospectus of 1829, and the *Cyclopaedia* when it was finally complete. Whereas the original plan involved a hundred volumes, the final *Cyclopaedia* had a hundred and thirty three; the numbers of volumes rose as writers found that they were unable to condense their subjects into a single volume. The costs rose accordingly.

Peckham points out that whereas the original prospectuses named many well-known prospective authors. In the event many of these did not go on to write volumes: many of those who eventually wrote works were much less well known and, on average, fifteen years younger. Of the forty-eight authors named in the prospectus, as many as thirty-five did not go on to produce the *Cabinet Cyclopaedia* volumes they had planned to write. These thirty-five included Thomas Campbell, the poet and founder of London University; Maria Edgeworth, the famous Irish novelist; Samuel Taylor Coleridge; William Wilkins, architect of the London University College and other buildings; John Taylor and other famous names.

In later advertisements for the *Cabinet Cyclopaedia*, Lardner announced the names of other, new, prospective authors whose books were not subsequently published, most notably the historian Thomas Babington Macaulay (1800–1859). It was planned that six professors from the London University should write volumes, whereas the only one who actually did so was the loyal Augustus De Morgan.

Figure 11: A press room in Dublin in 1835

The section of the *Cabinet Cyclopaedia* which differed most widely from the original plan was the *Cabinet of Natural History*. John Lindley, Professor of Botany at the London University, and ten other writers, were originally commissioned to write works in this section, which was advertised as a 12-volume set. Each of the advertised authors was an expert in his particular field and many of them were active or even founding members of learned societies.

Despite these grand plans the final *Cabinet of Natural History* section of the Cyclopaedia comprised only nine books, each one written by the same man, the botanical artist William Swainson. Swainson was a young artist who was originally commissioned only to provide the drawings for the works. The subject area was a controversial one: geologists such as Sir Charles Lyell had suggested that the world was millions of years old, which was much older than the Bible suggested, and this seemed blasphemous to many. It was important that acceptable but informed authors were chosen. Swainson proposed what he termed a 'Quinquennial' theory [which involved classifying nature into five parts, three parts of which were particularly important.]

Swainson's theories were attractive to people who liked to think that the threefold division reflected the Holy Trinity, and the works were popular and even attracted the attention of the young Charles Darwin, who was studying at Cambridge at the time. Darwin's friend Alfred Russell Wallace was very interested in the work, and his original copy of one of Swainson's works can be seen, heavily annotated, in the library of the Linnaean Society in London. Swainson's theories were credible and appealed to readers but were superseded within a very few years. Darwin was later to comment to a friend that he was worried his own famous theory would be as effectively erased from human memory as Swainson's had been.

Swainson's eccentric theory was given undue authority by its inclusion in the *Cyclopaedia*, and hindsight shows this to have been an error of judgement on Lardner's part, but it was difficult for contemporaries such as Lardner or anyone else to judge which theories would become accepted and, more to the point, Swainson was young and cheap and worked hard. Nobody seems to have commented on the substitution and the book became widely read: by 1840 a naturalist as far away as India recorded in his expedition diary that he was reading Swainson while forced to camp for a day after his servant had had two fingers cut off during a disturbance.

Peckham suggests that the cause of the great discrepancy between what was planned and what was produced was probably a shortage of money but he also implies that Lardner may have been bad at organisation. He claims that the plan was not really followed properly: whereas each subject was originally allotted one volume, in practice many authors produced two or three-volume works. This made the *Cyclopaedia* thirty-three volumes longer than intended.

ഇരു

Modern critics are not the only ones to have criticised the *Cyclopaedia*. In 1829 the *Times* published a very surprising review of a *Cabinet Cyclopaedia* volume on English Literature, and, notably, on Shakespeare. The review, which it is thought was written by the young William Makepeace Thackeray, was a satirical and bitter criticism of the anonymous author of the volume *Lives of*

Eminent Literary and Scientific Men of Great Britain and Ireland for daring to criticise Shakespeare, 'like a mouse criticising a lion'. The reviewer had a valid point, for the anonymous *Cabinet Cyclopaedia*'s author's tone does indeed come across as sanctimonious: the author had written that uncensored volumes of Shakespeare contained 'the most common vulgarities' and that he hoped the playwright had repented of these on his deathbed, although there was sadly no evidence that he had. The *Times* reviewer, incensed, pointed out that the author obviously thought it was all right to read the censored passages himself but hypocritically sought to protect others from exposure, and calls him a 'literary Joseph.'

Nora Crook, in her introduction to a modern edition of Mary Shelley's *Literary Lives* is another of those who has criticised Lardner. She implies that Lardner was paid far too much, and was inefficient.

> How interventionist an editor was Lardner? We do not know, but there is no record of his imposing cuts or making stylistic changes to Mary Shelley's works. He was paid a £50 editorial fee per volume. Just what he did to earn a salary of £600 a year is not clear, but, prima facie, it was not by paying attention to minutiae.[5]
> – *Modern historian Nora Crook implies that Lardner was overpaid*

This list of Lardner's difficulties that his critics have drawn up could however, be viewed in a different light. It is true that the shape and authority of the final *Cyclopaedia* differed greatly from the project as it was first projected, but editing an encyclopaedia is a task involving frightening costs, many processes, and a good deal of knowledge and judgement. The editor needed to use a proactive leadership style to co-ordinate many people of different skills, many with artistic temperaments, to meet tight deadlines and produce a new volume each month (the *Cyclopaedia* in total consisted of 133, 134 or 135 volumes – reports varied.) He had to work within a limited budget that had to be adapted once sales expectations became clearer.

In such a complex undertaking it was only to be expected that variables would occur, and Lardner's ability should surely be judged not by his degree of adherence to the original plan but by his ability to navigate the *Cyclopaedia* through all the new obstacles that arose to beset its journey.

Lardner worked hard to earn his keep. He received a great deal of correspondence during this time, and by 1838 claimed to have written 'many more' than 1,500 letters a year. Of these only a few score survive. The Wellcome Institute in London holds a collection of letters mostly written to Lardner at this time by *Cabinet Cyclopaedia* authors or potential authors; they include letters from a wide range of people offering to write on various obscure and unlikely subjects. These letters reflect a steady parade of inventors, country vicars and aristocrats who corresponded with Lardner.

We have seen that it fell to the editor to approach authors. Lardner was in a strong position to commission writers because he had many contacts in both the London University and at Trinity College Dublin, as well as in the Astronomical Society and others to which he belonged, and he drew many of his authors from these contacts:

nevertheless choosing suitable authors was a difficult task. For the manuscript to sell well it was important that the authors be well known, but well-known people were expensive, often very busy, or, in the case of Sir James Mackintosh and Sir Walter Scott for instance, may be quite old and ill. Lardner had to balance the mixture, commissioning not only expensive, big name authors to draw the crowds but also and, as he put it to Herschel, 'a cloud of inferior persons to fill up the minor details'.

It was vital that the authors should be able to write at a level that the target audience was able to understand. Lardner had already proved with his lectures to mechanics and earlier works that he was able to transform his language to address this audience, but his was quite a rare skill. The efforts of the various authors that he chose differed widely in their ability to convey ideas in simple language: John Herschel was probably the most successful in this area as will be shown.

Once Lardner had identified a potential author he approached him; he had to have quite a thick skin as the reception he received varied. He was often remarkably persuasive, succeeding in convincing the poet laureate, Robert Southey and others of high quality to write volumes. This was good for the prestige of the *Cyclopaedia* for people expected good quality from such writers. Some authors, such as William Whewell, William Rowan Hamilton, Baron Cuvier and William Wordsworth, declined. (Hamilton was too busy and Whewell, it seems, did not really approve. Wordsworth suggested that a good subject for a volume would be 'the dead poetesses of Britain'.)

Once the word spread that Lardner was looking for authors, others approached him independently and offered their services, or suggested other authors. The radical philosopher William Godwin offered a volume, but Lardner declined his offer, possibly fearing an association with such a political radical. The editor did, however, deal with Godwin's daughter, Mary Shelley, who had been introduced to him by Tom Moore as a kindness to the widow. Moore knew that Mary Shelley, later to write 'Frankenstein,' needed work after the recent death of her poet husband, Percy Byshe Shelley: the result of his literary matchmaking was her volume 'The Deceased Poets of Italy'. Mary Shelley was a good choice: she knew all about the poets of Italy from having read their works when travelling there with Percy, and she found the work therapeutic.

Lardner wrote five volumes of the *Cyclopaedia* himself. Lardner's volumes were in the subject area that today we know as physics, subjects in which he was well qualified, but these proved exceptions as he wrote to Herschel: 'I have laid it down as a principle to write nothing while I can get another person well qualified to do it'.

Negotiations over terms were often sensitive and complex, for Lardner had to be careful not to offend and to reach acceptable compromises with his awkward authors. It must have been difficult to judge how much to offer any particular author: contracts were extremely unequal. Moore's, signed on 13th January 1833, required him to write a two-volume history of Ireland in two years, for £1,500, with no penalty if he failed to meet the deadline, but Henry Roscoe's contract of 25th January 1830, specified that he was to produce British Lawyers in three months for £100 or face a penalty of £500.

Authors were often difficult. Marc Roget, now remembered for his Thesaurus, was asked to write volumes in the subject area of animal physiology but was most insistent that he should retain the copyright on all his works and be given fifty free copies in addition to the £150 that Lardner offered him. When a clerk visited Roget with a contract the author refused to sign it saying it did not contain the terms he had demanded so no deal was struck.

Once the contracts had been agreed the authors were supposed to start writing. It was projected that one volume of the *Cyclopaedia* would be produced each month, and Lardner commissioned authors on that basis, but it was very difficult to ensure that author's finished their work to deadline.

Most authors expected to get paid as soon as they submitted their manuscripts and they often wrote angry letters demanding to know when they would receive their dues. John Landseer (brother of the more famous painter Edwin Landseeer) was one such example. Lardner had at first been keen to hurry along Landseer's treatise on engraving, but then publication of the treatise, and hence payment, was delayed in favour of a volume from Sir Walter Scott. Lardner tried to pacify Landseer, explaining 'I am sure, that you and your friends will see how impossible it would be for me to commit to the press a MS., not a line of which I had ever seen.' He continued: 'Now, with respect to remuneration – I distinctly informed you when you undertook the work that we should pay for it within one month after its publication but I certainly did not pledge myself to a precise time for publication'. Lardner compromised with the author in this case by agreeing to pay him half once the first draft was received, but Landseer was still not happy, arguing that he did not see why Lardner's good luck in securing Scott's manuscript should have to mean a delay in paying others.

Money was not the only thing that authors demanded. Many authors including Colley and Roget expected Lardner to lend them books for research and this was expensive and could cause problems: the author Samuel Astley Dunham, author of *The History of Poland* (1831), *History of Spain and Portugal* (5 vols., 1832–83), and *History of Europe during the Middle Ages* (1833–84), was desperate for money and spent some time in debtors' prison. The proprietors debated what to do, and one wrote; 'I really feel great difficulty in saying what should be done to about the books: if he do not get them [sic.] he cannot write the work and if he do get them the chances are that they shall find their way to the bookstalls'. Lardner must have been able to accommodate Dunham's problems for he continued to commission works from the author, publishing his *History of Denmark, Sweden and Norway* (3 vols., 1839–40) and his *History of the Germanic Empire* (3 vols., 1844–45). There were very few existing books in English on these subjects and Dunham's history of Spain and Portugal remained the standard work in English on this subject for the next sixty years. Nevertheless the project seems to have lost books in a more unexpected direction, for the Longman accounts record a sum of no less than £7 to cover 'problems with books' lent to Lord Nugent.

Once an author had finished his or her research and produced the first draft, Lardner would edit the manuscript. The first problem was to check if the manuscript was the correct length: Moore reported Lardner to have 'come in in dismay' when he realised that one of Moore's volumes fell short of that required. The editor would then go over the text. Crook suggests that Lardner did not pay enough attention to the manuscripts he was supposed to be editing. She points out that there was no imposition of a house style and there were even inconsistencies between volumes of one work. The prospectus had pledged that no material would be introduced that would be likely to offend public or private morals or to injure religion, yet Crook points out that in Mary Shelley's *Italian Lives* syphilis was mentioned as the subject of a poem by Fracastoro. Lardner allowed this to pass whereas Stebbing, a later editor of the same work, removed all mention of the disease from the 1860 edition. Crook comments; 'Lardner may not have been very zealous… there appears to have been no embargo, for instance, on mentioning liaisons or illegitimacy, except where living persons might be injured'.

When the first drafts were complete Lardner had to arrange for the volumes to be indexed, and for this task he employed the services of his own sisters. In an undated letter to his sister Adeline, he wrote:

> My dear Adeline, I find that there are so many names wrongly spelled in the sheets of the Italian republics which I have sent you that it will be better not to index them until I can send you correct ones, which will be in a few days, Your aft. brother Dion. Lardner.

Another letter to his sister reads:

> My Dear Adeline, the index to the *Bourbons* was remarkably well done. The only error was a very natural one and which I ought to have guarded against by telling you previously how it should have been avoided – I however now enclose

additional instructions which will prevent its recurrence. I now send the Conclusion of the History of France and I beg you will proceed with the index with as much dispatch as is consistent with great care and accuracy. On your exactness in these depends my ability to provide employment for you? I send another sheet of Poland for Caroline and tell her I will send the remainder sheet [Sic.] at the end of the week.
– *Lardner advises his sisters on indexing*

Lardner's strong beliefs in the importance of illustrations were reflected in his work on the *Cabinet Cyclopaedia*. Each of the little volumes of the *Cyclopaedia* included a splendid frontispiece which was quite unusual in volumes of the time. These frontispieces were drawn by Henry Corbould, the artist who had recorded the Elgin marbles for the British Library and had worked with the SDUK and designed the frontispiece to Lardner's *Popular Lectures on the Steam Engine,* a picture of the statue of James Watt that had been unveiled by Brougham.

Corbould's drawings were given to the Finden brothers, William and Edward Francis, to be engraved onto steel. The Finden brothers were amongst the most well-known engravers of their day; they not only employed a large staff but also worked with free-lance engravers. Steel engraving was a comparatively recent invention and produced a fine quality of illustration that could be reproduced many thousands of times without significant deterioration, and in the Findens, Lardner had selected high-quality workmen who were not cheap.

The Finden brothers made enough money from their work for Lardner and others to be able to follow their dreams and produce a lavish series of engravings of classic paintings. Unfortunately the Findens' masterpiece *The Royal Gallery of British Art*, published in 1851, took eleven years to publish but was a flop: the brothers were then bankrupted.[6]

Once the first drafts had been inspected they were sent, as were the engraving plates, to the printers, Spottiswoode, in Shoe Lane, Longmans' principal printer. One of that firm's proprietors Andrew Spottiswoode was married to Longman's daughter Mary, so the connection kept the money in Longman's family. Already one of London's more prestigious firms, the Spottiswoode brothers owned a Stanhope press and eight others, and were in the process of investing heavily in steam machinery, which many of the smaller firms could not afford to do. They were thus one of the firms best adapted to transform themselves to meet the current need for mass produced cheap books.

At Spottiswoode's Lardner would oversee the production of various stages of proofs. These would then be sent back and forth to the author to inspect. Tom Moore in his diary wrote how he had to 'sally forth to the Printer (Shoe Lane) about some difficulty that had occurred – most troublesome people, these midwives of the Muse.' He complained that whenever he sent it back correctly writing 'IV Mag.' referring to the historical source the Annals of the Four Masters, his manuscript came back miscorrected 'Mag. IV'.

After 'correcting' manuscripts, Lardner would then inspect the collating of the final copies and the assembling of preliminaries and end matter, but even when the printing was finished the work was not complete because, before the type was dismantled Lardner had already planned for the reprints; his team demonstrated their forward thinking by making use of another recent invention, the stereotype. The former owner of the

Spottiswoode's firm, Andrew Strahan, had installed a special foundry and moulding room to produce stereotypes for reprinting their Bibles: once the compositors had laid the type out on the wooden form, papier mâché or plaster casts were created of the pages, which could be used at any future date to produce reprints with little expense or work and Lardner took advantage of this technology to ensure that he could make cheap reprints of his volumes in future.

The final production of a book could be quite fast: the SDUK accounts show that once the author had finished a book it was possible for it to be printed in under three weeks, and unlike the SDUK, Lardner would not have had to wait for a committee meeting to approve his actions.

Despite his professional efficiency Lardner had his faults. Undoubtedly the most damning criticism made of his editorial style is the suggestion that he was a bully. One source of these accusations was Thomas Macaulay (1800–1859). Macaulay was a young unknown writer in those days and Lardner may have met him at a society dinner at the house of Lady Blessington, where both sometimes dined.

Macaulay was commissioned to write a History for Lardner. The young man wanted to be a famous writer and, like Scott, he considered it almost demeaning to have to earn a living by churning out material to order to be fitted neatly into the cheap popular series. Macaulay wrote that it was his greatest fear that he would turn into a hack and be bullied by Lardner, 'as to my certain knowledge Lardner bullied Mackintosh.'

Further details of any bullying of the ancient and failing Sir James are unknown, for he died soon after his first volume was completed and it fell to others to complete his

History. Whether or not Lardner bullied Macaulay himself is not recorded.

For some reason Macaulay's volume was never published, although there are reports of the proofs existing for many years afterwards in the Longman offices. Whatever his treatment, Macaulay was not deterred from his literary career, for the young man went on in later years to write his Whig masterpiece, the definitive *History of England*.

It is sometimes alleged that Lardner did not treat Thomas Moore well. Moore was very famous at that time and enjoyed hobnobbing with Lord Lansdowne and other high society friends, and his jolly company and strong singing voice, with which he entertained his hosts by singing the songs he himself had written, was in great demand. Moore did not appreciate the way the upstart Lardner kept calling on his time. Sometimes Lardner insisted that Moore come out for the morning to entertain a carriage full of society ladies and on other occasions Moore recorded in his journal that he was expected to attend business lunches with Lardner at the Longman offices at Paternoster Row, or dinner at Thomas Longman's house in Hampstead.

Tom Moore took to referring to Dionysius in his diaries as 'The Tyrant', but the origins of this harsh nickname do not primarily lie in Lardner's behaviour. In fact Lardner's nickname 'The Tyrant' was closely linked to his first name. British intellectuals at that time were fluent in their Greek classics and whenever they heard the name 'Dionysius' they immediately connected it with 'Dionysius the Tyrant of Sicily', the dictator who tyrannised the philosopher Aristotle and who was flattered by Damocles – of dangling sword fame. When, similarly, a reader might misconstrue

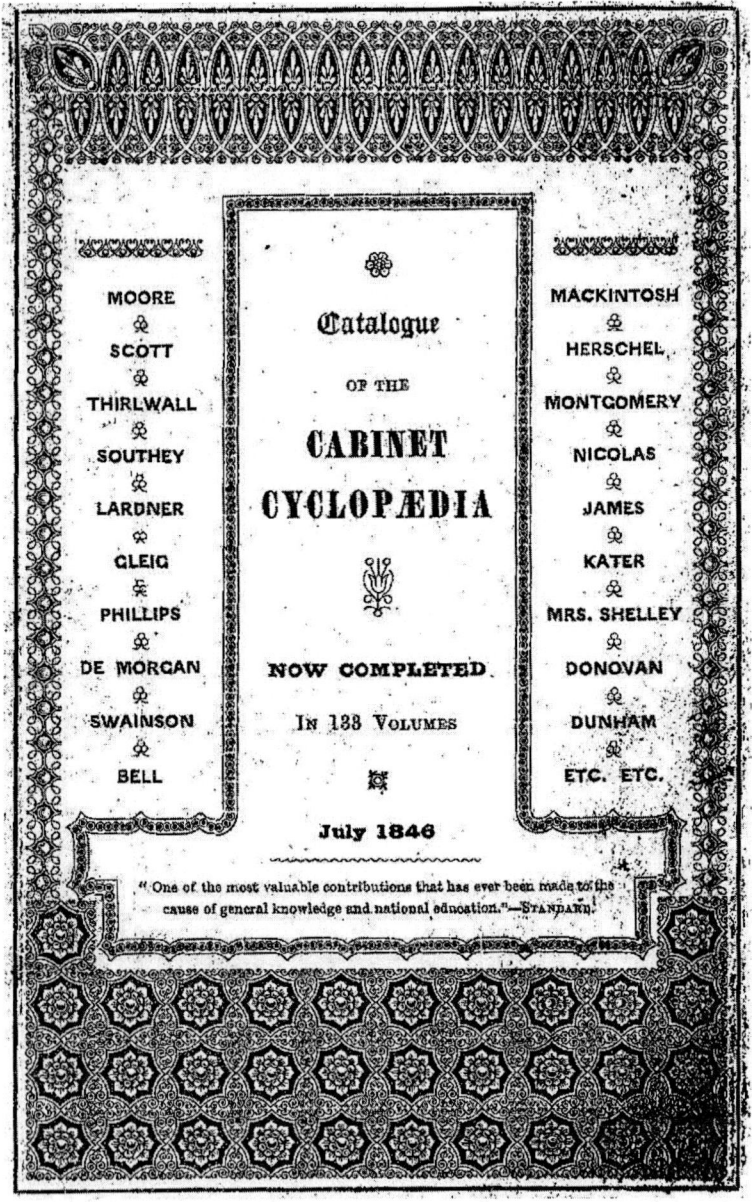

Figure 12: Catalogue cover for the finished *Cyclopaedia*

Moore's words in his letter to Mary Shelley: 'My mornings are all passed at Paternoster Row, working hard to fill the insatiable swallow of Lardner's devils', but he was writing at least partially in jest, for Lardner's 'devils' were printer's devils, that is to say, the young apprentices who assist at printing firms.

Contrary to his reputation, Lardner was to prove very patient and understanding with Moore, lending him money on several occasions and perhaps not pressurising him enough, for Moore's work was progressing unexpectedly slowly. Surprisingly, Tom Moore proved to be one of the most difficult authors to encourage. Wherever Moore went, people asked him how his *History of Ireland* was coming on and offered him helpful suggestions. The truth was that the work was not coming on well at all.

A modern biographer has suggested that Moore was a most unsuitable person to be chosen to write a history of Ireland. Although one of the first Catholics to be allowed to attend Trinity College Dublin, Moore could not speak Gaelic, yet, imagining that his tiny book would be the last word on the subject, he insisted on researching the topic by examining original sources and all the available works on the subject. James Grant, a publisher, wrote later that he had seen Moore spending hours in the British Museum trawling through dusty tomes. In the event, whereas Sir Walter Scott had turned out his volumes to order in the matter of a few weeks, Moore's biographers all record sadly that he spent an astonishing fifteen years, and the last fifteen years of his life at that, in writing the works. By the time they came out there was little interest in the books.

During the period in which he was writing for Lardner, Moore's happy life fell apart: his young polo-playing son

Tom died of a fever and one by one all of Moore's other children died, probably victims of London's appalling water supply. The death of one young daughter was particularly harrowing; it was felt that Moore would find it too upsetting to stay by her bedside as she died and he waited outside the door while she cried for him desperately from inside with her final breaths.

It is arguable that Moore was not as enslaved to Lardner as his biographers' record. When he was supposed to be writing for Lardner he spent many evenings socialising with his friends Lord and Lady Lansdowne, and he wrote other works during the period. An uncharitable writer could argue that he treated the patient and adoring Lardner appallingly, borrowing money from him recklessly, missing his deadlines by years and socialising and writing other books when he should have been attending to his contracted duties. On one occasion his publishers were so frustrated with Moore that they insisted that he move into rooms in the publishing house at Paternoster Row and pretend to everyone that he was out of town. Moore acquiesced, and worked for a few weeks in the British Museum until the volume was finished, only bumping into Lord Lansdowne once which involved some explanation and promises to meet up for dinner again very soon. It is quite possible that it was during these few weeks that Grant caught a glimpse of the author in the library and thus conceived the idea that he was an enslaved workhorse.

At the end of these weeks Moore's first volume was published and he was released again to socialise and spend as normal. Despite this treatment, Lardner seems to have admired the poet so much that he was blind to any failings, and it seems appropriate that historians should follow the tone set by him, and join in the admiration of the poet who gave so much joy to so many people.

ಸಂಯ

The *Cabinet Cyclopaedia* did, surprisingly, give rise to work of great status; the *Preliminary Discourse on Natural History* commissioned by Lardner from Charles Babbage's friend John Herschel. Andrew Pyle writes in the introduction to the 1996 Theommes reprint of Herschel's works:

> Herschel's Preliminary Discourse is one of the classics of the philosophy of science. It was an astonishingly popular work; by 1873 no less than twelve editions had appeared in England, and translations had been made into French, German, Italian, Russian, Chinese, and Arabic. Philosophers of the calibre of Mill and Whewell argued over it, scientists like Lyell and Darwin were keen to present their theories as being in accordance with it; laymen turned to it for their picture of science. The importance of the work for ideas about science in Victorian Britain can scarcely be exaggerated.[7]
> – *Herschel's Preliminary Discourse is regarded as a classic*

Herschel's name was well known in Britain even in his youth, for his father was the famous astronomer William Herschel, who had discovered the planet Uranus in 1781. John, like his father, was a great astronomer and had been admitted to the Royal Society at an early age when he had discovered the phenomenon of twin stars and he had been awarded a Copley medal by the Royal Society in 1821 for his controversial paper on the subject of analysis. Now he was the Society's secretary.

Herschel was a quiet man, but when he spoke every word he uttered was worth listening to. He was so shy that Lady Caroline Bell of the Cape of Good Hope reported that 'he always came into a room as if he knew that his hands were dirty and that he knew that his wife knew that they were dirty'.

Lardner first approached Herschel on 18th July, 1828, when the *Cyclopaedia* was at a very early stage: at that stage he was hoping that Herschel would write a treatise on the subject of light, for Herschel was a pioneer of the theory that light travels in waves. Herschel enquired as to what other authors Lardner had persuaded to write for him and Lardner blithely told him that Moore, Mackintosh and Scott were engaged to write for him (although they had not yet agreed to do so.)

Lardner knew that Herschel had already written a similar article on the subject for the *Encyclopaedia Metropolitana*, but he explained that he was aiming for a style that was more easily accessible and argued that these would be written for a more popular audience. Subsequently, however, the proprietors of the *Encyclopaedia Metropolitana*, in the person of a certain Mr Liver, made legal objections to Herschel's writing another article on the same subject. Herschel was very worried by Mr Liver's letter, saying that he could not write for Lardner's *Cyclopaedia* after all and offered to repay the expenses of any advertisements that Lardner had already sent out regarding his work. Lardner, fearful of losing his prize catch, persuaded Herschel that he was already morally under contract and persuaded him to change the subject slightly and write a volume on astronomy.

After successfully negotiating the *Treatise on Astronomy* together, Lardner was encouraged to approach Herschel in December 1830 on the subject of an even more important work. Lardner explained that for each of the subject divisions of his work he would prefix a 'preliminary discourse' (i.e. an introductory essay). Lardner sought the 'highest talents of the age' to write these discourses and he asked Hershel to write an essay which was approximately half, or perhaps two-fifths, as long as the proposed volume on astronomy. Lardner offered Herschel a mere £250 for the treatise, which he freely admitted did not bear any adequate proportion to the value of such an essay, and Herschel, who was not encumbered by financial motives, accepted the offer.

When he read the manuscript, in October 1830, Lardner recognised its worth at once and wrote to praise and thank the author. He wrote 'there is no doubt on my mind that its publication will create a greater sensation in the countries and elsewhere than in any scientific work which has ever appeared.'

Herschel's book is a celebration of the wonders of the sciences and in it he argues that the study of the physical sciences is useful to mankind and elevates the mind. He called for science to be studied methodically by the process of induction, systematically observing nature. In emphasising Bacon's inductive methodology, Herschel was building on the work of others who had written recently on the subject of Natural Philosophy: Lardner's first lecture at the London University; Thomas Young's lectures to the Royal Institution; and Dugald Stewart's Preliminary Dissertation to the *Encyclopaedia Britannica*. Comparing and contrasting these works would be an interesting exercise for a historian.

Hershel's work changed the way people thought. Cannon suggests that the Bacon portrayed in Herschel's book is a slightly different Bacon to the one who has been described as the muse of the Utilitarians, for earlier Baconians such as Birkbeck, Lardner and Petty appreciated Bacon predominantly for his emphasis on state funded institutionalised systematic research, whereas Herschel and his successors emphasised Bacon's teaching of inductive methodology.[8] Another controversial area in which Herschel's work influenced thought was in his attitude to the controversial geologist Lyell. Herschel implied approval of Lyell's work. He said that one need not fear that science would contradict religion, for truth could not contradict truth, and truth would win over

Figure 13: Frontispiece to Herschel's *Preliminary Discourse*

ignorance in any fair discussion. Herschel believed, like Paley, that the natural world revealed 'infinite intelligence and harmonious design' all around. This must have been very reassuring to many of his readers.

The *Preliminary Discourse* was published in 1830 before the *Treatise on Astronomy*, which came out in 1833. Most of Herschel's *Treatise on Astronomy* deals with our solar system and with methods of observing it. However, there is also a section on stars and the rest of the universe. Herschel believed that there were double stars nested together in nebulae. This was a controversial idea at the time, but was accepted after the publication of this book and is now an established fact. Other aspects of the book have dated: Herschel, and Lardner like him, thought that it was quite possible that life existed on other planets, specifically Saturn, for instance.

Although Herschel was already famous when Lardner commissioned him, it was the two books he wrote for the *Cabinet Cyclopaedia*, *A Treatise on Astronomy* and the *Preliminary Discourse on the Study of Natural Philosophy* which secured his fame. The books were a phenomenal success and were read and chatted about everywhere. Herschel's overly simplistic description of Bacon's method of induction appealed to readers. Modern scholar Marie Boas Hall has shown how theologians loved to quote Herschel's assertion that science made atheism impossible, for he wrote that science 'places the existence and principal attributes of a Deity on such grounds as to render doubts absurd and atheism impossible'. Geologists were gratified to read that Geology ranked second only to Astronomy in magnitude and sublimity. The books' predominance is also reflected in fiction: a character in Maria Edgeworth's novel

Helen discuss Herschel's work and in the classic Russian novel Oblomov, published in 1859, Goncharov's lazy eponymous hero has to uncharacteristically rush off to Town to buy a copy of Herschel so that he can impress a young woman with his knowledge of Astronomy.[9]

Perhaps the work's greatest achievement was the effect that it had on the mind of Charles Darwin (1809–1882), a young man of about twenty two studying at Christ's College at the time when the work was published. After reading it he wrote to a friend: "If you have not read Herschel in Lardners –read it directly."[10]

Darwin later described the effect it had on him at that time:

> "During my last year at Cambridge, I read with care and profound interest Humboldt's 'Personal Narrative.' This work, and Sir J. Herschel's 'Introduction to the Study of Natural Philosophy,' stirred up in me a burning zeal to add even the most humble contribution to the noble structure of Natural Science. No one or a dozen other books influenced me nearly so much as these two."[11]
> – *Darwin describes how Herschel's work inspired him to study science.*

Darwin's life's work was an answer to the call that he read in the books which he read at that time: a call to study science and not to fear truths discovered through empirical methods.

The work stimulated readers to think. James Mill was inspired by Herschel's *Cabinet Cyclopaedia* volumes to write his own theories on education and in his classic 1843 work *Logic* he quoted Herschel's Preliminary Discourse extensively. The *Preliminary Discourse* gave rise to debates amongst James Clerk Maxwell, Thomas Huxley, John Tyndall, and William Clifford about the nature of the atom.[12]

In contrast to his fellow Cambridge alumni Babbage, Herschel and Henslow, William Whewell was not supportive of Lardner's efforts. He never agreed to write anything for Lardner, and in fact wrote a critical review of Herschel, published in Lockhart's *Quarterly Review*, suggesting that the *Cabinet Cyclopaedia* was not an appropriate vehicle for Herschel's work. Like Lardner and Brougham, Herschel wrote in a poetic and inspiring style, using everyday examples that made his work easy to read and understand, but Whewell criticised this style. He argued that scientific language had been developed in order that experiences could be described very specifically, and he did not approve of the use of everyday language in its stead.[13]

The *Cabinet Cyclopaedia* had an impressive turnover for its time: by the end of the first half of 1830, 73,000 copies of the first eight volumes were printed in varying amounts: 14,000 of the first volume and upwards of 6,000 each of the other volumes, presumably depending on how popular they were likely to be, and 53,780 sold. Walter Scott's Volume 1 alone had sold 10,455 copies by the time the first accounts were drawn up. This brought in the sum of £20,100. However, when deductions of £19,472 were made for expenses the balance carried forward was only £267, 9s and 6d.[14] This might seem at first glance to be a low profit margin but this was deceptive because the three proprietors (Longman, Taylor and Lardner) were largely the same parties to whom the £19,472 expenses had been paid under one guise or another.

Although Crook has criticised Lardner's high salary an examination of the nature of the project's funding structure reveals that the editor's wages were not all that they seemed at first glance. It is true that Lardner was paid £200 for every volume that he wrote himself and £50 for every volume that he edited. However, one must understand that the *Cyclopaedia* had only been able to proceed at all because each of the proprietors (Taylor, Lardner and Longman) had contributed £3000 to set up the business. This same £3000 was channelled back into each of the proprietor's pockets as payment for the work they each put into the project: hence Lardner (one of the three proprietors) was paid for editing, and Taylor and Longman for publishing. The money Lardner got out was the same money he himself had put in and, what is more, it left his pocket again straightaway to return, with a proposed 5% interest, to Sir Isaac Goldsmid from whence it had originated.

Lardner was investing a lot of his own hard work and borrowed money into the project and for a long time all he got in return in absolute terms was a theoretical share in the future profits of the theoretical future volumes. He later claimed, somewhat fancifully no doubt, in a letter to Brougham, that he had turned down the opportunity to make a lot of money in favour of the noble cause of propagating useful knowledge in this way.

The *Cyclopaedia* continued to sell steadily for the next ten years while new volumes were still being produced each month. Naturally the first high level of sales dropped off slightly after the first few years. During the second half of the year 56,000 new copies of the first fourteen volumes were printed, including reprints of volumes 2 and 3, and 47,349 copies were sold. Another 44,914 copies were sold in the six months leading up to July 1829. After Lardner left England in 1840 and the *Cyclopaedia* was complete the sales dropped. After that time the remaining volumes mostly sold less than a hundred copies each per year (although volume 130, of which 1500 were printed, sold a surprising 1179.)

Lardner left the country in 1840 when most of the hard commissioning work was complete. Once Thomas Moore's last volume was published, sales of older volumes continued to tick over for some years at a diminishing rate, but the events of that year meant that Lardner's reputation in all fields was questioned. There was then no question of the series becoming an all-time classic reference work.

Eventually the rights and stereotypes were offered for sale. By that time, in 1851, Augustus De Morgan had somehow taken on responsibility for Lardner's share in the profits, and the trustees of the *Cabinet Cyclopaedia* were named as De Morgan, Charles Longman and W. Rivington (who had taken over Taylor's business). The *Cyclopaedia* (i.e. remaining stock, copyright, stereotype plates, steel plates and woodcuts) sold at that time for £9293, 5s 10d but that was not the end of the project: it seems that the purchaser was Longman for volumes continued to be produced until 1864.

Lardner's *Cyclopaedia* was one of the most successful of all the cheap series; by 1832 the great bibliographer Dibdin describes how 'A whole army of Lilliputians, headed by Dr Lardner, was making glorious progress in the Republic of Literature, Science, History, and Art.' The *Cabinet Cyclopaedia* and the other six shilling sciences were part of a transformation of the British publishing trade. As Constable had foreseen, the speed and cost of book publication had improved greatly. It had taken the Analytical Society nine months to publish their first work.

The Memoirs of the Analytical Society, had cost 15s to buy: the publisher charged the society £132 9s for 150 copies, and the Society members had to meet the bill to the tune of a £9 6s 4d each. Moreover, sadly, that society's first work made little impact on its publication, because the authors did not advertise the work widely. By contrast Lardner's works and those of the SDUK were cheap, attractive and advertised on a mass scale.

One of the beneficiaries in this cycle of expansion was the firm of Spottiswoodes, The firm expanded greatly during the period Lardner worked with them, and between 1830 and 1832, when the firm became Eyre and Spottiswoode, the Spottiswoodes brought a steam press and an Applegarth cylinder perfector, valued at £500, as well as owning a Goulding, a Russell and a Columbian press (an American machine). When the brothers brought the company in 1812 they had paid £9,000: by 1832 they owned two steam engines valued at over £550 and the total value of the machinery alone was £2,622.[15] The firm was granted a lucrative licence to print Bibles and by 1832 was known as 'the King's printer'."

Thomas Longman III had a long and successful career and when he died in 1842 he left nearly £200,000. The production level of this firm continued to grow impressively: in the year 1851 alone Longmans produced 216 works. By the eighteen-fifties the expensive old style quarto books had become far less predominant and there were far cheaper octavo format books: half the works published in 1852 were sold for less than ten shillings.

Whether or not all the books and teaching on science had the positive effect on the population that Brougham intended is a moot point. Little research has been done to assess whether or not the movement to educate the working classes in Britain actually did help prevent a revolution, which is thought to have been one of its aims. The British working classes never revolted as they had in France, and Baron Dupin, for one, thought that education had influenced workers' orderly behaviour and respect for civil rights during the 1830 revolution in contrast to their behaviour in the revolution of the previous century. Although there were some protests during the eighteen-thirties, (the Swing Riots and other incidents), England remained relatively peaceful. Ireland was a different matter, as will be touched on later, and it would have been naïve in any event to have imagined that you could satisfy starving people with literature.

The benefits to the economy of the development of technological expertise and capacity affected by cheap books has, similarly, seldom been addressed but it is likely that the ready availability of reading matter such as the *Cyclopaedia* was a major factor in the rising literacy rate in the population. The books that workers read, however, were not always those that the middle classes designed for their benefit: studies suggest that in general most preferred to read fiction and invested in the novels such as sold by Colburn and Bentle.

The fame that the *Cabinet Cyclopaedia* brought its editor was so great that a satirical writer, Francis Mahoney, included a satire on the subject in one of his works. Mahoney's book *Reliques of Father Prout* purported to be written by an eccentric priest, the incumbent of the fictional parish of Watergrass. The work included spoof 'translations' of serious French poems, in which these serious works were given a current twist. The example on page 90 shows a 'Translation' of a poem about the sword of Damocles. In this 'translation' the poet Pierre-Jean de Béranger (author of the serious poem *L'Epée de Damocles*) is invited to tea by Dionysius Lardner and invited to market the *Cyclopaedia*.

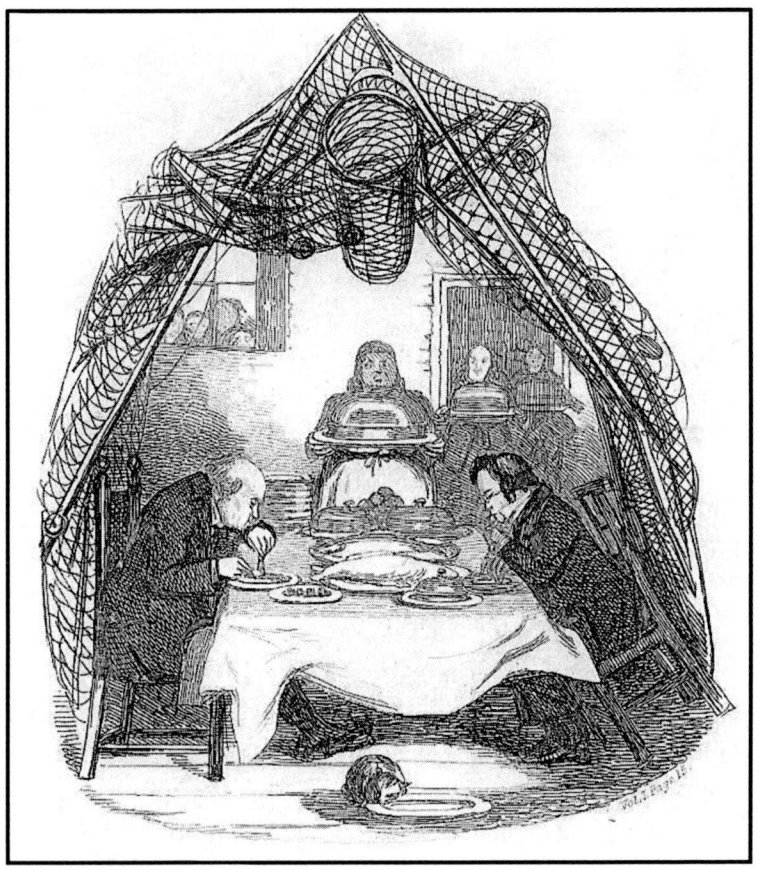

Figure 14: Maclise's illustration to accompany Mahoney's poem

Frances Mahoney's satire on a poem by Béranger

L'Epée de Damocles

De Damocles l'épée est bien
  connue,
En songe á table il m'a semblé
  la voir ;
Sous cette épée, et menaçante
  et nue, Denis l'ancien me
  forçait á m'assoir,
Je m'écriais que mon destin
  s'achéve,
Le coup en main, aux doux
  bruits des concerts,
O vieux Denis, je me ris de ton
  glaive,
Je bois, je chante, et je siffle tes
  vers !
"Que du mépris la haine au
  moins me sauve !"
Dit ce pédant, qui rompt un fil
  léger ;
Le fer pesant tombe sur ma
  tête chauve,
J'entends ces mots, "Denis sait
  se venger !"
Me voilà mort, et poursuivant
  mon rêve,
La coupe en matin, je répète
  aux enfers,
O vieux Denis, je me ris de ton
  glaive,
Je bois, je chante, et je siffle tes
  vers !

The Dinner of Dionysius

Oh! Who hath not heard of the
  sword which old Dennis
Hung over the head of a stoic?
And how the stern sage bore
  that terrible menace,
With a fortitude not quite heroic?
There's a Dennis, the 'Tyrant
  of Cecily' hight
(Most sincerely I pity his lady, ah!)
Now this Dennis is doom'd
  for his sins to indite
A *Cabinet Cyclopædia*
He press'd me to dine, and he
  placed on my head
An appropriate garland of
  poppies ;
And lo! from ceiling there hung
  by a thread
A bale of unsaleable copies.
  'Puff my writings' he cried,'or
  your skull shall be crush'd'
'That I cannot,' I answered,
  with honesty flush'd,
'Be your name Dionysius, or
  Thady, ah!
Old Dennis, my boy, though I
  were to enjoy
But one glass, and one song,
  still one laugh, loud and long,
I should have at your
  Cyclopædia'

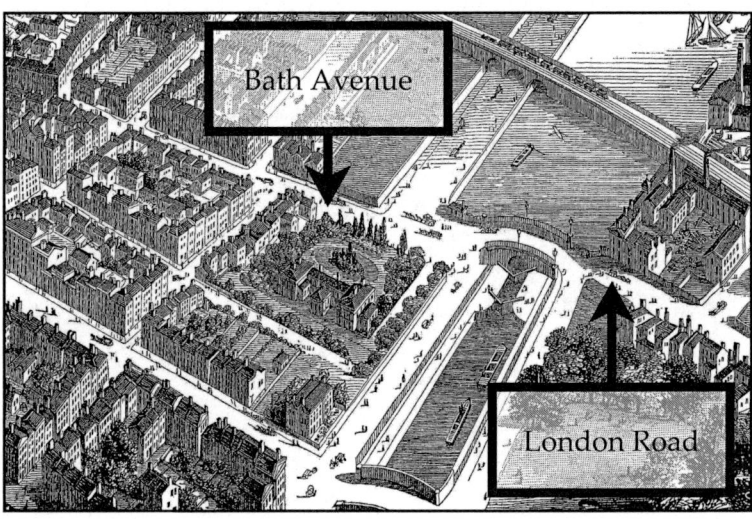

Figure 15: The Sandymount area of Dublin in 1846

8: DIVORCE AND PRIVATE LIFE

The divorce case begins — Family life in London

While Lardner was visiting his mother in Ireland in about 1830 he learned some news that disturbed him greatly. It was now ten years since his wife Cecelia had left him and Lardner seems to have been unaware of her fate, but in that year she visited Lardner's mother and told her a sad story. Although Cecelia had been well provided for by her father on her marriage and should have been financially secure, she found on quitting Lardner that she had no money and nowhere to live. Her father was still alive at that time, but he had a new legitimate family and it seems he did not help her further.

Happily, Cecelia had a younger brother, Dr Valentine Flood. Valentine worked in the Richmond Medical School as an anatomical demonstrator: he was more charitable than his father at this time, for after staying for a fortnight in Dublin with Mary Anne Lardner (which was obviously far from ideal) Cecelia moved into the house of Mrs White, a widow for a short time. Valentine had helped Mrs White in the past, so she had returned the favour and taken Cecelia in. After some time the widow's daughter died and Cecelia was unable to stay there any longer. Soon Cecelia's father and other members of the family insisted that she go and reside in the house of a certain Samuel Booth Williams Murphy and his wife Mary Anne situated at Pembroke Lodge on London Bridge road.

Cecelia moved in with the Murphy family on fourteenth of November 1820. It was not long before the servants noticed that Cecelia and Samuel were spending long evenings together, locking the drawing room door behind them, and were becoming very fond of each other. Murphy was married, but his wife seems to have been an invalid and rarely appeared downstairs: at any rate the lovers seem to have simply ignored her with the callous cruelty that blind love can inspire. Although many servants were sexually harassed by their employers at that time it seems that Cecelia and Murphy's relationship was probably a free choice on her part, for witnesses recorded how in the evenings she would walk down the lane to wait for him after his day's work in Dublin's Custom House. It seems that the proud and bossy Cecelia had finally, in her vulnerability, found a man she could respect.

George Cahill, a neighbour who had spent the summer of 1821 in a house in Bath Avenue with windows which looked onto the Murphy's house, later described how he had a clear view into Cecelia's bedroom through her window. Cahill described how he had seen the amorous behaviour of the pair: Murphy had folded his arms around Cecelia's neck, kissing her and toying with her. On one occasion he had seen her standing near the window and Murphy had suddenly clasped his arms around her and carried her off to a more obscure part of the room. Cahill said the couple appeared to be quite alone at the time and he had no doubt that they then proceeded to commit adultery.

Cahill had later discovered that this lady next door was Mrs Lardner. Cahill was described as a member of the 'Dublin Institution' – (probably the Mechanics Institute), and he probably had links to Dionysius. However, judging by a map of 1846 it is difficult to understand how he could have seen into a window in Bath Avenue from London Road, so his testimony is not necessarily very convincing, nevertheless although the technical descriptions he gave may have been fabricated there is no dispute about the fact that Samuel Booth Williams Murphy and his governess had entered into a physical relationship.

Cecelia became pregnant in June 1821. Murphy showed great tenderness for her, and it was decided that she should be hidden away during her confinement in a small cottage in the Cullen woods. Witnesses testified to seeing his horse outside the cottage every day. When it was time for the baby to be born, in March 1822, Murphy paid Dr Ireland, an eminent male midwife (accoucheur), to attend to Cecelia. Male midwives were a novelty in those days: it is typical of the Lardner circle that their medical contacts used modern French methods. Because they were men and were expected to behave discreetly such accoucheurs often placed a sheet over the woman's lower torso to prevent the immodesty of having to actually see the body parts he was working with; he would probably have had to feel around under the sheet. His job was further complicated by the delicacy of the situation, but Murphy told him that Cecelia's name was Mrs Lowe.

A little girl was born and christened Elizabeth Helena Murphy. Cecelia and Elizabeth lived in the little cottage until March 1824, around the time of the child's third birthday, when Murphy confessed to his wife that the child was his daughter by Cecelia. Samuel Murphy begged his wife to allow the child to live with them, and to allow Elizabeth's surname to be known as Donnelly, which was the wife's maiden name and eventually she agreed. Murphy told people that Elizabeth Donnelly was his wife's niece.

Elizabeth lived with the Murphys for several years until the twentieth of January 1830, when Samuel died. By that time she was nearly eight. As soon as Murphy died his wife and his family rejected the child and tried to find someone else to look after her. Samuel's brother went to visit Cecelia's father to ask him to support the child, but he refused. He then went to Cecelia and frankly asked her if she was the mother of the child, to which she replied that she was. Samuel's brother then told Cecelia that she would have to take the support and maintenance of the child upon herself.

In 1830 Cecelia's brother Henry Flood came to collect her and she moved in with Mrs Whelan, a widow. Cecelia's brother Valentine paid for her bed and board. Now aged about twenty-four, Flood was still working in the Richmond School as a demonstrator at this time, and cannot have had a very large wage, so this must have been a burden to him.

Cecelia's secret was not as safe in Dublin as it had been in the Cullen woods: walking in the streets one day Cecelia was spotted by Dr Ireland who was surprised to hear people calling her Mrs Lardner, and she was forced to explain to him who she really was. Soon after this she visited Mary Anne Lardner, Dionysius' mother in whose house she had sought sanctuary all those years before, and confessed to her everything that had happened. The Lardner women may have shown some support and sympathy for Cecelia and for some time the Lardners had refrained from telling Dionysius Cecelia's story, supposedly for fear of upsetting him, but in October 1830 he visited them in person and they had let him known his wife's fate.

When he heard what had been going on, Dionysius was furious. By the Hilary term of 1832 he began divorce proceedings in Dublin's Consistorial courts and by the Trinity term he obtained a definitive sentence of divorce from bed and board and mutual cohabitation from his wife on the grounds of adultery.

To legally initiate divorce proceedings was extremely rare at that time, and a full divorce required an act of parliament. There were only an average of three divorces a year in Britain during that period, yet Lardner determined to press ahead. For a respected savant to have a wife wandering the Dublin streets exhibiting somebody else's child was an outrage, and he probably wanted to make it clear to all that the woman was nothing to do with him. Moreover, unless he divorced her, Cecelia's daughter and any other children she might have in future would be legally entitled to inherit Lardner's money when he died.

The statutory hearing before the ecclesiastical courts in Dublin seems to have been a huge affair. There are fifty-two folios of handwritten accusations and evidence. Statements have been taken from over a dozen witnesses, each of whom must have had to be tracked down and interviewed by Lardner's lawyers Tilly, Hamilton and Ormesby. Together they present a rather shocking picture of members of Dublin society creeping out of windows, hiding under bedclothes and tiptoeing past sleeping maids, whilst others peered through their windows in a George Formby-like manner, spying on and recounting in excruciating detail their every move.

Evidence from the two sides is conflicting and it is hard to know what exactly happened. Cecelia was incensed at this attempt to imply that she was the guilty party. She was determined to defend her actions and like Lardner she managed to summon witnesses to testify on her behalf.

☙❧

The tale told by Cecelia's witnesses shed a very different light on Dionysius' version of events, for she argued that there had been very good reasons why she had got angry and very good reasons why she had finally walked out on her errant husband. Cecelia's defence was based around events that had taken place when she was still married to Lardner, specifically during the summer of 1820 that they had spent at Blackrock. Cecelia persuaded Anne Boursiquot's old maid, Mary Kenney or Kennagh, and her daughter, also called Mary Kenney, to testify that while Samuel was absent Lardner had made several overnight visits to the cottage that Anne and Samuel had rented for the summer in Bray. Mary Kenney usually slept in the kitchen of the cottage and now alleged that sometimes she had been aware of Lardner staying the night. She explained that on one occassion, at an early hour in the morning, Lardner had quietly left the cottage by the back door and immediately afterwards come around to the hall door and knocked on it, giving the appearance that he had just arrived for breakfast. Mary also testified that on another occasion she had gone into the sitting room, where Anne slept on the only bed, (an ancient sort of sofa bed,) and seen Lardner quickly putting on his shirt.

The cottage was fairly small (a scale drawing of the cottage is, astonishingly, still retained in the House of Lords records). Mary Kenney could, of course, tell exactly how often Lardner visited and for how long, because Lardner's horse was visibly tied up outside for the duration of his visits.

Cecelia alleged that Lardner's ward, born that summer, whom Anne and Samuel named Dionysius (Dion) Lardner Boursiquot, was actually Lardner's natural son, and she seems to have alleged that Lardner had paid for his education. Much was made of the fact that on the night after Mrs Lardner had stormed out, Anne had stayed the night alone with Lardner.

Cecelia also alleged that Mary Kenney had seen Lardner in Anne Boursiquot's bedroom in the house that they rented in Upper Gardiner Street. The stories went on: it was said that when Lardner had travelled to Cork to speak at the Mechanics' Institute there, Anne had gone with him and the pair had told everyone that she was Mrs Lardner, and Cecelia claimed that Anne had even travelled to France with him under that name.

The allegations did not stop there, for Anne Boursiquot was not the only person whom Lardner was accused of seducing. It was alleged that when Anne's cousin Maria D'Arley had visited Dublin from France, the maid, looking through a keyhole, had seen Lardner being 'intimate with her' in the locked parlour.

It is difficult to judge how much truth there was in Cecelia's accusations. Cecelia may not have been in much of a position to know what Lardner was up to, and with little evidence it is hard to judge whether her accusations were based on a paranoid idle speculation or on a wife's intimate knowledge of her husband's nature. Witnesses on either side may have been persuaded to lie, using money or undue influence.

Cecelia claimed that Lardner's alleged affair with Anne Boursiquot continued even after Lardner came to England. It was certainly true that Lardner had kept in close contact with members of the Boursiquot family. When Lardner had come to England in early 1828, Anne had come at the same time, claiming she needed to arrange for her son Dion to be educated. She had stayed with Lardner initially in his lodgings in Tavistock Square, but soon her husband arrived and their family had moved on to rented accommodation in Golden Square. From there she had moved on to other central London addresses. She left her eldest son, William, in Dublin with relatives while her elder twins accompanied her to England, as did the sick Mary, who unfortunately died after several years.

Dion [writing under the pseudonym Charles Kenney (he used his friend's name)] gave a somewhat romanticised view of his mother during these years:

> How well he remembers the boyish eagerness with which he ran to her side, eager for her sympathy, and, seated at her feet, read out his day's work. He can hear her low laugh of approval, or her quick dissent, as she pointed with her needle to passages which she questioned, and she was always right; her reproof was a model of tender justice.
> – *Dion Boucicault's recollections of his mother*

Anne testified that there was no truth in Cecelia's accusations, and denied that she had been Lardner's lover. On the night in question at Blackrock, it was true that she had spent the night alone with Lardner, but this, she said, had been prearranged and it was Cecelia who changed the arrangement by leaving. She stated that they had all been sure that Cecelia would return.

Anne pointed out that she had not been alone in England: her husband Samuel followed her to London for a short period, and lived with her in London for about a year, although in about 1830 Samuel left London and the marriage seems to have failed at this point. Anne gave evidence that he had moved to Italy, and she said that for the last two years before she gave evidence he was living in Florence.

From this time onwards Lardner began to act as Dion Boursiquot's guardian, nevertheless Anne said that it was Samuel who had paid for Dion's education and that her husband returned from time to time to visit. Lardner did not finish paying the lawyers and witness expenses involved in the Dublin case until 1837.

The Ecclesiastical court case lasted from Saturday 19th February 1831 to 21st September 1832. Finally the Ecclesiastical court upheld Lardner's petition, but that was only the first stage of the proceedings, for a full divorce required an act of parliament and the case did not surface in the House of Lords until 1839. In the meantime the legal costs involved and the time consumed must have made life distressing for all involved.

Fortunately the proceedings of the Dublin Ecclesiastical court were not publicised in the press, and Cecelia's accusations against the savant did not become widely known. Whether or not George Darley ever got to hear of them, or how much he suspected, is unclear. It is possible that Darley was able to forgive his sister and friend for having an affair, but the matter went much deeper than that, for Maria D'Arley, Darley's cousin who featured in the divorce allegations was the lost love of George's life, whom he had always worshipped from afar. If there were any truth at all in the allegations it is not surprising that that, whether or not Darley suspected anything, the friendship cooled.

Darley's sister Anne Boursiquot herself drifted away from Lardner soon afterwards. She may have at last felt the impropriety of the close connection between her household and Lardner and the divorce may have affected their relationship. At any rate she returned to Dublin in 1836 to attempt to set up a boarding school there. The couple's two oldest sons emigrated to South Australia, where Anne had a brother. George Darley Boucicault, her eldest son, began one of Australia's first papers, the *Daily Express*, in Melbourne, and all the Boursiquots except for Dion dropped out of Lardner's life. Samuel and Anne never lived together again, and Samuel eventually ended up in Athlone, (in Ireland) working in a friends' brewery, dying in 1853.

⊗⊗

Lardner does not seem to have lived with his sons George and Henry, who seem to have spent most of their time at school. Not much is known about them, but some material has survived from the pen of Lardner's ward, Dion Boucicault, and the boys seem to have been educated together for some of the time. George and Henry seem to have attended Hazelwood School for a short time, but later, probably on the recommendation of John Taylor, who was Hessey 's old business partner, Dion was moved to Mr Hessey's school in Hempstead.

> My first experience of life was at a school in Hampstead in 1833,

– note how the artiste artistically deducts a few years from his age here –

> …then a rural village three miles from London, now swallowed into the metropolis. It was a private school kept by Mr. Hessey…

> There were seven or eight of us. I was the stupidest and worst of the lot. In vain the patient, gentle old man tried to find some way into my mind; it was a hopeless task. It was not there. It was wandering into day-dreams and was not to be confined in a bare room, a pile of grammars and slates. Oh, how I hated Latin! The multiplication table was a bed of torture.[16]
> – *Dion Boucicault remembers of his school days*

Dion stayed with relations in London during his holidays. Who these relations were is not known, but there was a Dr William Lardner and his family living at 4, Devonshire Place, Hampstead during this period, whose son attended Mr Hessey's school. Recent research by D. Hayes has shown that the father of the Stephenson's neighbour was an older doctor, yet another William Lardner.[17] This was possibly the William Lardner who wrote a dissertation on the circulation of the blood in Edinburgh in 1818.[18]

The boys' education continued: Dion later wrote that he had been expelled from several very good schools, and Hazelwood may have been one of these. Eventually the boys were sent to the school attached to the University.

> At fourteen I was removed from Hessey's to the London University School but boarded in Euston Square, near the school, with the Rev. Henry Stebbing, a most amiable man and a historian of note. What a life I led him!
>
> There were two boys in this great school among the four or five hundred scholars that were distinguished for being exemplary vagabonds, worthless, idle rogues. One to whom courtesy obliges me to give precedence was Charles Lamb Kenney, the son of the dramatist, and I need not name the other. There was a black hole in this school for solitary confinement of incorrigible pupils. We disputed for that lodging. It was rarely empty. We employed our leisure in prison by covering the walls with lampoons on the professors. Those composed by myself were very libellous. I signed the worst specimens with Kenney's name. He did his best in the same line over my signature. We used to call it our 'mural literature'.
> – *Lardner's ward Dion Boucicault describes his school days*

It was to Lardner that Dion wrote when he wanted money to take part in the school amateur dramatics. Lardner duly wrote to the headmaster as Dion had asked him, sending money and supporting the young man in his dramatic aspirations and thus he nurtured the seed of the playwright's future career.

Figure 16: Chemical lecturer, thought to be Frederick Accum

9: SCIENTIFIC SOCIETIES AND BABBAGE'S ENGINE

Scientific societies—The 'Decline of Science' debate and the founding of the BAAS—Babbage and the northern lecture tour

Although he spent much of his time on his work, first at the University and then as an editor and author of well researched books, Lardner found time to join a great many societies and to attend many social events during his years in London. He belonged to a long list of societies: The Royal Society (London), The Royal Society of Edinburgh, The Royal Dublin Society, The Royal Irish Academy, The Royal Astronomical Society, The Analytical Society, The Society for the Diffusion of Useful Knowledge, The Linnaean Society, the Zoological Society of London and many others.

ଔଏ

The question arises as to why Lardner felt it necessary to join quite so many societies. There are several answers. One advantage of belonging to a society was that membership offered what we might call today continuing professional development, or lifelong learning, that is to say, it kept him up to date in the latest scientific developments.

Bacon had stressed that it was very important that knowledge be shared systematically: the publication and dissemination of the transactions of a society, and the publication of scientific journals, were to be vital tools in ensuring that research in society at large was not duplicated but co-ordinated and shared, and these societies formed a place where scientific knowledge could be disseminated. The Royal Society, the oldest and most prestigious scientific society of all, and founded in 1660, the best example, had already built up a library containing 35,000 volumes.

At the other extreme were small local learned societies, such as the Southwark Literary Institution, which Brougham and Bulwer attended at first. Brougham quickly declined to be nominated for President, and The Tory Press explained:

> That tremendously learned personage, the Reverend Dionysius Lardner, whose literary titles comprehend the entire alphabet, is likely to be chosen [as President]. The Doctor is a very Goliath in learning, a complete Samson in science, and possesses, we have heard, every imaginable acquirement except common sense. What fitter person can be chosen as chief of a Literary Society?
> – *The 'Satirist' newspaper pokes fun at the Southwark Literary Institution*

Many of these societies met weekly during the winter months. At these meetings members would read out papers describing their recent research work. The printed transactions of meetings, and other publications, helped record this research, and the institutions provided a library where their own publications and those from other institutions around Europe could be kept and consulted.

By belonging to so many different societies Lardner was keeping in touch with many strands of knowledge at once and developing contacts with different disciplines. Like a spider, he perched over all the societies overseeing the scientific landscape, his web outstretched to sense any new developments, in an ideal position to carry information and introductions from one to another.

Learned societies also provided good opportunities for professional networking. Lardner's friendship with Babbage and Kater had developed when he was made a member of the Royal Astronomical Society in 1828, proposed by his old mentor John Brinkley. The Astronomical Society, formed in 1820, was in many ways a natural progression from the Analytical Society of Babbage's college days. The Analytical Society had become defunct after Babbage left Cambridge but was eventually absorbed into the Cambridge Philosophical Society: previous members Babbage, Herschel and Peacock were now reunited in the Astronomical Society, where they all held posts.

Lardner was also networking with those who influenced political power. Historian Joe Bord has suggested that an interest in science and a Whig political stance often went together during this period, hence many Whig politicians were involved in setting up societies. The societies formed a place where Whigs could meet informally with a common language and interest, where they build up trust between each other and others and where they could develop their public images as generous and learned.

Fashions were changing and promoting science was coming to be seen as a public service. Moreover membership of a literary society was soon seen as an essential part of being a gentleman, and an encyclopaedic knowledge was seen to be an essential part of being a statesman. Just as the men of science were calling for politicians to create jobs and institutions to support their careers, so the politicians needed the prestige and networking facilities provided by their links with the scientists. Indeed in many cases the man of science and the Whig politician were almost indistinguishable: Babbage, Herschel and Lardner were men of science with Whig leanings; Brougham and Lord Lansdowne were polymath politicians.[19]

಄

The collaboration between Science and Whig politics took a startling turn when in 1830 there was a general election and the Whig party were elected to power. Even before the Whigs came to power there were twenty-four members of parliament on the 1829 Committee of the Society for the Diffusion of Useful Knowledge, but after the election many of the members of that obscure intellectual society were now the very people who were ruling the nation. Government officials who were also members of the SDUK included: the Chancellor of the Exchequer, the President of the Board of Trade and Master of the Mint, Lord John Russell (Paymaster of Forces and later Prime Minister), the First Commissioner of Land Revenue, the Vice President of the Board of Trade, the Attorney General and others.[20]

Many had wanted Brougham to become the Prime Minister but he declined the honour, accepting instead the post of Lord Chancellor in November 1830. Lardner rejoiced to see his friend Brougham elected, for now the aspirations of the Utilitarians could be translated into official government policy and Lardner found himself firmly esconced at the heart of the British establishment. Lardner celebrated his friends' political victory by publishing a special yearbook on the subject of the year 1831 (the annual retrospective of the year) as part of a spin-off series from the *Cabinet Cyclopaedia* entitled the Cabinet Library.

Advocates of scientific reform may have imagined that a sympathetic government would bring about great change for the scientific community. The Whigs in power certainly lost no time in bringing about radical changes, but their first concerns were to change the way that Britain was governed; the most notable new law being the Great Reform Act of 1832.

As in Ireland, the agricultural poor in England often lived on the edge of starvation, although in general they were slightly better off than the Irish peasants. Some reacted against their poverty by burning haystacks or barns in what was known as the 'Swing' protests that continued throughout the eighteen-thirties. Part of the problem in both countries was felt to be that the poor had no political power, for only rich landowners were allowed to vote. The Whigs were great believers in the value of property; they thought that owning property showed that a person was responsible and gave them something to work for and to protect. They wanted to allow more people to vote but they still felt that the right to vote should be linked to property ownership, so the new laws of 1832 still only allowed certain landowners to vote.

There is no record of Lardner expressing any interest in the reforms: he regarded the reforms as a mere distraction from the promotion of science. Lardner professed not to have been interested in politics, stating at the Dublin Mechanics' Institute in 1826 that 'I have uniformly acted on the motion of never interfering in politics. I have neither time nor inclination to investigate them'.

Lardner's hopes from the new government lay closer to home. Now that Brougham's party was in power, he hoped he was in a stronger position to at last be awarded a position with a regular salary that would allow him to go about his work without having to scramble about for profits: in 1831 Lardner accordingly wrote to Brougham asking if his old patron could find him a post in the church. He stressed that he had a widowed mother and five sisters to support, writing 'I seek not to eat the bread of idleness but I hope that my exertions may be found useful in some public situation where I may feel a security of an independence'. Unfortunately for Lardner but fortunately for any future potential parishioners, the wise Brougham did not oblige and the editor had to continue to make his own way in life as usual.

ೂ

The collaboration between the men of science and the Whigs was personified in Lardner's friendship with Edward Bulwer-Lytton, a Whig politician who was also an author. Bulwer was said to be the most famous author in Europe at that time and many of the phrases he coined, such as 'the great unwashed', 'pursuit of the almighty dollar', 'the pen is mightier than the sword', and 'It was a dark and stormy night' are still remembered today. His name changed over the years as he rose in status: Lardner would have called him Bulwer as Macready did but in 1844, in accordance with his mother's will he changed his name by Royal Licence to incorporate her family name and became Edward Bulwer-Lytton and in 1866 he was raised to the Peerage and became Baron Lytton.

Lardner and Bulwer seem to have been quite good friends. The two are mentioned together in several sources: both went with Henry Brougham to the first meeting of the Southwark Literary Society. The two were inextricably linked in the mind of Thackeray when he depicted them together in a scene in his satirical *Yellowplush Papers*. In this sketch, Lardner and Bulwer (whom Lardner uncouthly refers to as "Ned") arrive together to visit a Lord. The pair also appear next to each other in Maclise's *Portrait Gallery of Illustrious Literary Characters*.

In 1838 Lardner managed to persuade the reluctant Bulwer to set up a journal with him, the *Monthly Chronicle*. This publication was designed to fill a niche in the market that no other magazine filled at that time. In design it was intended to reflect subjects from a strictly classified range of topics, rather after the style of the *Cabinet Cyclopaedia* but the subjects included fine art and there were sections on literature and other topics.

Several famous writers of the time became involved in the work. Bulwer wrote a story in instalments for the magazine but soon tired of the project and abandoned it, leaving the story half finished. After this point Lardner carried on as the sole editor, but he did appoint a young Trinity College Dublin graduate, Robert Bell, to help him. Lardner persuaded Moore, Brougham and other writers of note to write for the journal, but, since the writers of the articles remained anonymous, readers may not have been aware of this.

Unlike the strictly educational *Cyclopaedia*, the Monthly Chronicle was a vehicle that allowed its editors to express their political opinions more freely, and some of the articles, for example Moore's attack on the tithes system in Ireland, were controversial.

☙❧

Another enterprise that Lardner became involved with was the British Association for the Advancement of Science, (or BAAS) who had their first meeting in York on 26th September 1831. The men who founded it aimed to gather men of science from across the country or further to meet together for a week every year. David Brewster , with his good friend William Vernon Harcourt, who agreed to act as the secretary, organised the first meeting which was held in York and may have attracted fewer than 200 people (although some reports say it was 350). The first meeting was a comparatively small affair and did not attract much media attention. There were no attendees from Cambridge but Oxford sent one representative, Daubney, and Lardner's old professor from Dublin, Bartholomew Lloyd, was another of those who attended. The Society held its second meeting from 18th June 1832 in Oxford and this time William Whewell, who was becoming a central figure in Cambridge, attended.

When Lardner heard news that there would be a third meeting, in Cambridge, from 18th June 1833 he wrote to Babbage explaining that he had decided to attend. By this time the Association was more highly respected and the Vice Chancellor of the University was in attendance.

Nine hundred attended, but unfortunately some of the city's inhabitants were still somewhat unsure of who these strange men were. Porters at King's College would not let the crowd through the gates to see the fireworks that Sedgwick had announced and when Henslow protested a porter locked him in a room for an hour, mistaking him and his eminent friends for a group of rowdy students out drinking.[21]

The story of the founding of the BAAS paralleled that of the founding of the London University, for like Campbell, Brewster, a Cambridge academic, had visited Germany and been impressed by what he saw there – a meeting of the Society of German Naturalists and Physicians. This congregation of like-minded natural philosophers had met together in Leipzig on 18th September 1822 to form the first ever 'philosophical congress' in Europe, or, as we would call it now, a scientific conference. By the 1828 meeting in Berlin the Society had become well established; 464 scientists and 269 visitors attended. They elected the famed traveller Baron Humboldt as their president and the King of Prussia was among the 1,200 persons who attended the party afterwards.

Until the advent of the improved roads, travel between towns had been very dangerous and time consuming and was only undertaken for very serious reasons, but with the advent of better trains, steam ships and some railways, travel was becoming faster and safer, and the idea of meeting with other scientists became a realistic and exciting prospect.

Such were the circumstances in October 1830 when David Brewster suggested that a new society should be set up to meet together once a year in England. There were to be sections covering various aspects of the sciences and 'useful arts' and sections to cater for the gentlemen of science.

Both Brewster and Babbage had very strong views on science in Britain and both felt that study was being neglected there. It is astonishing to realise that there were no research posts in the whole country, except Michael Faraday's job at the Royal Institution and the post of Astronomer Royal.

There was not even a suitable term for a professional natural scientist, a subject which was debated at the Cambridge meeting. The terms 'Natural Philosophers' or 'Gentlemen of Science' were used but studies were becoming more specific and the terms 'chemist' and 'naturalist' were gaining vogue. Whewell suggested that the term 'scientist' might be appropriate, and he later published his idea, adding another term—that of 'physicist'. Other terms followed: Bulwer-Lytton coined the word 'pharmacist' in his novel *'The Last Days of Pompei'* in 1834.[22] Even the Royal Society at this time was not a society of professional scientists but, on the contrary, was dominated by aristocratic amateurs who were mostly interested in improving their agricultural lands, so there was very little support for research from any quarter.

Brewster and Babbage wanted to encourage the government to invest in science and to sponsor research. Babbage was primarily motivated by the need to get support for his own Difference Engine project. He eventually succeeded in getting some government support for the project, but this was the exception that proved the rule. British support for science lagged behind that in some other nations of the time; in Naples the King of the Two Sicilies (a small state in the south of Italy that included the island of Sicily) was a great supporter of science and intellectuals flocked to his court.

The Whigs, with their tradition of admiring all things French, must have been acutely aware that in France,

Napoleon had initiated very impressive improvements by ensuring state sponsorship of colleges and research institutions in a way that was not dreamed of in England. Engineers and mathematicians were well respected in France and often held key government posts.[23] By contrast the foppish Prince Regent gave science no support at all.

Sir Humphrey Davy, President of the Royal Society, began to write a book on the so called 'decline of science' in England but died in 1829 before it was completed. Babbage's friend John Herschel had lamented, in a footnote to an article, the gulf between the English and the French in the study of chemistry. A frustrated Charles Babbage took up their mantle and in 1830 published a book entitled *Reflections on the Decline of Science in England and on Some of its Causes*.

In a review of this book, in the *Quarterly Review* of October 1830, Brewster wrote an appeal for the forming of an association to revive science, arguing that the sciences and arts of England were 'in a wretched state of depression' and that their decline was mostly 'owing to the ignorance and supineness of the government'. He argued that the organisation of scientific boards and institutions was 'injudicious' and that the patent laws extracted 'unjust and oppressive tribute' from inventors.

The British Association was aimed at correcting the deficiencies that Brewster had noted: stopping the decline of science by re-organising scientific boards and institutions, instructing and stimulating the government, sweeping away the patent laws and raising literary and scientific men to their just place in society. Lardner who had brushed with Brewster before when writing for the *Edinburgh Encyclopaedia*, which Brewster edited, supported the endeavour and wrote an encouraging letter to Brewster.

Lardner's involvement in all these societies was also a symptom of his time. In the second quarter of the nineteenth century, men across Britain were setting up literary and scientific societies. Modern writers have uncharitably pointed out that most of the men who complained about the 'decline of science' and most of those who were involved in the new societies, were young people without very good professional connections who were trying to improve their position in the job market.[24]

These young men tried to convey the concept that their understanding of science was more valuable than that of their better paid and more established professionals in their areas. They used the societies to network and to raise their own profiles. Although in some ways he was well established by 1833 Lardner, with no regular income or employing institution, was in a similar position: he was dependent on networking to develop both his knowledge and his reputation. He accordingly become strongly involved with the BAAS and was to provide some of their most popular lectures in later years.

Lardner's interactions with his network of scientific friends often yielded mutual benefits and this was the case with his involvement with Charles Babbage's work. In the spring of 1833 Babbage faced a crisis. He had been working for many years on a project to develop a calculating engine; a machine that would do sums and was a forerunner of the modern computer.

The idea for this machine had come to Babbage when he was sitting at home looking at some scientific tables with his best friend John Herschel. Various types of scientific tables existed at that time and were used for calculating in navigation; these tables were calculated by men called 'computers': many of these men had been former hairdressers to the King of France who had been made redundant and turned their hands to mathematics. Unfortunately the tables were often inaccurate: one false calculation could lead to inaccuracies in all the further figures derived from that one. After the computers had done the sums the figures were given to printers to compose type by hand, and this gave further potential for error. The consequences of using inaccurate tables could be fatal, for example the captains of ships miscalculating tides or directions could steer their ships towards dangers and be wrecked, as a great many were during this period. Babbage had examined the printed tables they were working on and found many inaccuracies.

"I wish to God these calculations had been executed by steam!" Babbage complained, but at that moment he had the idea that a calculating engine could be built to work out the difference between two figures mathematically and to print out the answer so that no human error could creep into the process.[25] He began work to design and build what he called the 'Difference Engine.'

Babbage's work was welcomed at first, receiving government funding of £1500 following a favourable recommendation from the Royal Society in 1823 and a gold medal from the Royal Astronomical Society in 1824, but the project soon ran into difficulties.

Babbage received some financial support from his father and after his father's death he inherited an income, but the scale of the project Babbage envisioned was huge. At that time the universal screw had not yet been invented and each screw had to be made by hand and each of the pieces of the engine had to be carefully crafted to fit together. Babbage employed Joseph Clements, an engineer, to build the parts from Babbage's blueprints. With the money he was making from the project Clements built a large workshop and employed many men, but he took on other projects and seemed to be taking an age, and a king's ransom, to produce the parts required. The project dragged on for years.

Lardner was very passionate about his friend's invention as became evident from a heated argument over a dinner at Longman's, recorded in Thomas Moore's diary in October 1833. Fellow diners included McCulloch (known as Moore to 'Peter' Macullough) and a Mr Murray. J.R. McCulloch declared Babbage's machine for logarithms to be 'a humbug'. Lardner apparently got quite angry and argued in favour of Babbage's calculating engine, defending it, in Moore's words 'violently & not a little coarsely' and accusing McCulloch of 'loquacity and arrogance'. The shocked Moore wrote an account of the quarrel and commented 'Dionysius the Tyrant, with a vengeance!' Moore was shocked by what he saw as Lardner's rudeness, but the current day reader can understand his frustration when he saw his contemporaries' underestimation of Babbage's astonishing work.

The argument marked a crucial time in Babbage's life. In the early months of 1833 Babbage and Clements had fallen out irreconcilably and all work on the project had ceased altogether. Babbage was facing a crisis, and his reputation was beginning to suffer. Lardner, in an undated letter probably written at about this time wrote to warn his friend:

> Some things have reached me from quarters not contemptible touching the machine respecting which I should be glad to have some talk with you. There is a prevalent report that it is virtually

> abandoned and it is ascribed to the occurrence of some insurmountable difficulty in the printing machinery. This impression exists in quarters which raise it into higher consequence than mere gossip.
> – Lardner warns Babbage that the inventor's reputation is suffering

Lardner had been intending to write an article on Babbage's engine from as early as 1825, when he was editing the *Dublin Philosophical Journal and Review*, but other work had prevented it. Now, when Babbage was facing a crisis, Lardner had more time to help and seems to have taken a positive decision to step into the breach and from that time onward planned a publicity campaign to promote the engine, announcing, 'If I live and have beans under my skull, or tongue in my mouth and a pen in my hand your candle shall not be hid under a bushel'.

Lardner, with his usual flare for marketing, began plans to tour the north of Britain giving lectures, and it was planned that wherever he went he would try to persuade institutions to let him speak on the subject of the engine. It was nearly ten years since Lardner had given lectures anywhere beyond the University, but now that the *Cabinet Cyclopaedia* was more firmly established he must have felt he could afford to take the time to lecture again. In helping Babbage he was, of course, helping himself too: while promoting the cause of science he hoped to be paid well for his lectures and the publicity would help him sell his books.

In order to be able to give the lectures Lardner would have had to do a great deal of research and he liaised closely with Babbage, encouraging him to hurry and complete a model of the printing mechanism of the engine so that it could be used in the demonstrations. Never one to miss a chance to use the same material twice, Lardner began to prepare an article for the *Edinburgh Review* at the same time, and for this the editor allowed the pair to prepare diagrams (which was almost unprecedented in that publication).

Lardner spoke first at the Liverpool Mechanics' Institute. The lectures were a great success. Dionysius wrote to Babbage:

> I gave my first lecture at Liverpool on Saturday night and several hundred persons applied for admission beyond what the theatre would contain- Every nook and corner was literally consumed and in the sides and passages round the town ... people got boards and erected little platforms to stand on- the space behind the lecture table was so full of ladies that I was left barely room to stand, In the middle of the lecture (which was on gravity) an unexpected experiment on that principle took place- one of the platforms aforesaid broke down under the weight of the people who stood upon it and occasioned no little dismay and confusion. No one however was seriously hurt.
> *– Lardner writes to Babbage of several hundred attending his first Liverpool lecture*

Lardner also spoke at the Mechanics' Institute in Manchester, often to more than a thousand people at a time and soon began lectures in Manchester too, where he gave a course of lectures on the Steam engine. He sometimes held lectures in both towns during the same week, presumably travelling back and forth by the new railway, which would have been unthinkable only a few years

SCIENTIFIC SOCIETIES AND BABBAGE'S ENGINE

before: the British were becoming more mobile and the number of vehicles travelling between towns was increasing fast.

Soon the prestigious Liverpool Royal Institution, which had previously shunned him after the Stephenson controversy, relented and he was asked to speak there. 'The crushing and squeezing and fainting of ladies here' he wrote, 'surpasses everything of the kind I believe ever before seen at scientific lectures'.

Other lectures in other towns and cities were soon booked. Unfortunately, Lardner was disgusted at the low rates of pay that people were prepared to give to support the lecturers, but as his reputation became established his fees rose slightly. Wherever he went he spoke to officers of the institutions about Babbage's wonderful new invention, but the officers were not very impressed. They could not see any use for the invention and thought it sounded like a very dry subject. At length, however, Lardner built up their trust and the officers of the Manchester Mechanics' Institute eventually agreed to let him speak on the subject.

> What dolts these people are! I could not beat into their skulls that the calculating machine would have been not only the best subject but one the selection of which could have reflected ... on them – no they were afraid of it being too scientific. I told them that the time would soon arrive when instead of having the subject offered to them they would be anxiously soliciting it.
>
> – *Lardner attempts to persuade organisations to let him lecture on the subject of Babbage's Calculating Engine.*

Even before that series officially started, Lardner introduced the subject of Babbage's engine and he was able to report to Babbage that he had sneakily devoted half of one of his other lectures to the topic. The session, according to Lardner's letter, was acclaimed with the best claps in Manchester' and made a very good (and unexpected) impression on the managing committee.

Sadly, on the very same day that he wrote to Babbage of this success, tragedy befell Lardner. He was forced to add a very sobering postscript to his jubilant letter to Babbage; 'This letter was written before I received the news of the tearing affliction which has befallen me.' Lardner's oldest son, Henry Lardner, had died at the age of eighteen. The cause and circumstances of his death are not known. Lardner had to cut his lecture tour short and travel back to London. His son's death affected him badly, and he became ill, writing to Babbage 'I found my spirits so broken down this week that I relinquished one of my engagements'. Nevertheless he found it difficult to resist a lucrative offer from Bolton to give eight one and a half hour public lectures per week. He resumed his lecture tour in the early summer but was still not strong, writing to Babbage in June that 'Yesterday's lecture was a little short of an absolute breakdown. I was unwell in the morning and obliged to take medicine. I became quite nervous and hobbled thro' the lecture at a sad rate'.

Once one lecture series about Babbage's engine had been successful Lardner found it easier to arrange more. He addressed the BAAS for the first time at the fourth meeting in Edinburgh in 1834. The French astronomer Francoise Arago was among the 2,500 or so who attended the British Association week of meetings that year: a considerable rise from the 700 at Oxford or even the 1,400 who had attended the Cambridge meeting. He had been asked at short notice to give a talk on locomotion, but he suggested the subject of Babbage's engine instead.

Unfortunately, although he always liked to use visual aids, Lardner was dismayed to find that he didn't have a single model of any part of the apparatus to show his audience and the only pictures to hand were too small scale to be seen clearly by the 1,500 who attended. Flexible as ever, he was fortunately able to adapt his talk, concentrating on the subjects of the errors to be found in existing tables. The lecture, given on the Wednesday evening (10th Sept.) was, according to the *Mechanic's Magazine,* well received.

The *Times* described the activities of the BAAS meetings including Lardner's lecture, but Lardner thought the best report was in the journal *Printing Machine*, which, however, criticised him for improper use of emphasis. 'A book wholly printed in italics would, we need not say, defeat its own objects, and a speech in which every word is pronounced with equal emphasis and energy would fail to produce the results which a judicious use of emphasis is sure to produce'. Lardner accepted the criticism, writing 'I am conscious of the fault – it proceeds from over-anxiety to be understood – I must endeavour to correct it.'

Perhaps the most famous of Lardner's lectures on Babbage's engine was given at the Royal Institution, in London. Lardner had written to the Institution in December 1833 proposing a course of three lectures on Babbage's engines and it had been decided that he should be paid £5 per lecture. He seems to have given only two lectures on Babbage to that society: these took place on 2nd

May and 30th May 1834. Together with those at the Mechanic's Institute they formed a perfect end to the tour. Many of the members of the cabinet were amongst the audiences: after the lecture at the Mechanic's Institute Brougham stood up to express his approval of this evidence of popular education in science.

Amongst those who attended Lardner's lectures at the London Institution were Ada Lovelace, mathematician and computer pioneer, the daughter of Byron. Ada's mother had separated from Byron when she was only a baby, and was very afraid that Ada would have inherited her father's sexual licentiousness, so she protected her very carefully and watched her all the time for signs of insanity. As a result Ada, of a naturally passionate temperament, seems to have been afraid of developing any sexual feelings and was looking for an area in which to divert her energy and keep herself sane, in a manner of which Freud himself, would have considered exemplary had he been alive at that time.

Ada had been educated by William Frend, the father of Augustus De Morgan's fiancée Sophie, so she was connected to Lardner's circle of friends and had first met Babbage at a party. She would have known of Lardner through his textbooks, for although Frend had recommended a different version of Euclid' *Elements*, Ada had chosen to read Lardner's version. Ada's mother was a close friend of Sophie's mother and liked to think of herself as a mathematician, and she encouraged Ada's scientific education so perhaps it was natural that Ada should take a great interest in Babbage's engine. Mrs Frend wrote in her diary that 'Ada was the only person in the whole room to understand the lecture properly.'

After meeting Babbage and attending Lardner's talk, Ada decided to devote her life to understanding the engine and she later went on to write a scientific paper on the subject which included what enthusiasts have inaccurately termed 'the first computer program.' Lardner described the lecture in a letter to Macvey Napier, the editor of the *Edinburgh Review*:

> 'I gave a lecture upon it [i.e. the Difference Engine] at the Royal Institution on Friday night which was attended by a 1000 persons who after sitting for an hour found the subject unexhausted when it was proposed by Faraday to adjourn until another evening. The assembly however called out to go on and actually sustained the infliction for an hour and forty minutes.
> – Lardner describes his lecture at the Royal Institution

Although the lectures at the Royal Institution were very successful, the joy of the staff of that establishment did not continue entirely unabated for in 1836 the manager's minutes revealed that the apparatus that accompanied Lardner's 1834 lecture had been borrowed from the London University: Mr Watkins, the curator of instruments there had by that date still not been paid by Lardner for his role of purveying the equipment to the lectures and presented his bill of £3.18s to the Royal Institution. The managers, quite properly, pointed out that they had already paid Lardner all the fees incurred and refused to pay more.

Once the English lectures were successful, Babbage attempted to further promote his engine by writing to scientists abroad to offer Lardner's lecturing services. Babbage had great confidence in Lardner as a Natural Philosopher as well as a lecturer and he wrote that he was very glad to be able to propose such an able lecturer. To Baron Dupin in France he wrote:

> My dear sir, Our friend Dr Lardner at the request of the inhabitants of Manchester, Leeds, Sheffield and many of our great manufacturing towns has undertaken to give them some lectures on the philosophy of their own pursuits. The Calculating Engine having become a matter of considerable curiosity he has undertaken to explain it to them ... and has spared no expense in time in order to understand it and have drawings and models ... It is as you may imagine very gratifying to me that the first person to explain it publicly should really be worthy of it and should be aware of those singular and abstract properties which it is quite impossible to explain ... popularly.[26]
> – *Babbage writes to a French scientist offering Lardner's lecturing services*

One of Babbage's letters received an answer on 30th March 1834 from no less a personage than the famous Baron Humboldt. Humboldt, a Prussian living in France, was sympathetic and explained, in French, that Lardner and the enterprise were highly esteemed there but he wrote of the difficulty of interesting the Ministry of the Interior in the subject; he had encountered 'great ignorance' even on the subject of understanding French machinery.

In May 1834 Lardner wrote to the editor of the *Edinburgh Review*, Napier, offering to write an article for the paper. Lardner's paper on Babbage's engine appeared in the July 1834 edition of the journal. *Edinburgh Review* articles were published anonymously, but when Lardner spoke on the subject to the BAAS in Edinburgh his audience realised that he must be the author of article.

Ada Lovelace was not the only person whose life was changed by her encounter with Lardner and Babbage's work. In Sweden and in London two men, Thomas Deacon and Mr Georg Scheutz, a Stockholm printer, were so struck with the article that, working solely on Lardner's description, they each built their own versions of a difference engine. The engine that Scheutz and his son built after reading Lardner's article was in fact the first working calculating engine ever built for, unfortunately, Babbage himself never succeeded in completing any of his engines. It was only in 2002 that scientists led by Doron Swade at the Science Museum in London built a finished difference engine number two for the first time, to celebrate the bicentenary of Babbage's birth.

Lardner's close partnership with Babbage was perhaps, in hindsight, a mixed blessing. In his *Edinburgh Review* article, and presumably in his closely related lectures, Lardner tried to show how much the engine was needed and laid a great emphasis on the importance and inaccuracies of scientific tables. Some have suggested that, by overemphasising the problem of scientific tables, Lardner detracted from the wider potential uses of calculating machines. Another far more dangerous downside to the close public linking of the two men's names concerns the issue of how the public status of Babbage and his projects were affected by association after Lardner lost both his scientific and moral reputation, but if any such idea occurred to him, Babbage chose not to dwell on this in his autobiography, where Lardner is mostly mentioned in a positive light. After all, Lardner tried his best to promote Babbage and expended a great deal of energy in supporting his friend, and the work he devoted to writing the review article and spreading the news about Babbage's invention endured and bore much fruit.

Describing Babbage's engine, Lardner wrote to Napier on 17th December 1830:

> It holds, probably the highest place in the history of human invention, and it differs from all other inventions on record in being the sole and unaided work of one great mind. The Steam Engine and all other important inventions were the accumulated discovery of ages, and were in truth only perfected by those who pass for their inventors: but the Calculating Machine, the original conception, one of the most extraordinary that ever occurred to the mind of man, the working out of the details, and the bringing to absolute perfection the finished machine was all completed in a few years by one individual.[27]
> – *Lardner recognises the importance of Babbage's calculating engine*

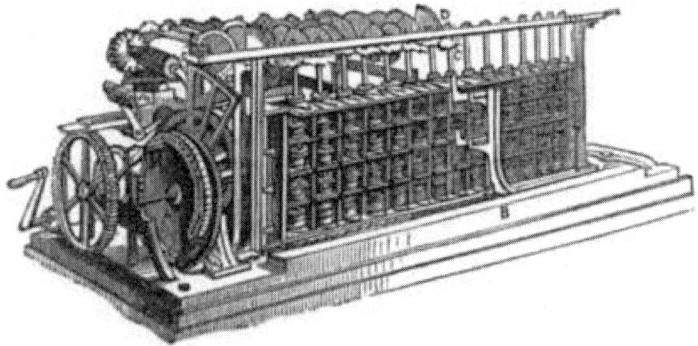

Figure 17: The Scheutz's completed Differenzmaschine no. 1

Folk Song: The Scenes of Manchester (extract)

The scenes of Manchester I sing
Where the arts and sciences are flourishing
Where smoke from factory chimneys bring
The air so black, so thick and nourishing…

We've buildings large and grand to view
 Likewise Mechanics Institutions, too
Where gentlemen go to learn gastronomy
 Gymnastics, optics and physionomy
Where Doctor Lardner's LLD, sir
A-lecturing on steam power you'll see, sir
'Twould look better on to turn his head
And teach poor folk to get cheap bread.

> – from: *A Touch on the Times: Songs of Social Change*,
> 1770-1914 Ed: Roy Palmer.Penguin Education, 1974.

Figure 18: Goldsworthy Gurney's land carriage

10: INVESTIGATIONS INTO STEAM TRANSPORT

Popular lectures on the steam engine—The arrival of passenger railways—Decision to investigate railways—Railways so far—1832 Edinburgh Review article; disputes with Stephenson—Improvements to 1832 edition of book

In 1828, perhaps while he was preparing to take up his post at the University, Lardner completed the first edition of his *Popular Lectures on the Steam Engine* and Taylor published the work. Eight editions of the book were published during Lardner's lifetime and it became, in the words of the Athenaeum magazine, 'The most popular mechanical treatise ever published.'

Although the first edition was probably closely based on the lectures that Lardner had given in Dublin, he explains in the preface that the text is aimed not at professionals but at the general public. Running to 164 pages, it contained twelve lectures, each probably corresponding to one of the lectures in the Dublin series as closely as his later Lectures on Science and Art series was to reflect those given during his tour of America.

It seems strange that Dionysius Lardner, who was to become famous for his knowledge of railways, showed hardly any interest in locomotive engines in the first three editions of his work; the lectures are mostly concerned with the mechanics of engines and the improvements made by various inventors such as James Watt and it is only in the tenth chapter that he included two pages on this subject, for railways had been slow to creep into the public's consciousness.

It was in the spring of 1832, while visiting Liverpool, that somebody agreed to show him the engines and tracks and Lardner came face to face with his first railway locomotive. It is difficult for us to imagine how exciting the sight must have been at the time: a steam engine that moved mystically across the landscape of its own accord, breathing fire, travelling at a rapid, constant and unfettered speed, pulling unprecedented weights behind it. Even more excitingly, when he arrived, he discovered that the engineers (possibly including Francoise Marie Guyonneau De Pambour) were engaged in doing experiments on the train. His heart probably lit up when he heard the word 'experiments', for experiments were a mode of learning that his hero Bacon had strongly advocated and that, as a trained physicist, he must have felt he understood. Here was an area in which his own knowledge could contribute much, and he began to see the need for a systematic scientific approach to the study of speed (what is now called the science of aerodynamics).

Lardner realised that his *Lectures on the Steam Engine* needed to be updated to incorporate this new information. The first three editions had sold well and had remained relatively unchanged, but now he prepared to add a section chronicling recent developments in railways, and he realised he could use the same information to prepare an article for the *Edinburgh Review* on the subject. In May 1832 he wrote to the editor Macvey Napier, for whom he had previously submitted work for the *Edinburgh Cyclopaedia*, of his intention to inspect railways. He explained that he was in personal communication with Gurney, Stephenson and other engineers and he intended to go to Liverpool to inspect the engines and to witness their results. He wrote: 'This is quite necessary because they were in that state of such rapid progression that scarcely a month passes without producing some improvement which makes an important change in either the speed or economy or facility of transport'.

As well as visiting the railways, Lardner read widely for his research, and in the article he cites his sources, which include Cundy's book *Inland Transit*, from which he derived a good deal of the article.

By the time Lardner turned his attention to railways, the Liverpool and Manchester railway had been open for over a year but only a small proportion of the population lived near a railway and little had been written on the subject in the press or elsewhere. The importance of steam locomotives on railways and the implications they posed for society were slowly becoming apparent and Lardner had decided that they merited investigation.

The coming of the Liverpool to Manchester railway was important because it firmly established the principle of passenger travel, but the railway technology was still in its infancy and developing railways from that point onwards presented investors and engineers with technological challenges which could be solved using choices from a bewildering range of controversial theories and inventions.

The Stockton & Darlington Railway, which opened in 1825, had set a precedent for locomotive railways and, although primarily designed to transport coal and manufacturing goods, a horse drawn passenger service had been established along that route in October of that year. Nevertheless, the technology and principles involved were still in their infancy. When the Manchester to Liverpool railway was being built there was not even firm agreement about how the carriages would be pulled. Two designs for engines were considered: one was the stationary engine and the other was the locomotive, and nobody was quite sure which would be chosen.

The stationary engine had several advantages; it was a system of fixed engines, spaced up to two and a half miles apart, which pulled carriages by rope, using the same principles which cable cars use today, and in this way the engine only had to propel the carriages, not its own weight. It had its disadvantages too: the carriages could only travel short distances in a straight line, and passengers would have had to get out and walk between each stretch of track.

Figure 19: The first passenger service

Eventually it was decided that the other type, the locomotive engine, would be the most appropriate to use and a competition known as the Rainhill Trials was set up to establish the best locomotive for the job.

Several locomotives took part in the trials, held near Manchester, but some broke down and everyone agreed that only one engine was really up to the job: that was the Rocket, designed by Robert Stephenson. It probably came as no surprise to most that Stephenson won: his father was the railway's Chief Engineer, George Stephenson, a rough Geordie from a mining community in Northumberland, so railways ran in the family.

The Liverpool to Manchester railway opened in September 1830, two years before Lardner's visit. That was a fateful day, for on the Rocket's maiden journey a government minister, William Huskisson, fell over when negotiating the train doors and sustained a leg injury that fatally wounded him. The train rushed him to Manchester at breakneck speed (that is, over twenty miles an hour,) but he died within several hours.

For Dionysius, already famous for his knowledge of steam engines, his first encounter with a railway was the beginning of a life-long obsession with rail travel. Lardner's interest came at a crucial time, when many across the country were waking up to the potential of the railway. Conditions were perfect: roads had been so bad that very few people had been foolhardy enough to travel any great distance unless the journey was essential, but with the industrial revolution there was a great need to transport industrial products across large distances at speed. Engineers such as Noel Trevithick had been developing increasingly powerful engines that were capable of pulling great weights and Birkenshaw had overcome the limitations of cast-iron rails when he patented the malleable iron edge rail in 1820.[28]

Once the Stockton and Darlington railway had blazed a trail, there was a rush to build railways. The population had risen steeply, from 7,250,000 in 1751 to 16,539,000 in 1831. As railways spread the local public saw the advantages of the new methods of travel and became more open to using them and it soon became clear that there was great potential market for the transport of people where no market had existed before.

Lardner realised that the subject was an important one for potential investors, travellers and businessmen alike. When Lardner's article, *Inland Transport*, was published in the *Edinburgh Review*, in October 1832, it was not a narrow description of the new railway but rather a broad overview of the history of inland transport through the ages. Lardner wrote about how improvements in transport had transformed the way people lived their everyday lives, and he saw how the whole of society would be changed as communications improved. The reduced transport charges would make goods cheaper and open up markets so that cheap, mass produced goods and fresh country food would be available to all.

The article was a prophetic insight into the way railways would change the world. It contains some of the best passages that Lardner ever wrote and he was to incorporate these in many forms into later works, but the article raised quite a lot of controversy. This was caused by his criticism of the Stephensons.

Lardner was a great fan of the Stephensons and coined the title 'Father of Railways' by which George Stephenson was remembered, but as a good journalist, he was always alert to discover a different, balance viewpoint. He researched his subjects thoroughly, not only reading marketing documents produced by railway companies but also visiting the tracks and taking time to talk to people who worked on the railways or lived near them. Through these conversations he discovered that the men Stephenson had employed to build the railway had not been locals but men from his own home town in Northumberland, and this had caused some resentment at a time when unemployment was rife. Moreover he discovered that although the railway was supposed to be run in the most efficient way for the benefit of its shareholders, George Stephenson had been using his position to channel work in the direction of his own son's locomotive engineering company. Robert's engines may well have been the best, but even so Lardner argued that the tendering process was unfair and that in a modern company a chief engineer should have an open and unbiased purchasing policy.

Lardner had, perhaps naively, imagined that by pointing out the defects in the company's purchasing procedures he was helping the railway company to improve its practices, but this point was entirely lost on the directors who were furious and published a heated refutation of his accusations. They seem to have been afraid that Lardner's criticism would adversely affect the price of shares. They identified strongly with Stephenson and did not distinguish between an attack on him and an attack on themselves. Lardner in turn published another brief article in answer but for some time he was banned from the Liverpool and Manchester railway.

The 1832 edition of Lardner's *Lectures on the Steam Engine* was soon published with an amended title. Lardner changed the book around a bit to make room for this new, exciting material, including a strange contraption with mechanical legs and feet: the Walking Engine of 1813. He incorporated a new section on the Liverpool and Manchester railway and compared the systems of stationary and locomotive engines. He gave a description of the Rainhill trials and included details of the experiments he had been shown in Liverpool as well as his own experiments.

The new sections all concerned exciting new subjects which had potential to change daily life, and Lardner's style was enthusiastic and easy to read so it is not surprising that the little book sold well. Lardner had inserted a new chapter on the subject of land carriages, and the *Edinburgh Review* article also included this section: indeed he was more interested in land carriages than he was in railways. He could not understand why people would go to all the bother of buying land and putting down rails when steam engines were perfectly capable of running

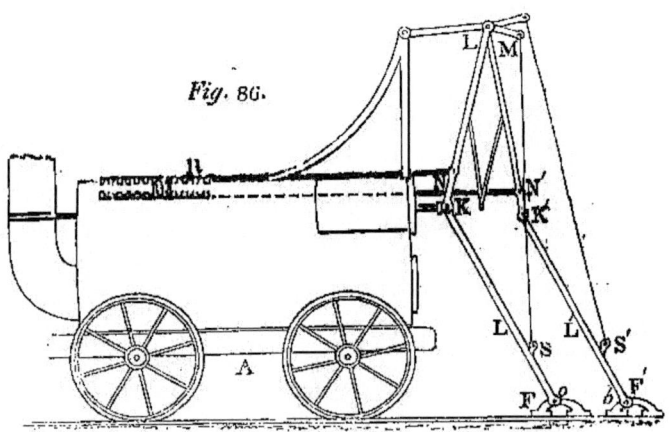

Figure 20: The Walking Engine of 1813

along normal roads, and he saw this as the way of the future. He wrote to Napier, with great insight: 'It is incredible how little is publicly known on this important subject – there is considerable evidence of the predictability of superseding horses altogether as agents of transport!'.

Lardner was particularly enthusiastic about the land carriages invented by Goldsworthy Gurney, devoting twenty-eight pages to the subject. Lardner may well have known Gurney personally as the latter worked as a chemistry lecturer in the Surrey Institution and was an expert on heat, one of Lardner's favourite subjects. Lardner was supportive of Gurney but was astonished at the ignorant criticism that the man had faced. He wrote; 'the incredulity, opposition, and even ridicule, with which the project of Mr Gurney has been met, is very remarkable. His views were from the beginning opposed by engineers, without one exception.' Lardner urged the Government to reward Gurney for his clever invention and to support his work.

It is typical of Lardner that his books kept ahead of the field in up-to-date graphic design. Whereas in the earlier editions the large pull-out diagram of Watt's single acting steam engine and other diagrams were all tucked at the end of the book, by the 1832 edition Lardner had incorporated drawings into various pages spread throughout the book.

The book was now so up to date that it incorporated material on the very issues that were still being hotly debated. Lardner's book and article quickly began to be used as a point of reference by those who were trying to make decisions about the future of railways. So it was that, as a result of these writings, Lardner himself was soon to be dragged unwillingly into the very planning processes that he had written about.

Figure 21: An atmospheric railway in South Devon

11: BACKGROUND TO THE GREAT WESTERN RAILWAY BILL

The founding of the railway—Background to the evidence: Lardner's articles in support of railways—Difficulties involved in crossing hills—Dangers involved in downhill slopes and tunnels—The atmospheric railway

In the spring of 1835 Lardner became embroiled in an issue that was to become one of the most controversial of his life when he was asked to give evidence in the Houses of Parliament concerning the Great Western Railway Bill. Railway historians, notably L T C Rolt, have implied that Lardner was opposed to Brunel's innovations, and Lardner's reputation has suffered accordingly, but the truth is more complex as an examination of the issues will show.

The Great Western Railway was founded on 21st January 1833 with the aim of joining Bristol to London by rail. Bristol, being such an important port, was in those days the second biggest English city; much of the trade with Ireland passed through her docks. The merchants needed to ensure that goods imported or exported through Bristol could be transported fast over as wide a catchment area as was practicable; more to the point, the port of Bristol was in competition with Liverpool and now that Liverpool had a railway they needed to ensure that they could compete with her services.

The railway was started when some Bristol businessmen met in the Guildhall on 18th July 1833 and decided to apply for an Act of Parliament to establish a company to build a railway from Bristol to London. Isambard Kingdom Brunel was chosen as engineer for the project on 7th March. The decision was a controversial one, for Brunel was young and had little experience of working on railways. A short man of 5'1" who chain smoked cigars, he was descended from French Huguenots and had an attractive personality. The son of Isambard Marc Brunel, who had been forced to leave France because of his Royalist sympathies, in 1825 young Isambard Kingdom Brunel had been in charge of the project to bore a tunnel under the Thames from Rotherhithe to Wapping.

In 1829 he had won a bid to design the largest bridge in the world across the Avon Gorge (i.e. the Clifton suspension bridge) and in 1831, he was appointed civil engineer for that project; this was the extent of his experience in 1833 when he applied for the job of Chief Engineer for the 120-mile railway to join Bristol to London.

Brunel was only twenty-seven years old, but the Bristol merchants had seen his plans for the bridge and trusted him. Besides, Stephenson and Wood were already employed by others so there were few experienced railway engineers available to choose from, and so it was that Brunel was given the job. He immediately began riding across the countryside surveying the land and mapping out a proposed route for the railway.

Although the company was called the 'Great Western Railway Company' some MP's objected to this name, because in fact the proposals were only to build a railway from London to Reading and from Bath to Bristol. The first 'Western Railway Bill' as the name is recorded in Hansard, was read in Parliament and on 10th March 1834 a Parliamentary Committee would be set up to investigate the proposal, chaired by Lord Granville Somerset. The proceedings, which began on 16th April took up fifty-seven days.

It was important to ensure that the shareholders' money would not be wasted, so the Committee stage provided an important opportunity to examine the plans. The committee estimated that the costs of building the railway would be £2,805,330 and that the profits would be £747,752 per annum. The organisers had already raised pledges for four-fifths of the capital in order to apply for an act.

The supporters of the bill were still unclear as to what means, if any, would be used to cross the hilly country that lay between Reading and Bath, so they limited the application to the two ends of the line and one opponent of the bill described it as being 'like a scotched snake, with a head, a tail and no middle'.

The distance between Bristol and London was 120 miles; far greater than the 34 miles of Stephenson's Manchester to Liverpool Railway and the bill encountered much opposition, but when Brunel was called to give evidence to the House of Commons committee stage he bravely argued his case. An eye witness later described how the committee room had been filled with landowners and interested parties, all eager to hear Brunel's evidence. An eye witness described Brunel's testimony:

> His knowledge of the country surveyed by him was marvellously great and the answers he returned to questions suggested by Dr Lardner showed a profound acquaintance of the principles of

> mechanics. He was rapid in thought, clear in his language, and never said too much or lost his presence of mind. I do not remember ever having enjoyed so great an intellectual treat as that of listening to Brunel's examination, and I was told at the time that George Stephenson and many others were much struck by the ability and knowledge shown by him.
> *– Brunel impresses the House of Lords Committee*

This account, we would suggest, is not reliable. The statement was recorded in preparation for a book published thirty-five years later, in 1870, a biography of Brunel published by his son, Brunel's biographer (a third Isambard). It is unclear what the eye witness meant when he recalled that Lardner 'suggested' questions during the first bill. The full transcripts of the evidence given before the Committee do not seem to have survived, and two pamphlets printed by supporters of the bill only include extracts of evidence in favour of the bill, and make no mention of Lardner.

It seems unlikely, we would argue, that Lardner was personally involved in this first bill. The witness may well have been confusing the first bill with the second, or he may simply have meant that the cross questioners used Lardner's writings (in this case his 1832 Edinburgh Review article and 1832 edition of the Steam Engine) as an authority, as witnesses did in other cases.

Although the House of Commons approved the bill on 22nd July, the Lords threw the scheme out in August 1834. After the failure of the first bill Lardner wrote to Brunel;

> My Dear Sir, I am engaged in preparing an article for one of the Quarterly Reviews on the various

railway projects which are in contemplation, and I should be glad to be informed of the actual circumstances attending the rejection of the Great Western Railway bill. I should, therefore, feel particularly obliged for any information which you may be able to give me without impropriety on this subject. I shall of course receive your communication in the strictest confidence."[29]

– *Lardner writes to Brunel after the failure of the first bill*

This is not the letter of a man who has been involved as the eye witness suggested, in attacking the first bill, and if Lardner had been involved at that stage it seems unlikely that he would have written this letter.

Lardner's attention was probably first drawn to the Company through publicity, for in October 1834 the Great Western Railway Company had printed copies of the evidence given in favour of railways in the, also defeated, 1832 London and Birmingham Railway Bill. A copy of the pamphlet that once belonged to Lardner can still be seen in the Brunel Institute in Bristol with the thick black lines and Xs that he scrawled down the side of important passages.

Lardner was impressed with the arguments in favour of railways given in the London and Birmingham pamphlet and he used the pamphlets as a basis for a new Edinburgh Review article, entitled 'Improvements to Railway Transport'. This new *Edinburgh Review* article gave an overview of recent proposals and was strongly supportive of railways. The article actively promoted the London and Birmingham and an unnamed Bristol to London railway [presumably the Great Western]. He wrote:

> It was proposed to cross the kingdom by a railroad in the direction due west from the metropolis,

> extending to Bristol and passing through Maidenhead, Reading and Bath and in the immediate vicinity of Windsor, Oxford, Cheltenham, Gloucester and Devizes. The company who applied for this act experienced, during the last session, the most vexatious and determined opposition on the part of some of the landed proprietors, and after being driven to an expenditure of above £30,000… was thrown out in the Committee in the Lords, through the influence, it has been said, of a single peer! The company will find means to remove this opposition, and the bill will probably pass in the next session.[30]
> – *Lardner's 1832 article laments the failure of the first Western Railway bill*

Despite the failure of the first bill, the Secretary of the London Committee, Charles Alexander Saunders, worked hard to whip up support for the project and by February 1835 he had managed to raise an astonishing £2,000,000 by the sale of shares. The Bill was again placed before the Commons, but in the intervening period another issue had arisen to complicate matters.

The London and Southampton Railway Company had gained government permission in July 1834 to build a part of the line, the section between London and Basingstoke. That company had not yet been able to carry their plans further than Basingstoke because the hilly country there would require a tunnel and they were not prepared to build such a controversial structure. Brunel's son's biography makes it plain that it was only now, after the failure of the first bill, that Brunel proposed to cross the terrain by building a one and three-quarters mile long Box tunnel that was longer than any of those already in existence.

This route from Lambeth through Kingston and Weybridge to Basingstoke would be in direct competition to the proposed Great Western route and it was thought that there was not enough business for both to succeed so some argued that since one law was already passed the second proposal should not be allowed. Others argued that Brunel's was the better route across this distance.

For Irish people there were added considerations: trade was thought to be important for Ireland's prosperity. Trade included Guinness and spirits, as well as cattle and pigs (which were driven to London by road.) Since the advent of the steam boat the breeds of wheat and of cattle raised in Ireland changed: Devonshire cattle were sent to Ireland to be fattened and then shipped back to England. Both London to Bristol routes would, it was thought, benefit the Irish economy but Stephenson's, which went via Southampton, would allow the Irish to travel to continental Europe with much greater convenience, and Lardner may have been privately hoping that this line, not Brunel's, would be built.

The bill now entered a House of Commons committee and Lardner was summoned by Messrs Few, Hamilton and Few [counsels for the opposition to the bill], and an agent named Paine, to give evidence. He had by that time published quite extensively on the subject of railways, so it was natural that he should be called to give evidence, and some of his recent writings had direct relevance to the case. Unfortunately no records of his testimony at this stage survive.

Figure 22: Isambard Kingdom Brunel

12: THE SECOND GREAT WESTERN RAILWAY ENQUIRY

Lardner's evidence to the House of Commons — Brunel gives evidence — Lardner's evidence to the House of Lords — Great Western Act passed

The first time Lardner gave evidence on the Great Western Railway was probably at the House of Commons Committee stage of the second bill, when the Committee were still examining various options for traversing the hilly terrain involved.

It is easy to understand why Lardner was summoned to give evidence. By 1835 he was an establishment figure: a Professor and member of the Royal Society, he was that rare creature, an independent witness who had examined the subject in depth across a range of lines. He did not have a working experience, it is true, but, in a world where hardly anything was known by anyone about railways, Lardner had read widely, spoken to many engineers and workmen, and participated in experiments across several lines, so he knew a lot more than many people and his opinion was worth asking.

Lardner had gone to great lengths to promote railways, describing them with great enthusiasm in his *Steam Engine* books and *Edinburgh Review* articles. His 1834 article had debunked many of the myths that frightened landowners and showed how railways were a great financial benefit to all sectors of the community and should be encouraged. However, partly to avoid being accused of writing 'puffs,' he always liked to intersperse a few minor criticisms into his articles to make them balanced.

Curves, slopes, speeds, and tunnels were all pertinent subjects to the laying out of the London to Reading line, and Lardner had written about these in his books and articles. In his philosopher's mind's eye he retained the platonic form of a perfectly straight and perfectly level railway, and he perceived curves, slopes, speeds, and tunnels as not only imperfect but also potentially dangerous. The House of Lords committee were keen to hear his input in those matters, as well as on the subject of ropes.

Lardner had written about ropes when he had been asked to endorse Henry Pinkus' new design of railway, the pneumatic railway, (a type of Atmospheric railway) on which carriages were propelled along by air pressure conveyed through a tube to which they were attached, and his 'Opinion' in this matter was published by the Atmospheric Railway Company with their prospectus in the Mechanics' Magazine. Lardner had, like Faraday and Brunel, been in favour of atmospheric railways, and had argued that they were not only safer than locomotive engines but also used less fuel and he had written 'Of the practicability of this project I think there can be no doubt'. Lardner's optimism on the subject proved unwise: it was nearly impossible to maintain the required vacuum to propel carriages by air pressure and one by one the few atmospheric lines that were built (notably in Croydon, Dalkey and South Devon) were eventually closed, at a great cost to investors. None of this was yet known, however, in 1835 so Lardner's participation in the Great Western debate was respected.

The agents who had summoned Lardner to give evidence had given him a list of calculations to prepare in advance. Lardner was given very little background information on Brunel's plans: some of the calculations related to an endless rope, for instance, even though it was unclear whether Brunel had any intention of using such a thing.

The use of a long rope pulled by stationary engines was apparently one of the subjects Lardner had been quizzed on when giving evidence to the House of Commons in March. Lardner, it seems, told the Commons that the idea of using a rope five miles long was 'perfectly chimerical'. No record of his testimony survives but a letter from Robert Stephenson to Brunel from this time reads: 'Perhaps Dionysius will explain why the length of planes are to be limited to 1 (and a half) miles – the limit evidently depends on the friction of the rope. The limit is when the friction equals the strength of rope. Does he know the friction of ropes, if he does not he cannot pretend to fix a limit for planes.'

The Second [Great] Western Railway bill was brought before the House where it passed its third reading on 26th May and passed in turn to the House of Lords the next day. A first reading passed, the second reading was carried by 46 to 43 on 10th June and a Parliamentary Committee set up. Fortunately records of Lardner's evidence in the House of Lords still exist. He was called before Lord Wharncliffe's Committee which began sitting on 10th June 1835. The counsels in favour of the bill called thirty-eight witnesses.

As well as Brunel these included Charles Blacker Vignoles, George and Robert Stephenson and Joseph Locke.

Brunel was the first to give evidence and he described the whole rational planning process he had undertaken. Naturally Brunel was asked how he intended to cope with the steep slopes on his route. Locomotive engines at that time had not been designed to travel up slopes: they could not change gear so the ascent of hills of gradients of over one in a hundred and thirty (or sixty feet per mile) presented serious problems for engineers. Most often an assistant engine had to be kept in waiting, ready to help propel the carriages up the slope. Brunel explained that there was a nine-mile stretch of the line with a rise of this gradient, and his favoured solution to this problem was to keep the route as flat as he could except for one steep two and a half mile slope.

The steepest portion of this proposed route, with a gradient of nine feet per mile, led to a tunnel a mile and three-quarters long at Box Hill. In the tunnel itself the gradient was one in a hundred and seven and as yet, Brunel himself was still unsure as to whether he would use a moveable assistant engine or a stationary engine to pull the carriages up the slope near the tunnel. Brunel's decision to build such a long tunnel was the most controversial issue of the whole enquiry. Stephenson was in favour of tunnels; his plan for the London and Birmingham railway involved ten short tunnels but he had not yet put it into practice and a tunnel this length had never been built.

The committee were unsure whether young Brunel himself really knew what he was doing or not. Brunel pointed out that there would be at least four shafts to let air and light into the tunnel and the passengers would only spend six minutes in all in the tunnel. He argued that 'No effect could arise from the passengers feeling that they were descending something precipitous'. He described safety tests that he had carried out at Canterbury, when he had used the brakes to stop a train travelling at full velocity: the train had stopped within a mere sixty yards.

The counsel for the opposition, Messrs Few, Hamilton and Few, called forty six witnesses. Dionysius Lardner was the second named. When it came to his turn to be questioned Lardner was asked as to his level of expertise. Lardner's stated credentials were that he had devoted a considerable amount of time for several years in the study of civil engineering and confirmed his 'theory' (i.e. theoretical learning) by numerous experiments and observations, with reference to the speed and power of steam engines. Lardner claimed to have made 'hundreds of trips' to the Liverpool and Manchester railway, and to have had extensive correspondence from scientific men in Continental Europe and in America. His other qualifications were given as author of articles in the Edinburgh Review, author, and Professor. He had examined, he said, both the line of the Great Western Railway and its rival Basing line with care, from Bath to London.

The questions Lardner was asked were centred on the proposed tunnel at Box Hill. Not only was the proposed tunnel to be built on a slope but at the bottom of Box Hill it was planned that the railway should have a curve. Lardner realised that this increased the chances of a train becoming derailed should it happen to travel downhill at an uncontrollable speed, and he is notoriously reputed, according to historian ET MacDermot, to have testified that if the brakes failed in the tunnel a train might travel downhill at a hundred and twenty miles an hour (although it is unclear where MacDermot read that).

Lardner, a great believer in education, was not convinced that railway engineers fully understood the principles of physics; he was probably unaware that Brunel had studied Euclid and mathematics at his French father's knee and had received formal training between 1820 and 1822 at the College Henri Quatre in Paris, which was renowned for its engineering expertise. He questioned Brunel's experimental technique, pointing out that crude tests that Brunel had described carrying out at Canterbury were inadequate: stopping distance is inversely proportionate to the load of the train and the experiments which Brunel had undertaken on the Canterbury plain had only involved a load of five passengers.

Lardner's fear of run-away trains was not a mere fancy but was grounded in real life observations. He described an incident that he had witnessed during his experiments: he testified:

> 'I was descending the Slope of 1 in 96 on the Manchester Railway, with a Train of Goods ; the Engineer let the Train run down for a considerable Time without the Break, and we obtained a Velocity that appeared to me to be exceedingly dangerous. I ordered him to apply the Break, but the Break totally failed; it was burnt. A Signal was made to us by the Road Police to stop, but the Train did not stop for a considerable Distance from the Foot of the Slope. When we descended we found that the Wheel of one of the Waggons had broken, so that both Wheels dragged along the Rail during the

Descent, forming a more powerful Break than the common Breaks, and, notwithstanding this, the Train went down with this furious Velocity.'

(By a Lord.) 'Do you know what the Velocity was?'

'I can only conjecture that it was something very great; I should say from Forty to Fifty Miles an Hour.'

'Did not this arise from the Negligence of the Breaksman in not putting the Break on sufficiently early?'

'We acquired so great a Velocity from it; but there was no Negligence in not putting it on afterwards; he should have put it on earlier.' (Mr Joy.)

'Is not that an Accident likely to occur with these Men?'

'Yes, it is; the Breaksmen are apt to delay.'

Lardner's strange aversion to trains travelling downhill does not sound so strange when one considers the state of technology for stopping a train. As Lardner explained to the Lords;

'The break is a block of wood attached to the End of a Lever, and it is pressed against the Tire of the Wheel so as to produce Friction as the Wheel turns round, and that retards the Train'.

Lardner had written in his book that 'the friction caused by the rapid motion of the wheel soon sets fire to the wood'; each carriage had its own brakes, operated by a 'breaksman', but all in all the breaks were of a wholly inadequate design for stopping a full speed train. Lardner calculated that it would take a force of sixty tons to stop a full train, yet there was no known mechanism at that time that was capable of exerting that sort of force.[31]

The incident at Chat Moss seems to have made a deep impression on him; an impression that the railway was a dangerous place where designers and drivers were not taking enough account of risks which might endanger lives.

This was not the only accident Lardner witnessed. He described another in which he had been involved:

> 'I was proceeding from Liverpool to Manchester [between Liverpool and the Foot of the Rain Hill Plane] with a Train of Passengers, and at a Bend in the Line, where, from the Flexure of the Road, the Engineer could not see a great Distance before him, it happened that a Train of Stone waggons was occupying the Road in advance; a Signal was made to the Engineer by the Road Police to cut off the Steam and put the Breaks on to retard it; and he alleged that he did so; but the Velocity continued to be so great, notwithstanding the Breaks, that we came against the Train of Stone Waggons and smashed them all to Pieces; the Waggons were broken all to Pieces, and the Stones were thrown about, and the Framing of the Engine, though of strong Iron, was broken.'
>
> 'Did you knock the Stone Carriages to Pieces?'
>
> 'Yes. We were protected by the Engine and the Springs; some of the Passengers were bruised a good deal. There are Provisions made in the Carriages that carry Passengers to prevent them from the Effects of Collision, but there are none in the Case of Stone Waggons.'[32]

The lawyer's questions went on to emphasise the point that the radius of the curve at the bottom of Box hill was not only quite sharp, but also in a cutting, so if a train came down the slope very fast the driver might have difficulty seeing an obstruction in the cutting or stopping in time.

Lardner recommended that instead of using locomotive engines in tunnels the designers should use the alternative method, stationary engines, to pull the carriages along these stretches, thus solving any air purification problems and ensuring less risk of trains escaping if their brakes failed. When asked if he thought it was possible to pull carriages on a rope two miles long he replied that he thought that a rope could possibly be made that was two miles long but no longer. It is possible that he was thinking that atmospheric engines, which were after all a type of stationary engine, might be the way forward, but he did not say so.

Lardner's evidence was quite even-handed but the results of his calculations all came out (to his own purported surprise and in contradiction to evidence given by George Stephenson) in favour of the London and Southampton railway's proposed Basing line. He offered as evidence a table of different measurements of speeds, times and distances along the route to back up his evidence, and another table , 'a comparative view of the two lines with respect to their average power and their greatest resistance'. The Lords seemed naturally bewildered by these pages of tiny figures. Lardner too was becoming exasperated.

The testimony and tables were later published in *Mechanics' Magazine* and when he read them Brunel must have asked himself how Lardner had arrived at results which were so different to his own, and in his private calculation book, which survives, he wrote down his own measurement of each of the gradients and compared them with Lardner's calculations. The pairs of results were in fact very similar: for example Brunel measured one gradient as 1 in 586 whereas Lardner calculated that it was 1 in 590: another Brunel had measured as 1 in 2534 and Lardner had estimated 1 in 2530 (in this Lardner displayed his usual tendency to round figures up or down for simplicity of explanation).

Brunel counted how many differences were in favour of his company and how many against: there were ten differences in his favour and eight against, which suggested that Lardner had handled the evidence in an even-handed way. How then had his conclusions been so different? Brunel confronted Lardner as to how he had arrived at his calculations.

In Lardner's conciliatory reply to Brunel the author explained that his estimate of the efficiency of the two lines had not been made using conventional methods but by his own unique theory. This theory inolved a slightly changed attitude to slopes. Lardner did not now object to all slopes, but only those of above a certain angle. Although there were many slopes on the Basing line, many of them did not count as problems in Lardner's eyes. Lardner now only objected to slopes with a gradient higher than one in two hundred and fifty, because he believed that energy expended on gentle slopes would be regained when the trains rolled down the slopes at the other side of the hill, but above that mystical angle, which he called the 'angle of repose,' the energy could not be regained, presumably because it would be wasted when brakes were applied. He had already explained this theory in the Lords and he repeated it in other works.[33]

Lardner's criteria for comparing the two lines centred on concepts of fuel efficiency. Steep slopes required more use of fuel and led to slower journey times. Using this criterion, according to Lardner, the proposed Great Western line would be less efficient to work than the route of its rival.

As Brunel and Stephenson had been, Lardner was subjected to days of relentless badgering with repetitious and irrelevant questions—in his case from the hostile and disrespectful Mr Talbot[34] and Henry Hall Joy, and, like Stephenson, Lardner became frustrated and short with his replies. By the end of the third day the issue had turned again to the quality of air in tunnels; the Lords were asking very theoretical questions, and Lardner began to protest: giving answers such as 'I have not an Opinion; I have not the practical Means of forming an Opinion; I never saw a Tunnel a Mile and Three Quarters long even on a Level, much less on such a Slope,' or 'No one has any practical Experience in Tunnels of this great Length upon Slopes.' 'I know of no Tunnel a Mile long worked by Locomotives,' or 'I have no experience upon the subject.' Nevertheless, Mr Talbot was quite insistent that Lardner should answer, making comments such as; 'You are a scientific Gentleman of great Eminence put into the Box to favour us with your Opinion; I want your Opinion.'

Lardner's October 1834 *Edinburgh Review* article 'Inland Transport' had addressed the issue of tunnels. Lardner was concerned about the quality of air in the tunnels: it was proposed to cut ventilation holes but these had not yet been tested and he was worried that the impure air from one train might not have drained away before the next arrived. It was difficult for anyone to know how safe these proposed tunnels might be, and Lardner's language in the article was cautious: he concluded that 'The longest tunnel upon the projected line will be traversed in less than five minutes, and the shafts will subsequently remove, though perhaps not very speedily, the impure air.' It was presumably this point that Mr. Talbot wanted to hear. Lardner finally obliged by conceded to Mr Talbot that he did not think shafts in the tunnels would let enough air into the tunnels. Once a train passed there might not be enough time for clean air to replace the old 'noxious and annoying air before a new train arrived. Nevertheless he calculated that only one percentage of the air might be foul air, part sulphurous acid gas, but, contrary to popular legend, he did not think that being in the noxious air would produce injurious effects but only inconvenience.

Lardner was questioned for four days in all. Afterwards he wrote to Brunel, assuring him of his friendship and asserting that he did not hold him personally responsible for the impertinences that Talbot had inflicted. It did not, it seems, occur to Lardner that he himself should apologise to Brunel. His letter stated:

> I had not even the shadow of an acquaintance with any individual in my capacity directly or indirectly concerned with the Great Western or Southampton lines nor had I any interest direct or indirect with either. I was called on professionally to answer certain questions to make certain calculations &I was of course obliged to give the actual results. It would have been far more pleasing [of] course if my perceptions of the truth had [placed?] me on the same side as my friendship.[35]

– Lardner writes to placate Brunel

In August Lardner went before the Committee again, but this time he made a statement that he was later to regret and that was actually incorrect. On the 3rd August he testified that a runaway carriage starting at twenty miles an hour from the top of Box Hill might have reached the speed of sixty-six miles by the time it reached the bottom. This statement by Lardner contained an error. The speed at the bottom of the hill in this particular case should have been fifty miles an hour, not sixty-six.

As usual the testimony of the witnesses was recorded and printed the next day, but Lardner did not have time to read the evidence properly as he was examined on 4th and 5th August for four or five hours a day and then left the country for Ireland, where he was due to attend the meeting of the BAAS. Lardner only discovered the mistake when his evidence was reprinted in the *Mechanics' Magazine*. A friend read what Lardner had said and wrote to Lardner pointing out that he had made an error in his calculations.

It was too late to retract his statement, but Lardner wrote to the *Mechanics Magazine* on 22nd October correcting the error. Lardner claimed that the transcriber had written the question as the answer. Anyone who had worked with scientific publishing, he claimed, would realise that even with good proof readers transcription errors were frequent. Perhaps unwisely, he also pointed out that if there was one error in the transcription it was quite likely that the reports of his evidence were rife with errors, particularly in the tables (an argument he had often used to emphasise the need for Babbage's engine, which eliminated human error in printing tables).

The fifth edition of Lardner's *Treatise on the Steam Engine* was published in 1835, but after the mistake was realised a new, sixth, 'edition' was published in 1836: this version is suspiciously identical to the 1835 version but the last few pages of the book, which contained the error, have been removed and substituted by a correct version, and a new title page substituted.

The forty-one day enquiry finally ended when Lord Wharncliffe presented the results of his enquiry to the House on 27th August. Nineteen out of the twenty-one Lords who had attended were against the bill, however on the day when the Committee was to vote on the bill, thirty-one Lords who had never attended before suddenly appeared, purporting to have read the evidence, and thirty of these voted for the bill, forming the vast majority of the thirty-two who voted in favour. Thus it was that the bill passed its Committee stage and was finally brought before the full House of Lords.

The Act was passed and Brunel was able to start work on the railway. None of these epoch making occurrences were considered interesting enough to be mentioned at all in the *Times*. Brunel went on to build his Box tunnel. He was extremely glad that the long ordeal was over. He had stopped writing a diary in January 1834, probably from lack of time but perhaps from a certain sickness of heart but the end of 1835 he began to write again, and penned:

> What a blank is my journal during the most eventful part of my life. When last I wrote this book I was just appearing from obscurity. I had been toiling most unprofitably at numerous things ... The railway was certainly being thought of, but still very uncertain. What a change. The railway is now in progress, I am thus engineer to the finest work in

England. A handsome salary, on excellent terms with my directors, and all going smoothly.
– *Brunel considers his triumphant year*

Figure 23: Brunel's Box Tunnel

Figure 24: Trinity College Dublin in 1835

13: THE BAAS MEETING IN DUBLIN

In August 1835 the BAAS, the association that Brewster and Harcourt had formed to combat the supposed decline of science, held their fourth meeting. The week-long meeting marked the highlight of Lardner's formal academic career, and must have been one of the most satisfying weeks of his life. It was to be held at Lardner's Alma Mater, Trinity College Dublin, where Bartholomew Lloyd now presided as Provost (he had been appointed to the post in 1831). Lloyd's outlook on science and politics were similar to Lardner's and the two men had worked together closely in the past: Lardner also knew the local organisers, Humphrey Lloyd and William Rowan Hamilton, so this created a comfortable and welcoming environment where Lardner could function well.

At first it was feared that not enough people would attend this meeting, but in fact the meeting was more popular than ever before and great crowds crossed the Irish channel using the new Dublin Steamboat Company service. Women were allowed to attend some of the sessions and families travelled together: one couple even christened their baby on board boat as they travelled. The main meetings were held in the beautiful Trinity College library. Tom Moore attended as did another friend of Lardner's, the actor William Macready.

On Monday, August 10th Bartholomew Lloyd, as President of the Society, gave the opening address, but the Provost spoke in so low a voice that it was impossible to hear him. His listeners were relieved when young William Rowan Hamilton took over was gave an enthusiastic talk for over an hour, which was received with enthusiastic demonstrations of applause. Arctic explorers Ross and Franklin were both present. John Dalton, famous for his atomic theory, appeared in his usual Quaker dress and Lardner's friend Babbage was head of Section F on Statistics. Lardner too had become an officer of the association by that time and took on the role of secretary of a new section – section G: Mechanics.

After the opening plenary sections the men broke into section meetings, but in the evenings there were general sessions that women were allowed to attend, and Lardner was chosen to give a talk in the Rotunda for the Tuesday evening on the subject of steam engines, his old specialist subject.

By the time he arrived to give the talk the hall was heaving. Women fought each other to get into the crowded hall and jostled for position, some bringing orange boxes to stand on. At one point a part of the stage collapsed from the pressure of the crowd but fortunately nobody was hurt. At the front Lardner displayed his usual sectional model of a steam engine, and described to the spellbound audience the intricate inner workings of steam engines, but he also had a special treat prepared:

> Doctor Lardner exhibited on the platform a very elegant model of a stationary engine, employed in drawing a train of carriages on a circular railway. The engine was moved by steam supplied from a small boiler at one side of the room.[36]
> – *Possibly the world's first model railway*

The talk was particularly pertinent because a new railway had been built between Dublin and Kingstown, the departure point for the ferries to Britain. Members of the British Association had been offered a free ride on the railway and the project's engineer, Charles Blacker Vignoles was in attendance. Vignoles, an Irish-born engineer who had been educated in the British army, had worked with Stephenson and Brunel.

Lardner praised the new railway but disapproved of the curve at the end of the line, which he thought might cause problems if the line were extended. Vignoles offered to continue the discussion in a debate the next morning. The next day Lardner and Vignoles carried on their debate concerning curves on railways. Vignoles explained that curves were not necessarily dangerous and were often used in America railroads: these railroads were being built across difficult terrain and the engineers had introduced their own style of railroad incorporating many innovations. Some tracks there had curves with quite a small circumference and this was achieved by raising one track at an angle to the other.

Vignoles cited several American sources, and it became clear that Lardner's information was not perhaps as current as it might be. The British Association was specifically designed so that scientists could share their knowledge with each other, so if Lardner learned about American railways from Vignoles that was just as it should be. From this date at least, if not before, Lardner began to cite American railway reports in his articles.

Another topic touched in Lardner's talk was speed. It has often been said that Lardner was pessimistic about the speed that a train could travel, but this was not case at first, for in the 1825 edition of his book he had been optimistic about speed, writing: 'Doctor Lardner sees no obstacle to prevent speeds of fifty or sixty miles an hour becoming the ordinary rate on railways'. By the 1835 edition of his book, which was published at about the same time as he gave evidence to the Great Western enquiry, he went as far as to write: 'Supposing—what, consistently with the results of the whole history of human invention, is in the last degree improbable – that the locomotive engines, though now online in their infancy, shall not receive any farther improvements, the time of a first-class train from London to Birmingham would be only five hours and a half'.

Lardner described some of the experiments he had carried out on railways, on occasion measuring forty-eight miles an hour in an engine carrying a carriage of thirty-six passenger and said he believed that an engine had once travelled fifteen miles in fifteen minutes. He did not object to high speeds except when they were was combined with steep gradients or curves.

Lardner's talk proved to be a triumphant homecoming for him in Trinity College, the one place where he had always wanted to be a success, and it was probably one of the happiest days of his life. Macready, in his diary, gives an account of the days he spent at the meeting and records how he spent a day with Lardner driving in a carriage with some ladies to the Pigeon house (a fort at the South East of Dublin that guarded the mouth of the river Liffey), to watch the soldiers drilling along the sands.

During the final plenary meeting thanks were given to those who had organised the meetings and everyone was most surprised when the Lord Lieutenant of Ireland stood up and asked William Rowan Hamilton to kneel before him. He explained that he had been asked by the queen to knight the young mathematician, and that this should not be regarded as an honour but as a just recognition of the brilliant work he had done in the cause of science. He then got out his sword and touched the young man with it, and William Rowan Hamilton became Sir William Rowan Hamilton at that point. The assembled company were delighted and it seemed as if society was beginning to recognise the importance of science in just the way they had all hoped it would.

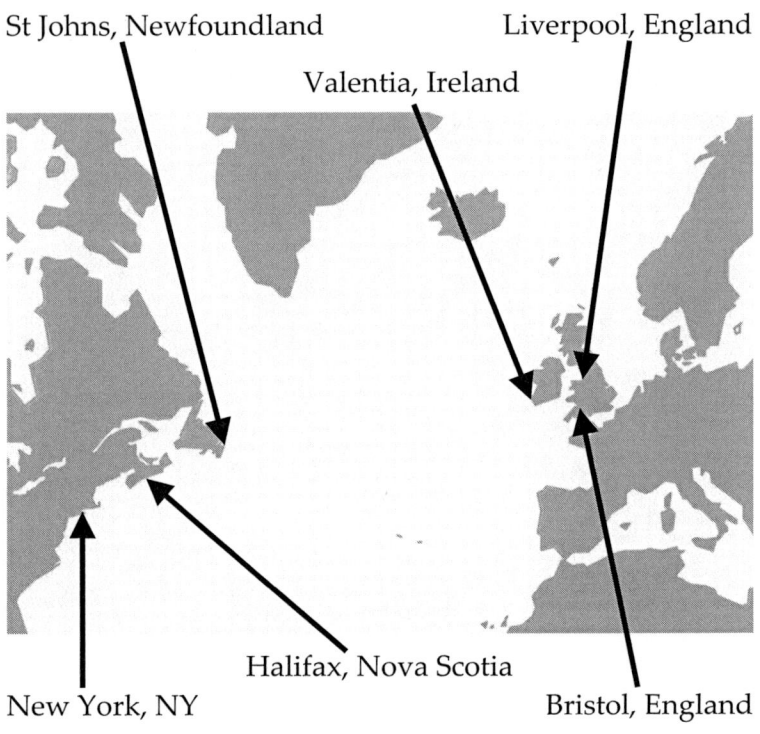

Figure 25: Suggested ports for transatlantic steam navigation

14: STEAMSHIP CONTROVERSIES

The Valentia project — The Great Western steamship — The Suez Canal route to India — Great Western steamship

Lardner is primarily remembered today for his sceptical views on Atlantic steam navigation. In 1884 self-improvement expert and historian of engineering, Samuel Smiles, wrote:

> Dr Lardner... delivered a lecture before the Royal Institution in 1838 'proving' that steamers could never cross the Atlantic, because they could not carry sufficient coal to raise steam enough during the voyage. But this theory was tested by experience in the same year, when the Sirius, of London, left Cork for New York, and made the passage in nineteen days.
> — *Engineering historian Samuel Smiles inaccurately records Lardner's reputed mistake*

The quote is inaccurate but persistent. By the time Smiles wrote, Lardner had been dead for twenty-five years so Smiles' memory may have been a bit hazy. The Royal Institution records show that although Lardner spoke at the Royal Institution in 1836 on the subject of steam navigation with India, and in 1834 on the subject of Babbage's engine, he gave no lectures there in 1838. Lardner's reputed mistake has become the sort of 'fact' that collectors of quotes and quiz organisers delight in: worse, it has been quoted time and time again to downplay the value of scientific investigation and the worth of the scientific establishment.

The controversy attached to the quote began on the occasion of his speech to the British Association in Dublin in 1835. After speaking about canals, railways and highways Lardner chose as a climax to his talk to mention a project which he termed the 'Highway to New York'. As soon as he spoke these words there were cheers in the auditorium, for this was a subject which his Irish listeners found very exciting.[37]

The 'Highway to New York' referred to was no less than a project to establish a regular passage between a port in the West of Ireland and a port on the East coast of America, a journey of about a thousand miles which, it was hoped, would be of great financial benefit to Ireland.

The scheme originated as early as 1824 when Lord Lansdowne, the engineer Alexander Nimmo and some other notables who owned land in Ireland had proposed a plan to develop a port at Valentia, on the West coast of Ireland from which trade could be carried out with America by steamship.[38] This would enable the Irish to trade more easily with America, and would even attract travellers and goods going to America from Britain. This was a wild plan in 1824 for no steamship had yet travelled across an ocean, and the idea had lain in abeyance due to lack of funding.

By August 1825 it was announced in the *Times* that mail-coaches would be set up to link all of Ireland's principal towns to Valentia, and a grand hotel was to be built at the port. On 17th March 1825, Lord Talbot had introduced a steam Navigation Company bill aimed at improving communication with America and the West Indies, using steam vessels of 600 tons each. The bill was introduced for a second reading by the Marquis of Lansdowne in June and an Act was obtained in 1826.

Crossing the Atlantic at that time was a serious affair that could take as long as fifty to sixty days, for wind power was unreliable and ships might be becalmed at any stage, or, worse, caught up in terrible storms which prevented travel and endangered lives. The average packet took twenty-five days to travel from New York to Liverpool in 1828, and forty days from Liverpool to New York, fighting the prevailing winds.[39]

Steamships (with sails attached) had already crossed the Atlantic by this time: the Savannah, had already made a crossing partly by steam and partly by sail in 1819; Lardner would have been well aware of this fact and it was presumably what he referred to in the early editions of his book on the steam engine when he wrote that 'the Atlantic and Pacific Oceans have been traversed by its [i.e. steam navigation's] powers'. At least five other steam ships crossed the Atlantic between 1819 and Brunel's voyage in 1838: Lardner does not seem to have been particularly interested in the subject after 1828 and in later editions he had dropped the subject of steam navigation altogether.

The subject became more topical again when in November 1832 Ithiel Town, an architect, had written an anonymous article in the *American Railroad Journal* proposing that a regular steam passage should be established across the Atlantic. Within ten years, he prophesised, readers would witness a most interesting era, 'viz. the crossing of the Atlantic with much greater ease, safety, comfort and despatch', an era that would 'increase the number of passengers to double' and 'engage a much better class of Europeans to visit and to emigrate to our extensive country'. He suggested the use of a steamship of 1,200 to 1,500 tons, fitted with both sails and up to six steam engines each driving paddles.

At almost exactly the same time that autumn Junius Smith, an Anglo-American seed trader from Connecticut, formed the idea of creating a line of steamships to make a regular passage across the Atlantic (whether or not the two men influenced each other is unknown). He tried to raise the interest of New York capitalists, but to no avail. In early summer 1835, at the same time as Lardner was appearing before the Great Western Railway enquiry, Smith issued a public prospectus for his company, entitled London and New York Union line of steam packet ships. He proposed to take passengers from Portsmouth via Liverpool to New York on one of his two British or two American 1,000 ton steam ships. The ships would start on the 1st April the following year and he estimated of £4,717 per voyage.

The Liverpool Albion carried an article about Smith's plans on 6th June. News of the American plans added an element of urgency to the Valentia plan, which suddenly achieved a new lease of life. Firstly an article by an anonymous writer appeared in the *New York Courier and Enquirer* on December 24th 1834 advocating that a regular steam passage be established between Valentia Island, County Kerry, and New York, connecting, through a railway through Leinster and Munster thus linking the fifteen counties that were 'washed by the Shannon' with Cork and Bristol, and from there, via the Great Western Railway, with London. The Irish scheme seemed even more viable when on 9th May 1835, the *Preston Chronicle* reported that the government experienced great problems in launching the ships that carried the British post to America from Falmouth, the port that they usually used. The Irish channel was an unreliable passage, and it was proposed that the post could be carried across the channel on one ship and transferred by land to a different ship where it could begin the voyage to America in calmer waters, hence making the service more reliable, and now that there was a railway to Kingstown the prospect of building a railway between Dublin and Valentia seemed more tangible.

Irishmen had good reason to cling fondly to such a hope. The economy in the West of Ireland was still in decline and although the Irish took the conditions as normal, visitors from mainland Britain and from the rest of Europe were deeply shocked when they saw the squalid conditions in which the poor lived, often with hardly any clothes to cover their backs, depending for food entirely on potatoes and a little oatmeal, and keeping warm from burning the peat that was freely available to be dug from the fields. The West of Ireland had been untouched by the effects of the industrial revolution and the area badly needed just such a boost in trade as the project offered. If the port at Valentia had gone ahead it might have saved Ireland from the looming but unforeseen economic disaster.

Lardner, ever the optimist, had great faith in the ability of his friends the Whigs in government, and during his evening talk to the British Association in Dublin in 1835 he spoke about the scheme with great confidence, praising the quiet waters and deep harbour at Valentia and describing the benefits it would lavish on the Irish economy.

> From this the greatest good must follow; steam packets could ply from Valentia to Halifax in twelve days, and thus the whole intercourse with America be brought within the reach of steam navigation; all passengers from the western world would then pass through Ireland, and he (Dr Lardner) knew of no project more calculated to tranquilize and enrich Ireland than the construction of the proposed railway, in the line of which there was no insuperable obstacle (great cheering.)
> – *Lardner speaks in support of a transatlantic port at Valentia, in Ireland*

To argue that Ireland was a more practical starting point than England Lardner emphasised that there would be problems facing anyone who proposed to set up a regular steam passage across the Atlantic from England. If one left from Liverpool, so much room would be needed to hold the fuel that there would be hardly any room left for passengers or cargo, and there might not even be enough fuel to make the voyage, whereas a ship setting out from Ireland would need less fuel.

Some of Lardner's ideas about the problems faced by steam ships were probably influenced by James Renwick's appendix to the American edition of Lardner's *Popular Lectures on the Steam Engine*, for Renwick had written in 1828: 'There are cases where steam becomes inapplicable to navigation. Upon the open ocean, although the safety of steam ships has been fully tested, the vast quantity of fuel necessary on a long passage will prevent its use in distant voyages, and it is besides far less economic than the propulsion by means of sails'. Renwick pointed out that it was difficult for boats to travel at high speeds, for as boats speed up the amount of friction to be overcome will increase exponentially, demanding hugely increased amounts of power and hence fuel.

Renwick's arguments were somewhat out of date: Samuel Hall had invented 'Hall's Patent Condensing Machine' . This adapted seawater to steam and was installed on the 'British Queen' steamship at around this time. The inventor objected greatly to Lardner's dismissive attitude towards his device. Hall later published a pamphlet accusing Lardner of libel and ignorance. Nevertheless, Lardner used Renwick's arguments to suggest to his hearers that it seemed sensible that, given a choice between a shorter passage or a much longer one, the shorter route should be chosen, that is, ships should travel from Valentia to Newfoundland (1,900 miles) and the passengers could easily travel from there to New York (1,200 miles) by train in a short time. If a railway was built between Dublin and Valentia, the distance between London and Valentia could become as short as fifty hours. The 1835 American edition of his work on the Steam Engine provided further details, and that work also proposed the radical plan of building ships from iron rather than wood.

About two thousand people, including many of Britain's leading thinkers and engineers attended the British Association meeting in Dublin, and many cheered when Lardner mentioned this 'Highway to New York'. Lardner must have hoped that he was helping to promote the idea. In fact the reverse was probably true. If the transatlantic crossing trade were commenced at Valentia, it would have meant a great loss in trade for the current Atlantic crossing ports of Falmouth, Bristol and Liverpool. By raising the issue Lardner probably prompted them to take the challenge seriously and to think hard about the subject.

Lardner has long been accused of saying that 'no steamship could cross the stormy Atlantic' and that 'it was as likely as a man walking on the moon,' and although there is no record of his having used this phrase at the Dublin meeting he did use a similar phrase when he spoke on the subject at a meeting at Macclesfield that October.

> As to the project, however, which was announced in the newspapers of making the voyage directly from New York to Liverpool, it was, he had no hesitation in saying, perfectly chimerical, and they might as well talk of making a voyage from New York or Liverpool to the moon.
> – *The only documented example of Lardner's famous quote, given in Macclesfield in 1835*

Certainly people got the impression that he thought it physically impossible to make the journey, but Lardner was later to deny that he ever said that the voyage was physically impossible, and always claimed in later years that he had only stated that the proposition to set up a regular service from Bristol was impractical and not financially sound.

Isambard Kingdom Brunel's father, Marc, was a member of the Association and would have learned what Lardner had said, and possibly heard him speak. Two months after Lardner's lecture in Dublin his son expressed similar ideas. At a meeting of GWR directors at Bradley's

Hotel in Bridge Street, Blackfriars, in October, 1835, when someone spoke of the enormous length [so it seemed] of the proposed railway from London to Bristol, Isambard immediately retorted, 'Why not make it longer, have a steamboat to go from Bristol to New York and call it the *Great Western*'. The Great Western Steamship Company was formed and began work on the Great Western, a vessel which, it was hoped, would be the first to cross the Atlantic by steam alone.

By 25th November that same year Junius Smith formed the British and American Steamship Company with the aim of establishing a direct steam route to America, and had held the first meeting of the board of directors. By 1836 Junius Smith had begun to build a huge ship, the British Queen, in Blackwall in London, but the work had been delayed due to the bankruptcy of the company building the engine.

In Ireland supporters of the Valentia, scheme watched askance. They took Lardner's words to heart and one pamphlet writer addressed an imaginary shipwrecked mariner from such an ill-fated expedition who seeks refuge in Ireland: the Shannon, he wrote, would 'win the mariner to her bosom' and when the seaman saw Dublin's rich and fertile lands and convenient and improving city he would rest and exclaim 'this is the place from which I ought to have set out, for here have I returned with ease and safety'.[40]

For their summer 1836 meeting the British Association travelled to Bristol, the city where Brunel had begun to build his ship, the Great Western, in the dockyards in full sight of the conference venue. The stern-post of the ship had been raised only a few days before on 28th July, and great interest surrounded the subject so it was decided that

Dr Lardner should speak to the Mechanical section on the subject of 'The connexion by steam of Great Britain with our colonial possessions and the connexion by steam of Great Britain and the United States of America'.

Even before Lardner's talk began rumours were spreading amongst the people of Bristol that he was averse to steam navigation, but the start of his talk Lardner stated that that impression was wrong, although he advised caution. He explained that he 'tendered the most unqualified allegiance to the sovereignty of steam, but he tendered the allegiance of a free and thinking subject to a constitutional monarch' – a metaphor which, one suspects, reflects his Whig political views.

Lardner proceeded to repeat his previous arguments that a shorter journey from Valentia to New York was more suited to the existing capabilities of ships, and this time he backed up his arguments with figures. A vessel of 1,600 tons, provided with 400 horsepower engines would need 1348 tons of coal [to travel to New York], which added to another 400 tons (presumably the weight of normal baggage) and the vessel must carry a burden of 1,748 tons [which was more than it could carry]. Lardner estimated that 2,084 was the longest distance that a steamer could travel before needing to refuel with coal. He said that he thought it would be a waste of time, in those circumstances, to say much more to convince them of the inexpediency of attempting a direct voyage to New York.

In his talk, perhaps to be polite, he did not directly address Brunel's plans to establish a service from Bristol; ignoring this scheme he addressed his remarks against Junius Smith's scheme to travel from Liverpool to New York, as he had done in Dublin. Again, Lardner argued that it would be more expedient to establish a passage from the

West Coast of Ireland, a passage which did not exceed the existing limits of steam navigation. He admitted that marine engines would eventually become more efficient which would make the journey more reliable.

When Lardner had finished speaking there was a debate: Brunel pointed out that some of Lardner's calculations were wrong: Lardner had based his calculations on older vessels. Moreover, Brunel had calculated that if a boat were made larger it could enough extra fuel to combat the resistance and still have space and power left over.

The Times report, published on 27th August, gives the impression that the occasion was a happy one. According to the report (which may have been based on Lardner's speaker's notes) Lardner's talk was interrupted by many cheers from the floor, presumably emanating from the good people of Bristol, who were happy to hear his positive endorsement of their general aims, and happy to tolerate the cautionary banter from the supporter of a rival port in the spirit of a Trinity College Dublin student debate. Unfortunately another source casts a different light on the event. Many of those present had presumably not heard Lardner's Dublin talk on the subject and were surprised to hear that Brunel's calculations were in dispute. Although Lardner probably saw his talks as promoting steam passage from Ireland and educating the public on the topic of the controversial issues of the day in a lively style, Brunel and the shareholders were devastated. One early historian wrote:

> It is indeed difficult at the present day to estimate the great weight which Dr Lardner's opinions carried with them or the damaging effect upon the fortunes of the Great Western Steam Ship company … Unfortunately the prophecies of failure so

> confidently advanced by Dr Lardner not only exposed the friends of the steamship to the harmless ridicule of his disciples, but also had a most prejudicial effect upon the share capital of the subscriptions to the company & the original project of a line of steam vessels similar to the Great Western had to be abandoned for want of funds.[41]
> – *A draft version of Brunel's biography recounts the damage Lardner's talk caused.*

Lardner repeated his views in an article on transatlantic steam crossings for the *Edinburgh Review* and when the British Association met the following year in Liverpool he spoke on the subject again. In his article Lardner used more modern ships in his examples and he repeated that he did not deny the voyage was possible, but did not believe that it would be profitable. Smith, whose company was now known as the British & American Steam Navigation Company, commented to his brother:

> Lardner's article in the 'Edinburgh Review' is a perfect quack and embarked in the Old Valentia Steam Company, now defunct for twelve years. He knows nothing about the subject but what he picks up here and there like an old ragman.
> – *Junius Smith is dismissive of Lardner's Edinburgh Review article*

Sadly, the Valentia scheme came to nothing. As a correspondent, Chimera, writing in the *Liverpool Albion* later explained: 'after procuring it [i.e. the act of parliament], they made the notable discovery, that, though it was easy to get passengers from America to Valentia, to get passengers to and from London, Edinburgh, Glasgow, and Liverpool was no joke'.[42]

The Atlantic passage was not the only topic mentioned in Lardner's Bristol lecture, for he also touched on a new topic; the issue of a new steamship route to India incorporating an overland passage along the route of what was later to become the Suez Canal. This talk was later turned into a pamphlet, which was presumably used to promote the ideas mentioned. The scheme did not get government backing but private investors eventually succeeded in establishing an overland route to India that took ninety days.

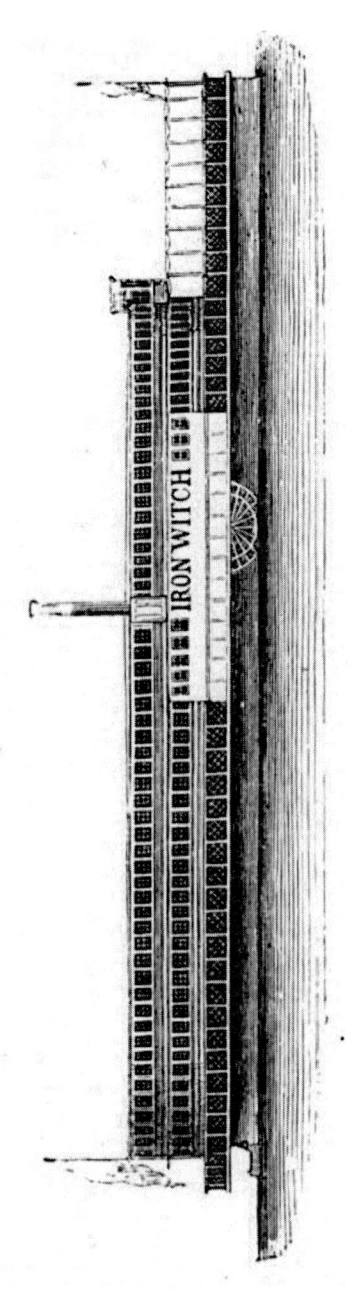

Figure 26: The Iron Witch, 1846 from *Steam and its Uses* (*Museum of Science and Art*)

Figure 27: Lady Blessington's salon by Maclise

Front row: (left to right) William Thackeray, Caroline Norton, Dionysius Lardner

Middle row: (left seated by piano) Miss E. Landon, Thomas Moore, (centre) Edgar Bulwer Lytton, Count D'Orsay, (seated) Benjamin D'Israeli, the Countess of Blessington, and Lord John Russell

Back row: (far left) Daniel O'Connell, Henry James Leigh Hunt, (behind) James Smith, Miss Jane Porter, (far right) Daniel Maclise, Charles Dickens

15: LIFE AMONG THE FRASERIANS

Lardner's social standing—Charles Macready's recollections-friendships with women—Blessington D'Orsay dinners-parties—the Death of Wallace—New editions of the 'Steam Engine'—Rowland Hill and the postal enquiry

Lardner met many people through his work and his involvement in the societies and this led to many invitations o private dinners and parties. Lardner's loquacious character, forged in Dublin's boarding houses and plethora of scientific meetings, was ideally suited to this need for social intercourse. He thrived in public spaces; he loved the opportunity to show off his knowledge and he probably found the society of London's intellectual elite stimulating and rewarding. He was one of a group of lively public characters who lived in London at that time who became known as the 'Fraserians' and Lardner is one of those listed in early editions of Brewer's *Dictionary of Phrase and Fable* as examples of 'these eighty-one celebrated literary characters published [i.e. caricatured] in *'Fraser's Magazine'*

> No one in England at that day enjoyed such enviable prestige as Dr Lardner. His scientific attainments and his eloquence as a writer and

lecturer had given him immense vogue.
– Lardner was one of the most famous men of his day according to Henry Wikoff

Some years later, when in America, Lardner gave a lecture on the subject of some of the people whom he knew in England. The advert still exists but unfortunately we have been unable to trace any copies of the speech, which was apparently published in the journal the *Republican*. Lardner's final lecture in New York was on the subject of people he knew in London and Paris.

Much of what we learn about Lardner's later life in London is known from Charles Macready's diary. Macready was an actor who managed the Drury Lane Theatre, and had a very passionate approach to acting and to life. He first got to know Dr Lardner in the spring of 1833, at a time when it was fashionable for gentlemen to pursue the sciences as a hobby. Astronomy was the highest regarded science, so when Lardner came to dine at Macready's house in Enfield and gave him long explanations of astronomical phenomena, Macready was most impressed.

Lardner on his part, like many of his Dublin peers at that time, adored the theatre and was delighted to know the actor, but he soon began to take advantage of his friendship with the thespian by visiting him in the green room behind the stage, where actors were preparing themselves. Macready, a slightly pompous portly man, took his acting very seriously and liked to assume the character of the part he was playing as soon as he arrived at the theatre. He needed to concentrate hard at such times could be thrown into a fury if anyone disrupted his preparation, so it is not surprising that Macready found Lardner's interruptions increasingly irksome.

The more he got to know Dr Lardner the more disillusioned Macready grew. When Lardner introduced Macready to one of his sisters, who had come to London, Macready was rather shocked by her demeanour. He wrote in his diary that it seemed cruel to introduce her into the sort of society to which she was so obviously unused, and he remarked that Lardner 'was obviously once much less than he is'.

Lardner seems to have enjoyed the company of attractive women: in 1833 the Age newspaper published a satirical report of 'Dinnish Lardner' visiting the opera and ogling the ballerina Pauline Duvernay from afar. According to that slightly mad article he was spotted writing the following poem on the hatband of her bonnet:

MY EMOTIONS

I'm a most profound philosopher–
Yet, watching this the twirl and toss of her
Leg, I cannot bear the loss of her.

— A satirical account of Lardner's visit to the Opera

Whilst frequenting the green rooms of theatres, perhaps on the pretext of meeting Macready, Lardner managed to get to know some actresses, but although he mixed with some very worthy actors such as the Kemble family and Jenny Vertpre, he also seems to have also mixed with some with bad reputations. Macready was quite shocked when Lardner introduced two particular actresses at one of his intellectual soirees; presumably Macready thought they were rather common or promiscuous, for he wrote in his diary 'Oh, Dr Lardner! Is this society for a philosopher?' Macready was often insecure about his social standing and evidently found Lardner's endearingly inclusivist attitude to low bred women tiresome: by June 1836 Macready began to lose patience with Lardner, writing in his diary: 'Coming to chambers found a note from Lardner who really bores me'.[43] Lardner did not restrict his society to working class women though for associated with ladies all sorts who were interested in the sciences, example, that he may have treated them as equals and encouraged their intellectual aspirations, which was probably one of the reasons women stampeded towards to his lectures.

One of Lardner's aristocratic female supporters was Lady Blessington, who lived an unconventional lifestyle with her romantic partner Count D'Orsay, who was technically her son-in-law. The pair were so rich that London society turned a blind eye and accepted them. Lady Blessington was herself Irish: she had been a dancer before she married Lord Charles John Blessington, who had since died. Blessington and D'Orsay invited Lardner to some of the regular dinner parties which were turning their home into the centre hub of an exclusive circle of London intelligentsia. Gore House, their home, occupied a three-acre site on what is now the Royal Albert Hall, the Royal College of Art and the Royal Geographical Society. The artist Daniel Maclise attended one of these evenings and drew a picture of some of the guests including Lardner.

Lardner sometimes attended soirees and the young Thomas Babington Macaulay records seeing him at a particularly grand party and one gets the impression, from

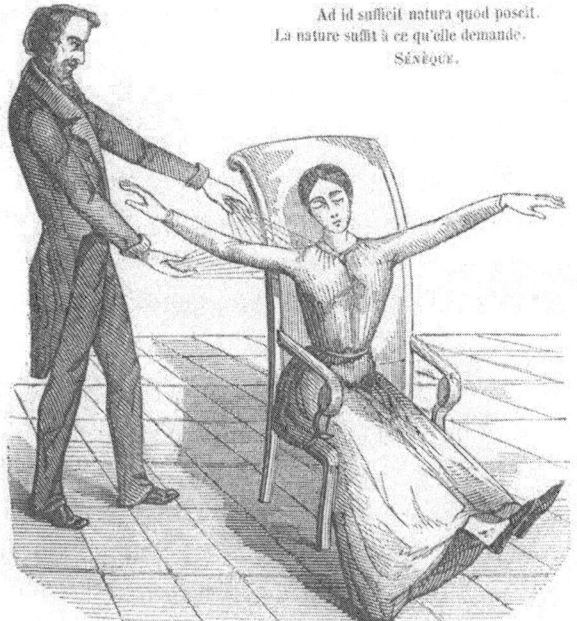

Figure 28: Animal magnetism

his effect on Ada Lovelace for at the banker Goldsmid's house, where other guests included a young Benjamin Disraeli, famous as the author of the novel Sibil but later to become Queen Victoria's favourite prime minister. Others at the party included Robert Owen, the founder of the Sunday School movement, who bored everyone with long explanations of his theories for educational reform. The ball was a masque, where everybody arrived in disguise in fancy dress, and Macaulay talked to a Turkish soldier for a few moments before he recognised that it was his own brother.

Occasionally Lardner invited guests to soirees of his own: he had to ask Lady Stanhope to help him arrange these. Macready records Lardner holding a party in May 1835 at which the guests included 'Mary Shelley, Miss Sheridan, Lord Adare, Colonel and Mrs Stanhope, Mr and Mrs Norton, Fonblanque and Miss Keene.' On another occasion in June 1835 Lardner gave an editor's party but for some reason Macready's invitation did not arrive until the day after the party. Macready took this, possibly correctly, as a deliberate snub, and became very sad, for he would dearly have loved to meet the many celebrated men of literature with whom Lardner was associated. Macready's social position was somewhat insecure, for the role of an actor was one of ambiguous status, and the incident caused him to question whether or not his friends really respected him as much as they pretended to. Since Lardner did not succesfully invite Macready to the party in time, no account survives of the 'great meeting of minds' that Macready imagined missing.

In about 1836 Lardner began to investigate a strange phenomenon known as 'animal magnetism'. This was a form of hypnotism that was supposed to be caused by that recently discovered exciting force, electricity. A Frenchman, Baron Dupotet, or Du Potet, had come to London recently and demonstrated in experiments how people could be made to behave strangely when brought into contact with certain objects. Professor John Elliotson of University College London (who is credited with introducing the stethoscope in English medicine) became a champion for the theories.

Two sisters, Jane and Elizabeth O'Key were servant girls who always seemed polite, shy and demure, but whenever Dupotet approached them with a copper coin in his hand they displayed startling behaviour, became cheeky and rude and sometimes singing loudly A Frog he Would a Wooing Go. Strangely these two girls displayed the effects of animal magnetism far more strongly than anyone else. Elliotson experimented on the girls and it was probably he who introduced Lardner to the spectacle.

Lardner, like many others in London, was fascinated by this phenomenon, and wrote about the experiments in detail in a journal article in his journal, the *Monthly Chronicle*. The phenomenon also offered opportunities for social advancement: many society ladies including Ada Lovelace thronged see the O'Key girls for themselves, and Lardner was often seen in their throng at the centre of all this attention.

The phenomenon of animal magnetism was not as genuine as Lardner's articles purported, for some time later Thomas Wakley, the daring young medical doctor who had founded that controversial journal *The Lancet*, tricked the

O'Key girls by pretending to approach with a copper coin when really the coin was made of a metal that should have no effect. The girls behaved as normal, and the whole practice was revealed to be a scam on the girls' part. Elliotson, a well-meaning but gullible man, was eventually dismissed from his post.

☙❧

From Macready's diary entries between 1836, when he first mentions Lardner, and 1840, when Lardner left England, one gets an impression of Lardner as a bachelor living at Cambridge Terrace, Euston which lay on Macready's route home to Enfield from the West End. It was easy for Macready to stop off and quite often he dropped in, although often the person he mainly came to visit was not Lardner but William Wallace, a friend of Lardner's who lived very near the scientist (possibly in the appartment above).

Wallace (a different man from the Edinburgh reformer of that name) was a Trinity College Dublin graduate who had become a lawyer and was waiting to be called to the bar. Wallace had good sense and Macready seems to have been very fond of him. Macready used to drop in on Wallace and Lardner when he needed advice, notably on one occasion when was furiously considering suing Alfred Bunn, the manager of a rival theatre.

Wallace found it very difficult to earn a living: Macready had already advanced him a large sum before agreeing with Lardner to lend Wallace £50 between them in February 1833. Lardner had found some work for Wallace, commissioning him to finish a volume of the *Cyclopaedia* –

the *History of England* started by the late Mackintosh – but Wallace was not a reliable worker and did not meet his deadlines and the finished work failed to inspire anyone. Towards the end of 1838 Wallace's health fell into decline. His debts got worse and he pestered his friends for money: at last Macready told him he would lend him no more.

Two days later he was unexpectedly found dead. Wallace's friends were shocked. Macready records the scene:

> On reaching poor Wallace's I looked at the coffin, containing all that remained of my poor friend. His age was stated fifty-three: I think he was older. How difficult to believe that what only three days since had life, affections, strong intellectual faculties- what five days ago I parted with in the cordial hope of meeting again lies; a mass of corruption, encased in that narrow mournful piece of furniture! It is not easy to persuade oneself of all the reality before us. Lardner, Brydone, Dr Burke arrived. We talked much of poor Wallace.
> – *Macready describes the death of Wallace*

Macready was aware that Lardner, as Wallace's patron, was thought to have supported his friend but, having seen the other side of the story, he had his doubts about who was helping whom. He wrote:

> Dr Burke observed that nobody would have done for Wallace what Lardner did, and that he always spoke of Lardner in most grateful terms. How strange this is! He did not. He thought Lardner acted too much 'en marchand' with him; and certainly, though Lardner's connection was of

> service to Wallace, he gave it on terms, not only safe, but really advantageous to himself. Lardner, however, took the compliment, and in my hearing, though he knew I had assisted the poor fellow to an amount that shocked him when mentioned to him.
> – *Macready felt Lardner's hand-outs to Wallace involved self-interest.*

The day, as Macready describes it, must have been a fairly traumatic one for all of Wallace's friends, particularly, one imagines, for Lardner who lived so close to him.

> His [Wallace's] poor little dog remained in the corner next to his dead master's empty chair, never leaving it but at the sound of the gate-bell would rush to see if it was Wallace and then return to his fireside corner. Sheil arrived and we set out to the church.

The death of his close companion Wallace may have been the catalyst that convinced Lardner that, in contrast to his flamboyant public social life, his private life behind the closed doors of his own tiny flat was sadly lacking in domestic bliss. Lardner had known thousands of people in his busy life, but he seems to have had very few long term friendships and in some senses the solid but dependable Wallace may have been one of his only really close friends.

At about this point Lardner seems to have moved from Cambridge Terrace to a smart house – Lawn Villa, in Shepherds Bush. By that time he was divorced and, having probably by now cleared his debt to Goldsmid, he would have been able to take a third of all further profits from the *Cyclopaedia*. He seems to have at last been able to set up a

LIFE AMONG THE FRASERIANS

more attractive middle-class household where he could entertain guests himself in the manner to which they might be accustomed. American journalist Henry Wikoff visited him there and found the residence 'very charming', with 'admirably laid out' grounds. He wrote:

> Our host was the life of the occasion. He talked with animation and was entertaining without actually being amusing. He was rather hard and positive in manner, like a rigid mathematician; but he had the genial Irish temperament, with all its readiness and vivacity. He was only forty-four, yet he wore a brown wig that fitted him to a nicety, and a dainty pair of spectacles. His face was fresh and comely, and his person quite pleasing. He was said to be a favourite with women, to whom he was always assiduous.
> – *Wikoff describes visiting Dr Lardner at Lawn Villa in Shepherd's Bush*

Among the guests Wikoff met at Lardner's was Byron's former lover, the Countess Teresa Guiccioli, Mary Shelley and The English Whig journalist Albany Fonblanque, editor of the Examiner.

Lardner was at last getting a good income: the books he had already written continued to sell well and the *Cabinet Cyclopaedia* was well established. Many of the volumes were finished and could be reprinted with little effort. He was able to concentrate more on research for new editions of his work on the steam engine. When the 1838 edition appeared it included a section on steam navigation and the 1840 edition contained attractive new pictures that had been borrowed from the works on steam of another of John Taylor's authors, Thomas Tredgold. He also supplemented his income by writing about his experiments in the *Edinburgh Review*.

※

Now that his reputation was established, his expert services began to be called upon. In 1837 Rowland Hill, Henry and George's former teacher at Hazelwood School, published a pamphlet, *Post Office Reform: Its Importance and Practicability* proposing postal reforms including the introduction of cheap postal rates. In 1839 Lardner was called to testify before the Postal Commission on this subject.

During that period it was very expensive to send letters. However, one of the factors behind the *Cyclopaedia*'s financial success was that Lardner was able to send thousands of letters across the British Isles at no charge at all, using a loophole that allowed certain government officials to send their post free, whatever the weight or bulk. Lardner's Trinity College Cambridge contact, the Earl of Rosse, whose son William was a keen amateur astronomer, allowed his name to be used by Lardner for this purpose, so Lardner felt free to instruct his contacts to send all communications under cover to 'the Right Hon. the Earl of Rosse – Parsonstown' (now Birr). Lardner urged Babbage, in letter after letter, to send his letters to Lardner through Rosse, who had the right to frank them but it seems that Babbage was reluctant to impose on Rosse in this way, and it was Lardner, not Babbage, who would have had to pay for letters sent any other way, since the charge for letters had to be paid by those receiving the letters in those days.

The campaigners wanted those sending the letters to be charged, not those receiving them, and they emphasised that there was a large volume of potential business which was not generating any income for the postal service at that time, for the prices were so high that the users avoided them by taking advantage of legal loopholes.

Lardner unashamedly gave details to the Commission of the thousands of letters he sent free every year. As Lardner explained to the Committee, without the help of his friends who were 'official persons', the *Cabinet Cyclopaedia* would have been far more expensive to produce. He estimated that his business involved from 2,500 to 5,000 letters a year, depending on the year, and this rate of letters had rising fast in the previous few months. Lardner wanted cheaper post, but he did not want to be charged by the weight of his parcels, which were often large.

Rowland Hill himself testified to the enquiry and outlined his idea that the cost of letters should be paid by sender of the letter through the purchase of stamped covers or alternatively the purchase of 'a bit of paper just large enough to bear the stamp, and covered at the back with a glutinous wash.'

The House of Lords committee seem to have respected Lardner's opinion and they cited it at length in their report as having been an important factor in influencing their decision to drop the postal rates. They recommended dropping the charge for letters to a uniform rate of 2d, but after public protests the prime-minister, Lord Melbourne, supported an act to introduce a uniform rate of one penny, paid for by the purchase of stamped envelopes and, optionally, stamped labels. By the act, free franking was abolished. The Act was passed in March 1840 and the world's first stamps, the Penny Black and the two pence blue, went on sale on 6th May, 1840.

Figure 29: A meeting in the London Tavern

16: DECLINING CREDIBILITY

The Lardner Divorce Act — Satirised by comic writers — Professional judgement questioned — Atlantic steam success — the Broad gauge controversy — Accident on the line — Meeting at the London Tavern

Towards the end of the eighteen-thirties Lardner's reputation began to decline. One aspect which was affected was his moral standing. It was perhaps surprising that Larder's gentlemanly reputation in society remained high for as long as it did, but having survived the divorce case in Dublin without any hint of public criticism he may have not have worried unduly when in 1839 when his divorce case against Cecelia finally came to the House of Lords to become legalised. Fortunately nobody appeared to defend Cecelia so only Lardner's lawyers appeared and the divorce act was passed with little difficulty, probably helped by the fact that his friend Brougham was the Lord Chancellor at the time.

There were a few tiny paragraphs in the papers noting that Dr Lardner was now divorced, and implying that from the sound of the case his wife had been a very disreputable character and he was well rid of her. Lardner may have thought that he had escaped the consequences of his liaisons but Cecelia was horrified when she realised that her reputation had been besmirched in London. She wrote a letter to Lord Brougham defending herself against Lardner's accusations.

In the letter she explained that her brother Valentine, who was living in Russell Square, had been intending to have intervened on her behalf, but had been taken dangerously ill at the time of the proceedings, and did not hear about them until he arrived home in Dublin by which time the case had already been passed. She wrote:

> I was married to Dr Lardner in December 1815. We lived together about four years and ten months during which time my health was very much impaired by his neglect and unkind treatment, and latterly he was influenced in his conduct towards me by a married female who was visiting me as a friend and on account of his intercourse with whom I instituted proceedings in the Ecclesiastical Court. ...

> At length a separation took place by mutual consent, after which I went to Dr Lardner's Mother for a fortnight, then to a widow lady for a short time and left in consequence of her daughter's death. Afterwards I went to board and lodge with a Mrs Murphy and her husband, with whom it was said by his wife I committed adultery. To the contrary of this statement I made an affidavit in the Ecclesiastical Court and I told Dr Lardner's Mother all the circumstances of the case two years before Murphy's death...

> In conclusion I may say that I have no wish to retain Dr Lardner as my husband but I am anxious that the separation should not take place upon the grounds specified by him, which are no less false in

> fact, than injurious to my character and besides it may be important that your Lordship and the public should not be misled so far in the case of so public an individual as Dr Lardner. I would feel grateful in being allowed to give your Lordship any further explanation which may be necessary, but my pecuniary circumstances are such that I have been and am still quite unable to take legal measures for my own defence. I have the honour to remain my Lord, Your Lordship's obliged and obedient servant, Cecelia Lardner.
> *– Cecelia writes to Brougham hoping to clear her name*

Brougham was a fairly broadminded man but held strong religious convictions, so it is difficult to guess how he would have reacted to Cecelia's allegations: possibly he dealt with so many people that he had not time to think about her at all. There is no evidence that he ever wrote to Lardner except during the job negotiations in 1828 and once Lardner left the university he may have had no reason to contact Lardner ever again.

Whether or not Lardner knew about Cecelia's letter is not known either. Valentine Flood's illness, mentioned by Cecelia in her letter, was real enough. As Cecelia implied, Flood had moved to London by then, and seems to have done well in London at first. In 1839 he published The Surgical Anatomy of the Arteries and Descriptive Anatomy of the Heart. By 1840 he had been elected fellow of the Royal Medical and Chirurgical Society of London and he soon become attached to the Charlotte Street hospital, where the best anatomists in Britain were taught.

Tragedy had struck Valentine very suddenly, from a shocking cause. One night he was suffering from dyspepsia and ordered some Plummer's pills from an apothecary. The apothecary's apprentice, who later admitted his mistake, had not bothered to change the labels when decanting his chemicals. When the pills were made up they were accidentally spiked with belladonna, a very potent poison which was used in many fashionable 'cures' of that time. After suffering for three days Dr Flood was never the same again, and was left with 'very aggravated dyspepsia' which obliged him to abandon his career aspirations and return to Ireland. He warned the Dublin medics of his suspicions that 'many deaths, not accounted for, have occurred in this way.'

෴

Even before Cecelia made her allegations, Lardner's reputation in the press had been ambiguous. The best known savant in Britain, his name was linked with that of Sir Walter Scott, a new volume of his *Cyclopaedia* was advertised every month in journals in newspapers, his Cyclopaedia included the idolised Herschel's classic *Preliminary Treatise on Natural History* and thousands of the British public had seem him lecture. Despite all of this, as an Irishman, with no family fortune, his social standing was never very secure, and he had never cared to cultivate the grave manners that traditionally mark out men of dignity and gravitas. At the zenith of their fame celebrities often reach a position where they are seen as fair game for satirists, and Lardner, with his open and unconventional manners, was perhaps more vulnerable than most to ridicule.

Thackeray was perhaps the first to satirise Lardner, as we have seen, in his anonymous sardonic review of the volume on Shakespeare, and where Thackeray had led others were to follow. When the Maclise cartoon of Lardner was published in *Fraser's Magazine* in 1838, it was one of a series of satirical articles poking fun at him. Samuel Warren's novel *Ten Thousand a Year* tells the story of Titbat Tittlemouse, a draper's clerk who inherits an income of that sum through a legal mistake. Tittlemouse's progress through London Society is described, and at one point he is introduced to Diabolus Gander; a character who has been in the Fleet prison for bankruptcy, who introduces him to various worthless Societies.

Gander reappears towards the end of early editions of the book in connection with a new scheme to pump fresh air, in what is probably a satire on Lardner's dealings with the Pneumatic Railway Company. When the scheme fails Gander sends the shareholders a large bill for all the experiments he undertook which erroneously convinced them to invest in the company in the first place. Thackeray himself joined in the trend that he had started in his Times article, and satirised Lardner on two further occasions. In one series of cartoons, (drawn in 1837 but not published until many years later in his Miscellany) he portrayed Lardner as an Irish peasant, Dionysius Diddler, dressed in rags (see the appendix to the current volume). 'There is his university in the bush', Thackeray writes, referring to Trinity College Dublin.

In Thackeray's series of cartoon drawings a diminutive Diddler strikes up a friendship with 'Lord Pelham', — who obviously represents not the historical character of that name but Lardner's friend Edward Bulwer, the author of a novel of that name and listed as such in Maclise's *Fraser's Magazine* sketch. Diddler dresses up in the dandy fashions of the time and presents himself to a tall publisher, named Mr Shortman, (i.e. Longman) who listens to his plans for a

Cyclopaedia. Thackeray approached the subject again in his Yellowplush Papers, a series of scenes dictated by a badly educated butler or that name. Yellowplush is most impressed when Dionysius Diddler and his companion Ned Bullwig, 'a slim man with a hook nose, a pail fase, a pare of falling shoulders', and 'a tight coat', who represents a close friend of Lardner's, Edward Bulwer. The British Library catalogue even lists a satirical lampoon of Lardner's Treatises on Electricity written in Spanish.

൦ൠ

Despite the satirists' detractions, Lardner's professional judgement was highly respected by many. His reputation peaked in the mid eighteen thirties, when his writings on railways were eagerly sought and widely quoted by those setting up railway companies and by potential investors. On one occasion he gave a lecture in Bristol announcing a formula for calculating prospective passenger numbers: within two days the Hull and Selby Railway Company had incorporated his words into its company report. His opinions were quoted in papers at home and even in America.

Unfortunately not everyone trusted his opinions so highly. Doubts were cast on the reliability of his testimony in one project in which Lardner became involved- the plan to build a railway from London to Brighton. Lardner was quite vigorously cross examined during by the enquiry and the hon. John Chetwind. Talbot Q.C., (brother of the Earl of Talbot), reminded his listeners that Lardner had had to apologise for miscalculations at a previous enquiry. He explained:

> With reference to Dr Lardner, I must say that I regret that he was put into the box, because I really think

> that his evidence, varying as it does in different Committees, giving in [sic] one answer one day, coming to correct it the next, and then making a further correction on the day after, is very little likely to lead the Committee to come to a correct conclusion one way or another. He has the power of mystifying those who are less familiar with numbers than himself. It is easy for him to make a calculation which, while he is under cross-examination, no man can sift, and he can, by that means, throw a cloud over parts of his evidence, and make the worse appear the better cause.[44]
>
> – *Mr Talbot complains to the House of Lords Committee that Lardner's evidence is unreliable*

Talbot's criticism seems quite well founded, and the Committee seems to have realised this, for Stephenson's plans were eventually adopted, despite Lardner's evidence in favour of John Rennie's scheme.

Talbot's criticism was soon to be supported by evidence that would make everyone re-evaluate the reliability of the good Doctor's testimony when, less than a year after Lardner's talk in Bristol, Brunel's Great Western steamed out of the docks in July 1837. After a few adventures and tests she finally left Kinroad, Bristol, bound for New York on 8th April 1838. Junius Smith had realised that the British Queen would not be ready in time to contest with her, so he hired an Irish steamship, the Sirius, from the Cork Steamship Company. The Sirius set out on 28th March, arrived in Cork on 3rd April and left on 4th, bound for New York, thus leaving Ireland four days before the Great Western. She just pipped Brunel's ship to the post by arriving at New York in nineteen and a half days.

The news of the Sirius' triumph spread fast and when it was heard that the Great Western had been spotted thousands ran to the port, where they lined the shores as her arrival was greeted with a twenty six gun salute. Newspapers everywhere trumpeted the event, and journalists everywhere took delight in pointing out that a scientist of so great a status as the great savant Dr Lardner had said that steam travel across the Atlantic was impossible. Overnight Lardner's name became a byword for the unreliability of scientific 'experts'.

Whether or not Lardner's reputation as a steamship sceptic is justified is debatable. As we have shown, there was never any question about whether a steamship could make a physical crossing if it used a combination of steam and sail. Lardner had already begun to deny that he ever said that a transatlantic voyage powered solely by steam was physically impossible, and now he began to publish disclaiming paragraphs in his books (1838 edition onwards) and articles and in letters to *The Times*, citing a [suitably expunged] article in the Times reporting the 1836 Bristol BAAS meeting, to show that he had only stated that the proposition to set up a regular service from Bristol was impractical and not financially sound.

When the Great Eastern and the Sirius steamed into New York harbour in 1838 it was difficult to judge how profound or long lasting the effects would be on Lardner's permanent reputation as a scientist. Public confidence in Lardner was put to the test at the British Association for the Advancement of Science meeting held in Newcastle later in 1838. As he mounted the dais he faced hostility and he must have had to be quite brave to face them. He addressed the issue of steam navigation, explaining, as usual, that he had never said that it was impossible for a steam ship to cross the Atlantic, but that it was uneconomical to set up a service from Bristol. Charles Babbage stepped in to defend him, arguing that it was easy for any scientist to make a mistake, and it was important to encourage people to admit to mistakes that they had made, and to support them. As the crowds dispersed it seemed as if Babbage had saved his friend's reputation and Lardner probably hoped that everyone would soon forget all about the steamship affair. Unfortunately events were to prove him wrong.

⊂ॐ⊃

Lardner's reputation was to be put to another very public test during the broad gauge controversy over the issue of air resistance. Lardner had admitted that he had made an error before the Great Western Railway Committee in July 1835: his calculations of the speed of descent of trains had taken no consideration of the effect of friction and air resistance. Renwick had stated that the effect of air resistance was negligible, but Herapath had challenged Lardner on the subject during the Bristol BAAS meeting. Now Lardner seems to have tried to salvage the situation by becoming an expert on air resistance.

In the summer of 1838 Lardner had managed to persuade the British Association to give him a grant to fund experiments into the effects of air resistance on the speed of trains: he soon wrote an article on the subject for the Monthly Chronicle. It was thus understandable that Lardner was also employed to test certain innovations that Brunel had made on the Great Western Railway, and it was during this enquiry that Lardner's reputation was finally put to the test.

During the controversy over the Box tunnel Brunel had secretly been developing new technology. His track was straight and flat so he now designed his railway with a capacity to carry great loads at a fast speeds, confident that this would bring in a large income. To that end he had introduced a new type of rails on his new line, that were of a wider gauge than those that Stephenson and other engineers had built. The width of Stephenson's track designs had been based on those older railways built in mines, where horses pulled carts. Cart wheels had been a fairly standard space apart since the times of the Roman chariot, but now that the railways carried only the company's custom built carriages Brunel realised that there was no need for their spacing to relate to the design of carts. Whereas most other railways in the country were built with rails fifty six and a half inches (i.e. about four feet eight inches) apart, Brunel's new tracks were seven feet apart. This meant that he could make his carriages much larger, with more carrying capacity.

Brunel's changes were controversial: they meant that the Great Western trains would not be able to cross those of the other railways, which would mean that passengers and freight travelling between the railways of the different railway companies would have to change trains, and this might deter them from using the service. It was feared that the larger wheels would not adhere properly to the tracks and might run off the tracks (according to the Oxford English Dictionary, Lardner was the first English language writer to use the word 'derailed'—he adopted it from the French). Moreover Brunel had constructed his new tracks in a different way, using wooden timbers instead of stones to underpin the tracks.

Brunel had introduced these changes without carrying out any prior testing and without consulting anyone, and people feared that his innovations might be unsafe. Tracks of wider gauge meant the need for larger tunnels and bridges and more expensive engines and carriages, so the innovations meant that Brunel would spend far more of the shareholders' money on the railway than had previously been envisioned. Trains travelling on the new rails seemed to jolt the passengers more than the previous ones had done, and the company directors were very annoyed. Lardner wrote quite a balanced account of the directors' attitudes:

> Mr Brunel was favourably known among his friends, and respected for considerable scientific acquirements. But he was young; and his very years, if nothing else, limited his experience. A strong feeling, hostile to the whole system of proceedings recommended by Mr Brunel, was therefore excited and expressed, among a large and influential minority of the shareholders who, we believe, struggled against it from the very moment it was first promulgated by the engineer. ... as practical men and men of business, they were disposed to let well alone; or if experiments were to be tried, that they should first be worked upon a small and inexpensive scale, and under circumstances in which their want of success would not be attended with the disastrous consequences which would follow the failure of a line so important as that connecting Bristol with the metropolis.
> – *Lardner describes the shareholders' horrified reaction to Brunel's innovations*

The shareholders decided that Brunel's innovations should be properly tested and the directors chose three experts, George Stephenson, Robert Walker and Nicholas Wood to test Brunel's work, but the first two men were unavailable and Wood was also very busy with business in Newcastle upon Tyne. Wood asked the directors if Lardner could carry out most of the experiments for him. Lardner undertook the experiments during the three months following 17th September 1839. Aided by Mr G.T. Clarke, one of the assistant engineers on the Great Western Railway, an engineer named Edward Woods and a large body of assistants and other mechanics, Lardner began tests on the Great Western, the London and Birmingham, the Grand Junction, the Liverpool and Manchester and the Manchester and Bolton railways. Lardner, accompanied by Great Western Railway mechanic Mr G.T. Clarke and a large body of mechanics and other assistants, experimented daily for three months.

Lardner's experiments examined the effect of wind resistance, or 'air resistance' as he called it. Originally it had been thought that air resistance was negligible and was not related to speed: Renwick had written that in a railway the friction of air was hardly appreciable and the sole power to be overcome was that of friction. These traditional views were questioned at the Great Western Railway enquiry: Lardner now determined to investigate how the speed, size or design of a train affected its performance and use of fuel. Lardner experimented by contrasting the speed of moving trains of different weights down two slopes, the Madeley and Whiston Plains. He discovered that as trains (or other objects) speeded up the amount of power they needed to use increased in proportion to the square of the speed. Thus it would take far more powerful engines than those used at the time to achieve higher speeds and a far higher amount of fuel would be consumed if the trains travelled faster.

෨෬

One particularly sad event marked this period. Lardner had taken some of his young students with him to experiment on the railways and in October 1838 his party were experimenting on a line when one of his students failed to stand up in time as a train arrived to take him back at the end of the day. Although the engine was only travelling at twenty miles an hour and the group had seen it approaching for several minutes, the young man, Mr Field, had been engrossed in measuring the vibrations of the rail and had left it too late to stand up. The train ran over his leg and he was killed almost immediately. Lardner was working on a different part of the track at that time and did not witness the accident but one imagines that it must have affected him deeply.

෨෬

The culmination of Lardner's woes was a meeting of the shareholders of the Great Western Railway Company to examine the report of the experiments that Nicholas Wood, Dionysius Lardner and Edward Wood had been making into the effects of Brunel's broad gauge rail tracks. The meeting was held in the London Tavern in Bishopsgate on 9th January 1839. Many business meetings of the time took place at that tavern, for the building at 1-3 Bishopsgate had a huge upstairs hall where 355 could be seated at tables and fed the most delicious food. There is no evidence to suggest that Lardner was present.

At the meeting the results of the report were reported. Woods' report took eighty-two octavo pages. Lardner had intended to analyse the huge amount of data he had gathered as the results of his experiments by mathematically comparing the readings and compiling them as an index, but for once Lardner had missed his deadline: the appendix was not ready in time and was only provided after the whole controversy was over. Instead Lardner and Woods had compiled a huge array of diagrams which must have looked rather like the blips of a heart monitor, and these drawings were displayed around the walls of the tavern. To the shareholders they may have just seemed a mass of mad scribbles.

Lardner's written report was inconclusive: he argued that it was difficult to tell whether or not Brunel's experimental designs were impractical, but he argued that it was bad to deviate from a shared standard size of gauge and he thought Brunel should have consulted the shareholders before making such a rash innovation.

Another expert, John Hawkshawe, Engineer of the Manchester and Leeds Railway, had been commissioned that August to carry out independent tests and he was more forthright, recommending that Brunel's rails all be taken up and changed immediately. He estimated that the new changes had cost an extra £30,000. Brunel himself was now admitting that the railway would cost £4,568,928 whereas in 1835 it had been estimated at a mere £2,000,000.[45]

Dr Lardner had obtained disappointing results when he examined Brunel's flagship engine, the North Star, but Brunel now submitted a written answer to Woods' report, casting doubt on the argument that the slow speed was related to air resistance. Brunel had tested the engine himself with the engineer Daniel Gooch and found that by making some slight adjustments the fuel consumption was significantly decreased: they had succeeded in taking the engine to 40 mph whilst pulling 40 tons.

The shareholders considered the reports. One remarked that he would trust Nicholas Wood's judgement, but he did not trust that of Lardner. 'Lardner, after all, might had been mistaken,' the shareholder commented. 'He had been mistaken before.' When these words were spoken the room broke into laughter, for they all knew that the shareholder was referring to Lardner's famous stance against the introduction of Atlantic Steam navigation. This turned the tide of the meeting, and Lardner's report was ignored from that point onwards.

Charles Babbage, who had spoken up for Lardner so loyally at the British Association meeting, had also been doing experiments on the railways, and on this occasion he was less supportive, conceding to the shareholders that some of the measuring instruments that Lardner had invented were inaccurate. The shareholders decided to support Brunel.

It became clear at this meeting that Lardner's status as an expert witness had plummeted, and he had was no longer regarded as a reliable witness: worse, he had become a laughing stock. Although he submitted his finished report on Railway Constants to the Newcastle meeting he kept a lower profile at the 1839 Birmingham meeting and for once did not speak. Lardner's career as an expert witness and public speaker in Britain was no longer supportable. The future looked bleak.

Figure 30: Charles Babbage

Figure 31: Ellen Terry, whom Mary Heavisides resembled

17: THE SCANDAL

The Heavisides and the Brighton Whigs — Lardner in Brighton — The elopement — Farewell letter to Richard Heaviside — Fisticuffs in Paris — Mysterious servant girl — Court case in Lewes — Public reaction

Forster told us some news that shocked us all- that Lardner had eloped with a married woman, the wife of a magistrate in Brighton, who had left a husband and three children to accompany him; they were said to have gone to France. I am truly sorry for this wretched act of folly and crime, which I believe to have originated in vanity.
– *Macready reads of Lardner's elopement*

In late November 1839 Lardner arrived in Brighton. He probably came in connection with his work examining the planned routes from London to Brighton, and it was probably through this work that he met Richard Heaviside, a director of the railway, and Heaviside's wife, the handsome and elegant Mary Heaviside. What started as an innocent friendship was soon to lead to startling results.

Richard Heaviside, a local magistrate who had been a Captain in the Guards, was a dynamic man who shared many of Lardner's interests and it was perhaps natural that he should strike up a friendship with Lardner. Heaviside was one of a close circle of good friends who all supported Whig ideas and who supported their local Whig patron and sometime MP, Isaac P Wigney. The Whigs of Brighton published a local paper which helped propagate their cause, and reading the paper one gets an idea of the sort of circles that the Heavisides moved in. Several articles mention civic fundraising activities in which the friends participated. Not all of the group's activities were serious however, and their newspaper chronicles a great deal of schoolboy pranks amongst the group. One such enterprise involved a plan to produce a commemorative plate to present to Wigney. To accomplish this aim, the group rushed over to Heaviside's house, where the diminutive Cohen posed on Heaviside's back so his image could be engraved on the plate as a figure riding a mule. 'Who better than a Whig to portray an ass?' the author of the article affectionately quipped. On another occasion the friends amused themselves with acting out a sketch of Jack the Giant killer, with the tall Heaviside as the giant and Cohen as Jack.

Richard Heaviside and Mary, his wife, lived in Brunswick Squae, Hove, (adjacent to Brighton, on the Sussex coast), a highly respectable address. The couple were cousins who had known each other as children. Richard had always treated Mary kindly and the two seemed to onlookers to be an ideal couple. It was quite common at that time for wealthy Whigs to marry their relations to keep money in the family and this family were very well off: Mary's father, Colonel Spicer, lived in Boulogne by a castle that guarded the entrance to the River Seine. Spicer was very rich and as his only child Mary stood to inherit £20,000 when he died. Richard seems to have been wealthy himself, for on their marriage he wrote a legal settlement allowing his wife an annuity from a £60,000 lump sum.

☙❧

Nathaniel Parker Willis met Lardner at about this time. Willis was attending a dance in Brighton at the height of the season and was in conversation with a noble lady when the author Lady Stepney offered to introduce his companion to Lardner. Willis later recollected:

> He bowed 'with spectacles on nose', but no other extraneous mark of philosopher or scholar. With showy waistcoat, black tights, fancy stockings and small patent-leather shoes, he appeared to us an elegant of very bright water, smacking not at all, in manner no more than in dress, of the smutch and toil of the laboratory. We looked at and listened to him, we remember, with great interest and curiosity. He left us to dance a quadrille.
> – *Nathaniel Parker Willis sights Lardner dancing at Brighton*

In such an atmosphere Lardner must have had ample opportunities to get to know the women of Brighton society and soon he was to be seen eating dinner at the Heavisides' house.

Lardner may have seemed gay on the outside but inside he was probably at the lowest ebb of his career at this point. His personal life was at a turning point: George and Dion were old enough to support and Anne had left for Ireland long ago. John Brinkley died in 1835 and Bartholomew

Lloyd in 1837 and with their passing Lardner's ties to Trinity College would have weakened. Perhaps there was a sense too in which the watchful eyes of the older generation had been closed and Lardner may have later felt he could behave more freely without disappointing his old friends. Lardner was losing touch with his old country and setting a course into new territory.

In 1840, probably aged about forty-nine, Lardner was still an energetic man. Fields' gruesome accident may have haunted his dreams and the affair of the Steam Navigation meant that his academic reputation was ruined: the next few years in England would have been very grim if he attempted to navigate through his usual waters in British intellectual society. The death of his penniless neighbour Wallace, in dubious circumstances, driven to the edge by penury, lurked like the ghost of Christmas Yet To Come.

Lardner had achieved many of his life's ambitions and having just obtained a divorce, after many years, was free to marry again. He may well have been lurking around the Brighton ladies in the hopes of catching a young and wealthy bride who would bring with her the stable income and respectable domestic comforts that had eluded him for so many years. From Nathaniel Parker Willis' description there were no shortage of eligible young single women who were attracted by the good Professor, and this plan must have seemed like a sensible course, but as he stood hovering on the cusp of a new life something surprising happened.

Perhaps the first sign of a crisis was reported in the papers that December: On 1st December 1839 *The Age* wrote:

> 'Dinnish LARDNER, one of the most supreme humbugs in the "literary" world, broke his shins on

> the East Cliff, at Brighton, the other day, endeavouring to escape from Brougham, who *Wigs* him unmercifully
>
> – Report of Lardner's accident on the East Cliff

Lardner perhaps remembered the great changes that had followed the first accident to his legs in his youth; this time the physical breakdown may have been a sign of the stress that he was under. It is just possible that he was taken to the Heavisides when he fell. (Papers report a similar fate happening to another lady who fell on the cob.) Whatever the occasion, he became a close intimate of the Heavisides. Friends warned Heaviside that Lardner seemed to be getting unduly friendly with Mary, but Heaviside seems to have trusted his friend and his wife, and did not intervene in their friendship.

Richard Heaviside was very surprised to find, when he returned home on 11th April, 1840, that his wife had packed her bags and left him. It was not long before she was traced to a hotel in London. The newspapers published a short announcement of the elopement the next day. The news that the nation's most famous savant had persuaded a respectable married woman to leave her family and abscond with him abroad was deeply shocking.

The elopement was pre-meditated for the couple had planned it carefully. In London Lardner had carefully examined the accounts of the *Cabinet Cyclopaedia* so that he could see what was owed him, writing a final line along the page as if he was drawing a line under his previous life. He sold his third of the copyright in the *Cabinet Cyclopaedia* to Longman & Co. and Spottiswoode at about this time, 'securing £110.4s.0d'. The deed describes Lardner 'Clerk-in-orders' as being 'now of Great George St. but late of Lawn Villa, Shepherd's Bush'.[46]

On 22nd March, 1840 *The Age* announced:

> Great consternation was spread throughout the fashionable circles in Brighton, on its becoming known that a lady, the wife of a Magistrate, and who has hitherto lived in the estimation of a large circle of friends, had left her husband's residence in Brunswick-square on Friday night, and had eloped with a learned Doctor, who has for some months been residing there. The distracted husband having obtained some clue to their movements set off next morning in pursuit of the fugitives, and on reaching London found that the guilty pair had already embarked for Holland, whither he forthwith continued his pursuit.
>
> The lady, we regret to add, is the mother of three young children, and as compared with the companion of her flight is as Hyperion to a satyr,' being a woman of great personal charms, while the object of her misplaced affection, though he stands high in the school of science, is not remarkable for those personal qualifications which occasionally dazzle and win the favours of the gentler sex. The parties alluded to are Mrs HEAVISIDE, wife of Capt. HEAVISIDE, late of the 1st Dragoon Guards; and our old ami, Dr DINNISH LARDNER. HEAVISIDE stands six feet seven in his stocking vamps, and his runway-rib is a monstrous fine woman, but a terrible fool, we guess. With HEAVISIDE, she has the long of it; she'll find the short, we calculate, with DIDDEROO DINNISH.

– The Age reports the elopement

Rumours about Lardner's first marriage now began to circulate and people wondered if he had really been the injured party after all.

> Lardner, in about three months after his union with 'beloved Cecily' began to display the authority of a husband, and chastise her with something more than the 'valour of his tongue'. The lady's father, who was in practice at the Irish Bar, being asked one day by a brother barrister how long it was since Lardner first assumed the name of Dionysius, replied with much off-hand wit; 'ever since he has become the tyrant of Cecily'.
> – *Rumours of wife beating spread*

The paper later contained an update:

> Mrs Heaviside was, for we must speak of her as morally dead, the daughter of Colonel Spicer, a gallant old soldier. She was a woman of great personal beauty, and highly accomplished, being an excellent French, Italian and English scholar. In her appearance she was inobtrusive and modest in the extreme; a woman apparently startled at anything bordering on levity of manner or mystery of expression, which makes it the more wonderful that she should have been won so soon and under circumstances [of] altogether so unaccountable a character. —*Mrs Heaviside's character*

A strange letter appeared in the papers a few days later, purporting to be the farewell note that Mary Heaviside had left for her husband, found by a maid. Mary had supposedly written:

> The pain which I shall inflict by this cannot exceed that which I feel; we are parted for ever. This step is my own, taken spontaneously, and not by the instigation of any other person.
>
> You have witnessed what I have suffered for the last six weeks, but you have not known the cause, still less can you imagine the death-struggles I have made before surrendering myself to the course I now take. The alternative has been an eternal separation, or insanity terminating in suicide. Can you condemn me for obeying the instinct of all living things and clinging to life on the only condition on which life can be saved? Do not, I implore you, attempt to follow me or discover my retreat. If such pursuit could avail, I had never left my home. Be assured it would be vain and painful.
>
> In three days you will receive a statement of all I have suffered, a confession of what I have done, and a disclosure of the feelings and motives by which I have been impelled.
>
> *– Mary's farewell letter to her husband*

The thing that made it strange was that the package in which the letter was sent to the papers included a cover note from Dr Lardner himself, giving his address as 27 Rue Tronchet, Paris.

Perhaps it was the publication of this address in the papers that alerted Richard Heaviside to the whereabouts of his wife: at any rate he soon tracked the couple down, and burst into the hotel room where they were staying.

THE SCANDAL

Her ejaculation of terror and alarm alerted the doctor, who was sitting on the other side of the table, and whose position prevented him from seeing those who entered. With an instinctive dread of danger, however, and with the fear natural to a guilty mind, he rose in alarm, and on seeing Captain Heaviside, commenced exclaiming 'Oh, Lord, oh, Lord' in a tone of the most abject supplication. As he rose from his chair, Captain Heaviside struck him a severe blow across his forehead, and then commenced a battery of well-directed blows on him. Uttering the most pious cries, the miserable wretch attempted to escape by the door at the far end of the room, which however proved to be fastened.

At the same end of the room a grand pianoforte was standing, and under this he next endeavoured to protect himself from the blows which had now begun to show their effects on his face and head. In crawling under the instrument he received the most terrible punishment to the upper part of his body, and in endeavouring to insinuate himself between the pedal and the wall lost his wig, which had been previously deranged. The pianoforte, however, proved but small protection, for in his fright he crept to the lower part, and here turning on his back he presented his bald pate as a full mark to his assailant.

The punishment he received was dreadful, and we need scarcely say that he would have fallen a victim to the indignant fury of the person who he had so deeply wronged, had not those present interfered, fearful of the result. As it was the poor wretch was dragged bleeding and senseless to another apartment, in the sight of his mistress, who had been a witness to the just punishment inflicted on her paramour.

After the doctor had been removed, Captain Heaviside dragged the wig from under the pianoforte and, seating himself in a chair, thrust it in the fire and watched it gradually consume, at the same time hurrahing vigorously. The parties then left the hotel, Mrs Heaviside being taken away in a coach by her father.
– *Account of the thrashing that Dr Lardner received from Captain Heaviside*

०३&०

After the fight, the Colonel took Mary back with him to his home in Capecure. Heaviside returned to London. At home, Macready and Lardner's other friends were shocked:

> Looked at the paper, and read with grief, and really with horror, and account of the husband and father of Mrs Heaviside entering the apartments occupied by Dr Lardner and herself at the hotel in Pari – the Hotel Trochet – and forcibly removing her, and inflicting dreadful punishment on that wretched man, Lardner.
>
> The very hopelessness of his condition- the fact, as I perceive it, of his being out of the pale of sympathy, makes the consequences of his guilt and folly so terrible, so utterly miserable, that whilst I condemn him to the utmost his fault, whilst I admit that I would have shot him as a dog for the same outrage on my own peace, still, I cannot help pitying the wretched, the deplorably wretched man. He has

> shown real interest in me; he has sat often and often at my table. I had a sincere regard for him, and I cannot see him sink thus into hopeless misery and infamy without compassion. God help us all. I cannot help mingling sorrow and pity with the angry censure I pronounce upon him.
> – *Macready reads of the fight in Paris*

It was soon clear that Mary's reputation had been ruined and there seems to have been no question of her returning to her former life: She and Lardner were soon reunited.

There was one other surprising aspect to the affair. The news-papers reported that when Lardner and Mrs Heaviside had first arrived in London from Brighton they had arranged to check into a hotel, calling themselves Mr and Mrs Bennett. On the appointed day a girl aged about fifteen called for them, but because there had some confusion with the carriage they did not arrive until the following day. The papers reported that this girl went on to live with the couple in Paris and that although she passed for the couple's servant she was rumoured to be Lardner's illegitimate daughter. If the rumours were true, and she was Lardner's daughter, there is no indication of whom her mother might have been.

Nothing more is known about this girl, but a vignette in Macready's diary may relate to her. At Wallace's funeral William Macready remarked on the strange behaviour of a servant girl who lived with Wallace (who lived above Lardner's accomodation- the exact arrangements are unclear).

> The poor servant girl, who had lived with Wallace some years, had been in a state of dreadful anguish since his death. It was a relief to lose the sound of

her moans and sobs. Sheil remarked that it was 'very extraordinary to see so much feeling in those kind of people' I did "not see that'. He said 'there's nothing of the sort among people of high society' I answered 'then thank God it exists somewhere'.
– *Macready describes a mysterious servant girl's distress*

Sheil's supposedly harsh comments (which are rather muddled and contradictory and relate to the girl seeming out of place for her station in life) could actually be interpreted as a clumsy attempt to cover up his friend's connection with the girl.

൦ൠ

Once he had calmed down, Richard Heaviside decided to take legal action against Lardner, and sued him for unlawful conversation with his wife. He demanded that Lardner pay him £13,000. Mary Heaviside stood to inherit a good proportion of the family's money in the event of either Richard's or the Colonel's prior deaths, and it would have been quite inappropriate for this money to pass to Lardner, so there were great financial pressures for the lawsuit as well as the inevitable desire for justice and recompense.

The case was heard at Lewes Crown Court on 1st August 1839; the same court where Heaviside often sat as a magistrate, which was hardly likely to foster an impartial result. Heaviside's lawyer in the case was Frederic Thesiger, a famous barrister whom Macready hated and who was later to become Lord Chamberlain.

The idea that a loving wife could turn so suddenly away from her husband and fall in love with another man was unacceptable. Newspapers had even suggested that Dr

Lardner must have used his expertise in the techniques of animal magnetism to seduce her. The prosecution read out the letters that had been removed from the desk in the Paris hotel; they are very passionate and quite moving. One of the letters was a letter written by Mary Heaviside to her father to ask his forgiveness. Mary acknowledged that her husband had been an ideal husband in every way but that she had fallen in love with Dr Lardner, contemplated suicide, and finally approached the Doctor to make her feelings known. The pair had tried a separation but had found it unable to live apart and had hence taken the desperate measures now familiar to all. The letter explained that Dr Lardner had not approached her in any incorrect way, but that she herself had initiated their closeness.

The letter was heart rending but it was pointed out by Heaviside's lawyers that the copy found in the desk had been written in Lardner's handwriting. The insinuation was that Lardner had stage managed the whole event, and that the letters were propaganda written to dupe the unwitting into believing his innocent passivity in the matter. It is just possible that he wrote these letters himself, but if so he would have made a very convincing writer of women's romantic novels, for Mary's expressions are convincing and authentic. It seems more likely that he was supporting Mary and giving her advice in how best to communicate.

CR8O

The case caused a great scandal in England and was the talk of the town. The newspapers made bad jokes about the matter: A nobleman was said to have returned home enquiring after his wife and was told that she had driven to a country inn with his best friend to rest or, so it was alleged, so that they could read the newspaper stories of the Lardner elopement in peace. The *Satirist* quipped 'If a man is free [by divorce] to take a wife, it does not follow that he must take the wife of his neighbour'. One journalist wrote: 'It is believed by some that the preference so discreditably evinced by Mrs Heaviside for Dr Lardner, in comparison with her lawful husband the Captain, arose from the high notion she had formed of the Doctor's capability, as a man of scientific attainments, of 'getting the steam up'. The Satirist enlightened its readers thus:

> Old Lady Cork says Mrs Heaviside was a great fool to go to the Continent with Lardner when she could have been incontinent with the Doctor at home. If all women acted so foolishly, half the husbands in high life would, in a very short time, be relieved of all matrimonial troubles!
> – *The 'Satirist' reflects readers' intrigued reactions*

The jury considered the way Heaviside had viciously beaten Lardner in Paris, but seem to have agreed with Heaviside's argument that it was completely acceptable to beat someone up if they have just 'stolen' your wife. They reduced Heaviside's damages award from £13,000 to £8,000 to take the physical assault into account, but demanded that Lardner pay the smaller sum. Meanwhile, Lardner had fled to the New World.

America (1840 to 1845)

Figure 32: The staff of the *New York Tribune*

18: A NEW START

First impressions—American railroads—Arrival in Philadelphia—Lectures in New York, Philadelphia and Boston—Steamboats on the Hudson River—Relationship with the fledgling New York Tribune—Henry Jarvis Raymond and the founding of the New York Times

New York in 1840 was a city of 300,000 people. English visitors found it a bustling place; slight looking horses drew impossibly heavy loads, people wore more practical clothes than in London: there were dark skinned people in straw hats, fewer beggars but New Yorkers kept spitting in the street. The shops were grand, and built of stone. Lardner and Mary Heaviside arrived there on 30th October 1840. The couple, still calling themselves Mr and Mrs Bennett, checked into the Globe hotel, and it seems they were trying to start afresh in the New World as strangers. Lardner immediately started asking around for work and it was at this point that he met a friend whom he knew of old: Henry Wikoff, who was now a journalist for the *New York Herald*.

This young American recounted how he first met Lardner. While waiting at the channel port of Boulogne for a ship to take him across the channel to England, Wikoff had noticed a very attractive lady. He somehow deduced that she was Byron's former lover, Contessa Teresa La Guiccioli, and he was delighted to recognise the well-known Dr Lardner standing next to her. Wikoff, who confesses in his autobiography that he was much more interested in the lady than in her companion Lardner, soon thought of a ploy to introduce himself to the couple, for he realised that he had mutual friends with Lardner in London (probably Nathaniel Parker Willis, another friend of the Blessington d'Orsays who had studied at Princeton with Wikoff). By introducing himself to Lardner, Wikoff had soon got to know not only Teresa La Guiccioli but also, later, the Blessington d'Orsays and through them all of London society.

Now they had met in America, and Wikoff repaid Lardner's kindness by introducing his friend to one of his American connections, a man who, strangely enough, really was called Bennett; James Gordon Bennett, the editor of the *Herald*. Wikoff, not a man known for his tact or reticence, explained to Bennett that a man passing himself off as 'Mr Bennett' was really Lardner and was seeking to work for the paper. Unfortunately Bennett did not give Lardner a job; on the contrary, he took the opportunity to print a story exposing the couple's real identities:

> The New York Tattler says, that it is more than rumoured that among the recent arrivals in that city are Dr Lardner and Mrs Heaviside, the couple whose elopement from England to France has caused so much conversation. It was, we believe, the editor of the *United States Gazette* ... remarked that it would not be singular if Dr Lardner should visit this country in one of the steam-ships, and bring over with him Mrs Heaviside for ballast.

A NEW START

Lardner's reputation was established in America: his *Steam Engine* and his *Cyclopaedia* were well-known in that country. After the Sirius entered New York harbour America's journalists had taken gleeful delight in repeating Lardner's prophecies on steam. The scandal increased his notoriety still further and it was said that after the Lewes Court case the newspaper the *Nation* ordered 15,000 extra copies to be printed to meet demand.

Lardner was said to feel 'ruined' to have been discovered. Now, when the couple went to the theatre, all heads turned to look at the famous couple.

> Among the crowded and fashionable audience of the Park Theatre last evening were Dr Dionysius Lardner and Mrs Heaviside of infamous notoriety. They sat in a box in the second tier, occupying a front seat. Had the manager been aware of their presence among decent people, we presume they would have been politely requested to take their appropriate place up another pair of stairs. The woman certainly possesses extraordinary beauty. In her features she bears a most remarkable likeness to Miss Ellen Tree [i.e. Terry]—so remarkable that the attention of many, who did not know who she was, were attracted towards her on that account.
>
> Her figure is tall and graceful, and there is that appearance of high breeding and hauteur in her looks and manner, that is said to distinguish the patrician beauties of England. She is just the woman, fitted by her elegant bearing, expressive face and symmetry [Sic.] of person, to be the queen of the ballroom, the cynosure of all eyes. We should judge that she had not reached the age of thirty. Dr

> Dionysius Lardner, the gay Lothario, the paramour of the debased woman, is a course featured, vulgar, snuffy, badly dressed old fellow, apparently about sixty years old. He wears spectacles and a shocking bad wig.
>
> In his manners he is ill bred and unattractive, and we are told that he speaks in a broad Scotch accent. — what 'conguration' or 'devil's magic' he employed to induce the wife of one of the most affluent and respectable gentlemen of England – the mother of four fine children, the haut ton of Brighton – to violate her sacred duties- to sacrifice the luxuries and indulgencies of refined life, to cover herself with infamy for the sake of such a stale libel of humanity as he is beyond our comprehension or that of anybody else.
>
> *– A disparaging description of the Lardners' Theatre visit*

This bumpy start did not seem good and perhaps the couple questioned the wisdom of their decision to visit the States, but they held their heads high and braved their new situation. Lardner later implied that he had planned the trip for a long time, eager to travel across the country to gain an understanding of its people and geography. He had always realised that to understand the land properly would take a residence of several years, he wrote.

After staying in New York for only a few days the couple went to Philadelphia. One of Lardner's aims in coming to America had been to learn about the American transport networks. Lardner already had some personal contact with American professors such as James Renwick a professor at Columbia College, in New York. Renwick had corresponded with Lardner concerning the first edition of

Lardner's *Popular Lectures on the Steam Engine* which was pirated in America by Elam Bliss of 128 Broadway, New York. Lardner's original English edition had concentrated on the achievements of British inventors, but Bliss had appended a section on American technical developments, written by James Renwick.

Philadelphia had a cool climate and boasted elegant buildings and shady avenues, with fireflies sparkling like clusters of little stars in the streets at night. It had briefly been the capital city of America at the end of the eighteenth century and was at that time the cultural and financial centre of the country. Wikoff too was from Philadelphia; Mathew Carey, an Irish publisher in that city was publishing Lardner's books; and a Professor, Robert Hare (1781–1858) from the University of Pennsylvania had attended the BAAS meeting in Bristol, so Lardner may have made contact with them.

Dionysius and Mary lived in Arch Street for seven months and by April, 1841 Mary was pregnant. When they arrived in Philadelphia they would have discovered a city in the midst of an election campaign and London papers reported that they attended a party given by Mrs Motte (the Mottes were a prominent Whig Aristocratic family). Soon the Whig General William Henry Harrison won the Presidential elections in the fall of 1840, beating the existing president, the Democrat Martin Van Buren, as predicted in the world's first election pop song, *Tippencanoe and Tyler Too*.

America at that time was in the clutches of what the papers christened 'Elssler fever': the country was going wild about the celebrated Austrian Ballerina, Fanny Elssler , who had arrived on the Great Western that spring. The person who had brought her to America was none other than Lardner's acquaintance, Henry Wikoff. In the shops at that time one could buy Elssler champagne, Elssler boots, stockings, garters, corsets, shawls, parasols, fans, cigars, boot polish and shaving soap. Boats and horses were named after her.

Being the hard worker that he was, Lardner soon began to make brave plans to pick up his career where he had left off, but, apart from his correspondence with James Renwick, there is no record of Lardner trying to develop links with any of the scientific institutions in America. Joseph Henry, the first Director of the Smithsonian Institution, certainly wanted nothing to do with him, writing to JS Henslow in 1842 that although 'Dr Lardner was before he came to this country a much greater man than Herschell [sic.]' he had 'met with no encouragement from scientific men of any standing in our country.' Henry explained: 'He has sadly been wanting in an essential element of a scientific character, a sacred regard to truth. I hold that no person can be trusted as the historian of science who could be guilty of the crime of which he is charged'.

In the summer of 1841 Lardner returned to New York in preparation for an exciting new enterprise. He later wrote of this period:

> I now prepared to commence what might properly be called the grand tour of the states; and being accompanied by my family, the consequent expenses of travelling for so long a time, and through such distant countries, became a subject of consideration. Besides this view of my projected tour, another presented itself. Might I not render myself useful to the public, while gleaning information from them?...

> Since my arrival, I had often been solicited to deliver
> in one or other of the chief cities popular lectures
> on scientific subjects, such as I had
> occasionally given in England.
> – Lardner's tour plans

Lardner must have decided to take advantage of his past reputation, however mixed. Probably he had little choice: people now knew who he was and he could make far more money by doing what he was already good at than he could as the fictional journalist Bennett.

Lardner prepared for the lectures by visiting an engineer named Charles Haswell who explained to him the workings of Marine engines, and Haswell said he 'aided Lardner,' probably by making demonstration instruments for him. Sadly, however, although Haswell was impressed by Lardner's lectures, he did not like the man himself. Haswell later wrote: 'the impression left upon me from my association with him was not such as to lead me to cultivate any further acquaintance'.

Although space was sometimes a problem in the lecture halls where Lardner spoke in England he had mentioned in a letter to Babbage in 1836 that of course he could not lecture in theatres. Theatres were thought to be places of low and populist entertainment, and he had probably feared that to give a lecture in a theatre would lower both his own reputation and the reputation of the popularization of science in which he so passionately believed. Now Lardner changed this policy and took advantage of these popular and lucrative venues. By now he had been expelled from the British Association for the Advancement of Science and his reputation was ruined.

It took a brave man to stand up to lecture a New York audience after what he had done, but Lardner still had something of his old confidence and was willing to take the risk. The first lecture, given in the lecture-room of Clinton Hall, in New York, in November 1841, was a great success. The *New York Tribune* reported:

> Despite the attractions of the Tabernacle [a rival hall] last evening, the Lecture Room of Clinton Hall was filled to over-flowing, aisles, galleries, and every other place where footing could be obtained to listen to the lecture, introductory to his proposed course, delivered by Dr Lardner. The subject was Astronomy — and it was treated in a manner worthy the high reputation of its lecturer .... While the audience was collecting he exhibited a beautiful mode[l] of the steam engine, which he said at some future time, if his lectures were deemed worthy of attention, he should explain at length.
> – *Lardner's first American lecture was a success*

Because the first lectures at the Clinton Hall were such a success Lardner made an advantageous deal with the proprietor of Niblos Gardens and moved his talks to that venue. His lectures continued every evening until Christmas.

Lardner later wrote that the American audiences were a joy to teach. Each evening, when he delivered talks on anything between two or four subjects, the audience, who composed people of both sexes and all ages, would listen in rapt silence.

> In the evening we went to Palmo's Opera-house, to hear Dr Lardner, of Heaviside notoriety. It was his

second lecture on the 'Evidences of Religion afforded by the Phenomena of Nature, and the Consistency of Science with Divine Revelation.' We were much pleased. He is the most complete elocutionist I ever heard, and impressed a crowded audience with his sublime subject. What a melancholy loss to England by his one false step that degraded him in moral society!
– *Diarist George Moore describes attending one of Lardner's lectures in Manhattan*

At the beginning of the New year 1842 the Lardners moved on to Boston, a calm, tidy city built in the English style, without the pigs, horses or cows running in the streets, that were to be seen in New York or Philadelphia. There Lardner lectured at the Tremont and Melodeon theatres during January and February. By March of that year Lardner was back in Philadelphia where crowds of over twelve hundred heard him lecturing on alternate evenings at the Chestnut-Street Theatre in Philadelphia. Lardner's lectures were very successful and attended by all ranks of person. One writer reported: 'A more highly intellectual assemblage I never saw together in this city. Our wealthiest citizens—as well of leisure, science and business, and a great many females were present'.

Lardner probably travelled to Boston by railway. His article *Locomotion by river and railway in the United States* in his *Museum of Science and Art* reflects some of the sights he experienced on his journeys around the country. American railways differed from those in Europe in several respects. In England each route had two parallel tracks: trains travelled on the left. In America the population was more spread out so trains carried fewer passengers for far greater distances. On many less populated routes trains passed each other less often, sometimes as rarely as once a day, so many railways were constructed with only one track, with occasional sidings to allow trains to pass. The first train to arrive at the crossing always went into the siding and there were very few accidents with this system.

The American carriages differed from the English in design too: whereas in England the carriages still seemed like little stage coaches stuck together, the American carriages were long and wide and reminded Lardner of an omnibus. 'Each seat' he wrote, 'accommodates two persons; so that four sit in each row, two at each side of the alley. There are sometimes fourteen of these seats, so that the carriage accommodates fifty-six passengers'. He described how, in cold weather, a small stove was placed near the centre of the carriage. The seats were cushioned and women travelling alone could take advantage of an exclusive women's room at the end of one of the carriages if they wanted to. Whether or not Mary sought refuge there is not recorded.

Lardner must have been surprised to note the American attitude to curves and acclivities, against which he had argued so forcefully in England. American engineers were quite happy to introduce curves, often having a radius of a thousand feet, and gradients into their lines of up to one in seventy five feet.

Wherever he travelled in America Lardner was welcomed: his success was in part due to the good relationship that he developed with the Press.

His very first lecture in America was attended by a reporter from the *Tribune* and was written up in the paper. The paper's proprietor, Horace Greeley, instantly took a great interest in Lardner and the two started a business

A NEW START

relationship that would last for the rest of Lardner's life. Greeley had only founded the *Tribune* a few months before, although the paper was not his first publication. He had borrowed £1,000 to start the publication, and attracted six hundred subscribers for his first edition. By September, just as Lardner was about to begin his lectures, the paper merged with Greeley's other fledgling papers, the *New Yorker* and the *Log-Cabin* to became a regular weekly publication. The paper was later to become the most widely circulating daily paper in America.

> All who are familiar with the course of the *Tribune* in its early days will remember the prominence given to science in its columns- the copious and illustrated reports of the lectures of Lardner, Agassiz and others.[47]
> – *An obituary of Horace Greeley recounts how he used the Tribune to promote science*

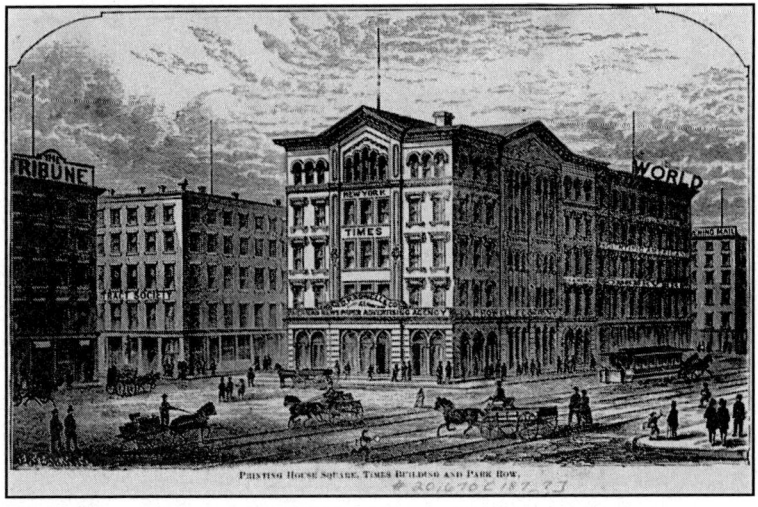

Figure 33: Tribune and Times headquarters Printing House Square (undated)

Greeley, who was to become Lardner's publisher and patron, is one of the great figures of American history, later inventing the phrase 'Go West, young man,' but he cut an odd figure. Even when he was fifteen Greeley had a strange voice with a 'high key and nasal tone' and long white hair, and he wore spectacles. The nasal tone apparently came from a habit of giving orders and public speaking. His face conveyed a strange a mixture of purity and shrewdness. He was teased at school, where he was nicknamed 'the ghost' and perhaps because of this, had developed a habit of only half opening his eyes which must have made him look rather saintly for they said of him that, 'He had the face of an angel and the walk of a clod-hopper'. The young editor had no regard for fashion, and always walked as if he was pushing through a crowd.

Greeley realised that printing scientific lectures was an excellent way to attract readers. He had not had much opportunity for education himself, having worked as a printer's boy from a young age, and he wanted to promote science so that others could benefit from the advantages which he lacked.

Historian Paul H Theerman has written an article about this period in Lardner's life, and explains how Greeley, grasped the opportunity that Lardner's lectures presented and began to promote them in his paper:

> Very rapidly, the paper knew it was onto something good. By the third lecture, the newspaper story had moved from page two to page one; the sixth lecture also takes up the front page, filling more than five of the six columns![48] [49]

The reporter who wrote most of the reports for Greeley was the twenty-year-old Henry James Raymond, who was later to go on to become one of America's greatest editors, founding and co-owning the *New York Times*. Raymond had recently come to New York hoping to teach, but had first called on Horace Greeley, the only man he had heard of in the city, asking him to give him a job. Raymond had heard of Greeley through the latter's publication, the *New Yorker*, which Raymond always read avidly, and to which he had occasionally sent pieces. Greeley had employed him on a casual basis and now, with the launch of his new paper, Greeley had given Raymond his first permanent contract as a newspaper reporter.

The *Tribune's* coverage of Lardner's lectures was very extensive and amounted to a verbatim report of most of a lecture, which might have gone on for two or even three hours. Raymond developed a reputation for being able to write phenomenally fast, and it is said that he used his own stenographic system, using a sort of cross between longhand and shorthand.

Greeley's paper began to flourish, partly because of the popularity of Lardner's lectures. In the *Tribune's* second year Greeley was able to raise the price of his paper to two cents, or nine cents a week and by the close of that second volume the circulation had reached twenty thousand. Advertising in the paper was flourishing, and extra sheets of advertisement copy were often needed. Lardner and Greeley's relationship was thus a symbiotic one: Lardner's lectures had gone some way towards helping to make Greeley's *Tribune* a success, but the publicity offered by Greeley's front page news items must have greatly helped Lardner fill his theatres.

Politician John Bright later explained the secret of the paper's success was that 'he found not in it a syllable that he might not put on his table and allow his wife and daughter to read with satisfaction'. Greeley had strict moral views: he did not approve of divorce, although he was unhappily married himself, and (in contrast to Gordon Bennett of the *Herald*, who encouraged the 'Elssler fever') Greeley's *Tribune* was always very harsh on Fanny Elssler, who had an illegitimate son and whose name was linked to that of Wikoff. Greeley wrote that Elssler had 'not even the common excuse of necessity for a life of wantonness and shame' and he called for a boycott of her performances, which had no effect, since her performances were usually sold out. In the light of this, Greeley's, accepting attitude towards Lardner is surprising but Lardner seems to have been able to charm even the harshest of critics.

Since Raymond had transcribed Lardner's lectures so accurately, Horace Greeley was later able to work together with Lardner to produce a series of books based on the texts, *Lardner's American Lectures on Science and Art (book)*. Like the *Cabinet Cyclopaedia* the series was sold in parts of sixteen pages that could be bound together. The *Lectures* were not illustrated and were on fairly dry scientific subjects but they seem to have sold very well, judging by the number of copies that are still in existence.

Although Greeley's early success was partly due to his collaboration with Lardner, his autobiography made no mention of the controversial Irishman. Greeley's first passion was always politics: he had founded his papers to further the causes that he believed in. In later years this took the shape of anti-slavery campaigning and support for Abraham Lincoln. Greeley's newspapers were very important in shaping public opinion during the Civil war period and understandably these were the things he preferred to cover in his memoirs.

⊰⊱

Lardner's final New York lecture was the occasion of an incident that divided Greeley, and Raymond, a split that eventually led to Raymond's founding of the *New York Times*. In those days it was normal for employees to stay with their employer for life, and Greeley later said that Henry Raymond was the best worker who ever worked for him, but the two fell out over the issue of pay.

The lecture was given in the Tabernacle, a converted church just off Broadway. After the lecture finished Raymond emerged into a raging storm. The reporter arrived in the *Tribune* office soaking wet, but, hardworking and engrossed as he was, he sat in his wet clothes writing up his long and excellent report of the lecture and only went home in the small hours of the morning, presumably so that the paper could spring the report upon the next morning's shocked readers, which was the paper's speciality. He awoke the next morning with a raging fever which turned into typhus.

Raymond had to miss eight weeks of work. There are conflicting versions of what happened next. In one version Raymond staggered in as soon as he was able and asked to collect his salary. When Raymond first worked for Greeley he was paid $5 a weel but by the end of the three years that Raymond worked for the *Tribune*, Greeley was paying him £15 a week, nevertheless when he asked for his eight weeks back pay he was told that his salary had been stopped the day he stopped work. Raymond was said to have been so angry that he left Greeley's paper.

Another version has Greeley confronting the sickly Raymond thus:

'When will you be well enough to come back?' said Greeley

'Never on the salary that you paid me' replied Raymond. Greeley angrily demanded how much he wanted.

'Twenty dollars a week' Raymond replied. Greeley protested angrily that he could pay no such price; but he finally yielded and the previous relations were restored.

Whichever version is correct, Raymond left the paper soon afterwards, in 1843. Years later Raymond decided to start the *New York Times*, together with Greeley's childhood friend, George Jones. Raymond made it a rule that all employees of his new paper should always be paid their salary even if they were ill.

Figure 34: Frontispiece to Lardner's *Popular Lectures on Science and Art*

19: THE AMERICAN LECTURE TOUR

The tour begins—Visit to Cuba—Journey with George Holland's troupe—Charles Macready's visits—Lardner's earnings.

In October 1842 Lardner fell out with the manager of the theatre where he was supposed to be speaking on the French Revolution, and the lectures were cancelled, and at Princetown, New Jersey, it was reported that he could not persuade any theatre to give him a class. It was time to move further afield.

From Philadelphia Lardner and his party set out on a tour of what he described as 'nearly every principal town in the Union;' actually the towns lining the parameters of the civilised states. In his preface to the printed version of the lectures, Lardner lists the cities he visited after that: he arranges them in an order that suggests he travelled down the East coast, possibly by steamships. It is difficult to discern an exact route from the dates when people recorded having seen him, sometimes writing years later from memory, and he mentions visiting the principal cities twice.

Fanny Elssler and fellow ballerina Katti Lanner toured many of the same theatres at that time, and through Lanner's account one can envisage many of the scenes that would have confronted the Lardners. Charleston, where

Lardner spoke in the Charleston Theatre, was a city of mainly wooden houses which was still recovering from a fire two years before.

He also spoke in Savannah and at the College of the Old South at Athens in Georgia, – where his subjects included the moon, sun, stars, comets, steam navigation, the compound blowpipe, and many other scientific subjects – supposedly in 1844 but probably in 1843. He probably travelled between these towns by train, for he later wrote that, although most American trains travelled at fourteen or fifteen miles an hour, trains could travel as fast as twenty-five miles an hour on the lines between Charleston and Augusta and Augusta and the University of Athens. This journey involved backtracking further East from New Orleans, and the party may have scuttled around the region by rail.

Lardner later described what it felt like to travel through the wilderness.

> Travelling in the back woods of the Mississippi, through native forests where, till within a few years, human foot never trod, through solitudes the stillness of which were never broken even by the red man, I have been filled with wonder to find myself drawn on a railway by an engine driven by an artisan from Liverpool, and whirled at the rate of twenty miles an hour by the highest refinements and arts of locomotion. It is not easy to describe the impression produced as one sees the frightened deer start from its lair at the snorting of the ponderous machine and the appearance of the snake-like train which follows it, and when one

> reflects on all that man has accomplished within half a century in this region.
> – *Lardner describes travelling through the wilderness by train*

Early in 1843, Lardner arrived in Havana and spoke to audiences in a theatre there. He probably sailed from Charleston. The journey from Charleston to the Florida Keys could be quite dangerous. The year before (1842) John Patten Emmet, a Trinity College graduate three years younger than Lardner, had made this journey. The boat in which he travelled was struck by a hurricane; most of the fresh water and food washed overboard; and she drifted for thirty-eight days. By the time the passengers were picked up by another boat Emmet was in a terrible state and he died within six weeks of reaching New York.

On 2nd March, 1843, Dr Lardner ('aged 50') is recorded as having arriving in New Orleans on the ship *F. Street* from Havana. In his party was an unnamed lady aged 40, a girl aged 2, a clerk aged 21 and a servant aged 20. This may have been the mysterious girl who was said to be his illegitimate daughter. In Havana Lardner was probably very well rewarded; Fanny Elssler was paid a thousand dollars a night there and earned ten thousand dollars at her final benefit concert. These high fees were feasible because the Gran Theatro de Tacon, managed by Don Torrens, a former slave, was the largest theatre in the world and could seat three thousand spectators. It is hardly surprising that Lardner seems to have enjoyed his visit and reminisced years later in French describing Cuba as an 'ile charmante'.

There were rich pickings to be had in New Orleans too: Elssler had been paid $1,000 per night in the St Charles Theatre, but unfortunately on the night of 13th March, 1842 there had been a fire in the theatre and it burnt down. The managers, Noah Ludlow and Solomon Smith rebuilt it in forty days. By January 1843 it had been standing some months already before Lardner performed there. Lardner negotiated hard with Ludlow and Smith once he arrived in New Orleans on 3rd June, 1843: Noah Ludlow recorded the discussions in his diary and this clash between the three titans of spin is described by theatrical historian WB Carson as having left 'footprints in the sands of time'.

⁂

Since he was touring theatres it is perhaps not as surprising as it might seem that, in New Orleans, Lardner joined up with a party of travelling performers managed by George Holland. One of the actors was a thirteen year old comedian, Joseph Jefferson, later famed for his portrayal of Rip Van Winkle: Jefferson later mentioned his experiences in an autobiography. By 13th April, 1843 the group reached the Mobile Theatre in Mobile, Alabama, managed by a woman, Elizabeth Richardson. Travel was still a dangerous business in those days: five months before Lardner performed in the town, Jefferson's parents had caught yellow fever in Mobile and died within two weeks of arriving there. After leaving Mobile the friends travelled together to Natchez, Vicksburg,Mississippi Jacksonville and Nashville,Tennessee eventually arriving in St Louis, Missouri, where Ludlow and Smith had recently bought a second theatre.

A mysterious letter appeared in the local paper before his June arrival there. It read:

> A letter published in the *Republican* of 12th June says that St. Louis is reputed to take so little interest in science that it will not support a man of learning.

> But the writer defiantly picks up the gauntlet. Now, my opinion is, that there is more sound intelligence in St. Louis, in proportion to its population, than any city in the Union; and now is the time to show it.... If there are those who would lavish eulogy on such a man as Dickens, we should show that there are others who are capable of appreciating the higher order of intellectual culture.
> – *A mysterious letter to the papers*

It seems quite likely that Lardner could have written both letters himself to engender interest for his forthcoming lectures. The Dickens reference was interesting: Dickens, like Macready, had recently lectured in many of the American theatres that Lardner was now appearing in. Like the letter writer, Lardner and his friends held a low opinion of Dickens. When the topic of 'Boz' came up at a Longman lunch once, the company had decried him and only Tom Moore had spoken in his defence.

After leaving St Louis the little group probably travelled up the Missouri and Ohio rivers to Louisville and Cincinnati by steamer. These steamers differed in design from those on the Hudson River and were far more dangerous. Lardner personally witnessed boats on the Mississippi that were very shoddily made and worked by putting steam under a pressure of up to 120 lbs. per square inch. Moreover the nature of the Mississippi meant that the steamboats often had to venture into the shallow mud to reach the small ports and the engines soon became choked with mud. This condition could be remedied by blowing out of the engines, but the captains, bent on obtaining speed, often neglected to do this. Lardner wrote: 'They do not hesitate to endanger their own lives and those of the passengers, rather than allow themselves to be outrun by a rival boat.' If the engines were not blown out the mud could make the boiler become red hot and, if not attended to, the boiler could, and often did, burst, causing a huge explosion. Lardner, ever the interventionist Whig, argued in his books that the government should legislate to prevent such calamities.

At Cincinnati the actors parted ways and Lardner visited Buffalo and Pittsburgh, probably travelling by rail and returning to Philadelphia from there. The long Tour had formed a giant loop that encompassed most of the great cities of civilised America at that time, for the Wild West beyond the Appalachian Mountains had not yet been settled.

⊂₃⊱⊙

The English papers did not warm to the concept that Lardner had turned his life around: on the contrary they printed stories that his behaviour had brought disaster upon him. One paper reported: 'Dr Lardner is starving at Philadelphia; and Mrs Heaviside, of Brighton, his chère amie, has eloped from him'. Mary may well have felt under a tremendous amount of pressure: having been the beautiful, virtuous and aristocratic toast of Brighton society she had expected to take on the role of the anonymous Mrs Bennett: instead she found that she was a social pariah and her name had become a byword for impropriety. The social implications for all her future children were not hopeful, and she deeply lamented the children she had left behind. If it was true that she left Dionysius, (and the story may well have been a complete fabrication) she soon returned, for the couple remained together.

Lardner's old friend Charles Macready visited New York in 1843 while he was on an acting tour of America. He was very surprised when Lardner sent him a note on 30th September, 1843. Lardner visited him the next day and spoke to Macready about 'Mrs Lardner and his small child'.

On 3rd March 1841 Heaviside had obtained the first stage of a divorce from Mary in the Consistory court of London and Lardner and Mary were reported to have married in Philadelphia. Macready wrote in his diary 'I felt for him. He has been most foolish.' On October 7th Macready called on Lardner and wrote:

> Alas, Alas! I saw the ci-devant Mrs Heaviside, now Mrs Lardner, a very fine and handsome woman, and Lardner, not now a ci-devant, jeune homme, no longer dandy in his dress and appointments, but old and almost slovenly. There was a child there, the fruit of their indiscretion that poor thing! And poverty and neglect, the sad result of their blind, absurd infatuation! I pitied the folly, the weak vanity of both; "into what depth of sin from what height fallen!" It is a strange, mysterious world, we know not who are safe. None really so, except the steadfast, resolute, and constant in virtue, that only and sure wisdom—that single safeguard. God forgive me! Amen!
>
> Sat some time with them, as they finished their moderate and somewhat uncomfortable, certainly inelegant, dinner, and went with sad thoughts away.
> – *Actor Charles Macready laments Lardner's wicked new life*

Macready probably saw what he wanted to see: in New York the Lardners were not at their Philadelphia home and keeping up appearances is always difficult when living out of a suitcase. Another writer, Nathaniel Parker Willis, was more charitable about the Doctor's appearance. Writing in 1845 and recollecting the way Lardner had dressed in England, Willis said 'He was a very different looking person from his present practical exterior'. Probably Lardner, always a wizard at reinventing himself, was just adapting his clothes as appropriate for his new audience, and it is possible that the 'slovenliness' to which Macready referred simply entailed abandonment of the silk stockings that he had always worn before and the adoption of those new-fangled garments, trousers.

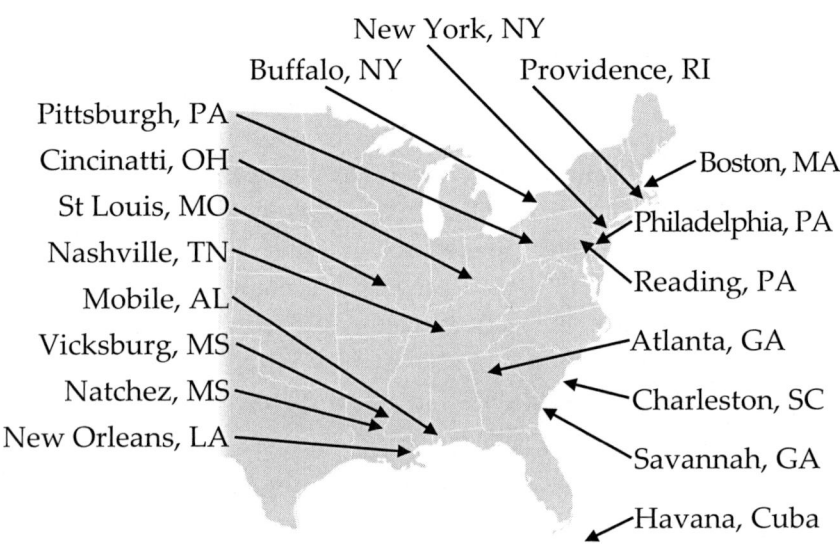

Figure 35: Lardner's American Tour

By 11th November, 1843 both Macready and Lardner were in Boston, (Elssler, had danced at the Tremont theatre there) and Macready attended Lardner's lecture on 'Washington, Napoleon, Wellington etc.' Macready was not impressed with the lecture; he said it was amusing but he felt that the lecture 'leaned much to American prejudice, which is not right.' As usual, Lardner was suiting his talk to his audience. Macready was not impressed with the visual aids either which he described as 'transparent illustrations, mere daubs of pictures and plans'. 'What a refuge, and how is it to end? Oh God!' he wrote dramatically.

The following October, Lardner and Macready met again in New York. Macready wrote:

> Lardner called and sat very long, wearying and annoying me with a most uninteresting string of flippant dogmas – this was bad enough – abusing Bulwer, and talking most disagreeably: but when he began to talk about his own affairs – Mrs Heaviside's divorce, her property, his liability, etc. –It was actually disgusting to witness the want of feeling and common decency.

There is no further mention of Lardner in Macready's diaries, and perhaps this was just as well.

By late 1843, Lardner was able to command great numbers in repeat visits to the Chestnut-Street Theatre in Philadelphia 1842 and Palmo's in New York in 1844; audience figures at each, he wrote, were often as high as twelve hundred per evening, and at the Philadelphia Museum in 1843 over two thousand people attended. Lardner was reported have earned $40,000 through his lectures, a fee second only to Elssler, who was said to have grossed, according to the *Herald*, $140,000. Historian Paul H Theerman comparing Lardner with Elssler has calculated that is quite possible that each performed to the equivalent of a quarter of the population of civilised America. By 1843 the *New York Herald* was able to report;

> Dr Lardner is a very remarkable man. During the last year he has travelled 10,000 miles, given 114 lectures. Spoken nearly ten weeks, has been heard by 50,000 persons, has been several times nearly blown up or burnt in steam-boats, has been attacked by 116 newspapers, but has at length got into smooth water, with plenty of cash, a great reputation and what is more than all, secured the good graces of that puritan of puritans, the Rev. David Hale. So there is nothing like perseverance and a cool temper.
>
> – *The* New York Herald *prints a positive account of Lardner's position*

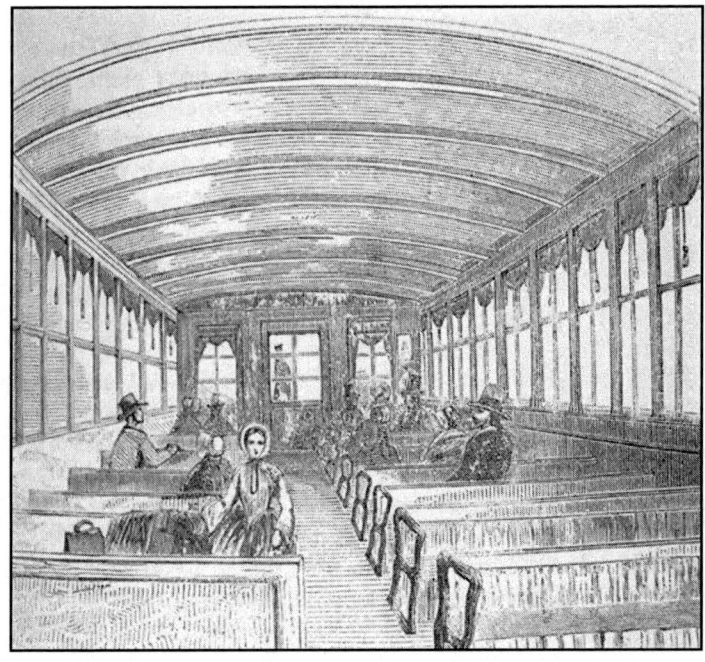

Figure 36: An American railroad carriage, from *Museum of Science and Art*

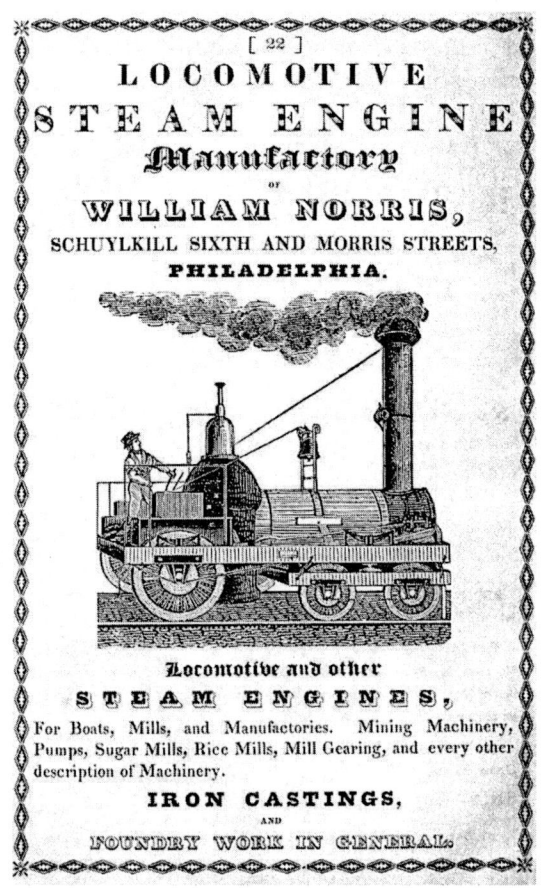

Figure 37: A Norris Brothers advertisement

20: AN EXPLOSION AND A FIRE

Rail accident at Reading — The fire at the Providence Theatre

Lardner had no contact with the scientific community in America. There was one occasion when he was paid to investigate an American railway. While Lardner was staying in Philadelphia there was a crash nearby at Reading, Pennsylvania. On the 2nd September 1844 an engine exploded near that town. The engine had only been delivered by the makers, Norris Brothers, on August 14th and Dr Lardner was commissioned by them as a consultant to investigate the causes of the accident.

The accident had occurred during a fierce storm: there had been frequent peals of loud, hard thunder, accompanied by 'zigzag' lightning. Soon after the engine left Reading in the direction of Pottsville, at twenty-five minutes past eight, a terrific explosion was heard and the carriages stopped. The brakesman proceeded to the front of the engine, where he found the tender thrown over working parts scattered in fragments about the road. The mangled bodies of engine's crew were found scattered up to thirty feet from the engine, and the top of the boiler, which weighed about ten tons, had travelled about 350 feet before striking a field, where it created a deep cavity.

Lardner briefly visited the scene, drew a sketch and interviewed the four people who had appeared at the Coroner's Jury. He produced a report a week after he had begun to investigate, in which he declared that the accident had been caused by lightning. He wrote:

> There seems to be then present all the conditions necessary for the production of such a phenomenon; the lightning is in continual play; it is of the kind necessary to produce the effect; 18 tons of iron, in the shape of the boiler and machinery, are present to attract it; there are abundance of disjunctions in this machinery... by which conduction may be made sufficiently broken to give full effect to the heating power of the electricity; finally this mass is broken to pieces, its parts scattered about in all directions, broken, bent, and twisted, and projected in considerable masses to distances analogous to those recorded in similar cases.
> – *Lardner attributes the accident to a strike of lightening*

Both the Committee and Lardner agreed that the accident was not engineer Joseph Ward's fault, for he was 'reputed one of the most capable and trustworthy upon the road and his character for carefulness and sobriety was such as to forbid the suspicion of any improper tampering with the valves'.

R John Brockmann, in his book *Twisted Rails, Sunken Ships* devotes an entire chapter (*Science for Sale*) to a discussion of this investigation.[50] The person implicitly 'selling science' is Dionysius Lardner. Brockmann compares the reports given by Lardner with another report on the accident provided by a Committee on Science and Art, sent by the Franklin Institute to investigate the disaster. Brockmann points out that the Committee's report was very different from Lardner's. The Franklin Committee report was based on interviews with a wide range of people, moreover they had developed a more modern approach to testing disasters, and had invented machines to test material. They made careful examination and drawings of the metal debris, including intricate measurements into the width of the iron.

Brockmann contrasts the two plans of the accident: Lardner's was easier to understand but had missed a vital measurement that the scientists diagram had included: he had included the distance between the fireman's body and the engine but you could not use his plan to calculate the body's distance from the place where the tender was found. The Franklin Committee discovered that the storm had already finished before the engine exploded, moreover they pointed out that four people had heard the engineer, Joseph Ward, complaining that the pumps were not working properly, and had seen him trying to mend them. The stop-cock indicators were a bad design and might indicate that there was water in the engine even if there was not; an explosion could thus have happened if evaporation caused by the work of the locomotive was not replenished by water from the pumps.

Unfortunately during the inquest the jury believed Lardner and blamed an act of God, which meant that Norrises were not blamed and did not have to pay compensation to the families of those involved. The Norris brothers nevertheless changed the design of their engines in accordance with the Franklin Committee's recommendations and made its bridge-braces from wrought iron in future, but they never acknowledged that this was a cause of the accident or admitted any responsibility.

Brockmann suggests that Lardner was biased in his diagnosis because he preferred to believe in the wonder of natural events, as he often propounded in his books, rather than human error. Lardner was a trained physicist and expert in lightning. He preferred to believe there had been lightning so that he could bring his lightning expertise into play. Lardner may well have admired Septimus Norris, who had cleverly designed and built this engine, and probably wanted to present a different side of the argument when it looked as if Norris would get into trouble. Brockmann also implies that Lardner may have been biased by the fact that his fee was being paid by Norrises. Despite having diagnosed lightening as the cause of the accident, Lardner never wrote of the incident after that and in all the statistics of railway accidents that he published he never recorded an accident caused by lightening.

Lardner's scientific information was getting a bit out of date by this time: he was not au fait with the important accident investigation work of the Franklin Institute over the past ten years. Theerman pointed out that in lectures on electricity in the 1840s Lardner never mentioned any material dating past 1800; for galvanism, not past 1820 and for electromagnetism, not past 1830. After he left the London University and Longman, with the cheap access to current scientific journals that they afforded, Lardner had less access to up-to-date information on recent scientific discoveries, and his technique was slipping behind current practice.

In an interesting twist, Brockmann, formerly a professor of English, noticed that Lardner's report is laid out strictly following the classical Ciceronian presentation of an argument. Even in the New World, it seems, Lardner had instinctively written his report in the style he was taught as a classical student at Trinity College Dublin in his youth.

ಸಂಡ

Lardner himself was involved in an accident soon after that, for on the morning of 25th October 1844, the day after he had finished speaking at a small theatre in Providence, on Rhode Island, the theatre caught alight. The theatre and the house next door were burnt to the ground, and several other buildings were damaged. Charleston's *Southern Patriot* announced:

> The Providence Theatre was consumed by fire on Friday morning. The fire broke out about one o'clock. The building had been occupied on the evening previous by Dr Lardner, who delivered there the last of his course of scientific lectures. Besides the scenery and fixtures of the Theatre, all Dr Lardner's philosophical apparatus, including the great microscope, and a splendid collection of paintings, worth together £15,000 was consumed, and we understand the Doctor had effected no insurances on the property. The splendid planetarium, constructed by Mr Russell of Ohio, with the labor of twenty years, was also burned. The value is said to have been $12,000 and it was insured for $9,000, at an office in Hartford, CT. It belonged to Messrs Haswell and Robinson, who are said to have lost in addition to the Planetarium, $42,000 worth of philosophical apparatus.
> – *Lardner's equipment is destroyed in the Providence Theatre fire*

A house opposite the theatre, and a stables, was also very badly burnt and in danger of having to be pulled down. Some said that the cause of the accident was a wonderful planetarium (probably a type of orrery) that Lardner had been using to demonstrate the movements of the planets. The planetarium was powered by a tiny methylated spirits flame, and it was rumoured that this had not been extinguished properly. Lardner was quick to dispel these rumours: his men had already packed up his belongings ready for transport before the fire began. Several theatres at around that time burnt down and the cause was sometimes thought to be arson by small boys or men smoking. A later report stated:

> The splendid, magnificent Panorama of the Heavens, the most beautiful and impressive thing of the kind which has ever been exhibited to the scientific world, is destroyed, and cannot be replaced. We regret the loss of this map of the heavens, more than anything else. The Planetarium can be more easily replaced, but this is not likely to be done. Mr Russell is seventy-five years old, and will probably never be able to re-construct it. The Gas Microscope is lost, and a large number of Telescopic Views and Maps of the Moon, the Planets and Stars. The loss to science is irreparable. And the total loss to Dr Lardner is $25,000. The Planetarium was insured in Hartford for $8,000, but it is doubtful whether it can be recovered, as the instrument was in a theatre.

News of the fire reached as far as Scotland where an account of Dr Lardner's disaster was published in the *Scotsman*.

It may have been the loss of his equipment that encouraged Lardner and Mary to consider ending the American phase of their lives and returning to Europe. Lardner let it be known that his wife had come into a large inheritance but needed to appear before the law courts to complete the process. The couple and their two daughters boarded ship again, this time bound East.

Figure 38: imprimata for the *Handbook of Natural Philosophy*

Going Global (1845 to 1859)

Figure 39: A telegraph office

21: PARIS, THE TELEGRAPH AND THE WORLD

Foreign correspondent — Failure of Brunel's steamship project and the atmospheric railway

The Lardners landed at Le Havre in June, 1845 and proceeded to Paris. As soon as he learned of their return to Europe Richard Heaviside visited them to serve divorce papers on his wife. Heaviside obtained a divorce from his wife on 31st July, 1845. Although Richard had won the damages action that he had taken out in August 1840 and had proceeded to obtain the first stage of a divorce from his wife in the Consistory Court in 1841, he had hesitated in taking the case to Parliament to make the divorce fully legal. A Heaviside relation, who was an uncle to both Mary and Richard, explained to the court that after Mary left Richard's mind had become so upset and he had been so beaten down with his misfortunes that he had not been able to think of anything for years. Now that the divorce was finally carried through, Dionysius and Mary decided to hold an official wedding ceremony in Paris on 2nd August 1846 and newspapers reported that they resided at a luxurious apartment in the Rue de Lille, a road that runs parallel to the Seine near the Musée d'Orsay.

As soon as Lardner arrived back in Europe he wrote to the London papers seeking a post as a Paris correspondent; Eyre Evans Crowe, who had been the Paris correspondent for the *Morning Post* and was now the London editor was rather shocked by his request and mentioned it to Dickens who replied uncharitably 'you can easily get rid of Lardner by telling him there are no posts available. I myself should have nothing to do with him'. Crowe did offer the post to Lardner, however, and by 25th October Lardner was using paper headed '*Daily News* Correspondence Office, 13 Boulevard de la Madeleine, Paris' and working as a foreign correspondent for that paper, a post which, he told Macvey Napier, paid 'a most liberal pecuniary compensation', as well as affording him an official opening to many valuable sources of information which he could exploit for other work.

The post of Paris correspondent was an important job for an English journalist; Lardner described in his book the *Museum of Science and Art* how a foreign correspondent would maintain a bureau and employ assistants to collect news and supply reports. Despatches would be sent to London at least once a day. 'A despatch' he wrote, is forwarded to London always once, and often twice, a day, the telegraph being resorted to when news of considerable importance is required to be transmitted with more promptitude.'

We can tell something of what his work must have been like from Crowe's son Joseph Evans Crowe who took up the post after Lardner left. Every morning Lardner would have gone down to the Reuters office to receive the latest news arriving by telegraph from the Reuters agents across Europe. He would then go to the telegraph office and telegraph the Paris and continental news stories to London.

The telegraph was a very recent invention and one which fascinated Lardner. Just a few years earlier when Joseph Crowe was a boy, Joseph had witnessed his father receiving news by carrier pigeon and sending it by a fast riding courier towards the coast, where it would be carried by a steamer to England, and now it could all be done by the touch of a few buttons in an instant. It is said that it was the coming of the telegraph which brought true globalisation of world markets, for now businessmen could track the market prices across Europe in almost real time.

Lardner would have enjoyed using the telegraph: he was fascinated by the system and incorporated articles on the subject into his books and wrote of experiments he had conducted with inventors when they were trying (successfully) to persuade the French and Belgium governments to install a system of telegraph cables across their countries. The papers reported that he had even given demonstrations of the use of the telegraph in his Rue de Lille apartment.

Lardner seems to have fallen out with the *Daily News* for he did not hold his post as Paris editor for long. He did not make life easy for his successor, Joseph Crowe, who soon found that he was unable to use any of Dr Lardner's usual sources of information and was forced to develop new contacts from scratch. Lardner, meanwhile, was fortunate enough to secure a similar post with his old acquaintance Horace Greeley's *New York Tribune*.

Karl Marx was the London correspondent for that paper during the period; he had only recently relinquished the post which Lardner was now taking up as Paris correspondent but there is no record of the two having met. Both Lardner and Marx were recruited by the *Tribune*'s Unitarian journalist

Charles Dana on one of his travels around Europe. The concept of employing a foreign correspondent was a relatively new one, and we know from Marx that Greeley, was not a generous employer. Although acknowledging that Marx was his best foreign correspondent he still only paid that writer three shillings per article, which left Marx's family starving: several of Marx's children died of malnutrition and there were occasions when the family had to pawn their clothes. Lardner could not hope to have got rich through his wages from such a job, but he had income arriving from the new editions of his many books and his wife seems to have inherited a great deal of money, so he was able to write to Macvey Napier: 'Residing in Paris with my family on an income independent of professional labour, I have ample leisure for those literary engagements for which my acquirements and experience may be supposed to qualify me'.

Not much is known about Lardner's life in Paris. There are two mentions of him in the correspondence between the journalist Savile Morton and Richard Monckton Milnes. In a letter to Milnes from Berlin, dated 27th February, 1848, Morton commented: 'Lardner was very civil. He took me to the soiree of Leon Faucher and to a ball at the Hotel de Ville…' Lardner seems to have been moving in very high society by this time, for Leon Faucher, the host of the ball, was the Prime Minister of France, and among those present at the ball were the emperor Louis Napoleon, Lamartine and De Tocqueville.

Morton and Milnes were part of a group of Englishmen living Bohemian lifestyles in the French Capital at that time: Morton was later stabbed to death by Harold Elyot Bower, the man who sat at the next desk in the telegraph office, with whose wife Morton was liaising. One wonders if Lardner ever met Mr Bower's wife, for if so, he may have only narrowly escaped Morton's fate.

Lardner now had time to write: he had published a printed version of his American lectures but now he reworked these into a series called the *Museum of Science and Art*. These were published by Taylor's old business, which become known as Walton and Maberley after he retired in 1853. Whereas the *Lectures on the Steam Engine* had been written and presented in quite a formal style the *Museum of Science and Art* included many delightful illustrations and covered more diverse subjects in a more conversational tone.

The series was a great success and was eagerly read across the globe. A copy of the volume on the microscope was owned by the microscope expert on the team who surveyed Yellowstone Park, and the explorer William John Wills recommended the series to his brother Wills (later to become famous as part of the doomed Burke and Wills Expedition, an attempt to walk across Australia) sent three pounds to his brother Charley in 1858, instructing him to buy books for himself and his girls. The books included *'Dr Lardner's Museum of Science and Art*, in six double volumes: 1 pound 1 shilling' as well as Chambers' *Mathematics* and *A Guide to the Stars for Every Night in the Year*, with an introduction, for 6 shillings 6 pence. Wills wrote to his sister:

> 'Lardner's *Museum of Science and Art*' is one of the best books that has ever been written. It includes a general knowledge of nearly everything you can think of; and will be as useful to Bessy and Hannah as to you... If you write to Walton and Maberley, 27 Ivy Lane, Paternoster Row, they will send you a catalogue of books published by them, in which you

> will find a descriptions of nearly all that I have mentioned and plenty of others. You can order those you want direct from them, or get them through a local stationer.
> – *Explorer William John Wills recommends Lardner's book to his brother and sisters*

At the time of writing Wills was being paid very well and was working at an outstation, preparing for his exploration of the Australian interior. The famous Burke and Wills expedition which he undertook in 1861 involved walking 3,000 miles across Australia, but ended in disaster when he and Burke starved to death in the wilderness.

The Museum of Science and Art, published in twelve duodecimo volumes between 1854 and 1856, was well received, and was styled by Sir David Brewster as being, 'one of those works the most interesting and the most useful which have been published for the scientific instruction of all classes of the community'. It had buying options to suit any pocket: each double volume cost 3s 6d in cloth or 1s 6d in boards or was available in monthly parts at 5d or half yearly volumes at 3s 6d or as a set of 12 volumes or six double volumes for £1 1s in cloth, and each part had an attractive woodcut frontispiece.

Towards the end of his life Lardner published *Natural Philosophy for Schools*, a series of school science books for children that are written in even simpler language than his earlier works and which enabled an exciting curriculum for the young to learn about science. Lardner's books seem to have been strongly influenced by those of Jane Marcet: they used everyday examples of things that children would be familiar with to explain the wonders of science in simple language. The books continued to educate children for some time after Lardner's death: the sixteenth edition was printed in 1868.

Lardner was interested in the Great Exhibition of 1851 and visited England to write a series of articles on the subject, which were published anonymously in the *Times*. These were later gathered together for a book.

Lardner continued to mention steamships in his books. Time and time again, in different articles and editions, he argued that he had been correct to predict that many of Brunel's magnificent engineering experiments would prove to be uneconomical for the businessmen who invested in them. Those steam companies who established steam routes across the Atlantic failed to make profits. By 1842 the Great Western had been put up for sale, the Great Liverpool was losing £6,000 a year and the proprietors of the British Queen had lost sixty thousand pounds. By contrast the Red Sea route which Lardner had advocated, which had come into existence in 1837 was, as he had predicted, very profitable.[51] Brunel himself lost thousands of pounds when shares that he had accepted as partial payment proved to be liabilities.

One subject which Lardner did not write about was the embarrassing matter of the pneumatic railway. Despite Lardner's endorsement of the scheme the system later proved disastrous because it was very difficult to maintain a vacuum in the tubes and, as with the old system of stationary engines, once a train had broken down the whole track was blocked until the fault could be rectified.

Figure 40: Dion Boucicault by Bryant

22: IN LARDNER'S WAKE

Last years of the Cabinet Cyclopaedia—George and Dion build careers—Background to the Irish famine -Lardner's mother and sisters—Valentine Flood's story

After the Heaviside scandal the British turned their backs on Lardner and his close associates had to come to terms with his absence and its implications for their lives. Macready was horrified by Lardner's actions and reported in his diary going to visit Bulwer at Craven Cottage the day after the news of Lardner's elopement was announced: Bulwer looked shaken and left the country soon afterwards on a prolonged tour of the Continent. The British Association for the Advancement of Science expelled Lardner at their next meeting.

When Lardner left England in April, the young Trinity College Dublin graduate Robert Bell took over from Lardner as the editor of the *Monthly Chronicle*, but it did not survive long without Lardner's dynamic leadership. The *Cyclopaedia*, for its part, was nearly complete: Tom Moore finally completed the second volume of his *History of Ireland*, which was published as the final volume of the *Cyclopaedia* in 1846. The proprietors were at last able to advertise the entire set (some of them in new editions) for £39 18s. This works out at exactly six shillings a volume, and so proved to be no bargain at all.

People continued to keep the books they had brought already: Darwin wrote to John Phillips in 1848 'I instantly turned to [Phillips' volume of] Lardner's Encyclop., & there found every point, put as clear as daylight, as if in answer to my mental queries. It was uncommonly stupid my not looking there before'.[52]

Sales of *Cyclopaedia* volumes continued to tick over slowly and in 1851 it was sold for £9,293 5s 10d. The particulars of the sale gave the details: the stock, copyright, stereotype plates, steel plates and woodcuts were all included, and would be sold in one lot, by auction, at the London Coffee-House, Ludgate Hill, London, on the 16th day of April, 1851. The trustees for the sale were Augustus De Morgan, Charles Longman and W Rivington, who were more than likely the three owners, assuming De Morgan was acting for Lardner or had bought his third, Charles Longman had kept his third and Rivington, who bought Taylor's business, now owned Taylor's third. The money was said to have been used to pay off debts (i.e. the three owners probably divided the amount between each other according to how much work each had put in, as they had always done) so that the original *Cyclopaedia* books balanced and were shut. It seems that Longman bought the other proprietors out at this time, for the records remain in the Longman archives today and are available for inspection on microfiche at the British Library. The *Cyclopaedia* continued to be sold: the accounts continue to 1864 with a steady trickle of an average of perhaps 50 copies for each title per year.

Lardner's son George had left school and Lardner had bought him a Commisary (a diplomatic post) in 1837. Dionysius had taken the trouble to write to John Herschel, who was going to South Africa to study the stars of the Southern Hemisphere, to recommend that he keep an eye on the young man.

> He is ordered to the Cape whence he is likely to be stationed for some time and being very young (only 19) and at a distance from all friends, and relatives, I have decided to recommend him to your notice in case he should need advice or information. His duty and allowances being those of a captain in the army are amply sufficient for all his purposes if properly applied, but his great inexperience (being only just taken from school) will render the advice and trust of one to whom he would look upon as his would to you of great value.
> – *Lardner asks John Herschel to keep an eye on his son*

George Darley Lardner went on to serve in the army for the rest of his career, but his descendants continued to call their children 'Dionysius' which suggests that they were proud of their illustrious ancestor. When he retired he joined the Astronomical Society as his father had done before him, and an obituary in their transactions remembers him fondly as a good raconteur and someone who loved to teach children about the stars.

Once Lardner left, it seems he no longer supported his ward Dion Boursiquot, and the young man, who was already about twenty at this time, was left to fend for himself. In Dion's accounts of his life he portrayed himself with typical artistic licence as starving in a four shilling a week Lambeth garret during this period, describing himself as 'something older than a boy and younger than a man'. He described himself as having a slim figure, broad in the shoulders, thin in the flank, and his black hair and grey-blue eyes, and a complexion fair as that of a girl, which, he wrote, indicated that he was of the Irish race. One wonders if he looked very much like Lardner. This frugal lifestyle must have been quite a shock for young Dion, for friends could remember him living in the lap of luxury only a few months before (when he was presumably being supported by his parents, possibly by Lardner, and possibly by one of the Guinness family to whom he was related through his mother). At that time he was recorded to have been seen sporting with 'expensive clothes, imported fruits, cakes and sweetmeats, smoking the finest Havana cigars and entertaining his friends lavishly'. Dion seems to have gained Lardner's networking skills and managed to introduce himself to many of the same people whom his father knew without having the advantage of Lardner's name or overt patronage. Indeed, Lardner's erstwhile friend Charles Macready was very surprised when he heard the rumours that his young protégé was said to be Dionysius Lardner's natural son.

The young man managed to get various acting jobs, going under the name of 'Lee Moreton' and eventually, after reverting to his original name but changing the spelling to 'Dion Boucicault,' he managed to persuade Charles Matthews, manager of the Drury Lane Theatre, to accept his play *London Assurance*. The play opened on 4th March, 1841 to great acclaim. The play, a sparkling display of wit and charm, was an inspiration to Oscar Wilde and shares many similarities with his *Importance of Being Ernest* and became a classic[53]. Dion's play is still produced today: for instance a June 2010 production in London's National Theatre starred Fiona North and Richard Briers.

Dion's reputation as a witty playwright had been forged. He had proved that he was quite capable of supporting himself, and his success soon attracted other dependents: his mother Anne and eldest brother arrived from Ireland to share his good fortune, supposedly for a six month visit, remaining with him for the next forty years. Dion later eloquently explained 'the racehorse went to the plow with a little sigh, as he put his neck in the collar to work for weekly wages'.

Dion's acting and play-writing career continued. He wrote well over a hundred plays, often centred on comic Irish rural characters, and his many other theatrical successes including *The Coleen Bawn*, *Arrah-na-Pogue* and *The Shaughraun*. Modern productions of several of these plays are commonplace. The further adventures of Dion Boucicault can be read in several excellent biographies, including most recently that of Richard Fawkes published in 1976.

○§○

Unfortunately Dionysius' younger brother William does not seem to have fared so well. Like Lardner he had married and travelled to America, and it is just possible that he is the 'Dr William Lardner, D, G.P. &.ᶜ &.ᶜ' who wrote the music of the popular song '*The Watcher*', first published in Philadelphia in 1841[54]. Since that time his marriage had fallen apart and he had separated from his wife and returned. In 1848 he was picked up by police wandering the streets of London accosting women and making grandiose claims and was jailed. When a similar incident happened again the magistrates decided to commit him to a lunatic asylum. His fate after that is unknown. The family tree makes no mention of his insanity and the truth is the other members of the family may not have known of the incidents or of his eventual fate.

Most of the Lardner's family had remained in Ireland. Unfortunately the economic situation in Ireland had not improved. Catholics who fell within the forty-shilling freeholder category had at last been granted the vote, largely thanks to the lawyers Daniel O'Connell and Lardner's friend Richard Sheil and their supporters, but the new laws had been constructed in such a way that their votes could make little impact on the Parliament's decision making process.

Catholics were becoming ever more vocal as the desperation of the poor increased and crowds continued to gather in huge meetings to protest) against the Act of Union and the exploitation of the Irish by the English. One of the largest of these protest meetings took place in Ennis, the native town of Dionysius' father William, where a 'Great repeal meeting,' was held at two o'clock on a Thursday afternoon, two days after Christmas 1842. Despite rain and sleet in the morning, between seven and eight thousand people gathered in front of Ennis Courthouse, where political meetings in Ennis were traditionally held. William Lardner Jr., a member of a different branch of the Ennis Lardners, acted as the secretary of the meeting. It seems ironic and strangely fitting that this crowd gathered by William Lardner, honest, stay-at-home miller, who was proud of not having bowed to pressure to convert from his Catholic religion, was far larger than any meeting that Dionysius Lardner with all his political connections and aspirations to fame, ever addressed. The speaker, Daniel

O'Connell of Toureen (a relation of his more famous namesake), explained to the crowd that Ireland had gained nothing from the Union but national debt, a drain of her resources and the drawing away of her members of parliament to spend their money in England, leaving those who remained with tithes to pay and giving no compensation for what they had lost. The speakers at these meetings were always anxious to praise the crowds for their patience, for they were at heart law abiding and hoped to bring about change by persuading the government to change their policies, but this was a vain hope.

ଓଓ

The family members in Dublin had also fallen upon difficult times. Up until 1840 Lardner had been a generous son to his mother and sisters, supporting his brother William through medical school and paying Caroline to index his *Cabinet Cyclopaedia* volumes and sending home about £200 a year. However, he was obviously not that eager to hear from them even then, for he added a rather harsh line when he sent them the proofs of the *History of France*: 'Do not write except when it is absolutely necessary because I do not wish to give the persons who receive letters for me unnecessary trouble'. Perhaps he was afraid that letters might reveal his family secrets to others.

Lardner had occasionally visited Ireland in the early 1830s, travelling there from the BAAS meeting via Scotland, the Lake District and Liverpool in 1833 to attend the opening of the Dublin and Kingstown Railway, but after he left for America he seems to have cut all ties with his home country. Worse, he abandoned his old family to fend for themselves. Mary Heaviside claimed in her letter to her father that

Lardner had no dependent and she seems to have been unaware of Lardner's many needy relations. Perhaps the traveller told himself that his brother was now taking care of his mother and sisters, but in fact they now had no means of support and their position, and the economic situation, afforded them no easy means of income.

In 1846 disaster struck Ireland when the potato crop failed. The potato was the main staple, and a very high proportion of the population were so poor that they survived almost exclusively on a diet of oats and potatoes. At first charities in England stepped in to help. Laws were passed to set up workhouses and work schemes for the poor, but they often provided little food and the work drained whatever little energy men had during the freezing winter months. The Irish tried hard to support the poor: some landlords gave all that they had to aid famine relief. The Catholic Church organised collections and soup kitchens but the numbers of the needy were so great that it was impossible to meet the demands. The numbers of those waiting to be convicted of petty crimes rose steeply in some towns as desperate people hoped that at least in prison they would be kept alive and fed. Each month, loads of Irish beef and corn left the country in steam ships, the profits went to line the pockets of absentee landlords who often spent their earnings in London and the English government eventually conceded by buying in a shipment of maize, a foodstuff which was completely alien to the people, as a token effort to stave off the famine.

The government debated as to whether to reduce Irish taxes but decided against the motion. Eventually the government even shut the workhouses and stopped the work schemes. The British could have afforded to give far more: a few years later the government spent many thousands of pounds on the fruitless Crimean wars than would have fed the Irish population over the period of the famine, but they clung to the flawed teachings of Malthus who had suggested that in an overcrowded population death was inevitable until the population numbers had decreased sufficiently to be sustainable. It has been said that the Irish died of political economy.

During the spring of 1847 the number of deaths began to rise steeply. People were usually not recorded as having died from starvation, for they caught diseases in their weakened states that often finished them off: typhoid broke out and spread across the country. Men could not pay their rents and were thrown off the land they rented: soon families were to be seen trailing along the roads and flocking into the cities, where they flooded the hospitals and spread disease before soon dying. The lucky ones were able to get money to leave for America, or found places on schemes to enable them to do this. It is estimated that the Irish population declined by a quarter during this period.

Without any source of income Dionysius' mother and sisters tried to sub-let their house as a boarding house as Lardner and the Boursiquots had done in the past, but they had no experience and their lodgers were as desperate as they were: two of their lodgers left without paying, so the women were unable to pay their rent and inevitably the landlords evicted them from their home. The destitute women were driven to rent a small room between them. In July 1845 Mary-Anne Lardner, Dionysius Lardner's mother, wrote a desperate letter to the British Prime Minister, who was now Sir Robert Peel, begging him for some money, and the letter is endorsed on the back 'send

£10'. Whether the money reached the family or not is unknown, but another letter sent to Peel the following year by Caroline explained that their mother had died after writing the letter, partly from the effects of malnutrition. Caroline asked for money so that the sisters could leave the country and find posts as governesses abroad. It was only after Lardner's death that Robert Peel decided to take further action, and granted Lardner's sisters a pension in recognition of the work that Lardner had done for the government. It seems that the family may have completely lost touch with each other. Cork newspaper death notices record his sisters' deaths: Caroline's in 1861 and Amelia's in 1864. Whether Lardner learned of the difficulties of his Irish family is difficult to tell.

CR&O

Cecelia Flood's brother, Valentine Flood, died during the famine and his tale is a tragic one that reflects how the harshness of the times could even affect such a well-to-do family as the Floods. Flood was seemingly the only person among Lardner's circle who was actively concerned with the plight of the poor in Ireland. When he was a young anatomical demonstrator Flood spent every spare hour he had working at the dispensary for the poor, and the work often spilled over into time when he should have been at his paid job at the Richmond School. Two satirical articles in the *Lancet* commented on his absences and he was soon asked to leave, which was probably a factor in his travelling to London to find work.

When Valentine Flood returned to Ireland in 1839 he found work as a government employee and was consigned to a scheme to relieve the famine in Tubrid, a small town in the West of Ireland where the famine was at its worst. A visitor to Tubrid at this time describes how a wagon full of meal could drive unharmed along the roads whilst starving peasants stood and watched: as ever the Irish peasants were peace-loving and in their exhausted states they had no energy to protest. The soup kitchen at Tubrid housed many starving men but in their weakened state typhus spread amongst them. Soon after his arrival in this living hell, Valentine Flood caught typhus and died on 18th October 1847.

After Flood's death there were articles in several Dublin medical journals telling his story and raising the issue of pensions for the families of doctors who had died in the famine. If they had been army doctors, the writer pointed out, their families would have been entitled to a pension but because they were government paid civilian doctors

Figure 41: The Great Hunger

their families were left destitute. A fund was set up to collect money for the families of these doctors, and a stone was erected in Tubrid in Flood's memory, where it can still be seen, although the village is now abandoned.

Valentine Flood was not the only Irish doctor who died during the famine years: many Irish like him valiantly battled with the diseases of the poor.

Mary Anne Lardner and Valentine Flood were amongst many thousands who died during the famine years of 1846-8 and the Boursiquot boys were amongst many who were driven by the hopelessness of job prospects in Ireland to seek work abroad. By the end of the decade as a result of the joint effects of death and emigration Ireland, a land with perhaps the most fertile soil in Europe had lost one quarter of its population. With the famine the tradition of residing goodwill and tolerance from the Catholics was broken, and even members of the Protestant aristocracy lost their patience with trying to find a legal solution. Peaceful, legal protest had achieved very little. William Smith O'Brien, an SDUK member who had taken over as MP for Clare was one of several in the Young Irelanders movement who were so horrified by the attitude of the British leading up to and during the famine that they attempted a rebellion in 1848. The rebellion failed, O'Brien was banished to a small Island near Australia for many years and many of the other leaders fled to New York where they continued to promote Irish Independence for many years to come.

The stone reads: "This stone has been placed here by the clergy of both denomination[s] and the principal members of the relief committee of Tubrid with a few of their friends as a memorial of their gratitude for invaluable professional services and of their respect for the memory of Valentine Flood, M.D., M.R.I.A., physician to the Tubrid Hospital, who died of fever caught in the faithful discharge of his dangerous duties in that establishment and whose mortal remains are interred underneath, OB 18 Oct. 1847 AD"

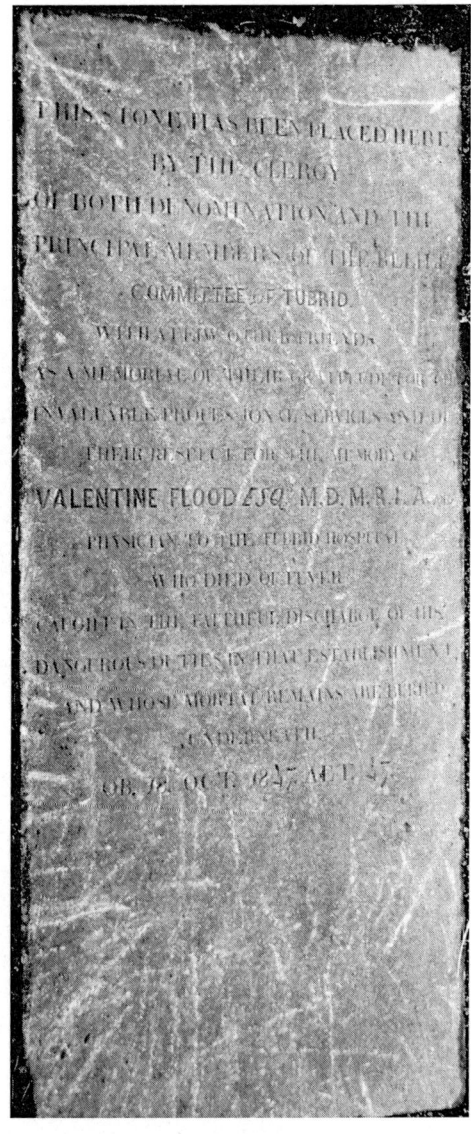

Figure 42: Valentine Flood memorial stone

Figure 43: Karl Marx, who quoted *Railway Economy* in his famous *Das Kapital*

23: RAILWAY ECONOMIST

Background to Railway Economy—Stanley Jevons investigates the financial crash—the Marginal Utilitarians—Economists develop Lardner's ideas—The Cambridge Network and the so-called 'Whewell' group of economists—Economists develop Lardner's ideas—Globalism personified

The work *Railway Economy*, published in 1849, is Dionysius Lardner's masterpiece. It is highly regarded by economists and is even mentioned by Karl Marx in *Das Kapital*. It made a lasting impression a younger economist, William Stanley Jevons, who developed some of the concepts in it in his most famous work, thus inventing the 'neo-classical' school of economic thinking.[55]

By 1849, when the book was published, Lardner had spent nearly fifteen years recording the development of communications infrastructures. In 1849, in *Railway Economy*, he synthesises the ideas of many other writers to create something systematic and unique. The work examines the financial and management processes involved in running large railway companies and national rail networks. It is more reflective and less technical than his earlier, popular, works: one sign of this was that it had no pictures. There is no description of the boilers or history of the design of the locomotive that fill his earlier books on steam; instead the book begins with a brief examination of the improvements to transport and communication systems and their effects, present and future on the modern lifestyle. With *Railway Economy* Lardner came of age as an international figure. Whereas in the *Edinburgh Review* he was talking of bridging the distance between Ireland and the towns in the north of England, now in 1849 he was able to see the global picture, incorporating examples of trade he had witnessed on his further travels:

> Pines from the West Indies, oranges from Havana sent via Mobile and New Orleans, ice sent from Boston in mid-winter to Havana or even Calcutta or cotton, grown in South Carolina or Georgia, sent in bales to Charleston or Savannah, sent by steamer to Liverpool and then by railway to the Manchester mills, to be processed and then returned again to be sold as cloth in Charleston or Savannah.
> – *from 'Railway Economy'*

Railway Economy has been called 'the first exposition in England of what approximates to the modern theory of the firm'.[56] Until the mid-nineteenth century most enterprises in Britain had been owned by one man or several partners who had owned the business and been legally liable for any debts incurred, but the building and administration of a railway was a Herculean task which no one man could monitor or undertake alone. As many merchants got together and applied for Acts of Parliament to create railways, the expenses involved and the revenues incurred involved very complex issues so that it became clear that it was very difficult to plan spending and developments. Firms were becoming monolithic structures that needed to develop appropriate management frameworks.

In *Railway Economy* Lardner tried to give a systematic overview of the factors that affected fixed and variable expenses and hence profits and losses. He also promoted good practices and procedures that would mean that financial decisions were taken in advance, so that companies were accountable to their shareholders and produced detailed and accurate financial accounts at the end of each year as the American railroad companies did. He then launched into an examination of every aspect of the administration of modern railway company, including chapters on the way and works; locomotive power; carrying stock; maintenance and reproduction of the rolling stock; stations and the clearing house.

Lardner cannot help expressing his enthusiasm for all the good things that railways will bring, but this book is not about how railways can benefit the world but how the world can benefit the railway company. The book also includes sections on the Electric Telegraph and Inland transport in the United States, sections comparing railways in Belgium, France, Germany, Russia, Italy and Spain and a brief section on railway accidents towards the end of the book. The final chapter is a call for more open reporting of company accounts and better gathering of statistics and for the state to take a more active role in regulating the management of railways in the form of a Board of Railway Control. Lardner suggested that railways would completely change the nature of modern warfare, for the railways could be used to move troops fast and for this reason it was important that railways be owned by the government. He thought that improvement in communications would make wars unnecessary as each economy became interdependent on trade with their neighbours, and even if there were wars each war would only a few days.

The book contained several different novel and important concepts and over the years different readers have seized on and developed the various aspects of the work which matched their own individual interests and needs. Lardner controversially argued that some money should be set aside for repairs and maintenance, and it was this section that Marx referred to in *Das Kapital*. Another who read Lardner's book was William Stanley Jevons, a former student at the London University whom Augustus De Morgan had taught. The economist Sir Alfred Marshall in turn was strongly influenced by the ideas of Jevons and said of his work that it 'will probably be found to have more constructive force than any, save that of Ricardo, that has been done during the last hundred years'.

Jevons was an angry young gentleman from Liverpool. He was educated at the Mechanic's Institute High School in that town, but his life was blighted in 1848 at the age of about thirteen, when the first railway boom ended; there was less demand for iron, and Jevons & Sons, the family iron trading firm established by Jevons' paternal grandfather, went bankrupt. Jevons' family life went from bad to worse when his brother Roscoe suffered a mental breakdown. Partly because of his family's finances it was important that he get a good job, so after leaving the University of London at the age of seventeen in 1851 he left England to take up a job in Australia as a surveyor.

He wanted to understand why the companies his father had invested in had failed, and on the long outward journey he read and thought much about economics and began to read and write on the subject. Two of his letters were published in a paper. He continued to read avidly and when he was twenty five in about 1856 he read Lardner's *Railway Economy*. It seems to have affected him deeply; he chose it as the subject of his third newspaper article in December 1857.

Lardner was an appropriate source for the young man to find wisdom on the subject. Andrew Odlyzko, an expert in economic cycles and technological innovation, refers to Lardner as a 'Cassandra' and portrays him as a lone voice crying in the wilderness as far as his calls for government control of railways was concerned. Whereas many investors were under the impression that most of the business earned on the railway was on terminus to terminus (i.e. long distance) trips (what Odlyzko refers to as the 'terminus to terminus delusion'), Lardner demonstrated that short term trips generated most of the railways' income.[57]

In a section entitled 'Plain Rules for Railway Speculators', added in the fifth edition of *Lectures on the Steam Engine*, Lardner, who estimated that the current projected railways would take at least £50,000,000 to build, had warned of the dangers of allowing railway companies to compete unsystematically for the same passengers, and he warned that as a whole the railway system would produce meagre profits. Sadly the industry did not heed his warning, preferring to pay attention to a section of Lardner's speech to the BAAS in Bristol in 1836, in which he was more optimistic and incorrectly estimated that the amount of passenger traffic once a railway was built amounted to four times the passenger traffic that existed on the pre-existing route (a theory that Odlyzko calls the '4x delusion'). The section was re-printed in several forms and widely read.

Many members of the public invested in shares during the railway boom and bust cycle of the 1840s including Charles Darwin, Charles Babbage, Charlotte Bronte, John Stuart Mill and Isambard Kingdom Brunel himself, and most lost their money. Charlotte mused philosophically when her shares had dropped to half of what she bought them for: 'Many, very many, are by the late strange Railway System deprived almost of their daily bread; such then as have only lost provision laid up for the future should take care how they complain'.[58] Andrew Odlyzko explains:

> Although railway shares did recover from the depths reached in late 1849, they were not regarded as having properly rewarded those who bought them and made the railway system possible. In 1855 the *Economist* wrote that '[M]echanically or scientifically, the railways, with all their multiplied conveniences and contrivances, are an honour to our age and country; commercially, they are a great failure.[59]
> – *Andrew Odlyzko describes the railways' failure to reward their investors*

It was through reading Lardner and others that Jevons began to make sense of the railway crash. In the introduction to the second edition of his book he refers to the sources that gave him the idea of investigating Economics mathematically, and adds: 'To Lardner's *Railway Economy* I was probably most indebted, having been well acquainted with that work since the year 1857'. He continued: 'Lardner's book has always struck me as containing a very able investigation, the scientific value of which has not been sufficiently estimated.'

Jevons had noticed how Lardner used mathematical equations and even incorporated a graph to demonstrate and solve economic problems. In the introduction to Jevons' first edition he was particularly complimentary about Lardner's graph, commenting:

> He treats certain questions of Political Economy in a highly scientific and mathematical spirit. Thus the relation of the rate of fares to the gross receipts and net profits of a railway company are beautifully demonstrated ... by means of a diagram. It is proven that the maximum profit occurs at the point where the curve of gross receipts becomes parallel to the curve of expenses of conveyance.
> – *Jevons praises Lardner's radical idea of using a graph in an economics book*

At that time the idea of introducing a graph into a book about economy was a novelty, but the idea of translating dry statistics into a little eye catching diagram reflected Lardner's belief in the importance of illustration, simplification and clarity. He realised that adding a graph to demonstrate the formula would be pleasing on the eye and made the concept easier for his readers to understand.

The graph that Jevons admired illustrated the concept of price differentiation. Lardner was very interested in this concept. Perhaps the issue was first brought to his mind during the Postal Enquiry when a Lord asked Lardner if he thought a lot more people would send letters if the cost were dropped, and asked what would be the optimum level of charge. On that occasion Lardner said he had never thought about it and had no idea. By the time Lardner wrote his 1846 *Edinburgh Review* article *Railways at Home and Abroad* he had grasped the principle of price differentiation, and stated that some railway companies had discovered that 'the maximum of profits is not necessarily attended by the maximum of fares'. In *Railway Economy* Lardner developed this theme by introducing English readers to the concept of price differentiation and suggesting the scientific means by which the optimum varying price could be determined for different services.

It is thought that Lardner developed his concepts of price differentiation from reading the work of French economists Antoine Augustin Cournot, the American Charles Ellet and Jules Dupuit who were all economists loosely centred around the French government's Ecole des Ingenieurs des Ponts et Chaussées. The European writers used the the Continental analytical methods to incorporate mathematical calculations into their work.[60] Articles by Cournot had been published in the French *Journal des Economistes* in 1844 and 1849, at around the time when Lardner was writing *Railway Economy*.

Lardner spoke good French and did not need a translator if he spoke there, as Babbage explained to Baron Dupin in a letter 1833, so he acted as a conduit between the French ideas and his English readers. Jevons had not read the French economists but he came to hear of their ideas through Lardner's work, and he incorporated these ideas into his own work.

Lardner, Cornot, Ellet and Dupuit together with Leon Walras are called the 'marginal utilitarians' by economists today. These economists developed a theory which helped to explain the mechanism by which the market price of an item is determined by arguing that the price of a product is related to the cost of production of the most expensive viable example of the product-the marginal point. More radically, they tried to discover where marginal points lay using mathematical functions.

The marginal utilitarians were not alone in applying mathematical reasoning to economics for there were several English economists working in this area. Robertson has identified a group of early European economists who were among the first to develop the use of mathematical notation and functions in economics. James P Henderson suggested that in Britain there was a group of such economists who influenced each other's economic writings and could be considered as the 'Whewell group'.[61] Henderson suggests that Babbage, Whewell, Lardner and other economists were linked together as part of the 'Cambridge Network' of scientists that included John Herschel and George Peacock, and he describes how those in Cambridge University were introducing the analytical methods of Lagrange and Laplace, as we have described in earlier chapters. Henderson, drawing on Cannon's earlier work, points out that this was part of a general blossoming of science in the University at that time, which included developments in the study of mechanics, mineralogy, magnetism, meteorology, economics, theology, poetry literature and the philosophy of science. All these different fields involved different scientists, loosely linked to Cambridge University, but Whewell is usually portrayed as the central figure who had links to them all.

It is arguable that Lardner was a less marginal figure in the group's thinking than is often supposed. Lardner admired Whewell's style and tried to get him to write the article on 'Political Economy' for the *Cabinet Cyclopaedia*, but the Irishman had developed most of the ideas that shaped his thinking long before he ever met Whewell or read his work. Lardner had toyed with the idea of using mathematical formulae to work out economical questions as early as 1826, when he wrote to Charles Babbage:

> I have of late been devoting a small portion of time to a science as new ... to me as it is interesting. I mean Political Economy. I am quite fascinated with it and cannot persuade myself that it is not susceptible of all the rigour of mathematical reasoning. Nay I see no positive reason why the language and operations of analysis should not be applied to it.[62]
> – *Lardner suggests to Babbage the application of analytical mathematical reasoning to economics as early as 1826.*

Lardner wrote that he did not have time to pursue these ideas, but he urged Babbage to take up the study of economics. Babbage did in fact go on to write *On the Economy of Machinery and Manufacturers*, published in 1835, a work which Lardner valued highly and took with him on his Northern Lecture tour. In incorporating mathematical formulae in *Railway Economy* Lardner was developing his own original ideas as well as incorporating those of the other members of the 'Cambridge Network'. Whewell only began to work on the idea of using mathematics in economics when he wrote papers published in the *Transactions of the Cambridge Philosophical Society* from 1829 onwards. Lardner was certainly linked to the 'Cambridge Network' but designating him as a member of any 'Whewell group' would as valid, and equally unhelpful, as classing Babbage or Herschel as members of the 'Dublin Analyticals'.

Alfred Marshall developed another idea that he had read in Railway Economy; a concept that he later christened 'Lardner's law of squares'. Lardner wrote how faster speeds and cheaper transport would increase the market areas for goods. Lardner may well have based this section on Nicholas Cundy's book *Inland Transit* published 1834 and written in December 1833, which explained how faster transport would affect the uses of land. Lardner wrote:

> Towns, at present removed some stages from the metropolis, will become its suburbs; others, now at a day's journey, will be removed to its immediate vicinity; business will be carried on with as much ease between them and the metropolis, as it is now between distant points of the metropolis itself.
> – *Lardner forsses the advent of communter towns*

Later in the work he clarified this concept mathematically, writing: 'Increase in the market would not be in the simple ratio of the increased radius of transport, but in the ratio of its square'. In his seminal work *Industry and Trade*, Marshall referred this idea and said that this rule 'was made prominent for the first time in Lardner's epoch-making *Railway Economy*'. Marshall referred to this concept as 'Lardner's law of Squares' and later economists have argued about the accuracy of Lardner's formula.[63]

In *The Coal Question*, a work which made his name, published in 1865, Jevons picked up another issue mentioned in Lardner's writings; this concerned the future of energy supply. Lardner had discussed the issue of whether or not the UK coal supplies would run out in the foreseeable future: he said that any such apprehensions were groundless and that even if sixteen million tons were removed each year the supply would last for many centuries. Jevons took issue with the following paragraph:

> Other and more powerful mechanical agents will supersede the use of coal. Philosophy ... already directs her fingers at sources of inexhaustible power in the phenomena of electricity and magnetism ...in a word, the general state of physical science at the present moment, the vigour, activity and sagacity with which researches in it are prosecuted in every country, the increasing consideration in which scientific men are held, and the personal honours and rewards which begin to be conferred upon them, all justify the expectation that we are on the eve of scientific discoveries still greater than any which have yet appeared, that the steam-engine itself ... may ere long dwindle into insignificance, in comparison with the hidden powers of nature still to be revealed and that day will come when that machine, which is now extending the blessings of civilization to the most remote skirts of the globe, will have ceased to have existence, save in the pages of history.
> – *Lardner praises the progress science has made and forsees the end of the steam engine*

Jevons, in a chapter entitled 'On the supposed substitutes for coal' dismissed the concept that any energy will surpass coal and, convincingly, pointed out that it was absurd to think that any agent such as electricity or magnetism could take its place, since electricity is only a way of transmitting energy not creating it.

By 1850 Lardner was acutely aware, as an eye witness, of how improvements in communications and transport infrastructure had expanded global markets. Lardner's first text books were printed and sold only in his native city, as was normal at that time: with the improvements in railway travel it became feasible for Lardner to speak in person to audiences across a wide area of the British Isles, and as he became better known so his books sold to a wider audience. With the advent of steam navigation of the Atlantic it had become increasingly easy for Lardner, Dickens, Elssler and others to become early international celebrities, spread their markets and fame across the Atlantic and around Europe, and hence by the time he wrote *Railway Economy* and the *Museum of Science and Arts* his own market was truly global and readers as far away as India were able to access his books. His status as an international celebrity was a living example of the global marketing phenomena that he had predicted.

Figure 44: Marinoni's Newspaper Printing Press

24: EARTHQUAKE, DEATH AND AFTERMATH

Earthquake in Naples—Robert Mallet and development of the science of seismology—Death of Dr Lardner—Deaths of wives Cecelia and Mary Lardner and subsequent court case

Dionysius Lardner spent some time in Naples during the last few years of his life and witnessed the famous 'Great Neapolitan Earthquake' of 19th November, 1857. At the time of the earthquake he was staying at the Hotel des Isles Britannique, Chiaja (or Chiai). He was the author of an anonymous letter published in the *Times* on Boxing Day 1857 containing an account of his experiences and observations.

This letter was important because it was read with great interest by Robert Mallet, a Trinity College Dublin graduate who had been educated at Bective House College, the school presided over by Dionysius' cousin, John Lardner-Burke. Mallet was later to coin the term 'seismology' and to become the leading expert in that science. Mallet had probably met Lardner at the Newcastle British Association meeting in 1838 where both men had submitted reports. He would have read with interest Lardner's Boxing Day letter to the *Times*, (which followed another account of the earthquake written by the newspaper's official correspondent). It included the following text:

> The earthquake at Naples, 19th November, 1857
>
> On Wednesday evening, I was sitting in a salon in our residence here on the Chiatamone, situate on the immediate shore of the Bay, when one of our servants rushed into the room to ask what was the matter, supposing that we had knocked violently at the door of the room. Immediately the windows and doors began to rattle in the strangest manner. Imagining that it might proceed from one of those sudden coups de vent so frequent in this climate, I opened the windows and walked out on the balcony. The atmosphere was still, the most profound calm prevailed, not a cloud could be seen. It was a splendid starlight night. I returned into the salon, and in a few seconds felt the floor alternately sinking and rising and affected like that of the cabin of a vessel which rolls and pitches. In the next room, where two young ladies had just gone to bed, I heard that they found it difficult to keep in the bed. The maid who attended them said the walls were falling. I looked at a large bronze chandelier suspended from the centre of the ceiling of the salon, and, to my astonishment, saw it swinging exactly like a lamp suspended in the cabin of a vessel in a storm. The character of the phenomenon was no longer doubtful. I looked at my watch. The hour was a quarter-past ten exactly. As the most exact means of estimating the undulation, I observed the movement of the large chandelier. This is a large bronze lustre, weighing 400lb or 500lb. The distance

from its point of suspension to the lowest point of its axis is about 10 feet. Its motion at first seemed to be that of a pendulum, the arc of vibration of the lowest point being about two feet, but this immediately changed to the motion of a conical pendulum; the lowest point of the axis described a circle, or rather an ellipse the major axis of which was about two feet. It appears, therefore, that the phenomenon began with a tremendous movement of the foundation of the house, manifested by the rattling of the doors and windows, and that this, after a short interval, was succeeded by two undulations, propagated, as it would seem by the conical swing of the lustre, in two different directions. All that I have here taken so many lines to describe took place within two, or at the most three minutes…

The bells of the hotel were all set a-ringing. The pendulum of a large house clock standing in the hall rattled against the clock-case. A gentleman lying asleep upon a sofa on the ground-floor was flung off upon the floor. The population generally soon after the shock went out into the squares, places, and other open spaces. The wealthier classes ordered out their carriages, in which they passed the chief part of the night in driving on the Chiaja road, which runs along the borders of the bay wide enough to keep clear of falling houses. The people who filled the squares and other open spaces lighted fires and passed the night around them. Many families had chairs and benches brought from their apartments into the Piazza Reale, the Largo de Castello, the Santa Lucia, and other like places,

> where they sat during the night awaiting a recurrence of the shocks. In some houses thin partitions which divide room from room and the ceilings were cracked; some damage is also said to have been done to the British Hospital. ... At the Royal Observatory on the Capo di Monte two astronomical clocks, the pendulums of which vibrate in the plane of the prime vertical (that is, east and west) were stopped. Other clocks in the Observatory, however, continued to go regularly...'
> – *Lardner's eye witness account of the Great Neapolitan Earthquake*

On reading the *Times* articles, Mallet, who had been interested in earthquakes for some years, quickly negotiated a grant of £150 from the Royal Society to investigate the Neapolitan phenomenon. Within a month he travelled to Naples, interviewed Lardner and used the new tool, a camera, to record what he found (photography, invented separately by William Fox Talbot and John Herschel, was quite well established by the time of the earthquake in 1857).

Mallet visited Lardner in the hotel and saw the salon on the third floor where Lardner had watched the 'large and ponderous chandelier'. Lardner obligingly set the chandelier swinging again so that Mallet could ascertain the direction and extent of the swing and Mallet measured the exact direction with his compass and asked Lardner about the reliability of his watch. Lardner said that it was a good quality watch but he could not guarantee that it was perfectly right. He again described the undulating movement of the second series of shocks, saying that they were 'like that in the cabin of a small vessel, in a very short, chopping sea', and described how difficult it had been to stand up.

During his investigations of the effects of the earthquake, Mallet carefully recorded the directions in which the buildings fell and in which the clocks had swung and in these ways developed new methods for discerning the epicentre of earthquakes. He wrote reports on his findings for the Royal Society and for the British Association. It was in his 1858 report to the British Association that the word 'seismology' was first used. He was able to calculate that the earthquake had begun about nine miles below the earth's surface and he went on to write a seminal work on seismology, *The Great Neapolitan Earthquake: the First Principles of Observational Seismology*.[64]

03&0

Lardner's purpose in visiting Naples is not known but the king of the 'Two Sicilies', as the area was known at that time, was very supportive of the sciences, and Lardner may have been a sort of semi-permanent guest at his court. Lardner would have been a useful expert to keep to hand: there were plans at that time to build the famous funicular railway in the area (as immortalised in the song 'Funiculi Funiculà'). At the time of the earthquake the king was also involved in a project to develop a system of telegraphs across the country, and it is very likely that Lardner, who as we have seen had carried out experiments on telegraphs elsewhere in Europe, was involved in that project in some way.

Mallet was perhaps one of the last Irishmen to see Lardner alive: Dionysius died in Naples in 1859. He was reported to have been sixty-two. Although Lardner died on 11th April the event was not published in the *Times* until Tuesday 9th May:

> **Dr Lardner**
>
> A telegram from our Paris correspondent, which appeared in our second edition of last evening, brought us the news of Dr Lardner's death. Few, if any, Scientific men have done more than he towards extending scientific knowledge among the people, and none were more eminently qualified for the work. Not only were his acquirements as profound as those of any man of his day, but he possessed in a peculiarly high degree that happy facility of throwing into popular and graphic language the most elaborate theories of science, and leading minds unaccustomed to scientific reasoning to an appreciation of scientific truths, which would have been altogether incomprehensible if involved in the obscurity of technical phraseology.
> – *Newspaper report of Lardner's death*

The *Times* article stated of 'Lardner's last important work, *The Museum of Science and Art*, that it 'Contains many of the best popular treatises on science which have ever been written.' The article ends:

> Dr Lardner has left one son, a commissary-general of the British Army, and two daughters, the issue of two marriages. He died on Thursday evening … at the age of 66, and although he has contributed more to the scientific literature of his country than almost any other man, and although he had already

lived more than an average life, there can be no doubt that his death has checked him in a career of usefulness which the vigour of his mind would have otherwise enabled him to continue for many years to come.
– *final paragraphs of the 'Times' obituary*

Unfortunately the newspapers did not give any details as to how he died.

Lardner was buried in Naples in the old protestant cemetery, within the garden of the Church Santa Maria della Fede. Mary Somerville, the mathematician, astronomer and teacher of Ada Lovelace, was buried in the same graveyard in 1872. If she was disqualified by sex from becoming a member of the British Association she could at least be buried with a philosopher, although there is no sign that she wished either fate. The British consul eventually gave the land to the city of Naples and in 1980 the graves were removed to make a park.

Lardner left a very simple will leaving his possessions to Mary his wife. A handwritten copy is stored in the Templeman Library in Kent University. The will is written in a generic, cover-all format and did not specify any particular possessions or property. It was registered in 1862 and reveals that Lardner was living at No 35 Boulevard des Invalides when he wrote it, but died at 'Palazavalle' [probably Piazza Reale,] Chiajoi Naples. It is possible that Lardner was in debt when he died, for once his will was read it was agreed by Mary that Lardner's personal estate should be granted to one James Walton.

Cecelia Flood seems to have died in 1862. After her death there was a court case concerning the money that her father had given her on their marriage. It seems that the money was tied into a fund. What happened to it after the divorce is unclear. It is difficult to imagine Lardner relinquishing it voluntarily, and Cecelia had few resources to compel him, but on her death it become the property of her surviving son George. Someone called Boyd, who claimed to be Cecelia's closest relation, began a court case in 1864 to obtain this money. The identity of Boyd is unclear It seems that in 1850 George had sold the long term investment to a company called the Reversionary Interest Society of London for £550, which was much lower that the full value of the bond (£1,200 at the time). Cecelia Flood's other nearest relations claimed that this was very suspicious: they alleged that the George Darley Lardner who had signed across the money was not Cecelia's son at all but an imposter. They claimed that the real George Darley Lardner had died of consumption in Italy as a child, and that Dionysius had substituted an illegitimate son in his place, giving him George's identity to prevent the money in question from going to any other member of Cecelia's family.

Cecelia's family had advertised in the *Times* in February 1842, trying to find out exact details of George's 'death'. At that time one of Lardner's sisters had answered the advertisement by visiting the office of Mr H Mayne, the solicitor in Dorset Street, Dublin, and explaining to him that the surviving child was not a substitute but the same George Darley Lardner who had corresponded regularly with her over the years. Miss Lardner, George's aunt, appeared in court confirming what she had told the family in 1842, that George Darley Lardner was not dead but in the Cape of Good Hope. George himself sent an affidavit to the court from Barbados, where he was at that time. In view of this evidence the case was dismissed and the Judge ordered the money to be paid over to the Reversionary Interest Society of London.

Mary seems to have stayed with Lardner until his death: she is cited in Boase's *English Biography* as having been with him at that time. Mary survived to 1891 and both her daughters went on to marry and have many descendants.

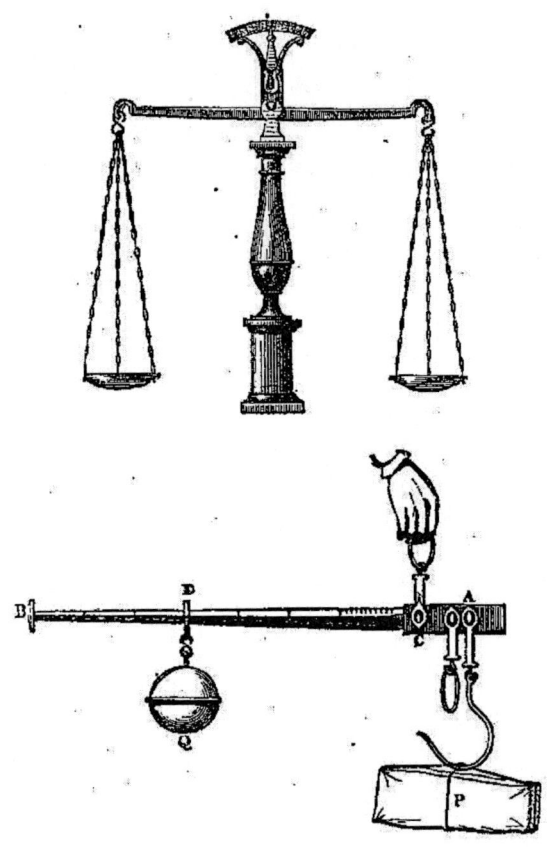

Figure 45: Weighing Instruments from *Natural Philosophy for Schools*

25: LEGACY

Lardner's reputation among railway historians and economists—reputation amongst contemporary journalists—reputation at his death

Historian GR Hawke said of Lardner: 'Lardner has a number of different reputations with various groups of writers. Historians of economic thought have accorded him high honour, writers on railway economics have usually accepted his work as that of a worthy pioneer, and railway historians have, with rare exceptions, at best ignored him and more often treated him with contempt.'[65]

Hawke's picture is a fair one. Since very little scholarly work has been done on Lardner, some modern writers only see disjointed facets of his legacy and seem unaware of the breadth of his work. Hawke in his writings discusses how railway historian ET MacDermot wrote patronisingly of Lardner's encounters with Brunel, characterising him as a theorist in contrast to Brunel, the practical man and commenting that 'the eminent Doctor… floated through life upon an unpuncturable balloon of self-esteem'. Hawke describes how LTC Rolt, the modern writer of famous biographies of Stephenson, Brunel and others, reproduced MacDermot's scathing tone and almost exact words. Rolt, after characterising Lardner as an 'egregious ass', comments: 'Lardner was forever trying to sail with the prevailing wind, but he was such a bad navigator that by the time he got his sails up the wind had changed and he was invariably dismasted.'[66]

Hawke points out that these writers have underestimated Lardner's contributions to economics and railway history. By contrast, other historians, as we have seen in earlier chapters, have provided a more balanced view of Lardner. The respected economic historian JH. Clapham, in a 1936 book, regarded *Railway Economy* as useful and accurate source of information and wrote of Lardner that he was 'the first and greatest scientific writer on rrailways'. Jo Hays' *Oxford Dictionary of National Biography* article on Lardner stresses his contribution as a populariser of science and concludes: 'he was certainly not an original or profound thinker, but he was a man of great and visible ability, master of a lucid style, and as a populariser of science did great work.'[67]

When Lardner left England in 1840 and it was assumed that his career in England had finished, the Athenaeum published their verdict on his career to date as follows:

> It were curious to examine at this moment into the secret of Dr Lardner's great popularity as an author. It is probable, that had he lived either twenty years later or earlier, he would not have been so distinguished as he has been. He was floated into popularity on the very crest of the tide of diffusion-of-knowledge treatises, popular universities, and popular libraries, of popular institutions, and lectures of all kinds, and he was we think, decidedly

the most popular, and the most deservedly popular, of all the popular writers of his day.

The writer astutely added a barbed complement:

As a lecturer in the London University, no man gave better attended lectures on the elementary parts of Science, and no one could have addressed a greater number of empty benches when the profounder abstractions of mathematics were to be developed.
– *Athanaeum assessment of Lardner's work, 1840*

John Herapath, editor of the *Railway Magazine*, in a review of *Railway Economy*, echoed this judgement when he stated:

Had he kept to that profession [i.e. a grinder and author of textbooks], or to that of a lecturer, his talents and industry would always have ensured him respectability, and even a high position, among the distinguished men of the day. Indeed, at one time there was not a more popular writer or lecturer in England. As a writer he possessed the power of simplification in an eminent degree, with a style clear, easy and attractive. His errors, for he was not without them, were generally the result of haste or carelessness, for no one could doubt his ability to master any subject he chose to grapple with. As a lecturer he possessed an influence over his auditory almost magical. On subjects of the driest nature he could fix the attention of a motley audience for hours together. One false step, however, destroyed his popularity, and rendered his name and his works almost inadmissible in decent society. We are

not the apologists of Dr Lardner,—far from it; but we must say, we think it rather hard that a man's private sins should be pressed into service to destroy his public utility. If that rule was general, how many of our public men, who are the first of the day, would be able to maintain their position?
— *John Herapath honours Lardner's memory*

After Lardner's death the *Times* and *New York Times* both published gentle obituaries. An Irish biographical compendium later claimed that 'Dr Lardner may be said to have done more to popularize science amongst English-speaking people than any other writer in modern times.' Perhaps the best summary was the one which the author of this current work discovered in the Saffron Walden Town Library which inspired the present work. It is from William Bates, writing in Maclise's *Gallery of Portraits*, who wrote:

The Fraserians may laugh at the pretensions of Dr Lardner, and 'Father Prout' dub him 'a man of letters' from the number that he appended to his name; but it must be admitted that he was possessed of great abilities, and that the public was largely indebted to him as a pioneer of education. Few men have done more than he to extend and popularize scientific knowledge among the people, a task for which he was well qualified by experience and acquirements, and the elegance, perspicuity, and precision of his style.
— *William Bates praises Lardner*

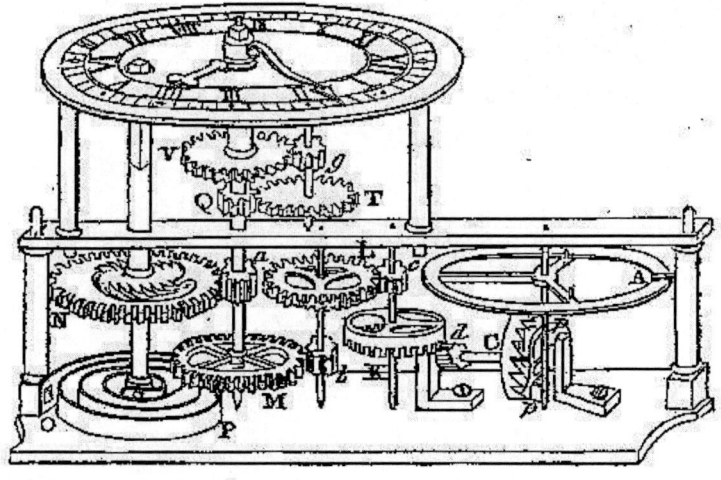

Figure 46: Clockwork from *Popular Lectures in Science and Art*

Figure 47: An engine, from the *Museum of Science and Art*

EPILOGUE: WINDSURFING WITH TRAINS

Despite Lardner's global fame and wide network of contacts, very few people chose to mention him in their autobiographies. There is one notable exception to this conspiracy of silence. Charles Babbage mentions Lardner several times in his work, *Passages from the Life of a Philosopher*, although the relationship appears more distant in his public reminiscences than Lardner's numerous warm letters to the inventor would suggest. Babbage paints an honest picture of his difficult friend, explaining how he had to extricate Lardner from his embarrassment at the British Association. He also tells the following story:

> One very cold day I found Dr Lardner making experiments on the Great Western Railway. He was drawing a series of trucks with an engine travelling at known velocities. At certain intervals, a truck was detached from his train. The time occupied by this truck before it came to rest was the object to be noted. As Dr Lardner was short of assistants, I and my son offered to get into one of his trucks and note for him the time of coming to rest. Our truck having been detached, it came to rest, and I had noted the time.

> After waiting a few minutes, I thought I perceived a slight motion, which continued, though slowly. It then occurred to me that this must arise from the effect of the wind, which was blowing very strongly. On my way to the station, feeling very cold, I had purchased three yards of coarse blue woollen cloth, which I wound round my person. This I now unwound; we held it up as a sail and gradually acquiring greater velocity, finally reached and sailed across the whole of the Hanwell viaduct at a very fair pace.[68]
>
> *– Babbage describes how he, his son Herschel and Lardner sailed a train.*

This is perhaps an appropriate juncture to take our leave of Dr Lardner, Babbage and little Herschel Babbage as they head off into the Hanwell sunset, windsurfing with trains.

APPENDIX: THACKERAY'S TALE OF DIONYSIUS DIDDLER

From William Thackeray *Miscellaneous Essays, Sketches and Reviews*, (London: John Murray, 1886) by kind permission of Saffron Walden Town Library. The Sir Henry Pelham referred to is, of course, Edward Bulwer-Lytton, author of the novel of that name.

This is Dionysius Diddler! young, innocent, and with a fine head of hair,—when he was a student in the University of Ballybunion.—That is Ballybunion University, in the hedge.

APPENDIX: THACKERAY'S TALE OF DIONYSIUS DIDDLER

Here he is, after forty years of fame, and he thinks upon dear Ballybunion. "I'm femous," says he, "all the world over : but what's the use of riputetion? Look at me with all me luggage at the end of me stick—all me money in me left-hand breeches pocket—and it's oh ! but I'd give all me celebrity for a bowl of butther-milk and potaties."

He goes to call on Mr. Shortman, the publisher of the "Closet Cyclopædia," and, sure an ouns! Mr. Shortman gives him three sovereigns and three five-pound notes.

The first thing he does is to take his wig out of pawn.

"And now," says he, "I'll go take a sthroll to the Wist Ind, and call on me frind, Sir Hinry Pelham."

He pays a visit to Sir Henry Pelham.

"Fait!" says Diddler, "the what-d'ye-call-'ems fit me like a glove."

APPENDIX: THACKERAY'S TALE OF DIONYSIUS DIDDLER 379

In Pelham's, coat, hat, boots, and pantaloons,
Forth issues Diddler from the Baronet's house,
In famed Red Lion's fashionable square,
And was it strange that Hodge, Sir Henry's groom,
Mistook the dandy Doc'or for his master?
And while he for his foot the stirrup held,

Said, reverently, "Master, will you mount?"
This Dionysius did, and rode away,—
But fear then seized upon the soul of Hodge.
Says he, "*That gemman cannot be my master
For, as he rode away, he gave me sixpence,
And my dear master never gives me nothen.*"

APPENDIX II: LARDNER FAMILY TREE

John Lardner *ca 1745* & **Ann O'Brian** *ca 1745*
  William O'Brian Lardner *ca 1766-1808* & 1791 **Mary Anne Knightley** *1773-1860*
    Rev. Dr. Dionysius Lardner *1793-1859*
    &1815 **Cecilia Flood** *ca 1798*
      Henry Lardner *1817-1834*
        George Darley Lardner *1818-1902* &1841 **Mary Ann MacIntoch** *1820-1870*
          William George Lardner *1842-1916* &1873 **Martha Steel** *ca 1847-1910*
          Mary Ann Lardner *1844-1916/1917* &1863 **Robert Hamilton Vetch** *1841-1916*
      Cecelia Lardner *ca 1819*
    &1819/1836 **Anna Maria Darley** *ca 1795-1879*
      Dionysius Lardner Boucicault *1820-1890* &1845 **Anne Guiot** *+1847*
    & ?
      Mysterious servant girl ca 1825-
    &ca 1849 **Mary Spicer** *ca 1810*
      Helen Lardner *ca 1842-1913*
      Susan ('Sukie') Lardner *ca 1844 -*
    Theodore Lardner *1795-1816*
    Caroline Matilda Lardner *1797-1861*
    Louisa Lardner *1799*
    George Washington Lardner *1800*
    Amelia Emily Lardner *ca 1802-1864*
    William Knightley Lardner *1804* & **Maria Lardner** *ca 1809*
    Adeline Lardner *1805*
    Jane Nivia Lardner *1807-1896*
    Clarissa Lardner *1809*
    Clarinda Lardner *1811*
    Frederick Henry Lardner *1813*

BIBLIOGRAPHY OF LARDNER'S WORK

Books and pamphlets authored, co-authored or translated and series edited

The Elements of the Theory of Central Forces : Designed for the Use of Students in the University (Dublin: University Press, 1820).

A System of Algebraic Geometry (London: G & W.B. Whittaker, 1823), re-worked and renamed as *A Treatise on Algebraic Geometry* (London: Whittaker, Treacher, and Arnot, 1831).

A Series of Lectures upon Locke's Essay (Dublin: Hodges & Mc Arthur, 1824). Reprinted (Dublin: Bryan Geraghty, 1845).

The Skeleton of an Elementary System of Mechanics (London: John Taylor, 1824).

An Elementary Treatise on the Differential and Integral Calculus (London: John Taylor, 1825).

An Investigation of the Lines of Curvature of Ellipsoids, Hyperboloids and Parabaloids (Dublin: R. Graisbury, 1234), reprinted in *Transactions of the Irish Academy*, 1825, pp. 75-102.

An Analytical Treatise on Plane and Spherical Trigonometry, and the Analysis of Angular Sections (London: John Taylor, 1826); 2nd rev. ed. [with A. De Morgan], (London: John Taylor, 1828).

[Main author: Euclid: translated and annotated by D. Lardner]. *The First Six Books of the Elements of Euclid, to Which are Annexed a Treatise on Solid Geometry* (London: John Taylor, 1828).

2nd ed. (London: John Taylor, 1830); [no 3rd found].
4th ed. (London: John Taylor, 1834);
5th ed. (London: Taylor & Walton, 1836);
6th ed. (London: Taylor & Walton, 1838); [no 7th found];
8th ed. (London: Taylor & Walton, 1843).

[Main author: Euclid]. *The Diagrams of Doctor Lardner's Edition of the First Six Books of the Elements of Euclid: ...* (London: John Taylor, 1828).

Popular Lectures on the Steam Engine in which its Construction and Operation are Familiarly Explained; with an historical sketch of its invention and progressive improvement... (London: John Taylor, 1828);
1st American ed. (New York: E. Bliss, 1828);
French ed. translated by Edmund Pelouze as *La Machine A Vapeur*, (Paris: Audot, 1828);
2nd ed. (London: John Taylor, 1828);
3rd ed. (London: John Taylor, 1830);
4th ed. entitled *Lectures on the Steam-Engine : in Which its Construction and Operation are Familiarly Explained : With a Sketch of its Invention and Progressive Improvement : and an Account of the Present State of the Liverpool Railway, and the Performances on it, and of Steam Carriages on Turnpike Roads* (London: John Taylor, 1832);
5th ed. entitled *The Steam Engine Familiarly Explained and Illustrated: With an Historical Sketch of its Invention and Progressive Improvement, its Applications to Navigation and Railways ; with Plain Maxims for Railway Speculators* (London: Taylor & Walton, 1836);
6th ed. [similarly entitled] (London: Taylor & Walton, 1836);
[British 3rd ed. printed as a different 'American 1st edition' with additions by James. Renwick] entitled *The Steam Engine Familiarly Explained and Illustrated: With an Historical Sketch of its Invention and Progressive Improvement, its Applications to Navigation and Railways; with Plain Maxims for Railway Speculators* (Philadelphia: Carey & Hart, 1836);

3rd American edition, with J. Renwick (Philadelphia: Carey & Hart, 1838);
Danish ed. translated by Søren Hjorth as *Dampmaskinen* (Kjøbenhavn, C. Steens forlag,1838);
7th ed. entitled *The Steam Engine Explained and Illustrated. With an account of its invention and progressive improvement...* (London: Taylor & Walton, 1840);
4th American ed. with J. Renwick from the 5th English ed. (Philadelphia: Carey and Hart, 1838);
8th rev. ed. *The Steam Engine, Steam Navigation, Roads and Railways Explained and Illustrated* (London: Taylor, Walton & Maberly, 1851);

[Related material:] *A Rudimentary Treatise on the Steam Engine for the Use of Beginners* (London: J. Weale, 1848) [Weale's Rudimentary Treatises series, also entitled *Rudimentary works for beginners*] [text contains only the steam engine];
[another ed.] (London: J. Weale, 1859);
15th ed. entitled: *The Steam Engine for the Use of Beginners* (London: Lockwood & son, 1888);
16th ed. (London: Crosby, Lockwood & Son, 1893);

A Discourse on the Advantages of Natural Philosophy and Astronomy (London: John Taylor, 1829), [text of Lardner'first lecture at the London University];

Steam Communication with India by the Red Sea : Advocated in a Letter to Viscount Melbourne. London: Allen and Co., 1837.[a pamphlet]

Railway Economy. (New York: Harper & Brothers, 1850).

Handbook of Natural Philosophy and Astronomy
First Course: *Mechanics, Hydrostatics, Hydraulics, Pneumatics, Sound, Optics.* (London: Walter and Maberly, 1851);
Second Course: *Heat, Common Electricity, Magnetism and Volteic Electricity (1852);*
Third Course *Meteorology, Astronomy.* (London: Walter and Maberly,1853);

[Fourth Course], *Electricity, Magnetism and Accoustics* (1858). Reprinted '7th thousand' (1866):
—Rev. ed. by George Cary Foster (London, Lockwood, 1874).

The Great Exhibition, and London in 1851. (London: Walter and Maberly, 1852).

Natural Philosophy for Schools. (London: Walter and Maberly 1857).

Chemistry for Schools. (London: Walter and Maberly, 1859). [with D. E. Woods and British Association for the Advancement of Science, *Reports on the Determination of the Mean Value of Railway Constants*, (London: R. and J. E. Taylor, 1842)

Arago, F. [main author] with D. Lardner, *Popular Lectures on Astronomy, Delivered at the Royal Observatory of Paris. With Extensive Additions and Corrections by Dionysius Lardner*, (New York: Greeley & McElrath, 1845).

Encyclopaedias and serial monographs

[Author] From the *Library of Useful Knowledge*;
Pneumatics, (London: Baldwin & Craddock, 1827)
Mechanics, Treatise I [-II] (1829)

[Editor] *The Cabinet Cyclopædia* (London: Longman, Rees, Orme, Brown & Green and John Taylor, 1829-) [For a full list of the volumes in the Cabinet Cyclopaedia and their numbers consult Morse Peckham, 'Dr Lardner's Cabinet Cyclopaedia' in *The Papers of the Bibliographical Society of America* 45 (1951), pp. 37-58]

[Author] the following *Cabinet Cyclopaedia* volumes:
A Treatise on Arithmetic, Theoretical and Practical (1834);
—Reprinted (1835).
Geometry and its application in the Arts (1840);
—American ed. (Philadelphia, Cary, Lea & co. 1832).
Hydrostatics (1831).

Mechanics (sometimes recorded as 'A Treatise on Mechanics) (with Henry Kater) (1830),
Reprinted (London: s.n., 1833 1834, 1855, 1856),
—Rev. ed. (1839)
—Rev. ed, enlarged by B. Leowy, (1877)
Mechanics. with Henry Kater (1829, reprinted 1830)
Hydrostatics and Pneumatics (1831)
Electricity (with C. J. Walker),*A Treatise on Heat* (1833).
—*A Manual of Electricity, Magnetism and Meteorology, vol. 1 (1841)*

[Related material]; *The Annual Retrospect of Public Affairs for [1831-] … in Two Volumes Vol. 1[-II]*

[Editor] *The Cabinet Library*. (London, 1830)

[Editor] *The Edinburgh Cabinet Library*. (Edinburgh: 1830-1844)
[According to I Bevan Lardner may have edited some of it.]

[Credited as editor] *Popular Lectures on Science and Art: Delivered in the Principle Cities and Towns of the United States.* (New York: Greeley & McElrath, 1846).

The Museum of Science and Art, (London: Walter and Maberly, 1854), [12 volumes, also sold as monthly parts etc.] sold with: *Steam and its Uses , including the Steam Engine…*(London: Walter and Maberly, 1856)
`……… reprinted (1873)
and *Handbook of Astronomy (London: Walter and Maberly, 1853-6)*
`……… reprinted 1875

Peter Barlow, George Peacock, Dionysius Lardner, George Biddell Airey and H.P. Hamilton *The Encyclopaedia of Pure Mathematics…* [from the Encyclopaedia Metropolitana] (London, R, Griffin & co, 1847). (Lardner wrote the section 'A Treatise on the Ancient Geometrical Analysis')

Journals and articles

[Editor, with M. Donovan], *The Dublin Philosophical Journal and Scientific Review*, including, as author,
 'An account of a newly invented method of securing carriage wheels upon their axes, whih is independent of a linch-pin or any contrivance which requires the attention of servants' *Dublin Philosophical Journal and Scientific Review* no.1, 1825, pp. 37-40

Most articles at that time were written anonymously but in the *Wellesley Index to Victorian Periodicals 1824-1900* ed. by W. E. Houghton (Toronto: University of Toronto Press, 1966). Houghton ascribes the following articles to Lardner, and explains his reasoning.

Articles in the *Edinburgh Review*:

'Inland Transport', *Edinburgh Review* 56, October 1832, pp. 99-146

'The Steam Engine, (6th ed, 1836)', *Edinburgh Review* 56, Oct 1832, p. 178

'Liverpool and Manchester Railway', *Edinburgh Review* 56, January 1833, pp. 69-80

'Babbage's Calculating Engine', *Edinburgh Review* 59, Jul. 1834, pp. 263-327

'Improvements in Inland Transport- railroads', *Edinburgh Review* 59, October 1834, pp. 94-124

'The Approaching Comet', *Edinburgh Review,* 1835 61, pp. 82-128,

'Atlantic Steam Navigation', *Edinburgh Review* 65, Apr. 1837, pp. 118-146

'Railways at Home and Abroad', *Edinburgh Review* 84, October 1846, pp. 479-

Articles in the *British and Foreign Review*

?'The British Association in Dublin', *British and Foreign Review*, 1 October 1835

Articles in the *Monthly Chronicle*

[Editor with E. Bulwer] The *Monthly Chronicle* including, as author:

? Advertisement *Monthly Chronicle* 1 [unnumbered]

On the supposed influence of the moon on the state of the weather, *Monthly Chronicle* 1, (1838), pp. 60-75

'Improvements in Steam Navigation' *Monthly Chronicle* 1, (1838), pp. 85-86

'Joyce's Heating Apparatus', *Monthly Chronicle* 1, (1838) p. 87

'Warming and Ventilating; Stoves of Arnott and Joyc', *Monthly Chronicle* 1, {1838), pp. 220-233

[with David Brewster?] 'Animal Magnetism (Part I)', *Monthly Chronicle* 1, (1838), pp. 289-306

and Animal Magnetism (Part II concl.), *Monthly Chronicle* 2, (1838), pp. 11-30

Ocean Steamers, Monthly Chronicle *Monthly Chronicle* 2, (1838), pp. 40-52

'The Present Comet, [Encke's]', *Monthly Chronicle* 2, (1838), pp. 118-126

'Speed on Railways, (Part I)', *Monthly Chronicle* 2, (1838), pp. 136-144

'On Various Influences on Animal and Vegetable Bodies Erroneously Imputed to the Moon', *Monthly Chronicle* 2, (1838), pp. 209-217

'Speed on Railways (Part II con.)', *Monthly Chronicle* 2, (1838), pp. 253-260

'November Meteor', *Monthly Chronicle* 2, (1838), pp. 436-439

'Great Western Railway Inquiry', *Monthly Chronicle* 3, January 1839, pp. 1-19

'Atmospheric Resistance on Railways,: note on "The Great Western Railway Inquiry", *Monthly Chronicle* 3, (1839), pp. 185-192

'Artesian Springs', *Monthly Chronicle* 5, (1840) pp. 15-28

'Supply of Water to the Metropolis', *Monthly Chronicle* 5, (1840), pp. 272-275

'Navigation by Steam', *Monthly Chronicle* 5, (1840), pp. 332-345

DR. LARDNER'S
MUSEUM OF SCIENCE AND ART.

Complete in Six Double Volumes, cloth lettered, 21s.; or in Twelve Single Volumes, in handsome boards, 18s.

"The 'Museum of Science and Art' is the most valuable contribution that has ever been made to the Scientific Instruction of every class of Society."—*Sir David Brewster in the North British Review.*

Contents of Vols. I. and II. (double), 3s. 6d. cloth.

VOL. I, *price 1s. 6d. in handsome boards.*
1. The Planets; Are they inhabited Worlds? Chap. I.
2. Weather Prognostics.
3. The Planets. Chap. II.
4. Popular Fallacies.
5. Latitudes and Longitudes.
6. The Planets. Chap. III.
7. Lunar Influences.
8. Meteoric Stones and Shooting Stars. I.
9. Railway Accidents. Chap. I.
10. The Planets. Chap. IV.
11. Meteoric Stones and Shooting Stars. II.
12. Railway Accidents. Chap. II.
13. Light.

VOL. II, *price 1s. 6d. in handsome boards.*
14. Common Things.—Air.
15. Locomotion in the United States. I.
16. Cometary Influences. Chap. I.
17. Locomotion in the United States. II.
18. Common Things.—Water.
19. The Potter's Art. Chap. I.
20. Locomotion in the United States. III.
21. The Potter's Art. Chap. II.
22. Common things.—Fire.
23. The Potter's Art. Chap. III.
24. Cometary Influences. Chap. II.
25. The Potter's Art. Chap. IV.
26. The Potter's Art. Chap. V.

Contents of Vols. III. and IV. (double), 3s. 6d. cloth.

VOL. III., *price 1s. 6d. in handsome boards.*
27. Locomotion and Transport. Chap. I.
28. The Moon.
29. Common Things.—The Earth.
30. Locomotion and Transport. Chap. II.
31. The Electric Telegraph. Chap. I.
32. Terrestrial Heat. Chap. I.
33. The Electric Telegraph. Chap. II.
34. The Sun.
35. The Electric Telegraph. Chap. III.
36. Terrestrial Heat. Chap. II.
37. The Electric Telegraph. Chap. IV.
38. The Electric Telegraph. Chap. V.
39. The Electric Telegraph. Chap. VI.

VOL. IV., *price 1s. 6d., in handsome boards.*
40. Earthquakes and Volcanoes. Chap. I.
41. The Electric Telegraph. Chap. VII.
42. The Electric Telegraph. Chap. VIII.
43. The Electric Telegraph. Chap. IX.
44. Barometer, Safety Lamp, and Whitworth's Micrometric Apparatus.
45. The Electric Telegraph. Chap. X.
46. Earthquakes and Volcanoes. Chap. II.
47. The Electric Telegraph. Chap. XI.
48. Steam.
49. The Electric Telegraph. Chap. XII.
50. The Electric Telegraph. Chap. XIII.
51. The Electric Telegraph. Chap. XIV.
52. The Electric Telegraph. Chap. XV.

Contents of Vols. V. and VI. (double), 3s. 6d. cloth.

VOL. V., *price 1s. 6d. in handsome boards.*
53. The Steam Engine. Chap. I.
54. The Eye. Chap. I.
55. The Atmosphere.
56. Time. Chap. I.
57. The Steam Engine. Chap. II.
58. Common Things.—Time. Chap. II.
59. The eye. Chap. II.
60. Common Things.—Pumps.
61. The Steam Engine. Chap. III.
62. Common Things.—Time. Chap. III.
63. The Eye. Chap. III.
64. Common Things.—Time. Chap. III.
65. Common Things.—Spectacles—The Kaleidoscope.

VOL. VI., *price 1s. 6d. in handsome boards.*
66. Clocks and Watches. Chap. I.
67. Microscopic Drawing & Engraving. I.
68. Locomotive. Chap. I.
69. Microscopic Drawing & Engraving. II.
70. Clocks and Watches. Chap. II.
71. Microscopic Drawing & Engraving. III.
72. Locomotive. Chap. II.
73. Microscopic Drawing & Engraving. IV.
74. Clocks and Watches. Chap. III.
75. Thermometer.
76. New Planets.—Leverrier and Adams' Planet.
77. Leverrier and Adams' Planet, concluded.
78. Magnitude and Minuteness.

DR. LARDNER'S MUSEUM—(continued).

Conents of Vols. VII. and VIII. (double), 3s. 6d. cloth.

VOL. VII., price 1s. 6d. in handsome boards.

79. Common Things.—The Almanack. I.
80. Optical Images. Chap. I.
81. Common Things.—The Almanack. II.
82. Optical Images. Chap. II.
83. How to Observe the Heavens. Chap. I.
84. Optical Images. Chap. III. Common Things.—The Looking-Glass.
85. Common Things.—The Almanack. III.
86. How to Observe the Heavens. Chap. II. Stellar Universe. Chap. I.
87. The Tides.
88. Stellar Universe. Chap. II.
89. Common Things. — The Almanack. Chap. IV. Colour. Chap. I.
90. Stellar Universe. Chap. III.
91. Colour. Chap. II.

VOL. VIII., price 1s. 6d. in handsome boards.

92. Common Things.—Man. Chap. I.
93. The Stellar Universe. Chap. IV.
94. Magnifying Glasses.
95. Common Things.—Man. Chap. II.
96. Instinct and Intelligence. Chap. I.
97. The Stellar Universe. Chap. V.
98. Common Things.—Man. Chap. III.
99. Instinct and Intelligence. Chap. II.
100. Instinct and Intelligence. Chap. III.
101. The Solar Microscope.—The Camera Lucida.
102. The Stellar Universe. Chap. VI.
103. Instinct and Intelligence. Chap. IV.
104. The Magic Lantern. — The Camera Obscura.

Contents of Vols. IX. and X. (double), 3s. 6d. cloth.

VOL. IX., price 1s. 6d. in handsome boards.

105. The Microscope. Chap. I.
106. The White Ants. Chap. I.
107. The Microscope. Chap. II.
108. The White Ants. Chap. II.
109. The Surface of the Earth, or First Notions of Geography. Chap. I.
110. The Microscope. Chap. III.
111. The Surface of the Earth. Chap. II.
112. The Microscope. Chap. IV.
113. Science and Poetry.
114. The Microscope. Chap. V.
115. The Surface of the Earth. Chap. III.
116. The Microscope. Chap. VI.
117. The Surface of the Earth. Chap. IV.

VOL. X., price 1s. 6d., in handsome boards.

118. The Bee. Chap. I.
119. The Bee. Chap. II.
120. Steam Navigation. Chap. I.
121. The Bee. Chap. III.
122. Steam Navigation. Chap. II.
123. The Bee. Chap. IV.
124. Electro-Motive Power. Chap. I.
125. The Bee. Chap. V.
126. Steam Navigation. Chap. III.
127. The Bee. Chap. VI.
128. Steam Navigation. Chap. IV.
129. The Bee. Chap. VII.
130. Thunder, Lightning, and the Aurora Borealis.

Contents of Vols. XI. and XII. (double), 3s. 6d. cloth.

VOL. XI., price 1s. 6d., in handsome boards.

131. The Printing Press. Chap. I.
132. The Crust of the Earth. Chap. I.
133. The Printing Press. Chap. II.
134. The Crust of the Earth. Chap. II.
135. The Crust of the Earth. Chap. III.
136. Comets. Chap. I.
137. The Crust of the Earth. Chap. IV.
138. Comets. Chap. II.
139. The Crust of the Earth. Chap. V.
140. Comets. Chap. III.
141. The Crust of the Earth. Chap. VI.
142. Comets. Chap. IV.
143. The Crust of the Earth. Chap. VII.—The Stereoscope.

VOL. XII., price 1s. 6d. in handsome boards.

144. The Pre-Adamite Earth. Chap. I.
145. Ditto ditto. „ II.
146. Ditto ditto. „ III.
147. Ditto ditto. „ IV.
148. Ditto ditto. „ V.
149. Ditto ditto. „ VI.
150. Ditto ditto. „ VII.
151. The Pre-Adamite Earth. Chap. VIII.
152. Ditto ditto. „ IX.
153. Ditto ditto. „ X.
154. Eclipses. Chap. I.
155. Ditto. „ II.—Sound.
156. General Index to Twelve Volumes.

LONDON: WALTON AND MABERLY.

IMAGE SOURCES AND PERMISSIONS

The author would like to thank the owners of the following pictures, which are copyright where owners are specified and are used by kind permission:

Frontispiece "Dionysius Lardner" by Daniel Maclise, *Frasers Magazine*, 1832, reprinted in D. Maclise, W. Maginn and W. Bates, *Gallery of Illustrious Literary Characters* (1830-1938), (London, 1874) [unpaginated], author's collection.

Figure 1: Imprimata for the *Museum of Science and Art* author's collection.

Figure 2: Stephenson's Rocket. Licensed under Public domain via Wikimedia Commons—
http://commons.wikimedia.org/wiki/File:Stephenson%27s_Rocket_drawing.jpg#mediaviewer/File:Stephenson%27s_Rocket_drawing.jpg, accessed 1/10/2014.

Figure 3: Marlborough Street, Dublin, from the *Panorama of Dublin* (London: Illustrated London News, 1846), author's collection.

Figure 4: Dionysius Lardner by Thomas Bridgford, NPGD5821 © National Portrait Gallery.

Figure 5: William O'Brien Lardner's poem, from *A Collection of Poems, Mostly Original*, (Dublin: Edkins, 1801) p. 1 by kind permission Cambridge University Library.

Figure 6: The Royal Dunsink Observatory, from Robert Stawell Ball, The Story of the Heavens, (1900), p. 13, author's collection.

Figure 7: Augustus de Morgan at work, MS Add.7 DMS Watson Library, © University College London, by kind permission of the library, University College London.

Figure 8: Henry Brougham, 'A Box of Useful Knowledge', by S. Tregear (London: Tregear, 1832) (U.S. public domain).

Figure 9: Paternoster Row by T. H. Shepherd, ©Malcolm Warrington 2014 FOT457 Fotolibra rights managed.

Figure 10: Tom Moore by Maclise, reprinted in D. Maclise, W. Maginn and W. Bates, *Gallery of Illustrious Literary Characters* (1830-1938), (London, 1874) [unpaginated], author's collection.

Figure 11: A press room in Dublin in 1835, from the Dublin Penny Magazine, 1835, by kind permission of Cambridge University Library.

Figure 12: Catalogue cover for the finished *Cyclopaedia*, author's collection.

Figure 13: Frontispiece to Herschel's *Preliminary Discourse.*

Figure 14: Maclise's illustration to accompany Mahoney's poem, Frontispiece from F. Mahoney *The Reliques of Father Prout* (illustrated by A. Croquis alias D. Maclise), (London: James Fraser, 1836), author's collection.

Figure 15: The Sandymount area of Dublin in 1846, *Panorama of Dublin*, (London: London Illustrated News,1846) Author's collection.

Figure 16: Chemical lecturer, thought to be Frederick Accum. T. Rowlandson *Chemical Lectures* (US public domain) http://commons.wikimedia.org/wiki/File:Rowlandson_-_Chemical_Lectures.jpg, accessed 39/08/2014.

Figure 17: The Scheutz's completed Differenzmaschine no. 1, The Scheutz Engine: "Scheutz Mechanical Calculator" by

IMAGE SOURCES AND PERMISSIONS 393

Charles Brooke—Downloaded August 25, 2008 from Golding Bird & Charles Brooke (1867) *The Elements of Natural Philosophy...* 3rd Ed., J. Churchill & Sons, p.121, fig.173 on Google Books. Licensed under Public domain via Wikimedia Commons—
http://commons.wikimedia.org/wiki/File:Scheutz_mechanical_calculator.png#mediaviewer/File:Scheutz_mechanical_calculator.png.

Figure 18: Goldsworthy Gurney's land carriage—Project Gutenberg eText 12496, from *The Mirror of Literature, Amusement, and Instruction*, 10, No. 287, Dec. 15. 1827, Licensed under Public domain via Wikimedia Commons http://commons.wikimedia.org/wiki/File:Goldsworthy_Gurney_steam_carriage_-_Project_Gutenberg_eText_12496.png#mediaviewer/File:Goldsworthy_Gurney_steam_carriage_Project_Gutenberg_eText_12496.png, accessed 26/09/2014

Figure 19: The first passenger service, Passenger traffic on the Stockton and Darlington Railway, 1826, reproduced from C.F. Dendy Marshall, *Centenary History of the Liverpool and Manchester Railway* (London: Locomtive Publishing Co., 1930).

Figure 20: The Walking Engine of 1813 in Lardner, The Steam Engine explained and Illustrated [...], 7th ed,, London, Taylor and Walton, 839, p.338 [author's collection].

Figure 21: An atmospheric railway in South Devon from *Exeter Memories* http://exetermemories.co.uk accessed 26/09/2014Fib.18 'Isambard Kingdom Brunel directing the launch of the *Leviathan*', *Illustrated Times*, ca.1858 Author's collection. The image bears a striking similarities to a photo on the Brunel200 website of Brunel launching the *Great Eastern*.

Figure 22: 'Isambard Kingdom Brunel directing the launch of the *Leviathan*', *Illustrated Times*, ca.1858 Author's collection.

394 IMAGE SOURCES AND PERMISSIONS

The image bears a striking similarities to a photo on the Brunel200 website of Brunel launching the *Great Eastern*.

Figure 23: Brunel's Box Tunnel: Frontispiece from J C Bourne's *The Great Western Railway*, (London: David Bogue, 1846), from the Brunel200 website http://www.brunel200.com/brunel_context.htm http://www.brunel200.com/images/gallery-jpgs/front_piece.jpg, accessed 30/09/2014.

Figure 24: Trinity College Dublin in 1835, *Dublin Penny Journal*, (**4,** 10 Oct. 1835, 113) ©Cambridge University Library.

Figure 25: Suggested ports for transatlantic steam navigation, the author.

Figure 26: The Iron Witch, 1846, in *Steam and its Uses* ed. by Dionysius Lardner (London: Walton & Maberley, 1856), series: *Museum of Science and Art* [unnumbered].

Figure 27: Lady Blessington's Salon at Gore House, *('Women in Politics')* probably by Daniel Maclise, ©City of Westminster City Archives Centre L132 (040) A03A068).

Figure 28: Animal magnetism, from C. Lafontaine, *L'Art Magnetiser*, Paris, 1953, http://carlossalvarado.wordpress.com/2014/05/14/seeing-animal-magnetism/.

Figure 29: A meeting in the London Tavern, *Illustrated London News*, 1845, © Lee Jackson, http://www.victorianlondon.org/entertainment2/londontavern.gif, accessed 29/08/2014.

Figure 30: Charles Babbage, National Portrait Gallery.

Figure 31: Ellen Alicia Terry, from *The American Educator (vol. 7)* ed. By Ellsworth D. Foster (Chicago, IL: Ralph Durham Company, 1921), Courtesy the private collection of Roy Winkelman. Florida Centre for Art and Technology (FCIT) clipart 44589 confirmation no. Confirmation Number: SC577718944

IMAGE SOURCES AND PERMISSIONS 395

Figure 32: The staff of the *New York Tribune*, 'New York Tribune editorial staff' by Mathew Brady—Library of Congress Prints and Photographs Division, Daguerreotype collection. http://hdl.loc.gov/loc.pnp/cph.3c10182. Licensed under Public domain via Wikimedia Commons— http://commons.wikimedia.org/wiki/File:New_York_Tribune _editorial_staff_by_Brady.jpg#mediaviewer/File:New_York_ Tribune_editorial_staff_by_Brady.jpg accessed 26/09/2014 (US public domain), accessed 29/09/2014.

Figure 33: Tribune and Times headquarters Printing House Square, engraved by Fay & Cox, 1868, New York Public Library image ID: 809709

Figure 34: Frontispiece to Lardner's *Popular Lectures on Science and Art*, (New York: Greeley & McElrath, 1846), Author's collection.

Figure 35: Lardner's American Tour, the author. Blank USA, w territories.svg http://commons.wikimedia.org/wiki/File%3ABlank_ USA%2C_w_territories.svg, via Wikimedia Commons, by Lokal_Profil http://creativecommons.org/licenses/by-sa/3.0/

Figure 36: An American railroad carriage, , from the *Museum of Science and Art*. by kind permission of Saffron Walden Town Library).

Figure 37: A Norris Brothers advertisement, "McElroy's Philadelphia City Directory—1842—William Norris" by Typesetting by publisher; "cut" (illustration) by unknown engraver—Advertisements page 22 of McElroy's Philadelphia City Directory of 1842. Derived from digital scan at http://archive.org/details/mcelroysphiladel1842amce. Licensed under Public domain via Wikimedia Commons - http://commons.wikimedia.org/wiki/File:McElroy%27s_ Philadelphia_City_Directory_-_1842_-_William_Norris.jpg# mediaviewer/File:McElroy%27s_Philadelphia_City_ Directory_-_1842_-_William_Norris.jpg.

Figure 38: imprimata for the *Handbook of Natural Philosophy*

Figure 39: A telegraph office, from *Popular Lectures in Science and Art, III* (New York: Greeley & McElrath, 1846) (Author's collection) Also from *The Museum of Science and Art* (by kind permission of Saffron Walden Town Library).

Figure 40: Dion Boucicault by Bryant, http://upload.wikimedia.org/wikipedia/commons/e/e9/Dion_Boucicault.jpg (US public domain).

Figure 41: The Great Hunger, From a series of illustrations by Cork artist James Mahony (1810-1879), commissioned by Illustrated London News 1847. http://commons.wikimedia.org/wiki/File%3ASkibbereen_by_James_Mahony%2C_1847.JPG.

Figure 42: Headstone to Valentine Flood, Church of Ireland cemetery, Tubrid, County Tipperary, Ireland.jpg photo by RustyTheDog, Wikimedia commons http://commons.wikimedia.org/wiki/File:Headstone_to_Valentine_Flood,_Church_of_Ireland_cemetery,_Tubrid,_County_Tipperary,_Ireland.jpg?uselang=en-gb

Figure 43: Karl Marx in 1844, ©Marx Memorial Library

Figure 44: Marinoni's Newspaper Printing Press, Paris, From the *Museum of Science and Art*, Author's collection, [unnumbered]

Figure 45: Weighing Instruments, from D. Lardner from *Natural Philosophy for Schools,* London, Crosby, Lockwood & co, 1878, Author's collection.

Figure 46: Clockwork, from D. Lardner from *Popular Lectures in Science and Art*, New York, Greeley & McElrath, 1850, Vol. II p.267

Figure 47: An engine, from the *Museum of Science and Art*, 1. p. 161 (by kind permission of Saffron Walden Town Library).

Appendix 1: William Makepiece Thackeray, The Tale of Dionysius Diddler, from *Miscellaneous Essays, Sketches and Reviews*, (London: John Murray, 1886) (serial monograph: *The Works of William Makepiece Thackeray*), by kind permission of Saffron Walden Library).

Appendix 2: *Lardner Family Tree*, adapted from Knut and Jill Langebelle.

TEXT SOURCES

Sources are cited once each, usually under the chapter where they were most used.

Principal Sources:
D. Lardner, 'Autobiographical Memoir of Dionysius Lardner', 1853, MS5490/5491, Wellcome Library. Translation by Philippe Pringuet for the author; *Men of the Time; Biographical Sketches of Eminent Living Characters...* (London: W. Kent, 1856); J.N. Hays, 'The Rise and Fall of Dionysius Lardner', *Annals of Science*, 38 (1981), pp. 527-542.; R. Fawkes, *Dion Boucicault* (London: Quartet, 1979); *Oxford Dictionary of National Biography* (Oxford University Press, 2004); *New History of Ireland* ed. by T.W. Moody and W.E. Vaughan (Oxford: Clarendon Press, 1986); *Encyclopaedia Britannica*, online ed, [accessed 4 Mar., 2010]; 'No.26 Dionysius Lardner', *Frasers Magazine*, 1832. Reprinted in D. Maclise, W. Maginn and W. Bates, *A Gallery of Illustrious Literary Characters (1830-1838)* (London: 1874).

Principal databases: (generally searched for surname 'Lardner' etc.) *Europeana* http://www.europeana.eu/portal/ *John Johnson Collection: an Archive of Printed Ephemera* http://www.lib.cam.ac.uk/eresources/materials.php 19th Century British Library; *Infotrac* [Newspapers] http://infotrac.galegroup.com; *19th Century UK Periodicals Series 1 New Readerships:* http://infotrac.galegroup.com *Chronicling America: Historic American Newspapers:*

http://chroniclingamerica.loc.gov/ The National Archives, *Access 2 Archives* http://www.nationalarchives.gov.uk/a2a/ *The Times Digital Archive* http://www.thetimes.co.uk/tto/archive/.

Chapter 1: Childhood and Youth

R. B. McDowell, D. A. Webb and F. S. L. Lyons, *Trinity College Dublin, 1592-1952: an Academic History* (London: Cambridge University Press, 1982); E, Sheridan, 'Living in the Capital City', in *Dublin through Space and Time*, ed. by J. Brady and A. Simms (Dublin: Four Courts Press, 2004), pp. 136-158; B. Langballe, C. Bowden and R. H. Vetch, [Lardner Family Tree], ([s.l.]: Personal Collection of B. Langballe, undated) R. Lucas, *'A General Directory of the Kingdom of Ireland, 1788'*, Clare Library; Dionysius Lardner, To Macvey Napier, , 11 Feb. 1833, BL. Add 34616 fol. 25, Macvey Napier papers; D. J. O'Donoghue, *The Poets of Ireland: A Biographical and Bibliographical Dictionary of Irish Writers of English Verse*, 3 vols. (Dublin: Hodges, Figgis & Co., 1912; C. Gamble, *Solicitors in Ireland* (Dublin: Maunsel and Roberts, 1921); F. Boase, *Modern English Biography* (Truro: Netherton and Worth, 1892); *The Dublin Directory for the Year 1817* (etc.) (Dublin: Wilson, 1816); G.D. Burtchaell and T.U. Sadleir, eds., *Alumni Dublinenses: a Register of the Students, Graduates, Professors and Provosts of Trinity College in the University of Dublin (1593-1860)* (Dublin: A. Thom, 1935); M. Carey, *'Autobiography of Mathew Carey'*, *New England Magazine*, 5 (1833); W. N. Osborough, 'The Lawyers of the Irish Novels of Anthony Trollope', in *Brehons, Serjeants and Attorneys, Studies in the History of the Irish Legal profession* (Dublin: Irish Academic Press, 1990), pp.101-151 - C. C. Abbott, *Life and Letters of George Darley* (Oxford: Clarendon, 1928); G. Darley, *Selected Poems of George Darley*, (London: Merrion Press, 1979); *Reverend Dionysius Lardner, Leave for a Divorce Bill*, [annexed, Act of the Same], Lords Journal, 1839, 166; 'Obituary of Henry Flood', *Leinster Journal*, 18th Nov. 1840. '[Multiple News Items]', *The Satirist, or The Censor of the Times* (London, 3 May 1840), p. 141.

Chapter 2: Early Academic Career

W. O'Brien Lardner, 'The College Gibb', in *A Collection of Poems, Mostly Original, by Several Hands* (Dublin: Graisberry & Co., 1801); D. Lardner, *A System of Algebraic Geometry*. (London: G & W.B. Whittaker, 1823) D. Lardner and J. T. Graves, *The Elements of the Theory of Central Forces: Designed for the Use of Students in the University* (Dublin: the University Press, 1820). S. O'Donnell, Sir William Rowan Hamilton (Dublin: Boole Press, 1983); Iggy McGovern, 'Drs McDonnell, Harte and Lardner (MRIA)' in *A Mystic Dream of 4* (Dublin, Quaternia Press, 2013).'Divinity School Examination Books 1 Marks and Lecture Returns, 1814-1834', mun/v/85/, Trinity College Dublin Archives. C. Mollan, *It's Part of What We Are, Science and Irish Culture*, 3 vols. (Dublin: Royal Dublin Society, 2007); C. Mollan to A.L. Martin, [email] *'Re: It's Part of What We Are'*, 8th March 2010; D. Lardner to L. Horner, 14th Nov. 1827 cited in Eileen M. Curran, 'George Darley and the English Professorship', in *Modern Philology*, 71 (1973), 28-38. p.35; P. Searby, *A History of the University of Cambridge* Vol. 3: 1750-1870 (Cambridge: Cambridge University Press, 1997).; C. Babbage, *Passages in the Life of a Philosopher* (London: Dawson, 1864) '[Obituary of Bartholomew Lloyd]', *Dublin University Magazine*, 11 (1838), 111-112. N. D. McMillan, 'Trinity and the Origin of the University Textbook Tradition', in *Prometheus's Fire*, ed, by N. D. McMillan (Carlow, Tyndall Publications, 2000); T. Walsh, *The Career of Dion Boucicault*, (New York: Benjamin Blom, 1915); T. Campbell, *A Philosophical Survey of the South of Ireland* (London: Strahan, 1777); 'Richmond School, Dublin', *Lancet*, 11 (1829), 301-302 . And 'Dublin Apprentices', *Lancet*, 11 (1828), 145; S. C. Hall, *Ireland Picturesque and Romantic* (Dublin: [s.n.], 1837); C. Lever, 'Harry Lorrequer', in *Works of Charles Lever* (London: Pollard & Moss, 1881) D. Lardner, *An Elementary Treatise on the Differential and Integral Calculus* (London: John Taylor, 1825) W. Johnson, 'Contributors to

Improving the Teaching of Calculus in Early 19th-Century England', in *Notes and Records of the Royal Society of London*, 49; George Darley, 'A Song', *Literary Gazette and Journal of Belles Lettres*, 1828; Dionysius Lardner to William Wallace, 2 March 1826, Trinity College Dublin hereafter TCD) ms. 8294/16, TCD. Misc autograph 312; N.D. McMillan, 'The Transmogrification of the Colonial Tradition of Mathematics, Science and Engineering', in *Prometheus's Fire* (Carlow: Tyndall Publications, 2000); N.D. McMillan, 'Organisation & Achievenents of Irish Astronomy in the Nineteenth Century, Evidence for a 'Network'', *Irish Astronomical Journal*, 19 (1990). p.101; Byrne K. , *Mechanics' Institutes in Ireland 1825-185'* (unpublished M.A., University College, Cork); D. Lardner, *A Series of Lectures Upon Locke's Essay*. (Dublin: Hodges & Mc Arthur, 1824); 'The Royal Irish Academy', *Dublin Penny Journal*, 4 (1835), 129; D. Lardner, 'An Investigation of the Lines of Curvature of Ellipsoids, Hyperboloids and Parabaloids', *Transactions of the Royal Irish Academy*, 1825, 75-102; Hankins, T., *Sir William Rowan Hamilton* (Baltimore: John Hopkins University Press, 1980).; R. Graves, *Life of William Rowan Hamilton*, 2 Vols. vols. I, 112; W. J. McCormack, *The Blackwell Companion to Modern Irish Culture* (Malden, Mass.: Blackwell Publishers, 1999), p.340 ; T. Kelly, *George Birkbeck, Pioneer of Adult Education* (Liverpool: Liverpool University Press, 1957); T. Moore, *The Journal of Thomas Moore*, ed. by W. Dowden, 3 Vols. (University of Delaware Press, 1986); 'Dublin Mechanics' Institute [7th Apr.', *Freemans Journal*, 7th Apr. 1825;'Dublin Mechanics Institute [17th April]', *Freeman's Journal*, 17th Apr. 1825, p. [unnumbered]; 'Eriensis [12th March]', *Lancet*, 1825. Erinensis. [Main author] and M. Fallon, *The Sketches of Erinensis: Selection of Irish Medical Satire, 1824-1836* (London: Skilton and Shaw, 1979). ; 'Dublin Mechanics Institute [May 12th)', *Freeman's Journal* 12th May 1825, p. [unnumbered]; 'Dublin Mechanics' Institute [10th May]', *Freemans Journal*, 10 May 1825; 'Dublin Mechanics'

Insitutute [14th Oct]', *Freemans Journal*, 14 October 1825; 'Dublin Mechanics' Institute [10th March]', *Freemans Journal*, 10th March 1826; 'Report of the Lecture by Dr Lardner at the Cork Mechanics' Institute', *Ennis Chronicle*, 18th Nov. 1826.

Chapter 3: The Transition to England

George Darley, *The Errors of Ecstasie: A Dramatic Poem; with Other Pieces* (London: Printed for G. and W. B. Whittaker, 1822); T. Chilcott, *A Publisher and His Circle: The Life and Work of John Taylor, Keats's Publisher* (London: Routledge and K. Paul, 1972); D. Lardner, 'An Account of a Newly Invented Method of Securing Carriage Wheels', *Dublin Philosophical Journal and Scientific Review*, 1, pp.37-40.; 'Plans for the Government and Liberal Instruction of Boys in Large Numbers Drawn from Experience [Review]', *Edinburgh Review*, 82 (1825), pp. 315-335; Dionysius Lardner to Charles Babbage [undated] manuscript 8294/16 ; F. Bromhead to C. Babbage BL Add MSS 37 182 ff13 & 15 [undated, probably 1814] cited in A. Hyman, *Charles Babbage, Pioneer of the Computer* (Princeton: Princeton University Press, 1982); Dioysius Lardner to Charles Babbage ', 4th Nov. 1825, British Library Add. 37183 fol. 191; Dionysius Lardner and Augustus De Morgan, *An Analytical Treatise on Plane and Spherical Trigonometry* ... (2nd ed.) (London: John Taylor, 1828) Dionysius Lardner to Charles Babbage, BL, Add Ms3783 fol. 83; D. Lardner to C. Babbage, 4th Nov. [endorsed 1825?] BL. Add. 37183 fol. 243-4; Dionysius. Lardner to Charles Babbage., 4th Nov. 4 [endorsed 1825?] BL. Add. 37183, fol. 191; 'The Steam Engine Explained and Illustrated [review]', *Athanaeum*, 5th Dec. 1840, p. 962; Dionysius Lardner, *Popular Lectures on the Steam Engine*, (London, John Taylor, 1828); J. Renwick to Dionysius Lardner, 9th Apr., 1829, Wellcome 5490/64; 'Editor's Preface', *Dublin Quarterly Journal of Medical Science*, 1 (1846), i-xlvi. (p. XL); Michael Donovan, to Dionysius Lardner, 18th Sept. [1829] Wellcome Ms. 5490/76; Charles Babbage, *Reflections on the Decline of Science in England and on Some of Its Causes* (London: B. Fellowes and J. Booth, 1830); Dionysius Lardner to Charles Babbage, 5th June, [endorsed 1826] BL Add. MS. 37183, fol.291; I. Beavan, 'Staying the Course, the Edinburgh Cabinet Library 1830-1844' in *Light on the Book Trade*, (London: Oak Noll Press, 2004).

Chapter 4: Setting up the London University

H. Hale Bellot, *University College London, 1826-1926* (London: University of London Press, 1929); *Edinburgh Review* 17, 1825, p. 361; C. W. New *The life of Henry Brougham to 1830*, (Oxford: Clarendon Press, 1961); David Brewster, 'Reflexions on the Decline of Science in England and on Some of Its Causes', *Quarterly Review*, 43 (1830), pp. 305-342'; Henry Brougham, 'ART. V. Hints to Philanthropists; or a Collective View of Practical Means of Improving the Condition of the Poor and Labouring Classes of Society', *Edinburgh Review*, 41 (1824), p. 96.; Mavis Tylecote, *The Mechanics' Institutes of Lancashire and Yorkshire before 1851* (Manchester: University of Manchester Press, 1957); H. Brougham, *Practical Observations Upon the Education of People, Addressed to the Working Classes and Their Employers*, 15th ed. (Richard Taylor,, 1825); Aidrian Rice, 'Inspiration or Desperation? Augustus de Morgan's Appointment to the Chair of Mathematics at London University in 1828', *British Journal for the History of Science*, 30 (1997), 257-274; Helena M. Pycior: Historical Roots of Confusion among Beginning Algebra Students: A Newly Discovered Manuscript; *Mathematics Magazine*, 55, no.3, 1982 p. 150-6; 'Letters etc. Resepecting the Election of a Professor of Astronomy', TCD Muniments WB X 10/22; Dionysius Lardner to Henry Brougham, 19th May 1827; University of London Special Collection: Doron Swade, *Cogwheel Brain: Charles Babbage and the Quest to Build the First Computer* (London: Little, Brown, 2000).p.56; Dionysius Lardner, *A Discourse on the Advantages of Natural Philosophy and Astronomy* (London: Taylor, 1829); D.P. O'Brien, *J.R. McCulloch: a Study in*

Classical Economics (London: Allen & Unwin, 1970) ; *The London Magazine* Third series Aug-Dec. 1828; H. H. Bellot: *University College London, 1826-1926*; (London: Univ. of London Press, 1929);]; J.W. Fox, *From Lardner to Massey; a History of Physics, Space Science and Astronomy at University College London, 1826-1975* http://www.phys.ucl.ac.uk/department/history/BFox1.html accessed 27/05/2005; D. Lardner, *Discourse on the Advantages of Natural Philosophy and Astronomy: ...: Being an introductory lecture delivered in the University of London, on the 28th October, 1828*, (London, University of London, 1829); http://www.ucl.ac.uk/about-ucl/about-ucl-home/history-page accessed 21/02/2012.

Chapter 5: The March of the Mind

J.N. Hays, 'Science and Brougham's Society', *Annals of Science*, 20, 227-241 (p. 227); M Grobel, *The Society for the Diffusion of Useful Knowledge 1826-1846* (unpublished M.A., London: University of London, 1933), ; S.D.U.K. Letters 1827 ; Prospectus in letter from D. Lardner dated 7th May 1827 cf B.H. Add Mss 27824 f.115; *Library of Useful Knowledge Introductory Discourse (Preliminary Treatise) number 1* p. 32, 1st Mar, 1827; Correspondence from Dionysius Lardner to Lord Henry Brougham 1827 - 1850 UCL Special Collection; 'Personal Sketches', *Freeman's Journal* (Dublin, Ireland), Wednesday, 17th Feb. 1830.

Chapter 6: Establishing the *Cyclopaedia*

G. Darley, to D. Lardner, Mar. 1828, Wellcome Institute Ms5490/6; Blunden, E. *Keats's Publisher*, London, Jonathan Cape, 1936;); J. G. Lockhart, *Memoirs of the Life of Sir Walter Scott*, 2 vols. (Philadelphia: Carey, Lea and Blanchard, 1837); W. Scott, *Journal of Sir Walter Scott* (Edinburgh: Douglas and Foulis, 1890).

Chapter 7: A Literary Cab Driver

Morse Peckham, 'Dr Lardner's Cabinet Cyclopaedia' in *The Papers of the Bibliographical Society of America* 45 (1951), pp. 37-58; D. Knight. William Swainson: Naturalist, author and illustrator in *Archives of Natural History* (1986) 13:275-290; W. Griffith, *Journals of Travels in Assam, Burma, Bhoutan, Afghanistan and the Neighbouring Countries* (Calcutta: Bishop's College Press, 1847); D. Lardner to J. Herschel, 28th Jul., [endorsed 1828] Royal Society HS.II.108; W. Wordsworth, *The Letters of William Wordsworth v.5 The Later Years part 2, 1829-1835*, 2nd ed, ed. by G. Hill, Oxford OUP 1979 ; Agreements Leger,

Lardner's Cabinet Cyclopaedia [i.e.accounts and letters], Longman Archive, reel 29, Shelley, M., *Mary Shelley's Literary Lives and other writings, Volume I Italian Lives* ed. by Tilar J. Mazzeo, with a general introduction by Nora Crook, London, Pickering and Chatto, 2002; M. Roget to D. Lardner 27th Nov., 1829 [Wellcome ms. 7543/3] M. Roget to D. Lardner, 5th Apr,. 1829, Wellcome ms 7543/9 D. Lardner to J. Landseer, 29 Sept, [1829]: Wellcome Ms. 5490/80 J. Landseer to D. Lardner, Wellcome Ms. 5490/81. D. Lardner Letters to his sister, British Library Add. 54225 ff 88, 89. [probably incorrectly dated 1859]; Hunnisett, B. *Steel-engraved Book Illustration in England* London, Scholar Press (1980) ; 1 T. Moore, *The Journal of Thomas Moore*, Vol. 5, 1836-1842 (Newark: University of Delaware Press, 1987); Handover, P.M. *Printing in London from 1476 to Modern Times*, (London: Allen & Unwin, 1960); A. Pyle, Introduction in J.W. Herschel, *A preliminary Discourse on the Study of Natural Philosophy*, (London: Routledge/Theommes press, 1996); D. King-Hele *John Herschel, 1792-1871* (London: Royal Society, 1992); D. Lardner to J. Herschel, 28th July, [endorsed 1828] Royal Society HS.II.108; J. Herschel to D. Lardner Feb. 16 1829 HS.II.111; D. Lardner to J. Herschel, Feb 19th 1829; D. Lardner to J. Herschel 19 January 1830 HS.II.115' D. Lardner to J. Herschel, 2 Oct 1830, HS.II. p.119;

Marie Boas Hall, 'The distinguished man of science' in *John Herschel, 1792-1871* (London: Royal Society, 1992) pp. 120-121: Walter F. Cannon, John Herschel and the Idea of Science in *Journal of the History of Ideas*, Vol. 22, No. 2 (Apr. - June, 1961), pp. 215-239; Canon, S. Science in Culture: the Early Victorian Period (Folkstone: Dawson, 1978); Schaffer. S., *William Whewell, a Composite Portrait*. (Oxford: Oxford University Press, 1991); Lardner's Cabinet Cyclopaedia Ledger of and sales 1829-1902 in Archives of the House of Longman, British Library Mic.B.53/373 reel 29 ; T. F. Dibdin, *Bibliomania* (London, Chatto & Windus, 1876); Effects of Popular Instruction in France, in *The Printing Machine*, 28th Mar. 1835 p. 202; A. Briggs, *At the sign of the Ship, in Longmans 1724-1874*, (London: Longmans, 1974); [F. Mahoney] *Reliques of Father Prout; collected and arranged by Oliver Yorke*, 2 vols. (London: James Fraser 1836), ill. by Alfred Croquis, Esq.[i.e. Daniel Maclise]; D. Gettman, , *A Victorian Publisher: A Study of the Bentley Papers* (Cambridge: Cambridge University Press, 1960).

Chapter 8: Divorce and Private Life

H Wikoff, *The Reminiscences of an Idler*, Volume 3, New York, Fords, Howard, & Hulbert, 1880 p.428; *The Satirist, and the Censor of the Time* (London, England), Sunday, 29th Nov,, 1835 [unnumbered] ; S.D.U.K. Letters 1830 C. Knight to T. Coates [Nov. 1830].

Chapter 9: Scientific Societies, the BAAS and Babbage's Engine

'Report of the First and Second Meetings of the British Association for the Advancement of Science ...', *Edinburgh Review*, 1835, 365-194. J. Morrell and A. Thackray, *Gentlemen of Science* (Oxford: Clarendon Press, 1981) D. Lardner, *Annual Retrospect of Public Affairs for 1830[/1831]*, Cabinet Library; Introduction 1831; *Mechanics' Magazine*, 10th Apr. 1836; D. Lardner to Macvey Napier, 30th Apr., 1832, British Library; D Lardner to H. Brougham, Nov. 1831, UCL Special Collection MS 22413; Boucicault, D, Early days of a Dramatist in: *North American Review*, vol. 148 Issue 390 (May

1889); C. Lardner to H. Brougham, 22nd Jun,, 1839 Brougham Collection, UCL Special Collection; Private Act (not printed) 2 & 3 Victoria c.53, 1839 Parliamentary archives HL/PO/PB/1/1839/2& 3Vn87 PO/JO/10/8/1272 no. 363; Frontispiece, *Mechanics' Magazine*, p 579. 28th Sept., 1834; 26th March 259 Reverend Dionysius Lardner, Leave for a Divorce Bill, annexed, Act of the same (*Lords Journals* Lxxi, p166) Parliamentary archives HL/PO/JO/10/8/1269]; Dionysius Lardner to Henry Brougham, 25th Apr. 1839, UCL Special Collection MS 8049; George Darley, *Selections from the Poems of George Darley* (Methuen, 1904); R.A. Streatfield, '*A Forgotten Poet: George Darley, Quarterly Reivew*, 1902; D. Hayes, 'Robert Stephenson, Dionysius Lardner and an intriguing Hampstead ratebook entry', in *Camden History Reviews* 29; R. Holmes, *The Age of Wonder: How the Romantic Generation Discovered the Beauty and Terror of Science* (London: Harper Press, 2008); J. Herschel, 'Treatise on Sound', *Encyclopaedia Metropolitana* (London: John Griffin, ; I. Inkster, 'Introduction: Aspects of the History of Science and Science Culture in Britain' in I. Inkster and J. Morrell, (eds.) *Metropolis and Province: Science in British Culture, 1780-1850* (London: Hutchinson, 1983); A Thackray, The Industrial Revolution and the Image of Science', in A. Thackray and E. Mendelsohn (eds.) *Science and Values*, New York, 1974, p.2-18; F. Humboldt to C. Babbage, 20 Mar. 1834, British Library Add Ms 37188; D. Lardner to C. Babbage, 11 Jan 1834, British Library Add ms. 37188 f154; D. Lardner to C. Babbage, Manchester 11 [Jan? obfuscated] 1834 Babbage letters, British Library Add MS 37188 f141' ; D. Lardner to C. Babbage, 23rd Jan., British Library Add. MS 37188 f176-7 [endorsed 1836]'; D. Lardner to C. Babbage, 28th Feb 1834, , British Library Add MS 37188 f208; D. Lardner to C. Babbage June, 1834, British Library Add MS 37188 f230; D. Lardner to C. Babbage, 16 October 1834 BL MS 37494; .D Lardner to C. Babbage, Liverpool, 16 October 1834 BL Add. MS, 37494; Faraday Papers: Manager's Minutes VII

Royal Institution Dec 2 1833 p.118 and Faraday Papers Managers Notebook 10, Royal Institution; D. Lardner to Macvey Napier, Macvey Napier papers, British Library Add 34616 ff. 318 London 5 May 1834; C. Babbage to A. Dupin, 30 Dec 1833 ; F. Humboldt to Charles Babbage, 20th Mar. 1834, BL Add MS 37188 ; Dionysius Lardner to Charles Babbage, 3rd July, 1834, British Library Add MS 37188 fol.140; Dionysius Lardner to Macvey Napier, 17 Dec. 1830, BL Add MS 34614 fol.462; B. Randall, 'A Mysterious Advertisement', *Annals of the History of Computing*, **5** (1983), 60-3; Merzbach, Uta C. *Georg Scheutz and the First Printing Calculator*, (Washington, D.C: Smithsonian Institution Press, 1977) p. 196-203; *Leicester Chronicle: or, Commercial and Agricultural Advertiser* (Leicester, England), Saturday, August 29, 1835; Issue 1295.

Chapter 10: Investigations into Steam Transport

D. Lardner *Popular Lectures on the Steam Engine* (London: Taylor, 1835); [D. Lardner] 'The Great Western Railway Enquiry', *Monthly Chronicle*, Jan. 1839 p. 17; Dionysius Lardner to Macvey Napier, 21st Mar. 1832 BL Add 34615 fol. 296.

Chapter 11: Background to the Great Western Railway Enquiry

S. Smiles, *Lives of the Engineers, George and Robert Stephenson (London: John Murray, 1861)*; H. Ellis, *British Railway History* (London: George Allen and Unwin Ltd., 1954); [Dionysius Lardner] Inland Transport, *Edinburgh Review* 56, October 1832 p. 99-146; N.W. Cundy, *Inland Transit*, 2nd ed. (London: G. Herbert, T. Egerton and J. Ridgway, 1834); 'Answer of the Directors of the Liverpool and Manchester Railway, to an article in *Edinburgh Review* October 1832.' , *Edinburgh Review*, 115 (1833) p.88-9; [Dionysius Lardner] 'Liverpool and Manchester Railway', *Edinburgh Review* 57, (1833) p. 69-80; Dionysius Lardner, *Lectures on the Steam-Engine*, (London: Taylor, 1832); D. Lardner, to Macvey Napier, 21st Mar. 1832, BL Add. MS 34615 fol. 296 ; K.A. Knel, *Brilliant Innovator or Reckless Gambler?: I.K. Brunel, 1806-1859*, (Cambridge: Cambridge University Engineering Department,

1980); 'Prospectus of the National Pneumatic Railway Association', *Mechanics' Magazine* 23 Saturday May 2, [unnumbered]; Henry Atmore, 'Railway Interests and the Rope of Air , 1840-8', *British Journal for the History of Science*, 37 (2004), p. 2458-279; 'Western Rail-Road' *House of Commons Debate* 10th Mar. 1834 House of Commons Debate (hereafter HC Deb.) 21 cc1352-62 column 1352; E.T. MacDermot, , *History of the Great Western Railway*, rev. ed. (London: British Railways Board, 1964); 'Opposition to the Western Railroad Bill', HC Deb. 22nd July 1834, HC. Deb. 25 cc334-9; S. Brees, *Railway practice, containing a copious abstract of the evidence given upon the London and Great Western Railway Bills* (London: J.Williams 1839)

Chapter 12: The Second Great Western Railway Enquiry

'Extracts from the Minutes of Evidence given before the Committee of the House of Commons on the Great Western Railway Bill', (Bristol: Gutch and Martin[1834]): Hansard, HC Deb 22nd July 1834 25 cc334-9 http://hansard.millbanksystems.com/commons/1834/jul/22/great-western-railway accessed 26/09/2014; Dionysius Lardner to Isambard Kingdom Brunel, 27th Aug., 1834 Bristol, Brunel Institute,Brunel Collection (hereafter Brunel Collectin) DM 1306/VIII.33; Dionysius Lardner to Isambard Kingdom Brunel, 15 November [1834] Brunel Collection, DM 1758/11; Evidence of the London and Birmingham Railway Bill together with Abstracts for Acts of Parliament… in 'Great Western Railway', [1833], DM 1464 Brunel Collection,; D. Lardner, 'Improvements to Inland Transport', *Edinburgh Review*, 60 (1834) p.108 ; *Hansard's Parliamentary Debates*, 30, 1835 P1026; Dionysius Lardner, *The Steam Engine Familiarly Explained and Illustrated*, (London: Taylor and Walton, 1836); *Mechanics' Magazine* 23 Saturday May 2, 1835, p.66; Henry Pinkus, *Prospectus of a New Agrarian System [including] the Pneumatic-atmospheric and Gaso-pneumatic railway, Common Road and Canal Transit.* (London: The Author, 1840) ; *American Railroad Journal and Advocate of Internal Improvements*, 4 Saturday 20th June,

1835, no. 24 p. 370; Vaughan, A. *Isambard Kingdom Brunel*, (London: John Murray, 2003); [untitled] *Scientific American*. / New Series, **1**, Issue 15 p. 241; R. Stephenson to I.K. Brunel, Brunel Institute 15/3/1835 DM 1758/14/2; Minutes of Evidence taken before the Lords Committees to Whom the Bill intituled An Act for Joining the Railway from London to Bristol to join the London and Birmingham railway near London, to be called the "Great Western Railway", 1835; 'Western Railway', House of Lords Debate. 10th June, 1835 28 cc580-6 column 580 ; I.K. Brunel, *General Calculation Book 1834-1836*, Brunel Collection, Brunel Institute; *Minutes of Evidence taken at the House of Lords Committee on the Brighton Railroad*; [Dionysius Lardner] 'Dr Lardner's Evidence on the Great Western Railway Bill', *Mechanics' Magazine* 24 no. 638 Saturday October 31, 1835 p. 67; *Hansard's Parliamentary Debates*, 30, 1835 P1014; Dionysius Lardner to Isambard Kingdom. Brunel, 6th Aug., 1835 Brunel Collection DM 1758/10/3.

Chapter 13: The BAAS Meeting in Dublin

[P. Hardy] *Proceedings of the Fifth Meeting of the British Association for the Advancement of Science held in Dublin …* (Dublin: Philip Dixon Hardy, 1835); S. O'Donnell: *William Rowan Hamilton, Portrait of a Prodigy*, (Dublin: Boole Press, 1983); [untitled] *Dublin Penny Journal*, **3** (1834) 115 p. 84.

Chapter 14: Steamship Controversies

Dionysius Lardner, *Steam Communication with India by the Red Sea: Advocated in a Letter to Viscount Melbourne* (London: Allen and Co., 1837); [Anonymous] *Great Eastern: Minute book. Draft history of Great Western, Great Britain & Great Eastern. 1835-1859* Brunel Institute (Bristol) MS. DM 162/12 ; Isambard Brunel, *The Life of Isambard Kingdom Brunel, Civil Engineer*, (London: Longmans, Green & Co. 1870); [untitled] *Times*, Monday, Jun 28, 1824; p. 3; col. C; *Times*, Wednesday, Aug 10, 1825; p. 3; [untilted] col A; *Derby Mercury*, Wednesday, 23rd Mar. 1825; Issue 4837; [untitled] *Derby Mercury*, Wednesday, 22nd June, 1825; Issue 4850; E. L. Pond, *Junius*

Smith: *Biography of the Father of the Atlantic Liner* (New York: Hitchcock, 1927) ; Chimera, 'Steam Navigation of the Atlantic', *Albion* [Liverpool], 14th December, p. 7 [i.e. 5] col. B; [Dionysius Lardner] 'Atlantic Steam Navigation', *Edinburgh Review,* 65 (1837), pp. 118-146; J.L.Smythe, 'An Exposition of the Advantages of the Proposed Railway from Limerick to Waterford, Being the Substance of a Speech Delivered on the 31st October 1836'; *Athanaeum,* 3rd Sept, 1836 pp. 626-27; [untitled] *Morning Chronicle,* 26th Aug. p. 3; [untitled] *Bristol Mercury,* 27th Aug., p. 4; *Edinburgh Review,* 65, Apr. 1837; [untitled] *Athanaeum,* Sept 23, 1837.

Chapter 15: Life with the Fraserians

Advertisement, *New York Herald,* 18 Sept 1844 p. 2; C. Macready, *The Diaries of William Charles Macready, 1833-* (New York: Putnams, 1912); [D. Lardner], 'Animal Magnetism', *Monthly Chronicle,* **1** (1837). p. 289-306; [D. Lardner], 'Animal Magnetism [continued]', Monthly Chronicle, 2 (1838). p. 11-30; *The 1871 Census, the Kensington Registration District,* RG10/63 fol. 116; Valentine Flood, *Surgical Anatomy of the Arteries* (London: S. Highley, and Dublin, Fannin & co., 1839); *Medico-Chirugical Transactions of the Royal Medical and Chirugical Society of London,* (London: Longman, 1840 and 1845); [untitled], *Medical Times,* 2, Mar.-Sept. 1840, and Sat. 1st Aug., 1840, p. 240; *Lancet,* 2, Saturday 22nd June,, 1839 p. 167; Dionysius Lardner, *The Steam Engine Explained and Illustrated,* (London: Taylor and Walton, 1840); Rowland Hill, *Post Office Reform: Its Importance and Practicability* (London: C. Knight, 1837); Dionysius Lardner to Charles Babbage, 4th Nov. [endorsed 1825?] BL Add. MS 37183 fol. 191; *Minutes of Evidence taken before the Select Committee on Postage;* British Postal Museum Archive: *Rowland Hill's Postal Reforms* http://postalheritage.org.uk/page/rowlandhill Accessed 26/09/2014.

Chapter 16: Declining Credibility

William Makepeace Thackeray, Mr Yellowplush's Ajew, originally published in *Frasers Magazine*, XVIII, 1838, p.195; Samuel Warren, Ten Thousand a Year, 3 vols. (Edinburgh: William Blackwood, 1841) [later editions vary in content]. [Anon: [s.l., S.n., ca. 1854] *Dedicatoria de un trozo traducido del Ingles, ó la nueva invencion de los Arados Eléctricos ... por el doctor Lardner, etc.*

'Scientific and Miscellaneous Intellegence', *Railway Magazine and Annals of Science*, 1 (1836), 313-325. p. 320; *Bristol Mercury*, 7th Aug. 1836; [Dionysius Lardner]. 'Speed on Railways', *Monthly Chronicle* Aug/Sept. 1838 p. 126-261; [Dionysius Lardner], 'Great Western Railway Enquiry', *Monthly Chronicle*, Jan 1839 p. 6; [untitled] *Monthly Chronicle*, Jan 1839, p. 7; [untitled] *Morning Chronicle*, 10 Jan 1839 ; Dionysius Lardner, 'First Report on the Determination of the Mean Numerical Values of Railway Constants', *Report of the British Association for the Advancement of Science*, (London: British Association for the Advancement of Science, 1839), p. 197.

Chapter 17: The Scandal

'Brighton Constitutional and Liberal Association', *Brighton Patriot and South of England Free Press* [Brighton, England], Tuesday, December 19, 1837; Issue 148, [unnumbered][N. Parker Willis *Famous Names and Places* (New York: Charles Scribner, 1854) pp. 489-492; [untitled] *The Age*, 1st Dec. 1839; 'Elopement in Fashionable Life' The Age, Sunday, 22nd Mar. 1840 p. 125; [untitled] *The Satirist; or, the Censor of the Times*, Sunday, 3rd May, 1840; Issue 420 p. 141; 'The Late Elopement From Brighton' *The Satirist; or, the Censor of the Times*, Sunday, 12th Apr. 1840; Issue 417 p. 117; 'Captain Heaviside and Dr Lardner', *Freeman's Journal and Daily Commercial Advertiser* (hereafter 'Freemans Journal') , Thursday, 23rd Apr., 1840; 'Paris News' *The Age*, Sunday, 5th Apr., 1840; 'Dr Lardner's Case' *Annual Register ... for the year... 1840* pp. 289-304.

Chapter 18: A New Start

Duncan. Crow, *Henry Wikoff, the American Chevalier*, (London: Macgibbon & Kee, 1963); J. Hohenberg, *Foreign Correspondence The Great Reporters and their Times*, (Syracuse: University, Press, 1995) 2nd ed.; 'City Assembly', *Freeman's Journal*, Tuesday, 22nd Sept., 1840; C. Crain, 'The Courtship of Henry Wikoff; or a Spinster's Apprehensions', *American Literary History* 2006 18(4), pp. 659-694; *Wisconsin Enquirer* (Madison, Wisconsin) 5 Dec 1840; D. Lardner, *Popular Lectures on Science and Art*, 15th ed, (New York, Blackman and Mason, 1859)

Chapter 19: The American Lecture Tour

I. Guest, *Fanny Elssler, the Pagan Ballerina*, (London: A & C. Black, 1970); Dionysius Lardner, *Lardner's Museum of Science and Art*; [Dionysius Lardner] 'Railways at Home and Abroad', *Edinburgh Review* 84 (1846) p. 504; Dionysius Lardner, *Railway Economy* (New York: Harper & Brothers, 1850). p. 335; 'The Catholic Church of Gibraltar', Freeman's Journal, Monday,19th Apr., 1841; Charles H. Haswell, *Reminiscences of New York By an Octogenarian (1816 - 1860)*, (New York, Harper and Brothers, 1896) ; Paul H. Theerman, 'Dionysius Lardner's American Tour : A Case Study in Antebellum American Interest in Science, Technology and Nature', in *Experiencing Nature :Proceedings of a Conference in Honor of Allen G. Debus*, (Dortrecht: University of Ontario); , [reporting a lecture of 18th Nov,, 1841] *New York Daily Tribune*, 9th Nov., 1841, p. 2; 'The Late Editorial Trio', *Manufacturer and Builder*, 5: no.1, Jan.1873 p. 19; F. N. Zabrusjuem, *Horace Greeley, the Editor*, (New York: Funk and Wagnalls, 1890); *New York Daily Tribune*, 6th and 14th Dec., 1841, p. 2; 'The Times and its Owner', *New York Times*, Feb. 19, 1890, p. 9; A. Maverick, *Henry J. Raymond and the New York Press*, (New York: Hale and Co., 1870), pp. 33-4; *New Orleans Passenger Lists, 1820-1845*, National Archives [US] M259_22; W. B. Carson, *Managers in Distress : the St Louis Stage* (St Louis: St Louis Historical Documents

Foundation, 1949); Benjamin McArthur, *The Man who was Rip Van Winkle: Joseph Jefferson and Nineteenth Century American Theatre (Newhaven: Yale University Press, c.2007)*; Sol. Smith, *Theatrical Management in the West and South for Thirty Years* (Harper & Brothers, 1868); W. Winter, *Life and Art of Joseph Jefferson: Together with Some Account of His Ancestry and of the Jefferson Family of Actors.* (New York: Macmillan & Co., 1894); Dionysius Lardner, *Railway Economy* 2nd American Edition, (New York: Harper & Brothers, 1855); *The Times*, 3rd Feb. 1843, p. 6 col. C ; N. Parker Willis, 'Dr Lardner's Lecture "Famous Names and Places"', *Scribners Magazine*, 1845; [untitled] *Ohio Repository* 7 Apr 1842.

Chapter 20: An Explosion and a Fire

R. John Brockmann, *Twisted Rails, Sunken Ships; the Rhetoric of Nineteenth Century Steamboat and Railroad Accident Investigation Reports, 1833-1879* (Amityville, N.Y.:Beywood, 2004);[untitled article] Alton Telegraph and Democratic Review, (Alton, Illinois,) Nov. , 1844 16:[untitled article] The Southern Patriot, Charleston, SC 31 Oct 1844.

Chapter 21: Paris, the Telegraph and the World

'In the Matter of Heaviside's Divorce bill' *Digest of English Case Law*, London, John Mews, 1885-1910, 27 vols., 7, p. 952; Dionysius Lardner to Macvey Napier, 25th June, 1846, BL Add. MS 34626 fol. 246; Savile Morton to Richard Monckton Milnes, 27th Feb. 1849 Trinity College, Cambridge, Houghton Papers, 18.2; 'Has Atlantic Steam Navigation been Successful' in the *Civil Engineer and Architect's Journal, Scientific and Railway Gazette*, 5: Jan, 1842 p. 18; 'Long and Short Steam Voyages', in *Civil Engineer and Architect's Journal, Scientific and Railway Gazette*, 5th Feb. 1849, p. 57

Chapter 22: In Lardner's Wake

C. O'Murchadha, *Sable Wings Over the Land: Ennis, County Clare and its Wider Community During the Great Famine* (Ennis: CLASP Press, 1998); Dionysius Lardner to John Herschel, 8th Oct,. 1837, Royal Society, *Hershel correspondence*; 'George Darley Lardner' [obituary] *Annals of the Royal Astronomical Society*; [Dion Boucicault], 'The Debut of a Dramatist' in: *North American Review*,148, issue 349 p. 454; 'Great Repeal Meeting in Ennis', *Freeman's Journal,* Saturday, 31 Dec., 1842; R. F. Foster 'Ascendancy and Union' in *The Oxford History of Ireland, Oxford*, ed. by R. F. Foster (Oxford: OUP, 1989), pp. 134-173.

Chapter 23: Railway Economist

Dionysius Lardner 'Inland Transport' *Edinburgh Review* 49, (1832) p. 103-5; Marc. Blaug, *Economic Theory in Retrospect*, (Homewood, Ill.: Richard D. Irwin, 1968) , Donald L. Hooks 'Monopoly Price Discrimination in 1850: Dionysius Lardner', in *William Whewell (1794-1866), Dionysius Lardner (1793-1859), Charles Babbage (1792-1871)* ed. by Marc Blaug (Aldershot: Elgar, 1991); Sandra Peart, *The Economics of W.S. Jevons*, (London: Routledge, 1996); A. Odlyzko *Collective Hallucinations and Inefficient Markets, the British Railway Manias of the 1840's* http://www.dtc.umn.edu/~odlyzko/doc/hallucinations.pdf accessed 25-09/2014; [Dionysius Lardner], 'Railways at Home and Abroad', *Edinburgh Review* 84, (1846), p. 492; J. K. Whitaker: [Book review] 'Secret Origins of Microeconomics: Dupuit and the Engineers, by R.B. Ekelund, Jr. and R.F Hébert', ...*in Managerial and Decision Economics*, .20 no.7 (2000), p. 400 G.R. Hawke, 'Railway Economy' *Economic History Review*, (1969), 22 p 356,); Dionysius Lardner to Charles Babbage, 8th Apr., 1826 BL Add. MS 37183, fol.274; Charles Babbage *On the Economy of Machinery and Manufacturers*, (London: Charles Knight, 1833); J.P. Henderson, 'The Whewell Group of Mathematical Economists', in Blaug (1991) *William Whewell....* pp. 232-; Dionysius Lardner,

Railway Economy (London: Walton and Maberley, 1850); Alfred Marshall, *Trade and Industry* (London: MacMillan, 1921), 4th ed. 1924 ; Y.-N. Shieh and Ira Goldberg, 'Lardner's Law of Squares', *Economica*, New Series, .52, (1985), pp. 509-512; Dionysius Lardner, *Lectures on the Steam Engine*, 8th ed. (London, Taylor, Walton and Maberley, 1851); William Stanley Jevons, *The Coal Question: an Enquiry Concerning the Progress of the Nation*, (London: Macmillan, 1865); C. Davies, 'The Rise and Fall of the First Globalization, in *Economic Affairs'*, 25 (2005) pp. 55-57.

Chapter 24: Earthquake, Death and Aftermath

[Anon.] *Times*, (26th Dec., 1857). p. 7; R. Mallet, *The Great Neopolitan Earthquake of 1857*, (London: Chapman and Hall, 1862). 2 vols; G. Ferrari and A. McConnell, 'Robert Mallet and the Great Neopolitan Earthquake' in *Notes and Records of the Royal Society*, 59,I, (2005) pp. 45-64; *Will of Dionysius Lardner*, Canterbury, Canterbury University, Templeman Library, Calthrop collection, UKC/CALB.BIO : F205472; *Times*, (7th May 1864) and Rolls court *Freeman's Journal*, 19th Feb. 1864 [unnumbered.

Chapter 25: Legacy

L.T.C. Rolt, *Isambard Kingdom Brunel* (London: Longman, 1957); G.R. Hawke Appendix B 'The Reputation of Dr Lardner', to (Chapter) 'Railways and Freight Traffic, 1840-1870'in *Railways and Economic Growth in England and Wales, 1840-1870*; (Oxford: Clarendon Press, 1970); [John Herapath], [Review of Railway Economy] *Herapath's Journal*, 12, (1850), p. 315.

Epilogue: Windsurfing with Trains

Charles Babbage, *Passages from the Life of a Philosopher*, (London: Dawsons, 1864)

REFERENCES

[1] C. Mollan, *It's Part of What We Are, Science and Irish Culture*, 3 vols. (Dublin: Royal Dublin Society, 2007), III, p. 76.
[2] Iggy McGovern, 'Drs McDonnell, Harte and Lardner (MRIA)' in *A Mystic Dream of 4* (Dublin, Quaternia Press, 2013).
[3] For Lockhart's letter to Murray see S. Smiles, *A Publisher and his Friends: Memoir and Correspondence of John Murray*, (London, Thomas, 1911), p. 301.
[4] See Royal A. Gettman, *A Victorian Publisher: A Study of the Bentley Papers* (Cambridge, Cambridge University Press, 1960, p. 34.
[5] See Nora Crook, 'General Editor's Introduction' in M. Shelley, *Mary Shelly's Literary Lives and other Writings, I Italian Lives* ed. by Tilar J. Mazzeo (London, Pickering and Chatto, 2012).
[6] See Sandra Peart, *The Economics of W. S. Jevons*, Routledge Studies in the History of Economics, IX (London, Routledge, 1996), p. 2.
[7] Andrew Pyle 'Introduction' in J. W. Herschel, *A Preliminary Discourse on the Study of Natural Philosopy* (London, Longman, Rees, Orme, Brown, Green & Green, 1830 reprinted Routledge/Theommes Press 1996) p. xi.
[8] See Walter F. Cannon, 'John Herschel and the Idea of Science', *Journal of the History of Ideas*, Vol. 22, No. 2 (Apr. - June, 1961), pp. 215-239.
[9] See Marie Boas Hall, 'The distinguished man of science' in

John Herschel, 1792-1871 .London, Royal Society, 1992 p. 8 and pp. 120-121.

[10] C.R. Darwin to W.D. Fox, 15 Feb. 1831 Darwin Correspondence Project Database. http://www.darwinproject.ac.uk/entry-94/ (letter no. 94; accessed 19th June 2010).

[11] The autobiography of Charles Darwin, http://charles-darwin.classic-literature.co.uk/the-autobiography-of-charles-darwin/ebook-page-10.asp. See also Marie Boas Hall, 'The distinguished man of science' in *John Herschel, 1792-1871*. London, Royal Society, 1992, p. 8 and pp. 120-121.

[12] Susan Faye Cannon, *Science in Culture: the Early Victorian Period* (Folkestone, Dawson, 1978). Walter Faw Cannon, founder of the Smithsonian Journal of History, changed his name to Susan Faye Cannon [1925-1981] in 1976.

[13] See *William Whewell, a Composite Portrait*, ed. by Menachem Fisch and Simon Schaffer (Oxford: Oxford University Press, 1991), p. 222.

[14] See 'Lardner's Cabinet Cyclopaedia Ledger of Costs and Sales, 1829-1902', in *Archives of the House of Longman* (Cambridge: Chadwyk-Healey, 1978) [unnumbered microfilm].

[15] See 'Inventory of 1832', British Library, Addison. MS, 48914, cited in P. M. Handover, *Printing in London from 1476 to Modern Times* (London, Allan & Unwin, 1960), p. 209.

[16] From an article in the *World* (New York, 1887), cited in Townsend Walsh, *The Career of Dion Boucicault* (New York, Benjamin Blom, 1915), p. 12.

[17] See D. Hayes, 'Robert Stephenson, Dionysius Lardner and an Intriguing Hampstead Rate-Book Entry' *Camden History Review* 29 (2005), p. 23-27.

[18] See 'Emily's Songbook: Music in 1850s Albany' edited by Mark Slobin, James W. Kimball, Katherine K. Preston, Deane L. Root, (Middletown, Wisconsin: A-R Editions, 2011) *Recent Researches in the Oral Tradition of Music* 9, p. 30.

[19] See Joe Bord, *Science and Whig Manners, Science and Political*

Style in Britain c.1790-1850 (London, Palgrave McMillan, 2009).
[20] See Monica Grobel, 'The Society for the Diffusion of Useful Knowledge, 1826-1856' (unpublished M.A., University of London, 1833), 3 vols, I , p. 68.
[21] See Jack Morrell and Arnold Thackray, Gentlemen of Science (Oxford: Clarendon Press, 1981), p. 173.
[22] R. Holmes, The Age of Wonder : How the Romantic Generation Discovered the Beauty and Terror of Science, (London, Harper Press, 2008), p. 449.
[23] Marquis Pierre Simon de Laplace had been the President of the Senate, Joseph Lagrange had been a Peer and Nicholas Leonard Sadi Carnot (1796-1832) had been the Minister of War.
[24] See Ian Inkster, 'Aspects of the History of Science and Science culture in Britainm 1780-1850 and beyond' in *Metropolis and Province: Science in British Culture, 1780-1850*, edited by Ian Inkster and Jack Morrell (London, Hutchinson, 1983), pp. 11-54.
[25] See Doron Swade, *The Cogwheel Brain: Charles Babbage and the Quest to Build the First Computer (London: Little, Brown, 2000)*, p. 10.
[26] Charles Babbage to Baron Dupin, 18th Dec. 1833 B.L. Add. MS 37188.
[27] Dionysius Lardner to Macvey Napier, 17th Dec., 1830, B,L, Add. Ms.34614 f.462.
[28] See C. Hamilton Ellis, *British Railway History* (London, Allen & Unwin, 1954), p. 55.
[29] Dionysius Lardner to Isambard Kingdom Brunel, 27th August 1834, [Bristol] Brunel Institute Brunel Collection, BM 1306/8/15.
[30] See Lardner, D., 'Improvements to Inland Transport', *Edinburgh Review*, 60 (1833), p. 112.
[31] See S. Brees, *Railway Practice Containing a Copious Abstract of the Evidence Given upon the London and the Great Western Railway Bills*, (London, J. Williams, 1839) p. 192.
[32] *Ibid*. p. 918.
[33] *Ibid*. p. 920.

[34] Mr. Talbot may have been the photographic pioneer William Henry Fox Talbot to whom Brunel wrote soliciting his support for the bill, but is more likely to have been the Hon. John Chetwynd Talbot who supported Stephenson's line to Brighton in 1836

[35] D. Lardner to I.K Brunel, 6th August 1835 Bristol, Brunel Institute Brunel Collection (hereafter BC], BM 13758/10/15.

[36] *Proceedings of the Fifth Meeting of the British Association for the Advancement of Science, Held in Dublin…* (Dublin, Hardy, 1835), p. 47.

[37] *Ibid.* p. 50.

[38] See *The Times*, Mon. 28th Jun, 1824, p. 3 column C.

[39] See W. L. Pond, *Junius Smith, Father of the Atlantic Liner*, (New York, F.H. Hitchcock, 1927) p. 59.

[40] J. L. Smythe, A*n Exposition of the Advantages of a railway from Limerick to Waterford, being the substance of a speech delivered on 31st Oct, 1836* quoted in *The Great Western*, [Bristol] Brunel Institute Brunel Collection Ms. DM 162/12.

[41] *The Great Western*, [Bristol] Brunel Institute Brunel CollectionMs. DM 162/12. This is an unpublished draft that seems to have been gathered in preparation for Isambard Brunel's life of his father, Isambard Kingdom Brunel. It mentions the 1856 edition of Lardner's Steam Engine so it must have been written after that date.

[42] See 'Chimera'[author], 'Steam Navigation of the Atlantic', *Liverpool Albion*, 14th Dec., p. 7, [i.e. 5] column b.

[43] C. Macready, *The Diaries of William Charles Macready, 1833-1851*, 2 vols. (New York: Putnams, 1912), I, p. 326.

[44] *Speech of the Hon. J. C. Talbot on summing up the engineering evidence given in support of Stephenson's line, Before the House of Commons 17th May 1836* (London, Vacher, 1836).

[45] See E.T. MacDermot, *History of the Great Western Railway*, Vol. 1, 1833-1863, (London, British Railways Board, 1964) Rev. ed. p. 11 and p. 40.

[46] See Hayes, 'Robert Stephenson, 'Dionusius Lardner and an Intriguing ...' p. 25.
[47] *Popular Science Monthly*, cited in 'The Late Educational Trio', *Manufacture rand Builder*, V, Jan. 1873, p. 19.
[48] P.H. Theerman, 'Dionysius Lardner's American Tour?: A Case Study in Antebellum American Interest in Science, Technology and Nature', in Experiencing Nature: Proceedings of a Conference in Honor of Allen G. Dbus, Philosophy of Science, 58, 1997th edn (Dortrecht: University of Ontario).
[49] Paul H. Theerman, 'Dionysius Lardner's American Tour: a Case Study in Antebellum American Interest in Science', *Experiencing Nature, Proceedings of a Conference in Honor of Allan G. Debus*, (Netherlands, Dortrecht, 1999) p. 213 footnote.
[50] R. John. Brockmann, *Twisted Rails, Sunken Ships: the Rhetoric of Nineteenth Century Steamboat Accident Reports, 1833-1879* (New York: Baywood, 2005), p. 58-9.
[51] See 'Has Atlantic Steam Navigation been Successful?', *Civil Engineer and Architects' Journal, Scientific and Literary Gazette*, V, (1844) p. 18 and the reply 'Long and Short Steam Voyages' *ibid.* p. 57.
[52] Charles Darwin to John Philips, 12th March 1848 *Darwin Correspondence Database*, http://www.darwinproject.ac.uk/entry-1163, accessed on Sep 25 2014.
[53] See Richard Fawkes, *Dion Boucicault* (London: Sphere, 1979), p. 37
[54] See 'Emily's Songbook: Music in 1850s Albany' edited by Mark Slobin, James W. Kimball, Katherine K. Preston, Deane L. Root, (Middletown, Wisconsin: A-R Editions, 2011) *Recent Researches in the Oral Tradition of Music* 9 , p.30. The researchers suggest that it is just possible that 'Dr William Lardner' might be the man of that name who wrote a dissertation on the circulation of the blood in Edinburgh in 1818, but Lardner's brother seems an equally unlikely candidate. See Sarah J. Hale and William Lardner, The Watcher, (Philadelphia, J.C. Smith,

1841). For the song itself see John Hopkins University Lester S. Levy Sheet Music Collection http://levysheetmusic.mse.jhu.edu/catalog/levy:125.132 accessed 30/09/2014.

[55] Donald.L.Hooks, 'Monopoly Price Discrimination in 1850: Dionysius Lardner', in *Willliam Whewell (1794-1866), Dionysius Lardner (1793-1859), and Charles Babbage, (1792-1871)* ,ed. by Marc Blaug (Aldershot, Elgar, 1991) p. 107.

[56] Marc Blaug, *Economic Theory in Retrospect*, (Cambridge: Cambridge University Press, 1985), pp. 238-84.

[57] Andrew Odlyko, *Collective Hallucinations and inefficient markets: the British Railway Mania of the 1840's* http://www.dtc.umn.edu/~odlyzko/doc/hallucinations.pdf, p. 138, accessed 25/09/2014.

[58] Charlotte Brontë to George. Smith, 4th Oct., 1849 in *The Letters of Charlotte Brontë, with a Selection of Letters by Family and Friends:* II, 1848–1851, ed. By M. Smith (Oxford: Oxford Univ. Press, 2000).p. 267, cited in Odlyzko, *Collective Hallucinations* ... p. 5.

[59] *Economist*, Sept. 15,1855 p.1010-1011 cited in Odlzko, *ibid.*, p. 5.

[60] For the Marginal Utilitarians' influence on Jevons through Lardner see G. R. Hawke, 'Railway Economy' [Review], *Economic History Review*, 22 (1969), p.356.

[61] J.P. Henderson 'The Whewell Group of Mathematical Economists' in *Willliam Whewell (1794-1866), Dionysius Lardner (1793-1859), and Charles Babbage, (1792-1871)*, p. 232.

[62] Dionysius. Lardner to Charles Babbage, 8th Apr. 1826, BL.Add. Ms. 37183 fol. 274.

[63] See A. Marshall, *Industry and Trade*, (London, Macmillan, 1921) p. 27 cited in Y-N. Shieh and I. Goldberg, 'Lardner's Law of Squares', *Economica*, 53, p. 509.

[64] The story was mentioned in G. Ferrari and A. McConnell, 'Robert Mallet and the Great Neopolitan Earthquake', *Notes and Records of the Royal Society*, 59 (2005), pp. 45-64. The author is

grateful to Dr Ian Elliot for pointing this out.
[65] G. R. Hawke (op. cit.) p. 356.
[66] L.T.C. Rolt, *George and Robert Stephenson: the Railway Revolution* (London, Longmans, 1960) p. 49.
[67] J. H. Clapham, The Economic Development of France and Germany, 1815-1914 (Cambridge, Cambridge University Press, 1936) p. 14. See also J. H. Clapham, An Economic History of Modern Britain, vol. 1 (Cambridge 1939).
[68] Charles. Babbage, *Passages from the Life of a Philosopher* (London: Dawsons, 1864) p. 325.

INDEX

Accidents, 16, 60-61, 204, 259, 266-267, 307-312

Accoucheurs, 141

Airy, George Biddell (1801-1892), astronomer, 71

America, 179, 201, 215, 220-221, 223, 227, 228, 230, 234, 252, 279-284, 287, 288, 291, 300, 301, 304, 307, 329, 331, 333

Analytical Engine, 57

Analytical Society (Cambridge), 58-59, 133, 134

Animal Magnetism, 239

Athens (Georgia), 296

Atmospheric railways, 198

BAAS, see British Association for the Advancement of Science, 254

Babbage, Benjamin Hershel (1815-1878), 370

Babbage, Charles (1791-1871), mathematician, 26, 56-61, 70, 73-74, 125, 131, 155-156, 160-176, 209, 214, 220, 244, 255, 261, 285, 344, 346-348, 369-370

Bacon, Francis, Viscount St. Alban (1561-1626), 45, 46, 127, 129, 154, 180

Bective House College, Dublin, 353

Bell, Robert (1800-1867), writer, 325

Bennett, James Gordon (1795-1872), newspaper editor, 280

Bentham, Jeremy (1748-1832), philosopher, 55, 66, 85

Béranger, Pierre-Jean de (1780-1857), poet, 136

Birkbeck, George (1776-1841), adult education pioneer, 45, 67, 76, 86, 128

Bishopsgate, London, 259

Blackrock, Dublin, 12, 23, 32, 33, 144, 147

Blessington, Lady, 120

Bliss, Elam (1779-1848), publisher, 283

Bloomsbury, London, 90

Bolton, Greater Manchester, 170

Bord, Joe (1977-), historian, 155

Boston, 287

Boucicault, Dion (1820-1890), playwright, 31, 35, 151, 328

Boucicault, George Darley (b.), editor of the Daily Express (Melbourne, Australia), 148

Boursiquot, Anne Maria, née Darley (b.ca1820), 144

Boursiquot, Anne Maria, née Darley (b.ca1895), 33-35, 147-148

Boursiquot, Arthur (b.1819), newspaper proprietor, 34

Boursiquot, George (b.1819), newspaper proprietor, 34

Boursiquot, Mary (1814-1831), newspaper proprietor, 34

Boursiquot, Samuel Smith (ca.1770-1853), wine merchant, 33, 35

Box Hill, Berkshire, 201

Boyton, Charles (fl.1832 Fellow of T.C.D., 39

Bray, Co. Wicklow, 33, 144

Brewster, David (1761-1868), physicist, 160, 162, 163, 213, 322

Brinkley, John (1763-1835), Astronomer Royal, 25, 26, 31, 40, 42, 44, 57, 61, 70-71, 265

Bristol, 55, 191, 193-195, 223, 226-228, 231, 252, 253, 255, 257, 283, 343

British and American Steamboat Company, 227

British Association for the Advancement of Science, 160, 163, 170, 215, 220, 223, 225, 227, 230, 254, 255, 261, 325, 353, 357, 359, 369

British Queen (steamship), 225, 227, 253, 323

Brockmann, R. John, transport historian, 308-310

Brougham, Henry Peter, 1st Baron Brougham and Vaux (1778-1868), 66, 68-69, 71, 73, 75, 76, 82, 85-90, 97, 104, 105, 118, 131, 132, 134, 154, 156, 158-159, 172, 247-249, 267

INDEX

Brunel, Isambard Kingdom (1806-1859), civil engineer, 190, 191, 193, 194, 199-200, 202, 206-207, 210, 227, 229, 256, 257, 261, 323, 344, 363

Bulwer, Edward" \t ", See Lytton, Edward George Earle Lytton Bulwer, 4

Burlemaqui, Jean-Jaques (1694-1748), philosopher, 25

Butler, Joseph (1692-1752), philosopher, 26

Cahill, George (fl. 1830), 140, 141

Calculating Engine, 164, 165, 169, 174

Cambridge, 160

Cambridge Analytical Society, 58, 59

Cambridge Philosophical Society, 155

Cambridge University, 28, 57, 65

Campbell, Rev. Henry (fl.1815), of St Paul's Church, Dublin, 19

Campbell, Thomas (1777-1844), poet, 65, 66, 108, 161

Carey, Matthew (1760-1839), publisher, 283

Caroline, Queen, consort of George IV, King of Great Britain (1768 -1821), 67

Catholic Relief Bill, 24
Catholicism, 24

Charleston (South Carolina), 296

Charleston Theatre, 296

Chat Moss, Greater Manchester, 204

Chestnut Street Theatre (Philadelphia), 303

Chestnut Street Theatre (Philadephia), 287

Churches
   St. George's Church, Dublin, 27
   St. Paul's, Dublin, 19

Cicero, Marcus Tullius (106 BC-43 BC), philosopher, 25, 311

Civil disturbances, 30, 45, 135, 157, 330, 336

Clare, John (1784-1842), poet, 53, 54

Clarke, G.T., mechanic, 258

Clifford, William Kingdom (1845-1879), physicist, 130

Clinton Hall (New York), 286

Coates, Thomas (1845-1888), 89-90

Coddington, Henry (1798-1845), Fellow of Trinity College Cambridge, 60

Coleridge, Samuel Taylor (1882-1834), poet, 108

College Henri Quatre, Paris, 202

College of the Old South (Athens, Georgia), 296

Connell, Daniel (1775-1847), M.P., 5, 330

Connell, Daniel of Toureen (fl. 1842), 331

Constable, Archibald (1774-1827), publisher, 97

Corbould, Henry (1787-1844), artist, 118

Cork (city), 48, 50, 70, 76, 77, 145

Cork Mechanics' Institute, 145

Cournot, Antoine Augustin (1801-1870), ecomomist, 346

Crook, Nora (b.1940), literary editor, 111, 117, 131

Cundy, Nicholas Wilcox (b.1778), engineer, 181, 349

Cunningham, Allan (1784-1842), author, 53

Current awareness, 310

Custom House, Dublin, 9, 140

D'Alembert, Jean Baptiste le Rond (1716-1773), mathematician, 25

Dana, Charles Anderson (1818-1897), journalist, 320

Darley, George (1731-1813), builder, 12, 14

Darley, George (1795-1846), poet, 12, 17, 24, 31, 52, 75, 148

Darley, Hugh (d.1771), architect, 12, 14

D'Arley, Maria (cousin of George Darley), 145, 148

Darwin, Charles Robert (1809-1882), scientist, 109, 125, 326, 344

Davy, Humphrey (1778-1829), chemist, 61, 163

De Morgan, Augustus (1806-1829), mathematician, 74, 83, 87, 90, 108, 133, 326, 342

De Morgan, Sophia (neé Frend,1800-1892)), 172

De Pambour, Francoise Marie Guyonneau (b.1785), engineer, 180

Decline of Science' debate, 163, 164, 213

Dibdin, Thomas Frognall (1776-1847), 133

Dickens, Charles (1812-1870), author, 299, 318, 351

Disraeli, Benjamin, Earl of Beaconsfield (1804-1881), politician, 5, 238

Divorce cases
  Heavisides', 301, 303
  Lardners', 247, 276

Divorce, attitudes to, 292

Donnelly, Elizabeth Helena, 142

Donovan, Michael (1790-1876) apothecary, 60, 65

D'Orsay, Gédéon Gaspard Alfred de Grimaud (1801-1852), aristocrat, 236, 280

Du Potet, Alexander (1796-1881), hypnotist, 239

Dublin, 140, 179
  Cullen Woods, 141
  Pigeon house, 216
  Springhill, 27

Dublin and Kingstown Railway, 215, 223, 331

Dublin Mechanics' Institute, 44, 46, 67-68

Dublin Philosophical Journal, 167

Dublin Steamboat Company, 213

Duke of Norfolk, 66

Dun Laoghaire, Co. Dublin, 40, 55, 215, 223

Dunsink observatory, near Dublin, 42, 70, 73

Dupin, Pierre Charles Francoise (1784-1873), mathematician, 135, 174, 346

Dupuit, Jules (1804-1866) economist, 346

Duvernay, Pauline (1813-1894), ballerina, 235 Earl of Rosse, 244

Ecole des Ingenieurs des Ponts et Chaussées (Paris), 346

Edgeworth, Maria (1768-1849), author, 108, 129

Edgeworth, Richard Lovell, 1744-1817), politician, 61

Edinburgh, 170

Edinburgh Academy of the Arts, 78

Edinburgh Review, 65, 67, 168, 173, 175, 180, 184, 186, 192-193, 198, 201, 207, 230, 244, 340, 345

Education, 48, 54, 142, 149, 238, 303, 342, 353 Schools, 105, 148

Ellet, Charles (1810-1862), economist, 346

INDEX

Elrington, Thomas (1760-1835), Provost of Trinity College Dublin, 29, 30, 42

Elssler, Fanny (1810-1884), ballerina, 283-284, 292, 295, 297, 303-304, 351

Emmet, John Patten, Trinity College Alumni, 297

Emmet, Robert (1788-1803), political activist, 16, 30, 31

Encyclopaedia Metropolitana, 62, 70, 126

Ennis, Co. Clare, 86, 330

Euler, Leonhardt (1707-1763), mathematician, 25 experiments), 47, 77, 84, 180, 197, 201, 202, 239

Experiments, railway, 258

Factory Act (1819), 66

Falmouth, 223

Field, Mr., student at London University, 259

Finden, Edward Francis (1791-1857), engraver, 118

Finden, William (1787-1852), engraver, 118

Fires, 203, 296, 297, 311

Fitzrovia, London, 90

Flood, Henry (1732-1791, 12

Flood, Henry (b. ca.1797), 142

Flood, Valentine (c.1800-1847), anatomist, 10, 139, 142, 248-249, 334, 336

Florence, 147

Fonblanque, Alabany William (1793-`872), journalist, 238

Fraserians, 233, 366

Fuel efficiency, 198, 207, 224, 259, 261

G and W.B. Whittaker, publishers, 53

Gardiner, Marguerite, Countess of Blessington (1788-1849), Society hostess, 120

George IV of the United Kingdom (1762-1830), 40, 67

Georgia, 296

Gibbs (scholars), 16, 21, 32

Glasgow Mechanics' Institute, 45

Godwin, William (1756-1836), philosopher, 114

Goldsmid, Isaac Lyon Baronet (1778-1859), philanthropist, 66, 86, 97, 132, 238, 242

Gowran, Kilkenny, 14

Grant, James (1802-1879), publisher, 123

Grattan, Henry (1746-1820), politician, 14

Great Reform Act (1832), 157

Great Western (steamship), 227, 229, 253, 254

Great Western Railway, 189-190, 193, 197, 201, 216, 222, 223, 255, 256, 258-259, 369

Greeley, Horace (1811-1872), newspaper editor, 288, 290-294, 320

Grobel, Monica C. (fl. 1932), historian, 85, 91

Guiccioli, Contessa Teresa (1800-1873), aristocrat, 243, 280

Gurney, Goldsworthy (1793-1875), inventor, 181

Hackett, J. (Fl.1824), instrument maker, 48

Hall's Patent Condensing machine, 225

Hamilton, William Rowan (1805-1865), mathematician, 40, 42-44, 71, 73, 104, 113, 214, 217

Hampstead, 121, 149

Hanwell, London Borough of Ealing, 370

Harte, Henry Hickman (1790-1848), Provost of Trinity College Dublin, 70

Haverty, Joseph Patrick (1794-1864), artist, 40

Hawke, Gary R. (b.1942), economist, 363

Hawkshaw, John (1811-1891), civil engineer, 260

Hayes, D.(fl. 2005), historian, 149

Hays, Jo Nelson (1938-), historian, 5

Hazelwood School, Ewell, 55-57, 59, 77, 149, 244

Heaviside, Mary, 263

Heaviside, Richard (fl.1838), magistrate, 263, 264, 267, 268, 270, 271, 274, 276, 301, 317

Helsham, Richard (1683-1737), Natural Philosopher, 25

Hempstead, London, 149

Henslow, John S. (1796-1861), 131, 161, 284

Herald (New York), 292

Herapath, John (1790-1868), journalist, 365

Herschel, Sir John Frederick William, 1st Baronet (1792-1871), natural philosopher, 58-60, 71, 75, 113-114, 125-127, 129, 326, 327, 347, 348, 356

Herschel, William(1738-1822), astronomer, 125

Hessey, James Augustus (1785-1870), publisher, 53, 54, 149

INDEX 431

Hill, Matthew Davenport (1792-1872), educational reformer, 55

Hill, Rowland (1795-1879), postal reformer, 55, 56, 86, 244, 245

Hill, Thomas Wright (1763-1851), educational reformer, 55

Holland, George (1791-1870), actor and manager, 298

Horner, Leonard (1785-1864), Warden of the London University, 78, 81

House of Industry, Dublin, 334

Hull and Selby Railway Company, 252

Humboldt, Friedrich Wilhelm Heinrich Alexander von (1769-1859), natural philosopher, 161

Hurwitz, Hyman (1770-1895), Hebrew scholar, 76

Illnesses
  Nervous conditions, 35
  Yellow Fever, 298

Illustrations, 118, 303, 321

Instruments, Scientific, 76-78, 83, 261, 285

Ireland, Richard Stanley (1790-1876), obstetrician, 141, 142

Jefferson, Joseph (1829-1905), actor, 298

Jevons, William Stanley (1835-1880), economist, 342, 344- 346, 350

Joy, Henry Hall (fl.1838) Queens Councel, 207

Joy, Mr, of Hartham Park, 203

Kater, Capt. Henry (1777-1835), physicist, 57, 155

Keats, John (1785-1821), 53

Kennagh, Mary, 144

Kenney, Charles Lamb (1821-1891), dramatist, 146, 150

Kenney, Mary (fl.1820-32) [the elder] maid servant, 144

Kenney, Mary (fl.1820-32) [the younger] maid servant, 144

Kingstown, Co. Dublin, 215

Kirby, Mr. (fl.1828), Laboratory Assistant, 78

Lagrange, Joseph-Louis (1836-1813), mathematician, 25, 57, 347

Lamb, Charles (1775-1834), author, 53

Lancasterian schools movement, 66

Landseer, John (1783-1852), artist, 115

Lansdowne, Lord, 121

Laplace, Pierre Simon, Marquis de, 25, 42, 347

Lardner, Adeline (b.1805), sister, 117

Lardner, Caroline (ca.1795-), sister, 118, 331, 334

Lardner, Cecelia (b.1817), daughter, 27

Lardner, Cecelia (ca.1795-1862), 19, 28, 32, 33, 35, 36, 140- 147, 247, 360

Lardner, Dionysius Writing style, 39, 186, 311

Lardner, Dr. William (ca.1786-) of Hampstead, physician, 150

Lardner, Frederick Henry (b.1813), brother, 27

Lardner, George Darley (1808-1902), Commissary-General, son, 27, 33, 149, 244, 265, 326, 327, 360-361

Lardner, George Washington (b.1799), brother, 16

Lardner, Henry (1817-1834), son, 55, 148, 170

Lardner, John, of Ennis, (fl. 1777), grandfather, 10

Lardner, Mary (d.1891), wife, 263, 264, 267, 269, 270, 272-276, 279-281, 283, 288, 300, 301, 303, 313, 317, 331

Lardner, Mary-Anne (d. ca,1846), mother, 27, 333, 334

Lardner, Theodore (1795-1816), brother, 27

Lardner, William Knightly (b.1804), brother, 17, 329, 331

Lardner, William O'Brien (1766-ca.1818), father, 10, 12, 16, 21, 27

Lardner's American Lectures on Science and Art (book), 292

Lardner's Cabinet Cyclopaedia , 96, 101, 105-107, 109, 111, 112, 118, 125, 129-131, 133, 135, 159, 167, 243, 245, 267, 331, 347

Lectures, 118, 292
see also Lectures upon Locke's Essay (book), 38

style and value of Lardner's, 47-48, 171, 286, 365, 366

tour the North of England, 167

at the BAAS, 164

at the London University, 72, 77, 83

INDEX

at the Royal Institution (London), 172, 173 by George Birkbeck, 45

by Thomas Young, 127

fees, 304

in Alabama, 298

in Charleston, 296

in Cork, 50, 76

in Dublin, 38, 46, 48, 179, 220

in Edinburgh, 170

in Georgia, 296

in Liverpool, 168, 169, 230

in London, 173

in Manchester, 168, 169

in Mississippi, 298

in Missouri, 298

in New York, 286, 303

in Philadelphia, 287, 303

in Rhode Island, 311

in Tennessee, 298

offers rejected, 295

on Babbage's Engine, 167, 169-172

plans to tour America, 285

popularity with women, 236

reported in the Tribune (New York), 289, 291

value of, 67, 290

Lectures on Science and Art (book), 292

Lectures upon Locke's Essay (book), 38

Leeds, 174

Library of Useful Knowledge (series), 87

Liebnitz, Gottfried Willhelm (1646-1716), mathematician, 25

Lindley, John (1799-1865), botanist, 109

Linnaean Society, 109, 153

Liver, Mr, of the Encyclopaedia Metropolitana, 126

Liverpool, 168, 180-182, 186, 189, 191, 204, 221, 226, 230, 331, 340, 342

Liverpool and Manchester Railway, 181, 183, 185, 202

Liverpool Mechanics' Institute, 168

Lloyd, Bartholomew (1772-1837), Provost of Trinity College Dublin, 25, 26, 30, 36, 38, 42, 43, 160, 213-214, 266

Lloyd, Humphrey (1800-1881), Provost of Trinity College Dublin, 71

Locke, John (1632-1704) philosopher, 25, 38-39, 54

Locke, Joseph (1805-1860), engineer, 200

Lockhart, John Gibson (1794-1854), literary editor, 100, 102, 103, 131

London, 170
  Euston, 240, 242

London and Birmingham Railway, 200

London and Brighton Railway, 263

London and Southampton Railway, 205

London and Southampton Railway Company, 194

London Magazine, the (journal), 53, 75, 77

London Tavern, Bishopsgate, 259

London University, the, 65-67, 69, 70, 75, 77, 78, 80, 82, 89, 104, 109, 161, 310, 342, 365

Longman (publishing firm), 87, 97, 116, 119, 133

Longman, Thomas Norton (1771-1843), publisher, 87, 97, 121, 134

Lovelace (Augusta) Ada King, Countess of (1815-1852), scientific writer, 172, 175, 238, 239, 359

Lowe, Mrs, 141

Ludlow, Noah (1785-1886), theatre manager, 298

Lyell, Sir Charles (1797-1895), naturalist, 109

Lytton, Edward George Earle Lytton Bulwer first Baron, Lytton (1803-1873) author, 4

Macaulay, Thomas Babbington, Baron Macaulay (1800-1859), historian, 236

Macaulay, Zachary (1768-1838), social reformer, 66

Macclesfield, 226

MacDonnell, Richard (1787-1867), Provost of Trinity College Dublin, 70

Mackintosh, Sir James (1765-1832), constitutional historian, 97, 103, 113, 120, 126, 241

Maclise, Daniel (1806-1870), artist, 5, 251, 366

Macready, William Charles (1793-1873), actor, 158, 213, 216, 234-236, 238, 240-241, 263, 272-274, 299, 301, 303, 325, 328

Madeley Plain, 258

Mahoney, Francis (1804-1866), satirist, 135

Mallet, Robert (1810-1881), Seismology pioneer, 353 Manchester, 169, 170, 174, 181-183, 186, 191, 204, 258, 340

Manchester and Liverpool railway, 168

Manchester Mechanics' Institute, 169

Manhatten (New York), 287

Marcet, Jane (1751-1858), scientific populariser, 322

Marginal Utilitarians (economists), 346, 347

Marshall, Alfred (1842-1924), economist, 349

Marx, Karl (1818-1883), economist and socialist, 319, 320, 339, 342

Maxwell, James Clerk (1831-1979), physicist, 130

McGovern, Iggy, (fl. 2013), poet, 44

Mechanics Institute High School, Liverpool, 342

Mechanics Institutes, 45
  see also Cork Mechanics' Institute:
  Dublin Mechanics' Institute, Glasgow Mechanics' Institute Manchester M, 49

Melodeon Theatre (Boston), 287

Mill, John Stuart (1806-1863), philosopher, 344

Mobile Theatre, Mobile, 298

Mobile, Alabama, 298

Model railways, 214

Models, 48, 68, 76-77, 81, 174

Mollan, (Robert) Charles (1942-) historian, 23

Monckton Milnes, Richard (1809-1885), writer, 320

Monthly Chronicle, 159, 160, 239, 255, 325

Moore, George, writer, 287

Moore, Thomas (1779-1852), poet, 21, 30, 31, 46, 97-100, 103, 104, 107, 114, 116, 119, 121, 123-124, 126, 133, 159, 160, 166, 213, 299, 325

Morton, Savile(1811-1852), journalist, 320

Murphy, Elizabeth Helena (b.1822), 142

Museum of Science and Art (book), 321
Natchez, Mississippi, 298
New Orleans, 298
New York, 222
Newspaper publishing, 290-293
Niblos Gardens (New York), 286
Oakey, Elizabeth, 239
Oakey, Jane, 239
O'Brien, William Smith (1802-1864), M.P., 336
Odlyzko, Andrew M. (1949-), Mathematician, 343-344
O'Key, Elizabeth, (fl. 1836), Animal Magnetism patient, 239
O'Key, Jane, (fl. 1836), Animal Magnetism patient, 239
Owen, Robert (1771-1858), philanthropist, 238 Oxford, 60, 171, 194
Oxford University, 28, 61, 65, 82, 160
Paine, Mr, agent for Great Western Railways Bill, 195
Paine, Thomas (1737-1809), philosopher, 21
Panizzi, Sir Anthony (1797-1879), librarian, 76, 80, 83
Parker Willis, Nathaniel, 265
Parsons, Lawrence, Second Earl of Rosse (1758-1841), aristocrat and astronomer, 244
Pattison, Granville Sharp (1791-1851), anatomist, 81
Peacock, George (1792-1852), 58-60, 155, 347
Peckham, Morse (b.1914), bibliographer, 107, 110
Peterloo Massacre, 45
Petty, Sir William, (1623-1687), Baconian, 46
Petty-Fitzmaurice, Henry, 3rd Marquis of Lansdowne (1780-1863), aristocrat and politician, 121, 124, 156, 220, 221
Petty-Fitzmaurice, Louisa, Marchioness of Lansdowne (d.1851), 124
Philadelphia, 295
Phillips, John (1800-1874), geologist, 326
Place, Francis (1771-1854). tailor and reformer, 66
Pneumatic railways, 251
Postal reforms, 244, 245, 345
Price differentiation (economics), 345
Prince Regent, 67
Providence (Rhode Island), 311

Providence Theatre (Rhode Island), 311
Publishing, 54
  editorial work, 112, 114, 116, 132
  engraving, 118
  mass production of books, 100
  printing process, 88, 119, 289
Pyle, Andrew, historian (b.1955), 125
Railways, 161, 168, 179-181, 184, 190, 194, 198, 200, 205, 215, 252, 256, 261, 263, 310, 344
  curves and acclivities, 215, 216, 288
  in America, 215, 287, 288, 307
  Railway crash of 1840's, 344
  speed on, 216, 255, 256, 259, 261
Rennie, Sir John (1794-1874), engineer, 253
Renwick, James (1792-1863), engineer, 224, 225, 258, 283, 284
Richardson, Elizabeth Jefferson, theatre manager, 298
Richmond School, Dublin (Medical school), 139, 142, 334
Roget, Peter Mark (1779-1869) physician and philologist, 114, 116
Rolt, L.T.C. (1910-1974), historian, 189, 363
Roman Catholicism, 13, 14, 21, 24, 30, 65, 66, 98, 123, 330, 332, 336
Royal Astronomical Society (London), 155, 165
Royal Dublin Society, 23, 153
Royal Irish Academy, 39, 42, 60, 71, 153
Royal Society (London), 46, 104, 125, 153
Royal Society of Edinburgh, 153
Royal Zoological Society (London), 153
Russell, Lord John, first Earl Russell (1782-1878), politician , 156
Russell, Mr. of Ohio, instrument maker, 311
Saffron Walden, 366
Savannah (Georgia), 296, 340
Savannah (steamship), 221
Science Museum (London), 84
Scientific instruments, 173

Scott, Sir Walter (1771-1832), author and poet, 97, 99, 101-104, 113, 115, 120, 123, 126, 131, 250

SDUK, See Society for the Diffusion of Useful Knowledge, 85

Sedgwick, Adam (1785-1873), geologist, 60

Shakespeare, William (1564-1616), 110, 111

Sheffield, 174

Sheil, Richard Lalor (1791-1851), politician, 5, 242, 330

Shelley, Mary (1797-1851), author, 111, 114, 117, 123, 238, 243

Shepherds Bush, London, 242

Sirius (steamship), 253

Smiles, Samuel (1812-1904), author, 219

Smith, Junius (1780-1853), Steamship pioneer, 222, 227, 228, 253

Smith, Soloman ('Sol') Franklin (1801-1869), theatre manager, 298

Social reformers, 66, 69

Society for the Diffusion of Useful Knowledge, 85, 87, 156

Somerville, Mary (1780-1872), mathematician, 359

Southey, Robert (1774-1843), poet laureate, 4, 103, 113

Southwark Literary Institution, 154

Spicer, Mary, 263

St Louis (Missouri), 298

Stationary engines, 214

Steam Engine, Popular Lectures on the Steam Engine (book), 179

Steamships, 213, 219, 221, 227, 253

Stephenson, George (1781-1858), engineer, 181, 183-185, 190, 191, 195, 200, 205, 207, 215, 253, 256, 258, 363

Stephenson, Robert (1803-1859), engineer, 149, 169, 183, 185, 199

Stockton and Darlington Railway, 181

Sunday school movement, 66, 238

Swainson, William (1789-1855), naturalist, 109, 110

Talbot, John Chetwynd (d.1852), Queens Counsel, 252, 253

INDEX 439

Talbot, Lord, 221

Talbot, Mr., 207

Talbot, William Fox (1800-1877), Photography pioneer, 356, 416

Taylor, John (1781-1864), publisher, 53-55, 77, 81, 82, 86-87, 90, 94-95, 97, 131, 132, 149, 179, 243, 326

Taylor, Walton and Maberley (publishing firm), 321

Textbooks, 54, 60, 68, 82, 87, 94, 96, 105, 172, 322, 365

Thackeray, William Makepiece (1811-1863), writer and artist, 110, 159, 250-252

Theerman, Paul H.(b.1952), historian, 290, 304, 310

Tithes, 160, 331

Tremont Theatre (Boston), 287, 303

Trinity College, Cambridge, 244

Trinity College, Dublin, 21, 22, 24-26, 28-31, 36, 42, 44, 229, 240, 251, 266, 297, 311, 325, 353

Tubrid, Co. Tipperary, 334

Tyndall, John (1820-1893), physicist, 130

University of Cambridge, 36, 57, 59, 60, 62, 65, 66, 70, 71, 74, 109, 131, 160-162, 171, 347-348

Utilitarians, 85, 90, 128, 156

Valentia Island, County Kerry, 222, 223, 225-228, 230

Valentia Steamship Company plan, 220, 222-223, 226, 227, 229, 231

Vicksburg, Mississippi, 298

Vignoles, Charles Blacker (1793-1875), engineer, 200, 215

Wakley, Thomas (1795-1862), first editor of the Lancet, 239

Walker, Robert, engineer, 258

Wallace, Alfred Russell (ca.1823-1914), naturalist, 109

Wallace, William (ca.1804-1839), lawyer and historian, 240, 242, 244, 266, 273

Walras, Leon (1834-1910), economist, 346

Warren, Samuel (1781-1862), author, 4, 251

Watkins, Francis, instrument maker and curator, 76, 173

Wellcome Institute, London, 112

Whelan, Mrs., (fl. 1830), widow, 142

Whewell, William (1794-1866), scientist, 58, 60, 70, 113, 125, 131, 160, 162

Whigs, 16, 19, 30, 45, 56, 57, 61, 69, 85, 97, 121, 155-158, 162, 223, 228, 243, 264, 283, 300

Whiston Plain, 258

Whittakers, 53

Wigney, Isaac P. (d.1844), M.P., 264

Wikoff, Henry (1811-1844), author, 279, 283, 284, 292

Wilkins, William (1778-1830), architect, 69

Willis, Nathaniel Parker (1806-1867), author, 265, 266, 280, 302

Wolfe Tone, Theobald (1763-1798), Irish nationalist, 14, 16, 30

Women's education, Lardner's attitude towards, 236

Wood, Nicholas, engineer, 258

Woodhouse, Robert (1773-1827), mathematician, 26, 36, 57-58, 60

Wordsworth, William (1770-1850), poet, 113

The Author

A L Martin (b.1964) studied at Newnham College, Cambridge, Birmingham Department of Education and University College School of Libraries and Archives.

She has worked for eight years as a library and information professional in Cambridge, UK, and has worked as project manager on the *Villain of Steam* project. In her spare time she plays in a brass band and sings in a church choir. She is slightly bipolar and campaigns against stigma in mental health. This is her first book.

The Editor

Prof. Annraoi de Paor was born in Waterford in 1940. From 1969 to 1977 he held the Chair of Control Engineering at the University of Salford, before returning to UCD as the Professor of Electrical Engineering in January 1978. He retired from the staff of UCD in 2005 but remains active both as an educator and a researcher.

He is the author of *Limericks for Engineers* (Dublin: Tyndall Publications, 2014).

Previous Tyndall Publications:

An Illustrated Collection of Limericks for Engineers and Physicists by Annraoi de Paor, with illustrations by Jane Courtnay (Carlow : Tyndall Publications, 2014), €20 (pbk.)
ISBN: 0952597404

118 original Limericks spanning all fields of electromagnetic theory, device applications and history PLUS 'An Electrical Alphabet'. Important teaching 'memory aids' that when used will cement difficult ideas, concepts, theories and operation of inventions. This is seriously difficult material made amusing and memorable by a true poet of science.

"The Limericks are ingenious, rhyming out many of the concepts of engineering and science. Limericks have been put to many uses in their time, but this must surely be a first."
– P.J. Prendergast, Provost of Trinity College Dublin

Century of Endeavour by Roy Johnston Academica/Maunsel in the US 2003, Tyndall/Lilliput 2006, 584 pages, €40 (pbk.)
ISBN-13: 978-1930901766, ISBN-10: 1930901763

A critical father and son view of the recent century in Ireland, rooted in the Ulster Protestant radical tradition, with a significant critical scientific dimension

Prometheus's Fire, ed. N. D. McMillan, (Carlow : Tyndall Publications, 2000) 600 pages, €42 euro (hbk.), €24 (pbk.)
ISBN: 9780952597407

A multi-author history of the development of technical, technological and scientific education in Ireland.